化石・恐竜
レファレンス事典

日外アソシエーツ

Index to Fossils and Paleoorganism

Compiled by
Nichigai Associates, Inc.

Printed in Japan

本書はディジタルデータでご利用いただくことができます。詳細はお問い合わせください。

●編集担当● 石田 翔子
装 丁：赤田 麻衣子

刊行にあたって

化石とは、地質時代の生物の遺骸や生活の痕跡が地層中に保存されたものである。化石の保存のされ方には様々なケースがあるが、一般的に、生物の体全体やその一部が化石になった体化石、足跡や巣穴など生活の痕跡が保存された生痕化石、生物の有機物が化石となった化学化石の3種に大きく分類される。

約38億年前地球上に最初の生命が誕生したとされ、以後単細胞生物と微小な多細胞生物のみが繁栄した30億年間を経て、生命が明確な形を化石に残すようになったのは約7億年前とされる。以来、数多くの生物が誕生と絶滅を繰り返してきた。これまでに化石として報告されている生物は約25万種におよび、我々はかつて存在したそれらの古生物の姿を化石を通して知ることができる。

化石を調べる際、同定には図鑑・事典が活用されるが、堆積物中で変形・分解するものもあるため種類の同定が困難な場合が多く、色もその地層の性質によって変化するため、多種多様な図鑑が出版されている中、知りたい化石・古生物が調べた図鑑に載っていないという事もしばしばある。

本書は、化石・恐竜・古生物に関する図鑑36種49冊に掲載されている見出しのべ16,652件の索引である。12,234種を収録し、その下に地質年代や分類、特徴、化石の産出地、図鑑の掲載ページや図版番号、図版の種類など基礎的なデータを記載した。また、レファレンス・ツールとしての検索性を考慮し、巻末に学名・英名索引を付した。

古生物学研究の基礎調査用に、また、一般の利用者が化石の同定や有名な恐竜の情報を探す際に図鑑を使いこなすための基本的なツールとして、本書が図書館や科学博物館などで幅広く活用されることを期待したい。

2019年8月

日外アソシエーツ

目　次

凡　例……………………………………………………………（7）

収録図鑑一覧……………………………………………………（10）

化石・恐竜レファレンス事典……………………………………1

学名・英名索引…………………………………………………545

凡　例

1．本書の内容

本書は、国内の代表的な化石・恐竜・古生物に関する図鑑に掲載されている化石・古生物の索引である。見出しとしての化石名・古生物名のほか、学名や英名等、漢字表記、地質年代、綱目科名、別名等、その化石・古生物の特定に必要な基礎情報を補記し、その化石・古生物がどの図鑑にどのような名称で掲載されているかを示したものである。

2．収録範囲と総種数

国内で刊行された（主に1990年代以降)、化石・恐竜・古生物の図鑑やそれに準ずる解説書（展覧会カタログ等は除く）36種49冊に掲載されている化石・古生物12,234種（のべ16,652件）を収録とした。索引対象にした図鑑類は別表（「収録図鑑一覧」）に示した。なお、児童向け、ムック類は収録対象外とした。

3．見出し・排列

(1) 化石・古生物名見出し

同一種は各図鑑での見出しにかかわらず一項目にまとめた。その際、より一般的な名称を見出しに採用した。表記は原則としていずれかの図鑑に記載されたとおりとした。但し、明らかな誤記・誤植は訂正した。見出しと異なる別名等は適宜参照見出しとして立てた。

(2) 排　列

1) 見出しの五十音順に排列した。見出しが英字で始まるもの（学名）は、ABC順とし五十音の後に置いた。

2) 濁音・半濁音は清音扱いとし、ヂ→ジ、ヅ→ズとみなした。また拗促音は直音扱いとし、長音（音引き）は無視した。

3) 見出しの下では、掲載図鑑の略号の読みの五十音順とし、その中の各図版は掲載ページもしくは掲載番号順に示した。

(3) 記　述

見出しとした化石・古生物に関する記述の内容と順序は次の通りである。

学名もしくは英名等／漢字表記／解説

1) 学名・英名

可能な限り学名を示した。表記は原則として各図鑑に記載されたとおりとした。

2) 漢字表記

漢字表記がある場合はそれを示した。

3) 解　説

化石・古生物を同定するための情報として地質年代、古生物の種類、綱目科名、別名、大きさ、主な分布地（化石産出地）等を示した。表記は原則として各図鑑に記載されたとおりとした。

4. 掲載図鑑

(1) 図鑑略号

その化石・古生物が掲載されている図鑑を¶の後に略号で示した（略号は別表を参照）。各図鑑における見出しが本書の見出しと異なる場合は、その略号の後に〔　〕で囲んで示した。

(2) 記　述

記述の内容と順序は次の通りである。

（掲載ページもしくは掲載番号／図版種類）〈㊟化石産地　標本サイズ　特徴等〉

1) 掲載ページ

各図鑑における見出し掲載ページもしくは掲載番号を示した。1冊のうちに複数回記載されている場合は「,」で区切って示した。

2) 図版種類

図版の種類を次のように略して示した。

カラーで印刷されている場合→「カ」

モノクロ（単色）で印刷されている場合→「モ」

写真の場合→「写」

図の場合→「図」

復元図の場合→「復」

3) 化石産地・標本サイズ・特徴等

各図鑑に掲載された化石の産出地、大きさ、特徴等を示した。表記は原則として各図鑑に記載されたとおりとした。産出地、大きさ、特徴等の異なる複数の化石が掲載されている場合は、項目ごとに「,」で区切って示した。

5．収録図鑑一覧

(1) 本書で索引対象にした図鑑の一覧を次ページに掲げた。

(2) 略号は、本書において掲載図鑑名の表示に用いたものである。

(3) 掲載は、略号の読みの五十音順とした。

6．学名・英名索引

(1) 本文に収録した化石・古生物の学名または英名とその見出し名、掲載ページを示した。

(2) 学名は属名のアルファベット順（同一の属は種のアルファベット順）に排列した。

収録図鑑一覧

略号	書　　名	出版社	刊行年月
アン学	アンモナイト学	東海大学出版会	2001.12
アン最	アンモナイト〜アンモナイト最新化石図鑑 蘇る太古からの秘宝〜	アンモライト研究所	2009.10
学古生	学生版 日本古生物図鑑 再版	北隆館	1986.7
化写真	化石の写真図鑑	日本ヴォーグ社	1996.1
化石図	化石図鑑〜地球の歴史をかたる古生物たち〜	誠文堂新光社	2011.1
化石フ	化石（Field selection 20）	北隆館	1995.2
化百科	化石の百科事典	朝倉書店	2012.1
恐イラ	恐竜イラスト百科事典	朝倉書店	2008.10
恐古生	恐竜大図鑑—古生物と恐竜	ネコ・パブリッシング	2002.7
恐絶動	原色版 恐竜・絶滅動物図鑑	大日本絵画	1993.1
恐太古	恐竜大図鑑—よみがえる太古の世界	日経ナショナルジオグラフィック社	2002.7
恐竜世	恐竜〜驚きの世界	ネコ・パブリッシング	2012.7
恐竜博	恐竜博物図鑑	新樹社	2005.2
原色化	原色化石図鑑	保育社	1966.9
古脊椎	古脊椎動物図鑑 普及版	朝倉書店	2004.4
古代生	古代生物図鑑（ベスト新書）	KKベストセラーズ	2016.1
産地新	産地別日本の化石650選—本でみる化石博物館・新館	築地書館	2003.3
産地別	産地別日本の化石750選—本でみる化石博物館・別館	築地書館	2015.1
産地本	産地別日本の化石800選—本でみる化石博物館	築地書館	2000.3
三葉虫	世界の三葉虫	信山社	1996.9
植物化	植物化石 5億年の記憶	LIXIL出版	2016.8
進化大	生物の進化大図鑑	河出書房新社	2010.10
図解化	図解 世界の化石大百科	河出書房新社	2000.1
生ミス1	生物ミステリーPRO エディアカラ紀・カンブリア紀の生物	技術評論社	2013.12
生ミス2	生物ミステリーPRO オルドビス紀・シルル紀の生物	技術評論社	2013.12
生ミス3	生物ミステリーPRO デボン紀の生物	技術評論社	2014.8

生ミス4	生物ミステリーPRO 石炭紀・ペルム紀の生物	技術評論社	2014.8
生ミス5	生物ミステリー PRO 三畳紀の生物	技術評論社	2015.7
生ミス6	生物ミステリー PRO ジュラ紀の生物	技術評論社	2015.7
生ミス7	生物ミステリー PRO 白亜紀の生物 上巻	技術評論社	2015.9
生ミス8	生物ミステリー PRO 白亜紀の生物 下巻	技術評論社	2015.9
生ミス9	生物ミステリーPRO 古第三紀・新第三紀・第四紀の生物 上巻	技術評論社	2016.8
生ミス10	生物ミステリーPRO 古第三紀・新第三紀・第四紀の生物 下巻	技術評論社	2016.8
絶哺乳	新版 絶滅哺乳類図鑑	丸善出版	2011.1
世変化	世界を変えた100の化石	エクスナレッジ	2018.7
ゾル1	ゾルンホーフェン化石図譜 1	朝倉書店	2007.5
ゾル2	ゾルンホーフェン化石図譜 2	朝倉書店	2007.7
地球博	地球博物学大図鑑	東京書籍	2012.6
澄江生	澄江生物群化石図譜―カンブリア紀の爆発的進化	朝倉書店	2008.3
日化譜	日本化石図譜 増訂版（普及版）	朝倉書店	2010.8
日恐竜	日本の恐竜図鑑―じつは恐竜王国日本列島	築地書館	2012.2
日絶古	日本の絶滅古生物図鑑	築地書館	2013.2
日白亜	日本の白亜紀・恐竜図鑑	築地書館	2015.8
熱河生	熱河生物群化石図譜―羽毛恐竜の時代	朝倉書店	2007.11
バ頁岩	バージェス頁岩 化石図譜	朝倉書店	2003.9
モ恐竜	モンゴル大恐竜	北海道大学出版会	2006.7
よみ恐	よみがえる恐竜・大百科 超ビジュアルCG版	ソフトバンククリエイティブ	2010.7
リア古	リアルサイズ古生物図鑑 古生代編	技術評論社	2018.8
リア中	リアルサイズ古生物図鑑 中生代編	技術評論社	2019.8

化石・恐竜レファレンス事典

【ア】

アイシェアイア　*Aysheaia*
古生代カンブリア紀の有爪動物。バージェス頁岩動物群。全長6cm。㊊カナダ, アメリカ, 中国など
¶**生ミス1**（図3-2-12/カ写, カ復）〈4cm〉
生ミス1（図3-5-8/カ復）

アイシェアイア・ペドゥンクラタ　*Aysheaia pedunculata*
カンブリア紀の無脊椎動物節足動物有爪類。サイズ1〜6cm。㊊カナダ, アメリカ, 中国
¶**図解化**（p95-F/カ写）〈㊎ブリティッシュ・コロンビア州バージェス頁岩〉
バ頁岩〔アイシェアイア〕（図87〜89/モ復, モ写）〈㊎カナダのバージェス頁岩〉
リア古〔アイシェアイア〕（p18/カ復）

アイズヤマナラシ　*Populus aizuana*
新生代中新世後期の陸上植物。ヤナギ科。
¶**学古生**（図2274/モ写）〈㊎秋田県湯沢市下新田〉
日化譜（図版76-1/モ写）〈㊎福島県耶麻郡相川〉

アイダ　⇒ダーウィニウスを見よ

アイノセラス　*Ainoceras*
中生代白亜紀の軟体動物頭足類アンモナイト類。
¶**生ミス7**（図4-8/カ写）〈㊎北海道中川町　長径約5cm〉

アイノセラス
中生代白亜紀の軟体動物頭足類。
¶**産地別**（p187/カ写）〈㊎和歌山県有田郡有田川町清水　長径3.4cm〉

アイノセラス・カムイ　*Ainoceras kamuy*
カンパニアン期の軟体動物アンモナイト。アンキロセラス亜目ノストセラス科。
¶**アン学**（図版39-2/カ写）〈㊎平取町貫気別地域〉
アン最（p129/カ写）〈㊎北海道〉
化石フ（p126/カ写）〈㊎北海道日高郡浦河町　高さ70mm〉
日化譜〔Ainoceras kamuy〕（図版53-13/モ写）〈㊎北海道日高国浦河〉

アイノセラス・パウシコスタータム　*Ainoceras paucicostatum*
カンパニアン期の頭足類アンモナイト。アンキロセラス亜目ノストセラス科。
¶**アン学**（図版39-1/カ写）〈㊎平取町貫気別地域〉
学古生〔アイノセラス・パウシコスタートゥム〕（図518/モ写）〈㊎北海道中川郡中川町ルベの沢〉
日化譜〔Ainoceras paucicostatum〕（図版86-18/モ写）〈㊎北海道アベシナイ, 浦河〉

アイノセラス・パウシコスタートゥム　⇒アイノセラス・パウシコスタータムを見よ

アイヒシュテッティア・マイリ　*Eichstaettia mayri*
ジュラ紀後期の脊椎動物真骨魚類。
¶**ゾル2**（図164/カ写）〈㊎ドイツのアイヒシュテット　20cm〉

アイヒシュテッティサウルス・シュロエデリ　*Eichstaettisaurus schroederi*
ジュラ紀後期の脊椎動物爬虫類トカゲ類。
¶**ゾル2**（図232/カ写）〈㊎ドイツのアイヒシュテット　12cm〉

アイフェリア　*Eiffelia globosa*
カンブリア紀の海綿動物。海綿動物門石灰海綿綱アイフェリデー科。サイズ16mm。
¶**バ頁岩**（図38,39/モ写, モ復）〈㊎カナダのバージェス頁岩〉

アイブクス　*Aivukus* sp.
中新世後期の哺乳類鰭脚類。食肉目セイウチ科。頭骨全長約30cm。㊊北アメリカ西岸
¶**絶哺乳**（p154/カ復）

アイリッシュ・エルク　⇒メガロケロス・ギガンテウスを見よ

アイルサクリヌス　*Ailsacrinus abbreviatus*
中期ジュラ紀の無脊椎動物ウミユリ類。ミルレリクリヌス目ミルレリクリヌス科。萼の直径1.5cm。㊊イギリス
¶**化写真**（p174/カ写）〈㊎イギリス〉

アイルラブス
始新世からの哺乳類ネズミ類リス型類。齧歯目イスキロミス科。
¶**絶哺乳**（p123/カ写）〈㊎ドイツのメッセル　57cm〉

アヴァケラトプス　*Avaceratops*
白亜紀カンパニアンの恐竜類ケラトプス類。ケラトプス科セントロサウルス亜科。若い個体の体長2.5m, 成熟したものはおそらく4m。㊊アメリカ合衆国のモンタナ州
¶**恐イラ**（p234/カ復）

アヴィクロペクテン　*Aviculopecten*
デボン紀〜ペルム紀の軟体動物二枚貝類。
¶**化百科**（p154/カ写）〈3cm〉

アヴィクロペクテン　*Aviculopecten tenuicollis*
石炭紀〜ペルム紀の無脊椎動物二枚貝類。ウグイスガイ目アヴィクロペクテン科。体長2.5cm。㊊世界中
¶**化写真**（p98/カ写）〈㊎西オーストラリア〉

アウィテルメッスス・グラプソイデウス
白亜紀後期の無脊椎動物節足動物。殻の長さ約6cm。㊊アメリカ合衆国南東部
¶**進化大**〔アウィテルメッスス〕（p303/カ写）

アーヴェカスピス・イネソニ　*Aaveqaspis inesoni*
古生代カンブリア紀の節足動物。シリウス・パセット動物群。全長3cm未満。㊊グリーンランド
¶**生ミス1**〔アーヴェカスピス〕（図3-4-4/カ復）

アウカサウルス　*Aucasaurus*
白亜紀カンパニアンの恐竜類獣脚類アベリサウルス類。体長5m。㊊アルゼンチンのネウケン州
¶**恐イラ**（p184/カ復）

アウカサウルス
白亜紀前期の恐竜類獣脚類。体長4m。㊊アルゼンチン
¶**進化大**（p320/カ復）

ア

アウストゥラロピテクス *Australopithecus*
400万～200万年前(ネオジン)の哺乳類。身長1.2～1.4m。㊕アフリカ
¶**恐竜世**(p278～279/カ写, カ復)〈頭骨, 歩行跡〉

アウストゥラロピテクス・アファレンシス ⇒アウストラロピテクス・アファレンシスを見よ

アウストラリケラス ⇒オーストラリセラス・ジャッキイを見よ

アウストラロキシロンの1種
ペルム紀～三畳紀の植物グロッソプテリス類。全長4～8m。㊕南半球
¶**進化大**〔グロッソプテリス〕(p176/カ写, カ復)

アウストラロピテクス *Australopithecus boisei*
鮮新世～前期更新世の脊椎動物哺乳類。霊長目ヒト科。体長1.4m。㊕アフリカ
¶**化写真**(p282/カ写)〈㊨エチオピア 下顎〉

アウストラロピテクス・アナメンシス
420万～390万年前の人類。㊕ケニアの東トゥルカナとカナポイ, エチオピアのミドル・アワッシュ
¶**進化大**(p448/カ写)〈あご, 脚〉

アウストラロピテクス・アファレンシス
Australopithecus afarensis
鮮新世の哺乳類霊長類人類。直鼻猿亜目ヒト科ヒト亜科。疎林, 樹木のある草原に生息。身長約1.1m。㊕アフリカ
¶**化百科**(p249/カ写)〈㊨エチオピアのハダール近郊 大腿骨の長さ25cm "ルーシー"〉
恐古生〔アウストゥラロピテクス・アファレンシス〕(p230～231/カ復)
恐絶動(p294/カ復)
生ミス10(図E-4/カ写)〈㊨エチオピア 推定身長1m 標本番号AL-288-1。通称「ルーシー」〉
絶哺乳(p85,86/カ写, カ復)〈ルーシーの復元骨格〉

アウストラロピテクス・アファレンシス
410万～200万年前の人類。身長1.05～1.51m。㊕エチオピア, ケニア
¶**進化大**(p450～451/カ写)

アウストラロピテクス・アフリカヌス
Australopithecus africanus
鮮新世～更新世の哺乳類人類。霊長目ヒト科。身長1.3m。㊕エチオピア, ケニア, 南アフリカ共和国, タンザニア
¶**恐絶動**(p294/カ復)
古脊椎〔アウストラロピテクス〕(図224/モ復)
世変化〔アウストラロピテクス〕(図92/カ写)〈㊨南アフリカのステールクフォンテン 幅12cm レプリカ〉

アウストラロピテクス・アフリカヌス
350万～200万年前の哺乳類霊長類。直鼻猿亜目ヒト科ヒト亜科。身長1.4m。㊕南アフリカの各地
¶**進化大**(p449/カ写)〈タウング・チャイルド, ミセス・プレス〉
絶哺乳(p86/カ写)〈子供の頭骨と脳の型(模式標本)〉

アウストラロピテクス・ガルヒ
300万～200万年前の人類。脳の大きさ450cm³。㊕エチオピアのアファール
¶**進化大**(p448)

アウストラロピテクス・バルエルガザリ
360万～300万年前の人類。㊕チャドのバルエルガザリ
¶**進化大**(p448/カ写)〈あご〉

アウストラロピテクス・ロブストゥス
Australopithecus robustus
鮮新世後期～更新世前期の哺乳類人類。ヒト科。身長1.6m。㊕南アフリカ共和国, タンザニア
¶**恐絶動**(p294/カ復)

アウブリソドン類 Aublysodontids
白亜紀前期～後期の恐竜類獣脚類。竜盤目獣脚亜目ティラノサウルス上科アウブリソドン科。肉食恐竜。初期のティラノサウルスの仲間。体長60cm。㊕石川県, 福井県, 熊本県
¶**日恐竜**(p20/カ写, カ復)〈㊨石川県白山市桑島 約3.5mm 前上顎骨の歯〉

アウラコスフィンクテスの1種 *Aulacosphinctes* sp.
中生代ジュラ紀最末期のアンモナイト。ペリアゼラ科。
¶**学古生**(図456/モ写)〈㊨熊本県八代郡坂本村坂本〉

アウラコフォリア *Aulacophoria keyserlingiana*
前期石炭紀の無脊椎動物腕足動物。オルチス目エンテレーテス科。体長3cm。㊕ヨーロッパ
¶**化写真**(p86/カ写)〈㊨イギリス〉

アウラコプレウラ *Aulacopleura* sp.
シルル紀の無脊椎動物節足動物。
¶**図解化**(p100-9/カ写)〈㊨ボヘミア〉

アウリラ・シンバ *Aurila cymba*
新生代更新世の甲殻類(貝形類)。ヘミシセレ科ヘミシセレ亜科。
¶**学古生**(図1867/モ写)〈㊨神奈川県宮田層 左殻〉

アウロクリヌス・ベルス *Aulocrinus bellus*
古生代石炭紀の棘皮動物ウミユリ類。
¶**化石図**(p72/カ写, カ復)〈㊨アメリカ合衆国 化石の長さ約8cm〉

アウロポラ・セルペンス *Aulopora serpens*
デヴォン紀の無脊椎動物腔腸動物。
¶**図解化**(p71-3/カ写)〈㊨ドイツ〉

アエオロサウルス *Aeolosaurus*
白亜紀カンパニアンまたはマーストリヒシアンの恐竜類ティタノサウルス類。体長15m。㊕パタゴニア
¶**恐イラ**(p209/カ復)

アエゲル *Aeger* sp.
ジュラ紀前期の無脊椎動物節足動物。
¶**図解化**(p106-4/カ写)〈㊨イタリアのオステノ〉

アエゲル・インシグニス ⇒エーガー・インシグニスを見よ

アエゲル・チプラリス ⇒エガー・ティプラリウスを見よ

アエスクニディウム・デンスム *Aeschnidium densum*
ジュラ紀後期の無脊椎動物昆虫類トンボ類。
¶**ゾル1**(図341/カ写)〈㊨ドイツのアイヒシュテット 翅開長8.8cm〉

アエスクニディウム・ヘイシャンコウェンセの成虫 *Aeschnidium heishankowense*
中生代の昆虫類トンボ類。トンボ目アエスクニディウム科。熱河生物群。
¶**熱河生**(図73/カ写)〈㊦中国の遼寧省北票の黄半吉溝 羽を広げた幅約130mm メス〉

アエスクノゴムフス・インテルメディウス *Aeschnogomphus intermedius*
ジュラ紀後期の無脊椎動物昆虫類トンボ類。
¶**ゾル1**(図342/カ写)〈㊦ドイツのゾルンホーフェン 20cm〉

アエスクノゴムフス属の種 *Aeschnogomphus* sp.
ジュラ紀後期の無脊椎動物昆虫類トンボ類。
¶**図解化**〔アエスクノゴムフス〕(p112-1/カ写)〈㊦ドイツのゾルンホーフェン〉
ゾル1(図343/カ写)〈㊦ドイツのアイヒシュテット 翅開長22cm〉

アエスクノプシス・ティシュリンゲリ *Aeschnopsis tischlingeri*
ジュラ紀後期の無脊椎動物昆虫類トンボ類。
¶**ゾル1**(図344/カ写)〈㊦ドイツのアイヒシュテット 翅開長7cm〉

アエトサウルス *Aetosaurus*
中生代三畳紀の爬虫類双弓類主竜類クルロタルシ類アエトサウルス類。全長1.5m。㊕ドイツ, グリーンランド, イタリアほか
¶**生ミス5**(図5-9/カ復, カ写)〈㊦ドイツ〉

アエトサウロイデス *Aetosauroides*
中生代三畳紀の爬虫類双弓類主竜類クルロタルシ類アエトサウルス類。全長3m。㊕アルゼンチン, ブラジル
¶**生ミス5**(図5-12/カ復)

アエピオルニス・ティタン ⇒エピオルニス・ティタンを見よ

アエピカメルス *Aepycamelus*
1500万～500万年前(中新世前期～中新世後期)の哺乳類核脚類。鯨偶蹄目ラクダ科。疎林, 樹木の生えた草原に生息。全高3m。㊕北アメリカ
¶**恐古生**(p266～267/カ復)
恐絶動〔エピカメルス〕(p277/カ復)
恐竜世(p267/カ復)
絶哺乳(p185/カ復)

アオカズラ *Sabia japonica*
新生代鮮新世の陸上植物。アワブキ科。
¶**学古生**(図2472,2473/モ図)〈㊦愛知県瀬戸市印所, 愛知県土岐市押沢〉

アオキイクチス
白亜紀オーテリビアン期～バレミアン期？の淡水魚。
¶**日白亜**(p31/カ写)〈㊦福岡県小倉市・宮若市 全長4.6cm〉

アオキツキガイモドキ *Lucinoma aokii*
更新世前期の軟体動物斧足類。
¶**日化譜**(図版45-21/モ写)〈㊦千葉県長生郡長柄村笠森〉

アオザメ *Isurus oxyrinchus*
新生代更新世前期の魚類。ネズミザメ科。
¶**学古生**(図1940/モ写)〈㊦神奈川県横浜市中区本牧錦町〉

アオザメ
新生代第三紀中新世の脊椎動物軟骨魚類。別名イスルス。
¶**産地新**(p47/カ写)〈㊦宮城県黒川郡大和町鶴巣 高さ3cm, 高さ3.8cm〉
産地新(p120/カ写)〈㊦石川県輪島市輪島崎町鴨が浦 歯冠の高さ3cm 歯〉
産地新(p122/カ写)〈㊦石川県羽咋郡富来町関野鼻 歯冠の高さ2cm 歯〉
産地別〔イスルス〕(p153/カ写)〈㊦石川県七尾市白馬町 高さ2.2cm〉
産地別〔イスルス〕(p215/カ写)〈㊦滋賀県甲賀市土山町笹路 高さ2.2cm 歯〉
産地本(p74/カ写)〈㊦宮城県遠田郡涌谷町 高さ1.5cm〉
産地本(p75/カ写)〈㊦宮城県亘理郡亘理町神宮寺 高さ2.5cm 摩耗した歯〉
産地本(p80/カ写)〈㊦茨城県北茨城市中郷町 高さ2.5cm〉
産地本(p189/カ写)〈㊦三重県安芸郡美里村柳谷 高さ3.4cm, 高さ3.7cm 歯〉
産地本(p189/カ写)〈㊦三重県安芸郡美里村柳谷 高さ3.6cm 歯〉

アオザメ
新生代第三紀鮮新世の脊椎動物軟骨魚類。別名イスルス。
¶**産地新**(p70/カ写)〈㊦千葉県安房郡鋸南町奥元名 高さ5cm 歯〉
産地本(p85/カ写)〈㊦千葉県銚子市長崎鼻海岸 高さ2.6cm 歯〉
産地本(p88/カ写)〈㊦千葉県安房郡鋸南町奥元名 高さ3.2cm 歯〉

アオザメ
新生代第四紀更新世の脊椎動物軟骨魚類。別名イスルス。
¶**産地新**(p81/カ写)〈㊦千葉県君津市市宿 高さ3.5cm 歯〉

アオシマオキナエビス
新生代第三紀鮮新世の軟体動物腹足類。別名ペトロカス・アオシマイ。
¶**産地本**(p87/カ写)〈㊦千葉県安房郡鋸南町奥元名 径11cm〉
産地本(p87/カ写)〈㊦千葉県安房郡鋸南町奥元名 径9cm〉

アオシマオキナエビス(新) *Perotrochus aosimai*
鮮新世前期の軟体動物腹足類。
¶**日化譜**(図版26-6/モ写)〈㊦千葉県銚子, 犬若〉

アオバイボヤギ ⇒タバネサンゴを見よ

アオバナイボヤギ *Caulastraea tumida gracilis*
現世の六射サンゴ。
¶**日化譜**(図版19-2/モ写)〈㊦千葉県館山〉

アオモリゾウ *Palaeoloxodon aomoriensis*
更新世後期の哺乳類長鼻類。
¶**日化譜**(図版67-12/モ写)〈㊦栃木県安蘇郡葛生町大叶など 右下第1大臼歯〉

アオモリトドマツ *Abies mariesii*
新生代第四紀更新世後期の陸上植物。マツ科。別名オオシラビソ。
¶学古生（図2535/モ図）〈㊥東京都中野区江古田 球果鱗片〉

アオモリバイ *Buccinum aomoriensis*
新生代第三紀鮮新世の貝類。エゾバイ科。
¶学古生（図1450/モ写）〈㊥青森県むつ市近川〉

アオモリフミガイ *Venericardia (Cyclocardia) aomoriensis*
鮮新世後期の軟体動物斧足類。
¶日化譜（図版44-22/モ写）〈㊥青森県三戸郡名川町剱吉〉

アカアシカメムシ属（？）の未定種 *Pentatoma*（？）sp.
新生代第三紀中新世の節足動物昆虫類。
¶化石フ（p198/カ写）〈㊥群馬県甘楽郡南牧村 15mm〉

アカイシカガミ *Dosinia akaisiana*
新生代第三紀・初期中新世の貝類。マルスダレガイ科。
¶学古生（図1127/モ写）〈㊥青森県西津軽郡鯵ケ沢町一つ森〉

アカエイ
新生代第三紀中新世の脊椎動物軟骨魚類。
¶産地本（p193/カ写）〈㊥三重県安芸郡美里村柳谷 高さ3mm〉

アカエイの歯
新生代第三紀中新世の脊椎動物軟骨魚類。別名ダサイアティス。
¶産地新（p65/カ写）〈㊥埼玉県秩父市大野原荒川河床 高さ0.3cm〉
産地別（p208/カ写）〈㊥三重県津市美里町柳谷 幅0.4cm〉

アカガイ *Anadara (Scapharca) broughtonii*
新生代第四紀更新世の貝類。フネガイ科。
¶学古生（図1633/モ写）〈㊥千葉県印旛郡印酒々井町〉

アカガイ
新生代第四紀更新世の軟体動物斧足類。
¶産地別（p86/カ写）〈㊥秋田県男鹿市琴川安田海岸 長さ8cm〉
産地本（p100/カ写）〈㊥千葉県印旛郡印旛村吉高 長さ（左右）9.5cm〉

アカガイ ⇒アナダラ・ルスティカを見よ

アカガエル ⇒ラナを見よ

アカガエル属の未定種 *Rana* sp.
新生代第三紀鮮新世の両生類無尾類。
¶化石フ（p226/カ写）〈㊥群馬県甘楽郡南牧村 60mm〉

アカゴフィラムの1種 *Akagophyllum akagoense*
古生代後期二畳紀前期の四放サンゴ類。ワーゲノフィラム科。
¶学古生（図120/モ写）〈㊥岡山県新見市阿哲台 横断面，縦断面〉

アカシオニバス *Euryale akashiensis*
新生代鮮新世の陸上植物。スイレン科。
¶学古生（図2379/モ図）〈㊥宮城県志田郡三本木町蟻ヶ袋 種子，表皮細胞〉
日化譜（図版77-8,9/モ写）〈㊥近畿各地 種子〉

アカシサンショウバラ *Rosa akashiensis*
新生代鮮新世～更新世の陸上植物。バラ科。
¶学古生（図2409/モ図）〈㊥兵庫県明石市八木の海岸 葉縁の拡大，側生小葉，頂生小葉，小枝〉

アガシセラス
古生代石炭紀の軟体動物頭足類。
¶産地別（p108/カ写）〈㊥新潟県糸魚川市青海町 長径1cm〉
産地本（p56/カ写）〈㊥岩手県大船渡市日頃市町長安寺 径9mm 住房部分〉

アガシーセラス・トリヤマイ *Agathiceras toriyamai*
古生代石炭紀の軟体動物頭足類ゴニアタイト類。
¶学古生〔アガティセラスの1種〕（図230/モ写）〈㊥山口県美祢市伊佐町河原〉
化石フ（p51/カ写）〈㊥山口県美祢郡 径12mm〉

アカシゾウ ⇒コリホドンを見よ

アカシゾウ ⇒パラステゴドン・アカシエンシスを見よ

アカステ *Acaste*
シルル紀～デボン紀前期の節足動物三葉虫類ファコプス類。
¶化百科（p131/カ写）〈頭～尾の長さ2cm〉

アカズビシ *Trapella primaria*
鮮新世後期の双子葉植物。
¶日化譜（図版78-21/モ写）〈㊥愛知県瀬戸市赤津 果実〉

アカダグノスツス *Acadagnostus exaratus*
中期カンブリア紀の無脊椎動物三葉虫類。アグノスツス属アグノスツス科。体長8mm。㊎アメリカ北東部，ヨーロッパ，オーストラリア
¶化写真（p56/カ写）〈㊥イギリス〉

赤ちゃんマンモスのリューバ
4万年前の哺乳類。推定生後30日で死んだメスのマンモス。
¶恐竜世（p262～263/カ写）〈㊥ロシアのヤマル半島 全長1.2m，高さ90cm 凍った遺体〉

アガティセラスの1種 ⇒アガシーセラス・トリヤマイを見よ

アカドパラドキシデス ムレレンシス *Acadoparadoxides mureroensis*
カンブリア紀中期の三葉虫。レドリキア目。
¶三葉虫（図7/モ写）〈㊥モロッコのアルニフ 長さ400mm〉

アカニシ *Rapana venosa*
新生代第四紀更新世の貝類。新腹足目アクキガイ科。
¶学古生（図1726/モ写）〈㊥東京都新宿区角筈〉

アカニシ
新生代第四紀更新世の軟体動物腹足類。
¶産地別（p93/カ写）〈㊥千葉県印西市萩原 高さ10cm〉
産地本（p100/カ写）〈㊥千葉県印旛郡印旛村吉高 高さ9.5cm〉

アカニシ
新生代第三紀鮮新世の軟体動物腹足類。
¶**産地別**(p231/カ写)〈㊥宮崎県児湯郡川南町通浜 高さ12cm〉

アカニシ?
新生代第三紀鮮新世の軟体動物腹足類。アクキガイ科。
¶**産地新**(p131/カ写)〈㊥静岡県掛川市掛川駅北方 高さ3.5cm 幼殻〉

アカヌダカラス *Modiolus (Modiolusia) akanudaensis*
中新世の軟体動物斧足類。
¶**日化譜**(図版37-26/モ写)〈㊥長野県東筑摩郡四賀村赤怒田〉

アカネズミ *Apodemus speciosus*
更新世後期～現世の哺乳類嚙歯類。
¶**日化譜**(図版69-22/モ写)〈㊥栃木県葛生町など 右下顎内側面〉

アカフジツボ *Megabalanus rosa*
新生代更新世の甲殻類蔓脚類。フジツボ科。
¶**学古生**(図1829/モ写)〈㊥愛知県渥美郡赤羽根町高松〉

アカボウクジラ類 Ziphiidae,gen.et sp.indet.
新生代鮮新世の哺乳類。鯨目アカボウクジラ科。
¶**学古生**(図1999/モ写)〈㊥千葉県銚子市長崎鼻 左岩骨下面〉

アカレファ・デペルディタ *Acalepha deperdita*
ジュラ紀後期の無脊椎動物腔腸動物ヒドロ虫類。
¶**ゾル1**(図83/カ写)〈㊥ドイツのアイヒシュテット 7cm〉

アカンソシセレイス・デュネルメンシス *Acanthocythereis dunelmensis*
新生代第四期更新世の節足動物甲殻類。
¶**化石フ**(p185/カ写)〈㊥秋田県南秋田郡安田浜 1.1mm〉

アカンソピゲ *Acanthopyge*
古生代デボン紀の節足動物三葉虫類。
¶**生ミス3**(図4-23/カ写)〈㊥モロッコ 55mm〉

アカンソピゲの一種 *Acanthopyge* sp.
古生代デボン紀の三葉虫。リカス目。
¶**三葉虫**(図104/モ写)〈㊥モロッコのアルニフ 長さ79mm〉

アカンソピゲ バリヴィアニィ *Acanthopyge balliviani*
古生代デボン紀の三葉虫。リカス目。
¶**三葉虫**(図107/モ写, モ図)〈㊥ボリビアのベレン 長さ48mm〉

アカンソペクテン・オヌキイ *Acanthopecten onukii*
古生代ペルム紀の軟体動物斧足類。アビキュロペクテン科。
¶**学古生**〔アカントペクテンの1種〕(図216/モ写)〈㊥宮城県気仙沼市上八瀬〉
化石フ(p42/カ写)〈㊥宮城県登米郡東和町 25mm〉
日化譜〔Acanthopecten onukii〕(図版84-18/モ写)〈㊥宮城県気仙沼市上八瀬〉

アカンソメリディオン・セラトゥム *Acanthomeridion serratum* 鋸歯棘節虫
カンブリア紀の節足動物。節足動物門アカンソメリディオン目アカンソメリディオン科。澄江生物群。長さ35mmまで。
¶**澄江生**(図16.63/モ復)
澄江生(図16.64/カ写)〈㊥中国の帽天山 背中からの眺め〉

アカンタルゲス *Akantharges*
古生代デボン紀の節足動物三葉虫類。
¶**生ミス3**(図4-25/カ写)〈㊥モロッコ 25mm〉

アカントキラナ・アングラタ *Acanthochirana angulata*
ジュラ紀後期の無脊椎動物甲殻類小型エビ類。
¶**ゾル1**(図243/カ写)〈㊥ドイツのアイヒシュテット 15cm〉

アカントキラナ・ケノマニカ *Acanthochirana cenomanica*
白亜紀後期の無脊椎動物節足動物。
¶**図解化**(p106-3/カ写)〈㊥レバノン〉

アカントキラナ・コルダタ *Acanthochirana cordata*
ジュラ紀後期の無脊椎動物甲殻類小型エビ類。
¶**ゾル1**(図244/カ写)〈㊥ドイツのアイヒシュテット 7cm〉

アカントキラナ・ロンギペス *Acanthochirana longipes*
ジュラ紀後期の無脊椎動物甲殻類小型エビ類。
¶**ゾル1**(図245/カ写)〈㊥ドイツのアイヒシュテット 9cm〉

アカントクラディア・アンケプス
石炭紀～ペルム紀の無脊椎動物コケムシ類。平均長2cm。㊕ヨーロッパ, 北アメリカ, アジア
¶**進化大**〔アカントクラディア〕(p179/カ写)

アカントコニア *Acanthochonia barrandei*
オルドビス紀～シルル紀の藻類。カサノリ目レケプタクリチス科。高さ5cm。㊕世界中
¶**化写真**(p287/カ写)〈㊥チェコ 石灰化した葉状体〉

アカントスカフィテス・ノドーサス *Acanthoscaphites nodosus*
白亜紀の軟体動物頭足類。
¶**原色化**(PL.65-1/カ写)〈㊥北アメリカの南ダコタのバッド・サンズ 長径4.5cm,4.3cm〉

アカントステガ *Acanthostega*
3億6500万年前(デボン紀後期)の初期の脊椎動物両生類。湖と池に生息。全長約0.6m。㊕グリーンランド
¶**恐古生**(p58～59/カ写, カ復)〈頭蓋〉
恐竜世(p83/カ復)
古代生(p114～115/カ復)
生ミス3(図6-9/カ写, カ復)〈頭骨の大きさ12cm〉
生ミス4(図1-2-7/カ復)

アカントステガ
デヴォン紀後期の脊椎動物。初期の四肢動物。体長1m。㊕グリーンランド
¶**進化大**(p138/カ写)

ア

アカントステガ・グンナリ *Acanthostega gunnari*
古生代デボン紀後期の脊椎動物肉鰭類？両生類？全長60cm。㊕グリーンランド
¶**リア古**〔アカントステガ〕(p154/カ復)

アカントテウチス属 *Acanthoteutis*
ジュラ紀後期の無脊椎動物軟体動物ツツイカ類。
¶**図解化**(p162-左/カ写)〈㊇ドイツのアイヒシュタット 触手〉

アカントデース
石炭紀前期〜ペルム紀中期の脊椎動物棘魚類。通常は全長20cm, 一部は全長2m。㊕ヨーロッパ
¶**進化大**(p183/カ復)

アカントデス *Acanthodes*
古生代デボン紀〜ペルム紀の棘魚類。棘魚綱。全長9cm。㊕ロシア, 中国, アメリカなど
¶**恐絶動**(p30/カ復)
生ミス4(図1-3-19/カ写)〈㊇アメリカのメゾンクリーク 幼体〉
生ミス4(図2-4-6/カ写, カ復)

アカントトイティス・スペキオサ *Acanthoteuthis speciosa*
ジュラ紀後期の無脊椎動物軟体動物ベレムナイト類。
¶**ゾル1**(図170/カ写)〈㊇ドイツのゾルンホーフェン 45cm 全体〉
ゾル1(図171/カ写)〈㊇ドイツのアイヒシュテット 28cm 哨〉
ゾル1(図172/カ写)〈㊇ドイツのアイヒシュテット 45cm 美しい触腕を伴う〉
ゾル1(図173/カ写)〈㊇ドイツのアイヒシュテット 16cm 分離した触腕〉

アカントトイティス属の種 *Acanthoteuthis* sp.
ジュラ紀後期の無脊椎動物軟体動物ベレムナイト類。
¶**ゾル1**(図175/カ写)〈㊇ドイツのヴェークシャイト 11cm 幼体〉

アカントトイティス・ライキ *Acanthoteuthis leichi*
ジュラ紀後期の無脊椎動物軟体動物ベレムナイト類。
¶**ゾル1**(図174/カ写)〈㊇ドイツのブルーメンベルク 9.5cm〉

アカントハリシテス・クラオケンシス
古生代シルル紀の腔腸動物床板サンゴ類。別名鎖サンゴ。
¶**産地新**(p224/カ写)〈㊇宮崎県西臼杵郡五ヶ瀬町鞍岡祇園山 画面の左右4cm〉
産地本(p247/カ写)〈㊇宮崎県西臼杵郡五ヶ瀬町祇園山 写真の左右3cm〉

アカントピゲ
古生代デボン紀の節足動物三葉虫類。
¶**産地新**(p24/カ写)〈㊇岩手県大船渡市日頃市町大森 大きいほうの長さ1.1cm 尾部が2つ並んでいる〉
産地別(p70/カ写)〈㊇岩手県大船渡市日頃市町大森 長さ1.7cm 雄型標本, 雌型標本を疑似本体に写真変換〉

アカントフォリス *Acanthopholis*
中生代白亜紀の恐竜類曲竜類。ノドサウルス科。林地に生息。体長4m。
¶**恐竜博**(p132/カ復)

アカントペクテン
古生代ペルム紀の軟体動物斧足類。
¶**産地本**(p62/カ写)〈㊇宮城県気仙沼市上八瀬 長さ(左右)3cm〉

アカントペクテンの1種 ⇒アカンソペクテン・オヌキイを見よ

アキストゥルム *Achistrum*
石炭紀〜白亜紀の棘皮動物ナマコ類。
¶**化百科**(p189/カ写)〈7cm〉

アキストルム・ウェレリ *Achistrum welleri*
石炭紀後期ペンシルヴァニア亜紀の無脊椎動物棘皮動物ナマコ類。
¶**図解化**(p167-右/カ写)〈㊇イリノイ州メゾン・クリーク 菱鉄鉱の団塊〉

アーキセブス・アキレス *Archicebus achilles*
新生代古第三紀始新世の哺乳類真獣類霊長類。全長7cm。㊕中国
¶**生ミス10**〔アーキセブス〕(図E-1/カ写, カ復)〈㊇中国の湖北省〉

アキタイヌガヤ *Cephalotaxus akitaensis*
新生代中新世中期の陸上植物。イヌガヤ科。
¶**学古生**(図2272/モ写)〈㊇秋田県仙北郡西木村土熊沢〉

アキタキサゴ *Umbonum (Suchium) akitanum*
新生代第三紀鮮新世の貝類。ニシキウズガイ科。
¶**学古生**(図1555,1556/モ写)〈㊇石川県金沢市袋板屋町〉

アキダスピス *Acidaspis roemeri*
オルドビス紀〜デボン紀の無脊椎動物三葉虫類。オドントプルーラ目アキダスピス科。体長1cm。㊕世界中
¶**化写真**(p63/カ写)〈㊇チェコ〉

アキタチシャノキ *Ehretia akitana*
新生代中新世中期の陸上植物。ムラサキ科。
¶**学古生**(図2529/モ写)〈㊇新潟県岩船郡山北町雷〉

アーキディスコドン *Archidiskodon meridionalis*
末期鮮新世〜初期更新世の哺乳類。長鼻目。別名メリデオナリス象。体長4.2m。㊕フランス, イギリス
¶**古脊椎**(図289/モ復)

アーキディスコドン・インペラトル *Archidiskodon imperator*
1.1万年前まで生存の哺乳類。長鼻目。別名インペリアルマンモス。㊕北米
¶**古脊椎**(図290/モ復)

アキドレステス *Akidolestes cifellii*
白亜紀前期の哺乳類。スパラコテリウム上科スパラコテリウム科。頭胴長10cm程度, 頭骨長約24mm。㊕中国東北地方
¶**絶哺乳**(p42,44/カ復, モ図)

アキニレ *Ulmus parvifolia*
新生代鮮新世〜更新世の陸上植物。ニレ科。
¶**学古生**(図2368/モ図)〈㊇兵庫県明石市八木の海岸 翼果〉

アキノニクス *Acinonyx pardinensis*
更新世初期ヴィラフランカ期の哺乳類。哺乳綱獣亜綱正獣上目食肉目ネコ科。たてがみ部の背高83cm。

ア

㊕北イタリア, 東南フランス
¶**古脊椎**(図249/モ復)

アギリサウルス *Agilisaurus*
ジュラ紀バトニアン〜カロビアンの恐竜類鳥脚類。ファブロサウルス科(未証明)。体長1.2m。㊕中国
¶**恐イラ**(p120/カ復)

アクキガイ
新生代第三紀鮮新世の軟体動物腹足類。アクキガイ科。
¶**産地新**(p236/カ写)〈㊔宮崎県児湯郡川南町通山浜 高さ4cm〉
産地本(p244/カ写)〈㊔高知県室戸市羽根町 幅3.9cm〉

アクキガイ ⇒ムレックス・スコロパックスを見よ

アクキガイ属の未定種 ⇒ホネガイの仲間を見よ

アクキガイの一種
新生代第三紀鮮新世の軟体動物腹足類。
¶**産地別**(p154/カ写)〈㊔静岡県掛川市下垂木飛鳥 高さ3.9cm〉

アグスティニア *Agustinia*
白亜紀アプチアンの恐竜類ティタノサウルス類(不確実)。体長15m。㊕アルゼンチン
¶**恐イラ**(p166/カ復)

アクセルロディクチス *Axelrodichthys*
中生代白亜紀の肉鰭類シーラカンス類。
¶**生ミス8**(図7-10/カ写)〈㊔ブラジル 40cm〉

アクソプルヌム・アンジェリヌム *Axoplunum angelinum*
新生代中新世前期の放散虫。アクティノマ科。
¶**学古生**(図883/モ写)〈㊔茨城県常陸太田市瑞竜町元瑞竜〉

アクタエア・スフィンクス *Actaea sphinx*
ジュラ紀後期の無脊椎動物昆虫類甲虫類。
¶**ゾル1**(図447/カ写)〈㊔ドイツのアイヒシュテット 1.6cm〉

アクチナストレア属の1種 *Actinastrea* sp.
中生代ジュラ紀後期の六放サンゴ類。アストロコエニア科。
¶**学古生**(図339/モ写)〈㊔和歌山県日高郡由良町水越峠 横断面〉

アクチノキアツス *Actinocyathus crassiconus*
前期石炭紀の無脊椎動物サンゴ類。スタウリア目アクソフィルム科。別名ロンスダレイア。夾の直径6mm。㊕ヨーロッパ, アジア
¶**化写真**(p52/カ写)〈㊔イギリス 研磨した横断面, 風化した群体の表面〉

アクチノクリニテス *Actinocrinites parkinsoni*
石炭紀の無脊椎動物ウミユリ類。モノバスリス目アクチノクリニテス科。蕚の直径4cm。㊕世界中
¶**化写真**(p169/カ写)〈㊔イギリス 側面, 頂部, ウミユリ石灰岩〉

アクチノクリニテス・パーキンソニ
石炭紀の無脊椎動物棘皮動物。蕚の最大直径3cm。㊕ヨーロッパ
¶**進化大**〔アクチノクリニテス〕(p160/カ写)

アクチノサイクルス・インゲンス *Actinocyclus ingens*
新生代中新世の珪藻類。同心目。
¶**学古生**(図2092/モ写)〈㊔秋田県北秋田郡鷹巣町小田〉

アクチノサイクルス・エリプチクス *Actinocyclus ellipticus*
新生代中新世〜更新世の珪藻類。同心目。
¶**学古生**(図2094/モ写)〈㊔茨城県那珂湊市磯崎〉

アクチノサイクルス・エーレンベルギイ *Actinocyclus ehrenbergi*
新生代中新世〜完新世の珪藻類。同心目。
¶**学古生**(図2095/モ写)〈㊔秋田県北秋田郡鷹巣町小田〉

アクチノサイクルス・ツガルエンシス *Actinocyclus tsugaruensis*
新生代中新世の珪藻類。同心目。
¶**学古生**(図2093/モ写)〈㊔岩手県一関市下黒沢〉

アクチノシアタス
古生代石炭紀の腔腸動物四射サンゴ類。
¶**産地本**(p53/カ写)〈㊔岩手県大船渡市日頃市町鬼丸 写真の左右10cm〉

アクチノストローマ・バリアビレ *Actinostroma variabile*
古生代中期シルル紀ウェンロック世後期〜ラドロウ世前期の層孔虫類(ストロマトポロイド)。アクチノストローマ科。
¶**学古生**(図1/モ写)〈㊔岩手県大船渡市川内ヤマナス沢 縦断面, 横断面〉
日化譜〔Actinostroma variabile〕(図版13-8/モ写)〈㊔岩手県盛町 縦断面〉

アクチノストロマ・ベルコサ *Actinostroma verrucosa*
デヴォン紀の無脊椎動物腔腸動物層孔虫。
¶**図解化**(p67-右/カ写)

アクチノストローマ・ヤベイ *Actinostroma yabei*
古生代中期の層孔虫類(ストロマトポロイド)。アクチノストローマ科。
¶**学古生**(図5/モ写)〈㊔岩手県大船渡市クサヤミ沢 縦断面, 横断面〉
日化譜〔Actinostroma yabei〕(図版13-9/モ写)〈㊔岩手県盛町 縦断面〉

アクチノストロマリア属の1種 *Actinostromaria todakiensis*
中生代ジュラ紀後期の層孔虫類。アクチノストロマリア科。
¶**学古生**(図341/モ写)〈㊔高知県高岡郡日高村戸梶 横断面, 縦断面〉

アクチノプチクス・ウンジュラアタス *Actinoptychus undulatus*
新生代第三紀〜完新世の珪藻類。同心目。
¶**学古生**(図2101/モ写)〈㊔岩手県一関市下黒沢〉

アクチノプチクス・スプレンデンス *Actinoptychus splendens*
新生代第三紀〜完新世の珪藻類。同心目。
¶**学古生**(図2102/モ写)〈㊔宮城県岩沼市岩沼〉
日化譜〔Actinoptychus splendens〕(図版81-22/モ写)〈㊔青森県〉

ア

アクチノフンギア・アストライテス *Actinofungia astraites*
三畳紀の無脊椎動物海綿動物。
¶**図解化**(p58-6/カ写)〈㊥イタリア〉

アクチラムス・マクロフサルムス *Acutiramus macrophthalmus*
古生代シルル紀の節足動物鋏角類ウミサソリ類。全長2m。㊕アメリカ
¶**リア古**〔ウミサソリ類〕(p98〜101/カ復)

アークティヌルス・ボルトニ *Arctinurus boltoni*
古生代オルドビス紀〜シルル紀の節足動物三葉虫類。リカス目。全長15cm以上。㊕アメリカ, カナダ, スウェーデンほか
¶**三葉虫**〔アークティヌルス ボルトニィ〕(図106/モ写)〈㊥アメリカのニューヨーク州 長さ150mm〉
生ミス2〔アークティヌルス〕(図2-3-4/カ写)〈㊥アメリカのニューヨーク州 約14cm〉
リア古〔アークティヌルス〕(p94/カ復)

アークティヌルス ボルトニィ ⇒アークティヌルス・ボルトニを見よ

アクティノカマクス *Actinocamax plenus*
白亜紀後期の軟体動物頭足類ベレムナイト類。
¶**化百科**(p179/カ写)〈㊥イギリス南部のサセックス州 9cm〉

アクティノクリヌスの1種 *Actinocrinus higuchisawensis*
古生代後期石炭紀前期のウミユリ類。円頂目アクティノクリヌス科。
¶**学古生**(図252/モ写)〈㊥岩手県大船渡市樋口沢〉
日化譜〔Actinocrinus higuchisawensis〕(図版61-3/モ写)〈㊥岩手県大船渡市樋口沢〉

アクティノコンカス *Actinoconchus paradoxus*
前期石炭紀の無脊椎動物腕足動物。スピリファー目アチリス科。体長4.5cm。㊕ヨーロッパ
¶**化写真**(p85/カ写)〈㊥アイルランド〉

アクティノコンクス *Actinoconchus*
石炭紀の腕足動物スピリファー類。
¶**化百科**(p127/カ写)〈長さ2.5cm〉

アクティノストロマ *Actinostroma clathratum*
カンブリア紀〜前期石炭紀の無脊椎動物海綿動物。層孔虫目アクティノストロマ科。体高12cm。㊕世界中
¶**化写真**(p35/カ写)〈㊥イギリス〉

アクテオネラ *Acteonella* sp.
白亜紀後期の無脊椎動物軟体動物。
¶**図解化**(p133-下左/カ写)〈㊥オーストリア 断面〉

アークトオストレア・カリナータ *Arctostrea carinata*
白亜紀の軟体動物斧足類。
¶**原色化**(PL.62-3/モ写)〈㊥フランスのサン・ジョルジュ 長さ5.7cm〉

アークトプリオニーテス・ニッポニカス *Arctoprionites nipponicus*
中生代三畳紀の軟体動物頭足類アンモナイト。プリオニテス科。
¶**学古生**〔アークトプリオニテスの1種〕(図374/モ写)〈㊥愛媛県東宇和郡城川町田穂上組 側面部〉
化石フ(p105/カ写)〈㊥愛媛県東宇和郡城川町 15mm〉

アークトプリオニテスの1種 *Arctoprionites minor*
中生代三畳紀初期のアンモナイト。プリオニテス科。
¶**学古生**(図375/モ写)〈㊥愛媛県東宇和郡城川町田穂上組 側面部〉

アグノスタス ピシフォルミス *Agnostus pisiformis*
カンブリア紀後期の節足動物三葉虫。アグノスタス目。
¶**原色化**〔アグノスタス・ピシフォルミス〕(PL.6-2/モ写)〈㊥スウェーデンのバルチック地方ショネン 幅3mm〉
三葉虫(図137/モ写)〈㊥スウェーデンのストラストラン 直径4mm 脱皮殻の化石床〉

アグノストゥス *Agnostus*
カンブリア紀後期の節足動物三葉虫類アグノストゥス類。
¶**化百科**(p132/カ写)〈㊥スウェーデン 石板の長さ12cm〉

悪魔の足の爪 ⇒グリファエアを見よ

アクモニスティオン *Akmonistion*
古生代石炭紀の軟骨魚類。全長60cm。㊕スコットランド
¶**生ミス4**(図1-2-1/カ写, カ復)〈㊥スコットランド 全長62cm〉

アクモニスティオン・ザンゲルリ *Akmonistion zangerli*
古生代石炭紀の脊椎動物軟骨魚類。全長60cm。㊕スコットランド
¶**リア古**〔アクモニスティオン〕(p166/カ復)

アグラオフィトン・マイヨル
デヴォン紀前期の植物リニア類。高さ18cm。㊕スコットランド
¶**進化大**〔アグラオフィトン〕(p115/カ復)

アクラスペディテス・アンティクウス *Acraspedites antiquus*
ジュラ紀後期の無脊椎動物腔腸動物ヒドロ虫類。
¶**ゾル1**(図84/カ写)〈㊥ドイツのアイヒシュテット 6cm〉

アグリオカエルス *Agriochaerus antiquus*
漸新世の哺乳類。偶蹄目。草食性。全長2m。㊕北米
¶**古脊椎**(図321/モ復)

アクリオセラス・ターベレリイ *Acrioceras tarberelli*
アプチアン期のアンモナイト。
¶**アン最**(p156/カ写)〈㊥フランス〉

アクリオセラスの一種 *Acrioceras* sp.
アルビアン期のアンモナイト。
¶**アン最**(p186/カ写)〈㊥ロシアのウリヤノフスク〉

アグリオテリウム *Agriotherium* sp.
中新世後期〜鮮新世前期の哺乳類真獣類。食肉目イヌ型亜目クマ科。肉食性。頭胴長約2.7m。㊕北アメリカ, ヨーロッパ, アジア, アフリカ

¶恐絶動（p215/カ復）
絶哺乳（p118/カ復）

アクリストカラ・フイフイバオエンシスの側面
Aclistochara huihuibaoensis
中生代の藻類シャジクモ類。熱河生物群。
¶熱河生（図210/モ写）〈[産]中国の内モンゴルのホルチン左翼後旗 長さ550μm, 幅440μm〉

アクリストカラ・ムンドゥラの側面 *Aclistochara mundula*
中生代のシャジクモ類。熱河生物群。
¶熱河生（図211/モ写）〈[産]中国の遼寧省義県の皮家溝 長さ550μm, 幅250μm〉

アクロカントサウルス *Acrocanthosaurus*
白亜紀前期の恐竜類テタヌラ類。カルノサウルス下目アロサウルス上科カルカロドントサウルス科。体長12m。[分]アメリカ合衆国, アジア
¶恐イラ（p154/カ復）
恐絶動（p118/カ復）
よみ恐（p126〜127/カ復）

アクロカントサウルス
白亜紀前期の脊椎動物獣脚類。体長12m。[分]アメリカ合衆国
¶進化大（p319/カ写）〈頭骨とあご〉

アクロサウルス・フリシュマンニ *Acrosaurus frischmanni*
ジュラ紀後期の脊椎動物爬虫類ムカシトカゲ類。
¶ゾル2（図235/カ写）〈[産]ドイツのアイヒシュテット 15cm〉
ゾル2（図236/カ写）〈[産]ドイツのアイヒシュテット 22cm〉

アクロシラ *Acrothyra gregaria*
カンブリア紀の腕足動物。触手冠動物上門腕足動物門無関節綱。サイズ2〜9mm。
¶バ頁岩（図48,49/モ写, モ復）〈[産]カナダのバージェス頁岩〉

アクロスチコプテリス・ナイトウイ
Acrostichopteris naitoi
中生代ジュラ紀のシダ植物。所属不明。
¶化石フ（p78/カ写）〈[産]山口県下関市 60mm〉

アクロステリグマ *Acrosterigma*
鮮新世の無脊椎動物貝殻の化石。
¶恐竜世〔ザルガイのなかま〕（p61/カ写）

アクロステリグマ *Acrosterigma dalli*
後期漸新世〜現世の無脊椎動物二枚貝類。マルスダレガイ目ザルガイ科。体長9cm。[分]世界中
¶化写真（p108/カ写）〈[産]アメリカ 成長過程, 左殻の外側〉

アクロスミリア・レーマニイ *Acrosmilia laemanni*
ジュラ紀の腔腸動物六射サンゴ類。
¶原色化（PL.57-4/カ写）〈[産]フランスのアルデンヌ 高さ4.8cm, 直径2.2cm〉

アクロダス属の未定種 *Acrodus* sp.
中生代三畳紀の魚類軟骨魚類。
¶化石フ（p140/カ写）〈[産]京都府天田郡夜久野町 長さ8mm〉

アクロテウチス *Acroteuthis lateralis*
前期白亜紀の無脊椎動物矢石類。ベレムナイト目アクロテウチス科。体長50cm。[分]ヨーロッパ
¶化写真（p161/カ写）〈[産]イギリス〉

アクロドゥス *Acrodus nobilis*
三畳紀〜後期白亜紀の脊椎動物軟骨魚類。ヒボドゥス目アクロドゥス科。体長2.7m。[分]世界中
¶化写真（p199/カ写）〈[産]イギリス 背鰭の棘, 歯列〉

アグロトクリヌス・ウニクス *Agrotocrinus unicus*
ミシシッピ亜紀の無脊椎動物棘皮動物。
¶図解化（p169-5/カ写）〈[産]インディアナ州〉

アクロトレタ類 *Acrotretida* gen.et sp.indet.
中生代ジュラ紀, 中生代白亜紀の腕足動物。
¶化石フ（p133/カ写）〈[産]高知県高岡郡佐川町, 岩手県下閉伊郡田野畑村 貝の大きさ40mm,7mm〉

アクロフォカ *Acrophoca*
新生代新第三紀中新世の哺乳類真獣類食肉類イヌ型類。鰭脚亜目アザラシ科。頭胴長2m。[分]ペルー, チリ
¶恐絶動（p226/カ復）
生ミス10（図2-2-32/カ写, カ復）〈約40cm 頭骨（と頸椎の一部）〉

アクロフォカ *Acrophoca longirostris*
中新世後期〜鮮新世前期の哺乳類鰭脚類。食肉目アザラシ科。全長約2m。[分]南アメリカ（ペルー）
¶絶哺乳（p153,155/カ復, モ図）〈[産]ペルー 頭骨復元〉

アクロポラ・ケルヴィコルニス *Acropora cervicornis*
完新世中期のサンゴ。別名シカツノサンゴ。
¶世変化（図98/カ写）〈[産]パナマのボカス・デル・トロ 高さ5.5cm〉

アケア ⇒カエデを見よ

アーケオキポダ・ヴェロネンシス *Archaeocypoda veronensis*
始新世の無脊椎動物節足動物。
¶図解化（p109-3/カ写）〈[産]イタリア〉

アーケオケラトプス *Archaeoceratops*
1億4000万〜1億2000万年前（白亜紀前期）の恐竜類周飾頭類。鳥盤目周飾頭亜目角竜下目プロトケラトプス科。植物食。体長50〜60cm。[分]兵庫県篠山市, 中国の甘粛省
¶恐イラ〔アルカエオケラトプス〕（p173/カ復）
日恐竜（p78/カ写, カ図, カ復）〈頭骨図, 前顎歯, 上顎骨〉

アーケオシアタス類
カンブリア紀の無脊椎動物海綿類疑似生物。
¶図解化（p61/カ写, モ復）
図解化（p62/カ写）〈[産]イタリア 石灰岩の断面〉

アーケオゾステラ・ロンギフェラ *Archaeozostera longifera*
白亜紀の被子植物単子葉類。別名ナガバコダイアマモ。
¶原色化（PL.72-5/カ写）〈[産]徳島県板野郡宮川内 母岩43×22cm〉

ア

アーケオティリス *Archaeothyris*
石炭紀後期の哺乳類型爬虫類盤竜類。盤竜目オフィアコドン科。全長50cm。㊕カナダのノヴァ・スコシア
¶**恐絶動**（p186/カ復）

アーケオテリウム ⇒アルケオテリウムを見よ

アーケオパリヌルス・レビア *Archaeopalinurus levia*
三畳紀後期の無脊椎動物節足動物。
¶**図解化**（p108-4/カ写）〈㊧イタリアのベルガモ〉

アーケオプテリクス・リソグラフィカ ⇒アルカエオプテリクス・リトグラフィカを見よ

アーケオポドカルプス属 *Archaeopodocarpus*
ペルム紀の植物。
¶**図解化**（p16/カ写）〈㊧ドイツ〉

アーケオリソサムニウムの1種
Archaeolithothamnium kuboiensis
新生代中新世の紅藻類。サンゴモ科メロベシア亜科。
¶**学古生**（図2135/モ写）〈㊧山梨県南都留郡河口湖町久保井〉

アーケオリソサムニウムの1種
Archaeolithothamnium lugeoni
新生代漸新世後期の紅藻類。サンゴモ科メロベシア亜科。
¶**学古生**（図2136/モ写）〈㊧長崎県西彼杵郡西海町七釜鍾乳洞〉

アケガイ
新生代第四紀更新世の軟体動物斧足類。
¶**産地別**（p96/カ写）〈㊧千葉県印西市萩原 長さ8.7cm〉

アケビガイ *Akebiconcha kawamurai*
新生代第三紀鮮新世の軟体動物斧足類。
¶**化石フ**（p171/カ写）〈㊧静岡県掛川市 120mm, 100mm〉

アケビガイ
新生代第四紀更新世の軟体動物斧足類。アケビガイ科。別名アケビコンカ。
¶**産地新**（p76/カ写）〈㊧千葉県君津市追込小糸川 長さ6cm〉

アケビコンカ ⇒アケビガイを見よ

アケボノアラカシ *Cyclobalanopsis nathorstii*
新生代中新世中期の陸上植物。ブナ科。
¶**学古生**（図2356/モ写）〈㊧石川県珠洲市高屋〉

アケボノイヌブナ *Fagus palaeojaponica*
新生代中新世後期の陸上植物。ブナ科。
¶**学古生**（図2340,2341/モ写）〈㊧岩手県二戸郡安代町荒屋 殻斗, 葉〉

アケボノウマ ⇒ヒラコテリウムを見よ

アケボノシラカシ *Cyclobalanopsis mandraliscae*
新生代中新世中期の陸上植物。ブナ科。
¶**学古生**（図2353,2354/モ図, モ写）〈㊧石川県珠洲市高屋, 宮城県伊具郡丸森町大内〉

アケボノゾウ *Stegodon aurorae*
更新世早期〜中期の哺乳類ゾウ類。長鼻目ゾウ亜目ステゴドン科。肩高1.5〜2m。㊕日本
¶**化石図**（p161/カ写, カ復）〈㊧神奈川県 横幅約14cm 上顎臼歯の咬板面を上から見たところ〉
化石フ〔アケボノゾウの下顎骨〕（p235/カ写）〈㊧兵庫県播磨灘（瀬戸内海）海底 臼歯の大きさ（歯冠長）211mm〉
絶哺乳（p222/カ復）

アケボノゾウ ⇒メリテリウムを見よ

アケボノマテバシイ *Pasania chaneyi*
新生代始新世の陸上植物。ブナ科。
¶**学古生**（図2185/モ写）〈㊧山口県宇部市上梅田〉

アゲラクリニテス・ハノヴェリ *Agelacrinites hanoveri*
デヴォン紀後期の無脊椎動物棘皮動物座ヒトデ類。
¶**図解化**〔アゲラクリニテス・ハノヴェリとテメイスキテス・カーターイを含む岩石〕（p164-下右/カ写）〈㊧アイオワ州〉

アケル・ジャポニクム ⇒ハウチワカエデを見よ

アケル・トゥリロバトゥム
古第三紀〜現代の被子植物。別名カエデ。高さ9〜30m。㊕北アメリカ, ヨーロッパ, アジア
¶**進化大**〔アケル〕（p395/カ写）

アケルブラリア *Acervularia* sp.
シルル紀の無脊椎動物腔腸動物。
¶**図解化**（p69-5/カ写）〈㊧ダッドリー〉

アケルボシュワゲリナの1種 *Acervoschwagerina endoi*
古生代後期二畳紀前期の紡錘虫類。シュワゲリナ科。
¶**学古生**（図73/モ写）〈㊧京都府北桑田郡京北町野上町小野谷, 京都府船井郡園部町観音峠 正切縦断面, 正横断面〉

アケロウサウルス *Achelousaurus*
白亜紀カンパニアン〜マーストリヒシアンの恐竜類セントロサウルス類。ケラトプス科セントロサウルス亜科。体長6m。㊕アメリカ合衆国のモンタナ州
¶**恐イラ**（p236/カ復）

アーケロン ⇒アルケロンを見よ

アコスミア・マオティアニア *Acosmia maotiania*
帽天無飾蠕虫
カンブリア紀の鰓曳動物。鰓曳動物門アコスミア科。澄江生物群。
¶**澄江生**（図12.3/カ写）〈㊧中国の帽天山 最大長さ45mm, 幅9mm 横からの眺め〉

アゴニアタイテス *Agoniatites* sp.
デボン紀の軟体動物頭足類。
¶**原色化**（PL.20-2/カ写）〈㊧ドイツのラングシャイト 長径1.9cm〉

アゴニテスの一種 *Agonites* sp.
デボン紀後期のアンモナイト。
¶**アン最**（p122/カ写）〈㊧モロッコのリザーニ〉

ア

アコネセラス・ウォルシェンセ *Aconeceras walshense*
アプチアン期のアンモナイト。
¶**アン最**（p144/カ写）〈㊧クイーンズランド〉

アコネセラス・トラウツホルディ *Aconeceras trautsholdi*
アルビアン前期のアンモナイト。
¶**アン最**（p184/カ写）〈㊧ロシアのウリヤノフスク〉

アコネセラス・ニサス *Aconeceras nisus*
アンモナイト。
¶**アン最**（p117/カ写）〈㊧マダガスカル〉

アコメイモガイ *Endemoconus sieboldi*
新生代第三紀・初期更新世の貝類。イモガイ科。
¶**学古生**（図1621/モ写）〈㊧石川県金沢市大桑〉

アコメイモガイ
新生代第四紀更新世の軟体動物腹足類。イモガイ科。
¶**産地新**（p79/カ写）〈㊧千葉県君津市追込小糸川 高さ6.2cm〉

アコメガイ *Conus*（*Asprella*）cf.*sieboldi*
更新世後期～現世の軟体動物腹足類。
¶**日化譜**（図版34-27/モ写）〈㊧鹿児島県〉

アコヤザクラ *Arcopagia*（*Merisca*）*margaritina*
新生代第四紀更新世の貝類。ニッコウガイ科。
¶**学古生**（図1675/モ写）〈㊧千葉県市原市瀬又〉

アーサー ⇒イタヤカエデを見よ

アーサー ⇒カエデを見よ

アーサー ⇒カエデの種子を見よ

アーサー ⇒カエデ類の種子を見よ

アサガイオオノガイ *Mya*（s.s.）*grewingki*
漸新世末期の軟体動物斧足類。
¶**日化譜**（図版49-5/モ写）〈㊧福島県石城郡四倉, 南樺太〉

アサガイオオノガイ
新生代第三紀漸新世の軟体動物斧足類。別名マイヤ。
¶**産地本**（p80/カ写）〈㊧茨城県北茨城市平潟町 長さ（左右）4.5cm〉

アサガイオキシジミ *Cyclina*（s.s.）*asagaiensis*
漸新世末期の軟体動物斧足類。
¶**日化譜**（図版47-10/モ写）〈㊧福島県石城郡湯元〉

アサガイキリガイダマシ *"Turritella" importuna*
漸新世後期の軟体動物腹足類。
¶**日化譜**（図版27-25/モ写）〈㊧福島県四倉〉

アサガイザルガイ *Clinocardium asagaiense*
漸新世末期の軟体動物斧足類。
¶**日化譜**（図版46-3/モ写）〈㊧福島県双葉郡広野, 同石城郡四倉〉

アサガイシラトリ *Macoma*（s.s.）*sejugata*
漸新世末期の軟体動物斧足類。
¶**日化譜**（図版48-9/モ写）〈㊧福島県石城郡湯元〉

アサガイソデガイ（新） *Yoldia*（*Yoldia*）*asagaiensis*
漸新世末期の軟体動物斧足類。
¶**日化譜**（図版35-33/モ写）〈㊧福島県四倉〉

アサガイダマ *Ampullina asagaiensis*
新生代第三紀漸新世の貝類。タマガイ科。
¶**学古生**（図1114/モ写）〈㊧和歌山県西牟婁郡串本町田並〉
日化譜（図版30-12/モ写）〈㊧福島県四倉, 同双葉郡〉

アサガイツムバイ *Colus asagaiensis*
漸新世末期の軟体動物腹足類。
¶**日化譜**（図版31-22/モ写）〈㊧福島県四倉〉

アサガイフミガイ *Venericardia*（*Cyclocardia*）*laxata*
漸新世末期の軟体動物斧足類。
¶**日化譜**（図版44-16/モ写）〈㊧福島県石城郡四倉〉

アサガイホソスジハマグリ *Liocyma furtiva*
漸新世末期の軟体動物斧足類。
¶**日化譜**（図版47-20/モ写）〈㊧福島県石城郡浅貝〉

アサガオガイ科の一種
新生代第三紀鮮新世の軟体動物腹足類。アサガオガイ科。
¶**産地新**（p216/カ写）〈㊧高知県安芸郡安田町唐浜 高さ1.6cm, 高さ1.6cm〉

アサクボミオビシダ *Taeniopteris emarginata*
中生代の陸上植物。手取統植物群。
¶**学古生**（図798/モ写）〈㊧石川県石川郡白峰村桑島〉
日化譜〔Taeniopteris emarginata〕（図版73-15/モ写）〈㊧石川県石川郡白峰村桑島〉

アサクラミクリ *Siphonalia asakuraensis*
始新世後期の軟体動物腹足類。
¶**日化譜**（図版32-16/モ写）〈㊧福岡県朝倉郡宝珠山〉

アサジハマグリ *Pitar*（*Pitarina*）*semeliformis*
中新世後期の軟体動物斧足類。
¶**日化譜**（図版46-20/モ写）〈㊧宮崎県諸県郡高岡町〉

アサノヨウラクガイ *Rhizomurex asanoi*
新生代第三紀・初期中新世の貝類。アクキガイ科。
¶**学古生**（図1224,1225/モ写）〈㊧輪島市徳成, 珠洲市藤尾〉

アサバガレイ ⇒レピドセッタ・モチガレイを見よ

アサヒスエモノガイ（新） *Thracia asahiensis*
中新世中期の軟体動物斧足類。
¶**日化譜**（図版85-30/モ写）〈㊧北海道岩見沢市朝日〉

アサファス・ラニセプス *Asaphus raniceps*
オルドビス紀の節足動物三葉虫類。
¶**原色化**（PL.7-3/モ写）〈㊧スエーデン 頭の幅3.5cm〉
原色化（PL.8-3/カ写）〈㊧ノルウエー 長さ6.2cm〉

アサフィスクス・ウィーレリ *Asaphiscus wheeleri*
カンブリア紀中期の無脊椎動物節足動物三葉虫。レドリキア目。
¶**三葉虫**〔三葉虫3種の集合化石〕（図8/モ写）〈㊧アメリカのユタ州〉
図解化（p100-4/カ写）〈㊧ユタ州〉

アサフェルスの一種 *Asaphellus* sp.
オルドビス紀の三葉虫。レドリキア目。
¶**三葉虫**（図11/モ写）〈[産]中国湖南省湘西 長さ112mm〉

アサフス・エクスパンスス *Asaphus expansus*
オルドヴィス紀の無脊椎動物節足動物。
¶**図解化**（p100-11/カ写）〈[産]スウェーデン〉

アサフス・コワレウスキー *Asaphus kowalewskii*
古生代オルドビス紀の節足動物三葉虫類。全長11cm。[分]ロシア
¶**古代生**〔アサプス（アサフス）・コワレウスキイ〕（p75/カ写）
生ミス2（図1-2-10/カ写）
リア古〔アサフス〕（p66/カ復）

アザヤカエダワカレシダ *Cladophlebis argutula*
中生代ジュラ紀末〜白亜紀初期の陸上植物。シダ類綱。
¶**学古生**（図770/モ写）〈[産]石川県石川郡白峰村桑島〉
学古生（図805/モ写）〈[産]高知県南国市領石〉

アサリ *Tapes philippinarum*
新生代第三紀鮮新世の貝類。マルスダレガイ科。
¶**学古生**（図1431/モ写）〈[産]青森県むつ市近川〉

アサリ *Tapes*（*Ruditapes*）*philippinarum*
新生代第四紀更新世の貝類。マルスダレガイ科。
¶**学古生**（図1692/モ写）〈[産]埼玉県朝霞市根岸〉

アサリ
新生代第四紀更新世の軟体動物斧足類。
¶**産地別**（p94/カ写）〈[産]千葉県印西市萩原 長さ4.7cm〉

アサリ
新生代第三紀中新世の軟体動物斧足類。
¶**産地本**（p203/カ写）〈[産]滋賀県甲賀郡土山町鮎河 長さ（左右）4.2cm〉

アサリの仲間
新生代第三紀中新世の軟体動物斧足類。
¶**産地別**（p211/カ写）〈[産]滋賀県甲賀市土山町鮎河中畑橋 長さ6.1cm〉

アシカ *Zalophus califormianus*
新生代更新世後期の哺乳類。アシカ科。
¶**学古生**（図1995,1996/モ写）〈[産]青森県下北郡東通村尻屋日鉄鉱山 右下顎骨の頬側面，犬歯〉

アジノテリウム *Adinotherium ovinum*
哺乳類。哺乳綱獣亜綱正獣上目南蹄目。体長1.3m。
¶**古脊椎**（図261/モ復）

アシヤカシバン *Kewia nipponica*
漸新世末期のウニ類。
¶**日化譜**（図版62-6/モ写）〈[産]福岡県遠賀郡蘆屋町〉

アシヤキヌブクロ *Solamen subfornicatum*
漸新世末期の軟体動物斧足類。
¶**日化譜**（図版37-20/モ写）〈[産]福岡県遠賀郡蘆屋町〉

アシヤニシキ *Chlamys*（s.s.）*ashiyaensis*
漸新世後期の軟体動物斧足類。
¶**日化譜**（図版40-1/モ写）〈[産]福岡県蘆屋町，同八幡市折尾，下関市彦島〉

アシヤヒタチオビ *Fulgoraria*（*Psephaea*?）*ashiyaensis*
漸新世最後期〜中新世中期の軟体動物腹足類。
¶**日化譜**（図版83-39/モ写）〈[産]北九州市若松区脇田岩屋など〉

アシヤフミガイ *Venericardia*（*Venericor*）*subnipponica*
漸新世中期の軟体動物斧足類。
¶**日化譜**（図版44-25,26/モ写）〈[産]福岡県遠賀郡蘆屋町，長崎県西彼杵郡崎戸〉

アシヤブンブク（新） *Linthia praenipponica*
漸新世末期のウニ類。
¶**日化譜**（図版62-16/モ写）〈[産]福岡県遠賀郡蘆屋町〉

アショロア *Ashoroa*
新生代古第三紀漸新世の哺乳類真獣類束柱類。全長1.8m。[分]日本
¶**生ミス10**（図2-2-22/カ写，カ復）〈全身復元骨格〉
生ミス10〔束柱類の骨の組織構造〕（図2-2-28/カ図）

アショロカズハヒゲクジラ ⇒エティオケトゥス・ポリデンタトゥスを見よ

アシラ ⇒オオキララガイを見よ

アシラ ⇒キララガイを見よ

アシラ ⇒キララガイのノジュールを見よ

アシラ
中生代白亜紀の軟体動物斧足類。
¶**産地別**〔金色のアシラ〕（p41/カ写）〈[産]北海道苫前郡苫前町古丹別川 長さ0.6cm 内形印象，黄鉄鉱化〉

アシラ（トランカシラ）・インシグニス ⇒キララガイを見よ

アスカクダマキ *Gemmula* aff. *asukana*
鮮新世前期の軟体動物腹足類。
¶**日化譜**（図版34-13/モ写）〈[産]静岡県周智郡飛鳥，沖縄本島〉

アスカラボス・ヴォイツィ *Ascalabos voithi*
ジュラ紀後期の脊椎動物真骨魚類。
¶**ゾル2**（図159/カ写）〈[産]ドイツのアイヒシュテット 9cm〉

アスケプトサウルス *Askeptosaurus*
三畳紀中期の爬虫類。タラットサウルス目。初期の双弓類。全長2m。[分]スイス
¶**恐絶動**（p83/カ復）

アスケプトサウルス・イタリクス *Askeptosaurus italicus*
三畳紀中期の脊索動物爬虫類。
¶**図解化**（p206-1/カ写）〈[産]イタリアのベサノ〉

アスタクス・スピノロストリヌス *Astacus spinorostrinus*
ジュラ紀の節足動物甲殻類。
¶**原色化**（PL.44-1/カ写）〈[産]中国北東部熱河省凌源 長さ11cm〉

アズダルコ科 Azhdarchidae
白亜紀後期カンパニアン期〜マストリヒシアン期（約7000万年前）の爬虫類翼竜類。翼竜目翼手竜下

目アズダルコ科。魚類や小動物を摂食。翼開長5〜6m？㊎兵庫県淡路島緑町（現南あわじ市）
¶日恐竜（p92/カ写，カ復）〈左右約8cm 頸椎化石の一部のレプリカ〉

アズダルコ類
白亜紀セノマニアン後期〜カンパニアン期？の翼竜類。
¶日白亜（p24〜26/カ写，カ復）〈㊥熊本県御船町 翼竜の骨と思われる化石を含むブロック〉

アズダルコ類
白亜紀カンパニアン期〜マーストリヒチアン期の翼竜類。翼開長5〜6m。
¶日白亜（p36〜39/カ写，カ復）〈㊥兵庫県淡路島 左右約8cm 頸椎（レプリカ）〉

アスタルテ *Astarte elegans*
ジュラ紀〜現世の無脊椎動物二枚貝類。マルスダレガイ目エゾシラオガイ科。体長2cm。㊎世界中
¶化写真（p106/カ写）〈㊥イギリス 石灰岩中のアスタルテの殻〉

アスタルテ・サブセネクタ *Astarte (Astarte) subsenecta*
中生代白亜紀前期の貝類。エゾシラオガイ科。
¶学古生（図686/モ写）〈㊥群馬県多野郡中里村 左殻外面，左殻内面〉

アスタルテ属の種 *Astarte* sp.
ジュラ紀後期の無脊椎動物軟体動物二枚貝類。
¶ゾル1（図117/カ写）〈㊥ドイツのケルハイム 0.5cm〉

アスタルテ・ムタビリス
ジュラ紀〜現代の無脊椎動物二枚貝類。長さ2〜7cm。㊎世界各地
¶進化大〔アスタルテ〕（p399/カ写）

アスタルテ（ヤベア）・シナノエンシス *Astarte (Yabea) shinanoensis*
中生代白亜紀前期の貝類。エゾシラオガイ科。
¶学古生（図688/モ写）〈㊥群馬県多野郡中里村 左殻内面，左殻外面〉

アスタルテラの1種 *Astartella toyomensis*
古生代後期の貝類。エゾシラオガイ科。
¶学古生（図224/モ写）〈㊥宮城県登米郡登米町北沢〉
日化譜〔Astartella toyomensis〕（図版85-3/モ写）〈㊥宮城県登米郡東和町米谷〉

アステノコルムス・ティタニウス *Asthenocormus titanius*
ジュラ紀後期の脊椎動物全骨魚類。
¶ゾル2（図63/カ写）〈㊥ドイツのアイヒシュテット 222cm〉
ゾル2（図64/カ写）〈㊥ドイツのアイヒシュテット 234cm〉

アステリアキテス・ルンブリカリス *Asteriacites lumbricalis*
ジュラ紀前期の無脊椎動物棘皮動物蛇尾類。
¶図解化（p173-1〜3/カ写）〈㊥イタリアのドロミテ 印象〉

アステロキシロン・マッキーイ
デヴォン紀前期〜中期のヒカゲノカズラ植物。高さ50cm。㊎ヨーロッパ
¶進化大〔アステロキシロン〕（p118/カ復）

アステロキシロン・マッキエイ *Asteroxylon mackiei*
古生代デボン紀のヒカゲノカズラヒカゲノカズラ類。高さ40cm。㊎イギリス
¶生ミス3〔アステロキシロン〕（図2-2/カ写，カ復）〈㊥イギリス・スコットランドのライニーチャート 拡大〉

アステロケラス ⇒アステロセラス・オブツサムを見よ

アステロセラス・オブツサム *Asteroceras obtusum*
前期ジュラ紀の無脊椎動物アンモナイト類。アンモナイト目アレイチテス科。直径22cm。㊎世界中
¶アン最（p148/カ写）〈㊥イギリスのドーセットのチャーマウス〉
化写真〔アステロケラス〕（p154/カ写）〈㊥イギリス〉

アステロセラス・コスタータム *Asteroceras costatum*
ジュラ紀の軟体動物頭足類。
¶原色化（PL.49-3/カ写）〈㊥南ドイツのフランクユラ 長径6.8cm〉

アステロデルムス・プラティプテルス *Asterodermus platypterus*
ジュラ紀後期の脊椎動物軟骨魚類エイ類の仲間。
¶ゾル2（図4/カ写）〈㊥ドイツのビルクホフ 46cm〉

アステロピゲ ウニスピナ *Asteropyge unispina*
デボン紀中期の三葉虫。ファコープス目。
¶三葉虫（図65/モ写）〈㊥ボリビアのベレン 幅57mm 頭部〉
三葉虫（図66/モ写）〈㊥ボリビアのベレン 長さ94mm 額環の棘と複眼は欠如〉

アステロピゲの一種 *Asteropyge* sp.
デボン紀中期の三葉虫。ファコープス目。
¶三葉虫（図67/モ写）〈㊥モロッコのアルニフ 長さ61mm〉

アステロフィリテス *Asterophyllites*
石炭紀のトクサ植物。トクサ綱トクサ目。ロボクの葉につけられた名前。
¶化百科〔ロボク（アニュラリア，アステロフィリテス）〕（p79/カ写）

アステロフィリテス *Asterophyllites equisetiformis*
後期石炭紀〜ペルム紀の植物トクサ類。トクサ目カラモスタキス科。高さ10m。㊎世界中
¶化写真（p291/カ写）〈㊥イギリス〉
地球博〔トクサの群葉〕（p76/カ写）

アステロフィリテス ⇒カラミテスを見よ

アステロフィリテス・エキセティフォルミス
石炭紀〜ペルム紀の植物トクサ類。カラミテスの群葉の化石。植物全体の最大高さ20m。㊎世界各地
¶進化大〔カラミテス〕（p148〜149/カ写，カ復）

アストラエオスポンギア・メニスクス *Astraeospongia meniscus*
シルル紀の無脊椎動物海綿動物珪質海綿。
¶図解化（p59-9/カ写）〈㊥アメリカ〉

アストラスピス
オルドヴィス紀後期の脊椎動物無顎類。体長13～15cm。[分]北アメリカ中部
¶**進化大**（p93/カ復）

アストラヘリア・パルマタ *Astrahelia palmata*
中新世の無脊椎動物腔腸動物。
¶**図解化**（p70-2/カ写）〈[産]アメリカ合衆国〉

アストラポテリウム *Astrapotherium*
新生代古第三紀漸新世～新第三紀中新世の哺乳類真獣類輝獣類。輝獣目アストラポテリウム科。頭胴長2.7m。[分]アルゼンチン，チリ，コロンビアほか
¶**恐絶動**（p247/カ復）
生ミス10（図2-2-18/カ復）
絶哺乳（p235,236/カ写，カ復）〈約60cm 頭骨，下顎〉

アストラポテリウム *Astrapotherium magnum*
中新世の哺乳類。哺乳綱獣亜綱正獣上目雷獣目。水陸両生の草食獣。体長2m余。[分]南米パタゴニア
¶**古脊椎**（図267/モ復）

アストランギア・リネアタ *Astrangia lineata*
中新世の無脊椎動物原生動物群体六射サンゴ類。
¶**図解化**（p52/カ写）〈[産]ヴァージニア〉
図解化（p70-6/カ写）〈[産]ヴァージニア州〉

アストレプトスコレックス・アナシロスス
Astreptoscolex anasillosus
石炭紀の環形動物多毛類。
¶**図解化**（p89-4/カ写）〈[産]イリノイ州メゾン・クリーク〉

アストロペクテン科の未定種 Astropectinidae gen. et sp.indet.
新生代第三紀中新世の棘皮動物ヒトデ類。
¶**化石フ**（p199/カ写）〈[産]愛知県知多郡美浜町 55mm〉

アスナロビシ *Hemitrapa trapelloidea*
新生代鮮新世の陸上植物。ヒシ科。
¶**学古生**（図2494/モ写）〈[産]愛知県瀬戸市赤津〉

アスピディスクス・クリスタツス *Aspidiscus cristatus*
白亜紀後期の無脊椎動物腔腸動物。
¶**図解化**（p70-3/カ写）〈[産]アルジェリア〉

アスピデッラ
原生代先カンブリア時代後期の無脊椎動物。推定では刺胞動物。直径0.1～5cm。[分]カナダ，イギリス諸島
¶**進化大**（p62/カ写）

アスピドセラス・アカンティカム *Aspidoceras acanthicum*
ジュラ紀後期（キンメリッジ期）の無脊椎動物軟体動物アンモナイト。
¶**アン最**（p112/カ写）〈[産]マダガスカル〉
図解化〔Aspidoceras acanthicum〕（図版33-4/カ写）〈[産]パソ・デル・フルロ〉
図解化〔Aspidoceras acanthicum〕（図版33-5/カ写）〈[産]パソ・デル・フルロ〉

アスピドセラス属の種 *Aspidoceras* sp.
ジュラ紀後期の無脊椎動物軟体動物アンモナイト類。
¶**アン最**〔アスピドセラスの一種〕（p145/カ写）〈[産]イギリスのスカンソープ〉
ゾル1（図145/カ写）〈[産]ドイツのゾルンホーフェン 5cm 顎器を伴う〉
ゾル1（図146/カ写）〈[産]ドイツのアイヒシュテット 8cm〉
ゾル1（図147/カ写）〈[産]ドイツのゾルンホーフェン 3.5cm〉
日化譜〔Aspidoceras sp.〕（図版52-12/モ写）〈[産]宮城県桃生郡雄勝町唐桑〉

アスピドセラス・ピピニ *Aspidoceras pipini*
ジュラ紀後期の無脊椎動物軟体動物アンモナイト類。
¶**ゾル1**（図144/カ写）〈[産]ドイツのアイヒシュテット 12cm〉

アスピドリンクス *Aspidorhynchus*
ジュラ紀中期～白亜紀後期の魚類。条鰭亜綱。原始的な条鰭類。全長60cm。[分]南極大陸，英国のイングランド，フランス，ドイツ
¶**恐絶動**（p35/カ復）

アスピドリンクス・アクティロストリス
Aspidorhynchus acutirostris
ジュラ紀後期の脊椎動物硬骨魚類。アスピドリンクス目アスピドリンクス科。体長50cm。[分]ヨーロッパ
¶**化写真**〔アスピドリンクス〕（p213/カ写）〈[産]ドイツ 胴体の前部〉
ゾル2（図60/カ写）〈[産]ドイツのアイヒシュテット 53cm〉

アスピドリンクス・コムプトニイ
Aspidorhynchus comptoni
白亜紀の脊椎動物硬骨魚類。
¶**原色化**（PL.68-2/カ写）〈[産]ブラジル 母岩の長径10.5cm〉

アズマウニ *Coelopleurus maillardi*
更新世前期～現世のウニ類。
¶**日化譜**（図版61-20/モ写）〈[産]千葉県君津郡富来田町地蔵堂〉

アズマシャクナゲ ⇒ロードデンドロン・メッテルニッヒイ・ペンタメラムを見よ

アズマニシキ *Chlamys* (*Azumapecten*) *farreri*
新生代第四紀更新世の貝類。イタヤガイ科。
¶**学古生**（図1647/モ写）〈[産]千葉県市原市瀬又〉
学古生〔アズマニシキ（幼貝の右殻）〕（図1648/モ写）〈[産]千葉県市原市片又木〉

アズマニシキ
新生代第四紀更新世の軟体動物斧足類。
¶**産地別**（p92/カ写）〈[産]千葉県市原市瀬又 高さ8.8cm〉
産地本（p101/カ写）〈[産]千葉県市原市瀬又 高さ7cm〉

アズマニシキガイ *Chlamys farreri nipponensis*
新生代第三紀鮮新世～現世の貝類。イタヤガイ科。
¶**学古生**（図1491/モ写）〈[産]石川県金沢市角間 幼貝〉

アスレタ *Athleta*
主に暁新世後期と始新世前期の軟体動物腹足類前鰓類新腹足類。
¶**化百科**（p160/カ写）〈[産]北アメリカ東部 殻の長さ5cm〉

アスレタ・アスレタ
古第三紀～現代の無脊椎動物腹足類。全長6.5～10cm。[分]世界各地

ア

¶進化大〔アスレタ〕(p370/カ写)

アースロカルディアの1種　*Arthrocardia varmai*
新生代始新世の紅藻類。サンゴモ科コラリナ亜科。
¶学古生(図2150/モ写)〈㊤愛媛県上浮穴六郡久万町二名〉
日化譜〔Arthrocardia Varmai〕(図版12-15/モ写)〈㊤愛媛県石槌山 断面〉

アースロフィクス　*Arthrophycus*
シルル紀の節足動物か蠕形動物の生痕化石。
¶図解化(p27-2/カ写)〈㊤リビアのクフラのオアシス〉

アースロプレウラ　⇒アルトゥロプレウラを見よ

アースロプレウラ・アルマタ　*Arthropleura armata*
古生代石炭紀の節足動物多足類。全長2m。㊕アメリカ, カナダ, フランスほか
¶リア古〔アースロプレウラ〕(p162/カ復)

アスワゼンマイ　*Osmunda asuwensis*
中生代の陸上植物。シダ綱ゼンマイ目。足羽植物群。
¶学古生(図848,849b/モ写)〈㊤福井県今立郡池田町皿尾〉

アスワニィルセンソテツ　*Nilssonia asuwensis*
中生代白亜紀後期の陸上植物。足羽植物群。
¶学古生(図849a,850,851/モ写)〈㊤福井県今立郡池田町皿尾〉

アセスタ　⇒オオハネガイを見よ

アセルブラリア・アナナス　*Acervularia ananas*
シルル紀の腔腸動物四射サンゴ類。
¶原色化(PL.10-1/モ写)〈㊤スウェーデンのゴトランド島 個体の直径約3mm〉

アタキシオセラス・クリサケンセ　*Ataxioceras kurisakense*
中生代ジュラ紀の軟体動物頭足類アンモナイト類。ペリスフィンクテス科。
¶学古生〔アタキシオセラスの1種〕(図459/モ写)〈㊤徳島県上那賀町栗坂〉
化石フ(p111/カ写)〈㊤三重県鳥羽市 130mm〉

アダサウルス・モンゴリエンシス　*Adasaurus mongoliensis*
白亜紀後期の恐竜類獣脚類。ドロマエオサウルス科ドロマエオサウルス亜科。
¶モ恐竜(p33/カ写)〈㊤モンゴル南東ブギン・ツァフ 全身骨格, 頭骨〉

アタフルス・ニッポニクス　*Ataphrus (Ataphrus) nipponicus*
中生代白亜紀前期の貝類。アタフルス科。
¶学古生(図596/モ写)〈㊤千葉県銚子市君ケ浜〉

アタフルス・ヨコヤマイ　*Ataphrus (Ataphrus) yokoyamai*
中生代の貝類。アタフルス科。
¶学古生(図595/モ写)〈㊤岩手県下閉伊郡田野畑村平井賀〉

厚エビ類　*syncaridi*
無脊椎動物節足動物軟甲綱。
¶図解化(p105-4,5/カ写)〈㊤イリノイ州メゾン・クリーク〉

アツガキ　*Crassostrea gravitesta*
新第三紀中新世の二枚貝類。ウグイスガイ目イタボガキ科。
¶化石図(p151/カ写)〈㊤広島県 殻の高さ約20cm〉

アツガキ　*Ostrea gravitesta*
中新世中期の軟体動物斧足類。
¶日化譜(図版41-22/モ写)〈㊤岩手県福岡, 岡山県津山〉

アツシラオガイ　*Circe intermedia*
更新世後期～現世の軟体動物斧足類。
¶日化譜(図版46-16/モ写)〈㊤喜界島平家森〉

アッツリア
新生代第三紀中新世の軟体動物頭足類。オウムガイの一種。
¶産地新(p68/カ写)〈㊤茨城県北茨城市大津町五浦 径6cm 側面, 正面〉
産地別〔保存良好なアッツリア〕(p190/カ写)〈㊤福井県大飯郡高浜町名島 長径10.5cm〉
産地別(p192/カ写)〈㊤福井県大飯郡高浜町名島 長径15cm〉
産地別〔ノジュール中のアッツリア〕(p192/カ写)〈㊤福井県大飯郡高浜町名島 ノジュールの長径21.5cm, アッツリアの長径7.8cm〉
産地別(p193/カ写)〈㊤福井県大飯郡高浜町名島 長径8.5cm〉
産地別(p202/カ写)〈㊤福井県大飯郡高浜町山中海岸 長径9.5cm〉
産地別(p209/カ写)〈㊤滋賀県甲賀市土山町鮎河 長径0.8cm〉
産地別(p209/カ写)〈㊤滋賀県甲賀市土山町鮎河 長径2.9cm〉

アッツリアの研磨断面
新生代第三紀中新世の軟体動物頭足類。
¶産地別(p193/カ写)〈㊤福井県大飯郡高浜町名島 長径6.2cm〉

アッテンボローサウルス　*Attenborosaurus*
ジュラ紀シネムリアンの首長竜類。プレシオサウルス上科。体長5m。㊕ヨーロッパ
¶恐イラ(p97/カ復)

厚歯二枚貝　*Torreites sanchezi*
白亜紀後期の軟体動物二枚貝類。
¶世変化(図63/カ写)〈㊤オマーン中東部 幅10cm〉

厚歯二枚貝
白亜紀アプチアン期の二枚貝の仲間。
¶日白亜(p110～111/カ復)〈㊤岩手県宮古市周辺〉

厚歯二枚貝の密集ポイント
軟体動物二枚貝類厚歯二枚貝類。
¶生ミス7(図4-26/カ写)〈㊤オマーン〉

アツリア　*Aturia prezigzac*
暁新世～中新世の無脊椎動物オウムガイ類。オウムガイ目アツリア科。直径3cm。㊕世界中
¶化写真(p140/カ写)〈㊤エジプト 内形雌型〉

アツリア・コッキィー　*Aturia coxi*
新生代第三紀中新世の軟体動物頭足類“オウムガイ類”。

¶化石フ (p19/カ写) 〈㊥愛知県知多郡南知多町 30mm〉

アツリア・ジクザク *Aturia ziczac*
新第三紀中新世の頭足類オウムガイ類。オウムガイ目オウムガイ科。
¶化石図 (p148/カ写, カ復) 〈㊥モロッコ 直径約23cm〉

アツリアの一種 *Aturia* sp.
漸新世, 中新世の無脊椎動物軟体動物頭足類アンモナイト。
¶アン最 (p68/カ写) 〈㊥チリ〉
図解化〔Aturia sp.〕(図版24-2/カ写) 〈㊥イタリア〉

アツリア・ミノエンシス *Aturia minoensis* var.
第三紀の軟体動物頭足類。
¶原色化 (PL.77-2/カ写) 〈㊥大分県玖珠郡 長径12cm 変種。研磨断面〉

アツリア・ヨコヤマイ *Aturia yokoyamai*
新生代古第三紀始新世〜漸新世の軟体動物頭足類。
¶化石フ (p162/カ写) 〈㊥福岡県大牟田市 150mm〉
日化譜〔ヨコヤマオウムガイ〕(図版50-13/モ写) 〈㊥福岡県朝倉郡浅倉炭坑〉

アッロサウルス ⇒アロサウルスを見よ

アディノテリウム *Adinotherium*
中新世初期〜中期の哺乳類。トクソドン亜目トクソドン科。南アメリカの有蹄哺乳類。体長1.5m。㊎アルゼンチン
¶恐絶動 (p251/カ復)

アデク *Syzygium buxifolium*
新生代第四紀の陸上植物。フトモモ科。
¶学古生 (図2579/モ写) 〈現生種の葉脈標本〉

アデヤカヒメカノコアサリ *Anomalocardia (Veremolpa) mindanensis*
新生代第四紀更新世の貝類。マルスダレガイ科。
¶学古生 (図1687/モ写) 〈㊥千葉県市原市瀬又〉

アデヤカヒメカノコアサリ *Veremolpa minuta*
新生代第三紀鮮新世〜初期更新世の貝類。マルスダレガイ科。
¶学古生 (図1524/モ写) 〈㊥石川県金沢市上中町〉

アテレアスピス
シルル紀前期〜デヴォン紀前期の脊椎動物無顎類。体長15〜20cm。㊎スコットランド, ノルウェイ, ロシア
¶進化大 (p107/カ写)

アデロフサルムス *Adelophthalmus*
古生代デボン紀〜ペルム紀の節足動物鋏角類クモ類ウミサソリ類。全長20cm。㊎チェコ, ドイツ, アメリカ
¶生ミス3 (図4-5/カ復)

アデロフサルムス・メゾンエンシス *Adelophthalmus mazonensis*
古生代石炭紀の節足動物鋏角類クモ類ウミサソリ類。全長20cm。
¶生ミス4 (図1-3-9/カ復)

アトゥリア *Aturia*
6500万〜2300万年前 (パレオジン〜ネオジン前期) の無脊椎動物アンモナイト。最大直径15cm。㊎世界各地
¶恐竜世 (p57/カ写)

アトゥリア・プラエズィグザク
古第三紀〜新第三紀前期の無脊椎動物頭足類。最大直径15cm。㊎世界各地
¶進化大〔アトゥリア〕(p369/カ写)

アトキリゴミムシ?の1種 *Lebinii?* sp.
中生代白亜紀後期の昆虫類。鞘翅目オサムシ科。
¶学古生 (図716/モ写) 〈㊥石川県石川郡白峰村谷峠〉

アドクス・センゴクエンシス
白亜紀オーテリビアン期〜バレミアン期?のカメ類。甲長約30cm。
¶日白亜 (p28〜31/カ写, カ復) 〈㊥福岡県小倉市・宮若市 甲羅の部分〉

アドクスの仲間
白亜紀サントニアン期のカメ。スッポン上科。
¶日白亜 (p117/カ写) 〈㊥岩手県久慈市 腹甲の後半部分〉

アトポカラ・トリウォルウィス・トリクエトラ *Atopochara trivolvis triquetra*
中生代のシャジクモ類。熱河生物群。
¶熱河生〔アトポカラ・トリウォルウィス・トリクエトラの頂面〕(図219/モ写) 〈㊥中国の内モンゴルのホルチン左翼後旗 幅860μm〉
熱河生〔アトポカラ・トリウォルウィス・トリクエトラの側面〕(図220/モ写) 〈㊥中国の内モンゴルのホルチン左翼後旗 長さ900μm, 幅860μm 図219と同じ化石〉
熱河生〔アトポカラ・トリウォルウィス・トリクエトラの底面〕(図221/モ写) 〈㊥中国の内モンゴルのホルチン左翼後旗 幅860μm 図219と同じ化石〉

アトポケファラ *Atopocephara natsoni*
三畳紀前期の魚類。顎口超綱硬骨魚綱条鰭亜綱軟質上目レドフィルディユス目。全長10cm。㊎南アフリカ
¶古脊椎 (図33/モ復)

アトポサウルス・オベルンドルフェリ *Atoposaurus oberndorferi*
ジュラ紀後期の脊椎動物爬虫類ワニ類。
¶ゾル2 (図259/カ写) 〈㊥ドイツのケルハイム 12cm〉

アトポデンタトゥス・ユニクス *Atopodentatus unicus*
中生代三畳紀の爬虫類。板歯類に近縁。海棲。全長2.8m。㊎中国
¶生ミス5〔アトポデンタトゥス〕(図2-13/カ写, カ復, カ図) 〈㊥中国の雲南省羅平〉
リア中〔アトポデンタトゥス〕(p20/カ復)

アトラクトステウス・ストラウシ *Atractosteus strausi*
新生代古第三紀の魚類ガー類。
¶生ミス9〔アトラクトステウス〕(図1-4-1/カ写) 〈㊥ドイツのグルーベ・メッセル 約30cm〉

アトリッパー
古生代デボン紀の腕足動物有関節類。
¶産地本 (p105/カ写) 〈㊥岐阜県吉城郡上宝村福地 高さ1.3cm〉

アトリパ *Atrypa* sp.
シルル紀の無脊椎動物腕足動物。アトリパ目アトリパ科。体長1.2cm。㊀ヨーロッパ, アジア, 北アメリカ
¶**学古生**〔アトリパの1種〕(図39/モ写)〈㊟岐阜県吉城郡上宝村福地〉
化写真(p84/カ写)〈㊟スウェーデン〉

アトリパ
シルル紀前期〜デヴォン紀後期の無脊椎動物腕足類。体長2〜3cm。㊀世界各地
¶**進化大**(p102/カ写)

アトリパ・レティキュラリス *Atrypa reticularis*
デボン紀の腕足動物有関節類。
¶**原色化**(PL.18-2/モ写)〈㊟ドイツのケルン近郊 大きい個体の幅3.8cm, 小さい個体の高さ3.1cm〉
図解化〔Atrypa reticularis〕(図版9-11/カ写)〈㊟ドイツ〉
図解化〔Atrypa reticularis〕(図版9-13/カ写)〈㊟イギリス〉
図解化〔Atrypa reticularis〕(図版9-14/カ写)〈㊟ドイツ〉
図解化〔Atrypa reticularis〕(図版9-16/カ写)〈㊟ニューヨーク州〉

アトロタクシテス・リコポディオイデス *Athrotaxites lycopodioides*
ジュラ紀後期の植物針葉樹(球果)類。
¶**ゾル1**(図27/カ写)〈㊟ドイツのケルハイム 15cm〉
ゾル1(図28/カ写)〈㊟ドイツのケルハイム 1.4cm 球果〉

アナエタリオン・アングストゥス *Anaethalion angustus*
ジュラ紀後期の脊椎動物真骨魚類。
¶**ゾル2**(図155/カ写)〈㊟ドイツのゾルンホーフェン 12cm〉
ゾル2(図158/カ写)〈㊟ドイツのアイヒシュテット 24cm〉

アナエタリオン・クノリ *Anaethalion knorri*
ジュラ紀後期の脊椎動物真骨魚類。
¶**ゾル2**(図156/カ写)〈㊟ドイツのアイヒシュテット 16cm〉

アナエタリオン属の種 *Anaethalion* sp.
ジュラ紀後期の脊椎動物真骨魚類。
¶**ゾル2**(図157/カ写)〈㊟ドイツのアイヒシュテット 23cm〉

アナガレ *Anagale*
漸新世前期の哺乳類。アナガレ目。食虫動物。全長30cm。㊀モンゴル
¶**恐絶動**(p210/カ復)

アナギムニテスの1種 *Anagymnites* sp.aff.*A.acutus*
中生代三畳紀中期のアンモナイト。ギムニテス科。
¶**学古生**(図380/モ写)〈㊟宮城県宮城郡利府町 側面部〉

アナゴードリセラス *Anagaudryceras*
中生代白亜紀の軟体動物頭足類アンモナイト類。長径10cm前後。㊀日本, アメリカ, 南極大陸ほか
¶**生ミス7**(図4-1/カ写, カ復)〈㊟北海道三笠市〉

アナゴードリセラス
中生代白亜紀の軟体動物頭足類。
¶**産地別**(p20/カ写)〈㊟北海道苫前郡羽幌町中二股川清水沢 長径13cm〉
産地本(p71/カ写)〈㊟福島県いわき市大久町桃の木沢 径14.5cm〉

アナゴードリセラス・エニグマ *Anagaudryceras enigma*
セノマニアン前期の軟体動物頭足類アンモナイト。リトセラス亜目ゴードリセラス科。
¶**アン学**(図版49-3/カ写)〈㊟三笠地域〉

アナゴードリセラス・ブッダ *Anagaudryceras buddha*
セノマニアン前期の軟体動物頭足類アンモナイト。リトセラス亜目ゴードリセラス科。
¶**アン学**(図版48-1/カ写)〈㊟幌加内地域〉

アナゴードリセラス・ヨコヤマイ *Anagaudryceras yokoyamai*
サントニアン期の軟体動物頭足類アンモナイト。リトセラス亜目ゴードリセラス科。
¶**アン学**(図版49-1,2/カ写)〈㊟羽幌地域〉

アナゴードリセラス・リマータム *Anagaudryceras limatum*
中生代白亜紀コニアシアン期の軟体動物頭足類アンモナイト。リトセラス亜目ゴードリセラス科。
¶**アン学**(図版49-4/カ写)〈㊟夕張地域〉
学古生(図527/モ写)〈㊟北海道三笠市幾春別川流域〉
化石フ〔アナゴードリセラス・リマテューム〕(p121/カ写)〈㊟福島県いわき市 150mm〉
日化譜〔Anagaudryceras limatum〕(図版52-14/モ写)〈㊟愛媛県宇和島市〉

アナゴードリセラス・リマテューム ⇒アナゴードリセラス・リマータムを見よ

アナシビリテスの1種 *Anasibirites kingianus*
中生代三畳紀初期のアンモナイト。シビリテス科。
¶**学古生**(図371,372/モ写)〈㊟愛媛県東宇和郡城川町田穂上組 側面部, 別個体の腹側部〉

アナシビリテスの1種 *Anasibirites shimizui*
中生代三畳紀初期の頭足類アンモナイト。シビリテス科。
¶**学古生**(図370/モ写)〈㊟愛媛県東宇和郡城川町田穂上組 側面部, 腹側部〉
日化譜〔Anasibirites shimizui〕(図版86-9/モ写)〈㊟愛媛県東宇和郡魚成〉

アナシビリテス・パシフィカス *Anasibirites pacificus*
中生代三畳紀の軟体動物頭足類。
¶**化石フ**(p105/カ写)〈㊟愛媛県東宇和郡城川町 15mm〉
日化譜〔Anasibirites pacificus〕(図版51-11,12/モ写)〈㊟愛媛県東宇和郡魚成〉

アナジャコ
新生代第三紀中新世の節足動物甲殻類。
¶**産地別**(p214/カ写)〈㊟滋賀県甲賀市土山町鮎河 長さ1.5cm〉

アナジャコ
新生代第四紀完新世の節足動物甲殻類。

¶産地本（p246/カ写）〈㊨広島県広島市八丁堀三越百貨店地下 長さ約10cm ノジュール状〉

アナジャコの爪？（不明種）
新生代第三紀中新世の節足動物甲殻類。
¶産地本（p210/カ写）〈㊨滋賀県甲賀郡土山町鮎河 長さ2.2cm アナジャコもしくはスナモグリのハサミ〉

アナジャコのハサミ
新生代第三紀中新世の節足動物甲殻類。
¶産地別（p222/カ写）〈㊨岡山県津山市皿川 幅4cm〉

アナダラ
新生代第三紀中新世の軟体動物斧足類。
¶産地新（p117/カ写）〈㊨富山県上新川郡大沢野町土 長さ5.5cm〉
産地新（p120/カ写）〈㊨石川県輪島市徳成 長さ4.8cm〉
産地新（p126/カ写）〈㊨福井県福井市鮎川町 長さ4.5cm, 長さ4.5cm 方解石〉
産地本（p237/カ写）〈㊨岡山県勝田郡奈義町中島東 長さ（左右）7.5cm〉

アナダラ ⇒ダイニチサトウガイを見よ

アナダラ ⇒ナガサルボウを見よ

アナダラ・スズキイ ⇒スズキサルボウを見よ

アナダラ・ルスティカ
白亜紀後期～現代の無脊椎動物二枚貝類。別名アカガイ。長さ2～6cm。㊕世界各地
¶進化大〔アナダラ〕（p400/カ写）

アナトコエルス *Anatochoerus inusitatus*
中新世後期の哺乳類ネズミ類ヤマアラシ型類テンジクネズミ型類。齧歯目テンジクネズミ科。頭胴長約1.5m。㊕南アメリカ
¶絶哺乳（p132/カ復）

アナトサウルス *Anatosaurus*
白亜紀後期の爬虫類カモノハシ恐竜。鳥脚亜目ハドロサウルス科。全長10m。㊕カナダのアルバータ
¶恐絶動（p146/カ復）

アナトティタン *Anatotitan*
白亜紀後期の恐竜類鳥脚類エドモントサウルス類。ハドロサウルス科ハドロサウルス亜科。体長10～12m。㊕アメリカ合衆国
¶恐イラ（p224/カ復）
よみ恐（p201/カ復）

アナトミーテスの一種 *Anatomites* sp.
三畳紀後期のアンモナイト。
¶アン最（p137/カ写）〈㊨インドネシアのティモールのバスレオ〉

アナトリパ・インスクオモーサ *Anatrypa insquamosa*
デボン紀の腕足動物有関節類。
¶原色化（PL.18-1/モ写）〈㊨ドイツのアイフェル 幅3cm〉

アナパキディスカス *Anapachydiscus deccanensis yezoensis*
白亜紀のアンモノイド類。
¶化石図（p79/カ写）〈㊨北海道 直径約15cm〉

アナパキディスカス
中生代白亜紀の軟体動物頭足類。
¶産地別（p25/カ写）〈㊨北海道苫前郡羽幌町逆川 長径1.9cm〉
産地別（p33/カ写）〈㊨北海道苫前郡苫前町古丹別川上の沢 長径45cm〉

アナパキディスクス *Anapachydiscus* sp.
白亜紀の軟体動物頭足類。
¶原色化（PL.64-3/カ写）〈㊨樺太？ 高さ7.5cm〉

アナパキディスクス（ネオパキディスクス）・ナウマンニイ *Anapachydiscus* (*Neopachydiscus*) *naumanni*
白亜紀の軟体動物頭足類。
¶原色化（PL.66-5/モ写）〈㊨樺太？ 長径25cm 風化螺環〉
日化譜〔Anapachydiscus (Neopachydiscus) naumanni〕（図版57-4/モ写）〈㊨北海道日高国浦河, 樺太〉

アナハムリナ
白亜紀バレミアン期～アプチアン期？の異形巻きアンモナイト。
¶日白亜（p107/カ写）〈㊨群馬県神流町 長さ5cm〉

アナバリテス
カンブリア紀前期の微生物。推定では刺胞動物。全長5mm。㊕世界各地
¶進化大（p69/カ写）

アナプチクス
中生代三畳紀の軟体動物頭足類。
¶産地新（p33/カ写）〈㊨宮城県本吉郡本吉町日門 高さ2.2cm 顎器〉

アナプチクス
中生代白亜紀の軟体動物頭足類。アンモナイトの顎器。
¶産地新（p225/カ写）〈㊨熊本県天草郡龍ヶ岳町樋島 高さ2.2cm〉
産地本（p34/カ写）〈㊨北海道留萌郡小平町霧平峠 左右2.2cm〉
産地本（p36/カ写）〈㊨北海道三笠市桂沢湖 左右2.5cm〉

アナンキテス・オバータス *Ananchytes ovatus*
白亜紀の棘皮動物ウニ類。
¶原色化（PL.69-5/カ写）〈㊨和歌山県海草郡加太町田倉崎 高さ6cm〉

アナンクス *Anancus*
新生代新第三紀中新世～第四紀更新世の哺乳類真獣類長鼻類。ゾウ亜目。肩高3m。㊕イタリア, ルーマニア, ケニアほか
¶恐絶動（p239/カ復）
生ミス9（図0-2-18/カ写, カ復）〈全身復元骨格「ピッポ」〉
絶哺乳（p219/カ復）

アナンクス *Anancus arvernensis*
中新世後期～更新世前期の哺乳類ゾウ類。長鼻目ゾウ亜目ゴンフォテリウム科。肩高約3m。㊕アフリカ, ヨーロッパ, アジア
¶古脊椎（図285/モ復）

アニアイトチノキ *Aesculus majus*
新生代中新世の陸上植物双子葉植物。トチノキ科。
¶**学古生**(図2477/モ写)〈㊥秋田県北秋田郡森吉町〉
日化譜〔ムカシトチノキ〕(図版79-1/モ写)〈㊥北海道紋別郡上社名淵〉

アニアイフジキ *Cladrastis aniensis*
新生代中新世後期, 中新世中期の陸上植物。マメ科。
¶**学古生**(図2420,2421/モ図, モ写)〈㊥鳥取県八頭郡佐治村辰巳峠, 石川県珠洲市高屋〉

アニソセラス
白亜紀セノマニアン期の軟体動物頭足類アンモナイト。殻長約15cm。
¶**日白亜**(p16〜19/カ写, カ復)〈㊥鹿児島県長島町獅子島〉

アニソセラス・シュードエレガンス *Anisoceras pseudoelegans*
アルビアン後期の軟体動物頭足類アンモナイト。アンキロセラス亜目アニソセラス科。
¶**アン学**(図版30-1/カ写)〈㊥静内地域〉

アニソセラスの一種 *Anisoceras* sp.
セノマニアン前期?, アルビアン後期の軟体動物頭足類アンモナイト。アンキロセラス亜目アニソセラス科。
¶**アン学**(図版30-2,3/カ写)〈㊥稚内市東浦地域, 夕張地域〉

アニソセラスの仲間
白亜紀セノマニアン期のアンモナイト。
¶**日白亜**(p131/カ写)〈㊥北海道各地 殻長6cm〉

アニソフレビア・ヘルレ *Anisophlebia helle*
ジュラ紀後期の無脊椎動物昆虫類トンボ類。
¶**ゾル1**(図345/カ写)〈㊥ドイツのゾルンホーフェン 翅開長15cm〉

アニソミヨン・ギガンテウス *Anisomyon giganteus*
中生代白亜紀の軟体動物腹足類。
¶**化石フ**(p103/カ写)〈㊥北海道天塩郡中川町 80mm〉

アニソミヨン・トランスフォルミス *Anisomyon transformis*
中生代白亜紀の軟体動物腹足類。
¶**化石フ**(p103/カ写)〈㊥北海道枝幸郡中頓別町 35mm〉

アニソリンクス・ラピデウス *Anisorhynchus lapideus*
ジュラ紀後期の無脊椎動物昆虫類甲虫類。
¶**ゾル1**(図449/カ写)〈㊥ドイツのアイヒシュテット 2cm〉

アニダンツァス・ウスリーカス *Anidanthus ussuricus*
古生代ペルム紀の腕足動物。
¶**化石フ**(p53/カ写)〈㊥福島県いわき市 15mm〉

アニマンタルクス *Animantarx*
白亜紀セノマニアン〜チューロニアンの恐竜類ノドサウルス類。ノドサウルス科。体長3m。㊕アメリカ合衆国のユタ州
¶**恐イラ**(p243/カ復)

アニュラリア *Annularia*
石炭紀のトクサ植物。トクサ綱トクサ目。ロボクの葉。
¶**化百科**〔ロボク(アニュラリア, アステロフィリテス)〕(p79/カ写)〈15cm〉
図解化〔Annularia〕(図版1-14/カ写)〈㊥イリノイ州メゾン・クリーク〉

アニュラリア ⇒カラミテスを見よ

アニュラリア・ステラータ *Annularia stellata*
石炭紀のシダ植物ソテツシダ類。ロボクの枝のこと。
¶**原色化**(PL.25-6/カ写)〈㊥フランスのコマントリ 葉片の長さ1.5cm〉
植物化〔アンニュラリア〕(p20/カ写)〈㊥スペイン〉
図解化〔アンニュラリア・ステラタ〕(p45-10/カ写)〈㊥ドイツ〉

アヌラリオプシス・オーイシイ *Annulariopsis oishii*
中生代白亜紀のシダ植物トクサ類。トクサ目。
¶**化石フ**(p82/カ写)〈㊥高知県南国市 40mm〉

アヌログナトゥス *Anurognathus*
中生代ジュラ紀の爬虫類双弓類主竜類翼竜類。ラムフォリンクス亜目アヌログナトゥス科。森林におおわれた平野に生息。翼開長50cm。㊕ドイツ
¶**恐絶動**(p102/カ復)
恐竜博(p100/カ復)
生ミス6(図7-19/カ復)

アヌログナトス・アムモニ *Anurognathus ammoni*
ジュラ紀後期の脊椎動物爬虫類翼竜類。
¶**ゾル2**(図266/カ写)〈㊥ドイツのアイヒシュテット 14cm〉

アネウゴンヒウス *Aneugomphius ictidoceps*
二畳紀最後期の爬虫類。獣形超綱獣形綱獣形目獣歯亜目。全長29cm。㊕南アフリカ
¶**古脊椎**(図205/モ復)

アネウロフィトン
デヴォン紀中期〜後期の前裸子植物。高さ3m。㊕北半球
¶**進化大**(p121/カ写)

アネクテンスゾウ ⇒ゴンフォテリウムを見よ

アネトセラス *Anetoceras* sp.
古生代デボン紀の軟体動物頭足類アンモナイト類。
¶**生ミス3**(図4-11/カ写)〈㊥モロッコ 長径約11cm〉

アノウロソレックス ⇒ニッポンモグラジネズミを見よ

アノプロサウルス *Anoplosaurus*
白亜紀セノマニアンの恐竜類ノドサウルス類。ノドサウルス科。体長5m。㊕イギリスのケンブリッジシャー
¶**恐イラ**(p244/カ復)

アノプロテリウム *Anoplotherium*
始新世後期〜漸新世中期の哺乳類偶蹄類。イノシシ亜目アノプロテリウム科。肩高1m。㊕フランス
¶**恐絶動**(p268)

アノプロテリウム *Anoplotherium commune*
後期始新世の哺乳類。偶蹄目炭獣科。(分)ヨーロッパ
¶**古脊椎**(図315/モ復)

アノマロカリス *Anomalocaris*
5億500万年前(カンブリア紀中期)の無脊椎動物節足動物アノマロカリス類。全長最大1m。(分)カナダ, 中国南部
¶**化百科**(p128/カ写)〈7.5cm〉
恐竜世(p30/カ写, カ復)
生ミス1〔アノマロカリス類〕(図3-4-9/カ写)〈(産)アメリカのユタ州 8cm〉
生ミス1(図3-5-1/カ復)
生ミス1(図3-5-6/カ写)〈(産)オーストラリアのエミュー・ベイ頁岩 複眼の化石〉

アノマロカリス
カンブリア紀中期の無脊椎動物節足動物。最大全長1m。(分)カナダ, 中国南部
¶**進化大**(p77/カ写, カ復)

アノマロカリス・カナデンシス *Anomalocaris canadensis*
古生代カンブリア紀の節足動物アノマロカリス類。バージェス頁岩動物群。全長1m。(分)カナダ
¶**古代生**(p50〜51/カ写, カ復)〈口器, 全身化石, 触手部分〉
生ミス1(図3-2-2/カ写, カ復)〈22cm,17cm,17cm〉
生ミス3(図1-1/カ復)
世変化〔アノマロカリス〕(図5/カ写)〈(産)カナダのブリティッシュコロンビア州 高さ11cm〉
バ頁岩〔アノマロカリス〕(図164〜166/モ写, モ復)〈(産)カナダのバージェス頁岩〉
リア古〔アノマロカリス〕(p30,32〜35/カ復)

アノマロカリス・サロン *Anomalocaris saron* 帚刺奇蝦虫
カンブリア紀の節足動物アノマロカリス類。アノマロカリス科。澄江生物群。全長50cm。(分)中国
¶**生ミス1**(図3-3-2/カ写, カ復)
澄江生(図15.1/モ復)〈前方側面からと腹側からの復元図〉
澄江生(図15.2/カ写)〈(産)中国の馬房, 耳材村〉
リア古〔アノマロカリス類〕(p32〜35/カ復)

アノマロカリスの一種 *Anomalocaris* sp.
古生代カンブリア紀の節足動物アノマロカリス類。体長3cm未満。
¶**生ミス1**(図3-4-10/カ写)〈(産)アメリカのユタ州〉

アノマロカリスの触手をくっつけられたシドネイア
アノマロカリスをめぐる復元の試行錯誤。
¶**生ミス1**(図3-2-3/カ復)

アノマロカリスの触手をくっつけられたトゥゾイア
アノマロカリスをめぐる復元の試行錯誤。
¶**生ミス1**(図3-2-4/カ復)

アノマロカリス類?
古生代オルドビス紀前期の節足動物。
¶**生ミス2**(図1-1-1/カ写)〈(産)モロッコのフェゾウアタ層 約90cm〉

アノマロケリス *Anomalochelys angulata*
白亜紀後期セノマニアン期(約9500万年前)の爬虫類カメ類。カメ目潜頸亜目スッポン上科ナンシュンケリス科。陸生のカメ。植物食と思われる。甲長約70cm。(分)北海道むかわ町
¶**日恐竜**(p142/カ写, カ復)〈甲羅〉

アノミア属の種 *Anomia* sp.
ジュラ紀後期の無脊椎動物軟体動物二枚貝類。
¶**ゾル1**(図115/カ写)〈(産)ドイツのアイヒシュテット 6cm〉

アノモザミテスの1種 *Anomozamites* sp.
中生代ジュラ紀末〜白亜紀初期の陸上植物。科不明のソテツ状葉片。手取統植物群。
¶**学古生**(図787/モ写)〈(産)石川県石川郡白峰村桑島〉

アノモザミテス・マイヨル
三畳紀中期〜白亜紀前期の植物ベネティテス類。大葉の長さ30cm。(分)世界各地
¶**進化大**〔アノモザミテス〕(p231/カ写)

アノモプテリス・ディスタンス *Anomopteris distans*
後期三畳紀の植物。
¶**図解化**(p47-3/カ写)〈(産)ドイツ〉

アパテオフォリス *Apateopholis*
中生代白亜紀の条鰭類。
¶**生ミス7**(図3-8/カ写)〈(産)レバノンのハケル 19cm〉

アパテオン *Apateon pedestris*
前期二畳紀の脊椎動物両生類。分椎目ブランキオサウルス科。体長12cm。(分)ヨーロッパ
¶**化写真**(p222/カ写)〈(産)ドイツ〉

アパトサウルス *Apatosaurus*
1億5000万年前(ジュラ紀後期)の恐竜類ディプロドクス類。竜盤目竜脚形亜目ディプロドクス上科。別名ブロントサウルス。森におおわれた平原に生息。全長23m。(分)アメリカ合衆国
¶**恐イラ**(p140/カ復)
恐古生(p148〜149/カ写)
恐絶動(p131/カ復)
恐太古(p118〜119/カ写)〈脊椎, 頭骨, 口〉
恐竜世(p157/カ写)
恐竜博(p76/カ写)
古代生(p158〜159/モ図, カ復)〈全身復元骨格〉
生ミス5(図6-5/カ復)
生ミス6(図5-3/カ復)
よみ恐(p102/カ復)

アパトサウルス
ジュラ紀後期の脊椎動物竜脚形類。体長23m。(分)アメリカ合衆国
¶**進化大**(p270/カ写)

アパトサウルス・エクセルスス *Apatosaurus excelsus*
中生代ジュラ紀の爬虫類恐竜類竜盤類竜脚形類竜脚類。全長22m。(分)アメリカ
¶**リア中**〔アパトサウルス〕(p110/カ復)

アパラチオサウルス *Appalachiosaurus*
白亜紀カンパニアンの恐竜類ティラノサウルス類。

ティラノサウルス上科。体長7m。[分]アメリカ合衆国のアラバマ州
¶恐イラ (p203/カ復)

アパンクラ・マチュ *Apankura machu*
古生代カンブリア紀の節足動物ユーシカルノイド類。全長4cm。[分]アルゼンチン
¶生ミス1〔アパンクラ〕(p182/カ復)

アピアリア・ドゥビア *Apiaria dubia*
ジュラ紀後期の無脊椎動物昆虫類甲虫類。
¶ゾル1 (図450/カ写)〈[産]ドイツのアイヒシュテット 1cm〉
ゾル1 (図451/カ写)〈[産]ドイツのブルーメンベルク 1.7cm〉

アピオクリニテス *Apiocrinites elegans*
ジュラ紀～白亜紀の無脊椎動物ウミユリ類。ホソウミユリ目アピオクリニテス科。萼の直径3cm。[分]ヨーロッパ, アフリカ, 北アメリカ
¶化写真 (p173/カ写)〈[産]イギリス〉

アピオクリニテス・エレガンス
ジュラ紀中期～後期の無脊椎動物棘皮動物。茎とともに高さ30cm, 冠部直径3cm。[分]ヨーロッパ, アジア
¶進化大〔アピオクリニテス〕(p241/カ写)

アピオトリゴニア
中生代白亜紀の軟体動物斧足類。
¶産地別 (p228/カ写)〈[産]熊本県上天草市龍ケ岳町樋島 長さ2.5cm〉
産地本 (p24/カ写)〈[産]北海道苫前郡苫前町古丹別川 長さ(左右)1.5cm〉

アピオトリゴニア・ウンドローサ *Apiotorigonia undulosa*
中生代白亜紀の軟体動物斧足類三角貝類。
¶化石フ (p98/カ写)〈[産]福島県いわき市 11mm〉

アビキュロペクテン
古生代石炭紀の軟体動物斧足類。
¶産地別 (p116/カ写)〈[産]新潟県糸魚川市青海町 長さ2.3cm〉
産地本 (p55/カ写)〈[産]岩手県大船渡市日頃市町鬼丸 長さ(左右)4cm〉
産地本 (p55/カ写)〈[産]岩手県大船渡市日頃市町鬼丸 長さ(左右)3.2cm〉
産地本 (p106/カ写)〈[産]新潟県西頸城郡青海町電化工業 高さ2.6cm〉

アビキュロペクテンの1種 *Aviculopecten* sp.cf.*A. hataii*
古生代後期二畳紀中期の貝類。アビキュロペクテン科。
¶学古生 (図214/モ写)〈[産]宮城県気仙沼市上八瀬〉

アビキュロペクテン・ハタイイ *Aviculopecten hataii*
古生代ペルム紀の軟体動物斧足類。アビキュロペクテン科。
¶化石フ (p43/カ写)〈[産]宮城県登米郡東和町 25mm〉
日化譜〔Aviculopecten hataii〕(図版84-16/モ写)〈[産]宮城県気仙沼市上鹿折〉

アファネピグス *Aphanepygus*
中生代白亜紀の条鰭類。
¶生ミス7 (図3-5/カ写)〈[産]レバノンのエン・ナモーラ 21cm〉

アファネラマ *Aphaneramma* sp.
前期三畳紀の脊椎動物両生類。分椎目トレマトサウルス科。体長2m。[分]世界中
¶化写真 (p222/カ写)〈[産]アメリカ 頭骨〉

アフェラステルの1種 *Aphelaster serotimus*
中生代白亜紀前期の棘皮動物。トクサステル科。
¶学古生 (図726/モ写)〈[産]三重県度会郡南勢町飯満〉

アプチクス
中生代白亜紀の軟体動物頭足類アンモナイトの顎器。
¶産地別 (p227/カ写)〈[産]熊本県上天草市龍ケ岳町樋島 長さ1.8cm〉

アプチクス
中生代ジュラ紀の軟体動物頭足類アンモナイトの蓋とも顎器ともいわれる。
¶産地新 (p107/カ写)〈[産]福井県大野郡和泉村貝皿 長さ1.1cm〉
産地本 (p230/カ写)〈[産]山口県豊浦郡豊田町石町 高さ0.5cm 表面の印象, 裏面の印象〉

アブラスギ ⇒ユサン属の毬果を見よ

アブラツノザメの仲間の歯 *Squalus* sp.
白亜紀サントニアン期のサメ類。全長1～6m？
¶日白亜〔ラブカ類〕(p20～23/カ写, カ復)〈[産]熊本県上天草市龍ヶ岳町 左右7.6mm〉

アブラハヤの咽頭骨 *Moroco steindachneri steindachneri*
新生代第四期完新世の魚類硬骨魚類。
¶化石フ (p222/カ写)〈[産]滋賀県板田郡山東町坂田郡 7mm〉

アブリクトサウルス *Abrictosaurus*
ジュラ紀ヘッタンギアン～シネムリアンの恐竜類。ヘテロドントサウルス科。小型の鳥脚類。体長1.2m。[分]レソト, 南アフリカ
¶恐イラ (p108/カ復)

アフロヴェナトル *Afrovenator*
白亜紀オーテリビアン～バレミアンの恐竜類獣脚類テタヌラ類。体長8～9m。[分]ニジェール
¶恐イラ (p155/カ復)

アフロカリステスの1種 *Aphrocallistes* sp.
第三紀中新世の海綿類。珪質海綿綱ディクティダ目タコアシカイメン科。
¶学古生 (図98,99/モ写)〈[産]石川県鹿島郡能登島町半ノ浦, 石川県羽咋郡志賀町火打谷〉
日化譜〔Aphrocallistes sp.〕(図版13-3/モ写)〈[産]秋田県男鹿半島台島〉

アプロスミリアの1種 *Aplosmilia somaensis*
中生代ジュラ紀後期の六放サンゴ類。リピドギラ科。
¶学古生 (図333/モ写)〈[産]三重県志摩郡磯部町青峰山西南麓 横断面〉
日化譜〔Aplosmilia somaensis〕(図版19-8/モ写)〈[産]福島県相馬 横断面〉

アベラーナ
中生代白亜紀の軟体動物腹足類。

¶産地本(p16/カ写)〈㊨北海道苫前郡羽幌町羽幌川 高さ1cm〉

アベラーナ・ミニマ *Avellana minima*
中生代白亜紀前期の貝類。マメウラシマガイ科。
¶学古生(図618/モ写)〈㊨岩手県下閉伊郡田野畑村平井賀〉

アベリサウルス *Abelisaurus*
中生代白亜紀の恐竜類獣脚類。アベリサウルス科。基盤的なアベリサウルス類。沖積平野に生息。体長9m。㊎アルゼンチン
¶恐イラ(p183/カ復)
恐竜博(p106/カ復)

アポグラフィオクリヌス *Apographiocrinus*
古生代石炭紀～ペルム紀の棘皮動物ウミユリ類。萼から腕の先3cm。㊎アメリカ，オーストラリア，タイほか
¶生ミス4(図1-1-6/カ復)

アポライス(テッサロラックス)・アクチマーガリナータス *Aporrhais* (*Tessarolax*) *acutimargarinatus*
中生代白亜紀後期の貝類。モミジソデガイ科。
¶学古生(図611/モ写)〈㊨北海道三笠市幾春別〉

アポリカス属の未定種 *Apolichas* sp.
古生代シルル紀の節足動物三葉虫類。
¶化石フ(p58/カ写)〈㊨宮崎県西臼杵郡五ヶ瀬町 15mm〉

アポリカス・トランカータス *Apolichas truncatus*
古生代シルル紀の節足動物三葉虫類。
¶化石フ(p58/カ写)〈㊨高知県高岡郡越知町 70mm〉

アポルライス属の種 *Aporrhais* sp.
ジュラ紀後期の無脊椎動物軟体動物巻貝類。
¶ゾル1(図100/カ写)〈㊨ドイツのケルハイム 1.4cm〉

アポロン
新生代第三紀中新世の軟体動物腹足類。別名アラレガイ。
¶産地別(p196/カ写)〈㊨福井県大飯郡高浜町名島 高さ2cm〉

アポロン
新生代第三紀鮮新世の軟体動物腹足類。別名アラレバイ。
¶産地別(p223/カ写)〈㊨高知県安芸郡安田町唐浜 高さ2.6cm〉

アマクサオオハネガイ *Lima* (*Acesta*) *amaxensis*
始新世後期の軟体動物斧足類。
¶日化譜(図版41-15/モ写)〈㊨熊本県本渡市半河内〉

アマクサニシキ *Ctenamussium amakusaense*
始新世後期～中新世の軟体動物斧足類。
¶日化譜(図版39-14/モ写)〈㊨熊本県天草郡苓北町〉

アマゴ *Oncornynchus* cf. *O.masou*
新生代第三紀中新世～更新世の魚類硬骨魚類。サケ科。ヤマメO.rhodurusとも考えられている。
¶化石フ(p217/カ写)〈㊨大分県玖珠郡九重町 360mm〉

アマルガサウルス *Amargasaurus*
1億3000万年前(白亜紀前期)の恐竜類竜脚類ディプロドクス類。ディプロドクス上科。全長11m。㊎アルゼンチン
¶恐イラ(p164/カ復)
恐竜世(p157/カ復)
生ミス8(図11-8/カ写，カ復)〈㊨アルゼンチンのネウケン州〉
よみ恐(p144～145/カ復)

アマルガサウルス
白亜紀前期の脊椎動物竜脚形類。体長11m。㊎アルゼンチン
¶進化大(p332/カ写)〈とげ〉

アマルガサウルス・カザウイ *Amargasaurus cazaui*
中生代白亜紀の爬虫類恐竜類竜盤類竜脚形類竜脚類。全長13m。㊎アルゼンチン
¶リア中〔アマルガサウルス〕(p140/カ復)

アマルシュウス ⇒アマルチウスの1種を見よ

アマルチウスの1種 *Amaltheus* sp.
中生代ジュラ紀の軟体動物頭足類アンモナイト。アマルチウス科。
¶アン最〔アマルテウスの一種〕(p166/カ写)〈㊨ドイツのライヘンバッハ〉
学古生(図445/モ写)〈㊨富山県下新川郡朝日町大平川支流寺谷〉
化石フ〔アマルシュウス属の未定種〕(p113/カ写)〈㊨富山県下新川郡朝日町 50mm〉
日化譜〔Amaltheus sp.〕(図版53-17/モ写)〈㊨富山県下新川郡大平川寺谷〉

アマルチウスの1種 *Amaltheus* sp.cf.*A.stokesi*
中生代・前期ジュラ紀のアンモナイト。アマルチウス科。
¶学古生(図420/モ写)〈㊨山口県豊浦郡豊田町，菊川町〉

アマルテウス *Amaltheus stokesi*
前期ジュラ紀の無脊椎動物アンモナイト類。アンモナイト目アマルテウス科。直径7cm。㊎世界中
¶化写真(p146/カ写)〈㊨イギリス 茶色の砂石からできた型〉

アマルテウス ⇒アマルチウスの1種を見よ

アマルテウス・スブノドスス *Amaltheus subnodosus*
ジュラ紀前期の軟体動物頭足類アンモノイド類アンモナイト類。
¶化百科〔アマルテウス〕(p169/カ写)〈㊨ドイツ西部のゲッピンゲン付近 直径6cm〉

アマルテゥス・ヌーダス *Amaltheus nudus*
ジュラ紀の軟体動物頭足類。
¶原色化(PL.50-8/モ写)〈㊨イギリスのドーシット州ソーントン 長径6.6cm〉

アマロデス・プセウドザブルス *Amarodes pseudozabrus*
ジュラ紀後期の無脊椎動物昆虫類甲虫類。
¶ゾル1(図448/カ写)〈㊨ドイツのアイヒシュテット 3cm〉

アミア・ケルメリ *Amia kermeri*
始新世の脊椎動物魚類。硬骨魚綱。
¶図解化(p196-下/カ写)〈㊨ドイツ〉

アミオプシス・レピドタ *Amiopsis lepidota*
ジュラ紀後期の脊椎動物全骨魚類。別名ウロクレス・アルティヴェリス，ウロクレス・エレガンティシムス。
¶**ゾル2**（図139/カ写）〈㊥ドイツのアイヒシュテット 36cm〉
ゾル2（図140/カ写）〈㊥ドイツのアイヒシュテット 15cm〉
ゾル2（図143/カ写）〈㊥ドイツのランゲンアルトハイム 30cm〉
ゾル2（図144/カ写）〈㊥ドイツのアイヒシュテット 飲み込んだ3匹の魚共〉

アミクスの1種 *Amicus japonicus*
古生代後期二畳紀後期の藻類。カサノリ科。
¶**学古生**（図314/モ写）〈㊥岐阜県揖斐郡大野町石山 縦断薄片〉

アミグダロドン *Amygdalodon*
ジュラ紀バジョシアンの恐竜類ケティオサウルス類。ケティオサウルス科。体長13m。㊟アルゼンチン
¶**恐イラ**（p119/カ復）

アミグダロフィリジウムの1種
Amygdalophyllidium naoseudeum
古生代後期石炭紀中期の四放サンゴ類。四放サンゴ目シュウドパボウナ科。
¶**学古生**（図106/モ写）〈㊥山口県美祢郡美東町大久保 横断面〉

アミスクイア ⇒アミスクウィア・サジッチフォルミスを見よ

アミスクウィア・サジッチフォルミス *Amiskwia sagittiformis*
カンブリア紀の無脊椎動物環虫類毛顎動物。
¶**図解化**（p92-中央/モ復）〈㊥ブリティッシュ・コロンビア州〉
バ頁岩〔アミスクイア〕（図167,168/モ写，モ復）〈㊥カナダのバージェス頁岩〉

アミメカセキシダの1種 *Dictyophyllum* sp.
中生代三畳紀後期の陸上植物。シダ類綱シダ目ヤブレガサウラボシ科。別名ディクチオフィルム。成羽植物群。
¶**学古生**（図735/モ写）〈㊥岡山県川上郡成羽町〉

アミメサンゴ *Psammocora profundacella*
新生代第四紀完新世の六放サンゴ類。タムナステリア科。
¶**学古生**（図1023/モ写）〈㊥千葉県安房郡富浦町南無谷海岸〉

アミメソテツ？の1種 *Dictyozamites*? sp.
中生代の陸上植物。手取統植物群。
¶**学古生**（図799/モ写）〈㊥石川県石川郡白峰村桑島〉

アミメソテツの1種 *Dictyozamites* sp.
中生代ジュラ紀末～白亜紀初期の陸上植物。ソテツ綱アミメソテツ目。手取統植物群。
¶**学古生**（図780,781/モ写）〈㊥石川県石川郡白峰桑島〉
化石フ〔ディクチオザミテス属の未定種〕（p79/カ写）〈㊥岐阜県大野郡荘川村 240mm,80mm〉

アミメヒダコケムシ *Acanthodesia savaltii*
新生代更新世後期のコケムシ類。唇口目無嚢亜目アミメヒダコケムシ科。
¶**学古生**（図1079/モ写）〈㊥千葉県印旛郡印西町木下〉

アムシウム
新第三紀～現代の無脊椎動物二枚貝類。別名ツキヒガイ。長さ5～12cm。㊟世界各地
¶**進化大**（p400/カ写）

アムシオペクテン ⇒モミジツキヒを見よ

アムシオペクテン・プレシグニス ⇒モミジツキヒを見よ

アムピュリナ・ブルコニイ *Ampullina vulconi*
第三紀の軟体動物腹足類。
¶**原色化**（PL.79-7/モ写）〈㊥イタリアのベロナ近郊 高さ3.5cm〉

アムフィキオン ⇒アンフィキオンを見よ

アムフィステギナの1種 *Amphistegina radiata*
新生代中新世前期～更新世中期の大型有孔虫。アムフィステギナ科。
¶**学古生**（図994/モ写）〈㊥鹿児島県大島郡伊仙町阿権〉
日化譜〔Amphistegina radiata〕（図版7-15/モ写）〈㊥伊豆，房総，秩父など〉

アムフィドンテ・オブリクアタ
白亜紀前期の無脊椎動物二枚貝類。長径最大4cm。㊟ヨーロッパ，北アメリカ
¶**進化大**〔アムフィドンテ〕（p301/カ写）

アムフィバムス *Amphibamus*
3億年前（石炭紀後期）の初期の脊椎動物。全長15cm。㊟アメリカ合衆国
¶**恐竜世**（p84～85/カ写，カ復）〈骨格〉

アムフィバムス
石炭紀後期の脊椎動物切椎類。全長12cm。㊟アメリカ合衆国
¶**進化大**（p166～167/カ復）

アムブリセミウス属の種 *Amblysemius* sp.
ジュラ紀後期の脊椎動物全骨魚類。
¶**ゾル2**（図56/カ写）〈㊥ドイツのメルンスハイム 22cm〉

アムブリセミウス・パキウルス *Amblysemius pachyurus*
ジュラ紀後期の脊椎動物全骨魚類。
¶**ゾル2**（図53/カ写）〈㊥ドイツのアイヒシュテット 29cm〉
ゾル2（図54/カ写）〈㊥ドイツのアイヒシュテット 20cm〉
ゾル2（図55/カ写）〈㊥ドイツのアイヒシュテット 29cm〉

アムブリセミウス・ベリキアヌス *Amblysemius bellicianus*
ジュラ紀後期の脊椎動物全骨魚類。
¶**ゾル2**（図51/カ写）〈㊥ドイツのアイヒシュテット 32cm〉
ゾル2（図52/カ写）〈㊥ドイツのアイヒシュテット 24cm〉

アムブリプテルス・ユゥプテリギゥス
Amblypterus eupterygius
二畳紀の脊椎動物硬骨魚類。

¶原色化(PL.37-1/カ写)〈㊊ザールラントのザールブリュッケン 母岩9×16cm〉

アムブリュステギィウム
新第三紀～現代の植物コケ類。別名ヒメヤナギゴケ。幅20cmまで密生。㊊南北アメリカ，ヨーロッパ，アジア，オーストラレーシア，太平洋
¶進化大(p420/カ写)

アムプレクトベルア *Amplectobelua*
古生代カンブリア紀の節足動物アノマロカリス類。全長1m。㊊中国，カナダ
¶生ミス1(図3-5-2/カ復)

アムプレクトベルア・シムブラキアタ
Amplectobelua symbrachiata 双肢抱怪虫
カンブリア紀の節足動物アノマロカリス類。アノマロカリス科。澄江生物群。全長1m。㊊中国，カナダ
¶生ミス1〔アムプレクトベルア〕(図3-3-3/カ写，カ復)〈触手部分〉
澄江生(図15.3/カ写)〈㊊中国の馬鞍山，帽天山 つかむための付属肢〉
リア古〔アノマロカリス類〕(p32～35/カ復)

アムブロケトゥス *Ambulocetus*
新生代古第三紀の哺乳類ムカシクジラ類。プロトケトゥス科。河口に生息。体長3m。
¶恐竜博(p169/カ復)

アムブロリネヴィトゥス・ヴェントリコスス
Ambrolinevitus ventricosus 腹脊偶線帯螺
カンブリア紀のヒオリテス類。ヒオリテス門。澄江生物群。
¶澄江生(図13.5/カ写)〈㊊中国の馬鞍山 最大長さ5mm，開口部分側の幅1.5mm 100個以上の標本を含む岩片〉

アムブロリネヴィトゥス・マキシムス
Ambrolinevitus maximus 巨大偶線帯螺
カンブリア紀のヒオリテス類。ヒオリテス門。澄江生物群。最大長16mm，開口部分の最大幅6mm。
¶澄江生(図13.4/カ写)〈㊊中国の小濫田 扁平になった殻〉

アメイロアリの1種 *Paratrecina*(*Nylanderia*) sp.
新生代更新世の昆虫類。アリ科。
¶学古生(図1823/モ写)〈㊊岐阜県瑞浪市釜戸〉

アメベロドン *Amebelodon*
中新世後期の哺乳類。ゾウ亜目。初期のゾウ類。体高3m。㊊合衆国のコロラド，ネブラスカ
¶恐絶動(p238/カ復)

アメベロドン *Amebelodon fricki*
鮮新世の哺乳類。哺乳綱獣亜綱正獣上目長鼻目。体長4m強。㊊北米
¶古脊椎(図281/モ復)

アメリカマストドン *Mammut americanum*
鮮新世前期～更新世末の哺乳類ゾウ類。長鼻目ゾウ亜目マムート科。肩高約3m。㊊北アメリカ
¶化写真〔マムート〕(p275/カ写)〈㊊アメリカ 臼歯〉
恐絶動〔マムート〕(p242/カ復)
生ミス10(図3-2-7/カ写，カ復)〈㊊アメリカのカリフォルニア州ランチョ・ラ・ブレア 全身復元骨格(成体と幼体)〉
絶哺乳(p218/カ復)

アメリカマストドン *Mammut*(*Mastodon*) *americanus*
第四紀更新世の哺乳類長鼻類。長鼻目マムート科。
¶化石図(p172/カ写)〈㊊アメリカ合衆国 横幅約14cm 下顎の臼歯〉

アメリカマストドン ⇒マストドン・アメリカヌスを見よ

アメリカライオン *Panthera atrox*
新生代第四紀更新世の哺乳類真獣類食肉類ネコ型類ネコ類。頭胴長3.8m。㊊アメリカ，カナダ，メキシコほか
¶生ミス10(図3-2-2/カ写，カ復)〈㊊アメリカのカリフォルニア州ランチョ・ラ・ブレア ラ・ブレア・タールピッツ博物館所蔵標本〉

アヤカラフデ *Mitra*(*Cancilla*) *isabella*
新生代第四紀完新世の貝類。フデガイ科。
¶学古生(図1787/モ写)〈㊊鹿児島県鹿児島郡桜島町新島〉

アヤカラフデ *Mitra*(*Tiara*) *isabella*
更新世後期～現世の軟体動物腹足類。
¶日化譜(図版33-14/モ写)〈㊊鹿児島県〉

アヤボラ
新生代第三紀鮮新世の軟体動物腹足類。フジツガイ科。
¶産地新(p55/カ写)〈㊊福島県双葉郡富岡町小良ヶ浜 高さ7cm〉

アラウカリア *Araucaria mirabilis*
白亜紀の植物針葉樹類。ナンヨウスギ目ナンヨウスギ科。別名モンキーパズルツリー。
¶化写真〔アロウカリア〕(p304/カ写)〈㊊アルゼンチン 球果の断面，上面，側面〉
植物化〔アロウカリア〕(p35/カ写)〈㊊アルゼンチン〉
世変化(図52/カ写)〈㊊アルゼンチン 幅3cm 松笠〉
地球博〔ジュラ紀の針葉樹〕(p77/カ写)

アラウカリア
中生代白亜紀の裸子植物毬果類。
¶産地別(p46/カ写)〈㊊北海道苫前郡苫前町古丹別川上の沢 長さ5.2cm〉

アラウカリア ⇒ナンヨウスギを見よ

アラウカリア・ミラビリス
ジュラ紀～現代の植物針葉樹。別名ナンヨウスギ。球果の長さ2.5～4.5cm，幅2.5～4cm。㊊南アメリカ
¶進化大〔アラウカリア〕(p289/カ写)〈㊊パタゴニア 球果〉

アラウカリア・モレアウニアナ *Araucaria moreauniana*
ジュラ紀後期の植物針葉樹(球果)類。
¶ゾル1(図29/カ写)〈㊊ドイツのダイティング 2cm 球果鱗片葉〉
ゾル1(図30/カ写)〈㊊ドイツのパインテン 3cm 雄の球果〉
ゾル1(図31/カ写)〈㊊ドイツのミュールハイム 3cm 雌花〉
ゾル1(図32/カ写)〈㊊ドイツのダイティング 3cm 雌の球果〉

アラカワニシキ *Chlamys arakawai*
新生代第三紀・初期中新世の貝類。イタヤガイ科。
¶学古生(図1128/モ写)〈[産]宮城県仙台市赤石〉

アラキノイデイスクス・エレンベルギー
Arachinoidiscus ehrenbergii
新生代第三紀〜完新世の珪藻類。同心目。
¶学古生(図2096/モ写)〈[産]茨城県鹿島郡旭村下鹿田〉

アラクソセラスの1種 *Araxoceras* sp.cf.*A. biangsiensis*
古生代後期二畳紀後期の頭足類。アラクソセラス科。
¶学古生(図236/モ写)〈[産]宮城県本吉郡本吉町平磯〉

アラゴサウルス *Aragosaurus*
白亜紀前期(約1億2500万年前〜1億2300万年前)の恐竜類チタノサウルス形類。竜盤目竜脚形亜目カマラサウルス科。体長18m。[分]スペイン
¶恐太古(p130/カ復)

アラサワサルボウ *Anadara arasawaensis*
新生代第三紀・中期中新世の貝類。フネガイ科。
¶学古生(図1266/モ写)〈[産]岩手県岩手郡雫石町荒沢〉

アラシャンサウルス ⇒アルクササウルスを見よ

アラスカシラオガイ *Astarte alaskensis*
新生代第三紀鮮新世の貝類。エゾシラオガイ科。
¶学古生(図1426/モ写)〈[産]青森県むつ市前川〉
学古生(図1528/モ写)〈[産]富山県小矢部市田川〉

アラスカニシキ *Polynemamussium alaskense*
新生代第三紀鮮新世の貝類。イタヤガイ科。
¶学古生(図1410,1411/モ写)〈[産]青森県むつ市近川〉

アラスジサラガイ *Peronidia zyonoensis*
新生代第三紀鮮新世〜初期更新世の貝類。ニッコウガイ科。
¶学古生(図1531,1536/モ写)〈[産]石川県金沢市大桑, 石川県金沢市小二又〉

アラスジソデガイ *Saccella sematensis*
新生代第四紀の貝類。シワロウバイ科。
¶学古生(図1628/モ写)〈[産]千葉県市原市瀬又〉

アラスジソデガイ
新生代第四紀更新世の軟体動物斧足類。
¶産地別(p96/カ写)〈[産]千葉県印西市萩原 長さ2.2cm〉

アラセハンノキ *Alnus arasensis*
新生代中新世前期の陸上植物。カバノキ科。
¶学古生(図2308/モ写)〈[産]山形県鶴岡市加茂町油戸〉

アラバミナ・ジャポニカ *Alabamina japonica*
新生代中新世の小型有孔虫。アラバミナ科。
¶学古生(図926/モ写)〈[産]福島県いわき市勿来町九面〉

アラボリロウバイガイ *Nuculana (Thestyleda) yokoyamai*
新生代第三紀鮮新世〜現世の貝類。ロウバイガイ科。
¶学古生(図1473/モ写)

アラボリロウバイガイ *Nuculana yokoyamai*
新生代第三紀鮮新世の貝類。ロウバイガイ科。
¶学古生(図1403,1404/モ写)〈[産]青森県むつ市近川〉

アラモサウルス *Alamosaurus*
白亜紀マーストリヒシアンの恐竜類ティタノサウルス類。竜脚下目ティタノサウルス科。首の長い植物食恐竜。体長21m。[分]アメリカ合衆国のニューメキシコ州, ユタ州, テキサス州
¶恐イラ(p211/カ復)
恐絶動(p131/カ復)
古代生(p187/カ写)〈復元標本〉

アラリア・サポルタナ
白亜紀〜現代の被子植物。葉の長さ1m。[分]北アメリカ
¶進化大〔アラリア〕(p294/カ写)

アラリオプソイデス *Araliopsoides cretacea*
後期白亜紀の双子葉の被子植物類。アピア目ウコギ科。高さ10m。[分]世界中
¶化写真(p308/カ写)〈[産]アメリカ 砂が多い鉄鉱石の外形雄型〉

アラリオプソイデス・クレタケア
白亜紀〜現代の被子植物。高さ10m。[分]北アメリカ, ヨーロッパ, アジア
¶進化大〔アラリオプソイデス〕(p294/カ写)

アラルコメナエウス *Alalcomenaeus*
古生代カンブリア紀の節足動物。全長6cm。[分]カナダ, 中国, アメリカ
¶生ミス1(図3-7-7/カ写)〈[産]中国の雲南省 2cm〉
生ミス1(図3-7-8/カ写, カ復)〈眼の拡大写真〉

アラレガイ
新生代第四紀更新世の軟体動物腹足類。ムシロガイ科。
¶産地新(p144/カ写)〈[産]石川県珠洲市平床 高さ2.8cm〉

アラレガイ ⇒アポロンを見よ

アラレバイ ⇒アポロンを見よ

アラロサウルス *Aralosaurus*
白亜紀チューロニアン〜コニアシアンの恐竜。ハドロサウルス科ハドロサウルス亜科。体長6〜8m。[分]カザフスタン
¶恐イラ(p220/カ復)

アランダスピス *Arandaspis*
古生代オルドビス紀の"無顎類"翼甲類異甲類。異甲目。全長20cm。[分]オーストラリア
¶恐絶動(p22/カ復)
生ミス3(図3-2/カ復)

アランダスピス
オルドヴィス紀前期の脊椎動物無顎類。体長20cm。[分]オーストラリア
¶進化大(p93)

アランダスピス・プリオノトレピス *Arandaspis prionotolepis*
古生代オルドビス紀の"無顎類"翼甲類異甲類。全長20cm。[分]オーストラリア
¶生ミス2〔アランダスピス〕(図1-5-2/カ復)
リア古〔アランダスピス〕(p84/カ復)

アラントスポンギア・ミカ　*Allantospongia mica*
小塊腸状海綿
カンブリア紀の海綿動物。海綿動物門普通海綿綱コイア科。澄江生物群。
¶**澄江生**（図8.6/カ写）〈(産)中国の小濫田〉

アリ　Ant
1億1000万ないし1億3000万年前（白亜紀）〜現在の無脊椎動物昆虫。
¶**恐竜世**（p48/カ写）〈琥珀〉

アリ
漸新世の昆虫。
¶**図解化**〔コハク中に完全に保存されたアリ〕（p17-5/カ写）〈(産)バルチック地域〉

アリエタイテス・ステラリス　*Arietites stellaris*
ジュラ紀の軟体動物頭足類。
¶**原色化**（PL.50-5/モ写）〈(産)ドイツのヴュルテムベルグ　長径9.5cm〉

アリエティセラスの1種　*Arieticeras* sp.cf.*A. apertum*
中生代・前期ジュラ紀のアンモナイト。ヒルドセラス科。
¶**学古生**（図425/モ写）〈(産)山口県豊浦郡豊田町, 菊川町〉

アリオノセラス・デンシセプタム　*Arionoceras densiseptum*
古生代シルル紀の軟体動物頭足類直角貝。
¶**化石フ**（p48/カ写）〈(産)高知県高岡郡越知町　59mm〉

アリオラムス　*Alioramus*
白亜紀マーストリヒシアンの恐竜類ティラノサウルス類。カルノサウルス下目ティラノサウルス上科。大型の肉食恐竜。体長6m。(分)モンゴル
¶**恐イラ**（p203/カ復）
　恐絶動（p118/カ復）

アリガトリウム・パインテネンゼ　*Alligatorium paintenense*
ジュラ紀後期の脊椎動物爬虫類ワニ類。
¶**ゾル2**（図258/カ写）〈(産)ドイツのパインテン　40cm〉

アリガトレラス　*Alligatorellas beaumonti*
ジュラ紀後期の爬虫類。竜型超綱鰐綱鰐目。全長22cm。(分)フランス, スペイン, チェッコスロバキア
¶**古脊椎**（図128/モ復）

アリガトレルス・ボウモンティ・バヴァリクス
Alligatorellus beaumonti bavaricus
ジュラ紀後期の脊椎動物爬虫類ワニ類。
¶**ゾル2**（図256/カ写）〈(産)ドイツのアイヒシュテット　31cm〉
　ゾル2（図257/カ写）〈(産)ドイツのパインテン　25cm 背部の顕著な装甲版を伴う〉

アリゾナサウルス　*Arizonasaurus*
中生代三畳紀の爬虫類双弓類主竜類クルロタルシ類ポポサウルス類。全長3m。(分)アメリカ
¶**古代生**（p142〜143/カ復）〈(産)アメリカのアリゾナ州〉
　生ミス5（図5-2/カ復）
　生ミス5〔アリゾナサウルスの棘突起〕（図5-6/カ写）〈高さ約40cm〉
　生ミス5〔アリゾナサウルスの棘突起に見られる“骨折の治癒痕”とその拡大〕（図5-8/カ写）〈約20cm〉

アリゾナサウルス・バビッティ　*Arizonasaurus babbitti*
中生代三畳紀の爬虫類偽鰐類。全長3m。(分)アメリカ
¶**リア中**〔アリゾナサウルス〕（p22/カ復）

アリノケラトプス　*Arrhinoceratops*
白亜紀マーストリヒシアンの恐竜類カスモサウルス類。角竜亜目カスモサウルス亜科。体長6m。(分)カナダのアルバータ州
¶**恐イラ**（p239/カ復）
　恐絶動（p167/カ復）

アリワリア　*Aliwalia*
三畳紀カーニアン〜ノーリアンの恐竜類竜盤類獣脚類。敏捷な肉食恐竜。体長8m。(分)南アフリカ
¶**恐イラ**（p80/カ復）

アルヴァレズサウルス　*Alvarezsaurus*
白亜紀コニアシアン〜サントニアンの恐竜類獣脚類テタヌラ類コエルロサウルス類アルヴァレズサウルス類。体長2m。(分)アルゼンチンのネウケン州
¶**恐イラ**（p198/カ復）

アルカエア　*Archaea*
新生代古第三紀の節足動物鋏角類アゴダチグモ類。
¶**生ミス9**（図1-5-2/カ写）〈(産)バルト海 琥珀〉

アルカエアントス
白亜紀の被子植物。球果の長さ10cm。(分)北アメリカ
¶**進化大**（p294/カ復）

アルカエオキアタ　*Archaeocyatha*
カンブリア紀の海綿動物。分類不明。
¶**化百科**（p113/カ写）〈最長の側面10cm〉

アルカエオキダリス　*Archaeocidaris whatleyensis*
前期石炭紀〜二畳紀の無脊椎動物ウニ類。ムカシキダリス目ムカシキダリス科。直径8cm。(分)世界中
¶**化写真**（p176/カ写）〈(産)イギリス 殻の下面, 殻の上面〉

アルカエオケラトプス　⇒アーケオケラトプスを見よ

アルカエオゲリオン　*Archaeogeryon peruvianus*
中新世の無脊椎動物甲殻類。十脚目オオエンコウガニ科。体長16cm。(分)南アメリカ
¶**化写真**（p72/カ写）〈(産)アルゼンチン 背面〉

アルカエオテリウム　⇒アルケオテリウムを見よ

アルカエオニクテリス　*Archaeonycteris*
新生代古第三紀の哺乳類真獣類翼手類。
¶**生ミス9**（図1-4-6/カ写）〈(産)ドイツのグルーベ・メッセル 前腕の長さが約5cm〉

アルカエオプテリクス　*Archaeopteryx*
1億5000万年前（ジュラ紀後期）の鳥類。竜盤目獣脚亜目アルカエオプテリクス科。別名始祖鳥。湖岸あるいは疎林に生息。全長0.3m。(分)ドイツ
¶**化百科**（p228/カ写）〈全幅30cm ロンドン標本〉
　恐古生（p140〜141/カ写, カ復）
　恐太古（p174〜175/カ写）
　恐竜世（p208/カ写, カ復）〈(産)ドイツ〉
　恐竜博（p102〜103/カ写, カ復）〈岩石に埋めこまれた化石〉

古代生〔アルカエオプテリックス〕(p162～163/カ写)〈ベルリン標本〉
生ミス6〔始祖鳥〕(図7-2/カ写)〈(産)ドイツのゾルンホーフェン ロンドン標本〉
生ミス6(図7-4/カ復)
生ミス6〔始祖鳥〕(図7-5/カ写)〈ベルリン標本〉
生ミス6〔始祖鳥〕(図7-6/カ写)〈マックスベルク標本〉
生ミス6〔始祖鳥〕(図7-7/カ写)〈ハーレム標本〉
生ミス6〔始祖鳥〕(図7-8/カ写)〈アイヒシュテット標本〉
生ミス6〔始祖鳥〕(図7-9/カ写)〈ゾルンホーフェン標本〉
生ミス6〔始祖鳥〕(図7-10/カ写)〈ミュンヘン標本〉
生ミス6〔始祖鳥〕(図7-11/カ写)〈ダイティンク標本〉
生ミス6〔始祖鳥〕(図7-12/カ写)〈第9標本〉
生ミス6〔始祖鳥〕(図7-13/カ写)〈サーモポリス標本〉
生ミス6〔始祖鳥〕(図7-14/カ写)〈第11標本〉
よみ恐(p92～95/カ写, カ復)〈ベルリン標本〉

アルカエオプテリクス ⇒始祖鳥を見よ

アルカエオプテリクス属の種 *Archaeopteryx* sp.
ジュラ紀後期の脊椎動物鳥類。
¶ゾル2(図313/カ写)〈(産)ドイツのメルンスハイム〉

アルカエオプテリクス・バヴァリカ *Archaeopteryx bavarica*
ジュラ紀後期の脊椎動物鳥類。
¶ゾル2(図312/カ写)〈(産)ドイツのランゲンアルトハイム 第7標本〉

アルカエオプテリクス・リトグラフィカ *Archaeopteryx lithographica*
ジュラ紀後期の鳥類。古鳥亜綱始祖鳥目アルカエオプテリクス科。別名始祖鳥。全長40cm。(分)ドイツ
¶化写真〔アルカエオプテリクス〕(p258/カ写)〈(産)ドイツ〉
化石図〔アルケオプテリクス・リソグラフィカ〕(p106/カ写, カ復)〈(産)ドイツ 標本の横幅約40cm ベルリン標本のレプリカ〉
恐絶動〔アルケオプテリクス・リトグラフィカ〕(p174/カ復)
古脊椎〔アルカエオプテリクス〕(図186/モ復)
図解化〔アーケオプテリクス・リソグラフィカ〕(p219/カ写)〈(産)ドイツのゾルンホーフェン 印象とその反対側の印象, ロンドン標本〉
世変化〔始祖鳥〕(図46/カ写)〈(産)ドイツのゾルンホーフェン 翼開長60cm ロンドン標本〉
ゾル2(図305/カ写)〈(産)ドイツのアイヒシュテット(リーデンブルクとも) 14cm 第1標本〉
ゾル2(図306/カ写)〈(産)ドイツのアイヒシュテット 6cm 羽毛〉
ゾル2(図307/カ写)〈(産)ドイツのランゲンアルトハイム 第2標本〉
ゾル2(図308/カ写)〈(産)ドイツのブルーメンベルク 第3標本〉
ゾル2(図309/カ写)〈(産)ドイツのランゲンアルトハイム 第4標本〉
ゾル2(図310/カ写)〈(産)ドイツのヴォルケルスツェル 第5標本〉
ゾル2(図311/カ写)〈(産)ドイツのゾルンホーフェン(アイヒシュテットとも) 第6標本〉
地球博〔始祖鳥〕(p83/カ写)〈(産)ドイツ〉
リア中〔アルカエオプテリクス〕(p116/カ復)

アルカエオプテリス *Archaeopteris halliana*
古生代デボン紀中期の植物。カリキシロンの枝。
¶植物化(p27/カ写, カ復)〈(産)アメリカ〉

アルカエオプテリス *Archaeopteris hibernica*
デボン紀後期～石炭紀前期の前裸子植物。アルカエオプテリス目。
¶化百科〔アルカエオプテリス(カリキシロンを含む)〕(p94/カ写)〈(産)アイルランド 長さ20cm 複葉〉

アルカエオプテリス *Archaeopteris* sp.
デボン紀の原裸子植物類。アルカエオプテリス目アルカエオプテリス科。高さ10m。(分)世界中
¶化写真(p300/カ写)〈(産)アメリカ〉

アルカエオプテリス
デヴォン紀後期の前裸子植物。高さ8m。(分)世界各地
¶古代生〔デボン紀の湿地帯イメージ〕(p98～99/カ復)
進化大(p120/カ復)

アルカエオプテリス・オブツサ *Archaeopteris obtusa*
古生代デボン紀のシダ植物前裸子植物類。全長10m長。(分)カナダ
¶リア古〔アルカエオプテリス〕(p158/カ復)

アルカエオプテリックス ⇒アルカエオプテリクスを見よ

アルカエオルニトミムス *Archaeornithomimus*
白亜紀前期～後期の恐竜類獣脚類テタヌラ類コエルロサウルス類オルニトミモサウルス類オルニトミムス類。体長3.5m。(分)内蒙古のエレンホト市
¶恐イラ(p190/カ復)

アルカエオレパス属(?)の種 *Archaeolepas*(?) sp.
ジュラ紀後期の無脊椎動物甲殻類蔓脚類。
¶ゾル1(図228/カ写)〈(産)ドイツのカルミュンツ 1cm〉
ゾル1(図229/カ写)〈(産)ドイツのカルミュンツ 7cm アンモナイト類に着生〉

アルカエオレパス・レデンバッヘリ *Archaeolepas redenbacheri*
ジュラ紀後期の無脊椎動物甲殻類蔓脚類。
¶ゾル1(図227/カ写)〈(産)ドイツのケルハイム 2cm〉

アルカエフルクトゥス *Archaefructus*
中生代白亜紀の被子植物。アルカエフルクトゥス科。熱河生物群。高さ50cm。(分)中国
¶生ミス7(図1-14/カ写, カ復)〈正基準標本, シュート(茎とその葉)がはっきりと確認できる標本〉

アルカエフルクトゥス・シネンシス *Archaefructus sinensis*
およそ1億2500万～1億2200万年前の水生植物被子植物。熱河生物群。
¶熱河生(図251/カ写)〈(産)中国の遼寧省凌源の大王杖子 保存されている主軸の長さは15cm〉
熱河生〔ほぼ完全なアルカエフルクトゥス・シネンシス標本〕(図253/カ写)〈(産)中国の遼寧省凌源の大王杖子 長さ13.4cm〉

アルカエフルクトゥス・リアオニンゲンシス
白亜紀の被子植物。長さ10cm。(分)中国

¶進化大〔アルカエフルクトゥス〕(p294/カ写)

ア

アルカエフルクトゥス・リアオニンゲンシスの花部 *Archaefructus liaoningensis*
およそ1億2500万年前の被子植物。熱河生物群。
¶熱河生(図252/カ写)〈[産]中国の遼寧省北票の黄半吉溝 長さ約6.5cm〉

アルカステロペクテン・エレガンス *Archasteropecten elegans*
ジュラ紀後期の無脊椎動物棘皮動物ヒトデ類。
¶ゾル1(図510/カ写)〈[産]ドイツのゾルンホーフェン 3.5cm〉

アルガハマグリ *Meretrix arugai*
新生代第三紀・中期中新世初期の貝類。マルスダレガイ科。
¶学古生(図1318/モ写)〈[産]宮城県柴田郡柴田町入間田〉

アルカ・ルスティカ *Arca rustica*
第三紀の軟体動物斧足類。
¶原色化(PL.78-3/モ写)〈[産]北アメリカのフロリダのオルトナ・ロックス 幅6cm〉

アルキシンプレクテス・ロトン *Archisymplectes rhothon*
石炭紀の無脊椎動物環虫類。紐形動物門。
¶図解化(p90-下/カ写)〈[産]イリノイ州メゾン・クリーク〉

アルキテクトニカ
白亜紀前期〜現代の無脊椎動物腹足類。長さ最大4.5cm。[分]世界各地
¶進化大(p300/カ写)

アルキプシケ・アイヒシュテッテンシス *Archipsyche eichstaettensis*
ジュラ紀後期の無脊椎動物昆虫類セミ類。
¶ゾル1(図425/カ写)〈[産]ドイツのアイヒシュテット 12.5cm〉

アルキミュラクリス・エッギントニィ
石炭紀後期の無脊椎動物節足動物。全長2〜5cm。[分]ヨーロッパ, 北アメリカ
¶進化大〔アルキミュラクリス〕(p161/カ写)

アルキミラクリス *Archimylacris eggintoni*
後期石炭紀の無脊椎動物昆虫類。ブラダ亜目アルキミラクリス科。体長2cm。[分]ヨーロッパ, 北アメリカ
¶化写真(p76/カ写)〈[産]イギリス〉
地球博〔ゴキブリの近縁種〕(p79/カ写)

アルキメディエラ *Archimediella pontoni*
後期始新世〜現世の無脊椎動物腹足類。中腹足目キリガイダマシ科。体長6cm。[分]世界中
¶化写真(p120/カ写)〈[産]アメリカ〉

アルキメデス *Archimedes*
石炭紀〜ペルム紀のコケムシ動物狭喉類窓格類。
¶化百科(p122/カ写)〈長さ約3cm〉
図解化(p74-下/カ写)〈[産]ケンタッキー州〉

アルキメデス
石炭紀前期〜ペルム紀前期の無脊椎動物コケムシ類。コロニーの高さ20cm以上。[分]世界各地
¶進化大(p157/カ写)

アルキメデス・ウォルセニイ ⇒アルキメデス・ウォルテニを見よ

アルキメデス・ウォルテニ *Archimedes wortheni*
古生代石炭紀のコケムシ類。窓格目フェネステラ科。
¶化石図(p69/カ写, カ復)〈[産]アメリカ合衆国 長さ約13cm〉
原色化〔アルキメデス・ウォルセニイ〕(PL.27-1/モ写)〈[産]北アメリカのイリノイ州ウォルソウ 群体の高さ6cm〉

アルギロラグス *Argyrolagus*
5300万〜200万年前(中新世後期〜鮮新世後期)の哺乳類有袋類米州袋類。少丘歯目アルギロラグス科。全長0.4m。[分]南アメリカ
¶恐絶動(p202/カ復)
恐竜世(p227/カ復)
絶哺乳(p54,57/カ復, モ図)〈復元骨格〉

アルクササウルス *Alxasaurus*
1億3000万年前(白亜紀前期)の恐竜類コエルロサウルス類。テリジノサウルス上科。全長4m。[分]中国
¶恐竜世(p195/カ復)
よみ恐〔アラシャンサウルス〕(p178〜179/カ復)

アルクササウルス
白亜紀前期の脊椎動物獣脚類。体長4m。[分]中国
¶進化大(p326/カ復)

アルクチカ *Arctica umbonaria*
後期白亜紀〜現世の無脊椎動物二枚貝類。マルスダレガイ目アイスランドガイ科。体長9cm。[分]ヨーロッパ, 北アメリカ
¶化写真(p108/カ写)〈[産]イタリア〉

アルクティコポラ・クリスティ
三畳紀の無脊椎動物コケムシ類。コロニー直径2mm。[分]ヨーロッパ, アジア, 北アメリカ
¶進化大〔アルクティコポラ〕(p203/カ写)〈直立コロニーの横断面〉

アルクトドゥス *Arctodus*
200万〜1万年前(更新世後期)の哺乳類クマ類。食肉目イヌ型亜目クマ科。肉食性。全長3m。[分]カナダ, アメリカ合衆国, メキシコ
¶恐竜世(p239/カ写)
生ミス9(図0-1-24/カ復)
絶哺乳(p118/カ復)

アルクトドゥス
第四紀更新世の脊椎動物有胎盤類の哺乳類。体長3.4m。[分]カナダ, アメリカ合衆国, メキシコ
¶進化大(p434/カ写)

アルグニエルラ *Arguniella*
中生代の二枚貝類。シビレコンカ科。熱河生物群。
¶熱河生(図35/カ写)〈[産]中国の遼寧省北票の四合屯から李八郎溝に通じる路傍 1つの個体は長さ15〜25mm 複数の種が混じった集合〉

アルケオテリウム *Archaeotherium*
漸新世前期〜中新世前期の哺乳類猪豚類。鯨偶蹄目イノシシ亜目エンテロドン科。全長1.2m。[分]北アメリカ, 中国, モンゴル
¶恐絶動(p266/カ復)

図解化〔アーケオテリウム〕(p222-1/カ写)〈㊧サウスダコタ州 歯〉
生ミス9〔アルカエオテリウム〕(図1-3-9/カ写, カ復)〈㊧アメリカのホワイトリバー 頭骨〉
絶哺乳(p189,191/カ復, モ図, カ写)〈頭骨, 復元骨格〉

アルケオテリウム *Archaeotherium scotti* 朔獣
漸新世初期の哺乳類。哺乳綱獣亜綱正獣上目偶蹄目。体長2.6m。㊦北米
¶古脊椎(図314/モ復)

アルケオプテリクス・リソグラフィカ ⇒アルカエオプテリクス・リトグラフィカを見よ

アルケオプテリクス・リトグラフィカ ⇒アルカエオプテリクス・リトグラフィカを見よ

アルケオプテロプス *Archaeopteropus* sp.
漸新世前期の哺乳類。翼手目オオコウモリ科。翼開長約1m。㊦ヨーロッパ(イタリア)
¶絶哺乳(p159/カ復)

アルケゲテス・ネウロプテルム *Archegetes neuropterum*
ジュラ紀後期の無脊椎動物昆虫類脈翅類(アミメカゲロウ類)。
¶ゾル1(図434/カ写)〈㊧ドイツのアイヒシュテット 10cm〉
ゾル1(図435/カ写)〈㊧ドイツのアイヒシュテット 10cm〉

アルケゲテス・ネウロプテロルム *Archegetes neuropterorum*
ジュラ紀後期の無脊椎動物昆虫類脈翅類(アミメカゲロウ類)。
¶ゾル1(図436/カ写)〈㊧ドイツのアイヒシュテット 10cm〉

アルケゴサウルス
ペルム紀前期の脊椎動物切椎類。全長1.5m。㊦ドイツ
¶進化大(p183/カ写)〈頭骨とあご〉

アルケゴヌス・ネーデネンシス
石炭紀前期〜中期の無脊椎動物節足動物。最大全長4cm。㊦イギリス, 中央ヨーロッパ, スペイン, ポルトガル, アフリカ北西部, アジア, 中国南部
¶進化大〔アルケゴヌス〕(p161/カ写)

アルゲス・パラレルス ⇒ムカシメクラガニを見よ

アルケリア *Archeria crassidisca*
前期二畳紀の脊椎動物両生類。炭竜目アルケリア科。体長2m。㊦北アメリカ
¶化写真(p224/カ写)〈㊧アメリカ〉

アルケロン *Archelon*
中生代白亜紀の爬虫類潜頸(カメ)類。潜頸亜目プロトステガ科。海洋に生息。体長3〜4m。㊦合衆国のカンサス, サウスダコタ
¶恐古生(p74〜75/カ復)
恐絶動(p67/カ復)
恐竜博(p148/カ復)
生ミス8〔アーケロン〕(図8-12/カ写, カ復)〈全身復元骨格〉

アルケロン *Archelon ischyros* 恐亀
白亜紀後期の爬虫類。爬型超綱亀綱亀目真正亀亜目。甲長2m。㊦北米南ダコタ州
¶古脊椎(図88/モ復)
リア中〔アーケロン〕(p198/カ復)

アルゲンタヴィス *Argentavis*
600万年前(ネオジン)の鳥類。テラトルニス科。内陸部, 山岳地帯に生息。翼開長8m。㊦アルゼンチン
¶恐竜世(p211/カ復)
恐竜博〔アルゲンタウィス〕(p186〜187/カ復)

アルゲンタヴィス・マグニフィケンス
Argentavis magnificens
中新世後期の鳥類。コウノトリ目。体高1.5m。㊦アルゼンチン
¶恐絶動(p179/カ復)

アルゲンチノサウルス ⇒アルゼンチノサウルスを見よ

アルゲンティノサウルス ⇒アルゼンチノサウルスを見よ

アルコチュバ・コノイダリス *Archotuba conoidalis*
錐形原始管虫
カンブリア紀の鰓曳動物。鰓曳動物門。澄江生物群。最大長50mm超, 最大径6mm超。
¶澄江生(図12.6/カ写)〈㊧中国の馬鞍山, 帽天山 横からの眺め〉

アルゴノウティセラス・ベサイリエイ
Argonauticeras besairiei
アンモナイト。
¶アン最(p117/カ写)〈㊧マダガスカル〉

アルコマイヤ
三畳紀中期〜白亜紀後期の無脊椎動物二枚貝類。直径1〜3cm。㊦世界各地
¶進化大(p204/カ写)

アルコミティルス属の種 *Arcomytilus* sp.
ジュラ紀後期の無脊椎動物軟体動物二枚貝類。
¶ゾル1(図116/カ写)〈㊧ドイツのアイヒシュテット 2cm〉

アルサティテス・プロアリエス *Alsatites proaries*
ライアス期のアンモナイト。
¶アン最(p166/カ写)〈㊧ドイツのサウバッハ〉

アルシノイテリウム *Arsinoitherium*
3500万〜3000万年前(パレオジン)の哺乳類重脚類。イワダヌキ目アルシノイテリウム科。川の近くの森林に生息。肩高2m。㊦アフリカ
¶恐古生(p250〜251/カ復)
恐絶動(p235/カ復)
恐竜世(p259/カ写)
恐竜博(p166/カ写)
図解化(p224/カ写)〈㊧エジプト 完全骨格〉
生ミス9(図1-6-7/カ写, カ復)

アルシノイテリウム *Arsinoitherium zitteli*
始新世後期の哺乳類。重脚目アルシノイテリウム科。頭胴長約3.5m。㊦北アフリカ
¶古脊椎(図295/モ復)

絶哺乳（p224,226/カ写, カ復）〈頭骨〉

アルセステス（プロアルセステス）の一種
Arcestes（*Proarcestes*）sp.
三畳紀中期のアンモナイト。
¶**アン最**〔アルセステス（プロアルセステス）の一種及びモノフィライテス・エンゲンシスと属種不明のオウムガイ類〕（p175/カ写）〈[産]ギリシャのリゴーリオ〉
アン最（p176/カ写）〈[産]ギリシャのリゴーリオ〉

アルゼンタウィス
新第三紀中新世後期の鳥類。体長3.5m。[分]アルゼンチン
¶**進化大**（p406/カ復）

アルゼンチノサウルス *Argentinosaurus*
中生代白亜紀の恐竜類竜脚類。ティタノサウルス科。森林地帯に生息。体長33〜41m。[分]アルゼンチン
¶**恐竜世**〔アルゲンティノサウルス〕（p163/カ復）
恐竜博〔アルゲンティノサウルス〕（p123/カ写, カ復）〈[産]アルゼンチン〉
古代生〔アルゲンチノサウルス〕（p186/カ写）〈復元標本〉
生ミス8（図11-1/カ写）〈[産]アルゼンチン中西部ネウケン州 アメリカのファーンバンク自然史博物館に展示されている全身復元骨格, ギガノトサウルスの全身復元骨格〉
よみ恐（p146〜147/カ復）

アルゼンチノサウルス
白亜紀後期の脊椎動物恐竜類竜脚形類。体長30m。[分]アルゼンチン
¶**進化大**（p332/カ復）

アルダネッラ
カンブリア紀前期の微生物軟体動物。幅3mm。[分]世界各地
¶**進化大**（p69/カ写）〈[産]イギリスのオックスフォード〉

アルチカメルス *Alticamelus altus*
中新世, 鮮新世の哺乳類。哺乳綱獣亜綱正獣上目偶蹄目。全高3.5m。[分]北米
¶**古脊椎**（図323/モ復）

アルディピテクス・カダバ
580万〜520万年前の人類。[分]エチオピアのミドル・アワッシュ
¶**進化大**（p448）

アルディピテクス・ラミダス *Ardipithecus ramidus*
約450万〜430万年前の人類。ヒト科。
¶**生ミス10**（図E-3/カ写）〈[産]エチオピア 推定身長1.2m 標本番号ARA-VP-6/500, 通称「アルディ」〉

アルディピテクス・ラミドゥス
440万〜400万年前の人類。[分]エチオピアのアファール, ケニアのタバリン
¶**進化大**（p448/カ写）〈足指, あご〉

アルティリヌス *Altirhinus*
白亜紀アプチアンとアルビアンの恐竜類イグアノドン類ハドロサウルス類。体長8m。[分]モンゴルの東ゴビ地方
¶**恐イラ**（p170/カ復）

アルデオサウルス *Ardeosaurus*
ジュラ紀後期の爬虫類有鱗類。トカゲ亜目アルデオサウルス科。全長20cm。[分]ドイツ
¶**化百科**（p215/カ写）〈[産]ドイツ南部のバイエルン 化石板の幅9cm 雄型〉
恐絶動（p87/カ復）

アルデオサウルス・ブレヴィペス *Ardeosaurus brevipes*
ジュラ紀後期の脊椎動物爬虫類トカゲ類。
¶**ゾル2**（図230/カ写）〈[産]ドイツのアイヒシュテット〉

アルドゥアフロンス・プロミノリス *Arduafrons prominoris*
ジュラ紀後期の脊椎動物全骨魚類。
¶**ゾル2**（図57/カ写）〈[産]ドイツのゾルンホーフェン 42cm〉
ゾル2（図58/カ写）〈[産]ドイツのアイヒシュテット 47cm〉
ゾル2（図59/カ写）〈[産]ドイツのアイヒシュテット 歯〉

アルトゥロプレウラ *Arthropleura*
3億5000万年前（石炭紀前期）の無脊椎動物節足動物多足類。最大のヤスデ。全長最大2m。[分]カナダ, アメリカ, イギリスのスコットランドほか
¶**恐竜世**（p46〜47/カ写, カ復）〈長さ7.1cm 脚の一部〉
古代生〔アルトロプレウラ〕（p126〜127/カ復）
生ミス4〔アースロプレウラ〕（図1-4-5/カ写, カ復）〈[産]アメリカのニューメキシコ州 足跡〉

アルトロプレウラ ⇒アルトゥロプレウラを見よ

アルニオケラス *Arnioceras*
ジュラ紀前期の無脊椎動物軟体動物アンモナイト類。
¶**図解化**（p21/カ写）〈[産]イギリス〉
図解化〔Arnioceras sp.〕（図版27-9/カ写）〈[産]ベルガモのモンテ・アルベンツァ〉

アルニオセラスの1種 *Arnioceras yokoyamai*
中生代ジュラ紀前期のアンモナイト。アリエチテス科。
¶**学古生**（図435/モ写）〈[産]宮城県本吉郡歌津町中在〉
日化譜〔Arnioceras yokoyamai〕（図版53-14/モ写）〈[産]宮城県本吉郡志津川町細浦〉

アルニオセラス・バドレイ *Arnioceras budlei*
ライアス期のアンモナイト。
¶**アン最**（p152/カ写）〈[産]イギリスのソマセット〉

アルヌス・ケクロピイフォリア
白亜紀〜現代の被子植物。別名ハンノキ。高さ最大39m。[分]北半球, 南アメリカ
¶**進化大**〔アルヌス〕（p392/カ写）〈葉〉

アルヌス・ツダエ *Alnus tsudae*
新第三紀中新世前期の植物。カバノキ科ハンノキ属。
¶**学古生**〔ツダハンノキ〕（図2301/モ写）〈[産]新潟県佐渡郡相川町関〉
化石図（p152/カ写）〈[産]新潟県 葉の全長約7cm〉

アルヌス・ティンクトリア・ミクロフィラ
Alnus tinctoria microphylla
第四紀更新世前期の被子植物双子葉類。別名コバノヤマハンノキ。

¶原色化（PL.88-5/カ写）〈[産]栃木県塩谷郡塩原町中塩原 長さ4.5cm〉

アルバーテラ・ヘレナ *Albertella helena*
カンブリア紀の無脊椎動物節足動物。
¶図解化（p98-4/カ写）〈[産]モンタナ州〉

アルバーテラ・ロングウェリ *Albertella longwelli*
古生代カンブリア紀の節足動物三葉虫。
¶生ミス1（p119/カ写）〈[産]アメリカのネヴァダ州 6cm〉

アルバートサウルス *Albertosaurus*
中生代白亜紀の恐竜類竜盤類獣脚類ティラノサウルス類。カルノサウルス下目ティラノサウルス上科。全長8m。[分]カナダ，アメリカ，メキシコ
¶恐イラ（p202/カ復）
恐絶動（p118/カ復）
恐竜世〔アルベルトサウルス〕（p181/カ復）
生ミス8（図10-16/カ復）
地球博〔アルバートサウルスの頭蓋骨〕（p84/カ写）

アルバートサウルス
白亜紀後期の脊椎動物獣脚類。体長9m。[分]カナダ
¶進化大（p321/カ写，カ復）〈頭骨〉

アルバートサウルス・サルコファグス
Albertosaurus sarcophagus
中生代白亜紀後期の爬虫類恐竜類竜盤類獣脚類ティラノサウルス類。全長8m。[分]カナダ，アメリカ
¶リア中〔アルバートサウルス〕（p232,251/カ復）

アルバートニア・クルピディニア *Albertonia clupidinia*
三畳紀の脊椎動物魚類。硬骨魚綱。
¶図解化（p193-中央左/カ写）〈[産]ブリティッシュ・コロンビア州〉

アルバートネクテス *Albertonectes*
中生代白亜紀の爬虫類双弓類鰭竜類クビナガリュウ類エラスモサウルス類。
¶生ミス8（図8-14/カ写）〈[産]カナダのアルバータ州 骨格標本。頭骨を欠く〉

アルバロフォサウルス
白亜紀オーテリビアン期～バレミアン期？の恐竜類周飾頭類。全長約1.3m。
¶日白亜（p88～89/カ復）〈[産]石川県白山市（旧白峰村）〉

アルバロフォサウルス・ヤマグチオラム
Albalophosaurus yamaguchiorum
中生代白亜紀の恐竜類鳥盤類角脚類。植物食恐竜。全長1.3m。[分]日本の石川県白山市桑島
¶生ミス7（図5-5/カ写，カ復）〈[産]石川県白山市 上顎骨，歯骨など，顎骨部分の拡大〉
日恐竜〔アルバロフォサウルス〕（p80/カ写，カ復）〈歯や頭骨の一部〉

アルビコラ *Arvicola cantiana*
鮮新世～現世の脊椎動物哺乳類。齧歯目アルビコラ科。体長7cm。[分]ヨーロッパ，アジア
¶化写真（p269/カ写）〈[産]イギリス 頭骨の一部〉

アルファドン *Alphadon*
中生代白亜紀の哺乳類有袋類。後獣下綱。森林に生息。体長30cm。[分]カナダのアルバータ～合衆国のニューメキシコ
¶恐絶動（p198/カ復）
恐竜博（p147/カ復）

アルベオポーラ・ベリリアーナ *Alveopora* cf. *verrilliana*
第四紀完新世前期の腔腸動物六射サンゴ類。別名アワサンゴ。
¶原色化（PL.87-5/モ写）〈[産]千葉県館山市香谷〉

アルベオリテス・シンプレックス *Alveolites simplex*
古生代中期の床板サンゴ類。ハチノスサンゴ科。
¶学古生（図21/モ写）〈[産]岩手県大船渡市クサヤミ沢 斜断面〉
日化譜〔Alveolites simplex〕（図版20-7/モ写）〈[産]岩手県大船渡市盛町 縦断面，斜断面〉

アルベオリナ *Alveolina elliptica*
始新世の無脊椎動物有孔虫類。有孔虫目アルベオリナ科。直径4mm。[分]ヨーロッパ，中東，アフリカ，アジア
¶化写真（p32/カ写）〈[産]インド 石灰岩の塊〉

アルベオリナのグループの有孔虫を含む石灰岩
中期始新世の無脊椎動物原生動物。
¶図解化（p55-1/カ写）〈[産]カルスト地方〉

アルベオリネラの1種 *Alveolinella quoyi*
新生代更新世中期，更新世前期の大型有孔虫。アルベオリナ科。
¶学古生（図999,1002/モ写）〈[産]鹿児島県大島郡与論町星川，鹿児島県大島郡伊仙町〉

アルベルトサウルス ⇒アルバートサウルスを見よ

アルメニアマンモス *Parelephas armeniacus*
更新世後期の哺乳類長鼻類。
¶日化譜（図版67-9/モ写）〈[産]襟裳岬 右下第3大臼歯咀嚼面〉

アルメノセラス・アジアティクム *Armenoceras asiaticum*
オルドビス紀の軟体動物頭足類。
¶原色化（PL.9-2/カ写）〈[産]中国東北部遼寧省 母岩約9×12cm〉

アルメノセラス・コゥリンギイ *Armenoceras coulingi*
オルドビス紀の軟体動物頭足類。
¶原色化（PL.9-1/カ写）〈[産]内蒙古の新庄東方 個体の長さ9cm 研磨縦断面〉

アルーラ・エレガンティシマ *Alula elegantissima*
古生代ペルム紀の軟体動物斧足類。二枚貝綱ウミタケモドキ目グラミシア科。
¶学古生〔アルラの1種〕（図209/モ写）
化石フ〔アルーラ・エレガンティシマとナチコプシス・ワキミズイ〕（p41/カ写）〈[産]岐阜県大垣市赤坂町 250mm〉
化石フ（p41/カ写）〈[産]岐阜県大垣市赤坂町 160mm 外面，内面〉

アルーラ・エレガンティシマ
古生代ペルム紀の軟体動物斧足類。別名ゾレノモルファ。
¶産地別（p136/カ写）〈[産]岐阜県大垣市赤坂町金生山 長

さ17.5cm〉

アルロサウルス ⇒アロサウルスを見よ

アルロラフィディア・ロンギスティグモサ *Alloraphidia longistigmosa*
中生代の昆虫類。熱河生物群。
¶熱河生〔ラクダムシ類のアルロラフィディア・ロンギスティグモサ〕(図86/カ写)〈㊟中国の遼寧省北票の黄半吉溝 長さ約20mm〉

アレオスケリス *Araeoscelis*
ペルム紀前期の爬虫類。アレオスケリス目。初期の双弓類。全長60cm。㊕合衆国のテキサス
¶恐絶動(p82/カ復)

アレオスケリス *Areoscelis gracilis*
二畳三畳紀の爬虫類。爬型超綱鰭竜綱原竜目。全長約60cm。㊕北米テキサス州
¶古脊椎(図99/モ復)

アレソプテリス *Alethopteris serlii*
後期石炭紀～前期ペルム紀の植物ソテツシダ類。メデュローサ目メデュローサ科。高さ5m。㊕世界中
¶化写真(p296/カ写)〈㊟アメリカ〉
地球博〔シダ種子植物の葉〕(p76/カ写)

アレトプテリス *Alethopteris*
石炭紀後期～ペルム紀前期のシダ種子類。メドゥッロサ目。葉の化石。主幹はメドゥッロサとよばれる。
¶化百科〔ネウロプテリス, アレトプテリス, メドゥッロサ〕(p84/カ写)〈21cm〉
図解化〔Alethopteris〕(図版1-10/カ写)〈㊟イリノイ州メゾン・クリーク〉

アレトプテリス・サーリィイ
石炭紀～ペルム紀前期の植物メドゥローサ類。メドゥローサ類の葉。大きな複葉の最大全長7.5m。㊕世界各地
¶進化大〔アレトプテリス〕(p151/カ写)

アレトプテリス・サリヴァンティイ
石炭紀～ペルム紀前期の植物メドゥローサ類。メドゥローサ類の葉。大きな複葉の最大全長7.5m。㊕世界各地
¶進化大〔アレトプテリス〕(p151/カ写)

アレニコリテス?の1種 *Arenicolites*? sp.
白亜紀前期の生痕化石。
¶学古生(図2607/モ写)〈㊟千葉県銚子市外川波止山〉

アレニプテルス *Allenypterus*
古生代石炭紀の肉鰭類シーラカンス類。全長20cm。㊕アメリカ
¶生ミス4(図1-2-6/カ写, カ復)〈㊟アメリカのモンタナ州〉

アロウカリア *Araucaria elongata*
中生代三畳紀の植物球果類。別名ナンヨウスギ。
¶植物化(p34/カ写)〈㊟アルゼンチン 球果の鉱化化石〉

アロウカリア ⇒アラウカリアを見よ

アロキストケア アイダヘンシス *Alokistocare idahoensis*
カンブリア紀中期の三葉虫。レドリキア目。
¶三葉虫(図10/モ写)〈㊟アメリカのユタ州 長さ33mm〉

「アロコドン」 *"Alocodon"*
ジュラ紀中期または後期の恐竜類鳥脚類。体長1m。㊕ポルトガル
¶恐イラ(p121/カ復)

アロサウルス *Allosaurus*
中生代ジュラ紀～白亜紀?の恐竜類。竜盤目獣脚亜目アロサウルス上科。平原に生息。全長8.5m。㊕アメリカ, ポルトガル, フランス
¶恐イラ(p133/カ復)
恐古生〔アッロサウルス〕(p118～119/カ復)
恐絶動(p115/カ復)
恐太古(p140～143/カ写)〈歯, 前足, 頭骨〉
恐竜世〔アッロサウルス〕(p178～179/カ写, カ復)
恐竜博〔アルロサウルス〕(p64～65/カ写, カ復)〈頭骨, 骨格〉
古代生(p150～151/カ写, カ復)〈全身復元骨格〉
生ミス6〔格闘するアロサウルスとステゴサウルス〕(p103/カ写)〈アメリカ・デンバー自然科学博物館所蔵・展示の全身復元骨格〉
生ミス6(図5-5/カ写)〈全身復元骨格〉
生ミス6(図5-5/カ復)
生ミス6〔アロサウルスの腰の骨に刺さるステゴサウルスのスパイク〕(図5-7/カ写)〈スパイクの長さ約70cm〉
生ミス8(図10-5/カ復)
よみ恐(p82～83/カ復)

アロサウルス
ジュラ紀後期の脊椎動物獣脚類。体長7.5m。㊕アメリカ合衆国, ポルトガル
¶進化大(p261/カ写, カ復)

アロサウルス・フラギリス *Allosaurus fragilis*
ジュラ紀後期の恐竜類竜盤類。獣脚目。全長5m。㊕北米コロラド, ユタ, ワイオミング各州
¶古脊椎〔アロサウルス〕(図140/モ復)
図解化(p209-下/カ写)〈㊟アメリカ合衆国〉
リア中〔アロサウルス〕(p114/カ復)

アロデスムス *Allodesmus*
新生代新第三紀中新世の哺乳類真獣類食肉類イヌ型類鰭脚類デスマトフォカ類。全長2.2m。㊕日本, アメリカ, メキシコ
¶生ミス10(図2-2-34/カ写, カ復)〈全身復元骨格〉

アロデスムス *Allodesmus kellogi*
中新世の哺乳類。哺乳綱獣亜綱正獣上目食肉目アシカ科。全長1m余。㊕北米カリフォルニア州
¶古脊椎(図251/モ復)

アロデスムス
新第三紀中新世中期の脊椎動物有胎盤類の哺乳類。体長1.5m。㊕アメリカ合衆国, メキシコ, 日本
¶進化大(p407/カ写)

アロデスムス・ケルネンシス
中新世中期の哺乳類鰭脚類。食肉目デスマトフォカ科。頭胴長約2m。㊕北アメリカ西岸, 日本
¶絶哺乳〔アロデスムス〕(p155/カ復)

アロトリソプス・サルモネウス *Allothrissops salmoneus*
ジュラ紀後期の脊椎動物真骨魚類。
¶**ゾル2**（図153/カ写）〈[産]ドイツのゾルンホーフェン 35cm〉

アロトリソプス属の種 *Allothrissops* sp.
ジュラ紀後期の脊椎動物真骨魚類。
¶**ゾル2**（図154/カ写）〈[産]ドイツのダイティング 16cm〉

アロトリソプス・メソガスタ *Allothrissops mesogaster*
ジュラ紀後期の脊椎動物真骨魚類。
¶**ゾル2**（図152/カ写）〈[産]ドイツのアイヒシュテット 28cm〉

アロリカス・ハリ *Allolichas halli*
古生代オルドビス紀の節足動物三葉虫類。
¶**生ミス2**（図1-3-8/カ写）〈[産]アメリカのオハイオ州シンシナティ地域 2.5cm 幼体(?)〉

アロンニア・プリクソトリクス *Allonnia phrixothrix* 毛骨異射骨
カンブリア紀の所属不明の動物。カンセロリア科。澄江生物群。
¶**澄江生**（図20.1/カ写）〈[産]中国の小濫田, 馬房〉
澄江生（図20.2/モ復）

アワサンゴ ⇒アルベオポーラ・ベリリアーナを見よ

アワサンゴの1種 *Alveopora* sp.
新生代更新世の六放サンゴ類。ハマサンゴ科。
¶**学古生**（図1024/モ写）〈[産]鹿児島県大島郡喜界町上嘉鉄〉

アワジチガイ *Macoma* (*Psammacoma*) *awajiensis*
新生代第四紀完新世の貝類。ニッコウガイ科。
¶**学古生**（図1761/モ写）〈[産]東京都千代田区大手町〉

アワジチヒロ *Volachlamys hirasei awajiensis*
新生代第四紀の貝類。イタヤガイ科。
¶**学古生**（図1653/モ写）〈[産]愛知県渥美郡赤羽根町高松〉

アワジチヒロ
新生代第四紀更新世の軟体動物斧足類。イタヤガイ科。
¶**産地新**（p73/カ写）〈[産]茨城県稲敷郡阿見町島津 高さ3.6cm〉
産地新（p75/カ写）〈[産]千葉県印旛郡印旛村吉高大竹 高さ4.8cm〉

アワブキ
新生代第四紀更新世の被子植物双子葉類。アワブキ科。
¶**産地新**（p239/カ写）〈[産]大分県玖珠郡九重町奥双石 長さ16cm〉

アワフキの1種 "*Aphrophora*" sp.
新生代中新世後期の昆虫類。アワフキムシ科。
¶**学古生**（図1808/モ写）〈[産]長野県佐久市内山兜岩山〉

アワフキムシ類
中生代の昆虫類。熱河生物群。
¶**熱河生**（図82/カ写）〈[産]中国の遼寧省北票の黄半吉溝 長さ約15mm〉

アワヤゲンバイ *Ancistrolepis bicordata*
中新世前期の軟体動物腹足類。
¶**日化譜**（図版31-29/モ写）〈[産]千葉県安房郡富山町〉

アンカラゴン *Ancalagon minor*
カンブリア紀の鰓曳動物。鰓曳動物門アンカラゴニデー科。サイズ3～11cm。
¶**バ頁岩**（図64,65/モ写, モ復）〈[産]カナダのバージェス頁岩〉

アンキオルニス *Anchiornis*
中生代ジュラ紀の恐竜類竜盤類獣脚類。全長40cm。[分]中国
¶**生ミス6**（図4-6/カ写, モ写, カ復）〈[産]中国東北部の遼寧省建昌県〉

アンギオンファルスの1種 *Angyomphalus hashimotoi*
古生代後期石炭紀後期の軟体動物腹足類。オキナエビス亜目ラフィストマ科。
¶**学古生**（図192/モ写）〈[産]山口県美祢市河原〉
日化譜〔Angyomphalus hashimotoi〕（図版83-2/モ写）〈[産]山口県美禰市伊佐町〉

アンキケラトプス *Anchiceratops*
白亜紀カンパニアン～マーストリヒシアンの恐竜類カスモサウルス類。角竜亜目ケラトプス科カスモサウルス亜科。体長6m。[分]カナダのアルバータ州
¶**恐イラ**（p239/カ復）
恐絶動（p167/カ復）

アンキサウリプス *Anchisauripus*
三畳紀の脊索動物爬虫類竜盤類。
¶**図解化**（p208-上右と中央/カ写）〈[産]アメリカ 足跡〉

アンキサウルス *Anchisaurus*
1億9000万年前（ジュラ紀前期）の恐竜類原竜脚類。原竜脚下目アンキサウルス科。林地に生息。全長2m。[分]アメリカ合衆国
¶**恐イラ**（p104/カ復）
恐絶動（p122/カ復）
恐竜世（p151/カ復）
恐竜博（p70/カ写, カ復）〈不完全な化石骨格〉

アンキサウルス
ジュラ紀前期の脊椎動物竜脚形類。体長2m。[分]アメリカ合衆国
¶**進化大**（p265/カ復）

アンキストロクラニア *Ancistrocrania tuberculata*
前期暁新世の無脊椎動物腕足動物。アクロトレタ目クラニア科。体長1cm。[分]世界中
¶**化写真**（p92/カ写）〈[産]デンマーク〉

アンキテリウム *Anchitherium*
中新世前期～中期の哺乳類ウマ類。奇蹄目ウマ科。肩高60cm。[分]北アメリカ, アジア, ヨーロッパ
¶**恐絶動**（p254/カ復）

アンキロケラス・マゼロニアヌム *Ancyloceras matheronianum*
白亜紀前期の無脊椎動物軟体動物アンモナイト。
¶**図解化**（p147-右/カ写）

アンキロサウルス *Ankylosaurus*
7000万～6500万年前（白亜紀後期）の恐竜類アンキ

ア

ロサウルス類。竜型超綱鳥盤綱鎧竜目アンキロサウルス科。林地に生息。全長6m。㊊北アメリカ
¶恐イラ（p247/カ復）
恐絶動（p159/カ復）
恐太古（p66〜67/カ写）〈頭骨，近縁種エウオプロケファルスの骨格標本〉
恐竜世（p144/カ復）
恐竜博（p136/カ写，カ復）〈頭骨，尾の棍棒〉
古脊椎（図173/モ復）
生ミス6（図5-9/カ復）
生ミス8（図9-11/カ復）
よみ恐（p192〜193/カ復）

アンキロサウルス
白亜紀後期の脊椎動物鳥盤類。体長6m。㊊北アメリカ
¶進化大（p335/カ写，カ復）〈頭骨〉

アンキロサウルス・マグニヴェントリス *Ankylosaurus magniventris*
白亜紀後期の恐竜類鳥盤類装盾類鎧竜類。全長約6m。㊊アメリカ
¶地球博〔アンキロサウルスの頭蓋骨〕（p85/カ写）
リア中〔アンキロサウルス〕（p240/カ復）

アンキロサウルス類 Ankylosauridae
白亜紀前期の恐竜類装盾類。鳥盤目装盾亜目アンキロサウルス科。植物食。㊊富山県大山町（現富山市）
¶日恐竜（p86/カ写，カ復）〈足長16cm，足幅25cm 足跡〉

アンキロセラス類（？）の1種 *Ancyloceratid*（？），gen.et sp.indet.
中生代白亜紀前期のアンモナイト。アンキロセラス科？
¶学古生（図467/モ写）〈㊇群馬県多野郡中里村間物沢 側面〉

アングィッラ
古第三紀始新世中期〜現代の脊椎動物条鰭類。別名ウナギ。全長1m。㊊世界各地
¶進化大（p377/カ写）

アングイラヴス *Anguillavus*
中生代白亜紀の条鰭類。ウナギの仲間。
¶生ミス7（p74/カ写）〈㊇レバノンのハケル 17cm〉

アンシヌネリア・シコクエンシス *Uncinunellina shikokuensis*
古生代後期二畳紀前期の腕足類。リンコネラ目リンコネラ上科アンシヌルス科。
¶学古生（図138/モ写）〈㊇愛媛県上浮穴郡柳谷村中久保 側面，前面，茎殻〉

アンスラコメデューサ *Anthracomedusa*
古生代石炭紀の刺胞動物。全長10cm。㊊アメリカ
¶生ミス4（図1-3-2/カ写，カ復）〈㊇アメリカのメゾンクリーク〉

アンセリミムス *Anserimimus*
白亜紀カンパニアン〜マーストリヒシアンの恐竜類獣脚類テタヌラ類コエルロサウルス類オルニトミモサウルス類オルニトミムス類。体長3m。㊊モンゴル
¶恐イラ（p191/カ復）

アンソニア・サブカンチアーナ *Anthonya subcantiana*
中生代白亜紀前期の貝類。モシオガイ科。
¶学古生（図683/モ写）〈㊇岩手県下閉伊郡田野畑村平井賀 右殻内面，左殻外面〉

アンタークトペルタ *Antarctopelta*
中生代白亜紀後期の恐竜類鳥盤類装盾類鎧竜類。
¶生ミス8（図11-11/モ写）〈㊇南極大陸 約1.3cm 歯。正基準標本〉

アンタルクトサウルス *Antarctosaurus*
白亜紀カンパニアン〜マーストリヒシアンの恐竜類ティタノサウルス類。体長40m。㊊南米
¶恐イラ（p207/カ復）

アンダルシアナ コルヌアータ *Andalusiana cornuata*
カンブリア紀前期の三葉虫。オレネルス目。
¶三葉虫（図5/モ写）〈㊇モロッコのモハメディア 長さ163mm〉

アンチコジウムの1種 *Anchicodium funile*
古生代後期石炭紀中期の藻類緑藻類。ミル科。
¶学古生（図302/モ写）〈㊇山口県美祢郡秋芳町秋吉台西山 縦断，横断薄片〉

アンチポフブナ *Fagus antipofi*
新生代中新世前期の陸上植物。ブナ科。
¶学古生（図2342/モ写）〈㊇秋田県北秋田郡阿仁町露熊〉
学古生（図2350/モ写）〈㊇岐阜県瑞浪市日吉〉
日化譜（図版76-26/モ写）〈㊇岐阜県瑞浪市日吉〉

アンティクウスゾウ ⇒エレファス・アンティクウスを見よ

アンティプラネス・コントラリア ⇒ヒダリマキイグチを見よ

アンデサウルス *Andesaurus*
白亜紀アルビアンの恐竜類ティタノサウルス類。体長40m。㊊アルゼンチン
¶恐イラ（p206/カ復）

アンデス象 ⇒コルジレリオンを見よ

アンテトニトルス *Antetonitrus*
三畳紀ノーリアンの恐竜類竜脚形類竜脚類。植物食恐竜。体長10m。㊊南アフリカ
¶恐イラ（p91/カ復）

アンテドン・ピンナータ *Antedon pinnata*
ジュラ紀の棘皮動物ウミユリ類。
¶原色化（PL.54-1/モ写）〈㊇南ドイツのバイエルン地方ゾルンホーフェン 高さ6.5cm〉

アンテミフィリアの1種 *Anthemiphyllia dentata*
新生代更新世の六放サンゴ類。アンテミフィリア科。
¶学古生（図1036/モ写）〈㊇鹿児島県大島郡喜界町上嘉鉄〉

アンドウザルガイ（？） *Clinocardium* sp.cf.*C.andoi*
新生代第三紀・中期中新世の貝類。ザルガイ科。
¶学古生（図1351/モ写）〈㊇石川県加賀市美谷ケ丘町〉

アンドゥレウサルクス ⇒アンドリューサルクスを見よ

アンドゥレオレピス
シルル紀後期の脊椎動物条鰭類。体長9cm。(分)ヨーロッパ, アジア
¶**進化大**(p107)

アントネマ・プロブレマティクム *Anthonema problematicum*
ジュラ紀後期の無脊椎動物甲殻類。甲殻類の幼生。
¶**ゾル1**(図323/カ写)〈(産)ドイツのアイヒシュテット 0.4cm〉

アンドリアス *Andrias scheuchzeri*
中新世〜現世の両生類。空椎亜綱有尾目オオサンショウウオ科。体長2m。(分)ヨーロッパ, 日本, 北アメリカ
¶**化写真**(p223/カ写)〈(産)ドイツ〉
古脊椎(図60/モ復)

アンドリアス *Andrias* sp.
中新世の脊索動物両生類有尾両生類。
¶**図解化**(p201-5/カ写)〈(産)スイス〉

アンドリアス・チュディイ *Andrias tschudii*
第三紀の脊椎動物両生類。
¶**原色化**(PL.83-2/モ写)〈(産)ドイツのボン近郊ロット 長さ29(+α)cm 石膏模型〉

アントリトゥス・オワトゥス *Antholithus ovatus*
中生代の陸生植物。分類位置不明。熱河生物群。
¶**熱河生**(図248/カ写)〈(産)中国の遼寧省北票の黄半吉溝 長さ1.9cm〉

アントリトゥス類 *Antholithus sp.1*
中生代の陸生植物。分類位置不明。熱河生物群。
¶**熱河生**(図249/カ写)〈(産)中国の遼寧省北票の黄半吉溝 長さ3.1cm〉

アントリトゥス類 *Antholithus sp.2*
中生代の陸生植物。分類位置不明。熱河生物群。
¶**熱河生**(図250/カ写)〈(産)中国の遼寧省北票の黄半吉溝 長さ3.5cm〉

アントリムポス・インテルメディウス *Antrimpos intermedius*
ジュラ紀後期の無脊椎動物甲殻類小型エビ類。
¶**ゾル1**(図251/カ写)〈(産)ドイツのアイヒシュテット 11cm〉

アントリムポス・スペキオスス *Antrimpos speciosus*
ジュラ紀後期の無脊椎動物甲殻類小型エビ類。
¶**ゾル1**(図253/カ写)〈(産)ドイツのアイヒシュテット 23cm〉
ゾル1(図254/カ写)〈(産)ドイツのアイヒシュテット 22cm〉

アントリムポス属によって残された印象 *Antrimpos*
ジュラ紀後期の動物の歩行跡と痕跡。
¶**ゾル2**(図321/カ写)〈(産)ドイツのアイヒシュテット 17cm〉
ゾル2〔アントリムポス属が残した印象〕(図322/カ写)〈(産)ドイツのアイヒシュテット 14cm〉

アントリムポス・マイヤーリ *Antrimpos meyeri*
ジュラ紀後期の無脊椎動物甲殻類小型エビ類。
¶**ゾル1**(図252/カ写)〈(産)ドイツのゾルンホーフェン 11cm〉

アンドリュウサルクス・モンゴリエンシス *Andrewsarchus mongoliensis*
新生代古第三紀始新世の哺乳類真獣類メソニクス類。メソニクス目トリイソドン科。肉食性。頭胴長3.5m。(分)中国
¶**生ミス9**〔アンドリュウサルクス〕(図1-6-2/カ写, カ復)〈(産)中国の内モンゴル 約80cm 頭骨の複製〉
絶哺乳〔アンドリュウサルクス〕(p101,103/カ復, モ図)〈(産)中国の内モンゴル 全長85cm 頭骨〉

アンドリューサルクス *Andrewsarchus*
始新世後期の哺乳類有蹄類。アルクトキオン目メソニクス科。肉食。全長4m。(分)モンゴル
¶**恐古生**〔アンドゥレウサルクス〕(p272〜273/カ写, カ復)〈頭蓋〉
恐絶動(p234/カ復)
恐竜世〔アンドゥレウサルクス〕(p272〜273/カ復)

アンドリューサルクス
古第三紀始新世後期の脊椎動物有胎盤類の哺乳類。全長3.7m。(分)モンゴル
¶**進化大**(p381/カ復)

アントリンポス・ノリクス *Antrimpos noricus*
三畳紀後期の無脊椎動物節足動物。
¶**図解化**(p106-7/カ写)〈(産)イタリアのベルガモ〉

アンドレオレピス *Andreolepis*
古生代シルル紀の条鰭類。全長20cm。(分)エストニア, ロシア, スウェーデン
¶**生ミス2**(図2-5-6/カ復)

アンドレオレピス・ヘデイ *Andreolepis hedei*
古生代シルル紀の脊椎動物条鰭類。全長20cm。(分)スウェーデン, エストニア, ロシア
¶**リア古**〔アンドレオレピス〕(p110/カ復)

アンドロストロブス・ピケオイデス
三畳紀後期〜白亜紀前期の植物ソテツ類。球果の長さ5cm。(分)ヨーロッパ, シベリア
¶**進化大**〔アンドロストロブス〕(p229/カ写)

アンニュラリア ⇒アニュラリア・ステラータを見よ

アンニュラリア・ステラタ ⇒アニュラリア・ステラータを見よ

アンニュラリア・ラディアタス *Annularia radiatus*
古生代石炭紀の植物トクサ類。
¶**化石図**(p76/カ写)〈(産)アメリカ合衆国 横幅約3cm〉

アンヌラリア・シネンシス
石炭紀〜ペルム紀の植物トクサ類。最大高さ20m。(分)世界各地
¶**進化大**〔カラミテス〕(p148〜149/カ写, カ復)

アンヌリコンカ
古生代ペルム紀の軟体動物斧足類。
¶**産地別**(p75/カ写)〈(産)宮城県気仙沼市戸屋沢 長さ1.8cm〉

アンヌリコンカの1種 *Annuliconcha kitakamiensis*
古生代後期二畳紀中期の貝類。アビキュロペクテン科。
¶**学古生**(図217/モ写)〈㊎岩手県陸前高田市飯森〉

アンヌリコンカの一種
古生代ペルム紀の軟体動物斧足類。アビキュロペクテンの一種。
¶**産地新**(p28/カ写)〈㊎岩手県陸前高田市飯森 高さ1.8cm 外形の印象化石〉

アンパカバストラエア *Ampakabastraea exserta*
ジュラ紀の無脊椎動物サンゴ類。イシサンゴ目アンデマンタストラエア科。夾の直径7mm。㊊世界中
¶**化写真**(p53/カ写)〈㊎インド 上方からみた群体〉

アンハングエラ *Anhanguera*
中生代白亜紀の爬虫類双弓類主竜類翼竜類。翼開長5m。㊊ブラジル, オーストラリア, イギリス
¶**恐イラ**(p153/カ復)
生ミス8(図7-6/カ写, カ復)〈55cm 頭骨の骨格標本〉

アンピクシナ ベラトゥラ *Ampyxina bellatula*
オルドビス紀後期の三葉虫。プティコパリア目。
¶**三葉虫**(図134/モ写)〈㊎アメリカのミズーリ州 長さ10mm〉

アンピクス・ナスタス *Ampyx nasutus*
古生代オルドビス紀の節足動物三葉虫類。最大体長5cm。
¶**生ミス2**〔アンピクス〕(図1-2-11/カ写)〈㊎ロシアのサンクトペテルブルク〉

アンヒケントルム *Amphicentrum granulosum*
魚類。顎口超綱硬骨魚綱条鰭亜綱軟質上目パレオニスクス目。全長14cm。
¶**古脊椎**(図28/モ復)

アンフィキオン *Amphicyon*
新生代新第三紀中新世〜鮮新世の哺乳類食肉類イヌ型類。食肉目アンフィキオン科。平原に生息。肉食性。頭胴長2m。㊊北アメリカ, スペイン, ドイツ, フランス, パキスタンほか
¶**恐絶動**〔アムフィキオン〕(p214/カ復)
恐竜世〔アムフィキオン〕(p239/カ復)
恐竜博〔アムフィキオン〕(p176/カ復)
生ミス9(図0-1-22/カ写, カ復)〈全身復元骨格〉
絶哺乳(p116/カ復)

アンフィキオン
古第三紀漸新世〜新第三紀中新世中期の脊椎動物有胎盤類の哺乳類。体長2m。㊊北アメリカ, スペイン, ドイツ, フランス
¶**進化大**(p413/カ復)

アンフィコリナ・フクシマエンシス
Amphicoryna fukushimaensis
新生代中新世の小型有孔虫。ノドサリア科。
¶**学古生**(図922/モ写)〈㊎福島県いわき市勿来町九面〉

アンフィドンテ・サブハリオトイデア
Amphidonte(Amphidonte) subhaliotoidea
中生代白亜紀前期の貝類。イタボガキ科。
¶**学古生**(図660/モ写)〈㊎岩手県下閉伊郡田野畑村平井賀 左殻内面〉

アンフィポラ・ヒグチザワエンシス *Amphipora higuchizawaensis*
古生代中期の層孔虫類。
¶**学古生**(図2/モ写)〈㊎岩手県大船渡市川内ヤマナス沢 横断面, 縦断面〉

アンフィラグス *Amphilagus* sp.
漸新世後期〜中新生後期の哺乳類。ウサギ目ナキウサギ科。頭胴長約20cm程度。㊊ヨーロッパ, アジア
¶**絶哺乳**(p136/カ復)

アンフィロパルム・プラエイプシロン
Amphirhopalum praeypsilon
新生代更新世の放散虫。スポンゴディスクス科。
¶**学古生**(図886/モ写)〈㊎千葉県銚子市松岸〉

アンブリシフォネラの1種 *Amblysiphonella sikokuensis*
古生代後期二畳紀前期の海綿類。セバルガシア科。
¶**学古生**(図95/モ写)〈㊎高知県高岡郡佐川町耳切〉
日化譜〔Amblysiphonella sikokuensis〕(図版13-1/モ写)〈㊎高知県佐川 縦断面〉

アンブロケトゥス
古第三紀始新世前期の脊椎動物有胎盤類の哺乳類。全長3m。㊊パキスタン
¶**進化大**(p385/カ復)

アンブロケトゥス・ナタンス *Ambulocetus natans*
新生代古第三紀始新世の哺乳類真獣類鯨偶蹄類ムカシクジラ類。アンブロケトゥス科。頭胴長2.7m。㊊パキスタン
¶**生ミス9**〔アンブロケトゥス〕(図1-7-3/カ写, カ復)
絶哺乳〔アンブロケトゥス〕(p138,142/カ復, モ図)〈㊎パキスタン 復元された骨格〉

アンブロテリウム *Amblotherium pusillum*
後期ジュラ紀の脊椎動物哺乳類。汎獣目ドリオレスクス科。体長25cm。㊊ヨーロッパ, 北アメリカ
¶**化写真**(p263/カ写)〈㊎イギリス 下顎〉

アンペロメリックス *Ampelomeryx*
新生代新第三紀中新世の哺乳類真獣類鯨偶蹄類反芻類。ツノの長さ20cm。㊊フランス, スペイン
¶**生ミス10**(図2-2-6/カ復)

アンボストラコン・イケヤイ *Ambostracon ikeyai*
新生代更新世の甲殻類(貝形類)。ヘミシセレ科ヘミシセレ亜科。
¶**学古生**(図1866/モ写)〈㊎千葉県成田層 左殻〉

アンボニキア *Ambonychia* sp.
オルドビス紀の無脊椎動物二枚貝。幅6cm。
¶**地球博**〔ムラサキイガイの近縁種〕(p80/カ写)

アンボニュキア・ラディアータ
オルドヴィス紀後期の無脊椎動物二枚貝類。長さほぼ5cm。㊊アメリカ合衆国, ヨーロッパ
¶**進化大**〔アンボニュキア〕(p87/カ写)

アンボンドロ *Ambondro mahabo*
ジュラ紀中期の哺乳類基盤的南楔歯類。南楔歯亜綱。頭胴長約6cm程度。㊊マダガスカル
¶**絶哺乳**(p32/カ復)

アンモナイト　Triassic ammonite
三畳紀の軟体動物頭足類アンモナイト。
¶アン最〔三畳紀アンモナイト〕(p73/カ写)〈㊥インドネシアのティモール　複雑な隔壁〉

アンモナイト
中生代の無脊椎動物軟体動物頭足類。
¶図解化(p18-1/カ写)〈㊥イギリス〉

アンモナイト
中生代ジュラ紀後期の無脊椎動物軟体動物。
¶図解化(p145-下/カ写)〈㊥イタリア「大理石」の断面〉
ゾル2〔水の動きでできたと思える痕跡と顎器を伴ったアンモナイト〕(図317/カ写)〈㊥ドイツのアイヒシュテット〉

アンモナイト
中生代ジュラ紀の無脊椎動物軟体動物頭足類。
¶産地別〔ラペット付きのアンモナイト〕(p139/カ写)〈㊥福井県大野市貝皿　長径3cm〉
図解化(p12-2/カ写)〈㊥ドイツ　縦断面〉
図解化(p12-5,6/カ写)〈㊥イギリス〉
図解化(p146/カ写)〈㊥イギリス〉

アンモナイト
新第三紀中新世の軟体動物頭足類アンモナイト類。
¶化石図〔海緑石に置換されたアンモナイト〕(p18/カ写)〈㊥ドイツ　横幅約7cm〉

アンモナイト　⇒デスモケラスを見よ

アンモナイト　⇒モルトニセラス・ロストラータムを見よ

アンモナイト群集
中生代白亜紀の軟体動物頭足類。
¶産地別(p6/カ写)〈㊥北海道稚内市東浦海岸　左右38cm〉

アンモナイトの一種
中生代白亜紀の軟体動物頭足類。
¶産地別(p220/カ写)〈㊥徳島県勝浦郡上勝町藤川　長径3.5cm〉

アンモナイトの殻の移動痕
中生代ジュラ紀の軟体動物頭足類アンモナイト類の生痕化石。
¶生ミス6(図7-25/カ写)〈㊥ドイツのゾルンホーフェンジュラ博物館所蔵・展示〉

アンモナイトの断面
中生代白亜紀の軟体動物頭足類。
¶産地新(p13/カ写)〈㊥北海道留萌郡小平町小平蘂川　径2.7cm〉

アンモナイトの破片
中生代ジュラ紀の軟体動物頭足類。
¶産地本(p232/カ写)〈㊥山口県豊浦郡豊田町石町　写真の左右10cm〉

アンモナイト？(不明種)
古生代ペルム紀の軟体動物頭足類？
¶産地本(p160/カ写)〈㊥滋賀県犬上郡多賀町権現谷　径2mm〉

アンモナイト(不明種)
中生代白亜紀の軟体動物頭足類。ハマナカエンセ以外の種類。
¶産地新(p15/カ写)〈㊥北海道厚岸郡浜中町奔幌戸　径5.2cm〉
産地新(p15/カ写)〈㊥北海道厚岸郡浜中町奔幌戸　長径15.8cm〉

アンモナイト(不明種)
中生代三畳紀の軟体動物頭足類。へその狭いタイプ。
¶産地新(p151/カ写)〈㊥京都府天田郡夜久野町割石谷　径7cm〉

アンモナイト(不明種)
中生代三畳紀の軟体動物頭足類。ダヌビテスに似る。
¶産地新(p151/カ写)〈㊥京都府天田郡夜久野町割石谷　径10cm〉

アンモナイト(不明種)
中生代白亜紀の軟体動物頭足類。ゼランディテスの仲間か。
¶産地本(p6/カ写)〈㊥北海道宗谷郡猿払村上猿払　径1.6cm〉

アンモナイト(不明種)
中生代白亜紀の軟体動物頭足類。キャナドセラスか。
¶産地本(p14/カ写)〈㊥北海道中川郡中川町安平志内川　径8cm〉

アンモナイト(不明種)
中生代白亜紀の軟体動物頭足類。
¶産地本(p36/カ写)〈㊥北海道三笠市幾春別川　径9cm〉
産地本(p79/カ写)〈㊥千葉県銚子市長崎鼻海岸　径4.5cm〉

アンモナイト(不明種)
中生代ジュラ紀の軟体動物頭足類。
¶産地本(p66/カ写)〈㊥宮城県桃生郡北上町追波　径3cm〉
産地本(p123/カ写)〈㊥岐阜県大野郡荘川村御手洗　径3cm〉
産地本(p234/カ写)〈㊥高知県高岡郡佐川町西山　径約7cm　不完全な標本〉

アンモナイト(不明種)
中生代ジュラ紀の軟体動物頭足類。カナバリアか。
¶産地本(p120/カ写)〈㊥富山県下新川郡朝日町大平川　径2.8cm〉

アンモナイト(不明種)
中生代ジュラ紀の軟体動物頭足類。フィロセラスの仲間。
¶産地本(p122/カ写)〈㊥福井県大野郡和泉村下山　径5.5cm〉

アンモナイト(不明種)
中生代ジュラ紀の軟体動物頭足類。クラナオスフィンクテス？
¶産地本(p122/カ写)〈㊥福井県大野郡和泉村下山　径2.5cm〉

「アンモナイト類の顎器」　⇒ラエウァプティクスを見よ

アンモナイト類の転がり接地した痕跡
ジュラ紀後期の動物の痕跡。

¶ゾル2（図315/カ写）〈[産]ドイツのアイヒシュテット〉

アンモナイト類の進化
古生代デボン紀の軟体動物頭足類アンモナイト類。
¶生ミス3（図4-10/カ復）

アンモナイト類の残した印象
ジュラ紀後期の動物の痕跡。
¶ゾル2（図316/カ写）〈[産]ドイツのアイヒシュテット 14cm〉

アンモナイト類の幼殻の密集化石
古生代石炭紀の軟体動物頭足類アンモナイト類。
¶生ミス4（図2-4-10/モ写）〈[産]アメリカのカンザス州〉

アンモニア・ジャポニカ *Ammonia japonica*
新生代更新世の小型有孔虫。ロタリア科。
¶学古生（図927/モ写）〈[産]石川県金沢市大桑町〉

アンモニクリヌス *Ammonicrinus*
古生代デボン紀の棘皮動物ウミユリ類。全長10cm未満。[分]ドイツ, ポーランド, フランス
¶生ミス3（図4-8/カ復）

アンモネラ・クアドラタ *Ammonella quadrata*
ジュラ紀後期の無脊椎動物海綿動物。
¶ゾル1（図65/カ写）〈[産]ドイツのゾルンホーフェン 6cm〉

アンモノセラタイテス・エゾエンゼ *Ammonoceratites ezoense*
アルビアン期の軟体動物頭足類アンモナイト。リトセラス亜目リトセラス科。
¶アン学（図版47-1/カ写）〈[産]三笠地域〉

安陽四不像 ⇒エラフルスを見よ

【イ】

イアンフェンギア・ムルティセグメンタリス *Jianfengia multisegmentalis* 多節尖峰虫
カンブリア紀の節足動物。節足動物門。澄江生物群。
¶澄江生（図16.19/カ写）〈[産]中国の帽天山 長さ17mm 側方から見たところ, 背側から見たところ〉

イイオカカミオボラ *Volutopsius iiokaensis*
鮮新世前期の軟体動物腹足類。
¶日化譜（図版31-26/モ写）〈[産]千葉県飯岡町〉

イイズカフスマガイ *Clementia* (*Compsomyax*) *iizukai*
中新世後期の軟体動物斧足類。
¶日化譜（図版48-4/モ写）〈[産]茨城県北茨城市五浦〉

イイトミモミジツキヒ *Amussiopecten iitomiensis*
中新世後期の軟体動物斧足類。
¶日化譜（図版41-3/モ写）〈[産]山梨県南巨摩郡, 身延町大原島〉

イウクニア・ペタリナ *Jiucunia petalina* 弁状九村虫
カンブリア紀の所属不明の動物。澄江生物群。長さ20mm, 幅最大8mm。
¶澄江生（図20.11/カ写）〈[産]中国の小濫田〉

イウノテイア・プラエルプタ *Eunotia praerupta*
新生代第四紀の珪藻類。羽状目。
¶学古生（図2128/モ写）〈[産]北海道茅部郡森町濁川〉

イゥーレサニテス・ジャクソニ
ペルム紀前期の無脊椎動物頭足類。直径7〜10cm。[分]ロシア, オーストラリア
¶進化大〔イゥーレサニテス〕（p180/カ写）

イエサカリュウグウハゴロモ *Offadesma iesakai*
漸新世後期の軟体動物斧足類。
¶日化譜（図版49-27/モ写）〈[産]長崎県西彼杵郡崎戸〉

イオノスコプス・キプリノイデス *Ionoscopus cyprinoides*
ジュラ紀後期の脊椎動物真骨魚類。
¶ゾル2（図167/カ写）〈[産]ドイツのアイヒシュテット 44cm〉

イオノスコプス属の種 *Ionoscopus* sp.
ジュラ紀後期の脊椎動物真骨魚類。
¶ゾル2（図169/カ写）〈[産]ドイツのアイヒシュテット 57cm〉

イオノスコプス・ムエンステリ *Ionoscopus muensteri*
ジュラ紀後期の脊椎動物真骨魚類。
¶ゾル2（図168/カ写）〈[産]ドイツのダイティング 25cm〉

イガイ
古生代ペルム紀の軟体動物斧足類。
¶産地別（p76/カ写）〈[産]宮城県気仙沼市戸屋沢 長さ4.8cm〉

イガイ
新生代第三紀鮮新世の軟体動物斧足類。イガイ科。別名ミチルス。
¶産地新（p133/カ写）〈[産]富山県高岡市頭川 長さ15.5cm〉
産地新（p133/カ写）〈[産]富山県高岡市頭川 長さ12.5cm〉

イガイ
新生代第三紀中新世の軟体動物斧足類。別名ミチルス。
¶産地別（p198/カ写）〈[産]福井県大飯郡高浜町名島 長さ10cm〉
産地本（p129/カ写）〈[産]岐阜県瑞浪市釜戸町荻の島 長さ（左右）7cm〉

イガイの仲間？
中生代三畳紀の軟体動物斧足類。
¶産地新（p149/カ写）〈[産]福井県大飯郡高浜町難波江 長さ4.5cm, 長さ4.1cm 内形印象〉

イガタニシ
新生代第三紀鮮新世の軟体動物腹足類。
¶産地本（p213/カ写）〈[産]三重県阿山郡大山田村服部川 高さ2.5cm 内形雄型〉

イカディプテス・サラシ *Icadyptes salasi*
新生代古第三紀始新世の鳥類ペンギン類。体高150cm。[分]ペルー
¶生ミス9〔イカディプテス〕（図1-2-4/カ写, カ復）〈30cm 頭骨〉

イカリチョウチンの1種　*Craniscus* sp.
新生代中新世の腕足類。無関節綱アクロトレタ目クラニア科。
¶**学古生**(図1051/モ写)〈[産]長野県佐久市八重久保〉

イカロサウルス　*Icarosaurus*
中生代三畳紀の爬虫類双弓類鱗竜形類クエネオサウルス類。全長20cm。[分]アメリカ
¶**生ミス5**(図4-4/カ復)

イカロニクテリス　*Icaronycteris*
5500万〜5000万年前(パレオジン)の哺乳類コウモリ。翼手目イカロニクテリス科。夜行性。全長約15cm。[分]アメリカ合衆国, フランスほか
¶**恐古生**(p222〜225/カ復)
恐絶動(p210/カ復)
恐竜世(p232〜233/カ写, カ復)
恐竜博(p170/カ復)
生ミス9(図1-3-5/カ写, カ復)〈[産]アメリカ中西部のグリーンリバー 約28cm〉
絶哺乳(p159/カ復)

イカロニクテリス
古第三紀始新世中期の脊椎動物有胎盤類の哺乳類。全長14cm。[分]アメリカ合衆国
¶**進化大**(p381/カ写, カ復)

イキウス
新生代第三紀中新世の脊椎動物硬骨魚類。コイ科。
¶**産地本**(p250/カ写)〈[産]長崎県壱岐郡芦辺町長者が原崎(壱岐島) 長さ13cm〉

イキウス　⇒クルター属の未定種を見よ

イキムカシギギ　*Pseudobagrus ikiensis*
新第三紀中新世中期の淡水魚硬骨魚類。ナマズ目ギギ科。
¶**化石図**(p159/カ写, カ復)〈[産]長崎県 体長約22cm 完模式標本〉

イグアノドン　*Iguanodon*
1億3500万〜1億2500万年前(白亜紀前期)の恐竜類鳥脚類イグアノドン類。鳥盤目鳥脚亜目イグアノドン科。林地に生息。全長9m。[分]ベルギー, ドイツ, フランス, スペイン, イギリスのイングランド
¶**化百科**(p225/カ写)〈椎骨7cm, 腓骨長さ33cm 足跡, 血道弓骨, 椎骨, 腓骨〉
恐イラ(p170/カ復)
恐古生(p180〜181/カ復)
恐絶動(p142〜143/カ復)
恐太古(p96〜99/カ写)〈歯, 足〉
恐竜世(p128/カ写, カ復)〈手〉
恐竜博(p138〜139/カ写, カ復)〈頭骨〉
古代生(p183/カ復)
世変化(図50/カ写)〈[産]英国のサセックス州ティルゲート 幅4cm 歯〉
よみ恐(p154〜155/カ復)

イグアノドン　*Iguanodon bernissartensis*
白亜紀初期の恐竜類。竜型超綱鳥盤綱鳥脚目。別名とかげ竜。全長8〜10m。[分]ベルギー
¶**古脊椎**(図157/モ復)

イグアノドン　*Iguanodon hollingtoniensis*
前期白亜紀の脊椎動物恐竜類。鳥盤目イグアノドン科。体長9m。[分]ヨーロッパ, アジア, アフリカ, 北アメリカ
¶**化写真**(p250/カ写)〈[産]イギリス 下顎〉

イグアノドン
白亜紀前期の脊椎動物鳥盤類。体長9m。[分]ベルギー, ドイツ, フランス, スペイン, イギリス
¶**進化大**(p338/カ写)〈手〉

イグアノドン?の仲間　*Iguanodon*? Ornithischia, gen.et sp.indet
白亜紀後期セノマニアン期(約9500万年前)の恐竜類鳥脚類。属種未定。植物食。体長約5m?[分]鹿児島県長島町獅子島
¶**日恐竜**(p68/カ写, カ復)〈長さ約3cm 歯化石〉

イグアノドン類
白亜紀バランギニアン期?の恐竜類鳥脚類。
¶**日白亜**(p62〜63/カ復)〈[産]三重県鳥羽市〉

イグアノドン類の恐竜　*Iguanodontia* indet.
白亜紀前期の恐竜類鳥脚類。
¶**モ恐竜**(p46/カ写)〈[産]モンゴル南東フルン・ドッホ 頭骨〉

イクイウス・ニッポニクス　*Iquius nipponicus*
第三紀の脊椎動物硬骨魚類。
¶**原色化**(PL.82-1/モ写)〈[産]長崎県壱岐島 長さ17cm〉

イクイゼタム・アレナセウム　*Equisetum arenaceum*
三畳紀のシダ植物有節類。
¶**原色化**(PL.38-3/モ写)〈[産]ドイツのヴュルテムベルグのシュツットガルト 幅5.5cm〉

イクィゼティテス・コルムナリス　*Equisetites columnaris*
ジュラ紀のシダ植物有節類。
¶**原色化**(PL.58-3/モ写)〈[産]イギリスのヨーク州ウィトビイ 長さ12cm〉

イグチ
新生代第三紀中新世の軟体動物腹足類。
¶**産地別**(p211/カ写)〈[産]滋賀県甲賀市土山町鮎河中畑橋 高さ3.1cm〉

イクチオクリヌス・ラエビス　*Ichthyocrinus laevis*
古生代シルル紀のウミユリ類。
¶**生ミス2**〔イクチオクリヌス〕(図2-3-1/カ写)〈[産]アメリカのニューヨーク州 母岩の長辺が約18cm〉

イクチオサウルス　*Ichthyosaurus*
中生代ジュラ紀の爬虫類魚竜類。魚竜目イクチオサウルス科。海洋に生息。体長2m。[分]イギリス南部
¶**恐イラ**(p94/カ復)
恐古生〔イクティオサウルス〕(p86〜87/カ写, カ復)〈頭蓋〉
恐絶動(p78/カ復)
恐竜世〔イクティオサウルス〕(p107/カ復)
恐竜博(p91/カ復)
古代生(p146/カ復)

イクチオサウルス　*Ichthyosaurus communis*
前期ジュラ紀の脊椎動物双弓類。魚竜亜綱イクチオ

サウルス科。体長2m。(分)ヨーロッパ, グリーンランド
¶**化写真**(p238/カ写)〈(産)イギリス 頭骨〉
世変化〔魚竜〕(図40/カ写)〈(産)英国のライム・レジス 幅75cm〉

イクチオサウルス
ジュラ紀前期の脊椎動物イクチオサウルス類。体長2m。(分)イギリス諸島, ベルギー, ドイツ
¶**進化大**(p251/カ復)

イクチオザウルス・カムピロドン *Ichthyosaurus campylodon*
白亜紀の脊椎動物爬虫類。
¶**原色化**(PL.69-2/カ写)〈(産)イギリスのケンブリッジ 高さ4.6cm,3.7cm〉

イクチオサウルス・プラティオドン *Ichthyosaurus platyodon*
中生代ジュラ紀の魚竜類。全長5.5m。
¶**生ミス6**〔魚竜類の頭骨〕(図1-1/カ写)〈(産)イギリス ロンドン自然史博物館に所蔵〉

イクチオステガ *Ichthyostega*
古生代デボン紀の両生類迷歯類。イクチオステガ目。全長1m。(分)グリーンランド
¶**恐絶動**(p50/カ復)
恐竜世〔イクティオステガ〕(p82/カ写)〈肢の化石〉
古脊椎(図61/モ復)
生ミス3(図6-11/カ写, カ復)〈20cm 眼窩のあたりから先の骨は失われている〉
生ミス3〔イクチオステガの3Dモデル〕(図6-12/カ図)
生ミス4(図1-2-8/カ復)
生ミス4(図2-2-4/カ復)
生ミス7(図6-16/カ復)

イクチオステガ
デヴォン紀後期の脊椎動物両生類。初期の四肢動物。体長1.5m。(分)グリーンランド
¶**古代生**〔デボン紀の湿地帯イメージ〕(p98〜99/カ復)
進化大(p139/カ写, カ復)〈足指〉

イクチオステガ・ステンシオエイ *Ichthyostega stensioei*
古生代デボン紀の脊椎動物肉鰭類？両生類？全長1m。(分)グリーンランド
¶**リア古**〔イクチオステガ〕(p156/カ復)

イクチオデクテス *Ichthyodectes*
中生代白亜紀の条鰭類イクチオデクテス類。全長4m。(分)アメリカ
¶**生ミス8**(図8-5/カ復)

イクチオルニス *Ichthyornis*
中生代白亜紀の鳥類。イクチオルニス科。海岸に生息。体長20cm。(分)アメリカ合衆国
¶**恐竜世**〔イクティオルニス〕(p209/カ復)
恐竜博(p157/カ復)

イクチオルニス *Ichthyornis victor*
白亜期後期の鳥類。鳥綱新鳥亜綱歯嘴趨目イクチオルニス目。全長23cm。(分)北米カンサス州
¶**古脊椎**(図188/モ復)

イクチオルニス
白亜紀後期の鳥類。体長30cm。(分)アメリカ
¶**進化大**(p355/カ復)

イクチオルニス・ディスパル *Ichthyornis dispar*
白亜紀後期の鳥類。イクチオルニス目。体高20cm。(分)合衆国のカンザス, テキサス
¶**恐絶動**(p174/カ復)

イクチテリウム *Ictitherium robustum*
鮮新世初期の哺乳類。哺乳綱獣亜綱正獣上目食肉目ハイエナ科。体長88cm。(分)アジア, ヨーロッパ
¶**古脊椎**(図245/モ復)

イクティオサウルス ⇒イクチオサウルスを見よ

イクティオステガ ⇒イクチオステガを見よ

イクティオルニス ⇒イクチオルニスを見よ

イクティテリウム *Ictitherium*
1300万〜500万年前(ネオジン)の哺乳類ハイエナ類。食肉目ハイエナ科。肉食性。全長1.2m。(分)ヨーロッパ, アジア, アフリカ
¶**恐絶動**(p219/カ復)
恐竜世(p235/カ復)
絶哺乳(p113/カ復)

イクランドラコ・アバタル *Ikrandraco avatar*
中生代白亜紀の爬虫類双弓類主竜類翼竜類。頭骨の大きさ29cm。(分)中国
¶**生ミス7**〔イクランドラコ〕(図1-13/カ写, カ復)〈(産)中国の遼寧省 正基準標本〉

イクリオダス・ウォシュミッティ・ウォシュミッティ *Icriodus woschmidti woschmidti*
古生代デボン紀前期のコノドント類(錐歯類)。
¶**学古生**(図266/モ図)〈(産)岐阜県吉城郡上宝村福地〉

イケコサウルス・ガオイの完模式標本 *Ikechosaurus gaoi*
中生代のコリストデラ類。熱河生物群。
¶**熱河生**(図125/カ写)〈(産)中国の内モンゴル赤峰の九仏堂層 つぶれた頭骨の長さ約19cm〉

イケチョウガイ
新生代第四紀更新世の軟体動物斧足類。イシガイ科。
¶**産地新**(p189/カ写)〈(産)滋賀県大津市雄琴 長さ22.5cm〉

イケベキリガイダマシ *Turritella ikebei*
新生代第三紀鮮新世の貝類。キリガイダマシ科。
¶**学古生**(図1465,1466/モ写)〈(産)青森県むつ市前川〉

イケベキリガイダマシ *Turritella (Neohaustator) ikebei*
鮮新世後期〜更新世前期の軟体動物腹足類。
¶**日化譜**(図版28-8/モ写)〈(産)千葉県, 神奈川県〉

イケベミクリ *Siphonalia ikebei*
中新世中期の軟体動物腹足類。
¶**日化譜**(図版32-14/モ写)〈(産)富山県八尾町〉

伊佐人 *Homo sapiens*
現世初期の哺乳類人類。
¶**日化譜**(図版69-24/モ写)〈(産)山口県美祢市伊佐町乞食

穴 右上第1大臼歯〉

イサステリアの1種 *Isasteria* sp.
中生代ジュラ紀後期の六放サンゴ類。カラモヒリア科。
¶**学古生**（図337/モ写）〈[産]三重県鳥羽市松尾町瀬戸谷 横断面, 縦断面〉

イサストレア
白亜紀中期～後期の無脊椎動物花虫類。群体直径最大1m。[分]ヨーロッパ, アフリカ, 北アメリカ
¶**進化大**（p236/カ写）

イサノサウルス *Isanosaurus*
2億1600万～1億9900万年前（三畳紀後期）の恐竜類竜脚類。植物食恐竜。全長6.5m。[分]タイ
¶**恐イラ**（p91/カ復）
恐竜世（p154～155/カ復）

イシアネルラ・マルギヌラタの背甲 *Yixianella marginulata*
中生代の貝形虫類。熱河生物群。
¶**熱河生**（図60/モ写）〈[産]中国の遼寧省義県の皮家溝 外側側面〉

イシアノルニス・グレーボーイ *Yixianornis grabaui* 義県鳥
中生代の鳥類真鳥類。熱河生物群。
¶**熱河生**〔イシアノルニス・グレーボーイの完模式標本〕（図191/カ写）〈[産]中国の遼寧省朝陽の前楊〉
熱河生〔イシアノルニス・グレーボーイの翼の羽毛〕（図192/カ写）〈[産]中国の遼寧省〉

イシイビカリエラ ⇒ビカリエラ・イシイアーナを見よ

イシガイ
新生代第三紀鮮新世の軟体動物斧足類。
¶**産地本**（p217/カ写）〈[産]滋賀県甲賀郡甲西町夏見野洲川 長さ（左右）6cm〉

イシガイ科の一種
新生代第四紀更新世の軟体動物斧足類。イシガイ科。小型のイシガイ類。
¶**産地新**（p189/カ写）〈[産]滋賀県大津市雄琴 長さ4cm〉

イシガイの仲間
新生代第三紀鮮新世の軟体動物斧足類。
¶**産地本**（p213/カ写）〈[産]三重県阿山郡大山田村服部川 長さ（左右）4.5cm〉

イシガキビカリエラ *Vicaryella ibarumensis*
新生代第三紀始新世の貝類。ウミニナ科。
¶**学古生**（図1102/モ写）〈[産]沖縄県石垣市伊原間〉

イシカゲガイ *Clinocardium*（*Keenocardium*） *buellowi*
新生代第四紀の貝類。ザルガイ科。
¶**学古生**（図1668/モ写）〈[産]千葉県印旛郡印西町木下〉

イシカゲガイ
新生代第四紀更新世の軟体動物斧足類。ザルガイ科。
¶**産地新**（p74/カ写）〈[産]茨城県稲敷郡阿見町島津 長さ3.9cm〉

イシガニ *Charybdis* cf.*japonica*
更新世前期～現世の十脚類。
¶**日化譜**（図版60-3/モ写）〈[産]横浜市保土ケ谷区保土ケ谷駅付近〉

イシガメ *Clemmys japonica*
新生代第四紀完新世の爬虫類。カメ科。
¶**学古生**（図1966/モ写）〈[産]山口県美弥市伊佐, 雀の鳴穴 甲羅背甲背面〉

イシカリタニシ *Cipangopaludina ishikariensis*
漸新世後期の軟体動物腹足類。
¶**日化譜**（図版27-18/モ写）〈[産]北海道芦別市〉

イシカリトサミズキ *Corylopsis ishikariensis*
新生代始新世の陸上植物。マンサク科。
¶**学古生**（図2203/モ写）〈[産]北海道歌志内市神威炭鉱〉

イシゴロモの1種 *Lithophyllum nishiwadai*
新生代中新世の紅藻類。サンゴモ科イシゴロモ亜科。別名リソファイラム。
¶**学古生**（図2139/モ写）〈[産]静岡県榛原郡相良町女神山〉
日化譜〔Lithophyllum Nishiwadai〕（図版12-8/モ写）〈[産]沖縄以南に広く分布 断面〉

イシゴロモの1種 *Lithophyllum oborensis*
新生代中新世の紅藻類。サンゴモ科イシゴロモ亜科。別名リソファイラム。
¶**学古生**（図2140/モ写）〈[産]岐阜県土岐市河合大洞〉

イシサウルス *Isisaurus*
7000万～6500万年前（白亜紀後期）の恐竜類ティタノサウルス類。全長18m。[分]アジア
¶**恐竜世**（p163/カ復）

イシダアマオブネ *Nerita ishidae*
新生代第三紀・初期中新世の軟体動物腹足類貝類。アマオブネ科。
¶**学古生**（図1200,1201/モ写）〈[産]石川県珠洲市馬緤, 珠洲市大谷〉
日化譜〔イシダアマオブネ（新）〕（図版83-15/モ写）〈[産]能登珠洲市大谷, 松緤〉

イシダイトカケギリ（新） *Turbonilla ishidae*
中新世中期の軟体動物腹足類。
¶**日化譜**（図版83-41/モ写）〈[産]能登珠洲市藤尾〉

イシダニシキガイ *Chlamys ishidae*
新生代第三紀・初期中新世の貝類。イタヤガイ科。
¶**学古生**（図1158,1159/モ写）〈[産]石川県輪島市塚田〉

イシダフデ ⇒イシダフデガイを見よ

イシダフデガイ *Mitra ishidae*
新生代第三紀・初期中新世の軟体動物腹足類貝類。フデガイ科。
¶**学古生**（図1229/モ写）〈[産]石川県珠洲市大谷〉
日化譜〔イシダフデ（新）〕（図版83-31/モ写）〈[産]能登珠洲市大谷〉

イシダムカシゴキブリ *Pedinoblatta ishidae*
中生代三畳紀後期の昆虫類。昆虫綱ゴキブリ目メソブラッティナ科。
¶**学古生**（図708/モ写）〈[産]山口県美祢市大嶺町大嶺炭礦〉

イシノミの1種 *Goniolithon* sp.
新生代更新世の紅藻類。サンゴモ科。別名ゴニオリトン。
¶**学古生**（図2134/モ写）〈[産]鹿児島県大島郡喜界町上嘉鉄

コロニー〉

イシマキガイ属の未定種 *Clithon* sp.
新生代第四期更新世の軟体動物腹足類。アマオブネガイ科。
¶化石フ(p184/カ写)〈㊞愛知県豊川市 8mm〉

イシモの1種 *Lithothamnium araii*
新生代中新世の紅藻類。サンゴモ科。別名リソサムニウム。
¶学古生(図2133/モ写)〈㊞埼玉県秩父市横瀬〉

イシモの1種 *Lithothamnium misakaensis*
新生代中新世の紅藻類。サンゴモ科メロベシア亜科。別名リソサムニウム。
¶学古生(図2137/モ写)〈㊞神奈川県津久井郡津久井町井戸沢〉
日化譜〔Lithothamnium misakaensis〕(図版12-10/モ写)〈㊞山梨県, 神奈川県 斜断面〉

イシモの1種 *Lithothamnium* sp.cf.*L.peleense*
新生代中新世の紅藻類。サンゴモ科メロベシア亜科。別名リソサムニウム。
¶学古生(図2138/モ写)〈㊞岐阜県土岐市河合大洞〉

異常巻きアンモナイトの一種
中生代ジュラ紀の軟体動物頭足類。
¶産地別(p138/カ写)〈㊞福井県大野市貝皿 長径4cm〉

異常巻きアンモナイト(不明種)
中生代白亜紀の軟体動物頭足類。ディディモセラスか?
¶産地別(p6/カ写)〈㊞北海道稚内市東浦海岸 長径10cm〉

異常巻きアンモナイト(不明種)
中生代ジュラ紀の軟体動物頭足類。
¶産地新(p107/カ写)〈㊞福井県大野郡和泉村貝皿 長径2.5cm〉

異常巻きアンモナイト(不明種)
中生代白亜紀の軟体動物頭足類。
¶産地本(p10/カ写)〈㊞北海道天塩郡遠別町ルベシ沢 長さ14cm〉
産地本(p22/カ写)〈㊞北海道苫前郡羽幌町逆川 長さ10cm〉
産地本(p22/カ写)〈㊞北海道苫前郡羽幌町羽幌川 径2cm〉

イズウス・ナカムライ *Izuus nakamurai*
第三紀の脊椎動物硬骨魚類。
¶原色化(PL.81-3/カ写)〈㊞静岡県田方郡修善寺町 長さ12.4cm〉

イスキオダス *Ischyodus schübleri*
ジュラ紀後期の魚類。顎口超綱軟骨魚綱完頭目。全長1.2m。㊕西ドイツのババリヤ
¶古脊椎(図25/モ復)

イスキオドゥス *Ischyodus*
ジュラ紀中期〜第三紀暁新世の魚類軟骨魚類。全頭亜綱。全長1.5m。㊕英国のイングランド, フランス, ドイツ
¶恐絶動(p26/カ復)

イスキオドゥス
ジュラ紀中期〜中新世の脊椎動物軟骨魚類。体長1.5m。㊕ヨーロッパ, 北アメリカ, カザフスタン, オーストラリア, ニュージーランド, 北極
¶進化大(p246/カ復)

イスキオドゥス・アヴィトゥス *Ischyodus avitus*
ジュラ紀後期の脊椎動物軟骨魚類ギンザメ類の一種。
¶ゾル2(図14/カ写)〈㊞ドイツのアイヒシュテット 20cm 幼体〉
ゾル2(図18/カ写)〈㊞ドイツのアイヒシュテット 36cm〉
ゾル2(図19/カ写)〈㊞ドイツのアイヒシュテット 9.5cm 赤ん坊標本〉

イスキオドゥス・クエンステティ *Ischyodus quenstedti*
ジュラ紀後期の脊椎動物軟骨魚類ギンザメ類の一種。
¶ゾル2(図15/カ写)〈㊞ドイツのアイヒシュテット 66cm〉
ゾル2(図16/カ写)〈㊞ドイツのアイヒシュテット 27cm 交尾鉤を伴う頭部〉
ゾル2(図17/カ写)〈㊞ドイツのアイヒシュテット 142cm〉

イスキロトムス *Ischyrotomus* sp.
始新世中期〜後期の哺乳類ネズミ類リス型類。齧歯目イスキロミス科。頭胴長約50cm。㊕北アメリカ
¶絶哺乳(p124,126/カ写, カ復, モ図)〈復元骨格〉

イスキロミス *Ischyromys*
始新世前期の哺乳類齧歯類。リス型顎亜目。全長60cm。㊕北アメリカ
¶恐絶動(p282/カ復)

イスクナカントゥス
デヴォン紀前期の脊椎動物棘魚類。㊕スコットランド, カナダ
¶進化大(p135/カ写)

イスチグアラスティア *Ischigualastia*
中生代三畳紀の単弓類獣弓類ディキノドン類。竜盤綱獣脚目。全長3m。㊕アルゼンチン
¶生ミス5(図5-19/カ写, カ復)〈全身復元骨格〉

イズチョウチンガイ *Terebratulina iduensis*
新生代鮮新世の腕足類終穴類。カンセロフィリス科。
¶学古生(図1058/モ写)〈㊞静岡県下田市白浜海岸 腹面〉
日化譜(図版25-10/モ写)〈㊞静岡県下田町白浜〉

イスチリザ *Ischyrhiza nigeriensis*
後期白亜紀の脊椎動物軟骨魚類。エイ目スクレロリンクス科。体長2.2m。㊕アメリカ, アフリカ, ヨーロッパ
¶化写真(p205/カ写)〈歯の腹側面, 後方面〉

イズミランダイスギ *Cunninghamia izumiensis*
中生代白亜紀後期の陸上植物。スギ科。上部白亜紀植物群。
¶学古生(図867/モ図)〈㊞大阪府泉南郡岬町多奈川字犬飼〉

イズモタコブネ(新) *Izumonauta lata*
中新世中期のタコ類。
¶日化譜(図版57-14/モ写)〈㊞島根県八束郡布志名〉

イズモノアシタ *Phaxas izumoensis*
漸新世後期〜中新世後期の軟体動物斧足類。
¶日化譜（図版48-18/モ写）〈㊞埼玉県秩父郡吉田町など〉

イズモノアシタガイ
新生代第三紀中新世の軟体動物斧足類。
¶産地本（p241/カ写）〈㊞島根県八束郡玉湯町布志名 長さ（左右）7.5cm〉

イズモノアシタガイ ⇒イズモユキノアシタガイを見よ

イズモユキノアシタガイ *Cultellus izumoensis*
新生代第三紀・初期〜中期中新世の貝類。マテガイ科。
¶学古生（図1181/モ写）〈㊞石川県輪島市徳成〉
学古生〔イズモノアシタガイ〕（図1342/モ写）〈㊞島根県八束郡宍道町鏡〉

イズラシラトリ *Macoma izurensis*
新生代第三紀・中期中新世の貝類。ニッコウガイ科。
¶学古生（図1279〜1281/モ写）〈㊞宮城県柴田郡村田町足立西方〉

イズラシラトリ *Macoma* (s.s.) *izurensis*
中新世後期の軟体動物斧足類。
¶日化譜（図版48-10/モ写）〈㊞福島県磐城市江名〉

イズラチサラガイ *Gloripallium izurensis*
新生代第三紀・中期中新世の貝類。イタヤガイ科。
¶学古生（図1248,1249/モ写）〈㊞茨城県北茨城市五浦〉

イスルス ⇒アオザメを見よ

イスルス・ハスタリス *Isurus hastalis*
新生代中新世中期〜鮮新世の魚類。ネズミザメ科アオザメ属。
¶学古生（図1939/モ写）〈㊞山梨県南都留郡南桂町水木〉
日化譜〔ムカシアオザメ〕（図版63-3/モ写）〈㊞青森, 岩手, 福島, 千葉, 神奈川, 石川など〉

イスルス・ハスタリス
新生代第三紀中新世の脊椎動物軟骨魚類。
¶産地別（p153/カ写）〈㊞石川県七尾市白馬町 高さ2.7cm〉

イスルス・プラヌス
新生代第三紀中新世の脊椎動物軟骨魚類。
¶産地別（p153/カ写）〈㊞石川県七尾市白馬町 高さ2cm〉

胃石
主としてジュラ紀および白亜紀の痕跡化石。大型の植物食竜脚類恐竜とともに見つかる。大きさはエンドウマメ大から, サッカーボール大まで。
¶化百科（p221/カ写）〈㊞アメリカ合衆国のオクラホマ州カーター郡〉

イセシラガイ *Anodontia stearnsiana*
新生代第四紀完新世の貝類。カブラツキガイ科。
¶学古生（図1757/モ写）〈㊞広島県広島市八丁堀〉

イセシラガイ
新生代第四紀更新世の軟体動物斧足類。
¶産地別（p169/カ写）〈㊞石川県珠洲市正院町平床 長さ4cm〉

イセシラガイ
新生代第四紀完新世の軟体動物斧足類。
¶産地本（p246/カ写）〈㊞広島県広島市八丁堀三越百貨店地下 長さ（左右）5cm そのまま, 殻を溶かしたもの〉

イセシラガイ ⇒ルキナ・スターンシイを見よ

イセタマガイ *Euspira isensis*
中新世中期の軟体動物腹足類。
¶日化譜（図版30-15/モ写）〈㊞三重県奄芸郡柳谷〉

イセヨウラク *Ceratostoma aduncum*
新生代第三紀鮮新世の貝類。アクキガイ科。
¶学古生（図1447/モ写）〈㊞青森県むつ市近川〉

イセヨウラク
新生代第三紀鮮新世の軟体動物腹足類。
¶産地別（p231/カ写）〈㊞宮崎県児湯郡川南町通浜 高さ4.5cm〉

イセヨウラクガイ *Ocenebra aduncum*
新生代第三紀鮮新世〜現世の貝類。アクキガイ科。
¶学古生（図1585,1586/モ写）〈㊞石川県金沢市角間, 石川県金沢市小二俣〉

イソオルシス・フクジエンシス *Isorthis fukujiensis*
古生代中期デボン紀前期の腕足類。ダルマネラ科。
¶学古生（図37/モ写）〈㊞岐阜県吉城郡上宝村福地〉

イソキシス *Isoxys*
古生代カンブリア紀の節足動物。バージェス頁岩動物群。全長4cm。㊀カナダ, グリーンランド, 中国
¶生ミス1（図3-2-16/カ写, カ復）〈2cm〉

イソキス *Isoxys acutangulus*
カンブリア紀の節足動物。殻の長さ約1cm〜3cm超。
¶バ頁岩（図102/モ写）〈㊞カナダのバージェス頁岩〉

イソクシス・アウリトゥス *Isoxys auritus* 耳形等刺虫
カンブリア紀の節足動物。節足動物門。澄江生物群。甲皮長45mm。
¶澄江生（図16.14/モ復）
澄江生（図16.15/カ写）〈㊞中国の馬房 側面から見たところ, 開いた甲皮を背側から見たところ〉

イソクシス・パラドクスス *Isoxys paradoxus* 奇異等刺虫
カンブリア紀の節足動物。節足動物門。澄江生物群。甲皮長100mm超。
¶澄江生（図16.16/カ写）〈㊞中国の小濫田, 帽天山 側方から見たところ〉

イソグノモン・リクゼニクス *Isognomon* (s.s.) *rikuzenicus*
中生代ジュラ紀前期の貝類。マクガイ科。
¶学古生（図647/モ写）〈㊞宮城県本吉郡志津川町 右殻外面〉

イソクリヌス *Isocrinus* sp.
白亜紀の棘皮動物ウミユリ類。
¶原色化（PL.72-4/カ写）〈㊞岩手県宮古市 高さ11cm 茎〉

イソクリヌス
白亜紀アプチアン期の棘皮動物。ウミユリの仲間。萼の部分10cmほど。

¶日白亜（p110～113/カ写, カ復）〈[産]岩手県宮古市周辺夢〉

イソシジミ *Nuttallia olivacea*
新生代第四紀更新世の貝類。シオサザナミガイ科。
¶学古生（図1681/モ写）〈[産]千葉県印旛郡印西町木下〉

イソシジミ
新生代第四紀更新世の軟体動物斧足類。
¶産地別（p92/カ写）〈[産]千葉県市原市瀬又 長さ6.1cm〉

イソテルス・ギガス *Isotelus gigas*
オルドヴィス紀の無脊椎動物節足動物。
¶図解化（p100-6/カ写）〈[産]オンタリオ州〉

イソテルス マキシマス ⇒イソテルス・マキシムスを見よ

イソテルス・マキシムス *Isotelus maximus*
古生代オルドビス紀の節足動物三葉虫類。レドリキア目。
¶三葉虫〔イソテルス マキシマス〕（図19/モ写）〈[産]アメリカのオハイオ州 幅88mm 側面, 頭部背面〉
生ミス2（図1-3-9/カ写）〈[産]アメリカのオハイオ州シンシナティ地域 20cm〉

イソドメラ・シロイエンシス *Isodomella shiroiensis*
中生代白亜紀前期の貝類。ネオミオドン科。
¶学古生（図696/モ写）〈[産]山口県下関市吉母 左殻内面〉
日化譜〔Isodomella shiroiensis〕（図版44-35/モ写）〈[産]群馬県多野郡上野村〉

イソフレビア・アスパシア *Isophlebia aspasia*
ジュラ紀後期の無脊椎動物昆虫類トンボ類。
¶図解化（p17-3/カ写）〈[産]ゾルンホーフェン〉
ゾル1（図356/カ写）〈[産]ドイツのアイヒシュテット 13cm〉
ゾル1（図357/カ写）〈[産]ドイツのアイヒシュテット 翅長11cm〉

イソフレビア属の種 *Isophlebia* sp.
ジュラ紀後期の無脊椎動物昆虫類トンボ類。
¶ゾル1（図354/カ写）〈[産]ドイツのアイヒシュテット 15cm〉
ゾル1（図355/カ写）〈[産]ドイツのヴィンタースホーフ 14cm〉

イソミクラスター・セノネンシス *Isomicraster senonensis*
白亜紀後期の無脊椎動物棘皮動物。
¶図解化（p179-1/カ写）〈[産]ヨーロッパ〉

イソロフス・シンシナティエンシス *Isorophus cincinnatiensis*
古生代オルドビス紀の無脊椎動物棘皮動物座ヒトデ類。
¶図解化〔イソロフス・シンシンナチエンシス〕（p164-上中央/カ写）〈[産]ケンタッキー州〉
図解化〔イソロフス・シンシンナチエンシス〕（p164-下左/カ写）〈[産]オハイオ州〉
生ミス2（図1-3-14/カ復）

イソロフス・シンシンナチエンシス ⇒イソロフス・シンシナティエンシスを見よ

イソロフセッラ・インコンディータ
オルドヴィス紀中期の無脊椎動物棘皮動物。直径2cm。[分]カナダ
¶進化大〔イソロフセッラ〕（p87/カ写）

イーダ ⇒ダーウィニウス・マシラエを見よ

イタチ *Mustela itatsi*
更新世後期～現世の哺乳類食肉類。
¶日化譜（図版66-15/モ写）〈[産]山口県美禰市伊佐町万倉地洞, 同秋吉台 左下顎外面〉

イタチザメ
新生代第四紀完新世の脊椎動物軟骨魚類。別名タイガーシャーク。
¶産地別（p171/カ写）〈[産]愛知県知多市古見 高さ2.3cm〉

イタチザメ
新生代第四紀更新世の脊椎動物軟骨魚類。別名ガレオセルドウ。
¶産地新（p80/カ写）〈[産]千葉県君津市追込小糸川 高さ2.2cm 歯〉

イタチザメ
新生代第三紀中新世の脊椎動物軟骨魚類。別名ガレオセルドウ。
¶産地新〔メジロザメとイタチザメ〕（p44/カ写）〈[産]宮城県柴田郡川崎町碁石川 高さ0.9cm, 高さ0.6cm〉
産地別〔ガレオセルドウ〕（p153/カ写）〈[産]石川県七尾市白馬町 幅0.8cm〉
産地本（p125/カ写）〈[産]長野県下伊那郡阿南町大沢川 高さ1.4cm 歯〉
産地本（p133/カ写）〈[産]岐阜県瑞浪市釜戸町荻の島 高さ0.5cm〉
産地本（p190/カ写）〈[産]三重県安芸郡美里村柳谷 高さ1.5cm, 高さ1.6cm 歯〉

イタボガキ *Ostrea*（*Ostrea*） *denselamellosa*
新生代第四紀完新世の貝類。イタボガキ科。
¶学古生（図1752/モ写）〈[産]東京都港区溜池〉

イタボガキ
新生代第四紀更新世の軟体動物斧足類。
¶産地別（p94/カ写）〈[産]千葉県印西市萩原 長さ9.5cm〉

イタボガキ ⇒オストレア・ウェスペルティナを見よ

イタヤガイ *Pecten*（*Notovola*） *albicans*
新生代第三紀鮮新世～第四紀更新世の軟体動物斧足類。イタヤガイ科。
¶学古生（図1498,1499/モ写）〈[産]石川県金沢市角間 左殻, 右殻〉
学古生（図1651/モ写）〈[産]東京都板橋区徳丸7丁目〉
原色化〔ペクテン（ノトボラ）・アルビカンス〕（PL.89-5/カ写）〈[産]千葉県印旛郡印西町木下町発作 幅8.6cm 左殻内面〉

イタヤガイ
新生代第四紀更新世の軟体動物斧足類。イタヤガイ科。別名ペクテン・アルビカンス。
¶産地新（p84/カ写）〈[産]千葉県木更津市真里谷 高さ1～6.5cm 幼殻から成熟殻まで〉
産地別（p93/カ写）〈[産]千葉県印西市萩原 長さ9.3cm 左殻, 右殻〉
産地別（p163/カ写）〈[産]富山県小矢部市田川 高さ4.7cm〉

産地本 (p145/カ写)〈[産]石川県珠洲市平床 長さ(左右) 6cm 右殻, 左殻〉

イタヤガイ ⇒ペクテン・マキシムスを見よ

イタヤガイ類
第四紀の軟体動物斧足類。
¶図解化 (p25-3/カ写)〈[産]シチリア島〉

イタヤカエデ *Acer mono*
新生代第四紀更新世の陸上植物。カエデ科。
¶学古生 (図2596/モ写)〈[産]栃木県塩谷郡塩原町〉

イタヤカエデ *Acer pictum*
更新世前期〜現世の双子葉植物。
¶日化譜 (図版78-9/モ写)〈[産]栃木県塩原温泉シラン沢〉

イタヤカエデ
新生代第四紀更新世の被子植物双子葉類。カエデ科。別名アーサー, ツタモミジ。
¶産地新 (p240/カ写)〈[産]大分県玖珠郡九重町奥双石 長さ11cm〉

イチイガシ *Cyclobalanopsis gilva*
新生代第四紀更新世の陸上植物。ブナ科。
¶学古生 (図2563/モ図)〈[産]滋賀県大津市堅田 葉, 葉裏の星状毛, 殻斗果〉

イチイヒノキ *Metasequoia distans*
更新世前期の毬果類。
¶日化譜 (図版75-20/モ写)〈[産]近畿各地 毬果〉

イチイヒノキ ⇒メタセコイア・オキシデンタリスを見よ

イチシキメンガニ *Dorippe* sp.
中新世中後期の十脚類。
¶日化譜 (図版59-14/モ写)〈[産]三重県一志郡白山町城山〉

イチジク ⇒フィクスを見よ

イチョウ *Ginkgo*
ジュラ紀前期〜現在の裸子植物イチョウ類。イチョウ綱イチョウ目イチョウ科。高さ35cm。[分]世界中
¶化写真〔ギンゴウ〕(p307/カ写)〈[産]イギリス〉
化百科 (p95/カ写)〈[産]アメリカ合衆国のノースダコタ州マンダン 葉の幅5cm,8cm〉
原色化〔イチョウとメタセコイアを含む岩片〕(PL.3-7/モ写)〈イチョウの幅4.8cm〉

イチョウ *Ginkgo biloba*
現世の裸子植物イチョウ類。
¶化石フ (p13/カ写)〈[産]中国原産 樹高30〜40m, 葉の幅約6cm〉
原色化〔ギンゴー・ビローバ〕(PL.1-4/カ写)〈[産]東京大学教養学部構内 大きな葉の幅11.2cm〉
図解化〔ギンゴ・ビロバ〕(p46/モ復)

イチョウ ⇒ギンクゴを見よ

イチョウの仲間の葉
白亜紀カンパニアン期〜マーストリヒチアン期の裸子植物。
¶日白亜 (p39/カ写)〈[産]兵庫県淡路島 左右6cm〉

イチョウの葉
中生代白亜紀の裸子植物イチョウ類。
¶産地新 (p9/カ写)〈[産]北海道中川郡中川町安川ペンケシップ沢 長さ4.5cm 左下にはメソプゾシアが見える〉
産地別 (p46/カ写)〈[産]北海道苫前郡苫前町古丹別川幌立沢 長さ5cm〉

いっかくつの竜 ⇒モノクロニウスを見よ

1匹の脊椎動物のいくつかの骨
岩石中の脊椎動物の化石。
¶図解化 (p10-6/カ写)

イッリタートル
白亜紀前期の脊椎動物獣脚類。体長8m。[分]ブラジル
¶進化大 (p318〜319/カ復)

イッリタトル ⇒イリテーターを見よ

イディオグナソダス・パルヴァス *Idiognathodus parvus*
古生代・中期石炭紀前期のコノドント類(錐歯類)。
¶学古生 (図283/モ図)〈[産]岡山県新見市阿哲台〉

イディオケリス・フィツィンゲリ *Idiochelys fitzingeri*
ジュラ紀後期の脊椎動物爬虫類カメ類。
¶ゾル2 (図217/カ写)〈[産]ドイツのアイヒシュテット 24cm〉

イディオストロマ属の層孔虫 *Idiostroma*
デヴォン紀の無脊椎動物腔腸動物。
¶図解化 (p67-左/カ写)〈[産]アイオワ州〉

イデタマキガイ *Glycymeris idensis*
新生代第三紀・中期中新世の貝類。タマキガイ科。
¶学古生 (図1271/モ写)〈[産]宮城県柴田郡村田町足立西方〉

イトアメンボの一種
中生代白亜紀の節足動物昆虫類。
¶生ミス8 (図7-13/カ写)〈[産]ブラジルのアラリッペ台地 1.3cm 城西大学水田記念博物館大石化石ギャラリー所蔵〉

イトイガワイチョウガニ *Cancer* (*Glebocarcinus*) *itoigawai*
新生代第三紀中新世の節足動物十脚類。イチョウガニ科。
¶化石フ (p195/カ写)〈[産]岐阜県瑞浪市 甲幅約25mm〉

イトイガワハマグリ *Leukoma itoigawae*
新生代第三紀・初期中新世の貝類。マルスダレガイ科。
¶学古生 (図1172/モ写)〈[産]石川県珠洲市大谷〉

イトウハマグリ *Pitar itoi*
中新世中期の軟体動物斧足類。
¶日化譜 (図版46-17/モ写)〈[産]福島県棚倉〉

イトカケガイ
新生代第三紀中新世の軟体動物腹足類。
¶産地別 (p151/カ写)〈[産]石川県七尾市白馬町 高さ2.5cm〉

イトカケガイ
新生代第三紀鮮新世の軟体動物腹足類。
¶産地別 (p157/カ写)〈[産]富山県高岡市五十辺 高さ7.

8cm〉

イトカケガイ
新生代第四紀更新世の軟体動物腹足類。
¶**産地別**(p166/カ写)〈[産]石川県金沢市大桑町犀川河床 高さ3.5cm〉

イトカケガイの一種
新生代第三紀鮮新世の軟体動物腹足類。現生種のクロハライトカケに似る。
¶**産地別**(p157/カ写)〈[産]富山県高岡市五十辺 高さ5.5cm〉

イトカケガイの一種
新生代第三紀中新世の軟体動物腹足類。
¶**産地新**(p121/カ写)〈[産]石川県羽咋郡富来町関野鼻 高さ5cm〉
産地新(p159/カ写)〈[産]福井県大飯郡高浜町山中 高さ3.3cm〉

イトヒキキサゴ *Suchium (Suchium) tenuistriatum*
更新世前期の軟体動物腹足類。
¶**日化譜**(図版27-2/モ写)〈[産]千葉県君津郡笹毛〉

イトマキナガニシ *Fusinus forceps*
更新世後期～現世の軟体動物腹足類。
¶**日化譜**(図版33-5/モ写)〈[産]鹿児島県〉

イトヨ *Gasterosteus aculeatus*
新生代第三紀中新世の魚類硬骨魚類。トゲウオ科。
¶**化石フ**(p211/カ写)〈[産]長野県南安曇郡豊科町 74mm〉

イナイリュウ *Metanothosaurus nipponicus*
三畳紀前期の爬虫類蘗子竜類。
¶**日化譜**(図版64-19/モ図)〈[産]宮城県桃生郡柳津茶臼山 骨格復原図〉

イヌ ⇒カニス・ディルスを見よ

イヌ科
更新世～現在の哺乳類食肉類。イヌ科。
¶**化百科**(p239/カ写)〈[産]イギリスのウェールズ地方ミッド・グラモーガン州 長さ13cm 大腿骨〉

イヌガシ *Neolitsea aciculata*
新生代第四紀更新世の陸上植物。クスノキ科。
¶**学古生**(図2564/モ図)〈[産]滋賀県大津市堅田〉

イヌザンショウ *Fagara mantchurica*
新生代鮮新世の陸上植物。ミカン科。
¶**学古生**(図2442/モ図)〈[産]三重県阿山郡島ヶ原村羊歯谷 種子〉

イヌスギの類 ⇒オウシュウイヌスギを見よ

イヌブナ *Fagus japonica*
新生代第四紀更新世の陸上植物。ブナ科。
¶**学古生**(図2562/モ写)〈[産]栃木県塩谷郡塩原町〉

イヌマンサク *Fortunearia sinensis*
新生代鮮新世の陸上植物。マンサク科。
¶**学古生**(図2399/モ図)〈[産]岐阜県多治見市下生田 さく果, 種子〉

イノケラムス・クリプシイ *Inoceramus cripsii*
白亜紀後期の無脊椎動物軟体動物。
¶**図解化**(p116-2/カ写)〈[産]イタリアのベルガモ〉

イノケラムス・バルチクス ⇒イノセラムス・バルティクスを見よ

イノシシ *Sus*
中新世～第四紀の哺乳類鯨偶蹄類。イノシシ科。植物食。
¶**化百科**(p244/カ写)〈[産]イギリスのケンブリッジシャー州バーウェル 湾曲に沿った長さ12cm 牙〉

イノシシ *Sus leucomystax*
更新世後期～現世の哺乳類偶蹄類。
¶**日化譜**(図版68-15,16/モ写)〈[産]山口県秋吉台風船穴, 同伊佐町乞食穴 左上顎外側面, 右上顎口蓋面〉

イノシシの下顎骨?
新生代第三紀鮮新世の脊椎動物哺乳類。
¶**産地新**(p188/カ写)〈[産]三重県阿山郡大山田村服部川 長さ約20cm〉

イノストランケヴィア・アレクサンドリ *Inostrancevia alexandri*
古生代ペルム紀の脊椎動物単弓類獣弓類ゴルゴノプス類。全長3.5m。[分]ロシア
¶**リア古**〔イノストランケヴィア〕(p202/カ復)

イノストランケビア *Inostrancevia*
古生代ペルム紀の単弓類獣弓類ゴルゴノプス類。全長3.5m以上。[分]ロシア
¶**生ミス4**(図2-3-10/カ写, カ復)
生ミス5(図1-11/カ復)

"イノセラムス" *"Inoceramus"*
カンパニアン期の二枚貝。
¶**アン最**〔バキュリテス・コンプレッサスと"イノセラムス"〕(p207/カ写)〈[産]サウスダコタ州メーダ郡〉

イノセラムス Inoceramidae
中生代ジュラ紀～白亜紀末の二枚貝類。二枚貝綱翼形亜綱プテリオイダ目ウグイスガイ亜目イノセラムス科。体長50cmを超える個体も多く見られる。
¶**日絶古**(p98～99/カ写, カ復)〈長径約45cm〉

イノセラムス
中生代ジュラ紀の軟体動物斧足類。
¶**産地別**(p139/カ写)〈[産]福井県大野市貝皿 長さ2.7cm〉

イノセラムス
中生代白亜紀の軟体動物斧足類。
¶**産地別**(p228/カ写)〈[産]熊本県上天草市龍ケ岳町樋島 長さ4.5cm〉

イノセラムス・ウワジメンシス *Inoceramus (Inoceramus) uwajimensis*
中生代白亜紀後期の貝類。イノセラムス科。
¶**学古生**(図663/モ写)〈[産]北海道三笠市幾春別 右殻外面〉

イノセラムス・オリエンタリス *Inoceramus orientalis*
白亜紀の軟体動物斧足類。
¶**原色化**(PL.60-5/カ写)〈[産]北海道日高国浦河町 高さ3.3cm〉
原色化(PL.68-4/カ写)〈[産]北海道雨竜郡白木沢 母岩の長径15cm 幼殻〉
日化譜〔Inoceramus orientalis〕(図版84-3/モ写)〈[産]北海道浦河, アベシナイ等〉

イノセラムス・オリエンタリス
中生代白亜紀の軟体動物斧足類。
¶**産地新**(p227/カ写)〈[産]熊本県天草郡龍ヶ岳町椚島 長さ5cm 両殻が開いた状態〉

イノセラムス・ジャポニクス *Inoceramus japonicus*
中生代白亜紀の軟体動物斧足類。
¶**化石フ**(p95/カ写)〈[産]北海道天塩郡中川町 130mm〉

イノセラムス・シュミッティー
中生代白亜紀の軟体動物斧足類。
¶**産地新**(p227/カ写)〈[産]熊本県天草郡龍ヶ岳町椚島 長さ18cm〉
産地本〔イノセラムス・シュミッティ〕(p16/カ写)〈[産]北海道苫前郡羽幌町羽幌川 高さ15cm〉

イノセラムス(スフェノセラムス)・オリエンタリス *Inoceramus (Sphenoceramus) orientalis*
中生代白亜紀後期の貝類。イノセラムス科。
¶**学古生**(図667/モ写)〈[産]北海道三笠市幾春別 左殻外面〉

イノセラムス(スフェノセラムス)・シュミッティ *Inoceramus (Sphenoceramus) schmidti*
中生代白亜紀後期の貝類。イノセラムス科。
¶**学古生**(図668/モ写)〈[産]サハリンアレキサンドルフスク 左殻外面〉

イノセラムス(スフェノセラムス)・ナウマンニ *Inoceramus (Sphenoceramus) naumanni*
中生代白亜紀後期の貝類。イノセラムス科。
¶**学古生**(図664/モ写)〈[産]北海道中川郡中川町アベシナイ 左殻外面〉

イノセラムス属の種 *Inoceramus* sp.
ジュラ紀後期の無脊椎動物軟体動物二枚貝類。
¶**ゾル1**(図125/カ写)〈[産]ドイツのシェルンフェルト 3.5cm〉

イノセラムス・ナウマンニー
中生代白亜紀の軟体動物斧足類。
¶**産地本**(p11/カ写)〈[産]北海道中川郡中川町安平志内川 高さ4.5cm〉

イノセラムスの一種
中生代白亜紀の軟体動物斧足類。
¶**産地本**(p25/カ写)〈[産]北海道苫前郡苫前町古丹別川 高さ4cm〉

イノセラムス・バルティクス *Inoceramus balticus*
白亜紀の軟体動物斧足類。
¶**原色化**(PL.63-7/モ写)〈[産]オーストリアのゴザウ 幅8.7cm〉
図解化〔イノケラムス・バルチクス〕(p116-1/カ写)〈[産]ドイツ〉
図解化〔イノケラムス・バルチクス〕(p116-3/カ写)〈[産]ドイツ〉

イノセラムス・ホベツエンシス *Inoceramus hobetsensis*
中生代白亜紀の二枚貝類。
¶**化石図**(p117/カ写, カ復)〈[産]北海道 横幅約8cm〉
日化譜〔Inoceramus hobetsensis〕(図版37-8/モ写)〈[産]北海道天塩国アベシナイ, オビラシベ, 同三笠市幾春別, 夕張, 穂別〉

イノセラムス・ホベツエンシス *Inoceramus (Inoceramus) hobetsensis*
中生代白亜紀後期の貝類。イノセラムス科。
¶**学古生**(図666/モ写)〈[産]北海道留萌郡小平町達布 右殻外面〉

イノセラムス・ホベツエンシス
中生代白亜紀の軟体動物斧足類。
¶**産地本**(p11/カ写)〈[産]北海道中川郡中川町板谷 高さ15cm〉

イノセラムス・ポリプロクス *Inoceramus polyplocus*
白亜紀の軟体動物斧足類。
¶**原色化**(PL.63-6/モ写)〈[産]ドイツのハルツのゴスラー 高さ4.7cm〉

イノセラムス・マエダエ *Inoceramus (Inoceramus) maedae*
中生代ジュラ紀中期の貝類。イノセラムス科。
¶**学古生**(図665/モ写)〈[産]岐阜県大野郡荘川村牧戸 右殻外面〉

イノセラムス・ラマルキイ *Inoceramus lamarckii*
白亜紀後期の軟体動物二枚貝類。
¶**化百科**〔イノセラムス〕(p152/カ写)〈10cm〉

イノペルナ・プリカータ *Inoperna plicata*
中生代ジュラ紀後期の貝類斧足類。イガイ科。
¶**学古生**(図640/モ写)〈[産]福島県相馬郡鹿島町 右殻〉
原色化(PL.46-6/モ写)〈[産]イギリスのグロスター州チェルトナム 長さ8.4cm,5.9cm〉

イバラカンザシの1種 *Spirobranchus* sp.
古生代～新生代の多毛類。カンザシゴカイ科。
¶**学古生**(図1790/モ写)〈[産]鹿児島県大島郡喜界町上嘉鉄〉

イベスイセイジュ *Tetracentron ibei*
新生代中新世後期の陸上植物。スイセイジュ科。
¶**学古生**(図2417/モ写)〈[産]群馬県甘楽郡南牧村兜岩山〉

イベロメソルニス *Iberomesornis*
1億3500万～1億2000万年前(白亜紀前期)の鳥類オルニトソラセス類。竜盤目獣脚亜目。全長20cm。[分]スペイン
¶**恐太古**(p178～179/カ写)〈骨格〉
恐竜世(p209/カ復)

イベロメソルニス
白亜紀前期の鳥類。体長15cm。[分]スペイン
¶**進化大**(p355/カ復)

イボアシヤドカリの1種 *Dardanus* sp.
新生代更新世の甲殻類(十脚類)。異尾亜目ヤドカリ科。
¶**学古生**(図1849/モ写)〈[産]鹿児島県大島郡喜界町上嘉鉄〉

イボウミニナ *Batillaria zonalis*
新生代第四紀完新世の貝類。ウミニナ科。
¶**学古生**(図1782/モ写)〈[産]横浜市戸塚区柏尾川〉

イボキサゴ *Umbonium (Suchium) moniliferum*
新生代第四紀完新世の貝類。ニシキウズ科。
¶**学古生**(図1781/モ写)〈[産]神奈川県逗子市田越川清水橋

下流〉

イボキサゴ
新生代第三紀鮮新世の軟体動物腹足類。ニシキウズ科。
¶**産地新**（p131/カ写）〈[産]静岡県掛川市掛川駅北方 径2.4cm〉
産地新（p235/カ写）〈[産]宮崎県児湯郡川南町通山浜 径1.9cm〉
産地別（p154/カ写）〈[産]静岡県掛川市下垂木飛鳥 長径2cm〉

いぼこぶ竜 ⇒パキケハロサウルスを見よ

イボトリゴニア・マサタニイ *Ibotrigonia masatanii*
中生代ジュラ紀後期の貝類。サンカクガイ科。
¶**学古生**（図672/モ写）〈[産]福島県相馬市 左殻外面〉

イボニシ *Reishia clavigera*
新生代第三紀・初期更新世の貝類。アクキガイ科。
¶**学古生**（図1579/モ写）〈[産]石川県金沢市大桑〉

イボビシ *Trapa mammillifera*
更新世前期の双子葉植物。
¶**日化譜**（図版78-22,23/モ写）〈[産]近畿地方 果実〉

イボヤギの1種 *Tubastrea* sp.
新生代鮮新世の六放サンゴ類。
¶**学古生**（図1016/モ写）〈[産]千葉県銚子市犬若 横断面〉

イマイカエデ *Acer imaii*
新生代中新世前期の陸上植物。カエデ科。
¶**学古生**（図2452/モ写）〈[産]新潟県佐渡郡相川町関〉

イマイコウゾ *Broussonetia imaii*
新生代漸新世の陸上植物。クワ科。
¶**学古生**（図2188/モ写）〈[産]北海道夕張郡栗山町角田〉

イマゴタリア *Imagotaria*
中新世後期の哺乳類セイウチ類。鰭脚亜目セイウチ科。全長1.8m。[分]北アメリカの太平洋沿岸
¶**恐絶動**（p226/カ復）

イマトセラスの一種 *Imatoceras* sp.
デボン紀のアンモナイト。
¶**アン最**（p66/カ写）〈[産]モロッコ〉
アン最（p68/カ写）〈[産]インディアナ州〉
アン最〔ムエンステロセラスの一種, イマトセラスの一種, イマトセラスの一種, ミモトルノセラス, セラナルセステス〕（p122/カ写）〈[産]モロッコ〉

イマニシニシキ *Chlamys imanishii*
新生代第三紀鮮新世の貝類。イタヤガイ科。
¶**学古生**（図1413,1414/モ写）〈[産]青森県むつ市近川〉

イマムラアミメソテツ *Dictyozamites imamurae*
中生代の陸上植物。ソテツ綱アミメソテツ目。手取統植物群。
¶**学古生**（図783/モ写）〈[産]石川県石川郡白峰桑島〉
日化譜〔Dictyozamites imamurae〕（図版72-9/モ写）〈[産]石川県石川郡尾口村尾添〉

イマムライチョウガニ *Cancer imamurae*
中新世中期の十脚類。
¶**日化譜**（図版59-17/モ写）〈[産]富山県婦負郡八尾町黒瀬谷〉

イマムラホタテガイ *Mizuhopecten imamurai*
新生代第三紀・初期中新世の貝類。イタヤガイ科。
¶**学古生**（図1145/モ写）〈[産]島根県仁摩郡仁摩町荒崎〉

イムパリプテリス・デシピエンス *Imparipteris decipiens*
石炭紀の裸子植物蘇鉄状羊歯類。
¶**原色化**（PL.28-3/カ写）〈[産]北アメリカのイリノイ州グランディ 長さ8.4cm〉

イモガイ
新生代第四紀更新世の軟体動物腹足類。
¶**産地本**（p91/カ写）〈[産]千葉県君津市追込小糸川 高さ5cm〉

イモガイ科の一種
新生代第四紀完新世の軟体動物腹足類。イモガイ科。
¶**産地新**（p87/カ写）〈[産]千葉県館山市平久里川 高さ5.5cm〉

イモガイ科の一種
新生代第三紀鮮新世の軟体動物腹足類。イモガイ科。
¶**産地新**（p215/カ写）〈[産]高知県安芸郡安田町唐浜 高さ6.8cm, 高さ5cm, 高さ5cm〉

イヨスダレ *Paphia*（*Neotapes*）*undulata*
新生代第四紀完新世の貝類。マルスダレガイ科。
¶**学古生**（図1769/モ写）〈[産]神奈川県横浜市戸塚区柏尾川〉

イラノフィラムの1種 *Iranophyllum*（*Iranophyllum*）*tunicatum*
古生代後期二畳紀前期の四放サンゴ類。ワーゲノフィラム科。
¶**学古生**（図115/モ写）〈[産]岐阜県吉城郡上宝村福地 横断面, 縦断面〉

イラモミ *Picea bicolor*
新生代第四紀更新世後期の陸上植物。マツ科。別名マツハダ。
¶**学古生**（図2538/モ図）〈[産]東京都中野区江古田 球果〉

イリテーター *Irritator*
白亜紀前期の恐竜類テタヌラ類スピノサウルス類。スピノサウルス上科。体長8m。[分]ブラジル
¶**恐イラ**（p163/カ復）
恐竜世〔イッリタトル〕（p174/カ復）
よみ恐（p124～125/カ復）

イリンゴケロス *Ilingoceros*
中新世後期の哺乳類偶蹄類。ラクダ亜目アンティロカプラ科。全長1.8m。[分]合衆国のネヴァダ
¶**恐絶動**（p279/カ復）
生ミス10（図2-2-3/カ復）
絶哺乳（p197/カ復）

イルカの岩骨（不明種）
新生代第三紀中新世の脊椎動物哺乳類。
¶**産地新**（p49/カ写）〈[産]宮城県黒川郡大和町鶴巣 左右3.1cm〉

イルカの耳骨（不明種）
新生代第四紀更新世の脊椎動物哺乳類。
¶**産地本**（p92/カ写）〈[産]千葉県君津市追込小糸川 長さ3.

6cm 鼓室骨〉

イルカの歯
新生代第三紀中新世の脊椎動物哺乳綱鯨類。
¶産地別(p206/カ写)〈㊥三重県津市美里町柳谷 長さ3cm〉
産地別(p206/カ写)〈㊥三重県津市美里町柳谷 長さ3.1cm〉
産地別(p206/カ写)〈㊥三重県津市美里町柳谷 長さ3.5cm〉

イルカの尾椎
新生代第三紀中新世の脊椎動物哺乳綱鯨類。
¶産地別(p206/カ写)〈㊥三重県津市美里町柳谷 幅4.1cm〉

イルカ類 Delphinidae,gen.et sp.indet.
新生代鮮新世の哺乳類。鯨目イルカ科。
¶学古生(図1998/モ写)〈㊥千葉県銚子市長崎鼻 右岩骨下側〉

イレヌス タウリコルニス *Illaenus tauricornis*
オルドビス紀中期の三葉虫。イレヌス目。
¶三葉虫(図44/モ写)〈㊥ロシアのヴォルコフ河 長さ65mm〉

イレヌス ダルモニィ *Illaenus dalmoni*
オルドビス紀前期の三葉虫。イレヌス目。
¶三葉虫(図43/モ写)〈㊥ロシアのヴォルコフ河 幅55mm 背面, 側面〉

イロハカエデ *Acer palmatum*
新生代第四紀更新世中期の陸上植物。カエデ科。
¶学古生(図2573/モ図)〈㊥神奈川県横浜市戸塚区下倉田 翼果〉

イワイバイ *Neptunea iwaii*
新生代第三紀鮮新世の貝類。エゾバイ科。
¶学古生(図1451/モ写)〈㊥青森県むつ市近川〉

イワガキ *Crassostrea nipponica*
新生代第四紀完新世の貝類。イタボガキ科。
¶学古生(図1753/モ写)〈㊥神奈川県横須賀市長沢〉

イワカワウネボラ *Bursa corrugata*
鮮新世後期の軟体動物腹足類。
¶日化譜(図版31-8/モ写)〈㊥沖縄〉

イワキキンギョ *Nemocardium iwakiense*
漸新世末期の軟体動物斧足類。
¶日化譜(図版46-14/モ写)〈㊥福島県石城郡四倉〉

イワキトクサバイ *Phos (Coraeophos) iwakianus*
中新世中期の軟体動物腹足類。
¶日化譜(図版32-20/モ写)〈㊥福島県棚倉〉

イワキトクサバイ *Phos iwakianus*
新生代第三紀・後期中新世の貝類。エゾバイ科。
¶学古生(図1354/モ写)〈㊥石川県加賀市小野坂トンネル東南〉

イワキノアシタ *Phaxas izumoensis jobanicus*
中新世後期の軟体動物斧足類。
¶日化譜(図版48-19/モ写)〈㊥茨城県北茨城市五浦〉

イワキホタルガイ *Olivella iwakiensis*
新生代第三紀・中期中新世の貝類。マクラガイ科。
¶学古生(図1290/モ写)〈㊥宮城県柴田郡村田町足立西方〉

イワテスエモノガイ *Thracia kamayasikiensis*
新生代第三紀・中期中新世の貝類。スエモノガイ科。
¶学古生(図1275/モ写)〈㊥宮城県柴田郡村田町足立西方〉

イワヒバ ⇒セラーギネッラ・ツァイラーリを見よ

イワフジツボ
新生代第三紀鮮新世の節足動物甲殻綱蔓脚類。
¶産地別(p60/カ写)〈㊥北海道滝川市空知川 径0.8cm ホタテの殻の内側にびっしりとくっついている〉

イワフジツボの一種
新生代第三紀中新世の節足動物蔓脚類。
¶産地新(p45/カ写)〈㊥宮城県黒川郡大和町鶴巣 径約5mm カシパンウニの死骸に付着〉

イワミカニモリ *Cerithium ancisum*
新生代第三紀・初期中新世の貝類。オニノツノガイ科。
¶学古生(図1212,1213/モ写)〈㊥石川県珠洲市大谷〉

イワムラニシキ *Chlamys iwamurensis*
新生代第三紀・初期中新世の貝類。イタヤガイ科。
¶学古生(図1144/モ写)〈㊥岐阜県恵那郡岩村町上切〉

イワモトエビス *Calliostoma (Tristichotrochus) iwamotoi*
更新世前期〜現世の軟体動物腹足類。
¶日化譜(図版26-17/モ写)〈㊥横浜市菊名〉

イワヤニシキ
新生代第三紀中新世の軟体動物斧足類。
¶産地別(p150/カ写)〈㊥石川県七尾市白馬町 長さ5cm, 高さ5.3cm 左殻〉
産地別(p150/カ写)〈㊥石川県七尾市白馬町 長さ4.5cm, 高さ4.8cm 右殻〉

インカヤク・パラカセンシス *Inkayacu paracasensis*
新生代古第三紀始新世の鳥類ペンギン類。体高150cm。㊎ペルー
¶生ミス9〔インカヤク〕(図1-2-2/カ復)

インキシヴォサウルス *Incisivosaurus*
白亜紀前期の恐竜類オヴィラプトロサウルス類。体長1m。㊎中国
¶よみ恐(p139/カ復)

インキシヴォサウルス・ガウティエリ *Incisivosaurus gauthieri*
中生代の恐竜類オヴィラプトロサウルス類。熱河生物群。
¶熱河生〔インキシヴォサウルス・ガウティエリの完模式標本〕(図157/カ写)〈㊥中国の遼寧省北票の陸家屯 頭骨の長さ約11cm〉
熱河生〔インキシヴォサウルス・ガウティエリの復元図〕(図158/カ復)

インゲニア *Ingenia*
7000万年前(白亜紀後期)の恐竜類オヴィラプトル類。全長1.5m。㊎モンゴル
¶恐竜世(p191/カ写)

ウ

インゲニア
白亜紀後期の恐竜類獣脚類。体長2m。㊕モンゴル
¶**進化大**（p327/カ写）

インゲニア・ヤンシニ　*Ingenia yanshini*
白亜紀後期の恐竜類獣脚類オビラプトロサウルス類。オビラプトル科インゲニア亜科。
¶**モ恐竜**（p29/カ写）〈㊣モンゴル南西ブギン・ツァフ 全身骨格3体〉

インシソスクテム　*Incisoscutum*
古生代デボン紀後期の板皮類節頸類。
¶**生ミス3**（図3-21/カ写）〈㊣オーストラリア西部 筋繊維〉

「インシャノサウルス」　*"Yingshanosaurus"*
ジュラ紀後期の恐竜類剣竜類。体長5m。㊕中国
¶**恐イラ**（p147/カ復）

インソリコリファ　*Insolicorypha psygma*
カンブリア紀の環形動物。環形動物門多毛綱インソリコリフィデー科。サイズ9mm。
¶**バ頁岩**（図81～83/モ写, モ復）〈㊣カナダのバージェス頁岩〉

インテグリカーディウム（ヨコヤマイナ）・ハヤミイ　*Integricardium（Yokoyamaina） hayamii*
中生代ジュラ紀前期の貝類。カルディニア科。
¶**学古生**（図684/モ写）〈㊣宮城県本吉郡歌津町 右殻内面, 左殻外面〉

インテラテリウム　*Interatherium robustum*
中新世の哺乳類。哺乳綱獣亜綱正獣上目南蹄目。全長40cm。㊕南米パタゴニア
¶**古脊椎**（図264/モ復）

インドヒウス　*Indohyus*
新生代古第三紀始新世の哺乳類真獣類鯨偶蹄類。頭胴長40cm。㊕インド, パキスタンほか
¶**生ミス9**（図1-7-1/カ写, カ復）〈㊣パキスタンとインドの国境付近 複数個体の化石の異なる部位を並べたもの〉

インドリコテリウム　*Indricotherium*
新生代古第三紀始新世～漸新世の哺乳類真獣類奇蹄類サイ類。サイ亜目ヒラコドン科。別名パラケラテリウム。頭胴長7.5m。㊕カザフスタン, モンゴル, 中国
¶**恐絶動**（p263/カ復）
生ミス9（図1-6-4/カ写, カ復）

インドリコテリウム　*Indricotherium transouralicum*
始新世後期～漸新世後期の哺乳類奇蹄類。バク型亜目サイ上科ヒラコドン科。肩高約4.5m。㊕アジア
¶**絶哺乳**（p175,176/カ写, カ復）〈㊣カザフスタンのカラトゥルガイ〉

インドリコテリウム　⇒パラケラテリウムを見よ

インブレキア・インサタス　*Imbrexia incertus*
古生代石炭紀の腕足動物。別名燕石。
¶**化石フ**（p53/カ写）〈㊣岩手県大船渡市 1個体約50mm〉

インペリアルマンモス　*Mammuthus imperator*
新生代第四紀の哺乳類長鼻類。ゾウ科。別名マムムトゥス・イムペラトル。平原に生息。体長4.5m。
¶**恐竜博**（p195/カ復）

インペリアルマンモス　⇒アーキディスコドン・インペラトルを見よ

【ウ】

ウ　⇒ファラクロコラックスを見よ

ヴァイゲルタスピス
デヴォン紀の脊椎動物無顎類。体長約10cm。㊕ヨーロッパ, 北アメリカ
¶**進化大**（p130/カ写）〈㊣ウクライナ〉

ヴァウヒア　*Vauxia gracilenta*
カンブリア紀の海綿動物尋常海綿類。海綿動物門普通海綿綱ヴェロンギダ目ヴァウヒデー科。サイズ31mm。
¶**バ頁岩**（図31,32/モ写, モ復）〈㊣カナダのバージェス頁岩〉

ヴァコニシア・ロゲリ　*Vachonisia rogeri*
古生代デボン紀の節足動物マレロモルフ類。数cm。㊕ドイツ
¶**生ミス3**〔ヴァコニシア〕（図1-8/カ写, カ復）〈㊣ドイツのフンスリュックスレート〉
リア古〔ヴァコニシア〕（p120/カ復）

ウァースム
新第三紀～現代の無脊椎動物腹足類。別名オニコブシ。殻長4～10cm。㊕世界の熱帯地方各地
¶**進化大**（p398/カ写）

ヴァラノサウルス　*Varanosaurus*
ペルム紀前期の哺乳類型爬虫類盤竜類。盤竜目オフィアコドン科。全長1.5m。㊕合衆国のテキサス
¶**恐絶動**（p186/カ復）

ウァラノプス
ペルム紀前期の脊椎動物単弓類。全長1.2m。㊕アメリカ合衆国, ロシア, 南半球
¶**進化大**（p186～187/カ復）

ヴァラノプス　*Varanops*
2億6000万年前（ペルム紀後期）の哺乳類盤竜類。全長1m。㊕アメリカ合衆国, ロシア
¶**恐竜世**（p219/カ復）

ヴァンダーフーフィウス　*Vanderhoofius*
新生代新第三紀の哺乳類真獣類束柱類。
¶**生ミス10**（図2-2-29/モ図）〈㊣北海道幌加内町 下顎のマイクロCTスキャン画像〉

ヴィヴァクシア　*Wiwaxia corrugata*
カンブリア紀の軟体動物。硬皮をもつ。長さ3.5～55mm。㊕カナダ
¶**バ頁岩**（図178～180/モ写, モ復）〈㊣カナダのバージェス頁岩〉
リア古〔ウィワキシア〕（p44/カ復）

ヴィヴィパルス　*Viviparus angulosus*
中期ジュラ紀～現世の無脊椎動物腹足類。中腹足目タニシ科。体長2.5cm。㊕世界中
¶**化写真**（p119/カ写）〈㊣イギリス〉

ヴィヴィパルス
ジュラ紀～現代の無脊椎動物腹足類。別名ミスジタニシ。殻長1.5～3.5cm。[分]世界各地
¶**進化大**（p398/カ写）

ヴィヴィパルス・レントゥス *Viviparus*
ジュラ紀～現在の軟体動物腹足類前鰓類中腹足類。
¶**化百科**〔ヴィヴィパルス（パルディナを含む）〕（p161/カ写）〈[産]イギリス南部のワイト島 2.5cm〉

ヴィエラエッツラ *Vieraella*
中生代ジュラ紀の両生類平滑両生類無尾類。全長3cm。[分]アルゼンチン
¶**恐絶動**〔ヴィエラエラ〕（p55/カ復）
生ミス6（図3-13/カ復）

ヴィエラエラ ⇒ヴィエラエッツラを見よ

ウィッチマネラの1種 *Wichmannella* sp.
新生代現世の甲殻類（貝形類）。トラキレベリス科。
¶**学古生**（図1892/モ写）〈[産]日本海溝斜面〉

ウィテアベシア *Whiteavesia pholadiformis*
中期～後期オルドビス紀の無脊椎動物二枚貝類。モディオモルフス目モディオモルフス科。体長7cm。[分]北アメリカ
¶**化写真**（p103/カ写）〈[産]カナダ 内側雌型〉

ウィリアムソニア *Williamsonia*
三畳紀前期～白亜紀の裸子植物ソテツ類キカデオイデア類。ソテツ綱。
¶**化百科**（p92/カ写）〈29cm〉
図解化〔ウィリアムソニア属〕（p49-右/モ復）

ウィリアムソニア *Williamsonia gigas*
ジュラ紀～白亜紀の植物ベネティテス類。ベネティテス目。高さ3m。[分]世界中
¶**化写真**（p300/カ写）〈[産]イギリス〉

ウィリアムソニア・ギガス
ジュラ紀前期～白亜紀後期の植物ベネティテス類。花の長さ10cm。[分]世界各地
¶**進化大**〔ウィリアムソニア〕（p230～231/カ写, カ復）

ウィリアムソニア・ベルラ *Williamsonia bella*
中生代の陸生植物ベネティテス類。熱河生物群。
¶**熱河生**（図238/カ写）〈[産]中国の遼寧省北票の黄半吉溝 長さ10.1cm〉

ウイリアムソンカセキトーデシダ *Todites williamsoni*
中生代ジュラ紀末～白亜紀初期の陸上植物。シダ類綱ゼンマイ目ゼンマイ科。手取統植物群。
¶**学古生**（図761/モ写）〈[産]石川県石川郡白峰村桑島〉

ウィルキンギア *Wilkingia regularis*
前期石炭紀～二畳紀の無脊椎動物二枚貝類。ウミタケガイモドキ目ウミタケガイモドキ科。体長3cm。[分]世界中
¶**化写真**（p113/カ写）〈[産]イギリス〉

ウィワキシア ⇒ヴィヴァクシアを見よ

ウィワクシア *Wiwaxia*
5億500万年前（カンブリア紀中期）の無脊椎動物。バージェス頁岩動物群。全長3～5cm。[分]カナダ
¶**恐竜世**（p30/カ写, カ復）〈[産]バージェス頁岩層〉
生ミス1（図3-2-14/カ写, カ復）

ウィワクシア
カンブリア紀中期の無脊椎動物軟体動物または蠕虫類。全長3～5cm。[分]カナダ
¶**進化大**（p72/カ復, カ写）

ウィンケレステス
白亜紀前期の脊椎動物初期哺乳類。体長30cm。[分]アルゼンチン
¶**進化大**（p356）

ウインタクリヌス *Uintacrinus*
中生代白亜紀の棘皮動物ウミユリ類。萼の直径7.5cm。[分]カナダ, アメリカ, フランスほか
¶**生ミス8**（図8-1/カ写, カ復）〈密集標本〉

ウインタクリヌス *Uintacrinus socialis*
後期白亜紀の無脊椎動物ウミユリ類。ウインタクリヌス目ウインタクリヌス科。萼の直径4.5cm。[分]世界中
¶**化写真**（p174/カ写）〈[産]アメリカ〉
リア中（p178/カ復）

ウィンタテリウム *Uintatherium milabile*
古第三紀の哺乳類。哺乳綱獣亜綱正獣上目恐角目。別名恐角獣。体長3.3m。[分]北米
¶**古脊椎**（図271/モ復）

ウインタテリウム *Uintatherium*
新生代古第三紀始新世中期の哺乳類恐角類。恐角目ウインタテリウム科。森林に生息。植物食。体長3.5m。[分]北アメリカ・アジア
¶**恐古生**（p242～243/カ写, カ復）〈頭蓋（レプリカ）〉
恐竜世（p245/カ復）
恐竜博（p163/カ写, カ復）〈頭骨〉
図解化（p226/カ写）〈[産]北米 完全骨格〉
生ミス9〔ウィンタテリウム〕（図1-6-1/カ写）〈頭部部分〉
絶哺乳（p90,97/カ写, カ復）〈頭骨〉

ウインタテリウム
古第三紀始新世中期の脊椎動物有胎盤類の哺乳類。全長3.8m。[分]北アメリカ, アジア
¶**進化大**（p380/カ写, カ復）〈上側頭骨〉

ウェイクセリア *Weichselia reticulata*
白亜紀の植物。
¶**地球博**〔白亜紀のシダ〕（p76/カ写）

ウェイクセリア・レティクラタ
白亜紀の植物シダ類。葉の直径1.5mまたはそれ以上。[分]北半球
¶**進化大**〔ウェイクセリア〕（p286/カ写）

ウェイチャンゲルラ・キンクアネンシスの殻 *Weichangella qingquanensis*
中生代の二枚貝類。プリカトウニオ科。熱河生物群。
¶**熱河生**（図39/モ写）〈[産]中国の河北省囲場の沙嶺溝 長さ29～34mm〉

ウェインベルギナ *Weinbergina*
古生代デボン紀の節足動物鋏角類カブトガニ類ハラフシカブトガニ類。全長10cm。[分]ドイツ
¶**生ミス3**（図4-7/カ復）

ウ

ウェインベルギナ・オピツィ *Weinbergina opitzi*
古生代デボン紀の節足動物鋏角類カブトガニ類ハラフシカブトガニ類。全長10cm。㊀ドイツ
¶図解化〔バインベルギナ・オピツィ〕(p102-1/カ写)〈㊧ドイツのブンデンバッハ〉
生ミス2〔ウェインベルギナ〕(図2-1-10/カ写, カ復)〈㊧ドイツ 約10cm〉
生ミス3〔ウェインベルギナ〕(図1-14/カ写, カ復)〈㊧ドイツのフンスリュックスレート〉
リア古〔ウェインベルギナ〕(p130/カ復)

ヴェガウィス
白亜紀後期の鳥類。体長30cm。㊀南極
¶進化大(p355/カ復)

ヴェガヴィス *Vegavis*
6500万年前(白亜紀後期)の鳥類。全長0.6m。㊀南極大陸
¶恐竜世(p209/カ復)

ヴェクティサウルス *Vectisaurus*
白亜紀前期の爬虫類イグアノドン類。鳥脚亜目イグアノドン科。全長4m。㊀英国のイングランド
¶恐絶動(p143/カ復)

ウエジエビス *Calliostoma* (*Tristichotrochus*) *aculeatum uezii*
更新世前期の軟体動物腹足類。
¶日化譜(図版26-18/モ写)〈㊧千葉県長生郡笠森〉

ヴェスチナウチルス *Vestinautilus cariniferous*
前期石炭紀の無脊椎動物オウムガイ類。オウムガイ目トリゴノケラス科。直径6cm。㊀ヨーロッパ, アメリカ, 南アメリカ
¶化写真(p137/カ写)〈㊧産出地不明〉
地球博〔オウムガイ類〕(p80/カ写)

ウェスティナウティルス・カリニフェロウス
石炭紀前期の無脊椎動物頭足類。最大直径12.5cm。㊀ヨーロッパ, 北アメリカ
¶進化大〔ウェスティナウティルス〕(p157/カ写)

ウェストロティアーナ
石炭紀前期の脊椎動物。別名リジー・ザ・リザード。初期の四肢動物。全長25cm。㊀スコットランド
¶進化大(p168/カ写)

ヴェチュリコラ・クネアタ *Vetulicola cuneata* 楔形古虫
カンブリア紀の古虫動物。古虫動物門?澄江生物群。
¶澄江生(図18.1/カ写)〈㊧中国の帽天山, 大坡頭 側面から見たもの〉
澄江生(図18.2/モ復)〈外観の側面図, 内部構造の一部, 後部の卵形のひれを背面から見た図〉
リア古〔ヴェトゥリコラ〕(p56/カ復)

ウエツキエガイ *Barbatia uetsukiensis*
中新世中期の軟体動物斧足類。
¶日化譜(図版36-16/モ写)〈㊧岡山県勝田郡植月〉

ウェツルガサウルス *Wetlugasaurus*
中生代三畳紀の両生類迷歯類。別名ウェトルガサウルス。頭部の大きさ20cm。㊀グリーンランド, ロシア
¶生ミス5(図1-12/カ復)

ウェッルークリナ *Verruculina*
白亜紀中ごろ～"第三紀"の海綿動物普通海綿類イシカイメン類レイオドレッラ類。
¶化百科(p111/カ写)〈幅7cm〉

ウエテレルス *Wetherellus cristatus*
前期始新世の脊椎動物硬骨魚類。スズキ目タチウオ科。推定体長25cm。㊀ヨーロッパ
¶化写真(p220/カ写)〈㊧イギリス 頭骨〉

ヴェトゥリコラ *Vetulicola*
古生代カンブリア紀の古虫動物。澄江生物群。全長10cm。㊀中国
¶生ミス1(図3-3-13/カ写, カ復)

ヴェトゥリコラ ⇒ヴェチュリコラ・クネアタを見よ

ウェトルガサウルス ⇒ウェツルガサウルスを見よ

ヴェナチコスクス *Venaticosuchus*
中生代三畳紀の爬虫類双弓類主竜類クルロタルシ類オルニトスクス類。全長1.3m。㊀アルゼンチン
¶生ミス5(図5-22/カ写, カ復)

ウェヌス・ウェッルコサ
古第三紀～現代の無脊椎動物二枚貝類。別名マルスダレガイ。殻長最大3.5cm。㊀ヨーロッパ, アフリカ, インドネシア, 北アメリカ
¶進化大〔ウェヌス〕(p429/カ写)

ヴェヌストゥルス・ワウケシャエンシス *Venustulus waukeshaensis*
古生代シルル紀の節足動物鋏角類カブトガニ類ハラフシカブトガニ類。全長7.3cm。㊀アメリカ
¶生ミス2〔ヴェヌストゥルス〕(図2-1-11/カ復)

ヴェネリコル *Venericor planicosta*
暁新世～始新世の無脊椎動物二枚貝類。マルスダレガイ目トヤマガイ科。体長7.5cm。㊀ヨーロッパ, 北アメリカ
¶化写真(p106/カ写)〈㊧イギリス〉

ウェネリコル・プラニコスタ
古第三紀の無脊椎動物二枚貝類。長さ2～8cm。㊀北アメリカ, ヨーロッパ
¶進化大〔ウェネリコル〕(p370/カ写)

ヴェラテス *Velates*
始新世の無脊椎動物貝殻の化石。
¶恐竜世〔アマオブネガイのなかま〕(p61/カ写)

ヴェラテス *Velates perversus*
前期～中期始新世の無脊椎動物腹足類。古腹足目アマオブネガイ科。体長3cm。㊀世界中
¶化写真(p118/カ写)〈㊧フランス〉

ウェルウィッチア
白亜紀後期～現代の植物グネツム類。葉の長さ最大9m。㊀ナミビア
¶進化大(p289)

ウェルウィッチア・ミラビリス
植物。
¶進化大(p290～291/カ復)

ウェルテブラリア・インディカ
ペルム紀～三畳紀の植物グロッソプテリス類。グロッソプテリスの化石根。全長4～8m。[分]南半球
¶進化大〔グロッソプテリス〕(p176/カ写, カ復)

ウェルトリキア・スペクタビリス
ジュラ紀の植物ベネティテス類。球果の直径10cm。[分]世界各地
¶進化大〔ウェルトリキア〕(p231/カ写)

ウェルメートゥス *Vermetus*
古第三紀～現在の軟体動物腹足類前鰓類中腹足類。
¶化百科(p162/カ写)〈[産]イギリス南部のワイト島 石板の幅4cm〉
図解化〔カキ殻上のヴェルメツス属の螺管〕(p129-上/カ写)〈[産]イタリア〉

ウェルメトゥス・イントルトゥス
新第三紀～現代の無脊椎動物腹足類。管の幅最大6mm。[分]世界各地
¶進化大〔ウェルメトゥス〕(p427/カ写)

ヴェロキラプトル *Velociraptor*
白亜紀カンパニアンの恐竜類獣脚類テタヌラ類ドロマエオサウルス類。コエルロサウルス下目ドロマエオサウルス科。体長2m。[分]モンゴル, 中国, ロシア
¶恐イラ(p201/カ復)
恐絶動(p110/カ復)
恐太古〔ベロキラプトル〕(p172～173/カ写)〈頭骨〉
恐竜世(p197/カ写, カ復)〈プロトケラトプスと闘っている姿のまま化石化した完全骨格〉
恐竜博〔ウェロキラプトル〕(p120～121/カ写, カ復)〈頭骨, ウェロキラプトルとプロトケラトプスが組みあったまま死の瞬間をむかえた化石〉
生ミス7〔格闘恐竜〕(図2-1/カ写, カ復)〈[産]モンゴル南部 戦闘シーン複製〉
よみ恐(p182～183/カ復)

ヴェロキラプトル
白亜紀後期の脊椎動物獣脚類。体長2m。[分]モンゴル
¶進化大(p331/カ写, カ復)〈プロトケラトプスと戦った姿の標本〉

ヴェロキラプトル・モンゴリエンシス
Velociraptor mongoliensis
白亜紀後期の恐竜類獣脚類。ドロマエオサウルス科ベロキラプトル亜科。
¶モ恐竜〔ベロキラプトル・モンゴリエンシス〕(p34～35/カ写)〈[産]モンゴル南部ツグリキン・シレ 頭骨, 全身骨格, 格闘恐竜化石〉
リア中〔ヴェロキラプトル〕(p192/カ復)

ウエロサウルス *Wuerhosaurus*
白亜紀前期の爬虫類。剣竜亜目ステゴサウルス科。装甲をもつ恐竜。全長6m。[分]中国
¶恐絶動(p155/カ復)

ヴェンタステガ *Ventastega*
古生代デボン紀最末期の両生類。
¶生ミス3(図6-13/カ写)〈[産]ラトヴィア 下顎骨約23cm 頭蓋骨, 下顎骨〉

ウェントゥリクリテス
白亜紀の無脊椎動物海綿類。高さ最大12cm。[分]ヨーロッパ, 北アメリカ
¶進化大(p297/カ写)

ウェントリクリテス *Ventriculites*
白亜紀"中期"～白亜紀後期の海綿動物六放海綿類リュクニスコサン類ウェントリクリテス類。
¶化百科(p113/カ写)〈高さ15cm〉

ヴォメロプシス *Vomeropsis* sp.
始新世の脊椎動物魚類。硬骨魚綱。
¶図解化(p194～195-8/カ写)〈[産]イタリアのモンテボルカ〉

ウォラティコテリウム
ジュラ紀中期～白亜紀前期の脊椎動物有胎盤類の哺乳類。体長20cm。[分]中国
¶進化大(p356/カ写)

ヴォラティコテリウム *Volaticotherium*
中生代ジュラ紀の単弓類獣弓類哺乳類。全長14cm。[分]中国
¶生ミス6(図4-12/カ写, カ復)〈[産]中国の内モンゴル自治区〉

ヴォラティコテリウム・アンティクウム
Volaticotherium antiquum
中生代ジュラ紀の単弓類獣弓類哺乳類。滑空性哺乳類。全長14cm。[分]中国
¶リア中〔ヴォラティコテリウム〕(p92/カ復)

ヴォルヴィケラムス *Volviceramus involutus*
後期白亜紀の無脊椎動物二枚貝類。ウグイスガイ目イノセラムス科。体長30cm。[分]ヨーロッパ, 北アメリカ
¶化写真(p98/カ写)〈[産]イギリス〉

ヴォルジア *Voltzia* sp.
三畳紀の植物。
¶図解化(p47-4/カ写)〈[産]イタリア〉

ウォルセニア・タビュラータ *Worthenia tabulata*
石炭紀の軟体動物腹足類。
¶原色化(PL.25-5/カ写)〈[産]北アメリカのイリノイ州ローレンスビル 高さ4cm〉

ヴォルツィア・コビュルジェンシス
三畳紀の植物針葉樹。全長5m。[分]世界各地
¶進化大〔ヴォルツィア〕(p201/カ写)

ヴォルトスピナ *Volutospina lustator*
後期白亜紀～鮮新世の無脊椎動物腹足類。新腹足目ヒタチオビガイ科。体長7cm。[分]世界中
¶化写真(p129/カ写)〈[産]イギリス〉

ウキエソ属の未定種 *Vinciguerria* sp.
新生代第三紀中新世の魚類硬骨魚類。
¶化石フ(p214/カ写)〈[産]愛知県知多郡南知多町 40mm〉
化石フ(p215/カ写)〈[産]愛知県知多郡南知多町 43mm〉

ウキヅツガイ *Cuvierina columnella*
新生代第四期更新世の軟体動物腹足類翼足類。
¶化石フ(p183/カ写)〈[産]鹿児島県大島郡喜界島 10mm〉

ウキヅツガイ
新生代第四紀更新世の軟体動物腹足類。
¶産地本(p96/カ写)〈[産]千葉県木更津市真里谷 高さ1cm〉

ウキビシガイ *Clio pyramidalis*
新生代第四紀の貝類。有殻目カメガイ科。
¶**学古生**（図1748/モ写）〈[産]千葉県市原市瀬又〉

ウグイ *Tribolodon* sp.cf.*T.hakonensis*
新生代更新世の魚類。コイ目コイ科。
¶**学古生**（図1949/モ写）〈[産]栃木県塩谷郡塩原町〉

ウグイスガイの仲間
古生代ペルム紀の軟体動物斧足類。
¶**産地別**（p176/カ写）〈[産]滋賀県犬上郡多賀町エチガ谷 長さ4.3cm〉

ウグイの咽頭歯？
新生代第三紀鮮新世の脊椎動物硬骨魚類。
¶**産地本**（p214/カ写）〈[産]三重県阿山郡大山田村服部川 高さ6mm〉

ウゴタブノキ *Machilus ugoana*
新生代中新世中期の陸上植物。クスノキ科。
¶**学古生**（図2384/モ写）〈[産]新潟県岩船郡山北町雷〉

ウゴトウヒ *Picea ugoana*
新生代中新世後期の陸上植物。マツ科。
¶**学古生**（図2243,2244/モ写）〈[産]秋田県湯沢市下新田 翼果，葉〉

ウゴホタテガイ *Mizuhopecten kimurai ugoensis*
新生代第三紀・中期中新世の貝類。イタヤガイ科。
¶**学古生**（図1298～1300/モ写）〈[産]石川県加賀市南郷 右殻，左殻〉

ウゴモミ *Abies ugoensis*
新生代中新世後期の陸上植物。マツ科。
¶**学古生**（図2236/モ写）〈[産]秋田県仙北郡西木村宮田〉

ウジタ
新第三紀の無脊椎動物腹足類。殻長最大6cm。[分]西ヨーロッパ
¶**進化大**（p399/カ写）

ウシュウハンノキ *Alnus usyuensis*
新生代中新世中期，中新世前期の陸上植物。カバノキ科。
¶**学古生**（図2304,2305/モ写）〈[産]北海道稚内市宗谷曲淵炭鉱，北海道桧山郡上ノ国町木の子 球果状の集合果，葉〉
日化譜（図版76-17/モ写）〈[産]北海道紋別郡丸瀬布町上社名淵〉

ウスクマサカ *Xenophora tenuis*
更新世後期の軟体動物腹足類。
¶**日化譜**（図版30-1/モ写）〈[産]鹿児島県燃島〉

ウスコケムシの1種 *Microporella ciliata*
新生代中新世中期のコケムシ類。ウスコケムシ科。
¶**学古生**（図1097/モ写）〈[産]北海道瀬棚郡今金町〉
日化譜〔Microporella ciliata〕（図版22-17/モ写）〈[産]喜界島〉

ウスタマガイ？
新生代第三紀鮮新世の軟体動物腹足類。タマガイ科。
¶**産地新**（p131/カ写）〈[産]静岡県掛川市掛川駅北方 高さ2.4cm〉

ウスバコバネカセキソテツ *Ptilozamites tenuis*
中生代三畳紀後期の陸上植物。ソテツ綱ベンネチス目。成羽植物群。
¶**学古生**（図744/モ写）〈[産]岡山県川上郡成羽町〉
日化譜〔Ptilozamites tenuis〕（図版73-3/モ写）〈[産]岡山県川上郡成羽町上日名〉

ウズハリガイ *Lenticulina orbicularis*
鮮新世～現世の有孔虫。
¶**日化譜**（図版6-3/モ図）〈[産]表日本各地〉

ウズラガイ
新生代第三紀鮮新世の軟体動物腹足類。ヤツシロガイ科。
¶**産地新**（p214/カ写）〈[産]高知県安芸郡安田町唐浜 高さ7.1cm〉

ウゼンナナカマド *Sorbus uzenensis*
新生代中新世後期の陸上植物。バラ科。
¶**学古生**（図2413/モ写）〈[産]秋田県湯沢市下新田〉

ウソシジミ *Felaniella usta*
新生代第三紀鮮新世の貝類。フタバシラガイ科。
¶**学古生**（図1378/モ写）〈[産]宮城県仙台市郷六〉
学古生（図1428/モ写）〈[産]青森県むつ市前川〉
学古生（図1510,1511/モ写）〈[産]石川県金沢市小二又〉
学古生（図1661/モ写）〈[産]東京都北区田端〉
日化譜（図版45-12/モ写）〈[産]千葉県成田市大竹〉

ウダイカンバに比較される種 *Betula* sp.cf.*B. maximowicziana*
新生代中新世後期の陸上植物。カバノキ科。
¶**学古生**（図2316～2318/モ写）〈[産]秋田県雄勝郡皆瀬村黒沢川，秋田県湯沢市下新田 翼果，果鱗，葉〉

ウタツサウルス *Utatsusaurus*
中生代三畳紀の爬虫類双弓類魚竜類。全長2m。[分]日本
¶**恐イラ**（p73/カ復）
生ミス5（図2-3/カ写）〈[産]宮城県南三陸町歌津 72cm 完模式標本〉
生ミス5〔ウタツサウルスの復元図〕（図2-3/カ復）

ウタツサウルス・ハタイイ *Utatsusaurus hataii*
歌津魚竜
中生代三畳紀初期スキチアンの爬虫類魚竜類。爬型超綱魚竜綱魚竜目。魚類や頭足類を摂食。全長1.4m。[分]宮城県本吉郡歌津町（現南三陸町）
¶**古脊椎**〔ウタツサウルス〕（図91/モ復）
日恐竜〔ウタツサウルス〕（p140/カ写，カ復）〈頭部を含む上半身の化石のレプリカ〉
リア中〔ウタツサウルス〕（p12/カ復）

ウタフラプトル ⇒ユタラプトルを見よ

ウチムラサキ *Saxidomus purpuratus*
新生代第四紀更新世の貝類。マルスダレガイ科。
¶**学古生**（図1695/モ写）〈[産]千葉県印旛郡印西町木下〉

ウチムラサキサンカクガイ *Neotrigonia margaritacea*
現世の軟体動物斧足類三角貝。
¶**化石フ**（p17/カ写）〈[産]オーストラリア 30mm〉

ウチムラマユイガイダマシ *Adulomya uchimuraensis*
新生代第三紀中新世の軟体動物斧足類。
¶**化石フ**（p171/カ写）〈㊥長野県東筑摩郡四賀村 120mm〉
日化譜（図版37-1/モ写）〈㊥長野県小県郡長沢, 同東筑摩郡四賀村赤怒田〉

ウッドウォルディテス属 *Woodwardites*
石炭紀の植物。
¶**図解化**（p16/カ写）〈㊥ドイツ 小枝〉

ウッドクリヌス
石炭紀の無脊椎動物棘皮動物。萼と腕の高さ6～10cm。㊦ヨーロッパ
¶**進化大**（p160/カ写）

ウッルマンニア・ブロンニ
ペルム紀後期の植物針葉樹。全長10m。㊦世界各地
¶**進化大**〔ウッルマンニア〕（p177/カ写）

ウデナガクモヒトデ？の1種 *Macrophiothrix? sp.*
新生代漸新世～中新世の棘皮動物。クモヒトデ綱トゲクモヒトデ科？
¶**学古生**（図1894/モ写）〈㊥福島県いわき市内郷町八坂神社〉

ウデボソキクバナヒトデ属の未定種 *Brisingella sp.*
新生代第三紀中新世の棘皮動物ヒトデ類。
¶**化石フ**（p200/カ写）〈㊥愛知県知多郡南知多町 180mm〉

ウドラ・ブレヴィスピナ *Udora brevispina*
ジュラ紀後期の無脊椎動物甲殻類小型エビ類。
¶**ゾル1**（図266/カ写）〈㊥ドイツのアイヒシュテット 6cm〉

ウトレクチア・ピニフォルミス
石炭紀後期～ペルム紀前期の植物針葉樹。高さ10～25m。㊦世界各地
¶**進化大**〔ウトレクチア〕（p153/カ写）

ウドレラ・アガシー *Udorella agassizi*
ジュラ紀後期の無脊椎動物甲殻類小型エビ類。
¶**ゾル1**（図267/カ写）〈㊥ドイツのケルハイム 7cm〉

ウナギ ⇒アングィッラを見よ

ウニ
中生代白亜紀の棘皮動物ウニ類。
¶**産地別**（p7/カ写）〈㊥北海道稚内市東浦海岸 長径4cm〉
産地別（p229/カ写）〈㊥熊本県上天草市龍ケ岳町椚島 長径5cm〉
図解化（p13-上/カ写）〈㊥エジプト〉

ウニ
第四紀の無脊椎動物棘皮動物。
¶**図解化**（p180-7/カ写）〈㊥エジプトのウルガダ〉

ウニ ⇒ヘミキダリス・インターメディアを見よ

ウニオ *Unio menki*
三畳紀～現世の無脊椎動物二枚貝類。イシガイ目イシガイ科。体長8cm。㊦世界中
¶**化写真**（p104/カ写）〈㊥イギリス 合弁の殻〉

ウニオ（？）・オガミゴエンシス *Unio (?) ogamigoensis*
中生代白亜紀の軟体動物斧足類。
¶**化石フ**（p97/カ写）〈㊥石川県石川郡白峰村 100mm〉

ウニの一種
新生代第三紀中新世の棘皮動物ウニ類。
¶**産地別**（p61/カ写）〈㊥北海道石狩郡当別町青山中央 長径11cm〉

ウニの大きな棘
ジュラ紀前期の無脊椎動物棘皮動物。
¶**図解化**（図版39-1/カ写）

ウニの殻縁板
古生代ペルム紀の棘皮動物ウニ類。
¶**産地別**（p132/カ写）〈㊥岐阜県本巣市根尾初鹿谷 殻縁板の径0.5cm〉

ウニの殻板
古生代後期二畳紀前期の棘皮動物ウニ。
¶**学古生**（図261/モ写）〈㊥山口県美祢市伊佐町〉

ウニの棘
古生代ペルム紀の棘皮動物ウニ類。
¶**産地別**（p132/カ写）〈㊥岐阜県本巣市根尾初鹿谷 棘の長さ3cm〉

ウニの棘
新生代第三紀鮮新世の棘皮動物ウニ類。
¶**産地別**（p160/カ写）〈㊥富山県高岡市岩坪 長いもので3.7cm〉

ウニの棘
新生代第三紀中新世の棘皮動物ウニ類。
¶**産地別**（p203/カ写）〈㊥福井県大飯郡高浜町山中海岸 長さ5.8cm〉

ウニの棘
三畳紀の無脊椎動物棘皮動物ウニの棘。
¶**図解化**〔三畳紀のウニの棘〕（図版39-8/カ写）〈㊥イタリアのベルガモ〉

ウニの棘（不明種）
新生代第三紀中新世の棘皮動物ウニ類。
¶**産地新**（p19/カ写）〈㊥北海道石狩郡当別町青山中央 棘の長さ約5mm〉
産地新（p122/カ写）〈㊥石川県羽咋郡富来町関野鼻 高さ約2cm〉

ウニの棘（不明種）
新生代第三紀鮮新世の棘皮動物ウニ類。
¶**産地新**（p69/カ写）〈㊥千葉県安房郡鋸南町奥元名 長さ5.4cm〉
産地本（p144/カ写）〈㊥富山県高岡市頭川 長さ2cm〉

ウニの棘（不明種）
古生代ペルム紀の棘皮動物ウニ類。
¶**産地本**（p178/カ写）〈㊥滋賀県犬上郡多賀町権現谷 長さ4cm, 径5mm〉
産地本（p178/カ写）〈㊥滋賀県犬上郡多賀町エチガ谷 長さ3.7cm〉

ウニのノジュール（不明種）
新生代第三紀中新世の棘皮動物ウニ類。
¶**産地新**（p19/カ写）〈㊥北海道石狩郡当別町青山中央

径9cm〉

ウ

ウニの分離した棘
無脊椎動物棘皮動物。
¶図解化（p175-中央/カ写）

ウニ（不明種）
新生代第三紀中新世の棘皮動物ウニ類。オオブンブクの仲間か？
¶産地新（p19/カ写）〈㊟北海道石狩郡当別町青山中央 径8cm〉

ウニ（不明種）
新生代第三紀中新世の棘皮動物ウニ類。カシパンウニの仲間か？
¶産地新（p21/カ写）〈㊟北海道空知郡栗沢町美流渡 径2.3cm〉

ウニ（不明種）
中生代白亜紀の棘皮動物ウニ類。
¶産地新（p112/カ写）〈㊟長野県南佐久郡佐久町石堂 径約2.5cm〉
産地本（p35/カ写）〈㊟北海道留萌郡小平町小平蘂川 高さ5cm〉
産地本（p39/カ写）〈㊟北海道浦河郡浦河町井寒台 径5cm〉
産地本（p70/カ写）〈㊟岩手県下閉伊郡田野畑村明戸 径2.5cm〉

ウニ（不明種）
中生代白亜紀の棘皮動物ウニ類。ブンブクウニの仲間。
¶産地新（p228/カ写）〈㊟熊本県天草郡龍ヶ岳町椚島 径5.5cm〉

ウニ（不明種）
新生代第三紀の棘皮動物ウニ類。カシパンウニに似る。
¶産地本（p44/カ写）〈㊟北海道苫前郡初山別村豊岬 径5cm〉

ウニ（不明種）
古生代ペルム紀の棘皮動物ウニ類。
¶産地本（p64/カ写）〈㊟宮城県気仙沼市上八瀬 径3mm 棘〉
産地本（p148/カ写）〈㊟滋賀県坂田郡伊吹町伊吹山 長さ1.8cm 棘〉

ウニ（不明種）
中生代ジュラ紀の棘皮動物ウニ類。
¶産地本（p67/カ写）〈㊟福島県相馬郡鹿島町館の沢 長径2.8cm, 径1.9cm〉

ウニ（不明種）
新生代第三紀中新世の棘皮動物ウニ類。ブンブクウニの仲間。
¶産地本（p185/カ写）〈㊟三重県安芸郡美里村家所 径2.7cm〉

ウニ（不明種）
新生代第三紀中新世の棘皮動物ウニ類。小型のボタンウニの仲間。
¶産地本（p185/カ写）〈㊟三重県安芸郡美里村穴倉 長径1.5cm〉

ウニメンガイ
新生代第四紀完新世の軟体動物斧足類。ウミギク科。
¶産地新（p86/カ写）〈㊟千葉県館山市平久里川 高さ9.5cm〉

ウネウラシマガイ *Semicassis japonica*
新生代第三紀鮮新世～現世の貝類。トウカムリガイ科。
¶学古生（図1587/モ写）〈㊟石川県金沢市御所町〉

ウネウラシマガイ ⇒セミカッシスを見よ

ウネナシトマヤガイ *Trapezium*（*Neotrapezium*）*liratum*
新生代第四紀完新世の貝類。フナガタガイ科。
¶学古生（図1756/モ写）〈㊟茨城県水戸市コンピラ前〉

ウネヒタチオビ *Musashia*（*Nipponomelon*）*densicostata*
中新世中期の軟体動物腹足類。
¶日化譜（図版83-35/モ写）〈㊟北海道留前古丹別川, 夕張川など〉

ウネンラギア *Unenlagia*
白亜紀チューロニアン～コニアシアンの恐竜類獣脚類テタヌラ類コエルロサウルス類デイノニコサウルス類ドロマエオサウルス類。体長2～3m。㊕アルゼンチン
¶恐イラ（p201/カ復）

ウバガイ *Spisula*（*Pseudocardium*）*sacharinensis*
新生代第四紀更新世の貝類。バカガイ科。
¶学古生（図1671/モ写）〈㊟千葉県印旛郡印旛町瀬戸〉

ウバガイ
新生代第四紀更新世の軟体動物斧足類。
¶産地別（p95/カ写）〈㊟千葉県印西市山田 長さ12.6cm〉

ウバザメ *Cetorhinus maximus*
新生代更新世前期の魚類。ネズミザメ目ウバザメ科。
¶学古生（図1933/モ写）〈㊟神奈川県横浜市南区永田町鰓耙の一部〉

ウバメガシ ⇒クエルクスを見よ

ウビゲリナ・アキタエンシス *Uvigerina akitaensis*
新生代鮮新世の小型有孔虫。ウビゲリナ科。
¶学古生（図925/モ写）〈㊟富山県氷見市大境〉
日化譜〔Uvigerina akitaensis〕（図版81-8/モ写）〈㊟房総, 秋田県〉

ウベジャケツイバラ *Caesalpinea ubensis*
新生代始新世の陸上植物。マメ科。
¶学古生（図2207/モ写）〈㊟山口県宇部市上梅田〉

ウベタイミンタチバナ *Myrsine chaneyi*
新生代始新世の陸上植物。ヤブコウジ科。
¶学古生（図2213/モ写）〈㊟山口県宇部市上梅田〉

ウベタブノキ *Machilus ubensis*
新生代始新世の陸上植物。クスノキ科。
¶学古生（図2192/モ写）〈㊟山口県宇部市上梅田〉

ウベチャノキ *Thea ubensis*
新生代始新世の陸上植物。ツバキ科。
¶学古生（図2209/モ写）〈㊟山口県宇部市上梅田〉

ウベマテバシイ *Pasania ubensis*
新生代始新世の陸上植物。ブナ科。
¶**学古生**(図2186/モ写)〈㊨山口県宇部市上梅田〉

ウベミフクラギ *Cerbera schafferi*
新生代始新世の陸上植物。キョウチクトウ科。
¶**学古生**(図2212/モ写)〈㊨山口県宇部市上梅田〉

ウベミミモチシダ *Acrostichum ubense*
新生代始新世の陸上植物。ウラボシ科。
¶**学古生**(図2156/モ写)〈㊨山口県宇部市新雀田〉

ウベヤマモモ *Myrica ubensis*
新生代始新世の陸上植物。ヤマモモ科。
¶**学古生**(図2178/モ写)〈㊨山口県宇部市上梅田〉

ウマ ⇒エクウス・カバーッルスを見よ

ウミウチワ ⇒カスマトポラを見よ

ウミギクガイ
新生代第四紀完新世の軟体動物斧足類。ウミギク科。
¶**産地新**(p86/カ写)〈㊨千葉県館山市平久里川 高さ4.5cm 外形, 内側から見たところ〉

ウミギクガイ
新生代第四紀更新世の軟体動物斧足類。ウミギク科。
¶**産地新**(p141/カ写)〈㊨石川県珠洲市平床 高さ4cm〉

ウミサソリ
約4億8500万年前の節足動物。
¶**古代生**〔オルドビス紀の海中イメージ〕(p74/カ復)

ウミシダ ⇒サッココマを見よ

ウミタケ *Barnea* (*Umitakea*) *dilatata*
新生代第四期完新世の軟体動物斧足類。
¶**化石フ**(p179/カ写)〈㊨愛知県知多郡美浜町 80mm〉

ウミタケ
新生代第四紀更新世の軟体動物斧足類。ニオガイ科。
¶**産地新**(p73/カ写)〈㊨茨城県稲敷郡阿見町島津 長さ5.6cm〉

ウミタケ ⇒バルネア(ウミタケア)・ジャポニカを見よ

ウミタケモドキガイ
新生代第四紀更新世の軟体動物斧足類。ウミタケモドキガイ科。別名フォラドミア。
¶**産地新**(p77/カ写)〈㊨千葉県君津市追込小糸川 長さ4.5cm〉

ウミツボミ
古生代石炭紀の棘皮動物ウミツボミ類。
¶**産地新**(p96/カ写)〈㊨新潟県西頸城郡青海町 径1.4cm キャリックス〉
産地新(p96/カ写)〈㊨新潟県西頸城郡青海町 高さ1.2cm キャリックス〉

ウミツボミ ⇒デルトブラストゥスを見よ

ウミツボミ ⇒ペントレミテスを見よ

ウミニナの仲間
新生代第三紀中新世の軟体動物腹足類。
¶**産地別**(p210/カ写)〈㊨滋賀県甲賀市土山町鮎河 高さ2.8cm〉

ウミユリ *Goissocrinus goniodactylus*
シルル紀の棘皮動物有柄ウミユリ類。
¶**世変化**(図14/カ写)〈㊨英国のダドリー 幅18cm〉

ウミユリ *Macrostylocrinus*
オルドビス紀の棘皮動物有柄ウミユリ類。
¶**世変化**〔ウミユリとプラティセラス類〕(図11/カ写)〈㊨モロッコ 幅12cm〉

ウミユリ
中生代白亜紀の棘皮動物ウミユリ類。
¶**産地別**(p32/カ写)〈㊨北海道苫前郡羽幌町逆川 長径0.5cm 茎がバラバラになったもの〉
産地別(p53/カ写)〈㊨北海道留萌郡小平町下記念別川 個体の径1cm 五角ウミユリの茎がバラバラになったもの〉

ウミユリ
古生代石炭紀初期の棘皮動物。
¶**生ミス4**〔多彩なウミユリ化石〕(図1-1-1/カ写)〈㊨アメリカのアイオワ州ル・グランド〉

ウミユリ
デヴォン紀の無脊椎動物棘皮動物。
¶**図解化**〔多数のウミユリの柄を含む岩石〕(p168-中央右/カ写)〈㊨イギリス〉

ウミユリ
ジュラ紀の無脊椎動物棘皮動物。
¶**図解化**〔断面で典型的な星形を示す多数のウミユリの萼部を含む石灰岩〕(p170-上中央/カ写)〈㊨フランス〉

ウミユリの一種
中生代三畳紀の棘皮動物ウミユリ類。
¶**産地新**(p37/カ写)〈㊨宮城県宮城郡利府町赤沼 画面の左右5cm 茎の一部分〉

ウミユリの柄
古生代後期二畳紀前期の棘皮動物ウミユリ。
¶**学古生**〔ウミユリの柄(茎)〕(図254/モ写)〈㊨岐阜県大垣市赤坂町金生山〉
学古生(図255/モ写)〈㊨岐阜県大垣市赤坂町金生山〉

ウミユリの柄
新生代中新世の棘皮動物ウミユリ。ウミユリ綱。
¶**学古生**(図1893/モ写)〈㊨広島県神石郡油木町〉

ウミユリの柄の断面
古生代後期石炭紀後期の棘皮動物ウミユリ。
¶**学古生**(図256/モ写)〈㊨山口県美祢市正法寺〉

ウミユリの柄の断面
古生代後期ペルム紀前期の棘皮動物ウミユリ。別名梅花石。
¶**学古生**(図257/モ写)〈㊨福岡県北九州市門司区白野江〉

ウミユリの柄板
古生代後期二畳紀前期の棘皮動物ウミユリ。
¶**学古生**(図258/モ写)〈㊨山口県美祢市伊佐町〉

ウミユリの冠部
古生代ペルム紀, 古生代石炭紀の棘皮動物ウミユリ類。
¶**化石フ**(p66/カ写)〈㊨岐阜県大垣市赤坂町, 宮城県気

仙沼市, 新潟県西頸城郡青海町, 新潟県西頸城郡青海町 12mm,35mm,30mm,30mm〉

ウミユリのキャリックス
古生代石炭紀の棘皮動物ウミユリ類。
¶**産地別**(p121/カ写)〈[産]新潟県糸魚川市青海町 高さ1.6cm〉
産地別(p121/カ写)〈[産]新潟県糸魚川市青海町 径2.5cm〉
産地別(p121/カ写)〈[産]新潟県糸魚川市青海町 径1.5cm〉
産地別(p121/カ写)〈[産]新潟県糸魚川市青海町 高さ2cm〉
産地別(p122/カ写)〈[産]新潟県糸魚川市青海町 長さ3cm〉
産地別(p122/カ写)〈[産]新潟県糸魚川市青海町 径1.2cm〉
産地本〔ウミユリのキャリックス(不明種)〕(p60/カ写)〈[産]岩手県大船渡市日頃市町上坂本沢 径2cm〉

ウミユリの茎の一部　Crinoidea gen.et sp.indet.
古生代ペルム紀の棘皮動物ウミユリ類。
¶**化石フ**(p67/カ写)〈[産]岐阜県大垣市赤坂町 茎の長さ60mm〉

ウミユリのプレート(不明種)
古生代ペルム紀の棘皮動物ウミユリ類。
¶**産地本**(p119/カ写)〈[産]岐阜県吉城郡上宝村福地 径9mm〉

ウミユリ(不明種)
古生代デボン紀の棘皮動物ウミユリ類。
¶**産地新**(p94/カ写)〈[産]福井県大野郡和泉村上伊勢 長さ6cm〉

ウミユリ(不明種)
中生代白亜紀の棘皮動物ウミユリ類。
¶**産地本**(p37/カ写)〈[産]北海道三笠市桂沢湖 径5mm〉

ウミユリ(不明種)
古生代ペルム紀の棘皮動物ウミユリ類。
¶**産地本**(p78/カ写)〈[産]栃木県安蘇郡葛生町山菅 径9mm〉
産地本(p116/カ写)〈[産]岐阜県大垣市赤坂町金生山 径1.4cm, 径1cm 研磨横断面, 風化して分離したもの〉
産地本(p116/カ写)〈[産]岐阜県大垣市赤坂町金生山 径7cm, 長さ16cm〉
産地本(p117/カ写)〈[産]岐阜県大垣市赤坂町金生山 長さ4cm〉
産地本(p177/カ写)〈[産]滋賀県犬上郡多賀町エチガ谷 径7mm 茎を構成するプレートの一部〉
産地本(p177/カ写)〈[産]滋賀県犬上郡多賀町エチガ谷 径8mm キャリックスの基部〉
産地本(p177/カ写)〈[産]滋賀県犬上郡多賀町権現谷 径1.5cm 茎の縦断面, 横断面〉

ウミユリ類
古生代～現代の棘皮動物。
¶**生ミス3**〔ウミユリ〕(図4-9/カ復)
生ミス5(図1-2/カ復)

ウミユリ類
オルドヴィス紀の無脊椎動物棘皮動物。
¶**図解化**〔大部分がウミユリ類の化石からなる石灰岩片〕(p169-1/カ写)〈[産]モロッコ〉

ウミリンゴ　⇒シュードクリニテスを見よ

ウミリンゴ類を含む団塊
オルドヴィス紀の無脊椎動物棘皮動物。
¶**図解化**(p165-右/カ写)〈[産]モロッコ〉

ウムボニゥム(スチゥウム)・ミスティクム
Umbonium(*Suchium*) *mysticum*
第三紀の軟体動物腹足類。
¶**原色化**(PL.73-1/カ写)〈[産]静岡県周智郡掛川町大日 長径2cm〉

ウメノハナガイ　*Pillucina pisidium*
新生代第三紀鮮新世～現世の貝類。ツキガイ科。
¶**学古生**(図1525/モ写)〈[産]石川県金沢市大桑〉

ウメモトガザミ　*Itoigawaia umemotoi*
新生代第三紀中新世の節足動物十脚類。ガザミ科。
¶**化石フ**(p192/カ写)〈[産]岐阜県瑞浪市 甲幅約50mm〉

ウモレバハシバミ　*Corylus ligniatus*
新生代鮮新世の陸上植物。カバノキ科。
¶**学古生**(図2335/モ図)〈[産]愛知県瀬戸市印所 葉縁部, 葉の全形〉

ウラカガミ　*Dosinia*(*Dosinella*) *penicillala*
新生代第四紀完新世の貝類。マルスダレガイ科。
¶**学古生**(図1766/モ写)〈[産]神奈川県横浜市西区高島町金港橋〉

ウラカガミ
新生代第四紀完新世の軟体動物斧足類。
¶**産地本**(p246/カ写)〈[産]広島県広島市八丁堀三越百貨店地下 長さ(左右)5cm そのまま, 殻を溶かしたもの〉

ウラカガミガイ
新生代第四紀更新世の軟体動物斧足類。
¶**産地別**(p95/カ写)〈[産]千葉県印西市萩原 長さ5.8cm〉

ウラカワイテス・ロタリノイデス　*Urakawites rotalinoides*
中生代白亜紀後期のアンモナイト。パキディスクス科。
¶**学古生**(図525/モ写)〈[産]北海道中川郡中川町豊里〉

ウラシマガイ
新生代第三紀鮮新世の軟体動物腹足類。
¶**産地別**(p223/カ写)〈[産]高知県安芸郡安田町唐浜 高さ3.8cm〉

ウラシマガイ
新生代第四紀更新世の軟体動物腹足類。トウカムリガイ科。
¶**産地新**(p143/カ写)〈[産]石川県珠洲市平床 高さ4.2cm〉

ウラシマガイの仲間
新生代第三紀鮮新世の軟体動物腹足類。トウカムリ科。
¶**産地新**(p214/カ写)〈[産]高知県安芸郡安田町唐浜 高さ4.2cm〉

ウラジロ　⇒グレイケニアを見よ

ウラステレッラ　*Urasterella*
オルドビス紀～ペルム紀の棘皮動物ヒトデ類。
¶**化百科**(p183/カ写)〈10cm〉

ウーラストレア・クリスパータ *Oulastrea crispata*
第四紀完新世初期の腔腸動物六射サンゴ。別名キクメイシモドキ。
¶**原色化**(PL.85-1/カ写)〈[産]千葉県館山市香谷〉

ウラロセラス インボルータム *Uraloceras involutum*
ペルム紀前期のアンモナイト。
¶**アン最**(p138/カ写)〈[産]カザフスタンのアクチウニンスク〉

ウーランギア・ストケシアーナ・ミルトニイ *Oulangia stokesiana miltoni*
第四紀完新世初期の腔腸動物六射サンゴ。
¶**原色化**(PL.85-3/カ写)〈[産]千葉県館山市香谷 アオバナイボヤギ上に着生〉

ウーリナ・メロ *Oolina melo*
新生代中新世の小型有孔虫。グランジュリナ科。
¶**学古生**(図920/モ写)〈[産]宮城県仙台市茂庭〉

ウルカーノドン
ジュラ紀前期の脊椎動物竜脚形類。体長7m。[分]ジンバブエ
¶**進化大**(p266/カ復)

ヴルカノドン *Vulcanodon*
ジュラ紀前期の恐竜類竜脚類。ヴルカノドン科。平原森林に生息。全長7m。[分]ジンバブエ
¶**恐イラ**(p107/カ復)
恐竜世(p151/カ復)
恐竜博〔ウルカノドン〕(p72/カ復)
よみ恐(p62~63/カ復)

ウルスス ⇒ホラアナグマを見よ

ウルスス・スペラエウス ⇒ホラアナグマを見よ

ウルスス・スペレウス ⇒ホラアナグマを見よ

ウルダ属の種 *Urda* sp.
ジュラ紀後期の無脊椎動物甲殻類等脚類(ワラジムシ類)。
¶**ゾル1**(図240/カ写)〈[産]ドイツのアイヒシュテット 5cm 裏返しになった標本〉

ウルダ・ロストラタ *Urda rostrata*
ジュラ紀後期の無脊椎動物甲殻類等脚類(ワラジムシ類)。
¶**ゾル1**(図239/カ写)〈[産]ドイツのアイヒシュテット 3cm〉

ウルムス
古第三紀~現代の被子植物。別名ニレ。高さ最大36m。[分]北半球の温帯地方
¶**進化大**(p393/カ写)

ウルメリエラの1種 *Ulmeriella* sp.
新生代中新世後期の昆虫類。等翅目ホドテルメス科。
¶**学古生**(図1807/モ写)〈[産]秋田県仙北郡西木村宮田 前翅〉

ウロクレス・アルティヴェリス ⇒アミオプシス・レピドタを見よ

ウロクレス・エレガンティシムス ⇒アミオプシス・レピドタを見よ

ウロコイシ(リソポレラ)の1種 *Lithoporella melobesioides*
新生代の紅藻類。サンゴモ科マストフォラ亜科。
¶**学古生**(図2144/モ写)〈[産]長崎県西彼杵郡西海町七釜鍾乳洞〉

ウロコディア・アエクアリス *Urokodia aequalis*
等称尾頭虫
カンブリア紀の節足動物。節足動物門。澄江生物群。長さ約35mm。
¶**澄江生**(図16.1/カ写)〈[産]中国の大坡頭近郊の尖包包山頭梢の保存された標本を背側から見たところ, 胴を側面から見たもの〉
澄江生(図16.2/モ復)

ウロゴムフス・ギガンテウス *Urogomphus giganteus*
ジュラ紀後期の無脊椎動物昆虫類トンボ類。
¶**ゾル1**(図380/カ写)〈[産]ドイツのアイヒシュテット 18cm〉

ウロゴムフス属の種 *Urogomphus* sp.
ジュラ紀後期の無脊椎動物昆虫類トンボ類。
¶**ゾル1**(図379/カ写)〈[産]ドイツのアイヒシュテット 19cm〉

ウロコルディルス *Urocordylus scalaris*
二畳紀前期の両生類。両生超綱堅頭綱空椎亜綱ネクトリド目。全長8.7cm。[分]チェコスロバキア
¶**古脊椎**(図57/モ復)

ウロシセレイス?・ゴロクエンシス *Urocythereis? gorokuensis*
新生代現世の甲殻類(貝形類)。ヘミシセレ科ヘミシセレ亜科。
¶**学古生**(図1869/モ写)〈[産]青森県陸奥湾 右殻〉

ウロデンドロン・マユス
石炭紀のヒカゲノカズラ植物。高さ40m。[分]世界各地
¶**進化大**〔レピドデンドロン〕(p145/カ写, カ復)

ウンキテス・グリフス *Uncites gryphus*
デボン紀の腕足動物有関節類。
¶**原色化**(PL.18-3/モ写)〈[産]ドイツのケルン近郊 高さ4cm〉
原色化(PL.18-4/モ写)〈[産]ドイツのエルファーフェルト近郊 高さ7.3cm〉

ウンキナ属の未定種 *Uncina* sp.
中生代ジュラ紀の節足動物十脚類。
¶**化石フ**(p132/カ写)〈[産]山口県豊浦郡菊川町 55mm 右側のハサミ脚〉

ウンギュリプロエタス・オイセンシス *Unguliproetus oisensis*
古生代中期デボン紀前期の三葉虫類。プロエタス科。
¶**学古生**(図61/モ写)〈[産]福井県大野郡上穴馬村オイセ谷尾部〉

ウンデイナ *Undina penicillata*
ジュラ紀後期の魚類。顎口超綱硬骨魚綱総鰭亜綱シーラカンス目。全長20cm。[分]西ドイツ南部
¶**古脊椎**(図55/モ復)

エ

ウンビリア *Umbilia eximia*
中期漸新世～現世の無脊椎動物腹足類。中腹足目タカラガイ科。体長3.5cm。[分]オーストラリア
¶**化写真**(p125/カ写)〈[産]オーストラリア〉

【エ】

エイ
新生代第三紀中新世の脊椎動物軟骨魚類。トビエイ類。
¶**産地本**(p243/カ写)〈[産]島根県浜田市畳が浦 幅1.8cm 歯〉

エイ ⇒ヘリオバティスを見よ

エイニオサウルス *Einiosaurus*
7400万～6500万年前(白亜紀後期)の恐竜類角竜類セントロサウルス類。ケラトプス科セントロサウルス亜科。全長6m。[分]アメリカ合衆国
¶**恐イラ**(p237/カ復)
恐竜世(p124～125/カ復)
よみ恐(p212/カ復)

エイニオサウルス
白亜紀後期の脊椎動物鳥盤類。体長6m。[分]アメリカ合衆国
¶**進化大**(p352～353/カ復)

エイの歯と尾棘(不明種)
新生代第三紀中新世の脊椎動物軟骨魚類。
¶**産地新**(p172/カ写)〈[産]滋賀県甲賀郡土山町大沢 長さ3.2cm, 長さ7cm〉

エイの尾棘 *Batoidea,caudal spine*
新生代第四期完新世の魚類軟骨魚類。
¶**化石フ**(p210/カ写)〈[産]愛知県東海市 55mm〉

エイの尾棘
新生代第四紀完新世の脊椎動物軟骨魚類。
¶**産地別**(p172/カ写)〈[産]愛知県知多市古見 長さ6cm〉

エイの尾棘
新生代第四紀更新世の脊椎動物軟骨魚類。
¶**産地新**(p75/カ写)〈[産]千葉県印旛郡印旛村吉高大竹 長さ12.3cm〉

エイの尾棘(不明種)
新生代第三紀中新世の脊椎動物軟骨魚類。
¶**産地本**(p134/カ写)〈[産]岐阜県瑞浪市釜戸町荻の島 長さ4cm〉
産地本(p193/カ写)〈[産]三重県安芸郡美里村柳谷 長さ9cm 毒針〉

エイペックス・チャート *Primaevifilum delicatulum*
先カンブリア時代(始生代前期)の最古の化石。
¶**世変化**(図1/カ写)〈[産]西オーストラリア州マーブルバー 幅45μm〉

エウオプロケファラス *Euoplocephalus tutus*
後期白亜紀の脊椎動物恐竜類。鳥盤目アンキロサウルス科。体長6m。[分]北アメリカ
¶**化写真**(p253/カ写)〈[産]カナダ 尾の末端〉
地球博〔エウオプロケファルスの尾の棍棒〕(p85/カ写)

エウオプロケファルス *Euoplocephalus*
7000万～6500万年前(白亜紀後期)の恐竜類よろい竜アンキロサウルス類。曲竜亜目アンキロサウルス科。林地に生息。全長6m。[分]北アメリカ
¶**恐イラ**(p249/カ復)
恐古生(p176～177/カ写, カ図, カ復)〈尾の先〉
恐絶動(p158/カ復)
恐竜世(p146～147/カ写, カ復)
恐竜博(p134～135/カ写, カ復)〈尾の棍棒, 四肢, 頭骨〉
地球博(p86/カ写)
よみ恐(p194/カ復)

エウオプロケファルス
白亜紀後期の脊椎動物鳥盤類。体長7m。[分]北アメリカ
¶**進化大**(p336～337/カ写)

エウオムファルス *Euomphalus*
石炭紀の無脊椎動物貝殻の化石。
¶**恐竜世**〔海生巻貝のなかま〕(p61/カ写)

エウオンファルス *Euomphalus pentangulus*
シルル紀～中期二畳紀の無脊椎動物腹足類。古腹足目エウオンファルス科。体長6cm。[分]世界中
¶**化写真**(p115/カ写)〈[産]アイルランド 上面, 断面〉

エウカリュプトクリニテス *Eucalyptocrinites*
シルル紀中期～デボン紀中期の棘皮動物ウミユリ類。
¶**化百科**(p181/カ写)〈個々の小骨の幅2cm〉

エウクラドケロス *Eucladoceros*
鮮新世～更新世の哺乳類反芻類。鯨偶蹄目シカ科。肩高約1.8m。[分]アジア, ヨーロッパ
¶**恐絶動**(p278/カ復)
絶哺乳(p204/カ復)

エウコエロフィシス *Eucoelophysis*
三畳紀カーニアン～ノーリアンの恐竜類コエロフィシス類。コエロフィシス上科。体長3m。[分]アメリカ合衆国のニューメキシコ州
¶**恐イラ**(p83/カ復)

エウサルカナ・スコーピオニス *Eusarcana scorpionis*
古生代シルル紀の節足動物鋏角類ウミサソリ類。
¶**リア古**〔ウミサソリ類〕(p98～101/カ復)

エウスケロサウルス *Euskelosaurus*
三畳紀カーニアン～ノーリアンの恐竜類古竜脚類。体長9～12m。[分]レソト, 南アフリカ, ジンバブエ
¶**恐イラ**(p86/カ復)

エウステノプテロン *Eusthenopteron*
3億8500万年前(デボン紀後期)の初期の脊椎動物魚類肉鰭類。オステオレピス目。全長1.5m。[分]北アメリカ, グリーンランド, イギリスのスコットランド, ラトビア, エストニア
¶**恐絶動**〔ユーステノプテロン〕(p42/カ復)
恐竜世(p78/カ写)
古脊椎〔ユーステノプテロン〕(図53/モ復)
生ミス3〔ユーステノプテロン〕(図6-4/カ写, カ復)

〈[産]カナダのミグアシャ国立公園〉

エウステノプテロン
デヴォン紀後期の脊椎動物肉鰭類。体長1.5m。[分]北アメリカ, グリーンランド, スコットランド, ラトヴィア, リトアニア, エストニア
¶**進化大**(p138～139/カ写)〈印象化石〉

エウステノプテロン・フォーディ *Eusthenopteron foordi*
デボン紀後期の魚類肉鰭類。全長最大1.5m。
¶**古代生**(p110～111/カ写)
世変化〔エウステノプテロン〕(図23/カ写)〈[産]カナダのミグアシャ 幅25cm〉
地球博〔肉鰭類〕(p82/カ写)
リア古〔ユーステノプテロン〕(p146/カ復)

エウストレプトスポンディルス *Eustreptospondylus*
ジュラ紀中期の恐竜類テタヌラ類スピノサウルス類。カルノサウルス下目メガロサウルス科。かつてメガロサウルスに分類された。体長5～7m。[分]イギリス
¶**恐イラ**(p112/カ復)
恐絶動(p114/カ復)
よみ恐(p58/カ復)

エウストレプトスポンディルス
ジュラ紀中期の脊椎動物獣脚類。体長4.5m。[分]イギリス諸島
¶**進化大**(p260/カ写)

エウスミルス *Eusmilus*
新生代新第三紀の哺乳類食肉類。食肉目ネコ科。平原に生息。体長2.5m。[分]フランス, 合衆国のコロラド, ネブラスカ, ノースダコタ, サウスダコタ, ワイオミング
¶**恐絶動**(p222/カ復)
恐竜博(p176～177/カ復)

エウゾノソマ *Euzonosoma* sp.
デヴォン紀の無脊椎動物棘皮動物蛇尾類。
¶**図解化**(p172-中央右/カ写)〈[産]ブンデンバッハ〉

エウディモルフォドン *Eudimorphodon*
2億1000万年前(三畳紀後期)の爬虫類双弓類主竜類翼竜類。ラムフォリンクス亜目エウディモルフォドン科。沿岸に生息。翼開長1m。[分]イタリア, グリーンランド
¶**恐イラ**(p76/カ復)
恐絶動(p102/カ復)
恐竜世(p96～97/カ写, カ復)
恐竜博(p57/カ復)
生ミス5(図4-7/カ写, カ復)〈[産]イタリア〉
生ミス6(図4-8/カ復)
よみ恐(p20～21/カ復)

エウディモルフォドン
三畳紀後期の脊椎動物翼竜類。全長1m。[分]イタリア, グリーンランド
¶**進化大**(p216～217/カ復)

エウディモルフォドン ⇒ユーディモルフォドン・ランジイを見よ

エウティレイテス・グランディス *Euthyreites grandis*
ジュラ紀後期の無脊椎動物昆虫類甲虫類。
¶**ゾル1**(図457/カ写)〈[産]ドイツのアイヒシュテット 4.5cm〉

エウトレタウラノスクス *Eutretauranosuchus*
中生代ジュラ紀の爬虫類双弓類主竜類クルロタルシ類ワニ形類。全長1.8m。[分]アメリカ
¶**生ミス6**(図3-7/カ復)

エウトレフォケラス ⇒ユートレフォセラスを見よ

エウニキテス *Eunicites* sp.
白亜紀の無脊椎動物環虫類多毛類。
¶**図解化**(p91-1,2/カ写)〈[産]レバノン〉

エウニキテス・アタウス *Eunicites atavus*
ジュラ紀後期の無脊椎動物蠕虫類環形動物。
¶**ゾル1**(図202/カ写)〈[産]ドイツのアイヒシュテット 25cm〉

エウニキテス属(?)の種 *Eunicites*(?) sp.
ジュラ紀後期の無脊椎動物蠕虫類環形動物。
¶**ゾル1**(図204/カ写)〈[産]ドイツのアイヒシュテット 18cm〉

エウニキテス属の種 *Eunicites* sp.
ジュラ紀後期の無脊椎動物蠕虫類環形動物。
¶**ゾル1**(図205/カ写)〈[産]ドイツのブルーメンベルク 31cm〉

エウニキテス・プロアウス *Eunicites proavus*
ジュラ紀後期の無脊椎動物蠕虫類環形動物。
¶**ゾル1**(図203/カ写)〈[産]ドイツのアイヒシュテット 33cm〉

エウパタグス・アンチラルム *Eupatagus antillarum*
始新世の無脊椎動物棘皮動物。
¶**図解化**(p178-3/カ写)〈[産]フロリダ州〉

エウパルケリア *Euparkeria*
三畳紀前期の恐竜類主竜類。オルニトスクス亜目オルニトスクス科。別名ユーパルケリア。林地に生息。体長70cm。[分]南アフリカ
¶**恐絶動**(p94/カ復)
恐竜博(p42/カ復)
よみ恐(p14～15/カ復)

エウパルケリア
三畳紀前期の脊椎動物原始的主竜類。全長70cm。[分]南アフリカ
¶**進化大**(p212/カ復)

エウビオデクテス *Eubiodectes*
中生代白亜紀の条鰭類イクチオデクテス類。
¶**生ミス7**(p75/カ写)〈[産]レバノンのハジューラ 63cm〉

エウファエオプシス・ムルティネルヴィス *Euphaeopsis multinervis*
ジュラ紀後期の無脊椎動物昆虫類トンボ類。
¶**ゾル1**(図352/カ写)〈[産]ドイツのランゲンアルトハイム 9cm〉
ゾル1(図353/カ写)〈[産]ドイツのアイヒシュテット 9.5cm〉

エウプローオプス・ロトゥンダトゥス
石炭紀の無脊椎動物節足動物。最大全長5cm。(分)ヨーロッパ, アメリカ合衆国中部
¶進化大〔エウプローオプス〕(p161/カ写)

エ

エウプロープス *Euproops rotundatus*
デボン紀～石炭紀の無脊椎動物鋏角類。剣尾目エウプロープス科。体長4cm。(分)北アメリカ, ヨーロッパ
¶化写真(p73/カ写)〈(産)イギリス〉
地球博〔カブトガニの近縁種〕(p79/カ写)

エウヘロプス *Euhelopus*
ジュラ紀後期もしくは白亜紀前期の恐竜。竜脚下目カマラサウルス科。首の長い植物食恐竜。全長15m。(分)中国
¶恐絶動(p126～127/カ復)

エウホプリテス *Euhoplites*
白亜紀中ごろの軟体動物頭足類アンモノイド類アンモナイト類。
¶化百科(p171/カ写)〈直径3cm〉

エウホプリテス *Euhoplites opalinus*
前期白亜紀の無脊椎動物アンモナイト類。アンモナイト目ホプリテス科。直径3.5cm。(分)ヨーロッパ
¶化写真(p156/カ写)〈(産)イギリス〉

エウメガミス *Eumegamys* sp.
中新世後期～鮮新世後期の哺乳類ネズミ類ヤマアラシ型類テンジクネズミ型類。齧歯目パカラナ科。頭骨全長約50cm。(分)南アメリカ
¶絶哺乳(p132/カ復)

エウリコルムス・スペキオスス *Eurycormus speciosus*
ジュラ紀後期の脊椎動物真骨魚類。
¶ゾル2(図165/カ写)〈(産)ドイツのアイヒシュテット 28cm〉

エウリコルムス属の種 *Eurycormus* sp.
ジュラ紀後期の脊椎動物真骨魚類。
¶ゾル2(図166/カ写)〈(産)ドイツのアイヒシュテット 16cm〉

エウリステルヌム・ワグレリ *Eurysternum wagleri*
ジュラ紀後期の脊椎動物爬虫類カメ類。
¶ゾル2(図211/カ写)〈(産)ドイツのツァント 30cm〉
ゾル2(図212/カ写)〈(産)ドイツのケルハイム 32cm 頭部〉
ゾル2(図213/カ写)〈(産)ドイツのアイヒシュテット 6cm 水かきのある足〉
ゾル2(図214/カ写)〈(産)ドイツのアイヒシュテット 7cm 幼体〉
ゾル2(図215/カ写)〈(産)ドイツのダイティング 15cm 腹甲〉
ゾル2(図216/カ写)〈(産)ドイツのアイヒシュテット 34cm〉

エウリトタ・ファスキクラタ *Eulithota fasciculata*
ジュラ紀後期の無脊椎動物腔腸動物クラゲ類。
¶ゾル1(図71/カ写)〈(産)ドイツのケルハイム 5.6cm〉

エウリノサウルス *Eurhinosaurus*
ジュラ紀前期の爬虫類海生爬虫類。魚竜目レプトプテリギウス科。全長2m。(分)ドイツ
¶恐絶動(p79/カ復)

エウリノデルフィス ⇒ユーリノデルフィスを見よ

エウリプテルス ⇒ユーリプテルスを見よ

エウリプテルス・レミペス ⇒ユーリプテルス・レミペスを見よ

エウリュフォリス *Eurypholis*
白亜紀“中期”～後期の魚類条鰭類真骨類。正真骨類ヒメ目エウリュフォリス科。
¶化百科(p200/カ写)〈頭尾長12cm〉

エウリュプテルス ⇒ユーリプテルスを見よ

エウロタマンドゥア *Eurotamandua*
5000万～4000万年前(パレオジン前期)の哺乳類。異節目アリクイ科。現生のセンザンコウに近縁。全長1m。(分)ドイツ
¶恐絶動(p207/カ復)
恐竜世(p231/カ写)

エウロタマンドゥア
古第三紀始新世中期の脊椎動物有胎盤類の哺乳類。全長1m。(分)ドイツ
¶進化大(p382/カ写)〈(産)ドイツ西部メッセル〉

エウロパサウルス *Europasaurus*
中生代ジュラ紀の恐竜類竜盤類竜脚類。全長6.2m。(分)ドイツ
¶生ミス6(図6-3/カ復)
生ミス6〔エウロパサウルスとアジアゾウの等縮尺比較〕(図6-4/カ復)

エウロパサウルス・ホルゲリ *Europasaurus holgeri*
中生代ジュラ紀の爬虫類恐竜類竜盤類竜脚類。全長5.7m。(分)ドイツ
¶リア中〔エウロパサウルス〕(p106/カ復)

エウロヒップス *Eurohippus*
新生代古第三紀の哺乳類真獣類奇蹄類ウマ類。
¶生ミス9(図1-4-8/カ写)〈(産)ドイツのグルーベ・メッセル 肩高30cmほど 胎児を含む〉

エオアジアニテスの1種 *Eoasianites* sp.aff.*E. suborientalis*
古生代後期石炭紀後期の頭足類。ガストリオセラス科。
¶学古生(図232/モ写)〈(産)山口県美祢市伊佐町河原〉

エオエナンティオルニス・ブレリの完模式標本 *Eoenantiornis buhleri* 始反鳥
中生代の鳥類反鳥類。熱河生物群。
¶熱河生(図185/カ写)〈(産)中国の遼寧省北票の黒蹄子溝〉

エオエントフュサリス
原生代～現代の微生物シアノバクテリア。幅5μm。(分)世界各地
¶進化大(p59/カ写)

エオカエキリア
ジュラ紀前期の脊椎動物両生類。体長18cm。(分)アメリカ合衆国
¶進化大(p247/カ復)

エオカルディア *Eocardia*
中新世の哺乳類齧歯類。齧歯目ヤマアラシ型顎亜目

エオカルディア科。全長30cm。[分]南アメリカ
¶**恐絶動** (p283/カ復)
絶哺乳 (p125/カ復)

エオキカダ *Eocicada* sp.
ジュラ紀後期の無脊椎動物節足動物。
¶**図解化** (p112-8/カ写) 〈[産]ドイツのゾルンホーフェン〉

エオキカダ・ラメエリ *Eocicada lameeri*
ジュラ紀後期の無脊椎動物昆虫類セミ類。
¶**ゾル1** (図427/カ写) 〈[産]ドイツのアイヒシュテット 5cm〉
ゾル1 (図428/カ写) 〈[産]ドイツのヴェークシャイト 8cm〉

エオキフィニウム *Eocyphinium seminiferum*
石炭紀の無脊椎動物三葉虫類。プロエティア目クミンゲリウス科。体長3cm。[分]ヨーロッパ, 北アメリカ
¶**化写真** (p65/カ写) 〈[産]イギリス〉

エオギリヌス *Eogyrinus*
石炭紀後期の両生類迷歯類。炭竜目。全長4.6m。[分]英国のイングランド
¶**恐絶動** (p51/カ復)

エオギリヌス *Eogyrinus wildi*
石炭紀後期の両生類。両生超綱堅頭綱椿椎亜綱煤竜目。推定4.5m。[分]イギリスのランカー州
¶**古脊椎** (図62/モ復)

エオグリプトストロブス・サビオイデス *Eoglyptostrobus sabioides*
ジュラ紀の裸子植物毬果類。
¶**原色化** (PL.44-3/カ写) 〈[産]中国北東部熱河省凌源 小枝の長さ4.5cm〉

エオクルソル
三畳紀後期の脊椎動物鳥盤類。全長1m。[分]南アフリカ
¶**進化大** (p220/カ復)

エオゴードリセラス・アンビリコストリアタス *Eogaudryceras umbilicostriatus*
アルビアン期のアンモナイト。
¶**アン最** (p52/カ写) 〈[産]マダガスカル〉
アン最 (p113/カ写) 〈[産]マダガスカル〉

エオゴニオリナの1種 *Eogoniolina johnsoni*
古生代後期二畳紀後期の藻類緑藻類。カサノリ科。
¶**学古生** (図307/モ写) 〈[産]岐阜県揖斐郡大野町石山 縦断薄片〉
日化譜 〔Eogoniolina johnsoni〕 (図版10-13/モ写) 〈[産]関東山地, 葛生地方 縦断面〉
日化譜 〔Eogoniolina johnsoni〕 (図版11-5/モ写) 〈[産]山口県美禰市 縦断面〉

エオサルディネラ *Eosardinella hisinaiensis*
新生代第三紀中新世の魚類硬骨魚類。ニシン科。
¶**化石フ** (p213/カ写) 〈[産]新潟県佐渡郡相川町 100mm〉

エオシニーテス・アカステンシス *Eothinites akastensis*
ペルム紀前期のアンモナイト。
¶**アン最** (p139/カ写) 〈[産]カザフスタンのアクチウニンスク〉

エオシニーテス・カルガレンシス *Eothinites kargalensis*
ペルム紀のアンモナイト。
¶**アン最** (p67/カ写) 〈[産]ロシアのウラル〉

エオシミアス *Eosimias*
4500万～4000万年前 (パレオジン) の哺乳類霊長類。体長5cm (尾をふくまない)。[分]中国
¶**恐竜世** (p277/カ復)

エオシミアス
古第三紀始新世中期の脊椎動物有胎盤類の哺乳類。全長5cm。[分]中国
¶**進化大** (p385/カ復)

エオスピリファー・バリプリカータス *Eospirifer variplicatus*
古生代中期の腕足類。エオスピリファー科。
¶**学古生** (図41/モ写) 〈[産]岐阜県吉城郡上宝村福地〉

エオスルクラ *Eosurcula moorei*
始新世の無脊椎動物腹足類。新腹足目クダマキガイ科。体長3cm。[分]北アメリカ
¶**化写真** (p131/カ写) 〈[産]アメリカ〉

エオセステリア・オワタの背甲 *Eosestheria ovata*
中生代の貝甲類。エオセステリア科。熱河生物群。
¶**熱河生** (図44/カ写) 〈[産]中国の遼寧省北票の四合屯 長さ19mm〉

エオセステリア・ミッデンドルフィイの類縁種の背甲 *Eosestheria* aff.*middendorfii*
中生代の貝甲類。エオセステリア科。熱河生物群。
¶**熱河生** (図42/カ写) 〈[産]中国の遼寧省義県の棗茨山 長さ13～14mm〉

エオセステリア・リンユアネンシスの背甲 *Eosestheria lingyuanensis*
中生代の貝甲類。エオセステリア科。熱河生物群。
¶**熱河生** (図43/カ写) 〈[産]中国の遼寧省北票の四合屯 長さ11mm〉

エオゾストロドン *Eozostrodon*
中生代三畳紀の哺乳形類。モルガヌコドン科。林床に生息。体長10cm。
¶**恐竜博** (p51/カ写, カ復) 〈顎骨〉

"エオゾーン・カナデンセ" *"Eozoon canadense"*
先カンブリア代の擬化石。
¶**原色化** (PL.4-3/カ写) 〈[産]カナダのオッタワ 母岩の幅4.5cm〉

エオダルマニティナ *Eodalmanitina*
4億6500万年前 (オルドビス紀中期) の無脊椎動物三葉虫。全長最大4cm。[分]フランス, ポルトガル, スペイン
¶**恐竜世** (p37/カ写)

エオダルマニティナ *Eodalmanitina macrophtalma*
無脊椎動物。
¶**地球博** 〔オルドビス紀の三葉虫〕 (p79/カ写)

エオダルマニティナ・マクロフタルマ
オルドヴィス紀中期の無脊椎動物節足動物。最大全長4cm。[分]フランス, ポルトガル, スペイン
¶**進化大** 〔エオダルマニティナ〕 (p88/カ写)

エオティタノプス *Eotitanops*
始新世前期〜中期の哺乳類奇蹄類。奇蹄目ティタノテリウム型亜目ブロントテリウム科。肩高約50cm。㊍北アメリカ, アジア
¶恐絶動 (p258/カ復)
絶哺乳 (p164/カ復)

エオティランヌス *Eotyrannus*
白亜紀バレミアンの恐竜類獣脚類テタヌラ類ティラノサウルス類。中型の獣脚類。体長4.5m。㊍イギリスのワイト島
¶恐イラ (p157/カ復)

エオティリス *Eothyris*
2億8000万年前 (ペルム紀前期) の哺乳類盤竜類。全長40cm (推定)。㊍アメリカ合衆国
¶恐竜世 (p219/カ復)

エーオテュリス
ペルム紀前期の脊椎動物単弓類。頭骨全長6cm。㊍アメリカ合衆国
¶進化大 (p191/カ復)

エオデンドロガレ *Eodendrogale parvum*
始新世中期の哺乳類真獣類。ツパイ目ツパイ科。虫食性。頭胴長10数cm程度。㊍アジア (中国)
¶絶哺乳 (p71,72/カ復, モ図) 〈右上顎第一臼歯〉

エオドロマエウス *Eodromaeus*
中生代三畳紀の恐竜類竜盤類獣脚類。全長1m。㊍アルゼンチン
¶生ミス5 (図6-7/カ写, カ復)

エオドロマエウス・ムルフィ *Eodromaeus murphi*
中生代三畳紀の爬虫類恐竜類竜盤類獣脚類。全長1m。㊍アルゼンチン
¶リア中〔エオドロマエウス〕(p60/カ復)

エオノティダヌス・ムエンステリ *Eonotidanus muensteri*
ジュラ紀後期の脊椎動物軟骨魚類。現生のカグラザメ類に関係がある。
¶ゾル2 (図6/カ写) 〈㊨ドイツのアイヒシュテット 110cm〉
ゾル2 (図7/カ写) 〈㊨ドイツのアイヒシュテット 128cm〉
ゾル2 (図8/カ写) 〈㊨ドイツのアイヒシュテット 20cm 頭部下面〉

エオハイドノホラの1種 *Eohydnophora saikiensis*
中生代白亜紀前期の六放サンゴ類。キクメイシ科。
¶学古生 (図338/モ写) 〈㊨大分県佐伯市大野 横断面, 縦断面〉

エオバシレウス *Eobasileus*
始新世後期の哺乳類。恐角目ウインタテリウム科。初期の植物食哺乳類。全長1.5m。㊍合衆国のワイオミング
¶恐絶動 (p234/カ復)

エオハルペス *Eoharpes*
古生代オルドビス紀の節足動物三葉虫類。
¶生ミス2 (図1-2-8/カ写) 〈㊨モロッコ 3cm〉

エオヒップス ⇒「ヒラコテリウムまたは、エオヒップス」を見よ

エオヒドノホラ属の未定種 *Eohydnophora* sp.
中生代ジュラ紀の腔腸動物六放サンゴ類。
¶化石フ (p83/カ写) 〈㊨高知県高岡郡佐川町 1つの個虫 10mm〉

エオファスマ・ジュラシクム *Eophasma jurasicum*
ジュラ紀の無脊椎動物環虫類線形動物。
¶図解化 (p92-上左/カ写) 〈㊨イタリアのオステノ〉

エオフィリヌス・プレストビシ *Eophrynus prestvici*
ペンシルヴァニア紀 (石炭紀後期) の無脊椎動物節足動物蛛形類。
¶図解化 (p101-上/カ写)

エオプラタクス・マクロプテリギウス *Eoplatax macropterygius*
始新世の脊椎動物魚類。硬骨魚綱。
¶図解化 (p194〜195-6/カ写) 〈㊨イタリアのモンテボルカ〉

エオフレトチェリア *Eofletcheria* sp.
古生代オルドビス紀〜シルル紀 (国内ではシルル紀) の床板サンゴ。花虫綱床板サンゴ亜綱ライチェナリダ目リィオポリダ科。
¶日絶古〔エオフレトチェリア (アダチイ)〕(p88〜89/カ写, カ復) 〈㊨祇園山 風化標本〉

エオブロントサウルス *Eobrontosaurus*
ジュラ紀キンメリッジアン〜ティトニアンの恐竜類ディプロドクス類。ディプロドクス科。体長20m。㊍アメリカ合衆国のワイオミング州
¶恐イラ (p141/カ復)

エオペクテン・スブティリス *Eopecten subtilis*
ジュラ紀後期の無脊椎動物軟体動物二枚貝類。
¶ゾル1 (図122/カ写) 〈㊨ドイツのアイヒシュテット 4cm 上面〉
ゾル1 (図123/カ写) 〈㊨ドイツのランゲンアルトハイム 2cm 下面〉

エオペロバテス・ワグネリ *Eopelobates wagneri*
新生代古第三紀の両生類スキアシガエル類。全長約6cm。
¶生ミス9〔エオペロバテス〕(図1-4-3/カ写) 〈㊨ドイツのグルーベ・メッセル〉

エオボトゥス *Eobothus*
第三紀始新世中期の魚類。真骨目 (下綱)。現生の条鰭類。全長10cm。㊍中国, 英国のイングランド, フランス
¶恐絶動 (p39/カ復)

エオマイア *Eomaia*
1億2500万年前 (白亜紀前期) の哺乳類。最初の哺乳類。熱河生物群。全長20cm。㊍中国
¶恐竜世 (p223/カ復)
生ミス7 (図1-11/カ写, カ復)

エオマイア
白亜紀前期の脊椎動物有胎盤類の哺乳類。体長20cm。㊍中国
¶進化大 (p357/カ復)

エオマイア・スカンソリア *Eomaia scansoria*
白亜紀前期の哺乳類北楔歯類真獣類 (有胎盤類)。

熱河生物群。頭胴長約10cm。[分]中国東北地方
¶絶哺乳〔エオマイア〕(p43/カ復)
熱河生〔エオマイア・スカンソリアの完模式標本〕(図206/カ写)〈[産]中国の遼寧省凌源の大王杖子 頭骨の長さ約3cm 石板A〉
熱河生〔エオマイア・スカンソリアの復元図〕(図207/カ復)
リア中〔エオマイア〕(p132/カ復)

エオマニス *Eomanis*
始新世中期の哺乳類。有鱗目センザンコウ科。全長50cm。[分]ドイツ
¶恐絶動(p207/カ復)

エオマニス *Eomanis waldi*
始新世中期の哺乳類真獣類。有鱗目センザンコウ科。虫食性。頭胴長約30cm。[分]ヨーロッパ
¶絶哺乳(p71,72/カ復, モ図)〈復元骨格〉

エオミオドン・ブルガリス *Eomiodon vulgaris*
中生代ジュラ紀の軟体動物斧足類ネオミオドン類。アイスランドガイ超科。
¶化石フ(p96/カ写)〈[産]富山県下新川郡朝日町 10mm〉
日化譜〔Eomiodon vulgaris〕(図版44-31/モ写)〈[産]長野県来馬など〉

エオミオドン・ルヌラータス *Eomiodon lunulatus*
中生代ジュラ紀前期の貝類。ネオミオドン科。
¶学古生(図701/モ写)〈[産]宮城県本吉郡歌津町韮ノ浜 左殻内面, 右殻外面〉

エオミス *Eomys*
2500万年前(パレオジン)の哺乳類齧歯類。小型の齧歯類。全長25cm。[分]フランス, ドイツ, スペイン, トルコ
¶恐竜世(p243/カ復)

エオミス *Eomys quercyi*
漸新世後期の哺乳類。齧歯目エオミス科。滑空性の齧歯類。頭胴長約10cm。[分]ヨーロッパ
¶絶哺乳(p157,158/カ復, モ図)〈[産]ドイツのメッセル 歯〉

エオミス
古第三紀漸新世後期の脊椎動物有胎盤類の哺乳類。全長25cm。[分]フランス, ドイツ, スペイン, トルコ
¶進化大(p382/カ復)

エオミルス・フォルモシシムス *Eomirus formosissimus*
始新世の脊椎動物魚類。硬骨魚綱。
¶図解化(p194〜195-2/カ写)〈[産]イタリアのモンテボルカ〉

エオメソドン・ギボスス *Eomesodon gibbosus*
ジュラ紀後期の脊椎動物全骨魚類。
¶ゾル2(図74/カ写)〈[産]ドイツのパインテン 19.5cm〉
ゾル2(図75/カ写)〈[産]ドイツのアイヒシュテット 6cm 幼体〉

エオメソドン属の種 *Eomesodon* sp.
ジュラ紀後期の脊椎動物全骨魚類。
¶ゾル2(図76/カ写)〈[産]ドイツのアイヒシュテット 40cm〉
ゾル2(図77/カ写)〈[産]ドイツのアイヒシュテット 歯〉

エオラプトル *Eoraptor*
2億3000万〜2億2500万年前(三畳紀中期)の恐竜類竜盤類竜脚形類。森林に生息。全長1m。[分]アルゼンチン
¶恐イラ(p78/カ復)
恐太古(p114/カ写)〈12cmほど 頭骨〉
恐竜世(p168〜169/カ写, カ復)〈あご〉
恐竜博(p44/カ復)
生ミス5(図5-18/カ復)
生ミス5(図6-4/カ写, カ復)〈クリーニング中の頭骨〉
よみ恐(p24/カ復)

エオラプトル
三畳紀後期の脊椎動物獣脚類。全長1m。[分]アルゼンチン
¶進化大(p216〜217/カ復)

エオラプトル・ルネンシス *Eoraptor lunensis*
中生代三畳紀の爬虫類恐竜類竜盤類竜脚形類。全長1m。[分]アルゼンチン
¶リア中〔エオラプトル〕(p60/カ復)

エオリンコケリス・シネンシス *Eorhynchochelys sinensis*
中生代三畳紀の爬虫類。全長2.3m。[分]中国
¶リア中〔エオリンコケリス〕(p46/カ復)

エオレドリキア *Eoredlichia*
カンブリア紀の節足動物三葉虫類。
¶生ミス2(図1-2-2/カ写)〈[産]中国の雲南省 4cm〉

エオレドリキア・インテルメディア *Eoredlichia intermedia* 中間型始莱得利基虫
カンブリア紀の三葉虫。節足動物門レドリキア上科。澄江生物群。
¶澄江生(図16.44/カ写)〈[産]中国の馬鞍山, 帽天山 背側からの眺め〉

エガー・アルマトゥス *Aeger armatus*
ジュラ紀後期の無脊椎動物甲殻類小型エビ類。
¶ゾル1(図246/カ写)〈[産]ドイツのアイヒシュテット 7cm〉

エカイノシセレイス?・ブラッディフォルミス *Echinocythereis? bradyformis*
新生代更新世の甲殻類(貝形類)。トラキレベリス科エカイノシセレイス亜科。
¶学古生(図1875/モ写)〈[産]静岡県古谷層 左殻〉

エーガー・インシグニス *Aeger insignis*
ジュラ紀の節足動物甲殻類。
¶原色化(PL.56-2/カ写)〈[産]ドイツのバイエルンのゾルンホーフェン 触角をのぞく長さ6cm〉
図解化〔アエゲル・インシグニス〕(p106-2/カ写)〈[産]ドイツのゾルンホーフェン〉

エガー・エレガンス *Aeger elegans*
ジュラ紀後期の無脊椎動物甲殻類小型エビ類。
¶ゾル1(図247/カ写)〈[産]ドイツのアイヒシュテット 8cm〉

エガー・ティプラリウス *Aeger tipularius*
ジュラ紀後期の無脊椎動物甲殻類小型エビ類。
¶図解化〔アエゲル・チプラリス〕(p106-6/カ写)〈[産]ゾルンホーフェン〉

ゾル1（図248/カ写）〈㊎ドイツのアイヒシュテット 11cm〉
ゾル1（図249/カ写）〈㊎ドイツのアイヒシュテット 12cm ウミユリ類サッココマ属共産〉
ゾル1（図250/カ写）〈㊎ドイツのアイヒシュテット 14cm 背側面〉

エカルタデタ *Ekaltadeta*
新生代新第三紀中新世の単弓類獣弓類哺乳類有袋類双前歯類カンガルー類。身長1.5m。㊎オーストラリア
¶生ミス10（図2-3-3/カ復）

エキオケラス *Echioceras*
2億年前（ジュラ紀前期）の無脊椎動物アンモナイト。浅海に生息。最大直径6cm。㊎世界各地
¶恐古生（p30〜31/カ写, カ図）
恐竜世（p56/カ写）

エキオケラス *Echioceras fasticiatum*
前期ジュラ紀の無脊椎動物アンモナイト類。アンモナイト目エキオケラス科。直径6cm。㊎世界中
¶化写真（p155/カ写）〈㊎イギリス〉

エキナラクニウスの1種 *Echinarachnius laganolithinus*
新生代鮮新世のウニ。スクテラ科。
¶学古生（図1916/モ写）〈㊎秋田県男鹿市田谷〉

エキナラクニウスの1種 *Echinarachnius microthyroides*
新生代中新世のウニ。スクテラ科。
¶学古生（図1915/モ写）〈㊎北海道両竜郡幌加内村添牛内〉

エキナラクニウスの1種 *Echinarachnius* sp.cf.*E. parma*
新生代鮮新世のウニ。スクテラ科。
¶学古生（図1917/モ写）〈㊎新潟県佐渡郡佐和田町目立沢〉

エキナリアの1種 *Echinaria* sp.
古生代後期の腕足類。ストロホメナ目プロダクタス亜目エキノコンクス科。
¶学古生（図139/モ写）〈㊎愛媛県上浮穴郡柳谷村中久保 側面, 茎殻〉

エキノキマエラ
石炭紀前期の脊椎動物軟骨魚類。全長30cm。㊎アメリカ合衆国
¶進化大（p164/カ写）

エキノキュアムス・プシッルス
白亜紀後期〜現代の無脊椎動物棘皮動物。直径最大1.5cm。㊎北半球に広く分布
¶進化大〔エキノキュアムス〕（p429/カ写）

エキノコヌス・コニクス *Echinoconus conicus*
白亜紀の棘皮動物ウニ類。
¶原色化（PL.61-1/カ写）〈㊎イギリスのケント州グレイブスエンド 幅4.5cm〉

エキノコリス *Echinocorys scutata*
後期白亜紀〜暁新世の無脊椎動物ウニ類。異心形目ニセブンブク科。直径7cm。㊎世界中
¶化写真（p182/カ写）〈㊎イギリス〉

エキノコリス・スクタータス *Echinocorys scutatus*
白亜紀の棘皮動物ウニ類。
¶原色化（PL.67-5/モ写）〈㊎イギリスのノーフォーク州 長さ8.5cm 下面〉

エキノコリス・チピカ *Echinocorys tipica*
白亜紀後期の無脊椎動物棘皮動物。
¶図解化（p179-8/カ写）

エキノスファエリテス・アウランチウムを含む岩石 *Echinosphaerites aurantium*
オルドヴィス紀の無脊椎動物棘皮動物ウミリンゴ類。
¶図解化（p165-左/カ写）〈㊎スウェーデン〉

エキノスファエリテス・インファウスツス *Echinosphaerites infaustus*
オルドヴィス紀の無脊椎動物棘皮動物。
¶図解化（p165/カ写）〈㊎ボヘミア〉

エキノソーマ科のハサミムシ類
中生代の昆虫類。熱河生物群。
¶熱河生（図79/カ写）〈㊎中国の遼寧省北票の黄半吉溝 長さ約20mm〉

エキノドン *Echinodon*
ジュラ紀後期もしくは白亜紀前期の恐竜。鳥脚亜目ファブロサウルス科。全長60cm。㊎英国のイングランド
¶恐絶動（p134/カ復）

エキノフィリア・アスペラ ⇒キクカサンゴを見よ

エキノランパス
新生代第三紀鮮新世の棘皮動物ウニ類。
¶産地本（p88/カ写）〈㊎千葉県安房郡鋸南町奥元名 長径6cm〉

エキノランパス・アフィニス *Echinolampas affinis*
第三紀の無脊椎動物棘皮動物。
¶図解化（p179-2/カ写）〈㊎フランス〉

エキノランパスの1種 *Echinolampas yoshiwarai*
新生代中新世のウニ。エキノランパス科。
¶学古生（図1908/モ写）〈㊎千葉県富津市金谷 口側〉
日化譜〔Echinolampas yoshiwarai〕（図版61-21/モ写）〈㊎千葉県君津郡鋸山〉

"エキペクテン"・ビーバリイ *"Aequipecten" beaveri*
白亜紀の軟体動物斧足類。
¶原色化（PL.62-1/モ写）〈㊎イギリスのケント州ドーバー 高さ8.8cm〉

エーギロカシス・ベンモウライ *Aegirocassis benmoulai*
古生代オルドビス紀の節足動物アノマロカリス類。全長2m。㊎モロッコ
¶リア古〔エーギロカシス〕（pp32〜35,64/カ復）

エクイセチテス *Equisetites* sp.
後期石炭紀〜後期白亜紀の植物トクサ類。トクサ目トクサ科。高さ50cm。㊎世界中
¶化写真（p290/カ写）〈㊎イギリス〉
化石フ〔エクィセチテス属の未定種〕（p80/カ写）〈㊎岐阜県大野郡荘川村 70mm 生殖器（いわゆるツクシ）〉

日化譜〔Equisetites sp.〕(図版70-3/モ写)〈㊥南満州茎断面〉

エクイセティテス

石炭紀後期〜現代の植物トクサ類。高さ2.5m。㊕世界各地

¶**進化大**(p227/カ写)〈茎の砂岩雄型〉

エクイセティテス・ロンゲワギナトゥス *Equisetites longevaginatus*

中生代の陸生植物トクサ類。熱河生物群。

¶**熱河生**(図228/カ写)〈㊥中国の遼寧省北票の黄半吉溝 長さ3.7cm〉

エクウィジュブス *Equijubus*

白亜紀アルビアンの恐竜。ハドロサウルス上科。体長5m。㊕中国の甘粛省

¶**恐イラ**(p215/カ復)

エクウス *Equus*

400万年前(ネオジン)の哺乳類奇蹄類ウマ類。現生属。全長3m。㊕世界各地

¶**恐竜世**(p251/カ写)〈頭骨〉

生ミス9(図0-2-1/カ写)〈㊥アメリカ 高さ1.3m 全身復元骨格〉

生ミス9〔ウマ類の足の進化〕(図0-2-7/カ写)

エクウス *Equus ferus*

鮮新世〜現世の脊椎動物哺乳類。奇蹄目ウマ科。体長1.5m。㊕世界中

¶**化写真**(p278/カ写)〈㊥イギリス 蹄の骨(第3指骨),上顎骨〉

エクウス

新第三紀鮮新世〜現代の脊椎動物有胎盤類の哺乳類。高さ2.5m。㊕世界各地

¶**進化大**(p438/カ写)〈頭〉

エクウス・カバーッルス *Equus caballus*

第四紀の哺乳類奇蹄類ウマ類。ウマ科。植物食。

¶**化百科**〔ウマ〕(p241/カ写)〈歯の長さ5cm 歯,頭骨〉

エクウスの一種 *Equus* sp.

第四紀更新世の哺乳類奇蹄類。ウマ目ウマ科。

¶**化石図**(p171/カ写,カ復)〈㊥アメリカ合衆国 それぞれの長さ約8cm 臼歯〉

エクサエレトドン *Exaeretodon*

中生代三畳紀の単弓類獣弓類キノドン類。全長2m。㊕アルゼンチン,ブラジル,インド

¶**生ミス5**(図5-20/カ写,カ復)〈全身復元骨格〉

生ミス5(図6-17/カ復)

エクスカリボサウルス *Excalibosaurus*

ジュラ紀シネムリアンの魚竜類ユーリノサウルス類。体長7m。㊕イギリス南部

¶**恐イラ**(p95/カ復)

エクスパンソグラプツス *Expansograptus* cf.

前期〜中期オルドビス紀の無脊椎動物筆石類。正筆石目対筆石科。体長5cm。㊕世界中

¶**化写真**(p46/カ写)〈㊥イギリス〉

エクセリア *Exellia velifer*

第三紀始新世の魚類。顎口超綱硬骨魚綱条鰭亜綱真骨上目スズキ目。全長11cm。㊕北イタリア

¶**古脊椎**(図48/モ復)

エクソギラ *Exogyra africana*

後期白亜紀の無脊椎動物二枚貝類。ウグイスガイ目グリファエア科。体長5cm。㊕世界中

¶**化写真**(p101/カ写)〈㊥アルジェリア 右殻,左殻の上側,左殻の側面〉

エクソコエトイデス *Exocoetoides*

中生代白亜紀の条鰭類。

¶**生ミス7**(図3-7/カ写)〈㊥レバノンのハジューラ 6.5cm〉

エクソジャイラ・アリエティナ *Exogyra arietina*

白亜紀の軟体動物斧足類。

¶**原色化**(PL.61-5/カ写)〈㊥メキシコのビラ・セウニャ 高さ左殻3.3cm,右殻2.5cm〉

エクティレヌス ギガンテウス *Ectillaenus giganteus*

オルドビス紀中期の三葉虫。イレヌス目。

¶**三葉虫**(図45/モ写)〈㊥ポルトガルのヴァロンゴ 長さ191mm〉

エクトコヌス *Ectoconus majusculus*

暁新世の哺乳類。哺乳綱獣亜綱正獣上目髁節目。全長1.2m。㊕北米

¶**古脊椎**(図253/モ復)

エクトコヌス *Ectoconus* sp.

暁新世前期の哺乳類。"顆節目"ペリプティクス科。植物食。頭胴長約1m。㊕北アメリカ

¶**絶哺乳**(p98/カ復)

エクナ・ギガンテア *Aechna gigantea*

ジュラ紀の節足動物昆虫類。

¶**原色化**(PL.56-4/カ写)〈㊥ドイツのバイエルンのゾルンホーフェン 翅の全長13cm〉

エクフォラ *Ecphora*

鮮新世の無脊椎動物貝殻の化石。

¶**恐竜世**〔海生巻貝〈アクキガイ〉のなかま〕(p61/カ写)

エクフォラ・コードリコスタータ *Ecphora quadricostata*

後期漸新世〜鮮新世の軟体動物腹足類。新腹足目アクキガイ科。体長10cm。㊕北アメリカ,ヨーロッパ

¶**化写真**〔エクフォラ〕(p128/カ写)〈㊥アメリカ〉

原色化(PL.73-8/カ写)〈㊥北アメリカのワシントン 高さ3.4cm 幼貝〉

エクマトクリヌス *Echmatocrinus*

5億500万年前(カンブリア紀中期)の無脊椎動物。幅3cm(触手の下の部分)。㊕カナダ

¶**恐竜世**(p31/カ復)

エクマトクリヌス *Echmatocrinus brachiatus*

カンブリア紀の棘皮動物。棘皮動物門ウミユリ綱エクマトクリニデー科。最大8cm。

¶**バ頁岩**(図156,157/モ復,モ写)〈㊥カナダのバージェス頁岩〉

エクマトクリヌス

カンブリア紀中期の無脊椎動物花虫類。触手から下が幅2.5cm。㊕カナダ

¶**進化大**(p71/カ復)

エコトラウステスの1種 *Oecotraustes* sp.
中生代のアンモナイト。オッペリア科。
¶**学古生**（図449/モ写）〈㊞福井県大野郡和泉村貝皿ホラ谷〉

エゴノキ *Styrax japonicum*
新生代第四紀更新世の陸上植物。エゴノキ科。
¶**学古生**（図2583/モ図）〈㊞滋賀県大津市堅田 種子〉

エゴノキ
新生代第四紀更新世の被子植物双子葉類。
¶**産地本**（p220/カ写）〈㊞滋賀県彦根市野田山町 長径8mm〉

エジプトピテクス *Aegyptopithecus zeuxis*
漸新世前期の哺乳類霊長類狭鼻猿類。直鼻猿亜目プロプリオピテクス科。頭胴長約30cm程度。㊕アフリカ, アジア
¶**絶哺乳**（p77/カ復）
世変化（図77/カ写）〈㊞エジプトのファイユーム 長さ約10cm 頭骨のレプリカ〉

エスカロポラ *Escaropora*
古生代オルドビス紀のコケムシ類。
¶**生ミス2**（図1-3-2/カ写）〈㊞アメリカのオハイオ州シンシナティ地域 約3cm〉

エスクマシア *Escumasia*
古生代石炭紀の分類不明生物。別名The Y。高さ10cm。㊕アメリカ
¶**生ミス4**（図1-3-8/カ復）

エスコニクティス *Esconichthys*
古生代石炭紀の肺魚類。
¶**生ミス4**（図1-3-20/カ写）〈㊞アメリカのメゾンクリーク〉

エスコニテス・ゼルス *Esconites zelus*
石炭紀の環形動物多毛類。
¶**図解化**（p89-3/カ写）〈㊞イリノイ州メゾン・クリーク〉

エステメノスクス *Estemmenosuchus*
古生代ペルム紀の単弓類獣弓類ディノケファルス類。エステメノスクス科。亜熱帯の湖畔の森に生息。全長4m。㊕ロシア, 東ヨーロッパ
¶**恐古生**〔エステンメノスクス〕（p198～199/カ復）
生ミス4（図2-3-11/カ写, カ復）〈頭部〉
絶哺乳（p24,26/カ写, カ復）〈㊞ロシアのウラル山脈地域 全身骨格, 頭骨〉

エステメノスクス・ミラビリス *Estemmenosuchus mirabilis*
古生代ペルム紀の脊椎動物単弓類獣弓類。全長3m。㊕ロシア
¶**リア古**〔エステメノスクス・ミラビリス〕（p200/カ復）

エステリア ⇒カイエビを見よ

エステンメノスクス ⇒エステメノスクスを見よ

エストニオケラス *Estonioceras perforatum*
前期オルドビス紀の無脊椎動物オウムガイ類。タルフィケラス目エストニオケラス科。直径10cm。㊕ヨーロッパ
¶**化写真**（p135/カ写）〈㊞エストニア〉

エセクセラ・アシュラエ *Essexella asherae*
石炭紀の無脊椎動物腔腸動物。
¶**図解化**（p66-左/カ写）〈㊞イリノイ州メゾン・クリーク〉

エゾアオツヅラフジ *Cocculus ezoensis*
新生代漸新世の陸上植物。ツヅラフジ科。
¶**学古生**（図2202/モ写）〈㊞北海道夕張市清水沢〉

エゾアカメガシワ *Mallotus hokkaidoensis*
新生代漸新世の陸上植物。トウダイグサ科。
¶**学古生**（図2210/モ写）〈㊞北海道釧路市春採炭鉱〉

エゾアブラスギ *Keteleeria ezoana*
新生代第三紀中新世の裸子植物松柏類。マツ科。
¶**学古生**（図2240,2241/モ写）〈㊞北海道松前郡福島町吉岡, 新潟県岩船郡山北町雷 種鱗, 翼果〉
化石フ（p152/カ写）〈㊞岐阜県瑞浪市 160mm〉

エゾイグチ *Rectiplanes sanctioannis*
新生代第三紀鮮新世の貝類。クダマキガイ科。
¶**学古生**（図1443/モ写）〈㊞青森県むつ市前川〉

エゾイテス
中生代白亜紀の軟体動物頭足類。
¶**産地別**（p50/カ写）〈㊞北海道留萌郡小平町下記念別川 長径1.5cm〉
産地別（p57/カ写）〈㊞北海道芦別市幌子芦別川 長径1.7cm〉

エゾイテス・テシオエンシス *Yezoites teshioensis*
コニアシアン期の軟体動物頭足類アンモナイト。アンキロセラス亜目スカフィテス科。
¶**アン学**（図版45-6/カ写）〈㊞羽幌地域〉

エゾイテスの一種 *Yezoites* sp.
チューロニアン期のアンモナイト。
¶**アン最**（p128/カ写）〈㊞北海道 マクロコンク, ミクロコンク〉

エゾイテス・パエルクルス *Yezoites puerculus*
チューロニアン期の軟体動物頭足類アンモナイト。アンキロセラス亜目スカフィテス科。
¶**アン学**（図版45-5/カ写）〈㊞小平地域〉

エゾイテス・マツモトイ *Yezoites matsumotoi*
コニアシアン期の軟体動物頭足類アンモナイト。アンキロセラス亜目スカフィテス科。
¶**アン学**（図版45-7/カ写）〈㊞羽幌地域〉

エゾイトカケ *Epitonium* (*Boreoscala*) *echigonum*
鮮新世後期～現世の軟体動物腹足類。
¶**日化譜**（図版83-19/モ写）〈㊞金沢市館〉

エゾカエデ *Acer ezoanum*
新生代中新世中期, 中新世前期の陸上植物。カエデ科。
¶**学古生**（図2455,2456/モ写）〈㊞北海道松前郡福島町吉岡, 山形県鶴岡市油戸 葉, 翼果〉

エゾガメ *Sinohadrianus ezoensis*
新生代始新世後期の爬虫類。カメ科。
¶**学古生**（図1967/モ写）〈㊞北海道歌志内市歌志内炭鉱 背甲背面〉
日化譜（図版65-1/モ写）〈㊞北海道空知郡歌志内炭坑, 奈井江炭坑 脊甲〉

エゾカリア *Carya ezoensis*
新生代漸新世の陸上植物。クルミ科。
¶**学古生**（図2179/モ写）〈(産)北海道釧路市春採炭鉱〉

エゾキクロカリア *Cyclocarya ezoana*
新生代中新世後期, 中新世中期の陸上植物。クルミ科。
¶**学古生**（図2299〜2300/モ写）〈(産)鳥取県八頭郡佐治村辰巳峠, 石川県珠洲市高屋 小葉, 翼果〉

エゾギョリュウ *Myopterygius*（?）*ezoensis*
新白亜紀（?）の爬虫類。
¶**日化譜**（図版64-18/モ写）〈(産)北海道夕張市 尾椎骨左側〉

エゾキリガイダマシ *Turritella*（*Neohaustator*）*fortilirata*
鮮新世後期〜現世の軟体動物腹足類。
¶**日化譜**（図版28-10/モ写）〈(産)北海道釧路阿寒町, 秋田県男鹿半島安田〉

エゾキンギョ *Nemocardium ezoense*
漸中新世の軟体動物斧足類。
¶**日化譜**（図版46-15/モ写）〈(産)北海道白糠郡白糠町茶路川〉

エゾキンチャク *Swiftopecten swiftii*
新生代第三紀鮮新世の軟体動物斧足類。イタヤガイ科。
¶**学古生**（図1265/モ写）〈(産)宮城県泉市堂所北方〉
学古生（図1412/モ写）〈(産)青森県むつ市近川〉
学古生〔エゾキンチャクガイ〕（図1496/モ写）〈(産)富山県西砺波郡福岡町笹八口 右殻〉
化石フ（p173/カ写）〈(産)長野県上水内郡戸隠村 150mm〉

エゾキンチャク
新生代第四紀更新世の軟体動物斧足類。別名スイフトペクテン・スイフティー。
¶**産地新**（p60/カ写）〈(産)秋田県男鹿市琴川安田海岸 高さ6.8cm〉
産地別（p87/カ写）〈(産)秋田県男鹿市琴川安田海岸 長さ6.8cm, 高さ7.9cm 右殻〉
産地別（p163/カ写）〈(産)富山県小矢部市田川 高さ5.7cm〉

エゾキンチャク
新生代第三紀鮮新世の軟体動物斧足類。イタヤガイ科。別名スイフトペクテン・スイフティー。
¶**産地新**（p53/カ写）〈(産)福島県双葉郡富岡町小良ヶ浜 高さ12cm〉
産地新（p134/カ写）〈(産)富山県高岡市頭川 高さ12cm〉
産地別〔きれいなエゾキンチャクの右殻〕（p157/カ写）〈(産)富山県高岡市五十辺 高さ10cm, 長さ8.6cm〉
産地本〔スイフトペクテン・スイフティー〕（p142/カ写）〈(産)富山県高岡市頭川 高さ11cm〉

エゾキンチャクガイ ⇒エゾキンチャクを見よ

エゾコシロ（カリアースロン）の1種 *Calliarthron* sp.
新生代の紅藻類。サンゴモ科コラリナ亜科。
¶**学古生**（図2151/モ写）〈(産)岐阜県土岐市河合〉

エゾコーラ・ノドーサ *Aethocola nodosa*
第三紀の軟体動物腹足類。
¶**原色化**（PL.79-1/モ写）〈(産)ニュージーランドのワンガニイ 高さ5cm〉

エゾサンショウガイ *Homalopoma amussitatum*
新生代第三紀鮮新世〜現世の貝類。リュウテンサザエ科。
¶**学古生**（図1557/モ写）〈(産)石川県金沢市上中町〉

エゾシマウリノキ *Alangium basiobliquum*
新生代漸新世の陸上植物。ウリノキ科。
¶**学古生**（図2220/モ写）〈(産)北海道阿寒郡阿寒町雄別〉

エゾシラオガイ *Astarte borealis*
新生代第三紀鮮新世の貝類。エゾシラオガイ科。
¶**学古生**（図1427/モ写）〈(産)青森県むつ市前川〉
学古生（図1527/モ写）〈(産)石川県金沢市御所町〉

エゾスッポン *Trionyx desmostyli*
中新世の亀類。
¶**日化譜**（図版65-6/モ写）〈(産)北海道天塩国 脊甲〉

エゾセラス
中生代白亜紀の軟体動物頭足類。
¶**産地別**（p51/カ写）〈(産)北海道留萌郡小平町天狗橋上流 高さ8cm〉

エゾセラス・ノドサム *Yezoceras nodosum*
コニアシアン期の軟体動物頭足類アンモナイト。アンキロセラス亜目ノストセラス科。
¶**アン学**（図版38-2,3/カ写）〈(産)夕張地域〉

エゾタマガイ *Cryptonatica janthostomoides*
新生代第三紀中新世〜現世の貝類。タマガイ科。
¶**学古生**（図1561/モ写）〈(産)石川県金沢市夕日寺町〉

エゾタマガイ *Natica*（*Cryptonatica*）*janthostomoides*
新生代第四紀更新世の貝類。タマガイ科。
¶**学古生**（図1722/モ写）〈(産)東京都豊島区江戸川公園〉

エゾタマガイ *Natica*（*Tectonatica*）*janthostomoides*
中新世〜現世の軟体動物腹足類。
¶**日化譜**（図版30-17/モ写）〈(産)神奈川県〉

エゾタマガイ
新生代第四紀更新世の軟体動物腹足類。
¶**産地別**（p84/カ写）〈(産)秋田県男鹿市琴川安田海岸 長径6cm, 高さ7cm〉
産地別（p93/カ写）〈(産)千葉県印西市萩原 高さ4.5cm〉

エゾタマキガイ *Glycymeris*（*Glycymeris*）*yessoensis*
新生代第四紀更新世の貝類。タマキガイ科。
¶**学古生**（図1637/モ写）〈(産)千葉県印旛郡酒々井町〉

エゾタマキガイ *Glycymeris yessoensis*
新生代第三紀・中期中新世の貝類。タマキガイ科。
¶**学古生**（図1259/モ写）〈(産)福島県東白川郡塙町西河内〉
学古生（図1406/モ写）〈(産)青森県むつ市前川〉
学古生（図1478,1479/モ写）〈(産)石川県金沢市大桑〉
日化譜（図版37-5/モ写）〈(産)千葉県市原郡市津村瀬又〉

エゾタマキガイ
新生代第三紀中新世の軟体動物斧足類。
¶**産地別**（p211/カ写）〈(産)滋賀県甲賀市土山町鮎河 長さ5.7cm〉

エゾタマキガイ
新生代第三紀鮮新世の軟体動物斧足類。タマキガイ科。別名グリキメリス。
¶**産地新**(p54/カ写)〈[産]福島県双葉郡富岡町小良ヶ浜 長さ6.7cm〉
産地別(p234/カ写)〈[産]宮崎県児湯郡川南町通浜 長さ5cm〉

エゾタマキガイ
新生代第四紀更新世の軟体動物斧足類。タマキガイ科。別名グリキメリス。
¶**産地新**(p59/カ写)〈[産]秋田県男鹿市琴川安田海岸 長さ3.4cm〉
産地新(p136/カ写)〈[産]石川県金沢市大桑町犀川河床 長さ4.7cm〉
産地別(p164/カ写)〈[産]富山県小矢部市田川 長さ5.1cm〉
産地本(p101/カ写)〈[産]千葉県市原市瀬又 長さ(左右)5.5cm〉

エゾチヂミボラ *Nucella freycincti*
中新世の軟体動物腹足類。
¶**日化譜**(図版31-17/モ写)〈[産]山形県尾花沢市銀山〉

エゾチヂミボラ?
新生代第三紀鮮新世の軟体動物腹足類。アクキガイ科。
¶**産地新**(p55/カ写)〈[産]福島県双葉郡富岡町小良ヶ浜 高さ5.5cm〉

エゾテウシス・ギガンテウス *Yezoteuthis giganteus*
約8000万年前(中生代白亜紀カンパニアン期)の頭足類。頭足綱二鰓亜綱十腕目。体長5m超。
¶**日絶古**(p106~107/カ写, カ復)〈[産]北海道中川町 顎板〉

エゾテウシス・ギガンテウス
白亜紀カンパニアン期の軟体動物頭足類。大型のイカの仲間。全長約5m。
¶**日白亜**(p122~125/カ写, カ復)〈[産]北海道中川町 左右9.7cm 顎板〉

エゾニワウルシ *Ailanthus ezoense*
新生代中新世後期の陸上植物。ニガキ科。
¶**学古生**(図2437/モ写)〈[産]山形県最上郡最上町赤倉 翼果〉

エゾヌノメ *Callithaca adamsi*
新生代第三紀鮮新世の貝類。マルスダレガイ科。
¶**学古生**(図1432/モ写)〈[産]青森県むつ市近川〉

エゾヌノメガイ
新生代第四紀更新世の軟体動物斧足類。
¶**産地別**(p95/カ写)〈[産]千葉県印西市萩原 長さ6.2cm〉

エゾバイ
新生代第三紀中新世の軟体動物腹足類。
¶**産地別**(p61/カ写)〈[産]北海道石狩郡当別町青山中央 高さ8cm〉

エゾバイ科の一種
新生代第四紀更新世の軟体動物腹足類。現生種のカミオボラに似る。
¶**産地別**(p66/カ写)〈[産]北海道北斗市三好細小股沢川 高さ6.7cm〉

エゾバイの1種 ⇒オホツクバイの1種を見よ

エゾハシバミ *Corylus ezoana*
新生代漸新世の陸上植物。カバノキ科。
¶**学古生**(図2183/モ写)〈[産]北海道釧路市春採炭鉱〉

エゾハマグリ *Liocyma* sp.cf.*L.fluctuosa*
新生代第三紀鮮新世~初期更新世の貝類。マルスダレガイ科。
¶**学古生**(図1522/モ写)〈[産]富山県小矢部市田川〉

エゾハルゼミ *Terpnosia nigricosta*
新生代の昆虫類。セミ科。
¶**学古生**(図1818/モ写)〈[産]栃木県塩谷郡塩原町中塩原 前翅〉

エゾヒバリガイ *Modiolus difficilis*
新生代第三紀・後期中新世~現世の貝類。イガイ科。
¶**学古生**(図1344/モ写)〈[産]島根県八束郡玉湯町若山〉
学古生(図1502/モ写)〈[産]石川県金沢市大桑〉

エゾヒバリガイ
新生代第三紀鮮新世の軟体動物斧足類。
¶**産地別**(p159/カ写)〈[産]富山県高岡市五十辺 長さ7cm〉

エゾヒバリガイ
新生代第三紀中新世の軟体動物斧足類。別名モディオルス。
¶**産地新**(p196/カ写)〈[産]島根県八束郡玉湯町布志名 長さ7cm〉
産地別(p198/カ写)〈[産]福井県大飯郡高浜町名島 長さ5cm〉

エゾヒルギシジミ(新) *Geloina hokkaidoensis*
漸新世前期の軟体動物斧足類。
¶**日化譜**(図版44-34/モ写)〈[産]北海道三笠市寺別, 同空知郡砂川町〉

エゾフネ
新生代第三紀鮮新世の軟体動物腹足類。
¶**産地別**(p82/カ写)〈[産]福島県双葉郡富岡町小良ケ浜 長径4.5cm〉

エゾフネ
新生代第三紀中新世の軟体動物腹足類。
¶**産地別**(p211/カ写)〈[産]滋賀県甲賀市土山町鮎河 長径2.3cm〉

エゾフネガイ *Crepidula grandis*
新生代第三紀鮮新世の貝類。カリバガサ科。
¶**学古生**(図1436,1437/モ写)〈[産]青森県むつ市前川〉

エゾフネガイ
新生代第三紀中新世の軟体動物腹足類。
¶**産地新**(p171/カ写)〈[産]滋賀県甲賀郡土山町大沢 長さ5.1cm〉

エゾフネの一種
新生代第三紀中新世の軟体動物腹足類。
¶**産地別**(p205/カ写)〈[産]三重県津市美里町柳谷 左右3.5cm〉

エゾプラネラ *Planera ezoana*
新生代漸新世の陸上植物。ニレ科。
¶**学古生**(図2193/モ写)〈[産]北海道夕張市清水沢〉

エゾボラ
新生代第三紀中新世の軟体動物腹足類。
¶**産地新**(p18/カ写)〈㊥北海道石狩郡当別町青山中央 高さ4.5cm〉

エゾボラの一種
新生代第三紀中新世の軟体動物腹足類。
¶**産地本**(p48/カ写)〈㊥北海道雨竜郡沼田町幌新太刀別川 高さ11cm〉

エゾボラモドキ
新生代第三紀鮮新世の軟体動物腹足類。エゾバイ科。別名ネプチュネア。
¶**産地新**(p55/カ写)〈㊥福島県双葉郡富岡町小良ヶ浜 高さ9.5cm〉

エゾボラモドキ?
新生代第三紀中新世の軟体動物腹足類。
¶**産地別**(p61/カ写)〈㊥北海道石狩郡当別町青山中央 高さ5cm〉
産地別(p65/カ写)〈㊥北海道樺戸郡月形町知来乙 高さ7cm〉

エゾマテガイ *Solen (Ensisolen) krusensterni*
新生代第四紀更新世の貝類。マテガイ科。
¶**学古生**(図1684/モ写)〈㊥東京都北区滝野川〉

エゾマテガイ *Solen krusensterni*
新生代第三紀中新世〜現世の貝類。マテガイ科。
¶**学古生**(図1551/モ写)〈㊥石川県金沢市角間〉

エソラロドン *Esoterodon angusticeps*
二畳紀後期の爬虫類。獣形超綱獣形綱獣形目双牙亜目。全長150cm。㊕南アフリカ
¶**古脊椎**(図209/モ復)

エゾワスレガイ
新生代第四紀更新世の軟体動物斧足類。マルスダレガイ科。
¶**産地新**(p59/カ写)〈㊥秋田県男鹿市琴川安田海岸 長さ8.2cm〉
産地別(p66/カ写)〈㊥北海道北斗市三好細小股沢川 長さ7cm〉

エタシスティス *Etacystis*
古生代石炭紀の分類不明生物。別名The H。幅7cm。㊕アメリカ
¶**生ミス4**(図1-3-7/カ復)

エダフォサウルス *Edaphosaurus*
古生代石炭紀〜ペルム紀の単弓類“盤竜類”。盤竜目エダフォサウルス科。全長3.2m。㊕アメリカ,ドイツ
¶**化写真**(p256/カ写)〈㊥アメリカ 椎骨,歯のついた口蓋の破片〉
恐絶動(p186/カ復)
古代生〔エダポサウルス〕(p134〜135/カ写)〈全身骨格〉
生ミス4(図2-3-1/カ写,カ復)
生ミス5(図5-4/カ復)
絶哺乳(p21,23/カ復,モ図,カ写)

エダフォサウルス
石炭紀後期〜ペルム紀前期の脊椎動物単弓類。全長3.3m。㊕チェコ,スロヴァキア,ドイツ,アメリカ合衆国
¶**進化大**(p191/カ写)〈後方帆〉

エダフォドン *Edaphodon bucklandi*
白亜紀〜鮮新世の脊椎動物軟骨魚類。ギンザメ目エダフォドン科。体長1.1m。㊕世界中
¶**化写真**(p207/カ写)〈㊥イギリス 下顎の歯板〉

エダホサウルス *Edaphosaurus pogonias*
二畳紀初期の爬虫類。獣形超綱盤竜綱盤竜目。全長326cm。㊕北米テキサス州
¶**古脊椎**(図198/モ復)

エダポサウルス ⇒エダフォサウルスを見よ

エタロニア・ロンギマナ *Etallonia longimana*
ジュラ紀後期の無脊椎動物甲殻類大型エビ類。
¶**ゾル1**(図289/カ写)〈㊥ドイツのアイヒシュテット 2.5cm〉

エダワカレシダの1種 *Cladophlebis* sp.
中生代の陸上植物。シダ類綱。手取統植物群。
¶**学古生**(図774/モ写)〈㊥石川県石川郡白峰村桑島〉

エダワカレシダの1種 *Cladophlebis* sp. (*exiliformis type*)
中生代白亜紀前期高知世の陸上植物。シダ綱。下部白亜紀植物群。
¶**学古生**(図812/モ写)〈㊥高知県南国市領石〉

エダワカレシダの1種 *Cladophlebis* sp. (*fukuiensis type*)
中生代の陸上植物。シダ綱。下部白亜紀植物群。
¶**学古生**(図813/モ写)

エチゴキリガイダマシ *Turritella (Neohaustator) saishuensis etigoensis*
新生代第三紀・初期更新世の貝類。キリガイダマシ科。
¶**学古生**(図1569,1570/モ写)〈㊥富山県小矢部市田川〉
日化譜(図版28-14/モ写)〈㊥新潟県三島郡〉

エチゴチョウチンガイ
新生代第三紀中新世の腕足動物有関節類。
¶**産地別**(p152/カ写)〈㊥石川県七尾市白馬町 幅1.2cm,高さ1.5cm〉

エチナラクニゥス(スカフエチヌス)・ミラビリス ⇒ハスノハカシバンを見よ

エチナリア・セミパンクタータ *Echinaria semipunctata*
石炭紀の腕足動物有関節類。
¶**原色化**(PL.26-4/モ写)〈㊥北アメリカのカンサスシティ 高さ8cm〉

エックサッラスピス
シルル紀中期〜後期の無脊椎動物節足動物。大きさ最大2.5cm。㊕世界各地
¶**進化大**(p104/カ写)

エッセクセッラ ⇒エッセクセラを見よ

エッセクセラ *Essexella*
古生代石炭紀の刺胞動物クラゲ類鉢虫類根口クラゲ類。全長15cm。㊕アメリカ
¶**化百科**〔エッセクセッラ〕(p114/カ写)〈傘幅5cm〉
生ミス4(図1-3-1/カ写,カ復)〈㊥アメリカのメゾンク

リーク〉

エッセクセラ
石炭紀後期の無脊椎動物鉢クラゲ類。直径8〜12cm。㊌アメリカ合衆国
¶進化大（p155）

エ

エッチュウカブトボラ *Galeodea（Shichiheia）etchuensis*
中新世中期の軟体動物腹足類。
¶日化譜（図版31-3/モ写）〈㊤富山県婦負郡黒瀬谷〉

エッフィギア
三畳紀後期の脊椎動物ラウイスクス類。全長2〜3m。㊌アメリカ合衆国
¶進化大（p214〜215/カ復）

エッフィギア ⇒エフィギアを見よ

エッリプソケパルス *Ellipsocephalus*
カンブリア紀中期の節足動物三葉虫類プテュコパリア類。
¶化百科（p133/カ写）〈石板の長さ18cm〉

エッリプソケファルス・ホッフィ
カンブリア紀中期の無脊椎動物節足動物。最大全長4cm。㊌スウェーデン，チェコ，モロッコ，カナダ
¶進化大〔エッリプソケファルス〕（p76/カ写）

エディアカラのクラゲ状生物
先カンブリア時代後期の刺胞動物。分類不明のクラゲ状生物。
¶化百科（p114/カ写）〈幅最大10cm〉

エティオケタス ⇒エティオケトゥス・ポリデンタトゥスを見よ

エティオケトゥス・ウェルトニ *Aetiocetus weltoni*
新生代古第三紀漸新世の哺乳類真獣類鯨偶蹄類ヒゲクジラ類。全長3m。㊌日本，アメリカ，メキシコ
¶生ミス9（図1-7-9/カ写，カ復）〈㊤アメリカのオレゴン州 約70cm弱 上顎骨の上（背）側と下（腹）側〉

エティオケトゥス・ポリデンタトゥス *Aetiocetus polydentatus*
新生代古第三紀漸新世の哺乳類真獣類ヒゲクジラ類。鯨偶蹄目ヒゲクジラ亜目エティオケタス科。別名アショロカズハヒゲクジラ，足寄数歯鬚鯨。全長3m。㊌日本，アメリカ，メキシコ
¶生ミス9（図1-7-10/カ写，カ復）〈㊤北海道足寄町 約3.8m 全身復元骨格〉
日絶古〔エティオケタス〕（p76〜77/カ写，カ復）〈㊤北海道足寄町茂螺湾 復元骨格〉

エドアブラザメ属の1種 ⇒ポロナイカグラザメ（新）を見よ

エドゥモントサウルス ⇒エドモントサウルスを見よ

エドゥモントニア ⇒エドモントニアを見よ

エトブラッティナ *Etoblattina*
古生代石炭紀の節足動物昆虫類。
¶生ミス4（図1-5-1/カ写）〈約3cm〉

エドマーカ *Edmarka*
ジュラ紀キンメリッジアンの恐竜類獣脚類テタヌラ類。モリソン層の肉食恐竜。体長11m。㊌アメリカ合衆国のワイオミング州
¶恐イラ（p131/カ復）

エドモントサウルス *Edmontosaurus*
白亜紀後期の恐竜類ハドロサウルス類。鳥脚亜目ハドロサウルス科。体長13m。㊌カナダのアルバータ州〜アメリカ合衆国のワイオミング州，アメリカ合衆国のアラスカ州（可能性）
¶化百科（p226/カ写）〈頬歯群6cm，中手骨31cm 口の内側，中手骨〉
恐イラ（p224/カ復）
恐絶動（p147/カ復）
恐竜世〔エドゥモントサウルス〕（p136〜137/カ写，カ復）
生ミス8（図9-13/カ復）
生ミス8〔デンタル・バッテリー〕（図9-14/カ写，モ図）〈下顎〉
生ミス8〔エドモントサウルスの歯の断面と、その組織構造〕（図9-15/カ写）

エドモントサウルス *Edmontosaurus annectens*
後期白亜紀の脊椎動物恐竜類。鳥盤目ハドロサウルス科。体長13m。㊌北アメリカ
¶化写真（p251/カ写）〈㊤アメリカ 右側の下顎〉

エドモントサウルス *Edmontosaurus regalis*
白亜紀後期の恐竜類。竜型超綱鳥盤綱鳥脚目。全長8.4m。㊌カナダのアルバータ
¶古脊椎（図162/モ復）
世変化（図60/カ写）〈㊤カナダのアルバータ州レッドディア川岸 全長4m〉
リア中（p230/カ復）

エドモントサウルス
白亜紀後期の脊椎動物鳥盤類。体長13m。㊌アメリカ合衆国，カナダ
¶進化大（p340〜341/カ写）

エドモントニア *Edmontonia*
中生代白亜紀の恐竜類鳥盤類装盾類鎧竜類ノドサウルス類。ノドサウルス科。林地に生息。全長6m。㊌アメリカ，カナダ
¶恐イラ（p242/カ復）
恐古生〔エドゥモントニア〕（p174〜175/カ写，カ復）〈頭蓋〉
恐竜世〔エドゥモントニア〕（p144/カ復）
恐竜博（p132〜133/カ復）
生ミス8（図9-12/カ復）
よみ恐（p195/カ復）

エドモントニア
白亜紀後期の脊椎動物鳥盤類。体長7m。㊌北アメリカ
¶進化大（p335/カ復）

エドモントニア・ロンギケプス *Edmontonia longiceps*
中生代白亜紀後期の爬虫類恐竜類鳥盤類装盾類鎧竜類。全長6m。㊌カナダ
¶リア中〔エドモントニア〕（p228/カ復）

エドリオステージス・ポヤンゲンシス *Edriosteges poyangensis*
古生代後期二畳紀中期の腕足類。ストロホメナ目ス

トロファロシア上科アウロステジス科。
¶学古生(図153/モ写)〈㊥高知県高岡郡佐川町 茎殻, 側面〉

エナリアークトス類未定種の右大腿骨 Enaliarctinae gen.et sp.indet.
新生代第三紀中新世の哺乳類鰭脚類。
¶化石フ(p229/カ写)〈㊥三重県安芸郡美里村 110mm〉

エナリアルクトス *Enaliarctos*
新生代古第三紀漸新世〜新第三紀中新世の哺乳類イヌ類鰭脚類。鰭脚亜目エナリアルクトス科。全長1m。㊎アメリカ合衆国
¶恐絶動(p226/カ復)
恐竜世(p239/カ復)
生ミス10(図2-2-31/カ復)
絶哺乳(p154/カ復)

エナリアルクトス
新第三紀中新世前期の脊椎動物有胎盤類の哺乳類。体長1.5m。㊎アメリカ合衆国
¶進化大(p407/カ復)

エナルヘリアの1亜種 *Enallhelia nipponica somaensis*
中生代ジュラ紀後期の六放サンゴ類。スチリナ科。
¶学古生(図334/モ写)〈㊥三重県志摩郡磯部町青峰山西南麓 横断面〉

エノウラキサンゴ *Dendrophyllia subcornigera*
新生代第四紀完新世の六放サンゴ類。キサンゴ科。
¶学古生(図1032/モ写)〈㊥鹿児島県鹿児島市新島〉

エノキ
新生代第四紀更新世の被子植物双子葉類。ニレ科。
¶産地新(p239/カ写)〈㊥大分県玖珠郡九重町奥双石 長さ2.9cm〉

エノプロウラ・ポペイ *Enoploura popei*
古生代オルドビス紀の棘皮動物海果類。
¶生ミス2(図1-3-15/モ写, カ復)〈㊥アメリカのオハイオ州シンシナティ地域 3.5cm〉
リア古〔エノプロウラ〕(p80/カ復)

エノプロクリュティア *Enoploclytia*
白亜紀後期〜暁新世の節足動物甲殻類十脚類。
¶化百科(p137/カ写)〈はさみのある付属肢の長さ12cm〉

エパクトサウルス *Epachthosaurus*
白亜紀マーストリヒシアンの恐竜類ティタノサウルス類。体長15〜20m。㊎アルゼンチン
¶恐イラ(p211/カ復)

エバムカシコウホネ *Nymphar ebae*
新生代中新世前期の陸上植物。スイレン科。
¶学古生(図2381,2382/モ図)〈㊥岐阜県犬山市寺洞, 岐阜県可児郡可児町宮坂〉

エハライテス・カワシタイ *Yeharaites kawashitai*
セノマニアン前期の軟体動物頭足類アンモナイト。アンモナイト亜目コスマチセラス科。
¶アン学(図版25-4/カ写)〈㊥夕張地域 完模式標本〉

エピオルニス *Aepyornis maximus*
更新世〜現世の脊椎動物鳥類。エピオルニス目エピオルニス科。体長3m。㊎マダガスカル
¶化写真(p259/カ写)〈㊥マダガスカル南部 卵, 中足骨〉

エピオルニス
第四紀更新世前期〜完新世の鳥類。高さ3m。㊎マダガスカル
¶進化大(p431/カ写)〈足, 卵〉

エピオルニス・ティタン *Aepyornis titan*
更新世〜現世の鳥類走鳥類。ストルティオルニス(ダチョウ)目モア科。森林に生息。体高3m。㊎マダガスカル
¶恐絶動(p174/カ復)
恐竜博〔アエピオルニス・ティタン〕(p198/カ写, カ復)〈卵, 中足骨〉

エピガウルス *Epigaulus*
中新世後期〜鮮新世前期の哺乳類齧歯類。齧歯目リス型顎亜目ミラガウルス科。大草原に生息。頭胴長35〜40cm。㊎北アメリカのロッキー山脈西部地域
¶恐古生(p238〜239/カ復)
恐絶動(p282/カ復)
絶哺乳(p126,129/カ写, カ復)〈復元骨格〉

エピカメルス ⇒アエピカメルスを見よ

エビグモの1種 Philodrominae,gen.et sp.indet.
新生代鮮新世のクモ類。クモ目カニグモ科エビグモ亜科。
¶学古生(図1832/モ写)〈㊥兵庫県美方郡温泉町海上〉

エビグモ(?)の未定種
新生代第四期更新世の節足動物クモ類。
¶化石フ(p197/カ写)〈㊥栃木県那須郡塩原町 14mm〉

エピゴンドレラ・アブネプティス *Epigondolella abneptis*
中生代前期・後期三畳紀のコノドント類(錐歯類)。
¶学古生(図290/モ図)〈㊥埼玉県秩父郡吉田町〉
化石図〔コノドント類〕(p24/カ写)〈㊥東京都 横幅500μm〉

エピゴンドレラ・ノドサ *Epigondolella nodosa*
中生代前期・後期三畳紀のコノドント類(錐歯類)。
¶学古生(図296/モ図)〈㊥栃木県安蘇郡葛生町 上方, 側方から〉

エピゴンドレラ・バイデンタータ *Epigondolella bidentata*
中生代前期・後期三畳紀のコノドント類(錐歯類)。
¶学古生(図295/モ図)〈㊥愛媛県宇和郡城川町〉

エピゴンドレラ・ムルティデンタータ *Epigondolella multidentata*
中生代前期・後期三畳紀のコノドント類(錐歯類)。
¶学古生(図294/モ図)〈㊥東京都西多摩郡奥多摩町氷川〉

エビスガイの一種?
新生代第三紀鮮新世の軟体動物腹足類。ニシキウズ科。リュウテン科(サザエ類)にも似る。
¶産地新(p213/カ写)〈㊥高知県安芸郡安田町唐浜 高さ5cm〉

エビスガイの仲間
新生代第三紀鮮新世の軟体動物腹足類。トゲエビスか?
¶産地別(p232/カ写)〈㊥宮崎県児湯郡川南町通浜 高さ1.3cm〉

エ

エビスガイの仲間
新生代第三紀鮮新世の軟体動物腹足類。ハリエビスか?
¶**産地別**(p232/カ写)〈㊟宮崎県児湯郡川南町通浜 高さ1.3cm〉

エビスガイの仲間
新生代第三紀中新世の軟体動物腹足類。
¶**産地本**(p80/カ写)〈㊟茨城県北茨城市大津町五浦 高さ1.8cm〉

エビスザメ ⇒ノトリンクスを見よ

エビスボラ *Tibia insulae-charob*
鮮新世前期~現世の軟体動物腹足類。
¶**日化譜**(図版30-6/モ写)〈㊟高知県安芸郡唐ノ浜〉

エピセミア・ツルギイダ *Epithemia turgida*
新生代第三紀~完新世の珪藻類。羽状目。
¶**学古生**(図2124/モ写)〈㊟北海道茅部郡森町濁川〉

エピチリス・マクシラータ *Epithyris maxillata*
ジュラ紀の腕足動物有関節類。テレブラチュラ目テレブラチュラ科。体長4.5cm。㊐ヨーロッパ
¶**化写真**〔エピチリス〕(p87/カ写)〈㊟イギリス〉
原色化(PL.42-2/モ写)〈㊟イギリスのウィルツ州スタントン 高さ3.2cm〉

エピデンドロサウルス・ニンチェンゲンシス *Epidendrosaurus ningchengensis*
中生代の恐竜類小型獣脚類。熱河生物群。
¶**熱河生**〔エピデンドロサウルス・ニンチェンゲンシスの完模式標本〕(図159/カ写)〈㊟中国の内モンゴル寧城の道虎溝〉
熱河生〔エピデンドロサウルス・ニンチェンゲンシスの復元図〕(図160/カ復)

エピトラキス・ルゴサス *Epitrachys rugosus*
ジュラ紀の無脊椎動物環虫類星虫類。
¶**図解化**(p88-下/カ写)〈㊟ドイツのゾルンホーフェン〉

エビの本体とその移動痕
中生代ジュラ紀の甲殻類の歩行痕。ジュラ博物館に所蔵・展示されている。
¶**生ミス6**(図7-24/カ写)〈㊟ドイツのゾルンホーフェン〉

エピフィリナ・ディスティンクタ *Epiphyllina distincta*
ジュラ紀後期の無脊椎動物腔腸動物クラゲ類。
¶**ゾル1**(図70/カ写)〈㊟ドイツのプファルツパイント 7cm〉

エピプゾシア・マヤ *Epipuzosia maya*
チューロニアン期の軟体動物頭足類アンモナイト。アンモナイト亜目デスモセラス科。
¶**アン学**(図版16-1/カ写)〈㊟小平地域 完模式標本〉

エビ(不明種)
中生代白亜紀の節足動物甲殻類。現生のコシオリエビ類に似る。
¶**産地本**(p29/カ写)〈㊟北海道苫前郡苫前町古丹別川 長さ1cm〉
産地本(p35/カ写)〈㊟北海道留萌郡小平町小平薬川 長さ7mm〉

エフィギア *Effigia*
中生代三畳紀の爬虫類双弓類主竜類クルロタルシ類ポポサウルス類。全長1.5~3m。㊐アメリカ
¶**恐竜世**〔エッフィギア〕(p90~91/カ復)
生ミス5(図5-13/カ復)

エフェメロプシス・トリセタリス *Ephemeropsis trisetalis*
中生代の昆虫類カゲロウ類。カゲロウ目ヘクサゲニテス科。熱河生物群。
¶**熱河生**〔エフェメロプシス・トリセタリスの若虫〕(図71/カ写)〈㊟中国の遼寧省北票の黄半吉溝 長さ約60mm〉
熱河生〔エフェメロプシス・トリセタリスの成虫〕(図72/カ写)〈㊟中国の遼寧省北票の黄半吉溝 長さ約60mm〉

エフラアシア *Efraasia*
三畳紀後期の恐竜類古竜脚類。原竜脚下目アンキサウルス科。乾燥した高原に生息。体長5~7m。㊐ドイツ
¶**恐イラ**(p85/カ復)
恐絶動(p122/カ復)
恐竜博(p46/カ復)
よみ恐(p42/カ復)

エボシガイ *Lepas anatifera*
現世の節足動物甲殻類。
¶**化石フ**(p187/カ写)〈㊟三重県志摩郡大王町 200mm〉

エボシガイ属の未定種 *Lepas* sp.
新生代第三紀中新世の節足動物甲殻類。
¶**化石フ**(p187/カ写)〈㊟長野県南安曇郡豊科町 150mm,120mm〉

エボラキア・ロビフォリアの,胞子がついていない羽片 *Eboracia lobifolia*
中生代の陸生植物真正シダ類。熱河生物群。
¶**熱河生**(図231/カ写)〈㊟中国の遼寧省北票の黄半吉溝 長さ1.8cm〉

エボリセラス *Eboriceras*
アンモナイト。
¶**アン最**〔エボリセラスとクエンステッドセラス〕(p103/カ写)

エポレオドン *Eporeodon major cheki*
初期中新世の哺乳類。哺乳綱獣亜綱正獣上目偶蹄目。体長1m余。㊐北米
¶**古脊椎**(図319/モ復)

エマウサウルス *Emausaurus*
ジュラ紀トアルシアンの恐竜類鳥盤類装盾類。原始的な武装恐竜。体長2m。㊐ドイツ
¶**恐イラ**(p111/カ復)

エーマニエラ *Ehmaniella burgessensis*
カンブリア紀の三葉虫。節足動物門アラクノモルファ亜門三葉虫綱プティヒョパリダ目。最大27.5mm。
¶**バ頁岩**(図114/モ写)〈㊟カナダのバージェス頁岩〉

エーマニエラ *Ehmaniella waptaensis*
カンブリア紀の三葉虫。節足動物門アラクノモルファ亜門三葉虫綱プティヒョパリダ目。最大12mm。
¶**バ頁岩**(図115/モ写)〈㊟カナダのバージェス頁岩〉

エミス *Emys*
始新世後期～現在の爬虫類カメ類。エミス科。
¶**化百科**（p210/カ写）〈幅2～3cm 甲羅の破片〉

エミューカリス・ファヴァ *Emucaris fava*
古生代カンブリア紀の節足動物。エミュー・ベイ頁岩動物群。全長3cm未満。[分]オーストラリア
¶**生ミス1**〔エミューカリス〕（図3-4-6/カ写, カ復）

エムピディア・ヴルピ *Empidia wulpi*
ジュラ紀後期の無脊椎動物昆虫類カゲロウ類。
¶**ゾル1**（図337/カ写）〈[産]ドイツのアイヒシュテット 2cm〉

エムボロテリウム *Embolotherium*
新生代古第三紀始新世～漸新世の哺乳類真獣類奇蹄類ブロントテリウム類。奇蹄目ブロントテリウム科。肩高2.5m。[分]中国, モンゴル
¶**恐絶動**（p258/カ復）
生ミス9（図1-6-5/カ写, カ復）〈[産]中国の内モンゴル自治区 約1m 頭骨〉

エメウス・クラッスス *Emeus crassus*
更新世～現世の鳥類。ストルティオルニス（ダチョウ）目。体高1.5m。[分]ニュージーランド
¶**恐絶動**（p175/カ復）

エメラルデラ・ブルーキ *Emeraldella brocki*
カンブリア紀の節足動物。節足動物門アラクノモルファ亜門。長さ11～65mm（後部の刺を除く）。
¶**図解化**（p95-C/カ写）〈[産]ブリティッシュ・コロンビア州バージェス頁岩〉
バ頁岩〔エメラルデラ〕（図136～138/モ写, モ復）〈[産]カナダのバージェス頁岩〉

エラスモサウルス *Elasmosaurus*
9900万～6500万年前（白亜紀後期）の爬虫類双弓類鰭竜類クビナガリュウ類。首長竜目エラスモサウルス科。海洋に生息。全長14m。[分]アメリカ合衆国
¶**恐イラ**（p178/カ復）
恐古生（p84～85/カ復）
恐絶動（p74/カ復）
恐竜世（p100/カ復）
恐竜博（p152～153/カ復）
古代生（p190～191/カ復）
生ミス8（図8-13/カ復）

エラスモサウルス *Elasmosaurus platyurus*
白亜紀後期の爬虫類首長竜類。爬型超綱鰭竜綱長頸竜目。全長12.7m。[分]北米カンサス州
¶**古脊椎**（図108/モ復）

エラスモサウルス
白亜紀後期の脊椎動物鰭竜類。体長9m。[分]アメリカ合衆国
¶**進化大**（p310/カ復）

エラスモサウルス科未定種の歯 Elasmosauridae gen.et sp.indet.
中生代白亜紀の爬虫類長頸竜類。
¶**化石フ**（p144/カ写）〈[産]福島県いわき市 30mm〉

エラスモテリウム *Elasmotherium*
200万～12万6000年前（更新世）の哺乳類奇蹄類。バク型亜目サイ科。全長6m。[分]アジア, ヨーロッパ
¶**恐絶動**（p263/カ復）
恐竜世（p255/カ復）
絶哺乳（p179,181/カ写, カ復）〈頭骨〉

エラータバイ *Babylonia elata*
新生代第三紀鮮新世の軟体動物腹足類。エゾバイ科。
¶**化石フ**（p176/カ写）〈[産]静岡県掛川市 50mm〉
日化譜〔カケガワバイ〕（図版32-18/モ写）〈[産]静岡県周智郡大日〉

エラティデス
ジュラ紀中期～白亜紀前期の植物針葉樹。高さ30m。[分]ヨーロッパ, カナダ, シベリア, 中央アジア, 中国
¶**進化大**（p233）

エラトクラドゥス・レプトフィルルス
Elatocladus leptophyllus
中生代の陸生植物球果植物類。熱河生物群。
¶**熱河生**（図237/カ写）〈[産]中国の遼寧省北票の黄半吉溝 長さ4.45cm〉

エラフルス *Elaphurus menziesianus*
ウルム氷期～現世の哺乳類。哺乳綱獣亜綱正獣上目偶蹄目。別名四不像, 安陽四不像。[分]東アジア
¶**学古生**〔シフゾウの1種〕（図2042/モ写）〈[産]香川県小豆島沖（瀬戸内海）海底 角の先端部側面〉
古脊椎（図333/モ復）

エラフロサウルス *Elaphrosaurus*
ジュラ紀後期の恐竜類ケラトサウルス類。コエルロサウルス下目オルニトミムス科。体長4.5～6.5m。[分]タンザニア
¶**恐イラ**（p135/カ復）
恐絶動（p106/カ復）
よみ恐（p80～81/カ復）

エリヴァスピス *Errivaspis*
古生代デボン紀の“無顎類”翼甲類異甲類。全長20cm。[分]イギリス, フランス
¶**生ミス3**（図3-9/カ復）

エリエオプテルス *Erieopterus*
シルル紀～デボン紀の節足動物甲殻類鋏角類広翼類。
¶**化百科**（p140/カ写）〈頭～尾の長さ13cm〉

エリオプス *Eryops*
2億9500万年前（ペルム紀前期）の初期の脊椎動物両生類。分椎綱エリオプス科。沼と湖に生息。全長約1.8m。[分]北アメリカ
¶**化百科**（p206/カ写）〈全長2m〉
恐古生（p62～63/カ復）
恐絶動（p50/カ復）
恐竜世（p83/カ写）
生ミス4（図2-2-3/カ写, カ復）〈骨格模型〉
生ミス7（図6-17/カ復）

エリオプス *Eryops megacephalus*
古生代ペルム紀の両生類。両生超綱堅頭綱分椎亜綱分椎目。全長5m。[分]北米テキサス, オクラホマ, ニューメキシコ各州
¶**古脊椎**（図63/モ復）
世変化（図27/カ写）〈[産]米国のテキサス州 幅30cm 頭骨〉

リア古（p184/カ復）

エリオプス
石炭紀後期～ペルム紀前期の脊椎動物切椎類。全長2m。㊎北アメリカ
¶進化大（p184～185/カ写）

エリオン・アークティフォルミス ⇒エリオン・アルクティフォルミスを見よ

エリオン・アルクチフォルミス ⇒エリオン・アルクティフォルミスを見よ

エリオン・アルクティフォルミス *Eryon arctiformis*
ジュラ紀後期の無脊椎動物甲殻類大型エビ類。
¶化写真〔エリオン〕（p69/カ写）〈㊥ドイツ〉
原色化〔エリオン・アークティフォルミス〕（PL.55-4/モ写）〈㊥ドイツのバイエルンのゾルンホーフェン 長さ6.5cm〉
図解化〔エリオン・アルクチフォルミス〕（p108-1/カ写）〈㊥ドイツのゾルンホーフェン〉
ゾル1（図287/カ写）〈㊥ドイツのアイヒシュテット 9.5cm〉
ゾル1（図288/カ写）〈㊥ドイツのアイヒシュテット 8cm 腹面〉

エリオン属の歩行跡 *Eryon*
ジュラ紀後期の動物の歩行跡と痕跡。
¶ゾル2（図324/カ写）〈㊥ドイツのアイヒシュテット 9.5cm〉

エリキオラケルタ *Ericiolacerta*
三畳紀前期の哺乳類型爬虫類獣弓類。テロケファルス亜目。全長20cm。㊎南アフリカ共和国
¶恐絶動（p191/カ復）

エリキオラケルタ *Ericiolacerta parva*
三畳紀初頭の爬虫類。獣形超綱獣形綱獣形目獣歯亜目。全長20cm。㊎南アフリカ
¶古脊椎（図206/モ復）

エリスロスクス *Erythrosuchus africanus*
三畳紀中期の爬虫類。竜型超綱槽歯綱擬鰐目。全長455cm。㊎南アフリカ
¶古脊椎（図123/モ復）

エリテリウム *Eritherium*
新生代古第三紀暁新世の哺乳類真獣類長鼻類。
¶生ミス9（図0-2-9/カ写）〈㊥モロッコ 約5.5cm 右上顎骨〉

エリトロスクス *Erythrosuchus*
三畳紀前期の爬虫類。プロテロスクス（前鰐）亜目。初期の支配的爬虫類。全長4.5m。㊎南アフリカ共和国
¶恐絶動（p95/カ復）

エリフィラ
中生代白亜紀の軟体動物斧足類。
¶産地新（p14/カ写）〈㊥北海道厚岸郡浜中町奔幌戸 長さ4.5cm〉
産地新（p154/カ写）〈㊥大阪府泉佐野市滝の池 長さ2.3cm〉

エリフィラ・ミヤコエンシス *Eriphyla (Eriphyla) miyakoensis*
中生代白亜紀前期の貝類。エゾシラオガイ科。
¶学古生（図685/モ写）〈㊥岩手県下閉伊郡田野畑村 右殻外面，右殻内面〉

エリプソケファルス・ホフィ ⇒エリプソセファラス ホッフィを見よ

エリプソセファラス ホッフィ *Ellipsocephalus hoffi*
カンブリア紀中期の節足動物三葉虫。プティコパリア目。
¶原色化〔エリプソセファラス・ホッフィ〕（PL.6-4/モ写）〈㊥チェコスロバキアのボヘミアのギネッツ 1個体の長さ1.7cm〉
三葉虫（図111/モ写）〈㊥チェコスロバキアのボヘミア 長さ20mm〉
図解化〔エリプソケファルス・ホフィ〕（p97/カ写）〈㊥ボヘミア〉

エリマ *Eryma leptodactylina*
ジュラ紀と白亜紀の無脊椎動物。体長6cm。
¶地球博〔ロブスター〕（p79/カ写）

エリマ・エロンガタ *Eryma elongata*
ジュラ紀後期の無脊椎動物甲殻類大型エビ類。
¶ゾル1（図284/カ写）〈㊥ドイツのアイヒシュテット 2cm〉

エリマ・モデスチフォルミス ⇒エリマ・モデスティフォルミスを見よ

エリマ・モデスティフォルミス *Eryma modestiformis*
ジュラ紀後期の節足動物甲殻類大型エビ類。
¶原色化（PL.42-6/モ写）〈㊥ドイツのバイエルンのゾルンホーフェン 長さ3.5cm〉
図解化〔エリマ・モデスチフォルミス〕（p107-1/カ写）〈㊥ドイツのゾルンホーフェン〉
図解化〔エリマ・モデスチフォルミス〕（p107-6/カ写）〈㊥ドイツのゾルンホーフェン〉
ゾル1（図285/カ写）〈㊥ドイツのブルーメンベルク 6cm 側面観〉
ゾル1（図286/カ写）〈㊥ドイツのアイヒシュテット 3.5cm 背面〉

エリュマ *Eryma*
ジュラ紀後期の節足動物甲殻類十脚類。
¶化百科（p138/カ写）〈㊥ドイツ南部のバイエルン 石板の長さ8cm〉

エリュマ・レプトダクテュリナ
ジュラ紀前期～白亜紀後期の無脊椎動物節足動物。長さ3.5cm。㊎ヨーロッパ，アフリカ東部，インドネシア，北アメリカ
¶進化大〔エリュマ〕（p243/カ写）〈㊥南ドイツのゾルンホーフェン地域〉

エルカナ・アマンダ *Elcana amanda*
ジュラ紀後期の無脊椎動物昆虫類バッタ類。
¶ゾル1（図402/カ写）〈㊥ドイツのアイヒシュテット 3.5cm〉

エルカナ・ロンギコルニス *Elcana longicornis*
ジュラ紀後期の無脊椎動物昆虫類バッタ類。
¶ゾル1（図403/カ写）〈㊥ドイツのアイヒシュテット 3.

5cm〉
ゾル1（図404/カ写）〈(産)ドイツのアイヒシュテット 4cm 背面〉
ゾル1（図405/カ写）〈(産)ドイツのアイヒシュテット 3.5cm〉

エルギニア *Elginia*
ペルム紀後期の爬虫類カプトリヌス類パレイアサウルス類。カプトリヌス目パレイアサウルス科。全長60cm。(分)英国のスコットランド
¶化百科（p208/カ写）〈頭骨長25cm 頭骨〉
恐絶動（p63/カ復）

エルギニア *Elginia mirabilis*
後期二畳紀の脊椎動物無弓類。カプトリヌス目パレイアサウルス科。体長1.5m。(分)ヨーロッパ
¶化写真（p226/カ写）〈(産)イギリス 頭骨〉

エルキンシア
デヴォン紀後期の原始的な種子植物。高さ1m。(分)アメリカ合衆国
¶進化大（p121/カ復）

エルダー・ウングラトゥス *Elder ungulatus*
ジュラ紀後期の無脊椎動物甲殻類アミ類。
¶ゾル1（図234/カ写）〈(産)ドイツのアイヒシュテット 5cm〉

エルドニア *Eldonia ludwigi*
カンブリア紀の棘皮動物。棘皮動物門ナマコ綱。サイズ6.7cm～12cm超。
¶バ頁岩（図158～160/モ写, モ復）〈(産)カナダのバージェス頁岩〉

エルドニア・エウモルファ *Eldonia eumorpha* 真形伊爾東体
カンブリア紀の所属不明の動物。澄江生物群。
¶澄江生（図20.7/カ写）〈(産)中国の帽天山〉
澄江生（図20.8/モ復）〈底生生物としての復元, 漂泳性生物としての復元〉

エルドレジオプス *Eldredgeops*
古生代デボン紀の節足動物三葉虫類ファコプス類。
¶生ミス3（図4-13/カ写）〈(産)アメリカ 55mm〉

エルナノドン *Erunanodon antelios*
暁新世後期の哺乳類エルナノドン類。エルナノドン科。虫食性。頭胴長約60cm。(分)中国
¶絶哺乳（p93,95/カ写, カ復）〈(産)中国の広東省南雄 頭骨全長約11cm 模式標本の全身骨格〉

エルネスティオデンドロン
古生代ペルム紀の植物。
¶植物化〔エルネスティオデンドロンと両生類のディスコサウリスカス〕（口絵/カ写）〈(産)チェコ〉

エルフィジウム・クリスパム *Elphidium crispum*
新生代更新世の小型有孔虫。エルフィジウム科。
¶学古生（図928/モ写）〈(産)富山県氷見市朝日山〉

エルベノチレ *Erbenochile*
古生代デボン紀の節足動物三葉虫類ファコプス類。
¶生ミス3（図4-14/カ写）〈(産)モロッコ 50mm〉

エルベノチレ *Erbenochile erbeni*
デボン紀の節足動物三葉虫類。
¶世変化〔三葉虫〕（図18/カ写）〈(産)モロッコ 幅5cm〉

エルラシア *Elrathia*
古生代カンブリア紀の節足動物三葉虫類。全長1cm未満, まれに3cm以上。(分)アメリカ
¶生ミス2（図1-2-3/カ写）〈3.5cm〉

エルラシア *Elrathia permulta*
カンブリア紀の三葉虫。節足動物門アラクノモルファ亜門三葉虫綱プティヒョパリダ目。最大21mm。
¶バ頁岩（図116/モ写）〈(産)カナダのバージェス頁岩〉

エルラシア
古生代カンブリア紀の節足動物三葉虫類。
¶生ミス1〔捕食痕（？）のある三葉虫化石〕（図3-5-5/カ写）

エルラシア・キンギ *Elrathia kingi*
カンブリア紀中期の無脊椎動物節足動物。
¶図解化（p100-3/カ写）〈(産)ユタ州〉

エルラシア・キンギイ *Elrathia kingii*
古生代カンブリア紀の節足動物三葉虫類。プティコパリア目アロキストカリア科。全長1cm未満, まれに3cm以上。(分)アメリカ
¶化写真〔エルラチア〕（p64/カ写）〈(産)アメリカ〉
化石図（p35/カ写）〈(産)アメリカ合衆国 体長1.5～4cm〉
三葉虫〔三葉虫3種の集合化石〕（図8/モ写）〈(産)アメリカのユタ州〉
三葉虫〔エルラシア キンギィ〕（図9/モ写）〈(産)アメリカのユタ州 長さ43mm〉
生ミス1〔エルラシア〕（図3-4-8/カ写）〈(産)アメリカのユタ州 3.5cm〉

エルラシア・キンギイ
カンブリア紀中期の無脊椎動物節足動物。最大全長4.5cm。(分)アメリカ合衆国西部
¶進化大〔エルラシア〕（p76/カ写）

エルラシナ *Elrathina cordillerae*
カンブリア紀の三葉虫。節足動物門アラクノモルファ亜門三葉虫綱プティヒョパリダ目。最大20mm。
¶バ頁岩（図117/モ写）〈(産)カナダのバージェス頁岩〉

エルラチア ⇒エルラシア・キンギイを見よ

エルラント・ポリケート *Errant polychaete*
石炭紀の無脊椎動物環虫類。
¶図解化（p88-上/カ写）〈(産)イリノイ州メゾン・クリーク〉

エレガンティセラス・エレガンタラム *Eleganticeras elegantulum*
ライアス期のアンモナイト。
¶アン最（p169/カ写）〈(産)ドイツのホルツマーデン〉

エレトモルヒピス・カロルドンギ *Eretmorhipis carrolldongi*
中生代三畳紀の爬虫類。全長90cm。(分)中国
¶リア中〔エレトモルヒピス〕（p26/カ復）

エレニア・ステノプテラ *Erenia stenoptera*
中生代の陸生植物。分類位置不明。熱河生物群。
¶熱河生（図243/カ写）〈(産)中国の遼寧省北票の黄半吉溝 長さ0.5cm〉

エレファス・アンティクウス *Elephas antiquus*
更新世中期～後期の哺乳類。ゾウ亜目ゾウ科。別名

アンティクウスゾウ。体高3.7m。(分)ヨーロッパ
¶恐絶動（p242/カ復）

エレファアス・ファルコネリ *Elephas falconeri*
更新世後期の哺乳類。ゾウ亜目ゾウ科。体高90cm。(分)キプロス島, クレタ島, マルタ島, シチリア島, カラブリア島南部, その他ギリシアの小さい島々
¶恐絶動（p242/カ復）

エロニクチス *Elonichthys robisoni intermedia*
石炭紀前期の魚類。顎口超綱硬骨魚綱条鰭亜綱軟質上目パレオニスクス目。全長15cm。(分)スコットランド
¶古脊椎（図26/モ復）

エロメリクス *Elomeryx*
始新世後期～漸新世後期の哺乳類イノシシ類。イノシシ亜目アントラコテリウム科。全長1.5m。(分)フランス, 合衆国のダコタ
¶恐絶動（p266/カ復）

エロメリクス *Elomeryx brachyshynchus*
漸・中新世の哺乳類。哺乳綱獣亜綱正獣上目偶蹄目。体長2.9m。(分)ヨーロッパ, 北米
¶古脊椎（図316/モ復）

エンクリヌス *Encrinus*
2億3500万～2億1500万年前（三畳紀中期）の無脊椎動物棘皮動物ウミユリ類。がくの長さ4～6cm。(分)ヨーロッパ
¶化百科（p180/カ写）〈13cm〉
恐竜世（p40/カ写, カ復）
図解化〔エンクリヌス属〕（p168-上中央/カ写）〈多数の柄の断片を含む岩石〉

エンクリヌス・グラニュローサス *Encrinus granulosus*
三畳紀の棘皮動物ウミユリ類。
¶原色化（PL.39-3/モ写）〈(産)オーストリアのチロルのセント・カシン 大きな茎節の直径10mm〉

エンクリヌス・リリイフォルミス *Encrinus lilliiformis*
三畳紀の棘皮動物ウミユリ類。
¶原色化（PL.38-1/モ写）〈(産)ドイツのブラウンシュバイヒ 高さ9.5cm〉

エンクリヌス・リリフォルミス *Encrinus liliiformis*
中期三畳紀の無脊椎動物ウミユリ類。クラドゥス目エンクリヌス科。萼の直径2.5cm。(分)ヨーロッパ
¶化写真〔エンクリヌス〕（p171/カ写）〈(産)ドイツ〉
図解化（p170-上左/カ写）〈(産)ドイツのヴュルテンベルク, ムッシェルカルク〉
図解化〔Encrinus lilliformis〕（図版38-3/カ写）〈(産)ドイツのムッシェルカルク〉

エンクリヌス・リリフォルミス
三畳紀中期の無脊椎動物棘皮動物。萼部全長4～6cm。(分)ヨーロッパ
¶進化大〔エンクリヌス〕（p205/カ写, カ復）

エンクリヌルス *Encrinurus*
オルドビス紀中期～シルル紀の無脊椎動物三葉虫ファコプス類。全長最大5cm。(分)世界各地
¶化百科（p131/カ写）〈頭～尾の長さ2.5cm〉
恐竜世（p37/カ写）

エンクリヌルス *Encrinurus variolaris*
後期オルドビス紀～シルル紀の無脊椎動物三葉虫類。ファコプス目エンクリヌルス科。体長6cm。(分)世界中
¶化写真（p62/カ写）〈(産)イギリス〉

エンクリヌルス
古生代シルル紀の節足動物三葉虫類。
¶産地別（p99/カ写）〈(産)岐阜県高山市奥飛騨温泉郷一重ケ根 長さ0.7cm〉

エンクリヌルス・タブラトゥス
シルル紀の無脊椎動物節足動物。大きさ最大5cm。(分)世界各地
¶進化大〔エンクリヌルス〕（p104/カ写）

エンクリヌルス・トセンシス *Encrinurus tosensis*
古生代シルル紀の節足動物三葉虫類。
¶化石フ（p57/カ写）〈(産)高知県高岡郡越知町 15mm〉

エンクリヌルスの頭部
古生代シルル紀の節足動物三葉虫類。
¶産地別（p68/カ写）〈(産)岩手県大船渡市日頃市町行人沢 幅1.7cm〉

エンクリヌルスの尾部
古生代シルル紀の節足動物三葉虫類。
¶産地別（p68/カ写）〈(産)岩手県大船渡市日頃市町行人沢 長さ1.4cm〉

エンクリヌルス プンクタータス *Encrinurus punctatus*
シルル紀の三葉虫。オドントプルーラ目。
¶三葉虫（図101/モ写）〈(産)イギリスのダッドレイ 幅25mm〉

エンクリヌルス・マメロン *Encrinurus mamelon*
古生代中期シルル紀ルドロウ世前期の三葉虫類。エンクリヌルス科。
¶学古生（図50/モ写）〈(産)高知県高岡郡越知町横倉山 尾部〉

エンコウガニ
新生代第三紀中新世の節足動物甲殻類。
¶産地新（p68/カ写）〈(産)茨城県北茨城市大津町五浦 幅5cm〉
産地別（p141/カ写）〈(産)長野県安曇野市豊科田沢中谷 長さ3cm〉

エンコダス ⇒エンコドゥスを見よ

エンコドゥス *Enchodus*
白亜紀後期～暁新世の魚類。真骨目（下綱）。現生の条鰭類。全長18cm。(分)全世界
¶恐絶動（p39/カ復）
生ミス7〔エンコダス〕（図3-9/カ写）〈(産)レバノンのハケル 23.5cm〉

エンコドゥス *Enchodus lewesiensis*
後期白亜紀～始新世の脊椎動物硬骨魚類。ヒメ目エンコドゥス科。体長50cm。(分)世界中
¶化写真（p217/カ写）〈(産)イギリス 頭骨〉

エンコドゥス
白亜紀カンパニアン期～マーストリヒチアン期の硬

骨魚類。
¶**日白亜**(p46〜47/カ復)〈[産]兵庫県淡路島〉

エンコペ *Encope micropora*
中新世〜現世の無脊椎動物ウニ類。楯形目アメリカスカシカシパン科。直径9cm。[分]南北アメリカ
¶**化写真**(p181/カ写)〈[産]ペルー 殻の上面〉

エンコペ・カリフォルニカ *Encope californica*
鮮新世の無脊椎動物棘皮動物。
¶**図解化**(p180-2/カ写)〈[産]カリフォルニア州〉

エンシプテリア・オヌキイ *Ensipteria onukii*
古生代ペルム紀の軟体動物斧足類。ウグイスガイ科。
¶**化石フ**(p46/カ写)〈[産]宮城県登米郡東和町 35mm〉
日化譜〔Ensipteria onukii〕(図版84-13/モ写)〈[産]宮城県登米郡東和町米谷〉

エンシュウイグチ
新生代第三紀鮮新世の軟体動物腹足類。クダマキガイ科。
¶**産地新**(p209/カ写)〈[産]高知県安芸郡安田町唐浜 高さ3.1cm〉

エンシュウカイコガイダマシ(新) *Cylichna totomiensis*
鮮新世前期の軟体動物腹足類。
¶**日化譜**(図版35-4/モ写)〈[産]静岡県周智郡方ノ橋〉

エンシュウガンゼキ *Chicoreus totomiensis*
鮮新世前期の軟体動物腹足類。
¶**日化譜**(図版31-13/モ写)〈[産]静岡県周智郡大日〉

燕石 ⇒インブレキア・インサタスを見よ

円石藻
白亜紀前期の藻類。
¶**世変化**〔円石〕(図55/カ写)〈[産]英国のサセックス 幅10cm〉

エンテモノトロカス・シカマイ *Entemnotrochus shikamai*
新生代第三紀鮮新世の軟体動物腹足類オキナエビス類。
¶**化石フ**(p11/カ写)〈[産]千葉県鋸南町 幅80mm〉

エンテレテス
古生代石炭紀の腕足動物有関節類。
¶**産地別**(p117/カ写)〈[産]新潟県糸魚川市青海町 幅2.7cm〉

エンテレテス
古生代ペルム紀の腕足動物有関節類。
¶**産地本**(p163/カ写)〈[産]滋賀県犬上郡多賀町エチガ谷 幅2.3cm〉
産地本(p164/カ写)〈[産]滋賀県犬上郡多賀町権現谷 幅1.3cm〉
産地本(p164/カ写)〈[産]滋賀県犬上郡多賀町エチガ谷 幅2cm〉

エンテレーテス・アンドリゥスイの近縁種 *Enteletes* sp.aff.*E.andrewsi*
古生代後期二畳紀中期の腕足類。オルティス目エンテレーテス上科エンテレーテス科。
¶**学古生**(図143/モ写)〈[産]高知県高岡郡佐川町 茎殻, 側面〉

エンテレテス群集
古生代ペルム紀の腕足動物有関節類。
¶**産地本**(p163/カ写)〈[産]滋賀県犬上郡多賀町エチガ谷 写真の左右10cm〉

エンテログナトゥス *Entelognathus*
古生代デボン紀の板皮類。全長20cm以上。[分]中国
¶**生ミス3**(図3-22/カ写, カ復)〈[産]中国の雲南省〉

エンテロドン *Entelodon* sp.
始新世後期〜漸新世後期の哺乳類猪豚類。鯨偶蹄目エンテロドン科。頭骨全長50〜55cm。[分]アジア, ヨーロッパ, 北アメリカ
¶**絶哺乳**(p189,191/カ写, カ復)〈頭骨を下から見た面〉

エンドウカグマ *Woodwardia endoana*
新生代漸新世の陸上植物シダ植物シダ類。
¶**学古生**(図2169〜2171/モ図, モ写)〈[産]北海道夕張市冷水山〉
日化譜〔Woodwardia Endoana〕(図版70-14/モ写)〈[産]北海道夕張市新夕張, 美唄市滝ノ沢, 若鍋, 奈井江など〉

エンドウスホウ(新) *Cercis endoi*
中新世後期の双子葉植物。
¶**日化譜**(図版77-19/モ写)〈[産]鳥取県東伯郡三徳〉

エンドウバス *Nelumbo endoana*
新生代中新世前期の陸上植物。スイレン科。
¶**学古生**(図2383/モ写)〈[産]山形県西田川郡温海町五十川〉

エンドウランダイコウバシ *Sassafras endoi*
鮮新世後期の双子葉植物。
¶**日化譜**(図版77-18/モ写)〈[産]山口県柳井市平群島〉

エンドケラス・プロエトフォルメ
オルドヴィス紀中期〜後期の無脊椎動物頭足類。体長最大9m。[分]北アメリカ, 北ヨーロッパ, ロシア, 東アジア
¶**進化大**〔エンドケラス〕(p86/カ写)

"エンドセラス"・バギナータム *"Endoceras" vaginatum*
シルル紀の軟体動物頭足類。
¶**原色化**(PL.10-4/モ写)〈[産]エストニアのカロル 長さ12.5cm〉

エンドテリウム *Endotherium niinomii* 遠藤獣
ジュラ紀の哺乳類。哺乳綱獣亜綱正獣上目食虫目。頭長2〜2.5cm, 胴長5cm。[分]南満州阜新炭坑
¶**古脊椎**(図217/モ復)

エンドフィクスの1種 *Endophycus wakinoensis*
中生代白亜紀前期の藍藻類。クロオコックス科。
¶**学古生**(図2131/モ写)〈[産]福岡県北九州市小倉北区熊谷町 横断面を研磨, 縦断面を研磨〉

エンドプス・ヤナギサワイ *Endops yanagisawai*
古生代ペルム紀の節足動物三葉虫類。
¶**化石フ**(p65/カ写)〈[産]福島県いわき市 20mm〉

エントモノチス・オコチカ *Entomonotis ochotica*
中生代三畳紀の軟体動物斧足類。
¶**化石フ**(p86/カ写)〈[産]岡山県川上郡成羽町 60mm〉

エ

エントモノチス・ザバイカリカ　*Entomonotis zabaikalica*
中生代三畳紀の軟体動物斧足類。
¶**化石フ**（p86/カ写）〈[産]高知県高岡郡佐川町　45mm〉

エントモノティス
中生代三畳紀の軟体動物斧足類。
¶**産地新**（p31/カ写）〈[産]宮城県本吉郡志津川町細浦　長さ4cm〉

エントリウム属の種　*Entolium* sp.
ジュラ紀後期の無脊椎動物軟体動物二枚貝類。
¶**ゾル1**（図121/カ写）〈[産]ドイツのツァント　1cm〉

エンボロテリウム　*Embolotherium andrewsi*
漸新世の哺乳類。哺乳綱獣亜綱正獣上目奇蹄目。体長4m。[分]ゴビ砂漠
¶**古脊椎**（図305/モ復）

エンボロテリウム　*Embolotherium* sp.
始新世後期の哺乳類奇蹄類。ティタノテリウム型亜目ブロントテリウム科。肩高約2.5m。[分]アジア
¶**絶哺乳**（p165,166/カ写, カ復, モ図）〈[産]中国の内モンゴル自治区　約1.1m　頭骨〉

【オ】

オヴィラプトル　*Oviraptor*
中生代白亜紀の恐竜類獣脚類テタヌラ類。コエルロサウルス下目オヴィラプトル科。全長1.6m。[分]モンゴルほか
¶**恐イラ**（p194/カ復）
恐古生〔オビラプトル〕（p130～131/カ写, カ復）
恐絶動（p110/カ復）
恐太古〔オビラプトル〕（p156～159/カ写, モ図, カ復）〈頭骨, 頭骨スケッチ, 卵と巣〉
恐竜博〔オウィラプトル〕（p115/カ写, カ復）〈巣〉
生ミス7（図2-3/カ復）
よみ恐（p188～189/カ復）

オヴィラプトルの卵
白亜紀の脊椎動物恐竜類。
¶**進化大**（p328～329/カ写）〈[産]モンゴルのゴビ砂漠〉

オヴィラプトル・フィロケラトプス　*Oviraptor philoceratops*
中生代白亜紀の爬虫類恐竜類竜盤類獣脚類。全長1.6m。[分]モンゴル
¶**リア中**〔オヴィラプトル〕（p196/カ復）

扇形のサンゴ類
ジュラ紀後期の無脊椎動物腔腸動物花虫類。
¶**ゾル1**（図89/カ写）〈[産]ドイツのアイヒシュテット　28cm〉

扇サンゴ　⇒フラベッルムを見よ

オウシュウイヌスギ　*Glyptostrobus europaeus*
新生代漸新世前期～鮮新世後期の陸上植物毬果類。スギ科。
¶**学古生**（図2172/モ写）〈[産]北海道釧路市春採炭鉱〉
学古生（図2266/モ写）〈[産]岐阜県瑞浪市日吉〉
日化譜〔イヌスギの類〕（図版75-14/モ写）〈[産]北海道石狩空知雨竜〉

欧州旧象　⇒パレオロクソドンを見よ

オウストラロルビス　*Australorbis euomphalus*
後期白亜紀～現世の無脊椎動物腹足類。基眼目ヒラマキガイ科。体長3cm。[分]ヨーロッパ, アジア, 南北アメリカ
¶**化写真**（p133/カ写）〈[産]イギリス　底面, 上側〉

オウナガイ　*Conchocele bisecta*
古第三紀漸新世の貝類二枚貝類。ハナシガイ科。
¶**学古生**（図1512/モ写）〈[産]石川県七尾市崎山〉
化石図（p136/カ写）〈[産]北海道　殻の横幅約7cm〉

オウナガイ　*Conchocele disjuncta*
中新世～現世の軟体動物斧足類。
¶**日化譜**（図版45-13/モ写）〈[産]樺太〉

オウナガイ
新生代第三紀中新世の軟体動物斧足類。
¶**産地新**（p17/カ写）〈[産]北海道石狩郡当別町青山中央　長さ9cm〉
産地新（p52/カ写）〈[産]福島県いわき市常磐藤原町　長さ7cm, 長さ6cm　そのまま, 切断して研磨したもの〉
産地別（p61/カ写）〈[産]北海道石狩郡当別町青山中央　長さ9cm〉

オウナガイ
新生代第三紀鮮新世の軟体動物斧足類。
¶**産地別**（p159/カ写）〈[産]富山県高岡市岩坪　長さ7.7cm〉

オウナガイ
新生代第三紀の軟体動物斧足類。
¶**産地本**（p42/カ写）〈[産]北海道稚内市抜海　長さ（左右）11cm〉

オウナガイの1種　*Conchocele* sp.cf.*C.nipponica*
新生代第三紀漸新世の貝類。ハナシガイ科。
¶**学古生**（図1110/モ写）〈[産]和歌山県西牟婁郡串本町田野崎西方〉

オウムガイ　*Nautilus*
始新世～現在の軟体動物頭足類オウムガイ類。
¶**アン最**〔オウムガイの殻の内部〕（p63/カ写）
化百科（p176/カ写）〈直径3cm〉

オウムガイ　*Nautilus pompilius*
現世の軟体動物頭足類“オウムガイ類”。
¶**化石フ**（p19/カ写）〈[産]フィリピン　160mm　断面〉
原色化〔ノーチラス・ポムピリゥス〕（PL.1-7/カ写）〈[産]フィリピン海域　長径16.5cm〉
原色化〔ノーチラス・ポムピリゥス〕（PL.2-2/モ写）〈[産]マラッカ海峡のタルタオ島　長径13.5cm　断面〉

オウムガイ
古生代ペルム紀の軟体動物頭足類。
¶**産地新**〔オウムガイの一種〕（p146/カ写）〈[産]滋賀県犬上郡多賀町エチガ谷　長径4.2cm〉
産地別（p75/カ写）〈[産]宮城県気仙沼市戸屋沢　長径2.5cm〉

オウムガイ
中生代三畳紀の軟体動物頭足類。
¶**産地別**（p79/カ写）〈[産]宮城県宮城郡利府町赤沼　長径

5cm〉
産地別（p178/カ写）〈㊧福井県大飯郡高浜町難波江 長径2.5cm〉
産地別（p178/カ写）〈㊧福井県大飯郡高浜町難波江 長径9.5cm〉

オウムガイ
古生代石炭紀の軟体動物頭足類。
¶産地別（p106/カ写）〈㊧新潟県糸魚川市青海町 長径3.5cm〉
産地本〔オウム貝〕（p56/カ写）〈㊧岩手県大船渡市日頃市町鬼丸 径10cm〉

オウムガイ ⇒ケノケラスを見よ

オウムガイ ⇒ユートレフォセラス・ベッレロフォンを見よ

オウムガイ類 ⇒ヴェスチナウチルスを見よ

オウムガイ類の様々な殻形態 *nautiloid*
古生代の頭足類オウムガイ類。
¶アン最〔古生代のオウムガイ類の様々な殻形態〕（p25/カ写）

おうむ竜 ⇒プシッタコサウルスを見よ

オゥラコプリゥラ・コニンキイ *Aulacopleura (Aulacopleura) konincki konincki*
シルル紀の節足動物三葉虫類。
¶原色化（PL.14-4/モ写）〈㊧チェコスロバキアのボヘミアのロデニッツ 長さ1.3cm〉

オウラノサウルス *Ouranosaurus*
白亜紀前期の恐竜類鳥脚類ハドロサウルス類。鳥盤目鳥脚亜目イグアノドン科。熱帯の平原および森林に生息。体長7m。㊀ニジェール
¶恐イラ（p171/カ復）
恐絶動（p143/カ復）
恐太古（p94/カ復）
恐竜博（p140/カ写, カ復）〈骨格復原〉
よみ恐（p156～157/カ復）

オウラノサウルス
白亜紀前期の脊椎動物鳥盤類。体長7m。㊀ニジェール
¶進化大（p338/カ写）

オウロフィリア・イラディアンス *Oulophyllia irradians*
漸新世の無脊椎動物腔腸動物花虫類。
¶図解化（p65-4/カ写）〈㊧イタリアのヴィチェンツァ付近〉

オゥロポーラ・レペンス *Aulopora repens*
デボン紀の腔腸動物床板サンゴ類。
¶原色化（PL.15-5/モ写）〈㊧ドイツのケルン近郊 群体の長さ3.8cm〉

オーエディゲラ・ピーリ *Ooedigera peeli*
古生代カンブリア紀の古虫動物類。シリウス・パセット動物群。体長4cm。
¶生ミス1〔オーエディゲラ〕（図3-4-5/カ写）

オエディスキア *Oedischia* sp.
ジュラ紀後期の無脊椎動物節足動物。
¶図解化（p112-9/カ写）〈㊧ドイツのゾルンホーフェン〉

オオアカフジツボ *Balanus volcano*
更新世前期？～現世の蔓脚類。
¶日化譜（図版60-5/モ写）〈㊧北海道石狩郡獅子内〉

オオアライカセキヤシ *Sabalites ooaraiensis*
中生代白亜紀後期の陸上植物。単子葉綱ヤシ目。上部白亜紀植物群。
¶学古生（図871/モ写）〈㊧茨城県東茨城郡大洗町〉

オオアライタラノキ *Araria disectifolia*
新白亜紀中後期の双子葉植物。
¶日化譜（図版78-18/モ写）〈㊧茨城県那珂港市大洗〉

オオアルマジロ ⇒グリプトドンを見よ

オオイシカエデ *Acer oishii*
新生代漸新世の陸上植物。カエデ科。
¶学古生（図2216/モ写）〈㊧北海道釧路市春採炭鉱〉

オオイシマツ *Pinus oishii*
新生代中新世中期の陸上植物。マツ科。
¶学古生（図2251,2252/モ写）〈㊧石川県珠洲市高屋, 新潟県岩船郡山北町雷 雄花序, 枝条〉

オオウミガラス ⇒ピングイヌス・インペンニスを見よ

オオウヨウラクガイ *Ocenebra japonica*
新生代第三紀鮮新世の軟体動物腹足類。
¶化石フ（p182/カ写）〈㊧石川県金沢市 30mm〉

オオエゾキリガイダマシ *Turritella (Neohaustator) nipponica*
鮮新世前期～更新世後期の軟体動物腹足類。
¶日化譜（図版28-9/モ写）〈㊧千葉県, 神奈川県〉

オオエゾキリガイダマシ *Turritella nipponica*
新生代第三紀鮮新世の貝類。キリガイダマシ科。
¶学古生（図1463/モ写）〈㊧青森県むつ市前川〉

オオエゾシワガイ？
新生代第四紀更新世の軟体動物腹足類。エゾバイ科。
¶産地新（p61/カ写）〈㊧秋田県男鹿市琴川安田海岸 高さ2.5cm〉

オオオカメブンブク（新） *Spatangus pallidus*
更新世前期～現世のウニ類。スパタングス科。
¶学古生〔スパタングスの1種〕（図1921/モ写）〈㊧千葉県木更津市藪〉
日化譜（図版62-20/モ写）〈㊧千葉県君津郡富来田町地蔵堂〉

大型アンモナイトの顎器
中生代白亜紀の軟体動物頭足類。
¶産地別（p35/カ写）〈㊧北海道苫前郡苫前町古丹別川 長さ5cm〉

大型アンモナイトの破片
中生代白亜紀の軟体動物頭足類。
¶産地新（p226/カ写）〈㊧熊本県天草郡龍ヶ岳町樋島 長さ9cm 破片〉

大型紅藻類
先カンブリア時代～現代の藻類。最大長径80m。㊀世界各地
¶進化大〔大型藻類〕（p99/カ写）

オ

大型スカフィテス
中生代白亜紀の軟体動物頭足類。
¶産地別 (p50/カ写)〈(産)北海道留萌郡小平町上記念別川 長径5.6cm〉

オオガフタバマツ ⇒ピヌス・プロトディフィラを見よ

オオカミ *Canis lupus*
更新世後期〜現世の哺乳類食肉類。
¶日化譜 (図版66-13/モ写)〈(産)栃木県安蘇郡葛生町大久保など 吻部左側面〉

オオカワボタル *Baryspira okawai*
鮮新世前期の軟体動物腹足類。
¶日化譜 (図版33-8/モ写)〈(産)静岡県周智郡大日〉

オオギガニの1種 *Cancer minutoserratus*
新生代鮮新世の甲殻類十脚類。オオギガニ科。
¶学古生 (図1838/モ写)〈(産)宮城県仙台市評定河原〉

オオキジビキガイ *Punctacteon kirai*
更新世後期〜現世の軟体動物腹足類。
¶日化譜 (図版34-41/モ写)〈(産)鹿児島県燃島〉

オオキララガイ *Acila (Acila) divaricata*
新生代第四紀完新世の貝類。クルミガイ科。
¶学古生 (図1776/モ写)〈(産)鹿児島県鹿児島郡桜島町新島〉
日化譜 (図版35-26/モ写)〈(産)東京都品川〉

オオキララガイ
新生代第三紀鮮新世の軟体動物斧足類。クルミガイ科。別名アシラ。
¶産地新 (p205/カ写)〈(産)高知県安芸郡安田町唐浜 長さ2.4cm〉

オオキララガイ
新生代第三紀中新世の軟体動物斧足類。別名アシラ。
¶産地本 (p128/カ写)〈(産)岐阜県瑞浪市庄内川 長さ(左右) 4.5cm〉

オオキララガイの1種 *Acila* sp.aff.*A.elongata*
新生代第三紀漸新世の貝類。クルミガイ科。
¶学古生 (図1108/モ写)〈(産)和歌山県西牟婁郡串本町田並南東〉

オオキララガイモドキ *Acila (Acila) divaricata submirabilis*
新生代第三紀中新世中期〜後期〜鮮新世(?)の貝類。クルミガイ科。
¶学古生 (図1341/モ写)

オオグソクムシ
新生代第三紀鮮新世の節足動物等脚類。
¶産地本 (p144/カ写)〈(産)静岡県掛川市 長さ2.5cm 印象化石〉

オオグソクムシの1種 *Bathynomus* sp.
新生代鮮新世の甲殻類等脚類。軟甲亜目等脚目スナホリムシ科。
¶学古生 (図1831/モ写)〈(産)神奈川県愛甲郡愛川町小沢〉

オオケマイマイ *Aegista vulgivaga*
更新世後期〜現世の軟体動物腹足類。
¶日化譜 (図版35-15/モ写)〈(産)静岡県伊井谷村竜ケ石〉

オオサワノアラレボラ *Apollon osawanoensis*
中新世中期の軟体動物腹足類。フジツガイ科。
¶学古生〔オサワノアラレボラ〕(図1222/モ写)〈(産)石川県珠洲市藤尾〉
日化譜〔オオサワノアラレボラ(新)〕(図版83-23/モ写)〈(産)能登珠洲市藤尾〉

オオサワノソデガイ *Volema osawanoensis*
中新世中期の軟体動物腹足類。
¶日化譜 (図版30-8/モ写)〈(産)富山県八尾町〉

オオサワノマクラ ⇒オサワノマクラガイを見よ

オオシラスナガイ *Limopsis (Limopsis) tajimae*
新生代第四紀更新世の貝類。シラスナガイ科。
¶学古生 (図1641/モ写)〈(産)千葉県富津市笹毛〉

オオシラビソ ⇒アオモリトドマツを見よ

オオスジボラ *Lyria rex*
更新世前期の軟体動物腹足類。
¶日化譜 (図版33-18/モ写)〈(産)喜界島上嘉鉄, 沖縄本島〉

オオタコノマクラ *Clypeaster (Stolonoclypeus) virescens*
鮮新世〜現世のウニ類。
¶日化譜 (図版88-11/モ写)〈(産)沖縄〉

オオタニエビスガイ *Calliostoma otaniensis*
新生代第三紀・初期中新世の貝類。ニシキウズガイ科。
¶学古生 (図1195/モ写)〈(産)石川県珠洲市大谷〉

オオタニシ
新生代第四紀更新世の軟体動物腹足類。タニシ科。
¶産地新 (p190/カ写)〈(産)滋賀県大津市雄琴 高さ7cm〉

オオタマツバキ
新生代第四紀更新世の軟体動物腹足類。
¶産地別 (p169/カ写)〈(産)石川県珠洲市正院町平床 長径4cm〉

オオタマツバキ
新生代第三紀鮮新世の軟体動物腹足類。タマガイ科。
¶産地新 (p206/カ写)〈(産)高知県安芸郡安田町唐浜 高さ4cm〉

オオツカエゾボラ *Neptunea otukai*
鮮新世後期の軟体動物腹足類。
¶日化譜 (図版32-8/モ写)〈(産)岩手県二戸郡金田一村落合〉

オオツカエビス *Calliostoma (Otukaia) otukai*
更新世前期〜現世の軟体動物腹足類。
¶日化譜 (図版26-19/モ写)〈(産)千葉県君津郡吉野〉

オオツカカミオニシキガイ *Chlamys otukae*
新生代第三紀・中期中新世の貝類。イタヤガイ科。
¶学古生 (図1294/モ写)〈(産)石川県加賀市南郷〉

オオツカキリガイダマシ *Turritella (Neohaustator) otukai*
更新世前期の軟体動物腹足類。
¶日化譜 (図版28-16/モ写)〈(産)秋田県男鹿半島安田〉

オオツカタカノハ *Phaxas otukai*
漸新世末〜中新世中期の軟体動物斧足類。

¶日化譜（図版48-20/モ写）〈㊥岩手県福岡など〉

オオツカツキガイモドキ *Lucinoma otukai*
中新世中期の軟体動物斧足類。
¶日化譜（図版45-19/モ写）〈㊥福島県平市城山〉

オオツカニシキ *Chlamys otukae*
新生代第三紀・初期中新世の貝類。イタヤガイ科。
¶学古生（図1134/モ写）〈㊥宮城県遠田郡涌谷町追戸〉

オオツカニシキ？
新生代第三紀中新世の軟体動物斧足類。
¶産地新（p41/カ写）〈㊥宮城県遠田郡涌谷町 高さ2.8cm〉

オオツツミキンチャク *Nanaochlamys notoensis otutumiensis*
新生代第三紀・中期中新世の貝類。イタヤガイ科。
¶学古生（図1264/モ写）〈㊥岩手県二戸市長嶺〉

オオツツミキンチャク
新生代第三紀中新世の軟体動物斧足類。
¶産地新（p51/カ写）〈㊥宮城県亘理郡亘理町神宮寺 高さ9cm〉

オオツノジカ ⇒シノメガケロイデスを見よ

オオツノジカ ⇒メガロケロスを見よ

オオツノジカ ⇒メガロケロス・ギガンテウスを見よ

オオトオキナエビス *Perotrochus otoensis*
新生代第三紀中新世の軟体動物腹足類。
¶化石フ（p180/カ写）〈㊥栃木県那須郡那須町 150mm〉

オオトリガイ *Lutraria*（*Psammophila*）*maxima*
新生代第四紀更新世の貝類。バカガイ科。
¶学古生（図1672/モ写）〈㊥千葉県成田市大竹〉

オオトリガイ
新生代第四紀更新世の軟体動物斧足類。
¶産地新（p139/カ写）〈㊥石川県珠洲市平床 長さ6cm〉
産地別（p94/カ写）〈㊥千葉県印西市山田 長さ12.6cm〉

オオトリガイの1種 *Lutraria* sp.
新生代第三紀の貝類。バカガイ科。
¶学古生（図1180/モ写）〈㊥石川県珠洲市高波〉

オオナマケモノ ⇒メガテリウムを見よ

オオノガイ *Mya arenaria oonogai*
新生代第四紀更新世の貝類。オオノガイ目オオノガイ科。
¶学古生（図1698/モ写）〈㊥愛知県渥美郡赤羽根町高松〉

オオノガイ *Mya*（*Arenomya*）*japonica*
中新世〜現世の軟体動物斧足類。
¶日化譜（図版49-6/モ写）〈㊥北海道天塩国遠別〉

オオノガイ
新生代第四紀更新世の軟体動物斧足類。
¶産地別（p94/カ写）〈㊥千葉県印西市萩原 長さ10.8cm〉

オオノガイ
新生代第三紀中新世の軟体動物斧足類。別名マイヤ。
¶産地本（p129/カ写）〈㊥岐阜県瑞浪市釜戸町荻の島 長さ（左右）4cm〉

オオノガイの仲間
新生代第三紀鮮新世の軟体動物斧足類。
¶産地別（p159/カ写）〈㊥富山県高岡市岩坪 長さ8cm〉

オオハシモチノキ *Ilex ohashii*
新生代中新世中期の陸上植物。モチノキ科。
¶学古生（図2390/モ写）〈㊥秋田県仙北郡西木村土熊沢〉

オオバタグルミ *Juglans cinea* var.*megacinerea*
新生代鮮新世の陸上植物。クルミ科。
¶学古生（図2293/モ写）〈㊥岩手県花巻市小般渡〉

オオバタグルミ *Juglans cinerea megacinerea*
鮮新世中期〜更新世前期の双子葉植物。
¶日化譜（図版76-12/モ写）〈㊥仙台市など 堅果〉

オオバタグルミ
新生代第四紀更新世の被子植物双子葉類。
¶産地本（p220/カ写）〈㊥滋賀県彦根市野田山町 高さ6cm 堅果〉

オオハナガイ
新生代第三紀鮮新世の軟体動物斧足類。マルスダレガイ科。
¶産地新（p202/カ写）〈㊥高知県安芸郡安田町唐浜 長さ2.4cm〉

オオハネガイ
新生代第四紀更新世の軟体動物斧足類。ミノガイ科。別名アセスタ。
¶産地新（p77/カ写）〈㊥千葉県君津市追込小糸川 長さ10cm〉
産地別（p91/カ写）〈㊥神奈川県横浜市金沢区柴町 長さ6.5cm〉

オオハネガイ
新生代第三紀中新世の軟体動物斧足類。別名アセスタ。
¶産地新（p158/カ写）〈㊥福井県大飯郡高浜町山中 長さ6.5cm 内形印象〉
産地別（p144/カ写）〈㊥石川県羽咋郡志賀町関野鼻 長さ14.5cm〉
産地本（p182/カ写）〈㊥三重県安芸郡美里村家所 高さ12.5cm〉

オオハネガイ
新生代第三紀鮮新世の軟体動物斧足類。別名アセスタ。
¶産地本（p86/カ写）〈㊥千葉県安房郡鋸南町奥元名 高さ11cm〉

オオバフンウニ（？）の1種 *Strongylocentrotus? octoporus*
新生代鮮新世の棘皮動物。オオバフンウニ科。
¶学古生（図1907/モ写）〈㊥千葉県銚子市外川〉

オオバラモミ *Picea koribai*
更新世前期の毬果類。
¶日化譜（図版75-8/モ写）〈㊥兵庫, 奈良, 和歌山, 滋賀各県 毬果〉

オオヒタチオビ *Fulgoraria*（*Nipponomelon*）*prevostiana magna*
新生代第四紀更新世の貝類。ヒタチオビ科。
¶学古生（図1727/モ写）〈㊥千葉県市原市瀬又〉

オオヒラダカラ(新) *Cypraea(Erosaria?) ohirai*
中新世中期の軟体動物腹足類。
¶日化譜(図版83-22/モ写)〈㊆能登珠洲市大谷〉

オオヒロクチベニガイ *Caryocorbula ohiroi*
新生代第三紀・初期中新世の貝類。クチベニガイ科。
¶学古生(図1185/モ写)〈㊆石川県珠洲市大谷〉

オオヒロスダレガイ *Paphia euglypta ohiroi*
新生代第三紀・初期中新世の貝類。マルスダレガイ科。
¶学古生(図1175/モ写)〈㊆石川県珠洲市大谷〉

オオヒロダカラ *Cypraea ohiroi*
新生代第三紀・初期中新世の貝類。タカラガイ科。
¶学古生(図1220/モ写)〈㊆石川県珠洲市大谷〉

オオヒロヘタナリ *Cerithidea ohiroi*
新生代第三紀・初期中新世の貝類。ウミニナ科。
¶学古生(図1211/モ写)〈㊆石川県珠洲市藤尾〉

オオブンブクの1種 *Brissus latecarinatus*
新生代更新世のウニ。オオブンブク科。
¶学古生(図1927/モ写)〈㊆鹿児島県大島郡喜界町上嘉鉄〉
日化譜〔オオブンブク〕(図版62-19/モ写)〈㊆石垣島〉

オオベソオウムガイ ⇒ノーチラス・マクロムファルスを見よ

オオヘビガイ *Serpulorbis imbricatus*
新生代第四紀完新世の貝類。ムカデガイ科。
¶学古生(図1786/モ写)〈㊆神奈川県鎌倉市戸部〉

オオボタンウニの1種 ⇒ボタンウニを見よ

オオマテガイ *Solen(Solen) grandis*
新生代第四紀更新世の貝類。マテガイ科。
¶学古生(図1683/モ写)〈㊆千葉県印旛郡印西町木下〉

オオマテガイ
新生代第四紀更新世の軟体動物斧足類。
¶産地別(p96/カ写)〈㊆千葉県印西市山田 長さ12.3cm〉

オオマルフミガイ *Venericardia crebricostata*
新生代第三紀鮮新世の貝類。トマヤガイ科。
¶学古生(図1424/モ写)〈㊆青森県むつ市前川〉

オオミツバマツ *Pinus trifolia*
新第三紀中新世〜鮮新世の針葉樹球果類。マツ目マツ科。
¶学古生(図2256〜2259/モ図)〈㊆岐阜県瑞浪市陶町畑小屋 種鱗と翼果, 短枝葉, 球果, 短枝の落ちた長枝〉
化石図(p154/カ写)〈㊆岐阜県 左右幅6cm〉
原色化〔ピヌス・トリフォリア〕(PL.91-4/モ写)〈㊆愛知県瀬戸市 高さ10cm 毬果〉
日化譜(図版75-9,10/モ写)〈㊆岐阜県多治見市, 愛知県瀬戸市 毬果〉

オオミハスノハカズラ *Stephania dielsiana*
新生代鮮新世の陸上植物。ツヅラフジ科。
¶学古生(図2378/モ図)〈㊆岐阜県多治見市下生田 核果〉

オオムラホタルガイ *Olivella omurai*
新生代第三紀・後期中新世の貝類。マクラガイ科。
¶学古生(図1331/モ写)

オオモア ⇒ディノルニスを見よ

オオモモノハナガイ *Macoma praetexta*
新生代第三紀鮮新世〜初期更新世の貝類。ニッコウガイ科。
¶学古生(図1548,1549/モ写)〈㊆石川県金沢市夕日寺町〉
学古生(図1680/モ写)〈㊆千葉県市原市瀬又〉

オオヤマクダマキ *Suavodrillia oyamai*
鮮新世後期の軟体動物腹足類。
¶日化譜(図版34-10/モ写)〈㊆岩手県二戸郡金田一村落合〉

オオヨウラク
新生代第三紀鮮新世の軟体動物腹足類。アクキガイ科。
¶産地別(p82/カ写)〈㊆福島県双葉郡富岡町小良ケ浜 高さ4.6cm〉

オカガメ属の未定種 *Testudo* sp.
新生代第三紀鮮新世の爬虫類カメ類。
¶化石フ(p226/カ写)〈㊆長野県上水内郡信州新町 110mm〉

オカダカタビラガイ *Myadora okadae*
新生代第三紀・初期中新世の貝類。ミカドカタビラガイ科。
¶学古生(図1149/モ写)〈㊆仙台市高田〉

オカダキリガイダマシ *Colpospira(Acutospira) okadai*
始新世前期の軟体動物腹足類。
¶日化譜(図版27-22/モ写)〈㊆長崎県西彼杵郡香焼〉

オカフジムカシゴキブリ *Triassoblatta okafujii*
中生代三畳紀後期の昆虫類。昆虫綱ゴキブリ目メソブラッティナ科。体長2〜3cm。
¶学古生(図709/モ写)〈㊆山口県美祢市大嶺町大嶺炭礦〉
日絶古(p136〜137/カ写, カ復)〈㊆山口県 左右約18.5mm 前翅〉

オカフジムカシゴキブリの近似種 *Triassoblatta* cf. *okafujii*
中生代三畳紀の節足動物昆虫類。
¶化石フ(p130/カ写)〈㊆山口県美祢市 7mm〉

オカモトマサキ *Euonymus okamotoi*
新生代中新世中期の陸上植物。ニシキギ科。
¶学古生(図2466/モ図)〈㊆山口県大津郡油谷町山根〉

オガワサルボウ *Anadara ogawai*
新生代第三紀・初期中新世の貝類。フネガイ科。
¶学古生(図1120/モ写)〈㊆富山県上新川郡大沢野町葛原〉

オギギオカレラ デブチィ *Ogygiocarella debuchii*
オルドビス紀後期の三葉虫。レドリキア目。
¶三葉虫(図22/モ写)〈㊆イギリスのウェールズ州 長さ110mm 頭と胸節の外れた脱皮後の外骨骼化石〉

オギギテスの一種 *Ogygites* sp.
オルドビス紀中期の三葉虫。レドリキア目。
¶三葉虫(図24/モ写)〈㊆ポルトガルのヴァロンゴ 長さ132mm〉

オギギヌスの一種 *Ogyginus* sp.
オルドビス紀中期の三葉虫。レドリキア目。

¶三葉虫（図25/モ写）〈㊦ポルトガルのヴァロンゴ 長さ40mm〉

オギゴプシス *Ogygopsis*
古生代カンブリア紀の節足動物三葉虫類コリュネクソクス類。全長10cm。
¶化百科〔オギュゴプシス〕（p130/カ写）〈頭～尾の長さ4cm〉
生ミス1（図3-1-1/カ写）〈㊦カナダのバージェス頁岩〉

オギゴプシス・クロッツイ *Ogygopsis klotzi*
古生代カンブリア紀の無脊椎動物三葉虫類。コリネクソカス目ドリピゲ科。体長8cm。㊗北アメリカ，シベリア
¶化写真〔オギゴプシス〕（p64/カ写）〈㊦カナダ〉
化石図（p37/カ写）〈㊦カナダ 体長約7cm〉
三葉虫〔オギゴプシス クロッツィ〕（図32/モ写）〈㊦カナダのブリティッシュコロンビア州 長さ98mm 左右の自在頰のない脱皮後の外骨格〉

オキシエナ *Oxyaena lupina*
暁新世～始新世の哺乳類。哺乳綱獣亜綱正獣上目食肉目オキシエナ科。全長1m。㊗北米，アジア
¶古脊椎（図240/モ復）

オキシエナ *Oxyaena* sp.
暁新世後期～始新世前期の哺乳類真獣類。肉歯目オキシエナ科。肉食性。頭胴長60～70cm。㊗北アメリカ，ヨーロッパ
¶絶哺乳（p102/カ復）

オキシジミ *Cyclina sinensis*
新生代第四紀完新世の貝類。マルスダレガイ科。
¶学古生（図1765/モ写）〈㊦東京都中央区日本橋室町〉

オキシジミ
新生代第三紀中新世の軟体動物斧足類。別名シクリナ。
¶産地新（p126/カ写）〈㊦福井県福井市鮎川町 長さ4cm 殻が溶けている〉
産地新（p163/カ写）〈㊦滋賀県甲賀郡土山町大沢 長さ4cm お下がりになったもの〉
産地別〔シクリナ〕（p222/カ写）〈㊦岡山県津山市皿川 長さ3.5cm〉

オキシセリテス
中生代ジュラ紀の軟体動物頭足類。
¶産地新（p107/カ写）〈㊦福井県大野郡和泉村貝皿 径4.5cm〉
産地新（p107/カ写）〈㊦福井県大野郡和泉村貝皿 径5.4cm〉

オキシセリテス・オッペリー *Oxycerites oppeli*
中生代ジュラ紀の軟体動物頭足類。
¶化石フ（p116/カ写）〈㊦福井県大野郡和泉村 50mm〉

オキシセリテスの1種 *Oxycerites* sp.
中生代ジュラ紀後期のアンモナイト。オッペリア科。
¶学古生（図448/モ写）〈㊦福井県大野郡和泉村貝皿〉

オキシダクチルス *Oxydactylus longipes*
中新世の哺乳類。哺乳綱獣亜綱正獣上目偶蹄目ラクダ科。体長2.3m。㊗北米
¶古脊椎（図324/モ復）

オキシトーマ
中生代三畳紀の軟体動物斧足類。
¶産地本（p180/カ写）〈㊦福井県大飯郡高浜町難波江 長さ（左右）2.5cm〉

オキシトマ *Oxytoma*
ジュラ紀前期の無脊椎動物貝殻の化石。
¶恐竜世〔イタヤガイのなかま〕（p60/カ写）

オキシトマ *Oxytoma longicostata*
後期三畳紀～後期白亜紀の無脊椎動物二枚貝類。ウグイスガイ目オキシトマ科。体長3.5cm。㊗世界中
¶化写真（p99/カ写）〈㊦イギリス〉

オキシトーマ・チッテリイ *Oxytoma zitteli*
三畳紀の軟体動物斧足類。
¶原色化（PL.38-2/モ写）〈㊦高知県高岡郡佐川町梅ノ木谷 高さ4.3cm〉
日化譜〔Oxytoma zitteli〕（図版38-3/モ写）〈㊦高知県佐川町梅ノ木谷〉

オキシトマ（パルモキシトマ）・キグニペス
Oxytoma (*Palmoxytoma*) *cygnipes*
ジュラ紀の軟体動物斧足類。
¶原色化（PL.46-4/モ写）〈㊦イギリスのブリストル 幅3.7cm〉

オキシトーマ・モジソヴィッチー
中生代三畳紀の軟体動物斧足類。
¶産地別（p179/カ写）〈㊦福井県大飯郡高浜町難波江 長さ6cm〉

オキシトーマ・モジソヴィッチィ *Oxytoma mojsisovicsi*
中生代三畳紀の軟体動物斧足類。
¶化石フ（p88/カ写）〈㊦高知県高岡郡佐川町 50mm〉

オキシトマ・モジソヴィッチイ *Oxytoma* (s.s.) *mojsisovicsi*
中生代三畳紀後期の貝類。オキシトマ科。
¶学古生（図654/モ写）〈㊦高知県高岡郡佐川町 左殻外面〉

オキシトロピドセラス（ベネゾリセラス）の一種
Oxytropidoceras (*Venezoliceras*) sp.
アルビアン期のアンモナイト。
¶アン最（p211/カ写）〈㊦テキサス州〉
アン最（p223/カ写）〈㊦ペルーのワンザレ〉

オキシノチケラス ⇒オキシノティセラス・オキシノタームを見よ

オキシノティセラス・オキシノターム
Oxynoticeras oxynotum
ジュラ紀の軟体動物頭足類アンモナイト類。アンモナイト目オキシノチケラス科。直径10cm。㊗世界中
¶化写真〔オキシノチケラス〕（p147/カ写）〈㊦イギリス 黄鉄鋼内の内形雌型，黄鉄鋼化した断面〉
原色化（PL.49-5/カ写）〈㊦イギリスのドーシット州ライム・レジス 長径5.6cm 研磨断面〉

オキナエビス
古生代デボン紀の軟体動物腹足類。
¶産地別（p101/カ写）〈㊦福井県大野市上伊勢 長径5cm〉

オキナエビス
古生代ペルム紀の軟体動物腹足類。
¶産地別（p131/カ写）〈[産]岐阜県本巣市根尾初鹿谷 高さ1.6cm〉

オキナガイの仲間
中生代白亜紀の軟体動物斧足類。
¶産地新（p111/カ写）〈[産]長野県南佐久郡佐久町石堂 長さ3.5cm〉

オキナワアナジャコ *Thalassina anomala*
新生代第三紀中新世の節足動物十脚類。アナジャコ科。
¶化石フ（p196/カ写）〈[産]鹿児島県熊毛郡南種子町 約220mm〉

オキナワイトカケ *Epitonium（Crisposcala）okinavensis*
鮮新世前期の軟体動物腹足類。
¶日化譜（図版29-21/モ写）〈[産]沖縄本島〉

オキナワオガイ *Cantharus okinawa*
鮮新世後期の軟体動物腹足類。
¶日化譜（図版32-23/モ写）〈[産]沖縄本島〉

オギュギオカリス *Ogygiocaris*
オルドビス紀前期～中期の節足動物三葉虫類アサフス類。
¶化百科（p132/カ写）〈20cm〉

オギュゴプシス ⇒オギゴプシスを見よ

オクシダクティルス *Oxydactylus*
中新世前期の哺乳類ラクダ類。ラクダ亜目ラクダ科。全長2.3m。[分]合衆国のサウスダコタ，ネブラスカ
¶恐絶動（p277/カ復）

オクツヒイラギモチ *Ilex subcornuta*
新生代中新世後期の陸上植物。モチノキ科。
¶学古生（図2476/モ写）〈[産]秋田県仙北郡西木村宮田〉

オクツヒメシャラ *Stewartea okutsui*
新生代鮮新世の陸上植物。ツバキ科。
¶学古生（図2440,2441/モ写）〈[産]北海道常呂郡留辺蘂町大富 葉，さく果〉

オクトメデューサ *Octomedusa*
古生代石炭紀の刺胞動物。全長2cm。[分]アメリカ
¶生ミス4（図1-3-3/カ写，カ復）〈[産]アメリカのメゾンクリーク〉

オクトメドゥサ・ピエコルム *Octomedusa pieckorum*
石炭紀の無脊椎動物腔腸動物。
¶図解化（p66-中央/カ写）〈[産]イリノイ州メゾン・クリーク〉

オグニサルトリイバラ *Smilax minor*
新生代中新世中期の陸上植物。ユリ科。
¶学古生（図2523/モ写）〈[産]新潟県岩船郡山北町雷〉

オグラクチナワマンジ *Ophiodermella ogurana*
新生代第三紀鮮新世～初期更新世の貝類。クダマキガイ科。
¶学古生（図1591,1592,1593/モ写）〈[産]石川県金沢市上中町，大桑町，角間〉

オグラザルガイ *Vasticardium ogurai*
新生代第三紀・初期～後期（？）中新世の貝類。ザルガイ科。
¶学古生（図1168/モ写）〈[産]石川県珠洲市向山〉
学古生（図1313/モ写）〈[産]石川県金沢市東市瀬〉

オザキフィルム
古生代石炭紀の腔腸動物四射サンゴ類。
¶産地本（p227/カ写）〈[産]山口県美祢市伊佐町宇部興産 個体の径7mm〉

オザキフィルム・コンパクタム *Ozakiphyllum compactum*
古生代石炭紀の腔腸動物四放サンゴ類。
¶化石フ（p31/カ写）〈[産]山口県美祢郡美東町 30×100mm〉

オザークコレニア・ラミナータ *Ozarkcollenia laminata*
先カンブリア時代の藍藻類。
¶図解化（p33-下右/カ写）〈[産]ミズリー州 断面標本〉

オザールコディナ・デリカチュラ *Ozarkodina delicatula*
古生代・前期石炭紀後期のコノドント類（錐歯類）。
¶学古生（図268/モ図）〈[産]山口県秋吉台〉

オザールコディナ・ハドラ *Ozarkodina hadra*
古生代シルル紀のコノドント類（錐歯類）。
¶学古生（図262/モ図）〈[産]高知県高岡郡越知町横倉山〉

オザールコディナ・レムシャイデンシス *Ozarkodina remscheidensis*
古生代デボン紀前期のコノドント類（錐歯類）。
¶学古生（図267/モ図）〈[産]岐阜県吉城郡上宝村福地〉

オザワサザエ *Turbo ozawai*
新生代第三紀・初期中新世の貝類。リュウテン科。
¶学古生（図1197,1198,1199/モ写）〈[産]石川県珠洲市高波〉

オザワサザエ
新生代第三紀中新世の軟体動物腹足類。
¶産地別（p194/カ写）〈[産]福井県大飯郡高浜町名島 長径3cm，高さ3.7cm〉

オザワサザエ（新） *Turbo（Marmorostoma）ozawai*
中新世中期の軟体動物腹足類。
¶日化譜（図版83-11/モ写）〈[産]能登珠洲市馬緤〉

オサワノアラレボラ ⇒オオサワノアラレボラを見よ

オザワノコギリカザミ *Scylla ozawai*
新生代中新世の甲殻類十脚類。ワタリガニ科。
¶学古生（図1833/モ写）〈[産]岩手県二戸市湯田〉

オサワノボラ *Surculites osawanoensis*
新生代第三紀・初期中新世の貝類。クダマキガイ科。
¶学古生（図1236/モ写）〈[産]石川県珠洲市藤尾〉

オサワノマクラガイ *Oliva osawanoensis*
新生代第三紀・初期中新世の貝類。マクラガイ科。
¶学古生（図1231/モ写）〈[産]石川県珠洲市藤尾〉
日化譜〔オオサワノマクラ（新）〕（図版83-29/モ写）〈[産]能登珠洲市藤尾〉

オシドリネリガイ *Pandora pulchella*
新生代第三紀鮮新世〜現世の貝類。ネリガイ科。
¶**学古生**(図1530/モ写)〈㊀石川県金沢市角間〉

オシドリネリガイ
新生代第四紀更新世の軟体動物斧足類。
¶**産地別**(p164/カ写)〈㊀富山県小矢部市田川 長さ4cm〉
産地別(p166/カ写)〈㊀石川県金沢市大桑町犀川河床 長さ4.5cm〉

オースティニセラス・オーステニ *Austiniceras austeni*
白亜紀後期の軟体動物頭足類アンモノイド類アンモナイト類。
¶**化百科**〔オースティニセラス〕(p170/カ写)〈㊀イギリスのサセックス州 直径15cm〉

オステオグロッスム類 *Osteoglossimorpha* gen.et sp.indet.
中生代白亜紀の魚類硬骨魚類。
¶**化石フ**(p141/カ写)〈㊀福岡県北九州市小倉南区 108mm〉

オステオドントルニス *Osteodontornis*
新生代新第三紀中新世〜鮮新世の鳥類。ペラゴルニス科。海岸に生息。全長3.5m。㊕日本, アメリカ
¶**恐竜博**(p187/カ復)
生ミス10(図2-1-3/カ写, カ復)〈㊀三重県津市美里町 約7cm 下顎の一部〉

オステオドントルニス・オリ *Osteodontornis orri*
中新世後期の鳥類。コウノトリ目。体高1.2m。㊕合衆国のカリフォルニア
¶**恐絶動**(p179/カ復)

オステオボルス *Osteoborus*
中新世後期〜更新世前期の哺乳類イヌ類。食肉目イヌ科。全長80cm。㊕合衆国のネブラスカ
¶**恐絶動**(p219/カ復)

オステオレピス *Osteolepis*
3億9000万年前(デボン紀)の魚類総鰭類。オステオレピス目オステオレピス科。全長50cm。㊕イギリスのスコットランド, ラトビア, リトアニア, エストニア
¶**化百科**(p196/カ写)〈頭尾長18cm〉
恐絶動(p42/カ復)
恐竜世(p79/カ写)

オステオレピス
デヴォン紀中期の脊椎動物肉鰭類。体長50cm。㊕スコットランド, ラトヴィア, リトアニア, エストニア
¶**進化大**(p139/カ写)

オステオレピス・マクロレピドタス *Osteolepis macrolepidotus*
デボン紀の脊椎動物硬骨魚類。総鰭亜綱オステオレピス目。全長22cm。㊕イギリスのスコットランド
¶**原色化**(PL.20-4/カ写)〈㊀イギリスのスコットランドのカートネス 長さ8cm〉
古脊椎〔オステオレピス〕(図52/モ復)

オステオレプシス *Osteolepsis* sp.
デヴォン紀中期の脊索動物総鰭類。硬骨魚綱。
¶**図解化**(p198-下右/カ写)〈㊀スコットランド〉

オステノカリス・キプリフォルミス *Ostenocaris cypriformis*
ジュラ紀の無脊椎動物節足動物。
¶**図解化**(p11-下/モ写)〈㊀イタリアのオステノ 筋肉組織〉
図解化(p110/カ写)〈㊀イタリアのオステノ〉

オーストラリセラス・ジャッキイ *Australiceras jacki*
白亜紀アプチアン期の無脊椎動物アンモナイト類。アンモナイト目アンキロケラス科。直径12cm。㊕世界中
¶**アン最**(p142/カ写)〈㊀オーストラリア〉
化写真〔アウストラリケラス〕(p152/カ写)〈㊀オーストラリア〉

オストレア *Ostrea compressirostra*
白亜紀〜現世の無脊椎動物二枚貝類。ウグイスガイ目イタボガキ科。体長12cm。㊕世界中
¶**化写真**(p102/カ写)〈㊀アメリカ〉

オストレア・ウェスペルティナ
白亜紀〜現代の無脊椎動物二枚貝類。別名イタボガキ。長さ7〜15cm。㊕世界各地
¶**進化大**〔オストレア〕(p399/カ写)

オストレア・ギガス *Ostrea gigas*
第四紀完新世の軟体動物斧足類。別名マガキ, ナガガキ。
¶**原色化**(PL.89-2/カ写)〈㊀東京都千代田区日比谷公園(地下6m) 長さ15cm〉

オストレア・マルシ ⇒ローファ・マルシィを見よ

オスニエリア *Othnielia*
ジュラ紀キンメリッジアン〜ティトニアンの恐竜類鳥脚類。鳥脚亜目ヒプシロフォドン科。体長1.4m。㊕アメリカ合衆国のコロラド州, ユタ州, ワイオミング州
¶**恐イラ**(p142/カ復)
恐絶動(p138〜139/カ復)

オスニエロサウルス
ジュラ紀後期の脊椎動物鳥盤類。体長2m。㊕アメリカ合衆国
¶**進化大**(p279/カ復)

オスマンドプシス・ニッポニカ *Osmundopsis nipponica*
中生代ジュラ紀のシダ植物シダ類。シダ目ゼンマイ科。
¶**化石フ**(p73/カ写)〈㊀長野県北安曇郡小谷村 340mm〉

オスミリテス・プロトガエウス *Osmylites protagaeus*
ジュラ紀後期の無脊椎動物昆虫類脈翅類(アミメカゲロウ類)。
¶**ゾル1**(図442/カ写)〈㊀ドイツのアイヒシュテット 6cm〉
ゾル1(図443/カ写)〈㊀ドイツのゾルンホーフェン 8.5cm〉

オスムンダ *Osmunda dowkeri*
白亜紀〜現世の植物シダ類。ゼンマイ目ゼンマイ科。高さ2m。㊕世界中
¶**化写真**(p293/カ写)〈㊀イギリス 茎の部分〉

オスムンダ
ペルム紀〜現代の植物シダ類。別名ヤマドリゼンマイ。胞子葉の最大全長2m。[分]世界各地
¶**進化大**(p363/カ写)〈幹の断面〉

オスムンダカウリスの1種
三畳紀〜白亜紀の植物シダ類。複葉の長さ1m。[分]世界各地
¶**進化大**〔クラドフレビス〕(p228/カ写)〈[産]オーストラリアのクイーンズランド〉

オスムンダキディテス・ウェルマニイ *Osmundacidites wellmanii*
中生代の植物真正シダ類。熱河生物群。
¶**熱河生**(図262/カ写)〈[産]中国の遼寧省ハルチン左翼蒙古族自治県, 三官廟 胞子〉

オズラプトル *Ozraptor*
ジュラ紀バジョシアンの恐竜類獣脚類。おそらく3m。[分]オーストラリア西部
¶**恐イラ**(p114/カ復)

オタヴィア・アンティクア *Otavia antiqua*
約7億6000万年前の海綿動物。
¶**生ミス1**〔オタヴィア〕(図1-4/カ写)〈0.3mm〜5mm〉

オタフクマルバノキ *Disanthus nipponica*
新生代漸新世の陸上植物。マンサク科。
¶**学古生**(図2204/モ写)〈[産]北海道三笠市幾春別日暮沢〉

オダライア *Odaraia alata*
カンブリア紀の節足動物。甲殻類と類縁。サイズ6〜15cm。
¶**バ頁岩**(図103〜105/モ復, モ写)〈[産]カナダのバージェス頁岩〉

オダライア?・エウリペタラ *Odaraia? eurypetala*
寛尾葉奥代雷虫?
カンブリア紀の節足動物。節足動物門。澄江生物群。
¶**澄江生**(図16.33/モ復)
澄江生(図16.34/カ写)〈[産]中国の馬房 側面からの眺め〉

オタリオン セラトフサルマス *Otarion ceratophthalmus*
デボン紀中期の三葉虫。プティコパリア目。
¶**三葉虫**(図118/モ写)〈[産]ドイツのアイフェル 長さ28mm〉

オタリオン デレイムシイ *Otarion dereimsi*
デボン紀の三葉虫。プティコパリア目。
¶**三葉虫**(図120/モ写)〈[産]ボリビアのエルコンドル 長さ22mm〉

オタリオンの未記載種 *Otarion* sp.
デボン紀前期の三葉虫。プティコパリア目。
¶**三葉虫**(図119/モ写)〈[産]アメリカのオクラホマ州 長さ15mm〉

オタリオン・メガロプス *Otarion megalops*
古生代中期の三葉虫類。オタリオン科。
¶**学古生**(図57/モ写)〈[産]岐阜県吉城郡上宝村福地 頭部〉

オチアイフミガイ *Venericardia* (*Cyclocardia*) *ochiaiensis*
鮮新世後期の軟体動物斧足類。
¶**日化譜**(図版44-21/モ写)〈[産]岩手県二戸郡金田一村落合〉

オッカカリス・オヴィフォルミス *Occacaris oviformis* 卵形耙肢蝦
カンブリア紀の節足動物。節足動物門オッカカリス科。澄江生物群。甲皮長およそ8mm, 高さ6mm。
¶**澄江生**(図16.23/モ復)
澄江生(図16.24/カ写)〈[産]中国の帽天山 側面から見たところ〉

オットイア *Ottoia*
5億500万年前(カンブリア紀中期)の無脊椎動物鰓曳動物。バージェス頁岩動物群。全長4〜8cm。[分]カナダ
¶**化百科**(p120/カ写)〈長さ7cm〉
恐竜世(p31/カ写)
生ミス1(図3-2-13/カ写, カ復)〈14cm〉

オットイア
カンブリア紀中期〜現在の無脊椎動物蠕虫類。全長4〜8cm。[分]カナダ
¶**進化大**(p71/カ写)

オットイア ⇒オトイア・プロリフィカを見よ

オッファコルス・キンギ *Offacolus kingi*
古生代シルル紀の節足動物鋏角類。体長5mm。
¶**生ミス2**〔ヘレフォードシャーの化石〕(図2-4-1/カ写)〈[産]イギリスのヘレフォードシャー 断面〉
生ミス2〔オッファコルス〕(図2-4-3/カ図)〈[産]イギリスのヘレフォードシャー〉
リア古〔オファコルス〕(p104/カ復)

オッペリア(オッペリア)・サブラディアータ *Oppelia* (*Oppelia*) *subradiata*
ジュラ紀の軟体動物頭足類。
¶**原色化**(PL.51-3/モ写)〈[産]フランスのカルバドス 長径8.5cm〉

オッペリアの1種 *Oppelia* sp., aff. *O.subradiata*
中生代のアンモナイト。オッペリア科。
¶**学古生**(図451/モ写)〈[産]福井県大野郡和泉村貝皿ホラ谷〉

オッペリア・リソグラフィカ *Oppelia lithographica*
ジュラ紀の軟体動物頭足類。
¶**原色化**(PL.53-6/カ写)〈[産]ドイツのバイエルンのゾルンホーフェン 長径4cm 蓋付き〉

オトイア・プロリフィカ *Ottoia prolifica*
カンブリア紀の無脊椎動物環虫類星虫類。鰓曳動物門オットイデー科。サイズ2〜16cm。
¶**図解化**(p88-中右/カ写)〈[産]ブリティッシュ・コロンビア州バージェス頁岩〉
バ頁岩〔オットイア〕(図70〜73/モ写, モ復)〈[産]カナダのバージェス頁岩〉
リア古〔オットイア〕(p16/カ復)

オトイテス *Otoites* sp.
ジュラ紀の軟体動物頭足類。
¶**原色化**(PL.50-6/モ写)〈[産]イギリスのウィルツ州ケラウェイス 長径5.5cm〉

オトイテス・サイゼロ *Ottoites saizeo*
バジョシアン期のアンモナイト。

¶アン最（p221/カ写）〈[産]アルゼンチンのネウケン〉

オトゥニエロサウルス　*Othnielosaurus*
1億5500万～1億4500万年前（ジュラ紀後期）の恐竜類。小型の鳥盤類。全長2m。[分]アメリカ合衆国
¶恐竜世（p121/カ復）

オトザミテスの一種　*Otozamites* sp.
中生代ジュラ紀のソテツ植物キカデオイデア類。ベネチテス目。
¶学古生〔オトザミテスの1種〕（図819,820/モ写）〈[産]弘法谷〉
化石図（p109/カ写）〈[産]富山県　標本の高さ約13cm〉
化石フ〔オトザミテス属の未定種〕（p73/カ写）〈[産]富山県下新川郡朝日町　80mm〉
図解化〔オトザミテス〕（p48-2/カ写）〈[産]イタリア北部のオステノ〉

オトストーマ・ジャポニクム　*Otostoma japonicum*
中生代白亜紀前期の貝類。アマオブネ科。
¶学古生（図598/モ写）〈[産]岩手県下閉伊郡田野畑村平井賀〉

オトーダス・オブリクウス　*Otodus obliquus*
第三紀の脊椎動物軟骨魚類。軟骨魚綱。
¶原色化（PL.80-4/カ写）〈[産]イギリスのサフォーク州ウッドブリッジ　高さ5.3cm〉
図解化〔Otodus obliquus〕（図版40-15/カ写）〈[産]イタリア〉
世変化〔サメの歯〕（図67/カ写）〈[産]モロッコのウィドゼム　幅35cm〉

オドベノケトプス　*Odobenocetops leptodon*
鮮新世の哺乳類クジラ類歯クジラ類。オドベノケトプス科。牙の全長約135cm, うち, 外に出ている部分約1m。[分]南アメリカ（ペルー）
¶絶哺乳（p143/カ復）

オドンタスピス
新生代第三紀中新世の脊椎動物軟骨魚類。オオワニザメの一種。
¶産地新（p65/カ写）〈[産]埼玉県秩父市大野原荒川河床　高さ2.7cm〉

オドンタスピス　⇒シロワニを見よ

オドントグリフス　*Odontogriphus*
古生代カンブリア紀の軟体動物。全長12.5cm。[分]カナダ
¶生ミス1（図3-6-2/カ復）〈現在の復元図〉
生ミス2（図1-4-3/カ復）〈当初の復元〉

オドントグリフス・オマルス　*Odontogriphus omalus*
古生代カンブリア紀の軟体動物。全長12.5cm。[分]カナダ
¶生ミス1〔オドントグリフス〕（図3-6-1/カ写, カ復）〈11cm〉
バ頁岩〔オドントグリフス〕（図46,47/モ復, モ写）〈[産]カナダのバージェス頁岩　長さ約6cm〉

オドントケリス　*Odontochelys*
中生代三畳紀の爬虫類双弓類カメ類。全長38cm。[分]中国
¶生ミス5（図3-6/カ写, カ復）〈[産]中国の貴州省　背側, 腹側〉
生ミス8（図7-9/カ復）

オドントケリス
三畳紀後期の脊椎動物カメ類。全長40cm。[分]中国
¶進化大（p208/カ復）

オドントケリス・セミテスタセア　*Odontochelys semitestacea*
中生代三畳紀の爬虫類カメ類。全長38cm。[分]中国
¶リア中〔オドントケリス〕（p48/カ復）

オドントチレ ハウスマニ　*Odontochile hausmanni*
デボン紀中期の三葉虫。ファコープス目。
¶三葉虫（図59/モ写）〈[産]モロッコのアルニフ　長さ80mm〉

オドントチレ ルゴーサ　*Odontochile rugosa*
デボン紀中期の三葉虫。ファコープス目。
¶三葉虫（図57/モ写）〈[産]チェコスロバキアのボヘミア　幅62mm〉

オドントプテリス　*Odontopteris* sp.
石炭紀の植物ソテツシダ類。
¶学古生〔オドントプリテスの1種〕（図328/モ写）〈[産]宮城県登米郡東和町米谷古館〉
図解化（p45-8/カ写）〈[産]ドイツ〉
図解化〔Odontopteris〕（図版1-8/カ写）〈[産]イリノイ州メゾン・クリーク〉
図解化〔Odontopteris〕（図版1-9/カ写）〈[産]イリノイ州メゾン・クリーク〉

オドントプテリス・ストゥラドニケンシス
石炭紀後期～ペルム紀前期の植物メドゥローサ類。大きな複葉の最大全長1m。[分]ヨーロッパ, 北アメリカ, 中国
¶進化大〔オドントプテリス〕（p152～153/カ写）

オドントプテリス・スブクレヌラタ
石炭紀後期～ペルム紀前期の植物メドゥローサ類。大きな複葉の最大全長1m。[分]ヨーロッパ, 北アメリカ, 中国
¶進化大〔オドントプテリス〕（p152～153/カ写）〈[産]中国の山西省〉

オドントプテリス・ライヒアーナ　*Odontopteris reichiana*
石炭紀の裸子植物蘇鉄状羊歯類。
¶原色化（PL.28-1/カ写）〈[産]チェコスロバキアのボヘミアのラドニッツ　小葉片の長さ1.7cm〉

オドントプテリックス　*Odontopteryx toliapica*
前期始新世の脊椎動物鳥類。ペリカン目オドントプテリックス科。体長90cm。[分]ヨーロッパ
¶化写真（p261/カ写）〈[産]イギリス　頭骨〉

オドントプルーラ オヴァータ　*Odontopleura ovata*
シルル紀中期の三葉虫。オドントプルーラ目。
¶三葉虫（図86/モ写）〈[産]チェコスロバキアのボヘミア　長さ17mm　脱皮後の外骨格〉

オニアサリ　*Protothaca*（*Notochione*）*jedoensis*
新生代第四紀更新世の貝類。マルスダレガイ科。
¶学古生（図1690/モ写）〈[産]千葉県成田市大竹〉

オニアサリ
新生代第四紀更新世の軟体動物斧足類。マルスダレガイ科。

¶産地新（p140/カ写）〈㊥石川県珠洲市平床 長さ5.3cm〉

オニカマスの歯 *Sphyraena barracuda*
新生代第三紀中新世の魚類硬骨魚類。
¶化石フ（p220/カ写）〈㊥岐阜県瑞浪市 10mm〉

オニキオプシス *Onychiopsis psilotoides*
白亜紀の植物シダ類。真正シダ目タカワラビ科。高さ50cm。㊎北半球
¶化写真（p293/カ写）〈㊥イギリス 葉〉

オニキオプシス
中生代ジュラ紀のシダ植物。
¶産地新（p109/カ写）〈㊥福井県足羽郡美山町小宇坂 長さ4.5cm〉
産地本（p123/カ写）〈㊥岐阜県郡上郡白鳥町石徹白 長さ8cm〉

オニキオプシス・エロンガータ *Onychiopsis elongata*
中生代ジュラ紀のシダ植物シダ類。タチシノブ科。
¶学古生〔ホソバタチシノブダマシ（オニキオプシス・エロンガダ）〕（図766/モ写）〈㊥石川県石川郡白峰村桑島〉
化石図（p110/カ写）〈㊥石川県 岩石の横幅約30cm〉
原色化（PL.57-7/カ写）〈㊥山口県豊浦郡清水村 母岩の幅約10cm〉
原色化（PL.71-1/モ写）〈㊥高知県香美郡土佐山田町久次 葉の軸の長さ約10cm〉
日化譜〔Onychiopsis elongata〕（図版70-13/モ写）〈㊥石川, 福井, 岐阜各県など 裸葉〉

オニキオプシス・プシロトイデス
ジュラ紀中期～白亜紀前期の植物シダ類。最終部分の長さ1cm。㊎日本, ヨーロッパ, 北アメリカ
¶進化大〔オニキオプシス〕（p287/カ写）

オニキオプシス・ヨコヤマイ *Onychiopsis yokoyamai*
中生代白亜紀のシダ植物。別名ニセタチシノブ。
¶化石フ（p82/カ写）〈㊥高知県南国市 100mm〉

オニキテス Onychites
ジュラ紀後期の無脊椎動物軟体動物。かつては雄ベレムナイト類の触腕とされていたが, 魚の分離した骨と判明した。
¶ゾル1（図187/カ写）〈㊥ドイツのゾルンホーフェン 21cm〉

オニコクリヌス・エクスクルプツス *Onychocrinus exculptus*
ミシシッピ亜紀の無脊椎動物棘皮動物。
¶図解化（p169-6/カ写）〈㊥インディアナ州〉

オニコディクティオン・フェロクス *Onychodictyon ferox* 凶猛爪網虫
カンブリア紀の葉足動物。葉足動物門。澄江生物群。長さ約70mm, 幅5mm。
¶澄江生（図14.10/モ復）
澄江生（図14.11/カ写）〈㊥中国の帽天山 背側からの眺め, 横からの眺め, 胴の後部の詳細.付属肢と硬皮〉

オニコニクテリス *Onychonycteris*
新生代古第三紀始新世の哺乳類真獣類翼手類。頭胴長10cm。㊎アメリカ
¶生ミス9（図1-3-6/カ写, カ復）〈㊥アメリカ中西部のグリーンリバー 約15cm〉

オニコニクテリス・フィネイイ *Onychonycteris finneyi*
始新世前期の哺乳類。翼手目オニコニクテリス科。頭胴長約10cm。㊎北アメリカ
¶絶哺乳〔オニコニクテリス〕（p159/カ復）
世変化〔オニコニクテリス〕（図68/カ写）〈㊥米国のワイオミング州トムソン農場採石場 前肢長約45mm〉

オニコブシ ⇒ウァースムを見よ

オニコプテレラ・アウグスティ *Onychopterella augusti*
古生代オルドビス紀のウミサソリ類。
¶生ミス2〔オニコプテレラ〕（図1-4-5/カ写）〈㊥南アフリカのスーム頁岩〉

オニニシ *Hemifusus tuba*
更新世前期～現世の軟体動物腹足類。
¶日化譜（図版33-1/モ写）〈㊥愛知県渥美郡豊南〉

オニビシ ⇒トラパ・ナタンスを見よ

オニフジツボ *Coronula diadema*
新生代第三紀鮮新世の節足動物蔓脚類。フジツボ科。
¶学古生（図1830/モ写）〈㊥神奈川県横浜市金沢区柴町〉
化石フ（p188/カ写）〈㊥静岡県掛川市 60mm〉
日化譜（図版60-6,7/モ写）〈㊥神奈川県足柄上郡南足柄町地蔵堂, 千葉県銚子犬若〉

オニフジツボ
新生代第四紀更新世の節足動物甲殻綱蔓脚類。
¶産地新（p138/カ写）〈㊥石川県金沢市大桑町犀川河床 高さ2.5cm, 径3.2cm〉
産地別（p91/カ写）〈㊥神奈川県横浜市金沢区柴町 径5cm, 高さ5cm〉
産地本（p93/カ写）〈㊥千葉県君津市市宿 高さ4cm, 径5cm〉

オニフジツボ
新生代第三紀鮮新世の節足動物甲殻綱蔓脚類。
¶産地新（p217/カ写）〈㊥高知県安芸郡安田町唐浜 径2.8cm〉
産地別（p160/カ写）〈㊥富山県高岡市岩坪 径3.2cm〉

オニムシロ *Morum (Onimusiro) uchiyamai*
更新世前期～現世の軟体動物腹足類。
¶日化譜（図版31-1/モ写）〈㊥喜界島上嘉鉄〉

オヌキフミガイ *Venericardia onukii*
新生代第三紀・中期中新世の貝類。トマヤガイ科。
¶学古生（図1276,1277/モ写）〈㊥宮城県柴田郡村田町足立西方〉

オノオレカンバ *Betula schmidtii*
第四紀更新世の植物。カバノキ科。塩原植物群。
¶化石図（p169/カ写）〈葉の長さ約5cm〉

オパキュリナの1種 *Operculina bartschi*
新生代更新世中期前半の大型有孔虫。ヌムリテス科。
¶学古生（図1003/モ写）〈㊥鹿児島県大島郡与論町瀬名〉

オパキュリナの1種 *Operculina complanata japonica*
新生代中新世初期の大型有孔虫。ヌムリテス科。
¶学古生(図962,966/モ写)〈㊖埼玉県児玉郡美里村湯本〉

オパビニア *Opabinia*
5億1500万～5億年前(カンブリア紀中期)の無脊椎動物節足動物。全長6.5cm。㊊カナダ
¶恐竜世(p32～33/カ写, カ復)〈㊖カナダのバージェス頁岩層〉
古代生(p58～59/カ写, カ復)〈㊖バージェス頁岩〉
生ミス1(図3-2-7/カ復)
生ミス2(図1-1-6/カ復)

オパビニア
カンブリア紀中期の無脊椎動物節足動物。全長約6.5cm。㊊カナダ
¶進化大(p73/カ復)

オパビニア・レガリス *Opabinia regalis*
古生代カンブリア紀の節足動物。バージェス頁岩動物群。全長10cm。㊊カナダ
¶化石図(p32/カ写, カ復)〈㊖カナダ 体長約7.3cm レプリカ〉
生ミス1〔オパビニア〕(図3-2-6/カ写)〈7cm,7cm〉
バ頁岩〔オパビニア〕(図173～175/モ復, モ写)〈㊖カナダのバージェス頁岩〉
リア古〔オパビニア〕(p28/カ復)

オビオウムガイ *Obinautilus pulcher*
漸新世の軟体動物頭足類オウム貝類。
¶原色化〔オビノーチラス・プルケル〕(PL.77-1/カ写)〈㊖宮崎県日南市油津沃肥間 長径8cm〉
日化譜(図版50-10/モ写)〈㊖宮崎県日南市油津飫肥間〉

オピオモルパ *Ophiomorpha*
ペルム紀～新第三紀の節足動物甲殻類たぶん十脚類の巣穴。トンネル網の生痕化石。
¶化百科(p139/カ写)〈㊖イギリス南部のバークシャー 最長の標本9cm〉

オビシダの1種 *Taeniopteris* sp.
中生代の陸上植物。科不明植物。下部白亜紀植物群。
¶学古生(図824/モ写)〈㊖高知県高岡郡東津野村枝ケ谷〉

オピストコエリカウディア *Opisthocoelicaudia*
白亜紀後期の爬虫類。竜脚下目カマラサウルス科。首の長い植物食恐竜。全長12.2m(?)。㊊モンゴル
¶恐絶動(p126/カ復)

オピス・ホッカイドウエンシス
中生代白亜紀の軟体動物斧足類。
¶産地本(p40/カ写)〈㊖北海道厚岸郡浜中町奔幌戸 高さ3cm〉

オビノーチラス・プルケル ⇒オビオウムガイを見よ

オビラプトル ⇒オヴィラプトルを見よ

オビラプトル類 Oviraptoridae
1億3000万年前(白亜紀前期)の恐竜類獣脚類。竜盤目獣脚亜目オビラプトロサウルス上科。雑食。体長70cm。㊊石川県白山市桑島
¶日恐竜(p36/カ写, カ復)〈左右約23mm 爪〉

オビラプトロサウルス類
恐竜類獣脚類オビラプトロサウルス類。
¶モ恐竜(p26/カ写)〈㊖モンゴル ザミン・コンドの標本の頭骨と全身骨格〉

オファコルス ⇒オッファコルス・キンギを見よ

オファスター・ピルラ *Offaster pilura*
白亜紀後期の無脊椎動物棘皮動物。
¶図解化(p178-6/カ写)〈㊖イギリス〉

オフィアコドン *Ophiacodon*
3億1000万～2億9000万年前(石炭紀後期～ペルム紀前期)の哺乳類盤竜類。盤竜目オフィアコドン科。全長3m。㊊アメリカ合衆国
¶恐絶動(p186/カ復)
恐竜世(p219/カ復)

オフィアコドン *Ophiacodon mirus*
二畳紀初期の爬虫類。獣形超綱盤竜綱盤竜目。全長1.67m。㊊北米ニューメキシコ州
¶古脊椎(図193/モ復)

オフィアコドン
石炭紀最後期～ペルム紀前期の脊椎動物単弓類。全長3m。㊊アメリカ合衆国
¶進化大(p168～169/カ復)

オフィウラ・スペシオーサ *Ophiura speciosa*
ジュラ紀の棘皮動物クモヒトデ類。
¶原色化(PL.54-2/モ写)〈㊖南ドイツのバイエルン地方ゾルンホーフェン 横幅13.2cm 石膏模型〉

オフィウラ・プリミゲニア *Ophiura primigenia*
デヴォン紀前期の無脊椎動物棘皮動物。
¶図解化(p172-下右/カ写)〈㊖ブンデンバッハ〉

オフィウレラ・スペキオサ *Ophiurella speciosa*
ジュラ紀後期の無脊椎動物棘皮動物クモヒトデ類。
¶ゾル1(図523/カ写)〈㊖ドイツのゾルンホーフェン 14cm〉
ゾル1(図524/カ写)〈㊖ドイツのゾルンホーフェン 10cm 明瞭な蕚〉

オフィウレラ属(?)の種 *Ophiurella*(?) sp.
ジュラ紀後期の無脊椎動物棘皮動物クモヒトデ類。
¶ゾル1(図525/カ写)〈㊖ドイツのゾルンホーフェン 10cm〉

オフィオカマックス属の未定種 *Ophiocamax* sp.
新生代第三紀中新世の棘皮動物クモヒトデ類。
¶化石フ(p201/カ写)〈㊖愛知県知多郡南知多町 50mm 背面側〉

オフィオコルディケプス *Ophiocordyceps* sp.
始新世の菌類。アリを宿主とする捕食寄生性の菌。
¶世変化(図70/カ写)〈㊖ドイツのメッセル 11cm 感染したアリの咬み跡が残されている照葉樹(Byttnertiopsis daphnogenss)の葉〉

オフィオデルマ・エゲトニ *Ophioderma egetoni*
ジュラ紀前期の無脊椎動物棘皮動物。
¶図解化(p173-6/カ写)〈㊖イギリスのライム・リージス〉

オフィオプシス　*Ophiopsis serrata*
ジュラ紀後期の魚類。顎口超綱硬骨魚綱条鰭亜綱全骨上目アミア目。全長18.5cm。（分）中部ヨーロッパ
¶**古脊椎**（図38/モ復）

オフィオプシス・アテヌアタ　*Ophiopsis attenuata*
ジュラ紀後期の脊椎動物全骨魚類。
¶**ゾル2**（図124/カ写）〈（産）ドイツのアイヒシュテット　21cm〉

オフィオプシス・プロケラ　*Ophiopsis procera*
ジュラ紀後期の脊椎動物全骨魚類。
¶**ゾル2**（図125/カ写）〈（産）ドイツのゾルンホーフェン　35cm〉
ゾル2（図126/カ写）〈（産）ドイツのシェルンフェルト　39cm〉

オフィオペトラ・リトグラフィカ　*Ophiopetra lithographica*
ジュラ紀後期の無脊椎動物棘皮動物クモヒトデ類。
¶**ゾル1**（図522/カ写）〈（産）ドイツのヴェルテンブルク　4cm〉

オフィデルペトン　*Ophiderpeton*
石炭紀後期の両生類空椎類。欠脚目。全長70cm。（分）チェコスロバキア，合衆国のオハイオ
¶**恐絶動**（p54/カ復）

オフィデルペトン　*Ophiderpeton amphiuminus*
石炭紀後期の両生類。両生超綱堅頭綱空椎亜綱欠脚目。全長70cm。（分）北米オハイオ州
¶**古脊椎**（図59/モ復）

オフクウバトリガイ　*Serripes expansus*
中新世後期の軟体動物斧足類。
¶**日化譜**（図版46-12/モ写）〈（産）栃木県那須郡馬頭村大山田下郷〉

オプシス・バヴァリカ　*Opsis bavarica*
ジュラ紀後期の無脊椎動物昆虫類甲虫類。
¶**ゾル1**（図464/カ写）〈（産）ドイツのアイヒシュテット　2cm〉

オフタルモサウルス　*Ophthalmosaurus*
1億6500万〜1億5000万年前（ジュラ紀後期）の爬虫類魚竜類。魚竜目イクティオサウルス科。海洋に生息。全長約5m。（分）ヨーロッパ，北アメリカ，アルゼンチン
¶**化百科**（p217/カ写）〈（産）イギリスのピーターバラ　眼の輪：直径16cm，最大の脊椎：幅8cm　椎骨，強膜輪〉
恐イラ（p95/カ復）
恐絶動（p79/カ復）
恐竜世（p107/カ写）
恐竜博（p92〜93/カ写）

オフタルモサウルス・イケニクス　*Ophthalmosaurus icenicus*
中生代ジュラ紀〜白亜紀の爬虫類双弓類魚竜類。全長4m。（分）イギリス，ロシア，アルゼンチンほか
¶**古脊椎**〔オフタルモサウルス〕（図94/モ復）
生ミス6〔オフタルモサウルス〕（図3-1/カ写，カ復）〈（産）イギリス　眼の鞏膜輪〉
リア中〔オフタルモサウルス〕（p84/カ復）

オフタルモサウルス類（属未定）
白亜紀の爬虫類双弓類魚竜類。
¶**生ミス7**〔魚竜類の歯化石〕（図6-6/カ写）

オブドゥロドン　*Obdurodon* sp.
中新世中期の哺乳類。南楔歯亜綱単孔目カモノハシ科。頭胴長約50cm，頭骨全長約14cm。（分）オーストラリア
¶**絶哺乳**（p33/カ復）

オホツクバイ　*Buccinum ochotense*
新生代第三紀鮮新世の貝類。エゾバイ科。
¶**学古生**（図1460/モ写）〈（産）青森県むつ市近川〉

オホツクバイの1種　*Buccinum* sp.
新生代第三紀鮮新世の貝類。エゾバイ科。
¶**学古生**〔エゾバイの1種〕（図1118/モ写）〈（産）和歌山県西牟婁郡串本町田野崎東方〉
学古生（図1445/モ写）〈（産）青森県むつ市前川〉

オムフィマ・サブタービナータ　*Omphyma subturbinata*
シルル紀の腔腸動物四射サンゴ類。
¶**原色化**（PL.12-6/カ写）〈（産）イギリスのウスター州ダッドレイ　高さ3.5cm〉

オムマタルタス・アンテペヌルティムス　*Ommatartus antepenultimus*
新生代・中期中新世中〜後期中新世中期の放散虫。アクティノマ科アルティスクス亜科。
¶**学古生**（図879/モ写）〈（産）茨城県那珂湊市磯崎〉

オムマタルタス・テトラサラムス　*Ommatartus tetrathalamus*
新生代更新世の放散虫。アクティノマ科アルティスクス亜科。
¶**学古生**（図882/モ写）〈（産）千葉県銚子市松岸〉

オムマタルタス・ヒュズアイ　*Ommatartus hughesi*
新生代・後期中新世の前期〜後期中新世の後期の放散虫。アクティノマ科アルティスクス亜科。
¶**学古生**（図881/モ写）〈（産）茨城県日立市水木町〉

オムマ・ツィッテリ　*Omma zitteli*
ジュラ紀後期の無脊椎動物昆虫類甲虫類。
¶**ゾル1**（図463/カ写）〈（産）ドイツのアイヒシュテット　2cm〉

オメイサウルス　*Omeisaurus*
ジュラ紀キンメリッジアン〜ティトニアンの恐竜類竜脚類。中国・大山鋪採石場の竜脚類。体長15m。（分）中国
¶**恐イラ**（p116/カ復）

オヤニラミ
新生代第三紀中新世の脊椎動物硬骨魚類。
¶**産地本**（p250/カ写）〈（産）長崎県壱岐郡芦辺町長者が原崎（壱岐島）　長さ25cm〉

オリイレシラスナ　*Limopsis*（*Empleconia*）*cumingii*
新生代第四紀更新世の貝類。シラスナガイ科。
¶**学古生**（図1642/モ写）〈（産）千葉県成田市成田〉

オリイレボラ
新生代第三紀鮮新世の軟体動物腹足類。コロモガイ科。
¶**産地新**（p208/カ写）〈（産）高知県安芸郡安田町唐浜　高さ

2.2cm〉

オリオストマ・ディスコルス *Oriostoma discors*
シルル紀中期の無脊椎動物軟体動物。
¶図解化（p130〜131-3/カ写）〈[産]ゴトランド〉

オリクティテス・フォシリス *Oryctites fossilis*
ジュラ紀後期の無脊椎動物昆虫類甲虫類。
¶ゾル1（図465/カ写）〈[産]ドイツのアイヒシュテット 2cm〉

オリクテロプス
新第三紀中新世中期〜現代の脊椎動物有胎盤類の哺乳類。体長1.5m。[分]アフリカ，ヨーロッパ
¶進化大（p413/カ写）〈頭〉

オリクトセファルス *Oryctocephalus burgessensis*
カンブリア紀の三葉虫。節足動物門アラクノモルファ亜門三葉虫綱コリネクソチダ目。サイズ約16mm。
¶バ頁岩（図126/モ写）〈[産]カナダのバージェス頁岩〉

オリクトセファルス *Oryctocephalus matthewi*
カンブリア紀の三葉虫。節足動物門アラクノモルファ亜門三葉虫綱コリネクソチダ目。最大16mm。
¶バ頁岩（図127/モ写）〈[産]カナダのバージェス頁岩〉

オリゴカルピア・ゴタニ
石炭紀〜ペルム紀の植物シダ類。最長50cm。[分]世界各地
¶進化大〔オリゴカルピア〕（p175/カ写）〈[産]中国〉

オリゴキフス *Oligokyphus*
ジュラ紀前期の単弓類獣弓類。獣弓目キノドン亜目トリティロドン上科トリティロドン科。頭胴長約40cm。[分]ヨーロッパ，北アメリカ
¶恐絶動（p191/カ復）
絶哺乳（p28/カ復）

オリゴキフス *Oligokyphus minor*
爬虫類。獣形超綱獣形綱イクチドサウルス目。全長48cm。
¶古脊椎（図214/モ復）

オリゴプレウルス・キプリノイデス *Oligopleurus cyprinoides*
ジュラ紀後期の脊椎動物真骨魚類。
¶ゾル2（図172/カ写）〈[産]ドイツのカプフェルベルク 34cm〉

オリゴポレラの1種 *Oligoporella himurensis*
古生代後期二畳紀前期の藻類。カサノリ科。
¶学古生（図311/モ写）〈[産]埼玉県飯能市坂石町分 縦断薄片〉

オルガンパイプサンゴ ⇒シリンゴポラを見よ

オルキディテス・ランキフォリウス *Orchidites lancifolius*
およそ1億2500万年前の被子植物。熱河生物群。
¶熱河生（図258/カ写）〈[産]中国の遼寧省北票の黄半吉溝 長さ2.2cm〉

オルキディテス・リネアリフォリウス *Orchidites linearifolius*
およそ1億2500万年前の被子植物。熱河生物群。
¶熱河生（図257/カ写）〈[産]中国の遼寧省北票の黄半吉溝 長さ6.7cm〉

オルサカンタス *Orthacanthus*
古生代石炭紀〜中生代三畳紀？の軟骨魚類。全長3m。[分]世界各地
¶生ミス4（図2-4-5/カ写，カ復）

オルステンの節足動物
カンブリア紀後期の微生物。節足動物門。全長3mm。[分]スウェーデン，中国
¶進化大（p69/カ写）

オルソグラプツス *Orthograptus intermedius*
前期〜中期オルドビス紀の無脊椎動物筆石類。正筆石目双筆石科。体長8cm。[分]世界中
¶化写真（p47/カ写）〈[産]イギリス〉

オルソグラプツス *Orthograptus* sp.
シルル紀の無脊椎動物半索動物筆石類。
¶図解化（p182〜183-5/カ写）〈[産]イギリス〉

オルソケラス *Orthoceras regulare*
オルドビス紀の無脊椎動物軟体動物オウムガイ。
¶世変化（図10/カ写）〈[産]採集地不明 長さ17cm〉

オルソコルムス・コルヌトゥス ⇒オルトコルムス・コルヌトゥスを見よ

オルソティチアの1種 *Orthotichia* sp.
古生代後期の腕足類。オルティス目エンテレーテス上科エンテレーテス科。
¶学古生（図149/モ写）〈[産]高知県高岡郡佐川町 茎殻，側面，腕殻〉

オルソネマ属の未定種 *Orthonema*（？）sp.
古生代ペルム紀の軟体動物腹足類。
¶化石フ（p43/カ写）〈[産]岐阜県大垣市赤坂町 15mm〉

オルソポリドラ *Orthoporidra*
無脊椎動物苔虫類。唇口目。
¶図解化（p74/モ復）

オルソロザンクルス・レブルス *Orthrozanclus reburrus*
古生代カンブリア紀の軟体動物。全長1.1cm。[分]カナダ
¶生ミス1〔オルソロザンクルス〕（図3-6-3/カ写，カ復）〈9mm〉

オルタカントゥスの一種 *Orthacanthus* sp.
古生代ペルム紀のサメ軟骨魚類。クセナカントゥス目ディプロドセラケ科。淡水性。
¶化石図（p88/カ写，カ復）〈[産]宮城県気仙沼市 長さ約1.2cm〉

オルティス類の腕足動物
カンブリア紀〜ペルム紀の腕足動物。
¶化百科（p124/カ写）〈石板の長さ10cm〉

オルトグラプトゥス・カルカラトゥス
オルドヴィス紀後期〜シルル紀前期の無脊椎動物筆石類。最大体長6cm。[分]世界各地
¶進化大〔オルトグラプトゥス〕（p89/カ写）

オルトケラス *Orthoceras*
中期オルドビス紀の無脊椎動物オウムガイ類。オルトケラス目オルトケラス科。体長15cm。[分]ヨー

ロッパ
¶化写真（p134/カ写）〈[産]オーストラリア 閉錐の内形雌型〉
図解化（p143-下右/カ写）〈[産]イタリアのフルミニマギオレ 石灰岩の薄片〉
図解化〔Orthoceras sp.〕（図版24-6/カ写）〈[産]アルジェリア〉

オルトケラスの仲間 Orthoceratidae
約4億8500万年前の頭足類。
¶古代生（p79/カ写, カ復）

オルトゴニクライトルス・ホエリ
Orthogonikleithrus hoelli
ジュラ紀後期の脊椎動物真骨魚類。
¶ゾル2（図174/カ写）〈[産]ドイツの東アイヒシュテット郡 5cm〉

オルトゴニクライトルス・ライキ
Orthogonikleithrus leichi
ジュラ紀後期の脊椎動物真骨魚類。
¶ゾル2（図173/カ写）〈[産]ドイツのゾルンホーフェン 6cm〉

オルトコルムス・コルヌトゥス *Orthocormus cornutus*
ジュラ紀後期の脊椎動物全骨魚類。
¶ゾル2（図127/カ写）〈[産]ドイツのビルクホーフ 113cm〉
ゾル2〔オルソコルムス・コルヌトゥス〕（図128/カ写）〈[産]ドイツのアイヒシュテット 97cm〉

オルトセラス・カナリクラトゥム *Orthoceras canaliculatum*
オルドビス紀〜シルル紀の軟体動物頭足類オウムガイ類。
¶化百科〔オルトセラス〕（p174/カ写）〈[産]ウェールズ 長さ12cm〉

オルトニュボケラス・コヴィントネンゼ
オルドヴィス紀中期〜後期の無脊椎動物頭足類。体長25cm。[分]北アメリカ, アジア
¶進化大〔オルトニュボケラス〕（p87/カ写）

オルトネラの1種 *Ortonella ramosa*
古生代後期石炭紀後期の藻類。ミル科。
¶学古生（図305/モ写）〈[産]山口県美祢郡秋芳町秋吉台竜護峰 縦断薄片〉

"オルドハミア・ラディアータ" *"Oldhamia radiata"*
カンブリア紀の痕跡化石。
¶原色化（PL.6-3/モ写）〈[産]イギリスのアイルランドのブレイヘッド 母岩の縦3cm〉

オルトフレビア・リトグラフィカ *Orthophlebia lithographica*
ジュラ紀後期の無脊椎動物昆虫類シリアゲムシ類。
¶ゾル1（図446/カ写）〈[産]ドイツのアイヒシュテット 1cm〉

オルニトケイルス
白亜紀前期の脊椎動物翼竜類。翼幅8〜10m。[分]ヨーロッパ, 南アメリカ
¶進化大（p314〜315/カ復）

オルニトスクス *Ornithosuchus*
三畳紀後期の爬虫類。オルニトスクス亜目。初期の支配的爬虫類。全長4m。[分]英国のスコットランド
¶恐絶動（p95/カ復）

オルニトスクス
三畳紀後期の脊椎動物原始的主竜類。全長1〜2m。[分]スコットランド
¶進化大（p212/カ復）

オルニトミムス *Ornithomimus*
7500万〜6500万年前（白亜紀後期）の恐竜類竜盤類獣脚類オルニトミモサウルス類。コエルロサウルス下目オルニトミムス科。森林に生息。全長3m。[分]アメリカ合衆国, カナダ
¶化百科（p224/カ写）〈骨とカギ爪の長さ11cm 足指の先端の末節骨〉
恐イラ（p192/カ復）
恐絶動（p107/カ復）
恐竜世（p187/カ復）
恐竜博（p113/カ写）〈足痕, 骨格〉
生ミス8（図9-17/カ復）
生ミス8〔オルニトミムスの幼体〕（図9-18/カ復）

オルニトミムス
白亜紀後期の脊椎動物獣脚類。体長3m。[分]アメリカ合衆国, カナダ
¶進化大（p326/カ写）

オルニトミムス・ヴェロックス *Ornithomimus velox*
中生代白亜紀後期の恐竜類竜盤類獣脚類。全長4.8m。[分]アメリカ
¶リア中〔オルニトミムス〕（p242/カ復）

オルニトミムス類
白亜紀バレミアン期〜アプチアン期？の恐竜類獣脚類。
¶日白亜（p107/カ写）〈[産]群馬県神流町 前後長11cm 胸胴椎骨〉

オルニトミモサウルス類
白亜紀の恐竜類獣脚類。
¶生ミス5（図5-14/カ復）
モ恐竜（p24/カ写）〈[産]モンゴルのフルン・ドッホ 骨格〉

オルニトレステス *Ornitholestes*
ジュラ紀後期の恐竜類コエルロサウルス類。オルニトレステス科。森林に生息。体長2m。[分]アメリカ合衆国
¶恐イラ（p134/カ復）
恐竜博（p66〜67/カ写, カ復）
よみ恐（p89/カ復）

オルニトレステス *Ornitholestes hermanni*
ジュラ紀後期の恐竜類。竜型超綱竜盤綱獣脚目。全長2m。[分]北米ワイオミング州
¶古脊椎（図138/モ復）

オルニトレステス
ジュラ紀後期の脊椎動物獣脚類。体長2m。[分]アメリカ合衆国
¶進化大（p262/カ写）

オルビキュロイデア・ニューベリイ *Orbiculoidea newberryi*
デボン紀の腕足動物無関節類。生きている化石。
¶原色化（PL.2-4/モ写）〈(産)北アメリカのオハイオ州ビーコンスバラ, ウェイバリイ 大きい個体の直径1.3cm〉
原色化（PL.18-7/モ写）〈(産)北アメリカのオハイオ州ビーコンスバラ, ウェイバリイ 直径1.3cm〉

オルビキュロイディア
古生代石炭紀の腕足動物無関節類。
¶産地本（p58/カ写）〈(産)岩手県大船渡市日頃市町長安寺 径6mm〉

オルビキュロイディア
古生代ペルム紀の腕足動物無関節類。
¶産地本（p115/カ写）〈(産)岐阜県大垣市赤坂町金生山 径5mm〉

オルビトリーテス・レンティキュラリス *Orbitolites lenticularis*
第三紀の原生動物有孔虫類。
¶原色化（PL.74-2/モ写）〈(産)フランスのローヌ地方 直径の平均2～3mm〉

オルビトリナ
中生代白亜紀の原生動物有孔虫類。
¶産地本（p68/カ写）〈(産)岩手県下閉伊郡田野畑村明戸 径3mm〉

オルビリンキア・パーキンソニ
白亜紀の無脊椎動物腕足類。長さ最大2cm。(分)ヨーロッパ北西部
¶進化大〔オルビリンキア〕（p298/カ写）

オルブリナ・ユニベルサ *Orbulina universa*
新生代鮮新世の小型有孔虫。グロビゲリナ科。
¶学古生（図934/モ写）〈(産)高知県室戸市羽根町登〉

オレオピテクス *Oreopithecus*
中新世後期の哺乳類類人猿。オレオピテクス科。身長1.2m。(分)イタリア
¶恐絶動（p290/カ復）

オレオピテクス *Oreopithecus bamboli*
第三紀鮮新世初期の哺乳類。哺乳綱獣亜綱正獣上目霊長目。類人猿。身長120cm, 頭蓋容量275～530cc。(分)イタリア北部
¶古脊椎（図223/モ復）
図解化〔オレオピテクス・バンボリ〕（p222-2/カ写）〈(産)イタリア〉

オレオピテクス *Oreopithecus bambolii*
中新世後期の哺乳類霊長類狭鼻猿類。直鼻猿亜目オレオピテクス科？頭胴長約70cm。(分)地中海周辺
¶絶哺乳（p81,82/カ写, カ復, モ図）

オレオピテクス・バンボリ ⇒オレオピテクスを見よ

オレクトロブス・ジュラシクス *Orectolobus jurassicus*
ジュラ紀後期の脊椎動物軟骨魚類。現生のテンジクザメ類に関係。
¶ゾル2（図23/カ写）〈(産)ドイツのヴェークシャイト 79cm〉
ゾル2（図24/カ写）〈(産)ドイツのヴェークシャイト 12cm 棘を伴う頭部腹面〉

オレクトロブス属(?)の種 *Orectolobus*(?) sp.
ジュラ紀後期の脊椎動物軟骨魚類。現生のテンジクザメ類に関係。
¶ゾル2（図22/カ写）〈(産)ドイツのアイヒシュテット 30cm〉

オレヌス・ギッボースス
カンブリア紀後期の無脊椎動物節足動物。最大全長4cm。(分)イギリス諸島, ノルウェイ, スウェーデン, デンマーク, ニューファンドランド, テキサス, 韓国, オーストラリア
¶進化大〔オレヌス〕（p76/カ写）

オレネッルス・トムソニ
カンブリア紀中期の無脊椎動物節足動物。最大全長6cm。(分)北アメリカ, グリーンランド, スコットランド
¶進化大〔オレネッルス〕（p76/カ写）

オレネルス *Olenellus*
カンブリア紀の節足動物三葉虫類。
¶生ミス2（図1-2-1/カ写）〈(産)カナダのブリティッシュコロンビア州 4cm〉

オレネルス *Olenellus thomsoni*
前期カンブリア紀の無脊椎動物三葉虫類。レドリキア目オレネルス科。体長6cm。(分)スコットランド, 北アメリカ
¶化写真（p56/カ写）〈(産)アメリカ〉

オレネルス・クラーキ *Olenellus clarki*
カンブリア紀の無脊椎動物節足動物。
¶図解化（p97/カ写）〈(産)ネヴァダ州〉

オレネルス トンプソニィ *Olenellus thompsoni*
カンブリア紀前期の三葉虫。オレネルス目。
¶三葉虫（図2/モ写）〈(産)アメリカのペンシルバニア州 長さ100mm〉

オレノイデス セラータス *Olenoides serratus*
カンブリア紀中期の三葉虫。コリネクソカス目。サイズ約50～85mm。
¶三葉虫（図33/モ写）〈(産)カナダのブリティッシュ・コロンビア 長さ57mm〉
図解化〔オレノイデス・セルラツス〕（p98-1/カ写）〈(産)カナダのモンテ・ステフェン〉
バ頁岩〔オレノイデス〕（図122～125/モ復, モ写）〈(産)カナダのバージェス頁岩〉
リア古〔オレノイデス〕（p38/カ復）

オレノイデス・セルラツス ⇒オレノイデス セラータスを見よ

オーロクス Aurochs
200万～500年前の哺乳類。全長2.7m。(分)ヨーロッパ, アフリカ, アジア
¶恐竜世（p268～269/カ写）〈骨格〉

オーロックス *Bos primigenius*
更新世後期～完新世の哺乳類反芻類。鯨偶蹄目ウシ科。別名原牛。肩高約1.8m。(分)ヨーロッパ, アジア
¶恐古生〔ボス・プリミゲニウス〕（p270～271/カ復）
恐絶動〔ボス〕（p279/カ復）
絶哺乳〔オーロックス（原牛）〕（p206,210/カ写, カ復）

オ

〈㊎ロシアのボルガ川河岸 頭骨〉

オロドロメウス *Orodromeus*
白亜紀カンパニアンの恐竜類。小型の鳥脚類。体長2.5m。㊎アメリカ合衆国のモンタナ州
¶恐イラ(p212/カ復)

オロバテス
ペルム紀前期の脊椎動物爬形類。全長1m。㊎ドイツ
¶進化大(p186/カ写)

オロヒップス *Orohippus* sp.
始新世の脊椎動物哺乳類。
¶地球博〔初期の馬の歯〕(p83/カ写)

オロリン・トゥゲネンシス
610万～580万年前の人類。㊎ケニアのトゥゲン・ヒルズ
¶進化大(p446/カ写)〈脚と腕の骨, 歯〉

オロロティタン *Olorotitan*
白亜紀マーストリヒシアンの恐竜。ハドロサウルス科ランベオサウルス亜科。体長12m。㊎ロシアのクンドゥル
¶恐イラ(p219/カ復)

オンコリテス
先カンブリア時代～現代の藻類。最大直径15cm。㊎世界各地
¶進化大(p145/カ写)

オンニア *Onnia superba*
中期～後期オルドビス紀の無脊椎動物三葉虫類。アサフス目トリヌクレウス科。体長3cm。㊎ヨーロッパ, アフリカ北部
¶化写真(p58/カ写)〈㊎イギリス〉

オンニア・コンセントリカ *Onnia concentrica*
オルドビス紀の節足動物三葉虫類。
¶原色化(PL.7-2/モ写)〈㊎イギリスのリオニス州バラ 幅1.1cm〉

オンバラカンバ *Betula onbaraensis*
新生代中新世後期の陸上植物。カバノキ科。
¶学古生(図2321/モ図)〈㊎岡山県苫田郡上斉原村恩原〉

オンマイシカゲガイ *Clinocardium fastosum*
新生代第三紀鮮新世～初期更新世の貝類。ザルガイ科。
¶学古生(図1513/モ写)〈㊎石川県金沢市大桑〉

オンマイシカゲガイ
新生代第四紀更新世の軟体動物斧足類。ザルガイ科。
¶産地新(p136/カ写)〈㊎石川県金沢市大桑町犀川河床 長さ7.5cm〉
産地本(p146/カ写)〈㊎石川県金沢市大桑町 高さ6cm〉

オンマキリガイダマシ *Mesalia ommaensis*
新生代第三紀鮮新世の貝類。キリガイダマシ科。
¶学古生(図1574/モ写)〈㊎石川県金沢市上中町〉

オンマサルボウ *Anadara*(*Scapharca*) *ommaensis*
新生代第三紀鮮新世の貝類。フネガイ科。
¶学古生(図1489/モ写)〈㊎石川県金沢市大桑〉

オンマセイタカシラトリガイ *Nipponopagia ommaensis*
新生代第三紀鮮新世～初期更新世の貝類。ニッコウガイ科。
¶学古生(図1533/モ写)〈㊎石川県金沢市上中町〉

オンマヒメニナ *Tachyrhynchus venustellus*
新生代第三紀鮮新世～更新世初期の貝類。キリガイダマシ科。
¶学古生(図1566,1567/モ写)〈㊎石川県金沢市大桑〉

オンマフミガイ *Megacardita ommaensis*
新生代第三紀鮮新世～初期更新世の貝類。トマヤガイ科。
¶学古生(図1514,1515/モ写)〈㊎石川県金沢市田上本町〉

【カ】

カイウアジャラ・ドブルスキイ *Caiuajara dobruskii*
中生代白亜紀の爬虫類双弓類主竜類翼竜類。翼開長2.35m。㊎ブラジル
¶生ミス8〔カイウアジャラ〕(図7-7/カ写, カ復)〈各成長段階の頭骨〉

カイエビ
新生代第三紀中新世の節足動物甲殻類。別名エステリア。
¶産地本(p138/カ写)〈㊎石川県珠洲市高屋海岸 長さ(左右)3cm〉

カイエンタケリス
ジュラ紀前期の脊椎動物カメ類。体長25～35cm。㊎アメリカ合衆国
¶進化大(p250/カ復)

貝化石ブロック
新生代第三紀の軟体動物斧足類, 腹足類, 掘足類。
¶産地本(p46/カ写)〈㊎北海道苫前郡羽幌町中二股川 写真の左右15cm〉

貝殻
多数の貝殻を含む石。
¶図解化〔多数の貝殻〕(p10-7/カ写)〈切断面〉

貝形虫 ⇒パラエオレペルディシアを見よ

介形虫(不明種)
古生代ペルム紀の節足動物甲殻類。
¶産地本(p177/カ写)〈㊎滋賀県犬上郡多賀町権現谷 長さ(左右)1.5mm〉

貝形虫類
中生代の節足動物貝形虫類。熱河生物群。
¶熱河生〔岩石表面に散らばる貝形虫類の化石〕(図47/カ写)〈㊎中国の河北省豊寧の森吉図〉

カイジャンゴサウルス *Kaijangosaurus*
ジュラ紀バトニアン～カロビアンの恐竜類獣脚類テタヌラ類。体長6m。㊎中国
¶恐イラ(p114/カ復)

カイトニア ⇒サゲノプテリス・ニルソニアナを見よ

カイトニアの1種
三畳紀後期～白亜紀前期の植物カイトニア類。球果の長さ5cm。[分]ヨーロッパ, 北アメリカ, 中央アジア
¶**進化大**〔カイトニア〕(p229/カ写)

カイノテリウム *Cainotherium*
漸新世後期～中新世前期の哺乳類広義の反芻類。鯨偶蹄目カイノテリウム科。全長30cm。[分]スペイン
¶**恐絶動**(p271/カ復)
絶哺乳(p197,198/カ復, モ図)〈歯〉

カイノテリウム *Cainotherium laticurvatuns* 晦獣
漸中新世の哺乳類。哺乳綱獣亜綱正獣上目偶蹄目。体長27cm。[分]ヨーロッパ
¶**古脊椎**(図317/モ復)

海綿
ジュラ紀の無脊椎動物海綿動物。
¶**図解化**(p60-下左/カ写)〈[産]ドイツのゾルンホーフェン〉

海綿(不明種)
古生代ペルム紀の海綿動物。
¶**産地本**(p112/カ写)〈[産]岐阜県大垣市赤坂町金生山 長さ2cm〉
産地本(p118/カ写)〈[産]岐阜県吉城郡上宝村福地 長さ7cm〉

海綿(不明種)
古生代石炭紀の海綿動物。
¶**産地本**(p227/カ写)〈[産]山口県美祢郡秋芳町秋吉台 左右4cm〉

海綿類
古生代ペルム紀の海綿動物。泡嚢状。
¶**産地別**(p134/カ写)〈[産]岐阜県大垣市赤坂町金生山 長さ2.7cm〉

海綿類
古生代ペルム紀の海綿動物。
¶**化石フ**〔古生代の海綿類〕(p27/カ写)〈[産]岐阜県吉城郡上宝村, 岐阜県大垣市赤坂町 最大個体長70mm, 40mm〉
産地別(p134/カ写)〈[産]岐阜県大垣市赤坂町金生山 長さ3cm〉

カイルク *Kairuku*
新生代古第三紀始新世～漸新世の鳥類ペンギン類。体高130cm。[分]ニュージーランド
¶**生ミス9**(図1-2-6/カ写, カ復)〈左の翼をつくる骨, 左足〉

ガヴィアロスクス
古第三紀漸新世後期～新第三紀鮮新世前期の脊椎動物ワニ形類。体長5.4m。[分]北アメリカ, ヨーロッパ
¶**進化大**(p405/カ写)〈頭骨〉

カウディプテリクス *Caudipteryx*
1億3000万～1億2000万年前(白亜紀前期)の恐竜類オヴィラプトル類。竜盤目獣脚亜目。羽毛恐竜。全長1m。[分]中国
¶**恐イラ**(p159/カ復)
恐古生(p132～133/カ復)
恐太古(p160～161/カ写)〈前肢の羽根, 骨格〉
恐竜世(p191/カ復)
恐竜博(p122/カ復)
生ミス7(図1-3/カ写, カ復)〈複製標本〉
よみ恐(p138/カ復)

カウディプテリクス
白亜紀前期の脊椎動物獣脚類。体長1m。[分]中国
¶**進化大**(p330/カ復)

カウディプテリクス・ゾウイ *Caudipteryx zoui*
中生代の恐竜類獣脚類。熱河生物群。
¶**熱河生**〔カウディプテリクス・ゾウイの完全骨格〕(図141/カ写)〈[産]中国の遼寧省北票の張家溝〉
熱河生〔カウディプテリクス・ゾウイの復元図〕(図142/カ復)

カウディプテリクス・ドンギ *Caudipteryx dongi*
中生代の恐竜。熱河生物群。
¶**熱河生**〔カウディプテリクス・ドンギの完模式標本〕(図150/カ写)〈[産]中国の遼寧省北票の張家溝〉
熱河生〔カウディプテリクス・ドンギの標本に保存されていた風切り羽〕(図151/カ写)〈[産]中国〉

カウリマツ Kauri pine amber
白亜紀初期の植物。
¶**地球博**〔半化石樹脂〕(p77/カ写)〈琥珀〉

カエデ *Acer*
漸新世～現在の被子植物双子葉植物。ムクロジ目カエデ科。高さ25cm。[分]世界中
¶**化写真**〔アケア〕(p308/カ写)〈[産]クロアチア 翼果〉
化百科(p105/カ写)〈[産]フランス 葉の幅4cm〉
日化譜〔Acer sp.〕(図版80-32/モ写)〈[産]東京都中野区江古田 花粉〉

カエデ *Acer nordenskioeldii*
新生代新第三紀中新世後期の広葉樹。
¶**植物化**(p43/カ写)〈[産]山形県〉

カエデ
新生代第三紀中新世の被子植物双子葉類。
¶**産地別**〔アーサー〕(p143/カ写)〈[産]石川県珠洲市木ノ浦 長さ1cm 種子の雌型と雄型〉
産地本(p181/カ写)〈[産]兵庫県美方郡温泉町海上 長さ3cm〉
産地本(p253/カ写)〈[産]長崎県壱岐郡芦辺町長者が原崎(壱岐島) 幅9cm〉

カエデ ⇒アケル・トゥリロバトゥムを見よ

カエデスズカケ *Platanus aceroides*
新生代漸新世の陸上植物。スズカケノキ科。
¶**学古生**(図2199/モ写)〈[産]北海道夕張市丁未〉
日化譜(図版77-12/モ写)〈[産]北海道芦別市〉

カエデの種子 *Acer otopteryx*
中新世の植物。翼果。
¶**世変化**(図79/カ写)〈[産]ドイツのオエンジンゲン 幅9cm〉

カエデの種子
新生代第四紀更新世の被子植物双子葉類。カエデ科。別名アーサー。
¶**産地新**(p240/カ写)〈[産]大分県玖珠郡九重町奥双石 長さ1.5cm 翼果〉

カ

カエデの仲間 *Acer* sp.
新生代新第三紀中新世の被子植物。
¶**学古生**〔カエデ属の1種〕(図2217/モ写)〈[産]北海道夕張市清水沢炭鉱〉
植物化(p41/カ写)〈[産]鳥取県 二つに分離した片方の翼果〉

カエデ類の種子
新生代第三紀中新世の被子植物双子葉類。別名アーサー。
¶**産地本**(p254/カ写)〈[産]長崎県壱岐郡芦辺町長者が原崎(壱岐島) 長さ3.5cm〉
産地本(p254/カ写)〈[産]長崎県壱岐郡芦辺町長者が原崎(壱岐島) 長さ1cm 連結した標本〉
産地本(p254/カ写)〈[産]長崎県壱岐郡芦辺町長者が原崎(壱岐島) 長さ1.5cm〉

カエル
漸新世の脊索動物両生類。
¶**図解化**(p201-2/カ写)〈[産]フランス〉

カエルの仲間
白亜紀アルビアン期?の両生類。
¶**日白亜**(p54~57/カ写, カ復)〈[産]兵庫県丹波市 全身骨格〉

カガツノオリイレガイ *Boreotrophon kagana*
新生代第三紀鮮新世~初期更新世の貝類。アクキガイ科。
¶**学古生**(図1609/モ写)〈[産]石川県金沢市上中町〉

カガナイアス
白亜紀オーテリビアン期~バレミアン期?の脊椎動物ドリコサウルス類。ヘビの起源と考えられている。全長40~50cm。
¶**日白亜**(p88~89/カ復)〈[産]石川県白山市(旧白峰村)〉

カガナイアス ⇒カガナイアス・ハクサンエンシスを見よ

カガナイアス・ハクサンエンシス *Kaganaias hakusanensis*
中生代白亜紀の爬虫類双弓類鱗竜形類。有鱗目ドリコサウルス科。全長50cm。[分]日本の石川県白山市桑島
¶**生ミス7**(図5-9/カ写, カ復)〈[産]石川県白山市 約15cm 胴体から尾の付け根まで〉
日恐竜〔カガナイアス〕(p112/カ写, カ復)〈左右約15cm 背中側の胴体〉
リア中〔カガナイアス〕(p134/カ復)

カガニヨリマンジ *Propebella kagana*
新生代第三紀鮮新世~初期更新世の貝類。クダマキガイ科。
¶**学古生**(図1594/モ写)〈[産]石川県金沢市上中町〉

カガプシコプスの1種 *Kagapsychops aranea*
中生代白亜紀初期の昆虫類。脈翅目オスミロプシコプス科。
¶**学古生**(図713/モ写)〈[産]石川県石川郡白峰村桑島〉

カガブンブク(新) *Cagaster recticanalis*
中新世中後期のウニ類。
¶**日化譜**(図版88-15/モ写)〈[産]石川県金沢市〉

カガホタテガイ *Mizuhopecten kimurai kagaensis*
新生代第三紀・後期中新世の貝類。イタヤガイ科。
¶**学古生**(図1328/モ写)〈[産]石川県金沢市大桑〉

カガマンジ *Oenopota kagana*
新生代第三紀鮮新世の貝類。クダマキガイ科。
¶**学古生**(図1444/モ写)〈[産]青森県むつ市前川〉

カガミガイ *Dosinia* (*Phacosoma*) *japonica*
新生代第三紀鮮新世~初期更新世の貝類。マルスダレガイ科。
¶**学古生**(図1506/モ写)〈[産]石川県金沢市角間〉
原色化〔ドシニア(ファコソマ)・ジャポニカ〕(PL.90-5/モ写)〈[産]千葉県印旛郡栄町安食 幅5.3cm〉

カガミガイ *Dosinia* (*Phacosoma*) *japonicus*
新生代第四紀更新世の貝類。マルスダレガイ科。
¶**学古生**(図1691/モ写)〈[産]茨城県稲敷郡阿見町島津〉
学古生(図1767/モ写)〈[産]東京都千代田区大手町〉

カガミガイ
新生代第四紀更新世の軟体動物斧足類。マルスダレガイ科。別名ドシニア。
¶**産地新**(p140/カ写)〈[産]石川県珠洲市平床 長さ6.7cm〉
産地別(p95/カ写)〈[産]千葉県印西市山田 長さ8cm〉

カガミガイ
新生代第三紀中新世の軟体動物斧足類。別名ドシニア。
¶**産地新**(p163/カ写)〈[産]滋賀県甲賀郡土山町大沢 長さ5.2cm お下がりになったもの〉
産地新(p184/カ写)〈[産]京都府綴喜郡宇治田原町奥山田 長さ5.3cm〉

カガミガイ
新生代第三紀鮮新世の軟体動物斧足類。マルスダレガイ科。別名ドシニア。
¶**産地新**(p202/カ写)〈[産]高知県安芸郡安田町唐浜 長さ3.5cm〉

カガミホタテ *Patinopecten kagamianus kagamianus*
中新世の軟体動物斧足類。
¶**日化譜**(図版40-11/モ写)〈[産]宮城県など〉

カガミホタテ
新生代第三紀中新世の軟体動物斧足類。別名コトラペクテン・カガミアヌス。
¶**産地新**(p41/カ写)〈[産]宮城県遠田郡涌谷町 高さ7.2cm 左殻〉
産地新(p41/カ写)〈[産]宮城県遠田郡涌谷町 高さ12cm 右殻〉
産地新(p196/カ写)〈[産]島根県八束郡玉湯町布志名 高さ8.5cm〉
産地別(p148/カ写)〈[産]石川県七尾市白馬町 長さ8cm, 高さ7.6cm 左殻, 右殻〉

カガミホタテガイ *Kotorapecten kagamianus*
新生代第三紀・後期中新世の貝類。イタヤガイ科。
¶**学古生**(図1345~1347/モ写)〈[産]島根県松江市乃木福富町〉

"カガリュウ" Carnosauria gen.et sp.indet. 加賀竜
中生代白亜紀の爬虫類竜盤類。
¶**化石フ**(p148/カ写)〈[産]石川県石川郡白峰村 55mm

（レプリカ）「加賀竜・第二標本」〉

カーキディアム・ナイティ *Kirchidium knighti*
シルル紀の腕足動物有関節類。
¶原色化（PL.11-1/モ写）〈㊅イギリスのシュロップ州 高さ7.2cm〉

カーキディウム・ナイティ近似種 *Kirkidium* sp., cf.*K.knightii*
古生代中期シルル紀ラドロウ世前期の腕足類。ペンタメルス科。
¶学古生（図36/モ写）〈㊅宮崎県西臼杵郡五ケ瀬町祇園山〉

カキの仲間 ⇒グリフェア・アキュアータを見よ

カクベレ ⇒ベレロフォンを見よ

カクホウズキガイ *Laqueus quadratus*
新生代鮮新世の腕足類。ラケウス科。
¶学古生（図1071/モ写）〈㊅神奈川県横浜市金沢区柴町〉

カクホウズキチョウチン
新生代第四紀更新世の腕足動物有関節類。
¶産地別（p91/カ写）〈㊅神奈川県横浜市金沢区柴町 高さ3cm〉

カグラザメ
中生代白亜紀の脊椎動物軟骨魚類。別名ヘキサンカス。
¶産地新（p6/カ写）〈㊅北海道天塩郡遠別町ウッツ川 左右1.5cm 歯〉
産地別（p30/カ写）〈㊅北海道苫前郡羽幌町逆川 幅1.2cm〉
産地本（p37/カ写）〈㊅北海道三笠市桂沢湖・熊追沢 幅1.7cm〉
産地本（p71/カ写）〈㊅福島県いわき市大久町谷地 左右2.3cm〉

カグラザメ
新生代第三紀中新世の脊椎動物軟骨魚類。別名ヘキサンカス。
¶産地新（p65/カ写）〈㊅埼玉県秩父市大野原荒川河床 高さ1.1cm〉
産地本（p191/カ写）〈㊅三重県安芸郡美里村柳谷 左右2.7cm, 高さ1.5cm〉
産地本（p191/カ写）〈㊅三重県安芸郡美里村柳谷 左右2.5cm 歯〉

カグラザメ属の1種 *Hexanchus microdon*
中生代・新生代の魚類。カグラザメ目カグラザメ科。
¶学古生（図1928/モ写）〈㊅北海道中川郡中川町佐久〉

カグラザメ属の未定種 *Hexanchus* sp.
新生代古第三紀漸新世の魚類軟骨魚類。
¶化石フ（p207/カ写）〈㊅福岡県北九州市小倉北区 最大個体24mm 歯〉

カグラザメの下顎の歯 *Hexanchus* sp.（*H.microdon*）
白亜紀サントニアン期のサメ類。全長1〜6m？
¶日白亜〔ラブカ類〕（p20〜23/カ写, カ復）〈㊅熊本県上天草市龍ヶ岳町 左右21.7mm〉

カケガワクチキレモドキ *Odostomia unica*
鮮新世前期の軟体動物腹足類。
¶日化譜（図版34-37/モ写）〈㊅静岡県周智郡方ノ橋〉

カケガワバイ ⇒エラータバイを見よ

カケハタアカガイ *Anadara*（*Scapharca*）*kakehataensis*
中新世中期の軟体動物斧足類。
¶日化譜（図版36-17,18/モ写）〈㊅富山県八尾町掛畑など〉

カケハタアカガイ
新生代第三紀中新世の軟体動物斧足類。
¶産地別（p147/カ写）〈㊅富山県富山市八尾町柚木 長さ4.5cm〉

カケハタアカガイ ⇒カケハタサルボウを見よ

カケハタアカガイ幼型 *Anadara*（*Scapharca*）*kurosedaniensis*
中新世中期の軟体動物斧足類。
¶日化譜（図版36-19/モ写）〈㊅富山県八尾町〉

カケハタサルボウ *Anadara kakehataensis*
新第三紀中新世の軟体動物斧足類。フネガイ科。
¶学古生〔カケハタアカガイ〕（図1121/モ写）〈㊅富山県婦負郡八尾町掛葛原〉
化石図（p142/カ写）〈㊅富山県 横幅約5cm〉
化石フ（p165/カ写）〈㊅岡山県津山市 70mm〉

ガーゴイルオサウルス
ジュラ紀後期の脊椎動物鳥盤類。体長4m。㊕アメリカ合衆国
¶進化大（p278/カ復）

ガーゴイロサウルス ⇒ガルゴイレオサウルスを見よ

カゴガイ（？） *Fimbria* cf.*soverbii*
更新世前期〜現世の軟体動物斧足類。
¶日化譜（図版46-1/モ写）〈㊅喜界島上嘉鉄〉

カコプス *Cacaps*
ペルム紀前期の両生類迷歯類。分椎綱ディッソロフス科。全長40cm。㊕合衆国のテキサス
¶恐絶動（p50/カ復）

カコプス *Cacops aspidephorus*
二畳紀の両生類。両生超綱堅頭綱分椎亜綱分椎目。全長52cm。㊕テキサス州
¶古脊椎（図64/モ復）

カサ貝型の巻き貝（不明種）
新生代第三紀中新世の軟体動物腹足類。
¶産地本（p131/カ写）〈㊅岐阜県瑞浪市釜戸町荻の島 長径4.5cm〉

カサガイの一種 ⇒プラセンティセラスの表面に付着したカサガイの一種を見よ

カサガイ（不明種）
新生代第三紀中新世の軟体動物腹足類。小型。
¶産地本（p184/カ写）〈㊅三重県安芸郡美里村柳谷 長径1.5cm〉

カサネカンザシの1種 *Hydroides* sp.
新生代更新世の多毛類。カンザシゴカイ科。
¶学古生（図1789/モ写）〈㊅鹿児島県大島郡喜界町上嘉鉄〉

カザリビシ *Trapa pulvinipoda*
新生代鮮新世の陸上植物。ヒシ科。
¶学古生（図2498/モ図）〈㊥三重県阿山郡島ヶ原村羊歯谷〉

カシ ⇒クエルクスを見よ

カシオペ・ノイマイリ *Cassiope neumayri*
中生代白亜紀前期の貝類。カシオペ科。
¶学古生（図620/モ写）〈㊥熊本県八代市日奈久〉

カジカエデ *Acer diabolicum*
更新世前期～現世の双子葉植物。
¶日化譜（図版78-5,6/モ写）〈㊥栃木県塩原温泉シラン沢 葉, 果実〉

カシス *Cassis cancellata*
暁新世～現世の無脊椎動物腹足類。中腹足目トウカムリガイ科。体長10cm。㊎世界中
¶化写真（p126/カ写）〈㊥フランス〉

カシとハンノキの葉
第四紀の植物。
¶図解化（p36/カ写）〈㊥イタリアのピエモンテ地域のヴァル・ヴィジェッツォ〉

カシパンウニ
新生代第三紀中新世の棘皮動物ウニ類。
¶産地新（p16/カ写）〈㊥北海道苫前郡初山別村豊岬 母岩の左右20cm〉
産地新（p16/カ写）〈㊥北海道苫前郡初山別村豊岬 径4.5cm〉
産地新（p45/カ写）〈㊥宮城県黒川郡大和町鶴巣 径5cm〉

カシパンウニの1種 *Peronella pellucida*
新生代更新世のウニ。カシパンウニ科。
¶学古生（図1912/モ写）〈㊥鹿児島県大島郡喜界町上嘉鉄〉

火獣 ⇒ピロテリウムを見よ

カシ類の1種 *Cyclobalanopsis* sp.
新生代始新世の陸上植物。ブナ科。
¶学古生（図2187/モ写）〈㊥北海道夕張市清水沢炭鉱〉

カシワ ⇒クエルクスを見よ

コナラ ⇒クエルクスを見よ

カズウネイタヤ *Pecten (Notovola) naganumana*
更新世前期～現世の軟体動物斧足類。別名タロクイタヤ。
¶日化譜（図版41-1/モ写）〈㊥横浜市戸塚区, 沖縄本島〉

カズウネイタヤ *Pecten (Notovola) naganumanus*
新生代第四紀更新世前期の貝類。イタヤガイ科。
¶学古生（図1652/モ写）〈㊥横浜市戸塚区飯島町〉

カズウネホタテ *Mizuhopecten poculum*
新生代第三紀鮮新世の貝類。イタヤガイ科。
¶学古生（図1391/モ写）〈㊥秋田県山本郡藤里町萱沢〉

カズウネホタテ *Patinopecten (s.s.) poculum*
鮮新世の軟体動物斧足類。
¶日化譜（図版40-7/モ写）〈㊥秋田県山本郡藤里村〉

ガスコナデオコヌス・ポンデロスス
Gasconadeoconus ponderosus
オルドヴィス紀前期の無脊椎動物軟体動物単板類。
¶図解化（p114-右/カ写）〈㊥ミズリー州〉

カズサイトカケ *Epitonium (Cinctiscala) kazusensis*
更新世前期の軟体動物腹足類。
¶日化譜（図版29-23/モ写）〈㊥千葉県市原郡市津村瀬又〉

カズサジカ *Depéretia kazusensis*
鮮新世後期の哺乳類偶蹄類。
¶日化譜（図版69-8/モ写）〈㊥千葉県君津郡上続町梅瀬, 小櫃, 細野など 左角外側面〉

カズサジカ ⇒ニホンムカシジカを見よ

カスザメ
新生代第四紀更新世の脊椎動物軟骨魚類。別名スコーチナ。
¶産地本（p98/カ写）〈㊥千葉県木更津市真里谷 高さ0.5cm〉

カスザメ
新生代第三紀中新世の脊椎動物軟骨魚類。別名スコーチナ。
¶産地本（p126/カ写）〈㊥長野県下伊那郡阿南町大沢川 長さ0.8cm 歯〉
産地本〔スコーチナ〕（p192/カ写）〈㊥三重県安芸郡美里村柳谷 高さ5mm, 高さ1cm 歯〉

ガストゥリオセラス・リステリ *Gastrioceras listrei*
石炭紀の軟体動物頭足類アンモノイド類ゴニアタイト類。
¶化百科〔ガストゥリオセラス〕（p165/カ写）〈㊥イギリス北東部のヨークシャー州 直径3cm〉

ガストニア *Gastonia*
1億2500万年前（白亜紀前期）の恐竜類曲竜類アンキロサウルス類。ノドサウルス科。林地に生息。全長4m。㊎アメリカ合衆国
¶恐イラ（p175/カ復）
恐竜世（p145/カ復）
恐竜博（p134～135/カ写, カ復）〈不完全な頭骨〉
よみ恐（p148～149/カ復）

ガストニア
白亜紀前期の脊椎動物鳥盤類。体長4m。㊎アメリカ合衆国
¶進化大（p334/カ復）

ガストリオケラス *Gastrioceras coronatum*
前期～後期石炭紀の無脊椎動物アンモナイト亜綱。ゴニアチテス目ガストリオケラス科。体長7cm。㊎世界中
¶化写真（p143/カ写）〈㊥イギリス〉

ガストルニス *Gastornis*
5500万～4500万年前（パレオジン）の鳥類恐鳥類。ガストルニス科。別名ディアトリマ。森林に生息。全長2m以上。㊎ヨーロッパ, 北アメリカ
¶恐竜世（p212～213/カ写, カ復）
恐竜博（p167/カ写, カ復）〈頭骨〉
古代生（p214/カ復）
生ミス9（図1-1-6/カ写, カ復）〈全身復元骨格〉

カストロイデス *Castoroides*
300万～1万年前(ネオジン)の哺乳類齧歯類。別名ジャイアントビーバー。全長3m。㊕北アメリカ
¶**恐竜世**(p242/カ写, カ復)〈2万年前の歯の化石〉

カストロイデス *Castoroides ohioensis*
鮮新世中期～更新世末の哺乳類ネズミ類ネズミ型類。齧歯目ビーバー科。頭胴長約1.5m, 頭骨全長約30cm。㊕北アメリカ
¶**絶哺乳**(p131,133/カ写, カ復)〈頭骨全長30cm 頭骨(下面), 全身骨格〉

カストロイデス
新第三紀鮮新世後期～第四紀更新世の脊椎動物有胎盤類の哺乳類。体長2.5m。㊕北アメリカ
¶**進化大**(p433/カ復)

カストロカウダ *Castorocauda*
中生代ジュラ紀の単弓類獣弓類哺乳類。全長45cm。㊕中国
¶**生ミス6**(図4-11/カ写, カ復)〈㊥中国の内モンゴル自治区〉

カストロカウダ *Castorocauda lutrasimilis*
ジュラ紀中期の哺乳形類。ドコドン目。全長約45cm。㊕中国北部
¶**絶哺乳**(p32/カ復)
リア中(p90/カ復)

ガスパリニサウラ *Gasparinisaura*
白亜紀コニアシアン～サントニアンの恐竜類イグアノドン類。小型の鳥脚類。体長0.8m, ただしこれは未成熟の個体かもしれない。㊕アルゼンチンのネウケン州
¶**恐イラ**(p213/カ復)

カスマトサウルス *Chasmatosaurus*
中生代三畳紀の爬虫類主竜類。プロテロスクス(前鰐)亜目プロテロスクス科。別名プロテロスクス。川岸に生息。体長2m。㊕南アフリカ共和国, 中国
¶**恐絶動**(p94～95/カ復)
恐竜博(p40/カ復)

カスマトサウルス *Chasmatosaurus ranhoepeni*
三畳紀初期の爬虫類。竜型超綱槽歯綱擬鰐目。全長112cm。㊕南アフリカのオレンジ自由州, インドのカルカッタ付近
¶**古脊椎**(図122/モ復)

カスマトポラ *Chasmatopora*
オルドビス紀～シルル紀のコケムシ動物狭喉類窓格類ピュッロポリナ類。別名ウミウチワ。
¶**化百科**(p123/カ写)〈㊥エストニアのクッカーサイトコロニー直径約10cm〉

カスマトポレラ *Chasmatoporella* sp.
オルドヴィス紀の無脊椎動物苔虫類。変口目。
¶**図解化**(p74-上/カ写)〈㊥イタリア〉

カスモサウルス *Chasmosaurus*
7400万～6500万年前(白亜紀後期)の恐竜類角竜類カスモサウルス類。鳥盤目周飾頭亜目ケラトプス科カスモサウルス亜科。林地に生息。全長5m。㊕北アメリカ
¶**恐イラ**(p238/カ復)
恐絶動(p166/カ復)
恐太古(p78～81/カ写)〈頭骨, 骨格標本〉
恐竜世(p125/カ写)
恐竜博(p128/カ写)〈正面からみた頭骨, 骨格〉
よみ恐(p210/カ復)

カスモサウルス
白亜紀後期の脊椎動物鳥盤類。体長5m。㊕北アメリカ
¶**進化大**(p350/カ写)

カズラガイ
新生代第四紀更新世の軟体動物腹足類。
¶**産地別**(p84/カ写)〈㊥秋田県男鹿市琴川安田海岸 高さ6.3cm〉
産地別(p93/カ写)〈㊥千葉県印西市萩原 高さ6cm〉

カセア *Casea*
ペルム紀前期の哺乳類型爬虫類盤竜類。盤竜目カセア科。全長1.2m。㊕フランス, 合衆国のテキサス
¶**恐絶動**(p186/カ復)

カセア *Casea broili*
二畳紀の爬虫類。獣形超綱盤竜綱盤竜目。全長1.1m。㊕北米テキサス州
¶**古脊椎**(図196/モ復)

カセキイタチウオ *Glyptophidium litheus*
中新世中期の魚類。
¶**日化譜**(図版64-3/モ写)〈㊥岩手県岩手郡雫石町仙岩峠東側〉

カセキイチョウの1種 *Ginkgoites pseudoadiantoides*
中生代の陸上植物。イチョウ綱イチョウ目。足羽植物群。
¶**学古生**(図856/モ写)〈㊥福井県今立郡池田町皿尾〉

カセキウラジロの1種 *Gleichenites nipponensis*
中生代の陸上植物。シダ綱シダ目ウラジロ科。下部白亜紀植物群。
¶**学古生**(図807,808/モ写)〈㊥高知県南国市下八京東郷谷〉

化石球果の1種 *Conites* sp.
中生代白亜紀前期高知世の陸上植物。球果綱。下部白亜紀植物群。
¶**学古生**(図838/モ写)〈㊥高知県南国市領石〉
学古生(図839/モ写)〈㊥高知県南国市領石〉

化石魚
白亜紀の脊椎動物魚類。硬骨魚綱。
¶**図解化**〔化石魚の集積〕(p10-2,3/カ写)〈㊥レバノン〉
図解化〔白亜紀堆積物中の小さな化石魚のグループ〕(p193-下/カ写)〈㊥レバノン〉
図解化(p197-1～4/カ写)〈㊥レバノン〉
図解化(p199-中央/カ写)〈㊥イタリア〉

カセキクジャクシダの1種 *Adiantites yuasensis*
中生代白亜紀前期有田世の陸上植物。シダ綱クジャクシダ科。下部白亜紀植物群。
¶**学古生**(図801/モ写)〈㊥高知県香美郡香北町白石〉

カセキザミアソテツの1種 ⇒ザミテスを見よ

カセキシュロ *Sabal nipponica*
始新世前期～漸新世前期の単子葉植物。
¶**日化譜**(図版79-16/モ写)〈㊥長崎県高島炭坑, 北海道

美唄市〉

カセキゼニゴケ？の1種　*Marchantites?* sp.
中生代ジュラ紀末〜白亜紀初期の陸上植物コケ類。手取統植物群。
¶学古生（図760/モ写）〈[産]石川県石川郡白峰村桑島〉

カセキゼンマイの1種　*Cladophlebis frigida*
中生代白亜紀後期の陸上植物。シダ綱ゼンマイ目。足羽植物群。
¶学古生（図847/モ写）〈[産]福井県今立郡池田町皿尾〉

カセキモミ　*Abies protofirma*
新生代鮮新世の陸上植物。マツ科。
¶学古生（図2235/モ写）〈[産]北海道常呂郡留辺蘂町大富〉

ガソサウルス　*Gasosaurus*
ジュラ紀中期の恐竜類獣脚類テタヌラ類。林地に生息。全長3.5m。[分]中国
¶恐竜世（p167/カ復）
恐竜博（p62/カ図, カ復）
よみ恐（p59/カ復）

ガソサウルス
ジュラ紀中期の脊椎動物獣脚類。体長3.5m。[分]中国
¶進化大（p260/カ復）

カタイオルニス・ヤンディカの完模式標本
Cathayornis yandica　華夏鳥
中生代の鳥類反鳥類。熱河生物群。
¶熱河生（図180/カ写）〈[産]中国の遼寧省朝陽の波羅赤〉

カタオカムツ　*Scombrops kataokai*
鮮新世後期の魚類硬骨魚類。
¶日化譜（図版63-22/モ写）〈[産]千葉県夷隅郡大多喜町太田代　耳石〉

カタコブコケムシ　*Micropora coriacea*
新生代更新世後期のコケムシ類。唇口目無嚢亜目カタコブコケムシ科。
¶学古生（図1083/モ写）〈[産]千葉県木更津市地蔵堂〉

カタツムリ
新生代第三紀中新世の軟体動物腹足類。
¶産地別（p198/カ写）〈[産]福井県大飯郡高浜町名島　長径3cm〉

カタツメバコケムシ　*Onychocella subsymmetrica*
新生代更新世のコケムシ類。唇口目無嚢亜目ツメバコケムシ科。
¶学古生（図1082/モ写）〈[産]鹿児島県大島郡喜界町〉

カタベガイ
新生代第三紀鮮新世の軟体動物腹足類。カタベガイ科。
¶産地新（p210/カ写）〈[産]高知県安芸郡安田町唐浜　高さ3cm〉

カタマイマイ　*Mandarina mandarina*
更新世（？）〜現世の軟体動物腹足類。
¶日化譜（図版35-14/モ写）〈[産]小笠原父島〉

カチプリテス・フルジェンス　*Kachpurites fulgens*
オックスフォーディアン期のアンモナイト。
¶アン最（p179/カ写）〈[産]ロシアのジャロスラブ〉

カッチケトゥス　⇒クッチケトゥスを見よ

甲冑魚　*Romundina* sp.
古生代デボン紀前期の魚類。板皮綱棘胸目パラエアカンタスピス科。体長15cm以上？
¶日絶古（p22〜23/モ図, カ復）〈[産]福地　皮甲〉

甲冑魚の鰭（不明種）
古生代デボン紀の脊椎動物硬骨魚類。
¶産地新（p25/カ写）〈[産]岩手県大船渡市日頃市町樋口沢　長さ2cm〉

カッパケリス　*Kappachelys*
約1億3000万年前（中生代白亜紀前期）のカメ類。爬虫綱カメ目潜頸亜目スッポン科スッポン亜科。甲羅長約10cm。
¶日絶古（p48〜49/モ図, カ復）〈[産]石川県白山市桑島（旧白峰村）大嵐谷　甲羅の一部（縁板骨）〉

カツラガイ　⇒カプルスを見よ

カツラモドキ　*"Cercidiphyllum arcticum"*
新生代漸新世, 始新世の陸上植物。カツラ科？
¶学古生（図2222,2223/モ写, モ図）〈[産]北海道釧路市春採炭鉱, 北海道夕張市清水沢遠幌坑〉

カッリオストマ　*Calliostoma*
始新世の無脊椎動物貝殻の化石。
¶恐竜世〔エビスガイのなかま〕（p60/カ写）

カッリプテリス・コンフェルタ
石炭紀後期〜ペルム紀の植物ペルタスペルムス類。葉の全長80cm。[分]世界各地
¶進化大〔カッリプテリス〕（p177/カ写）

ガッリミムス　⇒ガリミムスを見よ

カッレルシンロボク　⇒ネオカラミラス・カッレレイを見よ

カテニポーラ
オルドヴィス紀後期〜シルル紀後期の無脊椎動物花虫類。サンゴ石直径1〜1.5mm。[分]世界各地
¶進化大（p85/カ写）

カテニポラ　*Catenipora* sp.
オルドビス紀とシルル紀の無脊椎動物。
¶地球博〔床板サンゴ〕（p79/カ写）

カドゥルコドン　*Cadurcodon* sp.
始新世後期〜漸新世後期の哺乳類奇蹄類。バク型亜目サイ上科アミノドン科。頭胴長約2.5m。[分]アジア, 東ヨーロッパ
¶絶哺乳（p177,178/カ写, カ復）〈[産]モンゴル　頭骨〉

カトゥルス属の種　*Caturus* sp.
ジュラ紀後期の脊椎動物全骨魚類。
¶ゾル2（図72/カ写）〈[産]ドイツのメルンスハイム　34cm〉

カトゥルス・フルカトゥス　*Caturus furcatus*
ジュラ紀後期の脊椎動物全骨魚類。
¶ゾル2（図69/カ写）〈[産]ドイツのヴェークシャイト　19cm〉
ゾル2（図70/カ写）〈[産]ドイツのアイヒシュテット　27cm　獲物共〉
ゾル2（図73/カ写）〈[産]ドイツのアイヒシュテット　52cm〉

カドコシダカシタダミ *Minolia subangulata*
新生代第四紀の貝類。ニシキウズ科。
¶**学古生**(図1717/モ写)〈㊟千葉県市原市瀬又〉

カドセラス・エメリンズビ *Cadoceras emelinzvi*
カロビアン期のアンモナイト。
¶**アン最**(p179/カ写)〈㊟ロシア〉

カドセラス・エラトニエ *Cadoceras elatniae*
ジュラ紀の軟体動物頭足類。
¶**原色化**(PL.49-8/カ写)〈㊟ロシアのエラトニア 高さ6cm〉

カドセラス エラトマエ *Cadoceras elatmae*
ジュラ紀中期のアンモナイト。
¶**アン最**(p53/カ写)〈㊟ロシア〉
アン最〔カドセラス・エラトマエ〕(p179/カ写)〈㊟ロシア〉

カドセラス・ニキチニアナム *Cadoceras nikitinianum*
カロビアン期のアンモナイト。
¶**アン最**(p174/カ写)〈㊟ポーランドのルーコウ〉

カドノサワキリガイダマシ *Turritella (Hataiella) kadonosawaensis*
中新世中後期の軟体動物腹足類。
¶**日化譜**(図版28-6/モ写)〈㊟岩手県二戸郡, 長野県〉

カドノサワキリガイダマシ *Turritella kadonosawaensis*
新生代第三紀・中期中新世の貝類。キリガイダマシ科。
¶**学古生**(図1287,1288/モ写)〈㊟宮城県柴田郡村田町足立西方〉

カドミテスの1種 *Cadomites bandoi*
中生代ジュラ紀中期のアンモナイト。ステファノセラス科。
¶**学古生**(図436/モ写)〈㊟宮城県本吉郡志津川町新井田〉

カートリンカス・レンティカーパス *Cartorhynchus lenticarpus*
中生代三畳紀の爬虫類双弓類魚竜形類。全長40cm。㊕中国
¶**生ミス5**〔カートリンカス〕(図2-6/カ写, カ復)〈㊟中国の安徽省〉

カトロリセラス・マツモトイ *Katroliceras matsumotoi*
キンメリッジ期のアンモナイト。
¶**アン最**(p111/カ写)〈㊟マダガスカル〉

カナクギノキ
新生代第四紀更新世の被子植物双子葉類。クスノキ科。
¶**産地新**(p239/カ写)〈㊟大分県玖珠郡九重町奥双石 長さ10cm〉

カナザワホオズキガイ *Yabeithyris kanazawaensis*
中新世後期の腕足類終穴類。
¶**日化譜**(図版25-26/モ写)〈㊟能登半島〉

カナダスピス *Canadaspis*
古生代カンブリア紀の節足動物。全長5.2cm。㊕カナダ, 中国, アメリカ
¶**生ミス1**(図3-3-8/カ復)

カナダスピス・パーフェクタ *Canadaspis perfecta*
カンブリア紀の節足動物甲殻類。葉蝦類亜綱。甲皮長10mm〜50mm超。
¶**図解化**(p17-4/カ写)〈㊟カナダのブリティッシュ・コロンビア州のバージェス頁岩〉
バ頁岩〔カナダスピス〕(図98〜101/モ写, モ復)〈㊟カナダのバージェス頁岩〉

カナダスピス・ラエヴィガタ *Canadaspis laevigata* 光滑加拿大虫
カンブリア紀の節足動物。節足動物門。澄江生物群。
¶**澄江生**(図16.10/モ復)
澄江生(図16.11/カ写)〈㊟中国の帽天山 側方から見たところ.雌型, 雄型〉

カナディア *Canadia spinosa*
カンブリア紀の環形動物。環形動物門多毛綱カナディイデー科。サイズ2〜4.5cm。
¶**バ頁岩**(図78〜80/モ復, モ写)〈㊟カナダのバージェス頁岩〉

カナバリアの1種 *Canavaria japonica*
中生代・前期ジュラ紀のアンモナイト。ヒルドセラス科。
¶**学古生**(図398/モ写)〈㊟山口県豊浦郡菊川町, 豊田町〉

カナバリアの1種 *Canavaria* sp.
中生代ジュラ紀前期のアンモナイト。ヒルドセラス科。
¶**学古生**(図444/モ写)〈㊟富山県下新川郡朝日町大平川支流寺谷〉
化石フ〔カナバリア属の未定種〕(p109/カ写)〈㊟富山県下新川郡朝日町 16mm〉

カニ *Avitelmessus grapsoideus*
白亜紀の無脊椎動物。幅は最大25cm。
¶**地球博**(p79/カ写)

カニ
新生代第三紀中新世の節足動物甲殻類。
¶**産地別**(p147/カ写)〈㊟富山県富山市八尾町柚木 長さ3cm 雄のおなか〉

カニクサ ⇒リュゴディウム・スコッツベルギイを見よ

カニサイ *Chilotherium pugnator*
中新世中期の哺乳類奇蹄類。
¶**日化譜**(図版68-10,11/モ写)〈㊟岐阜県可児郡可児町二野, 同帷子 上顎口蓋面, 左下顎外側面〉

カニス・ディルス
第四紀更新世後期の脊椎動物有胎盤類の哺乳類。別名イヌ。体長1.5m。㊕カナダ, アメリカ合衆国, メキシコ
¶**進化大**〔カニス〕(p434/カ復)

カニス・ディルス ⇒ダイアウルフを見よ

カニニア・シリンドリカ *Caninia cylindrica*
石炭紀の腔腸動物四射サンゴ類。
¶**原色化**(PL.23-5/モ写)〈㊟イギリスのメンディップ州ロッカム 高さ11cm〉

カニの足跡 Crab foot-prints
新生代第三紀中新世の生痕化石。
¶化石フ (p191/カ写)〈㊨岐阜県瑞浪市 30mm〉

カニの一種
中生代白亜紀の節足動物甲殻類。鬼面ガニに似ている。
¶産地別 (p32/カ写)〈㊨北海道苫前郡羽幌町中二股川 長さ0.6cm〉

カニの一種
新生代第三紀中新世の節足動物甲殻類。
¶産地別 (p201/カ写)〈㊨福井県大飯郡高浜町名島 幅1.6cm〉
産地別 (p213/カ写)〈㊨滋賀県甲賀市土山町鮎河 幅1.4cm 雌型標本を疑似本体に写真変換〉
産地別 (p213/カ写)〈㊨滋賀県甲賀市土山町鮎河 幅1.2cm〉

カニの一種
新生代第三紀中新世の節足動物甲殻類。縦に長いタイプ。
¶産地別 (p213/カ写)〈㊨滋賀県甲賀市土山町鮎河 長さ1.3cm〉

カニの爪
新生代第三紀中新世の節足動物甲殻類。カニ類, あるいはアナジャコの爪と思われる。
¶産地新 (p127/カ写)〈㊨福井県福井市鮎川町 長さ4.5cm〉

カニの爪
中生代白亜紀の節足動物甲殻類。カニ類あるいはスナモグリの仲間。
¶産地新 (p155/カ写)〈㊨兵庫県三原郡南淡町地野 長さ3cm〉

カニの爪 (不明種)
中生代白亜紀の節足動物甲殻類。
¶産地本 (p10/カ写)〈㊨北海道天塩郡遠別町ウッツ川 長さ2cm〉

カニの爪 (不明種)
新生代第三紀中新世の節足動物甲殻類。
¶産地本 (p81/カ写)〈㊨茨城県北茨城市大津町五浦 長さ6.5cm〉
産地本 (p131/カ写)〈㊨岐阜県瑞浪市釜戸町荻の島 長さ2cm〉
産地本 (p137/カ写)〈㊨愛知県知多郡南知多町小佐 長さ3.5cm, 長さ4.5cm〉

カニの爪 (不明種)
新生代第三紀中新世の節足動物甲殻類。スナモグリのものといわれている。
¶産地本 (p136/カ写)〈㊨愛知県知多郡南知多町小佐 長さ3.5cm〉

カニノテ (アンフィロア) の1種 *Amphiroa hanzawai*
新生代更新世の紅藻類。サンゴモ科アンフィロア亜科。
¶学古生 (図2147/モ写)〈㊨沖縄県島尻郡糸満町〉

カニノテ (アンフィロア) の1種 *Amphiroa izuensis*
新生代中新世の紅藻類。サンゴモ科アンフィロア亜科。
¶学古生 (図2146/モ写)〈㊨静岡県田方郡修善寺町牧之郷〉

カニのハサミ
新生代第三紀中新世の節足動物甲殻類。
¶産地別 (p201/カ写)〈㊨福井県大飯郡高浜町名島 長さ3.7cm〉

カニのハサミ
新生代第三紀鮮新世の節足動物甲殻類。
¶産地別 (p235/カ写)〈㊨宮崎県児湯郡川南町通浜 長さ12cm〉

カニの腹 (不明種)
新生代第三紀中新世の節足動物甲殻類。
¶産地本 (p210/カ写)〈㊨滋賀県甲賀郡土山町鮎河 長さ1cm 雄の腹甲〉

カニ (不明種)
中生代白亜紀の節足動物甲殻類。
¶産地別 (p42/カ写)〈㊨北海道苫前郡苫前町古丹別川 長さ0.6cm〉
産地別 (p42/カ写)〈㊨北海道苫前郡苫前町古丹別川 長さ0.9cm〉
産地別 (p42/カ写)〈㊨北海道苫前郡苫前町古丹別川幌立沢 長さ0.4cm〉

カニ (不明種)
新生代第三紀中新世の節足動物甲殻類。
¶産地本 (p131/カ写)〈㊨岐阜県瑞浪市釜戸町荻の島 幅2cm 甲羅〉
産地本 (p185/カ写)〈㊨三重県安芸郡美里村柳谷 上の化石 (背甲) の長さ1.7cm〉

カニ (不明種)
新生代第三紀中新世の節足動物甲殻類。鬼面ガニの一種。
¶産地本 (p209/カ写)〈㊨滋賀県甲賀郡土山町鮎河 長さ1.4cm〉

カニ (不明種)
新生代第三紀中新世の節足動物甲殻類。小型。
¶産地本 (p209/カ写)〈㊨滋賀県甲賀郡土山町鮎河 長さ1cm〉

カニ (不明種)
新生代第三紀中新世の節足動物甲殻類。イシガニの仲間。
¶産地本 (p210/カ写)〈㊨滋賀県甲賀郡土山町鮎河 長さ1.4cm〉

カニ (不明種)
新生代第三紀中新世の節足動物甲殻類。殻表に何の装飾もなくのっぺりとしたタイプ。
¶産地本 (p210/カ写)〈㊨滋賀県甲賀郡土山町鮎河 長さ5mm〉

カニ (不明種)
新生代第三紀中新世の節足動物甲殻類。エンコウガニの仲間か？
¶産地本 (p242/カ写)〈㊨島根県八束郡玉湯町布志名 幅3.9cm 甲羅〉

カニモリガイ *Ochetoclava kochi*
新生代第三紀・初期更新世の貝類。オニノツノガイ科。
¶学古生 (図1578/モ写)〈㊨石川県金沢市大桑〉

学古生（図1785/モ写）〈[産]東京都江東区豊洲1丁目〉

カニモリガイ
新生代第四紀更新世の軟体動物腹足類。タケノコカニモリ科。
¶産地新（p143/カ写）〈[産]石川県珠洲市平床　高さ3.3cm〉

カニモリガイ
新生代第三紀中新世の軟体動物腹足類。
¶産地本（p135/カ写）〈[産]福井県福井市鮎川町　高さ2.3cm〉
産地本（p204/カ写）〈[産]滋賀県甲賀郡土山町鮎河　高さ1.6cm〉

カニ類
中生代白亜紀の節足動物甲殻類。
¶産地別（p189/カ写）〈[産]兵庫県南あわじ市地野　幅6cm〉

カニ類の一種
新生代第三紀鮮新世の節足動物甲殻類。
¶産地新（p217/カ写）〈[産]高知県安芸郡安田町唐浜　左右7.8cm〉

カニ類の爪（不明種）
新生代第三紀中新世の節足動物甲殻類。
¶産地新（p197/カ写）〈[産]岡山県勝田郡奈義町柿　下の爪の長さ2.5cm〉

カニ類（不明種）
新生代第三紀中新世の節足動物甲殻類。エンコウガニと思われる。
¶産地新（p64/カ写）〈[産]埼玉県秩父市大野原荒川河床　左右3cm　オスの腹部〉
産地新（p185/カ写）〈[産]京都府綴喜郡宇治田原町奥山田　左右4.5cm, 左右1.7cm〉

カニ類（不明種）
新生代第三紀中新世の節足動物甲殻類。エンコウガニの類。
¶産地新（p66/カ写）〈[産]埼玉県秩父郡小鹿野町ようばけ　左右約6cm〉
産地新（p67/カ写）〈[産]埼玉県秩父郡小鹿野町ようばけ　腹甲の幅約1.5cm　オスの腹甲〉

カニ類（不明種）
新生代第三紀中新世の節足動物甲殻類。
¶産地新（p67/カ写）〈[産]埼玉県秩父郡小鹿野町ようばけ　左右約5cm〉

カニ類（不明種）
新生代第四紀更新世の節足動物甲殻類。クリガニの仲間？
¶産地新（p84/カ写）〈[産]千葉県木更津市真里谷　長さ1.2cm〉

カニ類（不明種）
新生代第三紀鮮新世の節足動物甲殻類。
¶産地新（p237/カ写）〈[産]宮崎県児湯郡川南町通山浜　左右4.8cm〉

カニングトニセラス
白亜紀セノマニアン期の軟体動物頭足類アンモナイト。アカントセラス科。殻長約20～30cm。
¶日白亜（p118～121/カ写, カ復）〈[産]北海道三笠市　殻長22cm〉

カニングトニセラス・タカハシイ *Cunningtoniceras takahashii*
セノマニアン中期の軟体動物頭足類アンモナイト。アンモナイト亜目アカントセラス科。
¶アン学（図版4-1,2/カ写）〈[産]夕張地域〉

カヌイテス *Kanuites*
中新世の哺乳類ネコ類。食肉目ジャコウネコ科。全長90cm。[分]ケニア
¶恐絶動（p223/カ復）

ガネサ *Stegodon ganesa*
哺乳類。哺乳綱獣亜綱正獣上目長鼻目。別名ガネサ象。[分]パキスタン
¶古脊椎（図288/モ復）

ガネサ象　⇒ガネサを見よ

カネタキトゲナシケバエ *Plecia kanetakii*
新生代中新世中期の昆虫類。ケバエ科。
¶学古生（図1805/モ写）〈[産]長崎県壱岐郡芦辺町八幡長者原〉

カネハラカガミ *Dosinia kaneharai*
新生代第三紀・中期中新世の貝類。マルスダレガイ科。
¶学古生（図1260/モ写）〈[産]福島県東白川郡塙町西河内〉
学古生（図1274/モ写）〈[産]宮城県柴田郡村田町足立西方〉
化石フ〔カネハラカガミガイ〕（p184/カ写）〈[産]福島県東白川郡棚倉町　62mm〉

カネハラカガミ *Dosinia (Kaneharaia) kaneharai*
中新世中期の軟体動物斧足類。
¶日化譜（図版47-8,9/モ写）〈[産]福島県, 栃木県塩原〉

カネハラカガミガイ *Kaneharaia kaneharai*
新第三紀中新世後期の二枚貝類。マルスダレガイ目マルスダレガイ科。
¶化石図（p149/カ写）〈[産]福島県　殻の横幅約7cm〉

カネハラカガミガイ　⇒カネハラカガミを見よ

カネハラクシバソテツ *Ctenis kaneharai*
中生代ジュラ紀の裸子植物。ソテツ綱ソテツ目。
¶学古生（図775/モ写）〈[産]石川県石川郡尾口村尾添地区目付谷上流〉
原色化〔クテニス・カネハライ〕（PL.58-1/モ写）〈[産]北東部中国山東省碾子溝　母岩の上方の幅約10cm〉

カネハラトウヒ *Picea kaneharai*
新生代中新世後期の陸上植物。マツ科。
¶学古生（図2242/モ写）〈[産]秋田県仙北郡西木村宮田〉

カネハラヒオウギ *Chlamys kaneharai*
新生代第三紀・中期中新世の貝類。イタヤガイ科。
¶学古生（図1247/モ写）〈[産]宮城県泉市堂所〉

カネハラヒオウギ *Chlamys (Mimachlamys) kaneharai*
中新世前中期の軟体動物斧足類。
¶日化譜（図版39-29/モ写）〈[産]神奈川県など〉

カネハラムクロジ *Sapindus kaneharai*
中新世中期の双子葉植物。
¶日化譜（図版78-4/モ写）〈[産]宮崎県伊具郡丸森町〉

カノコシボリコウホネ *Meiocardia moltkiana sanguineomaculata*
更新世後期の軟体動物斧足類。
¶**日化譜**(図版45-10/モ写)〈[産]喜界島伊実久〉

蛾の仲間(ヒロズコガ)の一種
白亜紀サントニアン期の昆虫類。
¶**日白亜**〔琥珀の中に保存された蛾の仲間(ヒロズコガ)の一種〕(p117/カ写)〈[産]岩手県久慈市〉

カノビウス *Canobius*
石炭紀前期の魚類。条鰭亜綱。原始的な条鰭類。全長7cm。[分]英国のスコットランド
¶**恐絶動**(p34/カ復)

カバノキ ⇒ベトゥラ・イスランディカを見よ

カバノキ属の1種 ⇒ベチュラを見よ

カパルマラニア *Chapalmalania*
鮮新世後期の哺乳類イタチ類。食肉目アライグマ科。全長1.5m。[分]アルゼンチン
¶**恐絶動**(p215/カ復)

ガビオセラス・エゾエンゼ *Gabbioceras yezoense*
セノマニアン前期の軟体動物頭足類アンモナイト。リトセラス亜目テトラゴニテス科。
¶**アン学**(図版54-1〜3/カ写)〈[産]幌加内地域〉

カビリテス(?)の1種 *Kabylites*(?) sp.
中生代白亜紀前期のアンモナイト。ボチアニーテス科。
¶**学古生**(図470/モ写)〈[産]群馬県多野郡中里村間物沢 腹面〉

カプソスポンギア *Capsospongia undulata*
カンブリア紀の海綿動物尋常海綿類。海綿動物門普通海綿綱アンサスピデリデー科。長さ60mm。
¶**バ頁岩**(図13,14/モ写, モ復)〈[産]カナダのバージェス頁岩〉

カブトイワシナノキ *Tilia kabutoiwaensis*
新生代中新世後期の陸上植物。シナノキ科。
¶**学古生**(図2486/モ図)〈[産]長野県佐久市兜岩山〉

カブトガニ
白亜紀オーテリビアン期〜バレミアン期?の鋏角類。全長オス約50cm, メス約60cm。
¶**日白亜**(p92〜95/カ写, カ復)〈[産]石川県白山市 足跡〉

カブトガニの近縁種 ⇒エウプロープスを見よ

カブトガニ類の歩行跡
ジュラ紀後期の動物の歩行跡と痕跡。
¶**ゾル2**〔大きなカブトガニ類の歩行跡〕(図318/カ写)〈[産]ドイツのアイヒシュテット 33cm〉
ゾル2〔歩行跡を追跡したことで解けた謎〕(図319/カ写)〈[産]ドイツのアイヒシュテット〉
ゾル2〔カブトガニ類のメートル長の歩行跡〕(図320/カ写)〈[産]ドイツのアイヒシュテット〉

カプトリヌス
ペルム紀前期の脊椎動物真正爬虫類。全長50cm。[分]アメリカ合衆国
¶**進化大**(p186/カ写)〈頭骨〉

かぶと竜 ⇒プロトケラトプス・アンドリューシを見よ

ガブリエルス・ランケアタス *Gabriellus lanceatus*
古生代カンブリア紀の節足動物三葉虫。
¶**生ミス1**(p125/カ写)〈[産]カナダのブリティッシュコロンビア 7.5cm〉

カプルス
古第三紀〜現代の無脊椎動物腹足類。別名カツラガイ。殻長最大2.5cm。[分]大西洋および地中海海域
¶**進化大**(p425/カ写)

カプルス
中生代白亜紀の軟体動物腹足類。
¶**産地本**(p12/カ写)〈[産]北海道中川郡中川町安平志内川 母岩の左右15cm〉
産地本(p25/カ写)〈[産]北海道苫前郡苫前町古丹別川 高さ2.5cm〉

カプルス・トランスフォルミス *"Capulus" transformis*
中生代白亜紀後期の貝類。カツラガイ科?
¶**学古生**(図615/モ写)〈[産]北海道中川郡中川町〉

カプルス・トランスフォルミス
中生代白亜紀の軟体動物腹足類。
¶**産地別**(p14/カ写)〈[産]北海道中川郡中川町ワッカウエンベツ川 長径5cm〉

貨幣石 *Nummulites gizehensis*
始新世の単細胞生物。別名ヌムリテス。
¶**世変化**(図72/カ写)〈[産]エジプトのギザ 幅2.9cm〉

貨幣石
無脊椎動物原生動物。
¶**図解化**(p56-中央右/モ復)

貨幣石 ⇒ヌムリテスを見よ

カヘイブンブク(新) *Schizaster nummuliticus*
始新世のウニ類。
¶**日化譜**(図版62-18/モ写)〈[産]小笠原母島〉

カホトゲカワニナ *Melanatria kahoensis*
新生代第三紀始新世の貝類。トゲカワニナ科。
¶**学古生**(図1105/モ写)〈[産]沖縄県石垣市伊原間〉

カーボノコリフェ(ウィンターバージア?)・オリエンタリス *Carbonocoryphe*(*Winterbergia*?) *orientalis*
古生代後期石炭紀前期トルネー世中期〜後期の三葉虫類。プロエタス科キルトシンボール亜科。
¶**学古生**(図239/モ写)〈[産]岡山県後月郡芳井町日南 尾部〉

カマ *Chama*
始新世の無脊椎動物貝殻の化石。
¶**恐竜世**〔キクザルガイのなかま〕(p61/カ写)

カマ *Chama calcarata*
暁新世〜現世の無脊椎動物二枚貝類。マルスダレガイ目キクザルガイ科。体長3.5cm。[分]熱帯地方, ヨーロッパ, 北アメリカ
¶**化写真**(p105/カ写)〈[産]フランス〉

ガマ *Typha latissima*
白亜紀中ごろ～現在の被子植物単子葉植物。ガマ科。
¶**化百科**（p100/カ写）〈(産)イギリス南部のワイト島 13cm〉

ガマ ⇒テュファを見よ

カマエデンドゥロン・ムルティスポランギィウム
デヴォン紀後期のヒカゲノカズラ植物。高さ1.5m。(分)中国
¶**進化大**〔カマエデンドゥロン〕（p121/カ写）

カマ・カルカルタ
古第三紀～現代の無脊椎動物二枚貝類。長さほぼ4cm。(分)ヨーロッパ, 北アメリカ
¶**進化大**〔カマ〕（p371/カ写）

カマキリの化石
白亜紀サントニアン期の昆虫類。
¶**日白亜**〔琥珀の中に保存されたカマキリの化石〕（p117/カ写）〈(産)岩手県久慈市〉

カマスサワラ属未定種の歯 *"Acanthocybium"* sp.
新生代第三紀中新世の魚類硬骨魚類。
¶**化石フ**（p220/カ写）〈(産)岐阜県土岐市 6mm〉

カマヤシキスエモノガイ *Thracia kamayashikiensis*
鮮新世前期の軟体動物斧足類。
¶**日化譜**（図版49-23/モ写）〈(産)長野県上水内郡柵〉

カマラサウルス *Camarasaurus*
1億5000万～1億4000万年前（ジュラ紀後期）の恐竜類竜脚類カマラサウルス類。竜盤目竜脚形亜目ディプロドクス上科。平原に生息。全長18m。(分)アメリカ合衆国
¶**恐イラ**（p137/カ復）
恐古生（p156～157/カ写, カ復）〈頭蓋, 骨格〉
恐絶動（p127/カ復）
恐太古（p122～125/カ写）〈歯, 足, 頭骨〉
恐竜世（p151/カ復）
恐竜博（p77/カ写, カ復）〈頭骨〉
生ミス6（図5-4/カ写, カ復）〈全身骨格（頭部付近のみ撮影）〉
よみ恐（p103/カ復）

カマラサウルス
ジュラ紀後期の脊椎動物竜脚形類。体長18m。(分)アメリカ合衆国
¶**進化大**（p270～271/カ復）

カマラサウルス ⇒カマロサウルスを見よ

カマラサウルスの一種の頭骨 Skull of Camarasaurus sp.
中生代ジュラ紀の恐竜類竜盤類。竜盤目竜脚形亜目。植物食性恐竜。体長18m。
¶**化石図**（p108/カ写）〈(産)アメリカ合衆国 横幅約23cm 幼体の頭骨, レプリカ〉

カマラサウルスの一種の歯 Tooth of Camarasaurus sp.
中生代ジュラ紀の恐竜類竜盤類。竜盤目竜脚形亜目。植物食性恐竜。体長18m。
¶**化石図**（p108/カ写, カ復）〈(産)アメリカ合衆国 高さ約11cm 成体の歯〉

カマロサウルス *Camarosaurus lentus*
ジュラ紀後期の恐竜類。竜型超綱竜盤綱竜脚目。全長18m。(分)北米ユタ, コロラド, ワイオミング各州
¶**古脊椎**（図149/モ復）
リア中〔カマラサウルス〕（p112/カ復）

カミオニシキ ⇒カミオニシキガイを見よ

カミオニシキガイ
新生代第三紀中新世の軟体動物斧足類。別名クラミス。
¶**産地新**（p184/カ写）〈(産)京都府綴喜郡宇治田原町奥山田 高さ2.5cm〉
産地本〔カミオニシキ〕（p124/カ写）〈(産)長野県下伊那郡阿南町大沢川 高さ2.7cm〉

カミオボラの1種 *Volutopsius* sp.
新生代第三紀の貝類。エゾバイ科。
¶**学古生**（図1116/モ写）〈(産)和歌山県西牟婁郡串本町田並南東〉

カミゴウカンバ *Betula kamigoensis*
新生代中新世中期の陸上植物。カバノキ科。
¶**学古生**（図2311/モ写）〈(産)山形県鶴岡市山口〉

カミフスマガイ
新生代第三紀鮮新世の軟体動物斧足類。マルスダレガイ科。
¶**産地新**（p202/カ写）〈(産)高知県安芸郡安田町唐浜 長さ5.5cm〉

カミンゲラ
古生代石炭紀の節足動物三葉虫類。
¶**産地別**〔防御姿勢のカミンゲラ〕（p120/カ写）〈(産)新潟県糸魚川市青海町 幅1.5cm 胸部と尾部〉
産地本（p110/カ写）〈(産)新潟県西頸城郡青海町電化工業 左右1.2cm 尾部〉

カミンゲラの頭部
古生代石炭紀の節足動物三葉虫類。
¶**産地別**（p119/カ写）〈(産)新潟県糸魚川市青海町 長さ1cm〉
産地別（p120/カ写）〈(産)新潟県糸魚川市青海町 長さ1.1cm〉
産地別（p120/カ写）〈(産)新潟県糸魚川市青海町 長さ1.4cm〉

カミンゲラの尾部
古生代石炭紀の節足動物三葉虫類。
¶**産地別**（p120/カ写）〈(産)新潟県糸魚川市青海町 長さ1.1cm, 幅1.4cm〉

カミンゲラ・メソプス *Cummingella mesops*
古生代後期石炭紀中期の三葉虫類。カミンゲラ亜科。
¶**学古生**（図244,245/モ写）〈(産)新潟県西頸城郡青海町 頭部, 尾部〉

カムパニレ *Campanile*
始新世の無脊椎動物貝殻の化石。
¶**恐竜世**〔エンマノツノガイのなかま〕（p60/カ写）

カムプトサウルス
ジュラ紀後期の脊椎動物鳥盤類。体長5m。(分)アメリカ合衆国
¶**進化大**（p278～279/カ復）

カ

カムプトサウルス　⇒カンプトサウルスを見よ

カムプトネクテス(カムプトクラミス)・レティフェルス　*Camptonectes(Camptochlamys) retiferus*
ジュラ紀の軟体動物斧足類。
¶**原色化**(PL.43-5/モ写)〈[産]イギリスのグロスター州　幅5cm〉

カムポジダ・アルゼンテアの近縁種　*Composita* sp.aff.*C.argentea*
古生代後期の腕足類。スピリファー目アティリス上科アティリス科。
¶**学古生**(図128/モ写)〈[産]山口県美祢郡秋芳町江原, 岩永台, 山口県美祢市伊佐町丸山　腕殻, 側面〉

カメホウズキチョウチン　*Terebratalia coreanica*
新生代第四期更新世の腕足動物。ダリナ科。
¶**学古生**(図1067/モ写)〈[産]秋田県山本郡峰浜村〉
化石フ(p159/カ写)〈[産]千葉県市原市　15mm〉
日化譜〔カメホオズキチョウチン〕(図版25-12/モ写)〈[産]北海道など〉

カメホウズキチョウチン
新生代第四紀更新世の腕足動物有関節類。
¶**産地新**〔カメホウズキチョウチンガイ〕(p58/カ写)〈[産]秋田県男鹿市琴川安田海岸　高さ3.2cm〉
産地別(p87/カ写)〈[産]秋田県男鹿市琴川安田海岸　高さ3.2cm〉
産地本〔カメホオズキチョウチンガイ〕(p103/カ写)〈[産]千葉県市原市瀬又　高さ3.4cm〉

カメホウズキチョウチンガイ　⇒カメホウズキチョウチンを見よ

カメホオズキチョウチン　⇒カメホウズキチョウチンを見よ

カメホオズキチョウチンガイ　⇒カメホウズキチョウチンを見よ

カメリナ・バグアレンシス　*Camerina bagualensis*
第三紀の原生動物有孔虫類。
¶**原色化**(PL.76-5/カ写)〈[産]小笠原母島コヽナツビーチ　直径平均3mm, 大きい個体の直径3.8cm　顕球型, 微球型〉

カメリナ・レビガータ　*Camerina laevigata*
第三紀の原生動物有孔虫類。
¶**原色化**(PL.74-1/モ写)〈[産]フランスのオワス　最大径1.3cm〉

カメロケラス　*Cameroceras*
古生代オルドビス紀の軟体動物頭足類エンドセラス類。全長11m?[分]アメリカ, 中国, イギリスほか
¶**生ミス2**(図1-3-6/カ復)

カメロケラス・トレントネンセ　*Cameroceras trentonense*
古生代オルドビス紀の軟体動物頭足類オウムガイ類。全長11m。[分]アメリカ
¶**リア古**〔カメロケラス〕(p78/カ復)

カメロプス　*Camelops*
更新世の哺乳類核脚類。鯨偶蹄目ラクダ科。肩高2m。[分]合衆国のカリフォルニア, ユタ
¶**恐絶動**(p277/カ復)
絶哺乳(p188/カ復)

カモノアシガキ　*Dendostrea paulucciae*
新生代第四期更新世の軟体動物斧足類。
¶**化石フ**(p178/カ写)〈[産]愛知県刈谷市　40mm〉

カモノアシガキ　*Ostrea(Dendostrea) paulucciae*
新生代第四紀更新世の貝類。イタボガキ科。
¶**学古生**(図1658/モ写)〈[産]横浜市港南区永谷町中里〉

鴨嘴竜　⇒トラコドンを見よ

カモメガイの1種　*Penitella* sp.
新生代第三紀・初期中新世の貝類。ニオガイ科。
¶**学古生**(図1146/モ写)〈[産]宮城県仙台市北赤石　左殻, 両殻を上から見たもの〉

カモメガイの1種の巣穴化石
新生代第三紀・初期中新世の貝類。
¶**学古生**(図1147,1148/モ写)〈[産]宮城県仙台市北赤石〉

かも竜　⇒トラコドンを見よ

カラ
シルル紀〜現代の植物シャジクモ類。別名シャジクモ。最大全長1m。[分]世界の淡水および汽水域
¶**進化大**(p419/カ写)〈茎〉

カラウルス　*Karaurus*
ジュラ紀後期の両生類空椎類。有尾目。全長20cm。[分]カザフスタン
¶**恐絶動**(p55/カ復)

カラウルス
ジュラ紀後期の脊椎動物両生類。体長19cm。[分]カザフスタン
¶**進化大**(p247/カ写)

カラスガイ
新生代第四紀更新世の軟体動物斧足類。イシガイ科。
¶**産地新**(p189/カ写)〈[産]滋賀県大津市雄琴　長さ18.5cm〉
産地別(p217/カ写)〈[産]滋賀県大津市仰木二丁目　長さ17.5cm〉

カラスガイ　⇒クリスタリア・プリカータ・スパティオーサを見よ

ガラス海綿
カンブリア紀〜デヴォン紀の無脊椎動物海綿類。最長4.5cm。[分]世界各地
¶**進化大**〔海綿を固定するとげ〕(p85/カ写)

ガラスコケムシ　*Exochella longirostris*
新生代更新世のコケムシ類。ガラスコケムシ科。
¶**学古生**(図1093/モ写)〈[産]石川県珠洲市正院〉

カラフデガイ
新生代第三紀鮮新世の軟体動物腹足類。フデガイ科。
¶**産地新**(p216/カ写)〈[産]高知県安芸郡安田町唐浜　高さ2.5cm〉

カラフトギンエビス　*Bathybembix(Ginebis) sakhalinensis*
漸新世後期の軟体動物腹足類。
¶**日化譜**(図版26-15/モ写)〈[産]北海道白糠郡大曲〉

カラフトゼンマイ *Osmunda sachalinensis*
新生代漸新世の陸上植物。ゼンマイ科。
¶**学古生**(図2154,2155/モ写)〈㊨北海道釧路市春採炭鉱〉

カラフトチョウチン *Diestothyris karafutoensis*
鮮新世(?)の腕足類。
¶**日化譜**(図版25-32/モ写)〈㊨樺太留久玉〉

カラフトニィルセンソテツ *Nilssonia sachaliensis*
中生代の陸上植物。足羽植物群。
¶**学古生**(図855/モ写)〈㊨福井県今立郡池田町皿尾〉

カラマツ *Larix leptolepis*
新生代第四紀更新世後期の陸上植物。マツ科。
¶**学古生**(図2533/モ図)〈㊨東京都中野区江古田 球果枝〉
学古生(図2545/モ写)〈㊨栃木県塩谷郡塩原町 材の木口断面〉
日化譜(図版75-6/モ写)〈㊨西宮市, 東京都など 毬果〉

カラミテス *Calamites*
古生代石炭紀〜ペルム紀のシダ植物トクサ類。トクサ綱トクサ目。別名蘆木。高さ20m。㊕世界各地
¶**化百科**〔ロボク(アニュラリア, アステロフィリテス)〕(p79/カ写)〈茎の長さ30cm〉
図解化(p46/モ復)
図解化〔Calamites〕(図版1-11/カ写)〈㊨イリノイ州メゾン・クリーク〉
生ミス4(図1-4-4/カ写, カ復)〈幹〉
リア古(p178/カ復)

カラミテス ⇒アステロフィリテス・エキセティフォルミスを見よ

カラミテス ⇒アンヌラリア・シネンシスを見よ

カラミテス・カリナトゥス
石炭紀〜ペルム紀の植物トクサ類。最大高さ20m。㊕世界各地
¶**進化大**〔カラミテス〕(p148〜149/カ写, カ復)

カラミテスの一種 *Calamites* sp.
古生代石炭紀のシダ植物トクサ類。別名蘆木。茎あるいは幹の部分。
¶**化石図**(p76/カ写, カ復)〈㊨イギリス 横幅約10cm〉
植物化〔ロボク〕(p23/カ写, カ復)〈㊨アメリカ〉
図解化〔カラミテス〕(p40-9/カ写)

カラモフィトンの茎 *Calamophyton primaevum*
デボン紀と石炭紀初期の植物。シダ植物の類縁。
¶**地球博**(p76/カ写)

カラモフィトン・プリマエブム
デヴォン紀中期の植物クラドキシロン類。高さ3m。㊕世界各地
¶**進化大**〔カラモフィトン〕(p119/カ写)

ガランチィアナ属の未定種 *Garantiana* sp.
中生代ジュラ紀の軟体動物頭足類。
¶**化石フ**(p116/カ写)〈㊨宮城県桃生郡北上町 50mm〉

カリア属の花粉 *Carya* sp.
新生代中新世中期の陸上植物。クルミ科。
¶**学古生**(図2292/モ写)〈㊨石川県鹿島郡中島町土川〉

カリアナッサ・ファイアシイ *Callianassa faiyasi*
白亜紀の節足動物甲殻類。
¶**原色化**(PL.67-2/モ写)〈㊨オランダのマーストリヒト 長さ4.8cm 鳌〉

カリオクリニテス *Caryocrinites*
古生代シルル紀の無脊椎動物棘皮動物ウミリンゴ類。
¶**図解化**(p165/カ写)〈㊨アメリカ〉
生ミス2(図2-3-3/カ写, カ復)〈㊨アメリカのニューヨーク州 萼の直径約2.5cm〉

カリオクリニテス・オーナトゥス *Caryocrinites ornatus*
古生代シルル紀の棘皮動物“ウミリンゴ類”。萼部分の直径3cm前後。㊕アメリカ
¶**リア古**〔カリオクリニテス〕(p106/カ復)

カリオストマ *Calliostoma nodulosum*
前期白亜紀〜現世の無脊椎動物腹足類。古腹足目ニシキウズガイ科。体長3cm。㊕世界中
¶**化写真**(p118/カ写)〈㊨イギリス〉

カリオフィリア *Caryophyllia* sp.
鮮新世の無脊椎動物腔腸動物。
¶**図解化**(p70-4/カ写)〈㊨イタリア〉

カリオフィリア(プレモキアタス)・コムプレッサス *Caryophyllia (Premocyathus) compressus*
第四紀更新世後期の腔腸動物六射サンゴ類。
¶**原色化**(PL.86-1/モ写)〈㊨千葉県君津郡富来田町地蔵堂 長さ2.5cm 上面, 側面〉

カリガネエガイ *Barbatia (Savignyaca) virescens*
新生代第四紀更新世の貝類。翼形亜綱フネガイ目フネガイ科。
¶**学古生**(図1630/モ写)〈㊨千葉県印旛郡印西町発作〉

カリキシロン *Callixylon*
デボン紀後期〜石炭紀前期の前裸子植物。アルカエオプテリス目。アルカエオプテリスの幹。
¶**化百科**〔アルカエオプテリス(カリキシロンを含む)〕(p94/カ写)〈㊨アイルランド 長さ20cm〉

カリキシロン *Callixylon whiteanum*
古生代デボン紀後期の植物。アルカエオプテリスの幹。
¶**植物化**(p26/カ写)〈㊨アメリカ〉

カリグラムマ・ヘッケリ *Kalligramma haeckeli*
ジュラ紀後期の無脊椎動物昆虫類脈翅類(アミメカゲロウ類)。
¶**ゾル1**(図437/カ写)〈㊨ドイツのアイヒシュテット 19cm〉

カリグラムムラ・ゼンケンベルギア *Kalligrammula senckenbergia*
ジュラ紀後期の無脊椎動物昆虫類脈翅類(アミメカゲロウ類)。
¶**ゾル1**(図438/カ写)〈㊨ドイツのアイヒシュテット 14cm〉

カリコテリウム *Chalicotherium*
1500万〜500万年前(ネオジン)の哺乳類奇蹄類カリコテリウム類。バク型亜目鉤足下目カリコテリウム科。全長2m。㊕ヨーロッパ, アジア, アフリカ
¶**恐竜世**(p252〜253/カ復)
生ミス10(図2-2-13/カ復)
絶哺乳(p171,172/カ復, モ図)

カリコテリウム *Chalicotherium sansaniense*
中新鮮新世, 更新世の哺乳類。哺乳綱獣亜綱正獣上目奇蹄目。別名綺獣。体長2.7m。㊙ヨーロッパ, インド, アフリカ
¶古脊椎 (図307/モ復)

カリコテリウム
古第三紀漸新世後期～新第三紀鮮新世前期の脊椎動物有胎盤類の哺乳類。体長2m。㊙ヨーロッパ, アジア, アフリカ
¶進化大 (p410～411/カ復)

カリストシセレ・ジャポニカ *Callistocythere japonica*
新生代更新世の甲殻類(貝形類)。レプトシセレ科。
¶学古生 (図1860/モ写)〈㊎静岡県古谷層 右殻〉
日化譜〔Callistocythere japonica〕(図版60-15,16/モ写)〈㊎神奈川県葉山海岸〉

カリストシセレ・ハヤメンシス *Callistocythere hayamensis*
新生代現世の甲殻類(貝形類)。レプトシセレ科。
¶学古生 (図1861/モ写)〈㊎神奈川県油壷湾 右殻〉

カリスピラ属(?)の未定種 *Callispira* (?) sp.
古生代ペルム紀の軟体動物腹足類。
¶化石フ (p33/カ写)〈㊎岐阜県大垣市赤坂町 15mm〉

カリスピリナ・オルナータの近縁種 *Callispirina* sp.aff. *C. ornate*
古生代後期の腕足類。
¶学古生 (図141/モ写)〈㊎愛媛県上浮穴郡柳谷村中久保 茎殻後面, 茎殻〉

カリデクテス・リチャードソニ *Kallidectes richardsoni*
無脊椎動物節足動物軟甲綱。
¶図解化 (p105-3/カ写)〈㊎イリノイ州メゾン・クリーク〉

カリドスクトール *Caridosuctor*
古生代石炭紀の肉鰭類シーラカンス類。全長20cm。㊙アメリカ
¶生ミス4 (図1-2-5/カ写, カ復)〈㊎アメリカのモンタナ州 約20cm〉

カリバガサ *Calyptraea yokoyamai*
新生代第四紀更新世の貝類。カリバガサ科。
¶学古生 (図1723/モ写)〈㊎千葉県市原市瀬又〉

カリフィロセラス・ジンゴリイ *Calliphylloceras gingoli*
トアルシアン期のアンモナイト。
¶アン最 (p172/カ写)〈㊎イタリアのアンコーナ〉

カリプテリス・サリバンティ *Callipteris sullivanti*
石炭紀の裸子植物蘇鉄状羊歯類。
¶原色化 (PL.28-4/カ写)〈㊎北アメリカのイリノイ州コルチェスター 小葉片の長さ1.5cm〉

カリプテリディウム
石炭紀後期～ペルム紀前期の植物メドゥローサ類。大きな複葉の最大全長3m。㊙世界各地
¶進化大 (p152)

ガリミムス *Gallimimus*
中生代白亜紀の恐竜類竜盤類獣脚類オルニトミムス類。コエルロサウルス下目オルニトミムス科。川の渓谷に生息。全長6m。㊙モンゴル, ウズベキスタン
¶恐イラ (p191/カ復)
恐古生 (p122～123/カ復)
恐絶動 (p107/カ復)
恐竜世〔ガッリミムス〕(p186/カ写)
恐竜博〔ガルリミムス〕(p112/カ写, カ復)〈頭骨〉
生ミス7 (図2-10/カ復)
よみ恐 (p186/カ復)

ガリミムス
白亜紀後期の脊椎動物獣脚類。体長6m。㊙モンゴル
¶進化大 (p327/カ写, カ復)〈くちばし〉

ガリミムス・ブッラタス *Gallimimus bullatus*
後期白亜紀の脊椎動物恐竜類竜盤類獣脚類。竜盤目オルニトミムス科。体長6m。㊙アジア
¶化写真〔ガリミムス〕(p247/カ写)〈㊎モンゴル〉
地球博〔ガリミムスの頭蓋骨〕(p84/カ写)
リア中〔ガリミムス〕(p212/カ復)

"ガリミムス・モンゴリエンシス" *"Gallimimus mongoliensis"*
白亜紀後期の恐竜類獣脚類オルニトミモサウルス類。オルニトミムス科。
¶モ恐竜 (p23/カ写)〈㊎モンゴル南西バイシン・ツァフ 全身骨格〉

カリメネ セレブラ *Calymene celebra*
シルル紀の三葉虫。プティコパリア目カリメネ科。
¶化石図〔カリメネ・セレブラ〕(p52/カ写)〈㊎アメリカ合衆国 体長約5cm〉
三葉虫 (図123/モ写)〈㊎アメリカのイリノイ州グラフトン 長さ38mm〉

カリメネ・トリスタニ *Calymene tristani*
シルル紀前期の無脊椎動物節足動物。
¶図解化 (p99-1/カ写)〈㊎スペイン〉

カリメネ・ブルーメンバッキィ *Calymene blumenbachi*
後期オルドビス紀～シルル紀の節足動物三葉虫類。ファコプス目カリメネ科。体長7cm。㊙世界中
¶化写真〔カリメネ〕(p61/カ写)〈㊎イギリス 丸まった標本〉
化百科〔カリュメネ〕(p129/カ写)〈3.2cm〉
原色化 (PL.14-3/モ写)〈㊎北アメリカのイリノイ州グラフトン 長さ4.6cm 側面〉

カリメネ・ブルーメンバッハイイ
シルル紀の無脊椎動物節足動物。最大体長約6cm。㊙世界各地
¶進化大〔カリメネ〕(p105/カ写)

カリモドン・セリネンシス *Kallimodon cerinensis*
ジュラ紀後期の脊椎動物爬虫類ムカシトカゲ類。
¶ゾル2 (図246/カ写)〈㊎ドイツのパインテン 34cm〉

カリモドン・プルケルス *Kallimodon pulchellus*
ジュラ紀後期の脊椎動物爬虫類ムカシトカゲ類。
¶ゾル2 (図243/カ写)〈㊎ドイツのパインテン 25cm〉
ゾル2 (図244/カ写)〈㊎ドイツのアイヒシュテット

24cm〉
ゾル2（図245/カ写）〈[産]ドイツのアイヒシュテット東部 18cm〉

カリュメネ ⇒カリメネ・ブルーメンバッキィを見よ

カルイシガニ属の未定種 *Daldorfia* sp.
新生代第三紀中新世の節足動物十脚類。
¶化石フ（p193/カ写）〈[産]宮崎県東諸県郡高岡町 約130mm〉

カルカリナの1種 *Calcarina spengleri*
新生代更新世中期前半，完新世の大型有孔虫。カルカリナ科。
¶学古生（図986,988/モ写）〈[産]鹿児島県大島郡与論町茶花，沖縄県八重山郡竹富町竹富島〉
日化譜〔Calcarina spengleri〕（図版7-14/モ写）〈[産]南洋各地〉

カルカリヌス
新生代第三紀中新世の脊椎動物軟骨魚類。メジロザメの一種。
¶産地別（p153/カ写）〈[産]石川県七尾市白馬町 幅1.2cm〉

カルカリヌス ⇒メジロザメを見よ

カルカロクレス *Carcharocles megalodon*
前期始新世～鮮新世の脊椎動物軟骨魚類。ネズミザメ目オトドゥス科。体長13m。[分]世界中
¶化写真（p203/カ写）〈[産]アメリカ 第1または第2右上顎歯，第8左下顎歯，第10右下顎歯〉
化石フ〔ムカシオオホホジロザメ〕（p206/カ写）〈[産]岐阜県瑞浪市 8mm 歯〉
日絶古〔メガロドン〕（p28～29/カ写，カ復）〈[産]茨城県北茨城市五浦海岸 歯〉

カルカロクレス・メガロドン
新生代第三紀鮮新世の脊椎動物軟骨魚類。
¶産地別（p89/カ写）〈[産]千葉県安房郡鋸南町奥元名 高さ13cm，幅11.5cm〉

カルカロクレス・メガロドン
新生代第三紀中新世の脊椎動物軟骨魚類。
¶産地別（p153/カ写）〈[産]石川県七尾市岩屋町 幅1.7cm〉
産地別（p208/カ写）〈[産]三重県津市美里町柳谷 高さ7.5cm〉
産地別（p208/カ写）〈[産]三重県津市美里町柳谷 幅1.2cm 歯〉
産地別（p208/カ写）〈[産]三重県津市美里町長野 高さ3.2cm〉

カルカロドン
新第三紀中新世前期～鮮新世の脊椎動物軟骨魚類。体長18m。[分]ヨーロッパ，北アメリカ，南アメリカ，アフリカ，アジア
¶進化大（p405/カ写，カ復）〈口，歯〉

カルカロドン・カルカリアス
新生代第四紀完新世の脊椎動物軟骨魚類。
¶産地別（p171/カ写）〈[産]愛知県知多市古見 高さ3.9cm〉

カルカロドン・カルカリアス ⇒ホオジロザメを見よ

カルカロドン・カルカリアス ⇒ホホジロザメを見よ

カルカロドン・スルキデンス *Carcharodon sulcidens*
新生代中新世の魚類。ホホジロザメ科。
¶学古生（図1943/モ写）〈[産]山形県立川町 右上顎の歯〉

カルカロドントサウルス *Carcharodontosaurus*
白亜紀後期の恐竜類獣脚類アロサウルス類。竜盤目獣脚亜目カルカロドントサウルス科。全長12～13m。[分]北アフリカ
¶化百科（p223/カ写）〈歯の先6cm 歯〉
恐イラ（p186/カ復）
恐太古（p148/カ写）〈頭骨〉
恐竜世（p167/カ復）
生ミス8（図11-6/カ写，カ復）〈約160cm 頭骨標本〉
よみ恐（p128～129/カ復）

カルカロドントサウルス
白亜紀後期の脊椎動物獣脚類。体長11m。[分]モロッコ，チュニジア，エジプト
¶進化大（p319/カ復）

カルカロドン・メガロドン *Carcharodon megalodon*
2500万～150万年前（パレオジン後期～ネオジン前期）の魚類軟骨魚類。ネズミザメ目ネズミザメ科。全長20m。[分]ヨーロッパ，北アメリカ，南アメリカ，アフリカ，アジア
¶学古生（図1941/モ写）〈[産]群馬県碓氷郡松井田町〉
化石図（p158/カ写，カ復）〈[産]千葉県 横幅約7cm〉
恐竜世（p72～73/カ写，カ復）〈歯，あごの模型〉
原色化（PL.80-1/カ写）〈[産]イギリスのサフォーク州ウッドブリッジ 高さ7.8cm〉
図解化〔Carcharodon megalodon〕（図版40-18/カ写）〈[産]イタリア 歯〉
生ミス10〔“メガロドン”〕（図2-1-7/カ写，カ復）〈[産]アメリカのノース・カロライナ州 歯〉
生ミス10〔メガロドン〕（図2-1-9/カ写）〈[産]群馬県安中市 歯〉
生ミス10〔メガロドン〕（図2-1-10/カ写）〈[産]埼玉県深谷市 歯化石群（歯群）の一部〉
生ミス10〔メガロドン〕（図2-1-11/カ復）〈実寸大生態モデル〉
日化譜〔テングノツメ〕（図版63-4/モ写）〈[産]青森，岩手，山形，宮城，福島，千葉など〉

カルカロドン・メガロドン
新生代第三紀鮮新世の脊椎動物軟骨魚類。
¶産地新（p69/カ写）〈[産]千葉県安房郡鋸南町奥元名 高さ4.5cm〉
産地新（p71/カ写）〈[産]千葉県銚子市長崎町長崎鼻 高さ7cm〉
産地本〔ムカシオオホオジロザメ〕（p84/カ写）〈[産]千葉県銚子市長崎鼻海岸 高さ9cm 歯根を失っている歯〉

カルカロドン・メガロドン
新生代第三紀中新世の脊椎動物軟骨魚類。
¶産地新（p178/カ写）〈[産]三重県安芸郡美里村柳谷 高さ7.2cm 歯〉
産地新（p178/カ写）〈[産]三重県安芸郡美里村柳谷 高さ8cm 歯〉
産地本（p75/カ写）〈[産]宮城県亘理郡亘理町神宮寺 高さ12cm〉
産地本（p187/カ写）〈[産]三重県安芸郡美里村柳谷 高さ7.2cm 歯〉

産地本 (p187/カ写) 〈㊎三重県安芸郡美里村柳谷 高さ7cm〉
産地本 (p188/カ写) 〈㊎三重県安芸郡美里村柳谷 高さ2.2cm 顎の側面の歯〉

カ

カルキノソーマ *Carcinosoma*
古生代シルル紀の節足動物鋏角類クモ類ウミサソリ類。体長30cm。
¶生ミス2 (図2-1-4/カ復)

カルキノプラックス・アンティクア *Calcinoplax antiqua*
第三紀の節足動物甲殻類。別名ムカシエンコウガニ。
¶原色化 (PL.81-1/カ写) 〈㊎岩手県二戸郡金田一村湯田 高さ11cm〉

カルケオラ・サンダリナ *Calceola sandalina*
デボン紀の腔腸動物四射サンゴ類。別名スリッパサンゴ。
¶化石フ〔カルケオラ・サンダリナの蓋〕(p30/カ写) 〈㊎岐阜県吉城郡上宝村, 岩手県気仙郡住田町 幅15mm, 幅20mm〉
原色化 (PL.16-5/カ写) 〈㊎ドイツのアイフェル 高さ2.9cm,3.5cm,3.7cm, 蓋の幅2.5cm〉
図解化 (p69-6,7/カ写) 〈㊎ドイツ 上面図と側面図〉

カルケオラ・サンダリナの蓋
古生代デボン紀の腔腸動物四射サンゴ類。
¶産地別 (p68/カ写) 〈㊎岩手県大船渡市日頃市町大森 幅1.6cm〉

ガルゴイレオサウルス *Gargoyleosaurus*
1億5500万〜1億4500万年前 (ジュラ紀後期) の恐竜類アンキロサウルス類。アンキロサウルス科。別名ガーゴイロサウルス。林地に生息。全長4m。㊐アメリカ合衆国
¶恐竜世 (p145/カ復)
恐竜博 (p85/カ復)
よみ恐 (p110〜111/カ復)

カルチディスクス・マッキンタイヤライ *Calcidiscus macintyrei*
新生代のナンノプランクトン。コッコリタス科。
¶学古生 (図2060/モ写)

カルチディスクス・レプトポールス *Calcidiscus leptoporus*
新生代鮮新世〜更新世のナンノプランクトン。コッコリタス科。
¶学古生 (図2059/モ写) 〈㊎新潟県佐渡郡佐和田町〉

「カルディウム」属の種 *"Cardium"* sp.
ジュラ紀後期の無脊椎動物軟体動物二枚貝類。
¶ゾル1 (図119/カ写) 〈㊎ドイツのメルンスハイム 0.8cm〉

カルディオセラス *Cardioceras* sp.
オックスフォーディアン期のアンモナイト。
¶アン最 (p75/カ写) 〈㊎ロシア〉

カルディオディクティオン・カテヌルム *Cardiodictyon catenulum* 錬状心網虫
カンブリア紀の葉足動物。葉足動物門。澄江生物群。
¶澄江生 (図14.4/モ復)
澄江生 (図14.5/カ写) 〈㊎中国の帽天山, 馬房 長さ約20mm 横からの眺め, 胴の部分の詳細〉

カルディオラ・インターラプタ *Cardiola interrupta*
シルル紀の無脊椎動物二枚貝類。プラエカルディオラ目プラエカルディオラ科。体長1.5cm。㊐ヨーロッパ, 北アメリカ
¶化写真〔カルディオラ〕(p94/カ写) 〈㊎チェコスロバキア〉
原色化 (PL.11-2/モ写) 〈㊎チェコスロバキアのボヘミアのロクコフ 高さ1.7cm〉

カルディオラ・インテルルプタ
シルル紀〜デヴォン紀中期の無脊椎動物二枚貝類。長さほぼ1.2〜3cm。㊐アフリカ, ヨーロッパ, 北アメリカ
¶進化大〔カルディオラ〕(p103/カ写)

カルディニア *Cardinia ovalis*
後期三畳紀〜前期ジュラ紀の無脊椎動物二枚貝類。マルスダレガイ目ザルガイ科。体長1.7cm。㊐世界中
¶化写真 (p107/カ写) 〈㊎イギリス〉

カルディニア・トリヤマイ *Cardinia toriyamai*
中生代ジュラ紀前期の貝類。カルディニア科。
¶学古生 (図687/モ写) 〈㊎山口県豊浦郡豊田町東長野 右殻外面, 左殻内面〉

カルディニオイデス・バリダス *Cardinioides varidus*
中生代ジュラ紀の軟体動物斧足類。
¶化石フ (p91/カ写) 〈㊎長野県北安曇郡小谷村 100mm〉

ガルディミムス *Garudimimus*
白亜紀コニアシアン〜サントニアンの恐竜類獣脚類テタヌラ類コエルロサウルス類オルニトミモサウルス類オルニトミムス類。体長4m。㊐モンゴルのバイシン・ツァフ
¶恐イラ (p190/カ復)

ガルディミムス・ブレビペス *Garudimimus brevipes*
白亜紀後期の恐竜類獣脚類オルニトミモサウルス類。
¶モ恐竜 (p22/カ写) 〈㊎モンゴル南東バイシン・ツァフ 全身骨格〉

カルテラス ⇒ユキノアシタガイを見よ

カルニア *Charnia*
5億7500万〜5億4500万年前 (先カンブリア時代) の無脊椎動物。エディアカラ生物群。全長0.15〜2m。㊐イギリス, オーストラリア, カナダ, ロシア
¶恐竜世 (p29/カ復)
生ミス1 (図2-4/カ復)

カルニア
原生代先カンブリア時代後期の無脊椎動物。エディアカラ動物群。全高0.15〜2m。㊐イギリス, オーストラリア, カナダ, ロシア
¶古代生〔エディアカラ動物群のイメージ〕(p30〜31/カ復)
進化大 (p61/カ写, カ復)

カルニオディスクス *Charniodiscus*
先カンブリア時代エディアカラ紀のランゲオモルフ。エディアカラ生物群。全長40cm。㊐オーストラ

リア, ロシア, カナダほか
¶古代生〔エディアカラ紀の浅い海底のイメージ〕(p38/カ復)
生ミス1(図2-2/カ写, カ復)〈(産)オーストラリア〉

カルニオディスクス *Charniodiscus masoni*
後期先カンブリア紀の無脊椎動物プロブレマティカ。ウミエラ目。軟体サンゴの1種。体長20cm。(分)オーストラリア, ヨーロッパ
¶化写真(p43/カ写)〈(産)イギリス〉

カルニオディスクス・オポシトゥス
Charniodiscus oppositus
腔腸動物。エディアカラ動物群。
¶図解化(p34-3/カ写)〈(産)オーストラリア〉

カルニオディスクス・コンセントリクス
Charniodiscus concentricus
エディアカラ紀の分類不明生物ランゲオモルフ。全長40cm。(分)イギリス
¶リア古〔カルニオディスクス〕(p12/カ復)

カルノサウルス類 Carnosauria
白亜紀前期の恐竜類獣脚類。竜盤目カルノサウルス下目。肉食。体長4〜5m？(分)兵庫県篠山市(和歌山県湯浅町ほか)
¶日恐竜(p40/カ写, カ復)〈(産)兵庫県, 和歌山県湯浅町歯化石〉

カルノタウルス *Carnotaurus*
白亜紀後期の恐竜類アベリサウルス類。竜盤目獣脚亜目アベリサウルス科。乾燥した平原, おそらく砂漠に生息。体長7〜9m。(分)アルゼンチン
¶恐イラ(p184/カ復)
恐古生(p110〜111/カ写, カ復)〈下顎骨〉
恐太古(p138〜139/カ写)〈前肢骨, 頭骨, 骨格標本〉
恐竜博(p107/カ復)
よみ恐(p166〜167/カ復)

カルノタウルス
白亜紀後期の脊椎動物獣脚類。体長9m。(分)アルゼンチン
¶進化大(p321/カ写, カ復)

ガルバ・スファイラの殻 *Galba sphaira*
中生代の腹足類巻き貝。モノアラガイ科。熱河生物群。
¶熱河生(図34/モ写)〈(産)中国の遼寧省義県の皮家溝 長さ1.20mm, 幅0.74mm 殻口面, 腹面, 殻頂面〉

カルポカノプシス・ブラムレットアイ
Carpocanopsis bramlettei
新生代中新世中期の放散虫。カルポカニウム科。
¶学古生(図897/モ写)〈(産)茨城県那珂湊市磯崎〉

カルボニコラ *Carbonicola pseudorobusta*
後期石炭紀の無脊椎動物二枚貝類。イシガイ目アンソラコシア科。体長7cm。(分)西ヨーロッパ
¶化写真(p103/カ写)〈(産)イギリス〉
地球博〔沼の二枚貝〕(p80/カ写)

カルボニコラ・プセウドロブスタ
石炭紀後期の無脊椎動物二枚貝類。最大全長4cm。(分)西ヨーロッパ, ロシア
¶進化大〔カルボニコラ〕(p159/カ写)

カルポペナエウス・カリロストリス
Carpopenaeus callirostris
後期白亜紀の無脊椎動物甲殻類。十脚目クルマエビ科。体長3.5cm。(分)レバノン
¶化写真〔カルポペナエウス〕(p70/カ写)〈(産)レバノン〉
図解化(p106-1/カ写)〈(産)レバノン〉

カルポペナエウスの一種 *Carpopenaeus* sp.
中生代白亜紀の軟甲類。十脚目カルポペナエウス科。
¶化石図(p112/カ写, カ復)〈(産)レバノン 標本の横幅約19cm〉

カルポリトゥス類 *Carpolithus*
中生代の陸生植物。分類位置不明。熱河生物群。
¶熱河生(図247/カ写)〈(産)中国の遼寧省北票の黄半吉溝 長さ0.6cm〉

カルモニア科の未記載種 undescribed Calmoniid trilobite
デボン紀の三葉虫。ファコープス目。
¶三葉虫(図84/モ写)〈(産)ボリビア 幅37mm〉

ガルリミムス ⇒ガリミムスを見よ

カルロバトラクス・サンヤネンシス
Callobatrachus sanyanensis
白亜紀前期の両生類。スズガエル科。熱河生物群。
¶熱河生〔カルロバトラクス・サンヤネンシスの完模式標本〕(図104/カ写)〈(産)中国の遼寧省北票の四合屯 吻から骨盤までの長さ94mm〉
熱河生〔カルロバトラクス・サンヤネンシスの骨格復元図〕(図105/モ復)

ガレオアストレア・アマビリス ⇒ワニカワカンスを見よ

ガレオケルド *Galeocerdo cuvier*
始新世〜現世の脊椎動物軟骨魚類。メジロザメ目メジロザメ科。体長5m。(分)世界中
¶化写真(p204/カ写)〈(産)アメリカ 下顎の前歯から側歯〉

ガレオセルドウ ⇒イタチザメを見よ

ガレキルス *Galechirus*
ペルム紀後期の哺乳類型爬虫類獣弓類。獣弓目。全長30cm。(分)南アフリカ共和国
¶恐絶動(p187/カ復)

ガレキルス *Galechirus scholtzi*
二畳紀後期の爬虫類。獣形超綱獣形綱獣形目双牙亜目。全長38cm。(分)南アフリカ
¶古脊椎(図208/モ復)

ガレサウルス *Galesaurus*
中生代三畳紀の単弓類獣弓類キノドン類。頭胴長40cm弱。
¶生ミス5(図1-10/カ写)〈(産)南アフリカのカルー盆地〉

ガレルキテス・カリナトゥス *Galerucites carinatus*
ジュラ紀後期の無脊椎動物昆虫類甲虫類。おそらくハムシ類の一種。
¶ゾル1(図458/カ写)〈(産)ドイツのケルハイム 0.6cm〉

カロヴォサウルス *Callovosaurus*
ジュラ紀中期の爬虫類イグアノドン類。鳥脚亜目イグアノドン科。全長3.5m。(分)英国のイングランド

¶恐絶動（p142/カ復）

カロシクレッタ・ヴィルギニス *Calocycletta virginis*
新生代中新世中期の放散虫。プテロコリス科。
¶学古生（図915/モ写）〈㊥茨城県常陸太田市瑞竜町松崎〉

カロシクレッタ・コスタータ *Calocycletta costata*
新生代中新世中期の放散虫。プテロコリス科。
¶学古生（図914/モ写）〈㊥茨城県常陸太田市瑞竜町元瑞竜〉

カロセラス *Caloceras*
ジュラ紀前期の軟体動物頭足類アンモノイド類アンモナイト類。
¶化百科（p168/カ写）〈直径10cm〉

カロセラス・ジョンストニ *Caloceras johnstoni*
ライアス前期のアンモナイト。
¶アン最（p146～147/カ写）〈㊥イギリスのソマセットのワッチ〉

ガロダクティルス *Gallodactylus*
ジュラ紀後期の翼竜類。プテロダクティルス上科。翼開長1.35m。㊊フランス，ドイツ
¶恐イラ（p129/カ復）

カロネクトリス *Calonectris diomedea*
更新世～現世の脊椎動物鳥類。ミズナギドリ目ミズナギドリ科。体長40cm。㊊地中海，大西洋
¶化写真（p260/カ写）〈㊥ジブラルタル 組み合わさった骨格〉

カロノサウルス *Charonosaurus*
白亜紀マーストリヒシアンの恐竜。ハドロサウルス科ランベオサウルス亜科。体長13m。㊊中国
¶恐イラ（p216/カ復）

カロプテルス・アガシジ *Callopterus agassizi*
ジュラ紀後期の脊椎動物真骨魚類。
¶ゾル2（図160/カ写）〈㊥ドイツのゾルンホーフェン 85cm〉
ゾル2（図161/カ写）〈㊥ドイツのアイヒシュテット 82cm〉

カワアイ *Cerithideopsilla djadjariensis*
新生代第四紀完新世の貝類。ウミニナ科。
¶学古生（図1783/モ写）〈㊥横浜市戸塚区柏尾川〉

カワイワシ属の未定種 *Hemiculter* sp.
新生代第三紀中新世の魚類硬骨魚類。コイ科。
¶化石フ（p212/カ写）〈㊥長崎県壱岐郡芦辺町 120mm〉

カワウソ *Lutra lutra*
更新世後期の哺乳類。
¶日化譜（図版89-20/モ写）〈㊥大分県平尾台牡鹿洞 右下顎〉

カワウソ *Lutra* sp.
新生代更新世後期の哺乳類。イタチ科。
¶学古生（図1981/モ写）〈㊥静岡県引佐郡引佐町谷下河合石灰採石場 左上腕骨外側〉
学古生（図2023/モ写）〈左上腕骨後面〉

カワサキアミメソテツ *Dictyozamites kawasakii*
中生代の陸上植物。ソテツ綱アミメソテツ目。
¶学古生（図782/モ写）〈㊥石川県石川郡白峰桑島〉
日化譜〔Dictyozamites kawasakii〕（図版72-10/モ写）〈㊥石川県石川郡尾口村尾添〉

カワシタセラス・オビラエンゼ *Kawashitaceras obiraense*
チューロニアン後期あるいはコニアシアン期の軟体動物頭足類アンモナイト。アンキロセラス亜目ディプロモセラス科。
¶アン学（図版42-3,4/カ写）〈㊥小平地域 完模式標本〉

カワシタセラス・デンタータム *Kawashitaceras dentatum*
チューロニアン後期の軟体動物頭足類アンモナイト。アンキロセラス亜目ディプロモセラス科。
¶アン学（図版42-1,2/カ写）〈㊥羽幌地域 完模式標本〉

カワスナガニ？の1種 *Camptandrium*? sp.
新生代漸新世～中新世の甲殻類十脚類。スナガニ科。
¶学古生（図1840/モ写）〈㊥埼玉県秩父郡小鹿野町ヨウバケ〉

カワラサンゴ *Lithophyllon elegans lobata*
新生代の六放サンゴ類。クサビライシ科。
¶学古生（図1022b/モ写）〈㊥千葉県館山市沼〉

カワリバイチイヒノキ *Metasequoia heterophylla*
新白亜紀後期の毬果類。
¶日化譜（図版75-15/モ写）〈㊥北海道夕張市函淵〉

カーン *Khaan*
白亜紀カンパニアンの恐竜類獣脚類テタヌラ類コエルロサウルス類オヴィラプトロサウルス類オヴィラプトル類。体長1.2m。㊊モンゴルのウハア・トルゴド
¶恐イラ（p194/カ復）

ガンガゼの1種 *Palaeodiadema*? sp.
中生代白亜紀後期の棘皮動物。ガンガゼ科。
¶学古生（図721/モ写）〈㊥茨城県那珂湊市磯合〉

カンガレイ属の2種 *Scirpus* spp.
新生代第四紀更新世後期の陸上植物。カヤツリグサ科。
¶学古生（図2590/モ図）〈㊥東京都中野区江古田 種子〉

カンクリノス・クラーウィゲル *Cancrinos claviger*
ジュラ紀後期の無脊椎動物甲殻類大型エビ類。
¶ゾル1（図275/カ写）〈㊥ドイツのアイヒシュテット 20cm〉
ゾル1（図276/カ写）〈㊥ドイツのアイヒシュテット 14cm 上面〉
ゾル1（図277/カ写）〈㊥ドイツのヴォルカースツェル 13cm〉

カンクリノス・ラティペス *Cancrinos latipes*
ジュラ紀後期の無脊椎動物甲殻類大型エビ類。
¶ゾル1（図278/カ写）〈㊥ドイツのアイヒシュテット 10.3cm〉

環形動物の棲管化石
新生代中新世前期の生痕化石。
¶学古生（図2609/モ写）〈㊥新潟県佐渡郡相川町平根崎〉

環形動物の這い跡
先カンブリア時代の生痕化石。エディアカラ動

物群。
¶図解化 (p34-1/カ写) 〈㊥オーストラリア〉

カンケロチリス *Cancellothyris platys*
中新世〜現世の無脊椎動物腕足動物。テレブラチュラ目カンケロチリス科。体長2cm。㊀南アフリカ, オーストラリアとその周辺
¶化写真 (p93/カ写) 〈㊥南アフリカ〉

カンコクエダワカレシダ *Cladophlebis koraiensis*
中生代ジュラ紀末〜白亜紀初期の陸上植物。手取統植物群。
¶学古生 (図769/モ写) 〈㊥石川県石川郡白峰村桑島〉

カンコクオキシジミガイ *Cyclina hwabongriensis*
新生代第三紀中新世の貝類。マルスダレガイ科。
¶学古生 (図1314/モ写) 〈㊥石川県金沢市東市瀬〉

カンザシゴカイ ⇒ロッラリアを見よ

カンザシゴカイの1種 *Serpula (Tetraserpula) quadricarinata*
古生代〜新生代の多毛類。カンザシゴカイ科。
¶学古生 (図1801/モ写) 〈㊥熊本県八代郡坂本村鶴喰〉

カンザシゴカイの1種 *Serpula (Tetraserpula) vertebralis*
中生代ジュラ紀後期の多毛類。カンザシゴカイ科。
¶学古生 (図1800/モ写) 〈㊥熊本県八代市二見〉

カンザシゴカイ類の環形動物
シルル紀〜現在の環形動物多毛類カンザシゴカイ類。
¶化百科 (p120/カ写) 〈㊥イギリスのサフォーク州 渦巻き状の個々のチューブの幅2cm〉

カンスガイ?
新生代第三紀鮮新世の軟体動物腹足類。リュウテン科。
¶産地新 (p71/カ写) 〈㊥千葉県銚子市長崎町長崎鼻 高さ2.6cm〉

ガンスス
白亜紀前期の鳥類。水陸両生。体長20cm。㊀中国
¶進化大 (p355/カ写)

ガンセキボラモドキ?
新生代第三紀中新世の軟体動物腹足類。
¶産地新 (p117/カ写) 〈㊥富山県上新川郡大沢野町土 高さ3.2cm〉

含石灰藻石灰質砂岩の研磨面
新生代漸新世後期の紅藻類。
¶学古生 (図2143/モ写) 〈㊥長崎県西彼杵郡西海町七釜鍾乳洞〉

カンセラリア・コンラディアーナ *Cancellaria conradiana*
第三紀の軟体動物腹足類。
¶原色化 (PL.79-3/モ写) 〈㊥北アメリカのフロリダのオルトナ・ロックス 高さ5.8cm〉

カンセリナの1種 *Cancellina nipponica*
古生代後期二畳紀中期の紡錘虫類。ネオシュワゲリナ科。
¶学古生 (図84/モ写) 〈㊥岐阜県大垣市赤坂町金生山 正縦断面, 正横断面〉

カンセロリア *Chancelloria eros*
カンブリア紀の硬皮をもった動物。カンセロリデー科。サイズ88mm。
¶バ頁岩 (図176,177/モ写, モ復) 〈㊥カナダのバージェス頁岩〉

環虫(所属不詳)の匍行痕跡 *Helminthopsis curvata*
始新世の環形動物。
¶日化譜 (図版21-2/モ写) 〈㊥徳島県海部郡穴喰〉

カントウゾウ *Parastegodon kwantoensis*
新生代更新世前期の哺乳類。ゾウ科。
¶学古生 (図2003/モ写) 〈㊥神奈川県川崎市柿生万福寺 右下顎と臼歯咬合面〉

カンナルタス・テュバリウス *Cannartus tubarius*
新生代中新世中期の放散虫。アクティノマ科アルティスクス亜科。
¶学古生 (図876/モ写) 〈㊥茨城県常陸太田市宮ケ作〉

カンナルタス・ペッターソナイ *Cannartus petterssoni*
新生代中新世中期の放散虫。アクティノマ科アルティスクス亜科。
¶学古生 (図880/モ写) 〈㊥秋田県由利郡東由利村須郷田〉

カンナルタス・マムミファー *Cannartus mammifer*
新生代・前期中新世後期〜中期中新世中期の放散虫。アクティノマ科アルティスクス亜科。
¶学古生 (図877/モ写) 〈㊥茨城県常陸太田市宮ケ作〉

カンナルタス・ラティコヌス *Cannartus laticonus*
新生代中新世中期の放散虫。アクティノマ科アルティスクス亜科。
¶学古生 (図878/モ写) 〈㊥茨城県那珂湊市磯崎〉

カンネメイエリア *Kannemeyeria*
三畳紀前期〜中期の単弓類獣弓類。獣弓目ディキノドン亜目カンネメイエリア科。頭胴長約2〜2.5m。㊀南アフリカ共和国, インド, アルゼンチン
¶恐絶動 (p190/カ復)
絶哺乳 (p25,26/カ写, カ復) 〈㊥ブラジル 全長40cm 頭骨〉

カンネメイリア
三畳紀前期〜中期の脊椎動物単弓類。全長3m。㊀南アフリカ, 中国, インド, ロシア
¶進化大 (p221)

カンネメリア *Kannemeyeria vonhoepeni*
三畳紀初期の爬虫類。獣形超綱獣形綱獣形目双牙亜目。全長183cm。㊀南アフリカ
¶古脊椎 (図210/モ復)

カンノカガミ *Dosinia (Kaneharaia) kannoi*
新生代第三紀・初期中新世の貝類。マルスダレガイ科。
¶学古生 (図1125/モ写) 〈㊥北朝鮮明川〉

カンノストミテス・ムルティキルラトゥス *Cannostomites multicirratus*
ジュラ紀後期の無脊椎動物腔腸動物クラゲ類。
¶ゾル1 (図69/カ写) 〈㊥ドイツのプファルツパイント 18cm〉

カンノヒタチオビ *Musashia (Musashia ?) kannoi*
漸中新世の軟体動物腹足類。

¶日化譜 (図版33-23/モ写) 〈[産]埼玉県秩父町大柱, 同吉田〉

カンパニレ *Campanile giganteum*
後期白亜紀〜現世の無脊椎動物腹足類。中腹足目カンパニレ科。体長30cm。[分]世界中
¶化写真 (p121/カ写) 〈[産]フランス 殻, 殻の断面〉

カンピログナトイデス *Campylognathoides*
中生代ジュラ紀の爬虫類双弓類主竜類翼竜類。ランフォリンクス上科。翼開長1.75m。[分]ドイツ, インド
¶恐イラ (p98/カ復)
生ミス6 (図2-13/カ写) 〈[産]ドイツのホルツマーデン 母岩の大きさ42.5×72.5cm〉

カンプソサウルス ⇒チャンプソサウルスを見よ

カンプトサウルス *Camptosaurus*
中生代ジュラ紀の恐竜類鳥脚類イグアノドン類。鳥脚亜目カンプトサウルス科。疎林に生息。体長5〜7m。[分]アメリカ合衆国のコロラド州, オクラホマ州, ユタ州, ワイオミング州, イギリス
¶恐イラ (p142/カ復)
恐古生 (p178〜179/カ写, カ復) 〈頭蓋, 手, 椎骨〉
恐絶動 (p142/カ復)
恐太古〔カムプトサウルス〕(p90〜93/カ写)
恐竜世〔カムプトサウルス〕(p129/カ復)
恐竜博 (p87/カ写)
よみ恐〔カムプトサウルス〕(p112〜113/カ復)

カンプトサウルス・ブラウニイ *Camptosaurus browni*
ジュラ紀後期の脊索動物爬虫類鳥盤類。
¶図解化 (p211-下/カ写) 〈[産]アメリカ合衆国〉

カンプトストローマ *Camptostroma*
古生代カンブリア紀の棘皮動物座ヒトデ類。長径4cm。[分]アメリカ
¶生ミス4 (図1-1-7/カ復)

カンプトネクテス属の未定種 *Camptonectes* sp.
中生代ジュラ紀の軟体動物斧足類。イタヤガイ科。
¶化石フ (p93/カ写) 〈[産]岐阜県大野郡荘川村 30mm〉

ガンフリンティア
原生代〜現代の微生物シアノバクテリア。幅5μm。[分]カナダ, オーストラリア
¶進化大 (p59/カ写)

カンブロパキコーペ・クラークソニ
Cambropachycope clarksoni
古生代カンブリア紀末期の節足動物甲殻類。オルステン動物群。全長1.5mm。[分]スウェーデン
¶生ミス1〔カンブロパキコーペ〕(図3-4-14/モ写, カ復)
リア古〔カンブロパキコーペ〕(p42/カ復)

カンブロポダス・グラキリス *Cambropodus gracilis*
節足動物類。体長1cm。
¶生ミス1〔カンブロポダス〕(図3-4-11/カ写) 〈[産]アメリカのユタ州〉

カンポクヘタナリ *Cerithidea kanpokuensis*
新生代第三紀・初期中新世の貝類。ウミニナ科。
¶学古生 (図1210/モ写) 〈[産]石川県珠洲市藤尾〉

かんむり竜 ⇒コリトサウルスを見よ

カンモンウラシマ *Semicassis kanmonensis*
漸新世末期の軟体動物腹足類。
¶日化譜 (図版30-24/モ写) 〈[産]下関市彦島〉

【キ】

キアトクリニテス・ゴニオダクチルス
Cyathocrinites goniodactylus
無脊椎動物棘皮動物ウミユリ類。
¶図解化 (p168-上右/カ写) 〈柄の部分, 萼部, 腕〉

キアモダス *Cyamodus*
中生代三畳紀の爬虫類双弓類鰭竜類板歯類。全長1m強。[分]フランス, ドイツ, スイスほか
¶恐イラ〔キアモドゥス〕(p71/カ復)
生ミス5 (図2-12/カ復)

キアモダス・ヒルデガルディス *Cyamodus hildegardis*
中生代三畳紀の爬虫類板歯類。全長1m前後。[分]スイス, イタリア
¶リア中〔キアモダス〕(p18/カ復)

キアモドゥス ⇒キアモダスを見よ

キイア・ジュラシカ *Qiyia jurassica*
中生代ジュラ紀の節足動物昆虫類。全長24mm。[分]中国
¶生ミス6〔キイア〕(図4-14/カ写, カ復) 〈[産]中国の内モンゴル自治区〉

キイキリガイダマシ *Turritella kiiensis*
新生代第三紀・中期中新世初期の貝類。キリガイダマシ科。
¶学古生 (図1320/モ写) 〈[産]石川県加賀市直下町〉

キイキリガイダマシ *Turritella (Turritella) kiiensis*
中新世の軟体動物腹足類。
¶日化譜 (図版28-3/モ写) 〈[産]和歌山県白浜, 宮城県松島など〉

キイフミガイ *Venericardia kiiensis*
新生代第三紀鮮新世の貝類。トマヤガイ科。
¶学古生 (図1420/モ写) 〈[産]青森県むつ市近川〉

キオネ *Chione*
中新世の無脊椎動物貝殻の化石。
¶恐竜世〔マルスダレガイのなかま〕(p61/カ写)

キカイサルボウ *Anadara (Diluvarca) ehrenbergi*
更新世前期〜現世の軟体動物斧足類。
¶日化譜 (図版36-26/モ写) 〈[産]喜界島上嘉鉄伊実久〉

キカイサルボウ *Anadara (Kikaiarca) kikaizimana*
新生代第四紀更新世の貝類。フネガイ科。
¶学古生 (図1635/モ写) 〈[産]鹿児島県大島郡喜界町上嘉鉄〉

キカイナガイモ *Conus (Asprella) australis kikaiensis*
更新世前期の軟体動物腹足類。
¶日化譜 (図版34-29/モ写) 〈[産]喜界島上嘉鉄〉

キカイヒヨク
新生代第三紀鮮新世の軟体動物斧足類。イタヤガイ科。別名クリプトペクテン。
¶**産地新**(p233/カ写)〈(産)宮崎県児湯郡川南町通山浜 高さ2.3cm〉

キカイホオズキガイ *Japanithyris nipponensis*
更新世の腕足類終穴類。
¶**日化譜**(図版25-19/モ写)〈(産)喜界島〉

キカディテス *Cycadites*
ジュラ紀〜白亜紀の裸子植物シダ種子類ソテツ類。ソテツ綱おそらくソテツ目。
¶**化百科**(p93/カ写)〈幅8cm〉
ゾル1〔キカディテス属の種〕(図14/カ写)〈(産)ドイツのパインテン 10cm〉

キカデオイデア *Cycadeoidea*
ジュラ紀〜白亜紀の裸子植物ソテツ類キカデオイデア類。ソテツ綱。幹の直径60cm。(分)アメリカ, フランス, イタリアほか
¶**化百科**(p92/カ写)〈高さ15cm〉
リア中(p138/カ復)

キカデオイデア
ジュラ紀〜白亜紀の植物ベネティテス類。茎の直径最大5cm。(分)北アメリカ, ヨーロッパ
¶**進化大**(p288〜289/カ復)

キカデオイデア・エゾアーナ *Cycadeoidea ezoana*
白亜紀の裸子植物ベネチテス類。
¶**原色化**(PL.69-1/カ写)〈(産)北海道天塩国中川郡中川村共和 樹幹の幅12cm〉

キカデオイデアの一種 *Cycadeoidea* sp.
中生代ジュラ紀〜白亜紀の裸子植物ソテツ葉植物。
¶**学古生**〔ソテツダマシの1種〕(図873/モ写)〈(産)北海道上川郡天塩中川〉
化石図(p133/カ写)〈(産)北海道 横幅約16cm〉
化石フ〔ソテツダマシの未定種〕(p84/カ写)〈(産)福島県いわき市 100mm〉
植物化〔キカデオイデア〕(p32/カ写)〈(産)アルゼンチン 幹の鉱化化石〉

キカデオイデア・ブッキアーナ *Cycadeoidea buchiana*
白亜紀の裸子植物ベネチテス類。
¶**原色化**(PL.71-3/モ写)〈(産)高知県香美郡土佐山田町休場 葉の軸の長さ12cm〉

キカドプテリス・ジュレンシス *Cycadopteris jurensis*
ジュラ紀後期の植物シダ種子類。
¶**ゾル1**(図15/カ写)〈(産)ドイツのケルハイム 10cm〉
ゾル1(図17/カ写)〈(産)ドイツのケルハイム 9cm〉

キカドプテリス属の種 *Cycadopteris* sp.
ジュラ紀後期の植物シダ種子類。
¶**ゾル1**(図16/カ写)〈(産)ドイツのアイヒシュテット 4.5cm〉

キカトリコシスポリテス・パシフィクス *Cicatricosisporites pacificus*
中生代の植物真正シダ類。熱河生物群。
¶**熱河生**(図263/カ写)〈(産)中国の遼寧省ハルチン左翼蒙古族自治県, 三官廟 胞子〉

ギガノトサウルス *Giganotosaurus*
白亜紀後期の恐竜類獣脚類。カルカロドントサウルス科。温暖な湿地帯に生息。全長12〜14m。(分)アルゼンチン
¶**恐イラ**(p187/カ復)
恐古生(p116〜117/カ復)
恐竜世(p167/カ復)
恐竜博(p107/カ復)
生ミス8(図11-7/カ写, カ復)〈頭骨付近の拡大写真〉
よみ恐(p130〜131/カ復)

ギガノトサウルス
白亜紀後期の脊椎動物獣脚類。体長12m。(分)アルゼンチン
¶**進化大**(p319/カ写, カ復)

ギガノトサウルス・カロリーニ *Giganotosaurus carolinii*
中生代白亜紀後期の爬虫類恐竜類竜盤類獣脚類。全長14m。(分)アルゼンチン
¶**リア中**〔ギガノトサウルス〕(p166/カ復)

ギガンテウスオオツノジカ ⇒メガロケロス・ギガンテウスを見よ

ギガントカプルス・ギガンテウス *Gigantocapulus giganteus*
中生代白亜紀後期の貝類。カツラガイ科。
¶**学古生**(図616/モ写)〈(産)北海道中川郡中川町〉

ギガントテルメス・エクスケルスス *Gigantotermes excelsus*
ジュラ紀後期の無脊椎動物昆虫類シロアリ類。
¶**ゾル1**(図395/カ写)〈(産)ドイツのアイヒシュテット 6cm〉

ギガントピテクス
第四紀更新世の脊椎動物有胎盤類の哺乳類。体長3m。(分)中国, ヴェトナム, インド
¶**進化大**(p439/カ写)〈歯とあご骨〉

ギガントピテクス・ブラッキ *Gigantopithecus blacki*
更新世前〜中期の哺乳類霊長類。霊長目直鼻猿亜目ヒト科ショウジョウ亜科。身長約2m?(分)中国, 東南アジア
¶**化写真**〔ギガントピテクス〕(p282/カ写)〈(産)中国 下顎〉
恐絶動〔ギガントピテクス〕(p291/カ復)
恐竜世〔ギガントピテクス〕(p277/カ写)〈下あごの化石〉
絶哺乳(p84/カ復)

ギガントプテリス・ニコティアナエフォリア
ペルム紀〜三畳紀の植物ギガントプテリス類。葉の最長50cm。(分)東南アジア, 北アメリカ
¶**進化大**〔ギガントプテリス〕(p177/カ写)

ギガントプテリス目の葉 *Gigantopteris nicotianaefolia*
ペルム紀のシダ種子植物。
¶**地球博**(p77/カ写)

ギガントプロダクタス
古生代石炭紀の腕足動物有関節類。
¶**産地本**(p109/カ写)〈[産]新潟県西頸城郡青海町電化工業 左右11cm〉

ギガントプロダクタス・ギガンテウス
Gigantoproductus giganteus
古生代石炭紀の腕足類。プロダクタス目モンティクリファー科。最大の腕足類。
¶**化石図**(p70/カ写, カ復)〈[産]ロシア 殻の横幅約13cm〉
原色化〔ギガントプロダクタス・ギガンテゥス〕(PL.26-1/モ写)〈[産]ロシア 幅10cm 腹殻内型〉

ギギの棘
新生代第三紀鮮新世の脊椎動物硬骨魚類。
¶**産地本**(p215/カ写)〈[産]三重県阿山郡大山田村服部川 長さ4.9cm〉

鰭脚類の距骨
新生代第三紀中新世の脊椎動物哺乳綱鰭脚類。
¶**産地別**(p207/カ写)〈[産]三重県津市美里町柳谷 高さ5cm〉

鰭脚類の距骨(不明種)
新生代第三紀中新世の脊椎動物哺乳類。
¶**産地本**(p195/カ写)〈[産]三重県安芸郡美里村柳谷 左の高さ5cm 表, 裏〉

鰭脚類の犬歯?(不明種)
新生代第三紀中新世の脊椎動物哺乳類。
¶**産地本**(p196/カ写)〈[産]三重県安芸郡美里村柳谷 歯冠の高さ1.7cm〉

鰭脚類の上腕骨
新生代第四紀更新世の脊椎動物哺乳綱鰭脚類。
¶**産地別**(p168/カ写)〈[産]石川県金沢市大桑町犀川河床 長さ17cm〉

鰭脚類の大腿骨
新生代第三紀鮮新世の脊椎動物哺乳類。
¶**産地別**(p83/カ写)〈[産]福島県双葉郡富岡町小良ケ浜 長さ9cm〉

鰭脚類の大腿骨(不明種)
新生代第三紀中新世の脊椎動物哺乳類。アロデスムスに非常によく似る。
¶**産地新**(p181/カ写)〈[産]三重県安芸郡美里村柳谷 長さ13.5cm〉

鰭脚類の歯?(不明種)
新生代第三紀の脊椎動物哺乳類。
¶**産地本**(p45/カ写)〈[産]北海道苫前郡初山別村豊岬 高さ7cm 周りの骨片はクジラのもの〉

鰭脚類の歯?(不明種)
新生代第四紀更新世の脊椎動物哺乳類。
¶**産地本**(p93/カ写)〈[産]千葉県君津市市宿 高さ2.2cm〉

鰭脚類の歯(不明種)
新生代第三紀鮮新世の脊椎動物哺乳類。
¶**産地新**(p57/カ写)〈[産]福島県双葉郡富岡町小良ヶ浜 大きいものの高さ5cm〉

鰭脚類の歯(不明種)
新生代第三紀中新世の脊椎動物哺乳類。
¶**産地新**(p50/カ写)〈[産]宮城県黒川郡大和町鶴巣 高さ5cm 犬歯〉
産地本(p196/カ写)〈[産]三重県安芸郡美里村柳谷 高さ1.4cm〉

鰭脚類の腓骨
新生代第三紀鮮新世の脊椎動物哺乳類。
¶**産地別**(p83/カ写)〈[産]福島県双葉郡富岡町小良ケ浜 長さ9cm〉

鰭脚類の指の骨?
新生代第三紀中新世の脊椎動物哺乳綱鰭脚類。アザラシの指の骨と思われる。
¶**産地別**(p207/カ写)〈[産]三重県津市美里町柳谷 長さ4.3cm〉

キクアナアツイタコケムシ *Monoporella fimbriata*
新生代更新世後期のコケムシ類。唇口目無嚢亜目アツイタコケムシ科。
¶**学古生**(図1087/モ写)〈[産]千葉県木更津市地蔵堂〉

キクカサンゴ *Echinophyllia aspera*
新生代第四紀完新世初期の腔腸動物六放サンゴ類。ウミバラ科。
¶**学古生**(図1030/モ写)〈[産]千葉県館山市沼〉
原色化〔エキノフィリア・アスペラ〕(PL.85-5/カ写)〈[産]千葉県館山市香谷〉

キクガシラコウモリ *Rhinolophus ferrum-equinum nippon*
更新世後期〜現世の哺乳類翼手類。
¶**日化譜**(図版65-15/モ写)〈[産]山口県美禰市伊佐万倉地洞 左上顎外面, 同口蓋面〉

キクザメの仲間の歯 *Echinorhinus* sp.
白亜紀サントニアン期の魚類サメ類。全長数m?
¶**日白亜**〔ネズミザメ類〕(p20〜23/カ写, カ復)〈[産]熊本県上天草市龍ヶ岳町 左右19.2mm〉

キクザルガイ *Chama reflexa*
新生代第四紀完新世の貝類。キクザル科。
¶**学古生**(図1755/モ写)〈[産]神奈川県鎌倉市戸部〉

キクメイシ *Favia speciosa*
第四紀完新世の六放サンゴ類。キクメイシ科。
¶**学古生**(図1022a/モ写)〈[産]千葉県館山市沼〉
化石図(p15/カ写)〈[産]千葉県 横幅約13cm〉
化石図(p164/カ写)〈[産]千葉県 横幅約13cm〉
原色化〔ファビア・スペシオーサ〕(PL.87-4/モ写)〈[産]千葉県館山市沼〉

キクメイシ近似種 *Favia* sp.cf.*F.speciosa*
新生代鮮新世の六放サンゴ類。キクメイシ科。
¶**学古生**(図1009/モ写)〈[産]千葉県銚子市犬若〉

キクメイシモドキ ⇒ウーラストレア・クリスパータを見よ

キクメイシ類 *Favia pallida*
現世の六射サンゴ。
¶**日化譜**(図版18-9/モ写)〈[産]千葉県館山〉

キクメウスコケムシ *Fenestrulina malusii*
新生代のコケムシ類。ウスコケムシ科。
¶**学古生**(図1095/モ写)〈[産]千葉県君津市西谷〉

菊面石 ⇒ユーパキディスカスを見よ

キクラカンサリア *Cyclacantharia kingorum*
ペルム紀の腕足動物。
¶世変化(図30/カ写)〈⊛米国のテキサス州ヘス渓谷 幅5.5cm〉

キクルス・アメリカヌス *Cyclus americanus*
石炭紀の無脊椎動物節足動物。
¶図解化(p94-右/カ写)〈⊛イリノイ州メゾン・クリーク〉

キクルス・ケレリ *Cyclurus kehreri*
新生代古第三紀の魚類アミア類。別名キクルルス。
¶生ミス9〔キクルス〕(図1-4-2/カ写)〈⊛ドイツのグルーベ・メッセル 約33cm〉

キクルルス ⇒キクルス・ケレリを見よ

キクレリオン・エロンガトゥス *Cycleryon elongatus*
ジュラ紀後期の無脊椎動物甲殻類大型エビ類。
¶ゾル1(図279/カ写)〈⊛ドイツのアイヒシュテット 5cm〉

キクレリオン・オルビクラトゥス *Cycleryon orbiculatus*
ジュラ紀後期の無脊椎動物甲殻類大型エビ類。
¶ゾル1(図280/カ写)〈⊛ドイツのゾルンホーフェン 10cm〉

キクレリオン・スピニマヌス *Cycleryon spinimanus*
ジュラ紀後期の無脊椎動物甲殻類大型エビ類。
¶ゾル1(図283/カ写)〈⊛ドイツのゾルンホーフェン 16cm〉

キクレリオン属の種 *Cycleryon* sp.
ジュラ紀後期のウミザリガニ類の生痕化石。
¶ゾル2(図331/カ写)〈⊛ドイツのアイヒシュテット 匍行痕を伴う〉

キクレリオン・プロピンクウス *Cycleryon propinquus*
ジュラ紀後期の無脊椎動物甲殻類大型エビ類。
¶ゾル1(図281/カ写)〈⊛ドイツのアイヒシュテット 12cm〉
ゾル1(図282/カ写)〈⊛ドイツのミュールハイム 19cm 下面〉

キクレリオン・プロピングウス *Cycleryon propinguus*
ジュラ紀後期の無脊椎動物節足動物。
¶図解化(p108-2/カ写)〈⊛ゾルンホーフェン〉

キクロスファエロマ *Cyclosphaeroma woodwardi*
ジュラ紀の無脊椎動物甲殻類。等足目。体長5mm。㊊ヨーロッパ
¶化写真(p68/カ写)〈⊛イギリス 外形雌型, 外形雄型〉

キクロチリス *Cyclothyris difformis*
白亜紀の無脊椎動物腕足動物。リンコネラ目リンコネラ科。体長3cm。㊊ヨーロッパ, 北アメリカ
¶化写真(p84/カ写)〈⊛イギリス〉

キクロチリス・ベスペルティリオ *Cyclothyris vespertilio*
白亜紀の腕足動物有関節類。
¶原色化(PL.68-6/カ写)〈⊛フランスのシャランテ 幅2.7cm, 高さ2.1cm〉

キクロバチス *Cyclobatis major*
白亜紀後期の魚類。顎口超綱軟骨魚綱エイ目。全長12cm。㊊レバノン
¶古脊椎(図24/モ復)

キクロバティス *Cyclobatis*
中生代白亜紀の軟骨魚類。
¶生ミス7(図3-3/カ写)〈⊛レバノンのハケル 10.5cm〉

キクロプテリス・オルビキュラリス
石炭紀の植物メドゥローサ類。小葉の最大直径10cm。㊊世界各地
¶進化大〔キクロプテリス〕(p151/カ写)

キクロポマ・スピノスム *Cyclopoma spinosum*
始新世の脊椎動物魚類。硬骨魚綱。
¶図解化(p194〜195-9/カ写)〈⊛イタリアのモンテボルカ〉

キクロメドゥサ *Cyclomedusa*
6億7000万年前(先カンブリア時代)の無脊椎動物。直径2.5〜30cm。㊊オーストラリア, ロシア, 中国, メキシコ, カナダ, ブリテン諸島, ノルウェー
¶恐竜世(p29/カ写)

キクロリテス・マクロストムス *Cyclolites macrostomus*
白亜紀の腔腸動物六射サンゴ類。
¶原色化(PL.59-5/モ写)〈⊛オーストリアのゴザウ 直径4.4cm, 直径3.7cm 上面, 底面〉

キサゴ *Umbonium (Suchium) costatum*
新生代第四紀更新世の貝類。ニシキウズ科。
¶学古生(図1718/モ写)〈⊛千葉県富津市笹毛〉

キサゴの仲間
新生代第四紀更新世の軟体動物腹足類。ニシキウズ科。
¶産地新(p85/カ写)〈⊛千葉県木更津市桜井 径3.2cm〉
産地別(p85/カ写)〈⊛秋田県男鹿市琴川安田海岸 長径1.9cm〉

キサゴの類
新生代第三紀鮮新世の軟体動物腹足類。ニシキウズ科。
¶産地新(p56/カ写)〈⊛福島県双葉郡富岡町小良ヶ浜 径2.5cm〉

キササゲ *Catalpa ovata*
新生代中新世後期の陸上植物。ノウゼンカズラ科。
¶学古生(図2513/モ写)〈⊛宮城県名取郡秋保町西沢〉
日化譜(図版79-4/モ写)〈⊛宮城県名取郡秋保〉

キザミタマゴガイ *Abderospira punctulata*
更新世前期〜現世の軟体動物腹足類。
¶日化譜(図版35-3/モ写)〈⊛千葉県市原郡市津村瀬又〉

キザミハウスマンカセキシダ *Hausmannia dentata*
中生代三畳紀後期の陸上植物。シダ類綱シダ目ヤブレガサウラボシ科。成羽植物群。
¶学古生(図737/モ写)〈⊛岡山県川上郡成羽町〉
日化譜〔Hausmannia dentata〕(図版71-12/モ写)〈⊛岡山県川上郡成羽町枝〉

キ

キシアンキシィアの一種 *Xiangxiia* sp.
オルドビス紀の三葉虫。レドリキア目。
¶**三葉虫**(図12/モ写)〈[産]中国湖南省湘西 長さ123mm〉

キシダトド *Eumetopias*(?) *kishidai*
新生代おそらく更新世の哺乳類食肉類。食肉目アシカ科。
¶**学古生**(図1993/モ写)〈[産]千葉県? 口蓋側面〉
日化譜(図版66-24/モ写)〈[産]千葉県君津郡 吻部左側面, 同口蓋面〉

綺獣 ⇒カリコテリウムを見よ

キシュウオオキララガイ *Acila kiiensis*
新生代第三紀漸新世の貝類。クルミガイ科。
¶**学古生**(図1107/モ写)〈[産]和歌山県西牟婁郡串本町田野崎東方〉

キシュウサンゴ *Kueichouphyllum yabei*
古生代石炭紀の腔腸動物四放サンゴ類。シャトフィラム科。
¶**学古生**〔ケイチョウフィラムの1種〕(図104/モ写)〈[産]岩手県気仙郡住田町世田米 横断面〉
化石フ(p31/カ写)〈[産]宮崎県陸前高田市 直径70mm〉
原色化〔クエイチョウフィルム・ヤベイ〕(PL.23-2/モ写)〈[産]岩手県気仙郡世田米犬頭山 高さ16cm(上下切断)〉
日化譜〔貴州サンゴ〕(図版17-7/モ写)〈[産]岩手県大船渡市盛町, 同気仙郡住田町 横断面〉

貴州サンゴ ⇒クウェイチョウフィルムを見よ

貴州サンゴの一種 *Kueichouphyllum* sp.
石炭紀の四放サンゴ類。
¶**化石図**(p55/カ写, カ復)〈[産]中国〉

キシュウミミガイ *Sinum ineptum*
新生代第三紀・初期中新世の貝類。タマガイ科。
¶**学古生**(図1219/モ写)〈[産]石川県珠洲市向山〉

キシロコリス *Xylokorys*
古生代シルル紀の節足動物マレロモルフ類。
¶**生ミス3**(図1-6/カ図)

キシロコリス・クレドフィリア *Xylokorys chledophilia*
古生代シルル紀のマレロモルフ類。体長3cm。
¶**生ミス2**〔キシロコリス〕(図2-4-2/カ図)〈[産]イギリスのヘレフォードシャー〉
リア古〔キシロコリス〕(p92/カ復)

キスイコマハリガイ *Ammonia beccarii*
鮮新世～現世の有孔虫。
¶**日化譜**(図版7-12/モ図, モ写)〈[産]太平洋岸各地〉

ギス属未定種の耳石 *Pterothrissus* sp.
新生代第三紀中新世の魚類硬骨魚類。
¶**化石フ**(p225/カ写)〈[産]岐阜県瑞浪市 13mm〉

キスチフィルム *Cystiphyllum* sp.
シルル紀の無脊椎動物腔腸動物四放サンゴ類。
¶**図解化**(p69-1/カ写)〈[産]イギリスのダッドリー〉

キステケファルス *Cistecephalus*
ペルム紀後期の哺乳類型爬虫類獣弓類。ディキノドン亜目。全長33cm。[分]南アフリカ共和国
¶**恐絶動**(p190/カ復)

キセノキプリスの咽頭歯
新生代第三紀鮮新世の脊椎動物硬骨魚類。
¶**産地本**(p214/カ写)〈[産]三重県阿山郡大山田村服部川 高さ7mm〉

キセルモドキ *Ena reiniana*
更新世後期～現世の軟体動物腹足類。
¶**日化譜**(図版35-12/モ写)〈[産]静岡県伊井谷村竜ケ石〉

キセレ・バルチカ *Cythere baltica*
古生代の無脊椎動物節足動物貝形類。
¶**図解化**(p103-2/カ写)〈[産]スウェーデン〉

キセレビエラ・カリイナ *Kisseleviella carina*
新生代中新世中期の珪藻類。同心目。
¶**学古生**(図2100/モ写)〈[産]福島県いわき市下高久〉

キセレ・フィリプシアナ *Cythere phillipsiana*
古生代シルル紀の無脊椎動物節足動物貝形類。
¶**図解化**(p103-1/カ写)〈[産]スウェーデン〉

"キタカミイア"・ミラビリス *"Kitakamiia" mirabilis*
古生代中期の層孔虫類。ハチノスサンゴ科。層孔虫類として発表されたが, その後の研究により, 床板サンゴのAlreolitesであることが判明した。
¶**学古生**(図4/モ写)〈[産]岩手県大船渡市クサヤミ沢〉

キタカミクサリサンゴ ⇒シェドハリシテス・キタカミエンシスを見よ

キタカミフィルム・シリンドリカ *Kitakamiphyllum cylindrica*
古生代中期シルル紀ラドロウ世前期の四放サンゴ類。トリプラズマ科。
¶**学古生**(図30/モ写)〈[産]岩手県大船渡市クサヤミ沢 縦断面, 横断面〉

キタクシノハクモヒトデ *Ophiura sarsii*
新生代第三紀鮮新世の棘皮動物クモヒトデ類。
¶**化石フ**(p201/カ写)〈[産]静岡県掛川市 ディスク10mm 腹面側〉

キタサンショウウニ *Temnopleurus hardwicki*
新生代更新世の棘皮動物。サンショウウニ科。
¶**学古生**(図1905/モ写)〈[産]茨城県稲敷郡阿見町島津〉

キタサンショウウニ
新生代第四紀更新世の棘皮動物ウニ類。
¶**産地新**(p138/カ写)〈[産]石川県金沢市大桑町犀川河床 径3.7cm〉

キタチヂミドブガイ *Lepidodesma septentrionale*
始新世後期の軟体動物斧足類。
¶**日化譜**(図版43-24/モ写)〈[産]北海道空知郡歌志内町〉

キタノグルミ *Platycarya hokkaidoensis*
新生代漸新世の陸上植物。クルミ科。
¶**学古生**(図2180/モ写)〈[産]北海道釧路市春採炭鉱〉

キタノコウシツブ *Propebela* cf.*turricula*
鮮新世後期の軟体動物腹足類。
¶**日化譜**(図版34-24/モ写)〈[産]岩手県二戸郡金田一村落合〉

キタノフキアゲアサリ *Gomphina neastartoides*
新生代第四紀更新世の貝類。マルスダレガイ科。
¶**学古生**（図1697/モ写）〈[産]千葉県印旛郡印西町発作〉

キタミオガラバナ *Acer subukurunduense*
新生代中新世後期の陸上植物。カエデ科。
¶**学古生**（図2453/モ写）〈[産]秋田県湯沢市下新田〉

キタミナナカマド *Sorbus lanceolatus*
新生代中新世後期の陸上植物。バラ科。
¶**学古生**（図2414/モ写）〈[産]北海道紋別郡遠軽町社名渕〉

キタミヤナギ *Salix crenatoserrulata*
新生代鮮新世前期の陸上植物。ヤナギ科。
¶**学古生**（図2280/モ写）〈[産]北海道常呂郡留辺蘂町大富〉

キタムラヨコエソ *Ohuus kitamurai*
中新世中期の魚類硬骨魚類。
¶**日化譜**（図版63-15/モ写）〈[産]岩手県岩手郡雫石町仙岩峠東側〉

キダリス
中生代三畳紀の棘皮動物ウニ類。
¶**産地別**（p80/カ写）〈[産]宮城県宮城郡利府町赤沼 左右1.5cm〉

キダリス
中生代ジュラ紀の棘皮動物ウニ類。
¶**産地別**（p182/カ写）〈[産]三重県志摩市磯部町恵利原 長さ2.1cm〉
産地別（p184/カ写）〈[産]和歌山県日高郡由良町門前 左右9cm〉
産地別（p184/カ写）〈[産]和歌山県日高郡由良町門前 長さ2cm程度〉
産地本（p234/カ写）〈[産]高知県高岡郡佐川町西山 長さ2.8cm 棘〉
産地本（p234/カ写）〈[産]高知県高岡郡佐川町西山 大きいものの高さ4.1cm 棘本体〉

キダリス・アラータ *Cidaris alata*
三畳紀の棘皮動物ウニ類。
¶**原色化**（PL.40-5/カ写）〈[産]オーストリアのチロルのセント・カシン 大きい個体の長さ11mm 棘〉

キダリス科の未定種 Hemicideroida gen.et sp.indet.
中生代ジュラ紀の棘皮動物ウニ類。
¶**化石フ**（p134/カ写）〈[産]高知県高岡郡佐川町 25mm〉

キダリス・コロナータ *Cidaris coronata*
ジュラ紀の無脊椎動物棘皮動物。
¶**図解化**（p177-1/カ写）〈[産]ドイツ〉
図解化（p177-2/カ写）〈[産]ドイツ〉

キダリス・スクロビキュラータ *Cidaris scrobiculata*
三畳紀の棘皮動物ウニ類。
¶**原色化**（PL.40-4/カ写）〈[産]オーストリアのチロルのセント・カシン 大きい個体の長さ10mm 棘〉

キダリス属のウニの棘 *Cidaris*
ジュラ紀後期の無脊椎動物棘皮動物。
¶**図解化**〔キダリスの棘〕（p175-右/カ写）〈[産]ドイツ〉
図解化（p175-左/カ写）〈[産]ドイツ〉

キダリス・ドルサータ *Cidaris dorsata*
三畳紀の棘皮動物ウニ類。
¶**原色化**（PL.40-3/カ写）〈[産]オーストリアのチロルのセント・カシン 長さ9mm 棘〉

キダリスの殻
中生代ジュラ紀の棘皮動物ウニ類。
¶**産地別**（p182/カ写）〈[産]三重県志摩市磯部町恵利原 径3cm 雌型〉

キダリスの本体
中生代ジュラ紀の棘皮動物ウニ類。
¶**産地別**（p184/カ写）〈[産]和歌山県日高郡由良町門前 径3cm〉

キダリス・フレクシュオーサ *Cidaris flexuosa*
三畳紀の棘皮動物ウニ類。
¶**原色化**（PL.40-7/カ写）〈[産]オーストリアのチロルのセント・カシン 長さ12mm 棘〉

キダリス・レーメリイ *Cidaris roemeri*
三畳紀の棘皮動物ウニ類。
¶**原色化**（PL.40-6/カ写）〈[産]オーストリアのチロルのセント・カシン 大きい個体の長さ11mm 棘〉

キチェチア *Kichechia zamanae*
中新世前期の哺乳類真獣類。食肉目ネコ型亜目マングース科。肉食性。頭胴長約50cm。[分]アフリカ
¶**絶哺乳**（p113/カ復）

キチジ Cf.*Sebastolobus macrochir*
新生代第三紀中新世の魚類硬骨魚類。
¶**化石フ**（p215/カ写）〈[産]愛知県知多郡南知多町 136.5mm〉

キッシュウタマキガイ *Glycymeris cisshuensis*
古第三紀漸新世の二枚貝類。フネガイ目タマキガイ科。
¶**化石図**（p137/カ写, カ復）〈[産]福岡県 殻の横幅約7cm 殻表面, 殻裏面〉
日化譜〔キッシュウタマキガイ（新）〕（図版37-3,4/モ写）〈[産]福島県石城郡好間, 若松市〉

ギッソクリヌス・インウォルートゥス
シルル紀中期〜デヴォン紀前期の無脊椎動物棘皮動物。萼と腕で高さ7cm。[分]ヨーロッパ, アメリカ合衆国
¶**進化大**〔ギッソクリヌス〕（p103/カ写）

キッチニテス・イシカワイ *Kitchinites* (*Neopuzosia*) *ishikawai*
中生代白亜紀後期のアンモナイト。デスモセラス科。
¶**学古生**（図591/モ写）〈[産]南樺太 正中断面〉

キッチニテス・ジャポニクスに比較される種 *Kitchinites* (*Neopuzosia*) cf.*K.japonicus*
中生代白亜紀後期のアンモナイト。デスモセラス科。
¶**学古生**（図492/モ写）〈[産]北海道中川郡中川町アベシナイ川オソウシナイ沢 側面, 前面〉

キツチニテス・ハボロエンシスに近縁の種 *Kitchinites* (*Neopuzosia*) aff.*K.haboroensis*
中生代白亜紀後期のアンモナイト。デスモセラス科。
¶**学古生**（図490/モ写）〈[産]北海道苫前郡羽幌町中二股沢入口付近 側面, 腹面〉

キ

キ

キティパティ *Citipati*

7500万年前(白亜紀後期)の恐竜類獣脚類オヴィラプトル類。全長3m。㊀モンゴル

¶**恐竜世**(p190/カ写,カ復)

生ミス7(図2-4/カ写)〈長径80cm 抱卵姿勢で卵とともに発見された化石の復元標本〉

キドコンプトニア *Comptonia kidoi*

新生代鮮新世の陸上植物。ヤマモモ科。

¶**学古生**(図2283/モ写)〈㊕山形県最上郡舟形町木友〉

キトン *Chiton* sp.

無脊椎動物軟体動物現生多板類。

¶**図解化**(p114-右/モ復)

キヌガサガイ *Onustus exutus*

新生代第四期更新世の軟体動物腹足類。クマサカガイ科。

¶**化石フ**(p176/カ写)〈㊕愛知県渥美郡高松町 40mm〉

キヌガサガイ *Tugurium*(*Onustus*) *exutus*

新生代第三紀鮮新世〜初期更新世の貝類。クマサカガイ科。

¶**学古生**(図1575/モ写)〈㊕石川県金沢市東長江町〉

キヌガサガイ

新生代第四紀更新世の軟体動物腹足類。

¶**産地別**(p165/カ写)〈㊕石川県金沢市大桑町犀川河床 長径5cm〉

キヌガサガイ

新生代第三紀鮮新世の軟体動物腹足類。クマサカガイ科。

¶**産地新**(p210/カ写)〈㊕高知県安芸郡安田町唐浜 径5cm,径8cm 殻頂部の装飾,全体形,殻底部,殻口の様子〉

キヌザルガイ

新生代第四紀更新世の軟体動物斧足類。ザルガイ科。

¶**産地新**(p77/カ写)〈㊕千葉県君津市追込小糸川 高さ4.5cm〉

キヌジサメザンショウガイ

新生代第三紀鮮新世の軟体動物腹足類。

¶**産地本**(p244/カ写)〈㊕高知県室戸市羽根町 径2cm〉

キヌジサメザンショウガイモドキ *Phanerolepida pseudotransenna*

新生代第三紀鮮新世の軟体動物腹足類。リュウテンサザエ科。

¶**化石フ**(p168/カ写)〈㊕高知県室戸市 殻の径19mm〉

日化譜〔キヌジサメザンショウモドキ〕(図版27-5/モ写)〈㊕鎌倉市,高知県安芸郡羽根町〉

キヌジサメザンショウモドキ ⇒キヌジサメザンショウガイモドキを見よ

キヌタアゲマキ *Solecurtus divaricatus*

新生代第四紀更新世の貝類。キヌタアゲマキ科。

¶**学古生**(図1685/モ写)〈㊕茨城県稲敷郡阿見町島津〉

キヌタアゲマキ

新生代第三紀鮮新世の軟体動物斧足類。

¶**産地別**(p155/カ写)〈㊕静岡県掛川市下垂木飛鳥 長さ3.8cm〉

産地別(p224/カ写)〈㊕高知県安芸郡安田町唐浜 長さ3.8cm〉

産地別(p234/カ写)〈㊕宮崎県児湯郡川南町通浜 長さ3.6cm〉

キヌタアゲマキ

新生代第四紀更新世の軟体動物斧足類。

¶**産地新**(p73/カ写)〈㊕茨城県稲敷郡阿見町島津 長さ6.7cm〉

産地別(p169/カ写)〈㊕石川県珠洲市正院町平床 長さ7.7cm〉

キヌタレガイ

中生代白亜紀の軟体動物斧足類。

¶**産地別**(p40/カ写)〈㊕北海道苫前郡苫前町古丹別川幌立沢 長さ3.5cm〉

キヌボラ *Tritia*(*Reticunassa*) *japonica*

新生代第四紀更新世の貝類。オリイレヨウバイ科。

¶**学古生**(図1729/モ写)〈㊕神奈川県横浜市港北区菊名町〉

キノグナタス *Cynognathus crateronotus*

三畳紀初期の脊椎動物単弓類。獣弓目キノグナツス科。全長224cm。㊀南アフリカ

¶**化写真**〔キノグナツス〕(p257/カ写)〈㊕南アフリカ 頭骨〉

古脊椎(図213/モ復)

地球博〔キノドン類の頭蓋骨〕(p83/カ写)

キノグナツス ⇒キノグナタスを見よ

キノグナトゥス *Cynognathus*

三畳紀前期の単弓類(哺乳類型爬虫類)獣弓類獣歯類。キノドン亜目キノグナトゥス科。林地に生息。体長1.5m。㊀南アフリカ共和国,アルゼンチン

¶**化百科**(p231/カ写)〈頭骨長40cm 頭骨〉

恐絶動(p191/カ復)

恐竜博(p50/カ写)〈頭骨〉

キノグナトゥス

三畳紀前期〜中期の脊椎動物単弓類。全長1.8m。㊀南アフリカ,南極大陸,アルゼンチン

¶**進化大**(p221/カ写)〈頭骨〉

キノコバエの類

第四紀更新世中期の節足動物昆虫類。

¶**原色化**(PL.91-6/モ写)〈㊕栃木県塩谷郡塩原町〉

キノデスムス *Cynodesmus*

新生代新第三紀の哺乳類食肉類。食肉目イヌ科。平原に生息。体長1m。㊀合衆国のネブラスカ

¶**恐絶動**(p218/カ復)

恐竜博(p177/カ復)

キバウミニナ

新生代第三紀中新世の軟体動物腹足類。

¶**産地別**(p196/カ写)〈㊕福井県大飯郡高浜町名島 高さ5cm〉

キバウミニナ

新生代第三紀鮮新世の軟体動物腹足類。ウミニナ科。

¶**産地新**(p213/カ写)〈㊕高知県安芸郡安田町唐浜 高さ6cm〉

産地別(p223/カ写)〈㊕高知県安芸郡安田町唐浜 高さ

7cm〉

キハラセンリュウガメ　⇒センリュウガメを見よ

キパリシディウム・ファルサニイ　*Cyparisidium falsanii*
ジュラ紀後期の植物針葉樹類。
¶**ゾル1**（図41/カ写）〈[産]ドイツのゾルンホーフェン 7cm 小枝〉

キファストレア・ミクロフタルマ　*Cyphastrea microphthalma*
第四紀完新世前期の腔腸動物六射サンゴ類。
¶**原色化**（PL.87-1/モ写）〈[産]千葉県館山市香谷〉

キフォソーマ・ケーニヒ　*Cyphosoma koenigi*
白亜紀後期の無脊椎動物棘皮動物。
¶**図解化**（p177-3/カ写）〈[産]イギリスのドーヴァー〉

キプリデア（ウルウェルリア）・ベイピアオエンシスの背甲　*Cypridea（Ulwellia） beipiaoensis*
中生代の貝形虫類。熱河生物群。
¶**熱河生**（図53/モ写）〈[産]中国の遼寧省北票の李八郎溝 外側側面〉

キプリデア（キプリデア）・ザオキシャネンシスの背甲　*Cypridea（Cypridea） zaocishanensis*
中生代の貝形虫類。熱河生物群。
¶**熱河生**（図57/モ写）〈[産]中国の遼寧省義県の棗茨山 外側側面〉

キプリデア（キプリデア）・シヘトゥネンシスの背甲　*Cypridea（Cypridea） sihetunensis*
中生代の貝形虫類。熱河生物群。
¶**熱河生**（図51/モ写）〈[産]中国の遼寧省北票の四合屯 外側側面〉

キプリデア（キプリデア）・ジンガンシャネンシスの背甲　*Cypridea（Cypridea） jingangshanensis*
中生代の貝形虫類。熱河生物群。
¶**熱河生**（図56/モ写）〈[産]中国の遼寧省義県の棗茨山 外側側面〉

キプリデア（キプリデア）・ダベイゴウエンシスの背甲　*Cypridea（Cypridea） dabeigouensis*
中生代の貝形虫類。熱河生物群。
¶**熱河生**（図52/モ写）〈[産]中国の河北省灤平の大北溝 外側側面〉

キプリデイス　*Cyprideis* sp.
中新世後期の甲殻類貝虫。
¶**世変化**（図87/カ写）〈[産]モルドバ 殻の幅約1mm〉

キプリナ・アイランディカ　*Cyprina islandica*
第四紀の軟体動物。寒流系の環境を示す。
¶**図解化**（p26-下/カ写）

キプリノトゥス属の一種　*Cyprinotus* sp.
節足動物貝形虫類。現生。
¶**熱河生**（図46/モ写）〈[産]中国の湖北省武漢 側面〉

キペリーテスの1種　*Cyperites* sp.
新生代中新世中期の陸上植物。カヤツリグサ科。
¶**学古生**（図2524/モ写）〈[産]茨城県久慈郡大子町上金沢〉

ギポサウルス　*Gyposaurus sinensis*
三畳紀後期の恐竜類。竜型超綱竜盤綱獣脚目。全長約2m。[分]雲南省緑豊
¶**古脊椎**（図136/モ復）

キマトシリス
古生代デボン紀の腕足動物有関節類。
¶**産地新**（p24/カ写）〈[産]岩手県大船渡市日頃市町大森 左右4.5cm〉

キマトスピラ・モンフォルティアーヌス　*Cymatospira montfortianus*
石炭紀の軟体動物腹足類。
¶**原色化**（PL.26-5/モ写）〈[産]北アメリカのイリノイ州スプリングフィールド 左側の個体の幅1.2cm〉

キマトセラス
ジュラ紀後期～古第三紀の無脊椎動物頭足類。直径最大30cm。[分]世界各地
¶**産地別**（p20/カ写）〈[産]北海道苫前郡羽幌町逆川 長径9.5cm〉
産地本（p25/カ写）〈[産]北海道苫前郡苫前町古丹別川 径11cm〉
産地本（p25/カ写）〈[産]北海道苫前郡苫前町古丹別川 径14cm〉
進化大（p298/カ写）

キマトセラス属の未定種　*Cymatoceras* sp.
中生代白亜紀の軟体動物頭足類。
¶**化石フ**（p123/カ写）〈[産]高知県香美郡香北町 70mm〉

キマトフレビア・クエムペリ　*Cymatophlebia kuempeli*
ジュラ紀後期の無脊椎動物昆虫類トンボ類。
¶**ゾル1**（図351/カ写）〈[産]ドイツのヴェークシャイト 翅開長14cm〉

キマトフレビア・ロンギアラタ　*Cymatophlebia longialata*
ジュラ紀後期の無脊椎動物昆虫類トンボ類。
¶**ゾル1**（図349/カ写）〈[産]ドイツのアイヒシュテット 翅開長13cm〉
ゾル1（図350/カ写）〈[産]ドイツのアイヒシュテット 12cm 2標本を含む石板〉

ギムノケリティウム属の種　*Gymnocerithium* sp.
ジュラ紀後期の無脊椎動物軟体動物巻貝類。
¶**ゾル1**（図106/カ写）〈[産]ドイツのケルハイム 2cm〉

ギムノコジウムの1種　*Gymnocodium japonicum*
古生代後期二畳紀後期の藻類緑藻。ガラガラカ科。
¶**学古生**（図300/モ写）〈[産]岐阜県揖斐郡大野町石山 縦断薄片〉
日化譜〔Gymnocodium japonicum〕（図版10-18/モ写）〈[産]福井県南条郡，北海道 縦断面〉

キムベレラ・クアドラタ　*Kimberella quadrata*
エディアカラ紀の軟体動物。全長15cm。[分]オーストラリア，ロシア，インド
¶**リア古**〔キムベレラ〕（p8/カ復）

キムボスポンディルス　*Cymbospondylus*
三畳紀中期の爬虫類海生爬虫類。魚竜目シャスタサウルス科。全長10m。[分]合衆国のネヴァダ州，ドイツ
¶**恐イラ**〔キュムボスポンデュルス〕（p72/カ復）
恐絶動（p78/カ復）

キ

キムラホタテ *Mizuhopecten kimurai*
新生代第三紀中新世の軟体動物斧足類。イタヤガイ科。
¶**学古生**（図1250/モ写）〈㊂茨城県北茨城市五浦〉
化石フ（p167/カ写）〈㊂茨城県北茨城市 80mm〉

キムラホタテ *Patinopecten*（s.s.）*kimurai*
中新世中後期の軟体動物斧足類。
¶**日化譜**（図版40-9/モ写）〈㊂岩手県福岡，福島県五浦〉

キムラホタテの一種
新生代第三紀中新世の軟体動物斧足類。別名ミズホペクテン・キムライ。
¶**産地新**（p158/カ写）〈㊂福井県大飯郡高浜町山中 高さ6.5cm 内形印象〉

鬼面ガニ
新生代第三紀中新世の節足動物甲殻類。
¶**産地別**（p213/カ写）〈㊂滋賀県甲賀市土山町鮎河 幅2.5cm〉

キモケリス *Cimochelys benstedi*
後期白亜紀の脊椎動物無弓類。カメ目ウミガメ科。体長30cm。㊀ヨーロッパ
¶**化写真**（p230/カ写）〈㊂イギリス〉

キモリシウム・ミヤコエンゼ *Cimolithium miyakoense*
中生代白亜紀前期の貝類。プロセリシウム科。
¶**学古生**（図624/モ写）〈㊂岩手県下閉伊郡田野畑村平井賀〉

キモレステス
哺乳類“原真獣類”。キモレステス科。虫食性。
¶**絶哺乳**（p65/モ図）〈歯列〉

キャッシフズリナの1種 *Quasifusulina longissima*
古生代後期石炭紀後期の紡錘虫類。フズリナ科。
¶**学古生**（図70/モ写）〈㊂福井県敦賀市 正縦断面，正横断面〉
日化譜〔Quasifusulina longissima〕（図版4-9/モ写）〈㊂岐阜県福地 縦断面〉

キャトクリニテス *Cyathocrinites actinotubus*
シルル紀～石炭紀の無脊椎動物ウミユリ類。クラドゥス目キャトクリニテス科。萼の直径8mm。㊀ヨーロッパ
¶**化写真**（p167/カ写）〈㊂イギリス〉

キャナドセラス・コスマティ *Canadoceras kossmati*
中生代白亜紀後期のアンモナイト。パキディスクス科。
¶**学古生**（図536/モ写）〈㊂北海道浦河町〉
日化譜〔Canadoceras kossmati〕（図版56-14/モ写）〈㊂北海道天塩国アベシナイ，同北見国ツムベツ，沙流川，南樺太〉

キャナドセラス・ヨコヤマイ *Canadoceras yokoyamai*
カンパニアン中期の軟体動物頭足類アンモナイト。アンモナイト亜目パキディスカス科。
¶**アン学**（図版28-5/カ写）〈㊂遠別地域〉

キャメロティア *Camelotia*
三畳紀レーティアンの恐竜類古竜脚類。メラノロサウルス科。体長9m。㊀イギリスのイングランド
¶**恐イラ**（p89/カ復）

キャモキプリス *Cyamocypris valdensis*
前期白亜紀の無脊椎動物甲殻類。ポドコパ目イリオキプリス科。体長0.5mm。㊀ヨーロッパ
¶**化写真**（p68/カ写）〈㊂イギリス 標本をたくさん含んだ岩〉

キャモドゥス *Cyamodus laticeps*
中期三畳紀の脊椎動物双弓類。板歯目キャモドゥス科。体長2m。㊀ヨーロッパ
¶**化写真**（p237/カ写）〈㊂ドイツ 頭骨の背側面，頭骨の口蓋側面〉

キャライコセラス・アジアチカム *Calycoceras asiaticum*
セノマニアン中期の軟体動物頭足類アンモナイト。アンモナイト亜目アカントセラス科。
¶**アン学**（図版4-3,4/カ写）〈㊂三笠地域〉
日化譜〔Calycoceras asiaticum〕（図版57-10/モ写）〈㊂北海道三笠市幾春別〉

キャライコセラス・オリエンタレ *Calycoceras orientale*
中生代白亜紀の軟体動物頭足類アンモノイド類。アンモナイト亜綱アンモナイト目アカントセラス科。
¶**化石図**（p125/カ写，カ復）〈㊂北海道 横幅約15cm〉

ギャランチアナ
中生代ジュラ紀の軟体動物頭足類。
¶**産地新**（p38/カ写）〈㊂宮城県桃生郡北上町追波 径2cm 印象〉
産地別（p81/カ写）〈㊂宮城県石巻市北上町追波 長径6.5cm〉
産地本（p66/カ写）〈㊂宮城県桃生郡北上町追波 径5cm〉

キャリックス（不明種）
古生代石炭紀の棘皮動物ウミユリ類。
¶**産地本**（p110/カ写）〈㊂新潟県西頸城郡青海町電化工業 左右2.6cm，径2cm 花にあたる部分の下部〉

キャンプトサウルス *Camptosaurus dispar*
ジュラ紀後期の恐竜類。竜型超綱鳥盤綱鳥脚目。全長6m。㊀北米ユタ，ワイオミング州
¶**古脊椎**（図156/モ復）

キャンポサウルス *Camposaurus*
三畳紀カーニアンの恐竜類コエロフィシス類。コエロフィシス上科。体長1m。㊀アメリカ合衆国のアリゾナ州
¶**恐イラ**（p82/カ復）

キュアモキュプリス *Cyamocypris*
白亜紀前期の節足動物甲殻類貝虫類カイミジンコ類。
¶**化百科**（p136/カ写）〈長さ5mm〉

キュヴィエロニウス *Cuvieronius*
鮮新世～現世の哺乳類。ゾウ亜目。初期のゾウ類。体高2.7m。㊀合衆国のアリゾナ，フロリダ，アルゼンチン
¶**恐絶動**（p239/カ復）

毬果
中生代白亜紀の裸子植物毬果類。

¶産地別（p10/カ写）〈㊥北海道宗谷郡猿払村上猿払 長さ11cm〉
産地別（p46/カ写）〈㊥北海道苫前郡苫前町古丹別川上の沢 長さ13cm〉

球果植物の1種 *Elatocladus* sp.
中生代の陸上植物。球果綱。下部白亜紀植物群。
¶学古生〔球果植物の葉体〕（図825/モ写）〈㊥高知県南国市領石〉
学古生（図833/モ写）〈㊥高知県南国市領石〉
学古生（図841/モ写）〈㊥高知県南国市領石〉
学古生（図842/モ写）〈㊥高知県南国市領石〉
学古生（図843/モ写）〈㊥高知県高岡郡檮原町〉

球果植物の枝条
中生代白亜紀前期高知世の陸上植物。下部白亜紀植物群。
¶学古生（図832/モ写）〈㊥高知県南国市領石〉

弓歯獣 ⇒トクソドンを見よ

キュウシュウジカ（新） *Rusa kyusyuensis*
更新世初期の哺乳類。
¶日化譜（図版89-23/モ写）〈㊥長崎県島原半島加津佐町津波見 頭骨前面〉

キュウシュウハマグリ *Pitar kyushuensis*
始新世後期の軟体動物斧足類。
¶日化譜（図版46-18/モ写）〈㊥長崎県西彼杵郡沖ノ島〉

キュクロカリュア
古第三紀～現代の被子植物。クルミ科。最大高さ30m。㊕ヨーロッパ, 北アメリカ, アジア
¶進化大（p367）

キュクロピュゲ
オルドヴィス紀前期～後期の無脊椎動物節足動物。最大体長3cm。㊕ウェールズ, イングランド, フランス, ベルギー, チェコ, カザフスタン, 中国南部
¶進化大（p89/カ写）

キュクロメドゥーサ・ラディアータ
原生代先カンブリア時代後期の無脊椎動物。推定では刺胞動物。直径2.5～30cm。㊕オーストラリア, ロシア, 中国, メキシコ, カナダ, イギリス諸島, ノルウェイ
¶進化大〔キュクロメドゥーサ〕（p62/カ写）

キューネオサウルス *Kuehneosaurus*
三畳紀後期の爬虫類有鱗類トカゲ類。トカゲ亜目キューネオサウルス科。全長65cm。㊕英国のイングランド
¶化百科（p214/カ写）〈化石板の幅15cm 肋骨と大腿骨〉
恐絶動（p87/カ復）
生ミス5〔クエネオサウルス〕（図4-3/カ復）

キュプレシノクラドス属の未定種
Cupressinocladus sp.
中生代ジュラ紀の裸子植物松柏類。
¶化石フ（p75/カ写）〈㊥山口県豊浦郡豊田町 100mm〉

キュムボスポンデュルス ⇒キムボスポンディルスを見よ

キュリンドゥロテウティス *Cylindroteuthis*
ジュラ紀の軟体動物頭足類ベレムナイト類。
¶化百科（p179/カ写）〈㊥イギリス西部のウィルトシャー州チッペナム近く 長さ10cm〉

キュリンドロテウティス・プゾシアナ
ジュラ紀前期～白亜紀前期の無脊椎動物頭足類。長さ10～22cm。㊕ヨーロッパ, アフリカ, 北アメリカ, ニュージーランド
¶進化大〔キュリンドロテウティス〕（p238～239/カ写, カ復）

恐角獣 ⇒ウィンタテリウムを見よ

恐鳥
第四紀更新世の脊索動物鳥類。
¶図解化（p220/カ写）〈㊥ニュージーランド 完全骨格〉

恐鳥 ⇒ティタニスを見よ

恐竜の足跡
恐竜の生痕化石。
¶恐竜世（p164～165/カ写）〈㊥アメリカのコネチカット州, スペイン, ポルトガルの海岸, ポルトガルのオルホス・デ・アグア, 南アメリカのボリビア〉

恐竜の卵
7500万年前の恐竜の卵。
¶恐竜世（p192～193/カ写）〈㊥モンゴルのゴビ砂漠 羽毛恐竜オヴィラプトルの巣の化石〉

恐竜の卵
白亜紀の脊索動物爬虫類恐竜類の卵。
¶図解化（p208-下/カ写）〈㊥フランス〉

恐竜の卵化石
恐竜類鳥脚類鎧竜類の卵。
¶モ恐竜（p58/カ写）〈㊥モンゴル〉

恐竜の糞 Dinoseur Coprolite
中生代ジュラ紀の恐竜の生痕化石。
¶化石図（p105/カ写）〈㊥アメリカ合衆国 直径約14cm メノウに置換された糞化石の外観と断面〉

恐竜の歩行足跡化石
白亜紀の恐竜の生痕化石。
¶化石図（p17/カ写）〈㊥韓国 約30cm〉

棘魚類
古生代の魚類。
¶生ミス5（図1-4/カ復）

キョクチカエデ *Acer arcticum*
新生代漸新世の陸上植物。カエデ科。
¶学古生（図2215/モ写）〈㊥北海道釧路市春採炭鉱〉

キョクチトクサ *Equisetum arctica*
新生代漸新世の陸上植物。トクサ科。
¶学古生（図2153/モ写）〈㊥北海道釧路市春採炭鉱〉

棘皮動物
棘皮動物の化石。
¶図解化〔完全に珪化された棘皮動物〕（p14-3/カ写）
図解化〔藍銅鉱で置換された棘皮動物〕（p15-3/カ写）

魚骨（不明種）
新生代第三紀の脊椎動物硬骨魚類。
¶産地本（p42/カ写）〈㊥北海道稚内市抜海 長さ（左右）4cm〉
産地本（p45/カ写）〈㊥北海道苫前郡初山別村豊岬 長

さ7cm〉

魚骨（不明種）
新生代第三紀中新世の脊椎動物硬骨魚類。
¶**産地本**（p138/カ写）〈[産]石川県珠洲市高屋海岸 長さ7cm〉

巨大モササウルス類 Mosasauridae
白亜紀後期マストリヒシアン期のモササウルス類。有鱗目モササウルス科。国内最大級。魚類やウミガメ，おそらくアンモナイトも摂食。体長8～10m。[分]大阪府泉南市
¶**日恐竜**（p116/カ写，カ復）〈顎の化石〉

巨鳥 ⇒ティタニスを見よ

キヨマサジカ（新） *Rucervus*（？）*katokiyomasai*
更新世？の哺乳類。
¶**日化譜**（図版89-25/モ写）〈[産]瀬戸内海底？ 右角外側面〉

魚竜
中生代の脊椎動物爬虫類。
¶**図解化**（p24-上/カ写）

魚竜
ジュラ紀前期の脊椎動物爬虫類。
¶**図解化**（p215-下左/カ写）〈[産]ドイツのホルツマーデン 幼体〉

魚竜類
中生代三畳紀中期（約2億4500万年前ごろ）の脊椎動物爬虫類。
¶**生ミス5**〔羅平から産出する脊椎動物化石〕（図2-17/カ写）〈[産]中国の雲南省羅平 頭骨約20cm〉

魚竜類の歯
ジュラ紀後期の脊椎動物爬虫類魚竜類。
¶**ゾル2**（図229/カ写）〈[産]ドイツのアイヒシュテット 3cm〉

魚竜類の未定種 Ichthyosauria gen.et sp.indet.
中生代三畳紀の爬虫類魚竜類。
¶**化石フ**（p143/カ写）〈[産]宮城県本吉郡歌津町 脊椎骨約50mm〉

魚鱗
中生代白亜紀の脊椎動物硬骨魚類。
¶**産地別**（p53/カ写）〈[産]北海道留萌郡小平町小平蘂川 長さ0.4cm〉

魚鱗
新生代第三紀中新世の脊椎動物硬骨魚類。
¶**産地別**（p200/カ写）〈[産]福井県大飯郡高浜町名島 幅1.2cm〉

魚鱗（不明種）
中生代白亜紀の脊椎動物硬骨魚類。光鱗魚の鱗と思われる。
¶**産地新**（p10/カ写）〈[産]北海道苫前郡羽幌町羽幌川 長さ0.4cm〉

魚鱗（不明種）
新生代第三紀中新世の脊椎動物硬骨魚類。
¶**産地新**（p40/カ写）〈[産]岩手県北上市和賀町 画面の左右8cm〉
産地新（p64/カ写）〈[産]埼玉県秩父市大野原荒川河床 幅0.4cm〉
産地新（p116/カ写）〈[産]新潟県北蒲原郡笹神村魚岩 径5mm〉
産地本（p211/カ写）〈[産]滋賀県甲賀郡土山町鮎河 長さ1.2cm〉

魚鱗（不明種）
中生代白亜紀の脊椎動物硬骨魚類。
¶**産地新**（p155/カ写）〈[産]兵庫県三原郡南淡町地野 高さ1.6cm〉
産地本（p30/カ写）〈[産]北海道苫前郡苫前町古丹別川 左右2cm〉
産地本（p38/カ写）〈[産]北海道勇払郡穂別町ソソジ沢 幅1.7cm〉

魚類化石（不明種）
新生代第三紀中新世の脊椎動物硬骨魚類。
¶**産地本**（p251/カ写）〈[産]長崎県壱岐郡芦辺町長者が原崎（壱岐島） 体長10cm〉
産地本（p251/カ写）〈[産]長崎県壱岐郡芦辺町長者が原崎（壱岐島） 体長12cm〉

魚類の脊椎と鱗
中生代白亜紀の脊椎動物硬骨魚類。
¶**産地別**（p10/カ写）〈[産]北海道宗谷郡猿払村上猿払 長さ0.7cm，径0.6cm，鱗の幅0.6cm〉

魚類の脊椎（不明種）
新生代第三紀中新世の脊椎動物硬骨魚類。
¶**産地新**（p46/カ写）〈[産]宮城県黒川郡大和町鶴巣 厚さ2.3cm，径2cm，厚さ2.1cm，径2.6cm〉
産地新（p177/カ写）〈[産]三重県安芸郡美里村柳谷 径2.4cm〉

魚類の歯
中生代白亜紀の脊椎動物硬骨魚類。
¶**産地別**（p57/カ写）〈[産]北海道芦別市幌子芦別川 長さ0.6cm〉

魚類の歯
古生代ペルム紀の脊椎動物硬骨魚類。
¶**産地別**（p133/カ写）〈[産]岐阜県本巣市根尾初鹿谷 長径0.1cm〉

魚類の歯？群集
古生代ペルム紀の脊椎動物軟骨魚類？
¶**産地別**（p133/カ写）〈[産]岐阜県本巣市根尾初鹿谷 長径1.5cm〉

魚類の歯（不明種）
新生代第三紀中新世の脊椎動物硬骨魚類。タイの仲間。
¶**産地新**（p64/カ写）〈[産]埼玉県秩父市大野原荒川河床 大きいものの高さ0.3cm〉

魚類（不明種）
新生代第三紀中新世の脊椎動物硬骨魚類。
¶**産地新**（p116/カ写）〈[産]新潟県北蒲原郡笹神村魚岩 体長8cm〉
産地新（p116/カ写）〈[産]新潟県北蒲原郡笹神村魚岩 体長9cm〉

魚類（未同定）
中生代三畳紀中期（約2億4500万年前ごろ）の魚類。
¶**生ミス5**〔羅平から産出する脊椎動物化石〕（図2-17/カ写）〈[産]中国の雲南省羅平 約4cm〉

ギラッファティタン *Giraffatitan*
中生代ジュラ紀の恐竜類竜盤類竜脚類ブラキオサウルス類。別名ブラキオサウルス・ブランカイ。全長22m。㊎タンザニア
¶**恐イラ**〔ギラファティタン〕(p136/カ復)
生ミス6(図6-5/カ写, カ復)〈復元骨格〉

ギラッフォケリクス *Giraffokeryx*
1600万〜500万年前(ネオジン)の哺乳類反芻類。鯨偶蹄目キリン科。全長1.6m。㊎アジア, ヨーロッパ, アフリカ
¶**恐竜世**(p267/カ復)
絶哺乳〔ジラフォケリックス〕(p200,202/カ復, モ図)〈頭骨〉

ギラファッティタン・ブランカイ *Giraffatitan brancai*
中生代ジュラ紀の爬虫類竜盤類竜脚形類竜脚類。全長23m。㊎タンザニア
¶**リア中**〔ギラファッティタン〕(p122/カ復)

ギラファティタン ⇒ギラッファティタンを見よ

キララガイ *Acila (Truncacila) insignis*
新生代第三紀鮮新世〜現世の貝類。古多歯亜綱クルミガイ目クルミガイ科。
¶**学古生**(図1469/モ写)
学古生(図1627/モ写)〈㊤千葉県市原市瀬又〉
原色化〔アシラ(トランカシラ)・インシグニス〕(PL.74-3/モ写)〈㊤金沢市 長径最大1.7cm〉
日化譜(図版35-27/モ写)〈㊤山形県飽海郡〉

キララガイ
中生代白亜紀の軟体動物斧足類。別名アシラ。
¶**産地別**(p9/カ写)〈㊤北海道宗谷郡猿払村上猿払 幅1.7cm〉
産地本(p24/カ写)〈㊤北海道苫前郡苫前町古丹別川 長さ(左右)1.7cm〉

キララガイ
新生代第四紀更新世の軟体動物斧足類。クルミガイ科。別名アシラ。
¶**産地新**(p59/カ写)〈㊤秋田県男鹿市琴川安田海岸 長さ1.8cm〉
産地新(p136/カ写)〈㊤石川県金沢市大桑町犀川河床 長さ1.8cm〉

キララガイ
新生代第三紀中新世の軟体動物斧足類。別名アシラ。
¶**産地新**(p158/カ写)〈㊤福井県大飯郡高浜町山中 長さ1.6cm 外形印象〉
産地新(p162/カ写)〈㊤滋賀県甲賀郡土山町大沢 長さ2.5cm〉
産地本(p203/カ写)〈㊤滋賀県甲賀郡土山町鮎河 長さ(左右)2.8cm〉
産地本(p241/カ写)〈㊤島根県八束郡玉湯町布志名 長さ(左右)2.3cm〉

キララガイ
新生代第三紀の軟体動物斧足類。別名アシラ。
¶**産地本**(p46/カ写)〈㊤北海道苫前郡苫前町古丹別川 長さ(左右)2.5cm〉

キララガイのノジュール
新生代第三紀の軟体動物斧足類。別名アシラ。
¶**産地本**(p46/カ写)〈㊤北海道苫前郡羽幌町曙 径4〜7cm〉

ギリアネラ *Giryanella*
カンブリア紀前期の化石。先カンブリア時代の藍藻類に似ている。
¶**図解化**(p35/カ写)〈㊤カリフォルニア〉

キリガイダマシ
新生代第四紀更新世の軟体動物腹足類。
¶**産地別**(p163/カ写)〈㊤富山県小矢部市田川 高さ5cm〉

キリガイダマシ
新生代第三紀漸新世の軟体動物腹足類。別名ツリテラ。
¶**産地本**(p76/カ写)〈㊤福島県いわき市白岩 高さ5.7cm〉

キリガイダマシ ⇒ツリテラを見よ

キリガイダマシ科の一種
新生代第三紀鮮新世の軟体動物腹足類。キリガイダマシ科。別名ツリテラ。エゾキリガイダマシか？
¶**産地新**(p56/カ写)〈㊤福島県双葉郡富岡町小良ヶ浜 高さ5cm〉

キリギリス
中生代の昆虫類。熱河生物群。
¶**熱河生**(図80/カ写)〈㊤中国の遼寧省北票の黄半吉溝 長さ約25mm〉

キリギリスの一種
中生代白亜紀の節足動物昆虫類。
¶**生ミス8**(図7-15/カ写)〈㊤ブラジルのアラリッペ台地 10.4cm 城西大学水田記念博物館大石化石ギャラリー所蔵〉

ギリクス *Gillicus*
中生代白亜紀の条鰭類イクチオデクテス類。全長2m。㊎アメリカ, カナダ
¶**生ミス8**(図8-4/カ写, カ復)〈12.5cm 頭骨〉

ギリクス
白亜紀カンパニアン期〜マーストリヒチアン期の硬骨魚類。全長50cm以上。
¶**日白亜**(p46〜49/カ写, カ復)〈㊤兵庫県淡路島〉

キリタニツメタガイ *Neverita kiritaniana*
新生代第三紀・中期中新世の貝類。タマガイ科。
¶**学古生**(図1267,1268/モ写)〈㊤福島県東白川郡塙町西河内〉
学古生(図1355/モ写)〈㊤島根県八束郡宍道町鏡〉
日化譜(図版30-14/モ写)〈㊤福島県〉

キリンドロテウチス *Cylindroteuthis puzosiana*
中期〜後期ジュラ紀の無脊椎動物矢石類。ベレムナイト目キリンドロテウチス科。体長25cm。㊎ヨーロッパ, 北アメリカ
¶**化写真**(p163/カ写)〈㊤イギリス〉

亀類の骨
新生代第三紀鮮新世の脊椎動物爬虫類。
¶**産地別**(p216/カ写)〈㊤三重県伊賀市畑村服部川 幅2cm〉

キルソトゥレマ *Cirsotrema*
鮮新世の無脊椎動物貝殻の化石。
¶**恐竜世**〔イトカケガイのなかま〕(p60/カ写)

キルソトレマ *Cirsotrema lamellosum*
暁新世～現世の無脊椎動物腹足類。中腹足目イトカケガイ科。体長3cm。㋕世界中
¶**化写真**(p127/カ写)〈㊄イタリア〉

キルチナ *Cyrtina hamiltonensis*
デボン紀～二畳紀の無脊椎動物腕足動物。スピリファー目キルチナ科。体長5cm。㋕世界中
¶**化写真**(p88/カ写)〈㊄カナダ〉

キルトケラス *Cyrtoceras* sp.
オルドビス紀の無脊椎動物オウムガイ類。オンコケラス目キルトケラス科。体長12cm。㋕世界中
¶**化写真**(p134/カ写)〈㊄チェコ〉

キルトスピリファー・エレガンス *Cyrtospirifer elegans*
古生代デボン紀の腕足類。スピリファー目キルトスピリファー科。
¶**化石図**(p62/カ写, カ復)〈㊄ベルギー 殻の横幅約7cm〉
図解化〔Cyrtospirifer elegans〕(図版7-3/カ写)〈㊄ベルギー〉

キルトスピリファー・シネンシス *Cyrtospirifer sinensis*
デボン紀の腕足動物有関節類。
¶**原色化**(PL.17-4/カ写)〈㊄中国の広西省全県胡南一陽間 幅3.7cm〉

"キルトスピリファー・ディスジャンクタス" *"Cyrtospirifer cf.disjunctus"*
石炭紀の腕足動物有関節類。
¶**原色化**(PL.25-4/カ写)〈㊄北アメリカのニューヨーク州チャタヌーガ 幅4.5cm〉

キルトスピリファー・ベルヌイリ *Cyrtospirifer verneuili*
デボン紀の腕足動物有関節類。
¶**原色化**(PL.17-3/カ写)〈㊄ベルギーのバルボウ 幅7.8cm〉
図解化〔Cyrtospirifer verneuili〕(図版7-17/カ写)〈㊄ベルギー〉
図解化〔Cyrtospirifer verneuili〕(図版7-22/カ写)〈㊄ベルギー〉

"キルトセラス"・デプレッスム *"Cyrtoceras" depressum*
シルル紀の軟体動物頭足類。
¶**原色化**(PL.10-3/モ写)〈㊄チェコスロバキアのボヘミアのエルム 長さ7.6cm〉

キルトフィリテス・ムシクス *Cyrtophyllites musicus*
ジュラ紀後期の無脊椎動物昆虫類コオロギ類。
¶**ゾル1**(図401/カ写)〈㊄ドイツのアイヒシュテット 3cm〉

キルトメトプス *Cyrtometopus*
古生代デボン紀の節足動物三葉虫類。
¶**生ミス3**(図4-22/カ写)〈㊄モロッコ 50mm〉

キルナオニクス *Cyrnaonyx antiqua*
更新世の脊椎動物哺乳類。食肉目イタチ科。体長1.5m。㋕ヨーロッパ, アジア
¶**化写真**(p271/カ写)〈㊄イギリス 下顎〉

ギルバーツオクリヌス *Gilbertsocrinus*
古生代石炭紀～ペルム紀の棘皮動物ウミユリ類。萼の高さ3.5cm。㋕アメリカ, チェコ, イギリス
¶**生ミス4**(図1-1-4/カ復)

ギルバネラ・マンチュリカ *Girvanella manchurica*
オルドビス紀の藻菌植物分裂藻類。
¶**原色化**(PL.8-6/カ写)〈㊄中国東北部遼寧省金家城子 母岩7×10cm〉

ギルモアオサウルス *Gilmoreosaurus*
白亜紀セノマニアン～マーストリヒシアンの恐竜。ハドロサウルス上科。体長8m。㋕モンゴル
¶**恐イラ**(p214/カ復)

ギロイディナ・オルビキュラリス *Gyroidina orbicularis*
新生代鮮新世の小型有孔虫。アラバミナ科。
¶**学古生**(図938/モ写)〈㊄高知県室戸市羽根町登〉

キロステノテス *Chirostenotes*
白亜紀カンパニアンの恐竜類獣脚類テタヌラ類コエルロサウルス類オヴィラプトロサウルス類オヴィラプトル類。体長2.9m。㋕カナダのアルバータ州
¶**恐イラ**(p195/カ復)

キロステノテス
白亜紀後期の脊椎動物獣脚類。体長4m。㋕アメリカ合衆国, カナダ
¶**進化大**(p327/カ写)〈かぎ爪〉

キロテリウム *Chirotherium*
三畳紀の爬虫類主竜類。偽鰐類かもしれない。
¶**化百科**(p220/カ写)〈幅約15cm 足跡の雌型〉

キロテリウム属未定種の下顎骨 *Chilotherium* sp.
新生代第三紀中新世の哺乳類奇蹄類。
¶**化石フ**(p230/カ写)〈㊄岐阜県可児市 270mm〉

キロテリゥム・バルティイ *Chirotherium barthi*
白亜紀の脊椎動物爬虫類の痕跡化石。
¶**原色化**(PL.67-6/モ写)〈㊄ドイツ 大きい方の足跡の長さ平均30cm 足跡模型〉

ギロドゥス *Gyrodus cuvieri*
後期ジュラ紀～前期白亜紀の脊椎動物硬骨魚類。ピクノドゥス目ピクノドゥス科。体長1.2m。㋕世界中
¶**化写真**(p212/カ写)〈㊄イギリス 下顎〉

ギロドゥス・キルクラリス *Gyrodus circularis*
ジュラ紀後期の脊椎動物全骨魚類。
¶**ゾル2**(図86/カ写)〈㊄ドイツのアイヒシュテット 95cm〉
ゾル2(図87/カ写)〈㊄ドイツ 歯を伴う口器〉
ゾル2(図88/カ写)〈㊄ドイツのアイヒシュテット 歯板を伴う口器〉
ゾル2(図89/カ写)〈㊄ドイツのアイヒシュテット 29cm 幼体〉

ギロドゥス属の種 *Gyrodus* sp.
ジュラ紀後期の脊椎動物全骨魚類。

¶ゾル2(図93/カ写)〈㊥ドイツのアイヒシュテット 120cm〉
ゾル2(図94/カ写)〈㊥ドイツのアイヒシュテット 30cm〉
ゾル2(図95/カ写)〈㊥ドイツのアイヒシュテット 歯〉
ゾル2(図329/カ写)〈㊥ドイツのアイヒシュテット 17cm(石板160cm) 接地痕を伴う〉

ギロドゥス・フロンタトゥス *Gyrodus frontatus*
ジュラ紀後期の脊椎動物全骨魚類。
¶ゾル2(図91/カ写)〈㊥ドイツのアイヒシュテット 7cm〉

ギロドゥス・ヘキサゴヌス *Gyrodus hexagonus*
ジュラ紀後期の脊椎動物全骨魚類。
¶ゾル2(図90/カ写)〈㊥ドイツのアイヒシュテット 80cm〉

ギロドゥス・マクロフタルムス *Gyrodus macrophthalmus*
ジュラ紀後期の脊椎動物全骨魚類。
¶ゾル2(図92/カ写)〈㊥ドイツのアイヒシュテット 21cm〉

キロノマプテラ・ウェスカ *Chironomaptera vesca*
中生代の昆虫類蚊。フサカ科。熱河生物群。
¶熱河生(図87/カ写)〈㊥中国の遼寧省北票の黄半吉溝 長さ約10mm〉

キロノマプテラ・グレガリア *Chironomaptera gregaria*
中生代の昆虫類蚊。フサカ科。熱河生物群。
¶熱河生(図75/カ写)〈㊥中国の山東省萊陽の南李各荘 長さ約6mm〉

ギロプチキウス ⇒ギロプティキウスを見よ

ギロプティキウス *Gyroptychius*
デボン紀中期の魚類総鰭類。ポロレピス目。全長30cm。㊕英国のスコットランド
¶恐絶動(p42/カ復)
図解化〔ギロプチキウス〕(p198-下左/カ写)〈㊥スコットランド〉

ギロポレラの1種 *Gyroporella nipponica*
古生代後期二畳紀の藻類緑藻。カサノリ科。
¶学古生(図310/モ写)〈㊥山口県美祢郡秋芳町秋吉台竜護峰, 千葉県銚子市高神 縦断薄片, 横断薄片〉
日化譜〔Gyroporella nipponica〕(図版10-10/モ写)〈㊥広島県帝釈 横断面〉

ギロンクス・マクロプテルス *Gyronchus macropterus*
ジュラ紀後期の脊椎動物全骨魚類。
¶ゾル2(図97/カ写)〈㊥ドイツのアイヒシュテット 12.5cm〉
ゾル2(図98/カ写)〈㊥ドイツのアイヒシュテット 11cm〉

ギンエビス *Bathybembix argentenitens argenteonitens*
新生代第三紀鮮新世の軟体動物腹足類。
¶化石フ(p168/カ写)〈㊥静岡県榛原郡菊川町 30mm〉

ギンエビス
新生代第三紀中新世の軟体動物腹足類。
¶産地別(p58/カ写)〈㊥北海道苫前郡羽幌町曙 高さ4.7cm〉
産地別(p58/カ写)〈㊥北海道苫前郡羽幌町曙 高さ4.8cm〉

ギンエビス
新生代第四紀更新世の軟体動物腹足類。
¶産地本(p90/カ写)〈㊥千葉県君津市追込小糸川 高さ2.6cm〉

ギンカガミ ⇒メーネを見よ

キンガスピス *Kingaspis*
古生代カンブリア紀の節足動物三葉虫。
¶生ミス1(p129/カ写)〈㊥モロッコ〉

キンギョガイ
新生代第四紀更新世の軟体動物斧足類。
¶産地別(p164/カ写)〈㊥富山県小矢部市田川 長さ3.7cm〉

キンギョモ ⇒ミリオフィラム・スピカータム・ムリカータムを見よ

ギンクゴ
三畳紀後期〜現代の植物イチョウ類。別名イチョウ。高さ50m。㊕世界各地
¶進化大(p232〜233/カ写)〈㊥アフガニスタン, イラン イチョウの1種, カルケニア・キュリンドゥリカ〉

キンクタン *Protocinctus mansillaensis*
カンブリア紀の棘皮動物。
¶世変化(図7/カ写)〈㊥スペインのプルホサ 幅1cm〉

キンゲナ *Kingena lemaniensis*
白亜紀の無脊椎動物腕足動物。テレブラチュラ目ダリニア科。体長3cm。㊕世界中
¶化写真(p91/カ写)〈㊥イギリス〉

キンゲナ・ワコエンシス *Kingena wacoensis*
中生代白亜紀の腕足類。キンゲナ科。
¶化石図(p116/カ写, カ復)〈㊥アメリカ合衆国 横幅約2cm 腹殻と背殻〉

ギンゴ・アポデス *Ginkgo apodes*
中生代の陸生植物イチョウ類。熱河生物群。
¶熱河生(図232/カ写)〈㊥中国の遼寧省義県の頭道河子〉

ギンゴイテス *Ginkgoites sibrica*
中生代三畳紀後期の植物。イチョウの仲間。
¶植物化(p33/カ写)〈㊥山口県〉

ギンゴイテス
中生代ジュラ紀の裸子植物イチョウ類。
¶産地新(p110/カ写)〈㊥福井県足羽郡美山町小宇坂 長さ3cm, 左右4.5cm〉

ギンゴイテス・シビリカ ⇒シベリアカセキイチョウを見よ

ギンゴイテスの一種 *Ginkgoites* sp.
中生代三畳紀の裸子植物イチョウ類。イチョウ科。
¶化石図(p91/カ写, カ復)〈㊥山口県 葉の横幅約6cm〉

ギンゴウ ⇒イチョウを見よ

ギンゴ・ディギタタ *Ginkgo digitata*
中生代白亜紀の裸子植物イチョウ類。

キ

¶化石フ (p13/カ写) 〈(産)岐阜県大野郡荘川村 40mm, 40mm〉

ギンゴー・ビローバ ⇒イチョウを見よ

ギンザメ類の卵
ジュラ紀後期の脊椎動物軟骨魚類。
¶ゾル2 (図2/カ写) 〈(産)ドイツのアイヒシュテット 40cm〉

キンタイチホタテ *Masudapecten kintaichiensis*
新生代第三紀・中期中新世の貝類。イタヤガイ科。
¶学古生 (図1254/モ写) 〈(産)岩手県二戸市金田一〉
学古生〔キンタイチホタテガイ〕(図1297/モ写) 〈(産)石川県加賀市南郷 左殻〉

キンタイチホタテガイ ⇒キンタイチホタテを見よ

キンダレラ・エウカラ *Cindarella eucalla* 美麗灰姑娘虫
カンブリア紀の節足動物。節足動物門クサンダレラ目。澄江生物群。長さ約11cm。
¶澄江生 (図16.57/カ写) 〈(産)中国の馬房 背側からの眺め〉
澄江生 (図16.58/モ復)

キンデサウルス
三畳紀後期の脊椎動物獣脚類。全長2〜2.3m。(分)アメリカ合衆国
¶進化大 (p217/カ復)

キンベレッラ
約6億3500万〜約5億4100万年前の軟体動物。エディアカラ動物群。
¶古代生〔エディアカラ動物群のイメージ〕(p30〜31/カ復)

キンベレッラ ⇒キンベレラを見よ

キンベレラ *Kimberella*
先カンブリア時代エディアカラ紀の軟体動物。エディアカラ生物群。全長15cm。(分)オーストラリア, ロシア, インド
¶古代生〔キンベレッラ〕(p43/カ写) 〈(産)ロシア〉
生ミス1 (図2-7/カ写, カ復) 〈(産)ロシア〉

キンボスポンディルス *Cymbospondylus petrinus*
三畳中期の爬虫類。爬型超綱魚竜綱魚竜目。体長8〜14m。(分)北米ネバダ州フンボルト山脈
¶古脊椎 (図92/モ復)

【ク】

クアドロプス *Quadrops*
古生代デボン紀の節足動物三葉虫類ファコプス類。
¶生ミス3 (図4-17/カ写) 〈(産)モロッコ 95mm〉

クアドロラミニエラ・ディアゴナリス *Quadrolaminiella diagonalis* 対角四層海綿
カンブリア紀の海綿動物。海綿動物門クアドロラミニエラ科。澄江生物群。
¶澄江生 (図8.12/モ復) 〈推定される生息姿勢での復元図〉
澄江生 (図8.13/カ写) 〈(産)中国の帽天山 最大長さ30cm, 幅約12cm〉

クアマイア *Kuamaia*
古生代カンブリア紀の節足動物。澄江生物群。全長10cm以上。(分)中国
¶生ミス1 (図3-3-9/カ復)

クアマイア・ラタ *Kuamaia lata* 寛跨馬虫
カンブリア紀の節足動物。節足動物門ヘルメティア科。澄江生物群。
¶澄江生 (図16.51/カ写) 〈(産)中国の帽天山 背側からの眺め〉
澄江生 (図16.52/モ復)

グアロスクス
三畳紀中期の脊椎動物プロテロカムプスア類。全長1〜2m。(分)アルゼンチン
¶進化大 (p212)

クアンイアングイア・プスツロサ *Kuanyangia pustulosa* 丘疹関楊虫
カンブリア紀の三葉虫。節足動物門レドリキア上科。澄江生物群。
¶澄江生 (図16.45/カ写) 〈(産)中国の帽天山 背側からの眺め.雄型, 雌型〉

グアンロン *Guanlong*
中生代ジュラ紀の恐竜類竜盤類獣脚類ティランノサウルス類。全長3.5m。(分)中国
¶恐竜世〔グアンロング〕(p181/カ復)
生ミス6〔死の足跡〕(図4-3/モ写) 〈(産)中国の新疆ウイグル自治区ジュンガル盆地 深さ1〜2m マメンキサウルスの足跡から取り出された岩石のブロックに5体の恐竜化石が入っていた〉
生ミス6 (図4-5/カ写, カ復) 〈(産)中国の新疆ウイグル自治区ジュンガル盆地 約40cm 「死の足跡」の上層にはまっていた頭骨〉

グアンロン・ウカイ *Guanlong wucaii*
中生代ジュラ紀の爬虫類恐竜類竜盤類獣脚類ティランノサウルス類。全長3.5m。(分)中国
¶リア中〔グアンロン〕(p88,250/カ復)

グアンロング
ジュラ紀中期の脊椎動物獣脚類。体長2.5m。(分)中国
¶進化大 (p262/カ復)

グアンロング ⇒グアンロンを見よ

クインケロキュリナ・サブアレナリア *Quinqueloculina subarenaria*
新生代鮮新世の小型有孔虫。ミリオリナ科。
¶学古生 (図919/モ写) 〈(産)富山県氷見市大境〉

クヴァベビハイラックス *Kvabebihyrax*
鮮新世後期の哺乳類。イワダヌキ目プリオハイラックス科。初期の植物食哺乳類。体長1.6m。(分)コーカサス地方
¶恐絶動 (p235/カ復)

クウェイチョウフィルム
古生代石炭紀の腔腸動物四射サンゴ類。別名貴州サンゴ。
¶産地本 (p54/カ写) 〈(産)岩手県気仙郡住田町犬頭山 径6cm〉
産地本 (p54/カ写) 〈(産)岩手県大船渡市日頃市町鬼丸

短径5cm 研磨横断面〉

偶蹄類の足跡 *Fossil foot print of the Artiodactyls*
新生代第三紀鮮新世の哺乳類偶蹄類。
¶**化石フ**(p239/カ写)〈(産)三重県阿山郡大山田村 足印長70mm〉

グウルドチョウチンガイ *Terebratalia gouldi*
新生代中新世の腕足類終穴類。ダリナ科。
¶**学古生**(図1066/モ写)〈(産)宮城県黒川郡大和町大堤〉
日化譜(図版25-14/モ写)〈(産)北海道など〉

グウルドチョウチンガイ
新生代第四紀更新世の腕足動物有関節類。
¶**産地別**(p91/カ写)〈(産)神奈川県横浜市金沢区柴町 高さ3.6cm〉

グウルドチョウチンガイ
新生代第三紀中新世の腕足動物有関節類。
¶**産地別**(p152/カ写)〈(産)石川県七尾市白馬町 幅3.3cm, 高さ3.6cm〉

クエイチョウフィルム・ヤベイ ⇒キシュウサンゴを見よ

クェツァルコアトルス ⇒ケツァルコアトルスを見よ

クエトゥザルコアトゥルス ⇒ケツァルコアトルスを見よ

クエネオサウルス ⇒キューネオサウルスを見よ

クエネオスクース *Kuehneosuchus*
中生代三畳紀の爬虫類双弓類鱗竜形類クエネオサウルス類。全長70cm。(分)イギリス
¶**生ミス5**(図4-2/カ復)

クエネオスクス・ラティッシムス *Kuehneosuchus latissimus*
後期三畳紀の脊椎動物爬虫類双弓類。有鱗目クエネオサウルス科。全長70cm。(分)ヨーロッパ
¶**化写真**〔クエネオスクス〕(p232/カ写)〈(産)イギリス〉
リア中〔クエネオスクス〕(p74/カ復)

クエルクス *Quercus* sp.
白亜紀〜現世の双子葉の被子植物類。ブナ目ブナ科。高さ40m。(分)世界中
¶**学古生**〔コナラ属の殻斗〕(図2347/モ写)〈(産)岩手県二戸郡安代町荒屋〉
学古生〔コナラ属の花粉〕(図2555/モ写)〈(産)宮崎県えびの市京町池牟礼〉
化写真〔ケルクス〕(p309/カ写)〈(産)アメリカ〉
図解化〔カシワ・コナラ・ウバメガシ〕(図版2-3/カ写)〈(産)エビア島〉
図解化〔Quercus〕(図版2-5/カ写)〈(産)エビア島〉
図解化〔Quercus〕(図版2-6/カ写)〈(産)エビア島〉
地球博〔カシの幹〕(p77/カ写)

クエルクス・フルイエルミ
古第三紀〜現代の被子植物。別名コナラ。高さ15〜45m。(分)北半球
¶**進化大**〔クエルクス〕(p394/カ写)

クエンステッドセラス *Quenstedtoceras*
アンモナイト。
¶**アン最**〔エボリセラスとクエンステッドセラス〕(p103/カ写)

クエンステッドセラス・ヘンリシイ *Quenstedtoceras henrici*
カロビアン期のアンモナイト。
¶**アン最**(p173/カ写)〈(産)ポーランドのルーコウ〉
アン最(p174/カ写)〈(産)ポーランドのルーコウ〉

クエンステッドセラス・ランベルティ *Quenstedtoceras lamberti*
ジュラ紀のアンモナイト。
¶**アン最**〔クエンステッドセラス・ランベルティに付着した二枚貝〕(p90/カ写)
アン最(p91/カ写)〈(産)ロシアのサラトフ 腹側に付着した二枚貝によって奇形化〉
アン最(p92/カ写)〈(産)ロシアのサラトフ 奇形化〉
アン最(p180/カ写)〈(産)ロシアのサラトフ 合成標本〉

ククザラコケムシ ⇒ベレニケアを見よ

クークソニア ⇒クックソニアを見よ

ククッラエア *Cucullaea*
白亜紀の無脊椎動物貝殻の化石。
¶**恐竜世**〔ヌノメアカガイのなかま〕(p61/カ写)

ククメリクルス・デコラトゥス *Cucumericrus decoratus* 優美瓜状肢虫
カンブリア紀の動物。アノマロカリス科。澄江生物群。
¶**澄江生**(図15.4/カ写)〈(産)中国の帽天山 分離した「歩くための」付属肢〉

ククラエア *Cucullaea vulgaris*
前期ジュラ紀〜現世の無脊椎動物二枚貝類。フネガイ目ヌノメアカガイ科。体長4cm。(分)世界中
¶**化写真**(p95/カ写)〈(産)アメリカ〉

ククレア(イドネアルカ)・アクチカリナータ *Cucullaea (Idonearca) acuticarinata*
中生代白亜紀前期の貝類。ヌノメアカガイ科。
¶**学古生**(図635/モ写)〈(産)岩手県下閉伊郡田野畑村平井賀 右殻〉

ククレア(イドネアルカ)・マブチイ *Cucullaea (Idonearca) mabuchii*
中生代ジュラ紀前期の貝類。ヌノメアカガイ科。
¶**学古生**(図641/モ写)〈(産)宮城県本吉郡志津川町 右殻内型〉

"ククレア・ハルパックス" *"Cucullaea harpax"*
ジュラ紀の軟体動物斧足類。
¶**原色化**(PL.45-3/カ写)〈(産)フランスのアルデンヌ 幅4.8cm,5.3cm〉

クサイロギンエビス ⇒コガネエビスを見よ

クサビザラ *Cadella delta*
新生代第四紀の貝類。ニッコウガイ科。
¶**学古生**(図1677/モ写)〈(産)千葉県市原市瀬又〉

クサビサンゴ *Flabellum transversale*
新生代の六放サンゴ類。チョウジガイ科。
¶**学古生**(図1045/モ写)〈(産)鹿児島県大島郡喜界町上嘉鉄〉
学古生(図1046/モ写)〈(産)神奈川県逗子市鐙摺〉
日化譜〔Flabellum transversale〕(図版19-5,6/モ写)

〈(産)沖縄, 喜界島 側面, 口面〉

クサビサンゴ
新生代第三紀鮮新世の腔腸動物六射サンゴ類。
¶**産地本**（p245/カ写）〈(産)高知県安芸郡安田町唐の浜 写真の左右10cm〉

クサビライシ類 *Fungia echinata*
更新世・現世の六射サンゴ。
¶**日化譜**（図版18-3/モ写）〈(産)奄美大島以南〉

クサリサンゴ
古生代シルル紀の腔腸動物床板サンゴ類。
¶**産地新**（p23/カ写）〈(産)岩手県気仙郡住田町下有住奥火の土 画面の左右5cm〉
産地別（p219/カ写）〈(産)高知県高岡郡越知町横倉山 左右3cm〉

クサリサンゴ ⇒ハリシテスを見よ

クサリサンゴ ⇒ハリシテス・カテヌラリアを見よ

クサリサンゴ ⇒ハリシテス・クラオケンシスを見よ

鎖サンゴ *Halysites tenuis*
シルル紀後期の床板サンゴ。
¶**日化譜**（図版20-8/モ写）〈(産)宮城県五ケ瀬村鞍岡 横断面〉

鎖サンゴ ⇒アカントハリシテス・クラオケンシスを見よ

鎖サンゴ ⇒シェードハリシテスを見よ

クサリサンゴの一種 *Halysites* sp.
古生代シルル紀の床板サンゴ類。
¶**化石図**（p48/カ写）〈(産)スウェーデン 横幅約5cm〉

鎖サンゴの一種（不明種）
古生代シルル紀の腔腸動物床板サンゴ類。
¶**産地本**（p223/カ写）〈(産)高知県高岡郡越知町横倉山 写真の左右4cm〉

クサンダレラ *Xandarella*
古生代カンブリア紀の節足動物。澄江生物群。全長5cm。(分)中国
¶**生ミス1**（図3-3-11/カ復）

クサンダレラ・スペクタクルム *Xandarella spectaculum* 鏡眼海怪虫
カンブリア紀の節足動物。節足動物門クサンダレラ目。澄江生物群。
¶**澄江生**（図16.59/モ復）
澄江生（図16.60/カ写）〈(産)中国の馬房, 大坡頭近郊の尖包包山, 帽天山 長さ50～55mm 腹側からの眺め, 背側からの眺め〉

クシアングアングイア・シニカ *Xianguangia sinica* 中国先光海葵
カンブリア紀の刺胞動物。刺胞動物門。一般にイソギンチャクと関連づけられている。澄江生物群。
¶**澄江生**（図9.1/カ写）〈(産)中国の帽天山 側面, 背面〉
澄江生（図9.2/モ復）

クシクラゲ ⇒マオティアノアスクス・オクトナリウスを見よ

クシケマスオ *Venatomya truncata*
新生代第四紀完新世の貝類。オオノガイ科。
¶**学古生**（図1775/モ写）〈(産)東京都千代田区大手町〉
地球博〔大型肉食硬骨魚類の頭蓋骨〕（p82/カ写）

クシバコバネソテツ ⇒プティロフィルム・ペクテンを見よ

クシファクティヌス
白亜紀の脊椎動物条鰭類。体長6m。(分)北アメリカ
¶**進化大**（p308/カ写）

クシファクティヌス ⇒シファクティヌスを見よ

クシュロイウルス
石炭紀後期の無脊椎動物節足動物。最大全長6cm。(分)北アメリカ, ヨーロッパ
¶**進化大**（p161/カ写）

グジョウカルディアの1種 *Gujocardia oviformis*
古生代後期二畳紀後期の貝類。異歯亜綱マルスダレガイ目トマヤガイ科。
¶**学古生**（図221/モ写）〈(産)京都府加佐郡大江町公荘〉
日化譜〔Gujocardia oviformis〕（図版85-8,9/モ写）〈(産)京都府大江町公庄〉

クジラ類
始新世の海生哺乳類鯨偶蹄類クジラ類ヒゲクジラ類。
¶**化百科**（p247/カ写）〈(産)ペルーのサカコ近郊 長さ9m 骨格〉

クジラ類の鼓室骨
更新世前期の海生哺乳類鯨偶蹄類クジラ類。
¶**化百科**（p247/カ写）〈長さ10cm〉

鯨類の耳骨
新生代第三紀鮮新世の脊椎動物哺乳綱鯨類。
¶**産地別**（p59/カ写）〈(産)北海道滝川市空知川 長さ5cm〉
産地別（p161/カ写）〈(産)富山県高岡市岩坪 長さ7cm〉

鯨類の耳骨（不明種）
新生代第三紀中新世の脊椎動物哺乳類。大型の鯨類。
¶**産地新**（p49/カ写）〈(産)宮城県黒川郡大和町鶴巣 左右8.5cm〉
産地本（p199/カ写）〈(産)三重県安芸郡美里村柳谷 左右2.7cm 岩骨〉

鯨類の耳骨（不明種）
新生代第三紀鮮新世の脊椎動物哺乳類。
¶**産地本**（p85/カ写）〈(産)千葉県銚子市長崎鼻海岸 高さ10.6cm 鼓室骨〉

鯨類の脊椎・断面（不明種）
新生代第三紀の脊椎動物哺乳類。
¶**産地本**（p43/カ写）〈(産)北海道天塩郡遠別町ウッツ川 写真の左右2cm〉

鯨類の脊椎？（不明種）
新生代第三紀の脊椎動物哺乳類。
¶**産地本**（p42/カ写）〈(産)北海道天塩郡遠別町ウッツ川 径5cm 脊椎の接合面〉

鯨類の脊椎（不明種）
新生代第三紀中新世の脊椎動物哺乳類。イルカの類。
¶**産地新**（p49/カ写）〈(産)宮城県黒川郡大和町鶴巣 左右6.7cm〉

鯨類の脊椎（不明種）
新生代第三紀鮮新世の脊椎動物哺乳類。イルカ類。
¶産地新（p70/カ写）〈[産]千葉県安房郡鋸南町奥元名 径4.5cm〉

鯨類の脊椎（不明種）
新生代第三紀中新世の脊椎動物哺乳類。
¶産地新（p179/カ写）〈[産]三重県安芸郡美里村柳谷 径5.7cm, 厚さ10.5cm 関節面〉
産地新（p180/カ写）〈[産]三重県安芸郡美里村柳谷 高さ9cm, 厚さ4.5cm 同じ標本を四方向から見たもの〉

鯨類の脊椎（不明種）
新生代第三紀の脊椎動物哺乳類。
¶産地本（p43/カ写）〈[産]北海道天塩郡遠別町ウッツ川 径7cm〉

鯨類の脊椎（不明種）
新生代第三紀中新世の脊椎動物哺乳類。小型の鯨類。
¶産地本（p127/カ写）〈[産]長野県下伊那郡阿南町大沢川 高さ8cm〉

鯨類？の脊椎骨
新生代第三紀中新世の脊椎動物哺乳綱鯨類？
¶産地別（p62/カ写）〈[産]北海道石狩郡当別町青山中央 高さ6cm〉

鯨類？の脊椎骨と肋骨
新生代第三紀中新世の脊椎動物哺乳綱鯨類？
¶産地別（p62/カ写）〈[産]北海道石狩郡当別町青山中央 長さ40cm〉

鯨類の椎板（不明種）
新生代第三紀中新世の脊椎動物哺乳類。
¶産地本（p198/カ写）〈[産]三重県安芸郡美里村柳谷 左右7.2cm, 左右4.8cm〉

鯨類の歯？（不明種）
新生代第三紀中新世の脊椎動物哺乳類。小型の鯨類（イルカ）。
¶産地本（p127/カ写）〈[産]長野県下伊那郡阿南町大沢川 高さ1.6cm〉

鯨類の歯（不明種）
新生代第三紀鮮新世の脊椎動物哺乳類。
¶産地新（p57/カ写）〈[産]福島県双葉郡富岡町小良ヶ浜 高さ4.3cm〉

鯨類の歯（不明種）
新生代第三紀中新世の脊椎動物哺乳類。
¶産地本（p197/カ写）〈[産]三重県安芸郡美里村柳谷 高さ9.5cm, 高さ9cm, 高さ14cm〉

鯨類の歯（不明種）
新生代第三紀中新世の脊椎動物哺乳類。イルカ。
¶産地本（p199/カ写）〈[産]三重県安芸郡美里村柳谷 高さ5.8cm〉
産地本（p199/カ写）〈[産]三重県安芸郡美里村柳谷 高さ3.5cm〉
産地本（p199/カ写）〈[産]三重県安芸郡美里村柳谷 高さ2.8cm〉

鯨類の尾骨？（不明種）A
新生代第三紀中新世の脊椎動物哺乳類。
¶産地本（p198/カ写）〈[産]三重県安芸郡美里村柳谷 左右4.3cm〉

鯨類の尾骨？（不明種）B,C
新生代第三紀中新世の脊椎動物哺乳類。
¶産地本（p198/カ写）〈[産]三重県安芸郡美里村柳谷 左右3.2cm 接合面, 背面〉

鯨類の骨
新生代第三紀鮮新世の脊椎動物哺乳綱鯨類。
¶産地別（p161/カ写）〈[産]富山県高岡市五十辺 長さ12cm 脊椎〉
産地別（p161/カ写）〈[産]富山県高岡市岩坪 幅5cm〉

クシロケヤキ *Zelkova kushiroensis*
新生代漸新世の陸上植物。ニレ科。
¶学古生（図2195/モ写）〈[産]北海道釧路市春採炭鉱〉

クシロサルトリイバラ *Smilax hokkaidoensis*
新生代漸新世の陸上植物。ユリ科。
¶学古生（図2225/モ写）〈[産]北海道釧路市春採炭鉱〉

クシロスナモグリ *Callianassa kusiroensis*
漸新世後期の十脚類。
¶日化譜（図版59-7/モ写）〈[産]北海道釧路国茶路川コイカタホロイチヤロ〉

クシロチャンチン *Cedrela kushiroensis*
新生代漸新世の陸上植物。センダン科。
¶学古生（図2206/モ写）〈[産]北海道釧路市春採炭鉱〉

クズウキヂ *Phasianus* sp.
更新世後期の鳥類。
¶日化譜（図版65-8～10/モ写）〈[産]栃木県安蘇郡葛生町大久保 頭骨脊面, 腰椎腹面, 跗蹠骨前面〉

クスノキ・ニッケイ *Cinnamomum*
中新世の植物。
¶図解化（図版2-8/カ写）〈[産]エビア島〉

クセナカンタス *Xenacanthus decheni*
二畳紀の魚類。顎口超綱軟骨魚綱魚切目。全長26cm。[分]チェッコスロバキア
¶古脊椎（図20/モ復）

クセナカンタス ⇒クセナカントゥスを見よ

クセナカンタス・テキセンシス *Xenacanthus texensis*
ペルム紀前期の脊索動物サメ。軟骨魚綱。
¶図解化（p190-上/カ写）〈[産]オクラホマ州 歯〉

クセナカントゥース
石炭紀後期～ペルム紀前期の脊椎動物軟骨魚類。全長70cm。[分]ヨーロッパ, アメリカ合衆国
¶進化大（p183/カ復）

クセナカントゥス *Xenacanthus*
デボン紀後期～ペルム紀の魚類軟骨魚類。板鰓亜綱。全長75cm。[分]全世界
¶恐絶動（p26/カ復）
生ミス4〔クセナカンタス〕（図2-4-4/カ写, カ復）

クセノディスクス
ペルム紀後期の無脊椎動物頭足類。直径6～10cm。[分]パキスタン, インドネシア
¶進化大（p180/カ写）

クセノフォラ *Xenophora*
鮮新世の無脊椎動物貝殻の化石。
¶恐竜世〔クマサカガイのなかま〕(p60/カ写)

クセノフォラ・クリスパ
古第三紀〜現代の無脊椎動物腹足類。最大全長4cm。㊎世界各地
¶進化大〔クセノフォラ〕(p369/カ写)

クダサンゴ ⇒シリンゴポーラ・ウツノミヤイを見よ

クダタマガイ *Adamnestia japonica*
新生代第三紀鮮新世〜初期更新世の貝類。後鰓亜目スイフガイ科。
¶学古生(図1611/モ写)〈㊥富山県小矢部市田川〉
学古生〔クダマキガイ〕(図1745/モ写)〈㊥千葉県市原市瀬又〉
日化譜(図版35-2/モ写)〈㊥千葉県成田市大竹〉

クダマキガイ *Lophiotoma leucotropis*
新生代第三紀・初期更新世の貝類。クダマキガイ科。
¶学古生(図1608/モ写)〈㊥石川県金沢市大桑〉

クダマキガイ ⇒クダタマガイを見よ

クダマキガイの一種
新生代第三紀鮮新世の軟体動物腹足類。クダマキガイ科。
¶産地新(p209/カ写)〈㊥高知県安芸郡安田町唐浜 高さ4.5cm〉
産地新(p209/カ写)〈㊥高知県安芸郡安田町唐浜 高さ6.5cm〉

クチキレガイモドキの仲間 *Odostomia* sp.
新生代第三紀・初期更新世の貝類。トウガタガイ科。
¶学古生(図1616/モ写)〈㊥石川県金沢市大桑〉

クチノツジカ(新) *Axis japanicus*
更新世初期の哺乳類。
¶日化譜(図版89-24/モ写)〈㊥長崎県島原半島加津佐町津波見 右角内側面〉

クチバシチョウチンガイ *Hemithyris psittacea*
新生代鮮新世の腕足類。有関節綱リンコネラ(経穴)目ヘミティリス科。
¶学古生(図1052/モ写)〈㊥新潟県佐渡郡佐和田町貝立沢〉

クチバシチョウチンガイ
新生代第三紀中新世の腕足動物有関節類。
¶産地新(p40/カ写)〈㊥宮城県遠田郡涌谷町 高さ1.2cm〉

クチバシチョウチンガイ
新生代第四紀更新世の腕足動物有関節類。
¶産地新(p58/カ写)〈㊥秋田県男鹿市琴川安田海岸 高さ2.4cm 正面, 下面, 側面〉

クチバシチョウチンガイ
新生代第三紀鮮新世の腕足動物有関節類。
¶産地本(p143/カ写)〈㊥富山県高岡市頭川 高さ1.8cm〉

クチベニデ ⇒クチベニデガイを見よ

クチベニデガイ *Anisocorbula venusta*
新生代第三紀鮮新世〜初期更新世の貝類。クチベニガイ科。
¶学古生(図1540/モ写)〈㊥富山県小矢部市田川〉
学古生〔クチベニデ〕(図1699/モ写)〈㊥千葉県木更津市宮下〉

クックソニア *Cooksonia*
シルル紀後期〜デボン紀の初期の陸上植物。リニア目リニア科。直径1.5mm。㊎イギリス, アメリカ, ボリビアほか
¶化百科(p76/カ写)〈㊥アメリカ合衆国のニューヨーク州オノンダガ郡 4cm〉
古代生(p87/カ写)
植物化(p17/カ写, カ復)〈㊥イギリス〉
生ミス2〔クークソニア〕(p132/カ写, カ復)〈㊥イギリス〉

クックソニア *Cooksonia hemisphaerica*
後期シルル紀〜デボン紀の初期の陸上植物。リニア目リニア科。高さ7.5cm。㊎世界中
¶化写真(p289/カ写)〈㊥イギリス〉
地球博〔初期の陸上植物〕(p76/カ写)

クックソニア *Cooksonia pertoni*
シルル紀〜デボン紀前期の初期の陸上植物リニア状植物。全長7cm。㊎イギリス, ボリビア, ウクライナほか
¶世変化(図16/カ写)〈㊥英国のヘレフォードシャー 高さ10mm〉
リア古〔クークソニア〕(p112/カ復)

クックソニア・ヘミスファエリカ
シルル紀後期〜デヴォン紀の植物リニア類。高さ1〜5cm。㊎世界各地
¶進化大〔クックソニア〕(p99/カ写)

クッシア・タツノクチエンシス *Cussia tatsunokuchiensis*
新生代鮮新世の珪藻類。羽状目。
¶学古生(図2099/モ写)〈㊥宮城県岩沼市岩沼〉

クッチケトゥス *Kutchicetus*
新生代古第三紀始新世の哺乳類真獣類鯨偶蹄類ムカシクジラ類。別名カッチケトゥス。全長2m。㊎インド
¶生ミス9(図1-7-4/カ写, カ復)〈全身復元骨格の頭部付近〉

クテニス・カネハライ ⇒カネハラクシバソテツを見よ

クテヌレラ *Ctenurella*
デボン紀後期の魚類。板皮綱。全長13cm。㊎オーストラリアのウェスタンオーストラリア, ドイツ
¶恐絶動(p31/カ復)

クテヌレラ *Ctenurella gladbackensis*
デボン紀中期の魚類。顎口超綱板皮綱節頸目。全長18cm。㊎西ドイツのライン地方
¶古脊椎(図16/モ復)

クテノウラ *Ktenoura retrospinosa*
後期オルドビス紀〜シルル紀の無脊椎動物三葉虫類。ファコプス目ケイルリナ科。体長5cm。㊎世界中
¶化写真(p59/カ写)〈㊥イギリス〉

クテノカスマ *Ctenochasma*
中生代ジュラ紀〜白亜紀の爬虫類双弓類主竜類翼竜類。プテロダクティルス上科。翼開長1.5m未満。

[分]ドイツ, フランス
¶恐イラ (p128/カ復)
生ミス6 (図7-21/カ写, カ復) 〈[産]ドイツのゾルンホーフェン ジュラ博物館所蔵・展示 (下顎の一部)〉

クテノカスマ・グラキレ *Ctenochasma gracile*
ジュラ紀後期の脊椎動物爬虫類翼竜類。
¶ゾル2 (図267/カ写) 〈[産]ドイツのアイヒシュテット 26cm〉

クテノカスマ・ポロクリスタタ *Ctenochasma porocristata*
ジュラ紀後期の脊椎動物爬虫類翼竜類。
¶ゾル2 (図268/カ写) 〈[産]ドイツのアイヒシュテット 19cm〉

クテノスコレクス・プロケルス *Ctenoscolex procerus*
ジュラ紀後期の無脊椎動物蠕虫類環形動物。
¶ゾル1 (図200/カ写) 〈[産]ドイツのアイヒシュテット 10cm〉

クテノスリッサ *Ctenothrissa*
中生代白亜紀の条鰭類。
¶生ミス7 (図3-10/カ写) 〈[産]レバノン 8cm〉

クテノチャスマ・エレガンス *Ctenochasma elegans*
中生代ジュラ紀の爬虫類翼竜類。翼開長1.5m。[分]ドイツ
¶リア中〔クテノチャスマ〕(p120/カ復)

グナソダス・コミュタタス・コミュタタス *Gnathodus commutatus commutatus*
古生代・前期石炭紀後期のコノドント類 (錐歯類)。
¶学古生 (図276,278/モ図) 〈[産]山口県秋吉石灰岩層郡下部, 岡山県阿哲台〉

グナソダス・コミュタタス・ノドサス *Gnathodus commutatus nodosus*
古生代・前期石炭紀後期のコノドント類 (錐歯類)。
¶学古生 (図275/モ図) 〈[産]岡山県阿哲石灰岩〉

グナソダス・ナガトエンシス *Gnathodus nagatoensis*
古生代・中期石炭紀前期のコノドント類 (錐歯類)。
¶学古生 (図269/モ図) 〈[産]山口県秋吉台〉
学古生 (図274,277/モ図) 〈[産]山口県秋吉台江原石灰採石場, 岡山県阿哲台 上方から〉

グナソダス・バイリネアタス *Gnathodus bilineatus*
古生代・前期石炭紀後期のコノドント類 (錐歯類)。
¶学古生 (図281,282/モ図) 〈[産]東京都西多摩郡五日町三ッ沢, 山口県秋吉台〉

グナトサウルス *Gnathosaurus*
ジュラ紀後期の翼竜類。プテロダクティルス上科。翼開長1.7m。[分]ドイツ
¶恐イラ (p128/カ復)

グナトサウルス・スブラトゥス *Gnathosaurus subulatus*
ジュラ紀後期の脊椎動物爬虫類翼竜類。
¶ゾル2 (図272/カ写) 〈[産]ドイツのアイヒシュテット 27cm〉

クニグティア ⇒ナイティアを見よ

クヌギの仲間
新生代第三紀中新世の被子植物双子葉類。ブナ科。
¶産地新 (p115/カ写) 〈[産]新潟県岩船郡朝日村大須戸 長さ9cm, 長さ16cm〉

クネベリア・シュベルティ *Knebelia schuberti*
ジュラ紀後期の無脊椎動物甲殻類大型エビ類。
¶ゾル1 (図294/カ写) 〈[産]ドイツのヴェークシャイト 2.5cm〉

クネベリア・ビロバタ *Knebelia bilobata*
ジュラ紀後期の無脊椎動物甲殻類大型エビ類。
¶ゾル1 (図293/カ写) 〈[産]ドイツのランゲンアルトハイム 10cm〉

クネミドピゲ ヌーダ *Cnemidopyge nuda*
オルドビス紀中期の三葉虫。プティコパリア目。
¶三葉虫 (図136/モ写) 〈[産]イギリスのウェールズ州 長さ25mm〉

クネルペトン・ティアンイエンシスの完模式標本 *Chunerpeton tianyiensis*
中生代の両生類。オオサンショウウオ科。熱河生物群。
¶熱河生 (図113/カ写) 〈[産]中国の内モンゴル寧城の道虎溝 体長約180mm 頁岩板の主版と副版〉

クノリア・インブリケタ *Knorria imbricata*
石炭紀の植物。
¶図解化 (p40-11/カ写)

クバノコエルス *Kubanochoerus* sp.
中新世中期の哺乳類猪豚類。鯨偶蹄目イノシシ科。肩高最大で約1.2m。[分]アジア, ヨーロッパ, アフリカ
¶絶哺乳 (p192,194/カ写, カ復)

首長竜? (不明種)
中生代白亜紀の脊椎動物爬虫類。
¶産地本 (p31/カ写) 〈[産]北海道苫前郡苫前町古丹別川 長さ7cm 脊椎と思われる〉

クビマキコメツブガイ *Decorifer longispirata*
更新世前期の軟体動物腹足類。
¶日化譜 (図版35-9/モ写) 〈[産]千葉県市原郡市津村瀬又〉

クフォソレヌス属の種 *Cuphosolenus* sp.
ジュラ紀後期の無脊椎動物軟体動物巻貝類。
¶ゾル1 (図101/カ写) 〈[産]ドイツのヴォルケルツェル 7cm〉

クプレッソクリニテス *Cupressocrinites crassus*
デボン紀の無脊椎動物ウミユリ類。クラドゥス目クプレッソクリニテス科。萼の直径2.5cm。[分]西ヨーロッパ
¶化写真 (p167/カ写) 〈[産]ドイツ〉
地球博〔デボン紀のウミユリ〕(p81/カ写)

クプレッソクリニテス・クラッスス
デヴォン紀中期〜後期の無脊椎動物棘皮動物。萼の最大高さ5cm。[分]ヨーロッパ, モロッコ, アメリカ合衆国, オーストラリア
¶進化大〔クプレッソクリニテス〕(p126/カ写)

クプロクリヌス・ポリダクティルス *Cupulocrinus polydactylus*
古生代オルドビス紀のウミユリ類。

¶生ミス2（図1-3-11/カ写）〈㊎アメリカのオハイオ州シンシナティ地域 7.5cm〉

クマ *Ursus*
更新世～現在の哺乳類食肉類。クマ科。
¶化百科（p239/カ写）〈㊎ドイツのバイエルン州ゾフィー洞穴 頭骨長50cm 頭骨, 下あご〉

クマサカガイ *Xenophora pallidula*
新生代第四紀の貝類。クマサカガイ科。
¶学古生（図1788/モ写）〈㊎鹿児島県鹿児島郡桜島町新島〉

クマサカガイ
新生代第三紀鮮新世の軟体動物腹足類。
¶産地別（p232/カ写）〈㊎宮崎県児湯郡川南町通浜 長径6.1cm 石膏で型どり〉

クマシデ *Carpinus japonica*
現世前期の植物胞子・花粉類。
¶日化譜（図版80-22/モ写）〈㊎青森県下北郡東通村 花粉〉

クマシデの仲間
新生代第三紀中新世の被子植物双子葉類。カバノキ科。サワシバに似る。
¶産地新（p114/カ写）〈㊎長野県南佐久郡北相木村川又 長さ15cm〉

クマソオオハネガイ *Lima（Acesta） kumasoana*
始新世後期の軟体動物斧足類。
¶日化譜（図版41-16/モ写）〈㊎熊本県天草郡〉

クマデヤシ *Sabalites nipponicus*
古第三紀始新世の被子植物単子物類。
¶化石フ（p150/カ写）〈㊎愛媛県上浮穴郡久万町 300mm〉

クマモトミフネリュウ Carnosauria gen.et sp.indet.
中生代白亜紀の爬虫類竜盤類。
¶化石フ（p145/カ写）〈㊎熊本県下益城郡御船町 大腿骨の長さ約320mm〉
化石フ〔クマモトミフネリュウの歯〕（p147/カ写）〈㊎熊本県上益城郡御船町 22mm〉

グミ属の1種 *Elaeagnus* sp.
新生代第四紀更新世中期の陸上植物。グミ科。
¶学古生（図2577/モ図）〈㊎神奈川県横浜市戸塚区下倉田 葉, 星状毛〉

クモ Spider
4億年前（シルル紀後期）～現在の無脊椎動物鋏角類。最大幅30cm。㊎世界各地
¶恐竜世（p45/カ写）〈氷河時代に琥珀にとらわれたクモ〉

クモ
白亜紀前期の節足動物鋏角類。クモ綱。
¶世変化（図51/カ写）〈㊎スペインのテルエル県サンフスト 最大個体8.2×4.8mm クモの絹糸に絡まったメスのハエMicrophoritesとササラダニ類の幼生〉

クモの一種
中生代白亜紀の節足動物鋏角類。
¶生ミス8（図7-17/カ写）〈㊎ブラジルのアラリッペ台地 1.02cm 城西大学水田記念博物館大石化石ギャラリー所蔵〉

クモヒトデ
新生代第四紀更新世の棘皮動物クモヒトデ類。
¶産地別（p97/カ写）〈㊎千葉県君津市市宿 長さ2.5cm〉
産地本（p93/カ写）〈㊎千葉県君津市市宿 母岩の左右約20cm 無数の個体が密集〉

クモヒトデ
中生代三畳紀の棘皮動物クモヒトデ類。
¶産地別（p181/カ写）〈㊎福井県大飯郡高浜町難波江 左右3.3cm〉

クモヒトデ
新生代第三紀中新世の棘皮動物クモヒトデ類。
¶産地新（p177/カ写）〈㊎三重県安芸郡美里村家所 母岩の左右30cm〉

クモヒトデ ⇒ラプウォルスラを見よ

クモヒトデ科の未定種 Ophiuridae gen.et sp.indet.
中生代三畳紀の棘皮動物クモヒトデ類。
¶化石フ（p136/カ写）〈㊎京都府天田郡夜久野町 30mm〉

クモヒトデの1種 *Ophiuroidea,* gen.et sp.indet.
新生代中新世の棘皮動物。
¶学古生（図1895/モ写）〈㊎東京都西多摩郡五日市町粘土山〉

クモヒトデの群集
新生代第四紀更新世の棘皮動物クモヒトデ類。
¶産地別（p97/カ写）〈㊎千葉県君津市市宿 左右15cm〉

クモヒトデの腕板
新生代鮮新世の棘皮動物。
¶学古生（図1896/モ写）〈㊎千葉県銚子市犬若〉

グライフェア・アーキュアータ ⇒グリフェア・アキュアータを見よ

グライフェア・ディラタータ *Gryphaea dilatata*
ジュラ紀の軟体動物斧足類。
¶原色化（PL.45-6/カ写）〈㊎フランスのカルバドス, フランスのオルヌ 高さ7.7cm,8cm〉

クラヴィリテス *Clavilithes*
始新世の無脊椎動物貝殻の化石。
¶恐竜世〔海生巻貝〈イトマキボラ〉のなかま〕（p61/カ写）

クラヴィリテス *Clavilithes macrospira*
暁新世～鮮新世の無脊椎動物腹足類。新腹足目イトマキボラ科。体長12cm。㊎世界中
¶化写真（p129/カ写）〈㊎イギリス 殻, 断面〉

クラウィリテス・マクロスピラ
古第三紀～新第三紀の無脊椎動物腹足類。全長13cm。㊎ヨーロッパ, アフリカ, 北アメリカ, 南アメリカ
¶進化大〔クラウィリテス〕（p370/カ写）

グラヴェシア・グラヴェシアナ *Gravesia gravesiana*
ジュラ紀後期の無脊椎動物軟体動物アンモナイト類。
¶ゾル1（図150/カ写）〈㊎ドイツのアイヒシュテット 13cm〉

クラウソカリス・リトグラフィカ *Clausocaris lithographica*
ジュラ紀後期の無脊椎動物甲殻類。甲殻類の幼生。
¶**ゾル1**(図324/カ写)〈[産]ドイツのアイヒシュテット 3.5cm〉

クラウディオサウルス *Claudiosaurus*
ペルム紀後期の爬虫類。クラウディオサウルス科。全長60cm。[分]マダガスカル
¶**恐絶動**(p70/カ復)

グラエオフォヌス *Graeophonus analicus*
後期石炭紀の無脊椎動物鋏角類。無鞭目フィニクス科。体長1.5cm。[分]ヨーロッパ, 北アメリカ
¶**化写真**(p75/カ写)〈[産]イギリス 背側〉

グラキリケラトプス *Graciliceratops*
白亜紀サントニアン～カンパニアンの恐竜類ネオケラトプス類。原始的なアジアの角竜類。未成熟個体の体長0.9m, 成体はおそらく2m。[分]モンゴルのオムノゴフ
¶**恐イラ**(p230/カ復)

クラゲ
無脊椎動物腔腸動物。エディアカラ動物群。
¶**図解化**(p34-4/カ写)〈[産]オーストラリア〉

クラゲ
ジュラ紀の無脊椎動物腔腸動物クラゲ類。
¶**図解化**(p63-右/カ写)〈[産]ドイツのゾルンホーフェン〉
ゾル1〔「溶解した」クラゲ〕(図80/カ写)〈[産]ドイツのゾルンホーフェン 27cm〉

グラシリスクス *Gracilisuchus*
三畳紀中期の爬虫類ワニ類。スフェノスクス亜目。全長60cm。[分]アルゼンチン
¶**恐絶動**(p98/カ復)

クーラスクス *Koolasuchus*
中生代白亜紀の両生類。全長3m。[分]オーストラリア
¶**生ミス7**(図6-18/カ写)〈[産]オーストラリアのヴィクトリア州 65cm 下顎〉

クラスペダージェス・スーペルブス *Craspedarges superbus*
古生代中期デボン紀前期の節足動物三葉虫類。ライカス科。
¶**学古生**(図55/モ写)〈[産]岐阜県吉城郡上宝村福地 頭鞍部, 尾部〉
化石フ〔クラスペダルジェス・スプールバス〕(p60/カ写)〈[産]岐阜県吉城郡上宝村 長さ25mm〉

クラスペダルジェス・スプールバス ⇒クラスペダージェス・スーペルブスを見よ

クラスペダロシア・ラメローサ *Craspedalosia lamellosa*
二畳紀の腕足動物有関節類。
¶**原色化**(PL.32-4/カ写)〈[産]ドイツのチューリンギア, ゲラ近郊 高さ2.8cm,2.4cm〉

クラスペディテス・サブディタス *Craspedites subditus*
ジュラ紀の軟体動物頭足類。
¶**原色化**(PL.49-6/カ写)〈[産]ロシアのモスクワ近郊 長径4.5cm〉

クラスペディテス・スビトデス *Craspedites subitodes*
オックスフォーディアン期のアンモナイト。
¶**アン最**(p179/カ写)〈[産]ロシアのジャロスラブ〉
アン最(p181/カ写)〈[産]ロシア〉

クラスペディテスの一種 *Craspedites* sp.
ジュラ紀のアンモナイト。
¶**アン最**(p59/カ写)〈[産]ロシアのコストロマ 隔壁〉
アン最(p101/カ写)〈[産]コストロマのウンジャ川 フラグモコーンがカルサイトで充填〉

クラスペドディスクス・コスシノディスクス *Craspedodiscus coscinodiscus*
新生代中新世中期の珪藻類。同心目。
¶**学古生**(図2080/モ写)〈[産]茨城県那珂湊市磯崎〉

クラスロディクチオン・オヌキイ *Clathrodictyon onukii*
古生代中期シルル紀ウェンロック世後期ラドロウ世前期の層孔虫類(ストロマトポロイド)。クラスロディクチオン科。
¶**学古生**(図6/モ写)〈[産]岩手県大船渡市ヤマナス沢 縦断面〉
日化譜〔Clathrodictyon onukii〕(図版13-11/モ写)〈[産]岩手県盛町 縦断面〉

クラスロプテリス・メニスコイデス *Clathropteris meniscoides*
中生代三畳紀のシダ植物シダ類。ヤブレガサウラボシ科。
¶**化石フ**(p72/カ写)〈[産]岡山県川上郡成羽町 170mm〉

クラッサテッラ・ラメッロサ
白亜紀後期～新第三紀前期の無脊椎動物二枚貝類。長さほぼ3.5cm。[分]ヨーロッパ, 北アメリカ
¶**進化大**〔クラッサテッラ〕(p371/カ写)

クラッサテラ *Crassatella lamellosa*
中期白亜紀～中新世の無脊椎動物二枚貝類。マルスダレガイ目モシオガイ科。体長2cm。[分]ヨーロッパ, 北アメリカ
¶**化写真**(p107/カ写)〈[産]フランス〉
地球博〔モシオガイの仲間〕(p80/カ写)

クラッサテリテス・メリーランディクス *Crassatellites marylandicus*
第三紀の軟体動物斧足類。
¶**原色化**(PL.78-5/モ写)〈[産]北アメリカのワシントン 長さ7cm〉

クラッシギリヌス *Crassigyrinus*
3億5000万年前(石炭紀前期)の初期の脊椎動物両生類迷歯類。全長約1.5m。[分]イギリスのスコットランド, アメリカ合衆国
¶**恐絶動**(p50/カ復)
恐竜世(p83/カ復)
生ミス4(図1-2-11/カ復)

クラッシギリヌス
石炭紀中期の脊椎動物。初期の四肢動物。全長3～4m。[分]スコットランド, おそらくアメリカ合衆国
¶**進化大**(p165/カ復)

クラッシギリヌス・スコティクス *Crassigyrinus scoticus*
古生代石炭紀の脊椎動物両生類。全長2m。㊕イギリス
¶リア古〔クラッシギリヌス〕(p170/カ復)

グラッラートル *Grallator*
三畳紀後期およびジュラ紀前期の恐竜類獣脚類。恐竜の足跡。
¶化百科(p220/カ写)〈10cm〉

クラディシーテス・トルナータス *Cladiscites tornatus*
三畳紀の軟体動物頭足類。
¶原色化(PL.41-1/カ写)〈㊟オーストリアのシュタイエルマルク 長径7.3cm 研磨断面〉

クラディスシテスの一種 *Cladiscites* sp.
三畳紀中期のアンモナイト。
¶アン最〔フレキソプチキテス・フレクオーサスとクラディスシテスの一種と属種不明のオウムガイ類〕(p177/カ写)

クラテラステル *Crateraster*
白亜紀後期の棘皮動物ヒトデ類。
¶化百科(p182/カ写)〈4cm〉

クラトエルカナ *Cratoelcana*
白亜紀前期の節足動物昆虫類直翅類キリギリス類。
¶化百科(p146/カ写)〈触角を含む全長5cm〉

クラドキシロン・スコパリウム
デヴォン紀中期～石炭紀前期の植物クラドキシロン類。高さ30cm。㊕世界各地
¶進化大〔クラドキシロン〕(p119/カ写)

クラドキシロンの茎 *Cladoxylon scoparium*
デボン紀と石炭紀の植物。
¶地球博(p76/カ写)

クラドキュクルス *Cladocyclus*
中生代白亜紀前期の条鰭類。サンタナ層の魚類化石。
¶生ミス8(図7-1/カ写)〈㊟ブラジルのアラリッペ台地 63.5cm〉

クラドシクティス *Cladosictis*
新生代新第三紀の哺乳類有袋類米州袋類。砕歯目ボルヒエナ科。林地に生息。体長80cm。㊕アルゼンチンのパタゴニア地方
¶恐絶動(p202/カ復)
恐竜博(p174/カ復)
絶哺乳(p55/カ復)

クラドセラケ *Cladoselache*
古生代デボン紀の軟骨魚類軟骨魚類。板鰓亜綱。海に生息。全長2m。㊕アメリカ
¶恐古生(p44～45/カ復)
恐絶動(p27/カ復)
生ミス3(図3-24/カ写, カ復)〈㊟アメリカのオハイオ州 レプリカ, 実物化石〉

クラドセラケ・フィレリ *Cladoselache fyleri*
古生代デボン紀の脊椎動物軟骨魚類。全長2m。㊕アメリカ
¶リア古〔クラドセラケ〕(p142/カ復)

クラドフレビス *Cladophlebis*
三畳紀～白亜紀前期のシダ植物真葉シダ植物。真正シダ目。
¶化百科(p81/カ写)〈長さ10cm〉

クラドフレビス
中生代白亜紀のシダ植物。
¶産地別(p54/カ写)〈㊟北海道留萌郡小平町天狗橋上流 長さ5cm〉

クラドフレビス ⇒オスムンダカウリスの1種を見よ

クラドフレビス・イキリフォルミス ⇒クルキア・イキリスを見よ

クラドフレビス・イグジリフォルミス ⇒コガタエダワカレシダを見よ

クラドフレビス・ハイブルネンシス *Cladophlebis haiburnensis*
中生代三畳紀のシダ植物。
¶化石図(p92/カ写)〈㊟山口県 化石の横幅約25cm〉

クラドフレビス・フキエンシス
三畳紀～白亜紀の植物シダ類。複葉の長さ1m。㊕世界各地
¶進化大〔クラドフレビス〕(p228/カ写)〈㊟中国〉

クラドフレビス・マトニオイデス *Cladophlebis* cf. *matonioides*
中生代ジュラ紀のシダ植物。所属不明。
¶化石フ(p77/カ写)〈㊟福島県相馬郡鹿島町 110mm〉

クラドフレビス・ラシボルスキイ *Cladophlebis raciborskii*
中生代ジュラ紀のシダ植物。所属不明。
¶化石フ(p74/カ写)〈㊟富山県下新川郡朝日町 230mm〉
日化譜〔Cladophlebis Raciborskii〕(図版71-3/モ写)〈㊟岡山県川上郡成羽町日名畑〉

クラドフレビス・ロビフォリア *Cladophlebis lobifolia*
ジュラ紀のシダ植物羊歯類。
¶原色化(PL.58-2/モ写)〈㊟イギリスのヨーク州 小羽片の長さ4～5mm〉

クラナオスフィンクテス
中生代ジュラ紀の軟体動物頭足類。
¶産地本(p121/カ写)〈㊟福井県大野郡和泉村長野 径8.5cm〉

クラナオスフィンクテスの1種 *Kranaosphinctes matsushimai*
中生代ジュラ紀後期のアンモナイト。ペリスフィンクテス科。
¶学古生(図454/モ写)〈㊟福井県大野郡和泉村長野〉
日化譜〔Kranaosphinctes matsushimai〕(図版54-12/モ写)〈㊟福井県大野郡和泉村貝皿〉

クラニア・エグナベルゲンシス
白亜紀～現代の無脊椎動物腕足類。長径最大1.5cm。㊕世界各地
¶進化大〔クラニア〕(p297/カ写)

クラニオケラス *Cranioceras*
2000万～500万年前(ネオジン)の哺乳類有蹄類。シカやキリンに近いなかま。亜熱帯の森林に生息。全長1m。㊕北アメリカ

¶恐古生（p268～269/カ復）
恐竜世（p267/カ復）

グラーヌラプティクス *Granulaptychus*
ジュラ紀後期の無脊椎動物軟体動物アンモナイト類アプティクス類（顎器）。
¶ゾル1（図166/カ写）〈[産]ドイツのアイヒシュテット 5cm〉

グラノソラリウム *Granosolarium*
始新世の無脊椎動物貝殻の化石。
¶恐竜世〔クルマガイのなかま〕（p61/カ写）

グラノソラリウム *Granosolarium elaboratum*
後期白亜紀～現世の無脊椎動物腹足類。異腹足目クルマガイ科。体長4cm。[分]世界中
¶化写真（p131/カ写）〈[産]アメリカ 底面，上面〉

グラビカリメネ・ヤマコシアイ *Gravicalymene yamakoshii*
古生代中期デボン紀前期の三葉虫類。カリメネ科。
¶学古生（図59/モ写）〈[産]岐阜県吉城郡上宝村福地 頭鞍部，尾部〉

クラビディクチオン・コラムナーレ *Clavidictyon columnare*
古生代中期の層孔虫類。クラスロディクチオン科？
¶学古生（図7/モ写）〈[産]岩手県大船渡市ヤマナス沢 縦断面，横断面〉

グラブロキングルム・グレイヴィルエンゼ *Glabrocingulum grayvillense*
ペンシルヴァニア亜紀の無脊椎動物軟体動物。
¶図解化（p130～131-5/カ写）〈[産]テキサス州〉

グラブロキングルムの1種 *Grabrocingulum (Ananias) shikamai*
古生代後期二畳紀中期の貝類。オキナエビス亜目エオトマリア科。
¶学古生（図194/モ写）〈[産]高知県高岡郡佐川町大平山〉

グラマトドン ⇒ナノナビスを見よ

グラマトドン・タキエンシス *Grammatodon* (s.s.) *takiensis*
中生代ジュラ紀後期の貝類。パラレロドン科。
¶学古生（図633/モ写）〈[産]高知県高岡郡佐川町 左殻内型〉

グラマトドン（ナノナビス）・ヨコヤマイ *Grammatodon (Nanonavis) yokoyamai*
中生代白亜紀前期の貝類。グラマトドン科。
¶学古生（図642/モ写）〈[産]千葉県銚子市君ケ浜 右殻，左殻〉

クラミス
中生代三畳紀の軟体動物斧足類。
¶産地新（p148/カ写）〈[産]福井県大飯郡高浜町難波江 高さ3cm 右殻の内形印象，左殻の外形印象〉
産地新（p148/カ写）〈[産]福井県大飯郡高浜町難波江 高さ2.4cm 左殻の内形印象〉
産地新（p148/カ写）〈[産]福井県大飯郡高浜町難波江 高さ2.9cm 右殻の内形印象〉
産地別（p180/カ写）〈[産]福井県大飯郡高浜町難波江 長さ2.5cm，高さ3cm 左殻〉
産地別（p180/カ写）〈[産]福井県大飯郡高浜町難波江 長さ4cm 右殻〉

クラミス
新生代第三紀中新世の軟体動物斧足類。
¶産地新（p45/カ写）〈[産]宮城県黒川郡大和町鶴巣 高さ3.5cm〉

クラミス ⇒カミオニシキガイを見よ

クラミス ⇒ニシキガイを見よ

クラミス・コシベンシス ⇒コシバニシキを見よ

クラミス・コシベンシス・ハンザワエ ⇒ハンザワニシキを見よ

クラミス属の種 *Chlamys* sp.
ジュラ紀後期の無脊椎動物軟体動物二枚貝類。
¶ゾル1（図120/カ写）〈[産]ドイツのヘンヒュル 2.3cm〉

クラミス・ノビリス ⇒ヒオウギガイを見よ

クラミス・ミノエンシス ⇒ニシキガイを見よ

クラミス・モジソヴィッチイ *Chlamys mojsisovicsi*
中生代三畳紀後期の貝類。イタヤガイ科。
¶学古生（図656/モ写）〈[産]高知県高岡郡佐川町 左殻外面〉
化石フ〔クラミス・モジソヴッチィ〕（p89/カ写）〈[産]福井県大飯郡高浜町 40mm〉
日化譜〔Chlamys mojsisovicsi〕（図版39-20/モ写）〈[産]高知県佐川町笠屋谷，佐川町東光坊〉

クラミス・モジソヴィッチイ
中生代三畳紀の軟体動物斧足類。
¶産地本（p179/カ写）〈[産]福井県大飯郡高浜町難波江 高さ3cm〉

クラライア・クララ イ *Claraia clarai*
三畳紀前期の無脊椎動物軟体動物。
¶図解化（p116-4/カ写）〈[産]イタリアのドロミテ〉

グランダグノスタス ファラネンシス *Grandagnostus falanensis*
カンブリア紀後期の三葉虫。アグノスタス目。
¶三葉虫（図139/モ写）〈[産]イギリスのワーウィックシャー 長さ8.5mm〉

クリ *Castanea*
白亜紀後期～現在の被子植物双子葉植物。ブナ科。
¶化百科（p102/カ写）〈[産]ドイツ南部 葉の幅3cm〉

クリ *Castanea crenata*
新生代第四紀更新世の陸上植物。ブナ科。
¶学古生（図2591/モ写）〈[産]栃木県塩谷郡塩原町〉
化石図〔クリの殻斗〕（p170/カ写）〈殻斗の直径約5cm〉

クリアクス *Chriacus*
暁新世前期～始新世前期の哺乳類。“顆節目”アルクトキオン科（またはオキシクラエヌス科）。初期の植物食哺乳類。頭胴長約50cm。[分]合衆国のワイオミング
¶恐絶動（p234/カ復）
絶哺乳（p95/カ復，モ図）〈復元骨格〉

クリオケラチテス *Crioceratites* sp.
前期白亜紀の無脊椎動物アンモナイト類。アンモナ

イト目アンキクロケラス科。直径10cm。[分]世界中
¶化写真（p151/カ写）〈[産]南アフリカ〉

クリオケラティテス・エメリシ *Crioceratites emerici*
白亜紀の無脊椎動物軟体動物アンモナイト。
¶図解化（p147-左/カ写）

クリオセラタイテス・スクラジントウェイティ *Crioceratites schlagintweiti*
オーテリビアン期のアンモナイト。
¶アン最（p219/カ写）〈[産]アルゼンチンのネウケン〉

クリオセラティテス
白亜紀バレミアン期の頭足類アンモナイト。殻長約10cm。
¶日白亜（p78～79/カ復）〈[産]和歌山県湯浅町〉

クリオティリディナ・エクスパンサ *Cleiothyridina expansa*
古生代後期の腕足類。スピリファー目アティリス亜目アティリス科。
¶学古生（図135/モ写）〈[産]山口県美祢郡秋芳町江原　腕殻, 側面〉

クリオリンクス *Criorhynchus*
中生代白亜紀の翼竜類翼指竜類。クリオリンクス科。海洋, 海岸に生息。体長4mに達する。[分]イギリス
¶恐イラ（p151/カ復）
恐竜博（p154/カ復）

クリオロフォサウルス *Cryolophosaurus*
ジュラ紀前期の恐竜類獣脚類。ディロフォサウルス科。肉食恐竜。体長6～8m。[分]南極
¶恐イラ（p103/カ復）
よみ恐（p50～51/カ復）

クリオロフォサウルス
ジュラ紀前期の脊椎動物獣脚類。体長6.5m。[分]南極
¶進化大（p259/カ復）

クリガニ科の一種
新生代第三紀中新世の節足動物甲殻類。
¶産地新（p66/カ写）〈[産]埼玉県秩父郡小鹿野町ようばけ　長さ3cm〉

グリキメリス *Glycymeris brevirostris*
前期白亜紀～現世の無脊椎動物二枚貝類。フネガイ目タマキガイ科。体長3cm。[分]世界中
¶化写真（p95/カ写）〈[産]イギリス〉

グリキメリス
中生代白亜紀の軟体動物斧足類。
¶産地別（p229/カ写）〈[産]熊本県上天草市龍ケ岳町椚島　長さ3cm〉

グリキメリス ⇒エゾタマキガイを見よ

グリキメリス ⇒タマキガイを見よ

グリキメリス ⇒タマキガイ科の一種を見よ

グリキメリス・グリキメリス
白亜紀前期～現代の無脊椎動物二枚貝類。長さほぼ5cm。[分]世界各地
¶進化大〔グリキメリス〕（p371/カ写）

グリキメリス（ハナイア）・デンシリネアータ *Glycymeris (Hanaia) densilineata*
中生代白亜紀前期の貝類。タマキガイ科。
¶学古生（図644/モ写）〈[産]岩手県下閉伊郡田野畑村平井賀　左殻, 右殻〉

グリキメリス・ブレウィロストリス
白亜紀前期～現代の無脊椎動物二枚貝類。長さほぼ5cm。[分]世界各地
¶進化大〔グリキメリス〕（p371/カ写）

クリコイドスケロスス・アエトゥス *Cricoidoscelosus aethus*
中生代のエビ類。クリコイドスケロスス科。熱河生物群。
¶熱河生（図62/カ写）〈[産]中国の遼寧省凌源の大王杖子　額角から尾節後端まで87mm　オスの腹面〉
熱河生（図63/カ写）〈[産]中国の遼寧省凌源の大王杖子　鋏脚の先端から最後の腹節まで99mm　メスの側面〉
熱河生（図64/カ写）〈[産]中国の遼寧省凌源の大王杖子　幅27mm　メスの尾扇腹面〉
熱河生（図65/カ写）〈[産]中国の遼寧省凌源の大王杖子　長さ115mm　脱皮後のメスの外骨格〉

クリココスミア・インニンゲンシス *Cricocosmia jinningensis*
カンブリア紀のハリガネムシ類。類線形動物門パラエオスコレックス綱。澄江生物群。
¶澄江生（vi/カ写）〈[産]中国の馬房〉
澄江生（図11.1/カ写）〈[産]中国の馬房　横からの眺め〉
澄江生（図11.2/モ復）

クリジオフィラムの1種 *Clisiophyllum ehimense*
古生代後期石炭紀中期の四放サンゴ類。四放サンゴ目アウロフィラム科。
¶学古生（図107/モ写）〈[産]愛媛県東宇和郡城川町重谷　横断面, 縦断面〉
日化譜〔Clisiophyllum ehimense〕（図版15-8/モ写）〈[産]愛媛県黒瀬川　横断面〉

クリスタリア・プリカータ・スパティオーサ *Cristaria plicata spatiosa*
第四紀更新世前期の軟体動物斧足類。別名カラスガイ。
¶原色化（PL.91-5/モ写）〈[産]滋賀県滋賀郡堅田町下仰木　長さ17cm〉

クリソドムス・コントラリウス *Chrysodomus contrarius*
鮮新世の無脊椎動物軟体動物腹足類。
¶図解化（p129-下/カ写）〈[産]イギリスのサフォーク〉

クリダステス *Clidastes*
中生代白亜紀の爬虫類双弓類鱗竜形類有鱗類モササウルス類。オオトカゲ上科モササウルス科。全長5m。[分]アメリカ, スウェーデンほか
¶恐イラ（p176/カ復）
生ミス8〔モササウルス類各種の鞏膜輪とその解説図〕（図8-23/カ写, モ図）
生ミス8（図8-27/カ写, カ復）〈ともに約37cm　下顎の右の骨と左の骨〉

クリトサウルス *Kritosaurus*
白亜紀カンパニアン～マーストリヒシアンの恐竜類カモノハシ恐竜。鳥脚亜目ハドロサウルス科ハドロ

サウルス亜科。体長10m。㊀アメリカ合衆国のニューメキシコ州, テキサス州, アルゼンチン
¶恐イラ (p221/カ復)
恐絶動 (p147/カ復)

クリノイド Crinoid stem joints
二畳紀の棘皮動物ウミユリ類。
¶原色化 (PL.36-1/カ写)〈㊧岐阜県不破郡赤坂町金生山 母岩の長径14cm ウミユリの茎節断片〉

クリノイド
古生代ペルム紀の棘皮動物ウミユリ類。
¶産地別 (p136/カ写)〈㊧岐阜県大垣市赤坂町金生山 長さ10cm〉

クリノカルディウム インテルルプトゥム
新第三紀〜現代の無脊椎動物二枚貝類。長さ約4cm。㊀北太平洋と北大西洋の沿岸水域
¶進化大〔クリノカルディウム〕(p428/カ写)

グリーノプス・コリテルス *Greenops collitelus*
デヴォン紀の無脊椎動物節足動物。
¶図解化 (p99-4/カ写)〈㊧ニューヨーク州〉

グリーノプス ブーシィ *Greenops boothi*
デボン紀中期の無脊椎動物節足動物三葉虫。ファコープス目。
¶三葉虫 (図60/モ写)〈㊧アメリカのニューヨーク州 長さ31mm〉
図解化〔グリーノプス・ブーシィ〕(p99-3/カ写)〈㊧オンタリオ州〉

グリパニア・スピラリス *Grypania spiralis*
約21億年前の真核生物。
¶生ミス1〔グリパニア〕(図1-3/カ写)

クリピゥス・プロティ ⇒クリペウス・プロチを見よ

グリファエア *Glyphaea* sp.
ジュラ紀前期の軟体動物。二枚貝綱。別名悪魔の足の爪。
¶世変化 (図37/カ写)〈㊧英国のドーセット 幅15.5cm〉

グリファエア・アルクアタ
三畳紀後期〜ジュラ紀後期の無脊椎動物二枚貝類。高さ2.5〜15cm。㊀世界各地
¶進化大〔グリファエア〕(p238/カ写)

グリファエア・アルクアタ ⇒グリフェア・アキュアータを見よ

グリファエア・テヌイス *Glyphaea tenuis*
ジュラ紀後期の無脊椎動物甲殻類大型エビ類。
¶ゾル1 (図292/カ写)〈㊧ドイツのツァント 3.5cm〉

グリファエア・プセウドスキラルス *Glyphaea pseudoscyllarus*
ジュラ紀後期の無脊椎動物甲殻類大型エビ類。
¶ゾル1 (図291/カ写)〈㊧ドイツのツァント 4cm〉

グリフィティデス プレペルミカス *Griffithides praepermicus*
石炭紀後期の三葉虫。イレヌス目。
¶三葉虫 (図46/モ写)〈㊧ロシア 幅17mm〉

グリフィテウティス・リバノティカ
Glyphiteuthis libanotica
白亜紀のアンモナイト。
¶アン最 (p33/カ写)〈㊧レバノンのハケル〉

グリフェア *Gryphea*
三畳紀後期〜ジュラ紀後期の軟体動物二枚貝類。
¶化百科 (p157/カ写)〈長さ7〜10cm〉

グリフェア・アキュアータ *Gryphaea arcuata*
中生代ジュラ紀の二枚貝類。ウグイスガイ目グリフェア科。カキの仲間。体長7cm。㊀世界中
¶化写真〔グリファエア〕(p101/カ写)〈㊧イギリス 2つの左殻〉
化石図 (p98/カ写, カ復)〈㊧イギリス 横幅約8cm〉
原色化〔グライフェア・アーキュアータ〕(PL.45-5/カ写)〈㊧スペインのカケレスのペラレス 高さ5cm〉
図解化〔グリファエア・アルクアタ〕(p117-右/カ写)〈㊧フランス, スイス〉
地球博〔カキの仲間〕(p80/カ写)

クリフェオイデス ロストラータス *Cryphaeoides rostratus*
デボン紀中期の三葉虫。ファコープス目。
¶三葉虫 (図68/モ写, モ図)〈㊧ボリビアのベレン 長さ74mm 原標本, 雌型に残る鋳型から復元したレプリカ, 復元図〉

グリフォグナサス *Griphognathus*
古生代デボン紀の魚類肉鰭類ハイギョ類。肺魚目。全長20cm。㊀オーストラリア, ドイツ
¶恐絶動〔グリフォグナトゥス〕(p43/カ復)
生ミス3 (図3-35/カ復)

グリフォグナトゥス ⇒グリフォグナサスを見よ

グリプタグノスタス レティクラタス
Glyptagnostus reticulatus
カンブリア紀後期の三葉虫。アグノスタス目。
¶三葉虫 (図141/モ写)〈㊧イギリスのワーウィックシャー 長さ11mm〉

クリプトクライダス *Cryptocleidus oxoniensis*
ジュラ紀後期の爬虫類首長竜類。爬型超綱鰭竜綱長頸竜目。全長3.3m。㊀イギリス
¶古脊椎 (図104/モ復)

クリプトクリスドゥス ⇒クリプトクリドゥスを見よ

クリプトクリドゥス *Cryptoclidus*
中生代ジュラ紀の首長竜類プレシオサウルス類。クリプトクリドゥス科。浅い海洋に生息。体長4m。㊀イギリス, フランス
¶恐イラ (p124/カ復)
恐絶動〔クリプトクリスドゥス〕(p75/カ復)
恐竜博 (p94〜95/カ写)

クリプトクリドゥス *Cryptoclidus eurymerus*
後期ジュラ紀の脊椎動物双弓類。長頸竜亜目クリプトクリドゥス科。中型のプレシオサウルス。体長4m。㊀ヨーロッパ
¶化写真 (p236/カ写)〈㊧イギリス 右前の鰭〉
地球博〔プレシオサウルスの鰭〕(p83/カ写)

グリプトストロブス *Glyptostrobus* sp.
白亜紀〜新生代の植物。
¶**図解化**〔Glyptostrobus〕(図版2-4/カ写)〈[産]エビア島〉
地球博〔白亜紀の針葉樹〕(p77/カ写)
日化譜〔Glyptostrobus sp.〕(図版80-20/モ写)〈[産]新潟県刈羽郡西山町石地 花粉〉

グリプトドン *Glyptodon*
200万〜1万年前(ネオジン)の哺乳類異節類被甲類。グリプトドン科。植物食。全長2m。[分]南アメリカ
¶**化百科**(p242/カ写)〈全幅15cm 甲羅〉
恐竜世(p231/カ復)
生ミス10(図3-3-23/カ復)
絶哺乳(p238,240/カ写, カ復)〈背甲と頭骨, 背甲を取り除いた状態の全身骨格, 尾の部分のリング状の甲ら〉

グリプトドン *Glyptodon asper*
更新世の哺乳類。哺乳綱獣亜綱正獣上目貧歯目。全長299cm。[分]アルゼンチン
¶**古脊椎**(図231/モ復)

グリプトドン *Glyptodon reticulatus*
更新世〜現世の脊椎動物哺乳類。貧歯目グリプトドン科。体長2m。[分]南アメリカ
¶**化写真**(p267/カ写)〈[産]アルゼンチン 頭骨〉

グリプトドン *Glyptodont clavipes*
更新世の哺乳類。[分]南アメリカ
¶**世変化**(図91/カ写)〈[産]アルゼンチンのラ・プラタ州 長さ2.5m〉

グリプトドン
新第三紀鮮新世後期〜第四紀更新世の脊椎動物有胎盤類の哺乳類。別名オオアルマジロ。体長2.5m。[分]アルゼンチン, メキシコ, アメリカ合衆国
¶**進化大**(p433/カ写, カ復)〈頭, 鎧〉

クリプトブラスツス・メロ *Cryptoblastus melo*
ミシシッピ亜紀(石炭紀前期)の無脊椎動物棘皮動物ウミツボミ類。
¶**図解化**(p167-中央/カ写)〈[産]ミズリー州〉

クリプトペクテン ⇒キカイヒヨクを見よ

クリプトペクテン ⇒ヒヨクガイを見よ

クリプトリサス インスタビリス *Cryptolithus instabilis*
オルドビス紀中期の三葉虫。プティコパリア目。
¶**三葉虫**(図129/モ写)〈[産]イギリスのウェールズ州 長さ18mm〉

クリプトリサス フィッツィ *Cryptolithus fittsi*
オルドビス紀中期の三葉虫。プティコパリア目。
¶**三葉虫**(図130/モ写)〈[産]アメリカのオクラホマ州 長さ18mm〉

グリプトレピス・ケウペリアナ *Glyptolepis keuperiana*
三畳紀後期の植物。
¶**図解化**(p47-1/カ写)

クリフトン・ブラック・ロック Clifton black rock
石炭紀の無脊椎動物ウミユリ類の小さな破片と茎を多く含む石灰岩。萼の直径4cm。[分]イギリス
¶**化写真**(p168/カ写)〈[産]イギリス〉

クリペアスター・アルツス *Clypeaster altus*
中新世の無脊椎動物棘皮動物。
¶**図解化**(p180-4/カ写)〈[産]イタリアのボルト・トレス〉

クリペアスター・インターメディア *Clypeaster intermedia*
中新世の無脊椎動物棘皮動物。
¶**図解化**(p180-5/カ写)〈[産]アペニン山脈〉

クリペアステル *Clypeaster aegypticus*
後期始新世〜現世の無脊椎動物ウニ類。楯形目タコノマクラ科。直径12cm。[分]世界中
¶**化写真**(p180/カ写)〈[産]サウジアラビア〉

クリペイナ属の種 *Clypeina* sp.
ジュラ紀後期の藻類カサノリ類。
¶**ゾル1**(図9/カ写)〈[産]ドイツのブルン 5cm〉

クリペウス *Clypeus*
1億7600万〜1億3500万年前(ジュラ紀中期〜後期)の無脊椎動物棘皮動物。直径5〜12cm。[分]ヨーロッパ, アフリカ
¶**恐竜世**(p40/カ写)

クリペウス・プロチ *Clypeus ploti*
ジュラ紀中期の無脊椎動物棘皮動物ウニ類。
¶**原色化**〔クリピゥス・プロティ〕(PL.42-5/モ写)〈[産]イギリスのグロスター州チェルトナム 直径8.6cm 裏側〉
図解化(p178-1/カ写)〈[産]スイス〉

クリペウス・プロティ
ジュラ紀中期〜後期の無脊椎動物棘皮動物。直径5〜12cm。[分]ヨーロッパ, アフリカ
¶**進化大**〔クリペウス〕(p241/カ写)

クリペカリス・プテロイデア *Clypecaris pteroidea*
翼尾盾蝦
カンブリア紀の節足動物。節足動物門クリペカリス科。澄江生物群。
¶**澄江生**(図16.30/モ復)
澄江生(図16.31/カ写)〈[産]中国の小濫田, 馬房 長さおよそ5mm 背側横方向から見たところ〉

グリポサウルス *Gryposaurus*
8500万〜6500万年前(白亜紀後期)の恐竜類ハドゥロサウルス類。ハドロサウルス科ハドロサウルス亜科。全長9m。[分]北アメリカ
¶**恐イラ**(p220/カ復)
恐竜世(p131/カ写)
よみ恐(p200/カ復)

クリマコグラプタス・スカラリス *Climacograptus scalaris*
シルル紀の半索動物筆石類。
¶**原色化**(PL.10-5/モ写)〈[産]デンマークのボルンホルム島 幅1.5mm〉
日化譜〔Cladophlebis lobifolia〕(図版71-4/モ写)〈[産]石川県石川郡白峰村桑島, 福島県相馬郡鹿島町槙原〉

クリマチウス *Climatius reticulatus*
シルル紀〜デボン紀初期の魚類。顎口超綱棘魚綱。

全長7～8cm。[分]イギリス, エストニア, ボリビアほか
¶**古脊椎**(図18/モ復)
リア古〔クリマティウス〕(p108/カ復)

クリマティウス *Climatius*
古生代シルル紀～デボン紀の棘魚類。棘魚綱。川に生息。全長15cm。[分]カナダ, イギリス, エストニアなど
¶**恐古生**(p46～47/カ復)
恐絶動(p30/カ復)
古代生(p94～95/カ写, カ復)
生ミス2(図2-5-5/カ写, カ復)〈[産]イギリス〉
生ミス3(図3-6/カ復)
生ミス3(図3-27/カ復)

クリマティウス
シルル紀後期～デヴォン紀前期の脊椎動物棘魚類。体長12cm。[分]イギリス諸島
¶**進化大**(p107)

クリマティウス ⇒クリマチウスを見よ

クリメニア *Clymenia laevigata*
後期デボン紀の無脊椎動物アンモナイト亜綱。クリメニア目クリメニア科。直径4cm。[分]ヨーロッパ, アジア, アフリカ北部
¶**化写真**(p141/カ写)〈[産]ドイツ〉

グリュパエオストゥレア *Gryphaeostrea*
白亜紀～中新世の軟体動物二枚貝類。
¶**化百科**(p156/カ写)〈4cm〉

グリュパニア *Grypania*
約21億年前の最古の真核生物。
¶**古代生**(p22/カ写)〈[産]アメリカのミシガン州 長さ2mm, 幅0.5mm〉

グリュプトストゥロブス
白亜紀～現代の植物針葉樹。別名スイショウ。高さ最大35m。[分]北半球の高緯度地方
¶**進化大**(p391/カ写)〈種子球果〉

クリュペアステル
古第三紀～現代の無脊椎動物棘皮動物。別名タコノマクラ。直径5～15cm。[分]世界各地
¶**進化大**(p401/カ写)

グリュポサウルス
白亜紀後期の脊椎動物鳥盤類。体長9m。[分]北アメリカ
¶**進化大**(p343/カ写)

グリーレルペトン *Greererpeton*
石炭紀前期の両生類迷歯類。分椎綱コロステウス科。全長1.5m。[分]合衆国のウェストヴァージニア
¶**恐絶動**(p50/カ復)

クルキア・イキリス *Klukia exilis*
中生代白亜紀のシダ植物シダ類。別名クラドフレビス・イキリフォルミス。
¶**化石フ**(p80/カ写)〈[産]岐阜県大野郡荘川村 170mm〉

クルキア・エックシリス
三畳紀後期～白亜紀前期の植物シダ類。大葉の長さ30～50cm。[分]ヨーロッパ, 中央アジア, 日本
¶**進化大**〔クルキア〕(p229/カ写)

クルキアの1種 *Kulkia*? sp.
中生代の陸上植物。シダ綱。下部白亜紀植物群。
¶**学古生**(図814/モ写)〈[産]高知県香美郡土佐山田町弘法谷〉

クルクリオニテス・ストゥリアトゥス
Curculionites striatus
ジュラ紀後期の無脊椎動物昆虫類甲虫類。
¶**ゾル1**(図456/カ写)〈[産]ドイツのアイヒシュテット 2.5cm〉

クルサフォンティア *Crusafontia*
白亜紀前期の哺乳類。汎獣目。原始的な哺乳類。全長10cm。[分]ポルトガル
¶**恐絶動**(p199/カ復)

クルジアナ *Cruziana*
カンブリア紀～ペルム紀の生痕化石。節足動物の連続歩行痕。[分]世界中
¶**化写真**(p42/カ写)〈[産]エジプト〉
化百科〔クルズィアナ〕(p128/カ写)〈歩行痕の幅3cm〉

クルズィアナ ⇒クルジアナを見よ

クルター属の未定種 *Culter* sp.
新生代第三紀中新世の魚類硬骨魚類。コイ科。別名イキウス。
¶**化石フ**(p212/カ写)〈[産]長崎県壱岐郡芦辺町 160mm〉

クルペア・ウェストファリア *Clupea westphalia*
白亜紀の脊椎動物硬骨魚類。
¶**原色化**(PL.70-1/モ写)〈[産]ドイツのヴェストファリアのザンダーホルスト 長さ12.5cm〉

クルマエビ科の一種 Penaeidae
三畳紀後期の無脊椎動物節足動物。
¶**図解化**(p107-7/カ写)〈[産]イタリアのロンバルディア〉

クルマガイ
新生代第三紀鮮新世の軟体動物腹足類。
¶**産地別**(p154/カ写)〈[産]静岡県掛川市下垂木飛鳥 長径3.6cm〉

クルミ属の1種 *Juglans* sp.
新生代中新世後期の陸上植物。クルミ科。
¶**学古生**(図2294/モ写)〈[産]秋田県雄勝郡皆瀬村黒沢川〉
学古生〔クルミ属の花粉〕(図2547/モ写)〈[産]宮崎県えびの市京町池牟礼〉
日化譜〔Juglans sp.〕(図版80-24/モ写)〈[産]青森県下北郡東通村 花粉〉

クルミの堅果
新生代第三紀中新世の被子植物双子葉類。クルミ科。
¶**産地新**(p161/カ写)〈[産]滋賀県甲賀郡土山町鮎河 高さ2.2cm〉

クルミの堅果
新生代第三紀鮮新世の被子植物双子葉類。クルミ科。
¶**産地新**(p186/カ写)〈[産]滋賀県甲賀郡水口町野洲川河床 高さ4.5cm〉

クルミ(不明種)
新生代第四紀更新世の被子植物双子葉類。
¶**産地本**(p220/カ写)〈[産]滋賀県彦根市野田山町 高さ3.

5cm〉

クルミロスポンギア *Crumillospongia biporosa*
カンブリア紀の海綿動物尋常海綿類。海綿動物門普通海綿綱ハゼリデー科。サイズ21mm。
¶バ頁岩（図17,18/モ写, モ復）〈[産]カナダのバージェス頁岩〉

クルロタルシ類
中生代三畳紀の爬虫類双弓類主竜類クルロタルシ類。
¶生ミス5（図E-1/カ復）

グレイケニア
白亜紀〜現代の植物シダ類。別名ウラジロ。最小小葉の長さ約2mm。[分]熱帯と亜熱帯地帯の各地
¶進化大（p287/カ写）

クレイスロレピス *Cleithrolepis granuiatus*
前期〜中期三畳紀の脊椎動物硬骨魚類。ペルレイドゥス目クレイスロレピス科。体長10cm。[分]オーストラリア, 南アフリカ
¶化写真（p213/カ写）〈[産]オーストラリア〉

グレイソニテス
白亜紀セノマニアン期の軟体動物頭足類アンモナイト。アカントセラス科。殻長22cm。
¶日白亜（p16〜19/カ写, カ復）〈[産]鹿児島県長島町獅子島〉

クレイトロレピス *Cleithrolepis minor*
三畳紀中期の魚類。顎口超綱硬骨魚綱条鰭亜綱軟質上目ペルライダス目。全長約10.5cm。[分]南アフリカのオレンジ河地方
¶古脊椎（図31/モ復）

クレヴォサウルス *Glevosaurus* sp.
三畳紀の爬虫類。ムカシトカゲ目。
¶世変化〔ムカシトカゲ〕（図35/カ写）〈[産]英国のメンディップス 頭骨幅約3.5cm 頭骨〉

クレオニセラス *Cleoniceras*
アンモナイト。
¶アン最（p100/カ写）〈鉱物で充填〉

クレオニセラス・ベサイリエイ *Cleoniceras besairiei*
アンモナイト。
¶アン最（p118/カ写）〈[産]マダガスカル〉

クレオニセラス・マダガスカリエンス *Cleoniceras madagascariense*
アンモナイト。
¶アン最（p118/カ写）〈[産]マダガスカル〉

クレスモダ *Chresmoda* sp.
ジュラ紀後期の無脊椎動物節足動物。
¶図解化（p112-4/カ写）〈[産]ドイツのゾルンホーフェン〉

グレソニテス・ウルドリッジイ *Graysonites wooldridgei*
セノマニアン前期の軟体動物頭足類アンモナイト。アンモナイト亜目アカントセラス科。
¶アン学（図版1-1/カ写）〈[産]幌加内地域〉

クレティスカルペッルム *Cretiscalpellum*
白亜紀中ごろ〜現在の節足動物甲殻類蔓脚類。
¶化百科（p135/カ写）〈板の長さ1.2cm〉

クレトキシリナ *Cretoxyrhina*
中生代白亜紀の軟骨魚類板鰓類真板鰓類。全長6m。[分]アメリカ, 日本ほか
¶生ミス8（図8-7/カ写, カ復）〈4.5m,3cm 全身化石, 歯の化石〉
生ミス8〔クレトキシリナの尾の一部〕（図8-8/カ写）
日白亜〔ネズミザメ類〕（p20〜23/カ写, カ復）〈[産]熊本県上天草市龍ヶ岳町 歯根からの高さ31.9mm〉

クレトキシリナ・マンテリ *Cretoxyrhina mantelli*
中生代白亜紀の軟骨魚類新生板鰓類。全長8m。[分]アメリカ, スウェーデン, カナダほか
¶リア中〔クレトキシリナ〕（p170/カ復）

クレトダス *Cretodus*
中生代白亜紀の軟骨魚類板鰓類真板鰓類。
¶生ミス8（図8-11/カ写）〈[産]北海道三笠市 高さ約2.4cm 歯〉
日白亜〔ネズミザメ類〕（p20〜23/カ写, カ復）〈[産]熊本県上天草市龍ヶ岳町 歯冠の高さ12.4mm〉

クレドネリア・ゼンケリ
白亜紀の被子植物。葉の長さ10cm。[分]北アメリカ, ヨーロッパ
¶進化大〔クレドネリア〕（p295/カ写）

クレトラムナ
中生代白亜紀の脊椎動物軟骨魚類。
¶産地新（p12/カ写）〈[産]北海道苫前郡苫前町古丹別川 高さ2cm〉
産地別（p30/カ写）〈[産]北海道苫前郡羽幌町中二股川 高さ2.9cm〉
産地別（p44/カ写）〈[産]北海道苫前郡苫前町古丹別川オンコ沢 高さ3.4cm 歯〉
産地別（p44/カ写）〈[産]北海道苫前郡苫前町古丹別川 高さ2.8cm 歯〉
産地別（p229/カ写）〈[産]熊本県上天草市龍ヶ岳町椚島 高さ0.5cm〉
産地本（p30/カ写）〈[産]北海道苫前郡苫前町古丹別川 高さ2cm 歯〉
産地本（p37/カ写）〈[産]北海道三笠市奔別川 高さ9mm〉
産地本（p72/カ写）〈[産]福島県いわき市大久町谷地 高さ1.8cm 歯〉

クレトラムナ・アペンディクラータ *Cretolamna appendiculata*
白亜紀後期〜新生代古第三紀始新世の軟骨魚類サメ類。板鰓亜綱ネズミザメ目。魚類, 時として大型の動物の死骸（クビナガリュウなど）を摂食。体長約3m。[分]北海道, 福島県, 大阪府, 熊本県, 鹿児島県
¶化石フ〔クレトラムナ・アペンディクラータの顎歯〕（p137/カ写）〈[産]鹿児島県出入郡東町獅子島 15mm〉
日恐竜〔クレトラムナ〕（p138/カ写, カ復）〈[産]鹿児島県獅子島 左右3cm 歯〉
日白亜〔ネズミザメ類〕（p20〜23/カ写, カ復）〈[産]熊本県上天草市龍ヶ岳町 左右16.7mm〉
日白亜〔ネズミザメ類〕（p20〜23/カ写, カ復）〈[産]熊本県上天草市龍ヶ岳町 歯根からの高さ31.4mm〉

クレノトラペジウム・クルメンス *Crenotrapezium kurumense*
中生代ジュラ紀の軟体動物斧足類ネオミオドン類。アイスランドガイ超科。
¶学古生〔クレノトラペジウム・クルメンセ〕

(図694/モ写)〈㊞長野県北安曇郡小谷村 左殻内面, 右殻外面〉
化石フ(p96/カ写)〈㊞長野県北安曇郡小谷村 25mm〉

クレノトラペジウム・クルメンセ ⇒クレノトラペジウム・クルメンスを見よ

クレピドゥラ *Crepidula falconeri*
後期白亜紀～現世の無脊椎動物腹足類。中腹足目カリバサガイ科。体長2cm。㊕世界中
¶化写真(p124/カ写)〈㊞ナイジェリア〉

クレファノガステル・ララ *Crephanogaster rara*
中生代の昆虫類ハチ。エフィアルティテス科。熱河生物群。
¶熱河生(図90/カ写)〈㊞中国の遼寧省北票の黄半吉溝 長さ約10mm〉

クロアワビ
新生代第四紀更新世の軟体動物腹足類。ミミガイ科。
¶産地新(p81/カ写)〈㊞千葉県君津市市宿 径7.8cm〉

グロゥコナイア・ケフェルシュタイニイ *Glauconia kefersteini*
白亜紀の軟体動物腹足類。
¶原色化(PL.63-4/モ写)〈㊞オーストリアのシュネーベルグ 高さ4.2cm〉

クロウディナ *Cloudina*
先カンブリア時代エディアカラ紀末期の化石。㊕ナミビア, オマーン, 中国, アメリカ
¶生ミス1(図3-7-1/モ写)〈高さ2cm〉

グロエンランダスピス *Groenlandaspis*
デボン紀後期の魚類。板皮綱。全長7.5cm。㊕南極大陸のサウスヴィクトリアランド, オーストラリアのニューサウスウェールズ, 英国のイングランド, アイルランド, トルコ, グリーンランド
¶恐絶動(p31/カ復)

グロキセラス・ソレノイデス *Glochiceras solenoides*
ジュラ紀後期の無脊椎動物軟体動物アンモナイト類。
¶ゾル1(図149/カ写)〈㊞ドイツのアイヒシュテット 3cm〉

グロキセラス・リトグラフィカ *Glochiceras lithographica*
ジュラ紀後期の無脊椎動物軟体動物アンモナイト類。
¶ゾル1(図148/カ写)〈㊞ドイツのダイティング 5cm〉

クロクタ
第四紀更新世の脊椎動物有胎盤類の哺乳類。別名ブチハイエナ。体長1.3m。㊕アフリカ, ヨーロッパ, アジア
¶進化大(p435/カ写)〈あご, 犬歯〉

クロクタ・クロクタ ⇒ブチハイエナを見よ

クロサワホタテ(新) *Patinopecten kurosawaensis*
鮮新世後期の軟体動物斧足類。
¶日化譜(図版84-20/モ写)〈㊞金沢市長江五百石谷〉

クロシオキリガイダマシ *Turritella (Kurosioia) kurosio*
鮮新世前期～更新世前期の軟体動物腹足類。
¶日化譜(図版28-18/モ写)〈㊞静岡県掛川方ノ橋など〉

クロスタテスジチョウチン *Terebratulina crossei*
第四紀更新世の腕足類。テレブラチュラ目キャンセロチリス科。
¶学古生〔クロスチョウチンガイ〕(図1060/モ写)〈㊞神奈川県横浜市金沢区柴町〉
化石図(p162/カ写)〈㊞千葉県 殻の横幅約3cm〉
日化譜〔クロスチョウチンガイ〕(図版25-8/モ写)〈㊞茨城県, 神奈川県など〉

クロスチョウチン
新生代第四紀更新世の腕足動物有関節類。
¶産地別(p91/カ写)〈㊞神奈川県横浜市金沢区柴町 高さ3.5cm〉

クロスチョウチンガイ ⇒クロスタテスジチョウチンを見よ

クロセダニアカガイ *Anadara kurosedaniensis*
新生代第三紀・初期中新世の貝類。フネガイ科。
¶学古生(図1156/モ写)〈㊞石川県輪島市徳成〉

グロソテリウム *Glossotherium robustum*
更新世の哺乳類。哺乳綱獣亜綱正獣上目貧歯目。全長290cm。㊕北米各地
¶古脊椎(図228/モ復)

グロソプテリス・ブラウニアーナ ⇒グロッソプテリス・ブロウニアナを見よ

グロソプテリス・ブロウニアナ ⇒グロッソプテリス・ブロウニアナを見よ

クロソメロファナ・ララ *Chrysomelophana rara*
ジュラ紀後期の無脊椎動物昆虫類甲虫類。おそらくハムシ類に類縁。
¶ゾル1(図454/カ写)〈㊞ドイツのアイヒシュテット 4.5cm〉

クロダイ
新生代第四紀更新世の脊椎動物硬骨魚類。
¶産地新(p191/カ写)〈㊞京都府京都市伏見区深草中ノ郷山町 左右35cm, 左右4cm 歯のついた下顎骨〉

クロダオリイレボラ(新) *Trigonostoma kurodai*
鮮新世前期の軟体動物腹足類。
¶日化譜(図版34-4/モ写)〈㊞静岡県周智郡大日〉

クロタキチョウチンホオズキ *Gryphus kurotakiensis*
鮮新世前期の腕足類終穴類。
¶日化譜(図版25-7/モ写)〈㊞千葉県君津郡黒滝〉

クロダグルマ ⇒クロダクルマガイを見よ

クロダクルマガイ *Architectonica kurodae*
新生代第三紀・初期中新世の貝類。クルマガイ科。
¶学古生(図1203/モ写)〈㊞石川県珠洲市藤尾〉
日化譜〔クロダグルマ(新)〕(図版83-18/モ写)〈㊞能登珠洲市藤尾〉

クロダトリガイ *Papyridea (Fulvia) kurodai*
鮮新世の軟体動物斧足類。
¶日化譜(図版45-25/モ写)〈㊞佐渡島〉

クロダバイ *Buccinum kurodai*
中新世中期の軟体動物腹足類。

¶日化譜（図版32-26,27/モ写）〈(産)福島県平市〉

クロダムシロ *Nassarius (Hinia) kurodai*
鮮新世前期の軟体動物腹足類。
¶日化譜（図版32-29/モ写）〈(産)静岡県周智郡大日〉

クロダユキバネガイ *Limatula kurodai*
新生代第三紀鮮新世の貝類。ミノガイ科。
¶学古生（図1415/モ写）〈(産)青森県むつ市前川〉

クロタロケファリナ（ピレトペルティス）・ジャポニカ *Crotalocephallina (Pilletopeltis) japonica*
古生代中期の三葉虫類。ケイルルス科。
¶学古生（図56/モ写）〈(産)岐阜県吉城郡上宝村福地 頭部と胸部, 尾部〉

クロタロセファラス ギッブス *Chrotalocephalus gibbus*
デボン紀の三葉虫。オドントプルーラ目。
¶三葉虫（図97/モ写）〈(産)モロッコのアルニフ 長さ49mm〉

クロタロセファリナ *Crotalocephalina japonica*
古生代デボン紀前期の三葉虫。三葉虫綱ファコプス目ケイルルス科。圧変した頭部幅約5cm。
¶日絶古（p124〜125/カ写, カ復）〈(産)福地〉

クロタロセファリナ
古生代デボン紀の節足動物三葉虫類。
¶産地別（p102/カ写）〈(産)福井県大野市上伊勢 長さ3cm 頭鞍部〉

クロタロセファリナ属の未定種 *Crotalocephalina* sp.
古生代デボン紀の節足動物三葉虫類。
¶化石フ（p61/カ写）〈(産)岐阜県吉城郡上宝村 頭部18mm, 尾板15mm〉

グロッケリアの1種 *Glockeria parvula*
白亜紀後期の前期の生痕化石。
¶学古生（図2605/モ写）〈(産)北海道三笠市奔別川〉

グロッスーブリアの1種 *Grossouvria laeviradiata*
中生代のアンモナイト。ペリスフィンクテス科。
¶学古生（図450/モ写）〈(産)福井県大野郡和泉村貝皿〉

グロッソテリウム *Glossotherium*
中新世後期〜更新世末の哺乳類異節類。有毛目食葉亜目ミロドン科。頭胴長約2.5m。(分)南アメリカ, 北アメリカ
¶恐絶動（p206/カ復）
絶哺乳（p244,245/カ写, カ復）〈骨格〉

クロッソフォリス *Crossopholis*
新生代の魚類ヘラチョウザメ類。
¶生ミス9（図1-3-4/カ写）〈(産)アメリカ中西部のグリーンリバー 約99cm〉

グロッソプテリス *Glossopteris*
古生代ペルム紀〜三畳紀の裸子植物シダ種子植物。グロッソプテリス目グロッソプテリス科。高さ12m。(分)世界各地
¶化写真（p297/カ写）〈(産)インド 葉の密集した石板〉
化百科（p87/カ写）〈(産)南極大陸のシリウス山 葉長10cm超〉
植物化（p31/カ写）〈(産)インド, 南アフリカ, オーストラリア〉
生ミス4（図2-1-2/カ写, カ復）〈12cm〉
生ミス5（図1-6/カ復）

グロッソプテリス *Glossopteris indica*
ペルム紀の裸子植物。樹高最大30m。(分)ゴンドワナランド
¶世変化（図26/カ写）〈(産)インドのマグプール 幅12cm〉

グロッソプテリス
ペルム紀〜三畳紀の植物グロッソプテリス類。全長4〜8m。(分)南半球
¶植物化（p10〜11/カ写）〈(産)オーストラリア カウンターパート〉
進化大（p176/カ写, カ復）

グロッソプテリス ⇒アウストラロキシロンの1種を見よ

グロッソプテリス ⇒ウェルテブラリア・インディカを見よ

グロッソプテリス・ブロウニアナ *Glossopteris browniana*
古生代ペルム紀の裸子植物シダ種子類。
¶化石図（p84/カ写, カ復）〈(産)オーストラリア 葉の長さ約12cm〉
原色化〔グロソプテリス・ブラウニアーナ〕（PL.33-1/カ写）〈(産)オーストラリアのニュー・サウス・ウェイルズ 葉片の幅2.2cm〉
図解化〔グロソプテリス・ブロウニアナ〕（p47-5/カ写）〈(産)オーストラリア〉

クロノサウルス *Kronosaurus*
6500万年前（白亜紀後期）の爬虫類鰭竜類クビナガリュウ類。爬型超綱鰭竜綱長頸竜目プリオサウルス科。深海に生息。全長10m。(分)オーストラリア, コロンビア
¶恐イラ（p179/カ復）
恐古生（p82〜83/カ復）
恐絶動（p74〜75/カ復）
恐竜世（p101/カ復）
恐竜博（p150〜151/カ復）
古脊椎（図107/モ復）
生ミス7（図6-4/カ写, カ復）〈12.8m 全身復元骨格, 頭部の拡大〉

クロノサウルス
白亜紀後期の脊椎動物鰭竜類。体長9m。(分)オーストラリア, コロンビア
¶進化大（p310〜311/カ復）

クロバネキノコバエの1種 *Sciara* sp.
新生代の昆虫類。クロバネキノコバエ科。
¶学古生（図1820/モ写）〈(産)栃木県塩谷郡塩原町中塩原〉

クロバネキノコバエ類 Sciaridae gen.et sp.indet.
第四紀更新世の昆虫。塩原植物群。
¶化石図（p170/カ写）〈体の横幅約1cm〉

グロビゲリナのグループの有孔虫 *Globigerina*
無脊椎動物原生動物。
¶図解化（p54-右端と下/モ写）

グロビゲリナ・ブロイデス *Globigerina bulloides*
新生代鮮新世の小型有孔虫。グロビゲリナ科。

¶**学古生**（図932/モ写）〈(産)高知県室戸市羽根町登〉

グロビゲリノイデス・ルベール *Globigerinoides ruber*
新生代鮮新世の小型有孔虫。グロビゲリナ科。
¶**学古生**（図933/モ写）〈(産)高知県室戸市羽根町登〉

グロビセファルス・ウンキデンス *Globicephalus uncidens*
第三紀の脊椎動物哺乳類。
¶**原色化**（PL.83-4/モ写）〈(産)イギリスのサフォーク州ウッドブリッジ 長径3.0cm,3.5cm 耳骨〉

グロビデンス *Globidens*
中生代白亜紀の爬虫類双弓類鱗竜形類有鱗類モササウルス類。オオトカゲ上科モササウルス科。全長6m。(分)アメリカ，モロッコ，シリアほか
¶**恐イラ**（p177/カ復）
生ミス8（図8-26/カ写，カ復）〈下顎〉

グロブラリア
中生代白亜紀の軟体動物腹足類。
¶**産地新**（p154/カ写）〈(産)大阪府泉佐野市滝の池 高さ2.3cm〉

グロブラリア属（？）の種 *Globularia*（？）sp.
ジュラ紀後期の無脊椎動物軟体動物巻貝類。
¶**ゾル1**（図105/カ写）〈(産)ドイツのツァント 1cm〉

クロベ ⇒ツヤ・スタンディシイを見よ

クロベガメ *Kurobechelys tricarinata*
新生代中新世後期の爬虫類。ウミガメ科。
¶**学古生**（図1962/モ写）〈(産)富山県下新川郡宇奈月町愛本新〉
日化譜（図版65-7/モ写）〈(産)富山県下新川郡宇奈月町愛本新 海亀脊甲〉

グロボカルディウム・スフェロイデウム *Globocardium sphaeroideum*
中生代白亜紀前期の貝類。ザルガイ科。
¶**学古生**（図689/モ写）〈(産)岩手県下閉伊郡田野畑村平井賀 左殻外面〉

グロボトルンカーナ・ラッパレンティ *Globotruncana lapparenti*
中生代後期白亜紀の小型有孔虫。グロボトルンカーナ科。
¶**学古生**（図931/モ写）〈(産)北海道中川郡中川町安平志内川上流〉

グロボロタリア・トゥミダ *Globorotalia tumida*
新生代鮮新世の小型有孔虫。グロボロタリア科。
¶**学古生**（図937/モ写）〈(産)高知県室戸市羽根町登〉

クロマツの1種の翼種子 *Pinus mesothunbergi*
中生代白亜紀後期の陸上植物。マツ科。上部白亜紀植物群。
¶**学古生**（図863/モ写）〈(産)石川県石川郡白峰村谷峠〉

クロマニヨン人 ⇒ホモ・サピエンスを見よ

クロマルフミガイ *Venericardia*（*Cyclocardia*）*ferruginea*
新生代第四紀の貝類。マルフミガイ科。
¶**学古生**（図1663/モ写）〈(産)千葉県市原市瀬又〉
日化譜（図版44-20/モ写）〈(産)横浜市金沢〉

クロマルフミガイ *Venericardia ferruginea*
新生代第三紀鮮新世の貝類。トマヤガイ科。
¶**学古生**（図1422,1423/モ写）〈(産)青森県むつ市近川〉

グロメルラ *Glomerula plexus*
前期ジュラ紀～暁新世の無脊椎動物蠕形動物。定在目セルプラ科。体長10cm。(分)世界中
¶**化写真**（p41/カ写）〈(産)イギリス〉

クロモジ *Lindera umbellata*
新生代鮮新世の陸上植物。クスノキ科。
¶**学古生**（図2389/モ図）〈(産)愛知県瀬戸市印所，愛知県豊田市大畑 葉，種子〉

クロヤマアリの類 *Formica* sp.
新生代鮮新世の昆虫類。アリ科。
¶**学古生**（図1811/モ写）〈(産)兵庫県美方郡温泉町海上〉

クワジマエダワカレシダ *Cladophlebis kuwasimaensis*
中生代ジュラ紀末～白亜紀初期の陸上植物。シダ類綱。手取統植物群。
¶**学古生**（図764/モ写）〈(産)石川県石川郡白峰村桑島〉

クワジマニィルセンソテツモドキ *Nilssonioidium kuwajimensis*
中生代ジュラ紀末～白亜紀初期の陸上植物。手取統植物群。
¶**学古生**（図794/モ写）〈(産)桑島〉

クワジマーラ・カガエンシス *Kuwajimalla kagaensis*
中生代白亜紀の爬虫類双弓類鱗竜形類有鱗類。全長30cm。(分)日本
¶**生ミス7**（図5-10/カ写，カ復）〈(産)石川県白山市 約6.5mm，約2mm 上顎，下顎〉

クワドリメドゥシナ・クアドラタ？ *Quadrimedusina quadrata*？
ジュラ紀後期の無脊椎動物腔腸動物クラゲ類。
¶**ゾル1**（図74/カ写）〈(産)ドイツのゾルンホーフェン 7cm〉

群体四射サンゴ
古生代ペルム紀の腔腸動物四射サンゴ類。
¶**産地別**（p125/カ写）〈(産)岐阜県本巣市根尾初鹿谷 長径1cm〉

群体四射サンゴの一種
古生代ペルム紀の腔腸動物四射サンゴ類。
¶**産地別**（p134/カ写）〈(産)岐阜県大垣市赤坂町金生山 幅6cm〉

群体四射サンゴ（不明種）
古生代ペルム紀の腔腸動物四射サンゴ類。シリンゴポーラの仲間。
¶**産地本**（p157/カ写）〈(産)滋賀県犬上郡多賀町権現谷 写真の左右10cm〉

グンナリテス *Gunnarites* sp.
後期白亜紀の無脊椎動物アンモナイト類。アンモナイト目コスマチケラス科。直径16cm。(分)南極大陸，インド，オーストラリアとその周辺
¶**化写真**（p155/カ写）〈(産)南極 灰色砂岩でできた内形雌型〉

クンミングエラ・ドゥヴィレイ *Kunmingella douvillei* 杂氏小昆明虫
カンブリア紀の節足動物ブラドリア類。節足動物門。澄江生物群。長さ約5mm。
¶**澄江生**（図16.12/モ復）〈背中側からと側面から見たところ〉
澄江生（図16.13/カ写）〈[産]中国の耳材村，小濫田 開いた甲皮を背中側から見たところ〉

「クンミンゴサウルス」 *"Kunmingosaurus"*
ジュラ紀前期の恐竜。ヴルカノドン科の可能性。原始的な竜脚類。体長11m。[分]中国の雲南
¶**恐イラ**（p106/カ復）

【ケ】

ケアラダクティルス *Cearadactylus*
白亜紀前期の爬虫類翼竜類。プテロダクティルス亜目。翼開長4m。[分]ブラジル
¶**恐イラ**〔セアラダクティルス〕（p153/カ復）
恐絶動（p103/カ復）

珪化木 *Taxodioxilon matsuiwa*
漸新世の植物。
¶**化石図**（p17/カ写）〈[産]北海道 高さ約1m〉

珪化木 Silicified coniferous wood
二畳紀～現世の植物針葉樹類。松柏類。推定高さ30m。[分]世界中
¶**化写真**（p305/カ写）〈[産]アメリカ〉

珪化木 Silicified wood
第三紀の裸子植物毬果類。
¶**原色化**（PL.74-4/モ写）〈[産]岐阜県美濃加茂市伊深野地原 長さ21cm〉

珪化木
新生代第四紀更新世の植物樹幹。
¶**産地本**（p77/カ写）〈[産]宮城県柴田郡村田町村田IC近く 写真の左右10cm〉
産地本（p77/カ写）〈[産]宮城県柴田郡村田町村田IC近く 写真の長さ9cm 風化面〉

珪化木
新生代第三紀中新世の植物樹幹。
¶**産地本**（p138/カ写）〈[産]石川県珠洲市大谷海岸 数cm程度〉

珪化木
鮮新世の植物。
¶**図解化**（p11-中央/カ写）〈[産]スーダン〉

珪化木
三畳紀の植物。
¶**図解化**（p37/カ写）〈[産]アリゾナ〉

ケイジヤナギ *Salix k-suzukii*
新生代中新世後期の陸上植物。ヤナギ科。
¶**学古生**（図2279/モ写）〈[産]山形県西置賜郡飯豊町高峯〉

珪藻
ジュラ紀～現在の藻類。
¶**図解化**（p38-1,2/モ写）

珪藻類 *Mediaria splendida* f.*tenera*
1570～1560万年前（新第三紀中新世）の藻類。微化石。
¶**化石図**（p23/カ写）〈[産]岐阜県 長さ約80μm〉

珪藻類 *Thalassiosira fraga*
1990万年前～1810万年前（新第三紀中新世）の藻類。微化石。
¶**化石図**（p23/カ写）〈[産]千葉県 直径約17μm〉

ゲイソノセラスの一種 *Geisonoceras* sp.
デボン紀のオルソセラス類。
¶**化石図**（p73/カ写）〈[産]モロッコ 岩石の長さ約12cm〉

ケイチョウサウルス *Keichousaurus*
中生代三畳紀の爬虫類双弓類鰭竜類偽竜類。全長30cm。[分]中国
¶**生ミス5**（図2-14/カ写，カ復）〈[産]中国の貴州省 24cm，5.2cm 成体，幼体〉
生ミス8（図8-18/カ復）

ケイチョウサウルス・フイ *Keichousaurus hui*
中生代三畳紀の爬虫類鰭竜類。全長30cm。[分]中国
¶**リア中**〔ケイチョウサウルス〕（p30/カ復）

ケイチョウフィラムの1種 ⇒キシュウサンゴを見よ

ゲイニトジア・クレタケア
白亜紀の植物針葉樹。若枝の幅8mm。[分]北半球
¶**進化大**〔ゲイニトジア〕（p294/カ写）

ケイラカンツス *Cheiracanthus* sp.
デボン紀の脊椎動物棘魚類。アカントデス目アカントデス科。体長30cm。[分]ヨーロッパ，南極
¶**化写真**（p208/カ写）〈[産]イギリス〉

ケイラカントゥス
デヴォン紀中期の脊椎動物棘魚類。体長30cm。[分]スコットランド，南極
¶**進化大**（p135/カ写）

ケイラカントゥス・ムルキソニ *Cheiracanthus murchisoni*
デボン紀の脊椎動物魚類。棘魚綱。
¶**世変化**〔ケイラカントゥス〕（図21/カ写）〈[産]英国のバンフシャー 幅7.5cm〉

ケイリディウム・ハルトマンニ *Cheiridium hartmanni*
新生代古第三紀の節足動物昆虫類ウデカニムシ類。
¶**生ミス9**（図1-5-6/カ写）〈[産]バルト海 琥珀〉

ケイルルス科の未記載種 undescribed Cheirurid trilobite
デボン紀の三葉虫。オドントプルーラ目。
¶**三葉虫**（図99/モ写）〈[産]モロッコのアルニフ 幅65mm〉

ケイルルス属の未定種 *Cheirurus* sp.
古生代シルル紀の節足動物三葉虫類。
¶**化石フ**（p58/カ写）〈[産]宮崎県西臼杵郡五ヶ瀬町 10mm〉

ケイロスポルムの1種 *Cheirosporum kuboiensis*
新生代中新世の紅藻類。サンゴモ科コラリナ亜科。

¶学古生（図2152/モ図）〈㊥山梨県南都留郡河口湖町久保井 節部の拡大〉

ケイロセラス *Cheiloceras*
デボン紀後期の軟体動物頭足類アンモノイド類ゴニアタイト類。
¶化百科（p165/カ写）〈㊥ドイツ東部のザクセン地域 直径1.5cm〉

ケイロセラス・ベルネウイリ
デヴォン紀後期の無脊椎動物頭足類。最大長さ4.5cm。㊈ヨーロッパ, アフリカ, オーストラリア
¶進化大〔ケイロセラス〕（p126/カ写）

ケイロピゲ *Cheiropyge*
古生代ペルム紀の節足動物三葉虫類。全長2cm。㊈日本, 中国, アメリカ
¶生ミス4（図2-4-11/カ写, カ復）〈㊥宮城県 6mm 頭部〉

ケイロレピス *Cheirolepis*
古生代デボン紀の条鰭類ケイロレピス類。条鰭亜綱。別名ハンド・フィン。淡水域に生息。全長55cm。㊈イギリス, カナダ, ドイツほか
¶恐古生（p48〜49/カ復）
恐絶動（p34/カ復）
生ミス3（図3-36/カ復）

ケイロレピス *Cheirolepis trailli*
中期デボン紀の脊椎動物硬骨魚類。パラエオニスクス目ケイロレピス科。体長17cm。㊈ヨーロッパ, 北アメリカ
¶化写真（p210/カ写）〈㊥イギリス〉

ケイロレピス
デヴォン紀中期の脊椎動物条鰭類。最大体長50cm。㊈スコットランド, カナダ
¶進化大（p135/カ写）

ケウッピア・ハイパーボラリス *Keuppia hyperbolaris*
約9500万年前の軟体動物頭足類タコ類。
¶生ミス7（図3-13/カ写）〈㊥レバノン 外套膜9.7cm〉

ケウッピア・レヴァンテ *Keuppia levante*
約9500万年前の軟体動物頭足類タコ類。全長11.2cm。
¶生ミス7（図3-12/カ写）〈㊥レバノン〉

ケウピピア *Keuppia* sp.
セノマニアン期の頭足類タコ類。
¶アン最（p34/カ写）〈㊥レバノンのハケル〉

ケエテテス・ポリポルス *Chaetetes polyporus*
ジュラ紀後期の無脊椎動物腔腸動物層孔虫。
¶図解化（p71-7/カ写）〈㊥ドイツのヴュルテンベルク〉

ケエテテス・ミレポラケウス *Chaetetes milleporaceus*
石炭紀後期ペンシルヴァニア亜紀の無脊椎動物腔腸動物層孔虫。
¶図解化（p71-4/カ写）〈㊥アメリカ〉

ゲオケロン *Geochelone pardalis*
始新世〜現世の脊椎動物無弓類。カメ目ゾウガメ科。体長35cm。㊈ヨーロッパ, アジア, アフリカ
¶化写真（p230/カ写）〈㊥タンザニア〉

ゲオコマ・カリナタ *Geocoma carinata*
ジュラ紀後期の無脊椎動物棘皮動物クモヒトデ類。蛇尾目クモヒトデ科。盤の直径2cm。㊈世界中
¶化写真〔ゲオコマ〕（p189/カ写）〈㊥ドイツ〉
ゾル1（図518/カ写）〈㊥ドイツのツァント 5cm〉
ゾル1（図519/カ写）〈㊥ドイツのツァント 5.5cm 開いた体盤〉
ゾル1（図520/カ写）〈㊥ドイツのツァント 4cm 腕2本再生中〉

ケ

ゲオコマ・プラナタ *Geocoma planata*
ジュラ紀後期の無脊椎動物棘皮動物クモヒトデ類。
¶ゾル1（図521/カ写）〈㊥ドイツのツァント 7cm〉

ゲオサウルス *Geosaurus*
1億6500万〜1億4000万年前（ジュラ紀後期〜白亜紀前期）の初期の脊椎動物主竜類ワニ形類メトリオリンクス類。メトリオリンクス科。海に生息。全長3m。㊈ヨーロッパ, 北アメリカ, カリブ海
¶恐竜世（p92/カ復）
恐竜博（p96〜97/カ写, カ復）〈骨格〉
生ミス6（図3-9/カ復）

ゲオサウルス
ジュラ紀後期〜白亜紀前期の脊椎動物ワニ形類。体長2〜3m。㊈ヨーロッパ, 北アメリカ, カリブ諸島
¶進化大（p254〜255/カ復）

ゲオサウルス・グラキリス *Geosaurus gracilis*
ジュラ紀後期の脊椎動物爬虫類ワニ類。
¶ゾル2（図262/カ写）〈㊥ドイツのアイヒシュテット 180cm〉

ゲオサウルス属の種 *Geosaurus* sp.
ジュラ紀後期の脊椎動物爬虫類ワニ類。
¶ゾル2（図263/カ写）〈㊥ドイツのダイティング 36cm 頭骨〉

ゲオトゥルポイデス・リトグラフィクス *Geotrupoides lithographicus*
ジュラ紀後期の無脊椎動物昆虫類甲虫類。
¶ゾル1（図459/カ写）〈㊥ドイツのヴェークシャイト 4cm〉

ケサイ ⇒コエロドンタを見よ

ゲジゲジ ⇒スクティゲラを見よ

ケチオサウルス *Cetiosaurus leedsi*
中期〜後期ジュラ紀の脊椎動物恐竜類。竜盤目ケチオサウルス科。体長20m。㊈ヨーロッパ
¶化写真（p247/カ写）〈㊥イギリス 椎骨〉

ケチオサウルス *Cetiosaurus oxoniensis*
ジュラ紀中期, 後期の恐竜類。竜型超綱竜盤綱竜脚目。全長約10m。㊈イギリス, 南ドイツ, 北アフリカのモロッコのアトラス山脈中
¶古脊椎（図148/モ復）

ケチョウバエの1種 *Sycorax* sp.
新生代の昆虫類。チョウバエ科。
¶学古生（図1824/モ写）〈㊥岐阜県瑞浪市釜戸〉

ケツァルコアトルス *Quetzalcoatlus*
中生代白亜紀の爬虫類双弓類主竜類翼竜類。プテロダクティルス上科。翼開長10m。㊈アメリカ

¶**恐イラ**（p181/カ復）
恐絶動〔クェツァルコアトルス〕（p103/カ復）
恐竜世〔クエトゥザルコアトゥルス〕（p94/カ復）
恐竜博〔クェツァルコアトルス〕（p155/カ復）
生ミス7（図6-1/カ写, カ復）〈全身復元骨格〉
生ミス7〔巨大翼竜の翼開長比べ〕（図6-2/カ復）

ケツァルコアトルス
白亜紀後期の脊椎動物翼竜類。翼幅12m。(分)アメリカ合衆国
¶**進化大**（p313/カ復）

ケツァルコアトルス・ノルスロピ　*Quetzalcoatlus northropi*
中生代白亜紀後期の爬虫類翼竜類アズダルコ類。翼開長10m。(分)アメリカ
¶**リア中**〔ケツァルコアトルス〕（p236/カ復）

齧歯類の歯
暁新世～現在の哺乳類齧歯類。
¶**化百科**（p236/カ写）〈(産)イギリスのウェールズ地方ミッド・グラモーガン州 湾曲に沿った長さ1.3cm〉

ケップレリテス（シームリテス亜属）の1種
Kepplerites（*Seymourites*）*japonicum*
中生代ジュラ紀後期のアンモナイト。コスモセラス科。
¶**学古生**（図460/モ写）〈(産)福井県大野郡和泉村貝皿？〉

ケップレリテス・ジャポニクム　*Kepplerites japonicum*
中生代ジュラ紀の軟体動物頭足類。
¶**化石フ**（p114/カ写）〈(産)福井県大野郡和泉村 60mm〉

ゲッペルトクサビシダ　*Sphenopteris goepperti*
中生代ジュラ紀末～白亜紀初期の陸上植物。シダ類綱。手取統植物群。
¶**学古生**（図762/モ写）〈(産)石川県石川郡白峰村桑島〉

ケティオサウルス　*Cetiosaurus*
中生代ジュラ紀の恐竜類竜脚類ケティオサウルス類。竜脚下目ケティオサウルス科。平原に生息。体長18m。(分)イギリス, ポルトガル, モロッコ（可能性）
¶**恐イラ**（p118/カ復）
恐絶動（p126/カ復）
恐竜博（p74/カ写, カ復）〈椎骨〉

ケーテテスの1種　*Chaetetes nagaiwensis*
古生代後期石炭紀中期の床板サンゴ類。床板サンゴ目ケーテテス科。
¶**学古生**（図113/モ写）〈(産)岩手県気仙郡住田町蓬畑 横断面, 縦断面〉

ケーテトプシスの1種　*Chaetetopsis crinita*
中生代ジュラ紀後期の床板サンゴ類。ケーテテス科。
¶**学古生**（図340/モ写）〈(産)高知県高岡郡佐川町穴岩 横断面, 縦断面〉
日化譜〔Chaetetopsis crinita〕（図版19-10/モ写）〈(産)高知県佐川 横断面, 縦断面〉

ケトテリウム　*Cetotherium*
新生代新第三紀の哺乳類クジラ類鬚鯨類。ケトテリウム科。海洋に生息。体長4m。(分)北アメリカ, ヨーロッパ, アジア
¶**恐絶動**（p231/カ復）
恐竜博（p185/カ復）
絶哺乳（p139/カ復）

ケナガマンモス　*Mammuthus primigenius*
更新世中期～後期の哺乳類長鼻類。長鼻目ゾウ亜目ゾウ科。別名ケマンモス, マンモスゾウ。森や草原に生息。植物食。肩高約3～3.5m。(分)ヨーロッパ北部, アジア北部, アラスカ
¶**学古生**〔マンモスゾウ〕（図2011/モ写）〈(産)北海道日高支庁幌泉郡えりも町小越 右下第6臼歯〉
学古生〔マンモスゾウ〕（図2012/モ写）〈(産)中国の東北区ハルピン 上顎第6臼歯咬合面〉
化写真〔マムーサス〕（p276/カ写）〈(産)シベリア 毛, 上顎臼歯〉
化石図（p176/カ写）〈(産)オランダ沖 横幅約32cm 下顎の臼歯化石〉
化百科〔マンモス〕（p242/カ写）〈成体の歯の長さ24cm 臼歯の乳歯, 永久歯〉
恐古生〔マンムトゥス・プリミゲニウス〕（p262～263/カ写, カ復）
恐竜博（p196～197/カ写, カ復）〈若いマンモスの凍結した遺骸, 保存されていた毛, 上顎の頬歯〉
原色化〔マムサス・プリミゲニゥス〕（PL.93-1/カ写）〈(産)北海道夕張市 長さ22cm, 高さ14cm 臼歯M_3上面, 旧歯側面〉
原色化〔マムサス・プリミゲニゥス〕（PL.94-1/モ写）〈(産)アラスカのポイントバロー 長さ22cm 臼歯上面〉
原色化〔マムサス・プリミゲニゥス〕（PL.94-2/モ写）〈(産)不明 最大直径19cm 牙の側面〉
生ミス10（p172/カ写）〈(産)ポーランド 左下顎〉
生ミス10（図3-3-4/カ写, カ復）〈全身復元骨格〉
生ミス10〔ケナガマンモス「YUKA」〕（図3-3-5/カ写）〈(産)ロシア連邦サハ共和国のユカギル 幼体の「冷凍マンモス」〉
生ミス10（図3-3-9/カ写）〈3-3-4と同じ標本〉
絶哺乳（p214,221/カ写, カ復）〈骨格〉
日化譜〔マンモス〕（図版67-14/モ写）〈(産)北海道夕張市, 宗谷海峡底〉

ケナガマンモス　Woolly mammoth
500万～約5000年前（ネオジン）の哺乳類。全長5m。(分)北アメリカ, ヨーロッパ, アジア, アフリカ
¶**恐竜世**（p260～261/カ写, カ復）

ケナガマンモス　⇒マンモンテウスを見よ

ケナレステス　*Kennalestes* sp.
白亜紀後期の哺乳類真獣類アジオリクテス獣類。ケナレステス科。虫食性。頭骨全長約3cm。(分)アジア
¶**絶哺乳**（p67/カ復）

ケニアントロプス・プラティオプス
350万～320万年前の人類。(分)ケニアのトゥルカナ湖
¶**進化大**（p449/カ写）〈頭〉

ケニテス・トリアンギュラリス　*Coenites triangularis*
古生代中期の床板サンゴ類。ハチノスサンゴ科。
¶**学古生**（図20/モ写）〈(産)岩手県大船渡市クサヤミ沢 横断面〉
日化譜〔Coenites triangularis〕（図版19-11/モ写）〈(産)岩手県大船渡市盛町 断面〉

ケネンドポーラ・フンギフォルミス *Chenendopora fungiformis*
白亜紀の海綿動物珪質海綿類。
¶**原色化**(PL.59-1/モ写)〈[産]イギリスのバーク州ファーリンドン 直径8cm〉

ケノケラス *Cenoceras astacoides*
ジュラ紀前期の頭足類オウムガイ類。
¶**世変化**〔オウムガイ〕(図39/カ写)〈[産]英国のウィットビー 幅13cm 化石を2つに切断し,研磨したもの〉

ケノケラス *Cenoceras simillium*
後期三畳紀〜中期ジュラ紀の無脊椎動物オウムガイ類。オウムガイ目オウムガイ科。直径15cm。[分]世界中
¶**化写真**(p139/カ写)〈[産]イギリス〉

ケノケラス *Cenoceras* sp.
後期三畳紀〜中期ジュラ紀の無脊椎動物オウムガイ類。オウムガイ目オウムガイ科。直径15cm。[分]世界中
¶**化写真**(p138/カ写)〈[産]イギリス 内形雌型,断面〉

ケノケラス・ストリアツム *Cenoceras striatum*
ジュラ紀前期の無脊椎動物軟体動物オウムガイ。
¶**図解化**(p143-下中央/カ写)〈[産]イタリア〉
図解化(p143-下左/カ写)〈[産]イギリス 断面〉

ケノセラス *Cenoceras inornatum*
三畳紀後期〜ジュラ紀中期の軟体動物頭足類オウムガイ類。
¶**化百科**(p175/カ写)〈[産]イギリス南部のドーセット州 直径5cm〉

ケバエ属(?)の未定種 *Penthetria*(?) sp.
新生代第三紀中新世の節足動物昆虫類。ケバエ科。
¶**化石フ**(p198/カ写)〈[産]群馬県甘楽郡南牧村 20mm〉

ケハロニア *Cephalonia lotziana*
爬虫類。竜型超綱有鱗綱喙頭目。全長1.2m。[分]ブラジルのサンタマリヤ
¶**古脊椎**(図114/モ復)

ケファラスピス *Cephalaspis*
4億1000万年前(デボン紀前期)の初期の脊椎動物魚類無顎類頭甲類。全長22cm。[分]ヨーロッパ
¶**化百科**(p198/カ写)〈頭甲板の幅12cm 頭甲板〉
恐竜世(p67/カ写)
生ミス3(図3-7/カ写,カ復)〈[産]イギリスのウェールズ〉

ケファラスピス *Cephalaspis lyelli*
デボン紀の魚類。無顎超綱無顎綱骨甲目。全長20cm。[分]スコットランド,スピッツベルゲン
¶**古脊椎**(図1/モ復)
世変化(図17/カ写)〈[産]英国のフォーファー 幅10.5cm〉

ケファラスピス *Cephalaspis whitei*
前期デボン紀の脊椎動物無顎類。骨甲目ケファラスピス科。体長22cm。[分]ヨーロッパ
¶**化写真**(p195/カ写)〈[産]イギリス〉

ケファラスピスの仲間たち
"無顎類"頭甲類。
¶**生ミス3**(図3-8/カ図)

ケファラスピス・パゲイ *Cephalaspis pagei*
古生代デボン紀の脊椎動物無顎類頭甲類。全長30cm。[分]イギリス,ウクライナほか
¶**リア古**〔ケファラスピス〕(p136/カ復)

ケファロクセナス *Cephaloxenus macropterus*
三畳紀の魚類。顎口超綱硬骨魚綱条鰭亜綱軟質上目ペルトプリユルス目。全長約10cm。[分]北イタリアのロンバルジア
¶**古脊椎**(図30/モ復)

ゲフィロカプサ・オセアニカ *Gephyrocapsa oceanica*
新生代更新世のナンノプランクトン。ゲフィロカプサ科。
¶**学古生**(図2063/モ写)〈[産]新潟県三島郡出雲町〉

ゲフィロカプサ・カリビアニカ *Gephyrocapsa caribbeanica*
新生代更新世のナンノプランクトン。ゲフィロカプサ科。
¶**学古生**(図2062/モ写)〈[産]新潟県三島郡出雲町〉

ケブカサイ ⇒コエロドンタを見よ

ケプレリテス・ケプレリイ *Kepplerites keppleri*
カロビアン期のアンモナイト。
¶**アン最**(p165/カ写)〈[産]ドイツのビッテキンズベルク〉

ケマンモス ⇒ケナガマンモスを見よ

ゲムエンディナ *Gemuendina*
約4億1000万年前(デボン紀前期)の初期の脊椎動物板皮類。板皮綱。最初の魚類。全長25〜30cm。[分]ドイツ
¶**恐絶動**(p31/カ復)
恐竜世(p68/カ写)
生ミス3(図1-13/カ写,カ復)〈[産]ドイツのフンスリュックスレート〉

ゲムエンディナ・スツルジィ *Gemuendina stuertzi*
デボン紀前期の魚類。顎口超綱板皮綱。全長20〜24cm。[分]西ドイツのBundenbach
¶**古脊椎**〔ゲムエンディナ〕(図17/モ復)
図解化(p189-中央/カ写)〈[産]ドイツのブンデンバッハ〉

ゲムエンディナ・ストゥエルツィ
デヴォン紀前期の脊椎動物板皮類。体長25〜30cm。[分]ドイツ
¶**進化大**〔ゲムエンディナ〕(p132/カ写)

ケヤキ *Zelkova*
暁新世〜現在の被子植物双子葉植物。ニレ科。
¶**化百科**(p103/カ写)〈葉長4cm〉

ケヤキ *Zelkova serrata*
新生代古第三紀漸新世の被子植物双子葉類。イラクサ目ニレ科。
¶**学古生**(図2592/モ写)〈[産]栃木県塩谷郡塩原町〉
化石フ(p153/カ写)〈[産]福岡県宗像郡津屋崎町 50mm〉

ケヤキ
新生代第三紀中新世の被子植物双子葉類。ニレ科。
¶**産地新**(p114/カ写)〈[産]長野県南佐久郡北相木村川又 長さ5cm〉

ケ

ケ

ケヤキ
新生代第四紀更新世の被子植物双子葉類。ニレ科。
¶**産地新**(p240/カ写)〈㊟大分県玖珠郡九重町奥双石 長さ3.8cm〉

ケヤキ ⇒ゼルコヴァを見よ

ケヤキ属の葉
植物。
¶**植物化**(p6/カ写)〈圧縮化石〉
植物化(p7/カ写)〈印象化石〉

ケヤキの仲間
新生代第三紀中新世の被子植物双子葉類。ニレ科。
¶**産地新**(p115/カ写)〈㊟新潟県岩船郡朝日村大須戸 葉の長さ2cm〉

ケヤマハンノキに比較される種 *Alnus* cf.*A.hirsuta*
新生代中新世後期の陸上植物。カバノキ科。
¶**学古生**(図2303/モ写)〈㊟秋田県仙北郡西木村桧木内又沢〉

ケラエノトイティス・インケルタ *Celaenoteuthis incerta*
ジュラ紀後期の無脊椎動物軟体動物イカ類。
¶**ゾル1**(図178/カ写)〈㊟ドイツのアイヒシュテット 6cm〉

ゲラグノスタスの一種 *Geragnostus* sp.
オルドビス紀後期の三葉虫。アグノスタス目。
¶**三葉虫**(図144/モ写)〈㊟スウェーデン 長さ8.7mm〉

ゲラストス属の一種 *Gerastos* sp.
古生代デボン紀の三葉虫類。プロエタス目プロエタス科。
¶**化石図**(p58/カ写)〈㊟モロッコ 体長約3cm〉

ケラストデルマ・アングスタトゥム
古第三紀〜現代の無脊椎動物二枚貝類。長さ約4cm。㊕ヨーロッパ
¶**進化大**〔ケラストデルマ〕(p428/カ写)

ケラタルゲス *Cerataraes*
3億8000万〜3億5900万年前(デボン紀中期〜後期)の無脊椎動物三葉虫。全長6.6cm。㊕モロッコ
¶**恐竜世**(p37/カ写)

ケラチオカリス *Ceratiocaris* sp.
シルル紀の無脊椎動物節足動物コノハエビ類。
¶**図解化**(p104-中央/カ写)〈㊟スコットランド〉

ケラチテス ⇒セラティテス・ノドーサスを見よ

ケラテルペトン *Keraterpeton*
石炭紀後期の両生類空椎類。ネクトリド目。全長30cm。㊕チェコスロバキア, 合衆国のオハイオ
¶**恐絶動**(p54/カ復)

ケラトガウルス *Ceratogaulus*
1000万〜500万年前(ネオジン)の哺乳類齧歯類。全長30cm。㊕カナダ, アメリカ合衆国
¶**恐竜世**(p243/カ復)

ケラトガウルス
新第三紀中新世中期〜中新世後期の脊椎動物有胎盤類の哺乳類。体長30cm。㊕カナダ, アメリカ合衆国
¶**進化大**(p407/カ復)

ケラトサウルス *Ceratosaurus*
ジュラ紀後期の恐竜類ケラトサウルス類。竜盤目獣脚亜目ケラトサウルス科。森林の茂る平原に生息。体長6〜8m。㊕アメリカ合衆国
¶**恐イラ**(p130/カ復)
恐絶動(p115/カ復)
恐太古(p135/カ写)〈頭骨〉
恐竜博(p61/カ写, カ復)
よみ恐(p78〜79/カ復)

ケラトサウルス *Ceratosaurus nasicornis*
ジュラ紀後期の恐竜類。竜型超綱竜盤綱獣脚目。全長5m。㊕北米コロラド州
¶**古脊椎**(図141/モ復)

ケラトサウルス
ジュラ紀後期の脊椎動物獣脚類。体長6m。㊕アメリカ合衆国, ポルトガル
¶**進化大**(p260/カ復)

ケラトドゥス *Ceratodus*
三畳紀前期〜古第三紀の魚類肉鰭類硬骨魚肺魚類。
¶**化百科**(p197/カ写)〈幅7cm〉
図解化〔Ceratodus sp.〕(図版40-1/カ写)〈㊟マリ共和国 歯〉

ケラトドゥス *Ceratodus tiguidensis*
前期三畳紀〜暁新世の脊椎動物硬骨魚類。ケラトドゥス目ケラトドゥス科。体長50cm。㊕世界中
¶**化写真**(p209/カ写)〈㊟ニジェール 上顎の歯板, 下顎の歯板〉

ケラトヌルス *Ceratonurus*
古生代デボン紀の節足動物三葉虫類。
¶**生ミス3**(図4-20/カ写)〈㊟モロッコ 55mm〉

ケラトプス類
白亜紀カンパニアン期の恐竜類角竜類。
¶**日白亜**(p8〜9/カ復)〈㊟鹿児島県薩摩川内市下甑島〉

ケラトペア *Ceratopea* sp.
オルドヴィス紀の無脊椎動物軟体動物。
¶**図解化**(p130〜131-7/カ写)〈㊟アーカンソー州〉

ゲラトリゴニア属の未定種 *Geratrigonia* sp.
中生代ジュラ紀の軟体動物斧足類三角貝類。
¶**化石フ**(p92/カ写)〈㊟宮城県本吉郡志津川町 15mm〉

ゲラトリゴニア・ホソウレンシス *Geratrigonia hosourensis*
中生代ジュラ紀前期の貝類。サンカクガイ科。
¶**学古生**(図676/モ写)〈㊟宮城県本吉郡歌津町 左殻外面〉
日化譜〔Geratrigonia hosourensis〕(図版42-12,13/モ写)〈㊟宮城県志津川町韮ノ浜〉

ケラムビキヌス・ドゥビウス *Cerambycinus dubius*
ジュラ紀後期の無脊椎動物昆虫類甲虫類。おそらくハムシ類の一種。
¶**ゾル1**(図453/カ写)〈㊟ドイツのアイヒシュテット 2cm〉

ゲラリヌラ・カーボナリア *Geralinura carbonaria*
古生代石炭紀の節足動物鋏角類クモ類サソリモドキ類。全長5〜6cm。㊕アメリカ, 中国, イギリス
¶**生ミス4**(図1-3-13/カ復)

ゲラルス *Gerarus*
古生代石炭紀の節足動物昆虫類。全長7.5cm。[分]アメリカ, フランス, ドイツほか
¶**生ミス4** (図1-3-14/カ復)

ケリオカバ *Ceriocava corymbosa*
ジュラ紀～白亜紀の無脊椎動物コケムシ動物。円口目カバ科。枝の直径3mm。[分]ヨーロッパ
¶**化写真** (p37/カ写) 〈[産]フランス〉

ケリグマケラ・キエルケガールディ
Kerygmachela kierkegaardi
古生代カンブリア紀の節足動物。シリウス・パセット動物群。全長8cm。[分]グリーンランド
¶**生ミス1** 〔ケリグマケラ〕 (図3-4-2/カ復)
リア古 〔ケリグマケラ〕 (p24/カ復)

ゲルウィッレッラ・スブランケオラタ
三畳紀～白亜紀の無脊椎動物二枚貝類。長さ最大15cm。[分]世界各地
¶**進化大** 〔ゲルウィッレッラ〕 (p301/カ写)

ゲルヴィラリア *Gervillaria alaeformis*
ジュラ紀～白亜紀の無脊椎動物二枚貝類。ウグイスガイ目バケヴェリア科。体長8cm。[分]ヨーロッパ
¶**化写真** (p96/カ写) 〈[産]イギリス 左殻〉

ゲルヴィリア・ストリアタ *Gervillia striata*
ジュラ紀後期の無脊椎動物軟体動物二枚貝類。
¶**ゾル1** (図124/カ写) 〈[産]ドイツのゾルンホーフェン 5cm〉

ゲルヴィレイア・ソシアリス *Gervilleia socialis*
無脊椎動物軟体動物二枚貝。
¶**図解化** (p115-上/カ写) 〈[産]ドイツのムッシェルカルク〉

ケルキディフィルム
白亜紀～現代の被子植物。葉の長さ6cm。[分]北半球
¶**進化大** (p295/カ写) 〈[産]カナダのアルバータ州〉

ケルクス ⇒クエルクスを見よ

ケルクス・クリスピュラ *Quercus crispula*
第四紀更新世前期の被子植物双子葉類。別名ミズナラ。
¶**原色化** (PL.88-3/カ写) 〈[産]栃木県塩谷郡塩原町中塩原〉

ケルドキオン *Cerdocyon*
更新世の哺乳類イヌ類。食肉目イヌ科。全長80cm。[分]アルゼンチン
¶**恐絶動** (p218/カ復)

ケルネリテス
中生代三畳紀の軟体動物頭足類。
¶**産地新** (p36/カ写) 〈[産]宮城県宮城郡利府町赤沼 径5cm〉

ケルネリテスの1種 *Kellnerites* sp.cf.*K.bosnensis*
中生代三畳紀中期のアンモナイト。セラティテス科。
¶**学古生** (図385/モ写) 〈[産]宮城県塩釜市浜田 側面部〉
日化譜 〔Kellnerites cf.basnensis〕 (図版86-8/モ写) 〈[産]宮城県塩釜市浜田〉

ゲルビッラリア *Gervillaria*
白亜紀の無脊椎動物貝殻の化石。
¶**恐竜世** 〔海生二枚貝のなかま〕 (p60/カ写)

ゲルビラリア・ハラダイ *Gervillaria haradai*
中生代白亜紀の軟体動物斧足類。ウグイスガイ目バケベリア科。
¶**化石フ** (p94/カ写) 〈[産]高知県高知市 80mm〉

ゲルビリア・フォルベシアーナ *Gervillia forbesiana*
中生代白亜紀の軟体動物斧足類。ウグイスガイ目バケベリア科。
¶**化石フ** (p94/カ写) 〈[産]岩手県下閉伊郡田野畑村 50mm〉
日化譜 〔Gervillia forbesiana〕 (図版37-12/モ写) 〈[産]群馬県多野郡上野村, 徳島県勝浦〉

ゲルビレラ・サブランセオラータ *Gervillella sublanceolata*
白亜紀の軟体動物斧足類。
¶**原色化** (PL.63-5/モ写) 〈[産]イギリスのハムプ州ワイト島, アターフィールド 長さ12cm〉

ケルベロサウルス *Kerberosaurus*
白亜紀マーストリヒシアンの恐竜。ハドロサウルス科ハドロサウルス亜科。体長10m。[分]ロシアのブラゴヴェシュチェンスク
¶**恐イラ** (p221/カ復)

ゲルマノダクティルス・クリスタトゥス
Germanodactylus cristatus
ジュラ紀後期の脊椎動物爬虫類翼竜類。
¶**ゾル2** (図270/カ写) 〈[産]ドイツのアイヒシュテット 43cm〉
ゾル2 (図271/カ写) 〈[産]ドイツのアイヒシュテット 15cm 頭骨〉

ゲルマノダクティルス・ラムファスティヌス
Germanodactylus ramphastinus
ジュラ紀後期の脊椎動物爬虫類翼竜類。
¶**ゾル2** (図269/カ写) 〈[産]ドイツのダイティング 33cm〉

ケレシオサウルス *Ceresiosaurus*
中生代三畳紀の爬虫類ノトサウルス類。ノトサウルス目ノトサウルス科。浅海に生息。体長4m。[分]ヨーロッパ
¶**恐イラ** (p74/カ復)
恐絶動 (p71/カ復)
恐竜博 (p54/カ復)

ケレシオサウルス・カルカグニイ *Ceresiosaurus calcagnii*
三畳紀中期の脊索動物爬虫類大型鰭竜類。爬型超綱鰭竜綱孽子竜目。全長1.1m。
¶**古脊椎** 〔ケレシオサウルス〕 (図102/モ復)
図解化 (p212-下右/カ写) 〈[産]スイスのモンテ・サンジョルジオ〉

ゲロットラクス・プルチェリムス *Gerrothorax pulcherrimus*
中生代三畳紀の両生類。全長1m。[分]ドイツ, グリーンランド, フランスほか
¶**リア中** 〔ゲロットラクス〕 (p36/カ復)

ゲロトラックス *Gerrothorax*
中生代三畳紀の両生類迷歯類。分椎綱プラギオサウルス科。全長1m。[分]ドイツ, グリーンランド, スウェーデン

¶恐絶動（p51/カ復）
生ミス5（図3-3/カ写, カ復）〈[産]ドイツ南部 約48cm〉

ゲロトラックス *Gerrothorax shaeticus*
三畳紀後期の両生類。両生超綱堅頭綱分椎亜綱分椎目。全長90cm。[分]ヨーロッパ
¶古脊椎（図67/モ復）

ゲロバトラクス *Gerobatrachus*
古生代ペルム紀の両生類。全長11cm。[分]アメリカ
¶生ミス5（図3-2/カ復）
生ミス6（図3-11/カ復）

ゲロバトラクス・ホットニ *Gerobatrachus hottoni*
古生代ペルム紀の両生類。全長11cm。[分]アメリカ
¶生ミス4〔ゲロバトラクス〕（図2-2-6/カ写, カ復）〈[産]アメリカのテキサス州 11cm〉

堅果
中生代白亜紀の被子植物双子葉類。
¶産地別（p46/カ写）〈[産]北海道苫前郡苫前町古丹別川幌立沢 長さ0.8cm〉

原牛 ⇒オーロックスを見よ

原鯨 ⇒バシロサウルスを見よ

剣歯虎 ⇒スミロドンを見よ

堅頭竜類の成長
中生代白亜紀の恐竜。
¶生ミス8（図9-7/カ写）〈頭骨の断面（薄片写真）。幼体, 亜成体, 成体〉

ケントゥロサウルス ⇒ケントロサウルスを見よ

ケントルロサウルス *Kentrurosaurus aethiopicus*
ジュラ紀後期の恐竜類。竜型超綱鳥盤綱剣竜目。別名とげ竜。全長4m。[分]東アフリカ
¶古脊椎（図171/モ復）

ケントロサウルス *Kentrosaurus*
ジュラ紀後期の恐竜類剣竜類。鳥盤目装楯亜目ステゴサウルス科。森林に生息。体長4～5m。[分]タンザニアのテンダグル
¶恐イラ（p146/カ復）
恐絶動（p154/カ復）
恐太古（p68～69/カ写）
恐竜世〔ケントゥロサウルス〕（p142～143/カ写, カ復）
恐竜博（p84～85/カ写）
よみ恐（p109/カ復）

ケントロサウルス
ジュラ紀後期の脊椎動物鳥盤類。体長5m。[分]タンザニア
¶進化大（p276～277/カ写, カ復）

ケントロサウルス ⇒セントロサウルスを見よ

ケントロベリックス *Centroberyx eocenicus*
後期白亜紀～漸新世の脊椎動物硬骨魚類。キンメダイ目キンメダイ科。体長60cm。[分]世界中
¶化写真（p219/カ写）〈[産]イギリス 耳石〉

ケンホレクティプスの1種 *Coenholectypus peridoneus*
中生代白亜紀前期の棘皮動物。ホレクティプス科。
¶学古生（図723/モ写）〈[産]岩手県下閉伊郡田野畑村明戸〉

ケンヨシホタテ *Fortipecten kenyoshiensis*
鮮新世後期の軟体動物斧足類。
¶日化譜（図版40-13/モ写）〈[産]青森県三戸郡名川町剣吉〉

けん竜 ⇒ステゴサウルスを見よ

ゲンロクソデガイ *Saccella confusa*
新生代第三紀更新世初期の貝類。ロウバイガイ科。
¶学古生（図1474,1475/モ写）〈[産]石川県金沢市大桑〉
日化譜（図版36-2/モ写）〈[産]千葉県東葛飾郡沼南村手賀〉

ゲンロクソデガイ
新生代第三紀中新世の軟体動物斧足類。
¶産地新（p125/カ写）〈[産]岐阜県瑞浪市松ヶ瀬町土岐川 長さ1.5cm〉
産地新（p184/カ写）〈[産]京都府綴喜郡宇治田原町奥山田 長さ1.1cm〉

【コ】

コイアエラ・ラディアタ *Choiaella radiata* 輻射小斗蓬海綿
カンブリア紀の海綿動物。海綿動物門。澄江生物群。
¶澄江生（図8.3/カ写）〈[産]中国の小濫田, 帽天山〉

コイア・クシアオランティアンエンシス *Choia xiaolantianensis* 小濫田斗蓬海綿
カンブリア紀の海綿動物。海綿動物門。澄江生物群。
¶澄江生（図8.4/モ復）〈推定される生息姿勢での復元図〉
澄江生（図8.5/カ写）〈[産]中国の小濫田〉

ゴイサギ ⇒ゴイサギガイを見よ

ゴイサギガイ *Macoma（Macoma） tokyoensis*
新生代第四紀の貝類。ニッコウガイ科。
¶学古生（図1762/モ写）〈[産]東京都千代田区大手町〉
日化譜〔ゴイサギ〕（図版48-12/モ写）〈[産]樺太〉

ゴイサギガイ *Macoma tokyoensis*
新生代第三紀鮮新世の貝類。ニッコウガイ科。
¶学古生（図1382/モ写）〈[産]宮城県志田郡三本木町館山〉
学古生（図1541,1542/モ写）〈[産]石川県金沢市打尾町〉
学古生（図1679/モ写）〈[産]千葉県銚子市椎柴 左殻, 右殻〉

ゴイサギガイ
新生代第四紀更新世の軟体動物斧足類。
¶産地別（p94/カ写）〈[産]千葉県印西市萩原 長さ5.6cm〉

コイの咽頭歯
新生代第三紀鮮新世の脊椎動物硬骨魚類。
¶産地別（p216/カ写）〈[産]三重県伊賀市畑村服部川 長径0.8cm〉
産地本（p213/カ写）〈[産]三重県阿山郡大山田村服部川 大きいものの径1.3cm 側面, 上から見たもの〉
産地本（p214/カ写）〈[産]三重県阿山郡大山田村服部川 大きいものの径1.1cm〉

コイの咽頭骨と咽頭歯 *Capio cyprinus*
新生代第三紀鮮新世の魚類硬骨魚類。
¶化石フ(p221/カ写,モ図)〈㊥三重県阿山郡大山田村,三重県阿山郡大山田村 最大の咽頭歯10mm,約5mm〉

コイロポセラスの一種 *Coilopoceras* sp.
白亜紀後期のアンモナイト。
¶アン最(p71/カ写)〈㊥ペルー シュードセラタイト型隔壁模様〉
アン最(p224/カ写)〈㊥ペルーのカハマルカ〉

コウイカ類の残した印象
ジュラ紀後期の動物の歩行跡と痕跡。
¶ゾル2(図325/カ写)〈㊥ドイツのアイヒシュテット〉

甲殻類
ジュラ紀前期,ジュラ紀後期の甲殻類。ティラコケファラ綱。コンキリオカリダ綱はシノニム。
¶図解化(p31/カ写)〈㊥オステノ,ラ・ヴルト〉

甲殻類の糞の化石
新生代鮮新世または更新世の生痕化石。
¶学古生(図2615/モ写)〈㊥東京都狛江市和泉多摩川〉

硬骨魚類の脊椎?
新生代第三紀中新世の脊椎動物硬骨魚類。
¶産地別(p207/カ写)〈㊥三重県津市美里町柳谷 幅4.5cm〉

コウザイバイ(新) *Babylonia kozaiensis*
中新世中期の軟体動物腹足類。
¶日化譜(図版83-27/モ写)〈㊥北海道奥尻島〉

コウシカセキシダ(クラスロプテリス)の1種 *Clathropteris* sp.
中生代三畳紀後期の陸上植物。シダ類綱シダ目ヤブレガサウラボシ科。成羽植物群。
¶学古生(図734/モ写)〈㊥岡山県川上郡成羽町〉

孔子鳥 *Confuciusornis sanctus*
白亜紀前期の鳥類。
¶世変化(図53/カ写)〈㊥中国の遼寧省 全長237.5mm〉

孔子鳥 ⇒コンフキウソルニスを見よ

孔子鳥 ⇒コンフュシウスオルニスを見よ

コウセキハマナツメ *Paliurus nipponicus*
新生代第四紀更新世の陸上植物双子葉植物。クロウメモドキ科。
¶学古生(図2569/モ図)〈㊥京都府宇治市黄檗山 葉縁の細部,葉,翼果,種子〉
日化譜〔シキシマハマナツメ〕(図版78-13〜16/モ写)〈㊥兵庫県明石市西方 果実〉

コウセキブナ ⇒ヒメブナを見よ

コウダカアオガイ *Notoacmaea concinna*
新生代第三紀鮮新世の貝類。ユキノカサ科。
¶学古生(図1435/モ写)〈㊥青森県むつ市前川〉

コウダカスカシガイ *Puncturella nobilis*
新生代第四紀の貝類。スカシガイ科。
¶学古生(図1713/モ写)〈㊥千葉県市原市瀬又〉

コウダカスカシガイ
新生代第三紀鮮新世の軟体動物腹足類。スカシガイ科。
¶産地新(p56/カ写)〈㊥福島県双葉郡富岡町小良ヶ浜 径1.3cm〉
産地別(p66/カ写)〈㊥北海道北斗市三好細小股沢川 長さ3cm〉

コウダカマツムシ *Mitrella tenuis*
新生代第四紀更新世の貝類。タモトガイ科。
¶学古生(図1728/モ写)〈㊥東京都板橋区徳丸7丁目〉

甲虫 Beetle
2億6000万年前(ペルム紀後期)〜現在の無脊椎動物昆虫。
¶恐竜世(p49/カ写)〈ガムシの一種ヒドロフィルス(水生の甲虫)〉

甲虫の上翅 Coleoptera.fam., gen.et sp.indet.
中生代三畳紀の節足動物昆虫類。
¶化石フ(p130/カ写)〈㊥山口県美祢市 20mm〉

ゴウドリナ・アレナリア *Gaudryina arenaria*
新生代更新世の小型有孔虫。アタクソフラグミウム科。
¶学古生(図918/モ写)〈㊥石川県金沢市大桑町〉

コウナミクチキレ *Tiberia konamiensis*
新生代第三紀・初期中新世の貝類。トウガタガイ科。
¶学古生(図1240/モ写)〈㊥石川県珠洲市高波〉

コウホネ *Meiocardia tetragona*
新生代第四紀の貝類。コウホネ科。
¶学古生(図1778/モ写)〈㊥鹿児島県鹿児島郡桜島町新島〉

コウモリ石(ドレパヌラの一種他) *Drepanura* sp., etc.
カンブリア紀の三葉虫。レドリキア目。
¶三葉虫(図13/モ写)〈㊥中国山東省臨沂 脱皮殻の化石床〉

こうもり竜 ⇒プテロダクチルスを見よ

コウヤワラビ *Onoclea sensibilis*
始新世後期〜現世のシダ植物シダ類。
¶日化譜(図版70-15/モ写)〈㊥北海道夕張市,美唄市,奈井江〉

コウヤワラビに比較される種 *Onoclea* cf. *O. sensibilis*
新生代漸新世の陸上植物。オシダ科。
¶学古生(図2158,2159/モ図)〈㊥北海道夕張市夕張炭鉱〉

コウヨウザン属の未定種 *Cunninghamia* sp.
中生代白亜紀後期〜新生代第三紀中新世の裸子植物松柏類。スギ科。
¶学古生〔ランダイスギの1種〕(図866/モ写)〈㊥福井県勝山市谷町〉
化石フ(p151/カ写)〈㊥長野県南安曇郡豊科町 110mm〉

広葉樹の葉
中生代白亜紀の被子植物双子葉類。
¶産地別(p15/カ写)〈㊥北海道中川郡中川町ワッカウエンベツ川 幅7.5cm〉

広葉樹の葉体 *Phyllites* sp.
中生代白亜紀後期の陸上植物。上部白亜紀植物群。
¶**学古生**〔所属不明の広葉樹葉体の1種〕(図859/モ写)〈[産]福井県今立郡池田町千石谷〉
学古生(図870/モ写)〈[産]和歌山県和歌山市加太町〉

広葉樹(不明種)
中生代白亜紀の被子植物双子葉類。
¶**産地本**(p15/カ写)〈[産]北海道中川郡中川町安平志内川 長さ2cm〉

広葉樹(不明種)
新生代第三紀漸新世の被子植物双子葉類。
¶**産地本**(p47/カ写)〈[産]北海道白糠郡白糠町中庶路 長さ6.5cm〉

コウラストレア・ツミダ ⇒タバネサンゴを見よ

コウリソドン属に似るモササウルス類
Kourisodon?
白亜紀後期カンパニアン期〜マストリヒシアン期のモササウルス類。モササウルス科モササウルス亜科。魚類や頭足類などを摂食。体長約3〜4m?[分]香川県さぬき市多和兼割, 大阪府貝塚市
¶**日恐竜**〔コウリソドン?〕(p122/カ写, カ復)〈[産]香川県さぬき市多和兼割 頭部(顎)〉
日白亜(p69/カ写)〈[産]大阪府泉南市 歯, 顎〉

ゴウロクタマキガイ *Glycymeris gorokuensis*
新生代第三紀鮮新世の貝類。タマキガイ科。
¶**学古生**(図1376/モ写)〈[産]宮城県仙台市郷六〉

ゴウロクツメタガイ *Neverita gorokuensis*
新生代第三紀鮮新世の貝類。タマガイ科。
¶**学古生**(図1383/モ写)〈[産]宮城県仙台市郷六〉

コエノチュリス・ブルガリス
三畳紀の無脊椎動物腕足類。全長1〜2cm。[分]ヨーロッパ, 中東
¶**進化大**〔コエノチュリス〕(p203/カ写)

コエラカンタス *Coelacanthus*
古生代ペルム紀の肉鰭類シーラカンス類。全長59cm。
¶**生ミス4**(図2-4-7/カ写)〈[産]ドイツ〉

コエラカントゥス・バンフェンシス *Coelacanthus banffensis*
中生代三畳紀の硬骨魚類。シーラカンス目シーラカンス科。
¶**化石図**(p95/カ写, カ復)〈[産]カナダ 化石の横幅約30cm〉

コエルルス *Coelurus*
ジュラ紀ティトニアンの恐竜類獣脚類テタヌラ類コエルロサウルス類。コエルロサウルス下目コエルルス科。小型の獣脚類。体長2m。[分]アメリカ合衆国のワイオミング州
¶**恐イラ**(p135/カ復)
恐絶動(p106/カ復)

コエルロサウラヴス *Coelurosauravus*
古生代ペルム紀の爬虫類。初期の双弓類。広々とした森に生息。全長60cm。[分]ドイツ, マダガスカル, イギリス
¶**恐古生**(p76〜77/カ復)
恐絶動(p82/カ復)
生ミス4(図2-2-9/カ写, カ復)〈[産]ドイツ 横幅23cm〉
生ミス4〔新旧骨格図の比較〕(図2-2-10/カ復)
生ミス4〔コエルロサウラヴスの「伝統的な復元」〕(図2-2-11/カ復)
生ミス5(図4-1/カ復)

コエルロサウラヴス・ジャエケリ
Coelurosauravus jaekeli
古生代ペルム紀の脊椎動物爬虫類。全長1m。[分]カナダ
¶**リア古**〔コエルロサウラヴス〕(p190/カ復)

コエロスファエルイディウム *Coelosphaeridium*
おもに古生代の初期の植物藻類緑藻類。
¶**化百科**(p75/カ写)〈[産]ノルウェーのリングサーケル 7cm〉

コエロドンタ *Coelodonta*
300万〜1万年前(ネオジン)の哺乳類奇蹄類。サイ亜目サイ科。別名ケサイ。植物食。全長4m。[分]ヨーロッパ, アジア
¶**化百科**〔ケサイ〕(p243/カ写)〈椎体の幅6cm, 歯の長さ6cm 椎骨, 上臼歯〉
恐絶動(p263/カ復)
恐竜世(p254/カ復)
恐竜博〔ケサイ〕(p194/カ復)

コエロドンタ *Coelodonta antiquitatis*
鮮新世後期〜更新世の哺乳類奇蹄類。哺乳綱獣亜綱正獣上目奇蹄目サイ科。別名毛犀, ケブカサイ。頭胴長約4m。[分]ユーラシア
¶**化写真**(p279/カ写)〈[産]イギリス 上顎の第2大臼歯〉
古脊椎(図312/モ復)
絶哺乳〔ケサイ〕(p179,180/カ写, カ復)〈[産]中国の内モンゴル自治区 約90cm 頭骨〉

コエロドンタ
第四紀更新世の脊椎動物有胎盤類の哺乳類。別名毛サイ。体長3.7m。[分]ヨーロッパ, アジア
¶**進化大**(p438/カ復)

コエロフィシス *Coelophysis*
2億1500万年前(三畳紀後期)の恐竜類獣脚類コエロフィシス類。竜盤目獣脚亜目コエロフィシス科。荒野に生息。全長3m。[分]北アメリカ, アフリカ南部, 中国
¶**恐イラ**(p83/カ復)
恐絶動(p106/カ復)
恐太古(p134/カ復)
恐竜世(p170〜171/カ写, カ復)
恐竜博(p45/カ写, カ復)〈岩に埋めこまれた化石骨格〉
生ミス5(図6-15/カ復)
生ミス5(図6-16/カ写)〈腹部の拡大〉
よみ恐(p30〜31/カ復)

コエロフィシス・バウリ *Coelophysis bauri*
三畳紀後期の恐竜類竜盤類獣脚類。全長3m。[分]アメリカ
¶**図解化**(p209-上右/カ写)〈[産]ニューメキシコ州〉
地球博〔コエロフィシスの骨格〕(p84/カ写)
リア中〔コエロフィシス〕(p62/カ復)

コエロプティキウム *Coeloptychium* sp.
白亜紀後期の無脊椎動物海綿動物珪質海綿。
¶図解化(p58-3/カ写)〈㊥ドイツ〉

ゴオシュウボタル *Baryspira* aff.*australis*
鮮新世前期の軟体動物腹足類。
¶日化譜(図版33-9/モ写)〈㊥沖縄本島〉

五角ウミユリ(不明種)
中生代白亜紀の棘皮動物ウミユリ類。
¶産地本(p70/カ写)〈㊥岩手県下閉伊郡田野畑村明戸 径5mm〉

五角ウミユリ(不明種)
中生代三畳紀の棘皮動物ウミユリ類。
¶産地本(p180/カ写)〈㊥福井県大飯郡高浜町難波江 径5mm 茎の部分がバラバラになったもの〉

ゴカクツキガイ *Claibornites*(*Saxolucina*) *quinquangulus*
漸新世前期の軟体動物斧足類。
¶日化譜(図版45-17/モ写)〈㊥北海道空知郡歌志内, 赤平〉

コガタエダワカレシダ *Cladophlebis exiliformis*
中生代白亜紀のシダ植物シダ類。
¶学古生(図767/モ写)〈㊥石川県石川郡白峰村桑島〉
原色化〔クラドフレビス・イグジリフォルミス〕(PL.71-2/モ写)〈㊥高知県南国市八京 母岩の長径15cm〉
日化譜〔Cladophlebis exiliformis〕(図版70-19/モ写)〈㊥福島, 和歌山, 高知各県など〉

コガタエダワカレシダ近似種 *Cladophlebis* sp.cf.*c.exiliformis*
中生代の陸上植物。シダ綱。下部白亜紀植物群。
¶学古生(図803/モ写)〈㊥高知県南国市領石〉

小型のカメ類
中生代のカメ類。熱河生物群。
¶熱河生(図117/カ写)〈㊥中国の遼寧省朝陽の上河首 体長約7cm〉

コガネエビス
新生代第四紀更新世の軟体動物腹足類。ニシキウズ科。別名クサイロギンエビス。
¶産地新(p78/カ写)〈㊥千葉県君津市追込小糸川 高さ3.5cm〉

コガネグモ類
中生代のクモ類。クモ形綱真正クモ目コガネグモ科。熱河生物群。
¶熱河生(図94/カ写)〈㊥中国の遼寧省北票の黄半吉溝 長さ約10mm〉

コカメガイ *Pictothyris picta*
新生代更新世の腕足類。ラケウス科。
¶学古生(図1074/モ写)〈㊥鹿児島県大島郡喜界町上嘉鉄〉

?ゴギア ? *Gogia radiata*
カンブリア紀の棘皮動物。棘皮動物門ウミリンゴ綱。萼の長さ16～29mm。
¶バ頁岩(図154,155/モ復, モ写)〈㊥カナダのバージェス頁岩〉

ゴギア・パルメリ *Gogia palmeri*
カンブリア紀中期の無脊椎動物棘皮動物エオクリノイド類。
¶図解化(p163-上/カ写)〈㊥アイダホ州〉

コキクザラコケムシ *Berenicea sarniensis*
新生代のコケムシ類。円口目キクザラコケムシ科。
¶学古生(図1077/モ写)〈㊥千葉県木更津市地蔵堂〉

コキザミエダワカレシダ *Cladophlebis denticulata*
中生代三畳紀後期の陸上植物。エダワカレシダ科。成羽植物群。
¶学古生(図741/モ写)〈㊥岡山県川上郡成羽町〉

ゴキブリ *Margattea germari*
漸新世の昆虫。
¶世変化(図76/カ写)〈㊥「東プロイセン」 幅13mm バルト海琥珀〉

ゴキブリ Cockroach
3億ないし3億5000万年前(石炭紀)～現在の無脊椎動物昆虫。
¶恐竜世(p49/カ写)〈アルキミラクリス(先史時代のゴキブリ)〉

ゴキブリの一種
中生代白亜紀の節足動物昆虫類。
¶生ミス8(図7-16/カ写)〈㊥ブラジルのアラリッペ台地 3.5cm〉

ゴキブリの近縁種 ⇒アルキミラクリスを見よ

ゴキブリ類
石炭紀～現在の節足動物昆虫類ゴキブリ類。
¶化百科(p145/カ写)〈㊥イギリス南西部のエイヴォン・コールメジャーズ 全体の長さ2.5cm〉

コクモトクロソイ *Sebastes kokumotoensis*
鮮新世後期の魚類硬骨魚類。
¶日化譜(図版63-21/モ写)〈㊥千葉県市原郡加茂村大久保 耳石〉

ゴクラクハゼ *Rhinogobius giurinus*
新生代鮮新世の魚類。スズキ目ハゼ科。
¶学古生(図1950/モ写)〈㊥鹿児島県薩摩郡車郷町三ケ郷谷之口〉

コクレオサウルス
石炭紀後期の脊椎動物切椎類。全長1.5m。㊕チェコ, カナダ
¶進化大(p166)

コケムシ
古生代オルドビス紀のコケムシ類。
¶生ミス2〔シンシナティ地域の海底の標本〕(図1-3-1/カ写)〈㊥アメリカのオハイオ州〉

コケムシ石灰岩 *Bryozoan limestone*
ジュラ紀～現世の無脊椎動物コケムシ動物。㊕世界中
¶化写真(p39/カ写)〈㊥オーストラリア南部 幅11cm〉

苔虫動物唇口目 *Biflustra* sp.
新生代の無脊椎動物コケムシ類。
¶地球博(p78/カ写)

コ

コケムシの一種
古生代石炭紀の蘚虫動物隠口類。
¶**産地別**（p103/カ写）〈㊥新潟県糸魚川市青海町 左右2cm〉

コケムシ（不明種）
古生代石炭紀の蘚虫動物。
¶**産地本**（p106/カ写）〈㊥新潟県西頸城郡青海町電化工業 長さ2cm〉

コケムシ（不明種）
古生代ペルム紀の蘚虫動物。
¶**産地本**（p152/カ写）〈㊥滋賀県犬上郡多賀町権現谷 長さ1.2cm〉
産地本（p153/カ写）〈㊥滋賀県犬上郡多賀町権現谷 長さ1cm〉
産地本（p153/カ写）〈㊥滋賀県犬上郡多賀町権現谷 長さ1.5cm〉

ココアガンゼキ *Chicoreus capuchinus*
中新世中期～現世の軟体動物腹足類。
¶**日化譜**（図版31-12/モ写）〈㊥富山県八尾〉

ココモプテルス・ロンギカウダトゥス *Kokomopterus longicaudatus*
古生代シルル紀の節足動物鋏角類ウミサソリ類。
¶**リア古**〔ウミサソリ類〕（p98～101/カ復）

コシダカエビス *Calliostoma（Tristichotrochus）consors*
新生代第四紀の貝類。ニシキウズ科。
¶**学古生**（図1716/モ写）〈㊥千葉県市原市瀬又〉

コシダカガンダラ
新生代第三紀鮮新世の軟体動物腹足類。ニシキウズ科。
¶**産地新**（p215/カ写）〈㊥高知県安芸郡安田町唐浜 径1.8cm〉

コシダカサルアワビ *Tugali vadososinuala*
新生代第四紀更新世の貝類。前鰓亜綱原始腹足目スカシガイ科。
¶**学古生**（図1712/モ写）〈㊥千葉県市原市瀬又〉

コシタカチヂミボラ *Nucella freycineti longata*
新生代第三紀鮮新世の貝類。アクキガイ科。
¶**学古生**（図1457/モ写）〈㊥青森県むつ市近川〉

コシバカクホオズキ *Laques koshibensis*
鮮新世後期の腕足類終穴類。
¶**日化譜**（図版25-20/モ写）〈㊥神奈川県〉

コシバテンガイ *Diodora yokoyamai koshibensis*
鮮新世の軟体動物腹足類。
¶**日化譜**（図版26-10/モ写）〈㊥神奈川県小柴〉

コシバニシキ *Chlamys cosibensis*
新生代第三紀中新世～更新世（？）の貝類。イタヤガイ科。
¶**学古生**（図1398～1401/モ写）〈㊥青森県むつ市近川〉
学古生〔コシバニシキガイ〕（図1492,1493/モ写）〈㊥石川県河北郡宇ノ気町 右殻幼貝，同成貝〉

コシバニシキ *Chlamys*（s.s.）*cosibensis*
中新世後期～鮮新世後期の軟体動物斧足類。
¶**日化譜**（図版39-27/モ写）〈㊥神奈川県など〉

コシバニシキ
新生代第四紀更新世の軟体動物斧足類。
¶**産地別**（p163/カ写）〈㊥富山県小矢部市田川 高さ5.7cm〉

コシバニシキ
新生代第三紀鮮新世の軟体動物斧足類。イタヤガイ科。別名クラミス・コシベンシス。
¶**産地新**（p53/カ写）〈㊥福島県双葉郡富岡町小良ヶ浜 高さ4.5cm〉
産地別（p158/カ写）〈㊥富山県高岡市岩坪 長さ5.5cm，高さ5.6cm 左殻〉
産地別（p158/カ写）〈㊥富山県高岡市岩坪 長さ6cm，高さ6.7cm 右殻〉
産地本（p142/カ写）〈㊥富山県高岡市頭川 高さ5cm〉

コシバニシキガイ ⇒コシバニシキを見よ

コシバヒタチオビ ⇒フルゴラリア（ネオセフェア）・コシベンシスを見よ

コシバホウズキチョウチン *Laqueus koshibensis*
新生代鮮新世の腕足類。ラケウス科。
¶**学古生**（図1073/モ写）〈㊥神奈川県金沢区柴町〉

コシバホオズキガイ *Kurakithyris quantoensis*
鮮新世後期の腕足類終穴類。
¶**日化譜**（図版25-23/モ写）〈㊥神奈川県〉

ゴジラサウルス *Gojirasaurus*
三畳紀カーニアン～ノーリアンの恐竜類竜盤類獣脚類ケラトサウルス類。敏捷な肉食恐竜。体長5.5m。㊎アメリカ合衆国のニューメキシコ州
¶**恐イラ**（p81/カ復）

ゴジラサウルス
三畳紀後期の脊椎動物獣脚類。全長5～7m。㊎アメリカ合衆国
¶**進化大**（p218/カ復）

コスシノディスクス・エクセントリクス *Coscinodiscus（Thalassiosira）excentricus*
新生代第三紀～完新世の珪藻類。同心目。
¶**学古生**（図2081/モ写）〈㊥宮城県岩沼市岩沼〉

コスシノディスクス・エンドーイ *Coscinodiscus endoi*
新生代中新世の珪藻類。同心目。
¶**学古生**（図2077/モ写）〈㊥秋田県北秋田郡鷹巣町小田〉

コスシノディスクス・カルバアツラス *Coscinodiscus curvatulus*
新生代第三紀～完新世の珪藻類。同心目。
¶**学古生**（図2079/モ写）〈㊥茨城県那珂湊市磯崎〉

コスシノディスクス・シンボロホラス *Coscinodiscus symbolophorus*
新生代中新世中期，中新世～鮮新世の珪藻類。同心目。
¶**学古生**（図2084/モ写）〈㊥岩手県一関市下黒沢〉

コスシノディスクス・テンペリイ *Coscinodiscus temperi*
新生代中新世～鮮新世の珪藻類。同心目。
¶**学古生**（図2075/モ写）〈㊥岩手県一関市下黒沢〉

コスシノディスクス・ノデュリファー
Coscinodiscus nodulifer
新生代第三紀～完新世の珪藻類。同心目。
¶**学古生**（図2078/モ写）〈㊥茨城県那珂湊市磯崎〉

コスシノディスクス・マアジナアタス
Coscinodiscus marginatus
新生代第三紀～完新世の珪藻類。同心目。
¶**学古生**（図2082/モ写）〈㊥岩手県一関市下黒沢〉
日化譜〔Coscinodiscus marginatus〕（図版9-19/モ写）〈㊥秋田県男鹿市〉

コスシノディスクス・ヤベイ *Coscinodiscus yabei*
新生代中新世中期の珪藻類。同心目。
¶**学古生**（図2074/モ写）〈㊥岩手県一関市下黒沢〉

コスシノディスクス・ラカストリス
Coscinodiscus lacustris
新生代第三紀～完新世の珪藻類。同心目。
¶**学古生**（図2083/モ写）〈㊥埼玉県新座市野火止洪積世〉

コスシノディスクス・リニアタス *Coscinodiscus lineatus*
新生代中新世中期，中新世～鮮新世の珪藻類。同心目。
¶**学古生**（図2085/モ写）〈㊥岩手県一関市下黒沢〉

コスシノディスクス・レウイジアヌス
Coscinodiscus lewisianus
新生代中新世中期の珪藻類。同心目。
¶**学古生**（図2076/モ写）〈㊥茨城県北茨城市大津町五浦〉

コスシノホーラ属の未定種 *Coscinophora* sp.
古生代ペルム紀の腕足動物。
¶**化石フ**（p54/カ写）〈㊥岐阜県大垣市赤坂町 横70mm〉

コスタトリア・コバヤシイ *Costatoria kobayashii*
古生代ペルム紀の軟体動物斧足類ミオフォリア類。
¶**化石フ**（p47/カ写）〈㊥京都府天田郡大江町 10mm〉

コスタトリアの1種 *Costatoria katsuraensis*
古生代後期二畳紀後期の貝類。古異歯亜綱サンカクガイ目ミオフォリア科。
¶**学古生**（図220/モ写）〈㊥高知県高岡郡佐川町桂〉

ゴースト・バット ⇒マクロデルマ・ギガスを見よ

コスマチセラス・ジャポニカム *Kossmaticeras japonicum*
中生代白亜紀後期のアンモナイト。コスマチセラス科。
¶**学古生**（図530/モ写）〈㊥北海道三笠市幾春別川流域本流〉
日化譜〔Kossmaticeras japonicum〕（図版56-2/モ写）〈㊥北海道三笠市幾春別〉

コスマティセラス・フレクスオサム
Kossmaticeras flexuosum
チューロニアン後期の軟体動物頭足類アンモナイト。アンモナイト亜目コスマチセラス科。
¶**アン学**（図版25-1,2/カ写）〈㊥三笠地域〉

コスモケラス *Kosmoceras duncani*
中期ジュラ紀の無脊椎動物アンモナイト類。アンモナイト目コスモケラス科。直径6cm。㊅世界中
¶**化写真**（p148/カ写）〈㊥イギリス〉

コスモセラス *Kosmoceras*
アンモナイト。
¶**アン最**（p100/カ写）〈気室がパイライトで充填された標本〉

コスモセラス・ジェイソン *Kosmoceras jason*
オックスフォーディアン期のアンモナイト。
¶**アン最**〔コスモセラス・ジェイソン，ロンディセラス〕（p178/カ写）〈㊥ロシアのリャザン〉

コスモセラス・スピナータム *Kosmoceras spinatum*
ジュラ紀後期のアンモナイト。
¶**アン最**（p75/カ写）〈㊥ロシアのミハイロフ〉

コスモセラス（スピニコスモケラス）・デュネアニイ *Kosmoceras (Spinikosmokeras) duneani*
ジュラ紀の軟体動物頭足類。
¶**原色化**（PL.51-2/モ写）〈㊥イギリスのウィルツ州ウートン・バセット 長径5.5cm〉

コスモポリトーダス・ハスタリス *Cosmopolitodus hastalis*
第三紀の脊椎動物軟骨魚類。
¶**原色化**（PL.80-2/カ写）〈㊥ベルギー 高さ5cm〉

ゴスリンギア *Gosslingia*
デボン紀前期の初期の陸上植物。ゾステロフィルム目ゴスリンギア科。
¶**化百科**（p77/カ写）〈4cm〉

古生マツバラン類
シルル紀の植物。
¶**図解化**（p42-右/モ復）

コソボペルティス・アンガスチィコスタータ ⇒コソボペルティス・アングスティコスタータを見よ

コソボペルティス・アングスティコスタータ
Kosovopeltis angusticostata
古生代シルル紀の節足動物三葉虫類。スクテラム科。
¶**学古生**（図45/モ写）〈㊥高知県高岡郡越知町横倉山 尾部〉
化石フ〔コソボペルティス・アンガスチィコスタータ〕（p59/カ写）〈㊥高知県高岡郡越知町 20mm〉

コダイアマモ *Archaeozostera simplex*
新白亜紀後期の単子葉植物。
¶**日化譜**（図版79-14/モ図）〈㊥大阪府，愛媛県など〉

コダイアマモ属の未定種 *Archaeozostera* sp.
新生代第三紀中新世の被子植物単子葉類。
¶**化石フ**（p240/カ写）〈㊥愛知県幡豆郡一色町 石の大きさ250mm〉

コダイアミモ ⇒パレオディクチオン・メイジャスを見よ

コダイラシデ *Carpinus kodairae-bracteata*
新生代中新世中期の陸上植物。カバノキ科。
¶**学古生**（図2332/モ写）〈㊥北海道松前郡福島町吉岡 果苞〉

コタカキリガイダマシ *Colpospira kotakai*
新生代第三紀始新世の貝類。キリガイダマシ科。
¶**学古生**（図1100,1101/モ写）〈㊥沖縄県石垣市伊原間〉

コタサウルス *Kotasaurus*
ジュラ紀トアルシアンの恐竜。ヴルカノドン科。原始的な竜脚類。体長9m。[分]インド
¶恐イラ (p106/カ復)

コタマガイ *Gomphina* (*Macridiscus*) *melanaegis*
新生代第四紀完新世の貝類。マルスダレガイ科。
¶学古生 (図1771/モ写)〈[産]千葉県館山市平砂浦〉

コチロリンクス・ロメリ *Cotylorhynchus romeri*
ペルム紀の脊索動物爬虫類盤竜類カセア類。全長3.5m。[分]アメリカ
¶図解化 (p217-下/カ写)〈[産]テキサス州〉
リア古〔コティロリンクス〕(p198/カ復)

コッコステウス *Coccosteus*
3億8000万～3億5000万年前 (デボン紀中期～後期) の初期の脊椎動物板皮類。板皮綱。最初の魚類。全長40cm。[分]北アメリカ, ヨーロッパ
¶恐絶動 (p31/カ復)
恐竜世 (p69/カ写)

コッコステウス *Coccosteus cuspidatus*
中期～後期デボン紀の脊椎動物板皮類。節頸目コッコステウス科。体長35cm。[分]ヨーロッパ, 北アメリカ
¶化写真 (p196/カ写)〈[産]イギリス 背側の頭甲〉

コッコステウス *Coccosteus decipiens*
デボン紀後期の魚類。顎口超綱板皮綱節頸目。全長40cm。[分]スコットランド
¶古脊椎 (図14/モ復)

コッコステウス
デヴォン紀中期～後期の脊椎動物板皮類。体長40cm。[分]北アメリカ, ヨーロッパ
¶進化大 (p132～133/カ写)

コッコダス・アルマトゥス *Coccodus armatus*
中生代白亜紀の軟骨魚類。
¶生ミス7 (図3-4/カ写)〈[産]レバノンのハケル 11cm〉

コッコデルマ *Coccoderma*
ジュラ紀後期の魚類肉鰭類硬骨魚シーラカンス類。
¶化百科 (p196/カ写)〈頭尾長32cm〉

コッコデルマ属の種 *Coccoderma* sp.
ジュラ紀後期の脊椎動物魚類総鰭類。
¶ゾル2 (図205/カ写)〈[産]ドイツのミュールハイム 44cm〉

コッコデルマ・ヌドム *Coccoderma nudum*
ジュラ紀後期の脊椎動物魚類総鰭類。
¶ゾル2 (図204/カ写)〈[産]ドイツのケルハイム 17cm〉

コッコナイス・スクーテラム *Cocconeis scutellum*
新生代第三紀～完新世の珪藻類。羽状目。
¶学古生 (図2122/モ写)〈[産]岩手県一関市下黒沢〉

コッコリス coccoliths
三畳紀～現世の微化石原生生物ハプト藻類。
¶化百科 (p71/カ写)〈[産]イングランド南東部のフォークストンの近く 平均1～10μm〉

コッコリス類
微細な藻類。
¶図解化 (p38-3～6/モ写)

コッコリタス・ペラギクス *Coccolithus pelagicus*
新生代中新世初期～中期のナンノプランクトン。コッコリタス科。
¶学古生 (図2056/モ写)〈[産]石川県珠洲市宝立町〉

コッコレピス・バックランディ *Coccolepis bucklandi*
ジュラ紀後期の脊椎動物魚類軟質魚類。
¶ゾル2 (図49/カ写)〈[産]ドイツのアイヒシュテット 9cm〉

コツチバチ類のアリ
白亜紀前期～現在の節足動物昆虫類膜翅類アリ類。
¶化百科 (p148/カ写)〈[産]ブラジル 全長1cm〉

コッファティア
中生代ジュラ紀の軟体動物頭足類。
¶産地本 (p121/カ写)〈[産]福井県大野郡和泉村下山 径7.0cm〉

コッファティア?
中生代ジュラ紀の軟体動物頭足類。
¶産地新 (p106/カ写)〈[産]福井県大野郡和泉村貝皿 径4cm〉

コツルノキスチス *Cothurnocystis elizae*
オルドビス紀の無脊椎動物海果類。コルヌス目コツルノキスチス科。萼の直径5cm。[分]スコットランド
¶化写真 (p193/カ写)〈[産]イギリス〉

コディアクリヌス・シュルツェリ *Codiacrinus schultzeri*
デヴォン紀の無脊椎動物棘皮動物。
¶図解化 (p168-下左/カ写)〈[産]ドイツ〉

ゴティカリス・ロンギスピノーサ *Goticaris longispinosa*
古生代カンブリア紀末期の節足動物甲殻類。オルステン動物群。全長2.7mm。[分]スウェーデン
¶生ミス1〔ゴティカリス〕(図3-4-15/モ写, カ復)

コティロリンクス *Cotylorhynchus*
古生代石炭紀～ペルム紀の単弓類“盤竜類”カセア類。全長3.5m強。[分]アメリカ, イタリア
¶生ミス4 (図2-3-3/カ写, カ復)〈復元骨格〉

コティロリンクス ⇒コチロリンクス・ロメリを見よ

コーテニア *Kootenia burgessensis*
カンブリア紀の三葉虫。節足動物門アラクノモルファ亜門三葉虫綱。最大40mm。
¶バ頁岩 (図118/モ写)〈[産]カナダのバージェス頁岩〉

コテュロリュンクス
ペルム紀前期の脊椎動物単弓類。全長4m。[分]アメリカ合衆国
¶進化大 (p191)

コトウニィルセンソテツ *Nilssonia kotoi*
中生代の陸上植物。ソテツ綱ニィルセンソテツ目。手取統植物群。
¶学古生 (図776/モ写)〈[産]石川県石川郡白峰村桑島〉

コトゥルノキスティス *Cothurnocystis*
オルドビス紀の無脊椎動物石灰索類。泥状の海底に

生息。萼部直径5cm。[分]西ヨーロッパ
¶化百科〔コトゥルノキュスティス〕(p188/カ写)〈石板の幅7cm 雌型〉
恐古生(p32～33/カ写, カ復)〈[産]スコットランド〉

コトゥルノキュスティス ⇒コトゥルノキスティスを見よ

コドノフジエラの1種 *Codonofusiella cuniculata*
古生代後期二畳紀後期の紡錘虫類。紡錘虫目ブルトニア科。
¶学古生(図90/モ写)〈[産]熊本県八代郡泉村 正縦断面, 正横断面〉
日化譜〔Codonofusiella cuniculata〕(図版2-23,24/モ写)〈[産]熊本県 横断面, 縦断面〉

コトラシア *Kotlassia prima*
二畳紀後期の両生類。両生超綱堅頭綱分椎亜綱セイムリア目。頭長10cm。[分]ソビエト
¶古脊椎(図71/モ復)

コードラトトリゴニア(コードラトトリゴニア)・ノドーサ *Quadratotrigonia (Quadratotrigonia) nodosa*
白亜紀の軟体動物斧足類。
¶原色化(PL.60-2/カ写)〈[産]イギリスのハムプ州ワイト島 長径8.5cm〉

コトラニシキ *Chlamys kotorana*
新生代第三紀・中期中新世の貝類。イタヤガイ科。
¶学古生(図1252/モ写)〈[産]岩手県二戸市穴牛〉

コトラペクテン・カガミアヌス ⇒カガミホタテを見よ

ゴードリセラス
中生代白亜紀の軟体動物頭足類。殻長約20cm。
¶産地新(p7/カ写)〈[産]北海道中川郡中川町安川ペンケシップ沢 径9.5cm 殻の中が空洞になった標本〉
産地新(p225/カ写)〈[産]熊本県天草郡龍ヶ岳町樋島 径5.5cm〉
産地新(p225/カ写)〈[産]熊本県天草郡龍ヶ岳町樋島 径3.6cm〉
産地別(p8/カ写)〈[産]北海道宗谷郡猿払村上猿払 長径7.2cm〉
産地別(p8/カ写)〈[産]北海道宗谷郡猿払村上猿払 長径1.8cm〉
産地別(p20/カ写)〈[産]北海道苫前郡羽幌町逆川 長径9cm〉
産地別〔修復痕のあるゴードリセラス〕(p48/カ写)〈[産]北海道留萌郡小平町パンケ沢 長径3.3cm〉
産地別(p187/カ写)〈[産]和歌山県有田郡有田川町清水 長径10cm〉
産地別(p227/カ写)〈[産]熊本県上天草市龍ケ岳町樋島 長径6cm〉
産地本(p6/カ写)〈[産]北海道宗谷郡猿払村上猿払 径1.6cm〉
産地本(p10/カ写)〈[産]北海道天塩郡遠別町ウッツ川 径5cm〉
産地本(p13/カ写)〈[産]北海道中川郡中川町安平志内川 径5cm〉
産地本(p26/カ写)〈[産]北海道苫前郡苫前町古丹別川 径7.5cm〉
産地本(p26/カ写)〈[産]北海道苫前郡苫前町古丹別川 径6cm〉
日白亜(p20～22/カ復)〈[産]熊本県上天草市龍ヶ岳町〉

ゴードリセラス・イズミエンセ *Gaudryceras izumiense*
中生代白亜紀の軟体動物頭足類。ゴードリセラス科。
¶化石フ(p121/カ写)〈[産]大阪府貝塚市 215mm〉

ゴードリセラス・インターメディウム *Gaudryceras intermedium*
カンパニアン前期の軟体動物頭足類アンモナイト。リトセラス亜目ゴードリセラス科。
¶アン学(図版53-1,2/カ写)〈[産]遠別地域〉

ゴードリセラス・インターメディウム
中生代白亜紀の軟体動物頭足類。
¶産地別(p11/カ写)〈[産]北海道中川郡中川町ワッカウエンベツ川化石沢 長径25cm〉
産地本(p39/カ写)〈[産]北海道浦河郡浦河町井寒台 径25cm〉

ゴードリセラス・サカラバム *Guadryceras sakalavum*
アンモナイト。
¶アン最(p115/カ写)〈[産]マダガスカル〉

ゴードリセラス・ストリアータム *Gaudryceras striatum*
カンパニアン期の軟体動物頭足類アンモナイト。リトセラス亜目ゴードリセラス科。
¶アン学(図版51-2/カ写)〈[産]遠別地域〉
化石図〔ゴードリセラス・ストリアタム〕(p119/カ写, カ復)〈[産]北海道 横幅約5cm〉

ゴードリセラス・テヌイリラータム *Gaudryceras tenuiliratum*
カンパニアン期のアンモナイトアンモナイト。リトセラス亜目ゴードリセラス科。
¶アン学(図版52-1/カ写)〈[産]遠別地域〉
学古生(図589/モ写)〈[産]南樺太内渕川流域 正中断面〉
学古生(図593/モ写)〈[産]南樺太内渕川流域 正中断面〉
日化譜〔Gaudryceras tenuiliratum〕(図版52-11/モ写)〈[産]北海道天塩国アベシナイ, 同三笠市幾春別, 夕張市, 日高国浦河, 樺太など〉

ゴードリセラス・デンセプリカータム *Gaudryceras denseplicatum*
コニアシアン期?の軟体動物頭足類アンモナイト。リトセラス亜目ゴードリセラス科。
¶アン学(図版50-1,2/カ写)〈[産]三笠地域〉

ゴードリセラス・デンセプリカータム
中生代白亜紀の軟体動物頭足類。
¶産地本(p32/カ写)〈[産]北海道留萌郡小平町霧平峠 径8.5cm〉

ゴードリセラスの一種 *Gaudryceras* sp.
チューロニアン前期の軟体動物頭足類アンモナイト。リトセラス亜目ゴードリセラス科。
¶アン学(図版51-1/カ写)〈[産]小平地域〉

ゴードリセラス・ハマナカエンセ
中生代白亜紀の軟体動物頭足類。
¶産地本(p40/カ写)〈[産]北海道厚岸郡浜中町奔幌戸 径10cm〉
産地本(p41/カ写)〈[産]北海道厚岸郡浜中町奔幌戸 径

12cm〉

ゴードリセラス・ハマナカエンセの縦断面
中生代白亜紀の軟体動物頭足類。
¶**産地本**(p41/カ写)〈[産]北海道厚岸郡浜中町奔幌戸 径7.3cm 不完全標本を縦に切った。内部は方解石〉

ゴードリセラス・ミテ *Gaudryceras mite*
コニアシアン期の軟体動物頭足類アンモナイト。リトセラス亜目ゴードリセラス科。
¶**アン学**(図版50-3,4/カ写)〈[産]三笠地域〉

コナラ
新生代第三紀中新世の被子植物双子葉類。ブナ科。
¶**産地新**(p115/カ写)〈[産]新潟県岩船郡朝日村大須戸 長さ8.7cm〉

コナラ ⇒クエルクス・フルイエルミを見よ

コナラ ⇒ユリノキ・ブナ・コナラの仲間を見よ

コナラ属 ⇒クエルクスを見よ

コナルトボラ
新生代第四紀更新世の軟体動物腹足類。オキニシ科。
¶**産地新**(p78/カ写)〈[産]千葉県君津市追込小糸川 高さ4.8cm〉

コナルトボラ?
新生代第三紀鮮新世の軟体動物腹足類。オキニシ科。
¶**産地新**(p213/カ写)〈[産]高知県安芸郡安田町唐浜 高さ3cm〉

コナンキンハゼ *Sapium sebiferum* var.*pleistoceaca*
新生代第四紀更新世の陸上植物。トウダイグサ科。
¶**学古生**(図2574/モ図)〈[産]滋賀県大津市堅田 種子〉

コニアサウルス・クラッシデンス *Coniasaurus crassidens*
白亜紀後期の海生爬虫類有鱗類コニアサウルス類。
¶**化百科**〔コニアサウルス〕(p219/カ写)〈[産]イギリス南部のサセックス 10cm 若い個体の左上顎骨〉

ゴニアステル科の未定種 Goniasteridae gen.et sp. indet.
中生代白亜紀の棘皮動物ヒトデ類。
¶**化石フ**(p136/カ写)〈[産]熊本県八代郡坂本村 35mm〉
化石フ〔ドラステル属の未定種とゴニアステル科の未定種〕(p200/カ写)〈[産]愛知県知多郡南知多町 120mm〉

ゴニアタイト *Goniatite*
中生代デボン紀〜ペルム紀のアンモナイト。
¶**古代生**(p106〜107/カ写)

ゴニアタイト
古生代ペルム紀の軟体動物頭足類。
¶**産地別**(p135/カ写)〈[産]岐阜県大垣市赤坂町金生山 長径0.9cm〉

ゴニアタイト
古生代石炭紀の軟体動物頭足類。
¶**産地新**(p26/カ写)〈[産]岩手県大船渡市日頃市町鬼丸 径6cm〉

ゴニアタイト・クレニストゥリア
石炭紀前期の無脊椎動物頭足類。最大直径3.5cm。[分]ヨーロッパ, アジア, 北アフリカ, 北アメリカ
¶**進化大**〔ゴニアタイト〕(p158〜159/カ写, カ復)

ゴニアタイトの一種
古生代石炭紀の軟体動物頭足類。
¶**産地別**(p110/カ写)〈[産]新潟県糸魚川市青海町 長径4.5cm〉
産地別(p110/カ写)〈[産]新潟県糸魚川市青海町 長径6.2cm〉

ゴニアタイト(不明種)
古生代石炭紀の軟体動物頭足類。
¶**産地本**(p107/カ写)〈[産]新潟県西頸城郡青海町電化工業 径3cm 研磨面〉

ゴニアタイト(不明種)
古生代石炭紀の軟体動物頭足類。シュードパラレゴセラス?
¶**産地本**(p107/カ写)〈[産]新潟県西頸城郡青海町電化工業 径5.8cm〉

ゴニアチテス ⇒ゴニアティテス・クレニストリアを見よ

ゴニアティテス・クレニストリア *Goniatites crenistria*
石炭紀前期の無脊椎動物頭足類アンモノイド類ゴニアタイト類。アンモナイト亜綱ゴニアチテス目ゴニアチテス科。直径6cm。[分]世界中
¶**化写真**〔ゴニアチテス〕(p143/カ写)〈[産]イギリス〉
化百科〔ゴニアティテス〕(p164/カ写)〈[産]マン島 直径4.5cm〉
地球博〔石炭紀のアンモナイト類〕(p80/カ写)

ゴニアティテス・チョクタワエンシス *Goniatites choctawensis*
古生代石炭紀のアンモノイド類。アンモナイト目ゴニアティテス亜目ゴニアティテス科。
¶**化石図**(p74/カ写, カ復)〈[産]アメリカ合衆国 横幅約1.5cm〉

ゴニオクラディアの1種 *Goniocladia intricata*
古生代後期二畳紀後期のコケムシ類。ヘキサゴネラ科。
¶**学古生**(図161/モ写)〈[産]宮城県気仙沼市岩井崎 接断面〉

ゴニオクリメニアの一種 *Gonioclymenia* sp.
デボン紀後期のアンモナイト。
¶**アン最**(p123/カ写)〈[産]モロッコのリザーニ〉

ゴニオテュリス・フィリプシ
ジュラ紀中期の無脊椎動物腕足類。長さ2〜4cm。[分]ヨーロッパ
¶**進化大**〔ゴニオテュリス〕(p236/カ写)

ゴニオピグスの1種 *Goniopygus atavus*
中生代白亜紀前期の棘皮動物。アルバキア科。
¶**学古生**(図722/モ写)〈[産]岩手県下閉伊郡日野畑村平井賀〉

ゴニオフィルム *Goniophyllum pyramidale*
前期〜中期シルル紀の無脊椎動物サンゴ類。キスティフィルム目ゴニオフィルム科。夾の直径1.5cm。[分]ヨーロッパ, 北アメリカ

¶化写真(p50/カ写)〈㊦スウェーデン〉
地球博〔四射(四放)サンゴ〕(p79/カ写)

ゴニオフォリス *Goniopholis*
中生代ジュラ紀～白亜紀の爬虫類双弓類主竜類クルロタルシ類ワニ形類。全長3m。㊐アメリカ, エチオピア, フランスほか
¶化百科(p212/カ写)〈頭骨長70cm 頭骨〉
生ミス6(図3-6/カ写, カ復)〈48cm 頭骨〉

ゴニオフォリス *Goniopholis crassidens*
後期ジュラ紀～後期白亜紀の脊椎動物双弓類。ワニ目ゴニオフォリス科。体長3m。㊐ヨーロッパ, アジア, 北アメリカ
¶化写真(p242/カ写)〈㊦イギリス 背甲〉

コニオプテリス・ヒメノフィロイデス
三畳紀～新第三紀の植物シダ類。複葉の長さ1m。㊐世界各地
¶進化大〔コニオプテリス〕(p227/カ写)

コニオプテリス・ブレジェンシス *Coniopteris burejensis*
ジュラ紀のシダ植物羊歯類。
¶学古生〔ブレヤマルタマシダ〕(図772/モ写)〈㊦石川県石川郡白峰村桑島〉
原色化(PL.58-5/モ写)〈㊦石川県石川郡白峰村桑島 長さ9cm〉
日化譜〔Coniopteris burejensis〕(図版70-17/モ写)〈㊦石川県石川郡白峰村桑島柳谷など〉

ゴニオフュルム・ピラミダーレ
シルル紀前期～中期の無脊椎動物花虫類。カリス直径1.5cm。㊐ヨーロッパ, 北アメリカ
¶進化大〔ゴニオフュルム〕(p102/カ写)

ゴニオマイア・サブアルキアキ *Goniomya (Goniomya) subarchiaci*
中生代の貝類。ウミタケモドキ科。
¶学古生(図698/モ写)〈㊦岩手県下閉伊郡田野畑村平井賀 左殻外面〉

ゴニオマイア・ノンブスクリプタ *Goniomya (Goniomya) nonvscripta*
中生代ジュラ紀後期の貝類。ウミタケモドキ科。
¶学古生(図693/モ写)〈㊦福島県相馬郡鹿島町 左殻外面〉

ゴニオマイア・リテラータ *Goniomya literata*
ジュラ紀の軟体動物斧足類。
¶原色化(PL.46-7/モ写)〈㊦ドイツのバーデン 幅6cm〉

ゴニオミヤ属の未定種 *Goniomiya* sp.
中生代ジュラ紀の軟体動物斧足類。ウミタケモドキ科。
¶化石フ(p91/カ写)〈㊦岐阜県大野郡荘川村 90mm〉

ゴニオリトン ⇒イシノミの1種を見よ

ゴニオリナ属の種 *Goniolina* sp.
ジュラ紀後期の藻類カサノリ類。
¶ゾル1(図10/カ写)〈㊦ドイツのブルン 6cm〉

ゴニオリンキア *Goniorhynchia boueti*
中期ジュラ紀の無脊椎動物腕足動物。リンコネラ目リンコネラ科。体長2cm。㊐ヨーロッパ
¶化写真(p90/カ写)〈㊦イギリス〉

コニベの耳石 *Johnius belongerii*
新生代第三紀鮮新世の魚類硬骨魚類。ニベ科。
¶化石フ(p224/カ写)〈㊦静岡県掛川市 8mm〉

コ

コニュラリア
古生代石炭紀の腔腸動物鉢クラゲ類。
¶産地新(p96/カ写)〈㊦新潟県西頸城郡青海町 長さ約3cm〉
産地別(p105/カ写)〈㊦新潟県糸魚川市青海町 長さ2cm〉

コニュラリア・ピラミダータ *Conularia pyramidata*
シルル紀の腔腸動物小錐類。
¶原色化(PL.11-3/モ写)〈㊦フランスのカルバドス 高さ9.6cm〉

コヌス *Conus*
始新世の無脊椎動物貝殻の化石。
¶恐竜世〔イモガイのなかま〕(p61/カ写)

コヌス *Conus (Lithoconus) sauridens*
後期白亜紀～現世の無脊椎動物腹足類。新腹足目イモガイ科。体長6cm。㊐世界中
¶化写真(p130/カ写)〈㊦アメリカ〉

コヌラリア *Conularia*
デヴォン紀の無脊椎動物腔腸動物鉢虫類。小錐亜綱。
¶図解化(p66-左/カ写, モ復)〈㊦ドイツのブンデンバッハ 黄鉄鉱化〉

コヌラリア・クルスツラ *Conularia crustula*
石炭紀の無脊椎動物腔腸動物。
¶図解化(p66-中央/カ写)〈㊦アメリカ〉

コヌラリア類 *Paraconularia quadrisulcata*
石炭紀前期の刺胞動物クラゲ類。
¶世変化(図24/カ写)〈㊦英国のグラスゴー 幅6.7cm〉

コヌルス *Conulus*
白亜紀の棘皮動物ウニ類。
¶化百科(p187/カ写)〈幅3～5cm〉

コヌルス *Conulus albogalerus*
後期白亜紀～暁新世の無脊椎動物ウニ類。卵形目コヌルス科。直径3.5cm。㊐世界中
¶化写真(p180/カ写)〈㊦イギリス 側面, 底面〉

コヌルス・アルボガレルス *Conulus arbogalerus*
白亜紀の棘皮動物ウニ類。
¶原色化(PL.69-4/カ写)〈㊦イギリスのケント州フォークストン 高さ3.5cm, 長さ3.7cm〉

コネテス *Chonetes* sp.
ペルム紀の無脊椎動物腕足動物。ストロホメナ目コネテス科。体長2cm。㊐アメリカ
¶化写真(p83/カ写)〈㊦アメリカ 茎殻, 腕殻〉

コネプルシア *Koneprusia*
古生代デボン紀の節足動物三葉虫類。
¶生ミス3(図4-21/カ写)〈㊦モロッコ 30mm〉

コネプルシア ブルートニイ *Koneprusia brutoni*
デボン紀の三葉虫。オドントプルーラ目。

¶三葉虫（図95/モ写）〈㊎モロッコのエルフド 長さ35mm〉

コノカージウムの1種　*Conocardium japonicum*
古生代後期石炭紀後期の貝類。隠歯亜綱？コノカージウム目コノカージウム科。
¶学古生（図225/モ写）〈㊎山口県美祢市伊佐祢河原〉
日化譜〔Conocardium japonicum〕（図版85-28/モ写）〈㊎山口県美禰市伊佐町〉

コノカルディウム　*Conocardium* sp.
デボン紀と石炭紀の無脊椎動物軟体動物ロストロコンク類。
¶化石フ〔コノカルディウム属の未定種〕（p35/カ写）〈㊎新潟県西頸城郡青海町 14mm〉
地球博〔吻殻綱〕（p80/カ写）

コノカルディウム
デヴォン紀～ペルム紀の無脊椎動物吻殻類（軟体動物）。最大全長15cm。㊕世界各地
¶進化大（p159/カ写）

コノカルディウム
古生代石炭紀の軟体動物ロストロコンク類。
¶産地新（p95/カ写）〈㊎新潟県西頸城郡青海町 長さ1.5cm〉
産地別（p105/カ写）〈㊎新潟県糸魚川市青海町 長さ1.8cm〉

コノカルディウム・ハイバーニクム
Conocardium hibernicum
デボン紀の軟体動物斧足類。
¶原色化（PL.22-1/モ写）〈㊎北アメリカのオハイオ州ケリース島 長さ1cm〉

コノケファリテス・カピト　*Conocephalites capito*
ジュラ紀後期の無脊椎動物昆虫類バッタ類。
¶ゾル1（図400/カ写）〈㊎ドイツのアイヒシュテット 3cm〉

コノコリフェ スルゼリィ　*Conocoryphe sulzeri*
カンブリア紀中期の三葉虫。プティコパリア目。
¶三葉虫（図109/モ写）〈㊎チェコスロバキアのボヘミア 長さ52mm〉

コノドント　*Conodont*
古生代オルドビス紀～中生代三畳紀の魚類無顎類。体長最大40cm。
¶生ミス2〔コノドントの化石〕（図1-4-1/モ写）
日絶古（p20～21/カ写, カ復）〈㊎岐阜県高山市（旧上宝村）〉

コノドント
シルル紀の化石。脊索動物の歯。
¶古代生〔コノドントの化石〕（p83/カ写）〈㊎イギリスのラドロー〉
図解化（p93-上/モ復）
世変化（図12/カ写）〈㊎スウェーデンのゴットランド島 視野幅3.7mm〉

コノドント類　*Plectodina onychodont*
オルドビス紀中期の脊索動物無顎類。微化石。
¶化石図（p24/カ写）〈㊎タイ 横幅350μm〉

コノドント類　⇒エピゴンドレラ・アブネプティスを見よ

コノハムカシゴキブリ　*Samaroblatta fronda*
中生代の昆虫類。昆虫綱ゴキブリ目メソブラッティナ科。
¶学古生（図710/モ写）〈㊎山口県美祢市大嶺町檀ケ谷炭礦〉

コノフィリップシア・コイズミイ
古生代石炭紀の節足動物三葉虫類。
¶産地別（p74/カ写）〈㊎岩手県大船渡市日頃市町鬼丸 長さ0.7cm〉

コノフィリップシア・デシセグメンタ
Conophillipsia decisegmenta
古生代石炭紀の節足動物三葉虫類。
¶化石フ（p63/カ写）〈㊎岩手県東磐井郡東山町 60mm〉

コノリクテス
暁新世前期の哺乳類。紐歯目。植物食。
¶絶哺乳（p88/カ写）〈㊎アメリカのニューメキシコ州サンワン盆地 頭骨全長18cm 頭骨, 下顎〉

古杯類
カンブリア紀前期～中期の無脊椎動物古杯動物。全長5～30cm。㊕南極大陸, オーストラリア, 北アメリカ, 南ヨーロッパ, ロシア
¶進化大（p71/カ写）

コハク
中生代白亜紀の植物樹脂。
¶産地別（p54/カ写）〈㊎北海道留萌郡小平町天狗橋上流 径2cm〉
産地本（p70/カ写）〈㊎岩手県九戸郡野田村十府ヶ浦 写真の左右5cm〉

コハク
新生代第四紀更新世の植物樹脂。
¶産地本（p145/カ写）〈㊎石川県珠洲市大谷峠 長さ8cm〉
産地本（p221/カ写）〈㊎滋賀県彦根市野田山町 写真の左右4cm〉

琥珀
新生代古第三紀の樹脂の化石。
¶生ミス9〔掘り出されたばかりの琥珀〕（図1-5-1/カ写）〈㊎バルト海沿岸「ブルーアース」 重量1050g〉

琥珀
樹脂の化石。
¶植物化（p12/カ写）〈雄しべや小さな葉が入っている〉

コハクとワニス樹脂　*Baltic amber,Kauli gum*
前期白亜紀～現世の植物針葉樹類。松柏類。㊕世界中
¶化写真（p306/カ写）〈㊎デンマーク, ニュージーランド 透明感のある雲形模様のコハク, 澄んだ宝石品質のコハク, 丸いコハクの礫, ワニス樹脂〉

琥珀のなかの化石
およそ3800万年前の無脊椎動物。
¶恐竜世（p52～53/カ写）〈カマキリやさまざまな種類のハエなど〉

コバタケナラ　*Quercus kobatakei*
新生代中新世中期の陸上植物。ブナ科。
¶学古生（図2345/モ写）〈㊎兵庫県神戸市須磨区白川〉

コハナガタサンゴ *Cynarina lacrymalis*
新生代の六放サンゴ類。オオトゲサンゴ科。
¶学古生（図1029/モ写）〈㊟千葉県館山市沼〉

コバネソテツの1種 *Ptilophyllum* sp.
中生代の陸上植物。ソテツ綱。下部白亜紀植物群。
¶学古生（図811/モ写）〈㊟高知県南国市領石〉

コバノコダイアマモ *Archeozostera minor*
中生代白亜紀後期の陸上植物。
¶学古生（図875/モ写）〈㊟香川県三豊郡財田町財田上〉

コバノヤマハンノキ ⇒アルヌス・ティンクトリア・ミクロフィラを見よ

コバヤシイテス・ヘミシリンドリカス *Kobayashites hemicylindricus*
中生代白亜紀の軟体動物斧足類。ウグイスガイ目バケベリア科。
¶化石フ（p94/カ写）〈㊟宮城県石巻市 55mm〉

コバヤシイナ・ヒアリノッサ *Kobayashiina hyalinosa*
新生代更新世，現世の甲殻類（貝形類）。シセルーラ科セロプテロン亜科。
¶学古生（図1884/モ写）〈㊟千葉県成田層，青森県陸奥湾 右殻，両殻（背面）〉

コバヤシコロモガイ *Cancellaria kobayashii*
新生代第三紀鮮新世の貝類。コロモガイ科。
¶学古生（図1446/モ写）〈㊟青森県むつ市近川〉

コバヤシコンゴウボラ *Cancellaria (Merica) kobayashii*
新生代第三紀鮮新世～初期更新世の貝類。コロモガイ科。
¶学古生（図1598/モ写）〈㊟石川県金沢市大桑〉

コバヤシトチュウ *Eucommia kobayashii*
新生代始新世の陸上植物。トチュウ科。
¶学古生（図2208/モ写）〈㊟北海道夕張市清水沢炭鉱〉

ゴビアテリウム *Gobiatherium mirifucum*
始新世中期の哺乳類。恐角目ウインタテリウム科。植物食。頭骨全長約70cm。㊕アジア
¶絶哺乳（p97,99/カ写，カ復）〈㊟中国の内モンゴル自治区 頭骨〉

ゴビコノドン *Gobiconodon* sp.
白亜紀前期の哺乳類。真三錐歯目アンフィレステス科。頭胴長約20cmおよび35～40cm。㊕アジア，北アメリカ
¶絶哺乳（p35,36/カ復，モ図）〈G.ostromiの復元骨格〉

ゴビコノドン・ゾフィアエの完模式標本 *Gobiconodon zofiae*
中生代の哺乳類三錐歯類。熱河生物群。
¶熱河生（図199/カ写）〈㊟中国の遼寧省北票の陸家屯 頭骨の長さ45mm〉

コビトカシパン *Kewia parvus*
漸中新世のウニ類。
¶日化譜（図版62-5/モ写）〈㊟樺太〉

コピドドン *Kopidodon macrognathus*
始新世中期の哺乳類パントレステス類。パロキシクラエヌス科。植物食。頭胴長約60cm。㊕ヨーロッパ
¶絶哺乳（p93,95/カ写，カ復）〈㊟ドイツのメッセル 全身骨格〉

コビヤマホタテガイ *Mizuhopecten kobiyamai*
新生代第三紀・初期中新世の貝類。イタヤガイ科。
¶学古生（図1142/モ写）〈㊟福島県いわき市下山口〉

コビワコカタバリタニシ
新生代第三紀鮮新世の軟体動物腹足類。タニシ科。
¶産地新（p186/カ写）〈㊟滋賀県甲賀郡甲西町野洲川河床 高さ2.8cm〉

コビワコカドバリタニシ *Tulotomoides japonica*
新生代第四紀鮮新世最後期の貝類。タニシ科。
¶学古生（図1711/モ写）〈㊟滋賀県甲賀郡甲西町三雲〉

コブシ *Magnolia kobus*
新生代第四紀更新世中期の陸上植物。モクレン科。
¶学古生（図2568/モ図）〈㊟神奈川県横浜市戸塚区下倉田 種子〉

コブシガニの一種
新生代第四紀更新世の節足動物甲殻類。
¶産地本（p97/カ写）〈㊟千葉県木更津市真里谷 高さ0.8cm〉

コブシガニの仲間（不明種）
新生代第三紀中新世の節足動物甲殻類。
¶産地本（p209/カ写）〈㊟滋賀県甲賀郡土山町鮎河 長さ6mm〉

コプトチリス・グレイイ ⇒タテスジホウズキガイを見よ

コブヒラコケムシ *Schizoporella unicornis*
新生代更新世前期のコケムシ類。唇口目有嚢亜目ヒラコケムシ科。
¶学古生（図1089/モ写）〈㊟秋田県南秋田郡若美町釜谷地〉

コプリノスコレックス・エロギムス *Coprinoscolex ellogimus*
石炭紀の無脊椎動物環虫類蝓虫動物門。
¶図解化（p90-上/カ写）〈㊟イリノイ州メゾン・クリーク〉

こぶ竜 ⇒ステゴケラスを見よ

コプロライト
中生代三畳紀の糞化石。大型のディキノドン類のものか。
¶生ミス5（図5-24/カ写）〈㊟アルゼンチンのタランパヤ国立公園 直径0.5～35cm “共同トイレ”で発見された〉

コプロライト
中生代三畳紀初期の糞の化石。脊椎動物のものである可能性が高い。
¶生ミス5〔南三陸町のコプロライト〕（図2-2/カ写）〈㊟宮城県南三陸町 約7cm〉

コベルトフネガイ *Arca (Arca) boucardi*
新生代第三紀鮮新世の貝類。フネガイ科。
¶学古生（図1485,1486/モ写）〈㊟石川県河北郡宇ノ気町〉

コベルトフネガイ *Arca boucardi*
新生代第四紀更新世の貝類。フネガイ科。
¶学古生（図1631/モ写）〈㊟神戸市須磨区西舞子〉

コベルトフネガイ
新生代第三紀中新世の軟体動物斧足類。
¶**産地別**(p212/カ写)〈(産)滋賀県甲賀市土山町鮎河 長さ4.2cm〉

コベルトフネガイ
新生代第三紀鮮新世の軟体動物斧足類。フネガイ科。
¶**産地新**(p54/カ写)〈(産)福島県双葉郡富岡町小良ヶ浜 長さ6.1cm〉

コベロドゥス *Cobelodus*
石炭紀中期～後期の魚類軟骨魚類。板鰓亜綱。全長2m。(分)合衆国のイリノイ, アイオワ
¶**恐絶動**(p26/カ復)

コマキモノガイ *Leucotina dianae*
新生代第三紀・初期更新世の貝類。トウガタガイ科。
¶**学古生**(図1613/モ写)〈(産)石川県金沢市大桑〉

コマツレラ・ピンナタ *Comaturella pinnata*
ジュラ紀後期の無脊椎動物棘皮動物ウミユリ類。
¶**ゾル1**(図499/カ写)〈(産)ドイツのゾルンホーフェン 13cm〉
ゾル1(図500/カ写)〈(産)ドイツのゾルンホーフェン 17cm 開いた萼〉
ゾル1(図501/カ写)〈(産)ドイツのランゲンアルトハイム 15cm〉

コマツレラ・フォルモサ *Comaturella formosa*
ジュラ紀後期の無脊椎動物棘皮動物ウミユリ類。
¶**ゾル1**(図498/カ写)〈(産)ドイツのツァント 8cm〉

コミネカエデ *Acer micranthum*
新生代第四紀更新世の陸上植物。カエデ科。
¶**学古生**(図2594/モ写)〈(産)栃木県塩谷郡塩原町〉
日化譜(図版78-10/モ写)〈(産)栃木県塩原温泉シラン沢〉

ゴミムシの1種 Harpalinae,gen.et sp.indet.
新生代始新世中期の昆虫類。オサムシ科。
¶**学古生**(図1802/モ写)〈(産)北海道夕張市ペンケ〉

コムビニヴァルヴラ・チェングイアングエンシス *Combinivalvula chengjiangensis* 澄江融殻虫
カンブリア紀の節足動物。節足動物門。澄江生物群。甲皮長最大15mm。
¶**澄江生**(図16.32/カ写)〈(産)中国の帽天山, 小濫田 背側からの眺め〉

ゴムフォケラス
シルル紀中期の無脊椎動物頭足類。体長7.5～15cm。(分)ヨーロッパ
¶**進化大**(p102/カ写)

ゴムフォテリウム ⇒ゴンフォテリウムを見よ

ゴムフォテリゥム・ヨコチイ *Gomphotherium yokotii*
第三紀の脊椎動物哺乳類。
¶**原色化**(PL.77-5/カ写)〈(産)朝鮮の咸鏡北道明川 長さ17cm, 幅7cm, 高さ16cm 臼歯〉

コムプソグナタス ⇒コンプソグナトゥス・ロンギペスを見よ

コムプソグナトゥス
ジュラ紀前期の脊椎動物獣脚類。体長1.3m。(分)ドイツ, フランス
¶**進化大**(p263/カ写, カ復)

コムプソグナトゥス ⇒コンプソグナトゥス・ロンギペスを見よ

コムプソグナトゥス・ロンギペス ⇒コンプソグナトゥス・ロンギペスを見よ

コムプソナツス ⇒コンプソグナトゥス・ロンギペスを見よ

コムプトニフィルム・ナウマンニイ *Comptoniphyllum naumanni*
第三紀の被子植物双子葉類。
¶**原色化**(PL.76-2/カ写)〈(産)茨城県久慈郡野依村上金沢 全長7.5cm〉

ゴムポテリウム ⇒ゴンフォテリウムを見よ

コムラ *Comura* sp.
デボン紀の三葉虫。
¶**世変化**(図19/カ写)〈(産)モロッコ 幅10cm〉

コムラ(フィロニクス)コメタ *Comura* (*Philonix*) *cometa*
デボン紀の三葉虫。ファコープス目。
¶**三葉虫**(図71/モ写)〈(産)モロッコのアルニフ 長さ58mm〉

コメツガ *Tsuga diversifolia*
新生代第四紀更新世後期の陸上植物。マツ科。
¶**学古生**(図2534/モ図)〈(産)東京都中野区江古田 球果〉

コメツキムシ類
中生代の昆虫類。熱河生物群。
¶**熱河生**(図83/カ写)〈(産)中国の遼寧省北票の黄半吉溝 長さ約15mm〉

コメツブムシロ *Nassarius* (*Zeuxis*) *kometubus*
中新世中期の軟体動物腹足類。
¶**日化譜**(図版32-28/モ写)〈(産)岩手県福岡町白鳥〉

古網翅類
多くの種類は, 石炭紀後期～ペルム紀後期の節足動物昆虫類古網翅類。
¶**化百科**(p145/カ写)〈翅開長7cm〉

コモンサンゴの1種 *Montipora* sp.
新生代の六放サンゴ類。ミドリイシ科。
¶**学古生**(図1019/モ写)〈(産)千葉県館山市沼〉

コヤマクロアワビ *Haliotis discus koyamai*
新生代第三紀中新世の軟体動物斧足類アワビの化石。ミミガイ科。
¶**化石フ**(p181/カ写)〈(産)長野県上水内郡戸隠村 62mm〉
日化譜(図版26-7/モ写)〈(産)長野県上水内郡柵〉

コヤマトンボ *Macromia amphigena*
新生代の昆虫類。ヤマトンボ科。
¶**学古生**(図1821/モ写)〈(産)栃木県塩谷郡塩原町中塩原〉
日化譜〔コヤマトンボ幼虫〕(図版60-29/モ写)〈(産)栃木県塩原温泉〉

コユキサゴ(新) *Suchium* (*Suchium*) *koyuense*
中新世後期の軟体動物腹足類。
¶**日化譜**(図版26-27/モ写)〈(産)宮崎県西都市三納〉

コヨーテ *Canis latrans*
新生代第四紀の哺乳類真獣類食肉類イヌ型類イヌ類。現生種。
¶**生ミス10**(図3-2-5/カ復)

コヨヤマノミカニモリ(?) *Bittium* sp.cf.*B. yokoyamai*
新生代第三紀鮮新世〜初期更新世の貝類。オニノツノガイ科。
¶**学古生**(図1615/モ写)〈㊧石川県金沢市上中町〉

コラニア属の1種 *Colania douvillei*
古生代後期二畳紀中期の紡錘虫類。ネオシュワゲリナ科。
¶**学古生**(図86/モ写)〈㊧岡山県 正縦断面, 正横断面〉

コラニエラの1種 *Colaniella parva*
古生代後期の小型有孔虫。コラニエラ科。
¶**学古生**(図93/モ写)〈㊧兵庫県実粟郡一宮町百千家満 縦断面〉

コリグノニセラス
中生代白亜紀の軟体動物頭足類。
¶**産地別**(p48/カ写)〈㊧北海道留萌郡小平町一二三の沢 長径1.3cm〉
産地別(p56/カ写)〈㊧北海道芦別市幌子芦別川 長径1.9cm〉

コリグノニセラス・ウールガリィ *Collignoniceras woollgari*
中生代白亜紀の軟体動物頭足類。
¶**化石フ**(p120/カ写)〈㊧北海道天塩郡中川町 70mm〉

コリグノニセラスの仲間
中生代白亜紀の軟体動物頭足類。
¶**産地別**(p35/カ写)〈㊧北海道苫前郡苫前町古丹別川 長径10cm〉

コリダリス・ヴェストゥタ *Corydalis vestuta*
ジュラ紀後期の無脊椎動物昆虫類甲虫類。おそらくハネカクシ類の一種。
¶**ゾル1**(図455/カ写)〈㊧ドイツのアイヒシュテット 4.5cm〉

コリトサウルス *Corythosaurus*
7600〜7400万年前(白亜紀後期)の恐竜類ハドロサウルス類。鳥盤目鳥脚亜目ハドロサウルス科ランベオサウルス亜科。森林に生息。全長9m。㊕カナダ, 北アメリカ
¶**恐イラ**(p218/カ復)
恐古生(p182〜183/カ復)
恐絶動(p151/カ復)
恐太古(p102〜105/カ写)〈頭骨, 背骨, 骨格標本〉
恐竜世(p134〜135/カ写, カ復)〈頭骨, 皮ふ〉
恐竜博(p142〜143/カ写)
よみ恐(p203/カ復)

コリトサウルス *Corythosaurus casuarius*
白亜期後期の恐竜類。竜型超綱鳥盤綱鳥脚目。別名かんむり竜。全長10m。㊕カナダ
¶**古脊椎**(図166/モ復)

コリトサウルス
白亜紀後期の脊椎動物鳥盤類。体長9m。㊕カナダ
¶**進化大**(p344〜345/カ写, カ復)〈トサカ〉

コリネラ・フォラミノサ *Corynella foraminosa*
ジュラ紀前期の無脊椎動物海綿動物石灰質海綿。
¶**図解化**(p58-5/カ写)〈㊧イギリス〉

コリハペルティスの一種 *Kolihapeltis* sp.
デボン紀中期の三葉虫。イレヌス目。
¶**三葉虫**(図42/モ写)〈㊧モロッコのアルニフ 長さ52mm〉

コリフォドン *Coryphodon*
暁新世後期〜始新世中期の哺乳類。汎歯目コリフォドン科。初期の植物食哺乳類。全長2.25m。㊕北アメリカ, ヨーロッパ, アジア東部に広く分布
¶**恐絶動**(p235/カ復)
絶哺乳(p92,95/カ写, カ復)〈頭骨〉

コリフォドン類 Coryphodontidae
約5000万年前(新生代古第三紀始新世)の哺乳類。哺乳綱汎歯目コリフォドン科。体長2mと推測。
¶**日絶古**(p54〜55/カ写, カ復)〈㊧熊本県天草市御所浦町牧島 両顎〉

コリホドン *Coryphodon testis*
始新世の哺乳類。哺乳綱獣亜綱汎歯目。別名純脚獣。体長2.5m。㊕北米ワイオミング州, ニューメキシコ州
¶**古脊椎**(図269/モ復)
日化譜〔アカシゾウ〕(図版67-6,7/モ写)〈㊧兵庫県明石市西, 新潟県刈羽郡高柳 頭骨前面, 右上第2大臼歯〉

コリュルス・アウェッラナ
古第三紀後期〜現代の被子植物。別名ツノハシバミ, セイヨウハシバミ。高さ最大24m。㊕北アメリカ, ヨーロッパ, アジア
¶**進化大**〔コリュルス〕(p422/カ写)〈㊧北ウェールズ 実〉

コリリテス・エリプチカ *Collyrites elliptica*
ジュラ紀後期の無脊椎動物棘皮動物。
¶**図解化**(p179-6/カ写)〈㊧イギリス〉

コリンシウム・キリオイズム *Collinsium ciliosum*
古生代カンブリア紀の有爪動物。全長15cm。㊕中国
¶**リア古**〔コリンシウム〕(p22/カ復)

コリンボサトン・エクプレクティコス *Colymbosathon ecplecticos*
古生代シルル紀の介形虫類。体長5mm。
¶**生ミス2**〔コリンボサトン〕(図2-4-5/カ図)〈㊧イギリスのヘレフォードシャー〉

ゴルゴサウルス *Gorgosaurus*
白亜紀カンパニアンの恐竜類ティラノサウルス類。ティラノサウルス上科。体長9m。㊕カナダのアルバータ州〜アメリカ合衆国のニューメキシコ州
¶**恐イラ**(p205/カ復)

ゴルゴサウルス *Gorgosaurus libratus*
白亜紀後期の恐竜類。竜型超綱竜盤綱獣脚目。全長9m。㊕北米モンタナ州, カナダのアルバータ
¶**古脊椎**(図142/モ復)

ゴルゴノプス類
古生代ペルム紀の単弓類。
¶**生ミス5**(図1-5/カ復)

ゴルゴプスカバ *Hippopotamus gorgops*
更新世の哺乳類鯨河馬形類。鯨偶蹄目カバ科。頭胴長約4～5m。(分)アフリカ
¶**恐絶動**〔ヒポポタマス〕(p267/カ復)
絶哺乳(p211/カ写, カ復)〈頭骨〉

コルジレリオン *Cordillerion andium*
鮮新世, 更新世の哺乳類。哺乳綱獣亜綱正獣上目長鼻目。別名アンデス象。体長1.35m。(分)北米, 南米
¶**古脊椎**(図284/モ復)

コルダイアンサス・ウンジュラトゥス *Cordaianthus undulatus*
石炭紀の植物。
¶**図解化**(p40-10/カ写)

コルダイアンサスの1種 *Cordaianthus* sp.
古生代後期二畳紀前期の陸上植物。裸子植物針葉樹綱コルダボク目コルダボク科。
¶**学古生**(図320,321/モ写)〈(産)宮城県登米郡東和町米谷古館〉

コルダイタントゥス
石炭紀～ペルム紀の裸子植物。コルダイテスの球果をつける構造体。植物全体の最大高さ45m。(分)ヨーロッパ, 北アメリカ, 中国
¶**進化大**〔コルダイテス〕(p153/カ写)〈球果〉

コルダイテス *Cordaites*
石炭紀前期～ペルム紀の裸子植物。コルダイテス目。
¶**化百科**(p94/カ写)〈葉長最大1m, 幅最大15cm〉
図解化(p46/モ復)
地球博〔石炭紀の裸子植物〕(p77/カ写)

コルダイテス *Cordaites angulostriatus*
後期石炭紀～前期二畳紀の植物コルダボク類。コルダボク目コルダボク科。高さ10m。(分)世界中
¶**化写真**(p301/カ写)〈(産)イギリス〉

コルダイテス ⇒コルダイタントゥスを見よ

コルダイテス・パルマエフォルミス *Cordaites palmaeformis*
古生代ペルム紀の裸子植物コルダイテス類。裸子植物針葉樹綱コルダボク目コルダボク科。
¶**学古生**〔コルダイテスの1種〕(図319/モ写)〈(産)宮城県登米郡東和町米谷古館〉
化石フ(p23/カ写)〈(産)宮城県登米郡東和町 110mm〉

コルダニアの未記載種 *Cordania* sp.
デボン紀前期の三葉虫。プティコパリア目。
¶**三葉虫**(図116/モ写)〈(産)アメリカのオクラホマ州 長さ20mm〉

コルドゥラゴンファスの一種 *Cordulagomphus* sp.
中生代白亜紀の昆虫類。トンボ目プロテロゴンファス科。
¶**化石図**(p126/カ写, カ復)〈(産)ブラジル 体長約3.5cm〉

ゴルドンソデガイ *Saccella gordonis*
新生代第四紀更新世の貝類。シワロウバイ科。
¶**学古生**(図1629/モ写)〈(産)神奈川県横須賀市馬堀〉

ゴルドンツノガイダマシ *Ditrupa*(?) *gordonis*
更新世前期の環形動物。
¶**日化譜**(図版21-7/モ写)〈(産)神奈川県横須賀市大木根〉

コルヌコキンバ・ルゴーサ *Cornucoquimba rugosa*
新生代現世の甲殻類(貝形類)。ヘミシセレ科タエロシセレ亜科。
¶**学古生**(図1872/モ写)〈(産)静岡県遠州灘 右殻〉

コルヌテラ・プロフンダ *Cornutella profunda*
新生代更新世の放散虫。ユウシルティディウム科プレクトピラミス亜科。
¶**学古生**(図901/モ写)〈(産)千葉県海上郡飯岡町刑部岬〉

コルヌプレタス メンゼニ *Cornuproetus menzeni*
デボン紀中期の三葉虫。イレヌス目。
¶**三葉虫**(図36/モ写)〈(産)モロッコのアルニフ 幅30mm〉

コルビキュラ・フルミナリス
白亜紀～現代の無脊椎動物二枚貝類。別名マシジミ。長さ約2.5cm。(分)世界各地
¶**進化大**〔コルビキュラ〕(p428/カ写)

コルポフィリア *Colpophyllia stellata*
始新世～現世の無脊椎動物サンゴ類。イシサンゴ目ファビア科。夾の直径1cm。(分)ヨーロッパ, 南北アメリカ
¶**化写真**(p54/カ写)〈(産)イタリア 群体の表面〉

コルンバイテス
中生代三畳紀の軟体動物頭足類。
¶**産地新**(p33/カ写)〈(産)宮城県本吉郡本吉町日門 径11cm〉

コルンバイテス属の未定種 *Columbites* sp.
中生代三畳紀の軟体動物頭足類。
¶**化石フ**(p104/カ写)〈(産)宮城県本吉郡歌津町 110mm〉

コルンベル・カルギ *Columber kargi*
(この標本の場合)中新世後期の爬虫類有鱗類ヘビ類。
¶**化百科**〔コルンベル〕(p215/カ写)〈(産)スイスのエニンゲン 化石板の幅30cm〉

コレイア・ヴィアリイ *Coleia viallii*
ジュラ紀前期の無脊椎動物節足動物。
¶**図解化**(p108-3/カ写)〈(産)イタリアのオステノ〉

コレオプレウルス *Coleopleurus paucituberculatus*
中新世の無脊椎動物ウニ類。ホンウニモドキ目アルバシア科。直径2cm。(分)オーストラリア
¶**化写真**(p179/カ写)〈(産)オーストラリア南部〉

コレディウム・ハンブルトネンシス
デヴォン紀中期～ペルム紀中期の無脊椎動物腕足類。幅0.8～1.5cm。(分)アメリカ合衆国, インドネシア
¶**進化大**〔コレディウム〕(p179/カ写)

コレニア *Collenia* sp.
先カンブリア紀～カンブリア紀の藻類。藍藻植物門。高さ3m。(分)世界中
¶**化写真**(p286/カ写)〈(産)アメリカ〉
原色化〔"コレニア"〕(PL.4-2/カ写)〈(産)インドのラジャスタン州〉
世変化〔ストロマトライト〕(図2/カ写)〈(産)米国のミネソタ州 幅9cm〉
日化譜〔Collenia sp.〕(図版82-1/モ写)〈(産)岐阜県吉城郡国府村上広瀬〉

“コレニア”・シリンドリカ *“Collenia” cylindrica*
先カンブリア代の藻類。
¶**原色化**(PL.4-1/カ写)〈[産]中国東北部(満州)関東州 研磨縦断面〉

コレピオケファレ *Colepiocephale*
白亜紀カンパニアンの恐竜類厚頭竜類。体長1m。[分]カナダのアルバータ州
¶**恐イラ**(p226/カ復)

コロッソケリス・アトラス *Colossochelys atolas*
更新世の爬虫類カメ類。潜頸亜目リクガメ科。全長2.5m。[分]インド
¶**恐絶動**(p66/カ復)

コロナコリナ・アキュラ *Coronacollina acula*
先カンブリア時代エディアカラ紀の分類不明生物。エディアカラ生物群。全長80cm。[分]ロシア
¶**生ミス1**〔コロナコリナ〕(図3-7-2/カ写, カ復)〈雌型〉

コロナプチクス *Coronaptychus*
中生代ジュラ紀の軟体動物頭足類。ヒルドセラス科。
¶**化石フ**(p117/カ写)〈[産]山口県豊浦郡豊田町 30mm〉

コロノキクルス・ニテスセンス *Coronocyclus nitescens*
新生代中新世初期～中期のナンノプランクトン。コッコリタス科。
¶**学古生**(図2057/モ写)〈[産]石川県珠洲市宝立町〉

コロノケファルス・コバヤシアイ ⇒コロノセファルス・コバヤシイを見よ

コロノセファルス・コバヤシイ *Coronocephalus kobayashii*
シルル紀の節足動物三葉虫類。エンクリヌルス科。
¶**学古生**〔コロノケファルス・コバヤシアイ〕(図49/モ写)〈[産]宮崎県西臼杵郡五ケ瀬村鞍岡祇園山 頭鞍部内型〉
原色化(PL.13-2/カ写)〈[産]宮崎県西臼杵郡五ケ瀬町鞍岡祇園山 頭の先端から棘の先までの長さ3.2cm 頭部〉
日化譜〔Coronocephalus kobayashii〕(図版58-18～24/モ写, モ復)〈[産]宮城県西臼杵郡五ケ瀬町鞍岡 頭部, 胴部, 尾部, 腹元図〉

コロノセファルス レックス *Coronocepharus rex*
シルル紀の三葉虫。オドントプルーラ目。
¶**三葉虫**(図102/モ写)〈[産]中国四川省興文 長さ56mm〉

コロボドゥス・バサニイ *Colobodus bassanii*
三畳紀中期の脊索動物軟質類。硬骨魚綱。
¶**図解化**(p196-上右/カ写)〈[産]イタリアのベサノ〉

コロモガイ *Cancellaria (Sydaphera) spengleriana*
新生代第三紀鮮新世～初期更新世の貝類。コロモガイ科。
¶**学古生**(図1577/モ写)〈[産]石川県金沢市上中町〉
学古生(図1741/モ写)〈[産]千葉県印旛郡印西町発作〉

コロモガイ
新生代第四紀更新世の軟体動物腹足類。
¶**産地別**(p166/カ写)〈[産]石川県金沢市大桑町犀川河床 高さ5.7cm〉

コロモガイ
新生代第三紀鮮新世の軟体動物腹足類。コロモガイ科。
¶**産地新**(p208/カ写)〈[産]高知県安芸郡安田町唐浜 高さ4cm〉

コロモガイの1種 *Cancellaria* sp.
新生代第三紀・中期中新世の貝類。コロモガイ科。
¶**学古生**(図1289/モ写)〈[産]宮城県柴田郡村田町足立西方〉

コロモガイの一種
新生代第三紀鮮新世の軟体動物腹足類。コロモガイ科。
¶**産地新**(p208/カ写)〈[産]高知県安芸郡安田町唐浜 高さ3.2cm〉

コロモガイの仲間 *Sydaphera* sp.
新生代第三紀の貝類。コロモガイ科。
¶**学古生**(図1363/モ写)〈[産]島根県松江市乃木福富町〉

コロモガワエゾボラ *Neptunea koromogawana*
鮮新世前期の軟体動物腹足類。
¶**日化譜**(図版32-10/モ写)〈[産]岩手県西磐井郡中尊寺〉

コロラドフウセンカズラ *Cardiospermum coloradensis*
始新世～現在の被子植物双子葉植物。ムクロジ科。
¶**化百科**〔フウセンカズラ〕(p105/カ写)〈葉長5cm〉

コロンゴセラスの1種 *Corongoceras* sp.
中生代ジュラ紀末期の頭足類アンモナイト。ベリアゼラ科。
¶**学古生**(図458/モ写)〈[産]高知県高岡郡佐川町飯が森〉
日化譜〔Corongoceras sp.〕(図版86-14/モ写)〈[産]高知県佐川町斗賀野〉

コロンビアマンモス *Mammuthus columbi*
新生代第四紀更新世の哺乳類長鼻類ゾウ類。長鼻目ゾウ亜目ゾウ科。肩高最大3.5～4m。[分]北アメリカ
¶**恐絶動**〔マムーススス・コルンビ〕(p243/カ復)
生ミス10(図3-2-6/カ写, カ復)〈[産]アメリカのカリフォルニア州ランチョ・ラ・ブレア〉
生ミス10(図3-3-1/カ写, カ復)
絶哺乳(p221,223/カ写, カ復)〈頭骨〉

コンヴェキシカリス *Convexicaris*
古生代石炭紀の節足動物。全長2cm。[分]アメリカ
¶**生ミス4**(図1-3-5/カ復)

コンカヴィカリス *Concavicaris*
古生代石炭紀の節足動物。全長1.5cm。[分]アメリカ
¶**図解化**(p110/カ写)〈[産]オーストラリア〉
生ミス4(図1-3-6/カ復)

コンゲリア・サブグロボーサ *Congerina subglobosa*
第三紀の軟体動物斧足類。
¶**原色化**(PL.79-4/モ写)〈[産]オーストリアのウイン近郊 高さ6.5cm〉

コンゴウボラ?
新生代第三紀鮮新世の軟体動物腹足類。コロモガイ科。
¶**産地新**(p208/カ写)〈[産]高知県安芸郡安田町唐浜 高さ3.5cm〉

コンコラプトル・グラシリス *Conchoraptor gracilis*
白亜紀後期の恐竜類獣脚類オビラプトロサウルス類。オビラプトル科インゲニア亜科。
¶**化石図**(p129/カ写, カ復)〈㊦モンゴル 長さ約150cm 巣で卵を守るようすを復元した骨格模型レプリカ〉
モ恐竜(p30/カ写)〈㊦モンゴル南西ヘルミン・ツァフ 頭骨〉

コ

コンステッツラリア
オルドヴィス紀中期〜シルル紀前期の無脊椎動物コケムシ類。枝部長径1〜1.5cm。㊕世界各地
¶**進化大**(p85/カ写)

コンステラリア *Constellaria antheloidea*
オルドビス紀〜シルル紀の無脊椎動物コケムシ動物。キストポリア目コンステラリア科。枝の直径1cm。㊕北アメリカ, ヨーロッパ, アジア
¶**化写真**(p36/カ写)〈㊦アメリカ〉

コンステラリア *Constellaria* sp.
オルドビス紀の無脊椎動物。
¶**地球博**〔枝分かれをする苔虫動物〕(p78/カ写)

昆虫
漸新世の無脊椎動物節足動物。
¶**図解化**〔コハク中に化石化された昆虫〕(p111-左/カ写)〈㊦バルチック〉

昆虫
鉱物によって置換された化石。
¶**図解化**〔ビチューメンで化石化された昆虫〕(p15-4/カ写)

昆虫
始新世の無脊椎動物節足動物。
¶**図解化**(p111-左/カ写)〈㊦アメリカ〉

昆虫化石(不明種)
新生代第三紀中新世の節足動物昆虫類。ケバエの仲間？
¶**産地本**(p248/カ写)〈㊦長崎県壱岐郡芦辺町長者が原崎(壱岐島) 体長1.5cm〉
産地本(p248/カ写)〈㊦長崎県壱岐郡芦辺町長者が原崎(壱岐島) 長さ9mm〉
産地本(p249/カ写)〈㊦長崎県壱岐郡芦辺町長者が原崎(壱岐島) 体長1.2cm〉

昆虫化石(不明種)
新生代第三紀中新世の節足動物昆虫類。
¶**産地本**〔昆虫(不明種)〕(p181/カ写)〈㊦兵庫県美方郡温泉町海上 長さ5mm, 長さ1.5cm〉
産地本〔昆虫(不明種)〕(p236/カ写)〈㊦鳥取県八頭郡佐治村辰巳峠 長さ0.7cm 翅〉
産地本〔昆虫(不明種)〕(p236/カ写)〈㊦鳥取県八頭郡佐治村辰巳峠 長さ0.5cm 翅〉
産地本(p249/カ写)〈㊦長崎県壱岐郡芦辺町長者が原崎(壱岐島) 体長1.1cm〉

昆虫の羽
中生代白亜紀の節足動物昆虫類。
¶**産地別**(p45/カ写)〈㊦北海道苫前郡苫前町古丹別川オンコ沢 長さ0.8cm 甲虫の前翅〉
産地別(p45/カ写)〈㊦北海道苫前郡苫前町古丹別川上の沢 長さ0.8cm 甲虫の前翅〉

ゴンドウクジラ類右岩骨 *Globicephalus* sp.
現世の哺乳類鯨類。
¶**日化譜**(図版66-3/モ写)〈㊦千葉県館山市香谷 耳石〉

コンドウフミガイ *Venericardia*(*Cardites*) *kondoi*
漸新世中期の軟体動物斧足類。
¶**日化譜**(図版44-14/モ写)〈㊦長崎県西彼杵郡大島町〉

コンドリテス *Chondrites* sp.
三畳紀〜現世の無脊椎動物の生痕化石(巣穴食い跡)。㊕世界中
¶**化写真**(p42/カ写)〈㊦スペイン〉
図解化〔コンドライテスとフコイデス〕(p92-下左/カ写)〈㊦イタリアのロンバルディア 痕跡〉

コンドリテス・フラベラトゥス *Chondrites flabellatus*
ジュラ紀後期の植物イチョウ類。
¶**ゾル1**(図24/カ写)〈㊦ドイツのゾルンホーフェン 3cm〉

ゴンドレラ・クラークィ *Gondolella clarki*
古生代・中期石炭紀前期のコノドント類(錐歯類)。
¶**学古生**(図273/モ図)〈㊦岡山県阿哲台石灰岩〉

ゴンドレラの1種 *Gondolella* sp.
古生代・中期石炭紀前期のコノドント類(錐歯類)。
¶**学古生**(図279/モ図)〈㊦岡山県阿哲台 側面, 上方から〉

ゴンドレラ・ベラ *Gondolella bella*
古生代・中期石炭紀前期のコノドント類(錐歯類)。
¶**学古生**(図272/モ図)〈㊦岡山県阿哲台石灰岩〉

ゴンドワナスコルピオ・エンザンシエンシス *Gondwanascorpio emzantsiensis*
古生代デボン紀最末期の節足動物鋏角類サソリ類。
¶**生ミス3**〔ゴンドワナスコルピオ〕(図p129/カ写)〈㊦南アフリカ ハサミの大きさは25mm ハサミ〉

ゴンドワナティタン *Gondwanatitan*
白亜紀マーストリヒシアンの恐竜類ティタノサウルス類。体長8m。㊕ブラジルのサンパウロ州
¶**恐イラ**(p209/カ復)

コンノシデ *Carpinus Kon'noi*
中新世前中期の双子葉植物。
¶**日化譜**(図版76-21/モ写)〈㊦福島県北部〉

コンピー ⇒コンプソグナトゥスを見よ

ゴンフォタリア *Gomphotaria*
新生代新第三紀中新世の哺乳類真獣類食肉類イヌ型類鰭脚類セイウチ類。頭部の大きさ47cm。㊕アメリカ
¶**生ミス10**(図2-2-33/カ復)

ゴンフォテリウム *Gomphotherium*
新生代新第三紀中新世〜第四紀更新世の哺乳類真獣類長鼻類。ゾウ亜目ゴンフォテリウム科。沼沢地, 森林に生息。肩高3m。㊕アフリカ, アジア, ヨーロッパ, 北アメリカ
¶**恐絶動**(p238/カ復)
恐竜世〔ゴムフォテリウム〕(p259/カ復)
恐竜博〔ゴムフォテリウム〕(p179/カ写, カ復)〈頬歯〉

古代生〔ゴムポテリウム〕(p206〜207/カ写)〈[産]アメリカのネブラスカ州 全身復元骨格〉
生ミス9(図0-2-14/カ写, カ復)
絶哺乳(p219,220/カ写, カ復)〈骨格〉

ゴンフォテリウム *Gomphotherium annectens*
新生代新第三紀中新世前期の哺乳類。長鼻目ゴンフォテリウム科。別名アネクテンスゾウ。
¶化石フ〔アネクテンス象の下顎骨〕(p230/カ写)〈[産]岐阜県瑞浪市 300mm〉
日化譜〔ヒラマキゾウ〕(図版67-1/モ写)〈[産]岐阜県可児郡可児町番上洞, 宮城県名取市熊野堂 頭骨〉
日絶古(p60〜61/カ写, カ復)〈[産]岐阜県御嵩町 両顎〉

ゴンフォテリウム
新第三紀中新世前期〜鮮新世前期の脊椎動物有胎盤類の哺乳類。体高3m。[分]北アメリカ, ヨーロッパ, アジア, アフリカ
¶進化大(p413/カ写)〈頭〉

ゴンフォネエマ・アウガル *Gomphonema augur*
新生代第四紀の珪藻類。羽状目。
¶学古生(図2125/モ写)〈[産]東京湾底〉

コンフキウソルニス *Confuciusornis*
1億3000万〜1億2000万年前(白亜紀前期)の鳥類。孔子鳥科。別名孔子鳥。林地に生息。全長0.3m。[分]中国
¶恐古生(p142〜143/カ復)
恐竜世(p208/カ写)
恐竜博(p156/カ復)
熱河生〔クチバシを持つ原始的な鳥, 孔子鳥の完全骨格〕(図171/カ写)〈[産]中国の遼寧省北票の四合屯〉
熱河生〔いっしょに埋もれた孔子鳥の「つがい」〕(図172/カ写)〈[産]中国〉
熱河生〔1枚の石板に埋もれた2体の孔子鳥〕(図173/カ写)〈[産]中国の遼寧省北票の四合屯〉
熱河生〔孔子鳥の中央の尾羽〕(図174/カ写)〈[産]中国〉
熱河生〔孔子鳥の復元図〕(図175/カ復)

コンプソグナツス・ロンギペス ⇒コンプソグナトゥス・ロンギペスを見よ

コンプソグナトゥス *Compsognathus*
中生代ジュラ紀の恐竜類竜盤類獣脚類。竜盤目獣脚亜目コンプソグナトゥス科。別名コンピー。温暖で湿潤な地域, 低木地帯に生息。全長1.25m。[分]ドイツ, フランス, ポルトガル
¶恐イラ(p134/カ復)
恐古生(p120〜121/カ写, カ復)〈頭蓋〉
恐絶動(p106/カ復)
恐太古(p149/カ写)〈骨格〉
恐竜博(p68〜69/カ写, カ復)
生ミス6(図7-3/カ復)
生ミス6〔コンプソグナトゥスの骨格標本〕(図7-15/カ写)〈[産]ドイツのゾルンホーフェン 母岩の大きさ30×38cm〉
よみ恐(p88/カ復)

コンプソグナトゥス・ロンギペス *Compsognathus longipes*
ジュラ紀後期の脊椎動物爬虫類恐竜類。竜盤目コムプソナツス科。体長60cm。[分]ヨーロッパ
¶化写真〔コムプソナツス〕(p245/カ写)〈[産]ドイツ〉
恐竜世〔コムプソグナトゥス〕(p184〜185/カ写, カ復)
古脊椎〔コムプソグナタス〕(図135/モ復)
図解化〔コンプソグナツス・ロンギペス〕(p209-上左/カ写)〈[産]ドイツのゾルンホーフェン〉
ゾル2〔コムプソグナトゥス・ロンギペス〕(図265/カ写)〈[産]ドイツのケルハイム 50cm〉
地球博〔コンプソグナトゥス〕(p84/カ写)

コンプトニア
新生代第三紀中新世の被子植物双子葉類。別名ナウマンヤマモモ。
¶産地本(p139/カ写)〈[産]石川県珠洲市高屋海岸 長さ8cm〉

コンプトニア・アクティロバ
古第三紀〜現代の被子植物。高さ最大20m。[分]北半球の温帯地方, 南アメリカ北部
¶進化大〔コンプトニア〕(p394/カ写)

コンプトニア・ナウマンニ ⇒ナウマンヤマモモを見よ

コンプトニフィルム
新生代第三紀中新世の被子植物双子葉類。別名ナウマンヤマモモ。
¶産地別(p143/カ写)〈[産]石川県珠洲市木ノ浦 長さ8cm〉

コンフュシウスオルニス
白亜紀前期の脊椎動物獣脚類。別名孔子鳥。体長30cm。[分]中国
¶進化大(p354/カ写)

コンボウガキ *Crassostrea konbo*
中生代白亜紀の軟体動物斧足類。
¶化石フ(p101/カ写)〈[産]福島県いわき市 400mm〉

【サ】

サイカイゲンロクソデガイ *Saccella saikaiensis*
新生代第三紀・初期中新世の貝類。ロウバイガイ科。
¶学古生(図1154,1155/モ写)〈[産]石川県輪島市東印内〉

材化石(不明種)
中生代白亜紀の植物樹幹。
¶産地新(p6/カ写)〈[産]北海道天塩郡遠別町ウッツ川 径4.6cm 珪化木〉

サイカチ *Gleditsia japonica*
新生代第四紀更新世の陸上植物。マメ科。
¶学古生(図2571/モ図)〈[産]滋賀県大津市堅田 刺針枝〉

サイカニア *Saichania*
中生代白亜紀の恐竜類鳥盤類装盾類鎧竜類。曲竜亜目アンキロサウルス科。全長5.2m。[分]モンゴル
¶恐絶動(p159/カ復)
生ミス7(図2-2/カ写, カ復)〈[産]モンゴル 3.6m 全身復元骨格〉

サイカニア・チュルサネンシス *Saichania chulsanensis*
白亜紀後期の恐竜類鳥脚類鎧竜類。アンキロサウルス科アンキロサウルス亜科。全長5m。[分]モンゴル

¶モ恐竜（p56〜57/カ写, カ復）〈(産)モンゴル南部フルサン 全身骨格, 頭骨〉
リア中〔サイカニア〕（p208/カ復）

サイクリカルゴリータス・フロリダーヌス
Cyclicargolithus floridanus
新生代中新世初期〜中期のナンノプランクトン。コッコリタス科。
¶学古生（図2058/モ写）〈(産)富山県西砺波郡福光町〉

サイクロクリペウスの1種 *Cycloclypeus carpenteri*
新生代更新世前期の大型有孔虫。ヌムリテス科。
¶学古生（図995/モ写）〈(産)沖縄県糸満市真栄里〉

最古の化石
約34億年前の原核生物（？）。硫黄代謝をしていた最古の化石の候補の一つ。(分)西オーストラリア
¶生ミス1（図1-2/モ写）〈直径0.05mm未満〉

「最古の生命」とも考えられる「バクテリアの化石」を含んだ35億年前のチャート
35億年前の化石。
¶古代生（p19/カ写）〈(産)オーストラリア西部のピルバラ地域ノースポール〉

ザイゴルヒザ *Zygorhiza*
始新世後期の哺乳類クジラ類。原始鯨亜目。全長6m。(分)北アメリカの大西洋沿岸
¶恐絶動（p230/カ復）

サイシュウキリガイダマシ *Turritella (Neohaustator) saishuensis*
鮮新世の軟体動物腹足類。
¶日化譜（図版28-13/モ写）〈(産)石川県金沢市など〉

サイシュウキリガイダマシ *Turritella (Neohaustator) saishuensis saishuensis*
新生代第三紀鮮新世の貝類。キリガイダマシ科。
¶学古生（図1571,1572/モ写）〈(産)石川県金沢市角間〉

サイシュウキリガイダマシ *Turritella saishuensis*
新生代第三紀鮮新世の貝類。キリガイダマシ科。
¶学古生（図1461,1462/モ写）〈(産)青森県むつ市近川〉

サイシュウキリガイダマシ
新生代第四紀更新世の軟体動物腹足類。キリガイダマシ科。別名ツリテラ。
¶産地新（p138/カ写）〈(産)石川県金沢市大桑町犀川河床 高さ5.8cm〉

サイズチニシ *Mazzalina*（？）*miikensis*
始新世後期の軟体動物腹足類。
¶日化譜（図版33-2/モ写）〈(産)福岡県大牟田市〉

サイタママテガイ *Solen saitamensis*
漸新世後期の軟体動物斧足類。
¶日化譜（図版48-22/モ写）〈(産)埼玉県秩父郡小鹿野町〉

サイフォニア ⇒シフォニアを見よ

サイロレクシス・ノナカイ *Cyrolexis nonakai*
古生代後期の腕足類。リンコネラ目ステノシスマ上科アトリボニゥム科。
¶学古生（図147/モ写）〈(産)高知県高岡郡佐川町 茎殻, 腕殻, 側面, 前面〉

サウドニア *Sawdonia*
デボン紀前期の初期の陸上植物。ゾステロフィルム目サウドニア科。
¶化百科（p77/カ写）〈23cm〉

サウドニア・オルナータ
デヴォン紀の植物ゾステロフィルム類。高さ30cm。(分)北半球
¶進化大〔サウドニア〕（p117/カ写）

サウマプティロン *Thaumaptilon walcotti*
カンブリア紀の刺胞動物。刺胞動物門花虫綱？ウミエラ目？ウミエラやウミシイタケの仲間。サイズ20cm。
¶バ頁岩（図40,41/モ復, モ写）〈(産)カナダのバージェス頁岩〉

サウリクチス *Saurichthys ornatus*
三畳紀前期の魚類。顎口超綱硬骨魚綱条鰭亜綱軟質上目サウリクチス目。全長50cm。(分)スピッツベルゲン
¶古脊椎（図34/モ復）

サウリクティス *Saurichthys*
三畳紀前期〜中期の魚類。条鰭亜綱。原始的な条鰭類。全長1m。(分)全世界
¶恐絶動（p35/カ復）
生ミス5〔羅平から産出する脊椎動物化石〕（図2-17/カ写）〈(産)中国の雲南省羅平 頭骨約13cm〉

サウリクティス
三畳紀前期〜後期の脊椎動物条鰭類。全長1m。(分)南極大陸以外の全大陸
¶進化大（p208/カ写）

サウリプテルス *Sauripterus*
古生代デボン紀末期の肉鰭類。
¶生ミス3（図6-3/カ写）〈(産)アメリカのペンシルバニア州 長軸約26cm, 母岩の長辺約38cm 右胸びれおよび鎖骨, 右の擬鎖骨と胸びれ〉

サウロスクス *Saurosuchus*
中生代三畳紀の爬虫類双弓類主竜類クルロタルシ類ラウィスクス類。全長5m。(分)アルゼンチン, アメリカ
¶古代生（p142〜143/カ写）〈全身復元骨格〉
生ミス5（図5-1/カ復）
生ミス5（図5-15/カ写, カ復）〈全身復元骨格〉

サウロスクス・ガリレイ *Saurosuchus galilei*
中生代三畳紀の爬虫類偽鰐類。全長5m。(分)アルゼンチン, アメリカ
¶リア中〔サウロスクス〕（p50/カ復）

サウロドン *Saurodon*
中生代白亜紀の条鰭類レプトレピス類サウロドン類。全長2m。(分)アメリカ, イタリア, ヨルダン
¶生ミス8〔サウロドンの全身骨格〕（p40/カ写）〈約2m〉
生ミス8（図8-6/カ写, カ復）〈58cm 頭骨周辺の骨格標本〉

サウロファガナクス *Saurophaganax*
ジュラ紀キンメリッジアンの恐竜類獣脚類テタヌラ類カルノサウルス類。クリーヴランド・ロイドの獣脚類。体長12m。(分)アメリカ合衆国のオクラホマ州
¶恐イラ（p133/カ復）

サウロプシス・クルトゥス *Sauropsis curtus*
ジュラ紀後期の脊椎動物全骨魚類。
¶**ゾル2**（図133/カ写）〈[産]ドイツのゾルンホーフェン 25cm〉

サウロプシス属（？）の種 *Sauropsis*（？）sp.
ジュラ紀後期の脊椎動物全骨魚類。
¶**ゾル2**（図136/カ写）〈[産]ドイツのアイヒシュテット 87cm〉

サウロプシス・ロンギマヌス *Sauropsis longimanus*
ジュラ紀後期の脊椎動物全骨魚類。
¶**ゾル2**（図134/カ写）〈[産]ドイツのアイヒシュテット 32cm〉
ゾル2（図135/カ写）〈[産]ドイツのアイヒシュテット 67cm〉

サウロペルタ *Sauropelta*
1億2000万〜1億1000万年前（白亜紀前期）の恐竜類アンキロサウルス類。曲竜亜目ノドサウルス科。全長5m。[分]アメリカ合衆国
¶**恐イラ**（p245/カ復）
恐絶動（p158/カ復）
恐竜世（p145/カ復）
よみ恐（p150〜151/カ復）

サウロペルタ
白亜紀前期の脊椎動物鳥盤類。体長5m。[分]アメリカ合衆国
¶**進化大**（p334/カ復）

サウロポセイドン *Sauroposeidon*
白亜紀アルビアンの恐竜類竜脚類マクロナリア類後期のブラキオサウルス類。体長30m。[分]アメリカ合衆国のオクラホマ州
¶**恐イラ**（p165/カ復）

サウロルニトイデス *Saurornithoides*
中生代白亜紀の恐竜類獣脚類トロオドン類。コエルロサウルス下目トロオドン科。平原に生息。体長2〜3.5m。[分]モンゴル
¶**恐イラ**（p188/カ復）
恐絶動（p111/カ復）
恐竜博（p119/カ写）〈頭部〉

サウロルニトイデス・ジュニア *Saurornithoides junior*
白亜紀後期の恐竜類獣脚類コエルロサウルス類。トロオドン科。
¶**モ恐竜**（p37/カ写）〈[産]モンゴル南西ブギン・ツァフ 頭骨〉

サウロルニトレステス *Saurornitholestes*
白亜紀カンパニアンの恐竜類獣脚類テタヌラ類コエルロサウルス類デイノニコサウルス類ドロマエオサウルス類。コエルロサウルス下目ドロマエオサウルス科。肉食恐竜。体長2m。[分]カナダのアルバータ州
¶**恐イラ**（p200/カ復）
恐絶動（p111/カ復）

サウロロフス *Saurolophus*
白亜紀マーストリヒシアンの恐竜類サウロロフス類。鳥脚亜目ハドロサウルス科ハドロサウルス亜科。体長9〜12m。[分]カナダのアルバータ州，モンゴル
¶**恐イラ**（p223/カ復）
恐絶動（p150/カ復）

サウロロフスの一種 *Saurolophus* sp.
白亜紀後期の恐竜類鳥脚類。ハドロサウルス科ハドロサウルス亜科。
¶**モ恐竜**（p45,47/モ図，カ復，カ写）〈[産]モンゴル南西ネメグト 全身骨格，頭骨，ハドロサウルス科の幼体〉

サエタスポンギア・デンサ *Saetaspongia densa*
密集鬃毛海綿
カンブリア紀の海綿動物。海綿動物門。澄江生物群。差し渡し3cm×4cm。
¶**澄江生**（図8.2/カ写）〈[産]中国の帽天山〉

魚の一種
新生代第三紀中新世の脊椎動物硬骨魚類。
¶**産地別**（p141/カ写）〈[産]長野県安曇野市豊科 長さ4cm〉

魚の棘間骨（不明種）
新生代第三紀鮮新世の脊椎動物硬骨魚類。
¶**産地本**（p215/カ写）〈[産]三重県阿山郡大山田村服部川 長さ2cm〉

魚の耳石（不明種）
新生代第四紀更新世の脊椎動物硬骨魚類。別名麦石。
¶**産地本**（p92/カ写）〈[産]千葉県君津市追込小糸川 幅1.3cm〉
産地本（p98/カ写）〈[産]千葉県木更津市真里谷 長さ1cm〉

魚の脊椎？（不明種）
新生代第三紀中新世の脊椎動物硬骨魚類？
¶**産地本**（p194/カ写）〈[産]三重県安芸郡美里村柳谷 径2.9cm〉

魚の脊椎？（不明種）
新生代第三紀鮮新世の脊椎動物硬骨魚類？
¶**産地本**（p215/カ写）〈[産]三重県阿山郡大山田村服部川 径9mm〉

魚の脊椎（不明種）
新生代第三紀中新世の脊椎動物硬骨魚類。
¶**産地本**（p132/カ写）〈[産]岐阜県瑞浪市釜戸町荻の島 長さ1.8cm 筋肉痕が残る〉

魚の歯？（不明種）
新生代第三紀中新世の脊椎動物硬骨魚類？
¶**産地本**（p124/カ写）〈[産]長野県下伊那郡阿南町大沢川 高さ1.2cm〉
産地本（p132/カ写）〈[産]岐阜県瑞浪市釜戸町荻の島 高さ6mm〉
産地本（p186/カ写）〈[産]三重県安芸郡美里村柳谷 高さ1cm〉
産地本（p186/カ写）〈[産]三重県安芸郡美里村柳谷 長さ9mm〉
産地本（p186/カ写）〈[産]三重県安芸郡美里村柳谷 高さ8mm〉
産地本（p186/カ写）〈[産]三重県安芸郡美里村柳谷 高さ5mm〉

魚（不明種）
新生代第三紀中新世の脊椎動物硬骨魚類。
¶**産地本**（p124/カ写）〈[産]新潟県北蒲原郡笹神村魚岩 体長7cm〉

魚(不明種)
新生代第三紀鮮新世の脊椎動物硬骨魚類。
¶**産地本** (p218/カ写) 〈[産]滋賀県甲賀郡甲賀町小佐治 長さ20cm〉

サカバムバスピス *Sacabambaspis*
4億9000万年前(オルドビス紀前期)の初期の脊椎動物魚類無顎類。全長30cm。[分]ボリビア
¶**恐竜世** (p67/カ復)

サカバムバスピス
オルドヴィス紀前期の脊椎動物無顎類。体長30cm。[分]ボリビア
¶**進化大** (p93/カ復)

サカバンバスピス・ジャンヴィエリ *Sacabambaspis janvieri*
古生代オルドビス紀の"無顎類"翼甲類異甲類。全長30cm。[分]ボリビア, オマーン, オーストラリア
¶**生ミス2** 〔サカバンバスピス〕 (図1-5-3/カ写, カ復)
リア古 〔サカバンバスピス〕 (p86/カ復)

サカマキエゾボラ ⇒ネプチュネアを見よ

サカマキエゾボラ ⇒ネプトゥーネア・コントラリアを見よ

サガ・ミシフォルミス *Saga mysiformis*
ジュラ紀後期の無脊椎動物甲殻類アミ類。
¶**ゾル1** (図236/カ写) 〈[産]ドイツのアイヒシュテット 5cm〉

サガミソコダラ Cf. *Ventrifossa garmani*
新生代第三紀中新世の魚類硬骨魚類。
¶**化石フ** (p214/カ写) 〈[産]愛知県知多郡南知多町 70mm〉

サガミヒタチオビ *Musashia (Nipponomelon) prevostiana*
鮮新世後期〜現世の軟体動物腹足類。
¶**日化譜** (図版33-21/モ写) 〈[産]千葉県君津郡, 神奈川県〉

サカワイリンキアの1種 *Sakawairhynchia katayamai*
中生代三畳紀後期の腕足類。リンコネラ科。
¶**学古生** (図351/モ写) 〈[産]山口県美祢市大嶺町平原〉

ザカントイデス・グラバウイ *Zacanthoides grabaui*
古生代カンブリア紀の節足動物三葉虫。
¶**生ミス1** (p120/カ写) 〈[産]アメリカのユタ州 4.5cm〉

ザカントイデス・ティピカリス *Zacanthoides typicalis*
カンブリア紀の無脊椎動物節足動物。
¶**三葉虫** 〔ザカントイデス ティピカリス〕 (図34/モ写) 〈[産]アメリカのネバダ州 長さ26mm〉
図解化 (p98-5/カ写) 〈[産]ネヴァダ州〉

サギガイ *Rexithaerus sectior*
新生代第三紀鮮新世〜初期更新世の貝類。ニッコウガイ科。
¶**学古生** (図1547/モ写) 〈[産]石川県金沢市夕日寺町〉

サギガイ
新生代第四紀更新世の軟体動物斧足類。
¶**産地別** (p94/カ写) 〈[産]千葉県印西市萩原 長さ5.5cm〉

サキトキリガイダマシ *Tropicolpas sakitoensis*
漸新世前期の軟体動物腹足類。
¶**日化譜** (図版27-24/モ写) 〈[産]長崎県西彼杵郡崎戸〉

サキトフミガイ *Venericardia (Cyclocardia) vestitoides*
漸新世後期の軟体動物斧足類。
¶**日化譜** (図版44-18/モ写) 〈[産]長崎県西彼杵郡崎戸〉

サクココマ ⇒サッココマ・テネラムを見よ

サクライバイ *Neptunea sakurai*
新生代第三紀鮮新世の貝類。エゾバイ科。
¶**学古生** (図1455/モ写) 〈[産]青森県むつ市近川〉

サクラガイ *Fabulina (Nitidotellina) nitidula*
新生代第四紀更新世の貝類。ニッコウガイ科。
¶**学古生** (図1678/モ写) 〈[産]千葉県銚子市椎柴〉

サクラガイ *Fabulina nitidula*
新生代第三紀鮮新世の貝類。ニッコウガイ科。
¶**学古生** (図1433/モ写) 〈[産]青森県むつ市近川〉
学古生 (図1539/モ写) 〈[産]石川県金沢市角間〉

サクラの仲間?
新生代第四紀更新世の被子植物双子葉類。バラ科。
¶**産地新** (p239/カ写) 〈[産]大分県玖珠郡九重町奥双石 長さ4.3cm〉

サクラマスまたはビワマス *Oncorhynchus masou, Oncorhynchus rhodurus*
新生代更新世初期の魚類。サケ目サケ科。
¶**学古生** (図1947/モ写) 〈[産]大分県玖珠郡九重町〉

サゲノクリニテス *Sagenocrinites expansus*
中期シルル紀の無脊椎動物ウミユリ類。サゲノクリニテス目サゲノクリニテス科。萼の直径2.5cm。[分]ヨーロッパ, 北アメリカ
¶**化写真** (p168/カ写) 〈[産]イギリス〉

サゲノプテリス・ニルソニアナ
三畳紀後期〜白亜紀前期の植物カイトニア類。球果の長さ5cm。[分]ヨーロッパ, 北アメリカ, 中央アジア
¶**進化大** 〔カイトニア〕 (p229/カ写)

サココマ ⇒サッココマを見よ

サザエの蓋
新生代第三紀中新世の軟体動物腹足類。
¶**産地別** (p194/カ写) 〈[産]福井県大飯郡高浜町名島 長径1cm〉
産地本 (p130/カ写) 〈[産]岐阜県瑞浪市釜戸町荻の島 径1.4cm〉

ササオオカグマ *Woodwardia sasae*
新生代漸新世の陸上植物。シシガシラ科。
¶**学古生** (図2164〜2166/モ写, モ図) 〈[産]北海道釧路市春採炭鉱〉

ササゲアコメ *Conus (Asprella) sieboldi sasagensis*
更新世前期の軟体動物腹足類。
¶**日化譜** (図版34-28/モ写) 〈[産]千葉県君津郡長浜〉

サザナミアラレボラ *Apollon sazanami*
中新世の軟体動物腹足類。
¶**日化譜** (図版31-5/モ写) 〈[産]山形県尾花沢市銀山〉

ササノハガイ
新生代第四紀更新世の軟体動物斧足類。イシガイ科。
¶産地新(p189/カ写)〈[産]滋賀県大津市雄琴 長さ7.4cm〉
産地別(p217/カ写)〈[産]滋賀県大津市仰木二丁目 長さ7cm〉

ササノハガイ
新生代第三紀鮮新世の軟体動物斧足類。
¶産地本(p217/カ写)〈[産]滋賀県甲賀郡甲南町野田 長さ(左右)7cm〉
産地本(p217/カ写)〈[産]滋賀県甲賀郡甲西町夏見野洲川 長さ(左右)7.5cm〉

ササバモ *Potamogeton malayanus*
新生代第四紀更新世中期の陸上植物。ヒルムシロ科。
¶学古生(図2589/モ図)〈[産]神奈川県横浜市戸塚区下倉田 種子〉

ササヤマミロス・カワイイ
白亜紀アルビアン期?の哺乳類真獣類。体長十数cm, 体重40〜50g?
¶日白亜(p54〜57/カ写, カ復)〈[産]兵庫県丹波市 下顎〉

ササ類 *Gramineae* (*Bambusoidea*)
新生代中新世後期の陸上植物。イネ科。
¶学古生(図2525/モ写)〈[産]秋田県仙北郡西木村戸沢〉

サザンカイモの近似種 *Rhizoconus* cf.*sazanka*
新生代第三紀鮮新世の軟体動物腹足類。イモガイ科。
¶化石フ(p169/カ写)〈[産]静岡県掛川市 40mm〉

サセボミズキ *Cornus saseboensis*
中新世前期の双子葉植物。
¶日化譜(図版78-19/モ写)〈[産]長崎県北松浦郡江迎町〉

サソリの一種
中生代白亜紀の節足動物鋏角類。
¶生ミス8(図7-18/カ写)〈[産]ブラジルのアラリッペ台地 6.7cm 城西大学水田記念博物館大石化石ギャラリー所蔵〉

サソリ類
シルル紀中期の節足動物甲殻類鋏角類蛛形類。
¶化百科〔化石のサソリ類〕(p143/カ写)〈[産]ブラジル北東部 より完全な標本(右端)の頭〜尾の長さ1.4cm〉

サッココマ *Saccocoma*
中生代三畳紀〜白亜紀の棘皮動物ウミユリ類。別名ウミシダ。全長4cm。[分]ドイツ, フランス, ブルガリアほか
¶化百科(p181/カ写)〈3cm〉
図解化〔サココマ属のウミユリ〕(p168-下右/カ写)〈[産]ドイツ〉
生ミス6(図7-26/カ写, カ復)〈[産]ドイツのゾルンホーフェン 3.5cm〉

サッココマ・シュヴェルトシュラゲリ
Saccocoma schwertschlageri
ジュラ紀後期の無脊椎動物棘皮動物ウミユリ類。
¶ゾル1(図507/カ写)〈[産]ドイツのアイヒシュテット 3cm〉

サッココマ・テネラ ⇒サッココマ・テネラムを見よ

サッココマ・テネラム *Saccocoma tenellum*
ジュラ紀後期の無脊椎動物棘皮動物ウミユリ類。ロヴェアクリニス目サクココマ科。萼の直径2cm。[分]世界中
¶化写真〔サクココマ〕(p170/カ写)〈[産]ドイツ〉
ゾル1〔サッココマ・テネラ〕(図508/カ写)〈[産]ドイツのブルーメンベルク 4cm〉
ゾル1(図509/カ写)〈[産]ドイツのアイヒシュテット 4cm 盛り上がった萼〉

サッコジウムの1種 *Succodium multipilularum*
古生代後期二畳紀後期の藻類。ミル科。
¶学古生(図303/モ写)〈[産]千葉県銚子市高神 縦断薄片〉

サッサフラス・クレタセウム *Sassafras cretaceum*
白亜紀の被子植物双子葉植物。
¶原色化(PL.70-3/モ写)〈[産]北アメリカのカンサス州 高さ11cm〉

サッサフラス属 *Sassafras*
白亜紀中期〜現在の被子植物双子葉植物。クスノキ科。
¶化百科(p103/カ写)〈[産]アメリカ合衆国のカンザス州 葉の幅8cm〉

サッパ
新生代第三紀中新世の脊椎動物硬骨魚類。
¶産地別(p204/カ写)〈[産]京都府与謝郡伊根町滝根 長さ3.8cm〉

サツマアカガイ
新生代第三紀鮮新世の軟体動物斧足類。マルスダレガイ科。
¶産地新(p202/カ写)〈[産]高知県安芸郡安田町唐浜 長さ7.5cm〉

サツマアケガイ *Paphia amabilis*
新生代第三紀鮮新世〜現世の貝類。マルスダレガイ科。
¶学古生(図1529/モ写)〈[産]石川県金沢市御所町〉

サツマウツノミヤリュウ Elasmosauridae
9800万年前(白亜紀後期セノマニアン期初期)の爬虫類長頸竜類。長頸竜目エラスモサウルス科。頭足類や魚類を摂食。体長約6.5m?[分]鹿児島県長島町獅子島幣串海岸
¶日恐竜(p98/カ写, カ復)〈下顎化石〉

サツマウツノミヤリュウ
白亜紀セノマニアン期の長頸竜類。全長約6.5m?
¶日白亜(p16〜19/カ写, カ復)〈[産]鹿児島県長島町獅子島 下顎長25cm 下顎(歯骨), 頸椎〉

サツマスソキレガイ *Emarginula imaizumi*
更新世後期〜現世の軟体動物腹足類。
¶日化譜(図版26-8/モ写)〈[産]鹿児島県燃島〉

サドイグチ *Antiplanes* (*Rectiplanes*) *sadoensis*
鮮新世後期の軟体動物腹足類。
¶日化譜(図版34-22/モ写)〈[産]青森県三戸郡落合〉

サトウイワシ *Bathylagus sencta*
中新世中期の魚類硬骨魚類。
¶日化譜(図版63-14/モ写)〈[産]岩手県岩手郡雫石町仙岩

峠東側〉

サトウニシキ *Chlamys satoi*
新生代第三紀鮮新世の貝類。イタヤガイ科。
¶**学古生**(図1387/モ写)〈㊞沖縄県島尻郡仲里村(久米島)阿嘉〉

サトウモモガイ *Parapholas satoi*
漸新世の軟体動物斧足類。
¶**日化譜**(図版49-9/モ写)〈㊞福岡市姪ノ浜〉

サトゥルナリア *Saturnalia*
三畳紀カーニアンの恐竜類竜脚形類。原始的な竜脚形類。体長1.5m。㊕ブラジル
¶**恐イラ**(p84/カ復)

サトゥルナリア
三畳紀後期の脊椎動物竜脚形類。最長2m。㊕ブラジル
¶**進化大**(p218)

サドニシキ *Chlamys foeda*
新生代第三紀鮮新世の軟体動物斧足類。イタヤガイ科。
¶**学古生**(図1394/モ写)〈㊞新潟県佐渡郡佐和田町貝立沢〉
化石フ(p173/カ写)〈㊞長野県上水内郡戸隠村 100mm〉

サナジェ・インディクス *Sanajeh indicus*
中生代白亜紀の爬虫類双弓類鱗竜形類有鱗類ヘビ類。全長3.5m。㊕インド
¶**生ミス7**〔サナジェ〕(図6-14/カ写, カ復)〈恐竜の卵, 孵化したばかりの恐竜, サナジェの体〉

サバリテス
白亜紀～現代の被子植物。葉の全長約1～2m。㊕北アメリカ, メキシコ, ヨーロッパ
¶**進化大**(p367/カ写)

サハリナイテス
中生代白亜紀の軟体動物頭足類。
¶**産地別**(p17/カ写)〈㊞北海道天塩郡遠別町清川林道 長径3.5cm〉

サバルヤシ *Sabal*
始新世の被子植物(顕花植物)単子葉植物。ヤシ科。
¶**化百科**(p98/カ写)〈㊞フランスのエクサンプロヴァンス 長さ32cm 葉〉

座ヒトデ綱 *Euryeschatia reboulorum*
オルドビス紀の無脊椎動物棘皮動物。
¶**世変化**(図9/カ写)〈㊞モロッコ 幅12cm〉

座ヒトデ類 Edrioasteroidea
無脊椎動物棘皮動物。
¶**図解化**(p164-上右/モ復)

サピンドゥス・ファルシフォリウス
新第三紀～現代の被子植物。別名ムクロジ。高さ最大約30m。㊕世界の熱帯および亜熱帯地方各地
¶**進化大**〔サピンドゥス〕(p395/カ写)

サピンドプシス *Sapindopsis lebanensis*
中生代白亜紀後期の被子植物。
¶**植物化**(p37/カ写)〈㊞レバノン〉

ザフィレンチス ⇒ザフレンティスを見よ

サフォードタキシスの1種 *Saffordotaxis yanagidae*
古生代後期石炭紀前期のコケムシ類。ラブドメソン科。
¶**学古生**(図182/モ写)〈㊞山口県美祢郡秋芳町下嘉万 縦断面〉
日化譜〔Saffordotaxis yanagidae〕(図版82-7/モ写)〈㊞山口県於福台 縦断面一部斜断面〉

サブコルンバイテス
中生代三畳紀の軟体動物頭足類。
¶**産地新**(p32/カ写)〈㊞宮城県本吉郡本吉町日門 径3.6cm〉
産地新(p34/カ写)〈㊞宮城県本吉郡本吉町大沢海岸 径3.8cm 雌型〉

サブコルンビテスの1種 *Subcolumbites perrinismithi*
中生代三畳紀初期のアンモナイト。パラナンニテス科。
¶**学古生**(図376/モ写)〈㊞宮城県本吉郡歌津町伊里前館海岸 側面部〉

サブスウチキサゴ
新生代第三紀鮮新世の軟体動物腹足類。
¶**産地別**(p90/カ写)〈㊞神奈川県厚木市棚沢 長径4.6cm〉

サブスチュエロセラスの1種 *Substeueroceras* sp.
中生代ジュラ紀末期のアンモナイト。ベリアゼラ科。
¶**学古生**(図443/モ写)〈㊞宮城県気仙沼市大島若木浜〉

サブディコトモセラスの一種 *Subdichotomoceras* sp.
ジュラ紀後期のアンモナイト。
¶**アン最**(p53/カ写)〈㊞マダガスカル〉

サブプチコセラス
中生代白亜紀の軟体動物頭足類。
¶**産地別**(p26/カ写)〈㊞北海道苫前郡羽幌町中二股川 長径10cm〉

サブプリオノサイクルス・ネプチュニ *Subprionocyclus neptuni*
中生代白亜紀後期のアンモナイト。コリグノニセラス科。
¶**学古生**(図478/モ写)〈㊞北海道岩見沢市万字地域ポンポロムイ川上流 側面〉
学古生(図480/モ写)〈㊞北海道岩見沢市万字地域ポンポロムイ川上流 側面〉
学古生(図481/モ写)〈㊞北海道岩見沢市万字地域ポンポロムイ川上流 側面〉
学古生(図485/モ写)〈㊞北海道岩見沢市万字地域ポンポロムイ川上流 側面〉
学古生(図506～516/モ写)〈㊞北海道岩見沢市万字地域南方ポンポロムイ沢上流〉

サブプリオノサイクルス・ミニムス *Subprionocyclus minimus*
チューロニアン後期の軟体動物頭足類アンモナイト。アンモナイト亜目コリンニョニセラス科。
¶**アン学**(図版9-3,4/カ写)〈㊞万字地域〉

サブプリオノサイクルス・ラッツ
Subprionocyclus latus
チューロニアン後期の軟体動物頭足類アンモナイト。アンモナイト亜目コリンニョニセラス科。
¶**アン学**(図版9-5,6/カ写)〈㊦万字地域 完模式標本〉

ザフレンティス *Zaphrentis* sp.
デヴォン紀〜石炭紀の腔腸動物四射サンゴ類。
¶**原色化**(PL.23-4/モ写)〈㊦北アメリカのイリノイ州ヘンダーソン 高さ5.6cm〉
原色化〔"ザフレンティス"〕(PL.25-2/カ写)〈㊦北アメリカのイリノイ州ウォルソウ 左側の個体の高さ2.8cm〉
図解化〔ザフィレンチス〕(p69-3/カ写)〈㊦ドイツのブンデンバッハ〉

ザフレントイデス
石炭紀前期の無脊椎動物花虫類。莢の直径1〜1.5cm。㊀ヨーロッパ
¶**進化大**(p155/カ写)

ザプレントイデス *Zaphrentoides*
石炭紀前期の刺胞動物サンゴ類花虫類四放サンゴ類ハプシピュルム類。
¶**化百科**(p115/カ写)〈㊦北アイルランドのファーマナー州 幅2cm〉

サペオルニス・チャオヤンゲンシスの標本
Sapeornis chaoyangensis 会鳥
白亜紀前期の鳥類。熱河生物群。
¶**熱河生**(図176/カ写)〈㊦中国の遼寧省朝陽の上河首〉

サヘキアナグマ *Meles leucurus kuzuuensis*
更新世後期の哺乳類食肉類。
¶**日化譜**(図版66-16/モ写)〈㊦栃木県安蘇郡葛生町大叶, 築地, 同佐野市出流原 頭骨右側面〉

サヘラントロプス・チャデンシス *Sahelanthropus tchadensis*
約720万〜600万年前の人類。ヒト科。
¶**生ミス10**〔サヘラントロプス〕(図E-2/カ写)〈㊦アフリカ中央部チャド 約8cm〉

サヘラントロプス・チャデンシス
700万〜600万年前の人類。脳の大きさ320〜380cm^3。㊀チャドのジュラブ砂漠
¶**進化大**(p446/カ写)

サペリオン・グルマケウム *Saperion glumaceum*
膜状謎虫
カンブリア紀の節足動物。節足動物門サペリオン科。澄江生物群。
¶**澄江生**(図16.55/モ復)
澄江生(図16.56/カ写)〈㊦中国の大坡頭近郊の尖包包山 長さ2〜15cm以上 背中から見たところ〉

様々な形のアンモナイト Some varied ammonite shapes
白亜紀の軟体動物頭足類アンモナイト。
¶**アン最**(p27/カ写)〈㊦テネシー州クーンクリーク〉

ザミアソテツの葉体の1種 *Zamiophyllum* ? sp.
中生代白亜紀前期高知世の陸上植物。ソテツ綱。下部白亜紀植物群。
¶**学古生**〔カセキソテツ葉体の1種〕(図831/モ写)〈㊦高知県南国市下八京東郷谷〉
学古生(図836/モ写)〈㊦高知県南国市下八京東郷谷〉

ザミオフィルム ⇒ザミテス・ブッキアヌスを見よ

ザミテス *Zamites* sp.
中生代ジュラ紀前期の植物。ソテツ綱ソテツ目。
¶**学古生**〔カセキザミアソテツの1種〕(図821/モ写)〈㊦領石〉
学古生〔カセキザミアソテツの1種〕(図862/モ写)〈㊦大阪府泉南郡岬町多奈川字犬飼〉
図解化(p48-4/カ写)〈㊦イタリア北部のオステノ〉

サ

ザミテス・ギガス
三畳紀後期〜白亜紀後期の植物ベネティテス類。葉の長さ50cm。㊀世界各地
¶**進化大**〔ザミテス〕(p231/カ写)〈葉〉

ザミテス・パルブルス *Zamites parvulus*
ジュラ紀後期の植物ソテツ類。
¶**ゾル1**(図20/カ写)〈㊦ドイツのアイヒシュテット 7cm〉

ザミテス・フェネオニス *Zamites feneonis*
ジュラ紀後期の植物ソテツ類キカデオイデア類。
¶**植物化**〔ザミテス〕(p33/カ写)〈㊦フランス 葉〉
ゾル1(図19/カ写)〈㊦ドイツのバート・アブバッハ 8cm〉
ゾル1(図21/カ写)〈㊦ドイツのブルン 17cm〉

ザミテス・ブッキアヌス *Zamites buchianus*
中生代白亜紀の裸子植物ソテツ類ベネチテス類。ベネチテス目。別名ザミオフィルム。
¶**化石フ**(p85/カ写)〈㊦高知県南国市 400mm〉
化百科〔ザミテス〕(p93/カ写)〈㊦イギリスのサセックス州フェアライトクレイ 複葉最大20cm〉

サメ
始新世の脊椎動物魚類。軟骨魚綱。
¶**図解化**(p192-上/カ写)〈㊦イタリアのモンテボルカ 軟体部の印象〉

サメ ⇒ツノザメを見よ

サメ ⇒オトーダス・オブリクウスを見よ

サメガレイ *Clidoderma asperrimum*
新生代第三紀中新世の魚類硬骨魚類。カレイ科。
¶**化石フ**(p219/カ写)〈㊦愛知県知多郡南知多町 250mm〉

サメシマハネガイ *Lima*(*Acesta*) *sameshimai*
漸新世の軟体動物斧足類。
¶**日化譜**(図版41-14/モ写)〈㊦静岡県阿部郡〉

サメのコプロライト
「第三紀」の脊椎動物サメの糞の化石。
¶**世変化**(図86/カ写)〈㊦英国のイーストアングリア 高さ10cm〉
日白亜〔サメの糞石または腸石とされるもの〕(p22/カ写)〈㊦鹿児島県下甑島 高さ5.4cm〉

サメの脊椎
中生代白亜紀の脊椎動物軟骨魚類。
¶**産地別**(p15/カ写)〈㊦北海道中川郡中川町安平志内川炭の沢 長径3.5cm〉

サメの脊椎(不明種)
新生代第三紀中新世の脊椎動物軟骨魚類。
¶**産地新**(p119/カ写)〈㊥富山県婦負郡八尾町深谷 径1.9cm〉
産地本(p194/カ写)〈㊥三重県安芸郡美里村柳谷 径2.5cm〉

サメの脊椎(不明種)タイプA
新生代第三紀中新世の脊椎動物軟骨魚類。
¶**産地新**(p47/カ写)〈㊥宮城県黒川郡大和町鶴巣 径3.1cm, 厚さ3.2cm〉

サメの脊椎(不明種)タイプB
新生代第三紀中新世の脊椎動物軟骨魚類。
¶**産地新**(p47/カ写)〈㊥宮城県黒川郡大和町鶴巣 径2.4cm, 厚さ1.2cm〉

サメの脊椎(不明種)タイプC
新生代第三紀中新世の脊椎動物軟骨魚類。
¶**産地新**(p48/カ写)〈㊥宮城県黒川郡大和町鶴巣 径3.1cm, 厚さ2.4cm〉

サメの脊椎(不明種)タイプD
新生代第三紀中新世の脊椎動物軟骨魚類。
¶**産地新**(p48/カ写)〈㊥宮城県黒川郡大和町鶴巣 径2.4cm, 厚さ1.7cm〉

サメの脊椎(不明種)タイプE
新生代第三紀中新世の脊椎動物軟骨魚類。
¶**産地新**(p48/カ写)〈㊥宮城県黒川郡大和町鶴巣 径2.6cm, 厚さ1.8cm〉

サメの脊椎(不明種)タイプF
新生代第三紀中新世の脊椎動物軟骨魚類。
¶**産地新**(p48/カ写)〈㊥宮城県黒川郡大和町鶴巣 径2.3cm, 厚さ1.7cm〉

サメの脊椎(不明種)タイプG
新生代第三紀中新世の脊椎動物軟骨魚類。
¶**産地新**(p48/カ写)〈㊥宮城県黒川郡大和町鶴巣 径2.5cm, 厚さ1.2cm〉

サメの脊椎(不明種)タイプH
新生代第三紀中新世の脊椎動物軟骨魚類。
¶**産地新**(p48/カ写)〈㊥宮城県黒川郡大和町鶴巣 径2.3cm, 厚さ0.9cm〉

サメの椎骨 Vertebrae
中生代白亜紀の魚類軟骨魚類。
¶**化石フ**(p138/カ写)〈㊥北海道留萌郡小平町 石の大きさ220mm〉

サメの歯 *Carcharocles auriculatus*
新生代の脊椎動物魚類。
¶**地球博**(p82/カ写)

サメの歯(エオノティダヌス)
ジュラ紀後期の脊椎動物軟骨魚類。
¶**ゾル2**(図3/カ写)〈㊥ドイツのダイティング 2cm〉

サメの歯(不明種)
中生代白亜紀の脊椎動物軟骨魚類。
¶**産地別**(p30/カ写)〈㊥北海道苫前郡羽幌町逆川 高さ3cm 歯〉
産地別(p30/カ写)〈㊥北海道苫前郡羽幌町逆川 高さ3.8cm〉

サメの歯(不明種)
中生代白亜紀の脊椎動物軟骨魚類。歯根が平ら。
¶**産地新**(p12/カ写)〈㊥北海道苫前郡苫前町オンコ沢 高さ2.5cm〉

サメの歯(不明種)
中生代三畳紀の脊椎動物軟骨魚類。
¶**産地新**(p37/カ写)〈㊥宮城県宮城郡利府町赤沼 高さ6mm〉

サメの歯(不明種)
新生代第三紀中新世の脊椎動物軟骨魚類。メジロザメ属?
¶**産地新**(p119/カ写)〈㊥富山県婦負郡八尾町深谷 高さ0.8cm〉

サメの歯(不明種)
中生代白亜紀の脊椎動物軟骨魚類。イスルスの仲間か?
¶**産地本**(p23/カ写)〈㊥北海道苫前郡羽幌町ピッシリ沢 高さ2.8cm〉

サメの歯(不明種)
新生代第三紀中新世の脊椎動物軟骨魚類。
¶**産地本**(p193/カ写)〈㊥三重県安芸郡美里村柳谷 高さ2.8cm 歯〉

サメの歯(不明種)
新生代第三紀中新世の脊椎動物軟骨魚類。ラムナに似る。
¶**産地本**(p193/カ写)〈㊥三重県安芸郡美里村柳谷 高さ4.2cm〉

サメ類の脊椎?(不明種)
中生代白亜紀の脊椎動物軟骨魚類。
¶**産地本**(p35/カ写)〈㊥北海道留萌郡小平町小平蘂川 径6cm〉

サメ類の脊椎(不明種)
新生代第三紀中新世の脊椎動物軟骨魚類。
¶**産地本**(p126/カ写)〈㊥長野県下伊那郡阿南町大沢川 径1cm〉

サメ類の卵
ジュラ紀後期の脊椎動物軟骨魚類。
¶**ゾル2**(図1/カ写)〈㊥ドイツのヴィンタースホーフ 6cm〉

サモコーラ・スーパーフィシアリス *Psammocora superficialis*
第四紀完新世前期の腔腸動物六射サンゴ類。
¶**原色化**(PL.86-5/モ写)〈㊥千葉県館山市香谷〉

サモテリウム *Samotherium*
新生代新第三紀中新世〜鮮新世の哺乳類真獣類鯨偶蹄類反芻類キリン類。鯨偶蹄目キリン科。肩高1.5m。㊎中国, アルジェリア, エジプトほか
¶**生ミス10**(図2-2-10/カ写, カ復)〈頭骨〉
生ミス10〔キリン類の第3頸椎〕(図2-2-11/カ写)〈背側, 側面〉
絶哺乳(p199,200/カ写, カ復)〈頭骨〉

サモテリウム *Samotherium boissieri*
中新世の脊椎動物哺乳類。偶蹄目キリン科。体長3m。㊎ヨーロッパ, アジア, アフリカ
¶**化写真**(p280/カ写)〈㊥ギリシャ 下顎骨の破片〉

サラガイ *Peronidia venulosa*
新生代第四紀更新世の貝類。ニッコウガイ科。
¶**学古生**(図1673/モ写)〈[産]千葉県印旛郡印西町木下〉
日化譜(図版48-13/モ写)〈[産]千葉県成田市大竹〉

サラガイ
新生代第四紀更新世の軟体動物斧足類。
¶**産地別**(p92/カ写)〈[産]千葉県市原市瀬又 長さ7.9cm〉
産地別(p94/カ写)〈[産]千葉県印西市山田 長さ9.9cm〉
産地別(p166/カ写)〈[産]石川県金沢市大桑町犀川河床 長さ8.6cm〉

皿貝 ⇒モノチス・オコウティカを見よ

サラコケムシの1種 *Lichenopora buski*
現生のコケムシ類。円口目サラコケムシ科。
¶**学古生**(図1078/モ写)〈[産]津軽海峡〉

サラシオシイラ・アンテイクア *Thalassiosira antiqua*
新生代鮮新世の珪藻類。同心目。
¶**学古生**(図2086/モ写)〈[産]宮城県岩沼市岩沼〉

サラシオシイラ・コンベクサ *Thalassiosira convexa*
新生代鮮新世の珪藻類。同心目。
¶**学古生**(図2087/モ写)〈[産]茨城県鹿島郡旭村下鹿田〉

サラシオシイラ・ニドラス *Thalassiosira nidulus*
新生代鮮新世〜更新世の珪藻類。同心目。
¶**学古生**(図2088/モ写)〈[産]北海道茅部郡森町濁川〉

ザラミノエゴノキ *Styrax rugosa*
新生代鮮新世の陸上植物。エゴノキ科。
¶**学古生**(図2517/モ図)〈[産]岐阜県土岐市押沢 核果〉

ザラミノエゴノキに比較される種 *Styrax* sp.cf.*S. rugosa*
新生代鮮新世の陸上植物。エゴノキ科。
¶**学古生**(図2518/モ図)〈[産]愛知県瀬戸市印所〉

ザラムブダレステス *Zalambdalestes*
8000万〜7000万年前(白亜紀後期)の哺乳類有胎盤類。正獣下綱。最初の哺乳類。低木地や沙漠に生息。全長20cm。[分]モンゴル
¶**恐古生**〔ザランブダレステス〕(p212〜213/カ復)
恐絶動(p199/カ復)
恐竜世(p223/カ復)
恐竜博(p146〜147/カ復)

ザラムブダレステス
白亜紀後期の脊椎動物有胎盤類の哺乳類。体長20cm。[分]モンゴル
¶**進化大**(p357/カ復)

ザランブダレステス *Zalambdalestes lechei*
白亜紀後期の哺乳類真獣類アナガレ類。ザランブダレステス科。虫食性。頭胴長15〜18cm程度。[分]アジア
¶**絶哺乳**(p65,66/カ復, モ図)〈頭骨を下から見た面, 復元骨格〉

ザランブダレステス ⇒ザラムブダレステスを見よ

サル *Macaca* sp.
新生代・後期更新世前期の哺乳類。サル科。
¶**学古生**(図2024/モ写)〈[産]千葉県木更津市槍水, 砂利取場 左上腕骨後面〉

サルアワビ
新生代第四紀更新世の軟体動物腹足類。スカシガイ科。
¶**産地新**(p80/カ写)〈[産]千葉県君津市追込小糸川 長径8.5cm〉

サルウィニアの1種
白亜紀〜現代の植物シダ類。別名サンショウモ。葉の長さ5〜10mm。[分]熱帯と亜熱帯各地
¶**進化大**〔サルウィニア〕(p287/カ写)〈[産]ドイツのバーデン・ヴュルテンベルク州〉

サルウィニア・フォルモサ
白亜紀〜現代の植物シダ類。別名サンショウモ。葉の長さ5〜10mm。[分]熱帯と亜熱帯各地
¶**進化大**〔サルウィニア〕(p287/カ写)

ザルガイ
新生代第四紀更新世の軟体動物斧足類。ザルガイ科。
¶**産地新**(p139/カ写)〈[産]石川県珠洲市平床 長さ4cm〉

ザルガイ
新生代第三紀鮮新世の軟体動物斧足類。ザルガイ科。
¶**産地新**(p204/カ写)〈[産]高知県安芸郡安田町唐浜 高さ5.5cm〉

サルカストドン *Sarkastodon*
始新世後期の哺乳類肉歯類。肉歯目。全長3m。[分]モンゴル
¶**恐絶動**(p211/カ復)

サルコサウルス *Sarcosaurus*
ジュラ紀シネムリアンの恐竜類獣脚類ネオケラトサウルス類。肉食恐竜。体長3.5m。[分]イギリスのレスターシア
¶**恐イラ**(p102/カ復)

サルコスクス *Sarcosuchus*
中生代白亜紀の爬虫類双弓類主竜類クルロタルシ類ワニ形類。別名スーパークロク。全長12m。[分]ニジェール, ブラジル, モロッコほか
¶**生ミス7**(図6-8/カ写, カ復)〈1.6m 頭部〉

サルコスクス・インペラトール *Sarcosuchus imperator*
中生代白亜紀の爬虫類ワニ形類。全長12m。[分]ニジェール, チュニジア, アルジェリア
¶**リア中**〔サルコスクス〕(p136/カ復)

「サルコレステス」 *"Sarcolestes"*
ジュラ紀カロビアンの恐竜。ノドサウルス科。初期の装盾類。体長3m。[分]ケンブリッジシア, イギリス
¶**恐イラ**(p123/カ復)

サルコレテポラの1種 *Suloretepora nipponica*
古生代後期二畳紀中期のコケムシ類。隠口目サルコレテポラ科。
¶**学古生**(図185〜187/モ写)〈[産]宮城県気仙沼市上八瀬 表面, 接断面, 縦断面〉

サルジニオイデス *Sardinioides crassicaudus*
白亜紀後期の魚類。顎口超綱硬骨魚綱条鰭亜綱真骨

サ

上目ハダカイワシ目。全長26cm。(分)西ドイツ
¶古脊椎（図42/モ復）

サルゾウムシの1種 *Ceuthorrhynchus* sp.
新生代鮮新世後期の昆虫類。ゾウムシ科。
¶学古生（図1816/モ写）〈(産)三重県員弁郡北勢町二之瀬上翅〉

サルタサウルス *Saltasaurus*
8000万～6500万年前の恐竜類ティタノサウルス類。竜盤目竜脚形亜目ティタノサウルス科。林地に生息。全長12m。(分)アルゼンチン
¶恐古生（p160～161/カ写, カ復）〈皮膚〉
恐絶動（p130/カ復）
恐太古（p132～133/カ写）〈皮膚, 装甲板〉
恐竜世（p163/カ復）
恐竜博（p124～125/カ写, カ復）〈鎧〉
古代生〔サルタサウルスの卵の化石〕（p159/カ写）〈(産)パタゴニア 直径約20cm〉
よみ恐（p191/カ復）

サルタサウルス
白亜紀後期の脊椎動物竜脚形類。体長12m。(分)アルゼンチン
¶進化大（p334/カ復）

サルテラスター・ソルウィニイ *Salteraster solwinii*
シルル紀の無脊椎動物棘皮動物。ヒトデ綱。
¶図解化（p172-上左/カ写）〈(産)オーストラリア〉

サルトプス *Saltopus*
三畳紀後期の爬虫類。コエルロサウルス下目ポドケサウルス科。小型の肉食恐竜。全長60cm。(分)英国のスコットランド
¶恐絶動（p106/カ復）

サルトポスクス *Saltoposuchus*
三畳紀後期の恐竜類ワニ形類スフェノスクス類。体長1～2m。(分)ドイツ
¶よみ恐（p19/カ復）

サルトポスクス *Saltoposuchus longipes*
三畳紀後期の爬虫類。竜型超綱槽歯綱擬鰐目。全長112.5cm。
¶古脊椎（図120/モ復）〈(産)ドイツのウルテンベルグ〉

「サルトリオサウルス」 *"Saltriosaurus"*
ジュラ紀シネムリアンの恐竜類獣脚類テタヌラ類。肉食恐竜。体長8m。(分)イタリア北部
¶恐イラ（p102/カ復）

サルピンゴテゥティス・アキュアリゥス
Salpingoteuthis acuarius
ジュラ紀の軟体動物頭足類。
¶原色化（PL.51-5/モ写）〈(産)ドイツのヴュルテムベルグのホルツマーデン 長さ15cm〉

サルボウ *Anadara* (*Scapharca*) *subcrenata*
新生代第四紀更新世の貝類。フネガイ科。
¶学古生（図1634/モ写）〈(産)千葉県印旛郡印西町発作〉

サルボウダマシ *Anadara* (*Hataiarca*) *pseudosubcrenata*
新生代第三紀更新世初期の貝類。フネガイ科。
¶学古生（図1483,1484/モ写）〈(産)石川県金沢市大桑〉

ザレニア・ニッポニカ *Salenia nipponica*
新生代第三紀中新世の棘皮動物ウニ類。サレニア科。
¶学古生〔サレニアの1種〕（図1902/モ写）〈(産)岐阜県瑞浪市山野内〉
化石フ（p203/カ写）〈(産)岐阜県土岐市 20mm〉

サロトロケルクス *Sarotrocercus oblita*
カンブリア紀の節足動物。節足動物門アラクノモルファ亜門。長さ8.5～11mm。
¶バ頁岩（図147,148/モ写, モ復）〈(産)カナダのバージェス頁岩〉

サワグルミ属の1種 *Pterocarya* sp.
新生代中新世後期の陸上植物広葉樹。クルミ科。
¶学古生（図2295/モ写）〈(産)秋田県湯沢市下新田〉
学古生（図2296/モ写）〈(産)北海道紋別郡遠軽町社名渕〉
植物化〔サワグルミの仲間〕（p42/カ写）〈(産)鳥取県〉
日化譜〔Pterocarya sp.〕（図版80-25/モ写）〈(産)青森県下北郡東通村 花粉〉

サワシバの仲間 ⇒ムカシサワシバを見よ

サワネイソニナ *Searlesia japonica*
新生代第三紀鮮新世～初期更新世の貝類。エゾバイ科。
¶学古生（図1595,1596/モ写）〈(産)石川県金沢市角間〉
学古生（図1626/モ写）〈(産)石川県金沢市大桑〉

サワネオリイレボラ *Cancellaria lischkei*
新生代第三紀鮮新世～初期更新世の貝類。コロモガイ科。
¶学古生（図1597/モ写）〈(産)富山県小矢部市田川〉

サワネカサガイ *Notoacmaea asperulata*
新生代第三紀鮮新世～初期更新世の貝類。ユキノカサガイ科。
¶学古生（図1552,1554/モ写）〈(産)石川県河北郡宇ノ気町〉

サワラ *Chamaecyparis pisifera*
新生代第四紀更新世の陸上植物。ヒノキ科。
¶学古生（図2541/モ図）〈(産)滋賀県大津市堅田 枝条, 球果〉

サンカクエダワカレシダ *Cladophlebis triangularis*
中生代の陸上植物シダ植物シダ類。シダ綱。
¶学古生（図804/モ写）〈(産)高知県南国市領石〉
日化譜〔Cladophlebis triangularis〕（図版70-20/モ写）〈(産)石川県石川郡白峰村桑島, 高知県佐川町吉田屋敷〉

三角貝 ⇒トリゴニア・コスタータを見よ

三角貝 ⇒プテロトリゴニアを見よ

さんき竜 ⇒トリケラトプス・プロルススを見よ

サンクタカリス *Sanctacaris uncata*
カンブリア紀の鋏角類。節足動物門鋏角亜門。長さ46～93mm。
¶バ頁岩（図131,132/モ写, モ復）〈(産)カナダのバージェス頁岩〉

サンゴ
化石サンゴ。
¶図解化（p14-5/カ写）
図解化（p15-5/カ写）

図解化(p24-中央/カ写)

サンゴ?(不明種)
新生代第三紀の腔腸動物六射サンゴ類?フジツボかもしれない。
¶産地本(p42/カ写)〈㊔北海道稚内市抜海 径2.5cm〉

サンゴモ(コラリナ)の1種 *Corallina nagaii*
新生代始新世の紅藻類。サンゴモ科コラリナ亜科。
¶学古生(図2148/モ写)〈㊔愛媛県上浮穴郡久万町二名〉

三指馬 ⇒メソヒップスを見よ

三趾馬 ⇒ヒッパリオンを見よ

サンシモンホリネズミ *Pappogeomys sansimonensis*
鮮新世後期の哺乳類ネズミ類ネズミ型類。齧歯目ホリネズミ科。頭胴長20〜25cm。㊕北アメリカ西部
¶絶哺乳(p132/カ復)

サンショウウニ *Temnopleura toreumaticus*
更新世前期〜現世のウニ類。
¶日化譜(図版88-8/モ写)〈㊔明石市舞子〉

サンショウウニ *Temnopleurus toreumaticus*
新生代更新世の棘皮動物。サンショウウニ科。
¶学古生(図1904/モ写)〈㊔兵庫県神戸市西舞子〉

サンショウウニ
新生代第四紀更新世の棘皮動物ウニ類。
¶産地新(p83/カ写)〈㊔千葉県木更津市地蔵堂 径1.7cm〉

サンショウウニの一種
新生代第四紀更新世の棘皮動物ウニ類。
¶産地新(p74/カ写)〈㊔茨城県稲敷郡阿見町島津 径4.5cm〉

サンショウウニ?の群集
新生代第三紀鮮新世の棘皮動物ウニ類。
¶産地新(p218/カ写)〈㊔高知県安芸郡安田町唐浜 画面の左右15cm〉

サンショウウニ?の棘
新生代第三紀鮮新世の棘皮動物ウニ類。
¶産地新(p218/カ写)〈㊔高知県安芸郡安田町唐浜 長さ3.5cm, 長いものの長さ4cm〉

サンショウウニ?の復元
新生代第三紀鮮新世の棘皮動物ウニ類。
¶産地新(p218/カ写)〈㊔高知県安芸郡安田町唐浜 復元した径約8cm〉

サンショウウニの未定種 *Temnopleurus* sp.
新生代第四期更新世の棘皮動物ウニ類。
¶化石フ(p203/カ写)〈㊔愛知県渥美郡赤羽根町 18mm〉

サンショウウニ(不明種)
新生代第四紀更新世の棘皮動物ウニ類。
¶産地本(p222/カ写)〈㊔兵庫県神戸市垂水区 径2.4cm 印象化石を石膏で型取りしたもの〉

サンショウモ ⇒サルウィニア・フォルモサを見よ

サンショウモ ⇒サルウィニアの1種を見よ

サンショウモの根茎 *Salvinia formosa*
石炭紀〜現世のシダ植物シダ類。
¶地球博(p76/カ写)
日化譜〔Salvinia formosa〕(図版70-9/モ写)〈㊔北海道空知郡山部炭坑, 北海道天塩幌延 サンショウモ類の葉〉

サンズガワアオダモ *Fraxinus sanzugawaensis*
新生代中新世後期の陸上植物。モクセイ科。
¶学古生(図2520,2521/モ写)〈㊔秋田県湯沢市下新田 小葉, 翼果〉

サ

サンズガワクロウメモドキ *Rhamnus sanzugawaensis*
新生代中新世後期の陸上植物。クロウメモドキ科。
¶学古生(図2478/モ図)〈㊔秋田県湯沢市下新田〉

サンズガワシャクナゲ *Rhododendron sanzugawaense*
新生代中新世後期の陸上植物。ツツジ科。
¶学古生(図2508/モ写)〈㊔秋田県湯沢市下新田〉

サンズガワタニウツギ *Weigela sanzugawaensis*
新生代中新世後期の陸上植物。スイカズラ科。
¶学古生(図2514/モ写)〈㊔秋田県湯沢市下新田〉

サンズガワドロノキ *Populus sanzugawaensis*
新生代中新世後期の陸上植物。ヤナギ科。
¶学古生(図2275/モ写)〈㊔秋田県湯沢市下新田〉

サンズガワモミ *Abies sanzugawaensis*
新生代中新世後期の陸上植物。マツ科。
¶学古生(図2237〜2239/モ写)〈㊔秋田県湯沢市下新田 種鱗, 翼果, 葉〉

サンタナケリス *Santanachelys*
中生代白亜紀の爬虫類双弓類カメ類。
¶生ミス8(図7-8/カ写)〈㊔ブラジルのアラリッペ台地 約20cm 正基準標本〉

サンタナラプトル
白亜紀前期の脊椎動物獣脚類。体長3m。㊕ブラジル
¶進化大(p321)

サンダロドゥス *Sandalodus morrisii*
石炭紀の脊椎動物軟骨魚類。ギンザメ目コクリオドゥス科。推定体長2m。㊕ヨーロッパ
¶化写真(p207/カ写)〈㊔イギリス 上顎の歯板〉

サンチュウリュウ Ornithomimidae
1億2000万年前(白亜紀前期アプチアン期)の恐竜類獣脚類。竜盤目獣脚亜目オルニトミムス科。雑食。体長約4m。㊕群馬県中里村(現神流町)
¶日恐竜(p42/カ写, カ復)〈胸胴椎骨〉

サントウイタヤ *Acer florinii*
新生代中新世後期の陸上植物。カエデ科。
¶学古生(図2451/モ写)〈㊔秋田県仙北郡西木村桧木内又沢〉

サントウクマヤナギ *Berchemia miofloribunda*
新生代中新世後期の陸上植物。クロウメモドキ科。
¶学古生(図2479/モ写)〈㊔鳥取県八頭郡佐治村辰巳峠〉

サントウサイカチ *Gleditsia miosinensis*
新生代中新世中期の陸上植物。マメ科。
¶学古生(図2428/モ写)〈㊔石川県珠洲市山伏山〉

サントウミズキ *Cornus megaphylla*
新生代中新世後期の陸上植物広葉樹。ミズキ科。
¶学古生（図2497/モ写）〈(産)鳥取県東伯郡三朝町三徳〉
植物化〔ミズキの仲間〕（p42/カ写）〈(産)鳥取県〉

サントウミツデカエデ *Acer miohenry*
新生代中新世前期の陸上植物。カエデ科。
¶学古生（図2450/モ写）〈(産)新潟県佐渡郡相川町関〉

サ

サンドパイプ
中生代白亜紀の生痕化石。ゴカイの巣穴？
¶産地新（p155/カ写）〈(産)兵庫県三原郡南淡町地野 高さ13cm〉

ザントプシス・ブルガリス *Zanthopsis vulgaris*
漸新世の無脊椎動物節足動物。
¶図解化（p109-4/カ写）〈(産)ワシントン州〉

サンノヘホタテ *Mizuhopecten sannohensis*
新生代第三紀鮮新世の貝類。イタヤガイ科。
¶学古生（図1392/モ写）〈(産)青森県三戸郡名川町剣吉〉

ザンヘオテリウム・クインクエクスピデンス
Zhangheotherium quinquecuspidens
中生代白亜紀前期の哺乳類相称歯類。スパラコテリウム上科スパラコテリウム科。熱河生物群。頭胴長約15cm，下顎全長35mm。(分)中国東北地方
¶絶哺乳〔ツァンヘオテリウム〕（p42/カ復）
熱河生〔ザンヘオテリウム・クインクエクスピデンスの完模式標本〕（図202/カ写）〈(産)中国の遼寧省北票の尖山溝 頭骨の長さ35.3mm〉
熱河生〔ザンヘオテリウム・クインクエクスピデンスの上下の歯列と下顎〕（図203/モ図）
熱河生〔ザンヘオテリウム・クインクエクスピデンスの耳域の復元図〕（図204/モ復）
熱河生〔ザンヘオテリウム・クインクエクスピデンスの復元図〕（図205/カ復）

サンボンスギイチョウガニ *Cancer sanbonsugii*
中新世の十脚類。
¶日化譜（図版59-18/モ写）〈(産)福島県信夫郡飯坂町大平〉

サンボンスギヤマナラシ *Populus sambonsgii*
新生代中新世後期の陸上植物。ヤナギ科。
¶学古生（図2273/モ写）〈(産)山形県西置賜郡飯豊町手の子沢〉
日化譜（図版76-2/モ写）〈(産)福島県耶麿郡相川〉

3本の尾毛のある未命名のカゲロウ類
ジュラ紀後期の無脊椎動物昆虫類カゲロウ類。ヘキサゲニテス属。
¶ゾル1（図340/カ写）〈(産)ドイツのアイヒシュテット 5cm〉

三葉虫
約4億8500万年前の節足動物。
¶古代生〔オルドビス紀の海中イメージ〕（p74/カ復）

三葉虫
古生代石炭紀の節足動物三葉虫類。
¶産地本（p58/カ写）〈(産)岩手県大船渡市日頃市町鬼丸 幅8mm 尾部の外形雌型〉

三葉虫
デヴォン紀の無脊椎動物節足動物。
¶図解化（p96/カ写，モ復）〈(産)ブンデンバッハ〉

三葉虫
カンブリア紀の節足動物。
¶化石図〔脱皮した殻が密集した産状〕（p39/カ写）〈(産)中国 脱皮殻の大きさ約2cm〉

三葉虫の一種
古生代ペルム紀の節足動物三葉虫類。
¶産地別（p123/カ写）〈(産)岐阜県高山市奥飛騨温泉郷福地水屋が谷 長さ0.8cm〉

三葉虫の移動により残された足跡
カンブリア紀の無脊椎動物節足動物。
¶図解化（p97-左/カ写）〈(産)インディアナ州〉

三葉虫の密集体
古生代デボン紀の節足動物三葉虫類。
¶産地本（p51/カ写）〈(産)岩手県大船渡市日頃市町樋口沢 写真の左右6cm〉

三葉虫の右遊離頬と尾部
古生代デボン紀の節足動物三葉虫類。
¶産地別（p102/カ写）〈(産)福井県大野市上伊勢 長さ1cm〉

三葉虫（不明種）
古生代デボン紀の節足動物三葉虫類。
¶産地本（p49/カ写）〈(産)岩手県東磐井郡東山町粘土山 高さ1.2cm 頭部〉
産地本（p51/カ写）〈(産)岩手県大船渡市日頃市町樋口沢 幅約1cm 胸部の密集体〉
産地本（p51/カ写）〈(産)岩手県大船渡市日頃市町樋口沢 長さ1.4cm〉

三葉虫（不明種）
古生代デボン紀の節足動物三葉虫類。デチェネラの仲間か？
¶産地本（p51/カ写）〈(産)岩手県大船渡市日頃市町樋口沢 高さ1cm 遊離頬の密集体〉

三葉虫（不明種）
古生代石炭紀の節足動物三葉虫類。
¶産地本（p58/カ写）〈(産)岩手県大船渡市日頃市町樋口沢 長さ1cm 雌型〉
産地本（p59/カ写）〈(産)岩手県大船渡市日頃市町長安寺 長さ6mm 左遊離頬〉
産地本（p59/カ写）〈(産)岩手県大船渡市日頃市町長安寺 長さ1cm 尾部の外形雌型〉

三葉虫（不明種）
古生代石炭紀の節足動物三葉虫類。リンギュアフィリップシアの頭鞍部に似る。
¶産地本（p59/カ写）〈(産)岩手県大船渡市日頃市町長安寺 長さ8mm〉

三葉虫（不明種）
古生代ペルム紀の節足動物三葉虫類。
¶産地本（p173/カ写）〈(産)滋賀県犬上郡多賀町権現谷 頭部から尾部まで復元した時の長さ2cm 各部位を塩酸で抽出〉
産地本（p173/カ写）〈(産)滋賀県犬上郡多賀町権現谷 左右7mm 頭部〉
産地本（p174/カ写）〈(産)滋賀県犬上郡多賀町権現谷 長さ8mm，長さ6mm 頭鞍部〉
産地本（p174/カ写）〈(産)滋賀県犬上郡多賀町権現谷 長さ5mm，長さ7mm 遊離頬〉

産地本（p175/カ写）〈[産]滋賀県犬上郡多賀町権現谷 長さ2mm 上唇〉
産地本（p175/カ写）〈[産]滋賀県犬上郡多賀町権現谷 長さ4mm 胸部〉
産地本（p176/カ写）〈[産]滋賀県犬上郡多賀町権現谷 長さ8mm 尾部〉
産地本（p176/カ写）〈[産]滋賀県犬上郡多賀町権現谷 長さ4mm〉

三葉虫類
古生代の節足動物三葉虫類。
¶**生ミス5**（図1-1/カ復）

三稜象 ⇒トリロホドンを見よ

【シ】

シアッツ・ミーケロルム *Siats meekerorum*
中生代白亜紀の恐竜類竜盤類獣脚類アロサウルス類。
¶**生ミス8**〔シアッツ〕（図10-12/モ写）〈1m 完模式標本の一部で「腸骨」〉

シアトクリニテス・ルゴーサス *Cyathocrinites rugosus*
シルル紀の棘皮動物ウミユリ類。
¶**原色化**（PL.11-5/モ写）〈[産]スウェーデンのゴトランド島クリントハム 高さ6cm〉

“シアトフィルム”未定種 *“Cyathophyllum”* sp.
古生代中期の四放サンゴ類。未定。
¶**学古生**（図31/モ写）〈[産]岩手県大船渡市クサヤミ沢 横断面〉

シアノバクテリア cyanobacteria
先カンブリア時代（始生代）～現在の微化石。モネラ界。別名藍藻類，藍色細菌。
¶**化百科**（p70/カ写）〈[産]アメリカ合衆国のワイオミング州 0.01～1mm〉

シイヤイルカ *Eurhinodelphis pacificus*
鮮新世前期の哺乳類鯨類。
¶**日化譜**（図版66-4/モ写）〈[産]新潟県三島郡大河津 吻部〉

シヴァテリウム ⇒シバテリウムを見よ

シヴァピテクス *Sivapithecus*
1200万～700万年前（ネオジン）の哺乳類霊長類類人猿。直鼻猿亜目ヒト科ショウジョウ亜科。全長1.5m。[分]ネパール，パキスタン，トルコ
¶**恐絶動**（p291/カ復）
恐竜世（p277/カ写）〈頭骨の一部〉
絶哺乳〔シバピテクス〕（p84,86/カ写，カ復）〈[産]中国の雲南省禄豊 前後長約9.5cm 下顎〉

シヴァピテクス
新第三紀中新世中期～中新世後期の脊椎動物有胎盤類の哺乳類。体長1.5m。[分]ネパール，パキスタン
¶**進化大**（p413/カ写）〈頭〉

シェードハリシテス
古生代シルル紀の腔腸動物床板サンゴ類。別名鎖サンゴ。
¶**産地本**（p247/カ写）〈[産]宮崎県西臼杵郡五ヶ瀬町祇園山 写真の左右5cm〉

シェドハリシテス・キタカミエンシス
Schedohalysites kitakamiensis
古生代中期の床板サンゴ類床板サンゴ類。クサリサンゴ科。別名キタカミクサリサンゴ。
¶**学古生**（図10/モ写）〈[産]岩手県大船渡市樋口沢 横断面〉
原色化（PL.12-3/カ写）〈[産]高知県高岡郡越知町横倉山 研磨面〉
日化譜〔Schedohalysites kitakamiensis〕（図版20-10/モ写）〈[産]岩手県大船渡市盛町〉

シ

ジェニキュログラプトゥス・ティピカリス
Geniculograptus typicalis
古生代オルドビス紀の筆石類。
¶**生ミス2**（図1-3-16/モ写）〈[産]アメリカのオハイオ州シンシナティ地域 群体〉

ジェファーソンマンモス ⇒パルエレファスを見よ

ジェホラケルタ・フォルモサの完模式標本
Jeholacerta formosa
中生代の有鱗類。熱河生物群。
¶**熱河生**（図129/カ写）〈[産]中国の河北省平泉〉

ジェホロサウルス・シャンユアネンシスの頭骨
Jeholosaurus shangyuanensis
中生代の恐竜類鳥脚類。熱河生物群。推定体長は1m未満。
¶**熱河生**（図167/カ写）〈[産]中国の遼寧省北票の陸家屯〉

ジェホロデンス・ジェンキンシ *Jeholodens jenkinsi*
白亜紀前期の哺乳類。真三錐歯目。頭胴長7～8cm，頭骨長22mm。[分]中国東北地方
¶**絶哺乳**〔ジェホロデンス〕（p38/カ復）
熱河生〔ジェホロデンス・ジェンキンシの完模式標本〕（図195/カ写）〈[産]中国の遼寧省北票の四合屯 頭骨の長さ約2cm〉
熱河生〔ジェホロデンス・ジェンキンシの復元図〕（図196/カ復）

ジェホロトリトン・パラドクスス *Jeholotriton paradoxus*
中生代の両生類。熱河生物群。
¶**熱河生**〔ジェホロトリトン・パラドクススの完模式標本〕（図111/カ写）〈[産]中国の内モンゴル寧城県の道虎溝 体長約140mm 石板A，腹面〉
熱河生〔ジェホロトリトン・パラドクススの副模式標本3つのうちの1つ〕（図112/カ写）〈[産]中国の内モンゴル寧城県の道虎溝 体長約120mm 石板A，側面〉

ジェホロプテルス *Jeholopterus*
ジュラ紀白亜紀前期の翼竜類。ランフォリンクス上科。翼開長1m。[分]中国北東部
¶**恐イラ**（p127/カ復）

ジェホロプテルス・ニンチェンゲンシス
Jeholopterus ningchengensis
中生代の翼竜類。アヌログナトゥス科。熱河生物群。
¶**熱河生**〔ジェホロプテルス・ニンチェンゲンシスの完模式標本〕（図131/カ写）〈[産]中国の内モンゴル寧城の道虎溝 翼開長約90cm 石板A，成体もしくは亜成体〉
熱河生〔ジェホロプテルス・ニンチェンゲンシスの飛膜と「毛」〕（図132/カ写）〈[産]中国〉

熱河生〔ジェホロプテルス・ニンチェンゲンシスの復元図〕(図133/カ復)

ジェホロルニス・プリマ *Jeholornis prima* 熱河鳥
中生代の鳥類。熱河生物群。
¶熱河生〔ジェホロルニス・プリマの完模式標本〕(図177/カ写)〈(産)中国の遼寧省朝陽の大平房〉
熱河生〔熱河鳥の体内にあった種子〕(図178/カ写)〈(産)中国〉
熱河生〔熱河鳥の復元図〕(図179/カ復)

ジェレッツキテス・スピーデニ *Jeletzkytes spedeni*
マーストリヒチアン期のアンモナイト。
¶アン最(p12/カ写)〈(産)サウスダコタ州 ミクロコンク(雄)〉
アン最(p55/カ写)〈真珠光沢の殻を剝がした〉
アン最(p195/カ写)〈(産)サウスダコタ州コーソン郡 マクロコンク(雌), ミクロコンク(雄)〉
アン最(p196/カ写)〈(産)サウスダコタ州コーソン郡 マクロコンク(雌)〉

ジェレッツキテス・ネブラスセンシス *Jeletzkytes nebrascensis*
マーストリヒチアン期のアンモナイト。
¶アン最〔チリメンアオイガイとジェレッツキテス・ネブラスセンシス〕(p38/カ写)
アン最(p199/カ写)〈(産)サウスダコタ州デウィ郡 ミクロコンク(雄), マクロコンク(雌)〉
アン最(p200/カ写)〈(産)サウスダコタ州デウィ郡 マクロコンク(雌)〉

ジェレッツキテスの一種 *Jeletzkytes* sp.
カンパニアン期のアンモナイト。
¶アン最〔生きたイカの体とジェレッツキテスの殻の合成〕(p35/カ写)
アン最〔ディディモセラス・スティーブンソーニとジェレッツキテスの一種〕(p203/カ写)〈(産)ワイオミング州ウエストン郡〉

ジェレッツキテス・ノドサス *Jeletzkytes nodosus*
カンパニアン期のアンモナイト。
¶アン最〔ジェレッツキテス・ノドサスとバキュリテス・コンプレッサス〕(p43/カ写)〈(産)サウスダコタ州〉
アン最(p206/カ写)〈(産)サウスダコタ州メーダ郡 ミクロコンク(雄)〉

ジェレッツキテス・ブレビス *Jeletzkytes brevis*
カンパニアン期のアンモナイト。
¶アン最〔ジェレッツキテス・ブレビスとバキュリテス・コンプレッサス〕(p206/カ写)〈(産)サウスダコタ州メーダ郡 マクロコンク(雌)〉

ジェレッツキテス・リーサイディ *Jeletzkytes reesidei*
カンパニアン期のアンモナイト。
¶アン最〔ジェレッツキテス・リーサイディ, ソレノセラス・テキサナム〕(p209/カ写)〈(産)テネシー州クーンクリーク〉

シェーロンバキア・バリアンス ⇒スクロエンバキアを見よ

シオガマ *Cycladicama cumingii*
新生代第三紀鮮新世〜初期更新世の貝類。フタバシラガイ科。
¶学古生〔シオガマガイ〕(図1520/モ写)〈(産)石川県金沢市釣部〉
学古生(図1660/モ写)〈(産)東京都新宿区角筈〉

シオガマガイ ⇒シオガマを見よ

シオガマサンゴの1種 *Oulangia* sp.
新生代の六放サンゴ類。リザンギア科。
¶学古生(図1028/モ写)〈(産)千葉県館山市沼〉

シオガマゾウ *Stegolophodon latidens*
中新世中期の哺乳類長鼻類。
¶日化譜(図版67-3/モ写)〈(産)宮城県塩釜市 右上第1大臼歯〉

シオガマフミガイ *Venericardia*(*Cyclocardia*) *siogamensis*
中新世中後期の軟体動物斧足類。
¶日化譜(図版44-19/モ写)〈(産)宮城県塩釜, 福島県五浦〉

シオガマブンブク(新) *Periscosmus magnificus*
中新世中期のウニ類。
¶日化譜(図版88-17/モ写)〈(産)宮城県塩釜市東塩釜〉

シオガママルフミガイ *Cyclocardia siogamensis*
新生代第三紀・中期中新世の貝類。マルフミガイ科。
¶学古生(図1295/モ写)〈(産)石川県加賀市南郷〉

シオタイテスの一種 *Chiotites* sp.
三畳紀後期のアンモナイト。
¶アン最(p137/カ写)〈(産)インドネシアのティモールのバスレオ〉

シオツボカエデ *Acer debilum*
新生代中新世後期の陸上植物。カエデ科。
¶学古生(図2454/モ写)〈(産)福島県喜多方市三宮町〉

シオバラガエル *Rana siobarensis*
更新世前期の両生類。
¶日化譜(図版64-7/モ写)〈(産)栃木県塩原温泉シラン沢〉

シオバラガエル *Rana* sp.cf.*R.shiobarensis*
新生代更新世の両生類。アカガエル科。
¶学古生(図1960/モ写)〈(産)栃木県塩谷郡塩原町中塩原〉

シオバラザルガイ *Trachycardium shiobarense*
中新世中期の軟体動物斧足類。
¶日化譜(図版46-7/モ写)〈(産)栃木県塩原など〉

シオフキ *Mactra*(*Mactra*) *veneriformis*
新生代第四紀完新世の貝類。バカガイ科。
¶学古生(図1758/モ写)〈(産)東京都千代田区大手町〉

シオムシ(?)属の未定種 *Tecticeps*(?) sp.
新生代第三紀中新世の節足動物甲殻類。
¶化石フ(p186/カ写)〈(産)愛知県知多郡南知多町 10mm〉

シガゾウ *Archidiskodon paramammonteus shigensis*
新生代更新世中期の哺乳類。ゾウ科。
¶学古生(図2010/モ写)〈(産)滋賀県大津市堅田町 左下顎臼歯〉

シカツノサンゴ ⇒アクロポラ・ケルヴィコルニスを見よ

鹿?の足跡 Foot print of a deer?
第四紀更新世前期の哺乳類の痕跡化石。
¶原色化(PL.95-2/モ写)〈(産)兵庫県明石郡大久保八木海

岸 穴の幅5.5cm, 長さ6.5cm〉

シカマイア・アカサカエンシス *Shikamaia akasakaensis*
古生代ペルム紀の軟体動物二枚貝類。アラトコンカ科。体長1m前後。
¶**化石図**(p85/カ写, カ復)〈㊥岐阜県 岩石の横幅約30cm〉
化石フ(p34/カ写)〈㊥岐阜県本巣郡根尾村 幅100mm, 高さ180mm 復元模型, 産状写真〉
日化譜〔Shikamaia akasakaensis〕(図版87-25,26/モ写, モ復)〈㊥岐阜県赤坂〉
日絶古〔シカマイア〕(p96～97/カ写, カ復)〈左右約40cm〉
リア古〔シカマイア〕(p182/カ復)

シカマイノソレックス *Shikamainosorex densicingulata*
哺乳類。哺乳綱獣亜綱正獣上目食虫目。別名鹿間尖鼠。頭骨長約2cm。㊎栃木県葛生, 秋吉台
¶**化石フ**〔シカマトガリネズミの下顎骨〕(p227/カ写)〈㊥山口県美祢市 下顎の大きな切歯が約8mm〉
古脊椎(図218/モ復)
日化譜〔シカマカワネズミ〕(図版65-13/モ写)〈㊥栃木県佐野市出流原 左下顎外側, 同歯上面〉

シカマカワネズミ ⇒シカマイノソレックスを見よ

シカマシフゾウ *Elaphurus shikamai*
新生代更新世前期の哺乳類。シカ科。
¶**学古生**(図2043/モ写)〈㊥兵庫県明石市林崎〉

シカマスナモグリ *Callianassa shikamai*
中新世中期の十脚類。
¶**日化譜**(図版59-9/モ写)〈㊥長野県下伊那郡富草村古城〉

シカマトガリネズミ ⇒シカマイノソレックスを見よ

シカモアの木 ⇒プラタナスを見よ

シガラミアオガイ *Acmaea sigaramiensis*
鮮新世前期の軟体動物腹足類。
¶**日化譜**(図版26-12/モ写)〈㊥長野県上水内郡柵〉

シガラミサルボウ *Anadara amicula*
新生代第三紀鮮新世の軟体動物斧足類。フネガイ科。
¶**学古生**(図1367/モ写)〈㊥長野県上水内郡中条村栄〉
化石フ(p165/カ写)〈㊥長野県下水内郡戸隠村 70mm〉

シガラミサルボウ *Anadara* (*Diluvarca*) *amicula*
鮮新世前期の軟体動物斧足類。
¶**日化譜**(図版36-24/モ写)〈㊥長野県上水内郡柵〉

シガラミサルボウ
新生代第三紀鮮新世の軟体動物斧足類。フネガイ科。柵動物群集。
¶**産地新**(p130/カ写)〈㊥長野県上水内郡戸隠村 長さ6.8cm〉

シガラミツノオリイレ *Trophon solitarius*
鮮新世前期の軟体動物腹足類。
¶**日化譜**(図版31-14/モ写)〈㊥長野県上水内郡柵〉

シガラミビノスガイ *Mercenaria sigaramiensis*
中新世中期～鮮新世前期の軟体動物斧足類。
¶**日化譜**(図版47-16/モ写)〈㊥北海道雨竜郡沼田町, 長野県上水内部柵〉

シキシマアカメガシワ *Mallotus protojaponica*
新生代鮮新世の陸上植物。トウダイグサ科。
¶**学古生**(図2432/モ図)〈㊥愛知県瀬戸市印所〉

シキシマカツラ *Cercidiphyllum eojaponicum*
新生代漸新世の陸上植物。カツラ科。
¶**学古生**(図2201/モ写)〈㊥北海道夕張市清水沢〉

シキシマカンバ *Betula nipponica*
新生代中新世中期の陸上植物。カバノキ科。
¶**学古生**(図2310/モ写)〈㊥北海道松前郡福島町吉岡〉

シキシマサワグルミ *Pterocarya paliaeus*
更新世前期の双子葉植物。
¶**日化譜**(図版76-9～11/モ写)〈㊥近畿各地など〉

シキシマサワグルミ
新生代第四紀更新世の被子植物双子葉類。
¶**産地本**(p220/カ写)〈㊥滋賀県彦根市野田山町 径5mm〉

シキシマシデ *Carpinus nipponica*
新生代中新世後期の陸上植物。カバノキ科。
¶**学古生**(図2330/モ写)〈㊥岡山県苫田郡上斉原村恩原 果苞〉

シキシマツゲ *Buxus protojaponica*
新生代中新世後期の陸上植物。ツゲ科。
¶**学古生**(図2474,2475/モ写)〈㊥秋田県仙北郡西木村宮田〉

シキシマツバキ *Camellia protojaponica*
新生代中新世中期の陸上植物。ツバキ科。
¶**学古生**(図2434/モ写)〈㊥石川県鹿島郡中島町上町〉

シキシマナナカマド *Sorbus nipponica*
新生代中新世中期の陸上植物。バラ科。
¶**学古生**(図2410/モ写)〈㊥北海道松前郡福島町吉岡〉

シキシマナラ *Quercus protoserrata*
新生代中新世後期の陸上植物。ブナ科。
¶**学古生**(図2346/モ写)〈㊥岡山県苫田郡上斉原村恩原〉

シキシマバショウ *Musophyllum nipponicum*
新生代漸新世の陸上植物。バショウ科。
¶**学古生**(図2231/モ写)〈㊥北海道釧路市春採炭鉱〉

シキシマバス *Nelumbo nipponica*
漸新世～中新世中期の双子葉植物。
¶**日化譜**(図版77-6/モ写)〈㊥長崎県北松浦郡江迎町〉

シキシマハマナツメ ⇒コウセキハマナツメを見よ

シキシマハンノキ *Alnus ezoensis*
新生代始新世の陸上植物。カバノキ科。
¶**学古生**(図2182/モ写)〈㊥北海道夕張市清水沢炭鉱〉

シキシママンサク *Hamamelis parrotioidea*
新生代鮮新世の陸上植物。マンサク科。
¶**学古生**(図2400/モ図)〈㊥愛知県瀬戸市一里塚, 愛知県豊田市大畑 種子, さく果〉

シキシマヨウラク
新生代第四紀更新世の軟体動物腹足類。
¶**産地別**(p85/カ写)〈[産]秋田県男鹿市琴川安田海岸 高さ4.6cm〉

シキシマヨウラク
新生代第三紀鮮新世の軟体動物腹足類。アクキガイ科。
¶**産地新**(p216/カ写)〈[産]高知県安芸郡安田町唐浜 高さ4cm〉

シギラリア *Sigillaria*
古生代石炭紀〜ペルム紀のシダ植物ヒカゲノカズラ類リンボク類。別名封印木。高さ30m。[分]世界各地
¶**化百科**〔フウインボク〕(p89/カ写)〈[産]イギリスのバーンズリー付近〉
原色化(PL.30-1/モ写)〈[産]中国の山西省大同口泉鎮大同炭田 長さ9×9cm〉
図解化(p40-7/カ写)
図解化(p46/モ復)
生ミス4(図1-4-3/カ写, カ復)〈[産]ポーランド 幹〉
リア古(p178/カ復)

シギラリア ⇒フウインボクの茎を見よ

シギラリア・アルウェオラリス
石炭紀〜ペルム紀のヒカゲノカズラ植物。高さ25m。[分]世界各地
¶**進化大**〔シギラリア〕(p146/カ写, カ復)

シギラリア・エクサゴナ *Sigillaria exagona*
石炭紀の植物。
¶**図解化**(p40-2/カ写)

シギラリア・エレガンス *Sigillaria elegans*
石炭紀のシダ植物ヒカゲノカズラ類。
¶**原色化**(PL.29-2/カ写)〈[産]北アメリカのオハイオ州クリントン 葉柄痕の長さ5〜6mm〉

シギラリア・エロンガタ *Sigillaria elongata*
石炭紀の植物。
¶**図解化**(p40-6/カ写)

シギラリア・ボブライ *Sigillaria boblayi*
石炭紀の植物。
¶**図解化**(p40-1/カ写)

シギラリア・マンミラリス
石炭紀〜ペルム紀のヒカゲノカズラ植物。高さ25m。[分]世界各地
¶**進化大**〔シギラリア〕(p146/カ写, カ復)

シグモフィルム・キズトニイ *Psygmophyllum kidstonii*
古生代ペルム紀の裸子植物イチョウ類。
¶**化石フ**(p24/カ写)〈[産]岐阜県大垣市赤坂町 石の大きさ210mm〉

シクリナ ⇒オキシジミを見よ

シクレステロイデスの1種 *Cyclestheroides* sp.
中生代の甲殻類。アスムシア科。
¶**学古生**(図706/モ写)〈[産]福岡県北九州市小倉南区小熊野〉

シクロカルディア ⇒フミガイを見よ

シクロプテリスの小葉 *Cyclopteris orbicularis*
石炭紀の植物。シダ種子植物ネウロプテリスの小葉。
¶**地球博**(p76/カ写)

シコクスピラの1種 *Shikokuspira hamadai*
古生代後期二畳紀中期の貝類。アマガイモドキ亜目アマガイモドキ科。
¶**学古生**(図196/モ写)〈[産]高知県高岡郡佐川町大平山〉

シコピゲ エレガンス *Psychopyge elegans*
デボン紀の三葉虫。ファコープス目。
¶**三葉虫**(図72/モ写)〈[産]モロッコのアルニフ 長さ135mm〉

シコピゲの一種 *Psychopyge* sp.
デボン紀の三葉虫。ファコープス目。
¶**三葉虫**(図73/モ写)〈[産]モロッコのアルニフ 長さ70mm〉
三葉虫(図74/モ写)〈[産]モロッコのアルニフ 長さ165mm〉

ジゴリザ *Zygorhiza kochii*
始新世の哺乳類。哺乳綱獣亜綱正獣上目鯨目。[分]北米アラバマ州
¶**古脊椎**(図238/モ復)

シコロエガイ
新生代第四紀更新世の軟体動物斧足類。フネガイ科。
¶**産地新**(p59/カ写)〈[産]秋田県男鹿市琴川安田海岸 長さ4.5cm〉

シザスター *Schizaster* sp.
始新世の無脊椎動物棘皮動物。
¶**図解化**(p178-7/カ写)〈[産]イタリア〉

シザステル
古第三紀〜現代の無脊椎動物棘皮動物。別名ブンブクチャガマ。体長4.5〜6.5cm。[分]世界各地
¶**進化大**(p400/カ写)

シジミ
新生代第三紀鮮新世の軟体動物斧足類。
¶**産地別**(p216/カ写)〈[産]滋賀県甲賀市水口町野洲川 長径2.1cm〉

シジミ
新生代第四紀更新世の軟体動物斧足類。
¶**産地別**(p217/カ写)〈[産]滋賀県大津市仰木二丁目 長さ2.5cm〉

四射サンゴ
古生代石炭紀の腔腸動物四射サンゴ類。
¶**産地別**(p70/カ写)〈[産]岩手県大船渡市日頃市町鬼丸 長さ5.5cm〉
産地別(p103/カ写)〈[産]新潟県糸魚川市青海町 長径5.4cm〉

四射サンゴ
古生代デボン紀の腔腸動物四射サンゴ類。
¶**産地別**(p100/カ写)〈[産]福井県大野市上伊勢 高さ4.5cm〉

四射サンゴの一種
古生代シルル紀の腔腸動物四射サンゴ類。

¶産地別（p99/カ写）〈㊞岐阜県高山市奥飛騨温泉郷一重ケ根 左右4.5cm〉

四射サンゴの一種

古生代ペルム紀の腔腸動物四射サンゴ類。

¶産地別（p134/カ写）〈㊞岐阜県大垣市赤坂町金生山 幅7cm〉

四射サンゴの群集（不明種）

古生代デボン紀の腔腸動物四射サンゴ類。

¶産地本（p50/カ写）〈㊞岩手県大船渡市日頃市町樋口沢 個体の径5mm 印象化石〉

四射サンゴ（不明種）

古生代シルル紀の腔腸動物四射サンゴ類。

¶産地新（p90/カ写）〈㊞岐阜県吉城郡上宝村一重ヶ根 高さ14cm 自然風化した縦断面〉

産地新（p90/カ写）〈㊞岐阜県吉城郡上宝村一重ヶ根 径2.5cm 自然風化した横断面〉

産地本（p226/カ写）〈㊞高知県高岡郡越知町横倉山 径2.5cm 横断面を研磨したもの〉

四射サンゴ（不明種）

古生代デボン紀の腔腸動物四射サンゴ類。

¶産地新（p93/カ写）〈㊞福井県大野郡和泉村上伊勢 母岩の左右15cm 研磨横断面〉

四射サンゴ（不明種）

古生代石炭紀の腔腸動物四射サンゴ類。

¶産地本（p53/カ写）〈㊞岩手県気仙郡住田町犬頭山 長径5.5cm〉

産地本（p54/カ写）〈㊞岩手県大船渡市日頃市町長岩 長さ21cm〉

産地本（p227/カ写）〈㊞山口県美祢市伊佐町宇部興産 径3.5cm 横断面を研磨したもの〉

四射サンゴ（不明種）

古生代ペルム紀の腔腸動物四射サンゴ類。

¶産地本（p61/カ写）〈㊞宮城県気仙沼市上八瀬 径1.3cm〉

産地本（p112/カ写）〈㊞岐阜県大垣市赤坂町金生山 径7mm 風化面〉

産地本（p154/カ写）〈㊞滋賀県犬上郡多賀町権現谷 長径1.5cm〉

産地本（p154/カ写）〈㊞滋賀県犬上郡多賀町権現谷 長径最大1.3cm〉

産地本（p154/カ写）〈㊞滋賀県犬上郡多賀町権現谷 高さ1.5cm, 高さ2.3cm〉

産地本（p155/カ写）〈㊞滋賀県犬上郡多賀町権現谷 高さ1.9cm 縦に切断して研磨したもの〉

産地本（p155/カ写）〈㊞滋賀県犬上郡多賀町権現谷 径8mm 横に切断して塩酸で溶かしたもの〉

産地本（p155/カ写）〈㊞滋賀県犬上郡多賀町権現谷 径9mm キャリックスの部分〉

産地本（p156/カ写）〈㊞滋賀県犬上郡多賀町権現谷 高さ2.4cm〉

産地本（p156/カ写）〈㊞滋賀県犬上郡多賀町権現谷 高さ2cm〉

産地本（p157/カ写）〈㊞滋賀県犬上郡多賀町権現谷 高さ5mm, 径5mm〉

四射サンゴ（不明種）

古生代ペルム紀の腔腸動物四射サンゴ類。蓋付きサンゴ。

¶産地本（p156/カ写）〈㊞滋賀県犬上郡多賀町権現谷 高さ1.8cm, 径1cm〉

産地本（p157/カ写）〈㊞滋賀県犬上郡多賀町権現谷 高さ1.3cm〉

四射サンゴ（不明種）

古生代ペルム紀の腔腸動物四射サンゴ類。付着型。

¶産地本（p157/カ写）〈㊞滋賀県犬上郡多賀町権現谷 高さ8mm〉

四射サンゴ類

古生代ペルム紀の腔腸動物四射サンゴ類。

¶産地別（p125/カ写）〈㊞岐阜県本巣市根尾初鹿谷 長径1cm〉

シ

糸状藻類

ジュラ紀後期の植物藍藻類。

¶ゾル1〔幅広の糸状藻類〕（図2/カ写）〈㊞ドイツのアイヒシュテット 17cm〉

シシンオキナエビス（新） *Perotrochus eocenicus*

始新世後期の軟体動物腹足類。

¶日化譜（図版83-6/モ写）〈㊞福岡県大牟田市下高田勝立炭坑〉

シシンホオジロザメ *Carcharias* cf.*cuspidatus*

始新世後期の魚類鮫類。

¶日化譜（図版63-5/モ写）〈㊞福岡県三池など〉

シズオカサルボウ *Anadara shizuokaensis*

新生代第三紀鮮新世の軟体動物斧足類。フネガイ科。

¶学古生（図1386/モ写）〈㊞静岡県掛川市細谷〉

化石フ（p165/カ写）〈㊞静岡県掛川市 55mm〉

シズクイシハダカイワシ *Diaphus shizukuishiensis*

中新世中期の魚類硬骨魚類。

¶日化譜（図版63-16/モ写）〈㊞岩手県岩手郡雫石町仙岩峠東側〉

シスタウリーテス

古生代ペルム紀の海綿動物。

¶産地別（p123/カ写）〈㊞岐阜県高山市奥飛騨温泉郷福地水屋が谷 長さ3cm〉

システィフィロイデス

古生代デボン紀の腔腸動物四射サンゴ類。別名泡沫サンゴ。

¶産地本（p104/カ写）〈㊞岐阜県吉城郡上宝村福地 個体の径2.2cm 研磨面〉

システロニナ

爬虫類双弓類魚竜類。

¶生ミス7〔魚竜類の歯化石〕（図6-6/カ写）〈標本長約4cm〉

ジストリドゥラ *Xystridura saintsmithii*

中期カンブリア紀の無脊椎動物三葉虫類。レドリキア目ジストリドゥラ科。体長6cm。㊕オーストラリア

¶化写真（p58/カ写）〈㊞オーストラリア〉

シスビテス・ナキジンエンシス *Thisbites nakijinensis*

中生代三畳紀の軟体動物頭足類。

¶化石フ（p108/カ写）〈㊞沖縄県国頭郡本部町 90mm〉

矢石類(ベレムノプシス)の未定種　*Belemnopsis* sp.
中生代ジュラ紀の軟体動物頭足類。
¶化石フ(p117/カ写)〈(産)福井県大野郡和泉村 40mm〉

シセレ・オモテニッポニカ　*Cythere omotenipponica*
新生代現世の甲殻類(貝形類)。シセレ科シセレ亜科。
¶学古生(図1862/モ写)〈(産)静岡県駿河湾 左殻, 右殻(内側)〉

シセレロイデア・ムネチカイ　*Cytherelloidea munechikai*
新生代現世の甲殻類(貝形類)。シセレラ科。
¶学古生(図1855/モ写)〈(産)静岡県遠州灘 左殻〉

シセロプテロン・ミウレンセ　*Cytheropteron miurense*
新生代更新世の甲殻類(貝形類)。シセルーラ科シセロプテロン亜科。
¶学古生(図1883/モ写)〈(産)千葉県成田層 左殻〉

シセロモルファ・アクプンクタータ
Cytheromorpha acupunctata
新生代現世の甲殻類(貝形類)。ロクソコンカ科。
¶学古生(図1889/モ写)〈(産)静岡県浜名湖 左殻♂, 左殻♀〉

シゾスティルス グラヌラータ　*Schizostylus granulata*
デボン紀前期の三葉虫。ファコープス目。
¶三葉虫(図77/モ写)〈(産)ボリビアのベレン 長さ30mm〉

シゾダス
古生代ペルム紀の軟体動物斧足類。
¶産地新(p98/カ写)〈(産)岐阜県大垣市赤坂町金生山 長さ3.8cm〉
産地別(p75/カ写)〈(産)宮城県気仙沼市戸屋沢 長さ2.1cm〉

始祖鳥
ジュラ紀後期の脊椎動物獣脚類鳥類。別名アルカエオプテリクス。体長30cm。(分)ドイツ
¶進化大(p264～265/カ写, カ復)〈ベルリン標本〉
熱河生〔爬虫類と鳥類を結びつける最古の鳥, 始祖鳥の模型〕(図170/カ復)

始祖鳥　⇒アルカエオプテリクスを見よ

始祖鳥　⇒アルカエオプテリクス・リトグラフィカを見よ

シゾドウス・ジャポニクス　*Schizodus japonicus*
古生代ペルム紀の軟体動物斧足類ミオフォリア類。
¶化石フ(p47/カ写)〈(産)岐阜県大垣市赤坂町 25mm〉
日化譜〔Schizodus japonicus〕(図版84-23/モ写)〈(産)岐阜県赤坂〉

シゾドゥス・トバイ　*Schizodus tobai*
古生代ペルム紀の軟体動物斧足類三角貝。古異歯亜綱サンカクガイ目ミオフォリア科。
¶学古生〔シゾドスの1種〕(図219/モ写)〈(産)宮城県気仙沼市上八瀬〉
化石フ(p16/カ写)〈(産)宮城県気仙沼市 13mm〉

シゾホリア・レスピナータ　*Schizophoria resupinata*
古生代後期・前期石炭紀後期の腕足類。オルチス目エンテレテス上科エンテレテス科。
¶学古生(図125/モ写)〈(産)東京都西多摩郡五日市町三ッ沢 茎殻, 前面, 腕殻, 側面〉

シダ　*Oligocarpia gothanii*
石炭紀とペルム紀の植物。
¶地球博〔石炭紀のシダ〕(p76/カ写)

シタカラシジミ　*Corbicula*(*Batissa*) *sitakaraensis*
漸新世中期の軟体動物斧足類。
¶日化譜(図版45-4/モ写)〈(産)北海道白糠郡白糠町, 同阿寒町〉

シタカラソデガイ　*Yoldia*(*Yoldia*) *laudabilis*
漸新世後期の軟体動物斧足類。
¶日化譜(図版35-32/モ写)〈(産)北海道阿寒町など〉

シダ種子類　*Pteridospermale*
石炭紀の裸子植物。
¶図解化(p16/カ写)〈(産)ドイツ 枝〉

シダ種子類の種子
古生代石炭紀の裸子植物シダ種子類。
¶植物化(p28/カ写)〈(産)ドイツ〉

シダ種子類の生殖器管　*Pteridospermopsids*
古生代ペルム紀の裸子植物シダ種子類。
¶化石フ(p24/カ写)〈(産)宮城県気仙沼市 20mm〉

羊歯植物？(不明種)
中生代三畳紀の羊歯植物？
¶産地本(p65/カ写)〈(産)宮城県本吉郡本吉町大沢海岸 長さ8cm〉

シダズーン・ステファヌス　*Xidazoon stephanus*
古生代カンブリア紀の古虫動物？全長9cm。(分)中国
¶リア古〔シダズーン〕(p58/カ復)

シタダミの1種　*Solariella* sp.
新生代第三紀の貝類。ニシキウズガイ科。
¶学古生(図1194/モ写)〈(産)石川県輪島市西院内〉

羊歯？(不明種)
新生代第三紀中新世の羊歯植物？シノブに似る。
¶産地本(p82/カ写)〈(産)群馬県甘楽郡南牧村兜岩 長さ6cm〉

シダ類
中生代ジュラ紀のシダ植物。
¶産地別(p139/カ写)〈(産)福井県福井市小和清水町 長さ7cm〉

シダ類の一種
中生代ジュラ紀のシダ植物。
¶産地新(p109/カ写)〈(産)福井県足羽郡美山町小宇坂 画面の上下7cm〉
産地新(p109/カ写)〈(産)福井県足羽郡美山町小宇坂 長さ3.5cm〉
産地新(p109/カ写)〈(産)福井県足羽郡美山町小宇坂 長さ10cm〉

シダ類の仲間
白亜紀バレミアン期～アプチアン期？の植物。
¶日白亜(p85/カ写)〈(産)石川県白山市(旧白峰村)目附谷〉

羊歯類？（不明種）
新生代第三紀漸新世のシダ植物？
¶**産地本**（p47/カ写）〈㊧北海道白糠郡白糠町中庶路 長さ4cm 葉〉

シーダロサウルス *Cedarosaurus*
白亜紀バレミアンの恐竜類竜脚類マクロナリア類後期のブラキオサウルス類。体長14m。㊕アメリカ合衆国のユタ州
¶**恐イラ**（p165/カ復）

しちかく竜 ⇒スティラコサウルスを見よ

シチクシデ *Carpinus miofargesiana*
新生代中新世前期の陸上植物。カバノキ科。
¶**学古生**（図2333/モ写）〈㊧福島県いわき市紫竹 果苞〉

シチパチ・オズモルスカエ *Citipati osmolskae*
白亜紀後期の恐竜類獣脚類オビラプトロサウルス類。オビラプトル科オビラプトル亜科。
¶**モ恐竜**（p27/カ写）〈㊧モンゴル南西ウハア・トルゴッド 抱卵している状態の骨格〉

シチュアノベルス・ウタツエンシス *Sichuanobelus utatsuensis*
中生代ジュラ紀の軟体動物頭足類ベレムナイト類。数十cm？㊕日本
¶**生ミス6**（図1-2/カ写, カ復）〈㊧宮城県南三陸町 鞘〉

十脚類の巣孔の化石
中生代・新生代の生痕化石。
¶**学古生**（図2610/モ写）〈㊧神奈川県横浜市南区堀ノ内町堂ケ谷〉

十脚類の巣孔の化石
新生代中新世の生痕化石。
¶**学古生**（図2611/モ写）〈㊧長崎県下県郡豊玉村塩浜〉

シッファサウクトゥム ⇒シファッソークタム・グレガリウムを見よ

シデノハニレ *Ulmus carpinoides*
中新世中期の双子葉植物。
¶**日化譜**（図版77-4/モ写）〈㊧京都府宮津市〉

シデロプス *Siderops*
中生代ジュラ紀の両生類。
¶**生ミス7**（図6-19/カ復）

シドネイア・イネクスペクタンス *Sidneyia inexpectans*
カンブリア紀の無脊椎動物節足動物三葉虫。節足動物門アラクノモルファ亜門。サイズ5〜13cm。
¶**図解化**（p95-E/カ写）〈㊧ブリティッシュ・コロンビア州バージェス頁岩〉
バ頁岩〔シドネイア〕（図149〜151/モ写, モ復）〈㊧カナダのバージェス頁岩〉

シドロ *Labiostrombus japonicus*
更新世〜現世の軟体動物腹足類。
¶**日化譜**（図版30-9/モ写）〈㊧千葉県大竹〉

シドロガイ *Canarium*(*Doxander*) *japonicus*
新生代第三紀・初期更新世の貝類。ソデガイ科。
¶**学古生**（図1576/モ写）〈㊧石川県金沢市大桑〉

シドロガイ
新生代第三紀鮮新世の軟体動物腹足類。スイショウガイ科。
¶**産地新**（p212/カ写）〈㊧高知県安芸郡安田町唐浜 高さ4.5cm〉

シドロガイ
新生代第四紀更新世の軟体動物腹足類。
¶**産地本**（p146/カ写）〈㊧石川県珠洲市平床 高さ6cm〉

シ

シナイチイヒノキ *Metasequoia chinensis*
漸新世の毬果類。
¶**日化譜**（図版75-19/モ写）〈㊧北海道, 樺太川上 毬果〉

シナカリヤクルミ *Carya itriata*
鮮新世後期の双子葉植物。
¶**日化譜**（図版76-7/モ写）〈㊧岐阜県多治見市, 愛知県瀬戸市など 堅果〉

シナサバルヤシ *Sabal chinensis*
新生代始新世の陸上植物。ヤシ科。
¶**学古生**（図2229,2230/モ写）〈㊧山口県宇部市上梅田, 山口県宇部市長沢炭鉱 葉下面基部と葉柄, 葉〉

シーナストラエア・ハイアッティ *Coenastraea hyatt*
中生代ジュラ紀の六放サンゴ類。
¶**化石図**（p99/カ写）〈㊧アメリカ合衆国 サンゴの横幅約3cm〉

シナゾウ ⇒シネンシスを見よ

ジナニクティス
中生代の魚類。熱河生物群。
¶**熱河生**（図103/カ写）〈㊧中国の遼寧省西部の九仏堂層 体長約9cm〉

シナノキ ⇒ティリア・エウロパエアを見よ

シナノトド *Eumetopias sinanoensis*
新生代中新世中期の哺乳類食肉類。アシカ科。
¶**学古生**（図1994/モ写）〈㊧長野県東筑摩郡四賀村執田光麻生 頭骨左側面〉
日化譜（図版66-23/モ写）〈㊧長野県東筑摩郡執田光麻生 吻部左側面〉

シナノトドの吻部 *Allodesmus sinanoensis*
新生代第三紀中新世の哺乳類鰭脚類。
¶**化石フ**（p229/カ写）〈㊧長野県東筑摩郡四賀村 横130mm（レプリカ）〉

シナノバイ *Buccinum sinanoensis*
鮮新世の軟体動物腹足類。
¶**日化譜**（図版32-25/モ写）〈㊧山形県飽海郡増田〉

シナノホタテ *Mizuhopecten tryblium*
新生代第三紀・後期中新世〜鮮新世の貝類。イタヤガイ科。
¶**学古生**（図1368/モ写）〈㊧長野県上水内郡戸隠村下楡木〉

シナノホタテ
新生代第三紀鮮新世の軟体動物斧足類。イタヤガイ科。
¶**産地新**（p129/カ写）〈㊧長野県上水内郡戸隠村 高さ9cm 左殻側〉
産地新（p129/カ写）〈㊧長野県上水内郡戸隠村 高さ約

6cm 右殻〉

シナノムカシイルカ *Sinanodelphis izumidaensis*
中新世中期の哺乳類鯨類。
¶**日化譜**（図版66-1/モ写）〈㊨長野県上田市大日堂蛇河層 骨格前部〉

シナハマキギの耳石 *Arius sinensis*
新生代第三紀鮮新世の魚類硬骨魚類。ギギ科。
¶**化石フ**（p223/カ写）〈㊨静岡県掛川市 10mm〉

シナヒイラギモチ *Ilex cornuta*
新生代第四紀更新世の陸上植物双子葉植物。モチノキ科。
¶**学古生**（図2567/モ図）〈㊨滋賀県大津市堅田〉
日化譜（図版79-5/モ写）〈㊨宮城県宮城郡泉町奥武士〉

シナミア *Sinamia*
中生代の魚類。シナミア科。熱河生物群。
¶**熱河生**（図99/カ写）〈㊨中国 体長約50cm〉

シネコドゥス・ジュレンシス *Synechodus jurensis*
ジュラ紀後期の脊椎動物軟骨魚類サメ類。
¶**ゾル2**（図45/カ写）〈㊨ドイツのアイヒシュテット 21cm〉
ゾル2（図46/カ写）〈㊨ドイツのアイヒシュテット 6cm 頭骨腹面〉

シネドラ・ジューゼアナ *Synedra jouseana*
新生代中新世の珪藻類。羽状目。
¶**学古生**（図2091/モ写）〈㊨岩手県一関市下黒沢〉

シネルペトン・フェンシャネンシスの完模式標本 *Sinerpeton fengshanensis*
中生代の両生類原始的サンショウウオ類。熱河生物群。
¶**熱河生**（図110/カ写）〈㊨中国の河北省豊寧の鳳山 吻部から骨盤までの長さ約47mm 背面〉

シネンシス *Stegodon sinensis*
更新世前期の哺乳類長鼻類。哺乳綱獣亜綱正獣上目長鼻目。
¶**古脊椎**（図287/モ復）
日化譜〔シナゾウ〕（図版67-5/モ写）〈㊨四川省 左下第2大臼歯咀嚼面〉

シノヴェナトル・チャンギイ *Sinovenator changii*
中生代の恐竜類小型獣脚類。トロオドン科。熱河生物群。推定体長1m未満。
¶**熱河生**〔シノヴェナトル・チャンギイの完模式標本〕（図155/カ写）〈㊨中国の遼寧省北票の陸家屯 部分頭骨〉
熱河生〔シノヴェナトル・チャンギイの復元図〕（図156/カ復）

シノカルプス・デクッサトゥス *Sinocarpus decussatus*
およそ1億2500万～1億2200万年前の被子植物。熱河生物群。
¶**熱河生**（図254/カ写）〈㊨中国の遼寧省凌源の大王杖子 長さ5cm〉
熱河生〔図254の標本の拡大写真〕（図255/カ写）〈㊨中国の遼寧省凌源の大王杖子〉
熱河生〔シノカルプス・デクッサトゥスの復元図〕（図256/カ復）

シノカンネメイエリア *Sinokannemeyeria*
2億3500万年前（三畳紀中期）の単弓類獣弓類ディキノドン類。カンネメイエリア科。平原および林地に生息。全長2m。㊕中国
¶**恐古生**（p200～201/カ写）
恐竜世（p221/カ写）
恐竜博（p48～49/カ写）

シノキリンドラ・ユンナンエンシス *Sinocylindra yunnanensis* 雲南中華細絲藻
カンブリア紀の藻類。澄江生物群。
¶**澄江生**（図7.2/カ写）〈㊨中国の帽天山 ひも状構造の束〉

シノコノドン *Sinoconodon*
2億年前（三畳紀後期）の哺乳類。シノコノドン科。最初の哺乳類。林地に生息。全長30cm。㊕中国
¶**恐竜世**（p223/カ復）
恐竜博（p88～89/カ復）

シノコノドン
ジュラ紀前期の脊椎動物有胎盤類の哺乳類。体長30cm。㊕中国
¶**進化大**（p279/カ復）

シノサウロスファルギス *Sinosaurosphargis*
中生代三畳紀中期の爬虫類。海棲。
¶**生ミス5**（図3-5/カ写）〈㊨中国の雲南省〉

シノサウロプテリクス *Sinosauropteryx*
1億3000万～1億2500万年前（白亜紀前期）の恐竜類コムプソグナトゥス類。竜盤目獣脚亜目コンプソグナトゥス科。羽毛恐竜。全長1.3m。㊕中国
¶**恐イラ**（p158/カ復）
恐太古（p150～151/カ写）〈骨格, 羽毛様構造, 口先〉
恐竜世（p185/カ復）
生ミス7（図1-1/カ写, カ復）〈㊨中国の熱河〉

シノサウロプテリクス
白亜紀の脊椎動物獣脚類。体長60cm。㊕中国
¶**進化大**（p326～327/カ復）

シノサウロプテリクス・プリマ *Sinosauropteryx prima*
中生代白亜紀の恐竜類獣脚類。熱河生物群。羽毛恐竜。全長1m。㊕中国
¶**熱河生**〔シノサウロプテリクス・プリマの完模式標本〕（図138/カ写）〈㊨中国の遼寧省北票の四合屯〉
熱河生〔シノサウロプテリクス・プリマの外被拡大写真〕（図139/カ写）〈㊨中国〉
熱河生〔シノサウロプテリクス・プリマの復元図〕（図140/カ復）
リア中〔シノサウロプテリクス〕（p142/カ復）

シノスラ・ケルハイメンゼ *Sinosura kelheimense*
ジュラ紀後期の無脊椎動物棘皮動物クモヒトデ類。
¶**ゾル1**（図526/カ写）〈㊨ドイツのヴェルテンブルク 3.5cm〉

シノセラス・チネンゼ *Sinoceras chinense*
オルドビス紀の軟体動物頭足類。
¶**原色化**（PL.9-3/カ写）〈㊨中国の湖北省興山県 長さ36cm 研磨縦断面〉

シノデルフィス *Sinodelphis szalayi*
白亜紀前期の哺乳類北楔歯類後獣類（有袋類）。頭胴長10cm程度。㊕中国東北地方
¶**絶哺乳**（p43/カ復）

シノデルフィス *Sinodelphys*
1億2500万年前（白亜紀前期）の哺乳類有袋類。全長15cm。㊕中国
¶**恐竜世**（p227/カ復）

シノデルフュス
白亜紀前期の脊椎動物有袋類の哺乳類。体長15cm。㊕中国
¶**進化大**（p357/カ復）

シノパ *Sinopa* sp.
始新世中期の哺乳類真獣類。肉歯目ヒエノドン科。肉食性。キツネ大。㊕北アメリカ
¶**絶哺乳**（p106/カ復）

シノバアタル・リンユアネンシス *Sinobaatar lingyuanensis*
中生代の哺乳類多丘歯類。熱河生物群。
¶**熱河生**〔シノバアタル・リンユアネンシスの完模式標本〕（図200/カ写）〈㊥中国の遼寧省凌源の大王杖子　頭骨の長さ26.6mm　石板A〉
熱河生〔シノバアタル・リンユアネンシスの下顎にある，ナイフ状の小臼歯〕（図201/カ写）〈㊥中国　雄型模型〉

忍ぶ石 *dendrites*
ジュラ紀後期の偽化石。
¶**ゾル1**（図62/カ写）〈㊥ドイツのランゲンアルトハイム〉
ゾル1（図63/カ写）〈㊥ドイツのランゲンアルトハイム〉

シノプテルス・ドンギ *Sinopterus dongi*
中生代の翼竜類。タペヤラ科。熱河生物群。
¶**熱河生**〔シノプテルス・ドンギの完模式標本〕（図134/カ写）〈㊥中国の遼寧省朝陽の喇嘛溝　翼開長約1.2m　亜成体〉
熱河生〔シノプテルス・ドンギの頭骨拡大写真〕（図135/カ写）〈㊥中国の遼寧省朝陽の喇嘛溝　長さ約17cm〉

シノブリウス・ルナリス *Sinoburius lunaris* 月形中華疑虫
カンブリア紀の節足動物。節足動物門シノブリウス科。澄江生物群。最大体長約1.2cm。
¶**澄江生**（図16.61/カ写）〈㊥中国の帽天山　背側からの眺め.雌型，背側からの眺め〉
澄江生（図16.62/モ復）

シノメガケロイデス *Sinomegaceroides yabei*
更新世後期の哺乳類。哺乳綱獣亜綱正獣上目偶蹄目。別名矢部巨角鹿。体長・角高2.5m。
¶**古脊椎**（図332/モ復）
日化譜〔オオツノジカ〕（図版69-10,11,12/モ写）〈㊥栃木県葛生町築地など　右角内側面，右角叉角前面，右下顎外側面〉

シノリンチア *Synolynthia* sp.
白亜紀の無脊椎動物海綿動物石灰質海綿。
¶**図解化**（p59-10/カ写）〈㊥イギリス〉

シノルニトサウルス *Sinornithosaurus*
1億3000万～1億2500万年前（白亜紀前期）の恐竜類竜盤類獣脚類。羽毛恐竜。全長1m。㊕中国
¶**恐竜世**（p202～203/カ写，カ復）
生ミス7（図1-5/カ復）

シノルニトサウルス・ミルレニイの完模式標本 *Sinornithosaurus millenii*
中生代の恐竜類小型獣脚類。熱河生物群。推定体長1.1m。
¶**熱河生**（図145/カ写）〈㊥中国の遼寧省北票の四合屯〉
熱河生〔シノルニトサウルス・ミルレニイの頭骨〕（図146/カ写）〈㊥中国〉
熱河生〔シノルニトサウルス・ミルレニイの棒状の尾骨〕（図147/カ写）〈㊥中国〉
熱河生〔シノルニトサウルス・ミルレニイの叉骨〕（図148/カ写）〈㊥中国〉
熱河生〔シノルニトサウルス・ミルレニイの外被拡大写真〕（図149/カ写）〈㊥中国〉

シノレベリス・トサエンシス *Sinoleberis tosaensis*
新生代第四期更新世の節足動物甲殻類。
¶**化石フ**（p185/カ写）〈㊥千葉県君津市　殻の長さ7mm〉

シバカンティオン *Sivacanthion* sp.
中新世中～後期の哺乳類ネズミ類ヤマアラシ型類ヤマアラシ顎型類。齧歯目ヤマアラシ科。頭胴長35～50cm程度。㊕南アジア
¶**絶哺乳**（p125/カ復）

シバ獣　⇒シバテリウムを見よ

シバテリウム *Sivatherium*
新生代新第三紀中新世？～第四紀更新世の哺乳類真獣類鯨偶蹄類反芻類。鯨偶蹄目キリン科。肩高2.2m。㊕アフリカ，アジア，ヨーロッパ
¶**恐絶動**〔シヴァテリウム〕（p278/カ復）
生ミス10（図2-2-9/カ復）
絶哺乳（p201,203/カ復，モ図）〈約70cm　復元頭骨〉

シバテリウム *Sivatherium giganteum*
後期中新世，更新世の哺乳類。哺乳綱獣亜綱正獣上目偶蹄目キリン科。別名シバノツカイ，シバ獣。体長2.5m。㊕パキスタン，東アフリカ
¶**古脊椎**（図334/モ復）

シバノシャジク　⇒シバノシャジクガイを見よ

シバノシャジクガイ *Inquisitor shibanoi*
新生代第三紀・初期中新世の軟体動物腹足類。クダマキガイ科。
¶**学古生**（図1235/モ写）〈㊥石川県珠洲市大谷〉
日化譜〔シバノシャジク（新）〕（図版83-40/モ写）〈㊥能登珠洲市大谷〉

シバノツカイ　⇒シバテリウムを見よ

シバピテクス　⇒シヴァピテクスを見よ

シビシデス・ロバチュルス *Cibicides lobatulus*
新生代鮮新世の小型有孔虫。シビシデス科。
¶**学古生**（図930/モ写）〈㊥富山県高岡市頭川〉

ジピデュラ・ガレアータ *Gypidula galeata*
デヴォン紀～シルル紀の腕足動物有関節類。
¶**原色化**（PL.11-4/モ写）〈㊥イギリスのウスター州ダッドレイ　高さ2.8cm〉

図解化〔Gypidula galeata〕(図版5-18/カ写)〈㊎ドイツ〉

シファクチヌス・アウダックス *Xiphactinus audax*
中生代白亜紀の条鰭類アロワナ類イクチオデクテス類。全長5.5m。㊕カナダ, アメリカ
¶リア中〔シファクチヌス〕(p184/カ復)

シファクティヌス *Xiphactinus*
中生代白亜紀の条鰭類イクチオデクテス類。全長5.5m。㊕アメリカ, カナダ, ベネズエラ
¶恐竜世〔クシファクティヌス〕(p74/カ写)
生ミス8(図8-3/カ写, カ復)〈㊎アメリカのカンザス州 4m フィッシュ・ウィズイン・フィッシュ標本〉

シ

シファッソークタム・グレガリウム *Siphusauctum gregarium*
古生代カンブリア紀の分類不明生物。別名チューリップ・クリーチャー。全長20cm。㊕カナダ
¶生ミス1〔シファッソークタム〕(図3-6-9/カ写, カ復)〈㊎カナダのバージェス頁岩〉
リア古〔シッファサウクトゥム〕(p60/カ復)

シフォナリア・トウノハマエンシス *Siphonalia tonohamaensis*
新生代第三紀鮮新世の軟体動物腹足類。
¶化石フ(p169/カ写)〈㊎高知県室戸市 殻の高さ19mm〉

シフォニア *Siphonia* sp.
中生代白亜紀の無脊椎動物海綿動物角質海綿。
¶化石図〔サイフォニアの一種〕(p114/カ写)〈㊎ドイツ 横幅約9cm〉
図解化(p59-8/カ写)

シフォニア・テュリパ
白亜紀の無脊椎動物海綿類。直径最大6cm。㊕ヨーロッパ西部
¶進化大〔シフォニア〕(p297/カ写)

シフォニア・ピリフォルミス *Siphonia piriformis*
白亜紀の無脊椎動物海綿動物普通海綿類。
¶図解化(p58-2/カ写)〈㊎フランス〉

シフォノデンドロン *Siphonodendron junceum*
石炭紀の無脊椎動物サンゴ類。スタウリア目リソストロチオン科。別名リソストロチオン。夾の直径2.5cm。㊕世界中
¶化写真(p51/カ写)〈㊎イギリス 研磨した標本〉

シフォノデンドロン
古生代石炭紀の腔腸動物四射サンゴ類。
¶産地本(p52/カ写)〈㊎岩手県大船渡市日頃市町樋口沢 径5mm 研磨横断面〉
産地本(p52/カ写)〈㊎岩手県大船渡市日頃市町樋口沢 幅20cm 大きな群体の風化面〉

シフォノデンドロン属の未定種 *Siphonodendron* sp.
古生代石炭紀の腔腸動物四放サンゴ類。
¶化石フ(p32/カ写)〈㊎岩手県大船渡市 個虫の径約20mm〉
日化譜〔Siphonodendron sp.〕(図版15-7/モ写)〈㊎岩手県気仙郡住田町 横断面〉

シフォノデンドロンの1種 *Lithostrotion* (*Siphonodendron*) *misawense*
古生代後期石炭紀中期の四放サンゴ類。四放サンゴ目リソストロチオン科。
¶学古生(図112/モ写)〈㊎東京都西多摩郡五日市町三沢 横断面, 縦断面〉

シフォノフュッリア
石炭紀の無脊椎動物花虫類。最大全長1m。㊕ヨーロッパ, 北アフリカ, アジア
¶進化大(p155/カ写)

ジプシナの1種 *Gypsina globulus*
新生代更新世中期の大型有孔虫。アセルブリナ科。
¶学古生(図989/モ写)〈㊎沖縄県石垣市宮良〉

四不像 ⇒エラフルスを見よ

シプリデア？の1種 *Cypridea*? sp.
中生代白亜紀前期の甲殻類。甲殻綱貝形亜綱イリオシプリス科。
¶学古生(図704/モ写)〈㊎山口県大津郡日置村末石〉

シベリアイチョウ *Ginkgo sibirica*
中生代ジュラ紀の裸子植物イチョウ類。
¶化石フ(p76/カ写)〈㊎富山県下新川郡朝日町 60mm〉
化石フ(p78/カ写)〈㊎山口県下関市 40mm〉

シベリアカセキイチョウ *Ginkgoites sibirica*
中生代三畳紀後期, ジュラ紀後期の裸子植物イチョウ類。カセキイチョウ科。
¶学古生(図752/モ写)〈㊎岡山県川上郡成羽町〉
原色化〔ギンゴイテス・シビリカ〕(PL.3-6/モ写)〈㊎石川県石川郡白峰村桑島 長さ4cm〉
原色化〔ギンゴイテス・シビリカ〕(PL.40-2/カ写)〈㊎岡山県川上郡成羽町 幅9.4cm〉
日化譜〔Ginkgoites sibirica〕(図版74-4/モ写)〈㊎岡山県川上郡成羽町上日名, 日名畑など〉

四放サンゴ類 *Rugosa* gen.et sp.indet.
古生代シルル紀の腔腸動物四放サンゴ類。
¶化石フ(p30/カ写)〈㊎宮崎県西臼杵郡五ヶ瀬町 化石の長径36mm〉

シマキンギョウガイ *Nemocardium samarangae*
新生代第三紀中期中新世〜現世の貝類。ザルガイ科。
¶学古生(図1507/モ写)〈㊎石川県金沢市御所町〉

シマキンギョガイ
新生代第四紀更新世の軟体動物斧足類。ザルガイ科。
¶産地新(p76/カ写)〈㊎千葉県君津市追込小糸川 長さ2.8cm〉

シマジリオオシラタマ *Dolichupis* (*Trivellona*) *shimajiriensis*
鮮新世前期の軟体動物腹足類。
¶日化譜(図版30-21/モ写)〈㊎沖縄〉

シマジリサンゴヤドリ *Coralliophila* (*Hirtomurex*) *shimajiriensis*
鮮新世後期の軟体動物腹足類。
¶日化譜(図版31-19/モ写)〈㊎沖縄〉

シマナミマガシワガイモドキ *Monia umbonata*
新生代第三紀鮮新世〜現世の貝類。ナミマガシワガイ科。
¶**学古生**（図1482/モ写）〈㊥石川県金沢市大桑〉

シマハイエナ ⇒ホラアナハイエナを見よ

シマミクリガイ
新生代第三紀鮮新世の軟体動物腹足類。エゾバイ科。
¶**産地新**（p207/カ写）〈㊥高知県安芸郡安田町唐浜 高さ3.7cm〉

シマモミ *Keteleeria Davidiana*
鮮新世後期〜現世の毬果類。
¶**日化譜**（図版75-7/モ写）〈㊥京都府相楽郡木津町，岐阜県多治見市，土岐市など 毬果〉

"シマリュウ" Crnischia gen.et sp.indet.
中生代白亜紀の爬虫類鳥盤類（？）。
¶**化石フ**（p148/カ写）〈㊥石川県石川郡白峰村 16mm（レプリカ） 歯〉

シミズシデ *Carpinus shimizui*
新生代中新世中期の陸上植物。カバノキ科。
¶**学古生**（図2329/モ写）〈㊥北海道松前郡福島町吉岡〉

ジムグリ *Elaphe conspicillata*
更新世後期の爬虫類。
¶**日化譜**（図版64-17/モ写）〈㊥栃木県安蘇郡葛生町山管タカノス洞 頭部〉

ジムニテス・インカルタス *Gymnites incultus*
三畳紀中期のアンモナイト。
¶**アン最**〔ジムニテス・インカルタスと属種不明のオウムガイ類〕（p176/カ写）〈㊥ギリシャのリゴーリオ〉

シーモアイア
ペルム紀前期の脊椎動物四肢動物。全長80cm。㊦アメリカ合衆国，ドイツ
¶**進化大**（p184〜185/カ写）

シモエドサウルス *Simoedosaurus*
新生代古第三紀暁新世の爬虫類双弓類コリストデラ類。全長5m。㊦アメリカ，カナダ，フランスほか
¶**生ミス9**（図1-1-3/カ写，カ復）〈㊥アメリカのノース・ダコタ州 約65cm 頭部を頭頂側から見たもの，裏側から見たもの〉

シモオキザルガイ *Frigidocardium exasperatum*
更新世後期〜現世の軟体動物斧足類。
¶**日化譜**（図版46-13/モ写）〈㊥喜界島伊実久〉

シモキタタマガイ *Eunatica pila shimokitaensis*
新生代第三紀鮮新世の貝類。タマガイ科。
¶**学古生**（図1459/モ写）〈㊥青森県むつ市近川〉

シモスクス *Simosuchus*
7000万年前（白亜紀後期）の初期の脊椎動物主竜類ワニ形類。全長1.2m。㊦マダガスカル
¶**恐竜世**（p93/カ復）

シモスクス
白亜紀後期の脊椎動物ワニ形類。体長1.5m。㊦マダガスカル島
¶**進化大**（p312/カ復）

シモトクラザルガイ *Vasticardium shimotokuraensis*
新生代第三紀・中期中新世の貝類。ザルガイ科。
¶**学古生**（図1273/モ写）〈㊥宮城県柴田郡村田町足立西方〉

シモトメチシマガイ *Panomya simotomensis*
新生代第三紀・中期中新世の貝類。キヌマトイガイ科。
¶**学古生**（図1296/モ写）〈㊥石川県加賀市南郷〉
学古生（図1353/モ写）〈㊥石川県加賀市南郷〉

ジャイアント・ウォンバット *Phascolonus gigas*
更新世の哺乳類有袋類豪州袋類。双前歯目ウォンバット科。植物食。頭胴長約1.6m。㊦オーストラリア
¶**生ミス10**〔ファスコロヌス・ギガス〕（図3-4-3/カ復）
絶哺乳（p58/カ復）

ジャイアントバイソン *Bison latifrons*
更新世中期〜末期の哺乳類反芻類。鯨偶蹄目ウシ科。肩高約2m。㊦北アメリカ
¶**絶哺乳**（p206,209/カ復，モ図）〈頭骨〉

ジャイアントビーバー ⇒カストロイデスを見よ

ジャイアントミユビハリモグラ *Zaglossus hacketti*
更新世の哺乳類。南楔歯亜綱単孔目ハリモグラ科。全長約90cm。㊦オーストラリア
¶**絶哺乳**（p33,34/カ復，モ図）

ジャイアントモア ⇒ディノルニスを見よ

「シャオサウルス」 *"Xiaosaurus"*
ジュラ紀バトニアンの恐竜類鳥脚類。体長1m。㊦中国
¶**恐イラ**（p121/カ復）

シャクシガイ
新生代第三紀中新世の軟体動物斧足類。
¶**産地別**（p144/カ写）〈㊥石川県羽咋郡志賀町関野鼻 長さ2.2cm〉

ジャクトフィトン *Jacutophyton*
先カンブリア時代のストロマトライト。
¶**図解化**（p33-下左/カ写）〈㊥モーリタニア〉

シャコ
新生代第三紀中新世の節足動物甲殻類。
¶**産地新**（p161/カ写）〈㊥滋賀県甲賀郡土山町鮎河 長さ7.3cm〉
産地別（p214/カ写）〈㊥滋賀県甲賀市土山町鮎河 長さ4cm〉
産地別（p214/カ写）〈㊥滋賀県甲賀市土山町鮎河 体長4.5cm 表，裏〉
産地本（p208/カ写）〈㊥滋賀県甲賀郡土山町鮎河 長さ化石7.6cm，現生16cm〉

ジャコウシカ *Moschus moschiferus*
更新世後期〜現世の哺乳類偶蹄類。
¶**日化譜**（図版69-1/モ写）〈㊥栃木県栃木市門沢 右上犬歯内側面〉

シャコ属の未定種 *Oratosquilla* sp.
新生代第三紀中新世の節足動物口脚類。
¶**化石フ**（p188/カ写）〈㊥滋賀県甲賀郡土山町 約70mm〉

シャコの捕脚
新生代第三紀中新世の節足動物甲殻類。
¶**産地本**(p208/カ写)〈㊥滋賀県甲賀郡土山町鮎河 長さ1.2cm〉

シャジク
新生代第三紀鮮新世の軟体動物腹足類。クダマキガイ科。
¶**産地新**(p209/カ写)〈㊥高知県安芸郡安田町唐浜 高さ3.5cm〉

シ

シャジクガイの仲間 *Inquisitor* sp.
新生代第三紀鮮新世〜初期更新世の貝類。クダマキガイ科。
¶**学古生**(図1622/モ写)〈㊥富山県小矢部市田川〉

シャジクモ ⇒カラを見よ

シャジクモ類
ジュラ紀後期の藻類シャジクモ類。
¶**ゾル1**(図8/カ写)〈㊥ドイツのヴィンタースホーフ 18cm〉

シャスタナマケモノ ⇒ノスロテリオプスを見よ

シャスティクリオセラス *Shasticrioceras intermedium*
中生代白亜紀前期のアンモナイト類。頭足綱アンモナイト亜綱アンモナイト目アンキロセラス科。体長最大30〜40cm前後。
¶**日絶古**(p108〜109/カ写, カ復)〈㊥宮崎県五ヶ瀬町 左右約30cm〉

シャスティクリオセラス
白亜紀バレミアン期〜アプチアン期の頭足類アンモナイト。殻長約5〜10cm。
¶**産地別**〔シャスティークリオセラス〕(p186/カ写)〈㊥和歌山県有田郡湯浅町栖原 長径3cm〉
日白亜(p78〜81/カ写, カ復)〈㊥和歌山県湯浅町 長径5.4cm〉
日白亜(p107/カ写)〈㊥群馬県神流町 最大直径(石の幅)32cm〉

シャスティクリオセラス・ニッポニカム *Shasticrioceras nipponicum*
中生代白亜紀前期のアンモナイト。アンキロセラス科。
¶**学古生**(図461/モ写)〈㊥和歌山県有田郡湯浅町熊井西方 腹面, 側面〉
学古生(図463/モ写)〈㊥和歌山県有田郡湯浅町矢田 側面〉

シャスティクリオセラスの1種 *Shasticrioceras* sp.
中生代白亜紀前期のアンモナイト。アンキロセラス科。
¶**学古生**(図465/モ写)〈㊥和歌山県有田郡湯浅町栖原東方 側面〉

蛇体石 ⇒ミケリニアを見よ

シャナブチタデ *Polygonum megalophyllum*
新生代中新世後期の陸上植物。タデ科。
¶**学古生**(図2372/モ写)〈㊥北海道紋別郡遠軽町社名渕〉

シャーペイセラス・キクエ *Sharpeiceras kikuae*
セノマニアン前期の軟体動物頭足類アンモナイト。アンモナイト亜目アカントセラス科。
¶**アン学**(図版3-2/カ写)〈㊥夕張地域 完模式標本〉

シャーペイセラス・コンゴウ *Sharpeiceras kongo*
中生代白亜紀後期セノマニアン期のアンモナイト類。頭足綱アンモナイト亜綱アンモナイト目アカントセラス科。成年殻で体長約30cm。
¶**日絶古**(p114〜115/カ写, カ復)〈㊥北海道三笠市 側面と背面(レプリカ)〉

シャーペイセラス・メキシカヌム *Sharpeiceras mexicanum*
セノマニアン前期の軟体動物頭足類アンモナイト。アンモナイト亜目アカントセラス科。
¶**アン学**(図版3-1/カ写)〈㊥門別地域〉

ジャポニテス
中生代三畳紀の軟体動物頭足類。
¶**産地新**(p36/カ写)〈㊥宮城県宮城郡利府町赤沼 径10.5cm〉

ジャポニテスの1種 *Japonites* cf.*dieneri*
中生代三畳紀中期のアンモナイト。ギムニテス科。
¶**学古生**(図381/モ写)〈㊥宮城県宮城郡利府町〉
日化譜〔Japonites cf.dieneri〕(図版52-1/モ写)〈㊥宮城県宮城郡利府村浜田〉

ジャポニテスの一種 *Japonites* sp.
三畳紀後期のアンモナイト。
¶**アン最**(p137/カ写)〈㊥インドネシアのティモールのバスレオ〉

シャミセンガイ
新生代第四紀更新世の腕足動物無関節類。
¶**産地別**(p169/カ写)〈㊥石川県珠洲市正院町平床 長さ1cm〉

シャミセンガイの1種 *Lingula nariwensis*
中生代三畳紀後期の腕足類。無関節綱シャミセンガイ科。
¶**学古生**(図354/モ写)〈㊥岡山県川上郡川上町地頭〉

シャミセンガイの1種 ⇒リンギュラ属の種を見よ

シャミセンガイ類の腕足動物
5億年以上前のカンブリア紀〜現在の腕足動物。
¶**化百科**(p127/カ写)〈1cm〉

シャムブルグニィルセンソテツ *Nilssonia schumburgensis*
中生代の陸上植物。ソテツ綱ニィルセンソテツ目。下部白亜紀植物群。
¶**学古生**(図817/モ写)〈㊥高知県香美郡土佐山田町弘法谷〉

シャモサウルス *Shamosaurus*
白亜紀バレミアン〜アプチアン前期の恐竜類装盾類よろい竜類アンキロサウルス類。初期のよろい竜類。体長7m。㊗モンゴル
¶**恐イラ**(p175/カ復)

シャルゴルダーナ・オウストラリエンシス *Shergoldana australiensis*
古生代カンブリア紀末期の線形動物類。オルステン動物群。体長0.2mm未満。
¶**生ミス1**〔シャルゴルダーナ〕(図3-4-18/モ写)

シャロヴィプテリクス *Sharovipteryx*
三畳紀の主竜形類鳥顎類翼竜類。体長30cm。[分]キルギスタンのマディゲン
¶**恐イラ**（p76/カ復）
生ミス5〔シャロビプテリクス〕（図4-5/カ写, カ復）〈[産]キルギスタン〉

シャロヴィプテリクス・ミラビリス
Sharovipteryx mirabilis
中生代三畳紀の爬虫類。全長23cm。[分]キルギスタン
¶**リア中**〔シャロヴィプテリクス〕（p38/カ復）

シャロビプテリクス ⇒シャロヴィプテリクスを見よ

シャンシーア *Shanxia*
白亜紀後期の恐竜類よろい竜類。アンキロサウルス科。体長3.5m。[分]中国
¶**恐イラ**（p246/カ復）

ジャンジュケトゥス *Janjucetus*
新生代古第三紀漸新世の哺乳類真獣類鯨偶蹄類ヒゲクジラ類。頭骨長42cm。[分]オーストラリア
¶**生ミス9**（図1-7-11/カ写, カ復）〈[産]オーストラリアのヴィクトリア州 約42cm 正基準標本〉

シャントゥンゴサウルス *Shantungosaurus*
白亜紀マーストリヒシアンの恐竜類エドモントサウルス類。鳥脚亜目ハドロサウルス科。体長12～15m。[分]中国の山東省
¶**恐イラ**（p225/カ復）
恐絶動（p147/カ復）

ジュウイチトゲオオグソクムシ *Bathynomus undecimspinosus*
新生代第三紀中新世の節足動物等脚類。
¶**化石フ**（p189/カ写）〈[産]富山県婦負郡八尾町 35mm〉

ジュウイチトゲコブシ *Arcania undecimspinosa*
新生代第四期完新世の節足動物十脚類。
¶**化石フ**（p190/カ写）〈[産]愛知県名古屋市港区 15mm〉

シュヴウイア *Shuvuuia*
白亜紀カンパニアンの恐竜類獣脚類テタヌラ類コエルロサウルス類アルヴァレズサウルス類。平原に生息。体長1m。[分]モンゴルのウハア・トルゴド
¶**恐イラ**（p199/カ復）
恐竜博〔シュウウイア〕（p157/カ復）

シュヴェグレレルラ・ストロブリ *Schweglerella strobli*
ジュラ紀後期の無脊椎動物甲殻類等脚類（ワラジムシ類）。
¶**ゾル1**（図238/カ写）〈[産]ドイツのランゲンアルトハイム 3cm〉

シュヴォサウルス *Shuvosaurus*
三畳紀ノーリアンの恐竜類竜盤類獣脚類。敏捷な肉食恐竜。大きさ約3m。[分]アメリカ合衆国のテキサス州
¶**恐イラ**（p80/カ復）

獣脚類
白亜紀カンパニアン期の恐竜。
¶**日白亜**（p8～10/カ写, カ復）〈[産]鹿児島県薩摩川内市下甑島 歯〉

獣脚類
白亜紀バレミアン期～アプチアン期？の恐竜。全長8.5m以上。
¶**日白亜**（p82～85/カ写, カ復）〈[産]石川県白山市（旧白峰村）目附谷 8.2cm 歯〉

獣脚類
白亜紀バレミアン期～アプチアン期？の恐竜。
¶**日白亜**〔中型の獣脚類〕（p107/カ写）〈[産]群馬県神流町 歯〉

獣骨
新生代第三紀中新世の脊椎動物。
¶**産地別**（p141/カ写）〈[産]長野県安曇野市豊科田沢中谷 長さ7.5cm〉
産地別（p205/カ写）〈[産]三重県津市美里町柳谷 幅6.2cm〉
産地別（p205/カ写）〈[産]三重県津市美里町柳谷 幅3.1cm 手足の骨の一部〉
産地別（p207/カ写）〈[産]三重県津市美里町柳谷 幅4.7cm〉

獣骨
新生代第三紀鮮新世の脊椎動物哺乳綱鯨類？鯨の骨の一部と思われる。
¶**産地別**（p235/カ写）〈[産]宮崎県児湯郡川南町通浜 長さ26cm〉

シュウドシュワゲリナの1種 *Pseudoschwagerina morikawai*
古生代後期二畳紀前期の紡錘虫類。シュワゲリナ科。
¶**学古生**（図71/モ写）〈[産]熊本県八代郡泉村氷川 正縦断面, 正横断面〉

シュウドドリオリナの1種 *Pseudodoliolina ozawai*
古生代後期二畳紀中期の紡錘虫類。フェルベキナ科。
¶**学古生**（図83/モ写）〈[産]岡山県新見市阿哲台 正縦断面, 正横断面〉
日化譜〔Pseudodoliolina ozawai〕（図版5-4/モ写）〈[産]秋吉など 縦断面〉

シュウドパボウナの1種 *Pseudopavona taisyakuana*
古生代後期石炭紀中期の四放サンゴ類。四放サンゴ目シュウドパボウナ科。
¶**学古生**（図111/モ写）〈[産]岡山県新見市阿哲台 横断面, 縦断面〉

シュウドフズリナの1種 *Pseudofusulina vulgaris*
古生代後期の紡錘虫類。シュワゲリナ科。
¶**学古生**（図76/モ写）〈[産]福井県小浜市下根来 正縦断面〉
日化譜〔Pseudofusulina vulgaris〕（図版3-13/モ写）〈[産]関東山地 横断面〉

シュウドフズリナの1亜種 *Pseudofusulina kraffti magna*
古生代後期二畳紀前期の紡錘虫類。シュワゲリナ科。
¶**学古生**（図75/モ写）〈[産]京都府船井郡瑞穂町志津志 正縦断面, 正横断面〉

シュカテラー属の未定種 *Schuchertella* sp.
古生代デボン紀の腕足動物。シュカテラー科。
¶**学古生**〔"シュッカーテラ"の1種〕（図40/モ写）〈[産]岐阜県吉城郡上宝村福地〉

化石フ (p54/カ写) 〈[産]岐阜県吉城郡上宝村 50mm〉

樹幹
珪化された植物化石。
¶図解化 (p14-7/カ写)

シュクボラキサゴ *Protorotella shukuborensis*
新生代第三紀・初期中新世の貝類。ニシキウズガイ科。
¶学古生 (図1193/モ写) 〈[産]石川県輪島市東印内〉

種子 (不明種)
中生代白亜紀の被子植物双子葉類。
¶産地本 (p31/カ写) 〈[産]北海道苫前郡苫前町古丹別川 長さ1.8cm 植物の種〉

種子 (不明種)
新生代第三紀中新世の被子植物双子葉類。ウメの類。
¶産地本 (p212/カ写) 〈[産]滋賀県甲賀郡土山町鮎河 長さ8mm〉

種子 (不明種)
新生代第三紀中新世の被子植物。
¶産地本 (p256/カ写) 〈[産]長崎県壱岐郡芦辺町長者が原崎 (壱岐島) 長さ9mm〉

種子 (不明種)
新生代第三紀中新世の被子植物。笠に棘がある。
¶産地本 (p256/カ写) 〈[産]長崎県壱岐郡芦辺町長者が原崎 (壱岐島) 長さ3cm〉

種々なサメの歯化石 Various kinds of Shark teeth
第三紀の脊椎動物軟骨魚類。
¶原色化 (PL.80-6/カ写) 〈[産]イギリスのブラックルスハム 高さ2.7cm〉

シューダグノスタスの一種 *Pseudagnostus* sp.cf.*P. cyclopyge*
カンブリア紀後期の三葉虫。アグノスタス目。
¶三葉虫 (図138/モ写) 〈[産]ロシアの東シベリア 長さ8.5mm〉

"シュッカーテラ"の1種 ⇒シュカテラー属の未定種を見よ

シュードアサフィス・ジャポニカ *Pseudasaphis japonioca*
中生代白亜紀後期の貝類。ネオミオドン科。
¶学古生 (図691/モ写) 〈[産]熊本県天草郡御所浦町 右殻外面〉

シュードアストロダピスの1種 *Pseudoastrodapis nipponicus*
新生代中新世のウニ。スクテラ科。
¶学古生 (図1919/モ写) 〈[産]岩手県二戸市福岡町〉

シュードアスピドセラス・カワシタイ
Pseudaspidoceras kawashitai
チューロニアン前期の軟体動物頭足類アンモナイト。アンモナイト亜目アカントセラス科。
¶アン学 (図版5-1,2/カ写) 〈[産]夕張地域〉

シュードエミリアニア・ラクノーサ
Pseudoemiliania lacunosa
新生代鮮新世後期のナンノプランクトン。ゲフィロカプサ科。
¶学古生 (図2067/モ写) 〈[産]高知県室戸市羽根町〉

シュードオキシベレセラス?
中生代白亜紀の軟体動物頭足類。
¶産地別 (p227/カ写) 〈[産]熊本県上天草市龍ケ岳町椚島 長さ3cm〉

シュードオキシベロセラス
中生代白亜紀の軟体動物頭足類。
¶産地本 (p34/カ写) 〈[産]北海道留萌郡小平町小平蘂川 長さ7cm〉

シュードオキシベロセラス・クォドリノドサム
Pseudoxybeloceras quadrinodosum
白亜紀カンパニアン前期の軟体動物頭足類アンモナイト。アンキロセラス亜目ディプロモセラス科。
¶アン学 (図版41-2/カ写) 〈[産]中川地域〉
学古生〔シュードオキシベロセラス・クワドリノドサム〕(図583/モ写) 〈[産]北海道中川郡中川町〉
日化譜〔Pseudoxybeloceras quadrinodosum〕(図版52-24/モ写) 〈[産]北海道三笠市幾春別〉

シュードオキシベロセラス・クワドリノドサム
⇒シュードオキシベロセラス・クォドリノドサムを見よ

シュードガストリオセラス・チッテイリー
Pseudogastrioceras zitteili
古生代ペルム紀の軟体動物頭足類アンモナイト。
¶化石フ (p50/カ写) 〈[産]福島県いわき市 35mm〉

シュードガニデス属の未定種 *Pseudoganides* sp.
中生代ジュラ紀の軟体動物頭足類"オウムガイ類"。
¶化石フ (p19/カ写) 〈[産]福井県大野郡和泉村 150mm〉

シュードガレオデア・トゥリキャリナータ
Pseudogaleodea tricarinata
中生代白亜紀後期の貝類。ストゥルシオラリア科。
¶学古生 (図629/モ写) 〈[産]北海道中川郡中川町〉

シュードギギテス カナデンシス *Pseudogygites canadensis*
オルドビス紀中期の三葉虫。レドリキア目。
¶三葉虫 (図23/モ写) 〈[産]カナダのオンタリオ州 長さ62mm〉

シュードギギテス・ラチマルギナツス
Pseudogygites latimarginatus
オルドヴィス紀の無脊椎動物節足動物。
¶図解化 (p100-7/カ写) 〈[産]オンタリオ州〉

シュードクリニテス *Pseudocrinites bifasciatus*
後期シルル紀～前期デボン紀の無脊椎動物ウミリンゴ類。グリプトキステテス目カロキステス科。萼の直径2.5cm。[分]ヨーロッパ, 北アメリカ
¶化写真 (p192/カ写) 〈[産]イギリス〉
地球博〔ウミリンゴ〕(p81/カ写)

シュードサッココーマ・ジャポニカ
Pseudosaccocoma japonica
中生代ジュラ紀の棘皮動物ウミユリ類。サッココーマ科。
¶化石フ (p133/カ写) 〈[産]高知県高岡郡佐川町 15mm 萼苞〉
日化譜〔Pseudosaccocoma japonica〕(図版61-5,6/モ写, モ図) 〈[産]高知県佐川町〉

シ

シュードジャコバイテス・ロタリナス
Pseudojacobites rotalinus
サントニアン期のアンモナイト。
¶**アン最**（p119/カ写）〈㊨マダガスカル〉

シュードチュロリテス（？）属の未定種
Pseudotirolites（？）sp.
古生代ペルム紀の軟体動物頭足類アンモナイト。
¶**化石フ**（p51/カ写）〈㊨福島県いわき市 35mm〉

シュードツガ ⇒トガサワラの毬果を見よ

シュードドリオリナ
古生代ペルム紀の原生動物紡錘虫類。
¶**産地本**（p111/カ写）〈㊨岐阜県大垣市赤坂町金生山 長径3mm〉

シュードニューケニセラス
中生代ジュラ紀の軟体動物頭足類。
¶**産地別**（p138/カ写）〈㊨福井県大野市貝皿 長径5.7cm〉

シュードノイケニセラス
中生代ジュラ紀の軟体動物頭足類。
¶**産地新**（p106/カ写）〈㊨福井県大野郡和泉村貝皿 径4.5cm〉
産地本（p121/カ写）〈㊨福井県大野郡和泉村貝皿 長径12.3cm〉

シュードバトストメラの1種 *Pseudobatostomella igoi*
古生代後期のコケムシ類。変口目トレマトポラ科。
¶**学古生**（図163/モ写）〈㊨宮城県気仙沼市岩井崎 縦断面〉

シュードバトストメラの1種 *Pseudobatostomella kobayashii*
中生代前期三畳紀後期のコケムシ類。トレマトポラ科。
¶**学古生**（図164,165/モ写）〈㊨北海道浦河郡浦河町元浦川ポロナイ沢 縦断面, 接断面〉

シュードパボナ
古生代石炭紀の腔腸動物四射サンゴ類。
¶**産地新**（p95/カ写）〈㊨新潟県西頸城郡青海町 左右7cm〉

シュードパラレゴセラス
古生代石炭紀の軟体動物頭足類。
¶**産地別**（p109/カ写）〈㊨新潟県糸魚川市青海町 長径8.3cm〉
産地別（p109/カ写）〈㊨新潟県糸魚川市青海町 長径5.9cm〉

シュードパラレゴセラスの1種
Pseudoparalegoceras compressum
古生代後期石炭紀後期の頭足類。ガストリオセラス科。
¶**学古生**（図233/モ写）〈㊨山口県美祢市伊佐町正法寺〉

シュードパラレゴセラスの断面
古生代石炭紀の軟体動物頭足類。
¶**産地別**（p109/カ写）〈㊨新潟県糸魚川市青海町 長径4cm 切断・研磨〉

シュードバロイシセラス・コンプレッサム
Pseudobarroisiceras compressum
チューロニアン後期の軟体動物頭足類アンモナイト。アンモナイト亜目コリンニョニセラス科。
¶**アン学**（図版10-5/カ写）〈㊨羽幌地域 完模式標本〉

“シュードファボシテス” *“Pseudofavosites”* sp.
二畳紀の腔腸動物床板サンゴ類。別名ニセハチノスサンゴ類。
¶**原色化**（PL.33-3/カ写）〈㊨岐阜県不破郡赤坂町金生山 母岩の長辺9.5cm〉

シュードフィリップシア
古生代ペルム紀の節足動物三葉虫類。
¶**産地新**（p30/カ写）〈㊨岩手県陸前高田市飯森 長さ2.2cm 防御姿勢〉
産地新（p30/カ写）〈㊨岩手県陸前高田市飯森 長さ1.8cm 頭部〉
産地新（p104/カ写）〈㊨岐阜県大垣市赤坂町金生山 頭鞍部の長さ1cm 頭鞍部〉
産地別（p77/カ写）〈㊨岩手県陸前高田市飯森 雄型の長さ2cm, 型の長さ2.2cm〉
産地本（p63/カ写）〈㊨岩手県陸前高田市飯森 長さ5cm 外形雌型〉
産地本（p64/カ写）〈㊨宮城県気仙沼市上八瀬 長さ2cm 外形雌型〉
産地本（p64/カ写）〈㊨宮城県気仙沼市上八瀬 長さ1.2cm 尾部の内形雄型〉
産地本（p64/カ写）〈㊨宮城県気仙沼市上八瀬 長さ1.5cm 尾部の内形雄型〉

シュードフィリップシア・オブツシコゥダ
Pseudophillipsia obtusicauda
二畳紀の節足動物三葉虫類。
¶**原色化**（PL.32-7/カ写）〈㊨宮城県気仙沼市新月上八瀬 長さ1.4cm 尾部〉

シュードフィリップシア・スパチュリフェラ
Pseudophillipsia spatulifera
古生代ペルム紀の節足動物三葉虫類。フィリップシア亜科。
¶**学古生**（図250/モ写）〈㊨宮城県気仙沼市上八瀬〉
化石フ〔シュードフィリップシア・スパツリフェラ〕（p65/カ写）〈㊨宮城県登米郡東和町 15mm〉

シュードフィリップシア・スパツリフェラ ⇒シュードフィリップシア・スパチュリフェラを見よ

シュードフォラス属の未定種 *Pseudophorus* sp.
古生代ペルム紀の軟体動物腹足類。
¶**化石フ**（p40/カ写）〈㊨岐阜県大垣市赤坂町 60mm〉

シュードフズリナ
古生代ペルム紀の原生動物紡錘虫類。
¶**産地本**（p150/カ写）〈㊨滋賀県犬上郡多賀町権現谷 長径8mm 薄片の縦断面〉
産地本（p150/カ写）〈㊨滋賀県犬上郡多賀町甲頭倉 長径6mm 薄片の横断面〉

シュードヘスペロスクス *Pseudohesperosuchus*
中生代三畳紀の爬虫類双弓類主竜類クルロタルシ類スフェノスクス類。全長1m。㊷アルゼンチン
¶**生ミス5**（図5-23/カ写, カ復）

シュードペリシティス・ビキャリナータ
Pseudoperissitys bicarinata
中生代白亜紀後期の貝類。オキニシ科。
¶**学古生**（図630/モ写）〈[産]北海道勇払郡穂別町〉

シュードペリシテス
中生代白亜紀の軟体動物腹足類。
¶**産地新**（p153/カ写）〈[産]大阪府貝塚市蕎原　高さ4.8cm〉

シュードペルモフォルスの1種
Pseudopermophorus uedai
古生代後期二畳紀後期の貝類。ペルモフォルス科。
¶**学古生**（図223/モ写）〈[産]宮城県登米郡東和町長畑〉

シュードホルネラ・ビフィダ　*Pseudohornera bifida*
オルドヴィス紀の無脊椎動物苔虫類。変口目。
¶**図解化**〔シュードホルネラ・ビフィダとフィロポリナ・フルカタ〕（p73-下右/カ写）〈[産]エストニア〉
図解化（p73-下左/カ写）〈[産]エストニア〉

シュードミチロイデス
中生代ジュラ紀の軟体動物斧足類。
¶**産地本**（p230/カ写）〈[産]山口県豊浦郡豊田町石町　高さ1.2cm〉

シュードメラニア・エレガンチュラ
Pseudomelania elegantula
中生代白亜紀前期の軟体動物腹足類。シュードメラニア科。
¶**学古生**（図605/モ写）〈[産]岩手県下閉伊郡田野畑村平井賀〉
原色化〔シュードメラニア・エレガンテュラ〕（PL.72-1/カ写）〈[産]岩手県宮古市　高さ11.5cm〉
日化譜〔Pseudomelania elegantula〕（図版29-15/モ写）〈[産]岩手県宮古〉

シュードメラニア・エレガンテュラ　⇒シュードメラニア・エレガンチュラを見よ

シュードリヴァ　*Pseudoliva laudunensis*
後期白亜紀～現世の無脊椎動物腹足類。新腹足目シュードリヴァ科。体長3cm。[分]世界中
¶**化写真**（p130/カ写）〈[産]イギリス〉

シュードルソセラス・ノクセンゼ
Pseudorthoceras noxense
古生代石炭紀の軟体動物オウムガイ類。シュードルソセラス目シュードルソセラス科。
¶**化石図**（p73/カ写，カ復）〈[産]アメリカ合衆国　長さ約21cm〉

シュードレオナスピスの一種　*Pseudoleonaspis* sp.
デボン紀の三葉虫。オドントプルーラ目。
¶**三葉虫**（図92/モ写）〈[産]モロッコのアルニフ　長さ33mm〉

シュードレプトダス属の未定種　*Pseudoleptodus* sp.
古生代ペルム紀の腕足動物。
¶**化石フ**（p52/カ写）〈[産]宮城県気仙沼市　25mm〉

シュノサウルス　*Shunosaurus*
ジュラ紀中期の恐竜類竜脚類。ケティオサウルス科。平原に生息。体長9～11m。[分]中国
¶**恐イラ**（p116/カ復）
恐古生（p152～153/カ写）
恐竜博（p72/カ写）
よみ恐（p66～67/カ復）

シュノサウルス
ジュラ紀中期の脊椎動物竜脚形類。体長12m。[分]中国
¶**進化大**（p266/カ写）

シューパロセラス・ヤギイ　*Shuparoceras yagii*
チューロニアン中期の軟体動物頭足類アンモナイト。アンモナイト亜目アカントセラス科。
¶**アン学**（図版6-2/カ写）〈[産]夕張地域〉

シュモクザメ？
新生代第三紀鮮新世の脊椎動物軟骨魚類。
¶**産地別**（p162/カ写）〈[産]富山県高岡市五十辺　幅1.3cm　歯〉

ジュラヴェナトル　*Juravenator*
中生代ジュラ紀の恐竜類竜盤類獣脚類。全長75cm。[分]ドイツ
¶**生ミス6**（図7-16/カ写，カ復）〈[産]ドイツのゾルンホーフェン　75cm　ジュラ博物館所蔵・展示の幼体標本〉

ジュラッソバテア属（？）の種　*Jurassobatea*（？）sp.
ジュラ紀後期の無脊椎動物昆虫類バッタ類。
¶**ゾル1**（図406/カ写）〈[産]ドイツのアイヒシュテット　5cm〉

ジュラマイア・シネンシス　*Juramaia sinensis*
中生代ジュラ紀の哺乳類真獣類。前半身の長さ5cm。[分]中国
¶**古代生**〔ユラマイア〕（p163/カ復）
生ミス6〔ジュラマイア〕（図4-13/カ写，カ復）〈[産]中国遼寧省建昌県〉

シュリンゴポーラ・レティキュラータ
オルドヴィス紀後期～石炭紀の無脊椎動物花虫類。サンゴ個体の直径1～2mm。[分]世界各地
¶**進化大**〔シュリンゴポーラ〕（p156/カ写）

シュレーゲルアオガエル　*Rhacophorus schlegelii*
新生代更新世後期の両生類。アオガエル科。
¶**学古生**（図1961/モ写）〈[産]静岡県引佐郡引佐町谷下，河合石灰採石所〉

シュレーンバキア・"バリアンス"　⇒スクロエンバキアを見よ

シュロ属の1種　*Trachycarpus* sp.
新生代中新世中期の陸上植物。ヤシ科。
¶**学古生**（図2530/モ写）〈[産]兵庫県神戸市垂水区白川峠〉

シュワゲリナ
古生代ペルム紀の原生動物紡錘虫類。
¶**産地本**（p150/カ写）〈[産]滋賀県犬上郡多賀町エチガ谷　長径9mm〉

シュワゲリナの1種　*Schwagerina krotowi*
古生代後期二畳紀前期の紡錘虫類。シュワゲリナ科。
¶**学古生**（図77/モ写）〈[産]山口県美祢郡秋芳町秋吉　正縦断面，正横断面〉

シュワンハノサウルス　*Xuanhanosaurus*
中生代ジュラ紀の恐竜類獣脚類。科不明。森林に生息。体長6m。
¶**恐竜博**（p66～67/カ復）

純脚獣 ⇒コリホドンを見よ

ジュンサイ *Brasenia schreberi*
新生代鮮新世の陸上植物。スイレン科。
¶**学古生**（図2380/モ図）〈[産]岐阜県瑞浪市陶町畑小屋 種子, 表皮細胞〉

ジョアンニテス *Joannites*
三畳紀のアンモナイト。
¶**アン最**（p74/カ写）〈[産]インドネシア〉

ジョアンニテスの一種 *Joannites* sp.
三畳紀後期のアンモナイト。
¶**アン最**（p137/カ写）〈[産]インドネシアのティモールのバスレオ〉

ショウガサンゴ *Stylophora pistillata*
新生代中新世の六放サンゴ類。ヤサイサンゴ科。
¶**学古生**（図1004/モ写）〈[産]静岡県榛原郡相良町女神山 横断面〉

鞘型類（不明種）
中生代白亜紀の軟体動物頭足類。
¶**産地本**（p23/カ写）〈[産]北海道苫前郡羽幌町ピッシリ沢 長さ3.2cm〉

ショウカワ・イコイ *Shokawa ikoi*
1億3000万年前（中生代白亜紀前期）の爬虫類。爬虫綱コリストデラ目。体長約50cm。
¶**日絶古**〔ショウカワ〕（p42〜43/カ写, カ復）〈[産]岐阜県荘川村〉

ショウジョウガイ ⇒スポンデュルス・スピノススを見よ

床板サンゴ ⇒カテニポラを見よ

初期四足動物の足跡
古生代デボン紀の足跡化石。
¶**生ミス3**（図6-1/カ写）〈[産]ポーランドのホーリークロス山脈 足跡の長径約3cm〉
生ミス3〔はっきりと残る指の痕跡〕（図6-2/カ写）〈[産]ポーランドのホーリークロス山脈 指の長さ約4cm〉

初期人類
鮮新世のヒト族が残した足跡。
¶**世変化**〔ラエトリの足跡〕（図93/カ写）〈[産]タンザニアのラエトリ 足跡の距離24m〉

植物
鉱物で置換された化石。
¶**図解化**〔滑石で鉱物化された植物〕（p15-1/カ写）

植物化石
新生代第四紀更新世の被子植物双子葉類。
¶**産地別**〔ノジュール中の植物化石〕（p236/カ写）〈[産]大分県玖珠郡九重町奥双石 ノジュールの径8.2cm〉

植物化石（不明種）
中生代白亜紀の裸子植物？シダ植物にも似るが, 形状はヒノキ科のアスナロにも似る。
¶**産地新**（p228/カ写）〈[産]熊本県天草郡龍ヶ岳町椚島 長さ11cm〉

植物の種子（不明種）
中生代白亜紀の被子植物双子葉類。殻が壊れ, 薄皮が残っている。
¶**産地別**（p32/カ写）〈[産]北海道苫前郡羽幌町清水沢 長径2.7cm〉

植物の袋果
白亜紀カンパニアン期〜マーストリヒチアン期の被子植物。ケラオカルポンに似る。
¶**日白亜**（p39/カ写）〈[産]兵庫県淡路島 上下3cm〉

植物の葉
中生代白亜紀のシダ植物？
¶**産地本**（p5/カ写）〈[産]北海道稚内市東浦海岸 高さ1.7cm〉

植物（不明種）
新生代第三紀中新世の被子植物双子葉類。
¶**産地本**（p82/カ写）〈[産]群馬県甘楽郡南牧村兜岩 長さ6cm〉
産地本（p82/カ写）〈[産]群馬県甘楽郡南牧村兜岩 長さ10cm〉
産地本（p181/カ写）〈[産]兵庫県美方郡温泉町海上 長さ3cm〉
産地本（p255/カ写）〈[産]長崎県壱岐郡芦辺町長者が原崎（壱岐島） 長さ7cm〉
産地本（p255/カ写）〈[産]長崎県壱岐郡芦辺町長者が原崎（壱岐島） 長さ9cm〉
産地本（p255/カ写）〈[産]長崎県壱岐郡芦辺町長者が原崎（壱岐島） 長さ3cm〉
産地本（p256/カ写）〈[産]長崎県壱岐郡芦辺町長者が原崎（壱岐島） 長さ5cm〉

ジョセフォアルティガシア *Josephoartigasia*
新生代新第三紀鮮新世〜第四紀更新世の哺乳類真獣類齧歯類。全長3m。[分]ウルグアイ
¶**生ミス10**（図2-2-20/カ復）

所属不明
古生代ペルム紀の所属不明化石。
¶**産地本**（p115/カ写）〈[産]岐阜県大垣市赤坂町金生山 左右6mm 腕足類の一種？〉

所属不明
古生代ペルム紀の所属不明化石。有孔虫の一種？
¶**産地本**（p151/カ写）〈[産]滋賀県犬上郡多賀町権現谷 長径1.5mm〉

所属不明
新生代第三紀中新世の所属不明化石。
¶**産地本**（p202/カ写）〈[産]三重県安芸郡美里村柳谷 左右1cm〉

所属不明種
古生代ペルム紀の所属不明化石。一見すると二枚貝のようにも見えるが, 内形に残された模様を見るとそうでないようにも見える。
¶**産地新**（p28/カ写）〈[産]岩手県陸前高田市飯森 長さ4.1cm〉

所属不明種
古生代デボン紀の所属不明化石。軟体動物の一種。
¶**産地新**（p94/カ写）〈[産]福井県大野郡和泉村上伊勢 長径9cm〉

所属不明植物
中生代三畳紀後期の陸上植物。マキ科。成羽植物群。
¶**学古生**（図759/モ写）〈[産]岡山県川上郡成羽町〉

所属不明の葉体化石
中生代白亜紀前期高知世の陸上植物。下部白亜紀植物群。
¶学古生(図845/モ写)〈㊥高知県南国市領石〉

ショニサウルス *Shonisaurus*
中生代三畳紀の爬虫類双弓類魚竜類。魚竜目シャスタサウルス科。海洋に生息。全長21m。㊕カナダ, イタリア, アメリカ
¶恐イラ(p73/カ復)
恐絶動(p78/カ復)
恐竜世〔ソニサウルス〕(p106/カ復)
恐竜博(p56/カ復)
生ミス5(図2-8/カ復)

ショニサウルス・シカンニエンシス *Shonisaurus sikanniensis*
中生代三畳紀の爬虫類魚竜類。全長21m。㊕カナダ
¶リア中〔ショニサウルス〕(p54/カ復)

シヨロエゾボラ *Neptunea shoroensis*
漸新世中期の軟体動物腹足類。
¶日化譜(図版32-9/モ写)〈㊥北海道釧路〉

ジョロモク近似種 *Cystophyllum* sp.cf.*C. sisymbrioides*
新生代第三紀中新世の褐藻類。ホンダワラ科。
¶学古生(図2132/モ写, モ図)〈㊥新潟県西頸城郡名立町神葉沢上流 葉状体の上部, 気胞のスケッチ〉

ジョロモク属の未定種 *Cystophyllum* sp.
新生代第三紀中新世の褐藻植物。褐藻植物門円胞子網ヒバマタ目カバネモク科。
¶化石フ(p157/カ写)〈㊥長野県南安曇郡豊科町 140mm〉

ジョンケリア *Jonkeria vonderbyli*
二畳紀後期の爬虫類。獣形超綱獣形綱獣形目獣歯亜目。全長4.25m。㊕南アフリカ
¶古脊椎(図200/モ復)

シラガボタル *Baryspira utopica parentalis*
更新世の軟体動物腹足類。
¶日化譜(図版33-7/モ写)〈㊥喜界島上嘉鉄, 伊実久〉

シーラカンス類 *Coelacanthiformes*
デボン紀の魚類肉鰭類。
¶古代生(p106～107/カ写)〈㊥ドイツ 全身化石〉

シーラカンス類 *Macropoma* sp.
白亜紀後期の魚類肉鰭類。
¶世変化(図58/カ写)〈㊥英国のイングランド 幅56cm〉

シラカンバ *Betula platyphylla*
新生代第四紀更新世の陸上植物。カバノキ科。
¶学古生(図2554/モ写)〈㊥長崎県北松浦郡江迎町田ノ元 果鱗〉

シラギアサダ *Ostrya shiragiana*
新生代中新世中期の陸上植物。カバノキ科。
¶学古生(図2336,2337/モ写)〈㊥新潟県岩船郡山北町雷 果苞, 葉〉

シラギコウヤマキ *Sciadopitys shiragica*
新生代中新世後期の陸上植物。スギ科。
¶学古生(図2261/モ写)〈㊥秋田県仙北郡西木村桧木内又沢〉

シラキヘタナリ *Cerithidea sirakii*
新生代第三紀・初期中新世の貝類。ウミニナ科。
¶学古生(図1214/モ写)〈㊥石川県珠洲市高波〉

シラゲガイ *Mitrella lischkei*
新生代第三紀鮮新世～現世の貝類。タマトガイ科。
¶学古生(図1582/モ写)〈㊥石川県金沢市大桑〉

シラトリアサリ *Siratoria siratoriensis*
新生代第三紀・初期中新世の貝類。マルスダレガイ科。
¶学古生(図1173/モ写)〈㊥石川県輪島市東印内〉
日化譜(図版48-1/モ写)〈㊥北海道雨竜郡沼田など〉

シラトリガイの仲間 *Macoma* sp.
新生代第三紀鮮新世～初期更新世の貝類。ニッコウガイ科。
¶学古生(図1546/モ写)〈㊥石川県宇ノ気町〉

シラトリガイモドキ *Heteromacoma irus*
新生代第三紀鮮新世～初期更新世の貝類。ニッコウガイ科。
¶学古生(図1543/モ写)〈㊥石川県河北郡宇ノ気町〉

シラハマカシパン(新) *Laganum pachycraspedum*
鮮新世前期のウニ類。
¶日化譜(図版88-12/モ写)〈㊥静岡県伊豆下田白浜〉

シラハマクチベニ *Aloides* (*Cuneocorbula*) *peregrina*
中新世の軟体動物斧足類。
¶日化譜(図版49-3/モ写)

シラハマクチベニ *Caryocorbula peregrina*
新生代第三紀・初期中新世の貝類。クチベニガイ科。
¶学古生(図1184/モ写)〈㊥石川県珠洲市大谷〉

シラハマサルボウ *Anadara* (*Scapharca*) *valentula*
中新世の軟体動物斧足類。
¶日化譜(図版36-22/モ写)〈㊥和歌山県白浜〉

ジラファ・ジュマエ *Giraffa jumae*
鮮新世前期～更新世後期の哺乳類反芻類。鯨偶蹄目キリン科。全高約5m。㊕アフリカ
¶絶哺乳(p201/カ復)

ジラフォケリックス ⇒ギラッフォケリクスを見よ

シラミズスズキ *Avitolabrax denticulatus*
漸新世中期の魚類。
¶日化譜(図版64-1/モ写)〈㊥福島県石城郡内郷市白水〉

シリクワ ⇒ミゾガイを見よ

シリブトビシ *Trapa macropoda*
新生代第四紀更新世中期の陸上植物双子葉植物。ヒシ科。
¶学古生(図2566/モ図)〈㊥神奈川県横浜市戸塚区下倉田〉
原色化〔トラパ・マクロポーダ〕(PL.91-2/モ写)〈㊥京都府宇治市黄檗 長径5cm 果実〉
日化譜(図版78-24,25/モ写)〈㊥滋賀県竜華など 果実〉

シリンガサウルス・インディクス *Shringasaurus indicus*
中生代三畳紀の爬虫類。全長3.6m。㊕インド
¶リア中〔シリンガサウルス〕(p24/カ復)

シリンゴデンドロン *Syringodendron* sp.
石炭紀の植物。
¶図解化（p40-12/カ写）

シリンゴポーラ
古生代ペルム紀の腔腸動物床板サンゴ類。
¶産地別（p134/カ写）〈㊧岐阜県大垣市赤坂町金生山 幅5cm 研磨面〉
産地別（p134/カ写）〈㊧岐阜県大垣市赤坂町金生山 幅8cm 風化面〉

シリンゴポーラ
古生代石炭紀の腔腸動物四射サンゴ類。
¶産地本（p53/カ写）〈㊧岩手県大船渡市日頃市町樋口沢 幅14cm〉

シリンゴポラ *Syringopora*
シルル紀〜石炭紀後期の刺胞動物サンゴ類花虫類床板サンゴ類アウロポラ類。別名オルガンパイプサンゴ。
¶化百科（p117/カ写）〈頂部の幅6cm〉

シリンゴポーラ・ウツノミヤイ *Syringopora utsunomiyai*
古生代シルル紀の床板サンゴ。花虫綱床板サンゴ亜綱オウロポリーダ目シリンゴポリカ超科シリンゴポリーダ科。別名クダサンゴ。群体の大きさ6cm以上。
¶日絶古〔シリンゴポーラ〕（p90〜91/カ写, カ復）〈㊧祇園山〉

シリンゴポラ・トンキネンシス近似種 *Syringopora* sp., cf.*S.tonkinensis*
古生代中期シルル紀ラドロウ世前期の床板サンゴ類。アウロポラ科。
¶学古生（図19/モ写）〈㊧岩手県大船渡市クサヤミ沢 横断面〉
日化譜〔Syringopora cf.tonkinensis〕（図版19-13/モ写）〈㊧岩手県大船渡市盛町 横断面〉

シリンゴポラ・ファシキュラリス *Syringopora fascicularis*
シルル紀の腔腸動物床板サンゴ類。
¶原色化（PL.12-1/カ写）〈㊧イギリスのダッドレイ 群体の高さ10.5cm, 個体の直径約0.8mm〉

シリンドロフィマ？の1種 *Cylindrophyma*? sp.
ジュラ紀後期の海綿類。尋常海綿綱石質海綿目シリンゴドロフィマ科。
¶学古生（図96/モ写）〈㊧東京都西多摩郡五日市町深沢〉

シルヴィサウルス *Silvisaurus*
白亜紀アプチアン〜セノマニアンの恐竜類ノドサウルス類。曲竜亜目ノドサウルス科。装甲をもつ恐竜。体長4m。㊕アメリカ合衆国のカンザス州
¶恐イラ（p245/カ復）
恐絶動（p158/カ復）

シルコポレラ属の1種 *Circoporella semicrathrata*
中生代ジュラ紀後期の層孔虫類。層孔虫目クラスロディクチオン科。
¶学古生（図345/モ写）〈㊧高知県高岡郡佐川町加茂 横断面〉

シルトカプセラ・コルヌータ *Cyrtocapsella cornuta*
新生代中新世中期の放散虫。ユウシルティディウム科ユウシルティディウム亜科。
¶学古生（図912/モ写）〈㊧茨城県那珂湊市磯崎〉

シルトカプセラ・ジャポニカ *Cyrtocapsella japonica*
新生代中新世中期の放散虫。ユウシルティディウム科ユウシルティディウム亜科。
¶学古生（図911/モ写）〈㊧茨城県那珂湊市磯崎〉

シルトカプセラ・テトラペラ *Cyrtocapsella tetrapera*
新生代中新世中期の放散虫。ユウシルティディウム科ユウシルティディウム亜科。
¶学古生（図913/モ写）〈㊧茨城県常陸太田市瑞竜町松崎〉

シルフィテス・アングスティコリス *Silphites angusticollis*
ジュラ紀後期の無脊椎動物昆虫類甲虫類。
¶ゾル1（図477/カ写）〈㊧ドイツのアイヒシュテット 2cm〉

シレジテス類 *Silesitid*, gen.et.sp.indet.
中生代白亜紀前期のアンモナイト類。シレジテス科。
¶学古生（図475/モ写）〈㊧千葉県銚子市西明浦南方 側面〉

シレトルニレ *Ulmus pseudolongifolia*
新生代中新世中期の陸上植物。ニレ科。
¶学古生（図2363,2364/モ図, モ写）〈㊧樺太マカロフ, 北海道芦別市サキペンペツ〉

シロアリの未定種
新生代第三紀中新世の節足動物昆虫類。
¶化石フ（p197/カ写）〈㊧秋田県仙北郡田沢湖町 25mm 翅〉

シロウスコケムシ *Arthropoma cecili*
新生代更新世のコケムシ類。唇口目有嚢亜目ヒラコケムシ科。
¶学古生（図1091/モ写）〈㊧鹿児島県大島郡喜界町〉

シロウリガイ *Akebiconcha nipponica*
中新世後期〜現世の軟体動物斧足類。
¶日化譜（図版44-27/モ写）〈㊧新潟県東山油田など〉

シロウリガイの仲間 *Calyptogena* sp.
始新世, 中新世の二枚貝。オトヒメハマグリ科。冷水湧出帯生物群集を構成。
¶化石フ〔鯨の脊椎骨とシロウリガイ属の未定種〕（p170/カ写）〈㊧愛知県知多郡南知多町 約40mm〉
世変化（図73/カ写）〈㊧バルバドスのスパ 幅9.5cm〉

シーロガステロセラス・ギガンテウム *Coelogasteroceras giganteum*
古生代ペルム紀の軟体動物頭足類。オウムガイ亜綱リロセラス科。
¶学古生〔シーロガステロセラスの1種〕（図226/モ写）〈㊧岐阜県大垣市赤坂町金生山〉
化石フ（p18/カ写）〈㊧岐阜県大垣市赤坂町 180mm〉
原色化〔シーロガステロセラス・ギガンテゥム〕（PL.35-4/モ写）〈㊧岐阜県不破郡赤坂町金生山 長径16.5cm, 高さ14cm〉

シロサラス・コンラデイ *Ciroceras conradi*
カンパニアン期のアンモナイト。

¶アン最〔ソレノセラス・パルチャーとシロサラス・コンラデイとパラソレノセラス・パルチャー〕(p209/カ写)〈㊤テネシー州クーンクリーク〉

シロシュモクザメ *Sphyrna zygaena*
新生代更新世前期の魚類。ネズミザメ目シュモクザメ科。
¶学古生(図1938/モ写)〈㊤神奈川県横浜市旭区善部町 未成魚の左上顎の前から第7〜8番目の歯〉

シロスジフジツボ ⇒バラヌス・コンカウウスを見よ

シロモジ?
新生代第三紀中新世の被子植物双子葉類。クスノキ科。
¶産地新(p231/カ写)〈㊤長崎県壱岐郡芦辺町長者原崎(壱岐島) 長さ14.5cm〉

シロワニ
新生代第四紀完新世の脊椎動物軟骨魚類。
¶産地別(p172/カ写)〈㊤愛知県知多市古見 高さ3cm〉

シロワニ
新生代第三紀中新世の脊椎動物軟骨魚類。別名オドンタスピス。
¶産地本(p192/カ写)〈㊤三重県安芸郡美里村柳谷 高さ2.7cm 歯〉

シロワニ?
新生代第三紀中新世の脊椎動物軟骨魚類。
¶産地別(p200/カ写)〈㊤福井県大飯郡高浜町名島 高さ1.8cm〉

シロワニ属の1種 *Odontaspis* sp.
新生代始新世中期〜漸新世の魚類。軟骨魚綱ネズミザメ目シロワニ科。
¶学古生(図1937/モ写)〈㊤愛媛県上浮穴郡久万町中条 左下顎第1歯〉
図解化〔Odontaspis sp.〕(図版40-4/カ写)〈㊤イタリア〉
図解化〔Odontaspis sp.〕(図版40-16/カ写)〈㊤イタリア〉
図解化〔Odontaspis sp.〕(図版40-19/カ写)〈㊤ドイツ〉

シンカイコシオリエビ属の未定種 *Munidopsis* sp.
新生代第三紀中新世の節足動物甲殻類。
¶化石フ(p192/カ写)〈㊤愛知県知多郡南知多町 35mm〉

シンガストリオセラス
古生代石炭紀の軟体動物頭足類。
¶産地別(p110/カ写)〈㊤新潟県糸魚川市青海町 長径3.5cm〉

シンガストリオセラスの断面
古生代石炭紀の軟体動物頭足類。
¶産地別(p110/カ写)〈㊤新潟県糸魚川市青海町 長径2.4cm 縦断面〉

唇脚類
始新世後期の節足動物多足類唇脚類。別名ムカデ類。
¶化百科(p149/カ写)〈㊤バルト海 14mm コハク〉

シングナツス *Syngnathus* sp.
中新世後期の脊椎動物魚類。硬骨魚綱。
¶図解化(p198-上右/カ写)〈㊤イタリア〉

シンコノロプス *Synconolophus dhokpathanensis*
鮮新世の哺乳類。哺乳綱獣亜綱正獣上目長鼻目。体長4m。㊟パキスタン
¶古脊椎(図282/モ復)

シンザトオトメ *Uromitra teschi*
鮮新世後期の軟体動物腹足類。
¶日化譜(図版33-11/モ写)〈㊤沖縄本島〉

シンザトマンジ *Borsonella shinzato*
鮮新世後期の軟体動物腹足類。
¶日化譜(図版34-19/モ写)〈㊤沖縄本島〉

シンジザルガイ *Clinocardium shinjiense*
中新世後期の軟体動物斧足類。現生種ciliatum(コケライシカゲガイ)とも。
¶日化譜(図版46-4/モ写)〈㊤島根県八束郡布志名〉

シンジシタダミ *Margarites sinzi*
新生代第三紀・後期中新世の貝類。ニシキウズガイ科。
¶学古生(図1356/モ写)〈㊤島根県松江市乃木福富町〉
日化譜(図版26-14/モ写)〈㊤島根県八束郡宍道〉

シンジヒタチオビ *Fulgoraria* (*Psephaea*) *sinziensis*
鮮新世前期の軟体動物腹足類。
¶日化譜(図版33-19/モ写)〈㊤島根県八束郡宍道町〉

シンジヒタチオビガイ *Fulgoraria sinziensis*
新生代第三紀・後期中新世の貝類。ヒタチオビガイ科。
¶学古生(図1366/モ写)〈㊤島根県松江市乃木福富町〉

ジンシャノサウルス *Jingshanosaurus*
ジュラ紀前期の恐竜。マッソスポンディルス科。後期の古竜脚類。体長9.8m。㊟中国
¶恐イラ(p104/カ復)

シンシュウエダワカレシダ *Cladophlebis shinshuensis*
中生代の陸上植物。シダ綱。下部白亜紀植物群。
¶学古生(図806/モ写)〈㊤高知県南国市領石〉

シンシュウゾウ *Stegodon shinshuensis*
新生代第三紀鮮新世の哺乳類長鼻類。
¶化石フ〔シンシュウゾウの下顎骨〕(p235/カ写)〈㊤長野県上水内郡戸隠村 右下顎体最大長520mm〉
化石フ〔シンシュウゾウの足跡〕(p239/カ写)〈㊤三重県阿山郡大山田村 足印長400〜600mm〉

シンシユウハナシガイ *Thyasira bisectoides*
中新世の軟体動物斧足類。
¶日化譜(図版45-14/モ写)〈㊤長野県小県郡西内〉

新種の真獣類 Eutheria
白亜紀前期(約1億1000万年前)の哺乳類トリボテリウム類。真獣下綱。ネズミのような外見。食性は昆虫など?体長10cmほど。㊟兵庫県篠山市
¶日恐竜(p130/カ写, カ復)〈長さ2.5cm 右下顎〉

シンシンナチディスクス・ステラツス *Cincinnatidiscus stellatus*
オルドヴィス紀の無脊椎動物棘皮動物座ヒトデ類。
¶図解化(p164-上左/カ写)〈㊤ケンタッキー州〉

ジンゾウガタアミメソテツ ⇒ディクチオザミテス・レニフォルミスを見よ

ジンゾウサウルス *Jinzhousaurus*
白亜紀バレミアンの恐竜類鳥脚類イグアノドン類。体長7m。[分]中国の遼寧省
¶恐イラ (p169/カ復)

ジンゾウサウルス・ヤンギの完模式標本の頭骨 *Jinzhousaurus yangi*
中生代の恐竜類イグアノドン類。熱河生物群。
¶熱河生 (図168/カ写)〈[産]中国の遼寧省錦州の白菜溝 長さ約50cm, 高さ28cm〉

シンダーハンネス・バルテルシ *Schinderhannes bartelsi*
古生代デボン紀の節足動物アノマロカリス類。全長10cm。[分]ドイツ
¶生ミス3〔シンダーハンネス〕(図1-2/カ写, カ復)
リア古〔シンダーハンネス〕(p32～35,116/カ復)

シンタルスス *Syntarsus*
ジュラ紀ヘッタンギアン～プリーンスバッキアンの恐竜類コエロフィシス類の肉食恐竜。体長2m。[分]ジンバブエ
¶恐イラ (p101/カ復)

シンディオケラス *Syndyoceras*
新生代古第三紀漸新世～新第三紀中新世の哺乳類真獣類鯨偶蹄類マナジカ類。ラクダ亜目プロトケラス科。頭胴長1.5m。[分]アメリカ
¶恐絶動 (p270/カ復)
生ミス10 (図2-2-1/カ復)

シンディオケラス *Syndyoceras cooki*
中新世前期の哺乳類核脚類。鯨偶蹄目プロトケラス科。頭胴長約1.5m。[分]北アメリカ
¶古脊椎 (図325/モ復)
絶哺乳 (p184/カ復)

シンテトケラス *Synthetoceras*
新生代新第三紀中新世の哺乳類鯨偶蹄類マナジカ類。哺乳綱獣亜綱正獣上目偶蹄目プロトケラス科。頭胴長2m。[分]アメリカ, メキシコ
¶恐絶動 (p270/カ復)
古脊椎 (図326/モ復)
生ミス10 (図2-2-2/カ写, カ復)〈頭骨〉

シンテトケラス *Synthetoceras tricornatus*
中新世後期の哺乳類核脚類。鯨偶蹄目プロトケラス科。頭胴長約2m, 頭骨全長約45cm。[分]北アメリカ
¶絶哺乳 (p183,184/カ復, モ図)〈約43cm 頭骨〉

シンフィソプス・サブアルマトゥス *Symphysops subarmatus*
古生代オルドビス紀の節足動物三葉虫類。
¶生ミス2〔シンフィソプス〕(図1-2-7/カ写)〈[産]モロッコ 3cm〉

シンプリオニオディナ・ミクロデンタ *Synprioniodina microdenta*
古生代・中期石炭紀前期のコノドント類(錐歯類)。
¶学古生 (図270/モ図)〈[産]新潟県西頸城郡青海町〉
日化譜〔Synprioniodina microdenta〕(図版89-9/モ写)〈[産]新潟県青海町, 青海電化西山採石場〉

シンプリキブランキア・ボルケンシス *Simplicibranchia bolcensis*
始新世の無脊椎動物腔腸動物鉢虫類。
¶図解化 (p63-下左/カ写)〈[産]イタリアのボルカ山〉

シンプレクトフィルム
古生代石炭紀の腔腸動物四射サンゴ類。
¶産地本 (p53/カ写)〈径7cm〉

シンベラ・ツルギドラ *Cymbella turgidula*
新生代第四紀の珪藻類。羽状目。
¶学古生 (図2123/モ写)〈[産]埼玉県新座市野火止〉

ジンボイセラス・プラニュラティフォルメ *Jimboiceras planulatiforme*
チューロニアン期の軟体動物頭足類アンモナイト。アンモナイト亜目デスモセラス科。
¶アン学 (図版21-2/カ写)〈[産]夕張地域〉
日化譜〔Jimboiceras planulatiforme〕(図版54-20/モ写)〈[産]北海道夕張市夕張川, 樺太内淵〉
日化譜〔Jimboiceras planulatiforme〕(図版56-1/モ写)〈[産]北海道天塩国アベシナイ, 同オピラシベ, 南樺太〉

ジンボイセラス・ミホエンゼ *Jimboiceras mihoense*
コニアシアン期の軟体動物頭足類アンモナイト。アンモナイト亜目デスモセラス科。
¶アン学 (図版21-3,4/カ写)〈[産]小平地域〉
日化譜〔Jimboiceras mihoense〕(図版55-11/モ写)〈[産]南樺太内淵川〉

シンボス・カヴィフロンス *Symbos cavifrons*
更新世中期～末期の哺乳類反芻類。鯨偶蹄目ウシ科。肩高1.4～1.6m程度。[分]北アメリカ
¶絶哺乳 (p208/カ復)

シンメトロカプルス *Symmetrocapulus rugosus*
ジュラ紀～始新世の無脊椎動物腹足類。古腹足目シンメトロカプルス科。体長3.5cm。[分]ヨーロッパ, 北アメリカ
¶化写真 (p117/カ写)〈[産]フランス〉

シンモリウム属未定種の顎歯 *Symmorium* sp.
古生代ペルム紀の魚類軟骨魚類。
¶化石フ (p70/カ写)〈[産]岐阜県大垣市赤坂町 幅30mm〉

針葉樹 *Silicified conifer wood*
二畳紀～現世の植物針葉樹類。松柏類。高さ30m。[分]世界中
¶化写真 (p303/カ写)〈[産]イギリス〉

針葉樹の未同定の葉
ジュラ紀後期の植物。
¶ゾル1 (図51/カ写)〈[産]ドイツのケルハイム 1cm〉

針葉樹類の球果
ジュラ紀後期の植物。
¶ゾル1 (図59/カ写)〈[産]ドイツのダイティング 2cm〉

シンラプトル *Sinraptor*
ジュラ紀後期の恐竜類獣脚類。全長7.5m。[分]中国
¶恐竜世 (p167/カ復)
生ミス6 (図4-1/カ復)

シンラプトル
ジュラ紀後期の脊椎動物獣脚類。体長9m。[分]中国
¶**進化大**（p262/カ復）

シンラプトル・ドンイ *Sinraptor dongi*
中生代ジュラ紀の爬虫類恐竜類竜盤類獣脚類。全長8m。[分]中国
¶**リア中**〔シンラプトル〕（p102/カ復）

シンロボクの1種 *Neocalamites* sp.
中生代三畳紀後期の陸上植物。成羽植物群。
¶**学古生**（図732/モ写）〈[産]岡山県川上郡成羽町〉

【ス】

スイショウ ⇒グリュプトストゥロブスを見よ

スイショウガイ科の一種
新生代第三紀鮮新世の軟体動物腹足類。スイショウガイ科。
¶**産地新**（p212/カ写）〈[産]高知県安芸郡安田町唐浜 高さ5.9cm〉

スイートグナサス・ホワイティ *Sweetognathus whitei*
古生代後期・前期二畳紀の後期のコノドント類（錐歯類）。
¶**学古生**（図285/モ図）〈[産]東京都西多摩郡日ノ出村水口〉

スイフトペクテン・スイフティー ⇒エゾキンチャクを見よ

スウチキサゴ *Suchium* (*Suchium*) *suchiense*
鮮新世前期の軟体動物腹足類。
¶**日化譜**（図版27-1/モ写）〈[産]静岡県周智郡大日，同掛川町天王〉

スェーデンボルギアの1種 *Swedenborgia cryptomerioides*
中生代三畳紀後期の陸上植物毬果（松柏）類。
¶**学古生**（図754/モ写）〈[産]岡山県川上郡成羽町 球果の鱗片〉
日化譜〔Swedenborgia cryptomerioides〕（図版74-12/モ写）〈[産]岡山県川上郡成羽町〉

スエモノガイ *Thracia kakumana*
新生代第三紀鮮新世～初期更新世の貝類。スエモノガイ科。
¶**学古生**（図1532/モ写）〈[産]石川県金沢市東長江町〉
日化譜（図版49-24/モ写）〈[産]済州島〉

スカウメナキア *Scaumenacia curta*
デボン紀後期の魚類。顎口超綱硬骨魚綱肺魚亜綱肺魚目。全長15cm。[分]カナダのケベック
¶**古脊椎**（図50/モ復）

スカシガイの一種
新生代第三紀中新世の軟体動物腹足類。殻頂に穴があいている。
¶**産地新**（p43/カ写）〈[産]宮城県柴田郡川崎町碁石川 長径3cm〉

スカシカシパン *Astriclypeus manni*
新生代第四期完新世の棘皮動物ウニ類スカシカシパン類。
¶**化石フ**（p202/カ写）〈[産]三重県四日市市 120mm〉

スカチネラ・ギガンテア *Scacchinella gigantea*
古生代ペルム紀の腕足動物。
¶**化石フ**（p55/カ写）〈[産]岐阜県大垣市赤坂町 100mm, 90mm 復元模型, 研磨面〉

スカパノリンカス属未定種の顎歯 *Scapanorhynchus* sp.
中生代白亜紀の魚類軟骨魚類。
¶**化石フ**（p137/カ写）〈[産]福島県いわき市 30mm〉

スカパノリンクス *Scapanorhynchus*
白亜紀前期～後期の魚類軟骨魚類。板鰓亜綱。全長50cm。[分]全世界
¶**恐絶動**（p27/カ復）

スカパノリンクス
中生代白亜紀の脊椎動物軟骨魚類。
¶**産地本**（p72/カ写）〈[産]福島県いわき市大久町谷地 高さ2cm 歯〉

スカフィテス *Scaphites*
1億4400万～6500万年前（白亜紀後期）の無脊椎動物アンモナイト。最大直径20cm。[分]ヨーロッパ，アフリカ，インド，北アメリカ，南アメリカ
¶**アン最**（p63/カ写）〈化石内部〉
恐竜世（p56/カ写，カ復）

スカフィテス *Scaphites equalis*
後期白亜紀の無脊椎動物アンモナイト類。アンモナイト目スカフィテス科。直径8cm。[分]世界中
¶**化写真**（p160/カ写）〈[産]フランス リン酸質の内形雌型〉

スカフィテス
中生代白亜紀の軟体動物頭足類。
¶**産地別**（p55/カ写）〈[産]北海道夕張市白金沢 長径2.6cm〉
産地本（p33/カ写）〈[産]北海道留萌郡小平町小平蘂川 長径2.4cm〉
産地本（p33/カ写）〈[産]北海道留萌郡小平町小平蘂川 長径1.5cm〉

スカフィテス・アエクアリス
白亜紀後期の無脊椎動物頭足類。長径最大20cm。[分]ヨーロッパ，アフリカ，インド，北アメリカ，南アメリカ
¶**進化大**〔スカフィテス〕（p298～299/カ写，カ復）

スカフィテス・サブデリカータスに類似する種 *Scaphites* aff.*S.subdelicatus*
チューロニアン期の軟体動物頭足類アンモナイト。アンキロセラス亜目スカフィテス科。
¶**アン学**（図版45-1/カ写）〈[産]夕張地域〉

スカフィテス・シュードエクアリス *Scaphites pseudoequalis*
コニアシアン期の軟体動物頭足類アンモナイト。アンキロセラス亜目スカフィテス科。
¶**アン学**（図版45-4/カ写）〈[産]小平地域〉

スカフィテス・フガールディアナス *Scaphites hugardianus*
アルビアン期のアンモナイト。
¶**アン最**(p170/カ写)〈[産]ハンガリーのバコニーベルジュ〉

スカフィテス・プラヌス *Scaphites planus*
チューロニアン期の軟体動物頭足類アンモナイト。アンキロセラス亜目スカフィテス科。
¶**アン学**(図版45-2/カ写)〈[産]小平地域〉

スカフィテス・メジアポセンシス *Scaphites masiaposensis*
サントニアン期のアンモナイト。
¶**アン最**(p119/カ写)〈[産]マダガスカル〉

スカフィテス・ヨコヤマイ *Scaphites yokoyamai*
チューロニアン期の軟体動物頭足類アンモナイト。アンキロセラス亜目スカフィテス科。
¶**アン学**(図版45-3/カ写)〈[産]穂別地域〉
日化譜〔Scaphites yokoyamai〕(図版52-19/モ写)〈[産]北海道三笠市幾春別〉

スカフォグナトゥス *Scaphognathus*
ジュラ紀後期の爬虫類翼竜類。ラムフォリンクス亜目。翼開長1m。[分]英国のイングランド
¶**恐絶動**(p102/カ復)

スカフォグナトゥス・クラシロストリス *Scaphognathus crassirostris*
ジュラ紀後期の脊椎動物爬虫類翼竜類。
¶**ゾル2**(図300/カ写)〈[産]ドイツのミュールハイム 25cm 幼体〉
ゾル2(図301/カ写)〈[産]ドイツのゾルンホーフェン 32cm 頭骨〉
ゾル2(図302/カ写)〈[産]ドイツのアイヒシュテット 23cm(頭骨6cm)〉

スカフォトリゴニア・ナビス *Scaphotrigonia navis*
ジュラ紀の軟体動物斧足類。
¶**原色化**(PL.43-1/モ写)〈[産]フランスのアルザスのグルンダースオッフェン 長さ3.5cm〉

スカフォニクス *Scaphonyx*
中生代三畳紀のリンコサウルス類。リンコサウルス科。森林に生息。体長1.2m。
¶**恐竜博**(p39/カ写)

スカフォリータス・フォッシリス *Scapholithus fossilis*
新生代鮮新世後期のナンノプランクトン。カルシオソレニア科。
¶**学古生**(図2070/モ写)〈[産]高知県室戸市羽根町〉

スカブリスキュテラムの一種 *Scabriscutellum* sp.
デボン紀中期の三葉虫。イレヌス目。
¶**三葉虫**(図40/モ写)〈[産]モロッコのアルニフ 長さ90mm〉

スカブロトリゴニア・スカブラ *Scabrotrigonia scabra*
白亜紀の軟体動物斧足類。
¶**原色化**(PL.60-1/カ写)〈[産]フランスのユショウ 高さ5cm〉

スカラバエイデス属の種 *Scarabaeides* sp.
ジュラ紀後期の無脊椎動物昆虫類異翅類(カメムシ類)。水生昆虫。
¶**ゾル1**(図420/カ写)〈[産]ドイツのアイヒシュテット 5cm〉
ゾル1(図421/カ写)〈[産]ドイツのアイヒシュテット 5.5cm 腹側〉

スカラリテス *Scalarites*
中生代白亜紀の軟体動物頭足類アンモナイト類。
¶**アン最**〔ハイファントセラス,スカラリテス,プゾシア〕(p50/カ写)〈[産]日本の北海道〉
生ミス7(図4-10/カ写)〈[産]北海道小平町 長径約10cm〉

スカラリテス
白亜紀チューロニアン期〜コニアシアン期の軟体動物頭足類アンモナイト。殻長約10cm。
¶**産地別**(p50/カ写)〈[産]北海道留萌郡小平町小平蘂川 長径3.9cm〉
産地本(p19/カ写)〈[産]北海道苫前郡羽幌町羽幌川 径3cm〉
日白亜(p128〜131/カ写,カ復)〈[産]北海道各地 殻長15cm〉

スカラリテス・スカラリス *Scalarites scalaris*
チューロニアン期の軟体動物アンモナイト。アンキロセラス亜目ディプロモセラス科。
¶**アン学**(図版43-1,2/カ写)〈[産]夕張地域,小平地域〉
化石フ(p124/カ写)〈[産]北海道留萌郡小平町 65mm〉

スカラリテス・デンシコスタータス *Scalarites densicostatus*
コニアシアン期の軟体動物頭足類アンモナイト。アンキロセラス亜目ディプロモセラス科。
¶**アン学**(図版44-2/カ写)〈[産]三笠地域〉

スカラリテスの一種 *Scalarites* sp.
チューロニアン期のアンモナイト。
¶**アン最**〔スカラリテスの一種,ハイファントセラス・オシマイ,ユーボストリコセラス・ジャポニカム,デスモセラスの一種,プゾシアの一種〕(p135/カ写)〈[産]北海道〉

スカラリテスの完全体
中生代白亜紀の軟体動物頭足類。
¶**産地別**(p37/カ写)〈[産]北海道苫前郡苫前町古丹別川幌立沢 長径4.2cm〉

スカラリテス・ミホエンシス
中生代白亜紀コニアシアンの軟体動物頭足類。
¶**産地別**(p14/カ写)〈[産]北海道中川郡中川町ワッカウエンベツ川 長径5.4cm〉
産地別(p51/カ写)〈[産]北海道留萌郡小平町天狗橋上流 長径11.5cm〉

スカリッチア *Scarittia canquelensis*
漸新世の哺乳類。哺乳綱獣亜綱正獣上目南蹄目。体長2.6m。[分]南米パタゴニア
¶**古脊椎**(図260/モ復)

スカリティア *Scarrittia*
漸新世前期の哺乳類。トクソドン亜目レオンティニア科。南アメリカの有蹄哺乳類。体長2m。[分]アルゼンチン
¶**恐絶動**(p251/カ復)

ス

ス

スギ *Cryptomeria japonica*
新生代第四紀更新世の陸上植物。スギ科。
¶**学古生**(図2539/モ図)〈[産]滋賀県大津市堅田〉

スキアエヌルス
古第三紀始新世前期の脊椎動物条鰭類。ブリーム科。全長20cm。[分]イギリス
¶**進化大**(p375/カ写)

スキアドフィトン *Sciadophyton steinmannii*
古生代デボン紀前期のコケ植物。
¶**植物化**(p19/カ写, カ復)〈[産]ドイツ〉

スキアドフィトン
デヴォン紀前期の植物リニア類。高さ5cm。[分]世界各地
¶**進化大**(p117/カ復)

スキウルミムス・アルベルスドエルフェリ *Sciurumimus albersdoerferi*
中生代ジュラ紀の恐竜類竜盤類獣脚類。全長70cm。[分]ドイツ
¶**生ミス6**(図7-17/カ写, カ復)〈[産]ドイツのゾルンホーフェン 70cm 幼体〉

スキオルディア・アルドナ *Skioldia aldna* 古盾形虫
カンブリア紀の節足動物。節足動物門スキオルディア科。澄江生物群。長さ10cm以上。
¶**澄江生**(図16.53/モ復)
澄江生(図16.54/カ写)〈[産]中国の帽天山 背側からの眺め〉

スギ科の花粉 Taxodiaceae
新生代中新世後期の陸上植物。
¶**学古生**(図2268/モ写)〈[産]石川県七尾市和倉〉

スキザエオイスポリテス・ケルトゥス *Schizaeoisporites certus*
中生代の植物真正シダ類。熱河生物群。
¶**熱河生**(図264/カ写)〈[産]中国の遼寧省ハルチン左翼蒙古族自治県, 三官廟 胞子〉

スキザエオプシス・プルリパルティタ
白亜紀の植物シダ類。葉切片の長さ3〜5cm。[分]世界各地
¶**進化大**〔スキザエオプシス〕(p288/カ写)

スキザステル *Schizaster branderianus*
始新世〜現世の無脊椎動物ウニ類。心形目ブンブクチャガマ科。直径2.5cm。[分]世界中
¶**化写真**(p184/カ写)〈[産]イギリス 完全な個体と壊れた個体を含むブロック〉

スキソシセレ・キシノウエイ *Schizocythere kishinouyei*
新生代更新世の甲殻類(貝形類)。シセレ科スキソシセレ亜科。
¶**学古生**(図1863/モ写)〈[産]神奈川県宮田層 左殻〉

スキゾレテポラ *Schizoretepora notopachys*
中新世〜現世の無脊椎動物コケムシ動物。唇口目サーテリア科。群体の直径4cm。[分]世界中
¶**化写真**(p38/カ写)〈[産]イギリス〉
地球博〔レースサンゴ〕(p78/カ写)

スキゾレピス・ベイピアオエンシス *Schizolepis beipiaoensis*
中生代の陸生植物球果植物類。熱河生物群。
¶**熱河生**(図235/カ写)〈[産]中国の遼寧省北票の黄半吉溝 長さ9.15cm〉
熱河生〔スキゾレピス・ベイピアオエンシスの翼果〕(図236/カ写)〈[産]中国の遼寧省北票の黄半吉溝 長さ1.15cm〉

スキタロクリヌス・ディスパリリス *Scytalocrinus disparilis*
ミシシッピ亜紀の無脊椎動物棘皮動物。
¶**図解化**〔ディジゴクリヌス・インディアナエンシスとスキタロクリヌス・ディスパリリス〕(p169-7/カ写)〈[産]インディアナ州〉

スキピオニクス *Scipionyx*
白亜紀アプチアンの恐竜類獣脚類テタヌラ類コエルロサウルス類。俊足のハンター。体長24cm。[分]イタリアのベネヴェント県
¶**恐イラ**(p161/カ復)

スキフォクリニテス・エレガンス *Schyphocrinites elegans*
デヴォン紀の無脊椎動物棘皮動物ウミユリ類。
¶**図解化**(p168-中央左/カ写)〈[産]モロッコ 柄の断片を含む岩石〉
図解化(p169-2/カ写)〈[産]モロッコ〉

スキフォクリニテス・エレガンス *Scyphocrinites elegans*
古生代デボン紀の棘皮動物ウミユリ類。モノバスラ目スキフォクリニテス科。
¶**化石図**(p60/カ写, カ復)〈[産]モロッコ 標本の横幅約15cm〉

スキポノセラス *Sciponoceras*
中生代白亜紀の軟体動物頭足類アンモナイト類。殻の長さ10cm前後。[分]ドイツ, アメリカ, 日本ほか
¶**生ミス7**(図4-20/カ復)

スキポノセラス・インターメディウム *Sciponoceras intermedium*
中生代白亜紀後期のアンモナイト。バキュリテス科。
¶**学古生**(図537/モ写)〈[産]北海道三笠市奔別 側面〉

スキポノセラス・オリエンターレ *Sciponoceras orientale*
中生代白亜紀後期のアンモナイト。バキュリテス科。
¶**学古生**(図539/モ写)〈[産]北海道夕張市主夕張地域 側面〉
学古生(図540/モ写)〈[産]北海道夕張市主夕張地域 腹面〉

スキポノセラス・コスマティ *Sciponoceras kossmati*
白亜紀セノマニアン期のアンモナイトアンモナイト。アンキロセラス亜目バキュリテス科。
¶**アン学**(図版45-8/カ写)〈[産]芦別地域〉
学古生(図538/モ写)〈[産]北海道夕張市主夕張地域天狗沢 側面〉
学古生(図544〜546/モ写)〈[産]北海道三笠市幾春別川流域 背面, 側面, 腹面〉

スキポノセラス・バキュロイデス *Sciponoceras baculoides*
中生代白亜紀後期のアンモナイト。バキュリテス科。
¶**学古生**（図541〜543/モ写）〈[産]北海道三笠市幾春別川流域 腹面, 背面, 側面〉

スキムノグナタス *Scymnognathus whaitsi*
二畳紀後期の爬虫類。獣形超綱獣形綱獣形目獣歯亜目。全長156cm。[分]南アフリカ
¶**古脊椎**（図202/モ復）

スギヤマサンザシ *Crataegus sugiyamae*
新生代中新世前期の陸上植物。バラ科。
¶**学古生**（図2411/モ写）〈[産]新潟県佐渡郡相川町関〉

スギヤマシワバイ *Colus sugiyamai*
鮮新世前期の軟体動物腹足類。
¶**日化譜**（図版31-24/モ写）〈[産]千葉県銚子〉

スクアチナ *Squatina minor*
ジュラ紀後期の魚類。顎口超綱軟骨魚綱鮫目。別名ムカシカスザメ。全長76cm。[分]南ドイツのババリヤ
¶**古脊椎**（図22/モ復）

スクアマクラ・クリペアタ *Squamacula clypeata*
盾状小鱗片虫
カンブリア紀の節足動物。節足動物門暫定的にレティファキエス科。澄江生物群。体長1cm以下。
¶**澄江生**（図16.49/モ復）
澄江生（図16.50/カ写）〈[産]中国の帽天山, 小濫田 背中側から見たところ, 雌型〉

スクアリコラクス
白亜紀の脊椎動物軟骨魚類。体長5m。[分]ヨーロッパ, 北アメリカ, 南アメリカ, アフリカ, 中近東, インド, 日本, オーストラリア, ロシア
¶**進化大**（p308/カ写）〈歯〉

スクアリコラクス ⇒スクアリコラックスを見よ

スクアリコラックス *Squalicorax*
中生代白亜紀〜新生代古第三紀の軟骨魚類板鰓類真板鰓類。全長4.5m。[分]アメリカ, ヨルダン, 日本ほか
¶**恐竜世**〔スクアリコラクス〕（p71/カ写）〈歯〉
生ミス8（図8-9/カ写, カ復）〈2m 頭骨を下から見たもの〉
生ミス8〔スクアリコラックスの歯〕（図8-10/カ写）〈高さ1.5cmほど〉

スクアリコラックス *Squalicorax pristidontus*
白亜紀の脊椎動物軟骨魚類。ネズミザメ目アナコラックス科。体長2.5m。[分]世界中
¶**化写真**（p200/カ写）〈[産]オランダ 歯〉

スクアリコラックスの歯 *Squalicorax* sp.（*S. falcatus*）
白亜紀サントニアン期のサメ類。全長数m？
¶**日白亜**〔ネズミザメ類〕（p20〜23/カ写, カ復）〈[産]熊本県上天草市龍ヶ岳町 左右16.1mm〉

スクアロドン *Squalodon* sp.
漸新世後期〜鮮新世の哺乳類クジラ類歯クジラ類。スクアロドン科。全長2〜2.5m。[分]ニュージーランド, オーストラリア, 南アメリカ, 北アメリカ, ヨーロッパ
¶**絶哺乳**（p143/カ復）

スグウネトクサガイ *Noditerebra recticostata*
新生代第三紀鮮新世〜現世の貝類。タケノコガイ科。
¶**学古生**（図1624/モ写）〈[産]石川県金沢市上中町〉

スグウネトクサガイ
新生代第三紀鮮新世の軟体動物腹足類。タケノコガイ科。
¶**産地新**（p211/カ写）〈[産]高知県安芸郡安田町唐浜 高さ3.1cm〉

スクォメオファボシテス *Squameofavosites* sp.
デボン紀の腔腸動物床板サンゴ類。
¶**原色化**（PL.21-4/カ写）〈[産]岐阜県吉城郡上宝村福地一の谷 群体の高さ12cm 研磨縦断面〉

スクティゲラ
2300万年前（新第三紀）の無脊椎動物。別名ゲジゲジ。
¶**進化大**（p402〜403/カ写）〈琥珀〉

スクテラ
古第三紀後期〜新第三紀前期の無脊椎動物棘皮動物。直径6〜9cm。[分]地中海
¶**進化大**（p400/カ写）

スクテラム
古生代デボン紀の節足動物三葉虫類。
¶**産地別**（p102/カ写）〈[産]福井県大野市上伊勢 長さ1.7cm 尾部〉

スクテラム・ウムベリフェルム *Scutellum umbelliferum*
デボン紀の節足動物三葉虫類。
¶**原色化**（PL.19-3/モ写）〈[産]チェコスロバキアのボヘミアのコニペルス 高さ3.3cm 尾部〉

スクテラム・パリフェルム *Scutellum paliferum*
デボン紀の節足動物三葉虫類。
¶**原色化**（PL.19-2/モ写）〈[産]チェコスロバキアのボヘミアのコニペルス 高さ2.2cm 頭部〉

スクテロサウルス *Scutellosaurus*
中生代ジュラ紀の恐竜類鳥盤類装盾類。鳥脚亜目スクテロサウルス科。林地に生息。全長1.3m。[分]アメリカ
¶**恐イラ**（p110/カ復）
恐絶動（p134/カ復）
恐竜博（p81/カ復）
生ミス6（図5-10/カ復）

スクテロサウルス
ジュラ紀前期の脊椎動物鳥盤類。体長1m。[分]アメリカ合衆国
¶**進化大**（p271/カ復）

スクテロサウルス・ローレリ *Scutellosaurus lowleri*
中生代ジュラ紀前期の爬虫類恐竜類鳥盤類装盾類剣竜類。全長1.3mほど。
¶**リア中**〔スクテロサウルス〕（p96〜99/カ復）

スクトサウルス *Scutosaurus*
古生代ペルム紀の爬虫類パレイアサウルス類。カプトリヌス目パレイアサウルス科。沼地と氾濫原に生

息。全長約2m。[分]ソ連
¶恐古生（p72～73/カ復）
恐絶動（p63/カ復）
生ミス4（図2-2-12/カ写）〈[産]ロシア 幼体の復元骨格〉

スクトサウルス *Scutosaurus karpinskii*
ペルム紀の爬虫類。爬型超綱亀綱頬竜目パレイアサウルス亜目。大型植物食動物。全長2m。[分]ロシア
¶古脊椎（図80/モ復）
リア古（p192/カ復）

スクトサウルス
ペルム紀後期の脊椎動物側爬虫類。全長2m。[分]ロシア
¶進化大（p186/カ復）

スクルダ・スピノサ *Sculda spinosa*
ジュラ紀後期の無脊椎動物甲殻類シャコ類。
¶ゾル1（図321/カ写）〈[産]ドイツのアイヒシュテット 3cm〉

スクルダ・ペンナタ *Sculda pennata*
ジュラ紀後期の無脊椎動物甲殻類シャコ類。
¶ゾル1（図320/カ写）〈[産]ドイツのツァント 2.5cm〉

スクレロカリプトゥス *Sclerocalyptus ornatus*
哺乳類。哺乳綱獣亜綱正獣上目貧歯目。全長2m。
¶古脊椎（図233/モ復）

スクレロケファルス
ペルム紀前期の脊椎動物切椎類。全長1.5m。[分]ドイツ，チェコ
¶進化大（p184/カ写）

スクレロモクルス *Scleromochlus taylori*
三畳紀後期の爬虫類。竜型超綱槽歯綱擬鰐目。全長22cm。[分]スコットランド州
¶古脊椎（図121/モ復）

スクレロリンクス *Sclerorhynchus*
白亜紀後期の魚類軟骨魚類。板鰓亜綱。全長1m。[分]モロッコ，レバノン，合衆国のテキサス
¶恐絶動（p27/カ復）

スクロエンバキア *Schloenbachia varians*
後期白亜紀の軟体動物頭足類アンモナイト類。アンモナイト目スクロエンバキア科。直径5cm。[分]ヨーロッパ，グリーンランド
¶アン最〔シェーロンバキア・バリアンス〕（p140/カ写）〈[産]カザフスタンのマンギシラック〉
化写真（p157/カ写）〈[産]イギリス〉
原色化〔シュレーンバキア・"バリアンス"〕（PL.65-6/カ写）〈[産]ドイツのルール地方エッセン 長径7cm〉

スゲネクイハムシ *Plateumaris sericea*
新生代更新世の昆虫類。ハムシ科。
¶学古生（図1825/モ写）〈[産]千葉県市原市万田野 上翅〉
日化譜（図版87-24/モ写）〈[産]岩手県江刺市岩屋堂〉

スケネラ *Scenella amii*
カンブリア紀の軟体動物。軟体動物門？ヘルシオネロイダ綱（単板綱）スケネリデー科。サイズ8mm。
¶バ頁岩（図60,61/モ写，モ復）〈[産]カナダのバージェス頁岩〉

スケーメラ・クラヴュラ *Skeemella clavula*
古生代カンブリア紀の古虫動物類。体長14cm以上。
¶生ミス1〔スケーメラ〕（図3-4-13/カ写）〈[産]アメリカのユタ州〉

スケリドサウルス *Scelidosaurus*
2億800万～1億9500万年前（ジュラ紀前期）の恐竜類装盾類。竜型超綱鳥盤綱鎧竜目スケリドサウルス科。林地に生息。全長4m。[分]イギリスのイングランド，アメリカ合衆国
¶恐イラ（p110/カ復）
恐古生（p168～169/カ写，カ復）〈皮膚〉
恐絶動（p155/カ復）
恐太古（p64/カ写）〈若い個体の頭骨〉
恐竜世（p138～139/カ復）
恐竜博（p80～81/カ写，カ復）〈足〉
古脊椎（図175/モ復）
生ミス6（図5-11/カ復）
よみ恐（p72～73/カ復）

スケリドサウルス
ジュラ紀前期の恐竜類鳥盤類。体長3m。[分]イギリス
¶進化大（p271/カ写）〈指〉

スケリドサウルス・ハーリソニイ *Scelidosaurus harrisonii*
中生代ジュラ紀シネムーリアンの爬虫類恐竜類鳥盤類装盾類剣竜類。全長4m。
¶地球博〔スケリドサウルスの足〕（p85/カ写）
リア中〔スケリドサウルス〕（p96～99/カ復）

スケリドテリウム *Scelidotherium* sp.
鮮新世前期～更新世後期の哺乳類異節類。有毛目食葉亜目ミロドン科。頭胴長約2.5m，頭骨全長約50cm。[分]南アメリカ
¶絶哺乳（p244,245/カ写，カ復）〈骨格〉

スケンクガイ *Akebiconcha*（?）*ezoensis*
漸中新世の軟体動物斧足類。
¶日化譜（図版47-2/モ写）〈[産]北海道三笠市幌内，夕張〉

スケンクセンニンガイ（新） *Telescopium schencki*
中新世中期の軟体動物腹足類。
¶日化譜（図版29-5/モ写）〈[産]富山県八尾町掛畑〉

スケンクバイ *Ancistrolepis schencki*
中新世前期の軟体動物腹足類。
¶日化譜（図版32-3/モ写）〈[産]千葉県安房郡富山町〉

スコーチナ ⇒カスザメを見よ

スコミムス *Suchomimus*
1億1200万年前（白亜紀前期）の恐竜類獣脚類スピノサウルス類。スピノサウルス科。繁茂する森林に生息。全長9m。[分]アフリカ
¶恐イラ（p162/カ復）
恐古生（p114～115/カ復）
恐竜世（p176～177/カ写，カ復）
恐竜博（p109/カ復）

スコミムス
白亜紀前期の脊椎動物獣脚類。体長9m。[分]ニジェール
¶進化大（p318/カ復）

スコムブロクルペア・マクロフタルマ
Scombroclupea macrophthalma
白亜紀の脊椎動物硬骨魚類。
¶**原色化**(PL.69-6/カ写)〈[産]シリアのレバン山 長さ8.5cm〉

スコーラス ⇒ツノザメを見よ

スコーリコラックス
中生代白亜紀の脊椎動物軟骨魚類。
¶**産地本**(p30/カ写)〈[産]北海道苫前郡苫前町古丹別川 高さ1.5cm 歯〉

スコルピオペレキヌス・ウェルサティリス
Scorpiopelecinus versatilis
中生代の昆虫類ハチ。ペレキヌス科。熱河生物群。
¶**熱河生**(図92/カ写)〈[産]中国の遼寧省北票の黄半吉溝 長さ約15mm〉

スコロサウルス *Scolosaurus cutleri*
白亜紀後期の恐竜類。竜型超綱鳥盤綱鎧竜目。別名よろい竜。全長5m。[分]カナダのアルバータ
¶**古脊椎**(図174/モ復)

スジャクアナジャコ *Ctenocheles sujakui*
漸新世後期の十脚類。
¶**日化譜**(図版59-3/モ写)〈[産]佐賀県多久市南多久, 三菱古賀山炭坑〉

スズイトカケガイ *Nodiscala suzuensis*
新生代第三紀・初期中新世の貝類。イトカケガイ科。
¶**学古生**(図1218/モ写)〈[産]石川県珠洲市大谷〉

スズカケノキ ⇒プラタナスを見よ

スズカタビラガイ *Myadora suzuensis*
新生代第三紀・初期中新世の貝類。ミツカドカタビラガイ科。
¶**学古生**(図1163/モ写)〈[産]石川県珠洲市藤尾〉

スズガミネムカシゴキブリ *Nipponoblatta suzugaminae*
中生代ジュラ紀中期の昆虫類。ゴキブリ目メソブラッティナ科。
¶**学古生**(図712/モ写)〈[産]山口県豊浦郡豊田町石町〉

スズキサルボウ *Anadara suzukii*
新生代第三紀鮮新世の貝類。フネガイ科。
¶**学古生**(図1384/モ写)〈[産]静岡県掛川市富部〉

スズキサルボウ
新生代第三紀鮮新世の軟体動物斧足類。フネガイ科。別名アナダラ・スズキイ。
¶**産地新**(p203/カ写)〈[産]高知県安芸郡安田町唐浜 長さ7.5cm,5.2cm 側面, 内面, 靭帯面〉

スズキモミ *Abies n-suzukii*
新生代中新世中期の陸上植物。マツ科。
¶**学古生**(図2234/モ写)〈[産]北海道瀬棚郡瀬棚町虻羅〉

スズスダレガイ *Paphia suzuensis*
新生代第三紀・初期中新世の貝類。マルスダレガイ科。
¶**学古生**(図1176/モ写)〈[産]石川県珠洲市大谷〉

スタインマネラ・ヴァカエンシス *Steinmannella vacaensis*
白亜紀前期の無脊椎動物軟体動物。
¶**図解化**(p119-1/カ写)〈[産]アルゼンチン〉

スタインマネラ(エハレラ)・アイヌアーナ
Steinmannella (Yeharella) ainuana
中生代白亜紀後期の貝類。サンカクガイ科。
¶**学古生**(図680/モ写)〈[産]北海道三笠市幾春別 左殻外面〉

スタインマネラ(エハレラ)・ジャポニカ
Steinmannella (Yeharella) japonica
中生代白亜紀後期の貝類。サンカクガイ科。
¶**学古生**(図679/モ写)〈[産]愛媛県松山市青波 左殻外面〉

スタウランデラステル *Stauranderaster coronatus*
後期白亜紀の無脊椎動物星形類。スタウランデラステル科。直径10cm。[分]ヨーロッパ
¶**化写真**(p188/カ写)〈[産]イギリス〉

スタウリコサウルス *Staurikosaurus*
中生代三畳紀の恐竜類獣脚類。ヘレラサウルス科。森林および低木林に生息。体長2m。[分]ブラジル南東部
¶**恐イラ**(p79/カ復)
恐竜博(p44/カ復)

スタウリコサウルス
三畳紀後期の脊椎動物獣脚類。全長2m。[分]ブラジル
¶**進化大**(p217/カ復)

スタキュオタックスス・セプテントゥリオナリス
三畳紀後期～ジュラ紀前期の植物針葉樹。全長10m。[分]北半球
¶**進化大**〔スタキュオタックスス〕(p201/カ写)

スタゴノレピス *Stagonolepis*
中生代三畳紀の爬虫類双弓類主竜類クルロタルシ類アエトサウルス類。アエトサウルス亜目。森林に生息。全長2.7m。[分]ポーランド, イギリス, アメリカ
¶**恐絶動**(p94/カ復)
恐竜博(p41/カ復)
生ミス5(図5-11/カ復)
よみ恐(p17/カ復)

スタゴノレピス
三畳紀後期の脊椎動物アエトサウルス類。全長3m。[分]スコットランド, アメリカ合衆国
¶**進化大**(p212/カ復)

スタックヒルギシジミ *Geloina stachi*
新第三紀中新世中期の軟体動物斧足類。
¶**化石図**(p145/カ写)〈[産]富山県 殻の長さ約8cm〉
日化譜〔スタックヒルギシジミ(新)〕(図版44-33/モ写)〈[産]富山県婦負郡八尾町掛畑〉

スタートニア *Stirtonia tatacoensis*
中新世中～後期の哺乳類霊長類広鼻猿類。直鼻猿亜目オマキザル科。頭胴長約60cm。[分]南アメリカ
¶**絶哺乳**(p77/カ復)

スダレガイ *Paphia (Paphia) euglypta*
新生代第四紀完新世の貝類。マルスダレガイ科。
¶**学古生**(図1770/モ写)〈[産]東京都品川区青物横丁〉

ス

スダレガイ
新生代第四紀更新世の軟体動物斧足類。別名パピア。
¶**産地別**（p96/カ写）〈(産)千葉県印西市山田 長さ6.3cm〉
産地本（p145/カ写）〈(産)石川県珠洲市平床 長さ（左右）7cm〉

スタレケリア *Stahleckeria potens*
三畳紀後期の爬虫類。獣形超綱獣形綱獣形目双牙亜目。全長286cm。(分)ブラジル南部
¶**古脊椎**（図211/モ復）

スダレモシオ *Crassatella (Nipponocrassatella) nana*
新生代第四紀更新世の貝類。モシオガイ科。
¶**学古生**（図1664/モ写）〈(産)千葉県成田市〉

スダレモシオ
新生代第四紀更新世の軟体動物斧足類。モシオガイ科。
¶**産地新**（p141/カ写）〈(産)石川県珠洲市平床 長さ2.5cm〉

スチョウジガイ *Heterocyathus japonicus*
新生代第三紀鮮新世の腔腸動物六放サンゴ類。
¶**化石フ**（p158/カ写）〈(産)静岡県掛川市 15mm〉
原色化〔ヘテロキアタス・ジャポニクス〕（PL.84-7/カ写）〈(産)千葉県山武郡土気町下越智新田関 長さ1.3cm, 長径8.5mm 側面, 上面〉

スチョウジガイ
新生代第三紀鮮新世の腔腸動物六射サンゴ類。
¶**産地新**（p198/カ写）〈(産)高知県安芸郡安田町唐浜 大きいものの長さ1.7cm〉
産地新（p198/カ写）〈(産)高知県安芸郡安田町唐浜 大きいものの長さ1.9cm〉

スチョウジガイ
新生代第四紀更新世の腔腸動物六射サンゴ類。
¶**産地本**（p95/カ写）〈(産)千葉県木更津市真里谷 径6mm〉

スチラコサウルス ⇒スティラコサウルスを見よ

スチリナの1種 *Stylina (Stylina) higoensis*
中生代ジュラ紀後期の六放サンゴ類。スチリナ科。
¶**学古生**（図332/モ写）〈(産)和歌山県日高郡由良町水越峠〉

スッキニラケルタ・スッキネア *Succinilacerta succinea*
新生代古第三紀の爬虫類カナヘビ類。
¶**生ミス9**（図1-5-7/カ写）〈(産)バルト海 琥珀中の後ろ足と尾が確認できる標本, 琥珀中の後ろ足の確認できる標本〉

スッポン
新生代第四紀更新世の脊椎動物爬虫類。
¶**産地新**（p190/カ写）〈(産)滋賀県大津市雄琴 高さ12cm 腹甲〉

スッポン ⇒トゥリオニクスを見よ

スッポン上科
白亜紀オーテリビアン期～バレミアン期？のカメ類。
¶**日白亜**（p88～89/カ復）〈(産)石川県白山市（旧白峰村）〉

スティギモロク *Stygimoloch*
中生代白亜紀の恐竜類鳥盤類周飾頭類堅頭竜類パキケファロサウルス類。体長3m。(分)アメリカ合衆国のモンタナ州～ワイオミング州
¶**恐イラ**（p229/カ復）
生ミス8〔同一種？〕（図9-10/カ復）〈頭部復元図〉

スティグマリア *Stigmaria*
石炭紀～ペルム紀中期のヒカゲノカズラ類。ヒカゲノカズラ綱リンボク目。大型の木生ヒカゲノカズラ類の根茎。
¶**化百科**（p91/カ写）〈36cm,25cm〉
植物化〔リンボクの担根体〕（p23/カ写）〈(産)アメリカ〉

スティグマリア・フィコイデス *Stigmaria ficoides*
石炭紀のシダ植物ヒカゲノカズラ類。
¶**原色化**（PL.29-3/カ写）〈(産)アルザス 長さ16cm〉
地球博〔リンボクの根〕（p76/カ写）

スティグマリア・フィコイデス
石炭紀のヒカゲノカズラ植物。高さ40m。(分)世界各地
¶**進化大**〔レピドデンドロン〕（p145/カ写, カ復）

スティゲオネパ・フォエルステリ *Stygeonepa foersteri*
ジュラ紀後期の無脊椎動物昆虫類異翅類（カメムシ類）。水生昆虫タイコウチ類に類縁。
¶**ゾル1**（図423/カ写）〈(産)ドイツのアイヒシュテット 3cm〉
ゾル1（図424/カ写）〈(産)ドイツのアイヒシュテット 3.5cm〉

スティコスコリス・アルマータ *Stichocorys almata*
新生代中新世前期の放散虫。ユウシルティディウム科ユウシルティディウム亜科。
¶**学古生**（図916/モ写）〈(産)富山県婦負郡八尾町宿坊〉

スティココリス・デルモンテンシス *Stichocorys delmontensis*
新生代中新世中期の放散虫。ユウシルティディウム科ユウシルティディウム亜科。
¶**学古生**（図917/モ写）〈(産)埼玉県東松山市郷戸〉

スティラコサウルス *Styracosaurus*
7400万～6500万年前（白亜紀後期）の恐竜類角竜類ケラトプス類。鳥盤目周飾頭亜目ケラトプス科セントロサウルス亜科。疎林に生息。全長5.2m。(分)北アメリカ
¶**恐イラ**（p235/カ復）
恐古生（p190～191/カ復）
恐絶動（p166/カ復）
恐太古（p83/カ写）〈骨格標本〉
恐竜世（p125/カ復）
恐竜博〔スチラコサウルス〕（p127/カ写, カ復）〈頭骨〉
よみ恐（p211/カ復）

スティラコサウルス *Styracosaurus albertensis*
白亜紀後期の恐竜類。竜型超綱鳥盤綱角竜目。別名しちかく竜。全長4m。(分)カナダのアルバータ, モンタナ州
¶**古脊椎**〔スチラコサウルス〕（図179/モ復）
地球博〔スティラコサウルスの頭蓋骨〕（p85/カ写）

スティラコサウルス
白亜紀後期の脊椎動物鳥盤類。体長5.5m。(分)北アメリカ
¶**進化大**（p351/カ写）〈頭〉

スティリドフィルム・フロリフォルミス・クラッシコヌス *Stylidophyllum floriformis crassiconus*
石炭紀の腔腸動物四射サンゴ類。
¶原色化 (PL.24-2/カ写)〈㊦イギリスのブリストルのクリフトン 個体の最大径約1.5cm 研磨横断面, 同縦断面〉

スティリノドン *Stylinodon*
始新世前期〜後期の哺乳類。紐歯目スティリノドン科。初期の植物食哺乳類。頭胴長約1.3m。㊀合衆国のワイオミング, コロラド, ユタ
¶恐絶動 (p235/カ復)
絶哺乳 (p88,94/カ写, カ復)〈頭骨と下顎骨の左側面〉

スティレトオクトプス・アンナエ *Styletoctopus annae*
約9500万年前の軟体動物頭足類タコ類。
¶生ミス7 (図3-14/カ写)〈㊦レバノン 外套膜約2cm〉

スティレミス・ネブラスケンシス *Stylemys nebrascensis*
漸新世の脊索動物爬虫類カメ類。
¶図解化 (p204-下/カ写)〈㊦アメリカ合衆国〉
世変化〔スティレミス〕(図80/カ写)〈㊦米国のネブラスカ州ホワイトリバー層 205×170×90mm〉

スティロケニエラ・ハンザワイ *Stylocoeniella hanzawai*
第四紀完新世前期の腔腸動物六射サンゴ類。
¶原色化 (PL.87-3/モ写)〈㊦千葉県館山市香谷 高さ6.5cm〉

スティロヌルス *Stylonurus*
古生代シルル紀の節足動物鋏角類クモ類ウミサソリ類。体長15cm。㊀北アメリカ
¶生ミス2 (図2-1-7/カ復)

ステインマネラ ⇒ヤーディアを見よ

ステゴケラス *Stegoceras*
中生代白亜紀の恐竜類堅頭類。鳥脚亜目パキケファロサウルス科。高地の森林に生息。体長2m。㊀カナダのアルバータ州, アメリカ合衆国のモンタナ州
¶恐イラ (p226/カ復)
恐絶動 (p135/カ復)
恐竜博 (p145/カ写)〈頭骨, 骨格〉
生ミス8〔ステゴケラスとシロハラダイカーの頭骨の密度〕(図9-8/カ図)〈頭骨とその断面画像〉

ステゴケラス *Stegoceras validus*
後期白亜紀の恐竜類。竜型超綱鳥盤綱鳥脚目パキケファロサウルス科。別名こぶ竜。体長2.5m。㊀北米モンタナ州
¶化写真 (p252/カ写)〈㊦カナダ 厚くなった頭頂〉
古脊椎 (図168/モ復)

ステゴケラス
白亜紀後期の脊椎動物鳥盤類。体長2m。㊀カナダ
¶進化大 (p354/カ写)

ステゴケラスの頭蓋骨 *Stegoceras validum*
白亜紀の恐竜。全長2m。
¶地球博 (p85/カ写)

ステゴサウルス *Stegosaurus*
1億5000万〜1億4500万年前 (ジュラ紀後期) の恐竜類剣竜類。鳥盤目装楯亜目ステゴサウルス科。林地に生息。全長9m。㊀アメリカ合衆国, ポルトガル
¶化写真 (p252/カ写)〈㊦イギリス 角ばった骨質の板〉
恐イラ (p144/カ復)
恐古生 (p172〜173/カ復)
恐絶動 (p154/カ復)
恐太古 (p70〜79/カ写)
恐竜世 (p140/カ写)
恐竜博 (p82〜83/カ写, カ復)〈装甲板, 尾のスパイク, 復原骨格〉
古代生 (p150〜151/カ写, カ復)
生ミス5 (図6-10/カ復)
生ミス6〔格闘するアロサウルスとステゴサウルス〕(p103/カ写)〈アメリカ・デンバー自然科学博物館所蔵・展示の全身復元骨格〉
生ミス6 (図5-6/カ写, カ復)〈5.6m 全身復元骨格〉
生ミス6〔アロサウルスの腰の骨に刺さるステゴサウルスのスパイク〕(図5-7/カ写)〈スパイクの長さ約70cm〉
生ミス6〔感染症の痕跡〕(図5-8/カ写)
地球博〔ステゴサウルスの骨板〕(p85/カ写)
よみ恐 (p106〜107/カ復)

ステゴサウルス
ジュラ紀後期の脊椎動物鳥盤類。体長9m。㊀アメリカ合衆国, ポルトガル
¶進化大 (p272〜273/カ写)

ステゴサウルス・ステノプス *Stegosaurus stenops*
ジュラ紀後期の恐竜類。竜型超綱鳥盤綱剣竜目。別名けん竜。全長6.4m。㊀アメリカのワイオミング州
¶古脊椎〔ステゴサウルス〕(図170/モ復)
リア中〔ステゴサウルス〕(p94,96〜99/カ復)

ステゴテトラベロドン *Stegotetrabelodon*
新生代新第三紀中新世〜鮮新世の哺乳類真獣類長鼻類ゾウ類。長鼻目ゾウ亜目ゾウ科。肩高3m。㊀ケニア, ウガンダ, エチオピアほか
¶生ミス9 (図0-2-15/カ復)
絶哺乳 (p223/カ復)

ステゴテリウム *Stegotherium tessellatum*
前期中新世の哺乳類。哺乳綱獣亜綱正獣上目貧歯目。全長80cm。㊀アルゼンチン
¶古脊椎 (図229/モ復)

ステゴドン? *Stegodon?* sp.
第四紀更新世の脊椎動物哺乳類。
¶原色化 (PL.92-2/カ写)〈㊦瀬戸内海 長さ37cm 足の骨〉

ステゴドン・オリエンタリス *Stegodon orientalis*
第四紀更新世前期の哺乳類長鼻類。哺乳綱獣亜綱正獣上目長鼻目ゾウ科。別名トウヨウゾウ, 東洋象。体長4m。㊀中国, 日本
¶学古生〔トウヨウゾウ〕(図2004〜2006/モ写)〈㊦高知県高岡郡窪川町興津岬沖合南方22kmの海底, 神奈川県横浜市港南区六ッ川引越坂, 滋賀県大津市南庄町竜ヶ谷 臼歯, 上顎後臼歯皇后面, 下顎および臼歯咬合面〉
原色化 (PL.95-1/モ写)〈㊦山口県宇部市東見初炭坑沖見初台坪 臼歯の間隔 (外側) 25cm 上顎骨〉
古脊椎〔ステゴドン〕(図286/モ復)

日化譜〔トウヨウゾウ〕(図版67-4/モ写)〈㊟四川省右上第3大臼歯咀嚼面〉

ステゴドン・トリゴノケファルス *Stegodon trigonocephalus*
更新世前期〜中期の哺乳類ゾウ類。長鼻目ゾウ亜目ステゴドン科。牙の全長約3.5m。㊦ジャワ島
¶絶哺乳(p222/カ復)

ステゴドン・ミエンシス
哺乳類ゾウ類。長鼻目ゾウ亜目ステゴドン科。
¶絶哺乳〔ステゴドン〕(p220/カ写)〈㊟三重県北部 左下顎〉

ス

ステゴマストドン *Stegomastodon*
鮮新世後期〜更新世の哺乳類ゾウ類。長鼻目ゾウ亜目ゴンフォテリウム科。体高2.7m。㊦合衆国のネブラスカ, ヴェネズエラ
¶恐絶動(p242/カ復)
絶哺乳(p219/カ復)

ステゴマストドン *Stegomastodon arizonae*
鮮新世の哺乳類。哺乳綱獣亜綱正獣上目長鼻目。体長4.5m。㊦北米アリゾナ州
¶古脊椎(図278/モ復)

ステゴマストドン
新第三紀鮮新世〜第四紀更新世前期の脊椎動物有胎盤類の哺乳類。高さ3m。㊦北アメリカ, 南アメリカ
¶進化大(p438)

ステゴロホドンの1種 *Stegolophodon tsudai*
新生代中新世の哺乳類。ゾウ科ステゴロホドン亜科。
¶学古生(図2002/モ写)〈㊟富山県上新川郡大沢野町須原臼歯〉

ステタカントゥス *Stethacanthus*
デボン紀後期〜石炭紀前期の初期の脊椎動物軟骨魚類。板鰓亜綱。全長1.5m。㊦北アメリカ, イギリスのスコットランド
¶恐絶動(p27/カ復)
恐竜世(p71/カ復)

ステタカントゥス
デヴォン紀後期〜石炭紀前期の脊椎動物軟骨魚類。体長1.5m。㊦北アメリカ, スコットランド
¶進化大(p130/カ復)

ステップバイソン *Bison priscus*
更新世中〜末期の哺乳類反芻類。鯨偶蹄目ウシ科。肩高最大約2m。㊦ヨーロッパ, アジア, 北アメリカ
¶化写真〔バイソン〕(p281/カ写)〈㊟イギリス 頭頂〉
化百科〔バイソン〕(p245/カ写)〈砲骨の長さ22cm, あごの破片21cm 後脚の砲骨, 下腿の脛骨, 下顎骨〉
絶哺乳(p206,207,209/カ写, カ復, モ図)〈㊟ロシア 頭骨〉

ステップマンモス ⇒トロゴンテリーマンモスを見よ

ステナウロリンクス *Stenaulorhynchus*
三畳紀中期の脊索動物爬虫類喙頭類。
¶図解化(p206-6/カ写)〈㊟東アフリカ〉

ステナステル *Stenaster obtusus*
オルドビス紀の無脊椎動物星形類。ステナステル科。直径4cm。㊦ヨーロッパ, アフリカ北部
¶化写真(p187/カ写)〈㊟イギリス 上面, 下面〉

ステヌルス *Sthenurus* sp.
鮮新世前期〜更新世後期の哺乳類有袋類豪州袋類。双前歯目カンガルー科。頭胴長約1m。㊦オーストラリア
¶絶哺乳(p59,61/カ写, カ復)〈骨格〉

ステネオサウルス *Steneosaurus*
2億〜1億4500万年前(ジュラ紀前期〜白亜紀前期)の初期の脊椎動物主竜類ワニ形類。全長1〜4m。㊦ヨーロッパ, アフリカ
¶恐竜世(p93/カ写)
生ミス6(図2-11/カ写)〈㊟ドイツのホルツマーデン 470cm〉

ステネオサウルス *Steneosaurus gracilirostris*
ジュラ紀前期のワニ類。ワニ型上目。
¶世変化〔ワニ〕(図41/カ写)〈㊟英国のウィットビー 幅80cm〉

ステネオサウルス
ジュラ紀前期〜白亜紀前期の脊椎動物ワニ形類。体長1〜4m。㊦ヨーロッパ, アフリカ
¶進化大(p254/カ写)〈頭骨〉

ステネオサウルス属の種 *Steneosaurus* sp.
ジュラ紀後期の脊椎動物爬虫類ワニ類。
¶ゾル2(図264/カ写)〈㊟ドイツのアイヒシュテット 430cm〉

ステネオフィバー *Steneofiber*
中新世前期の哺乳類齧歯類。リス型顎亜目。全長30cm。㊦フランス, ドイツ
¶恐絶動(p282/カ復)

ステネオフィベル *Steneofiber fossor*
中新世, 鮮新世の哺乳類。哺乳綱獣亜綱正獣上目齧歯目。体長28cm。㊦北米, ヨーロッパ
¶古脊椎(図235/モ復)

ステノキルス・アングストゥス *Stenochirus angustus*
ジュラ紀後期の無脊椎動物甲殻類大型エビ類。
¶ゾル1(図314/カ写)〈㊟ドイツのフロンハイム 4.5cm〉
ゾル1(図316/カ写)〈㊟ドイツのツァント 5.5cm 側面〉

ステノキルス・マイヤーリ *Stenochirus mayeri*
ジュラ紀後期の無脊椎動物甲殻類大型エビ類。
¶ゾル1(図315/カ写)〈㊟ドイツのゾルンホーフェン 4cm〉

ステノディクティア・ロバタ *Stenodictya lobata*
古生代石炭紀の節足動物昆虫類ムカシアミバネムシ類。全長17cm。㊦フランス
¶生ミス4(図1-5-2/カ復)

ステノナスター・テュバーキュラーター *Sptenonaster tuberculata*
白亜紀後期の無脊椎動物棘皮動物。
¶図解化(p177-5/カ写)〈㊟イタリア〉

ステノニコサウルス *Stenonychosaurus*
白亜紀後期の爬虫類肉食恐竜。コエルロサウルス下目サウロルニトイデス科。全長2m。㊀カナダのアルバータ
¶**恐絶動**（p111/カ復）

ステノプテリギウス *Stenopterygius*
ジュラ紀前期〜中期の爬虫類魚竜類イクティオサウルス類。魚竜目ステノプテリギウス科。全長4m。㊀アルゼンチン，イギリス，フランス，ドイツ
¶**化百科**〔イクティオサウルス〕（p216/カ写）〈㊞ドイツのホルツマーデン 化石板の長さ1m〉
恐絶動（p79/カ復）
恐竜世（p108〜109/カ写，カ復）
古代生（p146/カ写）〈㊞ドイツのバーデンビュルテンベルク州〉
生ミス6（図2-4/カ写）〈㊞ドイツのホルツマーデン 115cm〉
生ミス6〔出産の瞬間〕（図2-5/カ写，カ復）〈㊞ドイツのホルツマーデン〉
生ミス6〔母ステノプテリギウスと「バラバラ胎児」〕（図2-6/カ写）〈㊞ドイツのホルツマーデン〉

ステノプテリギウス
ジュラ紀前期〜中期の脊椎動物爬虫類イクチオサウルス類。体長2〜4m。㊀イギリス，フランス，ドイツ
¶**進化大**（p252〜253/カ写）
図解化（p215-上右/カ写）〈㊞ドイツのホルツマーデン〉

ステノプテリギウス・ハウフィアヌス *Stenopterygius hauffianus*
ジュラ紀前期の脊索動物爬虫類魚竜。
¶**図解化**（p215-上左/カ写）〈㊞ドイツのホルツマーデン 頭骨〉

ステノプテリジウス *Stenopterygius guadiscissus*
ジュラ紀初期の爬虫類。爬型超綱魚竜綱魚竜目。全長2m。㊀南ドイツ
¶**古脊椎**（図95/モ復）

ステノフレビア・アムフィトリテ *Stenophlebia amphitrite*
ジュラ紀後期の無脊椎動物昆虫類トンボ類。
¶**ゾル1**（図372/カ写）〈㊞ドイツのアイヒシュテット 13cm〉
ゾル1（図374/カ写）〈㊞ドイツのヴェークシャイト 翅開長18cm〉

ステノフレビア・カスタ *Stenophlebia casta*
ジュラ紀後期の無脊椎動物昆虫類トンボ類。
¶**ゾル1**（図375/カ写）〈㊞ドイツのアイヒシュテット 翅長3cm〉

ステノフレビア属の種 *Stenophlebia* sp.
ジュラ紀後期の無脊椎動物昆虫類トンボ類。
¶**図解化**〔ステノフレビア〕（p112-3/カ写）〈㊞ドイツのゾルンホーフェン〉
ゾル1（図371/カ写）〈㊞ドイツのアイヒシュテット 10cm〉

ステノフレビア・ラトレイリ *Stenophlebia latreilli*
ジュラ紀後期の無脊椎動物昆虫類トンボ類。
¶**ゾル1**（図373/カ写）〈㊞ドイツのアイヒシュテット 10cm〉
ゾル1（図376/カ写）〈㊞ドイツのアイヒシュテット 翅長6cm 翅を拡げた状態〉

ステノポラの1種 *Stenopora pusilimonila*
古生代後期石炭紀前期のコケムシ類偏口類。ステノポラ科。
¶**学古生**（図167/モ写）〈㊞山口県美祢郡秋芳町下嘉万 ほぼ縦断面〉
日化譜〔Stenopora pusilimonila〕（図版82-6/モ写）〈㊞山口県於福台 縦断面一部斜断面〉

ステノミルス *Stenomylus*
2500万〜1600万年前（パレオジン後期〜ネオジン前期）の哺乳類ラクダ類。鯨偶蹄目ラクダ亜目ラクダ科。全高60cm。㊀アメリカ合衆国
¶**恐絶動**（p276/カ復）
恐竜世（p267/カ写）
絶哺乳（p185,190/カ写，カ復）〈骨格〉

ステノミルス
古第三紀漸新世後期〜新第三紀中新世前期の脊椎動物有胎盤類の哺乳類。肩高1.5m。㊀アメリカ合衆国
¶**進化大**（p408/カ写）

ステファノウラ *Stephanoura* sp.
デボン紀の棘皮動物蛇尾類。
¶**原色化**（PL.20-3/カ写）〈㊞ドイツのライン・パルツのブンデンバッハ 長さ（5+2）cm〉

ステファノケマス *Stephanocemas thomsoni*
中期中新世，後期中新世の哺乳類。哺乳綱獣亜綱正獣上目偶蹄目。体長64cm。㊀ヨーロッパ，アジア
¶**古脊椎**（図328/モ復）

ステファノゴニア・ハンザワエ *Stephanogonia hanzawae*
新生代中新世中期の珪藻類。同心目。
¶**学古生**（図2090/モ写）〈㊞岩手県一関市下黒沢〉

ステファノセラス *Stephanoceras*
ジュラ紀中期の軟体動物頭足類アンモノイド類アンモナイト類。
¶**化百科**（p167/カ写）〈㊞イギリス南部のドーセット州シャーバン 直径6cm〉

ステファノセラス
ジュラ紀中期の無脊椎動物頭足類。ミクロコンク直径2.5〜7.5cm，マクロコンク直径8〜30cm。㊀ヨーロッパ，北アフリカ，中東，インドネシア，南アメリカ，カナダ，アラスカ
¶**進化大**（p237/カ写）〈ミクロコンク，マクロコンク〉

ステファノピキシス・シュケンクアイ *Stephanopyxis schenkii*
新生代中新世の珪藻類。同心目。
¶**学古生**（図2103/モ写）〈㊞秋田県北秋田郡鷹巣町小田〉

ステファノピキシス・チュリス *Stephanopyxis turris*
新生代第三紀〜完新世の珪藻類。同心目。
¶**学古生**（図2104/モ写）〈㊞岩手県一関市下黒沢〉

ステフェノスコレクス *Stephenoscolex argutus*
カンブリア紀の環形動物。環形動物門多毛綱ステフェノスコレシデー科。サイズ32mm。
¶**バ頁岩**（図85,86/モ写，モ復）〈㊞カナダのバージェス頁

岩〉

ステラーカイギュウ *Hydrodamalis gigas*
更新世〜現生の哺乳類。カイギュウ目ジュゴン科ステラーカイギュウ亜科。別名ヒドロダマリス・ギガス。全長約8m。㊕ベーリング海
¶**恐絶動** (p227/カ復)
絶哺乳 (p147/カ復)
世変化 (図99/カ写)〈㊎ベーリング海 全長5m〉

ス

ステリドフィルム
古生代石炭紀の腔腸動物四射サンゴ類。
¶**産地本** (p227/カ写)〈㊎山口県美祢市伊佐町南台 個体の径1cm〉

ステレオステルヌム *Stereosternum*
ペルム紀前期の爬虫類カプトリヌス類メソサウルス類。
¶**化百科** (p209/カ写)〈㊎ブラジル 化石板：幅25cm〉

ステレオステルヌム *Stereosternum tumidum*
前期二畳紀の脊椎動物無弓類。中竜目メソサウルス科。体長30cm。㊕南アフリカ, 南アメリカ
¶**化写真** (p226/カ写)〈㊎ブラジル〉

ストゥペンデミス *Stupendemys*
鮮新世前期の爬虫類カメ類。曲頸亜目ヨコクビガメ科。全長2m。㊕ヴェネズエラ
¶**恐絶動** (p66/カ復)

ストゥルティオミムス ⇒ストルティオミムスを見よ

ストゥレブロプテリア *Streblopteria*
石炭紀〜ペルム紀の軟体動物二枚貝類。
¶**化百科** (p154/カ写)〈㊎イギリスのダービシャー州キャッスルトン 3cm〉

ストエルメロプテルス・コニクス *Stoermeropterus conicus*
古生代シルル紀の節足動物鋏角類ウミサソリ類。㊕イギリス
¶**リア古**〔ウミサソリ類〕(p98〜101/カ復)

スードギロポレラの1種 *Pseudogyroporella mizziaformis*
古生代後期石炭紀〜二畳紀の藻類。カサノリ科。
¶**学古生** (図308/モ写)〈㊎岐阜県揖斐郡大野町石山 縦断薄片〉

ストークソサウルス *Stokesosaurus*
ジュラ紀ティトニアンの恐竜。ティラノサウルス科。クリーヴランド・ロイドの獣脚類。体長4m。㊕アメリカ合衆国のユタ州
¶**恐イラ** (p132/カ復)

ストネリア・アポラ *Sutneria apora*
ジュラ紀後期の無脊椎動物軟体動物アンモナイト類。
¶**ゾル1** (図163/カ写)〈㊎ドイツのアイヒシュテット 2.5cm〉

ストラパロッルス
石炭紀の無脊椎動物腹足類。最大直径6cm。㊕北アメリカ, ヨーロッパ, オーストラリア
¶**産地別**〔ストラパロルス〕(p71/カ写)〈㊎岩手県大船渡市日頃市町鬼丸 長径13cm〉
進化大 (p159/カ写)

ストラパロルス ⇒ストラパロッルスを見よ

ストラパロルス・オータイ *Straparollus otai*
古生代石炭紀の軟体動物腹足類。ユーオンファルス科。
¶**化石フ** (p45/カ写)〈㊎新潟県西頸城郡青海町 径25mm〉
日化譜〔Straparollus otai〕(図版83-1/モ写)〈㊎山口県美禰市伊佐町〉

ストラパロルスの1種 *Straparollus (Straparollus) otai*
古生代後期石炭紀後期の貝類。マクルリテス亜目ユーオンファルス科。
¶**学古生** (図191/モ写)〈㊎山口県美祢郡秋芳町竜護峰〉

ストラメンツム *Stramentum pulchellum*
白亜紀の無脊椎動物甲殻類。完胸目ストラメンツム科。体長2cm。㊕ヨーロッパ, アフリカ北部, 北アメリカ
¶**化写真** (p67/カ写)〈㊎イギリス〉

ストリアトポーラ
古生代オルドビス紀〜ペルム紀 (国内ではシルル紀以降) の床板サンゴ。花虫綱床板サンゴ亜綱ハチノスサンゴ目ハチノスサンゴ科。
¶**日絶古**〔ハチノスサンゴ〕(p86〜87/カ写, カ復)〈㊎宮崎県五ヶ瀬町祇園山〉

ストリアトラミア *Striatolamia macrota*
暁新世〜漸新世の脊椎動物軟骨魚類。ネズミザメ目オドンタスピス科。体長3.5m。㊕世界中
¶**化写真** (p202/カ写)〈㊎イギリス 上顎の前側歯〉

ストリアトラミア・エレガンス *Striatolamia elegans*
第三紀の脊椎動物軟骨魚類。
¶**原色化** (PL.80-3/カ写)〈㊎ベルギー 高さ3.8cm〉

ストリアトラミア・クスピダータ *Striatolamia cuspidata*
第三紀の脊椎動物軟骨魚類。
¶**原色化** (PL.80-7/カ写)〈㊎イギリスのブラックルスハム 高さ2.9cm〉

ストリゴセラスの1種 *Strigoceras* sp.
中生代ジュラ紀中期のアンモナイト。ストリゴセラス科。
¶**学古生** (図437/モ写)〈㊎宮城県気仙沼市夜這路峠〉

ストリリッチカイアの一種 *Stoliczkaia* sp.
アルビアン期のアンモナイト。
¶**アン最**〔ストリリッチカイアの一種, マリエラの一種〕(p171/カ写)〈㊎ハンガリーのバコニーベルジュ〉

ストリンゴセファルス・バーティニイ *Stringocephalus burtini*
デボン紀の腕足動物有関節類。
¶**原色化** (PL.18-5/モ写)〈㊎ドイツのケルン近郊 高さ6cm〉

ストルシオラリア (ストルシオラリア)・パピュローサ *Struthiolaria (Struthiolaria) papulosa*
第三紀の軟体動物腹足類。別名ダチョウボラ。
¶**原色化** (PL.79-2/モ写)〈㊎ニュージーランドのワンガニイ 高さ8.2cm〉

ストルチオラリア *Struthiolaria (Struthiolariella) amehinoi*
晩新世〜現世の無脊椎動物腹足類。中腹足目ストルチオラリア科。体長4cm。㊿オーストラリアとその周辺, 南アメリカ
¶**化写真**(p122/カ写)〈㊞アルゼンチン〉

ストルティオサウルス *Struthiosaurus*
白亜紀カンパニアンの恐竜類ノドサウルス類。曲竜亜目ノドサウルス科。装甲をもつ恐竜。体長2m。㊿オーストリア, フランス, ハンガリー
¶**恐イラ**(p243/カ復)
恐絶動(p159/カ復)

ストルティオミムス *Struthiomimus*
白亜紀カンパニアンの恐竜類獣脚類テタヌラ類コエルロサウルス類オルニトミモサウルス類オルニトミムス類。竜盤目獣脚亜目オルニトミムス科。体長3〜4.3m。㊿カナダのアルバータ州
¶**恐イラ**(p192/カ復)
恐絶動(p107/カ復)
恐太古(p166〜167/カ写)〈骨格〉
恐竜世〔ストゥルティオミムス〕(p187/カ写)
恐竜博〔ストゥルティオミムス〕(p113/カ写)

ストルティオミムス *Struthiomimus altus*
白亜紀後期の恐竜類。竜型超綱竜盤綱獣脚目。別名駝鳥竜。全長3.5m。㊿カナダ
¶**古脊椎**(図139/モ復)

ストルティオミムス
白亜紀後期の脊椎動物獣脚類。体長4.5m。㊿カナダ
¶**進化大**(p327/カ写)

ストルニウス *Strunius*
デボン紀後期の魚類。オニコドゥス目。葉状の鰭をもつ魚類。全長10cm。㊿ドイツ
¶**恐絶動**(p43/カ復)

ストレプタステル・ヴォーティケラタス
Streptaster vorticellatus
古生代オルドビス紀の座ヒトデ類。
¶**古代生**〔ストレプタステル・ウォルティケラタス〕(p83/カ写)〈直径1cm〉
生ミス2(図1-3-13/カ写)〈㊞アメリカのオハイオ州シンシナティ地域 1cm〉

ストレプタステル・ウォルティケラタス ⇒ストレプタステル・ヴォーティケラタスを見よ

ストレプトグナソダス・エクスパンサス
Streptognathodus expansus
古生代中期・後期のコノドント類(錐歯類)。
¶**学古生**(図284/モ図)〈㊞新潟県青海石灰岩〉

ストレプトグナソダス・エロンガタス
Streptognathodus elongatus
古生代後期・前期二畳紀後期のコノドント類(錐歯類)。
¶**学古生**(図289/モ図)〈㊞東京都西多摩郡日ノ出村水口〉

ストレブラスコポラの1種 *Streblascopora antiqua*
古生代後期のコケムシ類。ラブドメソン科。
¶**学古生**(図183/モ写)〈㊞山口県美祢郡秋芳町下嘉万 縦断面〉
日化譜〔Streblascopora antiqua〕(図版82-5/モ写)〈㊞山口県於福台 縦断面〉

ストレブラスコポラの1種 *Streblascopora delicatula*
古生代後期二畳紀後期のコケムシ類。ラブドメソン科。
¶**学古生**(図184/モ写)〈㊞京都府綾部市河東 縦断面〉
日化譜〔Streblascopora delicatula〕(図版22-5/モ写)〈㊞岩手県大船渡市, 宮城県岩井崎 縦断面〉

ストレブロコンドリア属の未定種 *Streblochondria* sp.
古生代石炭紀の軟体動物斧足類。アビキュロペクラン科ストレブロコンドリア亜科。
¶**化石フ**(p46/カ写)〈㊞岩手県大船渡市 10mm〉

ストロビロドゥス・ギガンテウス *Strobilodus giganteus*
ジュラ紀後期の脊椎動物全骨魚類。
¶**ゾル2**(図137/カ写)〈㊞ドイツのザッペンフェルト 177cm〉
ゾル2(図138/カ写)〈㊞ドイツのシェルンフェルト 44cm 幼体〉

ストロフォネロイデス・リバーサス
Strophonelloides reversus
デボン紀の腕足動物有関節類。
¶**原色化**(PL.17-2/カ写)〈㊞北アメリカのアイオワ州ロックフォード 幅3cm,2.3cm〉

ストロフォメナ *Strophomena grandis*
オルドビス紀の無脊椎動物腕足動物。ストロフォメナ目ストロフォメナ科。体長3cm。㊿世界中
¶**化写真**(p88/カ写)〈㊞イギリス 腕殻の内側〉

ストロフォメナ・サブテンタ *Strophomena subtenta*
オルドビス紀の腕足動物有関節類。
¶**原色化**(PL.7-4/モ写)〈㊞北アメリカのインディアナ州リッチモンド 幅3.5cm〉

ストロフォメナの一種 *Strophomena* sp.
古生代オルドビス紀の腕足類。ストロフォメナ目ストロフォメナ科。
¶**化石図**(p45/カ写, カ復)〈㊞アメリカ合衆国 殻の横幅約4cm, 殻の横幅約3.5cm〉

ストロフォメナ類の腕足動物
オルドビス紀〜三畳紀の腕足動物。
¶**化百科**(p125/カ写)〈蝶番沿いの幅4.5cm〉

ストロボセラス
古生代石炭紀の軟体動物頭足類。
¶**産地別**(p105/カ写)〈㊞新潟県糸魚川市青海町 長径5.4cm〉
産地本(p108/カ写)〈㊞新潟県西頸城郡青海町電化工業 径7cm〉

ストロボセラスの研磨断面
古生代石炭紀の軟体動物頭足類。
¶**産地別**(p106/カ写)〈㊞新潟県糸魚川市青海町 長径3cm〉

ストロマトポーラ・コンセントリカ
Stromatopora concentrica
デボン紀の腔腸動物層孔虫類。

¶原色化（PL.16-2/カ写）〈(産)イギリスのデボン州トルクエイ 長径5.5cm 研磨面〉
図解化〔ストロマトポラ・コンセントリカ〕（p67-右/カ写）〈(産)ドイツ〉
地球博〔層孔虫〕（p78/カ写）

ストロマトポラ・コンセントリカ
シルル紀〜デヴォン紀の無脊椎動物海綿類。コロニーの幅5cm〜2m。(分)世界各地
¶進化大〔ストロマトポラ〕（p101/カ写）

ストロマトライト *Stromatolite*
古生代カンブリア紀のシアノバクテリアによる堆積物。
¶化石図（p27/カ写）〈(産)中国遼寧省 横幅約25cm〉
化石図（p28/カ写）〈(産)ボリビア 横幅約35cm〉
植物化（p15/カ写）〈(産)モロッコ 縦に切った断面〉

ストロマトライト
約27億年前〜現在のシアノバクテリアによる堆積物。
¶古代生〔現生のストロマトライト〕（p22〜23/カ写）〈(産)オーストラリア西岸のシャーク湾〉
古代生（p23/カ写）

ストロマトライト ⇒コレニアを見よ

スナガワシジミ *Corbicula* (*Cyrenobatissa*) *sunagawaensis*
漸新世前期の軟体動物斧足類。
¶日化譜（図版45-6/モ写）〈(産)北海道空知郡砂川〉

スナコザカウグイスガイ *Pteria sunakozakaensis*
新生代第三紀・中期中新世初期の貝類。ウグイスガイ科。
¶学古生（図1307/モ写）〈(産)石川県金沢市東市瀬〉

スナコザカハマグリ *Pitar sunakozakaensis*
新生代第三紀中新世の貝類。マルスダレガイ科。
¶学古生（図1316,1317/モ写）〈(産)石川県金沢市東市瀬〉

スナコザカマガキ *Crassostrea sunakozakaensis*
新生代第三紀中新世の貝類。イタボガキ科。
¶学古生（図1315/モ写）〈(産)石川県金沢市東市瀬〉

スナゴスエモノガイ
新生代第三紀鮮新世の軟体動物斧足類。スエモノガイ科。
¶産地新（p203/カ写）〈(産)高知県安芸郡安田町唐浜 長さ6.5cm〉

スナゴミムシダマシ？の1種 *Gonocephalum*? sp.
中生代白亜紀後期の昆虫類。鞘翅目ゴミムシダマシ科。
¶学古生（図715/モ写）〈(産)石川県石川郡白峰村谷峠〉

スナツブコケムシの1種 *Conescharellina concava*
新生代鮮新世前期のコケムシ類。スナツブコケムシ科。
¶学古生（図1099/モ写）〈(産)沖縄県中頭郡与那城村屋慶名〉

スナハラゴミムシ近似種 Cf.*Diplocheila elongata*
新生代鮮新世中期または後期の昆虫類。オサムシ科。
¶学古生（図1815/モ写）〈(産)三重県津市半田 上翅〉

スナヒトデ *Luidia quinaria*
中新世後期の海星類。
¶日化譜（図版61-14/モ写）〈(産)長野県下伊那郡千代村米川〉

スナモグリ？
新生代第三紀中新世の節足動物甲殻類。
¶産地本（p238/カ写）〈(産)岡山県勝田郡奈義町中島東 長さ6.5cm〉

スナモグリの1種 *Callianassa* sp.
新生代中新世の甲殻類十脚類。異尾亜目スナモグリ科。
¶学古生（図1850/モ写）〈(産)岩手県二戸市湯田〉

ズニケラトプス *Zuniceratops*
白亜紀チューロニアンの恐竜類ネオケラトプス類。新世界の原始的な角竜類。体長3.5m。(分)アメリカ合衆国のニューメキシコ州
¶恐イラ（p232/カ復）

スーパークロク ⇒サルコスクスを見よ

スパゲッティ岩 ⇒リトストロチオンを見よ

スーパーサウルス *Supersaurus*
中生代ジュラ紀の恐竜類竜盤類竜脚類ディプロドクス類。ディプロドクス科。全長35m。(分)アメリカ，ポルトガル
¶恐イラ（p138/カ復）
生ミス6（図5-1/カ復）

スパタングスの1種 ⇒オオオカメブンブク（新）を見よ

スパトバティス *Spathobathis*
ジュラ紀後期の魚類軟骨魚類。板鰓亜綱。全長50cm。(分)フランス，ドイツ
¶恐絶動（p27/カ復）

スパトバティス・ブゲシアクス *Spathobatis bugesiacus*
ジュラ紀後期の脊椎動物軟骨魚類エイ類。
¶ゾル2（図40/カ写）〈(産)ドイツのアイヒシュテット 96cm〉
ゾル2（図41/カ写）〈(産)ドイツのアイヒシュテット 168cm 腹部を提示〉
ゾル2（図42/カ写）〈(産)ドイツのアイヒシュテット 22cm 雄の生殖器官〉
ゾル2（図43/カ写）〈(産)ドイツのアイヒシュテット 160cm 背面〉

スパルノドゥス・エロンガツス *Sparnodus elongatus*
始新世の脊椎動物魚類。硬骨魚綱。
¶図解化（p194〜195-10/カ写）〈(産)イタリアのモンテボルカ〉

スピートニセラス・ベルシカラー *Speetoniceras versicolor*
オーテリビアン期後期のアンモナイト。
¶アン最（p182/カ写）〈(産)ロシアのウリヤノフスク〉

スピニゲラ・スピノサ *Spinigera spinosa*
ジュラ紀後期の無脊椎動物軟体動物巻貝類。
¶ゾル1（図111/カ写）〈(産)ドイツのケルハイム 1.2cm〉

スピニゲラ属の種 *Spinigera* sp.
ジュラ紀後期の無脊椎動物軟体動物巻貝類。
¶**ゾル1**（図112/カ写）〈㊥ドイツのアイヒシュテット 1cm〉

スピニレベリス・クォードリアクレアータ *Spinileberis quadriaculeata*
新生代現世の甲殻類（貝形類）。シセレ科。
¶**学古生**（図1865/モ写）〈㊥静岡県浜名湖 右殻〉

スピニレベリス・フルヤエンシス *Spinileberis furuyaensis*
新生代更新世の甲殻類（貝形類）。シセレ科。
¶**学古生**（図1891/モ写）〈㊥静岡県古谷層 左殻♀（内側），右殻♀（内側），左殻♂，右殻♂，両殻♂（頭部前面），両殻♂（尾部後面），両殻♂（背面），両殻♂（腹面）〉

スピノアエクアリス
石炭紀後期の脊椎動物双弓類。全長25cm。㊀アメリカ合衆国
¶**進化大**（p169/カ復）

スピノキルティア・レビコスタータ *Spinocyrtia laevicostata*
デボン紀の腕足動物有関節類。
¶**原色化**（PL.17-5/カ写）〈㊥ドイツのアイフェル 高さ3.2cm,3.0cm〉

スピノサウルス *Spinosaurus*
9700万年前（白亜紀後期）の恐竜類竜盤類獣脚類スピノサウルス類。カルノサウルス下目スピノサウルス上科。熱帯の湿地帯に生息。全長12〜16m。㊀モロッコ，リビア，エジプト，チュニジア，ニジェール
¶**恐イラ**（p163/カ復）
恐絶動（p118/カ復）
恐竜世（p174/カ復）
恐竜博（p108/カ写，カ復）〈一連の同型歯のまとまり（tooth battery）〉
古代生（p174〜175/カ写，カ復）〈歯〉
生ミス5（図5-7/カ写）
生ミス8（図11-2/カ写，カ復）〈17m 全身骨格〉
生ミス8（図11-3/カ写，カ復）〈全身骨格〉
生ミス8〔スピノサウルスの“新復元”〕（図11-5/カ写，カ復）〈15m 新全身復元骨格。水中を泳ぐ姿勢をイメージ〉
よみ恐（p120〜121/カ復）

スピノサウルス
白亜紀後期の脊椎動物獣脚類。体長16m。㊀モロッコ，リビア，エジプト
¶**進化大**（p316〜317/カ復）

スピノサウルス・エヂプティアクス *Spinosaurus aegyptiacus*
白亜紀後期の恐竜類。竜型超綱竜盤綱獣脚目。全長15m。㊀エジプト，モロッコ，チュニジアほか
¶**古脊椎**〔スピノサウルス〕（図145/モ復）
リア中〔スピノサウルス〕（p168/カ復）

スピノサウルス類 Spinosauridae
1億2000万年前（白亜紀前期アプチアン期）の恐竜類獣脚類。竜盤目獣脚亜目スピノサウルス科。魚食。体長約10m？㊀群馬県神流町
¶**生ミス8**〔スピノサウルス類の歯〕（図11-4/カ写）〈㊥群馬県神流町 9cm〉
日恐竜（p38/カ写，カ復）〈㊥群馬県中里村（現神流町）長さ6cm，太さ2cm 歯化石〉
日白亜（p104〜107/カ写，カ復）〈㊥群馬県神流町 高さ6cm 歯〉

スピノマージニフェラ・シリアータの近縁種 *Spinomarginifera* sp.aff.*S.ciliata*
古生代後期二畳紀中期の腕足類。有関節綱ストロホメナ目プロダクタス亜目マージニフェラ科。
¶**学古生**（図144/モ写）〈㊥高知県高岡郡佐川町 茎殻〉

スピリファー *Spirifer*
オルドビス紀〜ペルム紀の腕足動物スピリファー類。
¶**化百科**（p126/カ写）〈幅3cm〉
図解化〔スピリファー属〕（p19-2/カ写）〈殻〉
図解化〔Spirifer sp.〕（図版7-10/カ写）〈㊥カルニア・アルプス〉

スピリファー
古生代石炭紀の腕足動物有関節類。
¶**産地別**（p118/カ写）〈㊥新潟県糸魚川市青海町 幅4.6cm〉
産地本（p57/カ写）〈㊥岩手県大船渡市日頃市町鬼丸 幅4.8cm〉
産地本（p108/カ写）〈㊥新潟県西頸城郡青海町電化工業 幅3cm〉
産地本（p108/カ写）〈㊥新潟県西頸城郡青海町電化工業 左右4cm〉
産地本（p228/カ写）〈㊥山口県美祢市伊佐町宇部興産 幅6cm〉

スピリファー
古生代ペルム紀の腕足動物有関節類。
¶**産地別**（p123/カ写）〈㊥岐阜県高山市奥飛騨温泉郷福地水屋が谷 幅6cm〉
産地別（p174/カ写）〈㊥滋賀県犬上郡多賀町権現谷 横幅9cm，高さ7.5cm，厚み5cm〉
産地本（p119/カ写）〈㊥岐阜県吉城郡上宝村福地 幅7cm〉
産地本（p161/カ写）〈㊥滋賀県犬上郡多賀町権現谷 幅7.6cm，幅5cm〉
産地本（p161/カ写）〈㊥滋賀県犬上郡多賀町エチガ谷 幅5.5cm，幅4cm〉
産地本（p162/カ写）〈㊥滋賀県犬上郡多賀町エチガ谷 幅7cm〉
産地本（p162/カ写）〈㊥滋賀県犬上郡多賀町権現谷 幅6.5cm〉

スピリファー
古生代デボン紀の腕足動物有関節類。
¶**産地本**（p49/カ写）〈㊥岩手県東磐井郡東山町粘土山 幅3cm 圧力で変形〉

スピリファー
新第三紀中新世の腕足類。
¶**化石図**〔黄鉄鉱に置換された腕足類（スピリファー）〕（p18/カ写）〈㊥アメリカ合衆国 横幅約4cm〉

スピリファー・ストリアータス *Spirifer striatus*
石炭紀の腕足動物有関節類。
¶**原色化**（PL.25-3/カ写）〈㊥イギリス 幅11cm〉
図解化〔Spirifer striatus〕（図版7-10/カ写）〈㊥アイルランド〉

スピリファー・トリアンギュラリス *Spirifer triangularis*
古生代後期・前期石炭紀後期の腕足類。スピリファー目スピリファー亜目スピリファー科。
¶**学古生**(図134/モ写)〈㊥山口県美祢郡秋芳町江原 茎殻, 後面〉

スピリファーの一種
古生代ペルム紀の腕足動物有関節類。
¶**産地別**(p76/カ写)〈㊥宮城県気仙沼市戸屋沢 幅4.7cm 内形雄型〉
産地別(p77/カ写)〈㊥宮城県気仙沼市戸屋沢 幅3.4cm〉

"スピリファー"・フォルベシイ *"Spirifer" forbesi*
石炭紀の腕足動物有関節類。
¶**原色化**(PL.26-3/モ写)〈㊥北アメリカのイリノイ州キンダーフック 幅7cm〉

スピリフェリナ *Spiriferina walcotti*
三畳紀〜前期ジュラ紀の無脊椎動物腕足動物。スピリファー目スピリフェリナ科。体長1.5cm。㊐世界中
¶**化写真**(p89/カ写)〈㊥イギリス 茎殻, 腕殻〉
図解化〔Spiriferina walcotti〕(図版7-11/カ写)〈㊥イギリス〉
地球博〔腕足動物スピリファー目〕(p80/カ写)

スピリフェリナ
古生代ペルム紀の腕足動物有関節類。
¶**産地別**(p77/カ写)〈㊥宮城県気仙沼市戸屋沢 幅3.2cm〉
産地本(p63/カ写)〈㊥宮城県気仙沼市上八瀬 左右3cm〉

スピリフェリナ
中生代三畳紀の腕足動物有関節類。
¶**産地別**(p80/カ写)〈㊥宮城県宮城郡利府町赤沼 幅1.7cm〉
産地本(p180/カ写)〈㊥福井県大飯郡高浜町難波江 左右2.3cm〉

スピリフェリナ・ウァルコッティ
石炭紀〜ジュラ紀前期の無脊椎動物腕足類。長さ2.5〜5.5cm。㊐ヨーロッパ, 北アメリカ
¶**進化大**〔スピリフェリナ〕(p236/カ写)

スピリフェリナ属の腕足類 *Spiriferina*
ジュラ紀前期の無脊椎動物腕足動物。
¶**図解化**(p18-5/カ写)〈内側の腕組織〉
図解化〔Spiriferina sp.〕(図版8-1/カ写)〈㊥シチリア〉

スピリフェリナ・ピンギュイス *Spiriferina pinguis*
ジュラ紀の腕足動物有関節類。
¶**原色化**(PL.42-1/モ写)〈㊥フランスのアバロン 高さ2.8cm〉
図解化〔Spiriferina pinguis〕(図版9-2/カ写)〈㊥イギリス〉

スピリフェリノイデスの1種 *Spiriferinoides sakawanus*
中生代三畳紀後期の腕足類。有関節綱スピリファ目スピリフェリナ科。
¶**学古生**(図355/モ写)〈㊥高知県高岡郡佐川町川内ケ谷東金坊〉
日化譜〔Spiriferinoides sakawanus〕(図版24-32/モ写)〈㊥高知県佐川町河内谷, 下山〉

スピリフェリノイデスの1種 *Spiriferinoides yeharai*
中生代の腕足類。有関節綱スピリファ目スピリフェリナ科。
¶**学古生**(図356/モ写)〈㊥高知県高岡郡佐川町下山 背面, 腹面〉
日化譜〔Spiriferinoides yeharai〕(図版24-33/モ写)〈㊥高知県佐川町下山〉

スピリフェレラ・カイルハビイ *Spiriferella keilhavii*
古生代後期二畳紀後期の腕足類。スピリファー目スピリファー上科ブラキティリス科。
¶**学古生**(図155/モ写)〈㊥熊本県上益城郡御船町上梅木 茎殻後部の一部に殻をつけた内型メ型とその後面〉

スピリフェレリナの1種 *Spiriferellina* sp.
古生代後期の腕足類。スピリファー目スピリフェリナ上科スピリフェリナ科。
¶**学古生**(図148/モ写)〈㊥高知県高岡郡佐川町 側面, 茎殻, 腕殻〉

スピロクリペウスの1種 *Spiroclypeus boninensis*
新生代漸新世後期の大型有孔虫。ヌムリテス科。
¶**学古生**(図982/モ写)〈㊥東京都小笠原村父島南崎半島〉

スピロルビス *Spirorbis*
オルドビス紀後期〜現在の環形動物多毛類ケヤリ類。
¶**化百科**〔環形動物スピロルビスの雄型〕(p121/カ写)〈個々の渦巻きの幅1cm未満〉

スピロンファルス
古生代ペルム紀の軟体動物腹足類。
¶**産地本**(p114/カ写)〈㊥岐阜県大垣市赤坂町金生山 高さ1.8cm〉

スピロンファルスの1種 *Spiromphalus yabei*
古生代後期二畳紀中期の貝類。新腹足目ロキソネマ超科シュードジゴプレウラ科。
¶**学古生**(図199/モ写)〈㊥岐阜県大垣市赤坂町金生山〉

スファエリウム・ジェホレンセ *Sphaerium jeholense*
中生代の二枚貝類。マメシジミ科。熱河生物群。
¶**熱河生**〔ドブシジミ(スファエリウム)の内形雌型〕(図38/モ写)〈㊥中国の山東省蒙陰の西窪 3mm〉

スファエリウム・プジアンゲンセ *Sphaerium pujiangense*
中生代の二枚貝類。マメシジミ科。熱河生物群。
¶**熱河生**〔ドブシジミ(スファエリウム)の内形雌型〕(図38/モ写)〈㊥中国の山東省蒙陰の西窪 3mm, 7mm〉

スファエレクソクス *Sphaerexochus mirus*
オルドビス紀〜シルル紀の無脊椎動物三葉虫類。ファコプス目ケイルリナ科。体長3cm。㊐世界中
¶**化写真**(p59/カ写)〈㊥イギリス〉

スファエロコリフェ・クラニウム *Sphaerocoryphe cranium*
古生代オルドビス紀の節足動物三葉虫類。
¶**生ミス2**〔スファエロコリフェ〕(図1-2-9/カ写)〈㊥ロシアのサンクトペテルブルク 3cm〉

スファエロデモプシス・ジュラシカ
Sphaerodemopsis jurassica
ジュラ紀後期の無脊椎動物昆虫類異翅類（カメムシ類）。
¶**ゾル1**（図422/カ写）〈㊦ドイツのアイヒシュテット 3cm〉

スファエロトルス *Sphaerotholus*
白亜紀マーストリヒシアンの恐竜類厚頭竜類。体長2m。㊕アメリカ合衆国のモンタナ州，ニューメキシコ州
¶**恐イラ**（p229/カ復）

スファエロピーレ・ロブスタ *Sphaeropyle robusta*
新生代中新世前期の放散虫。アクティノマ科。
¶**学古生**（図894/モ写）〈㊦茨城県常陸太田市瑞竜町元瑞竜〉

スファグヌム
ジュラ紀～現代の植物コケ類。別名ミズゴケ。最長30cm。㊕世界の寒冷で湿度の高い地域
¶**進化大**（p420/カ写）

スファレッカス・ヒラタイ ⇒スフェレクソカス・ヒラタアイを見よ

ズーフィコス *Zoophycos*
新生代古第三紀晩新世ほかの生痕化石。ユムシの仲間が動いた跡。数十cm～数mほどの印象。
¶**学古生**〔ゾーフィコスの1種〕（図2608/モ写）〈㊦北海道三笠市奔別川〉
日絶古（p140～141/カ写，カ復）〈㊦屋久島 左右1.5m 印象化石〉

スフィラエナ・ボルケンシス *Sphyraena bolcensis*
始新世の脊椎動物魚類。硬骨魚綱。
¶**図解化**（p194～195-11/カ写）〈㊦イタリアのモンテボルカ〉

スフェナコドン *Sphenacodon*
ペルム紀前期の哺乳類型爬虫類盤竜類。盤竜目オフィアコドン科。全長3m。㊕合衆国のニューメキシコ
¶**恐絶動**（p186/カ復）

スフェノケファルス *Sphenocephalus*
白亜紀後期の魚類。真骨目（下綱）。現生の条鰭類。全長20cm。㊕英国のイングランド，イタリア
¶**恐絶動**（p39/カ復）

スフェノザミテス・ロッシイ *Sphenozamites rossii*
ジュラ紀後期の植物ソテツ類。
¶**ゾル1**（図22/カ写）〈㊦ドイツのアイヒシュテット 19cm〉

スフェノスクス *Sphenosuchus*
2億年前（ジュラ紀前期）の初期の脊椎動物主竜類ワニ形類。全長1～1.5m。㊕南アフリカ
¶**恐竜世**（p92/カ復）

スフェノスクス
ジュラ紀前期の脊椎動物ワニ形類。体長1～1.5m。㊕アフリカ南部
¶**進化大**（p254/カ復）

スフェノセラムス・ピンニフォルミス
Sphenoceramus pinniformis
白亜紀後期の軟体動物二枚貝類。
¶**化百科**〔スフェノセラムス〕（p152/カ写）〈㊦イギリスのサセックス州 長さ17cm〉

スフェノディスカス・スプレンデンス
Sphenodiscus splendens
マーストリヒチアン期のアンモナイト。
¶**アン最**（p4～5/カ写）〈㊦サウスダコタ州〉
アン最（p48/カ写）〈㊦サウスダコタ州 殻表面〉
アン最（p201/カ写）〈㊦サウスダコタ州コーソン郡 マクロコンク（雌）〉

スフェノディスカスの一種 *Sphenodiscus* sp.
アンモナイト。
¶**アン最**（p65/カ写）

スフェノディスカス・ビーチリイ *Sphenodiscus beecheri*
マーストリヒチアン期のアンモナイト。
¶**アン最**（p199/カ写）〈㊦サウスダコタ州コーソン郡 マクロコンク（雌）〉

スフェノディスカス・プレウリセプタ
Sphenodiscus pleurisepta
マーストリヒチアン期のアンモナイト。
¶**アン最**（p213/カ写）〈㊦テキサス州〉

スフェノトゥロクス・インテルメディウス
古第三紀始新世～現代の無脊椎動物サンゴ。高さ1cm。㊕世界各地
¶**進化大**〔スフェノトゥロクス〕（p397/カ写）

スフェノフィルム *Sphenophyllum*
石炭紀～三畳紀前期のトクサ植物。トクサ綱。
¶**化百科**（p80/カ写）〈12cm〉

スフェノフィルム *Sphenophyllum emarginatum*
デボン紀～三畳紀の植物。
¶**地球博**〔つる性トクサ〕（p76/カ写）

スフェノフィルム・エマルギナトゥム
石炭紀～ペルム紀の植物トクサ類。高さ1m。㊕世界各地
¶**進化大**〔スフェノフィルム〕（p147/カ写）

スフェノプテリス *Sphenopteris* sp.
石炭紀の植物。
¶**図解化**（p44-5/カ写）〈㊦ドイツ〉

スフェノプテリス・アディアントイデス
デヴォン紀後期～白亜紀の植物。シダ類と種子植物の2種類の群葉。大きな複葉の最大全長50cm。㊕世界各地
¶**進化大**〔スフェノプテリス〕（p149/カ写）

スフェノプテリス・エレガンス *Sphenopteris elegans*
古生代石炭紀～中生代の陸上植物ソテツシダ類。シダ綱。
¶**学古生**〔ホソミクサビシダ〕（図763/モ写）〈㊦石川県石川郡白峰村桑島〉
学古生（図810/モ写）〈㊦高知県南国市領石〉
図解化（p44-2/カ写）〈㊦ドイツ〉

スフェノプテリス・グラシリス *Sphenopteris gracilis*
中生代の陸上植物。シダ綱。下部白亜紀植物群。
¶**学古生**（図809/モ写）〈[産]高知県南国市領石〉

スフェノプテリス・ディスタンス *Sphenopteris distans*
石炭紀の植物。
¶**図解化**（p44-6/カ写）〈[産]ドイツ〉

スフェノプテリス・ムエンステリアナ *Sphenopteris muensteriana*
ジュラ紀後期の植物シダ種子類？
¶**ゾル1**（図12/カ写）〈[産]ドイツのヴィンタースホーフ 3cm〉

スフェノリータス・アビエス *Sphenolithus abies*
新生代中新世中期のナンノプランクトン。スフェノリータス科。
¶**学古生**（図2071/モ写）〈[産]岩手県一関市磐井川〉

スフェノリータス・ヘテロモルファス *Sphenolithus heteromorphus*
新生代中新世初期〜中期のナンノプランクトン。スフェノリータス科。
¶**学古生**（図2072/モ写）〈[産]石川県珠洲市宝立町〉

スフェノリータス・モリフォルミス *Sphenolithus moriformis*
新生代中新世初期〜中期のナンノプランクトン。スフェノリータス科。
¶**学古生**（図2073/モ写）〈[産]石川県珠洲市宝立町〉

スフェレクソカス・ヒラタアイ *Sphaerexochus hiratai*
古生代中期の三葉虫類。ケールルス科。
¶**学古生**（図47/モ写）〈[産]高知県高岡郡越知町横倉山 頭鞍部, 尾部〉
化石フ〔スファレッカス・ヒラタイ〕（p57/カ写）〈[産]高知県高岡郡越知町 25mm,20mm〉

スフェロイディネラ・デヒセンス *Sphaeroidinella dehiscens*
新生代鮮新世の小型有孔虫。グロビゲリナ科。
¶**学古生**（図935/モ写）〈[産]高知県室戸市羽根町登〉

スフェロイドチリス・グロビスフェロイデス *Sphaeroidothyris globisphaeroides*
ジュラ紀の腕足動物有関節類。
¶**原色化**（PL.57-3/カ写）〈[産]フランスのムルテ 高さ2.6cm,2.8cm〉

スブヒュラコドン
古第三紀始新世後期〜漸新世後期の脊椎動物有胎盤類の哺乳類。全長2.5m。[分]アメリカ合衆国
¶**進化大**（p382〜383/カ写）

スブヒラコドン *Subhyracodon*
3300万〜2500万年前（パレオジン）の哺乳類。サイのなかま。全長3m。[分]アメリカ合衆国
¶**恐竜世**（p255/カ写）

スブプラニテス属の種 *Subplanites* sp.
ジュラ紀後期の無脊椎動物軟体動物アンモナイト類。
¶**ゾル1**（図161/カ写）〈[産]ドイツのアイヒシュテット 10cm〉

スブプラニテス・ルエッペリアヌス *Subplanites rueppellianus*
ジュラ紀後期の無脊椎動物軟体動物アンモナイト類。
¶**ゾル1**（図160/カ写）〈[産]ドイツのアイヒシュテット 12cm〉
ゾル1（図162/カ写）〈[産]ドイツのアイヒシュテット 11cm 耳状突起を伴う標本〉

スプリギナ ⇒スプリッギナ・フラウンダーシを見よ

スプリッギナ *Spriggina*
5億5000万年前（先カンブリア時代）の無脊椎動物。全長3cm。[分]オーストラリア, ロシア
¶**恐竜世**（p29/カ写）〈[産]エディアカラ丘陵〉

スプリッギナ・フラウンダーシ *Spriggina floundersi*
後期先カンブリア紀の無脊椎動物。エディアカラ動物群。体長7cm。[分]オーストラリア, アフリカ, ロシア
¶**化写真**〔スプリギナ〕（p44/カ写）〈[産]オーストラリア南部〉
図解化（p34-5/カ写）〈[産]オーストラリア〉
地球博〔スプリギナ〕（p78/カ写）

スプリッギナ・フラウンダーシ
原生代先カンブリア時代後期の無脊椎動物。全長3cm。[分]オーストラリア, ロシア
¶**進化大**〔スプリッギナ〕（p63/カ写）

スポラドセラスの一種 *Sporadoceras* sp.
デボン紀後期のアンモナイト。
¶**アン最**（p121/カ写）〈[産]モロッコのエルフード〉

スポンガスター・テトラス *Spongaster tetras*
新生代更新世の放散虫。スポンゴディスクス科。
¶**学古生**（図895/モ写）〈[産]千葉県海上郡飯岡町刑部岬〉

スポンギア *Spongia*
石炭紀〜現在の海綿動物普通海綿類ケラトシダ類スポンギア類。
¶**化百科**（p111/カ写）〈[産]イギリスのノーフォーク州ハンスタントン 幅8cm〉

スポンゴディスクス・コンムニス *Spongodiscus communis*
新生代中新世後期の放散虫。スポンゴディスクス科。
¶**学古生**（図891/モ写）〈[産]秋田県由利郡大内村楢ノ木〉

スポンジオモルファ属の1種 *Spongiomorpha asiatica*
中生代ジュラ紀後期のスポンジオモルファ類。スポンジオモルファ目スポンジオモルファ科。
¶**学古生**（図346/モ写）〈[産]熊本県芦北郡芦北町白木 横断面, 縦断面〉

スポンディルス・スピノーサス *Spondylus spinosus*
白亜紀の軟体動物斧足類。
¶**原色化**（PL.60-4/カ写）〈[産]イギリスのケント州グレイブスエンド 高さ6.5cm〉

スポンディルス・デコラタス *Spondylus (Spondylus) decoratus*
中生代白亜紀前期の貝類。ウミギクガイ科。
¶**学古生**（図659/モ写）〈[産]岩手県宮古市日出島 左殻外

面〉

スポンディロペクテン属の種 *Spondylopecten* sp.
ジュラ紀後期の無脊椎動物軟体動物二枚貝類。
¶ゾル1(図134/カ写)〈㊥ドイツのツァント 1.3cm〉

スポンデュルス *Spondylus*
ジュラ紀～現在の軟体動物二枚貝類。
¶化百科(p153/カ写)〈4cm〉

スポンデュルス・スピノスス
ジュラ紀～現代の無脊椎動物二枚貝類。別名ショウジョウガイ。長径最大9cm。㊍世界の暖かい地域
¶進化大〔スポンデュルス〕(p301/カ写)

スーマスピス・スプレンディダ *Soomaspis splendida*
古生代オルドビス紀の節足動物。全長3cm。㊍南アフリカ
¶生ミス2〔スーマスピス〕(図1-4-6/カ復)

スミロドン *Smilodon*
500万～1万年前(ネオジン)の哺乳類食肉類。食肉目ネコ型亜目ネコ科。別名剣歯虎。サーベルタイガーのなかま。草原に生息。肉食性。全長1.8m。㊍北アメリカ, 南アメリカ
¶化百科(p238/カ写)〈㊥アメリカ合衆国のカリフォルニア州ロサンゼルス 犬歯の長さ17cm以上〉
恐古生(p218～219/カ復)
恐絶動(p222/カ復)
恐竜世(p234/カ写, カ復)〈頭骨〉
恐竜博(p192～193/カ写, カ復)〈頭骨, 骨格〉
絶哺乳(p110/カ復)
地球博〔長い剣のような犬歯のあるスミロドン(剣歯虎)の頭蓋骨〕(p83/カ写)

スミロドン *Smilodon neogaeus*
更新世の哺乳類。哺乳綱獣亜綱正獣上目食肉目。別名剣歯虎。体長1.9m。㊍アルゼンチン
¶古脊椎(図250/モ復)

スミロドン
第四紀更新世の脊椎動物有胎盤類の哺乳類。別名ケンシコ。体長2m。㊍南アメリカ, 北アメリカ
¶進化大(p435/カ写, カ復)

スミロドン・ファタリス *Smilodon fatalis*
新生代第四紀更新世末期の哺乳類真獣類食肉類ネコ型類ネコ類。頭胴長1.7m。㊍アメリカ, 南アメリカ
¶生ミス9〔スミロドン2種の比較〕(図0-1-13/カ復)
生ミス9(図0-1-14/カ写, カ復)〈頭部〉
生ミス10(図3-2-1/カ写, カ復)〈㊥アメリカのカリフォルニア州ランチョ・ラ・ブレア ラ・ブレア・タールピッツ博物館所蔵標本〉

スミロドン・ポプラトール *Smilodon populator*
新生代第四紀更新世末期の哺乳類真獣類食肉類ネコ型類ネコ類。㊍アメリカ, 南アメリカ
¶生ミス9〔スミロドン2種の比較〕(図0-1-13/カ復)

スヤマモシオガイ *Crassatellites suyamensis*
新生代第三紀・初期中新世の貝類。モシオガイ科。
¶学古生(図1164/モ写)〈㊥石川県珠洲市大谷〉

スリッパサンゴ
デヴォン紀前期～中期の無脊椎動物花虫類。最大全長5cm。㊍ヨーロッパ, アフリカ, アジア, オーストラリア
¶進化大(p123/カ写)

スリッパサンゴ ⇒カルケオラ・サンダリナを見よ

スリモニア *Slimonia*
古生代シルル紀の節足動物鋏角類クモ類ウミサソリ類。全長90cm。㊍イギリス, ボリビア
¶生ミス2(図2-1-5/カ写, カ復)〈㊥スコットランド〉

スリモニア・アクミナタ *Slimonia acuminata*
古生代シルル紀の節足動物鋏角類ウミサソリ類。㊍イギリス
¶リア古〔ウミサソリ類〕(p98～101/カ復)

スルガホオズキガイ *Surugathyris surugaensis*
現世の腕足類終穴類。
¶日化譜(図版25-27/モ写)

スルコセファルスの一種 *Sulcocephalus* sp.
カンブリア紀の三葉虫。プティコパリア目。
¶三葉虫(図114/モ写)〈㊥アメリカのユタ州 長さ16mm〉

ズンガリオテリウム *Dzungariotherium orgosensis*
漸新世の哺乳類奇蹄類。バク型亜目サイ上科ヒラコドン科。肩高約4.5m。㊍アジア(中国)
¶絶哺乳(p177/カ復)

ズンガリプテルス *Dsungaripterus*
白亜紀前期の翼竜類プテロダクティルス類。プテロダクティルス亜目。翼開長3m。㊍中国
¶恐イラ(p150/カ復)
恐絶動(p103/カ復)

ズングリアゲマキ *Azorius abbreviatus*
新生代第四紀更新世の貝類。キヌタアゲマキ科。
¶学古生(図1686/モ写)〈㊥千葉県富津市笹毛〉

ズングリアゲマキガイの仲間 *Azorinus* sp.
新生代第三紀・中期中新世初期の貝類。キヌタアゲマキガイ科。
¶学古生(図1308/モ写)〈㊥石川県金沢市東市瀬〉

【セ】

セアラダクティルス ⇒ケアラダクティルスを見よ

生痕化石?
新生代第三紀中新世の生痕化石?
¶産地本(p212/カ写)〈㊥滋賀県甲賀郡土山町猪鼻 写真の左右15cm 何かの巣穴〉

セイスモサウルス *Seismosaurus*
中生代ジュラ紀の恐竜類竜脚類ディプロドクス類。ディプロドクス科。森に覆われた平原に生息。体長36m。㊍アメリカ合衆国のニューメキシコ州
¶恐イラ(p139/カ復)
恐竜博(p77/カ復)

ゼイッレリア
石炭紀後期の植物シダ類。高さ50cm。㊕世界各地
¶**進化大**(p149/カ写)

セイムリア *Seymouria*
2億9000万年前(ペルム紀前期)の初期の脊椎動物両生類。炭竜目。別名セイモウリア。全長約60cm。㊕アメリカ合衆国, ドイツ
¶**恐絶動**〔セイモウリア〕(p51/カ復)
恐竜世〔セイモウリア〕(p82/カ写)
生ミス4(図2-2-1/カ写, カ復)〈㊎ドイツ 右向きと左向きの2体〉

セ

セイムリア・バイロレンシス *Seymouria baylorensis*
ペルム紀の脊索動物両生類。堅頭綱分椎亜綱セイムリア目。全長57.5cm。㊕北米テキサス州, ソビエトのウラル
¶**古脊椎**〔セイムリア〕(図70/モ復)
図解化(p202/カ写)〈㊎テキサス州〉

セイムリア類
ペルム紀の脊索動物両生類。
¶**図解化**(p200-上/カ写)〈㊎フランス 足跡〉

セイモウリア ⇒セイムリアを見よ

セイヨウイチイヒノキ ⇒メタセコイア・オキシデンタリスを見よ

セイヨウハシバミ ⇒コリュルス・アウェッラナを見よ

セイヨウボダイジュ ⇒ティリア・エウロパエアを見よ

ゼイレリア *Zeilleria frenzlii*
後期石炭紀の植物シダ類。ウルナトプテリデス目ウルナトプテリデス科。高さ50cm。㊕世界中
¶**化写真**(p292/カ写)〈㊎チェコ〉

ゼイレリアの1種 *Zeilleria naradaniensis*
中生代ジュラ紀中期の腕足類。テレブラチュラ目ゼイレリア科。
¶**学古生**(図361/モ写)〈㊎高知県高岡郡佐川町七良谷〉

セイロクリヌス・スバングラリス *Seirocrinus subangularis*
中生代ジュラ紀の棘皮動物ウミユリ類。
¶**生ミス6**〔セイロクリヌス〕(図2-16/カ写)〈㊎ドイツのホルツマーデン〉

セオコリス・スポンゴコヌム *Theocorys spongoconum*
新生代中新世前期の放散虫。ユウシルティディウム科ユウシルティディウム亜科。
¶**学古生**(図898/モ写)〈㊎茨城県常陸太田市瑞竜町元瑞竜〉

セオコリス・レドンドエンシス *Theocorys redondoensis*
新生代中新世中期の放散虫。ユウシルティディウム科ユウシルティディウム亜科。
¶**学古生**(図899/モ写)〈㊎富山県氷見市姿〉

セキカンバ *Betula sekiensis*
新生代中新世前期の陸上植物。カバノキ科。
¶**学古生**(図2315/モ写)〈㊎新潟県佐渡郡相川町関〉

セギサウルス *Segisaurus*
ジュラ紀トアルシアンの恐竜類コエロフィシス類の肉食恐竜。コエロフィシス上科。体長1m。㊕アメリカ合衆国のアリゾナ州
¶**恐イラ**(p100/カ復)

セキシナノキ *Tilia sekiensis*
新生代中新世前期の陸上植物。シナノキ科。
¶**学古生**(図2484/モ写)〈㊎新潟県佐渡郡相川町関〉

脊椎?(不明種)
新生代第三紀中新世の脊椎動物哺乳類。クジラの胸ビレの骨かも。
¶**産地本**(p201/カ写)〈㊎三重県安芸郡美里村柳谷 長さ5cm〉

脊椎(不明種)
新生代第三紀中新世の脊椎動物哺乳類。
¶**産地本**(p200/カ写)〈㊎三重県安芸郡美里村家所 長さ8cm〉
産地本(p201/カ写)〈㊎三重県安芸郡美里村柳谷 左右14cm〉

セキトリコウホネガイ *Meiocardia vulgaris*
新生代第四期更新世の軟体動物斧足類。コウホネガイ科。
¶**化石フ**(p177/カ写)〈㊎鹿児島県大島郡喜界島 長さ30mm〉

セグノサウルス *Segnosaurus*
白亜紀セノマニアン〜チューロニアンの恐竜類獣脚類テタヌラ類コエルロサウルス類テリジノサウルス類。体長4〜9m。㊕モンゴル
¶**恐イラ**(p196/カ復)

セコイア *Sequoia*
セコイアジュラ紀〜現在, メタセコイア 白亜紀〜現在の針葉樹(裸子植物)球果植物。
¶**化百科**〔セコイア, メタセコイア〕(p97/カ写)〈㊎アメリカ合衆国のコロラド州, サウスダコタ州 7cm, 球果約2cm〉
図解化〔セコイヤメスギ〕(図版2-2/カ写)〈㊎エピア島〉

セコイア *Sequoia dakotensis*
ジュラ紀〜現世の植物針葉樹類。スギ目スギ科。高さ70m。㊕世界中
¶**化写真**(p302/カ写)〈㊎アメリカ 球果〉
地球博〔セコイアの球果〕(p77/カ写)

セコイア・ダコテンシス
白亜紀〜現代の植物針葉樹。高さ70m。㊕北半球
¶**進化大**〔セコイア〕(p293/カ写)

セコイアデンドロン *Sequoiadendron affinis*
ジュラ紀〜現世の植物針葉樹類。スギ目スギ科。高さ80m。㊕世界中
¶**化写真**(p302/カ写)〈㊎アメリカ〉

セコイアの1種 *Sequoia* sp.
中生代白亜紀後期の陸上植物。スギ科。上部白亜紀植物群。
¶**学古生**(図865/モ写)〈㊎石川県石川郡白峰村谷峠〉
日化譜〔Sequoia sp.〕(図版80-12/モ写)〈㊎茨城県那

珂港市大洗 花粉〉

セコイアの毬果
中生代白亜紀の裸子植物毬果類。
¶**産地新**（p12/カ写）〈[産]北海道苫前郡苫前町古丹別川 径1.6cm〉

セコイヤメスギ ⇒セコイアを見よ

セコスファエラ・アキタエンシス *Thecosphaera akitaensis*
新生代鮮新世の放散虫。アクティノマ科。
¶**学古生**（図887/モ写）〈[産]秋田県本荘市福山字長者屋布〉

セコスファエラ・ジャポニカ *Thecosphaera japonica*
新生代更新世の放散虫。アクティノマ科。
¶**学古生**（図888/モ写）〈[産]千葉県海上郡飯岡町刑部岬〉

セコスファエラ・デドエンシス *Thecosphaera dedoensis*
新生代鮮新世〜完新世の放散虫。アクティノマ科。
¶**学古生**（図889/モ写）〈[産]千葉県海上郡飯岡町刑部岬〉

セコスファエラ・マイオセニカ *Thecosphaera miocenica*
新生代中新世中期の放散虫。アクティノマ科。
¶**学古生**（図890/モ写）〈[産]茨城県那珂湊市磯崎〉

ゼストレベリス・セトウチエンシス *Xestoleberis setouchiensis*
新生代現世の甲殻類（貝形類）。ゼストレベリス科。
¶**学古生**（図1890/モ写）〈[産]静岡県浜名湖 右殻, 左殻〉

セソディスキヌスの1種 *Sethodiscinus* sp.
新生代中新世中期の放散虫。ファコディスクス科。
¶**学古生**（図893/モ写）〈[産]茨城県那珂湊市磯崎〉

セタシジミ *Corbicula sandai*
新生代第四紀更新世中期の貝類。異歯亜綱マルスダレガイ科シジミ科。
¶**学古生**（図1709/モ写）〈[産]滋賀県大津市堅田南庄〉

セタシジミ
新生代第四紀更新世の軟体動物斧足類。シジミガイ科。
¶**産地新**（p190/カ写）〈[産]滋賀県大津市雄琴 高さ3cm〉

セタナカエデ *Acer megasamarum*
新生代中新世中期の陸上植物。カエデ科。
¶**学古生**（図2463/モ写）〈[産]北海道瀬棚郡瀬棚町虻羅 翼果〉

セタナツキヒ *Placopecten setanaensis*
新生代第三紀・初期中新世の貝類。イタヤガイ科。
¶**学古生**（図1137/モ写）〈[産]北海道瀬棚郡今金町貝殻橋〉

セタナツキヒ *Placopecten*（s.s.） *setanaensis*
中新世後期の軟体動物斧足類。
¶**日化譜**（図版40-5/モ写）〈[産]北海道瀬棚郡メップ川, 貝殻橋〉

セタナモミ *Abies aburaensis*
新生代中新世中期の陸上植物。マツ科。
¶**学古生**（図2233/モ写）〈[産]北海道瀬棚郡瀬棚町虻羅〉

石灰索動物 *Calciochordates*
カンブリア紀中期の脊索動物。
¶**図解化**（p186-1〜3/カ写）〈[産]ユタ州〉

石灰質ナンノ化石 *Emiliana huxley*
第四紀更新世の植物プランクトン。微化石。
¶**化石図**（p24/カ写）〈[産]ベーリング海 直径約8μm〉

セツコニシキ *Chlamys setsukoae*
新生代第三紀鮮新世の貝類。イタヤガイ科。
¶**学古生**（図1393/モ写）〈[産]青森県三戸郡名川町剣吉〉

セツコフデ ⇒セツコミノムシガイを見よ

セツコミノムシガイ *Vexillum setsukoae*
新生代第三紀・初期中新世の軟体動物腹足類。フデガイ科。
¶**学古生**（図1233,1234/モ写）〈[産]石川県珠洲市藤尾〉
日化譜〔セツコフデ（新）〕（図版83-30/モ写）〈[産]能登珠洲市大谷〉

セッリティリス
白亜紀の無脊椎動物腕足類。長さ最大3.5cm。[分]ヨーロッパ
¶**進化大**（p297/カ写）

セトカリアクルミ *Carya ovatocarpa*
新生代鮮新世の陸上植物。クルミ科。
¶**学古生**（図2290,2291/モ図）〈[産]愛知県瀬戸市印所 外形, 横断面〉

セトヒシモドキ *Trapella lissa*
新生代鮮新世の陸上植物。ヒシモドキ科。
¶**学古生**（図2495/モ図）〈[産]岐阜県瑞浪市陶町畑小屋 果実〉

ゼナスピス *Zenaspis*
4億1000万年前（デボン紀前期）の初期の脊椎動物魚類無顎類。全長25cm。[分]ヨーロッパ
¶**恐竜世**（p67/カ写）
地球博〔甲皮類〕（p82/カ写）

ゼナスピス
デヴォン紀前期の脊椎動物無顎類。体長25cm。[分]ヨーロッパ
¶**進化大**（p131/カ写）

銭石 *Crinoid*, gen & sp.indet.
ウミユリ類。
¶**日化譜**（図版61-9〜12/モ写）〈柄断面〉

ゼニゴケ ⇒マルシァンティア・ポリモルファを見よ

ゼノキプリス属未定種の咽頭歯 *Xenocypris* sp.
新生代第三紀中新世の魚類硬骨魚類。コイ科。
¶**化石フ**（p222/カ写）〈[産]岐阜県可児市 約5mm〉

ゼノスミルス・ホドソナエ *Xenosmilus hodsonae*
新生代新第三紀鮮新世〜第四紀更新世の哺乳類真獣類食肉類ネコ型類ネコ類。肩高1m。[分]アメリカ
¶**生ミス9**（図0-1-10/カ写, カ復）〈[産]アメリカのフロリダ州 32cm 全身復元骨格, 頭骨復元〉

“セノセラス・リネアータム” *“Cenoceras lineatum”*
ジュラ紀の軟体動物頭足類。
¶**原色化**（PL.44-7/カ写）〈[産]イギリスのドーシット州 長径6cm〉

ゼノセルティテスの1種 *Xenoceltites* sp.aff.*X. evolutus*
中生代三畳紀初期のアンモナイト。ゼノセルティテス科。
¶**学古生**（図373/モ写）〈㊥愛媛県東宇和郡城川町田穂上組 側面部〉

ゼノディスクス *Xenodiscus* sp.
後期二畳紀〜前期三畳紀の無脊椎動物アンモナイト亜綱。ケラチテス目ゼノディスクス科。直径6cm。㊎世界中
¶**化写真**（p144/カ写）〈㊥マダガスカル 内形雌型〉

セ

ゼノフォラ *Xenophora crispa*
後期白亜紀〜現世の無脊椎動物腹足類。中腹足目クマサカガイ科。体長3cm。㊎世界中
¶**化写真**（p124/カ写）〈㊥イタリア 底面, 側面〉
図解化〔Xenophora crispa〕（図版20-27/カ写）

セプタストラエア *Septastraea marylandica*
中新世〜更新世の無脊椎動物サンゴ類。イシサンゴ目リヒザンギア科。夾の直径4mm。㊎北アメリカ, ヨーロッパ
¶**化写真**（p55/カ写）〈㊥アメリカ〉

セプタリフォリア属の種 *Septaliphoria* sp.
ジュラ紀後期の無脊椎動物触手動物腕足動物。
¶**ゾル1**（図94/カ写）〈㊥ドイツのアイヒシュテット 2.4cm〉

セープライスツブリ *Murex saplisi*
鮮新世後期の軟体動物腹足類。
¶**日化譜**（図版31-9/モ写）〈㊥沖縄〉

セマエオストミテス・チッテリ *Semaeostomites zitteli*
ジュラ紀後期の無脊椎動物腔腸動物クラゲ類。
¶**ゾル1**（図78/カ写）〈㊥ドイツのプファルツパイント 16cm〉

セミカッシス
新第三紀〜現代の無脊椎動物腹足類。別名ウネウラシマガイ。殻長2〜8cm。㊎世界各地
¶**進化大**（p399/カ写）

セミグロブス・ジュラシクス *Semiglobus jurassicus*
ジュラ紀後期の無脊椎動物昆虫類甲虫類。
¶**ゾル1**（図476/カ写）〈㊥ドイツのアイヒシュテット 1.5cm〉

セミシセルーラ？・ミウレンシス *Semicytherura? miurensis*
新生代の甲殻類（貝形類）。シセルーラ科シセルーラ亜科。
¶**学古生**（図1882/モ写）〈㊥静岡県浜名湖 右殻♂, 右殻♀, 両殻♂（背面）, 両殻♀（背面）〉

セミソラリウム・インクラッサータム *Semisolarium incrassatum*
中生代の貝類。ニシキウズガイ科。
¶**学古生**（図599/モ写）〈㊥岩手県下閉伊郡田野畑村平井賀〉

セミトウビナ ⇒ハチノスサンゴの中の巻貝・セミトウビナを見よ

セミプラヌス・ラティシムス *Semiplanus latissimus*
石炭紀の腕足動物有関節類。
¶**原色化**（PL.26-2/モ写）〈㊥イギリスのスタフォード州ウェットン 幅7.2cm〉

セメノビセラス・マンギシラッケンシス *Semenoviceras mangyshlackensis*
アルビアン期のアンモナイト。
¶**アン最**（p140/カ写）〈㊥カザフスタンのマンギシラック〉
アン最（p141/カ写）〈㊥カザフスタンのマンギシラック〉

セラウリヌス マージナータス *Ceraurinus marginatus*
オルドビス紀後期の三葉虫。オドントプルーラ目。
¶**三葉虫**（図98/モ写）〈㊥カナダのオンタリオ州 幅35mm〉

セラウルス プルーレザンテムス ⇒セラウルス・プレウレクサンテムスを見よ

セラウルス・プレウレクサンテムス *Ceraurus pleurexanthemus*
古生代オルドビス紀の三葉虫類。ファコプス目ケイルルス科。
¶**化石図**（p42/カ写）〈㊥アメリカ合衆国 体長約8cm〉
三葉虫〔セラウルス プルーレザンテムス〕（図100/モ写）〈㊥カナダのケベック州 長さ44mm〉

セラウロイデス・オリエンタリス *Cerauroides orientalis*
古生代中期の三葉虫類。ケールルス科。
¶**学古生**（図46/モ写）〈㊥高知県高岡郡越知町横倉山 頭鞍部〉

セラーギネッラ
石炭紀〜現代のヒカゲノカズラ植物。高さ15cm。㊎世界各地
¶**進化大**（p147/カ写）

セラーギネッラ・ツァイラーリ
石炭紀〜現代のヒカゲノカズラ植物。別名イワヒバ。高さ10cm。㊎世界各地
¶**進化大**〔セラーギネッラ〕（p227/カ写）

セラタイテス・ノドーサス ⇒セラティテス・ノドーサスを見よ

セラタイト ⇒セラティテス・ノドススを見よ

セラタイト類
古生代ペルム紀〜中生代三畳紀の軟体動物頭足類アンモナイト類。
¶**生ミス5**（図2-1/カ復）
生ミス5（図7-1/カ復）

セラタルゲス アルマータス *Ceratarges armatus*
デボン紀の三葉虫。リカス目。
¶**三葉虫**（図108/モ写）〈㊥モロッコのアルニフ 長さ51mm〉

セラティテス *Ceratites* sp.
三畳紀の無脊椎動物軟体動物アンモノイド類。
¶**化石図**（p79/カ写）〈㊥ドイツ 左右長約12cm〉
図解化〔Ceratites sp.〕（図版25-14/カ写）〈㊥ドイツ〉

セラティテス・セミパルティテス *Ceratites semipartites*
三畳紀の軟体動物頭足類。
¶**原色化**(PL.38-4/モ写)〈㊦ドイツのヴュルテムベルグのハイルブロン 長径18cm〉

セラティテス・ノドーサス *Ceratites nodosus*
三畳紀の軟体動物頭足類。アンモナイト亜綱ケラチテス目ケラチテス科。直径6cm。㊧ヨーロッパ
¶**アン最**〔セラタイテス・ノドーサス〕(p69/カ写)〈㊦ドイツ セラタイト型隔壁〉
アン最〔セラタイテス・ノドーサス〕(p163/カ写)〈㊦ドイツ〉
化写真〔ケラチテス〕(p144/カ写)〈㊦ドイツ 内形雌型〉
原色化(PL.38-5/モ写)〈㊦ドイツのチューリンゲン 長径7.5cm〉
地球博〔三畳紀のアンモナイト類〕(p80/カ写)

セラティテス・ノドスス
三畳紀中期の無脊椎動物頭足類。直径7〜15cm。㊧フランス, ドイツ, スペイン, イタリア, ルーマニア
¶**進化大**〔セラタイト〕(p204/カ写)〈内型〉

セラトサイフォン・デンセストゥリアータス *Ceratosiphon densestriatus*
中生代の貝類。モミジソデガイ科。
¶**学古生**(図610/モ写)〈㊦千葉県銚子市君ケ浜〉

セラトストレオン・マテロニイ *Ceratostreon matheroni*
白亜紀の軟体動物斧足類。
¶**原色化**(PL.61-7/カ写)〈㊦フランスのピレネー・オリエンターレ 高さ4.5cm〉

セラトセファラ・ニッポニカ *Ceratocephala nipponica*
古生代デボン紀の節足動物三葉虫類。
¶**化石フ**(p62/カ写)〈㊦岐阜県吉城郡上宝村 25mm〉

セラトセリシゥム・セラータム *Serratocerithium serratum*
第三紀の軟体動物斧足類。
¶**原色化**(PL.79-6/モ写)〈㊦フランスのダメリイ 高さ6.3cm〉

セラトヌルスの一種 *Ceratonurus* sp.
デボン紀中期の三葉虫。オドントプルーラ目。
¶**三葉虫**(図89/モ写)〈㊦アメリカのオクラホマ州 長さ32mm〉

セラトリータス・クリスタートス *Ceratolithus cristatus*
新生代鮮新世後期のナンノプランクトン。セラトリータス科。
¶**学古生**(図2055/モ写)〈㊦高知県室戸市羽根町〉

セラナルセステス *Sellanarcestes* sp.
デボン紀のアンモナイト。
¶**アン最**〔ムエンステロセラスの一種, イマトセラスの一種, イマトセラスの一種, ミモトルノセラス, セラナルセステス〕(p122/カ写)〈㊦モロッコ〉

ゼランディテス
中生代白亜紀の軟体動物頭足類。
¶**産地別**(p13/カ写)〈㊦北海道中川郡中川町ワッカウエンベツ川学校の沢 長径3.8cm〉
産地別(p24/カ写)〈㊦北海道苫前郡羽幌町逆川 長径4cm〉

ゼランディテス・インフラータス *Zelandites* cf.*Z. inflatus*
中生代白亜紀後期のアンモナイト。テトラゴニテス科。
¶**学古生**(図521/モ写)〈㊦北海道三笠市幾春別川流域〉

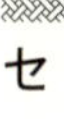
セ

ゼランディテス・インフラータス *Zelandites inflatus*
セノマニアン前期の軟体動物頭足類アンモナイト。リトセラス亜目ゴードリセラス科。
¶**アン学**(図版54-6/カ写)〈㊦三笠地域〉

ゼランディテス・カワノイ *Zelandites kawanoi*
サントニアン期の軟体動物頭足類アンモナイト。リトセラス亜目ゴードリセラス科。
¶**アン学**(図版54-4,5/カ写)〈㊦羽幌地域〉
日化譜〔Zelandites kawanoi〕(図版52-15/モ写)〈㊦北海道夕張市夕張川, 同日高国浦河, 樺太内淵など〉

"セリオポラ"・ベルコーサ *"Ceriopora" verrucosa*
デボン紀の蘚虫動物後口類。
¶**原色化**(PL.15-3/モ写)〈㊦ドイツのアイフェル メソフィルムの長さ9cm メソフィルム上〉

セリオラ・プリスカ *Seriola prisca*
始新世の脊椎動物魚類。硬骨魚綱。
¶**図解化**(p194〜195-1/カ写)〈㊦イタリアのモンテボルカ〉

セリシウム・パイラミダエフォルメ *Cerithium pyramidaeforme*
中生代白亜紀の軟体動物斧足類。
¶**化石フ**(p100/カ写)〈㊦熊本県上益城郡御船町 殻の長さ70mm〉

セリシウム・ベネチ *Cerithium benechi*
始新世の無脊椎動物軟体動物。
¶**図解化**(p128-下左/カ写)〈㊦フランス〉

セリデンチヌス *Serridentinus taoensis*
中新・鮮新世の哺乳類。哺乳綱獣亜綱正獣上目長鼻目。体長3m。㊧北米ネブラスカ州
¶**古脊椎**(図283/モ復)

セルキルキア *Selkirkia columbia*
カンブリア紀の鰓曳動物。鰓曳動物門セルキルキデー科。チューブの大きさ3mm〜7.5cm。
¶**バ頁岩**(図74,75/モ写, モ復)〈㊦カナダのバージェス頁岩〉

ゼルコヴァ
古第三紀〜現代の被子植物。別名ケヤキ。高さ40m。㊧北アメリカ, アジア, ヨーロッパ
¶**進化大**(p393)

セルコマイア・グルギティス *Cercomya (Cercomya) gurgitis*
中生代の貝類。オキナガイ科。
¶**学古生**(図699/モ写)〈㊦岩手県下閉伊郡田野畑村平井賀 左殻外面〉

セルプラ *Serpula*
始新世の無脊椎動物環虫類環形動物。
¶**図解化** (p91-7/カ写)〈[産]イタリア〉
図解化〔セルプラの管状体〕(p91-8/カ写)

セルプラ *Serpula indistincta*
古生代～現世の無脊椎動物蠕形動物。定在目セルプラ科。体長5cm。[分]世界中
¶**化写真** (p41/カ写)〈[産]北アイルランド〉

セルプラの管状体 *Tubular home*
ジュラ紀前期の無脊椎動物環虫類多毛類。
¶**図解化** (p91-5/カ写)〈[産]ドイツ〉

セレノペルティス *Selenopeltis*
4億7100万～4億4500万年前 (オルドビス紀前期～後期) の無脊椎動物三葉虫。全長最大12cm。[分]ブリテン諸島, フランス, イベリア半島, モロッコ, チェコ, トルコ
¶**恐竜世** (p38～39/カ写)

セレノペルティス
オルドヴィス紀前期～後期の無脊椎動物節足動物。最大体長12cm。[分]イギリス諸島, フランス, イベリア, モロッコ, チェコ, トルコ
¶**進化大** (p90～91/カ写)

セレノペルティス バッキイ *Selenopeltis buchi*
前期～中期オルドビス紀の無脊椎動物三葉虫類。オドントプルーラ目オドントプルーラ科。体長3.5cm。[分]ヨーロッパ, アフリカ北部
¶**化写真**〔セレノペルティス〕(p60/カ写)〈[産]チェコ〉
三葉虫 (図85/モ写)〈[産]モロッコのボルジ 長さ158mm〉

セレポラ *Cellepora* sp.
鮮新世の無脊椎動物苔虫類唇口苔虫類。
¶**図解化** (p72/カ写)〈[産]イギリス〉

セーロガステロセラス・ギガンティウム
古生代ペルム紀の軟体動物頭足類。
¶**産地別** (p135/カ写)〈[産]岐阜県大垣市赤坂町金生山 長径14cm〉

セーロガステロセラスの一種
古生代ペルム紀の軟体動物頭足類。
¶**産地別** (p129/カ写)〈[産]岐阜県本巣市根尾初鹿谷 長径5.5cm〉
産地別 (p129/カ写)〈[産]岐阜県本巣市根尾初鹿谷 長径10cm〉
産地別 (p129/カ写)〈[産]岐阜県本巣市根尾初鹿谷 長径7.7cm〉

セロサウルス *Sellosaurus*
三畳紀ノーリアンの恐竜。プラテオサウルス科。原始的な竜脚形類。体長6.5m。[分]ドイツ
¶**恐イラ** (p85/カ復)

セワードカセキクジャクシダ *Adiantites sewardi*
中生代の陸上植物。シダ類綱。手取統植物群。
¶**学古生** (図773/モ写)〈[産]石川県石川郡白峰村桑島〉
日化譜〔Adiantites Sewardi〕(図版70-11,12/モ写)〈[産]石川県石川郡白峰村桑島, 福井県大野郡和泉村大谷など〉

穿孔性海綿に侵食されたマガキ *Cliona* sp.
古生代後期～新生代の海綿類。尋常海綿綱。
¶**学古生** (図103/モ写)〈[産]千葉県香取郡多古町〉

穿孔性の貝の住んだ孔の化石
新生代更新世の生痕化石。
¶**学古生** (図2612/モ写)〈[産]神奈川県横浜市鶴見区下末吉〉

穿孔性の貝の住んだ孔の化石
新生代中新世の生痕化石。
¶**学古生** (図2613/モ写)〈[産]栃木県塩谷郡塩原町〉

センスガイ *Flabellum distinctum*
新生代第三紀鮮新世の腔腸動物六放サンゴ類。チョウジガイ科。
¶**学古生** (図1043/モ写)〈[産]鹿児島県大島郡喜界町上嘉鉄〉
化石フ (p159/カ写)〈[産]静岡県掛川市 25mm〉

センスガイ
新生代第三紀鮮新世の腔腸動物六射サンゴ類。
¶**産地新** (p198/カ写)〈[産]高知県安芸郡安田町唐浜 高さ3.3cm〉
産地新 (p198/カ写)〈[産]高知県安芸郡安田町唐浜 高さ2.1cm〉
産地別 (p230/カ写)〈[産]宮崎県児湯郡川南町通浜 幅4.8cm〉
産地本 (p86/カ写)〈[産]千葉県安房郡鋸南町奥元名 高さ3cm〉

センスガイ
新生代第四紀更新世の腔腸動物六射サンゴ類。
¶**産地本** (p89/カ写)〈[産]千葉県君津市追込小糸川 高さ4cm, 長径5cm〉

センスガイの1種 *Flabellum* sp.
新生代中新世の六放サンゴ類。チョウジガイ科。
¶**学古生** (図1047/モ写)〈[産]神奈川県愛甲郡清川村宮ケ瀬 内側化石〉

センスガイの1種 ⇒フラベラム・ルブルムを見よ

センスガイの一種
新生代第三紀鮮新世の腔腸動物六射サンゴ類。根がとがらないタイプ。
¶**産地新** (p232/カ写)〈[産]宮崎県児湯郡川南町通山浜 高さ3.8cm〉

センスガイの一種
新生代第三紀鮮新世の腔腸動物六射サンゴ類。根がとがり, 扇子状。
¶**産地新** (p232/カ写)〈[産]宮崎県児湯郡川南町通山浜 高さ4cm〉

センスガイの仲間
新生代第三紀中新世の腔腸動物六射サンゴ類。
¶**産地別** (p202/カ写)〈[産]福井県大飯郡高浜町山中海岸 幅3cm〉

センダイアジサイ *Hydrangea sendaiensis*
新生代中新世後期の陸上植物。ユキノシタ科。
¶**学古生** (図2416/モ写)〈[産]宮城県名取郡秋保町西沢 中性花萼片〉
日化譜 (図版78-1/モ写)〈[産]宮城県名取郡秋保 中性花〉

センダイゾウ　*Gomphotherium sendaicus*
新生代鮮新世前期の哺乳類長鼻類。ゴンフォテリゥム科。
¶**学古生**（図2001/モ写）〈[産]仙台市北山町枯松坂 左下第3臼歯〉
日化譜（図版67-2/モ写）〈[産]仙台市北山 右下第3大臼歯〉

センダイチョウチンガイ　*Terebratalia sendaica*
新生代中新世の腕足類。ダリナ科。
¶**学古生**（図1068/モ写）〈[産]宮城県黒川郡大和町大堤〉

センダイニシキ　*Chlamys sendaiensis*
新生代第三紀鮮新世の貝類。イタヤガイ科。
¶**学古生**（図1377/モ写）〈[産]宮城県仙台市郷六〉

センダイヌノメハマグリ　*Pseudamiantis sendaica*
新生代第三紀鮮新世の貝類。マルスダレガイ科。
¶**学古生**（図1380/モ写）〈[産]宮城県仙台市郷六〉

センダンに比較される種　*Melia* sp.cf.*M.azedarach*
新生代第四紀更新世の陸上植物。センダン科。
¶**学古生**（図2576/モ写）〈[産]大分県玖珠郡九重町猪牟田 核果（内果皮）〉

セントロサウルス　*Centrosaurus*
白亜紀カンパニアンの恐竜類ケラトプス類。ケラトプス科セントロサウルス亜科。体長6m。[分]カナダのアルバータ州
¶**恐イラ**（p234/カ復）
恐絶動〔ケントロサウルス〕（p163/カ復）
恐竜博〔ケントロサウルス〕（p127/カ写）〈頭部〉

セントロサウルス
白亜紀後期の脊椎動物鳥盤類。体長6m。[分]カナダ
¶**進化大**（p350/カ写）〈頭〉

センニンモ　*Potamogeton maackianus*
新生代第四紀更新世中期の陸上植物。ヒルムシロ科。
¶**学古生**（図2588/モ図）〈[産]神奈川県横浜市戸塚区下倉田 種子〉

ゼンマイ属の胞子　*Osmunda*
新生代第四紀更新世の陸上植物。ゼンマイ科。
¶**学古生**（図2531/モ写）〈[産]宮崎県えびの市京町池牟礼〉
日化譜〔Osmunda sp.〕（図版80-14/モ写）〈[産]新潟県三島郡出雲崎町 胞子〉

センリュウガメ　*Senryuemys kiharai*　潜竜亀
中新世前期の爬虫類。爬型超綱亀綱亀目真正亀亜目。甲長123cm。[分]長崎県北松浦郡江迎町
¶**学古生**〔キハラセンリュウガメ〕（図1963/モ写）〈[産]長崎県北松浦郡江迎町潜竜炭鉱 甲羅背面〉
古脊椎（図85/モ復）
日化譜（図版65-2/モ写）〈[産]長崎県北松浦郡江迎町潜竜炭坑 脊甲〉

【ソ】

ソウウンナイテス・アラスカエンシス
Sounnaites alaskaensis
セノマニアン前期の軟体動物頭足類アンモナイト。アンモナイト亜目コスマチセラス科。
¶**アン学**（図版24-1,2/カ写）〈[産]幌加内地域〉

ゾウガメ　*Testudo* sp.
爬虫類。爬型超綱亀綱亀目真正亀亜目。
¶**古脊椎**（図87/モ復）

巣穴状生痕化石　*Macaronichnus segregatis*
第四紀更新世の生痕化石。オフェリアゴカイが形成者。
¶**化石図**（p17/カ写）〈[産]愛知県〉

巣穴状生痕化石　*Rosselia* isp.
新第三紀鮮新世の生痕化石。フサゴカイが形成者。
¶**化石図**（p17/カ写）〈[産]北海道 長辺20cm〉

造礁性サンゴの一種
新生代第四紀完新世の腔腸動物六射サンゴ類。
¶**産地新**（p86/カ写）〈[産]千葉県館山市平久里川 左右8cm〉

ゾウの臼歯（不明種）
新生代第四紀更新世の脊椎動物哺乳類。パレオマンモス？
¶**産地本**（p94/カ写）〈[産]千葉県君津市市宿 長さ（左右）10cm 半分に割れている〉

ゾウムシ類の一種
新生代古第三紀の節足動物昆虫類。
¶**生ミス9**（図1-5-3/カ写）〈[産]バルト海 琥珀〉

藻類
古生代ペルム紀の藻類？
¶**産地別**（p133/カ写）〈[産]岐阜県本巣市根尾初鹿谷 長径2.5cm〉

藻類ストロマトライト石灰岩（生物源堆積構造）
先カンブリア時代～現在の初期の植物藻類。
¶**化百科**（p75/カ写）〈[産]ウェールズのモンマスシャー州ブレナボン 19cm〉

藻類堆積物
先カンブリア時代～現在の初期の植物藻類。
¶**化百科**〔石炭紀の藻類堆積物〕（p74/カ写）〈5cm〉

藻類とケーテテスの共生した堆積物
おもに中生代の初期の植物。
¶**化百科**（p74/カ写）〈[産]イングランド南西部のエイヴォン渓谷 6cm〉

属種不明のオウムガイ類　Undetermined nautilus
後期三畳紀～中期ジュラ紀の無脊椎動物オウムガイ類。オウムガイ目オウムガイ科。直径15cm。[分]世界中
¶**化写真**（p137/カ写）〈[産]イギリス 断面〉

属種不明のオウムガイ類　unknown nautiloid
三畳紀中期の軟体動物頭足類オウムガイ類。

¶アン最〔アルセステス（プロアルセステス）の一種及びモノフィライテス・エンゲンシスと属種不明のオウムガイ類〕（p175/カ写）〈⊛ギリシャのリゴーリオ〉
アン最〔ジムニテス・インカルタスと属種不明のオウムガイ類〕（p176/カ写）〈⊛ギリシャのリゴーリオ〉
アン最〔フレキソプチキテス・フレクオーサスとクラディスシテスの一種と属種不明のオウムガイ類〕（p177/カ写）

属種不明の化石カニ類
漸新世の無脊椎動物節足動物。
¶図解化（p109-2/カ写）〈⊛イタリア〉

ソ

ソコダラ属未定種の耳石 *Coelorhynchus* sp.
新生代第三紀中新世の魚類硬骨魚類。
¶化石フ（p225/カ写）〈⊛富山県婦負郡八尾町 5mm〉

ゾステロフィルム *Zosterophyllum*
シルル紀後期～デボン紀中期の初期の陸上植物。ゾステロフィルム目ゾステロフィルム科。
¶化百科（p76/カ写）〈4.5cm〉

ゾステロフィルム *Zosterophyllum llanoveranum*
後期シルル紀～中期デボン紀の初期の陸上植物。ゾステロフィルム目ゾステロフィルム科。高さ25cm。㊕世界中
¶化写真（p289/カ写）〈⊛イギリス〉

ゾステロフィルム *Zosterophyllum rhenanum*
古生代デボン紀前期の植物。
¶植物化（p19/カ写, カ復）〈⊛ドイツ〉

ゾステロフィルム・レーナヌム
シルル紀後期～デヴォン紀中期の植物ゾステロフィルム類。高さ25cm。㊕世界各地
¶進化大〔ゾステロフィルム〕（p116/カ写）

ソデガイ
新生代第四紀更新世の軟体動物斧足類。
¶産地別（p91/カ写）〈⊛神奈川県横浜市金沢区柴町 長さ2.5cm〉

ソデガイ
新生代第三紀中新世の軟体動物斧足類。
¶産地本（p136/カ写）〈⊛愛知県知多郡南知多町内海 長さ（左右）4.6cm 印象化石〉

ソデガイの仲間
新生代第三紀中新世の軟体動物斧足類。フリソデガイと思われる。
¶産地新（p113/カ写）〈⊛長野県南佐久郡北相木村川又 長さ2.3cm〉

蘇鉄
中生代白亜紀の裸子植物ソテツ類。
¶産地本（p5/カ写）〈⊛北海道稚内市東浦海岸 高さ12cm 樹幹〉

ソテツダマシの1種 ⇒キカデオイデアの一種を見よ

ソテツの仲間
中生代ジュラ紀の裸子植物ソテツ類。
¶産地新（p108/カ写）〈⊛福井県大野郡和泉村貝皿 長さ7.5cm〉

ソテツ類 cycadeae
白亜紀の植物。
¶図解化（p47-6/カ写）〈⊛アペニン山脈 幹〉

ソテツ類の蕾
ジュラ紀後期の植物ソテツ類。
¶ゾル1（図13/カ写）〈⊛ドイツのアイヒシュテット 3cm〉

ソニア属の未定種 *Sonnia* sp.
中生代ジュラ紀の軟体動物頭足類。
¶化石フ（p112/カ写）〈⊛宮城県気仙沼市 45mm〉

ソニサウルス ⇒ショニサウルスを見よ

ソニニアの1種 *Sonninia* sp.
中生代のアンモナイト。ソニニア科。
¶学古生（図438/モ写）〈⊛宮城県気仙沼市綱木坂〉

ソネビラメ *Pseudorhombus sonei* sp.nov.
中新世の魚類硬骨魚類。
¶日化譜（図版63-19/モ写）〈⊛秋田県平鹿郡山内村〉

ソノギノアシタ *Phaxas leguminoides*
始新世後期の軟体動物斧足類。
¶日化譜（図版48-17/モ写）〈⊛長崎県西彼杵郡伊王島〉

ゾーフィコスの1種 ⇒ズーフィコスを見よ

ソフキネオフィラムの1種 *Sochkineophyllum japonicum*
古生代後期二畳紀前期の四放サンゴ類。ポリコエリア科。
¶学古生（図117/モ写）〈⊛岐阜県吉城郡上宝村福地 横断面〉
日化譜〔Sochkineophyllum japonicum〕（図版15-1/モ写）〈⊛岐阜県福地 横断面〉

ソーマプテリア・コイケンシス *Somapteria koikensis*
中生代ジュラ紀後期の貝類。ウグイスガイ科。
¶学古生（図651/モ写）〈⊛福島県相馬郡鹿島町 右殻外面〉

ソラチウバガイ *Spisula (Mactromeris) sorachiensis*
漸新世の軟体動物斧足類。
¶日化譜（図版48-6/モ写）〈⊛北海道空知郡奈井江町, 下関市彦島〉

ソラノクリニテス・グラキリス *Solanocrinites gracilis*
ジュラ紀後期の無脊椎動物棘皮動物ウミユリ類。
¶ゾル1（図505/カ写）〈⊛ドイツのプファルツパイント 6cm〉
ゾル1（図506/カ写）〈⊛ドイツのケルハイム 7cm〉

ソリクリメニア *Soliclymenia paradoxa*
後期デボン紀の無脊椎動物アンモナイト亜綱。クリメニア目ヘクサクリメニア科。体長2cm。㊕ユーラシア大陸, アフリカ北部, 北アメリカ
¶化写真（p142/カ写）〈⊛ドイツ〉
地球博〔デボン紀のアンモナイト類〕（p80/カ写）

ソリクリメニア・パラドクサ
デヴォン紀後期の無脊椎動物頭足類。最大幅5cm。㊕ヨーロッパ, 北アフリカ
¶進化大〔ソリクリメニア〕（p125/カ写, カ復）

ソリテスの1種 *Sorites marginalis*
新生代第四紀完新世, 更新世前期の大型有孔虫。ソリテス科。
¶**学古生**(図996,997/モ写)〈[産]沖縄県八重山郡竹富町竹富島, 鹿児島県大島郡伊仙町八重竿〉

ソリヒタチオビ *Musashia* (*Neopsephaea*?) *yanagidaniensis*
中新世中期の軟体動物腹足類。
¶**日化譜**(図版83-33/モ写)〈[産]三重県奄芸郡美里村柳谷〉

ソルデス *Sordes*
ジュラ紀後期の爬虫類翼竜類。ラムフォリンクス亜目ランフォリンクス上科。翼開長60cm。[分]カザフスタン
¶**恐イラ**(p127/カ復)
恐絶動(p102/カ復)

ソルテロコリフェ ソルテリィ *Salterocoryphe salteri*
オルドビス紀中期の三葉虫。プティコパリア目。
¶**三葉虫**(図125/モ写)〈[産]ポルトガルのヴァロンゴ 長さ67mm〉

ゾルンホーフェナミア・エロンガタ *Solnhofenamia elongata*
ジュラ紀後期の脊椎動物全骨魚類。
¶**ゾル2**(図141/カ写)〈[産]ドイツのゾルンホーフェン 22cm〉
ゾル2(図142/カ写)〈[産]ドイツのアイヒシュテット 25cm〉

ソレニテス・ムルラヤナ *Solenites murrayana*
中生代の陸生植物チェカノフスキア類。熱河生物群。
¶**熱河生**(図234/カ写)〈[産]中国の遼寧省北票の黄半吉溝 長さ4.55cm〉

ソレノセラス
白亜紀カンパニアン期の頭足類アンモナイト。殻長約5cm。
¶**日白亜**(p40〜43/カ写, カ復)〈[産]兵庫県淡路島〉

ゾレノセラス
中生代白亜紀の軟体動物頭足類。
¶**産地別**(p185/カ写)〈[産]大阪府泉佐野市滝の池 長径3.1cm〉
産地別(p188/カ写)〈[産]兵庫県洲本市由良町内田 長径4.3cm〉

ソレノセラス・クラッサム *Solenoceras crassum*
カンパニアン期のアンモナイト。
¶**アン最**(p204/カ写)〈[産]ワイオミング州ウエストン郡〉

ソレノセラス・テキサナム *Solenoceras texanum*
カンパニアン期のアンモナイト。
¶**アン最**〔ジェレッツキテス・リーサィディ, ソレノセラス・テキサナム〕(p209/カ写)〈[産]テネシー州クーンクリーク〉

ソレノセラス・パルチャー *Solenoceras pulcher*
カンパニアン期のアンモナイト。
¶**アン最**〔ソレノセラス・パルチャーとシロサラス・コンラデイとパラソレノセラス・パルチャー〕(p209/カ写)〈[産]テネシー州クーンクリーク〉

ソレノポラ科 *Solenoporacea*
植物。藻類。
¶**図解化**(p42-上/カ写)〈断面〉

ソレノポラの1種 *Solenopora divergens*
古生代後期石炭紀中期の藻類紅藻類。ソレノポラ科。
¶**学古生**(図298/モ写)〈[産]山口県美祢郡秋芳町江原 縦断薄片〉

ソレノモルファ *Solenomorpha minor*
前期デボン紀〜後期二畳紀の無脊椎動物二枚貝類。ウミタケガイモドキ目グラミシア科。体長1.8cm。[分]世界中
¶**化写真**(p112/カ写)〈[産]イギリス 内形雌型〉

ゾレノモルファ ⇒アルーラ・エレガンティシマを見よ

"ゾレノモルファ"・エレガンティシマ
"Solenomorpha" cf. *elegantissima*
二畳紀の軟体動物斧足類。
¶**原色化**(PL.34-3/モ写)〈[産]岐阜県不破郡赤坂町金生山 長さ9cm〉

"ゾレノモルファ"・エレガンティシマ
"Solenomorpha" elegantissima
二畳紀の軟体動物斧足類。
¶**原色化**(PL.36-3/カ写)〈[産]岐阜県不破郡赤坂町金生山 長さ20cm〉

ソレミア・スプラジュレンシス *Solemya suprajurensis*
中生代ジュラ紀中期の貝類。キヌタレガイ科。
¶**学古生**(図637/モ写)〈[産]岐阜県大野郡荘川村 右殻〉

ソレミア属の種 *Solemya* sp.
ジュラ紀後期の無脊椎動物軟体動物二枚貝類。
¶**ゾル1**(図133/カ写)〈[産]ドイツのプファルツパイント 1cm〉
ゾル2(図332/カ写)〈[産]ドイツのファルツパイント 1cm 匍行痕を伴う〉

ソレミア属の匍行痕 *Solemya*
ジュラ紀後期の二枚貝類の歩行跡。
¶**ゾル2**〔二枚貝類ソレミア属Solemyaの匍行痕〕(図327/カ写)〈[産]ドイツのアイヒシュテット 1cm〉

ソレン ⇒マテガイを見よ

ソンニニア・ミラビリス *Sonninia mirabilis*
バジョシアン期のアンモナイト。
¶**アン最**(p220/カ写)〈[産]アルゼンチンのネウケン〉

【タ】

ダイアウルフ *Canis dirus*
更新世の哺乳類真獣類イヌ型類イヌ類。食肉目イヌ型亜目イヌ科。別名カニス・ディルス。肉食性。草原や森林に生息。頭胴長約1.4m。[分]北アメリカ
¶**恐古生**〔カニス・ディルス〕(p220〜221/カ復)
恐絶動〔カニス・ディルス〕(p219/カ復)
恐竜世(p238/カ復)

恐竜博（p190/カ復）
生ミス9（図0-1-20/カ写, カ復）〈ミュージアムパーク茨城県自然博物館所蔵標本（複製）〉
生ミス10（図3-2-3/カ写, カ復）〈[産]アメリカのカリフォルニア州ランチョ・ラ・ブレア 復元全身骨格〉
生ミス10（図3-2-4/カ写）〈[産]アメリカのカリフォルニア州ランチョ・ラ・ブレア ラ・ブレア・タールピッツ博物館展示の頭骨〉
絶哺乳（p115,116/カ写, カ復）〈[産]カリフォルニア州ロサンゼルスのタールピット 骨格〉

ダイオウシラトリ *Macoma optiva*
新生代第三紀・初期中新世〜後期中新世の貝類。ニッコウガイ科。
¶学古生（図1348,1349/モ写）〈[産]島根県八束郡宍道町鏡〉
日化譜（図版48-8/モ写）

ダイオウシラトリガイ
新生代第三紀中新世の軟体動物斧足類。別名マコマ。
¶産地本（p241/カ写）〈[産]島根県八束郡玉湯町布志名 長さ（左右）6cm〉

ダイオウソデガイ（新） *Yoldia*（*Tepidoleda*）*sobrina*
漸新世末〜中新世初期の軟体動物斧足類。
¶日化譜（図版35-34/モ写）〈[産]北海道三笠市幾春別, 北海道勇払郡厚真〉

ダイオウフミガイ *Venericardia*（*Venericor*）*nipponica*
始新世後期の軟体動物斧足類。
¶日化譜（図版44-24/モ写）〈[産]熊本県荒尾市万田炭坑, 熊本県天草郡苓北町〉

タイガーシャーク ⇒イタチザメを見よ

ダイコクリヌス科の未定種 Dichocrinidae gen.et sp.indet.
古生代ペルム紀の棘皮動物ウミユリ類。ダイコクリヌス科。
¶化石フ（p67/カ写）〈[産]福島県いわき市 長さ30mm〉

ダイシャカニシキ *Leochlamys tanassevitschi*
第四紀更新世の貝類。大桑—万願寺動物群。
¶化石図（p143/カ写）〈[産]北海道 高さ約9cm〉

堆積物を摂取する環虫
第三紀の無脊椎動物環虫類。
¶図解化（p88-中左/カ写）〈[産]アペニン山脈 印象〉

ダイセラス *Diceras*
中生代ジュラ紀〜白亜紀の軟体動物二枚貝類厚歯二枚貝類。長径10cm前後。[分]ポーランド, ルーマニア, フランスほか
¶生ミス7（図4-24/カ復）

タイ属未定種の耳石 *Sparus* sp.
新生代第三紀鮮新世の魚類硬骨魚類。
¶化石フ（p223/カ写）〈[産]静岡県掛川市 4mm〉

ダイティンギクツィス・ティシュリンゲリ *Daitingichthys tischlingeri*
ジュラ紀後期の脊椎動物真骨魚類。
¶ゾル2（図162/カ写）〈[産]ドイツのダイティング 30cm〉
ゾル2（図163/カ写）〈[産]ドイツのアイヒシュテット 28cm〉

ダイトクドウアカガイ *Anadara*（*Scapharca*）*daitokudoensis*
中新世中期の軟体動物斧足類。
¶日化譜（図版36-20/モ写）〈[産]岡山県植月, 同阿哲郡荒掘谷, 広島県庄原〉

ダイニチイグチ *Turricula*（*Surcula*）*sobrina*
鮮新世前期の軟体動物腹足類。
¶日化譜（図版34-8/モ写）〈[産]静岡県周智郡大日〉

ダイニチサトウガイ *Anadara*（*Scapharca*）*satowi castellata*
鮮新世前期の軟体動物斧足類。
¶日化譜（図版36-21/モ写）〈[産]静岡県周智郡大日〉

ダイニチサトウガイ
新生代第三紀鮮新世の軟体動物斧足類。フネガイ科。別名アナダラ。
¶産地新（p234/カ写）〈[産]宮崎県児湯郡川南町通山浜 長さ5.5cm〉

ダイニチシャジク *Clavatula dainichiensis*
新生代第三紀鮮新世の貝類。クダマキガイ科。
¶学古生（図1438/モ写）〈[産]青森県むつ市近川〉
日化譜〔ヒメシャジク〕（図版34-9/モ写）〈[産]静岡県周智郡大日, 同方ノ橋〉

ダイニチタケ *Noditerebra*（*Pristiterebra*？）*abdita*
鮮新世前期の軟体動物腹足類。
¶日化譜（図版34-34/モ写）〈[産]静岡県周智郡大日〉

ダイニチバイ
新生代第三紀鮮新世の軟体動物腹足類。エゾバイ科。別名バビロニア・エラータ。
¶産地新（p207/カ写）〈[産]高知県安芸郡安田町唐浜 高さ5.7cm〉
産地別（p155/カ写）〈[産]静岡県掛川市下垂木飛鳥 高さ5.4cm〉

ダイニチフミガイ *Megacardita panda*
第四紀更新世の二枚貝類。マルスダレガイ目トマヤガイ科。
¶化石図（p165/カ写）〈[産]静岡県 殻横幅約6cm, 殻横幅約5cm〉

ダイニチフミガイ *Venericardia*（*Megacardita*）*panda*
鮮新世前期の軟体動物斧足類。
¶日化譜（図版44-11/モ写）〈[産]静岡県周智郡大日〉

ダイニチフミガイ *Venericardia panda*
新生代第三紀鮮新世の貝類。トマヤガイ科。
¶学古生（図1389/モ写）〈[産]高知県安芸郡安田町登〉

ダイニチフミガイ
新生代第三紀鮮新世の軟体動物斧足類。トマヤガイ科。別名ベネルカルディア・パンダ。
¶産地新（p205/カ写）〈[産]高知県安芸郡安田町唐浜 長さ5.1cm〉
産地新（p233/カ写）〈[産]宮崎県児湯郡川南町通山浜 長さ2.9cm〉

ダイニチヨウラク *Ergalatax dainitiensis*
鮮新世前期の軟体動物腹足類。
¶日化譜（図版31-16/モ写）〈[産]静岡県掛川方ノ橋〉

タイノセラス
古生代ペルム紀の軟体動物頭足類。オウムガイの一種。
¶**産地新**(p29/カ写)〈[産]岩手県陸前高田市飯森 径約7cm〉

タイノセラスの1種 *Tainoceras kitakamiense*
古生代後期二畳紀中期の頭足類。タイノセラス科。
¶**学古生**(図227/モ写)〈[産]岩手県陸前高田市飯森〉

ダイノテリウム ⇒デイノテリウムを見よ

タイの歯
新生代第三紀鮮新世の脊椎動物硬骨魚類。ヘダイの歯と思われる。
¶**産地新**(p69/カ写)〈[産]千葉県安房郡鋸南町奥元名 1つの球体の径2.5mm〉

ダイフォン フォルベシ *Deiphon forbesi*
シルル紀中期の三葉虫。オドントプルーラ目。
¶**三葉虫**(図96/モ写)〈[産]モロッコ 長さ58mm レプリカ〉

太陽サンゴ ⇒ヘリオリテスを見よ

第四紀トラバーチンに保存された葉
第四紀の植物。
¶**図解化**(p17-1/カ写)〈[産]ティボリ〉

タイラギガイ
新生代第三紀鮮新世の軟体動物斧足類。ハボウキガイ科。
¶**産地新**(p205/カ写)〈[産]高知県安芸郡安田町唐浜 長さ15cm〉
産地新(p235/カ写)〈[産]宮崎県児湯郡川南町通山浜 長さ10cm〉

タイワンウリノキ *Alangium chinense*
新生代鮮新世の陸上植物。ウリノキ科。
¶**学古生**(図2504/モ図)〈[産]岐阜県土岐市押沢, 岐阜県土岐市大洞 種子横断面, 種子側面〉

タイワンスギの1種 *Taiwania mesocrypomerioides*
中生代白亜紀後期の陸上植物。スギ科。上部白亜紀植物群。
¶**学古生**(図864/モ写)〈[産]石川県石川郡白峰村谷峠〉

タイワンスギの1種 *Taiwania* sp.
中生代白亜紀後期の陸上植物。球果綱球果目スギ科。足羽植物群。
¶**学古生**(図857/モ写)〈[産]福井県今立郡池田町皿尾〉

タイワンブナに比較される種 *Fagus* sp.cf.*hayatae*
新生代第四紀更新世中期の陸上植物。ブナ科。
¶**学古生**(図2561/モ図)〈[産]神奈川県横浜市戸塚区下倉田〉

ダーウィディア
古第三紀～現代の被子植物。別名ハンカチノキ。高さ最大18m。[分]北アメリカ, ロシア, 中国
¶**進化大**(p422)

ダーウィニウス
古第三紀始新世中期の脊椎動物有胎盤類の哺乳類。別名アイダ。全長90cm。[分]ドイツ
¶**進化大**(p385/カ写)

ダーウィニウス・マシラエ *Darwinius masillae*
新生代古第三紀始新世の哺乳類真獣類霊長類。別名イーダ。全長58cm。[分]ドイツ
¶**古代生**(p214～215/カ写)〈[産]ドイツのメッセル〉
生ミス9〔ダーウィニウス〕(図1-4-10/カ写, カ復)〈[産]ドイツのグルーベ・メッセル〉

ダーウィヌラ・レグミネルラの背甲 *Darwinula leguminella*
中生代の貝形虫類。熱河生物群。
¶**熱河生**(図55/モ写)〈[産]中国の遼寧省北票の四合屯 外側側面〉

ダーウィノプテルス *Darwinopterus*
中生代ジュラ紀の爬虫類双弓類主竜類翼竜類。全長90cm。[分]中国
¶**生ミス6**(図4-7/カ復)
生ミス6〔ダーウィノプテルスの骨格標本〕(図4-10/カ写)〈[産]中国東北部の遼寧省建昌県〉

ダーウィノプテルス・モデュラリス *Darwinopterus modularis*
中生代ジュラ紀の爬虫類翼竜類。翼開長90cm。[分]中国
¶**リア中**〔ダーウィノプテルス〕(p82/カ復)

タウエヌノメハマグリ *Pseudamiantis tauyensis*
新生代第三紀鮮新世の貝類。マルスダレガイ科。
¶**学古生**(図1505/モ写)〈[産]石川県金沢市上中町〉
日化譜(図版47-4/モ写)〈[産]金沢市浅川町上田上〉

タウマトプテリス・スケンキイ
三畳紀後期～ジュラ紀前期の植物シダ類。全長1m。[分]世界各地
¶**進化大**〔タウマトプテリス〕(p200/カ写)

ダエオドン *Daeodon*
漸新世～中新世前期の単弓類偶蹄類。草原, 疎林に生息。全長3m。[分]北米
¶**恐古生**(p264～265/カ復)

タエニオクラダ *Taeniocrada dubia*
古生代デボン紀前期の原始的な陸上植物。
¶**植物化**(p16/カ写, カ復)〈[産]ドイツ〉

タエニオプテリス・スパトゥラタ
白亜紀前期の植物ベントキシロン類。葉の長さ最大40cm。[分]世界各地
¶**進化大**〔タエニオプテリス〕(p289/カ写)

タエニオラビス *Taeniolabis* sp.
暁新世前期の哺乳類多丘歯類。タエニオラビス科。頭骨全長約16cm。[分]北アメリカ
¶**絶哺乳**(p41,42/カ復, モ図)〈頭骨と下顎の左側面, 頭骨の下面〉

タエニオラビス *Taeniolabis taoensis*
前期暁新世の脊椎動物哺乳類。多丘歯目タエニオラビス科。体長60cm。[分]北アメリカ
¶**化写真**(p263/カ写)〈[産]アメリカ 下顎〉

ダオネラ・コトイ *Daonella kotoi*
中生代三畳紀の軟体動物斧足類。ポシドニア科。
¶**学古生**(図645/モ写)〈[産]高知県高岡郡佐川町 右殻〉
化石フ(p89/カ写)〈[産]徳島県那賀郡上那賀町 40mm〉
日化譜〔Daonella kotoi〕(図版38-21/モ写)〈[産]高知

県佐川町蔵法院, 亥ノ谷〉

ダオネラ・ムソニ *Daonella moussoni*
三畳紀中期の無脊椎動物軟体動物。
¶図解化 (p116-6/カ写)〈㊫アルプス山脈〉

ダオネラ・ロメリイ *Daonella lommeli*
三畳紀の軟体動物斧足類。
¶原色化 (PL.39-1/モ写)〈㊫イタリアの南チロルのコルバナ 高さ6.5cm〉

タカアシガニ類 *Macrocheila* aff.*kaempferi*
中新世後期の十脚類。
¶日化譜 (図版60-2/モ写)〈㊫長野県下伊那郡米川村千代腹部〉

タ

タカイジュロウジン *Apolymetis* (*Leporimetis*) *takaii*
中新世の軟体動物斧足類。
¶日化譜 (図版48-14/モ写)〈㊫山形県西田川郡大山町〉

タカオサルボウ *Anadara takaoensis*
新生代第三紀鮮新世の貝類。フネガイ科。
¶学古生 (図1385/モ写)〈㊫沖縄県名護市仲尾次〉

タカギアサリ *Tapes takagii*
新生代第三紀・初期中新世の貝類。マルスダレガイ科。
¶学古生 (図1174/モ写)〈㊫石川県珠洲市高波〉

タカシマアカメガシワ *Mallotus eomollucanus*
新生代始新世の陸上植物。トウダイグサ科。
¶学古生 (図2211/モ図)〈㊫長崎県西彼杵郡高島町高島炭鉱〉

タカシマウミタケモドキ *Pholadomya takashimensis*
始新世後期の軟体動物斧足類。
¶日化譜 (図版49-19/モ写)〈㊫長崎県西彼杵郡伊王島〉

タカシマスズカケ *Platanus chaneyi*
新生代始新世の陸上植物。スズカケノキ科。
¶学古生 (図2200/モ図)〈㊫長崎県西彼杵郡高島町高島炭鉱〉

タカシマゼンマイ *Plenasium lignitum*
新生代始新世の陸上植物。ゼンマイ科。
¶学古生 (図2157/モ図)〈㊫長崎県西彼杵郡高島町高島炭鉱〉

タガソデガイ *Coralliophaga coralliophaga*
現世の軟体動物斧足類。
¶日化譜 (図版45-11/モ写)〈㊫千葉県館山町〉

タカッカヴィア *Takakkawia lineata*
カンブリア紀の海綿動物尋常海綿類。海綿動物門普通海綿綱タカッカヴィデー科。サイズ40mm。
¶バ頁岩 (図29,30/モ写, モ復)〈㊫カナダのバージェス頁岩〉

タカナベクダマキガイ
新生代第三紀鮮新世の軟体動物腹足類。クダマキガイ科。
¶産地新 (p209/カ写)〈㊫高知県安芸郡安田町唐浜 高さ5cm〉

タカナベスダレ *Paphia* (s.s.) *takanabeensis*
鮮新世前期の軟体動物斧足類。
¶日化譜 (図版48-2/モ写)〈㊫宮崎県児湯郡〉

タカノハヨウラクガイ *Pteropurpura plorator*
新生代第三紀鮮新世の軟体動物腹足類。
¶化石フ (p182/カ写)〈㊫高知県室戸市 高さ38mm〉

タカハシキンセンモドキ *Mursia takahashii*
新生代第三紀中新世の節足動物十脚類。
¶化石フ (p195/カ写)〈㊫福島県伊達郡梁川町 約30mm〉

タカハシケヤキ *Zelkova takahashii*
新生代漸新世の陸上植物。ニレ科。
¶学古生 (図2196/モ写)〈㊫北海道白糠郡白糠町中庶路〉

タカハシホタテ *Fortipecten takahashii*
新生代新第三紀中新世末〜新第三紀鮮新世の軟体動物二枚貝類。イタヤガイ目イタヤガイ科。別名タカハシホタテガイ。
¶学古生 (図1373,1374/モ写)〈㊫宮城県仙台市川内〉
化石図 (p146/カ写)〈㊫北海道 殻の横幅約16cm 平らな左殻, 膨らんだ右殻, 側面〉
化石フ (p175/カ写)〈㊫北海道滝川市 150mm〉
生ミス10 (図2-1-14/カ写)〈㊫北海道雨竜郡沼田町 左殻, 右殻, 側面〉
日化譜 (図版40-14/モ写)〈㊫青森県など〉

タカハシホタテ
新生代第三紀鮮新世の軟体動物斧足類。
¶産地別 (p60/カ写)〈㊫北海道滝川市空知川 高さ16cm, 長さ16.5cm〉

タカハシホタテ
新生代第三紀中新世の軟体動物斧足類。別名フォルティペクテン。
¶産地本 (p48/カ写)〈㊫北海道雨竜郡沼田町幌新太刀別川 高さ15cm〉

タカハシホタテガイ ⇒タカハシホタテを見よ

タカバナレクダマキ (新) *Coronasyrinx takabanarensis*
鮮新世前期の軟体動物腹足類。
¶日化譜 (図版34-16/モ写)〈㊫沖縄本島〉

タカヤスニレ *Ulmus takayasui*
新生代中新世前期の陸上植物。ニレ科。
¶学古生 (図2362/モ写)〈㊫青森県西津軽郡岩崎村大間越〉

タカヤマアカガイ *Anadara takayamai*
新生代第三紀・初期中新世の貝類。フネガイ科。
¶学古生 (図1124/モ写)〈㊫富山県婦負郡八尾町掛畑〉

タカラガイ
新生代第三紀中新世の軟体動物腹足類。
¶産地新 (p125/カ写)〈㊫岐阜県瑞浪市釜戸町荻の島 高さ2.8cm〉

タカラガイ
新生代第四紀更新世の軟体動物腹足類。
¶産地本 (p91/カ写)〈㊫千葉県君津市追込小糸川 高さ3.5cm〉

タカラガイ科の一種
新生代第四紀完新世の軟体動物腹足類。タカラガイ科。
¶**産地新**(p87/カ写)〈[産]千葉県館山市平久里川 高さ2.3cm〉

タキカワカイギュウ *Hydrodamalis spissa*
500万年前(新生代新第三紀鮮新世)の哺乳類。哺乳綱カイギュウ目ジュゴン科ステラーカイギュウ亜科。体長約8m, 体重4tと推察。
¶**日絶古**(p70～71/カ写, カ復)〈[産]北海道 復元骨格, 発掘の様子〉

タクシテス・ラングスドルフィ
白亜紀～現代の植物針葉樹。シュートの長さ最大12cm。[分]北半球の高緯度地方
¶**進化大**〔タクシテス〕(p391/カ写)

タクソディウム *Taxodium dubium*
ジュラ紀の植物。
¶**地球博**〔針葉樹の種子の球果〕(p77/カ写)

タクソディウム・ドゥ・ビウム
白亜紀～現代の植物針葉樹。別名ヌマスギ。高さ最大40m。[分]北半球の高緯度地方
¶**進化大**〔タクソディウム〕(p391/カ写)〈種子球果〉

タクソディオキシロン *Taxodioxylon matsuiwa*
新生代漸新世の陸上植物。スギ科。
¶**学古生**(図2176/モ写)〈[産]福岡県宗像郡津屋崎町 径断面(柾目), 横断面, 接線断面(板目)〉

タクソディテス *Taxodites*
中新世の針葉樹(裸子植物)球果植物。
¶**化百科**(p96/カ写)〈[産]ドイツ 直径1cm未満 小枝〉

ダクチリオセラス ⇒ダクティリオセラスを見よ

ダクチリオセラスの1種 *Dactylioceras (Dactylioceras) helianthoides*
中生代・前期ジュラ紀のアンモナイト。ダクチリオセラス科。
¶**学古生**(図409～414/モ写)〈[産]山口県豊浦郡豊田町, 菊川町〉

ダクチリオセラスの1種 *Dactylioceras (Prodactylioceras)* sp.aff.*D.italicum*
中生代・前期ジュラ紀のアンモナイト。ダクチリオセラス科。
¶**学古生**(図415/モ写)〈[産]山口県豊浦郡豊田町, 菊川町〉

ダクチリオセラス・ヘリアントイデス *Dactylioceras helianthoides*
中生代ジュラ紀の軟体動物頭足類。
¶**化石フ**(p110/カ写)〈[産]山口県豊浦郡豊田町 90mm〉
日化譜〔Dactylioceras helianthoides〕(図版53-18/モ写)〈[産]山口県豊浦郡東長野〉

ダクチロイディテス *Dactyloidites* sp.
カンブリア紀の無脊椎動物腔腸動物。
¶**図解化**(p63-下右/カ写)〈[産]アメリカ〉

ダクティリオケラス ⇒ダクティリオセラス・コミューネを見よ

ダクティリオセラス *Dactylioceras*
ジュラ紀前期の軟体動物頭足類アンモノイド類アンモナイト類。
¶**化百科**(p170/カ写)〈石板の長さ15cm〉
図解化〔ダクティリオケラス属のアンモナイト〕(p8/カ写)〈[産]ドイツのホルツマーデン〉
生ミス6〔ダクチリオセラス〕(図2-2/カ写)〈[産]ドイツのホルツマーデン 直径4cm〉

ダクティリオセラス
ジュラ紀前期の無脊椎動物頭足類。直径6～8.5cm。[分]ヨーロッパ, イラン, 北アフリカ, 北極, 日本, インドネシア, チリ, アルゼンチン
¶**産地本**〔ダクチリオセラス〕(p232/カ写)〈[産]山口県豊浦郡豊田町石町 径2.2cm〉
進化大(p237/カ写)

ダクティリオセラス・アスレティカム *Dactylioceras athleticum*
ジュラ紀前期ライアス期の無脊椎動物軟体動物アンモナイト類。
¶**アン最**(p162/カ写)〈[産]ドイツのシュレイホーヘン〉
図解化〔Dactylioceras athleticum〕(図版25-15/カ写)〈[産]イギリス〉

ダクティリオセラス・コミューネ *Dactylioceras commune*
前期ジュラ紀の無脊椎動物アンモナイト類。アンモナイト目ダクティリオケラス科。直径7cm。[分]世界中
¶**アン最**(p20/カ写)〈[産]イギリスのウィットビー “ヘビ石”〉
化写真〔ダクティリオケラス〕(p149/カ写)〈[産]イギリス〉

ダクティリオセラス・コムネ *Dactylioceras (Dactylioceras) commune*
ジュラ紀の軟体動物頭足類。
¶**原色化**(PL.49-1/カ写)〈[産]イギリスのヨーク州ウィトビィ 長径6.5cm〉

ダクティリオセラス・テニュイコスタータム *Dactylioceras tenuicostatum*
ライアス期のアンモナイト。
¶**アン最**(p153/カ写)〈[産]イギリスのヨークシャー〉

ダケカンバ *Betula Ermani*
更新世前期の双子葉植物。
¶**日化譜**(図版76-19/モ写)〈[産]近畿各地〉

タケダエゾボラ *Neptunea dispar*
新生代第三紀漸新世の貝類。エゾバイ科。
¶**学古生**(図1119/モ写)〈[産]和歌山県西牟婁郡串本町田野崎東方〉
日化譜(図版32-6/モ写)〈[産]北海道〉

タケノコガイ ⇒テレブラ・フスカタを見よ

タケノコガイ科の一種
新生代第三紀鮮新世の軟体動物腹足類。タケノコガイ科。
¶**産地新**(p211/カ写)〈[産]高知県安芸郡安田町唐浜 高さ6.5cm〉
産地新(p211/カ写)〈[産]高知県安芸郡安田町唐浜 高さ4.5cm〉
産地新(p211/カ写)〈[産]高知県安芸郡安田町唐浜 高さ3.1cm ヤスリギリに似る〉

タケノコカニモリ科の一種
新生代第三紀鮮新世の軟体動物腹足類。タケノコカニモリ科。
¶**産地新**（p213/カ写）〈[産]高知県安芸郡安田町唐浜 高さ2.7cm〉

タケノコシャジク?
新生代第四紀更新世の軟体動物腹足類。
¶**産地別**（p86/カ写）〈[産]秋田県男鹿市琴川安田海岸 高さ2.5cm〉

ダケントルルス *Dacentrurus*
ジュラ紀後期の恐竜類剣竜類。体長4.5～10m。[分]イギリス, フランス, ポルトガル, スペイン
¶**恐イラ**（p146/カ復）
よみ恐（p108/カ復）

タコ ⇒パラエオクトプス・ニューボールディを見よ

ダコサウルス *Dakosaurus*
1億6500万～1億4000万年前（ジュラ紀後期～白亜紀前期）の初期の脊椎動物爬虫類主竜類ワニ形類。全長4～5m。[分]世界各地
¶**恐竜世**（p93/カ復）
ゾル2〔ダコサウルス属の種〕（図260/カ写）〈[産]ドイツのアイヒシュテット 8cm 歯〉
ゾル2〔ダコサウルス属の歯〕（図261/カ写）〈[産]ドイツのケルハイム 26cm 歯を伴う顎の断片〉

ダコサウルス
ジュラ紀後期～白亜紀前期の脊椎動物ワニ形類。体長4～5m。[分]世界各地
¶**進化大**（p255/カ復）

ダコサウルス・アンヂニエンシス *Dakosaurus andiniensis*
中生代ジュラ紀～白亜紀の爬虫類双弓類主竜類クルロタルシ類ワニ形類メトリオリンクス類。全長4m。[分]アルゼンチン, フランス, イギリスほか
¶**生ミス6**〔ダコサウルス〕（図3-10/カ写, カ復）〈[産]アルゼンチン 85cm 頭骨〉

タコノマクラ *Clypeaster japonicus*
新生代更新世のウニ。タコノマクラ科。
¶**学古生**（図1909/モ写）〈[産]鹿児島県大島郡喜界町上嘉鉄〉
日化譜（図版62-1/モ写）〈[産]沖縄本島など 現生標本〉

タコノマクラ ⇒クリュペアステルを見よ

タコブネ
新生代第三紀鮮新世の軟体動物頭足類。
¶**産地別**（p89/カ写）〈[産]千葉県安房郡鋸南町奥元名 長径3.6cm〉

タコブネ
新生代第三紀中新世の軟体動物頭足類。
¶**産地別**（p141/カ写）〈[産]長野県安曇野市豊科田沢中谷 長径4.2cm〉

ダサイアティス ⇒アカエイの歯を見よ

タザワサルボウ *Anadara tazawaensis*
新生代第三紀・中期中新世の貝類。フネガイ科。
¶**学古生**（図1245/モ写）〈[産]富山県婦負郡八尾町城生〉

タジミヒダミブドウ *Tetrastigma tajimiensis*
新生代鮮新世の陸上植物。ブドウ科。
¶**学古生**（図2490/モ図）〈[産]岐阜県多治見市下生田 種子〉

タシロキリガイダマシ *Colpospira*（*Acutospira*）*tashiroi*
始新世の軟体動物腹足類。
¶**日化譜**（図版27-23/モ写）〈[産]福岡県三池〉

ダスティルベ *Dastilbe*
白亜紀前期の魚類条鰭類真骨類骨鰾類。ネズミギス目。
¶**化百科**（p203/カ写）〈[産]ブラジル 頭尾長10.5cm〉

ダスプレトサウルス *Daspletosaurus*
白亜紀カンパニアンの恐竜類ティラノサウルス類。カルノサウルス下目ティラノサウルス上科。大型の肉食恐竜。体長9m。[分]カナダのアルバータ州, アメリカ合衆国のモンタナ州
¶**恐イラ**（p205/カ復）
恐絶動（p119/カ復）

ダスプレトサウルス *Daspletosaurus torosus*
後期白亜紀の脊椎動物恐竜類。竜盤目ティラノサウルス科。体長9m。[分]北アメリカ
¶**化写真**（p246/カ写）〈[産]カナダ 右下顎〉
地球博〔ダスプレトサウルスの下顎骨〕（p84/カ写）

ダスプレトサウルス
白亜紀後期の脊椎動物獣脚類。体長9m。[分]北アメリカ
¶**進化大**（p321/カ写）〈下あご〉

タスマニア・ウルフ ⇒フクロオオカミを見よ

タスマニア・タイガー ⇒フクロオオカミを見よ

タチベツササノハ *Lanceolaria pisciformis*
始新世後期, 漸新世前期の軟体動物斧足類。
¶**日化譜**（図版43-20/モ写）〈[産]北海道美唄, 北海道雨竜郡沼田町〉

ダチョウボラ ⇒ストルシオラリア（ストルシオラリア）・パピュローサを見よ

駝鳥竜 ⇒ストルティオミムスを見よ

タツノクチカガミ *Dosinia*（*Phacosoma*?）*tatunokutiensis*
鮮新世中期の軟体動物斧足類。
¶**日化譜**（図版47-7/モ写）〈[産]仙台市〉

タツノクチカガミ *Dosinia tatunokutiensis*
新生代第三紀鮮新世の貝類。マルスダレガイ科。
¶**学古生**（図1379/モ写）〈[産]宮城県仙台市郷六〉

タツノクチサルボウ *Anadara*（*Diluvarca*）*tatunokutiensis*
鮮新世前期の軟体動物斧足類。
¶**日化譜**（図版36-25/モ写）〈[産]仙台市〉

タツノクチサルボウ *Anadara tatunokutiensis*
新生代第三紀鮮新世の貝類。フネガイ科。
¶**学古生**（図1375/モ写）〈[産]宮城県仙台市郷六〉

タツマキサザエ
新生代第三紀鮮新世の軟体動物腹足類。リュウテン科。

¶産地新（p214/カ写）〈㊑高知県安芸郡安田町唐浜 高さ3cm〉

タツミトウゲオサムシ *Carabus*（*Ohomopterus*）sp.
新生代の昆虫類。オサムシ科。
¶学古生（図1810/モ写）〈㊑鳥取県八頭郡佐治村辰巳峠〉

タツミハギ *Lespedeza tatsumitogeana*
新生代中新世後期の陸上植物。マメ科。
¶学古生（図2429/モ図）〈㊑鳥取県八頭郡佐治村辰巳峠〉

タッリテス・ハレイ
デヴォン紀〜現代の植物コケ類。最大幅15cm。㊕世界各地
¶進化大〔タッリテス〕（p145/カ写）

タテイワツキヒ *Propeamussium tateiwai*
新生代第三紀中新世の軟体動物斧足類。ワタゾコツキヒガイ科。
¶化石フ（p15/カ写）〈㊑愛知県知多郡南知多町 15mm〉
日化譜（図版39-8,9/モ写）〈㊑愛知県知多郡豊浜など〉

タデオサウルス *Thadeosaurus*
ペルム紀後期の爬虫類。始鰐目。初期の双弓類。全長60cm。㊕マダガスカル
¶恐絶動（p82/カ復）

タテスジチョウチンガイ *Terebratulina japonica*
新生代鮮新世の腕足類終穴類。カンセロフィリス科。
¶学古生（図1057/モ写）〈㊑千葉県銚子市犬若〉
日化譜（図版25-11/モ写）〈㊑千葉県, 神奈川県など〉

タテスジチョウチンガイ
新生代第四紀更新世の腕足動物有関節類。
¶産地新（p58/カ写）〈㊑秋田県男鹿市琴川安田海岸 高さ2.3cm〉

タテスジホウズキガイ *Coptothyris grayi*
新生代中新世, 鮮新世の腕足類。テレブラチュラ目ダリナ科。
¶学古生（図1063/モ写）〈㊑宮城県名取郡名取町熊野堂, 千葉県銚子市犬若 成貝, 幼貝〉
原色化〔コプトチリス・グレイイ〕（PL.90-1/モ写）〈㊑神奈川県三浦市下宮田 幅2.5cm 背殻, 腹殻〉
日化譜〔タテスジホオズキガイ〕（図版25-16,17,18/モ写）〈㊑北海道など〉

タテスジホウズキガイ
新生代第四紀更新世の腕足動物有関節類。
¶産地別（p66/カ写）〈㊑北海道北斗市三好細小股沢川 高さ3cm〉
産地別（p164/カ写）〈㊑富山県小矢部市田川 幅2.7cm〉
産地本〔タテスジホオズキガイ〕（p103/カ写）〈㊑千葉県市原市瀬又 高さ3cm〉

タテスジホウズキガイ
新生代第三紀中新世の腕足動物有関節類。
¶産地新（p121/カ写）〈㊑石川県羽咋郡富来町関野鼻 高さ2.1cm〉
産地別（p152/カ写）〈㊑石川県七尾市白馬町 幅2.6cm, 高さ2cm〉
産地本〔タテスジホオズキガイ〕（p74/カ写）〈㊑宮城県遠田郡湧谷町 高さ2.5cm 内形の印象〉

タテスジホオズキガイ ⇒タテスジホウズキガイを見よ

タテワキツツジ *Rhododendron tatewakii*
新生代中新世後期の陸上植物。ツツジ科。
¶学古生（図2511/モ写）〈㊑北海道紋別郡遠軽町社名渕〉

ダトウサウルス *Datousaurus*
ジュラ紀バトニアン〜カロビアンの恐竜類竜脚類。ケティオサウルス科, またはエウヘロプス科の可能性。中国・大山鋪採石場の竜脚類。体長15m。㊕中国
¶恐イラ（p117/カ復）

タナイカシ *Quercus miouariabilis*
新生代中新世中期の陸上植物。ブナ科。
¶学古生（図2351,2352/モ写）〈㊑北海道松前郡福島町吉岡, 山形県鶴岡市山口〉

タナイカシ *Quercus subvariabilis*
中新世中期の双子葉植物。
¶日化譜（図版76-25/モ写）〈㊑山形県鶴岡市〉

タナイカズラ *Trachelospermum tanaii*
新生代始新世の陸上植物。キョウチクトウ科。
¶学古生（図2214/モ写）〈㊑山口県宇部市上梅田〉

タナイムクロジ *Sapindus tanaii*
新生代中新世中期の陸上植物。ムクロジ科。
¶学古生（図2469/モ写）〈㊑新潟県岩船郡山北町雷〉

タナカグマ *Ursus tanakai*
更新世後期の哺乳類食肉類。
¶日化譜（図版66-9/モ写）〈㊑栃木県安蘇郡葛生町大久保 右下顎内側面, 同咀嚼面〉

タナカニシキ *Chlamys tanakai*
新生代第三紀鮮新世の軟体動物斧足類。イタヤガイ科。
¶学古生（図1370,1371/モ写）〈㊑長野県上水内郡戸隠村下楡木〉
化石フ（p173/カ写）〈㊑長野県上水内郡戸隠村 45mm〉

タナグラキリガイダマシ *Turritella*（*Idaella*）*tanaguraensis*
新生代第三紀・中期中新世末期〜後期中新世の貝類。キリガイダマシ科。
¶学古生（図1360,1361/モ写）〈㊑島根県八束郡宍道町東来待〉
日化譜（図版28-19/モ写）〈㊑福島県棚倉〉

タナクラサルボウ *Anadara tanakuraensis*
新生代第三紀・中期中新世の貝類。フネガイ科。
¶学古生（図1257/モ写）〈㊑福島県東白川郡棚倉町上豊野沢〉

タナグラスカシガイ *Tugali decussatoides*
新生代第三紀・中期中新世の貝類。
¶学古生（図1283/モ写）〈㊑宮城県柴田郡村田町足立西方〉

タナクラチョウチン *Tanakura tanakura*
中新世中期の腕足類終穴類。
¶日化譜（図版25-29/モ写）〈㊑福島県白川郡棚倉〉

タナグラツノマタ *Latirus polygonuloides*
中新世中期の軟体動物腹足類。

¶日化譜(図版32-30/モ写)〈[産]福島県棚倉〉

タニウス *Tanius*
白亜紀後期の恐竜類エドモントサウルス類(族)(推定)。頭の平らなハドロサウルス類。体長9m。[分]中国
¶恐イラ(p225/カ復)

タニコラ・ベイピアオエンシス *Tanychora beipiaoensis*
中生代の昆虫類ヒメバチ類。熱河生物群。
¶熱河生(図91/カ写)〈[産]中国の遼寧省北票の黄半吉溝 長さ約7mm〉

タニストロフェウス *Tanystropheus*
中生代三畳紀の爬虫類プロラケルタ類。主竜態下綱タニストロフェウス科。海岸線に生息。全長6m。[分]中国, フランス, スイスほか
¶恐古生(p88〜89/カ復)
恐絶動(p86/カ復)
恐竜博(p38/カ復)
生ミス5(図3-4/カ写, カ復)〈[産]イタリアのヴァレーゼ県 幼体〉

タニストロフェウス
三畳紀中期の脊椎動物タニストロフェウス類。全長5.5〜6.5m。[分]ヨーロッパ, 中東
¶進化大(p210〜211/カ復)

タニストロフェウス・ロンゴバルディクス *Tanystropheus longobardicus*
三畳紀中期の爬虫類。竜型超綱有鱗綱有鱗目トカゲ亜目。全長6m。[分]スイス, 中国
¶古脊椎〔タニストロフェウス〕(図117/モ復)
図解化(p206-4/カ写)〈[産]スイスのモンテ・サンジョルジオ 頭骨と頸〉
リア中〔タニストロフェウス〕(p28/カ復)

タニファサウルス *Taniwhasaurus mikasaensis*
白亜紀後期サントニアン期〜カンパニアン期のモササウルス類。モササウルス科ティロサウルス亜科。おそらく魚類や頭足類を摂食。体長7m前後。[分]北海道三笠市菊面沢
¶日恐竜(p114/カ写, カ復)〈33cm 頭骨化石〉

タニマサノリア
中生代白亜紀の軟体動物腹足類。
¶産地新(p154/カ写)〈[産]大阪府泉佐野市滝の池 高さ2cm〉

タヌキ *Nyctereutes procyonoides*
新生代更新世後期の哺乳類。イヌ科。
¶学古生(図1982〜1984/モ写)〈[産]静岡県引佐郡引佐町白岩住友セメント白岩鉱山 軸椎右側面, 腹側, 環椎背面〉

タヌキブンブク属の未定種 *Brissopsis* sp.
新生代第三紀中新世の棘皮動物ウニ類。
¶化石フ(p204/カ写)〈[産]愛知県知多郡南知多町 80mm〉

ターヌス属の未定種 *Turnus* sp.
中生代ジュラ紀の軟体動物斧足類。ニオガイ超科。
¶化石フ(p103/カ写)〈[産]岐阜県大野郡荘川村 10mm〉

ダヌビテスの1種 *Danubites* sp.aff.*D.ambika*
中生代三畳紀初期のアンモナイト。ダヌビテス科。
¶学古生(図379/モ写)〈[産]宮城県牡鹿郡女川町小乗 側面部〉

タネガシマニシン *Clupea tanegashimaensis*
魚類硬骨魚類。
¶日化譜(図版63-13/モ写)〈[産]鹿児島県種子島西之表市住吉〉

タバタジュウ ⇒パレオパラドキシアを見よ

タバネサンゴ *Caulastrea tumida*
新生代第四紀完新世の六放サンゴ類。キクメイシ科。別名アオバイボヤギ。
¶学古生〔タバネサンゴ(アオバイボヤギ)〕(図1026/モ写)〈[産]千葉県館山市沼〉
原色化〔コウラストレア・ツミダ〕(PL.85-4/カ写)〈[産]千葉県館山市香谷〉

束歯獣 ⇒デスモスチルスを見よ

多板類の化石を含む礫
第三紀の無脊椎動物軟体動物。
¶図解化(p114-左/カ写)〈[産]イタリア〉

蛇尾(クモヒトデ)類の多数の標本を含む岩塊
ジュラ紀の無脊椎動物棘皮動物。
¶図解化(p172-上右/カ写)〈[産]フランス〉

ダフォエヌス *Daphoenus* sp.
始新世後期〜中新世前期の哺乳類真獣類。食肉目イヌ型亜目アンフィキオン科。肉食性。頭胴長約1m。[分]北アメリカ
¶絶哺乳(p116/カ復)

タペジャラ・ウェルンホフェリ *Tapejara wellnhoferi*
中生代白亜紀の爬虫類双弓類主竜類翼竜類。翼開長1.5m。[分]ブラジル
¶生ミス8〔タペジャラ〕(図7-3/カ写, カ復)〈頭骨の長辺が26cm 頭骨周辺の骨格標本〉

ダペディウス *Dapedius pholidotus*
ジュラ紀前期, ジュラ紀後期の魚類。顎口超綱硬骨魚綱条鰭亜綱全骨上目セミオノクス目。全長36cm。[分]イギリス, 南ドイツ
¶古脊椎(図35/モ復)

ダペディウム *Dapedium*
中生代ジュラ紀の条鰭類。条鰭亜綱。原始的な条鰭類。全長35cm。[分]インド, 英国のイングランド
¶恐絶動(p35/カ復)
生ミス6(図2-14/カ写)〈[産]ドイツのホルツマーデン 33.5cm〉
生ミス6〔吐瀉されたダペディウム〕(図2-15/カ写)〈[産]ドイツのホルツマーデン 少なくとも合計4匹〉
世変化(図36/カ写)〈[産]英国のライム・レジス 幅17.5cm〉

ダペディウム *Dapedium politum*
後期三畳紀〜ジュラ紀の脊椎動物硬骨魚類。セミオノタス目セミオノタス科。体長90cm。[分]ヨーロッパ, アジア
¶化写真(p212/カ写)〈[産]イギリス 頭部の一部〉

ダペディウム・フォリドタム *Dapedium pholidotum*
ジュラ紀の脊椎動物硬骨魚類。

¶原色化（PL.48-3/カ写）〈㊤ドイツのヴュルテムベルグのホルツマーデン 長さ25cm〉

タペヤラ *Tapejara*
白亜紀アプチアンの翼竜類プテロダクティルス類。おそらく翼開長5m。㊕ブラジル北東部のアラリペ高原
¶恐イラ（p152/カ復）

タマガイ
新生代第三紀中新世の軟体動物腹足類。別名ユースピラ。
¶産地新（p18/カ写）〈㊤北海道石狩郡当別町青山中央 高さ2.8cm〉
産地新（p21/カ写）〈㊤北海道空知郡栗沢町美流渡 高さ1.5cm〉
産地新（p171/カ写）〈㊤滋賀県甲賀郡土山町大沢 高さ2.7cm お下がり〉

タマガイ
新生代第四紀更新世の軟体動物腹足類。タマガイ科。別名ユースピラ。
¶産地新（p61/カ写）〈㊤秋田県男鹿市琴川安田海岸 高さ4cm〉
産地別（p163/カ写）〈㊤富山県小矢部市田川 高さ3.6cm〉

タマガイ
新生代第三紀漸新世の軟体動物腹足類。別名ユースピラ。
¶産地本（p76/カ写）〈㊤福島県いわき市白岩 高さ3cm〉

タマガイ科の一種
新生代第三紀鮮新世の軟体動物腹足類。タマガイ科。
¶産地新（p130/カ写）〈㊤長野県上水内郡戸隠村 高さ5cm〉

タマガイ科の一種
新生代第四紀更新世の軟体動物腹足類。タマガイ科。
¶産地新（p142/カ写）〈㊤石川県珠洲市平床 高さ2.2cm〉

タマガイ科の貝に穿孔されたサラガイ
新生代更新世の生痕化石。
¶学古生（図2616/モ写）〈㊤千葉県印旛郡印西町木下〉

タマガイの仲間のフタ An operulum of Naticidae
新生代第三紀の貝類。
¶学古生（図1565/モ写）〈㊤石川県金沢市角間〉

タマガイの蓋
新生代第四紀更新世の軟体動物腹足類。
¶産地別（p163/カ写）〈㊤富山県小矢部市田川 長さ1.5cm〉

タマキガイ *Glycymeris* (*Glycymeris*) *vestita*
新生代第四紀更新世の貝類。タマキガイ科。
¶学古生（図1636/モ写）〈㊤千葉県香取郡多古町原〉

タマキガイ
新生代第三紀中新世の軟体動物斧足類。別名グリキメリス。
¶産地本（p129/カ写）〈㊤岐阜県瑞浪市釜戸町荻の島 長さ（左右）2cm〉

タマキガイ科の一種
新生代第三紀鮮新世の軟体動物斧足類。タマキガイ科。別名グリキメリス。
¶産地新（p204/カ写）〈㊤高知県安芸郡安田町唐浜 長さ4.4cm〉
産地新（p234/カ写）〈㊤宮崎県児湯郡川南町通山浜 長さ3cm〉

タマキガイの仲間 *Glycymeris* sp.
新生代第三紀中新世の貝類。タマキガイ科。
¶学古生（図1335/モ写）〈㊤島根県松江市乃木福富町〉

タマキビガイ *Littorina brevicula*
新生代第三紀鮮新世～初期更新世の貝類。タマキビガイ科。
¶学古生（図1558/モ写）〈㊤富山県高岡市海老坂〉

タマキビガイ ⇒リットリナ・ルディスを見よ

タマキララガイ *Acila* (*Acila*) *brevis*
漸新世末～中新世中期の軟体動物斧足類。
¶日化譜（図版35-25/モ写）〈㊤北海道三笠市, 北海道勇払郡穂別〉

タマゴマメヒガイ *Rhizorus acutaeformis*
更新世前期の軟体動物腹足類。
¶日化譜（図版35-6/モ写）〈㊤千葉県市原郡市津村瀬又〉

タマサンゴ *Paradeltocyathus orientalis*
新生代第四期更新世の腔腸動物六放サンゴ類。チョウジガイ科。
¶学古生（図1042/モ写）〈㊤千葉県市原市瀬又〉
化石フ（p158/カ写）〈㊤千葉県山武郡土気町 5mm〉

タマサンゴ
新生代第三紀鮮新世の腔腸動物六射サンゴ類。
¶産地新（p198/カ写）〈㊤高知県安芸郡安田町唐浜 径0.9cm〉

タマサンゴ
新生代第四紀更新世の腔腸動物六射サンゴ類。
¶産地本（p95/カ写）〈㊤千葉県木更津市真里谷 径5～9mm〉

タマサンゴ ⇒ノトキアタス（パラデルトキアタス）・オリエンタリスを見よ

タマツメタガイ *Lunatia pila*
新生代第三紀中新世～現世の貝類。タマガイ科。
¶学古生（図1562/モ写）〈㊤石川県金沢市御所町〉

タムナステリア *Thamnasteria*
三畳紀中期～白亜紀“中期”の刺胞動物サンゴ類花虫類イソギンチャク類イシサンゴ類タムナステリア類。
¶化百科（p118/カ写）〈幅7cm〉

タムナステリア
三畳紀中期～白亜紀中期の無脊椎動物花虫類。群体の直径最大1m。㊕世界各地
¶進化大（p235/カ写）

タムナステリアの1種 *Thamnasteria huzimotoi*
中生代ジュラ紀後期の六放サンゴ類。タムナステリア科。
¶学古生（図335/モ写）〈㊤熊本県芦北郡芦北町白木 横断面, 縦断面〉

タムナステリアの1種 *Thamnasteria* sp.
中生代ジュラ紀後期の六放サンゴ類。タムナステリア科。
¶**学古生**（図336/モ写）〈[産]和歌山県日高郡由良町神谷 横断面〉

タムナステリア・プロセラ *Thamnasteria procera*
白亜紀の腔腸動物六射サンゴ類。
¶**原色化**（PL.59-3/モ写）〈[産]オーストリアのゴザウ 群体の長さ6cm〉

タムナストラエア *Thamnastraea* sp.
漸新世の無脊椎動物腔腸動物花虫類。
¶**図解化**（p65-1/カ写）〈[産]イタリアのヴィチェンツァ付近〉

タ

タムノプテリス *Thamnopteris*
石炭紀のシダ植物。
¶**図解化**（p45-12/カ写）〈[産]ドイツ〉

タムノポーラ・ウィルキンソニ
デヴォン紀〜ペルム紀の無脊椎動物花虫類。サンゴ石の幅1〜2mm。[分]世界各地
¶**進化大**〔タムノポーラ〕（p179/カ写）

タムノポーラ・セルビコルニス *Thamnopora cervicornis*
デボン紀の腔腸動物床板サンゴ類。
¶**原色化**（PL.16-3/カ写）〈[産]イギリスのデボン州トルクエイ 長径6.2cm 研磨面〉

タムラニシキ *Chlamys tamurae*
新生代第三紀鮮新世の貝類。イタヤガイ科。
¶**学古生**（図1397/モ写）〈[産]青森県むつ市近川〉

ダメシテス
中生代白亜紀の軟体動物頭足類。
¶**産地別**〔大きなダメシテス〕（p6/カ写）〈[産]北海道稚内市東浦海岸 長径11cm〉
産地別（p14/カ写）〈[産]北海道中川郡中川町炭の沢 長径6.3cm〉
産地別〔金色のダメシテス〕（p17/カ写）〈[産]北海道天塩郡遠別町清川林道 長径1.5cm〉
産地別（p26/カ写）〈[産]北海道苫前郡羽幌町羽幌川本流 長径5.5cm〉
産地別（p227/カ写）〈[産]熊本県上天草市龍ケ岳町樋島 長径2.6cm〉
産地本（p6/カ写）〈[産]北海道宗谷郡猿払村上猿払 径2.5cm〉
産地本（p6/カ写）〈[産]北海道枝幸郡中頓別町豊平 径2.1cm〉
産地本（p10/カ写）〈[産]北海道天塩郡遠別町ウッツ川 径2.3cm〉
産地本（p14/カ写）〈[産]北海道中川郡中川町安平志内川 径3cm〉
産地本（p36/カ写）〈[産]北海道三笠市桂沢湖 径3.5cm〉

ダメシテス・アイヌアヌス *Damesites ainuanus*
中生代白亜紀後期のアンモナイト。
¶**学古生**（図529/モ写）〈[産]北海道三笠市幾春別川流域〉
日化譜〔Damesites ainuanus〕（図版55-5/モ写）〈[産]北海道三笠市幾春別〉

ダメシテス・セミコスタータス *Damesites semicostatus*
サントニアン期のアンモナイトアンモナイト。アンモナイト亜目デスモセラス科。
¶**アン学**（図版22-4,5/カ写）〈[産]中川地域〉
学古生（図491/モ写）〈[産]北海道三笠市幾春別川流域熊追沢の桂沢湖への出口付近 側面, 腹面〉

ダメシテス・ダメシィ *Damesites damesi*
中生代白亜紀後期のアンモナイト。アンモナイト亜目デスモセラス科。
¶**アン学**〔ダメシテス・ダメシイ〕（図版22-6,7/カ写）〈[産]遠別地域〉
学古生（図585/モ写）〈[産]北海道留萌郡小平町 正中断面〉
学古生（図592/モ写）〈[産]北海道留萌郡小平町 正中断面〉
日化譜〔Damesites damesi〕（図版55-3,4/モ写）〈[産]北海道天塩国アベシナイ, 樺太内淵川〉

ダメシテス・ヘトナイエンシス *Damesites hetonaiensis*
マストリヒチアン前期の軟体動物頭足類アンモナイト。アンモナイト亜目デスモセラス科。
¶**アン学**（図版22-8,9/カ写）〈[産]穂別地域〉
日化譜〔Damesites hetonaiensis〕（図版55-2/モ写）〈[産]北海道胆振国辺富内〉

ダメセラ・パロナイ *Damesella paronai*
カンブリア紀の節足動物三葉虫類。
¶**原色化**（PL.5-2/カ写）〈[産]中国の山東省 長さ11cm 石こう模型〉

タヤホオズキガイ *Nipponithyris tayaensis*
中新世〜鮮新世の腕足類終穴類。
¶**日化譜**（図版25-25/モ写）〈[産]秋田県河辺郡岩見三内〉

多様なキダリスの棘
中生代白亜紀の棘皮動物ウニ類。
¶**産地別**（p9〜10/カ写）〈[産]北海道宗谷郡猿払村上猿払 長さ3cm, 長さ3cm, 長さ4cm, 長さ3.5cm, 長さ3.5cm程度〉

タラカイザルガイ *Laevicardium taracaicum*
漸新世末期の軟体動物斧足類。
¶**日化譜**（図版45-26/モ写）〈[産]福島県石城郡久ノ浜町〉

タラシウス *Trrasius problematicus*
石炭紀前期の魚類。顎口超綱硬骨魚綱条鰭亜綱軟質上目タラシウス目。全長12cm。[分]スコットランド
¶**古脊椎**（図29/モ復）

タラシナ *Thalassina sauamifera*
更新世〜現世の無脊椎動物甲殻類。十脚目アナジャコ科。体長12cm。[分]インド〜太平洋
¶**化写真**（p70/カ写）〈[産]オーストラリア 腹面〉

タラシナ *Thalassina* sp.
更新世の無脊椎動物節足動物十脚類。
¶**図解化**（p105-左/カ写）〈[産]オーストラリア〉

タラスコサウルス *Tarascosaurus*
白亜紀カンパニアンの恐竜類基盤的なアベリサウルス類。体長10m。[分]フランス
¶**恐イラ**（p183/カ復）

タラセミス属の種 *Thalassemys* sp.
ジュラ紀後期の脊椎動物爬虫類カメ類。
¶**ゾル2**（図220/カ写）〈[産]ドイツのアイヒシュテット 46cm〉

タラッシノイデス *Thalassinoides*
ジュラ紀の節足動物甲殻類たぶん十脚類。トンネル構造の生痕化石。
¶**化百科**（p139/カ写）〈標本全体の幅25cm〉

タラッソドロメウス *Thalassodromeus*
中生代白亜紀の爬虫類双弓類主竜類翼竜類。翼開長4.5m。[分]ブラジル
¶**生ミス8**（図7-4/カ写, カ復）〈最長軸約140cm 頭骨の大部分が残った標本〉

タラットアルコン *Thalattoarchon*
中生代三畳紀の爬虫類双弓類魚竜類。全長8.6m。[分]アメリカ
¶**生ミス5**（図2-7/カ写, カ復）〈[産]アメリカのネヴァダ州 60cm 頭部〉

タラットアルコン・サウロファギス *Thalattoarchon saurophagis*
中生代三畳紀の爬虫類魚竜類。全長8.6m。[分]アメリカ
¶**リア中**〔タラットアルコン〕（p14/カ復）

タラバエビの1種 *Pandalus oritaensis*
新生代中新世の甲殻類十脚類。タラバエビ科。
¶**学古生**（図1841/モ写）〈[産]群馬県吾妻郡中之条町折田〉

タラメリセラスの1種 *Taramelliceras* sp.
中生代ジュラ紀後期のアンモナイト。オッペリア科。
¶**学古生**（図455/モ写）〈[産]福島県相馬郡鹿島町小池〉

タラメリセラス・プロリトグラフィクム *Taramelliceras prolithographicum*
ジュラ紀後期の無脊椎動物軟体動物アンモナイト類。
¶**ゾル1**（図164/カ写）〈[産]ドイツのメルンスハイム 6cm〉

タラルルス *Talarurus*
白亜紀セノマニアン～チューロニアンの恐竜類よろい竜類。曲竜亜目アンキロサウルス科。体長6m。[分]モンゴル
¶**恐イラ**（p248/カ復）
恐絶動（p158/カ復）

ダリイア *Dalyia racemata*
カンブリア紀の藻類紅藻。紅色植物門。サイズ48mm。
¶**バ頁岩**（図7,8/モ写, モ復）〈[産]カナダのバージェス頁岩〉

ダリネラの1種 *Dallinella smithi*
新生代中新世の腕足類。ダリナ科。
¶**学古生**（図1064/モ写）〈[産]岩手県二戸市高森 背面, 側面〉

ダリンホサウルス・ロンギディギトゥスの完模式標本 *Dalinghosaurus longidigitus*
中生代の有鱗類。熱河生物群。
¶**熱河生**（図128/カ写）〈[産]中国の遼寧省北票の四合屯〉

ダルウィニウス *Darwinius*
4700万年前（パレオジン）の哺乳類霊長類。全長0.6m。[分]ドイツ
¶**恐竜世**（p276/カ写）〈イダ〉

タルシス・ドゥビウス *Tharsis dubius*
ジュラ紀後期の脊椎動物真骨魚類。
¶**ゾル2**（図186/カ写）〈[産]ドイツのアイヒシュテット 17cm〉

タルソフレビア・エキシミア *Tarsophlebia eximia*
ジュラ紀後期の無脊椎動物昆虫類トンボ類。
¶**ゾル1**（図378/カ写）〈[産]ドイツのアイヒシュテット 8cm〉

タルソフレビア属の種 *Tarsophlebia* sp.
ジュラ紀後期の無脊椎動物昆虫類トンボ類。
¶**ゾル1**（図377/カ写）〈[産]ドイツのアイヒシュテット 6.5cm〉

ダルトムティア *Dartmuthia*
シルル紀後期の魚類無顎類。骨甲目。全長10cm。[分]エストニア
¶**恐絶動**（p22/カ復）

ダルハミナの1種 *Durhamina kitakamiensis*
古生代後期二畳紀前期の四放サンゴ類。ダルハミナ科。
¶**学古生**（図118/モ写）〈[産]岩手県大船渡市日頃市坂本沢 横断面, 縦断面〉

タルボサウルス *Tarbosaurus*
7000万～6500万年前（白亜紀後期）の恐竜類竜盤類獣脚類ティラノサウルス類。カルノサウルス下目ティラノサウルス科。大型の肉食恐竜。全長12m。[分]モンゴル, 中国
¶**恐イラ**（p204/カ復）
恐絶動（p119/カ復）
恐竜世（p180/カ写, カ復）
生ミス7（図2-5/カ写, カ復）〈[産]モンゴル南東部ネメグト盆地 8.5m 全身復元骨格〉
生ミス7〔タルボサウルス（幼体）の化石〕（図2-6/カ写）
生ミス7〔タルボサウルスの頭骨の等縮尺比較〕（図2-7/カ写）〈成体, 幼体〉
生ミス8（図10-15/カ復）
よみ恐（p176～177/カ復）

タルボサウルス
白亜紀後期の脊椎動物獣脚類。体長12m。[分]モンゴル, 中国
¶**進化大**（p324～325/カ写, カ復）〈頭骨〉

タルボサウルス・バタール *Tarbosaurus bataar*
白亜紀後期の恐竜類獣脚類ティラノサウルス類。ティラノサウルス科。全長9.5m。[分]モンゴル
¶**モ恐竜**（p14～18/カ写, モ図, カ復）〈[産]モンゴルのネメグト盆地 頭骨, 全身骨格〉
リア中〔タルボサウルス〕（p216,251/カ復）

ダルマコメツブガイ *Decorifer globosus*
更新世後期の軟体動物腹足類。
¶**日化譜**（図版35-8/モ写）〈[産]千葉県成田市大竹〉

ダルマニチナ・ソシアリス ⇒ダルマニティナ・ソシアリスを見よ

ダルマニティナ・ソシアリス *Dalmanitina socialis*
オルドビス紀の節足動物三葉虫類。

¶原色化(PL.8-2/カ写)〈(産)チェコスロバキアのボヘミアのウェゼラ 右側の個体の長さ6.2cm〉
図解化〔ダルマニチナ・ソシアリス〕(p99-2/カ写)〈(産)ボヘミア〉

ダルマニテス *Dalmanites* sp.
シルル紀の無脊椎動物節足動物。
¶図解化(p99-6/カ写)〈(産)ウィスコンシン州〉

ダルマニテス・カウダトゥス
シルル紀の無脊椎動物節足動物。最大体長10cm。(分)世界各地
¶進化大〔ダルマニテス〕(p104/カ写)

ダルマニテス科の未記載種 undescribed Dalmantid trilobite
デボン紀の三葉虫。ファコープス目。
¶三葉虫(図63/モ写, モ図)〈(産)ボリビア 幅60mm 大きな右複眼のある頭部, 複眼の拓本〉

ダルマニテス・コゥダータス *Dalmanites caudatus*
シルル紀の節足動物三葉虫類。
¶原色化(PL.14-1/モ写)〈(産)チェコスロバキアのボヘミア 複眼〉
原色化(PL.14-2/モ写)〈幅3cm〉
地球博〔シルル紀の三葉虫〕(p79/カ写)

ダルマニテス・リムルルス *Dalmanites limulurus*
古生代シルル紀の節足動物三葉虫類。
¶図解化(p99-7/カ写)〈(産)ニューヨーク州〉
生ミス2〔ダルマニテス〕(図2-3-6/カ写)〈(産)アメリカのニューヨーク州ロチェスター頁岩 6.5cm〉

ダルマニテス リムロイデス *Dalmanites limuroides*
シルル紀中期の三葉虫。ファコープス目。
¶三葉虫(図58/モ写)〈(産)アメリカのニューヨーク州 長さ59mm〉

タルリテス・リッキオイテス *Thallites riccioites*
中生代の陸生植物コケ植物類。熱河生物群。
¶熱河生(図225/カ写)〈(産)中国の遼寧省北票の黄半吉溝 長さ1.1cm〉

タロクイタヤ ⇒カズウネイタヤを見よ

タングランギア・カウダタ *Tanglangia caudata*
長尾蟷螂虫
カンブリア紀の節足動物。節足動物門。澄江生物群。
¶澄江生(図16.20/カ写)〈(産)中国の馬鞍山, 馬房 長さ最大35mm 背側横方向から見たところ, 頭部と胴の一部の詳細, 横から見たところ〉

ダンクレオステウス ⇒ドゥンクレオステウスを見よ

ダンクレオステウス・テレリ *Dunkleosteus terrelli*
古生代デボン紀の脊椎動物板皮類節頸類。全長6mとも8mとも10mとも。(分)モロッコ, アメリカ
¶リア古〔ダンクレオステウス〕(p140/カ復)

単孔類
古第三紀の初期の哺乳類単孔類。
¶化百科(p232/カ写)〈幅1cm 臼歯〉

タンシャネラ・ナカクボエンシス *Tangshanella nakakuboensis*
古生代後期の腕足類。スピリファー目スピリファー亜目ブラキティリス科。
¶学古生(図142/モ写)〈(産)愛媛県上浮穴郡柳谷村中久保 茎殻, 茎殻前面〉

単体サンゴ(不明種)
新生代第四紀更新世の腔腸動物六射サンゴ類。
¶産地新(p82/カ写)〈(産)千葉県木更津市地蔵堂 長径1.1cm〉
産地新(p82/カ写)〈(産)千葉県木更津市地蔵堂 高さ1.4cm〉

単体サンゴ(不明種)
中生代白亜紀の腔腸動物六射サンゴ類。
¶産地本(p16/カ写)〈(産)北海道苫前郡羽幌町待宵沢川 高さ1.7cm〉

タンバエラの1種 *Tanbaella izuruhense*
古生代後期二畳紀中期の四放サンゴ類。ダルハミナ科。
¶学古生(図119/モ写)〈(産)大阪府高槻市下条 横断面, 縦断面〉

タンバティタニス・アミキティアエ *Tambatitanis amicitiae*
中生代白亜紀の恐竜類竜盤類竜脚形類竜脚類。別名丹波竜。全長15m。(分)日本
¶生ミス7(図5-6/カ写, カ復)〈(産)兵庫県丹波市〉
リア中〔タンバティタニス〕(p156/カ復)

タンバティタニス・アミキティアエ ⇒丹波竜を見よ

丹波竜 Titanosauriformes
1億4000万～1億2000万年前(白亜紀前期)の恐竜類竜脚類ティタノサウルス形類。竜盤目竜脚亜目。植物食。体長約20m？(分)兵庫県丹波市山南町
¶日恐竜(p58/カ写, カ復)〈脳幹, 歯化石〉

丹波竜
白亜紀アルビアン期？の恐竜類竜脚類ティタノサウルス形類。別名タンバティタニス・アミキティアエ。全長約15m。
¶日白亜(p54～57/カ写, カ復)〈(産)兵庫県丹波市 発掘現場, 尾椎〉

丹波竜 ⇒タンバティタニス・アミキティアエを見よ

短尾類の一種
鮮新世の無脊椎動物節足動物。
¶図解化(p109-5/カ写)〈(産)ニュージーランド〉

ダンベイキサゴ *Umbonium* (*Suchium*) *giganteum*
新生代第四紀完新世の貝類。ニシキウズ科。
¶学古生(図1780/モ写)〈(産)千葉県松戸市松戸駅付近〉

【チ】

チアリンゴサウルス *Chialingosaurus*
ジュラ紀中期～後期の恐竜類剣竜類。体長4m。(分)中国

¶恐イラ（p145/カ復）

小さな甲殻類
新生代第四紀更新世の節足動物甲殻類。
¶産地別（p97/カ写）〈㊥千葉県君津市市宿 長さ数mm〉

チェカノウスキア ⇒レプトストロブス・ルンドブラディアエを見よ

チェカノウスキア・アングスティフォリア
三畳紀後期～白亜紀前期の植物チェカノウスキア類。葉の長さ20cm。㊕ヨーロッパ, グリーンランド, 北アメリカ, 中央アジア, シベリア, 中国
¶進化大〔チェカノウスキア〕（p232～233/カ写）

チェカノフスキア・リギダ *Czekanowskia rigida*
ジュラ紀の裸子植物イチョウ類。
¶原色化（PL.44-2/カ写）〈㊥中国北東部熱河省凌源 葉片の長さ5cm〉

チェムニッチア・リネアータ *Chemnitzia lineata*
ジュラ紀の軟体動物腹足類。
¶原色化（PL.50-4/モ写）〈㊥イギリスのグロスター州チェルトナム 高さ9.5cm〉

チエルファチア *Tselfatia formosa*
白亜紀の魚類。顎口超綱硬骨魚綱条鰭亜綱真骨上目ダツ目チエルファチア亜目。全長12cm。㊕モロッコ
¶古脊椎（図44/モ復）

チェロニセラス・マイエンドルフィ *Cheloniceras (Cheloniceras) meyendorffi*
中生代白亜紀前期のアンモナイト。ドゥビレイセラス科。
¶学古生（図473/モ写）〈㊥千葉県銚子市長崎鼻北方 側面, 腹面〉

チェングイアングオカリス・ロンギフォルミス *Chengjiangocaris longiformis* 長形澄江蝦
カンブリア紀の節足動物。節足動物門チェングイアングオカリス科。澄江生物群。長さ10cm未満。
¶澄江生（図16.5/カ写）〈㊥中国の小濫田, 帽天山 強く曲がった標本を前方側方から見たもの, 背側から見た雌型, 腹側から見たもの〉
澄江生（図16.6/モ復）

チオネ *Chione (Lirophora) ceramota*
漸新世～現世の無脊椎動物二枚貝類。マルスダレガイ目マルスダレガイ科。体長1.6cm。㊕南北アメリカ, ニュージーランド
¶化写真（p109/カ写）〈㊥アメリカ〉

チカガワイシカゲガイ *Clinocardium chikagawaense*
新生代第三紀鮮新世の貝類。ザルガイ科。
¶学古生（図1429/モ写）〈㊥青森県むつ市近川〉
学古生（図1508/モ写）〈㊥石川県金沢市夕日寺〉
日化譜（図版46-6/モ写）〈㊥青森県むつ市近川〉

チカガワネジヌキ *Trichotropis chikagawaensis*
新生代第三紀鮮新世の貝類。ヒゲマキナワボラ科。
¶学古生（図1448/モ写）〈㊥青森県むつ市前川〉

地下茎？
中生代白亜紀の化石。
¶産地別（p54/カ写）〈㊥北海道留萌郡小平町上記念別川佐藤の沢 長さ6.1cm〉

チカノイツチヒバリ（新） *Modiolus tichanovithi*
中新世中期の軟体動物斧足類。
¶日化譜（図版84-8/モ写）〈㊥北海道岩見沢市朝日〉

チガノウラホタテガイ *Mizuhopecten kimurai tiganouransis*
新生代第三紀・初期中新世の貝類。イタヤガイ科。
¶学古生（図1161/モ写）〈㊥石川県珠洲市国永出〉

チクゼンカガミ *Dosinia (Phacosoma) chikuzenensis*
漸新世後期の軟体動物斧足類。
¶日化譜（図版47-5/モ写）〈㊥若松市坂水〉

チクゼンカシバン *Echinodiscus chikuzenesis*
漸中新世のウニ類。
¶日化譜（図版62-8/モ写）〈㊥福岡県遠賀郡蘆屋町〉

竹根石 *Palmoxylon Maedae*
時代不明の単子葉植物。
¶日化譜（図版79-15/モ写）〈㊥不明 金沢市兼六園夕顔亭に保存 ヤシ類の幹横断面〉

チクホウエゾボラ *Neptunea altispirata*
始新世後期の軟体動物腹足類。
¶日化譜（図版32-5/モ写）〈㊥福岡県朝倉郡宝珠山〉

チゴケムシの1種 *Dakaria sertata*
新生代のコケムシ類。唇口目有嚢亜目ヒラコケムシ科。
¶学古生（図1092/モ写）〈㊥鹿児島県大島郡喜界町〉

チサノペルテラ（セプティモペルティス）・ポウシスピノーサ *Thysanopeltella (Septimopeltis) paucispinosa*
古生代中期デボン紀中期？の三葉虫類。スクテラム科。
¶学古生（図54/モ写）〈㊥岩手県大船渡市大森沢 尾部〉

チヂミウメノハナガイ *Wallucina lamyi*
新生代第三紀鮮新世～現世の貝類。ツキガイ科。
¶学古生（図1521/モ写）〈㊥石川県金沢市角間〉

チヂミヒタチオビ *Musashia (Nipponomelon) striata*
中新世前期～鮮新世前期の軟体動物腹足類。
¶日化譜（図版33-22/モ写）〈㊥埼玉県秩父など〉

チヂミヒタチオビ ⇒フルゴラリア（ムサシア）・ストリアータを見よ

チヂワバイの1種 *Ancistrolepis* sp.
新生代第三紀の貝類。エゾバイ科。
¶学古生（図1113/モ写）〈㊥和歌山県西牟婁郡串本町田並〉

チタスナモグリ *Callianassa titaensis*
新生代中新世の甲殻類十脚類。スナモグリ科。
¶学古生（図1852/モ写）〈㊥東京都西多摩郡五日市町館谷〉

チタニビノスガイ *Mercenaria chitaniana*
中新世中期～鮮新世の軟体動物斧足類。
¶日化譜（図版47-15/モ写）〈㊥北海道胆振など〉

チタノサウルス *Titanosaurus australis*
白亜紀の脊椎動物恐竜類。竜盤目チタノサウルス科。体長12m。㊕ヨーロッパ, アフリカ, アジア, 南アメリカ

¶化写真 (p249/カ写)〈㊫アルゼンチン 尾椎〉

チタノハイラックス *Titanohyrax ultimus*
始新世～前期漸新世の脊椎動物哺乳類。岩狸目プリオハイラックス科。体長2m。㊕アフリカ北部
¶化写真 (p277/カ写)〈㊫エジプト 上顎臼歯〉

チタノホネウス *Titanophoneus potens*
二畳紀後期の爬虫類。獣形超綱獣形綱獣形目獣歯亜目。全長2.4m。㊕ボルガ河畔ドヴィナ
¶古脊椎 (図199/モ復)

チタヤセサバ *Scomber* sp.
新生代第三紀中新世の魚類硬骨魚類。
¶化石フ (p218/カ写)〈㊫愛知県知多郡南知多町 377mm〉

チ

チチブギリ *Terebra eminula*
中新世前期の軟体動物腹足類。
¶日化譜 (図版34-32/モ写)〈㊫埼玉県秩父町〉

チチブキリガイダマシ *Turritella* (*Hataiella*) *chichibuensis*
漸新世末～中新世前期の軟体動物腹足類。
¶日化譜 (図版28-5/モ写)〈㊫北海道, 埼玉県寄居町〉

チチブノアシタ *Phaxas rectangulus*
漸新世後期の軟体動物斧足類。
¶日化譜 (図版48-16/モ写)〈㊫埼玉県秩父郡吉田町, 福岡県遠賀郡蘆屋町〉

チチブハナガイ *Chione richthofeni*
中新世前期の軟体動物斧足類。
¶日化譜 (図版47-19/モ写)〈㊫埼玉県秩父郡荒川村柴原〉

チチブホタテ *Patinopecten* (s.s.) *chichibuensis*
中新世前期の軟体動物斧足類。
¶日化譜 (図版40-8/モ写)〈㊫埼玉県秩父市小柱, 同吉田町〉

チーテニセラス ⇒ヘクティコセラスを見よ

チトセカリガネ *Unedo gemmula ina*
鮮新世前期の軟体動物腹足類。
¶日化譜 (図版34-15/モ写)〈㊫沖縄本島〉

チビコイアの1種 *Tibikoia fudoensis*
新生代鮮新世の生痕化石。
¶学古生 (図2614/モ写)〈㊫宮城県遠田郡小牛田町不動〉

チャオテァノセラス・モデスタム *Chaotianoceras modestum*
古生代ペルム紀の軟体動物頭足類アンモナイト。
¶化石フ (p51/カ写)〈㊫高知県高岡郡佐川町 15mm〉

チャオフサウルス *Chaohusaurus*
中生代三畳紀の爬虫類双弓類魚竜類。全長60cm。㊕中国
¶生ミス5 (図2-4/カ復)
生ミス5〔チャオフサウルス内に確認される胎児〕(図2-5/カ写, カ図)

チャオヤンギア・ベイシャネンシスの完模式標本 *Chaoyangia beishanensis* 朝陽鳥
中生代の鳥類真鳥類。熱河生物群。
¶熱河生 (図193/カ写)〈㊫中国の遼寧省朝陽の北山〉

チャオヤンギア・リアンギイ *Chaoyangia liangii*
中生代の陸生植物グネツム類。熱河生物群。
¶熱河生 (図242/カ写)〈㊫中国の遼寧省北票の黄半吉溝 長さ0.85cm〉

チャオヤンゴプテルス・ザンギの完模式標本 *Chaoyangopterus zhangi*
中生代の翼竜類。ニクトサウルス科。熱河生物群。
¶熱河生 (図136/カ写)〈㊫中国の遼寧省朝陽の公皐 翼開長約1.85m〉

チャケオン・ペルヴィアヌス *Chaceon peruvianus*
「第三紀」のカニ。オオエンコウガニ属。
¶世変化〔チャケオン〕(図71/カ写)〈㊫アルゼンチンのモンテレオン 幅21cm〉

チャネヤ *Chaneya oeningensis*
中新世の顕花植物。
¶世変化 (図78/カ写)〈㊫ドイツのオエンジンゲン 幅2cm 花〉

チャラロシュワゲリナ・ブルガリス *Chalaroschwagerina vulgaris*
古生代ペルム紀の有孔虫類フズリナ類(紡錘虫)。シュワゲリナ科チャロシュワゲリナ属。
¶化石図 (p83/カ写)〈㊫山口県 1個体の大きさ約0.5cm〉

チャルチャキア ノリニィ *Charchaquia norini*
カンブリア紀の三葉虫。レドリキア目。
¶三葉虫 (図15/モ写)〈㊫中国新疆ウイグル自治区庫魯克塔格 長さ25mm〉

チャンシア *Chancia palliseri*
カンブリア紀の三葉虫。節足動物門アラクノモルファ亜門三葉虫綱プティヒョパリダ目。サイズ30～36mm。
¶バ頁岩 (図113/モ写)〈㊫カナダのバージェス頁岩〉

チャンチンモドキ *Choerospondias axillaris*
新生代鮮新世の陸上植物。ウルシ科。
¶学古生 (図2438/モ図)〈㊫岐阜県土岐市押沢 核果(内果皮)〉

チャンプソサウルス *Champsosaurus*
中生代白亜紀～新生代古第三紀暁新世の爬虫類双弓類コリストデラ類。コリストデルス目。全長4m。㊕アメリカ, カナダ, フランスほか
¶恐絶動〔カンプソサウルス〕(p83/カ復)
生ミス8 (図9-23/カ写, カ復)〈骨格標本〉
生ミス9〔コリストデラ類の頭骨と口蓋歯〕(図1-1-1/カ写)
生ミス9 (図1-1-2/カ復)

チャンプソサウルス・ナタトール *Champsosaurus natator*
中生代白亜紀の爬虫類コリストデラ類。全長1.5m。㊕アメリカ, カナダ
¶リア中〔チャンプソサウルス〕(p206/カ復)

チュウカバイ *Afer chinensis*
鮮新世後期の軟体動物腹足類。
¶日化譜 (図版32-11/モ写)〈㊫沖縄本島〉

チュウコシオリエビ属の未定種 *Munida* sp.
新生代第三紀中新世の節足動物甲殻類。
¶化石フ (p189/カ写)〈㊫愛知県知多郡南知多町 60mm〉

チュウシンエノキ *Celtis miobungeana*
新生代中新世後期の陸上植物。ニレ科。
¶**学古生**（図2374/モ写）〈[産]北海道紋別郡遠軽町社名渕〉

チュウシンクロダラ *Lepidion miocenica*
中新世中期の魚類硬骨魚類。
¶**日化譜**（図版63-18/モ写）〈[産]岩手県岩手郡雫石町仙岩峠東側〉

チュウシンシデ *Carpinus miocenica*
新生代中新世中期，中新世後期の陸上植物。カバノキ科。
¶**学古生**（図2327,2328/モ写）〈[産]山形県鶴岡市草井谷，岡山県苫田郡上斉原村恩原 葉，果苞〉
日化譜〔チユウシンシデ〕（図版76-20/モ写）〈[産]東北日本台島植物群〉

チュウシンタマキビ（新） *Littorinopsis miodelicata*
中新世中期の軟体動物腹足類。
¶**日化譜**（図版83-16/モ写）〈[産]能登珠洲市大谷〉

チュウシンニレ *Ulmus miopumila*
新生代中新世中期の陸上植物。ニレ科。
¶**学古生**（図2365/モ写）〈[産]山形県西置賜郡小国町沖庭〉

チュウシンハマナツメ *Paliurus miosinicus*
新生代中新世中期の陸上植物。クロウメモドキ科。
¶**学古生**（図2480/モ写）〈[産]新潟県岩船郡山北町雷〉

チュウシンフウ *Liquidambar miosinica*
新生代中新世中期の陸上植物。マンサク科。
¶**学古生**（図2405/モ写）〈[産]新潟県岩船郡山北町雷〉

チユウシンフウ ⇒リクイダンバー・ミオフォルモーサナを見よ

チュゾイア・プラエモルサ *Tuzoia praemorsa*
カンブリア紀の節足動物。甲殻類と類縁だろう。殻の長さ約5〜16cm。
¶**バ頁岩**〔チュゾイア〕（図108,109/モ写）〈[産]カナダのバージェス頁岩〉

チュゾイア・ブルゲッセンシス *Tuzoia burgessensis*
カンブリア紀の節足動物。甲殻類と類縁だろう。殻の長さ約5〜16cm。
¶**バ頁岩**〔チュゾイア〕（図108,109/モ写）〈[産]カナダのバージェス頁岩〉

チュブチサウルス *Chubutisaurus*
白亜紀アルビアンの恐竜類ティタノサウルス類。体長23m。[分]アルゼンチン
¶**恐イラ**（p167/カ復）

チュラコスミルス ⇒ティラコスミルスを見よ

チューリップ・クリーチャー ⇒シファッソークタム・グレガリウムを見よ

チュリリテス
中生代白亜紀の軟体動物頭足類。
¶**産地本**（p14/カ写）〈[産]北海道中川郡中川町佐久 高さ11cm〉

チュンキンゴサウルス *Chungkingosaurus*
ジュラ紀オックスフォーディアンの恐竜類剣竜類。体長4m。[分]中国
¶**恐イラ**（p145/カ復）

チョイア *Choia*
古生代カンブリア紀，オルドビス紀，デボン紀の海綿動物。バージェス頁岩動物群。全長5cm。[分]カナダ，アメリカ，中国など
¶**生ミス1**（図3-2-15/カ写，カ復）

チョイア *Choia carteri*
カンブリア紀の海綿動物尋常海綿類。海綿動物門普通海綿綱モナクソニダ目チョイデー科。サイズ28mm（刺を含めた大きさ）。
¶**バ頁岩**（図15,16/モ写，モ復）〈[産]カナダのバージェス頁岩〉

長頸竜目未定種の前肢骨 Plesiosauria fam.&gen.et sp.indet.
中生代白亜紀の爬虫類長頸竜類。
¶**化石フ**（p144/カ写）〈[産]北海道留萌郡小平町 400mm〉

長頸竜類（プレシオサウルス上科）未定種の歯 Plesiosauroidea gen.et sp.indet.
中生代ジュラ紀の爬虫類長頸竜類。
¶**化石フ**（p144/カ写）〈[産]長野県北安曇郡小谷村 33mm〉

チョウシウイタビ *Ficus choshuensis*
新生代中新世中期の陸上植物。クワ科。
¶**学古生**（図2370/モ図）〈[産]山口県下関市幡生〉

チョウジガイ *Caryophyllia japonica*
新生代第四期更新世の腔腸動物六放サンゴ類。
¶**化石フ**（p158/カ写）〈[産]千葉県館山市 40mm〉

チョウセンクダマキガイ *Sulcurites cryptoconoides*
新生代第三紀・中期中新世初期〜後期中新世の貝類。クダマキガイ科。
¶**学古生**（図1329/モ写）
学古生（図1358/モ写）〈[産]島根県出雲市塩屋町菅沢〉

チョウセンクダマキガイ
新生代第三紀中新世の軟体動物腹足類。
¶**産地本**（p242/カ写）〈[産]島根県八束郡玉湯町布志名 高さ4.5cm〉

チョウセンハマグリ *Meretrix lamarcki*
新生代第四紀更新世の貝類。マルスダレガイ科。
¶**学古生**（図1696/モ写）〈[産]千葉県成田市大竹〉
学古生（図1773/モ写）〈[産]千葉県館山市平砂浦〉

チョウセンハマグリ
新生代第三紀中新世の軟体動物斧足類。
¶**産地別**（p212/カ写）〈[産]滋賀県甲賀市土山町鮎河 長さ6.2cm〉

チョウセンマツ *Pinus koraiensis*
新生代第四紀更新世後期の陸上植物。マツ科。
¶**学古生**（図2540,2543/モ図）〈[産]東京都中野区江古田 葉，種子〉

チョウチンホウズキの1種 *Gryphus angularis*
新生代鮮新世の腕足類。テレブラチュラ科。
¶**学古生**（図1056/モ写）〈[産]千葉県銚子市犬若〉

チョウチンホウズキの1種 *Gryphus radiata*
新生代鮮新世の腕足類。テレブラチュラ目テレブラチュラ科。
¶**学古生**（図1055/モ写）〈[産]千葉県銚子市犬若〉

チョウチンホウズキの一種
新生代第四紀更新世の腕足動物有関節類。
¶**産地新**（p83/カ写）〈(産)千葉県木更津市地蔵堂 高さ2.2cm〉

チヨガニ *Macrocheira yabei*
新生代中新世の甲殻類十脚類。クモガニ科。
¶**学古生**（図1839/モ写）〈(産)長野県飯田市千代〉

チヨガニ *Paratymolus yabei*
中新世後期の十脚類。
¶**日化譜**（図版60-1/モ写）〈(産)長野県下伊那郡米川村千代〉

チ

チョーチアンゴプテルス *Zhejiangopterus*
白亜紀サントニアンの巨大な翼竜類。プテロダクティルス上科。翼幅5m。(分)中国の浙江省
¶**恐イラ**（p181/カ復）

直角貝 ⇒メタスパイロセラス・インシグニスを見よ

直角石
古生代デボン紀の軟体動物頭足類。
¶**産地別**（p68/カ写）〈(産)岩手県大船渡市日頃市町大森 径2.5cm〉
産地別（p101/カ写）〈(産)福井県大野市上伊勢 長さ23cm〉

直角石
古生代石炭紀の軟体動物頭足類。
¶**産地別**（p71/カ写）〈(産)岩手県大船渡市日頃市町鬼丸 長さ10.5cm〉
産地別（p106/カ写）〈(産)新潟県糸魚川市青海町 長径5.4cm, 長さ25cm〉
産地別〔直角石〕（p107/カ写）〈(産)新潟県糸魚川市青海町 径2cm〉
産地別〔直角石〕（p107/カ写）〈(産)新潟県糸魚川市青海町 長さ4.3cm〉
産地本〔直角石〕（p56/カ写）〈(産)岩手県大船渡市日頃市町鬼丸 長さ5cm〉

直角石
古生代ペルム紀の軟体動物頭足類。
¶**産地別**（p75/カ写）〈(産)岩手県陸前高田市飯森 長さ4cm 石灰化〉
産地別〔密集して産出する直角石〕（p124/カ写）〈(産)岐阜県高山市奥飛騨温泉郷福地水屋が谷 石の幅13cm〉

直角石
中生代三畳紀の軟体動物頭足類。
¶**産地別**（p79/カ写）〈(産)宮城県宮城郡利府町赤沼 長さ5cm〉

直角石
古生代シルル紀の軟体動物頭足類。
¶**産地別**（p99/カ写）〈(産)岐阜県高山市奥飛騨温泉郷一重ケ根 長さ7cm〉

直角石（不明種）
古生代石炭紀の軟体動物頭足類。
¶**産地新**（p26/カ写）〈(産)岩手県大船渡市日頃市町鬼丸 長さ6cm〉

直角石（不明種）
古生代デボン紀の軟体動物頭足類。
¶**産地本**（p50/カ写）〈(産)岩手県大船渡市日頃市町樋口沢 長さ3.7cm〉

直角石（不明種）
古生代ペルム紀の軟体動物頭足類。
¶**産地本**（p62/カ写）〈(産)岩手県陸前高田市飯森 長さ4.5cm〉
産地本（p118/カ写）〈(産)岐阜県吉城郡上宝村福地 長さ3cm 外観, 研磨縦断面〉

チョテコプス *Chotecops*
古生代デボン紀の節足動物三葉虫類ファコプス類。
¶**生ミス3**（図1-16/カ写）〈(産)ドイツのフンスリュックスレート 5cm〉

チヨノハナガイ *Raeta* (*Raetellops*) *pulchella*
新生代第四紀更新世の貝類。バカガイ科。
¶**学古生**（図1674/モ写）〈(産)愛知県渥美郡赤羽根町高松〉

チヨノハナガイの1種 *Raeta* sp.
新生代第三紀・初期中新世の貝類。バカガイ科。
¶**学古生**（図1178/モ写）〈(産)石川県輪島市徳成〉

チョファティの一種 *Choffati* sp.
ジュラ紀後期のアンモナイト。
¶**アン最**（p167/カ写）〈(産)ドイツのゲイシンゲン〉

チョフォテア属の未定種 *Choffotia* sp.
中生代ジュラ紀の軟体動物頭足類。ペリスフィンクテス科。
¶**化石フ**（p115/カ写）〈(産)福井県大野郡和泉村 80mm〉

チラコスミルス ⇒ティラコスミルスを見よ

チランノサウルス ⇒ティラノサウルスを見よ

チランノサウルス ⇒ティラノサウルス・レックスを見よ

チリマツ ⇒ナンヨウスギを見よ

チリメンアオイガイ *Argonauta nodosa*
貝類。
¶**アン最**〔チリメンアオイガイとジェレッツキテス・ネブラスセンシス〕（p38/カ写）

チリメンオオシラタマ *Pseudotrivia* sp.
更新世後期の軟体動物腹足類。
¶**日化譜**（図版30-20/モ写）〈(産)喜界島伊実久〉

チリメンヒメシャクシガイ *Cardiomya reticulata*
新生代第三紀鮮新世の貝類。シャクシガイ科。
¶**学古生**（図1421/モ写）〈(産)青森県むつ市前川〉

チロキダリス ⇒ティロキダリスを見よ

チロサウルス *Tylosaurus dyspelor*
白亜紀後期の爬虫類。竜型超綱有鱗綱有鱗目蜥形亜目。全長8.8m。(分)北米カンサス州
¶**古脊椎**（図119/モ復）

チロサウルス ⇒ティロサウルスを見よ

チロストーマ・サンチューエンゼ *Tylostoma sanchuense*
中生代白亜紀前期の貝類。タマガイ科。
¶**学古生**（図613/モ写）〈(産)群馬県多野郡中里村〉

チロストーマ・ミヤコエンゼ ⇒ティロストーマ・ミヤコエンゼを見よ

チンタオサウルス *Tsintaosaurus*
白亜紀後期の爬虫類カモノハシ恐竜。鳥脚亜目ハドロサウルス科ランベオサウルス亜科。全長10m。㊀中国
¶**恐イラ**〔ツィンタオサウルス〕(p216/カ復)
恐絶動(p150/カ復)

チンデサウルス *Chindesaurus*
三畳紀カーニアンの恐竜類。ヘレラサウスル科。初期の肉食恐竜。体長3m。㊀アメリカ合衆国のアリゾナ州とニューメキシコ州
¶**恐イラ**(p79/カ復)

【ツ】

ツァイダモテリウム *Tsaidamotherium* sp.
中新世後期の哺乳類反芻類。鯨偶蹄目ウシ科。シカ大。㊀アジア(モンゴル)
¶**絶哺乳**(p208/カ復)

ツァガンテギア *Tsagantegia*
白亜紀セノマニアンの恐竜類よろい竜類。アンキロサウルス科。体長6m。㊀モンゴル
¶**恐イラ**(p246/カ復)

ツァンヘオテリウム ⇒ザンヘオテリウム・クインクエクスピデンスを見よ

ツィンタオサウルス ⇒チンタオサウルスを見よ

ツガ *Tsuga sieboldii*
更新世～現世の毬果類。
¶**日化譜**(図版75-13/モ写)〈㊇近畿地方 毬果〉

ツガルクジラ *Idiocetus tsugarensis*
新生代中新世前期頃の哺乳類。鯨目。
¶**学古生**(図1997/モ写)〈㊇青森県西津軽郡鰺ヶ沢町赤石谷 前頭部〉

ツガルタマガイ *Cryptonatica tugaruana*
新生代第三紀鮮新世の貝類。タマガイ科。
¶**学古生**(図1458/モ写)〈㊇青森県むつ市前川〉

ツキガイの一種
古生代ペルム紀の軟体動物斧足類。ツキガイ科。
¶**産地新**(p98/カ写)〈㊇岐阜県大垣市赤坂町金生山 長さ0.8cm〉

ツキガイモドキ *Lucinoma annulata*
新生代第三紀鮮新世の貝類。異歯亜綱マルスダレガイ目カブラツキガイ科。
¶**学古生**(図1419/モ写)〈㊇青森県むつ市近川〉
学古生(図1503/モ写)
学古生(図1659/モ写)〈㊇茨城県土浦市沖宿〉
原色化〔ルキノーマ・アニュラータ〕(PL.75-3/モ写)〈㊇茨城県多賀郡大津町五浦 幅5.5cm〉
日化譜(図版45-20/モ写)〈㊇福島県五浦〉

ツキガイモドキ
新生代第三紀中新世の軟体動物斧足類。別名ルシノマ。
¶**産地新**(p17/カ写)〈㊇北海道石狩郡当別町青山中央 長さ6cm〉
産地新(p52/カ写)〈㊇福島県いわき市常磐藤原町 長さ4.2cm〉
産地新(p164/カ写)〈㊇滋賀県甲賀郡土山町大沢 長さ3cm, 長さ2.8cm〉
産地本(p77/カ写)〈㊇福島県いわき市下荒川 長さ(左右)2.9cm〉
産地本(p80/カ写)〈㊇茨城県北茨城市大津町五浦 長さ(左右)6cm〉
産地本(p182/カ写)〈㊇三重県安芸郡美里村柳谷 長さ(左右)5.5cm〉

ツキガイモドキ
新生代第三紀鮮新世の軟体動物斧足類。カブラツキガイ科。別名ルシノマ。
¶**産地新**(p53/カ写)〈㊇福島県双葉郡富岡町小良ヶ浜 長さ3.2cm〉
産地別(p159/カ写)〈㊇富山県高岡市岩坪 長さ5.6cm〉

ツキガイモドキ
新生代第四紀更新世の軟体動物斧足類。別名ルシノマ。
¶**産地本**(p90/カ写)〈㊇千葉県君津市追込小糸川 高さ4cm〉

ツキガイモドキ ⇒ルシノマを見よ

"ツキガイ"類の未定種 *"Lucinidae"* gen.et sp. indet.
古生代ペルム紀の軟体動物斧足類。
¶**化石フ**(p39/カ写)〈㊇岐阜県大垣市赤坂町 10mm〉

ツキシマヒトツバタゴ *Chionanthus nipponicus*
新生代漸新世の陸上植物。モクセイ科。
¶**学古生**(図2218/モ写)〈㊇北海道釧路市春採炭鉱〉

月のおさがり ⇒ビカリアを見よ

ツキノワグマ ⇒ニホンツキノワグマを見よ

ツキヒガイ ⇒アムシウムを見よ

ツキヒガイの一種
中生代ジュラ紀の軟体動物斧足類。
¶**産地新**(p105/カ写)〈㊇福井県大野郡和泉村貝皿 高さ2cm 内形の印象〉

ツキヒガイの仲間
中生代白亜紀の軟体動物斧足類。
¶**産地新**(p154/カ写)〈㊇大阪府泉佐野市滝の池 高さ1.2cm〉
産地新(p227/カ写)〈㊇熊本県天草郡龍ヶ岳町樋島 大きいほうの高さ1.5cm〉
産地本(p11/カ写)〈㊇北海道中川郡中川町安平志内川 高さ1.7cm〉

ツクシオウムガイ *Cymatoceras tsukushiense*
漸新世の軟体動物頭足類オウム貝類。
¶**日化譜**(図版50-12/モ写)〈㊇福岡市姪ノ浜〉

ツクツクボウシの1種 *Meimuna protopalifera*
新生代中新世前期の昆虫類。セミ科。
¶**学古生**(図1804/モ写)〈㊇栃木県黒磯市板室〉

ツヅリシノブガイ *Epitonium (Acutiscala) conjuncta*
更新世の軟体動物腹足類。
¶**日化譜**(図版29-24/モ写)〈㊇千葉県手賀〉

ツダサルボウ *Anadara tsudai*
新生代第三紀・中期中新世の貝類。フネガイ科。
¶**学古生**(図1243/モ写)〈㊥富山県婦負郡八尾町平林〉

ツダハンノキ ⇒アルヌス・ツダエを見よ

ツタモミジ ⇒イタヤカエデを見よ

ツチダクモガニ *Hyas tsuchidai*
中新世後期の十脚類。
¶**日化譜**(図版59-16/モ写)〈㊥北海道天塩国豊富村サロ〉

ツチヤタンジュウ *"Anthracothema" tsuchiyai*
漸新世後期の哺乳類偶蹄類。
¶**日化譜**(図版68-13/モ写)〈㊥福島県常磐炭坑KK.岩崎坑 左上第2大臼歯〉

ツツガキ
新生代第三紀鮮新世の軟体動物斧足類。ハマユウ科。別名ニッポノクラバ。
¶**産地新**(p200/カ写)〈㊥高知県安芸郡安田町唐浜 高さ15cm, 根部の径約5cm 全体像〉
産地別(p224/カ写)〈㊥高知県安芸郡安田町唐浜 径2.9cm, 高さ9.8cm〉

ツツガキの根部
新生代第三紀鮮新世の軟体動物斧足類。
¶**産地別**(p224/カ写)〈㊥高知県安芸郡安田町唐浜 長径2cm 根部〉

ツツガキの先端
新生代第三紀鮮新世の軟体動物斧足類。
¶**産地別**(p224/カ写)〈㊥高知県安芸郡安田町唐浜 径2.6cm 殻口部〉

ツツマメヒガイ *Rhizorus cylindrellus*
新生代第三紀鮮新世～現世の貝類。キジビキガイ科。
¶**学古生**(図1612/モ写)〈㊥石川県金沢市上中町〉

ツナギブンブク(新) *Palaeopneustus (Oopneustes) priscus*
中新世中期のウニ類。
¶**日化譜**(図版88-13/モ写)〈㊥宮城県柴田郡川崎町〉

ツノオリイレ *Boreotrophon candelabrum*
新生代第三紀鮮新世の貝類。アクキガイ科。
¶**学古生**(図1454/モ写)〈㊥青森県むつ市近川〉

ツノガイ *Dentalium (Antalis) weinkauffi*
新生代第四紀更新世の貝類。堀足綱ツノガイ目ツノガイ科。
¶**学古生**(図1705/モ写)〈㊥千葉県市原市片又木〉

ツノガイ
中生代白亜紀の軟体動物掘足類。
¶**産地別**〔瑪瑙のツノガイ〕(p19/カ写)〈㊥北海道天塩郡遠別町清川 長さ3.5cm 内型〉
産地別(p53/カ写)〈㊥北海道留萌郡小平町下記念別川 長さ9.5cm〉
産地別(p229/カ写)〈㊥熊本県上天草市龍ケ岳町樋島 長さ6cm〉

ツノガイ
新生代第四紀更新世の軟体動物掘足類。ツノガイ科。
¶**産地新**(p85/カ写)〈㊥千葉県木更津市桜井 長さ8cm〉

ツノガイ
古生代ペルム紀の軟体動物掘足類。
¶**産地新**(p104/カ写)〈㊥岐阜県大垣市赤坂町金生山 長さ7cm, 長さ9.3cm〉

ツノガイ
新生代第三紀中新世の軟体動物掘足類。
¶**産地新**(p160/カ写)〈㊥福井県大飯郡高浜町名島 長さ7cm〉

ツノガイ
新生代第三紀鮮新世の軟体動物掘足類。ツノガイ科。
¶**産地新**(p237/カ写)〈㊥宮崎県児湯郡川南町通山浜 長さ5.9cm〉
産地別(p90/カ写)〈㊥神奈川県愛甲郡愛川町小沢 長さ6.2cm〉

ツノガイの1種 *Plagioglypta* sp.cf.*P.priscum*
古生代後期の貝類。ツノガイ科。
¶**学古生**(図208/モ写)

ツノガイの1種 *Prodentalium neornatum*
古生代後期の貝類。掘足綱ツノガイ科。
¶**学古生**(図207/モ写)〈㊥岐阜県大垣市赤坂町金生山〉

ツノ貝(不明種)
新生代第四紀更新世の軟体動物掘足類。
¶**産地本**(p146/カ写)〈㊥石川県珠洲市平床 高さ4.5cm〉

ツノ貝(不明種)
古生代ペルム紀の軟体動物掘足類。
¶**産地本**(p160/カ写)〈㊥滋賀県犬上郡多賀町エチガ谷, 権現谷 長さ12cm, 長さ8cm〉

ツノ貝(不明種)
新生代第三紀中新世の軟体動物掘足類。
¶**産地本**(p185/カ写)〈㊥三重県安芸郡美里村柳谷 長さ4.5cm〉

ツノガイ類の一種
新生代第三紀鮮新世の軟体動物掘足類。小型。
¶**産地新**(p217/カ写)〈㊥高知県安芸郡安田町唐浜 画面の左右8cm〉

ツノキフデ
新生代第四紀更新世の軟体動物腹足類。ヒタチオビ科。
¶**産地新**(p79/カ写)〈㊥千葉県君津市追込小糸川 高さ6cm〉

ツノザメ
中生代白亜紀の脊椎動物軟骨魚類。別名スコーラス。全容1.5mほど。
¶**産地新**(p10/カ写)〈㊥北海道苫前郡羽幌町逆川 高さ0.2cm〉
日白亜〔サメ〕(p72～75/カ写, カ復)〈㊥和歌山県有田川町鳥屋城山 歯, 現生のツノザメの顎〉

ツノザメ
新生代第三紀中新世の脊椎動物軟骨魚類。別名スコーラス。
¶**産地本**(p126/カ写)〈㊥長野県下伊那郡阿南町大沢川 高さ0.5cm 歯〉
産地本(p191/カ写)〈㊥三重県安芸郡美里村柳谷 高さ1.6cm 歯〉

ツノザメの仲間？
中生代白亜紀の脊椎動物軟骨魚類。
¶**産地新**（p228/カ写）〈[産]熊本県天草郡龍ヶ岳町樋島 高さ0.4cm 歯〉

ツノチョウジガイの1種 *Caryophyllia paucipaliata*
新生代の六放サンゴ類。チョウジガイ科。
¶**学古生**（図1037/モ写）〈[産]鹿児島県大島郡喜界町上嘉鉄〉

ツノハシバミ *Corylus sieboldiana*
新生代第四紀更新世の陸上植物。カバノキ科。
¶**学古生**（図2553/モ写）〈[産]長崎県北松浦郡江迎町田ノ元 堅果〉

ツノハシバミ ⇒コリュルス・アウェッラナを見よ

角竜類
白亜紀オーテリビアン期～バレミアン期？の恐竜。
¶**日白亜**（p28～31/カ写, カ復）〈[産]福岡県小倉市・宮若市 歯根からの高さ1.4cm 歯冠のすり減った歯〉

ツバキ *Chaenomeles japonica*
更新世前期の双子葉植物。
¶**日化譜**（図版76-6/モ写）〈[産]明石市西方海岸その他 果実〉

ツバササンゴ *Tropidocyathus lessoni*
新生代の六放サンゴ類。チョウジガイ科。
¶**学古生**（図1039/モ写）〈[産]鹿児島県大島郡喜界町上嘉鉄〉

ツパンダクティルス・インペラトール
Tupandactylus imperator
中生代白亜紀の爬虫類双弓類主竜類翼竜類。翼開長3m。[分]ブラジル
¶**生ミス8**〔ツパンダクティルス〕（図7-2/カ写, カ復）〈約77cm 頭骨とその間の“帆”が確認できる標本〉
リア中〔ツパンダクティルス〕（p150/カ復）

ツマモシオガイ *Crassatella* (s.s.) *tsumaensis*
鮮新世前期の軟体動物斧足類。
¶**日化譜**（図版44-7/モ写）〈[産]宮崎県児湯郡高鍋町三納〉

ツムガタミガキボラ *Kelletia brevis*
鮮新世前期の軟体動物腹足類。
¶**日化譜**（図版32-13/モ写）〈[産]千葉県銚子市犬若〉

ツムバイの1種 *Aulacofusus* sp.
新生代第三紀の貝類。エゾバイ科。
¶**学古生**（図1117/モ写）〈[産]和歌山県西牟婁郡串本町富岡〉

ツメタガイ *Neverita* (*Glossaulax*) *didyma*
新生代第四紀更新世の貝類。タマガイ科。
¶**学古生**（図1719/モ写）〈[産]茨城県稲敷郡阿見町島津〉

ツメタガイ
新生代第三紀鮮新世の軟体動物腹足類。タマガイ科。
¶**産地新**（p131/カ写）〈[産]静岡県掛川市掛川駅北方 径2.6cm〉
産地新（p206/カ写）〈[産]高知県安芸郡安田町唐浜 径4cm〉

ツメタガイ
新生代第四紀更新世の軟体動物腹足類。タマガイ科。
¶**産地新**（p142/カ写）〈[産]石川県珠洲市平床 径約8cm〉

ツメタガイ
新生代第三紀中新世の軟体動物腹足類。
¶**産地本**（p241/カ写）〈[産]島根県八束郡玉湯町布志名 径2.5cm〉

ツヤガラス
新生代第四紀更新世の軟体動物斧足類。イガイ科。別名モディオルス。
¶**産地新**（p137/カ写）〈[産]石川県金沢市大桑町犀川河床 長さ7cm〉

ツヤガラス
新生代第三紀鮮新世の軟体動物斧足類。イガイ科。別名モディオルス。
¶**産地新**（p235/カ写）〈[産]宮崎県児湯郡川南町通山浜 長さ7.5cm〉
産地別（p233/カ写）〈[産]宮崎県児湯郡川南町通浜 長さ7.5cm〉

ツヤザキスズカケ *Platanus tsuyazakiensis*
新生代漸新世の陸上植物。スズカケノキ科。
¶**学古生**（図2197/モ写）〈[産]福岡県宗像郡津屋崎町〉

ツヤ・スタンディシイ *Thuja standishii*
第四紀更新世前期の裸子植物毬果類。別名クロベ，ネズコ。
¶**原色化**（PL.88-1/カ写）〈[産]栃木県塩谷郡塩原町中塩原〉

ツリセラチウム・コンデコラム *Triceratium condecorum*
新生代中新世の珪藻類。同心目。
¶**学古生**（図2106/モ写）〈[産]岩手県一関市下黒沢〉

ツリテラ
新生代第三紀中新世の軟体動物腹足類。別名キリガイダマシ。
¶**産地新**（p16/カ写）〈[産]北海道苫前郡羽幌町曙 高さ5.5cm〉
産地新（p182/カ写）〈[産]和歌山県西牟婁郡白浜町藤島 高さ8.9cm, 大きいものの高さ9cm〉
産地新（p183/カ写）〈[産]三重県尾鷲市行野浦 高さ6.5cm〉
産地別（p65/カ写）〈[産]北海道樺戸郡月形町知来乙 高さ4cm〉
産地本（p135/カ写）〈[産]岐阜県土岐市隠居山 高さ4.5cm〉
産地本（p183/カ写）〈[産]三重県安芸郡美里村柳谷 高さ6.6cm〉
産地本（p205/カ写）〈[産]滋賀県甲賀郡土山町鮎河 高さ6cm〉

ツリテラ ⇒キリガイダマシを見よ

ツリテラ ⇒キリガイダマシ科の一種を見よ

ツリテラ ⇒サイシュウキリガイダマシを見よ

ツリテラ ⇒フジタキリガイダマシを見よ

ツリテラ・インフラリラータ *Turritella infralirata*
新生代古第三紀暁新世の軟体動物腹足類。キリガイダマシ科。
¶**化石フ**（p163/カ写）〈[産]福岡県北九州市 70mm〉

ツ

ツリテラ群集
新生代第三紀中新世の軟体動物腹足類。
¶**産地新**(p161/カ写)〈㊞滋賀県甲賀郡土山町鮎河 母岩の左右32cm〉
産地新(p169/カ写)〈㊞滋賀県甲賀郡土山町大沢 母岩の左右約10cm, 母岩の左右約30cm お下がり〉
産地本(p205/カ写)〈㊞滋賀県甲賀郡土山町鮎河 写真の左右20cm〉

ツリテラ・サガイ *Turritella sagai*
新生代第三紀中新世の軟体動物腹足類。キリガイダマシ科。
¶**化石フ**(p163/カ写)〈㊞岐阜県土岐市 大きい方50mm〉

ツリテラ・サガイ
新生代第三紀中新世の軟体動物腹足類。
¶**産地新**(p125/カ写)〈㊞岐阜県瑞浪市松ヶ瀬町土岐川 高さ3.2cm〉
産地新(p170/カ写)〈㊞滋賀県甲賀郡土山町大沢 高さ7cm, 高さ5.5cm お下がり〉
産地別(p209/カ写)〈㊞滋賀県甲賀市土山町鮎河 母岩の幅45cm〉

ツリテラ属 *Turritella*
中新世の無脊椎動物軟体動物。
¶**図解化**(p128-下右/カ写)〈㊞ドイツ〉

ツリテラ・ベルテレブラ ⇒ムカシキリガイダマシを見よ

ツリナクソドン *Thrinaxodon liorhinus*
三畳紀初頭の爬虫類。獣形超綱獣形綱獣形目獣歯亜目。全長33cm。㊕南アフリカ
¶**古脊椎**(図204/モ復)

ツリモンストラム *Tullimonstrum*
古生代石炭紀の分類不明生物。脊椎動物“無顎類”円口類ともされる。全長40cm。㊕アメリカ
¶**生ミス4**(図1-3-4/カ写, カ復)〈㊞アメリカのメゾンクリーク〉

ツリモンストラム ⇒ツリモンストルム・グレガリウムを見よ

ツリモンストルム・グレガリウム *Tullimonstrum gregarium*
石炭紀の分類不明の動物。全長35cm。㊕アメリカ
¶**図解化**(p93-下左/カ写, モ復)〈㊞イリノイ州メゾン・クリーク〉
リア古〔ツリモンストラム〕(p176/カ復)

ツリリテス *Turrilites*
中生代白亜紀の軟体動物頭足類アンモナイト類。
¶**生ミス7**(図4-6/カ写)〈㊞北海道三笠市 高さ約10cm〉

ツリリテス
白亜紀セノマニアン期の頭足類アンモナイト。殻長約20cm。
¶**日白亜**(p118〜121/カ写, カ復)〈㊞北海道三笠市〉

ツリリテス・コスタータス *Turrilites costatus*
セノマニアン前期の軟体動物頭足類アンモナイト。アンキロセラス亜目ツリリテス科。
¶**アン学**(図版34-6/カ写)〈㊞三笠地域〉

ツリリテス・ベルゲリイ *Turrilites bergeri*
白亜紀の軟体動物頭足類。
¶**原色化**(PL.65-4/カ写)〈㊞イギリスのケンブリッジ 高さ5cm〉

ツリリトイデス
中生代白亜紀の軟体動物頭足類。
¶**産地別**(p220/カ写)〈㊞徳島県勝浦郡上勝町藤川 長さ3cm〉

ツル亜目の足跡 Fossil foot prints of the Gruidea
新生代第三紀鮮新世の鳥類。
¶**化石フ**(p238/カ写)〈㊞三重県阿山郡大山田村 足印長200mm〉

ツルガウニ *Glyptocidaris crenularis*
新生代更新世の棘皮動物。フィモゾマ科。
¶**学古生**(図1903/モ写)〈㊞神奈川県横浜市港南区日野町〉

ツルシノブ ⇒リュゴディウム・スコッツベルギイを見よ

ツルボニテラの1種 *Turbonitella yanagidai*
古生代後期石炭紀後期の貝類。アマガイモドキ科。
¶**学古生**(図197/モ写)〈㊞山口県美祢市於福町江原うずら採石場〉
日化譜〔Turbonitella yanagidai〕(図版83-14/モ写)〈㊞山口県美禰市伊佐町〉

【テ】

手足の骨(不明種)
新生代第三紀中新世の脊椎動物哺乳類。
¶**産地新**(p179/カ写)〈㊞三重県安芸郡美里村柳谷 長さ5.5cm 獣骨〉

テアリオカリス *Tealliocaris woodwardi*
前期石炭紀の無脊椎動物甲殻類。ワテルストネリス目テアリオカリス科。体長5cm。㊕ヨーロッパ
¶**化写真**(p69/カ写)〈㊞イギリス〉

ディアカリメネ ウーズレグィ *Diacalymene ouzregui*
オルドビス紀後期の三葉虫。プティコパリア目。
¶**三葉虫**(図126/モ写)〈㊞モロッコのザゴラ 長さ60mm〉

ディアカリメネ クラヴィクラ *Diacalymene clavicula*
シルル紀の三葉虫。プティコパリア目。
¶**三葉虫**(図122/モ写)〈㊞アメリカのオクラホマ州 長さ38mm〉

ディアカリュメネ *Diacalymene*
オルドビス紀〜シルル紀の節足動物三葉虫類ファコプス類。
¶**化百科**(p129/カ写)〈㊞アメリカ合衆国のオクラホマ州ローレンス隆起 頭〜尾の長さ5cm〉

ディアコデキシス *Diacodexis*
始新世前期の哺乳類。鯨偶蹄目ディコブネ科。原始的な偶蹄類。頭胴長30〜35cm。㊕アジア, ヨーロッ

パ, 北アメリカ
¶**恐絶動**〔ディアコデキス〕(p266/カ復)
絶哺乳(p183,184/カ復, モ図)〈復元骨格〉

ディアコデキス ⇒ディアコデキシスを見よ

ディアゴニエラ *Diagoniella hindei*
カンブリア紀のガラス海綿。海綿動物門六放海綿綱プロトスポンギデー科。サイズ15mm。
¶**バ頁岩**(図35,36/モ写, モ復)〈㊟カナダのバージェス頁岩〉

ディアディアフォルス *Diadiaphorus*
中新世前期の哺乳類。滑距目プロテロテリウム科。南アメリカの有蹄哺乳類。全長1.2m。㊕アルゼンチン
¶**恐絶動**(p246/カ復)

ディアディアホラス *Diadiaphorus majusculus*
中新世～鮮新世初期の哺乳類。哺乳綱獣亜綱正獣上目滑距目。体長1.2m。㊕南米
¶**古脊椎**(図254/モ復)

ディアデクテス *Diadectes*
古生代石炭紀の両生類空椎類。低木地に生息。全長3m。㊕スコットランド
¶**恐古生**(p66～67/カ写)
恐絶動(p54～55/カ復)
生ミス4(図1-2-12/カ復)

ディアデクテス *Diadectes phaseolinus*
二畳紀前期の爬虫類。爬型超綱亀綱頬竜目ディアデクテス亜目。全長1.5m。㊕北米テキサス州
¶**古脊椎**(図76.77/モ復)

ディアデモドン *Diademodon mastacus*
三畳紀初期の爬虫類。獣形超綱獣形綱獣形目獣歯亜目。全長88cm。㊕南アフリカ
¶**古脊椎**(図203/モ復)

ディアデモプシス *Diademopsis*
三畳紀～ジュラ紀の棘皮動物ウニ類。
¶**化百科**(p186/カ写)〈2.5cm〉

ディアトミス *Diatomys* sp.
中新世前～中期の哺乳類ネズミ類ヤマアラシ型類。齧歯目ディアトミス科。頭胴長約25cm。㊕アジア
¶**絶哺乳**(p125/カ復)

ディアトリマ *Diatryma steini*
始新世の鳥類。鳥綱新鳥亜綱歯嘴超目真鳥目ディアトリマ亜目。高さ2m。㊕北米ワイオミング州
¶**古脊椎**(図190/モ復)

ディアトリマ
古第三紀始新世前期～始新世中期の鳥類。高さ2m以上。㊕アメリカ合衆国
¶**進化大**(p378～379/カ復)

ディアトリマ ⇒ガストルニスを見よ

ディアトリマ・ギガンテア *Diatryma gigantea*
始新世前期の鳥類。ツル目。体高2.1m。㊕ベルギー, 英国のイングランド, フランス, 合衆国のニュージャージイ, ニューメキシコ, ワイオミング
¶**恐絶動**(p178/カ復)

ディアトリュマ *Diatryma*
暁新世～始新世の恐鳥類。体長約2m。
¶**古代生**(p195/カ復)

ディアニア・カクティフォルミス *Diania cactiformis*
古生代カンブリア紀の有爪動物。全長6cm。㊕中国
¶**生ミス1**〔ディアニア〕(図3-6-8/カ写, カ復)〈㊟中国の雲南省〉
リア古〔ディアニア〕(p26/カ復)

ディアボロセラス
古生代石炭紀の軟体動物頭足類。
¶**産地別**(p107/カ写)〈㊟新潟県糸魚川市青海町 長径5.3cm〉
産地別(p108/カ写)〈㊟新潟県糸魚川市青海町 長径3.7cm 切断〉
産地別(p108/カ写)〈㊟新潟県糸魚川市青海町 長径2.3cm〉

ディアボロセラス?
古生代石炭紀の軟体動物頭足類。
¶**産地本**(p228/カ写)〈㊟山口県美祢市伊佐町南台 径5mm〉

ディアボロセラス?の1種 *Diaboloceras?* sp.
古生代後期石炭紀後期の頭足類。シストセラス科。
¶**学古生**(図235/モ写)〈㊟山口県美祢市伊佐町河原〉

ティアンチサウルス *Tianchisaurus*
ジュラ紀バトニアンの恐竜。アンキロサウルス科。初期の装盾類。体長3m。㊕中国
¶**恐イラ**(p123/カ復)

ディアンドンギア・ピスタ *Diandongia pista* 純真滇東貝
カンブリア紀の腕足動物。腕足動物門。澄江生物群。
¶**澄江生**(図17.1/カ写)〈㊟中国の馬房 3×2mm～12×10mm 背殻を背側から見たところ〉

ディイクトドン *Diictodon*
古生代ペルム紀の単弓類獣弓類ディキノドン類。全長45cm。㊕中国, 南アフリカ
¶**化百科**(p230/カ写)〈㊟南アフリカのケープ州ボーフォートウェスト地方 頭骨長14cm 頭骨〉
生ミス4(図2-3-5/カ復)
生ミス4〔ディイクトドンのものと思われる巣穴の化石〕(図2-3-6/カ写)
生ミス4〔ディイクトドンの頭骨化石〕(図2-3-7/カ写)〈約11cm〉
生ミス4〔巣の中のディクトドン化石〕(図2-3-8/カ写, カ復)〈各45cm 2個体〉
生ミス4(図2-4-12/カ復)

ディイクトドン
ペルム紀後期の脊椎動物単弓類有牙ディキノドン類。全長1m。㊕南アフリカ
¶**進化大**〔ペラノモドン〕(p192～193/カ写)〈頭骨〉

ディイクトドン・フェリケプス *Diictodon feliceps*
古生代ペルム紀の脊椎動物単弓類獣弓類。全長45cm。㊕南アフリカ
¶**リア古**〔ディイクトドン〕(p204/カ復)

ディエステリア・イシアネンシスの背甲 *Diestheria yixianensis*
中生代の貝甲類。ディエステリア科。熱河生物群。
¶**熱河生**(図45/カ写)〈㊨中国の遼寧省義県の周家屯 長さ21mm〉

ディエストリティリスの1種 *Diestothyris frontalis*
現生の腕足類。ダリナ科。
¶**学古生**(図1065/モ写)〈㊨千島沖〉

ティエンシャノサウルス *Tienshanosaurus chitaiensis* 奇台天山竜
白亜紀の恐竜類。竜型超綱竜盤綱竜脚目。全長約12m。㊕新彊省奇台
¶**古脊椎**(図154/モ復)

テ

ディオドラ *Diodora floridana*
後期白亜紀〜現世の無脊椎動物腹足類。古腹足目スカシガイ科。体長8mm。㊕世界中
¶**化写真**(p116/カ写)〈㊨アメリカ 殻の外側〉

ディオドラ・ヨコヤマイ *Diodora yokoyamai*
第三紀の軟体動物腹足類。別名ヨコヤマテンガイ。
¶**原色化**(PL.75-2/モ写)〈㊨千葉県銚子市犬若 長さ2.7cm〉

ディオニデ マレッキィ *Dionide marecki*
オルドビス紀中期の三葉虫。プティコパリア目。
¶**三葉虫**(図133/モ写)〈㊨ポルトガルのヴァロンゴ 長さ18mm〉

ディオニトカルピディウム・リリエンステルニイ
三畳紀後期の植物ソテツ類。球果鱗片全長5cm。㊕世界各地
¶**進化大**〔ディオニトカルピディウム〕(p201/カ写)

ティキノスクス *Ticinosuchus*
三畳紀中期の爬虫類。ラウイスクス亜目。初期の支配的爬虫類。全長3m。㊕スイス
¶**恐絶動**(p95/カ復)

ディキノドン *Dicynodon*
ペルム紀後期の哺乳類型爬虫類獣弓類。ディキノドン亜目。全長1.2m。㊕南アフリカ共和国, タンザニア
¶**恐絶動**(p190/カ復)

ディキノドント類 *dicynodont*
ペルム紀後期の脊索動物爬虫類哺乳類型爬虫類。
¶**図解化**(p217-上左と中央/カ写)〈㊨南アフリカ 頭骨〉

ディキノドン類の頭蓋骨 *Pelanomodon* sp.
ペルム紀と三畳紀の脊椎動物哺乳類の類縁種。
¶**地球博**(p83/カ写)

ティクタアリク ⇒ティクターリクを見よ

ティクターリク *Tiktaalik*
古生代デボン紀の魚類肉鰭類。全長2.7m。㊕カナダ
¶**恐竜世**〔ティクタアリク〕(p78/カ復)
古代生(p110〜111/カ写)〈㊨カナダのエルズミア島〉
生ミス3(図6-7/カ写, カ復)〈㊨カナダのエルズミア島南部〉
生ミス3(図6-8/カ写)〈骨盤と後ろ足〉

ティクターリク
デヴォン紀後期の脊椎動物肉鰭類。体長3m。㊕カナダ
¶**進化大**(p138/カ復)

ティクターリク・ロセアエ *Tiktaalik roseae*
古生代デボン紀の脊椎動物肉鰭類。全長2.7m。㊕カナダ
¶**リア古**〔ティクターリク〕(p152/カ復)

ディクチオザミテス属 ⇒アミメソテツの1種を見よ

ディクチオザミテス・レニフォルミス *Dictyozamites reniformis*
中生代白亜紀の裸子植物ベネチテス類。ソテツ綱アミメソテツ目。
¶**学古生**〔ジンゾウガタアミメソテツ〕(図784/モ写)〈㊨石川県石川郡白峰桑島〉
化石フ(p80/カ写)〈㊨石川県石川郡尾口村 1羽片30mm〉
日化譜〔Dictyozamites reniformis〕(図版72-11/モ写)〈㊨福井県大野郡〉

ディクチオドラ・リーベアナ *Dictyodora liebeana*
オルドヴィス紀の無脊椎動物環虫類。
¶**図解化**(p92-右/カ写)〈㊨ドイツのチュリンギア〉

ディクチオフィクス *Dictyophycus gracilis*
カンブリア紀の藻類である可能性があるもの。サイズ25mm。
¶**バ頁岩**(図11,12/モ写, モ復)〈㊨カナダのバージェス頁岩〉

ディクチオフィルム ⇒アミメカセキシダの1種を見よ

ディクチオフィルム・コタキエンセ *Dictyophyllum kotakiense*
中生代ジュラ紀のシダ植物シダ類。ヤブレガサウラボシ科。
¶**化石フ**(p72/カ写)〈㊨富山県下新川郡朝日町 70mm〉

ディクチオフィルム・ニルソニ
三畳紀後期〜ジュラ紀中期の植物シダ類。複葉の幅20〜30cm。㊕世界各地
¶**進化大**〔ディクチオフィルム〕(p228/カ写)

ディクティオチリス *Dictyothyris coarctata*
ジュラ紀の無脊椎動物腕足動物。テレブラチュラ目ディクティオチリス科。体長2cm。㊕ヨーロッパ
¶**化写真**(p87/カ写)〈㊨イギリス〉
図解化〔Dictyothyris coarctata〕(図版3-2/カ写)〈㊨フランス〉

ディクラエオサウルス *Dicraeosaurus*
1億5000万年前(ジュラ紀後期)の恐竜類ディプロドクス類。竜脚下目ディクラエオサウルス科。全長12m。㊕タンザニア
¶**恐イラ**(p141/カ復)
恐絶動(p131/カ復)
恐竜世(p156/カ復)

ディクラエオサウルス
ジュラ紀後期の脊椎動物竜脚形類。体長12m。㊕タンザニア

¶進化大（p270/カ復）

ディクラヌルス *Dicranurus hamatus*
古生代デボン紀の節足動物三葉虫類。
¶生ミス3（図4-19/カ写）〈㊨アメリカのオハイオ州〉

ディクラヌルス ハマータス エレガンタス
Dicranurus hamatus elegantus
デボン紀前期の三葉虫。オドントプルーラ目。
¶三葉虫（図90/モ写）〈㊨アメリカのオクラホマ州 長さ54mm〉
三葉虫（図91/モ写）〈㊨アメリカのオクラホマ州 長さ50mm〉

ディクラヌルス モンストローサス *Dicranurus monstrosus*
デボン紀の三葉虫。オドントプルーラ目オドントプレウラ科。
¶化石図〔ディクラヌルス〕（p39/カ写）〈㊨モロッコ 体の長さ約6cm〉
化石図〔ディクラヌルス・モンストロサス〕（p57/カ写）〈㊨モロッコ 体長約6cm〉
三葉虫（図88/モ写）〈㊨モロッコのアルニフ 長さ64mm〉
生ミス3〔ディクラヌルス〕（図4-18/カ写）〈㊨モロッコ 50mm〉
リア古〔ディクラヌルス〕（p124/カ復）

ディクラノグラプツス *Dicranograptus* sp.
シルル紀の無脊椎動物半索動物筆石類。
¶図解化（p182～183-3/カ写）〈㊨イギリス〉

ディクラノペルティス・ネレウス *Dicranopeltis nereus*
古生代シルル紀の節足動物三葉虫類。
¶生ミス2〔ディクラノペルティス〕（図2-3-5/カ写）〈㊨アメリカのニューヨーク州 5cm〉

ディクロイディウム *Dicroidium*
三畳紀の裸子植物ソテツシダ類。カイトニア目コリストスペルマ科。高さ4m。㊵南半球
¶化写真（p299/カ写）〈㊨オーストラリア〉
生ミス5（図1-7/カ写）〈㊨オーストラリアのタスマニア島東部アボカ 約7cm 葉〉
地球博〔シダ種子植物の小葉〕（p76/カ写）

ディクロイディウム
三畳紀の植物コリストスペルム類。全長4～30m。㊵南半球
¶進化大（p200～201/カ写）

ディクロロマ属の種 *Dicroloma* sp.
ジュラ紀後期の無脊椎動物軟体動物巻貝類。
¶ゾル1（図102/カ写）〈㊨ドイツのランゲンアルトハイム 3cm〉

ディケラス・ブバリヌム *Diceras bubalinum*
ジュラ紀後期の無脊椎動物軟体動物。
¶図解化（p127-2/カ写）〈㊨オーストリア〉

ディケラトプス *Diceratops*
白亜紀マーストリヒシアンの恐竜類カスモサウルス類。カスモサウルス亜科。体長9m。㊵アメリカ合衆国のワイオミング州
¶恐イラ（p241/カ復）

ディケロピゲ *Dicellopyge* sp.
三畳紀後期の魚類。顎口超綱硬骨魚綱条鰭亜綱軟質上目パレオニスクス目。全長12cm。㊵南アフリカ
¶古脊椎（図27/モ復）

ディケロフィゲ *Dicellopyge macrodentatus*
前期三畳紀の脊椎動物硬骨魚類。パラエオニスクス目ディケロフィゲ科。体長15cm。㊵南アフリカ
¶化写真（p211/カ写）〈㊨南アフリカ〉

ディケロムス・サルテリイ *Dicellomus salteri*
カンブリア紀の腕足動物無関節類。
¶原色化（PL.6-6/モ写）〈㊨カナダのノバスコシアのブレトン岬 長径4mm〉

テ

ディコエロシア *Dicoelosia bilobata*
オルドビス紀～デボン紀の無脊椎動物腕足動物。オルチス目ディコエロシア科。体長1.5cm。㊵世界中
¶化写真（p80/カ写）〈㊨イギリス〉

ディコグラプツス *Dichograptus* sp.
シルル紀の無脊椎動物半索動物筆石類。
¶図解化（p182～183-1/カ写）〈㊨イギリス〉

ディコトモスフィンクテス
中生代ジュラ紀の軟体動物頭足類。
¶産地本（p67/カ写）〈㊨福島県相馬郡鹿島町館の沢 径6cm〉

ディコトモスフィンクテス属の未定種
Dichotomosphinctes sp.
中生代ジュラ紀の軟体動物頭足類。ペリスフィンクテス科。
¶化石フ（p115/カ写）〈㊨福島県相馬市 120mm〉

ディコトモスフィンクテスの1種
Dichotomosphinctes kiritaniensis
中生代ジュラ紀後期のアンモナイト。ペリスフィンクテス科。
¶学古生（図447/モ写）〈㊨富山県婦負郡八尾町桐谷〉

ディゴネラ *Digonella digona*
中期ジュラ紀の無脊椎動物腕足動物。テレブラチュラ目ゼイレリア科。体長2.5cm。㊵世界中
¶化写真（p90/カ写）〈㊨イギリス〉
図解化〔Digonella digona〕（図版10-18/カ写）〈㊨フランス〉

ティゴラムピス・ギガンテア *Tygolampis gigantea*
ジュラ紀の脊椎動物爬虫類。
¶原色化（PL.55-1/モ写）〈㊨ドイツのバイエルンのゾルンホーフェン 母岩の高さ17cm 石膏模型〉

ティサノペルティス スペシオーサ *Thysanopeltis speciosa*
デボン紀中期の三葉虫。イレヌス目。
¶三葉虫（図38/モ写）〈㊨モロッコのアルニフ 長さ80mm〉

ディジゴクリヌス・インディアナエンシス
Dizygocrinus indianaensis
ミシシッピ亜紀の無脊椎動物棘皮動物。
¶図解化〔ディジゴクリヌス・インディアナエンシスとスキタロクリヌス・ディスパリリス〕（p169-7/カ写）〈㊨インディアナ州〉

ディシニスカ・レビス *Discinisca laevis*
現生の腕足動物無関節類。生きている化石。
¶**原色化**（PL.2-5/モ写）〈[産]南アメリカのペルーのカルレス 小さい方の殻の長径2.8cm〉

ティシュリンガーイクツィス・ヴィオリ *Tischlingerichthys viohli*
ジュラ紀後期の脊椎動物真骨魚類。
¶**ゾル2**（図191/カ写）〈[産]ドイツのミュールハイム 20cm〉

ディスカリス・ロンギスティパ
デヴォン紀前期の植物ゾステロフィルム類。高さ30cm。[分]中国
¶**進化大**〔ディスカリス〕（p117/カ写）

ディスキトケラス *Discitoceras leveilleanum*
前期石炭紀の無脊椎動物オウムガイ類。オウムガイ目トリゴノケラス科。直径15cm。[分]ヨーロッパ北西部
¶**化写真**（p136/カ写）〈[産]アイルランド〉

ディスキニスカ *Discinisca lugubris*
二畳紀〜現世の無脊椎動物腕足動物。アクロトレタ目ディスキナ科。体長8mm。[分]世界中
¶**化写真**（p92/カ写）〈[産]アメリカ〉

ディスキニスカ・カリメネ *Discinisca calymene*
三畳紀の無脊椎動物腕足動物。無関節綱。
¶**図解化**（p78-左/カ写）〈[産]イタリア〉

ディスクリテラの1種 *Dyscritella iwaizakiensis*
古生代後期二畳紀中期のコケムシ類。変口目ステノポラ科。
¶**学古生**（図166/モ写）〈[産]宮城県気仙沼市岩井崎 縦断面〉

ディスコアスター・アシンメトリクス *Discoaster asymmetricus*
新生代鮮新世後期のナンノプランクトン。ディスコアスター科。
¶**学古生**（図2046/モ写）〈[産]高知県室戸市羽根町〉

ディスコアスター・スルクルス *Discoaster surculus*
新生代鮮新世後期のナンノプランクトン。ディスコアスター科。
¶**学古生**（図2050/モ写）〈[産]高知県室戸市羽根町〉

ディスコアスター・タマリス *Discoaster tamalis*
新生代鮮新世後期のナンノプランクトン。ディスコアスター科。
¶**学古生**（図2051/モ写）〈[産]高知県室戸市羽根町〉

ディスコアスター・デフランドライ *Discoaster deflandrei*
新生代中新世初期〜中期のナンノプランクトン。ディスコアスター科。
¶**学古生**（図2048/モ写）〈[産]石川県珠洲市宝立町〉

ディスコアスター・トリラディアータス *Discoaster triradiatus*
新生代鮮新世後期のナンノプランクトン。ディスコアスター科。
¶**学古生**（図2052/モ写）〈[産]高知県室戸市羽根町〉

ディスコアスター・バリアビリス *Discoaster variabilis*
新生代中新世中期のナンノプランクトン。ディスコアスター科。
¶**学古生**（図2053/モ写）〈[産]石川県加賀市錦城山〉

ディスコアスター・ブロウェライ *Discoaster brouweri*
新生代鮮新世のナンノプランクトン。ディスコアスター科。
¶**学古生**（図2047/モ写）〈[産]千葉県銚子市名洗町〉
化石図〔石灰質ナンノ化石〕（p24/カ写）〈[産]沖縄沖 直径約10μm〉
日化譜〔Discoaster brouweri〕（図版81-37/モ図）〈[産]福島県〉

ディスコアスター・ペンタラディアータス *Discoaster pentaradiatus*
新生代鮮新世後期のナンノプランクトン。ディスコアスター科。
¶**学古生**（図2049/モ写）〈[産]高知県室戸市羽根町〉

ディスコキクリナ属の有孔虫 *Discocyclina*
始新世の無脊椎動物原生動物。
¶**図解化**〔ディスコキクリナ属とヌムリテス属の有孔虫〕（p55-5/カ写）〈[産]スイスのブルゲンシュトック〉

ディスコグロッスス *Discoglossus troscheli*
漸新世の両生類カエル類。ミミナシガエル科。
¶**世変化**（図85/カ写）〈[産]ドイツのロット 幅8cm〉

ディスコサイクリナの1種 *Discocyclina* (*Asterocyclina*) sp.cf.*D.habanensis*
新生代始新世中期後半の大型有孔虫。ディスコサイクリナ科。
¶**学古生**（図954,955/モ写）〈[産]母島沖村〉

ディスコサイクリナの1種 *Discocyclina* (*Asterocyclina*) sp.cf.*D.stella*
新生代始新世中期の大型有孔虫。ディスコサイクリナ科。
¶**学古生**（図956/モ写）〈[産]高知県土佐清水市在岬〉

ディスコサイクリナの1種 *Discocyclina* (*Discocyclina*) *dispansa*
新生代始新世中期の大型有孔虫。ディスコサイクリナ科。
¶**学古生**（図953/モ写）〈[産]母島ユーサン海岸〉

ディスコサイクリナの1種 *Discocyclina* (*Discocyclina*) *omphala*
新生代始新世中期の大型有孔虫。
¶**学古生**（図958/モ写）〈[産]東京都小笠原村母島ユーサン海岸〉

ディスコサウリスカス
古生代ペルム紀の両生類。
¶**植物化**〔エルネスティオデンドロンと両生類のディスコサウリスカス〕（口絵/カ写）〈[産]チェコ〉

ディスコサウリスクス *Discosauriscus*
古生代ペルム紀の両生類。シームリア目ディスコサウリスクス科。
¶**化石図**〔ディスコサウリスクスの一種〕（p89/カ写, カ復）〈[産]チェコ 体長約20cm〉
生ミス4（図2-2-2/カ写）〈[産]チェコ 17cm〉

ディスコサウリスクス
ペルム紀前期の脊椎動物四肢動物。全長40cm。(分)チェコ, ドイツ, フランス
¶**進化大** (p185/カ写)

ディスコシフォネラの1種 *Discosiphonella* sp.
古生代後期二畳紀の海綿類。石灰海綿綱タラミダ目セバルガシア科。
¶**学古生** (図94/モ写) 〈(産)岐阜県吉城郡上宝村福地〉

ディスコスカファイテス *Discoscaphites*
中生代白亜紀の軟体動物頭足類アンモナイト類。
¶**アン最** 〔ディスコスカフィテス〕 (p86/カ写) 〈嚙まれた損傷部分〉
アン最 〔ディスコスカフィテス〕 (p88/カ写) 〈住房部に傷痕〉
生ミス8 (図E-1/カ写) 〈(産)アメリカのニュージャージー州〉

ディスコスカフィテス ⇒ディスコスカファイテスを見よ

ディスコスカフィテス・グロッサス
Discoscaphites gulosus
マーストリヒチアン期のアンモナイト。
¶**アン最** (p6/カ写) 〈(産)サウスダコタ州〉
アン最 (p47/カ写) 〈(産)サウスダコタ州〉
アン最 (p49/カ写) 〈(産)サウスダコタ州〉
アン最 (p51/カ写) 〈不完全〉
アン最 (p84/カ写) 〈マクロコンク, ミクロコンク〉
アン最 (p198/カ写) 〈(産)サウスダコタ州コーソン郡 マクロコンク (雌), ミクロコンク (雄)〉

ディスコスカフィテス・コンラデイ
Discoscaphites conradi
マーストリヒチアン期のアンモナイト。
¶**アン最** (p196/カ写) 〈(産)サウスダコタ州コーソン郡 ミクロコンク (雄)〉
アン最 (p197/カ写) 〈(産)サウスダコタ州コーソン郡 マクロコンク (雌), ミクロコンク (雄)〉

ディスコーセッラ
石炭紀前期の脊椎動物条鰭類。全長60cm。(分)アメリカ合衆国
¶**進化大** (p165/カ写)

ディスコデルミア *Discodermia* sp.
白亜紀の無脊椎動物海綿動物普通海綿。
¶**図解化** (p58-7/カ写)

ディスコリティーナ・ジャポニカ *Discolithina japonica*
新生代鮮新世のナンノプランクトン。ポントスフェラ科。
¶**学古生** (図2061/モ写) 〈(産)沖縄県那覇市〉

ティソティア・オベサ *Tissotia obessa*
チューロニアン期のアンモナイト。
¶**アン最** (p225/カ写) 〈(産)ペルーのカハマルカ〉

ティソティアの一種 *Tissotia* sp.
チューロニアン期のアンモナイト。
¶**アン最** (p124/カ写) 〈(産)モロッコ〉

ティタニス *Titanis*
500万～200万年前 (ネオジン) の鳥類ツル類。フォルスラクス科。別名恐鳥, 巨鳥。草原に生息。全高2m。(分)南北アメリカ
¶**恐古生** (p144～147/カ復)
恐竜世 (p210/カ復)
恐竜博 (p183/カ復)

ティタノサウルス *Titanosaurus*
8000万～6500万年前 (白亜紀後期) の恐竜類ティタノサウルス類。ティタノサウルス科。林地に生息。体長12～19m。(分)アジア, ヨーロッパ, アフリカ
¶**恐竜世** (p163/カ復)
恐竜博 (p124～125/カ写, カ復) 〈椎骨〉

ティタノサルコリテス *Titanosarcolites*
中生代白亜紀の軟体動物二枚貝類厚歯二枚貝類。長径1m以上。(分)ジャマイカ, アメリカ, メキシコほか
¶**生ミス7** (図4-27/カ復)

ティタノスクス *Titanosuchus*
ペルム紀後期の哺乳類型爬虫類獣弓類。獣弓目。全長2.5m。(分)南アフリカ共和国
¶**恐絶動** (p187/カ復)

ティタノティロプス *Titanotylopus*
鮮新世～更新世の哺乳類ラクダ類。鯨偶蹄目ラクダ亜目ラクダ科。肩高3.5m。(分)合衆国のネブラスカ
¶**恐絶動** (p277/カ復)
絶哺乳 〔ティタノティロープス〕 (p188/カ復)

ティタノボア
古第三紀暁新世中期の脊椎動物鱗竜類。全長13m。(分)コロンビア
¶**進化大** (p377/カ写)

ティタノボア・セレジョネンシス *Titanoboa cerrejonensis*
新生代古第三紀暁新世の爬虫類双弓類鱗竜形類有鱗類ヘビ類。全長13m。(分)コロンビア
¶**生ミス9** 〔ティタノボア〕 (図1-1-5/カ写, カ復) 〈長径約12cm 脊椎〉

ディッキンソニア *Dickinsonia*
5億6000万～5億5500万年前 (先カンブリア時代) の無脊椎動物。エディアカラ生物群。直径1～100cm。(分)オーストラリア, ロシア
¶**恐竜世** (p29/カ写)
古代生 (p34～35/カ写) 〈全長160mm, 幅100mm〉
生ミス1 (図2-1/カ写, カ復) 〈(産)オーストラリア〉
生ミス1 (図2-10/カ写)

ディッキンソニア
約6億3500万～約5億4100万年前の生物。エディアカラ動物群。
¶**古代生** 〔エディアカラ動物群のイメージ〕 (p30～31/カ復)
古代生 〔エディアカラ紀の浅い海底のイメージ〕 (p38/カ復)

ディッキンソニア・コスタタ *Dickinsonia costata*
先カンブリア時代エディアカラ紀の生物。エディアカラ動物群。
¶**図解化** (p34-2/カ写) 〈(産)オーストラリア〉
世変化 〔ディッキンソニア〕 (図4/カ写) 〈(産)南オース

トラリア州エディアカラ丘陵 大きい個体：幅7.5cm, 小さい個体：幅4.5cm〉

ディッキンソニア・コスタタ
原生代先カンブリア時代後期の無脊椎動物。推定では板形動物。全長1～100cm。㊕オーストラリア, ロシア
¶**進化大**〔ディッキンソニア〕(p62/カ写)

ディッキンソニア・レックス *Dickinsonia rex*
エディアカラ紀の分類不明生物。全長1m。㊕オーストラリア, ロシア
¶**リア古**〔ディッキンソニア〕(p10/カ復)

ディックソノステウス
デヴォン紀前期の脊椎動物板皮類。体長10cm。㊕ノルウェイ
¶**進化大**(p132)

ディディモグラプタス・ゲンシヌス *Didymograptus gensinus*
シルル紀の半索動物筆石類。
¶**原色化**(PL.13-4/カ写)〈㊎ノルウェーのクリスチヤニア 大きい方の長さ1.7cm〉

ディディモグラプツス *Didymograptus murchisoni*
前期～中期オルドビス紀の無脊椎動物筆石類。正筆石目対筆石科。体長10cm。㊕世界中
¶**化写真**(p48/カ写)〈㊎イギリス〉
地球博〔音叉状の筆石〕(p78/カ写)

ディディモグラプツス *Didymograptus* sp.
シルル紀の無脊椎動物半索動物筆石類。
¶**図解化**(p182～183-4/カ写)〈㊎イギリス〉

ディディモグラプトゥス *Didymograptus gibbenilus*
オルドビス紀前期の無脊椎動物筆石類。
¶**世変化**〔フデイシ〕(図8/カ写)〈㊎オーストラリアのヴィクトリア州メレディス 幅7.7cm〉

ディディモグラプトゥス・マーチソーニ
オルドヴィス紀中期の無脊椎動物筆石類。最大体長5cm。㊕世界各地
¶**進化大**〔ディディモグラプトゥス〕(p89/カ写)

ディディモケラス ⇒ディディモセラス・スティーブンソーニを見よ

ディディモセラス *Didymoceras*
中生代白亜紀の軟体動物頭足類アンモナイト類。高さ15cm前後。㊕日本, アメリカ, 南アフリカほか
¶**アン最**(p61/カ写)〈フラグモコーンの内部〉
生ミス7(図4-16/モ写, カ復)〈㊎和歌山県有田川町鳥屋城山〉
生ミス7〔螺旋部が傾いているディディモセラス〕(図4-18/モ写)〈㊎和歌山県有田川町鳥屋城山〉

ディディモセラス *Didymoceras awajiense*
中生代白亜紀カンパニアン期のアンモナイト類。頭足綱アンモナイト亜綱アンモナイト目アンキロセラス亜目ノストセラス科。全長20cm前後。
¶**日化譜**〔Didymoceras awajiense〕(図版53-8,10/モ写)〈㊎淡路三原郡阿名賀〉
日絶古(p112～113/カ写, カ復)

ディディモセラス
中生代白亜紀の軟体動物頭足類。
¶**産地新**(p157/カ写)〈㊎兵庫県三原郡西淡町阿那賀海岸 高さ約20cm〉

ディディモセラス・シエインネンセ *Didymoceras cheyennense*
カンパニアン期のアンモナイト。
¶**アン最**(p205/カ写)〈㊎サウスダコタ州ペニングトン郡〉

ディディモセラス・スティーブンソーニ *Didymoceras stevensoni*
中生代白亜紀カンパニアン期の軟体動物頭足類アンモナイト類。殻の高さ25cm。㊕アメリカ, フランス
¶**アン最**〔ディディモセラス・スティーブンソーニとジェレッツキテスの一種〕(p203/カ写)〈㊎ワイオミング州ウエストン郡〉
リア中〔ディディモケラス〕(p220/カ復)

ディディモセラスの一種 *Didymoceras* sp.
カンパニアン後期の軟体動物頭足類アンモナイト。アンキロセラス亜目ノストセラス科。
¶**アン学**(図版40-1/カ写)〈㊎浦河地域〉

ディディモセラス・ビノドーサム *Didymoceras binodosum*
カンパニアン期のアンモナイト。
¶**アン最**(p202/カ写)〈㊎サウスダコタ州フォールリバー郡〉

ディデモセラス・アワジエンシス *Didymoceras awajiensis*
中生代白亜紀の軟体動物頭足類。
¶**化石フ**(p124/カ写)〈㊎和歌山県有田郡金屋町 240mm〉

ディデュモグラプトゥス *Didymograptus*
オルドビス紀前期～中期の半索動物筆石類。
¶**化百科**(p190/カ写)〈1.5cm〉

ディデルフィス *Didelphis albirentris*
更新世～現世の脊椎動物哺乳類。有袋食肉目有袋食肉科。体長30cm。㊕南北アメリカ
¶**化写真**(p264/カ写)〈㊎ブラジル 頭骨〉

ディデルフォドン *Didelphodon* sp.
白亜紀後期の哺乳類有袋類米州袋類。オポッサム形目スタゴドン科。頭胴長50～60cm程度。㊕北アメリカ
¶**絶哺乳**(p53,54/カ復, モ図, カ写)〈㊎アメリカのモンタナ州 上顎臼歯, 下顎〉

ディトモピゲ *Ditomopyge*
3億～2億5100万年前(カンブリア紀後期～ペルム紀後期)の無脊椎動物三葉虫。全長2.5～3cm。㊕北アメリカ, ヨーロッパ, アジア, オーストラリア西部
¶**恐竜世**(p36/カ復)

ディトモピゲ・デキュルタータ *Ditomopyge decurtata*
古生代ペルム紀の三葉虫類。プロエタス目フィリプシア科。
¶**化石図**(p81/カ写)〈㊎アメリカ合衆国 体長約1cm〉

ディトモピュゲ
石炭紀後期〜ペルム紀後期の無脊椎動物節足動物。全長2.5〜3cm。(分)北アメリカ, ヨーロッパ, アジア, 西オーストラリア
¶**進化大**（p180〜181/カ復）

ディトモプテラ・ドゥビア *Ditomoptera dubia*
ジュラ紀後期の無脊椎動物昆虫類異翅類（カメムシ類）。
¶**ゾル1**（図414/カ写）〈(産)ドイツのアイヒシュテット 3cm〉

ディトルッパの1種 *Ditrupa miyazakiensis*
新生代中新世の多毛類。カンザシゴカイ科。
¶**学古生**（図1794/モ写）〈(産)福島県いわき市綴八坂神社〉

ディトレマリア属の種 *Ditremaria* sp.
ジュラ紀後期の無脊椎動物軟体動物巻貝類。
¶**ゾル1**（図103/カ写）〈(産)ドイツのケルハイム 1.9cm〉
ゾル1（図104/カ写）〈(産)ドイツのツァント 1.5cm〉

ディドロドゥス *Didolodus*
新生代古第三紀の哺乳類滑距類。滑距目ディドロドゥス科。森林に生息。体長60cm。(分)アルゼンチン
¶**恐絶動**（p246/カ復）
恐竜博（p164/カ復）

ディドントガスター・コルディリナ *Didontogaster cordylina*
石炭紀の環形動物多毛類。
¶**図解化**（p89-2/カ写）〈(産)イリノイ州メゾン・クリーク〉

ディニクチス *Dinichthys intermedius*　恐魚
デボン紀後期の魚類。顎口超綱板皮綱節頸目。全長8m。(分)北米オハイオ州クリーブランド
¶**古脊椎**（図15/モ復）

ディニクチス *Dinictis*
新生代古第三紀始新世〜漸新世の哺乳類真獣類食肉類。食肉目ネコ型亜目ニムラブス科。肉食性。頭胴長90cm。(分)アメリカ, カナダ
¶**生ミス9**（図1-3-13/カ復）
絶哺乳（p107,109/カ写, カ復）〈頭〉

ディニクチス・フェリナ *Dinictis felina*
新生代古第三紀始新世〜漸新世の哺乳類真獣類食肉類ネコ型類ニムラブス類。ネコ科。頭胴長90cm。(分)アメリカ, カナダ
¶**古脊椎**〔ディニクティス〕（図247/モ復）
生ミス9〔ディニクチス〕（図0-1-3/カ写, カ復）〈(産)アメリカ 復元骨格標本〉

ディニクティス ⇒ディニクチス・フェリナを見よ

ディニリシア *Dinilysia patagonica*
後期白亜紀の脊椎動物双弓類。有鱗目ディニリシア科。体長3m。(分)南アメリカ
¶**化写真**（p235/カ写）〈(産)アルゼンチン 頭骨と下顎〉

デイノガレリクス ⇒デイノガレリックスを見よ

デイノガレリックス *Deinogalerix*
中新世後期の哺乳類真獣類。無盲腸目ハリネズミ型亜目ハリネズミ科。虫食性。頭胴長約30cm。(分)ヨーロッパ
¶**恐竜世**〔デイノガレリクス〕（p231/カ復）
絶哺乳（p70/カ復）

デイノガレリックス
新第三紀中新世後期の脊椎動物有胎盤類の哺乳類。体長60cm。(分)イタリア
¶**進化大**（p407/カ復）

デイノケイルス *Deinocheirus*
中生代白亜紀の恐竜類竜盤類獣脚類オルニトミムス類。デイノケイルス科。砂漠に生息。全長11m。(分)モンゴル
¶**恐イラ**（p193/カ復）
恐竜博（p112/カ復）
生ミス7（図2-8/カ写）〈(産)モンゴル南東部ネメグト盆地 腕の化石〉
生ミス7（図2-9/カ写, カ図, カ復）〈成体, 亜成体〉

デイノケイルス・ミリフィクス *Deinocheirus mirificus*
白亜紀後期の恐竜類獣脚類オルニトミモサウルス類。全長11m。(分)モンゴル
¶**モ恐竜**（p24/カ写）〈(産)モンゴルのネメグト層 腕と肩の骨〉
リア中〔デイノケイルス〕（p210/カ復）

デイノスクス *Deinosuchus*
7000万〜6500万年前（白亜紀後期）の爬虫類主竜類ワニ型類正鰐類。正鰐亜目。沼沢地に生息。全長12m。(分)アメリカ合衆国, メキシコ
¶**恐絶動**（p99/カ復）
恐竜世（p93/カ復）
恐竜博（p146/カ写）
生ミス8（図9-22/カ写, カ復）〈全身骨格標本〉

デイノスクス
白亜紀後期の脊椎動物ワニ形類。体長12m。(分)アメリカ合衆国, メキシコ
¶**進化大**（p312/カ復）

デイノスクス・リオグランデンシス *Deinosuchus riograndensis*
中生代白亜紀の爬虫類ワニ類。全長12m。(分)アメリカ, メキシコ
¶**リア中**〔デイノスクス〕（p204/カ復）

デイノテリウム *Deinotherium*
1000万〜1万年前（ネオジン）の哺乳類長鼻類。デイノテリウム亜目。肩高5m。(分)ヨーロッパ, アフリカ, アジア
¶**恐絶動**（p239/カ復）
恐竜世（p258/カ写, カ復）〈大きな頭骨〉
生ミス9（図0-2-17/カ写, カ復）
絶哺乳（p215,216/カ写, カ復）〈下顎と全身骨格〉

デイノテリウム *Deinotherium giganteum*　恐獣
中新世〜更新世の哺乳類。哺乳綱獣亜綱正獣上目長鼻目デイノテリウム科。体長4m。(分)ヨーロッパ, インド, アフリカ
¶**化写真**〔ダイノテリウム〕（p275/カ写）〈(産)ドイツ 臼歯〉
古脊椎（図294/モ復）

デイノテリウム
新第三紀中新世中期〜更新世前期の脊椎動物有胎盤類の哺乳類。体高4.5m。(分)ヨーロッパ, アフリカ, ア

テ

ジア
¶進化大（p412/カ写, カ復）〈頭骨〉

デイノニクス *Deinonychus*
1億1500万～1億800万年前（白亜紀前期）の恐竜類ドロマエオサウルス類。竜盤目獣脚亜目ドロマエオサウルス科。森林に生息。全長3m。[分]アメリカ合衆国
¶恐イラ（p160/カ復）
恐古生（p134～135/カ写, カ復）〈骨格〉
恐絶動（p110/カ復）
恐太古（p170～171/カ復）
恐竜世（p197/カ写）
恐竜博（p118/カ復）
生ミス8（図9-21/カ写, カ復）〈2.7m〉
よみ恐（p140～141/カ復）

デイノニクス
白亜紀前期の脊椎動物獣脚類。体長3m。[分]アメリカ合衆国
¶進化大（p331/カ写）

デイノニクス・アンティルホプス *Deinonychus antirrhopus*
中生代白亜紀の爬虫類恐竜類竜盤類獣脚類。全長3.3m。[分]アメリカ
¶リア中〔デイノニクス〕（p158/カ復）

ディノヒウス *Dinohyus*
中新世前期～後期の哺乳類イノシシ類。イノシシ亜目エンテロドン科。全長3m。[分]合衆国のネブラスカ, サウスダコタ
¶恐絶動（p266/カ復）

ディノフェリス *Dinofelis*
500万～100万年前（ネオジン）の哺乳類サーベルタイガー類。食肉目ネコ科。密林に生息。全長2m。[分]アフリカ, ヨーロッパ, アジア, 北アメリカ
¶恐古生（p216～217/カ復）
恐絶動（p223/カ復）
恐竜世（p235/カ復）
恐竜博（p191/カ復）

ディノミスクス *Dinomischus isolatus*
カンブリア紀のアノマロカリス類以外。萼の基部～苞の先端10mm。
¶バ頁岩（図169,170/モ写, モ復）〈[産]カナダのバージェス頁岩〉

ディノミスクス・ヴェヌストゥス *Dinomischus venustus* 奇妙足杯虫
カンブリア紀の所属不明の動物。澄江生物群。
¶澄江生（図20.5/カ写）〈[産]中国の帽天山 側面から見たもの〉
澄江生（図20.6/モ復）

ディノルティス・アンティコスティエンシス
オルドヴィス紀中期の無脊椎動物腕足類。体長最大3.5cm。[分]ヨーロッパ, ロシア, 北アメリカ
¶進化大〔ディノルティス〕（p86/カ写）

ディノルニス *Dinornis*
200万～200年前（ネオジン）の鳥類。別名ジャイアントモア。全高4m。[分]ニュージーランド
¶恐竜世（p211/カ復）
世変化〔ジャイアントモア〕（図97/カ写）〈[産]ニュージーランド 幅37cm〉

ディノルニス
第四紀更新世～完新世の鳥類。別名オオモア。高さ3.6m。[分]ニュージーランド
¶進化大（p432/カ写）

ディノルニス・マキシムス *Dinornis maximus*
更新世～現世の鳥類走鳥類。ストルティオルニス（ダチョウ）目。体高3.5m。[分]ニュージーランド
¶恐絶動（p175/カ復）
恐竜博〔ディノルニス・マクシムス〕（p198/カ復）
古脊椎〔ディノルニス〕（図187/モ復）

ディノルニス・マクシムス ⇒ディノルニス・マキシムスを見よ

テイノロフォス *Teinolophos*
1億2500万年前（白亜紀前期）の哺乳類。最初の哺乳類。全長10cm。[分]オーストラリア
¶恐竜世（p222/カ写）〈下あごの骨〉

テイノロフォス
白亜紀前期の脊椎動物哺乳類。卵を産む哺乳類。体長10cm。[分]オーストラリア
¶進化大（p357/カ写）〈下あご〉

ディバステリウム・ドゥルガエ *Dibasterium durgae*
古生代シルル紀の節足動物鋏角類カブトガニ類ハラフシカブトガニ類。体長2cm。
¶生ミス2〔ディバステリウム〕（図2-4-4/カ図）〈[産]イギリスのヘレフォードシャー〉

ティビア・ジャポニカ *Tibia japonica*
中生代白亜紀後期の貝類。スイショウガイ科。
¶学古生（図622/モ写）〈[産]北海道中川郡中川町〉

ティビア・ジャポニカ
中生代白亜紀の軟体動物腹足類。
¶産地別（p40/カ写）〈[産]北海道苫前郡苫前町古丹別川幌立沢 高さ5cm〉
産地本（p17/カ写）〈[産]北海道苫前郡羽幌町ピッシリ沢 高さ4.5cm〉

ティファエラ・フシフォルミス *Typhaera fusiformis*
中生代の陸生植物。分類位置不明。熱河生物群。
¶熱河生（図244/カ写）〈[産]中国の遼寧省北票の黄半吉溝 長さ1.8cm〉

ティフィス・プンゲンス *Typhis pungens*
第三紀の軟体動物腹足類。
¶原色化（PL.73-2/カ写）〈[産]フランスのパリ盆地 大きい個体の高さ1.6cm〉

ディプテルス *Dipterus*
3億7000万年前（デボン紀後期）の初期の脊椎動物魚類肉鰭類。肺魚目。全長35cm。[分]イギリスのスコットランド, 北アメリカ
¶恐絶動（p43/カ復）
恐竜世（p79/カ写）
生ミス3（図3-34/カ写, カ復）

ディプテルス
デヴォン紀中期の脊椎動物肉鰭類。体長35cm。㊀スコットランド, 北アメリカ
¶**進化大**(p135/カ写)

ディプテルス・ヴァレンシエンネシ *Dipterus valenciennesi*
デボン紀の魚類肉鰭類硬骨魚肺魚類。肺魚目。全長16cm。㊀イギリス, スコットランド
¶**化百科**〔ディプテルス〕(p197/カ写)〈㊥スコットランド 20cm〉
古脊椎〔ディプテルス〕(図49/モ復)

ディブノフィラムの1種 *Dibunophyllum* sp.cf.*D. kankouense*
古生代後期石炭紀前期の四放サンゴ類。四放サンゴ目アウロフィラム科。
¶**学古生**(図109/モ写)〈㊥熊本県八代郡泉村柿迫 横断面, 縦断面〉
日化譜〔Dibunophyllum cf.kankouense〕(図版15-10/モ写)〈㊥熊本県八代郡柿迫 横断面〉

ディプノリンクス *Dipnorhynchus*
古生代デボン紀の肉鰭類ハイギョ類。肺魚目。全長1.5m。㊀オーストラリア, ドイツ
¶**恐絶動**(p43/カ復)
生ミス3(図3-33/カ復)

ディフュドントサウルス
三畳紀後期の脊椎動物鱗竜類。全長10cm。㊀イギリス諸島, イタリア
¶**進化大**(p208〜209/カ復)

ディプラカンサス・アクス *Diplacanthus acus*
古生代デボン紀の棘魚類。
¶**生ミス3**〔ディプラカンサス〕(図3-25/カ写)〈㊥南アフリカ 10cm〉

ディプラカンツス *Diplacanthus* sp.
デボン紀の脊椎動物棘魚類。クリマチウス目ディプラカンツス科。体長10cm。㊀ヨーロッパ
¶**化写真**(p208/カ写)〈㊥イギリス〉

ディプラジオセラス・トサエンゼ *Diplasioceras tosaense*
中生代白亜紀前期のアンモナイト。プランヨセラス科。
¶**学古生**(図484/モ写)〈㊥北海道岩見沢市万字地域シコロ沢上流 腹面, 側面〉

ティプラリア・テイレリ *Tipularia teyleri*
ジュラ紀後期の無脊椎動物昆虫類双翅類(ハエ類)。
¶**ゾル1**(図494/カ写)〈㊥ドイツのアイヒシュテット 3cm〉

ディプルーラ デカイィ *Dipleura decayi*
デボン紀中期の三葉虫。プティコパリア目。
¶**三葉虫**(図128/モ写)〈㊥アメリカのニューヨーク州 長さ157mm〉

ディプロカウルス *Diplocaulus*
古生代石炭紀〜ペルム紀の両生類空椎類。ネクトリド目。湖, 川, 小川に生息。全長1m。㊀アメリカ, モロッコ
¶**化百科**(p205/カ写)〈㊥アメリカ合衆国のテキサス州ベイラー郡 頭骨の幅40cm〉
恐古生(p64〜65/カ写, カ復)〈頭蓋と骨格〉
恐絶動(p55/カ復)
古代生(p130〜131/カ復)
生ミス4(図2-2-5/カ写, カ復)

ディプロカウルス *Diplocaulus magnicornis*
ペルム紀の脊椎動物両生類。両生超綱堅頭綱空椎亜綱ネクトリド目ディプロカウルス科。体長約1m。㊀北米テキサス州
¶**化写真**(p221/カ写)〈㊥アメリカ〉
古脊椎(図58/モ復)
地球博〔両生類ディプロカウルス〕(p82/カ写)
リア古(p188/カ復)

テ

ディプロカウルス
ペルム紀前期の脊椎動物空椎類。全長1m。㊀アメリカ合衆国, モロッコ
¶**進化大**(p185/カ写)

ディプロカウルス・コペイ *Diplocaulus copei*
ペルム紀の脊索動物両生類空椎類。
¶**図解化**(p201-3/カ写)〈㊥テキサス州〉

ディプロキノドン *Diplocynodon*
始新世〜鮮新世の爬虫類主竜類ワニ類。
¶**化百科**(p212/カ写)〈幅4cm 体甲の一片〉

ディプロキノドン・ハントニエンシス *Diplocynodon hantoniensis*
始新世〜鮮新世の脊椎動物双弓類。ワニ目アリゲーター科。体長3m。㊀ヨーロッパ, 北アメリカ
¶**化写真**〔ディプロキノドン〕(p243/カ写)〈㊥イギリス 顎椎, 頭骨〉
原色化(PL.83-1/モ写)〈㊥イギリスのハムプ州ワイト島 長さ6.3cm, 一番大きい歯の高さ1.7cm 顎骨, 歯〉

ディプロクテニゥム属の未定種 *Diploctenium* sp.
中生代白亜紀の腔腸動物六放サンゴ類。
¶**化石フ**(p83/カ写)〈㊥北海道勇払郡穂別町 100mm〉

ディプロクテニゥム・ルナータム *Diploctenium lunatum*
白亜紀の腔腸動物六射サンゴ類。
¶**原色化**(PL.59-4/モ写)〈㊥オーストリアのゴザウ 高さ5.3cm〉

ディプログナソダス・オーガスタス *Diplognathodus augustus*
古生代後期・中期二畳紀の中期のコノドント類(錐歯類)。
¶**学古生**(図288/モ図)〈㊥岐阜県郡上郡八幡町〉

ディプログナソダス・ノドサス *Diplognathodus nodosus*
古生代後期・中期二畳紀の前期のコノドント類(錐歯類)。
¶**学古生**(図287/モ図)〈㊥栃木県安蘇郡葛生町〉

ディプログラプタス・プリスティス *Diplograptus pristis*
オルドビス紀の半索動物筆石類。
¶**原色化**(PL.7-5/モ写)〈㊥イギリスのグラスゴウのモファート 幅3cm〉

ディプロトゥリュッパ
オルドヴィス紀〜シルル紀の無脊椎動物コケムシ

類。コロニー直径最大10cm。(分)世界各地
¶進化大（p86/カ写）

ディプロドクス　*Diplodocus*
1億5000万～1億4500万年前（ジュラ紀後期）の恐竜類竜脚類ディプロドクス類。竜盤目竜脚形亜目ディプロドクス科。平原に生息。全長25m。(分)アメリカ合衆国
¶化百科（p221/カ写）〈頭骨長60cm　頭骨〉
恐イラ（p138/カ復）
恐絶動（p130～131/カ復）
恐太古（p126～129/カ写）〈歯，頭骨，骨盤〉
恐竜世（p157/カ写）
恐竜博（p76/カ写）〈頭骨〉
生ミス6（図5-2/カ写）〈26m　ロンドン自然史博物館所蔵・展示の全身復元骨格〉
よみ恐（p100～101/カ復）

テ

ディプロドクス　*Diplodocus longus*
後期ジュラ紀の脊椎動物恐竜類。竜盤目ディプロドクス科。体長27m。(分)北アメリカ
¶化写真（p248/カ写）〈(産)アメリカ　尾椎〉
地球博〔ディプロドクスの尾椎〕（p84/カ写）

ディプロドクス
ジュラ紀後期の脊椎動物竜脚形類。体長25m。(分)アメリカ合衆国
¶進化大（p268～269/カ写）

ディプロドクス・カーネギーアイ　*Diplodocus carnegii*
ジュラ紀後期の恐竜類。竜型超綱竜盤綱竜脚目。全長24m。(分)北米ワイオミング州，コロラド州
¶古脊椎〔ディプロドクス〕（図151/モ復）
リア中〔ディプロドクス〕（p126/カ復）

ディプロトドン　*Diprotodon*
200万～4万年前（ネオジン）の哺乳類有袋類ディプロトドン類。双前歯目ディプロトドン科。低木林，疎林に生息。植物食。全長3m。(分)オーストラリア
¶化百科（p233/カ写）〈頭骨長50cm　頭骨〉
恐古生（p206～207/カ復）
恐絶動（p203/カ復）
恐竜世（p227/カ復）
生ミス10（図3-4-4/カ写，カ復）〈全身復元骨格〉
絶哺乳（p59,61/カ写，カ復）〈骨格〉

ディプロトドン　*Diprotodon australis*
更新世の哺乳類哺乳類。哺乳綱獣亜綱後獣上目有袋目ディプロトドン科。肩高1.75cm。(分)南オーストラリア
¶化写真（p265/カ写）〈(産)オーストラリア　左側の下顎〉
古脊椎（図216/モ復）

ディプロトドン　*Diprotodon benetti*
更新世の有袋類。
¶世変化〔巨大ウォンバット〕（図90/カ写）〈(産)オーストラリアのクイーンズランド州　幅40cm〉

ディプロトリパ　*Diplotrypa* sp.
オルドビス紀の無脊椎動物。
¶地球博〔苔虫動物変口目〕（p78/カ写）

ディプロナイス・インタールプタ　*Diploneis interrupta*
新生代第三紀～完新世の珪藻類。羽状目。
¶学古生（図2118/モ写）〈(産)宮城県岩沼市岩沼〉

ディプロナイス・スミッシー　*Diploneis smithii*
新生代第三紀～完新世の珪藻類。羽状目。
¶学古生（図2119/モ写）〈(産)東京湾底〉

ディプロベルテブロン　*Diplovertebron punctatum*
石炭紀後期の両生類。両生超綱堅頭綱分椎亜綱セイムリア目。全長10cm。(分)チェッコスロバキア
¶古脊椎（図72/モ復）

ディプロポラの1種　*Diplopora yoshinobensis*
古生代後期二畳紀前期の藻類。カサノリ科。
¶学古生（図313/モ写）〈(産)埼玉県飯能市坂石町分　縦断薄片〉

ディプロマイスツス　*Diplomystus dentatus*
白亜紀～始新世の脊椎動物硬骨魚類。エリミクチス目エリミクチス科。体長21cm。(分)南北アメリカ
¶化写真（p216/カ写）〈(産)アメリカ〉

ディプロミスタス
白亜紀オーテリビアン期～バレミアン期？の魚類。ニシン科。
¶日白亜（p28～31/カ写，カ復）〈(産)福岡県小倉市・宮若市　全長4.4cm〉

ディプロミスタス・コクラエンシス　*Diplomystus kokuraensis*
中生代の魚類。ニシン科。
¶学古生（図1946/モ写，モ図）〈(産)福岡県北九州市小倉北区山田弾薬庫跡〉

ディプロミスタス・プリモティヌス　*Diplomystus primotinus*
中生代白亜紀の魚類硬骨魚類。ニシン科。
¶学古生（図1945/モ写，モ図）〈(産)福岡県北九州市小倉北区山田弾薬庫跡〉
化石フ（p141/カ写）〈(産)福岡県北九州市小倉北区　45mm〉

ディプロミストゥス　*Diplomystus*
5500万～3400万年前（パレオジン中期～後期）の初期の脊椎動物硬骨魚類真骨類。ニシン目ニシン科。全長65cm。(分)アメリカ合衆国，レバノン，シリア，南アメリカ，アフリカ
¶化百科（p202/カ写）〈頭尾長43cm〉
恐竜世（p75/カ写）

ディプロミストゥス
古第三紀始新世前期～中新世の脊椎動物条鰭類。全長65cm。(分)アメリカ合衆国，レバノン，シリア，南アメリカ，アフリカ
¶進化大（p375/カ写）

ディプロモセラス・シリンドラセアム　*Diplomoceras sylindraceum*
中生代白亜紀末期の軟体動物頭足類アンモナイト類。(分)世界各地
¶生ミス8（図E-2/モ写）〈(産)北海道浦幌町〉

ディプロモセラス・ノタビーレ *Diplomoceras notabile*
マストリヒチアン前期の軟体動物頭足類アンモナイト。アンキロセラス亜目ディプロモセラス科。
¶**アン学**（図版44-1/カ写）〈[産]穂別地域〉

ディポロセラス・クリスタータム *Dipoloceras cristatum*
アルビアン期のアンモナイト。
¶**アン最**（p211/カ写）〈[産]テキサス州〉

ティミリアセウィア・ジアンシャンゴウエンシスの背甲 *Timiriasevia jianshangouensis*
中生代の貝形虫類。熱河生物群。
¶**熱河生**（図54/モ写）〈[産]中国の遼寧省北票の尖山溝 外側側面〉

ディミルス *Dimylus* sp.
漸新世後期〜中新世前期の哺乳類真獣類。無盲腸目トガリネズミ型亜目ディミルス科。虫食性。頭胴長15cm程度。[分]ヨーロッパ
¶**絶哺乳**（p71/カ復）

ディメトゥロドン ⇒ディメトロドンを見よ

ディメトロドン *Dimetrodon*
古生代ペルム紀の単弓類“盤竜類”。盤竜目スフェナコドン科。浅海に生息。全長3.5m。[分]アメリカ，ドイツ
¶**化百科**（p230/カ写）〈[産]アメリカ合衆国のオクラホマ州 長さ5cm あごの一部〉
恐古生〔ディメトゥロドン〕（p196〜197/カ写，カ復）〈頭蓋〉
恐絶動（p186/カ復）
恐竜世〔ディメトゥロドン〕（p218/カ写，カ復）〈歩行跡，頭骨，帆〉
古代生（p134〜135/カ復）
図解化（p216-下/カ写）〈[産]テキサス州 完全骨格〉
生ミス4（図2-3-2/カ写，カ復）
生ミス5（図5-3/カ復）
生ミス5〔ディメトロドンの骨格〕（図5-5/カ写）
絶哺乳（p20,22/カ復，モ図）

ディメトロドン *Dimetrodon limbatus* 帆竜
二畳紀初期の爬虫類。獣形超綱盤竜綱盤竜目。全長256cm。[分]北米テキサス州
¶**古脊椎**（図197/モ復）

ディメトロドン *Dimetrodon loomisi*
ペルム紀の脊椎動物単弓類。竜盤目スフェナコドン科。体長3m。[分]北アメリカ
¶**化写真**（p255/カ写）〈[産]アメリカ 頭骨〉
地球博〔ディメトロドンの頭蓋骨〕（p83/カ写）

ディメトロドン
ペルム紀前期の脊椎動物単弓類。全長3.2m。[分]ドイツ，アメリカ合衆国
¶**進化大**（p188〜189/カ写，カ復）〈頭骨，足跡〉

ディメトロドン・グランディス *Dimetrodon grandis*
ペルム紀前期の脊椎動物単弓類“盤竜類”。全長3.5m。[分]アメリカ
¶**世変化**〔ディメトロドン〕（図29/カ写）〈[産]米国のテキサス州 3.1m〉
リア古〔ディメトロドン〕（p196/カ復）

ディメロクリニテス *Dimerocrinites icosidactylus*
シルル紀〜デボン紀の無脊椎動物ウミユリ類。モノバスリス目ディメロクリニテス科。萼の直径2.5cm。[分]ヨーロッパ，北アメリカ
¶**化写真**（p166/カ写）〈[産]イギリス〉

ディモルフォドン *Dimorphodon*
2億〜1億8000万年前（ジュラ紀）の爬虫類翼竜類。ラムフォリンクス亜目ディモルフォドン科。海岸に生息。翼開長1.4m。[分]ブリテン諸島
¶**恐イラ**（p98/カ復）
恐古生（p94〜97/カ写，カ復）〈化石骨格〉
恐絶動（p102/カ復）
恐竜世（p95/カ復）
恐竜博（p98/カ復）

ディモルフォドン
ジュラ紀前期の脊椎動物翼竜類。体長1m。[分]イギリス諸島
¶**進化大**（p255/カ復）

ディモルホドン *Dimorphodon macronyx*
ジュラ紀初期の恐竜類。竜型超綱翼竜綱嘴口竜目。全長112cm。[分]イギリス
¶**古脊椎**（図182/モ復）

デイモロフォプライティス・クロリス *Dimorphoplites chloris*
アルビアン期のアンモナイト。
¶**アン最**（p159/カ写）〈[産]フランスのトロア〉

ティラキヌス・キノケファルス ⇒フクロオオカミを見よ

ティラコスミルス *Thylacosmilus*
1000万〜200万年前（ネオジン）の哺乳類有袋類米州袋類。砕歯目ボルヒエナ科。草原，疎林に生息。全長2m。[分]南アメリカ
¶**恐古生**（p208〜209/カ復）
恐絶動（p202/カ復）
恐竜世（p226/カ写，カ復）〈あご〉
恐竜博〔チラコスミルス〕（p175/カ写，カ復）〈頭骨〉
古代生〔チュラコスミルス〕（p202〜203/カ写，カ復）〈頭骨〉
生ミス10（図2-2-19/カ写，カ復）〈復元頭骨〉
絶哺乳（p52,60/カ写，カ復，モ図）〈頭骨と下顎骨〉

ティラコスミルス *Thylacosmilus atrox*
中新世後期の有袋類。
¶**世変化**（図84/カ写）〈[産]アルゼンチンのカタマルカ州コラル・ケマド 25cm〉

ティラコスミルス
新第三紀中新世後期〜鮮新世前期の脊椎動物有袋類の哺乳類。体長1.5m。[分]南アメリカ
¶**進化大**（p406/カ写，カ復）〈頭・牙〉

ティラコレオ *Thylacoleo*
新生代新第三紀中新世？〜第四紀完新世の哺乳類有袋類。双前歯目ティラコレオ科。肉食性。頭胴長1.3m。[分]オーストラリア
¶**恐絶動**（p203/カ復）
生ミス10（図3-4-1/カ写，カ復）〈復元された頭骨〉

テ

絶哺乳 (p58/カ復)

ティラコレオ *Thylacoleo carnifex*
鮮新世〜更新世の脊椎動物哺乳類。双前歯目ティラコレオ科。体長1.5m。[分]オーストラリア
¶化写真 (p264/カ写) 〈[産]オーストラリア 頭骨の右側面, 頭骨の底面〉

ディーラズマ・キンギー *Dielasma kingi*
古生代後期・前期石炭紀後期, 中期石炭紀前期の腕足類。テレブラチュラ目ディーラズマ上科ディーラズマ科。
¶学古生 (図127/モ写) 〈[産]山口県美祢郡秋芳町江原, 岩永台, 山口県美祢市伊佐町丸山 腕殻, 側面〉

テ

ティラノサウルス *Tyrannosaurus*
白亜紀後期の捕食恐竜獣脚類テタヌラ類。竜盤目獣脚亜目ティラノサウルス科。疎林, 樹木におおわれた海岸湿地に生息。体長12〜13m。[分]アメリカ合衆国
¶化百科 (p222/カ写) 〈[産]アメリカ合衆国のサウスダコタ州ハーディング郡 足指の骨8cm, 歯の先端5cm, 椎体6cm 指節骨, 椎体〉
恐イラ (p204/カ復)
恐絶動 (p119/カ復)
恐太古 (p152〜155/カ写) 〈頭骨, 後肢, 骨格〉
恐竜世〔ティランノサウルス〕 (p182〜183/カ写, カ復)
恐竜博〔チランノサウルス〕 (p116〜117/カ写, カ復) 〈骨格〉
古代生 (p170〜171/カ写) 〈全身骨格標本 (レプリカ)〉
生ミス5〔ティランノサウルス〕 (図5-16/カ復)
生ミス8〔ティランノサウルス〕 (図10-1/カ写) 〈20世紀初頭にニューヨーク自然史博物館で組み立てられた標本〉
生ミス8〔ティランノサウルス〕 (図10-2/カ写, カ復) 〈現在のアメリカ自然史博物館で展示されている全身骨格標本〉
生ミス8〔Sue〕 (図10-3/カ写) 〈アメリカのフィールド博物館で展示〉
生ミス8〔Sueの頭骨〕 (図10-4/カ写) 〈実物標本〉
生ミス8〔ティランノサウルスの頭骨〕 (図10-6/カ写) 〈100cm 群馬県立自然史博物館所蔵・展示標本〉
生ミス8〔ティランノサウルスの歯〕 (図10-8/カ写) 〈実寸大レプリカ〉
生ミス8〔ティランノサウルスのコプロライト (?)〕 (図10-9/カ写) 〈長さ44cm〉
生ミス8〔ティランノサウルスの年輪〕 (図10-10/カ写) 〈Sueの肋骨の断面に見られる "年輪"〉
よみ恐 (p172〜175/カ復)

ティラノサウルス
白亜紀後期の脊椎動物獣脚類。体長12m。[分]北アメリカ
¶進化大 (p322〜323/カ写)

ティラノサウルス類
白亜紀セノマニアン後期〜カンパニアン期?の恐竜類獣脚類。
¶日白亜 (p24〜25/カ復) 〈[産]熊本県御船町〉

ティラノサウルス類
白亜紀アルビアン期?の恐竜類獣脚類。
¶日白亜 (p57/カ写) 〈[産]兵庫県丹波市 前端部の歯〉

ティラノサウルス・レックス *Tyrannosaurus rex*
白亜紀後期の恐竜類竜盤類獣脚類ティラノサウルス類。別名暴君竜。疎林に生息。全長12m。[分]北米
¶化石図〔ティラノサウルスの歯〕 (p130/カ写, カ復) 〈[産]アメリカ合衆国 横幅約28cm レプリカ〉
化石図〔ティラノサウルスの爪〕 (p131/カ写) 〈[産]アメリカ合衆国 横幅約19cm レプリカ〉
化石図〔ティラノサウルスの頭骨〕 (p131/カ写) 〈[産]アメリカ合衆国 横幅約150cm レプリカ〉
恐古生〔ティランノサウルス・レックス〕 (p124〜125/カ写, カ復) 〈骨格〉
古脊椎〔チランノサウルス〕 (図143/モ復)
世変化 (図64/カ写) 〈[産]米国のワイオミング州ウェストン郡シャイアン川岸 83×70×390cm〉
リア中〔ティランノサウルス〕 (p248,251/カ復)

ディラフォラ *Diraphora bellicostata*
カンブリア紀の腕足動物。触手冠動物上門腕足動物門有関節綱。幅9mm。
¶バ頁岩 (図56,57/モ写, モ復) 〈[産]カナダのバージェス頁岩〉

ティランノサウルス ⇒ティラノサウルスを見よ

ティランノサウルス・レックス ⇒ティラノサウルス・レックスを見よ

ティリア・エウロパエア
古第三紀〜現代の被子植物。別名シナノキ, セイヨウボダイジュ。木の高さ最大36m, 葉の長さ最大12.5cm。[分]北半球の温帯地方
¶進化大〔ティリア〕 (p423/カ写) 〈[産]スウェーデン南部ベネスタッド 花粉, 葉〉

ティーリオカーリス・ウッドワーディ
石炭紀前期の無脊椎動物節足動物。最大全長5cm。[分]スコットランド
¶進化大〔ティーリオカーリス〕 (p161/カ写)

テイルハルディナ *Teilhardina* sp.
始新世前期の哺乳類霊長類。直鼻猿亜目メガネザル下目オモミス科。頭胴長10cm程度, 下顎の歯列長約11mm。[分]ヨーロッパ, 北アメリカ
¶絶哺乳 (p77/カ復)

ティルミア・アクロドンタ *Tyrmia acrodonta*
中生代の陸生植物ベネティテス類。熱河生物群。
¶熱河生 (図240/カ写) 〈[産]中国の遼寧省北票の黄半吉溝 長さ6.9cm〉

ティロキダリス *Tylocidaris clavigera*
後期白亜紀〜始新世の無脊椎動物ウニ類。キダリス目ドングリキダリス科。直径3cm。[分]ヨーロッパ, 北アメリカ
¶化写真〔チロキダリス〕 (p177/カ写) 〈[産]イギリス〉
世変化 (図57/カ写) 〈[産]英国のイングランド 幅8cm〉

ティロケファレ *Tylocephale*
白亜紀カンパニアンの恐竜類厚頭竜類。体長2.5m。[分]モンゴル
¶恐イラ (p227/カ復)

ティロサウルス *Tylosaurus*
中生代白亜紀の爬虫類双弓類鱗竜形類有鱗類モササウルス類。オオトカゲ上科モササウルス科。浅海に生息。全長14m。[分]アメリカ, スウェーデン, ヨルダ

ンほか
¶恐イラ (p176/カ復)
恐古生 (p78〜79/カ写, カ復) 〈骨格〉
恐竜博〔チロサウルス〕(p150〜151/カ写, カ復) 〈骨格〉
生ミス8〔モササウルス類各種の鞏膜輪とその解説図〕(図8-23/カ写, モ図)
生ミス8 (図8-28/カ写, カ復) 〈120cm 頭骨化石〉

ティロサウルス *Tylosaurus nepaeolicus*
後期白亜紀の脊椎動物双弓類。有鱗目モササウルス科。体長6m。[分]北アメリカ
¶化写真 (p234/カ写) 〈[産]アメリカ 椎骨, 方形骨, 前肢骨〉

ティロストーマ・ミヤコエンゼ *Tylostoma miyakoense*
白亜紀の軟体動物腹足類。タマガイ科。
¶学古生〔チロストーマ・ミヤコエンゼ〕(図617/モ写) 〈[産]岩手県下閉伊郡田野畑村平井賀〉
原色化 (PL.72-3/カ写) 〈[産]岩手県宮古市 高さ7.7cm〉

ティロノーティルスの1種 *Tylonautilus permicus*
古生代後期二畳紀中期の頭足類。タイノセラス科。
¶学古生 (図228/モ写) 〈[産]福島県いわき市高倉山〉
日化譜〔Tylonautilus permicus〕(図版50-7/モ写) 〈[産]福島県石城郡四倉高倉山〉

ディロフォサウルス *Dilophosaurus*
ジュラ紀前期の恐竜類獣脚類コエロフィシス類。竜盤目獣脚亜目ディロフォサウルス科。川岸に生息。肉食恐竜。体長5〜6m。[分]アメリカ合衆国, 中国
¶恐イラ (p100/カ復)
恐古生 (p108〜109/カ写, カ復) 〈頭蓋〉
恐絶動 (p114/カ復)
恐太古 (p136〜137/カ写) 〈頭骨, 骨格〉
恐竜博 (p60/カ復)
よみ恐 (p48〜49/カ復)

ディロフォサウルス
ジュラ紀前期の脊椎動物獣脚類。体長6m。[分]アメリカ合衆国
¶進化大 (p258/カ復)

ディロング *Dilong*
中生代白亜紀の恐竜類竜盤類獣脚類ティラノサウルス類。熱河生物群。羽毛恐竜。全長1.6m。[分]中国
¶恐イラ (p156/カ復)
生ミス7 (図1-8/カ写, カ復) 〈約20cm 頭骨化石〉

ディロング・パラドクサス *Dilong Paradoxus*
中生代白亜紀の爬虫類恐竜類竜盤類ティラノサウルス類。全長1.6m。[分]中国
¶リア中〔ディロング〕(p130,250/カ復)

ティンギア・エレガンス
ペルム紀前期の植物ノエゲラティア類。球果最長15cm。[分]中国
¶進化大〔ティンギア〕(p177/カ写)

ティンギア・ハマグチイ *Tingia Hamaguchii*
二畳紀の裸子植物蘇鉄状羊歯類。
¶原色化 (PL.33-2/カ写) 〈[産]朝鮮の平安南道价川郡外東面中里野寺洞 長さ11cm〉

テオソドン *Theosodon*
中新世前期の哺乳類南米有蹄類。滑距目マクラウケニア科。肩高約1m。[分]アルゼンチン
¶恐絶動 (p246/カ復)
絶哺乳 (p229,230/カ復, モ図) 〈頭骨約35cm 頭骨(下面), 復元骨格〉

テオソドン *Theosodon garrettorum*
中新世の哺乳類。哺乳綱獣亜綱正獣上目滑距目。体長1.7m。[分]南米パタゴニア
¶古脊椎 (図256/モ復)

テガタカセキイチョウ *Ginkgoites digitata*
中生代ジュラ紀末〜白亜紀初期の陸上植物。イチョウ綱イチョウ目イチョウ科。手取統植物群。
¶学古生 (図790,793b/モ写) 〈[産]石川県石川郡白峰村桑島〉
日化譜〔Ginkgoites digitata〕(図版74-5/モ写) 〈[産]石川県石川郡白峰村桑島, 柳谷, 福井県丹羽郡小和清水〉

テキサナイテス *Texanites*
サントニアン期のアンモナイト。
¶アン最 (p79/カ写) 〈[産]カンザス州 下顎〉

テキサナイテス
中生代白亜紀の軟体動物頭足類。
¶産地別 (p21/カ写) 〈[産]北海道苫前郡羽幌町中二股川 長径9cm〉
産地別 (p21/カ写) 〈[産]北海道苫前郡羽幌町逆川 長径4.7cm〉
産地別 (p36/カ写) 〈[産]北海道苫前郡苫前町古丹別川 長径2.8cm〉
産地別 (p36/カ写) 〈[産]北海道苫前郡苫前町古丹別川上の沢 長径2.9cm〉
産地別 (p186/カ写) 〈[産]和歌山県有田郡有田川町吉見 長径7cm〉
産地本 (p18/カ写) 〈[産]北海道苫前郡羽幌町逆川 径8cm〉
産地本 (p18/カ写) 〈[産]北海道苫前郡羽幌町ピッシリ沢 径3cm〉

テキサニテス *Texanites* sp.
中生代白亜紀後期のアンモナイト。コリグノニセラス科。
¶学古生 (図534/モ写) 〈[産]北海道三笠市幾春別川流域〉

テキサニテス・カワサキイ *Texanites kawasakii*
サントニアン期の軟体動物頭足類アンモナイト。アンモナイト亜目コリンニョニセラス科。
¶アン学 (図版11-1,2/カ写) 〈[産]羽幌地域〉

テクトカリュア・レナーナ
古第三紀中期〜新第三紀の被子植物。ミズキ科。果実の長さ2cm。[分]中央ヨーロッパ
¶進化大〔テクトカリュア〕(p392/カ写)

テクノサウルス *Technosaurus*
三畳紀カーニアンの恐竜類鳥盤類。植物食恐竜。体長1m。[分]アメリカ合衆国のテキサス州
¶恐イラ (p90/カ復)

デケネロイデス・アジアティクス *Dechenelloides asiaticus*
古生代後期の三葉虫類。フィリップシア亜科。
¶学古生 (図241/モ写) 〈[産]岩手県大船渡市樋口沢 頭部〉

テ

テコスミリア
三畳紀中期～白亜紀の無脊椎動物花虫類。サンゴ個体の直径1.5～3cm。㊕世界各地
¶**進化大**(p235/カ写)

テコスミリア属の未定種　*Thecosmilia* sp.
中生代ジュラ紀の腔腸動物六放サンゴ類。
¶**化石フ**(p83/カ写)〈㊞高知県高岡郡佐川町 1つの個虫約30mm〉

テコスミリア・トリコトーマ　*Thecosmilia trichotoma*
ジュラ紀～白亜紀の腔腸動物六射サンゴ類。イシサンゴ目モンリバルテア科。夾の直径1.2cm。㊕世界中
¶**化写真**〔テコスミリア〕(p54/カ写)〈㊞ドイツ 上方からみた群体〉
原色化(PL.57-6/カ写)〈㊞ドイツのヴュルテムベルグのナットハイム 個体の直径1.5～2.2cm〉
図解化〔テコスミリア・トリコトマ〕(p70-5/カ写)〈㊞ドイツ〉

テコスミリアの1種　*Thecosmilia konosensis*
中生代三畳紀後期の六放サンゴ類。モントリバルチア科。
¶**学古生**(図331/モ写)〈㊞熊本県球磨郡球磨村神瀬 縦断面〉

テコドントサウルス　*Thecodontosaurus*
2億2500万～2億800万年前(三畳紀後期)の恐竜類原竜脚類。原竜脚下目アンキサウルス科。荒野, 乾燥した高地に生息。全長2m。㊕ブリテン諸島
¶**恐イラ**(p84/カ復)
恐絶動(p123/カ復)
恐竜世(p149/カ復)
恐竜博(p47/カ復)
よみ恐(p36～37/カ復)

テコドントサウルス　*Thecodontosaurus antiquus*
三畳紀後期の恐竜類。竜型超綱竜盤綱竜脚目。全長4.6m。㊕イギリス
¶**古脊椎**(図146/モ復)

テコドントサウルス
三畳紀後期の脊椎動物竜脚形類。全長1～3m。㊕イギリス諸島
¶**進化大**(p218/カ復)

デコロプロエタス・グラニュラータス　*Decoroproetus granulatus*
古生代中期の三葉虫類。プロエタス科。
¶**学古生**(図52/モ写)〈尾部〉

テシオイテス
中生代白亜紀の軟体動物頭足類。
¶**産地別**(p13/カ写)〈㊞北海道中川郡中川町ワッカウエンベツ川学校の沢 長径5.5cm〉

テシオウバガイ　*Spisula*(*Mactromeris*) *onnechuria*
中新世の軟体動物斧足類。
¶**日化譜**(図版48-7/モ写)〈㊞北海道天塩国羽幌川〉

テシマムカシアサヒガニ　*Radinina teshimai*
新生代漸新世の甲殻類十脚類。アサヒガニ科。
¶**学古生**(図1836/モ写)〈㊞北海道夕張市パンケマヤ本流〉

デシャイエジテス
白亜紀前期の無脊椎動物頭足類。直径最大10cm。㊕ヨーロッパ, グリーンランド, グルジア
¶**進化大**(p298/カ写)

デシャエシテス　*Deshayesites forbesi*
前期白亜紀の無脊椎動物アンモナイト類。アンモナイト目デシャエシテス科。直径4.5cm。㊕世界中
¶**化写真**(p158/カ写)〈㊞ロシア〉

デシャエシテス・デシャエシイ　*Deshayesites deshayesi*
アルビアン期のアンモナイト。
¶**アン最**(p183/カ写)〈㊞ロシアのウリヤノフスク〉

テスケロサウルス　*Thescelosaurus*
白亜紀後期の恐竜類鳥脚類。鳥脚亜目ヒプシロフォドン科。体長4m。㊕カナダのアルバータ州, サスカチェワン州, アメリカ合衆国のコロラド州, モンタナ州, サウスダコタ州, ワイオミング州
¶**化百科**(p224/カ写)〈椎骨長さ6cm 椎骨〉
恐イラ(p212/カ復)
恐絶動(p139/カ復)

デスマトスクス　*Desmatosuchus*
中生代三畳紀の爬虫類双弓類主竜類クルロタルシ類アエトサウルス類。アエトサウルス亜目スタゴノレピス科。森林に生息。全長4.5m。㊕アメリカ
¶**恐絶動**(p94/カ復)
恐竜博(p41/カ復)
生ミス5(図5-10/カ写)〈復元全身骨格〉

デスマトスクス　*Desmatosuchus haplocerus*
爬虫類。竜型超綱槽歯綱擬鰐目。全長285cm。
¶**古脊椎**(図124/モ復)

デスマトスクス・スプレンシス　*Desmatosuchus spurensis*
中生代三畳紀の爬虫類偽鰐類。全長4m強。㊕アメリカ
¶**リア中**〔デスマトスクス〕(p52/カ復)

デスマトフォカ　*Desmatophoca*
中新世中期の哺乳類。鰭脚亜目デスマトフォカ科。全長1.7m。㊕日本, 合衆国のカリフォルニア, オレゴン
¶**恐絶動**(p226/カ復)

デスマナ　*Desmana moschata*
更新世～現世の脊椎動物哺乳類。食虫目モグラ科。体長20cm。㊕ヨーロッパ, アジア
¶**化写真**(p266/カ写)〈㊞イギリス 下顎〉

デスモグラプトゥス　*Desmograptus*
オルドビス紀～シルル紀の半索動物筆石類。
¶**化百科**(p190/カ写)〈12cm〉

デスモケラス
およそ1億年前の無脊椎動物。
¶**恐竜世**〔アンモナイト〕(p58～59/カ写)〈宝石〉

デスモスチルス　*Desmostylus*
新生代新第三紀中新世の哺乳類真獣類束柱類。束柱目デスモスチルス科。全長2.5m。㊕日本, ロシア, アメリカほか
¶**恐絶動**〔デスモスティルス〕(p227/カ復)

生ミス10（図2-2-21/カ写, カ復）〈㊥アメリカのカリフォルニア州 4cm 歯〉
生ミス10〔デスモスチルス（長尾復元）〕（図2-2-25/カ写）〈㊥樺太の気屯（スミルヌイフ）〉
生ミス10〔デスモスチルス（亀井復元）〕（図2-2-26/カ写）〈㊥樺太の気屯（スミルヌイフ）〉
生ミス10〔デスモスチルス（犬塚復元）〕（図2-2-27/カ写）〈㊥樺太の気屯（スミルヌイフ） レプリカ〉
生ミス10〔束柱類の骨の組織構造〕（図2-2-28/カ図）
絶哺乳（p149,151/カ写, カ復）〈㊥アメリカのカリフォルニア州 歯〉

デスモスチルス *Desmostylus hesperus japonicus*
中新世の哺乳類。哺乳綱獣亜綱正獣上目束柱目。別名束歯獣, タバハジュウ。全長3m内外。㊟北太平洋岸
¶古脊椎（図298/モ復）

デスモスチルス *Desmostylus japonicus*
新生代中新世前期の哺乳類束柱類。束柱目デスモスチルス科。
¶学古生（図2014〜2016/モ写）〈㊥岐阜県瑞浪市戸狩棒ガ洞 頭骨右側面, 同上面観, 右側臼歯の拡大, 咬合面〉
日化譜（図版68-1/モ写）〈㊥北海道十勝オコッペなど 左下第3大臼歯〉

デスモスチルス
1300万年前（新生代新第三紀中新世）の哺乳類。哺乳綱束柱目デスモスチルス科。体長3m。
¶日絶古（p52〜53/カ写, カ復）〈㊥北海道足寄町 アショロアの復元骨格標本〉

デスモスチルス・ヘスペルス *Desmostylus hesperus*
新第三紀中新世の哺乳動物束柱類。
¶化石図〔デスモスチルスの臼歯（左下顎）〕（p156/カ写）〈㊥北海道 横幅約4cm〉
化石図（p157/カ写, カ復）〈㊥北海道 長さ約170cm 全身骨格復元模型レプリカ〉

デスモスティルス ⇒デスモスチルスを見よ

デスモセラス・インフラータム *Desmoceras inflatum*
白亜紀前期のアンモナイト。
¶アン最（p44/カ写）〈㊥マダガスカル〉
アン最（p115/カ写）〈㊥マダガスカル〉

デスモセラス・エゾアナム *Desmoceras (Pseudouhligella) ezoanum*
中生代白亜紀後期のアンモナイト。デスモセラス科。
¶学古生（図528/モ写）〈㊥北海道三笠市幾春別川流域本流〉
日化譜〔Desmoceras (Pseudouhligella) ezoanum〕（図版55-1/モ写）〈㊥北海道天塩国アベシナイ〉

デスモセラス・ジャポニカム *Desmoceras japonicum*
セノマニアン期の軟体動物頭足類アンモナイト。アンモナイト亜目デスモセラス科。
¶アン学（図版22-1/カ写）〈㊥三笠地域〉

デスモセラス・ジャポニカム *Desmoceras (Pseudouhligella) japonicum*
中生代白亜紀の軟体動物頭足類。
¶化石フ（p120/カ写）〈㊥北海道三笠市 55mm〉

デスモセラス・ジャポニカム *Desmoceras (Pseudouhligella) japonicum compressior*
中生代白亜紀後期のアンモナイト。デスモセラス科。
¶学古生（図493/モ写）〈㊥北海道三笠市幾春別川流域桂沢ダム付近 側面, 前面, 腹面〉

デスモセラスの一種 *Desmoceras* sp.
チューロニアン期のアンモナイト。
¶アン最〔スカラリテスの一種, ハイファントセラス・オシマイ, ユーボストリコセラス・ジャポニカム, デスモセラスの一種, プゾシアの一種〕（p135/カ写）〈㊥北海道〉
アン最〔プゾシアの一種, レチテスの一種, デスモセラスの一種, マリエラの一種〕（p171/カ写）〈㊥ハンガリーのバコニーベルジュ〉

デスモセラス・プラニュラータム *Desmoceras planulatum*
白亜紀の軟体動物頭足類。
¶原色化（PL.66-4/モ写）〈㊥イギリスのケンブリッジ 長径3.5cm〉

デスモセラス・メディア *Desmoceras media*
アンモナイト。
¶アン最（p115/カ写）〈㊥マダガスカル〉

デスモセラス・ラティドルサタム *Desmoceras latidorsatum*
アルビアン後期の軟体動物頭足類アンモナイト。アンモナイト亜目デスモセラス科。
¶アン学（図版22-2,3/カ写）〈㊥万字地域〉

デスモフィリテス・ディフィロイデス *Desmophyllites diphylloides*
中生代白亜紀後期のアンモナイト。デスモセラス科。
¶学古生（図584/モ写）〈㊥南樺太西能登呂半島十串地域 正中断面〉
学古生（図590/モ写）〈㊥北海道中川郡中川村アベシナイ 正中断面〉

テッサロラックス *Tessarolax fittoni*
白亜紀の無脊椎動物腹足類。中腹足目モミジソデガイ科。体長6cm。㊟世界中
¶化写真（p122/カ写）〈㊥イギリス〉

テッリナ・アクィタニカ *Tellina aquitanica*
主に古第三紀〜現在の軟体動物二枚貝類。
¶化百科〔テッリナ〕（p158/カ写）〈㊥イタリアのアスティ 4cm〉

テッレストリスクス
三畳紀後期の脊椎動物ワニ形類。全長75cm〜1m。㊟イギリス諸島
¶進化大（p216/カ復）

テトラクチネラ・トリゴネラ *Tetractinella trigonelle*
三畳紀後期の無脊椎動物腕足動物。スピリファー目。

¶図解化(p77-3/カ写)〈㊟イタリア〉

テトラクラエノドン *Tetraclaenodon* sp.
晩新世前期の哺乳類。"顆節目"フェナコドゥス科。植物食。頭胴長約50cm程度。㊕北アメリカ
¶絶哺乳(p96,98/カ写, カ復)〈㊟アメリカのニューメキシコ州サンワン盆地 約9.5cm 頭骨〉

テトラグラプツス *Tetragraptus quadribrachiatus*
前期オルドビス紀の無脊椎動物筆石類。正筆石目対筆石科。体長10cm。㊕世界中
¶化写真(p47/カ写)〈㊟イギリス〉

テトラグラムマ属の種 *Tetragramma* sp.
ジュラ紀後期の無脊椎動物棘皮動物ウニ類。
¶ゾル1(図552/カ写)〈㊟ドイツのゾルンホーフェン 9cm 多くの棘〉
ゾル1(図553/カ写)〈㊟ドイツのパインテン 6cm〉

テトラケラ・ライブリアーナ *Tetrachela raibliana*
三畳紀の節足動物十脚類。
¶原色化(PL.39-5/モ写)〈㊟オーストリアのカルンテンのライブル 長さ4.5cm〉

テトラゴニテス
中生代白亜紀の軟体動物頭足類。
¶産地本(p32/カ写)〈㊟北海道留萌郡小平町小平蘂川 径9cm〉

テトラゴニテス・グラブルス *Tetragonites glabrus*
白亜紀チューロニアン中期の軟体動物頭足類アンモナイト。リトセラス亜目テトラゴニテス科。
¶アン学(図版55-1/カ写)〈㊟夕張地域〉
日化譜〔Tetragonites glabrus〕(図版52-8/モ写)〈㊟北海道天塩国アベシナイ, 同三笠市幾春別, 樺太内淵〉

テトラゴニテス・ターミナス *Tetragonites terminus*
マストリヒチアン前期の軟体動物頭足類アンモナイト。リトセラス亜目テトラゴニテス科。
¶アン学(図版54-7,8/カ写)〈㊟穂別地域〉

テトラゴニテス・ポペテンシス *Tetragonites popetensis*
カンパニアン前期の軟体動物頭足類アンモナイト。リトセラス亜目テトラゴニテス科。
¶アン学(図版54-9,10/カ写)〈㊟羽幌地域〉
日化譜〔Tetragonites popetensis〕(図版52-9/モ写)〈㊟北海道三笠市幾春別〉

テトラロフォドン *Tetralophodon longirostris*
中新世～鮮新世の脊椎動物哺乳類。長鼻目ゴンフォテリウム科。体長2.5m。㊕ヨーロッパ, アジア, 北アメリカ
¶化写真(p274/カ写)〈㊟フランス 臼歯〉

テトリア・エンドイ *Tetoria endoi*
中生代ジュラ紀末～白亜紀初期の陸上植物。ソテツ綱ソテツ目。手取統植物群。
¶学古生(図795/モ写)〈㊟石川県石川郡尾口村尾口添地区目付谷上流〉

テトリア・エンドイ
白亜紀バレミアン期～アプチアン期?の植物。ソテツの仲間。
¶日白亜(p85/カ写)〈㊟石川県白山市(旧白峰村)目附谷〉

テトリニッポノナイア
白亜紀バレミアン期～アプチアン期?の淡水生二枚貝。
¶日白亜(p85/カ写)〈㊟石川県白山市(旧白峰村)目附谷〉

テトリマイア・カリナータ *Tetorimya carinata*
中生代ジュラ紀中期の貝類。ウミタケモドキ科。
¶学古生(図695/モ写)〈㊟岐阜県大野郡荘川村 右殻外面〉

テトリマイヤ
中生代白亜紀の軟体動物斧足類。
¶産地別(p140/カ写)〈㊟岐阜県高山市荘川町松山谷 長さ4cm〉

テドリマキ *Podocarpus tedoriensis*
中生代の陸上植物。球果綱マキ目マキ科。手取統植物群。
¶学古生(図796/モ写)〈㊟石川県石川郡白峰村桑島〉

テドリリュウ ⇒テドロサウルスを見よ

テドロサウルス *Tedorosaurus asuwaensis* 手取竜
ジュラ紀後期の爬虫類。竜型超綱有鱗綱有鱗目トカゲ亜目。全長7cm。㊕福井県足羽郡美山町上新橋国道傍
¶学古生〔テドリリュウ〕(図1958/モ写)〈㊟福井県足羽郡美山町上新橋国道傍〉
古脊椎(図115/モ復)
日化譜〔手取竜〕(図版89-19/モ写)〈㊟福井県足羽郡美山町小和清水, 品ケ瀬間〉

テナガコブシ *Myra fugax*
新生代更新世の甲殻類十脚類。コブシガニ科。
¶学古生(図1848/モ写)〈㊟鹿児島県大島郡喜界町上嘉鉄〉

テニオプテリスの1種 *Taeniopteris arakawae*
古生代後期の陸上植物。裸子植物シダ種子綱テニオプテリス目。
¶学古生(図323/モ写)〈㊟宮城県登米郡東和町米谷古館〉

テニオプテリスの1種 *Taeniopteris* cf.*schenkii*
古生代後期の陸上植物。裸子植物シダ種子綱テニオプテリス目。
¶学古生(図322/モ写)

テニオプテリスの1種 *Taeniopteris nystroemii*
古生代中期・後期二畳紀前期の陸上植物。裸子植物シダ種子綱テニオプテリス目。
¶学古生(図318/モ写)〈㊟宮城県登米郡東和町米谷古館〉

テヌアングラスポリス・ミクロウェルルコスス *Tenuangulasporis microverrucosus*
中生代の植物。イワヒバ属の可能性がある。熱河生物群。
¶熱河生(図261/カ写)〈㊟中国の遼寧省ハルチン左翼蒙古族自治県, 三官廟 胞子〉

テノントサウルス *Tenontosaurus*
1億1500万～1億800万年前(白亜紀前期)の恐竜類イグアノドン類。鳥盤目鳥脚亜目ヒプシロフォドン科。全長7m。㊕アメリカ合衆国
¶恐イラ(p169/カ復)

恐絶動（p139/カ復）
恐太古（p95/カ写）〈骨格標本〉
恐竜世（p129/カ復）
よみ恐（p159/カ復）

テノントサウルス
白亜紀前期の脊椎動物鳥盤類。体長7m。㊊アメリカ合衆国
¶進化大（p338～339/カ復）

テムノキダリス *Temnocidaris sceptrifera*
後期白亜紀の無脊椎動物ウニ類。キダリス目ホンキダリス科。直径4.5cm。㊊ヨーロッパ
¶化写真（p177/カ写）〈㊔イギリス〉

テムノキダリス・スケプトリフェラ
白亜紀前期～現代の無脊椎動物ウニ類。直径4～7.5cm（とげは含まない）。㊊世界各地
¶進化大〔テムノキダリス〕（p302～303/カ写）

テムノドントサウルス *Temnodontosaurus*
中生代ジュラ紀の魚竜類魚竜類。魚竜目レプトプテリギウス科。浅海に生息。体長9m。㊊イギリス南部～ドイツ
¶恐イラ（p94/カ復）
恐絶動（p79/カ復）
恐竜博（p90～91/カ復）

テメイスキテス・カーターイ *Temeischytes carteri*
デヴォン紀後期の無脊椎動物棘皮動物座ヒトデ類。
¶図解化〔アゲラクリニテス・ハノヴェリとテメイスキテス・カーターイを含む岩石〕（p164-下右/カ写）〈㊔アイオワ州〉

テュファ
古第三紀～現代の被子植物。別名ガマ。直立した茎の長さ最大3m。㊊世界各地
¶進化大（p395/カ写）〈花穂〉

デュブレウイロサウルス
ジュラ紀中期の脊椎動物獣脚類。体長6m。㊊フランス
¶進化大（p260/カ復）

デュラミナ・ハシモトイ *Durhamina hasimotoi*
二畳紀の腔腸動物四射サンゴ類。
¶原色化（PL.32-5/カ写）〈㊔高知県土佐山 母岩の短辺の長さ7.5cm 研磨面〉

テュロキダリス *Tylocidaris*
白亜紀中ごろの棘皮動物ウニ類。
¶化百科（p185/カ写）〈5cm〉

テラタスピス *Terataspis*
古生代デボン紀の節足動物三葉虫類。
¶生ミス3（図4-24/カ写）〈60cm レプリカ〉

テラタスピス・グランディス *Terataspis grandis*
古生代デボン紀の節足動物三葉虫類。全長60cm。㊊アメリカ
¶リア古〔テラタスピス〕（p126/カ復）

テラトサウルス *Teratosaurus*
三畳紀後期の爬虫類。カルノサウルス下目メガロサウルス科。大型の肉食恐竜。全長6m。㊊ドイツ
¶恐絶動（p114/カ復）

テラトルニス *Teratornis merriami*
更新世の鳥類。鳥綱新鳥亜綱歯嘴趨目真鳥目ワシタカ亜目。頭高75cm, 両翼開張4m。㊊ロスアンジェルス市
¶古脊椎（図192/モ復）

テラトルニス
第四紀更新世の鳥類。体長75cm。㊊北アメリカ
¶進化大（p432/カ復）

テリオクリヌス・スプリンゲリ *Teliocrinus springeri*
新生代第三紀中新世の棘皮動物ウミユリ類。
¶化石フ（p199/カ写）〈㊔愛知県知多郡南知多町 35mm〉

テ

テリコミス *Telicomys*
中新世後期～鮮新世前期の哺乳類齧歯類。ヤマアラシ型顎亜目。全長2m。㊊南アメリカ
¶恐絶動（p283/カ復）

テリジノサウルス *Therizinosaurus*
中生代白亜紀の恐竜類竜盤類獣脚類テリジノサウルス類。竜盤目獣脚亜目テリジノサウルス科。林地に生息。全長7.5m。㊊モンゴル
¶恐イラ（p196/カ復）
恐古生（p126～129/カ写, カ復）〈鉤爪, 復元骨格〉
恐太古（p162～163/カ写）〈爪, 前肢骨〉
恐竜世〔テリズィノサウルス〕（p194/カ復）
恐竜博（p114/カ写, カ復）〈かぎづめ〉
生ミス7（図2-11/カ写, カ復）〈㊔モンゴル南東部バインシン・ツァフ 90cm 手の化石（複製）〉

テリジノサウルス・ケロニフォルミス
Therizinosaurus cheloniformis
白亜紀後期の恐竜類獣脚類テリジノサウルス類。全長10m。㊊モンゴル
¶モ恐竜（p38/カ写）〈㊔モンゴル南西ヘルミン・ツァフ 腕〉
リア中〔テリジノサウルス〕（p214/カ復）

テリジノサウルス類 Therizinosauridae
白亜紀後期カンパニアン期（約8300万年前）の恐竜類獣脚類。竜盤目獣脚亜目テリジノサウルス科。植物食。体長約5m？㊊北海道中川町
¶日恐竜（p32/カ写, カ復）〈巨大なカギ爪と指骨〉

テリジノサウルス類
白亜紀セノマニアン後期～カンパニアン期？の恐竜類獣脚類。
¶日白亜（p24～25/カ復）〈㊔熊本県御船町〉

テリズィノサウルス ⇒テリジノサウルスを見よ

デルタテリジウム *Deltatheridium* sp.
白亜紀後期の哺乳類北楔歯類後獣類（有袋類）。デルタテリジウム科。頭骨全長約4cm。㊊アジア
¶絶哺乳（p43,45/カ復, モ図）〈左上顎歯列の咬合面, 左下顎の舌側面〉

デルタドロメウス *Deltadromeus*
白亜紀後期の恐竜類獣脚類テタヌラ類コエルロサウルス類。体長8m。㊊モロッコのケムケム地方
¶恐イラ（p186/カ復）

デルトイドノーチルス属の未定種
Deltoidonautilus sp.
古第三紀始新世の軟体動物頭足類。
¶化石フ(p162/カ写)〈(産)長崎県長崎市 200mm〉

デルトシアシス *Deltocyathys* sp.
鮮新世の無脊椎動物腔腸動物。
¶図解化(p70-1/カ写)〈(産)イタリア北部のアペニン山脈〉

デルトプティキウス *Deltoptychius*
石炭紀前期〜後期の魚類軟骨魚類。全頭亜綱。全長45cm。(分)アイルランド, 英国のスコットランド
¶恐絶動(p26/カ復)

デルトブラスツス *Deltoblastus permicus*
二畳紀の無脊椎動物ウミツボミ類。スピラクラ目スキゾブラスツス科。萼の直径1.5cm。(分)インドネシア
¶化写真(p190/カ写)〈(産)インドネシア〉

デルトブラストゥス *Deltablastus jonkeri*
ペルム紀の棘皮動物ウミツボミ類。
¶世変化〔ウミツボミ〕(図31/カ写)〈(産)インドネシアのティモール島 幅6cm〉

デルトブラストゥス・ペルミクス
ペルム紀の無脊椎動物棘皮動物。全長1.5〜2.5cm。(分)インドネシア, シチリア島, オマーン
¶進化大〔デルトブラストゥス〕(p180/カ写)

デルビア *Derbyia grandis*
前期石炭紀〜後期二畳紀の無脊椎動物腕足動物。ストロフォメナ目オルソテテス科。体長3.5cm。(分)世界中
¶化写真(p89/カ写)〈(産)インド 茎殻〉

テルマトサウルス *Telmatosaurus*
白亜紀マーストリヒシアンの恐竜。ハドロサウルス上科。体長5m。(分)ルーマニア, フランス, スペイン
¶恐イラ(p214/カ復)

テルミナステル・カンクリフォルミス
Terminaster cancriformis
ジュラ紀後期の無脊椎動物棘皮動物ヒトデ類。
¶ゾル1(図513/カ写)〈(産)ドイツのベームフェルト 5cm〉

テルミハクウンボク *Styrax laevigata*
新生代鮮新世の陸上植物。エゴノキ科。
¶学古生(図2516/モ図)〈(産)岐阜県土岐市押沢, 岐阜県多治見市市之倉 核果〉

テレオケラス *Teleoceras*
1700万〜400万年前(ネオジン)の哺乳類奇蹄類。バク型亜目サイ上科サイ科。川に生息。全長4m。(分)アメリカ合衆国
¶恐絶動(p262/カ復)
恐竜世(p254/カ写)
恐竜博(p182/カ写)
絶哺乳(p179,180/カ写, カ復)〈テレオケラスとトリゴニアスの骨格〉

テレオケラス *Teleoceras fossiper*
中・鮮新世の哺乳類。哺乳綱獣亜綱正獣上目奇蹄目。体長3m。(分)北米
¶古脊椎(図310/モ復)

テレオケラス
新第三紀中新世の脊椎動物有胎盤類の哺乳類。体長4m。(分)アメリカ合衆国
¶進化大(p408〜409/カ写)

テレオサウルス *Teleosaurus*
ジュラ紀前期の爬虫類ワニ類。中鰐亜目。全長3m。(分)フランス
¶恐絶動(p98/カ復)

テレオサウルス *Teteosaurus cadomensis*
前期ジュラ紀の爬虫類。竜型超綱鰐綱鰐目。吻長30cm。(分)西ヨーロッパ
¶古脊椎(図130/モ復)

テレオサウルスの仲間
白亜紀サントニアン期の海生ワニ類。
¶日白亜(p132〜133/カ復)〈(産)北海道羽幌町〉

テレスコピウム・シェンキイ *Telescopium schenki*
新第三紀中新世中期の貝類。
¶化石図(p145/カ写)〈(産)富山県 殻の長さ約6cm〉

テレストリスクス *Terrestrisuchus*
三畳紀後期の爬虫類ワニ類。スフェノスクス亜目。全長50cm(原記載によれば490〜770mm)。(分)英国のウェールズ
¶恐絶動(p98/カ復)

テレディナ *Teredina personata*
後期白亜紀〜中期中新世の無脊椎動物二枚貝類。オオノガイ目オニガイ科。体長5cm。(分)ヨーロッパ
¶化写真(p111/カ写)〈(産)イギリス 丸木の断面〉

テレディナ
白亜紀後期〜新第三紀の無脊椎動物二枚貝類。長さほぼ15cm。(分)ヨーロッパ
¶進化大(p372/カ写)

テレディナ ⇒フナクイムシを見よ

テレド *Teredo*
始新世〜現在の軟体動物二枚貝類。オオノガイ目フナクイムシ科。別名フナクイムシ。管の長さ10cm。(分)世界中
¶化写真(p111/カ写)〈粘土中の材木化石〉
化百科(p159/カ写)〈(産)イギリス南東部のシェピー島 木片の長さ12cm〉

テレド *Teredo* sp.
白亜紀の軟体動物斧足類。
¶原色化(PL.70-4/モ写)〈(産)樺太? 母岩の長さ11cm〉

テレド ⇒フナクイムシを見よ

デレピネア・サヤメンシス *Delepinea sayamensis*
古生代後期の腕足類。ストロホメナ目コネーテス亜目ダビエシエラ科。
¶学古生(図132/モ写)〈(産)山口県美祢郡美東町佐山 茎殻〉

デレピネア・シヌアタ *Delepinea sinuata*
古生代後期・前期石炭紀後期の腕足類。ストロホメナ目コネーテス亜目ダビエシエラ科。
¶学古生(図131/モ写)〈(産)山口県美祢郡美東町佐山 茎殻〉

テレブラチュラ *Terebratula maxima*
中新世〜鮮新世の無脊椎動物腕足動物。テレブラチュラ目テレブラチュラ科。体長6cm。㊐ヨーロッパ
¶**化写真**(p93/カ写)〈㊏イギリス〉

テレブラチュラ
古生代ペルム紀の腕足動物有関節類。
¶**産地本**(p169/カ写)〈㊏滋賀県犬上郡多賀町権現谷 高さ1.2cm〉

「テレブラチュラ」属の種 *"Terebratula" sp.*
ジュラ紀後期の無脊椎動物触手動物腕足動物。
¶**ゾル1**(図92/カ写)〈㊏ドイツのアイヒシュテット 1.3cm〉
ゾル1(図93/カ写)〈㊏ドイツのアイヒシュテット 5.5cm〉

"テレブラチュラ"の1種 *"Terebratula" anaiwensis*
中生代ジュラ紀後期の腕足類。リンコネラ科。
¶**学古生**(図364/モ写)〈㊏高知県高岡郡佐川町穴岩〉

テレブラチュラ類
古生代石炭紀の腕足動物有関節類。
¶**産地別**(p117/カ写)〈㊏新潟県糸魚川市青海町 高さ3cm〉

テレブラチュラ類
古生代ペルム紀の腕足動物有関節類。
¶**産地別**(p132/カ写)〈㊏岐阜県本巣市根尾初鹿谷 高さ1cm〉

テレブラチュラ類(腕足類)
中生代白亜紀の腕足動物有関節類。
¶**産地別**(p9/カ写)〈㊏北海道宗谷郡猿払村上猿払 高さ1cm〉

"テレブラテュラ・バイカナリキュラータ" *"Terebratula bicanaliculata"*
ジュラ紀の腕足動物有関節類。
¶**原色化**(PL.57-1/カ写)〈㊏バルハドス 高さ2.7cm〉

テレブラ・フスカータ *Terebra fuscata*
第三紀の軟体動物腹足類。
¶**原色化**(PL.73-9/カ写)〈㊏アンガルン 高さ8cm〉

テレブラ・フスカタ
新第三紀〜現代の無脊椎動物腹足類。別名タケノコガイ。全長7〜25cm。㊐世界の熱帯地方各地
¶**進化大**〔テレブラ〕(p399/カ写)

テレブリロストラ *Terebrirostra bargensa*
後期白亜紀の無脊椎動物腕足動物。テレブラチュラ目テレブラテラ科。体長4cm。㊐ヨーロッパ
¶**化写真**(p91/カ写)〈㊏フランス〉

テレベリナの1種 *Terebellina shikokuensis*
新生代始新世の環形動物多毛類。フサゴカイ科。
¶**学古生**(図1796/モ写)〈㊏高知県安芸郡東洋町甲浦〉
日化譜〔Terebellina shikokuensis〕(図版21-6/モ写)〈㊏高知県安芸郡〉

テロダス *Thelodus scoticus*
魚類。無顎超綱無顎綱歯鱗目。全長8〜30cm。
¶**古脊椎**(図7/モ復)

テロドゥス *Thelodus*
シルル紀後期の魚類無顎類。テロドゥス目。全長18cm。㊐全世界
¶**恐絶動**(p23/カ復)

テロピテクス *Theropithecus*
鮮新世中期〜現世の哺乳類真猿類旧世界ザル。全長1.2m。㊐南部および東部アフリカ
¶**恐古生**(p228〜229/カ復)
恐絶動(p287/カ復)

テロピテクス・オズワルディ *Theropithecus oswaldi*
更新世前〜中期の哺乳類霊長類狭鼻猿類。直鼻猿亜目オナガザル科。肩高約80cm。㊐アフリカ
¶**絶哺乳**(p80/カ復)

テンガイの仲間
新生代第三紀中新世の軟体動物腹足類。
¶**産地本**(p131/カ写)〈㊏岐阜県瑞浪市釜戸町荻の島 長径1.8cm〉

テングニシ
新生代第三紀中新世の軟体動物腹足類。
¶**産地別**(p195/カ写)〈㊏福井県大飯郡高浜町名島 高さ6cm〉
産地別(p195/カ写)〈㊏福井県大飯郡高浜町名島 高さ7.5cm〉
産地本(p237/カ写)〈㊏岡山県勝田郡奈義町中島東 高さ12cm〉

テングニシ
新生代第三紀鮮新世の軟体動物腹足類。
¶**産地別**(p231/カ写)〈㊏宮崎県児湯郡川南町通浜 高さ18cm〉

テングニシ
新生代第四紀更新世の軟体動物腹足類。テングニシ科。
¶**産地新**(p143/カ写)〈㊏石川県珠洲市平床 高さ14cm〉
産地別(p93/カ写)〈㊏千葉県印西市山田 高さ16cm〉

テングノツメ ⇒カルカロドン・メガロドンを見よ

デンソイスポリテス・ミクロルグラトゥス *Densoisporites microrugulatus*
中生代の植物。イワヒバ属。熱河生物群。
¶**熱河生**(図260/カ写)〈㊏中国の遼寧省ハルチン左翼蒙古族自治県,三官廟 胞子〉

テンタキュライテス・ジラカンタス *Tentaculites gyracanthus*
デボン紀の分類不明動物小錐形質。
¶**原色化**(PL.22-4/モ写)〈㊏北アメリカのニューヨーク州スコハリー 平均の長さ7mm〉

テンタクリテス属の多数の殻を含む岩石 *Tentaculites*
シルル紀の無脊椎動物軟体動物。
¶**図解化**(p133-上左/カ写)〈㊏ニューヨーク州〉

デンタリウム *Dentalium sexangulum*
中期三畳紀〜現世の無脊椎動物掘足類。ツノガイ目ゾウゲツノガイ科。体長5cm。㊐世界中
¶**化写真**(p114/カ写)〈㊏イタリア〉

デンタリウム
古生代ペルム紀の軟体動物掘足類。
¶**産地別**（p131/カ写）〈[産]岐阜県本巣市根尾初鹿谷 径0.7cm〉
産地別（p136/カ写）〈[産]岐阜県大垣市赤坂町金生山 長さ8cm程度 密集化石〉
産地別（p176/カ写）〈[産]滋賀県犬上郡多賀町権現谷 長さ7.3cm〉

デンタリウム・ストゥリアトゥム *Dentalium striatum*
オルドビス紀～現在の軟体動物掘足類。
¶**化百科**〔デンタリウム〕（p150/カ写）〈[産]イギリスのハンプシャー州, 米国合衆国のカリフォルニア州ロサンゼルス, サンペドロ 殻の長さ4.5cm〉

デンタリウム属の未定種 *Dentalium* sp.
古生代ペルム紀の軟体動物掘足類。
¶**化石フ**（p36/カ写）〈[産]岐阜県大垣市赤坂町 190mm〉

デンタリウム・ネオヘクサゴヌム *Dentalium neohexagonum*
オルドビス紀～現在の軟体動物掘足類。
¶**化百科**〔デンタリウム〕（p150/カ写）〈[産]イギリスのハンプシャー州, 米国合衆国のカリフォルニア州ロサンゼルス, サンペドロ 殻の長さ4.5cm〉

デンタリゥム・ネオルナータム *Dentalium neornatum*
二畳紀の軟体動物掘足類。
¶**原色化**（PL.35-3/モ写）〈[産]岐阜県不破郡赤坂町金生山 長さ26cm〉
日化譜〔Dentalium neornatum〕（図版35-17/モ写）〈[産]岐阜県赤坂〉

デンティキュロプシス・カムチャテイカ *Denticulopsis kamtschatica*
新生代鮮新世前期の珪藻類。羽状目。
¶**学古生**（図2111/モ写）〈[産]福島県いわき市四倉〉

デンティキュロプシス・ニコバリカ *Denticulopsis nicobarica*
新生代中新世後期の珪藻類。羽状目。
¶**学古生**（図2108/モ写）〈[産]茨城県那珂湊市磯崎〉

デンティキュロプシス・フステッドアイ *Denticulopsis hustedtii*
新生代中新世後期の珪藻類。羽状目。
¶**学古生**（図2109/モ写）〈[産]岩手県一関市下黒沢〉

デンティキュロプシス・マイオシニカ *Denticulopsis miocenica*
新生代の珪藻類。羽状目。
¶**学古生**（図2110/モ写）〈[産]福島県いわき市泉町黒須野〉

デンティキュロプシス・ラウタ *Denticulopsis lauta*
新生代中新世中期の珪藻類。羽状目。
¶**学古生**（図2107/モ写）〈[産]岐阜県瑞浪市一日市場〉

デンドラスター・コーリンガエンシス *Dendraster coalingaensis*
鮮新世の無脊椎動物棘皮動物。
¶**図解化**（p180-3/カ写）〈[産]カリフォルニア州〉

デンドロピテクス *Dendropithecus*
中新世前期～中期の哺乳類類人猿。プリオピテクス科。身長60cm。[分]ケニア
¶**恐絶動**（p290/カ復）

テンプスキア
白亜紀の植物シダ類。大きさ最大4.5m。[分]北半球
¶**進化大**（p286/カ復）

【ト】

トアテリウム *Thoatherium*
新生代新第三紀中新世の哺乳類真獣類滑距類。滑距目プロテロテリウム科。肩高50cm。[分]アルゼンチン
¶**恐絶動**（p246/カ復）
生ミス10（図2-2-14/カ復）
絶哺乳（p228,230/カ復, モ図）〈復元骨格〉

トアテリウム *Thoatherium minusculum*
中新世の哺乳類。哺乳綱獣亜綱正獣上目滑距目。体長70cm。[分]アルゼンチン
¶**古脊椎**（図255/モ復）

トウイト
新生代第四紀更新世の軟体動物腹足類。
¶**産地別**（p86/カ写）〈[産]秋田県男鹿市琴川安田海岸 高さ3.5cm〉

トウイトガイ *Siphonalia fusoides*
新生代第三紀鮮新世～現世の貝類。エゾバイ科。
¶**学古生**（図1583,1584/モ写）〈[産]石川県金沢市上中町〉

トウイトガイの仲間 *Siphonalia* sp.
新生代第三紀の貝類。エゾバイ科。
¶**学古生**（図1322/モ写）

トゥオイイアンゴサウルス ⇒トゥオジァンゴサウルスを見よ

トゥオジァンゴサウルス *Tuojiangosaurus*
中生代ジュラ紀の恐竜類鳥盤類装盾類剣竜類。疎林に生息。全長7m。[分]中国
¶**恐イラ**〔トゥオジャンゴサウルス〕（p144/カ復）
恐古生〔トゥオイイアンゴサウルス〕（p170～171/カ写）〈骨格〉
恐絶動〔トゥオチャンゴサウルス〕（p154/カ復）
恐竜世〔トゥオジアンゴサウルス〕（p141/カ写）
恐竜博〔トォチアンゴサウルス〕（p84/カ写）
生ミス6（図5-13/カ復）

トゥオジャンゴサウルス ⇒トゥオジァンゴサウルスを見よ

トゥオチャンゴサウルス ⇒トゥオジァンゴサウルスを見よ

トウカイシラスナガイ *Limopsis*（*Limopsis*）*tokaiensis*
鮮新世後期～現世の軟体動物斧足類。
¶**日化譜**（図版36-29/モ写）〈[産]神奈川県〉

トウカイシラスナガイ *Limopsis tokaiensis*
新生代第三紀鮮新世の貝類。シラスナガイ科。
¶**学古生**（図1408,1409/モ写）〈[産]青森県むつ市前川〉
学古生（図1468/モ写）〈[産]石川県金沢市大桑〉

等脚類？
ジュラ紀後期の生痕化石。
¶**ゾル2**（図330/カ写）〈㊄ドイツのランゲンアルトハイム 3cm 匍行痕を伴う〉

トウキョウホタテ *Mizuhopecten tokyoensis*
新生代第四紀の軟体動物二枚貝類イタヤガイ類。イタヤガイ目イタヤガイ科。
¶**化石図**（p166/カ写, カ復）〈㊄千葉県 左殻横幅約17cm, 右殻横幅約19cm〉
化石フ（p167/カ写）〈㊄千葉県木更津市 150mm〉
生ミス10（図3-1-6/カ写）〈㊄千葉県木更津市 横幅約17cm〉

トウキョウホタテ *Patinopecten*（*Mizuhopecten*）*tokyoensis*
新生代第四紀更新世の貝類。ウグイスガイ目イタヤガイ科。
¶**学古生**（図1645/モ写）〈㊄千葉県木更津市畑沢川川口付近 左殻, 右殻, 左殻の内面〉
学古生〔トウキョウホタテ（幼貝）〕（図1646/モ写）〈㊄千葉県市原市瀬又 左殻, 右殻〉

トウキョウホタテ *Patinopecten tokyoensis*
更新世前期〜現世の軟体動物斧足類。別名モミジホタテ。
¶**原色化**〔パティノペクテン・トウキョウエンシス〕（PL.91-1/モ写）〈㊄千葉県木更津市南 高さ17cm〉
日化譜（図版41-2/モ写）〈㊄東京都滝ノ川, 王子, 品川など〉

トウキョウホタテ
新生代第四紀更新世の軟体動物斧足類。イタヤガイ科。別名ミズホペクテン・トウキョウエンシス。
¶**産地新**（p60/カ写）〈㊄秋田県男鹿市琴川安田海岸 高さ5.5cm 左殻〉
産地本（p89/カ写）〈㊄千葉県香取郡大栄町前林 長さ（左右）21cm〉

ドウクツライオン ⇒ホラアナライオンを見よ

ドゥクトル・レプトソムス *Ductor leptosomus*
始新世の脊椎動物魚類。硬骨魚綱。
¶**図解化**（p194〜195-4/カ写）〈㊄イタリアのモンテボルカ〉

トウゴクミツバツツジ *Rhododendron wadanum*
新生代第四紀更新世の陸上植物。ツツジ科。
¶**学古生**（図2595/モ写）〈㊄栃木県塩谷郡塩原町〉

ドゥサ・デンティクラタ *Dusa denticulata*
ジュラ紀後期の無脊椎動物甲殻類小型エビ類。
¶**ゾル1**（図262/カ写）〈㊄ドイツのアイヒシュテット 8cm〉

ドゥサ・モノケラ *Dusa monocera*
ジュラ紀後期の無脊椎動物甲殻類小型エビ類。
¶**ゾル1**（図263/カ写）〈㊄ドイツのアイヒシュテット 10cm〉

トゥジャンゴサウルス・ムルティスピヌス
Tuojiangosaurus multispinus
中生代ジュラ紀後期の爬虫類恐竜類鳥盤類装盾類剣竜類。
¶**リア中**〔トゥジャンゴサウルス〕（p96〜99/カ復）

陡山沱の胚化石 *Tianzhushania* sp.
エディアカラ紀（約6億3000万年前）の現生動物の胚にそっくりな化石。
¶**生ミス1**（図1-5/カ写）〈0.5mm未満〉
世変化〔中国・陡山沱の化石〕（図3/カ写）〈㊄中国の貴州省 幅約700μm〉

頭足類
約4億8500万年前の軟体動物。
¶**古代生**〔オルドビス紀の海中イメージ〕（p74/カ復）

頭足類
ジュラ紀の軟体動物。
¶**図解化**〔黄鉄鉱化した頭足類〕（p18-2/カ写）〈㊄フランス〉

トウチャンゴサウルス
ジュラ紀後期の脊椎動物鳥盤類。体長7m。㊀中国
¶**進化大**（p274〜275/カ写）〈旧式の姿勢〉

同定できない植物化石
ジュラ紀後期の植物。
¶**ゾル1**（図53/カ写）〈㊄ドイツのパインテン 35cm〉
ゾル1〔同定のできない植物化石〕（図60/カ写）〈㊄ドイツのダイティング 1.3cm〉
ゾル1〔同定のできない植物化石〕（図61/カ写）〈㊄ドイツのゾルンホーフェン 19cm〉

同定のできない枝
ジュラ紀後期の植物。
¶**ゾル1**（図54/カ写）〈㊄ドイツのアイヒシュテット 16cm〉

同定のできない根茎
ジュラ紀後期の植物。
¶**ゾル1**（図55/カ写）〈㊄ドイツのゾルンホーフェン 20cm〉

トウヒ ⇒ピケアを見よ

トゥビカウリス・ソレニテス
石炭紀後期〜ペルム紀の植物シダ類。最長2m。㊀世界各地
¶**進化大**〔トゥビカウリス〕（p175/カ写）

トウヒ属の花粉 *Picea*
新生代第四紀更新世の陸上植物。マツ科。
¶**学古生**（図2537/モ写）〈㊄宮崎県えびの市京町池牟礼〉

ドウビレイケラス ⇒ドウビレイセラス・マミラータムを見よ

ドウビレイセラス・インエクイノーダム
Douvilleiceras inequinodum
アルビアン期のアンモナイト。
¶**アン最**（p77/カ写）〈㊄マダガスカル〉
アン最（p117/カ写）〈㊄マダガスカル〉

ドウビレイセラス・マミラータム *Douvilleiceras mammillatum*
アルビアン前期の軟体動物頭足類アンモナイト。アンキロセラス亜目ドウビレイセラス科。直径10cm。㊀世界中
¶**アン学**（図版46-1〜4/カ写）〈㊄三笠地域〉
アン最（p117/カ写）〈㊄マダガスカル〉
アン最（p158/カ写）〈㊄フランス〉

化写真〔ドウビレイケラス〕(p152/カ写)〈[産]イギリス 側面, 腹側〉
原色化〔ドビレイセラス・マミラータム〕(PL.66-3/モ写)〈[産]フランスのアルデンヌのマシェロムニーユ 長径6.5cm〉

トゥプクスアラ *Tupuxuara*
中生代白亜紀の爬虫類双弓類主竜類翼竜類。翼開長4m。[分]ブラジル
¶**恐イラ**(p152/カ復)
生ミス8(図7-5/カ写, カ復)〈頭骨の長辺105cm 頭骨周辺の骨格標本〉

ドゥブレウイッロサウルス *Dubreuillosaurus*
1億7000万年前(ジュラ紀中期)の恐竜類。全長6m。[分]フランス
¶**恐竜世**(p172〜173/カ復)

トウベイヤチイトカケガイ *Epitonium (Boreoscala) angulatosimile*
新生代第三紀鮮新世〜初期更新世の貝類。イトカケガイ科。
¶**学古生**(図1620/モ写)〈[産]富山県高岡市頭川〉

トウホクチョウチンガイ *Terebratulina tohokuensis*
新生代中新世の腕足類。カンセロフィリス科。
¶**学古生**(図1059/モ写)〈[産]石川県七尾市岩屋〉

トウヨウゾウ ⇒ステゴドン・オリエンタリスを見よ

トウヨウニィルセンソテツ *Nilssonia orientalis*
中生代の陸上植物ベンネチテス類。ソテツ綱ニィルセンソテツ目。
¶**学古生**(図815/モ写)〈[産]高知県南国市下八京東郷谷〉
日化譜〔Nilssonia orientalis〕(図版73-10/モ写)〈[産]岡山県川上郡成羽町など〉

トウヨウバス *Nelumbo orientalis*
新白亜紀後期の双子葉植物。
¶**日化譜**(図版77-7/モ図)〈[産]福井県今立郡池田村皿尾〉

トゥラジャネラ・ジャポニカ *Trajanella japonica*
中生代の貝類。シュードメラニア科。
¶**学古生**(図601/モ写)〈[産]岩手県下閉伊郡田野畑村平井賀〉
日化譜〔Trajanella japonica〕(図版29-16/モ写)〈[産]岩手県宮古〉

ドゥラニア・エロエンベルギ
新第三紀〜現代の被子植物。果実の長さ約4cm。[分]北アメリカ
¶**進化大**〔ドゥラニア〕(p394/カ写)

トゥラノケラトプス *Turanoceratops*
白亜紀セノマニアン〜チューロニアンの恐竜類ネオケラトプス類。新世界の原始的な角竜類。体長2m。[分]カザフスタン
¶**恐イラ**(p233/カ復)

トゥリアルトゥルス・エアトニ
オルドヴィス紀後期の無脊椎動物節足動物。最大体長3cm。[分]アメリカ合衆国北東部, ノルウェイ, スウェーデン, 中国南西部
¶**進化大**〔トゥリアルトゥルス〕(p89/カ写)

トゥリウィア・アウェッラナ
古第三紀〜現代の無脊椎動物腹足類。殻高最大3cm。[分]世界各地
¶**進化大**〔トゥリウィア〕(p427/カ写)

ドゥリオサウルス ⇒ドリオサウルスを見よ

トゥリオニクス
白亜紀〜現代の脊椎動物カメ類。別名スッポン。体長1m。[分]世界各地
¶**進化大**(p309/カ写)

ドゥリオピテクス ⇒ドリオピテクスを見よ

トゥリケラトプス ⇒トリケラトプスを見よ

トゥリゴーノカルプス *Trigonocarpus*
大部分は石炭紀後期のシダ種子類。メドゥッロサ目。
¶**化百科**(p86/カ写)〈種子の長さ1〜1.5cm〉

トゥリゴノカルプスの1種
石炭紀〜ペルム紀の植物メドゥローサ類。高さ3〜5m。[分]ヨーロッパ, 北アメリカ
¶**進化大**〔メドゥローサ〕(p150/カ写, カ復)〈茎断面, 種子〉

トゥリスティコプテルス
デヴォン紀中期の脊椎動物肉鰭類。体長30cm。[分]スコットランド
¶**進化大**(p136〜137/カ写)

トゥリテラ・ヤエガシイ *Turritella* (s.l.) *yaegashii*
中生代の貝類。
¶**学古生**(図600/モ写)〈[産]岩手県下閉伊郡田野畑村平井賀〉

トゥリナクソドン
三畳紀前期の脊椎動物単弓類。全長45cm。[分]南アフリカ, 南極大陸
¶**進化大**(p221/カ復)

トゥリナクソドン ⇒トリナクソドンを見よ

トゥリヌクレウス *Trinucleus*
オルドビス紀中期〜後期の節足動物三葉虫類。
¶**化百科**(p133/カ写)〈頭〜尾の長さ2cm〉

トゥリヌクレウス・フィムブリアトゥス
オルドヴィス紀中期の無脊椎動物節足動物。最大体長3cm。[分]ウェールズ, イングランド
¶**進化大**〔トゥリヌクレウス〕(p89/カ写)

トゥリパノトロックス・リクチュウエンゼ *Trypanotrochus rikuchuense*
中生代白亜紀前期の貝類。ニシキウズガイ科。
¶**学古生**(図594/モ写)〈[産]岩手県下閉伊郡田野畑村平井賀〉

トゥリブラキディウム・ヘラディクム
原生代先カンブリア時代後期の無脊椎動物。直径2〜5cm。[分]オーストラリア, ロシア, カナダ
¶**進化大**〔トゥリブラキディウム〕(p63/カ写)

トゥリリテス・コスタートゥス *Turrilites (Turrilites) costatus*
中生代白亜紀後期のアンモナイト。トゥリリテス科。
¶**学古生**(図582/モ写)〈[産]北海道三笠市幾春別川流域〉

トゥリリテス・コスタトゥス
白亜紀後期の無脊椎動物頭足類。長さ最大30cm。[分]ヨーロッパ, アフリカ, インド, 北アメリカ
¶**進化大**〔トゥリリテス〕(p300/カ写)

トゥリロフォスクス
新第三紀中新世前期の脊椎動物ワニ形類。全長1.5m。[分]オーストラリア
¶**進化大**(p431/カ復)

ドゥレパナスピス ⇒ドレパナスピスを見よ

トゥレマトトラクス *Trematothorax*
(ハチ類の属)三畳紀～現在の節足動物昆虫類ハチ類クキバチ類。セプルカ科。
¶**化百科**(p148/カ写)〈全長1cm〉

トゥロオドン ⇒トロオドンを見よ

ドゥロブナ・デフォルミス ⇒ドロブナ・デフォルミスを見よ

ドゥロマエオサウルス ⇒ドロマエオサウルスを見よ

ドゥロミオプシス *Dromiopsis*
白亜紀後期と古第三紀の節足動物甲殻類十脚類。
¶**化百科**(p137/カ写)〈[産]デンマーク 背甲の幅2cm〉

ドゥンクレオステウス *Dunkleosteus*
約3億8000万年前(デボン紀後期)の初期の脊椎動物板皮類節頸類。板皮綱。最初の魚類。全長6m。[分]アメリカ, ヨーロッパ, モロッコ
¶**恐古生**(p40～43/カ写, カ復)〈頭甲と胸甲〉
恐絶動(p30/カ復)
恐竜世(p68/カ写, カ復)
古代生(p102～103/カ復)
生ミス3〔ダンクレオステウス〕(図3-18/カ写, カ復)
生ミス3〔ダンクレオステウス〕(図3-19/カ写)〈[産]モロッコ 下顎〉
生ミス3〔ダンクレオステウス〕(図3-20/カ写, カ図)〈[産]モロッコ 頭骨の一部〉

ドゥンクレオステウス
デヴォン紀後期の脊椎動物板皮類。体長6m。[分]アメリカ合衆国, ヨーロッパ, モロッコ
¶**進化大**(p134/カ写, カ復)〈背部中央のプレート, 頭甲〉

ドゥンバレッラ
石炭紀の無脊椎動物二枚貝類。最大全長4cm。[分]ヨーロッパ, 北アメリカ
¶**進化大**(p159/カ写)

ドエディクルス *Doedicurus*
更新世の哺乳類異節類。被甲目グリプトドン科。全長4m。[分]アルゼンチンのパタゴニア地方
¶**恐絶動**(p207/カ復)
絶哺乳(p239,241/カ写, カ復)〈尾〉

ドエディクルス *Doedicurus clavicaudatus*
更新世の哺乳類。哺乳綱獣亜綱正獣上目貧歯目。全長3.6m。[分]アルゼンチン, ウルグァイ
¶**古脊椎**(図234/モ復)

トォチアンゴサウルス ⇒トゥオジァンゴサウルスを見よ

トカゲ
白亜紀アルビアン期?の爬虫類。
¶**日白亜**(p57/カ写)〈[産]兵庫県丹波市 下顎〉

とかげ竜 ⇒イグアノドンを見よ

トガサワラの毬果
新生代第三紀中新世の裸子植物毬果類。マツ科。別名シュードツガ。
¶**産地新**(p173/カ写)〈[産]滋賀県甲賀郡土山町大沢 高さ7cm〉
産地新(p173/カ写)〈[産]滋賀県甲賀郡土山町大沢 高さ5.8cm〉

トガサワラ?(不明種)
新生代第三紀鮮新世の裸子植物毬果類。
¶**産地本**(p218/カ写)〈[産]滋賀県甲賀郡水口町野洲川 長さ4.8cm〉

トカシオリイレボラ
新生代第三紀鮮新世の軟体動物腹足類。
¶**産地別**(p154/カ写)〈[産]静岡県袋井市宇刈大日 高さ5.8cm〉

トカシオリイレボラ
新生代第四紀更新世の軟体動物腹足類。
¶**産地本**(p97/カ写)〈[産]千葉県木更津市真里谷 高さ6cm〉

トガリクダマキ ⇒トガリクダマキガイを見よ

トガリクダマキガイ *Suavodrillia declivis*
新生代第三紀鮮新世～現世の貝類。クダマキガイ科。
¶**学古生**〔トガリシャジク〕(図1439/モ写)〈[産]青森県むつ市近川〉
学古生(図1600/モ写)
学古生〔トガリクダマキ〕(図1742/モ写)〈[産]千葉県市原市瀬又〉

トガリシャジク ⇒トガリクダマキガイを見よ

トガリバエダワカレシダ *Cladophlebis acutipennis*
中生代の陸上植物。シダ類綱。手取統植物群。
¶**学古生**(図765/モ写)〈[産]石川県石川郡白峰村桑島〉
学古生(図802/モ写)〈[産]高知県南国市領石〉

トキソセラトイデス・タイロリイ *Toxoceratoides taylori*
アプチアン期のアンモナイト。
¶**アン最**(p143/カ写)〈[産]クイーンズランド〉

トキソファコプス・ノナカイ *Toxophacops nonakai*
古生代デボン紀の節足動物三葉虫類。
¶**化石フ**(p62/カ写)〈[産]岩手県気仙郡住田町 50mm〉

トキワガイ?
新生代第三紀鮮新世の軟体動物腹足類。ヤツシロガイ科。トキワガイもしくはミヤシロガイに近い。ウラシマガイ(トウカムリ科)にも似る。
¶**産地新**(p214/カ写)〈[産]高知県安芸郡安田町唐浜 高さ5cm〉

トクサ
中生代三畳紀のシダ植物トクサ類。
¶**産地別**(p80/カ写)〈[産]宮城県宮城郡利府町赤沼 長さ11cm〉

トクサ属の未定種 *Equisetum* sp.
新生代第三紀中新世のシダ植物トクサ類。
¶**化石フ**(p153/カ写)〈[産]岐阜県可児市 120mm〉

トクサの群葉 ⇒アステロフィリテスを見よ

トクサ類?(不明種)
古生代石炭紀のシダ植物トクサ類?
¶**産地本**(p60/カ写)〈[産]岩手県大船渡市日頃市町鬼丸 長さ12cm 茎〉

トクソドン *Toxodon*
新生代新第三紀鮮新世〜第四紀更新世の哺乳類真獣類南蹄類。トクソドン亜目トクソドン科。頭胴長3m。[分]アルゼンチン,ブラジル,ボリビアほか
¶**恐絶動**(p251/カ復)
生ミス10(図2-2-16/カ写,カ復)〈全身復元骨格〉
生ミス10〔トクソドンの頭骨〕(図2-2-17/カ写)〈[産]アルゼンチン 約66cm チャールズ・ダーウィンがビーグル号の航海で発見したもの〉
絶哺乳(p233,235/カ写,カ復)〈下顎の歯のようす,全身骨格〉

トクソドン *Toxodon platense*
更新世の哺乳類。哺乳綱獣亜綱正獣上目南蹄目。別名弓歯獣。体長2.6m。[分]南米パタゴニア
¶**古脊椎**(図262/モ復)

トクソドン *Toxodon platensis*
更新世の脊椎動物哺乳類。南蹄目トクソドン科。体長3m。[分]南アメリカ
¶**化写真**(p273/カ写)〈[産]アルゼンチン 頭骨〉
地球博〔南蹄類〕(p83/カ写)

トクソドン
新第三紀鮮新世後期〜第四紀更新世の脊椎動物有胎盤類の哺乳類。体長2.7m。[分]南アメリカ
¶**進化大**(p432/カ写)

トクナガイモガイ *Chelyconus* sp.cf.*C.tokunagai*
新生代第三紀・中期中新世初期の貝類。イモガイ科。
¶**学古生**(図1327/モ写)

トクナガイモガイ *Conus tokunagai*
新生代第三紀・初期中新世の貝類。イモガイ科。
¶**学古生**(図1238,1239/モ写)〈[産]石川県珠洲市向山〉

トクナガイモガイ
新生代第三紀中新世の軟体動物腹足類。
¶**産地別**(p194/カ写)〈[産]福井県大飯郡高浜町名島 高さ5.5cm〉

トクナガキヌタレガイ *Acharax tokunagai*
新生代第三紀中新世の軟体動物斧足類。
¶**化石フ**(p166/カ写)〈[産]愛知県知多郡南知多町 90mm〉

トクナガキヌタレガイ *Solemya tokunagai*
新生代第三紀・初期中新世の貝類。キヌタレガイ科。
¶**学古生**(図1153/モ写)〈[産]石川県珠洲市国永出〉
日化譜(図版35-19/モ写)〈[産]常磐炭田〉

トクナガキリガイダマシ *"Turritella" tokunagai*
漸新世後期〜中新世前期の軟体動物腹足類。
¶**日化譜**(図版27-26/モ写)〈[産]福島県久ノ浜町〉

トクナガジカ *Dicrocerus tokunagai*
中新世中期の哺乳類偶蹄類。
¶**日化譜**(図版69-2/モ写)〈[産]茨城県久慈郡大子町,福島県石城郡草野 左下顎外側面〉

トクナガゾウ *Palaeoloxodon tokunagai*
新生代更新世後期?の哺乳類長鼻類。ゾウ科。
¶**学古生**(図2009/モ写)〈[産]富山県東砺波郡平村祖山 左右第5臼歯咬面〉
日化譜(図版67-13/モ写)〈[産]富山県東砺破郡平山村祖山 右下第2大臼歯咀嚼面〉

トクナガソデガイ *Yoldia (Hataiyoldia) tokunagai*
中新世中期の軟体動物斧足類。
¶**日化譜**(図版35-35,36/モ写)〈[産]福島県四倉,同勿来市〉

トクナガタコブネ(新) *Argonauta tokunagai*
中新世中期のタコ類。
¶**日化譜**(図版57-13/モ写)〈[産]石川県河北郡津幡町笠谷〉

トクナガノロ *Capreolus tokunagai*
更新世後期の哺乳類偶蹄類。
¶**日化譜**(図版69-4/モ写)〈[産]沖縄宮古島 角〉

トクナガブンブク ⇒トクナガムカシブングクを見よ

トクナガホタテ *Yabepecten tokunagai*
新生代第三紀鮮新世の貝類。イタヤガイ科。
¶**学古生**(図1395,1396/モ写)〈[産]青森県むつ市近川〉

トクナガホタテ
新生代第三紀鮮新世の軟体動物斧足類。イタヤガイ科。
¶**産地新**(p132/カ写)〈[産]富山県高岡市頭川 高さ16cm〉

トクナガムカシブングク *Linthia tokunagai*
新生代中新世?のウニ。ブンブクチャガマ科。
¶**学古生**(図1922/モ写)〈[産]北海道両竜郡 口側,反口側〉
日化譜〔トクナガブンブク(新)〕(図版88-16/モ写)〈[産]長野県上水内郡など〉

トクナリヘタナリ *Cerithidea tokunariensis*
新生代第三紀・初期中新世の貝類。ウミニナ科。
¶**学古生**(図1206/モ写)〈[産]石川県輪島市徳成〉

トゲキクメイシの1種 *Cyphastrea* sp.
新生代中新世の六放サンゴ類。キクメイシ科。
¶**学古生**(図1007/モ写)〈[産]埼玉県秩父郡荒川村中川 横断面〉

トゲクチバシチョウチンガイ *Tegulorhynchia doederleini*
新生代鮮新世の腕足類。
¶**学古生**(図1054/モ写)〈[産]千葉県銚子市犬若岬〉

トゲナシハナガタサンゴ *Physophyllia ayleni*
新生代の六放サンゴ類。ウミバラ科。
¶**学古生**(図1031/モ写)

トゲナシハナガタサンゴの1種 *Physophyllia* sp.
新生代中新世の六放サンゴ類。ウミバラ科。
¶**学古生**(図1012/モ写)〈[産]静岡県田方郡中伊豆町下白岩〉

とげ竜 ⇒ケントルロサウルスを見よ

トゲロッカクコケムシ *Chaperia acanthina*
新生代のコケムシ類。唇口目無嚢亜目ロッカクコケムシ科。
¶**学古生**(図1081/モ写)〈[産]千葉県君津市西谷〉

ドコドン *Docodon*
中生代ジュラ紀の哺乳形類。ドコドン科。森林に生息。体長10cm。
¶**恐竜博**(p88/カ復)

トコヨダチジワバイ *Ancistrolepis trochoideus tokoyodaensis*
鮮新世前期の軟体動物腹足類。
¶**日化譜**(図版31-27/モ写)〈[産]千葉県銚子市常世田〉

トサイア・ハンザワイ *Tosaia hanzawai*
新生代鮮新世の小型有孔虫。トゥリリナ科。
¶**学古生**(図923/モ写)〈[産]高知県室戸市羽根町登〉
日化譜〔Tosaia hanzawai〕(図版81-10/モ写)〈[産]銚子, 高知県〉

トサツブリ? *Murex* sp.aff.*hirasei*
更新世後期の軟体動物腹足類。
¶**日化譜**(図版31-10/モ写)〈[産]喜界島伊実久〉

トサツマベニガイ
新生代第三紀鮮新世の軟体動物斧足類。シコロクチベニガイ科。
¶**産地新**(p204/カ写)〈[産]高知県安芸郡安田町唐浜 長さ1.6cm〉

トサペクテン
中生代三畳紀の軟体動物斧足類。
¶**産地新**(p148/カ写)〈[産]福井県大飯郡高浜町難波江 高さ8cm 左殻の外形印象〉
産地別(p180/カ写)〈[産]福井県大飯郡高浜町難波江 長さ12cm 左殻〉
産地別(p180/カ写)〈[産]福井県大飯郡高浜町難波江 長さ11.5cm 右殻〉
産地本(p179/カ写)〈[産]福井県大飯郡高浜町難波江 高さ10cm 外形雌型〉
産地本(p179/カ写)〈[産]福井県大飯郡高浜町難波江 長さ(左右)4cm〉

トサペクテン・スズキイ *Tosapecten suzukii*
中生代三畳紀の軟体動物斧足類。イタヤガイ科。
¶**学古生**(図655/モ写)〈[産]高知県高岡郡佐川町 右殻外面〉
化石フ(p89/カ写)〈[産]高知県高岡郡佐川町 50mm〉
日化譜〔Tosapecten suzukii〕(図版39-18/モ写)〈[産]高知県佐川町黒曲り〉

トサペクテン・スズキイ・インフラータス *Tosapecten* cf.*suzukii inflatus*
三畳紀の軟体動物斧足類。
¶**原色化**(PL.40-10/カ写)〈[産]岡山県高梁市難波江 幅4.5cm〉

トサロルビスの1種 *Tosalorbis hanzawai*
新生代始新世の多毛類。
¶**学古生**(図1799/モ写)〈[産]高知県室戸市行当崎〉
日化譜〔Tosalorbis hanzawai〕(図版21-5/モ写)〈[産]高知県室戸市〉

トシオウミニナ *Batillaria toshioi*
新生代第三紀・初期中新世の貝類。ウミニナ科。
¶**学古生**(図1215/モ写)〈[産]石川県珠洲市向山〉

ドシオウムガイ *Eutrephoceras japonicum*
始新世後期の軟体動物頭足類オウム貝類。
¶**日化譜**(図版50-8,9/モ写)〈[産]長崎県西彼杵郡伊王島, 福岡県朝倉郡宝珠山〉

ドシニア
新生代第三紀中新世の軟体動物斧足類。
¶**産地別**(p64/カ写)〈[産]北海道奥尻郡奥尻町宮津 長さ5cm〉
産地別(p204/カ写)〈[産]京都府綴喜郡宇治田原町奥山田 長さ4cm〉
産地本(p203/カ写)〈[産]滋賀県甲賀郡土山町鮎河 長さ(左右)2cm〉

ドシニア ⇒カガミガイを見よ

ドシニア ⇒ヒナガイを見よ

ドシニア・アケタビュルム *Dosinia acetabulum*
第三紀の軟体動物斧足類。
¶**原色化**(PL.78-2/モ写)〈[産]北アメリカのワシントン 高さ6.6cm, 幅6.4cm〉

ドシニア(ファコソマ)・ジャポニカ ⇒カガミガイを見よ

トチノキ *Aesculus turbinata*
新生代第四紀完新世の陸上植物。トチノキ科。
¶**学古生**(図2584/モ図)〈[産]東京都中野区江古田 種子〉

トッリドノフュクス
原生代〜現代の微生物。緑藻綱。幅20μm。[分]スコットランド
¶**進化大**(p59/カ写)

トディーテス
三畳紀後期〜ジュラ紀の植物シダ類。複葉の長さ1m。[分]ヨーロッパ, 中央アジア, 中国
¶**進化大**(p228/カ写)

ドードー ⇒ラフス・ククラトゥスを見よ

トナカイ *Rangifer*
第四紀の哺乳類鯨偶蹄類。シカ科。植物食。
¶**化百科**(p246/カ写)〈長さ25cm 枝角〉

ドノヴァニトイティス・シェフェリ *Donovaniteuthis shoepfeli*
ジュラ紀後期の無脊椎動物軟体動物イカ類。
¶**ゾル1**(図179/カ写)〈[産]ドイツのヴィンタースホーフ 63cm〉

トバザクラ *Cadella lubrica*
新生代第四紀の貝類。ニッコウガイ科。
¶**学古生**(図1676/モ写)〈[産]千葉県市原市瀬又〉

鳥羽竜 Titanosauroidea
白亜紀前期オーテリビアン期(約1億3000万年前)の恐竜類竜脚類。竜脚下目ティタノサウルス科。植物食。体長16〜18m。[分]三重県鳥羽市安楽島町砥浜海岸
¶**日恐竜**(p52/カ写, カ復)〈長径128cm 右大腿骨〉

鳥羽竜
白亜紀バランギニアン期？の恐竜類竜脚類ティタノサウルス上科。全長16〜18m。
¶日白亜（p62〜65/カ写, カ復）〈㊟三重県鳥羽市 右大腿骨, 左大腿骨近位部〉

トビイロケアリの類 *Lasius* sp.
新生代中新世後期の昆虫類。アリ科。
¶学古生（図1809/モ写）〈㊟鳥取県八頭郡佐治村辰巳峠〉

トビエイ *Holorhinus tobijei*
鮮新世〜現世の魚類エイ類。
¶日化譜（図版63-9/モ写）〈歯下面・現生標本〉

トビエイ
新生代第四紀完新世の脊椎動物軟骨魚類。
¶産地別（p172/カ写）〈㊟愛知県知多市古見 幅4cm〉
産地別（p172/カ写）〈㊟愛知県知多市古見 幅4.2cm〉
産地本（p147/カ写）〈㊟愛知県知多市古見 左の長さ7.7cm〉

トビエイ
新生代第三紀鮮新世の脊椎動物軟骨魚類。別名ミリオバチス。
¶産地新（p72/カ写）〈㊟千葉県銚子市長崎町長崎鼻 幅1.4cm〉
産地新（p221/カ写）〈㊟高知県安芸郡安田町唐浜 左右1.4cm 歯〉
産地別（p156/カ写）〈㊟静岡県掛川市下垂木飛鳥 幅4cm 歯〉

トビエイ
新生代第三紀中新世の脊椎動物軟骨魚類。別名ミリオバチス。
¶産地新（p185/カ写）〈㊟京都府綴喜郡宇治田原町奥山田 左右1.9cm〉
産地別（p215/カ写）〈㊟滋賀県甲賀市土山町鮎河 幅1.6cm 咬合面〉
産地本（p126/カ写）〈㊟長野県下伊那郡阿南町大沢川 長さ1.2cm 歯〉
産地本（p134/カ写）〈㊟岐阜県瑞浪市釜戸町荻の島 左右2cm 歯〉

トビエイ
新生代第四紀更新世の脊椎動物軟骨魚類。別名ミリオバチス。
¶産地新（p191/カ写）〈㊟京都府京都市伏見区深草中ノ郷山町 左右3.9cm 歯〉

トビケラ類
ペルム紀後期〜現在の節足動物昆虫類トビケラ類。
¶化百科（p147/カ写）〈㊟中国北部の義県層 本文参照〉

ドビネラの1種 *Dvinella comata*
古生代後期石炭紀前期の藻類。カサノリ科。
¶学古生（図315/モ写）〈㊟山口県美祢郡美東町赤郷 縦断薄片〉

ドビレイセラス・マミラータム ⇒ドウビレイセラス・マミラータムを見よ

ドブガイ *Anodonta woodiana*
新生代第四紀更新世の貝類。イシガイ科。
¶学古生（図1708/モ写）〈㊟滋賀県甲賀郡甲南町深川〉

ドブガイ
新生代第三紀鮮新世の軟体動物斧足類。
¶産地本（p217/カ写）〈㊟滋賀県甲賀郡甲賀町小佐治 長さ（左右）13cm 褐鉄鉱〉

ドペレティア・プレニッポニクス ⇒ニッポンムカシジカを見よ

トマグノストゥス・フィッスス
カンブリア紀中期の無脊椎動物節足動物。最大全長2cm。㊀スウェーデン, デンマーク, イギリス諸島, チェコ, ニューファンドランド, アメリカ合衆国東部, シベリア, オーストラリア
¶進化大〔トマグノストゥス〕（p76/カ写）

トーマスハクスレイア *Thomashuxleya*
始新世前期の哺乳類。南蹄目トクソドン亜目イソテムヌス科。南アメリカの有蹄哺乳類。全長1.3m。㊀アルゼンチン
¶恐絶動（p250/カ復）
古脊椎〔トーマスハックスレア〕（図258/モ復）

トーマスハックスレア ⇒トーマスハクスレイアを見よ

ドマトセラス
古生代ペルム紀の軟体動物頭足類。
¶産地別（p128/カ写）〈㊟岐阜県本巣市根尾初鹿谷 長径9.5cm〉

ドマトセラス属の未定種 *Domatoceras* sp.
古生代ペルム紀の軟体動物頭足類オウムガイ類。
¶化石フ（p50/カ写）〈㊟岐阜県本巣郡根尾村 60mm〉

ドマトセラスの研磨面
古生代ペルム紀の軟体動物頭足類。
¶産地別（p128/カ写）〈㊟岐阜県本巣市根尾初鹿谷 長径9cm〉

トミオプシス・サブラディアータス *Tomiopsis subradiatus*
二畳紀の腕足動物有関節類。
¶原色化（PL.32-2/カ写）〈㊟オーストラリアのニュー・サウス・ウェイルズのファーリイ 幅4.9cm 内型〉

トミクサヘイケガニ *Tymolus* sp.
中新世中期の十脚類。
¶日化譜（図版59-15/モ写）〈㊟長野県下伊那郡富草村門原〉

トミストマ *Tomistoma machikanense*
第四紀の爬虫類。竜型超綱鰐綱鰐目。別名マチカネワニ。全長8m。㊀大阪府豊中市待兼山
¶古脊椎（図129/モ復）

トムイコゴメ *Marginella tomuiensis*
鮮新世後期の軟体動物腹足類。
¶日化譜（図版34-6/モ写）〈㊟沖縄本島〉

トムイコトツブ *Micantapex*（？）*tomuiensis*
鮮新世後期の軟体動物腹足類。
¶日化譜（図版34-20/モ写）〈㊟沖縄本島〉

トメトセラス
中生代ジュラ紀の軟体動物頭足類。
¶産地本（p65/カ写）〈㊟宮城県本吉郡志津川町権現浜 径4cm〉

トメトセラスの1種 *Tmetoceras recticostatum*
中生代ジュラ紀前期～中期のアンモナイト。ヒルドセラス科。
¶**学古生**（図439/モ写）〈[産]宮城県本吉郡志津川町細浦海岸〉

トヤマイモ *Conus*（*Asprella*）*toyamaensis*
中新世中期の軟体動物腹足類。
¶**日化譜**（図版34-26/モ写）〈[産]富山県八尾〉

トヤマウズラガイ *Echinophoria etchuensis*
新生代第三紀中新世の軟体動物腹足類。ヤツシロガイ科。
¶**学古生**（図1228/モ写）〈[産]石川県珠洲市鰐崎〉
化石フ（p180/カ写）〈[産]富山県婦負郡八尾町 高さ40mm〉

トヤマキサガイ *Cardilia toyamaensis*
新生代第三紀・初期中新世の貝類。キサガイ科。
¶**学古生**（図1183/モ写）〈[産]石川県珠洲市高波〉
学古生（図1305/モ写）〈[産]秋田県男鹿市西黒沢〉

トヤマツノオリイレ *Trophon toyamai*
中新世の軟体動物腹足類。
¶**日化譜**（図版31-15/モ写）〈[産]秋田県山本郡〉

トヤマヌノメアカガイ *Cucullaea toyamaensis*
新生代第三紀・中期中新世初期の貝類。ヌノメアカガイ科。
¶**学古生**（図1306/モ写）〈[産]石川県金沢市東市瀬〉

トヨシマアサヒガニ *Ranina*（*Lophoranina*）*toyosimai*
始新世の十脚類。
¶**日化譜**（図版59-10/モ写）〈[産]小笠原母島沖村西浦〉

トヨタマフィメイア・マチカネンシス ⇒マチカネワニを見よ

トヨマソデガイ *Saccella confusa toyomaensis*
新生代第三紀中新世後期の貝類。ロウバイ科。
¶**学古生**（図1333/モ写）〈[産]島根県出雲市来原〉

トラ *Panthera tigris*
新生代更新世後期の哺乳類食肉類。ネコ科。
¶**学古生**（図1971～1975/モ写）〈[産]青森県下北郡東通村日鉄尻屋鉱山, 静岡県浜北市根堅住友セメント根堅鉱山, 山口県美弥市伊佐町宇部興産伊佐鉱山 右上犬歯歯冠, 右上第3・第4前臼歯, 左上第2乳臼歯舌側, 右下第2乳臼歯頬側, 下顎骨〉
学古生（図2018～2020/モ写）〈[産]静岡県引佐郡引佐町谷下河合石灰採石場 右上腕骨後面, 尺骨の外側面〉
日化譜（図版66-22/モ写）〈[産]栃木県栃木市門ノ沢, 静岡県浜名郡浜北町岩水寺 左上犬歯内面〉

トラキア
中生代白亜紀の軟体動物斧足類。
¶**産地別**（p140/カ写）〈[産]岐阜県高山市荘川町松山谷 長さ4cm〉

トラキスピラの1種 *Trachyspira magna*
古生代後期二畳紀中期の貝類。アマガイモドキ科。
¶**学古生**（図205/モ写）〈[産]岐阜県大垣市赤坂町金生山〉

トラキテウチス *Trachyteuthis* sp.
後期ジュラ紀の無脊椎動物イカ類。コウモリダコ目トラキテウチス科。体長25cm。[分]ヨーロッパ
¶**化写真**（p164/カ写）〈[産]ドイツ〉

トラキテウチス・ハスチフォルメ *Trachyteuthis hastiforme*
ジュラ紀後期の無脊椎動物軟体動物ツツイカ類。
¶**図解化**（p162-中央/カ写）〈[産]ドイツのゾルンホーフェン〉

トラキトイティス・ハスティフォルミス *Trachyteuthis hastiformis*
ジュラ紀後期の無脊椎動物軟体動物イカ類。
¶**ゾル1**（図198/カ写）〈[産]ドイツのアイヒシュテット 27cm〉
ゾル1（図199/カ写）〈[産]ドイツのランゲンアルトハイム 32cm〉
ゾル2〔プロブレマティカ〕（図346/カ写）〈[産]ドイツのシュランデル 5cm イカ類のトラキトイティス・ハスティフォルミスの甲の前縁〉

トラキドミア・コニカ *Trachydomia conica*
二畳紀の軟体動物腹足類。
¶**原色化**（PL.34-4/モ写）〈[産]岐阜県不破郡赤坂町金生山 高さ10cm〉
日化譜〔Trachydomia conica〕（図版27-7/モ写）〈[産]岐阜県赤坂〉

トラキドミア・コニカ
古生代ペルム紀の軟体動物腹足類。
¶**産地新**（p103/カ写）〈[産]岐阜県大垣市赤坂町金生山 高さ5.5cm〉

トラキドミア・ノドーサ
古生代ペルム紀の軟体動物腹足類。
¶**産地新**（p103/カ写）〈[産]岐阜県大垣市赤坂町金生山 高さ2.1cm, 高さ1.8cm〉

トラキドミア・フェルガニカ *Trachydomia ferganica*
古生代ペルム紀の軟体動物腹足類。
¶**化石フ**（p38/カ写）〈[産]岐阜県大垣市赤坂町 15mm〉

トラキナイス・アスペラ *Trachyneis aspera*
新生代第三紀～完新世の珪藻類。羽状目。
¶**学古生**（図2126/モ写）〈[産]東京湾底〉

トラキフィリア *Trachyphyllia chipolana*
中新世～現世の無脊椎動物サンゴ類。イシサンゴ目ファビア科。夾の直径4cm。[分]世界中
¶**化写真**（p55/カ写）〈[産]アメリカ〉

トラキレベリス・スカブロクネアータ *Trachyleberis scabrocuneata*
新生代現世の甲殻類（貝形類）。トラキレベリス科トラキレベリス亜科。
¶**学古生**（図1873/モ写）〈[産]島根県中ノ海 左殻♀, 右殻♂〉

トラキレベリスの1種 *Trachyleberis* sp.
新生代更新世の甲殻類（貝形類）。トラキレベリス科トラキレベリス亜科。
¶**学古生**（図1874/モ写）〈[産]千葉県成田層 左殻〉

トラゴケラス *Tragoceras amaltheus*
中新世後期の哺乳類。哺乳綱獣亜綱正獣上目偶蹄目ウシ科。体長1.7m。[分]ヨーロッパ, 極東

¶古脊椎（図336/モ復）

トラコドン　*Trachodon mirabilis*
白亜紀後期の恐竜類。竜型超綱鳥盤綱鳥脚目。別名鴨嘴竜，かも竜。全長8m。[分]北米モンタナ州
¶古脊椎（図165/モ復）

ドラコニクス　*Draconyx*
ジュラ紀ティトニアンの恐竜類鳥脚類イグアノドン類。体長7m。[分]ポルトガル
¶恐イラ（p143/カ復）

トラゴフィロセラス・ロスコミイ
Tragophylloceras loscombi
ジュラ紀の軟体動物頭足類。
¶原色化（PL.52-1/カ写）〈[産]イギリスのドーシット州チャーマス　長径21cm〉

トラコプテルス　*Thoracopterus niederristi*
三畳紀後期の魚類。顎口超綱硬骨魚綱条鰭亜綱軟質上目ペルライダス目。全長10cm。[分]オーストリア
¶古脊椎（図32/モ復）

ドラコレックス　*Dracorex*
中生代白亜紀の恐竜類鳥盤類周飾頭類堅頭竜類。
¶生ミス8〔同一種？〕（図9-10/カ復）〈頭部復元図〉

ドラステル属の未定種　*Doraster* sp.
新生代第三紀中新世の棘皮動物ヒトデ類。
¶化石フ〔ドラステル属の未定種とゴニアステル科の未定種〕（p200/カ写）〈[産]愛知県知多郡南知多町　120mm〉

トラチテウティス　*Trachyteuthis*
ジュラ紀のアンモナイト。
¶アン最（p33/カ写）〈[産]ドイツのホルツマーデン　顎，墨袋，胃の内容物，足の鉤まで保存された化石〉

トラパ・ディスコイドポーダ　*Trapa discoidpoda*
第四紀更新世の被子植物双子葉類。別名マルシリエビシ。
¶原色化（PL.91-3/モ写）〈[産]大阪府枚方市長尾　高さ3cm　果実〉

トラパ・ナタンス
新第三紀～現代の被子植物。別名ヒシ，オニビシ。果実の幅最大4cm。[分]ヨーロッパ，アジア，アフリカ
¶進化大〔トラパ〕（p422/カ写）

トラパ・マクロポーダ　⇒シリブトビシを見よ

トラペジウム　⇒フナガタガイを見よ

ドリアグノスタスの一種　*Doryagnostus* sp.
カンブリア紀中期の三葉虫。アグノスタス目。
¶三葉虫（図145/モ写）〈[産]オーストラリアのクイーンスランド　長さ5.6mm〉

ドリアスピス　*Doryaspis*
古生代デボン紀の“無顎類”翼甲類異甲類。異甲目プテラスピス科。別名リクタスピス。全長20cm。[分]ノルウェー
¶恐絶動（p22/カ復）
生ミス3（図3-10/カ復）

トリアースルス スピノーサス　*Triarthrus spinosus*
オルドビス紀の三葉虫。レドリキア目。
¶三葉虫（図28/モ写）〈[産]カナダのケベック州　長さ25mm〉

トリアースルスの一種　*Triarthrus* cf. *T. tetragonalis*
オルドビス紀の三葉虫。レドリキア目。
¶三葉虫（図29/モ写）〈[産]ボリビア　長さ23mm〉

トリアソケリス　*Triassochelys dux*
三畳紀後期の爬虫類。爬型超綱亀綱亀目真正亀亜目。甲長48cm。[分]北ドイツ
¶古脊椎（図83/モ復）

トリアソブラッタ（？）・テヌイクビティの近似種　*Triassoblatta*（？）cf. *tenuicubiti*
中生代三畳紀の節足動物昆虫類。
¶化石フ（p130/カ写）〈[産]山口県美祢市　9mm〉

トリアドバトラクス　*Triadobatrachus*
中生代三畳紀の両生類平滑両生類無尾類。無尾目。全長11cm。[分]マダガスカル
¶恐絶動（p55/カ復）
生ミス5（図3-1/カ写，カ復）〈マダガスカル〉
生ミス6（図3-12/カ復）
生ミス10（図2-1-5/カ復）

トリアドバトラクス・マッシノティ
Triadobatrachus massinoti
中生代三畳紀の両生類無尾類。両生超綱蛙綱原蛙目。全長11cm。[分]マダガスカル
¶古脊椎〔トリアドバトラクス〕（図74/モ復）
リア中〔トリアドバトラクス〕（p10/カ復）

トリアルツルス　⇒トリアルトゥルス・イートニを見よ

トリアルトゥルス・イートニ　*Triarthrus eatoni*
古生代オルドビス紀の節足動物三葉虫類。プティコパリア目オレニス科。体長3cm。[分]世界中
¶化写真〔トリアルツルス〕（p57/カ写）〈[産]アメリカ〉
生ミス2〔トリアルトゥルス〕（図1-2-18/カ写）〈[産]アメリカのニューヨーク州のビーチャーの三葉虫床　9mm〉
生ミス2〔トリアルトゥルス〕（図1-2-19/カ写）〈[産]アメリカのニューヨーク州のビーチャーの三葉虫床　腹側〉

ドリアンテス・ムンステリ　*Doryanthes munsteri*
ジュラ紀後期の無脊椎動物軟体動物イカ類。
¶ゾル1（図180/カ写）〈[産]ドイツのアイヒシュテット　27cm　触腕と甲と生痕を伴う〉

ドリオサウルス　*Dryosaurus*
ジュラ紀後期の恐竜類鳥脚類。鳥脚亜目ドリオサウルス科。林地に生息。体長2.5～4.3m。[分]アメリカ合衆国，タンザニア
¶恐絶動（p138/カ復）
恐竜世〔ドゥリオサウルス〕（p129/カ復）
恐竜博（p87/カ写，カ復）〈大腿骨〉
よみ恐（p114～115/カ復）

ドリオサウルス
ジュラ紀後期の脊椎動物鳥盤類。体長3m。[分]アメリカ合衆国
¶進化大（p278～279/カ復）

ドリオダス・プロブレマティクス *Doliodus problematicus*
古生代デボン紀前期の軟骨魚類サメ類。
¶生ミス3〔ドリオダス〕(図3-23/カ写)〈約23cm 背側〉

トリオニクス *Trionyx foveatus*
白亜紀～現世の脊椎動物無弓類。カメ目スッポン科。体長90cm。㊇アジア, アフリカ, 北アメリカ, ヨーロッパ
¶化写真(p228/カ写)〈㊫カナダ〉

ドリオピテクス *Dryopithecus*
中新世前期～後期の哺乳類霊長類類人猿。直鼻猿亜目 "ヒト上科" ドリオピテクス科。身長60cm。㊇フランス, ギリシア, コーカサス, ケニア
¶恐絶動(p291/カ復)
恐竜世〔ドゥリオピテクス〕(p277/カ復)
絶哺乳(p81/カ復)

ドリオピテクス
新第三紀中新世後期の脊椎動物有胎盤類の哺乳類。体長60cm。㊇アフリカ, ヨーロッパ, アジア
¶進化大(p413/カ復)

トリガイ *Fulvia mutica*
新生代第四紀更新世の貝類。ザルガイ科。
¶学古生(図1665/モ写)〈㊫東京都新宿区角筈〉

トリガイ
新生代第四紀更新世の軟体動物斧足類。ザルガイ科。
¶産地新(p140/カ写)〈㊫石川県珠洲市平床 長さ3.7cm〉
産地別(p96/カ写)〈㊫千葉県印西市萩原 長さ6.4cm〉
産地本(p100/カ写)〈㊫千葉県印旛郡印旛村吉高 長さ(左右)6cm〉

トリガイ
新生代第三紀鮮新世の軟体動物斧足類。ザルガイ科。
¶産地新(p204/カ写)〈㊫高知県安芸郡安田町唐浜 長さ3cm〉

トリガイ?
新生代第三紀中新世の軟体動物斧足類。
¶産地別(p64/カ写)〈㊫北海道奥尻郡奥尻町宮津 長さ4cm〉

ドリグナトゥス *Dorygnathus*
中生代ジュラ紀の爬虫類双弓類主竜類翼竜類。ランフォリンクス上科。翼開長2m。㊇ドイツ, フランス
¶恐イラ(p99/カ復)
生ミス6(図2-12/カ写, カ復)〈㊫ドイツのホルツマーデン〉

ドリクリヌス *Dorycrinus*
古生代石炭紀の棘皮動物ウミユリ類。トゲを含んだ萼の長径10cm。㊇アメリカ
¶生ミス4(図1-1-2/カ写, カ復)〈㊫アメリカのミズーリ州ラルス郡 約7cm 萼〉

トリクレピケファルス *Tricrepicephalus*
古生代カンブリア紀の節足動物三葉虫。
¶生ミス1(p121/カ写)〈㊫アメリカのユタ州 2.7cm〉

トリケラトプス *Triceratops*
中生代白亜紀の恐竜類鳥盤類周飾頭類角竜類カスモサウルス類。鳥盤目周飾頭亜目ケラトプス科カスモサウルス亜科。林地に生息。全長8m。㊇アメリカ, カナダ
¶化百科(p226/カ写)〈歯の長さ3.5cm 頬歯〉
恐イラ(p240/カ復)
恐絶動(p166/カ復)
恐太古(p84～85/カ写)
恐竜世〔トゥリケラトプス〕(p126～127/カ写, カ復)
恐竜博(p130～131/カ写, カ復)〈骨格復原, 頭骨〉
古代生(p178～179/カ写, カ復)〈全身骨格の複製標本〉
生ミス5(図6-11/カ復)
生ミス8(図9-1/カ写, カ復)〈5.9m〉
生ミス8〔最小のトリケラトプス〕(図9-3/カ写, モ図)〈フリルの一部, 眼窩の上のツノ周辺〉
生ミス8〔トリケラトプスの成長〕(図9-4/カ写)〈成長の各段階とされる頭骨, 成長にともなうフリルの縁の変化〉
生ミス8〔モンタナ州で発見されたトリケラトプスのボーン・ベッド(の一部)〕(図9-5/カ写)〈㊫アメリカのモンタナ州南東部 幼体の集団〉
よみ恐(p206～207/カ復)

トリケラトプス
白亜紀後期の脊椎動物鳥盤類。体長7m。㊇北アメリカ
¶進化大(p348～349/カ写)

トリケラトプス・プロルスス *Triceratops prorsus*
中生代白亜紀の恐竜類鳥盤類周飾頭類角竜類。別名さんき竜。全長8m。㊇アメリカ, カナダ
¶化写真〔トリケラトプス〕(p253/カ写)〈㊫アメリカ 頭骨〉
古脊椎〔トリケラトプス〕(図178/モ復)
生ミス8〔トリケラトプス属の変化〕(図9-2/カ写)
地球博〔トリケラトプスの頭蓋骨〕(p85/カ写)
リア中〔トリケラトプス〕(p246/カ復)

トリケラトプス・ホリダス *Triceratops horridus*
中生代白亜紀の恐竜類鳥盤類周飾頭類角竜類。全長8m。㊇アメリカ, カナダ
¶生ミス8〔トリケラトプス属の変化〕(図9-2/カ写)

トリケロメリックス *Triceromeryx*
新生代新第三紀中新世の哺乳類真獣類鯨偶蹄類反芻類。㊇スペイン
¶生ミス10(図2-2-7/カ復)

トリゴニア
中生代白亜紀の軟体動物斧足類。
¶産地新(p112/カ写)〈㊫長野県南佐久郡佐久町石堂 母岩の左右約12cm〉

トリゴニア・インターラエヴィガタ *Trigonia interlaevigata*
ジュラ紀中期の無脊椎動物軟体動物。
¶図解化(p119-5/カ写)〈㊫ドイツ〉

トリゴニア・コスタータ *Trigonia costata*
中生代ジュラ紀の無脊椎動物軟体動物二枚貝類。トリゴニア目トリゴニア科。別名三角貝。
¶化石図(p97/カ写, カ復)〈㊫ドイツ 横幅約6cm〉
図解化〔トリゴニア・コスタタ〕(p119-2/カ写)〈㊫ドイツ〉

トリゴニアス *Trigonias*
漸新世前期の哺乳類サイ類。サイ亜目サイ科。全長2.5m。[分]合衆国のモンタナ，フランス
¶**恐絶動**（p262/カ復）

トリゴニア・スミヤグラ *Trigonia sumiyagura*
中生代ジュラ紀中期の貝類斧足類。サンカクガイ科。
¶**学古生**（図681/モ写）〈[産]宮城県本吉郡志津川町 右殻外面〉
原色化（PL.43-3/モ写）〈[産]宮城県本吉郡唐桑町 高さ3.2cm 外型印象〉
日化譜〔Trigonia sumiyagura〕（図版42-11/モ写）〈[産]宮城県志津川町荒戸崎〉

トリゴニア・ナヴィス *Trigonia navis*
ジュラ紀中期の無脊椎動物軟体動物。
¶**図解化**（p119-3/カ写）〈[産]ドイツ〉

トリゴニア・メリアニイ *Trigonia meriani*
ジュラ紀の軟体動物斧足類。
¶**原色化**（PL.44-6/カ写）〈[産]イギリスのヨーク州ピカリング 高さ8cm〉

トリゴニア・レティキュラータ *Trigonia reticulata*
ジュラ紀の軟体動物斧足類。
¶**原色化**（PL.43-2/モ写）〈[産]フランスのカルバドス 長さ3.4cm〉

トリゴニオイデス・ゴダイライ *Trigonioides (Trigonioides) kodairai*
中生代白亜紀前期の貝類。トリゴニオイデス科。
¶**学古生**（図661/モ写）〈[産]韓国慶尚南道河東郡金南面水門洞 右殻外面〉

トリゴヌクラ・サカワーナ *Trigonucula sakawana*
中生代三畳紀後期の貝類。クルミガイ科。
¶**学古生**（図632/モ写）〈[産]高知県高岡郡佐川町 左殻〉
日化譜〔Trigonucula sakawana〕（図版35-21/モ写）〈[産]高知県佐川町梅ノ木谷〉

トリゴノカルプス *Trigonocarpus adamsi*
後期石炭紀の植物ソテツシダ類。メデュローサ目メデュローサ科。高さ5m。[分]世界中
¶**化写真**（p298/カ写）〈[産]アメリカ 種子〉
地球博〔シダ種子植物の種子〕（p76/カ写）

トリゴノスティロプス *Trigonostylops*
暁新世後期〜始新世前期の哺乳類。輝獣目トリゴノスティロプス科。南アメリカの有蹄哺乳類。推定1.5m。[分]アルゼンチン
¶**恐絶動**（p247/カ復）

トリコノデラ・トリコノデロイデス *Trichonodella trichonodelloides*
古生代シルル紀のコノドント類（錐歯類）。
¶**学古生**（図264/モ図）〈[産]高知県高岡郡越知町横倉山〉

トリコノドン *Triconodon*
中生代ジュラ紀の哺乳類。トリコノドン科。林地に生息。体長50cm。
¶**恐竜博**（p89/カ写）〈顎骨〉

ドリコフォヌス・ロウドネンシス *Dolichophonus loudonensis*
古生代シルル紀の節足動物鋏角類サソリ類。全長8cm。[分]イギリス
¶**生ミス2**〔ドリコフォヌス〕（図2-2-1/カ復）

「ドリコプス」・テナー *"Dolichopus" tener*
ジュラ紀後期の無脊椎動物甲殻類。甲殻類の幼生。
¶**ゾル1**（図325/カ写）〈[産]ドイツのヴィンタースホーフ 8cm〉

ドリコリヌス *Dolichorhinus*
始新世後期の哺乳類ブロントテリウム類。奇蹄目ブロントテリウム科。肩高1.2m。[分]北アメリカ
¶**恐絶動**（p258/カ復）

ドリコリンコプス *Dolichorhynchops*
白亜紀カンパニアンの首長竜類。プリオサウルス上科プリオサウルス科。体長5m。[分]アメリカ合衆国のカンザス州
¶**恐イラ**（p179/カ復）

トリサレニア *Trisalenia loveni*
後期白亜紀の無脊椎動物ウニ類。カリキナ目リュウグウガゼ科。直径2cm。[分]スウェーデン
¶**化写真**（p178/カ写）〈[産]スウェーデン〉

トリジジア・オブロンギフォリア *Trizygia oblongifolia*
古生代ペルム紀のシダ植物トクサ類。シダ植物有節綱楔葉目楔葉科。
¶**学古生**〔トリジジアの1種〕（図325/モ写）〈[産]宮城県登米郡東和町米谷古館〉
化石フ（p23/カ写）〈[産]宮城県登米郡東和町 12mm〉

トリシテス *Tricites* sp.
石炭紀後期ペンシルヴァニア亜紀の無脊椎動物原生動物紡錘虫。
¶**図解化**（p56-上/カ写）〈[産]カンザス州〉

トリスティキウス *Tristychius*
石炭紀前期の魚類軟骨魚類。板鰓亜綱。全長60cm。[分]英国のスコットランド
¶**恐絶動**（p27/カ復）

トリソプス *Thrissops*
ジュラ紀後期〜白亜紀後期の魚類。真骨目（下綱）。現生の条鰭類。全長60cm。[分]英国のイングランド，フランス，ドイツ
¶**恐絶動**（p38/カ復）

トリソプス・スブオヴァトゥス *Thrissops subovatus*
ジュラ紀後期の脊椎動物真骨魚類。
¶**ゾル2**（図189/カ写）〈[産]ドイツのアイヒシュテット 43cm〉
ゾル2（図190/カ写）〈[産]ドイツのアイヒシュテット 42cm 部分的に皮膚が保存されている〉

トリソプス・フォルモスス *Thrissops formosus*
ジュラ紀後期の脊椎動物真骨魚類。
¶**ゾル2**（図187/カ写）〈[産]ドイツのアイヒシュテット 34cm〉
ゾル2（図188/カ写）〈[産]ドイツのダイティング 27cm 腹側骨格〉
ゾル2（図202/カ写）〈[産]ドイツのアイヒシュテット郡 35cm 本来の色彩痕跡〉
ゾル2（図203/カ復）

トリティキスポンギア・ディアゴナタ
Triticispongia diagonata 種斜針麦粒海綿
カンブリア紀の海綿動物。海綿動物門。澄江生物群。
¶**澄江生**(図8.1/カ写)〈㊆中国の小濫田 高さおよそ6〜10mm〉

トリティサイテス・ベントリコーサス *Triticites ventricosus*
石炭紀の原生動物紡錘虫類。
¶**原色化**(PL.25-1/カ写)〈㊆北アメリカのテキサス州コールマン 長さ6〜7mm〉

トリティロドン *Tritylodon* sp.
ジュラ紀前期の単弓類。獣弓目キノドン亜目トリティロドン上科トリティロドン科。頭胴長約30cm。㊕南アフリカ
¶**絶哺乳**(p27,28/カ写, カ復)〈㊆中国の雲南省 ユンナニアの頭骨〉

トリティロドン類 Tritylodontidae
白亜紀前期(約1億3000万年前)の単弓類獣弓類。獣弓目トリティロドン科。植物食。体長40〜50cm?㊕石川県白山市桑島
¶**日恐竜**(p128/カ写, カ復)〈上顎臼歯, 切歯〉

トリテシテス属の1種 *Triticites simplex*
古生代後期二畳紀前期の紡錘虫類。シュワゲリナ科。
¶**学古生**(図69/モ写)〈㊆山口県美祢郡秋芳町秋吉 正縦断面, 正横断面〉

トリテムノドン *Tritemnodon agilis*
始新世の哺乳類。哺乳綱獣亜綱正獣上目食肉目。全長90cm。㊕北米ワイオミング州
¶**古脊椎**(図242/モ復)

ドリデルマ *Doryderma*
石炭紀〜白亜紀後期の海綿動物普通海綿類イシカイメン類メガモリナ類ドリデルマ類。
¶**化百科**(p110/カ写)〈高さ7cm〉

トリナクソドン *Thrinaxodon*
中生代三畳紀の単弓類キノドン類。獣弓目キノドン亜目トリナクソドン科。林地に生息。体長50cm。㊕南アフリカ共和国, 南極大陸
¶**恐古生**〔トゥリナクソドン〕(p202〜203/カ復)
恐絶動(p191/カ復)
恐竜博(p50/カ復)
古代生〔トゥリナクソドン〕(p138/カ復)
絶哺乳(p27,28/カ写, カ復, モ図)〈㊆南アフリカ共和国 左右長18cm 部分骨格, 復元骨格図〉

トリナクロメルム *Trinacromerum*
中生代白亜紀の爬虫類双弓類鰭竜類クビナガリュウ類ポリコティルス類。
¶**生ミス8**(図8-16/カ写)〈㊆アメリカのカンザス州南部 4.2m 全身骨格標本〉

トリニナ・テルサの右の内形雌型 *Torinina tersa*
中生代の貝形虫類。熱河生物群。
¶**熱河生**(図49/モ写)〈㊆中国の河北省灤平の井上 外側側面〉

トリヌクレウス アクティフィナリス *Trinucleus acutifinalis*
オルドビス紀中期の三葉虫。プティコパリア目。
¶**三葉虫**(図132/モ写)〈㊆イギリスのシュロップシャー 長さ13mm〉

鳥の足跡
中新世の鳥類。
¶**図解化**(p28-下/カ写)〈㊆スペイン〉

鳥の足跡化石
中生代白亜紀の鳥類。
¶**化石フ**(p142/カ写)〈㊆福井県大野郡和泉村 ブロック横800mm・縦400mm〉

鳥の羽毛
新生代第三紀中新世の鳥類。
¶**化石フ**(p238/カ写)〈㊆長野県南安曇郡豊科町 30mm〉

鳥の羽毛
鳥類。堆積物中の化石。
¶**図解化**(p18-4/カ写)

鳥の羽毛の化石
白亜紀サントニアン期の鳥類。
¶**日白亜**〔琥珀の中に残された鳥の羽毛の化石〕(p117/カ写)〈㊆岩手県久慈市〉

ドリプトスコレックス・マチエサエ *Dryptoscolex matthiesae*
石炭紀の環形動物多毛類。
¶**図解化**(p89-5/カ写)〈㊆イリノイ州メゾン・クリーク〉

トリプネウステス・パーキンソニを含む岩礁
Tripneustes parkinsoni
中新世の無脊椎動物棘皮動物ウニ類。
¶**図解化**(p174-右/カ写)〈㊆フランス〉

トリブラキディウム *Tribrachidium*
先カンブリア時代エディアカラ紀の分類不明生物。エディアカラ生物群。直径5cm。㊕オーストラリア, ロシア
¶**古代生**(p39/カ写)
生ミス1(図2-3/カ写, カ復)〈㊆オーストラリア〉

トリブラキディウム
約6億3500万〜約5億4100万年前の分類不明生物。エディアカラ動物群。
¶**古代生**〔エディアカラ動物群のイメージ〕(p30〜31/カ復)
古代生〔エディアカラ紀の浅い海底のイメージ〕(p38/カ復)

トリブラキディウム・ヘラルディクム
Tribrachidium heraldicum
エディアカラ紀の分類不明生物。全長5cm。㊕オーストラリア, ロシア
¶**リア古**〔トリブラキディウム〕(p14/カ復)

トリプラグノツス・バージェセンシス
Triplagnostus burgessensis
カンブリア紀の無脊椎動物節足動物。
¶**図解化**(p97-中央/カ写)〈㊆ブリティッシュ・コロンビア州バージェス頁岩〉

トリプラグノツス・バージェセンシス ⇒プティヒアグノストゥスを見よ

トリプラズマ・ジャポニカ *Tryplasma japonica*
古生代中期の四放サンゴ類。トリプラズマ科。
¶**学古生**(図28/モ写)〈㊥岩手県大船渡市樋口沢 横断面〉

トリプラズマ・ヒグチザワエンシス *Tryplasma higuchizawaensis*
古生代中期の四放サンゴ類。トリプラズマ科。
¶**学古生**(図29/モ写)〈㊥岩手県大船渡市樋口沢 斜断面〉

トリペレピス *Tolypelepis*
古生代シルル紀の"無顎類"翼甲類異甲類。全長10cm。㊀エストニア, ロシア, カナダ
¶**生ミス2**(図2-5-1/カ復)

トリボスフェノミス *Tribosphenomys minutus*
暁新世後期の哺乳類ネズミ類。齧歯目アラゴミス科。大きさはハツカネズミ大, 下顎頬歯列(p4-m3)長約3.6mm。㊀中国北部(内モンゴル)
¶**絶哺乳**(p124/カ復)

トリメロケファルス *Trimerocephalus laevis*
デボン紀の無脊椎動物三葉虫類。ファコプス目ファコプス科。体長3cm。㊀ヨーロッパ
¶**化写真**(p63/カ写)〈㊥イギリス〉

トリロポサウルス *Trilophosaurus buettneri*
三畳紀初期の爬虫類。爬型超綱鰭竜綱原竜目。全長2.4m。㊀北米テキサス州
¶**古脊椎**(図97/モ復)

トリロホドン *Trilophodon angustidens*
中期中新世～前期鮮新世の哺乳類。哺乳綱獣亜綱正獣上目長鼻目。別名三稜象。体長4.4m。㊀ヨーロッパ
¶**古脊椎**(図277/モ復)

ドリンカー *Drinker*
ジュラ紀キンメリッジアン～ティトニアンの恐竜類鳥脚類。体長2m。㊀アメリカ合衆国のワイオミング州
¶**恐イラ**(p143/カ復)

トルウォサウルス ⇒トルボサウルスを見よ

トルクアティスフィンクテス属の種 *Torquatisphinctes* sp.
ジュラ紀後期の無脊椎動物軟体動物アンモナイト類。
¶**ゾル1**(図165/カ写)〈㊥ドイツのアイヒシュテット 12cm〉

トルクイリュンキア *Torquirhynchia*
ジュラ紀後期の腕足動物リンコネラ類。
¶**化百科**(p126/カ写)〈幅3cm〉

トルクワトスフィンクテス・ベトシボケンシス *Torquatosphinctes betsibokensis*
キンメリッジ期のアンモナイト。
¶**アン最**(p110/カ写)〈㊥マダガスカル〉

ドルドン *Dorudon*
新生代古第三紀始新世の哺乳類真獣類鯨偶蹄類ムカシクジラ類。全長5.5m。㊀アメリカ, エジプト, ニュージーランドほか
¶**生ミス9**(図1-7-7/カ写, カ復)〈全身復元骨格〉

トルノセラスの一種 *Tornoceras* sp.
デボン紀のアンモナイト。
¶**アン最**(p66/カ写)〈㊥オハイオ州〉

トルノセラス・プリモーディアリス *Tornoceras primordialis*
デボン紀の軟体動物頭足類。
¶**原色化**(PL.22-5/モ写)〈㊥ドイツのアイフェル 高さ1.2cm〉

トルボサウルス *Torvosaurus*
中生代ジュラ紀の恐竜類竜盤類獣脚類。全長9m。㊀アメリカ, 中国, ポルトガル
¶**恐イラ**〔トルウォサウルス〕(p131/カ復)
生ミス6(図6-2/カ復)

ドレパナスピス *Drepanaspis*
古生代デボン紀の魚類"無顎類"翼甲類。異甲目。全長45cm。㊀ドイツ
¶**恐絶動**(p22/カ復)
恐竜世〔ドゥレパナスピス〕(p66/カ復)
生ミス3(図1-12/カ写, カ復)〈㊥ドイツのフンスリュックスレート 35cm〉
地球博〔翼甲類〕(p82/カ写)

ドレパナスピス・ゲムエンデナスピス
デヴォン紀前期の脊椎動物無顎類。体長35cm。㊀ヨーロッパ
¶**進化大**〔ドレパナスピス〕(p130/カ写, カ復)〈㊥ドイツ〉

ドレパナスピス・ゲムエンデネンシス *Drepanaspis gemuendenensis*
古生代デボン紀の脊椎動無顎類翼甲類異甲類。全長70cm。㊀ドイツ
¶**リア古**〔ドレパナスピス〕(p134/カ復)

ドレパナスピス・ゲムエンデンシス *Drepanaspis gemuendensis*
デヴォン紀前期の脊椎動物魚類。無顎綱異甲目。体長16cm。㊀ドイツのライン地方
¶**古脊椎**〔ドレパナスピス〕(図5/モ復)
図解化(p187/カ写)〈㊥ドイツのブンデンバッハ〉

ドレパヌラ・プレムスニリイ *Drepanura premesnili*
カンブリア紀の節足動物三葉虫類。
¶**原色化**〔ドレパヌラ・プレムスニリイおよびブラックウェルデリア・シネンシス〕(PL.5-4/カ写)〈㊥中国東北部(南満州)長興島 母岩の長辺21.5cm〉

ドレパノサウルス *Drepanosaurus*
中生代三畳紀の爬虫類。全長40cm。㊀イタリア, アメリカ
¶**生ミス5**(図4-11/カ復)

ドレパノサウルス・ウングイカウダツス *Drepanosaurus unguicaudatus*
三畳紀後期の脊索動物爬虫類。
¶**図解化**(p206-3/カ写)〈㊥イタリア〉

ドレパノフィクス *Drepanophycus*
デボン紀前期～石炭紀のヒカゲノカズラ類。ヒカゲノカズラ綱バラグワナティア目。
¶**化百科**(p89/カ写)〈㊥ドイツのラインラント 長さ14cm〉

ドレパノレピス・アングスティオル
白亜紀の植物針葉樹。長さ10cm。㊞北半球
¶**進化大**〔ドレパノレピス〕(p292〜293/カ写)

トレプトケラス *Treptoceras*
古生代オルドビス紀の軟体動物頭足類。
¶**生ミス2**(図1-3-5/カ写)〈㊥アメリカのオハイオ州シンシナティ地域 5cm強〉

トレベロピゲ・プロロツンディフロンス
Treveropyge prorotudifrons
古生代デボン紀の三葉虫類。ファコプス目アカステ科。
¶**化石図**(p59/カ写)〈㊥モロッコ 体長約7cm〉

トレポスピラ・デプレッサ *Trepospira depressa*
ペンシルヴァニア亜紀の無脊椎動物軟体動物。
¶**図解化**(p130〜131-6/カ写)〈㊥テキサス州〉

トレマケブス *Tremacebus*
漸新世後期の哺乳類真猿類新世界ザル。全長1m。㊞アルゼンチン
¶**恐絶動**(p287/カ復)

トレマタスピス *Tremataspis*
古生代シルル紀の"無顎類"頭甲類。骨甲目。全長10cm。㊞エストニア
¶**恐絶動**(p23/カ復)
古代生(p94〜95/カ写, カ復)〈㊥エストニア〉
生ミス2(図2-5-2/カ写, カ復)
生ミス3(図3-4/カ復)

トレマディクティオン属の種 *Tremadictyon* sp.
ジュラ紀後期の無脊椎動物海綿動物。
¶**ゾル1**(図67/カ写)〈㊥ドイツのカフェルベルク 14cm〉
ゾル1(図68/カ写)〈㊥ドイツのアイヒシュテット 7.5cm〉

ドレロレヌス・ラエヴィガタ *Dolerolenus laevigata*
古生代カンブリア紀の節足動物三葉虫。
¶**生ミス1**(p126/カ写)〈㊥中国の雲南省 4cm〉

トロオドン *Troodon*
中生代白亜紀の恐竜類竜盤類獣脚類トロオドン類。竜盤目獣脚亜目トロオドン科。平原に生息。全長2m。㊞アメリカ, カナダ
¶**恐イラ**(p188/カ復)
恐古生(p136〜137/カ写, カ復)〈頭, 骨格〉
恐太古(p168〜169/カ写)〈頭骨〉
恐竜世〔トゥロオドン〕(p204〜205/カ写, カ復)〈卵の内部(模型)〉
恐竜博(p119/カ復)
古代生(p178/カ復)
生ミス8(図9-19/カ復)
世変化〔トロオドンの巣〕(図59/カ写)〈㊥米国のモンタナ州 34cm〉
よみ恐(p184〜185/カ復)

トロオドン
白亜紀後期の脊椎動物獣脚類。体長3m。㊞北アメリカ
¶**進化大**(p330〜331/カ復)

ドロカリス・インゲンス *Dollocaris ingens*
ジュラ紀後期の無脊椎動物節足動物。ティラコケファラ綱。
¶**図解化**(p110/カ写)〈㊥フランスのラ・ヴルト〉

トロゴスス *Trogosus*
始新世前期〜中期の哺乳類。裂歯目エソニクス科。初期の植物食哺乳類。全長1.2m。㊞合衆国のワイオミング
¶**恐絶動**(p235/カ復)
絶哺乳〔トロゴッスス〕(p91/カ復)

トロゴッスス ⇒トロゴススを見よ

トロゴンテリーゾウ ⇒トロゴンテリーマンモスを見よ

トロゴンテリーマンモス *Mammuthus trogontherii*
新生代第四紀更新世の哺乳類真獣類長鼻類ゾウ類。ゾウ亜目ゾウ科。別名トロゴンテリーゾウ。肩高3.6m。㊞ドイツ, イギリス, チェコほか
¶**恐絶動**〔マムースス・トロゴンテリイ〕(p243/カ復)
生ミス10(図3-3-3/カ復)
世変化〔ステップマンモス〕(図96/カ写)〈㊥英国のイルフォード 長さ2.5m 頭骨〉

トロサウルス *Torosaurus*
白亜紀後期の恐竜類角竜類カスモサウルス類。角竜亜目ケラトプス科カスモサウルス亜科。体長7〜8m。㊞カナダ, アメリカ合衆国
¶**恐イラ**(p241/カ復)
恐絶動(p167/カ復)
よみ恐(p208/カ復)

ドロトプス *Drotops* sp.
デボン紀の三葉虫類。ファコプス目ファコプス科。
¶**化石図**(p38/カ写)〈㊥モロッコ 体の長さ約15cm〉
化石図〔ドロトプスの一種〕(p56/カ写, カ復)〈㊥モロッコ 体長約13cm〉

トロピダステル *Tropidaster pectinatus*
前期ジュラ紀の無脊椎動物星形類。叉棘目トロピダステル科。直径2.5cm。㊞イギリス
¶**化写真**(p187/カ写)〈㊥イギリス 若いものと完全に成長したものの下面〉
地球博〔ヒトデ〕(p81/カ写)

トロフォン・サワビー *Trophon sowerbyi*
第三紀の腹足類巻貝。
¶**世変化**〔トロフォン〕(図74/カ写)〈㊥アルゼンチンのサンフリアン港 幅5cm〉

ドロブナ・デフォルミス *Drobna deformis*
ジュラ紀後期の無脊椎動物節足動物甲殻類小型エビ類。
¶**図解化**(p106-5/カ写)〈㊥ゾルンホーフェン〉
ゾル1〔ドゥロブナ・デフォルミス〕(図261/カ写)〈㊥ドイツのアイヒシュテット 9cm〉

トロペウムの一種 *Tropaeum* sp.
白亜紀前期のアンモナイト。
¶**アン最**(p50/カ写)〈㊥ロシアのウリヤノフスク〉
アン最(p185/カ写)〈㊥ロシアのウリヤノフスク〉

トロペウム・ラムプロス *Tropaeum lampros*
アプチアン期のアンモナイト。
¶アン最（p144/カ写）〈㊎クイーンズランド〉

ドロマエオサウルス *Dromaeosaurus*
白亜紀後期の恐竜類獣脚類ドロマエオサウルス類。コエルロサウルス下目ドロマエオサウルス科。森林, 平原に生息。捕食恐竜。体長1.5～2m。㊉カナダ, アメリカ合衆国
¶化百科（p223/カ写）〈カギ爪の長さ5cm カギ爪〉
恐イラ（p200/カ復）
恐絶動（p110/カ復）
恐竜世〔ドゥロマエオサウルス〕（p196/カ写）〈頭骨, 復元骨格〉
恐竜博（p118/カ写）〈頭部〉
よみ恐（p180～181/カ復）

ドロマエオサウルス
白亜紀後期の脊椎動物獣脚類。体長2m。㊉カナダ
¶進化大（p330/カ写）〈骨格, 頭骨〉

ドロマエオサウルス類 Dromaeosauridae
白亜紀前期アプチアン期の恐竜類獣脚類。竜盤目獣脚亜目ドロマエオサウルス科。肉食。体長2.3m。㊉福井県勝山市北谷
¶日恐竜（p28/カ写, カ復）〈全身骨格標本〉

ドロマエオサウルス類
白亜紀バレミアン期？の恐竜類獣脚類。全長2.3mほど。
¶日白亜（p96～97/カ復）〈㊎福井県勝山市〉

ドロミケイオミムス *Dromiceiomimus*
白亜紀カンパニアン～マーストリヒシアンの恐竜類獣脚類テタヌラ類コエルロサウルス類オルニトミモサウルス類オルニトミムス類。コエルロサウルス下目オルニトミムス科。体長3.5m。㊉カナダのアルバータ州
¶恐イラ（p193/カ復）
恐絶動（p107/カ復）

ドロメデス *Dolomedes* sp.
更新世～現世の無脊椎動物鋏角類。クモ目ピサウルス科。体長2.5cm。㊉世界中
¶化写真（p75/カ写）〈㊎ニュージーランド カウリマツの樹脂に閉じ込められた標本〉

トーワプテリア・ニッポニカ *Towapteria nipponica*
古生代ペルム紀の軟体動物斧足類。ウグイスガイ目バケベリア科。
¶学古生〔トワプテリアの1種〕（図212/モ写）〈㊎宮城県登米郡東和町天神ノ木〉
化石フ（p43/カ写）〈㊎宮城県登米郡東和町 10mm〉
日化譜〔Towapteria nipponica〕（図版84-10/モ写）〈㊎宮城県登米郡東和町米谷, 京都府大江町〉

ドングシャノカリス・フォリイフォルミス
Dongshanocaris foliiformis 葉肢東山蝦
カンブリア紀の節足動物。節足動物門。澄江生物群。
¶澄江生（図16.9/カ写）〈㊎中国の帽天山 ほぼ2cm 背側から見たところ.雄型, 雌型〉

トンゴボリセラス？
中生代白亜紀の軟体動物頭足類。
¶産地別（p48/カ写）〈㊎北海道留萌郡小平町上記念別川照江の沢 長径5cm〉

トンゴボリセラス・カワシタイ *Tongoboryceras kawashitai*
コニアシアン期の軟体動物頭足類アンモナイト。アンモナイト亜目パキディスカス科。
¶アン学（図版26-1,2/カ写）〈㊎芦別地域 完模式標本〉

トンボ *Turanophlebia* sp.
ジュラ紀後期の昆虫類。
¶世変化（図47/カ写）〈㊎ドイツのゾルンホーフェン 幅10cm〉

トンボの一種
中生代白亜紀の節足動物昆虫類。
¶生ミス8（図7-14/カ写）〈㊎ブラジルのアラリッペ台地 3.95cm 城西大学水田記念博物館大石化石ギャラリー所蔵〉

トンボ目の未定種 Odonata gen.et sp.indet.
新生代第三紀中新世の節足動物昆虫類。
¶化石フ（p197/カ写）〈㊎群馬県甘楽郡南牧村 40mm〉

【ナ】

ナイジェリセラス・ジャクエティ *Nigericeras jaqueti*
チューロニアン期のアンモナイト。
¶アン最（p126/カ写）〈㊎ナイジェリアのゴンベ〉

ナイティア *Knightia*
新生代の魚類ニシン類硬骨魚類。ニシン目ニシン科。全長25cm。㊉アメリカ合衆国
¶化百科（p203/カ写）〈頭尾長9cm〉
恐竜世〔クニグティア〕（p75/カ写）
生ミス9（図1-3-1/カ写）〈㊎アメリカ中西部のグリーンリバー 個体一つ一つが約13cm〉

ナイティア *Knightia* sp.
脊椎動物魚類。硬骨魚綱。淡水性。
¶図解化（p197-5/カ写）〈㊎アメリカのグリーン・リヴァー〉

ナイティア
古第三紀始新世中期の脊椎動物条鰭類。全長25cm。㊉アメリカ合衆国
¶進化大（p375/カ写）

ナイティテスの1種 *Knightites* (*Retispira*？) *hanzawai*
古生代後期二畳紀前期の貝類。ベレロフォン科。
¶学古生（図190/モ写）〈㊎岩手県気仙郡住田町川口〉

ナイトウクス *Cinnamomun naitoanum*
新生代始新世の陸上植物。クスノキ科。
¶学古生（図2191/モ写）〈㊎山口県小野田市本山（海底）炭鉱〉

ナウマンゾウ *Palaeoloxodon naumanni*
更新世中～後期の哺乳類長鼻類ゾウ類。長鼻目ゾウ亜目ゾウ科。肩高2.5～3m。㊉日本, 中国, 朝鮮半島
¶学古生（図2007/モ写）〈㊎静岡県浜松市佐浜 下顎と臼

歯咬合面〉
学古生（図2008/モ写）〈㊟千葉県印旛郡印旛村 印旛沼標本の上顎右第4臼歯〉
化石図（p174/カ写）〈㊟茨城県 かみ合わせ面の長さ約18cm 左上顎の第三大臼歯〉
化石図（p175/カ写）〈横幅約25cm, 横幅約24cm 上顎第3大臼歯〉
化石フ（p234/カ写）〈㊟和歌山県友が島北方（瀬戸内海紀淡海峡）海底 歯冠長158mm,308mm 上顎・大臼歯, 下顎・大臼歯〉
原色化〔パレオロクソドン・ナウマンニイ〕（PL.92-1/カ写）〈㊟静岡県浜名郡佐浜 下顎骨〉
原色化〔パレオロクソドン・ナウマンニイ〕（PL.92-4/カ写）〈㊟東京都田端駅構内 長さ59cm 象牙の先端部〉
生ミス10（図3-3-6/カ写, カ復）〈㊟頭部は千葉県, 牙は東京都, 体は神奈川県 全身復元骨格〉
生ミス10（図3-3-8/カ写）
絶哺乳（p221,224/カ写, カ復）〈㊟頭骨は千葉県, 牙は東京都, 体は神奈川県 骨格〉
日化譜（図版67-10/モ写）〈㊟静岡県浜名湖畔佐浜 下顎咀嚼面〉
日絶古（p64～65/カ写, カ復）〈復元骨格, 臼歯〉

ナウマンヤマモモ *Comptonia naumanii*
新生代第三紀中新世の褐藻植物。ヤマモモ科。
¶学古生（図2282/モ写）〈㊟秋田県仙北郡西木村下桧木内〉
化石フ（p157/カ写）〈㊟石川県珠洲市 120mm〉

ナウマンヤマモモ *Comptonia naumanni*
中新世中期の双子葉植物。ヤマモモ科。
¶化石図〔コンプトニア・ナウマンニ〕（p153/カ写）〈㊟福井県 母岩の横幅約18cm〉
日化譜（図版76-5/モ写）〈㊟秋田県など〉

ナウマンヤマモモ ⇒コンプトニアを見よ

ナウマンヤマモモ ⇒コンプトニフィルムを見よ

ナエフィア
中生代白亜紀の軟体動物頭足類。
¶産地別（p28/カ写）〈㊟北海道苫前郡羽幌町逆川 長さ4.3cm〉
産地別（p28/カ写）〈㊟北海道苫前郡羽幌町逆川 長さ6.3cm〉

ナオミチョウジ ⇒ナオミリソツボを見よ

ナオミフミガイ *Glans naomiae*
新生代第三紀・初期中新世の貝類。トヤマガイ科。
¶学古生（図1167/モ写）〈㊟石川県珠洲市高波〉

ナオミリソツボ *Rissoina naomiae*
新生代第三紀・初期中新世の貝類。ナタネツボ科。
¶学古生（図1204,1205/モ写）〈㊟石川県珠洲市藤尾, 珠洲市大谷〉
日化譜〔ナオミチョウジ（新）〕（図版83-17/モ写）〈㊟能登輪島市寺山, 珠洲市藤尾〉

ナガウバガイ *Spisula polyma*
新生代第三紀・中期中新世～現世の貝類。バカガイ科。
¶学古生（図1282/モ写）〈㊟宮城県柴田郡村田町足立西方〉

ナガウバガイ *Spisula voyi*
新生代第三紀中新世～現世の貝類。バカガイ科。
¶学古生（図1534/モ写）〈㊟石川県金沢市大桑〉

ナガウバガイ（？） *Spisula* sp.cf.*S.voyi*
新生代第三紀・中期中新世の貝類。バカガイ科。
¶学古生（図1350/モ写）〈㊟島根県八束郡宍道町本郷〉

ナガオエラ・コルガータ *Nagaoella corrugata*
中生代白亜紀前期の貝類。マルスダレガイ科。
¶学古生（図697/モ写）〈㊟岩手県下閉伊郡田野畑村平井賀 右殻外面, 左殻内面〉
日化譜〔Nagaoella corrugata〕（図版85-1/モ写）〈㊟岩手県宮古〉

ナガオキララガイ *Acila（Truncacila）nagaoi*
漸新世後期の軟体動物斧足類。
¶日化譜（図版35-23/モ写）〈㊟佐賀県西彼杵郡有田町〉

ナガオスナモグリ *Callianassa inornata*
中新世中期の十脚類。
¶日化譜（図版59-4/モ写）〈㊟北海道夕張市紅葉山〉

ナガオヒタチオビ *Musashia（Musashia）nagaoi*
漸新世最後期の軟体動物腹足類。
¶日化譜（図版83-34/モ写）〈㊟北海道夕張市真谷地, 十勝幕別〉

ナガガキ ⇒オストレア・ギガスを見よ

ながかんむり竜 ⇒パラサウロロフス・ウォーカリを見よ

ナガサルボウ *Anadara（Anadara）amicula elongata*
新生代第三紀鮮新世の貝類。フネガイ科。
¶学古生（図1487,1488/モ写）〈㊟石川県金沢市銚子町〉

ナガサルボウ
新生代第四紀更新世の軟体動物斧足類。フネガイ科。別名アナダラ。
¶産地新（p137/カ写）〈㊟石川県金沢市大桑町犀川河床 長さ7.2cm〉

ナカジマキララガイ *Acila nakazimai*
新生代第三紀鮮新世の貝類。クルミガイ科。
¶学古生（図1405/モ写）〈㊟青森県むつ市近川〉

ナカジマキララガイ *Acila（Truncacila）nakazimai*
新生代第三紀鮮新世～更新世初期の貝類。クルミガイ科。
¶学古生（図1470/モ写）〈㊟富山県氷見市中谷内〉

ナカジマムツアシガニ *Hexapus nakajimai*
中新世の十脚類。
¶日化譜（図版59-21/モ写）〈㊟福島県石城郡勿来市上山田〉

ナガスクジラ類 *Balaenoptera*（？）sp.
第三紀～現世の哺乳類鯨類。
¶日化譜（図版66-8/モ写）〈㊟高知県沖 耳石〉

ナガタニシ *Cipangopaludina（Heterogen）longispira*
新生代第四紀更新世の貝類。タニシ科。
¶学古生（図1710/モ写）〈㊟滋賀県大津市日吉台〉

ナガタニシ
新生代第四紀更新世の軟体動物腹足類。タニシ科。

¶産地新（p190/カ写）〈㊥滋賀県大津市雄琴　高さ3.5cm〉
産地別（p216/カ写）〈㊥滋賀県大津市真野　高さ3.5cm〉

ナガチシマガイ *Panomya? longissima*
鮮新世前期の軟体動物斧足類。
¶日化譜（図版44-28/モ写）〈㊥長野県上水内郡柵〉

ナガトエラの1種 *Nagatoella kobayashii*
古生代後期二畳紀前期の紡錘虫類。シュワゲリナ科。
¶学古生（図78/モ写）〈㊥岡山県新見市阿哲台　正縦断面，正横断面〉
日化譜〔Nagatoella kobayashii〕（図版2-18,19/モ写）〈㊥秋吉〉

ナガトカキバチシャ *Cordia nagatoensis*
新生代始新世の陸上植物。ムラサキ科。
¶学古生（図2228/モ写）〈㊥山口県宇部市上梅田〉

ナ

ナガトフィラムの1種 *Nagatophyllum satoi*
古生代後期石炭紀中期の四放サンゴ類。四放サンゴ目アウロフィラム科。
¶学古生（図105/モ写）〈㊥山口県美祢郡美東町鳶の巣　横断面，縦断面〉
日化譜〔Nagatophyllum satoi〕（図版16-3/モ写）〈㊥山口県秋吉台　横断面，縦断面〉

ナガニシ *Fusinus perplex*
新生代第四紀更新世の貝類。イトマキボラ科。
¶学古生（図1737/モ写）〈㊥千葉県印旛郡印西町木下〉

ナガニシ
新生代第四紀更新世の軟体動物腹足類。
¶産地別（p92/カ写）〈㊥千葉県市原市瀬又　高さ7.5cm〉

ナガニシ
新生代第四紀完新世の軟体動物腹足類。イトマキボラ科。
¶産地新（p87/カ写）〈㊥千葉県館山市平久里川　高さ6.3cm〉

ナガニシ
新生代第三紀鮮新世の軟体動物腹足類。イトマキボラ科。
¶産地新（p236/カ写）〈㊥宮崎県児湯郡川南町通山浜　高さ7cm〉

ナガニシ ⇒フシヌス・カロリネンシスを見よ

ナガノホタテ *Mizuhopecten naganoensis*
新生代第三紀鮮新世の軟体動物斧足類。イタヤガイ科。
¶学古生（図1372/モ写）〈㊥長野県上水内郡中条村城下〉
化石フ（p174/カ写）〈㊥長野県上水内郡中条村　140mm〉

ナガノボラモドキ *Ancistrolepis modestoides*
漸中新世の軟体動物腹足類。
¶日化譜（図版32-2/モ写）〈㊥北海道〉

ナガバコダイアマモ ⇒アーケオゾステラ・ロンギフェラを見よ

ナガバニレ *Ulmus longifolia*
新生代中新世中期の陸上植物双子葉植物。ニレ科。
¶学古生（図2367/モ写）〈㊥山形県西置賜郡小国町沖庭〉
日化譜〔ムカシニレ〕（図版77-3/モ写）〈㊥秋田県阿仁合，山形県西田川など〉

ナガバノコダイアマモ *Archeozostera longifolia*
中生代白亜紀後期の陸上植物。単子葉植物オモダカ綱ヒルムシロ目コダイアマモ科。
¶学古生（図874/モ写）〈㊥徳島県鳴門市泊〉

ナガヒラタムシ類の（翅が網状になった）甲虫
ペルム紀前期～現在の節足動物昆虫類甲虫類。
¶化百科（p147/カ写）〈㊥中国　全長1.5cm〉

ナカムライモ *Conus（Pionoconus） nakamurai*
中新世の軟体動物腹足類。
¶日化譜（図版34-25/モ写）〈㊥福井県大飯郡高浜町〉

ナカムラスダレ *Katelysia nakamurai*
中新世中期の軟体動物斧足類。
¶日化譜（図版47-21/モ写）〈㊥京都府奥山田など〉

ナカムラタマガイ *Globularia（Globularia） nakamurai*
中新世の軟体動物腹足類。
¶日化譜（図版30-10/モ写）〈㊥福井県大飯郡高浜町〉

ナカムラタマガイ
新生代第三紀中新世の軟体動物腹足類。
¶産地別（p195/カ写）〈㊥福井県大飯郡高浜町名島　長径9cm，高さ9.5cm〉

ナカムラナイア・チンシャネンシスの殻 *Nakamuranaia chingshanensis*
中生代の二枚貝類。ニッポノナイア科。熱河生物群。
¶熱河生（図37/モ写）〈㊥中国の遼寧省建昌の買杖子　長さ51mm〉

ナカムラレイシ *Thais nakamurai*
鮮新世前期の軟体動物腹足類。
¶日化譜（図版31-18/モ写）〈㊥静岡県掛川方ノ橋〉

ナカヨシトゲナシケバエ *Plecia intima*
新生代の昆虫類。ケバエ科。
¶学古生（図1814/モ写）〈㊥鹿児島県薩摩郡東郷町荒川内〉

ナガレカンザシの1種 *Protula* sp.
新生代更新世の多毛類。カンザシゴカイ科。
¶学古生（図1792/モ写）〈㊥千葉県市原市瀬又〉

ナギダマシの1種 *Nageiopsis* sp.
中生代の陸上植物。球果綱。下部白亜紀植物群。
¶学古生（図834/モ写）
学古生（図840/モ写）〈㊥高知県南国市領石〉

ナコソホタテ *Mizuhopecten kimurai nakosoensis*
新生代第三紀・中期中新世の貝類。イタヤガイ科。
¶学古生（図1251/モ写）〈㊥福島県いわき市勿来〉

ナサバイ
新生代第三紀鮮新世の軟体動物腹足類。エゾバイ科。
¶産地新（p131/カ写）〈㊥静岡県掛川市掛川駅北方　高さ3.7cm〉
産地新（p207/カ写）〈㊥高知県安芸郡安田町唐浜　高さ2.9cm〉

ナジャシュ　*Najash*
中生代白亜紀の爬虫類双弓類鱗竜形類有鱗類ヘビ類。全長2m。[分]アルゼンチン
¶**生ミス7**(図6-12/カ写, カ復)

ナジャシュ・リオネグリナ　*Najash rionegrina*
中生代白亜紀の爬虫類ヘビ類。全長2m。[分]アルゼンチン
¶**リア中**〔ナジャシュ〕(p164/カ復)

ナソ　*Naso*
5600万～4900万年前(パレオジン)の初期の脊椎動物硬骨魚類。現生のテングハギにきわめて近い魚。全長8cm。[分]イタリア
¶**恐竜世**(p75/カ写)

ナチコプシス
古生代ペルム紀の軟体動物腹足類。
¶**産地新**(p101/カ写)〈[産]岐阜県大垣市赤坂町金生山 高さ5cm〉
産地別(p135/カ写)〈[産]岐阜県大垣市赤坂町金生山 長径3cm〉
産地本(p114/カ写)〈[産]岐阜県大垣市赤坂町金生山 高さ1cm 幼貝〉

ナチコプシス群集
古生代ペルム紀の軟体動物腹足類。
¶**産地新**(p102/カ写)〈[産]岐阜県大垣市赤坂町金生山 母岩の左右8cm〉
産地新(p102/カ写)〈[産]岐阜県大垣市赤坂町金生山 画面の左右9cm〉

ナチコプシスの1種　*Naticopsis minoensis*
古生代後期二畳紀中期の貝類。アマガイモドキ科。
¶**学古生**(図204/モ写)〈[産]岐阜県大垣市赤坂町金生山〉
日化譜〔Naticopsis minoensis〕(図版27-10/モ写)〈[産]岐阜県赤坂〉

ナチコプシスの1種　*Naticopsis (Naticopsis) wakimizui*
古生代後期二畳紀中期の貝類。アマガイモドキ科。
¶**学古生**(図203/モ写)〈[産]岐阜県大垣市赤坂町金生山〉

ナチコプシス・ワキミズイ　*Naticopsis wakimizui*
古生代ペルム紀の軟体動物腹足類。アマガイモドキ科。
¶**化石フ**(p39/カ写)〈[産]岐阜県大垣市赤坂町 120mm〉
化石フ〔アルーラ・エレガンティシマとナチコプシス・ワキミズイ〕(p41/カ写)〈[産]岐阜県大垣市赤坂町〉
原色化(PL.34-2/モ写)〈[産]岐阜県不破郡赤坂町金生山 長径7cm〉
日化譜〔Naticopsis wakimizui〕(図版27-11/モ写)〈[産]岐阜県赤坂〉

ナチセラ
古生代ペルム紀の軟体動物腹足類。アマガイモドキ科。
¶**産地新**(p101/カ写)〈[産]岐阜県大垣市赤坂町金生山 高さ1cm〉

"ナチセラ"・ジャポニカ　*"Naticella" japonica*
古生代ペルム紀の軟体動物腹足類。アマガイモドキ科。
¶**化石フ**(p42/カ写)〈[産]岐阜県大垣市赤坂町 10mm〉
日化譜〔Naticella japonica〕(図版27-12/モ写)〈[産]岐阜県赤坂〉

ナツメジカ　*Cervus (Sika) natsumei*
新生代更新世後期の哺乳類。シカ科。
¶**学古生**(図2038/モ写)〈[産]香川県小豆島沖(瀬戸内海)海底 右角内側〉

ナティカ　*Natica millepunctata*
暁新世～現世の無脊椎動物腹足類。中腹足目タマガイ科。体長3cm。[分]世界中
¶**化写真**(p125/カ写)〈[産]イタリア 殻頂側, 捕食された殻〉

ナトオルストエノキ　*Celtis nathorstii*
新生代鮮新世の陸上植物。ニレ科。
¶**学古生**(図2373/モ写)〈[産]岡山県苫田郡上斉原村人形峠〉

ナトホルストイチョウモドキ　*Ginkgoidium nathorsti*
中生代白亜紀の裸子植物イチョウ類。イチョウ目イチョウモドキ科。手取統植物群。
¶**学古生**(図785/モ写)〈[産]石川県石川郡白峰桑島〉
化石フ(p13/カ写)〈[産]石川県石川郡白峰村 60mm〉
化石フ(p81/カ写)〈[産]岐阜県大野郡荘川村 190mm〉
日化譜〔Ginkgoidium Nathorsti〕(図版74-8,9/モ写)〈[産]石川県石川郡白峰村桑島, 柳谷, 福井県丹羽郡小和清水〉

ナトホルストカシ　*Quercus nathorsti*
中新世中後期の双子葉植物。
¶**日化譜**(図版76-24/モ写)〈[産]宮城県伊具郡丸森町〉

ナトホルストシデ　*Carpinus stenophylla*
新生代中新世前期の陸上植物。カバノキ科。
¶**学古生**(図2331/モ写)〈[産]岐阜県瑞浪市日吉 果苞〉

ナトリホソスジホタテ　*Nipponopecten akihoensis*
新生代第三紀・初期中新世の貝類。イタヤガイ科。
¶**学古生**(図1129,1130/モ写)〈[産]宮城県名取市熊野堂〉
学古生〔ナトリホソスジホタテガイ〕(図1143/モ写)〈[産]宮城県仙台市北赤石〉

ナトリホソスジホタテ
新生代第三紀中新世の軟体動物斧足類。別名ニッポノペクテン・アキホエンシス。
¶**産地別**(p151/カ写)〈[産]石川県七尾市白馬町 長さ8.2cm, 高さ8.5cm 左殻〉
産地別(p151/カ写)〈[産]石川県七尾市白馬町 長さ5cm, 高さ5.6cm 右殻〉
産地本(p73/カ写)〈[産]宮城県遠田郡涌谷町 高さ8cm〉

ナトリホソスジホタテガイ　⇒ナトリホソスジホタテを見よ

ナトルスティアナ
白亜紀のヒカゲノカズラ植物。長さ最大4cm, 幅2cm。[分]ドイツ
¶**進化大**(p286/カ写)〈[産]ドイツのクエリンブルク〉

ナナイモテウティス・ヒキダイ　*Nanaimoteuthis hikidai*
中生代白亜紀の軟体動物頭足類鞘形類コウモリダコ類。別名ヒキダコウモリダコ。全長2.4m。[分]日本
¶**生ミス7**(図4-23/カ写, カ復)〈[産]北海道羽幌町 90mm 下顎〉

リア中〔ナナイモテウティス〕(p218/カ復)

ナナオクラミス ⇒ナナオニシキを見よ

ナナオニシキ
新生代第三紀中新世の軟体動物斧足類。別名ナナオクラミス，ノトキンチャク。
¶**産地別**(p150/カ写)〈㊦石川県七尾市白馬町 長さ9cm, 高さ9.2cm 左殻，右殻〉

ナナオブンブク(新) *Palaeopneustus lepidus*
中新世中後期のウニ類。
¶**日化譜**(図版88-14/モ写)〈㊦石川県七尾市〉

ナナカマド *Sorbus commixta*
新生代第四紀更新世の陸上植物。バラ科。
¶**学古生**(図2598/モ写)〈㊦栃木県塩谷郡塩原町〉

ナノティランヌス *Nanotyrannus*
白亜紀マーストリヒシアンの恐竜類ティラノサウルス類。ティラノサウルス上科。体長5m。㊀アメリカ合衆国のモンタナ州
¶**恐イラ**(p202/カ復)

ナノナビス
中生代白亜紀の軟体動物斧足類。別名グラマトドン。
¶**産地新**(p111/カ写)〈㊦長野県南佐久郡佐久町石堂 長さ2.5cm 内形印象〉
産地新(p152/カ写)〈㊦大阪府貝塚市蕎原 長さ7.4cm〉
産地別(p41/カ写)〈㊦北海道苫前郡苫前町古丹別川幌立沢 長さ4.6cm 両殻の完全体〉
産地別(p228/カ写)〈㊦熊本県上天草市龍ケ岳町樋島 長さ3.6cm〉
産地本(p12/カ写)〈㊦北海道中川郡中川町安平志内川 長さ(左右)2.3cm〉

ナノナビス・アワジアヌス *Nanonavis awajianus*
中生代白亜紀の軟体動物斧足類。フネガイ目シコロエガイ科。
¶**化石フ**(p102/カ写)〈㊦大阪府貝塚市 65mm 内面〉

ナノナビス・スプレンデンス *Nanonavis splendens*
中生代白亜紀の軟体動物斧足類。フネガイ目シコロエガイ科。
¶**化石フ**(p102/カ写)〈㊦大阪府貝塚市 75mm 靭帯面側〉

ナノプス *Nanopus*
石炭紀後期～ペルム紀前期の両生類ひょっとすると切椎類か。
¶**化百科**(p207/カ写)〈足跡の大きさ1～2cm〉

ナビキュラ・バシラム *Navicula bacillum*
新生代完新世の珪藻類。羽状目。
¶**学古生**(図2121/モ写)〈㊦東京湾底〉

ナビキュラ・ラインハルディ *Navicula reinhardtii*
新生代第三紀～完新世の珪藻類。羽状目。
¶**学古生**(図2120/モ写)〈㊦東京湾底〉

ナビキュラ・ワグネリアーナ *Navicula wagneriana*
第三紀の軟体動物斧足類。
¶**原色化**(PL.78-4/モ写)〈㊦北アメリカのワシントン 長さ9cm〉

ナヘカリス *Nahecaris*
古生代デボン紀の節足動物甲殻類。体長15cm超。
¶**生ミス3**(図1-17/カ写)〈㊦ドイツのフンスリュックスレート〉

ナヘカリス *Nahecaris* sp.
デヴォン紀の無脊椎動物節足動物コノハエビ類。
¶**図解化**(p104-下/カ写)〈㊦ドイツのブンデンバッハ〉

ナマハゲフクロウニ *Phormosoma bursarium*
新生代第三紀中新世の棘皮動物ウニ類。
¶**化石フ**(p205/カ写)〈㊦愛知県知多郡南知多町 70mm〉

ナミガイ *Panope japonica*
新生代第三紀中新世～現世の貝類。オオノガイ目キヌマトイガイ科。
¶**学古生**(図1535/モ写)〈㊦石川県金沢市角間〉
学古生(図1703/モ写)〈㊦東京都新宿区角筈〉

ナミガイ
新生代第三紀鮮新世の軟体動物斧足類。キヌマトイガイ科。別名ミル貝。
¶**産地新**(p199/カ写)〈㊦高知県安芸郡安田町唐浜 長さ10cm〉
産地本(p99/カ写)〈㊦千葉県印旛郡印旛村吉高 長さ(左右)11.5cm〉

ナミジワシラスナガイ *Limopsis (Pectunculina) crenata*
鮮新世後期～現世の軟体動物斧足類。
¶**日化譜**(図版36-30/モ写)〈㊦神奈川県〉

ナミマガシワ *Anomia chinensis*
新生代第四紀更新世の貝類。ナミマガシワ科。
¶**学古生**(図1655/モ写)〈㊦東京都板橋区徳丸7丁目〉

ナミマガシワ
白亜紀カンパニアン期の二枚貝。殻長約4cm, 殻高約4cm。
¶**日白亜**(p40～43/カ写，カ復)〈㊦兵庫県淡路島〉

ナミマガシワガイモドキ *Monia macroschima ezoana*
新生代第三紀鮮新世の貝類。ナミマガシワガイ科。
¶**学古生**(図1418/モ写)〈㊦青森県むつ市近川〉

ナミマガシワモドキ
新生代第三紀鮮新世の軟体動物斧足類。
¶**産地別**(p160/カ写)〈㊦富山県高岡市岩坪 長さ9cm, 高さ9.3cm〉

ナラオイア *Naraoia*
古生代カンブリア紀の節足動物三葉虫類。澄江生物群。
¶**化百科**(p109/カ写)〈甲皮の前端～後端約3cm〉
生ミス1(図3-3-1/カ写)
生ミス2(図1-4-7/カ写)〈㊦中国の澄江〉

ナラオイア・コンパクタ *Naraoia compacta*
カンブリア紀の三葉虫。節足動物門アラクノモルファ亜門三葉虫綱ネクタスピダ目ナラオイデー科。サイズ9～40mm。
¶**図解化**(p95-D/カ写)〈㊦ブリティッシュ・コロンビア州バージェス頁岩〉
バ頁岩〔ナラオイア〕(図119～121/モ復，モ写)〈㊦カナダのバージェス頁岩〉

ナラオイア・スピノサ *Naraoia spinosa* 刺状納羅虫
カンブリア紀の節足動物。節足動物門。澄江生物群。最大長40mm。
¶**澄江生**（図16.42/カ写）〈[産]中国の帽天山 背側からの眺め, 頭楯の詳細〉

ナラオイア属の一種？
カンブリア紀の節足動物。節足動物門。澄江生物群。幼形進化的な節足動物と考えプリミカリスPrimicarisと呼ぶ。
¶**澄江生**（図16.43/カ写）〈[産]中国の馬房 幼形の標本を背側から眺めたもの〉

ナラオイア・ロンギカウダタ *Naraoia longicaudata* 長尾納羅虫
カンブリア紀の節足動物。節足動物門ナラオイア科。澄江生物群。
¶**澄江生**（図16.40/モ復）
澄江生（図16.41/カ写）〈[産]中国の帽天山, 馬鞍山 背側からの眺め, 腹側からの眺め, 二枝型付属肢〉

ナラダニティリスの1種 *Naradanithyris kuratai*
中生代ジュラ紀中期の腕足類。テレブラチュラ目テレブラチュラ科。
¶**学古生**（図360/モ写）〈[産]高知県高岡郡佐川町七良谷〉

ナランダ・アノマラ *Naranda anomala*
ジュラ紀後期の無脊椎動物甲殻類。甲殻類の幼生。
¶**ゾル1**（図328/カ写）〈[産]ドイツのツァント 3.3cm〉

ナリワハウスマンカセキシダ *Hausmannia nariwaensis*
中生代三畳紀後期の陸上植物。シダ類綱シダ目ヤブレガサウラボシ科。成羽植物群。
¶**学古生**（図736/モ写）〈[産]岡山県川上郡成羽町〉

ナンキョクブナ ⇒ノトファグスを見よ

軟体動物
軟体動物の化石。
¶**図解化**〔石英で置換された軟体動物〕（p14-1/カ写）
図解化〔玉髄で置換された軟体動物〕（p14-2/カ写）

ナンノゴムフス・バヴァリクス *Nannogomphus bavaricus*
ジュラ紀後期の無脊椎動物昆虫類トンボ類。
¶**ゾル1**（図364/カ写）〈[産]ドイツのアイヒシュテット 翅開長4cm〉

ナンノゴモフス *Nannogomophus* sp.
ジュラ紀後期の無脊椎動物節足動物。
¶**図解化**（p112-5/カ写）〈[産]ドイツのゾルンホーフェン〉

ナンノプテリギウス属の種 *Nannopterygius* sp.
ジュラ紀後期の脊椎動物爬虫類魚竜類。
¶**ゾル2**（図228/カ写）〈[産]ドイツのダイティング 258cm〉

ナンヨウスギ *Araucaria sternbergii*
三畳紀～現在の針葉樹（裸子植物）球果植物。別名チリマツ。
¶**化百科**（p96/カ写）〈[産]ドイツ 小枝の長さ5cm 小枝〉

ナンヨウスギ ⇒アラウカリア・ミラビリスを見よ

ナンヨウスギ ⇒アロウカリアを見よ

ナンヨウスギ
中生代白亜紀の裸子植物毬果類。別名アラウカリア。
¶**産地別**〔ナンヨウスギの茎〕（p7/カ写）〈[産]北海道稚内市東浦海岸 長さ4.5cm〉
産地別〔ナンヨウスギの種子〕（p19/カ写）〈[産]北海道天塩郡遠別町清川 長径0.3cm 毬果とその中にある種子〉
産地別〔ナンヨウスギの葉〕（p54/カ写）〈[産]北海道留萌郡小平町小平蘂川 長さ4.7cm〉

南洋スギの樹液
白亜紀サントニアン期の植物。琥珀のもと。
¶**日白亜**（p114～117/カ写, カ復）〈[産]岩手県久慈市〉

【ニ】

ニィルセンコバネカセキソテツ *Ptilozamites nilssoni*
中生代三畳紀後期の陸上植物。成羽植物群。
¶**学古生**（図745/モ写）〈[産]岡山県川上郡成羽町〉

ニィルセンソテツダマシの1種 *Nilssoniopsis*? sp.
中生代の陸上植物。ソテツ綱ニィルセンソテツ目。下部白亜紀植物群。
¶**学古生**（図827/モ写）

ニィルセンソテツの1種 *Nilssonia glossoformis*
中生代の陸上植物。足羽植物群。
¶**学古生**（図854/モ写）〈[産]福井県今立郡池田町皿尾〉

ニィルセンソテツの1種 *Nilssonia serotina*
中生代の陸上植物ベンネチテス類。
¶**学古生**（図852,853/モ写）〈[産]福井県今立郡池田町皿尾〉
日化譜〔Nilssonia serotina〕（図版73-9/モ写）〈[産]北海道夕張市函淵, 芦別川, 辺富内〉

ニィルセンソテツの1種 *Nilssonia* sp.
中生代の陸上植物。ソテツ綱ニィルセンソテツ目。下部白亜紀植物群。
¶**学古生**（図816/モ写）〈[産]高知県南国市下八京東郷谷〉
学古生（図826/モ写）〈[産]高知県南国市領石〉

ニオブララサウルス *Niobrarasaurus*
白亜紀カンパニアンの恐竜類ノドサウルス類。ノドサウルス科。体長5m。[分]カナダのアルバータ州～アメリカ合衆国のテキサス州
¶**恐イラ**（p242/カ復）

ニガミウバトリガイ *Serripes makiyamai nigamiensis*
鮮新世前期の軟体動物斧足類。
¶**日化譜**（図版46-11/モ写）〈[産]新潟県東頸城郡大島村〉

ニキチンカモシカ *Nemorhedus nikitini*
更新世後期の哺乳類偶蹄類。
¶**日化譜**（図版69-13,14,15/モ写）〈[産]栃木県安蘇郡葛生町大久保 左角前面, 左上顎口蓋面, 左下顎外側面〉

ニキチンカモシカ ⇒ネモルハエドゥスを見よ

ニクトサウルス *Nyctosaurus*
中生代白亜紀の爬虫類双弓類主竜類翼竜類。プテロ

ダクティルス上科。翼開長4m。㊊ブラジル, アメリカ
¶恐イラ (p180/カ復)
生ミス8 (図8-31/カ写, カ復) 〈頭骨〉

ニクトサウルス・グラシリス *Nyctosaurus gracilis*
中生代白亜紀の爬虫類翼竜類。竜型超綱翼竜綱翼手竜目。翼長2.8m。㊊アメリカ
¶古脊椎〔ニクトサウルス〕(図185/モ復)
リア中〔ニクトサウルス〕(p180/カ復)

ニゴイ *Hemibarbus barbus*
新生代第三紀中新世～更新世の魚類硬骨魚類。コイ目コイ科。
¶学古生 (図1948/モ写) 〈㊥大分県玖珠郡九重町〉
化石フ (p217/カ写) 〈㊥大分県玖珠郡九重町 500mm〉

ニサタイニシキ *Chlamys nisataiensis*
新生代第三紀・初期中新世の貝類。イタヤガイ科。
¶学古生 (図1135/モ写) 〈㊥宮城県仙台市中谷地〉

ニサタイニシキ
新生代第三紀中新世の軟体動物斧足類。
¶産地新 (p43/カ写) 〈㊥宮城県柴田郡川崎町碁石川 高さ3.7cm〉

ニジェールサウルス *Nigersaurus*
中生代白亜紀の恐竜類竜盤類竜脚形類竜脚類後期のディプロドクス類。全長9m。㊊ニジェール
¶恐イラ (p164/カ復)
生ミス8 (図11-9/カ写, カ復) 〈頭骨の骨格標本〉

ニシキアマオブネ
新生代第三紀中新世の軟体動物腹足類。
¶産地別 (p197/カ写) 〈㊥福井県大飯郡高浜町名島 高さ2.8cm, 長径3.3cm〉

ニシキウズ科の一種
新生代第三紀鮮新世の軟体動物腹足類。ニシキウズ科。ノボリガイに似る。
¶産地新 (p215/カ写) 〈㊥高知県安芸郡安田町唐浜 径1.9cm〉

ニシキウズの一種
新生代第三紀中新世の軟体動物腹足類。
¶産地別 (p197/カ写) 〈㊥福井県大飯郡高浜町名島 高さ2.5cm〉

ニシキエビスガイ (?) *Calliostoma* (*Tristichotrochus*) sp.cf.*C.multiliratus*
新生代第三紀鮮新世～初期更新世の貝類。ニシキウズガイ科。
¶学古生 (図1559/モ写) 〈㊥石川県金沢市上中町〉

ニシキガイ
新生代第三紀中新世の軟体動物斧足類。別名クラミス・ミノエンシス。
¶産地新 (p123/カ写) 〈㊥岐阜県瑞浪市松ヶ瀬町土岐川 高さ4.8cm 左殻〉
産地本 (p128/カ写) 〈㊥岐阜県瑞浪市釜戸町荻の島 高さ7cm〉

ニシキガイ
新生代第三紀鮮新世の軟体動物斧足類。イタヤガイ科。別名クラミス。
¶産地新 (p130/カ写) 〈㊥長野県上水内郡戸隠村 高さ5cm〉

ニシキガイの一種
新生代第三紀鮮新世の軟体動物斧足類。
¶産地別 (p83/カ写) 〈㊥青森県青森市浪岡大釈迦 長さ8cm, 高さ9cm〉

ニシキガイの一種
新生代第三紀中新世の軟体動物斧足類。
¶産地別 (p151/カ写) 〈㊥石川県七尾市白馬町 長さ2.8cm, 高さ2.9cm 右殻〉
産地別 (p199/カ写) 〈㊥福井県大飯郡高浜町名島 長さ3.5cm〉

ニシキガイの一種
新生代第三紀鮮新世の軟体動物斧足類。アズマニシキに似る。
¶産地別 (p158/カ写) 〈㊥富山県高岡市桜峠 長さ8.2cm, 高さ9.3cm 左殻〉
産地別 (p158/カ写) 〈㊥富山県高岡市岩坪 長さ6cm, 高さ6.5cm 右殻〉

ニシキガイの一種
新生代第三紀鮮新世の軟体動物斧足類。サドニシキに似る。
¶産地別 (p159/カ写) 〈㊥富山県高岡市桜峠 長さ6.7cm, 高さ6.8cm〉

ニシムラホテイボラ (新) *Volutospina* (?) *nishimurai*
始新世後期の軟体動物腹足類。
¶日化譜 (図版34-2/モ写) 〈㊥福岡県朝倉郡宝珠山〉

ニシン科魚類の鱗 *Clupeid-scales*
新生代第三紀中新世の魚類硬骨魚類。
¶化石フ〔ハダカイワシとニシン科魚類の鱗〕(p213/カ写) 〈㊥長野県南安曇郡豊科村 石の長さ190mm〉

ニスシア *Nisusia burgessensis*
カンブリア紀の腕足動物。触手冠動物上門腕足動物門有関節綱。幅22mm。
¶バ頁岩 (図58,59/モ写, モ復) 〈㊥カナダのバージェス頁岩〉

ニセクシバソテツの1種 *Pseudoctenis* sp.
中生代の陸上植物。ソテツ綱。手取統植物群。
¶学古生 (図788/モ写) 〈㊥石川県石川郡尾口村尾添地区目付谷上流〉
学古生 (図818/モ写) 〈㊥高知県南国市領石〉

ニセソテツの葉体の1種 *Pseudocycas* sp.
中生代の陸上植物。ソテツ綱。下部白亜紀植物群。
¶学古生 (図837/モ写) 〈㊥高知県南国市下八京東郷谷〉

ニセタチシノブ ⇒オニキオプシス・ヨコヤマイを見よ

ニセハチノスサンゴ類 ⇒"シュードファボシテス"を見よ

二足歩行の肉食恐竜の化石足跡
ジュラ紀の恐竜の足跡化石。
¶図解化 (p28-上/カ写) 〈㊥ニジェールのガドウファオウア〉

ニッセキサンゴ ⇒ヘリオリテスを見よ

ニッチア・グラニュラアタ *Nitzschia granulata*
新生代第三紀～完新世の珪藻類。羽状目。
¶**学古生**(図2116/モ写)〈[産]東京都足立区神明南町〉

ニッチア・パンドリフオルミス *Nitzschia panduriformis*
新生代第三紀～完新世の珪藻類。羽状目。
¶**学古生**(図2117/モ写)〈[産]宮城県岩沼市岩沼〉

ニッチア・ラインホルデイ *Nitzschia reinholdii*
新生代鮮新世～更新世前期の珪藻類。羽状目。
¶**学古生**(図2112/モ写)〈[産]宮城県岩沼市岩沼〉

ニッパ
白亜紀後期～現代の被子植物。別名ニッパヤシ。実の全長8～12cm。[分]北半球
¶**進化大**(p367/カ写)

ニッパヤシ ⇒ニッパを見よ

ニッパヤシ ⇒ニパを見よ

ニッビイエダワカレシダ *Cladophlebis nebbensis*
中生代三畳紀後期の陸上植物シダ植物シダ類。エダワカレシダ科。
¶**学古生**(図742/モ写)〈[産]岡山県川上郡成羽町〉
日化譜〔Cladophlebis nebbensis〕(図版70-18/モ写)〈[産]岡山県川上郡成羽町枝, 日名畑など〉

ニッポナスピス・タカイズミイ *Nipponaspis takaizumii*
古生代ペルム紀の節足動物三葉虫類。
¶**化石フ**(p64/カ写)〈[産]福島県いわき市 15mm〉

ニッポニケルバス ⇒ニホンムカシジカを見よ

ニッポニチィス・アクタングラリス *Nipponitys acutangularis*
中生代白亜紀の軟体動物腹足類。
¶**化石フ**(p100/カ写)〈[産]大阪府貝塚市 100mm〉

ニッポニティス
中生代白亜紀の軟体動物腹足類。巻き貝。
¶**産地新**(p153/カ写)〈[産]大阪府貝塚市蕎原 高さ7.4cm〉

ニッポニテス *Nipponites*
中生代白亜紀の軟体動物頭足類アンモナイト類。長径5～10cm。[分]日本, ロシア
¶**生ミス7**(図4-13/カ復)

ニッポニテス *Nipponites* sp.
中生代白亜紀チューロニアン期～コニアシアン期のアンモナイト類。頭足綱アンモナイト亜綱アンモナイト目アンキロセラス亜目ノストセラス科。体長5～10cm前後の殻長。
¶**日絶古**(p110～111/カ写, カ復)〈ミラビリス, バッカス種〉

ニッポニテス・オキシデンタリス
中生代白亜紀の軟体動物頭足類。
¶**産地別**(p37/カ写)〈[産]北海道苫前郡苫前町古丹別川幌立沢 長径6cm〉

ニッポニテス・バッカスに比較される種 *Nipponites* cf.*N.bacchus*
中生代白亜紀後期のアンモナイト。ノストセラス科。
¶**学古生**(図580/モ写)〈[産]北海道三笠市奔別川流域〉

ニッポニテス・ミラビリス *Nipponites mirabilis*
チューロニアン中期の軟体動物頭足類アンモナイト類。アンキロセラス亜目ノストセラス科。長径5～10cm。[分]日本, ロシア
¶**アン学**(図版36-1～4/カ写)〈[産]小平地域, 夕張地域〉
アン最(p130/カ写)〈[産]北海道〉
アン最(p131/カ写)〈[産]北海道〉
化写真〔ニッポニテス〕(p158/カ写)〈[産]日本 褐色の砂岩でできた内形雌型〉
化石図(p120/カ写, カ復)〈[産]北海道 横幅約8cm〉
化石フ(p127/カ写)〈[産]北海道留萌郡小平町 40mm〉
古代生(p190/カ写)
生ミス7(図4-4/カ写, カ復)〈[産]北海道三笠市 長径約5～6cm〉
日化譜〔Nipponites mirabilis〕(図版53-11/モ写)〈[産]北海道天塩オピラシベ, 三笠市幾春別〉
リア中〔ニッポニテス〕(p176/カ復)

ニッポニテス・ミラビリス
白亜紀チューロニアン期～コニアシアン期の軟体動物頭足類アンモナイト類。殻長約8～15cm。
¶**産地本**(p34/カ写)〈[産]北海道留萌郡小平町上記念別川 左右8.5cm〉
日白亜〔ニッポニテス〕(p128～131/カ写, カ復)〈[産]北海道各地 殻長9cm〉

ニッポニテラの1種 *Nipponitella explicata*
古生代後期二畳紀前期の紡錘虫類。シュワゲリナ科。
¶**学古生**(図74/モ写)〈[産]岩手県大船渡市長岩 正縦断面, 正横断面〉
日化譜〔Nipponitella explicata〕(図版3-24/モ写)〈[産]北上, 登米郡〉

ニッポニトゥリゴニア・キクチアナ *Nipponitrigonia kikuchiana*
中生代白亜紀前期の貝類。サンカクガイ科。
¶**学古生**(図662/モ写)〈[産]岩手県下閉伊郡岩泉町茂師 左殻外面〉
日化譜〔Nipponitrigonia kikuchiana〕(図版42-18/モ写)〈[産]岩手県宮古, 長野県戸台, 和歌山県湯浅, 徳島県勝浦, 高知県佐川など〉

ニッポニトリゴニア・サガワイ *Nipponitrigonia sagawai*
中生代ジュラ紀の軟体動物斧足類三角貝。
¶**化石フ**(p17/カ写)〈[産]富山県婦負郡八尾町 25mm〉
日化譜〔Nipponitrigonia sagawai〕(図版42-16/モ写)〈[産]福島県など〉

ニッポノクラバ ⇒ツツガキを見よ

ニッポノサウルス *Nipponosaurus sachalinensis*
8300万～8000万年前(白亜紀後期カンパニアン期)の恐竜類鳥脚類。竜型超綱鳥盤綱鳥脚目ハドロサウルス科。別名日本竜。植物食。体長約4m(子ども)。[分]南樺太川上炭坑
¶**古脊椎**(図160/モ復)
日化譜〔ニッポンリュウ〕(図版64-20/モ写)〈[産]樺太川上炭坑〉
日恐竜(p64/カ写, カ復)〈全身の復元骨格〉

ニッポノステノポラの1種 *Nipponostenopora elegantula*
古生代後期石炭紀前期のコケムシ類。変口目クラストポラ科。
¶**学古生**（図169,170/モ写）〈㊨岐阜県吉城郡上宝村福地 縦断面, 接断面〉

ニッポノナイア・テトリエンシス *Nippononaia tetoriensis*
中生代白亜紀の軟体動物斧足類。淡水生二枚貝。
¶**化石フ**（p97/カ写）〈㊨石川県石川郡白峰村柳谷 40mm〉
日化譜〔Nippononaia tetoriensis〕（図版43-15/モ写）〈㊨石川県石川郡白峰村柳谷, 岐阜県大野郡荘川村〉

ニッポノハグラの1種 *Nipponohagla kaga*
中生代白亜紀初期の昆虫類。直翅目ハグラ科。
¶**学古生**（図714/モ写）〈㊨石川県石川郡白峰村桑島 ♀の前翅〉

ニ

ニッポノフィルム・ギガンテウム *Nipponophyllum giganteum*
古生代中期シルル紀ラドロウ世前期の四放サンゴ類。泡沫サンゴ科。
¶**学古生**（図26/モ写）〈㊨岩手県大船渡市樋口沢 横断面, 縦断面〉
日化譜〔Nipponophyllum giganteum〕（図版17-4/モ写）〈㊨岩手県大船渡市盛町 横断面, 縦断面〉

ニッポノペクテン・アキホエンシス ⇒ナトリホソスジホタテを見よ

ニッポノマルシア
新生代第三紀中新世の軟体動物斧足類。
¶**産地新**（p165/カ写）〈㊨滋賀県甲賀郡土山町大沢 長さ1.5cm, 長さ1.2cm〉

ニッポンアミア
白亜紀オーテリビアン期～バレミアン期？の魚類。アミア科。
¶**日白亜**（p31/カ写）〈㊨福岡県小倉市・宮若市 全長約30cm〉

ニッポンウマ *Equus nipponicus*
更新世後期の哺乳類奇蹄類。
¶**日化譜**（図版68-5/モ写）〈㊨岩手県大船渡市地ノ森, 宮城県遠田郡田尻町 左上顎歯咀嚼面〉

ニッポンカノコアサリ *Leukomoides nipponicus*
新生代第三紀・中期中新世初期の貝類。マルスダレガイ科。
¶**学古生**〔ニッポンカノコアサリ〕（図1309/モ写）〈㊨石川県金沢市東市瀬〉

ニッポンカミワザカセキシダ *Thaumatopteris nipponica*
中生代三畳紀後期の陸上植物。シダ類綱シダ目ヤブレガサウラボシ科。成羽植物群。
¶**学古生**（図738/モ写）〈㊨岡山県川上郡成羽町〉
日化譜〔Thaumatopteris nipponica〕（図版71-8,9/モ写）〈㊨岡山県川上郡成羽町枝〉

ニッポンサイ *Dicerorhinus nipponicus*
更新世前期の哺乳類奇蹄類。
¶**日化譜**（図版68-12/モ写）〈㊨栃木県安蘇郡大叶, 山口県阿武郡阿東町 右上第1大臼歯咀嚼面〉
日化譜（図版89-21/モ写）〈㊨山口県美禰市伊佐, 宇部興産採石場 右上顎咀嚼面〉

ニッポンザル類 *Macaca* cf.*fuscata*
更新世後期の哺乳類霊長類。
¶**日化譜**（図版65-16,17/モ写）〈㊨栃木県安蘇郡葛生町大久保 幼獣右上顎口蓋面, 成獣下顎上面〉

ニッポンジカ *Sika nippon*
更新世後期～現世の哺乳類偶蹄類。
¶**日化譜**（図版69-9/モ写）〈左角内側面・現生標本〉

ニッポンスヂオオノガイ（新） *Platyodon japonica*
中新世中期の軟体動物斧足類。
¶**日化譜**（図版85-24/モ写）〈㊨北海道苫前郡羽幌町〉

ニッポンダカラ *Erronea*（*Gratiadusta*） *longfordi*
更新世前期の軟体動物腹足類。
¶**日化譜**（図版30-23/モ写）〈㊨喜界島上嘉鉄〉

ニッポンチタール *Cervus*（*Axis*） *japonicus*
新生代更新世前期の哺乳類。シカ科。
¶**学古生**（図2041/モ写）〈㊨長崎県南高来郡加津佐町津波見海岸〉

ニッポントクサバイ *Phos nipponicus*
鮮新世前期の軟体動物腹足類。
¶**日化譜**（図版32-21/モ写）〈㊨高知県安芸郡唐ノ浜〉

ニッポンニィルセンソテツ ⇒ニルソニア・ニッポネンシスを見よ

ニッポンバク *Palaeotapirus yagii*
中新世中期の哺乳類奇蹄類。
¶**日化譜**（図版68-6,7/モ写）〈㊨岐阜県可児郡可児町大洞田ノ平, 同帷子 右下顎〉

ニッポンホウズキガイの1種 *Nipponithyris notoensis*
新生代鮮新世の腕足類。ダリナ科。
¶**学古生**（図1069/モ写）〈㊨富山県氷見市山崎〉

ニッポンホオズキガイ *Nipponithyris nipponensis*
鮮新世～現世の腕足類終穴類。
¶**日化譜**（図版25-24/モ写）〈㊨千葉県海上郡〉

ニッポンホオズキチョウチン *Laques japonicus*
中新世～現世の腕足類終穴類。
¶**日化譜**（図版25-21,22/モ写）〈㊨秋田県河辺郡岩見三内〉

ニッポンムカシジカ *Depéretia praenipponicus*
第四紀更新世の哺乳類偶蹄類。
¶**原色化**〔ドペレティア・プレニッポニクス〕（PL.94-3/モ写）〈㊨瀬戸内海海底 長さ27cm 角の側面〉
日化譜（図版69-6,7/モ写）〈㊨栃木県葛生など 左角内側面, 左上顎口蓋面〉

ニッポンモグラジネズミ *Anourosorex japonicus*
日本モグラ地鼠
更新世後期の哺乳類食虫類。哺乳綱獣亜綱正獣上目食虫目。頭骨長2.5cm。㊎栃木県葛生, 静岡県引佐町, 秋吉台伊佐等
¶**化石フ**〔ニホンモグラジネズミの上顎骨〕（p227/カ写）〈㊨山口県美祢市 1本の歯の横幅約3.5mm〉

古脊椎〔アノウロソレックス〕(図219/モ復)
日化譜(図版65-11,12/モ写)〈[産]栃木県安蘇郡葛生町築地 頭骨口蓋面, 右下顎外側〉

ニッポンリュウ ⇒ニッポノサウルスを見よ

ニノヘサルボウ *Anadara (Diluvarca) ninohensis*
中新世中期の軟体動物斧足類。
¶日化譜(図版36-23/モ写)〈[産]福島県棚倉など〉

ニノヘサルボウ *Anadara ninohensis*
新生代第三紀・中期中新世の貝類。フネガイ科。
¶学古生(図1244/モ写)〈[産]福島県東白川郡塙町西河内〉

ニパ *Nipa burtinii*
後期白亜紀〜現世の単子葉の被子植物類。ヤシ目ヤシ科。別名ニッパヤシ。高さ1.5m。[分]北半球
¶化写真(p311/カ写)〈[産]ベルギー 果実〉
地球博〔ヤシの実〕(p77/カ写)

2匹の昆虫が取り込まれた琥珀
古第三紀漸新世の琥珀化石。
¶化石図(p18/カ写)〈[産]ドミニカ 横幅約1cm〉

2匹の魚
白亜紀の魚。
¶図解化(p10-4/カ写)〈[産]レバノン〉

ニポナステルの1種 *Niponaster hokkaidensis*
中生代白亜紀後期の棘皮動物。パレオニューステス科。
¶学古生(図725/モ写)〈[産]北海道三笠市幾春別菊面沢 側面〉

ニホンオオカミ *Canis lupus hodophilax*
近年(1905年が最後の生存記録)の哺乳類。哺乳綱ネコ目(食肉目)イヌ科。体長95〜114cm。
¶日絶古(p80〜81/カ写, カ復)〈復元骨格〉

ニホンカワウソ *Lutra lutra nippon* 日本川獺
新生代第四紀更新世後期〜現代?の哺乳類。哺乳綱ネコ目(食肉目)イタチ科カワウソ亜科。体長60〜80cm前後。
¶日絶古(p78〜79/カ写, カ復)〈骨格標本〉

ニホンクシバソテツ *Ctenis japonica*
中生代三畳紀後期の陸上植物ベンネチテス類。ソテツ綱ソテツ目。
¶学古生(図756/モ写)〈[産]岡山県川上郡成羽町〉
日化譜〔Ctenis japonica〕(図版73-14/モ写)〈[産]岡山県高梁市難波江〉

ニホンシカ *Cervus nippon*
新生代更新世後期の哺乳類。シカ科。
¶学古生(図2028〜2030/モ写)〈[産]静岡県引佐郡引佐町谷下河合石灰採石所 左脛骨前面, 左中足骨前面, 右中手骨前面〉

ニホンシラトリガイ *Macoma nipponica*
新生代第三紀鮮新世〜初期更新世の貝類。ニッコウガイ科。
¶学古生(図1544,1545/モ写)〈[産]石川県河北郡宇ノ気町, 富山県矢部市田川〉

ニホンツキノワグマ *Selenarctos thibetanus japonicus*
新生代更新世後期の哺乳類。クマ科。
¶学古生(図1979,1980/モ写)〈[産]岐阜県郡上郡八幡町美山熊石洞 左下犬歯頬側, 左上犬歯頬側〉
学古生〔ツキノワグマ〕(図1985/モ写)〈現生種の頭骨と下顎骨側面〉

ニホンムカシジカ *Cervus (Nipponicervus) praenipponicus* 日本昔鹿
新生代第四期完新世の哺乳類偶蹄類。偶蹄目。別名昔鹿。[分]東アジア
¶化石フ(p236/カ写)〈[産]愛知県豊橋市 角150mm, 下顎骨130mm 角, 下顎骨〉
古脊椎〔ニッポニケルバス〕(図329/モ復)

ニホンムカシジカ *Cervus praenipponicus*
第四紀更新世の哺乳類。
¶学古生(図2039/モ写)〈[産]香川県小豆島沖(瀬戸内海)海底〉
化石図(p16/カ写)〈[産]神奈川県 横幅約8cm〉

ニホンムカシジカ
新生代第四紀更新世の脊椎動物哺乳類。別名カズサジカ。
¶産地別(p170/カ写)〈[産]愛知県豊橋市嵩山町 ツノの長さ13cm, 下顎の長さ13cm ツノ化石, 下顎化石〉

二枚貝 A bivalve attached on Quenstedtoceras lamberti
二枚貝。
¶アン最〔クエンステッドセラス・ランベルティに付着した二枚貝〕(p90/カ写)

二枚貝
新第三紀中新世の軟体動物貝類。
¶化石図〔オパールに置換された二枚貝〕(p18/カ写)〈[産]オーストラリア 横幅約4cm〉
図解化(p19-4/カ写)〈[産]アペニン山脈〉

二枚貝
新生代第三紀中新世の軟体動物斧足類。ソデガイの仲間か。
¶産地別(p58/カ写)〈[産]北海道苫前郡羽幌町曙 長さ2.6cm〉

二枚貝の一種
古生代石炭紀の軟体動物斧足類。
¶産地別(p73/カ写)〈[産]岩手県大船渡市日頃市町鬼丸 長さ2.8cm〉
産地別(p116/カ写)〈[産]新潟県糸魚川市青海町 長さ1.8cm〉

二枚貝の一種
古生代デボン紀の軟体動物斧足類。殻頂は前方にかたよる。
¶産地別(p101/カ写)〈[産]福井県大野市上伊勢 長さ4.7cm〉

二枚貝の一種
古生代石炭紀の軟体動物斧足類。ペクテンの仲間?
¶産地別(p116/カ写)〈[産]新潟県糸魚川市青海町 長さ4.8cm〉

二枚貝の一種
古生代ペルム紀の軟体動物斧足類。
¶産地別(p136/カ写)〈[産]岐阜県大垣市赤坂町金生山 長さ3.5cm 左右殻〉
産地別(p136/カ写)〈[産]岐阜県大垣市赤坂町金生山 長

さ8cm〉
産地別（p136/カ写）〈㊟岐阜県大垣市赤坂町金生山 長さ3.3cm〉

二枚貝（不明種）
中生代白亜紀の軟体動物斧足類。殻の後方は開いている。
¶産地新（p14/カ写）〈㊟北海道厚岸郡浜中町奔幌戸 長さ3cm〉

二枚貝（不明種）
新生代第三紀中新世の軟体動物斧足類。
¶産地新（p21/カ写）〈㊟北海道空知郡栗沢町美流渡 長さ4cm〉
産地新（p113/カ写）〈㊟長野県南佐久郡北相木村川又 長さ4.2cm〉

二枚貝（不明種）
新生代第三紀中新世の軟体動物斧足類。マコマの仲間か？
¶産地新（p18/カ写）〈㊟北海道石狩郡当別町青山中央 長さ5.5cm〉
産地新（p21/カ写）〈㊟北海道空知郡栗沢町美流渡 長さ4.5cm〉

二枚貝（不明種）
中生代三畳紀の軟体動物斧足類。大きさ1cm未満。
¶産地新（p32/カ写）〈㊟宮城県本吉郡本吉町日門 画面の左右5cm〉

二枚貝（不明種）
中生代三畳紀の軟体動物斧足類。イガイの一種。
¶産地新（p35/カ写）〈㊟宮城県宮城郡利府町赤沼 長さ2.8cm〉

二枚貝（不明種）
古生代デボン紀の軟体動物斧足類。
¶産地新（p94/カ写）〈㊟福井県大野郡和泉村上伊勢 長さ7.5cm〉
産地新（p94/カ写）〈㊟福井県大野郡和泉村上伊勢 長さ3.2cm〉
産地本（p49/カ写）〈㊟岩手県東磐井郡東山町粘土山 高さ1.1cm〉
産地本（p50/カ写）〈㊟岩手県大船渡市日頃市町樋口沢 長さ3cm〉

二枚貝（不明種）
中生代ジュラ紀の軟体動物斧足類。
¶産地新（p105/カ写）〈㊟福井県大野郡和泉村貝皿 長さ1.2cm 内形の印象〉
産地本（p120/カ写）〈㊟富山県下新川郡朝日町大平川 長さ（左右）2cm 黄鉄鉱で置換したもの〉
産地本（p123/カ写）〈㊟岐阜県大野郡荘川村御手洗 長さ（左右）3.5cm〉

二枚貝（不明種）
中生代ジュラ紀の軟体動物斧足類。貝エビにも見えるが不明。
¶産地新（p105/カ写）〈㊟福井県大野郡和泉村貝皿 母岩の左右6cm 内形の印象〉

二枚貝（不明種）
新生代第三紀中新世の軟体動物斧足類。リュウグウハゴロモガイと思われる。
¶産地新（p113/カ写）〈㊟長野県南佐久郡北相木村川又 長さ4.6cm〉

二枚貝（不明種）
中生代三畳紀の軟体動物斧足類。
¶産地新（p149/カ写）〈㊟福井県大飯郡高浜町難波江 長さ4.6cm 内形印象〉
産地新（p149/カ写）〈㊟福井県大飯郡高浜町難波江 長さ4.8cm 外形〉
産地新（p155/カ写）〈㊟兵庫県三原郡南淡町地野 長さ2.8cm 内形印象〉

二枚貝（不明種）
新生代第三紀漸新世の軟体動物斧足類。マルスダレガイ科。
¶産地新（p230/カ写）〈㊟長崎県西彼杵郡伊王島町沖之島 長さ5.8cm〉

二枚貝（不明種）
中生代白亜紀の軟体動物斧足類。
¶産地本（p16/カ写）〈㊟北海道苫前郡羽幌町羽幌川 高さ2cm〉

二枚貝（不明種）
古生代石炭紀の軟体動物斧足類。
¶産地本（p55/カ写）〈㊟岩手県大船渡市日頃市町鬼丸 長さ（左右）7.5cm〉

二枚貝（不明種）
古生代ペルム紀の軟体動物斧足類。
¶産地本（p62/カ写）〈㊟宮城県気仙沼市上八瀬 長さ（左右）2.5cm〉
産地本（p113/カ写）〈㊟岐阜県大垣市赤坂町金生山 長さ2.3cm〉

二枚貝（不明種）
古生代ペルム紀の軟体動物斧足類。ウグイスガイの仲間か？
¶産地本（p113/カ写）〈㊟岐阜県大垣市赤坂町金生山 長さ2cm〉
産地本（p158/カ写）〈㊟滋賀県犬上郡多賀町権現谷, エチガ谷 長さ2cm, 長さ2.7cm〉

二枚貝類
新第三紀中新世の二枚貝類。
¶化石図〔菱マンガン鉱に置換された二枚貝類〕（p18/カ写）〈㊟ウクライナ 横幅約7cm〉

ニムフィテス・ブラウエリ *Nymphites braueri*
ジュラ紀後期の無脊椎動物昆虫類脈翅類（アミメカゲロウ類）。
¶ゾル1（図441/カ写）〈㊟ドイツのアイヒシュテット 3cm〉

ニムラヴス *Nimravus*
漸新世前期～中新世前期の哺乳類ネコ類。食肉目ニムラヴス科。全長1.2m。㊕フランス, 合衆国のコロラド, ネブラスカ, ノースダコタ, サウスダコタ, ワイオミング
¶恐絶動（p222/カ復）

ニューケニセラスの1種 *Neuqueniceras yokoyamai*
中生代ジュラ紀の頭足類アンモナイト。ライネッキア科。
¶学古生（図453/モ写）〈㊟福井県大野郡和泉村下山〉
日化譜〔Neuqueniceras yokoyamai〕（図版86-13/モ写）〈㊟福井県大野郡和泉村貝皿〉

ニューロプテリス ⇒ネウロプテリスを見よ

ニラバケヤキ　*Zelkova ungeri*
新生代中新世前期, 鮮新世〜更新世, 中新世中期, 中新世中期の陸上植物。ニレ科。別名ムカシケヤキ。
¶**学古生**〔ニラバケヤキ（ムカシケヤキ）〕（図2357〜2360/モ写, モ図）〈[産]秋田県北秋田郡阿仁町露熊, 兵庫県明石市八木の海岸, 北海道松前郡福島町吉岡, 北海道古宇郡泊村茅沼炭鉱〉

ニルソニア・カナデンシスの近似種　*Nilssonia* cf. *canadensis*
中生代ジュラ紀の裸子植物ソテツ類。ソテツ目。
¶**化石フ**（p77/カ写）〈[産]福島県相馬郡鹿島町 100mm〉

ニルソニア・ニッポネンシス　*Nilssonia nipponensis*
ジュラ紀の裸子植物ベネチテス類。ソテツ綱ニィルセンソテツ目。
¶**学古生**〔ニッポンニィルセンソテツ〕（図777/モ写）〈[産]石川県石川郡尾口村目付谷〉
学古生〔ニッポンニィルセンソテツ〕（図778,779/モ写）〈[産]石川県石川郡白峰桑島〉
原色化（PL.58-4/モ写）〈[産]石川県石川郡尾口村目付谷 母岩約16×18cm〉
日化譜〔Nilssonia nipponensis〕（図版73-8/モ写）〈[産]石川県石川郡白峰村桑島, 柳谷, 岐阜県大野郡荘川村尾上郷など〉

ニルソニア類
ジュラ紀の植物。ソテツの仲間。
¶**日白亜**（p64/カ写）〈[産]中国河南省〉

ニルソニオクラドゥス・ニッポネンシス
白亜紀バレミアン期〜アプチアン期？の植物。裸子植物門ソテツ綱。
¶**日白亜**（p82〜85/カ写, カ復）〈[産]石川県白山市（旧白峰村）目附谷〉

ニレ　*Ulmus*
中新世の植物。
¶**図解化**（図版2-7/カ写）〈[産]エビア島〉
図解化〔Ulmus〕（図版2-10/カ写）〈[産]エビア島〉

ニレ　⇒ウルムスを見よ

ニンバキヌス　*Nimbacinus*
新生代新第三紀中新世の単弓類獣弓類哺乳類有袋類フクロネコ類。頭胴長50cm。[分]オーストラリア
¶**生ミス10**（図2-3-2/カ復）

ニンフェオブラスツスの1種　*Nymphaeoblastus annossofi*
古生代後期石炭紀前期の棘皮動物ウミツボミ。ウミツボミ綱フェノシスマ科。
¶**学古生**（図259/モ写）〈[産]岩手県気仙郡住田町下有住火の土〉

【ヌ】

ヌクラナ　*Nuculana*
始新世の無脊椎動物貝殻の化石。
¶**恐竜世**〔クルミガイのなかま〕（p60/カ写）

ヌクラナ　*Nuculana marieana*
三畳紀〜現世の無脊椎動物二枚貝類。クルミガイ目クルミガイ科。体長2cm。[分]世界中
¶**化写真**（p94/カ写）〈[産]アメリカ 閉じている状態, 内側〉

ヌクリテスの1種　*Nuculites ichikawai*
古生代後期二畳紀後期の貝類。古多歯亜綱クルミガイ目スミゾメソデガイ科。
¶**学古生**（図210/モ写）〈[産]高知県高岡郡佐川町桂〉

ヌクレオリテス属の種　*Nucleolites* sp.
ジュラ紀後期の無脊椎動物棘皮動物ウニ類。
¶**ゾル1**（図531/カ写）〈[産]ドイツのツァント 2cm〉
ゾル1（図532/カ写）〈[産]ドイツのツァント 2.5cm 棘を伴う〉
ゾル1（図533/カ写）〈[産]ドイツのツァント 棘〉

ヌクロプシス
中生代白亜紀の軟体動物斧足類。
¶**産地本**（p24/カ写）〈[産]北海道苫前郡苫前町古丹別川 長さ（左右）1.4cm〉

ヌクロプシス（パレオヌクラ）・イシドエンシス　*Nuculopsis*（*Paleonucula*）*ishidoensis*
中生代白亜紀前期の貝類。クルミガイ科。
¶**学古生**（図631/モ写）〈[産]千葉県銚子市君ケ浜〉

ヌノメアカガイ
新生代第三紀鮮新世の軟体動物斧足類。フネガイ科。
¶**産地新**（p203/カ写）〈[産]高知県安芸郡安田町唐浜 長さ5cm〉

ヌノメアサリ
新生代第四紀更新世の軟体動物斧足類。マルスダレガイ科。
¶**産地新**（p59/カ写）〈[産]秋田県男鹿市琴川安田海岸 長さ7.5cm〉

ヌノメモツボの仲間　*Clathorofenella* sp.
新生代第三紀鮮新世〜初期更新世の貝類。モツボガイ科。
¶**学古生**（図1614/モ写）〈[産]石川県金沢市角間〉

ヌマコダキガイ　*Potamocorbula amurensis*
新生代第四紀更新世の貝類。ヌマコダキガイ科。
¶**学古生**（図1700/モ写）〈[産]千葉県市原市瀬又〉

ヌマスギ　⇒タクソディウム・ドゥ・ビウムを見よ

ヌマミズキ　*Nyssa sylvatica*
新生代鮮新世の陸上植物。ヌマミズキ科。
¶**学古生**（図2501,2502/モ図）〈[産]愛知県瀬戸市印所, 山形県最上郡舟形町木友 核果〉

ヌマミズキ属の花粉　*Nyssa* sp.
新生代中新世中期の陸上植物。ヌマミズキ科。
¶**学古生**（図2500/モ写）〈[産]石川県七尾市和倉〉

ヌミドテリウム
哺乳類ゾウ類。長鼻目。
¶**絶哺乳**（p215/カ写）〈頭骨と下顎骨〉

ヌムライトウニ（新）　*Echinolampus bombus*
始新世中期のウニ類。
¶**日化譜**（図版88-10/モ写）〈[産]小笠原母島西浦〉

ヌムリテス *Nummulites ghisensis*
晩新世〜漸新世の無脊椎動物有孔虫類。有孔虫目ヌムリテス科。直径1.5cm。[分]ヨーロッパ, 中東, アジア
¶**化写真**(p32/カ写)〈[産]エジプト〉

ヌムリテス *Nummulites* sp.
新生代古第三紀始新世の無脊椎動物原生動物有孔虫類。別名貨幣石。
¶**化石図**〔ヌンムリテスの一種〕(p135/カ写)〈[産]インドネシア 横幅約0.5cm, 約2.5〜3cm〉
図解化〔ディスコキクリナ属とヌムリテス属の有孔虫〕(p55-5/カ写)〈[産]スイスのブルゲンシュトック〉
図解化(p56-下/カ写)〈[産]エジプト〉

ヌムリテス ⇒貨幣石を見よ

ネ

ヌムリテス(貨幣石)の1種 *Nummulites* sp.cf.*N. partschi*
新生代始新世中期の大型有孔虫。ヌムリテス科。
¶**学古生**(図941/モ写)〈[産]東京都小笠原村母島ユーサン海岸〉

ヌムリテスの1種 *Nummulites boninensis*
新生代始新世中期の大型有孔虫。ヌムリテス科。
¶**学古生**(図942,943,948,951/モ写)〈[産]東京都小笠原村母島, ユーサン海岸, 御幸浜〉
日化譜〔Nummulites boninensis〕(図版8-11〜15/モ写)〈[産]小笠原母島 表面, 横断面, 縦断面(以上微球型), 表面(顕球型)〉

ヌムリテスの1種 *Nummulites perforatus*
新生代始新世中期の大型有孔虫。ヌムリテス科。
¶**学古生**(図944,945,950,952/モ写)〈[産]母島, ユーサン海岸, 大谷, 御幸浜〉

ヌムリテスの1種 *Nummulites semiglobula*
新生代始新世後期の大型有孔虫。ヌムリテス科。
¶**学古生**(図946/モ写)〈[産]母島西浦〉

ヌムリテスの1種 *Nummulites striatus*
新生代始新世中期の大型有孔虫。ヌムリテス科。
¶**学古生**(図947/モ写)〈[産]熊本県天草郡河浦町本郷〉

ヌンムリテス ⇒ヌムリテスを見よ

【ネ】

ネアンデルタール人 ⇒ホモ・ネアンデルターレンシスを見よ

ネイシア *Neithea*
白亜紀の軟体動物二枚貝類。
¶**化百科**(p153/カ写)〈幅3cm〉

ネイシア(ネイシア)・キンクェコスタータ *Neithia*(*Neithia*) *quinquecostata*
白亜紀の軟体動物斧足類。
¶**原色化**(PL.60-6/カ写)〈[産]フランスのスリイ 高さ3.4cm,4.2cm〉

ネイセア・フィカルホイ *Neithea*(s.s.) *ficalhoi*
中生代白亜紀前期の貝類。イタヤガイ科。
¶**学古生**(図657/モ写)〈[産]岩手県下閉伊郡田野畑村平井賀 右殻外面〉

ネイテア *Neithea coquandi*
後期白亜紀の無脊椎動物二枚貝類。ウグイスガイ目イタヤガイ科。体長4cm。[分]世界中
¶**化写真**(p100/カ写)〈[産]チュニジア 右殻, 左殻〉

ネイモンゴサウルス *Neimongosaurus*
白亜紀セノマニアン〜カンパニアンの恐竜類獣脚類テタヌラ類コエルロサウルス類テリジノサウルス類。体長2.3m。[分]中国の内蒙古
¶**恐イラ**(p197/カ復)

ネウスチコサウルス *Neusticosaurus pusillus*
中期〜後期三畳紀の脊椎動物双弓類。偽竜亜目パチプレウロサウルス科。体長30cm。[分]ヨーロッパ
¶**化写真**(p236/カ写)〈[産]イタリア〉

ネウロプテリス *Neuropteris*
石炭紀後期〜ペルム紀前期のシダ種子類。メドゥッロサ目。葉の化石。主幹はメドゥッロサとよばれる。
¶**化百科**〔ネウロプテリス, アレトプテリス, メドゥッロサ〕(p84/カ写)〈[産]アメリカ合衆国のイリノイ州メゾンクリーク 10cm〉
図解化〔パルマトプテリス、ネウロプテリス、ペコプテリスの仲間〕(p45-11/カ写)〈[産]ドイツ〉
図解化〔Neuropteris〕(図版1-3/カ写)〈[産]イリノイ州メゾン・クリーク〉
図解化〔Neuropteris〕(図版1-5/カ写)〈[産]イリノイ州メゾン・クリーク〉
図解化〔Neuropteris〕(図版1-12/カ写)〈[産]イリノイ州メゾン・クリーク〉
生ミス4〔ニューロプテリス〕(図1-3-15/カ写, カ復)〈[産]アメリカのメゾンクリーク〉

ネウロプテリス *Neuropteris gigantia*
古生代石炭紀のシダ種子類(裸子植物)。
¶**植物化**(p28/カ写)〈[産]フランス〉

ネウロプテリス・ギガンテア *Neuropteris gigantea*
石炭紀の植物ソテツシダ類。
¶**図解化**(p44-4/カ写)〈[産]ドイツ〉

ネウロポラ属の種 *Neuropora* sp.
ジュラ紀後期の無脊椎動物海綿動物。
¶**ゾル1**(図66/カ写)〈[産]ドイツのプファルツパイント 3cm〉

ネオアサフス コワレウスキイ *Neoasaphus kowalewskii*
オルドビス紀中期の三葉虫。レドリキア目。
¶**三葉虫**(図16/モ写)〈[産]ロシアのヴォルコフ河 長さ65mm 側面, 背面〉
三葉虫(図17/モ写)〈[産]ロシアのヴォルコフ河 長さ58mm〉

ネオヴェナトル *Neovenator*
白亜紀バレミアン〜アプチアンの恐竜類獣脚類テタヌラ類カルノサウルス類。体長6〜10m。[分]ワイト島
¶**恐イラ**(p154/カ復)

ネオカタルテス・グララトル *Neocathartes grallator*
始新世後期〜中新世前期の鳥類。ツル目。体高

45cm。㊕合衆国のワイオミング
¶恐絶動(p178/カ復)

ネオカラミテス
中生代三畳紀のシダ植物トクサ類。
¶産地本(p229/カ写)〈㊎高知県高岡郡越知町赤土トンネル付近 高さ11cm〉
産地本(p229/カ写)〈㊎山口県美祢市大嶺町 幅10cm〉

ネオカラミラス・カッレレイ *Neocalamites carrerei*
中生代三畳紀のシダ植物トクサ類。有節綱トクサ目トクサ科。
¶学古生〔カッレルシンロボク〕(図872/モ写)〈㊎山口県美祢市大嶺町〉
化石フ(p72/カ写)〈㊎山口県美祢市 250mm〉
日化譜〔Neocalamites carrerei〕(図版70-6/モ写)〈㊎岡山県川上郡成羽町上日名, 地頭など 茎〉

ネオグナソダス・バスラーイ・シンメトリカス
Neognathodus bassleri symmetricus
古生代・中期石炭紀前期のコノドント類(錐歯類)。
¶学古生(図280/モ図)〈㊎埼玉県秩父郡吉田町半納〉

ネオクリオセラス
中生代白亜紀の軟体動物頭足類。
¶産地別(p27/カ写)〈㊎北海道苫前郡羽幌町逆川 長径2.8cm〉
産地別(p27/カ写)〈㊎北海道苫前郡羽幌町中二股川 長径2cm〉

ネオクリオセラス・スピニゲルム *Neocrioceras spinigerum*
サントニアン期のアンモナイトアンモナイト。アンキロセラス亜目ディプロモセラス科。
¶アン学(図版41-1/カ写)〈㊎小平地域〉
学古生(図523/モ写)〈㊎北海道浦河郡浦河町井寒台〉
原色化(PL.66-2/モ写)〈㊎樺太? 長径4.4cm〉

ネオクリオセラス・スピンゲルム
中生代白亜紀の軟体動物頭足類。
¶産地新(p8/カ写)〈㊎北海道中川郡中川町炭ノ沢 径2.2cm〉

ネオグリフィシデス・インブリカツス
Neogriffithides imbricatus
古生代後期二畳紀中期の三葉虫類。グリフィシデス亜科。
¶学古生(図249/モ写)〈㊎滋賀県犬上郡多賀町霊仙岳 背面, 左側面〉

ネオケトセラス・ステラスピス *Neochetoceras steraspis*
ジュラ紀後期の無脊椎動物軟体動物アンモナイト類。
¶ゾル1(図158/カ写)〈㊎ドイツのアイヒシュテット 13cm〉

ネオケトセラス属の種 *Neochetoceras* sp.
ジュラ紀後期の無脊椎動物軟体動物アンモナイト類。
¶ゾル1(図159/カ写)〈㊎ドイツのアイヒシュテット 8.5cm〉

ネオコネーテスの1種 *Neochonetes* sp.
古生代後期二畳紀前期の腕足類。ストロホメナ目コネーテス上科コネーテス科。
¶学古生(図152/モ写)〈㊎愛媛県上浮穴郡柳谷村中久保 茎殻〉

ネオコミテス・ネオコミエンシス *Neocomites neocomiensis*
白亜紀前期のアンモナイト。
¶アン最(p221/カ写)〈㊎アルゼンチンのネウケン〉

ネオコリストデラ類
白亜紀オーテリビアン期～バレミアン期?の淡水生爬虫類。全長1～2m。
¶日白亜(p88～89/カ復)〈㊎石川県白山市(旧白峰村)〉

ネオゴンドレラ・インターメディア
Neogondolella intermedia
古生代後期・前期二畳紀の後期のコノドント類(錐歯類)。
¶学古生(図286/モ図)〈㊎岐阜県養老郡上石津町一之瀬〉

ネオゴンドレラ・エクセルサ *Neogondolella excelsa*
中生代前期三畳紀のコノドント類(錐歯類)。
¶学古生(図291/モ図)〈㊎栃木県安蘇郡葛生町〉

ネ

ネオゴンドレラ・ポリグナティフォルミス
Neogondolella polygnathiformis
中生代前期・後期三畳紀のコノドント類(錐歯類)。
¶学古生(図292,293/モ図)〈㊎栃木県安蘇郡葛生町秋山〉

ネオゴンドレラ・ポリグナティフォルミス・コミュニスティ *Neogondolella polygnathiformis communisti*
古生代後期・中生代前期のコノドント類(錐歯類)。
¶学古生(図297/モ図)〈㊎栃木県安蘇郡葛生町〉

ネオサイミリ *Neosamiri fieldsi*
中新世中期の哺乳類霊長類広鼻猿類。直鼻猿亜目オマキザル科。頭胴長約30cm。㊕南アメリカ
¶絶哺乳(p77/カ復)

ネオシセリデイス・プンクタータ *Neocytherideis punctata*
新生代現世の甲殻類(貝形類)。シセリデア科ネオシセリデア亜科。
¶学古生(図1858/モ写)〈㊎静岡県浜名湖 左殻〉

ネオシュワゲリナ・クラチクリフェラ
Neoschwagerina craticulifera
ペルム紀後期の無脊椎動物原生動物紡錘虫。ネオシュワゲリナ科。
¶学古生〔ネオシュワゲリナの1種〕(図85/モ写)〈㊎岡山県新見市阿哲台 正縦断面, 正横断面〉
図解化(p55-3/カ写)〈㊎日本〉
日化譜〔Neoschwagerina craticulifera〕(図版5-8/モ写)〈㊎秋吉など 縦断面, 横断面〉

ネオシレシテス・アムバトラフィエンシイ
Neosilesites ambatolafiensi
アンモナイト。
¶アン最(p116/カ写)〈㊎マダガスカル〉

ネオシレシテス・マキシマス *Neosilesites maximus*
アンモナイト。
¶アン最(p116/カ写)〈㊎マダガスカル〉

ネオスパソグナソダス・ペンナタス・プロセウルス *Neospathognathodus pennatus proceurus*
古生代シルル紀のコノドント類(錐歯類)。
¶学古生(図263/モ図)〈㊎高知県高岡郡越知町横倉山〉

ネオスピリファー *Neospirifer* sp.
二畳紀の腕足動物有関節類。
¶**原色化**（PL.32-3/カ写）〈[産]タイ北部のロエイ　幅5.7cm〉

ネオスピリファー・ファシガー *Neospirifer fasciger*
古生代後期の腕足類。スピリファー目スピリファー亜目スピリファー科。
¶**学古生**（図140/モ写）〈[産]愛媛県上浮穴郡柳谷村中久保　茎殻〉

ネオスポンジオストロマの1種 *Neospongiostroma tosensis*
中生代ジュラ紀後期の藍藻類。スポンジオストロマ科。
¶**学古生**（図2130/モ写）〈[産]高知県高岡郡佐川町鉢ヶ森〉
日化譜〔Neospongiostroma tosensis〕（図版11-16/モ写）〈[産]高知県佐川　断面〉

ネオソレノポラ *Neosolenopora jurassica*
ジュラ紀中期の藻類。
¶**世変化**（図43/カ写）〈[産]英国のチェドワース　幅18cm〉

ネオトリゴニア・ラマルキイ *Neotrigonia lamarcki*
現生の軟体動物斧足類。生きている化石。
¶**原色化**（PL.1-2/カ写）〈[産]オーストラリア　高さ2cm〉

ネオネシデア・オリゴデンタータ *Neonesidea oligodentata*
新生代更新世の甲殻類（貝形類）。ベアードイア科。
¶**学古生**（図1856/モ写）〈[産]千葉県瀬又層　右殻〉

ネオヒボリテス *Neohibolites*
中生代白亜紀中頃の軟体動物頭足類ベレムナイト類。
¶**生ミス7**（図4-21/カ写，カ復）〈[産]群馬県神流町　約7cm　鞘の部分 腹側と左側面〉

ネオヒボリテス *Neohibolites minimus*
白亜紀の無脊椎動物矢石類。ベレムナイト目ヒボリテス科。体長23cm。[分]世界中
¶**化写真**（p162/カ写）〈[産]イギリス〉

ネオフィロセラス
中生代白亜紀の軟体動物頭足類。
¶**産地新**（p226/カ写）〈[産]熊本県天草郡龍ヶ岳町樋島　径5cm〉
産地別（p8/カ写）〈[産]北海道宗谷郡猿払村上猿払　長径1.6cm〉
産地別（p16/カ写）〈[産]北海道天塩郡遠別町清川林道　長径3cm〉
産地別（p21/カ写）〈[産]北海道苫前郡羽幌町逆川　長径3.4cm〉
産地本（p4/カ写）〈[産]北海道稚内市東浦海岸　径2.5cm〉
産地本（p12/カ写）〈[産]北海道中川郡中川町安平志内川　径3.7cm，写真の左右3cm　方解石に置き換わった〉

ネオフィロセラス・サブラモサム *Neophylloceras subramosum*
中生代白亜紀のアンモナイトアンモノイド類。軟体動物門頭足綱アンモナイト亜綱フィロセラス目フィロセラス科。
¶**学古生**（図586,587/モ写）〈[産]南樺太　正中断面〉
化石図（p124/カ写，カ復）〈[産]北海道　横幅約5cm〉
日化譜〔Neophylloceras subramosum〕（図版52-3/モ写）〈[産]北海道天塩国アベシナイ，同三笠市幾春別，同日高国浦河，樺太内淵など〉

ネオフィロセラス・ラモーサム *Neophylloceras ramosum*
中生代白亜紀後期の軟体動物頭足類アンモナイト。フィロセラス科。
¶**学古生**（図526/モ写）〈[産]北海道中川郡中川町佐久学校ノ沢〉
化石フ〔ネオフィロセラス・ラモッサムと顎器〕（p122/カ写）〈[産]大阪府貝塚市，北海道苫前郡羽幌町　120mm，顎器50mm〉

ネオフィロセラス・ラモッサム　⇒ネオフィロセラス・ラモーサムを見よ

ネオプゾシア
中生代白亜紀の軟体動物頭足類。
¶**産地別**（p16/カ写）〈[産]北海道天塩郡遠別町清川林道　長径2.5cm〉
産地本（p9/カ写）〈[産]北海道天塩郡遠別町ウッツ川　径3.6cm〉
産地本（p9/カ写）〈[産]北海道天塩郡遠別町ウッツ川　径12.5cm〉

ネオプゾシア・イシカワイ *Neopuzosia ishikawai*
白亜紀の軟体動物頭足類。
¶**原色化**（PL.66-1/モ写）〈[産]樺太？　長径4.5cm〉

ネオプゾシア・イシカワイ
中生代白亜紀の軟体動物頭足類。
¶**産地本**（p19/カ写）〈[産]北海道苫前郡羽幌町羽幌川　径10cm〉

ネオプチキテス・セファロタス *Neoptychites cephalotus*
チューロニアン前期の軟体動物頭足類アンモナイト。アンモナイト亜目バスコセラス科。
¶**アン学**（図版7-1,2/カ写）〈[産]夕張地域〉

ネオブルメシア
中生代ジュラ紀の軟体動物斧足類。
¶**産地本**（p67/カ写）〈[産]福島県相馬郡鹿島町館の沢　長さ（左右）8cm〉

ネオブルメジア・イワキエンシス *Neoburmesia iwakiensis*
中生代ジュラ紀の軟体動物斧足類。
¶**化石フ**（p90/カ写）〈[産]福島県相馬郡鹿島町　65mm〉
日化譜〔Neoburmesia iwakiensis〕（図版49-16/モ写）〈[産]福島県相馬郡上真野村小池〉

ネオヘロス *Neohelos*
新生代新第三紀中新世の単弓類獣弓類哺乳類有袋類双前歯類ディプロトドン類。頭胴長1.3m。[分]オーストラリア
¶**生ミス10**（図2-3-4/カ写，カ復）〈約25cm　頭骨〉

ネオメタカンサス カリテレス *Neometacanthus calliteles*
デボン紀中期の三葉虫。ファコープス目。
¶**三葉虫**（図61/モ写）〈[産]カナダのオンタリオ州　長さ27mm〉

ネオメタカンサス ステリファー *Neometacanthus stellifer*
デボン紀前期の三葉虫。ファコープス目。

¶**三葉虫**（図62/モ写）〈(産)モロッコのアイトクアーリム 長さ35mm〉

ネオンファロセラス・コスタータム
Neomphaloceras costatum
チューロニアン中期の軟体動物頭足類アンモナイト。アンモナイト亜目アカントセラス科。
¶**アン学**（図版5-3/カ写）〈(産)夕張地域 完模式標本〉

ネガプリオン ⇒レモンザメを見よ

ネクトカリス *Nectocaris*
古生代カンブリア紀の軟体動物頭足類。全長7.2cm。(分)カナダ，中国
¶**生ミス1**（図3-6-6/カ復）

ネクトカリス・プテリクス *Nectocaris pteryx*
古生代カンブリア紀の軟体動物頭足類。発見当初の復元図。全長7.2cm。(分)カナダ，中国
¶**生ミス1**〔ネクトカリス〕（図3-6-5/カ写，カ復）〈6cm〉
バ頁岩〔ネクトカリス〕（図171,172/モ写，モ復）〈(産)カナダのバージェス頁岩〉
リア古〔ネクトカリス〕（p48/カ復）

ネクロレステス *Necrolestes*
中新世前期の哺乳類有袋類。有袋目ネクロレステス科。全長15cm（？）。(分)アルゼンチンのパタゴニア地方
¶**恐絶動**（p202/カ復）

ネクロレステス *Necrolestes patagonensis*
中新世前期の哺乳類有袋類米州袋類。少丘歯目ネクロレステス科。モグラ大。(分)南アメリカ
¶**絶哺乳**（p55,57/カ復，モ図）〈頭骨〉

ネクロレムール *Necrolemur*
始新世中期〜後期の哺乳類原猿類。原猿亜目オモミス科。全長25cm。(分)ヨーロッパ西部
¶**恐絶動**（p286/カ復）

ネコガイ *Eunaticina papilla*
新生代第四紀更新世の貝類。タマガイ科。
¶**学古生**（図1721/モ写）〈(産)愛知県渥美郡赤羽根町高松〉

ネコザメ
新生代第三紀鮮新世の脊椎動物軟骨魚類。別名ヘテロドンタス。
¶**産地新**（p72/カ写）〈(産)千葉県銚子市長崎町長崎鼻 幅2.2cm 歯〉
産地新（p221/カ写）〈(産)高知県安芸郡安田町唐浜 左右0.9cm 歯〉
産地別（p156/カ写）〈(産)静岡県掛川市下垂木飛鳥 幅1.3cm 歯〉

ネコザメ属の1種 ⇒ヘテロドントゥス属の種を見よ

ネコザメの顎歯 *Heterodontus japonicus*
新生代第三紀鮮新世の魚類軟骨魚類。
¶**化石フ**（p209/カ写）〈(産)静岡県掛川市 最大のもの20mm〉

ネジヌキ *Trichotropis*（*Iphinoe*） *unicarinata*
新生代第四紀の貝類。ヒゲマキナワボラ科。
¶**学古生**（図1724/モ写）〈(産)千葉県市原市瀬又〉

ネジボラ
新生代第四紀更新世の軟体動物腹足類。エゾバイ科。
¶**産地新**（p79/カ写）〈(産)千葉県君津市追込小糸川 高さ6.7cm〉

ネジボラの類
新生代第三紀鮮新世の軟体動物腹足類。エゾバイ科。
¶**産地新**（p55/カ写）〈(産)福島県双葉郡富岡町小良ヶ浜 高さ7cm〉

ネズコ ⇒ツヤ・スタンディシイを見よ

ネストリア・ピッソウィの背甲 *Nestoria pissovi*
中生代の貝甲類。ロクソメガグリプティア科。熱河生物群。
¶**熱河生**（図41/カ写）〈(産)中国の河北省灤平の大店子 長さ14mm〉

ネズミザメ属の1種 *Lamna* sp.cf.*L.appendiculata*
中生代白亜紀後期の魚類。ネズミザメ目ネズミザメ科。
¶**学古生**（図1936/モ写）〈(産)高知県香美郡物部村楮佐古 右上顎第4歯〉

ネソドン *Nesodon* sp.
中新世前〜中期の哺乳類南米有蹄類。南蹄目トクソドン亜目トクソドン科。頭胴長約2m。(分)南アメリカ
¶**絶哺乳**（p233,234/カ復，モ図）〈頭骨（下面）〉

ネソフォンテス *Nesophontes* sp.
更新世〜現生の哺乳類真獣類。無盲腸目トガリネズミ型亜目ネソフォンテス科。虫食性。最大でも頭胴長13〜18cm程度。(分)西インド諸島
¶**絶哺乳**（p69,70/カ復，モ図）〈ネソフォンテスとソレノドンの歯〉

ネッタペゾウラ・バシリカ *Nettapezoura basilika*
古生代カンブリア紀の節足動物。全長15cm。(分)アメリカ
¶**生ミス1**〔ネッタペゾウラ〕（図3-4-12/カ写，カ復）〈(産)アメリカのユタ州 15cm〉

ネノカミウラウズカニモリ *Orectospira nenokamiensis*
漸中新世の軟体動物腹足類。
¶**日化譜**（図版28-20/モ写）〈(産)埼玉県秩父吉田〉

ネプチュネア *Neptunea contraria*
後期始新世〜現世の無脊椎動物腹足類。新腹足目エゾバイ科。体長9cm。(分)世界中
¶**化写真**（p128/カ写）〈(産)イギリス〉
世変化〔サカマキエゾボラ〕（図89/カ写）〈(産)英国のサフォーク州ラムズホルト 高さ15cm〉

ネプチュネア ⇒エゾボラモドキを見よ

ネプチュネア ⇒ヒメエゾボラを見よ

ネプチュネア・アンティクア・コントラリア
Neptunea antiqua contraria
第四紀完新世の軟体動物腹足類。
¶**原色化**（PL.90-3/モ写）〈(産)イギリスのサフォーク州ウォルトン 高さ9.8cm〉

ネプチュネア・エゾアーナ *Neptunea ezoana*
古第三紀始新世の軟体動物腹足類。エゾバイ科。
¶**化石フ**（p161/カ写）〈(産)北海道白糠郡音別町 65mm〉

ネプチュネア・クロシオ ⇒ヒメエゾボラモドキを見よ

ネプトゥネア *Neptunea*
鮮新世の無脊椎動物貝殻の化石前鰓類新腹足類。
¶**化百科**(p162/カ写)〈殻の長さ7cm〉
恐竜世〔エゾボラのなかま〕(p61/カ写)

ネプトゥーネア・コントラリア
新第三紀～現代の無脊椎動物腹足類。別名サカマキエゾボラ。殻高最大8cm。[分]北大西洋, 北アフリカ, 地中海
¶**進化大**〔ネプトゥーネア〕(p425/カ写)

ネマグラプツス *Nemagraptus* sp.
シルル紀の無脊椎動物半索動物筆石類。
¶**図解化**(p182～183-7/カ写)〈[産]イギリス〉

ネマトノトゥス *Nematonotus*
中生代白亜紀の条鰭類。ヒメの仲間。
¶**生ミス7**(p74/カ写)〈[産]レバノンのハジューラ 20.5cm〉

ネミアナ *Nemiana*
先カンブリア時代エディアカラ紀の円形生物。エディアカラ生物群。[分]ロシアなど世界中
¶**古代生**(p43/カ写)〈[産]ウクライナ南西部のカームヤネツィ＝ポジーリシクィイ〉
生ミス1(図2-9/カ写)〈[産]ウクライナ〉

ネミアナ・シンプレックス *Nemiana simplex*
先カンブリア時代原生代の生物。クラゲに似た形態。エディアカラ生物群。
¶**化石図**(p29/カ写, カ復)〈[産]ウクライナ 化石一つの大きさ約2cm〉

ネムノキ
新生代第三紀中新世の被子植物双子葉類。
¶**産地本**(p255/カ写)〈[産]長崎県壱岐郡芦辺町長者が原崎(壱岐島) 長さ3.5cm〉

ネムリガイ ⇒マユツクテを見よ

ネメグトゥバアタル *Nemegtbaatar*
6500万年前(白亜紀後期)の哺乳類。最初の哺乳類。全長10cm。[分]モンゴル
¶**恐竜世**(p222/カ復)

ネメグトサウルス *Nemegtosaurus*
8000万～6500万年前(白亜紀後期)の恐竜類ティタノサウルス類。全長15m。[分]モンゴル
¶**恐竜世**(p162/カ復)
よみ恐(p190/カ復)

ネメグトサウルス
白亜紀後期の脊椎動物竜脚形類。体長15m。[分]モンゴル
¶**進化大**(p332～333/カ復)

ネメグトバアタル
白亜紀後期の脊椎動物多丘歯類哺乳類。体長10cm。[分]モンゴル
¶**進化大**(p356～357/カ復)

ネメグトバーター *Nemegtbaater gobiensis*
白亜紀後期の哺乳類多丘歯類。科未定(ジャドクタテリウム上科)。頭胴長15cm程度, 頭骨長約40mm。[分]アジア(モンゴル)
¶**絶哺乳**(p37,40/カ写, カ復, モ図)〈復元骨格, 頭骨〉

ネモルハエドゥス *Nemorhaedus nikitini*
ウルム氷期の哺乳類。哺乳綱獣亜綱正獣上目偶蹄目ウシ科。別名ニキチンカモシカ。[分]栃木県葛生
¶**古脊椎**(図337/モ復)

ネリガイの1種 *Pandora* sp.
新生代第三紀の貝類。ネリガイ科。
¶**学古生**(図1338/モ写)

ネリトプシス属の種 *Neritopsis* sp.
ジュラ紀後期の無脊椎動物軟体動物巻貝類。
¶**ゾル1**(図107/カ写)〈[産]ドイツのツァント 0.8cm〉

ネリトプシスの1種 *Neritopsis* (*Neritopsis*) sp.
中生代白亜紀前期の貝類。アマガイモドキ科。
¶**学古生**(図603/モ写)〈[産]岩手県下閉伊郡田野畑村平井賀〉

ネリネア *Nerinea* sp.
前期ジュラ紀～後期白亜紀の無脊椎動物腹足類。異腹足目ネリネア科。体長6cm。[分]世界中
¶**化写真**(p132/カ写)〈[産]イスラエル〉
図解化〔ネリネア属の殻〕(p129-下右/カ写)〈[産]スイス〉
図解化〔ネリネアの殻〕(p129-下中/カ写)〈[産]オーストリアのゴサウ〉

ネリネア・スギヤマイ *Nerinea sugiyamai*
中生代ジュラ紀後期の貝類。ネリネア科。
¶**学古生**(図627/モ写)〈[産]高知県高岡郡佐川町〉

ネリネア・リギダ *Nerinea rigida*
中生代白亜紀前期の貝類。ネリネア科。
¶**学古生**(図628/モ写)〈[産]岩手県下閉伊郡田野畑村平井賀〉

ネルムビウム *Nelumbium*
白亜紀後期の植物。
¶**図解化**(p46-右/カ写)

ネレイテス *Nereites*
標本はシルル紀(約4億3000万年前)の環形動物。環形動物の移動摂食痕。
¶**化百科**(p121/カ写)〈母岩の幅5cm, 長さ6cm〉

ネレイテスの1種 *Nereites tosaensis*
新生代始新世の環形動物多毛類の生痕化石。
¶**学古生**(図2599/モ写)〈[産]高知県室戸市羽根崎〉
日化譜〔Nereites tosaensis〕(図版21-3/モ写)〈[産]高知県室戸市〉

ネレイテス・ムロトエンシス *Nereites murotoensis*
新生代古第三紀暁新世の環形動物。
¶**化石フ**(p240/カ写)〈[産]静岡県静岡市 長さ130mm〉

ネレオカリス・エクシリス *Nereocaris exilis*
古生代カンブリア紀の節足動物。全長8cm。[分]カナダ
¶**生ミス1**〔ネレオカリス〕(図3-6-10/カ写, カ復)〈[産]カナダのバージェス頁岩〉

【ノ】

ノアサウルス *Noasaurus*
白亜紀マーストリヒシアンの恐竜類基盤的なアベリサウルス類。体長3m。[分]アルゼンチン
¶恐イラ (p182/カ復)

ノイマイリティリスの1種 *Neumayrithyris torirnosuensis*
中生代ジュラ紀後期の腕足類。リンコネラ科。
¶学古生 (図363/モ写)〈[産]高知県高岡郡佐川町穴岩〉

ノウサギ *Lepus*
第四紀の小型の哺乳類。兎目。
¶化百科 (p235/カ写)〈長さ14cm 脛骨〉

ノウサギ *Lepus brachyurus*
更新世後期～現世の哺乳類兎形類。
¶日化譜 (図版69-19/モ写)〈[産]栃木県安蘇郡葛生町大久保など 上顎口蓋面〉

脳サンゴ ⇒メアンドリナを見よ

ノーウーディア *Norwoodia*
古生代カンブリア紀の節足動物三葉虫。
¶生ミス1 (p122/カ写)〈[産]アメリカのユタ州 7mm〉

ノエゲラティア・フォリオサ
石炭紀後期～ペルム紀前期の植物ノエゲラティア類。高さ1m。[分]世界各地
¶進化大〔ノエゲラティア〕(p153/カ写)

ノコギリウニ *Prionocidaris baculosa annulifera*
新生代更新世の棘皮動物。フトザオウニ科。
¶学古生 (図1899/モ写)〈[産]鹿児島県大島郡喜界町上嘉鉄〉

ノコギリウニ属の棘 *Prionocidaris* sp.
新生代第四期更新世の棘皮動物ウニ類。オオサマウニ目(シダリス目)。
¶化石フ (p160/カ写)〈[産]鹿児島県大島郡喜界島 40mm〉

ノコギリウニの類 *Prionocidaris* spp.
新生代中新世の棘皮動物。フトザオウニ科。
¶学古生 (図1900/モ写)〈[産]鳥取県日野郡日南町広瀬鉱山〉

ノコギリザメ属の1種 *Pristiophorus lineatus*
新生代漸新世後期の魚類。ノコギリザメ目ノコギリザメ科。
¶学古生 (図1932/モ写)〈[産]北海道夕張市産〉

ノコギリザメの吻棘
新生代第三紀鮮新世の脊椎動物軟骨魚類。
¶産地別 (p89/カ写)〈[産]千葉県安房郡鋸南町奥元名 長さ2cm〉

ノコギリザメの吻棘?
新生代第三紀中新世の脊椎動物軟骨魚類。
¶産地新 (p179/カ写)〈[産]三重県安芸郡美里村柳谷 長さ2.5cm〉

ノコハオサガニ *Macrophthalmus(Euplax) latveillei*
新生代第四期完新世の節足動物十脚類。
¶化石フ (p191/カ写)〈[産]愛知県名古屋市港区 100mm メス〉

ノコハオサガニ *Macrophthalmus latreillei*
新生代第四紀完新世の甲殻類十脚類。スナガニ科。
¶学古生 (図1842/モ写)〈[産]愛知県伊勢湾埋立地 背面, 腹面〉

ノストセラス
白亜紀カンパニアン期～マーストリヒチアン期の頭足類アンモナイト。
¶産地別 (p185/カ写)〈[産]大阪府泉佐野市滝の池 長径18cm〉
日白亜 (p46～47/カ復)〈[産]兵庫県淡路島〉

ノストセラス・ドラコニス *Nostoceras draconis*
カンパニアン期のアンモナイト。
¶アン最 (p216/カ写)〈[産]メキシコのバハのサンタ・カタリナ〉

ノストセラス・ハイアテイ *Nostoceras hyatti*
カンパニアン期のアンモナイト。
¶アン最〔ノストセラス・ヘリシナムとノストセラス・ハイアテイ〕(p208/カ写)〈[産]テネシー州クーンクリーク〉

ノストセラス・ヘトナイエンセ *Nostoceras hetonaiense*
中生代白亜紀の軟体動物頭足類アンモナイト類。アンキロセラス亜目ノストセラス科。
¶アン学〔ノストセラス・ヘトナイエンゼ〕(図版40-2/カ写)〈[産]穂別地域〉
化石フ (p126/カ写)〈[産]北海道勇払郡穂別町 高さ75mm〉

ノストセラス・ヘリシナム *Nostoceras helicinum*
カンパニアン期のアンモナイト。
¶アン最〔ノストセラス・ヘリシナムとノストセラス・ハイアテイ〕(p208/カ写)〈[産]テネシー州クーンクリーク〉

ノスロテリウム *Nothrotherium shastense*
更新世の哺乳類。哺乳綱獣亜綱正獣上目貧歯目。肩高100cm。[分]南北アメリカ
¶古脊椎 (図226/モ復)

ノスロテリオプス *Nothrotheriops shastensis*
更新世の哺乳類異節類。有毛目食葉亜目メガテリウム科。別名シャスタナマケモノ。頭胴長約1.6m。[分]北アメリカ
¶絶哺乳 (p242,244/カ写, カ復)〈骨格〉

ノタクリテスの1種 *Notaculites toyomensis*
古生代二畳紀後期の生痕化石。
¶学古生 (図2606/モ写)〈[産]宮城県気仙沼市岩井〉

ノタゴグス・デンティクラトゥス *Notagogus denticulatus*
ジュラ紀後期の脊椎動物全骨魚類。
¶ゾル2 (図123/カ写)〈[産]ドイツのケルハイム 8.5cm〉

ノタルクトゥス *Notharctus*
新生代古第三紀始新世前期～中期の哺乳類霊長類。曲鼻猿亜目アダピス科。森林に生息。体長40cm。[分]合衆国のワイオミング

ノ

¶**恐絶動**（p286/カ復）
恐竜博（p162/カ写）
絶哺乳（p74/カ復）

ノチダノドン
中生代白亜紀の脊椎動物軟骨魚類。
¶**産地新**（p13/カ写）〈(産)北海道留萌郡小平町小平蘂川 長さ3cm〉
産地別（p44/カ写）〈(産)北海道苫前郡苫前町古丹別川幌立沢 長さ2cm 歯〉
産地本（p30/カ写）〈(産)北海道苫前郡苫前町古丹別川 幅3.4cm〉

ノチダノドンの歯　*Notidanodon* sp.
白亜紀サントニアン期の魚類軟骨魚類サメ類。ヘキサンカス（カグラザメ）科。全長1～6m？
¶**化石フ**〔ノチダノドン属未定種の顎歯〕（p137/カ写）〈(産)熊本県天草郡竜ヶ岳町 20mm〉
日白亜〔ラブカ類〕（p20～23/カ写，カ復）〈(産)熊本県上天草市龍ヶ岳町 左右22.9mm〉

"ノーチラス・クレメンティヌス"　*"Nautilus clementinus"*
白亜紀前期の軟体動物頭足類。生きている化石。
¶**原色化**（PL.2-1/モ写）〈(産)イギリスのケンブリッジ 大きい個体の長径3.5cm〉

ノーチラス・ポムピリゥス　⇒オウムガイを見よ

ノーチラス・マクロムファルス　*Nautilus macromphalus*
現生の軟体動物頭足類。別名オオベソオウムガイ。生きている化石。
¶**原色化**（PL.1-6/カ写）〈(産)ニューカレドニア海域 長径16.3cm〉

ノトアワビ　*Haliotis notoensis*
新生代第三紀・初期中新世の貝類。ミミガイ科。
¶**学古生**（図1186/モ写）〈(産)石川県珠洲市藤尾〉

ノトアワビ（新）　*Haliotis*（*Sanhaliotis*） *notoensis*
中新世中期の軟体動物腹足類。
¶**日化譜**（図版83-7/モ写）〈(産)能登珠洲市若山町藤尾〉

ノトオガタマノキ　*Michelia notoensis*
新生代中新世中期の陸上植物。モクレン科。
¶**学古生**（図2375/モ写）〈(産)石川県珠洲市高屋〉

ノトカルプス・ガルラッチ　*Notocarpus garratti*
シルル紀の脊索動物。
¶**図解化**（p186-4/カ写）〈(産)オーストラリア〉

ノトキアタス（パラデルトキアタス）・オリエンタリス　*Notocyathus*（*Paradeltocyathus*） *orientalis*
第四紀更新世後期の腔腸動物六射サンゴ類。別名タマサンゴ。
¶**原色化**（PL.84-3/カ写）〈(産)千葉県山武郡土気町下越智新田関 最大径1.1cm 上面，側面，底面〉

ノトキンチャク　*Nanaochlamys notoensis*
新生代第三紀・初期中新世の軟体動物斧足類。イタヤガイ科。
¶**学古生**（図1136/モ写）〈(産)石川県七尾市岩屋〉
日化譜（図版40-3/モ写）〈(産)秋田県など〉

ノトキンチャク　⇒ナナオニシキを見よ

ノトクペス・トリパルティトゥス　*Notocupes tripartitus*
ジュラ紀後期の無脊椎動物昆虫類甲虫類。
¶**ゾル1**（図462/カ写）〈(産)ドイツのアイヒシュテット 2cm〉

ノトクペス・ラエトゥス　*Notocupes laetus*
中生代の昆虫類甲虫。ナガヒラタムシ科。熱河生物群。
¶**熱河生**（図84/カ写）〈(産)中国の遼寧省北票の黄半吉溝 長さ約15mm〉

ノトコエルス　*Notochoerus* sp.
鮮新世前期～更新世前期の哺乳類猪豚類。鯨偶蹄目イノシシ科。頭胴長2～2.5m。(分)アフリカ
¶**絶哺乳**（p193,195/カ復，モ図）〈上顎第三大臼歯〉

ノトゴネウス　*Notogoneus*
新生代の魚類ネズミギス類。
¶**生ミス9**（図1-3-3/カ写）〈(産)アメリカ中西部のグリーンリバー 50cm〉

ノトコバンモチ　*Elaeocarpus notoensis*
新生代中新世中期の陸上植物。ホルトノキ科。
¶**学古生**（図2487/モ写）〈(産)石川県珠洲市高屋〉

ノトサウルス　*Nothosaurus*
2億4000万～2億1000万年前（三畳紀前期～後期）の爬虫類鰭竜類ノトサウルス類。ノトサウルス目ノトサウルス科。浅海に生息。全長1.2～4m。(分)ヨーロッパ，北アメリカ，ロシア，中国
¶**恐イラ**（p74/カ復）
恐古生（p80～81/カ復）
恐絶動（p71/カ復）
恐竜世（p99/カ復）
恐竜博（p54～55/カ復）
生ミス5（図2-15/カ写，カ復）〈復元全身骨格〉

ノドサウルス　*Nodosaurus*
白亜紀後期の爬虫類。曲竜亜目ノドサウルス科。装甲をもつ恐竜。全長5.5m。(分)合衆国のカンザス，ワイオミング
¶**恐絶動**（p158～159/カ復）

ノトサウルス・ギガンテウス　*Nothosaurus giganteus*
中生代三畳紀の爬虫類鰭竜類。全長5～7m？(分)ドイツ，ブルガリア，イタリアほか
¶**リア中**〔ノトサウルス〕（p32/カ復）

ノトサウルス・ミラビリス　*Nothosaurus mirabilis*
三畳紀の脊索動物爬虫類。
¶**図解化**（p212-上左/カ写）〈(産)ドイツ 頭骨〉

ノドサウルス類　Nodosauria
白亜紀後期セノマニアン期の恐竜類装盾類。鳥盤目装盾亜目曲竜下目ノドサウルス科。植物食。体長4～5m。(分)北海道夕張市
¶**日恐竜**（p84/カ写，カ復）〈幅26.7cm，奥行き12.8cm，高さ2.1cm 左後半部の頭骨〉

ノトサンショウガイモドキ　*Euchelus notoensis*
新生代第三紀・初期中新世の貝類。ニシキウズガイ科。
¶**学古生**（図1188,1189/モ写）〈(産)石川県珠洲市藤尾〉

ノトショウナンボク *Calocedrus notoensis*
新生代中新世中期の陸上植物。ヒノキ科。
¶学古生（図2269,2270/モ写）〈㊤石川県珠洲市高屋 球果, 枝条〉

ノトショウナンボク ⇒ヒノキを見よ

ノトスソカケガイ *Tugali notoensis*
新生代第三紀・初期中新世の貝類。スカシガイ科。
¶学古生（図1187/モ写）〈㊤石川県珠洲市藤尾〉

ノトスティロプス *Notostylops*
始新世前期の哺乳類南米有蹄類。南祖亜目ノトスティロプス科。推定75cm。㊕アルゼンチン
¶恐絶動（p250/カ復）
絶哺乳（p230/カ復）

ノドデルフィヌラ・エレガンス *Nododelphinula elegans*
中生代白亜紀前期の貝類。ノドデルフィヌラ科。
¶学古生（図607/モ写）〈㊤岩手県下閉伊郡田野畑村平井賀〉
原色化（PL.72-2/カ写）〈㊤岩手県宮古市 高さ4.5cm〉
日化譜〔Nododelphinula elegans〕（図版27-6/モ写）〈㊤岩手県宮古〉

ノトトクサバイ *Phos notoensis*
新生代第三紀・初期中新世の軟体動物斧足類。エゾバイ科。
¶学古生（図1223/モ写）〈㊤石川県珠洲市向山〉
日化譜〔ノトトクサバイ（新）〕（図版83-26/モ写）〈㊤能登珠洲市藤尾〉

ノトトビカズラ *Mucuna chaneyi*
新生代中新世中期の陸上植物。マメ科。
¶学古生（図2430/モ写）〈㊤石川県珠洲市高屋〉

ノトナツフジ *Milletia notoensis*
新生代中新世中期の陸上植物。マメ科。
¶学古生（図2426,2427/モ写）〈㊤石川県珠洲市高屋 小葉, 豆果の1部〉

ノトネクティテス・エルテルライニ *Notonectites elterleini*
ジュラ紀後期の無脊椎動物昆虫類異翅類（カメムシ類）。
¶ゾル1（図418/カ写）〈㊤ドイツのヴィンタースホーフ 1cm〉

ノトヒイラギモクセイ *Osmanthus chaneyi*
新生代中新世中期の陸上植物。モクセイ科。
¶学古生（図2527/モ写）〈㊤石川県鹿島郡中島町上町〉

ノトビカリエラ *Vicaryella notoensis*
新生代第三紀・初期中新世の貝類。ウミニナ科。
¶学古生（図1208/モ写）〈㊤石川県輪島市徳成〉
日化譜〔Vicaryella notoensis〕（図版29-1/モ写）〈㊤石川県能登半島〉

ノトビカリエラ
新生代第三紀中新世の軟体動物腹足類。
¶産地新（p120/カ写）〈㊤石川県輪島市徳成 高さ4cm〉

ノトヒザクラガイ *"Tellina" notoensis*
新生代第三紀・初期中新世の貝類。ニッコウガイ科。
¶学古生（図1179/モ写）〈㊤石川県輪島市徳成〉

ノトファグス
白亜紀後期～現代の被子植物。別名ナンキョクブナ。高さ最大45m。㊕オーストラリア, パプアニューギニア, ニュージーランド, 南アメリカ, 南極大陸
¶進化大（p394/カ写）〈㊤南極大陸〉

ノトフィリア・ジャポニカ *Notophyllia japonica*
第四紀更新世後期の腔腸動物六射サンゴ類。
¶原色化（PL.84-6/カ写）〈㊤千葉県君津郡富来田町地蔵堂 高さ1.4cm, 長径9mm 側面, 上面〉

ノドプロソポン・ハイデニ *Nodoprosopon heydeni*
ジュラ紀後期の無脊椎動物甲殻類大型エビ類。
¶ゾル1（図303/カ写）〈㊤ドイツのトルライテン 1.4cm〉

ノトポコリステス
中生代白亜紀の節足動物甲殻類。
¶産地別（p32/カ写）〈㊤北海道苫前郡羽幌町中二股川 長さ0.9cm〉
産地別（p42/カ写）〈㊤北海道苫前郡苫前町古丹別川 長さ2.3cm〉
産地別（p53/カ写）〈㊤北海道留萌郡小平町一二三の沢 長さ2.9cm〉

ノトポコリステス・ジャポニクス *Notopocorystes japanicus*
中生代白亜紀の節足動物十脚類。
¶化石フ（p132/カ写）〈㊤北海道留萌郡小平町 20mm〉

ノトポコリステスの1種 *Notopocorystes intermedium*
中生代白亜紀後期の甲殻類。十脚目アサヒガニ科。
¶学古生（図703/モ写）〈㊤北海道苫前郡羽幌町三毛別川〉

ノトマツムシガイ *Mitrella notoensis*
新生代第三紀・初期中新世の貝類。タモトガイ科。
¶学古生（図1226/モ写）〈㊤石川県珠洲市藤尾〉

ノトミジンコザクラ *Perrotetia notoensis*
新生代中新世中期の陸上植物。ニシキギ科。
¶学古生（図2465/モ写）〈㊤石川県珠洲市高屋〉

ノトムシロガイ *Nassarius notoensis*
新生代第三紀・初期中新世の貝類。オリイレヨフバイ科。
¶学古生（図1227/モ写）〈㊤石川県輪島市徳成〉

ノトヤタテ（新） *Mitra (Strigatella) notoensis*
中新世中期の軟体動物腹足類。
¶日化譜（図版83-32/モ写）〈㊤能登珠洲市藤尾〉

ノトヤタテガイ *Strigatella notoensis*
新生代第三紀・初期中新世の貝類。フデガイ科。
¶学古生（図1232/モ写）〈㊤石川県珠洲市藤尾〉

ノトリンクス *Notorynchus*
5600万年前～現在の初期の脊椎動物軟骨魚類。別名エビスザメ。全長3m。㊕世界各地
¶恐竜世（p71/カ写）〈1本の歯〉

ノトリンクス *Notorynchus kempi*
始新世～現世の脊椎動物軟骨魚類。カグラザメ目カグラザメ科。体長3m。㊕世界中
¶化写真（p202/カ写）〈㊤イギリス 下顎の前歯から側歯〉

ノ

ノトロニクス　*Nothronychus*
白亜紀チューロニアンの恐竜類獣脚類テタヌラ類コエルロサウルス類テリジノサウルス類。体長4.5〜6m。[分]アメリカ合衆国のニューメキシコ州
¶恐イラ（p197/カ復）

ノニオン・ナコソエンゼ　*Nonion nakosoense*
新生代中新世の小型有孔虫。ノニオン科。
¶学古生（図929/モ写）〈[産]福島県いわき市勿来町九面〉

ノボリガイの1種　*Monilea* sp.
新生代第三紀・中期中新世の貝類。ニシキウズガイ科。
¶学古生（図1285/モ写）〈[産]宮城県柴田郡村田町足立西方〉

ノミンギア　*Nomingia*
白亜紀マーストリヒシアンの恐竜類獣脚類テタヌラ類コエルロサウルス類オヴィラプトロサウルス類オヴィラプトル類。体長1.8m（推定）。[分]モンゴルのブギン・ツァフ
¶恐イラ（p195/カ復）

ハ

ノムラカガミ　*Dosinia nomurai*
新生代第三紀・初期中新世の貝類。マルスダレガイ科。
¶学古生（図1126/モ写）〈[産]岩手県二戸市仁左平〉

ノムラカガミ　*Dosinia (Phacosoma) nomurai*
中新世中期の軟体動物斧足類。
¶日化譜（図版47-6/モ写）〈[産]岩手県福岡など〉

ノムラクチキレ　*Menesto nomurai*
鮮新世後期の軟体動物腹足類。
¶日化譜（図版34-38/モ写）〈[産]岩手県二戸郡金田一村落合〉

ノムラグルマ　*Architectonica (Solariaxis) nomurai*
鮮新世前期の軟体動物腹足類。
¶日化譜（図版29-19/モ写）〈[産]沖縄本島〉

ノムラツキヒ　*Placopecten nomurai*
新生代第三紀・初期中新世の貝類。イタヤガイ科。
¶学古生（図1133/モ写）〈[産]宮城県仙台市茂庭〉

ノムラナミガイ　*Panopea nomurae*
中新世中後期の軟体動物斧足類。
¶日化譜（図版49-2/モ写）〈[産]福島県平市, 宮城県塩竈〉

ノムラナミガイ　*Panope nomurae*
新生代第三紀・後期中新世の貝類。キヌマトイガイ科。
¶学古生（図1352/モ写）〈[産]島根県出雲市来原〉

ノムラナミガイ
新生代第三紀中新世の軟体動物斧足類。
¶産地本（p241/カ写）〈[産]島根県八束郡玉湯町布志名 長さ（左右）11cm〉

ノリマキ（デルマトリトン）の1種　*Delmatolithon* sp.cf.*D.saipanense*
新生代中新世の紅藻類。サンゴモ科イシゴロモ亜科。
¶学古生（図2145/モ写）〈[産]山口県大津郡油谷町〉

ノルデンショルディア　*Nordenskioerdia borealis*
新生代漸新世の陸上植物。
¶学古生（図2224/モ写）〈[産]北海道阿寒郡阿寒町雄別〉

【ハ】

羽アリ
新生代第四紀更新世の節足動物昆虫類。
¶産地別（p236/カ写）〈[産]大分県玖珠郡九重町奥双石 長さ0.8cm〉

バイ　*Babylonia japonica*
新生代第三紀・初期更新世の貝類。エゾバイ科。
¶学古生（図1588/モ写）〈[産]石川県金沢市大桑〉
学古生（図1735/モ写）〈[産]千葉県印旛郡手賀沼〉

バイ
新生代第四紀更新世の軟体動物腹足類。エゾバイ科。別名バビロニア。
¶産地新（p142/カ写）〈[産]石川県珠洲市平床 高さ5cm〉
産地別（p93/カ写）〈[産]千葉県印西市萩原 高さ6cm〉

這い跡の化石
約5億8500万年前の生痕化石。左右相称性をもつ動物のものとみられる。
¶生ミス1（図1-6/カ写）

ハイエノドン　⇒ヒアエノドンを見よ

バイエラ　*Baiera munsteriana*
三畳紀の植物イチョウ類。
¶地球博〔三畳紀のイチョウ〕（p77/カ写）〈長さ15cm〉

バイエラ
中生代ジュラ紀の裸子植物イチョウ類。
¶産地別（p139/カ写）〈[産]福井県福井市小和清水町 長さ4cm 葉〉

バイエラ属の未定種　*Baiera* sp.
中生代三畳紀〜ジュラ紀の裸子植物イチョウ類。イチョウ目。
¶学古生〔バイエルイチョウの1種〕（図789/モ写）〈[産]石川県石川郡白峰村桑島〉
化石フ（p12/カ写）〈[産]長野県北安曇郡小谷村, 岡山県川上郡成羽町 20mm,75mm〉

バイエラ・フルカータの近似種　*Baiera* cf.*furcata*
中生代ジュラ紀の裸子植物イチョウ類。
¶化石フ（p76/カ写）〈[産]長野県北安曇郡小谷村 80mm〉

バイエラ・ボレアリス　*Baiera borealis*
中生代の陸生植物イチョウ類。熱河生物群。
¶熱河生（図233/カ写）〈[産]中国の遼寧省北票の黄半吉溝 長さ7.1cm〉

バイエラ・ムンステリアナ
三畳紀〜ジュラ紀の植物イチョウ類。葉の最長5cm。[分]世界各地
¶進化大〔バイエラ〕（p201/カ写）

バイエルイチョウ　*Baiera filiformis*
中生代三畳紀の陸上植物。イチョウ綱イチョウ目バイエルイチョウ科。成羽植物群。
¶学古生（図758b/モ写）〈[産]岡山県川上郡成羽町〉

バイエルイチョウの1種　*Baiera elegans*
中生代三畳紀後期の陸上植物。イチョウ綱イチョウ目バイエルイチョウ科。成羽植物群。
¶**学古生**（図749,750/モ写）〈[産]岡山県川上郡成羽町〉

バイエルイチョウの1種　*Baiera taeniata*
中生代の陸上植物。イチョウ綱イチョウ目バイエルイチョウ科。成羽植物群。
¶**学古生**（図751/モ写）〈[産]山口県美祢市大嶺町〉
学古生（図757,758a/モ写）〈[産]山口県美祢市大嶺町，岡山県川上郡成羽町〉

バイエルイチョウの1種　⇒バイエラ属の未定種を見よ

ハイエンケリス　*Hayenchelys*
中生代白亜紀の条鰭類。
¶**生ミス7**（図3-6/カ写）〈[産]レバノンのハケル　15cm〉

ハイオケロス　*Hayoceros*
更新世中期の哺乳類。ラクダ亜目アンティロカプラ科。全長1.8m。[分]合衆国のネブラスカ
¶**恐絶動**（p279/カ復）

ハイガイ　*Anadara*（*Tegillarca*）*granosa*
新生代第四期更新世の軟体動物斧足類。フネガイ科。
¶**学古生**（図1640/モ写）〈[産]千葉県印旛郡印西町木下〉
学古生（図1750/モ写）〈[産]長崎県北高来郡飯森町下釜〉
化石フ（p178/カ写）〈[産]静岡県榛原郡相良町　70mm〉

ハイガイ　*Anadara*（*Tegillarca*）*granosa bisenensis*
更新世後期～現世の軟体動物斧足類。
¶**日化譜**（図版36-27/モ写）〈[産]千葉県印幡郡酒々井〉

ハイガイ
新生代第四紀更新世の軟体動物斧足類。
¶**産地別**（p95/カ写）〈[産]千葉県印西市山田　長さ6.4cm〉

梅花石　⇒ウミユリの柄の断面を見よ

倍脚類
オルドビス紀～現在の節足動物多足類倍脚類。別名ヤスデ類。
¶**化百科**〔倍脚類（ヤスデ類）〕（p149/カ写）〈[産]イギリス北東部のヨークシャー　7.3cm　雄型と雌型〉

倍脚類を含む石灰岩　*Diplopora*
三畳紀の藻類。カサノリ科。
¶**図解化**（p39-下/カ写）〈[産]イタリアのドロミテ山地〉

ハイコウイクチス
カンブリア紀前期の脊椎動物ミロクンミンギア類。全長2.5cm。[分]中国
¶**進化大**（p79/カ復）

ハイコウイクティス　*Haikouichthys*
古生代カンブリア紀の魚類。澄江生物群。
¶**生ミス1**（図3-3-15/カ写）

バイコエンプレクトプテリスの1種
Bicoemplectopteris hallei
古生代後期二畳紀後期の陸上植物。裸子植物シダ種子綱ギガントプテリス目。
¶**学古生**（図329/モ写）〈[産]福島県いわき市高倉山〉

パイゴーペ・ディフィア　*Pygope diphya*
ジュラ紀の腕足動物有関節類。
¶**原色化**（PL.42-3/モ写）〈[産]オーストリアのチロル　高さ4.5cm〉
図解化〔Pygope diphya〕（図版3-13/カ写）〈[産]アルプス山脈〉

バイコルヌシセレ・ビサネンシス　*Bicornucythere bisanensis*
新生代更新世の甲殻類（貝形類）。トラキレベリス科プテリゴシセレイス亜科。
¶**学古生**（図1876/モ写）〈[産]静岡県古谷層　右殻〉

バイソトレフィス　*Bythotrephis gracilis*
シルル紀～中新世の藻類。褐藻植物門。高さ30cm。[分]世界中
¶**化写真**（p288/カ写）〈[産]カナダ〉

バイソン　*Bison*
第四紀の哺乳類。偶蹄目ウシ科。
¶**図解化**（p30/カ写）〈[産]イタリアのポー川　頭骨〉

バイソン　⇒ステップバイソンを見よ

ハイドロテロザウルス　*Hydrotherosaurus* sp.
白亜紀の脊椎動物爬虫類。
¶**原色化**（PL.67-4/モ写）〈[産]イギリスのポットン　長さ6.7cm　脚の骨〉

バイネラ インソリタ　*Bainella insolita*
デボン紀の三葉虫。ファコープス目。
¶**三葉虫**（図78/モ写）〈[産]ボリビア　長さ54mm〉

ハイノキ　*Symplocos myrtacea*
新生代鮮新世の陸上植物。ハイノキ科。
¶**学古生**（図2488/モ図）〈[産]岐阜県瑞浪市陶町畑小屋〉

ハイパーアカントホプリテス
白亜紀アプチアン期の頭足類アンモナイト。殻長数cm。
¶**日白亜**（p110～113/カ写，カ復）〈[産]岩手県宮古市周辺　殻長4.1cm〉

ハイパープゾシア・タモン　*Hyperpuzosia tamon*
アルビアン期の軟体動物頭足類アンモナイト。アンモナイト亜目デスモセラス科。
¶**アン学**（図版15-1～4/カ写）〈[産]三笠地域　完模式標本，副模式標本〉

ハイファントケラス・レウシアヌム　⇒ハイファントセラス・レウスシアーナムを見よ

ハイファントセラス　*Hyphantoceras*
白亜紀後期のアンモナイト。
¶**アン最**〔ハイファントセラス，スカラリテス，プゾシア〕（p50/カ写）〈[産]日本の北海道〉

ハイファントセラス
中生代白亜紀の軟体動物頭足類。
¶**産地新**（p10/カ写）〈[産]北海道苫前郡羽幌町逆川　長さ6.5cm〉
産地新（p10/カ写）〈[産]北海道苫前郡羽幌町中二股川　長さ4.1cm〉
産地別（p39/カ写）〈[産]北海道苫前郡苫前町古丹別川上の沢　長さ7cm〉
産地別（p39/カ写）〈[産]北海道苫前郡苫前町古丹別川本流　長さ11cm〉

産地本(p22/カ写)〈㊥北海道苫前郡羽幌町逆川 長さ7cm〉
産地本(p27/カ写)〈㊥北海道苫前郡苫前町古丹別川 径7cm〉
日白亜(p131/カ写)〈㊥北海道各地 殻長12.5cm〉

ハイファントセラス・オシマイ *Hyphantoceras oshimai*
チューロニアン期のアンモナイト。
¶アン最〔ユーボストリコセラス・ジャポニカムとハイファントセラス・オシマイ〕(p134/カ写)〈㊥北海道〉
アン最〔スカラリテスの一種, ハイファントセラス・オシマイ, ユーボストリコセラス・ジャポニカム, デスモセラスの一種, プゾシアの一種〕(p135/カ写)〈㊥北海道〉
日化譜〔Hyphantoceras oshimai〕(図版53-9/モ写)〈㊥北海道三笠市幾春別〉

ハイファントセラス・オリエンターレ
Hyphantoceras orientale
サントニアン期の軟体動物アンモナイト。アンキロセラス亜目ディプロモセラス科。
¶アン学(図版41-3/カ写)〈㊥羽幌地域〉
アン最(p132/カ写)〈㊥北海道〉
化石フ(p125/カ写)〈㊥北海道苫前郡羽幌町 90mm〉

ハイファントセラス・レウスシアーナム
Hyphantoceras reussianum
白亜紀後期の無脊椎動物軟体動物。
¶アン最(p165/カ写)〈㊥ドイツのヴェストファーレン〉
図解化〔ハイファントケラス・レウシアヌム〕(p147-上/カ写)〈㊥ドイツ〉

ハイポアカンソホプリテス・サブコルヌエリアヌス *Hypacanthoplites subcornuerianus*
中生代白亜紀の軟体動物頭足類。
¶化石フ(p118/カ写)〈㊥長野県上伊那郡長谷村 30mm〉
日化譜〔Hypacanthoplites subcornuerianus〕(図版55-14/モ写)〈㊥岩手県宮古〉

ハイポクラデシテス・スバラタス *Hypocladiscites subaratus*
中生代三畳紀の軟体動物頭足類。
¶化石フ(p108/カ写)〈㊥沖縄県国頭郡本部町 25mm〉

ハイポチリディナ・キュボイデス *Hypothyridina cuboides*
デボン紀の腕足動物有関節類。
¶原色化(PL.18-6/モ写)〈㊥ベルギーのジベー近郊 大きい個体の幅3.5cm, 小さい個体の高さ2.8cm〉

ハイポツリリテス *Hypoturrilites*
中生代白亜紀の軟体動物頭足類アンモナイト類。
¶生ミス7(図4-7/カ写)〈㊥北海道三笠市 高さ約4cm〉

ハイポツリリテス
白亜紀セノマニアン期の頭足類アンモナイト。殻長約10〜20cm。
¶日白亜(p118〜121/カ写, カ復)〈㊥北海道三笠市 高さ9cm〉

ハイポツリリテス・コモタイ *Hypoturrilites komotai*
セノマニアン前期の軟体動物頭足類アンモナイト。アンキロセラス亜目ツリリテス科。
¶アン学(図版31-1/カ写)〈㊥芦別地域〉
日化譜〔Hypoturrilites komotai〕(図版53-3/モ写)〈㊥北海道三笠市幾春別〉

ハイポフィロセラス・サブラモサム
Hypophylloceras subramosum
コニアシアン期の軟体動物頭足類アンモナイト。フィロセラス亜目フィロセラス科。
¶アン学(図版56-3,4/カ写)〈㊥羽幌地域〉

ハイポフィロセラス・セレシテンゼ
Hypophylloceras seresitense
セノマニアン期の軟体動物頭足類アンモナイト。フィロセラス亜目フィロセラス科。
¶アン学(図版56-1,2/カ写)〈㊥幌加内地域〉

ハイポフィロセラス・ヘトナイエンゼ
Hypophylloceras hetonaiense
マストリヒチアン前期の軟体動物頭足類アンモナイト。フィロセラス亜目フィロセラス科。
¶アン学(図版56-5,6/カ写)〈㊥穂別地域〉

バインベルギナ・オピツィ ⇒ウェインベルギナ・オピツィを見よ

バヴァリサウルス・マクロダクティルス
Bavarisaurus macrodactylus
ジュラ紀後期の脊椎動物爬虫類トカゲ類。
¶ゾル2(図231/カ写)〈㊥ドイツのケルハイム 18cm〉

ハウエリセラス
中生代白亜紀の軟体動物頭足類。
¶産地新(p9/カ写)〈㊥北海道中川郡中川町安川ペンケシップ沢 径11cm〉
産地別(p12/カ写)〈㊥北海道中川郡中川町ワッカウエンベツ川化石沢 長径15cm〉
産地別(p23/カ写)〈㊥北海道苫前郡羽幌町逆川 長径12.5cm〉
産地別(p23/カ写)〈㊥北海道苫前郡羽幌町逆川 長径3.4cm〉
産地別〔虹色に輝くハウエリセラス〕(p23/カ写)〈㊥北海道苫前郡羽幌町逆川 長径12cm〉
産地本(p17/カ写)〈㊥北海道苫前郡羽幌町羽幌川 径15.2cm〉
産地本(p39/カ写)〈㊥北海道浦河郡浦河町井寒台 径15cm〉

ハウエリセラス・アングスタム *Hauericeras angustum*
カンパニアン前期の軟体動物頭足類アンモナイト。アンモナイト亜目デスモセラス科。
¶アン学(図版23-1〜4/カ写)〈㊥羽幌地域〉
日化譜〔Hauericeras angustum〕(図版55-6/モ写)〈㊥北海道三笠市幾春別, 同天塩国アベシナイ, 樺太内淵川〉

ハウエリセラス・アングスタム *Hauericeras (Gardeniceras) angustum*
中生代白亜紀後期セノニアン世のアンモナイト。デスモセラス科。
¶学古生(図494/モ写)〈㊥北海道苫前郡羽幌町羽幌川とアイヌ沢との合流点付近 側面, 前面, 腹面〉

パウキポディア・イネルミス *Paucipodia inermis*
円形貧腿虫
カンブリア紀の葉足動物。葉足動物門。澄江生物群。
¶澄江生（図14.2/モ復）
澄江生（図14.3/カ写）〈㊫中国の馬房 全長80mm 側面からの眺め〉

バウゴニア・ナミガシラ *Vaugonia* (*Vaugonia*) *namigashira*
中生代ジュラ紀前期の貝類。サンカクガイ科。
¶学古生（図675/モ写）〈㊫宮城県桃生郡北上町相川 左殻外面〉

バウゴニア・ニラノハメンシス *Vaugonia niranohamensis*
中生代ジュラ紀の軟体動物斧足類三角貝。
¶化石フ（p16/カ写）〈㊫宮城県本吉郡志津川町 20mm〉
化石フ（p92/カ写）〈㊫宮城県本吉郡志津川町 21mm〉
日化譜〔Vaugonia niranohamensis〕（図版42-27/モ写）〈㊫宮城県志津川町韮ノ浜〉

バウゴニア・ニラノハメンシス *Vaugonia* (*Vaugonia*) *niranohamensis*
中生代ジュラ紀前期の貝類。サンカクガイ科。
¶学古生（図670/モ写）〈㊫宮城県桃生郡北上町相川 左殻外面〉

バウゴニア（ヒジトリゴニア）・ジェニクラータ *Vaugonia* (*Hijitrigonia*) *geniculata*
中生代ジュラ紀中期の貝類。サンカクガイ科。
¶学古生（図674/モ写）〈㊫宮城県本吉郡志津川町 左殻外面〉

ハウスマンニア・ディコトマ
三畳紀～白亜紀の植物シダ類。葉の長さ5～8cm。㊀北半球
¶進化大〔ハウスマンニア〕（p288～289/カ写）

ハウチワカエデ *Acer japonicum*
第四紀更新世の陸上植物双子葉植物。カエデ科。塩原植物群。
¶学古生（図2597/モ写）〈㊫栃木県塩谷郡塩原町〉
化石図（p169/カ写）〈葉の長さ約6cm〉
原色化〔アケル・ジャポニクム〕（PL.88-6/カ写）〈㊫栃木県塩谷郡塩原町中塩原 幅1.5cm 翅果〉
日化譜〔ハウチハカエデ〕（図版78-12/モ写）〈㊫栃木県塩原温泉シラン沢〉

パヴロヴィア *Pavlovia praecox*
後期ジュラ紀の無脊椎動物アンモナイト類。アンモナイト目ペリスフィンクス科。直径4cm。㊀グリーンランド，北ヨーロッパ
¶化写真（p148/カ写）〈㊫グリーンランド〉

ハエ Fly
2億3000万年前（三畳紀）～現在の無脊椎動物昆虫。
¶恐竜世（p49/カ写）〈ケバエの一種〉

ハエナミクヌス
爬虫類双弓類主竜類翼竜類。
¶生ミス7〔巨大翼竜の翼開長比べ〕（図6-2/カ復）

ハエナミクヌス・ウーハングリエンシス *Haenamichnus uhangriensis*
中生代白亜紀後期の爬虫類双弓類主竜類翼竜類。翼開長10m以上。
¶生ミス7（図6-3/カ写）〈㊫韓国海南湾 約35cm 足跡化石（正基準標本）〉

ハエの未定種 Diptera.fam., gen.et sp.indet.
中生代白亜紀の節足動物昆虫類。
¶化石フ（p131/カ写）〈㊫福島県いわき市 1mm〉

ハオプテルス・グラキリスの完模式標本 *Haopterus gracilis*
中生代の翼竜類。プテロダクティルス科。熱河生物群。
¶熱河生（図130/カ写）〈㊫中国の遼寧省北票の四合屯 翼開長約1.35m 亜成体〉

バカガイ *Mactra* (*Mactra*) *chinensis*
新生代第四紀更新世の貝類。バカガイ科。
¶学古生（図1669/モ写）〈㊫千葉県印旛郡印西町木下〉

バカガイ *Mactra* (s.s.) *sulcataria*
更新世前期～現世の軟体動物斧足類。
¶日化譜（図版48-5/モ写）〈㊫千葉県君津郡清川，成田市大竹〉

バカガイ
新生代第四紀更新世の軟体動物斧足類。バカガイ科。
¶産地新（p139/カ写）〈㊫石川県珠洲市平床 長さ6.5cm〉

バガケラトプス *Bagaceratops*
白亜紀カンパニアンの恐竜類ネオケラトプス類。角竜亜目プロトケラトプス科。原始的なアジアの角竜類。体長1m。㊀モンゴル
¶恐イラ（p231/カ復）
恐絶動（p162/カ復）

バガケラトプス・ロジェドストベンスキ *Bagaceratops rozhdestvenskyi*
白亜紀後期の恐竜類鳥脚類角竜類新角竜類。
¶モ恐竜（p50/カ写）〈㊫モンゴル南西フルサン 全身骨格〉

パキィプテリス・ロムボイダリス *Pachypteris rhomboidalis*
ジュラ紀前期の植物。
¶図解化（p48-1/カ写）〈㊫イタリア北部のオステノ〉

パギオフィルム *Pagiophyllum* sp.
ジュラ紀前期の植物。
¶図解化（p48-5/カ写）〈㊫イタリア北部のオステノ〉

パギオフィルム・キリニクム *Pagiophyllum cirinicum*
ジュラ紀後期の植物針葉樹（球果）類。ナンヨウスギ類の近縁。
¶ゾル1（図42/カ写）〈㊫ドイツのアイヒシュテット 15cm〉
ゾル1（図43/カ写）〈㊫ドイツのケルハイム 1.4cm 葉のある小枝〉

パキケトゥス *Pakicetus*
新生代古第三紀始新世の哺乳類真獣類鯨偶蹄類ムカシクジラ類。原始鯨亜目。頭胴長1m。㊀インド，パキスタン
¶恐絶動（p230/カ復）
生ミス9（図1-7-2/カ写，カ復）〈全身復元骨格〉

パキケトゥス *Pakicetus attocki*
始新世前期の哺乳類クジラ類ムカシクジラ類。パキケトゥス科。頭胴長約1.3m。㊀アジア（パキスタン）

¶絶哺乳（p138/カ復）

パキケハロサウルス *Pachycephalosaurus grangeri*
白亜紀後期の恐竜類。竜型超綱鳥盤綱鳥脚目。別名いぼこぶ竜。全長6m。㊓北米モンタナ州
¶古脊椎（図169/モ復）

パキケファロサウルス *Pachycephalosaurus*
6500万年前（白亜紀後期）の恐竜類堅頭竜類パキケファロサウルス類。鳥盤目周飾頭亜目パキケファロサウルス科。森林に生息。植物食恐竜。全長5m。㊓北アメリカ
¶恐イラ（p228/カ復）
恐古生（p184〜185/カ復）
恐絶動（p135/カ復）
恐太古（p72〜73/カ写）〈頭骨〉
恐竜世（p122〜123/カ写，カ復）〈完全な状態の頭骨のレプリカ〉
恐竜博（p144/カ写，カ復）〈頭骨〉
生ミス8（図9-6/カ復）
生ミス8〔パキケファロサウルスの傷跡〕（図9-9/カ写）〈頭骨に外傷が確認〉
生ミス8〔同一種？〕（図9-10/カ復）〈頭部復元図〉
よみ恐（p214〜215/カ復）

パキケファロサウルス
白亜紀後期の脊椎動物鳥盤類。体長5m。㊓北アメリカ
¶進化大（p354/カ写）〈頭骨〉

パキケファロサウルス・ワイオミングエンシス
Pachycephalosaurus wyomingensis
白亜紀の恐竜類鳥盤類周飾頭類堅頭竜類。全長5m。㊓アメリカ
¶地球博〔パキケファロサウルスの頭蓋骨〕（p85/カ写）
リア中〔パキケファロサウルス〕（p244/カ復）

パキテイキスマ・ラメローサ *Pachyteichisma lamellosa*
ジュラ紀の海綿動物珪質海綿類。
¶原色化（PL.57-5/カ写）〈㊒ドイツのヴュルテムベルグのバーリンゲン　高さ9cm〉

パキディスカス
中生代白亜紀の軟体動物頭足類。
¶産地新（p7/カ写）〈㊒北海道中川郡中川町安川ペンケシップ沢　径6cm〉
産地新（p156/カ写）〈㊒兵庫県三原郡緑町広田広田　径13cm〉

パキディスカス・アワジエンシス *Pachydiscus awajiensis*
中生代白亜紀の軟体動物頭足類。パキディスクス科。
¶化石フ（p123/カ写）〈㊒大阪府阪南市　115mm〉

パキディスカス・アワジエンシス
白亜紀カンパニアン期の頭足類アンモナイト。殻長15cm弱。
¶日白亜（p72〜75/カ写，カ復）〈㊒和歌山県有田川町鳥屋城山〉

パキディスカス・カタリナエ *Pachydiscus catarinae*
カンパニアン期のアンモナイト。
¶アン最（p214/カ写）〈㊒メキシコのバハのサンタ・カタリナ〉

パキディスカス・ジャポニカス *Pachydiscus japonicus*
マストリヒチアン前期の軟体動物頭足類アンモナイト。アンモナイト亜目パキディスカス科。
¶アン学（図版29-2,3/カ写）〈㊒穂別地域〉

パキディスカスの類
中生代白亜紀の軟体動物頭足類。
¶産地本（p7/カ写）〈㊒北海道天塩郡遠別町ルベシ沢　径17cm〉
産地本（p7/カ写）〈㊒北海道天塩郡遠別町ウッツ川　径12cm〉
産地本（p7/カ写）〈㊒北海道天塩郡遠別町ウッツ川　径5cm〉

パキテウシス *Pachyteuthis abbreviata*
ジュラ紀の無脊椎動物矢石類。ベレムナイト目キリンドロテウチス科。体長50cm。㊓世界中
¶化写真〔パチテウチス〕（p162/カ写）〈㊒イギリス〉
地球博〔ベレムナイト〕（p81/カ写）

パキテウティス *Pachyteuthis densus*
ジュラ紀中期〜後期の軟体動物頭足類ベレムナイト類。
¶化百科（p177/カ写）〈㊒アメリカ合衆国のワイオミング州　長さ5cm〉
図解化〔Pachyteuthis densus〕（図版36-9/カ写）〈㊒ワイオミング州〉
図解化〔Pachyteuthis densus〕（図版36-16/カ写）〈㊒モンタナ州〉

パキデスモセラス・コスマッティ
Pachydesmoceras kossmati
チューロニアン期の軟体動物頭足類アンモナイト。アンモナイト亜目デスモセラス科。
¶アン学（図版18-1〜4/カ写）〈㊒夕張地域，小平地域　副模式標本〉

パキデスモセラス・コスマッティに類似する種
Pachydesmoceras aff.*P.kossmati*
セノマニアン期の軟体動物頭足類アンモナイト。アンモナイト亜目デスモセラス科。
¶アン学（図版19-1,2/カ写）〈㊒幌加内地域〉

パキデスモセラス・パキディスコイデ
Pachydesmoceras pachydiscoide
チューロニアン期の軟体動物頭足類アンモナイト。アンモナイト亜目デスモセラス科。
¶アン学（図版17-1,2/カ写）〈㊒羽幌地域，幌加内地域〉

パキトリソプス属の種 *Pachythrissops* sp.
ジュラ紀後期の脊椎動物真骨魚類。
¶ゾル2（図176/カ写）〈㊒ドイツのアイヒシュテット　16cm　幼体〉

パキトリソプス・プロプテルス *Pachythrissops propterus*
ジュラ紀後期の脊椎動物真骨魚類。
¶ゾル2（図175/カ写）〈㊒ドイツのパインテン　38cm〉

パキプテリス *Pachypteris* sp.
三畳紀〜白亜紀の植物ソテツシダ類。ペルタスペルマ目ウンコマシア科。高さ2m。㊓世界中

ハ

¶**化写真**（p299/カ写）〈(産)イラン 葉の層〉

パキプレウロサウルス *Pachypleurosaurus*
2億2500万年前（三畳紀中期），ジュラ紀の初期の脊椎動物爬虫類ノトサウルス類。パキプレウロサウルス科。全長30〜40cm。(分)イタリア，スイス，ルーマニア
¶**恐イラ**（p75/カ復）
恐竜世（p98/カ写）
図解化〔パキプレウロサウルス属の爬虫類〕（p10-5/カ写）〈(産)サンジョルジオ山〉

パキプレウロサウルス
三畳紀中期の脊椎動物鰭竜類。全長30〜40cm。(分)イタリア，スイス
¶**進化大**（p209/カ写）

パキプレウロサウルス・エドワージ
Pachypleurosaurus edwardsi
三畳紀中期の脊索動物爬虫類偽竜類。
¶**図解化**（p212-下左/カ写）〈(産)スイスのモンテ・サンジョルジオ 幼体〉

バキュライテス・コンプレッサス ⇒バキュリテス・コンプレッサスを見よ

バキュライテス・ブーレイ *Baculites* cf.*boulei*
白亜紀の軟体動物頭足類。
¶**原色化**（PL.64-2/カ写）〈(産)樺太？ 幅8〜9mm〉

バキュリテス *Baculites*
中生代白亜紀の軟体動物頭足類アンモナイト類。アンモナイト目バキュリテス科。体長10cm。(分)世界中
¶**アン最**〔バキュリテスと呼ばれるアンモナイトの一部分〕（p21/カ写）〈(産)サウスダコタ州ブラックヒルズ北部 バッファローストーン〉
アン最（p58/カ写）〈アンモニテラ〉
アン最〔殻に穴が開いているバキュリテス〕（p87/カ写）
化写真〔バクリテス〕（p160/カ写）〈(産)フランス〉
生ミス7（図4-11/カ写）〈(産)北海道古丹別町 約10cm〉

バキュリテス
中生代白亜紀の軟体動物頭足類。
¶**産地新**（p195/カ写）〈(産)香川県さぬき市多和兼割 長さ16cm，長径3.4cm〉
産地本（p15/カ写）〈(産)北海道中川郡中川町安平志内川 写真の長さ3cm（全長5cm）〉
産地本（p21/カ写）〈(産)北海道苫前郡羽幌町羽幌川 長さ13.5cm〉
産地本（p22/カ写）〈(産)北海道苫前郡羽幌町逆川 長さ5cm〉
産地本（p29/カ写）〈(産)北海道苫前郡苫前町古丹別川 長さ14.5cm〉

バキュリテス・アンケプス
白亜紀後期の無脊椎動物頭足類。長さ最大2m。(分)世界各地
¶**進化大**〔バキュリテス〕（p300/カ写）

バキュリテス・イリアスイ *Baculites eliasi*
アンモナイト。
¶**アン最**（p48/カ写）〈(産)モンタナ州 殻表面〉

バキュリテス・ウンジュラータス *Baculites undulatus*
中生代白亜紀後期のアンモナイト。バキュリテス科。
¶**学古生**（図550,551/モ写）〈(産)北海道三笠市幾春別川流域 側面〉
学古生（図552/モ写）〈(産)北海道中川郡中川町アベシナイ 側面〉

バキュリテス・ケイペンシス *Baculites capensis*
中生代白亜紀後期のアンモナイト。バキュリテス科。
¶**学古生**（図574〜576/モ写）〈(産)北海道勇払郡穂別村シサヌシベ 腹面，側面，背面〉

バキュリテス・コンプレッサス *Baculites compressus*
カンパニアン期のアンモナイト。
¶**アン最**〔ジェレッツキテス・ノドサスとバキュリテス・コンプレッサス〕（p43/カ写）〈(産)サウスダコタ州〉
アン最〔ジェレッツキテス・ブレビスとバキュリテス・コンプレッサス〕（p206/カ写）〈(産)サウスダコタ州メーダ郡 マクロコンク（雌）〉
アン最〔バキュリテス・コンプレッサスと"イノセラムス"〕（p207/カ写）〈(産)サウスダコタ州メーダ郡〉
原色化〔バキュライテス・コンプレッサス〕（PL.65-3/カ写）〈(産)北アメリカのミズーリ州 長さ12.5cm〉

バキュリテス・サルカタスに近縁の種 *Baculites* aff.*B.sulcatus*
中生代白亜紀後期のアンモナイト。バキュリテス科。
¶**学古生**（図573/モ写）〈(産)北海道中川郡中川町アベシナイ佐久学校沢 側面〉

バキュリテス・スケンカイ *Baculites schencki*
中生代白亜紀後期のアンモナイト。バキュリテス科。
¶**学古生**（図549/モ写）〈(産)北海道三笠市奔別五ノ沢 側面〉

バキュリテス・タナカエ *Baculites tanakae*
中生代白亜紀後期のアンモナイト。バキュリテス科。
¶**学古生**（図553〜555/モ写）〈(産)北海道苫前郡羽幌古丹別羽幌越 副模式標本〉
学古生（図556/モ写）〈(産)北海道苫前郡羽幌町羽幌川本流 副模式標本〉
学古生（図560〜562/モ写）〈(産)北海道中川郡中川町アベシナイ佐久学校ノ沢上流 副模式標本〉
学古生（図563〜565/モ写）〈(産)北海道中川郡中川町アベシナイ佐久学校ノ沢上流〉

バキュリテスの一種 *Baculites* sp.
マストリヒチアン期？の軟体動物頭足類アンモナイト。アンキロセラス亜目バキュリテス科。
¶**アン学**（図版45-9/カ写）〈(産)穂別地域〉
アン最（p72/カ写）〈(産)サウスダコタ州 縫合線模様〉

バキュリテス・ブーレイ *Baculites boulei*
中生代白亜紀後期のアンモナイト。バキュリテス科。
¶**学古生**（図577/モ写）〈(産)北海道苫前郡羽幌町羽幌川本流 側面〉

バキュリテス・ベイリアイ *Baculites bailyi*
中生代白亜紀後期のアンモナイト。バキュリテス科。
¶**学古生**（図547,548/モ写）〈[産]北海道苫前郡羽幌町築別炭礦付近 腹面，側面〉

バキュリテス・ヨコヤマイ *Baculites yokoyamai*
中生代白亜紀後期のアンモナイト。バキュリテス科。
¶**学古生**（図557/モ写）〈腹面〉
学古生（図558/モ写）〈側面〉
学古生（図559/モ写）〈[産]北海道苫前郡羽幌町羽幌川本流 腹面〉

バキュリテス・レジナ *Baculites regina*
中生代白亜紀後期のアンモナイト。バキュリテス科。
¶**学古生**（図566/モ写）〈[産]大阪府泉南市新家 副模式標本〉
学古生（図567～568/モ写）〈[産]和歌山県泉南市畦ノ谷 腹面，横断面〉
学古生（図569,570/モ写）〈[産]大阪府泉佐野市滝ノ池 背面，側面〉
学古生（図571,572/モ写）〈[産]和歌山県泉南市畦ノ谷 腹面，側面〉

バキュロジプシナの1種 *Baculogypsina sphaerulata*
新生代第四紀完新世，更新世中期後半の大型有孔虫。カルカリナ科。
¶**学古生**（図985,990,991,992/モ写）〈[産]沖縄県八重山郡竹富町竹富島，鹿児島県大島郡与論町城〉

バキュロジプシノイデスの1種 *Baculogypsinoides spinosus*
新生代更新世中期後半の大型有孔虫。カルカリナ科。
¶**学古生**（図987/モ写）〈[産]鹿児島県大島郡与論町茶花と那間の中間〉

パキラキス *Pachyrhachis*
中生代白亜紀の爬虫類双弓類鱗竜形類有鱗類ヘビ類。ヘビ亜目。全長1.5m。[分]イスラエル
¶**恐絶動**（p87/カ復）
生ミス7（図6-11/カ復）

パキリノサウルス *Pachyrhinosaurus*
白亜紀後期の恐竜類角竜類セントロサウルス類。鳥盤目周飾頭亜目ケラトプス科セントロサウルス亜科。体長5.5～6m。[分]アメリカ合衆国
¶**恐イラ**（p236/カ復）
恐絶動（p163/カ復）
恐太古（p82/カ復）
よみ恐（p213/カ復）

パキルコス *Pachyrukhos*
中新世前期の哺乳類南米有蹄類。南蹄目ヘゲトテリウム亜目ヘゲトテリウム科。頭胴長約35cm。[分]アルゼンチン
¶**恐絶動**（p250/カ復）
絶哺乳（p232/モ図）〈復元骨格〉

パキルコス *Pachyrukhos mayani*
中新世の哺乳類。哺乳綱獣亜綱正獣上目南蹄目。全長30cm。[分]南米パタゴニア
¶**古脊椎**（図266/モ復）

パーキンソニア・パーキンソニ *Parkinsonia parkinsoni*
バジョシアン期のアンモナイト。
¶**アン最**（p150/カ写）〈[産]イギリスのドーセット〉

ハクウンボク *Styrax obassia*
新生代第四紀更新世中期の陸上植物。エゴノキ科。
¶**学古生**（図2582/モ図）〈[産]神奈川県横浜市戸塚区下倉田 種子〉

ハクサノドン
白亜紀オーテリビアン期～バレミアン期？の哺乳類。体長約25cm。
¶**日白亜**（p88～89/カ復）〈[産]石川県白山市（旧白峰村）〉

白山の巨大獣脚類 Theropoda
白亜紀前期バレミアン期の恐竜類獣脚類。肉食。国内最大級の獣脚類。体長8.5m以上。[分]石川県白山市手取川上流
¶**日恐竜**（p22/カ写，カ復）〈牙化石〉

ハクサンリュウ Sauropoda gen.et sp.indet.
中生代白亜紀の爬虫類竜盤類。
¶**化石フ**（p148/カ写）〈[産]石川県石川郡白峰村 20mm（レプリカ） 歯〉

麦石 ⇒魚の耳石（不明種）を見よ

パークソサウルス *Parksosaurus*
白亜紀マーストリヒシアンの恐竜類。鳥脚亜目ヒプシロフォドン科。小型の鳥脚類。体長2.4m。[分]カナダのアルバータ州
¶**恐イラ**（p213/カ復）
恐絶動〔パルクソサウルス〕（p139/カ復）

バクダンウニ *Phyllacanthus dubius*
新生代更新世の棘皮動物。フトザオウニ科。
¶**学古生**（図1901/モ写）〈[産]鹿児島県大島郡喜界町上嘉鉄〉

バクテリア bacteria
先カンブリア時代（始生代）～現在の微化石。モネラ界。
¶**化百科**（p70/カ写）〈0.2～20μm〉

バクトリテス *Bactrites*
頭足類。
¶**アン最**（p24/カ写）〈[産]オクラホマ州南部〉

バクトロサウルス *Bactrosaurus*
白亜紀後期の爬虫類カモノハシ恐竜。鳥脚亜目ハドロサウルス科。全長4m。[分]モンゴル，中国
¶**恐絶動**（p146/カ復）

バクトロサウルス *Bactrosaurus johnsoni*
恐竜類。竜型超綱鳥盤綱鳥脚目。全長19m。[分]外蒙ゴビ砂漠
¶**古脊椎**（図158/モ復）

バクトロサウルス
白亜紀セノマニアン後期～カンパニアン期？の植物食恐竜。ハドロサウルス科。
¶**日白亜**（p24～25/カ復）〈[産]熊本県御船町〉

バクリテス ⇒バキュリテスを見よ

パグルス *Pagurus* sp.
ジュラ紀〜現世の無脊椎動物甲殻類。十脚目ホンヤドカリ科。体長3cm。㊎世界中
¶**化写真**(p71/カ写)〈㊥ニュージーランド〉

ハグルマクダコケムシ *Tubulipora pulchra*
新生代のコケムシ類。円口目クダコケムシ科。
¶**学古生**(図1076/モ写)〈㊥千葉県木更津市地蔵堂〉

ハグロケバエ？ *Bibio tenebrosus?*
新生代鮮新世後期または更新世の昆虫類。ケバエ科。
¶**学古生**(図1813/モ写)〈㊥鹿児島県薩摩郡東郷町荒川内〉

パゲティア *Pagetia bootes*
カンブリア紀の三葉虫。節足動物門アラクノモルファ亜門三葉虫綱エオディスシナ亜目パゲティデー科。最大約8mm。
¶**バ頁岩**(図128/モ写)〈㊥カナダのバージェス頁岩〉

バケベリア・トリゴーナ *Bakevellia trigona*
中生代ジュラ紀の軟体動物斧足類。ウグイスガイ目バケベリア科。
¶**化石フ**(p94/カ写)〈㊥宮城県本吉郡志津川町 幅35mm〉

バケベリア(ネオバケベリア)・トゥリゴーナ *Bakevellia(Neobakevellia) trigona*
中生代ジュラ紀前期の貝類。バケベリア科。
¶**学古生**(図652/モ写)〈㊥宮城県本吉郡歌津町 左殻外面〉

ハコエビの1種 ⇒リヌパルス・ジャポニクスを見よ

ハコダテシラオガイ *Astarte hakodatensis*
新生代第三紀鮮新世〜現世の貝類。エゾシラオガイ科。
¶**学古生**(図1526/モ写)〈㊥石川県河北郡中津幡〉
日化譜(図版44-3/モ写)〈㊥横浜市金沢〉

ハコヤナギ属の1種 *Populus* sp.
新生代漸新世の陸上植物。ヤナギ科。
¶**学古生**(図2177/モ写)〈㊥北海道夕張市遠幌加別〉

バージェシア *Burgessia*
カンブリア紀中期の初期の無脊椎動物節足動物。
¶**化百科**(p109/カ写)〈幅1cm〉

バージェシア・ベラ *Burgessia bella*
カンブリア紀の三葉虫。節足動物門アラクノモルファ亜門。甲皮の幅4〜16.5mm。
¶**図解化**(p95-B/カ写)〈㊥ブリティッシュ・コロンビア州バージェス頁岩〉
バ頁岩〔ブルゲッシア〕(図133〜135/モ写, モ復)〈㊥カナダのバージェス頁岩〉

バシデチェネラ・ロウイ *Basidechenella rowi*
デヴォン紀の節足動物三葉虫。
¶**図解化**(p27-1/カ写)〈㊥ニューヨーク〉

ハシナガイグチ
新生代第三紀鮮新世の軟体動物腹足類。
¶**産地別**(p231/カ写)〈㊥宮崎県児湯郡川南町通浜 高さ10cm〉

バシノタス クウェイチェンシス *Bathynotus kueichouensis*
カンブリア紀の三葉虫。レドリキア目。
¶**三葉虫**(図14/モ写)〈㊥中国貴州省黔東南族自治州剣河 長さ35mm〉

ハシバミ属の1種 *Corylus* sp.
新生代中新世後期の陸上植物。カバノキ科。
¶**学古生**(図2334/モ写)〈㊥山形県西置賜郡飯豊町西高峯 堅果〉

パシファコープス ライモンディ *Paciphacops raimondii*
三葉虫。オドントプルーラ目。
¶**三葉虫**(図91/モ写)

バシロサウルス *Basilosaurus*
新生代古第三紀始新世の哺乳類真獣類鯨偶蹄類ムカシクジラ類。原始鯨亜目バシロサウルス科。熱帯の海洋に生息。全長20m。㊎アメリカ, エジプト, イギリスほか
¶**恐古生**(p274〜275/カ復)
恐絶動(p230/カ復)
恐竜博(p168〜169/カ写, カ復)〈顎, 脳頭蓋の型(上面)〉
古代生(p210〜211/カ復)
生ミス9(図1-7-6/カ写, カ復)〈全身復元骨格〉

バシロサウルス *Basilosaurus cetoides*
始新世の哺乳類。哺乳綱獣亜綱正獣上目鯨目。別名原鯨。全長16.5m。㊎北米アラバマ州
¶**古脊椎**(図237/モ復)
世変化(図75/カ写)〈㊥米国のアラバマ州 16.8m〉

バシロサウルス *Basilosaurus* sp.
始新世中期〜後期の哺乳類クジラ類ムカシクジラ類。鯨目バシロサウルス科。全長20〜25m。㊎アフリカ, ヨーロッパ, 北アメリカ
¶**化写真**(p269/カ写)〈㊥エジプト 脳の外形雄型〉
絶哺乳(p139/カ復)

バスコセラス・コスタータム *Vascoceras costatum*
チューロニアン期のアンモナイト。
¶**アン最**(p126/カ写)〈㊥ナイジェリアのゴンベ〉

バスコセラス・デュランディ *Vascoceras durandi*
チューロニアン前期の軟体動物頭足類アンモナイト。アンモナイト亜目バスコセラス科。
¶**アン学**(図版7-3/カ写)〈㊥幌加内地域〉

バスコセラスの一種 *Vascoceras* sp.
チューロニアン期のアンモナイト。
¶**アン最**(p125/カ写)〈㊥ナイジェリアのゴンベ〉

ハスノハカシバン *Echinarachnius(Scaphechinus) mirabilis*
中新世(？)〜現世のウニ類。
¶**原色化**〔エチナラクニゥス(スカフエチヌス)・ミラビリス〕(PL.89-4/カ写)〈㊥千葉県印旛郡印西町木下町発作 長径5cm 上面, 底面〉
日化譜(図版62-4/モ写)〈現生標本〉

ハスノハカシパン *Scaphechinus mirabilis*
第四紀更新世のウニウニ類。タコノマクラ目スクテラ科。
¶**学古生**(図1918/モ写)〈㊥千葉県印旛郡印西町木下 口

側, 反口側〉
化石図 (p163/カ写, カ復)〈(産)茨城県 横幅約5cm 上面の花紋, 下面〉

ハスノハカシパンウニ
新生代第四紀更新世の棘皮動物ウニ類。
¶産地新 (p62/カ写)〈(産)秋田県男鹿市琴川安田海岸 径5.1cm〉
産地別 (p164/カ写)〈(産)富山県小矢部市田川 長径7.5cm〉
産地本 (p98/カ写)〈(産)千葉県木更津市真里谷 径4.2cm〉

バスラスピラ・イクスカバータ *Bathraspira excavata*
中生代の貝類。プロセリシウム科。
¶学古生 (図619/モ写)〈(産)岩手県下閉伊郡田野畑村平井賀〉

ハゼ科の魚類？(不明種)
新生代第三紀中新世の脊椎動物硬骨魚類。
¶産地本 (p251/カ写)〈(産)長崎県壱岐郡芦辺町長者が原崎 (壱岐島) 頭の左右2cm 上面の印象〉

ハセガワグンカンドリ ⇒リムノフレガタ・ハセガワイを見よ

ハゼリア・コンフェルタ *Hazelia conferta*
カンブリア紀の海綿動物尋常海綿類。海綿動物門普通海綿綱ハゼリデー科。主な枝の長さ10cm。
¶バ頁岩〔ハゼリア〕(図21,22/モ写, モ復)〈(産)カナダのバージェス頁岩〉

ハゼリア・デリカチュラ *Hazelia delicatula*
カンブリア紀の海綿動物尋常海綿類。海綿動物門普通海綿綱ハゼリデー科。主な枝の長さ66mm。
¶バ頁岩〔ハゼリア〕(図23,24/モ写, モ復)〈(産)カナダのバージェス頁岩〉

ハタイイシカゲガイ *Clinocardium hataii*
鮮新世中期の軟体動物斧足類。
¶日化譜 (図版46-5/モ写)〈(産)福島県双葉郡浪江町〉

ハタイエビス *Calliostoma (Calotropis ?) hataii*
中新世前期の軟体動物腹足類。
¶日化譜 (図版26-20/モ写)〈(産)埼玉県秩父吉田〉

ハタイカガミ *Dosinia hataii*
新生代第三紀・中期中新世の貝類。マルスダレガイ科。
¶学古生 (図1261/モ写)〈(産)福島県東白川郡塙町西河内〉

ハタイキリガイダマシ *Turritella (Hataiella) s-hataii*
中新世中期の軟体動物腹足類。
¶日化譜 (図版28-4/モ写)〈(産)岩手県二戸郡など〉

ハタイクチキレ *Pyramidella hataii*
新生代第三紀・初期中新世の貝類。トウガタガイ科。
¶学古生 (図1241/モ写)〈(産)石川県輪島市徳成〉

ハタイサルボウ *Anadara hataii*
新第三紀中新世の貝類。フネガイ科。塩原—耶麻動物群。
¶学古生 (図1258/モ写)〈(産)福島県東白川郡塙町西河内〉
化石図 (p143/カ写)〈(産)福島県 横幅約6cm〉

ハタイツキガイ *Ctena hataii*
新生代第三紀・初期中新世の貝類。ツキガイ科。
¶学古生 (図1165,1166/モ写)

ハタイツキガイモドキ *Saxolucina khataii*
新生代第三紀・初期中新世の貝類。ツキガイ科。
¶学古生 (図1169/モ写)〈(産)石川県輪島市徳成〉

ハダカイワシ Myctophidae gen.et sp.indet.
新生代第三紀中新世の魚類硬骨魚類。
¶化石フ〔ハダカイワシとニシン科魚類の鱗〕(p213/カ写)〈(産)長野県南安曇郡豊科村 石の長さ190mm〉

ハダカイワシの耳石 *Diaphus gigas*
新生代第三紀鮮新世の魚類硬骨魚類。
¶化石フ (p224/カ写)〈(産)高知県室戸市 4mm〉

バタグルミ *Juglans cinerea*
現世の双子葉植物。
¶日化譜 (図版76-13/モ写)〈(産)北米 堅果横断面〉

ハタケグモ(？) *Hahnia corticicola*
更新世前期の蛛形類。
¶日化譜 (図版60-35/モ写)〈(産)栃木県塩原温泉〉

パタゴサウルス *Patagosaurus*
ジュラ紀カロビアンの恐竜類ケティオサウルス類。竜盤目竜脚形亜目ケティオサウルス科。体長18m。(分)アルゼンチン
¶恐イラ (p119/カ復)
恐太古 (p131/カ復)

パタゴティタン・マヨルム *Patagotitan mayorum*
中生代白亜紀の恐竜類竜盤類竜脚類。全長37m。(分)アルゼンチン
¶リア中〔パタゴティタン〕(p160/カ復)

パタゴニクス *Patagonykus*
白亜紀チューロニアンの恐竜類獣脚類テタヌラ類コエルロサウルス類アルヴァレズサウルス類。体長2m。(分)アルゼンチンのネウケン州
¶恐イラ (p198/カ復)

パタゴルニス・マーシュイ *Patagornis marshi*
中新世の鳥類。
¶世変化〔恐鳥類〕(図83/カ写)〈(産)アルゼンチンのパタゴニアのサンタクルス層 590×220×260mm 頭骨〉

パタジオシテス
中生代白亜紀の軟体動物頭足類。
¶産地新 (p156/カ写)〈(産)兵庫県三原郡緑町広田広田 径10.5cm〉

パタジオシテス・コンプレッサス *Patagiosites compressus*
マストリヒチア前期の軟体動物頭足類アンモナイト。アンモナイト亜目パキディスカス科。
¶アン学 (図版26-4/カ写)〈(産)穂別地域〉
アン学 (図版27-1,2/カ写)〈(産)穂別地域〉

ハタネズミ *Microtus montebelli*
更新世後期〜現世の哺乳類齧歯類。
¶日化譜 (図版69-21/モ写)〈(産)栃木県葛生町など 右下顎外側面, 同内側面〉

ハタンギア シタ *Hatangia scita*
カンブリア紀中期の三葉虫。レドリキア目。
¶**三葉虫**（図26/モ写）〈[産]ロシアのアナバール地域 長さ18mm〉

パチクリニテス・ヘミスファエリクス
Patycrinites hemisphaericus
ミシシッピ亜紀（石炭紀前期）の無脊椎動物棘皮動物。
¶**図解化**（p169-4/カ写）〈[産]インディアナ州 萼部〉

パチコルムス *Pachycormus macropterus*
ジュラ紀の脊椎動物硬骨魚類。パチコルムス目パチコルムス科。体長2.5m。[分]ヨーロッパ
¶**化写真**（p214/カ写）〈[産]フランス〉

パチディスクス *Pachydiscus* sp.
後期白亜紀の無脊椎動物アンモナイト類。アンモナイト目パチディスクス科。直径6cm。[分]世界中
¶**化写真**（p151/カ写）〈[産]カナダ〉

パチディプテス *Pachydyptes ponderosus*
後期始新世～前期漸新世の脊椎動物鳥類。ペンギン目ペンギン科。体長1.3m。[分]ニュージーランド
¶**化写真**（p260/カ写）〈[産]ニュージーランド 上腕骨〉

パチテウチス ⇒パキテウシスを見よ

パチテリソップス *Pachythrissops furcatus*
後期ジュラ紀～前期白亜紀の脊椎動物硬骨魚類。カライワシ目メガロピス科。体長70cm。[分]ヨーロッパ
¶**化写真**（p215/カ写）〈[産]ドイツ〉

ハチノスサンゴ *Favositida*
古生代オルドビス紀～ペルム紀（国内ではシルル紀以降）の床板サンゴ。花虫綱床板サンゴ亜綱ハチノスサンゴ目ハチノスサンゴ科。
¶**日絶古**（p86～87/カ写, カ復）〈[産]高知県横倉山 巻貝（セミツビナ）のまわりを覆っている〉

ハチノスサンゴ
古生代シルル紀の腔腸動物床板サンゴ類。
¶**産地別**（p219/カ写）〈[産]高知県高岡郡越知町横倉山 長径6cm〉
産地別（p219/カ写）〈[産]高知県高岡郡越知町横倉山 左右7cm 縦に切断して研磨したもの〉

ハチノスサンゴ ⇒ストリアトポーラを見よ

ハチノスサンゴ ⇒ファボシテスを見よ

ハチノスサンゴ ⇒マルチゾレニアを見よ

蜂巣サンゴ *Favosites asper aokii*
オルドビス紀後期～シルル紀の床板サンゴ。
¶**日化譜**（図版20-4/モ写）〈[産]岩手県大船渡市盛町 横断面, 縦断面〉

ハチノスサンゴ属の未定種 *Favosites* sp.
古生代シルル紀, 古生代デボン紀, 古生代シルル紀の腔腸動物床板サンゴ類。
¶**化石フ**（p28/カ写）〈[産]宮崎県西臼杵郡五ヶ瀬町, 岐阜県吉城郡上宝村, 高知県高岡郡越知町 幅85mm, 幅41mm, 幅80mm〉

ハチノスサンゴの中の巻貝・セミトウビナ
古生代シルル紀の軟体動物腹足類。
¶**産地別**（p219/カ写）〈[産]高知県高岡郡越知町横倉山 径1.9cm〉

パチノペクテン ⇒ホタテガイを見よ

パチノペクテン・エグレギウス
新生代第三紀中新世の軟体動物斧足類。
¶**産地新**（p123/カ写）〈[産]岐阜県瑞浪市松ヶ瀬町土岐川 高さ4.6cm 左殻〉
産地別（p212/カ写）〈[産]滋賀県甲賀市土山町鮎河 長さ4cm〉

パチノペクテン・チチブエンシス・ミツガノエンセ
新生代第三紀中新世の軟体動物斧足類。
¶**産地本**（p183/カ写）〈[産]三重県安芸郡美里村柳谷 高さ6.5cm〉

八放サンゴ類
ジュラ紀後期の無脊椎動物腔腸動物花虫類。
¶**ゾル1**（図90/カ写）〈[産]ドイツのランゲンアルトハイム 35cm〉

ハチマキシャジク *Pingrrigemmula okinavensis*
鮮新世後期の軟体動物腹足類。
¶**日化譜**（図版34-17/モ写）〈[産]沖縄本島〉

ハチヤホモラ *Homolopsis hachiyai*
中生代白亜紀の節足動物十脚類。ホモラ科。
¶**化石フ**（p132/カ写）〈[産]岩手県下閉伊郡田野畑村 5mm〉

爬虫類
白亜紀後期の脊索動物爬虫類。
¶**図解化**（p206-5/カ写）〈[産]レバノン〉

爬虫類の歯（未同定）
中生代三畳紀中期（約2億4500万年前ごろ）の脊椎動物爬虫類。
¶**生ミス5**〔羅平から産出する脊椎動物化石〕（図2-17/カ写）〈[産]中国の雲南省羅平 約1.7cm〉

ハツェゴプテリクス
爬虫類双弓類主竜類翼竜類。
¶**生ミス7**〔巨大翼竜の翼開長比べ〕（図6-2/カ復）

バックランディア属の種 *Bucklandia* sp.
ジュラ紀後期の植物ソテツ類。
¶**ゾル1**（図18/カ写）〈[産]ドイツのヴェンツェルスホーフェン 18cm〉

パッサロテウティス *Passaloteuthis*
中生代ジュラ紀の軟体動物頭足類ベレムナイト類。
¶**生ミス6**（図2-3/カ写）〈[産]ドイツのホルツマーデン 鞘部分の長さ11cm〉

パッポケリス・ロシナエ *Pappochelys rosinae*
中生代三畳紀の爬虫類。全長20cm。[分]ドイツ
¶**リア中**〔パッポケリス〕（p40/カ復）

パティノペクテン・トウキョウエンシス ⇒トウキョウホタテを見よ

ハデミナシ *Conus*（*Leptoconus*）*milne-edwardsi*
更新世前期の軟体動物腹足類。
¶**日化譜**（図版34-31/モ写）〈[産]喜界島上嘉鉄〉

パテラ属の種 *Patella* sp.
ジュラ紀後期の無脊椎動物軟体動物巻貝類。
¶ゾル1(図108/カ写)〈㊞ドイツのメルンスハイム 0.5cm〉

パテラ(?)属の未定種 *Patella*(?) sp.
古生代ペルム紀の軟体動物斧足類。
¶化石フ(p40/カ写)〈㊞岐阜県大垣市赤坂町 40mm〉

パテリナ *Paterina zenobia*
カンブリア紀の腕足動物。触手冠動物上門腕足動物門無関節綱。サイズ11mm。
¶バ頁岩(図54,55/モ写, モ復)〈㊞カナダのバージェス頁岩〉

ハドゥロサウルス ⇒ハドロサウルスを見よ

ハートガイ ⇒フォラドミアを見よ

バトファスキクルス・ラミフィカンス
Batofasciculus ramificans 枝状棘叢虫
カンブリア紀の所属不明の動物。澄江生物群。
¶澄江生(図20.3/モ復)
澄江生(図20.4/カ写)〈㊞中国の帽天山 長さ50mm以上 雄型, 雌型, とげが並んだ枝の詳細〉

ハ

バトラコグナトゥス *Batrachognathus*
ジュラ紀後期の翼竜類。ランフォリンクス上科。翼開長0.5m。㊕カザフスタン
¶恐イラ(p126/カ復)

バトラコスクス *Batrachosuchus watsoni*
三畳紀の脊椎動物両生類。分椎目ブラキオフィルス科。体長50cm。㊕アフリカ
¶化写真(p223/カ写)〈㊞南アフリカ 頭骨〉

パトリオフェリス *Patrioferis* sp.
始新世前〜中期の哺乳類真獣類。肉歯目オキシエナ科。肉食性。頭胴長1.5m程度, 頭骨全長約30cm。㊕ヨーロッパ, 北アメリカ
¶絶哺乳(p103/カ復)

パトリオヘリス *Patriofelis ulta*
始新世中期の哺乳類。哺乳綱獣亜綱正獣上目食肉目オキシエナ科。体長1.75m。㊕北米
¶古脊椎(図241/モ復)

ハドロコディウム *Hadrocodium wui*
ジュラ紀前期の哺乳形類。ドコドン目。頭胴長約4cm, 頭骨12mm。㊕中国の雲南省
¶絶哺乳(p32/カ復)

ハドロサウルス *Hadrosaurus*
中生代白亜紀の爬虫類鳥脚類。鳥脚亜目ハドロサウルス科。沼沢地および森林に生息。体長9m。㊕合衆国のモンタナ, ニュージャージー, ニューメキシコ, サウスダコタ
¶恐絶動(p146/カ復)
恐竜世〔ハドゥロサウルス〕(p131/カ復)
恐竜博(p141/カ写)〈頭骨〉

ハドロサウルス科
白亜紀カンパニアン期〜マーストリヒチアン期の恐竜類鳥脚類。
¶日白亜(p36〜37/カ復)〈㊞兵庫県淡路島〉

バトロトマリア *Bathrotomaria* sp.
白亜紀後期の軟体動物腹足類。生きている化石。
¶原色化(PL.2-6/モ写)〈㊞樺太? 高さ3.8cm〉

バトロトマリア
古生代ペルム紀の軟体動物頭足類。
¶産地新(p101/カ写)〈㊞岐阜県大垣市赤坂町金生山 高さ10cm 殻の一部分〉
産地別(p135/カ写)〈㊞岐阜県大垣市赤坂町金生山 高さ14cm〉

バトロトマリア(?)・ヨコヤマイ *Bathrotomaria* (?) *yokoyamai*
古生代ペルム紀の軟体動物腹足類。オキナエビス科。
¶学古生〔バトロトマリア?の1種〕(図202/モ写)〈㊞岐阜県大垣市赤坂町金生山〉
化石フ(p10/カ写)〈㊞岐阜県大垣市赤坂町 幅150mm〉

ハナアブ
新生代第四紀更新世の節足動物昆虫類。
¶産地新(p238/カ写)〈㊞大分県玖珠郡九重町奥双石 長さ1cm 頭部が欠損〉

ハナイズミモリウシ *Leptobison kinryuensis*
更新世後期の哺乳類偶蹄類。
¶日化譜(図版69-18/モ写)〈㊞岩手県西磐井郡花泉町金森 頭骨上面〉

ハナイタヤ
新生代第四紀更新世の軟体動物斧足類。イタヤガイ科。
¶産地新(p140/カ写)〈㊞石川県珠洲市平床 高さ2cm〉

ハナイボルチェラ・トリアンギュラリス
Hanaiborchella triangularis
新生代現世の甲殻類(貝形類)。シセレ科スキソシセレ亜科。
¶学古生(図1864/モ写)〈㊞静岡県浜名湖 左殻〉

ハナガイ *Placamen tiara*
新生代第四紀更新世の貝類。マルスダレガイ科。
¶学古生(図1688/モ写)〈㊞千葉県印旛郡酒々井町〉

ハナガイ
新生代第三紀鮮新世の軟体動物斧足類。
¶産地別(p155/カ写)〈㊞静岡県掛川市下垂木飛鳥 長さ2.4cm〉

ハナガササンゴの1種 *Goniopora* sp.
新生代中新世の六放サンゴ類。ハマサンゴ科。
¶学古生(図1005/モ写)〈㊞埼玉県秩父市折〉

ハナカメムシ類
中生代の昆虫類。熱河生物群。
¶熱河生(図78/カ写)〈㊞中国の遼寧省北票の黄半吉溝 長さ約10mm〉

ハナツメタ *Neverita* (*Glossaulax*) *reiniana*
新生代第四紀更新世の貝類。タマガイ科。
¶学古生(図1720/モ写)〈㊞千葉県市原市不入斗〉

ハナツメタガイ *Neverita reiniana*
新生代第三紀鮮新世〜現世の貝類。タマガイ科。
¶学古生(図1560,1563,1564/モ写)〈㊞石川県金沢市大桑〉

花の化石
新生代古第三紀漸新世の被子植物。
¶**植物化**(p38/カ写)〈(産)アメリカ〉

ハナムシロ　*Nassarius (Zeuxis) squinjoreusis*
新生代第四紀更新世の貝類。オリイレヨウバイ科。
¶**学古生**(図1730/モ写)〈(産)神奈川県横浜市戸塚区長沼〉

ハナムシロガイ　*Nassarius (Zeuxis) caelatus*
新生代第三紀鮮新世～現世の貝類。オリイレヨフバイ科。
¶**学古生**(図1581/モ写)〈(産)富山県小矢部市田川〉

ハナムシロガイ
新生代第三紀鮮新世の軟体動物腹足類。ムシロガイ科。
¶**産地新**(p214/カ写)〈(産)高知県安芸郡安田町唐浜 高さ2.3cm〉

ハナヤカツキヒガイ　*Bathyamussium jeffreysi*
現世の軟体動物斧足類。ワタゾコツキヒガイ科。
¶**化石フ**(p15/カ写)〈(産)高知沖 12mm〉

バニコロプシス・デキュッサータ　*Vanikoropsis decussata*
中生代の貝類。シロネズミガイ科。
¶**学古生**(図609/モ写)〈(産)千葉県銚子市君ケ浜〉

羽根・巣・卵・足跡
鳥類の生痕化石。
¶**化百科**(p229/カ写)

ハネバソテツの1種　*Pterophyllum* sp.
中生代ジュラ紀末～白亜紀初期の陸上植物。ソテツ綱ソテツ目ハネバソテツ科。
¶**学古生**〔ハネバソテツ(プテロフィルム)の1種〕(図748/モ写)〈(産)岡山県川上郡成羽町〉
学古生(図786/モ写)〈(産)石川県石川郡白峰村桑島〉
学古生(図823/モ写)

パノクトゥス　*Panochthus*
新生代第四紀の哺乳類真獣類異節類。被甲目グリプトドン科。全長約3m。(分)南アメリカ
¶**生ミス10**(図3-3-24/カ写)〈復元骨格, 背甲〉
絶哺乳(p239/カ復)

パノプロサウルス　*Panoplosaurus*
白亜紀カンパニアンの恐竜類ノドサウルス類。曲竜亜目ノドサウルス科。装甲をもつ恐竜。体長7m。(分)カナダのアルバータ州～アメリカ合衆国のモンタナ州
¶**恐イラ**(p244/カ復)
恐絶動(p159/カ復)

パノペア　*Panopea glycimeris*
前期白亜紀～現世の無脊椎動物二枚貝類。オオノガイ目キヌマトイガイ科。体長3.5cm。(分)世界中
¶**化写真**(p110/カ写)〈(産)イタリア〉

パノルピディウム　*Panorpidium*
白亜紀前期の節足動物昆虫類直翅類キリギリス類。
¶**化百科**(p146/カ写)〈(産)イギリス南部のサリー州 翅開長1.5cm〉

ハーパゴフトゥトア　*Harpagofututor*
古生代石炭紀の軟骨魚類全頭類。全長12cm。(分)アメリカ
¶**生ミス4**(図1-2-3/カ写, カ復)〈(産)アメリカのモンタナ州 雄16cm, 雌10cm 雄, 雌〉

ハハジマタマガイ　*Hahazimania hahazimensis*
始新世の軟体動物腹足類。
¶**日化譜**(図版30-11/モ写)〈(産)小笠原母島〉

ハバチ類
中生代の昆虫類。熱河生物群。
¶**熱河生**(図89/カ写)〈(産)中国の遼寧省北票の黄半吉溝 長さ約10mm〉

ハパロプス　*Hapalops*
中新世前期～中期の哺乳類異節類。有毛目食葉亜目メガテリウム科。全長1m。(分)南アメリカのパタゴニア地方
¶**恐絶動**(p206/カ復)
絶哺乳(p239/カ復)

パピア　⇒スダレガイを見よ

パビアナ　*Pabiana*
白亜紀“中期”の被子植物(顕花植物)双子葉植物。モクレン科。
¶**化百科**(p99/カ写)〈(産)アメリカ合衆国のネブラスカ州 葉の長さ5～7cm〉

バビロニア　⇒バイを見よ

バビロニア・エラータ　⇒ダイニチバイを見よ

バビロンアラレバイ　*Profundinassa babylonica*
鮮新世後期の軟体動物腹足類。
¶**日化譜**(図版32-22/モ写)〈(産)沖縄本島〉

ハプトダス　*Haptodus saxonicus*
二畳紀中期の爬虫類。獣形超綱盤竜綱盤竜目。全長1m。(分)東ドイツのドレスデン近傍
¶**古脊椎**(図195/モ復)

バプトルニス　*Baptornis*
白亜紀後期(約8300万年前～8000万年前)の鳥類真鳥類ヘスペロルニス形類。竜盤目獣脚亜目。体長1m。(分)米国のカンザス州
¶**恐太古**(p176～177/カ写)〈復元骨格〉

歯(不明種)
新生代第三紀中新世の脊椎動物哺乳類。鰭脚類か？
¶**産地本**(p200/カ写)〈(産)三重県安芸郡美里村柳谷 高さ2.3cm〉

歯(不明種)
新生代第三紀中新世の脊椎動物哺乳類。陸上の草食獣。
¶**産地本**(p200/カ写)〈(産)三重県安芸郡美里村柳谷 長さ1.2cm〉

パープロイデア・モリシア　*Purpuroidea morrisea*
ジュラ紀の軟体動物腹足類。
¶**原色化**(PL.50-2/モ写)〈高さ6.5cm〉

パブロビア　*Pavlovia*
ジュラ紀のアンモナイト。
¶**アン最**(p93/カ写)〈(産)ロシア 体表生物により奇形化〉

パブロビア・イアトリエンシス　*Pavlovia iatriensis*
チトニアン期のアンモナイト。

¶アン最（p181/カ写）〈㊥ロシアのウラルスブポラのイアトリアリバー〉

ハプロフレンティス *Haplophrentis carinatus*
カンブリア紀の生物。ヒオリサ門。サイズ3～30mm。
¶バ頁岩（図62,63/モ写，モ復）〈㊥カナダのバージェス頁岩〉

ハベキリガイダマシ *Turritella fortilirata habei*
新生代第三紀鮮新世の貝類。キリガイダマシ科。
¶学古生（図1464/モ写）〈㊥青森県むつ市近川〉

ハベキリガイダマシ *Turritella（Neohaustator）fortilirata habei*
鮮新世後期の軟体動物腹足類。
¶日化譜（図版28-11/モ写）〈㊥北海道瀬棚，青森県むつ市近川〉

ハーペスの一種 *Harpes* sp.
デボン紀の三葉虫。プティコパリア目。
¶三葉虫（図115/モ写）〈㊥モロッコのアルニフ 長さ33mm〉

ハーペス マクロセファラス *Harpes macrocephalus*
デボン紀中期の三葉虫。プティコパリア目。
¶三葉虫（図117/モ写）〈㊥モロッコのエルフド 長さ42mm〉

ハーペトガスター・コリンサイ *Herpetogaster collinsi*
古生代カンブリア紀の分類不明生物。全長4.8cm。㊎カナダ
¶生ミス1〔ハーペトガスター〕（図3-6-7/カ写，カ復）〈5cm〉

ハベリア *Habelia optata*
カンブリア紀の節足動物。節足動物門アラクノモルファ亜門。長さ8～25.5mm（後部の刺を除く）。
¶バ頁岩（図139,140/モ写，モ復）〈㊥カナダのバージェス頁岩〉

ハーポセラス *Harpoceras*
中生代ジュラ紀前期の軟体動物頭足類アンモナイト類。
¶生ミス6（図2-1/カ写）〈㊥ドイツのホルツマーデン 直径24cm〉

ハーポセラスの1種 *Harpoceras（Harpoceras）chrysanthemum*
中生代・前期ジュラ紀のアンモナイト。ヒルドセラス科。
¶学古生（図426,428,429,431/モ写）〈㊥山口県豊浦郡豊田町，菊川町〉

ハーポセラスの1種 *Harpoceras（Harpoceras）inouyei*
中生代・前期ジュラ紀のアンモナイト。ヒルドセラス科。
¶学古生（図433/モ写）〈㊥山口県豊浦郡豊田町，菊川町〉

ハーポセラスの1種 *Harpoceras（Harpoceras）okadai*
中生代・前期ジュラ紀のアンモナイト。ヒルドセラス科。
¶学古生（図423/モ写）〈㊥山口県豊浦郡豊田町，菊川町〉
学古生（図427,430,432/モ写）〈㊥山口県豊浦郡豊田町，菊川町〉

ハーポセラスの1種 *Harpoceras（Harpoceras）* sp.cf. *H.exaratum*
中生代・前期ジュラ紀のアンモナイト。ヒルドセラス科。
¶学古生（図424/モ写）〈㊥山口県豊浦郡豊田町，菊川町〉

ハーポセラスの1種 *Harpoceras（Harpoceratoides）nagatoensis*
中生代・前期ジュラ紀のアンモナイト。ヒルドセラス科。
¶学古生（図421,422/モ写）〈㊥山口県豊浦郡豊田町，菊川町〉

ハーポセラスの一種 *Harpoceras* sp.
ライアス期のアンモナイト。
¶アン最（p168/カ写）〈㊥ドイツのホルツマーデン〉

パボナ *Pavona* cf.*cactus*
第四紀完新世初期の腔腸動物六射サンゴ。
¶原色化（PL.85-7/カ写）〈㊥千葉県館山市香谷〉

ハボロセラス
中生代白亜紀の軟体動物頭足類。
¶産地別（p36/カ写）〈㊥北海道苫前郡苫前町古丹別川上の沢 長径2cm〉
産地別（p36/カ写）〈㊥北海道苫前郡苫前町古丹別川 長径1.2cm〉

ハボロダイオウイカ ⇒ハボロテウティス・ポセイドンを見よ

ハボロテウティス・ポセイドン *Haboroteuthis poseidon*
中生代白亜紀の軟体動物頭足類鞘形類ツツイカ類。別名ハボロダイオウイカ。全長12m。㊎日本
¶生ミス7（図4-22/カ写，カ復）〈㊥北海道羽幌町 63mm 下顎〉
リア中〔ハボロテウティス〕（p186/カ復）

ハマグリ *Meretrix lusoria*
新生代第四紀完新世の貝類。マルスダレガイ科。
¶学古生（図1772/モ写）〈㊥東京都千代田区大手町〉

ハマグリ
新生代第四紀更新世の軟体動物斧足類。
¶産地別（p95/カ写）〈㊥千葉県印西市山田 長さ9.1cm〉

ハマグリの仲間？（不明種）
新生代第三紀漸新世の軟体動物斧足類。
¶産地本（p76/カ写）〈㊥福島県いわき市白岩 長さ（左右）7.4cm〉

ハマダノボリガイ ⇒ハマダヘソワゴマを見よ

ハマダヘソワゴマ *Monilea hamadae*
新生代第三紀・初期中新世の軟体動物腹足類。ニシキウズガイ科。
¶学古生（図1192/モ写）〈㊥石川県輪島市東印内〉
日化譜〔ハマダノボリガイ（新）〕（図版83-10/モ写）〈㊥能登輪島市東印内〉

ハマメリス・ジャポニカ *Hamamelis japonica*
第四紀更新世前期の被子植物双子葉類。別名マンサク。
¶原色化（PL.88-7/カ写）〈㊥栃木県塩谷郡塩原町中塩原

長さ7cm〉

ハマユウの1種　*Stirpulina(Stirpuliniola)* sp.
新生代第四紀更新世の貝類。ウミタケモドキ目ハマユウ科。
¶**学古生**(図1704/モ写)〈(産)千葉県市原市瀬又〉

バーミセラス・スピラティシマム　*Vermiceras spiratissimum*
ジュラ紀の軟体動物頭足類。
¶**原色化**(PL.51-4/モ写)〈(産)ドイツのシュツットガルトのバィヒンゲン 長径5cm〉

ハミテス　*Hamites*
白亜紀中ごろの軟体動物頭足類アンモノイド類アンモナイト類。
¶**化百科**(p171/カ写)〈(産)イギリスのケント州フォークストン 長さ6cm 内部の型〉

ハミテス・アテヌアタス　*Hamites attenuatus*
アルビアン期のアンモナイト。
¶**アン最**(p212/カ写)〈(産)テキサス州〉

バムビラプトル　*Bambiraptor*
7500万年前(白亜紀後期)の恐竜類ドゥロマエオサウルス類。全長0.6m。(分)北アメリカ
¶**恐竜世**(p197/カ写)

パーモカルカーラスの1種　*Permocalculus fragilis*
古生代後期二畳紀後期の藻類。ガラガラ科。
¶**学古生**(図301/モ写)〈(産)千葉県銚子市高神 縦断薄片〉

ハヤカワヌノメ　*Periglypta hayakawai*
中新世中期の軟体動物斧足類。
¶**日化譜**(図版47-13/モ写)〈(産)埼玉県秩父市峯ノ沢〉

ハヤサカペクテン
古生代ペルム紀の軟体動物斧足類。
¶**産地新**(p100/カ写)〈(産)岐阜県大垣市赤坂町金生山 高さ2.2cm〉

ハヤサカペクテンの1種　*Hayasakapecten sasakii*
古生代後期二畳紀中期の貝類。アビキュロペクテン科。
¶**学古生**(図215/モ写)〈(産)宮城県気仙沼市上八瀬〉

ハヤサカポラの1種　*Hayasakapora erectoradiata*
古生代後期二畳紀後期のコケムシ類。隠口目ガーティポラ科。
¶**学古生**(図178,179/モ写)〈(産)宮城県気仙沼市岩井崎 縦断面と横断面〉

ハヤマスエモノガイ(新)　*Thracidora gigantea*
漸新世後期の軟体動物斧足類。
¶**日化譜**(図版85-31/モ写)〈(産)横須賀市逸見〉

ハヤミア・レックス　*Hayamia rex*
中生代白亜紀前期の貝類。アマガイモドキ科。
¶**学古生**(図604/モ写)〈(産)千葉県銚子市君ケ浜〉

ハヤミナ
ジュラ紀の二枚貝。
¶**日白亜**(p65/カ写)〈(産)三重県鳥羽市 殻長3cm〉

パライソブツス　*Paraisobuthus prantli*
後期石炭紀の無脊椎動物鋏角類。サソリ目パライソブツス科。体長7cm。(分)北アメリカ,ヨーロッパ
¶**化写真**(p74/カ写)〈(産)チェコ〉

パラエアスタクス　*Palaeastacus*
ジュラ紀前期～白亜紀後期の節足動物甲殻類十脚類。
¶**化百科**(p136/カ写)〈標本全体の長さ19cm〉
図解化(p107-2/カ写)〈(産)ドイツ〉

パラエアスタクス・フキフォルミス　*Palaeastacus fuciformis*
ジュラ紀後期の無脊椎動物甲殻類大型エビ類。
¶**ゾル1**(図304/カ写)〈(産)ドイツのツァント 5.5cm 背面〉
ゾル1(図305/カ写)〈(産)ドイツのツァント 4cm 側面〉

パラエエウディプテス・クレコウスキイ　*Palaeeudyptes klekowskii*
新生代古第三紀始新世後期の鳥類ペンギン類。全長170cm。
¶**生ミス9**〔パラエエウディプテス〕(図1-2-5/カ写)〈(産)南極大陸のシーモア島 約12cm 足の骨(跗蹠骨)の一部〉

パラエオカストル　⇒パレオカスターを見よ

パラエオカルカリアス・ストロメリ　*Palaeocarcharias stromeri*
ジュラ紀後期の脊椎動物軟骨魚類サメ類。
¶**ゾル2**(図25/カ写)〈(産)ドイツのアイヒシュテット 79cm〉
ゾル2(図26/カ写)〈(産)ドイツのアイヒシュテット 95cm〉

パラエオカルピッリウス・アクゥイリヌス
古第三紀の無脊椎動物節足動物。最大全長約6cm。(分)ヨーロッパ,エジプト,ソマリア,インド,ザンジバル,ジャワ,マリアナ諸島
¶**進化大**〔パラエオカルピッリウス〕(p373/カ写)

パラエオカルピリウス　*Palaeocarpilius aquilinus*
始新世～中新世の無脊椎動物甲殻類。十脚目アカモンガニ科。体長6cm。(分)ヨーロッパ,アフリカ
¶**化写真**(p67/カ写)〈(産)リビア〉

パラエオカンバルス・リケンティ　*Palaeocambarus licenti*
中生代のエビ類。クリコイドスケロスス科。熱河生物群。
¶**熱河生**(図66/カ写)〈(産)中国の遼寧省凌源の大王杖子 ハサミの先端から最後の腹節まで47.5mm メスの腹面〉
熱河生〔パラエオカンバルス・リケンティのオス〕(図67/カ写)〈(産)中国の遼寧省凌源の大王杖子 第1腹肢〉

パラエオキパリス・プリンケプス　*Palaeocyparis princeps*
ジュラ紀後期の植物針葉樹(球果)類。イトスギ類に似ている。
¶**ゾル1**(図44/カ写)〈(産)ドイツのダイティング 40cm 小枝のある枝〉
ゾル1(図45/カ写)〈(産)ドイツのダイティング 30cm 小枝〉
ゾル1(図46/カ写)〈(産)ドイツのダイティング 4.5cm 小枝の先端〉

パラエオキロプテリクス *Palaeochiropteryx tupaiodon*
始新世の脊椎動物哺乳類。翼手目パラエオキロプテリクス科。体長7cm。[分]ヨーロッパ
¶**化写真**(p266/カ写)〈[産]ドイツ 全骨格〉

パラエオキロプテリクス ⇒パレオキロプテリクスを見よ

パラエオクトプス・ニューボールディ
Palaeoctopus newboldi
白亜紀のタコ。
¶**世変化**〔タコ〕(図54/カ写)〈[産]レバノン 幅19cm〉

パラエオコマ *Palaeocoma*
2億年近く前(ジュラ紀前期)の無脊椎動物クモヒトデ。直径5〜10cm。[分]ヨーロッパ
¶**恐竜世**(p42〜43/カ写)

パラエオコマ・アゲルトニ
ジュラ紀前期の無脊椎動物棘皮動物。直径5〜10cm。[分]ヨーロッパ
¶**進化大**〔パラエオコマ〕(p241/カ写)

パラエオコマ・エゲルトニ *Palaeocoma egertoni*
ジュラ紀前期〜中期の棘皮動物クモヒトデ類。蛇尾目オフィオデルマタ科。盤の直径2cm。[分]ヨーロッパ
¶**化写真**〔パラエオコマ〕(p189/カ写)〈[産]イギリス〉
化百科〔パラエオコマ〕(p183/カ写)〈[産]ドーセット州 7cm〉

パラエオスキリウム・フォルモスム
Palaeoscyllium formosum
ジュラ紀後期の脊椎動物軟骨魚類。現生のトラザメ類に関係。
¶**ゾル2**(図27/カ写)〈[産]ドイツのアイヒシュテット 60cm〉

パラエオスクルダ・ラエヴィス *Palaeosculda laevis*
白亜紀後期の無脊椎動物節足動物口脚類。
¶**図解化**(p105-右/カ写)〈[産]レバノン〉

パラエオスコレックス・シネンシス *Palaeoscolex sinensis* 中国古蠕虫
カンブリア紀の蠕虫。類線形動物門パラエオスコレックス綱。澄江生物群。最大長100mm, 幅4mm。
¶**澄江生**(図11.3/カ写)〈[産]中国の馬鞍山, 耳材村 横からの眺め, 胴の詳細〉

パラエオスピナックス *Palaeospinax priscus*
前期三畳紀〜後期白亜紀の脊椎動物軟骨魚類。カグラザメ目パラエオスピナックス科。体長2.5m。[分]ヨーロッパ, アジア
¶**化写真**(p201/カ写)〈[産]イギリス 骨格の一部〉

パラエオニスクス *Palaeoniscus*
デボン紀中期〜三畳紀後期の魚類。パラエオニスクス目パラエオニスクス科。原始的な条鰭類硬骨魚。
¶**化百科**(p199/カ写)〈長さ23cm〉

パラエオニスクス *Palaeoniscus magnus*
二畳紀〜三畳紀の脊椎動物硬骨魚類。パラエオニスクス目パラエオニスクス科。体長20cm。[分]世界中
¶**化写真**(p210/カ写)〈[産]ドイツ〉

パラエオパグルス属の種 *Palaeopagurus* sp.
ジュラ紀後期の無脊椎動物甲殻類大型エビ類。
¶**ゾル1**(図306/カ写)〈[産]ドイツのツァント 2.4cm 鋏〉

パラエオバトラクス *Palaeobatrachus*
第三紀始新世〜中新世の両生類空椎類。無尾目。全長10cm。[分]ベルギー, フランス, 合衆国のモンタナ, ワイオミング
¶**恐絶動**(p55/カ復)

パラエオピトン *Palaeopython*
新生代古第三紀の爬虫類ボア類。
¶**生ミス9**(図1-4-4/カ写)〈[産]ドイツのグルーベ・メッセル 頭部をのぞく長さ約2m〉

パラエオヒルド・アイヒシュテッテンシス
Palaeohirudo eichstaettensis
ジュラ紀後期の無脊椎動物蠕虫類環形動物。
¶**ゾル1**(図212/カ写)〈[産]ドイツのブルーメンベルク 16cm〉

パラエオファルス
中生代三畳紀の軟体動物斧足類。
¶**産地別**(p179/カ写)〈[産]福井県大飯郡高浜町難波江 長さ7.5cm 雌型標本を疑似本体に写真変換〉

パラエオファルス・オブロンガタス
Palaeopharus oblongatus
中生代三畳紀の軟体動物斧足類。イシガイ目アクチノドントフォラ科。
¶**化石フ**(p87/カ写)〈[産]京都府天田郡夜久野町 50mm〉
日化譜〔Palaeopharus oblongatus〕(図版42-2/モ写)〈[産]高知県佐川町大和田堀開〉

パラエオファルス・マイズレンシス
Palaeopharus maizurensis
中生代三畳紀の軟体動物斧足類。イシガイ目アクチノドントフォラ科。
¶**化石フ**(p87/カ写)〈[産]山口県美祢市都嶺町 60mm〉
日化譜〔Palaeopharus maizurensis〕(図版42-3/モ写)〈[産]京都府天田郡夜久野町日置, 高内〉

パラエオフィス *Palaeophis* sp.
後期白亜紀〜漸新世の脊椎動物双弓類。有鱗目パラエオフィス科。体長1.5m。[分]ヨーロッパ, アフリカ, アメリカ
¶**化写真**(p235/カ写)〈[産]イギリス 椎骨の塊〉

パラエオプリアプリテス・パルヴス
Palaeopriapulites parvus 小古鰓曳虫
カンブリア紀の鰓曳動物。鰓曳動物門パラエオプリアプリテス科。蠕虫の一群。澄江生物群。全長10mm以下。
¶**澄江生**(図12.1/カ写)〈[産]中国の帽天山 横から見た雄型〉

パラエオヘテロプテラ・ラピダリア
Palaeoheteroptera lapidaria
ジュラ紀後期の無脊椎動物昆虫類異翅類(カメムシ類)。
¶**ゾル1**(図419/カ写)〈[産]ドイツのアイヒシュテット 4cm〉

パラエオペンタケレス・レデンバッヘリ
Palaeopentacheles redenbacheri
ジュラ紀後期の無脊椎動物甲殻類大型エビ類。
¶**ゾル1**（図307/カ写）〈(産)ドイツのアイヒシュテット 7cm〉

パラエオポリケレス・ロンギペス
Palaeopolycheles longipes
ジュラ紀後期の無脊椎動物甲殻類大型エビ類。
¶**ゾル1**（図308/カ写）〈(産)ドイツのヴィンタースホーフ 5.5cm〉
ゾル1（図309/カ写）〈(産)ドイツのアイヒシュテット 3.5cm〉

パラエオラグス ⇒パレオラグスを見よ

パラエオラケルタ・バヴァリカ *Palaeolacerta bavarica*
ジュラ紀後期の脊椎動物爬虫類トカゲ類。
¶**ゾル2**（図233/カ写）〈(産)ドイツのアイヒシュテット 9cm〉

パラエオレペルディティシア *Palaeoleperditia fukujiensis*
古生代オルドビス紀？の甲殻類。顎脚綱貝形虫亜綱。別名貝形虫。殻長約8mm。
¶**日絶古**（p128〜129/モ写, カ復）〈(産)岐阜県一ノ谷下流〉

パラエオロクソドン・ファルコネリ
Palaeoloxodon falconeri
第四紀の単弓類。小型のゾウ。森林に生息。全長1.5m, 体高90cm。(分)マルタ島
¶**恐古生**（p240〜241/カ復）

パラエオロリゴ・オブロンガ *Palaeololigo oblonga*
ジュラ紀後期の無脊椎動物軟体動物イカ類。
¶**ゾル1**（図188/カ写）〈(産)ドイツのアイヒシュテット 38cm〉
ゾル1〔パラエオロリゴ属の種〕（図189/カ写）〈(産)ドイツのレークリンク 34cm 頭部と触腕〉
ゾル1〔パラエオロリゴ属の種〕（図190/カ写）〈(産)ドイツのアイヒシュテット 28.5cm〉

パラエガ
白亜紀バレミアン期の等脚類。体長3〜4cmほど。
¶**日白亜**（p78〜81/カ写, カ復）〈(産)和歌山県湯浅町〉

パラエガ・クンツィ *Palaega kunthi*
ジュラ紀後期の無脊椎動物甲殻類等脚類（ワラジムシ類）。
¶**ゾル1**（図237/カ写）〈(産)ドイツのアイヒシュテット 2cm〉

パラエガ・ヤマダイ *Palaega yamadai*
1億3000万年前（中生代白亜紀前期）の甲殻類。軟甲綱等脚目スナホリムシ科。体の後半分長さ2cm。
¶**日絶古**（p130〜131/カ写, カ復）〈(産)和歌山県〉

バラエナ *Balaena primigenia*
鮮新世〜現世の脊椎動物哺乳類。鯨目セミクジラ科。体長20m。(分)世界中
¶**化写真**（p270/カ写）〈(産)イギリス 耳骨（鼓骨）〉

バラエヌラ *Balaenura* sp.
中新世後期〜鮮新世前期の哺乳類クジラ類ヒゲクジラ類。セミクジラ科。頭骨全長約2m。(分)ヨーロッパ, 北アメリカ
¶**絶哺乳**（p143,144/カ写, カ復）〈(産)ベルギーのアントワープ州 部分骨格〉

パラカルキノソマ *Paracarcinosoma obesa*
シルル紀の無脊椎動物鋏角類。広翼目エウリプテルス科。体長12cm。(分)ヨーロッパ, 北アメリカ, アジア
¶**化写真**（p73/カ写）〈(産)イギリス〉

パラカルキノソマ・オベーサ
シルル紀後期の無脊椎動物節足動物。全長通常数cm規模だが1mを超える例もある。(分)イギリス諸島
¶**進化大**〔パラカルキノソマ〕（p105/カ写）

パラキクルス・ルゴーサス *Paracyclus rugosus*
デボン紀の軟体動物斧足類。
¶**原色化**（PL.22-7/モ写）〈(産)ドイツのアイフェル 幅1.4cm〉

パラキクロトサウルス *Paracyclotosaurus*
三畳紀後期の両生類迷歯類。分椎綱カピトサウルス科。全長2.3m。(分)オーストラリアのクィーンズランド
¶**恐絶動**（p51/カ復）

バラクホニア属の未定種 *Balakhonia* sp.
古生代石炭紀の腕足動物。
¶**化石フ**（p54/カ写）〈(産)岐阜県吉城郡上宝村 横70mm〉

パラクリオセラス
中生代白亜紀の軟体動物頭足類。
¶**産地別**（p186/カ写）〈(産)和歌山県有田郡湯浅町栖原 長径6cm〉
産地別（p220/カ写）〈(産)徳島県勝浦郡勝浦町中小屋 長径12cm〉

パラクリオセラス・エレガンス *Paracrioceras elegans*
中生代白亜紀の軟体動物頭足類。
¶**化石フ**（p119/カ写）〈(産)和歌山県有田郡湯浅町 35mm〉

パラクリオセラス・エレガンスに近縁の種
Paracrioceras aff.*P.elegans*
中生代のアンモナイト。アンキロセラス科。
¶**学古生**（図462/モ写）〈(産)和歌山県有田郡湯浅町熊井西方 側面, 腹面〉
学古生（図464/モ写）〈(産)和歌山県有田郡湯浅町矢田西方 側面〉

パラクリケトドン *Paracricetodon* sp.
漸新世前〜後期の哺乳類ネズミ類ネズミ型類。齧歯目キヌゲネズミ科。頭胴長15〜20cm程度。(分)ヨーロッパ
¶**絶哺乳**（p136/カ復）

パラクリチア・ドゥベルトレチ *Paraclytia dubertreti*
白亜紀後期の無脊椎動物節足動物。
¶**図解化**（p107-3/カ写）〈(産)レバノン〉

パラクロキダリス *Phalacrocidaris*
白亜紀後期〜現在の棘皮動物ウニ類。
¶**化百科**（p184/カ写）〈5cmと6cm〉

バラグワナチア *Baragwanathia longifolia*
後期シルル紀〜前期デボン紀の植物ヒカゲノカズラ

類。ドレパノフィクス目ドレパノフィクス科。高さ25cm。㊚南半球
¶化写真(p295/カ写)〈㊔オーストラリア〉

バラグワナチア・ロンギフォリア
シルル紀後期〜デヴォン紀前期のヒカゲノカズラ植物。高さ25cm。㊚世界各地
¶進化大〔バラグワナチア〕(p99/カ写)

バラグワナティア *Baragwanathia*
シルル紀後期〜デボン紀前期のヒカゲノカズラ類。ヒカゲノカズラ綱バラグワナティア目。
¶化百科(p88/カ写)〈高さ10cm〉

パラケストラキオン・チッテリ *Paracestracion zitteli*
ジュラ紀後期の脊椎動物軟骨魚類小型のサメ類。
¶ゾル2(図28/カ写)〈㊔ドイツのアイヒシュテット 15cm〉

パラケーテテスの1種 *Parachaetetes asvapatiti*
古生代後期二畳紀後期の藻類。ソレノポラ科。
¶学古生(図299/モ写)〈㊔千葉県銚子市高神 縦断薄片〉

ハ

パラケラウルス *Paraceraurus*
約4億8500万年前の三葉虫。
¶古代生(p75/カ写)

パラケラウルス・エクスル *Paraceraurus exsul*
古生代オルドビス紀の節足動物三葉虫類。
¶生ミス2〔パラケラウルス〕(図1-2-15/カ写)〈㊔ロシアのサンクトペテルブルク 10cm〉

パラケラテリウム *Paraceratherium*
3300万〜2300万年前(パレオジン後期〜ネオジン前期)の哺乳類サイ類。サイ科。疎林に生息。全長8m。㊚パキスタン, カザフスタン, インド, モンゴル, 中国
¶恐古生(p256〜257/カ復)
恐竜世(p254/カ復)
恐竜博(p182/カ復)
古代生(p202〜203/カ写, カ復)〈頭骨〉

パラケラテリウム *Paraceratherium bugtiense*
漸新世〜前期中新世の脊椎動物哺乳類。奇蹄目ヒラコドン科。体長5m。㊚アジア
¶化写真(p279/カ写)〈㊔パキスタン 上顎骨片〉

パラケラテリウム
古第三紀漸新世後期〜新第三紀中新世前期の脊椎動物有胎盤類の哺乳類。別名インドリコテリウム。体長8m。㊚パキスタン, カザフスタン, インド, モンゴル, 中国
¶進化大(p408〜409/カ写, カ復)

パラケラテリウム ⇒インドリコテリウムを見よ

パラコニュラリア属の未定種 *Paraconularia* sp.
古生代石炭紀の腔腸動物鉢クラゲ類。
¶化石フ(p69/カ写)〈㊔新潟県西頸城郡青海町 35mm〉

パラコヌラリア *Paraconularia derwentensis*
前期二畳紀の無脊椎動物プロブレマティカ。コヌラリア目コヌラリア科。体長10cm。㊚オーストラリア
¶化写真(p44/カ写)〈㊔オーストラリア〉

パラサウロロフス *Parasaurolophus*
7600万〜7400万年前(白亜紀後期)の恐竜類ハドロサウルス類。鳥盤目鳥脚亜目ハドロサウルス科ランベオサウルス亜科。林地に生息。全長9m。㊚北アメリカ
¶恐イラ(p217/カ復)
恐絶動(p151/カ復)
恐太古(p110〜111/カ写)〈トサカ〉
恐竜世(p131/カ復)
恐竜博(p142/カ写)
生ミス8(図9-16/カ写)〈全身骨格〉
よみ恐(p198〜199/カ復)

パラサウロロフス
白亜紀後期の脊椎動物鳥盤類。体長9m。㊚北アメリカ
¶進化大(p342/カ写)

パラサウロロフス・ウォーカリ *Parasaurolophus walkeri*
白亜紀後期の恐竜類鳥脚類。竜型超綱鳥盤綱鳥脚目ハドロサウルス科。別名ながかんむり竜。全長5m。㊚カナダのアルバータ
¶化写真〔パラサウロロフス〕(p251/カ写)〈㊔カナダ 頭骨と下顎〉
古脊椎〔パラサウロロフス〕(図167/モ復)
図解化(p210-上左/カ写)〈㊔カナダ 頭骨〉
地球博〔パラサウロロフスの頭蓋骨〕(p85/カ写)
リア中〔パラサウロロフス〕(p202/カ復)

パラシセリデア・ボウソウエンシス *Paracytheridea bosoensis*
新生代更新世の甲殻類(貝形類)。パラシセリデア科。
¶学古生(図1885/モ写)〈㊔千葉県成田層 左殻〉

パラジュレサニア *Parajuresania symmetrica*
後期石炭紀の無脊椎動物腕足動物。ストロホメナ目バクストニア科。体長3cm。㊚ヨーロッパ, アジア, 北アメリカ
¶化写真(p81/カ写)〈㊔アメリカ〉

パラシュワゲリナ
古生代ペルム紀の原生動物紡錘虫類。
¶産地本(p149/カ写)〈㊔滋賀県犬上郡多賀町権現谷 長径1.3cm〉
産地本(p149/カ写)〈㊔滋賀県犬上郡多賀町エチガ谷 長径1.3cm 薄片の縦断面, 横断面〉

パラシュワゲリナの1種 *Paraschwagerina akiyoshiensis*
古生代後期二畳紀前期の紡錘虫類。シュワゲリナ科。
¶学古生(図72/モ写)〈㊔山口県美祢郡秋芳町秋吉 正縦断面, 正横断面〉

パラジョウベルテラ・カワキタナ *Parajaubertella kawakitana*
セノマニアン前期の軟体動物頭足類アンモナイト。リトセラス亜目ゴードリセラス科。
¶アン学(図版48-2,3/カ写)〈㊔苫前町古丹別地域〉

パラスクス *Parasuchus*
三畳紀後期の恐竜類フィトサウルス類。ミストリオスクス科。湿地帯に生息。体長2m。㊚インドおよび

世界各地
¶恐竜博(p40/カ復)
よみ恐(p16/カ復)

パラスクス
三畳紀後期の脊椎動物フィトサウルス類。全長2m。[分]世界各地
¶進化大(p212/カ復)

パラステゴドン・アカシエンシス *Parastegodon akashiensis*
第四紀更新世前期の脊椎動物哺乳類。別名アカシゾウ。
¶原色化(PL.92-3/カ写)〈[産]兵庫県明石市西八木 長さ14.5cm 上大臼歯〉

パラステリクス *Palastericus devonicus*
後期デボン紀の無脊椎動物星形類。パラステリクス科。直径12cm。[分]ドイツ
¶化写真(p186/カ写)〈[産]ドイツ〉

パラストロマトポラ属の1種 *Parastromatopora japonica*
中生代ジュラ紀後期の層孔虫類。パラストロマトポラ科。
¶学古生(図342a/モ写)〈[産]愛媛県東宇和郡城川町 横断面, 縦断面〉

パラストロマトポラ属の1種 *Parastromatopora memoria-naumanni*
中生代ジュラ紀後期の層孔虫類。パラストロマトポラ科。
¶学古生(図342b/モ写)〈[産]高知県高岡郡越知町佐之國 横断面, 縦断面〉

パラストロマトポラ属の未定種 *Parastromatopora* sp.
中生代ジュラ紀の腔腸動物層孔虫類。
¶化石フ(p136/カ写)〈[産]高知県高岡郡佐川町 横30mm〉

パラスピリファー *Paraspirifer*
古生代デボン紀の腕足動物。
¶図解化〔パラスピリファ属の腕足類〕(p12-1/カ写)〈[産]北アメリカ〉
生ミス3(図4-1/カ写)〈[産]アメリカのオハイオ州 48mm〉

パラスピリファー *Paraspirifer* sp.
デヴォン紀の無脊椎動物腕足動物。スピリファー目。
¶図解化(p77-1/カ写)〈[産]オハイオ州〉
図解化〔Paraspirifer sp.〕(図版7-18/カ写)〈[産]オハイオ州〉

パラスピリファー・ボウノッケリ *Paraspirifer bownockeri*
古生代デボン紀の腕足類。スピリファー目ヒルテロリチテス科。
¶化石図(p63/カ写, カ復)〈[産]アメリカ合衆国 殻の横幅約5cm〉

パラスフェノフィルムの1種 *Parasphenophyllum thonii* var.*minor*
古生代後期の陸上植物。シダ植物有節綱楔葉目楔葉科。
¶学古生(図324/モ写)

パラセラタイテス
中生代三畳紀の軟体動物頭足類。
¶産地新(p37/カ写)〈[産]宮城県宮城郡利府町赤沼 径5cm〉

パラセラタイテス・オリエンタリス *Paraceratites orientalis*
中生代三畳紀の軟体動物頭足類アンモナイト。セラティテス科。
¶学古生〔パラセラティテスの1種〕(図382/モ写)〈[産]宮城県宮城郡松島町利府駅北東 側面部〉
化石フ(p107/カ写)〈[産]宮城県宮城郡利府町 25mm〉
日化譜〔Paraceratites orientalis〕(図版51-16/モ写)〈[産]宮城県宮城郡利府村利府駅〉

パラセラティテス ⇒パラセラタイテス・オリエンタリスを見よ

パラセリテス *Paracelites*
古生代ペルム紀の軟体動物頭足類アンモナイト類。
¶生ミス4(図2-4-9/カ写)〈[産]アメリカのテキサス州 長径1.9cm〉

パラセルキルキア・インニンゲンシス *Paraselkirkia jinningensis* 晋寧似管虫
カンブリア紀の鰓曳動物。鰓曳動物門セルキルキア科。澄江生物群。
¶澄江生(図12.4/モ復)
澄江生(図12.5/カ写)〈[産]中国の耳材村 横からの眺め, 外にめくれ出ている吻の詳細, 部分的にめくれ出ている吻の詳細〉

パラソレノセラス・パルチャー *Parasolenoceras pulcher*
カンパニアン期のアンモナイト。
¶アン最〔ソレノセラス・パルチャーとシロサラス・コンラデイとパラソレノセラス・パルチャー〕(p209/カ写)〈[産]テネシー州クーンクリーク〉

パラターボ?・ザポティラネンシス *Paraturbo? zapotillanensis*
白亜紀の軟体動物腹足類。
¶原色化(PL.63-1/モ写)〈[産]メキシコのプエブラのサン・ホァン 幅5cm〉

パラツェチュアネラの一種 *Paraszechuanella* sp.
オルドビス紀の三葉虫。イレヌス目。
¶三葉虫(図35/モ写)〈[産]中国湖南省湘西 長さ64mm〉

パラディン(ウェベリデス)・ロンギスピニフェルス *Paladin* (*Weberides*) *longispiniferus*
古生代後期石炭紀前期の三葉虫類。ダイトモピゲ亜科。
¶学古生(図248/モ写)〈[産]岩手県陸前高田市雪沢〉

パラディン・カリナツス *Paladin carinatus*
古生代後期石炭紀前期?の三葉虫類。ダイトモピゲ亜科。
¶学古生(図247/モ写)〈[産]岩手県産地不詳〉

パラディン コスカ *Paladin koska*
石炭紀前期の三葉虫。イレヌス目。
¶三葉虫(図48/モ写)〈[産]ベルギー 長さ28mm〉

パラトゥルボ・クマソアーナ *Paraturbo kumasoana*
中生代白亜紀後期の貝類。パラトゥルボ科。

¶学古生（図606/モ写）〈[産]熊本県天草郡御所ノ浦町〉

パラドキシデス・グラシリス *Paradoxides gracilis*
古生代カンブリア紀の節足動物三葉虫。
¶生ミス1（p123/カ写）〈[産]チェコ 17cm〉

パラドキシデスの一種 *Paradoxides* sp.
古生代カンブリア紀の無脊椎動物節足動物三葉虫類。レドリキア目パラドキシデス科。
¶化石図（p36/カ写）〈[産]モロッコ 体長約30cm〉
図解化〔パラドキシデス〕（p97/カ写）

パラドキシデス・ボヘミクス *Paradoxides bohemicus*
カンブリア紀の節足動物三葉虫類。レドリキア目パラドキシデス科。体長20cm。[分]ヨーロッパ，アメリカ，アフリカ北部
¶化写真〔パラドキシデス〕（p57/カ写）〈[産]チェコ〉
原色化（PL.6-5/モ写）〈[産]チェコスロバキアのボヘミアのギネッツ 長さ10cm〉
地球博〔カンブリア紀の三葉虫〕（p79/カ写）

ハ

パラドキシデス・ボヘミクス
カンブリア紀中期の無脊椎動物節足動物。最大全長45cm。[分]ヨーロッパ，北アメリカ，イギリス諸島，モロッコ，トルコ，シベリア
¶進化大〔パラドキシデス〕（p76/カ写）

パラトダス
新生代第三紀中新世の脊椎動物軟骨魚類。
¶産地本（p81/カ写）〈[産]茨城県北茨城市平潟町長浜 高さ4.5cm〉

パラトドンタ *Palatodonta*
中生代三畳紀中期の海棲爬虫類プラコドン類。テチス海に生息。
¶生ミス5（図2-10/カ写）〈[産]オランダ 約2cm〉

パラトラキセラス *Paratrachyceras* sp.
中生代三畳紀後期カーニック世のアンモナイト。トラキセラス科。
¶学古生（図386/モ写）〈[産]高知県高岡郡佐川町下山 側面部，腹側部〉

パラトラキセラス
中生代三畳紀の軟体動物頭足類。
¶産地新（p150/カ写）〈[産]福井県大飯郡高浜町難波江 径約8cm，半径20cm，径約8cm，径5.5cm 住房の破片，外形印象，住房部の内形印象〉
産地別（p178/カ写）〈[産]福井県大飯郡高浜町難波江 長径5.2cm〉
産地別（p178/カ写）〈[産]福井県大飯郡高浜町難波江 長径8.2cm〉
産地別（p179/カ写）〈[産]福井県大飯郡高浜町難波江 長径8.5cm〉
産地別（p179/カ写）〈[産]福井県大飯郡高浜町難波江 長径8.8cm〉

パラトリジジアの1種 *Paratrizygia maiyaensis*
古生代後期の陸上植物。シダ植物有節綱楔葉目楔葉科。
¶学古生（図326/モ写）〈[産]宮城県登米郡東和町米谷古館〉

バラヌス *Balanus*
白亜紀中ごろ～現在の節足動物甲殻類蔓脚類。
¶化百科（p135/カ写）〈個体の高さ3.2cm〉
図解化〔フラベリペクテンの殻を覆っているバラヌス属の蔓脚類〕（p104-上/カ写）〈[産]シチリア島〉

バラヌス *Balanus concavus*
始新世～現世の無脊椎動物甲殻類。完胸目フジツボ科。体長1cm。[分]世界中
¶化写真（p66/カ写）〈[産]イギリス〉
世変化〔フジツボ〕（図88/カ写）〈[産]英国のサフォーク州ラムズホルト 幅6.5cm〉

バラヌス・コンカウウス
古第三紀～現代の無脊椎動物甲殻類。別名シロスジフジツボ。幅最長2cm。[分]世界各地
¶進化大〔バラヌス〕（p429/カ写）

パラネフロレネルス・クロンディケンシス *Paranephrolenellus klondikensis*
古生代カンブリア紀の節足動物三葉虫。
¶生ミス1（p117/カ写）〈[産]アメリカのネヴァダ州 3cm〉

バラネルペトン
石炭紀前期の脊椎動物切椎類。全長50cm。[分]スコットランド
¶進化大（p166/カ写）〈頭骨〉

バラノキダリスの1種 *Balanocidaris japonica*
中生代ジュラ紀後期の棘皮動物ウニ類。キダリスウニ目キダリスウニ科。
¶学古生（図718/モ写）〈[産]和歌山県日高郡由良町門前〉
学古生（図719/モ写）〈[産]高知県高岡郡佐川町鳥巣 殻の一部〉
化石フ〔バラノキダリスの棘〕（p134/カ写）〈[産]和歌山県有田郡由良町 トゲ約30mm〉
日化譜〔Balanocidaris japonica〕（図版61-17/モ写）〈[産]和歌山県日高郡由良町，高知県佐川町鳥ノ巣 棘〉

パラノトサウルス *Paranothosaurus amsleri*
三畳紀中期の爬虫類。爬型超綱鰭竜綱孽子竜目。全長3.8m。[分]スイスのルガノ湖畔
¶古脊椎（図101/モ復）

バラの花
新生代古第三紀の植物。
¶生ミス9（図1-5-9/カ写）〈[産]バルト海 径約5mm 琥珀〉

バラノフィリア・イムペリアリス *Balanophylla* aff. *imperialis*
第四紀更新世後期の腔腸動物六射サンゴ類。
¶原色化（PL.86-2/モ写）〈[産]千葉県君津郡富来田町地蔵堂 高さ2.0cm,2.7cm〉

バラノプス *Varanops brevirostris*
二畳紀初期の爬虫類。獣形超綱盤竜綱盤竜目。全長1m。[分]北米テキサス州
¶古脊椎（図194/モ復）

パラノモトドンの歯 *Paranomotodon* sp.
白亜紀サントニアン期のサメ類。全長数m？
¶日白亜〔ネズミザメ類〕（p20～23/カ写，カ復）〈[産]熊本県上天草市龍ヶ岳町 歯根からの高さ24.8mm〉

バラパサウルス *Barapasaurus*
1億8900万～1億7600万年前（ジュラ紀前期）の恐竜類竜脚類。竜脚下目ウルカノドン科。平原に生息。全長18m。[分]インド
¶恐イラ（p107/カ復）

恐絶動 (p126/カ復)
恐竜世 (p151/カ復)
恐竜博 (p73/カ復)
よみ恐 (p64〜65/カ復)

バラパサウルス
ジュラ紀前期の脊椎動物竜脚形類。体長18m。[分]インド
¶進化大 (p266/カ復)

パラバシリクス・ヤマナリイ *Parabasilicus yamanarii*
オルドビス紀の節足動物三葉虫類。
¶原色化 (PL.8-1/カ写)〈[産]朝鮮の江原道寧越郡上東面稷洞里莫洞 長さ11cm〉

パラバスコセラス・テクティフォーム *Paravascoceras tectiforme*
チューロニアン期のアンモナイト。
¶アン最 (p125/カ写)〈[産]ナイジェリアのゴンベ〉

パラパレオメルス・シネンシス *Parapaleomerus sinensis* 中国似古節虫
カンブリア紀の節足動物。節足動物門。澄江生物群。
¶澄江生 (図16.38/モ復)
澄江生 (図16.39/カ写)〈[産]中国の小濫田 最大長さ92mm, 幅90mm 背側から見たところ〉

パラヒップス *Parahippus*
中新世初期の哺乳類ウマ類。奇蹄目ウマ科。肩高1m。[分]北アメリカ
¶恐絶動 (p255/カ復)

パラプシケファルス *Parapsicephalus*
ジュラ紀トアルシアンの翼竜類。ランフォリンクス上科。翼開長1m。[分]イギリス北東部, ドイツ(可能性)
¶恐イラ (p99/カ復)

パラフズリナ
古生代ペルム紀の原生動物紡錘虫類。
¶産地本 (p78/カ写)〈[産]栃木県安蘇郡葛生町山菅 長さ1.5cm〉
産地本 (p78/カ写)〈[産]栃木県安蘇郡葛生町山菅 長径1.5cm 研磨薄片〉
産地本 (p111/カ写)〈[産]岐阜県大垣市赤坂町金生山 大きいものの長径1.2cm〉
産地本 (p119/カ写)〈[産]岐阜県大野郡丹生川村日面 長径1.2cm〉

パラフズリナ・カワイイ *Parafusulina kawaii*
二畳紀の原生動物紡錘虫類。
¶原色化 (PL.35-5/モ写)〈[産]岐阜県不破郡赤坂町金生山 大きい個体の長径1.2cm 研磨断面〉

パラフズリナ・ジャポニカ *Parafusulina japonica*
古生代ペルム紀の原生動物紡錘虫類。
¶化石フ (p26/カ写)〈[産]岐阜県大野郡丹生川村 石の幅75mm〉
日化譜〔Parafusulina japonica〕(図版4-1/モ写)〈[産]秋吉, 岐阜県赤坂, 新潟県青海, 関東山地, 北上など 断面〉

パラフズリナの1種 *Parafusulina kaerimizensis*
古生代後期二畳紀中期の紡錘虫類。シュワゲリナ科。
¶学古生 (図79/モ写)〈[産]岡山県新見市阿哲台 正縦断面, 正横断面〉

パラフズリナの1種 *Parafusulina yabei*
古生代後期二畳紀中期の紡錘虫類。シュワゲリナ科。
¶学古生 (図62/モ写)〈[産]栃木県安蘇郡葛生町唐沢 遊離個体〉
日化譜〔Parafusulina yabei〕(図版4-2/モ写)〈[産]栃木県葛生〉

パラフズリナ・マツバイシ *Parafusulina matsubaishi*
二畳紀の原生動物紡錘虫類。別名マツバイシ, 松葉石。
¶原色化 (PL.32-6/カ写)〈[産]岩手県東磐井郡薄衣 マツバの幅約1.2mm 殻の抜けあと〉
日化譜〔Parafusulina matsubaishi〕(図版4-4,5, 6/モ写)〈[産]宮城県松川 縦断面, 横断面〉

パラフズリナ・マツバイシ ⇒松葉石を見よ

ハラブトチシマガイ *Panomya gigantea*
鮮新世中期の軟体動物斧足類。
¶日化譜 (図版49-1/モ写)〈[産]福島県相馬郡新地町〉

パラプラコドゥス *Paraplacodus*
三畳紀アニシアン〜ラディニアンの板歯類。プラコドゥス上科。体長1.5m。[分]イタリア北部
¶恐イラ (p70/カ復)

パラペイトイア *Parapeytoia*
古生代カンブリア紀の節足動物アノマロカリス類。全長30cm。[分]中国
¶生ミス1 (図3-5-4/カ復)

パラペイトイア・ユンナネンシス *Parapeytoia yunnanensis* 雲南似皮托虫
古生代カンブリア紀の節足動物アノマロカリス類。アノマロカリス科。澄江生物群。全長30cm。[分]中国
¶生ミス1〔パラペイトイア〕(図3-3-4/カ復)
澄江生〔パラペイトイア・ユンナンエンシス〕(図15.5/カ写)〈[産]中国の帽天山 腹側からの眺め.雄型, 腹側からの眺め.雌型〉
リア古〔アノマロカリス類〕(p32〜35/カ復)

パラペイトイア・ユンナンエンシス ⇒パラペイトイア・ユンナネンシスを見よ

パラヘテラスター・マクロホルクス *Paraheteraster macroholcus*
中生代白亜紀の棘皮動物ウニ類。トクサステル科。
¶学古生〔パラヘテラステルの1種〕(図728/モ写)〈[産]長野県南佐久郡佐久町石堂〉
化石フ (p135/カ写)〈[産]長野県南佐久郡佐久町 70mm〉
日化譜〔Paraheteraster macroholcus〕(図版62-14/モ写)〈[産]和歌山県有田郡湯浅町吉川〉

パラヘテラステルの1種 ⇒パラヘテラスター・マクロホルクスを見よ

パラボリナ スピヌローサ *Palabolina spinulosa*
カンブリア紀の三葉虫。レドリキア目。
¶**三葉虫**(図27/モ写)〈[産]イギリスのウェールズ州 長さ18mm〉

パラミス *Paramys dericatus*
暁新世～始新世の哺乳類。哺乳綱獣亜綱正獣上目齧歯目。坐高尾長各40cm。[分]北米
¶**古脊椎**(図236/モ復)

パラミス *Paramys* sp.
暁新世末期～始新世中期の哺乳類ネズミ類リス型類。齧歯目イスキロミス科。頭胴長45～60cm。[分]北アメリカ, ヨーロッパ, アジア
¶**絶哺乳**(p124/カ復)

ハラミヤ *Haramiya*
三畳紀後期～ジュラ紀前期の哺乳類。多丘歯目。原始的な哺乳類。全長12cm。[分]英国のイングランド, ドイツ
¶**恐絶動**(p199/カ復)

ハ

パラリティタン *Paralititan*
白亜紀アルビアンまたはセノマニアンの恐竜類ティタノサウルス類。体長24～30m。[分]エジプト
¶**恐イラ**(p206/カ復)

パラルケオクリヌス *Pararchaeocrinus decoratus*
オルドビス紀中期の棘皮動物ウミユリ類。
¶**古代生**(p82/カ写)

パラレゴセラスの一種 *Paralegoceras* sp.
三畳紀後期のアンモナイト。
¶**アン最**(p136/カ写)〈[産]インドネシアのティモールのバスレオ〉

パラレジュルス ドルミツェリ *Paralejurus dormitzeri*
デボン紀中期の三葉虫。イレヌス目。
¶**三葉虫**(図39/モ写)〈[産]モロッコのアルニフ 長さ56mm〉

パラレピドツス・オルナツス *Paralepidotus ornatus*
三畳紀後期の脊索動物全骨類。硬骨魚綱。
¶**図解化**(p196-左/カ写)〈[産]イタリア〉

パラレプトミテラ・グロブラ *Paraleptomitella globula* 球状擬小細絲海綿
カンブリア紀の海綿動物。海綿動物門。澄江生物群。高さ最大7cm。
¶**澄江生**(図8.11/カ写)〈[産]中国の帽天山〉

パラレプトミテラ・ディクティオドロマ *Paraleptomitella dictyodroma* 網格擬小細絲海綿
カンブリア紀の海綿動物。海綿動物門普通海綿綱レプトミトゥス科。澄江生物群。高さ約10cm。
¶**澄江生**(図8.9/モ復)〈推定される生息姿勢での復元図〉
澄江生(図8.10/カ写)〈[産]中国の帽天山 最大幅12mm〉

パラレユルス *Paralejurus* sp.
デボン紀の無脊椎動物三葉虫類。コリネクソス目スクテルス科。体長10cm。[分]世界中
¶**化写真**(p65/カ写)〈[産]モロッコ〉

パラレユルス
デヴォン紀前期の無脊椎動物節足動物。最大体長15cm。[分]中央ヨーロッパ, 中央アジア, モロッコ
¶**進化大**(p127/カ写)

パラレロドン
古生代ペルム紀の軟体動物斧足類。
¶**産地新**(p100/カ写)〈[産]岐阜県大垣市赤坂町金生山 長さ4.5cm〉
産地別(p136/カ写)〈[産]岐阜県大垣市赤坂町金生山 長さ4.1cm〉

パラレロドン・オブソレフィフォルミス *Parallelodon obsoletiformis*
古生代ペルム紀の軟体動物斧足類。フネガイ目シコロエガイ科。
¶**化石フ**〔ハラレロドン・オブソレフィフォルミス〕(p33/カ写)〈[産]岐阜県大垣市赤坂町 30mm 外面, 内面〉
日化譜〔Parallelodon obsoletiformis〕(図版36-3/モ写)〈[産]岐阜県赤坂〉

パラレロドン(トリノスカテラ)・コバヤシイ *Parallelodon (Torinosucatella) kobayashii*
中生代ジュラ紀後期の貝類。パラレロドン科。
¶**学古生**(図634/モ写)〈[産]福島県相馬郡鹿島町 右殻〉

パラレロドンの1種 *Parallelodon* sp.cf.*P. multistriatus*
古生代後期二畳紀中期の貝類。翼形亜綱フネガイ目パラレロドン科。
¶**学古生**(図211/モ写)〈[産]福島県いわき市高倉山〉

パラレロドン(パレオクククレア)・モノベンシス *Parallelodon (Palaeocucullaea) monobensis*
中生代三畳紀後期の貝類。パラレロドン科。
¶**学古生**(図636/モ写)〈[産]山口県美袮市大嶺町 左殻〉
日化譜〔Parallelodon (Palaeocucullaea) monobensis〕(図版36-4/モ写)〈[産]山口県美禰市大嶺〉

パラングイラ・チグリナ *Paranguilla tigrina*
始新世の脊椎動物魚類。硬骨魚綱。
¶**図解化**(p194～195-3/カ写)〈[産]イタリアのモンテボルカ〉

バランチウムウキビシ *Clio balantium*
新生代第三紀鮮新世の軟体動物腹足類翼足類。
¶**化石フ**(p183/カ写)〈[産]静岡県掛川市 25mm〉

パラントロパス *Paranthropus robustus*
第四紀の哺乳類猿人。哺乳綱獣亜綱正獣上目霊長目。[分]南アフリカ, エチオピア
¶**古脊椎**(図225/モ復)

パラントロプス・エチオピクス
250万年前の人類。脳の大きさ410cm^3。[分]ケニアのトゥルカナ湖, エチオピアのオモ
¶**進化大**(p452/カ写)〈頭〉

パラントロプス・ボイセイ
250万～120万年前の人類。身長1.2～1.4m。[分]ケニアとエチオピアの大地溝帯
¶**進化大**(p453/カ写)

パラントロプス・ロブストゥス
200万～100万年前の人類。身長1.1～1.3m。[分]南アフリカの各地
¶**進化大**(p452/カ写)〈頭〉

ハリアナッサ *Halianassa cuvieri*
哺乳類。哺乳綱獣亜綱正獣上目海牛目。全長3.2m。
¶**古脊椎**(図297/モ復)

ハリエビス
新生代第三紀鮮新世の軟体動物腹足類。
¶**産地本**(p245/カ写)〈㊟高知県安芸郡安田町唐の浜 高さ2.3cm〉

バリオニクス *Baryonyx*
1億2500万年前(白亜紀前期)の恐竜類獣脚類スピノサウルス類。竜盤目獣脚亜目スピノサウルス上科。川岸に生息。全長9m。㊎ブリテン諸島, スペイン, ポルトガル
¶**恐イラ**(p162/カ復)
恐絶動(p111/カ復)
恐太古(p144〜147/カ写)〈頭骨, 骨格〉
恐竜世(p175/カ写, カ復)〈かぎづめ〉
恐竜博(p110〜111/カ写, カ復)〈頭部, かぎづめ〉
よみ恐(p122〜123/カ復)

バリオニクス
白亜紀前期の脊椎動物獣脚類。体長9m。㊎イギリス諸島, スペイン, ポルトガル
¶**進化大**(p318〜319/カ写, カ復)

バリクリヌス *Barycrinus*
古生代石炭紀の棘皮動物ウミユリ類。
¶**生ミス4**(図1-1-3/カ写)〈㊟アメリカのイリノイ州クラフォーズビル 約7cm〉

バリクリヌス・プリンセプス *Barycrinus princeps*
石炭紀の棘皮動物ウミユリ類。
¶**原色化**(PL.27-2/モ写)〈㊟北アメリカのイリノイ州ウォルソウ 母岩の幅11cm〉

ハリコンドリテス *Halichondrites elissa*
カンブリア紀の海綿動物尋常海綿類。海綿動物門普通海綿綱ハリコンドリティデー科。サイズ21.5cm。
¶**バ頁岩**(図19,20/モ写, モ復)〈㊟カナダのバージェス頁岩〉

パリサングロクリヌス *Parisangulocrinus zeaformis*
シルル紀〜石炭紀の無脊椎動物ウミユリ類。クラドゥス目エウスピロクリヌス科。萼の直径1.5cm。㊎ヨーロッパ, 北アメリカ
¶**化写真**(p166/カ写)〈㊟ドイツ〉

ハリシテス *Halysites*
オルドビス紀〜シルル紀の刺胞動物サンゴ類花虫類床板サンゴ類ハリシテス類。別名クサリサンゴ。
¶**化百科**(p117/カ写)〈5cm〉

ハリシテス *Halysites catenularius*
中期オルドビス紀〜後期シルル紀の無脊椎動物サンゴ類。ファボシテス目ハリシテス科。夾の直径2mm。㊎世界中
¶**化写真**(p53/カ写)〈㊟アメリカ 上方から見た群体〉

ハリシテス・アリスエンシス *Halysites arisuensis*
古生代中期シルル紀ウェンロック世の床板サンゴ類。クサリサンゴ科。
¶**学古生**(図11/モ写)〈㊟岩手県気仙郡住田町下有住地方 横断面〉

ハリシテス・カテヌラリア *Halysites catenularia*
シルル紀の無脊椎動物腔腸動物サンゴ類。床板サンゴ目。
¶**図解化**(p71-2/カ写)〈㊟イギリスのダッドリー〉
世変化〔クサリサンゴ〕(図13/カ写)〈㊟英国のダドリー 視野幅2cm〉

ハリシテス・クラオケンシス
古生代オルドビス紀〜シルル紀(国内ではシルル紀)の床板サンゴ。花虫綱床板サンゴ亜綱クサリサンゴ目クサリサンゴ科。
¶**日絶古**〔クサリサンゴ〕(p84〜85/カ写, カ復)〈㊟宮崎県五ヶ瀬町祇園山 研磨標本, 群体標本〉

ハリシテス・クラツス近似種 *Halysites* sp., cf.*H. cratus*
古生代中期の床板サンゴ類。クサリサンゴ科。
¶**学古生**(図14/モ写)〈㊟岩手県気仙郡住田町下有住地方 横断面〉

ハリシテス・シィスミルヒイ ⇒ハリシテス・シスミルヒを見よ

ハリシテス・シスミルヒ *Halysites süssmilchi*
古生代シルル紀の腔腸動物床板サンゴ類。クサリサンゴ科。
¶**学古生**(図12/モ写)〈㊟高知県高岡郡越知町横倉山 横断面〉
化石フ(p29/カ写)〈㊟宮崎県西臼杵郡五ヶ瀬町 幅75mm〉
原色化〔ハリシテス・シィスミルヒイ〕(PL.12-4/カ写)〈㊟高知県高岡郡越知町横倉山 研磨面〉
日化譜〔Halysites süssmilchi〕(図版20-9/モ写)〈㊟高知県越知町横倉山 横断面〉

ハリシテス・シスミルヒ
古生代シルル紀の腔腸動物床板サンゴ類。
¶**産地本**(p223/カ写)〈㊟高知県高岡郡越知町横倉山 左右3cm〉

ハリシテス・シスミルフィー
古生代シルル紀の腔腸動物床板サンゴ類。
¶**産地新**(p193/カ写)〈㊟高知県高岡郡越知町横倉山 群体の大きさ横4×縦4.5cm 研磨面〉

ハリシテス・ベルルス *Halysites bellulus*
古生代シルル紀の腔腸動物床板サンゴ類。クサリサンゴ科。
¶**学古生**(図15/モ写)〈㊟宮崎県西臼杵郡五ケ瀬町鞍岡 横断面〉
化石フ(p29/カ写)〈㊟宮崎県西臼杵郡五ヶ瀬町 石の長径61mm〉

ハリシテス・ラビリンシクス *Halysites labyrinthicus*
古生代中期シルル紀ウェンロック世の床板サンゴ類。クサリサンゴ科。
¶**学古生**(図13/モ写)〈㊟岩手県気仙郡住田町下有住地方 横断面〉

ハリセンボン *Diodon* cf.*holocanthus*
鮮新世前期の魚類硬骨魚類。
¶**日化譜**(図版63-20/モ写)〈㊟千葉県銚子市犬若 歯〉

ハリセンボン
新生代第三紀鮮新世の脊椎動物硬骨魚類。
¶**産地本**(p84/カ写)〈[産]千葉県銚子市長崎鼻海岸 左右2.4cm 歯〉

パリソクリヌス *Parisocrinus* sp.
デボン紀の棘皮動物ウミユリ類。
¶**原色化**(PL.19-1/モ写)〈[産]ドイツのラインラント・パルツのブンデンバッハ 長さ18cm〉

ハリテリウム *Halitherium schinzi*
漸・中新世の哺乳類。哺乳綱獣亜綱正獣上目海牛目。全長2.4m。[分]ヨーロッパ, マダガスカル
¶**古脊椎**(図296/モ復)

パリヌリナ属の種 *Palinurina* sp.
ジュラ紀後期の無脊椎動物甲殻類大型エビ類。
¶**ゾル1**(図311/カ写)〈[産]ドイツのツァント 3.5cm〉

パリヌリナ・ロンギペス *Palinurina longipes*
ジュラ紀後期の無脊椎動物甲殻類大型エビ類。
¶**図解化**(p108-6/カ写)〈[産]ゾルンホーフェン〉
ゾル1(図310/カ写)〈[産]ドイツのアイヒシュテット 8cm〉

ハ

パリヌルス *Palinurus* sp.
始新世の無脊椎動物節足動物。
¶**図解化**(p108-7/カ写)〈[産]イタリアのモンテボルカ〉

バリバリノキ属の1種 *Actinodaphne* sp.
新生代中新世中期の陸上植物。クスノキ科。
¶**学古生**(図2385/モ写)〈[産]秋田県北秋田郡阿仁町立又沢〉

パリプテリス *Paripteris gigantea*
後期石炭紀の植物ソテツシダ類。メデュローサ目メデュローサ科。高さ5m。[分]世界中
¶**化写真**(p295/カ写)〈[産]イギリス〉

ハリプテルス・エクセルシオル *Hallipterus excelsior*
古生代デボン紀の節足動物鋏角類ウミサソリ類。全長1m。[分]アメリカ
¶**リア古**〔ハリプテルス〕(p128/カ復)

ハリマイトカケ *Epitonium halimense*
新生代第四紀の貝類。異腹足目イトカケガイ科。
¶**学古生**(図1744/モ写)〈[産]神戸市須磨区西舞子〉

ハリマニシキ *Chlamys* (*Azumapecten*) *halimensis*
新生代第四紀更新世の貝類。イタヤガイ科。
¶**学古生**(図1649/モ写)〈[産]神戸市須磨区西舞子〉

ハリマントリガイ *Papyridea harrimani*
漸新世末期の軟体動物斧足類。
¶**日化譜**(図版45-24/モ写)〈[産]福島県石城郡四倉〉

ハリモミ?の毬果
新生代第三紀中新世の裸子植物毬果類。マツ科。別名ピセア。
¶**産地新**(p67/カ写)〈[産]埼玉県秩父郡小鹿野町ようばけ 長さ9cm〉

バリランブダ *Barylambda faleri*
暁新世の哺乳類。哺乳綱獣亜綱正獣上目汎歯目。全長2.3m。[分]北米コロラド州
¶**古脊椎**(図270/モ復)

パルヴァンコリナ *Parvancorina*
5億5800万～5億5500万年前(先カンブリア時代)の無脊椎動物。エディアカラ生物群。直径1～2.5cm。[分]オーストラリア, ロシア
¶**恐竜世**(p29/カ写)
生ミス1(図2-8/カ写)〈[産]ロシア 雌型〉

パルウァンコリナ・ミンカミ
原生代先カンブリア時代後期の無脊椎動物。全長1～2.5cm。[分]オーストラリア, ロシア
¶**進化大**〔パルウァンコリナ〕(p63/カ写)

パルヴロノダ・ドゥビア *Parvulonoda dubia* 疑惑小瘤面体
カンブリア紀の所属不明の動物。澄江生物群。
¶**澄江生**(図20.13/カ写)〈[産]中国の帽天山, 馬房 長さ16mmまで, 幅5mm〉

パルエレファス *Parelephas jeffersoni*
更新世の哺乳類。哺乳綱獣亜綱正獣上目長鼻目。別名ジェファーソンマンモス, フランクリンマンモス。体長4.5m。[分]北米
¶**古脊椎**(図292/モ復)

パルオトーダス・ベネデニ *Parotodus benedeni*
新生代第三紀中新世の魚類軟骨魚類。
¶**化石フ**(p207/カ写)〈[産]長野県南安曇郡豊科町 55mm 前歯〉

パルカ *Parka decipiens*
後期シルル紀～前期デボン紀の藻類。緑色植物門。直径4cm。[分]ヨーロッパ, 北アメリカ
¶**化写真**(p288/カ写)〈[産]イギリス 葉状体の断片〉

パルカスピス *Parkaspis decamera*
カンブリア紀の三葉虫。節足動物門アラクノモルファ亜門三葉虫綱コリネクソチダ目。サイズ20mm。
¶**バ頁岩**(図129/モ写)〈[産]カナダのバージェス頁岩〉

パルカ・デーキピエンス
シルル紀後期～デヴォン紀前期の藻類。最大直径7cm。[分]世界各地
¶**進化大**〔パルカ〕(p114/カ写)

ハルキエリア *Halkieria*
古生代カンブリア紀の軟体動物。全長8cm。[分]グリーンランド, オーストラリアほか
¶**生ミス1**(図3-7-4/カ復)

ハルキエリア・エヴァンゲリスタ *Halkieria evangelista*
古生代カンブリア紀の軟体動物。シリウス・パセット動物群。全長8cm。[分]グリーンランド, オーストラリアほか
¶**生ミス1**〔ハルキエリア〕(図3-4-1/カ復)〈[産]グリーンランド北部のシリウス・パセット〉
リア古〔ハルキエリア〕(p46/カ復)

ハルキゲニア *Hallucigenia*
5億500万年前(カンブリア紀中期)の無脊椎動物有爪動物。全長最大2.5cm。[分]カナダ, 中国
¶**恐竜世**(p31/カ復)
古代生(p63/カ復)〈最新の復元図, 上下前後逆の旧復元図〉

生ミス1〔ハルキゲニアの現在の復元図〕(図3-2-9/カ復)
生ミス1〔ハルキゲニアの旧復元図〕(図3-2-10/カ復)
生ミス2(図1-1-8/カ復)

ハルキゲニア
カンブリア紀中期の無脊椎動物節足動物。最大全長2.5cm。㊎カナダ, 中国
¶進化大(p73/カ復)

ハルキゲニア・スパルサ *Hallucigenia sparsa*
古生代カンブリア紀の有爪動物類。バージェス頁岩動物群。長さ0.5〜3cm。
¶生ミス1〔ハルキゲニア〕(図3-2-8/カ写)〈14mm〉
バ頁岩〔ハルキゲニア〕(図90〜92/モ復, モ写)〈㊥カナダのバージェス頁岩〉
リア古〔ハルキゲニア〕(p20/カ復)

ハルキゲニア・フォルティス *Hallucigenia fortis*
強壮怪誕虫
カンブリア紀の葉足動物。葉足動物門。澄江生物群。体長2〜3cm。
¶古代生〔ハルキゲニア〕(p66〜67/カ写)〈㊥中国〉
生ミス1〔ハルキゲニア〕(図3-3-5/カ写, カ復)〈㊥中国の澄江〉
世変化〔ハルキゲニア〕(図6/カ写)〈㊥中国の昆明市Mafang 長さ8.2cm〉
澄江生(図14.6/モ復)
澄江生(図14.7/カ写)〈㊥中国の馬房 横からの眺め〉

バルキテリウム *Baluchitherium grangeri*
漸新世後期の哺乳類。哺乳綱獣亜綱正獣上目奇蹄目。体長10m内外。㊎中央アジア
¶古脊椎(図309/モ復)

パルクソサウルス ⇒パークソサウルスを見よ

バルコラカニア・ダイリィ *Balcoracania dailyi*
古生代カンブリア紀の節足動物三葉虫。
¶生ミス1(p124/カ写)〈㊥オーストラリア 1.4cm〉

バルサムモミ *Abies balsamea*
鮮新世前期の毬果類。
¶日化譜(図版75-5/モ写)〈㊥仙台市三十人町, 宮城県宮城郡宮城村大沢 毬果〉

ハルツンギア・ジャポニカ *Hartungia japonica*
新生代第三紀鮮新世の軟体動物腹足類。アサガオガイ科。
¶化石フ(p172/カ写)〈㊥静岡県掛川市 高さ25mm〉

パルディナ *Paludina*
ジュラ紀〜現在の軟体動物腹足類前鰓類中腹足類。
¶化百科〔ヴィヴィパルス(パルディナを含む)〕(p161/カ写)〈㊥イギリス南部のワイト島 2.5cm〉

ハルドウイニア *Hardouinia mortonis*
後期白亜紀の無脊椎動物ウニ類。マンジュウウニ目ファウジャシア科。直径3.5cm。㊎北アメリカ
¶化写真(p182/カ写)〈㊥アメリカ〉

ハルトリニレ *Ulmus harutoriensis*
新生代漸新世の陸上植物。ニレ科。
¶学古生(図2194/モ写)〈㊥北海道阿寒郡阿寒町雄別〉

ハルトリハンノキ *Alnus hokkaidoensis*
新生代漸新世の陸上植物。カバノキ科。
¶学古生(図2181/モ写)〈㊥北海道釧路市春採炭鉱〉

ハルトリヤブデマリ *Viburnum basiobliquum*
新生代漸新世の陸上植物。ガマズミ科。
¶学古生(図2221/モ写)〈㊥北海道釧路市春採炭鉱〉

バルネア(ウミタケア)・ジャポニカ *Barnea (Umitakea) japonica*
第四紀更新世中期の軟体動物斧足類。別名ウミタケ。
¶原色化(PL.90-4/モ写)〈㊥静岡県小笠郡比木村勝佐谷 長さ8cm〉

ハルパクトカルキヌス・プンクツラツス *Harpactocarcinus punctulatus*
始新世の無脊椎動物節足動物。
¶図解化(p109-7/カ写)〈㊥イタリア〉

ハルパゴルニス・モオレイ *Harpagornis moorei*
更新世〜現世の鳥類。コウノトリ目。体高推定1.1m。㊎ニュージーランド
¶恐絶動(p175/カ復)

ハルパゴレステス
始新世中期の哺乳類真獣類。メソニクス目メソニクス科。肉食性。
¶絶哺乳(p101/モ図)〈㊥アメリカのユタ州 頭骨〉

パルピテス・クルソル *Palpites cursor*
ジュラ紀後期の無脊椎動物甲殻類。甲殻類の幼生。
¶ゾル1(図329/カ写)〈㊥ドイツのアイヒシュテット 6cm〉

ハルピミムス・オクラドニコビ *Harpymimus okladnikovi*
白亜紀前期の恐竜類獣脚類オルニトミモサウルス類。
¶モ恐竜(p21/カ写)〈㊥モンゴル南東フルン・ドッホ 全身骨格〉

ハルポケラス *Harpoceras falciferum*
前期ジュラ紀の無脊椎動物アンモナイト類。アンモナイト目ヒルドケラス科。直径12cm。㊎世界中
¶化写真(p149/カ写)〈㊥イギリス〉

ハルポセラス
中生代ジュラ紀の軟体動物頭足類。
¶産地本(p231/カ写)〈㊥山口県豊浦郡豊田町石町 径6.5cm〉
産地本(p231/カ写)〈㊥山口県豊浦郡豊田町石町 径5cm〉

ハルポセラス・クリサンテマム *Harpoceras chrysanthemum*
中生代ジュラ紀の軟体動物頭足類。
¶化石フ(p113/カ写)〈㊥山口県豊浦郡豊田市 30mm〉

ハルポセラス(ハルポセラス)・ファルシファー *Harpoceras (Harpoceras) falcifer*
ジュラ紀の軟体動物頭足類。
¶原色化(PL.52-2/カ写)〈㊥イギリスのドーシット州チャーマス 長径17cm〉

バルボロフェリス *Barbourofelis* sp.
中新世中期〜後期の哺乳類真獣類。食肉目ネコ型亜

目ニムラブス科。肉食性。頭胴長約1.3〜1.5m。(分)北アメリカ, アジア
¶**絶哺乳**(p107/カ復)

バルボロフェリス・フリッキ *Barbourofelis fricki*
新生代新第三紀中新世の哺乳類真獣類食肉類ネコ型類バルボロフェリス類。頭胴長1.6m。(分)アメリカ, カナダ
¶**生ミス9**〔バルボロフェリス〕(図0-1-4/カ復)

パルマトプテリス *Palmatopteris*
石炭紀の植物ソテツシダ類。
¶**図解化**〔パルマトプテリス、ネウロプテリス、ペコプテリスの仲間〕(p45-11/カ写)〈(産)ドイツ〉

パルモキシロン *Palmoxylon* sp.
暁新世〜鮮新世の単子葉の被子植物類。ヤシ目ヤシ科。高さ20m。(分)世界中
¶**化写真**(p311/カ写)〈(産)アンチガ 珪化した茎〉

パルモクシロン
新第三紀の被子植物。別名ヤシ。高さ最大30m。(分)北半球の暖温帯〜亜熱帯地方
¶**進化大**(p395/カ写)〈幹の断面〉

ハ

パレイアサウルス *Pareiasaurus*
ペルム紀中期の爬虫類。カプトリヌス目パレイアサウルス科。初期の爬虫類。全長2.5m。(分)アフリカ南部・東部, ヨーロッパ東部
¶**恐絶動**(p63/カ復)

パレイアサウルス *Pareiasaurus baini*
爬虫類。爬型超綱亀綱頬竜目パレイアサウルス亜目。全長2.4m。
¶**古脊椎**(図79/モ復)

パレオイソプス・プロブレマティクス *Palaeoisopus problematicus*
古生代デボン紀の節足動物鋏角類。全長40cm。(分)ドイツ
¶**生ミス3**〔パレオイソプス〕(図1-15/カ写, カ復)〈(産)ドイツのフンスリュックスレート超〉

パレオカスター *Palaeocastor* sp.
漸新世後期〜中新世前期の哺乳類ネズミ類ネズミ型類。齧歯目ビーバー科。頭胴長25〜30cm。(分)北アメリカ
¶**恐竜世**〔パラエオカストル〕(p242/カ写)
絶哺乳(p131,132/カ写, カ復, モ図)〈復元骨格, 巣穴〉

パレオカスター
古第三紀漸新世前期〜新第三紀中新世前期の脊椎動物有胎盤類の哺乳類。体長40cm。(分)アメリカ合衆国, 日本
¶**進化大**(p408/カ写)

パレオカリヌス・リニエンシス *Palaeocharius rhyniensis*
古生代デボン紀の節足動物鋏角類クモ類ワレイタムシ類。数mm。(分)イギリス
¶**生ミス3**〔パレオカリヌス〕(図2-6/カ写, カ復)〈(産)イギリス・スコットランドのライニーチャート 背側から見た標本〉

パレオキカス属の一種 *Palaeocycas*
植物ソテツ類。
¶**図解化**(p49-左/モ復)

パレオキロプテリクス *Palaeochiropteryx*
始新世前期〜中期の哺乳類翼手類。翼手目パレオキロプテリクス科。頭胴長約7cm。(分)ヨーロッパ
¶**化百科**〔パラエオキロプテリクス〕(p234/カ写)〈標本全体の幅約7cm〉
絶哺乳(p159,160/カ写, カ復)〈(産)ドイツのメッセル 最大長68mm〉

パレオシオプス *Palaeosyops* sp.
始新世前〜中期の哺乳類奇蹄類。ティタノテリウム型亜目ブロントテリウム科。頭骨全長約40cm。(分)北アメリカ, アジア
¶**絶哺乳**(p163,164/カ写, カ復)

パレオスポンディルス *Palaeospondylus*
デボン紀中期の魚類。板皮綱。全長5cm。(分)英国のスコットランド
¶**恐絶動**(p31/カ復)

パレオソラスター *Palaeosolaster*
古生代デボン紀のヒトデ類。直径25cm以上。
¶**生ミス3**(図1-10/カ写)〈(産)ドイツのフンスリュックスレート〉

パレオチリス
石炭紀後期の脊椎動物真正爬虫類。全長25cm。(分)カナダ
¶**進化大**(p168/カ写)

パレオディクチオン・メイジャス *Paleodictyon majus*
新生代第三紀中新世の所属不明生痕化石。別名コダイアミモ。かつては緑藻類とされた。
¶**学古生**〔パレオディクティオンの1種〕(図2602/モ写)〈(産)和歌山県西牟婁郡中辺路町北郡〉
化石フ(p240/カ写)〈(産)高知県室戸市 3mm角〉
原色化(PL.71-4/モ写)〈(産)和歌山県西牟婁郡栗栖川村北郡 28×19cm〉

パレオディクティオン ⇒パレオディクチオン・メイジャスを見よ

パレオテリウム *Palaeotherium*
始新世後期〜漸新世前期の哺乳類奇蹄類ウマ類。奇蹄目パレオテリウム科。肩高75cm。(分)ヨーロッパ
¶**恐絶動**(p254/カ復)
絶哺乳(p169/カ復)

パレオテリウム *Palaeotherium magnum*
始新世・漸新世の哺乳類。哺乳綱獣亜綱正獣上目奇蹄目。体長2m弱。(分)ヨーロッパ
¶**古脊椎**(図299/モ復)

パレオトリオニクス *Palaeotrionyx*
暁新世の爬虫類カメ類。潜頸亜目スッポン科。全長45cm。(分)北アメリカ大陸西部
¶**恐絶動**(p67/カ復)

パレオニスクス・ブレインヴィレイ *Palaeoniscus brainvillei*
石炭紀の脊索動物軟質類。硬骨魚綱。
¶**図解化**(p193-上/カ写)〈(産)フランス〉

パレオニスクム *Palaeoniscum*
ペルム紀後期の魚類。条鰭亜綱。原始的な条鰭類。

全長30cm。㊎英国のイングランド, ドイツ, グリーンランド, アメリカ合衆国
¶恐絶動(p34/カ復)

パレオパラドキシア *Paleoparadoxia*
新生代新第三紀中新世の哺乳類真獣類束柱類。束柱目パレオパラドキシア科。全長3m。㊎日本, アメリカ, メキシコ
¶生ミス10(図2-2-24/カ写, カ復)〈全身復元骨格〉
生ミス10〔束柱類の骨の組織構造〕(図2-2-28/カ図)
絶哺乳(p149,150/カ写, カ復)〈㊥岐阜県, 埼玉県 骨格〉

パレオパラドキシア *Paleoparadoxia tabatai*
新生代中新世前期の中頃の哺乳類。束柱目デスモスチルス科。
¶学古生(図2013/モ写)〈㊥岐阜県土岐市泉町隠居山“泉標本”〉
日化譜〔タバタジュウ〕(図版68-2/モ写)〈㊥岐阜県瑞浪町隠居山, 埼玉県秩父 頭骨脊面, 同右側面〉

パレオパラドキシア
新生代の哺乳類。
¶学古生(図2017/モ写)〈左下臼歯咬合面〉

パレオパントプス・マウチェリ *Palaeopantopus maucheri*
デヴォン紀前期の無脊椎動物節足動物。
¶図解化(p103/カ写)〈㊥ドイツのブンデンバッハ〉

パレオフィジテス *Palaeofigites*
新生代古第三紀の節足動物昆虫類アシコブトバチ類。
¶生ミス9(図1-5-4/カ写)〈㊥バルト海 琥珀〉

パレオフィリップシア・ジャポニカ *Palaeophillipsia japonica*
古生代石炭紀の節足動物三葉虫類。
¶化石フ(p63/カ写)〈㊥岩手県大船渡市日頃市町 30mm〉

パレオフィリップシア・テニュイス *Palaeophillipsia tennuis*
古生代後期石炭紀前期トルネー世の三葉虫類。フィリップシア亜科。
¶学古生(図243/モ写)〈㊥岩手県大船渡市樋口沢 頭鞍部のみの内型〉

パレオフズリナの1種 *Palaeofusulina* sp.
古生代後期二畳紀後期の紡錘虫類。紡錘虫目ブルトニア科。
¶学古生(図92/モ写)〈㊥兵庫県実粟郡一宮町百千家満 正縦断面(若干斜交)〉

パレオプロピテクス *Palaeopropithecus* sp.
完新世の哺乳類霊長類。曲鼻猿亜目パレオプロピテクス科。頭胴長約1m, 頭骨長約20cm。㊎マダガスカル
¶絶哺乳(p76,79/カ写, カ復)〈復元骨格〉

パレオマストドン *Palaeomastodon beadnelli*
漸新世の哺乳類。哺乳綱獣亜綱正獣上目長鼻目。体長2m弱。㊎エジプト
¶古脊椎(図275/モ復)

パレオラグス *Palaeolagus*
漸新世の哺乳類ウサギ類。ウサギ目ウサギ科ムカシウサギ亜科。全長25cm。㊎北アメリカ
¶化百科〔パラエオラグス〕(p235/カ写)〈㊥アメリカ合衆国のサウスダコタ州 頭骨長4cm 頭骨, 大腿骨, 脛骨〉
恐絶動(p283/カ復)
恐竜世〔パラエオラグス〕(p243/カ写)
絶哺乳(p135,136/カ復, モ図, カ写)〈㊥アメリカのサウスダコタ州 54mm 復元骨格, 頭骨と下顎〉

パレオラグス
古第三紀始新世後期〜漸新世の脊椎動物有胎盤類の哺乳類。全長10cm。㊎アメリカ合衆国
¶進化大(p382/カ写)

パレオリクテス *Palaeoryctes*
暁新世前期〜始新世前期の哺乳類。無盲腸目。食虫動物。全長12.5cm。㊎合衆国のニューメキシコ
¶恐絶動(p211/カ復)

パレオリンクム・ラツム *Paleorhynchum latum*
第三紀の脊椎動物魚類。硬骨魚綱。
¶図解化(p198-上左/カ写)〈㊥スイス〉

パレオロクソドン *Palaeoloxodon antiquus*
更新世の哺乳類。哺乳綱獣亜綱正獣上目長鼻目。別名欧州旧象。体長6m。㊎ヨーロッパ
¶古脊椎(図291/モ復)

パレオロクソドン・ナウマンニイ ⇒ナウマンゾウを見よ

バレミテス・ストレトストマに近縁の種 *Barremites (Barremites)* aff. *B.strettostoma*
中生代白亜紀前期のアンモナイト。エオデスモセラス科。
¶学古生(図466/モ写)〈㊥群馬県多野郡中里村間物沢 側面〉

パレロドゥス・アンビグウス *Palaelodus ambiguus*
漸新世後期〜中新世前期の鳥類。コウノトリ目。体高60cm。㊎フランス
¶恐絶動(p178/カ復)

パレロプス *Palelops*
中生代白亜紀前期の条鰭類。サンタナ層の魚類化石。
¶生ミス8(図7-1/カ写)〈㊥ブラジルのアラリッペ台地 77.5cm〉

バロイシセラス・オニラヒエンゼ *Barroisiceras onilahyense*
サントニアン期のアンモナイト。
¶アン最(p119/カ写)〈㊥マダガスカル〉

バロイシセラス・サブツバクラータム *Barroisiceras subtuberculatum*
コニアシアン期のアンモナイト。
¶アン最(p225/カ写)〈㊥ペルーのワヌコ〉

ハロキスティテス・マーチソニ *Halocystites murchisoni*
オルドヴィス紀の無脊椎動物棘皮動物パラクリノイド類。
¶図解化(p163-下/カ写)〈㊥カナダ〉

バロサウルス *Barosaurus*
1億5500万〜1億4500万年前(ジュラ紀後期)の恐竜

類竜脚類ディプロドクス類。ディプロドクス科。氾濫原に生息。体長28m。(分)アメリカ合衆国
¶恐イラ（p139/カ復）
恐古生（p154～155/カ復）
恐竜世（p158～159/カ写, カ復）〈後肢で立ちあがった骨格レプリカ〉
恐竜博（p74～75/カ写, カ復）〈椎骨〉

バロサウルス
ジュラ紀後期の脊椎動物竜脚形類。体長28m。(分)アメリカ合衆国
¶進化大（p270/カ復）

ハロビア
中生代三畳紀の軟体動物斧足類。
¶産地新（p35/カ写）〈(産)宮城県宮城郡利府町赤沼　長さ3cm〉
産地別〔大きなハロビア〕（p181/カ写）〈(産)福井県大飯郡高浜町難波江　長さ5cm〉

ハロビア・ギガンテア　*Halobia gigantea*
三畳紀後期の無脊椎動物軟体動物。
¶図解化（p116-7/カ写）〈(産)カリフォルニア州〉

ハロビア群集
中生代三畳紀の軟体動物斧足類。
¶産地別（p181/カ写）〈(産)福井県大飯郡高浜町難波江　左右6.5cm〉

パロルケステス　*Palorchestes*
中新世～更新世の哺乳類有袋類。有袋目パロルケステス科。全長2.5m。(分)オーストラリア
¶恐絶動（p203/カ復）

パロルケステス　*Palorchestes azeal*
更新世後期の哺乳類有袋類豪州袋類。双前歯目パロルケステス科。植物食。頭骨全長約70cm。(分)オーストラリア
¶絶哺乳（p59/カ復）

ハンカチノキ　⇒ダーウィディアを見よ

バンギオモルファ
原生代～現代の微生物。紅藻綱。幅20μm。(分)カナダ
¶進化大（p59/カ写）

バンクシア・アルカエオカルパ
古第三紀～現代の被子植物。最大高さ30m。(分)オーストラリア
¶進化大〔バンクシア〕（p367/カ写）〈子実体〉

バンクシアエフュッルムの1種
古第三紀～現代の被子植物。最大高さ30m。(分)オーストラリア
¶進化大〔バンクシア〕（p367/カ写）〈葉〉

ハンザキ　*Megalobatrachus japonicus*
更新世後期～現世の両生類。
¶日化譜（図版64-4,5/モ写）〈(産)愛媛県喜多郡肱川町敷水洞窟　右歯骨内側, 脊椎骨脊面〉

ハンザワイア・ニッポニカ　*Hanzawaia nipponica*
新生代更新世の小型有孔虫。アノマリナ科。
¶学古生（図939/モ写）〈(産)石川県金沢市大桑町〉
日化譜〔Hanzawaia nipponica〕（図版81-16/モ写）〈(産)房総〉

ハンザワチョウチン　*Kikaithyris hanzawai*
更新世前期の腕足類終穴類。
¶日化譜（図版25-30,31/モ写）〈(産)千葉県銚子犬若など〉

ハンザワニシキ　*Chlamys cosibensis hanzawae*
新生代第三紀・初期～中期中新世の貝類。イタヤガイ科。
¶学古生（図1131/モ写）〈(産)宮城県仙台市赤石〉
学古生（図1301～1303/モ写）〈(産)石川県加賀市南郷　右殻, 左殻〉

ハンザワニシキ
新生代第三紀中新世の軟体動物斧足類。別名クラミス・コシベンシス・ハンザワエ。
¶産地本（p73/カ写）〈(産)宮城県遠田郡涌谷町　高さ3.5cm〉

ハンザワハマグリ　*Callista hanzawai*
新生代第三紀漸新世の貝類。マルスダレガイ科。
¶学古生（図1111/モ写）〈(産)和歌山県西牟婁郡串本町田野崎西方〉

汎歯獣　⇒パントランブダを見よ

ハンスズーエシア　*Hanssuesia*
白亜紀セノマニアンの恐竜類厚頭竜類。体長2.5m。(分)カナダのアルバータ州
¶恐イラ（p227/カ復）

パンティルス　*Pantylus*
ペルム紀初期の両生類空椎類。細竜目。全長25cm。(分)合衆国のテキサス
¶恐絶動（p54/カ復）

パンテラ　*Panthera leo*
中新世～現世の脊椎動物哺乳類。食肉目ネコ科。体長2m。(分)北半球
¶化写真（p272/カ写）〈(産)イギリス　下顎〉

パンテラ　⇒ヒョウを見よ

パンデリクチス　⇒パンデリクティスを見よ

パンデリクチス・ロムボレピス　*Panderichthys rhombolepis*
古生代デボン紀の脊椎動物肉鰭類。全長1m。(分)ラトビア, ロシア
¶リア古〔パンデリクチス〕（p150/カ復）

パンデリクティス　*Panderichthys*
4億年前（デボン紀後期）の初期の脊椎動物総鰭類。浅い淡水域に生息。全長1.5m。(分)ラトビア, リトアニア, エストニア, ロシア
¶恐古生（p52～53/カ復）
恐竜世（p78/カ復）
生ミス3〔パンデリクチス〕（図6-5/カ復）
生ミス3〔パンデリクチスの胸びれ〕（図6-6/カ図）〈CTスキャン〉

パンデリクテュス
デヴォン紀中期～後期の脊椎動物肉鰭類。体長1.5m。(分)ラトヴィア, リトアニア, エストニア, ロシア
¶進化大（p137/カ復）

パンデロダス・ユニコスタータス　*Panderodus unicostatus*
古生代シルル紀のコノドント類（錐歯類）。

¶学古生（図265/モ図）〈㊥高知県高岡郡越知町横倉山〉

ハントニア リングリフェラ *Huntonia lingulifera*
デボン紀中期の三葉虫。ファコープス目。
¶三葉虫（図56/モ写）〈㊥アメリカのオクラホマ州 長さ56mm〉

ハンド・フィン ⇒ケイロレピスを見よ

パントラムダ・バトゥモドン
暁新世前期の哺乳類。汎歯目パントラムダ科。植物食。頭胴長約90～160cm。㊐北アメリカ
¶絶哺乳〔パントラムダ〕（p94/カ復）

パントランブダ *Pantolambda bathmodon*
暁新世中期～始新世前期の哺乳類。哺乳綱獣亜綱正獣上目汎歯目。別名汎歯獣。全長1m。㊐北米ニューメキシコ州
¶古脊椎（図268/モ復）

バンドリンガ *Bandringa*
古生代石炭紀の軟骨魚類板鰓類真板鰓類。全長10cm。㊐アメリカ
¶生ミス4（図1-3-17/カ写，カ復）

ハンニバルツキガイモドキ *Lucinoma hannibali*
漸中新世の軟体動物斧足類。
¶日化譜（図版45-18/モ写）〈㊥埼玉県秩父町〉

ハンノキ *Alnus japonica*
新生代第四紀更新世中期の陸上植物。カバノキ科。
¶学古生（図2552/モ図）〈㊥神奈川県横浜市戸塚区下倉田 集合果，果鱗，翼果〉

ハンノキ
新生代第四紀更新世の被子植物双子葉類。
¶産地本（p221/カ写）〈㊥滋賀県大津市真野大野町 長さ1.5cm〉
図解化〔カシとハンノキの葉〕（p36/カ写）〈㊥イタリアのピエモンテ地域のヴァル・ヴィジェッツォ〉

ハンノキ ⇒アルヌス・ケクロピイフォリアを見よ

ハンノキ属の1種 *Alnus* sp.
新生代中新世後期の陸上植物。カバノキ科。
¶学古生（図2302/モ写）〈㊥岩手県二戸郡安代町上新田 果枝〉
学古生（図2550/モ写）〈㊥栃木県塩谷郡塩原町 球果状の集合果〉

ハンノキ属の花粉 *Alnus*
新生代第四紀更新世の陸上植物。カバノキ科。
¶学古生（図2551/モ写）〈㊥宮崎県えびの市京町池牟礼〉

パンファギア *Panphagia*
中生代三畳紀の恐竜類竜盤類竜脚形類。全長70cm。㊐アルゼンチン
¶生ミス5（図6-6/カ復）

バンフィア・コンフュサ *Banffia confusa* 困惑斑府虫
カンブリア紀の古虫動物。古虫動物門？澄江生物群。体長最大55mm。
¶澄江生（図18.3/モ復）
澄江生（図18.4/カ写）〈㊥中国の小濫田 雄型，雌型〉

パンブデルリオン・ウィッティントニ
Pambdelurion whittingtoni
古生代カンブリア紀の節足動物。シリウス・パセット動物群。全長29cm。㊐グリーンランド
¶生ミス1〔パンブデルリオン〕（図3-4-3/カ復）

【ヒ】

ヒアエナ・スペレア ⇒ホラアナハイエナを見よ

ヒアエノドン *Hyaenodon*
新生代古第三紀始新世～新第三紀中新世の哺乳類真獣類肉歯類ヒアエノドン類。肉歯目ヒアエノドン科。肉食性。頭胴長1m。㊐北アメリカ全域，フランス，中国，ケニア
¶化百科（p237/カ写）〈㊥アメリカ合衆国のワイオミング州 頭骨長15cm 頭骨〉
恐絶動〔ヒエノドン〕（p211/カ復）
図解化〔ヒエノドン〕（p223-9/カ写）〈㊥サウスダコタ州〉
図解化〔ヒエノドン〕（p225-6/カ写）〈㊥サウスダコタ州バドランズ〉
生ミス9（図1-3-11/カ写，カ復）〈㊥アメリカのホワイトリバー 頭骨〉
絶哺乳〔ヒエノドン〕（p103,105/カ写，カ復）〈㊥アメリカのサウスダコタ州 頭骨全長24cm ほぼ完全な骨格〉

ヒアエノドン *Hyaenodon horridus*
中期始新世～中期中新世の脊椎動物哺乳類。肉歯目ヒアエノドン科。体長2m。㊐ヨーロッパ，北アメリカ，アジア
¶化写真（p270/カ写）〈㊥アメリカ 頭骨〉
古脊椎〔ハイエノドン〕（図239/モ復）

ピアコカリス・ストロンギ *Peachocaris strongi*
無脊椎動物節足動物軟甲綱。エオカリーダ目。
¶図解化（p105-1/カ写）〈㊥イリノイ州メゾン・クリーク〉

ピアチェラ・イディングシ *Peachella iddingsi*
古生代カンブリア紀の節足動物三葉虫。全長3cm。㊐アメリカ
¶生ミス1（p118/カ写）〈㊥アメリカのカリフォルニア州 3cm〉
リア古〔ピアチェラ〕（p40/カ復）

ピアトニツキサウルス *Piatnitzkysaurus*
中生代ジュラ紀の恐竜類獣脚類テタヌラ類カルノサウルス類。アルロサウルス科。林地に生息。体長4.3m。㊐アルゼンチン
¶恐イラ（p115/カ復）
恐竜博（p63/カ復）

ビアルモスクス *Biarmosuchus* sp.
ペルム紀後期の単弓類。獣弓目ビアルモスクス亜目ビアルモスクス科。頭胴長60～70cm。㊐ヨーロッパ東部
¶絶哺乳（p23,24/カ写，カ復）〈㊥ロシアのウラル山脈地域 部分骨格〉

ヒイラギ *Osmanthus heterophyllus*
新生代第四紀更新世の陸上植物。モチノキ科。
¶**学古生**（図2572/モ図）〈[産]京都市伏見区谷口〉

ヒエニア・エレガンス
デヴォン紀中期の植物クラドキシロン類。高さ50cm。[分]世界各地
¶**進化大**〔ヒエニア〕（p119/カ写）

ビエノテリウム *Bienotherium yunnanese*
前期ジュラ紀の脊椎動物単弓類。獣弓目トリティロドン科。体長1m。[分]アジア
¶**化写真**（p257/カ写）〈[産]中国 頭骨と下顎〉

ヒエノドン
古第三紀始新世後期〜中新世前期の脊椎動物有胎盤類の哺乳類。全長0.3〜3m。[分]ヨーロッパ, アジア, アフリカ, 北アメリカ
¶**進化大**（p381/カ写）〈頭〉

ヒエノドン ⇒ヒアエノドンを見よ

ヒ

ヒオウギ
新生代第三紀鮮新世の軟体動物斧足類。
¶**産地別**（p223/カ写）〈[産]高知県安芸郡安田町唐浜 長さ2.1cm〉
産地別（p234/カ写）〈[産]宮崎県児湯郡川南町通浜 長さ7.1cm, 高さ7.2cm〉

ヒオウギガイ
新生代第四紀完新世の軟体動物斧足類。イタヤガイ科。別名クラミス・ノビリス。
¶**産地新**（p87/カ写）〈[産]千葉県館山市平久里川 高さ9.5cm〉

ピオコルムス・ラティケプス *Piocormus laticeps*
ジュラ紀後期の脊椎動物爬虫類ムカシトカゲ類。
¶**ゾル2**（図247/カ写）〈[産]ドイツのゾルンホーフェン 34cm〉

ヒオプソドゥス *Hyopsodus* sp.
暁新世末〜始新世後期の哺乳類。"顆節目"ヒオプソドゥス科。植物食。頭胴長約30cm。[分]北アメリカ, ヨーロッパ, アジア（中国）
¶**絶哺乳**（p98/カ復）

ヒオリテス・ケクロプス *Hyolithes cecrops*
カンブリア紀中期の無脊椎動物軟体動物。
¶**図解化**（p133-上右/カ写）〈[産]ユタ州〉
図解化〔ヒオリテス・ケクロプスの多数の標本を含む岩板〕（p133-下右/カ写）〈[産]アイダホ州〉

ヒガイ *Volva habei*
更新世前期〜現世の軟体動物腹足類。
¶**日化譜**（図版30-22/モ写）〈[産]神奈川県〉

ピカイア *Pikaia*
カンブリア紀の脊索動物。海に生息。体長約4cm。
¶**古代生**（p62/カ復）〈[産]カナダのブリティッシュコロンビア州〉

ピカイア
カンブリア紀前期の脊椎動物頭索動物。全長5cm。[分]カナダ
¶**進化大**（p79/カ写）〈[産]バージェス・シェイル〉

ピカイア・グラシレンス *Pikaia gracilens*
古生代カンブリア紀の脊索動物。バージェス頁岩動物群。全長6cm未満。[分]カナダ
¶**化石図**（p33/カ写, カ復）〈[産]カナダ 体長約2.4cm レプリカ〉
生ミス1〔ピカイア〕（図3-2-11/カ写, カ復）
バ頁岩〔ピカイア〕（図162,163/モ写, モ復）〈[産]カナダのバージェス頁岩〉
リア古〔ピカイア〕（p50/カ復）

ヒカゲノカズラ類
中生代三畳紀のシダ植物。
¶**産地新**（p33/カ写）〈[産]宮城県本吉郡本吉町日門 長さ24cm 樹幹の表面に葉柄の痕跡〉

ヒガシノドノスエモノガイ *Thracia higashinodonoensis*
新生代第三紀・後期中新世の貝類。スエモノガイ科。
¶**学古生**（図1337/モ写）〈[産]島根県松江市乃木福富町〉

ヒガシホウライエソ Cf.*Chauliodus macouni*
新生代第三紀中新世の魚類硬骨魚類。
¶**化石フ**（p216/カ写）〈[産]愛知県知多郡南知多町 118mm〉

ピガステル属の種 *Pygaster* sp.
ジュラ紀後期の無脊椎動物棘皮動物ウニ類。
¶**ゾル1**（図547/カ写）〈[産]ドイツのツァント 2.8cm〉

ビカリア *Vicarya*
新生代古第三紀〜新第三紀の軟体動物腹足類。腹足綱吸腔目キバウミニナ科。全長10cm。[分]日本, インドネシア, パキスタンほか
¶**生ミス10**（図2-1-12/カ写, カ復）〈[産]岐阜県瑞浪市 約10cm〉
生ミス10〔月のおさがり〕（図2-1-13/カ写）〈[産]岐阜県瑞浪市 約6.5cm〉
日絶古（p100〜101/カ写, カ復）〈[産]岡山県津山市〉

ビカリア
新生代第三紀中新世の軟体動物腹足類。
¶**産地新**（p118/カ写）〈[産]富山県上新川郡大沢野町土 高さ8.5cm〉
産地新（p127/カ写）〈[産]福井県福井市鮎川町 高さ8cm, 高さ8cm〉
産地新（p167/カ写）〈[産]滋賀県甲賀郡土山町大沢 高さ7cm〉
産地新（p168/カ写）〈[産]滋賀県甲賀郡土山町大沢 大きいものの高さ8.5cm 殻はほとんど溶けている〉
産地新（p168/カ写）〈[産]滋賀県甲賀郡土山町大沢 高さ8cm, 高さ7.5cm 方解石〉
産地新（p197/カ写）〈[産]岡山県勝田郡奈義町柿 高さ6cm お下がり〉
産地別（p147/カ写）〈[産]富山県富山市八尾町柚木 高さ9cm〉
産地別（p147/カ写）〈[産]富山県富山市土 高さ8cm〉
産地別（p210/カ写）〈[産]滋賀県甲賀市土山町鮎河 高さ8.5cm〉
産地別（p210/カ写）〈[産]滋賀県甲賀市土山町鮎河中畑橋 高さ7cm〉
産地別（p221/カ写）〈[産]岡山県津山市皿川 高さ6.5cm〉
産地別（p221/カ写）〈[産]岡山県津山市皿川 高さ10.5cm〉

産地本（p135/カ写）〈㊣福井県福井市鮎川町　高さ6cm　殻が透明な方解石に置換〉
産地本（p206/カ写）〈㊣滋賀県甲賀郡土山町鮎河　高さ8cm〉
産地本（p206/カ写）〈㊣滋賀県甲賀郡土山町鮎河　高さ8cm　月のおさがり〉

ビカリア・カローサ
新生代第三紀中新世の軟体動物腹足類。
¶産地本（p235/カ写）〈㊣鳥取県八頭郡若桜町春米　高さ10cm〉
産地本（p235/カ写）〈㊣鳥取県八頭郡若桜町春米　高さ8cm〉
産地本（p237/カ写）〈㊣岡山県勝田郡奈義町中島東　高さ8cm〉
産地本（p239/カ写）〈㊣岡山県阿哲郡大佐町原川　高さ12cm〉
産地本（p240/カ写）〈㊣岡山県阿哲郡大佐町原川　高さ12cm〉

ビカリアの蓋
新生代第三紀中新世の軟体動物腹足類。
¶産地新（p167/カ写）〈㊣滋賀県甲賀郡土山町大沢　径0.7cm〉

ビカリア・ヨコヤマイ　*Vicarya yokoyamai*
新生代第三紀中新世の軟体動物腹足類。吸腔目キバウミニナ科。
¶化石図〔石英（玉髄）に置換されたビカリア〕（p18/カ写）〈㊣岐阜県　高さ約8cm〉
化石図〔ヨコヤマビカリア〕（p144/カ写, カ復）〈㊣富山県　殻の長さ約8cm〉
化石フ〔ビカリヤ・ヨコヤマイ〕（p164/カ写）〈㊣京都府舞鶴市, 岐阜県瑞浪市, 岐阜県瑞浪市　70mm, 80mm, 約100mm〉
原色化（PL.73-6/カ写）〈㊣岐阜県瑞浪市月吉　高さ6cm　石英で置換された石核〉
日化譜〔Vicarya yokoyamai〕（図版29-3/モ写）〈㊣岐阜県瑞浪市月吉, 富山県八尾〉

ビカリエラ
新生代第三紀中新世の軟体動物腹足類。
¶産地新（p118/カ写）〈㊣富山県上新川郡大沢野町土　高さ3.7cm〉
産地新（p127/カ写）〈㊣福井県福井市鮎川町　高さ5cm〉
産地別（p196/カ写）〈㊣福井県大飯郡高浜町名島　高さ3.1cm〉
産地別（p210/カ写）〈㊣滋賀県甲賀市土山町鮎河中畑橋　高さ3.4cm〉
産地本（p130/カ写）〈㊣岐阜県瑞浪市桜堂　高さ4cm〉
産地本（p204/カ写）〈㊣滋賀県甲賀郡土山町鮎河　高さ3.7cm〉
産地本（p204/カ写）〈㊣滋賀県甲賀郡土山町鮎河　高さ3.5cm〉
産地本（p238/カ写）〈㊣岡山県勝田郡奈義町柿　高さ4cm〉

ビカリエラ・イシイアーナ　*Vicaryella ishiiana*
新生代第三紀中新世の軟体動物腹足類。ウミニナ科。
¶学古生〔イシイビカリエラ〕（図1209/モ写）〈㊣石川県珠洲市向山〉
原色化（PL.73-5/カ写）〈㊣岐阜県瑞浪市月吉　高さ3.7cm　石英で置換された石核〉
原色化（PL.73-7/カ写）〈㊣岐阜県瑞浪市月吉　高さ4.2cm,4cm〉
日化譜〔Vicaryella ishiiana〕（図版29-2/モ写）〈㊣岐阜県瑞浪市月吉〉

ビカリヤ・ヨコヤマイ　⇒ビカリア・ヨコヤマイを見よ

ヒキガエル類　*Bufo* sp.
更新世後期の両生類。
¶日化譜（図版64-11/モ写）〈㊣栃木県安蘇郡葛生町大久保　左腸骨外側〉
日化譜〔Bufo sp.〕（図版64-12/モ写）〈㊣栃木県佐野市出流原〉

ヒキダコウモリダコ　⇒ナナイモテウティス・ヒキダイを見よ

ピギテス　*Pygites*
ジュラ紀の腕足動物。
¶図解化（p19-3/カ写）〈㊣アルプス地域〉

ヒ

ピギーテス・ディフィオイデス　*Pygites diphyoides*
白亜紀の腕足動物有関節類。テレブラチュラ目。
¶原色化（PL.63-3/モ写）〈㊣フランスのイゼールのグルノーブル　高さ3.5cm　石膏模型〉
図解化〔ピギテス・ディフィオイデス〕（p77-2/カ写）〈㊣アルプス〉

ヒグチスリガハマ　*Tapes higuchii*
漸中新世の軟体動物斧足類。
¶日化譜（図版48-3/モ写）〈㊣埼玉県秩父郡吉田町〉

ピクトニア・ベイレイ　*Pictonia baylei*
ジュラ紀後期のアンモナイト。軟体動物門頭足綱。示準化石。
¶世変化〔スミスのアンモナイト〕（図45/カ写）〈㊣英国のウィルトシャー　幅11cm〉

ピクノクリヌス・ディエリ　*Pycnocrinus dyeri*
古生代オルドビス紀のウミユリ類。
¶生ミス2（図1-3-12/カ写, カ復）〈㊣アメリカのオハイオ州シンシナティ地域　約7cm〉

ピクノドゥス　*Pycnodus*
白亜紀中期〜第三紀始新世中期の魚類。条鰭亜綱。原始的な条鰭類。全長12cm。㊕インド, ベルギー, 英国のイングランド, イタリア
¶恐絶動（p35/カ復）

ピクノフレビア・スペキオサ　*Pycnophlebia speciosa*
ジュラ紀後期の無脊椎動物昆虫類バッタ類。
¶原色化〔ピクノフレビア・スペシオーサ〕（PL.47-4/モ写）〈㊣ドイツのバイエルンのゾルンホーフェン　頭から羽の先まで8cm〉
ゾル1（図408/カ写）〈㊣ドイツのアイヒシュテット　8.5cm〉
ゾル1（図409/カ写）〈㊣ドイツのアイヒシュテット　11cm〉

ピクノフレビア・スペシオーサ　⇒ピクノフレビア・スペキオサを見よ

ピクノフレビア・ロブスタ　*Pycnophlebia robusta*
ジュラ紀後期の無脊椎動物昆虫類バッタ類。
¶ゾル1（図410/カ写）〈㊣ドイツのアイヒシュテット

14cm〉
ゾル1（図411/カ写）〈(産)ドイツのアイヒシュテット 13cm 産卵管を伴う〉

ヒグマ *Ursus arctos*
新生代更新世後期の哺乳類食肉類。クマ科。
¶**学古生**（図1976〜1978/モ写）〈(産)山口県美弥市伊佐町北川洞窟堆積物, 青森県下北郡東通村日鉄尻尾鉱山 右下顎骨先端部, 爪の付く指骨, 右下第2大臼歯〉
学古生（図1987〜1991/モ写）〈(産)静岡県引佐郡引佐町谷下河合石灰採石所 右肩甲骨外側面, 右脛骨内側面, 右寛骨外側面, 右中足骨および指骨, 右踵骨外側面〉
学古生（図2021,2022/モ写）〈(産)静岡県引佐郡引佐町谷下河合石灰採石場 左上腕骨後面〉
学古生（図2025〜2027/モ写）〈(産)静岡県引佐郡引佐町谷下河合石灰採石所 右脛骨前面, 橈骨側面, 大腿骨前面〉
日化譜（図版66-10,11,12/モ写）〈(産)山口県美禰市伊佐町北川など 右下顎先部外側面, 右上膊骨, 右尺骨内側〉

ピグルス属の種 *Pygurus* sp.
ジュラ紀後期の無脊椎動物棘皮動物ウニ類。
¶**ゾル1**（図548/カ写）〈(産)ドイツのアイヒシュテット 4.5cm〉

ピグルスの1種 *Pygurus*（*Pygurus*） *complanatus*
中生代白亜紀前期の棘皮動物。クリペウス科。
¶**学古生**（図724/モ写）〈(産)長野県南佐久郡佐久町大野沢〉

ピケア *Picea* sp.
前期白亜紀〜現世の植物針葉樹類。マツ目マツ科。高さ40m。(分)世界中
¶**化写真**（p305/カ写）〈(産)イギリス 炭化した球果〉

ピケア
古第三紀〜現代の植物針葉樹。別名トウヒ。最大高さ90m。(分)北アメリカ, ヨーロッパ, アジア, 日本
¶**進化大**（p365/カ写）

ヒゲクジラ類 Balaenopteridae,gen.et sp.indet.
新生代鮮新世の哺乳類。ナガスクジラ科。
¶**学古生**（図2000/モ写）〈(産)千葉県銚子市長崎鼻 耳骨の一部。鼓骨内側面〉

ヒケテス類 *Hicetes*
デヴォン紀前期の無脊椎動物環虫類多毛類。
¶**図解化**〔プレウロディクチウム・プロブレマチクム上のヒケテス類〕（p91-6/カ写）〈(産)ドイツ〉

ヒゴテリウム *Higotherium hypsodon*
始新世中期初めの哺乳類。裂歯目エソニクス科。植物食。頭胴長1.2m程度。(分)日本
¶**絶哺乳**（p89,94/カ写, カ復）〈長さ約15cm 右下顎の後半部〉
日絶古（p56〜57/カ写, カ復）〈(産)熊本県 歯〉

ビーコニテス *Beaconites*
カンブリア紀〜現在の節足動物甲殻類。
¶**化百科**（p134/カ写）〈(産)イギリスのサリー州 石板の長さ50cm〉

ヒコロコジウム *Hikorocodium elegantae*
古生代後期二畳紀の藻類緑藻。ミル科。
¶**学古生**（図304/モ写）〈(産)千葉県銚子市高神, 山口県美祢郡秋芳町秋吉台帰り水 横断薄片, 横断薄片〉
日化譜〔Hikorocodium elegantae〕（図版10-21/モ写）〈(産)山口県美禰市 縦断面〉

ビサトセラスの1種 *Bisatoceras akiyoshiense*
古生代後期石炭紀後期の頭足類。ゴニアティテス科。
¶**学古生**（図231/モ写）〈(産)山口県美祢市伊佐町河原〉

ピサノサウルス *Pisanosaurus*
中生代三畳紀の恐竜類鳥盤類。鳥脚亜目ヘテロドントサウルス科。植物食恐竜。全長80cm。(分)アルゼンチン
¶**恐イラ**（p90/カ復）
恐絶動（p134/カ復）
生ミス5（図6-9/カ復）

ヒシ ⇒トラパ・ナタンスを見よ

ヒシウバトリガイ *Serripes triangularis*
中新世後期の軟体動物斧足類。
¶**日化譜**（図版46-9/モ写）〈(産)山形県最上郡荒木〉

被子植物所属不明の葉体化石の1種 *Sagenopteris* sp.？
中生代白亜紀後期の陸上植物。足羽植物群。
¶**学古生**（図858/モ写）〈(産)福井県今立郡池田町菅生〉

被子植物？の1種
中生代白亜紀前期有田世の陸上植物。下部白亜紀植物群。
¶**学古生**（図835/モ写）〈(産)高知県香美郡香北町〉

被子植物の果実か種子の化石
中生代白亜紀前期高知世の陸上植物。下部白亜紀植物群。
¶**学古生**（図846/モ写）〈(産)高知県南国市領石〉

被子植物の堅果または裂果の1種
中生代の陸上植物。手取統植物群。
¶**学古生**（図800/モ写）〈(産)石川県石川郡白峰村桑島〉

被子植物の葉
中生代白亜紀後期の被子植物。
¶**植物化**（p36/カ写）〈(産)兵庫県〉

菱の実（不明種）
新生代第三紀鮮新世の被子植物双子葉類。
¶**産地本**（p219/カ写）〈(産)滋賀県甲賀郡水口町野洲川 長さ3.5cm〉

菱の実（不明種）
新生代第四紀更新世の被子植物双子葉類。
¶**産地本**（p221/カ写）〈(産)滋賀県犬上郡多賀町四手 長さ3cm〉

ヒシモドキの1種 *Hemitrapa angulata*
中生代白亜紀後期の陸上植物。双子葉綱テンニンカ目ヒシモドキ科。上部白亜紀植物群。
¶**学古生**（図868,869/モ写）〈(産)石川県石川郡白峰村谷峠〉

微小有殻化石群 Small Shelly Fossils
カンブリア紀前期の微小有殻化石群。別名SSFs。多くは生物の体の一部。最大幅1cm。(分)世界各地
¶**進化大**（p71/カ写）
生ミス1（図3-7-3/モ写）

ピシンノカリス・スブコニゲラ *Pisinnocaris subconigera* 錐形小体蝦
カンブリア紀の節足動物。節足動物門。澄江生物群。
¶**澄江生**（図16.7/モ復）
澄江生（図16.8/カ写）〈[産]中国の帽天山 最大11mm 背側から見たところ〉

ヒスティオノトゥス・オベルンドルフェリ *Histionotus oberndorferi*
ジュラ紀後期の脊椎動物全骨魚類。
¶**ゾル2**（図102/カ写）〈[産]ドイツのアイヒシュテット 13cm〉
ゾル2（図103/カ写）〈[産]ドイツのアイヒシュテット 10cm〉
ゾル2（図104/カ写）〈[産]ドイツのアイヒシュテット 骨鱗〉

ピストサウルス *Pistosaurus*
三畳紀中期の爬虫類ノトサウルス類。ノトサウルス目ピストサウルス科。全長3m。[分]フランス，ドイツ
¶**恐絶動**（p71/カ復）

ヒストリキオラ・デリカツラ *Hystriciola delicatula*
石炭紀の環形動物多毛類。
¶**図解化**（p89-6/カ写）〈[産]イリノイ州メゾン・クリーク〉

ピセア ⇒ハリモミ？の毬果を見よ

ピセア ⇒ユサン属の毬果を見よ

ヒゼンシジミ（新） *Corbicula*（s.s.） *hizenensis*
中新世前期の軟体動物斧足類。
¶**日化譜**（図版45-9/モ写）〈[産]長崎県北松浦郡世知原〉

ビソセラチナ・エロンガータ *Bythoceratina elongata*
新生代現世の甲殻類（貝形類）。ビソシセレ科。
¶**学古生**（図1878/モ写）〈[産]静岡県浜名湖 左殻〉

ビソセラチナ・ハナイアイ *Bythoceratina hanaii*
新生代現世の甲殻類（貝形類）。ビソシセレ科。
¶**学古生**（図1879/モ写）〈[産]神奈川県葉山海岸 右殻〉

ビソン *Bison occidentalis*
更新世後期の哺乳類。哺乳綱獣亜綱正獣上目偶蹄目ウシ科。別名ムカシヤギュウ。体長2m。[分]北半球
¶**学古生**〔ヤギュウ〕（図2045/モ写）〈[産]瀬戸内海 骨質の角心〉
古脊椎（図338/モ復）
日化譜〔ホクチヤギュウ〕（図版69-16,17/モ写）〈[産]瀬戸内海底 右角後面，頭骨背面〉

ヒダスクテルム・マルチスピニフェルム *Hidascutellum multispiniferum*
古生代中期デボン紀前期の三葉虫類。スクテルム科。
¶**学古生**（図53/モ写）〈[産]岐阜県吉城郡上宝村福地 頭鞍部〉

ヒタチオビガイ
新生代第四紀更新世の軟体動物腹足類。別名フルゴラリア。
¶**産地別**（p85/カ写）〈[産]秋田県男鹿市琴川安田海岸 高さ9.2cm〉
産地別（p91/カ写）〈[産]神奈川県横浜市金沢区柴町 高さ7.5cm〉
産地別（p92/カ写）〈[産]千葉県市原市瀬又 高さ7.5cm〉
産地別（p165/カ写）〈[産]石川県金沢市大桑町犀川河床 高さ12.5cm〉
産地本（p91/カ写）〈[産]千葉県君津市追込小糸川 高さ6cm〉

ヒタチオビガイ
新生代第三紀中新世の軟体動物腹足類。別名フルゴラリア。
¶**産地別**（p194/カ写）〈[産]福井県大飯郡高浜町名島 高さ14.5cm〉
産地別（p202/カ写）〈[産]福井県大飯郡高浜町山中海岸 高さ7.2cm〉
産地本（p184/カ写）〈[産]三重県安芸郡美里村柳谷 高さ15.5cm〉
産地本（p184/カ写）〈[産]三重県安芸郡美里村柳谷 高さ19cm〉

ヒタチオビガイの一種
新生代第三紀鮮新世の軟体動物腹足類。ヒタチオビ科。別名フルゴラリア。
¶**産地新**（p56/カ写）〈[産]福島県双葉郡富岡町小良ヶ浜 高さ8cm〉
産地新（p212/カ写）〈[産]高知県安芸郡安田町唐浜 高さ8cm〉

ヒタチオビガイの群集
新生代第三紀中新世の軟体動物腹足類。
¶**産地本**（p184/カ写）〈[産]三重県安芸郡美里村宍倉 写真の左右30cm〉

ピタノタリア *Pithanotaria starri*
中新世中期の哺乳類鰭脚類。食肉目アシカ科。頭骨全長約14cm。[分]北アメリカ西岸
¶**絶哺乳**（p155/カ復）

ヒダリマキイグチ *Antiplanes contraria*
新生代第三紀鮮新世の貝類。クダマキガイ科。
¶**学古生**（図1442/モ写）〈[産]青森県むつ市前川〉
学古生〔ヒダリマキイグチガイ〕（図1601,1602,1603/モ写）〈[産]石川県金沢市大桑〉
原色化〔アンティプラネス・コントラリア〕（PL.75-4/モ写）〈[産]秋田県由利郡万願寺 高さ2.7cm〉

ヒダリマキイグチ
新生代第四紀更新世の軟体動物腹足類。
¶**産地別**（p163/カ写）〈[産]富山県小矢部市田川 高さ2.1cm〉

ヒダリマキイグチガイ ⇒ヒダリマキイグチを見よ

ビッチュウエダワカレシダ *Cladophlebis bitchuensis*
中生代三畳紀後期の陸上植物。エダワカレシダ科。成羽植物群。
¶**学古生**（図740/モ写）〈[産]岡山県川上郡成羽町〉

ヒッパリオン *Hipparion*
2300万～200万年前（ネオジン）の哺乳類奇蹄類ウマ類。奇蹄目ウマ科。平原に生息。全長2m。[分]北アメリカ，ヨーロッパ，アジア，アフリカ
¶**恐古生**（p252～253/カ復）
恐絶動（p255/カ復）
恐竜世（p250/カ復）

ヒ

恐竜博 (p181/カ写, カ復)〈上顎骨, 後足の骨〉
生ミス9 (図0-2-5/カ復)
絶哺乳 (p168/カ写, カ復)〈復元骨格〉

ヒッパリオン *Hipparion gracile*
鮮新世の哺乳類。哺乳綱獣亜綱正獣上目奇蹄目。別名三趾馬。体長2m。[分]ユーラシア, 北米, アフリカ
¶**古脊椎** (図302/モ復)

ヒッピディオン *Hippidion*
更新世の哺乳類ウマ類。奇蹄目ウマ科。肩高1.4m。[分]北アメリカ, 南アメリカ
¶**恐絶動** (p255/カ復)
絶哺乳 (p169/カ復)

ヒップリテス *Hippurites vesiculosus*
後期白亜紀の無脊椎動物二枚貝類。ヒップリテス目ヒップリテス科。体長10cm。[分]ヨーロッパ, アフリカ北東部, アメリカ, アジア
¶**化写真** (p112/カ写)〈[産]トルコ 合弁の殻〉

ヒップリテス
白亜紀後期の無脊椎動物二枚貝類。高さ5～25cm。[分]ヨーロッパ南部, アフリカ北東部, 南アジア, アメリカのアンティル諸島
¶**進化大** (p302/カ写)

ヒップリーテス・スルカータス *Hippurites sulcatus*
白亜紀の軟体動物斧足類。
¶**原色化** (PL.63-2/モ写)〈[産]オーストリアのシュネーベルグ 高さ7cm 側面〉

ヒップリテスの一種 *Hippurites* sp.
中生代白亜紀の二枚貝類。ヒップリテス目ヒップリテス科。
¶**化石図** (p118/カ写, カ復)〈[産]アラブ首長国連邦 横幅約15cm〉
化石フ〔馬尾貝属(ヒップリーテス)の未定種〕(p95/カ写)〈[産]岩手県下閉伊郡田野畑村 高さ90mm〉

ヒッポポリドゥラ・エダックス
古第三紀～現代の無脊椎動物コケムシ類。幅は10cmを超えることもある。[分]ヨーロッパ, アフリカ, 北アメリカ
¶**進化大**〔ヒッポポリドゥラ〕(p425/カ写)

ピーテイア・クレタセア *Pietteia cretacea*
中生代白亜紀前期の貝類。モミジソデガイ科。
¶**学古生** (図608/モ写)〈[産]千葉県銚子市君ケ浜〉

ピティオストロブス *Pityostrobus dunkeri*
ジュラ紀～白亜紀の植物針葉樹類。松柏類マツ科。高さ20m。[分]世界中
¶**化写真** (p301/カ写)〈[産]イギリス 炭化した球果〉

ピティオストロブス・ダンケリ
白亜紀の植物針葉樹。球果の長さ5～6cm。[分]北アメリカ, ヨーロッパ
¶**進化大**〔ピティオストロブス〕(p292/カ写)

ビーディナの1種 *Beedeina lanceolata*
古生代後期石炭紀中期の紡錘虫類。フズリナ科。
¶**学古生** (図67/モ写)〈[産]岐阜県吉城郡上宝村福地 正縦断面, 正横断面〉

ヒトエカンザシ?の1種 *Serpula*? sp.
古生代～新生代の多毛類。カンザシゴカイ科。
¶**学古生** (図1793/モ写)〈[産]千葉県山武郡大網白里町〉

ヒトスジヒタチオビ *Neopsephaea antiquior*
漸中新世の軟体動物腹足類。
¶**日化譜** (図版33-20/モ写)〈[産]北海道三笠市幾春別川〉

ヒトツバトゲイタコケムシ *Tegella unicornis*
新生代更新世後期のコケムシ類。唇口目無嚢亜目ロッカクコケムシ科。
¶**学古生** (図1080/モ写)〈[産]千葉県君津市西谷〉

ヒトデ *Asterias amurensis*
新生代第四期更新世の棘皮動物ヒトデ類。
¶**化石フ** (p199/カ写)〈[産]兵庫県神戸市垂水区 18mm〉

ヒトデ
中生代三畳紀の棘皮動物ヒトデ類。
¶**産地別** (p181/カ写)〈[産]福井県大飯郡高浜町難波江 左右3cm〉

ヒトデ
中生代白亜紀の棘皮動物ヒトデ類。
¶**産地別** (p189/カ写)〈[産]兵庫県南あわじ市地野 幅7.8cm〉

ヒトデ ⇒トロピダステルを見よ

ヒトデ(不明種)
新生代第四紀更新世の棘皮動物ヒトデ類。
¶**産地本** (p222/カ写)〈[産]兵庫県神戸市垂水区 長さ7cm〉

ヒトデ類
鮮新世の無脊椎動物棘皮動物。
¶**図解化** (p173-4,5, 7/カ写)〈[産]イタリア〉

ヒドノケラス *Hydnoceras tuberosum*
後期デボン紀～石炭紀の無脊椎動物海綿動物。リサキア目ディクティオスポンジ科。体高20cm。[分]アフリカ東部, ヨーロッパ
¶**化写真** (p33/カ写)〈[産]アメリカ〉

ヒドノセラス・バテンゼ *Hydnoceras bathense*
デボン紀の海綿動物珪質海綿類。
¶**原色化** (PL.16-4/カ写)〈[産]北アメリカのニュージャージィ州 高さ6.5cm〉

ヒドロクラスペドータ・マイリ *Hydrocraspedota mayri*
ジュラ紀後期の無脊椎動物腔腸動物ヒドロ虫類。
¶**ゾル1** (図85/カ写)〈[産]ドイツのホフシュテッテン 17cm〉

ヒドロダマリス・ギガス ⇒ステラーカイギュウを見よ

ヒドロテロサウルス *Hydrotherosaurus*
白亜紀マーストリヒシアンの首長竜類。プレシオサウルス上科プレシオサウルス科。体長13m。[分]アメリカ合衆国のカリフォルニア州
¶**恐イラ** (p178/カ復)

ヒドロテロサウルス *Hydrotherosaurus alexandrae*
白亜紀後期の爬虫類首長竜類。爬型超綱鰭竜綱長頸竜目。全長12.75m。[分]北米カリフォルニア州
¶**古脊椎** (図109/モ復)

ヒドロフィルス *Hydrophilus* sp.
更新世～現世の無脊椎動物昆虫類。甲虫目ガムシ科。体長2cm。㊋北アメリカ, ヨーロッパ
¶**化写真**(p77/カ写)〈㊂アメリカ〉

ヒドロフィルス・アヴィトゥス *Hydrophilus avitus*
ジュラ紀後期の無脊椎動物昆虫類甲虫類。
¶**ゾル1**(図460/カ写)〈㊂ドイツのアイヒシュテット 1.5cm〉

ヒナガイ
新生代第四紀更新世の軟体動物斧足類。マルスダレガイ科。別名ドシニア。
¶**産地新**(p85/カ写)〈㊂千葉県木更津市桜井 長さ7.2cm〉

ビナガドサイ *Rhinoceros binagadensis*
更新世中～後期の哺乳類奇蹄類。バク型亜目サイ上科サイ科。頭胴長約3.5m。㊋中央アジア
¶**絶哺乳**(p179,181/カ写, カ復)〈㊂アゼルバイジャン 全身化石の頭骨部分〉

ピナコサウルス *Pinacosaurus*
白亜紀サントニアン～カンパニアンの恐竜類よろい竜類。アンキロサウルス科。体長5.5m。㊋モンゴル, 中国
¶**恐イラ**(p249/カ復)

ビーナス・プリカータ *Venus plicata*
第三紀の軟体動物斧足類。
¶**原色化**(PL.79-5/モ写)〈㊂イタリアのピーモンテのアスティ 幅5.5cm〉

ヒナノシャクシガイ *Cuspidaria* (*Plectodon*) *ligula*
更新世前期～現世の軟体動物斧足類。
¶**日化譜**(図版49-31/モ写)〈㊂千葉県市原郡市津村瀬又〉

ピヌス ⇒マツ属の毬果を見よ

ピヌス・トリフォリア ⇒オオミツバマツを見よ

ピヌス・プロトディフィラ *Pinus protodiphylla*
第三紀の裸子植物毬果類。別名オオガフタバマツ。
¶**原色化**(PL.76-3/カ写)〈㊂兵庫県神戸市白川峠 毬果の長径平均5cm〉

ピヌスポルレニテス・ディウルガトゥス *Pinuspollenites divulgatus*
中生代の裸子植物。熱河生物群。
¶**熱河生**(図265/カ写)〈㊂中国の遼寧省ハルチン左翼蒙古族自治県, 三官廟 花粉〉

ピネウス・スペシオーサ *Peneus speciosa*
ジュラ紀の節足動物甲殻類。
¶**原色化**(PL.56-1/カ写)〈㊂ドイツのバイエルンのゾルンホーフェン 触角をのぞく胴の長さ8cm〉

ヒネリア・リンダエ *Hyneria lindae*
古生代デボン紀の脊椎動物肉鰭類。全長4m。㊋アメリカ
¶**リア古**〔ヒネリア〕(p148/カ復)

ヒノキ
新生代第三紀中新世の裸子植物毬果類。別名ノトショウナンボク。
¶**産地本**(p139/カ写)〈㊂石川県珠洲市高屋海岸 長さ2cm〉

ヒノキナイウルシ *Rhus hinokinaiensis*
新生代中新世中期の陸上植物。ウルシ科。
¶**学古生**(図2433/モ図)〈㊂秋田県北秋田郡阿仁町露熊〉

ヒノキナイクロモジ *Lindera gaudini*
新生代中新世中期の陸上植物。クスノキ科。
¶**学古生**(図2386/モ写)〈㊂新潟県岩船郡三北町雷〉

ヒノキナイマメガキ *Diospyros minor*
新生代中新世中期の陸上植物。カキノキ科。
¶**学古生**(図2496/モ写)〈㊂秋田県仙北郡西木村土熊沢〉

ビノスガイ *Mercenaria stimpsoni*
新生代第三紀中新世～現世の貝類。マルスダレガイ科。
¶**学古生**(図1509/モ写)〈㊂石川県金沢市角間〉
学古生(図1689/モ写)〈㊂千葉県印旛郡印旛町瀬戸〉

ヒ

ビノスガイ
新生代第四紀更新世の軟体動物斧足類。マルスダレガイ科。
¶**産地新**(p59/カ写)〈㊂秋田県男鹿市琴川安田海岸 長さ7.5cm〉
産地別(p87/カ写)〈㊂秋田県男鹿市琴川安田海岸 長さ8.1cm〉
産地別(p92/カ写)〈㊂千葉県市原市瀬又 長さ8.5cm〉
産地別(p95/カ写)〈㊂千葉県印西市山田 長さ11.1cm〉

ビノスガイ
新生代第三紀中新世の軟体動物斧足類。
¶**産地本**(p241/カ写)〈㊂島根県八束郡玉湯町布志名 長さ(左右)4cm〉

ビノスガイモドキ
新生代第三紀鮮新世の軟体動物斧足類。マルスダレガイ科。
¶**産地新**(p202/カ写)〈㊂高知県安芸郡安田町唐浜 長さ5cm〉
産地別(p235/カ写)〈㊂宮崎県児湯郡川南町通浜 長さ5cm〉

ヒノモトボタル *Ancilla* (*Baryspira*) *hinomotoensis*
新生代第四紀の貝類。マクラガイ科。
¶**学古生**(図1739/モ写)〈㊂千葉県市原市瀬又〉

ビーバー *Youngofiber* sp.
新生代新第三紀中新世(約2000万年前)の哺乳類。哺乳綱齧歯目ビーバー科。別名ヤンゴファイバー。体長1m。
¶**日絶古**(p74～75/モ写, カ復)〈㊂島根県松江市 歯〉

ヒバカリ *Natrix* aff.*vibakari*
更新世後期～現世の爬虫類。
¶**日化譜**(図版64-15/モ写)〈㊂岐阜県赤坂金生山〉

ヒバカリの1種 *Natrix* sp.aff.*N.vibakari*
新生代更新世後期～完新世の爬虫類。ヘビ科。
¶**学古生**(図1959/モ写)〈㊂岐阜県大垣市赤坂町金生山〉

ヒパグノスタス パルヴィフロンス *Hypagnostus parvifrons*
カンブリア紀中期の三葉虫。アグノスタス目。
¶**三葉虫**(図140/モ写)〈㊂アメリカのユタ州 長さ4mm〉

ヒパクロサウルス *Hypacrosaurus*
白亜紀マーストリヒシアンの恐竜類カモノハシ恐

竜。鳥脚亜目ハドロサウルス科ランベオサウルス亜科。体長9m。(分)カナダのアルバータ州, アメリカ合衆国のモンタナ州
¶**恐イラ** (p218/カ復)
恐絶動 (p151/カ復)

ビーバーの左下顎骨
新生代第三紀中新世の脊椎動物哺乳類。
¶**産地別** (p142/カ写) 〈(産)岐阜県可児市土田木曽川左岸 長さ8cm 臼歯, 切歯〉

ヒバリガイ *Modiolus auriculatus*
新生代第四紀更新世の貝類。イガイ目イガイ科。
¶**学古生** (図1644/モ写) 〈(産)千葉県銚子市椎柴〉

ヒバリガイ
新生代第四紀更新世の軟体動物斧足類。
¶**産地別** (p66/カ写) 〈(産)北海道北斗市三好細小股沢川 長さ9cm〉
産地別 (p92/カ写) 〈(産)千葉県市原市瀬又 長さ8.5cm〉

ヒバリガイ ⇒モディオルス・チカノウイッチーを見よ

ヒバリガイ ⇒モディオルス・ビパルティトゥスを見よ

ヒバリガイ群集
新生代第三紀中新世の軟体動物斧足類。
¶**産地別** (p65/カ写) 〈(産)北海道岩見沢市栗沢町美流渡 左右20cm〉

ビバルスティア *Bevhalstia*
白亜紀前期の被子植物（顕花植物）。
¶**化百科** (p99/カ写) 〈茎と若枝は最大15cm, 花のような構造は5mm〉

ビビオ *Bibio maculatus*
鮮新世〜現世の無脊椎動物昆虫類。ハエ目ケバエ科。体長2cm。(分)ヨーロッパ
¶**化写真** (p78/カ写) 〈(産)クロアチア〉

ビビオ？ *Bibio*? sp.
第三紀の節足動物昆虫類。
¶**原色化** (PL.76-1/カ写) 〈(産)長崎県壱岐島田河村 全長1.3cm〉

ヒファロサウルス
中生代のコリストデラ類。熱河生物群。
¶**熱河生**〔1枚の石板に埋もれた4体のヒファロサウルス〕(図124/カ写) 〈(産)中国 成体, 幼体〉

ヒファロサウルス・リンユアネンシスの完模式標本 *Hyphalosaurus lingyuanensis*
中生代のコリストデラ類。熱河生物群。
¶**熱河生** (図122/カ写) 〈(産)中国の遼寧省凌源の范杖子 全長116cm〉
熱河生 (図123/カ写) 〈(産)中国の遼寧省凌源の范杖子 頭骨の拡大写真〉

ビフェリケラス *Bifericeras*
2億年前（ジュラ紀前期）の無脊椎動物アンモナイト。直径3cm。(分)ヨーロッパ
¶**恐竜世** (p57/カ写) 〈ミクロコンク（オス）, マクロコンク（メス）〉

ビフェリケラス *Bifericeras bifer*
前期ジュラ紀の無脊椎動物アンモナイト類。アンモナイト目エオデロケラス科。直径3cm。(分)ヨーロッパ
¶**化写真** (p150/カ写) 〈(産)イギリス 大きな殻（メス）, 小さな殻（オス）〉

ヒプシドリス *Hypsidoris*
第三紀始新世の魚類。真骨目（下綱）。現生の条鰭類。全長20cm。(分)合衆国のワイオミング
¶**恐絶動** (p38/カ復)

ヒプシプリムノドン・バルソロマイイ
Hypsiprymnodon bartholomaii
新生代新第三紀中新世の単弓類獣弓類哺乳類有袋類双前歯類カンガルー類。大きさはネズミ程度。(分)オーストラリア
¶**生ミス10** (図2-3-6/カ復)

ヒプシロフォドン *Hypsilophodon*
1億2500万〜1億2000万年前（白亜紀前期）の恐竜類。鳥盤目鳥脚亜目ヒプシロフォドン科。小型の鳥盤類。森林に生息。全長2m。(分)イギリスのイングランド, スペイン
¶**恐イラ** (p168/カ復)
恐絶動 (p138/カ復)
恐太古 (p86〜89/カ写)
恐竜世 (p121/カ復)
恐竜博 (p137/カ写, カ復)
よみ恐 (p158/カ復)

ヒプシロフォドン *Hypsilophodon foxii*
後期ジュラ紀〜前期白亜紀の脊椎動物恐竜類。鳥盤目ヒプシロフォドン科。体長2.5m。(分)ヨーロッパ, 北アメリカ
¶**化写真** (p250/カ写) 〈(産)イギリス 足の指〉
古脊椎〔ヒプシロホドン〕(図155/モ復)
地球博〔ヒプシロフォドンの指〕(p85/カ写)

ヒプシロフォドン
白亜紀前期の脊椎動物鳥盤類。体長2m。(分)イギリス, スペイン
¶**進化大** (p338〜339/カ写, カ復) 〈脊椎〉

ヒプシロホドン ⇒ヒプシロフォドンを見よ

ヒプセロクリヌス *Hypselocrinus*
石炭紀の無脊椎動物棘皮動物。
¶**図解化** (p169-3/カ写) 〈(産)イリノイ州〉

ヒプセロサウルス *Hypselosaurus*
白亜紀マーストリヒシアンの恐竜類ティタノサウルス類。体長12m。(分)フランスおよびスペイン
¶**恐イラ** (p208/カ復)

ヒプセロサウルス・プリスクスの卵化石 Egg of Hypselosaurus prisucus
中生代白亜紀の恐竜類竜盤類。竜盤目竜脚形亜目。植物食性恐竜。
¶**化石図** (p127/カ写, カ復) 〈(産)フランス 長さ約19cm〉

ヒプソグナトゥス *Hypsognathus*
三畳紀後期の爬虫類。カプトリヌス目プロコロフォン科。初期の爬虫類。全長33cm。(分)合衆国のニュージャージー

¶恐絶動（p62/カ復）

ヒプソコルムス *Hypsocormus*
ジュラ紀中期～後期の魚類。真骨目（下綱）。現生の条鰭類。全長1m。㊏英国のイングランド，ドイツ
¶恐絶動（p39/カ復）

ヒプソコルムス・インシグニス *Hypsocormus insignis*
ジュラ紀後期の脊椎動物全骨魚類。
¶ゾル2（図108/カ写）〈㊨ドイツのアイヒシュテット 70cm〉
ゾル2（図110/カ写）〈㊨ドイツのアイヒシュテット 87cm〉

「ヒプソコルムス」・マクロドン *"Hypsocormus" macrodon*
ジュラ紀後期の脊椎動物全骨魚類。
¶ゾル2（図109/カ写）〈㊨ドイツのアイヒシュテット 174cm〉

ヒプホプリテス *Hyphoplites*
白亜紀"中期"～後期の軟体動物頭足類アンモノイド類アンモナイト類。
¶化百科（p172/カ写）〈直径5cm〉

ヒプリテス *Hippurites*
白亜紀の無脊椎動物軟体動物。
¶図解化（p127-3/カ写）〈㊨イタリア 断面〉

ヒプリテス・コルヌヴァクシヌム *Hippurites cornuvaccinum*
白亜紀後期の無脊椎動物軟体動物厚歯二枚貝。
¶図解化（p127-1/カ写）〈㊨フランス〉

ビフルストゥラ
白亜紀～現代の無脊椎動物コケムシ類。個虫室開口部の幅0.1～0.2mm。㊏世界各地
¶進化大（p398/カ写）

ヒプロネクター *Hypuronector*
中生代三畳紀の爬虫類。全長12cm。㊏アメリカ
¶生ミス5（図4-10/カ復）

ヒペルメカスピス イネルミス *Hypermekaspis inermis*
オルドビス紀の三葉虫。レドリキア目。
¶三葉虫（図30/モ写）〈㊨ボリビア 長さ68mm〉

ヒペロダペドン *Hyperodapedon*
中生代三畳紀の爬虫類リンコサウルス類。主竜態下綱リンコサウルス科。森林に生息。体長1.2m。㊏インド，英国のスコットランド
¶化百科〔ヒュペロダペドン〕（p209/カ写）〈頭骨長22cm 頭骨，あご〉
恐絶動（p86/カ復）
恐竜博（p39/カ写，カ復）〈頭骨〉

ヒペロダペドン *Hyperodapedon gordoni*
後期三畳紀の脊椎動物双弓類。リンコサウルス目リンコサウルス科。体長2m。㊏ヨーロッパ，アジア
¶化写真（p239/カ写）〈㊨イギリス 頭骨の側面，頭骨の底面〉

ヒボダス *Hybodus hauffianus*
ジュラ紀初期の魚類。顎口超綱軟骨魚綱鮫目。全長2.6m。㊏南ドイツ
¶古脊椎（図21/モ復）

ヒボダス
中生代白亜紀の脊椎動物軟骨魚類。
¶産地本（p23/カ写）〈㊨北海道苫前郡羽幌町羽幌川 高さ8mm〉
産地本（p71/カ写）〈㊨福島県いわき市大久町谷地 高さ0.7cm 歯〉

ヒボダス属未定種の顎歯 *Hybodus* sp.
中生代白亜紀の魚類軟骨魚類。
¶化石フ（p140/カ写）〈㊨岐阜県吉城郡古川町 歯冠高9.3mm〉

ヒボダスの仲間
中生代白亜紀の脊椎動物軟骨魚類。
¶産地別（p44/カ写）〈㊨北海道苫前郡苫前町古丹別川 幅0.7cm 歯〉

ヒ

ヒポディクラノトゥス・ストリアトゥルス *Hypodicranotus striatulus*
古生代オルドビス紀後期の節足動物三葉虫類。
¶生ミス2〔ヒポディクラノトゥス〕（図1-2-4/カ写）〈㊨アメリカのニューヨーク州 2.6cm〉

ヒボドゥス *Hybodus*
ペルム紀後期～白亜紀後期の初期の脊椎動物軟骨魚類サメ類。サメ亜区ヒボドゥス目。全長2m。㊏ヨーロッパ，北アメリカ，アジア，アフリカ
¶化百科（p194/カ写）〈長さ16cm 背ビレの棘〉
恐絶動（p26/カ復）
恐竜世（p70/カ復）

ヒボドゥス
ペルム紀後期～白亜紀後期の脊椎動物軟骨魚類。体長2m。㊏ヨーロッパ，北アメリカ，アジア，アフリカ
¶進化大（p246/カ復）

ヒボドゥス・フラーシ *Hybodus fraasi*
ジュラ紀後期の脊椎動物軟骨魚類サメ類。
¶ゾル2（図12/カ写）〈㊨ドイツのゾルンホーフェン 59cm〉
ゾル2（図13/カ写）〈㊨ドイツのゾルンホーフェン 50cm〉

ヒポトゥリリテス・コモタイに近縁の種 *Hypoturrilites* aff. *H. komotai*
中生代白亜紀後期のアンモナイト。トゥリリテス科。
¶学古生（図579/モ写）〈㊨北海道三笠市幾春別川流域〉

ヒポニクス *Hipponix dilatatus*
後期白亜紀～現世の無脊椎動物腹足類。中腹足目キクスズメガイ科。体長2cm。㊏世界中
¶化写真（p123/カ写）〈㊨フランス〉

ヒボノティセラス属の種 *Hybonoticeras* sp.
ジュラ紀後期の無脊椎動物軟体動物アンモナイト類。
¶ゾル1（図152/カ写）〈㊨ドイツのシェルンフェルト 5cm〉
ゾル1（図153/カ写）〈㊨ドイツのゾルンホーフェン 14cm〉

ヒボノティセラス・ヒボノトゥム *Hybonoticeras hybonotum*
ジュラ紀後期の無脊椎動物軟体動物アンモナイト類。
¶**ゾル1**（図151/カ写）〈[産]ドイツのゾルンホーフェン 15cm〉

ヒポポタマス ⇒ゴルゴプスカバを見よ

ヒポポタムス *Hippopotamus minor*
前期鮮新世～現世の脊椎動物哺乳類。偶蹄目カバ科。体長1m。[分]ヨーロッパ, アジア, アフリカ
¶**化写真**（p280/カ写）〈[産]キプロス 不完全な頭骨〉

ヒポポリドラ *Hippoporidra edax*
中新世～現世の無脊椎動物コケムシ動物。ケイロストマ目クレイドカスマティア科。体長2cm。[分]ヨーロッパ, 北アメリカ, アフリカ
¶**化写真**（p39/カ写）〈[産]アメリカ〉

ヒボリテス *Hibolithes jaculoides*
ジュラ紀中期～後期と白亜紀の軟体動物頭足類ベレムナイト類。ベレムナイト目ヒボリテス科。体長30cm。[分]北半球
¶**化写真**（p161/カ写）〈[産]イギリス〉
化百科（p177/カ写）〈[産]イギリスのノースヨークシャー 長さ6cm 哨の最後尾の終端部分〉

ヒボリテス・ジャクルス *Hibolites jaculus*
白亜紀の軟体動物頭足類。
¶**原色化**（PL.69-7/カ写）〈[産]イギリスのヨーク州スピートン 長さ5.7cm〉

「ヒボリテス」・セミスルカトゥス *"Hibolithes" semisulcatus*
ジュラ紀後期の無脊椎動物軟体動物ベレムナイト類。
¶**ゾル1**（図176/カ写）〈[産]ドイツのアイヒシュテット 16cm〉

ヒミズの下顎骨 *Urotrichus talpoides*
新生代第四期完新世の哺乳類食虫類。モグラ科。
¶**化石フ**（p227/カ写）〈[産]滋賀県坂田郡山東町 下顎骨長14mm〉

ヒメイチョウ *Ginkgo adiantoides*
新生代始新世の陸上植物。イチョウ科。
¶**学古生**（図2175/モ写）〈[産]北海道夕張市清水沢炭鉱 葉の全形, 表皮細胞組織〉

ヒメイバラモ *Najus major*
新生代第四紀更新世中期の陸上植物。イバラモ科。
¶**学古生**（図2587/モ図）〈[産]神奈川県横浜市戸塚区下倉田 種子, 種子表皮細胞〉

ヒメウニの1種 *Temnotrema rubrum*
新生代更新世のウニ類。サンショウウニ科。
¶**学古生**（図1906/モ写）〈[産]愛知県渥美郡赤羽根町高松〉
日化譜〔Temnotrema rubrum〕（図版61-19/モ写）〈[産]横浜市鶴見区花月園北側〉

ヒメエゾボラ *Neptunea arthritica*
新生代第三紀鮮新世の貝類。エゾバイ科。
¶**学古生**（図1452/モ写）〈[産]青森県むつ市近川〉
学古生（図1731/モ写）〈[産]東京都北区滝野川〉

ヒメエゾボラ *Neptunea (Barbitonia) arthritica*
新生代第三紀鮮新世～初期更新世の貝類。エゾバイ科。
¶**学古生**（図1589,1590/モ写）〈[産]石川県金沢市東長江町〉

ヒメエゾボラ
新生代第四紀更新世の軟体動物腹足類。エゾバイ科。別名ネプチュネア。
¶**産地新**（p75/カ写）〈[産]千葉県印旛郡印旛村吉高大竹 高さ9.6cm〉
産地別（p84/カ写）〈[産]秋田県男鹿市琴川安田海岸 高さ6.5cm〉

ヒメエゾボラ？
新生代第四紀更新世の軟体動物腹足類。エゾバイ科。
¶**産地新**（p138/カ写）〈[産]石川県金沢市大桑町犀川河床 高さ9.5cm〉

ヒメエゾボラモドキ
新生代第四紀更新世の軟体動物腹足類。エゾバイ科。別名ネプチュネア・クロシオ。
¶**産地新**（p79/カ写）〈[産]千葉県君津市追込小糸川 高さ5.3cm〉

ヒメオキナエビスの一種 *Perotrochus* sp.
新第三紀中新世の巻貝類。古腹足目オキナエビスガイ科。
¶**化石図**（p150/カ写, カ復）〈[産]千葉県 殻の横幅約12cm〉
化石フ〔ペロトロカス属の未定種〕（p10/カ写）〈[産]宮城県柴田郡川崎町 幅100mm〉

ヒメカガミホタテ *Kotorapecten kagamianus permirus*
新生代第三紀・初期中新世の貝類。イタヤガイ科。
¶**学古生**（図1132/モ写）〈[産]石川県七尾市岩屋〉

ヒメカガミホタテ *Patinopecten kagamianus permirus*
中新世中後期の軟体動物斧足類。
¶**日化譜**（図版40-12/モ写）〈[産]宮城県, 能登〉

ヒメガガンボの未定種 Limoniinae,gen.et sp.indet.
中生代白亜紀の節足動物昆虫類。
¶**化石フ**（p131/カ写）〈[産]福島県いわき市 1.5mm〉

ヒメカノコアサリ *Veremolpa micra*
新生代第四紀完新世の貝類。マルスダレガイ科。
¶**学古生**（図1768/モ写）〈[産]東京都江東区豊洲1丁目〉

ヒメカブトボラ *Galeodea echinophorella*
更新世後期～現世の軟体動物腹足類。
¶**日化譜**（図版31-2/モ写）〈[産]鹿児島県〉

ヒメカメホオズキ *Terebratalia tenuis*
中新世の腕足類終穴類。
¶**日化譜**（図版25-13/モ写）〈[産]宮城県黒川郡, 加美郡など〉

ヒメカモメガイモドキ *Martesia pulchella*
漸新世後期の軟体動物斧足類。
¶**日化譜**（図版49-8/モ写）〈[産]北海道雨竜郡沼田町新太刀別川白木沢〉

ヒメキリガイダマシ *Turritellla (Kurosioia) fascialis*
現世の軟体動物腹足類。

¶**日化譜**（図版28-17/モ写）〈[産]日本海, 三陸沖以南〉

ヒメシャクシ *Cuspidaria（Cardiomya） gouldiana septentrionalis*
更新世後期～現世の軟体動物斧足類。
¶**日化譜**（図版49-30/モ写）〈[産]東京都品川〉

ヒメシャクシガイの1種 *Cardiomya* sp.cf.*C. gouldiana*
新生代第三紀・中期中新世の貝類。シャクシガイ科。
¶**学古生**（図1278/モ写）〈[産]宮城県柴田郡村田町足立西方〉

ヒメシャジク ⇒ダイニチシャジクを見よ

ヒメシャジクガイ？
新生代第三紀鮮新世の軟体動物腹足類。クダマキガイ科。
¶**産地新**（p209/カ写）〈[産]高知県安芸郡安田町唐浜 高さ2.1cm〉

ヒメショクコウラ
新生代第三紀鮮新世の軟体動物腹足類。ショクコウラ科。
¶**産地新**（p215/カ写）〈[産]高知県安芸郡安田町唐浜 高さ3.8cm〉

ヒメシラトリ *Macoma（Macoma） incongrua*
新生代第四紀完新世の貝類。ニッコウガイ科。
¶**学古生**（図1760/モ写）〈[産]神奈川県鎌倉市深沢〉

ヒメシラハマクチベニ *Aloides succincta*
中新世の軟体動物斧足類。
¶**日化譜**（図版49-4/モ写）

ヒメセイタカブンブク *Moira obesa*
新生代中新世のウニ。ブンブクチャガマ科。
¶**学古生**（図1925/モ写）〈[産]青森県西津軽郡深海町田野沢 反口側, 側面〉
日化譜（図版62-17/モ写）〈[産]青森県西津軽郡深浦町田野沢〉

ヒメテラマチボラ *Teramachia shinzatoensis*
鮮新世後期の軟体動物腹足類。
¶**日化譜**（図版33-17/モ写）〈[産]沖縄本島新里〉

ヒメトガサハラ *Pseudotsuga subrotunda*
更新世前期の毬果類。
¶**日化譜**（図版75-12/モ写）〈[産]明石市, 西宮市, 滋賀県, 香川県など 毬果〉

ヒメトクサガイ *Punctoterebra lischkeana*
新生代第三紀鮮新世～初期更新世の貝類。タケノコガイ科。
¶**学古生**（図1623/モ写）〈[産]富山県小矢部市田川〉

ヒメトクサバイ？
新生代第三紀鮮新世の軟体動物腹足類。エゾバイ科。
¶**産地新**（p207/カ写）〈[産]高知県安芸郡安田町唐浜 高さ2.8cm〉

ヒメトゲコブシ
新生代第四紀更新世の節足動物甲殻類。
¶**産地本**（p97/カ写）〈[産]千葉県木更津市真里谷 高さ0.8cm〉

ヒメニアストラム・ユークリディス *Hymeniastrum euclidis*
新生代更新世の放散虫。スポンゴディスクス科。
¶**学古生**（図892/モ写）〈[産]千葉県海上郡飯岡町刑部岬〉

ヒメネズミの下顎骨 *Apodemus argenteus*
新生代第四期更新世の哺乳類齧歯類。
¶**化石フ**（p228/カ写）〈[産]山口県美祢市 17mm〉

ヒメノカリス *Hymenocaris vermicauda*
カンブリア紀～オルドビス紀の無脊椎動物甲殻類。ヒメノストラ目ヒメノカリス科。体長6cm。[分]ヨーロッパ, 北アメリカ, オーストラリアとその周辺
¶**化写真**（p66/カ写）〈[産]イギリス〉

ヒメハダカイワシ *Lampadena nanae*
中新世中期の魚類。
¶**日化譜**（図版64-2/モ写）〈[産]岩手県岩手郡雫石町仙岩峠東側〉

ヒメバチ科の未定種 Ichneumonidae gen.et sp.indet.
新生代第三紀中新世の節足動物昆虫類。
¶**化石フ**（p198/カ写）〈[産]群馬県甘楽郡南牧村 20mm〉

ヒメバチの類
第四紀更新世中期の節足動物昆虫類。
¶**原色化**（PL.91-7/モ写）〈[産]栃木県塩谷郡塩原町〉

ヒメバラモミに比較される種 *Picea* sp.cf. *maximowiczii*
新生代第四紀更新世の陸上植物。マツ科。
¶**学古生**（図2544/モ写）〈[産]栃木県塩谷郡塩原町 材の横断面〉

ヒメビシ *Trapa incisa*
新生代第四紀更新世中期の陸上植物。ヒシ科。
¶**学古生**（図2565/モ図）〈[産]神奈川県横浜市戸塚区下倉田〉

ヒメヒトデの1種 *Henricia* sp.
新生代更新世の棘皮動物。ヒトデ綱ヒメヒトデ科。
¶**学古生**（図1897/モ写）〈[産]千葉県東金市谷〉

ヒメフトギリ *Triplostephanus lima*
更新世後期～現世の軟体動物腹足類。
¶**日化譜**（図版34-36/モ写）〈[産]鹿児島県燃島〉

ヒメブナ *Fagus microcarpa*
新生代第四紀更新世中期の陸上植物。ブナ科。別名コウセキブナ。
¶**学古生**〔ヒメブナ（コウセキブナ）〕（図2559,2560/モ写, モ図）〈[産]愛知県渥美郡西浜田, 神奈川県横浜市戸塚区下倉田 殻斗果, 種子, 殻斗果〉

ヒメマスオ *Cryptomya busoensis*
新生代第四紀完新世の貝類。オオノガイ科。
¶**学古生**（図1774/モ写）〈[産]東京都江東区深川豊洲1丁目〉
日化譜〔ヒメマスホ〕（図版49-7/モ写）〈[産]千葉県成田市大竹〉

ヒメマスホ ⇒ヒメマスオを見よ

ヒメマルグチホオズキ *Dallina obesa*
現世の腕足類終穴類。
¶**日化譜**（図版25-15/モ写）〈[産]日本海〉

ヒメミヤザキフミガイ *Venericardia (Megacardita) granulicostata*
鮮新世前期の軟体動物斧足類。
¶日化譜 (図版44-13/モ写)〈㊞宮崎県児湯郡川南村〉

ヒメムシロガイ *Reticunassa spurca*
新生代第三紀鮮新世〜初期更新世の貝類。オリイレヨフバイ科。
¶学古生 (図1580/モ写)〈㊞石川県金沢市上中町〉

ヒメヤナギゴケ ⇒アムブリュステギィウムを見よ

ヒュウガアラレナガニシ
新生代第三紀鮮新世の軟体動物腹足類。イトマキボラ科。
¶産地新 (p207/カ写)〈㊞高知県安芸郡安田町唐浜 高さ3.6cm〉

ヒュウガモミジツキヒ *Amussiopecten hyugaensis*
中新世中期の軟体動物斧足類。
¶日化譜 (図版41-6/モ写)〈㊞宮崎県綾町, 本庄町, 高岡町, 穆佐村, 田野村, 宮崎市〉

ヒ

ビューダンティセラス・アムバンジャベンゼ *Beudanticeras ambanjabense*
アンモナイト。
¶アン最 (p114/カ写)〈㊞マダガスカル〉

ビューダンティセラス・アルデュエンネンゼ *Beudanticeras arduennense*
アンモナイト。
¶アン最 (p114/カ写)〈㊞マダガスカル〉

ビューダンティセラス・カセイイ *Beudanticeras caseyi*
アンモナイト。
¶アン最 (p114/カ写)〈㊞マダガスカル〉

ビユーダンティセラス・ビューダンティ *Beudanticeras beudanti*
アルビアン期のアンモナイト。
¶アン最 (p155/カ写)〈㊞フランスのブリー〉

ヒュドゥノケラス・トゥーベロースム
デヴォン紀後期の無脊椎動物海綿類。最大全長25cm。㊞ヨーロッパ, アメリカ合衆国
¶進化大〔ヒュドゥノケラス〕(p123/カ写)

ヒューバースケンキア・エゾエンシス *Hubertschenckia ezoensis*
古第三紀始新世の二枚貝類。マルスダレガイ目オトヒメハマグリ科。
¶化石図 (p136/カ写, カ復)〈㊞北海道 殻の横幅約9cm〉

ヒュペロダペドン
三畳紀後期の脊椎動物リンコサウルス類。全長1.2〜1.5m。㊞スコットランド
¶進化大 (p210〜211/カ写)

ヒュペロダペドン ⇒ヒペロダペドンを見よ

ヒュメナエア
新第三紀〜現代の被子植物。マメ科。高さ最大25m。㊞中南米の熱帯地方, 東アフリカ
¶進化大 (p392/カ写)〈㊞ドミニカ共和国 琥珀〉

ピュモソマ *Phymosoma*
ジュラ紀中期〜暁新世の棘皮動物ウニ類。
¶化百科 (p186/カ写)〈4cm〉

ヒュラコテリウム ⇒ヒラコテリウムを見よ

ヒョウ *Panthera*
新生代第四紀の哺乳類食肉類。食肉目ネコ科。別名パンテラ。草地に生息。体長3.5m。㊞南アフリカ共和国, インド, 英国のイングランド, 合衆国のカリフォルニア
¶恐絶動〔パンテラ〕(p223/カ復)
恐竜博 (p191/カ写)〈下顎〉

ヒョウ *Panthera* cf.*pardus*
更新世前期の哺乳類食肉類。
¶日化譜 (図版66-20,21/モ写)〈㊞山口県美禰市伊佐町宇部興産丁場 上右前臼歯外側, 上左犬歯内側〉

ヒョウ *Panthera pardus*
新生代更新世中期の哺乳類。ネコ科。
¶学古生 (図1968〜1970/モ写)〈㊞山口県美弥市伊佐町宇部興産伊佐鉱山 左下顎骨〉

ビョウブガイ *Trisidos kiyonoi*
第四紀更新世の軟体動物二枚貝類。フネガイ目フネガイ科。
¶学古生 (図1632/モ写)〈㊞大阪市住吉区住吉町〉
化石図 (p168/カ写, カ復)〈㊞大阪府 殻の横幅約6cm〉
化石フ (p178/カ写)〈㊞愛知県碧南市 70mm〉

ビョウブガイ
新生代第四紀更新世の軟体動物斧足類。
¶産地別 (p169/カ写)〈㊞石川県珠洲市正院町平床 長さ5.8cm〉
産地本 (p145/カ写)〈㊞石川県珠洲市平床 長さ(左右)5cm〉

ヒヨクガイ *Cryptopecten vesiculosus*
新生代第四紀更新世の貝類。イタヤガイ科。
¶学古生 (図1654/モ写)〈㊞千葉県市原市瀬又〉

ヒヨクガイ
新生代第四紀更新世の軟体動物斧足類。イタヤガイ科。別名クリプトペクテン。
¶産地新 (p83/カ写)〈㊞千葉県木更津市地蔵堂 高さ3.3cm〉
産地本 (p90/カ写)〈㊞千葉県君津市追込小糸川 高さ3cm〉

ヒヨクガイ
新生代第三紀鮮新世の軟体動物斧足類。イタヤガイ科。別名クリプトペクテン。
¶産地新 (p199/カ写)〈㊞高知県安芸郡安田町唐浜 高さ1.4cm〉

ヒラウネホタテ *Mizuhopecten paraplebejus*
新生代第三紀・中期中新世の貝類。イタヤガイ科。
¶学古生 (図1263/モ写)〈㊞栃木県那須郡小川町吉田〉

ヒラエオサウルス *Hylaeosaurus*
白亜紀前期の恐竜類曲竜類。鳥盤目装楯亜目ノドサウルス科。体長3〜6m。㊞イギリス
¶恐絶動 (p155/カ復)
恐太古 (p65/カ復)
よみ恐 (p152/カ復)

ヒラカメガイ *Diacria trispinosa*
新生代第四期更新世の軟体動物腹足類翼足類。
¶**化石フ**（p183/カ写）〈[産]静岡県掛川市 10mm〉

ヒラカメガイ
新生代第四紀更新世の軟体動物腹足類。
¶**産地本**（p96/カ写）〈[産]千葉県木更津市真里谷 高さ0.7cm〉

ヒラキウス *Hyrachyus*
始新世前期～後期の哺乳類奇蹄類サイ類。バク型亜目サイ上科ヒラキウス科。全長1.5m。[分]ヨーロッパ，北アメリカ，アジア
¶**恐絶動**（p262/カ復）
絶哺乳（p173/カ復）

ヒラキュウス *Hyrachyus eximinus*
始新世の哺乳類。哺乳綱獣亜綱正獣上目奇蹄目。体長2m。[分]北米
¶**古脊椎**（図308/モ復）

ヒラコテリウム *Hyracotherium*
新生代古第三紀始新世の哺乳類真獣類奇蹄類ウマ類。奇蹄目ウマ科。植物食。頭胴長50cm。[分]アメリカ，イギリス，フランスほか
¶**化百科**（p240/カ写）〈[産]アメリカ合衆国のワイオミング州パウェル近郊 歯の一部の長さ2.5cm 顎骨と臼歯〉
恐絶動（p254/カ復）
古代生〔ヒュラコテリウム〕（p198～199/カ復）
生ミス9〔ヒラコテリウムの復元図〕（図1-3-7/カ復）
生ミス9（図0-2-2/カ写，カ復）〈[産]アメリカ 復元骨格標本〉
生ミス9〔ウマ類の足の進化〕（図0-2-7/カ写）
絶哺乳（p168/カ復）

ヒラコテリウム *Hyracotherium craspedotum*
後期暁新世～前期始新世の脊椎動物哺乳類。奇蹄目ウマ科。体長40cm。[分]ヨーロッパ，北アメリカ
¶**化写真**（p277/カ写）〈[産]アメリカ 臼歯のついた上顎骨〉

ヒラコテリウム *Hyracotherium venticolum*
始新世の哺乳類。哺乳綱獣亜綱正獣上目奇蹄目。別名アケボノウマ，暁馬。体長45cm。[分]北米ワイオミング州
¶**古脊椎**（図300/モ復）

ヒラコテリウムまたは、エオヒップス
Hyracotherium,Eohippus
始新世前期の脊椎動物哺乳類。
¶**図解化**（p222-4/カ写）〈[産]アメリカ 頭骨〉

ヒラコドン *Hyracodon*
新生代古第三紀始新世～漸新世の哺乳類真獣類奇蹄類サイ類。バク型亜目サイ上科ヒラコドン科。頭胴長1.5m。[分]アメリカ，カナダ
¶**恐絶動**（p262/カ復）
図解化（p225-2/カ写）〈[産]サウスダコタ州バドランズ〉
生ミス9（図1-3-10/カ写，カ復）〈[産]アメリカのホワイトリバー 頭骨〉
絶哺乳（p173,175/カ写，カ復）〈ヒラコドンとそれを襲うホプロフォネウスの復元骨格〉

ヒラセギンエビス
新生代第三紀鮮新世の軟体動物腹足類。
¶**産地本**（p144/カ写）〈[産]静岡県掛川市 径1.8cm〉

ヒラソデガイ *Sarepta speciosa*
新生代第三紀鮮新世～更新世の貝類。ヒラソデガイ科。
¶**学古生**（図1467/モ写）〈[産]富山県小矢部市田川〉

ヒラタシデムシの1種 *Silpha* sp.
新生代の昆虫類。シデムシ科。
¶**学古生**（図1822/モ写）

ヒラタハイガイ *Mabellarca hiratai*
更新世前期の軟体動物斧足類。
¶**日化譜**（図版36-28/モ写）〈[産]鹿児島市河頭〉

ヒラタブンブク
新生代第三紀鮮新世の棘皮動物ウニ類。
¶**産地別**（p235/カ写）〈[産]宮崎県児湯郡川南町通浜 長径3.5cm〉

ヒラタブンブク ⇒ロウェニアを見よ

ヒラツボサンゴ *Endopachys japonicum*
新生代更新世の六放サンゴ類。キサンゴ科。
¶**学古生**（図1048/モ写）〈[産]鹿児島県大島郡喜界町上嘉鉄〉

ヒラツボサンゴ
新生代第四紀更新世の腔腸動物六射サンゴ類。
¶**産地本**（p95/カ写）〈[産]千葉県木更津市真里谷 高さ1.2cm〉

ヒラツボサンゴ？
新生代第三紀鮮新世の腔腸動物六射サンゴ類。
¶**産地本**（p245/カ写）〈[産]高知県安芸郡安田町唐の浜 高さ2.5cm〉

ピラニア *Pirania muricata*
カンブリア紀の海綿動物尋常海綿類。海綿動物門普通海綿綱ピラニデー科。サイズ32mm。
¶**バ頁岩**（図27,28/モ写，モ復）〈[産]カナダのバージェス頁岩〉

ヒラネリガイ *Pandora wardiana*
新生代第三紀鮮新世の貝類。ネリガイ科。
¶**学古生**（図1430/モ写）〈[産]青森県むつ市近川〉

ピラ・フカミエンシス *Pila fukamiensis*
中生代白亜紀前期の貝類。リンゴガイ科。
¶**学古生**（図623/モ写）〈[産]熊本県八代市日奈久〉

ヒラボタンコケムシ *Labiporella elegans*
新生代更新世後期のコケムシ類。唇口目無嚢亜目ボタンコケムシ科。
¶**学古生**（図1085/モ写）〈[産]千葉県君津市西谷〉

ヒラマイマイ *Euhadra eoa*
更新世後期～現世の軟体動物腹足類。
¶**日化譜**（図版35-16/モ写）〈[産]静岡県伊井谷村竜ケ石〉

ヒラマキウマ *Anchitherium hypohippoides*
中新世中期の哺乳類奇蹄類。
¶**日化譜**（図版68-3,4/モ写）〈[産]岐阜県可児郡可児町山崎 右下顎外側面，左下第3小臼歯〉

ヒラマキコメツブガイ *Decorifer delicatula*
更新世後期～現世の軟体動物腹足類。
¶**日化譜**（図版35-7/モ写）〈[産]千葉県成田市大竹〉

ヒラマキゾウ　⇒ゴンフォテリウムを見よ

ヒラマキミズマイマイ属の一種の殻　*Gyraulus* sp.
中生代の腹足類巻き貝。ヒラマキガイ科。熱河生物群。
¶**熱河生**(図33/モ写)〈㊦中国の遼寧省北票の四合屯 長さ0.75mm, 幅2.25mm 殻口面, 殻頂面, 殻底面〉

ヒラモミジガイ　*Astropecten latespinosus*
中新世後期の海星類。
¶**日化譜**(図版61-15/モ写)〈㊦長野県下伊那郡千代村米川〉

ピリナ　*Pilina* sp.
シルル紀中期の無脊椎動物軟体動物単板類。
¶**図解化**(p114-左/モ復)

ビルガティテス・ビルガタス　*Virgatites virgatus*
ジュラ紀の軟体動物頭足類。
¶**原色化**(PL.49-9/カ写)〈㊦ロシアのモスクワ近郊 長径3.8cm 幼貝〉

ビルギア・スピノサ　*Bylgia spinosa*
ジュラ紀後期の無脊椎動物甲殻類小型エビ類。
¶**ゾル1**(図260/カ写)〈㊦ドイツのアイヒシュテット 9cm〉

ビルギア・ヘクサドン　*Bylgia hexadon*
ジュラ紀後期の無脊椎動物甲殻類小型エビ類。
¶**ゾル1**(図259/カ写)〈㊦ドイツのアイヒシュテット 10cm〉

ビルギア・ヘーベルライニ　*Bylgia haeberleini*
ジュラ紀後期の無脊椎動物甲殻類小型エビ類。
¶**ゾル1**(図258/カ写)〈㊦ドイツのアイヒシュテット 7cm〉

ヒルギシジミ
新生代第三紀中新世の軟体動物斧足類。
¶**産地別**(p222/カ写)〈㊦岡山県津山市皿川 長さ7.5cm 両殻〉

ビルケニア　*Birkenia*
4億2500万年前(シルル紀中期)の初期の脊椎動物魚類無顎類。全長約10cm。㊎ヨーロッパ
¶**恐竜世**(p67/カ写)

ビルケニア　*Birkenia elegans*
シルル紀後期の魚類無顎類。無顎超綱無顎綱欠甲目ビルケニア科。全長6cm。㊎イギリス
¶**化写真**(p195/カ写)〈㊦イギリス〉
古脊椎(図10/モ復)

ビルケニア
シルル紀後期〜デヴォン紀前期の脊椎動物無顎類。体長15cm。㊎ヨーロッパ
¶**進化大**(p107/カ写)

ビルゲリア　*Birgeria acuminata*
三畳紀の脊椎動物硬骨魚類。パラエオニスクス目ビルゲリア科。体長50cm。㊎ヨーロッパ, グリーンランド
¶**化写真**(p211/カ写)〈㊦イギリス〉

ビルゴスフィンクテス・レウフエンシス
Virgosphinctes leufuensis
バジョシアン期のアンモナイト。
¶**アン最**(p220/カ写)〈㊦アルゼンチンのネウケン〉

ピルゴトロカス・バイトルクァータス
Pyrgotrochus bitorquatus
ジュラ紀の軟体動物腹足類。
¶**原色化**(PL.53-1/カ写)〈㊦フランスのカルバドス 高さ4cm〉

ヒルデラ・アングスタ　*Hirudella angusta*
ジュラ紀後期の無脊椎動物蠕虫類環形動物。
¶**ゾル1**(図206/カ写)〈㊦ドイツのケルハイム 7cm〉

ヒルドキダリス　*Hirudocidaris*
白亜紀後期の棘皮動物ウニ類。
¶**化百科**(p185/カ写)〈11cm〉

ヒルドケラス　⇒ヒルドセラス・ビフロンスを見よ

ヒルドセラス・サブレビソニ　*Hildoceras sublevisoni*
中生代ジュラ紀の軟体動物アンモノイド類。軟体動物門頭足綱アンモナイト亜綱アンモナイト目ヒルドセラス科。
¶**化石図**(p101/カ写, カ復)〈㊦イギリス 横幅約6cm〉
図解化〔Hildoceras sublevisoni〕(図版32-20/カ写)〈㊦ペーザロのパソ・デル・フルロ〉

ヒルドセラス・ビフロンス　*Hildoceras bifrons*
前期ジュラ紀の無脊椎動物アンモナイト類。アンモナイト目ヒルドケラス科。直径7cm。㊎ヨーロッパ, 小アジア, 日本
¶**アン最**(p155/カ写)〈㊦フランスのロゼール〉
化写真〔ヒルドケラス〕(p150/カ写)〈㊦イギリス〉
原色化(PL.48-2/カ写)〈㊦イギリスのヨーク州ウィトビイ 長径10.8cm〉
図解化〔Hildoceras bifrons〕(図版32-4/カ写)〈㊦ペーザロのパソ・デル・フルロ〉
図解化〔Hildoceras bifrons〕(図版32-6/カ写)〈㊦ペーザロのパソ・デル・フルロ〉

ビルバロミス　*Birbalomys*
始新世前期の哺乳類齧歯類。ヤマアラシ型顎亜目。全長30cm。㊎パキスタン
¶**恐絶動**(p282/カ復)

ヒレガイ
新生代第四紀更新世の軟体動物腹足類。
¶**産地別**(p165/カ写)〈㊦石川県金沢市大桑町犀川河床 高さ2.6cm〉
産地本(p102/カ写)〈㊦千葉県市原市瀬又 高さ4cm〉

ビロウドタマキガイ　*Glycymeris*(*Tucetilla*) *pilsbryi*
新生代第四紀の貝類。タマキガイ科。
¶**学古生**(図1638/モ写)〈㊦千葉県市原市瀬又〉

ヒロカタビラガイ　*Myadora japonica*
新生代第三紀鮮新世〜初期更新世の貝類。ミツカドカタビラガイ科。
¶**学古生**(図1537,1538/モ写)〈㊦石川県金沢市若松町〉

ピロクローファナ・ブレヴィペス
Pyrochroophana brevipes
ジュラ紀後期の無脊椎動物昆虫類甲虫類。
¶**ゾル1**(図471/カ写)〈㊦ドイツのアイヒシュテット 4cm〉
ゾル1(図474/カ写)〈㊦ドイツのアイヒシュテット 3.

5cm〉

ピロクローファナ・マイヨル *Pyrochroophana major*
ジュラ紀後期の無脊椎動物昆虫類甲虫類。
¶**ゾル1**（図472/カ写）〈⊛ドイツのアイヒシュテット 6.5cm〉

ピロクローファナ・ロブスタ *Pyrochroophana robusta*
ジュラ紀後期の無脊椎動物昆虫類甲虫類。
¶**ゾル1**（図473/カ写）〈⊛ドイツのアイヒシュテット 4.5cm〉
ゾル1（図475/カ写）〈⊛ドイツのアイヒシュテット 翅開長7cm〉

ヒロシマフィラムの1種 *Hiroshimaphyllum toriyamai*
古生代後期石炭紀中期の四放サンゴ類。四放サンゴ目シュウドパボウナ科。
¶**学古生**（図110/モ写）〈⊛山口県美祢郡美東町大久保 横断面〉

ヒロツノマタコケムシ *Thalamoporella bioticha*
新生代のコケムシ類。唇口目無嚢亜目ツノマタコケムシ科。
¶**学古生**（図1086/モ写）〈⊛千葉県君津市西谷〉

ピロテリウム *Pyrotherium*
漸新世前期の哺乳類南米有蹄類。火獣目ピロテリウム科。全長3m。㊎アルゼンチン
¶**恐絶動**（p247/カ復）
絶哺乳（p235,237/カ写, カ復）〈下顎〉

ピロテリウム *Pyrotherium sorandei*
漸新世の哺乳類。哺乳綱獣亜綱正獣上目火獣目。別名火獣。頭長70cmに達する。㊎南米パタゴニア
¶**古脊椎**（図273/モ復）

ビロノサウルス *Byronosaurus*
白亜紀カンパニアンの恐竜類トロオドン類。トロオドン科。体長1.5m。㊎モンゴルのウハア・トルゴド
¶**恐イラ**（p189/カ復）

ヒロノムス *Hylonomus*
石炭紀後期の爬虫類カプトリヌス類。カプトリヌス目プロトロティリディ科。熱帯林の地面に生息。全長20cm。㊎カナダのノヴァ・スコシア
¶**化百科**（p208/カ写）〈あごの長さ2cm あご〉
恐古生（p68〜69/カ復）
恐絶動（p62/カ復）

ヒロノムス・ライエリ *Hylonomus lyelli*
古生代石炭紀の爬虫類。全長30cm。㊎カナダ
¶**生ミス4**（図1-4-6/カ復）
リア古〔ヒロノムス〕（p174/カ復）

ヒロベソオウムガイ *Nautilus scrobiculatus*
現世の軟体動物頭足類“オウムガイ類”。
¶**化石フ**（p18/カ写）〈⊛ニューギニア 180mm〉

ヒロベソカタマイマイ *Mandarina luhuana*
更新世？の軟体動物腹足類。
¶**日化譜**（図版35-13/モ写）〈⊛小笠原父島〉

ビワガイ *Ficus subintermedia*
鮮新世後期の軟体動物腹足類。
¶**日化譜**（図版31-21/モ写）〈⊛沖縄〉

ビワガライシの1種 *Madrepora* sp.
新生代中新世の六放サンゴ類。ビワガライシ科。
¶**学古生**（図1010/モ写）〈⊛京都府舞鶴市笹部〉

ビワマス ⇒「サクラマスまたはビワマス」を見よ

ピングイヌス・インペンニス *Pinguinus impennis*
更新世〜現世の鳥類。コウノトリ目。別名オオウミガラス。体高50cm。㊎イギリス諸島, グリーンランド, アイスランド, 合衆国のメイン州〜カナダのラブラドル
¶**恐絶動**（p179/カ復）

ピンクターダ（エオピンクターダ）・マツモトイ *Pinctada (Eopinctada) matsumotoi*
中生代白亜紀後期の貝類。ウグイスガイ科。
¶**学古生**（図646/モ写）〈⊛熊本県上益城郡御船町 右殻内面〉
日化譜〔Pinctada (Eopinctada) matsumotoi〕（図版38-2/モ写）〈⊛熊本県御船町上梅木, 同益城町川内田〉

ヒ

ビンクティファー・コンプトニ *Vinctifer comptoni*
中生代白亜紀の硬骨魚類条鰭魚類真骨類。Aspidorhynchiformes。
¶**化石図**（p132/カ写, カ復）〈⊛ブラジル 横幅約35cm〉

ヒンデオデラ・パラデリカチュラ *Hindeodella paradelicatula*
古生代・中期石炭紀前期のコノドント類（錐歯類）。
¶**学古生**（図271/モ図）〈⊛新潟県西頸城郡青海町〉
日化譜〔Hindeodella paradelicatula〕（図版89-10/モ写）〈⊛新潟県青海町, 青海電化西山採石場〉

ピンナ *Pinna*
ジュラ紀の無脊椎動物貝殻の化石。
¶**恐竜世**〔ハボウキガイのなかま〕（p60/カ写）
図解化〔ピンナ属〕（p115-下/カ写）〈⊛イタリアのベルガモ〉

ピンナ *Pinna hartmanni*
前期石炭紀〜現世の無脊椎動物二枚貝類。イガイ目ハボウキガイ科。体長20cm。㊎世界中
¶**化写真**（p97/カ写）〈⊛イギリス〉

ピンナ属の種 *Pinna* sp.
ジュラ紀後期の無脊椎動物軟体動物二枚貝類。
¶**ゾル1**（図131/カ写）〈⊛ドイツのケルハイム 4cm〉

ピンナ（プレシオピンナ）・アトゥリニフォルミス *Pinna (Plesiopinna) atriniformis*
中生代白亜紀後期の貝類。ハボウキガイ科。
¶**学古生**（図650/モ写）〈⊛鹿児島県出水郡東町獅子島 右殻〉

ピンヌラリア・ボリアリス *Pinnularia borealis*
新生代第四紀の珪藻類。羽状目。
¶**学古生**（図2127/モ写）〈⊛東京都足立区神明南町〉

【フ】

ファヴィア・コンフェルティシマ *Favia confertissima*
漸新世の無脊椎動物腔腸動物花虫類。
¶**図解化**（p65-3/カ写）〈(産)イタリアのヴィチェンツァ付近〉

ファヴォシテス ⇒ファボシテスを見よ

ファヴォシテス・ゴトランディカ *Favosites gothlandica*
シルル紀の無脊椎動物腔腸動物。
¶**図解化**（p71-8/カ写）〈(産)スウェーデンのゴトランド地方〉

ファキヴェルミス・ユンナニクス *Facivermis yunnanicus*　雲南火把虫
カンブリア紀の所属不明の動物。澄江生物群。蠕虫状の動物。
¶**澄江生**（図20.9/モ復）〈想定される生息姿勢での復元図〉
澄江生（図20.10/カ写）〈(産)中国の帽天山 標本の前部, 1本の触手の拡大〉

ファキシアグナトゥス *Huaxiagnathus*
白亜紀前期の恐竜類獣脚類テタヌラ類コンプソグナトゥス類。中型の獣脚類。体長1.5m。(分)中国の遼寧省
¶**恐イラ**（p156/カ復）

ファグス・グッソニイ
白亜紀後期～現代の被子植物。別名ブナ。高さ最大45m。(分)北半球の温帯地方
¶**進化大**〔ファグス〕（p393/カ写）〈(産)ギリシャ 葉〉

ファゲシア・ジャポニカ *Fagesia japonica*
チューロニアン前期の軟体動物頭足類アンモナイト。アンモナイト亜目バスコセラス科。
¶**アン学**（図版7-4,5/カ写）〈(産)小平地域〉

ファコセラス
古生代ペルム紀の軟体動物頭足類。
¶**産地別**（p127/カ写）〈(産)岐阜県本巣市根尾初鹿谷 長径7cm〉
産地別（p127/カ写）〈(産)岐阜県本巣市根尾初鹿谷 長径11cm〉

ファコセラス属の未定種 *Phacoceras* sp.
古生代ペルム紀の軟体動物頭足類“オウムガイ類”。
¶**化石フ**（p18/カ写）〈(産)岐阜県本巣郡根尾村 75mm〉
化石フ（p50/カ写）〈(産)岐阜県本巣郡根尾村 100mm〉

ファコセラスの断面いろいろ
古生代ペルム紀の軟体動物頭足類。
¶**産地別**（p128/カ写）〈(産)岐阜県本巣市根尾初鹿谷 長径9-11cm〉

ファコピナ コンベクサ *Phacopina convexa*
デボン紀前期の三葉虫。ファコープス目。
¶**三葉虫**（図80/モ写）〈(産)ボリビアのベレン 長さ37mm〉

ファコピナ デボニカ *Phacopina devonica*
デボン紀の三葉虫。ファコープス目。
¶**三葉虫**（図81/モ写）〈(産)ボリビア 幅32mm〉
三葉虫（図82/モ写）〈(産)ボリビア 幅20mm 脱皮で頭部が外れた化石〉

ファコプス *Phacops*
3億8000万～3億5900万年前（デボン紀中期～後期）の無脊椎動物三葉虫ファコプス類。温かい浅海に生息。全長最大6cm。(分)世界各地
¶**化百科**（p130/カ写）〈頭～尾の長さ4cm〉
恐古生（p24～25/カ写）
恐竜世（p37/カ写）
生ミス3（図4-12/カ写）〈(産)モロッコ 55mm〉
地球博〔デボン紀の体を丸めた三葉虫〕（p79/カ写）

ファコプス *Phacops africanus*
デボン紀の無脊椎動物三葉虫類。ファコプス目ファコプス科。体長4.5cm。(分)世界中
¶**化写真**（p60/カ写）〈(産)西サハラ 丸まった標本〉

ファコプス
古生代デボン紀の節足動物三葉虫類。
¶**産地新**（p25/カ写）〈(産)岩手県大船渡市日頃市町大森 画面の左右6cm 頭部と尾部〉
産地新（p25/カ写）〈(産)岩手県大船渡市日頃市町大森 長さ1.8cm 尾部〉

ファコプス・アフリカヌス
デヴォン紀中期～後期の無脊椎動物節足動物。最大体長6cm。(分)世界各地
¶**進化大**〔ファコプス〕（p127/カ写）

ファコプス・オカノアイ *Phacops okanoi*
古生代中期デボン紀中期の三葉虫類。ファコプス科。
¶**学古生**（図58/モ写）〈(産)岩手県大船渡市 斜め前面から見た頭部〉

ファコープス オルレンシス *Phacops orurensis*
デボン紀中期の三葉虫。ファコープス目。
¶**三葉虫**（図54/モ写）〈(産)ボリビアのベレン 長さ54mm〉

ファコープス オルレンシスの1亜種 *Phacops orurensis* var.C
デボン紀中期の三葉虫。ファコープス目。
¶**三葉虫**（図55/モ写）〈(産)ボリビアのベレン 直径30mm〉

ファコプス・コルコンスペクタンス *Phacops corconspectans*
デヴォン紀の無脊椎動物節足動物。
¶**図解化**（p99-8/カ写）〈(産)モロッコ〉

ファコプスの胸部と尾部
古生代デボン紀の節足動物三葉虫類。
¶**産地別**（p69/カ写）〈(産)岩手県大船渡市日頃市町大森 長さ2.8cm〉

ファコプスの頭部
古生代デボン紀の節足動物三葉虫類。
¶**産地別**（p69/カ写）〈(産)岩手県大船渡市日頃市町大森 幅1.8cm〉
産地別（p69/カ写）〈(産)岩手県大船渡市日頃市町大森 幅2.8cm 雌型標本を疑似本体に写真変換〉

ファコプスの複眼
古生代デボン紀の節足動物三葉虫類。
¶**産地別**(p69/カ写)〈㊥岩手県大船渡市日頃市町大森 長さ0.7cm 雌型標本を疑似本体に写真変換〉

ファコープス フェルディナンディ *Phacops ferdinandi*
デボン紀前期の無脊椎動物節足動物三葉虫。ファコープス目。
¶**三葉虫**(図51/モ写)〈㊥ドイツのブンデンバッハ 長さ120mm 左体側に付属肢の痕跡が残る〉
図解化〔ファコプス・フェルディナンディ〕(p99-5/カ写)〈㊥ドイツ〉

ファコープス メガロマニクス *Phacops megalomanicus*
デボン紀の三葉虫。ファコープス目。
¶**三葉虫**(図50/モ写)〈㊥モロッコのエルフド 長さ134mm〉

ファコプス・メタセルナスピス *Phacops metacernaspis*
古生代中期の三葉虫類。ファコプス科。
¶**学古生**(図48/モ写)〈㊥高知県高岡郡越知町横倉山 頭部〉

ファコプス・ラティフロンス *Phacops latifrons*
デボン紀の節足動物三葉虫類。
¶**原色化**(PL.20-1/カ写)〈㊥ドイツのアイフェル 幅2.3cm,1.9cm,1.8cm〉

ファコプス・ラナ *Phacops rana*
デヴォン紀の無脊椎動物節足動物。
¶**図解化**(p97-右/カ写)〈㊥オハイオ州〉

ファコープス ラナ ミレリ *Phacops rana milleri*
デボン紀中期の三葉虫。ファコープス目。
¶**三葉虫**(図52/モ写)〈㊥アメリカのオハイオ州シルバニア 直径30mm〉

ファスコロヌス・ギガス ⇒ジャイアント・ウォンバットを見よ

ファスシクラリア・ツビポラ *Fascicularia tubipora*
ジュラ紀の藻類。
¶**図解化**(p39-中央/カ写)〈㊥イギリス〉

ファスシクルス *Fasciculus vesanus*
カンブリア紀のクシクラゲ類。有櫛動物門。差し渡し8cm。
¶**バ頁岩**(図45/モ写)〈㊥カナダのバージェス頁岩〉

ファセロフィルム・ケスピトーサム *Phacellophyllum caespitosum*
デボン紀の腔腸動物四射サンゴ類。
¶**原色化**(PL.15-4/モ写)〈㊥イギリスのデボン州トルクエイ 直径約6mm 研磨面〉

ファソラスクス *Fasolasuchus*
中生代三畳紀の爬虫類双弓類主竜類クルロタルシ類ラウィスクス類。全長10m。㊕アルゼンチン
¶**生ミス5**(図5-17/カ復)
生ミス5(図6-14/カ復)

ファソラスクス・テナックス *Fasolasuchus tenax*
中生代三畳紀の爬虫類偽鰐類。全長10m。㊕アルゼンチン
¶**リア中**〔ファソラスクス〕(p68/カ復)

ファビア・スペシオーサ ⇒キクメイシを見よ

ファビテス *Favites* cf.*halicora*
第四紀完新世初期の腔腸動物六射サンゴ。
¶**原色化**(PL.85-8/カ写)〈㊥千葉県館山市香谷〉

ファボシテス *Favosites*
オルドビス紀〜ペルム紀の無脊椎動物床板サンゴ類。ファボシテス目ファボシテス科。夾の直径2mm。㊕世界中
¶**化写真**(p51/カ写)〈㊥イギリス〉
化石図〔蜂の巣サンゴの仲間のイメージ〕(p49/カ写, カ復)
化百科〔ファヴォシテス〕(p116/カ写)〈幅5cm〉

ファボシテス
オルドヴィス紀後期〜デヴォン紀中期の無脊椎動物花虫類。サンゴポリプ骨格の直径1〜2mm。㊕世界各地
¶**進化大**(p101/カ写)

ファボシテス
古生代デボン紀の腔腸動物床板サンゴ類。別名ハチノスサンゴ。
¶**産地新**(p92/カ写)〈㊥福井県大野郡和泉村上伊勢 群体の高さ9cm, 径16cm 上面, 側面〉
産地新(p93/カ写)〈㊥福井県大野郡和泉村上伊勢 長さ5cm 研磨縦断面〉
産地別(p100/カ写)〈㊥福井県大野市上伊勢 長径17cm〉
産地本(p104/カ写)〈㊥岐阜県吉城郡上宝村福地 左右20cm 風化面〉
産地本(p104/カ写)〈㊥岐阜県吉城郡上宝村福地 高さ3cm 研磨面〉

ファボシテス
古生代シルル紀の腔腸動物床板サンゴ類。別名蜂の巣サンゴ。
¶**産地新**(p90/カ写)〈㊥岐阜県吉城郡上宝村一重ヶ根 9×9cm〉
産地新(p90/カ写)〈㊥岐阜県吉城郡上宝村一重ヶ根 左右約8cm〉
産地新(p194/カ写)〈㊥高知県高岡郡越知町横倉山 群体の大きさ横12×縦9×高さ5.5cm 上面, 側面, 下面〉
産地新(p224/カ写)〈㊥宮崎県西臼杵郡五ヶ瀬町鞍岡祇園山 母岩の左右4cm 群体の側面〉
産地本(p224/カ写)〈㊥高知県高岡郡越知町横倉山 長径6cm〉
産地本(p224/カ写)〈㊥高知県高岡郡越知町横倉山 写真の左右5cm 風化面〉
産地本(p224/カ写)〈㊥高知県高岡郡越知町横倉山 写真の左右3.5cm 横断面を研磨したもの〉
産地本(p247/カ写)〈㊥宮崎県西臼杵郡五ヶ瀬町祇園山 写真の左右2.5cm〉

ファボシテス・アオキイ *Favosites aokii*
古生代中期シルル紀ラドロウ世後期の床板サンゴ類。ハチノスサンゴ科。
¶**学古生**(図17/モ写)〈㊥岩手県大船渡市クサヤミ沢 横断面〉

ファボシテス・ナイアガレンシス *Favosites niagarensis*
シルル紀の腔腸動物床板サンゴ類。
¶**原色化**(PL.12-2/カ写)〈㊥北アメリカのメァリーランド州カンバーランド 個体の直径2.5〜3mm〉

ファボシテス・バキュロイデス近似種 *Favosites* sp., cf.*F.baculoides*
古生代中期シルル紀ラドロウ世前期の床板サンゴ類。ハチノスサンゴ科。
¶**学古生**(図16/モ写)〈㊥岩手県大船渡市ヤマナス沢 横断面〉

ファボシテス・ヒデンシス *Favosites hidensis*
古生代中期デボン紀前期の床板サンゴ類床板サンゴ類。ハチノスサンゴ科。
¶**学古生**(図18/モ写)〈㊥岐阜県吉城郡上宝村福地 横断面〉
原色化(PL.21-3/カ写)〈㊥岐阜県吉城郡上宝村福地一の谷 母岩の長さ13×9cm 研磨縦断面〉

ファボシテス・ヒデンシス
古生代デボン紀の腔腸動物床板サンゴ類。
¶**産地新**(p93/カ写)〈㊥福井県大野郡和泉村上伊勢 長さ12cm 研磨縦断面〉

ファヤンゴサウルス *Huayangosaurus*
1億6500万年前(ジュラ紀中期)の恐竜類鳥盤類装盾類剣竜類。全長4m。㊕中国
¶**恐イラ**(p122/カ復)
恐竜世(p140〜141/カ復)
生ミス6(図5-12/カ復)
よみ恐〔ファヤンゴサウルス〕(p104〜105/カ復)

ファヤンゴサウルス
ジュラ紀中期の脊椎動物鳥盤類。体長4m。㊕中国
¶**進化大**(p274〜275/カ復)

ファヤンゴサウルス・タイバイ *Huayangosaurus taibaii*
中生代ジュラ紀の爬虫類恐竜類鳥盤類装盾類剣竜類。
¶**リア中**〔ファヤンゴサウルス〕(p96〜99/カ復)

ファラクロコラックス *Phalacrocorax*
新第三紀鮮新世の鳥類。ペリカン目。㊕世界中
¶**化百科**(p228/カ写)〈くちばし〜尾骨の長さ60cm〉

ファラクロコラックス
新第三紀中新世前期〜現代の脊椎動物鳥類。別名ウ。体高45〜100cm。㊕アメリカ合衆国, フランス, スペイン, モルドヴァ, ブルガリア, ウクライナ, メキシコ, モンゴル, オーストラリア
¶**進化大**(p405/カ写)

ファラゴモリテス・ディエリ *Phragmolites dyeri*
古生代オルドビス紀の腹足類。
¶**生ミス2**(図1-3-17/カ写)〈㊥アメリカのオハイオ州シンシナティ地域 1cm〉

ファランギオターブス・ラコエイ *Phalangiotarbus lacoei*
古生代石炭紀の節足動物鋏角類クモ類ムカシザトウムシ類。全長2cm弱。
¶**生ミス4**(図1-3-12/カ復)

ファランギテス・プリスクス *Phalangites priscus*
ジュラ紀後期の無脊椎動物甲殻類。甲殻類の幼生。
¶**図解化**(p94-左/カ写)〈㊥ゾルンホーフェン〉
ゾル1(図330/カ写)〈㊥ドイツのブルーメンベルク 4.5cm〉
ゾル1(図331/カ写)〈㊥ドイツのアイヒシュテット 5.5cm 立体状〉
ゾル1(図332/カ写)〈㊥ドイツのアイヒシュテット 3cm〉

ファリンゴレピス *Pharyngolepis*
シルル紀後期の魚類無顎類。欠甲目。全長10cm。㊕ノルウェー
¶**恐絶動**(p23/カ復)

ファルカトゥス *Falcatus*
古生代石炭紀の軟骨魚類。全長30cm。㊕アメリカ
¶**古代生**(p122〜123/カ写, カ復)〈㊥アメリカのモンタナ州〉
生ミス4(図1-2-2/カ写, カ復)〈㊥アメリカのモンタナ州 雄〉

ファルカトゥス
石炭紀の脊椎動物軟骨魚類。全長30cm。㊕アメリカ合衆国
¶**進化大**(p164/カ写)

ファルカトゥス・ファルカトゥス *Falcatus falcatus*
古生代石炭紀の脊椎動物軟骨魚類。全長20cm。㊕アメリカ
¶**リア古**〔ファルカトゥス〕(p168/カ復)

ファルシカテニポーラ
古生代シルル紀の腔腸動物床板サンゴ類。
¶**産地新**(p193/カ写)〈㊥高知県高岡郡越知町横倉山 群体の大きさ横9×縦11cm 群体の風化面〉

ファルシカテニポーラ・シコクエンシス
古生代シルル紀の腔腸動物床板サンゴ類。
¶**産地本**(p223/カ写)〈㊥高知県高岡郡越知町横倉山 写真の左右7cm 研磨面, 酢酸処理〉

ファルシカテニポラ・シコクエンシス *Falsicatenipora shikokuensis*
古生代中期シルル紀ウェンロック世の床板サンゴ類。クサリサンゴ科。
¶**学古生**(図8/モ写)〈㊥高知県高岡郡越知町横倉山 横断面〉

ファルシカテニポラ・ジャポニカ *Falsicatenipora japonica*
古生代中期シルル紀ラドロウ世前期の床板サンゴ類。クサリサンゴ科。
¶**学古生**(図9/モ写)〈㊥岩手県大船渡市樋口沢 横断面〉
日化譜〔Falsicatenipora japonica〕(図版20-11/モ写)〈㊥岩手県大船渡市盛町など 横断面〉

フィエルディア *Fieldia lanceolata*
カンブリア紀の鰓曳動物。鰓曳動物門フィエルディデー科。サイズ2.5〜5cm。
¶**バ頁岩**(図66,67/モ写, モ復)〈㊥カナダのバージェス頁岩〉

フィオミア *Phiomia*
新生代古第三紀始新世〜漸新世の哺乳類長鼻類。長鼻目ゴムフォテリウム科。パレオマストドンの亜属

ともされる。肩高1.5m。[分]ケニア, リビア, アンゴラほか
¶**恐絶動**（p238/カ復）
恐竜博（p178/カ写, カ復）〈下顎〉
古脊椎（図276/モ復）
生ミス9（図0-2-12/カ写, カ復）
絶哺乳（p218/カ復）

フィオミア *Phiomia serridens*
漸新世の脊椎動物哺乳類。長鼻目ゴンフォテリウム科。体長2.4m。[分]アフリカ北部
¶**化写真**（p274/カ写）〈[産]エジプト ほぼ完全な下顎骨〉
地球博〔初期の象の顎〕（p83/カ写）

フィクス *Ficus* sp.
始新世～現世の双子葉の被子植物類。イラクサ目クワ科。別名イチジク。高さ30m。[分]世界中
¶**学古生**〔イチジク属の1種〕（図2190/モ写）〈[産]北海道釧路市春採炭鉱〉
化写真（p309/カ写）〈[産]アメリカ 果実〉

フィコプシス *Ficopsis*
始新世の無脊椎動物貝殻の化石。
¶**恐竜世**〔ビワガイのなかま〕（p61/カ写）

フィコプシス *Ficopsis penita*
始新世の無脊椎動物腹足類。中腹足目イチジクガイ科。体長6cm。[分]北アメリカ, ヨーロッパ
¶**化写真**（p126/カ写）〈[産]アメリカ〉

プイジラ *Puijila darwini*
中新世前期の哺乳類 "鰭脚形類"。食肉目。全長約1m。[分]カナダ北部の北極海
¶**絶哺乳**（p154/カ復）

プイジラ ⇒ペウユラを見よ

フィスチュリポーラ
古生代ペルム紀の蘚虫動物胞口類。
¶**産地本**（p153/カ写）〈[産]滋賀県犬上郡多賀町エチガ谷 長さ3.5cm〉
産地本（p153/カ写）〈[産]滋賀県犬上郡多賀町エチガ谷 長さ2cm, 径6mm 薄片の横断面, 縦断面〉

フィスツリポラ・カルボナリア *Fistulipora carbonaria*
石炭紀の無脊椎動物苔虫類。環口目。
¶**図解化**（p73/カ写）〈[産]テキサス州〉

フィスツリポラの1種 *Fistulipora minima*
古生代後期石炭紀前期のコケムシ類。フィスツリポラ科。
¶**学古生**（図158/モ写）〈[産]新潟県西頸城郡青海町 縦断面〉

フィスツリポラの1種 *Fistulipora takauchiensis*
古生代後期二畳紀のコケムシ類。胞孔目フィスツリポラ科。
¶**学古生**（図156,157/モ写）〈[産]京都府天田郡夜久野町下夜久野 縦断面と横断面〉
日化譜〔Fistulipora takauchiensis〕（図版21-8/モ写）〈[産]京都府下夜久野 縦断面〉

フィセテルラ *Physeterula* sp.
中新世の哺乳類クジラ類歯クジラ類。マッコウクジラ科。頭骨全長約1.5m。[分]ヨーロッパ
¶**絶哺乳**（p144,146/カ写, カ復）〈[産]ベルギーのアントワープ州 頭骨と下顎骨〉

フィチニテス
中生代ジュラ紀の軟体動物頭足類。
¶**産地本**（p231/カ写）〈[産]山口県豊浦郡菊川町西中山 径3cm〉

フィッシデンタリウム
白亜紀～現代の無脊椎動物掘足類。長さ7～10cm。[分]世界各地
¶**進化大**（p302/カ写）

フィトサウルス *Phytosaurus*
三畳紀後期の爬虫類主竜類クロコディロタルシアン類フィトサウルス類（植竜類）。
¶**化百科**（p211/カ写）〈[産]アメリカ合衆国のテキサス州 歯の長さ4.5cm 歯〉

フィマトセラス・エインゴリイ *Phimatoceras eingoli*
トアルシアン期のアンモナイト。
¶**アン最**（p172/カ写）〈[産]イタリアのマチェラータ〉

フィムブリア *Fimbria*
始新世の無脊椎動物貝殻の化石。
¶**恐竜世**〔カゴガイのなかま〕（p61/カ写）

フィモソマ *Phymosoma koenigi*
後期ジュラ紀～始新世の無脊椎動物ウニ類。ホンウニモドキ目ホンウニモドキ科。直径3cm。[分]世界中
¶**化写真**（p179/カ写）〈[産]イギリス〉

フィモソマ属の種 *Phymosoma* sp.
ジュラ紀後期の無脊椎動物棘皮動物ウニ類。
¶**ゾル1**（図537/カ写）〈[産]ドイツのダイティング 1.5cm〉
ゾル1（図538/カ写）〈[産]ドイツのアイヒシュテット 1.5cm〉
ゾル1（図539/カ写）〈[産]ドイツのヒーンハイム 1.2cm〉

フィモペディナ属の種 *Phymopedina* sp.
ジュラ紀後期の無脊椎動物棘皮動物ウニ類。
¶**ゾル1**（図536/カ写）〈[産]ドイツのアイヒシュテット 8cm〉

フィリップシア・オオモリエンシス
古生代石炭紀の節足動物三葉虫類。
¶**産地別**（p74/カ写）〈[産]岩手県大船渡市日頃市町樋口沢 長さ2.4cm〉

フィリップシア・オーモリエンシス *Phillipsia ohmoriensis*
古生代後期石炭紀前期の三葉虫類。フィリップシア亜科。
¶**学古生**（図240/モ写）〈[産]岩手県大船渡市樋口沢〉
日化譜〔Phillipsia ohmoriensis〕（図版58-1,2/モ写）〈[産]岩手県大船渡市長安寺, 同樋口沢大森〉

フィリップスアストゥレア
デヴォン紀の無脊椎動物花虫類。サンゴ個体の中心点間の平均距離1.2cm。[分]世界各地
¶**進化大**（p124/カ写）

フィリップスアストレア・コロナータ *Phillipsastrea coronata*
デボン紀の腔腸動物四射サンゴ類。

¶原色化(PL.16-1/カ写)〈㊥イギリスのデボン州トルクエイ 長径13cm 研磨面〉

フィリプシアの一種 *Phillipsia* sp.
石炭紀の三葉虫。イレヌス目。
¶三葉虫(図49/モ写)〈㊥ベルギーのアフデンヌ 長さ28mm〉
日化譜〔Phillipsia sp.〕(図版87-1/モ写)〈㊥岩手県大船渡市大森〉

フィルマキダリスの1種 *Firmacidaris neumayi*
中生代ジュラ紀後期の棘皮動物。キダリスウニ科。
¶学古生(図720/モ写)〈㊥和歌山県日高郡由良町〉

フィログラプタス・ティプス *Phyllograptus typus*
前期オルドビス紀～シルル紀の半索動物筆石類。正筆石目対筆石科。体長3.5cm。㊕世界中
¶化写真〔フィログラプツス〕(p45/カ写)〈㊥カナダ〉
原色化(PL.13-3/カ写)〈㊥スウェーデン 平均の長さ1.5cm〉

フィログラプタスの一種 *Phyllograptus* sp.
古生代オルドビス紀, シルル紀の半索動物筆石類。フィログラプタス科。
¶化石図(p41/カ写, カ復)〈㊥アメリカ合衆国 化石の長さ約3cm〉
図解化〔フィログラプツス〕(p182～183-6/カ写)〈㊥イギリス〉

フィログラプツス ⇒フィログラプタス・ティプスを見よ

フィロケラス ⇒フィロセラスを見よ

フィロコエニア・イラディアンス *Phyllocoenia irradians*
漸新世の無脊椎動物腔腸動物花虫類。
¶図解化(p65-2/カ写)〈㊥イタリアのヴィチェンツァ付近〉

フィロスミリア・ディディモルフィア *Phyllosmilia didymorphia*
白亜紀の腔腸動物六射サンゴ類。
¶原色化(PL.68-5/カ写)〈㊥オーストリアのゴザウ 幅6.5cm, 高さ4.2cm〉

フィロセラス *Phylloceras*
三畳紀後期～白亜紀前期の軟体動物頭足類アンモノイド類アンモナイト類。フィロセラス目フィロセラス科。直径10cm。㊕世界中
¶化写真〔フィロケラス〕(p145/カ写)〈㊥メキシコ つやのある内形雌型〉
化百科(p166/カ写)〈直径10cm〉

フィロセラス *Phylloceras* cf.*P.velladae*
アンモナイト。
¶アン最(p116/カ写)〈㊥マダガスカル〉

フィロセラス
ジュラ紀前期～白亜紀後期の無脊椎動物頭足類。直径7～15cm。㊕世界各地
¶進化大(p238/カ写)〈内型〉

フィロセラス・インフラータム *Phylloceras inflatum*
アンモナイト。
¶アン最(p116/カ写)〈㊥マダガスカル〉

フィロセラスの一種 *Phylloceras* sp.
キンメリッジアン期のアンモナイト。
¶アン最(p218/カ写)〈㊥メキシコのサン・ルイス・ポトシ〉

フィロセラスの仲間
中生代ジュラ紀の軟体動物頭足類。
¶産地別(p81/カ写)〈㊥宮城県石巻市北上町追波 長径7.8cm〉

フィロセラス・ヘテロフィラム *Phylloceras heterophyllum*
ジュラ紀の軟体動物頭足類アンモナイト類。
¶原色化(PL.49-7/カ写)〈㊥不明 長径1.4cm 幼貝〉
図解化〔Phylloceras heterophyllum〕(図版32-7/カ写)〈㊥ペーザロのパソ・デル・フルロ〉

「フィロソマ属(D型)」 *"Phyllosoma sp.form D"*
ジュラ紀後期の無脊椎動物甲殻類。イセエビ類の幼生。
¶ゾル1(図333/カ写)〈㊥ドイツのアイヒシュテット 6cm〉

フィロタルス・エロンガトゥス *Phyllothallus elongatus*
ジュラ紀後期の藻類褐藻類。
¶ゾル1(図3/カ写)〈㊥ドイツのアイヒシュテット 10cm〉

フィロタルス属の種 *Phyllothallus* sp.
ジュラ紀後期の藻類褐藻類。
¶ゾル1(図4/カ写)〈㊥ドイツのアイヒシュテット 13cm 幅広の型〉
ゾル1(図5/カ写)〈㊥ドイツのゾルンホーフェン 18cm ほっそりした型〉
ゾル1(図6/カ写)〈㊥ドイツのゾルンホーフェン 20cm カキ類を伴う〉
ゾル1(図7/カ写)〈㊥ドイツのアイヒシュテット 48cm 個体群, コロニー〉

フィロドゥス *Phyllodus toliapicus*
始新世の脊椎動物硬骨魚類。カライワシ目フィロドゥス科。推定体長40cm。㊕北アメリカ, ヨーロッパ
¶化写真(p215/カ写)〈㊥イギリス 上顎の咽頭の歯板〉

フィロニクスの一種 *Philonix* sp.
デボン紀の三葉虫。ファコープス目。
¶三葉虫(図70/モ写)〈㊥モロッコ 長さ80mm〉

フィロニクス フィロニクス *Philonix philonix*
デボン紀の三葉虫。ファコープス目。
¶三葉虫(図69/モ写)〈㊥モロッコ 長さ65mm〉

フィロパキセラス
中生代白亜紀の軟体動物頭足類。
¶産地別(p13/カ写)〈㊥北海道中川郡中川町ワッカウエンベツ川化石沢 長径3cm〉
産地別〔縫合線の美しいフィロパキセラス〕(p22/カ写)〈㊥北海道苫前郡羽幌町逆川 長径3cm〉
産地本(p9/カ写)〈㊥北海道天塩郡遠別町ウッツ川 径2cm〉
産地本(p14/カ写)〈㊥北海道中川郡中川町安平志内川 径2.5cm〉

フ

産地本 (p19/カ写)〈㊥北海道苫前郡羽幌町羽幌川　径4cm〉

フィロパキセラス・エゾエンゼ *Phyllopachyceras ezoense*
中生代白亜紀後期サントニアン期の軟体動物頭足類アンモナイト。フィロセラス亜目フィロセラス科。
¶アン学 (図版56-7,8/カ写)〈㊥羽幌地域〉
学古生〔フィロパキセラス・エゾエンセ〕(図588/モ写)〈㊥南樺太内渕川流域　正中断面〉
日化譜〔Phyllopachyceras ezoense〕(図版52-4/モ写)〈㊥北海道三笠市幾春別，樺太〉

フィロパキセラスの完全体
中生代白亜紀の軟体動物頭足類。
¶産地別 (p22/カ写)〈㊥北海道苫前郡羽幌町羽幌川　長径5.5cm〉

フィロポリナ・フルカタ *Phylloporina furcata*
オルドヴィス紀の無脊椎動物苔虫類。
¶図解化〔シュードホルネラ・ビフィダとフィロポリナ・フルカタ〕(p73-下右/カ写)〈㊥エストニア〉

フィンブリア *Fimbria subpectunculus*
中期ジュラ紀～現世の無脊椎動物二枚貝類。マルスダレガイ目カゴガイ科。体長8cm。㊀世界中
¶化写真 (p105/カ写)〈㊥フランス〉

フウ *Liquidambar europaeum*
始新世～現在の被子植物双子葉植物。アルチンギア科。
¶化百科 (p104/カ写)〈㊥ドイツ　葉の幅9cm〉

フウ *Liquidambar formosana*
新生代鮮新世の陸上植物。マンサク科。
¶学古生 (図2401/モ図)〈㊥愛知県瀬戸市印所　葉，葉縁の拡大〉

フウ
新生代第三紀中新世の被子植物双子葉類。別名リクイダンバー。台島型植物群。
¶産地本 (p254/カ写)〈㊥長崎県壱岐郡芦辺町長者が原崎 (壱岐島)　長さ7cm〉

プウィアンゴサウルス *Phuwiangosaurus*
白亜紀前期の恐竜類ティタノサウルス類。体長20m。㊀タイ
¶恐イラ (p167/カ復)

フウインボク *Sigillaria orbicularis* 封印木
古生代石炭紀のシダ植物。
¶植物化 (p23/カ写，カ復)〈㊥アメリカ〉

フウインボク ⇒シギラリアを見よ

フウインボクの茎 *Sigillaria aeveolaris*
石炭紀とペルム紀の植物。別名シギラリア。
¶地球博 (p76/カ写)

フウセンカズラ ⇒コロラドフウセンカズラを見よ

フウ属の1種 *Liquidambar* sp.
新生代始新世の陸上植物。マンサク科。
¶学古生 (図2205/モ写)〈㊥北海道夕張市清水沢炭鉱〉
学古生 (図2403/モ写)〈㊥岐阜県可児郡可児町平牧　集合果〉
日化譜〔Liquidambar sp.〕(図版80-29/モ写)〈㊥新潟県三島郡出雲崎町　花粉〉

フウ属の花粉 *Liquidambar*
新生代中新世中期の陸上植物。マンサク科。
¶学古生 (図2398/モ写)〈㊥石川県鹿島郡中島町能登中島　赤道観〉

フウに比較される種 (材) *Liquidambar* sp.cf.*L. formosana*
新生代中新世中期の陸上植物。
¶学古生 (図2395,2396/モ写)〈㊥岩手県二戸郡，山形県西田川郡温海町　横断面，珪化木外観〉

フウの仲間 *Liquidambar yabei*
新生代古第三紀漸新世の被子植物。
¶植物化 (p40/カ写)〈㊥兵庫県　葉と果実〉

フェギア・ヨコヤマイ ⇒ヨコヤマツツガキを見よ

フェナコダス *Phenacodus primaevus*
暁新世後期～始新世初期の哺乳類。哺乳綱獣亜綱正獣上目髁節目。全長1.65m。㊀北米，ヨーロッパ
¶古脊椎 (図252/モ復)

フェナコドゥス *Phenacodus*
5500万～4500万年前 (パレオジン) の哺乳類有蹄類。"顆節目"フェナコドゥス科。森林に生息。植物食。全長1m。㊀北アメリカ，ヨーロッパ
¶恐古生 (p244～245/カ復)
恐竜世 (p245/カ復)
恐竜博 (p164～165/カ写，カ復)〈顎骨の断片〉
絶哺乳 (p98/カ復)

フェナコドゥス *Phenacodus vortmani*
後期暁新世～中期始新世の脊椎動物哺乳類。顆節目フェナコドゥス科。体長90cm。㊀北アメリカ，ヨーロッパ
¶化写真 (p272/カ写)〈㊥アメリカ　下顎の破片〉

フェネステラ
古生代石炭紀の蘚虫動物隠口類。
¶産地別 (p103/カ写)〈㊥新潟県糸魚川市青海町　幅2.5cm〉
産地別 (p103/カ写)〈㊥新潟県糸魚川市青海町　高さ9cm〉
産地本 (p52/カ写)〈㊥岩手県大船渡市日頃市町鬼丸　長さ6cm〉

フェネステラ
古生代ペルム紀の蘚虫動物隠口類。
¶産地本 (p152/カ写)〈㊥滋賀県犬上郡多賀町権現谷　縦9mm〉

フェネステラ属の未定種 *Fenestella* sp.
古生代石炭紀のコケ虫動物。
¶化石フ (p27/カ写)〈㊥岩手県大船渡市　横60mm〉

フェネステラの1種 *Fenestella* sp.aff.*F.cribriformis*
古生代後期石炭紀前期のコケムシ類。フェネステラ科。
¶学古生 (図172/モ写)〈㊥岩手県大船渡市日頃市　風化面〉

フェネステラの1種 *Fenestella* sp.cf.*F.retiformis*
古生代後期二畳紀中期のコケムシ類。隠口目フェネステラ科。

¶**学古生**（図171/モ写）〈(産)宮城県気仙沼市上八瀬 風化面〉

フェネステラ・プレビア *Fenestella plebeia*
シルル紀〜ペルム紀前期の無脊椎動物コケムシ動物。フェネステラ目フェネステラ科。群体の高さ5cm。(分)世界中
¶**化写真**〔フェネステラ〕（p37/カ写）〈(産)イギリス〉
化百科（p122/カ写）〈(産)アメリカ合衆国のオクラホマ州 母岩幅5cm〉

フェネステラ・ボヘミカ *Fenestella bohemica*
デヴォン紀の無脊椎動物苔虫類。隠口目。
¶**図解化**（p74-中央/カ写）〈(産)ドイツ〉

フェネステラ・レティフォルミス *Fenestella* cf. *retiformis*
二畳紀の蘚虫動物隠口類。
¶**原色化**（PL.32-1/カ写）〈(産)宮城県気仙沼市月立 群体の幅8cm〉
日化譜〔Fenestella cf.retiformis〕（図版21-18/モ写）〈(産)宮城県気仙沼市〉

フ

フェルベーキナ
古生代ペルム紀の原生動物紡錘虫類。
¶**産地本**（p111/カ写）〈(産)岐阜県大垣市赤坂町金生山 径5mm〉

フェルベキナの1種 *Verbeekina verbeeki*
古生代後期二畳紀中期の紡錘虫類。フェルベキナ科。
¶**学古生**（図80/モ写）〈(産)山口県美祢郡秋芳町秋吉 正縦断面, 正横断面〉
日化譜〔Verbeekina verbeeki〕（図版5-1,2, 3/モ写）〈(産)秋吉 横断面, 縦断面〉

フォスファテリウム *Phosphatherium*
新生代古第三紀暁新世〜始新世の哺乳類真獣類長鼻類。頭胴長60cm。(分)モロッコ
¶**生ミス9**（図0-2-10/カ写, カ復）〈左上顎〉

フォスファテリウム *Phosphatherium escuilliei*
始新世前期の哺乳類ゾウ類。長鼻目フォスファテリウム科。頭骨全長約20cm。(分)アフリカ（モロッコ）
¶**絶哺乳**（p216/カ復）

フォスフォロサウルス・ポンペテレガンス *Phosphorosaurus ponpetelegans*
中生代白亜紀の爬虫類有鱗類モササウルス類。全長3m。(分)日本
¶**リア中**〔フォスフォロサウルス〕（p226/カ復）

フォスンデキマ・コネクニオルム *Fossundecima konecniorum*
石炭紀の環形動物多毛類。
¶**図解化**（p89-1/カ写）〈(産)イリノイ州メゾン・クリーク〉

フォッスンデキマ
石炭紀後期の無脊椎動物蠕虫類。最大全長6cm。(分)北アメリカ
¶**進化大**（p157）

フォラドマイア・グラブラ *Pholadomya glabra*
ジュラ紀の軟体動物斧足類。
¶**原色化**（PL.46-1/モ写）〈(産)ドイツのヴュルテムベルグのシュツットガルト 長さ4.3cm〉

フォラドマイア（ブカルディオマイヤ）・ミヤモトイ *Pholadomya* (*Bucardiomya*) *miyamotoi*
中生代白亜紀前期の貝類。ウミタケモドキ科。
¶**学古生**（図692/モ写）〈(産)岩手県下閉伊郡田野畑村平井賀 右殻外面〉

フォラドミア *Pholadomya*
三畳紀〜現在の軟体動物二枚貝類。
¶**化百科**（p159/カ写）〈5cm〉

フォラドミア *Pholadomya ambigua*
後期三畳紀〜現世の無脊椎動物二枚貝類。ウミタケガイモドキ目ウミタケガイモドキ科。体長4cm。(分)世界中
¶**化写真**（p113/カ写）〈(産)イギリス〉

フォラドミア
中生代白亜紀の軟体動物斧足類。別名ハートガイ。
¶**産地本**（p4/カ写）〈(産)北海道稚内市東浦海岸 高さ5cm〉
産地本（p38/カ写）〈(産)北海道浦河郡浦河町井寒台 高さ4.5cm〉

フォラドミア ⇒ウミタケモドキガイを見よ

フォラドミア・アンビグア
三畳紀後期〜現代の無脊椎動物二枚貝類。長さほぼ7cm。(分)世界各地
¶**進化大**〔フォラドミア〕（p371/カ写）

フォラドミア属の種 *Pholadomya* sp.
ジュラ紀後期の無脊椎動物軟体動物二枚貝類。
¶**ゾル1**（図130/カ写）〈(産)ドイツのケルハイム 3.5cm〉

フォリドケルクス *Pholidocercus* sp.
始新世中期の哺乳類真獣類。無盲腸目ハリネズミ型亜目アンフィレムール科。虫食性。頭胴長約20cm。(分)ヨーロッパ
¶**絶哺乳**（p70/カ復）

フォリドフォラス *Pholidophorus bechli*
ジュラ紀前期の魚類。顎口超綱硬骨魚綱条鰭亜綱全骨上目フォリドフォラス目。全長18cm。(分)イギリス
¶**古脊椎**（図39/モ復）

フォリドフォルス *Pholidophorus*
三畳紀中期〜ジュラ紀後期の魚類。真骨目（下綱）。現生の条鰭類。全長40cm。(分)ケニア, タンザニア, 英国のイングランド, ドイツ, イタリア, 旧ソ連, アルゼンチン
¶**恐絶動**（p38/カ復）

フォリドフォルス・エロンガトゥス *Pholidophorus elongatus*
ジュラ紀後期の脊椎動物真骨魚類。
¶**ゾル2**（図177/カ写）〈(産)ドイツのアイヒシュテット 28cm〉

フォリドフォルス属の種 *Pholidophorus* sp.
ジュラ紀後期の脊椎動物真骨魚類。
¶**ゾル2**（図181/カ写）〈(産)ドイツのアイヒシュテット 25cm〉
ゾル2（図182/カ写）〈(産)ドイツのダイティング 40cm〉
ゾル2（図183/カ写）〈(産)ドイツのゾルンホーフェン 18cm〉

フォリドフォルス・ビーチェイ *Pholidophorus bechei*
ジュラ紀の脊椎動物硬骨魚類。
¶**原色化**(PL.47-1/モ写)〈(産)イギリスのドーシット州ライム・レヂス 長さ13cm〉

フォリドフォルス(?)・ファルキファー *Pholidophorus*(?) *falcifer*
ジュラ紀後期の脊椎動物真骨魚類。
¶**ゾル2**(図178/カ写)〈(産)ドイツのアイヒシュテット 20cm〉

フォリドフォルス・マクロケファルス *Pholidophorus macrocephalus*
ジュラ紀後期の脊椎動物真骨魚類。
¶**ゾル2**(図179/カ写)〈(産)ドイツのアイヒシュテット 33cm〉

フォリドフォルス・ミクロニクス *Pholidophorus micronyx*
ジュラ紀後期の脊椎動物真骨魚類。
¶**ゾル2**(図180/カ写)〈(産)ドイツのアイヒシュテット 15cm〉

フォリドフォルス目の仲間
三畳紀の脊椎動物魚類。硬骨魚綱。
¶**図解化**(p193-中央右/カ写)〈(産)イタリアのベルガモ〉

フォリドプリゥルス・ティプス *Pholidopleurus typus*
三畳紀の脊椎動物硬骨魚類。
¶**原色化**(PL.39-4/モ写)〈(産)オーストリアのカルンテンのライブル 長さ7cm〉

フォルキニス・カトゥリナ *Phorcynis catulina*
ジュラ紀後期の脊椎動物軟骨魚類サメ類。
¶**ゾル2**(図30/カ写)〈(産)ドイツのシェルンフェルト 20cm〉

フォルキニス属(?)の種 *Phorcynis*(?) sp.
ジュラ紀後期の脊椎動物軟骨魚類サメ類。
¶**ゾル2**(図29/カ写)〈(産)ドイツのアイヒシュテット 12cm〉

フォルスラクス *Phorusrhacus*
新生代新第三紀の鳥類ツル類。フォルスラクス科。平原に生息。体長1.5m。
¶**恐竜博**(p183/カ写)〈頭部〉

フォルスラクス ⇒フォルスラコス・インフラトゥスを見よ

フォルスラコス *Phorusrhacos inflatus*
中新世の脊椎動物恐鳥類。体高2.5m。
¶**古脊椎**〔ホルスラコス〕(図191/モ復)
地球博〔巨大な飛べない鳥の頭蓋骨〕(p83/カ写)

フォルスラコス・インフラトゥス *Phorusrhacus inflatus*
中新世前期〜中期の鳥類。ツル目。体高1.5m。(分)アルゼンチンのパタゴニア
¶**化写真**〔フォルスラクス〕(p261/カ写)〈(産)アルゼンチン 頭骨〉
恐絶動(p178/カ復)

フォルスラコス・ロンギシムス *Phorusrhacos longissimus*
新生代新第三紀中新世の鳥類。全長1.6m。(分)アルゼンチン
¶**生ミス10**〔フォルスラコス〕(図2-1-1/カ復)

フォルティフォルケプス *Fortiforceps*
古生代カンブリア紀の節足動物。澄江生物群。全長4cm。(分)中国
¶**生ミス1**(図3-3-10/カ復)

フォルティフォルケプス・フォリオサ *Fortiforceps foliosa* 葉尾強鉗虫
カンブリア紀の節足動物。節足動物門。澄江生物群。付属肢を除いて長さ4cm。
¶**澄江生**(図16.21/モ復)
澄江生(図16.22/カ写)〈(産)中国の帽天山 腹側から見たところ, 側面から見たところ〉

フォルティペクテン ⇒タカハシホタテを見よ

フォルフェクシカリス・ヴァリダ *Forfexicaris valida* 強大剪肢蝦
カンブリア紀の節足動物。節足動物門フォルフェクシカリス科。澄江生物群。
¶**澄江生**(図16.25/モ復)
澄江生(図16.26/カ写)〈(産)中国の小濫田 甲皮長さおよそ1.5cm, 高さ1.3cm 側面から見たところ〉

フォルベシセラス・ミカサエンゼ *Forbesiceras mikasaense*
セノマニアン前期の軟体動物頭足類アンモナイト。アンモナイト亜目フォルベシセラス科。
¶**アン学**(図版13-1,2/カ写)〈(産)三笠地域〉

フォルベシセラス・ラルジリエルチアナム *Forbesiceras largilliertianum*
セノマニアン前期の軟体動物頭足類アンモナイト。アンモナイト亜目フォルベシセラス科。
¶**アン学**(図版13-3/カ写)〈(産)幌加内地域〉

フォルメディテスの一種 *Phormedites* sp.
三畳紀のアンモナイト。
¶**アン最**(p70/カ写)〈(産)インドネシアのティモール セラタイト型隔壁模様〉

フォレステリア・エゾエンシス *Forresteria yezoensis*
コニアシアン期の軟体動物頭足類アンモナイト。アンモナイト亜目コリンニョニセラス科。
¶**アン学**(図版10-3,4/カ写)〈(産)夕張地域〉

フォレステリア・ムラモトイ *Forresteria muramotoi*
コニアシアン期の軟体動物頭足類アンモナイト。アンモナイト亜目コリンニョニセラス科。
¶**アン学**(図版10-1,2/カ写)〈(産)三笠地域〉

フォレステリア・ラザフィニィパラニィ *Foresteria razafiniparanyi*
サントニアン期のアンモナイト。
¶**アン最**(p119/カ写)〈(産)マダガスカル〉

フォンタネリセラス・フォンタネレンゼ *Fontanelliceras fontanellense*
中生代ジュラ紀の軟体動物頭足類アンモナイト。ヒ

フ

ルドセラス科。
¶学古生〔フォンタネリセラスの1種〕(図388～391/モ写)〈㊥山口県豊浦郡菊川町, 豊田町〉
化石フ(p111/カ写)〈㊥山口県豊浦郡菊川町 33mm〉

フカトゲキクメイシ *Cyphastrea serailia*
新生代の六放サンゴ類。キクメイシ科。
¶学古生(図1027/モ写)〈㊥千葉県館山市沼〉

ブキア属の種 *Buchia* sp.
ジュラ紀後期の無脊椎動物軟体動物二枚貝類。
¶ゾル1(図118/カ写)〈㊥ドイツのゾルンホーフェン 0.5cm〉

フクイサウルス
白亜紀バレミアン期？の植物食恐竜。
¶日白亜(p98～99/カ写)〈㊥福井県勝山市 骨格標本〉

フクイサウルス・テトリエンシス *Fukuisaurus tetoriensis*
中生代白亜紀の恐竜類鳥盤類鳥脚類。鳥盤目鳥脚亜目イグアノドン科。植物食。全長4.7m。㊟日本の福井県勝山市北谷
¶生ミス7(図5-3/カ写, カ復)〈㊥福井県勝山市 4.7m 復元全身骨格〉
日恐竜〔フクイサウルス〕(p66/カ写, カ復)〈復元骨格〉
リア中〔フクイサウルス〕(p152/カ復)

フクイティタン
白亜紀バレミアン期？の恐竜類竜脚類。全長約10m？
¶日白亜(p96～99/カ写, カ復)〈㊥福井県勝山市〉

フクイティタン・ニッポネンシス *Fukuititan nipponensis*
中生代白亜紀の恐竜類竜盤類竜脚類。植物食。体長約10m？㊟福井県勝山市北谷
¶生ミス7(図5-4/カ写, モ図)〈㊥福井県勝山市〉
日恐竜〔フクイティタン〕(p60/カ写, カ復)〈前脚部分, 後脚部分〉

フクイラプトル *Fukuiraptor*
白亜紀バランギニアンの恐竜類獣脚類テタヌラ類カルノサウルス類。体長4.2m。㊟日本の福井県
¶恐イラ(p155/カ復)

フクイラプトル
白亜紀バレミアン期？の恐竜類獣脚類。シンラプトル科。全長4.2mほど。
¶日白亜(p96～99/カ写, カ復)〈㊥福井県勝山市〉

フクイラプトル・キタダニエンシス *Fukuiraptor kitadaniensis*
中生代白亜紀の恐竜類竜盤類獣脚類。竜盤目獣脚亜目シンラプトル科。肉食。体長4.2m(未成熟個体)。㊟日本の福井県勝山市北谷
¶生ミス7(図5-2/カ写, カ復)〈㊥福井県勝山市 4.2m 復元全身骨格〉
日恐竜〔フクイラプトル〕(p18/カ写, カ復)〈ほぼ全体の概要がわかる骨格の化石〉
リア中〔フクイラプトル〕(p154/カ復)

フクシアノスピラ・ギラタ *Fuxianospira gyrata*
環圏撫仙湖螺旋藻
カンブリア紀の藻類。澄江生物群。
¶澄江生(図7.1/カ写)〈㊥中国の耳材村 ひも状構造の束〉

フクシアンフイア・プロテンサ *Fuxianhuia protensa* 延長撫仙湖虫
カンブリア紀の節足動物類。節足動物門。澄江生物群。
¶生ミス1〔フクシアンフイア〕(図3-7-6/カ写)〈㊥中国の雲南省 6cm〉
澄江生(図16.3/カ写)〈㊥中国の馬房 最大長さ11cm 背側から見たところ〉
澄江生(図16.4/モ復)

フクシマコロモガイ *Cancellaria hukusimana*
新生代第三紀・中期中新世の貝類。コロモガイ科。
¶学古生(図1269/モ写)〈㊥福島県東白川郡塙町西河内〉

フクシマフデガイ *Mitra hukusimana*
新生代第三紀・初期中新世の貝類。フデガイ科。
¶学古生(図1230/モ写)〈㊥石川県珠洲市大谷〉

フクシマユリノキ *Liriodendron fukushimaensis*
新生代中新世後期の陸上植物。モクレン科。
¶学古生(図2393/モ図)〈㊥福島県福島市飯坂町天王寺 翼果〉

ブクストニア
古生代石炭紀の腕足動物有関節類。
¶産地本(p57/カ写)〈㊥岩手県大船渡市日頃市町鬼丸 幅6cm〉

腹足類 *Pleurotomaria anglica*
ジュラ紀と白亜紀の無脊椎動物。
¶地球博〔ジュラ紀の腹足類〕(p80/カ写)

プグナックス *Pugnax acuminatus*
デボン紀～後期石炭紀の無脊椎動物腕足動物。リンコネラ目プグナックス科。体長4.5cm。㊟ヨーロッパ
¶化写真(p82/カ写)〈㊥イギリス〉
日化譜〔Pugnax acuminatus〕(図版24-12/モ写)〈㊥新潟県青海〉

プグナックス・アクミナトゥス
デヴォン紀～石炭紀の無脊椎動物腕足類。最大全長4cm。㊟ヨーロッパ
¶進化大〔プグナックス〕(p157/カ写)

プグネルス(ジムナルス)・ヤベイ *Pugnellus (Gymnarus) yabei*
中生代白亜紀後期の貝類。ソデガイ科。
¶学古生(図625/モ写)〈㊥北海道浦河郡浦河町〉

フグミレリア *Hughmilleria*
古生代シルル紀～デボン紀の節足動物鋏角類ウミサソリ類。全長20cm。㊟イギリス, アメリカ, ロシア
¶生ミス2(図2-1-6/カ写, カ復)〈㊥スコットランド〉

フグミレリア・ソシアリス *Hughmilleria socialis*
古生代シルル紀の節足動物鋏角類ウミサソリ類。㊟イギリスなど
¶リア古〔ウミサソリ類〕(p98～101/カ復)

フクレユキミノガイ *Limaria (Limaria) hakodatensis*
新生代第四紀更新世の貝類。ミノガイ科。
¶**学古生** (図1656/モ写) 〈㊀千葉県市原市瀬又〉

フクロオオカミ *Thylacinus*
200万年前〜1936年の哺乳類有袋類。体長約1m。㊕タスマニア, オーストラリア, ニューギニア
¶**恐竜世** (p228〜229/モ写)

フクロオオカミ *Thylacinus cynocephalus*
新生代第四紀更新世〜1936年の哺乳類有袋類豪州袋類。フクロネコ形目フクロオオカミ科。別名フクロオオカミ, タスマニア・タイガー, タスマニア・ウルフ。肉食性。頭胴長約1m。㊕オーストラリア
¶**生ミス10** 〔ティラキヌス・キノケファルス〕 (図3-4-2/カ復)
絶哺乳 (p58/カ復)

フクロガイ
新生代第四紀更新世の軟体動物腹足類。タマガイ科。
¶**産地新** (p84/カ写) 〈㊀千葉県木更津市真里谷 径2.7cm〉
産地新 (p142/カ写) 〈㊀石川県珠洲市平床 径4.5cm〉

フクロガイ
新生代第三紀鮮新世の軟体動物腹足類。タマガイ科。
¶**産地新** (p206/カ写) 〈㊀高知県安芸郡安田町唐浜 径4.5cm〉

フコイデス *Fucoides*
白亜紀の無脊椎動物環虫類またはウニ類によって残された印象。
¶**図解化** 〔コンドライテスとフコイデス〕 (p92-下左/カ写) 〈㊀イタリアのロンバルディア 痕跡〉

フサモ
新生代第四紀更新世の被子植物双子葉類。アリノトウグサ科。
¶**産地新** (p238/カ写) 〈㊀大分県玖珠郡九重町奥双石 長さ4cm〉

プサロニウス *Psaronius*
石炭紀後期〜ペルム紀中期のシダ植物真葉シダ植物。リュウビンタイ目。
¶**化百科** (p82/カ写)
植物化 (p24/カ写) 〈㊀ブラジル〉
植物化 (p25/カ写) 〈㊀ブラジル 幹の鉱化化石の横断面〉

プサロニウス ⇒ペコプテリス・メゾニアヌムを見よ

プサロニウス ⇒ペコプテリスの1種を見よ

プサロニウス・インファルクトゥス
石炭紀後期〜ペルム紀前期の植物シダ類。最大高さ10m。㊕世界各地
¶**進化大** 〔プサロニウス〕 (p148/カ写)

フジイソテツ *Cycas Fujiiana*
始新世後期のソテツ類。
¶**日化譜** (図版72-1/モ写) 〈㊀熊本県荒尾市万田炭坑〉

フジイマツ *Pinus fujiii*
新生代鮮新世の陸上植物。
¶**学古生** (図2254,2255/モ図) 〈㊀岐阜県土岐市市の倉口 球果, 短枝葉〉

"フジイロエゾボラ" *Neptunea vinosa,* var.
新生代第三紀鮮新世の貝類。エゾボラ科。
¶**学古生** (図1453/モ写) 〈㊀青森県むつ市近川〉

フジオカウリノキ *Alangium basitruncatum*
新生代漸新世の陸上植物。ウリノキ科。
¶**学古生** (図2219/モ写) 〈㊀北海道美唄市〉

フジオカカエデ *Acer fatisiaefolia*
中新世中期の双子葉植物。
¶**日化譜** (図版78-7/モ写) 〈㊀東北日本および北海道〉

フジオカスズカケ *Platanus Huziokae*
中新世後期の双子葉植物。
¶**日化譜** (図版77-13/モ写) 〈㊀福島県河沼郡柳津町藤峠〉

フジオカツノクリガニ *Trachycarcinus huziokai*
新生代第三紀中新世の節足動物十脚類。クリガニ科。
¶**学古生** (図1837/モ写) 〈㊀三重県安芸郡美里村家所〉
化石フ (p194/カ写) 〈㊀三重県安芸郡美里村 45mm〉

プシグモフィルム *Psygmophyllum multipartitum*
ペルム紀の植物。
¶**地球博** 〔ペルム紀のイチョウの葉〕 (p77/カ写)

フージセラス・ウインネー *Foordiceras whynnei*
古生代ペルム紀の軟体動物頭足類オウムガイ類。
¶**化石フ** (p49/カ写) 〈㊀福島県いわき市 50mm〉

フジタキリガイダマシ *Turritella (Neohaustator) andenensis*
新生代第三紀更新世の貝類。キリガイダマシ科。
¶**学古生** (図1568/モ写) 〈㊀秋田県男鹿市安田海岸〉
日化譜 (図版28-15/モ写) 〈㊀秋田県男鹿半島安田〉

フジタキリガイダマシ
新生代第四紀更新世の軟体動物腹足類。キリガイダマシ科。別名ツリテラ。
¶**産地新** (p61/カ写) 〈㊀秋田県男鹿市琴川安田海岸 高さ6.3cm〉

フジツガイ科の一種
新生代第三紀鮮新世の軟体動物腹足類。フジツガイ科。
¶**産地新** (p213/カ写) 〈㊀高知県安芸郡安田町唐浜 高さ5.5cm〉

プシッタコサウルス *Psittacosaurus*
白亜紀前期の恐竜類角竜類。鳥盤目周飾頭亜目プシッタコサウルス科。砂漠および低木地に生息。体長1〜2m。㊕中国, モンゴル, ロシア, タイ
¶**恐イラ** (p172/カ復)
恐古生 (p186〜187/カ写, カ復) 〈頭蓋, 赤ん坊の頭蓋, 最初の骨格〉
恐絶動 (p162/カ復)
恐太古 (p74〜75/カ写) 〈腰, 胃袋の辺り, 全身骨格〉
恐竜博 (p126/カ写, カ復) 〈頭骨〉
図解化 (p210-下/カ写) 〈頭骨〉
地球博 〔プシッタコサウルスの全身骨格〕 (p85/カ写)

よみ恐（p204/カ復）

プシッタコサウルス *Psittacosaurus mongoliensis*
白亜紀初期の恐竜類。竜型超綱鳥盤綱鳥脚目。別名おうむ竜。全長1.5m。㊕蒙古
¶古脊椎（図163/モ復）

プシッタコサウルス
白亜紀前期の脊椎動物鳥盤類。体長2m。㊕中国，モンゴル
¶進化大（p346〜347/カ写，カ復）

プシッタコサウルス・メイレインゲンシスの完模式標本の頭骨 *Psittacosaurus meileyingensis*
中生代の恐竜類角竜類。熱河生物群。推定体長1〜2m。
¶熱河生（図164/カ写）〈㊦中国の遼寧省朝陽の梅勒営子〉

フジツボ
新生代第三紀中新世の節足動物蔓脚類。
¶産地新（p18/カ写）〈㊦北海道石狩郡当別町青山中央 径約3cm 印象〉

フ

フジツボ
新生代第三紀鮮新世の節足動物蔓脚類。
¶産地新（p237/カ写）〈㊦宮崎県児湯郡川南町通山浜 径1.1cm イワフジツボ，アカフジツボ〉

フジツボ ⇒バラヌスを見よ

フジツボの1種 *Balanus* sp.
新生代中新世前期の甲殻類蔓脚類。甲殻綱蔓脚亜綱フジツボ科。
¶学古生（図1826/モ写）〈㊦山口県下関市彦島竹ノ子島〉
日化譜〔Balanus sp.〕（図版60-4/モ写）〈㊦三重県一志郡久居町安子〉

フジツボの一種
新生代第三紀中新世の節足動物蔓脚類。
¶産地新（p122/カ写）〈㊦石川県羽咋郡富来町関野鼻 高さ2cm〉

フジツボ（不明種）
新生代第三紀中新世の節足動物蔓脚類。
¶産地本（p48/カ写）〈㊦北海道雨竜郡沼田町幌新太刀別川 高さ4cm〉
産地本（p132/カ写）〈㊦岐阜県瑞浪市釜戸町荻の島 高さ3.5cm〉

フジナカガミガイ *Dosinia (Kaneharaia) kaneharai fujinaensis*
新生代第三紀・後期中新世の貝類。マルスダレガイ科。
¶学古生（図1340/モ写）〈㊦島根県出雲市上塩冶町菅沢〉

フジナトクサバイ *Phos iwakianus fujinaensis*
新生代第三紀・後期中新世の貝類。エゾバイ科。
¶学古生（図1357/モ写）〈㊦島根県出雲市塩屋町菅沢〉

フジナベッコウキララガイ *Portlandia (Megayoldia) gratiosa*
新生代第三紀・後期中新世の貝類。ロウバイガイ科。
¶学古生（図1336/モ写）〈㊦島根県八束郡宍道町鏡〉

フジナマルフミガイ *Cyclocardia fujinaensis*
新生代第三紀・後期中新世の貝類。トマヤガイ科。
¶学古生（図1343/モ写）〈㊦島根県八束郡宍道町鏡〉

フジナミ *Hiatela boeddinghausi*
新生代第四紀完新世の貝類。シオサザナミ科。
¶学古生（図1764/モ写）〈㊦東京都江東区豊洲1丁目〉

フシヌス・カロリネンシス
古第三紀〜現代の無脊椎動物腹足類。別名ナガニシ。殻高最大15cm。㊕暖海に広く分布
¶進化大〔フシヌス〕（p427/カ写）

フジミバショウ *Musa complicata*
漸新世前期の単子葉植物。
¶日化譜（図版79-17/モ写）〈㊦北海道石狩，空知，雨竜など〉

フジモトシワバイ *Colus (Aulacofusus) fujimotoi*
漸新世末期の軟体動物腹足類。
¶日化譜（図版31-23/モ写）〈㊦福島県四倉〉

フジヤマオウギガニ *Paraxanthias fujiyamai*
新生代第三紀中新世の節足動物十脚類。オウギガニ科。
¶化石フ（p196/カ写）〈㊦静岡県榛原郡相良町 15mm〉

フジヤマカシパン *Laganum fudsiyama*
新生代のウニ。カシパンウニ科。
¶学古生（図1913/モ写）〈㊦鹿児島県大島郡喜界町上嘉鉄〉

プシュグモフィルム・ムルティパルティトゥム
ペルム紀の植物イチョウ類。葉の最長10cm。㊕世界各地
¶進化大〔プシュグモフィルム〕（p177/カ写）

プシロケラス ⇒プシロセラス・プラノルビスを見よ

プシロケラス ⇒プシロセラスを見よ

プシロセラス *Psiloceras*
ジュラ紀前期の軟体動物頭足類アンモノイド類アンモナイト類。
¶化百科（p167/カ写）〈石板の長さ35cm〉
図解化〔プシロケラス属のアンモナイト〕（p12-3,4/カ写）〈㊦イギリスのサマーセット〉

プシロセラス・プラノルビス *Psiloceras planorbis*
中生代ジュラ紀の無脊椎動物アンモノイド類。アンモナイト亜綱アンモナイト目プシロセラス科。
¶アン最（p151/カ写）〈㊦イギリスのソマセットのワッチ〉
化写真〔プシロケラス〕（p146/カ写）〈㊦イギリス〉
化石図（p102/カ写，カ復）〈㊦イギリス 横幅約7cm〉

プシロフィトン・バーノテンゼ
デヴォン紀前期〜後期の植物古生マツバラン。高さ60cm。㊕世界各地
¶進化大〔プシロフィトン〕（p119/カ写）

プシロフィトン・プリンセプス *Psilophyton princeps*
古生代デボン紀の維管束植物トリメロフィトン類。初期の陸上植物。
¶化石図（p65/カ写，カ復）〈㊦ドイツ 茎の長さ約9cm〉
植物化〔プシロフィトン〕（p17/カ写，カ復）〈㊦ドイツ〉

プシロフィトン・ヘデイ
シルル紀の無脊椎動物。植物のように見える海生無

脊椎動物のコロニー。全長20cm。㊵スウェーデン
¶進化大〔プシロフィトン〕(p99/カ写)

プーストゥリフェール
三畳紀中期～後期の無脊椎動物腹足類。全長3.5～24cm。㊵ペルー
¶進化大(p204/カ写)

フスマガイ *Clementia papyracea*
新生代第三紀・中期中新世初期の貝類。マルスダレガイ科。
¶学古生(図1312/モ写)〈㊥石川県金沢市東市瀬〉

フスマガイ
新生代第三紀鮮新世の軟体動物斧足類。
¶産地別(p90/カ写)〈㊥神奈川県愛甲郡愛川町小沢 長さ6.5cm〉

フスマガイ
新生代第四紀更新世の軟体動物斧足類。マルスダレガイ科。
¶産地新(p140/カ写)〈㊥石川県珠洲市平床 長さ4.3cm〉
産地別(p95/カ写)〈㊥千葉県印西市山田 長さ8.9cm〉

フズリナの1種 *Fusulina kanmerai*
古生代後期石炭紀中期の紡錘虫類。フズリナ科。
¶学古生(図66/モ写)〈㊥愛媛県東宇和郡城川町板取川 正縦断面,正横断面〉

フズリナ(不明種)
古生代ペルム紀の原生動物紡錘虫類。
¶産地本(p148/カ写)〈㊥滋賀県坂田郡米原町天野川 長径8mm〉
産地本(p151/カ写)〈㊥滋賀県犬上郡多賀町佐目 長径5mm〉

フズリネラの1種 *Fusulinella bocki*
古生代後期石炭紀中期の紡錘虫類。フズリナ科。
¶学古生(図65/モ写)〈㊥愛媛県東宇和郡城川町板取川 正縦断面,正横断面〉

フズリネラ・バイコニカ *Fusulinella biconica*
石炭紀の有孔虫類フズリナ類(紡錘虫)。フズリナ科フズリネラ属。
¶化石図(p83/カ写)〈㊥山口県 1個体の大きさ約0.2cm〉
日化譜〔Fusulinella biconica〕(図版2-15/モ写)〈㊥秋吉 縦断面,横断面〉

プセウダスタクス・プストゥロスス
Pseudastacus pustulosus
ジュラ紀後期の無脊椎動物甲殻類大型エビ類。
¶ゾル1(図313/カ写)〈㊥ドイツのアイヒシュテット 7cm〉

プセウダリニア・ユシュゴウエンシスの殻
Pseudarinia yushugouensis
中生代の腹足類巻き貝。ヤマタニシ科。熱河生物群。
¶熱河生(図31/モ写)〈㊥中国の遼寧省義県の皮家溝 長さ1.81mm,幅0.80mm 殻口面〉

プセウドアガニデス・フランコニクス
Pseudaganides franconicus
ジュラ紀後期の無脊椎動物軟体動物オウムガイ類。
¶ゾル1(図142/カ写)〈㊥ドイツのゾルンホーフェン 13cm〉

プセウドアステノコルムス・レトロドルサリス
Pseudasthenocormus retrodorsalis
ジュラ紀後期の脊椎動物全骨魚類。
¶ゾル2(図132/カ写)〈㊥ドイツのランゲンアルトハイム 95cm〉

プセウドイウリア・カムブリエンシス
Pseudoiulia cambriensis 寒武仮無假尤利虫
カンブリア紀の節足動物。節足動物門。澄江生物群。
¶澄江生(図16.27/カ写)〈㊥中国の帽天山,馬房 長さ37mm,高さ5mm 側面から見たところ,背中側方から見たところ〉

プセウドカウディナ・ブラキウラ *Pseudocaudina brachyura*
ジュラ紀後期の無脊椎動物棘皮動物ナマコ類。
¶ゾル1(図559/カ写)〈㊥ドイツのランゲンアルトハイム 14cm〉

プセウドキノディクチス *Pseudocynodictis gregarius*
漸新世の哺乳類。哺乳綱獣亜綱正獣上目食肉目イヌ科。全長55cm。㊵北米
¶古脊椎(図243/モ復)

プセウドクテニス・ヘリエシイ
ペルム紀後期～白亜紀の植物ソテツ類。葉の長さ1m。㊵世界各地
¶進化大〔プセウドクテニス〕(p229/カ写)

プセウドクリニテス・ビファスキアトゥス
シルル紀後期～デヴォン紀前期の無脊椎動物棘皮動物。萼直径1.5～3cm。㊵ヨーロッパ,北アメリカ
¶進化大〔プセウドクリニテス〕(p103/カ写)

プセウドクリヌス *Pseudocrinus*
シルル紀の棘皮動物ウミリンゴ類。
¶化百科(p188/カ写)〈4cm〉

プセウドグリラクリス・プロピンクア
Pseudogryllacris propinqua
ジュラ紀後期の無脊椎動物昆虫類コオロギ類。
¶ゾル1(図407/カ写)〈㊥ドイツのアイヒシュテット 2cm〉

プセウドサレニア・アスペラ *Pseudosalenia aspera*
ジュラ紀後期の無脊椎動物棘皮動物ウニ類。
¶ゾル1(図545/カ写)〈㊥ドイツのケルハイム 2cm〉
ゾル1(図546/カ写)〈㊥ドイツのヒーンハイム 1.2cm〉

プセウドシレクス・エレガンス *Pseudosirex elegans*
ジュラ紀後期の無脊椎動物昆虫類膜翅類(ハチ類)。
¶ゾル1(図490/カ写)〈㊥ドイツのアイヒシュテット 5cm〉

プセウドディアデマ・リトグラフィカ
Pseudodiadema lithographica
ジュラ紀後期の無脊椎動物棘皮動物ウニ類。
¶ゾル1(図543/カ写)〈㊥ドイツのアイヒシュテット 4cm〉
ゾル1(図544/カ写)〈㊥ドイツのヤッヘンハウゼン 3.5cm 多くの棘〉

プセウドティレア・オッペンハイミ
Pseudothyrea oppenheimi
ジュラ紀後期の無脊椎動物昆虫類甲虫類。
¶**ゾル1**（図470/カ写）〈㊥ドイツのケルハイム 2.5cm〉

プセウドナウティルス属の種 *Pseudonautilus* sp.
ジュラ紀後期の無脊椎動物軟体動物オウムガイ類。
¶**ゾル1**（図143/カ写）〈㊥ドイツのメルンスハイム 10cm〉

プセウドヒドロフィルス・アヴィトゥス
Pseudohydrophilus avitus
ジュラ紀後期の無脊椎動物昆虫類甲虫類。
¶**ゾル1**（図469/カ写）〈㊥ドイツのアイヒシュテット 4cm〉

プセウドミルメレオン・エクスティンクトゥス
Pseudomyrmeleon extinctus
ジュラ紀後期の無脊椎動物昆虫類脈翅類（アミメカゲロウ類）。
¶**ゾル1**（図444/カ写）〈㊥ドイツのゾルンホーフェン 4cm〉

フ

プセウドリナ・アリフェラ *Pseudorhina alifera*
ジュラ紀後期の脊椎動物軟骨魚類。現生のカスザメ類に関係。
¶**ゾル2**（図37/カ写）〈㊥ドイツのアイヒシュテット 96cm〉
ゾル2（図39/カ写）〈㊥ドイツのヴェークシャイト 84cm〉

プセウドリナ・ミノル *Pseudorhina minor*
ジュラ紀後期の脊椎動物軟骨魚類。現生のカスザメ類に関係。
¶**ゾル2**（図38/カ写）〈㊥ドイツのアイヒシュテット 15cm〉

プセフォデルマ *Psephoderma*
中生代三畳紀の板歯類。キアモドゥス科。浅海に生息。体長90cm。
¶**恐竜博**（p53/カ復）

プセフォデルマ・アルピヌム *Psephoderma alpinum*
三畳紀後期の脊索動物爬虫類板歯類。
¶**図解化**（p214-右/カ写）〈㊥イタリアのロンバルディア 頭骨〉

プセフォデルマ属に似る装甲のある板歯類
Psephoderma
三畳紀後期の脊索動物爬虫類。
¶**図解化**（p214-左/カ写）〈㊥イタリアのベルガモ 完全骨格〉

プゾシア *Puzosia*
白亜紀前期のアンモナイト。
¶**アン最**〔ハイファントセラス, スカラリテス, プゾシア〕（p50/カ写）〈㊥日本の北海道〉
アン最（p74/カ写）〈㊥マダガスカル〉

プゾシア
中生代白亜紀の軟体動物頭足類。
¶**産地別**（p13/カ写）〈㊥北海道中川郡中川町ワッカウエンベツ川 長径2.5cm〉
産地別〔虹色に輝くプゾシア〕（p22/カ写）〈㊥北海道苫前郡羽幌町逆川 長径6.5cm〉

プゾシア・インターメディア・オリエンタリス
Puzosia intermedia orientalis
中生代白亜紀後期のアンモナイト。デスモセラス科。
¶**学古生**（図535/モ写）〈㊥北海道三笠市幾春別川流域〉

プゾシア・サブコルバリカに近縁の種 *Puzosia* aff.*P.subcorbarica*
中生代白亜紀前期のアンモナイト。デスモセラス科。
¶**学古生**（図486/モ写）〈㊥北海道岩見沢市シコロ沢枝沢側面〉

プゾシアの一種 *Puzosia* sp.
チューロニアン期のアンモナイト。
¶**アン最**〔スカラリテスの一種, ハイファントセラス・オシマイ, ユーボストリコセラス・ジャポニカム, デスモセラスの一種, プゾシアの一種〕（p135/カ写）〈㊥北海道〉
アン最〔プゾシアの一種, レチテスの一種, デスモセラスの一種, マリエラの一種〕（p171/カ写）〈㊥ハンガリーのバコニーベルジュ〉

プゾシア・マランディアンドレンシス *Puzosia malandiandrensis*
アルビアン期のアンモナイト。
¶**アン最**（p14〜15/カ写）〈㊥マダガスカル〉
アン最（p114/カ写）〈㊥マダガスカル〉

プゾシア・モザンビカ *Puzosia mozambica*
アンモナイト。
¶**アン最**（p115/カ写）〈㊥マダガスカル〉

フタバカゲロウの1種 *Cloeon* sp.
新生代の昆虫類。昆虫綱コカゲロウ科。
¶**学古生**（図1819/モ写）〈㊥栃木県塩谷郡塩原町中塩原〉

フタバサウルス・スズキイ *Futabasaurus suzukii*
中生代白亜紀の爬虫類双弓類鰭竜類クビナガリュウ類。長頸竜目エラスモサウルス科。別名フタバスズキリュウ。頭足類や魚類を摂食。全長9.2m。㊕日本の福島県いわき市大久町
¶**生ミス7**（図5-1/カ写, カ復）〈㊥福島県いわき市 6.5m 全身復元骨格〉
日恐竜〔フタバサウルス〕（p96/カ写, カ復）〈頭骨〉
リア中〔フタバサウルス〕（p182/カ復）

フタバスズキリュウ Plesiosauria,gen.et sp.indet.
中生代白亜紀後期の爬虫類。鰭竜目蛇頸竜亜目。
¶**学古生**（図1957/モ写）〈㊥福島県いわき市久之浜大久川 首の部分の椎体〉

フタバスズキリュウ ⇒フタバサウルス・スズキイを見よ

フタボレピス *Phlebolepis elegans*
魚類。無顎超綱無顎綱フレボレピス目。全長7cm。
¶**古脊椎**（図11/モ復）

プチキテス
中生代三畳紀の軟体動物頭足類。
¶**産地別**（p79/カ写）〈㊥宮城県宮城郡利府町赤沼 長径4cm〉

プチコドゥス *Ptychodus* cf.*mammillaris*
白亜紀サントニアン期の板鰓類。

¶日白亜（p20〜23/カ写, カ復）〈㊥熊本県上天草市龍ヶ岳町 左右18.4mm 歯〉

プチコフィロセラスの1種 *Ptychophylloceras* sp.
中生代ジュラ紀中期のアンモナイト。フィロセラス科。
¶学古生（図446/モ写）〈㊥福井県大野郡和泉村〉

プチコフィロセラス・プティコイコム *Ptychophylloceras ptychoicum*
ジュラ紀後期チトニアン期の無脊椎動物軟体動物アンモナイト類。
¶アン最（p113/カ写）〈㊥マダガスカル〉
図解化〔Ptychophylloceras ptychoicum〕（図版35-8/カ写）〈㊥パソ・デル・フルロ〉

ブチセラスの一種 *Buchiceras* sp.
チューロニアン期のアンモナイト。
¶アン最（p224/カ写）〈㊥ペルーのカハマルカ〉

ブチハイエナ *Crocuta crocuta*
更新世〜現在の哺乳類食肉類。ハイエナ科。別名クロクタ・クロクタ。
¶化百科〔シマハイエナ, ブチハイエナ〕（p238/カ写）〈㊥イギリスのデボン州 10cm 下あご〉

ブチハイエナ ⇒クロクタを見よ

プチロフィルム・グランディフォリウム *Ptilophyllum grandifolium*
ジュラ紀前期の植物。
¶図解化（p46-中央/カ写）

プチロフィルム・シコクエンセ *Ptilophyllum shikokuense*
中生代白亜紀の裸子植物ベネチテス類。
¶化石フ（p82/カ写）〈㊥高知県南国市 250mm〉

プチロフィルム・ニッポニカム *Ptilophyllum nipponicum*
中生代ジュラ紀の裸子植物ベネチテス類。ベネチテス目。
¶化石フ（p74/カ写）〈㊥富山県下新川郡朝日町 150mm〉

フッチニセラスの1種 *Fuciniceras nakayamense*
中生代・前期ジュラ紀のアンモナイト。ヒルドセラス科。
¶学古生（図400,401,408/モ写）〈㊥山口県豊浦郡菊川町, 豊田町〉

フッチニセラスの1種 *Fuciniceras primordium*
中生代・前期ジュラ紀のアンモナイト。ヒルドセラス科。
¶学古生（図399,403/モ写）〈㊥山口県豊浦郡菊川町, 豊田町〉

フッチニセラスの1種 *Fuciniceras* sp.cf.*F. normanianum*
中生代・前期ジュラ紀のアンモナイト。ヒルドセラス科。
¶学古生（図405/モ写）〈㊥山口県豊浦郡菊川町, 豊田町〉

ブットネリア *Buttneria perfecta*
三畳紀の両生類。両生超綱堅頭綱分椎亜綱分椎目。全長2.4m。㊕北米テキサス州西部, アリゾナ州
¶古脊椎（図66/モ復）

プッピゲルス
古第三紀始新世前期〜始新世中期の脊椎動物カメ類。全長90cm。㊕アメリカ合衆国, イギリス, ベルギー, ウズベキスタン
¶進化大（p377/カ写）〈下側の甲羅, 眼〉

ブッラ *Bulla*
更新世の無脊椎動物貝殻の化石。
¶恐竜世〔ナツメガイのなかま〕（p60/カ写）

プティキテス *Ptychites* sp.
中生代三畳紀中期のアンモナイト。プティキテス科。
¶学古生（図383/モ写）〈㊥宮城県塩釜市浜田 側面部, 腹側部〉

プティコスティルス・フィリッピイの殻 *Ptychostylus philippii*
中生代の腹足類巻き貝。オカミミガイ科。熱河生物群。
¶熱河生（図32/モ写）〈㊥中国の遼寧省北票の四合屯 長さ2.58mm, 幅1.00mm 殻口面, 腹面, 殻口面, 殻頂面〉

フ

プティコダス・ラティシムス *Ptychodus latissimus*
中生代白亜紀の魚類軟骨魚類。ヒボーダス目プティコダス科。
¶学古生（図1930/モ写）〈㊥北海道日高地方〉
化写真〔プティコドゥス〕（p200/カ写）〈㊥イギリス 歯〉
化石フ（p139/カ写）〈㊥北海道夕張市 最大のものが約50mm〉

プティコドゥス ⇒プティコダス・ラティシムスを見よ

プティコパリア ストリアータ *Ptychoparia striata*
カンブリア紀中期の節足動物三葉虫。プティコパリア目。
¶原色化〔プティコパリア・ストリアータ〕（PL.6-1/モ写）〈㊥チェコスロバキアのボヘミアのギネッツ 幅3cm〉
三葉虫（図110/モ写）〈㊥チェコスロバキアのボヘミア 長さ45mm〉

プティコマイア・デンシコスタータ *Ptychomya densicostata*
中生代白亜紀前期の貝類。プティコマイア科。
¶学古生（図690/モ写）〈㊥岩手県大船渡市末崎中着岩 右殻外面〉
日化譜〔Ptychomya densicostata〕（図版85-20/モ写）〈㊥和歌山県湯浅など〉

フデイシ ⇒ディディモグラプトゥスを見よ

筆石 *Monograptus*
シルル紀の筆石類。
¶図解化（p17-2/カ写）〈㊥イギリス〉

フーディセラス
古生代ペルム紀の軟体動物頭足類。オウムガイの一種。
¶産地新（p29/カ写）〈㊥岩手県陸前高田市飯森 径約5.5cm 右端にシュードフィリップシアの尾部〉

フティノスクス *Phthinosuchus*
ペルム紀後期の初めの哺乳類型爬虫類獣弓類。獣弓目。全長1.5m。[分]ソ連
¶**恐絶動**(p187/カ復)

プティヒアグノストゥス *Ptychagnostus praecurrens*
カンブリア紀の三葉虫。節足動物門アラクノモルファ亜門三葉虫綱アグノスティナ亜目。最大8mm。
¶**バ頁岩**(図130/モ写)〈[産]カナダのバージェス頁岩〉

プティロディクティア *Ptilodictya lanceolata*
オルドビス紀〜デボン紀の無脊椎動物コケムシ動物。クリプトストマ目プティロディクティア科。体長23cm。[分]世界中
¶**化写真**(p36/カ写)〈[産]イギリス〉

プティロディクティア *Ptilodyctia*
オルドビス紀〜デボン紀のコケムシ動物狭喉類隠口類プティロディクティア類。
¶**化百科**(p123/カ写)〈[産]イングランド中西部のダッドリー 長さ23cm〉

プティロディクテュア・ランケオラータ
オルドヴィス紀後期〜デヴォン紀前期の無脊椎動物コケムシ類。枝幅2〜15mm。[分]世界各地
¶**進化大**〔プティロディクテュア〕(p102/カ写)

プティロドゥス *Ptilodus*
暁新世前期〜後期の哺乳類多丘歯類。多丘歯目プティロドゥス科。頭胴長15〜20cm程度。[分]ロッキー山脈, 合衆国のニューメキシコ〜カナダのサスカチェワン
¶**恐絶動**(p198/カ復)
絶哺乳(p39,41/カ復, モ図)〈復元骨格〉

プティロフィルム・ペクテン *Ptilophyllum pecten*
白亜紀の裸子植物ソテツ類。ソテツ綱。
¶**学古生**〔クシバコバネソテツ〕(図822/モ写)
学古生〔クシバコバネソテツ〕(図828,829,830/モ写)〈[産]高知市東久万〉
原色化(PL.70-2/モ写)〈[産]和歌山県有田郡居川町和田 母岩の長さ約20cm〉
日化譜〔Ptilophyllum pecten〕(図版72-4,5/モ写)〈[産]山口県など〉

フデガイ
新生代第三紀中新世の軟体動物腹足類。
¶**産地別**(p197/カ写)〈[産]福井県大飯郡高浜町名島 高さ3.5cm〉

プテュコドゥス・ポリュギュルス *Ptychodus polygyrus*
白亜紀の魚類軟骨魚類板鰓類サメ類。サメ亜区ヒボドゥス目。
¶**化百科**〔プテュコドゥス〕(p195/カ写)〈幅6cm 単一の歯〉

プテュコドゥス・マンミッラリス *Ptychodus mammillaris*
白亜紀後期の魚類軟骨魚類板鰓類サメ類。サメ亜区ヒボドゥス目。
¶**化百科**〔プテュコドゥス〕(p195/カ写)〈幅20cm 歯板〉

プテュコマレトエキア・オマリウシ
デヴォン紀後期の無脊椎動物腕足類。最大厚み2.5cm。[分]ヨーロッパ, アジア, 北アメリカ
¶**進化大**〔プテュコマレトエキア〕(p124/カ写)

プテラスピス *Pteraspis*
デボン紀前期の魚類無顎類。異甲目。浅海に生息。全長20cm。[分]英国, ベルギー
¶**恐古生**(p38〜39/カ復)
恐絶動(p23/カ復)

プテラスピス *Pteraspis rostrata*
前期デボン紀の脊椎動物無顎類。異甲目プテラスピス科。体長25cm。[分]ヨーロッパ, アジア, 北アメリカ
¶**化写真**(p194/カ写)〈[産]イギリス〉

プテラスピス *Pteraspis rostrata toombsi*
デボン紀前期の魚類。無顎超綱無顎綱異甲目。全長20cm。[分]ヨーロッパ各地
¶**古脊椎**(図4/モ復)

プテラノドン *Pteranodon*
8800万〜8000万年前(白亜紀)の初期の脊椎動物爬虫類翼竜類。プテロダクティルス亜目プテラノドン科。海洋, 海岸に生息。翼開長7〜9m。[分]北アメリカ
¶**恐イラ**(p180/カ復)
恐古生(p98〜99/カ復)
恐絶動(p103/カ復)
恐竜世(p95/カ復)
恐竜博(p155/カ復)
生ミス6(図4-9/カ復)
生ミス8(図8-30/カ写, カ復)〈ドイツのバイエルン州立古生物学・地質学博物館で所蔵・展示されている全身骨格標本〉

プテラノドン *Pteranodon occidentalis*
白亜紀後期層の恐竜類。竜型超綱翼竜綱翼手竜目。別名ペリカン竜。翼開長6m。[分]北米カンサス州, オレゴン州, ソビエト
¶**古脊椎**(図184/モ復)

プテラノドン
白亜紀後期の脊椎動物翼竜類。体長1.8m。[分]アメリカ合衆国
¶**進化大**(p312/カ写)

プテラノドンの仲間 Pteranodontidae
白亜紀後期サントニアン期の翼竜類。翼竜目オルニトケイルス上科プテラノドン科。おもに魚食と思われる。翼開長3〜4m？[分]北海道三笠市
¶**日恐竜**(p90/カ写, カ復)〈左右6cm 肢骨化石のレプリカ〉

プテラノドン・ロンギケプス *Pteranodon longiceps*
中生代白亜紀の爬虫類翼竜類。翼開長6m。[分]アメリカ
¶**リア中**〔プテラノドン〕(p190/カ復)

プテラノドン・ロンギケプス
約8930万〜約7400万年前の翼竜類。
¶**古代生**〔プテラノドン〕(p175/カ写)〈全身骨格標本〉

プテリア・マサタニイ *Pteria masatanii*
中生代ジュラ紀後期の貝類。ウグイスガイ科。
¶**学古生**(図643/モ写)〈[産]福島県相馬郡鹿島町 左殻〉

プテリクチオデス *Pterichthyodes* sp.
デヴォン紀中期の脊椎動物魚類。板皮綱。
¶**図解化**(p189-左/カ写)〈⊛スコットランド〉

プテリクチス *Pterichthys milleri*
デボン紀中期の魚類。顎口超綱板皮綱胴甲目。全長19cm。㊕スコットランド
¶**古脊椎**(図12/モ復)
世変化〔板皮類〕(図22/カ写)〈⊛英国のスコットランド 幅12cm〉

プテリクティオデス *Pterichthyodes*
デボン紀中期の魚類板皮類胴甲類。原始的な条鰭類硬骨魚。
¶**化百科**(p198/カ写)〈⊛スコットランドのケースネス近郊 長さ8cm〉

プテリクティオデス *Pterichthyodes milleri*
中期デボン紀の脊椎動物板皮類。胴甲目アステロレピス科。体長15cm。㊕イギリス
¶**化写真**(p196/カ写)〈⊛イギリス 胴甲〉

プテリクティオデス
デヴォン紀中期の脊椎動物板皮類。体長20〜30cm。㊕スコットランド
¶**進化大**(p134/カ写)

プテリゴトゥス *Pterygotus*
4億〜3億8000万年前(シルル紀後期〜デボン紀中期)の無脊椎動物鋏角類ウミサソリ。浅海に生息。全長最大2.3m。㊕ヨーロッパ, 北アメリカ
¶**恐古生**(p26〜27/カ復)
恐竜世(p44/カ復)
古代生(p90〜91/カ写, カ復)
生ミス2(図2-1-2/カ写, カ復)〈⊛アメリカのニューヨーク州 2個体〉
生ミス3(図4-6/カ復)

プテリゴトゥス・アングリカス *Pterygotus anglicus*
シルル紀〜デボン紀の節足動物ウミサソリ。
¶**世変化**〔プテリゴトゥス〕(図15/カ写)〈⊛英国のアーブロース 小さい方の個体長さ55cm〉
リア古〔ウミサソリ類〕(p98〜101/カ復)

プテリディニウム *Pteridinium*
エディアカラ紀末期〜カンブリア紀初頭の生物。エディアカラ動物群ナマ生物群。
¶**古代生**(p42/カ写)〈⊛アフリカ南部ナミビア〉

プテリディニウム・シムプレックス *Pteridinium simplex*
先カンブリア時代エディアカラ紀の分類不明生物。エディアカラ生物群ナマ生物群。全長30cm。㊕ナミビア, アメリカ, オーストラリアなど
¶**生ミス1**〔プテリディニウム〕(図2-6/カ写, カ復)〈⊛ナミビア〉

プテリノペクテン(ダンバレラ)・レクティラテラリゥス *Pterinopecten (Dunbarella) rectilaterarius*
石炭紀の軟体動物斧足類。
¶**原色化**(PL.26-7/モ写)〈⊛北アメリカのイリノイ州ブルーミントン 高さ3.1cm〉

プテルダクティルス・エレガンス *Pterodactylus elegans*
ジュラ紀後期の脊椎動物爬虫類翼竜類。
¶**ゾル2**(図274/カ写)〈⊛ドイツのブルーメンベルク 12cm〉

プテロカニウム・プリズマティウム *Pterocanium prismatium*
新生代鮮新世の放散虫。ユウシルティディウム科リクノカニウム亜科。
¶**学古生**(図910/モ写)〈⊛千葉県銚子市三崎町屏風ヶ浦〉

プテロコマ *Pterocoma pennata*
後期ジュラ紀〜後期白亜紀の無脊椎動物ウミユリ類。ウミシダ目プテロコマ科。萼の直径1.5cm。㊕ヨーロッパ, アジア
¶**化写真**(p171/カ写)〈⊛ドイツ〉

プテロコマ属のウミユリ *Pterocoma*
白亜紀後期の無脊椎動物棘皮動物。コマツラ目。
¶**図解化**(p170-下左/カ写)〈⊛レバノン〉

プテロスピリファー・アラータス *Pterospirifer alatus*
二畳紀の腕足動物有関節類。
¶**原色化**(PL.31-3/モ写)〈⊛ドイツのゲラ近郊 幅5.2cm〉

プテロダウストロ *Pterodaustro*
中生代白亜紀の翼竜類翼指竜類。プテロダクティルス亜目プテロダウストロ科。海岸, 湖に生息。体長1.3m。㊕アルゼンチン
¶**恐イラ**(p151/カ復)
恐絶動(p103/カ復)
恐竜博(p155/カ復)

プテロダクチルス *Pterodactylus spectabilis*
ジュラ紀後期の恐竜類。竜型超綱翼竜綱翼手竜目。別名こうもり竜。全長10cm。㊕南ドイツ
¶**古脊椎**(図183/モ復)

プテロダクチルス ⇒プテロダクティルスを見よ

プテロダクチルス ⇒プテロダクティルス・コキを見よ

プテロダクティルス *Pterodactylus*
1億5000万〜1億4400万年前(ジュラ紀)の初期の脊椎動物爬虫類翼竜類。プテロダクティルス亜目プテロダクティルス上科。翼開長約1m。㊕ドイツ, フランス, イギリス, タンザニア
¶**恐イラ**(p129/カ復)
恐絶動(p103/カ復)
恐竜世(p95/カ写, カ復)〈⊛ドイツ〉
恐竜博〔プテロダクチルス〕(p101/カ写, カ復)〈骨格〉
古代生〔プテロダクテュルス〕(p154/カ復)
生ミス6(図7-20/カ写, カ復)〈⊛ドイツのゾルンホーフェン 翼開長35cm ジュラ博物館所蔵・展示〉

プテロダクティルス
ジュラ紀後期の脊椎動物翼竜類。体長1m。㊕ドイツ
¶**進化大**(p258/カ復)

プテロダクティルス・アンティクウス *Pterodactylus antiquus*
ジュラ紀後期の脊椎動物爬虫類翼竜類。

フ

¶ゾル2（図273/カ写）〈(産)ドイツのアイヒシュテット 13cm〉
ゾル2（図281/カ写）〈(産)ドイツのアイヒシュテット 8.5cm 幼体〉

プテロダクティルス・コキ *Pterodactylus kochi*
ジュラ紀後期の脊椎動物爬虫類翼竜類。
¶化写真〔プテロダクチルス〕（p244/カ写）〈(産)ドイツ 石灰岩中の完全な骨格〉
ゾル2（図275/カ写）〈(産)ドイツのアイヒシュテット 20cm〉
ゾル2（図276/カ写）〈(産)ドイツのアイヒシュテット 11cm 幼体〉
ゾル2（図282/カ写）〈(産)ドイツのアイヒシュテット 20.5cm 治癒した大腿骨骨折部〉
ゾル2（図283/カ写）〈(産)ドイツのアイヒシュテット 骨折部の細部〉

プテロダクティルス属の種 *Pterodactylus* sp.
ジュラ紀後期の脊椎動物爬虫類翼竜類。
¶ゾル2（図279,280/カ写）〈(産)ドイツのケルハイム 11cm 体内の「卵状」構造物, その細部〉
ゾル2（図284/カ写）〈(産)ドイツのアイヒシュテット 47cm〉

プテロダクティルス・ミクロニクス
Pterodactylus micronyx
ジュラ紀後期の脊椎動物爬虫類翼竜類。
¶ゾル2（図278/カ写）〈(産)ドイツのアイヒシュテット 11cm〉

プテロダクティルス・ロンギコルム
Pterodactylus longicollum
ジュラ紀後期の脊椎動物爬虫類翼竜類。
¶ゾル2（図277/カ写）〈(産)ドイツのアイヒシュテット 45cm〉

プテロダクティルス・ロンギロストリス
Pterodactylus longirostris
ジュラ紀の脊椎動物爬虫類。
¶原色化（PL.55-2/モ写）〈(産)ドイツのバイエルンのアイヒシュタット 頭骨の長さ4.7cm 石膏模型〉

プテロダクテュルス ⇒プテロダクティルスを見よ

プテロトリゴニア
中生代白亜紀の軟体動物斧足類。別名三角貝。
¶産地別（p187/カ写）〈(産)和歌山県有田郡湯浅町栖原 長さ3.5cm〉
産地本（p36/カ写）〈(産)北海道三笠市幾春別川 個体の長さ7cm〉
産地本（p68/カ写）〈(産)岩手県下閉伊郡田野畑村明戸 長さ6cm〉
産地本（p79/カ写）〈(産)千葉県銚子市長崎鼻海岸 長さ約3cm〉

プテロトリゴニア属の未定種 *Pterotrigonia* sp.
中生代白亜紀の軟体動物斧足類三角貝。
¶化石フ（p17/カ写）〈(産)岩手県下閉伊郡田野畑村 石の大きさ180mm〉
原色化〔プテロトリゴニア〕（PL.62-4/モ写）〈(産)メキシコのランチョ・デ・オピナーハ 長さ8.2cm〉

プテロトリゴニア・ダテマサムネイ
Pterotrigonia datemasamunei
中生代白亜紀の軟体動物斧足類三角貝類。
¶化石フ（p99/カ写）〈(産)岩手県下閉伊郡田野畑村 50mm〉

プテロトリゴニア・ホッカイドアーナ
Pterotrigonia hokkaidoana
白亜紀の軟体動物斧足類。
¶原色化（PL.60-3/カ写）〈(産)岩手県宮古市 高さ6cm〉
日化譜〔Pterotrigonia hokkaidoana〕（図版43-7/モ写）〈(産)北海道幾春別, 岩手県宮古〉

プテロトリゴニア・ホッカイドアーナ
Pterotrigonia（*Pterotrigonia*）*hokkaidoana*
中生代白亜紀前期の貝類。サンカクガイ科。
¶学古生（図678/モ写）〈(産)岩手県下閉伊郡田野畑村平井賀 左殻外面〉

プテロプゾシア・カワシタイ *Pteropuzosia kawashitai*
チューロニアン期の軟体動物頭足類アンモナイト。アンモナイト亜目デスモセラス科。
¶アン学（図版16-2〜4/カ写）〈(産)小平地域, 夕張地域 完模式標本, 副模式標本〉

プテロペルナ・コスタテュラ *Pteroperna costatula*
ジュラ紀の軟体動物斧足類。
¶原色化（PL.43-4/モ写）〈(産)イギリスのグロスター州 長さ9.5cm〉

プテロペルナ・パウシラディアータ *Pteroperna pauciradiata*
中生代ジュラ紀後期の貝類。ウグイスガイ科。
¶学古生（図649/モ写）〈(産)福島県相馬郡鹿島町 左殻〉

プテロリトセラス・マダガスカリエンス
Pterolytoceras madagascariense
チトニアン期のアンモナイト。
¶アン最（p112/カ写）〈(産)マダガスカル〉

プテロレピス *Pterolepis nitidus*
シルル紀後期の魚類。無顎超綱無顎綱欠甲目。全長10.5cm。(分)ノールウェー
¶古脊椎（図9/モ復）

ブドウガイ *Haloa japonica*
更新世後期〜現世の軟体動物腹足類。
¶日化譜（図版34-42/モ写）〈(産)千葉県印旛郡酒々井〉

ブドウ属の1種 *Vitis* sp.
新生代第四紀更新世の陸上植物。ブドウ科。
¶学古生（図2578/モ図）〈(産)滋賀県大津市堅田 種子〉

フトザオウニ亜種 *Stereocidaris grandis fusana*
新生代中新世の棘皮動物。ウニ綱フトザオウニ科。
¶学古生（図1898/モ写）〈(産)栃木県那須郡馬頭町〉
日化譜〔Stereocidaris grandis fusana〕（図版61-18/モ写）〈(産)千葉県銚子犬若 棘〉

フトトクサコケムシ *Microporina articulata*
新生代中新世のコケムシ類。唇口目無嚢亜目フトトクサコケムシ科。
¶学古生（図1084/モ写）〈(産)石川県七尾市岩屋〉

フトヌマミズキ *Nyssa pachycarpa*
新生代鮮新世の陸上植物。ヌマミズキ科。
¶**学古生**(図2503/モ図)〈[産]愛知県瀬戸市一里塚 核果〉

プトマカントゥス *Ptomacanthus*
古生代デボン紀の棘魚類。全長40cm。[分]イギリス
¶**生ミス3**(図3-26/カ写, カ復)〈[産]イギリスのイングランド 頭蓋骨〉

ブナ *Fagus,Berryophyllum*
始新世～現在の被子植物双子葉植物。ブナ科。
¶**化百科**(p101/カ写)〈[産]アメリカ合衆国のテネシー州 葉長9cm〉

ブナ *Fagus crenata*
第四紀更新世の陸上植物。ブナ科。塩原植物群。
¶**学古生**(図2556,2557/モ写, モ図)〈[産]長崎県南松浦郡福江島柿ノ木場, 東京都中野区江古田 殻斗果, 葉〉
化石図(p170/カ写)〈葉の長さ約7cm〉

ブナ
新生代第四紀更新世の被子植物双子葉類。ブナ科。
¶**産地新**(p240/カ写)〈[産]大分県玖珠郡九重町奥双石 長さ4.5cm〉

ブナ ⇒ファグス・グッソニイを見よ

ブナ ⇒ユリノキ・ブナ・コナラの仲間を見よ

フナガタガイ
新生代第三紀中新世の軟体動物斧足類。別名トラペジウム。
¶**産地新**(p164/カ写)〈[産]滋賀県甲賀郡土山町大沢 長さ4.3cm〉
産地本(p203/カ写)〈[産]滋賀県甲賀郡土山町鮎河 長さ(左右)4.6cm〉

フナガタソデガイ *Portlandia*(*Portlandella*) *ovata*
中新世期前期の軟体動物斧足類。
¶**日化譜**(図版35-30/モ写)〈[産]北海道釧路国白糠町, 北海道勇払郡厚真〉

フナクイムシ
新生代第三紀中新世の軟体動物斧足類。
¶**産地別**(p198/カ写)〈[産]福井県大飯郡高浜町名島 長さ12cm〉
産地本〔テレド〕(p141/カ写)〈[産]石川県鳳至郡門前町皆月 巣穴の径3mm〉

フナクイムシ
中生代白亜紀の軟体動物斧足類。別名テレディナ。
¶**産地新**(p7/カ写)〈[産]北海道中川郡中川町安川ペンケシップ沢 高さ1cm〉
産地新(p11/カ写)〈[産]北海道苫前郡苫前町古丹別川 長さ1.2cm 巣穴の部分〉
産地新(p11/カ写)〈[産]北海道苫前郡苫前町古丹別川 長さ1.2cm 本体化石〉

フナクイムシ
新生代第三紀漸新世の軟体動物斧足類。別名テレド。
¶**産地新**(p230/カ写)〈[産]長崎県西彼杵郡伊王島町沖之島 母岩の左右10cm〉

フナクイムシ
新生代第三紀の軟体動物斧足類。別名テレド。
¶**産地本**(p46/カ写)〈[産]北海道苫前郡羽幌町曙 長さ17cm, 径8cm 住処, 横断面〉

フナクイムシ ⇒テレドを見よ

フナの咽頭歯
新生代第三紀鮮新世の脊椎動物硬骨魚類。
¶**産地本**(p214/カ写)〈[産]三重県阿山郡大山田村服部川 高さ2mm〉

フネガイ科の一種
新生代第三紀鮮新世の軟体動物斧足類。フネガイ科。小型。
¶**産地新**(p203/カ写)〈[産]高知県安芸郡安田町唐浜 長さ2.1cm〉

フネソデガイ *Portlandia*(*Megayoldia*) *thraciaeformis*
新生代第三紀鮮新世～更新世の貝類。ロウバイガイ科。
¶**学古生**(図1471,1472/モ写)〈[産]富山県小矢部市田川〉

ブノステゴス・アコカネンシス *Bunostegos akokanensis*
古生代ペルム紀の爬虫類。
¶**生ミス4**(図2-2-13/カ写, カ復)〈[産]ニジェール 28cm 頭骨〉

プピゲルス *Puppigerus camperi*
始新世の脊椎動物無弓類。カメ目ウミガメ科。体長90cm。[分]ヨーロッパ
¶**化写真**(p229/カ写)〈[産]イギリス 腹甲〉

プピゲルス *Puppigerus crassicostata*
始新世の脊椎動物無弓類。カメ目ウミガメ科。体長90cm。[分]ヨーロッパ
¶**化写真**(p229/カ写)〈[産]イギリス 頭骨〉
地球博〔ウミガメの頭蓋骨〕(p83/カ写)

ブプレスティデス・スプラジュレンシス *Buprestides suprajurensis*
ジュラ紀後期の無脊椎動物昆虫類甲虫類。たぶんタマムシ類の一種。
¶**ゾル1**(図452/カ写)〈[産]ドイツのヴィンタースホーフ 3.5cm〉

フペルジア
白亜紀～現代のヒカゲノカズラ植物。別名ホソバトウゲシバ。最長60cmまで成長。[分]乾燥地域を除く世界各地
¶**進化大**(p420)

ブマスタス *Bumastus* sp.
古生代シルル紀の三葉虫。三葉虫綱コリネクソス目スティギナ科。体長5cm前後。
¶**日絶古**(p122～123/カ写, カ復)〈[産]高知県横倉山 直径2cm〉

ブマスタス・アスペラ *Bumastus aspera*
古生代シルル紀の節足動物三葉虫類。
¶**化石フ**(p59/カ写)〈[産]高知県高岡郡越知町 15mm, 60mm〉

ブマスタス(ブマステラ)・アスペラ *Bumastus* (*Bumastella*) *aspera*
古生代中期の三葉虫類。ブマスタス科。
¶**学古生**(図44/モ写)〈[産]高知県高岡郡越知町横倉山 尾

フ

部〉

ブマスタス(ブマステラ)・バイプンクタータス *Bumastus (Bumastella) bipunctatus*
古生代中期シルル紀ルドロウ世前期の三葉虫類。ブマスタス科。
¶**学古生**(図43/モ写)〈[産]高知県高岡郡越知町横倉山 頭鞍部〉

フミガイ *Megacardita ferruginosa*
新生代第三紀鮮新世〜初期更新世の貝類。トマヤガイ科。
¶**学古生**(図1519/モ写)〈[産]富山県氷見市堀田〉

フミガイ *Venericardia (Megacardia) ferruginosa*
新生代第四紀更新世の貝類。マルフミガイ科。
¶**学古生**(図1662/モ写)〈[産]千葉県市原市瀬又〉

フミガイ
新生代第四紀更新世の軟体動物斧足類。
¶**産地別**(p86/カ写)〈[産]秋田県男鹿市琴川安田海岸 長さ2cm〉
産地別(p164/カ写)〈[産]富山県小矢部市田川 長さ2.9cm〉

フミガイ
新生代第三紀漸新世の軟体動物斧足類。別名シクロカルディア。
¶**産地本**(p76/カ写)〈[産]福島県いわき市白岩 長さ(左右)3.7cm〉

フミガイの一種
新生代第三紀鮮新世の軟体動物斧足類。トマヤガイ科。
¶**産地新**(p54/カ写)〈[産]福島県双葉郡富岡町小良ヶ浜 長さ2.4cm〉

フミガイの一種
新生代第三紀漸新世の軟体動物斧足類。
¶**産地新**(p229/カ写)〈[産]長崎県西彼杵郡伊王島町沖之島 長さ3.6cm〉

プミリオルニス・テッセラトゥス *Pumiliornis tessellatus*
新生代古第三紀の鳥類。
¶**生ミス9**〔プミリオルニス〕(図1-4-9/カ写)〈[産]ドイツのグルーベ・メッセル 8cm 体内に多量の花粉の粒子が残る〉

不明の食い歩き跡
新生代鮮新世の生痕化石。
¶**学古生**(図2604/モ写)〈[産]福井県勝山市牛ヶ谷〉

フユーラーオトメ *Uromitra fulleri*
鮮新世後期の軟体動物腹足類。
¶**日化譜**(図版33-10/モ写)〈[産]沖縄本島〉

ブラ *Bulla ampulla*
後期ジュラ紀〜現世の無脊椎動物腹足類。ケファラスピア目ブラ科。体長2cm。[分]世界中
¶**化写真**(p132/カ写)〈[産]紅海〉

プラヴィトケラス ⇒プラビトセラス・シグモイダーレを見よ

ブラウンイシカゲガイ *Clinocardium (Fuscocardium) braunsi*
新生代第四紀更新世の貝類。ザルガイ科。
¶**学古生**(図1666/モ写)〈[産]千葉県木更津市畑沢川川口〉
学古生〔ブラウンイシカゲガイ(幼貝)〕(図1667/モ写)〈[産]千葉県印旛郡印西町木下〉

ブラウンイシカゲガイ *Dinocardium braunsi*
更新世後期の軟体動物斧足類。
¶**日化譜**(図版46-8/モ写)〈[産]千葉県成田市大竹など〉

ブラウンイシカゲガイ *Fuscocardium braunsi*
第四紀更新世の二枚貝類。マルスダレガイ目ザルガイ科。
¶**化石図**(p167/カ写)〈[産]茨城県 横幅約7cm〉
生ミス10〔ブラウンスイシカゲガイ〕(図3-1-7/カ写)〈[産]茨城県つくば市〉

ブラウンイシカゲガイ
新生代第四紀更新世の軟体動物斧足類。
¶**産地別**〔ブラウン・イシカゲガイ〕(p95/カ写)〈[産]千葉県印西市萩原 長さ7.9cm〉
産地本(p99/カ写)〈[産]千葉県印旛郡印旛村吉高 高さ8cm〉

ブラウンカエデ *Acer trilobatum*
新生代第三紀中新世の被子植物双子葉類。カエデ科。
¶**学古生**(図2444/モ写)〈[産]鳥取県八頭郡佐治村辰巳峠〉
化石フ(p154/カ写)〈[産]長野県長野市篠ノ井 80mm〉
化石フ〔ブラウンカエデの翼果〕(p154/カ写)〈[産]長崎県壱岐郡芦辺町 40mm〉

ブラウンスイシカゲガイ ⇒ブラウンイシカゲガイを見よ

ブラウンスクチバシチョウチンガイ *Hemithysis braunsi*
新生代鮮新世の腕足類。ヘミティリス科。
¶**学古生**(図1053/モ写)〈[産]茨城県日立市大雄院〉

プラエヌクラ
オルドヴィス紀中期〜後期の無脊椎動物二枚貝類。長さほぼ2.5cm。[分]北アメリカ, ヨーロッパ
¶**進化大**(p87/カ写)

フラエンケラスピス *Fraenkelaspis heintzi*
魚類。無顎超綱無顎綱異甲目。全長約9cm。
¶**古脊椎**(図6/モ復)

フラオキオン *Phlaocyon*
中新世前期の哺乳類イヌ類。食肉目イヌ科。全長80cm。[分]合衆国のネブラスカ
¶**恐絶動**(p218/カ復)

ブラキアスピディオン・ミクロプス *Brachyaspidion microps*
カンブリア紀中期の無脊椎動物節足動物。
¶**図解化**(p100-5/カ写)〈[産]ユタ州〉

プラギオグリプタ属の未定種 *Plagioglypta* sp.
古生代ペルム紀の軟体動物掘足類。
¶**化石フ**(p36/カ写)〈[産]岐阜県本巣郡根尾村 100mm〉

ブラキオサウルス *Brachiosaurus*
1億5000万〜1億4500万年前(ジュラ紀後期)の恐竜

類竜脚類ブラキオサウルス類。竜盤目竜脚形亜目ブラキオサウルス科。平原に生息。全長23m。㊕アメリカ合衆国
¶恐イラ (p137/カ復)
恐古生 (p158〜159,162〜163/カ写, カ復)〈大腿骨, 頭蓋〉
恐絶動 (p127/カ復)
恐太古 (p120〜121/カ写)〈頭骨, 骨格標本, 前肢骨〉
恐竜世 (p150/カ復)
恐竜博 (p78〜79/カ写, カ復)〈大腿骨〉
古代生 (p154〜155/カ復)
地球博〔ブラキオサウルスの大腿骨〕(p84/カ写)
よみ恐 (p98〜99/カ復)

ブラキオサウルス *Brachiosaurus brancei*
白亜紀初期の恐竜類。竜型超綱竜盤綱竜脚目。全長18m。㊕東アフリカのタンガニカ
¶古脊椎 (図147/モ復)

ブラキオサウルス
ジュラ紀後期の脊椎動物竜脚形類。全長23m。㊕アメリカ合衆国, タンザニア
¶進化大 (p267/カ写, カ復)〈腿の骨〉

ブラキオサウルス・ブランカイ ⇒ギラッファティタンを見よ

プラギオザミテス・オブロンギフォリウス
石炭紀後期〜ペルム紀の植物ノエゲラティア類。高さ1m。㊕世界各地
¶進化大〔プラギオザミテス〕(p152〜153/カ写)

プラギオストマ・ギガンテウム *Plagiostoma giganteum*
三畳紀〜白亜紀の軟体動物二枚貝類。
¶化百科〔プラギオストマ〕(p155/カ写)〈10cm〉

プラギオロフス・アネクテンス *Plagiolophus annectens*
始新世の脊椎動物哺乳類奇蹄類。パレオテリウム科。
¶図解化 (p221-右/カ写)〈㊎フランス〉

ブラキクルス *Brachycrus*
中新世前期〜中期の哺乳類広義の反芻類。鯨偶蹄目ラクダ亜目オレオドン科。全長1m。㊕北アメリカのグレート・プレインズ
¶恐絶動 (p271/カ復)
絶哺乳 (p196/カ復)

ブラキケラトプス *Brachyceratops*
白亜紀カンパニアン〜マーストリヒシアンの恐竜類セントロサウルス類。ケラトプス科セントロサウルス亜科。体長1.8m。㊕アメリカ合衆国のモンタナ州
¶恐イラ (p237/カ復)

フラギスキュタム グレバリス *Fragiscutum glebalis*
シルル紀の三葉虫。オドントプルーラ目。
¶三葉虫 (図103/モ写)〈㊎アメリカのオクラホマ州 直径8mm〉

ブラキティリス・アキヨシエンシス *Brachythyris akiyoshiensis*
古生代後期の腕足類。スピリファー目スピリファー亜目ブラキティリス科。
¶学古生 (図136/モ写)〈㊎山口県美祢郡秋芳町江原 側面, 腕殻〉

ブラキトラケロパン *Brachytrachelopan*
ジュラ紀ティトニアンの恐竜類ディプロドクス類。ディクラエオサウルス科。体長10m。㊕アルゼンチン
¶恐イラ (p140/カ復)

ブラキフィルム
ジュラ紀〜白亜紀の植物針葉樹。幅約8mm。㊕北半球
¶進化大 (p292)

ブラキフィルム・グラキレ *Brachyphyllum gracile*
ジュラ紀後期の植物針葉樹(球果)類。ナンヨウスギ類に近縁。
¶ゾル1 (図33/カ写)〈㊎ドイツのゾルンホーフェン 20cm〉

ブラキフィルム属の種 *Brachyphyllum* sp.
ジュラ紀後期〜白亜紀前期の植物針葉樹(球果)類。ナンヨウスギ類に近縁。
¶学古生〔ヒノキ科的葉体の1種〕(図844/モ写)〈㊎高知県南国市下八京東郷谷〉
ゾル1 (図38/カ写)〈㊎ドイツのダイティング 4.5cm 球果〉

ブラキフィルム・ネポス *Brachyphyllum nepos*
ジュラ紀後期の植物針葉樹(球果)類。ナンヨウスギ類に近縁。
¶ゾル1 (図34/カ写)〈㊎ドイツのダイティング 130cm 小枝をもつ枝〉
ゾル1 (図35/カ写)〈㊎ドイツのゾルンホーフェン 46cm 小枝〉
ゾル1 (図36/カ写)〈㊎ドイツのアイヒシュテット 8cm 小枝の先端〉
ゾル1 (図37/カ写)〈㊎ドイツのダイティング 19cm 虫こぶのある枝?〉
ゾル1 (図39/カ写)〈㊎ドイツのダイティング 9cm 芽のついた小枝〉
ゾル1 (図40/カ写)〈㊎ドイツのダイティング 12cm 小枝〉

ブラキメトプス
古生代石炭紀の節足動物三葉虫類。
¶産地本 (p110/カ写)〈㊎新潟県西頸城郡青海町電化工業 左右4mm 頭部〉
産地本 (p228/カ写)〈㊎山口県美祢市伊佐町南台 幅1.1cm 頭部〉

ブラキメトプス・オーミエンシス *Brachymetopus omiensis*
古生代後期石炭紀中期, 石炭紀中期の三葉虫類。ブラキメトプス科。
¶学古生 (図237,238/モ写)〈㊎新潟県西頸城郡青海町, 山口県美祢郡秋吉地方 頭部, 尾部〉

ブラキメトプスの頭部
古生代石炭紀の節足動物三葉虫類。
¶産地別 (p119/カ写)〈㊎新潟県糸魚川市青海町 長さ1.1cm, 幅1.5cm〉
産地別 (p119/カ写)〈㊎新潟県糸魚川市青海町 長さ0.8cm, 幅1.2cm〉

ブラキメトプスの尾部
古生代石炭紀の節足動物三葉虫類。
¶**産地別**（p119/カ写）〈(産)新潟県糸魚川市青海町 長さ1.2cm, 幅1.3cm〉

ブラキロフォサウルス *Brachylophosaurus*
7500万～6500万年前（白亜紀後期）の恐竜類ハドゥロサウルス類。ハドロサウルス科ハドロサウルス亜科。全長9m。(分)北アメリカ
¶**恐イラ**（p222/カ復）
恐竜世（p131/カ写）

ブラキロフォサウルス
白亜紀後期の脊椎動物鳥盤類。体長9m。(分)北アメリカ
¶**進化大**（p342/カ写）〈頭骨〉

フラグミテス・アラスカナ
古第三紀～現代の被子植物。別名ヨシ。開花期の高さ最大3m。(分)世界各地
¶**進化大**〔フラグミテス〕（p395/カ写）

フ

ブラクラ・ジーボルティ *Blaculla nikoides*
ジュラ紀後期の無脊椎動物甲殻類小型エビ類。
¶**ゾル1**（図256/カ写）〈(産)ドイツのシェルンフェルト 1.5cm 保存状態のよい背甲を伴う〉

ブラクラ・ジーボルティ *Blaculla sieboldi*
ジュラ紀後期の無脊椎動物甲殻類小型エビ類。
¶**ゾル1**（図255/カ写）〈(産)ドイツのアイヒシュテット 4cm 保存状態のよい歩脚を伴う〉

プラケリアス *Placerias*
2億2000万～2億1500万年前（三畳紀後期）の哺乳類獣弓類。カンネメイエリア科。氾濫原に生息。全長2～3m。(分)アメリカ合衆国
¶**恐竜世**（p221/カ復）
恐竜博（p49/カ復）

プラケリアス
三畳紀後期の脊椎動物単弓類。全長2～3.5m。(分)アメリカ合衆国
¶**進化大**（p220～221/カ復）

プラケンチケラス ⇒プラセンティセラス・ミーキィを見よ

プラコキスチテス *Placocystites forbesianus*
後期シルル紀の無脊椎動物海果類。ミトラテス目アノマロキスチテス科。萼の直径2cm。(分)スウェーデン, イギリス
¶**化写真**（p193/カ写）〈(産)イギリス〉

プラコケリス *Placochelys*
三畳紀中期～後期の爬虫類板歯類。板歯目キアモドン科。全長90cm。(分)ドイツ
¶**恐絶動**（p70/カ復）

プラコケリス *Placochelys placodonta*
三畳紀後期の爬虫類。爬型超綱鰭竜綱板歯目。全長75cm。(分)ハンガリー
¶**古脊椎**（図111/モ復）

プラコダス ⇒プラコドゥスを見よ

プラコダス・ギガス *Placodus gigas*
三畳紀中期の爬虫類板歯類。爬型超綱鰭竜綱板歯目。全長1.5m。(分)ドイツ, ポーランド, イタリア
¶**古脊椎**〔プラコダス〕（図110/モ復）
リア中〔プラコダス〕（p16/カ復）

プラコドゥス *Placodus*
中生代三畳紀の爬虫類双弓類鰭竜類板歯類。板歯目プラコドゥス科。海岸に生息。体長2m。(分)ドイツ, イスラエル, イタリアほか
¶**恐イラ**（p70/カ復）
恐絶動（p71/カ復）
恐竜博（p53/カ写, カ復）〈下顎, 上顎〉
生ミス5〔プラコダス〕（図2-9/カ写, カ復）〈復元骨格〉

プラコドゥス
三畳紀中期の脊椎動物鰭竜類。全長2～3m。(分)ドイツ
¶**進化大**（p209/カ復）

プラコフィラ *Placophylla* sp.
漸新世の無脊椎動物腔腸動物花虫類。
¶**図解化**（p65-5/カ写）〈(産)イタリアのヴィチェンツァ付近〉

プラジオストマ属の未定種 *Plagiostoma* sp.
中生代ジュラ紀の軟体動物斧足類。ミノガイ科。
¶**化石フ**（p91/カ写）〈(産)富山県下新川郡朝日町 60mm〉

プラジオメネ *Plagiomene* sp.
暁新世後期～始新世前期の哺乳類。皮翼目プラジオメネ科。頭胴長25cm程度, 下顎歯列全長約3cm。(分)北アメリカ
¶**絶哺乳**（p157,158/カ復, モ図）〈下顎と歯列〉

ブラジロサウルス *Brasilosaurus sanpauloensis*
二畳紀初期の爬虫類。爬型超綱魚竜綱中竜目。(分)ブラジルのサンパウロ市付近
¶**古脊椎**（図90/モ復）

ブラストメリクス *Blastomeryx*
中新世前期～鮮新世後期の哺乳類反芻類。鯨偶蹄目ラクダ亜目ジャコウジカ科。全長75cm。(分)合衆国のネブラスカ
¶**恐絶動**（p270/カ復）
絶哺乳〔ブラストメリックス〕（p208/カ復）

ブラストメリックス ⇒ブラストメリクスを見よ

プラズモポレラ・ミヌティシマ *Prasmoporella minutissima*
古生代中期シルル紀ラドロウ世前期の床板サンゴ類。日石サンゴ科。
¶**学古生**（図25/モ写）〈(産)岩手県大船渡市クサヤミ沢 斜断面〉

プラセンチセラス *Placenticeras*
中生代白亜紀の軟体動物頭足類アンモナイト類。
¶**アン最**〔プラセンティセラス〕（p22/カ復）
生ミス8（図8-2/カ写）〈(産)カナダのアルバータ州 長径60cmほど アンモライト〉
生ミス8〔円形の孔が並ぶプラセンチセラス標本〕（図8-25/モ写）

プラセンチセラスの一種 *Placenticeras* sp.
セノマニアン前期の軟体動物頭足類アンモナイト。アンモナイト亜目プラセンチセラス科。
¶**アン学**（図版14-4/カ写）〈(産)穂別地域〉

アン最〔プラセンティセラスの一種〕(p215/カ写)〈㊥メキシコのチワワのサン・マデロス〉

プラセンティセラス ⇒プラセンチセラスを見よ

プラセンティセラス・インターカラレ
Placenticeras intercalare
カンパニアン期のアンモナイト。
¶アン最(p190/カ写)〈㊥カナダのアルバータ州〉
アン最(p191/カ写)〈㊥カナダのアルバータ州〉

プラセンティセラス・コスタータム *Placenticeras costatum*
カンパニアン期のアンモナイト。
¶アン最(p13/カ写)〈㊥モンタナ州 複雑に入り組んだ縫合線模様〉
アン最(p49/カ写)〈㊥アルバータ州〉
アン最(p188/カ写)〈㊥カナダのアルバータ州〉
アン最(p189/カ写)〈㊥カナダのアルバータ州〉
アン最(p203/カ写)〈㊥サウスダコタ州メーダ郡〉

プラセンティセラスの表面に付着したカサガイの一種 Limpets on the surface of a Placenticeras
アンモナイトと表在性物。
¶アン最(p89/カ写)

プラセンティセラス・プラセンタ *Placenticeras placenta*
カンパニアン期のアンモナイト。
¶アン最(p213/カ写)〈㊥テキサス州〉

プラセンティセラス・ミーキイ *Placenticeras meeki*
後期白亜紀の無脊椎動物アンモナイト類。アンモナイト目プラケンチケラス科。直径20cm。㊀世界中
¶アン最(p99/カ写)
アン最(p189/カ写)〈㊥カナダのアルバータ州〉
アン最(p190/カ写)〈㊥カナダのアルバータ州〉
アン最(p207/カ写)〈㊥サウスダコタ州メーダ郡〉
化写真〔プラケンチケラス〕(p153/カ写)〈㊥アメリカ 螺環の輪郭, 側面〉

プラタクス *Platax altissimus*
第三紀始新世の魚類。顎口超綱硬骨魚綱条鰭亜綱真骨上目スズキ目。全長42cm。㊀北イタリア
¶古脊椎(図47/モ復)

プラタナス *Platanus*
白亜紀前期〜"中期"〜現在の被子植物双子葉植物。スズカケノキ科。別名スズカケノキ, シカモアの木。
¶化百科(p104/カ写)〈㊥アメリカ合衆国のユタ州 葉の幅19cm〉

プラタナス
白亜紀〜現代の被子植物。別名スズカケノキ。木の最大高さ42m。㊀ヨーロッパ, アジア, 北アメリカ
¶進化大(p365/カ写)

プラタレオリンクス *Plataleorhynchus*
白亜紀ティトニアン〜ベリアシアンの翼竜類プテロダクティルス類。体長2.5m。㊀イギリス南部
¶恐イラ(p150/カ復)

プラチシアツスの1種 *Platycyathus* sp.
新生代漸新世の六放サンゴ類。チョウジガイ科。
¶学古生(図1014/モ写)〈㊥北海道夕張市錦沢 横断面〉
学古生(図1015/モ写)〈㊥熊本県牛深市辰ケ越〉

プラチスキスマ・ロツンダ *Platyschisma rotunda*
ペルム紀の無脊椎動物軟体動物。
¶図解化(p130〜131-4/カ写)〈㊥オーストラリア〉

プラチセラス
古生代石炭紀の軟体動物腹足類。
¶産地新(p95/カ写)〈㊥新潟県西頸城郡青海町 高さ2.5cm〉

プラチセラス属の未定種 *Platyceras* sp.
古生代石炭紀の軟体動物腹足類。
¶化石フ(p44/カ写)〈㊥新潟県西頸城郡青海町 30mm〉

プラチセラスの1種 *Platyceras* (*Orthonychia*) sp.
古生代後期石炭紀後期の軟体動物腹足類。ニシキウズ亜目プラチセラス科。
¶学古生(図195/モ写)〈㊥岡山県後月郡芳井町日南〉
化石フ〔プラチセラス属の未定種〕(p44/カ写)〈㊥新潟県西頸城郡青海町 20mm〉

プラチベロドン *Platybelodon grangeri*
中新世, 鮮新世の哺乳類。哺乳綱獣亜綱正獣上目長鼻目。別名へら象。体長2.6m内外。㊀中央アジア
¶古脊椎(図280/モ復)

プラチベロドン ⇒プラティベロドンを見よ

プラチモルフィテス
中生代ジュラ紀の軟体動物頭足類。
¶産地新(p106/カ写)〈㊥福井県大野郡和泉村貝皿 径2.5cm〉

ブラチモルフィテス・ミクロストーマ
Bullatimorphites cf.*microstoma*
中生代ジュラ紀の軟体動物頭足類。
¶化石フ(p114/カ写)〈㊥福井県大野郡和泉村 50mm〉

プラチリナ・ボルケンシス *Platyrhina bolcensis*
始新世の脊索動物エイ類。軟骨魚綱。
¶図解化(p192-右/カ写)〈㊥イタリアのモンテボルカ〉

ブラックウェルデリア・シネンシス
Blackwelderia sinensis
カンブリア紀の節足動物三葉虫類。
¶原色化〔ドレパヌラ・プレムスニリイおよびブラックウェルデリア・シネンシス〕(PL.5-4/カ写)〈㊥中国東北部(南満州)長興島 母岩の長辺21.5cm〉

ブラッドガティア *Bradgatia*
先カンブリア時代エディアカラ紀のランゲオモルフ。エディアカラ生物群。数十cm。㊀カナダ
¶生ミス1(図2-5/カ復)

ブラッドレイア・アルバトロシア *Bradleya albatrossia*
新生代更新世の甲殻類(貝形類)。ヘミシセレ科ブラッドレイア亜科。
¶学古生(図1870/モ写)〈㊥神奈川県二宮層 右殻〉

ブラッドレイア・ヌーダ *Bradleya nuda*
新生代更新世の甲殻類(貝形類)。ヘミシセレ科ブラッドレイア亜科。
¶学古生(図1871/モ写)〈㊥神奈川県二宮層 右殻〉

プラティクリヌスの1種 *Platycrinus asiatica*
古生代後期石炭紀前期の棘皮動物ウミユリ。ウミユリ綱円頂目プラティクリヌス科。
¶**学古生**(図251/モ写)〈[産]岩手県気仙郡住田町下有住〉

プラティクリヌス・ブレビノダス *Platycrinus brevinodus*
古生代石炭紀の棘皮動物ウミユリ類。
¶**化石図**(p72/カ写)〈[産]アメリカ合衆国 化石の長さ約5cm 冠部〉

プラティケラス *Platyceras haliotis*
シルル紀～前期石炭紀の無脊椎動物腹足類。古腹足目プラティケラス科。体長2cm。[分]世界中
¶**化写真**(p117/カ写)〈[産]イギリス〉

プラティケリス・オベルンドルフェリ *Platychelys oberndorferi*
ジュラ紀後期の脊椎動物爬虫類カメ類。
¶**ゾル2**(図218/カ写)〈[産]ドイツのケルハイム 24cm〉

プラティゴヌス *Platygonus*
中新世後期～更新世後期の哺乳類猪豚類。鯨偶蹄目ペッカリー科。全長1m。[分]北アメリカ, 南アメリカ
¶**恐絶動**(p267/カ復)
絶哺乳(p192/カ復)

プラティシスマ・オキュルム *Platyschisma oculum*
二畳紀の軟体動物腹足類。
¶**原色化**(PL.31-2/モ写)〈[産]オーストラリアのニュー・サウス・ウェイルズ 長径7.8cm〉

プラティスキュテラム タフィラルテンセ *Platyscutellum tafilaltense*
デボン紀中期の三葉虫。イレヌス目。
¶**三葉虫**(図41/モ写)〈[産]モロッコのアルニフ 長さ38mm〉

プラティスクス *Platysuchus*
中生代ジュラ紀のワニ類。
¶**生ミス6**(図2-10/カ写)〈[産]ドイツのホルツマーデン 120cm〉

プラティストロフィア *Platystrophia*
古生代オルドビス紀の腕足動物。浅海域に生息。
¶**古代生**〔プラテュストロピア〕(p78/カ写)
生ミス2(図1-3-4/カ写)〈[産]アメリカのオハイオ州シンシナティ地域 幅2cm〉

プラティストロフィア *Platystrophia biforata*
オルドビス紀の無脊椎動物腕足動物。オルチス目プレクトロチア科。体長4cm。[分]世界中
¶**化写真**(p79/カ写)〈[産]アメリカ〉

プラティストロフィア・ポンデロサ *Platystrophia ponderosa*
古生代オルドビス紀の腕足類。オルティス目プラティストロフィア科。
¶**化石図**(p44/カ写, カ復)〈[産]アメリカ合衆国 殻の横幅約4cm〉
図解化〔Platystrophia ponderosa〕(図版5-17/カ写)〈[産]オハイオ州〉

プラティセラス・アンギュイス *Platyceras anguis*
シルル紀の軟体動物腹足類。
¶**原色化**(PL.11-6/モ写)〈[産]チェコスロバキアのボヘミアのブトビッツ 幅5cm〉

プラティセラス(プラティストマ)・ベントリコーサム *Platyceras (Platystoma) ventricosum*
デボン紀の軟体動物腹足類。
¶**原色化**(PL.22-8/モ写)〈[産]北アメリカのニューヨーク州 幅4.5cm〉

プラティセラス類
オルドビス紀の巻貝。ウミユリと共生関係にあった。
¶**世変化**〔ウミユリとプラティセラス類〕(図11/カ写)〈[産]モロッコ 幅12cm〉

プラティソムス *Platysomus*
石炭紀前期～ペルム紀後期の魚類。条鰭亜綱。原始的な条鰭類。全長18cm。[分]全世界
¶**恐絶動**(p34/カ復)

プラティヒストリクス *Platyhystrix*
ペルム紀前期の両生類迷歯類。分椎綱。全長1m。[分]合衆国のテキサス
¶**恐絶動**(p50/カ復)

プラティピタミス *Platypittamys* sp.
漸新世後期の哺乳類ネズミ類ヤマアラシ型類テンジクネズミ型類。齧歯目デグー科。頭胴長約16cm, 頭骨全長約4cm。[分]南アメリカ
¶**絶哺乳**(p125/カ復)

プラティプテリギウス *Platypterygius*
中生代白亜紀の爬虫類双弓類魚竜類。全長7m。[分]フランス, オーストラリア, アメリカほか
¶**生ミス7**(図6-5/カ写, カ復)〈[産]フランス南東部 約88cm 吻部〉
生ミス7〔魚竜類の歯化石〕(図6-6/カ写)

プラティプテリギウス *Platypterygius australis*
白亜紀の脊椎動物双弓類。魚竜亜綱レプトプテリギウス科。体長5m。[分]ヨーロッパ, 北アメリカ, オーストラリア
¶**化写真**(p239/カ写)〈[産]オーストラリア 4つの椎体〉

プラティプラテウム属の未定種 *Platyplateium* sp.
古生代石炭紀の棘皮動物ウミユリ類。
¶**化石フ**(p67/カ写)〈[産]新潟県西頸城郡青海町 径5mm〉

プラティベロドン *Platybelodon*
1000万～600万年前(ネオジン)の哺乳類長鼻類。ゾウ亜目アメベロドン科。草原, 森林に生息。肩高3m。[分]北アメリカ, アフリカ, アジア, ヨーロッパ
¶**恐古生**(p260～261/カ復)
恐絶動(p238/カ復)
恐竜世(p259/カ復)
恐竜博〔プラチベロドン〕(p179/カ復)
生ミス9(図0-2-13/カ写, カ復)
絶哺乳(p218,220/カ写, カ復)〈下顎全長約1.4m 頭骨と下顎〉

プラテオサウルス *Plateosaurus*
2億2000万～2億1000万年前(三畳紀後期)の恐竜類原竜脚類。竜盤目竜脚形亜目プラテオサウルス科。乾燥した平原, 砂漠に生息。全長8m。[分]ドイツ, スイス, ノルウェー, グリーンランド
¶**恐イラ**(p87/カ復)

恐古生 (p150～151/カ写, カ復)〈手〉
恐絶動 (p122/カ復)
恐太古 (p116～117/カ写)
恐竜世 (p148/カ写, カ復)
恐竜博 (p46～47/カ写, カ復)〈復原骨格〉
図解化 (p210-上右/カ写)〈㊎ドイツ 頭骨〉
地球博〔プラテオサウルスの頭蓋骨〕(p84/カ写)
よみ恐 (p38～39/カ復)

プラテオサウルス *Plateosaurus eslenbergiensis*
三畳紀後期の恐竜類。竜型超綱竜盤綱獣脚目。全長8.8m。㊕南ドイツ
¶古脊椎 (図144/モ復)

プラテオサウルス
三畳紀後期の脊椎動物竜脚形類。全長6～10m。㊕ドイツ, スイス, ノルウェイ, グリーンランド
¶進化大 (p219/カ写, カ復)〈骨格, 頭骨〉

プラテカルプス *Platecarpus*
8500万～8000万年前(白亜紀後期)の初期の脊椎動物爬虫類有鱗類モササウルス類。トカゲ亜目オオトカゲ上科モササウルス科。全長4.2m。㊕世界各地
¶恐イラ (p177/カ復)
恐絶動 (p86/カ復)
恐竜世 (p113/カ写)
生ミス8 (図8-19/カ写)〈4.1m 全身骨格標本〉
生ミス8〔プラテカルプスの全身骨格標本〕(図8-21/カ写, カ復)〈5.67m ロサンゼルス自然史博物館の全身骨格標本〉
生ミス8〔モササウルス類各種の鞏膜輪とその解説図〕(図8-23/カ写, モ図)

プラテカルプス・ティンパニティクス *Platecarpus tympaniticus*
中生代白亜紀後期の爬虫類有鱗類モササウルス類。全長6m。㊕アメリカ
¶リア中〔プラテカルプス〕(p172/カ復)

プラテュストロピア ⇒プラティストロフィアを見よ

プラテュストロフィア・ポンデローサ
オルドヴィス紀中期～シルル紀後期の無脊椎動物腕足類。体長最大4cm。㊕世界各地
¶進化大〔プラテュストロフィア〕(p86/カ写)

プラナマトセラスの1種 *Planammatoceras hosourense*
中生代ジュラ紀前期のアンモナイト。ハマトセラス科。
¶学古生 (図434/モ写)〈㊎宮城県本吉郡志津川町細浦湾西岸〉

ブラニセラ *Branisella*
漸新世前期の哺乳類真猿類新世界ザル。全長40cm。㊕ボリビア
¶恐絶動 (p287/カ復)

プラネテテリウム *Planetetherium*
暁新世後期の哺乳類。皮翼目。食虫動物。全長25cm。㊕合衆国のモンタナ
¶恐絶動 (p210/カ復)

プラノケファロサウルス *Planocephalosaurus*
三畳紀後期の爬虫類。ムカシトカゲ目。初期の双弓類。全長20cm。㊕英国のイングランド
¶恐絶動 (p83/カ復)

プラノルビス・エウオムパルス *Planorbis euomophalus*
暁新世後期～現在の軟体動物腹足類有肺類。
¶化百科〔プラノルビス〕(p163/カ写)〈㊎イギリス南部のワイト島 殻の直径2～4cm〉

プラバムシウム
中生代白亜紀の軟体動物斧足類。別名ワタゾコツキヒ。
¶産地別 (p7/カ写)〈㊎北海道稚内市東浦海岸 高さ2.3cm〉
産地別 (p29/カ写)〈㊎北海道苫前郡羽幌町逆川 長さ2cm〉
産地別〔ワタゾコツキヒ〕(p228/カ写)〈㊎熊本県上天草市龍ケ岳町椚島 高さ1.5cm〉

プラバムシウム属の未定種 *Pravamussium* sp.
中生代白亜紀の軟体動物斧足類。ワタゾコツヒキガイ科。
¶化石フ (p15/カ写)〈㊎北海道宗谷郡東浦町 20mm〉
化石フ (p15/カ写)〈㊎高知県高岡郡越知町 10mm〉

プラビトセラス *Pravitoceras*
中生代白亜紀の軟体動物頭足類アンモナイト類。長径25cm前後。㊕日本
¶生ミス7〔"寄生"されたプラビトセラス〕(図4-19/モ写, カ復)〈㊎兵庫県南あわじ市〉

プラビトセラス
白亜紀カンパニアン期の軟体動物頭足類アンモナイト。殻長約25cm。
¶産地別 (p188/カ写)〈㊎兵庫県南あわじ市阿那賀 左右25cm〉
日白亜 (p40～43/カ写, カ復)〈㊎兵庫県淡路島〉

プラビトセラス・シグモイダーレ *Pravitoceras sigmoidale*
中生代白亜紀の軟体動物頭足類アンモナイト類。長径25cm前後。㊕日本
¶化石フ (p128/カ写)〈㊎兵庫県三原郡西淡町 270mm〉
原色化 (PL.61-4/カ写)〈㊎兵庫県淡路島阿名賀 高さ23cm〉
生ミス7〔プラビトセラス〕(図4-17/カ写)〈㊎兵庫県南あわじ市〉
日化譜〔Pravitoceras sigmoidale〕(図版53-4/モ写)〈㊎淡路三原郡阿名賀, 湊〉
リア中〔プラヴィトケラス〕(p222/カ復)

ブラプシウム *Blapsium egertoni*
ジュラ紀の無脊椎動物昆虫類。甲虫目ゴミムシダマシ科。体長2cm。㊕ヨーロッパ
¶化写真 (p78/カ写)〈㊎イギリス〉

フラベッルム *Flabellum*
始新世～現在の刺胞動物サンゴ類花虫類イソギンチャク類イシサンゴ類フラベッルム類。別名扇サンゴ。
¶化百科 (p119/カ写)〈個々の構造の幅1.2～1.5cm〉

フラベラム・ディスティンクタム *Flabellum* cf. *distinctum*
第四紀更新世後期の腔腸動物六射サンゴ類。
¶**原色化**(PL.86-4/モ写)〈[産]千葉県君津郡富来田町地蔵堂 高さ2.2cm, 長径2.1cm 側面, 上面〉

フラベラム・ルブルム *Flabellum rubrum*
第四紀更新世後期の腔腸動物六射サンゴ類。
¶**学古生**〔センスガイの1種〕(図1044/モ写)〈[産]鹿児島県大島郡喜界町上嘉鉄〉
原色化(PL.86-3/モ写)〈[産]千葉県君津郡富来田町地蔵堂 高さ2.4cm, 長径3.2cm 側面, 上面〉

フラベルロカラ・ヘベイエンシスの側面 *Flabellochara hebeiensis*
中生代のシャジクモ類。熱河生物群。
¶**熱河生**(図222/モ写)〈[産]中国の遼寧省康平の齊家窩棚 長さ750μm, 幅660μm〉

ブラールドスフェラ・ビゲロウィ *Braarudosphaera bigelowi*
新生代更新世のナンノプランクトン。ブラールドスフェラ科。
¶**学古生**(図2054/モ写)〈[産]新潟県三島郡出雲町〉

フ

ブランキオカリス *Branchiocaris pretiosa*
カンブリア紀の節足動物。節足動物門。サイズ約7cm〜9cm超。
¶**バ頁岩**(図93〜95/モ復, モ写)〈[産]カナダのバージェス頁岩〉

ブランキオカリス?・ユンナンエンシス *Branchiocaris? yunnanensis* 雲南鰓蝦虫?
カンブリア紀の節足動物。節足動物門。澄江生物群。甲皮長50mm, 高さ40mm超。
¶**澄江生**(図16.36/モ復)
澄江生(図16.37/カ写)〈[産]中国の帽天山 側面からの眺め〉

ブランキオサウルス *Branchiosaurus*
ペルム紀の四肢動物両生類切椎類ディッソロフス類。ブランキオサウルス科。
¶**化百科**(p204/カ写)〈[産]ドイツ 9cm,8cm〉
図解化(p200-下/カ写)〈[産]ドイツ〉

ブランキオサウルス *Branchiosaurus amblystomus*
二畳紀初期の両生類。両生超綱堅頭綱分椎亜綱分椎目。全長2cm。[分]東ドイツのドレスデン
¶**古脊椎**(図68/モ復)

ブランキオサウルス
石炭紀後期の脊椎動物切椎類。全長15cm。[分]チェコ, フランス
¶**進化大**(p166)

フランクリンマンモス ⇒パルエレファスを見よ

フランコカリス・グリムミ *Francocaris grimmi*
ジュラ紀後期の無脊椎動物甲殻類アミ類。
¶**ゾル1**(図235/カ写)〈[産]ドイツのツァント 4cm〉

フランコビッチア フランコビッチィ *Francovichia francovichi*
デボン紀前期の三葉虫。ファコープス目。
¶**三葉虫**(図64/モ写)〈[産]ボリビアのベレン 長さ97mm 尾板〉

プラントオパール
白亜紀後期のイネ科植物(エールハルタ亜科に近縁の可能性)。恐竜のコプロライト内から発見。
¶**世変化**〔初期のプラントオパール〕(図61/カ写)〈[産]インドのピスドゥラ 長さ103μm〉

ブランネロセラスの1種 *Branneroceras* sp.cf.*B. braunnei*
古生代後期石炭紀後期の頭足類。シストセラス科。
¶**学古生**(図234/モ写)〈[産]山口県美祢市伊佐町河原〉

ブランフォードホウズキチョウチン *Laqueus branfordi*
新生代鮮新世の腕足類。ラケウス科。
¶**学古生**(図1072/モ写)〈[産]千葉県銚子市犬若〉

プリゥロセラス・スピナータム *Pleuroceras spinatum*
ジュラ紀の軟体動物頭足類。
¶**アン最**〔プレユーロセラス・スピナータム〕(p164/カ写)〈[産]ドイツのバイエルン〉
原色化(PL.51-7/モ写)〈[産]ドイツのシュタフェルシュタイン 高さ3.5cm〉

プリゥロディクティウム・プロブレマティクム ⇒プレウロディクチウム・プロブレマチクムを見よ

プリゥロトマリア・コンストリクタ *Pleurotomaria constricta*
ジュラ紀の軟体動物腹足類。
¶**原色化**(PL.50-1/モ写)〈[産]フランスのカルバドス 高さ5.5cm〉

"プリゥロトマリア"・ヨコヤマイ ⇒ヨコヤマオキナエビス(新)を見よ

プリオサウルス *Pliosaurus*
中生代ジュラ紀中期の爬虫類双弓類鰭竜類クビナガリュウ類。[分]イギリス
¶**生ミス6**(図3-4/カ写)〈6.5m 全身復元骨格〉

プリオサウルス・フェロクス *Pliosaurus ferox*
ジュラ紀の脊索動物爬虫類プリオサウルス類。
¶**図解化**(p213-上/カ写)〈[産]イギリス 骨格〉

プリオサウルス・フンケイ *Pliosaurus funkei*
中生代ジュラ紀の爬虫類クビナガリュウ類。全長13m。[分]ノルウェー
¶**リア中**〔プリオサウルス〕(p124/カ復)

プリオサウルス類 Pliosauroidea
白亜紀後期チューロニアン期の長頸竜類。長頸竜目プリオサウルス上科。肉食(魚類, コウモリダコ, そのほかの海生爬虫類?)。体長約5〜6m? [分]北海道羽幌町
¶**日恐竜**(p106/カ写, カ図, カ復)〈上顎骨の前部, 歯〉

プリオサウルス類
中生代の大部分の海生爬虫類長頚竜類プリオサウルス類。
¶**化百科**(p218/カ写)〈大腿骨50cm, 歯10cm 椎骨(背骨), 歯, ヒレ足の骨〉

プリオサウルス類
白亜紀カンパニアン期の長頸竜類。全長5〜6m?
¶**日白亜**(p122〜125/カ写, カ復)〈[産]北海道中川町 左右約35cm, 左右約13cm 歯〉

プリオノケイルス メンダックス *Prionocheirus mendax*
オルドビス紀中期の三葉虫。プティコパリア目。
¶**三葉虫**(図124/モ写)〈[産]ポルトガルのヴァロンゴ 長さ38mm 前後に押しつぶされ変形〉

プリオノサイクルス・アベランス *Prionocyclus aberrans*
中生代のアンモナイト。コリグノニセラス科。
¶**学古生**(図505/モ写)〈[産]北海道三笠市幾春別川下流〉

プリオノリンキア・クインクエプリカタ *Prionorhynchia quinqueplicata*
ジュラ紀前期の無脊椎動物腕足動物。リンコネラ目。
¶**図解化**(p77-5/カ写)〈[産]イタリア〉
図解化〔Prionorhynchia quinqueplicata〕(図版4-17/カ写)〈[産]イタリアのピエモンテ州ゴッツァーノ〉

プリオヒップス *Pliohippus*
1200万~200万年前(ネオジン)の哺乳類奇蹄類ウマ類。ウマ型亜目ウマ科。全長1m。[分]アメリカ合衆国
¶**恐竜世**(p251/カ復)
生ミス9(図0-2-6/カ写, カ復)〈[産]アメリカ 全身復元骨格〉
絶哺乳(p169/カ復)

プリオヒップス
新第三紀中新世中期~中新世後期の脊椎動物有胎盤類の哺乳類。体高1.2m。[分]アメリカ合衆国
¶**進化大**(p412/カ復)

プリオピテクス *Pliopithecus*
中新世中期~後期の哺乳類類人猿。プリオピテクス科。身長1.2m。[分]フランス, チェコスロヴァキア
¶**恐絶動**(p290/カ復)

プリオプラテカルプス
白亜紀後期の脊椎動物鱗竜類。体長5~6m。[分]北アメリカ, ヨーロッパ
¶**進化大**(p311/カ写)〈頭骨とあご, ヒレ〉

プリオペンタラグス *Pliopentalagus* sp.
中新世後期~鮮新世の哺乳類。ウサギ目ウサギ科ウサギ亜科。頭胴長40cm程度。[分]ヨーロッパ, アジア
¶**絶哺乳**(p136/カ復)

プリカチュラ・ヘキエンシス *Plicatula hekiensis*
中生代三畳紀の軟体動物斧足類。ネズミノテガイ科。
¶**化石フ**(p87/カ写)〈[産]京都府天田郡夜久野町 20mm〉

プリカテュラ・スピノーサ *Plicatula spinosa*
ジュラ紀の軟体動物斧足類。
¶**原色化**(PL.45-4/カ写)〈[産]フランスのサン・アマンド 高さ4.2cm〉

プリカテュラ・テュビフェラ *Plicatula tubifera*
ジュラ紀の軟体動物斧足類。
¶**原色化**(PL.45-1/カ写)〈[産]フランスのアルデンヌ 高さ3cm〉

プリカトウニオ・ナクトンゲンシス・マルチプリカータス *Plicatouhio naktongensis multiplicatus*
中生代白亜紀の軟体動物斧足類。
¶**化石フ**(p97/カ写)〈[産]福岡県北九州市八幡西区 100mm〉

ブリカナサウルス *Blikanasaurus*
三畳紀カーニアン~ノーリアンの恐竜類古竜脚類。体長5m。[分]レソト
¶**恐イラ**(p86/カ復)

フリクティソマ・ミヌタ *Phlyctisoma minuta*
ジュラ紀後期の無脊椎動物甲殻類大型エビ類。
¶**ゾル1**(図312/カ写)〈[産]ドイツのツァント 6cm〉

フリコドティリス・インソリタ *Phricodothyris insolita*
古生代後期の腕足類。スピリファー目レティキュラリア上科エリータ科。
¶**学古生**(図137/モ写)〈[産]山口県美祢郡秋芳町江原 側面, 茎殻〉

フリコドティリス・サブロストラータ *Phricodothyris subrostrata*
古生代後期の腕足類。
¶**学古生**(図151/モ写)〈[産]高知県高岡郡佐川町 茎殻, 側面〉

フリコドティリスの1種 *Phricodothyris* sp.
古生代後期の腕足類。スピリファー目レティキュラリア上科エリータ科。
¶**学古生**(図150/モ写)〈[産]高知県高岡郡佐川町 腕殻, 側面, 茎殻〉

ブリサステルの1種 *Brisaster owstoni*
新生代鮮新世のウニ。ブンブクチャガマ科。
¶**学古生**(図1924/モ写)〈[産]千葉県市原市柿ノ木台〉

フリジアサンゴの1種 *Trochocyathus hanzawai*
新生代の六放サンゴ類。チョウジガイ科。
¶**学古生**(図1038/モ写)〈[産]鹿児島県大島郡喜界町上嘉鉄〉

フリジアサンゴの1種 *Trochocyathus* sp.
新生代漸新世の六放サンゴ類。チョウジガイ科。
¶**学古生**(図1013/モ写)〈[産]佐賀県武雄市〉

プリスカカラ *Priscacara*
5500万~3300万年前(パレオジン中期~後期)の初期の脊椎動物硬骨魚類。全長15cm。[分]北アメリカ
¶**恐竜世**(p75/カ写)
生ミス9(図1-3-2/カ写)〈[産]アメリカ中西部のグリーンリバー 約28cm〉

プリスカカラ *Priscacara liops*
始新世の脊椎動物硬骨魚類。スズキ目スズメダイ科。体長15cm。[分]北アメリカ
¶**化写真**(p220/カ写)〈[産]アメリカ〉

プリスシレオ *Priscileo*
新生代古第三紀漸新世~新第三紀中新世の単弓類獣弓類哺乳類有袋類双前歯類。大きさは現生のイエネコ程度。[分]オーストラリア
¶**生ミス10**(図2-3-1/カ復)

プリスティチャンプスス *Pristichampsus*
始新世の爬虫類ワニ類。正鰐亜目。全長3m。[分]ドイツ, 合衆国のワイオミング
¶**恐絶動**(p99/カ復)

フ

ブリストリア・インソレンス *Bristolia insolens*
古生代カンブリア紀の節足動物三葉虫。
¶**生ミス1**（p118/カ写）〈[産]アメリカのネヴァダ州 4.5cm〉

プリズモポラの1種 *Prismopora nipponica*
古生代後期石炭紀中期のコケムシ類。ヘキサゴネラ科。
¶**学古生**（図160/モ写）〈[産]新潟県西頸城郡青梅町 横断面〉

フリソデガイ *Yoldia（Cnesterium） notabilis*
新生代第三紀鮮新世～更新世の貝類。ロウバイガイ科。
¶**学古生**（図1476/モ写）〈[産]石川県金沢市大桑〉

ブリテス・ユンナンエンシス *Burithes yunnanensis* 雲南簿氏螺
カンブリア紀のヒオリテス類。ヒオリテス門。澄江生物群。最大長35mm。
¶**澄江生**（図13.3/カ写）〈[産]中国の帽天山 扁平になった殻〉

プリマエヴィフィルム・アモエヌム *Primaevifilum amoenum*
約34億6500万年前の原核生物。[分]西オーストラリアのピルバラ
¶**生ミス1**〔プリマエヴィフィルム〕（図1-1/カ写）〈1mm未満〉

プリマスピス（?）・タナカアイ *Primaspis（?） tanakai*
古生代デボン紀の節足動物三葉虫類。オドントプルーラ目。
¶**化石フ**（p61/カ写）〈[産]岐阜県吉城郡上宝村 13mm〉

プリマプス *Primapus lacki*
前期始新世の脊椎動物鳥類。アマツバメ目アエギアロルニス科。体長17cm。[分]ヨーロッパ
¶**化写真**（p262/カ写）〈[産]イギリス 上腕骨〉

プリマプス
古第三紀始新世前期の鳥類。アマツバメ目。全長15cm。[分]イギリス
¶**進化大**（p377/カ写）〈腕骨〉

ブリミナ・エロンガータ・サブウラータ *Bulimina elongata subulata*
新生代更新世の小型有孔虫。ブリミナ科。
¶**学古生**（図924/モ写）〈[産]石川県金沢市銚子町〉

フルイサンゴ *Stephanophyllia formosissima*
新生代の六放サンゴ類。ミクラバキア科。
¶**学古生**（図1034/モ写）〈[産]鹿児島県大島郡喜界町上嘉鉄 上面，底面〉

フルイサンゴ
新生代第四紀更新世の腔腸動物六射サンゴ類。
¶**産地本**（p95/カ写）〈[産]千葉県木更津市真里谷 径5～9mm〉

フルイサンゴの1種 *Stephanophyllia fungulus*
新生代更新世の六放サンゴ類。ミクラバキア科。
¶**学古生**（図1035/モ写）〈[産]千葉県市原市瀬又〉

フルイサンゴの仲間
新生代第三紀鮮新世の腔腸動物六射サンゴ類。
¶**産地別**（p230/カ写）〈[産]宮崎県児湯郡川南町通浜 径0.6cm〉

フルイタフォッサー *Fruitafossor windscheffeli*
ジュラ紀後期の哺乳類。真三錐歯目。頭胴長6～7cm，下顎長12mm。[分]北アメリカ
¶**絶哺乳**（p33/カ復）
リア中〔フルイタフォッソル〕（p108/カ復）

フルイタフォッソル *Fruitafossor*
中生代ジュラ紀の単弓類獣弓類哺乳類。頭胴長7cm。[分]アメリカ
¶**生ミス6**（図5-14/カ復）

フルカ *Furca*
古生代オルドビス紀の節足動物マレロモルフ類。全長4cm。[分]モロッコ，チェコ
¶**生ミス3**（図1-5/カ復）

フルカスター・デチェニ *Furcaster decheni*
デヴォン紀前期の無脊椎動物棘皮動物蛇尾類。
¶**図解化**（p172-下左/カ写）〈[産]ブンデンバッハ〉

フルカスター・パレオゾイクス *Furcaster palaeozoicus*
古生代デボン紀の棘皮動物クモヒトデ類。オエゴフィウリダ目フルカスター科。
¶**化石図**（p61/カ写，カ復）〈[産]ドイツ 標本の横幅約5cm〉

プルガトリウス *Purgatorius*
白亜紀後期および暁新世前期の哺乳類。霊長目。原始的な哺乳類。全長10cm。[分]合衆国のモンタナ
¶**恐絶動**（p199/カ復）

フルカの仲間
古生代オルドビス紀の節足動物マレロモルフ類。
¶**生ミス2**（図1-1-4/カ復）

フルキフォリウム・ロンギフォリウム *Furcifolium longifolium*
ジュラ紀後期の植物イチョウ類。
¶**ゾル1**（図25/カ写）〈[産]ドイツのダイティング 51cm〉
ゾル1（図26/カ写）〈[産]ドイツのダイティング 32cm〉

ブルゲッシア ⇒バージェシア・ベラを見よ

ブルゲッソカエタ *Burgessochaeta setigera*
カンブリア紀の環形動物。環形動物門多毛綱ブルゲッソカエティデー科。サイズ2～5cm。
¶**バ頁岩**（図76,77/モ写，モ復）〈[産]カナダのバージェス頁岩〉

フルゴラリア
新生代第三紀中新世の軟体動物腹足類。
¶**産地本**（p205/カ写）〈[産]滋賀県甲賀郡土山町鮎河 高さ8.5cm〉

フルゴラリア ⇒ヒタチオビガイを見よ

フルゴラリア ⇒ホンヒタチオビガイを見よ

フルゴラリア（ネオセフェア）・コシベンシス *Fulgoraria（Neopsephaea） koshibensis*
第三紀の軟体動物腹足類。別名コシバヒタチオビ。
¶**原色化**（PL.75-5/モ写）〈[産]神奈川県小柴 高さ6cm〉

フルゴラリア(ムサシア)・ストリアータ *Fulgoraria (Musashia) striata*
第三紀の軟体動物腹足類。別名チヂミヒタチオビ。
¶**原色化** (PL.73-4/カ写)〈[産]島根県邇摩郡宅野村大原 高さ4.5cm〉

フルディア *Hurdia*
古生代カンブリア紀の節足動物アノマロカリス類。全長50cm。[分]カナダ, アメリカ, チェコほか
¶**古代生** (p59/カ写)〈頭部化石〉
生ミス2 (図1-1-2/カ復)
生ミス3 (図1-3/カ復)

フルディア・ヴィクトリア *Hurdia victoria*
古生代カンブリア紀の節足動物アノマロカリス類。全長50cm。[分]カナダ, アメリカ, チェコほか
¶**生ミス1**〔フルディア〕(図3-6-4/カ写, カ復)〈[産]カナダのバージェス頁岩 9cm〉
リア古〔アノマロカリス類〕(p32~35/カ復)

フールディセラスの1種 *Foordiceras akiyamai*
古生代後期二畳紀中期の頭足類。コニンキオセラス科。
¶**学古生** (図229/モ写)〈[産]宮城県気仙沼市田柄〉

「ブルハトカヨサウルス」 *"Bruhathkayosaurus"*
白亜紀マーストリヒシアンの恐竜類ティタノサウルス類。体長40m。[分]インドのタミルナドゥ
¶**恐イラ** (p207/カ復)

ブルパブス *Vulpavus* sp.
始新世前~中期の哺乳類。食肉目"ミアキス科"。肉食性。原始的な食肉類。頭胴長約50cm, 頭骨全長約10cm。[分]北アメリカ
¶**絶哺乳** (p106/カ復)

ブルマイステリアの一種 *Burmeisteria* sp.
デボン紀の三葉虫。プティコパリア目。
¶**三葉虫** (図127/モ写)〈[産]モロッコのアルニフ 長さ190mm〉

ブルーミア *Broomia perplexa*
二畳紀の爬虫類。爬型超綱鰭竜綱原竜目。[分]南アフリカ
¶**古脊椎** (図100/モ復)

ブルミリンキアの1種 *Burmirhynchia japonica*
中生代ジュラ紀中期の腕足類。リンコネラ科。
¶**学古生** (図359/モ写)〈[産]高知県高岡郡佐川町七良谷〉
日化譜〔Burmirhynchia japonica〕(図版24-16/モ写)〈[産]高知県高岡郡斗賀野西山谷〉

ブルームハリネズミ *Erinaceus bloomi*
鮮新世後期~更新世紀前期の哺乳類真獣類。無盲腸目ハリネズミ型亜目ハリネズミ科。虫食性。頭胴長約20cm。[分]アフリカ
¶**絶哺乳** (p70/カ復)

ブレイア ダギンクルティ *Bouleia dagincourti*
デボン紀の三葉虫。ファコープス目。
¶**三葉虫** (図83/モ写)〈[産]ボリビア 幅21mm〉

プレイデリア・アーレンシス *Pleydellia aalensis*
ジュラ紀の軟体動物頭足類。
¶**原色化** (PL.49-4/カ写)〈[産]南フランスのイゼール地方 長径3.8cm〉

ブレヴィケラトプス *Breviceratops*
白亜紀サントニアン~カンパニアンの恐竜類ネオケラトプス類。原始的なアジアの角竜類。体長2m。[分]モンゴルのフルサン
¶**恐イラ** (p231/カ復)

ブレヴィフィリプシア サンプソニィ *Breviphillipsia sampsonii*
石炭紀前期の三葉虫。イレヌス目。
¶**三葉虫** (図47/モ写)〈[産]アメリカのミシシッピ州 長さ15mm〉

プレウラカンタス *Pleuracanthus senilis*
二畳紀前期の魚類。顎口超綱軟骨魚綱魚切目。全長70cm。[分]西ドイツ
¶**古脊椎** (図19/モ復)

フレウランティア
デヴォン紀後期の脊椎動物肉鰭類。体長25cm。[分]カナダ
¶**進化大** (p136/カ写)

プレウロキスチテス *Pleurocystites filitextus*
オルドビス紀の無脊椎動物ウミリンゴ類。ディコポラ目プレウロキスチテス科。萼の直径2cm。[分]世界中
¶**化写真** (p191/カ写)〈[産]カナダ〉

プレウロキステス *Pleurocystes rugeri*
オルドビス紀の無脊椎動物ウミリンゴ類。ディコポラ目プレウロキステス科。萼の直径1.5cm。[分]世界中
¶**化写真** (p191/カ写)〈[産]イギリス〉

プレウロサウルス *Pleurosaurus*
ジュラ紀後期~白亜紀前期の爬虫類。ムカシトカゲ目プレウロサウルス科。初期の双弓類。全長60cm。[分]ドイツ
¶**恐絶動** (p83/カ復)

プレウロサウルス
ジュラ紀後期の脊椎動物鱗竜類。体長50~70cm。[分]ドイツ
¶**進化大** (p251/カ写)〈[産]ゾルンホーフェン〉

プレウロサウルス・ギンスブルギ *Pleurosaurus ginsburgi*
ジュラ紀後期の脊椎動物爬虫類ムカシトカゲ類。
¶**ゾル2** (図251/カ写)〈[産]ドイツのアイヒシュテット 140cm〉
ゾル2 (図252/カ写)〈[産]ドイツのアイヒシュテット 19cm 頭部と前肢〉
ゾル2 (図253/カ写)〈[産]ドイツのアイヒシュテット 16cm 後肢〉

プレウロサウルス・ゴルトフシ *Pleurosaurus goldfussi*
ジュラ紀後期の脊椎動物爬虫類ムカシトカゲ類。
¶**ゾル2** (図248/カ写)〈[産]ドイツのダイティング 73cm〉
ゾル2 (図249/カ写)〈[産]ドイツのアイヒシュテット 115cm〉
ゾル2 (図250/カ写)〈[産]ドイツのダイティング 10cm 頭部〉
ゾル2 (図254/カ写)〈[産]ドイツのゾルンホーフェン 130cm〉
ゾル2 (図255/カ写)〈[産]ドイツのアイヒシュテット 鰭

状の縁を伴う尾〉

プレウロディクチウム・プロブレマチクム
Pleurodictyum problematicum
デヴォン紀前期の無脊椎動物腔腸動物床板サンゴ類。
¶**原色化**〔プリゥロディクティウム・プロブレマティクム〕(PL.15-2/モ写)〈[産]ドイツのバイエルン 直径3cm〉
図解化〔プレウロディクチウム・プロブレマチクム上のヒケテス類〕(p91-6/カ写)〈[産]ドイツ〉

プレウロディクティウム *Pleurodictyum* sp.
デヴォン紀の無脊椎動物腔腸動物。
¶**図解化**(p71-6/カ写)〈[産]ドイツのブンデンバッハ〉

プレウロディクテュウム・プロブレマティクム
シルル紀後期〜デヴォン紀中期の無脊椎動物花虫類。直径約3cm。[分]世界各地
¶**進化大**〔プレウロディクテュウム〕(p123/カ写)

プレウロトマリア *Pleurotomaria deshayesii*
前期ジュラ紀〜前期白亜紀の無脊椎動物腹足類。古腹足目オキナエビスガイ科。体長6cm。[分]世界中
¶**化写真**(p116/カ写)〈[産]フランス〉

プレウロトマリア
中生代三畳紀の軟体動物腹足類。
¶**産地別**(p80/カ写)〈[産]宮城県宮城郡利府町赤沼 長径3cm〉

プレウロトマリア・アングリカ
ジュラ紀前期〜白亜紀前期の無脊椎動物腹足類。高さ2〜7.5cm。[分]世界各地
¶**進化大**〔プレウロトマリア〕(p239/カ写)

プレウロトマリア属の未定種 *Pleurotomaria* sp.
中生代白亜紀の軟体動物腹足類オキナエビス類。
¶**化石フ**(p10/カ写)〈[産]北海道三笠市 幅60mm〉

プレウロフォリス・ラエヴィシマ *Pleuropholis laevissima*
ジュラ紀後期の脊椎動物真骨魚類。
¶**ゾル2**(図184/カ写)〈[産]ドイツのアイヒシュテット 7cm〉

プレウロフォリス・ロンギカウダ *Pleuropholis longicauda*
ジュラ紀後期の脊椎動物真骨魚類。
¶**ゾル2**(図185/カ写)〈[産]ドイツのケルハイム 7cm〉

プレウロプグノイデス *Pleuropugnoides pleurodon*
前期〜後期石炭紀の無脊椎動物腕足動物。リンコネラ目プグナックス科。体長1.5cm。[分]ヨーロッパ
¶**化写真**(p83/カ写)〈[産]イギリス〉

プレウロミア・ジュラシ
三畳紀中期〜白亜紀前期の無脊椎動物二枚貝類。長さ2〜7cm。[分]世界各地
¶**進化大**〔プレウロミア〕(p239/カ写)

プレウロメイア
三畳紀のヒカゲノカズラ植物。全長2m。[分]世界各地
¶**進化大**(p199/カ復)

プレオフリュヌス
デヴォン紀前期〜石炭紀後期の無脊椎動物節足動物。全長1.5〜4cm。[分]北アメリカ
¶**進化大**(p161/カ写)

プレオンダクティルス *Preondactylus*
中生代三畳紀の爬虫類双弓類主竜類翼竜類。ランフォリンクス上科。翼開長50cm。[分]イタリア
¶**恐イラ**(p77/カ復)
生ミス5(図4-8/カ写, カ復)

プレギオキダリス *Plegiocidaris coronata*
ジュラ紀の無脊椎動物ウニ類。キダリス目ホンキダリス科。直径4cm。[分]ヨーロッパ
¶**化写真**(p175/カ写)〈[産]ドイツ〉

プレギオキダリス属の種 *Plegiocidaris* sp.
ジュラ紀後期の無脊椎動物棘皮動物ウニ類。
¶**ゾル1**(図540/カ写)〈[産]ドイツのアイヒシュテット 4cm〉
ゾル1(図541/カ写)〈[産]ドイツのパインテン 6cm〉

フレキシカリメネ・セナリア *Flexicalymene senaria*
オルドビス紀の節足動物三葉虫類。
¶**原色化**(PL.7-1/モ写)〈[産]北アメリカのオハイオ州シンシナティ 長さ2.2cm〉

フレキシカリメネの防御姿勢 *Flexicarimene* sp.
古生代オルドビス紀の節足動物三葉虫類。
¶**生ミス2**(図1-3-10/カ写)〈[産]アメリカのオハイオ州シンシナティ地域 幅約1.5cm 防御姿勢の正面と側面〉

フレキシカリメネ ミーキイ *Flexicalymene meeki*
オルドビス紀後期の三葉虫。プティコパリア目。
¶**三葉虫**(図121/モ写)〈[産]アメリカのオハイオ州シンシナチ 長さ36mm〉

フレクソプチィキテス属の未定種 *Flexoptychites* sp.
中生代三畳紀の軟体動物頭足類。
¶**化石フ**(p106/カ写)〈[産]宮城県宮城郡利府町 120mm〉

フレクソプティキテス・フレクシュオーサス
Flexoptychites flexuosus
三畳紀の軟体動物頭足類。
¶**アン最**〔フレキソプチキテス・フレクオーサスとクラディスシテスの一種と属種不明のオウムガイ類〕(p177/カ写)
原色化(PL.39-2/モ写)〈[産]ボトニアのハンブラー 長径8cm〉

フレゲトンチア
石炭紀後期の脊椎動物空椎類。全長70cm。[分]アメリカ合衆国, チェコ
¶**進化大**(p166/カ復)

フレゲトンティア *Phlegethontia*
3億年前(石炭紀後期〜ペルム紀前期)の初期の脊椎動物両生類空椎類。欠脚目。全長約0.9m。[分]アメリカ合衆国, チェコ
¶**恐絶動**(p54/カ復)
恐竜世(p82/カ復)

プレコニア・テトラゴナ *Praeconia tetragona*
ジュラ紀の軟体動物斧足類。
¶**原色化**(PL.46-5/モ写)〈[産]フランスのマルバシェ 長さ7cm〉

プレシアダピス *Plesiadapis*
6500万〜6000万年前(パレオジン)の哺乳類霊長類原猿類。原猿亜目プレシアダピス科。亜熱帯の森林に生息。全長0.6m。(分)北アメリカ, ヨーロッパ, アジア
¶**化百科**(p248/カ写)〈長さ3.3cm 下顎骨の左側の一部〉
恐古生(p226〜227/カ復)
恐絶動(p286/カ復)
恐竜世(p277/カ復)
絶哺乳〔プレジアダピス〕(p76,78/カ復, モ図)〈復元骨格〉

プレジアダピス
古第三紀暁新世中期〜始新世前期の脊椎動物有胎盤類の哺乳類。全長18cm。(分)北アメリカ, ヨーロッパ, アジア
¶**進化大**(p380/カ復)

プレシオキダリス・ドゥランディ *Plesiocidaris durandi*
ジュラ紀後期の無脊椎動物棘皮動物。
¶**図解化**(p175-左/カ写)〈(産)フランス〉

プレシオケリス属の種 *Plesiochelys* sp.
ジュラ紀後期の脊椎動物爬虫類カメ類。
¶**ゾル2**(図219/カ写)〈(産)ドイツのアイヒシュテット 33cm〉

"プレジオザウルス" *"Plesiosaurus"* sp.
ジュラ紀の脊椎動物爬虫類。
¶**原色化**(PL.53-2/カ写)〈(産)イギリスのドーシット州ライム・レヂス 長さ17cm 脊椎骨〉

プレシオサウルス *Plesiosaurus*
2億年前(ジュラ紀初期)の初期の脊椎動物爬虫類クビナガリュウ類。爬型超綱鰭竜綱長頸竜目プレシオサウルス科。海洋に生息。全長3〜5m。(分)ブリテン諸島, ドイツ
¶**恐イラ**〔「プレシオサウルス」〕(p97/カ復)
恐竜世(p100/カ写)
恐竜博(p92〜93/カ写)
古脊椎(図105/モ復)
古代生(p147/カ復)
生ミス6(図2-7/カ写, カ復)〈(産)ドイツのホルツマーデン 260cm 完全体標本〉
生ミス6〔プレシオサウルスの復元図〕(図3-2/カ復)

プレシオサウルス
ジュラ紀前期の脊椎動物鰭竜類。体長3〜5m。(分)イギリス諸島, ドイツ
¶**進化大**(p251/カ写)

プレシオサウルス・ホウキンシ *Plesiosaurus hawkinsi*
ジュラ紀前期の脊索動物爬虫類。
¶**図解化**(p213-下/カ写)〈(産)イギリスのライム・リージス〉

プレシオサウルス・マクロケファルス *Plesiosaurus macrochephalus*
ジュラ紀前期の爬虫類海生爬虫類。首長竜目プレシオサウルス上科。全長2.3m。(分)英国のイングランド, ドイツ
¶**恐絶動**〔プレシオサウルス〕(p74/カ復)

プレジオチュゥティス・プリスカ ⇒プレシオトイティス・プリスカを見よ

プレシオテウチス・プリスカ ⇒プレシオトイティス・プリスカを見よ

プレシオテウティス・プリスカ ⇒プレシオトイティス・プリスカを見よ

プレシオトイティス・プリスカ *Plesioteuthis prisca*
ジュラ紀後期の軟体動物頭足類アンモナイト。
¶**アン最**〔プレシオテウティス・プリスカ〕(p32/カ写)〈(産)ドイツのバイエルン州ゾルンフォーヘン〉
原色化〔プレジオチュゥティス・プリスカ〕(PL.56-3/カ写)〈(産)ドイツのバイエルンのゾルンホーフェン 長さ20cm〉
図解化〔プレシオテウチス・プリスカ〕(p162-右/カ写)〈(産)ドイツのゾルンホーフェン〉
ゾル1(図191/カ写)〈(産)ドイツのゾルンホーフェン 26cm〉
ゾル1(図192/カ写)〈(産)ドイツのアイヒシュテット 17cm 墨汁嚢を伴う〉
ゾル1(図193/カ写)〈(産)ドイツのアイヒシュテット 55cm〉
ゾル1(図194/カ写)〈(産)ドイツのアイヒシュテット 29cm 触腕を伴う〉
ゾル1(図195/カ写)〈(産)ドイツのアイヒシュテット 11cm 体末端の翼部を伴う〉
ゾル1(図196/カ写)〈(産)ドイツのアイヒシュテット 6cm 幼体〉
ゾル1(図197/カ写)〈(産)ドイツのブルーメンベルク 5cm 外套膜〉

プレジオプティグマティス・ブッキイ *Plesioptygmatis buchi*
白亜紀の軟体動物腹足類。
¶**原色化**(PL.64-1/カ写)〈(産)オーストリアのウイン近郊 高さ12.6cm 研磨縦断面〉

プレジオミス(プレジオミス)・サブコードラータ *Plaesiomys*(*Plaesiomys*) *subquadrata*
オルドビス紀の擬軟体動物腕足類。
¶**原色化**(PL.8-5/カ写)〈(産)北アメリカのオハイオ州 幅2.5および2.7cm〉

プレシオラムパス *Plesiolampas saharae*
暁新世〜始新世の無脊椎動物ウニ類。マンジュウウニ目マンジュウウニ科。直径7cm。(分)世界中
¶**化写真**(p181/カ写)〈(産)ナイジェリア 殻の上面〉

プレシクティス *Plesictis*
漸新世前期〜中新世前期の哺乳類アライグマ類。食肉目アライグマ科。全長75cm。(分)中国, フランス, アメリカ合衆国
¶**恐絶動**(p214/カ復)

プレストウィキア属 *Prestwichia*
石炭紀の無脊椎動物節足動物剣尾類。
¶**図解化**〔プレストウィキア属とベリヌルス属〕(p102-3〜5/カ写)

プレストスクス *Prestosuchus*
三畳紀後期の爬虫類ワニ類。低木地, 疎林に生息。全長5m。(分)ブラジル
¶**恐古生**(p90〜91/カ写)

プレスビオルニス *Presbyornis*
6200万～5500万年前（パレオジン）の鳥類カモ類。プレスビオルニス科。湖岸に生息。全高1m。(分)北アメリカ, 南アメリカ, ヨーロッパ
¶**恐竜世**（p211/カ復）
恐竜博（p171/カ復）

プレスビオルニス
古第三紀暁新世後期～始新世中期の脊椎動物獣脚類鳥類。高さ1m。(分)北アメリカ, 南アメリカ, ヨーロッパ
¶**進化大**（p379/カ復）

プレスビオルニス・ペルヴェトゥス *Presbyornis pervetus*
白亜紀後期～始新世前期の鳥類。カモ目。体高1m。(分)英国のイングランド, 合衆国のユタ, ワイオミング, アルゼンチンのパタゴニア
¶**恐絶動**（p178/カ復）

フ

プレタス フォクルス *Proetus foculus*
シルル紀後期の三葉虫。イレヌス目。
¶**三葉虫**（図37/モ写）〈(産)アメリカのオクラホマ州 幅15mm〉

ブレドカリス・アドミラビリス *Bredocaris admirabilis*
古生代カンブリア紀末期の節足動物甲殻類。オルステン動物群。体長1.4mm。
¶**生ミス1**〔ブレドカリス〕（図3-4-16/モ写）〈3個体の部分化石から合成〉

プレノケファレ *Prenocephale*
白亜紀後期の恐竜。鳥脚亜目パキケファロサウルス科。全長2.4m。(分)モンゴル
¶**恐絶動**（p135/カ復）

プレフロリアニテス・トゥライ
三畳紀前期の無脊椎動物頭足類。直径2～5cm。(分)アメリカ合衆国, アルバニア, インドネシア
¶**進化大**〔プレフロリアニテス〕（p203/カ写）

フレボプテリス *Phlebopteris*
三畳紀～白亜紀前期のシダ植物真葉シダ植物。マトニア目。
¶**化百科**（p81/カ写）〈10cm〉

フレボプテリス
三畳紀後期～白亜紀の植物シダ類。複葉の幅20cm。(分)世界各地
¶**進化大**（p227/カ写）

フレボレピス *Phlebolepis*
古生代シルル紀の“無顎類”歯鱗類。全長7cm。(分)エストニア, ノルウェー, ロシアなど
¶**生ミス2**（図2-5-4/カ写, カ復）〈レプリカ〉
生ミス3（図3-3/カ復）

ブレヤマルタマシダ ⇒コニオプテリス・ブレジェンシスを見よ

プレユーロセラス・スピナータム ⇒プリゥロセラス・スピナータムを見よ

フレングエリサウルス *Frenguellisaurus*
中生代三畳紀の恐竜類竜盤類？全長7m。(分)アルゼンチン
¶**生ミス5**（図6-12/カ写, カ復）

フレングエリサウルス・イスキグアランステンシス *Frenguellisaurus ischigualastensis*
中生代三畳紀の爬虫類恐竜類竜盤類獣脚類。全長7m。(分)アルゼンチン
¶**リア中**〔フレングエリサウルス〕（p66/カ復）

プロアルセステスの一種 *Proarcestes* sp.
三畳紀後期のアンモナイト。
¶**アン最**（p136/カ写）〈(産)インドネシアのティモールのバスレオ〉

プロイエタイア
カンブリア紀前期の無脊椎動物二枚貝類。長さほぼ1～2mm。(分)オーストラリア
¶**進化大**（p72）

フロ・ヴェテリ *Furo vetteri*
ジュラ紀後期の脊椎動物全骨魚類。
¶**ゾル2**（図81/カ写）〈(産)ドイツのアイヒシュテット 8cm〉

プロエウテミス *Proeuthemis*
白亜紀前期の節足動物昆虫類トンボ類。
¶**化百科**（p144/カ写）〈翅の長さ2.5cm〉

プロエタス *Proetus*
古生代デボン紀の節足動物三葉虫類。
¶**生ミス3**（図4-26/カ写）〈(産)モロッコ 25mm〉

プロエタス（コニプロエタス）・フクジエンシス *Proetus（Coniproetus）fukujiensis*
古生代中期の三葉虫類。プロエタス科。
¶**学古生**（図60/モ写）〈(産)岐阜県吉城郡上宝村福地〉

プロエタス・サブオバリス *Proetus subovalis*
古生代中期の三葉虫類。プロエタス科。
¶**学古生**（図51/モ写）〈(産)高知県高岡郡越知町横倉山 頭鞍部上面, 同側面〉

プロエタス属の未定種 *Proetus* sp.
古生代デボン紀の節足動物三葉虫類。
¶**化石フ**（p60/カ写）〈(産)岐阜県吉城郡上宝村 30mm〉

プロガノケリス *Proganochelys*
中生代三畳紀の爬虫類双弓類カメ類。プロガノケリス亜目プロガノケリス科。全長1m。(分)ドイツ, グリーンランド, タイ
¶**恐絶動**（p66/カ復）
生ミス5（図3-7/カ写, カ復）〈(産)ドイツ 復元骨格〉

プロガノケリス・クエンステディ *Proganochelys quenstedti*
三畳紀の爬虫類。爬型超綱亀綱亀目真正亀亜目プロガノケリス科。体長1m。(分)ドイツのウルテンシベルグ
¶**化写真**〔プロガノケリス〕（p227/カ写）〈(産)ドイツ 頭骨〉
古脊椎〔プロガノケリス〕（図84/モ復）
リア中〔プロガノケリス〕（p56/カ復）

プロカメルス *Procamelus*
中新世後期～鮮新世前期の哺乳類ラクダ類。ラクダ亜目ラクダ科。全長1.5m。(分)合衆国のコロラド
¶**恐絶動**（p276/カ復）

プロカラブス・ツィッテリ *Procarabus zitteli*
ジュラ紀後期の無脊椎動物昆虫類甲虫類。
¶**ゾル1**（図467/カ写）〈[産]ドイツのシェルンフェルト 2cm〉

プロガレサウルス *Progalesaurus*
中生代三畳紀の単弓類獣弓類キノドン類。
¶**生ミス5**（図1-9/カ写）〈[産]南アフリカのカルー盆地 9.8cm〉

プロカロソマ・ミノル *Procalosoma minor*
ジュラ紀後期の無脊椎動物昆虫類甲虫類。おそらくオサムシ類と類縁。
¶**ゾル1**（図466/カ写）〈[産]ドイツのアイヒシュテット 4.5cm〉

ブロキウス・ロンギロストリス *Blochius longirostris*
始新世の脊椎動物魚類。硬骨魚綱。
¶**図解化**（p194～195-7/カ写）〈[産]イタリアのモンテボルカ〉

プロキノスクス *Procynosuchus*
ペルム紀後期の哺乳類型爬虫類獣弓類。キノドン亜目プロキノスクス科。全長60cm。[分]アフリカ，ヨーロッパ
¶**恐絶動**（p191/カ復）
絶哺乳（p27,28/カ写，カ復）〈[産]ザンビア 復元骨格レプリカ〉

プロキュノスクス
ペルム紀後期の脊椎動物単弓類。全長50cm。[分]南アフリカ，ザンビア
¶**進化大**（p191/カ写）

プログナソドン *Prognathodon*
中生代白亜紀の爬虫類双弓類鱗竜形類有鱗類モササウルス類。
¶**生ミス8**（図8-22/カ写）〈[産]ヨルダン 母岩の長径1.4mほど 前鰭から尾まで〉
生ミス8（図8-24/カ写）〈約95cm 頭骨〉

プログナソドン近縁種 *Prognathodon?*
中生代白亜紀マストリヒシアン期のモササウルス類。爬虫綱有鱗目モササウルス科モササウルス亜科。体長8m以上。
¶**日絶古**（p40～41/カ写，カ復）〈[産]大阪府泉南市〉

プログナソドン属の近縁種
白亜紀マーストリヒチアン期の海生爬虫類モササウルス類。全長10m以上。
¶**日白亜**（p66～69/カ写，カ復）〈[産]大阪府泉南市 顎〉

プロクリソクロリス *Prochrysochloris miocaenicus*
中新世前期の哺乳類真獣類。アフリカトガリネズミ目キンモグラ科。虫食性。頭胴長10～15cm程度。[分]アフリカ
¶**絶哺乳**（p63,66/カ復，モ図）〈頭骨〉

プロクリソメラ・ジュラシカ *Prochrysomela jurassica*
ジュラ紀後期の無脊椎動物昆虫類甲虫類。おそらくハムシ類と類縁。
¶**ゾル1**（図468/カ写）〈[産]ドイツのアイヒシュテット 0.5cm〉

プロケラトサウルス *Proceratosaurus*
1億7500万年前（ジュラ紀中期）の恐竜類獣脚類テタヌラ類カルノサウルス類。カルノサウルス下目メガロサウルス科。大型の肉食恐竜。全長2m。[分]ブリテン諸島
¶**恐イラ**（p115/カ復）
恐絶動（p114/カ復）
恐竜世（p181/カ写）

プロケラトサウルス *Proceratosaurus bradleyi*
中期ジュラ紀の脊椎動物恐竜類。竜盤目ケラトサウルス科。推定体長3m。[分]ヨーロッパ
¶**化写真**（p246/カ写）〈[産]イギリス 部分的な頭骨の側面〉
地球博〔プロケラトサウルスの部分頭骨〕（p84/カ写）〈[産]イングランドのグロスターシャー州〉

プロケラトサウルス
ジュラ紀前期の脊椎動物獣脚類。体長2m。[分]イギリス諸島
¶**進化大**（p262/カ写）〈頭骨〉

プロコスキフィア属の海綿 *Plocoscyphia*
白亜紀の海綿動物。
¶**図解化**（p13/カ写）〈[産]フランス 白鉄鉱〉

プロコスキフィア？の1種 *Procoscyphia? sp.*
白亜紀後期の海綿類。珪質海綿綱ベクシア科。
¶**学古生**（図97/モ写）〈[産]北海道三笠市桂沢〉

プロコスキフィア・ラブロサ *Plocoscyphia labrosa*
白亜紀の無脊椎動物海綿動物珪質海綿。
¶**図解化**（p58-1/カ写）〈[産]フランスのカレー〉

プロコプトドン *Procoptodon*
新生代第四紀更新世の哺乳類有袋類。双前歯目カンガルー科。身長3m。[分]オーストラリア
¶**恐絶動**（p203/カ復）
生ミス10（図3-4-5/カ復）
絶哺乳（p58,61/カ復，モ図）〈復元骨格〉

プロコプトドン *Procoptodon goliah*
更新世の脊椎動物哺乳類。双前歯目マクロプス科。体長3m。[分]オーストラリア
¶**化写真**（p265/カ写）〈[産]オーストラリア 右側の下顎〉

プロコムプソグナタス *Procompsognathus triassicus*
三畳紀後期の恐竜類。竜型超綱竜盤綱獣脚目。全長1m。[分]南ドイツのウルテンベルグ
¶**古脊椎**（図134/モ復）

プロコロフォン *Procolophon trigoniceps*
前期三畳紀の脊椎動物爬虫類。カプトリヌス目プロコロフォン科。体長33cm。[分]南アフリカ
¶**化写真**（p225/カ写）〈[産]南アフリカ 頭骨，脊椎と肋骨，後肢〉
古脊椎〔プロコロホン〕（図78/モ復）

プロコロフォン
三畳紀前期の脊椎動物爬虫類。原始的な羊膜類。全長30～35cm。[分]南アフリカ，南極大陸
¶**進化大**（p210/カ写）〈前脚，頭骨〉

プロコロホン ⇒プロコロフォンを見よ

プロコンスル *Proconsul*
約1800万年前（中新世）の類人猿。

フ

¶**古代生**（p218/カ写, カ復）〈(産)東アフリカ　頭部〉

プロコンスル　*Proconsul africanus*
中新世前期の哺乳類霊長類。直鼻猿亜目“ヒト上科”プロコンスル科。肩高約45cm。(分)アフリカ
¶**古脊椎**（図222/モ復）
絶哺乳（p81/カ復）
世変化（図82/カ写）〈(産)ケニアのルシンガ島　高さ12cm　頭骨〉
地球博〔類人猿の頭蓋骨〕（p83/カ写）

プロコンスル
新第三紀中新世前期の脊椎動物有胎盤類の哺乳類。体長65cm。(分)ケニア
¶**進化大**（p413/カ写）〈頭〉

プロコンプソグナトゥス　*Procompsognathus*
三畳紀ノーリアンの恐竜類コエロフィシス類。コエルロサウルス下目コエロフィシス上科（未確定）。小型の肉食恐竜。体長1.2m。(分)ドイツ
¶**恐イラ**（p82/カ復）
恐絶動（p106/カ復）

プロサウロロフス　*Prosaurolophus*
白亜紀コニアシアン～カンパニアンの恐竜類サウロロフス類。鳥脚亜目ハドロサウルス科ハドロサウルス亜科。体長8～9m。(分)カナダのアルバータ州～アメリカ合衆国のモンタナ州
¶**恐イラ**（p223/カ復）
恐絶動（p150/カ復）

プロサウロロフス　*Prosaurolophus maximus*
後期白亜紀の恐竜類。竜型超綱鳥盤綱鳥脚目。(分)北米
¶**古脊椎**（図161/モ復）

プロサリルス　*Prosalirus*
中生代ジュラ紀の両生類平滑両生類無尾類。全長10cm。(分)アメリカ
¶**生ミス6**（図3-14/カ復）

プロサリルス
ジュラ紀前期の脊椎動物両生類。体長6cm。(分)アメリカ合衆国
¶**進化大**（p247/カ復）

プロスキネテス・エレガンス　*Proscinetes elegans*
ジュラ紀後期の脊椎動物全骨魚類。
¶**ゾル2**（図131/カ写）〈(産)ドイツのブルーメンベルク　28cm〉

プロスクアロドン　*Prosqualodon*
新生代新第三紀の哺乳類クジラ類。歯鯨亜目スクアロドン科。海洋に生息。体長2.3m。(分)オーストラリア, ニュージーランド, 南アメリカ
¶**恐絶動**（p231/カ復）
恐竜博（p184/カ写）〈頭骨と上顎〉

プロスコルピウス　*Proscorpius*
4億～3億3000万年前（シルル紀～石炭紀）の無脊椎動物鋏角類。全長4cm。(分)世界各地
¶**恐竜世**（p45/カ写）

プロステノプス　*Prosthennops* sp.
中新世中期～鮮新世前期の哺乳類猪豚類。鯨偶蹄目ペッカリー科。頭胴長約1.2m。(分)北アメリカ
¶**絶哺乳**（p192/カ復）

プロステノフレビア・ジュラシカ
Prostenophlebia jurassica
ジュラ紀後期の無脊椎動物昆虫類トンボ類。
¶**ゾル1**（図366/カ写）〈(産)ドイツのアイヒシュテット　翅長3.5cm〉

フロ属の種　*Furo* sp.
ジュラ紀後期の脊椎動物全骨魚類。
¶**ゾル2**（図82/カ写）〈(産)ドイツのアイヒシュテット　15cm〉
ゾル2（図84/カ写）〈(産)ドイツのゾルンホーフェン　11cm〉
ゾル2〔「フロ属」の種〕（図85/カ写）〈(産)ドイツのアイヒシュテット　50cm〉

プロタイタノテリゥム・コレアニクム
Protitanotherium koreanicum
第三紀の脊椎動物哺乳類。
¶**原色化**（PL.76-4/カ写）〈(産)朝鮮の黄海道鳳山炭田　犬歯の長さ11cm　臼歯, 犬歯〉

プロタカルス・クラニ　*Protacarus crani*
古生代デボン紀の節足動物鋏角類クモ類ダニ類。全長0.45mm。(分)イギリス
¶**生ミス3**〔プロタカルス〕（図2-4/カ復）

プロダクタス
石炭紀の無脊椎動物腕足類。最大全長7.5cm。(分)ヨーロッパ, アジア
¶**進化大**（p157/カ写）

プロダクタス
古生代ペルム紀の腕足動物有関節類。
¶**産地新**（p146/カ写）〈(産)滋賀県犬上郡多賀町エチガ谷　長さ5cm〉
産地別（p76/カ写）〈(産)宮城県気仙沼市戸屋沢　幅3.5cm〉
産地別（p76/カ写）〈(産)宮城県気仙沼市戸屋沢　幅3.2cm〉
産地別（p137/カ写）〈(産)岐阜県大垣市赤坂町金生山　幅1.5cm〉
産地本（p165/カ写）〈(産)滋賀県犬上郡多賀町権現谷　高さ3cm　関節部分〉
産地本（p165/カ写）〈(産)滋賀県犬上郡多賀町エチガ谷　左右3.6cm〉
産地本（p165/カ写）〈(産)滋賀県犬上郡多賀町エチガ谷　左右2.6cm〉
産地本（p165/カ写）〈(産)滋賀県犬上郡多賀町エチガ谷　左右2cm〉
産地本（p166/カ写）〈(産)滋賀県犬上郡多賀町エチガ谷　左右1.3cm, 左右1.2cm〉
産地本（p166/カ写）〈(産)滋賀県犬上郡多賀町権現谷　左右1.1cm, 左右3.3cm〉

プロダクタス・コラ　*Productus cora*
石炭紀の無脊椎動物腕足動物。ストロフォメナ目。
¶**図解化**（p77-4/カ写）〈(産)オーストリア - ユーゴスラヴィアのケルンテン〉

プロダクティリオセラス・ボレンゼ
Prodactylioceras bollense
ジュラ紀の軟体動物頭足類。
¶**原色化**（PL.51-1/モ写）〈(産)ドイツのヴュルテムベルグ

のボル 大きい個体の長径4.5cm〉

プロタピルス *Protapirus* sp.
漸新世前期〜中新世中期の哺乳類奇蹄類。バク型亜目バク上科バク科。頭胴長1.5〜2m。[分]ヨーロッパ, 北アメリカ
¶**絶哺乳**（p173/カ復）

プロタンキロセラス *Protancyloceras*
中生代ジュラ紀〜白亜紀の軟体動物頭足類アンモナイト類。長径10cm弱。[分]フランス, キューバ, イタリアなど
¶**生ミス6**（p159/カ復）

ブロチア *Brotia melanoides*
暁新世〜現世の無脊椎動物腹足類。中腹足目ウミニナ科。体長4cm。[分]ヨーロッパ, アジア
¶**化写真**（p120/カ写）〈[産]イギリス〉

プロチポテリウム *Protypotherium australe*
中新世の哺乳類。哺乳綱獣亜綱正獣上目南蹄目。体長50cm。[分]南米パタゴニア
¶**古脊椎**（図263/モ復）

ブロティオプシス・ワキノエンシス *Brotiopsis wakinoensis*
中生代白亜紀前期の貝類。カワニナ科。
¶**学古生**（図621/モ写）〈[産]福岡県鞍手郡宮田町脇野〉
日化譜〔Brotiopsis wakinoensis〕（図版29-10/モ写）〈[産]福岡県脇野, 朝鮮慶尚南道〉

プロティタノテリウム *Protitanotherium*
始新世中期の哺乳類奇蹄類ブロントテリウム類。植物食。
¶**化百科**（p243/カ写）〈[産]アメリカ合衆国のサウスダコタ州 歯の長さ8cm 頰歯〉

プロディノケラス *Prodinoceras* sp.
暁新世後期〜始新世前期の哺乳類。恐角目ウインタテリウム科。別名モンゴロテリウム。植物食。頭胴長約2m。[分]北アメリカ, アジア
¶**絶哺乳**（p97,99/カ写, カ復）〈[産]モンゴルのゴビ砂漠 復元骨格〉

プロティポテリウム *Protypotherium*
中新世前期の哺乳類南米有蹄類。南蹄目ティポテリウム亜目インテラテリウム科。全長40cm。[分]アルゼンチン
¶**恐絶動**（p250/カ復）
絶哺乳（p232,234/カ写, カ復, モ図）〈頭骨と部分骨格〉

プロティロプス *Protylopus*
始新世後期の哺乳類ラクダ類。ラクダ亜目ラクダ科。全長50cm。[分]合衆国のユタ, コロラド
¶**恐絶動**（p274/カ復）

プロテキサニテス・フカザワイ *Protexanites fukazawai*
白亜紀サントニアン期の軟体動物頭足類アンモナイト。アンモナイト亜目コリンニョニセラス科。
¶**アン学**（図版11-3/カ写）〈[産]羽幌地域〉
日化譜〔Protexanites fukazawai〕（図版57-5/モ写）〈[産]熊本県宇土郡〉

プロテロギュリヌス
石炭紀前期の脊椎動物爬形類。全長1.5m。[分]アメリカ合衆国, スコットランド
¶**進化大**（p168/カ復）

プロテロゴムフス・レナテアエ *Proterogomphus renateae*
ジュラ紀後期の無脊椎動物昆虫類トンボ類。
¶**ゾル1**（図367/カ写）〈[産]ドイツのアイヒシュテット 翅開長7.5cm〉

プロテロスクス
三畳紀前期の脊椎動物プロテロスクス類。全長1〜2m。[分]南アフリカ
¶**進化大**（p211/カ復）

プロテロスクス ⇒カスマトサウルスを見よ

プロテンレック *Protenrec tricuspis*
中新世前期の哺乳類真獣類。アフリカトガリネズミ目テンレック科。虫食性。頭胴長10〜15cm程度。[分]アフリカ
¶**絶哺乳**（p66/カ復）

プロトアーケオプテリクス *Protarchaeopteryx*
中生代白亜紀の恐竜類竜盤類獣脚類。小型の羽毛恐竜。全長80cm。[分]中国
¶**恐イラ**〔プロトアルカエオプテリクス〕（p159/カ復）
生ミス7（図1-2/カ復）

プロトアルカエオプテリクス ⇒プロトアーケオプテリクスを見よ

プロトイグアノドン *Protiguanodon mongoliensis*
白亜畳初期の恐竜類。竜型超綱鳥盤綱鳥脚目。全長1.5m。[分]蒙古
¶**古脊椎**（図164/モ復）

プロドゥクツス *Productus productus*
前期石炭紀の無脊椎動物腕足動物。ストロホメナ目プロドゥクツス科。体長4.5cm。[分]ヨーロッパ, アジア
¶**化写真**（p81/カ写）〈[産]イギリス〉

プロトウングラトゥム *Protungulatum*
白亜紀後期の初期の哺乳類顆節類。
¶**化百科**（p233/カ写）〈[産]アメリカ合衆国のモンタナ州 5mm 歯〉

プロトカルディア・クルメンシス *Protocardia kurumensis*
中生代ジュラ紀の軟体動物斧足類。
¶**化石フ**（p90/カ写）〈[産]富山県下新川郡朝日町 15mm〉

プロトグラモセラス
中生代ジュラ紀の軟体動物頭足類。
¶**産地本**（p232/カ写）〈[産]山口県豊浦郡豊田町石町 径2.2cm〉

プロトグランモセラス・オノイ *Protogrammoceras onoi*
中生代ジュラ紀の軟体動物頭足類アンモナイト。ヒルドセラス科。
¶**学古生**〔プロトグランモセラスの1種〕（図397,404/モ写）〈[産]山口県豊浦郡菊川町, 豊田町〉
化石フ（p110/カ写）〈[産]山口県豊浦郡豊田町 45mm〉

プロトグランモセラスの1種 *Protogrammoceras nipponicum*
中生代・前期ジュラ紀のアンモナイト。ヒルドセラス科。
¶**学古生**(図402,406,407/モ写)〈[産]山口県豊浦郡菊川町,豊田町〉

プロトクリチオプシス・ドゥビア *Protoclytiopsis dubia*
三畳紀後期の無脊椎動物節足動物。
¶**図解化**(p107-5/カ写)〈[産]イタリアのベルガモ〉

プロトケトゥス *Protocetus*
始新世中期の哺乳類クジラ類。原始鯨亜目。全長2.5m。[分]アフリカおよびアジアの地中海海域
¶**恐絶動**(p230/カ復)

プロトケラス *Protoceras*
漸新世後期〜中新世前期の哺乳類核脚類。鯨偶蹄目ラクダ亜目プロトケラス科。角のある葉食動物。全長1m。[分]合衆国のサウスダコタ
¶**恐絶動**(p270/カ復)
図解化(p225-4/カ写)〈[産]サウスダコタ州バドランズ〉
絶哺乳(p183,185/カ復,モ図)〈約23cm 頭骨〉

プロトケラトプス *Protoceratops*
7400万〜6500万年前(白亜紀後期)の恐竜類角竜類。鳥盤目周飾頭亜目プロトケラトプス科。低木地および砂漠に生息。全長1.8m。[分]モンゴル
¶**恐イラ**(p230/カ復)
恐古生(p188〜189/カ写,カ復)
恐絶動(p162/カ復)
恐太古(p76〜77/カ写)
恐竜世(p125/カ復)
恐竜博(p126/カ写,カ復)〈成獣の頭骨〉
生ミス7〔格闘恐竜〕(図2-1/カ写,カ復)〈[産]モンゴル南部 約80cm 戦闘シーン複製〉
よみ恐(p205/カ復)

プロトケラトプス
白亜紀後期の脊椎動物鳥盤類。体長2m。[分]モンゴル,中国
¶**進化大**(p350/カ写,カ復)〈頭〉

プロトケラトプス・アンドリューシ *Protoceratops andrewsi*
白亜紀後期の恐竜類鳥脚類角竜類新角竜類。鳥盤綱角竜目プロトケラトプス科。別名かぶと竜。全長2.4m。[分]アジア
¶**化写真**〔プロトケラトプス〕(p254/カ写)〈[産]モンゴル 細長い卵,頭骨〉
古脊椎〔プロトケラトプス〕(図176/モ復)
モ恐竜(p51/カ写)〈[産]モンゴル南部ツグリキン・シレ 頭骨,全身骨格〉
リア中〔プロトケラトプス〕(p194/カ復)

プロトコニフェルス・フナリウス *Protoconiferus funarius*
中生代の裸子植物。熱河生物群。
¶**熱河生**(図267/カ写)〈[産]中国の遼寧省ハルチン左翼蒙古族自治県,三官廟 花粉〉

プロトサウルス *Plotosaurus*
中生代白亜紀の爬虫類有鱗類。トカゲ亜目モササウルス科。海洋に生息。体長13m。[分]合衆国のカンザス
¶**恐絶動**(p86/カ復)
恐竜博(p149/カ復)

プロトサウルス *Plotosaurus bennisoni*
白亜紀後期の爬虫類。竜型超綱有鱗綱有鱗目蜥形亜目。全長9.36m。[分]北米カリフォルニア州
¶**古脊椎**(図118/モ復)

プロトシプリナ・ナウマニイ *Protocyprina naumanni*
中生代白亜紀の軟体動物斧足類ネオミオドン類。アイスランドガイ超科。
¶**学古生**〔プロトシプリナ・ナウマンニ〕(図700/モ写)〈[産]徳島県勝浦郡勝浦町柳谷 左殻内面,左殻外面〉
化石フ(p96/カ写)〈[産]和歌山県有田郡湯浅町 30mm〉
日化譜〔Protocyprina naumanni〕(図版45-1/モ写)〈[産]群馬県多野郡上野村など〉

プロトシプリナ・ナウマンニ ⇒プロトシプリナ・ナウマニイを見よ

プロトスクス *Protosuchus*
中生代ジュラ紀の爬虫類双弓類主竜類クルロタルシ類ワニ形類。原鰐亜目。全長1m。[分]アメリカ,ポーランド,レソトほか
¶**恐絶動**(p98/カ復)
生ミス6(図3-5/カ写,カ復)〈背側から見た骨格標本,腹側から見た骨格標本〉
生ミス7(図6-10/カ復)

プロトスクス
ジュラ紀前期の脊椎動物ワニ形類。体長1m。[分]世界各地
¶**進化大**(p254/カ復)

プロトスクス・リチャードソニ *Protosuchus richardsoni*
三畳紀後期の爬虫類ワニ形類。竜型超綱鰐綱鰐目。全長80cm。[分]北米アリゾナ州
¶**古脊椎**〔プロトスクス〕(図126/モ復)
リア中〔プロトスクス〕(p78/カ復)

プロトステガ
白亜紀後期の脊椎動物カメ類。体長3m。[分]アメリカ合衆国
¶**進化大**(p310/カ復)

プロトスピナクス *Protospinax* sp.
ジュラ紀後期の脊索動物エイ類。軟骨魚綱。
¶**図解化**(p192-下/カ写)〈[産]ドイツ〉

プロトスピナクス・アネクタンス *Protospinax annectans*
ジュラ紀後期の脊椎動物軟骨魚類サメ類。
¶**ゾル2**(図32/カ写)〈[産]ドイツのアイヒシュテット 142cm〉
ゾル2(図33/カ写)〈[産]ドイツのアイヒシュテット 154cm〉
ゾル2(図34/カ写)〈[産]ドイツのアイヒシュテット 尾〉

プロトスピナクス属(?)の種 *Protospinax*(?) sp.
ジュラ紀後期の脊椎動物軟骨魚類サメ類。
¶**ゾル2**(図35/カ写)〈[産]ドイツのアイヒシュテット 104cm〉

ゾル2（図36/カ写）〈㊜ドイツのアイヒシュテット 21cm 背側からみた頭部〉

プロトスポンギア *Protospongia hicksi*
カンブリア紀の海綿動物ガラス海綿。海綿動物門六放海綿綱プロトスポンギデー科。最大の破片は5cm×5cm。
¶バ頁岩（図37/モ写）〈㊜カナダのバージェス頁岩〉

プロトスポンギア
原生代後期〜カンブリア紀の微生物。海綿動物門。全長1mm。㊕世界各地
¶進化大（p59/カ写）

プロトスポンギア・レナナ *Protospongia rhenana*
デヴォン紀の無脊椎動物海綿動物珪質海綿。
¶図解化（p60-下右/カ写）〈㊜ドイツのブンデンバッハ〉

プロトタキシーテス・ローガニ
シルル紀後期〜デヴォン紀の植物菌類。最大高さ8m。㊕世界各地
¶進化大〔プロトタキシーテス〕（p114〜115/カ写, カ復）〈断面〉

プロトネメストリウス・ジュラッシクス *Protonemestrius jurassicus*
中生代の昆虫類短角類。双翅目。熱河生物群。
¶熱河生（図76/カ写）〈㊜中国の遼寧省北票の黄半吉溝 長さ約13mm〉
熱河生〔プロトネメストリウス・ジュラッシクスの写生画〕（図77/モ図）

プロトネメストリウス属の一種 *Protonemestrius* sp.
中生代の昆虫類短角類。熱河生物群。
¶熱河生（図88/カ写）〈㊜中国の遼寧省北票の黄半吉溝 長さ約15mm〉

プロトハドロス *Protohadros*
白亜紀セノマニアンの恐竜類鳥脚類イグアノドン類。体長6m。㊕アメリカ合衆国のテキサス州
¶恐イラ（p215/カ復）

プロトバリノフィトン・リンドラレンシス
デヴォン紀の植物ゾステロフィルム類。高さ30cm。㊕世界各地
¶進化大〔プロトバリノフィトン〕（p118/カ写）

プロトパレオディクティオンの1種 *Protopaleodictyon* sp.
白亜紀後期の前期の生痕化石。
¶学古生（図2603/モ写）〈㊜北海道三笠市奔別川〉

プロトプシケ・ブラウエリ *Protopsyche braueri*
ジュラ紀後期の無脊椎動物昆虫類セミ類。
¶ゾル1（図432/カ写）〈㊜ドイツのアイヒシュテット 10cm〉
ゾル1（図433/カ写）〈㊜ドイツのアイヒシュテット 10cm〉

プロトプセフルス・リウイ *Protopsephurus liui*
中生代の魚類。条鰭亜綱軟質下綱チョウザメ目現生ヘラチョウザメ科。熱河生物群。最古のヘラチョウザメ類。体長1m超。
¶熱河生（図98/カ写）〈㊜中国の遼寧省凌源の大王杖子〉

プロトプテラスピス・ゴッセレティ
シルル紀後期〜デヴォン紀前期の脊椎動物無顎類。㊕北アメリカ, ヨーロッパ, オーストラリア
¶進化大〔プロトプテラスピス〕（p130/カ写）

プロトプテリクス・フェンニンゲンシスの完模式標本 *Protopteryx fengningensis* 原羽鳥
中生代の鳥類反鳥類。熱河生物群。
¶熱河生（図186/カ写）〈㊜中国の河北省豊寧の四岔口〉
熱河生〔原羽鳥の復元図〕（図187/カ復）

プロトプテルム *Plotopterum*
新生代古第三紀漸新世〜新第三紀中新世の鳥類プロトプテルム類。体高2m。㊕アメリカ, 日本
¶生ミス9（図1-2-7/カ復）

プロトプテルム科の未定種 ⇒ペンギンモドキを見よ

プロトブラマ *Protobrama*
白亜紀後期の魚類。真骨目（下綱）。現生の条鰭類。全長15cm。㊕レバノン
¶恐絶動（p38/カ復）

プロトプリアプリテス・ハイコウエンシス *Protopriapulites haikouensis* 海口始鰓曳虫
カンブリア紀の鰓曳動物。鰓曳動物門パラエオプリアプリテス科。澄江生物群。最大体長約10mm。
¶澄江生（図12.2/カ写）〈㊜中国の馬房 横からの眺め〉

プロトブレクヌム
ペルム紀の植物ペルタスペルムス類。複葉全長2〜5m。㊕世界各地
¶進化大（p175/カ写）

プロトヘルトジーナ
カンブリア紀前期の微生物毛顎動物。全長2mm。㊕世界各地
¶進化大（p69/カ写）

プロトホロツリア属（？）の種 *Protoholothuria*（？）sp.
ジュラ紀後期の無脊椎動物棘皮動物ナマコ類。
¶ゾル1（図558/カ写）〈㊜ドイツのアイヒシュテット 4cm〉

プロトミルメレオン・ジュラシクス *Protomyrmeleon jurassicus*
ジュラ紀後期の無脊椎動物昆虫類トンボ類。
¶ゾル1（図370/カ写）〈㊜ドイツのアイヒシュテット 翅開長4cm〉

プロトラキセラスの1種 *Protrachyceras reitzi*
中生代三畳紀中期のアンモナイト。トラキセラス科。
¶学古生（図384/モ写）〈㊜宮城県塩釜市浜田 側面部〉
日化譜〔Protrachyceras reitzi〕（図版51-20/モ写）〈㊜宮城県宮城郡利府村浜田〉

プロトラキセラスの1種 *Protrachyceras* sp.cf.*P. pseudoarchelaus*
中生代三畳紀中期ラディニック世のアンモナイト。トラキセラス科。
¶学古生（図387/モ写）〈㊜徳島県那賀郡上那賀町長安庵ノ元 側面部〉

プロトラムナ
白亜紀バレミアン期の魚類。ネズミザメの仲間。
¶**日白亜** (p81/カ写)〈[産]和歌山県湯浅町 歯根からの高さ1.2cm 歯〉

プロトリテシテス属の1種 *Protriticites* sp., aff.*P. matsumotoi*
古生代後期石炭紀後期の紡錘虫類。フズリナ科。
¶**学古生** (図68/モ写)〈[産]福井県敦賀市 正縦断面〉

プロトリンデニア・ヴィッテイ *Protolindenia wittei*
ジュラ紀後期の無脊椎動物昆虫類トンボ類。
¶**ゾル1** (図368/カ写)〈[産]ドイツのアイヒシュテット 翅開長9.8cm〉
ゾル1 (図369/カ写)〈[産]ドイツのアイヒシュテット 翅長4.5cm 飛行中〉

プロトレテポラの1種 *Protoretepora hayasakae*
古生代後期のコケムシ類。フェネステラ科。
¶**学古生** (図176/モ写)〈[産]新潟県西頸城郡青海町 表面〉

プロトロサウルス *Protorosaurus*
ペルム紀後期の爬虫類主竜類。主竜態下綱。全長2m。[分]ドイツ
¶**恐絶動** (p87/カ復)

プロトロサウルス *Protorosaurus speneri*
ペルム紀後期の爬虫類。爬型超綱鰭竜綱原竜目。体長約1m。[分]西ドイツ, ザクセン
¶**古脊椎** (図98/モ復)

プロトロヒップス *Protorohippus*
5200万〜4500万年前（パレオジン）の哺乳類。ウマのなかま。全長0.3m。[分]アメリカ合衆国
¶**恐竜世** (p251/カ写)〈頭骨〉

プロトロヒップス
古第三紀始新世前期〜始新世中期の脊椎動物有胎盤類の哺乳類。高さ38cm。[分]アメリカ合衆国
¶**進化大** (p382〜383/カ写)〈臼歯, 頭骨, 前足〉

フロニア *Huronia vertebralis*
オルドビス紀〜シルル紀の無脊椎動物オウムガイ類。アクティノケラス目フロニア科。体長20cm。[分]北アメリカ
¶**化写真** (p135/カ写)〈[産]カナダ〉

プロバイカリア・ゲラッシモウィの殻 *Probaicalia gerassimovi*
中生代の腹足類巻き貝。ミクロメラニア科。熱河生物群。
¶**熱河生** (図30/モ写)〈[産]中国の遼寧省北票の尖山溝 長さ3.34mm, 幅1.3mm 殻口面と腹面〉

プロハイラックス *Prohyrax hendeyi*
中新世中期の哺乳類。岩狸目ハイラックス科。頭胴長約90cm。[分]アフリカ（ナミビア）
¶**絶哺乳** (p225/カ復)

プロパキルコス *Propachyrucos* sp.
漸新世後期の哺乳類南米有蹄類。南蹄目ヘゲトテリウム亜目ヘゲトテリウム科。頭胴長約30cm。[分]南アメリカ
¶**絶哺乳** (p234/カ復)

プロバクトロサウルス *Probactrosaurus*
白亜紀前期の爬虫類イグアノドン類。鳥脚亜目イグアノドン科。全長6m。[分]中国, モンゴル
¶**恐絶動** (p143/カ復)

プロパラエオテリウム *Propalaeotherium*
新生代古第三紀始新世の哺乳類真獣類奇蹄類ウマ類。肩高60cm。[分]ドイツ, フランス, 中国ほか
¶**生ミス9** (図1-4-7/カ写, カ復)〈[産]ドイツのグルーベ・メッセル 約1m〉

プロパラエホプロホルス *Propalaehoplophorus auslalis*
中新世の哺乳類。哺乳綱獣亜綱正獣上目貧歯目。全長72cm。[分]アルゼンチン南部パタゴニア
¶**古脊椎** (図232/モ復)

プロパレオテリウム
哺乳類奇蹄類。ウマ型亜目パレオテリウム科。
¶**絶哺乳** (p170/カ写)〈[産]ドイツのメッセル〉

プロパレオホプロフォルス *Propalaeohoplophorus* sp.
中新世前期〜中期の哺乳類異節類。被甲目グリプトドン科。全長1〜1.5m。[分]南アメリカ
¶**絶哺乳** (p238/カ復)

プロピゴラムピス・ブロンニ *Propygolampis bronni*
ジュラ紀後期の無脊椎動物昆虫類アメンボ類。
¶**ゾル1** (図397/カ写)〈[産]ドイツのアイヒシュテット 18cm〉
ゾル1 (図398/カ写)〈[産]ドイツのアイヒシュテット 7.5cm 翅を伴う〉
ゾル1 (図399/カ写)〈[産]ドイツのアイヒシュテット 6cm 幼生相〉

プロピリナ・メラメケニス *Propilina meramecenis*
オルドヴィス紀前期の無脊椎動物軟体動物単板類。
¶**図解化** (p114-中央/カ写)〈[産]ミズリー州〉

プロヒルモネウラ・ジュラシカ *Prohirmoneura jurassica*
ジュラ紀後期の無脊椎動物昆虫類双翅類（ハエ類）。
¶**ゾル1** (図493/カ写)〈[産]ドイツのアイヒシュテット 2cm〉

プロフズリネラの1種 *Profusulinella beppensis*
古生代後期石炭紀中期の紡錘虫類。フズリナ科。
¶**学古生** (図64/モ写)〈[産]山口県美祢郡秋芳町秋吉 正縦断面, 正横断面〉
日化譜〔Profusulinella beppensis〕(図版2-10/モ写)〈[産]秋吉 縦断面〉

プロプテルス・エロンガトゥス *Propterus elongatus*
ジュラ紀後期の脊椎動物全骨魚類。
¶**ゾル2** (図129/カ写)〈[産]ドイツのアイヒシュテット 14cm〉

プロプテルス・エロンガトゥス（I型） *Propterus elongatus,form I*
ジュラ紀後期の脊椎動物全骨魚類。
¶**ゾル2** (図105/カ写)〈[産]ドイツのアイヒシュテット 16cm〉

プロプテルス・エロンガトゥス（II型） *Propterus elongatus,form II*
ジュラ紀後期の脊椎動物全骨魚類。
¶**ゾル2**（図106/カ写）〈[産]ドイツのアイヒシュテット 17cm〉

プロプテルス・エロンガトゥス（III型） *Propterus elongatus,form III*
ジュラ紀後期の脊椎動物全骨魚類。
¶**ゾル2**（図107/カ写）〈[産]ドイツのアイヒシュテット 15cm〉

プロプテルス・ミクロストムス *Propterus microstomus*
ジュラ紀後期の脊椎動物全骨魚類。
¶**ゾル2**（図130/カ写）〈[産]ドイツのアイヒシュテット 10cm〉

プロプラオプス *Propraopus* sp.
更新世の哺乳類異節類。被甲目アルマジロ科。頭胴長約1.3m。[分]南アメリカ
¶**絶哺乳**（p237,238/カ写, カ復）〈約1.1m 背甲と尾部のよろい〉

プロプリオピテクス *Propliopithecus*
漸新世中期の哺乳類類人猿。プリオピテクス科。全長40cm。[分]エジプト
¶**恐絶動**（p290/カ復）

プロプリナ *Proplina*
カンブリア紀後期〜オルドビス紀前期の軟体動物単板類。
¶**化百科**（p151/カ写）〈[産]アメリカ合衆国のミズーリ州 3cm〉

フロ・ブレヴィヴェリス *Furo brevivelis*
ジュラ紀後期の脊椎動物全骨魚類。
¶**ゾル2**（図83/カ写）〈[産]ドイツのヴィンタースホーフ 9.5cm〉

プロブレマティカ *Acanthoteuthis mayri*
ジュラ紀後期の所属不明化石。
¶**ゾル2**（図351/カ写）〈[産]ドイツのアイヒシュテット 28cm 鞘形類中のベレムナイト類アカントトイティス・マイリのアラレ石質の甲（前甲）〉

プロブレマティカ
ジュラ紀後期の所属不明化石。
¶**ゾル2**（図333/カ写）〈[産]ドイツのアイヒシュテット この植物化石のようにみえるものは, 実は現生の草本植物がその根を泥地中に拡げたことによってできた〉

プロブレマティカ
ジュラ紀後期の所属不明化石。
¶**ゾル2**（図334/カ写）〈[産]ドイツのアイヒシュテット 大きな魚のひも状の排泄物, または分解したナマコ類の一団？〉

プロブレマティカ
ジュラ紀後期の所属不明化石。
¶**ゾル2**（図335/カ写）〈[産]ドイツのアイヒシュテット ある種の昆虫, ある種の甲殻類, あるいはその他だとすると……？〉

プロブレマティカ
ジュラ紀後期の所属不明化石。
¶**ゾル2**（図336/カ写）〈[産]ドイツのランゲンアルトハイム 6cm 忍ぶ石の一団〉

プロブレマティカ
ジュラ紀後期の所属不明化石。
¶**ゾル2**（図337/カ写）〈[産]ドイツのツァント 1.5cm これはある種のカニ類か, でなければ棘皮動物の化石かもしれない〉

プロブレマティカ
ジュラ紀後期の所属不明化石。
¶**ゾル2**（図338/カ写）〈[産]ドイツのツァント 2.5cm まさに圧し潰されたウニ類か, 魚類が残した球状の吐きもどし？〉

プロブレマティカ
ジュラ紀後期の所属不明化石。
¶**ゾル2**（図339/カ写）〈[産]ドイツのケルハイム 3.4cm 有翼の種子？植物か動物の残片？（実際は未同定のアンモナイト類の角質上顎）〉

プロブレマティカ
ジュラ紀後期の所属不明化石。
¶**ゾル2**（図340/カ写）〈[産]ドイツのアイヒシュテット 10cm サメ類の卵, 蠕虫類, それともまさにムカデ類？〉

プロブレマティカ
ジュラ紀後期の所属不明化石。
¶**ゾル2**（図341/カ写）〈[産]ドイツのケルハイム 3.2cm 小さなクラゲ類？それともこの標本の下に何かが隠れているのか？〉

プロブレマティカ
ジュラ紀後期の所属不明化石。
¶**ゾル2**（図342/カ写）〈[産]ドイツのゾルンホーフェン 2cm 小さいが, 解釈するには難物〉

プロブレマティカ
ジュラ紀後期の所属不明化石。
¶**ゾル2**（図343/カ写）〈[産]ドイツのアイヒシュテット 6cm 翼竜類の顎の一部として記載されたが, 現在は魚類の鰓の一部と考えられている〉

プロブレマティカ
ジュラ紀後期の所属不明化石。
¶**ゾル2**（図344/カ写）〈[産]ドイツのアイヒシュテット 4.5cm 幼体のカブトガニ類？〉

プロブレマティカ
ジュラ紀後期の所属不明化石。
¶**ゾル2**（図345/カ写）〈[産]ドイツのゾルンホーフェン 半ば腐敗した魚類, それともナマコ類の化石？〉

プロブレマティカ
ジュラ紀後期の所属不明化石。
¶**ゾル2**（図347/カ写）〈[産]ドイツのゾルンホーフェン 5cm 頭足類の顎器？〉

プロブレマティカ
ジュラ紀後期の所属不明化石。
¶**ゾル2**（図348/カ写）〈[産]ドイツのアイヒシュテット 34cm 糞化石, または他の生痕化石？〉

プロブレマティカ
ジュラ紀後期の所属不明化石。
¶**ゾル2**（図349/カ写）〈[産]ドイツのアイヒシュテット

30cm ナマコ類の化石？〉

プロブレマティカ
ジュラ紀後期の所属不明化石。
¶ゾル2（図350/カ写）〈㊎ドイツのゾルンホーフェン 19cm 未確定の化石〉

プロブレマティカ
ジュラ紀後期の所属不明化石。
¶ゾル2（図352/カ写）〈㊎ドイツのアイヒシュテット 15cm パキコルムス類の硬骨魚類？押し潰された体と背・腹の鰭〉

プロブレマティカ
ジュラ紀後期の所属不明化石。
¶ゾル2（図353/カ写）〈㊎ドイツのブルーメンベルク ウミユリ類の茎，またはカサノリ類？〉

プロブレマティカ
ジュラ紀後期の所属不明化石。
¶ゾル2（図354/カ写）〈㊎ドイツのシュランデル 10cmより大きなシャジクモ類の前部？〉

フ

プロブレマティカ
ジュラ紀後期の所属不明化石。現生のタカラガイ類の祖先であるコロムベリナ属（Colombellina）に類縁の腹足類？
¶ゾル2（図355/カ写）〈㊎ドイツのアイヒシュテット 2cm 海生腹足類？〉

プロブレマティカ
ジュラ紀後期の所属不明化石。魚類？
¶ゾル2（図357/カ写）〈㊎ドイツのアイヒシュテット 12cm 未確定の化石〉

プロブレマティカ
ジュラ紀後期の所属不明化石。
¶ゾル2（図358/カ写）〈㊎ドイツのアイヒシュテット 13cm 魚類か爬虫類の椎骨？〉

プロブレマティカ
ジュラ紀後期の所属不明化石。
¶ゾル2（図359/カ写）〈㊎ドイツのアイヒシュテット 甲殻類とトンボ類の入った石板〉

プロペアムシウム属の未定種 *Propeamussium* sp.
古生代ペルム紀の軟体動物斧足類。ワタゾコツヒキガイ科。
¶化石フ（p14/カ写）〈㊎岐阜県本巣郡根尾村 20mm〉

プロヘメロスコプス・ジュラシクス
Prohemeroscopus jurassicus
ジュラ紀後期の無脊椎動物昆虫類トンボ類。
¶ゾル1（図365/カ写）〈㊎ドイツのアイヒシュテット 翅長3cm〉

プロベレソドン *Probelesodon*
中生代三畳紀の単弓類獣弓類キノドン類。全長30cm。㊕ブラジル，アルゼンチン
¶生ミス5（図5-21/カ復）
生ミス5（図6-18/カ復）

プロポラ・アフィニス *Propora affinis*
古生代中期シルル紀ラドロウ世前期の床板サンゴ類。日石サンゴ科。
¶学古生（図24/モ写）〈㊎岩手県大船渡市ヤマナス沢 横断面〉

プロミクロケラス *Promicroceras*
2億年前（ジュラ紀前期）の無脊椎動物アンモナイト。アンモナイト目エオデロケラス科。最大直径2cm。㊕世界各地
¶化写真（p154/カ写）〈㊎イギリス マーストン大理石〉
恐竜世（p56/カ写）〈マーストン・マーブル〉

プロミクロケラス ⇒プロミクロセラス・プラニコスタータを見よ

プロミクロセラス・プラニコスタータ
Promicroceras planicostata
ジュラ紀前期のアンモナイト。
¶アン最（p148/カ写）〈㊎イギリスのドーセットのチャーマウス〉
世変化〔プロミクロケラス〕（図38/カ写）〈㊎英国のサマセット 視野幅6cm〉

プロミクロセラス・プラニコスタム
Promicroceras planicostum
ジュラ紀の軟体動物頭足類。
¶原色化（PL.49-2/カ写）〈㊎イギリスのドーシット州ライム・レジス 大きい個体の長径2.0cm〉

フロ（？）ミクロレピドトゥス *Furo*（？）*microlepidotus*
ジュラ紀後期の脊椎動物全骨魚類。
¶ゾル2（図78/カ写）〈㊎ドイツのゾルンホーフェン 31cm〉

プロミチルス
古生代石炭紀の軟体動物斧足類。
¶産地新（p95/カ写）〈㊎新潟県西頸城郡青海町 高さ2cm〉

プロミチルス・マイエンシス *Promytilus maiyensis*
古生代ペルム紀の軟体動物斧足類。イガイ科バリガイ亜科。
¶化石フ（p44/カ写）〈㊎宮城県登米郡東和町 27mm〉
日化譜〔Promytilus maiyensis〕（図版84-9/モ写）〈㊎宮城県登米郡東和町米谷〉

プロミッスム *Promissum*
古生代オルドビス紀の“無顎類”コノドント類。全長40cm。㊕南アフリカ
¶生ミス2（図1-4-4/カ復）

プロミッスム・プルクルム *Promissum pulchrum*
古生代オルドビス紀の“無顎類”コノドント類。全長40cm。㊕南アフリカ
¶生ミス2〔プロミッスム〕（図1-4-2/カ写）〈㊎南アフリカのスーム頁岩〉
リア古〔プロミッスム〕（p88/カ復）

プロメリコケルス *Promerycocherus carikeri*
漸中新世の哺乳類。哺乳綱獣亜綱正獣上目偶蹄目。体長1.6m。㊕北米
¶古脊椎（図318/モ復）

プロメリコエルス *Promerycochoerus*
中新世前期の哺乳類広義の反芻類。鯨偶蹄目ラクダ亜目オレオドン科。食動物。全長1m。㊕北アメリカ
¶恐絶動（p271/カ復）
絶哺乳（p196/カ復）

プロライエリセラスの一種 *Prolyelliceras* sp.
アルビアン期のアンモナイト。
¶**アン最**（p222/カ写）〈㊥ペルーのワンザレ〉

プロラストムス *Prorastomus*
始新世中期の哺乳類。鰭脚亜目カイギュウ目。推定1.5m。㊕ジャマイカ
¶**恐絶動**（p227/カ復）

プロリストラ・リトグラフィカ *Prolystra lithographica*
ジュラ紀後期の無脊椎動物昆虫類セミ類。
¶**ゾル1**（図431/カ写）〈㊥ドイツのアイヒシュテット 5cm〉

プロリセルプラ *Proliserpula ampullacea*
後期白亜紀の無脊椎動物蠕形動物。定在目セルプラ科。体長5cm。㊕ヨーロッパ
¶**化写真**（p40/カ写）〈㊥イギリス〉

フロリッサンティア・クゥイルケンシス
古第三紀の被子植物。花の直径2.5〜5.5cm。㊕北アメリカ
¶**進化大**〔フロリッサンティア〕（p366/カ写）

プロリビテリウム *Prolibytherium*
新生代新第三紀中新世の哺乳類真獣類鯨偶蹄類反芻類。鯨偶蹄目ラクダ亜目パレオメリックス科。ツノの幅35cm。㊕エジプト，リビア
¶**恐絶動**（p278/カ復）
生ミス10（図2-2-5/カ復）
絶哺乳（p200/カ復）

プロロトダクティルス *Prorotodactylus*
中生代三畳紀の爬虫類双弓類主竜類恐竜形類。足跡の大きさ5cm。㊕ポーランド，フランス
¶**生ミス5**（図6-1/カ写）〈㊥ポーランドのホーリークロス山脈 足跡〉
生ミス5〔プロロトダクティルスの足跡のひとつ〕（図6-2/カ写）
生ミス5〔プロロトダクティルスの復元図〕（図6-3/カ復）

フロ・ロンギセラトゥス *Furo longiserratus*
ジュラ紀後期の脊椎動物全骨魚類。
¶**ゾル2**（図80/カ写）〈㊥ドイツのゾルンホーフェン 15cm〉

ブロントサウルス *Brontosaurus excelsus* 雷竜
ジュラ紀後期の恐竜類。竜型超綱竜盤綱竜脚目。全長18m。㊕北米ワイオミング州
¶**古脊椎**（図150/モ復）

ブロントサウルス ⇒アパトサウルスを見よ

ブロントスコルピオ・アングリクス *Brontoscorpio anglicus*
古生代シルル紀，デボン紀の節足動物鋏角類サソリ類。全長94cm。㊕イギリス
¶**生ミス2**〔ブロントスコルピオ〕（図2-2-2/カ復）
リア古〔ブロントスコルピオ〕（p102/カ復）

ブロントテリウム *Brontotherium*
漸新世前期の哺乳類奇蹄類。奇蹄目ティタノテリウム型亜目ブロントテリウム科。肩高2.5m。㊕北アメリカ
¶**恐絶動**（p259/カ復）
図解化（p225-1/カ写）〈㊥サウスダコタ州バドランズ〉
絶哺乳（p165,166/カ写，カ復，モ図）〈頭骨〉

ブロントテリウム ⇒メガセロプスを見よ

ブロントテリウム・ギガス *Brontotherium gigas*
漸新世の脊椎動物哺乳類。
¶**図解化**（p223-10/カ写）〈㊥サウスダコタ州 下顎骨〉

ブロントプス *Brontops*
漸新世前期の哺乳類奇蹄類。奇蹄目ブロントテリウム科。疎林に生息。肩高2.5m。㊕北アメリカ
¶**恐古生**（p254〜255/カ写，カ復）〈頭蓋〉
恐絶動（p258/カ復）

ブロントプス *Brontops robustus*
前期漸新世の哺乳類。哺乳綱獣亜綱正獣上目奇蹄目。体長4.6m。㊕北米ダコタ州
¶**古脊椎**（図304/モ復）

フロ(?)cf.プラエロングス *Furo*(?) cf. *praelongus*
ジュラ紀後期の脊椎動物全骨魚類。
¶**ゾル2**（図79/カ写）〈㊥ドイツのブルン〉

プンクトスピリファの1種 *Punctospirifer triadicus kashiwaiensis*
中生代の腕足類。有関節綱スピリファ目スピリフェリナ科。
¶**学古生**（図357/モ写）〈㊥高知県高岡郡佐川町奥の峰谷〉

糞石
恐竜の糞の化石。
¶**恐竜世**（p132〜133/カ写）

糞石
ジュラ紀後期の化石。蠕虫類のような糞石。
¶**ゾル1**（図218/カ写）〈㊥ドイツのアイヒシュテット 21cm〉
ゾル1（図219/カ写）〈㊥ドイツのアイヒシュテット 10cm〉
ゾル1（図220/カ写）〈㊥ドイツのゾルンホーフェン 24cm〉

糞虫
中生代の昆虫類。熱河生物群。
¶**熱河生**（図85/カ写）〈㊥中国の遼寧省北票の黄半吉溝 長さ約20mm〉

ブンデンバキア属の蛇尾類 *Bundenbachia*
デヴォン紀の無脊椎動物棘皮動物。
¶**図解化**（p172-中央左/カ写）〈㊥ドイツのブンデンバッハ〉

フントニア *Huntonia huntoni*
デボン紀の無脊椎動物三葉虫類。ファコプス目ダルマニテス科。体長3cm。㊕北アメリカ
¶**化写真**（p62/カ写）〈㊥アメリカ〉

ブンブクウニ
新生代第三紀鮮新世の棘皮動物ウニ類。
¶**産地別**（p160/カ写）〈㊥富山県高岡市岩坪 長径7.5cm〉
産地別〔巨大なブンブクウニ〕（p161/カ写）〈㊥富山県高岡市五十辺 長径11cm〉

ブンブクウニ
新生代第四紀更新世の棘皮動物ウニ類。
¶**産地別**(p166/カ写)〈㊙石川県金沢市大桑町犀川河床 長さ6cm〉

ブンブクウニ
新生代第三紀中新世の棘皮動物ウニ類。
¶**産地別**(p203/カ写)〈㊙福井県大飯郡高浜町山中海岸 長径5cm 雌型〉

ブンブクチャガマ ⇒シザステルを見よ

ブンブクモドキの1種 *Brissopsis makiyamai*
新生代中新世のウニ。オオブンブク科。
¶**学古生**(図1926/モ写)〈㊙岡山県川上郡備中町平弟子〉

【へ】

ヘイグンイヌシデ *Carpinus heigunensis*
新生代中新世後期の陸上植物。カバノキ科。
¶**学古生**(図2322,2323/モ写)〈㊙鳥取県八頭郡佐治村辰巳峠, 秋田県仙北郡西木村桧木内又沢 葉, 果苞〉

ペイトイア ⇒ラッガニアを見よ

ペイトイア ⇒ラッガニア・カンブリアを見よ

ペイトイア・ナトルスティ *Peytoia nathorsti*
カンブリア紀の節足動物アノマロカリス類。㊕カナダ
¶**リア古**〔アノマロカリス類〕(p32〜35/カ復)

ベイピアオア・スピノサの, トゲがある果実(種子) *Beipiaoa spinosa*
およそ1億2500万年前の被子植物。熱河生物群。
¶**熱河生**(図259/カ写)〈㊙中国の遼寧省北票の黄半吉溝 長さ1cm〉

ベイピアオサウルス *Beipiaosaurus*
中生代白亜紀の恐竜類竜盤類獣脚類。羽毛恐竜。全長1.5m。㊕中国
¶**生ミス7**(図1-4/カ復)

ベイピアオサウルス・イネクスペクトゥス *Beipiaosaurus inexpectus*
中生代の恐竜類獣脚類。熱河生物群。全長推定2m以上。
¶**熱河生**〔ベイピアオサウルス・イネクスペクトゥスの完模式標本〕(図143/カ写)〈㊙中国の遼寧省北票の四合屯〉
熱河生〔ベイピアオサウルス・イネクスペクトゥスの外被拡大写真〕(図144/カ写)〈㊙中国〉

ペイピアオステウス・パニ *Peipiaosteus pani*
中生代の魚類。条鰭亜綱軟質下綱チョウザメ目ペイピアオステウス科。熱河生物群。体長1m未満。
¶**熱河生**(図96/カ写)〈㊙中国の遼寧省北票の黄半吉溝〉

ベイリキア・クラビゲラ *Beyrichia clavigera*
古生代オルドヴィス紀の無脊椎動物節足動物貝形類。
¶**図解化**(p103-3/カ写)〈㊙カナダ〉

ベイリチテス
中生代三畳紀の軟体動物頭足類。
¶**産地本**(p65/カ写)〈㊙宮城県宮城郡利府町 径11.5cm〉

ペウユラ *Puijila*
新生代新第三紀中新世の哺乳類真獣類食肉類イヌ型類。別名プイジラ。全長1m。㊕カナダ
¶**生ミス10**(図2-2-30/カ写, カ復)〈全身復元骨格〉

ヘカスピスの一種 *Hoekaspis* sp.
オルドビス紀の三葉虫。レドリキア目。
¶**三葉虫**(図21/モ写)〈㊙ボリビア 長さ97mm〉

ヘカスピス メガカンサ *Hoekaspis megacantha*
オルドビス紀の三葉虫。レドリキア目。
¶**三葉虫**(図20/モ写)〈㊙イギリス 長さ102mm〉

ペカン *Carya ventricosa*
暁新世〜現在の被子植物双子葉植物。クルミ科。
¶**化百科**(p101/カ写)〈㊙ハンガリー 種子の長さ4cm〉

ヘキサゲニテス・ケルロスス *Hexagenites cellulosus*
ジュラ紀後期の無脊椎動物昆虫類カゲロウ類。
¶**ゾル1**(図338/カ写)〈㊙ドイツのアイヒシュテット 6cm〉

ヘキサゲニテス属の種 *Hexagenites* sp.
ジュラ紀後期の無脊椎動物昆虫類カゲロウ類。
¶**ゾル1**(図339/カ写)〈㊙ドイツのシェルンフェルト 4cm〉

ヘキサゴナリア・ヘキサゴナ *Hexagonaria hexagona*
デボン紀の腔腸動物四射サンゴ類。
¶**原色化**(PL.15-6/モ写)〈㊙ドイツのアイフェル 個体の中軸部の直径1.2〜1.3cm〉

ヘキサフィリアの1種 *Hexaphyllia elegans*
古生代後期石炭紀前期の異放(異形)サンゴ類。異放サンゴ目ヘテロフィリア科。
¶**学古生**(図108/モ写)〈㊙岩手県大船渡市日頃市 横断面〉

ヘキサメリックス *Hexameryx*
新生代新第三紀鮮新世の哺乳類真獣類鯨偶蹄類反芻類プロングホーン類。鯨偶蹄目プロングホーン科。肩高70cm。㊕アメリカ
¶**生ミス10**(図2-2-4/カ復)
絶哺乳(p197/カ復)

ヘキサンカス ⇒カグラザメを見よ

ヘキサンカス科(?)未定種の顎歯 Hexanchidae (?) gen.et sp.indet.
古生代ペルム紀の魚類軟骨魚類。
¶**化石フ**(p70/カ写)〈㊙福島県いわき市 幅15mm〉

ヘクサゴナリア *Hexagonaria* sp.
デヴォン紀の無脊椎動物腔腸動物。
¶**図解化**(p69-2/カ写)〈㊙ミシガン州〉

ヘクサゴノカウロン・ミヌトゥム
三畳紀中期の植物コケ類。直径10cm。㊕南半球
¶**進化大**〔ヘクサゴノカウロン〕(p199/カ写)

ヘクサゴノコウロン *Hexagonocaulon minutum*
三畳紀～白亜紀の植物苔類。ゼニゴケ目ゼニゴケ科。高さ8cm。㊀南半球
¶**化写真**(p290/カ写)〈㊥南極〉

ヘクティコセラス *Hecticoceras (Zieteniceras)* sp.
ジュラ紀の軟体動物頭足類。別名チーテニセラス。
¶**原色化**〔ヘクティコセラス(チーテニセラス)〕(PL.50-7/モ写)〈㊥ドイツのヴュルテムベルグ 長径2.8cm〉

ペクティナリアの1種 *Pectinaria* sp.
新生代更新世の多毛類。アンフィクテネ科。
¶**学古生**(図1797/モ写)〈㊥愛知県豊橋市伊古部海岸〉

ペクテン *Pecten*
中新世の無脊椎動物貝殻の化石。
¶**恐竜世**〔イタヤガイのなかま〕(p61/カ写)

ペクテン *Pecten beudanti*
後期始新世～現世の無脊椎動物二枚貝類。ウグイスガイ目イタヤガイ科。体長8cm。㊀世界中
¶**化写真**(p100/カ写)〈㊥フランス ふくらんでいる右殻, 平坦な左殻〉

ペクテン
古生代ペルム紀の軟体動物斧足類。アカントペクテンの仲間。
¶**産地本**(p158/カ写)〈㊥滋賀県犬上郡多賀町エチガ谷 長さ(左右)3cm〉

ペクテン
古生代ペルム紀の軟体動物斧足類。ツキヒガイの仲間。
¶**産地本**(p158/カ写)〈㊥滋賀県犬上郡多賀町エチガ谷 高さ2cm〉

ペクテン・アルビカンス ⇒イタヤガイを見よ

ペクテンの一種
古生代石炭紀の軟体動物斧足類。
¶**産地別**(p116/カ写)〈㊥新潟県糸魚川市青海町 長さ0.6cm 雌型標本を疑似本体に写真変換〉

ペクテン(ノトボラ)・アルビカンス ⇒イタヤガイを見よ

ペクテン・マキシムス
古第三紀～現代の無脊椎動物二枚貝類。別名イタヤガイ, ヨーロッパ・ホタテガイ。蝶番線の長さ約10cm。㊀世界各地
¶**進化大**〔ペクテン〕(p428/カ写)

"ペクテン"(ユゥペクテン)・ウスリクス
"Pecten" (Eupecten) ussuricus
三畳紀の軟体動物斧足類。
¶**原色化**(PL.40-1/カ写)〈㊥宮城県本吉郡津谷 左側の個体の幅4.5cm〉

ペクテン・ラチシムス *Pecten latissimus*
鮮新世の無脊椎動物軟体動物。
¶**図解化**(p118-上/カ写)〈㊥イタリアのアレッサンドリアのヴァレ・アンドナ カキ科の幾つかのものが付着〉

ペクテン(リロペクテン)・マディソニゥス
Pecten (Lyropecten) madisonius
第三紀の軟体動物斧足類。
¶**原色化**(PL.78-1/モ写)〈㊥北アメリカのワシントン 高さ7cm〉

ペクトカリス・スパティオサ *Pectocaris spatiosa*
大型梳蝦
カンブリア紀の節足動物。節足動物門ペクトカリス科。澄江生物群。
¶**澄江生**(図16.35/カ写)〈㊥中国の小濫田, 帽天山 側面からの眺め, 背側からの眺め〉

ペコプテリス *Pecopteris*
石炭紀後期～ペルム紀中期のシダ植物真葉シダ植物。リュウビンタイ目。プサロニウスなどの木生シダの複葉。
¶**化百科**(p82/カ写)〈長さ10cm〉
図解化〔パルマトプテリス、ネウロプテリス、ペコプテリスの仲間〕(p45-11/カ写)〈㊥ドイツ〉
図解化〔Pecopteris〕(図版1-1/カ写)〈㊥イリノイ州メゾン・クリーク〉
図解化〔Pecopteris〕(図版1-2/カ写)〈㊥イリノイ州メゾン・クリーク〉
図解化〔Pecopteris〕(図版1-4/カ写)〈㊥イリノイ州メゾン・クリーク〉

ペコプテリス *Pecopteris* sp.
石炭紀の植物ソテツシダ類。
¶**学古生**〔ペコプテリスの1種〕(図327/モ写)〈㊥宮城県登米郡東和町米谷古館〉
化石フ〔ペコプテリス属の未定種〕(p23/カ写)〈㊥宮城県登米郡東和町 80mm〉
図解化(p44-3/カ写)〈㊥アメリカ〉
図解化(p45-7/カ写)〈㊥ドイツ〉
図解化(p45-9/カ写)〈㊥ドイツ〉

ペコプテリス *Pecopteris unita*
古生代石炭紀のシダ植物シダ類。リュウビンタイ目リュウビンタイ科。高さ4m。㊀世界中
¶**化写真**(p292/カ写)〈㊥フランス〉
植物化(p21/カ写)〈㊥スペイン〉

ペコプテリス・アーボレッセンス *Pecopteris arborescens*
石炭紀の裸子植物蘇鉄状羊歯類。
¶**原色化**(PL.30-3/モ写)〈㊥ドイツのチューリンゲンのイルメノウ 長さ10.5cm〉

ペコプテリス・カンドレアーナ *Pecopteris candolleana*
二畳紀の裸子植物蘇鉄状羊歯類。
¶**原色化**(PL.31-1/モ写)〈㊥朝鮮の平壌三神洞 小羽片の長さ6mm〉

ペコプテリスの1種
石炭紀後期～ペルム紀前期の植物シダ類。最大高さ10m。㊀世界各地
¶**進化大**〔プサロニウス〕(p148/カ写)

ペコプテリス・ミルトニ *Pecopteris miltoni*
古生代石炭紀のシダ植物。
¶**化石図**(p75/カ写, カ復)〈㊥アメリカ合衆国 葉の長さ約10cm〉
原色化〔ペコプテリス・ミルトニイ〕(PL.28-2/カ写)〈㊥北アメリカのイリノイ州グランディ 長さ11.5cm〉

ペコプテリス・ミルトニイ　⇒ペコプテリス・ミルトニを見よ

ペコプテリス・メゾニアヌム
石炭紀後期〜ペルム紀前期の植物シダ類。最大高さ10m。[分]世界各地
¶**進化大**〔プサロニウス〕(p148/カ写)

ヘスペロキオン　*Hesperocyon*
新生代古第三紀始新世〜漸新世の哺乳類真獣類食肉類イヌ型類イヌ類。食肉目イヌ科。頭胴長40cm。[分]アメリカ, カナダ
¶**化百科**(p237/カ写)〈頭骨長15cm 頭骨〉
恐絶動(p218/カ復)
生ミス9(図1-3-14/カ復)
生ミス9(図0-1-16/カ写, カ復)〈[産]アメリカ 36cm〉
絶哺乳(p113,114/カ写, カ復)〈復元骨格〉

ヘスペロキオン
古第三紀始新世後期〜漸新世後期の脊椎動物有胎盤類の哺乳類。全長80cm。[分]アメリカ合衆国
¶**進化大**(p381/カ写)

へ

ヘスペロサウルス　*Hesperosaurus*
ジュラ紀キンメリッジアン〜ティトニアンの恐竜類剣竜類。体長6m。[分]アメリカ合衆国のワイオミング州
¶**恐イラ**(p147/カ復)

ヘスペロニス　⇒ヘスペロルニス・レガリスを見よ

ヘスペロルニス　*Hesperornis*
7500万年前(白亜紀後期)の鳥類。ヘスペロルニス科。海岸に生息。全長2m。[分]アメリカ合衆国
¶**恐竜世**(p209/カ写)
恐竜博(p156/カ写)
生ミス8(図8-32/カ写, カ復)〈水中に潜るときのようすを復元した全身骨格標本のレプリカ〉

ヘスペロルニス
白亜紀後期の鳥類。体長1m。[分]北アメリカ
¶**進化大**(p355/カ写)

ヘスペロルニス類　*Hesperornithiformes*
中生代白亜紀サントニアン期の鳥類。鳥綱真鳥亜綱ヘスペロルニス目。体長90cm。
¶**日絶古**(p50〜51/カ写, カ復)〈[産]北海道三笠市幾春別川上流 脊椎骨, 大腿骨の一部, 腓骨〉

ヘスペロルニス・レガリス　*Hesperornis regalis*
白亜紀後期の鳥類。ヘスペロルニス目ヘスペロルニス科。全長1.5m。[分]カナダ, アメリカ
¶**化写真**〔ヘスペロニス〕(p259/カ写)〈[産]アメリカ 結合した偏平な中足骨, 鞍形の椎体〉
恐絶動(p174/カ復)
古脊椎〔ヘスペロルニス〕(図189/モ復)
リア中〔ヘスペロルニス〕(p188/カ復)

ペゾシーレン　*Pezosiren portelli*
始新世前期/中期境界頃の哺乳類。カイギュウ目プロラストムス科。全長約2m。[分]カリブ海(ジャマイカ)
¶**絶哺乳**(p146/カ復)

ヘダイ属未定種の歯　*Sparus* sp.
新生代第三紀鮮新世の魚類硬骨魚類。
¶**化石フ**(p220/カ写)〈[産]千葉県銚子市 15mm〉

ヘダイの歯
新生代第三紀鮮新世の脊椎動物硬骨魚類。
¶**産地本**(p84/カ写)〈[産]千葉県銚子市長崎鼻海岸 左右2.3cm 臼歯が集まったもの〉

ペタルラ　*Petalura* sp.
ジュラ紀〜現世の無脊椎動物昆虫類。トンボ目ペタルラ科。体長2cm。[分]ヨーロッパ, オーストラリアとその周辺
¶**化写真**(p76/カ写)〈[産]ドイツ〉

ペタロダス属未定種の顎歯　*Petalodus* sp.
古生代ペルム紀の魚類軟骨魚類。
¶**化石フ**(p70/カ写)〈[産]栃木県安蘇郡葛生町 幅19mm〉

ペタロドゥス　*Petalodus acuminatus*
前期石炭紀〜二畳紀の脊椎動物軟骨魚類。ペタロドゥス目ペタロドゥス科。体長3.5m。[分]北半球
¶**化写真**(p198/カ写)〈[産]イギリス 前歯〉

ペタロドゥスの仲間　*Neopetalodus* sp.
古生代石炭紀〜ペルム紀の軟骨魚類。軟骨魚綱板鰓亜綱ペタロドゥス目ペタロドゥス科。体長30cm〜1m前後。
¶**日絶古**〔ペタロドゥス〕(p24〜25/カ写, カ復)〈[産]金生山 歯〉

ベチュラ　*Betula* sp.
中新世〜現世の双子葉の被子植物類。ブナ目カバノキ科。高さ15m。[分]世界中
¶**学古生**〔カバノキ属の1種〕(図2319,2320/モ写)〈[産]山形県鶴岡市加茂町油戸 果穂, 果鱗〉
化写真(p310/カ写)〈[産]ドイツ〉
日化譜〔Betula sp.〕(図版80-23/モ写)〈[産]横浜市戸塚区長沼 花粉〉

ベチュリテス　*Betulites* sp.
後期白亜紀〜中新世の双子葉の被子植物類。ブナ目カバノキ科。高さ10m。[分]世界中
¶**化写真**(p307/カ写)〈[産]アメリカ〉

ペッカムニシキ　*Palliolum* (*Delectopecten*) *peckhami*
漸新世末〜鮮新世の軟体動物斧足類。
¶**日化譜**(図版39-12,13/モ写)〈[産]北海道勇払郡古冠, 北海道夕張市〉

ペッキスファエラ・ウェルティキルラタ
Peckisphaera verticillata
中生代のシャジクモ類。熱河生物群。
¶**熱河生**〔ペッキスファエラ・ウェルティキルラタの頂面〕(図212/モ写)〈[産]中国の遼寧省阜新 幅550μm〉
熱河生〔ペッキスファエラ・ウェルティキルラタの側面〕(図213/モ写)〈[産]中国の遼寧省阜新 長さ575μm, 幅525μm〉

ペッキスファエラ・パラグラヌリフェラの側面
Peckisphaera paragranulifera
中生代のシャジクモ類。熱河生物群。
¶**熱河生**(図218/モ写)〈[産]中国の遼寧省義県の皮家溝 長さ450μm, 幅350μm〉

ペッキスファエラ・ムルティスピラの側面
Peckisphaera multispira
中生代のシャジクモ類。熱河生物群。
¶**熱河生**（図217/モ写）〈[産]中国の河北省灤平の大店子 長さ370μm, 幅300μm〉

ベックウィチア *Beckwithia*
節足動物アグラスピス類。
¶**生ミス2**（図2-1-8/カ写）〈45mm〉

ベッコウガキ *Neopycnodonta musashiana*
新生代第三紀中新世～現世の貝類。ベッコウガキ科。
¶**学古生**（図1480,1481/モ写）〈[産]石川県金沢市利屋町〉

ベッショリュウグウハゴロモ *Periploma (Aelga) besshoensis*
漸新世末期の軟体動物斧足類。
¶**日化譜**（図版49-25/モ写）〈[産]福島県双葉郡久ノ浜, 同常磐市別所〉

ヘッスラーイデス・ブーフォ
石炭紀中期の無脊椎動物節足動物。大きさ最大3～4cm。[分]北アメリカ
¶**進化大**〔ヘッスラーイデス〕（p161/カ写）

ヘッレラサウルス ⇒ヘレラサウルスを見よ

ペディウミアス クラーキイ *Paediumias clarki*
カンブリア紀前期の三葉虫。オレネルス目。
¶**三葉虫**（図1/モ写）〈[産]アメリカのカリフォルニア州 長さ35mm〉

ペディウミアス ネバデンシス *Paediumias nevadensis*
カンブリア紀前期の三葉虫。オレネルス目。
¶**三葉虫**（図3/モ写）〈[産]アメリカのカリフォルニア州 長さ63mm〉

ペディウミアス ヨーケンシス *Paediumias yorkensis*
カンブリア紀前期の三葉虫。オレネルス目。
¶**三葉虫**（図4/モ写）〈[産]アメリカのペンシルバニア州 長さ48mm〉

ペディナ・リトグラフィカ *Pedina lithographica*
ジュラ紀後期の無脊椎動物棘皮動物ウニ類。
¶**ゾル1**（図534/カ写）〈[産]ドイツのプファルツパイント 4cm〉
ゾル1（図535/カ写）〈[産]ドイツのプファルツパイント 10cm〉

ペテイノサウルス *Peteinosaurus*
中生代三畳紀の翼竜類嘴口竜類。ランフォリンクス上科ディモルフォドン科。湿地, 川の流域に生息。体長60cm。[分]イタリア北部
¶**恐イラ**（p77/カ復）
恐竜博（p57/カ復）

ヘテラスター属の未定種 *Heteraster* sp.
中生代白亜紀の棘皮動物ウニ類。
¶**化石フ**（p135/カ写）〈[産]熊本県天草郡姫戸町 45mm〉
図解化〔ヘテラスター〕（p178-2/カ写）〈[産]ドイツ〉

ヘテラステルの1種 *Heteraster yuasensis*
中生代の棘皮動物。
¶**学古生**（図727/モ写）〈[産]三重県度会郡南勢町飯満〉

ペデルペス *Pederpes*
古生代石炭紀の両生類。全長1m。[分]イギリス
¶**生ミス4**（図1-2-9/カ写, カ復）〈[産]スコットランド 50cm〉

ペデルペス
石炭紀前期の脊椎動物。初期の四肢動物。全長1m。[分]スコットランド
¶**進化大**（p165/カ写）

ペデルペス・フィンネヤエ *Pederpes finneyae*
古生代石炭紀の脊椎動物両生類。全長1m。[分]イギリス
¶**リア古**〔ペデルペス〕（p172/カ復）

ヘテロキアタス・エキコスタータス ⇒ムシスチョウジガイを見よ

ヘテロキアタス・ジャポニクス ⇒スチョウジガイを見よ

ヘテロキアトゥス
新第三紀後期～現代の無脊椎動物花虫類。最長1cm。[分]インド洋, 太平洋
¶**進化大**（p425/カ写）

ヘテロサミア・オバリス・ジャポニカ
Heteropsammia ovalis japonica
第四紀更新世後期の腔腸動物六射サンゴ類。
¶**原色化**（PL.84-2/カ写）〈[産]千葉県君津郡富来田町地蔵堂 長さ1.3cm, 長さ1.5cm 底面, 上面〉

ヘテロステギナの1種 *Heterostegina suborbiculus*
新生代更新世中期, 更新世後期の大型有孔虫。ヌムリテス科。
¶**学古生**（図998,1001/モ写）〈[産]沖縄県国頭郡読谷村座喜味, 沖縄県島尻郡具志頭村港川〉

ヘテロストロフス・ラトゥス *Heterostrophus latus*
ジュラ紀後期の脊椎動物全骨魚類。
¶**ゾル2**（図101/カ写）〈[産]ドイツのアイヒシュテット 41cm〉

ヘテロセラス
中生代白亜紀の軟体動物頭足類。
¶**産地別**（p186/カ写）〈[産]和歌山県有田郡湯浅町栖原 長径6cm〉
日白亜（p81/カ写）〈[産]和歌山県湯浅町 3.3cm〉

ヘテロセラス・アスティエリに近縁の種
Heteroceras (Heteroceras) aff.*H.astieri*
中生代白亜紀前期のアンモナイト。ヘテロセラス科。
¶**学古生**（図469/モ写）〈[産]埼玉県秩父郡小鹿町坂本沢 側面, 上面〉
学古生（図472/モ写）〈[産]群馬県多野郡中里村間物沢 側面〉

ヘテロドンタス ⇒ネコザメを見よ

ヘテロドントゥス属の種 *Heterodontus* sp.
ジュラ紀後期の脊椎動物軟骨魚類ネコザメ類。
¶**学古生**〔ネコザメ属の1種〕（図1931/モ写）〈[産]沖縄島〉
ゾル2（図10/カ写）〈[産]ドイツのアイヒシュテット 73cm〉

ゾル2（図11/カ写）〈[産]ドイツのアイヒシュテット 頭部下面〉

ヘテロドントゥス・ファルキファー *Heterodontus falcifer*
ジュラ紀後期の脊椎動物軟骨魚類ネコザメ類。
¶**ゾル2**（図9/カ写）〈[産]ドイツのヴィンタースホーフ 28cm〉

ヘテロドントサウルス *Heterodontosaurus*
2億～1億9000万年前（ジュラ紀前期）の恐竜類。鳥脚亜目ヘテロドントサウルス科。小型の鳥盤類。低木地帯に生息。全長1m。[分]南アフリカ
¶**恐イラ**（p109/カ復）
恐絶動（p134/カ復）
恐竜世（p120/カ写, カ復）〈完全骨格〉
恐竜博（p86/カ写, カ復）〈頭骨化石, 粘土の中で化石化した骨格〉
よみ恐（p70～71/カ復）

ヘテロドントサウルス *Heterodontosaurus tuckii*
前期ジュラ紀の脊椎動物恐竜類。鳥盤目ヘテロドントサウルス科。体長1m。[分]南アフリカ
¶**化写真**（p249/カ写）〈[産]南アフリカ 頭骨〉

ヘテロドントサウルス
ジュラ紀前期の脊椎動物鳥盤類。体長1m。[分]南アフリカ
¶**進化大**（p271/カ写）

ヘテロヒウス *Heterohyus* sp.
始新世前～後期の哺乳類"原真獣類"。アパテミス科。虫食性。頭胴長約13cm, 尾長約18cm。[分]ヨーロッパ
¶**絶哺乳**（p67/カ復）

ヘテロプチコセラス
中生代白亜紀の軟体動物頭足類。
¶**産地別**（p27/カ写）〈[産]北海道苫前郡羽幌町逆川 長径10cm〉
産地別（p27/カ写）〈[産]北海道苫前郡羽幌町逆川 長径7.2cm お下がり〉
産地別（p185/カ写）〈[産]和歌山県有田郡有田川町吉見 長径5.4cm〉
産地本（p21/カ写）〈[産]北海道苫前郡羽幌町逆川 長径7cm〉
産地本（p29/カ写）〈[産]北海道苫前郡苫前町古丹別川 長径5cm〉

ヘテロプチコセラス・オバタイ *Heteroptychoceras obatai*
中生代白亜紀の軟体動物頭足類。
¶**化石フ**（p128/カ写）〈[産]北海道留萌郡小平町 160mm〉

ヘテロプチコドゥス
白亜紀バレミアン期～アプチアン期？のサメ類。全長約1m。
¶**日白亜**（p104～107/カ写, カ復）〈[産]群馬県神流町 歯〉

ヘテロプティグマティス・オリエンタリス *Heteroptygmatis orientalis*
中生代ジュラ紀後期の貝類。ネリネア科。
¶**学古生**（図626/モ写）〈[産]熊本県芦北郡田浦町〉

ヘテロプティコセラスの一種 *Heteroptychoceras* sp.
チューロニアン期のアンモナイト。
¶**アン最**（p132/カ写）〈[産]北海道〉

ヘテロヘリックス・プラナータ *Heterohelix planata*
中生代・後期白亜紀の小型有孔虫。ヘテロヘリックス科。
¶**学古生**（図936/モ写）〈[産]熊本県天草郡河浦町崎津〉

ベトゥラ・イスランディカ
白亜紀末期～現代の被子植物。別名カバノキ。高さ最大24m。[分]アジア, ヨーロッパ, 北アメリカなど北半球の温帯地方
¶**進化大**〔ベトゥラ〕（p392/カ写）

ベトゥーラ・ミオルミニフェラ *Betula mioluminifera*
新第三紀中新世前期の植物。カバノキ科カバノキ属。
¶**化石図**（p152/カ写）〈[産]福島県 葉の全長約9cm〉

ペトラスクラ属の種 *Petrascula* sp.
ジュラ紀後期の藻類カサノリ類。
¶**ゾル1**（図11/カ写）〈[産]ドイツのブルン 2cm〉

ペトロカス・アオシマイ ⇒アオシマオキナエビスを見よ

ペトロダス属未定種の皮歯 *Petrodus* sp.
古生代ペルム紀の魚類軟骨魚類。
¶**化石フ**（p69/カ写）〈[産]岐阜県大垣市赤坂町 幅11mm〉

ペトロフィトンの1種 *Petrophyton tenue*
中生代ジュラ紀後期の紅藻類。ソレノポラ科。
¶**学古生**（図2129/モ写）〈[産]徳島県那賀郡上那賀町臼ヶ谷 縦断面, 横断面〉
日化譜〔Petrophyton tenue〕（図版12-2/モ写）〈[産]高知県佐川, 福島県相馬 断面〉

ペトロラコサウルス *Petrolacosaurus*
石炭紀後期の爬虫類。アレオスケリス目。初期の双弓類。全長40cm。[分]合衆国のカンザス
¶**恐絶動**（p82/カ復）

ヘナタリ *Cerithidea*（*Cerithiopsis*）*cingulata*
新生代第四紀完新世の貝類。ウミニナ科。
¶**学古生**（図1784/モ写）〈[産]横浜市戸塚区柏尾川〉

ヘナタリ
新生代第三紀中新世の軟体動物腹足類。
¶**産地本**（p204/カ写）〈[産]滋賀県甲賀郡土山町鮎河 高さ2cm〉
産地本（p239/カ写）〈[産]岡山県阿哲郡大佐町原川 高さ3.4cm〉

ヘナタリ？
新生代第三紀中新世の軟体動物腹足類。ウミニナ科。
¶**産地新**（p118/カ写）〈[産]富山県上新川郡大沢野町土 高さ2.5cm〉

ベニエガイ *Barbatia bicorolata*
新生代第四紀完新世の貝類。フネガイ科。
¶**学古生**（図1749/モ写）〈[産]千葉県館山市沼〉

ベニオキナエビス *Mikadotrochus hirasei*
現世の軟体動物腹足類オキナエビス類。
¶**化石フ**（p11/カ写）〈(産)不明（日本） 幅80mm〉
原色化〔ミカドトロカス・ヒラセイ〕（PL.1-3/カ写）〈(産)土佐湾 高さ約10cm〉

ベニオビショクコウラ *Harpa harpa*
新生代第三紀鮮新世の軟体動物腹足類。ショクコウラ科。
¶**化石フ**（p176/カ写）〈(産)高知県安芸郡安田町 85mm〉

ベニグリガイ（？） *Glycymeris* sp.cf.*G.rotunda*
新生代第三紀鮮新世～更新世の貝類。タマキガイ科。
¶**学古生**（図1477/モ写）〈(産)石川県金沢市小二俣町〉

ペニレテポーラ
古生代ペルム紀の蘚虫動物隠口類。
¶**産地本**（p152/カ写）〈(産)滋賀県犬上郡多賀町権現谷 長さ10mm〉

ペニレテポラの1種 *Penniretepora regularis*
古生代後期石炭紀中期のコケムシ類。隠口目アカントクラディア科。
¶**学古生**（図174/モ写）〈(産)新潟県西頸城郡青海町 接断面〉

ペニレテポラの1種 *Penniretepora* sp.cf.*P.irregularis*
古生代後期のコケムシ類。アカントクラディア科。
¶**学古生**（図175/モ写）〈(産)新潟県西頸城郡青海町 接断面〉

ベネリカルディア・プラニコスタ *Venericardia planicosta*
第三紀の軟体動物斧足類。
¶**原色化**（PL.79-8/モ写）〈(産)フランスのパリのショモン 幅8.8cm〉

ベネルカルディア・パンダ ⇒ダイニチフミガイを見よ

ペネロプリスの1種 *Peneroplis planatus*
新生代更新世前期の大型有孔虫。ソリテス科。
¶**学古生**（図1000/モ写）〈(産)鹿児島県大島郡伊仙町馬根〉

ヘノーダス *Henodus chelyops*
三畳紀後期の爬虫類板歯類。爬型超綱鰭竜綱板歯目。汽水域に生息。全長1m。(分)ドイツ
¶**古脊椎**（図112/モ復）
リア中〔ヘノダス〕（p44/カ復）

ヘノダス ⇒ヘノドゥスを見よ

ヘノドゥス *Henodus*
中生代三畳紀の爬虫類双弓類鰭竜類板歯類。板歯目ヘノドゥス科。礁湖に生息。体長1m。(分)ドイツ南部
¶**恐イラ**（p71/カ復）
恐絶動（p70/カ復）
恐竜博（p52/カ復）
生ミス5〔ヘノダス〕（図2-11/カ写, カ復）

ベバイテス・ラパレンティに近縁の種 *Bevahites* aff.*B.lapparenti*
中生代白亜紀後期のアンモナイト。コリグノニセラス科。
¶**学古生**（図517/モ写）〈(産)愛媛県西条市仏崎 側面〉

ヘパティキテス *Hepaticites*
デボン紀後期～白亜紀のコケ植物。苔綱フタマタゴケ目。
¶**化百科**（p80/カ写）〈(産)イングランド北部のヨークシャー州 4.1cm〉

ヘバーテラ・シニュアータ *Hebertella sinuata*
オルドビス紀の腕足動物類。
¶**原色化**（PL.8-4/カ写）〈(産)北アメリカのオハイオ州 幅3.3および3.9cm〉
図解化〔Hebertella sinuata〕（図版5-20/カ写）〈(産)アメリカ合衆国〉

ヘプトドン *Heptodon*
始新世前期の哺乳類バク類。サイ亜目ヘラレテス科。全長1m。(分)合衆国のワイオミング
¶**恐絶動**（p259/カ復）

ヘフリガ・セラタ *Hefriga serrata*
ジュラ紀後期の無脊椎動物甲殻類小型エビ類。
¶**ゾル1**（図264/カ写）〈(産)ドイツのアイヒシュテット 4cm〉

へ

ペブロテリウム *Poëbrotherium labiatum*
漸新世の哺乳類。哺乳綱獣亜綱正獣上目偶蹄目ラクダ科。体長76cm。(分)北米
¶**古脊椎**（図322/モ復）

ベヘモトプス *Behemotops*
新生代古第三紀漸新世の哺乳類真獣類束柱類。全長3m。(分)日本, アメリカ, カナダ
¶**生ミス10**（図2-2-23/カ写, カ復）〈全身復元骨格〉
生ミス10〔束柱類の骨の組織構造〕（図2-2-28/カ図）

ベマラムダ *Bemarambda pachyoesteus*
暁新世前期の哺乳類。汎歯目ベマラムダ科。植物食。肩高約45cm。(分)東アジア（中国）
¶**絶哺乳**（p92,94/カ写, カ復）〈(産)中国の広東省南雄 全長約135cm 全身骨格で模式標本〉

ヘミアスター・フルネリ *Hemiaster fournelli*
白亜紀後期の無脊椎動物棘皮動物。
¶**図解化**（p178-5/カ写）〈(産)アルジェリア〉

ヘミアステル *Hemiaster batnensis*
白亜紀～現世の無脊椎動物ウニ類。心形目チビブンブク科。直径4cm。(分)世界中
¶**化写真**（p183/カ写）〈(産)チュニジア〉

ヘミアステルの1種 *Hemiaster uwajimensis*
中生代白亜紀後期の棘皮動物。
¶**学古生**（図729/モ写）〈(産)北海道三笠市幾春別川〉

ヘミキオン *Hemicyon*
新生代新第三紀中新世の哺乳類真獣類食肉類イヌ型類クマ類。食肉目クマ科。肉食性。頭胴長1.5m。(分)フランス, 中国, スロバキアほか
¶**恐絶動**（p215/カ復）
生ミス9（図0-1-23/カ復）
絶哺乳（p118/カ復）

ヘミキクラスピス *Hemicyclaspis*
デボン紀前期の魚類無顎類。骨甲目。全長13cm。(分)英国のイングランド
¶**恐絶動**（p23/カ復）

ヘミキクラスピス *Hemicyclaspis murchisoni*
魚類。無顎超綱無顎綱骨甲目。(分)スコットランド，ノールウェー
¶**古脊椎**（図2/モ復）

ヘミキダリス *Hemicidaris*
1億7600万～6500万年前（ジュラ紀中期～白亜紀後期）の無脊椎動物棘皮動物。とげをふくめた直径20cm，とげをふくめない直径2～4cm。(分)イギリス
¶**恐竜世**（p41/カ写）

ヘミキダリス・インターメディア *Hemicidaris intermedia*
ジュラ紀の棘皮動物ウニ類。キダリスモドキ目キダリスモドキ科。直径約4cm。(分)世界中
¶**化写真**〔ヘミキダリス〕（p178/カ写）〈(産)イギリス〉
原色化（PL.53-8/カ写）〈(産)イギリスのウィルツ州カーン 長径2.8cm〉
地球博〔ウニ〕（p81/カ写）

ヘミキダリス・インテルメディア
ジュラ紀中期～白亜紀後期の無脊椎動物棘皮動物。とげを含み直径20cm，とげなし直径2～4cm。(分)イギリス
¶**進化大**〔ヘミキダリス〕（p242/カ写）

ヘミキダリス・クレヌラリス *Hemicidaris crenularis*
中生代ジュラ紀のウニ類。ヘミキダリス目ヘミキダリス科。
¶**化石図**（p104/カ写，カ復）〈(産)スイス 横幅約3cm 殻本体と太いトゲの化石〉

ヘミキダリス属の種 *Hemicidaris* sp.
ジュラ紀後期の無脊椎動物棘皮動物ウニ類。
¶**図解化**〔Hemicidaris sp.〕（図版39-7/カ写）〈棘〉
ゾル1（図529/カ写）〈(産)ドイツのパインテン 14cm〉

ヘミキダリス？の1種 *Hemicidaris*? sp.
中生代ジュラ紀中期の棘皮動物。ヘミキダリス科。
¶**学古生**（図730/モ写）〈(産)高知県高岡郡仁淀町白石川〉

ヘミキダルス・ヒーログリフス *Hemicidars hieroglyphus*
ジュラ紀後期の無脊椎動物棘皮動物。
¶**図解化**（p177-4/カ写）〈(産)ドイツ〉

ヘミクラスター
中生代白亜紀の棘皮動物ウニ類。
¶**産地別**（p187/カ写）〈(産)和歌山県有田郡湯浅町栖原 長径2.9cm〉

ヘミクリヌス *Hemicrinus canon*
後期ジュラ紀～前期白亜紀の無脊椎動物ウミユリ類。マガリウミユリ目ヘミクリヌス科。萼の直径8mm。(分)ヨーロッパ
¶**化写真**（p170/カ写）〈(産)イギリス〉

ヘミクルター
新生代第三紀中新世の脊椎動物硬骨魚類。コイ科。
¶**産地本**（p250/カ写）〈(産)長崎県壱岐郡芦辺町長者が原崎（壱岐島） 体長12cm〉

ヘミシセルーラ・カジヤマイ *Hemicytherura kajiyamai*
新生代更新世の甲殻類（貝形類）。シセルーラ科シセルーラ亜科。
¶**学古生**（図1880/モ写）〈(産)神奈川県宮田層 左殻，右殻〉

ヘミシセルーラ・トリカリナータ *Hemicytherura tricarinata*
新生代現世の甲殻類（貝形類）。シセルーラ科シセルーラ亜科。
¶**学古生**（図1881/モ写）〈(産)静岡県浜名湖 右殻，両殻（背面）〉

ヘミセントロタス・プルケリムス *Hemicentrotus pulcherimus*
第四紀更新世後期の棘皮動物ウニ類。
¶**原色化**（PL.89-3/カ写）〈(産)神奈川県三浦市下宮田 直径3.5cm〉

ヘミディスクス・クネイフォルミス *Hemidiscus cuneiformis*
新生代第三紀～完新世の珪藻類。同心目。
¶**学古生**（図2097/モ写）〈(産)秋田県北秋田郡鷹巣町小田〉

ヘミノウチルス・チョーシエンシス *Heminautilus tyosiensis*
中生代白亜紀前期のオオムガイ類。ノーチラス科。
¶**学古生**（図476/モ写）〈(産)千葉県銚子市波止山 腹側面〉

ヘミノウチルス・チョーシエンシスに近縁の種 *Heminautilus* aff.*H.tyosiensis*
中生代白亜紀前期のオオムガイ類。ノーチラス科。
¶**学古生**（図474/モ写）〈(産)千葉県銚子市君ケ浜北方 腹面〉

ヘミプネウステス・ラディアタス *Hemipneustes radiatus*
中生代白亜紀のウニ類。ニセブンブク目ヘミプネウステス科。
¶**化石図**（p115/カ写，カ復）〈(産)オランダ 横幅約10cm〉
図解化〔ヘミプネウステス・ラディアツス〕（p179-4/カ写）〈(産)ギリシアのクレタ島〉

ヘミプネウステス・ラディアツス ⇒ヘミプネウステス・ラディアタスを見よ

ヘミプリオニテス・サワタヌス *Hemiprionites sawatanus*
三畳紀の軟体動物頭足類。
¶**原色化**（PL.41-4/カ写）〈(産)愛媛県東宇和郡田穂 長径2.5cm〉

ヘミプリオニテスの1種 *Hemiprionites morianus*
中生代三畳紀初期のアンモナイト。プリオニテス科。
¶**学古生**（図366/モ写）〈(産)愛媛県東宇和郡城川町田穂上組 側面部，外巻断面および腹側部〉

ヘミプリオニテスの1種 *Hemiprionites shikokuensis*
中生代三畳紀初期のアンモナイト。プリオニテス科。
¶**学古生**（図367/モ写）〈(産)愛媛県東宇和郡城川町田穂上組 側面部，断面，腹側部〉

ヘミプリオニテスの1種 *Hemiprionites shimizui*
中生代三畳紀初期のアンモナイト。プリオニテス科。
¶**学古生**（図368/モ写）〈(産)愛媛県東宇和郡城川町田穂上組〉

ヘミプリオニテスの1種 *Hemiprionites tahoensis*
中生代三畳紀初期のアンモナイト。プリオニテス科。
¶**学古生**（図369/モ写）〈[産]愛媛県東宇和郡城川町田穂上組 側面部〉
日化譜〔Hemiprionites tahoensis〕（図版51-6/モ写）〈[産]愛媛県東宇和郡魚成〉

ヘミプリシテス
新生代第三紀鮮新世の脊椎動物軟骨魚類。
¶**産地新**（p72/カ写）〈[産]千葉県銚子市長崎町長崎鼻 高さ1.4cm 歯〉

ヘミプリスチス・セラ *Hemipristis serra*
始新世～現世の脊椎動物軟骨魚類。メジロザメ目ヘミガレウス科。体長5m。[分]世界中
¶**化写真**〔ヘミプリスチス〕（p204/カ写）〈[産]アメリカ 復元した歯列, 上顎歯, 下顎歯〉
原色化〔ヘミプリスティス・セラ〕（PL.80-8/カ写）〈[産]イギリスのブラックルスハム 高さ1.5cm〉
図解化〔Hemipristis serra〕（図版40-2/カ写）〈[産]メリーランド州〉
図解化〔Hemipristis serra〕（図版40-10/カ写）〈[産]イタリア〉

ヘミプリスティス
新生代第三紀中新世の脊椎動物軟骨魚類。
¶**産地本**（p125/カ写）〈[産]長野県下伊那郡阿南町大沢川 高さ1.2cm〉
産地本（p188/カ写）〈[産]三重県安芸郡美里村柳谷 高さ1.6cm, 高さ2cm〉

ヘミプリスティス・セラ ⇒ヘミプリスチス・セラを見よ

ヘミロドン・アンプリピゲ *Hemirhodon amplipyge*
カンブリア紀中期の無脊椎動物節足動物三葉虫。コリネクソカス目。
¶**三葉虫**〔ヘミロドン アンプリピゲ〕（図31/モ写）〈[産]アメリカのユタ州 長さ103mm〉
図解化（p98-2/カ写）〈[産]ユタ州〉
図解化（p98-3/カ写）〈[産]ユタ州〉

ヘラシカ *Alces* sp.
更新世後期の哺乳類。
¶**日化譜**（図版89-26/モ写）〈[産]神奈川県高座郡海老名町河原口 右角外側面〉

へら象 ⇒プラチベロドンを見よ

ペラティスピラの1種 *Pellatispira rutteni*
新生代始新世後期の大型有孔虫。ヌムリテス科。
¶**学古生**（図949,957/モ写）〈[産]東京都小笠原村母島石門〉

ペラデクテス *Peradectes* sp.
白亜紀後期～始新世中期の哺乳類有袋類米州袋類。オポッサム形目オポッサム科。頭胴長15cm程度。[分]北アメリカ, 南アメリカ, ヨーロッパ, アフリカ
¶**絶哺乳**（p54/カ復）

ペラテリウム *Peratherium* sp.
始新世中期～中新世前期の哺乳類有袋類米州袋類。オポッサム形目オポッサム科。頭胴長15cm程度。[分]北アメリカ, ヨーロッパ, アフリカ
¶**絶哺乳**（p54,56/カ写, カ復）〈[産]アメリカのワイオミング州〉

ペラノモドン *Pelanomodon*
2億5500万年前（ペルム紀後期）の哺乳類獣弓類。全長1m。[分]アフリカ南部
¶**恐竜世**（p221/カ写）〈頭骨〉

ペラノモドン
ペルム紀後期の脊椎動物単弓類。全長1m。[分]南アフリカ
¶**進化大**（p192～193/カ写）〈頭骨, 中耳骨〉

ヘラレテス *Helaletes nanus*
後期始新世の哺乳類。哺乳綱獣亜綱正獣上目奇蹄目。体長75cm。[分]北米
¶**古脊椎**（図313/モ復）

ヘラレテス *Helaletes* sp.
始新世中～後期の哺乳類奇蹄類。バク型亜目バク上科“ヘラレテス科”。肩高約50cm, 頭骨全長約18cm。[分]アジア, 北アメリカ
¶**絶哺乳**（p173/カ復）

ベラントセア *Belantsea*
古生代石炭紀の軟骨魚類全頭類。全長60cm。[分]アメリカ
¶**生ミス4**（図1-2-4/カ復）

ベラントセア
石炭紀後期の脊椎動物軟骨魚類。全長70cm。[分]アメリカ合衆国
¶**進化大**（p164/カ写）

ヘランドテリウム *Hellandotherium duvernoyi*
中新世後期の哺乳類。哺乳綱獣亜綱正獣上目偶蹄目キリン科。体長2m。[分]ギリシャ, マケドニア, ハンガリー, 南部ソビエト, イラン～パキスタン
¶**古脊椎**（図335/モ復）

ペリアクス・ライエリ *Periachus lyelli*
始新世の無脊椎動物棘皮動物。
¶**図解化**（p180-6/カ写）〈[産]ジョージア州〉

ヘリアナヒラコケムシ *Schizomavella auriculata*
新生代更新世後期のコケムシ類。唇口目有嚢亜目ヒラコケムシ科。
¶**学古生**（図1090/モ写）〈[産]千葉県君津市西谷〉

ヘリアンサスター *Helianthaster*
古生代デボン紀のヒトデ類。大きなもので直径50cm超。
¶**生ミス3**（図1-9/カ写）〈[産]ドイツのフンスリュックスレート〉

ヘリアンサスター ⇒ヘリアントアスター・レナヌスを見よ

ヘリアントアスター・レナヌス *Helianthaster rhenanus*
デボン紀前期の無脊椎動物棘皮動物ヒトデ類。全長50cm。[分]ドイツ
¶**図解化**（p172-下中央/カ写）〈[産]ブンデンバッハ〉
リア古〔ヘリアンサスター〕（p132/カ復）

ヘリオバチス ⇒ヘリオバティスを見よ

ヘリオバティス *Heliobatis*
5400万～3800万年前（パレオジン前期～中期）の初期の脊椎動物軟骨魚類。アカエイの近縁種の可能性

がある魚。全長1m。㊕アメリカ合衆国
¶恐竜世(p70/カ写)

ヘリオバティス *Heliobatis radians*
前期始新世の脊椎動物軟骨魚類。トビエイ亜目アカエイ科。尾を含めた体長30cm。㊕アメリカ
¶化写真〔ヘリオバチス〕(p206/カ写)〈㊞アメリカ〉
地球博〔エイ〕(p82/カ写)

ヘリオバティス
古第三紀始新世中期の脊椎動物軟骨魚類。全長1m。㊕アメリカ合衆国
¶進化大(p377/カ写)

ヘリオフィラム
デヴォン紀前期〜中期の無脊椎動物花虫類。平均直径3cm。㊕ヨーロッパ, 北アフリカ, アメリカ合衆国, オーストラリア
¶進化大(p123/カ写)

ヘリオフィルム *Heliophyllum* sp.
デボン紀の無脊椎動物サンゴ類。スタウリア目ザファレンテア科。夾の直径2cm。㊕アジアをのぞく世界中
¶化写真(p50/カ写)〈㊞カナダ〉

ヘリオフィルム・ヘリアントイデス *Heliophyllum helianthoides*
デボン紀の腔腸動物四射サンゴ類。
¶原色化(PL.15-7/モ写)〈㊞ドイツのアイフェル 直径6cm〉

ヘリオフィルム・ホーリ *Heliophyllum halli*
古生代デボン紀の無脊椎動物腔腸動物四放サンゴ類。
¶化石図(p54/カ写)〈直径約4cm〉
図解化〔ヘリオフィルム・ホーリィ〕(p69-4/カ写)〈㊞カナダのオンタリオ州〉

ヘリオフィルム・ホーリィ ⇒ヘリオフィルム・ホーリを見よ

ヘリオメデュサ・オリエンタ *Heliomedusa orienta*
東方日射水母貝
カンブリア紀の腕足動物。腕足動物門クラニオプス目。澄江生物群。長さ5〜22mm。
¶澄江生(図17.6/カ写)〈㊞中国の帽天山, 馬房 背側から見たところ, 前縁の拡大図〉

ヘリオリテス *Heliolites*
シルル紀後期〜デボン紀中期の刺胞動物サンゴ類花虫類床板サンゴ類ヘリオリテス類。別名太陽サンゴ。
¶化百科(p116/カ写)〈幅7cm〉

ヘリオリテス
オルドヴィス紀中期〜デヴォン紀中期の無脊椎動物花虫類。サンゴポリプ骨格の直径1〜2mm。㊕世界各地
¶進化大(p101/カ写)

ヘリオリテス
古生代デボン紀の腔腸動物床板サンゴ類。
¶産地新(p91/カ写)〈㊞福井県大野郡和泉村上伊勢 群体の左右6cm 泥岩中の群体を切断・研磨したもの〉
産地別(p100/カ写)〈㊞福井県大野市上伊勢 左右2cm〉

ヘリオリテス
古生代デボン紀の腔腸動物床板サンゴ類。別名日石サンゴ。
¶産地新(p23/カ写)〈㊞岩手県大船渡市日頃市町大森 画面の左右4cm 表面印象〉
産地本(p105/カ写)〈㊞岐阜県吉城郡上宝村福地 左右3cm 研磨面縦断面〉
産地本(p225/カ写)〈㊞高知県高岡郡越知町横倉山 大きな円の径2mm 研磨面, 拡大したもの〉

ヘリオリテス
古生代シルル紀の腔腸動物床板サンゴ類。
¶産地新(p89/カ写)〈㊞岐阜県吉城郡上宝村一重ヶ根 画面のサイズ5×5cm 風化面〉
産地新(p89/カ写)〈㊞岐阜県吉城郡上宝村一重ヶ根 左右約6cm 研磨縦断面〉
産地新(p193/カ写)〈㊞高知県高岡郡越知町横倉山 画面の大きさ横5.5×縦5cm 群体〉
産地本(p225/カ写)〈㊞高知県高岡郡越知町横倉山 径6cm 鎖サンゴを取り囲むようにして成長した群体〉

ヘリオリテス・インタースティンクタス
Heliolites interstinctus
シルル紀の腔腸動物床板サンゴ類。
¶原色化(PL.10-2/モ写)〈㊞イギリスのダッドレイ 個体の直径約1.2mm〉

ヘリオリテス属の未定種 *Heliolites* sp.
古生代デボン紀の腔腸動物床板サンゴ類。別名ニッセキサンゴ。
¶化石フ(p29/カ写)〈㊞岐阜県吉城郡上宝村 個虫の径1mm〉
原色化〔ヘリオリテス〕(PL.15-1/モ写)〈㊞福井県大野郡和泉村伊勢谷 群体の長径8cm〉

ヘリオリテス・デシペンス *Heliolites decipens*
古生代中期の床板サンゴ類。日石サンゴ科。
¶学古生(図22/モ写)〈㊞岩手県大船渡市クサヤミ沢 横断〜縦断面〉

ヘリオリテス・ボヘミクス *Heliolites bohemicus*
古生代中期シルル紀ラドロウ世前期の床板サンゴ類。日石サンゴ科。
¶学古生(図23/モ写)〈㊞岩手県大船渡市樋口沢 縦断面〉
日化譜〔Heliolites bohemicus〕(図版20-3/モ写)〈㊞岩手県大船渡市盛町 横断面, 縦断面〉

ヘリオリテス・ポロサス *Heliolites porosus*
デヴォン紀の無脊椎動物腔腸動物。床板サンゴ目。
¶図解化(p71-1/カ写)

ペリカニミムス ⇒ペレカニミムスを見よ

ペリカン竜 ⇒プテラノドンを見よ

ヘリコスフェラ・インターメディア
Helicosphaera intermedia
新生代中新世初期〜中期のナンノプランクトン。ポントスフェラ科。
¶学古生(図2064/モ写)〈㊞石川県珠洲市宝立町〉

ヘリコスフェラ・カルテライ *Helicosphaera carteri*
新生代中新世初期〜中期のナンノプランクトン。ポントスフェラ科。
¶学古生(図2065/モ写)〈㊞石川県珠洲市宝立町〉

ヘリコスフェラ・セリイ *Helicosphaera sellii*
新生代鮮新世のナンノプランクトン。ポントスフェラ科。
¶**学古生**（図2066/モ写）〈[産]富山県氷見市大境〉

ベリコプシス *Berycopsis*
白亜紀後期の魚類。真骨目（下綱）。現生の条鰭類。全長36cm。[分]英国のイングランド
¶**恐絶動**（p39/カ復）

ベリコプシス *Berycopsis elegans*
白亜紀後期の魚類。顎口超綱硬骨魚綱条鰭亜綱真骨上目キンメダイ目。全長30cm。[分]イギリス
¶**古脊椎**（図46/モ復）

ヘリコプラクス
カンブリア紀前期の無脊椎動物棘皮動物。全長2.5～4cm。[分]アメリカ
¶**進化大**（p72/カ写）

ヘリコプリオン *Helicoprion*
ペルム紀前期の初期の脊椎動物軟骨魚類。全長5.5m。[分]世界各地
¶**恐竜世**（p71/カ写, カ復）〈歯〉
生ミス4（図2-4-1/カ写）〈歯〉
生ミス4〔ヘリコプリオンをめぐる、過去100年以上の試行錯誤〕（図2-4-2/カ復）
生ミス4（図2-4-3/カ写, カ図, カ復）

ヘリコプリオン *Helicoprion* sp.
ペルム紀前期のサメ類。軟骨魚綱ユージネオーダス目アガシゾーダス科。歯列の直径25cm。
¶**世変化**（図28/カ写）〈[産]米国のアイダホ州 26cm〉
日絶古（p26～27/カ写, カ復）〈[産]宮城県気仙沼市 接合歯列〉

ヘリコプリオンの歯
ペルム紀のサメ類。
¶**古代生**（p122/カ写）

ヘリコプリオン・ベソノフイ *Helicoprion bessonowi*
ペルム紀の脊椎動物軟骨魚類全頭類。エウゲネオドゥス目アガシゾドゥス科。体長3m以上。[分]世界中
¶**化写真**〔ヘリコプリオン〕（p198/カ写）〈[産]ロシア 螺旋状の歯〉
原色化（PL.37-2/カ写）〈[産]群馬県勢多郡東村花輪 長径26cm〉
日化譜〔Helicoprion bessonowi〕（図版63-1/モ写）〈[産]群馬県足尾地方〉
リア古〔ヘリコプリオン〕（p186/カ復）

ペリスフィンクティスの一種 *Perisphinctes* sp.
ジュラ紀の軟体動物頭足類アンモナイト。
¶**アン最**（p161/カ写）〈[産]ドイツのビシンゲン〉
アン最（p217/カ写）〈[産]メキシコのサン・ルイス・ポトシ〉
原色化〔"ペリスフィンクテス"〕（PL.48-1/カ写）〈長径9cm〉

ペリスフィンクテス（ペリスフィンクテス亜属）の1種 *Perisphinctes*（*Perisphinctes*）*ozikaensis*
中生代ジュラ紀後期のアンモナイト。ペリスフィンクテス科。
¶**学古生**（図442/モ写）〈[産]宮城県石巻市石浜の海底〉
日化譜〔Perisphinctes (s.s.) ozikaensis〕（図版54-14/モ写）〈[産]宮城県石巻市荻ノ浜〉

ヘリックス・アスペルサ
新第三紀～現代の無脊椎動物腹足類。別名マイマイ。殻高最長4.5cm。[分]世界各地
¶**進化大**〔ヘリックス〕（p427/カ写）

ヘリックス属の有肺腹足類 *Helix*
第四紀の無脊椎動物軟体動物。
¶**図解化**（p128-下/カ写）〈[産]イタリアのベルガモ〉

ペリッソプテラ・エレガンス *Perissoptera elegans*
中生代白亜紀前期の貝類。モミジソデガイ科。
¶**学古生**（図612/モ写）〈[産]千葉県銚子市君ケ浜〉

ヘリトコブシ
新生代第四紀完新世の節足動物甲殻類。
¶**産地本**（p147/カ写）〈[産]愛知県知多市古見 長さ（上下）1.7cm〉

ヘリトリコブシ近似種 *Philyra* sp.cf.*P.heterograna*
新生代の甲殻類十脚類。コブシガニ科。
¶**学古生**（図1847/モ写）〈[産]愛知県伊勢湾埋立地〉

ベリヌルス *Belinurus*
デボン紀～石炭紀の節足動物甲殻類鋏角類カブトガニ類リムルス類。
¶**化百科**（p141/カ写）〈尾を含む長さ5cm〉
図解化〔プレストウィキア属とベリヌルス属〕（p102-3～5/カ写）

ヘリフォラ *Heliophora* sp.
第三紀後期の無脊椎動物棘皮動物。
¶**図解化**（p180-1/カ写）〈[産]モロッコ〉

ペリプローマ ⇒リュウグウハゴロモガイを見よ

ペルカ *Perca*
5500万～3700万年前（パレオジン中期～後期）の初期の脊椎動物硬骨魚類。現生のパーチ（スズキのなかま）のなかま。全長30cm。[分]アメリカ合衆国
¶**恐竜世**（p75/カ写）

ペルクロクタ *Percrocuta*
中新世中期～後期の哺乳類ハイエナ類。食肉目ハイエナ科。全長1.5m。[分]アフリカ, アジア, ヨーロッパに広く分布
¶**恐絶動**（p219/カ復）

ベルゲリアエスクニディア・アブスキサ *Bergeriaeschnidia abscissa*
ジュラ紀後期の無脊椎動物昆虫類トンボ類。
¶**ゾル1**（図348/カ写）〈[産]ドイツのアイヒシュテット 翅開長12cm〉

ベルゲリアエスクニディア属の種 *Bergeriaeschnidia* sp.
ジュラ紀後期の無脊椎動物昆虫類トンボ類。
¶**ゾル1**（図346/カ写）〈[産]ドイツのアイヒシュテット 6cm〉
ゾル1（図347/カ写）〈[産]ドイツのアイヒシュテット 7cm 2標本を含む石板〉

ペルシオス *Pelusios sinuatus*
前期更新世～現世の脊椎動物無弓類。カメ目ペロメドゥサ科。体長50cm。[分]アフリカ

へ

¶化写真 (p227/カ写)〈㊥タンザニア 内側, 外側〉

ヘルシオン・ギガンテア *Helcion gigantea*
白亜紀の軟体動物腹足類。
¶原色化 (PL.61-3/カ写)〈㊥北海道 長さ25cm〉
日化譜〔Helcion gigantea〕(図版26-11/モ写)〈㊥北海道天塩アベシナイ, 石狩, 空知など〉

ペルスピカリス *Perspicaris dictynna*
カンブリア紀の節足動物。節足動物門甲殻亜門とその仲間。平均長2.24cm。
¶バ頁岩 (図106,107/モ写, モ復)〈㊥カナダのバージェス頁岩〉

ベールゼブフォ
白亜紀後期の脊椎動物両生類。体長40cm。㊀マダガスカル島
¶進化大 (p308)

ベルゼブフォ *Beelzebufo*
中生代白亜紀の両生類平滑両生類無尾類。全長41cm。㊀マダガスカル
¶生ミス7 (図6-15/カ復)

ベールゼブフォ・アムピンガ *Beelzebufo ampinga*
中生代白亜紀の両生類カエル類。頭胴長41cm。㊀マダガスカル
¶リア中〔ベールゼブフォ〕(p234/カ復)

ペルタステス・アムブレラ *Peltastes umbrella*
白亜紀の棘皮動物ウニ類。
¶原色化 (PL.69-3/カ写)〈㊥イギリスのウィルト州ウォーミンスター 最大径1.1cm〉

ペルディプテス・デブリエシ *Perudyptes devriesi*
新生代古第三紀始新世の鳥類ペンギン類。体高75cm。㊀ペルー
¶生ミス9〔ペルディプテス〕(図1-2-3/カ写, カ復)〈発見されている化石を本来の位置に配置したもの〉

ペルテフィルス *Peltephilus*
漸新世〜中新世の哺乳類異節類アルマジロ類。被甲目ペルテフィルス科。頭胴長約50cm。㊀アルゼンチンのパタゴニア地方
¶恐絶動 (p207/カ復)
絶哺乳 (p238,240/カ復, モ図, カ写)〈頭骨〉

ペルトバトラクス *Peltobatrachus*
ペルム紀後期の両生類迷歯類。分椎綱。全長70cm。㊀タンザニア
¶恐絶動 (p51/カ復)

ペルニウム *Perunium* sp.
中新世後期の哺乳類真獣類。食肉目イヌ型亜目イタチ科。肉食性。頭胴長約1m。㊀ヨーロッパ
¶絶哺乳 (p117,119/カ写, カ復)〈㊥モルドバ 頭骨長約20cm 頭骨と下顎〉

ベルニサルティア *Bernissartia*
中生代ジュラ紀〜白亜紀の爬虫類クルロタルシ類ワニ形類。中鰐亜目。全長60cm。㊀ベルギー, スペイン, アメリカほか
¶恐絶動 (p98/カ復)
生ミス7 (図6-9/カ写, カ復)〈㊥ベルギー〉

ペルノペクテン属の未定種 *Pernopecten* sp.
古生代ペルム紀の軟体動物斧足類。ワタゾコツヒキガイ科。
¶化石フ (p14/カ写)〈㊥岐阜県大垣市赤坂町 65mm〉
原色化〔"ペルノペクテン"〕(PL.36-2/カ写)〈㊥岐阜県不破郡赤坂町金生山 高さ7.5cm〉

ベルミテュブスの1種 *Vermitubus sumitaensis*
古生代二畳紀の多毛類。
¶学古生 (図1798/モ写)〈㊥岩手県気仙郡住田町川口〉

ベルミリオプシスの1種 *Vermiliopsis* sp.
古生代〜新生代の多毛類。カンザシゴカイ科。
¶学古生 (図1791/モ写)〈㊥鹿児島県大島郡喜界町上嘉鉄〉

ヘルミンソキトン *Helminthochiton turnacianus*
前期オルドビス紀〜石炭紀の無脊椎動物多殻類。新ヒザラガイ目サメハダヒザラガイ科。体長7cm。㊀ヨーロッパ, 北アメリカ
¶化写真 (p114/カ写)〈㊥ベルギー 殻〉

ヘルミントイダの1種 *Helminthoida japonica*
白亜紀後期の前期の生痕化石。
¶学古生 (図2600/モ写)〈㊥北海道三笠市奔別川〉

ヘルミントイダ・ラビリンチカ *Helminthoida labirintica*
第三紀の生痕化石。
¶図解化 (p92-下右/カ写)

ヘルミントキトン *Helminthochiton*
オルドビス紀〜石炭紀の軟体動物多板類。
¶化百科 (p151/カ写)〈全長8cm〉

ヘルミントチトン亜科の未定種
Helminthochitoninae gen.et sp.indet
古生代ペルム紀の軟体動物多殻類。
¶化石フ (p35/カ写)〈㊥岐阜県大垣市赤坂町 80×70mm〉

ヘルミントプシスの1種 *Helminthopsis okkesiensis*
白亜紀の生痕化石。
¶学古生 (図2601/モ写)〈㊥北海道厚岸郡厚岸町糸魚沢〉

ヘルメティア *Helmetia expansa*
カンブリア紀の節足動物。節足動物門アラクノモルファ亜門。サイズ20cm以上。
¶バ頁岩 (図141/モ写)〈㊥カナダのバージェス頁岩〉

ペルモフォルス・アルベクゥウス
石炭紀前期〜ペルム紀前期の無脊椎動物二枚貝類。長さ2〜4cm。㊀世界各地
¶進化大〔ペルモフォルス〕(p180/カ写)

ペルモフォルス属の未定種 *Permophorus* sp.
古生代ペルム紀の軟体動物斧足類。トマヤガイ超科ペルモフォルス科。
¶化石フ (p45/カ写)〈㊥京都府加佐郡大江町 15mm〉

ペルモフォルス・テヌイストリアータ
Permophorus tenuistriata
古生代ペルム紀の軟体動物斧足類。トマヤガイ超科ペルモフォルス科。
¶学古生〔ペルモフォルスの1種〕(図222/モ写)〈㊥京都府加佐郡大江町公荘〉

化石フ(p45/カ写)〈㊞宮城県登米郡東和町 25mm〉

ペルレイドゥス *Perleidus*
三畳紀前期～中期の魚類。条鰭亜綱。原始的な条鰭類。全長15cm。㊷全世界
¶恐絶動(p35/カ復)

ヘルレラサウルス ⇒ヘレラサウルスを見よ

ヘルレラサウルス・イスキグアラステンシス
Herrerasaurus ischigualastensis
中生代三畳紀の爬虫類恐竜類竜盤類。全長4.5m以上。㊷アルゼンチン
¶リア中〔ヘルレラサウルス〕(p64/カ復)

ペレカニミムス *Pelecanimimus*
白亜紀オーテリビアン～バレミアンの恐竜類獣脚類テタヌラ類コエルロサウルス類オルニトミモサウルス類。竜盤目獣脚亜目。俊足のハンター。体長2m。㊷スペイン
¶恐イラ(p161/カ復)
恐太古(p164～165/カ写)〈口先, 頭骨, 骨格〉
よみ恐〔ペリカニミムス〕(p187/カ復)

ペレコディテス(スパツリテス亜属)の1種
Pelekodites (Spatulites) spatians
中生代ジュラ紀中期のアンモナイト。ソニニア科。
¶学古生(図440/モ写)〈㊞宮城県気仙沼市綱木坂〉

ペレコディテス・スパティアンズ
中生代ジュラ紀の軟体動物頭足類。
¶産地別(p81/カ写)〈㊞宮城県気仙沼市夜這路峠 長径4.8cm ラペットが残った雌型標本を疑似本体に写真変換〉

ベレニケア
ジュラ紀の無脊椎動物コケムシ類。別名ククザラコケムシ。群体直径1.5cm。㊷世界各地
¶進化大(p236/カ写)

ベレムナイト
中生代ジュラ紀の軟体動物頭足類。
¶産地別(p138/カ写)〈㊞福井県大野市貝皿 長さ5cm〉
産地本(p122/カ写)〈㊞福井県大野郡和泉村下山 長さ7.3cm〉
図解化(p25-1/カ写)〈セルピュラ(Serpula)に覆われた〉
図解化(p160-左/カ写)〈㊞ドイツのフランコニア 断面〉

ベレムナイト
中生代白亜紀の軟体動物頭足類。
¶産地本(p69/カ写)〈㊞岩手県下閉伊郡田野畑村明戸 長さ7.3cm〉
日白亜(p78～79/カ復)〈㊞和歌山県湯浅町〉

ベレムナイト
軟体動物頭足類。
¶図解化〔藍鉄鉱で化石化されたベレムナイト〕(p15-2/カ写)

ベレムナイト ⇒パキテウシスを見よ

ベレムナイト ⇒ベレムニテラ・マクロナータを見よ

ベレムナイト石灰岩 *Belemnite limestone*
三畳紀～白亜紀の無脊椎動物矢石類。㊷世界中
¶化写真(p164/カ写)〈㊞ドイツ〉

ベレムナイトの一種
中生代ジュラ紀の軟体動物頭足類。
¶産地新(p38/カ写)〈㊞宮城県桃生郡北上町追波 長さ3.9cm, 長さ3.4cm 印象に接着剤を流し込んで型を取ったもの〉
産地新(p108/カ写)〈㊞福井県大野郡和泉村貝皿 長さ19cm〉
産地新(p108/カ写)〈㊞福井県大野郡和泉村貝皿 長さ6cm〉

ベレムナイトの一種
中生代白亜紀の軟体動物頭足類。
¶産地新(p39/カ写)〈㊞岩手県下閉伊郡田野畑村明戸 長さ7.7cm〉

ベレムナイトの鞘
軟体動物頭足類。
¶図解化(p10-1/カ写)

ベレムナイトの鞘とフラグモコーンの化石
Fossilized remains of belemnite rostrums and phragmocones
軟体動物頭足類ベレムナイト。
¶アン最(p30/カ写)

ベレムニテラ・マクロナータ *Belemnitella mucronata*
白亜紀の軟体動物頭足類ベレムナイト類。ベレムナイト目ベレムニテラ科。体長40cm。㊷北半球
¶化写真〔ベレムニテラ〕(p163/カ写)〈㊞オランダ〉
化百科〔ベレムニテラ〕(p178/カ写)〈㊞オランダ 長さ8cm〉
原色化(PL.69-8/カ写)〈㊞イギリスのノーフォーク州ノリッジ 長さ7.5cm〉
図解化〔Belemnitella mucronata〕(図版36-6/カ写)〈㊞フランス〉
世変化〔ベレムナイト〕(図65/カ写)〈㊞オランダのマーストリヒト 長さ15cm〉

ベレムニテラ・ムクロナタ
白亜紀後期の無脊椎動物頭足類。長さ最大13cm。㊷ヨーロッパ, 北アメリカ
¶進化大〔ベレムニテラ〕(p300/カ写)

ベレムノチュウティス・アンティクア ⇒ベレムノテウチスを見よ

ベレムノテウチス *Belemnotheutis antiqua*
後期ジュラ紀の無脊椎動物矢石類。ベレムナイト目ベレムノテウチス科。体長12cm。㊷ヨーロッパ
¶化写真(p165/カ写)〈㊞イギリス〉
原色化〔ベレムノチュウティス・アンティクア〕(PL.47-2/モ写)〈㊞イギリスのウィルツ州クリスティアン・マルフォード 高さ9.5cm〉

ベレムノプシス・アブレビアータス *Belemnopsis abbreviatus*
ジュラ紀の軟体動物頭足類。
¶原色化(PL.53-4/カ写)〈㊞イギリスのウィルツ州ウェストベリイ 長さ15cm〉

ベレムノプシス・ハスタータ *Belemnopsis hastata*
中生代ジュラ紀の頭足類矢石類。矢石目ベレムノプシス科。

¶化石図 (p103/カ写)〈(産)ドイツ　長さ約16cm〉

ヘレラサウルス　*Herrerasaurus*
三畳紀後期の恐竜類獣脚類。竜盤目獣脚亜目？ヘレラサウルス科。初期の肉食恐竜。川辺の森に生息。体長3〜6m。(分)アルゼンチン
¶恐イラ (p78/カ復)
恐古生〔ヘッレラサウルス〕(p106〜107/カ写, カ復)〈骨格〉
恐太古 (p115/カ写)
恐竜博〔ヘルレラサウルス〕(p43/カ写, カ復)〈復元骨格〉
生ミス5〔ヘルレラサウルス〕(図6-8/カ写, カ復)〈全身復元骨格〉
よみ恐 (p25/カ復)

ヘレラサウルス
三畳紀後期の脊椎動物獣脚類。全長3〜6m。(分)アルゼンチン
¶進化大 (p216/カ復)

ベレロフォン　*Bellerophon* sp.
シルル紀〜前期三畳紀の無脊椎動物腹足類。古腹足目ベレロフォン科。体長7.5cm。(分)世界中
¶化写真 (p115/カ写)〈(産)ベルギー　上面〉

ベレロフォン
シルル紀〜三畳紀前期の無脊椎動物腹足類。最大直径5cm。(分)世界各地
¶進化大 (p159/カ写)

ベレロフォン
古生代石炭紀の軟体動物腹足類。
¶産地別 (p111/カ写)〈(産)新潟県糸魚川市青海町　長径約0.8cm〉

ベレロフォン
古生代ペルム紀の軟体動物腹足類。
¶産地別 (p130/カ写)〈(産)岐阜県本巣市根尾初鹿谷　長径2.5cm〉
産地別 (p130/カ写)〈(産)岐阜県本巣市根尾初鹿谷　長径3cm程度〉
産地別 (p135/カ写)〈(産)岐阜県大垣市赤坂町金生山　長径10cm〉
産地別〔カクベレ〕(p137/カ写)〈(産)岐阜県大垣市赤坂町金生山　長さ3cm〉
産地本 (p113/カ写)〈(産)岐阜県大垣市赤坂町金生山　径9cm, 径8cm〉

ベレロフォン・ジョンシアヌス　*Bellerophon jonesianus*
古生代ペルム紀の巻貝類。ベレロフォン目ベレロフォン科。
¶化石図 (p86/カ写, カ復)〈(産)岐阜県　横幅約8cm〉
原色化〔ベレロフォン・ジョーンジアーヌス〕(PL.34-5/モ写)〈(産)岐阜県不破郡赤坂町金生山　長径9cm, 幅7.5cm, 高さ6.5cm　研磨断面〉
原色化〔ベレロフォン・ジョーンジアーヌス〕(PL.36-5/カ写)〈(産)岐阜県不破郡赤坂町金生山　高さ10cm〉
日化譜〔Bellerophon jonesianus〕(図版26-1,2/モ写)〈(産)岐阜県赤坂〉

ベレロフォン属の腹足類　*Bellerophon*
無脊椎動物軟体動物。
¶図解化 (p132-上/カ写)
図解化〔ベレロフォン属の腹足類を含む石灰質岩〕(p132-下/カ写)〈(産)イタリア〉

ベレロフォンの1種　*Bellerophon* (*Bellerophon*) *jonessianus*
古生代後期二畳紀中期の貝類。腹足綱原始腹足目ベレロフォン科。
¶学古生 (図200/モ写)〈(産)岐阜県大垣市赤坂町金生山〉

ベレロフォンの1種　*Bellerophon* (*Bellerophon*) *kitakamiensis*
古生代後期二畳紀前期の貝類。腹足綱原始腹足目ベレロフォン亜目ベレロフォン科。
¶学古生 (図188/モ写)〈(産)岩手県気仙郡住田町川口　右側面, 口側〉

ベレロフォンの1種　*Bellerophon* (*Sorobanobaca*) *matsumotoi*
古生代後期二畳紀中期の貝類。腹足綱原始腹足目ベレロフォン亜目ベレロフォン科。
¶学古生 (図189/モ写)〈(産)高知県高岡郡佐川町大平山〉

ベレロホン・ジョージアヌス　*Bellerophon jonessianus*
古生代ペルム紀の軟体動物腹足類ベレロホン類。
¶化石フ (p37/カ写)〈(産)岐阜県大垣市赤坂町　100mm〉

ベレロホン属の未定種　*Bellerophon* sp.
古生代ペルム紀の軟体動物腹足類ベレロホン類。
¶化石フ (p37/カ写)〈(産)岐阜県本巣郡根尾村　50mm〉

ベロキラプトル　⇒ヴェロキラプトルを見よ

ベロキラプトル・モンゴリエンシス　⇒ヴェロキラプトル・モンゴリエンシスを見よ

ベロキラプトル類　Velociraptorinae
白亜紀前期の恐竜類獣脚類。竜盤目獣脚亜目ドロマエオサウルス科。肉食。体長約2m？(分)岐阜県高山市荘川町
¶日恐竜 (p34/カ写, カ復)〈根元の太さ約7mm　歯化石〉

ベロテルソン・マギスター　*Belotelson magister*
無脊椎動物節足動物軟甲綱。エオカリーダ目。
¶図解化 (p105-2/カ写)〈(産)イリノイ州メゾン・クリーク〉

ペロトロカス属　⇒ヒメオキナエビスの一種を見よ

ベロドン　*Belodon plieningeri*
後期三畳紀の脊椎動物双弓類。槽歯目フィトサウルス科。体長3m。(分)ヨーロッパ
¶化写真 (p240/カ写)〈(産)ドイツ　頭骨〉

ペロニデッラ・ピスティリフォルミス
石炭紀〜白亜紀の無脊椎動物海綿類。直径5〜12cm。(分)世界各地
¶進化大〔ペロニデッラ〕(p235/カ写)

ペロニデラ　*Peronidella pistilliformis*
三畳紀と白亜紀の無脊椎動物。
¶地球博〔石灰海綿〕(p78/カ写)

ペロネウステス　*Peloneustes*
中生代ジュラ紀の爬虫類双弓類鰭竜類クビナガリュウ類。首長竜目プリオサウルス上科。全長3m。(分)イギリス

¶恐イラ(p125/カ復)
恐絶動(p74/カ復)
生ミス6(図2-8/カ復)

ペロノカエタ *Peronochaeta dubia*
カンブリア紀の環形動物。環形動物門多毛綱ペロノカエティデー科。サイズ10〜20mm。
¶バ頁岩(図84/モ写, モ復)〈㊞カナダのバージェス頁岩〉

ベロノストムス *Belonostomus*
ジュラ紀後期〜白亜紀後期の魚類条鰭類真骨類。アスピドリンクス目アスピドリンクス科。
¶化百科(p201/カ写)〈あご16.5cm 上あご(または吻)〉

ベロノストムス属の種 *Belonostomus* sp.
ジュラ紀後期の脊椎動物全骨魚類。
¶ゾル2(図66/カ写)〈㊞ドイツのダイティング 39cm〉
ゾル2(図67/カ写)〈㊞ドイツのメルンスハイム 30cm〉

ベロノストムス・テヌイロストリス *Belonostomus tenuirostris*
ジュラ紀後期の脊椎動物全骨魚類。
¶ゾル2(図68/カ写)〈㊞ドイツのツァント 12.5cm〉

ベロノストムス・ムエンステリ *Belonostomus muensteri*
ジュラ紀後期の脊椎動物全骨魚類。
¶ゾル2(図65/カ写)〈㊞ドイツのツァント 34cm〉

ペロノセラスの1種 *Peronoceras subfiblatum*
中生代・前期ジュラ紀のアンモナイト。ダクチリオセラス科。
¶学古生(図416〜419/モ写)〈㊞山口県豊浦郡豊田町, 菊川町〉

ペロノプシス インターストリクタ *Peronopsis interstricta*
カンブリア紀の三葉虫。アグノスタス目ペロノプシス科。
¶化石図〔ペロノプシス・インターストリクタ〕(p34/カ写)〈㊞アメリカ合衆国 体長約1cm〉
三葉虫〔三葉虫3種の集合化石〕(図8/モ写)〈㊞アメリカのユタ州〉
三葉虫(図142/モ写)〈㊞アメリカのユタ州 長さ10mm〉

ヘロープス *Helops zdanskyi*
白亜紀初期の恐竜類。竜型超綱竜盤綱竜脚目。全長10m。㊊中国山東省蒙陰
¶古脊椎(図152/モ復)

ベロプテシス・ギガンテア *Beloptesis gigantea*
ジュラ紀後期の無脊椎動物昆虫類セミ類。
¶ゾル1(図426/カ写)〈㊞ドイツのゾルンホーフェン 4cm〉

ペロロヴィス *Pelorovis*
更新世中期〜後期の哺乳類偶蹄類。ラクダ亜目ウシ科。全長3m。㊊東アフリカ
¶恐絶動(p279/カ復)

ペロロビス・オルドバイエンシス *Pelorovis oldowayensis*
更新世前期の哺乳類反芻類。鯨偶蹄目ウシ科。肩高約1.5m。㊊アフリカ
¶絶哺乳(p210/カ復)

ペンギンモドキ(プロトプテルム科の未定種) Plotopteridae gen.et sp.indet.
新生代古第三紀漸新世の鳥類。ペリカン目プロトプテルム科。
¶化石フ(p237/カ写)〈㊞福岡県北九州市小倉北区 220mm,65mm 右足根中足骨, 左大腿骨〉

ベンケイガイ *Glycymeris albolineata*
新生代第四紀完新世の貝類。タマキガイ科。
¶学古生(図1751/モ写)〈㊞千葉県館山市平砂浦〉

ベンケイガイの仲間
新生代第三紀鮮新世の軟体動物斧足類。
¶産地別(p234/カ写)〈㊞宮崎県児湯郡川南町通浜 高さ3.2cm〉

ヘンケロテリウム *Henkelotherium guimarotae*
ジュラ紀後期の哺乳類基盤的岐獣類(ドリオレステス類)。パウロドン科。頭胴長8〜9cm程度。㊊ヨーロッパ
¶絶哺乳(p43/カ復)〈右上顎の歯列, 右下顎の歯列〉

へ

ペンタクリニテス *Pentacrinites*
2億800万〜1億3500万年前(ジュラ紀)の無脊椎動物棘皮動物。腕の長さ最大80cm。㊊ヨーロッパ
¶恐竜世(p41/カ写)
地球博〔ジュラ紀のウミユリ〕(p81/カ写)

ペンタクリニテス *Pentacrinites fossilis*
ジュラ紀の無脊椎動物ウミユリ類。ウミユリ目ペンタクリニテス科。萼の直径1.5cm。㊊ヨーロッパ, 北アメリカ
¶化写真(p172/カ写)〈㊞イギリス 4本〉

ペンタクリニテス
ジュラ紀の無脊椎動物棘皮動物。腕の直径最大80cm。㊊ヨーロッパ
¶進化大(p240〜241/カ写)

ペンタクリニテス・バサルティフォルミス *Pentacrinites basaltiformis*
ジュラ紀の棘皮動物ウミユリ類。
¶原色化(PL.47-3/モ写)〈㊞イギリスのグロスター州チェルトナム 高さ10.5cm〉
原色化(PL.53-7/カ写)〈㊞ドイツのグロスアイリンゲン 茎の直径約7mm 茎節断片〉

ペンタクリヌス属の多数の標本を含む岩石 *Pentacrinus*
ジュラ紀前期の無脊椎動物棘皮動物。
¶図解化(p170-上右/カ写)〈㊞ドイツ〉

ペンタクリヌスの柄 Stem of Pentacrinid
中生代白亜紀後期の棘皮動物ウミユリ類。ペンタクリヌス科。
¶学古生(図717/モ写)〈㊞北海道三笠市幾春別〉

ペンタケラトプス *Pentaceratops*
7400万〜6500万年前(白亜紀後期)の恐竜類角竜類カスモサウルス類。角竜亜目ケラトプス科カスモサウルス亜科。樹木におおわれた平原に生息。全長5〜8m。㊊アメリカ合衆国
¶恐イラ(p238/カ復)
恐絶動(p167/カ復)
恐竜世(p125/カ復)
恐竜博(p129/カ写, カ復)〈頭骨の断片〉

古脊椎（図180/モ復）
よみ恐（p209/カ復）

ペンタケラトプス
白亜紀後期の脊椎動物鳥盤類。体長7m。[分]アメリカ合衆国
¶進化大（p350/カ復）

ペンタステリア　*Pentasteria*
2億300万～1億年前（ジュラ紀前期～白亜紀前期）の無脊椎動物棘皮動物。最大直径12cm。[分]ヨーロッパ
¶恐竜世（p40/カ写）

ペンタステリア　*Pentasteria cotteswoldiae*
ジュラ紀～前期白亜紀の無脊椎動物星形類。辺縁目アストロペクテン科。直径10cm。[分]ヨーロッパ
¶化写真（p186/カ写）〈[産]イギリス〉

ペンタステリア・コッテスウォルディアエ
ジュラ紀前期～古第三紀前期の無脊椎動物棘皮動物。直径最大12cm。[分]ヨーロッパ
¶進化大〔ペンタステリア〕（p241/カ写）

ホ

ペンタステリア属の種　*Pentasteria* sp.
ジュラ紀後期の無脊椎動物棘皮動物ヒトデ類。
¶ゾル1（図512/カ写）〈[産]ドイツのベームフェルト　7cm〉

ペンタメルス　*Pentamerus*
カンブリア紀後期～デボン紀の腕足動物ペンタメルス類。
¶化百科（p125/カ写）〈幅5cm〉

ペンタメルス　*Pentamerus oblongus*
シルル紀の無脊椎動物腕足動物。ペンタメルス目ペンタメルス科。体長4.5cm。[分]世界中
¶化写真（p82/カ写）〈[産]カナダ〉

ペンタメルス
シルル紀の無脊椎動物腕足類。体長2.5～6cm。[分]北アメリカ, イギリス諸島, 北ヨーロッパ, ロシア, 中国
¶進化大（p102）

ペンタメルス・レビス　*Pentamerus laevis*
シルル紀の腕足動物有関節類。
¶原色化（PL.11-7/モ写）〈[産]北アメリカのイリノイ州カロル　幅5.8cm　内型〉

ペンテコプテルス・デコラヘンシス
Pentecopterus decorahensis
古生代オルドビス紀中期の節足動物鋏角類ウミサソリ類。全長1.7m。[分]アメリカ
¶リア古〔ペンテコプテルス〕（p72,98～101/カ復）

ペントゥレミテス　*Pentremites*
石炭紀前期の棘皮動物ウミツボミ類。
¶化百科（p189/カ写）〈[産]アメリカ合衆国のイリノイ州　高さ4cm〉
図解化〔Pentremites sp.〕（図版37-3/カ写）〈[産]イリノイ州〉
図解化〔Pentremites sp.〕（図版37-4/カ写）〈[産]イリノイ州〉

ペントリクリテス・インフンディブリフォルミス　⇒リゾポテリオンを見よ

ペントレミテス　*Pentremites pyriformis*
前期石炭紀の無脊椎動物ウミツボミ類。スピラクラ目ペントレミテス科。蕚の直径2mm。[分]アメリカ
¶化写真（p190/カ写）〈[産]アメリカ〉
図解化〔Pentremites pyriformis〕（図版37-2/カ写）〈[産]アラバマ州〉
図解化〔Pentremites pryiformis〕（図版37-13/カ写）〈[産]インディアナ州〉
地球博〔ウミツボミ〕（p81/カ写）

ペントレミテス・ゴドニイ　*Pentremites godni*
石炭紀の棘皮動物海蕾類。
¶原色化（PL.27-4/モ写）〈[産]北アメリカのイリノイ州　直径1.5cm〉

ペントレミテス・ピュリフォルミス
石炭紀前期の無脊椎動物棘皮動物。蕚の最大高さ2.5cm。[分]北アメリカ, 南アメリカ, ヨーロッパ
¶進化大〔ペントレミテス〕（p160/カ写）

ペントレミテス・ロバスタス　*Pentremites robustus*
古生代石炭紀の棘皮動物ウミツボミ類。スピラクラ目ペントレミテス科。
¶化石図（p71/カ写, カ復）〈[産]アメリカ合衆国　化石の横幅約3cm〉

ベンベキシア・スルコマルギナタ　*Bembexia sulcomarginata*
デヴォン紀の無脊椎動物軟体動物古腹足類。
¶図解化（p130～131-1/カ写）〈[産]ニューヨーク州〉

【ホ】

ポイキロポレラの1種　*Poikiloporella japonica*
古生代後期二畳紀前期の藻類。カサノリ科。
¶学古生（図312/モ写）〈[産]埼玉県飯能市坂石町分　縦断薄片〉

ホイトモアトクサバイ　*Hindsia*（*Nihonophos*）*whitmorei*
鮮新世前期の軟体動物腹足類。
¶日化譜（図版32-19/モ写）〈[産]沖縄本島〉

ホヴァサウルス　*Hovasaurus*
ペルム紀後期の爬虫類。始鰐目。初期の双弓類。全長50cm。[分]マダガスカル
¶恐絶動（p82/カ復）

ボウェルバンキア・プスツロサ　*Bowerbankia pustulosa*
無脊椎動物苔虫類。櫛口目。
¶図解化（p73/モ復）

ホウキアズキナシ　*Sorbus hokiensis*
新生代中新世後期の陸上植物。バラ科。
¶学古生（図2415/モ写）〈[産]鳥取県八頭郡佐治村辰巳峠〉

ホウキカンバ　*Betula protoglobispica*
新生代中新世後期の陸上植物。カバノキ科。
¶学古生（図2314/モ写）〈[産]岡山県苫田郡上斉原村恩原〉

ホウキクララ *Sophora hokiana*
新生代中新世後期の陸上植物。マメ科。
¶**学古生**(図2431/モ図)〈[産]鳥取県八頭郡佐治村辰巳峠〉

ホウキグリ *Castanea miocrenata*
新生代中新世後期の陸上植物。ブナ科。
¶**学古生**(図2339/モ写)〈[産]鳥取県八頭郡佐治村辰巳峠〉

ホウキサンザシ *Crataegus hokiensis*
新生代中新世後期の陸上植物。バラ科。
¶**学古生**(図2412/モ写)〈[産]鳥取県八頭郡佐治村辰巳峠〉

暴君竜 ⇒ティラノサウルス・レックスを見よ

放散虫 radiolarian
先カンブリア時代の最後期〜現在の微化石原生生物肉質虫類有軸仮足虫類。
¶**化百科**(p71/カ写)〈[産]バルバドスのヒラビー山 直径の平均0.1〜0.5mm〉

放散虫
無脊椎動物原生動物。
¶**図解化**(p53-下/モ写)〈電子顕微鏡で250倍に拡大〉

放散虫類 *Hsuum altile*
ジュラ紀前期の原生生物。微化石。
¶**化石図**(p23/カ写)〈[産]愛知県 長さ約300μm〉

放散虫類 *Triassocampe dewveri*
三畳紀中期の原生生物。微化石。
¶**化石図**(p23/カ写)〈[産]愛知県 長さ約300μm〉

胞子嚢の化石 *Sporangium*
古生代デボン紀の植物。
¶**植物化**(p19/カ写)〈[産]アメリカ 1mm〉

紡錘虫
無脊椎動物原生動物。
¶**図解化**(p56-中央左/モ復)

ホウズキガイの一種
新生代第三紀中新世の腕足動物有関節類。
¶**産地別**(p152/カ写)〈[産]石川県七尾市白馬町 幅1.9cm, 高さ2.6cm〉

ホウズキチョウチン *Laqueus rubellus*
新生代鮮新世の腕足類。ラケウス科。
¶**学古生**(図1070/モ写)〈[産]千葉県銚子市犬若〉

ホウズキチョウチン
新生代第四紀更新世の腕足動物有関節類。
¶**産地別**(p92/カ写)〈[産]千葉県市原市瀬又 幅2cm 内部の腕骨を覗く〉
産地別(p164/カ写)〈[産]富山県小矢部市田川 高さ2cm〉

ホウセンジグルミ *Juglans Sieboldiana hosenjiana*
更新世前期〜現世(?)の双子葉植物。
¶**日化譜**(図版76-14,15/モ写)〈[産]横浜市戸塚区深沢 堅果〉

ホウセンジグルミ *Juglans sieboldina* var. *sachalinensis*
新生代第四紀更新世の陸上植物。クルミ科。
¶**学古生**(図2548/モ図)〈[産]大阪府高槻市光徳 核果〉

泡沫サンゴ ⇒システィフィロイデスを見よ

ボウマニテス
石炭紀〜ペルム紀の植物トクサ類。胞子嚢の最大全長8cm。[分]世界各地
¶**進化大**(p147/カ写)

ホウライミズウオ *Polymerichtys nagurai*
第三紀新世の魚類。顎口超綱硬骨魚綱条鰭亜綱真骨上目ハダカイワシ目。全長40cm。[分]愛知県南設楽郡鳳来寺山
¶**古脊椎**(図43/モ復)

ボウルグエチア *Bourguetia saemanni*
中期三畳紀〜後期ジュラ紀の無脊椎動物腹足類。中腹足目コエロスティリナ科。体長11cm。[分]ヨーロッパ, ニュージーランド
¶**化写真**(p119/カ写)〈[産]イギリス〉

ポエキロプレウロン *Poekilopleuron*
ジュラ紀バトニアンの恐竜類獣脚類テタヌラ類。かつてメガロサウルスに分類された。体長9m。[分]フランス
¶**恐イラ**(p113/カ復)

ボエダスピス・エンシファー *Boedaspis ensifer*
古生代オルドビス紀の節足動物三葉虫類。最大体長7cm。
¶**生ミス2**〔ボエダスピス〕(図1-2-14/カ写)〈[産]ロシアのサンクトペテルブルク〉
リア古〔ボエダスピス〕(p68/カ復)

ポエブロテリウム *Poebrotherium*
漸新世の哺乳類核脚類。鯨偶蹄目ラクダ亜目ラクダ科。全長90cm。[分]合衆国のサウスダコタ
¶**恐絶動**(p274/カ復)
図解化(p223-8/カ写)〈[産]サウスダコタ州 頭骨〉
絶哺乳(p185,190/カ写, カ復)〈骨格〉

ホオジロザメ
新生代第三紀中新世の脊椎動物軟骨魚類。別名カルカロドン・カルカリアス。
¶**産地本**(p81/カ写)〈[産]茨城県北茨城市大津町五浦 高さ3.2cm〉

ホオジロザメ
新生代第三紀鮮新世の脊椎動物軟骨魚類。別名カルカロドン・カルカリアス。
¶**産地新**〔カルカロドン・カルカリアス〕(p57/カ写)〈[産]福島県双葉郡富岡町小良ヶ浜 高さ2.3cm〉
産地新〔カルカロドン・カルカリアス〕(p219/カ写)〈[産]高知県安芸郡安田町唐浜 高さ6.4cm 歯〉
産地新〔カルカロドン・カルカリアス〕(p220/カ写)〈[産]高知県安芸郡安田町唐浜 高さ4.8cm 歯〉
産地別(p162/カ写)〈[産]富山県高岡市五十辺 高さ5.7cm 歯〉
産地別(p162/カ写)〈[産]富山県高岡市五十辺 高さ5.3cm 歯〉
産地別(p162/カ写)〈[産]富山県高岡市五十辺 高さ3.5cm 歯〉
産地本(p85/カ写)〈[産]千葉県銚子市長崎鼻海岸 高さ4cm 歯〉

ホオジロザメ
新生代第四紀更新世の脊椎動物軟骨魚類。別名カルカロドン・カルカリアス。
¶**産地別**(p167/カ写)〈[産]石川県金沢市大桑町犀川河床

高さ3.5cm〉
産地本(p89/カ写)〈㊗千葉県香取郡大栄町前林 高さ4.8cm 歯〉
産地本(p94/カ写)〈㊗千葉県君津市市宿 高さ5.7cm 歯〉

ホクチヤギュウ ⇒ビソンを見よ

ホクリクホタテ
新生代第四紀更新世の軟体動物斧足類。イタヤガイ科。別名ミズホペクテン・トウキョウエンシス・ホクリクエンシス。
¶産地新(p137/カ写)〈㊗石川県金沢市大桑町犀川河床 高さ9.5cm〉
産地別(p163/カ写)〈㊗富山県小矢部市田川 高さ6.7cm〉

ホクリクホタテ
新生代第三紀鮮新世の軟体動物斧足類。イタヤガイ科。別名ミズホペクテン・トウキョウエンシス・ホクリクエンシス。
¶産地新(p233/カ写)〈㊗宮崎県児湯郡川南町通山浜 高さ3.8cm 右殻〉

ホ

ホクリクホタテ ⇒ホクリクホタテガイを見よ

ホクリクホタテガイ *Mizuhopecten tokyoensis hokurikuensis*
新生代第三紀鮮新世～更新世の貝類。イタヤガイ科。
¶学古生(図1490/モ写)〈㊗石川県金沢市上中町 幼貝右殻〉
学古生(図1501/モ写)〈㊗石川県金沢市角間〉
化石フ〔ホクリクホタテ〕(p167/カ写)〈㊗静岡県掛川市 80mm〉

ホクロガイ
新生代第四紀更新世の軟体動物斧足類。バカガイ科。
¶産地新(p139/カ写)〈㊗石川県珠洲市平床 長さ6cm〉

ホザキノフサモ ⇒ミリオフィラム・スピカータム・ムリカータムを見よ

ポシドニア *Posidonia radiata*
前期石炭紀～後期ジュラ紀の無脊椎動物二枚貝類。ヒバリガイ目ポシドニア科。体長3cm。㊎世界中
¶化写真(p99/カ写)〈㊗イギリス 頁岩〉

ポシドニア・ウェンゲンシス *Posidonia wengensis*
三畳紀前期の無脊椎動物軟体動物二枚貝。
¶図解化(p116-5/カ写)〈㊗ドロミテ〉

「ポシドニア」属の種 *"Posidonia" sp.*
ジュラ紀後期の無脊椎動物軟体動物二枚貝類。
¶ゾル1(図132/カ写)〈㊗ドイツのダイティング 3cm〉

ポシドノーチス・ダイネリイ *Posidonotis dainellii*
中生代ジュラ紀の軟体動物斧足類。ポシドニア科。
¶化石フ(p90/カ写)〈㊗山口県豊浦郡豊田町 10mm〉

星虫類
オルドヴィス紀の無脊椎動物環虫類。
¶図解化(p93-中央/カ写)〈㊗北米〉

ボス ⇒オーロックスを見よ

ポストスクス *Postosuchus*
2億3000万～2億年前(三畳紀中期～後期)の初期の脊椎動物爬虫類ラウイスクス類。ラウイスクス科。全長4.5m。㊎アメリカ合衆国
¶恐竜世(p88～89/カ写, カ復)
よみ恐(p18/カ復)

ポストスクス
三畳紀後期の脊椎動物ラウイスクス類。全長3～4.6m。㊎アメリカ合衆国
¶進化大(p213/カ写, カ復)〈頭骨〉

ボストリコケラス *Bostrychoceras* sp.
後期白亜紀の無脊椎動物アンモナイト類。アンモナイト目ノストケラス科。体高14cm。㊎世界中
¶アン最〔ボストリコセラスの一種〕(p7/カ写)〈㊗マダガスカル〉
化写真(p159/カ写)〈㊗ドイツ 黄色い石灰岩の型〉

ボストリコセラス ⇒ボストリコケラスを見よ

ボス・プリミゲニウス ⇒オーロックスを見よ

ボスリオキダリス・エイケワルディ *Bothriocidaris eichwaldi*
古生代オルドビス紀の棘皮動物ウニ類。全長1cm。㊎エストニア
¶リア古〔ボスリオキダリス〕(p82/カ復)

ボスリオレピス *Bothriolepis*
古生代デボン紀の板皮類胴甲類。全長45cm？㊎カナダ, アメリカ, ロシアほか
¶恐絶動〔ボトリオレピス〕(p31/カ復)
生ミス3(図3-16/カ復)

ボスリオレピス・カナデンシス *Bothriolepis canadensis*
古生代デボン紀の魚類板皮類。胴甲目ボスリオレピス科。全長45cm。㊎ヨーロッパ, 北米, グリーンランド, 南極等
¶化写真〔ボスリオレピス〕(p197/カ写)〈㊗カナダ 骨質の甲板〉
化石図(p67/カ写, カ復)〈㊗カナダ 化石の横幅約6cm〉
古脊椎〔ボスリオレピス〕(図13/モ復)
古代生〔ボトレオレピス〕(p102/カ写)
生ミス3(図3-12/カ写)〈㊗カナダ〉
生ミス3(図3-13/カ復)
生ミス3〔ボスリオレピスの肺化石〕(図3-15/カ写)〈㊗カナダのミグアシャ国立公園〉
地球博〔板皮類〕(p82/カ写)
リア古〔ボスリオレピス〕(p138/カ復)

ボスリオレピス・ザドニカ *Bothriolepis zadonica*
古生代デボン紀の板皮類胴甲類。
¶生ミス3(図3-14/カ復)

ボスリオレプシス・カナデンシス *Bothriolepsis canadensis*
デヴォン紀後期の脊椎動物魚類。板皮綱。
¶図解化(p189-右/カ写)〈㊗カナダ〉

ホソウネモミジボラ *Crassispira pseudo principalis*
新生代第三紀鮮新世～初期更新世の貝類。クダマキガイ科。
¶学古生(図1618/モ写)〈㊗石川県金沢市大桑〉

ホソウラギョリュウ Ichthyosauria 細浦魚竜
中生代ジュラ紀の爬虫類。爬虫綱魚竜目。推測体長5m。
¶**日絶古**(p36〜37/カ写, カ復)〈[産]南三陸町 目先から吻部の根元までの化石のレプリカ〉

ホソウレイテス
中生代ジュラ紀の軟体動物頭足類。
¶**産地本**(p65/カ写)〈[産]宮城県本吉郡志津川町権現浜 径9cm〉

ホソウレイテス・イキアヌス *Hosoureites ikianus*
中生代ジュラ紀の軟体動物頭足類アンモナイト。グラフォセラス科。
¶**学古生**〔ホソウレイテスの1種〕(図441/モ写)〈[産]宮城県志津川町細浦〉
化石フ(p112/カ写)〈[産]宮城県本吉郡志津川町 40mm〉

ホソオリイレクチキレガイモドキ *Odostomia subangulata*
新生代第三紀鮮新世〜初期更新世の貝類。トウガタガイ科。
¶**学古生**(図1617/モ写)〈[産]石川県金沢市大桑〉

ホソキサンゴ *Dendrophyllia fistula*
新生代の六放サンゴ類。キサンゴ科。
¶**学古生**(図1049/モ写)〈[産]鹿児島県大島郡喜界町上嘉鉄〉

ホソクダコケムシの1種 *Entalophora nipponica*
新生代更新世後期のコケムシ類。円口目ホソクダコケムシ科。
¶**学古生**(図1075/モ写)〈[産]千葉県木更津市地蔵堂〉

ホソスジクロマルフミガイ *Cyclocardia ferruginea complexa*
新生代第三紀鮮新世〜初期更新世(?)の貝類。トマヤガイ科。
¶**学古生**(図1516/モ写)〈[産]石川県金沢市上中町〉

ホソトクサコケムシ *Cellaria punctata*
新生代鮮新世前期のコケムシ類。唇口目無嚢亜目ホソトクサコケムシ科。
¶**学古生**(図1088/モ写)〈[産]沖縄県中頭郡与那城村屋慶名〉

ホソバカセキオビシダ *Taeniopteris lanceolata*
中生代三畳紀後期の陸上植物。成羽植物群。
¶**学古生**(図746,747/モ写)〈[産]岡山県川上郡成羽町〉
日化譜〔Taeniopteris lanceolata〕(図版73-16/モ写)〈[産]岡山県川上郡成羽町上日名〉

ホソバカミワザカセキシダ *Thaumatopteris elongata*
中生代三畳紀後期の陸上植物。シダ目ヤブレガサウラボシ科。成羽植物群。
¶**学古生**(図739/モ写)〈[産]岡山県川上郡成羽町〉

ホソバタチシノブダマシ ⇒オニキオプシス・エロンガータを見よ

ホソバトウゲシバ ⇒フペルジアを見よ

ホソミクサビシダ ⇒スフェノプテリス・エレガンスを見よ

ホソモモエボラ *Cancellaria pristina*
鮮新世前期の軟体動物腹足類。
¶**日化譜**(図版34-3/モ写)〈[産]静岡県周智郡大日〉

ホソモモエボラ
新生代第三紀鮮新世の軟体動物腹足類。コロモガイ科。
¶**産地新**(p208/カ写)〈[産]高知県安芸郡安田町唐浜 高さ4.2cm〉

ホタテガイ *Mizuhopecten yessoensis yessoensis*
新生代第三紀鮮新世〜初期更新世の貝類。イタヤガイ科。
¶**学古生**(図1500/モ写)〈[産]石川県金沢市牧〉

ホタテガイ
新生代第四紀更新世の軟体動物斧足類。イタヤガイ科。別名ミズホペクテン・エゾエンシス。
¶**産地新**(p60/カ写)〈[産]秋田県男鹿市琴川安田海岸 高さ8.3cm 右殻〉

ホタテガイ
新生代第三紀中新世の軟体動物斧足類。別名パチノペクテン。
¶**産地本**(p128/カ写)〈[産]岐阜県瑞浪市釜戸町荻の島 高さ3.7cm 幼貝〉

ホタテガイ(不明種)
新生代第三紀中新世の軟体動物斧足類。
¶**産地本**(p203/カ写)〈[産]滋賀県甲賀郡土山町鮎河 高さ1.3cm〉

ホタテガイ類の一種
古生代ペルム紀の軟体動物斧足類。
¶**産地新**(p99/カ写)〈[産]岐阜県大垣市赤坂町金生山 高さ約4cm 右殻〉
産地新(p99/カ写)〈[産]岐阜県大垣市赤坂町金生山 高さ約5.5cm 右殻〉
産地新(p100/カ写)〈[産]岐阜県大垣市赤坂町金生山 高さ2.2cm 内側〉

ホタテの仲間
新生代第三紀中新世の軟体動物斧足類。
¶**産地別**(p199/カ写)〈[産]福井県大飯郡高浜町名島 長さ5.4cm〉

ポダバキア・エレガンス・ロバータ *Podabacia elegans lobata forma vanderhorsti*
第四紀完新世前期の腔腸動物六射サンゴ類。ファンデルホルスティ型。
¶**原色化**(PL.87-2/モ写)〈[産]千葉県館山市香谷 長径10.2cm〉

ポタマクリス *Potamaclis*
主に漸新世の軟体動物腹足類前鰓類中腹足類。
¶**化百科**(p160/カ写)〈石板の幅16cm〉

ポタモテリウム *Potamotherium*
漸新世後期〜中新世後期の哺乳類イタチ類。食肉目イヌ型亜目イタチ科。頭胴長約70cm。[分]ヨーロッパ, 北アメリカ
¶**恐絶動**(p214/カ復)
絶哺乳(p119/カ復)

ポタモミア *Potamomya plana*
後期始新世〜前期漸新世の無脊椎動物二枚貝類。オ

オノガイ目オオノガイ科。体長1.5cm。[分]ヨーロッパ
¶化写真(p110/カ写)〈[産]イギリス〉

ホタルガイ *Olivella japonica*
新生代第四紀更新世の貝類。マクラガイ科。
¶学古生(図1740/モ写)〈[産]千葉県印旛郡印西町木下〉

ホタルガイ
新生代第四紀更新世の軟体動物腹足類。
¶産地本(p91/カ写)〈[産]千葉県君津市追込小糸川 高さ4cm〉

ホタルガイ
新生代第三紀鮮新世の軟体動物腹足類。
¶産地本(p245/カ写)〈[産]高知県安芸郡安田町唐の浜 高さ3.4cm〉

ホタルジャコ属の未定種 Cf.*Acropoma hanedai*
新生代第三紀中新世の魚類硬骨魚類。
¶化石フ(p211/カ写)〈[産]長野県南安曇郡豊科町 120mm〉

ボタンウニ *Echinocyamus crispus*
新生代第三紀中新世の棘皮動物ウニ類。マメウニ科。
¶学古生〔オオボタンウニの1種〕(図1910/モ写)〈[産]鹿児島県大島郡喜界町上嘉鉄 口側,反口側〉
化石フ(p205/カ写)〈[産]岐阜県瑞浪市,三重県安芸郡美里村 25mm,10mm〉

北海道むかわ町の恐竜 ⇒むかわ竜を見よ

ホッカイドウヤナギ *Salix hokkaidoensis*
新生代中新世後期の陸上植物。ヤナギ科。
¶学古生(図2281/モ写)〈[産]北海道紋別郡遠軽町社名渕〉

ホッカイドルニス *Hokkaidornis*
新生代古第三紀漸新世の鳥類プロトプテルム類。体高130cm。[分]日本
¶生ミス9(図1-2-8/カ写,カ復)〈[産]北海道 全身復元骨格〉

ホッスガイ類の珪糸 Spicules of Lyssakida
鮮新世の海綿類。珪質海綿綱リッサキア(散針)目(両盤目)。
¶学古生(図100/モ写)〈[産]千葉県銚子市正明寺〉

北方マンモス ⇒マンモンテウスを見よ

ホッリドニア・ホリドゥス
ペルム紀の無脊椎動物腕足類。全長2.5〜8cm。[分]ヨーロッパ,アジア,北極地域,オーストラリア
¶進化大〔ホッリドニア〕(p179/カ写)

布袋石 Cetolith
新生代第三紀中新世の哺乳類歯鯨類。
¶化石フ(p233/カ写)〈[産]石川県羽咋郡富来町 43mm〉

ホテイボラ *Volutospina japonica*
始新世後期〜漸新世中期の軟体動物腹足類。
¶日化譜(図版34-1/モ写)〈[産]長崎県西彼杵郡崎戸,福岡県朝倉郡宝珠山〉

ボトゥリオドン *Bothriodon* sp.
始新世後期〜中新世前期の哺乳類猪豚類。鯨偶蹄目アントラコテリウム科。頭胴長約1.5m。[分]アジア,ヨーロッパ,北アメリカ
¶絶哺乳(p189/カ復)

ポドカルピウム
古第三紀〜新第三紀の被子植物。マメ科。莢の長さ約3cm。[分]ヨーロッパ,北アメリカ,カナダ
¶進化大(p392/カ写)

ポドカルピディテス・オルナトゥス
Podocarpidites ornatus
中生代の裸子植物。熱河生物群。
¶熱河生(図266/カ写)〈[産]中国の遼寧省ハルチン左翼蒙古族自治県,三官廟 花粉〉

ポドカルプス・イノピナトゥス
白亜紀〜現代の植物針葉樹。最大高さ45m。[分]北アメリカ,オーストラリア,アジア,南アメリカ,アフリカ
¶進化大〔ポドカルプス〕(p365/カ写)

ポドケサウルス *Podokesaurus*
ジュラ紀プリーンスバッキアン〜トアルシアンの恐竜類コエロフィシス類の肉食恐竜。コエロフィシス上科。体長1m。[分]アメリカ合衆国のマサチューセッツ州
¶恐イラ(p101/カ復)

ポドゴニウムの1種 *Podogonium knorrii*
新生代中新世中期の陸上植物。マメ科。
¶学古生(図2424,2425/モ写)〈[産]石川県珠洲市高屋 豆果,小葉〉

ポドザミテス
中生代ジュラ紀の裸子植物。
¶産地本(p123/カ写)〈[産]福井県足羽郡美山町小和清水 長さ4.6cm〉

ポドザミテス ⇒ラインマキを見よ

ポドザミテス属の種 *Podozamites* sp.
ジュラ紀後期の植物針葉樹(球果)類。
¶ゾル1(図47/カ写)〈[産]ドイツのブルーメンベルク 12cm〉

ポドザミテス属のソテツ類 *Podozamites*
ジュラ紀の植物。
¶図解化(p47-2/カ写)〈[産]オーストラリア〉

ポドザミテス・ディスタンス
三畳紀後期〜白亜紀後期の植物針葉樹。葉の長さ8cm。[分]世界各地
¶進化大〔ポドザミテス〕(p233/カ写)

ポトザミテス・レイニイ *Podozamites reinii*
中生代ジュラ紀後期〜白亜紀の裸子植物毬果(松柏)類。
¶化石フ(p81/カ写)〈[産]福井県大野郡和泉村 120mm〉
日化譜〔Podozamites Reinii〕(図版74-21/モ写)〈[産]石川県石川郡白峰村桑島,柳谷,福井県丹羽郡小和清水,岐阜県大野郡荘川村尾上郷〉

ホドテルメスの1種 Hodotermitidae,gen.et sp.indet
新生代の昆虫類。等翅目ホドテルメス科。
¶学古生(図1812/モ写)〈[産]兵庫県美方郡温泉町海上〉

ポトニエア
石炭紀後期の植物メドゥローサ類。最大高さ5m。[分]世界各地

¶進化大（p151/カ写）

ボトリオドン *Bothriodon sandaensis* 三田炭獣
3700万年前（新生代古第三紀始新世）の哺乳類。哺乳綱鯨偶蹄目アントラコテリウム科。体長約1m。
¶日絶古（p58～59/カ写，カ復）〈㊥兵庫県 臼歯6本がついた下顎〉

ボトリオレピス
デヴォン紀前期～石炭紀前期の脊椎動物板皮類。体長30cm，一部に1mに達する種も。㊎オーストラリア，北アメリカ，ヨーロッパ，中国，グリーンランド，南極大陸
¶進化大（p134/カ写）

ボトリオレピス ⇒ボスリオレピスを見よ

ボトリオレピス・カナデンセ *Bothriolepis canadense*
デボン紀の脊椎動物板皮類。
¶原色化（PL.19-4/モ写）〈㊥カナダのニュー・ブランズウィック 長さ14.5cm 頭部石膏模型〉

ボトリキテス・レヘエンシス *Botrychites reheensis*
中生代の陸生植物真正シダ類。熱河生物群。
¶熱河生（図229/カ写）〈㊥中国の遼寧省北票の黄半吉溝 長さ6.8cm〉
熱河生〔ボトリキテス・レヘエンシスの羽片〕（図230/カ写）〈㊥中国の遼寧省北票の黄半吉溝 長さ4cm〉

ボトレオレピス ⇒ボスリオレピス・カナデンシスを見よ

ボニタサウラ *Bonitasaura*
白亜紀マーストリヒシアンの恐竜類ティタノサウルス類。体長9m。㊎パタゴニア
¶恐イラ（p210/カ復）

哺乳類の歯（不明種）
新生代第三紀鮮新世の脊椎動物哺乳類。陸上の草食獣。
¶産地新（p70/カ写）〈㊥千葉県安房郡鋸南町奥元名 歯列の長さ約3.7cm〉

ホネガイ
新生代第三紀中新世の軟体動物腹足類。
¶産地別（p197/カ写）〈㊥福井県大飯郡高浜町名島 高さ4cm〉

ホネガイの仲間 *Murex* sp.
新生代第三紀中期中新世初期～鮮新世の貝類。アクキガイ科。
¶学古生（図1324/モ写）
化石フ〔アクキガイ属の未定種〕（p169/カ写）〈㊥静岡県掛川市 70mm〉

骨（不明種）
新生代第三紀中新世の脊椎動物の骨化石。
¶産地新（p50/カ写）〈㊥宮城県黒川郡大和町鶴巣 左右5.5cm〉

骨（不明種）
中生代白亜紀の脊椎動物の骨化石。
¶産地本（p23/カ写）〈㊥北海道苫前郡羽幌町羽幌川 左右6.5cm〉

骨（不明種）
新生代第三紀中新世の脊椎動物哺乳類の骨化石。
¶産地本（p201/カ写）〈㊥三重県安芸郡美里村柳谷 長さ5.5cm 足の骨の一部分？〉
産地本（p201/カ写）〈㊥三重県安芸郡美里村柳谷 左右4cm 踵の骨の一部分？〉

ポプラ *Populus*
始新世～現在の被子植物双子葉植物。ヤナギ科。
¶化百科（p100/カ写）〈㊥ドイツのバーデンのオエニンゲン 葉の幅8cm〉

ポプラ ⇒ポプルス・ラティオールを見よ

ホプリテス *Hoplites*
白亜紀前期のアンモナイト。
¶アン最（p50/カ写）〈㊥フランス〉

ホプリテス・デンタータス *Hoplites dentatus*
アルビアン期のアンモナイト。
¶アン最（p160/カ写）〈㊥フランスのブリー〉

ホプリテス・ボデイ *Hoplites bodei*
アルビアン期のアンモナイト。
¶アン最（p157/カ写）〈㊥フランス〉

ホプリテス（ホプリテス）・インターラプタス *Hoplites (Hoplites) interruptus*
白亜紀の軟体動物頭足類。
¶原色化（PL.65-5/カ写）〈㊥イギリスのケント州のフォークストン 長径6cm〉

ホプリテス・ラディス *Hoplites rudis*
アルビアン期のアンモナイト。
¶アン最（p158/カ写）〈㊥フランス〉

ポプルス・ラティオール
古第三紀～現代の被子植物。別名ポプラ。高さ最大60m。㊎北半球の温帯地方
¶進化大〔ポプルス〕（p393/カ写）

ホプロクリオセラス・レモンディに比較される種 Cf.*Hoplocrioceras remondi*
中生代白亜紀前期のアンモナイト。クリオセラス科。
¶学古生（図471/モ写）〈㊥群馬県多野郡中里村 側面〉

ホプロスカファイテス ニコレッティ ⇒ホプロスカフィテス・ニコレッティを見よ

ホプロスカフィテス・コンプリマス *Hoploscaphites comprimus*
マーストリヒチアン期のアンモナイト。
¶アン最（p201/カ写）〈㊥サウスダコタ州デウィ郡 ミクロコンク（雄），マクロコンク（雌）〉

ホプロスカフィテス・ニコレッティ *Hoploscaphites nicolletii*
マーストリヒチアン期のアンモナイト。
¶アン最〔ホプロスカファイテス ニコレッティ〕（p36/カ写）〈㊥サウスダコタ 捕食跡が残る雌〉
アン最（p194/カ写）〈㊥サウスダコタ州コーソン郡 マクロコンク（雌），ミクロコンク（雄）〉
アン最（p195/カ写）〈㊥サウスダコタ州コーソン郡 マクロコンク（雌）〉

ホプロパリア *Hoploparia* sp.
ジュラ紀前期の無脊椎動物節足動物。
¶**図解化**（p107-8/カ写）〈[産]イギリスのライム・リージス〉

ホプロパリア
白亜紀バレミアン期の甲殻類。体長10cm〜。
¶**日白亜**（p78〜81/カ写, カ復）〈[産]和歌山県湯浅町 頭胸甲と腹部〉

ホプロフォネウス *Hoplophoneus*
新生代古第三紀始新世〜漸新世の哺乳類真獣類食肉類。食肉目ネコ型亜目ニムラブス科。肉食性。頭胴長1m。[分]アメリカ, カナダ, タイ
¶**図解化**（p225-3/カ写）〈[産]サウスダコタ州バドランズ〉
生ミス9（図1-3-12/カ復）
絶哺乳（p106,108/カ写, カ復）〈[産]アメリカのサウスダコタ州 ほぼ完全な骨格〉

ホプロフォネウス・メンタリス *Hoplophoneus mentalis*
新生代古第三紀始新世〜漸新世の哺乳類真獣類食肉類ネコ型類ニムラブス類。頭胴長1m。[分]アメリカ, カナダ, タイ
¶**生ミス9**〔ホプロフォネウス〕（図0-1-2/カ写, カ復）〈[産]アメリカ 群馬県立自然史博物館所蔵標本〉

ホプロプテリクス *Hoplopteryx*
白亜紀後期の魚類条鰭類真骨類。キンメダイ目ヒウチダイ科。
¶**化百科**（p201/カ写）〈それぞれの標本約13cm〉

ホプロプテリクス ⇒ホプロプテリックスを見よ

ホプロプテリックス *Hoplopteryx lewesiensis*
後期白亜紀の脊椎動物硬骨魚類。キンメダイ目ヒウチダイ科。体長27cm。[分]北半球
¶**化写真**（p219/カ写）〈[産]イギリス〉
古脊椎〔ホプロプテリクス〕（図45/モ復）

ホプロプテリュクス
白亜紀後期の脊椎動物条鰭類。全長27cm。[分]北アメリカ, ヨーロッパ, 北アフリカ, アジア南西部
¶**進化大**（p306〜307/カ写）

ホプロリカス・フルシファー *Hoplolichas fulcifer*
古生代オルドビス紀の節足動物三葉虫類。
¶**生ミス2**〔ホプロリカス〕（図1-2-17/カ写）〈6cm〉

ホプロリコイデス・コニコトゥベロキュラトゥス *Hoplolichoides conicotuberculatus*
古生代オルドビス紀の節足動物三葉虫類。
¶**生ミス2**〔ホプロリコイデス〕（図1-2-16/カ写）〈6cm〉

ホベツネジボラ *Beringius hobetsuensis*
新生代第三紀漸新世の貝類。エゾバイ科。
¶**学古生**（図1115/モ写）〈[産]和歌山県西牟婁郡串本町田並〉
日化譜（図版32-4/モ写）〈[産]北海道勇払郡穂別〉

ボヘミエッラ
カンブリア紀中期の無脊椎動物腕足類。全長1〜2cm。[分]チェコ
¶**進化大**（p72/カ写）

ポポサウルス類
中生代三畳紀の爬虫類双弓類主竜類クルロタルシ類。
¶**生ミス5**（図E-3/カ復）

ホホジロザメ *Carcharodon carcharias*
新生代第四期更新世の魚類軟骨魚類。ネズミザメ科。
¶**学古生**（図1942/モ写）〈[産]神奈川県愛川町 上顎前方の歯〉
化石フ（p206/カ写）〈[産]千葉県君津市 50mm 歯〉
原色化〔カルカロドン・カルカリアス〕（PL.80-5/カ写）〈[産]秋田県山本郡荷上場村 高さ5cm〉

ホボスクス *Phobosuchus hatcheri*
後期白亜紀の恐竜類。竜型超綱鰐綱鰐目。[分]北米モンタナ州
¶**古脊椎**（図133/モ復）

ホマルス・ハケレンシス *Homarus hakelensis*
白亜紀後期の無脊椎動物節足動物。
¶**図解化**（p107-4/カ写）〈[産]レバノン〉

ホマロケファレ *Homalocephale*
白亜紀後期の恐竜。鳥脚亜目パキケファロサウルス科。全長3m。[分]モンゴル
¶**恐絶動**（p135/カ復）

ホマロケファレ・カラソケルコス *Homalocephale calathocercos*
白亜紀後期の恐竜類鳥脚類堅頭類。
¶**モ恐竜**（p54/カ写）〈[産]モンゴル南西ネメグト 全身骨格〉

ホマロドテリウム *Homalodotherium*
新生代新第三紀中新世の哺乳類真獣類南蹄類。南蹄目トクソドン亜目ホマロドテリウム科。頭胴長2m。[分]アルゼンチン, チリ
¶**恐絶動**（p251/カ復）
生ミス10（図2-2-15/カ復）
絶哺乳（p234/カ復）

ホマロドンテリウム *Homalodontherium cunninghami*
中新世の哺乳類。哺乳綱獣亜綱正獣上目南蹄目。体長2m。[分]南米パタゴニア
¶**古脊椎**（図259/モ復）

ボムブル・コムプリカトゥス *Bombur complicatus*
ジュラ紀後期の無脊椎動物甲殻類小型エビ類。
¶**ゾル1**（図257/カ写）〈[産]ドイツのゾルンホーフェン 3cm〉

ホメオサウルス *Homoeosaurus jourdani*
ジュラ紀後期の爬虫類。竜型超綱有鱗綱喙頭目。全長18cm。[分]フランス東南
¶**古脊椎**（図113/モ復）

ホメオサウルス・プルケルス *Homeosaurus pulchellus*
ジュラ紀後期の脊索動物喙頭類。
¶**図解化**（p184/カ写）〈[産]ドイツのゾルンホーフェン〉

ホメオサウルス・マキシミリアーニ *Homeosaurus maximiliani*
後期ジュラ紀の脊椎動物双弓類。スフェノドン目ス

フェノドン科。体長20cm。㊎ヨーロッパ
¶**化写真**〔ホメオサウルス〕(p231/カ写)〈㊥ドイツ〉
原色化〔ホメオザゥルス・マキシミリアーニ〕(PL.55-3/モ写)〈㊥ドイツのバイエルンのケールハイム 長さ18.5cm 石膏模型〉

ホメオリンキア *Homeorhynchia acuta*
ジュラ紀初期の無脊椎動物。幅最大1cm。
¶**地球博**〔腕足動物嘴殻目〕(p80/カ写)

ホメオリンキア・アクタ
ジュラ紀前期～中期の無脊椎動物腕足類。幅1～2.5cm。㊎ヨーロッパ
¶**進化大**〔ホメオリンキア〕(p237/カ写)

ホモ・アンテセソール
120万～80万年前の人類。身長1.6～1.8m。㊎スペイン北部のアタプエルカ
¶**進化大**(p462/カ写)〈断片的な頭骨, あご, 歯〉

ホモエオサウルス属の種 *Homoeosaurus* sp.
ジュラ紀後期の脊椎動物爬虫類ムカシトカゲ類。
¶**ゾル2**(図242/カ写)〈㊥ドイツのアイヒシュテット 15cm〉

ホモエオサウルス・ゾルンホーフェネンシス *Homoeosaurus solnhofenensis*
ジュラ紀後期の脊椎動物爬虫類ムカシトカゲ類。
¶**ゾル2**(図241/カ写)〈㊥ドイツのアイヒシュテット 10cm〉

ホモエオサウルス・パルヴィペス *Homoeosaurus parvipes*
ジュラ紀後期の脊椎動物爬虫類ムカシトカゲ類。
¶**ゾル2**(図240/カ写)〈㊥ドイツのアイヒシュテット 12cm〉

ホモエオサウルス・ブレヴィペス *Homoeosaurus brevipes*
ジュラ紀後期の脊椎動物爬虫類ムカシトカゲ類。
¶**ゾル2**(図237/カ写)〈㊥ドイツのパインテン 18cm〉

ホモエオサウルス・マキシミリアニ *Homoeosaurus maximiliani*
ジュラ紀後期の脊椎動物爬虫類ムカシトカゲ類。
¶**ゾル2**(図238/カ写)〈㊥ドイツのケルハイム 14cm〉
ゾル2(図239/カ写)〈㊥ドイツのアイヒシュテット 16cm 部分的に皮膚を伴う〉

ホモ・エルガステル *Homo ergaster*
更新世の単弓類。熱帯の草原に生息。身長1.8m。㊎アフリカ東部, おそらくはグルジア共和国も
¶**恐古生**(p232～233/カ写, カ復)〈トゥルカナの少年〉

ホモ・エルガステル
180万～60万年前の人類。身長1.85mまで成長。㊎東アフリカ大地溝帯, 南アフリカ, ウガンダ, アルジェリア, モロッコ
¶**進化大**(p456～457/カ写)

ホモ・エレクトゥス *Homo erectus*
200万～10万年前(ネオジン)の哺乳類人類。ヒト科。身長1.8m。㊎アフリカ, ヨーロッパ, アジア
¶**恐絶動**(p295/カ復)
恐竜世(p280～281/カ写, カ復)〈頭骨〉
生ミス10(図E-6/カ写)〈成人男性のものとされる頭骨の模型〉

ホモ・エレクトゥス
おそらく180万～5万年前の人類。身長1.6～1.8m。㊎中国, ジャワ, アフリカ
¶**進化大**(p460～461/カ写)〈頭〉

ホモ・サピエンス *Homo sapiens*
20万年前～現在(ネオジン)の哺乳類現生人類。もともとは森, 草原, 海岸など, のちには陸上のほとんどあらゆる環境に生息。身長1.8m。㊎南極と一部の孤島をのぞく世界各地
¶**恐古生**(p236～237/カ復)
恐竜世(p286～287/カ写)〈㊥イタリアの洞窟 2万4000年前の若い男性の骨格, ブッシュマン〉

ホモ・サピエンス *Homo sapiens 'Cro-Magnon'*
更新世後期～現世の哺乳類人類。ヒト科。別名クロマニヨン人。身長1.5m～1.8m。㊎全世界
¶**恐絶動**(p295/カ復)

ホモ・サピエンス
およそ15万年前～現在の人類。身長約1.85mまで成長。㊎アフリカ各地, 世界各地
¶**進化大**(p468～469/カ写)

ホモ・サピエンス・サピエンス *Homo sapiens sapiens*
後期更新世～現世の脊椎動物哺乳類。霊長目ヒト科。体長1.8m。㊎世界中
¶**化写真**(p284/カ写)〈㊥イギリス 頭蓋冠, 若い成人の上顎, ヒトがつくった道具〉

ホモ・サピエンス・ネアンデルターレンシス *Homo sapiens neanderthalensis*
後期更新世の脊椎動物哺乳類人類。霊長目ヒト科。体長1.6m。㊎ヨーロッパ, アジア
¶**化写真**(p283/カ写)〈㊥フランス 若い成人の下顎〉
恐絶動(p295/カ復)

ホモテリウム *Homotherium*
更新世前期～後期の哺乳類ネコ類。食肉目ネコ科。全長1.2m。㊎エチオピア, 中国, インドネシアのジャワ島, 英国, 合衆国のテネシー, テキサス
¶**恐絶動**(p223/カ復)

ホモテリウム・クレナチデンス *Homotherium crenatidens*
新生代新第三紀鮮新世～第四紀更新世の哺乳類真獣類食肉類ネコ型類ネコ類。肩高1.1m。㊎アメリカ, タンザニア, ケニアなど
¶**生ミス9**(図0-1-8/カ写)〈35.6cm 頭骨復元標本〉

ホモテリウム・ラティデンス *Homotherium latidens*
新生代新第三紀鮮新世～第四紀更新世の哺乳類真獣類食肉類ネコ型類ネコ類。肩高1.1m。㊎アメリカ, タンザニア, ケニアなど
¶**生ミス9**(図0-1-9/カ復)

ホモテルス ブロミデンシス *Homotelus bromidensis*
オルドビス紀中期の無脊椎動物節足動物三葉虫。レドリキア目。
¶**三葉虫**(図18/モ写)〈㊥アメリカのオクラホマ州 長さ45mm〉

図解化〔ホモテルス・プロミデンシス〕(p100-10/カ写)〈㊥オクラホマ州〉

ホモテルス・プロミデンシス *Homotelus promidensis*
古生代オルドビス紀の三葉虫類。アサフス目アサフス科。
¶化石図(p43/カ写)〈㊥アメリカ合衆国 1個体の体長約5cm〉

ホモ・ネアンデルターレンシス *Homo neanderthalensis*
35万～3万年前(ネオジン)の哺乳類霊長類。ヒト科。別名ネアンデルタール人。疎林に生息。身長1.66m。㊎ヨーロッパ, アジア
¶化百科(p249/カ写)〈㊥イスラエルのカルメル山タブン 頭骨の前後長20cm 女性の頭骨〉
恐古生(p234～235/カ写, カ復)〈頭骨, 埋葬〉
恐竜世〔ホモ・ネアンデルタレンシス〕(p282～283/カ写, カ復)
生ミス10(図E-7/カ写)〈㊥イスラエルのアムド洞窟 頭骨〉

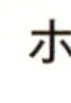
ホ

ホモ・ネアンデルターレンシス
35万～3万年前の人類。身長1.52～1.68m。㊎ヨーロッパ各地, アジア南西部
¶進化大(p464～467/カ写)

ホモ・ハイデルベルゲンシス *Homo heidelbergensis*
更新世の人類。ヒト族。
¶世変化(図100/カ写)〈㊥ザンビアのカブウェ 幅15cm 頭骨〉

ホモ・ハイデルベルゲンシス
60万～25万年前の人類。身長1.8mまで成長。㊎ヨーロッパ, アフリカ全体
¶進化大(p462～463/カ写)〈頭〉

ホモ・ハビリス *Homo habilis*
更新世前期の哺乳類霊長類人類。直鼻猿亜目ヒト科ヒト亜科。身長約1.3m。㊎アフリカ
¶化写真(p283/カ写)〈㊥ケニア 頭骨〉
恐絶動(p294/カ復)
生ミス10(図E-5/カ写)〈成人の頭骨〉
絶哺乳(p85,86/カ写, カ復)〈頭骨〉

ホモ・ハビリス
220万～160万年前の人類。身長1～1.3m。㊎タンザニアのオルドゥヴァイ峡谷, ケニアの東トゥルカナ, 南アフリカのステルクフォンテーン
¶進化大(p454/カ写)〈頭〉

ホモ・フローレシエンシス *Homo floresiensis*
更新世後期の哺乳類霊長類。直鼻猿亜目ヒト科ヒト亜科。身長約1m。㊎インドネシア
¶絶哺乳(p85/カ復)

ホモ・ルドルフェンシス
240万～100万年前の人類。身長1.5～1.6m。㊎東アフリカ, ケニアのトゥルカナ湖
¶進化大(p455/カ写)〈頭〉

ホラアナグマ *Ursus spelaeus* 洞穴熊
更新世の哺乳類真獣類イヌ型類クマ類。食肉目イヌ型亜目クマ科。肉食性。頭胴長約2m。㊎ヨーロッパ, アジア
¶化写真〔ウルスス〕(p271/カ写)〈㊥ドイツ 下顎〉
恐絶動〔ウルスス・スペレウス〕(p215/カ復)
古脊椎(図244/モ復)
図解化〔ウルスス・スペラエウス〕(p223-6/カ写)〈㊥ロンバルディアのアルプス山麓丘 頭骨〉
生ミス10(図3-3-20/カ写, カ復)〈手の復元骨格〉
生ミス10(図3-3-21/カ写)〈㊥ルーマニアの「ベア・ケイブ」〉
絶哺乳(p117,119/カ写, カ復)〈㊥オーストリア 頭骨全長約50cm 頭骨と下顎〉

ホラアナシシ ⇒ホラアナライオンを見よ

ホラアナハイエナ *Crocuta crocuta spelaea*
更新世の哺乳類食肉類ネコ型類ハイエナ類。食肉目。体長132cm。㊎ヨーロッパ
¶古脊椎(図246/モ復)
生ミス10(図3-3-19/カ復)

ホラアナハイエナ *Crocuta spelaea*
更新世前期の哺乳類真獣類。食肉目ネコ型亜目ハイエナ科。肉食性。頭胴長約1.5m。㊎ユーラシア北部
¶絶哺乳(p111,112/カ写, カ復)

ホラアナハイエナ *Hyaena spelea*
更新世～現在の哺乳類食肉類。ハイエナ科。別名ヒアエナ・スペレア。
¶化百科〔シマハイエナ, ブチハイエナ〕(p238/カ写)〈㊥イギリスのデボン州 10cm 下あご〉

ホラアナハイエナ Cave hyena
200万～1万年前(ネオジン)の哺乳類サーベルタイガー類。現生のブチハイエナ(学名Crocuta crocuta)と同じ種。全長2m。㊎ヨーロッパ, アジア
¶恐竜世(p235/カ写)〈犬歯〉

ホラアナライオン *Panthera spelaea*
更新世中～末期の哺乳類真獣類ネコ型類ネコ類。食肉目ネコ型亜目ネコ科。別名ドウクツライオン。肉食性。頭胴長2～2.7m。㊎ユーラシア
¶古脊椎〔ホラアナシシ〕(図248/モ復)
生ミス10(図3-3-16/カ写, カ復)〈ラスコーの壁画〉
生ミス10〔"冷凍ホラアナライオン"〕(図3-3-17,3-3-18/カ写)〈㊥ロシア東部のインディギルカ川沿い 30cm前後 幼体〉
絶哺乳(p112/カ復)〈頭骨全長約35cm 頭骨と下顎骨〉

ポラカンタス *Polacanthus foxii*
白亜紀初期の恐竜類。竜型超綱鳥盤綱鎧竜目。全長3m。㊎イギリス
¶古脊椎(図172/モ復)

ポラカントゥス *Polacanthus*
白亜紀バレミアンの恐竜類装盾類よろい竜類ポラカントゥス類。曲竜亜目ノドサウルス科。初期のよろい竜類。体長4m。㊎イギリス
¶恐イラ(p174/カ復)
恐絶動(p155/カ復)

ホラスター・プラヌス *Holaster planus*
白亜紀後期の無脊椎動物棘皮動物。
¶図解化(p179-3/カ写)〈㊥エジプト〉

ホラステロプシス・クレドネリ *Holasteropsis credneri*
白亜紀後期の無脊椎動物棘皮動物。

¶**図解化**(p178-4/カ写)〈[産]ドイツのウエストファリア〉

ボラスピデラの一種 *Bolaspidella* sp.
カンブリア紀の三葉虫。プティコパリア目。
¶**三葉虫**(図113/モ写)〈[産]アメリカのユタ州 長さ12mm〉

ボラスピデラ・ホウセンシス *Bolaspidella housensis*
カンブリア紀の無脊椎動物節足動物。
¶**図解化**(p100-2/カ写)〈[産]ユタ州〉

ボラティコテリウム *Volaticotherium antiquus*
ジュラ紀中期の哺乳類。真三錐歯目ボラティコテリウム科。小型のリス大, 頭骨全長約35mm。[分]中国北部
¶**絶哺乳**(p39,40/カ写, カ復)〈模式標本〉

ポラナ
新第三紀の被子植物。蔓の長さ最大20m。[分]中国, ヨーロッパ, 北アメリカ
¶**進化大**(p395/カ写)〈花〉

ボランディア・パシフィカ *Bollandia pacifica*
古生代後期石炭紀前期ビゼー世の節足動物三葉虫類。グリフィシデス亜科。
¶**学古生**(図246/モ写)〈[産]岩手県陸前高田市大平山〉
化石フ〔"ボーランデア"・パシフィカ〕(p64/カ写)〈[産]岩手県気仙郡住田町 30mm〉

ホランディテス・ジャポニクス *Hollandites japonicus*
三畳紀中期のアンモノイド類セラタイト型アンモノイド類。セラティテス目ベイリキテス科。
¶**化石図**(p93/カ写, カ復)〈[産]宮城県 長径約14cm〉
日化譜〔Hollandites japonicus〕(図版51-14/モ写)〈[産]宮城県牡鹿郡稲井町井内〉

ホランディテス・ジャポニクス・クラッシコスタータス *Hollandites japonicus crassicostatus*
三畳紀の軟体動物頭足類。
¶**原色化**(PL.41-3/カ写)〈[産]宮城県牡鹿郡稲井 18×13cm 外型印象〉

ホランディテス・ハラダイ *Hollandites haradai*
中生代三畳紀の軟体動物頭足類。
¶**化石フ**(p107/カ写)〈[産]宮城県石巻市 170mm〉
日化譜〔Hollandites haradai〕(図版51-15/モ写)〈[産]宮城県牡鹿郡稲井町井内〉

ボリヴィナ・ロブスタ *Bolivina robusta*
新生代更新世の小型有孔虫。ボリヴィニタ科。
¶**学古生**(図921/モ写)〈[産]富山県西砺波郡福光町人母〉

ポリゥミータ・ディスコルス *Poleumita discors*
シルル紀の軟体動物腹足類。
¶**原色化**(PL.13-7/カ写)〈[産]イギリスのウスター州ダッドレイ 長径5cm〉

ポリコティルス *Polycotylus*
中生代白亜紀の爬虫類双弓類鰭竜類クビナガリュウ類。全長5m。[分]アメリカ, ロシア
¶**生ミス8**(図8-17/カ写, カ復)〈[産]アメリカのカンザス州ローガン郡 ロサンゼルス自然史博物館の全身骨格標本〉

ポリコティルス類 Polycotylidae
白亜紀後期セノマニアン期〜マストリヒシアン期の長頸竜類。長頸竜目ポリコティルス科。アンモナイトや魚類ほかを摂食。体長3〜5mほど。生まれてすぐの子どもで1.5mほど。[分]北海道, 福島県いわき市
¶**日恐竜**(p108/カ写, カ復)〈歯〉

ポリコティルス類
白亜紀マーストリヒチアン期の長頸竜類。全身3〜5mほど。
¶**日白亜**(p66〜67/カ復)〈[産]大阪府泉南市〉

ホリコロモガイ *Sydaphera horii*
新生代第三紀・初期中新世の貝類。コロモガイ科。
¶**学古生**(図1237/モ写)〈[産]石川県珠洲市馬緤〉

ポリプチコセラス *Polyptychoceras*
中生代白亜紀の軟体動物頭足類アンモナイト類。長径10cm前後。[分]日本, 南極大陸, ロシアほか
¶**アン最**(p50/カ写)〈[産]日本〉
生ミス7(図4-12/カ写, カ復)〈[産]北海道古丹別町 長径約7cm〉

ポリプチコセラス
中生代白亜紀の軟体動物頭足類。殻長約10cm。
¶**産地新**(p11/カ写)〈[産]北海道苫前郡苫前町オンコ沢 長さ1.8cm 幼殻〉
産地新(p226/カ写)〈[産]熊本県天草郡龍ヶ岳町樋島 長さ4.8cm〉
産地別(p7/カ写)〈[産]北海道稚内市東浦海岸 長径6cm〉
産地別(p185/カ写)〈[産]和歌山県有田郡有田川町吉見 長径9.2cm〉
産地別(p226/カ写)〈[産]熊本県上天草市龍ケ岳町樋島 長径13.3cm〉
産地本(p15/カ写)〈[産]北海道中川郡中川町安平志内川 長径8cm〉
産地本(p20/カ写)〈[産]北海道苫前郡羽幌町羽幌川 長径8.2cm〉
産地本(p27/カ写)〈[産]北海道苫前郡苫前町古丹別川 長径8.5cm〉
産地本(p27/カ写)〈[産]北海道苫前郡苫前町古丹別川 長径8.2cm〉
日白亜〔ポリプティコセラス〕(p20〜22/カ復)〈[産]熊本県上天草市龍ヶ岳町〉

ポリプチコセラス・サブクアドラタム *Polyptychoceras subquadratum*
中生代白亜紀後期のアンモナイト。ディプロモセラス科。
¶**学古生**(図524/モ写)〈[産]北海道中川郡中川町佐久学校ノ沢〉

ポリプチコセラス(サブプチコセラス)・ジンボイ *Polyptychoceras* (*Subptychoceras*) *jimboi*
中生代白亜紀後期のアンモナイト。ディプロモセラス科。
¶**学古生**(図581/モ写)〈[産]北海道三笠市幾春別川流域〉

ポリプチコセラス・シュードゴルチナム *Polyptychoceras pseudogaultinum*
カンパニアン前期の軟体動物頭足類アンモナイト。アンキロセラス亜目ディプロモセラス科。
¶**アン学**(図版43-3/カ写)〈[産]浦河地域〉

ポリプチコセラスの一種 *Polyptychoceras* sp.
白亜紀チューロニアン期の軟体動物頭足類アンモナイト。
¶アン最 (p127/カ写)〈[産]北海道〉
原色化〔ポリプティコセラス〕(PL.64-4/カ写)〈[産]樺太？ 幅1cm〉

ポリプチコセラスの一種
中生代白亜紀の軟体動物頭足類。
¶産地別 (p26/カ写)〈[産]北海道苫前郡羽幌町中二股川 長径9.5cm〉

ポリプチコセラスの内部
中生代白亜紀の軟体動物頭足類。
¶産地本 (p20/カ写)〈[産]北海道苫前郡羽幌町逆川 写真の左右6.5cm〉

ポリプチコセラスの幼貝
中生代白亜紀の軟体動物頭足類。
¶産地本 (p27/カ写)〈[産]北海道苫前郡苫前町古丹別川 長径9mm〉

ポリプティコセラス ⇒ポリプチコセラスを見よ

ポリプティコセラス ⇒ポリプチコセラスの一種を見よ

ポリプティコセラス・ハラダナム
Polyptychoceras haradanum
中生代白亜紀のアンモノイド類。アンモナイト亜綱アンモナイト目ディプロモセラス科。
¶化石図 (p122/カ写, カ復)〈[産]北海道 長さ約16cm〉

ポリプティコセラス(ポリプティコセラス)・サブコードラータム *Polyptychoceras* (*Polyptychoceras*) *subquadratum*
白亜紀の軟体動物頭足類。
¶原色化 (PL.64-5/カ写)〈[産]樺太？ 長さ12.5cm〉
原色化 (PL.65-2/カ写)〈[産]北海道天塩国中川郡中川村アベシナイ 長さ8cm〉

ポリプティコドン・インターラプタス
Polyptychodon interruptus
白亜紀の脊椎動物爬虫類。
¶原色化 (PL.67-3/モ写)〈[産]イギリスのケンブリッジ 高さ3.5cm 歯〉

ポリブラスティディウム *Polyblastidium racemosum*
白亜紀前期のカイメン。
¶世変化〔白亜層のカイメン〕(図56/カ写)〈[産]ドイツのオーベルク 長さ8cm〉

ポリポラの1種 *Polypora fujimotoi*
古生代後期二畳紀中期のコケムシ類。フェネステラ科。
¶学古生 (図173/モ写)〈[産]宮城県気仙沼市上八瀬 表面〉
日化譜〔Polypora fujimotoi〕(図版22-3/モ写)〈[産]岩手県大船渡市〉

ポリメソダ *Polymesoda convexa*
始新世～現世の無脊椎動物二枚貝類。マルスダレガイ目シジミ科。体長4cm。[分]世界中
¶化写真 (p109/カ写)〈[産]イギリス 殻を含んだブロック〉

ボルオチア *Boluochia zhengi* 波羅赤鳥
中生代の鳥類反鳥類。熱河生物群。
¶熱河生〔ボルオチア・ゼンギの完模式標本〕(図181/カ写)〈[産]中国の遼寧省朝陽の波羅赤〉
熱河生〔波羅赤鳥の復元図〕(図182/カ復)

ボルガセラトイデスの一種 *Volgaceratoides* sp.
アルビアン期のアンモナイト。
¶アン最 (p186/カ写)〈[産]ロシアのウリヤノフスク〉

ホルキア・インゲンス *Hourcquia ingens*
チューロニアン後期の軟体動物頭足類アンモナイト。アンモナイト亜目シュードチッソティア科。
¶アン学 (図版8-1～3/カ写)〈[産]小平地域〉

ホルキア・カワシタイ *Hourcquia kawashitai*
チューロニアン後期の軟体動物頭足類アンモナイト。アンモナイト亜目シュードチッソティア科。
¶アン学 (図版8-4/カ写)〈[産]羽幌地域 完模式標本〉

ホルコフィロセラスの1種 *Holcophylloceras* sp.
中生代のアンモナイト。フィロセラス科。
¶学古生 (図452/モ写)〈[産]福井県大野郡和泉村貝皿〉

ホルコフィロセラス・ポリオルカム
Holcophylloceras polyolcum
キンメリッジ期のアンモナイト。
¶アン最 (p111/カ写)〈[産]マダガスカル〉

ホルスラコス ⇒フォルスラコスを見よ

ポルタリア *Portalia mira*
カンブリア紀の生物。棘皮動物？長さ93mm。
¶バ頁岩〔マッケンジア(類縁関係不明)とポルタリア〕(図42～44/モ写, モ復)〈[産]カナダのバージェス頁岩〉

ポルツニテス *Portunites stintoni*
始新世～中新世の無脊椎動物甲殻類。十脚目ガザミ科。体長2cm。[分]アメリカ, ヨーロッパ, オーストラリアとその周辺
¶化写真 (p72/カ写)〈[産]イギリス 背面〉

ホルネオフィトン・リグニエリ
デヴォン紀前期の植物リニア類。高さ20cm。[分]スコットランド
¶進化大〔ホルネオフィトン〕(p116/カ復)

ボルヒエナ *Borhyaena*
漸新世後期～中新世前期の哺乳類有袋類米州袋類。砕歯目ボルヒエナ科。全長1.5m。[分]アルゼンチンのパタゴニア地方
¶恐絶動 (p202/カ復)
絶哺乳 (p55,57/カ復, モ図)〈頭骨〉

ポルピテス・ポルピータ *Porpites porpita*
シルル紀の腔腸動物四射サンゴ類。
¶原色化 (PL.12-5/カ写)〈[産]スウェーデンのゴトランド島ビスビイ 最大の個体の直径1.7cm〉

ボレアスピス *Boreaspis*
デボン紀前期の魚類無顎類。骨甲目。全長13cm。[分]ノルウェー領スピッツベルゲン島
¶恐絶動 (p22/カ復)

ホレクチプス・デプレスス *Holectypus depressus*
ジュラ紀中期の無脊椎動物棘皮動物。
¶図解化 (p179-7/カ写)〈[産]イギリス〉

ポレミタ・ディスコルス *Polemita discors*
シルル紀の無脊椎動物軟体動物古腹足類。
¶**図解化**(p130〜131-2/カ写)〈[産]イギリスのダドレイ〉

ホロガイ
新生代第三紀鮮新世の軟体動物腹足類。ヤツシロガイ科。
¶**産地新**(p214/カ写)〈[産]高知県安芸郡安田町唐浜 高さ8cm〉

ホロキスチテス・スクテラツス *Holocystites scutellatus*
シルル紀の無脊椎動物棘皮動物ウミリンゴ。
¶**図解化**(p165/カ写)〈[産]インディアナ州〉

ボロゴーヴィア *Borogovia*
白亜紀カンパニアン〜マーストリヒシアンの恐竜類トロオドン類。トロオドン科。体長2m。[分]モンゴルのバヤンホンゴル
¶**恐イラ**(p189/カ復)

ホロコリンキアの1種 *Holochorhynchia sambosanensis*
中生代三畳紀後期の腕足類。リンコネラ科。
¶**学古生**(図349/モ写)〈[産]高知県香美郡野市町三宝山〉

ポロスパエラ *Porosphaera*
主に白亜紀の海綿動物石灰海綿類ファレトロニダ類ポロスパエラ類。
¶**化百科**(p112/カ写)〈[産]イギリスのサセックス 一般的には1cm未満〉

ポロナイカグラザメ(新) *Heptranchias ezoensis*
漸中新世の魚類。
¶**学古生**〔エドアブラザメ属の1種〕(図1929/モ写)〈[産]北海道夕張市〉
日化譜(図版89-17/モ写)〈[産]北海道大夕張 歯〉

ポロナイキララガイ *Acila (Truncacila) picturata*
漸中新世の軟体動物斧足類。
¶**日化譜**(図版35-24/モ写)〈[産]北海道三笠市幌内,夕張〉

ポロナイキリガイダマシ *Turritella (Hataiella) poronaiensis*
漸新世後期の軟体動物腹足類。
¶**日化譜**(図版28-7/モ写)〈[産]北海道夕張,三笠市〉

ポロナイスナモグリ *Callianassa elongatodigitata*
新生代漸新世の甲殻類十脚類。スナモグリ科。
¶**学古生**(図1851/モ写)〈[産]北海道夕張市真谷地〉
日化譜(図版59-6/モ写)〈[産]北海道三笠市幾春別〉

ポロナイバイヒノモトフジタバイ *Trominina japonica*
漸中新世の軟体動物腹足類。
¶**日化譜**(図版31-31/モ写)〈[産]北海道〉

ポロナイフトザオウニ(新) *Glyptocidaris (Eoglyptocidaris) arctina*
漸中新世のウニ類。
¶**日化譜**(図版88-7/モ写)〈[産]北海道留萌郡小平蘂〉

ポロナイフミガイ *Venericardia (Cyclocardia) ezoensis*
漸中新世の軟体動物斧足類。
¶**日化譜**(図版44-17/モ写)〈[産]北海道三笠市弥生炭坑〉

ボロファグス *Borophagus* sp.
中新世後期〜鮮新世後期の哺乳類真獣類。食肉目イヌ型亜目イヌ科。肉食性。頭胴長約1m,頭骨全長約23cm。[分]北アメリカ
¶**絶哺乳**(p113/カ復)

ボロファグス・セクンドゥス *Borophagus secundus*
新生代新第三紀中新世〜鮮新世の哺乳類真獣類食肉類イヌ型類ボロファグス類。頭胴長1.2m。[分]北アメリカ
¶**生ミス9**(図0-1-18/カ写)〈[産]アメリカ 約22cm 頭骨復元標本〉

ホロファグス属の種 *Holophagus* sp.
ジュラ紀後期の脊椎動物魚類総鰭類。
¶**ゾル2**(図207/カ写)〈[産]ドイツのシャムハウプテン 30cm〉

ボロファグス・ディバーシデンス *Borophagus diversidens*
新生代新第三紀中新世〜鮮新世の哺乳類真獣類食肉類イヌ型類ボロファグス類。頭胴長1.2m。[分]北アメリカ
¶**生ミス9**(図0-1-19/カ復)

ホロファグス・ペニキラトゥス *Holophagus penicillatus*
ジュラ紀後期の脊椎動物魚類総鰭類。
¶**ゾル2**(図206/カ写)〈[産]ドイツのパインテン 38cm〉

ホロプチクス *Holoptychius flemingi*
デボン紀後期の魚類。顎口超綱硬骨魚綱総鰭亜綱シーラカンス目。全長75cm。[分]イギリス,スコットランド
¶**古脊椎**(図54/モ復)

ホロプティキウス *Holoptychius*
デボン紀後期の魚類。ポロレピス目。葉状の鰭をもつ魚類。全長50cm。[分]全世界
¶**恐絶動**(p42/カ復)

ホロプテュキウス
デヴォン紀後期の脊椎動物肉鰭類。体長2m。[分]北アメリカ,グリーンランド,ラトヴィア,リトアニア,エストニア,ロシア
¶**進化大**(p136〜137/カ写)〈集団墓地〉

ホロプテリギウス・ヌダス *Holopterygius nudus*
古生代デボン紀の肉鰭類シーラカンス類。全長6.5cm。[分]ドイツ
¶**生ミス3**〔ホロプテリギウス〕(図3-31/カ写,カ復)〈[産]ドイツ 6.5cm〉

ホワッチーリア
石炭紀前期の脊椎動物。初期の四肢動物。全長1m。[分]アメリカ合衆国
¶**進化大**(p165)

ホンシュウイブキ *Juniperus honshuensis*
新生代中新世後期の陸上植物。ヒノキ科。
¶**学古生**(図2267/モ写)〈[産]鳥取県東伯郡三朝町三徳〉

ホンシュウユリノキ *Liriodendron honsyuensis*
中新世後期の陸上植物。モクレン目モクレン科。
¶**学古生**(図2394/モ写)〈[産]鳥取県八頭郡佐治村辰巳峠〉
化石図(p155/カ写)〈[産]鳥取県 葉の横幅9.5cm〉

日化譜（図版77-14/モ写）〈[産]岐阜県その他〉

ポンティセラスの一種 *Ponticeras* sp.
デボン紀後期のアンモナイト。
¶**アン最**（p120/カ写）〈[産]モロッコのエルフード〉

ホンドイタチの頭蓋骨 *Mustela sibirica itatsi*
新生代第四期更新世の哺乳類食肉類。
¶**化石フ**（p231/カ写）〈[産]愛知県豊橋市 最大長52mm〉

ポントシセレ・サブジャポニカ *Pontocythere subjaponica*
新生代更新世の甲殻類（貝形類）。シセリデア科カシマニデア亜科。
¶**学古生**（図1857/モ写）〈[産]静岡県古谷層 左殻〉

ホンヒタチオビガイ
新生代第四紀更新世の軟体動物腹足類。別名フルゴラリア。
¶**産地本**（p102/カ写）〈[産]千葉県市原市瀬又 高さ11.5cm〉

ホンヒバリガイ ⇒モディオルスを見よ

ポンピロペルス属の一種 *Pompiloperus sp,*
中生代の昆虫類ジガバチ類。熱河生物群。
¶**熱河生**（図93/カ写）〈[産]中国の遼寧省北票の黄半吉溝 長さ約15mm〉

ホンマシナノキ *Tilia hommashinichii*
新生代中新世前期の陸上植物。シナノキ科。
¶**学古生**（図2483/モ写）〈[産]新潟県佐渡郡相川町関 苞葉と果実〉

本ミル ⇒ミルクイを見よ

【マ】

マアンシャニア・クルスティケプス *Maanshania crusticeps* 殻頭馬鞍山虫
カンブリア紀の所属不明の動物。澄江生物群。蠕虫状の動物。
¶**澄江生**（図20.12/カ写）〈[産]中国の馬鞍山 長さ50mm, 幅5mm〉

マイアケトゥス *Maiacetus*
新生代古第三紀始新世の哺乳類真獣類鯨偶蹄類ムカシクジラ類。頭胴長2.6m。[分]パキスタン
¶**生ミス9**（図1-7-5/カ写, カ復）〈胎児の化石が確認できる〉

マイアサウラ *Maiasaura*
8000万～7400万年前（白亜紀後期）の恐竜類ハドロサウルス類。鳥盤目鳥脚亜目ハドロサウルス科ハドロサウルス亜科。海岸, 平野に生息。全長9m。[分]アメリカ合衆国
¶**恐イラ**（p222/カ復）
恐絶動（p147/カ復）
恐太古（p100～101/カ写）〈巣, 生後数カ月の子どもの骨格標本〉
恐竜世（p130/カ復）
恐竜博（p141/カ写, カ復）〈子どもの骨格〉
よみ恐（p196～197/カ復）

マイアサウラ
白亜紀後期の脊椎動物鳥盤類。体長9m。[分]アメリカ合衆国
¶**進化大**（p342/カ写）〈赤ん坊, 巣〉

マイオキダリス・スピニュリフェラ *Miocidaris spinulifera*
二畳紀の棘皮動物ウニ類。キダリスウニ科。
¶**学古生**〔ミオキダリスのとげ〕（図260/モ写）〈[産]岐阜県大垣市赤坂町金生山〉
原色化（PL.35-1/モ写）〈[産]岐阜県不破郡赤坂町金生山 大きい個体の長さ2.7cm 棘〉

マイオケルクス *Maiocercus*
石炭紀の節足動物甲殻類鋏角類蛛形類ワレイタムシ類。
¶**化百科**（p142/カ写）〈[産]ウェールズ南部のロンダ地方 1～2cm〉

マイオハリオーチス・アマビリス *Miohaliotis amabilis*
新生代第三紀中新世の軟体動物斧足類アワビの化石。ミミガイ科。
¶**化石フ**（p181/カ写）〈[産]岐阜県瑞浪市 180mm〉

マイクハネッラ
カンブリア紀前期の微生物軟体動物。全長2mm。[分]世界各地
¶**進化大**（p69/カ写）

マイマイ ⇒ヘリックス・アスペルサを見よ

マイヤ ⇒アサガイオオノガイを見よ

マイヤ ⇒オオノガイを見よ

マイヤ・グレブィンキ *Mya grewingki*
新生代古第三紀漸新世の軟体動物斧足類。
¶**化石フ**（p161/カ写）〈[産]福島県いわき市 50mm〉

マイヤ・トルンカタ *Mya truncata*
第四紀の軟体動物。寒流系の環境を示す。
¶**図解化**（p26-上/カ写）

マイロカリス・ブックラータ *Mayrocaris bucculata*
ジュラ紀後期の無脊椎動物甲殻類。甲殻類の幼生。
¶**ゾル1**（図326/カ写）〈[産]ドイツのツァント 2.2cm〉
ゾル1（図327/カ写）〈[産]ドイツのツァント 2.2cm〉

マウソニア・ブラジリエンシス *Mawsonia brasiliensis*
中生代白亜紀の肉鰭類シーラカンス類。
¶**生ミス8**（図7-11/カ写）〈[産]ブラジル 1.4m 全身骨格標本〉

マウソニア・ラボカティ *Mawsonia lavocati*
中生代白亜紀の肉鰭類シーラカンス類。
¶**生ミス8**（図7-12/カ写）〈[産]モロッコ 3.8m 頭部などの部分化石から復元された全身骨格〉

マウソニテス *Mawsonites spriggi*
後期先カンブリア紀のプロブレマティカ。円形の巣穴と考えられている。大きさ13cm。[分]オーストラリア
¶**化写真**（p43/カ写）〈[産]オーストラリア南部〉

マウルディニア
白亜紀の被子植物。葉の長さ10cm。㊕ヨーロッパ, 北アメリカ, 中央アジア
¶**進化大**(p294)

マエカワワクチナワマンジ(?) *Ophiodermella* sp. cf. *O.maekawaensis*
新生代第三紀鮮新世～初期更新世の貝類。クダマキガイ科。
¶**学古生**(図1625/モ写)〈㊇富山県小矢部市田川〉

マエカワシャジク *Ophiodermella maekawaensis*
新生代第三紀鮮新世の貝類。クダマキガイ科。
¶**学古生**(図1440/モ写)〈㊇青森県むつ市前川〉

マオティアノアスクス・オクトナリウス *Maotianoascus octonarius* 八弁帽天嚢水母
カンブリア紀の有櫛動物。有櫛動物門。別名クシクラゲ。澄江生物群。
¶**澄江生**(図10.1/カ写)〈㊇中国の帽天山 斜め側面からの眺め〉
澄江生(図10.2/モ復)

マオティアンシャニア・キリンドリカ *Maotianshania cylindrica* 円筒帽天山蠕虫
カンブリア紀の蠕虫。類線形動物門パラエオスコレックス綱。澄江生物群。
¶**澄江生**(図11.4/モ復)
澄江生(図11.5/カ写)〈㊇中国の帽天山, 大坂頭近郊尖包包山 最大長さ約40mm, 幅2mm 横からの眺め〉

マカイロドゥス *Machairodus*
1200万～12万5000年前(ネオジン)の哺乳類。食肉目ネコ型亜目ネコ科。サーベルタイガーのなかま。肉食性。全長2m。㊕北アメリカ, アフリカ, ヨーロッパ, アジア
¶**恐竜世**(p235/カ復)
絶哺乳(p107/カ復)

マカイロドゥス・アファニストゥス *Machairodus aphanistus*
新生代新第三紀中新世～第四紀更新世の哺乳類真獣類食肉類ネコ型類ネコ類。頭胴長2m。㊕アメリカ, 中国, 南アフリカなど
¶**生ミス9**(図0-1-7/カ復)

マカイロドゥス・ギガンテウス *Machairodus giganteus*
新生代新第三紀中新世～第四紀更新世の哺乳類真獣類食肉類ネコ型類ネコ類。㊕アメリカ, 中国, 南アフリカなど
¶**生ミス9**(図0-1-6/カ写)〈㊇中国 36cm 頭骨復元標本〉

マカカ *Macaca pliocaena*
更新世～現世の脊椎動物哺乳類。霊長目ケルコピテクス科。体長70cm。㊕ヨーロッパ, アフリカ北部, 北アジア
¶**化写真**(p267/カ写)〈㊇イギリス 上顎の臼歯〉

マガキ *Crassostrea gigas*
新生代第四紀更新世の貝類。イタボガキ科。
¶**学古生**(図1657/モ写)〈㊇千葉県香取郡多古町並木〉
学古生(図1754/モ写)〈㊇東京都中央区日比谷公園 左殻, 右殻〉
化石フ〔マガキ(ナガガキ型)〕(p177/カ写)〈㊇愛知県刈谷市 400mm〉

マガキ
新生代第四紀更新世の軟体動物斧足類。
¶**産地別**(p92/カ写)〈㊇千葉県市原市瀬又 長さ14cm〉

マガキ ⇒オストレア・ギガスを見よ

マキアゲエビス *Turcica coreensis*
新生代第四紀の貝類。ニシキウズ科。
¶**学古生**(図1715/モ写)〈㊇千葉県市原市瀬又〉

巻貝
三畳紀の貝類。
¶**世変化**〔三畳紀の微小巻貝〕(図32/カ写)〈㊇イタリアのヴァル・ブルッタ 視野幅9mm 薄片サンプル〉

巻貝
貝類の化石。
¶**図解化**〔硫黄で化石化されたいくつもの小さな巻貝〕(p15-6/カ写)

巻き貝群集(不明種)
古生代ペルム紀の軟体動物腹足類。
¶**産地本**(p114/カ写)〈㊇岐阜県大垣市赤坂町金生山 写真の左右10cm〉

マ

巻貝の一種
中生代白亜紀の軟体動物腹足類。スイショウガイ科。
¶**産地別**(p8/カ写)〈㊇北海道宗谷郡猿払村上猿払 高さ1.9cm〉

巻貝の一種
中生代白亜紀の軟体動物腹足類。
¶**産地別**(p28/カ写)〈㊇北海道苫前郡羽幌町デト二股川 高さ3.6cm〉
産地別(p29/カ写)〈㊇北海道苫前郡羽幌町ピッシリ沢 長径2cm〉

巻貝の一種
古生代石炭紀の軟体動物腹足類。
¶**産地別**(p111/カ写)〈㊇新潟県糸魚川市青海町 長径1cm〉

巻貝の一種
古生代石炭紀の軟体動物腹足類。オキナエビス形。
¶**産地別**(p111/カ写)〈㊇新潟県糸魚川市青海町 高さ1cm〉

巻貝の一種
古生代石炭紀の軟体動物腹足類。オキナエビスの仲間。
¶**産地別**(p111/カ写)〈㊇新潟県糸魚川市青海町 高さ1cm〉

巻貝の一種
古生代石炭紀の軟体動物腹足類。縦長。
¶**産地別**(p112/カ写)〈㊇新潟県糸魚川市青海町 高さ2cm〉
産地別(p112/カ写)〈㊇新潟県糸魚川市青海町 高さ3.1cm〉

巻貝の一種
古生代石炭紀の軟体動物腹足類。ツメタガイの仲間。
¶**産地別**(p112/カ写)〈㊇新潟県糸魚川市青海町 長径4.

5cm〉

巻貝の一種
古生代石炭紀の軟体動物腹足類。平巻に近いタイプ。
¶**産地別**（p112/カ写）〈㊎新潟県糸魚川市青海町 長径1.2cm〉

巻貝の一種
新生代第三紀中新世の軟体動物腹足類。ミクリガイの一種。
¶**産地別**（p196/カ写）〈㊎福井県大飯郡高浜町名島 高さ3cm〉

巻貝の一種
新生代第三紀中新世の軟体動物腹足類。
¶**産地別**（p222/カ写）〈㊎岡山県津山市皿川 高さ3.5cm〉

巻貝の内側の雌型
貝類の化石。
¶**図解化**（p19-1/カ写）

巻貝の蓋
古生代ペルム紀の軟体動物腹足類。ナチコプシスの蓋と思われる。
¶**産地別**（p137/カ写）〈㊎岐阜県大垣市赤坂町金生山 長さ3cm〉

マ

巻き貝の蓋（不明種）
古生代ペルム紀の軟体動物腹足類。
¶**産地新**（p102/カ写）〈㊎岐阜県大垣市赤坂町金生山 左右6.6cm〉

巻き貝の蓋（不明種）
新生代第三紀中新世の軟体動物腹足類。
¶**産地本**（p130/カ写）〈㊎岐阜県瑞浪市釜戸町荻の島 高さ1.4cm〉

巻き貝の蓋（不明種）
新生代第三紀中新世の軟体動物腹足類。タマガイの蓋と思われる。
¶**産地本**（p141/カ写）〈㊎石川県羽咋郡志賀町火打谷 長さ1.5cm〉

巻き貝の蓋（不明種）
新生代第三紀中新世の軟体動物腹足類。メイセンタマガイの蓋と思われる。
¶**産地本**（p204/カ写）〈㊎滋賀県甲賀郡土山町鮎河 長さ（左右）1cm〉

巻き貝（不明種）
中生代三畳紀の軟体動物腹足類。
¶**産地新**（p35/カ写）〈㊎宮城県宮城郡利府町赤沼 高さ2cm〉

巻き貝（不明種）
中生代白亜紀の軟体動物腹足類。
¶**産地新**（p112/カ写）〈㊎長野県南佐久郡佐久町石堂 画面の左右約6cm 小さな巻き貝が密集〉

巻き貝（不明種）
新生代第三紀中新世の軟体動物腹足類。カニモリガイの仲間。
¶**産地新**（p114/カ写）〈㊎長野県南佐久郡北相木村川又 大きいものの高さ2.2cm〉

巻き貝（不明種）
新生代第三紀鮮新世の軟体動物腹足類。タケノコガイ科？トクサガイに似る。
¶**産地新**（p131/カ写）〈㊎静岡県掛川市掛川駅北方 高さ3.1cm〉

巻き貝（不明種）
新生代第三紀中新世の軟体動物腹足類。
¶**産地新**（p159/カ写）〈㊎福井県大飯郡高浜町山中 高さ2.6cm 殻が溶けてなくなっている〉
産地本（p130/カ写）〈㊎岐阜県瑞浪市明世町 高さ1.7cm 月のおさがり〉

巻き貝（不明種）
新生代第三紀中新世の軟体動物腹足類。エゾバイ科かイトマキボラ科。
¶**産地新**（p196/カ写）〈㊎島根県八束郡玉湯町布志名 高さ4.5cm〉

巻き貝（不明種）
新生代第三紀鮮新世の軟体動物腹足類。
¶**産地新**（p208/カ写）〈㊎高知県安芸郡安田町唐浜 高さ4.4cm〉

巻き貝（不明種）
新生代第三紀漸新世の軟体動物腹足類。螺層に棘がいくつも並ぶ。
¶**産地新**（p230/カ写）〈㊎長崎県西彼杵郡伊王島町沖之島 高さ3.5cm〉

巻き貝（不明種）
中生代白亜紀の軟体動物腹足類。モミジソデガイの仲間。
¶**産地本**（p40/カ写）〈㊎北海道厚岸郡浜中町琵琶瀬 高さ2.5cm〉

巻き貝（不明種）
古生代石炭紀の軟体動物腹足類。オキナエビスのような形をした種。
¶**産地本**（p56/カ写）〈㊎岩手県大船渡市日頃市町鬼丸 高さ2.5cm〉

巻き貝（不明種）
中生代ジュラ紀の軟体動物腹足類。
¶**産地本**（p67/カ写）〈㊎福島県相馬郡鹿島町館の沢 高さ3.5cm〉
産地本（p120/カ写）〈㊎富山県下新川郡朝日町大平川 高さ1.1cm 黄鉄鉱で置換したもの〉

巻き貝（不明種）
古生代石炭紀の軟体動物腹足類。
¶**産地本**（p106/カ写）〈㊎新潟県西頸城郡青海町電化工業 高さ5cm〉

巻き貝（不明種）
古生代ペルム紀の軟体動物腹足類。
¶**産地本**（p118/カ写）〈㊎岐阜県吉城郡上宝村福地 径1.3cm〉
産地本（p148/カ写）〈㊎滋賀県坂田郡伊吹町伊吹山 径2cm〉
産地本（p159/カ写）〈㊎滋賀県犬上郡多賀町エチガ谷 高さ3cm〉
産地本（p159/カ写）〈㊎滋賀県犬上郡多賀町権現谷 高さ5cm〉
産地本（p159/カ写）〈㊎滋賀県犬上郡多賀町権現谷 長径1.1cm〉

産地本（p159/カ写）〈[産]滋賀県犬上郡多賀町権現谷 長径1.8cm〉

巻き貝（不明種）
古生代ペルム紀の軟体動物腹足類。オキナエビスのような形。
¶**産地本**（p160/カ写）〈[産]滋賀県犬上郡多賀町エチガ谷 高さ1cm〉

巻き貝（不明種）
古生代シルル紀？中生代？の軟体動物腹足類。
¶**産地本**（p226/カ写）〈[産]高知県高岡郡越知町横倉山 高さ1cm 印象〉

巻き貝（不明種）
古生代シルル紀の軟体動物腹足類。
¶**産地本**（p226/カ写）〈[産]高知県高岡郡越知町横倉山 左の高さ1.8cm 印象の中に接着剤を注入し，型を取ったもの〉

巻き貝（不明種）
中生代ジュラ紀の軟体動物腹足類。殻表にイボがたくさん並んでいる。
¶**産地本**（p233/カ写）〈[産]高知県高岡郡佐川町西山 高さ2.5cm〉

巻き貝（不明種）
新生代第三紀の軟体動物腹足類。
¶**産地本**（p248/カ写）〈[産]鹿児島県西之表市住吉（種子島） 高さ2.5cm〉

巻貝（不明種）
中生代白亜紀の軟体動物腹足類。ツリリテスのように見える。縫合線は見あたらない。
¶**産地別**（p19/カ写）〈[産]北海道天塩郡遠別町ルベシ沢 高さ1.9cm〉

巻貝類の匍行痕
ジュラ紀後期の動物の歩行跡と痕跡。
¶**ゾル2**（図326/カ写）〈[産]ドイツのアイヒシュテット〉

マキギヌ ⇒マキモノガイを見よ

マキの一種
中生代ジュラ紀の裸子植物。
¶**産地新**（p110/カ写）〈[産]福井県足羽郡美山町小宇坂 長さ10cm〉

マキミゾグルマガイ
新生代第三紀鮮新世の軟体動物腹足類。クルマガイ科。
¶**産地新**（p213/カ写）〈[産]高知県安芸郡安田町唐浜 径3.4cm〉

マキモノガイ *Leucotina gigantea*
新生代第四紀更新世の貝類。腸紐目トウガタガイ科。別名マキギヌ。
¶**学古生**（図1747/モ写）〈[産]千葉県市原市瀬又〉
日化譜〔マキギヌ〕（図版34-39/モ写）〈[産]千葉県成田市大竹〉

マキヤマ *Makiyama chitanii*
中新世，鮮新世の海綿類。尋常海綿綱多骨海綿目。
¶**学古生**（図101,102/モ写）〈[産]神奈川県愛甲郡清川村宮ケ瀬，神奈川県横須賀市太郎崎〉

マキヤマサルボウ *Anadara makiyamai*
新生代第三紀・初期中新世の貝類。フネガイ科。
¶**学古生**（図1122/モ写）〈[産]富山県上新川郡大沢野町原〉

マキヤマヒメシャクシ *Cuspidaria (Cardiomya) makiyamai*
漸新世末期の軟体動物斧足類。
¶**日化譜**（図版49-29/モ写）〈[産]福島県石城郡四倉〉

「マギラ」属の種 *"Magila"* sp.
ジュラ紀後期の無脊椎動物甲殻類大型エビ類。
¶**ゾル1**（図296/カ写）〈[産]ドイツのアイヒシュテット 3cm〉

マギラ・ラティマナ *Magila latimana*
ジュラ紀後期の無脊椎動物甲殻類大型エビ類。
¶**ゾル1**（図295/カ写）〈[産]ドイツのツァント 4.5cm〉

マグノサウルス *Magnosaurus*
ジュラ紀バジョシアンの恐竜類獣脚類。かつてメガロサウルスに分類された。体長4m。[分]イギリスのドーセット
¶**恐イラ**（p113/カ復）

マグノシア属の種 *Magnosia* sp.
ジュラ紀後期の無脊椎動物棘皮動物ウニ類。
¶**ゾル1**（図530/カ写）〈[産]ドイツのツァント 0.8cm〉

マグノリア・ロンギペティオラタ
白亜紀～現代の被子植物。別名モクレン。高さ最大45m。[分]北半球の温帯地方
¶**進化大**〔マグノリア〕（p391/カ写）〈葉〉

マクラウケニア *Macrauchenia*
700万～2万年前（ネオジン）の哺乳類南米有蹄類。滑距目マクラウケニア科。植物食。全長3m。[分]南アメリカ
¶**化百科**（p245/カ写）〈[産]アルゼンチン 高さ30cm 右前足〉
恐古生（p246～249/カ写，カ復）〈骨格〉
恐絶動（p246/カ復）
恐竜世（p248～249/カ復）
恐竜博（p194/カ写，カ復）〈右の前足骨〉
絶哺乳（p229,231/カ写，カ復）〈頭骨〉

マクラウケニア *Macrauchenia patachonica*
鮮新世～更新世の哺乳類。哺乳綱獣亜綱正獣上目滑距目マクラウケニア科。体長3.3m。[分]南米パタゴニア
¶**化写真**（p273/カ写）〈[産]アルゼンチン 右前肢の骨〉
古脊椎（図257/モ復）

マクラガイ *Oliva mustelina*
新生代第三紀・初期更新世の貝類。マクラガイ科。
¶**学古生**（図1604,1605,1606/モ写）〈[産]石川県金沢市大桑〉

マクラガイ
新生代第四紀更新世の軟体動物腹足類。マクラガイ科。
¶**産地新**（p143/カ写）〈[産]石川県珠洲市平床 高さ2.9cm〉

マクラガイ
新生代第三紀鮮新世の軟体動物腹足類。
¶**産地本**（p244/カ写）〈[産]高知県室戸市羽根町 高さ2.5cm〉

マクラガイの類
新生代第四紀更新世の軟体動物腹足類。マクラガイ科。
¶**産地新**(p74/カ写)〈[産]茨城県稲敷郡阿見町島津 高さ3.4cm〉

マクリントキアの1種 *Macclintockia* sp.
新生代漸新世の陸上植物。
¶**学古生**(図2226/モ写)〈[産]北海道夕張市ポンクルキ川〉

マクルリテス
オルドヴィス紀の無脊椎動物腹足類。最大直径7cm。[分]北アメリカ, ヨーロッパ, 北東アジア
¶**進化大**(p87/カ写)

マクロウロガレウス・ハッセイ *Macrourogaleus hassei*
ジュラ紀後期の脊椎動物軟骨魚類。トラザメ科。
¶**ゾル2**(図20/カ写)〈[産]ドイツのアイヒシュテット 11.5cm〉
ゾル2(図21/カ写)〈[産]ドイツのアイヒシュテット 12cm〉

マクロクネムス・バサニイ *Macrocnemus bassanii*
三畳紀中期の脊索動物爬虫類。
¶**図解化**(p206-7/カ写)〈[産]スイスのモンテ・サンジョルジオ〉

マクロクラニオン
哺乳類真獣類。無盲腸目ハリネズミ型亜目アンフィレムール科。虫食性。
¶**絶哺乳**(p64/カ写)〈[産]ドイツのメッセル 19cm〉

マクロクリヌス *Macrocrinus*
古生代石炭紀の棘皮動物ウミユリ類。
¶**生ミス4**(図1-1-5/カ写)〈[産]アメリカのイリノイ州クラフォーズビル 母岩の長辺7cm〉

マクロスカフィテス *Macroscaphites*
白亜紀前期の軟体動物頭足類アンモノイド類アンモナイト類。
¶**化百科**(p172/カ写)〈[産]フランスアルプス 長さ10cm〉

マクロスカフィテス・ヤバニイ *Macroscaphites yvani*
アプチアン期のアンモナイト。
¶**アン最**(p156/カ写)〈[産]フランス〉

マクロスピリファー *Mucrospirifer mucronata*
デボン紀の無脊椎動物腕足動物。スピリファー目マクロスピリファー科。体長2.5cm。[分]世界中
¶**化写真**(p86/カ写)〈[産]カナダ〉

マクロスピリファー・テドフォルデンシス *Mucrospirifer thedfordensis*
デボン紀の腕足動物有関節類。
¶**原色化**(PL.17-1/カ写)〈[産]北アメリカのニューヨーク州ハミルトン 大きい個体の幅4cm〉
図解化〔Mucrospirifer thedfordensis〕(図版7-4/カ写)〈[産]カナダ〉
世変化〔腕足動物〕(図20/カ写)〈[産]カナダのオンタリオ州テッドフォード 幅1.8cm〉

マクロセファリテス *Macrocephalites*
ジュラ紀中期の軟体動物頭足類アンモノイド類アンモナイト類。
¶**化百科**(p173/カ写)〈[産]ドイツのポルタウェストファリカ 直径6cm〉

マクロセミウス・ロストラトゥス *Macrosemius rostratus*
ジュラ紀後期の脊椎動物全骨魚類。
¶**ゾル2**(図117/カ写)〈[産]ドイツのアイヒシュテット 15cm〉
ゾル2(図118/カ写)〈[産]ドイツのアイヒシュテット 歯状突起のある尾鰭〉

マクロデルマ・ギガス *Macroderma gigas*
新生代新第三紀鮮新世〜現在の哺乳類真獣類翼手類。別名ゴースト・バット。翼開長60cm。[分]オーストラリア
¶**生ミス10**(図2-3-7/カ復)

マクロネウロプテリス *Macroneuropteris*
石炭紀後期のシダ種子類。メドゥッロサ目。メドゥッロサの葉。
¶**化百科**(p85/カ写)〈幅4cm〉

マクロネウロプテリス・ショイヒツァーリ
石炭紀の植物メドゥローサ類。大きな複葉の最大全長2.5m。[分]世界各地
¶**進化大**〔マクロネウロプテリス〕(p151/カ写)

マクロネス *Macrones aor*
鮮新世の脊椎動物硬骨魚類。ナマズ目ギギ科。推定体長50cm。[分]インド
¶**化写真**(p217/カ写)〈[産]インド 頭骨〉

マクロプテリギウス・トリゴヌス *Macropterygius trigonus*
ジュラ紀後期の脊椎動物爬虫類魚竜類。
¶**ゾル2**(図225/カ写)〈[産]ドイツのアイヒシュテット 180cm〉
ゾル2(図226/カ写)〈[産]ドイツのアイヒシュテット 158cm〉
ゾル2(図227/カ写)〈[産]ドイツのゾルンホーフェン 55cm 頭部〉

マクロプラタ *Macroplata*
ジュラ紀ヘッタンギアン〜トアルシアンの海生爬虫類首長竜類。首長竜目プリオサウルス科。体長5m。[分]ヨーロッパ
¶**恐イラ**(p96/カ復)
恐絶動(p74/カ復)

マクロポマ *Macropoma*
7000万年前(白亜紀後期)の初期の脊椎動物魚類総鰭類。シーラカンス目。シーラカンスのなかま。全長55cm。[分]イギリスのイングランド, チェコ
¶**恐絶動**(p43/カ復)
恐竜世(p79/カ写)

マクロポマ *Macropoma mantelli*
白亜紀の脊椎動物硬骨魚類。総鰭目シーラカンサス科。体長40cm。[分]ヨーロッパ
¶**化写真**(p209/カ写)〈[産]イギリス〉

マクロポマ・ウィレモエシ *Macropoma willemoesi*
ジュラ紀後期の脊椎動物魚類総鰭類。
¶**ゾル2**(図210/カ写)〈[産]ドイツのダイティング 49cm〉

マクロポモイデス *Macropomoides*
中生代白亜紀の肉鰭類。
¶**生ミス7**（図3-11/カ写）〈㊥レバノンのハケル 31cm〉

マクロポレラの1種 *Macroporella infundibula*
古生代後期二畳紀前期の藻類。カサノリ科。
¶**学古生**（図309/モ写）〈㊥埼玉県飯能市坂石町分 斜縦断薄片〉

マゲッラニア
新第三紀～現代の無脊椎動物腕足類。殻高2～3cm。㊟オーストラリア，南アメリカ，南極大陸
¶**進化大**（p425/カ写）

マコマ ⇒ダイオウシラトリガイを見よ

マシアカサウルス *Masiakasaurus*
白亜紀マーストリヒシアンの恐竜類基盤的なアベリサウルス類。体長1.8m。㊟マダガスカル
¶**恐イラ**（p182/カ復）

マシジミ ⇒コルビキュラ・フルミナリスを見よ

マージナティア・トリヤマイ *Marginatia toriyamai*
古生代後期・前期石炭紀後期の腕足類。ストロホメナ目プロダクタス亜目バクストニア科。
¶**学古生**（図130/モ写）〈㊥山口県美祢郡秋芳町真木 茎殻〉

マーシャリテス属の未定種 *Marshallites* sp.
中生代白亜紀の軟体動物頭足類。
¶**化石フ**（p119/カ写）〈㊥北海道雨竜郡沼田町 40mm〉

マジャーロサウルス *Magyarosaurus*
白亜紀マーストリヒシアンの恐竜類ティタノサウルス類。体長6m。㊟ルーマニア，ハンガリー
¶**恐イラ**（p208/カ復）

マジュンガサウルス *Majungasaurus*
白亜紀後期の恐竜類アベリサウルス類。体長7～9m。㊟マダガスカル
¶**よみ恐**（p168～169/カ復）

マジュンガトルス *Majungatholus*
白亜紀カンパニアンの恐竜。進化したアベリサウルス類。体長7～9m。㊟マダガスカル，インド（可能性）
¶**恐イラ**（p185/カ復）

マーショサウルス *Marshosaurus*
ジュラ紀ティトニアンの恐竜類獣脚類テタヌラ類。クリーヴランド・ロイドの獣脚類。体長5m。㊟アメリカ合衆国のユタ州，コロラド州
¶**恐イラ**（p132/カ復）

マスダアカエイ *Dasybatus*（？）*masudae*
中新世中期の魚類エイ類。
¶**日化譜**（図版63-11/モ写）〈㊥岩手県二戸郡福岡町爾薩体 尾部の棘〉

マスダヒタチオビ *Fulgoraria masudae*
新生代第三紀鮮新世の貝類。ヒタチオビ科。
¶**学古生**（図1449/モ写）〈㊥青森県むつ市近川〉

マスダヒタチオビ ⇒マスダヒタチオビガイを見よ

マスダヒタチオビガイ *Fulgoraria*（*Psephaea*）*masudae*
新生代第三紀鮮新世～初期更新世の軟体動物腹足類。ヒタチオビガイ科。
¶**学古生**（図1610/モ写）
日化譜〔マスダヒタチオビ〕（図版83-37/モ写）〈㊥青森県下北郡田名部町近川，金沢市牧，夕日寺〉

マスダホタテガイ *Masudapecten masudai*
新生代第三紀・初期中新世の貝類。イタヤガイ科。
¶**学古生**（図1140,1141/モ写）〈㊥秋田県由利郡由利町添薹〉

マストドン・アメリカヌス *Mastodon americanus*
更新世～6000年前までの哺乳類。哺乳綱獣亜綱正獣上目長鼻目。別名アメリカマストドン。体長4.6m。㊟ケンタッキー
¶**古脊椎**（図279/モ復）

マストドンサウルス *Mastodonsaurus*
三畳紀の両生類切椎類。湖，池，沼に生息。全長2m。㊟ヨーロッパ，北アフリカ
¶**恐古生**（p60～61/カ復）

マストドンサウルス *Mastodonsaurus* sp.
中生代三畳紀前期の両生類。両生綱迷歯亜綱分椎目カピトサウルス上科マストドンサウルス科。体長最大6m。国内産は推定体長1.5m。
¶**日絶古**（p34～35/カ復）

マ

マストドンサウルス
三畳紀中期～後期の脊椎動物切椎類。全長6m。㊟ヨーロッパ，ロシア
¶**進化大**（p208/カ写）

マストドンサウルス・ギガンテウス
Mastodonsaurus giganteus
三畳紀の両生類分椎類。両生超綱堅頭綱分椎亜綱分椎目。全長6m。㊟ドイツ
¶**古脊椎**〔マストドンサウルス〕（図65/モ復）
リア中〔マストドンサウルス〕（p42/カ復）

マストポラ *Mastopora favus*
オルドビス紀～シルル紀の藻類。カサノリ目カサノリ科。高さ8cm。㊟世界中
¶**化写真**（p287/カ写）〈㊥イギリス 泥岩の外形雄型〉

マセトグナトゥス *Massetognathus*
三畳紀中期の哺乳類型爬虫類獣弓類。キノドン亜目。全長48cm。㊟アルゼンチン
¶**恐絶動**（p191/カ復）

マダカスカラリテス・リュウ
中生代白亜紀の軟体動物頭足類。
¶**産地新**（p8/カ写）〈㊥北海道中川郡中川町ワッカウェンベツ川 高さ約3.5cm〉

マダガスカリテス
中生代白亜紀の軟体動物頭足類。
¶**産地別**（p56/カ写）〈㊥北海道芦別市幌子芦別川 長径3cm〉

マダガスカリテス・リュウ *Madagascarites ryu*
中生代白亜紀の軟体動物頭足類。
¶**化石フ**（p127/カ写）〈㊥北海道留萌郡小平町 70mm〉
日化譜〔Madagascarites ryu〕（図版86-19/モ写）

〈㊣北海道幾春別, アベシナイ〉

マダガスカリテス・リュウ
中生代白亜紀の軟体動物頭足類。
¶**産地別**(p38/カ写)〈㊣北海道苫前郡苫前町古丹別川幌立沢 長径2.3cm 幼殻完全体〉
産地別(p49/カ写)〈㊣北海道留萌郡小平町下記念別川 長径2.2cm〉

マタジロウブネ *Crepidula matajiroi*
漸新世末期の軟体動物腹足類。
¶**日化譜**(図版29-30/モ写)〈㊣福島県双葉郡〉

マチカネワニ *Toyotamaphimeia machikanensis*
新生代第四紀の爬虫類双弓類主竜類クルロタルシ類。爬虫綱ワニ目正鰐亜目クロコダイル科トミストマ亜科。別名トヨタマフィメイア・マチカネンシス。全長7.7m。㊕日本
¶**生ミス10**(図3-1-2/カ写)〈㊣大阪府豊中市 全身復元骨格〉
生ミス10〔マチカネワニの頭骨〕(図3-1-3/カ写)〈㊣大阪府豊中市〉
生ミス10〔マチカネワニの鱗板骨〕(図3-1-4/カ写)〈㊣大阪府豊中市〉
生ミス10〔マチカネワニの右後ろ脚〕(図3-1-5/カ写)〈㊣大阪府豊中市 脛骨, 腓骨〉
日絶古(p44〜45/カ写, カ復)〈㊣大阪府豊中市待兼山町 頭部, 上半身〉

マチカネワニ ⇒トミストマを見よ

マチガルヒバリガイ *Brachidontes matchgarensis*
漸新世末期の軟体動物斧足類。
¶**日化譜**(図版37-27/モ写)〈㊣樺太〉

"マーチソニア" *"Murchisonia"* sp.
二畳紀の軟体動物腹足類。
¶**原色化**(PL.34-1/モ写)〈㊣岐阜県不破郡赤坂町金生山 大きい個体の高さ4cm〉

マーチソニア
古生代ペルム紀の軟体動物腹足類。
¶**産地別**(p135/カ写)〈㊣岐阜県大垣市赤坂町金生山 幅8cm〉

マーチソニア・アンギュラータ *Murchisonia angulata*
デボン紀の軟体動物腹足類。
¶**原色化**(PL.22-6/モ写)〈㊣ドイツのアイフェル 高さ4.5cm〉

マーチソニアの1種 *Murchisonia (Hormotoma?) multicostata*
古生代後期二畳紀中期の貝類。原始腹足目マーチソニア科?
¶**学古生**(図198/モ写)〈㊣岐阜県大垣市赤坂町金生山〉

マーチソニアの一種
古生代ペルム紀の軟体動物腹足類。
¶**産地別**(p131/カ写)〈㊣岐阜県本巣市根尾初鹿谷 高さ8cm〉
産地別(p131/カ写)〈㊣岐阜県本巣市根尾初鹿谷 高さ7.5cm〉

マーチソニアの仲間
古生代ペルム紀の軟体動物腹足類。
¶**産地別**(p176/カ写)〈㊣滋賀県犬上郡多賀町権現谷 高さ6.2cm〉

"マーチソニア"ヤベイ *"Murchisonia" yabei*
二畳紀の軟体動物腹足類。
¶**原色化**(PL.35-2/モ写)〈㊣岐阜県不破郡赤坂町金生山 長さ39cm〉
日化譜〔Murchisonia yabei〕(図版27-16/モ写)〈㊣岐阜県赤坂〉

マーチソニア・ヤベイ ⇒ラハ・ヤベイを見よ

マーチンソニア・エロンガタ *Martinsonia elongata*
古生代カンブリア紀末期の節足動物甲殻類。オルステン動物群。体長1.7mm。
¶**生ミス1**〔マーチンソニア〕(図3-4-17/モ写)

マツ
新生代第三紀中新世の裸子植物毬果類。
¶**産地本**(p139/カ写)〈㊣石川県珠洲市高屋海岸 長さ7cm 葉〉

マツウライケチョウガイ *Hyriopsis matsuurensis*
中新世前期の軟体動物斧足類。
¶**日化譜**(図版43-17/モ写)〈㊣佐賀県〉

マツウラオオシジミ *Corbicula (Cyrenobatissa) mirabilis*
漸新世前期の軟体動物斧足類。
¶**日化譜**(図版45-5/モ写)〈㊣佐賀県東松浦郡相知町, 長崎県西彼杵郡喜々津〉

マツウラガメ *Geoclemys matsuuraensis*
新生代中新世前期の爬虫類。カメ科。
¶**学古生**(図1964/モ写)〈㊣長崎県北松浦郡世知原町松浦炭鉱〉
日化譜〔マツウラクサガメ〕(図版65-3/モ写)〈㊣長崎県北松浦郡江迎町潜竜炭坑, 同世知原町松浦炭坑 脊甲〉

マツウラクサガメ ⇒マツウラガメを見よ

マツウラワスレ *Callista matsuuraensis*
漸新世前期の軟体動物斧足類。
¶**日化譜**(図版46-21/モ写)〈㊣佐賀県西松浦郡有田町など〉

マツオキヌガサガイ *Tugurium matsuoi*
新生代第三紀・中期中新世初期の貝類。クマサカガイ科。
¶**学古生**(図1326/モ写)
化石フ(p180/カ写)〈㊣石川県金沢市 70mm〉

マツオシタダミ *Minolia matsuoi*
新生代第三紀・後期中新世の貝類。ニシキウズガイ科。
¶**学古生**(図1330/モ写)

マツカサ
新生代第三紀鮮新世の裸子植物毬果類。
¶**産地本**(p216/カ写)〈㊣三重県阿山郡大山田村服部川 高さ4.5cm〉

マツカサガイ *Inversidens japanensis*
新生代第四期更新世の軟体動物斧足類。
¶**化石フ**(p179/カ写)〈㊣滋賀県大津市 50mm〉

マ

マツカサ(不明種)
新生代第三紀中新世の裸子植物毬果類。
¶**産地本**(p127/カ写)〈㊱長野県下伊那郡阿南町大沢川 高さ5cm, 高さ6cm〉
産地本(p134/カ写)〈㊱岐阜県瑞浪市明世町 長さ7cm 縦に切断して研磨したもの〉

マツカワガイ
新生代第四紀更新世の軟体動物腹足類。フジツガイ科。
¶**産地新**(p78/カ写)〈㊱千葉県君津市追込小糸川 高さ5.8cm〉

マックギニテア
古第三紀始新世の被子植物。葉の最大全長35cm。㊕北アメリカ西部
¶**進化大**(p365)

マッケンジア *Mackenzia costalis*
カンブリア紀の類縁関係不明の生物。刺胞動物門イソギンチャク目?サイズ85mm～最長16cm。
¶**バ頁岩**〔マッケンジア(類縁関係不明)とポルタリア〕(図42～44/モ写, モ復)〈㊱カナダのバージェス頁岩〉

マツシタシジミ *Corbicula* (s.s.) *matusitai*
中新世前期の軟体動物斧足類。
¶**日化譜**(図版45-8/モ写)〈㊱長崎県北松浦郡世知原〉

マッセトグナトゥス *Massetognathus* sp.
三畳紀中期の単弓類キノドン類。
¶**世変化**〔キノドン類〕(図33/カ写)〈㊱アルゼンチンのラ・リオハ州 頭骨の長さ18cm〉

マツ属の花粉 *Pinus*
新生代第四紀更新世の陸上植物。マツ科。
¶**学古生**(図2542/モ写)〈㊱宮崎県えびの市京町池牟礼〉

マツ属の毬果
新生代第三紀中新世の裸子植物毬果類。マツ科。別名ピヌス。
¶**産地新**(p174/カ写)〈㊱滋賀県甲賀郡土山町大沢 高さ5.5cm〉

マツ属の毬果
新生代第三紀鮮新世の裸子植物毬果類。別名ピヌス。
¶**産地新**(p222/カ写)〈㊱高知県安芸郡安田町唐浜 高さ6cm〉

マツ属の未定種 *Pinus* sp.
新生代第三紀中新世の裸子植物松柏類。
¶**化石フ**(p151/カ写)〈㊱長野県南安曇郡豊科町 100mm〉

マッソスポンディルス *Massospondylus*
2億～1億8300万年前(ジュラ紀前期)の恐竜類原竜脚類。原竜脚下目マッソスポンディルス科。低木地帯, 荒野に生息。全長4～6m。㊕南アフリカ
¶**恐イラ**(p105/カ復)
恐絶動(p123/カ復)
恐竜世(p149/カ復)
恐竜博(p70～71/カ写)〈全身, 親指のかぎづめ〉

マッソスポンディルス
ジュラ紀前期の脊椎動物竜脚形類。体長5m。㊕南アフリカ
¶**進化大**(p265/カ写, カ復)〈胚の化石〉

マツバイシ ⇒パラフズリナ・マツバイシを見よ

松葉石
古生代ペルム紀の原生動物紡錘虫類。別名パラフズリナ・マツバイシ。
¶**産地本**(p61/カ写)〈㊱宮城県気仙沼市上八瀬 写真の左右8cm〉

マツハダ ⇒イラモミを見よ

「松ぼっくり」
新生代古第三紀の植物。
¶**生ミス9**〔いわゆる「松ぼっくり」〕(図1-5-8/カ写)〈㊱バルト海 琥珀〉

松ぼっくり
新生代第三紀中新世の裸子植物毬果類。
¶**産地別**(p143/カ写)〈㊱石川県珠洲市木ノ浦 長さ5.9cm 雌型標本を疑似本体に写真変換〉
産地別(p201/カ写)〈㊱福井県大飯郡高浜町名島 長さ5.8cm〉
産地別(p203/カ写)〈㊱福井県大飯郡高浜町山中海岸 長さ6.5cm〉
産地別(p215/カ写)〈㊱滋賀県甲賀市土山町上平 長さ8cm〉

マ

松ぼっくり
中生代白亜紀の裸子植物毬果類。
¶**産地別**(p188/カ写)〈㊱兵庫県南あわじ市広田 長さ7cm〉

マツマエカンバ *Betula sublutea*
新生代中新世中期の陸上植物。カバノキ科。
¶**学古生**(図2312/モ写)〈㊱北海道松前郡福島町吉岡〉

マツマエツガ *Tsuga miocenica*
新生代中新世中期の陸上植物。マツ科。
¶**学古生**(図2250/モ写)〈㊱北海道松前郡福島町吉岡〉

マツマエビシ *Hemitrapa hokkaidoensis*
新生代中新世中期の陸上植物。ヒシ科。
¶**学古生**(図2493/モ図)〈㊱北海道芦別市サキペンペツ〉
日化譜(図版78-20/モ写)〈㊱北海道松前郡福島町吉岡 果実〉

マツモ *Ceratophyllum demersum*
新生代第四紀更新世中期, 更新世の陸上植物。マツモ科。
¶**学古生**(図2580,2581/モ写, モ図)〈㊱神奈川県横浜市戸塚区下倉田, 栃木県塩谷郡塩原町 種子, 葉と種子〉

マツモ
新生代第三紀中新世の被子植物双子葉類。
¶**産地本**(p82/カ写)〈㊱群馬県甘楽郡南牧村兜岩 長さ6cm〉
産地本(p253/カ写)〈㊱長崎県壱岐郡芦辺町長者が原崎(壱岐島) 長さ7cm 先端部分〉
産地本(p253/カ写)〈㊱長崎県壱岐郡芦辺町長者が原崎(壱岐島) 写真の左右20cm〉

マツモトア・ジャポニカ *Matsumotoa japonica*
中生代白亜紀後期の貝類。サンカクサルボウ科。
¶**学古生**(図638/モ写)〈㊱熊本県上益城郡御船町〉

マツモトアラレナガニシ *Gemmulifusus matsumotoi*
鮮新世前期の軟体動物腹足類。
¶**日化譜**（図版33-3/モ写）〈[産]宮崎県児湯郡上江村兀の下〉

マツモトハマグリ *Pitar matsumotoi*
始新世後期の軟体動物斧足類。
¶**日化譜**（図版46-19/モ写）〈[産]長崎県西彼杵郡沖ノ島〉

マツモリツキヒ *Miyagipecten matsumoriensis*
新生代第三紀・中期中新世の貝類。イタヤガイ科。
¶**学古生**（図1255,1256/モ写）〈[産]宮城県泉市松森〉
日化譜（図版40-4/モ写）〈[産]宮城県加美郡宮崎町〉

マツモリツキヒ
新生代第三紀中新世の軟体動物斧足類。別名ミヤギペクテン・マツモリエンシス。
¶**産地新**（p42/カ写）〈[産]宮城県加美郡宮崎町寒風沢　高さ6.5cm　右殻〉
産地新（p42/カ写）〈[産]宮城県加美郡宮崎町寒風沢　高さ6cm〉
産地新（p51/カ写）〈[産]宮城県亘理郡亘理町神宮寺　高さ5.5cm〉

マツモリツキヒ
新生代第三紀鮮新世の軟体動物斧足類。イタヤガイ科。別名ミヤギペクテン・マツモリエンシス。
¶**産地新**（p132/カ写）〈[産]富山県高岡市石堤　高さ7cm〉
産地本（p87/カ写）〈[産]千葉県安房郡鋸南町奥元名　高さ8cm〉

マツモリホタテ *Mizuhopecten matumoriensis*
新生代第三紀・中期中新世の貝類。イタヤガイ科。
¶**学古生**（図1270/モ写）〈[産]宮城県泉市松森〉

マツモリボラ *Neptunea matumori*
新生代第三紀・中期中新世の貝類。エゾボラ科。
¶**学古生**（図1262/モ写）〈[産]宮城県泉市松森〉

マツヤマワスレ
新生代第四紀更新世の軟体動物斧足類。マルスダレガイ科。
¶**産地新**（p85/カ写）〈[産]千葉県木更津市桜井　長さ6.3cm〉
産地新（p140/カ写）〈[産]石川県珠洲市平床　長さ4.2cm〉

マツヤマワスレ
新生代第三紀鮮新世の軟体動物斧足類。マルスダレガイ科。
¶**産地新**（p202/カ写）〈[産]高知県安芸郡安田町唐浜　長さ5.8cm〉
産地新（p234/カ写）〈[産]宮崎県児湯郡川南町通山浜　長さ7.5cm〉

マツヤマワスレ　⇒マツヤマワスレガイを見よ

マツヤマワスレガイ *Callista chinensis*
新生代第三紀鮮新世〜初期更新世の貝類。マルスダレガイ科。
¶**学古生**（図1523/モ写）〈[産]石川県金沢市角間〉
学古生〔マツヤマワスレ〕（図1693/モ写）〈[産]千葉県成田市大竹〉

マッレッラ
カンブリア紀中期の無脊椎動物節足動物。最大全長2cm。[分]カナダ
¶**進化大**（p74〜75/カ写, カ復）〈[産]バージェス・シェイル〉

マッレッラ　⇒マレッラを見よ

マテガイ *Solen strictus*
新生代第三紀・初期中新世〜現世の貝類。マテガイ科。
¶**学古生**（図1182/モ写）〈[産]石川県輪島市徳成〉

マテガイ
新生代第四紀更新世の軟体動物斧足類。
¶**産地別**（p96/カ写）〈[産]千葉県印西市萩原　長さ8.6cm〉

マテガイ
新生代第三紀中新世の軟体動物斧足類。別名ソレン。
¶**産地新**（p125/カ写）〈[産]岐阜県瑞浪市松ヶ瀬町土岐川　長さ約15cm〉
産地新（p165/カ写）〈[産]滋賀県甲賀郡土山町大沢　長さ13cm〉
産地本（p129/カ写）〈[産]岐阜県瑞浪市土岐町　長さ（左右）10cm〉

マテガイ科の一種
新生代第四紀更新世の軟体動物斧足類。マテガイ科。アカマテガイあるいはエゾマテガイと思われる。
¶**産地新**（p141/カ写）〈[産]石川県珠洲市平床　長さ7.8cm〉

マテルピスキス・アテンボロウアイ *Materpiscis attenboroughi*
古生代デボン紀の板皮類プチクトドゥス類。全長25cm。[分]オーストラリア
¶**生ミス3**〔マテルピスキス〕（図3-17/カ写, カ復）〈[産]オーストラリア〉

マナワ・コニシアイ *Manawa konishii*
新生代鮮新世の甲殻類（貝形類）。プンシア科。
¶**学古生**（図1854/モ写）〈[産]沖縄県島尻郡　左殻〉

マブチイケチョウガイ *Hyriopsis mabutii*
漸新世中期の軟体動物斧足類。
¶**日化譜**（図版43-18/モ写）〈[産]北海道蘆別市空知川畔〉

マブチスズカケ *Platanus mabutii*
新生代漸新世の陸上植物。スズカケノキ科。
¶**学古生**（図2198/モ図）〈[産]北海道白糠郡白糠町庶路〉

マブチタニシ *Bellamya（Sinotaia） mabutii*
漸新世後期の軟体動物腹足類。
¶**日化譜**（図版27-17/モ写）〈[産]北海道芦別市〉

マムーサス　⇒ケナガマンモスを見よ

マムサス・プリミゲニゥス　⇒ケナガマンモスを見よ

マムースス・コルンビ　⇒コロンビアマンモスを見よ

マムースス・トロゴンテリイ　⇒トロゴンテリーマンモスを見よ

マムースス・プリミゲニウス
更新世後期の哺乳類。ゾウ亜目ゾウ科。体高2.7m。[分]ヨーロッパ, アジア, 北アメリカ

¶恐絶動 (p243/カ復)

マムースス・メリディオナリス ⇒メリジオナリスマンモスを見よ

マムート
新第三紀鮮新世〜第四紀更新世の脊椎動物有胎盤類の哺乳類。高さ3m。㊋北アメリカ, ヨーロッパ, アジア
¶進化大 (p438/カ写) 〈脊椎, 臼歯〉

マムート ⇒アメリカマストドンを見よ

マムムゥトゥス
新第三紀鮮新世〜第四紀更新世後期の脊椎動物有胎盤類の哺乳類。別名マンモス。肩高5m。㊋北アメリカ, ヨーロッパ, アジア, アフリカ
¶進化大 (p436〜437/カ写, カ復)

マムムトゥス・イムペラトル ⇒インペリアルマンモスを見よ

マメウニ *Fibularia acuta*
更新世〜現世のウニ類。
¶日化譜 (図版62-3/モ写) 〈㊨成田層群, 東京層〉

マメウニ *Fibularia (Fibulariella) acuta*
新生代更新世のウニ。マメウニ科。
¶学古生 (図1911/モ写) 〈㊨東京都北区王子 口側, 反口側〉

マメウラシマ *Ringicula doliaris*
新生代第三紀鮮新世〜初期更新世の貝類。マメウラシマガイ科。
¶学古生 (図1607/モ写) 〈㊨石川県金沢市角間〉
学古生 (図1746/モ写) 〈㊨千葉県香取郡多古町中根〉
日化譜 (図版35-10,11/モ写) 〈㊨千葉県市原郡市津村瀬又〉

マメカシバン *Kewia minuta*
漸中新世のウニ類。
¶日化譜 (図版62-7/モ写) 〈㊨埼玉県秩父郡皆野町〉

豆科の植物 (不明種)
新生代第三紀中新世の被子植物双子葉類。
¶産地本 (p256/カ写) 〈㊨長崎県壱岐郡芦辺町長者が原崎 (壱岐島) 長さ5cm サヤ〉

豆のさや
新生代第三紀中新世の被子植物双子葉類。
¶産地別 (p201/カ写) 〈㊨福井県大飯郡高浜町名島 長さ3.5cm〉

マメフミガイ *Miodontiscus nakamurai*
新生代第三紀鮮新世〜初期更新世の貝類。トマヤガイ科。
¶学古生 (図1518/モ写) 〈㊨石川県河北郡中津幡〉

マメンキサウルス *Mamenchisaurus*
1億5500万〜1億4500万年前 (ジュラ紀中期〜後期) の恐竜類竜脚類。竜脚下目ディプロドクス科。別名マメンチサウルス。三角州, 森林地帯に生息。全長26m。㊋中国, モンゴル, タイ
¶恐イラ〔マメンチサウルス〕(p117/カ復)
恐絶動 (p130/カ復)
恐竜世 (p151/カ復)
恐竜博〔マメンチサウルス〕(p75/カ写, カ復)
生ミス6 (図4-2/カ復)
よみ恐 (p96〜97/カ復)

マメンキサウルス *Mamenchisaurus constructus* 建設馬門溪竜
ジュラ紀後期か白亜紀前期の恐竜類。竜型超綱竜盤綱竜脚目。全長13m。㊋四川省馬門溪
¶古脊椎 (図153/モ復)

マメンキサウルス・シノカナドルム
Mamenchisaurus sinocanadorum
中生代ジュラ紀の爬虫類恐竜類竜盤類竜脚形類竜脚類。全長35m？㊋中国
¶リア中〔マメンキサウルス〕(p104/カ復)

マメンチサウルス
ジュラ紀中期〜後期の脊椎動物竜脚形類。体長26m。㊋中国
¶進化大 (p266/カ復)

マメンチサウルス ⇒マメンキサウルスを見よ

マヤノロ *Capreolina mayai*
更新世前期の哺乳類偶蹄類。
¶日化譜 (図版69-5/モ写) 〈㊨瀬戸内海海底 右角内側面〉

マユツクテ *Siphonalia spadicea*
新生代第四紀更新世の貝類。エゾバイ科。別名ネムリガイ。
¶学古生〔マユツクテ (ネムリガイ)〕(図1732/モ写) 〈㊨千葉県木更津市地蔵堂〉

マラウィサウルス *Malawisaurus*
白亜紀アプチアンの恐竜類ティタノサウルス類。体長9m。㊋マラウィのザンベジ峡谷
¶恐イラ (p166/カ復)

マラスクス *Marasuchus*
三畳紀中期の恐竜類恐竜形類。体長30〜40cm。㊋アルゼンチン
¶よみ恐 (p22〜23/カ復)

マリエラ
中生代白亜紀の軟体動物頭足類。
¶産地別 (p220/カ写) 〈㊨徳島県勝浦郡上勝町藤川 長さ4cm〉
日白亜 (p19/カ写) 〈㊨鹿児島県長島町獅子島 殻長8cm〉

マリエラ・ウーレルティー *Mariella oehlerti*
セノマニアン前期の軟体動物頭足類アンモナイト。アンキロセラス亜目ツリリテス科。
¶アン学 (図版32-1〜3/カ写) 〈㊨幌加内地域〉
アン学 (図版33-1/カ写) 〈㊨幌加内地域〉

マリエラ・ガリーニ *Mariella gallienii*
セノマニアン前期の軟体動物頭足類アンモナイト。アンキロセラス亜目ツリリテス科。
¶アン学 (図版34-4,5/カ写) 〈㊨幌加内地域〉

マリエラ・ドーセテンシス *Mariella dorsetensis*
セノマニアン前期の軟体動物頭足類アンモナイト。アンキロセラス亜目ツリリテス科。
¶アン学 (図版34-2,3/カ写) 〈㊨幌加内地域〉

マリエラの一種 *Mariella* sp.
アルビアン期のアンモナイト。

¶アン最(p170/カ写)〈㊥ハンガリーのバコニーベルジュ〉
アン最〔プゾシアの一種, レチテスの一種, デスモセラスの一種, マリエラの一種〕(p171/カ写)〈㊥ハンガリーのバコニーベルジュ〉
アン最〔ストリリッチカイアの一種, マリエラの一種〕(p171/カ写)〈㊥ハンガリーのバコニーベルジュ〉

マリエラ・パシフィカ *Mariella pacifica*
セノマニアン前期の軟体動物頭足類アンモナイト。アンキロセラス亜目ツリリテス科。
¶アン学(図版33-2〜4/カ写)〈㊥幌加内地域 完模式標本, 副模式標本〉

マリエラ・ベルゲリに類似する種 *Mariella* aff.*M. bergeri*
セノマニアン前期の軟体動物頭足類アンモナイト。アンキロセラス亜目ツリリテス科。
¶アン学(図版34-1/カ写)〈㊥幌加内地域〉

マリエラ・ミリアリス *Mariella miliaris*
セノマニアン前期の軟体動物頭足類アンモナイト。アンキロセラス亜目ツリリテス科。
¶アン学(図版32-4/カ写)〈㊥幌加内地域〉
アン学(図版33-5/カ写)〈㊥幌加内地域〉

マ

マリエラ・ラチオフォーミス *Mariella rhacioformis*
アルビアン期のアンモナイト。
¶アン最(p212/カ写)〈㊥オクラホマ州〉

マリオプテリス *Mariopteris*
石炭紀後期〜ペルム紀前期のシダ種子類。メドゥッロサ目。
¶化百科(p86/カ写)〈10cm〉
図解化〔マリオプテリス属〕(p16/カ写)〈㊥ドイツ 小枝〉

マリオプテリス *Mariopteris maricata*
後期石炭紀〜前期二畳紀の植物ソテツシダ類。メデュローサ目。高さ5m。㊎世界中
¶化写真(p298/カ写)〈㊥チェコ 圧縮された化石〉

マリオプテリス・ムリカタ
石炭紀後期の植物ソテツシダ類。大きな複葉の最大全長50cm。㊎世界各地
¶進化大〔マリオプテリス〕(p152〜153/カ写)

マルアマオブネ *Nerita chamaeleon*
鮮新世〜現世の軟体動物腹足類。
¶日化譜(図版27-14/モ写)〈㊥沖縄本島〉

マルエゾキリガイダマシ *Turritella* (*Neohaustator*) *huziokai*
現世の軟体動物腹足類。
¶日化譜(図版28-12/モ写)〈㊥北海道襟裳岬〉

マルエダコケムシ *Myriapora subgracila*
現生のコケムシ類。マルエダコケムシ科。
¶学古生(図1098/モ写)〈㊥津軽海峡〉

マルカメガイ
新生代第四紀更新世の軟体動物腹足類。
¶産地本(p96/カ写)〈㊥千葉県木更津市真里谷 高さ0.9cm〉

マルガリーテス・フニキュラータス *Margarites? funiculatus*
中生代白亜紀後期の貝類。ニシキウズガイ科。
¶学古生(図597/モ写)〈㊥北海道三笠市幾春別〉

マルガレティア *Margaretia dorus*
カンブリア紀の藻類緑藻。緑藻植物門。サイズ12.1cm。
¶バ頁岩(図3,4/モ写, モ復)〈㊥カナダのバージェス頁岩〉

マルグチホウズキガイ *Dallina raphaelis*
新生代中新世〜現世の腕足類。ダリナ科。
¶学古生(図1062/モ写)〈㊥千葉県銚子市犬若〉

マルクロピプス・オヴァリペス *Marcropipus ovalipes*
始新世の無脊椎動物節足動物。
¶図解化(p109-6/カ写)〈㊥イタリア〉

マルシァンティア・ポリモルファ
第四紀〜現代の植物コケ類。別名ゼニゴケ。葉状体で最大全長10cm。㊎乾燥地帯以外の世界各地
¶進化大〔マルシァンティア〕(p419/カ写)

マルシラスナガイ *Limopsis* (*Nipponolimopsis*) *azumana*
新生代第四紀更新世の貝類。シラスナガイ科。
¶学古生(図1643/モ写)〈㊥千葉県印旛郡印西町木下〉

マルシリエビシ ⇒トラパ・ディスコイドポーダを見よ

マルスダレガイ ⇒ウェヌス・ウェッルコサを見よ

マルスピテス *Marsupites*
白亜紀後期の棘皮動物ウミユリ類。
¶化百科(p180/カ写)〈2cm 萼部〉

マルスピテス *Marsupites testudinarius*
後期白亜紀の無脊椎動物ウミユリ類。ウインタクリヌス目マルスピテス科。萼の直径3.5cm。㊎世界中
¶化写真(p173/カ写)〈㊥イギリス〉

マルスピテス・テストゥディナリウス
白亜紀後期の無脊椎動物ウニ類。冠部直径最大6cm。㊎世界各地
¶進化大〔マルスピテス〕(p302/カ写)

マルチゾレニア
古生代オルドビス紀〜ペルム紀(国内ではシルル紀以降)の床板サンゴ。花虫綱床板サンゴ亜綱ハチノスサンゴ目ハチノスサンゴ科。
¶日絶古〔ハチノスサンゴ〕(p86〜87/カ写, カ復)〈㊥宮崎県五ヶ瀬町祇園山〉

マルチニア
古生代石炭紀の腕足動物有関節類。
¶産地本(p109/カ写)〈㊥新潟県西頸城郡青海町電化工業 高さ4cm〉

マルティニアの1種 *Martinia* sp.
古生代後期の腕足類。スピリファー目レティキュラリア上科マルティニア科。
¶学古生(図126/モ写)〈㊥東京都西多摩郡五日市町三ッ沢 腕殻, 側面〉
日化譜〔Martinia sp.〕(図版24-29/モ写)〈㊥栃木県

安蘇郡鍋山〉

マルティニア・ロムボイダリス *Martinia rhomboidalis*
古生代後期二畳紀中期の腕足類。スピリファー目レティキュラリア上科マルティニア科。
¶学古生（図146/モ写）〈㊥高知県高岡郡佐川町 両殻前面，側面，後面，腕殻〉

マルバガニ近似種 *Eucrate* sp.cf.*E.crenata*
新生代第四紀完新世の甲殻類十脚類。エンコウガニ科。
¶学古生（図1844/モ写）〈㊥東京都品川区旧第一台場〉

マルハナサンゴの1種 *Antillophyllia* sp.
新生代の六放サンゴ類。キクメイシ科。
¶学古生（図1025/モ写）〈㊥鹿児島県大島郡喜界町上嘉鉄〉

マルバニッケイ *Cinnamomum daphnoides*
更新世後期〜現世の双子葉植物。
¶日化譜（図版77-17/モ写）〈㊥西宮市上が原〉

マルポリア *Marpolia spissa*
カンブリア紀の藍色細菌。藍色細菌ユレモ目。個々の房の大きさ平均3〜6cm。
¶バ頁岩（図1,2/モ写，モ復）〈㊥カナダのバージェス頁岩〉

マルメラテル・テイレリ *Malmelater teyleri*
ジュラ紀後期の無脊椎動物昆虫類甲虫類。
¶ゾル1（図461/カ写）〈㊥ドイツのアイヒシュテット 2cm〉

マルモミルメレオン・ヴィオリ *Malmomyrmeleon viohli*
ジュラ紀後期の無脊椎動物昆虫類トンボ類。
¶ゾル1（図358/カ写）〈㊥ドイツのアイヒシュテット 翅長4.8cm〉
ゾル1（図359/カ写）〈㊥ドイツのアイヒシュテット 4.9cm〉

マルモミルメレオン属（?）の種 *Malmomyrmeleon*（?）sp.
ジュラ紀後期の無脊椎動物昆虫類トンボ類。
¶ゾル1（図360/カ写）〈㊥ドイツのアイヒシュテット 7cm〉

マルレッラ ⇒マレッラを見よ

マルレラ・スプレンデンス ⇒マレラを見よ

マレエヴス *Maleevus*
白亜紀セノマニアン〜チューロニアンの恐竜類よろい竜類。アンキロサウルス科。体長6m。㊝モンゴル
¶恐イラ（p248/カ復）

マレッラ *Marrella*
古生代カンブリア紀の節足動物マレロモルフ類。バージェス頁岩動物群。全長2.5cm。㊝カナダ
¶恐竜世〔マッレッラ〕（p34〜35/カ写，カ復）
古代生〔マルレッラ〕（p47/カ写）
生ミス1（図3-1-2/カ写）
生ミス1（図3-2-1/カ写，カ復）
生ミス2（図1-1-5/カ復）
生ミス3（図1-4/カ復）

マレッラ ⇒マレラを見よ

マレティア・ポロナイカ *Malletia poronaica*
新生代古第三紀漸新世の軟体動物斧足類。
¶化石フ（p161/カ写）〈㊥北海道白糠郡音別町 横幅14mm〉

マレラ *Marrella splendens*
カンブリア紀の無脊椎動物節足動物。節足動物門。サイズ2.5〜19mm。
¶図解化〔マルレラ・スプレンデンス〕（p95-下/カ写，モ復）〈㊥バージェス頁岩〉
バ頁岩（図96,97/モ復，モ写）〈㊥カナダのバージェス頁岩〉
リア古〔マレッラ〕（p36/カ復）

マレロモルフ類
古生代オルドビス紀前期の節足動物マレロモルフ類。フルカの仲間か。
¶生ミス2（図1-1-3/カ写）〈㊥モロッコのフェゾウアタ層 4cm〉

マロキュスティテス・マーチソーニ
オルドヴィス紀中期の無脊椎動物棘皮動物。高さ2.5cm。㊝北アメリカ
¶進化大〔マロキュスティテス〕（p87/カ写）

マ

マンサク ⇒ハマメリス・ジャポニカを見よ

マンジュウイシ *Fungia cyclolites*
新生代更新世の六放サンゴ類。クサビライシ科。
¶学古生（図1033/モ写）〈㊥鹿児島県大島郡喜界町上嘉鉄〉

マンシュウグルミ *Juglans manshurica*
新生代第四紀更新世の陸上植物。クルミ科。
¶学古生（図2546/モ図）〈㊥大阪府高槻市城山 核果の横断面，側表面〉

満州竜 ⇒マンチュロサウルスを見よ

マンダフミガイ *Venericardia*（*Venericor*）*mandaica*
始新世後期の軟体動物斧足類。
¶日化譜（図版44-23/モ写）〈㊥福岡県大牟田市，熊本県牛深市〉

マンチュロケリス・リアオシエンシスの，背腹方向に扁平な骨格 *Manchurochelys liaoxiensis*
中生代のカメ類。シネミス科。熱河生物群。
¶熱河生（図116/カ写）〈㊥中国の遼寧省北票の尖山溝 頭から尾まで約30cm〉

マンチュロサウルス *Mandschurosaurus amurensis*
白亜紀後期の恐竜類。竜型超綱鳥盤綱鳥脚目。別名満州竜。㊝北満アムール河沿岸
¶古脊椎（図159/モ復）

マンティコセラス *Manticoceras* sp.
デボン紀のアンモノイド類。
¶化石図（p79/カ写）〈㊥モロッコ 直径約14cm〉

マンティコセラスの一種 *Manticoceras* sp.
デボン紀後期のアンモナイト。
¶アン最（p123/カ写）〈㊥モロッコのリザーニ〉

マンテリケラス *Mantelliceras* sp.
白亜紀の無脊椎動物アンモナイト類。アンモナイト

目アカンソケラス科。直径4.5cm。㋔ヨーロッパ
¶化写真(p156/カ写)〈㊞イギリス〉
図解化〔Mantelliceras sp.〕(図版26-4/カ写)〈㊞イギリス〉

マンテリセラス
白亜紀セノマニアン期の軟体動物頭足類アンモナイト。アカントセラス科。
¶日白亜(p121/カ写)〈㊞北海道三笠市〉

マンテリセラス・サクシビイ *Mantelliceras saxbii*
セノマニアン前期の軟体動物頭足類アンモナイト。アンモナイト亜目アカントセラス科。
¶アン学(図版2-3,4/カ写)〈㊞三笠地域〉

マンテリセラス・ジャポニカム *Mantelliceras japonicum*
セノマニアン前期のアンモナイトアンモナイト。アンモナイト亜目アカントセラス科。
¶アン学(図版2-1,2/カ写)〈㊞三笠地域〉
学古生(図533/モ写)〈㊞北海道三笠市幾春別川流域採石所〉

マンミーテスの一種 *Mammites* sp.
チューロニアン期のアンモナイト。
¶アン最(p121/カ写)〈㊞モロッコ〉

マンムトゥス・プリミゲニウス ⇒ケナガマンモスを見よ

マンモス *Mammuthus* sp.
4万5000〜2万年前(新生代第四紀)の哺乳類。哺乳綱長鼻目ゾウ科。
¶日絶古(p66〜67/カ写, カ復)〈㊞北海道 臼歯〉

マンモス ⇒ケナガマンモスを見よ

マンモス ⇒マムムゥトゥスを見よ

マンモス ⇒マンモンテウスを見よ

マンモス ⇒赤ちゃんマンモスのリューバを見よ

マンモスゾウ ⇒ケナガマンモスを見よ

マンモンテウス *Mammonteus primigenius*
更新世後期の哺乳類。哺乳綱獣亜綱正獣上目長鼻目。別名マンモス(北方マンモス, ケナガマンモス)。体長3.9m。㋔極地方
¶古脊椎(図293/モ復)

【ミ】

ミアキス *Miacis*
5500万年前(パレオジン)の哺乳類イヌ類。食肉目ミアキス科。熱帯の森林に生息。全長0.3m。㋔ヨーロッパ, 北アメリカ
¶恐古生(p214〜215/カ復)
恐絶動(p214/カ復)
恐竜世(p239/カ復)
生ミス9(図0-1-1/カ復)

ミイケザルガイ *Vepricardium miikense*
漸新世後期の軟体動物斧足類。
¶日化譜(図版45-27/モ写)〈㊞佐賀県武雄市〉

ミウラチョウチンガイ *Terebratulina miuraensis*
新生代鮮新世の腕足類。カンセロフィリス科。
¶学古生(図1061/モ写)〈㊞千葉県銚子市犬若〉

ミウラニシキ *Chlamys* (s.s.) *miurensis*
鮮新世前期の軟体動物斧足類。
¶日化譜(図版39-26/モ写)〈㊞神奈川県逗子〉

ミエゾウ *Stegodon miensis* 三重象
400万年前(新生代新第三紀鮮新世)の哺乳類。哺乳綱長鼻目ステゴドン科。体長8m。
¶日絶古(p62〜63/カ写, カ復)〈㊞三重県 臼歯がついた左下顎骨, 牙〉

ミオキダリス
古生代ペルム紀の棘皮動物ウニ類。
¶産地本(p117/カ写)〈㊞岐阜県大垣市赤坂町金生山 長さ3.6cm 棘〉

ミオキダリス ⇒マイオキダリス・スピニュリフェラを見よ

ミオキダリス属未定種の棘 *Miocidaris* sp.
古生代ペルム紀の棘皮動物ウニ類。
¶化石フ(p68/カ写)〈㊞岐阜県本巣郡根尾村 石の横幅280mm〉

ミオコキリュウス *Miocochilius anomopadus*
中新世の哺乳類。哺乳綱獣亜綱正獣上目南蹄目。体長77cm。㋔南米パタゴニア
¶古脊椎(図265/モ復)

ミオジプシナの1種 *Miogypsina kotoi,subsp.indet*
新生代中新世初期の大型有孔虫。ミオジプシナ科。
¶学古生(図975/モ写)〈㊞山梨県南都留郡河口湖町天神峠〉

ミオジプシナの1種 *Miogypsina* (*Lepidosemicyclina*) *thecidaeformis*
新生代中新世初期の大型有孔虫。ミオジプシナ科。
¶学古生(図961,977/モ写)〈㊞埼玉県秩父市黒谷, 山梨県南都留郡河口湖町天神峠〉

ミオジプシナの1種 *Miogypsina* (*Miogypsina*) *kotoi japonica*
新生代中新世中期の大型有孔虫。ミオジプシナ科。
¶学古生(図972/モ写)〈㊞山形県西村山郡西川町月山沢〉

ミオジプシナの1種 *Miogypsina* (*Miogypsina*) *kotoi kotoi*
新生代中新世初期の大型有孔虫。ミオジプシナ科。
¶学古生(図960,974,976,981/モ写)〈㊞埼玉県秩父市黒谷, 岡山県高梁市飯越, 埼玉県秩父郡小鹿野町小森, 埼玉県大里郡川本村畠山〉

ミオジプシナの1種 *Miogypsina* (*Miogypsina*) *nipponica*
新生代中新世中期の大型有孔虫。ミオジプシナ科。
¶学古生(図973,978/モ写)〈㊞埼玉県秩父郡横瀬村宇根〉

ミオジプシナの1種 *Miogypsina* (*Miogypsinoides*) *complanata*
新生代漸新世後期の大型有孔虫。ミオジプシナ科。
¶学古生(図979/モ写)〈㊞東京都小笠原村父島南崎半島〉

ミオジプシナの1種 *Miogypsina (Miolepidocyclina)* sp.
新生代中新世初期の大型有孔虫。ミオジプシナ科。
¶**学古生**(図971/モ写)〈[産]静岡県賀茂郡松崎町池代〉

ミオシーレン *Miosiren kocki*
中新世の哺乳類。カイギュウ目マナティー科ミオシーレン亜科。全長約4m。[分]ヨーロッパ
¶**絶哺乳**(p147,148/カ写, カ復)〈[産]ベルギーのアントワープ州 上顎歯列(咬合面), ほぼ完全な全身骨格〉

ミオスコレックス・アテレス *Myoscolex ateles*
節足動物類。エミュー・ベイ頁岩動物群。
¶**生ミス1**〔ミオスコレックス?〕(図3-4-7/カ写)

ミオタピルス *Miotapirus*
中新世前期の哺乳類バク類。サイ亜目バク科。全長2m。[分]北アメリカ
¶**恐絶動**(p259/カ復)

ミオトラグス・バレアリクス *Myotragus balearicus*
更新世の哺乳類。小型のヤギ。肩高50cm。
¶**世変化**〔メノルカの小型ヤギ〕(図94/カ写)〈[産]スペインのメノルカ島 幅15cm〉

ミオバトラクス *Miobatrachus roneri*
石炭紀後期の両生類。両生超綱蛙綱始蛙目。全長5cm。[分]北米イリノイ州
¶**古脊椎**(図73/モ復)

ミオヒップス *Miohippus*
漸新世の哺乳類奇蹄類ウマ類。ウマ科。植物食。
¶**化百科**(p240/カ写)〈頭骨長18cm 頭骨〉
図解化(p222-3/カ写)〈[産]サウスダコタ州 頭骨〉

ミオフォリア属の未定種 *Myophoria* sp.
古生代ペルム紀, 三畳紀後期の軟体動物斧足類ミオフォリア類。
¶**化石フ**(p47/カ写)〈[産]岐阜県本巣郡根尾村 7mm〉
図解化〔ミオフォリア〕(p118-下/カ写)〈[産]イタリアのベルガモのヴァレ・インフェルノ〉

ミオフォレラ *Myophorella*
ジュラ紀前期〜白亜紀前期の軟体動物二枚貝類。
¶**化百科**(p155/カ写)〈幅5cm〉
図解化(p119-4/カ写)〈[産]アルゼンチン〉

ミオフォレラ *Myophorella elisae*
前期ジュラ紀〜前期白亜紀の無脊椎動物二枚貝類。サンカクガイ目サンカクガイ科。体長6cm。[分]世界中
¶**化写真**(p104/カ写)〈[産]ベルギー 砂岩中の殻〉

ミオフォレラ・クラウェラタ
ジュラ紀前期〜白亜紀前期の無脊椎動物二枚貝類。長さ4〜10cm。[分]世界各地
¶**進化大**〔ミオフォレラ〕(p239/カ写)

ミオフォレラ(ハイダイア)・クレヌラータ
Myophorella (Haidaia) crenulata
中生代ジュラ紀後期〜白亜紀前期の貝類。サンカクガイ科。
¶**学古生**(図669/モ写)〈[産]宮城県気仙沼市 左殻外面〉

ミオフォレラ(プロミオフォレラ)オリエンタリス *Myophorella (Promyophorella) orientalis*
中生代ジュラ紀の軟体動物斧足類三角貝類。サンカクガイ科。
¶**学古生**〔ミオフォレラ(プロミオフォレラ)・オリエンタリス〕(図673/モ写)〈[産]福島県相馬郡鹿島町小山田 右殻外面〉
化石フ(p92/カ写)〈[産]福島県相馬郡鹿島町 15mm〉
日化譜〔Myophorella (Promyophorella) orientalis〕(図版42-19/モ写)〈[産]福島県相馬郡上真野村小山田〉

ミオフォレラ(プロミオフォレラ)・シグモイダリス *Myophorella (Promyophorella) sigmoidalis*
中生代ジュラ紀中期の貝類。サンカクガイ科。
¶**学古生**(図677/モ写)〈[産]宮城県本吉郡志津川町 右殻外面〉

ミオフォレラ・ブロンニイ *Myophorella bronni*
ジュラ紀後期の軟体動物斧足類。生きている化石。
¶**原色化**(PL.2-7/モ写)〈[産]フランスのカルバドス 幅7.2cm〉

ミオフォレラ(ミオフォレラ)・イレギュラリス
Myophorella (Myophorella) irregularis
ジュラ紀の軟体動物斧足類。
¶**原色化**(PL.44-4/カ写)〈[産]イギリスのドーシット州ウェイマス 長さ5.8cm〉

ミオフォレラ(ミオフォレラ)・クラベラータ
Myophorella (Myophorella) clavellata
ジュラ紀の軟体動物斧足類。
¶**原色化**(PL.44-5/カ写)〈[産]フランスのカルバドス 高さ3.4cm,3.0cm 幼貝〉

ミオプロスス *Mioplosus*
5500万〜4000万年前(パレオジン中期)の初期の脊椎動物硬骨魚類真骨類棘鰭類。スズキ目。全長25cm。[分]アメリカ合衆国
¶**化百科**(p202/カ写)〈[産]アメリカ合衆国のワイオミング州 頭尾長28cm〉
恐竜世(p75/カ写)〈獲物を飲みこむ瞬間の姿〉

ミオプロスス
古第三紀始新世の脊椎動物条鰭類。パーチ科。全長25cm。[分]アメリカ合衆国
¶**進化大**(p375/カ写)〈摂食中〉

ミオプロスス・ラブラコイデス *Mioplosus labracoides*
脊椎動物魚類。硬骨魚綱。淡水性。
¶**図解化**(p197-6,7/カ写)〈[産]アメリカのグリーン・リヴァー〉

ミオペタウリスタ *Miopetaurista* sp.
中新世前期〜鮮新世後期の哺乳類。齧歯目リス科。滑空性の齧歯類。頭胴長40cm程度。[分]ヨーロッパ, アジア, 北アメリカ
¶**絶哺乳**(p158/カ復)

ミオリクテロプス *Myorycteropus africanus*
中新世前期の哺乳類ツチブタ類。管歯目ツチブタ科。頭胴長約60cm。[分]アフリカ(ケニア)
¶**絶哺乳**(p225/カ復)

ミガキボラ
新生代第四紀更新世の軟体動物腹足類。

¶産地別(p93/カ写)〈㊎千葉県印西市萩原 高さ10cm〉

ミカサイテス
白亜紀セノマニアン期の頭足類アンモナイト。殻長約5〜10cm。
¶日白亜(p118〜121/カ写, カ復)〈㊎北海道三笠市 殻長7cm〉

ミカサンモモノハナ *Macoma* (s.s.) *praetexta oinomikadoi*
鮮新世〜更新世の軟体動物斧足類。
¶日化譜(図版48-11/モ写)〈㊎青森県むつ市田名部〉

ミカサンモモノハナ *Mocoma oinomikadoi*
新生代第三紀鮮新世の貝類。ニッコウガイ科。
¶学古生(図1434/モ写)〈㊎青森県むつ市近川〉

ミカドトロカス・ヒラセイ ⇒ベニオキナエビスを見よ

ミカドトロクス・ヨシワライ *Mikadotrochus yosiwarai*
第三紀の軟体動物腹足類。別名ヨシワラオキナエビス。
¶原色化(PL.76-6/カ写)〈㊎千葉県銚子市犬若 母岩の長辺23cm〉

ミ

ミカドハダカ属の未定種 *Lampanyctus* sp.
新生代第三紀中新世の魚類硬骨魚類。ハダカイワシ科。
¶化石フ(p216/カ写)〈㊎愛知県知多郡南知多町 89mm〉

ミカドミクリ *Siphonalia mikado*
鮮新世前期〜現世の軟体動物腹足類。
¶日化譜(図版32-17/モ写)〈㊎静岡県掛川天王山〉

ミキカリアクルミ *Carya striata*
新生代鮮新世の陸上植物。クルミ科。
¶学古生(図2287〜2289/モ図)〈㊎愛知県瀬戸市印所 外形, 縦断面, 横断面〉

ミキグミノキ *Elaeagnus mikii*
新生代中新世中期の陸上植物。グミノキ科。
¶学古生(図2506/モ写)〈㊎石川県珠洲市高屋〉

ミキソサウルス・コルナリアヌス *Mixosaurus cornalianus*
三畳紀の爬虫類。爬型超綱魚竜綱魚竜目。㊕スイス
¶古脊椎〔ミキソサウルス〕(図93/モ復)
　図解化(p215-下右/カ写)〈㊎イタリアのベサノ〉

ミキブドウ *Vitis labruscoides*
新生代鮮新世の陸上植物。ブドウ科。
¶学古生(図2491/モ図)〈㊎岐阜県土岐市押沢 種子〉

ミグアシャイア *Miguashaia*
古生代デボン紀の肉鰭類シーラカンス類。全長40cm。㊕カナダ, ラトビア
¶生ミス3(図3-30/カ写, カ復)〈㊎カナダのケベック州 40cm〉

ミグアシャイア・ブレアウイ *Miguashaia bureaui*
古生代デボン紀の脊椎動物肉鰭類シーラカンス類。全長40cm。㊕カナダ
¶リア古〔ミグアシャイア〕(p144/カ復)

ミクソサウルス *Mixosaurus*
2億3000万年前(三畳紀中期)の初期の脊椎動物魚竜類。魚竜目ミクソサウルス科。海洋に生息。全長最大1m。㊕北アメリカ, ヨーロッパ, アジア
¶化写真(p238/カ写)〈㊎スイス〉
　恐イラ(p72/カ復)
　恐絶動(p78/カ復)
　恐竜世(p107/カ復)
　恐竜博(p56/カ復)

ミクソサウルス
三畳紀前期の脊椎動物魚竜類。最長1m。㊕北アメリカ, ヨーロッパ, アジア
¶進化大(p210/カ復)

ミクソプテルス *Mixopterus*
古生代シルル紀の節足動物鋏角類ウミサソリ類。全長1m。㊕ノルウェー, 中国, アメリカほか
¶生ミス2(図2-1-1/カ写, カ復)〈70cm レプリカ〉

ミクソプテルス・キアエリ *Mixopterus kiaeri*
古生代シルル紀の節足動物鋏角類ウミサソリ類。全長70cm。㊕ノルウェー
¶リア古〔ミクソプテルス〕(p96,98〜101/カ復)

ミクラスター・コラングイヌム ⇒ミクラステルを見よ

ミクラステル *Micraster*
白亜紀〜暁新世の棘皮動物ウニ類。
¶化百科(p187/カ写)〈幅3〜9cm〉

ミクラステル *Micraster coranguinum*
後期白亜紀〜暁新世の無脊椎動物ウニ類。心形目ミクラステル科。直径5cm。㊕世界中
¶化写真(p185/カ写)〈㊎イギリス〉
　図解化〔ミクラスター・コラングイヌム〕(p179-5/カ写)〈㊎イギリス〉

ミクラステル・コランギウム
白亜紀後期〜古第三紀前期の無脊椎動物ウニ類。長さ4.5〜6.5cm。㊕ヨーロッパ, 西アジア
¶進化大〔ミクラステル〕(p303/カ写)

ミクラバキア・ジャポニカ *Micrabacia japonica*
第四紀更新世後期の腔腸動物六射サンゴ類。
¶原色化(PL.84-4/カ写)〈㊎千葉県山武郡土気町下越智新田関 直径1.0cm 上面〉

ミクラバキア・フンギュルス *Micrabacia fungulus*
第四紀更新世後期の腔腸動物六射サンゴ類。
¶原色化(PL.84-1/カ写)〈㊎千葉県君津郡富来田町地蔵堂 直径1.0cm, 直径8mm 上面, 底面〉

ミクリガイ *Siphonalia cassidariaeformis*
新生代第四紀更新世の貝類。エゾバイ科。
¶学古生(図1733,1734/モ写)〈㊎千葉県印旛郡印西町木下〉
　日化譜(図版32-15/モ写)〈㊎静岡県周智郡大日〉

ミクリガイ
新生代第三紀鮮新世の軟体動物腹足類。エゾバイ科。
¶産地新(p207/カ写)〈㊎高知県安芸郡安田町唐浜 高さ4.7cm〉

産地別(p90/カ写)〈㊨神奈川県愛甲郡愛川町小沢 高さ5cm〉

ミクリガイの仲間
新生代第三紀鮮新世の軟体動物腹足類。エゾバイ科。
¶産地新(p236/カ写)〈㊨宮崎県児湯郡川南町通山浜 高さ1.9cm〉

ミクリ属の1種 *Sparganium* sp.
新生代第四紀更新世中期の陸上植物。ミクリ科。
¶学古生(図2586/モ図)〈㊨神奈川県横浜市戸塚区下倉田 種子〉

ミクロケラトプス *Microceratops*
白亜紀後期の爬虫類。角竜亜目プロトケラトプス科。角のある恐竜。全長60cm。㊐中国,モンゴル
¶恐絶動(p162/カ復)

ミクロタス・エピラチセポイデスの下顎骨 *Microtus epiratticepoides*
新生代第四期更新世の哺乳類齧歯類。
¶化石フ(p228/カ写)〈㊨山口県美祢市 長さ18mm〉

ミクロディクティオン *Microdictyon*
古生代カンブリア紀の有爪動物。全長8cm。㊐中国,オーストラリア,カナダほか
¶生ミス1(図3-7-5/カ復)

ミクロディクティオン・シニクム *Microdictyon sinicum* 中華微網虫
カンブリア紀の有爪動物。葉足動物門。澄江生物群。全長8cm。㊐中国,オーストラリア,カナダほか
¶生ミス1〔ミクロディクティオン〕(図3-3-6/カ写,カ復)
澄江生(図14.8/モ復)
澄江生(図14.9/カ写)〈㊨中国の帽天山 10mm以下〜約77mm 横からの眺め〉

ミクロデロセラス・バーチ *Microderoceras birchi*
ライアス前期のアンモナイト。
¶アン最(p149/カ写)〈㊨イングランドのドーセット〉

ミクロドゥス・アルテルナンス *Microdus alternans*
ジュラ紀中期の脊椎動物魚類。硬骨魚綱。
¶図解化(p199-上/カ写)〈㊨スイス〉

ミクロドン *Microdon wagneri*
ジュラ紀後期の魚類。顎口超綱硬骨魚綱条鰭亜綱全骨上目ピクノダス目。全長25.5cm。㊐フランス
¶古脊椎(図37/モ復)

ミクロブラキス *Microbrachis*
3億年前(ペルム紀前期)の初期の脊椎動物両生類。細竜目。全長約15cm。㊐チェコ
¶恐絶動(p54/カ復)
恐竜世(p82/カ復)

ミクロブラキス *Microbrachis pelikani*
石炭紀後期の両生類。両生超綱堅頭綱空椎亜綱細竜目。全長10cm。㊐チェコスロバキア
¶古脊椎(図56/モ復)

ミクロブラキス
石炭紀後期の脊椎動物空椎類。全長30cm。㊐チェコ
¶進化大(p167/カ復)

ミクロホリス *Micropholis stowi*
三畳紀前期の両生類。両生超綱堅頭綱分椎亜綱分椎目。全長7cm。㊐南アフリカ
¶古脊椎(図69/モ復)

ミクロミトラ *Micromitra burgessensis*
カンブリア紀の腕足動物。触手冠動物上門腕足動物門無関節綱。サイズ6mm。
¶バ頁岩(図52,53/モ写,モ復)〈㊨カナダのバージェス頁岩〉

ミクロメレルペトン・クレドネリ
Micromelerpeton credneri
ペルム紀の四肢動物両生類切椎類ディッソロフス類。
¶化百科〔ミクロメレルペトン〕(p205/カ写)〈全長18cm〉

ミクロラプトル *Microraptor*
1億3000万〜1億2500万年前(白亜紀前期)の恐竜類獣脚類コエルロサウルス類。ドロマエオサウルス科。小型の羽毛恐竜。全長1m。㊐中国
¶恐イラ(p158/カ復)
恐竜世(p200〜201/カ写,カ復)
生ミス7〔ミクロラプトルの"複葉機モデル"〕(図1-7/カ復)
よみ恐(p134〜137/カ復)

ミクロラプトル
白亜紀前期の脊椎動物獣脚類。体長1.2m。㊐中国
¶進化大(p332/カ写)

ミクロラプトル・グイ *Microraptor gui*
中生代白亜紀の恐竜類竜盤類獣脚類。熱河生物群。羽毛恐竜。全長77cm。㊐中国
¶生ミス7(図1-6/カ写,カ復)
熱河生〔ミクロラプトル・グイの完模式標本〕(図161/カ写)〈㊨中国の遼寧省朝陽の大平房 全長77cm〉
熱河生〔ミクロラプトル・グイの復元図〕(図162/カ復)
リア中〔ミクロラプトル〕(p144/カ復)

ミクロラプトル・ザオイアヌス *Microraptor zhaoianus*
中生代の恐竜。ドロマエオサウルス科。熱河生物群。
¶熱河生〔ミクロラプトル・ザオイアヌスの完模式標本〕(図152/カ写)〈㊨中国の遼寧省朝陽の狼山 推定全長40cm未満〉
熱河生〔ミクロラプトル・ザオイアヌスの足部〕(図153/カ写)〈㊨中国〉
熱河生〔ミクロラプトル・ザオイアヌスの復元図〕(図154/カ復)

未決定種のシダ
ジュラ紀前期の植物。
¶図解化(p48-3/カ写)〈㊨イタリア北部のオステノ〉

ミーケラ
古生代ペルム紀の腕足動物有関節類。
¶産地本(p172/カ写)〈㊨滋賀県犬上郡多賀町権現谷 左右2cm〉

ミケリニア
古生代ペルム紀の腔腸動物床板サンゴ類。別名蛇

体石。
¶**産地別**(p78/カ写)〈[産]宮城県気仙沼市上八瀬 左右12cm〉
産地別(p125/カ写)〈[産]岐阜県本巣市根尾初鹿谷 長径5cm〉
産地別(p125/カ写)〈[産]岐阜県本巣市根尾初鹿谷 長径3cm〉
産地本(p61/カ写)〈[産]宮城県気仙沼市上八瀬 写真の左右14cm〉
産地本(p61/カ写)〈[産]宮城県気仙沼市上八瀬 写真の左右8cm〉

ミケリニア・ファヴォサ *Michelinia favosa*
石炭紀の無脊椎動物腔腸動物。
¶**図解化**(p71-5/カ写)〈[産]ベルギー〉

ミケリニア・マルチタビュラータ *Michelinia multitabulata*
ペルム紀の床板サンゴ類。
¶**化石図**(p49/カ写)〈[産]宮城県 横幅約25cm〉

ミケリノセラス・ヒデンセ *Michelinoceras hidense*
古生代シルル紀〜デボン紀の軟体動物頭足類直角貝。
¶**化石フ**(p48/カ写)〈[産]岐阜県吉城郡上宝村 260mm〉
日化譜〔Michelinoceras hidense〕(図版50-1/モ写)〈[産]岐阜県福地, 高知県越知町横倉山〉

ミーコセラス・グラシリタトゥス
三畳紀前期の無脊椎動物頭足類。直径3〜10cm。[分]アメリカ合衆国, インドネシア
¶**進化大**〔ミーコセラス〕(p203/カ写)

ミーコセラスの1種 *Meekoceras japonicum*
中生代三畳紀初期のアンモナイト。ミーコセラス科。
¶**学古生**(図365/モ写)〈[産]愛媛県東宇和郡城川町田穂上組 側面部, 腹側部〉
日化譜〔Meekoceras japonicum〕(図版51-9,10/モ写)〈[産]愛媛県東宇和郡魚成〉

ミーコポラの1種 *Meekopora delicata*
古生代後期二畳紀後期のコケムシ類。胞孔目ヘキサゴネラ科。
¶**学古生**(図159/モ写)〈[産]宮城県気仙沼市岩井崎 縦断面〉
日化譜〔Meekopora delicata〕(図版21-10/モ写)〈[産]宮城県岩井崎 縦断面〉

ミザリア・ロストラータ *Mizalia rostrata*
第三紀の節足動物クモ類。
¶**原色化**(PL.77-3/カ写)〈[産]バルチック海沿岸 胴の長さ4mm コハクの中〉

ミズキの仲間 ⇒サントウミズキを見よ

ミズゴケ ⇒スファグヌムを見よ

ミスジタニシ ⇒ヴィヴィパルスを見よ

ミストリオサウルス *Mystriosaurus bollensis*
前期ジュラ紀の爬虫類。竜型超綱鰐綱鰐目。全長6m。[分]ドイツ, イギリス
¶**古脊椎**(図131/モ復)

ミストリオスクス *Mystriosuchus planirostris*
三畳紀後期の爬虫類。竜型超綱槽歯綱擬鰐目。全長3m。[分]南ドイツのウルテンベルグ
¶**古脊椎**(図125/モ復)

水鳥の後趾
新生代第三紀中新世の鳥類。
¶**化石フ**(p237/カ写)〈[産]長野県南安曇郡豊科町 50mm〉

ミズナミアカエイ *Dasybatus nippoenensis*
中新世中期の魚類エイ類。
¶**日化譜**(図版63-12/モ写)〈[産]岐阜県瑞浪町戸狩 尾部の棘〉

ミズナミマメヘイケガニ *Tymolus ingens*
新生代第三紀中新世の節足動物十脚類。
¶**化石フ**(p194/カ写)〈[産]岐阜県瑞浪市 甲幅約25mm〉

ミズナラ *Quercus mongolica* var.*grosseserrata*
新生代第四紀更新世の陸上植物。ブナ科。
¶**学古生**(図2558/モ写)〈[産]栃木県塩谷郡塩原町〉

ミズナラ ⇒ケルクス・クリスピュラを見よ

ミズホスジボラ
新生代第三紀鮮新世の軟体動物腹足類。ヒタチオビ科。
¶**産地新**(p212/カ写)〈[産]高知県安芸郡安田町唐浜 高さ3.3cm〉

ミズホタマガイ *Pachycrommium japonicum*
新生代第三紀・初期中新世の貝類。タマガイ科。
¶**学古生**(図1217/モ写)〈[産]石川県珠洲市藤尾〉
日化譜〔ムカシモクレンタマガイ(新)〕(図版83-21/モ写)〈[産]能登珠洲市藤尾〉

ミズホバリス・イズモエンシス *Mizuhobaris izumoensis*
新生代第三紀中新世の軟体動物頭足類。
¶**化石フ**(p172/カ写)〈[産]長野県南安曇郡豊科町 50mm〉

ミズホペクテン・エゾエンシス ⇒ホタテガイを見よ

ミズホペクテン・エゾエンシス・ヨコヤマエ ⇒ヨコヤマホタテを見よ

ミズホペクテン・キムライ ⇒キムラホタテの一種を見よ

ミズホペクテン・トウキョウエンシス ⇒トウキョウホタテを見よ

ミズホペクテン・トウキョウエンシス・ホクリクエンシス ⇒ホクリクホタテを見よ

ミズホペクテン・プラニコスツラタス *Mizuhopecten planicostulatus*
新生代第三紀鮮新世の軟体動物斧足類。
¶**化石フ**(p175/カ写)〈[産]静岡県田方郡天城湯ヶ島町 280mm〉

ミズホペクテン・ポクルム
新生代第三紀鮮新世の軟体動物斧足類。
¶**産地本**(p142/カ写)〈[産]富山県高岡市頭川 高さ9cm〉

ミセリナ属の1種 *Misellina claudiae*
古生代後期二畳紀前期の紡錘虫類。フェルベキナ科。
¶**学古生**(図81/モ写)〈[産]山口県美祢郡秋芳町秋吉 正縦断面, 正横断面〉
日化譜〔Misellina claudiae〕(図版4-16/モ写)〈[産]秋

吉 縦断面〉

ミゾガイ
新生代第三紀中新世の軟体動物斧足類。別名シリクワ。
¶**産地新**(p164/カ写)〈㊥滋賀県甲賀郡土山町大沢 長さ3.4cm〉
産地本(p203/カ写)〈㊥滋賀県甲賀郡土山町鮎河 長さ(左右)1.7cm〉

ミチアの1種 *Mizzia yabei*
古生代後期二畳紀前期の藻類。カサノリ科。
¶**学古生**(図306/モ写)〈㊥埼玉県飯能市坂石町分 縦断薄片〉

未知の属種のクモ類
ジュラ紀後期の無脊椎動物甲殻類クモ類。「ステルナルトロン」属。
¶**ゾル1**(図225/カ写)〈㊥ドイツのゾルンホーフェン 15cm〉

ミチルス ⇒イガイを見よ

ミチルス(ファルシミチルス)・ヘラニルス
Mytilus(Falcimytilus) heranirus
中生代ジュラ紀前期の貝類。イガイ科。
¶**学古生**(図648/モ写)〈㊥長野県北安曇郡小谷村来馬 右殻外面〉
日化譜〔Mytilus(Falcimytilus)heranirus〕(図版37-29/モ写)〈㊥長野県北安曇郡北小谷〉

ミツカシワ *Menyanthes trifoliata*
鮮新世後期～現世の双子葉植物。
¶**日化譜**(図版79-11/モ写)〈㊥各地 種子〉

ミツガシワ *Menyanthus trifoliatus*
新生代第四紀更新世の陸上植物。ミツガシワ科。
¶**学古生**(図2575/モ写)〈㊥千葉県木更津市祇園 種子〉

ミツカドウミタケモドキ *Pholadomya* cf. *margaritacea*
始新世後期の軟体動物斧足類。
¶**日化譜**(図版49-18/モ写)〈㊥熊本県荒尾市万田炭坑,長崎県西彼杵郡伊王島〉

ミツカドカタビラガイ *Myadora fluctuosa*
新生代第四紀の貝類。異靭帯亜綱ウミタケモドキ目ミツカドカタビラガイ科。
¶**学古生**(図1701/モ写)〈㊥千葉県市原市瀬又 左殻,右殻,左殻の内面〉

ミツカドカタビラガイ
新生代第四紀更新世の軟体動物斧足類。
¶**産地本**(p96/カ写)〈㊥千葉県木更津市真里谷 長さ(左右)1.5cm〉

三ケ日人 *Homo sapiens*
更新世後期〔後に縄文時代(約9000年前)と判明〕の哺乳類人類。
¶**日化譜**(図版69-23/モ写)〈㊥静岡県引佐郡三ケ日町只木 腸骨外面〉

ミツクリザメ属の1種 *Scapanorhynchus rhaphiodon*
中生代白亜紀の魚類サメ類。ネズミザメ目ミツクリザメ科。
¶**学古生**(図1934/モ写)〈㊥北海道三笠市幾春別川流域〉
日化譜〔Scapanorhynchus rhaphiodon〕(図版63-2/モ写)〈㊥福島県双葉郡玉山〉

ミツクリザメの仲間
白亜紀カンパニアン期～マーストリヒチアン期のサメ類。
¶**日白亜**(p46～47/カ復)〈㊥兵庫県淡路島〉

ミツセサンショウモ *Salvinia mitsusense*
中生代白亜紀後期の陸上植物。シダ綱サンショウモ目。上部白亜紀植物群。
¶**学古生**(図860,861/モ写,モ図)〈㊥長崎県西彼杵郡高島町高島炭鉱三ツ瀬坑道〉

ミッチア
古生代ペルム紀の菌藻植物緑藻類。
¶**産地別**(p133/カ写)〈㊥岐阜県本巣市根尾初鹿谷 個体の大きさ径0.1cm程度〉

ミッチアの一種?(不明種)
古生代ペルム紀の菌藻植物緑藻類。
¶**産地本**(p117/カ写)〈㊥岐阜県大垣市赤坂町金生山 径2mm〉

ミッチア・ベレビターナ *Mizzia velebitana*
古生代ペルム紀の菌藻植物緑藻類。カサノリ科。
¶**化石フ**(p68/カ写)〈㊥岐阜県大垣市赤坂町 個体2mm〉
原色化(PL.33-4/カ写)〈㊥岐阜県不破郡赤坂町金生山 球体の直径約3mm〉
日化譜〔Mizzia velebitana〕(図版10-2/モ写)〈㊥広島県帝釈,岐阜県赤坂,北上,北海道など 横断面〉

ミッチア・ベレビターナ
古生代ペルム紀の菌藻植物緑藻類。
¶**産地本**(p117/カ写)〈㊥岐阜県大垣市赤坂町金生山 径2mm〉

ミッテリクリヌス・アキュレアータス
Mittericrinus aculeatus
ジュラ紀の棘皮動物ウミユリ類。
¶**原色化**(PL.53-3/カ写)〈㊥フランスのアルデンヌ 長さ7cm,3.7cm〉

ミツトゲハグチコケムシ *Parasmittina trispinosa*
新生代更新世後期のコケムシ類。ハグチコケムシ科。
¶**学古生**(図1096/モ写)〈㊥千葉県木更津市地蔵堂〉

ミツバイタコブコケムシ *Celleporaria tridenticulata*
新生代更新世後期のコケムシ類。イタコブコケムシ科。
¶**学古生**(図1094/モ写)〈㊥千葉県君津市西谷〉

ミツバチ Bee
1億年前(白亜紀中期)～現在の無脊椎動物昆虫。
¶**恐竜世**(p48/カ写)

ミツバチの1種 *Apis* sp.
新生代の昆虫類。ミツバチ科。
¶**学古生**(図1806/モ写)〈㊥長崎県壱岐郡芦辺町八幡長者原〉

未同定の皆脚(ウミグモ)類,または新目の蛛形(クモ)類
ジュラ紀後期の無脊椎動物甲殻類。「ステルナルトロン」属。
¶**ゾル1**(図226/カ写)〈㊥ドイツのアイヒシュテット 5cm〉

未同定の球果
ジュラ紀後期の植物。
¶ゾル1（図52/カ写）〈㊟ドイツのダイティング 9cm〉

未同定のクラゲ類
ジュラ紀後期の無脊椎動物腔腸動物クラゲ類。クワドリメドゥシナ属。
¶ゾル1（図73/カ写）〈㊟ドイツのゾルンホーフェン 20cm〉
ゾル1（図81/カ写）〈㊟ドイツのアイヒシュテット 6.5cm〉

未同定の「昆虫類」
ジュラ紀後期の無脊椎動物。甲殻類の等脚類または端脚類であろう。
¶ゾル1（図497/カ写）〈㊟ドイツのアイヒシュテット 2cm〉

未同定のサメ類
ジュラ紀後期の脊椎動物軟骨魚類。
¶ゾル2（図47/カ写）〈㊟ドイツのアイヒシュテット 22cm〉

未同定の植物
ジュラ紀後期の植物。
¶ゾル1（図48/カ写）〈㊟ドイツのダイティング 12cm〉
ゾル1（図49/カ写）〈㊟ドイツのホフシュテッテン 13cm〉
ゾル1（図50/カ写）〈㊟ドイツのケルハイム 1cm 針葉樹の未同定の葉〉

未同定の蠕虫類
ジュラ紀後期の無脊椎動物蠕虫類環形動物。
¶ゾル1（図216/カ写）〈㊟ドイツのブルーメンベルク 5cm〉
ゾル1（図217/カ写）〈㊟ドイツのアイヒシュテット 1.5cm〉

ミトクモクレン *Magnolia elliptica*
中新世後期の双子葉植物。
¶日化譜（図版77-16/モ写）〈㊟鳥取県東伯郡三徳〉

ミトマッコウ *Kogia prisca*
中新世後期の哺乳類鯨類。
¶日化譜（図版66-6,7/モ写）〈㊟水戸市郊外 歯〉

ミドリイシの1種 *Acropora* sp.
新生代の六放サンゴ類。ミドリイシ科。
¶学古生（図1018/モ写）〈㊟千葉県館山市沼〉

ミドリシャミセンガイ *Lingula unguis*
現世の腕足動物シャミセンガイ。無関節綱リンギュラ目リンギュラ科。
¶学古生（図1050/モ写）〈㊟神奈川県足柄上郡山北町川西〉
化石フ（p20/カ写）〈㊟有明海 40mm〉

ミナセツツジ *Rhododendron minasense*
新生代中新世後期の陸上植物。ツツジ科。
¶学古生（図2510/モ図）〈㊟秋田県雄勝郡皆瀬村黒沢川〉

ミナロデンドロン・カタイシエンセ
デヴォン紀中期のヒカゲノカズラ植物。高さ25cm。㊟中国
¶進化大〔ミナロデンドロン〕（p118/カ写）

ミニアシナの1種 *Miniacina miniacea*
新生代更新世中期前半の大型有孔虫。ホモトレマ科。
¶学古生（図993/モ写）〈㊟鹿児島県大島郡与論町瀬名〉

ミネカセキイチイの1種 *Minetaxites* sp.
中生代三畳紀後期の陸上植物。球果綱。成羽植物群。
¶学古生（図755/モ写）〈㊟岡山県川上郡成羽町〉

ミネシンロボク *Neocalamites minensis*
中生代三畳紀後期の陸上植物。有節綱（トクサ綱）トクサ目トクサ科。成羽植物群。
¶学古生（図731/モ写）〈㊟山口県美祢市大嶺町〉

ミネセデスの1種 *Minesedes elegans*
中生代三畳紀後期の昆虫類。ガロアムシ目ゲニツィア科。
¶学古生（図711/モ写）〈㊟山口県美祢市大嶺町檀ケ谷炭礦 前翅〉

ミネトリゴニア
中生代三畳紀の軟体動物斧足類。
¶産地本（p229/カ写）〈㊟山口県美祢市大嶺町 高さ2.1cm〉

ミネトリゴニア・ヘギエンシス *Minetrigonia hegiensis*
中生代三畳紀の軟体動物斧足類三角貝。
¶化石フ（p16/カ写）〈㊟京都府天田郡夜久野町 30mm〉
化石フ（p88/カ写）〈㊟京都府天田郡夜久野町 20mm〉
日化譜〔Minetrigonia hegiensis〕（図版42-26/モ写）〈㊟京都府天田郡夜久野〉

ミネトリゴニア・ヘギエンシス *Minetrigonia hegiensis hegiensis*
中生代三畳紀後期の貝類。サンカクガイ科。
¶学古生（図671/モ写）〈㊟京都府天田郡夜久野町 左殻外面〉

ミネフォルス・トリアディクス *Minephorus triadicus*
中生代三畳紀後期の貝類。カルディニア科。
¶学古生（図682/モ写）〈㊟山口県美祢市大嶺町 左殻内面, 左殻外面〉

ミネフジツボ *Balanus rostratus*
新生代更新世の甲殻類蔓脚類。フジツボ科。
¶学古生（図1827,1828/モ写）〈㊟千葉県市原市瀬又, 神奈川県横須賀市津久井浜 外形, 殻口部の楯板, 背板（とその内面）〉

ミネフジツボ
新生代第三紀中新世の節足動物甲殻綱蔓脚類。
¶産地新（p171/カ写）〈㊟滋賀県甲賀郡土山町大沢 大きいものの高さ7cm お下がり〉
産地別（p200/カ写）〈㊟福井県大飯郡高浜町名島 高さ4.5cm〉

ミノイソシジミ *Hiatula minoensis*
新生代第三紀・中期中新世初期の貝類。シオサザナミガイ科。
¶学古生（図1319/モ写）〈㊟宮城県柴田郡柴田町入間田〉

ミノイソシジミ *Soletellina minoensis*
中新世中期の軟体動物斧足類。

¶日化譜(図版48-15/モ写)〈[産]岐阜県瑞浪町戸狩〉

ミノイソシジミ
新生代第三紀中新世の軟体動物斧足類。
¶産地別(p212/カ写)〈[産]滋賀県甲賀市土山町鮎河 長さ6.1cm〉

ミノイタチザメ *Galeocerdo* cf.*aduncus*
中新世中期の魚類鮫類。
¶日化譜(図版63-6/モ写)〈[産]岐阜県瑞浪町隠居山〉

ミノガイ
新生代第四紀更新世の軟体動物斧足類。
¶産地別(p91/カ写)〈[産]神奈川県横浜市金沢区柴町 長さ1.7cm〉

ミノガイ科の一種
新生代第四紀更新世の軟体動物斧足類。ミノガイ科。ミダレハネガイと思われる。
¶産地新(p141/カ写)〈[産]石川県珠洲市平床 長さ3.2cm〉

ミノザクロガイ *Proterato minoensis*
新生代第三紀・初期中新世の貝類。ザクロガイ科。
¶学古生(図1221/モ写)〈[産]石川県珠洲市大谷〉

ミノスカシカシパン *Astryclypeus manni minoensis*
中新世後期のウニ類。
¶日化譜(図版62-10/モ写)〈[産]岐阜県瑞浪町〉

実のついた枝・葉
新生代第三紀中新世の被子植物双子葉類。
¶産地別(p143/カ写)〈[産]石川県珠洲市木ノ浦 上下3.5cm〉

ミノトクサバイ(新) *Phos minoensis*
中新世中期の軟体動物腹足類。
¶日化譜(図版83-25/モ写)〈[産]岐阜県月吉〉

ミノヘルヌス・アラウカヌス *Minohellenus araucanus*
古第三紀始新世の軟甲類。十脚目ガザミ科。
¶化石図(p139/カ写, カ復)〈[産]チリ 横幅約7cm〉

ミノマメウラシマ *Ringicula minoensis*
新生代第三紀・初期中新世の軟体動物腹足類。マメウラシマ科。
¶学古生(図1242/モ写)〈[産]石川県珠洲市向山〉
日化譜〔ミノマメウラシマ(新)〕(図版83-42/モ写)〈[産]能登珠洲市藤尾〉

ミノマメカシパン *Kewia minoensis*
新生代のウニ。スクテラ科。
¶学古生(図1914/モ写)〈[産]岐阜県瑞浪市山野内〉

ミノムシロ(新) *Nassarius*(*Zeuxis*) *minoensis*
中新世中期の軟体動物腹足類。
¶日化譜(図版83-28/モ写)〈[産]岐阜県月吉, 宿洞〉

ミノレイシ(新) *Purpura*(*Mancinella*) *minoensis*
中新世中期の軟体動物腹足類。
¶日化譜(図版83-24/モ写)〈[産]岐阜県月吉, 宿洞〉

御船哺乳類 Insectivora gen.et sp.indet.
中生代白亜紀の哺乳類食虫類。
¶化石フ(p146/カ写, カ復)〈[産]熊本県上益城郡御船町 横の長さ2.6mm 下顎大臼歯〉

ミフネリュウ Megalosauridae
白亜紀後期セノマニアン期の恐竜類獣脚類。竜盤目獣脚亜目カルノサウルス下目メガロサウルス科。肉食。体長約10cm？[分]熊本県御船町上梅木
¶化石フ〔ミフネリュウの歯〕(p147/カ写)〈[産]熊本県上益城郡御船町 75mm〉
日恐竜(p30/カ写, カ復)〈獣脚類の歯〉

ミフネリュウ
白亜紀セノマニアン後期〜カンパニアン期？の恐竜類獣脚類。全長10m？
¶日白亜(p24〜25/カ復)〈[産]熊本県御船町〉

ミマサカソデガイ *Strombus*(？) *mimasakensis*
中新世の軟体動物腹足類。
¶日化譜(図版30-7/モ写)〈[産]鳥取県稲岡〉

ミマホタテ *Patinopecten kagamianus mimaensis*
中新世前期の軟体動物斧足類。
¶日化譜(図版40-10/モ写)〈[産]島根県邇摩郡仁摩町, 島根県飯石郡三刀屋町〉

ミミズガイ
新生代第四紀更新世の軟体動物腹足類。
¶産地別(p169/カ写)〈[産]石川県珠洲市正院町平床 長さ3.5cm〉

未命名のアスピドリンクス類 *aspidorhynchid*
ジュラ紀後期の脊椎動物全骨魚類。
¶ゾル2(図61/カ写)〈[産]ドイツのアイヒシュテット郡 頭部〉
ゾル2(図62/カ写)〈[産]ドイツのアイヒシュテット郡 歯〉

未命名のアンモナイト類
ジュラ紀後期の無脊椎動物軟体動物アンモナイト類。
¶ゾル1(図169/カ写)〈[産]ドイツのアイヒシュテット 9cm〉

未命名のウニ類
ジュラ紀後期の無脊椎動物棘皮動物ウニ類。
¶ゾル1(図554/カ写)〈[産]ドイツのツァント 10cm〉
ゾル1(図555/カ写)〈[産]ドイツのツァント 2cm〉

未命名のウニ類の棘
ジュラ紀後期の無脊椎動物棘皮動物ウニ類。
¶ゾル1(図556/カ写)〈[産]ドイツのブライテンヒル 5cm〉
ゾル1(図557/カ写)〈[産]ドイツのアイヒシュテット 6cm〉

未命名のエイ類
ジュラ紀後期の脊椎動物軟骨魚類。アステロデルムス属。
¶ゾル2(図5/カ写)〈[産]ドイツのアイヒシュテット 90cm〉
ゾル2(図44/カ写)〈[産]ドイツのブルーメンベルク 93cm〉

未命名の大型エビ類
ジュラ紀後期の無脊椎動物甲殻類大型エビ類。
¶ゾル1(図317/カ写)〈[産]ドイツのアイヒシュテット 3cm〉

未命名の大型エビ類の鋏
ジュラ紀後期の無脊椎動物甲殻類大型エビ類。
¶ゾル1(図318/カ写)〈[産]ドイツのアイヒシュテット

8cm〉

未命名のカトゥルス類
ジュラ紀後期の脊椎動物全骨魚類。カトゥルス属。
¶ゾル2（図71/カ写）〈(産)ドイツのシェルンフェルト 57cm〉

未命名のカニ類
ジュラ紀後期の無脊椎動物甲殻類。
¶ゾル1（図319/カ写）〈(産)ドイツのツァント 1.5cm〉

未命名のカメ類
ジュラ紀後期の脊椎動物爬虫類カメ類。
¶ゾル2（図221/カ写）〈(産)ドイツのツァント 37cm〉
ゾル2（図222/カ写）〈(産)ドイツのツァント 60cm〉
ゾル2（図223/カ写）〈(産)ドイツのアイヒシュテット郡東部 28cm〉
ゾル2（図224/カ写）〈(産)ドイツのアイヒシュテット郡東部 頭部〉

未命名のキダリス類
ジュラ紀後期の無脊椎動物棘皮動物ウニ類。プレギオキダリス属。
¶ゾル1（図542/カ写）〈(産)ドイツのランゲンアルトハイム 3cm 棘を伴う〉

未命名のキバチ類
ジュラ紀後期の無脊椎動物昆虫類膜翅類（ハチ類）。
¶ゾル1（図491/カ写）〈(産)ドイツのアイヒシュテット 4.5cm〉

未命名のクモヒトデ類
ジュラ紀後期の無脊椎動物棘皮動物クモヒトデ類。
¶ゾル1（図527/カ写）〈(産)ドイツのゾルンホーフェン 2.3cm〉
ゾル1（図528/カ写）〈(産)ドイツのツァント 2.5cm〉

未命名のクラゲ
ジュラ紀後期の無脊椎動物腔腸動物クラゲ類。
¶ゾル1（図79/カ写）〈(産)ドイツのヴィンタースホーフ 18cm 側面〉

未命名のクラゲ類で，触手をもつ？
ジュラ紀後期の無脊椎動物腔腸動物クラゲ類。
¶ゾル1（図82/カ写）〈(産)ドイツのアイヒシュテット 29cm〉

未命名の甲殻類（エタロニア属？）
ジュラ紀後期の無脊椎動物甲殻類大型エビ類。エタロニア属。
¶ゾル1（図290/カ写）〈(産)ドイツのアイヒシュテット 7cm〉

未命名の甲殻類幼生
ジュラ紀後期の無脊椎動物甲殻類。甲殻類の幼生。
¶ゾル1（図334/カ写）〈(産)ドイツのアイヒシュテット 11cm〉
ゾル1（図335/カ写）〈(産)ドイツのアイヒシュテット 12cm〉
ゾル1（図336/カ写）〈(産)ドイツのツァント 2cm〉

未命名の甲虫類
ジュラ紀後期の無脊椎動物昆虫類甲虫類。
¶ゾル1（図478/カ写）〈(産)ドイツのアイヒシュテット 3cm〉
ゾル1（図479/カ写）〈(産)ドイツのアイヒシュテット 4cm〉
ゾル1（図480/カ写）〈(産)ドイツのアイヒシュテット 4cm〉
ゾル1（図481/カ写）〈(産)ドイツのアイヒシュテット 翅開長2cm〉
ゾル1（図482/カ写）〈(産)ドイツのアイヒシュテット 4cm〉
ゾル1（図483/カ写）〈(産)ドイツのアイヒシュテット 翅開長3.5cm〉
ゾル1（図484/カ写）〈(産)ドイツのアイヒシュテット〉
ゾル1（図485/カ写）〈(産)ドイツのアイヒシュテット 翅開長6cm〉

未命名の甲虫類（？）
ジュラ紀後期の無脊椎動物昆虫類甲虫類。
¶ゾル1（図486/カ写）〈(産)ドイツのアイヒシュテット 3cm〉

未命名のコオロギ類
ジュラ紀後期の無脊椎動物昆虫類コオロギ類。
¶ゾル1（図413/カ写）〈(産)ドイツのアイヒシュテット 4cm〉

未命名の小型エビ類
ジュラ紀後期の無脊椎動物甲殻類小型エビ類。
¶ゾル1（図268/カ写）〈(産)ドイツのブルーメンベルク 5cm〉
ゾル1（図269/カ写）〈(産)ドイツのシュランデルン 4.5cm〉
ゾル1（図270/カ写）〈(産)ドイツのアイヒシュテット 11cm〉
ゾル1（図271/カ写）〈(産)ドイツのブルーメンベルク 8cm〉
ゾル1（図272/カ写）〈(産)ドイツのアイヒシュテット 9cm〉
ゾル1（図273/カ写）〈(産)ドイツのツァント 5cm〉
ゾル1（図274/カ写）〈(産)ドイツのヴェークシャイト 8cm〉

未命名のゴキブリ類
ジュラ紀後期の無脊椎動物昆虫類ゴキブリ類。
¶ゾル1（図394/カ写）〈(産)ドイツのアイヒシュテット 2cm〉

未命名のコケムシ類
ジュラ紀後期の無脊椎動物触手動物コケムシ類。
¶ゾル1（図99/カ写）〈(産)ドイツのブライテンヒル 0.8cm〉

未命名のサメ類
ジュラ紀後期の脊椎動物軟骨魚類。
¶ゾル2（図31/カ写）〈(産)ドイツのアイヒシュテット 15cm〉
ゾル2（図48/カ写）〈(産)ドイツのアイヒシュテット 30cm〉

未命名のシャコ類
ジュラ紀後期の無脊椎動物甲殻類シャコ類。
¶ゾル1（図322/カ写）〈(産)ドイツのアイヒシュテット 10cm〉

未命名のシロアリ類
ジュラ紀後期の無脊椎動物昆虫類シロアリ類。
¶ゾル1（図396/カ写）〈(産)ドイツのゾルンホーフェン 1.2cm〉

未命名の真骨魚類
ジュラ紀後期の脊椎動物真骨魚類。
¶ゾル2（図192/カ写）〈(産)ドイツのアイヒシュテット 14cm〉
ゾル2（図193/カ写）〈(産)ドイツのアイヒシュテット 7.5cm〉
ゾル2（図194/カ写）〈(産)ドイツのミュールハイム 16cm〉
ゾル2（図195/カ写）〈(産)ドイツのアイヒシュテット 9cm〉
ゾル2（図196/カ写）〈(産)ドイツのシャムハウプテン 19cm〉
ゾル2（図197/カ写）〈(産)ドイツのゾルンホーフェン 18cm〉
ゾル2（図198/カ写）〈(産)ドイツのミュールハイム 17cm〉
ゾル2（図199/カ写）〈(産)ドイツのゾルンホーフェン 22cm〉
ゾル2（図200/カ写）〈(産)ドイツのアイヒシュテット 7cm〉
ゾル2（図201/カ写）〈(産)ドイツのアイヒシュテット 頭部〉

未命名の針葉樹類
ジュラ紀後期の植物。
¶ゾル1（図56/カ写）〈(産)ドイツの東部アイヒシュテット 30cm〉
ゾル1（図57/カ写）〈(産)ドイツの東部アイヒシュテット 7cm〉
ゾル1（図58/カ写）〈(産)ドイツのランゲンアルトハイム 7cm〉

未命名の全骨魚類
ジュラ紀後期の脊椎動物全骨魚類。
¶ゾル2（図145/カ写）〈(産)ドイツのツァント 41cm〉
ゾル2（図146/カ写）〈(産)ドイツのアイヒシュテット 50cm〉
ゾル2（図147/カ写）〈(産)ドイツのケルハイム 23cm〉
ゾル2（図148/カ写）〈(産)ドイツのゾルンホーフェン 29cm〉
ゾル2（図149/カ写）〈(産)ドイツのアイヒシュテット 9cm〉
ゾル2（図150/カ写）〈(産)ドイツのアイヒシュテット 30cm〉
ゾル2（図151/カ写）〈(産)ドイツのアイヒシュテット 30cm〉

未命名の蠕虫類
ジュラ紀後期の無脊椎動物蠕虫類環形動物。
¶ゾル1（図213/カ写）〈(産)ドイツのブライテンヒル 5cm〉
ゾル1（図214/カ写）〈(産)ドイツのツァント 2.3cm 口辺部を伴う〉
ゾル1（図215/カ写）〈(産)ドイツのツァント 5cm 口辺部を伴う〉

未命名の双翅類
ジュラ紀後期の無脊椎動物昆虫類双翅類（ハエ類）おそらくムシヒキアブ類。
¶ゾル1（図495/カ写）〈(産)ドイツのアイヒシュテット 4cm〉

未命名の双翅類
ジュラ紀後期の無脊椎動物昆虫類双翅類（ハエ類）。
¶ゾル1（図496/カ写）〈(産)ドイツのアイヒシュテット 1.8cm〉

未命名のソテツ類
ジュラ紀後期の植物ソテツ類。
¶ゾル1（図23/カ写）〈(産)ドイツのケルハイム 8cm〉

未命名の等脚類
ジュラ紀後期の無脊椎動物甲殻類等脚類（ワラジムシ類）。
¶ゾル1（図241/カ写）〈(産)ドイツのアイヒシュテット 2.5cm〉
ゾル1（図242/カ写）〈(産)ドイツのアイヒシュテット 0.4cm 昆虫類に寄生？〉

未命名の塔状巻貝類
ジュラ紀後期の無脊椎動物軟体動物巻貝類。
¶ゾル1（図113/カ写）〈(産)ドイツのアイヒシュテット 1.5cm〉
ゾル1（図114/カ写）〈(産)ドイツのアイヒシュテット 1.5cm〉

未命名の「トカゲ類」
ジュラ紀後期の脊椎動物爬虫類トカゲ類。
¶ゾル2（図234/カ写）〈(産)ドイツのアイヒシュテット 17.5cm〉

未命名のトンボ類
ジュラ紀後期の無脊椎動物昆虫類トンボ類。
¶ゾル1（図381/カ写）〈(産)ドイツのアイヒシュテット 6cm〉
ゾル1（図382/カ写）〈(産)ドイツのアイヒシュテット 5.5cm〉
ゾル1（図383/カ写）〈(産)ドイツのアイヒシュテット 3cm〉
ゾル1（図384/カ写）〈(産)ドイツのアイヒシュテット 翅長6.2cm〉
ゾル1（図385/カ写）〈(産)ドイツのアイヒシュテット 翅長5.5cm〉
ゾル1（図386/カ写）〈(産)ドイツのヴィンタースホーフ 翅長3.5cm〉
ゾル1（図387/カ写）〈(産)ドイツのアイヒシュテット 翅長3.5cm〉
ゾル1（図388/カ写）〈(産)ドイツのアイヒシュテット 翅長6cm スフェノフレビア科〉

未命名のナマコ類
ジュラ紀後期の無脊椎動物棘皮動物ナマコ類。
¶ゾル1（図560/カ写）〈(産)ドイツのゾルンホーフェン 10cm〉
ゾル1（図561/カ写）〈(産)ドイツのアイヒシュテット 12.5cm〉

未命名の軟質魚類
ジュラ紀後期の脊椎動物魚類軟質魚類。
¶ゾル2（図50/カ写）〈(産)ドイツのアイヒシュテット 17cm〉

未命名の二枚貝類
ジュラ紀後期の無脊椎動物軟体動物二枚貝類。
¶ゾル1（図135/カ写）〈(産)ドイツのアイヒシュテット 3.7cm〉
ゾル1（図136/カ写）〈(産)ドイツのツァント 1.2cm〉
ゾル1（図137/カ写）〈(産)ドイツのツァント 2.8cm〉
ゾル1（図138/カ写）〈(産)ドイツのケルハイム 4.2cm〉
ゾル1（図139/カ写）〈(産)ドイツのカルミュンツ 1.6cm〉

ゾル1（図140/カ写）〈(産)ドイツのシュランデルン 3cm〉
ゾル1（図141/カ写）〈(産)ドイツのブライテンヒル 4cm〉

未命名のバッタ類

ジュラ紀後期の無脊椎動物昆虫類バッタ類。
¶ゾル1（図412/カ写）〈(産)ドイツのアイヒシュテット 2.5cm〉

未命名のピクノドゥス類 *pycnodontid*

ジュラ紀後期の脊椎動物全骨魚類。
¶ゾル2（図96/カ写）〈(産)ドイツのメルンスハイム 20cm〉
ゾル2（図99/カ写）〈(産)ドイツのアイヒシュテット 3.9cm〉
ゾル2（図100/カ写）〈(産)ドイツのアイヒシュテット 頭部〉

未命名のヒトデ類

ジュラ紀後期の無脊椎動物棘皮動物ヒトデ類。おそらくノウィアステル属（Noviaster）の一員。
¶ゾル1（図514/カ写）〈(産)ドイツのパインテン 5.5cm〉

未命名のヒトデ類

ジュラ紀後期の無脊椎動物棘皮動物ヒトデ類。
¶ゾル1（図515/カ写）〈(産)ドイツのヒーンハイム 3.9cm〉
ゾル1（図516/カ写）〈(産)ドイツのリード 16cm〉

未命名のヒトデ類

ジュラ紀後期の無脊椎動物棘皮動物ヒトデ類。未記載の新種か，リタステル属（Lithaster）の未成体。
¶ゾル1（図517/カ写）〈(産)ドイツのヒーンハイム 2.4cm〉

未命名のヒドロ虫類

ジュラ紀後期の無脊椎動物腔腸動物ヒドロ虫類。「メドゥシテス」・ビキンクタと同じものかもしれない。
¶ゾル1（図87/カ写）〈(産)ドイツのヴィンタースホーフ 7cm〉

未命名のヒドロ虫類

ジュラ紀後期の無脊椎動物腔腸動物ヒドロ虫類。
¶ゾル1（図88/カ写）〈(産)ドイツのアイヒシュテット 6cm〉

未命名のヒル類

ジュラ紀後期の無脊椎動物蠕虫類環形動物。
¶ゾル1（図201/カ写）〈(産)ドイツのアイヒシュテット 3cm〉

未命名の蔓脚類

ジュラ紀後期の無脊椎動物甲殻類蔓脚類。
¶ゾル1（図230/カ写）〈(産)ドイツのケルハイム 2.5cm 殻〉
ゾル1（図231/カ写）〈(産)ドイツのケルハイム 1.9cm 殻〉
ゾル1（図232/カ写）〈(産)ドイツのツァント 2.5cm 柄部を伴う〉
ゾル1（図233/カ写）〈(産)ドイツのツァント 0.5cm 触手を伴う〉

未命名の脈翅類

ジュラ紀後期の無脊椎動物昆虫類脈翅類（アミメカゲロウ類）。
¶ゾル1（図445/カ写）〈(産)ドイツのアイヒシュテット 5.5cm〉

未命名の翼竜類

ジュラ紀後期の脊椎動物爬虫類翼竜類。
¶ゾル2（図303/カ写）〈(産)ドイツのケルハイム 曲がりのある翼指〉
ゾル2〔図303の細部〕（図304/カ写）〈(産)ドイツのケルハイム〉

ミメタスター・ヘキサゴナリス *Mimetaster hexagonalis*

古生代デボン紀の節足動物マレロモルフ類。数cm。(分)ドイツ
¶生ミス3〔ミメタスター〕（図1-7/カ写，カ復）〈(産)ドイツのフンスリュックスレート〉
リア古〔ミメタスター〕（p118/カ復）

ミモトルノセラス *Mimotornoceras* sp.

デボン紀のアンモナイト。
¶アン最〔ムエンステロセラスの一種，イマトセラスの一種，イマトセラスの一種，ミモトルノセラス，セラナルセステス〕（p122/カ写）〈(産)モロッコ〉

ミモミス *Mimomys* sp.

中新世後期～更新世後期の哺乳類ネズミ類ネズミ型類。齧歯目ハタネズミ科。頭胴長10cm程度。(分)ヨーロッパ，アジア
¶絶哺乳（p136/カ復）

ミモミス・サヴィニ *Mimomys savini*

第四紀更新世～現在の哺乳類齧歯類。ネズミ亜目。
¶化百科〔ミモミス〕（p236/カ写）〈(産)イギリスのノーフォーク州ウェストラントン・ギャップ あごの破片の長さ8mm〉

ミヤギキサゴ *Umbonium miyagiense*

新生代第三紀・中期中新世の貝類。ニシキウズガイ科。
¶学古生（図1284/モ写）〈(産)宮城県柴田郡村田町足立西方〉

ミヤギバイ *Phos miyagiensis*

新生代第三紀・中期中新世の貝類。エゾバイ科。
¶学古生（図1291/モ写）〈(産)宮城県柴田郡村田町足立西方〉

ミヤギペクテン・マツモリエンシス ⇒マツモリツキヒを見よ

ミヤザキエンコウガニ *Carcinoplax prisca*

新生代第三紀中新世の節足動物十脚類。
¶化石フ（p193/カ写）〈(産)宮崎県東諸県郡高岡町 73mm〉

ミヤザキエンコウガニ *Carcinoplax* sp.

新生代新第三紀中新世後期の甲殻類。甲殻綱十脚目エンコウガニ科。大型のオスの甲長3cm以上。
¶日絶古（p132～133/カ写，カ復）〈オス〉

ミヤザキビノスモドキ *Venus* (*Ventricoloidea*) *foveolata miyazakiensis*

中新世後期の軟体動物斧足類。
¶日化譜（図版47-12/モ写）〈(産)宮崎県東諸県郡高岡村〉

ミヤザキフミガイ *Venericardia* (*Megacardita*) *megacostata*

鮮新世前期の軟体動物斧足類。
¶日化譜（図版44-12/モ写）〈(産)宮崎県児湯郡高鍋町三納〉

ミヤタツガ *Tsuga miyataensis*
新生代中新世後期の陸上植物。マツ科。
¶**学古生**(図2247〜2249/モ写)〈㊥秋田県湯沢市下新田 枝条, 葉, 翼果〉

ミヤタマルガメ *Cuora miyatai*
新生代更新世中期の爬虫類。カメ科。
¶**学古生**(図1965/モ写)〈㊥大分県津久見市津久見鉱山水晶山 背甲側面〉

ミヤタマルガメ *Cyclemys miyatai* 宮田丸亀
更新世前期の爬虫類。爬型超綱亀綱亀目真正亀亜目。甲長10cm。㊕栃木県葛生町大久保
¶**古脊椎**(図86/モ復)
日化譜(図版65-5/モ写)〈㊥栃木県安蘇郡葛生町大久保, 山口県美禰市伊佐 脊甲脊面, 同側面, 頭骨脊面〉

ミヤトコニシキ *Chlamys miyatokoensis*
新生代第三紀・中期中新世の貝類。イタヤガイ科。
¶**学古生**(図1253/モ写)〈㊥宮城県黒川郡大和町宮床南西〉

ミヤトコニシキ *Chlamys* (s.s.) *miyatokoensis*
中新世中期の軟体動物斧足類。
¶**日化譜**(図版39-28/モ写)〈㊥宮城県黒川郡大和町〉

ミヤトコホオズキガイ *Miyakothyris sulovata*
中新世の腕足類終穴類。
¶**日化譜**(図版25-28/モ写)〈㊥宮城県黒川郡宮床〉

ミヤマカラスアゲハ *Papilio maackii*
新生代更新世の昆虫類。アゲハチョウ科。
¶**学古生**(図1817/モ写)〈㊥栃木県塩谷郡塩原町中塩原 前翅〉
日化譜〔ミヤマカラスアゲハ春型〕(図版87-20/モ写)〈㊥栃木県塩原 右前翅裏側〉

ミョウガダニフミガイ *Venericardia myogadaniensis*
新生代第三紀鮮新世の貝類。トマヤガイ科。
¶**学古生**(図1425/モ写)〈㊥青森県むつ市前川〉

ミョウガダニマルフミガイ *Cyclocardia myogadaniensis*
新生代第三紀鮮新世〜初期更新世の貝類。トマヤガイ科。
¶**学古生**(図1517/モ写)〈㊥富山県小矢部市田川〉

ミラスピス ミラ *Miraspis mira*
シルル紀中期の節足動物三葉虫。オドントプルーラ目。
¶**原色化**〔ミラスピス・ミラ〕(PL.14-5/モ写)〈㊥チェコスロバキアのボヘミアのセント・イワン 長さ2.5cm(棘をのぞく)〉
三葉虫(図87/モ写)〈㊥チェコスロバキアのボヘミア 長さ11mm〉

ミリオバチス *Myliobatis toliapicus*
暁新世〜現世の脊椎動物軟骨魚類。トビエイ亜目ミリオバチス科。尾を含めた体長1.5m。㊕世界中
¶**化写真**(p205/カ写)〈㊥イギリス 下顎の歯板〉

ミリオバチス ⇒トビエイを見よ

ミリオバティス
新第三紀中新世〜現代の脊椎動物軟骨魚類。体長1.5m。㊕アメリカ合衆国, ベルギー, モロッコ
¶**進化大**(p405/カ写)〈歯板〉

ミリオバティス・ディクソニイ *Myliobatis dixoni*
第三紀の脊椎動物軟骨魚類。
¶**原色化**(PL.80-9/カ写)〈㊥イギリスのブラックルスハム 高さ2.7cm〉

ミリオフィラム・スピカータム・ムリカータム *Myriophyllum spicatum muricatum*
第四紀更新世前期の菌藻植物緑藻類。別名キンギョモ, ホザキノフサモ。
¶**原色化**(PL.88-4/カ写)〈㊥栃木県塩谷郡塩原町中塩原〉

ミル貝 ⇒ナミガイを見よ

ミルクイ *Tresus keenae*
新生代第四紀の貝類。バカガイ科。
¶**学古生**(図1670/モ写)〈㊥千葉県印旛郡印西町木下〉

ミルクイ
新生代第四紀更新世の軟体動物斧足類。別名本ミル。
¶**産地本**(p99/カ写)〈㊥千葉県印旛郡印旛村吉高 長さ(左右)15cm〉

ミ

ミルミキウム・エレガンス *Myrmicium elegans*
ジュラ紀後期の無脊椎動物昆虫類膜翅類(ハチ類)。
¶**ゾル1**(図489/カ写)〈㊥ドイツのアイヒシュテット 5cm〉

ミルミキウム・ヘェーリ *Myrmicium heeri*
ジュラ紀後期の無脊椎動物昆虫類膜翅類(ハチ類)。
¶**ゾル1**(図487/カ写)〈㊥ドイツのアイヒシュテット 7cm 美しい細部を示す体後部〉
ゾル1(図488/カ写)〈㊥ドイツのアイヒシュテット 10cm 産卵管を伴う〉

ミレポリジウム属の1種 *Milleporidium somaense*
中生代ジュラ紀後期の層孔虫類。層孔虫目ミレポリジウム科。
¶**学古生**(図344/モ写)〈㊥東京都西多摩郡五日市町深沢 横断面〉

ミレポリジウム属の1種 *Milleporidium steimanni*
中生代ジュラ紀後期の層孔虫類。層孔虫目ミレポリジウム科。
¶**学古生**(図343/モ写)〈㊥和歌山県日高郡由良町神谷 横断面, 縦断面〉

ミレリクリヌス属の種 *Millericrinus* sp.
ジュラ紀後期の無脊椎動物棘皮動物ウミユリ類。
¶**ゾル1**(図504/カ写)〈㊥ドイツのランゲンアルトハイム 6cmと12cm〉

ミレリクリヌス・メスピリフォルミス *Millericrinus mespiliformis*
ジュラ紀後期の無脊椎動物棘皮動物ウミユリ類。
¶**ゾル1**(図502/カ写)〈㊥ドイツのアイヒシュテット 6cm〉
ゾル1(図503/カ写)〈㊥ドイツのプファルツパイント 3cm 巻いた腕〉

ミレレッタ *Milleretta*
ペルム紀後期の爬虫類。カプトリヌス目ミレレッタ科。初期の爬虫類。全長60cm。㊕南アフリカ共和国
¶**恐絶動**(p62/カ復)

ミレレラの1種 *Millerella japonica*
古生代後期石炭紀前期の紡錘虫類。オザワイネラ科。
¶**学古生**(図63/モ写)〈㊨熊本県八代郡泉村柿迫 正縦断面,正横断面〉

ミロクンミンギア *Myllokunmingia*
古生代カンブリア紀の魚類“無顎類”。澄江生物群。全長3cm。㊕中国
¶**古代生**(p66~67/カ復)〈㊨中国の澄江〉
生ミス1(図3-3-14/カ写,カ復)
生ミス2(図1-5-1/カ復)〈㊨中国〉
生ミス3(図3-1/カ復)

ミロクンミンギア
カンブリア紀前期の脊椎動物ミロクンミンギア類。全長2~3cm。㊕中国
¶**進化大**(p79)

ミロクンミンギア・フェンジャオ *Myllokunmingia fengjiao*
古生代カンブリア紀の脊椎動物無顎類。全長3cm。㊕中国
¶**リア古**〔ミロクンミンギア〕(p52/カ復)

ミロクンミングイア・フェングイアオア *Myllokunmingia fengjiaoa* 豊嬌昆明魚
カンブリア紀の最古の脊椎動物。脊索動物門。澄江生物群。
¶**澄江生**(図19.1/カ写)〈㊨中国の耳材村 側面から見たところ.雄型,雌型〉

ミロドン *Mylodon* sp.
更新世中~後期の哺乳類異節類。有毛目食葉亜目ミロドン科。頭胴長2.5~3m,頭骨全長約65cm。㊕南アメリカ
¶**絶哺乳**(p245/カ復)

ミロミガーレ *Mylomygale* sp.
鮮新世後期の哺乳類真獣類。ハネジネズミ目ハネジネズミ科。虫食性。頭胴長15~20cm程度。㊕アフリカ
¶**絶哺乳**(p66/カ復)

ミンステルニィルセンソテツ *Nilssonia muensteri*
中生代三畳紀後期の陸上植物。ソテツ綱ニィルセンソテツ科。成羽植物群。
¶**学古生**(図743/モ写)〈㊨岡山県川上郡成羽町〉

“ミーンドレラ”属(?)の未定種 *“Meandrella”* (?) sp.
古生代石炭紀の軟体動物腹足類。
¶**化石フ**(p46/カ写)〈㊨新潟県西頸城郡青海町 25mm〉

ミンヘカラ属の一種の側面 *Minhechara* sp.
中生代のシャジクモ類。熱河生物群。
¶**熱河生**(図223/モ写)〈㊨中国の遼寧省喀左の三官廟 長さ1030μm,幅610μm〉

ミンミ *Minmi*
1億2000万~1億1500万年前(白亜紀前期)の恐竜類曲竜類アンキロサウルス類。ノドサウルス科。低木や樹木の生えた平原に生息。全長3m。㊕オーストラリア
¶**恐イラ**(p174/カ復)
恐竜世(p145/カ写)
恐竜博(p133/カ写)
よみ恐(p153/カ復)

ミンミ
白亜紀前期の脊椎動物鳥盤類。体長3m。㊕オーストラリア
¶**進化大**(p334/カ写)

【ム】

ムエンステリア・ウェルミクラリス *Muensteria vermicularis*
ジュラ紀後期の無脊椎動物蠕虫類環形動物。
¶**ゾル1**(図211/カ写)〈㊨ドイツのアイヒシュテット 8×8cm〉

ムエンステリア属の種 *Muensteria* sp.
ジュラ紀後期の無脊椎動物蠕虫類環形動物。
¶**ゾル1**(図210/カ写)〈㊨ドイツのケルハイム 7cm〉

ムエンステレラ・スクテラリス *Muensterella scutellaris*
ジュラ紀後期の無脊椎動物軟体動物イカ類。
¶**ゾル1**(図183/カ写)〈㊨ドイツのアイヒシュテット 10cm〉
ゾル1(図184/カ写)〈㊨ドイツのゾルンホーフェン 6cm〉
ゾル1(図185/カ写)〈㊨ドイツのダイティング 5cm〉

ムエンステレラ属の種 *Muensterella* sp.
ジュラ紀後期の無脊椎動物軟体動物イカ類。
¶**ゾル1**(図186/カ写)〈㊨ドイツのアイヒシュテット 5cm〉

ムエンステロセラスの一種 *Muensteroceras* sp.
デボン紀のアンモナイト。
¶**アン最**〔ムエンステロセラスの一種,イマトセラスの一種,イマトセラスの一種,ミモトルノセラス,セラナルセステス〕(p122/カ写)〈㊨モロッコ〉

ムエンステロセラス・パラレウム *Muensteroceras parallelum*
ミシシッピ期のアンモナイト。
¶**アン最**(p67/カ写)〈㊨イリノイ州のロックフォード〉

無顎類
約4億8500万年前の魚類。
¶**古代生**〔オルドビス紀の海中イメージ〕(p74/カ復)

ムカシアオザメ ⇒イスルス・ハスタリスを見よ

ムカシアカガエル ⇒ムカシトノサマガエルを見よ

ムカシアカガシ *Cyclobalanopsis protoacuta*
新生代中新世後期の陸上植物。ブナ科。
¶**学古生**(図2355/モ写)〈㊨秋田県仙北郡西木村戸沢〉

ムカシアケボノグリ *Castanea protoantiqua*
新生代漸新世の陸上植物。ブナ科。
¶**学古生**(図2184/モ写)〈㊨福岡県宗像郡津屋崎町 横断面〉

ムカシアコヤ *Calliostoma (Akoya) k-suzukii*
更新世前期の軟体動物腹足類。
¶日化譜（図版26-16/モ写）〈[産]神奈川県三浦市初声〉

ムカシアスナロ *Thujopsis miodolabrata*
新生代中新世後期の陸上植物。ヒノキ科。
¶学古生（図2271/モ写）〈[産]秋田県仙北郡西木村桧木内又沢〉

ムカシアナグマ *Meles mukasianakuma*
更新世後期の哺乳類食肉類。
¶日化譜（図版66-17/モ写）〈[産]栃木県安蘇郡大久保 頭骨口蓋面〉

ムカシイタヤ *Acer integerrimum*
新生代中新世前期，後期の陸上植物。カエデ科。
¶学古生（図2457,2458/モ写）〈[産]秋田県仙北郡西木村戸沢，秋田県北秋田郡阿仁町露熊 葉，翼果〉

ムカシイチイガシ *"Cyclobalanopsis praegilva"* [*Quercus praegilva*]
新生代中新世中期の陸上植物。ブナ科。
¶学古生（図2361/モ写）〈[産]新潟県岩船郡山北町雷〉

ムカシイヌカラマツ *Pseudolarix japonica*
新生代中新世後期の陸上植物。マツ科。
¶学古生（図2245,2246/モ写）〈[産]鳥取県八頭郡佐治村辰巳峠 翼果，種鱗〉

ムカシイヌブナ *Fagus protojaponica*
中新世後期～鮮新世後期の双子葉植物。
¶日化譜（図版77-1/モ写）〈[産]北海道紋別郡〉

ムカシイワシデ *Carpinus mioturczaninowii*
新生代中新世後期の陸上植物。カバノキ科。
¶学古生（図2324/モ写）〈[産]鳥取県八頭郡佐治村辰巳峠〉

ムカシウストンボガイ *Terebellum pseudodelicatum*
新生代第三紀・中期中新世初期の貝類。ソデカイ科。
¶学古生（図1321/モ写）〈[産]石川県金沢市東市瀬〉

ムカシウダイカンバ *Betula miomaximovicziana*
中新世後期の双子葉植物。
¶日化譜（図版76-18/モ写）〈[産]北海道河東郡糠平〉

ムカシウラシマ *Doliocassis japonica*
中新世後期の軟体動物腹足類。
¶日化譜（図版30-25/モ写）〈[産]北茨城市関南〉

ムカシウラシマガイ *Liracassis japonica*
新生代第三紀・中期中新世～後期中新世の貝類。トウカムリガイ科。
¶学古生（図1364,1365/モ写）〈[産]島根県八束郡宍道町鏡〉

ムカシウラシマガイ
新生代第三紀中新世の軟体動物腹足類。
¶産地新（p159/カ写）〈[産]福井県大飯郡高浜町山中 高さ3.6cm〉
産地別（p202/カ写）〈[産]福井県大飯郡高浜町山中海岸 高さ6.1cm〉
産地本（p242/カ写）〈[産]島根県八束郡玉湯町布志名 高さ4cm〉

ムカシウラジロノキ *Sorbus palaeojaponica*
新生代中新世後期の陸上植物。バラ科。
¶学古生（図2408/モ写）〈[産]秋田県湯沢市下新田〉

ムカシウリノキ *Alangium aequalifolium*
新生代中新世中期の陸上植物。ウリノキ科。
¶学古生（図2505/モ図）〈[産]石川県鹿島郡中島町上町〉
日化譜（図版78-17/モ写）〈[産]長崎県北松浦郡江迎町〉

ムカシウリハダカエデ *Acer palaeorufinerve*
新生代中新世後期の陸上植物。カエデ科。
¶学古生（図2448,2449/モ写）〈[産]秋田県仙北郡西木村桧木内又沢，戸沢 翼果，葉〉

ムカシエゾシカ *Cervus (Sika) paleoezoensis*
新生代の哺乳類。
¶学古生（図2040/モ写）〈[産]香川県小豆島沖（瀬戸内海）海底 左角内側面〉

ムカシエゾボラ *Neptunea eos*
鮮新世の軟体動物腹足類。
¶日化譜（図版32-7/モ写）〈[産]山形県飽海郡〉

ムカシエノキ *Celtis nordenskiordii*
中新世後期～鮮新世後期の双子葉植物。
¶日化譜（図版77-2/モ写）〈[産]北海道紋別郡〉

ムカシエンコウガニ *Carcinoplax antiqua*
新生代中新世の甲殻類十脚類。エンコウガニ科。
¶学古生（図1834,1835/モ写）〈[産]岩手県二戸市湯田，岩手県二戸市末ノ松山付近 ♂，♀〉
日化譜（図版59-19,20/モ写）〈[産]岩手県二戸郡福岡町湯田〉

ムカシエンコウガニ ⇒カルキノプラックス・アンティクアを見よ

ムカシエンジュ *Sophora miojaponica*
中新世の双子葉植物。
¶日化譜（図版78-3/モ写）〈[産]北海道桧山郡江差町〉

ムカシオオカメノキ *Viburnum protofurcatum*
中新世後期～鮮新世の双子葉植物。
¶日化譜（図版79-3/モ写）〈[産]北海道河東郡糠平〉

ムカシオオドロノキ *Populus balsamoides*
新生代中新世後期の陸上植物。ヤナギ科。
¶学古生（図2276/モ写）〈[産]福島県喜多方市上三宮〉

ムカシオオホオジロザメ ⇒カルカロドン・メガロドンを見よ

ムカシオオホホジロザメ ⇒カルカロクレスを見よ

ムカシオキシジミ *Cyclina (s.s.) japonica*
中新世中期の軟体動物斧足類。
¶日化譜（図版47-11/モ写）〈[産]滋賀県甲賀郡鮎河〉

ムカシオノエヤナギ *Salix parasachalinensis*
新生代中新世後期の陸上植物。ヤナギ科。
¶学古生（図2277/モ写）〈[産]北海道紋別郡遠軽町社名渕〉

ムカシオヒョウ *Ulmus protolaciniata*
新生代中新世後期の陸上植物。ニレ科。
¶学古生（図2371/モ写）〈[産]岡山県苫田郡上斉原村恩原〉

ムカシカキバチシャ *Cordia japonica*
新生代漸新世の陸上植物。ムラサキ科。
¶学古生（図2227/モ写）〈[産]北海道釧路市春採炭鉱〉

ムカシカジカエデ *Acer palaeodiabolicum*
新生代中新世後期の陸上植物。カエデ科。
¶学古生（図2459,2460/モ写）〈㊥秋田県仙北郡西木村桧木内又沢, 戸沢 翼果, 葉〉

ムカシカスザメ ⇒スクアチナを見よ

ムカシカタビラガイ *Myadora ikebei*
更新世前期の軟体動物斧足類。
¶日化譜（図版49-11/モ写）〈㊥千葉県市原郡市津村瀬又〉

ムカシカツラ *Cercidiphyllum crenatum*
新生代中新世後期の陸上植物。カツラ科。
¶学古生（図2377/モ写）〈㊥秋田県湯沢市下新田〉

ムカシカリバガサガイ *Calyptraea tubura*
新生代第三紀・中期中新世初期～後期中新世（？）の貝類。カリバガサガイ科。
¶学古生（図1323/モ写）

ムカシカワシンジュガイ *Margaritifera perdahurica*
漸新世前期の軟体動物斧足類。
¶日化譜（図版43-19/モ写）〈㊥北海道雨竜郡沼田町〉

ムカシカンバ *Betula protojaponica*
新生代中新世後期の陸上植物。カバノキ科。
¶学古生（図2313/モ写）〈㊥北海道河東郡上士幌町糠平〉

ムカシキヌマトイガイ *Hiatella sachalinensis*
漸中新世の軟体動物斧足類。
¶日化譜（図版48-23/モ写）〈㊥南樺太〉

ムカシキハダ *Phellodendron mioamurense*
新生代中新世後期の陸上植物。ミカン科。
¶学古生（図2435/モ写）〈㊥北海道紋別郡遠軽町社名渕〉

ムカシキリエノキ *Trema asiatica*
新生代漸新世の陸上植物。ニレ科。
¶学古生（図2189/モ写）〈㊥北海道釧路市春採炭鉱〉

ムカシキリガイダマシ *Turritella perterebra*
新生代第三紀鮮新世の貝類。キリガイダマシ科。
¶学古生（図1390/モ写）〈㊥静岡県周智郡森町観音寺〉
化石フ〔ツリテラ・ペルテレブラ〕（p163/カ写）〈㊥静岡県掛川市 60mm〉

ムカシキリガイダマシ *Turritella（Turritella）perterebra*
鮮新世前期の軟体動物腹足類。
¶日化譜（図版28-1,2/モ写）〈㊥静岡県大日など〉

ムカシクボガイ *Chlorostoma protonigerrima*
新生代第三紀・初期中新世の貝類。ニシキウズガイ科。
¶学古生（図1150/モ写）〈㊥仙台市北赤石〉

ムカシクリ *Castanea ungeri*
中新世中期の双子葉植物。
¶日化譜（図版76-23/モ写）〈㊥山形県鶴岡市〉

ムカシグリ *Castanea miomollissima*
新生代中新世前期の陸上植物。ブナ科。
¶学古生（図2338/モ写）〈㊥岐阜県瑞浪市日吉〉

ムカシクルミガイ *Ennucula praenipponica*
新生代第三紀中新世の貝類。クルミガイ科。
¶学古生（図1334/モ写）〈㊥島根県松江市乃木福富町〉

ムカシケヤキ *Zelkowa ungeri*
中新世前期～鮮新世後期の双子葉植物。
¶日化譜（図版77-5/モ写）〈㊥北海道松前郡福島町〉

ムカシケヤキ ⇒ニラバケヤキを見よ

ムカシコバノイシカグマ *Dennstaedtia nipponica*
新生代漸新世の陸上植物。イノモトソウ科。
¶学古生（図2160～2163/モ写, モ図）〈㊥北海道釧路市春採炭鉱, 北海道夕張郡栗山町角田, 北海道空知郡奈井江〉

ムカシコモチシダ *Woodwardia decurrens*
新生代漸新世の陸上植物。シシガシラ科。
¶学古生（図2167,2168/モ図）〈㊥北海道美唄市盤ノ沢〉

ムカシゴヨウ *Pinus palaeopentaphylla*
新生代鮮新世の陸上植物。マツ科。
¶学古生（図2253/モ写）〈㊥岡山県苫田郡上斉原村人形峠〉
日化譜〔Pinus palaeopentaphylla〕（図版75-11/モ写）〈㊥北海道その他〉

ムカシサカタザメ ⇒リノバチスを見よ

ムカシサワシバ *Carpinus subcordata*
新生代中新世後期の陸上植物広葉樹。カバノキ科。
¶学古生（図2325,2326/モ写）〈㊥岡山県苫田郡上斉原村恩原, 北海道河東郡上士幌町糠平 葉, 果苞〉
植物化〔サワシバの仲間〕（p42/カ写）〈㊥山形県〉
日化譜（図版76-22/モ写）〈㊥山形県西田川郡, 鶴岡市〉

ムカシサンゴ *Stylocoeniella armata*
新生代第四紀完新世の六放サンゴ類。アストロセニア科。
¶学古生（図1017/モ写）〈㊥千葉県館山市沼〉

ムカシサンショウモ *Salvinia pseudoformosana*
新生代中新世前期の陸上植物。サンショウモ科。
¶学古生（図2232/モ写）〈㊥岐阜県可児郡可児町谷迫間〉

昔鹿 ⇒ニホンムカシジカを見よ

ムカシシナカリア *Carya miocathayensis*
新生代中新世前期の陸上植物。クルミ科。
¶学古生（図2285,2286/モ写）〈㊥岐阜県瑞浪市日吉〉

ムカシシナサワグルミ *Pterocarya protostenoptera*
新生代中新世後期の陸上植物。クルミ科。
¶学古生（図2297,2298/モ写, モ図）〈㊥北海道紋別郡遠軽町社名渕 翼果, 小葉〉

ムカシシナノキ *Tilia protojaponica*
新生代中新世後期の陸上植物。シナノキ科。
¶学古生（図2482/モ写）〈㊥秋田県湯沢市下新田〉

ムカシスイカズラ *Lonicera protojaponica*
新生代中新世後期の陸上植物。スイカズラ科。
¶学古生（図2515/モ写）〈㊥秋田県湯沢市下新田〉

ムカシスカシカシパン *Astriclypeus mannii ambigenus*
新生代中新世中期のウニ。スカシカシパン科。
¶学古生（図1920/モ写）〈㊥石川県金沢市覗〉
日化譜（図版62-9/モ写）〈㊥岩手県二戸郡福岡町〉

ムカシスカシカシパン
新生代第三紀中新世の棘皮動物ウニ類。
¶**産地別**（p199/カ写）〈[産]福井県大飯郡高浜町名島 長径12cm〉

ムカシスカシカシパンウニ
新生代第三紀中新世の棘皮動物ウニ類。
¶**産地新**（p44/カ写）〈[産]宮城県柴田郡川崎町碁石川 径11.5cm〉

ムカシスソカケカシパン *Echinodiscus transiens*
新生代古第三紀漸新世の棘皮動物ウニ類スカシカシパン類。
¶**化石フ**（p202/カ写）〈[産]福岡県北九州市小倉北区 80mm〉

ムカシセコイア *Sequoia langsdorfii*
新生代中新世前期の陸上植物。スギ科。
¶**学古生**（図2265/モ写）〈[産]長崎県北松浦郡江迎町木田炭鉱〉

ムカシタイワンスギ *Taiwania japonica*
新生代中新世後期の陸上植物毬果類。スギ科。
¶**学古生**（図2264/モ写）〈[産]鳥取県東伯郡三朝町三徳〉
日化譜〔Taiwania japonica〕（図版75-21/モ写）〈[産]岡山県人形峠〉

ムカシタヌキ *Nyctereutes vivverrinus nipponicus*
更新世後期の哺乳類食肉類。
¶**日化譜**（図版66-14/モ写）〈[産]栃木県佐野市出流原 下顎左側面〉

ムカシタマキガイ *Glycymeris vestitoides*
新生代第三紀・初期中新世の貝類。タマキガイ科。
¶**学古生**（図1157/モ写）〈[産]石川県珠洲市鰐崎〉

ムカシダンコウバイ *Lindera paraobtusiloba*
新生代中新世後期の陸上植物。クスノキ科。
¶**学古生**（図2391/モ写）〈[産]鳥取県八頭郡佐治村辰巳峠〉

ムカシチサラガイ *Gloripallium crassivenium*
新生代第三紀中新世の軟体動物斧足類。イタヤガイ科。
¶**学古生**（図1246/モ写）〈[産]岩手県和賀郡和賀町岩沢〉
化石フ（p172/カ写）〈[産]石川県羽咋郡富来町 10mm〉
日化譜（図版40-2/モ写）〈[産]岩手県福岡, 福島県〉

ムカシチサラガイ
新生代第三紀中新世の軟体動物斧足類。
¶**産地新**（p121/カ写）〈[産]石川県羽咋郡富来町関野鼻 高さ5cm〉
産地別（p144/カ写）〈[産]石川県羽咋郡志賀町関野鼻 長さ8cm, 高さ9cm〉
産地別（p144/カ写）〈[産]石川県羽咋郡志賀町関野鼻 長さ7.4cm, 高さ8.2cm〉

ムカシツヅラフジ *Cocculus heteromorpha*
中新世前中期の双子葉植物。
¶**日化譜**（図版77-10/モ写）〈[産]北海道苫前郡羽幌町築別炭坑〉

ムカシトカゲ ⇒クレヴォサウルスを見よ

ムカシトチノキ ⇒アニアイトチノキを見よ

ムカシトチュウ *Eucommia japonica*
新生代中新世後期の陸上植物。トチュウ科。
¶**学古生**（図2369/モ写）〈[産]鳥取県八頭郡佐治村辰巳峠 翼果〉

ムカシトノサマガエル *Rana architemporaria*
更新世前期の両生類。蛙綱跳躍目。体長6cm。
¶**原色化**〔ラナ・アーキテムポラリア〕（PL.89-1/カ写）〈[産]長野県南佐久郡樽の沢（兜岩） 全長9cm〉
古脊椎〔ムカシアカガエル〕（図75/モ復）
日化譜（図版64-6/モ写）〈[産]群馬県甘楽郡荒船山〉

ムカシトリバハゼノキ *Pistacia miochinensis*
新生代中新世中期の陸上植物。ウルシ科。
¶**学古生**（図2439/モ写）〈[産]石川県珠洲市高屋 小葉〉

ムカシナラガシワ *Quercus protoaliena*
新生代中新世後期の陸上植物。ブナ科。
¶**学古生**（図2349/モ写）〈[産]岩手県二戸郡安代町荒屋〉

ムカシニシキウズ（新） *Tectus crassus*
古白亜紀後期の軟体動物腹足類。
¶**日化譜**（図版26-23/モ写）〈[産]岩手県宮古〉

ムカシニッケイ *Cinnamomum lanceolatum*
新生代中新世中期の陸上植物。クスノキ科。
¶**学古生**（図2388/モ図）〈[産]秋田県北秋田郡阿仁町打当内沢〉

ムカシニレ ⇒ナガバニレを見よ

ムカシネズコ *Thuja nipponica*
新生代中新世後期の陸上植物。ヒノキ科。
¶**学古生**（図2263/モ写）〈[産]秋田県仙北郡西木村桧木内又沢〉

ムカシネムノキ *Albizzia miokalkora*
新生代第三紀中新世の被子植物双子葉類。バラ目マメ科ネムノキ亜科。
¶**学古生**（図2422,2423/モ写）〈[産]石川県珠洲市高屋, 長崎県壱岐島芦辺町長者原海岸 小葉, 豆果〉
化石フ（p155/カ写）〈[産]長崎県壱岐郡芦辺町 55mm〉

ムカシネリガイ *Pandora* (*Kennerlia*) *pulchella*
更新世前期の軟体動物斧足類。
¶**日化譜**（図版49-10/モ写）〈[産]秋田県男鹿市安田〉

ムカシハウチワカエデ *Acer protojaponicum*
新生代中新世前期の陸上植物双子葉植物。カエデ科。
¶**学古生**（図2445/モ写）〈[産]北海道桧山郡上ノ国町木ノ子 翼果〉
日化譜〔ムカシハウチハカエデ〕（図版78-11/モ写）〈[産]北海道紋別郡上社名淵〉

ムカシハクウンボク *Styrax protoobassia*
新生代中新世後期の陸上植物。エゴノキ科。
¶**学古生**（図2519/モ写）〈[産]鳥取県東伯郡三朝町三徳〉
日化譜（図版79-2/モ写）〈[産]鳥取県東伯郡三徳〉

ムカシハマグリ *Meretrix parameretrix*
新生代第三紀鮮新世の貝類。マルスダレガイ科。
¶**学古生**（図1381/モ写）〈[産]宮城県仙台市郷六〉

ムカシハマナツメ *Paliurus protonipponicus*
新生代中新世中期の陸上植物。クロウメモドキ科。

¶学古生（図2481/モ写）〈[産]新潟県岩船郡山北町雷〉

ムカシハマナツメ
新生代第三紀中新世の被子植物双子葉類。クロウメモドキ科。
¶産地新（p115/カ写）〈[産]新潟県岩船郡朝日村大須戸 長さ3.6cm〉

ムカシハリエンジュ *Robinia nipponica*
中新世中期の双子葉植物。
¶日化譜（図版78-2/モ写）〈[産]北海道若松その他〉

ムカシハルニレ *Ulmus protojaponica*
新生代中新世後期の陸上植物。ニレ科。
¶学古生（図2366/モ写）〈[産]鳥取県東伯郡三朝町三徳〉

ムカシハンノキ *Alnus miojaponica*
新生代中新世中期の陸上植物。カバノキ科。
¶学古生（図2306/モ写）〈[産]山形県鶴岡市草井谷〉

ムカシヒメシャラ *Stewartea submonadelpha*
新生代中新世後期の陸上植物。ツバキ科。
¶学古生（図2436/モ写）〈[産]鳥取県東伯郡三朝町〉

ムカシフクレドブガイ *"Andonta" ponderosa*
新生代第四紀更新世の貝類。古異歯亜綱イシガイ目イシガイ科。
¶学古生（図1707/モ写）〈[産]滋賀県甲賀郡甲賀町小佐治〉

ムカシフジ *Wisteria fallax*
新生代中新世後期の陸上植物。マメ科。
¶学古生（図2418,2419/モ写, モ図）〈[産]秋田県仙北郡西木村桧木内又沢, 鳥取県八頭郡佐治村辰巳峠〉

ムカシブナ *Fagus palaeocrenata*
中新世後期〜鮮新世前期の双子葉植物。
¶日化譜（図版76-27/モ写）〈[産]長崎県茂木港〉

ムカシブナ *Fagus stuxbergi*
中新世後期の陸上植物。ブナ目ブナ科。三徳型植物群。
¶学古生（図2343,2344/モ写）〈[産]秋田県仙北郡西木村桧木内又沢, 同, 戸沢 殻斗, 葉〉
化石図（p155/カ写）〈[産]鳥取県 葉の横幅5cm〉

ムカシブンブク *Linthia nipponica*
新生代第三紀鮮新世の棘皮動物ウニ類。ブンブクチャガマ科。
¶学古生（図1923/モ写）〈[産]山形県最上郡大蔵村滝ノ沢〉
化石フ（p204/カ写）〈[産]長野県更級郡美麻町 80mm〉
日化譜（図版62-15/モ写）〈[産]長野県上水内郡柵〉

ムカシペルシャマンサク *Parrotia pristina*
新生代中新世中期の陸上植物。マンサク科。
¶学古生（図2397/モ写）〈[産]北海道松前郡福島町吉岡〉

ムカシホソスジホタテガイ *Placopecten protomollitus*
新生代第三紀・初期中新世の貝類。イタヤガイ科。
¶学古生（図1160/モ写）〈[産]石川県珠洲市馬緤〉

ムカシホツツジ *Tripetaleia pseudopaniculata*
新生代中新世後期の陸上植物。ツツジ科。
¶学古生（図2512/モ写）〈[産]秋田県仙北郡西木村桧木内又沢〉

ムカシマダラトビエイ *Aetobatus arcuatus*
新生代第三紀中新世の魚類軟骨魚類。
¶化石フ（p208/カ写）〈[産]岡山県阿哲郡大佐町 約90mm 上顎歯板〉

ムカシマッコウ *Ontocetus oxymycetus*
中新世中期の哺乳類鯨類。
¶日化譜（図版66-5/モ写）〈[産]岩手県二戸郡福岡町湯田〉

ムカシマンサク *Hamamelis protojaponica*
新生代中新世後期の陸上植物。マンサク科。
¶学古生（図2402/モ写）〈[産]鳥取県八頭郡佐治村辰巳峠〉

ムカシマンモス *Parelephas proximus*
鮮新世後期の哺乳類長鼻類。
¶日化譜（図版67-8/モ写）〈[産]大貫磯根 左下第3大臼歯咀嚼面〉

ムカシミズナラ *Quercus miocrispula*
新生代中新世後期の陸上植物。ブナ科。
¶学古生（図2348/モ写）〈[産]秋田県雄勝郡皆瀬村黒沢川〉

ムカシミツバツツジ *Rhododendron protodilatatum*
新生代中新世後期の陸上植物。ツツジ科。
¶学古生（図2509/モ写）〈[産]鳥取県東伯郡三朝町三徳〉

ムカシミノエガイ（新） *Barbatia（Savignyarca）minoensis*
中新世中期の軟体動物斧足類。
¶日化譜（図版84-1/モ写）〈[産]岐阜県宿洞〉

ムカシミヤマハンノキ *Alnus protomaximowiczii*
新生代中新世後期の陸上植物。カバノキ科。
¶学古生（図2309/モ写）〈[産]秋田県湯沢市下新田〉

ムカシムラサキウニ（新） *Allocentrotus japonicus*
鮮新世前期のウニ類。
¶日化譜（図版88-9/モ写）〈[産]千葉県君津郡竹岡村十宮〉

ムカシメイゲツカエデ *Acer protosieboldianum*
新生代鮮新世の陸上植物。カエデ科。
¶学古生（図2443/モ写）〈[産]鳥取・岡山県境人形峠〉

ムカシメクラガニ *Arges parallelus*
新生代第四期完新世の節足動物十脚類。エンコウガニ科。
¶学古生（図1843/モ写）〈[産]大阪市北区梅田, 愛知県伊勢湾埋立地〉
化石フ（p190/カ写）〈[産]愛知県名古屋市港区 40mm〉
原色化〔アルゲス・パラレルス〕（PL.89-7/カ写）〈[産]名古屋市名古屋港汐見橋火力発電力構内 幅3.6cm〉

ムカシモクゲンジ *Koelreuteria miointegrifoliola*
新生代中新世後期の陸上植物被子植物双子葉類。ムクロジ科。
¶学古生（図2467,2468/モ写）〈[産]鳥取県八頭郡佐治村辰巳峠 小葉, さく果〉
化石フ〔モクゲンジ属の一種〕（p155/カ写）〈[産]長崎県壱岐郡芦辺町 50mm〉

ムカシモクレン *Magnolia nipponica*
新生代中新世後期の陸上植物。モクレン科。
¶学古生（図2376/モ写）〈[産]岩手県岩手郡雫石町夜明沢〉
日化譜（図版77-15/モ写）〈[産]岐阜県瑞浪市日吉〉

ムカシモクレンタマガイ ⇒ミズホタマガイを見よ

ムカシモミジバフウ *Liquidambar japonica*
新生代中新世中期の陸上植物。マンサク科。
¶**学古生**(図2404/モ写)〈[産]宮城県伊具郡丸森町川平〉

ムカシヤギュウ ⇒ビソンを見よ

ムカシヤゲンバイ *Ancistrolepis hokkaidoensis*
中新世前期の軟体動物腹足類。
¶**日化譜**(図版31-28/モ写)〈[産]北海道胆振国厚真〉

ムカシヤシャブシ *Alnus subfirma*
新生代中新世後期の陸上植物。カバノキ科。
¶**学古生**(図2307/モ写)〈[産]秋田県雄勝郡皆瀬村黒沢川〉

ムカシヤマザクラ *Prunus protossiori*
新生代中新世後期の陸上植物。バラ科。
¶**学古生**(図2407/モ写)〈[産]岩手県岩手郡雫石町夜明沢〉

ムカシヨウラク *Ocenebra adunca protoadunca*
中新世の軟体動物腹足類。
¶**日化譜**(図版31-11/モ写)〈[産]山形県尾花沢市銀山〉

ムカシランダイスギ *Cunninghamia protokonishii*
新生代中新世後期の陸上植物。スギ科。
¶**学古生**(図2260/モ写)〈[産]岡山県苫田郡上斉原村恩原〉

ムカデ類 ⇒唇脚類を見よ

ムカドツノガイ
新生代第四紀更新世の軟体動物掘足類。ツノガイ科。
¶**産地新**(p144/カ写)〈[産]石川県珠洲市平床 径3～4mm〉

ムカドツノガイの1種 *Dentalium* sp.cf.*D. octangulatum*
新生代第三紀・中期中新世の貝類。ツノガイ科。
¶**学古生**(図1293/モ写)〈[産]宮城県柴田郡大河原町沼辺〉

むかわ竜
中生代白亜紀末期の恐竜類鳥脚類ハドロサウルス類。全長8m。[分]日本
¶**生ミス7**〔北海道むかわ町の恐竜〕(図5-8/カ復)〈[産]北海道むかわ町穂別〉
リア中(p224/カ復)

ムクノキ *Aphananthe aspera*
新生代第四紀完新世の陸上植物。ニレ科。
¶**学古生**(図2585/モ図)〈[産]東京都中野区江古田〉

ムクロジ ⇒サピンドゥス・ファルシフォリウスを見よ

ムクロスピリファー *Mucrospirifer*
古生代デボン紀の腕足動物スピリファー類。
¶**生ミス3**(図4-3/カ写)〈内部の螺旋状の腕骨が露出〉

ムクロスピリファー・ムクロナータ
デヴォン紀中期の無脊椎動物腕足類。最大幅8cm。[分]世界各地
¶**進化大**〔ムクロスピリファー〕(p124/カ写)

ムササビ *Petaurista leucogenys*
更新世後期～現世の哺乳類齧歯類。
¶**日化譜**(図版69-20/モ写)〈[産]山口県伊佐町万倉地穴 右下顎咀嚼面〉

ムサシノアラレナガニシ *Granulifusus musasiensis*
新生代第四紀更新世の貝類。イトマキボラ科。
¶**学古生**(図1738/モ写)〈[産]千葉県市原市瀬又〉

虫入りコハク Amber with an insect remain
第三紀の節足動物昆虫類。
¶**原色化**(PL.77-4/カ写)〈[産]ドイツのパルムニッケン〉

ムシスチョウジガイ *Heterocyathus aequicostatus*
新生代更新世の六放サンゴ類。チョウジガイ科。
¶**学古生**(図1041/モ写)〈[産]千葉県銚子市椎柴〉
原色化〔ヘテロキアタス・エキコスタータス〕(PL.84-5/カ写)〈[産]千葉県君津郡富来田町地蔵堂 長径1.3cm 上面, 底面, 側面〉

ムシバサンゴ *Premocyathus compressum*
新生代の六放サンゴ類。チョウジガイ科。
¶**学古生**(図1040/モ写)〈[産]鹿児島県大島郡喜界町上嘉鉄〉

ムシバサンゴ
新生代第四紀更新世の腔腸動物六射サンゴ類。
¶**産地新**(p82/カ写)〈[産]千葉県木更津市地蔵堂 高さ1.8cm, 径1.1cm〉

ムシロガイ
新生代第四紀更新世の軟体動物腹足類。ムシロガイ科。
¶**産地新**(p144/カ写)〈[産]石川県珠洲市平床 高さ2.5cm〉

ムシロガイの仲間 *Nassarius* sp.
新生代第三紀の貝類。オリレイヨウバイ科。
¶**学古生**(図1362/モ写)〈[産]島根県出雲市塩屋町来原〉

ムスキテス・テネルルス *Muscites tenellus*
中生代の陸生植物コケ植物類。熱河生物群。
¶**熱河生**(図224/カ写)〈[産]中国の遼寧省北票の黄半吉溝 長さ3.15cm〉

ムスサウルス *Mussaurus*
三畳紀後期の恐竜類古竜脚類。原竜脚下目プラテオサウルス科。体長3～5m。[分]アルゼンチン
¶**恐絶動**(p123/カ復)
よみ恐(p40～41/カ復)

ムチルス・アシミリス *Mutilus assimilis*
新生代現世の甲殻類(貝形類)。ヘミシセレ科ヘミシセレ亜科。
¶**学古生**(図1868/モ写)〈[産]静岡県浜名湖 右殻, 両殻(背面)〉

ムツコロモガイ *Cancellaria mutsuana*
新生代第三紀鮮新世の貝類。コロモガイ科。
¶**学古生**(図1456/モ写)〈[産]青森県むつ市近川〉

ムッタブッラサウルス ⇒ムッタブラサウルスを見よ

ムッタブラサウルス *Muttaburrasaurus*
白亜紀前期～中期の恐竜類鳥脚類イグアノドン類。鳥脚亜目イグアノドン科。体長7～7.5m。[分]オーストラリア
¶**恐イラ**(p171/カ復)
恐絶動(p143/カ復)
恐竜世〔ムッタブッラサウルス〕(p129/カ復)
よみ恐(p161/カ復)

ムッタブラサウルス
白亜紀前期の脊椎動物鳥盤類。体長7m。[分]オースト

ラリア
¶進化大(p339/カ復)

ムツナミマガシワガイモドキ *Monia denselineata*
新生代第三紀鮮新世の貝類。ナミマガシワガイ科。
¶学古生(図1416,1417/モ写)〈㊟青森県むつ市前川〉

ムライハダカイワシ *Diaphus muraii*
中新世中期の魚類硬骨魚類。
¶日化譜(図版63-17/モ写)〈㊟岩手県岩手郡雫石町仙岩峠東側〉

ムライヤナギ *Salix muraii*
新生代中新世後期の陸上植物。ヤナギ科。
¶学古生(図2278/モ写)〈㊟秋田県雄勝郡皆瀬村黒沢川〉

ムラエノサウルス *Muraenosaurus*
ジュラ紀後期の首長竜類海生爬虫類。首長竜目プレシオサウルス上科。体長6m。㊀イギリス, フランス
¶恐イラ(p124/カ復)
恐絶動(p75/カ復)
世変化〔首長竜〕(図42/カ写)〈㊟英国のケンブリッジャー 幅63cm ヒレ〉

ムラエノサウルス *Muraenosaurus leedsi*
ジュラ紀後期の爬虫類首長竜類。爬型超綱鰭竜綱長頸竜目。全長6.2m。㊀イギリス
¶古脊椎(図106/モ復)

ムラサキイガイの近縁種 ⇒アンボニキアを見よ

ムラタスナモグリ *Callianassa muratai*
新生代漸新世の甲殻類十脚類。スナモグリ科。
¶学古生(図1853/モ写)〈㊟北海道夕張市パンケマヤ本流〉
日化譜(図版59-5/モ写)〈㊟北海道石狩〉

ムラタヒラウネホタテ *Mizuhopecten paraplebejus murataensis*
新生代第三紀・中期中新世の貝類。イタヤガイ科。
¶学古生(図1272/モ写)〈㊟宮城県柴田郡村田町足立西方〉

ムラモトセラス
白亜紀チューロニアン期～コニアシアン期の軟体動物頭足類アンモナイト。殻長約2～10cm。
¶産地別(p55/カ写)〈㊟北海道夕張市上巻沢 長径5cm〉
日白亜(p128～131/カ写, カ復)〈㊟北海道各地 殻長2.2cm〉

ムラモトセラス・エゾエンゼ *Muramotoceras yezoense*
チューロニアン前期の軟体動物頭足類アンモナイト。アンキロセラス亜目ノストセラス科。
¶アン学(図版35-1,2/カ写)〈㊟幌加内地域, 羽幌地域〉
アン最(p128/カ写)〈㊟北海道〉
化石フ〔ムラモトセラス・エゾエンセ〕(p124/カ写)〈㊟北海道天塩郡中川町 60mm〉

ムラヤマホタテ *Mizuhopecten kimurai murayamai*
新生代第三紀・初期中新世の貝類。イタヤガイ科。
¶学古生(図1139/モ写)〈㊟秋田県由利郡大森町北野〉

ムルキソニア・ベリネアタ
オルドヴィス紀～三畳紀の無脊椎動物腹足類。最大長さ5cm。㊀ヨーロッパ, 北アメリカ, アジア, オーストラリア
¶進化大〔ムルキソニア〕(p126/カ写)

ムルチソニア *Murchisonia bilineata*
シルル紀～ペルム紀の無脊椎動物。殻高5cm。
¶地球博〔オルドビス紀の腹足類〕(p80/カ写)

ムールロニア
古生代石炭紀の軟体動物腹足類。
¶産地別〔カラーバンドのあるムールロニア〕(p113/カ写)〈㊟新潟県糸魚川市青海町 長径3.4cm〉
産地別〔巨大なムールロニア〕(p113/カ写)〈㊟新潟県糸魚川市青海町 長径約8cm〉
産地別〔変わったカラーバンドのムールロニア〕(p114/カ写)〈㊟新潟県糸魚川市青海町 長径約3.3cm〉
産地別〔大きなムールロニア〕(p114/カ写)〈㊟新潟県糸魚川市青海町 長径約6.8cm〉
産地本(p107/カ写)〈㊟新潟県西頸城郡青海町電化工業 高さ2.5cm〉
産地本(p107/カ写)〈㊟新潟県西頸城郡青海町電化工業 高さ2.5cm〉

ムールロニア
古生代石炭紀の軟体動物腹足類。
¶産地別〔殻皮？の残ったムールロニア〕(p114/カ写)〈㊟新潟県糸魚川市青海町 長径約3.2cm〉

ムールロニア属の未定種 *Moulonia* sp.cf.*M.carinata*
古生代石炭紀の軟体動物腹足類。
¶化石フ(p38/カ写)〈㊟新潟県西頸城郡青海町 高さ25mm〉

ムールロニアの1種 *Mourlonia*(*Mourlonia*) *hayasakai*
古生代後期石炭紀後期の貝類。オキナエビス亜目エオトマリア科。
¶学古生(図193/モ写)〈㊟山口県美祢市河原〉

ムールロニアの断面
古生代石炭紀の軟体動物腹足類。
¶産地別(p113/カ写)〈㊟新潟県糸魚川市青海町 長径2.8cm〉

ムレクススル *Murexsul*
鮮新世の無脊椎動物貝殻の化石。
¶恐竜世〔アクキガイのなかま〕(p60/カ写)

ムレクスル *Murexsul octogonus*
中新世～現世の無脊椎動物腹足類。新腹足目アクキガイ科。体長9cm。㊀オーストラリアとその周辺, 西太平洋
¶化写真(p127/カ写)〈㊟ニュージーランド〉

ムレックス・スコロパックス
古第三紀～現代の無脊椎動物腹足類。別名アクキガイ。殻高最大15cm。㊀インド洋, 大西洋
¶進化大〔ムレックス〕(p426/カ写)

ムンゼエラ・ジャポニカ *Munseyella japonica*
新生代現世の甲殻類(貝形類)。ユーシセレ科。
¶学古生(図1859/モ写)〈㊟神奈川県葉山海岸 右殻〉

【メ】

メアンドゥリナ
古第三紀～現代の無脊椎動物サンゴ。サンゴ個体の直径1～2cm。㊎世界各地
¶**進化大**（p397/カ写）

メアンドゥロポラ
新第三紀鮮新世の無脊椎動物コケムシ類。コロニーの直径最大9cm。㊎ヨーロッパ
¶**進化大**（p397/カ写）

メアンドリナ *Meandrina*
始新世～現在の刺胞動物サンゴ類花虫類イシサンゴ類。別名迷路サンゴ, 脳サンゴ。
¶**化百科**（p119/カ写）〈㊔アメリカ合衆国のフロリダ 長さ8cm〉
地球博〔迷路サンゴ〕（p79/カ写）

メイエリア・レクテンシス *Meyeria rectensis*
白亜紀の節足動物甲殻類。
¶**原色化**（PL.67-1/モ写）〈㊔イギリスのハムプ州ワイト島 長さ7.5cm〉

メイオラニア *Meiolania platyceps*
更新世の脊椎動物無弓類。カメ目メイオラニア科。体長2m。㊎オーストラリア
¶**化写真**（p228/カ写）〈㊔オーストラリア 頭骨〉

メイオラニア *Meiorania*
更新世の爬虫類カメ類。潜頸亜目メイオラニア科。全長2.5m。㊎オーストラリアのクイーズランド, フランス領ニュー・カレドニア, ロードハウ島
¶**恐絶動**（p67/カ復）

メイセンウソシジミ *Felaniella ferruginata*
新生代第三紀・初期中新世の貝類。フタバシラガイ科。
¶**学古生**（図1170/モ写）〈㊔石川県珠洲市大谷〉

メイセンタマガイ *Euspira meisensis*
新生代第三紀・初期中新世の貝類。タマガイ科。
¶**学古生**（図1216/モ写）〈㊔石川県輪島市徳成〉

メイセンタマガイ
新生代第三紀中新世の軟体動物腹足類。別名ユースピラ。
¶**産地本**（p204/カ写）〈㊔滋賀県甲賀郡土山町鮎河 高さ2cm〉

迷路サンゴ ⇒メアンドリナを見よ

メガケファロサウルス *Megacephalosaurus*
中生代白亜紀の爬虫類双弓類鰭竜類クビナガリュウ類。頭骨の長さ1.5m。㊎アメリカ
¶**生ミス8**（図8-15/カ写, カ復）〈㊔アメリカのカンザス州フェアポート 1.5m 頭骨〉

メガケロプス
古第三紀始新世後期の脊椎動物有胎盤類の哺乳類。全長3m。㊎アメリカ合衆国
¶**進化大**（p384/カ写）〈頭〉

メガケロプス ⇒メガセロプスを見よ

メガスクアルス・オーシデンタリス（？）
Megasqualus occidentalis（？）
新生代第三紀中新世の魚類軟骨魚類。
¶**化石フ**（p210/カ写）〈㊔長野県下伊那郡阿南町 150mm 背鰭棘〉

メガスファエラ
原生代後期の微生物。推定では動物界。幅500μm。㊎中国
¶**進化大**（p59/カ写）

メガセラドカス・ギガスの近似種 *Megaceradocus* cf. *gigas*
新生代第三紀中新世の節足動物甲殻類。
¶**化石フ**（p186/カ写）〈㊔愛知県知多郡南知多町 35mm〉

メガセロプス *Megacerops*
新生代古第三紀始新世の哺乳類真獣類奇蹄類ブロントテリウム類。別名ブロントテリウム。肩高2.5m。㊎カナダ, アメリカ
¶**恐竜世**〔メガケロプス〕（p244/カ復）
生ミス9（図1-6-6/カ写, カ復）〈㊔アメリカのネブラスカ州 約60cm 頭骨〉

メガゾストゥロドン ⇒メガゾストロドンを見よ

メガゾストロドン *Megazostrodon*
三畳紀後期～ジュラ紀前期の初期の哺乳類トリコノドン類。三錐歯目。全長12cm。㊎レソト
¶**化百科**（p232/カ写）〈3cm〉
恐絶動（p198/カ復）
恐竜世〔メガゾストゥロドン〕（p223/カ復）

メガゾストロドン *Megazostrodon rudnerae*
三畳紀後期の初期哺乳類。昆虫食。
¶**世変化**（図34/カ写）〈㊔レソトのパカネ 幅3.7cm〉

メガゾストロドン
ジュラ紀前期の脊椎動物有胎盤類の哺乳類。体長10cm。㊎南アフリカ
¶**進化大**（p279/カ復）

メガテウチス・ギガンテウス *Megateuthis giganteus*
ジュラ紀中期の無脊椎動物軟体動物ベレムナイト。
¶**図解化**（p160-右/カ写）〈㊔ドイツ 断面〉
図解化〔Megateuthis giganteus〕（図版36-7/カ写）〈㊔ドイツ〉
図解化〔Megateuthis giganteus〕（図版36-12/カ写）〈㊔ドイツ〉

メガデライオン・シネムリエンセ *Megaderaion sinemuriense*
ジュラ紀前期の無脊椎動物半索動物腸鰓類。
¶**図解化**（p181-上/カ写）〈㊔イタリア〉

メガテリウム *Megatherium*
500万～1万年前（ネオジン）の哺乳類有毛類。異節目メガテリウム科。別名オオナマケモノ。樹木の生えた草原に生息。全長6m。㊎南アメリカ
¶**恐古生**（p210～211/カ復）
恐絶動（p206/カ復）
恐竜世（p264～265/カ写, カ復）
生ミス10（図3-3-22/カ写, カ復）

メガテリウム *Megatherium americanum*
更新世後期の哺乳類異節類。有毛目食葉亜目メガテリウム科。別名オオナマケモノ。全長5〜6m。[分]南アメリカ
¶**化写真**（p268/カ写）〈[産]アルゼンチン 爪のはえた指骨〉
古脊椎（図227/モ復）
絶哺乳（p243,244/カ写, カ復）〈骨格〉

メガテリウム
新第三紀鮮新世〜第四紀更新世の脊椎動物有胎盤類の哺乳類。別名オオナマケモノ。体長6m。[分]南アメリカ
¶**進化大**（p434/カ写, カ復）〈歯〉

メガネウラ *Meganeura*
3億年前（石炭紀後期）の無脊椎動物原トンボ類。熱帯雨林に生息。翅を広げた長さ最大75cm。[分]ヨーロッパ
¶**恐古生**（p28〜29/カ写, カ復）
恐竜世（p54〜55/カ写, カ復）
古代生（p126〜127/カ復）

メガネウラ・モニィ *Meganeura monyi*
古生代石炭紀の節足動物昆虫類。翅開長70cm。[分]フランス
¶**生ミス4**（図1-5-3/カ復）
リア古〔メガネウラ〕（p164/カ復）

メガフィリテス・ヤルバス *Megaphyllites jarbas*
三畳紀の軟体動物頭足類。
¶**原色化**（PL.41-2/カ写）〈[産]オーストリアのハルシュタット 長径3.4cm,2.7cm〉

メガミトゲキクメイシ *Cyphastrea megamiensis*
新生代中新世の六放サンゴ類。キクメイシ科。
¶**学古生**（図1008/モ写）〈[産]静岡県榛原郡相良町女神山 横断面, 縦断面〉

メガラダピス *Megaladapis*
更新世の哺乳類霊長類原猿類。原猿亜目キツネザル科。全長1.5m。[分]マダガスカル島
¶**化百科**（p248/カ写）〈[産]マダガスカル島のアンポザ近郊 頭骨長29cm 頭骨〉
恐絶動（p286/カ復）

メガラダピス *Megaladapis edwardsi*
完新世の哺乳類霊長類。曲鼻猿亜目キツネザル科。頭胴長約1.5m。[分]マダガスカル島
¶**絶哺乳**（p76/カ復）

メガラダプシス *Megaladapsis insignis*
更新世の哺乳類。哺乳綱獣亜綱正獣上目霊長目。頭長30cm超。[分]マダガスカル
¶**古脊椎**（図220/モ復）

メガラニア *Megalania*
更新世の爬虫類トカゲ類。トカゲ亜目オオトカゲ科。全長8m。[分]オーストラリアのクイーンズランド
¶**恐絶動**（p86/カ復）

メガラニア *Megalania prisca*
更新世の脊椎動物双弓類。有鱗目オオトカゲ科。体長6m。[分]オーストラリア
¶**化写真**（p233/カ写）〈[産]オーストラリア〉

メガラニア *Varanus priscus*
更新世の脊椎動物。全長7m。
¶**地球博**〔巨大オオトカゲの脊椎骨〕（p83/カ写）

メガラニア
第四紀更新世の脊椎動物爬形類。体長8m。[分]オーストラリア
¶**進化大**（p431/カ写, カ復）〈脊椎〉

メガランコサウルス *Megalancosaurus*
中生代三畳紀の爬虫類。全長25cm。[分]イタリア
¶**生ミス5**（図4-9/カ写, カ復）〈[産]イタリア北部〉

メガロクナス *Megalocnus rodens*
更新世の哺乳類。哺乳綱獣亜綱正獣上目貧歯目。体長44cm。[分]キューバ, ハイチ
¶**古脊椎**（図230/モ復）

メガログラプタス ⇒メガログラプトゥス・オハイオエンシスを見よ

メガログラプトゥス・オハイオエンシス
Megalograptus ohioensis
古生代オルドビス紀の節足動物鋏角類クモ類ウミサソリ類。全長50cm。[分]アメリカ
¶**生ミス2**〔メガログラプトゥス〕（図1-3-7/カ復）
リア古〔メガログラプタス〕（p74,98〜101/カ復）

メガロケファルス *Megalocephalus pachycephalus*
後期石炭紀の脊椎動物両生類。分椎目バフェト科。体長2m。[分]ヨーロッパ, 北アメリカ
¶**化写真**（p221/カ写）〈[産]イギリス 頭骨〉

メガロケファルス
石炭紀後期の脊椎動物。初期の四肢動物。全長1.5m。[分]イギリス諸島
¶**進化大**（p165/カ写）〈頭骨〉

メガロケルカ・ロンギペス *Megalocerca longipes*
ジュラ紀後期の無脊椎動物昆虫類ゴキブリ類。
¶**ゾル1**（図392/カ写）〈[産]ドイツのヴェークシャイト 5.5cm〉
ゾル1（図393/カ写）〈[産]ドイツのアイヒシュテット 6cm〉

メガロケロス *Megaloceros*
200万〜7700年前（ネオジン）の哺乳類シカ類。ラクダ亜目シカ科。全長3m。[分]ユーラシア
¶**化百科**〔オオツノジカ〕（p246/カ写）〈2.5cm 半月歯〉
恐絶動（p278/カ復）
恐竜世（p266/カ写）
図解化（p223-7/カ写）〈頭骨〉

メガロケロス *Megaloceros hibernicus*
更新世後期の哺乳類。哺乳綱獣亜綱正獣上目偶蹄目。別名巨角鹿, オオツノジカ。体長2m以上。[分]ヨーロッパ
¶**古脊椎**（図331/モ復）

メガロケロス
新第三紀鮮新世後期〜第四紀更新世後期の脊椎動物有胎盤類の哺乳類。体長2.7m。[分]ユーラシア
¶**進化大**（p439/カ写）

メガロケロス・ギガンテウス *Megaloceros giganteus*
新生代第四紀更新世の哺乳類真獣類鯨偶蹄類反芻類シカ類。別名ギガンテウスオオツノジカ, アイリッシュ・エルク。肩高1.8m。㊟オランダ, イギリスほか
¶**生ミス10**（図3-3-14/カ写, カ復）〈全身復元骨格〉
生ミス10〔ラスコーの壁画に描かれたメガロケロス〕（図3-3-15/カ写）
絶哺乳〔オオツノジカ〕（p203,204/カ写, カ復）〈㊦ロシア 骨格〉
世変化〔メガロケロス〕（図95/カ写）〈㊦アイルランドのバリーベタ湿地 幅3.2m〉

メガロサウルス *Megalosaurus*
ジュラ紀中期の恐竜類テタヌラ類。カルノサウルス下目メガロサウルス科。森林に生息。体長5～6m。㊟イギリス
¶**恐イラ**（p112/カ復）
恐古生（p112～113/カ写, カ復）〈下顎骨〉
恐絶動（p115/カ復）
恐竜博（p63/カ写, カ復）〈下顎〉
よみ恐（p56～57/カ復）

メガロサウルス
ジュラ紀中期の脊椎動物獣脚類。体長6m。㊟イギリス
¶**進化大**（p259/カ写）〈仙椎, 足跡〉

メガロサウルスの仙椎 *Megalosaurus bucklandi*
ジュラ紀中期の恐竜。全長9m。
¶**地球博**（p84/カ写）

メガロトラグス・イサキ *Megalotragus isaaci*
鮮新世後期～更新世前期の哺乳類反芻類。鯨偶蹄目ウシ科。肩高約1.4m。㊟アフリカ
¶**絶哺乳**（p211/カ復）

メガロドン *Megalodon*
三畳紀の軟体動物二枚貝類。
¶**生ミス10**（図2-1-8/カ写）〈㊦イタリア 7cm〉

メガロドン ⇒カルカロクレスを見よ

メガロドン ⇒カルカロドン・メガロドンを見よ

メガロドン・グエンベリ *Megalodon guembeli*
三畳紀後期の無脊椎動物軟体動物。
¶**図解化**（p119-7/カ写）〈㊦イタリア〉

メガロドン・パロナイ *Megalodon paronai*
三畳紀後期の無脊椎動物軟体動物。
¶**図解化**（p119-6/カ写）〈㊦イタリア〉

メガロニクス *Megalonyx* sp.
中新世後期～更新世後期の哺乳類異節類。有毛目食葉亜目メガロニクス科。頭胴長約2.5m。㊟北アメリカ
¶**絶哺乳**（p241,242/カ写, カ復）〈骨格〉

メガロハイラックス *Megalohyrax eocaenus*
始新世中～後期の哺乳類。岩狸目プリオハイラックス科。頭胴長約2m。㊟アフリカ（エジプト）
¶**絶哺乳**（p225/カ復）

メガンテレオン *Megantereon*
中新世後期～更新世前期の哺乳類ネコ類。食肉目ネコ科。全長1.2m。㊟南アフリカ共和国, インド, フランス, 合衆国のテキサス
¶**恐絶動**（p223/カ復）

メガンテレオン・イネクスペクタトゥス *Megantereon inexpectatus*
新生代新第三紀鮮新世～第四紀更新世の哺乳類真獣類食肉類ネコ型類ネコ類。頭胴長1.4m。㊟中国, アメリカ, ケニアほか
¶**生ミス9**（図0-1-11/カ写）〈㊦中国 約26cm 頭骨復元標本〉

メガンテレオン・カルトライデンス *Megantereon cultridens*
新生代新第三紀鮮新世～第四紀更新世の哺乳類真獣類食肉類ネコ型類ネコ類。頭胴長1.4m。㊟中国, アメリカ, ケニアほか
¶**生ミス9**（図0-1-12/カ復）

メギストクリヌスの1種 *Megistocrinus* sp.
古生代後期石炭紀前期の棘皮動物ウミユリ。アクティノクリヌス科。
¶**学古生**（図253/モ写）〈㊦新潟県西頸城郡青海町〉

メクラガニの1種 *Typhlocarcinus* sp.
新生代第四紀完新世の甲殻類十脚類。エンコウガニ科。
¶**学古生**（図1846/モ写）〈㊦愛知県伊勢湾埋立地〉

メコキルス *Mecochirus* sp.
ジュラ紀前期の無脊椎動物節足動物。
¶**図解化**（p108-5/カ写）〈㊦オステノ〉

メコキルス属 ⇒メコチルスを見よ

メコキルス・バジェリ *Mecochirus bajeri*
ジュラ紀後期の無脊椎動物甲殻類大型エビ類。
¶**ゾル1**（図297/カ写）〈㊦ドイツのゾルンホーフェン 19.5cm〉

メコキルス・ブレヴィマヌス *Mecochirus brevimanus*
ジュラ紀後期の無脊椎動物甲殻類大型エビ類。
¶**ゾル1**（図298/カ写）〈㊦ドイツのアイヒシュテット 6cm〉
ゾル1（図302/カ写）〈㊦ドイツのアイヒシュテット 6cm〉

メコキルス・ロンギマナトゥス *Mecochirus longimanatus*
ジュラ紀後期の無脊椎動物甲殻類大型エビ類。
¶**ゾル1**（図299/カ写）〈㊦ドイツのシェルンフェルト 19cm 背面〉
ゾル1（図300/カ写）〈㊦ドイツのアイヒシュテット 17cm 側面〉
ゾル1（図301/カ写）〈㊦ドイツのアイヒシュテット 5cm 幼体〉

メコチルス *Mecochirus*
中生代ジュラ紀の節足動物甲殻類。
¶**生ミス6**（図7-23/カ写）〈㊦ドイツのゾルンホーフェン 本体とその移動痕〉
ゾル2〔メコキルス属の歩行跡〕（図323/カ写）〈㊦ドイツのアイヒシュテット 16cm〉

メサカンタス・ミッチェリイ *Mesacanthus mitchelli*
デボン紀の脊椎動物軟骨魚類。
¶**原色化**(PL.19-5/モ写)〈㊟イギリスのアンガス州フオーファー 長さ6.3cm〉

メジストテリウム・オステオタラステス *Megistotherium osteothalastes*
新生代新第三紀中新世の哺乳類真獣類肉歯類。肉歯目ヒエノドン科。肉食性。頭胴長3.5m。㊕エジプト, ケニア, リビア
¶**生ミス9**〔メジストテリウム〕(図1-6-3/カ復)
絶哺乳〔メジストテリウム〕(p102/カ復)

メジロザメ
新生代第四紀完新世の脊椎動物軟骨魚類。
¶**産地別**(p171/カ写)〈㊟愛知県知多市古見 高さ2.1cm〉

メジロザメ
新生代第三紀中新世の脊椎動物軟骨魚類。別名カルカリヌス。
¶**産地新**〔メジロザメとイタチザメ〕(p44/カ写)〈㊟宮城県柴田郡川崎町碁石川 高さ0.9cm, 高さ0.6cm〉
産地新(p119/カ写)〈㊟富山県婦負郡八尾町深谷 高さ0.9cm, 高さ0.8cm, 高さ1cm 歯〉
産地新(p172/カ写)〈㊟滋賀県甲賀郡土山町大沢 高さ0.8cm〉
産地新(p185/カ写)〈㊟京都府綴喜郡宇治田原町奥山田 高さ1cm〉
産地別(p200/カ写)〈㊟福井県大飯郡高浜町名島 幅0.7cm〉
産地別(p203/カ写)〈㊟福井県大飯郡高浜町山中海岸 幅1.3cm〉
産地別(p204/カ写)〈㊟京都府綴喜郡宇治田原町奥山田 幅1.5cm〉
産地別(p215/カ写)〈㊟滋賀県甲賀市土山町鮎河 高さ1.3cm〉
産地本(p74/カ写)〈㊟宮城県遠田郡湧谷町 高さ6mm〉
産地本(p125/カ写)〈㊟長野県下伊那郡阿南町大沢川 高さ1.2cm〉
産地本(p133/カ写)〈㊟岐阜県瑞浪市釜戸町荻の島 高さ1cm 歯〉
産地本(p133/カ写)〈㊟岐阜県瑞浪市釜戸町荻の島 高さ0.7cm〉
産地本(p190/カ写)〈㊟三重県安芸郡美里村柳谷 高さ1.2cm, 高さ1.7cm〉
産地本(p211/カ写)〈㊟滋賀県甲賀郡土山町鮎河 共に高さ1cm 歯〉

メジロザメ
新生代第三紀鮮新世の脊椎動物軟骨魚類。別名カルカリヌス。
¶**産地新**(p221/カ写)〈㊟高知県安芸郡安田町唐浜 大きいものの高さ1.7cm 歯〉
産地別(p82/カ写)〈㊟福島県双葉郡富岡町小良ケ浜 高さ1.5cm〉
産地別(p156/カ写)〈㊟静岡県掛川市下垂木飛鳥 幅2.2cm 歯〉
産地本(p88/カ写)〈㊟千葉県安房郡鋸南町奥元名 高さ1.2cm 歯〉

メジロザメ
新生代第四紀更新世の脊椎動物軟骨魚類。別名カルカリヌス。
¶**産地本**(p98/カ写)〈㊟千葉県木更津市真里谷 右の高さ1.1cm〉

メジロザメ属の1種 *Carcharhinus* sp.
新生代更新世前期の魚類。ネズミザメ目メジロザメ科。
¶**学古生**(図1935/モ写)〈㊟神奈川県横浜市港南区峰町 右上顎の歯〉

メストゥルス・ヴェルコスス *Mesturus verrucosus*
ジュラ紀後期の脊椎動物全骨魚類。
¶**ゾル2**(図119/カ写)〈㊟ドイツのアイヒシュテット 28cm〉
ゾル2(図120/カ写)〈㊟ドイツのブルーメンベルク 50cm〉
ゾル2〔図120の細部〕(図121/カ写)〈㊟ドイツのブルーメンベルク〉

メストゥルス属の種 *Mesturus* sp.
ジュラ紀後期の魚。
¶**ゾル2**(図328/カ写)〈㊟ドイツのアイヒシュテット 28cm 接地痕を伴う〉

メストゥルス属の種 *Mesturus* sp. (ev. *Heterostrophus*?)
ジュラ紀後期の脊椎動物全骨魚類。
¶**ゾル2**(図122/カ写)〈㊟ドイツのアイヒシュテット 11.5cm〉

メスロペタラ・コエレリ *Mesuropetala koehleri*
ジュラ紀後期の無脊椎動物昆虫類トンボ類。
¶**ゾル1**(図362/カ写)〈㊟ドイツのアイヒシュテット 10cm〉

メスロペタラ属の種 *Mesuropetala* sp.
ジュラ紀後期の無脊椎動物昆虫類トンボ類。
¶**ゾル1**(図361/カ写)〈㊟ドイツのアイヒシュテット 11cm〉

メスロペタラ・ムエンステリ *Mesuropetala muensteri*
ジュラ紀後期の無脊椎動物昆虫類トンボ類。
¶**ゾル1**(図363/カ写)〈㊟ドイツ 翅開長10cm 2標本を含む〉

メソカラ・ウォルタの側面 *Mesochara voluta*
中生代のシャジクモ類。熱河生物群。
¶**熱河生**(図215/モ写)〈㊟中国の遼寧省喀左の三官廟 長さ390μm, 幅300μm〉

メソカラ・シュアンジエンシスの側面 *Mesochara xuanziensis*
中生代のシャジクモ類。熱河生物群。
¶**熱河生**(図214/モ写)〈㊟中国の河北省灤平の大店子 長さ290μm, 幅230μm〉

メソカラ・プロドゥクタの側面 *Mesochara producta*
中生代のシャジクモ類。熱河生物群。
¶**熱河生**(図216/モ写)〈㊟中国の河北省灤平の大店子 長さ360μm, 幅200μm〉

メソクリソパ・ツィッテリ *Mesochrysopa zitteli*
ジュラ紀後期の無脊椎動物昆虫類脈翅類(アミメカゲロウ類)。
¶**ゾル1**(図439/カ写)〈㊟ドイツのヴィンタースホーフ

5.5cm〉

メソクリソプシス・ホスペス *Mesochrysopsis hospes*
ジュラ紀後期の無脊椎動物昆虫類脈翅類(アミメカゲロウ類)。
¶ゾル1(図440/カ写)〈㊥ドイツのアイヒシュテット 6cm〉

メソコニュラリア *Mesoconularia* sp.
二畳紀の腔腸動物小錐類。
¶原色化(PL.31-4/モ写)〈㊥オーストラリアのニュー・サウス・ウェイルズ 長さ8cm〉

メソコニュラリア・ニューベリイ *Mesoconularia newberryi*
二畳紀の腔腸動物小錐類。
¶原色化(PL.31-5/モ写)〈㊥北アメリカのオハイオ州 長さ3.1cm〉

メソコリクサ・テヌイエリトリス *Mesocorixa tenuielythris*
ジュラ紀後期の無脊椎動物昆虫類異翅類(カメムシ類)。
¶ゾル1(図415/カ写)〈㊥ドイツのアイヒシュテット 0.7cm〉

メソサウルス *Mesosaurus*
古生代ペルム紀の爬虫類側爬虫類。中竜目メソサウルス科。初期の爬虫類。全長1m。㊀ブラジル,ナミビア,南アフリカほか
¶恐絶動(p62/カ復)
古代生(p130〜131/カ写)
生ミス4(図2-2-7/カ写,カ復)
生ミス4〔メソサウルスの胎児の化石〕(図2-2-8/カ写,モ図)〈㊥ウルグアイ〉

メソサウルス
ペルム紀前期の脊椎動物側爬虫類。全長1m。㊀南アフリカ,南アメリカ
¶進化大(p186/カ写)

メソサウルス・テヌイデンス *Mesosaurus tenuidens*
古生代ペルム紀の脊椎動物爬虫類側爬虫類。全長1m。㊀ブラジル,ナミビア,南アフリカほか
¶リア古〔メソサウルス〕(p194/カ復)

メソサウルス・ブラジリエンシス *Mesosaurus brasiliensis*
ペルム紀の爬虫類。爬型超綱魚竜綱中竜目。全長77cm。㊀ブラジル各地
¶古脊椎〔メソサウルス〕(図89/モ復)
図解化(p205/カ写)〈㊥ブラジル〉

メソタウリウス・ジュラシクス *Mesotaulius jurassicus*
ジュラ紀後期の無脊椎動物昆虫類トビケラ類。
¶ゾル1(図492/カ写)〈㊥ドイツのシェルンフェルト 3cm〉

メソダーモケリス *Mesodermochelys*
白亜紀後期カンパニアン期〜マストリヒシアン期のウミガメ類。ウミガメ上科オサガメ科。魚類ほか,さまざまな動物を摂食。体長70cm〜3m以上?㊀北海道むかわ町穂別,香川県塩江町,兵庫県淡路島洲本市
¶日恐竜(p144/カ写,カ復)〈㊥淡路島 頭部を含む骨格標本〉

メソダーモケリス
白亜紀カンパニアン期〜マーストリヒチアン期のウミガメ類。全長80cm〜2.5m以上?
¶日白亜(p46〜49/カ写,カ復)〈㊥兵庫県淡路島 頭骨が含まれる岩塊〉

メソダーモケリス類
白亜紀カンパニアン期〜マーストリヒチアン期のウミガメ類。
¶日白亜(p49/カ写)〈㊥香川県高松市(旧塩江町) 大腿骨〉

メソニクス *Mesonyx*
新生代古第三紀始新世中期の哺乳類顆節類。メソニクス目メソニクス科。低木地,疎林に生息。肉食性。体長1.8m。㊀アジア,北アメリカ
¶恐竜博(p165/カ復)
絶哺乳(p102/カ復)

メ

メソネパ・プリモルディアリス *Mesonepa primordialis*
ジュラ紀後期の無脊椎動物昆虫類異翅類(カメムシ類)。
¶ゾル1(図417/カ写)〈㊥ドイツのアイヒシュテット 4cm〉

メソネパ・ミノル *Mesonepa minor*
ジュラ紀後期の無脊椎動物昆虫類異翅類(カメムシ類)タイコウチ類。
¶ゾル1(図416/カ写)〈㊥ドイツのアイヒシュテット 4.5cm〉

メソバラノグロスス・ブエルゲリ *Mesobalanoglossus buergeri* gen.et sp.nov.
ジュラ紀後期の無脊椎動物半索動物ギボシムシ類。プティコデラ科。新種。
¶ゾル1(図562/カ写)〈㊥ドイツのヴィンタースホーフ 67cm 完模式標本〉
ゾル1(図563/カ写)〈㊥ドイツのヴィンタースホーフ 6cm 完模式標本。襟〉
ゾル1(図564/カ写)〈㊥ドイツのヴィンタースホーフ 7.5cm 完模式標本。鰓裂〉

メソヒップス *Mesohippus*
4000万〜3000万年前(パレオジン)の哺乳類奇蹄類ウマ類。奇蹄目ウマ科。別名三指馬。ひらけた草原に生息。全長0.5m。㊀アメリカ合衆国
¶恐絶動(p254/カ復)
恐竜世(p251/カ写)
恐竜博(p180/カ復)
生ミス9(図1-3-15/カ復)
生ミス9(図0-2-3/カ写,カ復)〈㊥アメリカ〉
生ミス9〔ウマ類の足の進化〕(図0-2-7/カ写)
絶哺乳(p167,168/カ写,カ復)〈メソヒップスとそれに襲いかかるホプロフォネウスの復元骨格〉

メソヒップス *Mesohippus bairdi*
前期漸新世の哺乳類。哺乳綱獣亜綱正獣上目奇蹄目。体長60cm。㊀北米南ダコタ州,コロラド州
¶古脊椎(図301/モ復)

メソヒップス
古第三紀始新世後期〜漸新世後期の脊椎動物有胎盤類の哺乳類。高さ60cm。㊀アメリカ合衆国
¶**進化大**（p383/カ写）

メソピテクス *Mesopithecus*
中新世後期〜鮮新世後期の哺乳類霊長類狭鼻猿類。直鼻猿亜目オナガザル科。全長40cm。㊀ギリシア，小アジア
¶**恐絶動**（p287/カ復）
絶哺乳（p80/カ復）

メソピテクス *Mesopithecus pentelici*
鮮新世の哺乳類。哺乳綱獣亜綱正獣上目霊長目。㊀ギリシャ
¶**古脊椎**（図221/モ復）

メソファイラムの1種 *Mesophyllum chichibuensis*
新生代中新世の紅藻類。サンゴモ科メロベシア亜科。
¶**学古生**（図2142/モ図）〈㊞埼玉県秩父市黒谷 横断面，縦断面〉

メソファイラムの1種 *Mesophyllum yuyashimaensis*
新生代中新世の紅藻類。サンゴモ科メロベシア亜科。
¶**学古生**（図2141/モ写）〈㊞山口県大津郡油谷町〉

メソプゾシア *Mesopuzosia*
中生代白亜紀の軟体動物頭足類アンモナイト類。
¶**生ミス7**（図4-2/カ写）〈㊞北海道夕張市 長径約11.5cm〉

メソプゾシア
中生代白亜紀の軟体動物頭足類。
¶**産地本**（p5/カ写）〈㊞北海道稚内市東浦海岸 径3.6cm〉
産地本（p13/カ写）〈㊞北海道中川郡中川町佐久 径5.5cm〉
産地本（p26/カ写）〈㊞北海道苫前郡苫前町古丹別川 径4.4cm〉

メソプゾシア属の未定種 *Mesopuzosia* sp.
中生代白亜紀の軟体動物頭足類。
¶**化石フ**（p129/カ写）〈㊞福島県いわき市 400mm マクロコンク〉

メソプゾシア・タカハシイ *Mesopuzosia takahashii*
チューロニアン期の軟体動物頭足類アンモナイト。アンモナイト亜目デスモセラス科。
¶**アン学**（図版19-3/カ写）〈㊞夕張地域〉

メソプゾシア・パシフィカ *Mesopuzosia pacifica*
チューロニアン期の軟体動物頭足類アンモナイト。アンモナイト亜目デスモセラス科。
¶**アン学**（図版20-2/カ写）〈㊞幌加内地域〉
アン学（図版21-1/カ写）〈㊞三笠地域〉
日化譜〔Mesopuzosia pacifica〕（図版55-9/モ写）〈㊞北海道空知郡大夕張，シユーバリ〉

メソプゾシア・ユウバレンシス *Mesopuzosia yubarensis*
チューロニアン期の軟体動物頭足類アンモナイト。アンモナイト亜目デスモセラス科。
¶**アン学**（図版20-1/カ写）〈㊞羽幌地域〉

メソプゾシア・ユーバレンセ *Mesopuzosia yubarense*
中生代白亜紀後期のアンモナイト。デスモセラス科。
¶**学古生**（図532/モ写）〈㊞北海道幾春別川流域熊追沢〉

メソブラッティナ科のゴキブリ
中生代の昆虫類。熱河生物群。
¶**熱河生**（図81/カ写）〈㊞中国の遼寧省北票の黄半吉溝 長さ約25mm〉

メソフリネ・ベイピアオエンシスの完模式標本 *Mesophryne beipiaoensis*
中生代の両生類カエル類。熱河生物群。
¶**熱河生**（図107/カ写）〈㊞中国の遼寧省北票の黒蹄子溝 吻部から骨盤までの長さ約71mm 石板A，背面〉

メソベロストムム *Mesobelostomum* sp.
ジュラ紀後期の無脊椎動物節足動物。
¶**図解化**（p112-6,7/カ写）〈㊞ドイツのゾルンホーフェン〉

メソリガエウス・ライヤンゲンシス *Mesolygaeus laiyangensis*
中生代の昆虫類。ミズギワカメムシ科。熱河生物群。
¶**熱河生**（図74/カ写）〈㊞中国の山東省莱陽の南李各荘 長さ約7mm〉

メソリムルス *Mesolimulus*
1億6200万〜1億4500万年前（ジュラ紀後期）の無脊椎動物鋏角類カブトガニのなかま。尾を除いて全長最大8〜9cm。㊀ドイツ
¶**化百科**（p141/カ写）〈頭〜尾の長さ9cm〉
恐竜世（p45/カ写）
生ミス6〔"死の行進化石"〕（図7-22/カ写）〈㊞ドイツのゾルンホーフェン 距離9.6m 足跡と本体〉

メソリムルス *Mesolimulus* sp.
ジュラ紀後期の節足動物。カブトガニ目。
¶**世変化**（図48/カ写）〈㊞ドイツのゾルンホーフェン 化石の長さ40cm〉

メソリムルス・ウァルキイ
ジュラ紀後期の無脊椎動物節足動物。尾節を除き長さ最大8〜9cm。㊀ドイツ
¶**進化大**〔メソリムルス〕（p243/カ写）

メソリムルス・ヴァルヒ *Mesolimulus walchi*
ジュラ紀後期の無脊椎動物甲殻類カブトガニ類。
¶**ゾル1**（図222/カ写）〈㊞ドイツのアイヒシュテット 23cm〉
ゾル1（図223/カ写）〈㊞ドイツのアイヒシュテット 53cm〉
ゾル1（図224/カ写）〈㊞ドイツのアイヒシュテット 14cm 腹側を示す〉

メソリムルス・ウォルチイ *Mesolimulus walchii*
中生代ジュラ紀の無脊椎動物節足動物カブトガニ類。カブトガニ目メソリムルス科。
¶**化写真**〔メソリムルス〕（p74/カ写）〈㊞ドイツ〉
化石図（p100/カ写，カ復）〈㊞ドイツ 体長約17cm〉
図解化〔メソリムルス・ワルチイ〕（p102-2/カ写）〈㊞ドイツのゾルンホーフェン〉

メソリムルス・ワルチイ　⇒メソリムルス・ウォルチイを見よ

メソレウクトラ　*Mesoleuctra gracilis*
前期ジュラ紀～現世の無脊椎動物昆虫類。カワゲラ目メソレウクトラ科。体長2cm。[分]アジア
¶**化写真**（p77/カ写）〈[産]ロシア〉

メソレオドン　*Mesoreodon*
2300万年前（パレオジン）の哺乳類有蹄類。全長1m。[分]アメリカ合衆国
¶**恐竜世**（p245/カ復）

メソレオドン
古第三紀漸新世後期の脊椎動物有胎盤類の哺乳類。全長1.3m。[分]アメリカ合衆国
¶**進化大**（p384/カ復）

メタイルルス・マジョル　*Metailurus major*
新生代新第三紀中新世～第四紀更新世の哺乳類真獣類食肉類ネコ型類ネコ類。頭胴長1.5m。[分]中国，ギリシア，ケニアほか
¶**生ミス9**〔メタイルルス〕（図0-1-5/カ写，カ復）〈[産]中国　19cm　頭骨〉

メタクリフェウス カフェール　*Metacryphaeus caffer*
デボン紀中期の三葉虫。ファコープス目。
¶**三葉虫**（図79/モ写）〈[産]ボリビア　長さ73mm〉

メタケイロミス　*Metacheiromys*
始新世中期の哺乳類。貧歯区メタケイロミス科。全長45cm。[分]合衆国のワイオミング
¶**恐絶動**（p206/カ復）

メタスクアロドン・シンメトリクマ　*Metasqualodon symmetricus*
新生代古第三紀漸新世の哺乳類歯鯨類。
¶**化石フ**（p232/カ写）〈[産]福岡県北九州市若松区　歯幅30mm〉

メタスパイロセラス・インシグニス　*Metaspyroceras insignis*
古生代デボン紀の軟体動物頭足類。頭足綱オウムガイ亜綱直角石目。別名直角貝。体長20cm前後。
¶**化石フ**（p49/カ写）〈[産]岐阜県吉城郡上宝村　75mm〉
日絶古〔メタスパイロセラス〕（p104～105/カ写，カ復）〈[産]福地　上下7cm〉

メタスプリッギナ　*Metaspriggina walcotti*
カンブリア紀の脊索動物。脊索動物門。サイズ60mm。
¶**バ頁岩**（図161/モ写）〈[産]カナダのバージェス頁岩〉
リア古（p54/カ復）

メタセコイア　*Metasequoia*
白亜紀～現在の針葉樹（裸子植物）球果植物。
¶**化百科**〔セコイア，メタセコイア〕（p97/カ写）〈[産]アメリカ合衆国のコロラド州，サウスダコタ州　7cm，球果約2cm〉
原色化〔イチョウとメタセコイアを含む岩片〕（PL.3-7/モ写）〈イチョウの幅4.8cm〉

メタセコイア
新生代第三紀中新世の裸子植物毬果類。スギ科。
¶**産地新**（p114/カ写）〈[産]長野県南佐久郡北相木村川又　長さ1.5cm〉
産地本（p138/カ写）〈[産]愛知県犬山市膳師野　長さ6cm〉

メタセコイア
新生代第三紀漸新世の裸子植物毬果類。
¶**産地本**（p47/カ写）〈[産]北海道白糠郡白糠町中庶路　写真の左右15cm〉

メタセコイア
新生代第三紀鮮新世の裸子植物毬果類。
¶**産地本**（p218/カ写）〈[産]滋賀県甲賀郡水口町野洲川　長さ2.5cm　毬果〉

メタセコイア・オキシデンタリス　*Metasequoia occidentalis*
古第三紀始新世の針葉樹球果類。スギ目スギ科。高さ30m。[分]北半球
¶**学古生**〔イチイヒノキ〕（図2173,2174/モ写）〈[産]北海道夕張市社光，北海道夕張市サル志幌加別　枝条〉
学古生〔イチイヒノキ〕（図2262/モ写）〈[産]北海道瀬棚郡瀬棚町蛇羅〉
化写真〔メタセコイア〕（p303/カ写）〈[産]カナダ〉
化石図（p138/カ写，カ復）〈[産]兵庫県　岩石の横幅約30cm　葉化石〉
化石フ〔イチイヒノキ〕（p152/カ写）〈[産]岐阜県瑞浪市　23mm〉
日化譜〔セイヨウイチイヒノキ〕（図版75-16～18/モ写）〈[産]北海道瀬棚など　毬果〉

メタセコイア・オクシデンタリス
白亜紀～現代の植物針葉樹。最大高さ40m。[分]北方の温帯地方
¶**進化大**〔メタセコイア〕（p364/カ写）

メタセコイア・ジャポニカ　*Metasequoia japonica*
新第三紀の裸子植物毬果類。生きている化石。
¶**原色化**（PL.3-5/モ写）〈[産]犬山市善師野　葉柄の長さ5cm〉

メタセコイアの毬果
新生代第三紀中新世の裸子植物毬果類。スギ科。
¶**産地新**（p175/カ写）〈[産]滋賀県甲賀郡土山町大沢　高さ2cm　縦断面〉
産地新（p175/カ写）〈[産]滋賀県甲賀郡土山町大沢　高さ1.5cm　鱗片の外形印象〉
産地新（p175/カ写）〈[産]滋賀県甲賀郡土山町大沢　径1.4cm　横断面〉
産地別（p204/カ写）〈[産]京都府宮津市木子　長さ4cm〉

メタプラセンチセラス・サブチリストリアータム
中生代白亜紀の軟体動物頭足類。
¶**産地本**（p8/カ写）〈[産]北海道天塩郡遠別町ルベシ沢　径3.5cm〉
産地本（p8/カ写）〈[産]北海道天塩郡遠別町ウッツ川　径5.5cm，径3.7cm〉

メタプラセンチセラス・サブチリストリアタム　*Metaplacenticeras subtilistriatum*
カンパニアン後期の軟体動物アンモナイト。アンモナイト亜目プラセンチセラス科。
¶**アン学**〔メタプラセンチセラス・サブチリストリアータム〕（図版14-1～3/カ写）〈[産]遠別地域〉
学古生（図520/モ写）〈[産]北海道中川郡中川町ルベの沢〉
化石フ（p129/カ写）〈[産]北海道天塩郡中川町　40mm〉
日化譜〔Metaplacenticeras subtilistriatum〕

(図版55-17/モ写)〈㊥北海道三笠市幾春別〉

メタプラセンチセラスの顎器
中生代白亜紀の軟体動物頭足類。
¶**産地別**(p19/カ写)〈㊥北海道天塩郡遠別町清川 長さ0.7cm〉

メタプラセンチセラスの完全体
中生代白亜紀の軟体動物頭足類。
¶**産地別**(p18/カ写)〈㊥北海道天塩郡遠別町清川 長径7.8cm〉

メタプラセンチセラスの大群集
中生代白亜紀の軟体動物頭足類。
¶**産地別**(p18/カ写)〈㊥北海道天塩郡遠別町清川 長径40cm〉

メタミノドン *Metamynodon*
始新世後期～中新世前期の哺乳類奇蹄類サイ類。バク型亜目サイ上科アミノドン科。全長4m。㊎合衆国のネブラスカ, サウスダコタ, モンゴル
¶**恐絶動**(p262/カ復)
絶哺乳(p177,178/カ写, カ復)〈㊥中国 頭骨化石の上顎歯列〉

メ

メタルデテス *Metaldetes taylori*
カンブリア紀の無脊椎動物海綿動物。古杯目メタキヤティア科。体長5cm。㊎世界中
¶**化写真**(p35/カ写)〈㊥オーストラリア南部〉
地球博〔古杯動物〕(p78/カ写)

メタルデテスの一種 *Metaldetes* sp.
古生代カンブリア紀の古杯動物。
¶**化石図**(p31/カ写, カ復)〈㊥オーストラリア 直径約1.5cm〉

メタレゴセラス・ソクレンゼ *Metalegoceras soqurense*
ペルム紀前期のアンモナイト。
¶**アン最**(p138/カ写)〈㊥カザフスタンのアクチウニンスク〉

メディアリア・スプレンディダ *Medialia splendida*
新生代中新世後期の珪藻類。羽状目。
¶**学古生**(図2105/モ写)〈㊥岩手県一関市下黒沢〉

メティオコセラス・スワロヴィ *Metiococeras swallovi*
セノマニアン期のアンモナイト。
¶**アン最**(p212/カ写)〈㊥テキサス州〉

メデュローサ *Medullosa noei*
後期石炭紀～前期二畳紀の植物ソテツシダ類。メデュローサ目メデュローサ科。高さ5m。㊎世界中
¶**化写真**(p296/カ写)〈㊥アメリカ 球状の石炭の断面〉

メトアミノドン *Metamynodon planifrons*
始新～漸新世の哺乳類。哺乳綱獣亜綱正獣上目奇蹄目。体長2.8m。㊎北米
¶**古脊椎**(図311/モ復)

「メドゥシテス」・ビキンクタ *"Medusites" bicincta*
ジュラ紀後期の無脊椎動物腔腸動物ヒドロ虫類。
¶**ゾル1**(図86/カ写)〈㊥ドイツのヴィンタースホーフ 4.5cm〉

メドゥッロサ *Medullosa*
石炭紀後期～ペルム紀前期のシダ種子類。メドゥッロサ目。主幹および植物体全体の名前。葉はネウロプテリスやアレトプテリスなどとよばれる。植物体全体の高さは最大5m。
¶**化百科**〔ネウロプテリス, アレトプテリス, メドゥッロサ〕(p84/カ写)
図解化〔メドゥロサ〕(p43-右/モ復)

メドゥローサ ⇒トゥリゴノカルプスの1種を見よ

メドゥロサ ⇒メドゥッロサを見よ

メドゥローサ・レウッカルティイ
石炭紀～ペルム紀の植物メドゥローサ類。高さ3～5m。㊎ヨーロッパ, 北アメリカ
¶**進化大**〔メドゥローサ〕(p150/カ写, カ復)〈茎断面, 種子〉

メトパステル *Metopaster*
白亜紀後期～始新世の棘皮動物ヒトデ類。
¶**化百科**(p182/カ写)〈5cm〉

メトパステル *Metopaster parkinsoni*
後期白亜紀の無脊椎動物星形類。辺縁目ゴニアステル科。直径5cm。㊎ヨーロッパ
¶**化写真**(p188/カ写)〈㊥イギリス〉

メトポサウルス
三畳紀後期の脊椎動物切椎類。全長2m。㊎ヨーロッパ, インド, 北アメリカ
¶**進化大**(p208～209/カ復)

メトポリカス・エリシ *Metopolichas erici*
古生代オルドビス紀の節足動物三葉虫類。最大体長9cm。
¶**生ミス2**(図1-2-12/カ写)〈㊥ロシアのサンクトペテルブルク〉

メトポリカス・プラティリヌス *Metopolichas platyrhinus*
古生代オルドビス紀の節足動物三葉虫類。別名ロングノーズ。最大体長10cm。
¶**生ミス2**(図1-2-13/カ写)〈㊥ロシアのサンクトペテルブルク〉

メトララブドトス *Metrarabdotos thomseni*
鮮新世～更新世の外肛動物(コケムシ)。
¶**世変化**(図81/カ写)〈㊥ギリシャのロードス島 幅1mm〉

メトリオリンクス *Metriorhynchus*
中生代ジュラ紀の爬虫類双弓類主竜類クルロタルシ類ワニ形類メトリオリンクス類。中鰐亜目メトリオリンクス科。熱帯の海に生息。全長3m。㊎アルゼンチン, フランス, イギリスほか
¶**化百科**(p213/カ写)〈22cm,3cm,18cm 脊椎, 歯, 肋骨〉
恐古生(p92～93/カ復)
恐絶動(p99/カ復)
恐竜博(p96～97/カ写, カ復)〈椎骨, 頭骨〉
生ミス6(図3-8/カ復)

メトリオリンクス *Metriorhynchus jackeli*
爬虫類。竜型超綱鰐綱鰐目。全長240cm。
¶**古脊椎**(図127/モ復)

メトリオリンクス *Metriorhynchus laeve*
中期～後期ジュラ紀の脊椎動物双弓類。ワニ目メトリオリンクス科。体長3m。㊕ヨーロッパ, 南アメリカ
¶**化写真**(p241/カ写)〈㊥イギリス 頭骨, 椎骨〉

メトリオリンクス・スペルキリオスス *Metriorhynchus superciliosus*
中生代ジュラ紀の爬虫類ワニ形類。全長3m。㊕イギリス, フランス
¶**リア中**〔メトリオリンクス〕(p86/カ復)

メトリディオコエルス *Metridiochoerus*
鮮新世後期～更新世前期の哺乳類猪豚類。鯨偶蹄目イノシシ亜目イノシシ科。頭胴長2～2.5m。㊕タンザニア
¶**恐絶動**(p267/カ復)
絶哺乳(p193,195/カ復, モ図)〈上顎第三大臼歯〉

メドレオコテア・インターメディア *Medliocottia intermedia*
ペルム紀前期のアンモナイト。
¶**アン最**(p139/カ写)〈㊥カザフスタンのアクチウニンスク〉

メナイテス
中生代白亜紀の軟体動物頭足類。
¶**産地新**(p5/カ写)〈㊥北海道天塩郡遠別町ウッツ川 径7cm メノウ化している〉
産地新(p5/カ写)〈㊥北海道天塩郡遠別町ウッツ川 径7cm〉
産地別〔瑪瑙化したメナイテス〕(p16/カ写)〈㊥北海道天塩郡遠別町清川林道 長径10.5cm〉
産地別(p17/カ写)〈㊥北海道天塩郡遠別町清川林道 長径10cm 住房部にメタプラも入る〉
産地別(p17/カ写)〈㊥北海道天塩郡遠別町清川林道 長径4.2cm〉
産地別(p24/カ写)〈㊥北海道苫前郡羽幌町逆川 長径7cm〉
産地別(p24/カ写)〈㊥北海道苫前郡羽幌町逆川 長径4.5cm〉
産地別〔空洞のメナイテス〕(p24/カ写)〈㊥北海道苫前郡羽幌町逆川 長径8.3cm〉
産地別(p35/カ写)〈㊥北海道苫前郡苫前町古丹別川幌立沢 長径8.8cm〉
産地本(p33/カ写)〈㊥北海道留萌郡小平町霧平峠 径8.5cm〉

メナビテスの一種 *Menabites* sp.
チューロニアン期のアンモナイト。
¶**アン最**(p121/カ写)〈㊥モロッコ〉

メニスコエスス *Meniscoesus* sp.
白亜紀後期の哺乳類多丘歯類。キモロミス科。頭胴長約30cm程度, 頭骨長約7cm。㊕北アメリカ
¶**絶哺乳**(p39,41/カ復, モ図)〈㊥北アメリカ 右上顎歯列〉

メニスコテリウム *Meniscotherium* sp.
暁新世後期～始新世前期の哺乳類。"顆節目"フェナコドゥス科。植物食。頭胴長約60cm。㊕北アメリカ
¶**絶哺乳**(p99/カ復)

メヌアイテス・ジャポニクス ⇒メヌイテス・ジャポニカスを見よ

メヌイテス *Menuites*
中生代白亜紀の軟体動物頭足類アンモナイト類。
¶**生ミス7**(図4-3/カ写)〈㊥北海道羽幌町 長径約7.5cm〉

メヌイテス・オラレンシス *Menuites oralensis*
カンパニアン期のアンモナイト。
¶**アン最**(p76/カ写)〈ミクロコンク〉
アン最(p85/カ写)〈㊥サウスダコタ州 雌雄〉
アン最(p202/カ写)〈㊥サウスダコタ州フォールリバー郡〉

メヌイテス・ジャポニカス *Menuites japonicus*
サントニアン期の軟体動物頭足類アンモナイト。アンモナイト亜目パキディスカス科。
¶**アン学**(図版26-3/カ写)〈㊥小平地域〉
学古生〔メヌアイテス・ジャポニクス〕(図522/モ写)〈㊥北海道三笠市幾春別川流域菊目沢〉

メヌイテス・ジャポニカム *Menuites japonicum*
カンパニアン期のアンモナイト。
¶**アン最**(p133/カ写)〈㊥北海道〉

メヌイテス・ナウマニイ *Menuites naumanni*
カンパニアン前期の軟体動物頭足類アンモナイト。アンモナイト亜目パキディスカス科。
¶**アン学**(図版28-3,4/カ写)〈㊥羽幌地域〉

メ

メヌイテスの一種 *Menuites* sp.
カンパニアン期？の軟体動物頭足類アンモナイト。アンモナイト亜目パキディスカス科。
¶**アン学**(図版28-1,2/カ写)〈㊥浦河地域〉

メーネ
古第三紀始新世前期～現代の脊椎動物条鰭類。別名ギンカガミ。全長25cm。㊕世界各地
¶**進化大**(p376/カ写)

メネ・ロンベア *Mene rhombea*
始新世の脊椎動物魚類。硬骨魚綱。
¶**図解化**(p194～195-5/カ写)〈㊥イタリアのモンテボルカ〉

メノケラス
新第三紀中新世前期の脊椎動物有胎盤類の哺乳類。体長1.5m。㊕アメリカ合衆国
¶**進化大**(p408/カ写)〈頭〉

メノダス *Menodus higonoceras*
始新世の哺乳類。哺乳綱獣亜綱正獣上目奇蹄目。体長2.4m。㊕北米
¶**古脊椎**(図303/モ復)

メラノキュリッツリウムの1種
原生代後期～現代の微生物アメーボゾア。全長60μm。㊕アメリカ, 北ヨーロッパ
¶**進化大**(p59/カ写)

メラノラフィア・マクラタ *Melanoraphia maculata*
ジュラ紀の無脊椎動物環虫類多毛類。
¶**図解化**(p91-3/カ写)〈㊥イタリアのオステノ〉

メラノロサウルス *Melanorosaurus*
三畳紀カーニアン～ノーリアンの恐竜類古竜脚類。メラノロサウルス科。体長15m。㊕南アフリカ
¶**恐イラ**(p89/カ復)

メリキップス *Merychippus*
1700万～1000万年前（ネオジン）の哺乳類奇蹄類ウマ類。奇蹄目ウマ科。植物食。肩高90cm。[分]アメリカ合衆国, メキシコ
¶**化百科**（p241/カ写）〈頭骨長26cm 頭骨〉
恐絶動（p255/カ復）
恐竜世（p251/カ写）〈頭骨〉
恐竜博（p180/カ復）
生ミス9（図0-2-4/カ写, カ復）〈[産]アメリカ 全身復元骨格〉
生ミス9〔ウマ類の足の進化〕（図0-2-7/カ写）
絶哺乳（p168/カ写, カ復）〈復元骨格〉

メリキップス
新第三紀中新世中期～中新世後期の脊椎動物有胎盤類の哺乳類。体高1.1m。[分]アメリカ合衆国, メキシコ
¶**進化大**（p412/カ写）〈頭〉

メリコイドドン *Merycoidodon*
漸新世の哺乳類鯨偶蹄類メリコイドドン類（オレオドン類）。鯨偶蹄目ラクダ亜目メリコイドドン科。植物食。全長1.4m。[分]合衆国のサウスダコタ
¶**化百科**（p244/カ写）〈歯の4本ついた骨片の長さ3cm 歯〉
恐絶動（p271/カ復）
図解化（p221-左/カ写）〈[産]サウスダコタ州 頭骨〉
図解化（p225-5/カ写）〈[産]サウスダコタ州バドランズ〉

メリコイドドン *Merycoidodon culbertsonii*
漸新世の脊椎動物哺乳類。偶蹄目メリコイドドン科。体長1.5m。[分]北アメリカ
¶**化写真**（p281/カ写）〈[産]アメリカ 頭骨〉

メリコイドドン *Merycoidodon* sp.
始新世後期～漸新世前期の哺乳類広義の反芻類。鯨偶蹄目オレオドン科。頭胴長約1m。[分]北アメリカ
¶**化石図**〔メリコイドドンの一種〕（p140/カ写, カ復）〈[産]アメリカ合衆国 横幅約17cm〉
絶哺乳（p195,196/カ復, モ図）〈復元骨格〉

メリジオナリスゾウ ⇒メリジオナリスマンモスを見よ

メリジオナリスマンモス *Mammuthus meridionalis*
新生代第四紀更新世の哺乳類真獣類長鼻類ゾウ類。ゾウ亜目ゾウ科。別名メリジオナリスゾウ。肩高3.6m。[分]フランス, ドイツ, アゼルバイジャンほか
¶**恐絶動**〔マムースス・メリディオナリス〕（p243/カ復）
生ミス10（図3-3-2/カ復）

メリスチナ *Meristina obtusa*
シルル紀～デボン紀の無脊椎動物腕足動物。スピリファー目メリステリア科。体長4.5cm。[分]世界中
¶**化写真**（p85/カ写）〈[産]イギリス〉
図解化〔Meristina obtusa〕（図版9-4/カ写）〈[産]イギリス〉

メリデオナリス象 ⇒アーキディスコドンを見よ

メリテリウム *Moeritherium andrewsi*
始新～漸新世の哺乳類。哺乳綱獣亜綱正獣上目長鼻目。別名アケボノゾウ, 暁象。体長1.35m。[分]エジプト
¶**古脊椎**（図274/モ復）

メリテリウム ⇒モエリテリウムを見よ

メリトスファエラ・マグナポルローサ
Melittosphaera magnaporulosa
新生代始新世（？）～中期中新世の放散虫。アクティノマ科。
¶**学古生**（図884/モ写）〈[産]茨城県常陸太田市瑞竜町元瑞竜〉

メリンゴソマ・クルトゥム *Meringosoma curtum*
ジュラ紀後期の無脊椎動物蠕虫類環形動物。
¶**ゾル1**（図209/カ写）〈[産]ドイツのアイヒシュテット 3.5cm〉

メロカニテス *Merocanites compressus*
前期石炭紀の無脊椎動物アンモナイト亜綱。プロレカニテス目プロレカニテス科。直径5cm。[分]ヨーロッパ, アジア, 北アメリカ
¶**化写真**（p142/カ写）〈[産]イギリス 内形雌型〉

メロシラ・イタリカ *Melosira italica*
新生代第三紀～完新世の珪藻類。同心目。
¶**学古生**（図2115/モ写）〈[産]宮城県岩沼市岩沼〉

メロシラ・グラニュラアタ *Melosira granulata*
新生代第三紀～完新世の珪藻類。同心目。
¶**学古生**（図2114/モ写）〈[産]東京都足立区神明南町〉

メロシラ・サルカアタ *Melosira sulcata*
新生代第三紀～完新世の珪藻類。同心目。
¶**学古生**（図2089/モ写）〈[産]宮城県岩沼市岩沼〉

メロニス・ポンピリオイデス *Melonis pompilioides*
新生代中新世の小型有孔虫。アノマリナ科。
¶**学古生**（図940/モ写）〈[産]宮城県仙台市茂庭〉

メロネキヌス・マルティポーラス *Melonechinus multiporus*
石炭紀の棘皮動物ウニ類。
¶**原色化**（PL.27-3/モ写）〈[産]北アメリカのミズリー州セント・ルイス 幅13.5cm〉

メロネチヌス *Melonechinus multipora*
前期石炭紀の無脊椎動物ウニ類。拡帯目ムカシウニ科。直径8cm。[分]世界中
¶**化写真**（p175/カ写）〈[産]アメリカ 殻の上面〉

メンイナイア・トゥグリゲンシス *Mengyinaia tugrigensis*
中生代の二枚貝類。イシガイ科。熱河生物群。
¶**熱河生**〔メンイナイアの内形雌型〕（図36/モ写）〈[産]中国の山東省蒙陰の寧家溝 90mm〉

メンイナイア・メンイネンシス *Mengyinaia mengyinensis*
中生代の二枚貝類。イシガイ科。熱河生物群。
¶**熱河生**〔メンイナイアの内形雌型〕（図36/モ写）〈[産]中国の山東省蒙陰の寧家溝 65mm〉

メンストセラス・パラレルム *Muenstoceras parallelum*
石炭紀の軟体動物頭足類。
¶**原色化**（PL.26-6/モ写）〈[産]北アメリカのインディアナ州ロックフォード 長径6cm〉

メンダセラ？・ハイブリダ *Mendacella? hybrida*
シルル紀の腕足動物有関節類。

¶原色化(PL.13-6/カ写)〈㊥イギリスのウスター州ダッドレイ 右側の個体の高さ9mm〉

【モ】

モイトマシア *Moythomasia*
デボン紀中期〜後期の魚類。条鰭亜綱。原始的な条鰭類。全長9cm。㊀オーストラリアのウェスタンオーストラリア, ドイツ
¶恐絶動(p34/カ復)

蒙古獣 ⇒モンゴロテリウムを見よ

モエリテリウム *Moeritherium*
3700万〜3000万年前(パレオジン)の哺乳類長鼻類ゾウ類。長鼻目モエリテリウム亜目モエリテリウム科。沼沢地に生息。全長3m。㊀エジプト, リビア, アルジェリアほか
¶恐古生(p258〜259/カ復)
恐絶動〔メリテリウム〕(p238/カ復)
恐竜世(p259/カ復)
恐竜博(p166〜167/カ復)
古代生(p206〜207/カ復)
図解化〔メリテリウム〕(p222-5/カ写)〈㊥エジプト 頭骨〉
生ミス9(図0-2-11/カ写, カ復)〈国立科学博物館所蔵標本〉
絶哺乳〔メリテリウム〕(p215,216/カ写, カ復)〈骨格〉

モエリテリウム
古第三紀始新世後期の脊椎動物有胎盤類の哺乳類。全長3m。㊀エジプト
¶進化大(p385/カ写, カ復)〈頭, 臼歯〉

モギカエデ *Acer nordenskioeldi*
新生代鮮新世, 中新世後期の陸上植物。カエデ科。
¶学古生(図2446,2447/モ写)〈㊥鳥取・岡山県境人形峠, 鳥取県八頭郡佐治村辰巳峠 葉, 葉の微細脈系〉

モギヘラノキ *Tilia distans*
新生代鮮新世の陸上植物。シナノキ科。
¶学古生(図2485/モ図)〈㊥愛知県瀬戸市印所〉

モギリョウブ *Clethra maximoviczi*
新生代中新世後期の陸上植物。リョウブ科。
¶学古生(図2507/モ写)〈㊥岩手県岩手郡雫石町夜明沢〉

モクゲンジ属の一種 ⇒ムカシモクゲンジを見よ

モクゲンジの仲間
新生代第三紀中新世の被子植物双子葉類。ムクロジ科。
¶産地新(p231/カ写)〈㊥長崎県壱岐郡芦辺町長者原崎(壱岐島) 長さ4.5cm さく果〉

木性シダ
石炭紀の植物。
¶図解化(p43-左/モ復)

木生のシダの幹を輪切りにしたもの
植物の化石。
¶植物化(p8〜9/カ写)〈鉱化化石〉

モクハチアウイ ⇒モクハチアオイを見よ

モクハチアオイ *Lunulicardia retusa*
新生代第四紀の貝類。ザルガイ科。
¶学古生(図1777/モ写)〈㊥鹿児島県鹿児島郡桜島町新島〉
日化譜〔モクハチアウイ〕(図版46-2/モ写)〈㊥指宿市など〉

モクハチミノガイ
新生代第四紀更新世の軟体動物斧足類。ミノガイ科。
¶産地新(p81/カ写)〈㊥千葉県君津市市宿 長さ5.5cm〉

モクハチミノガイ
新生代第三紀鮮新世の軟体動物斧足類。
¶産地本(p86/カ写)〈㊥千葉県安房郡鋸南町奥元名 長さ(左右)5cm〉

モグラ *Mogera wogura*
更新世後期〜現世の哺乳類食虫類。
¶日化譜(図版65-14/モ写)〈㊥栃木県安蘇郡葛生町, 山口県美禰市伊佐 右肩胛骨前面〉

モグラノテ *Plicatula* cf.*muricata*
更新世前期の軟体動物斧足類。
¶日化譜(図版38-27/モ写)〈㊥喜界島上嘉鉄〉

モクレン ⇒マグノリア・ロンギペティオラタを見よ

モクレン科の一種
始新世の植物。
¶図解化(p46-下左/カ写)

モクレンの葉 *Magnolia longipetiolata*
白亜紀にはじめて出現の被子植物。
¶地球博(p77/カ写)

モササウルス *Mosasaurus*
7000万〜6500万年前(白亜紀後期)の爬虫類鱗竜形類有鱗類モササウルス類。モササウルス科。海洋に生息。全長約15m。㊀アメリカ合衆国, ベルギー, 日本, オランダ, ニュージーランド, モロッコ, トルコ
¶恐竜世(p112/カ復)
恐竜博(p149/カ復)
生ミス7(図6-7/カ写)〈㊥オランダのマーストリヒト近郊 1.6m 頭骨〉
生ミス8〔モササウルス類各種の鞏膜輪とその解説図〕(図8-23/カ写, モ図)

モササウルス *Mosasaurus* sp.
白亜紀後期の海生爬虫類。
¶世変化(図62/カ写)〈㊥オランダのマーストリヒト 長さ90cm〉

モササウルス
白亜紀後期の脊椎動物爬虫類鱗竜類。体長15m。㊀アメリカ合衆国, ベルギー, 日本, オランダ, ニュージーランド, モロッコ, トルコ
¶進化大(p310〜311/カ復)

モササウルス・グラキリス *Mosasaurus gracilis*
白亜紀"中期"〜後期の海生爬虫類有鱗類トカゲ類。オオトカゲ科。
¶化百科〔モササウルス〕(p219/カ写)〈下あごの長さ38cm 下顎骨〉

モサザウルスの歯
中生代白亜紀の脊椎動物爬虫類。
¶**産地別**（p189/カ写）〈㊟兵庫県南あわじ市地野　高さ4.6cm〉

モササウルス・ホッフマニ　*Mosasaurus hoffmanni*
中生代白亜紀の爬虫類有鱗類モササウルス類。全長15m。㊀オランダ, ポーランド, アメリカほか
¶**リア中**〔モササウルス〕（p238/カ復）

モササウルス・ミズーリエンシス　*Mosasaurus missouriensis*
中生代白亜紀の爬虫類双弓類鱗竜形類有鱗類モササウルス類。
¶**生ミス8**（図8-29/カ写）〈㊟カナダのアルバータ州南部〉

モササウルス類
白亜紀カンパニアン期〜マーストリヒチアン期の海生爬虫類。
¶**日白亜**（p49/カ写）〈㊟兵庫県淡路島　連続する尾椎〉

モササウルス類
白亜紀マーストリヒチアン期の海生爬虫類。
¶**日白亜**（p69/カ写）〈㊟大阪府貝塚市蕎原　左右31cm　下顎（レプリカ）〉
日白亜（p69/カ写）〈㊟和歌山県橋本市柱本　歯〉

モササウルス類
白亜紀カンパニアン期の海生爬虫類。全長6m弱？
¶**日白亜**（p72〜75/カ写, カ復）〈㊟和歌山県有田川町鳥屋城山　上半身部分の骨化石の産状（レプリカ）, 顎, 上半身, 歯〉

モササウルス類の旧復元図
中生代白亜紀の爬虫類双弓類鱗竜形類有鱗類モササウルス類。
¶**生ミス8**（図8-20/カ復）

モサヅキ（ジャニア）の1種　*Jania* sp.cf.*J.vetus*
新生代中新世の紅藻類。サンゴモ科コラリナ亜科。
¶**学古生**（図2149/モ写）〈㊟静岡県榛原郡相良町女神山〉

モシオガイの仲間　⇒クラッサテラを見よ

モシリュウ　Diplodocidae？
白亜紀前期の恐竜類竜脚類。竜盤目竜脚亜目ディプロドクス科？植物食。体長約20m？㊀岩手県岩泉町茂師
¶**日恐竜**（p50/カ写, カ復）〈上腕骨〉

モスコビクリヌス・マルティプレックス　*Moscovicrinus multiplex*
石炭紀の棘皮動物ウミユリ類。
¶**原色化**（PL.27-5/モ写）〈㊟ソビエトのモスクワ近郊　高さ2.5cm　枝の基部〉

モスコプス　*Moschops*
2億5500万年前（ペルム紀後期）の哺乳類獣弓類。獣弓目ディノケファルス亜目タピノケファルス科。全長3m。㊀アフリカ南部, 東ヨーロッパ
¶**恐絶動**（p187/カ復）
恐竜世（p220/カ復）
生ミス4（図2-3-12/カ復）
絶哺乳（p24/カ復）

モスコプス　*Moschops capensis*
二畳紀後期の爬虫類。獣形超綱獣形綱獣形目双牙亜目。全長2.5m。㊀南アフリカ
¶**古脊椎**（図207/モ復）

モスコプス
ペルム紀後期の脊椎動物単弓類。全長2.5m。㊀南アフリカ
¶**進化大**（p190〜191/カ復）

モスソガイ　*Volutharpa perryi*
新生代第三紀鮮新世〜現世の貝類。エゾバイ科。
¶**学古生**（図1599/モ写）〈㊟石川県金沢市角間〉
学古生（図1736/モ写）〈㊟千葉県市原市瀬又〉

モスソガイ
新生代第四紀更新世の軟体動物腹足類。エゾバイ科。
¶**産地新**（p85/カ写）〈㊟千葉県木更津市桜井　高さ4.9cm〉
産地本（p101/カ写）〈㊟千葉県市原市瀬又　高さ4.5cm〉

モーソニテス　*Mawsonites*
先カンブリア時代の初期の無脊椎動物刺胞動物鉢虫類？
¶**化百科**（p108/カ写）〈幅12〜14cm〉

モチズキキリガイダマシ　*Turritella*（*Neohaustator*）*saishuensis motidukii*
新生代第三紀鮮新世の貝類。キリガイダマシ科。
¶**学古生**（図1573/モ写）〈㊟石川県金沢市地代〉

モッコク　*Ternstroemia japonica*
新生代第四紀更新世の陸上植物。ツバキ科。
¶**学古生**（図2570/モ図）〈㊟京都市右京区岩見上里〉

モディオモルファ・ミチロイデス　*Modiomorpha mytiloides*
デボン紀の軟体動物斧足類。
¶**原色化**（PL.22-2/モ写）〈㊟北アメリカのニューヨーク州デルフィ　長さ5.8cm〉

モディオルス　*Modiolus*
白亜紀の無脊椎動物貝殻の化石。別名ホンヒバリガイ。
¶**化百科**（p158/カ写）〈7cm〉
恐竜世〔ヒバリガイのなかま〕（p61/カ写）

モディオルス　*Modiolus ligeriensis*
ジュラ紀〜現世の無脊椎動物二枚貝類。イガイ目イガイ科。体長7.5cm。㊀世界中
¶**化写真**（p96/カ写）〈㊟フランス〉

モディオルス
中生代白亜紀の軟体動物斧足類。
¶**産地別**（p140/カ写）〈㊟岐阜県高山市荘川町松山谷　長さ6cm〉

モディオルス　⇒エゾヒバリガイを見よ

モディオルス　⇒ツヤガラスを見よ

モディオルス・スカルプルス　*Modiolus scalprus*
ジュラ紀の軟体動物斧足類。
¶**原色化**（PL.45-2/カ写）〈㊟イギリスのキルスビィ　長さ11.3cm〉

モ

モディオルス・チカノウイッチー
新生代第三紀中新世の軟体動物斧足類。別名ヒバリガイ。
¶産地新（p20/カ写）〈㊎北海道空知郡栗沢町美流渡 大きいものの長さ7cm〉
産地新（p20/カ写）〈㊎北海道空知郡栗沢町美流渡 長さ7.6cm〉
産地新（p20/カ写）〈㊎北海道空知郡栗沢町美流渡 長さ8.6cm〉

モディオルス・バケベロイデス *Modiolus bakevelloides*
中生代ジュラ紀前期の貝類。イガイ科。
¶学古生（図639/モ写）〈㊎宮城県本吉郡志津川町 右殻〉
日化譜〔Modiolus bakevelloides〕（図版37-21/モ写）〈㊎宮城県本吉郡志津川町韮ノ浜〉

モディオルス・ビパルティトゥス
デヴォン紀〜現代の無脊椎動物二枚貝類。別名ヒバリガイ。長さ1〜12cm。㊎世界各地
¶進化大〔モディオルス〕（p239/カ写）

モドキア・ティピカリス *Modocia typicalis*
カンブリア紀中期の無脊椎動物節足動物。
¶図解化（p100-8/カ写）〈㊎ユタ州〉

モドキアの一種 *Modocia* sp.
カンブリア紀後期の三葉虫。プティコパリア目。
¶三葉虫（図112/モ写）〈㊎モロッコのハジ 長さ42mm〉

モトブヒメカタベ *Pseudoliotia motobuensis*
更新世の軟体動物腹足類。
¶日化譜（図版27-3/モ写）〈㊎沖縄本島〉

モトリニシキ *Polynemamussium intuscostatum*
更新世前期〜現世の軟体動物斧足類。
¶日化譜（図版39-11/モ写）〈㊎千葉県君津郡馬来田〉

モニワカガミホタテ
新生代第三紀中新世の軟体動物斧足類。
¶産地別（p148/カ写）〈㊎石川県七尾市白馬町 長さ11.5cm, 高さ11.2cm 左殻, 右殻〉

モニワサザエ *Turbo parvuloides*
新生代第三紀・初期中新世の貝類。リュウテン科。
¶学古生（図1151,1152/モ写）〈㊎仙台市北赤石〉

モニワスナモグリ *Callianassa bona*
中新世中期の十脚類。
¶日化譜（図版59-8/モ写）〈㊎宮城県柴田郡川崎町川久保〉

モニワブンブク（新） *Gitolampas sendaica*
中新世中期のウニ類。
¶日化譜（図版88-18/モ写）〈㊎仙台市〉

モノアラガイ ⇒リムナエアを見よ

モノグラプタス（スピログラプタス）・ツリキュラータス *Monograptus (Spirograptus) turriculatus*
シルル紀の半索動物筆石類。
¶原色化（PL.10-6/モ写）〈㊎チェコスロバキアのボヘミアのビスコチルカ らせんの長さ1.2cm〉

モノグラプツス *Monograptus contolutus*
シルル紀〜前期デボン紀の無脊椎動物筆石類。正筆石目単筆石科。直径20cm。㊎世界中
¶化写真（p48/カ写）〈㊎イギリス〉

モノグラプツス *Monograptus* sp.
シルル紀の無脊椎動物半索動物筆石類。
¶図解化（p181-下/カ写）〈㊎イタリア 薄片〉

モノグラプツス・キメラ *Monograptus chimaera*
シルル紀の無脊椎動物半索動物筆石類。
¶図解化（p181-中央/カ写）〈㊎ドイツ〉

モノグラプトゥス *Monograptus convolutus*
シルル紀初期の無脊椎動物。
¶地球博〔螺旋状の筆石〕（p78/カ写）

モノグラプトゥス・クリンガニ *Monograptus clingani*
シルル紀〜デボン紀の半索動物筆石類。
¶化百科（p191/カ写）〈7cm〉

モノグラプトゥス・コンウォルトゥス
シルル紀前期の無脊椎動物筆石類。最大体長5cm。㊎世界各地
¶進化大〔モノグラプトゥス〕（p105/カ写）

モ

モノグラプトゥス・スピリリス *Monograptus spirilis*
シルル紀の半索動物筆石類。
¶化百科（p191/カ写）〈2cm〉

モノグラプトゥス・トゥリアングラトゥス
シルル紀前期の無脊椎動物筆石類。最大体長5cm。㊎世界各地
¶進化大〔モノグラプトゥス〕（p105/カ写）

モノクロニウス *Monoclonius*
白亜紀カンパニアンの恐竜類ケラトプス類。ケラトプス科セントロサウルス亜科。体長6m。㊎カナダのアルバータ州〜アメリカ合衆国のモンタナ州
¶恐イラ（p235/カ復）

モノクロニウス *Monoclonius nasicornrus*
白亜紀後期の恐竜類。竜型超綱鳥盤綱角竜目。別名いっかくつの竜。全長5.16m。㊎カナダのアルバータ
¶古脊椎（図177/モ復）

モノチス・オコウティカ *Monotis ochotica*
中生代三畳紀の二枚貝類。モノチス科。別名皿貝。
¶化石図（p94/カ写, カ復）〈㊎岡山県 殻の横幅約5cm〉

モノツリペラの1種 *Monotrypella* sp., aff.*M.yabei*
古生代中期シルル紀後期のコケムシ類。アンプレキソポラ科。
¶学古生（図32〜34/モ写）〈㊎岐阜県吉城郡上宝村一重ケ根 縦断面と接断面〉

モノティス（エントモノティス）・オコティカ
Monotis (Entomonotis) ochotica
中生代三畳紀後期の貝類。モノティス科。
¶学古生（図653/モ写）〈㊎岡山県川上郡成羽町 右殻外面〉

モノティス・オコティカ・デンシストリアータ
Monotis (Entomonotis) ochotica densistriata
三畳紀の軟体動物斧足類。
¶原色化（PL.40-9/カ写）〈㊎岡山県高梁市難波江 幅7.2cm〉

モノティス・オコティカ・ユゥラキス *Monotis (Entomonotis) ochotica eurachis*
三畳紀の軟体動物斧足類。
¶**原色化**(PL.40-8/カ写)〈㊔岡山県川上郡寺東 幅5cm〉

モノディックソディナ・マツバイシ *Monodiexodina matsubaishi*
古生代ペルム紀の原生動物紡錘虫類。シュワゲリナ科。
¶**学古生**〔モノディックソディナの1種〕(図82/モ写)〈㊔宮城県気仙沼市月立 正縦断面, 正横断面, 殻がとけ去った印象〉
化石フ(p26/カ写)〈㊔熊本県上益城郡矢部町 殻の長さ15mm〉

モノニクス *Mononykus*
白亜紀カンパニアンの恐竜類獣脚類テタヌラ類コエルロサウルス類アルヴァレズサウルス類。体長0.9m。㊎モンゴルのブギン・ツァフ
¶**恐イラ**(p199/カ復)

モノニクス・オレクラヌス *Mononykus olecranus*
白亜紀後期の恐竜類獣脚類コエルロサウルス類。アルバレッツサウルス科。
¶**モ恐竜**(p38/カ写)〈㊔モンゴル南西ブギン・ツァフ 全身骨格〉

モ

モノフィライテス・エンゲンシス ⇒モノフィリテス・ウェンゲンシスを見よ

モノフィリテス・ウェンゲンシス *Monophyllites wengensis*
三畳紀の軟体動物頭足類アンモナイト。
¶**アン最**〔アルセステス(プロアルセステス)の一種及びモノフィライテス・エンゲンシスと属種不明のオウムガイ類〕(p175/カ写)〈㊔ギリシャのリゴーリオ〉
アン最〔モノフィライテス・エンゲンシス〕(p177/カ写)〈㊔ギリシャのリゴーリオ〉
原色化(PL.41-5/カ写)〈㊔宮城県宮城郡利府 螺環の断片の長さ10cm〉

モノフィリテス・スファエロフィルス *Monophyllites sphaerophyllus*
中生代三畳紀の軟体動物頭足類。
¶**化石フ**(p106/カ写)〈㊔宮城県宮城郡利府町 150mm〉

モノフィリテス・スファエロフィルス
三畳紀中期～後期の無脊椎動物頭足類。直径7～11cm。㊎世界各地
¶**進化大**〔モノフィリテス〕(p203/カ写)

モノロフォサウルス *Monolophosaurus*
ジュラ紀中期の恐竜類獣脚類。全長6m。㊎中国
¶**恐竜世**(p167/カ復)
よみ恐(p54～55/カ復)

モノロフォサウルス
ジュラ紀中期の脊椎動物獣脚類。体長6m。㊎中国
¶**進化大**(p258～259/カ復)

モミ *Abies firma*
新生代第四紀更新世の陸上植物。マツ科。
¶**学古生**(図2536/モ図)〈㊔滋賀県大津市堅田 球果鱗片, 葉〉

モミ
新生代第四紀更新世の裸子植物毬果類。
¶**産地本**(p221/カ写)〈㊔滋賀県彦根市野田山町 高さ7cm 毬果〉

モミジソデガイ
中生代白亜紀の軟体動物腹足類。
¶**産地新**(p14/カ写)〈㊔北海道三笠市幾春別川熊追沢 棘の長さ約4cm〉
産地別(p28/カ写)〈㊔北海道苫前郡羽幌町逆川 高さ8cm〉
産地別(p40/カ写)〈㊔北海道苫前郡苫前町古丹別川本流 高さ12cm〉

モミジツキヒ *Amussiopecten praesignis*
新生代第三紀鮮新世の貝類。イタヤガイ科。
¶**学古生**(図1388/モ写)〈㊔沖縄県名護市仲尾次〉
原色化〔アムシオペクテン・プレシグニス〕(PL.75-1/モ写)〈㊔高知県安芸郡安田町唐ノ浜 幅8cm〉
日化譜(図版41-4,5/モ写)〈㊔静岡県周智郡大日等, 宮崎県児湯郡川南村〉

モミジツキヒ
新生代第三紀鮮新世の軟体動物斧足類。イタヤガイ科。別名アムシオペクテン。
¶**産地新**(p199/カ写)〈㊔高知県安芸郡安田町唐浜 高さ7.4cm, 高さ9cm 左殻, 右殻〉
産地新(p233/カ写)〈㊔宮崎県児湯郡川南町通山浜 高さ10cm〉
産地別(p233/カ写)〈㊔宮崎県児湯郡川南町通浜 長さ12.7cm〉

モミジバセンノキ *Kalopanax acerifolius*
新生代中新世後期の陸上植物。ウコギ科。
¶**学古生**(図2489/モ写)〈㊔岩手県二戸郡安代町荒屋〉

モミジバフウ ⇒リクイダンバを見よ

モミジホタテ ⇒トウキョウホタテを見よ

モミジボラ *Clathrodrillia* aff.*jeffreysii*
更新世前期～現世の軟体動物腹足類。
¶**日化譜**(図版34-11/モ写)〈㊔沖縄本島〉

モミジボラ *Inquisitor jeffreysii*
新生代第三紀・初期更新世の貝類。クダマキガイ科。
¶**学古生**(図1619/モ写)〈㊔石川県金沢市大桑〉
学古生(図1743/モ写)〈㊔東京都豊島区江戸川公園〉

モミジボラ
新生代第三紀鮮新世の軟体動物腹足類。
¶**産地別**(p90/カ写)〈㊔神奈川県愛甲郡愛川町小沢 高さ5.3cm〉

モミ属の花粉 *Abies*
新生代第四紀更新世の陸上植物。マツ科。
¶**学古生**(図2532/モ写)〈㊔宮崎県えびの市京町池牟礼〉
日化譜〔Abies sp.〕(図版80-19/モ写)〈㊔新潟県三島郡寺泊町新堂 花粉〉

モモタマナモドキ *Carpolithes japonica*
新生代中新世中期の陸上植物。
¶**学古生**(図2528/モ写)〈㊔石川県珠洲市高屋 有柄の翼果〉

モラリア *Molaria spinifera*
カンブリア紀の節足動物。節足動物門アラクノモルファ亜門。サイズ7〜26mm。
¶**バ頁岩**（図144〜146/モ写, モ復）〈[産]カナダのバージェス頁岩〉

モリシマヒタチオビ *Fulgoraria*（*Psephaea*？）*tessellata*
漸新世最後期〜中新世初期の軟体動物腹足類。
¶**日化譜**（図版83-38/モ写）〈[産]北九州市, 若松区八幡岬など〉

モリタクス *Cinnamomum miocenum*
新生代中新世中期の陸上植物。クスノキ科。
¶**学古生**（図2387/モ写）〈[産]石川県珠洲市高屋〉

モリモトスズ *Nemobius morimotoi*
中新世後期の昆虫類。
¶**日化譜**（図版60-28/モ写）〈[産]神戸市奥畑〉

モルガヌコドン *Morganucodon*
2億1000万〜1億8000万年前（三畳紀後期〜ジュラ紀前期）の哺乳類哺乳形類。モルガヌコドン目モルガヌコドン科。最初の哺乳類。森林に生息。全長9cm。[分]イギリスのウェールズ, 中国, アメリカ合衆国
¶**恐古生**（p204〜205/カ復）
恐竜世（p223/カ復）
生ミス5（図6-19/カ復）
絶哺乳（p30,32/カ復, モ図）〈仮想的な三畳紀のモルガヌコドン類の復元骨格〉

モルガヌコドン
三畳紀後期〜ジュラ紀前期の脊椎動物単弓類。全長9cm。[分]イギリス諸島, 中国, アメリカ
¶**進化大**（p221/カ復）

モルガヌコドン・ワトソニ *Morganucodon watsoni*
三畳紀後期〜ジュラ紀前期いの哺乳類？哺乳綱異獣亜綱梁歯目。頭胴長9cm。[分]イギリス南部
¶**古脊椎**〔モルガヌコドン〕（図215/モ復）
リア中〔モルガヌコドン〕（p80/カ復）

モルトニケラス *Mortoniceras potternense*
前期白亜紀の無脊椎動物アンモナイト類。アンモナイト目ブランコケラス科。直径8cm。[分]ヨーロッパ, アフリカ, アメリカ
¶**化写真**（p157/カ写）〈[産]イギリス〉

モルトニセラス属の未定種 *Mortoniceras* sp.
中生代白亜紀の軟体動物頭足類。
¶**化石フ**（p118/カ写）〈[産]千葉県銚子市 150mm〉

モルトニセラス・デボネンゼに比較される種
Mortoniceras（*Deiradoceras*）cf.*M.*（*D.*）*devonense*
中生代白亜紀前期のアンモナイト。モルトニセラス科。
¶**学古生**（図482/モ写）〈[産]北海道岩見沢市万字地域シコロ沢上流 前面, 側面〉

モルトニセラス・ロストラータム *Mortoniceras rostratum*
アルビアン後期の軟体動物頭足類アンモナイト類。アンモナイト亜目ブランコセラス科。成年殻で体長約20cm。
¶**アン学**（図版12-1〜3/カ写）〈[産]三笠地域, 夕張地域〉
地球博〔アンモナイト〕（p80/カ写）
日絶古〔モルトニセラス〕（p116〜117/カ写, カ復）

モルトニセラス・ロストラトゥム
白亜紀前期の無脊椎動物頭足類。直径最大30cm。[分]ヨーロッパ, アフリカ, インド, 北アメリカ, 南アメリカ
¶**進化大**〔モルトニセラス〕（p298/カ写）

モレノサウルス近縁種 *Morenosaurus*？
中生代白亜紀カンパニアン期後期〜マストリヒシアン期のクビナガリュウ類。爬虫綱長頸竜目プレシオサウルス上科エラスモサウルス科。体長約10m。
¶**日絶古**（p38〜39/カ写, カ復）〈[産]北海道中川町〉

モレノサウルス近縁種
白亜紀カンパニアン期のクビナガリュウ類。エラスモサウルス科。
¶**日白亜**（p125/カ写）〈[産]北海道中川町 産出状況, 復元骨格標本〉

モロザキサメハダヒザラガイ *Lepidopleurus morozakiensis*
新生代第三紀中新世の軟体動物多足類。
¶**化石フ**（p166/カ写）〈[産]愛知県知多郡南知多町 30mm〉

モロシマゾウ（新） *Palaeoloxodon* aff.*hysudrindicus*
更新世後期の哺乳類。
¶**日化譜**（図版89-27/モ写）〈[産]広島県諸島沖 右下第3大臼歯咀嚼面〉

モロゾワポラの1種 *Morozovapora akiyoshiensis*
古生代後期石炭紀前期のコケムシ類。ガーティポラ科。
¶**学古生**（図180/モ写）〈[産]山口県美祢郡秋芳町水田 横断面〉

モロッコニテス エクスパンサス *Morocconites expansus*
デボン紀中期の三葉虫。ファコープス目。
¶**三葉虫**（図75/モ写）〈[産]モロッコのアルニフ 長さ80mm タイプ標本〉

モロッコニテス マラドイデス *Morocconites malladoides*
デボン紀の三葉虫。ファコープス目。
¶**三葉虫**（図76/モ写）〈[産]モロッコのアルニフ 長さ67mm〉

モロプス *Moropus*
新生代新第三紀中新世の哺乳類真獣類奇蹄類カリコテリウム類。バク型亜目鉤足下目カリコテリウム科。肩高1.8m。[分]アメリカ
¶**恐絶動**（p259/カ復）
生ミス10（図2-2-12/カ写, カ復）〈全身復元骨格〉
絶哺乳（p171,172/カ写, カ復）〈骨格〉

モロプス *Moropus elatum*
中新世の哺乳類。哺乳綱獣亜綱正獣上目奇蹄目。体長2.7m。[分]ネブラスカ州
¶**古脊椎**（図306/モ復）

モンキーパズルツリー ⇒アラウカリアを見よ

モンゴロテリウム *Mongolotherium plantigradum*
哺乳類。哺乳綱獣亜綱正獣上目恐角目。別名蒙古獣。全長3m。

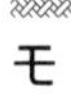

¶古脊椎（図272/モ復）

モンゴロテリウム ⇒プロディノケラスを見よ

モンジュロスクス・スプレンデンス *Monjurosuchus splendens*
中生代の小型爬虫類コリストデラ類。熱河生物群。
¶熱河生〔モンジュロスクス・スプレンデンスの線画〕（図118/モ図）〈㊨中国の遼寧省凌源の大南溝 頭骨の長さ92mm 消失した完模式標本〉
熱河生〔モンジュロスクス・スプレンデンスの新模式標本〕（図119/カ写）〈㊨中国の遼寧省凌源の牛営子 頭骨の長さ58mm〉
熱河生〔モンジュロスクス・スプレンデンスの皮膚の印象〕（図120/カ写）〈㊨中国〉

モンタストレアの1種 *Montastrea* sp.
新生代中新世の六放サンゴ類。キクメイシ科。
¶学古生（図1006/モ写）〈㊨石川県珠洲市馬緤〉
学古生（図1020/モ写）〈㊨千葉県館山市沼〉

モンタノケラトプス *Montanoceratops*
白亜紀マーストリヒシアンの恐竜類ネオケラトプス類。角竜亜目プロトケラトプス科。新世界の原始的な角竜類。体長3m。㊗アメリカ合衆国のモンタナ州
¶恐イラ（p232/カ復）
恐絶動（p163/カ復）

ヤ

モンティポラ・ベリリイ *Montipora verrilli*
第四紀完新世初期の腔腸動物六射サンゴ。
¶原色化（PL.85-2/カ写）〈㊨千葉県館山市香谷〉

モントリヴァルチア *Montlivaltia*
三畳紀中期～白亜紀後期の刺胞動物サンゴ類花虫類イソギンチャク類イシサンゴ類モントリヴァルチア類。
¶化百科（p118/カ写）〈㊨ウェールズのウォルタースト ン 石板幅6cm〉
図解化〔モントリヴァルチア属のグループの六放サンゴ〕（p70-7/カ写）〈㊨マダガスカル〉

モントリバルチアの1種 *Montlivaltia* sp.cf.*M. stylophylloides*
中生代三畳紀後期の六放サンゴ類。モントリバルチア科。
¶学古生（図330/モ写）〈㊨熊本県球磨郡球磨村神瀬 横断面〉

【ヤ】

ヤーヴァーランディア *Yaverlandia*
白亜紀バレミアンの恐竜類パキケファロサウルス類。初期の角竜類。体長2m。㊗イギリスのワイト島
¶恐イラ（p172/カ復）

ヤエガワカンバ *Betula davurica*
新生代第四紀更新世の陸上植物。カバノキ科。
¶学古生（図2549/モ写）〈㊨栃木県塩谷郡塩原町〉

ヤエバイトカケ
新生代第三紀中新世の軟体動物腹足類。
¶産地別（p61/カ写）〈㊨北海道石狩郡当別町青山中央 高さ4cm〉

ヤカドツノガイ *Dentalium*（*Dentalium*）*octangulatum*
新生代第四紀更新世の貝類。ツノガイ科。
¶学古生（図1706/モ写）〈㊨千葉県市原市不入斗〉
学古生（図1779/モ写）

ヤキイモ *Conus*（*Leptoconus*）cf.*magus*
更新世後期～現世の軟体動物腹足類。
¶日化譜（図版34-30/モ写）〈㊨鹿児島県〉

ヤギュウ ⇒ビソンを見よ

ヤクゥトゥス *Yacutus*
古生代カンブリア紀の節足動物三葉虫。
¶生ミス1（p128/カ写）〈㊨ロシアのシベリア〉

ヤグラニシキ *Chlamys*（s.s.）*yagurai*
更新世前期の軟体動物斧足類。
¶日化譜（図版39-30/モ写）〈㊨兵庫県舞子, 島原半島〉

ヤグラニシキ *Volachlamys yagurai*
新生代第四紀更新世の貝類。イタヤガイ科。
¶学古生（図1650/モ写）〈㊨神戸市須磨区西舞子〉

ヤグラモシオ
新生代第三紀鮮新世の軟体動物斧足類。
¶産地別（p155/カ写）〈㊨静岡県掛川市下垂木飛鳥 長さ5.5cm〉

ヤゲンオオハネガイ *Lima*（*Acesta*）*yagenensis*
中新世前期の軟体動物斧足類。
¶日化譜（図版41-17/モ写）〈㊨埼玉県秩父市小柱〉

ヤシ ⇒パルモクシロンを見よ

ヤスダニシキ *Polynemamussium yasudae*
中新世の軟体動物斧足類。
¶日化譜（図版39-10/モ写）〈㊨宮城県遠田郡涌谷町〉

ヤスデ類 ⇒倍脚類を見よ

ヤスデ類の未定種 *Polydesmoidea* gen.et sp.indent.
新生代第四期更新世の節足動物倍脚類。
¶化石フ（p160/カ写）〈㊨岐阜県瑞浪市 11mm〉

ヤスリツノガイ *Dentalium*（*Fissidentalium*）*yokoyamai*
中新世～現世の軟体動物掘足類。
¶日化譜（図版35-18/モ写）〈㊨群馬県多野郡平井村西平井〉

ヤスリツノガイ *Fissidentalium yokoyamai*
新生代第三紀・中期中新世の貝類。ツノガイ科。
¶学古生（図1292/モ写）〈㊨宮城県柴田郡大河原町沼辺〉
学古生（図1332/モ写）

ヤスリツノガイ
新生代第三紀中新世の軟体動物掘足類。
¶産地新（p160/カ写）〈㊨福井県大飯郡高浜町山中 長さ約9cm〉
産地本（p242/カ写）〈㊨島根県八束郡玉湯町布志名 長さ5cm〉

ヤスリツノガイ
新生代第三紀鮮新世の軟体動物掘足類。ツノガイ科。
¶産地新（p217/カ写）〈㊨高知県安芸郡安田町唐浜 大き

いものの長さ6.5cm〉

ヤダケ属の1種　*Phyllostachys* sp.
新生代鮮新世の陸上植物。イネ科。
¶学古生（図2526/モ図）〈[産]愛知県瀬戸市印所 茎（稈），葉〉

ヤチヨノハナガイ　*Raeta*（*Raetina*）*pellicula*
新生代第四紀完新世の貝類。バカガイ科。
¶学古生（図1759/モ写）〈[産]東京都江東区深川豊洲1丁目〉

ヤチヨノハナガイ
新生代第四紀更新世の軟体動物斧足類。
¶産地別（p96/カ写）〈[産]千葉県印西市山田 長さ6.2cm〉

ヤツオタマキビ　*Littorinopsis miodelicatula*
新生代第三紀・初期中新世の貝類。タマキビガイ科。
¶学古生（図1202/モ写）〈[産]石川県輪島市徳成〉

ヤツオビョウブガイ　*Trisidos yatsuoensis*
新生代第三紀・中期中新世初期の貝類。フネガイ科。
¶学古生（図1310,1311/モ写）〈[産]石川県金沢市東市瀬〉

ヤツカバイ（？）　*Buccinum* sp.cf.*B.yatukanum*
新生代第三紀・後期中新世の貝類。エゾバイ科。
¶学古生（図1359/モ写）〈[産]島根県松江市乃木福富町〉

ヤツシロガイ　*Tonna luteostoma*
新生代第四紀更新世の貝類。ヤツシロガイ科。
¶学古生（図1725/モ写）〈[産]愛知県渥美郡赤羽根町高松〉
日化譜（図版31-20/モ写）〈[産]千葉県手賀〉

ヤツシロガイ
新生代第四紀更新世の軟体動物腹足類。
¶産地別（p93/カ写）〈[産]千葉県印西市山田 高さ12cm〉
産地本（p101/カ写）〈[産]千葉県市原市瀬又 高さ7cm〉

ヤッチェンギアの1種　*Yatsengia ibukiensis*
古生代後期二畳紀中期の四放サンゴ類。リソストロチオン科。
¶学古生（図121/モ写）〈[産]岐阜県大垣市赤坂町金生山 横断面，縦断面〉
日化譜〔Yatsengia ibukiensis〕（図版17-2/モ写）〈[産]山口県秋吉，滋賀県伊吹山 横断面〉

ヤーディア
中生代白亜紀の軟体動物斧足類。別名ステインマネラ。
¶産地新（p156/カ写）〈[産]兵庫県三原郡緑町広田広田 長さ11cm〉

ヤーディア・キムライ　*Yaadia kimurai*
中生代白亜紀の軟体動物斧足類三角貝類。
¶化石フ（p99/カ写）〈[産]福島県いわき市 25mm〉

ヤナガワヒヨクガイ　*Aequipecten yanagawaensis*
新生代第三紀・初期中新世の貝類。イタヤガイ科。
¶学古生（図1138/モ写）〈[産]宮城県名取市熊野堂〉

ヤナガワヒヨクガイ　*Cryptopecten yanagawaensis*
新生代第三紀・中期中新世初期の貝類。イタヤガイ科。
¶学古生（図1304/モ写）〈[産]石川県金沢市東市瀬〉

ヤナギサワヤマモモ　*Comptonia yanagisawae*
漸新世後期の双子葉植物。
¶日化譜（図版76-4/モ写）〈[産]福島県常磐市湯元炭坑〉

ヤナギバサヤガタソテツ　*Podozamites lanceolatus*
中生代三畳紀後期～古白亜紀前期の陸上植物。球果綱。
¶学古生（図753/モ写）〈[産]岡山県川上郡成羽町〉
学古生（図793a/モ写）〈[産]桑島〉
日化譜〔Podozamites lanceolatus〕（図版74-19,20/モ写）〈[産]岡山県川上郡成羽町枝，上日名，日名畑など〉

ヤナミシワバイ　*Mohnia yanamii*
新生代第三紀鮮新世の貝類。エゾバイ科。
¶学古生（図1441/モ写）〈[産]青森県むつ市前川〉

ヤナミマンジ　*Lora yanamii*
鮮新世の軟体動物腹足類。
¶日化譜（図版34-23/モ写）〈[産]山形県飽海郡増田〉

ヤニセウスキエラ・ジャポニカ　*Yanishewskiella japonica*
古生代後期・前期石炭紀後期の腕足類。有関節綱リンコネラ目リンコネラ上科カマロトエキア科。
¶学古生（図124/モ写）〈[産]山口県美祢郡秋芳町江原 茎殻，腕殻，側面，前面〉

ヤノケトゥス　⇒リャノケトゥスを見よ

ヤノコノドン　*Yanoconodon allini*
白亜紀前期の哺乳類。真三錐歯目ヤノコノドン科。頭胴長約13cm。[分]中国東北地方
¶絶哺乳（p38/カ復）

ヤノステウス・ロンギドルサリス　*Yanosteus longidorsalis*
中生代の魚類。条鰭亜綱軟質下綱チョウザメ目ペイピアオステウス科。熱河生物群。体長1m。
¶熱河生（図97/カ写）〈[産]中国〉

ヤノルニス・マルティニの完模式標本　*Yanornis martini*　燕鳥
中生代の鳥類真鳥類。熱河生物群。
¶熱河生（図190/カ写）〈[産]中国の遼寧省朝陽の大平房〉

ヤベアラレボラ　*Apollon yabei*
中新世中期の軟体動物腹足類。
¶日化譜（図版31-6,7/モ写）〈[産]福島県棚倉〉

ヤベイセラス・メナベンセ　*Yabeiceras menabense*
サントニアン期のアンモナイト。
¶アン最（p119/カ写）〈[産]マダガスカル〉

ヤベイナ
古生代ペルム紀の原生動物紡錘虫類。
¶産地本（p111/カ写）〈[産]岐阜県大垣市赤坂町金生山 径6mm〉

ヤベイナ・グロボーサ　*Yabeina globosa*
古生代ペルム紀の原生動物フズリナ類（紡錘虫）。ネオシュワゲリナ科ヤベイナ属。有孔虫類。
¶学古生〔ヤベイナの1種〕（図87/モ写）〈[産]岐阜県大垣市赤坂町金生山 正縦断面，正横断面〉
化石図（p82/カ写，カ復）〈[産]岐阜県 1個体の大きさ約1cm〉
化石フ（p26/カ写）〈[産]岐阜県大垣市赤坂町 個体の径約10mm〉
原色化（PL.35-6/モ写）〈[産]岐阜県不破郡赤坂町金生山 長径約1cm 風化断面〉

日化譜〔Yabeina globosa〕(図版5-9,10/モ写)〈(産)岐阜県赤坂, 関東山地 縦断面〉

ヤベイノサウルス *Yabeinosaurus*
中生代白亜紀の爬虫類双弓類鱗竜形類有鱗類。熱河生物群。全長30cm。(分)中国
¶生ミス7(図1-12/カ復)
熱河生〔ヤベイノサウルスの不完全な骨格〕(図126/カ写)〈(産)中国の遼寧省凌源の鴿子洞〉
熱河生〔未記載のヤベイノサウルス化石骨格〕(図127/カ写)〈(産)中国の遼寧省凌源の大王杖子〉

ヤベイノサウルス *Yabeinosaurus tenuis* 矢部竜
爬虫類。竜型超綱有鱗綱有鱗目トカゲ亜目。全長14.8cm。(分)中国熱河凌源
¶古脊椎(図116/モ復)

ヤベオオツノジカ *Sinomegaceros yabei*
更新世後期の哺乳類反芻類シカ類。鯨偶蹄目シカ科。肩高約1.7m。(分)日本
¶学古生(図2031/モ写)〈(産)岐阜県郡上郡八幡町熊石洞 左大中足骨前面〉
学古生(図2044/モ写)〈(産)山口県美祢市重安石灰採石所ほか〉
生ミス10(図3-3-10/カ写, カ復)
生ミス10(図3-3-11/カ写)〈(産)群馬県富岡市 ツノ〉
絶哺乳(p203,205/カ写, カ復)〈(産)山口県, 群馬県 復元骨格〉

矢部巨角鹿 ⇒シノメガケロイデスを見よ

ヤベカエデ *Acer yabei*
新生代中新世後期の陸上植物。カエデ科。
¶学古生(図2464/モ写)〈(産)秋田県仙北郡西木村桧木内又沢 翼果〉

ヤベキクカサンゴ *Echinophyllia yabei*
新生代中新世の六放サンゴ類。ウミバラ科。
¶学古生(図1011/モ写)〈(産)静岡県榛原郡相良町女神山 横断面〉

ヤベシタダミ *Teinostoma yabei*
新生代第三紀・初期中新世の貝類。ミジンシタダミ科。
¶学古生(図1196/モ写)〈(産)石川県輪島市徳成〉

ヤベチョウチンガイ *Terebratulina yabei*
中新世後期の腕足類終穴類。
¶日化譜(図版25-9/モ写)〈(産)秋田県河辺郡岩見三内〉

ヤベナウマンゾウ *Palaeoloxodon yabei*
更新世後期の哺乳類長鼻類。
¶日化譜(図版67-11/モ写)〈(産)瀬戸内海底 右下顎咀嚼面〉

ヤベネジヌキバイ ⇒ヤベネジボラを見よ

ヤベネジボラ *Japelion yabei*
新生代第三紀中新世の軟体動物腹足類。
¶化石フ(p184/カ写)〈(産)三重県一志郡白山町 140mm〉
日化譜〔ヤベネジヌキバイ〕(図版31-30/モ写)〈(産)北茨城市関南〉

ヤベネジボラ
新生代第三紀中新世の軟体動物腹足類。
¶産地本(p183/カ写)〈(産)三重県安芸郡美里村家所 高さ11cm〉

ヤベビカリア *Vicarya yabei*
新生代第三紀始新世の貝類。ウミニナ科。
¶学古生(図1103,1104/モ写)〈(産)沖縄県石垣市伊原間〉

ヤベフクロガイ
新生代第三紀中新世の軟体動物腹足類。
¶産地新(p68/カ写)〈(産)茨城県北茨城市大津町五浦 高さ3.5cm〉

ヤベフジツガイ(?) *Bursa* sp.cf.*B.yabei*
新生代第三紀・中期中新世初期の貝類。フジツガイ科。
¶学古生(図1325/モ写)

ヤベホタテ
新生代第三紀鮮新世の軟体動物斧足類。
¶産地別(p157/カ写)〈(産)富山県高岡市岩坪 長さ17.5cm〉

ヤベホタテガイ *Yabepecten tokunagai*
新生代第三紀鮮新世～更新世初期(?)の貝類。イタヤガイ科。
¶学古生(図1497/モ写)〈(産)富山県西砺波郡福岡町赤丸 右殻〉

ヤベミミガイ *Sinum yabei*
新生代第三紀・中期中新世の貝類。タマガイ科。
¶学古生(図1286/モ写)〈(産)宮城県柴田郡村田町足立西方〉
日化譜〔Sinum yabei〕(図版30-18/モ写)〈(産)岩手県など〉

ヤベモシオガイ *Crassatella*(*Eucrassatella*) *yabei*
漸新世末期の軟体動物斧足類。
¶日化譜(図版44-8/モ写)〈(産)若松市坂水など〉

ヤベランダイコウバイ ⇒ヤベランダイコウバシを見よ

ヤベランダイコウバシ *Sassafras yabei*
新生代中新世後期の被子植物双子葉類。クスノキ科。
¶学古生(図2392/モ写)〈(産)岩手県岩手郡雫石町夜明沢〉
化石フ〔ヤベランダイコウバイ〕(p156/カ写)〈(産)愛知県北設楽郡東栄町 150mm〉

ヤマアカガエル *Rana* aff.*temporaria ornativentris*
更新世後期の両生類。
¶日化譜(図版64-8～10/モ写)〈(産)栃木県佐野市出流原 左脛腓骨外側, 大腿骨端部〉

ヤマアリ類の一種
新生代古第三紀の節足動物昆虫類。
¶生ミス9(図1-5-5/カ写)〈(産)バルト海 琥珀〉

ヤマカガシ *Natrix tigrina*
更新世後期～現世の爬虫類。
¶日化譜(図版64-13,14/モ写)〈(産)秋吉 左歯骨〉

ヤマカワイトカケ *Epitonium*(*Cinctiscala*) *yamakawai*
更新世後期の軟体動物腹足類。
¶日化譜(図版29-22/モ写)〈(産)千葉県大竹〉

ヤマザキスエモノガイ *Myadoropsis transmontana*
新生代第四紀の貝類。ミツカドカタビラガイ科。
¶**学古生**(図1702/モ写)〈㊨千葉県市原市瀬又〉

ヤマサキホタテ *Mizuhopecten yamasakii*
新生代第三紀・後期中新世〜鮮新世の貝類。イタヤガイ科。
¶**学古生**(図1369/モ写)〈㊨長野県上水内郡戸隠村下楡木〉

ヤマザキマクラ *Modiolus yamasakii*
漸新世末期の軟体動物斧足類。
¶**日化譜**(図版37-24/モ写)〈㊨樺太〉

ヤマダトネリコ *Fraxinus k-yamadai*
新生代中新世後期の陸上植物。モクセイ科。
¶**学古生**(図2522/モ写)〈㊨北海道紋別郡遠軽町社名渕 翼果〉

ヤマトオサガニ
新生代第四紀完新世の節足動物甲殻類。
¶**産地本**(p103/カ写)〈㊨千葉県千葉市幕張 幅5cm 背面, 腹面〉
産地本(p147/カ写)〈㊨愛知県知多市古見 左右7.5cm〉

ヤマトオサガニ近似種 *Macrophthalmus* sp.aff.*M. japonicus*
新生代第四紀完新世の甲殻類十脚類。スナガニ科。
¶**学古生**(図1845/モ写)〈㊨千葉県船橋市海岸埋立地〉

ヤマトクジラ *Mauicetus*(?) sp.
新生代古第三紀漸新世の哺乳類鬚鯨類。
¶**化石フ**(p233/カ写)〈㊨福岡県北九州市若松区 頭骨長1.2m〉

ヤマトケトゥス *Yamatocetus*
新生代古第三紀漸新世の哺乳類真獣類鯨偶蹄類ヒゲクジラ類。頭骨長115cm。㊈日本
¶**生ミス9**(図1-7-12/カ写, カ復)〈㊨福岡県北九州市遠見ノ鼻 約115cm 正基準標本。頭骨の左側面, 上(背)側〉

ヤマトシジミ *Corbicula japonica*
新生代第四紀更新世の貝類。シジミ科。
¶**学古生**(図1682/モ写)〈㊨千葉県市原市瀬又〉

ヤマトタマキガイ *Glycymeris nipponica*
新生代第三紀鮮新世の貝類。タマキガイ科。
¶**学古生**(図1407/モ写)〈㊨青森県むつ市前川〉

ヤマトタマキガイ
新生代第三紀鮮新世の軟体動物斧足類。
¶**産地別**(p90/カ写)〈㊨神奈川県愛甲郡愛川町小沢 長さ4.8cm〉

ヤマトビカリア *Vicarya callosa japonica*
新生代第三紀・初期中新世の貝類。ウミニナ科。
¶**学古生**(図1207/モ写)〈㊨石川県輪島市徳成〉
日化譜〔Vicarya callosa japonica〕(図版29-4/モ写)〈㊨岡山県津山, 石川県能登半島〉

ヤマトフスマガイ *Clementia japonica*
新生代第三紀・初期中新世の貝類。マルスダレガイ科。
¶**学古生**(図1177/モ写)〈㊨石川県輪島市徳成〉

ヤマトフミガイ *Venericardia*(*Megacardita*) *japonica*
漸新世後期の軟体動物斧足類。
¶**日化譜**(図版44-10/モ写)〈㊨長崎県崎戸〉

ヤマトマクロンガイ *Macron nipponensis*
鮮新世後期の軟体動物腹足類。
¶**日化譜**(図版32-12/モ写)〈㊨岩手県二戸郡金田一村落合〉

ヤマトモシオガイ *Crassatella*(*Eucrassatella*) *nipponensis*
始新世後期の軟体動物斧足類。
¶**日化譜**(図版44-9/モ写)〈㊨熊本県荒尾市万田炭坑〉

ヤマドリゼンマイ ⇒オスムンダを見よ

ヤマナサトウカエデ *Acer yamanae*
新生代中新世後期の陸上植物。カエデ科。
¶**学古生**(図2461,2462/モ写)〈㊨岡山県苫田郡上斉原村恩原, 鳥取県八頭郡佐治村辰巳峠 葉, 葉の微細脈系〉

ヤマビワ属の1種 *Meliosma* sp.
新生代中新世後期の陸上植物。アワブキ科。
¶**学古生**(図2470/モ写)〈㊨鳥取県八頭郡佐治村辰巳峠〉

ヤマビワに比較される種 *Meliosma* cf.*M.rigida*
新生代鮮新世の陸上植物。アワブキ科。
¶**学古生**(図2471/モ図)〈㊨岐阜県瑞浪市陶町畑小屋 種子〉

ヤマボウシ *Cornus kousa*
新生代第四紀更新世の陸上植物。ミズキ科。
¶**学古生**(図2593/モ写)〈㊨栃木県塩谷郡塩原町〉

ヤマモモ *Myrica*
漸新世〜現在の被子植物双子葉植物。ヤマモモ科。
¶**化百科**(p102/カ写)〈葉長7cm(不完全)〉
図解化(図版2-1/カ写)〈㊨エビア島〉
図解化〔Myrica〕(図版2-9/カ写)〈㊨エビア島〉

ヤマモモ属の1種 *Myrica* sp.
新生代中新世中期の陸上植物。ヤマモモ科。
¶**学古生**(図2284/モ図)〈㊨山形県西置賜郡小国町〉

ヤモイティウス *Jamoytius*
シルル紀後期の魚類無顎類。欠甲目。全長27cm。㊈英国のスコットランド
¶**恐絶動**(p22/カ復)

ヤモイティウス *Jamoytius kerwoodi*
魚類。無顎超綱無顎綱骨甲目。全長18cm。
¶**古脊椎**(図3/モ復)

ヤモリ
第三紀の爬虫類。
¶**図解化**〔コハクの断片中に閉じ込められた小さなヤモリ〕(p18-3/カ写)〈㊨サントドミンゴ〉

ヤンゴファイバー ⇒ビーバーを見よ

ヤンチュアノサウルス *Yangchuanosaurus*
ジュラ紀後期の恐竜類獣脚類。カルノサウルス下目アロサウルス上科シンラプトル科。大型の肉食恐竜。体長7.5〜9.75m。㊈中国
¶**恐絶動**(p115/カ復)
よみ恐(p84〜85/カ復)

ヤ

ヤンドゥサウルス *Yandusaurus*
ジュラ紀バトニアン〜カロビアンの恐竜類鳥脚類。ヒプシロフォドン科。体長1.5m。㊎中国
¶恐イラ（p120/カ復）

ヤンマ科の1種 Aeshnidae,gen.et sp.indet.
新生代中新世前期の昆虫類。ヤンマ科。
¶学古生（図1803/モ写）〈㊥福井県丹生郡清水町出村〉

【ユ】

ユーアスピドセラスの一種 *Euaspidoceras* sp.
カロビアン期のアンモナイト。
¶アン最（p154/カ写）〈㊥フランスのノルマンディー〉

ユーアスピドセラス・マダガスカリエンス *Euaspidoceras madagascariense*
キンメリッジ期のアンモナイト。
¶アン最（p111/カ写）〈㊥マダガスカル〉

ユゥエステリア・ミヌータ *Euestheria minuta*
三畳紀の節足動物介形類。
¶原色化（PL.39-6/モ写）〈㊥ドイツのヴュルテムベルグのクライルスハイム 平均幅2.5mm〉

ユウカゲハマグリの仲間 *Pitar*? sp.
新生代第三紀の貝類。マルスダレガイ科。
¶学古生（図1550/モ写）〈㊥石川県金沢市上中町〉

ユゥキクルス・バチス *Eucyclus bathis*
ジュラ紀の軟体動物腹足類。
¶原色化（PL.50-3/モ写）〈㊥ヨーク州のブラドフォード，アッパス 高さ3.5cm〉

ユウクテノケロス *Cervus*（*Euctenoceros*）*senezensis*
更新世初期の哺乳類。哺乳綱獣亜綱正獣上目偶蹄目。㊎南フランス
¶古脊椎（図330/モ復）

有孔虫 *Radotruncana calcarata*
白亜紀後期の単細胞生物。海生プランクトン。
¶世変化（図66/カ写）〈㊥タンザニア南東部 幅600μm〉

有孔虫
古第三紀の無脊椎動物原生動物。
¶図解化〔内部構造の見える多数の有孔虫を含む古第三紀貨幣石石灰岩の断面〕（p55-4/カ写）

有孔虫（不明種）
古生代ペルム紀の原生動物紡錘虫類。
¶産地本（p151/カ写）〈㊥滋賀県犬上郡多賀町エチガ谷 長さ3mm〉
産地本（p151/カ写）〈㊥滋賀県犬上郡多賀町権現谷 長さ2mm〉

有孔虫（紡錘虫）の断面
石炭紀の無脊椎動物原生動物。
¶図解化（p55-2/カ写）

有孔虫類 *Globigerinoides fistulosus*
312万〜177万年前（新第三紀鮮新世〜第四紀更新世）の原生生物。微化石。
¶化石図（p22/カ写）〈㊥南太平洋 直径約1200μm〉

有孔虫類 *Globorotalia opima nana*
2500万年前（古第三紀漸新世）の原生生物。微化石。
¶化石図（p22/カ写）〈㊥北海道 直径約300μm〉

遊在類
ジュラ紀の無脊椎動物環虫類。
¶図解化（p91-4/カ写）〈㊥ドイツのゾルンホーフェン〉

ユウシルティディウム・アサノイ *Eucyrtidium asanoi*
新生代中新世中期の放散虫。ユウシルティディウム科ユウシルティディウム亜科。
¶学古生（図908/モ写）〈㊥茨城県高萩市駒木原〉

ユウシルティディウム・インフラータム *Eucyrtidium inflatum*
新生代中新世中期の放散虫。ユウシルティディウム科ユウシルティディウム亜科。
¶学古生（図907/モ写）〈㊥宮城県仙台市旗立〉

ユウシルティディウム・カルバーテンゼ *Eucyrtidium calvertense*
新生代鮮新世の放散虫。ユウシルティディウム科ユウシルティディウム亜科。
¶学古生（図906/モ写）〈㊥千葉県銚子市三崎町屛風ヶ浦〉

ユウシルティディウム・マツヤマイ *Eucyrtidium matuyamai*
新生代更新世の放散虫。ユウシルティディウム科ユウシルティディウム亜科。
¶学古生（図905/モ写）〈㊥千葉県海上郡飯岡町刑部岬〉

ユウシルティディウム・ヤツオエンゼ *Eucyrtidium yatuoense*
新生代中新世中期の放散虫。ユウシルティディウム科ユウシルティディウム亜科。
¶学古生（図909/モ写）〈㊥茨城県那珂湊市磯崎〉

ユゥデシア・カルディウム *Eudesia cardium*
ジュラ紀の腕足動物有関節類。
¶原色化（PL.57-2/カ写）〈㊥バルハドス 高さ3cm〉
図解化〔Eudesia cardium〕（図版10-20/カ写）〈㊥フランス〉

ユウトレフォセラス
ジュラ紀中期〜新第三紀前期の無脊椎動物頭足類。幅12〜30cm。㊎世界各地
¶進化大（p237/カ写）

ユウパキディスカス・ハラダイ ⇒ユーパキディスカス・ハラダイを見よ

ユウパキディスクス・テシオエンシス *Eupachydiscus teshioensis*
中生代白亜紀後期のアンモナイト。パキディスクス科。
¶学古生（図531/モ写）〈㊥北海道中川郡中川町共和〉

ユウバリセラス
中生代白亜紀の軟体動物頭足類。
¶産地別（p48/カ写）〈㊥北海道留萌郡小平町上記念別川 長径15.5cm〉

ユウヒザクラ *Arcopagia*（*Merisca*）*subtruncata*
新生代第四紀の貝類。ニッコウガイ科。
¶学古生（図1763/モ写）〈㊥東京都千代田区大手町〉

有尾両生類
漸新世の脊索動物両生類。
¶**図解化**〔おそらく有尾両生類〕(p201-4/カ写)〈[産]フランス〉

ユゥペコプテリス・システィ *Eupecopteris cisti*
石炭紀の裸子植物蘇鉄状羊歯類。
¶**原色化**(PL.30-4/モ写)〈[産]イギリスのサマーセット州カマートン 母岩の長さ12×5.2cm〉

ユウボストリコセラス・ウージイに比較される種 *Eubostrychoceras* cf.*E.woodsi*
中生代白亜紀後期のアンモナイト。ノストセラス科。
¶**学古生**(図477/モ写)〈[産]北海道岩見沢市万字地域三ノ沢上流 側面〉

ユウボストリコセラス・ジャポニカム ⇒ユーボストリコセラス・ジャポニカムを見よ

ユウボストリコセラス・ムラモトイ
Eubostrychoceras cf.*E.muramotoi*
中生代白亜紀後期のアンモナイト。ノストセラス科。
¶**学古生**(図519/モ写)〈[産]北海道三笠市幾春別川流域〉

ユウリノサウルス *Eurhinosaurus longirostris*
ジュラ紀初期の爬虫類。爬型超綱魚竜綱魚竜目。全長5m。[分]南ドイツ
¶**古脊椎**(図96/モ復)

ユゥリプテルス・レミペス ⇒ユーリプテルス・レミペスを見よ

ユーエステリアの1種 *Euestheia* sp.
中生代の甲殻類。シヂクス科。
¶**学古生**(図707/モ写)〈[産]岡山県井原市山地〉

ユーエステリアの1種 *Euestheria imamurai*
中生代の甲殻類。甲殻綱鰓脚亜綱貝甲目シヂクス科。
¶**学古生**(図705/モ写)〈[産]福岡県北九州市小倉南区平原〉

ユーエステリアの1種 *Euestheria kokuraensis*
中生代の甲殻類。シヂクス科。
¶**学古生**(図706/モ写)〈[産]福岡県北九州市小倉南区小熊野〉

ユエロフイクヌス
原生代先カンブリア時代後期の無脊椎動物。全長1～15cm。[分]カナダ, ロシア, イギリス諸島, 中国, オーストラリア
¶**進化大**(p62/カ写)

ユーオンファルス
古生代石炭紀の軟体動物腹足類。
¶**産地新**(p27/カ写)〈[産]岩手県大船渡市日頃市町長安寺 径4.5cm 印象化石〉

ユキノアシタガイ
新生代第三紀中新世の軟体動物斧足類。別名カルテラス。
¶**産地新**(p165/カ写)〈[産]滋賀県甲賀郡土山町大沢 長さ12cm〉
産地新(p184/カ写)〈[産]京都府綴喜郡宇治田原町奥山田 長さ7.8cm〉

ユキノアシタガイ
新生代第三紀鮮新世の軟体動物斧足類。マテガイ科。別名カルテラス。
¶**産地新**(p234/カ写)〈[産]宮崎県児湯郡川南町通山浜 長さ8.5cm〉

ユキノカサ *Acmaea pallida*
新生代第四紀の貝類。ユキノカサ科。
¶**学古生**(図1714/モ写)〈[産]千葉県市原市瀬又〉

ユキノカサガイの仲間 *Notoacmaea* sp.
新生代第三紀鮮新世～初期更新世の貝類。ユキノカサガイ科。
¶**学古生**(図1553/モ写)〈[産]石川県河北郡宇ノ気町〉

ユキノカサ科の一種
新生代第四紀更新世の軟体動物腹足類ユキノカサ類。コウダカアオガイに似る。
¶**産地新**(p62/カ写)〈[産]秋田県男鹿市琴川安田海岸 長径1.8cm〉

ユクネシア *Yuknessia simplex*
カンブリア紀の藻類緑藻？緑藻植物門？サイズ21mm。
¶**バ頁岩**(図5,6/モ写, モ復)〈[産]カナダのバージェス頁岩〉

ユゲルラ・クラリバクラタ *Jugella claribaculata*
中生代の裸子植物。熱河生物群。
¶**熱河生**(図268/カ写)〈[産]中国の遼寧省ハルチン左翼蒙古族自治県, 三官廟 花粉〉

ユーコノスピラの1種 *Euconospira nipponica*
古生代後期二畳紀前期の貝類。エオトマリア科。
¶**学古生**(図201/モ写)〈[産]栃木県栃木市門ノ沢〉
日化譜〔Euconospira nipponica〕(図版26-3/モ写)〈[産]栃木県阿蘇郡鍋山〉

ユサン属の毬果
新生代第三紀中新世の裸子植物毬果類。マツ科。別名ピセア, アブラスギ。
¶**産地新**(p174/カ写)〈[産]滋賀県甲賀郡土山町大沢 高さ8.5cm〉

ユーステノプテロン ⇒エウステノプテロンを見よ

ユーステノプテロン ⇒エウステノプテロン・フォーディを見よ

ユースピラ ⇒タマガイを見よ

ユースピラ ⇒メイセンタマガイを見よ

ユダクサガメ *Geoclemmys yudaensis*
中新世中期の亀類。
¶**日化譜**(図版65-4/モ写)〈[産]岩手県二戸郡福岡町湯田 腹甲, 脊甲側面〉

ユタラプトル *Utahraptor*
白亜紀前期の恐竜類コエルロサウルス類。ドロマエオサウルス科。俊足のハンター。体長6～7m。[分]アメリカ合衆国
¶**恐イラ**(p160/カ復)
恐竜世〔ウタフラプトル〕(p196/カ復)
よみ恐(p142～143/カ復)

ユーディモルフォドン・ランジイ
Eudimorphodon ranzii
三畳紀後期の脊索動物爬虫類翼竜類。翼開長1m。㊕イタリア
¶**図解化**(p206-2/カ写)〈㊎イタリアのベルガモ〉
リア中〔エウディモルフォドン〕(p58/カ復)

ユティランヌス *Yutyrannus*
中生代白亜紀の恐竜類竜盤類獣脚類ティランノサウルス類。熱河生物群。羽毛恐竜。全長9m。㊕中国
¶**生ミス7**(図1-9/カ写, カ復)

ユティランヌス・フアリ *Yutyrannus huali*
中生代白亜紀の爬虫類恐竜類竜盤類獣脚類ティランノサウルス類。全長9m。㊕中国
¶**リア中**〔ユティランヌス〕(p146,250/カ復)

ユートレフォセラス *Eutrephoceras dekayi*
ジュラ紀後期〜中新世の軟体動物頭足類オウムガイ類。オウムガイ目オウムガイ科。直径10cm。㊕アメリカ
¶**化写真**〔エウトレフォケラス〕(p139/カ写)〈㊎アメリカ〉
化百科(p174/カ写)〈㊎アメリカ合衆国のサウスダコタ州 殻の直径7cm〉

ユートレフォセラス
中生代白亜紀の軟体動物頭足類。
¶**産地別**(p47/カ写)〈㊎北海道留萌郡小平町下記念別川 長径22cm〉

ユートレフォセラス?(オウムガイの一種)
中生代白亜紀の軟体動物頭足類。
¶**産地別**(p47/カ写)〈㊎北海道留萌郡小平町天狗橋上流 長径4.5cm〉

ユートレフォセラス属の未定種 *Eutrephoceras* sp.
中生代白亜紀の軟体動物頭足類“オウムガイ類”。
¶**化石フ**(p19/カ写)〈㊎北海道空知郡中川町 90mm〉

ユートレフォセラス・ベッレロフォン
Eutrephoceras bellerophon
始新世〜現在の軟体動物頭足類オウムガイ類。
¶**化百科**〔オウムガイ〕(p176/カ写)〈㊎デンマークのファクセ 2cm〉

ユナガヤソデガイ *Yoldia sagittaria*
中新世前期の軟体動物斧足類。
¶**日化譜**(図版35-37/モ写)〈㊎茨城県北茨城関本〉

ユーノトサウルス *Eunotosaurus africanus*
二畳紀中期の爬虫類。爬型超綱亀綱亀目ユーノトサウルス亜目。全長10cm。㊕南アフリカ
¶**古脊椎**(図82/モ復)

ユーパキディスカス
中生代白亜紀の軟体動物頭足類。別名菊面石。
¶**産地別**(p5/カ写)〈㊎北海道稚内市東浦海岸 長径38cm〉
産地別(p25/カ写)〈㊎北海道苫前郡羽幌町逆川 長径40cm〉
産地別(p33/カ写)〈㊎北海道苫前郡苫前町古丹別川本流 長径48cm〉
産地別(p226/カ写)〈㊎熊本県上天草市龍ケ岳町樋島 長径3.3cm〉

ユーパキディスカスの一種 *Eupachydiscus* sp.
アルビアン期のアンモナイト。
¶**アン最**(p210/カ写)〈㊎テキサス州西部〉

ユーパキディスカス・ハラダイ *Eupachydiscus haradai*
中生代白亜紀のアンモノイド類。アンモナイト亜綱アンモナイト目パキディスカス科。
¶**アン学**〔ユウパキディスカス・ハラダイ〕(図版29-1/カ写)〈㊎遠別地域〉
化石図(p123/カ写, カ復)〈㊎北海道 横幅約18cm〉
日化譜〔Eupachydiscus haradai〕(図版57-2/モ写)〈㊎北海道天塩国アベシナイ, 同三笠市幾春別, 夕張市, 樺太内淵川〉

ユーバリセラス・ユーバレンゼ *Yubariceras yubarense*
チューロニアン中期の軟体動物頭足類アンモナイト。アンモナイト亜目アカントセラス科。
¶**アン学**(図版6-3,4/カ写)〈㊎夕張地域〉

ユーパルケリア ⇒エウパルケリアを見よ

ユーフォンファルス
古生代石炭紀の軟体動物腹足類。
¶**産地本**(p55/カ写)〈㊎岩手県大船渡市日頃市町鬼丸 径2.5cm〉

ユーフレミンギテス *Euflemingites* sp.
中生代三畳紀初期のアンモナイト。フレミンギテス科。
¶**学古生**(図378/モ写)〈㊎宮城県本吉郡本吉町大沢海岸 側面部〉

ユープロープス・ダナエ *Euproops danae*
古生代石炭紀の節足動物鋏角類カブトガニ類。全長6cm。
¶**生ミス4**(図1-3-11/カ写, カ復)

ユーボストリコセラス *Eubostrychoceras*
中生代白亜紀の軟体動物頭足類アンモナイト類。高さ10cm前後。㊕日本, アメリカ, イギリスほか
¶**生ミス7**(図4-5/カ写, カ復)〈㊎北海道小平町 高さ約7cm〉
生ミス7(図4-14/カ復)
生ミス7〔左巻きユーボストリコセラスと右巻きユーボストリコセラス〕(図4-15/モ写)〈㊎和歌山県有田川町鳥屋城山〉

ユーボストリコセラス
中生代白亜紀の軟体動物頭足類。殻長約10〜20cm。
¶**産地新**(p13/カ写)〈㊎北海道留萌郡小平町小平蘂川 高さ4.5cm〉
産地別(p27/カ写)〈㊎北海道苫前郡羽幌町羽幌川 長さ12cm〉
産地別(p38/カ写)〈㊎北海道苫前郡苫前町古丹別川幌立沢 長径2.7cm 殻頂部分〉
産地別(p39/カ写)〈㊎北海道苫前郡苫前町古丹別川幌立沢 高さ7.7cm 左巻き〉
産地別(p49/カ写)〈㊎北海道留萌郡小平町下記念別川 長径3.5cm 右巻〉
産地別(p56/カ写)〈㊎北海道芦別市幌子芦別川 高さ7cm〉
日白亜(p128〜131/カ写, カ復)〈㊎北海道各地 殻長15cm〉

ユーボストリコセラス・ウーザイ?
中生代白亜紀の軟体動物頭足類。
¶**産地別**(p39/カ写)〈[産]北海道苫前郡苫前町古丹別川幌立沢 高さ1.8cm〉

ユーボストリコセラス群集
中生代白亜紀の軟体動物頭足類。
¶**産地別**(p49/カ写)〈[産]北海道留萌郡小平町下記念別川 左右18cm〉

ユーボストリコセラス・ジャポニカム
Eubostrychoceras japonicum
チューロニアン中期の軟体動物頭足類アンモナイト類。アンキロセラス亜目ノストセラス科。殻の高さ15cm。[分]日本
¶**アン学**(図版37-1/カ写)〈[産]夕張地域〉
アン最〔ユーボストリコセラス・ジャポニカムとハイファントセラス・オシマイ〕(p134/カ写)〈[産]北海道〉
アン最〔スカラリテスの一種, ハイファントセラス・オシマイ, ユーボストリコセラス・ジャポニカム, デスモセラスの一種, プゾシアの一種〕(p135/カ写)〈[産]北海道〉
学古生〔ユウボストリコセラス・ジャポニカム〕(図578/モ写)〈[産]北海道留萌郡小平町〉
化石フ(p125/カ写)〈[産]北海道留萌郡小平町 90mm〉
リア中〔ユーボストリコセラス〕(p174/カ復)

ユーボストリコセラスの一種 *Eubostrychoceras* sp.
中生代白亜紀のアンモノイド類。アンモナイト亜綱アンモナイト目ノストセラス科。
¶**化石図**(p121/カ写, カ復)〈[産]北海道 横幅約6cm〉

ユーボストリコセラス・ムラモトイ
Eubostrychoceras muramotoi
白亜紀コニアシアン期の頭足類アンモナイト。アンキロセラス亜目ノストセラス科。
¶**アン学**(図版38-1/カ写)〈[産]夕張地域〉
日化譜〔Eubostrychoceras muramotoi〕(図版86-17/モ写)〈[産]北海道幾春別〉

ユーボストリコセラス・ムラモトイ
中生代白亜紀の軟体動物頭足類。
¶**産地別**(p49/カ写)〈[産]北海道留萌郡小平町上記念別川 長径2.5cm〉

ユーポロステウス・ユンナネンシス *Euporosteus yunnanensis*
古生代デボン紀前期の肉鰭類シーラカンス類。
¶**生ミス3**〔ユーポロステウス〕(図3-29/カ写)〈[産]中国の雲南省〉

ユミジュズハリガイ *Dentalina communis*
中新世〜現世の有孔虫。
¶**日化譜**(図版6-4/モ図)〈[産]広く分布〉

ユメニア・カスタの背甲 *Yumenia casta*
中生代の貝形虫類。熱河生物群。
¶**熱河生**(図58/モ写)〈[産]中国の遼寧省義県の皮家溝 外側側面〉

ユメニア・ジアンチャンゲンシスの背甲
Yumenia jianchangensis
中生代の貝形虫類。熱河生物群。
¶**熱河生**(図59/モ写)〈[産]中国の遼寧省義県の皮家溝 外側側面〉

ユーモルフォティス・ムルティフォルミス
Eumorphotis multiformis
中生代三畳紀の軟体動物斧足類。イタヤガイ超科アビキュロペクテン科。
¶**化石フ**(p88/カ写)〈[産]群馬県多野郡上野村 25mm〉

ユラマイア ⇒ジュラマイア・シネンシスを見よ

ユリノキ・ブナ・コナラの仲間
新生代新第三紀中新世の植物。
¶**植物化**(口絵/カ写)〈[産]鳥取県〉

ユーリノデルフィス *Eurhinodelphis*
中新世中期〜後期の哺乳類クジラ類。歯鯨亜目。全長2m。[分]アジア, 北アメリカの太平洋沿岸
¶**恐絶動**(p231/カ復)
恐竜博〔エウリノデルフィス〕(p185/カ復)

ユーリノデルフィス・ミノエンシスの下顎骨
Eurhinodelphis minoensis
新生代第三紀中新世の哺乳類歯鯨類。
¶**化石フ**(p231/カ写)〈[産]岐阜県瑞浪市 550mm〉

ユーリプテルス *Eurypterus*
古生代シルル紀の節足動物鋏角類ウミサソリ類。数十cm。[分]アメリカ, カナダ, ノルウェーほか
¶**化百科**〔エウリュプテルス〕(p140/カ写)〈[産]ニューヨーク州 頭〜尾の長さ8cm〉
恐竜世〔エウリプテルス〕(p45/カ写)
生ミス3(図4-4/カ復)
生ミス4(図1-3-10/カ写)〈[産]アメリカ〉

ユーリプテルス・レミペス *Eurypterus remipes*
古生代シルル紀の節足動物鋏角類ウミサソリ類。節口綱。数十cm。[分]アメリカ, カナダ, ノルウェーほか
¶**化石図**(p50/カ写, カ復)〈[産]アメリカ合衆国 体長約13cm〉
原色化〔ユゥリプテルス・レミペス〕(PL.13-1/カ写)〈[産]エストニアのエーゼル島ロッチキル 長さ2cm 頭部〉
古代生〔エウリプテルス・レミペス〕(p90〜91/カ写)
図解化〔エウリプテルス・レミペス〕(p101-下/カ写)〈[産]ニューヨーク州〉
生ミス2〔ユーリプテルス〕(図2-1-3/カ写, カ復)〈[産]アメリカのニューヨーク州 10cm〉
リア古〔ウミサソリ類〕(p98〜101/カ復)

ユ

ユングイサウルス *Yunguisaurus*
中生代三畳紀の爬虫類双弓類鰭竜類ピストサウルス類。全長4m。[分]中国
¶**生ミス5**(図2-16/カ写, カ復)〈[産]中国の貴州省〉

ユングイサウルス・リアエ *Yunguisaurus liae*
中生代三畳紀の爬虫類鰭竜類。全長4m。[分]中国
¶**リア中**〔ユングイサウルス〕(p34/カ復)

ユンナノカリス・メギスタ *Yunnanocaris megista*
大雲南蝦
カンブリア紀の節足動物。節足動物門。澄江生物群。
¶**澄江生**(図16.17/カ写)〈[産]中国の帽天山 甲皮長71mm, 高さ53mm 側面から見たところ〉

ユンナノケファルス・ユンナンエンシス *Yunnanocephalus yunnanensis* 雲南雲南頭虫
カンブリア紀の三葉虫。節足動物門レドリキア上科。澄江生物群。
¶**澄江生**（図16.46/カ写）〈[産]中国の帽天山, 小濫田 背側からの眺め〉

ユンナノサウルス *Yunnanosaurus*
ジュラ紀ヘッタンギアン〜プリーンスバッキアンの恐竜。マッソスポンディルス科。後期の古竜脚類。体長7m。[分]中国
¶**恐イラ**（p105/カ復）

ユンナノサウルス *Yunnanosaurus fuangi* 雲南竜
後期三畳紀の恐竜類。竜型超綱竜盤綱獣脚目。[分]緑豊
¶**古脊椎**（図137/モ復）

ユンナノズーン *Yunnanozoon*
古生代カンブリア紀の分類不明生物。澄江生物群。全長4cm。[分]中国
¶**生ミス1**（図3-3-12/カ復）

ユンナノゾーン・リヴィドゥム *Yunnanozoon lividum* 鉛色雲南虫
カンブリア紀の所属不明の動物。澄江生物群。体長25〜40mm。
¶**澄江生**（図20.15/カ写）〈[産]中国の耳材村 側面からの眺め, 前部の拡大図, 側面図〉

ヨ

【ヨ】

ヨウシドラ *Panthera youngi*
更新世前期の哺乳類食肉類。
¶**日化譜**（図版66-18,19/モ写）〈[産]山口県美祢市伊佐町樋ノ津採石場 上顎骨口蓋面, 左下顎外面〉

葉足動物の仲間
古生代オルドビス紀前期の葉足動物。“モロッコのハルキゲニア”。
¶**生ミス2**（図1-1-7/カ写）〈[産]モロッコのフェゾウアタ層 トゲの長さ5mm〉

葉（不明種）
新生代第三紀中新世の被子植物双子葉類。
¶**産地本**（p137/カ写）〈[産]岐阜県可児市平牧 写真の左右30cm 葉の密集化石〉
産地本（p137/カ写）〈[産]岐阜県可児市平牧 長さ5.3cm〉
産地本（p139/カ写）〈[産]石川県珠洲市高屋海岸 長さ8.5cm〉
産地本（p140/カ写）〈[産]石川県珠洲市高屋海岸 左右10cm〉
産地本（p212/カ写）〈[産]滋賀県甲賀郡土山町鮎河 長さ6cm〉

葉（不明種）
新生代第三紀鮮新世の被子植物双子葉類。
¶**産地本**（p218/カ写）〈[産]滋賀県甲賀郡甲賀町隠岐 写真の左右35cm 印象化石〉

葉（不明種）A
新生代第三紀中新世の被子植物双子葉類。
¶**産地本**（p140/カ写）〈[産]石川県珠洲市高屋海岸 長さ6.5cm〉

葉（不明種）B
新生代第三紀中新世の被子植物双子葉類。
¶**産地本**（p140/カ写）〈[産]石川県珠洲市高屋海岸 長さ9cm〉

ヨウラクヒレガイ
新生代第四紀更新世の軟体動物腹足類。
¶**産地別**（p85/カ写）〈[産]秋田県男鹿市琴川安田海岸 高さ4.5cm〉

翼竜類（種未確定）
1億6600万年前（中生代ジュラ紀中期バトニアン期）の翼竜類。
¶**化百科**（p227/カ写）〈[産]イギリスのオックスフォード近郊 破片の長さ4cm 尺骨の破片〉

ヨコイアの1種 *Yokoia kattoi*
新生代中新世の多毛類。カンザシゴカイ科。
¶**学古生**（図1795/モ写）〈[産]長野県埴科郡坂城町御所沢〉

ヨコヤマイルカ *Pseudorca yokoyamai*
中新世中期〜鮮新世後期の哺乳類鯨類。
¶**日化譜**（図版66-2/モ写）〈[産]岩手県福岡町湯田など 歯〉

ヨコヤマウバトリガイ *Serripes yokoyamai*
中新世後期の軟体動物斧足類。
¶**日化譜**（図版46-10/モ写）〈[産]福島県耶摩郡山ノ郷村萩野〉

ヨコヤマウメノハナガイ *Pillucina yokoyamai*
新生代第三紀・初期中新世の貝類。ツキガイ科。
¶**学古生**（図1171/モ写）〈[産]石川県珠洲市向山〉

ヨコヤマエラの1種 *Yokoyamaella* (*Yokoyamaella*) *yokoyamai*
古生代後期二畳紀前期の四放サンゴ類。ワーゲノフィラム科。
¶**学古生**（図114/モ写）〈[産]広島県比婆郡東城町三原野呂 横断面, 縦断面〉

ヨコヤマオウムガイ ⇒アツリア・ヨコヤマイを見よ

ヨコヤマオキナエビス（新） *Pleurotomaria yokoyamai*
二畳紀後期の軟体動物腹足類。
¶**原色化**〔“プリゥロトマリア”・ヨコヤマイ〕（PL.36-4/カ写）〈[産]岐阜県不破郡赤坂町金生山 幅11cm〉
日化譜（図版26-5/モ写）〈[産]岐阜県赤坂〉

ヨコヤマオセラス
中生代白亜紀の軟体動物頭足類。
¶**産地本**（p32/カ写）〈[産]北海道留萌郡小平町小平蘂川 径2.4cm〉

ヨコヤマオセラス・イシカワイ *Yokoyamaoceras ishikawai*
カンパニアン前期の軟体動物頭足類アンモナイト。アンモナイト亜目コスマチセラス科。
¶**アン学**（図版25-3/カ写）〈[産]遠別地域 マクロコンク〉

ヨコヤマオセラス・ミニマム *Yokoyamaoceras minimum*
中生代白亜紀後期のアンモナイト。コスマチセラス科。
¶**学古生**(図487,488/モ写)〈(産)北海道岩見沢市万字地域三ノ沢 側面, 前面, 腹面〉

ヨコヤマオセラス・ミニマムに近縁の種 *Yokoyamaoceras* aff. *Y. minimum*
中生代白亜紀後期のアンモナイト。コスマチセラス科。
¶**学古生**(図479/モ写)〈(産)北海道岩見沢市万字地域三ノ沢上流 側面, 腹面〉
学古生(図489/モ写)〈(産)北海道岩見沢市万字地域ポンネベツ 側面, 前面, 腹面〉

ヨコヤマオニコブシ *Pseudoperissolax yokoyamai*
始新世後期の軟体動物腹足類。
¶**日化譜**(図版33-15/モ写)〈(産)長崎県西彼杵郡沖ノ島, 熊本県荒尾市万田〉

ヨコヤマカブトボラ *Galeodea* (*Shichiheia*) *yokoyamai*
中新世中期〜鮮新世前期の軟体動物腹足類。
¶**日化譜**(図版31-4/モ写)〈(産)島根県布志名, 静岡県〉

ヨコヤマシイノミガイ *Pupa clathrata*
更新世期前の軟体動物腹足類。
¶**日化譜**(図版34-40/モ写)〈(産)千葉県市原郡市津村瀬又〉

ヨコヤマシャジク *Crassispira pseudoprincipalis*
更新世前期の軟体動物腹足類。
¶**日化譜**(図版34-12/モ写)〈(産)沖縄本島〉

ヨコヤマセトモノガイ *Balcis yokosukensis*
更新世前期の軟体動物腹足類。
¶**日化譜**(図版29-28/モ写)〈(産)横須賀市〉

ヨコヤマツツガキ *Foegia yokoyamai*
鮮新世前期の軟体動物斧足類。
¶**原色化**〔フェギア・ヨコヤマイ〕(PL.75-6/モ写)〈(産)高知県安芸郡安田町唐ノ浜 大きい個体の長さ10cm〉
日化譜(図版49-28/モ写)〈(産)高知県安芸郡安田町〉

ヨコヤマツツガキ *Nipponoclava yokoyamai*
新生代第三紀鮮新世の軟体動物斧足類。ハマユウ科。
¶**化石フ**(p168/カ写)〈(産)静岡県掛川市 殻の長さ100mm〉

ヨコヤマテンガイ ⇒ディオドラ・ヨコヤマイを見よ

ヨコヤマトクサ(新) *Noditerebra* (*Diplomeriza*) *yokoyamai*
鮮新世前期の軟体動物腹足類。
¶**日化譜**(図版34-35/モ写)〈(産)静岡県周智郡大日〉

ヨコヤマドブガイ *Anodonta subjuncta yokoyamai*
漸新世後期の軟体動物斧足類。
¶**日化譜**(図版43-22,23/モ写)〈(産)北海道雨竜郡沼田町, 福島県石城郡好間村〉

ヨコヤマヌマミズキ *Nyssa a-yokoyamai*
新生代中新世中期の陸上植物。ヌマミズキ科。
¶**学古生**(図2499/モ写)〈(産)兵庫県神戸市垂水区白川峠〉

ヨコヤマビカリア ⇒ビカリア・ヨコヤマイを見よ

ヨコヤマビシ *Hemitrapa yokoyamae*
新生代中新世中期の陸上植物。ヒシ科。
¶**学古生**(図2492/モ写)〈(産)石川県小松市尾小屋町〉

ヨコヤマビノスガイ *Mercenaria yokoyamai*
新生代第三紀中新世〜鮮新世の貝類。マルスダレガイ科。
¶**学古生**(図1339/モ写)〈(産)島根県八束郡宍道町〉
日化譜(図版47-14/モ写)〈(産)静岡県周智郡掛川方ノ橋〉

ヨコヤマフデ *Mitra* (*Cancilla*) *yokoyamai*
更新世前期の軟体動物腹足類。
¶**日化譜**(図版33-13/モ写)〈(産)沖縄本島〉

ヨコヤマホタテ *Mizuhopecten yokoyamae*
新生代第三紀鮮新世の貝類。イタヤガイ科。
¶**学古生**(図1402/モ写)〈(産)青森県むつ市近川〉

ヨコヤマホタテ
新生代第四紀更新世の軟体動物斧足類。イタヤガイ科。別名ミズホペクテン・エゾエンシス・ヨコヤマエ。
¶**産地新**(p137/カ写)〈(産)石川県金沢市大桑町犀川河床 高さ10cm〉
産地別(p163/カ写)〈(産)富山県小矢部市田川 高さ7.8cm〉
産地本(p146/カ写)〈(産)石川県金沢市大桑町 高さ3.2cm〉

ヨコヤマホタテガイ *Mizuhopecten yessoensis yokoyamae*
新生代第三紀鮮新世〜更新世の貝類。イタヤガイ科。
¶**学古生**(図1494,1495/モ写)〈(産)石川県金沢市打尾町, 石川県金沢市瀬町 右殻〉
学古生(図1504/モ写)〈(産)石川県金沢市小二俣 左殻幼貝〉

ヨコヤママキ *Podocarpus yokoyamai*
中生代の陸上植物。手取統植物群。
¶**学古生**(図797/モ写)〈(産)石川県石川郡尾口村目付谷〉

ヨコヤママクラ *Modiolus yokoyamai*
漸新世末期の軟体動物斧足類。
¶**日化譜**(図版37-25/モ写)〈(産)福島県石城郡小川〉

ヨコヤマミミエガイ *Striarca* (*Arcopsis*) *interplicata*
新生代第四紀更新世の貝類。フネガイ科。
¶**学古生**(図1639/モ写)〈(産)神奈川県横浜市戸塚区長沼〉

ヨコヤマリュウグウノハゴロモ *Periploma yokoyamai*
新生代第三紀中新世の軟体動物斧足類。
¶**化石フ**(p166/カ写)〈(産)三重県一志郡白山町 105mm〉

ヨシ *Phragmites oeningensis*
大部分は, 古第三紀〜現在の被子植物(顕花植物)単子葉植物。イネ科。
¶**化百科**(p98/カ写)〈高さ18cm〉

ヨシ ⇒フラグミテス・アラスカナを見よ

ヨシオノボリガイ ⇒ヨシオヘソワゴマを見よ

ヨシオヘソワゴマ　*Monilea yoshioi*
新生代第三紀・初期中新世の貝類。ニシキウズガイ科。
¶**学古生**（図1190,1191/モ写）〈[産]石川県珠洲市小鮒山〉
日化譜〔ヨシオノボリガイ（新）〕（図版83-9/モ写）〈[産]能登珠洲市大谷の南方〉

ヨシダフミガイ　*Venericardia* (s.s.) *yoshidai*
漸新世後期の軟体動物斧足類。
¶**日化譜**（図版44-15/モ写）〈[産]佐賀県西彼杵郡有田町〉

ヨシモニア・ヨシモエンシス　*Yoshimonia yoshimoensis*
中生代白亜紀前期の貝類。カワニナ科。
¶**学古生**（図602/モ写）〈[産]山口県下関市吉母〉

ヨシワラオキナエビス　⇒ミカドトロクス・ヨシワライを見よ

ヨツアナカシパン
新生代第四紀更新世の棘皮動物ウニ類。
¶**産地新**（p144/カ写）〈[産]石川県珠洲市平床　長径3.5cm〉

ヨツクラソデガイ　*Portlandia* (*Megayoldia*) *yotsukurensis*
漸新世末期の軟体動物斧足類。
¶**日化譜**（図版35-31/モ写）〈[産]福島県四倉〉

ヨナバルゴロモ　*Admete* (?) *yonabaruensis*
鮮新世前期の軟体動物腹足類。
¶**日化譜**（図版34-5/モ写）〈[産]沖縄本島〉

ヨナバルツノマタ　*Pseudolatirus yanabaruensis*
鮮新世前期の軟体動物腹足類。
¶**日化譜**（図版33-4/モ写）〈[産]沖縄本島〉

ヨナバルヌノメツブ　*Pseudoinquisitor* (?) *pulchra*
鮮新世前期〜現世の軟体動物腹足類。
¶**日化譜**（図版34-21/モ写）〈[産]沖縄本島〉

ヨホイア　*Yohoia tenuis*
カンブリア紀の節足動物。節足動物門アラクノモルファ亜門。サイズ7〜23mm。
¶**バ頁岩**（図152,153/モ写, モ復）〈[産]カナダのバージェス頁岩〉

ヨロイザメ　*Dalatias licha*
新生代鮮新世後期の魚類。ツノザメ科。
¶**学古生**（図1944/モ写）〈[産]神奈川県愛甲郡愛川町　右下顎の第4〜8番目あたりの歯〉

よろい竜　⇒スコロサウルスを見よ

ヨーロッパ・ホタテガイ　⇒ペクテン・マキシムスを見よ

ヨーロッパホタテガイ　*Pecten maximus*
ジュラ紀〜現代の無脊椎動物二枚貝。
¶**地球博**（p80/カ写）

ヨワコメツブガイ　*Acteocina* (*Acteocina*) *exilis*
更新世後期〜現世の軟体動物腹足類。
¶**日化譜**（図版35-5/モ写）〈[産]千葉県成田市大竹〉

ヨンギナ　*Youngina*
古生代ペルム紀の爬虫類双弓類ヨンギナ類。全長40cm。[分]南アフリカ
¶**生ミス4**（図2-3-9/カ写, カ復）〈5個体分が密集している標本〉

【ラ】

ライア・クラバータ　*Raia clavata*
第三紀の脊椎動物軟骨魚類。
¶**原色化**（PL.83-3/モ写）〈[産]イギリスのサフォーク州ウッドブリッジ　大きい方の長径2cm　外皮上の骨質突起〉

ライエリセラスの一種　*Lyelliceras* sp.
アルビアン期のアンモナイト。
¶**アン最**（p223/カ写）〈[産]ペルーのワンザレ〉

ライオクレマの1種　*Leioclema uzurensis*
古生代後期のコケムシ類。ステノポラ科。
¶**学古生**（図168/モ写）〈[産]山口県美祢郡秋芳町下嘉万　ほぼ縦断面〉

ライスロナクス　⇒リトロナクス・アルゲステスを見よ

ライチェリナの1種　*Reichelina matsushitai*
古生代後期二畳紀後期の紡錘虫類。紡錘虫目オザワイネラ科。
¶**学古生**（図91/モ写）〈[産]京都府天田郡夜久野町　正縦断面, 正横断面〉

ライデッカイノシシ　*Sus* cf.*lydekkeri*
更新世前期の哺乳類偶蹄類。
¶**日化譜**（図版68-14/モ写）〈[産]栃木県安蘇郡葛生町大叶　左上頬歯咀嚼面〉
日化譜（図版89-22/モ写）〈[産]横須賀市久里浜八幡家之入, 東京電力敷地　頭骨左側面〉

ライニー植物群を含むライニーチャート
古生代デボン紀の陸上植物群。
¶**化石図**（p64/カ写, カ復）〈[産]イギリス　横幅約5cm〉

ライノファコプス
古生代デボン紀の節足動物三葉虫類。
¶**産地本**（p50/カ写）〈[産]岩手県大船渡市日頃市町樋口沢　左右1cm　頭部〉

ライマニセラス・プラニュラータム　⇒ライマニセラス・プラヌラータムを見よ

ライマニセラス・プラヌラータム　*Lymaniceras planulatum*
中生代白亜紀チューロニアン後期の軟体動物頭足類アンモナイト。アンモナイト亜目コリンニョニセラス科。
¶**アン学**（図版9-1,2/カ写）〈[産]三笠地域〉
学古生〔ライマニセラス・プラニュラータム〕（図504/モ写）〈[産]北海道三笠市幾春別川下流　側面〉

ラインマキ　*Podocarpus reinii*
中生代の陸上植物。球果綱マキ目マキ科。手取統植物群。
¶**学古生**（図791,792/モ写）〈[産]石川県石川郡白峰村桑島, 石川県石川郡尾口村目付谷〉

ラインマキ
中生代ジュラ紀の裸子植物。別名ポドザミテス。
¶**産地新**（p110/カ写）〈(産)福井県足羽郡美山町小宇坂 長さ3.5cm〉

ラウナ・アングスタ *Rauna angusta*
ジュラ紀後期の無脊椎動物甲殻類小型エビ類。
¶**ゾル1**（図265/カ写）〈(産)ドイツのアイヒシュテット 5cm〉

ラエヴァプティクス *Laevaptychus*
ジュラ紀後期の無脊椎動物軟体動物アンモナイト類アプティクス類（顎器）。
¶**化百科**〔「アンモナイト類の顎器」〕（p166/カ写）〈個々の幅3cm〉
図解化〔レヴァプチクスタイプの顎器を持つ岩石〕（p147-下/カ写）〈(産)アルゼンチンのティエラ・デル・フエゴ〉
ゾル1（図167/カ写）〈(産)ドイツのアイヒシュテット 5cm〉

ラエウイトリゴニア・ギッボサ
ジュラ紀前期～白亜紀後期の無脊椎動物二枚貝類。長さ4～10cm。(分)世界各地
¶**進化大**〔ラエウィトリゴニア〕（p239/カ写）

ラエボセラス *Rhaeboceras*
モンタナ州のアンモナイト。
¶**アン最**（p81/カ写）〈歯舌の帯〉

ラエボセラス・ハリイ *Rhaeboceras halli*
アンモナイト。
¶**アン最**（p80/カ写）〈下顎を伴う〉

ラオスキアディア *Laosciadia plana*
白亜紀の無脊椎動物海綿動物。石海綿目カリアプシア科。体高8cm。(分)ヨーロッパ
¶**化写真**（p33/カ写）〈(産)イギリス〉

ラクノセラ属（?）の種 *Lacunosella*（?）sp.
ジュラ紀後期の無脊椎動物触手動物腕足動物。
¶**ゾル1**（図95/カ写）〈(産)ドイツのツァント 0.8cm〉

ラゲニディのグループの有孔虫 *Lagenidi*
無脊椎動物原生動物。
¶**図解化**（p54-左端と中央/モ写）

ラゴスクス *Lagosuchus*
中生代三畳紀の爬虫類主竜類。オルニトスクス亜目オルニトスクス科。森林に生息。体長30cm。(分)アルゼンチン
¶**恐絶動**（p94/カ復）
恐竜博（p42/カ復）

ラゴニベルス・ボルゲンシス *Lagonibelus volgensis*
中生代ジュラ紀の頭足類矢石類。
¶**化石図**（p103/カ写，カ復）〈(産)ロシア 長さ約9.5cm〉

ラコフィトン
約4億1900万～約3億5920万年前（デボン紀）のシダ植物。高さ1m超。
¶**古代生**〔デボン紀の湿地帯イメージ〕（p98～99/カ復）

ラコレピス *Rhacolepis*
中生代白亜紀前期の条鰭類。サンタナ層の魚類化石。
¶**生ミス8**（図7-1/カ写）〈(産)ブラジルのアラリッペ台地 25cm,42.7cm〉

ラコレピス *Rhacolepis buccalis*
前期白亜紀の脊椎動物硬骨魚類。カライワシ目パチリゾドゥス科。体長20cm。(分)南アメリカ
¶**化写真**（p216/カ写）〈(産)ブラジル〉

ラザルスクス *Lazarusuchus*
新生代古第三紀暁新世～新第三紀中新世の爬虫類双弓類コリストデラ類。全長40cm。(分)ヨーロッパ
¶**生ミス9**（図1-1-4/カ写，カ復）〈(産)フランス〉

裸子植物の生殖器（?）
古生代ペルム紀の裸子植物。
¶**化石フ**（p25/カ写）〈(産)岐阜県大垣市赤坂町 65mm,130mm〉

ラジャサウルス *Rajasaurus*
中生代白亜紀の恐竜類竜盤類獣脚類。全長9m。(分)インド
¶**生ミス8**（図11-10/カ写，カ復）〈(産)インド西部グジャラート州 頭骨〉

ラステッルム *Rastellum*
白亜紀の無脊椎動物貝殻の化石。
¶**恐竜世**〔トサカガキのなかま〕（p61/カ写）

ラステラム（アークトオストレア）属の未定種
Rastellum（*Arctostrea*）sp.
中生代白亜紀の軟体動物斧足類。
¶**化石フ**（p101/カ写）〈(産)岩手県宮古市 60mm〉

ラステラム・カリナータム *Rastellum carinatum*
中生代白亜紀の二枚貝類。ウグイスガイ目イタボガキ科。
¶**化石図**（p113/カ写）〈(産)アメリカ合衆国 長さ約5cm〉

ラステルム *Rastellum*（*Arctostrea*）*carinatum*
中期ジュラ紀～後期白亜紀の無脊椎動物二枚貝類。ウグイスガイ目イタボガキ科。体長10cm。(分)世界中
¶**化写真**（p102/カ写）〈(産)イギリス 合弁の殻，側面〉

ラストライテス *Rastrites magnus*
シルル紀の無脊椎動物筆石類。正筆石目単筆石科。体長4cm。(分)世界中
¶**化写真**（p49/カ写）〈(産)イギリス〉

ラツェリア *Latzelia*
古生代石炭紀の節足動物多足類。全長6cm。(分)アメリカ
¶**生ミス4**（図1-3-16/カ復）

ラッガニア *Laggania*
古生代カンブリア紀の節足動物アノマロカリス類。別名ペイトイア（Peytoia）。全長50cm。(分)カナダ
¶**生ミス1**（図3-5-3/カ復）
生ミス2（図1-1-2/カ復）

ラッガニア・カンブリア *Laggania cambria*
古生代カンブリア紀の節足動物アノマロカリス類。別名ペイトイア（Peytoia）。バージェス頁岩動物群。全長50cm。(分)カナダ
¶**生ミス1**〔ラッガニア〕（図3-2-5/カ写，カ復）〈10cm〉

ラッコトリトン・スプソラヌスの標本
Laccotriton subsolanus
中生代の両生類変態性サンショウウオ類。熱河生物群。
¶**熱河生**（図109/カ写）〈㊨中国の河北省豊寧の鳳山 吻部から骨盤までの長さ約40mm 背面〉

ラディオリテス *Radiolites*
中生代白亜紀の軟体動物二枚貝類厚歯二枚貝類。長径6cm。㊐イタリア, スペイン, メキシコほか
¶**生ミス7**（図4-25/カ復）

ラドゥロネクティス・ジャポニクス *Radulonectis japonicus*
中生代ジュラ紀の軟体動物斧足類。イタヤガイ科。
¶**学古生**（図658/モ写）〈㊨長野県北安曇郡小谷村 右殻外面〉
化石フ（p93/カ写）〈㊨岐阜県大野荘川村 殻の大きさ30mm〉

ラナ *Rana pueyoi*
始新世～現世の脊椎動物両生類。無尾目アカガエル科。別名アカガエル。体長9cm。㊐オーストラリアをのぞく全世界
¶**化写真**（p224/カ写）〈㊨スペイン〉
化百科（p207/カ写）〈㊨スペインのアラゴン東中央部山地テルエル近郊 頭胴長10cm〉
図解化〔ラナ・プエヨイ〕（p201-1/カ写）〈㊨スペイン〉
地球博〔原始的なカエル〕（p82/カ写）

ラナ・アーキテムポラリア ⇒ムカシトノサマガエルを見よ

ラ

ラナサウルス *Lanasaurus*
ジュラ紀ヘッタンギアン～シネムリアンの恐竜類。ヘテロドントサウルス科。小型の鳥脚類。体長1.2m。㊐南アフリカ
¶**恐イラ**（p109/カ復）

ラナ・プエヨイ ⇒ラナを見よ

ラナルキア *Lanarkia spinosa*
魚類。無顎超綱無顎綱歯鱗目。
¶**古脊椎**（図8/モ復）

ラハ・ヤベイ *Raha yabei*
古生代ペルム紀の軟体動物斧足類。新腹足目ジゴプレラ科。
¶**学古生**〔ラハ？の1種〕（図206/モ写）
化石フ（p40/カ写）〈㊨岐阜県大垣市赤坂町 220mm〉

ラハ・ヤベイ
古生代ペルム紀の軟体動物腹足類。別名マーチソニア・ヤベイ。
¶**産地別**（p135/カ写）〈㊨岐阜県大垣市赤坂町金生山 長さ17cm〉
産地別（p135/カ写）〈㊨岐阜県大垣市赤坂町金生山 長さ10cm〉

ラビドサウルス *Labidosaurus*
ペルム紀前期の爬虫類。カプトリヌス目カプトリヌス科。初期の爬虫類。全長75cm。㊐合衆国のテキサス
¶**恐絶動**（p62/カ復）

ラビドサウルス・ホマツス *Labidosaurus homatus*
ペルム紀の爬虫類。爬型超綱亀綱頬竜目カプトリナス亜目。全長70cm。㊐北米テキサス州
¶**古脊椎**〔ラビドサウルス〕（図81/モ復）
図解化（p204-上/カ写）〈㊨テキサス州〉

ラピドネマ *Raphidonema*
三畳紀～白亜紀の海綿動物石灰海綿類ファレントロナ類レラピア類。
¶**化百科**（p112/カ写）〈7cm〉

ラフィドディスクス・マリーランディクス
Raphidodiscus marylandicus
新生代中新世前期～中期の珪藻類。羽状目？
¶**学古生**（図2098/モ写）〈㊨福島県いわき市下高久〉

ラフィドネマ・ファリングドネンセ
Raphidonema farringdonense
三畳紀～白亜紀の無脊椎動物海綿動物。ファレントロナ目レラピア科。体高8cm。㊐ヨーロッパ
¶**化写真**〔ラフィドネマ〕（p34/カ写）〈㊨イギリス〉
原色化〔ラフィドネマ・ファーリンドネンゼ〕（PL.59-2/モ写）〈㊨イギリスのバーク州ファーリンドン 直径5.3cm〉
図解化（p58-4/カ写）〈㊨イギリス〉

ラフィドネマ・ファーリンドネンゼ ⇒ラフィドネマ・ファリングドネンセを見よ

ラフィネスクイナ *Rafinesquina*
古生代オルドビス紀の腕足動物。おもに浅海域で生息。
¶**生ミス2**（図1-3-3/カ写）〈㊨アメリカのオハイオ州シンシナティ地域 幅3cm〉

ラフィネスクイナ・アルテルナータ
オルドヴィス紀中期～後期の無脊椎動物腕足類。体長最大4cm。㊐ヨーロッパ, アジア, 北アメリカ
¶**進化大**〔ラフィネスクイナ〕（p86/カ写）

ラフィベルス・アキクラ *Rhaphibelus acicula*
ジュラ紀後期の無脊椎動物軟体動物ベレムナイト類。
¶**ゾル1**（図177/カ写）〈㊨ドイツのシェルンフェルト 7cm カキ類のコロニーを伴う〉
ゾル2〔プロブレマティカ〕（図356/カ写）〈㊨ドイツのアイヒシュテット 5cm ベレムナイト類ラフィベルス・アキクラの孤立した房錐〉

ラプウォルスラ *Lapworthura miltoni*
オルドビス紀とシルル紀の無脊椎動物。直径10cm。
¶**地球博**〔クモヒトデ〕（p81/カ写）

ラプウォルトゥラ・ミルトニ
オルドヴィス紀後期～シルル紀中期の無脊椎動物棘皮動物。長径10～12cm。㊐ヨーロッパ
¶**進化大**〔ラプウォルトゥラ〕（p104/カ写）

ラブカ *Chlamydoselachus* sp.
白亜紀後期～現生のサメ類。板鰓亜綱ラブカ目。頭足類や魚類を摂食したと思われる。体長約1～6m？㊐北海道, 大阪府, 熊本県
¶**日恐竜**（p136/カ写, カ復）〈歯〉
日白亜〔ラブカ類〕（p20～23/カ写, カ復）〈㊨熊本県上天草市龍ヶ岳町 歯冠の高さ10.6mm 歯〉

ラフス・ククラトゥス *Raphus cucullatus*
更新世〜現世の鳥類。ハト目ハト科。別名ドードー。飛べない鳥。体高1m。[分]モーリシャス
¶**化写真**〔ラフス〕(p262/カ写)〈[産]モーリシャス 頭骨と下顎〉
恐絶動(p175/カ復)

ラブディノポラ *Rhabdinopora socialis*
前期オルドビス紀の無脊椎動物筆石類。正筆石目ラブディノポラ科。体長6cm。[分]南極大陸をのぞく世界中
¶**化写真**(p49/カ写)〈[産]ノルウェー〉
地球博〔枝分かれをする筆石〕(p78/カ写)

ラブディノポラ・ソキアリス
オルドヴィス紀前期の無脊椎動物筆石類。最大体長12cm。[分]世界各地
¶**進化大**〔ラブディノポラ〕(p89/カ写)

ラブドキダリス・オルビニアナ *Rhabdocidaris orbignyana*
ジュラ紀後期の無脊椎動物棘皮動物ウニ類。
¶**ゾル1**(図550/カ写)〈[産]ドイツのケルハイム・ヴィンツァー 7cm〉

ラブドキダリス属の種 *Rhabdocidaris* sp.
ジュラ紀後期の無脊椎動物棘皮動物ウニ類。
¶**ゾル1**(図551/カ写)〈[産]ドイツのゾルンホーフェン 8cm〉

ラブドキダリス・マイヤーリ *Rhabdocidaris meyeri*
ジュラ紀後期の無脊椎動物棘皮動物ウニ類。
¶**ゾル1**(図549/カ写)〈[産]ドイツのプファルツパイント 10cm〉

ラブドスフェラ・クラビゲラ *Rhabdosphaera clavigera*
新生代鮮新世後期のナンノプランクトン。ラブドスフェラ科。
¶**学古生**(図2069/モ写)〈[産]高知県室戸市羽根町〉

ラブドデルマ *Rhabdoderma*
古生代石炭紀の肉鰭類シーラカンス類。
¶**生ミス4**(図1-3-18/カ写)〈シーラカンスの幼体(?)〉

ラブドトコキリス属の未定種 *Rhabdotocochlis* sp.
古生代石炭紀の軟体動物腹足類。ホロペア科。
¶**化石フ**(p39/カ写)〈[産]新潟県西頸城郡青海町 10mm〉

ラブドメソンの1種 *Rhabdomeson yabei*
古生代後期のコケムシ類。隠口目ラブドメソン科。
¶**学古生**(図177/モ写)〈[産]新潟県西頸城郡青海町 縦断面〉

ラベオセラス・コンプレッサム *Labeoceras compressum*
アプチアン期のアンモナイト。
¶**アン最**(p143/カ写)〈[産]クイーンズランド〉

ラベキエラ・レギュラリス *Labechiella regularis*
古生代中期シルル紀ラドロウ世前期の層孔虫類。ラベキア科。
¶**学古生**(図3/モ写)〈[産]岩手県大船渡市クサヤミ沢 縦断面〉

ラマピテクス *Ramapithecus*
中新世中期〜後期の哺乳類類人猿。類人猿科。身長1.2m。[分]パキスタン, ケニア
¶**恐絶動**(p291/カ復)

ラミポラの1種 *Ramipora ambigua*
古生代後期のコケムシ類。ヘキサゴネラ科。
¶**学古生**(図162/モ写)〈[産]宮城県気仙沼市岩井崎 接断面〉

ラムナ
新生代第三紀中新世の脊椎動物軟骨魚類。
¶**産地本**(p188/カ写)〈[産]三重県安芸郡美里村柳谷 左右1.4cm〉

ラムフォドプシス
デヴォン紀中期の脊椎動物板皮類。体長12cm。[分]スコットランド
¶**進化大**(p132)

ラムフォリンクス *Rhamphorhynchus*
1億5000万年前(ジュラ紀)の初期の脊椎動物爬虫類翼竜類。ラムフォリンクス亜目ラムフォリンクス科。海岸に生息。翼開長0.4〜1m。[分]ヨーロッパ, アフリカ
¶**化百科**〔ランフォリンクス〕(p227/カ写)〈[産]ゾルンホーフェン 全幅約1m 雄型模型〉
恐イラ〔ランフォリンクス〕(p126/カ復)
恐絶動(p102/カ復)
恐竜世(p95/カ復)
恐竜博(p99/カ写, カ復)〈骨格〉
古代生〔ラムポリュンクス(ランフォリンクス)〕(p155/カ復)
生ミス6〔ランフォリンクス〕(図7-18/カ写, カ復)〈[産]ドイツのゾルンホーフェン ジュラ博物館所蔵・展示〉

ラムフォリンクス・インテルメディウス *Rhamphorhynchus intermedius*
ジュラ紀後期の脊椎動物爬虫類翼竜類。
¶**ゾル2**(図287/カ写)〈[産]ドイツのランゲンアルトハイム 27cm〉
ゾル2(図296/カ写)〈[産]ドイツのアイヒシュテット 30cm〉
ゾル2(図297/カ写)〈[産]ドイツのアイヒシュテット 5cm 頭骨〉

ラムフォリンクス・ゲミンギ *Rhamphorhynchus gemmingi*
ジュラ紀後期の脊椎動物爬虫類翼竜類。翼竜綱嘴口竜目。全長80cm。
¶**古脊椎**〔ランホリンクス〕(図181/モ復)
ゾル2(図285/カ写)〈[産]ドイツのシェルンフェルト 54cm〉
ゾル2(図286/カ写)〈[産]ドイツのブルーメンベルク 50cm 飛膜保存〉

ラムフォリンクス属の種 *Rhamphorhynchus* sp.
ジュラ紀後期の脊椎動物爬虫類翼竜類。
¶**ゾル2**(図292/カ写)〈[産]ドイツのアイヒシュテット 70cm 長い尾翼を伴う〉
ゾル2(図293/カ写)〈[産]ドイツのアイヒシュテット 10cm 頭骨〉
ゾル2(図294/カ写)〈[産]ドイツのシェルンフェルト

40cm 湾曲している顎〉
ゾル2（図295/カ写）〈(産)ドイツのアイヒシュテット 26cm 体毛を含む〉

ラムフォリンクス・ムエンステリ
Rhamphorhynchus muensteri
ジュラ紀後期の脊椎動物爬虫類翼竜類。翼開長2m弱。(分)ドイツ南部
¶**世変化**〔ランフォリンクス〕（図49/カ写）〈(産)ドイツのゾルンホーフェン 翼開長45cm レプリカ〉
ゾル2（図290/カ写）〈(産)ドイツのアイヒシュテット 100cm〉
ゾル2（図291/カ写）〈(産)ドイツのアイヒシュテット 70cm 飛膜保存〉
ゾル2（図298/カ写）〈(産)ドイツのアイヒシュテット 35cm〉
ゾル2（図299/カ写）〈(産)ドイツのアイヒシュテット 8.5cm 頭骨〉
リア中〔ランフォリンクス〕（p118/カ復）

ラムフォリンクス・ロンギカウドス
Rhamphorhynchus longicaudus
ジュラ紀後期の脊椎動物爬虫類翼竜類。
¶**ゾル2**（図288/カ写）〈(産)ドイツのアイヒシュテット 19cm〉

ラムフォリンクス・ロンギケプス
Rhamphorhynchus longiceps
ジュラ紀後期の脊椎動物爬虫類翼竜類。
¶**ゾル2**（図289/カ写）〈(産)ドイツのアイヒシュテット 175cm〉

ラ

ラムプロテュラ・アンティクア *Lamprotula antiqua*
第四紀更新世の軟体動物斧足類。
¶**原色化**（PL.90-2/モ写）〈(産)中国の山西省史村鎮南8km 高さ8.5cm〉

ラムベオサウルス ⇒ランベオサウルスを見よ

ラムポリュンクス ⇒ラムフォリンクスを見よ

ラーメラプティクス *Lamellaptychus*
ジュラ紀後期の無脊椎動物軟体動物アンモナイト類アプティクス類（顎器）。
¶**ゾル1**（図168/カ写）〈(産)ドイツのゾルンホーフェン 5cm〉

ラメラプティクス・ラメローサス *Lamellaptychus lamellosus*
ジュラ紀の軟体動物頭足類。
¶**原色化**（PL.51-6/モ写）〈(産)ドイツのバイエルンのメルンスハイム 高さ3.5cm アンモナイトの蓋〉

ララワヴィス・スカグリアイ *Llallawavis scagliai*
新生代新第三紀鮮新世中期の鳥類フォルスラコス類。体高1.2m。
¶**生ミス10**〔ララワヴィス〕（図2-1-2/カ写）〈(産)アルゼンチン 骨格化石〉

ラリオサウルス *Lariosaurus*
三畳紀の爬虫類ノトサウルス類。爬型超綱鰭竜綱孽子竜目ノトサウルス科。沿岸の浅瀬に生息。体長60cm。(分)ヨーロッパ
¶**化百科**（p214/カ写）〈(産)イタリアのコモ 化石板の幅25cm〉
恐イラ（p75/カ復）
恐絶動（p70/カ復）
恐竜博（p55/カ復）
古脊椎（図103/モ復）

ラリオサウルス
三畳紀中期～後期の脊椎動物鰭竜類。全長50～70cm。(分)イタリア
¶**進化大**（p209/カ復）

ラリオサウルス属に似る鰭竜類 *Lariosaurus*
三畳紀の脊索動物爬虫類。
¶**図解化**（p212-上右/カ写）〈(産)イタリアのベルガノ〉

ラングカミア
三畳紀の植物シダ類。葉の最長1m。(分)ヨーロッパ，アメリカ合衆国，北部ヴェトナム
¶**進化大**（p200/カ写）

藍色細菌 ⇒シアノバクテリアを見よ

藍藻類
ジュラ紀後期の藻類藍藻類。
¶**ゾル1**（図1/カ写）〈(産)ドイツのゾルンホーフェン 9cm〉

藍藻類 ⇒シアノバクテリアを見よ

ランダイスギの1種 ⇒コウヨウザン属の未定種を見よ

ランフォスクス *Rhamphosuchus crassidens*
鮮新世の脊椎動物双弓類。ワニ目ガビアル科。体長15m。(分)アジア
¶**化写真**（p242/カ写）〈(産)パキスタン〉

ランフォドプシス *Rhamphodopsis threiplandi*
中期デボン紀の脊椎動物板皮類。プティクトドゥス目プティクトドゥス科。体長15cm。(分)スコットランド
¶**化写真**（p197/カ写）〈(産)イギリス〉

ランフォリンクス
ジュラ紀中期～後期の脊椎動物翼竜類。体長1～1.3m。(分)ヨーロッパ，アフリカ
¶**進化大**（p256～257/カ写，カ復）

ランフォリンクス ⇒ラムフォリンクスを見よ

ランフォリンクス ⇒ラムフォリンクス・ムエンステリを見よ

ランプロシルティス・ヘテロポーロス
Lamprocyrtis heteroporos
新生代鮮新世の放散虫。プテロコリス科。
¶**学古生**（図900/モ写）〈(産)秋田県男鹿市北浦宇野村〉

ランベオサウルス *Lambeosaurus*
7600万～7400万年前（白亜紀後期）の恐竜類鳥脚類。鳥脚亜目ハドロサウルス科ランベオサウルス亜科。林地に生息。体長9～15m。(分)カナダ，メキシコ
¶**恐イラ**（p217/カ復）
恐絶動（p150～151/カ復）
恐太古〔ラムベオサウルス〕（p106～109/カ写）〈歯，頭頂部，骨格標本〉
恐竜世〔ラムベオサウルス〕（p131/カ写）
恐竜博〔ラムベオサウルス〕（p143/カ写）〈頭骨，骨格〉
よみ恐（p202/カ復）

ランベオサウルス
白亜紀後期の脊椎動物鳥盤類。体長9m。[分]カナダ
¶進化大(p343/カ写)

ランベオサウルス亜科 Lambeosaurinae
白亜紀後期マストリヒシアン期の恐竜類鳥脚類。恐竜上目ハドロサウルス科ランベオサウルス亜科。植物食。体長約8～9m？[分]兵庫県淡路島洲本市
¶日恐竜(p74/カ写, カ復)〈歯骨(左右約40cm), 頸椎, 歯列(デンタルバッテリー)〉

ランホリンクス ⇒ラムフォリンクス・ゲミンギを見よ

【リ】

リアオケラトプス *Liaoceratops*
白亜紀バレミアンの恐竜。初期の角竜類。体長1m。[分]中国
¶恐イラ(p173/カ復)

リアオケラトプス・ヤンジゴウエンシス
Liaoceratops yanzigouensis
中生代の恐竜。熱河生物群。
¶熱河生〔幼体のリアオケラトプス・ヤンジゴウエンシスの完全頭骨〕(図165/カ写)〈[産]中国の遼寧省北票の燕子溝〉
熱河生〔リアオケラトプス・ヤンジゴウエンシスの復元図〕(図166/カ復)

リアオシア・チェニイ *Liaoxia chenii*
中生代の陸生植物グネツム類。熱河生物群。
¶熱河生(図241/カ写)〈[産]中国の遼寧省北票の黄半吉溝 長さ8.9cm〉

リアオシオルニス・デリカトゥス *Liaoxiornis delicatus* 遼西鳥
中生代の鳥類反鳥。熱河生物群。
¶熱河生〔リアオシオルニス・デリカトゥスの完模式標本〕(図183/カ写)〈[産]中国の遼寧省凌源の大王杖子 幼体もしくは亜成体〉
熱河生〔リアオシオルニス・デリカトゥスの復元図〕(図184/カ復)

リアオシトリトン・ゾンジアニの完模式標本
Liaoxitriton zhongjiani
中生代の両生類サンショウウオ類。熱河生物群。
¶熱河生(図115/カ写)〈[産]中国の遼寧省葫芦島の水口子 体長約120mm 石板A, 腹面〉

リアオニンゴグリフス・クアドリパルティトゥス *Liaoningogriphus quadripartitus*
中生代のエビ類。フクロエビ上目スペレオグリフス科。熱河生物群。
¶熱河生〔リアオニンゴグリフス・クアドリパルティトゥスの完全に近い個体〕(図68/カ写)〈[産]中国の遼寧省北票の四合屯 長さ16mm 腹面〉
熱河生〔リアオニンゴグリフス・クアドリパルティトゥスの完全に近い個体〕(図69/カ写)〈[産]中国の遼寧省北票の四合屯 長さ16mm 側面〉
熱河生〔リアオニンゴグリフス・クアドリパルティトゥスの復元図〕(図70/モ復)〈背面と側面〉

リアオニンゴサウルス・パラドクススの完模式標本 *Liaoningosaurus paradoxus*
中生代の恐竜類よろい竜類。ノドサウルス科。熱河生物群。
¶熱河生(図169/カ写)〈[産]中国の遼寧省錦州の王家溝 体長40cm未満〉

リアオニンゴプテルス・グイの完模式標本
Liaoningopterus gui
中生代の翼竜類。アンハングエラ科。熱河生物群。
¶熱河生(図137/カ写)〈[産]中国の遼寧省朝陽の小魚溝 推定翼開長約5m, 頭骨の長さ61cm〉

リアオニンゴルニス・ロンギディギトゥスの完模式標本 *Liaoningornis longidigitus* 遼寧鳥
中生代の鳥類真鳥類。熱河生物群。
¶熱河生(図189/カ写)〈[産]中国の遼寧省北票の四合屯 石板A〉

リアレナサウラ
白亜紀前期の脊椎動物鳥盤類。体長1m。[分]オーストラリア
¶進化大(p338/カ復)

リアレナサウラ ⇒レアエリナサウラを見よ

リオジャスクス *Riojasuchus tenuisceps*
後期三畳紀の脊椎動物双弓類。槽歯目オルニソスクス科。体長3m。[分]南アメリカ
¶化写真(p240/カ写)〈[産]アルゼンチン 頭骨〉

リオストレア・ソキアリス *Liostrea socialis*
ジュラ紀後期の無脊椎動物軟体動物二枚貝類。
¶ゾル1(図127/カ写)〈[産]ドイツのアイヒシュテット 11cm コロニー〉
ゾル1(図128/カ写)〈[産]ドイツのアイヒシュテット 孵化〉
ゾル1(図129/カ写)〈[産]ドイツのメルンスハイム 18cm 大きなカキについたコロニー〉

リオセラトイデスの1種 *Lioceratoides matsumotoi*
中生代・前期ジュラ紀のアンモナイト。ヒルドセラス科。
¶学古生(図392～395/モ写)〈[産]山口県豊浦郡菊川町, 豊田町〉

リオセラトイデスの1種 *Lioceratoides yokoyamai*
中生代・前期ジュラ紀のアンモナイト。ヒルドセラス科。
¶学古生(図396/モ写)〈[産]山口県豊浦郡菊川町, 豊田町〉

リオデスムス・スプラッティフォルミス
Liodesmus sprattiformis
ジュラ紀後期の脊椎動物全骨魚類。
¶ゾル2(図116/カ写)〈[産]ドイツのシェルンフェルト 12cm〉

リオハサウルス *Riojasaurus*
三畳紀後期の恐竜類古竜脚類。原竜脚下目メラノロサウルス科。体長9～11m。[分]アルゼンチン
¶恐イラ(p88/カ復)
恐絶動(p123/カ復)
よみ恐(p43/カ復)

リオハルペス・ベヌローサ
デヴォン紀中期の無脊椎動物節足動物。最大体長約

7.5cm。[分]中央ヨーロッパ, 中央アジア
¶**進化大**〔リオハルペス〕(p127/カ写)

リオプレウロドン *Liopleurodon*
1億6500万〜1億5000万年前（ジュラ紀中期〜後期）の初期の脊椎動物爬虫類鰭竜類クビナガリュウ類。首長竜目プリオサウルス科。海洋に生息。全長5〜7m。[分]ブリテン諸島, フランス, ロシア, ドイツ
¶**恐イラ**(p125/カ復)
恐絶動(p75/カ復)
恐竜世(p101/カ写, カ復)〈背骨〉
恐竜博(p94〜95/カ写, カ復)〈椎骨〉
生ミス6(図3-3/カ写, カ復)〈4.5m 全身復元骨格〉

リオプレウロドン *Liopleurodon ferox*
後期ジュラ紀の脊椎動物双弓類。長頸竜亜目プリオサウルス科。体長10m。[分]ヨーロッパ
¶**化写真**(p237/カ写)〈[産]イギリス 椎体, 頸肋骨〉

リオプレウロドン
ジュラ紀中期〜後期の脊椎動物鰭竜類。体長7〜10m。[分]イギリス諸島, フランス, ロシア, ドイツ
¶**進化大**(p251/カ写, カ復)〈頸部の肋骨, 脊椎〉

リカエノプス *Lycaenops*
古生代ペルム紀の単弓類獣弓類ゴルゴノプス類。獣弓目ゴルゴノプス科。全長1m。[分]マラウイ, 南アフリカ
¶**恐絶動**(p187/カ復)
図解化(p218/カ写)〈[産]南アフリカ〉
生ミス4(図2-3-4/カ写, カ復)〈頭骨〉
生ミス4(図2-4-13/カ復)
絶哺乳(p25/カ復)

リカエノプス *Lycaenops ornatus*
二畳紀後期の爬虫類。獣形超綱獣形綱獣形目獣歯亜目。全長125cm。[分]南アフリカ
¶**古脊椎**(図201/モ復)

リクイダンバ *Liquidambar europeanum*
漸新世〜現世の双子葉の被子植物類。マンサク目マンサク科。別名モミジバフウ。高さ25m。[分]世界中
¶**化写真**(p310/カ写)〈[産]スイス〉

リクイダンバー ⇒フウを見よ

リクイダンバー・ミオフォルモーサナ
Liquidambar mioformosana
新第三紀中新世前期〜鮮新世後期の双子葉植物。マンサク科。
¶**化石図**(p153/カ写)〈[産]山形県 葉の全長約10cm〉
日化譜〔チユウシンフウ〕(図版77-11/モ写)〈[産]宮城県塩釜市〉

リクソウリア・ニッポニカ *Lixouria nipponica*
新生代更新世の甲殻類(貝形類)。トラキレベリス科プテリゴシセレイス亜科。
¶**学古生**(図1877/モ写)〈[産]神奈川県宮田層 右殻〉

リクタスピス ⇒ドリアスピスを見よ

リクノカノマ・ニッポニカ *Lychnocanomma nipponica*
新生代中新世中期の放散虫。ユウシルティディウム科リクノカニウム亜科。
¶**学古生**(図896/モ写)〈[産]富山県氷見市姿〉

リコプテラ *Lycoptera*
中生代の魚類。熱河生物群。
¶**熱河生**(P54/カ写)〈[産]中国〉
熱河生(図100/カ写)〈[産]中国の遼寧省西部 体長約12cm〉
熱河生〔リコプテラはたいてい, 密集して保存されている〕(図101/カ写)〈[産]中国の遼寧省淩源の大新房子〉

リコプテラ *Lycoptera middendorfi*
ジュラ紀後期〜白亜紀前期の魚類。顎口超綱硬骨魚綱条鰭亜綱真骨上目オステオグロッスム目。全長11cm。[分]満州熱河
¶**古脊椎**(図41/モ復)

リコポディテス・エレガンス *Licopodites elegans*
石炭紀の植物ヒカゲノカズラ類。
¶**図解化**(p44-1/カ写)〈[産]ボヘミア〉

リコポディテス・ファウストゥス *Lycopodites faustus*
中生代の陸生植物ヒカゲノカズラ類。熱河生物群。
¶**熱河生**(図226/カ写)〈[産]中国の遼寧省北票の黄半吉溝 長さ5.95cm〉
熱河生〔図226に写っている標本の先端を拡大〕(図227/カ写)〈[産]中国の遼寧省北票の黄半吉溝 胞子嚢穂〉

リーサイディテス・ミニマス *Reesidites minimus*
中生代白亜紀後期のアンモナイト。コリグノニセラス科。
¶**学古生**(図483/モ写)〈[産]北海道岩見沢市万字地域三ノ沢上流 前面, 側面〉
学古生(図495〜503/モ写)〈[産]北海道三笠市幾春別川流域 501〜503は模式標本〉
日化譜〔Reesidites minimus〕(図版56-17/モ写)〈[産]北海道三笠市幾春別〉

リーサダイテス
中生代白亜紀の軟体動物頭足類。
¶**産地別**(p48/カ写)〈[産]北海道留萌郡小平町上記念別川 長径1.7cm〉

リサトラクタス・トチギエンシス *Lithatractus tochigiensis*
新生代中新世中期〜前期の放散虫。アクティノマ科。
¶**学古生**(図885/モ写)〈[産]茨城県北茨城市平潟〉

リジー・ザ・リザード ⇒ウェストロティアーナを見よ

リーズィクティス
ジュラ紀中期〜後期の脊椎動物軟骨魚類。体長22m。[分]ヨーロッパ, チリ
¶**進化大**(p246/カ復)

リスガイ
新生代第三紀鮮新世の軟体動物腹足類。タマガイ科。
¶**産地新**(p206/カ写)〈[産]高知県安芸郡安田町唐浜 高さ3.7cm〉

リストラカンサス *Listracanthus* sp.
石炭紀後期ペンシルヴァニア亜紀の脊椎動物魚類。棘魚綱。
¶**図解化**(p188/カ写)〈[産]モンタナ州 棘の鰭〉

リストロサウルス *Lystrosaurus*
古生代ペルム紀〜中生代三畳紀の単弓類獣弓類。獣弓目ディキノドン亜目リストロサウルス科。氾濫原に生息。頭胴長1m。㊌南アメリカ, 南極, 中国ほか
¶**化百科**(p231/カ写)〈頭骨長22cm 頭骨〉
恐絶動(p190/カ復)
恐竜博(p48/カ写)
古代生(p138〜139/カ復)
図解化〔リストロサウルス類〕(p217-上右/カ写)〈㊤南アフリカ 頭骨〉
生ミス4(図2-4-14/カ復)
生ミス5(図1-8/カ写, カ復)〈骨格模型〉
絶哺乳(p25,26/カ写, カ復)〈㊤中国の新疆ウイグル自治区 全長約1m 骨格〉

リストロサウルス
ペルム紀後期〜三畳紀前期の脊椎動物単弓類。全長1m。㊌南方の大陸の広い範囲
¶**進化大**(p220/カ復)

リストロサウルス・ムッライ *Lystrosaurus murrayi*
ペルム紀〜三畳紀の単弓類獣弓類。双牙亜目リストロサウルス科。全長1m前後。㊌南アフリカ, インド
¶**化写真**〔リストロサウルス〕(p256/カ写)〈㊤南アフリカ 頭骨〉
古脊椎〔リストロサウルス〕(図212/モ復)
リア中〔リストロサウルス〕(p8/カ復)

リストロミクテル *Lystromycter leakeyi*
前期中新世の脊椎動物双弓類。有鱗目環蜴科。体長30cm。㊌アフリカ東部
¶**化写真**(p232/カ写)〈㊤ケニア〉

リソウイキア・ボジャニ *Lisowicia bojani*
中生代三畳紀の単弓類獣弓類。全長4.5m。㊌ポーランド
¶**リア中**〔リソウイキア〕(p72/カ復)

リソサムニウム ⇒イシモの1種を見よ

リゾストミテス・アドミランドゥス *Rhizostomites admirandus*
ジュラ紀後期の無脊椎動物腔腸動物クラゲ類。
¶**ゾル1**(図75/カ写)〈㊤ドイツのプファルツパイント 25cm〉
ゾル1(図76/カ写)〈㊤ドイツのプファルツパイント 13cm〉
ゾル1(図77/カ写)〈㊤ドイツのプファルツパイント 10cm 下傘面〉

リソストローション・バサルティフォルメ *Lithostrotion basaltiforme*
石炭紀の腔腸動物四射サンゴ類。
¶**原色化**(PL.23-3/モ写)〈㊤イギリスのウェールズのカーマセン 個体の直径1cm〉

"リソストローション"・プロリフェリゥム *"Lithostrotion" proliferium*
石炭紀の腔腸動物四射サンゴ類。
¶**原色化**(PL.23-1/モ写)〈㊤北アメリカのイリノイ州スコット 直径2cm〉

リソストロチオン ⇒シフォノデンドロンを見よ

リゾソレニア・マイオシニカ *Rhizosolenia miocenica*
新生代中新世中期の珪藻類。同心目。
¶**学古生**(図2113/モ写)〈㊤岩手県一関市下黒沢〉

「リソデンドロン」 "Lysodendron"
ジュラ紀後期の偽化石忍ぶ石。
¶**ゾル1**(図64/カ写)〈㊤ドイツのヤッヘンハウゼン 40cm〉

リソドゥス *Lissodus* sp.
三畳紀前期インドゥアン期〜オレネキアン期(約2億5000万年前)のサメ類。正鮫目ヒボドゥス上科ロンキディオン科。底棲で, 水底の砂泥の中の小動物を食べていた。体長1m弱。㊌愛媛県西予市魚成田穂上組
¶**日恐竜**(p132/カ写, カ復)〈長径7.4mm 歯〉

リソファイラム ⇒イシゴロモの1種を見よ

リゾフィルム・ルヌラータム *Rhizophyllum lunulatum*
古生代中期の四放サンゴ類。ゴニオフィルム科。
¶**学古生**(図27/モ写)〈㊤岩手県大船渡市樋口沢 縦断面〉

リソペラ・ネオテラ *Lithopera neotera*
新生代中新世中期の放散虫。ユウシルティディウム科ユウシルティディウム亜科。
¶**学古生**(図903/モ写)〈㊤茨城県那珂湊市磯崎〉

リソペラ・バッカ *Lithopera bacca*
新生代更新世の放散虫。ユウシルティディウム科ユウシルティディウム亜科。
¶**学古生**(図904/モ写)〈㊤千葉県海上郡飯岡町刑部岬〉

リソペラ・レンツァエ *Lithopera renzae*
新生代中新世中期の放散虫。ユウシルティディウム科ユウシルティディウム亜科。
¶**学古生**(図902/モ写)〈㊤宮城県仙台市旗立〉

リゾポテリオン *Rhizopoterion cribrosum*
白亜紀の無脊椎動物海綿動物。リチニスカ目ベントリクリクルス科。別名ベントリクリテス・インフンディブリフォルミス。体高10cm。㊌ヨーロッパ
¶**化写真**(p34/カ写)〈㊤イギリス〉

リタコセラス・ヴィオリ *Lithacoceras viohli*
ジュラ紀後期の無脊椎動物軟体動物アンモナイト類。
¶**ゾル1**(図157/カ写)〈㊤ドイツのシェルンフェルト 17cm〉

リタコセラス属の種 *Lithacoceras* sp.
ジュラ紀後期の無脊椎動物軟体動物アンモナイト類。
¶**ゾル1**(図154/カ写)〈㊤ドイツのゾルンホーフェン 36cm〉
ゾル1(図155/カ写)〈㊤ドイツのアイヒシュテット 23cm〉
ゾル1(図156/カ写)〈㊤ドイツのアイヒシュテット 42cm〉

リタコセラスの1種 *Lithacoceras tarodaense*
中生代ジュラ紀後期のアンモナイト。ペリスフィンクテス科。
¶**学古生**(図457/モ写)〈㊤高知県高岡郡仁淀村太郎田〉

リタステル・ジュラシクス *Lithaster jurassicus*
ジュラ紀後期の無脊椎動物棘皮動物ヒトデ類。

¶ゾル1（図511/カ写）〈[産]ドイツのベームフェルト 14cm〉

リツイテス *Lithuites*
オルドビス紀の頭足類オウムガイ類。
¶アン最（p26/カ写）

リツイテス・リツウス *Lituites lituus*
オルドビス紀中期の無脊椎動物軟体動物オウムガイ類。リツイテス目リツイテス科。
¶化石図（p46/カ写, カ復）〈[産]スウェーデン 長さ約14cm〉
図解化（p142-右/カ写）〈[産]スウェーデンのオーランド〉

リッセロイデア属（？）の種 *Risselloidea*（？）sp.
ジュラ紀後期の無脊椎動物軟体動物巻貝類。
¶ゾル1（図109/カ写）〈[産]ドイツのブライテンヒル 1.2cm〉

リッソア属の種 *Rissoa* sp.
ジュラ紀後期の無脊椎動物軟体動物巻貝類。
¶ゾル1（図110/カ写）〈[産]ドイツのプファルツパイント 0.5cm〉

リットリナ・ルディス
新第三紀～現代の無脊椎動物腹足類。別名タマキビガイ。殻高最大5cm。[分]大西洋北東部
¶進化大〔リットリナ〕（p426/カ写）

リップルマーク ⇒漣痕を見よ

リティオドゥス *Rytiodus*
中新世の哺乳類。鰭脚亜目カイギュウ目。全長6m。[分]フランス
¶恐絶動（p227/カ復）

リトゥイテス *Lituites*
オルドビス紀～シルル紀の軟体動物頭足類オウムガイ類。
¶化百科（p175/カ写）〈[産]ウェールズ北部 石板の幅9cm〉

リトクリオセラス（？）・フラータムに近縁の種 *Lytocrioceras*（？）aff.*L.furatum*
中生代白亜紀前期のアンモナイト。クリオセラス科。
¶学古生（図468/モ写）〈[産]群馬県多野郡中里村間物沢 側面〉

リトケラス ⇒リトセラス・フィンブリアトゥスを見よ

リトコアラ・ディックスミシ *Litokoala dicksmithi*
新生代新第三紀中新世の単弓類獣弓類哺乳類有袋類双前歯類。頭骨長7.5cm。[分]オーストラリア
¶生ミス10〔リトコアラ〕（図2-3-5/カ写, カ復）〈[産]オーストラリア北部リバースレー 7.5cm 頭骨（現生種と比較）〉

リードシクティス ⇒レエドゥシクティスを見よ

リードシクティス・プロブレマティクス *Leedsichthys problematicus*
中生代ジュラ紀の条鰭類パキコルムス類。全長27m。[分]フランス, イギリス, ドイツ
¶生ミス6〔リードシクティス〕（図6-1/カ写, カ復）〈2.9m 尾鰭の復元骨格〉
世変化〔リードシクティスの尾〕（図44/カ写）〈[産]英国のピーターバラ 高さ3m〉
リア中〔リードシクティス〕（p100/カ復）

リトストロチオン *Lithostrotion*
石炭紀前期～中期の刺胞動物サンゴ類花虫類四放サンゴ類リトストロチオン類。別名スパゲッティ岩。
¶化百科（p115/カ写）〈個々の糸の厚み1cm〉

リトセラス *Lytoceras*
ジュラ紀前期～白亜紀後期の軟体動物頭足類アンモノイド類アンモナイト類。
¶アン最（p60/カ写）〈複雑な隔壁〉
化百科（p168/カ写）〈直径10cm〉

リトセラス・シエメンシイ *Lytoceras siemensi*
ライアス期のアンモナイト。
¶アン最（p169/カ写）〈[産]ドイツのホルツマーデン〉

リトセラスの一種 *Lytoceras* sp.
ジュラ紀のアンモナイト。
¶アン最（p18/カ写）〈[産]フランス〉

リトセラス・フィンブリアトゥス *Lytoceras fimbriatus*
中生代ジュラ紀の軟体動物頭足類アンモナイト類。リトケラス目リトケラス科。直径10cm。[分]世界中
¶化写真〔リトケラス〕（p145/カ写）〈[産]イギリス〉
化石フ（p109/カ写）〈[産]山口県豊浦郡豊田町 75mm〉

リトセラス・フィンブリアトゥム
ジュラ紀前期～白亜紀後期の無脊椎動物頭足類。直径2～30cm。[分]世界各地
¶進化大〔リトセラス〕（p238/カ写）

リードプス セファロテス *Reedops cephalotes*
デボン紀中期の三葉虫。ファコープス目。
¶三葉虫（図53/モ写）〈[産]チェコスロバキアのボヘミア 長さ71mm〉

リードプス・ナカノイ *Reedops nakanoi*
デボン紀の節足動物三葉虫類。
¶原色化（PL.21-2/カ写）〈[産]岩手県大船渡市盛樋口沢 頭部の幅3.2cm〉

リトブラタ・リトフィラ *Lithoblatta lithophila*
ジュラ紀後期の無脊椎動物昆虫類ゴキブリ類。
¶ゾル1（図389/カ写）〈[産]ドイツのブルーメンベルク 3.5cm〉
ゾル1（図390/カ写）〈[産]ドイツのヴェークシャイト 4cm 酸化鉄で染色〉
ゾル1（図391/カ写）〈[産]ドイツのヴェークシャイト 3.5cm 酸化鉄化した下面〉

リトロナクス・アルゲステス *Lythronax argestes*
中生代白亜紀の恐竜類竜盤類獣脚類ティランノサウルス類。全長7.5m。[分]アメリカ
¶生ミス8〔リトロナクス〕（図10-13/カ写, カ復）〈[産]アメリカのユタ州南部 約45cm 上顎骨の先端部分〉
生ミス8〔リトロナクスの全身復元骨格〕（図10-14/カ写）〈[産]アメリカのユタ州南部〉
リア中〔ライスロナクス〕（p200,250/カ復）

リニア *Rhynia*
デボン紀前期の維管束植物リニア植物。
¶化百科（p78/カ写）〈茎は直径2～3mm〉

リニア
デヴォン紀前期の植物リニア類。高さ18cm。㊎スコットランド
¶**進化大**（p115/カ写）〈㊆ライニー・チャート〉

リニア・グウィンネヴァウガニィイ *Rhynia gwynnevaughanii*
古生代デボン紀のリニア植物。高さ20cm。㊎イギリス
¶**生ミス3**〔リニア〕（図2-1/カ復）

リニオグナサ・ヒルスティ *Rhyniognatha hirsti*
古生代デボン紀の節足動物昆虫類。
¶**生ミス3**〔リニオグナサ〕（図2-5/カ写）〈㊆イギリスのスコットランドのライニーチャート〉

リヌパルス *Linuparus eocenicus*
前期白亜紀〜現世の無脊椎動物甲殻類。十脚目イセエビ科。体長20cm。㊎世界中
¶**化写真**（p71/カ写）〈㊆イギリス 側面，背面〉

リヌパルス
中生代白亜紀サントニアンの節足動物甲殻類。
¶**産地別**（p31/カ写）〈㊆北海道苫前郡羽幌町三毛別川上流 長さ17cm〉

リヌパルス
中生代白亜紀の節足動物甲殻類。
¶**産地新**（p157/カ写）〈㊆兵庫県三原郡緑町広田広田 長さ6cm〉
産地別（p57/カ写）〈㊆北海道芦別市幌子芦別川 長さ3cm 足〉

リヌパルス
白亜紀チューロニアン期〜コニアシアン期の甲殻類。現生のハコエビの仲間。体長約10〜30cm。
¶**日白亜**（p128〜127/カ復）〈㊆北海道各地〉

リヌパルス・エオケニクス
古第三紀〜現代の無脊椎動物節足動物。甲羅の全長約5cm。㊎ヨーロッパ，西アフリカ，北アメリカ，北東アジア
¶**進化大**〔リヌパルス〕（p373/カ写）

リヌパルス・ジャポニクス *Linuparus japonicus*
白亜紀の節足動物甲殻類。甲殻綱軟甲亜綱十脚目長尾亜目イセエビ科。
¶**学古生**〔ハコエビの1種〕（図702/モ写）〈㊆北海道三笠市奔別川上流〉
原色化（PL.68-3/カ写）〈㊆兵庫県淡路島 母岩の長さ10.3cm〉
日化譜〔Linuparus japonicus〕（図版59-2/モ写）〈㊆北海道三笠市幾春別ポンベツ，岩手県九戸郡久慈〉

リネヴィトゥス・オピムス *Linevitus opimus* 豊満線帯螺
カンブリア紀のヒオリテス類。ヒオリテス門。澄江生物群。殻幅最大15mm，長さ最大30mm。
¶**澄江生**（図13.1/カ写）〈㊆中国の帽天山 殻の背側からの眺め〉
澄江生（図13.2/モ復）〈ヒオリテス類の概念的な復元図〉

リノキプリス・ジュラッシカの背甲 *Rhinocypris jurassica*
中生代の貝形虫類。熱河生物群。
¶**熱河生**（図50/モ写）〈㊆中国の遼寧省北票の四合屯 外側側面〉

リノティタン *Rhinotitan* sp.
始新世中期の哺乳類奇蹄類。ティタノテリウム型亜目ブロントテリウム科。肩高約2m。㊎アジア
¶**絶哺乳**（p164,166/カ復，モ図）〈㊆中国の内モンゴル自治区 全身骨格，上顎歯列〉

リノバチス *Rhinobatis bugesiacus*
ジュラ紀後期の魚類。顎口超綱軟骨魚綱エイ目。別名ムカシサカタザメ。全長1.7m。㊎南ドイツのババリヤ
¶**古脊椎**（図23/モ復）

リノバトス *Rhinobatos*
白亜紀後期の脊索動物エイ類。軟骨魚綱。
¶**図解化**（p190-下/カ写）〈㊆レバノン〉

リノバトス・ホワイテフィエルディ *Rhinobatos whitfieldi*
中生代白亜紀の軟骨魚類。
¶**生ミス7**（図3-1/カ写）〈㊆レバノンのハジューラ 31cm〉

リノバトス・マロニタ *Rhinobatos maronita*
中生代白亜紀の軟骨魚類。
¶**生ミス7**（図3-2/カ写）〈㊆レバノンのハケル 43cm〉

リバノプリスティス *Libanopristis*
中生代白亜紀の軟骨魚類。エイの仲間。
¶**生ミス7**（p76/カ写）〈㊆レバノンのハジューラ 68cm〉

リパロセラス・コントラクトゥム *Liparoceras contractum*
ジュラ紀前期の軟体動物頭足類アンモノイド類アンモナイト類。
¶**化百科**〔リパロセラス〕（p169/カ写）〈㊆イギリス南部のドーセット州チャーマス 直径10cm〉

リパロセラス・チエルトネンセ *Liparoceras cheltonense*
ライアス前期のアンモナイト。
¶**アン最**（p149/カ写）〈㊆イギリスのグロスターシャーのブロックレイ〉

リビコスクス *Libycosuchus brevirostris*
白亜紀の爬虫類。竜型超綱鰐綱鰐目。頭長18cm。㊎エジプト
¶**古脊椎**（図132/モ復）

リビス・スペルブス *Libys superbus*
ジュラ紀後期の脊椎動物魚類総鰭類。
¶**ゾル2**（図208/カ写）〈㊆ドイツのアイヒシュテット 42cm〉
ゾル2（図209/カ写）〈㊆ドイツのアイヒシュテット 64cm〉

リベッルラ・ケレス *Libellula ceres*
中新世後期の節足動物昆虫類トンボ類。
¶**化百科**〔リベッルラ〕（p144/カ写）〈㊆ドイツライン・ジーク郡ロット 化石の石板の幅6cm〉

リベッルリウム
ジュラ紀の無脊椎動物節足動物トンボ類。羽の長さ最大14cm。㊎ヨーロッパ
¶**進化大**（p243/カ写）

リベルラ・ドリス *Libellula doris*
始新世の無脊椎動物節足動物。
¶**図解化**（p111-右/カ写）〈(産)イタリア 幼虫〉

リベルリウム *Libellulium* sp.
ジュラ紀後期の無脊椎動物節足動物。
¶**図解化**（p112-2/カ写）〈(産)ドイツのゾルンホーフェン〉

リマ
中生代三畳紀の軟体動物斧足類。
¶**産地本**（p180/カ写）〈(産)福井県大飯郡高浜町難波江 写真の左右4cm〉

リマコディテス・メソゾイクス *Limacodites mesozoicus*
ジュラ紀後期の無脊椎動物昆虫類セミ類。
¶**ゾル1**（図429/カ写）〈(産)ドイツのアイヒシュテット 17cm〉
ゾル1（図430/カ写）〈(産)ドイツのアイヒシュテット 18cm〉

リマ属の二枚貝 *Lima*
無脊椎動物軟体動物。
¶**図解化**（p117-下/カ写）〈(産)ドイツのムッシェルカルク〉

リマチュラ・ギボーサ *Limatula gibbosa*
ジュラ紀の軟体動物斧足類。
¶**原色化**（PL.46-2/モ写）〈(産)フランスのカルバドス 高さ2.9cm〉

リマ（プラギオストマ）・フィリップシ *Lima (Plagiostoma) phillipsi*
ジュラ紀後期の無脊椎動物軟体動物二枚貝類。
¶**ゾル1**（図126/カ写）〈(産)ドイツのケルハイム 3cm〉

リムサウルス *Limusaurus*
中生代ジュラ紀の恐竜類竜盤類獣脚類。全長2m。(分)中国
¶**生ミス6**〔死の足跡〕（図4-3/モ写）〈(産)中国の新疆ウイグル自治区ジュンガル盆地 深さ1～2m マメンキサウルスの足跡から取り出された岩石のブロック。5体の恐竜化石が入っていた〉
生ミス6（図4-4/カ復）

リムナエア
古第三紀～現代の無脊椎動物腹足類。別名モノアラガイ。殻高最大6cm。(分)世界各地
¶**進化大**（p426/カ写）

リムナエア ⇒リュムナエアを見よ

リムノフレガタ・アズィゴステルヌム *Limnofregata azygosternum*
始新世前期の鳥類。コウノトリ目。体高30cmまで。(分)合衆国のワイオミング
¶**恐絶動**（p179/カ復）

リムノフレガタ・ハセガワイ *Limnofregata hasegawai*
新生代の鳥類グンカンドリ類。別名ハセガワグンカンドリ。
¶**生ミス9**（図1-3-8/カ写）〈(産)アメリカ中西部のグリーンリバー 約23cm 頭骨の正基準標本〉

リメッラ *Rimella*
始新世の無脊椎動物貝殻の化石。
¶**恐竜世**〔スイショウガイのなかま〕（p60/カ写）

リメラ *Remella fissurella*
暁新世～漸新世の無脊椎動物腹足類。中腹足目ソデボラ科。体長2.5cm。(分)世界中
¶**化写真**（p123/カ写）〈(産)フランス〉

リモプテラ属の未定種 *Limoptera* sp.
古生代デボン紀の軟体動物斧足類。
¶**化石フ**（p38/カ写）〈(産)岐阜県吉城郡上宝村 45mm〉

リャノケトゥス *Llanocetus*
新生代古第三紀始新世～漸新世の哺乳類真獣類鯨偶蹄類ヒゲクジラ類。別名ヤノケトゥス。頭骨長2m。(分)南極大陸, ニュージーランド
¶**生ミス9**（図1-7-8/カ復）

リュウエラ *Ryuella*
中生代白亜紀の軟体動物頭足類アンモナイト類。
¶**生ミス7**（図4-9/カ写）〈(産)北海道小平町 長径約3.5cm〉

リュウエラ・リュウ *Ryuella ryu*
チューロニアン期の軟体動物頭足類アンモナイト。アンキロセラス亜目ディプロモセラス科。
¶**アン学**（図版41-4/カ写）〈(産)羽幌地域〉

竜脚類
白亜紀カンパニアン期の恐竜。
¶**日白亜**（p8～9/カ復）〈(産)鹿児島県薩摩川内市下甑島〉

竜脚類
白亜紀バレミアン期～アプチアン期？の恐竜。
¶**日白亜**（p107/カ写）〈(産)群馬県神流町 歯〉

竜脚類
白亜紀サントニアン期の恐竜。
¶**日白亜**（p114～117/カ写, カ復）〈(産)岩手県久慈市 歯〉

リュウキュウカリガネ（新） *Gemmula granosa ryukyuensis*
鮮新世後期の軟体動物腹足類。
¶**日化譜**（図版34-14/モ写）〈(産)沖縄本島〉

リュウキュウキョン *"Muntiacus" astylodon*
更新世後期の哺乳類偶蹄類。
¶**日化譜**（図版69-3/モ写）〈(産)沖縄本島伊江島及同摩文仁 右角外側面〉

リュウキュウジカ *Cervus astylodon*
新生代更新世後期の哺乳類。シカ科。
¶**学古生**（図2032～2034/モ写）〈(産)沖縄県国頭郡伊江村ゴヘズ洞窟 橈尺骨側面, 右中足骨前面, 右中手骨〉
学古生（図2036,2037/モ写）〈(産)沖縄県島尻郡久米島仲原洞窟〉

リュウキュウヒサゴホラダマシ *Loochooia hanzawai*
鮮新世後期の軟体動物腹足類。
¶**日化譜**（図版32-24/モ写）〈(産)沖縄本島〉

リュウキュウフデ *Mitra (Fusimitra) loochooensis*
鮮新世前期の軟体動物腹足類。
¶**日化譜**（図版33-12/モ写）〈(産)沖縄本島〉

リュウキュウムカシキョン Muntjakinae,gen.et sp. indet.
新生代更新世後期の哺乳類。シカ科。

¶学古生（図2035/モ写）〈[産]沖縄県伊江島ゴヘズ洞窟 右中手骨前面〉

リュウグウハゴロモガイ
新生代第三紀中新世の軟体動物斧足類。別名ペリプローマ。
¶産地新（p183/カ写）〈[産]三重県尾鷲市行野浦 左右8.5cm〉
産地本（p183/カ写）〈[産]三重県安芸郡美里村長野 長さ（左右）9cm〉

リュウグウハゴロモガイの1種 *Periploma* sp.
新生代第三紀漸新世の貝類。リュウグウハゴロモガイ科。
¶学古生（図1109/モ写）〈[産]和歌山県西牟婁郡串本町田並南東〉

リュウグウボタル
新生代第三紀鮮新世の軟体動物腹足類。マクラガイ科。
¶産地新（p212/カ写）〈[産]高知県安芸郡安田町唐浜 高さ3.9cm〉

竜骨群集
クビナガリュウ類の死骸のまわりに築かれていた化学合成生態系。
¶生ミス7（図4-28/カ復）

竜盤類の足跡
白亜紀の脊索動物爬虫類。
¶図解化（p208-上左/カ写）〈[産]イタリア〉

リュウビンタイダマシの1種 *Marattiopsis* sp.
中生代三畳紀後期の陸上植物。シダ類綱リュウビンタイ目リュウビンタイ科。成羽植物群。
¶学古生（図733/モ写）〈[産]岡山県川上郡成羽町〉

リュゴディウム・スコッツベルギイ
白亜紀（おそらく三畳紀）～現代の植物シダ類。別名カニクサ，ツルシノブ。裸葉小葉の最大全長11cm。[分]ヨーロッパ，北アメリカ，南アメリカ，中国，オーストラリア
¶進化大〔リュゴディウム〕（p363/カ写）〈[産]チリ〉

リューバ ⇒赤ちゃんマンモスのリューバを見よ

リュムナエア *Lymnaea*
暁新世後期～現在の軟体動物腹足類有肺類。別名リムナエア。
¶化百科（p163/カ写）〈殻の長さ2～3cm〉

リョウゼンカエデ *Acer ryozenensis*
中新世前中期の双子葉植物。
¶日化譜（図版78-8/モ写）〈[産]福島県北部〉

リリエンシュテルヌス *Liliensternus*
三畳紀カーニアン～ノーリアンの恐竜類竜盤類獣脚類ケラトサウルス類。敏捷な肉食恐竜。体長5m。[分]ドイツ
¶恐イラ（p81/カ復）
よみ恐〔リリエンステルヌス〕（p32～33/カ復）

リリエンシュテルヌス
三畳紀後期の脊椎動物獣脚類。全長5～6m。[分]ドイツ
¶進化大（p218/カ復）

リリエンステルヌス ⇒リリエンシュテルヌスを見よ

リリオクリヌス・ダクティルス *Lyriocrinus dactylus*
古生代シルル紀のウミユリ類。
¶生ミス2〔リリオクリヌス〕（図2-3-2/カ写）〈[産]アメリカのニューヨーク州 約5cm〉

リリテス・レヘエンシス *Lilites reheensis*
中生代の陸生植物。分類位置不明。熱河生物群。
¶熱河生〔リリテス・レヘエンシスの葉茎〕（図245/カ写）〈[産]中国の遼寧省北票の黄半吉溝 長さ9.8cm〉
熱河生〔リリテス・レヘエンシスの果枝〕（図246/カ写）〈[産]中国の遼寧省北票の黄半吉溝 長さ4.5cm〉

リリヤレックス *Rillyarex preecei*
中期始新世～漸新世の無脊椎動物腹足類。柄眼目キセルガイ科。体長7cm。[分]ヨーロッパ
¶化写真（p133/カ写）〈[産]イギリス〉

リンガフィリップシア
古生代石炭紀の節足動物三葉虫類。
¶産地新（p27/カ写）〈[産]岩手県大船渡市日頃市町長安寺 長さ2.5cm〉
産地別（p74/カ写）〈[産]岩手県大船渡市日頃市町長安寺 長さ1.2cm 尾部のみ〉

リンキップス *Rhynchippus*
漸新世前期の哺乳類南米有蹄類。トクソドン亜目ノトヒップス科。全長1m。[分]アルゼンチン
¶恐絶動（p250/カ復）
絶哺乳（p234/カ復）

リンギュアフィリップシア・サブコニカ *Linguaphillipsia subconica*
古生代後期石炭紀最前期の三葉虫類。フィリップシア亜科。
¶学古生（図242/モ写）〈[産]岩手県大船渡市長安寺〉

リンギュラ *Lingula credneri*
オルドビス紀～現世の無脊椎動物腕足動物。リンギュラ目リンギュラ科。体長1.5cm。[分]世界中
¶化写真（p79/カ写）〈[産]イギリス〉

リンギュラ
新生代第三紀中新世の腕足動物無関節類。
¶産地新（p162/カ写）〈[産]滋賀県甲賀郡土山町大沢 高さ2.6cm〉
産地本（p207/カ写）〈[産]滋賀県甲賀郡土山町鮎河 高さ2cm〉

リンギュラ
中生代白亜紀の腕足動物無関節類。
¶産地本（p70/カ写）〈[産]岩手県下閉伊郡田野畑村明戸 縦1.4cm〉

リンギュラ
新生代第四紀更新世の腕足動物無関節類。
¶産地本（p97/カ写）〈[産]千葉県木更津市真里谷 高さ2cm〉

リンギュラ
中生代ジュラ紀の腕足動物無関節類。
¶産地本（p120/カ写）〈[産]富山県下新川郡朝日町大平川 高さ0.9cm〉

リンギュラ
新生代第四紀完新世の腕足動物無関節類。
¶**産地本**（p147/カ写）〈[産]愛知県知多市古見 高さ1.8cm〉

リンギュラ・クネアタ *Lingula cuneata*
シルル紀の無脊椎動物腕足動物。
¶**図解化**（p78-右/カ写）〈[産]ニューヨーク州〉
図解化〔Lingula cuneata〕（図版5-23/カ写）〈[産]ニューヨーク州〉

リンギュラ・クメンシス *Lingula kumensis*
古生代中期シルル紀ウェルロック世前期？の腕足類無穴類。シャミセンガイ科。
¶**学古生**（図35/モ写）〈[産]熊本県八代郡坂本村深水〉
日化譜〔Lingula kumensis〕（図版23-1/モ写）〈[産]岐阜県福地〉

リンギュラ属の種 *Lingula* sp.
古生代デボン紀～中生代ジュラ紀後期の無脊椎動物触手動物腕足動物。無関節綱リンギュラ目シャミセンガイ科。
¶**学古生**〔シャミセンガイの1種〕（図352/モ写）〈[産]山口県美祢市大嶺町奥畑〉
化石フ〔シャミセンガイ属の未定種〕（p20/カ写）〈[産]岐阜県上宝村 10mm〉
化石フ〔シャミセンガイ属の未定種〕（p20/カ写）〈[産]富山県上新川郡朝日町 20mm〉
化石フ〔シャミセンガイ属の未定種〕（p20/カ写）〈[産]岐阜県土岐市 25mm〉
ゾル1（図96/カ写）〈[産]ドイツのメルンスハイム 1.5cm〉

リ

リンギュレラ *Lingulella waptaensis*
カンブリア紀の腕足動物。触手冠動物上門腕足動物門無関節綱。サイズ4～6mm。
¶**バ頁岩**（図50,51/モ写, モ復）〈[産]カナダのバージェス頁岩〉

リンギュレラ・エクソーティバ *Lingulella exortiva*
カンブリア紀の腕足動物無関節類。
¶**原色化**（PL.5-3/カ写）〈[産]中国東北部（南満州）後州金家城子 1個体の長さ3～4mm〉

リンギュレラ・キュネアータ *Lingulella cuneata*
シルル紀中期の腕足動物無関節類。生きている化石。
¶**原色化**（PL.2-3/モ写）〈[産]北アメリカのニューヨーク州バッファロー 最も大きい個体の長さ1.7cm〉

リンギュレラ・チェングイアングエンシス *Lingulella chengjiangensis* 澄江小舌形貝
カンブリア紀の腕足動物。腕足動物門シャミセンガイ目。澄江生物群。殻の長さ最大8.5mm。
¶**澄江生**（図17.5/カ写）〈[産]中国の小濫田, 馬房 肉茎が保存された標本〉

リンギュレロトレタ・マロングエンシス *Lingulellotreta malongensis* 馬龍舌形孔貝
カンブリア紀の腕足動物。腕足動物門シャミセンガイ目。澄江生物群。殻長7～10mm, 幅5mmまで。
¶**澄江生**（図17.3/カ写）〈[産]中国の馬房 肉茎が保存された標本〉
澄江生（図17.4/モ復）〈生息姿勢を推測〉

リングレラ
カンブリア紀前期～オルドヴィス紀中期の無脊椎動物腕足類。全長1～2.5cm。[分]世界各地
¶**進化大**（p72/カ写）

リンコダーセティス *Rhynchodercetis*
中生代白亜紀の条鰭類。
¶**生ミス7**（p75/カ写）〈[産]レバノンのハケル 60cm〉

リンコディプテルス *Rhynchodipterus elginensis*
デボン紀後期の魚類。顎口超綱硬骨魚綱肺魚亜綱肺魚目。全長45cm。[分]イギリス, スコットランド
¶**古脊椎**（図51/モ復）

リンコトレタ・キュネアータ *Rhynchotreta cuneata*
シルル紀の腕足動物有関節類。
¶**原色化**（PL.13-5/カ写）〈[産]イギリスのウスター州ダッドレイ 右側の個体の高さ1.2cm〉

リンコネラ
古生代石炭紀の腕足動物有関節類。
¶**産地別**〔いろいろなリンコネラ〕（p118/カ写）〈[産]新潟県糸魚川市青海町 幅2.3cm〉

リンコネラ
中生代白亜紀の腕足動物有関節類。
¶**産地本**（p41/カ写）〈[産]北海道厚岸郡浜中町奔幌戸 高さ3cm〉

リンコネラ
古生代ペルム紀の腕足動物有関節類。
¶**産地本**（p167/カ写）〈[産]滋賀県犬上郡多賀町権現谷 高さ1.4cm〉
産地本（p167/カ写）〈[産]滋賀県犬上郡多賀町権現谷 高さ1cm〉
産地本（p167/カ写）〈[産]滋賀県犬上郡多賀町権現谷 高さ1.1cm〉
産地本（p168/カ写）〈[産]滋賀県犬上郡多賀町権現谷 高さ8mm〉

リンコネラ科の未定種 Rhynchonellida gen.et sp. indet.
古生代デボン紀の腕足動物。
¶**化石フ**（p56/カ写）〈[産]岐阜県吉城郡上宝村 幅10mm〉

「リンコネラ」属の種 *"Rhynchonella"* sp.
ジュラ紀後期の無脊椎動物触手動物腕足動物。
¶**ゾル1**（図97/カ写）〈[産]ドイツのツァント 3.5cm〉
ゾル1（図98/カ写）〈[産]ドイツのカフェルベルク 1.5cm〉

"リンコネラ"の1種 *"Rhynchonella" asoensis*
中生代三畳紀後期の腕足類。有関節綱リンコネラ科。
¶**学古生**（図353/モ写）〈[産]山口県美祢市大嶺町麻生〉

"リンコネラ"の1種 *"Rhynchonella" hirabarensis*
中生代三畳紀後期の腕足類。リンコネラ科。
¶**学古生**（図350/モ写）〈[産]山口県美祢市大嶺町平原〉

"リンコネラ"の1種 *"Rhynchonella" noichiensis*
中生代三畳紀後期の腕足類。有関節綱リンコネラ目リンコネラ科。
¶**学古生**（図348/モ写）〈[産]高知県香美郡野市町三宝山〉
日化譜〔"Rhynchonella" noichiensis〕（図版24-13/モ写）〈[産]高知県〉

"リンコネラ"の1種 *"Rhynchonella"* sp.cf.*R.haradai*
中生代ジュラ紀中期の腕足類。リンコネラ科。
¶**学古生**（図358/モ写）〈㊟徳島県那賀郡上那賀町小浜〉

"リンコネラ"の1種 *"Rhynchonella" tamurai*
中生代ジュラ紀中期の腕足類。リンコネラ科。
¶**学古生**（図362/モ写）〈㊟熊本県芦北郡田ノ浦町〉

リンコネラの一種
中生代三畳紀の腕足動物有関節類。
¶**産地新**（p147/カ写）〈㊟福井県大飯郡高浜町難波江 左右1.5cm〉

リンコネラ目の仲間 *Rynchonellida*
ジュラ紀の無脊椎動物腕足動物。
¶**図解化**（p75/カ写）〈㊟イギリス〉

リンコライテス *Rhyncholites* sp.
三畳紀～鮮新世の無脊椎動物オウムガイ類。オウムガイ目ヴァリオウス科。体長12cm。㊕世界中
¶**化写真**（p140/カ写）〈㊟リビア 上顎〉

リンコレピス *Rhyncholepis*
古生代シルル紀の"無顎類"欠甲類。全長5cm。㊕ノルウェー
¶**生ミス2**（図2-5-3/カ復）
生ミス3（図3-5/カ復）

リンチア *Linthia sudanensis*
暁新世の無脊椎動物ウニ類。心形目ブンブクチャガマ科。直径7cm。㊕アフリカ北部
¶**化写真**（p183/カ写）〈㊟ニジェール〉

リンチェニア・モンゴリエンシス *Rinchenia mongoliensis*
白亜紀後期の恐竜類獣脚類オビラプトロサウルス類。オビラプトル科オビラプトル亜科。
¶**モ恐竜**（p28/カ写）〈㊟モンゴル南西アルタン・ウラ 全身骨格, 頭骨〉

リンボク ⇒レピドデンドロンを見よ

リンボク ⇒レピドデンドロン・オボバータムを見よ

リンボク ⇒スティグマリア・フィコイデスを見よ

リンボク ⇒スティグマリアを見よ

リンボク類の胞子嚢穂
古生代石炭紀のシダ植物。
¶**植物化**（p23/カ写）〈㊟アメリカ〉

【ル】

ルアンピンゲルラ・ポスタクタの左の殻
Luanpingella postacuta
中生代の貝形虫類。熱河生物群。
¶**熱河生**（図48/モ写）〈㊟中国の河北省灤平の井上 外側側面〉

ルイゼラ *Louisella pedunculata*
カンブリア紀の鰓曳動物。鰓曳動物門ミスコイデー科。サイズ15～26cm（吻を除く）。
¶**バ頁岩**（図68,69/モ写, モ復）〈㊟カナダのバージェス頁岩〉

ルオリシャニア・ロンギクルリス *Luolishania longicruris* 長足羅哩山虫
カンブリア紀の葉足動物。葉足動物門。澄江生物群。
¶**澄江生**（図14.1/カ写）〈㊟中国の馬房 長さほぼ15mm 背側側面からの眺め〉

ルカイヤオキナエビス *Perotrochus lucaya*
現世の軟体動物腹足類オキナエビス類。
¶**化石フ**（p11/カ写）〈㊟グランドバハマ島 幅42mm〉

ルギコステラ・サカガミイ *Rugicostella sakagamii*
古生代後期・前期石炭紀後期の腕足類。有関節綱ストロホメナ目プロダクタス亜目インスティティナ科。
¶**学古生**（図133/モ写）〈㊟東京都西多摩郡五日市町三ッ沢 茎殻〉

ルキナ・スターンシイ *Lucina stearnsi*
第四紀完新世の軟体動物斧足類。別名イセシラガイ。
¶**原色化**（PL.89-6/カ写）〈㊟広島市八丁堀福屋百貨店地下 高さ7cm 炭酸塩鉱物で置換された内型〉

ルキノーマ・アニュラータ ⇒ツキガイモドキを見よ

ルゴソコネーテス・ハードレンシスの近縁種
Rugosochonetes sp.aff.*R.hardrensis*
古生代後期の腕足類。ストロホメナ目コネーテス亜目コネーテス科。
¶**学古生**（図129/モ写）〈㊟山口県美祢郡秋芳町江原, 岩永台, 山口県美祢市伊佐町丸山 茎殻〉

ルゴプス *Rugops*
白亜紀セノマニアンの恐竜。進化したアベリサウルス類。体長9m。㊕ニジェール
¶**恐イラ**（p185/カ復）

「ルシタノサウルス」 *"Lusitanosaurus"*
ジュラ紀シネムリアンの恐竜類鳥盤類装盾類剣竜類。原始的な武装恐竜。体長4m。㊕ポルトガル
¶**恐イラ**（p111/カ復）

ルシノマ
中生代白亜紀の軟体動物斧足類。別名ツキガイモドキ。
¶**産地別**（p40/カ写）〈㊟北海道苫前郡苫前町古丹別川幌立沢 長さ2.5cm〉

ルシノマ ⇒ツキガイモドキを見よ

ルシリンキア・フィッシェリイ *Russirhynchia fischeri*
ジュラ紀の腕足動物有関節類。
¶**原色化**（PL.42-4/モ写）〈㊟ソビエトのモスクワ近郊 幅4cm〉

ルソティタン *Lusotitan*
ジュラ紀キンメリッジアン～ティトニアンの恐竜類竜脚類マクロナリア類ブラキオサウルス類。体長25m。㊕ポルトガル
¶**恐イラ**（p136/カ復）

ルティオドン *Rutiodon*
三畳紀後期の爬虫類主竜類クロコディロタルシアン類フィトサウルス類（植竜類）。フィトサウルス亜

目。全長3m。[分]ドイツ, スイス, 合衆国のアリゾナ, ニューメキシコ, ノースカロライナ, テキサス
¶化百科(p211/カ写)〈[産]アメリカ合衆国のアリゾナ州 歯の長さ5cm 歯〉
恐絶動(p95/カ復)

ルートヴィヒア・マーチソナエ *Ludwigia murchisonae*
ジュラ紀中期の軟体動物頭足類アンモノイド類アンモナイト類。
¶化百科〔ルートヴィヒア〕(p173/カ写)〈[産]イギリス南部のドーセット州 直径11cm〉

ルナスピス
デヴォン紀前期の脊椎動物板皮類。体長10～30cm。[分]ドイツ
¶進化大(p132)

ルナタスピス・オウロラ *Lunataspis aurora*
古生代オルドビス紀の節足動物鋏角類カブトガニ類。全長5cm。[分]カナダ
¶生ミス2〔ルナタスピス〕(図2-1-12/カ写, カ復)〈[産]カナダ〉
リア古〔ルナタスピス〕(p76/カ復)

ルナティア・インポルチュナ *Lunatia importuna*
中生代白亜紀前期の貝類。タマガイ科。
¶学古生(図614/モ写)〈[産]岩手県下閉伊郡田野畑村平井賀〉

ルヌリテス
白亜紀～現代の無脊椎動物コケムシ類。長径5～10mm。[分]世界各地
¶進化大(p297/カ写)

ルーフェンゴサウルス
ジュラ紀前期の脊椎動物竜脚形類。体長5m。[分]中国
¶進化大(p265/カ復)

ルフェンゴサウルス *Lufengosaurus*
2億～1億8000万年前(ジュラ紀前期)の恐竜類原竜脚類。メラノロサウルス科。荒野に生息。全長6m。[分]中国
¶恐竜世(p149/カ復)
恐竜博〔ルーフェンゴサウルス〕(p71/カ写)

ルベシベザクラ *Prunus rubeshibensis*
新生代鮮新世の陸上植物。バラ科。
¶学古生(図2406/モ写)〈[産]北海道常呂郡留辺蘂町大富〉

「ルムブリカリア」 "Lumbricaria"
ジュラ紀後期の蠕虫類のような糞石。
¶ゾル1(図221/カ写)〈[産]ドイツのランゲンアルトハイム 14cm〉

ルムブリカリア・インテスティナム *Lumbricaria intestinum*
ジュラ紀の生痕糞化石。
¶原色化(PL.55-5/モ写)〈[産]ドイツのバイエルンのゾルンホーフェン 母岩の長辺8.8cm〉

ルリサンゴ *Leptastrea purpurea*
新生代の六放サンゴ類。キクメイシ科。
¶学古生(図1021/モ写)〈[産]千葉県館山市沼〉
原色化〔レプトアストレア・プルプレア〕(PL.87-6/モ写)〈[産]千葉県館山市香谷〉

【レ】

レアエッリナサウラ ⇒レアエリナサウラを見よ

レアエリナサウラ *Leaellynasaura*
1億500万年前(白亜紀前期)の恐竜類鳥脚類。小型の鳥盤類。全長2m。[分]オーストラリア
¶恐イラ〔リアレナサウラ〕(p168/カ復)
恐竜世〔レアエッリナサウラ〕(p121/カ復)
よみ恐(p160/カ復)

レアンコイリア *Leanchoilia*
古生代カンブリア紀の節足動物。全長12cm。[分]カナダ, 中国, アメリカ？
¶生ミス1(図3-3-7/カ復)
生ミス1(図3-5-9/カ写, カ復)〈[産]カナダ産〉

レアンコイリア・イレケブロサ *Leanchoilia illecebrosa* 迷人林喬利虫
カンブリア紀の節足動物。節足動物門。澄江生物群。
¶澄江生(図16.18/カ写)〈[産]中国の大坡頭近郊の尖包包山, 小濫田, 馬房 側面から見たところ〉

レアンチョイリア *Leanchoilia superlata*
カンブリア紀の節足動物。節足動物門アラクノモルファ亜門。長さ平均5.0cm, 最大6.8cm(尾部の刺を除く)。
¶バ頁岩(図142,143/モ写, モ復)〈[産]カナダのバージェス頁岩〉

レイオドン *Leiodon* sp.
後期白亜紀の脊椎動物双弓類。有鱗目モササウルス科。体長5m。[分]ヨーロッパ
¶化写真(p233/カ写)〈[産]オランダ〉

レイオフィリテス属の未定種 *Leiophyllites* sp.
中生代三畳紀の軟体動物頭足類。
¶化石フ(p104/カ写)〈[産]宮城県本吉郡歌津町 50mm〉

レイオフィリテスの1種 *Leiophyllites* sp.cf.*L. pitamaha*
中生代三畳紀初期のアンモナイト。ウスリテス科。
¶学古生(図377/モ写)〈[産]宮城県牡鹿郡女川町小乗 側面部〉

レイオンノケラス *Rayonnoceras giganteum*
前期石炭紀の無脊椎動物オウムガイ類。アクティノケラス目カルバクトリノケラス科。直径20cm。[分]ヨーロッパ, 北アメリカ
¶化写真(p136/カ写)〈[産]アイルランド〉

レイチア *Leithia melitensis*
更新世の脊椎動物哺乳類。齧歯目グリルルス科。体長50cm。[分]マルタ島
¶化写真(p268/カ写)〈[産]マルタ島 頭骨の下面〉

レイティア *Leithia* sp.
更新世の哺乳類ネズミ類リス型類。齧歯目ヤマネ科。ドブネズミ大。[分]地中海マルタ島
¶絶哺乳(p125/カ復)

レヴァプチクス ⇒ラエウァプティクスを見よ

レウキスクス *Leuciscus pachecoi*
漸新世〜現世の脊椎動物硬骨魚類。コイ目コイ科。淡水魚。体長9cm。[分]北アメリカ, アジア, アフリカ
¶**化写真**(p218/カ写)〈[産]スペイン〉
地球博〔淡水魚の群れ〕(p82/カ写)

レエドゥシクティス *Leedsichthys*
1億7600万〜1億6100万年前(ジュラ紀中期)の初期の脊椎動物硬骨魚類。別名リードシクティス。全長最大9m。[分]ヨーロッパ, チリ
¶**恐竜世**(p74/カ復)

レオナスピス コロナータ *Leonaspis coronata*
シルル紀の節足動物三葉虫。オドントプルーラ目オドントプルーラ科。体長1.5cm。[分]世界中
¶**化写真**〔レオナスピス〕(p61/カ写)〈[産]イギリス〉
三葉虫(図94/モ写)〈[産]イギリスのワーセスターシャー 長さ17mm〉

レオナスピスの一種 *Leonaspis* sp.
デボン紀の三葉虫。オドントプルーラ目。
¶**三葉虫**(図93/モ写)〈[産]モロッコのアルニフ 幅41mm〉

レキエニア・アムモニア ⇒レクイエニア・アンモニアを見よ

レクイエニア・アンモニア *Requienia ammonia*
白亜紀前期の無脊椎動物軟体動物厚歯二枚貝。
¶**原色化**〔レキエニア・アムモニア〕(PL.61-6/カ写)〈[産]フランスのボクリューズのオルゴン 幅7cm〉
図解化(p127-4/カ写)〈[産]フランス〉

レクソヴィサウルス *Lexovisaurus*
ジュラ紀カロビアン〜キンメリッジアンの恐竜類装盾類ステゴサウルス類。体長5m。[分]イギリス, フランス
¶**恐イラ**(p122/カ復)

レクティフェネステッラ・レティフォルミス
デヴォン紀〜ペルム紀の無脊椎動物コケムシ類。平均長5cm。[分]世界各地
¶**進化大**〔レクティフェネステッラ〕(p179/カ写)

レグノデスムス属(?)の種 *Legnodesmus*(?) sp.
ジュラ紀後期の無脊椎動物蠕虫類環形動物。
¶**ゾル1**(図207/カ写)〈[産]ドイツのケルハイム 5cm〉
ゾル1(図208/カ写)〈[産]ドイツのシェルンフェルト 5cm 明白な剛毛を伴う〉

レケプタクリテス *Receptaculites* sp.
デヴォン紀の無脊椎動物海綿動物。
¶**図解化**(p61-下/カ写)〈[産]ドイツ〉

レジョピゲ レヴィガータ *Lejopyge laevigata*
カンブリア紀中期の三葉虫。アグノスタス目。
¶**三葉虫**(図143/モ写)〈[産]ロシアの北シベリア 長さ8.5mm〉

レースサンゴ ⇒スキゾレテポラを見よ

レソトサウルス *Lesothosaurus*
2億〜1億9000万年前(ジュラ紀前期)の恐竜類。鳥盤目レソトサウルス科。小型の鳥盤類。荒野に生息。全長1m。[分]アフリカ南部
¶**恐イラ**(p108/カ復)
恐古生(p166〜167/カ復)
恐絶動(p134/カ復)
恐太古(p62〜63/カ写)〈足指の骨, 頭骨〉
恐竜世(p121/カ復)
恐竜博(p80/カ写, カ復)〈大腿骨〉

レソトサウルス
ジュラ紀前期の脊椎動物鳥盤類。体長1m。[分]レソト
¶**進化大**(p271/カ復)

レチオリテス *Retiolites geinitzianus*
シルル紀の無脊椎動物筆石類。正筆石目網筆石科。体長3cm。[分]世界中
¶**化写真**(p45/カ写)〈[産]チェコ〉
原色化〔レティオライテス・ガイニッチアーヌス〕(PL.10-7/モ写)〈[産]ドイツのチューリンゲンのヴァイダ 幅3.5mm〉

レチクロメドゥサ・グリネイ *Reticulomedusa greenei*
石炭紀の無脊椎動物腔腸動物。
¶**図解化**(p66-右/カ写)〈[産]イリノイ州メゾン・クリーク〉

レチテスの一種 *Lechites* sp.
アルビアン期のアンモナイト。
¶**アン最**〔プゾシアの一種, レチテスの一種, デスモセラスの一種, マリエラの一種〕(p171/カ写)〈[産]ハンガリーのバコニーベルジュ〉

レッセムサウルス *Lessemsaurus*
中生代三畳紀の恐竜類竜盤類竜脚形類。全長18m。[分]アルゼンチン
¶**恐イラ**(p88/カ復)
生ミス5(図6-13/カ写, カ復)

レッセムサウルス・サウロポイデス *Lessemsaurus sauropoides*
中生代三畳紀の爬虫類恐竜類竜盤類竜脚形類。全長9m? or 18m?[分]アルゼンチン
¶**リア中**〔レッセムサウルス〕(p70/カ復)

レティオライテス・ガイニッチアーヌス ⇒レチオリテスを見よ

レティキュロフェネストラ・シュードウンビリカ *Reticulofenestra pseudoumbilica*
新生代中新世中期のナンノプランクトン。ゲフィロカプサ科。
¶**学古生**(図2068/モ写)〈[産]岩手県一関市磐井川〉

レティスクス *Lethiscus*
古生代石炭紀の両生類空椎類。頭部の大きさ3cm。[分]イギリス
¶**生ミス4**(図1-2-10/カ復)

レティファキエス・アブノルマリス *Retifacies abnormalis* 異形網面虫
カンブリア紀の節足動物。節足動物門。澄江生物群。全長12cm。
¶**澄江生**(図16.47/モ復)
澄江生(図16.48/カ写)〈[産]中国の帽天山, 馬房 背面および腹面, 背中側から見たところ, 腹側から見たところ〉

レテ・コルビエリ *Lethe corbieri*
3000万年前(パレオジン)の無脊椎動物昆虫類。

ジャノメチョウのなかま。[分]フランス
¶恐竜世（p50～51/カ写）

レドリキア・チネンシス *Redlichia chinensis*
カンブリア紀の節足動物三葉虫類。
¶原色化（PL.5-1/カ写）〈[産]中国東北部（南満州）九里庄 長さ2.5cm〉

レドリキアの一種 *Redlichia* cf.*R.forresti*
カンブリア紀の三葉虫。レドリキア目。
¶三葉虫（図6/モ写）〈[産]オーストラリアのカンガルー島 長さ195mm〉

レドリキア・マンスイ *Redlichia mansuyi*
古生代カンブリア紀の節足動物三葉虫。
¶生ミス1（p127/カ写）〈[産]中国の雲南省 2.2cm〉

レナリア・ヒューバーリ
デヴォン紀前期の植物リニア類。高さ30cm。[分]カナダ
¶進化大〔レナリア〕（p116/カ復）

レノキスティス *Rhenocystis*
古生代デボン紀の棘皮動物海果類。全長10cm。[分]ドイツ
¶生ミス3（図1-11/カ写，カ復）〈[産]ドイツのフンスリュックスレート〉

レバキア *Lebachia piniformis*
石炭紀とペルム紀の植物。
¶地球博〔古生代の針葉樹〕（p77/カ写）

レバキア *Lebachia speciosa*
古生代ペルム紀の植物。針葉樹の祖先。
¶植物化（p29/カ写）〈[産]ドイツ〉

レバキサウルス *Rebbachisaurus tamesnensis*
前期白亜紀の脊椎動物恐竜類。竜盤目カマラサウルス科。体長20m。[分]アフリカ
¶化写真（p248/カ写）〈[産]ニジェール 歯のついた下顎の破片，葉のような形の歯〉

レパドクリニテス *Lepadocrinites quadrifasciatus*
シルル紀の無脊椎動物ウミリンゴ類。グリプトキステテス目カロキステス科。萼の直径2.5cm。[分]イギリス
¶化写真（p192/カ写）〈[産]イギリス〉

レピソステウス
始新世～現代の脊椎動物条鰭類。体長75cm。[分]北アメリカ，中央アメリカ，キューバ
¶進化大（p308/カ写）

レピドカリス・リニエンシス *Lepidocaris rhyniensis*
古生代デボン紀の節足動物甲殻類。全長4mm。[分]イギリス
¶生ミス3〔レピドカリス〕（図2-7/カ復）〈[産]イギリス・スコットランドのライニーチャート〉

レピドサイクリナの1種 *Lepidocyclina (Eulepidina) badjirraensis*
新生代漸新世後期の大型有孔虫。レピドシクリナ科。
¶学古生（図980,983/モ写）〈[産]東京都小笠原村父島南崎半島〉

レピドサイクリナの1種 *Lepidocyclina (Nephrolepidina) angulosa*
新生代中新世初期の大型有孔虫。レピドサイクリナ科。
¶学古生（図963,967/モ写）〈[産]埼玉県秩父市黒谷〉
日化譜〔Lepidocyclina (Nephrolepidina) angulosa〕（図版7-20/モ写）〈[産]伊豆下白岩〉

レピドサイクリナの1種 *Lepidocyclina (Nephrolepidina) boninensis*
新生代漸新世後期の大型有孔虫。レピドサイクリナ科。
¶学古生（図984/モ写）〈[産]東京都小笠原村南島〉

レピドサイクリナの1種 *Lepidocyclina (Nephrolepidina) japonica*
新生代中新世中期，中新世初期，中新世初期の大型有孔虫。レピドサイクリナ科。
¶学古生（図959,964,965,970/モ写）〈[産]埼玉県秩父市黒谷，群馬県甘楽郡下仁田町虻田，埼玉県児玉郡美里村中里〉

レピドサイクリナの1種 *Lepidocyclina (Nephrolepidina) sumatrensis*
新生代中新世初期の大型有孔虫。
¶学古生（図968,969/モ写）〈[産]群馬県甘楽郡下仁田町虻田〉

レピドシクリナ *Lepidocyclina nipponica*
新生代第三紀中新世の原生動物有孔虫。
¶化石フ（p160/カ写）〈[産]静岡県田方郡中伊豆町 4mm〉

レピドストロブス・ウァリアビリス *Lepidostrobus variabilis*
石炭紀～ペルム紀中期のヒカゲノカズラ類。ヒカゲノカズラ綱リンボク目。リンボクの胞子嚢。
¶化写真〔レピドデンドロン〕（p294/カ写）〈[産]産出地不明 樹皮，球果〉
化百科〔レピドストロブス〕（p91/カ写）〈[産]イギリスのスタフォードシャー州 長さ8cm〉
原色化〔レピドストロブス・バリアビリス〕（PL.30-2/モ写）〈[産]北アメリカのオハイオ州 穂の長さ11cm〉

レピドストロブス・オリュリ
石炭紀のヒカゲノカズラ植物。レピドデンドロンの胞子嚢穂。高さ40m。[分]世界各地
¶進化大〔レピドデンドロン〕（p145/カ写，カ復）

レピドストロブス・バリアビリス ⇒レピドストロブス・ウァリアビリスを見よ

レピドストロボ・フュッルム
石炭紀のヒカゲノカズラ植物。高さ40m。[分]世界各地
¶進化大〔レピドデンドロン〕（p145/カ写，カ復）

レピドセッタ・モチガレイ *Lepidopsetta mochigarei*
第三紀の脊椎動物硬骨魚類。別名アサバガレイ。
¶原色化（PL.81-2/カ写）〈[産]千葉県東金市東金高校グラウンド 長さ30cm〉

レピドタス *Lepidotus elevensis*
ジュラ紀前期の魚類。顎口超綱硬骨魚綱条鰭亜綱全骨上目セミオノクス目。全長64cm。[分]南ドイツ
¶古脊椎（図36/モ復）

レ

レピドツス *Lepidotus* sp.
三畳紀〜白亜紀の脊椎動物硬骨魚類。セミオノタス目レピドツス科。体長1.7m。[分]世界中
¶**化写真**(p214/カ写)〈[産]イギリス 横腹の破片〉

レピドテス *Lepidotes*
1億9900万〜7000万年前(ジュラ紀〜白亜紀前期)の初期の脊椎動物硬骨魚類。セミオノトゥス目セミオノトゥス科。湖と浅海に生息。全長1.8m。[分]世界各地
¶**化百科**(p199/カ写)〈鱗板の長さ25cm〉
恐古生(p50〜51/カ写)
恐絶動(p35/カ復)
恐竜世(p76〜77/カ写)

レピドテス
ジュラ紀後期〜白亜紀前期の脊椎動物魚類条鰭類。体長2m。[分]ドイツ, ブラジル
¶**進化大**(p247,248〜249/カ写)

レピドテス・オヴァトゥス *Lepidotes ovatus*
ジュラ紀後期の脊椎動物全骨魚類。
¶**ゾル2**(図114/カ写)〈[産]ドイツのヴェークシャイト 43cm〉

レピドテス・オブロングス *Lepidotes oblongus*
ジュラ紀後期の脊椎動物全骨魚類。
¶**ゾル2**(図112/カ写)〈[産]ドイツのゾルンホーフェン 38cm〉

レピドテス・スブオヴァトゥス *Lepidotes subovatus*
ジュラ紀後期の脊椎動物全骨魚類。
¶**ゾル2**(図113/カ写)〈[産]ドイツのゾルンホーフェン 27cm〉

レピドテス属の種 *Lepidotes* sp.
ジュラ紀後期の脊椎動物全骨魚類。
¶**ゾル2**(図115/カ写)〈[産]ドイツのゾルンホーフェン 27cm〉

レピドテス・マキシムス *Lepidotes maximus*
ジュラ紀後期の脊椎動物全骨魚類。
¶**ゾル2**(図111/カ写)〈[産]ドイツのランゲンアルトハイム 205cm〉

レピドテス・マンテリイ *Lepidotes mantelli*
白亜紀の脊椎動物硬骨魚類。
¶**原色化**(PL.68-1/カ写)〈[産]イギリスのサセックス州ヘイスティングズ 大きい方の長径2.2cm 光鱗〉

レピドデンドロプシスの1種 *Lepidodendropsis* sp.
古生代中期・後期の陸上植物シダ植物ヒカゲノカズラ類。レピドデンドロプシス科。
¶**学古生**(図317/モ写)〈[産]高知県高岡郡越知町大平〉
化石フ〔レピドデンドロプシス属の未定種〕(p22/カ写)〈[産]高知県高岡郡越知町 長さ100mm〉

レピドデンドロン *Lepidodendron*
古生代石炭紀のヒカゲノカズラ類リンボク類。ヒカゲノカズラ綱リンボク目。別名鱗木。高さ40m。[分]世界各地
¶**化百科**〔リンボク〕(p90/カ写)〈幅25cm〉
図解化(p46/モ復)
生ミス4(図1-4-2/カ写, カ復)〈[産]ポーランド 幹〉
リア古(p178/カ復)

レピドデンドロン *Lepidodendron* sp.
石炭紀の植物。
¶**図解化**(p40-3/カ写)
図解化(p40-4/カ写)

レピドデンドロン ⇒ウロデンドロン・マユスを見よ

レピドデンドロン ⇒スティグマリア・フィコイデスを見よ

レピドデンドロン ⇒レピドストロブス・ウァリアビリスを見よ

レピドデンドロン ⇒レピドストロブス・オリュリを見よ

レピドデンドロン ⇒レピドストロボ・フェッルムを見よ

レピドデンドロン・アキュレアータム *Lepidodendron aculeatum*
石炭紀のシダ植物ヒカゲノカズラ類。
¶**原色化**(PL.29-1/カ写)〈[産]ポーランドのシレジア 葉柄痕の長さ3cm〉
図解化〔レピドデンドロン・アクレアツム〕(p40-5/カ写)
世変化〔レピドデンドロン〕(図25/カ写)〈[産]採集地不明 視野幅12cm〉

レピドデンドロン・アクレアツム ⇒レピドデンドロン・アキュレアータムを見よ

レピドデンドロン・アクレアトゥム
石炭紀のヒカゲノカズラ植物。高さ40m。[分]世界各地
¶**進化大**〔レピドデンドロン〕(p145/カ写, カ復)

レピドデンドロン・オボバータム *Lepidodendron obovatum*
古生代石炭紀のシダ植物ヒカゲノカズラ類。別名鱗木。
¶**化石図**(p77/カ写, カ復)〈[産]ドイツ 横幅約12cm〉
原色化(PL.29-4/カ写)〈[産]北アメリカのイリノイ州ロック・アイランド 葉柄痕の長さ1.5cm〉
植物化〔リンボク〕(p23/カ写, カ復)〈[産]アメリカ〉

レピドデンドロン・リモスム *Lepidodendron rimosum*
石炭紀の植物。
¶**図解化**(p40-8/カ写)

レピドフロイオス・スコティクス
石炭紀のヒカゲノカズラ植物。高さ25m。[分]世界各地
¶**進化大**〔レピドフロイオス〕(p147/カ写)

レピドリナの1亜種 *Lepidolina multiseptata shiraiwensis*
古生代後期二畳紀後期の紡錘虫類。紡錘虫目ネオシュワゲリナ科。
¶**学古生**(図88/モ写)〈[産]岡山県新見市阿哲台 正縦断面, 正横断面〉

レピドリナの1種 *Lepidolina kumaensis*
古生代後期二畳紀後期の紡錘虫類。紡錘虫目ネオ

シュワゲリナ科。
¶**学古生**（図89/モ写）〈(産)三重県鳥羽市砥谷 正縦断面〉
日化譜〔Lepidolina kumaensis〕（図版81-20/モ写）〈(産)熊本県 縦断面〉

レプタウケニア *Leptauchenia decora*
漸新世の哺乳類。哺乳綱獣亜綱正獣上目偶蹄目。体長70cm。(分)北米
¶**古脊椎**（図320/モ復）

レプタエナ *Leptaena rhomboidalis*
オルドビス紀, シルル紀, デボン紀の無脊椎動物。幅約5cm。
¶**地球博**〔腕足動物有関節綱〕（p80/カ写）

レプタエナ *Leptaena* sp.
オルドビス紀の無脊椎動物腕足動物。ストロホメナ目レプタエナ科。体長4cm。(分)世界中
¶**化写真**（p80/カ写）〈(産)アメリカ〉
図解化〔Leptaena sp.〕（図版8-26/カ写）〈(産)イギリス〉

レプタエナ・ロームボイダリス
オルドヴィス紀中期〜デヴォン紀の無脊椎動物腕足類。体長1.5〜4cm。(分)世界各地
¶**進化大**〔レプタエナ〕（p102/カ写）

レプタゴニア
古生代石炭紀の腕足動物有関節類。
¶**産地新**（p26/カ写）〈(産)岩手県大船渡市日頃市町鬼丸 左右7.5cm〉

レプティクティス
古第三紀始新世中期〜漸新世後期の脊椎動物有胎盤類の哺乳類。全長25cm。(分)アメリカ合衆国
¶**進化大**（p379/カ写）

レプティクティディウム *Leptictidium*
4000万年前（パレオジン）の哺乳類。レプティクティス目レプティクティス科。虫食性。全長1m。(分)ヨーロッパ
¶**化百科**（p234/カ写）〈鼻〜尾の長さ65cm〉
恐絶動（p210/カ復）
恐竜世（p230/カ復）
生ミス9（図1-4-5/カ写, カ復）〈(産)ドイツのグルーベ・メッセル 約75cm〉
絶哺乳（p64,66/カ写, カ復）〈(産)ドイツのメッセル 45cm 埋まっていた状態のままの骨格〉

レプトアストレア・プルプレア ⇒ルリサンゴを見よ

レプトキオン *Leptocyon*
新生代古第三紀漸新世〜新第三紀中新世の哺乳類真獣類肉歯類。頭胴長50cm。(分)アメリカ, カナダ
¶**生ミス9**（図0-1-17/カ復）

レプトクラウサ *Reptoclausa hagenowi*
ジュラ紀〜白亜紀の無脊椎動物コケムシ動物。円口目マルチスパルシア科。群体の直径4cm。(分)ヨーロッパ, アジア
¶**化写真**（p38/カ写）〈(産)イギリス〉

レプトグラプツス *Leptograptus* sp.
シルル紀の無脊椎動物半索動物筆石類。
¶**図解化**（p182〜183-2/カ写）〈(産)イギリス〉

レプトケラトプス *Leptoceratops*
白亜紀マーストリヒシアンの恐竜類ネオケラトプス類。角竜亜目プロトケラトプス科。新世界の原始的な角竜類。体長3m。(分)カナダのアルバータ州〜アメリカ合衆国のワイオミング州
¶**恐イラ**（p233/カ復）
恐絶動（p162/カ復）

レプトストロフィア・ジャポニカ *Leptostrophia japonica*
古生代中期の腕足類。ストロフェオドント科。
¶**学古生**（図38/モ写）〈(産)岐阜県吉城郡上宝村福地〉

レプトストロブス・ルンドブラディアエ
三畳紀後期〜白亜紀前期の植物チェカノウスキア類。チェカノウスキアの葉をもつ植物から生まれる球果。葉の長さ20cm。(分)ヨーロッパ, グリーンランド, 北アメリカ, 中央アジア, シベリア, 中国
¶**進化大**〔チェカノウスキア〕（p232〜233/カ写）

レプトセリス・ミニコイエンシス *Leptoseris minikoiensis*
第四紀完新世初期の腔腸動物六射サンゴ。
¶**原色化**（PL.85-6/カ写）〈(産)千葉県館山市香谷〉

レプトダス
古生代ペルム紀の腕足動物有関節類。
¶**産地新**（p28/カ写）〈(産)岩手県陸前高田市飯森 高さ8.5cm 内形の印象化石〉
産地新（p98/カ写）〈(産)岐阜県大垣市赤坂町金生山 高さ6.5cm〉
産地本（p63/カ写）〈(産)宮城県気仙沼市上八瀬 高さ4cm 内部の印象化石〉
産地本（p115/カ写）〈(産)岐阜県大垣市赤坂町金生山 高さ4cm〉

レプトダス・ノビリス *Leptodus nobilis*
古生代後期二畳紀中期の腕足類。ストロホメナ目オルドハミナ亜目リットニア科。
¶**学古生**（図154/モ写）〈(産)宮城県気仙沼市新月字上八瀬 内部プレート〉

レプトダス・リヒトホーフェニ *Leptodus richthofeni*
古生代ペルム紀の腕足類。プロダクタス目リットニア科。
¶**化石図**（p87/カ写, カ復）〈(産)宮城県 横幅約6cm〉
日化譜〔Leptodus richthofeni〕（図版23-15/モ写）〈(産)岩手県陸前高田市飯森, 岐阜県赤坂〉

レプトタルブス *Leptotarbus*
石炭紀の節足動物甲殻類鋏角類蛛形類ムカシザトウムシ類。
¶**化百科**（p142/カ写）〈頭〜身体の長さ1.5cm〉

レプトトイティス・ギガス *Leptotheuthis gigas*
ジュラ紀後期の無脊椎動物軟体動物イカ類。
¶**ゾル1**（図181/カ写）〈(産)ドイツのゾルンホーフェン 106cm〉

レプトトイティス属の種 *Leptotheuthis* sp.
ジュラ紀後期の無脊椎動物軟体動物イカ類。
¶**ゾル1**（図182/カ写）〈(産)ドイツのブルーメンベルク 10cm〉

レプトブラキテス・トリゴノブラキウス
Leptobrachites trigonobrachius
ジュラ紀後期の無脊椎動物腔腸動物クラゲ類。
¶ゾル1（図72/カ写）〈㊥ドイツのゾルンホーフェン 15cm〉

レプトフレウム・ロンビクム *Leptophloeum rhombicum*
古生代デボン紀のシダ植物ヒカゲノカズラ類。レプトフレウム科。
¶学古生〔レプトフレウムの1種〕（図316/モ写）〈㊥高知県高岡郡越知町大平〉
化石図〔レプトフロエウム・ロンビカム〕（p66/カ写, カ復）〈㊥熊本県 菱形の大きさ約1cm〉
化石フ（p22/カ写）〈㊥高知県高知市 長さ90mm〉
原色化〔レプトフロェム・ロムビクム〕（PL.22-3/モ写）〈㊥オーストラリアのニュー・サウス・ウェイルズ州 葉柄痕の対角線の長さ1.2cm〉
日化譜〔Leptophloeum rhombicum〕（図版70-7/モ写）〈㊥岩手県東磐井郡東山町夏山, 北磐井里 茎表面〉

レプトフロエウム・ロンビカム ⇒レプトフレウム・ロンビクムを見よ

レプトフロェム・ロムビクム *Leptophloeum* cf. *rhombicum*
デボン紀のシダ植物ヒカゲノカズラ類。
¶原色化（PL.21-1/カ写）〈㊥岩手県磐井郡長坂村中倉 菱形の長さ8.5mm〉

レプトフロェム・ロムビクム ⇒レプトフレウム・ロンビクムを見よ

レプトミテラ・コニカ *Leptomitella conica* 錐形小細絲海綿
カンブリア紀の海綿動物。海綿動物門普通海綿綱レプトミトゥス科。澄江生物群。
¶澄江生（図8.8/カ写）〈㊥中国の帽天山 海藻を伴う〉

レプトミトゥス *Leptomitus lineatus*
カンブリア紀の海綿動物尋常海綿類。海綿動物門普通海綿綱レプトミティデー科。サイズ36cm。
¶バ頁岩（図25,26/モ写, モ復）〈㊥カナダのバージェス頁岩〉

レプトミトゥス・テレティウスクルス
Leptomitus teretiusculus 次圓柱形細絲海綿
カンブリア紀の海綿動物。海綿動物門レプトミトゥス科。澄江生物群。
¶澄江生（図8.7/カ写）〈㊥中国の帽天山 最大長さ110mm, 幅およそ12mm〉

レプトメリクス ⇒レプトメリックスを見よ

レプトメリックス *Leptomeryx*
始新世中期～漸新世後期の哺乳類反芻類。鯨偶蹄目レプトメリックス科。頭胴長40～50cm。㊕北アメリカ
¶恐竜世〔レプトメリクス〕（p246～247/カ写）
絶哺乳（p197,198/カ写, カ復）〈㊥アメリカのサウスダコタ州 部分骨格〉

レプトメリックス *Leptomeryx eansi*
漸新世の哺乳類。哺乳綱獣亜綱正獣上目偶蹄目。体長60cm。㊕北米
¶古脊椎（図327/モ復）

レプトメリックス
古第三紀始新世後期～漸新世後期の脊椎動物有胎盤類の哺乳類。全長1m。㊕アメリカ合衆国
¶進化大（p384～385/カ写）

レプトレピス *Leptolepis*
三畳紀中期～白亜紀後期の魚類条鰭類真骨類。レプトレピス目レプトレピス科。全長30cm。㊕タンザニア, オーストラリアのニューサウスウェールズ, オーストリア, 英国のイングランド, フランス, ドイツ, 合衆国のネヴァダ
¶化百科（p200/カ写）〈㊥ドイツのゾルンホーフェン 頭尾長8cm〉
恐絶動（p38/カ復）

レプトレピス *Leptolepis dubia*
ジュラ紀後期の魚類。顎口超綱硬骨魚綱条鰭亜綱真骨上目レプトレピス目。全長5cm。㊕南ドイツ
¶古脊椎（図40/モ復）

レプトレピス・スプラッティフォルミス
Leptolepis sprattiformis
ジュラ紀の脊椎動物硬骨魚類。
¶原色化（PL.53-5/カ写）〈㊥ドイツのバイエルンのゾルンホーフェン 長さ11cm〉

レプトレピス属の未定種 *Leptolepis* sp.
中生代ジュラ紀の魚類硬骨魚類。
¶化石フ（p140/カ写）〈㊥富山県下新川郡朝日町 12.1mm 頭部の印象〉

レプトレピデス・スプラッティフォルミス
Leptolepides sprattiformis
ジュラ紀後期の脊椎動物真骨魚類。
¶ゾル2（図170/カ写）〈㊥ドイツのランゲンアルトハイム 7cm〉
ゾル2（図171/カ写）〈㊥ドイツのアイヒシュテット 数個体の標本を伴う石板〉

レプトレプシス・クノリイ *Leptolepsis knorrii*
ジュラ紀後期の脊索動物真骨類。硬骨魚綱。
¶図解化（p199-左/カ写）〈㊥ドイツのゾルンホーフェン〉

レヘザミテス・アニソロブス *Rehezamites anisolobus*
中生代の陸生植物。ベネティテス類の可能性あり。熱河生物群。
¶熱河生（図239/カ写）〈㊥中国の遼寧省北票の黄半吉溝 長さ10.1cm〉

レペノマムス *Repenomamus* sp.
白亜紀前期の哺乳類。真三錐歯目レペノマムス科。頭胴長80cm程度。㊕中国東北地方
¶絶哺乳（p35,38/カ写, カ復）〈小型種（R.robustus）の模式標本ほぼ全身の骨格, 大型種（R.giganticus）の模式標本の頭骨と下顎骨〉

レペノマムス
白亜紀前期の脊椎動物初期哺乳類。体長1m。㊕中国
¶進化大（p356/カ写）

レペノマムス・ギガンティクス *Repenomamus giganticus*
中生代白亜紀の単弓類獣弓類哺乳類真獣類。熱河生物群。頭胴長80cm。㊕中国

¶生ミス7（図1-10/カ写, カ復）〈㊥中国の熱河　全身骨格, 頭骨〉
リア中〔レペノマムス〕（p148/カ復）

レペノマムス・ロブストゥス *Repenomamus robustus*
中生代の哺乳類三錐歯類。熱河生物群。
¶熱河生〔レペノマムス・ロブストゥスの完模式標本の頭骨〕（図197/カ写）〈㊥中国の遼寧省北票の陸家屯 長さ108mm〉
熱河生〔レペノマムス・ロブストゥスの頭骨〕（図198/カ写）〈㊥中国〉

"レペルディシア"・ジャポニカ *"Leperditia" japonica*
古生代中期の貝形類。レペルディシア科。
¶学古生（図42/モ写）〈㊥岐阜県吉城郡上宝村福地〉
日化譜〔"Leperditia japonica〕（図版60-8/モ写）〈㊥岐阜県福地〉

レペルディチア・カナデンシス *Leperditia conadensis*
古生代オルドヴィス紀の無脊椎動物節足動物貝形類。
¶図解化（p103-4/カ写）〈㊥カナダ〉

レペルディティア・ヒシンゲリ *Leperditia hisingeri*
古生代シルル紀の貝形虫類。レペルディティア目レペルディティア科。
¶化石図（p51/カ写）〈㊥スウェーデン 殻の横幅2cm〉

レモプレウリデス・ナヌス *Remopleurides nanus*
古生代オルドビス紀中期の節足動物三葉虫類。全長2cm。㊀ロシア, エストニア
¶生ミス2〔レモプレウリデス〕（図1-2-5/カ写）〈㊥ロシアのサンクトペテルブルク 2cm〉
生ミス2〔レモプレウリデス〕（図1-2-6/カ写）
リア古〔レモプレウリデス〕（p70/カ復）

レモンザメ
新生代第三紀中新世の脊椎動物軟骨魚類。別名ネガプリオン。
¶産地本（p125/カ写）〈㊥長野県下伊那郡阿南町大沢川 高さ0.8cm〉
産地本〔ネガプリオン〕（p192/カ写）〈㊥三重県安芸郡美里村柳谷 高さ0.7cm〉

レリミア
デヴォン紀中期の前裸子植物。高さ1〜2m。㊀北半球
¶進化大（p121/カ写）

漣痕
ジュラ紀後期の海底面に波によって形成された痕跡の化石。
¶ゾル2（図314/カ写）〈㊥ドイツのアイヒシュテット〉

漣痕
海底面に波によって形成された痕跡の化石。別名リップルマーク。
¶図解化（p24-下/カ写）

レンセレリイナ・ハラヤナナ
デヴォン紀前期の無脊椎動物腕足類。最大長5cm。㊀北アメリカ
¶進化大〔レンセレリイナ〕（p124/カ写）

レンチキダリス・ユタエンシス *Lenticidaris utahensis*
三畳紀前期の無脊椎動物棘皮動物。
¶図解化（p175-上/カ写）〈㊥ユタ州〉

【ロ】

ロイキスクス・タルシガー *Leuciscus tarsiger*
第三紀の脊椎動物硬骨魚類。
¶原色化（PL.82-2/モ写）〈㊥ドイツのボン近郊ロット 母岩の長さ14.3cm〉

ロイドリサス・オルナツス *Lloydolithus ornatus*
オルドヴィス紀の無脊椎動物節足動物。
¶図解化（p100-1/カ写）〈㊥イギリス〉

ロイドリサス ロイディ *Lloydolithus lloidi*
オルドビス紀の三葉虫。プティコパリア目。
¶三葉虫（図131/モ写）〈㊥イギリスのウェールズ州 長さ16mm〉

ロウイロリュウグウボタル? *Ancilla (Turrancilla) chinensis*
鮮新世後期の軟体動物腹足類。
¶日化譜（図版33-6/モ写）〈㊥沖縄本島〉

ロウェニア
古第三紀暁新世後期〜現代の無脊椎動物棘皮動物。別名ヒラタブンブク。最大全長3.5cm。㊀インド洋, 太平洋
¶進化大（p372/カ写）

ロガネリア *Loganellia* sp.
デボン紀の脊椎動物。全長12cm。
¶地球博〔初期の魚類型脊椎動物〕（p82/カ写）

ロガネリア
シルル紀後期の脊椎動物無顎類。体長10〜20cm。㊀ヨーロッパ
¶進化大（p107/カ写）

ロガノグラプツス *Loganograptus logani*
前期オルドビス紀の無脊椎動物筆石類。正筆石目対筆石科。体長20cm。㊀世界中
¶化写真（p46/カ写）〈㊥イギリス〉

六射サンゴ
中生代白亜紀の腔腸動物六射サンゴ類。
¶産地別（p10/カ写）〈㊥北海道宗谷郡猿払村上猿払 高さ1.2cm〉
産地別（p43/カ写）〈㊥北海道苫前郡苫前町古丹別川 長径0.9cm ポリプの雌型〉
産地別（p43/カ写）〈㊥北海道苫前郡苫前町古丹別川 高さ1.6cm〉
産地別（p43/カ写）〈㊥北海道苫前郡苫前町古丹別川幌立沢 高さ1.2cm〉
産地別（p226/カ写）〈㊥熊本県上天草市姫戸町姫戸公園 径0.8cm ポリプのあった場所の雌型〉

六射サンゴ
中生代白亜紀の腔腸動物六射サンゴ類。フルイサンゴに似る。

¶**産地別**（p43/カ写）〈[産]北海道苫前郡苫前町古丹別川幌立沢 長径1.1cm 底面, 側面〉

六射サンゴの一種
中生代ジュラ紀の腔腸動物六射サンゴ類。
¶**産地別**（p183/カ写）〈[産]和歌山県日高郡由良町門前 左右3cm〉
産地別（p183/カ写）〈[産]和歌山県日高郡由良町門前 左右4.5cm〉
産地別（p183/カ写）〈[産]和歌山県日高郡由良町門前 長径5cm〉

六射サンゴ（不明種）
新生代第三紀漸新世の腔腸動物六射サンゴ類。小型のセンスガイの一種。
¶**産地新**（p229/カ写）〈[産]長崎県西彼杵郡伊王島町沖之島 高さ1.3cm〉

六射サンゴ（不明種）
中生代白亜紀の腔腸動物六射サンゴ類。
¶**産地本**（p24/カ写）〈[産]北海道苫前郡苫前町古丹別川 径1.4cm〉
産地本（p32/カ写）〈[産]北海道留萌郡小平町小平薬川 径8mm〉

六射サンゴ（不明種）
新生代第三紀鮮新世の腔腸動物六射サンゴ類。
¶**産地本**（p86/カ写）〈[産]千葉県安房郡鋸南町奥元名 高さ2.2cm〉

六射サンゴ（不明種）
新生代第四紀更新世の腔腸動物六射サンゴ類。
¶**産地本**（p90/カ写）〈[産]千葉県君津市追込小糸川 高さ2cm〉
産地本（p95/カ写）〈[産]千葉県木更津市真里谷 径3～4mm〉

六射サンゴ（不明種）
新生代第三紀中新世の腔腸動物六射サンゴ類。
¶**産地本**（p182/カ写）〈[産]三重県安芸郡美里村家所 径2cm, 長さ3cm 横断面, 個体の側面〉

六射サンゴ（不明種）
中生代ジュラ紀の腔腸動物六射サンゴ類。
¶**産地本**（p233/カ写）〈[産]高知県高岡郡佐川町鳥の巣 写真の左右3cm〉
産地本（p233/カ写）〈[産]高知県高岡郡佐川町鳥の巣 写真の左右3.5cm〉

六射サンゴ（不明種）
新生代第三紀の腔腸動物六射サンゴ類。
¶**産地本**（p248/カ写）〈[産]熊本県天草郡姫戸町永目（天草上島） 径1.1cm キャリックスの印象〉

ロクソコンカ・ジャポニカ *Loxoconcha japonica*
新生代更新世の甲殻類（貝形類）。ロクソコンカ科。
¶**学古生**（図1887/モ写）〈[産]神奈川県油壷湾 右殻〉

ロクソコンカ・バイスピノーサ *Loxoconcha bispinosa*
新生代更新世の甲殻類（貝形類）。ロクソコンカ科。
¶**学古生**（図1886/モ写）〈[産]千葉県成田層 右殻〉

ロクソコンカ・ラエタ *Loxoconcha laeta*
新生代更新世の甲殻類（貝形類）。ロクソコンカ科。
¶**学古生**（図1888/モ写）〈[産]静岡県古谷層 左殻〉

六放サンゴ
白亜紀アプチアン期のサンゴ類。数十cm～数mの群体をつくる。
¶**日白亜**（p110～113/カ写, カ復）〈[産]岩手県宮古市周辺 40cmほど 群体〉

ロジャースイグチ *Paracomitas rodgersi*
鮮新世後期の軟体動物腹足類。
¶**日化譜**（図版34-18/モ写）〈[産]沖縄本島〉

ロストランテリス・ヌクレオルス *Rostranteris (Rostranteris) nucleolus*
古生代後期二畳紀前期の腕足類。テレブラチュラ目ディーラズマ上科ノトティリス科。
¶**学古生**（図145/モ写）〈[産]愛媛県上浮穴郡柳谷村中久保 茎殻, 側面〉

ロタディスクス・グランディス *Rotadiscus grandis* 大輪盤体
カンブリア紀の所属不明の動物。澄江生物群。
¶**澄江生**（図20.14/カ写）〈[産]中国の帽天山, 小濫田 直径150mmまで〉

肋骨（不明種）
新生代第三紀中新世の脊椎動物哺乳類。
¶**産地本**（p202/カ写）〈[産]三重県安芸郡美里村柳谷 長さ23cm 鰭脚類の肋骨か？〉

ロツラリア *Rotularia bognoriensis*
ジュラ紀～始新世の無脊椎動物蠕形動物。定在目セルプラ科。直径1.5cm。[分]ヨーロッパ
¶**化写真**（p40/カ写）〈[産]イギリス〉
地球博〔カンザシゴカイ〕（p78/カ写）

ロトゥラリア・ボグノリエンシス
ジュラ紀中期～古第三紀の無脊椎動物蠕虫類。最大直径2cm。[分]世界各地
¶**進化大**〔ロトゥラリア〕（p369/カ写）

ロドケトゥス *Rodhocetus* sp.
始新世の偶蹄類クジラ類。水中生活に適応。
¶**世変化**（図69/カ写）〈[産]パキスタン 37cm〉

ロトサウルス
三畳紀前期～中期の脊椎動物ラウイスクス類。全長1.5～2.5m。[分]中国
¶**進化大**（p216/カ写）

ロードデンドロン・メッテルニッヒイ・ペンタメラム *Rhododendron metternichii pentamerum*
第四紀更新世前期の被子植物双子葉類。別名アズマシャクナゲ。
¶**原色化**（PL.88-2/カ写）〈[産]栃木県塩谷郡塩原町中塩原〉

ロバトプテリス *Lobatopteris*
石炭紀～ペルム紀のシダ種子類シダ種子植物。
¶**化百科**（p83/カ写）〈長さ10cm〉

ロファ ⇒ローファ・マルシィを見よ

ローファ（？）・テラノサワエンシス *Lopha（？）teranosawensis*
古生代ペルム紀の軟体動物斧足類。
¶**化石フ**（p42/カ写）〈[産]宮城県登米郡東和町 25mm〉

ロファ？の1種 *Lopha? murakamii*
古生代後期二畳紀後期の貝類。カキ科。

ロ

¶学古生（図218/モ写）〈[産]京都府加佐郡大江町公荘〉
日化譜〔Lopha（？）murakamii〕（図版84-21/モ写）〈[産]京都府大江町公庄〉

ローファ・マクロプテラ *Lopha macroptera*
白亜紀の軟体動物斧足類。
¶原色化（PL.62-2/モ写）〈[産]ドイツのルール地方エッセン　幅15cm〉

ローファ・マルシィ *Lopha marshii*
ジュラ紀後期～白亜紀後期の軟体動物二枚貝類。別名オストレア・マルシ。
¶化百科〔ロファ〕（p156/カ写）〈6～7cm〉
原色化（PL.45-7/カ写）〈[産]イギリスのグロスター州チェルトナム　高さ7cm〉
原色化〔ローファ・マルシイ〕（PL.46-3/モ写）〈[産]イギリスのケント州ドーバー　高さ8cm〉

ロフィアレテス *Lophialetes* sp.
始新世中～後期の哺乳類奇蹄類。バク型亜目有角下目ロフィアレテス科。頭胴長約1m。[分]アジア
¶絶哺乳（p171,172/カ写，カ復）〈[産]モンゴル　頭骨〉

ロフィオドン *Lophiodon* sp.
始新世後期の脊椎動物哺乳類。
¶図解化（p223-11/カ写）〈[産]フランス〉

ロフォフィリディウムの1種 *Lophophyllidium suetomii*
古生代後期二畳紀前期の四放サンゴ類。ロフォフィリディウム科。
¶学古生（図116/モ写）〈[産]岩手県気仙郡住田町川口　横断面〉
日化譜〔Lophophyllidium suetomii〕（図版15-2/モ写）〈[産]岩手県気仙郡住田町（世田米）横断面〉

ロブスター ⇒エリマを見よ

ロベニア *Lovenia forbesi*
後期始新世～現世の無脊椎動物ウニ類。心形目ヒラタブンブク科。直径2.5cm。[分]世界中
¶化写真（p185/カ写）〈[産]オーストラリア南部　上面，下面〉

ロベニア *Lovenia* sp.
暁新世～現代の無脊椎動物。ヒラタブンブクの仲間。直径最大5cm。
¶地球博〔ハート形のウニ〕（p81/カ写）

ロベルティア *Robertia*
2億5500万年前（ペルム紀後期）の哺乳類獣弓類。ディキノドン亜目。全長0.4m。[分]アフリカ南部
¶恐絶動（p190/カ復）
恐竜世（p221/カ復）

ロベルティア
ペルム紀後期の脊椎動物単弓類。全長42cm。[分]南アフリカ
¶進化大（p191/カ復）

ロボイドツィリス属の種？ *Loboidothyris*（？）sp.
ジュラ紀後期の無脊椎動物触手動物腕足動物。
¶ゾル1（図91/カ写）〈[産]ドイツのアイヒシュテット　2cm〉

ロボカルキヌス *Lobocarcinus* sp.
始新世の無脊椎動物節足動物。
¶図解化（p109-1/カ写）〈[産]ドイツ〉

ロボカルキヌス・パウリノ-ヴュルテムベルゲンシス *Lobocarcinus paulino-württembergensis*
第三紀の節足動物甲殻類。
¶原色化（PL.82-3/モ写）〈[産]エジプト　甲の幅11cm〉

ロボク ⇒カラミテスを見よ

ロボク類の胞子嚢穂
古生代石炭紀の植物。
¶植物化（p23/カ写）〈[産]アメリカ〉

ロボピゲの一種 *Lobopyge* sp.
デボン紀の三葉虫。リカス目。
¶三葉虫（図105/モ写）〈[産]モロッコのアルニフ　長さ24mm〉

ロボフィリア・ジャポニカ *Lobophyllia japonica*
第四紀完新世前期の腔腸動物六射サンゴ類。
¶原色化（PL.87-7/モ写）〈[産]千葉県館山市香谷　長径8cm〉
日化譜〔Lobophyllia japonica〕（図版18-11/モ写）〈[産]千葉県館山〉

ローマニセラス・シュードデベリアナム *Romaniceras pseudodeverianum*
チューロニアン中期の軟体動物頭足類アンモナイト。アンモナイト亜目アカントセラス科。
¶アン学（図版6-1/カ写）〈[産]夕張地域〉
日化譜〔Romaniceras pseudodeverianum〕（図版57-9/モ写）〈[産]北海道三笠市幾春別〉

ローマニセラスの仲間
中生代白亜紀の軟体動物頭足類。
¶産地別（p37/カ写）〈[産]北海道苫前郡苫前町古丹別川幌立沢　長径23cm〉

ロマレオサウルス *Rhomaleosaurus*
2億～1億9500万年前（ジュラ紀前期）の初期の脊椎動物長頸竜類クビナガリュウ類。プリオサウルス上科ロマレオサウルス科。全長5～7m。[分]イギリス，ドイツ
¶恐イラ（p96/カ復）
恐竜世（p104～105/カ写，カ復）
生ミス6（図2-9/カ復）

ロルフォステウス *Rolfosteus*
3億8000万年前（デボン紀後期）の初期の脊椎動物板皮類。最初の魚類。全長30cm。[分]オーストラリア
¶恐竜世（p69/カ復）

ロルフォステウス
デヴォン紀後期の脊椎動物板皮類。体長30cm。[分]オーストラリア
¶進化大（p133/カ復）

ロンギスクアマ *Longisquama*
中生代三畳紀の爬虫類双弓類。槽歯目。初期の支配的爬虫類。"鱗"の長さ15cm。[分]キルギスタン
¶恐絶動（p94/カ復）
生ミス5（図4-6/カ写，カ復）〈[産]キルギスタンのフェルガナ盆地　完模式標本〉

ロンギプテリクス・チャオヤンゲンシスの完模式標本 *Longipteryx chaoyangensis* 長翼鳥
中生代の鳥類反鳥類。熱河生物群。
¶**熱河生**（図188/カ写）〈[産]中国の遼寧省朝陽の上河首〉

ロングタンクネラ・チェングイアングエンシス *Longtancunella chengjiangensis* 澄江龍潭村貝
カンブリア紀の腕足動物。腕足動物門シャミセンガイ目。澄江生物群。最大長21mm, 最大幅19mm。
¶**澄江生**（図17.2/カ写）〈[産]中国の帽天山, 馬房 複数個体の集合.雄型, 雌型, 肉茎でディアンドンギア・ピスタの腹殻に付着〉

ロングノーズ ⇒メトポリカス・プラティリヌスを見よ

ロンコドマス マクギーイ *Lonchodomas mcgeheei*
オルドビス紀中期の三葉虫。プティコパリア目。
¶**三葉虫**（図135/モ写）〈[産]アメリカのオクラホマ州 長さ21mm〉

ロンスダレイア ⇒アクチノキアツスを見よ

ロンスダレオイデス・トリヤマイ *Lonsdaleoides toriyamai*
石炭紀の腔腸動物四射サンゴ類。
¶**原色化**（PL.24-1/カ写）〈[産]山口県美祢郡美東町大久保（秋吉台） 大きい個体の直径1.8cm 研磨横断面〉

ロンディセラス *Rondiceras*
ジュラ紀後期のアンモナイト。
¶**アン最**（p56/カ写）〈[産]ロシアのミハイロフ〉
アン最〔コスモセラス・ジェイソン, ロンディセラス〕（p178/カ写）〈[産]ロシアのリャザン〉

ロンボテウティスの一種 *Rhomboteuthis* sp.
ジュラ紀のアンモナイト。
¶**アン最**（p31/カ写）〈[産]フランス〉

ロンボプテリギア *Rhombopterygia*
中生代白亜紀の軟骨魚類。エイの仲間。
¶**生ミス7**（p76/カ写）〈[産]レバノンのハジューラ 61cm〉

ロンボポラの1種 *Rhombopora exigua*
古生代後期石炭紀前期のコケムシ類。ラブドメソン科。
¶**学古生**（図181/モ写）〈[産]岩手県大船渡市日頃市 縦断面〉
日化譜〔Rhombopora exigua〕（図版22-4/モ写）〈[産]岩手県大船渡市長安寺 縦断面〉

【ワ】

ワイマヌ *Waimanu*
新生代古第三紀暁新世の鳥類ペンギン類。体高90cm。[分]ニュージーランド
¶**生ミス9**（図1-2-1/カ写, カ復）〈ワイマヌ・マンネリンギ, ワイマヌ・トゥアタヒのそれぞれの標本を補った骨格〉

ワエジェニーナ サブターラプタ *Waagenina subterrupta*
ペルム紀前期のアンモナイト。
¶**アン最**（p138/カ写）〈[産]カザフスタンのアクチウニンスク〉

ワカレタチバエダワカレシダ *Cladophlebis distans*
中生代ジュラ紀末〜白亜紀初期の陸上植物シダ類。
¶**学古生**（図768/モ写）〈[産]石川県石川郡白峰村桑島〉
日化譜〔Cladophlebis distans〕（図版71-2/モ写）〈[産]石川県石川郡白峰村桑島, 柳谷, 福井県大野郡など〉

ワカレバクサビシダ *Sphenopteris pinnatifida*
中生代の陸上植物。シダ類綱。手取統植物群。
¶**学古生**（図771/モ写）〈[産]石川県石川郡白峰村桑島〉

ワキノイクチス
白亜紀オーテリビアン期〜バレミアン期？の魚類。
¶**日白亜**（p28〜31/カ写, カ復）〈[産]福岡県小倉市・宮若市 全長7.7cm〉

ワキノサトウリュウ
白亜紀オーテリビアン期〜バレミアン期？の恐竜類獣脚類。
¶**日白亜**（p31/カ写）〈[産]福岡県小倉市・宮若市 歯〉

ワキノサトウリュウの歯 *Wakinosaurus satoi*
中生代白亜紀の爬虫類竜盤類。
¶**化石フ**（p147/カ写）〈[産]福岡県鞍手郡宮田町 60mm〉

ワクヤツキヒ *Placopecten*（s.s.）*wakuyaensis*
中新世中期の軟体動物斧足類。
¶**日化譜**（図版40-6/モ写）〈[産]宮城県遠田郡涌谷町〉

ワーゲノコンカ *Waagenoconcha*
古生代石炭紀〜ペルム紀の腕足動物。殻の幅6cm。[分]世界各地
¶**生ミス4**（図2-4-8/カ写, カ復）〈[産]スウェーデン 6cm 背殻側, 左側面〉

ワーゲノフィラムの1種 *Waagenophyllum*（*Waagenophyllum*）*pulchrum*
古生代後期二畳紀後期の四放サンゴ類。ワーゲノフィラム科。
¶**学古生**（図123/モ写）〈[産]滋賀県坂田郡伊吹町伊吹山 横断面, 縦断面〉

ワーゲノフィラムの1種 *Waagenophyllum*（*Waagenophyllum*）*virgalense*
古生代後期二畳紀中期〜後期の四放サンゴ類。ワーゲノフィラム科。
¶**学古生**（図122/モ写）〈[産]千葉県銚子市高神 横断面, 縦断面〉

ワーゲノフィルム
古生代ペルム紀の腔腸動物四射サンゴ類。
¶**産地本**（p112/カ写）〈[産]岐阜県大垣市赤坂町金生山 径7mm 研磨して表面を酢酸で処理したところ〉
産地本（p112/カ写）〈[産]岐阜県大垣市赤坂町金生山 径8mm 研磨面。まわりにヤベイナの化石〉

ワーゲノフィルム・インディクム *Waagenophyllum indicum*
古生代ペルム紀の腔腸動物四放サンゴ類。
¶**化石フ**（p32/カ写）〈[産]岐阜県大垣市赤坂町 個虫の径約10mm〉
日化譜〔Waagenophyllum indicum〕（図版16-8/モ写）〈[産]熊本県八代, 高知県佐川, 山口

県秋吉, 岐阜県赤坂, 福島県相馬, 岩手県日頃市, 宮城県米谷, 同岩井崎 横断面〉

ワーゲノペルナ
古生代ペルム紀の軟体動物斧足類。
¶産地別 (p137/カ写)〈㊥岐阜県大垣市赤坂町金生山 長さ3.3cm〉

ワーゲノペルナの1種 *Waagenoperna hayamii*
古生代後期二畳紀中期の貝類。マクガイ科。
¶学古生 (図213/モ写)〈㊥宮城県登米郡東和町天神ノ木〉
日化譜〔Waagenoperna hayamii〕(図版84-12/モ写)〈㊥岐阜県赤坂, 岩手県陸前高田市飯森〉

ワシタスター(?)・マクロホルクス
Washitaster? macroholcus
白亜紀の棘皮動物ウニ類。
¶原色化 (PL.61-2/カ写)〈㊥香川県大川郡山梅村柞谷 長さ6.8cm〉

ワスレガイ *Cyclosunetta menstrualis*
新生代第四紀更新世の貝類。マスルダレガイ科。
¶学古生 (図1694/モ写)〈㊥千葉県香取郡多古町中根〉

ワスレガイ
新生代第四紀更新世の軟体動物斧足類。
¶産地別 (p94/カ写)〈㊥千葉県印西市山田 長さ6.3cm〉

ワダウズラカニモリ ⇒ワダウラウズカニモリを見よ

ワダウラウズカニモリ *Orectospira wadana*
漸新世後期の軟体動物腹足類。ウラウズカニモリガイ科。
¶学古生〔ワダウズラカニモリ〕(図1112/モ写)〈㊥和歌山県西牟婁郡串本町田並南東〉
日化譜 (図版28-21/モ写)〈㊥北海道夕張〉

ワタセベッコウキララ *Portlandia watasei*
古第三紀漸新世の貝類。ロウバイガイ科。浅貝一幌内動物群。
¶学古生 (図1106/モ写)〈㊥和歌山県西牟婁郡串本町田野崎東方〉
化石図 (p142/カ写)〈㊥北海道 横幅約3.5cm〉

ワタセベツコウキララ *Portlandia (Portlandella) watasei*
漸新世末〜中新世の軟体動物斧足類。
¶日化譜 (図版35-29/モ写)〈㊥北海道三笠市幾春別など〉

ワタゾコツキヒ ⇒プラバムシウムを見よ

ワタゾコヒメカノコアサリ *Veremolpa mindanensis*
鮮新世前期〜現世の軟体動物斧足類。
¶日化譜 (図版47-18/モ写)〈㊥宮崎県児湯郡富田〉

ワタゾコモシオガイ *Crassatella (Crassatina) oblongata*
鮮新世後期〜現世の軟体動物斧足類。
¶日化譜 (図版44-6/モ写)〈㊥横浜市金沢〉

ワタナベサイ *Amynodon watanabei*
漸新世中期の哺乳類奇蹄類。
¶日化譜 (図版68-8,9/モ写)〈㊥北海道雨竜炭田, 山口県宇部市沖ノ山炭坑 右上顎咀嚼面, 左上顎咀嚼面〉

ワタナベサルボウ *Anadara watanabei*
新生代第三紀・初期中新世の貝類。フネガイ科。
¶学古生 (図1123/モ写)〈㊥宮城県塩釜市東塩釜〉

ワタナベヒタチオビ *Musashia (Nipponomelon) elegantula*
鮮新世初期の軟体動物腹足類。
¶日化譜 (図版83-36/モ写)〈㊥銚子市椎柴〉

ワタナベホソバイ *Molopophorus watanabei*
漸新世後期の軟体動物腹足類。
¶日化譜 (図版31-25/モ写)〈㊥福島県四倉〉

ワニ
白亜紀オーテリビアン期〜バレミアン期?の爬虫類。
¶日白亜 (p31/カ写)〈㊥福岡県小倉市・宮若市 左右1cm 歯〉

ワニ ⇒ステネオサウルスを見よ

ワニカワカンス *Galeoastraea amabilis*
鮮新世前期の軟体動物腹足類。
¶原色化〔ガレオアストレア・アマビリス〕(PL.73-3/カ写)〈㊥千葉県銚子市犬若 高さ2.7cm〉
日化譜 (図版27-4/モ写)〈㊥千葉県銚子, 犬若〉

ワニザキヒバリガイ *Modiolus wanizakiensis*
新生代第三紀・初期中新世の貝類。イガイ科。
¶学古生 (図1162/モ写)〈㊥石川県珠洲市鰐崎〉

ワニス樹脂 ⇒コハクとワニス樹脂を見よ

ワニの1種 Crocodilia,gen.et sp.indet.
新生代・後期更新世前期の爬虫類。
¶学古生 (図1951〜1956/モ写)〈㊥静岡県引佐郡引佐町谷下, 河合石灰採石所 大腿骨, 歯の側面, 後頭部背面, 鱗状骨の1つ, 体後方の鱗状骨の1つ, 尾部に近い鱗状骨〉
学古生 (図1986/モ写)〈㊥静岡県引佐郡引佐町谷下河合石灰採石所 尾椎骨の側面〉
学古生 (図1992/モ写)〈㊥静岡県引佐郡引佐町谷下河合石灰採石所 右第2中足骨および基節骨, 中節骨, 末節骨の背面〉

ワニの仲間
白亜紀カンパニアン期の爬虫類。
¶日白亜 (p8〜9/カ復)〈㊥鹿児島県薩摩川内市下甑島〉

ワニの仲間
白亜紀サントニアン期の爬虫類。
¶日白亜 (p117/カ写)〈㊥岩手県久慈市 歯〉

ワニの歯
新生代第三紀中新世の脊椎動物爬虫類。
¶産地新 (p172/カ写)〈㊥滋賀県甲賀郡土山町大沢 高さ2.3cm, 径1cm〉

ワニの歯(不明種)
新生代第三紀鮮新世の脊椎動物爬虫類。
¶産地本 (p216/カ写)〈㊥三重県阿山郡大山田村服部川 高さ1.8cm〉

ワプキア *Wapkia grandis*
カンブリア紀の海綿動物尋常海綿類。海綿動物門普通海綿綱ワプキデー科。サイズ21.3cm。
¶バ頁岩 (図33,34/モ写, モ復)〈㊥カナダのバージェス頁岩〉

ワプチア・フィールデンシス ⇒ワプティア・フィールデンシスを見よ

ワプティア *Waptia*
古生代カンブリア紀の節足動物。バージェス頁岩動物群。全長8cm。㊎カナダ，アメリカ？
¶**生ミス1**（図3-2-17/カ写，カ復）〈8cm〉

ワプティア・オヴァタ *Waptia ovata* 卵形瓦普塔蝦
カンブリア紀の節足動物。節足動物門。澄江生物群。甲皮長約1cm。
¶**澄江生**（図16.28/モ復）
澄江生（図16.29/カ写）〈㊧中国の帽天山，馬房 背側横方向から見たところ〉

ワプティア・フィールデンシス *Waptia fieldensis*
カンブリア紀の節足動物。節足動物門甲殻亜門とその仲間。通常約7.5cm。
¶**図解化**〔ワプチア・フィールデンシス〕（p95-A/カ写）〈㊧ブリティッシュ・コロンビア州バージェス頁岩〉
バ頁岩〔ワプティア〕（図110〜112/モ復，モ写）〈㊧カナダのバージェス頁岩〉

ワプティキア *Waputikia ramosa*
カンブリア紀の藻類紅藻。紅色植物門。サイズ19mm。
¶**バ頁岩**（図9,10/モ写，モ復）〈㊧カナダのバージェス頁岩〉

ワリセロプス・トライデンス *Walliserops tridens*
古生代デボン紀の節足動物三葉虫類ファコプス類。
¶**生ミス3**（図4-16/カ写）〈㊧モロッコ 65mm〉

ワリセロプス・トリファーカトゥス *Walliserops trifurcatus*
古生代デボン紀の節足動物三葉虫類ファコプス類。全長8cm。㊎モロッコ
¶**生ミス3**（図4-15/カ写）〈㊧モロッコ 80mm〉
リア古〔ワリセロプス〕（p122/カ復）

ワルキア・アンハルティイ
石炭紀後期〜ペルム紀前期の植物針葉樹。高さ10〜25m。㊎世界各地
¶**進化大**〔ワルキア〕（p153/カ写）

腕足貝
腕足貝の化石。珪素で置換された。
¶**図解化**〔珪質団塊中の腕足貝〕（p14-6/カ写）

腕足貝
ジュラ紀の腕足動物。
¶**図解化**（p25-2/カ写）〈㊧シチリア島〉

腕足動物
古生代オルドビス紀の腕足動物。
¶**生ミス2**〔シンシナティ地域の海底の標本〕（図1-3-1/カ写）〈㊧アメリカのオハイオ州〉

腕足動物
古生代〜現代の腕足動物。
¶**生ミス5**（図1-3/カ復）

腕足類群集（不明種）
古生代ペルム紀の腕足動物有関節類。
¶**産地本**（p119/カ写）〈㊧岐阜県郡上郡八幡町安久田 左右7cm〉

腕足類の一種
中生代白亜紀の腕足動物有関節類。
¶**産地別**（p53/カ写）〈㊧北海道留萌郡小平町下記念別川 長さ2.9cm〉

腕足類の一種
古生代石炭紀の腕足動物有関節類。平らな形状。
¶**産地別**（p73/カ写）〈㊧岩手県大船渡市日頃市町鬼丸 幅3.9cm〉

腕足類の一種
古生代石炭紀の腕足動物有関節類。
¶**産地別**（p73/カ写）〈㊧岩手県大船渡市日頃市町鬼丸 長さ2.8cm〉
産地別（p74/カ写）〈㊧岩手県大船渡市日頃市町鬼丸 幅6.7cm〉
産地別（p117/カ写）〈㊧新潟県糸魚川市青海町 長さ3cm〉
産地別（p117/カ写）〈㊧新潟県糸魚川市青海町 長さ2cm 背殻〉
産地別（p118/カ写）〈㊧新潟県糸魚川市青海町 長さ3cm〉

腕足類の一種
古生代デボン紀の腕足動物有関節類。
¶**産地別**（p102/カ写）〈㊧福井県大野市上伊勢 高さ1.7cm〉

腕足類の一種
古生代石炭紀の腕足動物有関節類。腹殻，背殻ともに大きく膨らむ。
¶**産地別**（p118/カ写）〈㊧新潟県糸魚川市青海町 長さ3cm〉

腕足類の一種
古生代ペルム紀の腕足動物有関節類。
¶**産地別**（p132/カ写）〈㊧岐阜県本巣市根尾初鹿谷 左右3.5cm〉
産地別（p176/カ写）〈㊧滋賀県犬上郡多賀町権現谷 長さ4cm〉

腕足類の一種
中生代三畳紀の腕足動物有関節類。スピリフェリノイデスの一種？
¶**産地新**（p147/カ写）〈㊧福井県大飯郡高浜町難波江 長さ2.9cm〉

腕足類（不明種）
古生代石炭紀の腕足動物有関節類。
¶**産地新**（p26/カ写）〈㊧岩手県大船渡市日頃市町鬼丸 高さ6cm〉
産地本（p57/カ写）〈㊧岩手県大船渡市日頃市町鬼丸 幅4.3cm〉
産地本（p57/カ写）〈㊧岩手県大船渡市日頃市町鬼丸 幅6.5cm〉

腕足類（不明種）
新生代第三紀鮮新世の腕足動物有関節類。
¶**産地本**（p83/カ写）〈㊧千葉県銚子市長崎鼻海岸 高さ3.2cm〉
産地本（p83/カ写）〈㊧千葉県銚子市長崎鼻海岸 高さ3cm〉
産地本（p83/カ写）〈㊧千葉県銚子市長崎鼻海岸 高さ2cm〉
産地本（p143/カ写）〈㊧富山県高岡市頭川 高さ2.2cm〉

産地本(p143/カ写)〈(産)富山県高岡市頭川 高さ3cm〉
産地本(p143/カ写)〈(産)富山県高岡市頭川 高さ2cm〉

腕足類(不明種)
新生代第三紀鮮新世の腕足動物有関節類。トゲクチバシチョウチンガイに似る。
¶産地本(p83/カ写)〈(産)千葉県銚子市長崎鼻海岸 幅4cm〉

腕足類(不明種)
古生代デボン紀の腕足動物有関節類。
¶産地本(p105/カ写)〈(産)岐阜県吉城郡上宝村福地 左右1.4cm〉

腕足類(不明種)
新生代第三紀中新世の腕足動物有関節類。
¶産地本(p135/カ写)〈(産)岐阜県土岐市隠居山 写真の左右4.5cm〉
産地本(p136/カ写)〈(産)愛知県知多郡南知多町内海 高さ2.7cm 印象化石〉
産地本(p207/カ写)〈(産)滋賀県甲賀郡土山町鮎河 径9mm〉

腕足類(不明種)
新生代第三紀中新世の腕足動物有関節類。テレブラチュラ目。
¶産地本(p141/カ写)〈(産)石川県羽咋郡志賀町火打谷 高さ1.5cm〉

腕足類(不明種)
古生代ペルム紀の腕足動物有関節類。縦長で厚みがある。
¶産地本(p168/カ写)〈(産)滋賀県犬上郡多賀町権現谷 高さ1cm〉

腕足類(不明種)
古生代ペルム紀の腕足動物有関節類。縦長でよく膨らみ, 非常に特徴的。
¶産地本(p168/カ写)〈(産)滋賀県犬上郡多賀町珊瑚山 高さ1cm〉

腕足類(不明種)
古生代ペルム紀の腕足動物有関節類。縦長のタイプ。
¶産地本(p169/カ写)〈(産)滋賀県犬上郡多賀町権現谷 高さ8mm〉
産地本(p170/カ写)〈(産)滋賀県犬上郡多賀町権現谷 高さ6mm〉

腕足類(不明種)
古生代ペルム紀の腕足動物有関節類。横幅が広いタイプ。
¶産地本(p170/カ写)〈(産)滋賀県犬上郡多賀町権現谷 高さ1.2cm〉

腕足類(不明種)
古生代ペルム紀の腕足動物有関節類。やや横長。
¶産地本(p170/カ写)〈(産)滋賀県犬上郡多賀町エチガ谷 高さ5.5mm〉

腕足類(不明種)
古生代ペルム紀の腕足動物有関節類。
¶産地本(p170/カ写)〈(産)滋賀県犬上郡多賀町権現谷 高さ3mm 塩酸で溶かしたもの〉
産地本(p172/カ写)〈(産)滋賀県犬上郡多賀町権現谷 左右2cm 溶かしているところ〉
産地本(p172/カ写)〈(産)滋賀県犬上郡多賀町権現谷 高さ2mm〉

腕足類(不明種)
古生代ペルム紀の腕足動物有関節類。ひらべったいタイプ。
¶産地本(p171/カ写)〈(産)滋賀県犬上郡多賀町権現谷 高さ5mm 塩酸で溶かしたもの〉
産地本(p171/カ写)〈(産)滋賀県犬上郡多賀町権現谷 左右3cm 印象化石〉
産地本(p171/カ写)〈(産)滋賀県犬上郡多賀町権現谷 左右4cm 筋肉痕も残る〉
産地本(p171/カ写)〈(産)滋賀県犬上郡多賀町珊瑚山 左右3cm 塩酸で溶かしたもの〉
産地本(p172/カ写)〈(産)滋賀県犬上郡多賀町権現谷 左右1cm 印象化石〉

腕足類(不明種)
新生代第三紀中新世の腕足動物有関節類。タテスジチョウチンに似る。
¶産地本(p207/カ写)〈(産)滋賀県甲賀郡土山町鮎河 高さ1cm〉

【ン】

ンクウェバサウルス *Nqwebasaurus*
白亜紀前期の恐竜類獣脚類テタヌラ類コエルロサウルス類。中型の獣脚類。体長0.8m。(分)南アフリカの東ケープ州
¶恐イラ(p157/カ復)

【ABC】

Abietinaepollenites (Pinus) sp.
新白亜紀中期の植物。
¶日化譜(図版80-11/モ写)〈(産)福島県双葉郡 花粉〉

Acanthocardia (Acanthocardia) aculeata
鮮新世の無脊椎動物軟体動物二枚貝。
¶図解化(図版11-7/カ写)〈(産)リグーリア=ピエモンテ〉

Acanthocardia (Acanthocardia) erinacea
鮮新世の無脊椎動物軟体動物二枚貝。
¶図解化(図版11-11/カ写)〈(産)リグーリア=ピエモンテ〉

Acanthocardia (Acanthocardia) paucicostata
鮮新世の無脊椎動物軟体動物二枚貝。
¶図解化(図版11-9/カ写)〈(産)リグーリア=ピエモンテ〉
図解化(図版11-12/カ写)〈(産)リグーリア=ピエモンテ〉
図解化(図版11-20/カ写)〈(産)リグーリア=ピエモンテ〉

Acanthoceras rothomagensis
白亜紀後期の無脊椎動物軟体動物アンモナイト類。
¶図解化(図版26-15/カ写)〈(産)イギリス〉

Acanthopecten spinosus
二畳紀後期の軟体動物斧足類。
¶日化譜(図版39-17/モ写)〈(産)岩手県陸前高田市飯森〉

Acanthotrigonia higoensis
新白亜紀初期の軟体動物斧足類。
¶日化譜（図版84-24/モ写）〈(産)熊本県下益城郡松橋町曲野, 同上益城郡御船町田代〉

Acanthotrigonia longiloba
新白亜紀前期の軟体動物斧足類。
¶日化譜（図版43-3,4/モ写）〈(産)高知県高岡郡越知町宮原〉

Acanthotrigonia moriana
古白亜紀後期の軟体動物斧足類。
¶日化譜（図版43-5/モ写）〈(産)高知県香美郡〉

Acanthotrigonia ogawai
新白亜紀前期の軟体動物斧足類。
¶日化譜（図版43-2/モ写）〈(産)熊本県天草郡五所浦島〉

Acanthotrigonia pustulosa
新白亜紀前期の軟体動物斧足類。
¶日化譜（図版43-6/モ写）〈(産)鹿児島県出水郡獅子島〉

Actinoconchus cf.lamellosa
石炭紀前期の腕足類終穴類。
¶日化譜（図版25-6/モ写）〈(産)岩手県気仙郡住田町下有住〉

Actinocoyclus Ehrenbergii
中新世中期の珪藻。
¶日化譜（図版9-23/モ写）〈(産)秋田県男鹿市〉

Actinocoyclus ellipticus javanica
中新世中期の珪藻。
¶日化譜（図版9-24/モ写）〈(産)秋田県男鹿市〉

Actinocrinites coplowensis
無脊椎動物棘皮動物ウミユリ。
¶図解化（図版38-12/カ写）

Actinocrinites sp.
石炭紀の無脊椎動物棘皮動物ウミユリ。
¶図解化（図版38-14/カ写）〈(産)ウェールズ〉

Actinocrinus ohmoriensis
石炭紀前期のウミユリ類。
¶日化譜（図版61-4/モ写）〈(産)岩手県大船渡市大森〉

Actinodontophora katsurensis
二畳紀中期の軟体動物斧足類。
¶日化譜（図版85-17/モ写）〈(産)宮城県気仙沼市鍋越山〉

Actinoptychus senarius
中新世中期の珪藻。
¶日化譜（図版9-21/モ写）〈(産)青森県南津軽郡〉

Actinostroma tokadiensis
ジュラ紀後期の腔腸動物ストロマトポロイド。
¶日化譜（図版13-7/モ写）〈(産)高知県佐川 横断面〉

Adelphocoris（?）sp.
更新世前期の昆虫類メクラガメ類。
¶日化譜（図版60-32/モ写）〈(産)栃木県塩原温泉〉

Aegoceras planicosta
ジュラ紀前期の無脊椎動物軟体動物アンモナイト類。
¶図解化（図版25-13/カ写）〈(産)ドイツ〉

"Aequipecten" toyorensis
ジュラ紀前期の軟体動物斧足類。
¶日化譜（図版39-24/モ写）〈(産)山口県豊浦郡東長野〉

Aequitriradites inconopicuus
新白亜紀中期の植物胞子・花粉類。
¶日化譜（図版80-7/モ写）〈(産)福島県双葉郡広野町〉

Aequitriradites orbicularis
ジュラ紀後期の植物胞子・花粉類。
¶日化譜（図版80-8/モ写）〈(産)石川県〉

Afghanella schencki
二畳紀前期の紡錘虫。
¶日化譜（図版5-7/モ写）〈(産)秋吉 縦断面〉

Agassiceras nodulatum
ジュラ紀前期（シネムリアン）の無脊椎動物軟体動物アンモナイト類。
¶図解化（図版27-14/カ写）〈(産)ベルガモのモンテ・アルベンツァ〉

Agathiceras cf.suessi
二畳紀後期の頭足類菊石類。
¶日化譜（図版86-4/モ写）〈(産)福島県石城郡四倉町高倉山〉

Akebiconcha chitanii
中新世初〜中期の軟体動物斧足類。
¶日化譜（図版85-18/モ写）〈(産)福島県平市等〉

Akinereites kannourensis
始新世の痕跡化石。
¶日化譜（図版82-22/モ写）〈(産)高知県安芸郡甲浦〉

Akiyosiphyllum stylophorum
二畳紀後期の四射サンゴ。
¶日化譜（図版16-6/モ写）〈(産)山口県秋吉, 京都府天田郡 横断面, 縦断面〉

Albania awa
鮮新世後期の軟体動物腹足類。
¶日化譜（図版29-17/モ写）〈(産)青森県三戸郡落合〉

Alectrion（Alectrion）turritus
無脊椎動物軟体動物腹足類。
¶図解化（図版19-20/カ写）
図解化（図版19-27/カ写）

Alectrion（Desmoulea）conglobatus
無脊椎動物軟体動物腹足類。
¶図解化（図版19-2/カ写）

Alectrion semistriatus
無脊椎動物軟体動物腹足類。
¶図解化（図版19-9/カ写）

Alispirifer aff.transversa
二畳紀後期の腕足類。
¶日化譜（図版82-8/モ写）〈(産)福島県石城郡四倉町高倉山〉

Amaea（Discoscala）aff.niasensis
鮮新世前期の軟体動物腹足類。
¶日化譜（図版29-20/モ写）〈(産)沖縄本島〉

Amaltheus（Pleuroceras）costatus
ジュラ紀前期の無脊椎動物軟体動物アンモナイト類。
¶図解化（図版25-19/カ写）〈(産)ドイツ〉

Amblysiphonella dichotoma
二畳紀後期の海綿石灰海綿。
¶日化譜（図版13-2/モ写）〈(産)宮城県気仙市岩井崎, 同桃生郡八景島など〉

Ammonoceras ezoense
古白亜紀中期の菊石類。
¶日化譜（図版52-7/モ写）〈(産)北海道三笠市幾春別〉

Amphicoryna scalaris sagamiensis
更新世前期～現世の有孔虫。
¶日化譜（図版81-11/モ写）〈(産)豊里層〉

Amphipora higutizawaensis
シルル紀中期のストロマトポロイド。
¶日化譜（図版14-9/モ写）〈(産)岩手県盛町 断面〉

Amphiroa howei
更新世, 現世の藻類紅藻。
¶日化譜（図版12-13/モ写）〈(産)石垣島 断面〉

Amphiroa longissima
更新世？の藻類紅藻。
¶日化譜（図版12-14/モ写）〈(産)沖縄島尻郡 断面〉

Amphiura ponderosa
中新世後期の蛇尾類。
¶日化譜（図版61-16/モ写）〈(産)長野県下伊那郡千代村米川〉

Ampullina cfr.ausonica
始新世の無脊椎動物軟体動物腹足類。
¶図解化（図版23-8/カ写）〈(産)ロンカ〉

Amussium cristatum
無脊椎動物軟体動物二枚貝。
¶図解化（図版13-11/カ写）
図解化（図版13-14/カ写）

Amygdalophyllum giganteum
石炭紀前期の四射サンゴ。
¶日化譜（図版16-7/モ写）〈(産)新潟県青海 横断面〉

Anadara (Anadara) diluvii
無脊椎動物軟体動物二枚貝。
¶図解化（図版15-6/カ写）

Anadara (Anadara) pectinata
無脊椎動物軟体動物二枚貝。
¶図解化（図版15-13/カ写）

Anadara diluvii
無脊椎動物軟体動物二枚貝。
¶図解化（図版15-2/カ写）

Anapachydiscus sutneri
新白亜紀中期の菊石類。
¶日化譜（図版57-3/モ写）〈(産)北海道日高国浦河, 胆振国, 樺太〉

Anasibirites onoi
三畳紀前期の菊石類。
¶日化譜（図版51-13/モ写）〈(産)愛媛県東宇和郡魚成〉

Anastrophia grossa
デヴォン紀の無脊椎動物腕足動物。
¶図解化（図版5-8/カ写）〈(産)オクラホマ州〉

Anchicodium fukujiense
二畳紀前期の藻類緑藻。
¶日化譜（図版10-19/モ写）〈(産)岐阜県福地 縦断面〉

Anchicodium Magnum
二畳紀前期の藻類緑藻。
¶日化譜（図版11-9/モ写）〈(産)岩手県気仙郡 縦断面〉

Ancistrolepis fragilis
鮮新世の軟体動物腹足類。
¶日化譜（図版32-1/モ写）〈(産)山形県飽海郡〉

Aneimia macrorhyza
新白亜紀中期のシダ類胞子。
¶日化譜（図版79-22/モ写）〈(産)岩手県久慈 胞子〉

Angulogerina sp.
鮮新世後期の有孔虫。
¶日化譜（図版81-6/モ写）〈(産)銚子〉

Anidanthus abukumaense
二畳紀後期の腕足類。
¶日化譜（図版82-15/モ写）〈(産)福島県高倉山〉

Anisoceras subcompressus
新白亜紀中期の菊石類。
¶日化譜（図版52-22/モ写）〈(産)北海道夕張市, 樺太〉

Annuliconcha interlineatus
二畳紀後期の軟体動物斧足類。
¶日化譜（図版38-28/モ写）〈(産)岩手県陸前高田市狸森〉

Anodontophora canalensis
三畳紀前期の軟体動物斧足類。
¶日化譜（図版42-8/モ写）〈(産)群馬県多野郡上野村塩ノ沢〉

Anodontophora kochigataniensis
三畳紀後期の軟体動物斧足類。
¶日化譜（図版42-7/モ写）〈(産)高知県佐川町梅木谷, 佐川町鼠嚙石〉

Anodontophora trigona
三畳紀中期の軟体動物斧足類。
¶日化譜（図版85-19/モ写）〈(産)愛媛県東宇和郡魚成〉

Anomia (Anomia) ephippium
無脊椎動物軟体動物二枚貝。
¶図解化（図版13-3/カ写）

Anopheles (?) sp.
更新世前期の昆虫類ハマダラカ類。
¶日化譜（図版60-34/モ写）〈(産)栃木県塩原温泉〉

Anthomya subcantiana
古白亜紀後期の軟体動物斧足類。
¶日化譜（図版85-5/モ写）〈(産)岩手県宮古〉

Anthracoporella magnipora
二畳紀後期の藻類緑藻。
¶日化譜（図版11-2/モ写）〈(産)広島県帝釈 縦断面〉

Antiquatonia sp.
石炭紀の無脊椎動物腕足動物。
¶図解化（図版8-10/カ写）〈(産)イギリス〉

Antirhynchonella linguifera
シルル紀の無脊椎動物腕足動物。
¶図解化（図版5-13/カ写）〈(産)イギリス〉

Apiotrigonia crassoradiata
新白亜紀後期の軟体動物斧足類。
¶ **日化譜**（図版43-10/モ写）〈(産)愛媛県温泉郡〉

Apiotrigonia jimboi
新白亜紀前期の軟体動物斧足類。
¶ **日化譜**（図版43-9/モ写）〈(産)北海道三笠市幾春別〉

Aporrhais pespelecani
無脊椎動物軟体動物腹足類。
¶ **図解化**（図版20-21/カ写）

Aporrhais uttingeriana
無脊椎動物軟体動物腹足類。
¶ **図解化**（図版20-22/カ写）

Arca（Arca） noae
無脊椎動物軟体動物二枚貝。
¶ **図解化**（図版15-4/カ写）

Arca cobellii
始新世の無脊椎動物軟体動物腹足類。
¶ **図解化**（図版23-4/カ写）〈(産)ロンカ〉

Arcestes muensteri
三畳紀中期の無脊椎動物軟体動物アンモナイト類。
¶ **図解化**（図版26-1/カ写）〈(産)イタリア〉

Archaeolithoporella hidensis
二畳紀前期の藻類紅藻。
¶ **日化譜**（図版12-3/モ写）〈(産)岐阜県 断面〉

Archaeolithothamnium hanzawai
更新世の藻類紅藻。
¶ **日化譜**（図版12-5/モ写）〈(産)宮古島 断面〉

Archaeolithothamnium somensis
ジュラ紀後期の藻類紅藻。
¶ **日化譜**（図版12-6/モ写）〈(産)福島県相馬 断面〉

Architectonica（Architectonica） simplex
無脊椎動物軟体動物腹足類。
¶ **図解化**（図版20-11/カ写）

Architectonica（Solariaxis） dilecta
鮮新世前期の軟体動物腹足類。
¶ **日化譜**（図版29-18/モ写）〈(産)沖縄本島〉

Arctoprionites yeharai
三畳紀前期の菊石類。
¶ **日化譜**（図版52-10/モ写）〈(産)愛媛県東宇和郡魚成〉

Argobuccinum giganteum
無脊椎動物軟体動物腹足類。
¶ **図解化**（図版21-1/カ写）

Arieticeras accuratum
ジュラ紀前期（ドメリアン）の無脊椎動物軟体動物アンモナイト類。
¶ **図解化**（図版28-5/カ写）〈(産)コモのアルペ・ツラティ〉

Arieticeras domarense
ジュラ紀前期（ドメリアン）の無脊椎動物軟体動物アンモナイト類。
¶ **図解化**（図版28-7/カ写）〈(産)コモのアルペ・ツラティ〉

Arieticeras expulsum
ジュラ紀前期（ドメリアン）の無脊椎動物軟体動物アンモナイト類。
¶ **図解化**（図版28-6/カ写）〈(産)コモのアルペ・ツラティ〉

Arieticeras lottii
ジュラ紀前期（ドメリアン）の無脊椎動物軟体動物アンモナイト類。
¶ **図解化**（図版28-12/カ写）〈(産)コモのアルペ・ツラティ〉

Arieticeras retrorsicosta
ジュラ紀前期（ドメリアン）の無脊椎動物軟体動物アンモナイト類。
¶ **図解化**（図版28-10/カ写）〈(産)コモのアルペ・ツラティ〉

Arieticeras ruthense
ジュラ紀前期（ドメリアン）の無脊椎動物軟体動物アンモナイト類。
¶ **図解化**（図版28-14/カ写）〈(産)コモのアルペ・ツラティ〉

Arietites cfr.bucklandi
ジュラ紀前期（シネムリアン）の無脊椎動物軟体動物アンモナイト類。
¶ **図解化**（図版27-5/カ写）〈(産)ベルガモのモンテ・アルベンツァ〉

Arietites raricostatum
ジュラ紀前期の無脊椎動物軟体動物アンモナイト類。
¶ **図解化**（図版25-10/カ写）〈(産)ドイツ〉

Arietites turneri
ジュラ紀前期の無脊椎動物軟体動物アンモナイト類。
¶ **図解化**（図版25-7/カ写）〈(産)ドイツ〉

Arnioceras cfr.ceratitoides
ジュラ紀前期（シネムリアン）の無脊椎動物軟体動物アンモナイト類。
¶ **図解化**（図版27-6/カ写）〈(産)ベルガモのモンテ・アルベンツァ〉

Arnioceras cfr.insolitum
ジュラ紀前期（シネムリアン）の無脊椎動物軟体動物アンモナイト類。
¶ **図解化**（図版27-2/カ写）〈(産)ベルガモのモンテ・アルベンツァ〉

Arnioceras geometricum
ジュラ紀前期（シネムリアン）の無脊椎動物軟体動物アンモナイト類。
¶ **図解化**（図版27-20/カ写）〈(産)ベルガモのモンテ・アルベンツァ〉

Arnioceras hartmanni
ジュラ紀前期（シネムリアン）の無脊椎動物軟体動物アンモナイト類。
¶ **図解化**（図版27-3/カ写）〈(産)ベルガモのモンテ・アルベンツァ〉

Arnioceras insolitum
ジュラ紀前期（シネムリアン）の無脊椎動物軟体動物アンモナイト類。
¶ **図解化**（図版27-16/カ写）〈(産)ベルガモのモンテ・アルベンツァ〉

Arpadites sakawanus
三畳紀後期の菊石類。
¶ **日化譜**（図版51-19/モ写）〈(産)高知県佐川町〉

Asanospira teshioensis
白亜紀中期の有孔虫。
¶ **日化譜**（図版1-5/モ写）〈(産)北海道オトイネップ, 小平〉

Aspidoceras acanthomphalum acanthomphalum
ジュラ紀後期（キンメリジアン=チトニアン）の無

脊椎動物軟体動物アンモナイト類。
¶図解化（図版33-1/カ写）〈㊞パソ・デル・フルロ〉

Aspidoceras cfr.zeuchneri
ジュラ紀後期（キンメリジアン=チトニアン）の無脊椎動物軟体動物アンモナイト類。
¶図解化（図版33-3/カ写）〈㊞パソ・デル・フルロ〉

Aspidoceras（Pseudowaagenia） cfr. micropilum
ジュラ紀後期（キンメリジアン=チトニアン）の無脊椎動物軟体動物アンモナイト類。
¶図解化（図版33-8/カ写）〈㊞パソ・デル・フルロ〉

Astarte（Coelastarte） somensis
ジュラ紀後期の軟体動物斧足類。
¶日化譜（図版43-27/モ写）〈㊞福島県相馬〉

Astarte defecta
ジュラ紀後期の軟体動物斧足類。
¶日化譜（図版43-29/モ写）〈㊞熊本県南部〉

Astarte higoensis
ジュラ紀後期の軟体動物斧足類。
¶日化譜（図版44-1/モ写）〈㊞熊本県南部〉

Astartella cf.permocarbonica
二畳紀後期の軟体動物斧足類。
¶日化譜（図版84-25/モ写）〈㊞福島県石城郡四倉町高倉山〉

Astarte ogawensis
ジュラ紀後期の軟体動物斧足類。
¶日化譜（図版43-28/モ写）〈㊞熊本県南部〉

Astarte sakamotoensis
ジュラ紀後期の軟体動物斧足類。
¶日化譜（図版43-25,26/モ写）〈㊞福島県相馬, 熊本県南部〉

Astarte subsenecta
古白亜紀中期の軟体動物斧足類。
¶日化譜（図版43-30/モ写）〈㊞群馬県多野郡上野村〉

ABC

Asteromphalus moronensis
中新世中期の珪藻。
¶日化譜（図版9-22/モ写）〈㊞秋田県男鹿市〉

Asterotheca
石炭紀の植物。
¶図解化（図版1-7/カ写）〈㊞イリノイ州メゾン・クリーク〉

Astraea rugosa
無脊椎動物軟体動物腹足類。
¶図解化（図版20-25/カ写）

Ataxicoceras kurisakense
ジュラ紀後期の頭足類菊石類。
¶日化譜（図版86-15/モ写）〈㊞高知県佐川町栗坂〉

Athyris sp.
デヴォン紀の無脊椎動物腕足動物。
¶図解化（図版9-9/カ写）〈㊞ニューヨーク州〉
図解化（図版9-19/カ写）〈㊞イギリス〉

Athyris spiriferoides
デヴォン紀の無脊椎動物腕足動物。
¶図解化（図版9-18/カ写）〈㊞ニューヨーク州〉

Atractites orsini
無脊椎動物軟体動物頭足類ベレムナイト。
¶図解化（図版24-1/カ写）

Atrypa devoniana
デヴォン紀の無脊椎動物腕足動物。
¶図解化（図版9-15/カ写）〈㊞アイオワ州〉

Atrypa margjnalis
デヴォン紀の無脊椎動物腕足動物。
¶図解化（図版9-10/カ写）〈㊞ドイツ〉

Aturia aturi
中新世の無脊椎動物軟体動物頭足類。
¶図解化（図版24-13/カ写）〈㊞イタリア〉

Aturia cf.minoensis
中新世中期の軟体動物頭足類オウム貝類。
¶日化譜（図版50-14/モ写）〈㊞岐阜県瑞浪町戸狩〉

Aulacella sp.
石炭紀の無脊椎動物腕足動物。
¶図解化（図版5-7/カ写）〈㊞ドイツ〉

Aulacosphinctoides（?） aff.steigeri
ジュラ紀後期の菊石類。
¶日化譜（図版55-18/モ写）〈㊞福島県など〉

Aulacothyris sp.
ジュラ紀前期の無脊椎動物腕足動物。
¶図解化（図版10-22/カ写）〈㊞フランス〉

Aurila pseudoamygdala
中新世中期の介形類。
¶日化譜（図版87-17/モ写）〈㊞仙台市佐保山〉

Aveyroniceras acanthoides
ジュラ紀前期（ドメリアン）の無脊椎動物軟体動物アンモナイト類。
¶図解化（図版28-11/カ写）〈㊞コモのアルペ・ツラティ〉

Aviculopecten hayasakai
二畳紀中期の軟体動物斧足類。
¶日化譜（図版84-15/モ写）〈㊞宮城県気仙沼市上鹿折〉

Aviculopecten minoensis
二畳紀後期の軟体動物斧足類。
¶日化譜（図版38-29/モ写）〈㊞岐阜県赤坂金生山〉

Aviculopecten sasakii
二畳紀中期の軟体動物斧足類。
¶日化譜（図版84-17/モ写）〈㊞宮城県気仙沼市上八瀬〉

Azorinus（Azorinus） charnasolen
無脊椎動物軟体動物二枚貝。
¶図解化（図版14-16/カ写）

Baiera orientalis
ジュラ紀中期のイチョウ類。
¶日化譜（図版74-3/モ写）〈㊞南満州〉

Baiera paucipartita
三畳紀後期のイチョウ類。
¶日化譜（図版74-1,2/モ写）〈㊞岡山県川上郡成羽町日名畑など〉

Bairdia eucurvia
二畳紀後期の介形類。
¶日化譜（図版87-11/モ写）〈㊞宮城県気仙沼市岩井崎〉

Bakevellia cassianelloides
ジュラ紀前期の軟体動物斧足類。
¶日化譜（図版37-15/モ写）〈(産)長野県北安曇郡北小谷〉

Bakevellia otariensis
ジュラ紀前期の軟体動物斧足類。
¶日化譜（図版37-14/モ写）〈(産)長野県北安曇郡北小谷〉

Baltisphaeridium（?） polyceratum
漸新世末期の双べん毛藻。
¶日化譜（図版81-24/モ写）〈(産)福島県平市平窪〉

Baltisphaeridium（?） sp.
漸新世末期の双べん毛藻。
¶日化譜（図版81-23/モ写）〈(産)福島県平市平窪〉

Barbatia（Cucullearca） candida
無脊椎動物軟体動物二枚貝。
¶図解化（図版15-1/カ写）

Barbatia（Soldania） mytiloides
無脊椎動物軟体動物二枚貝。
¶図解化（図版15-11/カ写）
図解化（図版15-17/カ写）

Barbatis（Cucullearca） candida
無脊椎動物軟体動物二枚貝。
¶図解化（図版15-5/カ写）

Barchyspirifer carinatus
デヴォン紀の無脊椎動物腕足動物。
¶図解化（図版7-8/カ写）〈(産)ドイツ〉

Batillaria atukoae
中新世中期の軟体動物腹足類。
¶日化譜（図版28-23/モ写）〈(産)岩手県二戸郡福岡町湯田〉

Batillaria tateiwai
中新世の軟体動物腹足類。
¶日化譜（図版28-22/モ写）〈(産)北鮮明川〉

Batillaria yamanarii
中新世中期の軟体動物腹足類。
¶日化譜（図版28-24/モ写）〈(産)岩手県二戸郡福岡町白鳥〉

Batocrinus subequalis
ミシシッピ亜紀の無脊椎動物棘皮動物ウミユリ。
¶図解化（図版38-13/カ写）〈(産)アイオワ州〉

Batostomella microstoma
二畳紀後期の蘚虫動物偏口類。
¶日化譜（図版21-13/モ写）〈(産)宮城県岩井崎 縦断面〉

Batostomella yamazakii
二畳紀後期の蘚虫動物偏口類。
¶日化譜（図版21-11,12/モ写）〈(産)宮城県岩井崎 横断面, 縦断面〉

Beedeina eximia
石炭紀中期の紡錘虫。
¶日化譜（図版2-27/モ写）〈(産)U.S.A 縦断面〉

Beedeina ichinotaniensis
石炭紀中期の紡錘虫。
¶日化譜（図版2-26/モ写）〈(産)岐阜県福地 縦断面〉

Belemnitella americana
白亜紀の無脊椎動物軟体動物ベレムナイト。
¶図解化（図版36-3/カ写）〈(産)ニュージャージー州〉

Belemnitella quadrata
白亜紀後期の無脊椎動物軟体動物ベレムナイト。
¶図解化（図版36-5/カ写）〈(産)フランス〉

Belemnites elongatus
ジュラ紀前期の無脊椎動物軟体動物ベレムナイト。
¶図解化（図版36-19/カ写）〈(産)ドイツ〉

Belemnites pacillosus
ジュラ紀前期の無脊椎動物軟体動物ベレムナイト。
¶図解化（図版36-11/カ写）〈(産)ドイツ〉
図解化（図版36-20/カ写）〈(産)ドイツ〉

Belemnites sulcatus
ジュラ紀中期の無脊椎動物軟体動物ベレムナイト。
¶図解化（図版36-4/カ写）〈(産)イタリア〉

Bennettites subcarperatus
ジュラ紀前期の植物。
¶日化譜（図版80-1/モ写）〈(産)新潟県糸魚川市小滝炭坑 花粉〉

Berriasella privasensis
ジュラ紀後期（キンメリジアン=チトニアン）の無脊椎動物軟体動物アンモナイト類。
¶図解化（図版35-9/カ写）〈(産)パソ・デル・フルロ〉

Beyrichites chitanii
三畳紀中期の軟体動物頭足類菊石類。
¶日化譜（図版50-16/モ写）〈(産)宮城県宮城郡利府村浜田〉

Blanfordiceras uhligi
ジュラ紀後期（キンメリジアン=チトニアン）の無脊椎動物軟体動物アンモナイト類。
¶図解化（図版35-6/カ写）〈(産)パソ・デル・フルロ〉

Bolivina cf.spissa
鮮新世前期～現世の有孔虫。
¶日化譜（図版81-1,2/モ写）〈(産)銚子〉

Bolivinita quadrilatera
鮮新世後期～現世の有孔虫。
¶日化譜（図版81-3/モ写）〈(産)相模, 房総〉

Bostrychoceras otukai multicostata
新白亜紀中期の菊石類。
¶日化譜（図版52-27/モ写）〈(産)北海道天塩国オピラシベ〉

Brachymetops（Brachymetopina） japonicus
石炭紀中期の三葉虫。
¶日化譜（図版58-12,13/モ写）〈(産)新潟県青海町電気化学工業採石場〉

Brachythrina nagaoi
石炭紀前期の腕足類終穴類。
¶日化譜（図版24-24/モ写）〈(産)岩手県気仙郡住田町〉

Bradyina rotula
二畳紀前期の有孔虫。
¶日化譜（図版1-6/モ写）〈(産)関東山地 断面〉

Brodieia bayani
ジュラ紀前期（トアルシアン）の無脊椎動物軟体動物アンモナイト類。
¶図解化（図版29-5/カ写）〈(産)ペーザロのパソ・デル・フルロ〉

Brodieia sp.
ジュラ紀前期（トアルシアン）の無脊椎動物軟体動物アンモナイト類。
¶図解化（図版29-8/カ写）〈㊞ペーザロのパソ・デル・フルロ〉

Bryantodus sp.
二畳紀後期の錐歯類。
¶日化譜（図版89-7/モ写）〈㊞群馬県上田沢〉

Buccinulum (Euthria) corneum
無脊椎動物軟体動物腹足類。
¶図解化（図版21-17/カ写）

Bulia (Bulia) striata
無脊椎動物軟体動物腹足類。
¶図解化（図版19-28/カ写）

Bulla (Bulla) subampulla
無脊椎動物軟体動物腹足類。
¶図解化（図版19-7/カ写）

Bullatimorphites sp.
ジュラ紀中期の無脊椎動物軟体動物アンモナイト類。
¶図解化（図版26-9/カ写）〈㊞フランス〉

Buntonia reticuliforma
中新世中期の介形類。
¶日化譜（図版87-16/モ写）〈㊞仙台市佐保山〉

Burgandia semiclathrata
ジュラ紀後期の腔腸動物ストロマトポロイド。
¶日化譜（図版13-14/モ写）〈㊞高知県佐川 断面〉

Burmesia japonica
ジュラ紀前期の軟体動物斧足類。
¶日化譜（図版49-15/モ写）〈㊞宮城県稲井村水沼〉

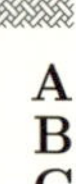

Burmirhynchia torinosuensis
ジュラ紀後期の腕足類終穴類。
¶日化譜（図版24-17/モ写）〈㊞高知県佐川〉

Burrirhynchia sp.
白亜紀前期の無脊椎動物腕足動物。
¶図解化（図版10-9/カ写）〈㊞フランス〉

Bursa (Ranella) nodosa
鮮新世の無脊椎動物軟体動物腹足類。
¶図解化（図版17-1/カ写）〈㊞リグーリア=ピエモンテ〉

Buxtonia scabricula
石炭紀の無脊椎動物腕足動物。
¶図解化（図版6-13/カ写）〈㊞イギリス〉

Cactocrinus reticulatus
ミシシッピ亜紀の無脊椎動物棘皮動物ウミユリ。
¶図解化（図版38-2/カ写）〈㊞アイオワ州〉

Cadomites humphresianum
ジュラ紀中期の無脊椎動物軟体動物アンモナイト類。
¶図解化（図版25-1/カ写）〈㊞ドイツ〉

Calescara levinseni
更新世～現世の蘚虫動物唇口類。
¶日化譜（図版22-11/モ写）〈㊞喜界島〉

Calliostoma conulum
無脊椎動物軟体動物腹足類。
¶図解化（図版20-15/カ写）

Calliphylloceras leiokoclos
ジュラ紀後期（キンメリジアン=チトニアン）の無脊椎動物軟体動物アンモナイト類。
¶図解化（図版35-4/カ写）〈㊞パソ・デル・フルロ〉

Callista (Callista) chione
無脊椎動物軟体動物二枚貝。
¶図解化（図版12-7/カ写）
図解化（図版12-9/カ写）
図解化（図版12-10/カ写）
図解化（図版16-8/カ写）

Callista (Callista) italica
無脊椎動物軟体動物二枚貝。
¶図解化（図版12-11/カ写）

Callista (Callista) puella
無脊椎動物軟体動物二枚貝。
¶図解化（図版16-2/カ写）
図解化（図版16-14/カ写）
図解化（図版16-17/カ写）
図解化（図版16-20/カ写）

Callista pseudoplana
新白亜紀中期の軟体動物斧足類。
¶日化譜（図版47-1/モ写）〈㊞北海道石狩, 空知〉

Callistocythere hatatatensis
鮮新世前期の介形類。
¶日化譜（図版87-19/モ写）〈㊞宮城県宮城郡宮城村郷六〉

Callistocythere nipponica
現世の介形類。
¶日化譜（図版60-14/モ写）〈㊞神奈川県葉山海岸〉

Callistocythere undulatifascialis
現世の介形類。
¶日化譜（図版60-17/モ写）〈㊞神奈川県葉山海岸〉

Callyphylloceras aff.kochi
ジュラ紀後期（キンメリジアン=チトニアン）の無脊椎動物軟体動物アンモナイト類。
¶図解化（図版34-3/カ写）〈㊞パソ・デル・フルロ〉

Callyphylloceras nilssoni
ジュラ紀前期（トアルシアン）の無脊椎動物軟体動物アンモナイト類。
¶図解化（図版32-17/カ写）〈㊞ペーザロのパソ・デル・フルロ〉

Calyptraea chinensis
無脊椎動物軟体動物腹足類。
¶図解化（図版20-23/カ写）

Camarophorina sp.
ペルム紀の無脊椎動物腕足動物。
¶図解化（図版8-8/カ写）〈㊞チモール〉

Camarotoechia tethys
デボン紀中期の腕足類終穴類。
¶日化譜（図版24-11/モ写）〈㊞岩手県大船渡市盛町樋口沢〉

"Camptonectes" oishii
ジュラ紀前期の軟体動物斧足類。
¶日化譜（図版39-5/モ写）〈㊞長野県北安曇郡北小谷, 新潟県糸魚川市小滝〉

Camptonectes (s.s.) inexpectatus
ジュラ紀前期の軟体動物斧足類。
¶日化譜 (図版39-15/モ写)〈[産]宮城県稲井水沼〉

Canadoceras multicostatum
新白亜紀中期の菊石類。
¶日化譜 (図版56-16/モ写)〈[産]北海道日高国浦河, 南樺太〉

Canadoceras mysticum
新白亜紀中期の菊石類。
¶日化譜 (図版56-15/モ写)〈[産]北海道天塩国, 南樺太〉

Cancellaria (Bivetiella) cancellata
無脊椎動物軟体動物腹足類。
¶図解化 (図版19-25/カ写)

Cancellospirifer (?) maxwelli
二畳紀後期の腕足類。
¶日化譜 (図版82-10/モ写)〈[産]福島県高倉山〉

Cannopilus (?) sp.
更新世後期の放散虫。
¶日化譜 (図版9-16/モ写)〈[産]岩手県花泉町金森〉

Cantharus dorbignyi
無脊椎動物軟体動物腹足類。
¶図解化 (図版21-11/カ写)

Cantoo (?) yamanai
中新世中期の昆虫類。
¶日化譜 (図版87-23/モ図)〈[産]鳥取県岩美郡国府町〉

Capreosporites elegans
新白亜紀中期の植物胞子・花粉類。
¶日化譜 (図版80-9/モ写)〈[産]茨城県那珂港市〉

Capsidia cypraeformis
始新世の無脊椎動物軟体動物腹足類。
¶図解化 (図版23-10/カ写)〈[産]ロンカ〉

Capulum (Brocchia) laevis
無脊椎動物軟体動物腹足類。
¶図解化 (図版20-14/カ写)

Capulus (Brocchia) laevis
無脊椎動物軟体動物腹足類。
¶図解化 (図版20-12/カ写)

Capulus hungaricus
無脊椎動物軟体動物腹足類。
¶図解化 (図版20-4/カ写)

Carcharodon sp.
第三紀後期の脊椎動物魚類の化石歯。軟骨魚綱。
¶図解化 (図版40-9/カ写)〈[産]アルゼンチン〉

Cardinia misawensis
三畳紀後期の軟体動物斧足類。
¶日化譜 (図版42-5/モ写)〈[産]岡山県成羽町地頭〉

Cardinia triadica
三畳紀後期の軟体動物斧足類。
¶日化譜 (図版42-4/モ写)〈[産]京都府天田郡夜久野町日置〉

Cardita (Centrocardita) rudista
鮮新世の無脊椎動物軟体動物二枚貝。
¶図解化 (図版11-5/カ写)〈[産]リグーリア=ピエモンテ〉

Cardita pachydonta
始新世の無脊椎動物軟体動物腹足類。
¶図解化 (図版23-9/カ写)〈[産]ロンカ〉

Cardita rufescens
鮮新世の無脊椎動物軟体動物二枚貝。
¶図解化 (図版11-19/カ写)〈[産]リグーリア=ピエモンテ〉

Cardites antiquatus pectinatus
鮮新世の無脊椎動物軟体動物二枚貝。
¶図解化 (図版11-3/カ写)〈[産]リグーリア=ピエモンテ〉

Cardium (Bucardium) hians
鮮新世の無脊椎動物軟体動物二枚貝。
¶図解化 (図版11-18/カ写)〈[産]リグーリア=ピエモンテ〉

Cardium fragiforme
始新世の無脊椎動物軟体動物腹足類。
¶図解化 (図版23-11/カ写)〈[産]ロンカ〉

Carinatina sp.
デヴォン紀の無脊椎動物腕足動物。
¶図解化 (図版8-7/カ写)〈[産]ドイツ〉

Carinocythereis (?) nozakiensis
中新世中期の介形類。
¶日化譜 (図版87-12/モ写)〈[産]仙台市太白山, 佐保山〉

Carneithyris sp.
白亜紀後期の無脊椎動物腕足動物。
¶図解化 (図版10-14/カ写)〈[産]フランス〉

Carposphaera pulchra
古生代後期～中生代初期の放散虫。
¶日化譜 (図版9-4/モ写)〈[産]東京都御嶽〉

Carya leiocarpa
更新世 (?) の双子葉植物。
¶日化譜 (図版76-8/モ写)〈[産]富山県 堅果〉

Cassidaria echinophora
鮮新世の無脊椎動物軟体動物腹足類。
¶図解化 (図版17-23/カ写)〈[産]リグーリア=ピエモンテ〉

Cassidulina japonica
中新世～現世の有孔虫。
¶日化譜 (図版7-8/モ写, モ図)〈[産]日本海沿岸各地〉

Cassidulina subglobosa
中新世～現世の有孔虫。
¶日化譜 (図版7-7/モ図)〈[産]太平洋岸各地〉

Cassidulina tomiyaensis
鮮新世, 更新世の有孔虫。
¶日化譜 (図版7-9/モ写)〈[産]房総〉

Catacoeloceras cfr.mucronatum
ジュラ紀前期 (トアルシアン) の無脊椎動物軟体動物アンモナイト類。
¶図解化 (図版30-18/カ写)〈[産]ペーザロのパソ・デル・フルロ〉

Catacoeloceras puteolum
ジュラ紀前期 (トアルシアン) の無脊椎動物軟体動物アンモナイト類。
¶図解化 (図版30-2/カ写)〈[産]ペーザロのパソ・デル・フルロ〉

Catapsydrax dissimilis
瀬中新世の浮遊性有孔虫。
¶日化譜（図版6-42,43/モ写）〈産唐津など〉

Caulastraea yokoyamai
現世の六射サンゴ。
¶日化譜（図版19-3/モ写）〈産千葉県館山〉

Celtis
中新世の植物。
¶図解化（図版2-11/カ写）〈産エビア島〉

Cenosphaera cayeuxi
古生代後期〜中生代初期の放散虫。
¶日化譜（図版9-2/モ写）〈産東京都御嶽〉

Cenosphaera magna
古生代後期〜中生代初期の放散虫。
¶日化譜（図版9-3/モ写）〈産東京都御嶽〉

Cenosphaera nipponica
古生代後期〜中生代初期の放散虫。
¶日化譜（図版9-1/モ写）〈産東京都御嶽〉

Cercomya gurgitis
古白亜紀後期の軟体動物斧足類。
¶日化譜（図版85-23/モ写）〈産岩手県宮古〉

Cerithidea (Cerithideopsila) sirakii
中新世の軟体動物腹足類。
¶日化譜（図版29-6/モ写）〈産北鮮明川〉

Cerithium castellinii
始新世の無脊椎動物軟体動物腹足類。
¶図解化（図版23-17/カ写）〈産ロンカ〉

Cerithium (Cimocerithium) miyakoense
古白亜紀後期の軟体動物腹足類。
¶日化譜（図版29-8/モ写）〈産岩手県宮古〉

Cerithium conoideum
始新世の無脊椎動物軟体動物腹足類。
¶図解化（図版23-18/カ写）〈産ロンカ〉

Cerithium menegurioides
始新世の無脊椎動物軟体動物腹足類。
¶図解化（図版23-7/カ写）〈産ロンカ〉

Cerithium (Metacerithium) rikuchuense
古白亜紀後期の軟体動物腹足類。
¶日化譜（図版29-7/モ写）〈産岩手県宮古〉

Cerithium (Thericium) crenatum
無脊椎動物軟体動物腹足類。
¶図解化（図版20-3/カ写）

Cerithium (Thericium) varicosum
無脊椎動物軟体動物腹足類。
¶図解化（図版20-20/カ写）

Cerithium vulgatum
無脊椎動物軟体動物腹足類。
¶図解化（図版20-9/カ写）

Chamelea gallina gallina
無脊椎動物軟体動物二枚貝。
¶図解化（図版12-8/カ写）

Chartronia sp.
ジュラ紀前期（トアルシアン）の無脊椎動物軟体動物アンモナイト類。
¶図解化（図版29-3/カ写）〈産ペーザロのパソ・デル・フルロ〉
図解化（図版29-9/カ写）〈産ペーザロのパソ・デル・フルロ〉

Cheilotrypa choanjiensis
石炭紀前期の蘚虫動物円口類。
¶日化譜（図版21-9/モ写）〈産岩手県大船渡市長安寺 縦断面〉

Cheirurus (Cratalocephalus) japonicus
デボン紀前期の三葉虫。
¶日化譜（図版58-17/モ写）〈産岐阜県福地〉

Chemnitzia lactea
始新世の無脊椎動物軟体動物腹足類。
¶図解化（図版23-14/カ写）〈産ロンカ〉

Chlamys (Aequipecten) opercularis
無脊椎動物軟体動物二枚貝。
¶図解化（図版13-10/カ写）

Chlamys (Aequipecten) scaporella
無脊椎動物軟体動物二枚貝。
¶図解化（図版13-9/カ写）

Chlamys (Chlamys) varia
無脊椎動物軟体動物二枚貝。
¶図解化（図版13-13/カ写）
図解化（図版13-15/カ写）

Chlamys kobayashii
ジュラ紀中期の軟体動物斧足類。
¶日化譜（図版39-23/モ写）〈産宮城県石巻市小鯛島〉

Chlamys kurumensis
ジュラ紀前期の軟体動物斧足類。
¶日化譜（図版39-22/モ写）〈産長野県北安曇郡北小谷来馬〉

Chlamys (Manupecten) pesfelis
無脊椎動物軟体動物二枚貝。
¶図解化（図版13-4/カ写）
図解化（図版13-7/カ写）

Chlamys (Radulopecten) nagatakensis
ジュラ紀後期の軟体動物斧足類。
¶日化譜（図版39-25/モ写）〈産熊本県南部〉

Chlamys textoria
ジュラ紀前期の軟体動物斧足類。
¶日化譜（図版39-21/モ写）〈産山口県豊浦郡東長野〉

Chomatoseris complanata
ジュラ紀中期の六射サンゴ。
¶日化譜（図版18-6/モ写）〈産ドイツ 横断面〉

Chomatoseris cyclolitoides
ジュラ紀前期の六射サンゴ。
¶日化譜（図版18-5/モ写）〈産山口県豊浦郡東長野〉

Chomotriletes cf.reduncus
ジュラ紀後期の植物胞子・花粉類。
¶日化譜（図版80-3/モ写）〈産石川県〉

Chonetes blanfordi lata
二畳紀後期の腕足類前穴類。
¶日化譜（図版23-16/モ写）〈㊥岩手県陸前高田市飯森〉
日化譜（図版82-18/モ写）〈㊥福島県高倉山〉

Chonetes（Lissochonetes） bipartita
二畳紀の腕足類前穴類。
¶日化譜（図版23-18/モ写）〈㊥京都府夜久野高内〉

Chonetesplebeia sp.
デヴォン紀の無脊椎動物腕足動物。
¶図解化（図版8-24/カ写）〈㊥フランス〉

Chonetes（Plicochonetes） deplanata
二畳紀後期の腕足類前穴類。
¶日化譜（図版23-17/モ写）〈㊥岩手県気仙郡住田町叶倉〉

Chonetina subtrophomenoides
二畳紀の腕足類前穴類。
¶日化譜（図版23-19/モ写）〈㊥京都府綾部〉

Chrysophrys cincta
中新世の脊索動物軟骨魚類の化石歯。
¶図解化（図版40-12/カ写）〈㊥イタリア〉

Chusenella choshiensis
二畳紀後期の紡錘虫。
¶日化譜（図版4-12/モ写）〈㊥千葉県銚子, 高知県の休場礫岩 縦断面〉

Cibicides aknerianus
更新世前期～現世の有孔虫。
¶日化譜（図版81-17/モ写）〈㊥房総〉

Cibolites cf.uddeni
二畳紀後期の頭足類菊石類。
¶日化譜（図版86-6/モ写）〈㊥宮城県気仙沼市〉

Cidaris acicularis
中新世の無脊椎動物棘皮動物ウニの棘。
¶図解化（図版39-2/カ写）〈㊥イタリア〉

Cidaris blumenbachi
ジュラ紀後期の無脊椎動物棘皮動物ウニの棘。
¶図解化（図版39-5/カ写）〈㊥ドイツ〉
図解化（図版39-9/カ写）〈㊥ドイツ〉

Cidaris glandifera
ジュラ紀の無脊椎動物棘皮動物ウニの棘。
¶図解化（図版39-4/カ写）〈㊥イタリア〉
図解化（図版39-6/カ写）〈㊥フランス〉

Cidaris marginata
ジュラ紀後期の無脊椎動物棘皮動物ウニの棘。
¶図解化（図版39-3/カ写）〈㊥フランス〉

Circomphalus foliaceolamellosus
無脊椎動物軟体動物二枚貝。
¶図解化（図版16-5/カ写）
図解化（図版16-12/カ写）

Cirp-a fronto
ジュラ紀の無脊椎動物腕足動物。
¶図解化（図版4-4/カ写）〈㊥イタリアのピエモンテ州ゴッツァーノ〉

Cirpa langi
ジュラ紀の無脊椎動物腕足動物。
¶図解化（図版4-15/カ写）〈㊥イタリアのピエモンテ州ゴッツァーノ〉

Cirsium sp.
現世前期の植物アザミ類。
¶日化譜（図版80-43/モ写）〈㊥青森県下北郡東通村 花〉

Cladophlebis oshimaensis
古白亜紀中期のシダ類。
¶日化譜（図版71-1/モ写）〈㊥宮城県気仙沼市大島〉

Cladophlebis undulata
古白亜紀前期のシダ類。
¶日化譜（図版71-5/モ写）〈㊥高知県西ノ谷〉

Clathrodictyon columnare
シルル紀中期の腔腸動物ストロマトポロイド。
¶日化譜（図版13-13/モ写）〈㊥岩手県盛町 断面〉

Clathrodictyon regulare
シルル紀中期の腔腸動物ストロマトポロイド。
¶日化譜（図版13-12/モ写）〈㊥岩手県盛町 縦断面〉

Clathropteris obovata
三畳紀後期のシダ類。
¶日化譜（図版71-10,11/モ写）〈㊥岡山県川上郡成羽町日名畑〉

Clathroptesis meniscoides
三畳紀後期のシダ植物シダ類。
¶日化譜（図版70-21/モ写）〈㊥岡山県川上郡成羽町枝〉

Clathrus submaculosus
漸新世中期の軟体動物腹足類。
¶日化譜（図版29-25/モ写）〈㊥長崎県西彼杵郡崎戸〉

Clausinella scalaris
無脊椎動物軟体動物二枚貝。
¶図解化（図版16-7/カ写）

Clavaphysoporella fluctuosa
二畳紀前期の藻類緑藻。
¶日化譜（図版11-17/モ写）〈㊥岐阜県 縦断面〉

Clavaphysoporella pteroides
二畳紀前期の藻類緑藻。
¶日化譜（図版11-3/モ写）〈㊥滋賀県醒ケ井 縦断面〉

Clavatula（Clavatula） interrupta
無脊椎動物軟体動物腹足類。
¶図解化（図版18-12/カ写）

Clavilithes longaevus
鮮新世の無脊椎動物軟体動物腹足類。
¶図解化（図版22-22/カ写）〈㊥イギリスのバートン〉

Clavus（Drillia） brocchii
無脊椎動物軟体動物腹足類。
¶図解化（図版18-6/カ写）
図解化（図版18-17/カ写）

Clavus（Drillia） oblongus
無脊椎動物軟体動物腹足類。
¶図解化（図版18-16/カ写）

Climacammina cf.valvulinoides
二畳紀の有孔虫。
¶日化譜（図版1-11/モ写）〈㊥関東山地, 秋吉 縦断面〉

Coccolithus crassipons
鮮新世初期の植物性べん毛藻。
¶日化譜（図版81-28/モ写）〈㊥房総〉

Coccolithus sp.
中新世中期の植物性べん毛藻。
¶日化譜（図版81-25/モ写）〈㊥能登〉

Cocconeis formosa
中新世中期の珪藻。
¶日化譜（図版9-29/モ写）〈㊥秋田県男鹿市〉

Cocconeis vitrea
中世期中期の珪藻。
¶日化譜（図版9-30/モ写）〈㊥秋田県男鹿市〉

Codakia leonina
鮮新世の無脊椎動物軟体動物二枚貝。
¶図解化（図版11-8/カ写）〈㊥リグーリア＝ピエモンテ〉

Codonofusiella extensa
二畳紀後期の紡錘虫。
¶日化譜（図版2-25/モ写）〈㊥関東山地　縦断面〉

Coeloceras grenouillowi
ジュラ紀前期の無脊椎動物軟体動物アンモナイト類。
¶図解化（図版25-5/カ写）〈㊥ドイツ〉

Coeloceras subfibulatum
ジュラ紀前期の菊石類。
¶日化譜（図版53-19/モ写）〈㊥山口県豊浦郡東長野〉

Coelopleurus singularis
鮮新世前期のウニ類。
¶日化譜（図版88-3/モ写）〈㊥静岡県伊豆下田白浜〉

Collina gemma
ジュラ紀前期（トアルシアン）の無脊椎動物軟体動物アンモナイト類。
¶図解化（図版30-6/カ写）〈㊥ペーザロのパソ・デル・フルロ〉

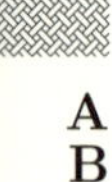

A
B
C

Colostracon（Ovactaeonina）yeharai
古白亜紀後期の軟体動物腹足類。
¶日化譜（図版35-1/モ写）〈㊥岩手県宮古〉

Composita subtilita
石炭紀の無脊椎動物腕足動物。
¶図解化（図版7-14/カ写）〈㊥テキサス州〉

Conodont,gen. & sp.indet.
石炭紀後期の錐歯類。
¶日化譜（図版62-21/モ写）〈㊥岐阜県福地一の谷〉

Conorbis dormitor
鮮新世の無脊椎動物軟体動物腹足類。
¶図解化（図版22-15/カ写）〈㊥イギリスのバートン〉

Consinocodium japonicam
ジュラ紀後期の藻類緑藻。
¶日化譜（図版11-11/モ写）〈㊥高知県佐川　縦断面〉

Conularia tyoanziensis
石炭紀前期の腔腸動物。
¶日化譜（図版13-5/モ写）〈㊥岩手県盛町〉

Conulariopsis quadrata
三畳紀前期の腔腸動物。
¶日化譜（図版13-6/モ写）〈㊥宮城県桃生郡十五浜〉

Conus aldrovandii
無脊椎動物軟体動物腹足類。
¶図解化（図版18-19/カ写）

Conus antediluvianus
無脊椎動物軟体動物腹足類。
¶図解化（図版18-20/カ写）

Conus brocchii
無脊椎動物軟体動物腹足類。
¶図解化（図版18-3/カ写）

Conus mediterraneus
無脊椎動物軟体動物腹足類。
¶図解化（図版18-8/カ写）

Conus mercatii
無脊椎動物軟体動物腹足類。
¶図解化（図版18-21/カ写）

Conus pyrula
無脊椎動物軟体動物腹足類。
¶図解化（図版18-24/カ写）

Conus striatulus
無脊椎動物軟体動物腹足類。
¶図解化（図版18-23/カ写）

Corallina quadratica
始新世の藻類紅藻。
¶日化譜（図版12-16/モ写）〈㊥愛媛県石槌山　断面〉

Corbicula（Batissa）antiqua
ジュラ紀後期の軟体動物斧足類。
¶日化譜（図版45-3/モ写）〈㊥福井県大野郡下穴馬村伊月，岐阜県吉城郡小鷹村黒内〉

Corbicula（Velositina）tetoriensis
ジュラ紀後期の軟体動物斧足類。
¶日化譜（図版45-7/モ写）〈㊥福井県大野郡下穴馬村伊月，岐阜県大野郡庄川村牛丸〉

Cordaites principalis
二畳紀後期のコルダ木類。
¶日化譜（図版74-11/モ写）〈㊥山西省〉

Corimya（？）tanohatensis
古白亜紀後期の軟体動物斧足類。
¶日化譜（図版85-32/モ写）〈㊥岩手県宮古〉

Coroniceras bisulcatum
ジュラ紀前期（シネムリアン）の無脊椎動物軟体動物アンモナイト類。
¶図解化（図版27-7/カ写）〈㊥ベルガモのモンテ・アルベンツァ〉
図解化（図版27-8/カ写）〈㊥ベルガモのモンテ・アルベンツァ〉
図解化（図版27-12/カ写）〈㊥ベルガモのモンテ・アルベンツァ〉

Coroniceras cfr.primitivus
ジュラ紀前期（シネムリアン）の無脊椎動物軟体動物アンモナイト類。
¶図解化（図版27-17/カ写）〈㊥ベルガモのモンテ・アルベンツァ〉

Coronocephalus kitakamiensis
シルル紀の三葉虫。
¶日化譜（図版58-25/モ写）〈㊥岩手県大船渡市樋口沢〉

Corrugatisporites toratus
新白亜紀中期の植物胞子・花粉類。
¶日化譜（図版80-6/モ写）〈㊥福島県双葉郡広野町〉

Coscinodiscus elegans
中新世後期～鮮新世前期の珪藻。
¶日化譜（図版9-20/モ写）〈㊥佐渡島佐和田町沢根, 隠岐島西郷町〉

Costatoria katsurensis
二畳紀後期の軟体動物斧足類。
¶日化譜（図版85-4/モ写）〈㊥高知県〉

Costileioceras sp.
ジュラ紀前期（トアルシアン）の無脊椎動物軟体動物アンモナイト類。
¶図解化（図版32-1/カ写）〈㊥ペーザロのパソ・デル・フルロ〉

Costocyrena matsumotoi
古白亜紀後期の軟体動物斧足類。
¶日化譜（図版84-26/モ写）〈㊥熊本県八代市宮地〉

Craneana romingeri
デヴォン紀の無脊椎動物腕足動物。
¶図解化（図版8-21/カ写）〈㊥ニューヨーク州〉

Crania antiqua
白亜紀後期の無脊椎動物腕足動物。
¶図解化（図版5-3/カ写）〈㊥ベルギー〉

Crania brattenburgensis
白亜紀後期の無脊椎動物腕足動物。
¶図解化（図版5-2/カ写）〈㊥ドイツ〉

Crania ignabergensis
白亜紀後期の無脊椎動物腕足動物。
¶図解化（図版5-4/カ写）〈㊥フランス〉

Crania personata
白亜紀の無脊椎動物腕足動物。
¶図解化（図版5-1/カ写）〈㊥フランス〉

Crassatellites (Eucrassatella) matsuuraensis
漸新世の軟体動物斧足類。
¶日化譜（図版85-6/モ写）〈㊥佐賀県西松浦郡有田町〉

Crassimarginatella parviavicularia
鮮新世・更新世の蘚虫動物唇口類。
¶日化譜（図版22-9/モ写）〈㊥青森県大釈迦, 喜界島〉

Crepidula (Janacus) crepidula
無脊椎動物軟体動物腹足類。
¶図解化（図版20-6/カ写）

Crepidula symmetrica
中新世の軟体動物腹足類。
¶日化譜（図版29-29/モ写）〈㊥福島県〉

Crepidula unguiformis
無脊椎動物軟体動物腹足類。
¶図解化（図版20-24/カ写）

Cretirhynchia sp.
白亜紀後期の無脊椎動物腕足動物。
¶図解化（図版10-2/カ写）〈㊥フランス〉

Cribrilaria biavicularia
更新世の蘚虫動物唇口類。
¶日化譜（図版22-13/モ写）〈㊥喜界島〉

Crioceras ishiharai
古白亜紀中期の菊石類。
¶日化譜（図版52-17/モ写）〈㊥宮城県気仙沼市大島〉

Crioceras yagii
古白亜紀中期の菊石類。
¶日化譜（図版52-16/モ写）〈㊥群馬県多野郡上野村〉

Crisotrema cochleia
無脊椎動物軟体動物腹足類。
¶図解化（図版20-7/カ写）

Cryptomeria sp.
現世前期の植物スギ類。
¶日化譜（図版80-21/モ写）〈㊥青森県下北郡東通村 花粉〉

Cryptothyrella quadrangularis
シルル紀の無脊椎動物腕足動物。
¶図解化（図版9-12/カ写）〈㊥オハイオ州〉

Ctenis yabei
三畳紀後期のベンネチテス類。
¶日化譜（図版73-13/モ写）〈㊥岡山県川上郡成羽町上日名〉

Cucullaea acuticarinata
古白亜紀後期の軟体動物斧足類。
¶日化譜（図版36-15/モ写）〈㊥岩手県宮古〉

Cucullaea ezoensis
新白亜紀後期の軟体動物斧足類。
¶日化譜（図版36-13,14/モ写）〈㊥北海道三笠市〉

Cupressinocladus koyatoriensis
ジュラ紀後期の毬果（松柏）類。
¶日化譜（図版74-16/モ写）〈㊥宮城県牡鹿郡牡鹿町大谷川, 小屋取〉

Cupressocrinus abbreviatus
デヴォン紀の無脊椎動物棘皮動物ウミユリ。
¶図解化（図版38-11/カ写）〈㊥ドイツ〉

Cupuladria microdenticulata
更新世の蘚虫動物唇口類。
¶日化譜（図版22-8/モ写）〈㊥喜界島〉

Cycadeoidea nipponica
新白亜紀中期のベンネチテス類。
¶日化譜（図版73-5/モ写）〈㊥北海道夕張市登川〉

Cycadocarpidium naitoi
三畳紀後期の毬果類。
¶日化譜（図版75-2/モ写）〈㊥山口県厚狭郡山陽町平松〉

Cyclammina japonica
漸新世～中新世の有孔虫。
¶日化譜（図版1-2/モ写）〈㊥北海道, 秋田〉

Cycloceras valdani
ジュラ紀前期の無脊椎動物軟体動物アンモナイト類。
¶図解化（図版25-6/カ写）〈㊥ドイツ〉

Cycloclypeus communis
中新世の有孔虫。
¶日化譜（図版8-8/モ写）〈㊥沖縄 斜断面, 縦断面〉

Cyclococcolithus leptoporus
鮮新世初期の植物性べん毛藻。
¶日化譜（図版81-29/モ図）〈㊟房総〉

Cyclococcolithus sp.
中新世中期の植物性べん毛藻。
¶日化譜（図版81-27/モ写）〈㊟能登〉

Cyclopteris
石炭紀の植物。
¶図解化（図版1-13/カ写）〈㊟イリノイ州メゾン・クリーク〉

Cymatium (Lampusia) affine
鮮新世の無脊椎動物軟体動物腹足類。
¶図解化（図版17-13/カ写）〈㊟リグーリア=ピエモンテ〉

Cymatium (Monoplex) distortum
鮮新世の無脊椎動物軟体動物腹足類。
¶図解化（図版17-14/カ写）〈㊟リグーリア=ピエモンテ〉

Cymatium (Monoplex) doderleini
鮮新世の無脊椎動物軟体動物腹足類。
¶図解化（図版17-8/カ写）〈㊟リグーリア=ピエモンテ〉

Cymatium (Monoplex) partenopaeum
鮮新世の無脊椎動物軟体動物腹足類。
¶図解化（図版17-20/カ写）〈㊟リグーリア=ピエモンテ〉

Cymatium tuberculiferum
鮮新世の無脊椎動物軟体動物腹足類。
¶図解化（図版17-3/カ写）〈㊟リグーリア=ピエモンテ〉
図解化（図版17-6/カ写）〈㊟リグーリア=ピエモンテ〉

Cymatoceras pseudoneokomiense
古白亜紀後期の軟体動物頭足類オウム貝類。
¶日化譜（図版50-11/モ写）〈㊟岩手県宮古〉

Cyrena cfr.sirena
始新世の無脊椎動物軟体動物腹足類。
¶図解化（図版23-2/カ写）〈㊟ロンカ〉

Cyrena sp.
始新世の無脊椎動物軟体動物腹足類。
¶図解化（図版23-5/カ写）〈㊟ロンカ〉

Cyrtia exporrecta
シルル紀の無脊椎動物腕足動物。
¶図解化（図版8-9/カ写）〈㊟イギリス〉

Cyrtina heterochita
デヴォン紀の無脊椎動物腕足動物。
¶図解化（図版8-16/カ写）〈㊟ドイツ〉

Cyrtina heteroclyta
デボン紀中期の腕足類終穴類。
¶日化譜（図版24-31/モ写）〈㊟岩手県大船渡市盛町樋口沢〉

Cyrtina sp.
デヴォン紀の無脊椎動物腕足動物。
¶図解化（図版8-5/カ写）〈㊟ドイツ〉

Cyrtoceras lineatum
デヴォン紀中期の無脊椎動物軟体動物頭足類。
¶図解化（図版24-14/カ写）〈㊟ドイツ〉

Cyrtospirifer cf.kindlei
デボン紀後期の腕足類終穴類。
¶日化譜（図版24-25/モ写）〈㊟岩手県東磐井郡長坂村中倉〉

Cyrtospirifer cultrijugatus
デヴォン紀の無脊椎動物腕足動物。
¶図解化（図版7-12/カ写）〈㊟ベルギー〉

Cyrtospirifer whitneyi
デヴォン紀の無脊椎動物腕足動物。
¶図解化（図版7-21/カ写）〈㊟アイオワ州〉

Cythere lutea
中新世中期の介形類。
¶日化譜（図版87-18/モ写）〈㊟仙台市佐保山〉

Cythere lutea omotenipponica
現世の介形類。
¶日化譜（図版60-12/モ写）〈㊟神奈川県葉山海岸〉

Cythere lutea uranipponica
鮮新世後期～現世の介形類。
¶日化譜（図版60-13/モ写）〈㊟佐渡島佐和田町沢根海岸〉

Cytheropteron sendaiense
中新世中期の介形類。
¶日化譜（図版87-14/モ写）〈㊟仙台市太白山〉

Czekanowskia murryana
ジュラ紀中期のイチョウ類。
¶日化譜（図版74-10/モ写）〈㊟南満州〉

Dactylioceras holandrei
ジュラ紀前期（トアルシアン）の無脊椎動物軟体動物アンモナイト類。
¶図解化（図版30-3/カ写）〈㊟ペーザロのパソ・デル・フルロ〉

Dactyloteuthis digitatus
ジュラ紀前期の無脊椎動物軟体動物ベレムナイト。
¶図解化（図版36-2/カ写）〈㊟フランス〉

Dania tsuzuraensis
シルル紀中期の床板サンゴ。
¶日化譜（図版19-12/モ写）〈㊟大分県大野郡 横断面, 縦断面〉

Daonella alta
三畳紀中期の軟体動物斧足類。
¶日化譜（図版38-20/モ写）〈㊟高知県佐川町蔵法院〉

Daonella pectinoides
三畳紀中期の軟体動物斧足類。
¶日化譜（図版38-24,25/モ写）〈㊟高知県佐川町桜谷〉

Daonella sakawana
三畳紀中期の軟体動物斧足類。
¶日化譜（図版38-22/モ写）〈㊟高知県佐川町蔵法院〉

Daonella subquadrata
三畳紀中期の軟体動物斧足類。
¶日化譜（図版38-23/モ写）〈㊟高知県佐川町蔵法院〉

Daonella yoshimurai
三畳紀後期の軟体動物斧足類。
¶日化譜（図版38-19/モ写）〈㊟山口県美禰市四郎が原〉

Dechenella (s.s.) minima
デボン紀中期の三葉虫。
¶日化譜 (図版58-14/モ図) 〈(産)岩手県大船渡市樋口沢〉

Deflandrius intercisus
新白亜紀中期の植物性べん毛藻。
¶日化譜 (図版81-36/モ図) 〈(産)福島県〉

Deltablastus delta
ペルム紀の無脊椎動物棘皮動物。
¶図解化 (図版37-7/カ写) 〈(産)チモール〉

Denticula lauta
中新世中期の珪藻。
¶日化譜 (図版9-31～35/モ写) 〈(産)青森県南津軽郡〉

Derbya altestriata
二畳紀の腕足類前穴類。
¶日化譜 (図版23-4/モ写) 〈(産)京都府綾部町〉

Derbya grandis
二畳紀の腕足類前穴類。
¶日化譜 (図版23-5/モ写) 〈(産)京都府綾部町〉

Derbya magnifica
二畳紀後期の腕足類前穴類。
¶日化譜 (図版23-3/モ写) 〈(産)岩手県陸前高田市飯森〉

Dermosmilia ezoensis
古白亜紀後期の六射サンゴ。
¶日化譜 (図版17-13/モ写) 〈(産)北海道石狩国金山 横断面〉

Deroceras sp.
ジュラ紀前期の菊石類。
¶日化譜 (図版57-12/モ写) 〈(産)富山県下新川郡大平川寺谷〉

Desmoceras (Pseudouhligella) dawsoni shikokuense
新白亜紀前期の菊石類。
¶日化譜 (図版54-18/モ写) 〈(産)徳島県勝浦郡勝浦〉

Desmoceras (Pseudouhligella) japonica
新白亜紀中期の菊石類。
¶日化譜 (図版54-19/モ写) 〈(産)北海道三笠市幾春別〉

Devonochonetes mediolatus
デヴォン紀の無脊椎動物腕足動物。
¶図解化 (図版8-20/カ写) 〈(産)ミシガン州〉

Diadochoceras nodosocostatiforme
古白亜紀後期の菊石類。
¶日化譜 (図版55-16/モ写) 〈(産)岩手県宮古〉

Dictyastrum robustum
古生代後期～中生代初期の放散虫。
¶日化譜 (図版8-22/モ写) 〈(産)東京都御嶽〉

Dictyocha sp.
更新世後期の放散虫。
¶日化譜 (図版9-14/モ写) 〈(産)岩手県花泉町金森〉
日化譜 (図版9-15/モ写) 〈(産)岩手県花泉町金森〉

Dictyophyllum muensteri
三畳紀後期のシダ類。
¶日化譜 (図版71-6,7/モ写) 〈(産)岡山県川上郡成羽町上日名, 山本〉

Dictyozamites falcatus
ジュラ紀後期のベンネチテス類。
¶日化譜 (図版72-12/モ写) 〈(産)石川県石川郡白峰村桑島柳谷, 岐阜県牛丸など〉

Didymoceras nakaminatoense
新白亜紀中後期の菊石類。
¶日化譜 (図版52-18/モ写) 〈(産)茨城県那珂湊市平磯〉

Diloma (Oxystele) patulum
無脊椎動物軟体動物腹足類。
¶図解化 (図版20-19/カ写)

Diodora humilis
鮮新世前期の軟体動物腹足類。
¶日化譜 (図版26-9/モ写) 〈(産)茨城県平磯〉

Diodora italica
無脊椎動物軟体動物腹足類。
¶図解化 (図版20-5/カ写)

Diplarea tosaensis
ジュラ紀後期の六射サンゴ。
¶日化譜 (図版18-2/モ写) 〈(産)高知県高岡郡尾川 断面〉

Discinisca sp.
ジュラ紀前期の無脊椎動物腕足動物。
¶図解化 (図版5-21/カ写) 〈(産)イタリアのドロミテ〉

Discocyclina pratti
始新世前期の有孔虫。
¶日化譜 (図版7-16/モ写) 〈(産)天草下島 横断面〉

Discors acquitanicus
鮮新世の無脊椎動物軟体動物二枚貝。
¶図解化 (図版11-4/カ写) 〈(産)リグーリア=ピエモンテ〉

Distephanus sp.
更新世後期～現世？の放散虫。
¶日化譜 (図版9-12/モ写) 〈(産)千葉県御宿〉
日化譜 (図版9-13/モ写) 〈(産)岩手県花泉町金森〉

Dizygocrinus rotundus
ミシシッピ亜紀の無脊椎動物棘皮動物ウミユリ。
¶図解化 (図版38-10/カ写) 〈(産)アイオワ州〉

Dolorthoceras sociale
オルドヴィス紀の無脊椎動物軟体動物頭足類。
¶図解化 (図版24-7/カ写) 〈(産)アイオワ州〉
図解化 (図版24-12/カ写) 〈(産)アイオワ州〉

Dorocrinus gouldi
ミシシッピ亜紀 (石炭紀前期) の無脊椎動物棘皮動物ウミユリ。
¶図解化 (図版38-1/カ写) 〈(産)アイオワ州〉

Dosinia (Pectunculus) exoleta
無脊椎動物軟体動物二枚貝。
¶図解化 (図版14-15/カ写)

Dosinia (Pectunculus) orbicularis
無脊椎動物軟体動物二枚貝。
¶図解化 (図版16-6/カ写)

Drepanochilus elongatodigitatus
古白亜紀後期の軟体動物腹足類。
¶日化譜 (図版30-2/モ写) 〈(産)岩手県宮古〉

Dumortieria insignisimilis
ジュラ紀前期(トアルシアン)の無脊椎動物軟体動物アンモナイト類。
¶図解化(図版29-15/カ写)〈(産)ペーザロのパソ・デル・フルロ〉

Dumortieria meneghinii
ジュラ紀前期(トアルシアン)の無脊椎動物軟体動物アンモナイト類。
¶図解化(図版29-14/カ写)〈(産)ペーザロのパソ・デル・フルロ〉

Dunbarinella cervicalis
二畳紀前期の紡錘虫。
¶日化譜(図版4-8/モ写)〈(産)秋吉 横断面〉

Dunbarinella densa
二畳紀前期の紡錘虫。
¶日化譜(図版4-7/モ写)〈(産)秋吉 縦断面〉

Durhamina hashimotoi
二畳紀前期の四射サンゴ。
¶日化譜(図版15-9/モ写)〈(産)高知市土佐山, 和歌山県有田郡, 岩手県坂本沢 横断面〉

Duvalia dilatata
白亜紀前期の無脊椎動物軟体動物ベレムナイト。
¶図解化(図版36-14/カ写)〈(産)フランス〉
図解化(図版36-15/カ写)〈(産)シシリア島〉
図解化(図版36-17/カ写)〈(産)カステラネ〉

Duvalia sp.
ジュラ紀後期の無脊椎動物軟体動物ベレムナイト。
¶図解化(図版36-10/カ写)〈(産)イタリア〉

Dyscritella iwaizakinsis
二畳紀後期の蘚虫動物偏口類。
¶日化譜(図版21-14/モ写)〈(産)宮城県岩井崎 縦断面〉

Ebrina sp.
更新世後期の放散虫。
¶日化譜(図版9-11/モ写)〈(産)岩手県花泉町金森〉

Echinoconchus punctatus
石炭紀の無脊椎動物腕足動物。
¶図解化(図版6-5/カ写)〈(産)イギリス〉

Ectodemites globosa
二畳紀後期の介形類。
¶日化譜(図版87-9/モ写)〈(産)宮城県気仙沼市岩井崎〉

Ectomaria(=Solenospira) multicostata
二畳紀後期の軟体動物腹足類。
¶日化譜(図版27-15/モ写)〈(産)岐阜県赤坂〉

Ehrenbergina bosoensis
更新世前期の有孔虫。
¶日化譜(図版7-10/モ図)〈(産)房総〉

Elaeagus sp.
鮮新世前期の植物グミ類。
¶日化譜(図版80-35/モ写)〈(産)新潟県刈羽郡 花粉〉

Elatocladus constricta
ジュラ紀後期の毬果(松柏)類。
¶日化譜(図版74-15/モ写)〈(産)山口県〉

Elire damatus
始新世の無脊椎動物軟体動物腹足類。
¶図解化(図版23-3/カ写)〈(産)ロンカ〉

Elphidium hanzawai
鮮新世後期の有孔虫。
¶日化譜(図版7-6/モ図)〈(産)秋田県, 北海道〉

Emileia multiforme var.micromphalum
ジュラ紀中期の無脊椎動物軟体動物アンモナイト類。
¶図解化(図版25-2/カ写)〈(産)アルゼンチン〉

Enalhelia nipponica
ジュラ紀後期の六射サンゴ。
¶日化譜(図版17-9/モ写)〈(産)福島県相馬郡 横断面〉

Endictya japonica
中新世中期の珪藻。
¶日化譜(図版9-17/モ写)〈(産)秋田県男鹿市〉

Ensis ensis
無脊椎動物軟体動物二枚貝。
¶図解化(図版14-17/カ写)

Enteletes acutiplicatus
二畳紀前期の腕足類前穴類。
¶日化譜(図版24-9/モ写)〈(産)栃木県安蘇郡鍋山〉

Enteletes gibbosus
石炭紀後期の腕足類。
¶日化譜(図版82-14/モ写)〈(産)広島県〉

Enteletes sp.
ペルム紀の無脊椎動物腕足動物。
¶図解化(図版9-17/カ写)〈(産)シチリア〉

Entolium cf.calvum
ジュラ紀前期の軟体動物斧足類。
¶日化譜(図版39-4/モ写)〈(産)山口県豊浦郡東長野, 長野県北安曇郡〉

Eoderoceras sp.
ジュラ紀前期(シネムリアン)の無脊椎動物軟体動物アンモナイト類。
¶図解化(図版27-4/カ写)〈(産)ベルガモのモンテ・アルベンツァ〉

Eogunnarites unicus
古白亜紀後期〜新白亜紀前期の菊石類。
¶日化譜(図版56-11/モ写)〈(産)北海道天塩国佐久〉

Eohydnophora tosaensis
古白亜紀後期の六射サンゴ。
¶日化譜(図版17-10/モ写)〈(産)高知県高岡郡領石 横断面〉

Eomadrasites subnipponicus
新白亜紀中期の菊石類。
¶日化譜(図版56-6/モ写)〈(産)北海道天塩国アベシナイ〉

Eomarginifera sp.
石炭紀の無脊椎動物腕足動物。
¶図解化(図版8-19/カ写)〈(産)ロシア〉

Eomiodon kumamotoensis
ジュラ紀後期の軟体動物斧足類。
¶日化譜(図版44-30/モ写)〈(産)熊本県南部〉

"Eomiodon" ominensis
古白亜紀の軟体動物斧足類。
¶日化譜(図版85-11/モ写)〈(産)岩手県大峯鉱山〉

Eomizzia igoi
石炭紀中期の藻類緑藻。
¶日化譜（図版10-3/モ写）〈産岐阜県福地 断面〉

Eoschubertella obscura
石炭紀中期の紡錘虫。
¶日化譜（図版2-4/モ写）〈産岐阜県福地 縦断面〉

Eoschubertella toriyamai
石炭紀中期の紡錘虫。
¶日化譜（図版2-2,3/モ写）〈産愛媛県黒瀬川 縦断面〉

Eospirifer sp.
デヴォン紀の無脊椎動物腕足動物。
¶図解化（図版8-2/カ写）〈産ドイツ〉

Epalxis（Batytoma） cataphracta
無脊椎動物軟体動物腹足類。
¶図解化（図版18-13/カ写）

Epimastopora kanumai
二畳紀前期の藻類緑藻。
¶日化譜（図版10-4,5/モ写）〈産岐阜県大野郡 5 横断面〉

Epimastopora longituba
二畳紀後期の藻類緑藻。
¶日化譜（図版10-6/モ写）〈産広島県帝釈 横断面〉

Eponides umbontaus
更新世前期〜現世の有孔虫。
¶日化譜（図版81-14/モ写）〈産房総〉

Epphioceras sp.
ペンシルヴァニア亜紀の無脊椎動物軟体動物頭足類。
¶図解化（図版24-15/カ写）〈産モンタナ州〉

Equisetites kitamurae
始新世？のシダ植物有節類トクサ類。
¶日化譜（図版70-2/モ写）〈産対島下県小茂田 主茎〉

Equisetostachys（Neocalamites？） pedunculatus
三畳紀後期のシダ植物有節類。
¶日化譜（図版70-4/モ写）〈産山口県美禰市藤が河内 芽胞葉〉

Eriphyla（Miyakoella） miyakoensis
古白亜紀後期の軟体動物斧足類。
¶日化譜（図版85-2/モ写）〈産岩手県宮古〉

Eriphyla miyakoensis
古白亜紀後期の軟体動物斧足類。
¶日化譜（図版44-2/モ写）〈産岩手県宮古〉

Erycites aff.reussi
ジュラ紀前期（トアルシアン）の無脊椎動物軟体動物アンモナイト類。
¶図解化（図版31-11/カ写）〈産ペーザロのパソ・デル・フルロ〉

Erycites intermedius
ジュラ紀前期（トアルシアン）の無脊椎動物軟体動物アンモナイト類。
¶図解化（図版31-10/カ写）〈産ペーザロのパソ・デル・フルロ〉

Erycites rotundiformis
ジュラ紀前期（トアルシアン）の無脊椎動物軟体動物アンモナイト類。
¶図解化（図版31-12/カ写）〈産ペーザロのパソ・デル・フルロ〉

Erymnaria sp.
始新世の無脊椎動物腕足動物。
¶図解化（図版10-8/カ写）〈産ヴェネト〉

Estherites atsuensis
三畳紀後期の介形類。
¶日化譜（図版60-9/モ写）〈産山口県厚狭郡山陽町津布田〉

Estherites imamurai
古白亜紀中期の介形類。
¶日化譜（図版60-10/モ写）〈産福岡県小倉市恵里〉

Eubostrychoceras pacificum
新白亜紀中期の菊石類。
¶日化譜（図版53-7/モ写）〈産福島県双葉郡広野町〉

Euestheria kokurensis
古白亜紀中期の介形類。
¶日化譜（図版60-11/モ写）〈産福岡県小倉市恵里〉

Eumorphotis multiformis shionosawensis
三畳紀前期の軟体動物斧足類。
¶日化譜（図版38-7,8/モ写）〈産群馬県多野郡上野村塩ノ沢〉

Eumorphotis shikokuensis
三畳紀前期の軟体動物斧足類。
¶日化譜（図版38-6/モ写）〈産愛媛県東宇和郡魚成〉

Euphyllia fimbriata
更新世・現世の六射サンゴ。
¶日化譜（図版19-1/モ写）〈産四国以南〉

Euprioniodina sp.
二畳紀後期の錐歯類。
¶日化譜（図版89-5/モ写）〈産群馬県上田沢〉

Euryspirifer sp.
デヴォン紀の無脊椎動物腕足動物。
¶図解化（図版7-15/カ写）〈産ドイツ〉

Euthriofusus regularis
鮮新世の無脊椎動物軟体動物腹足類。
¶図解化（図版22-24/カ写）〈産イギリスのバートン〉

Eutrephoceras kobayashii
新白亜紀中期の頭足類オウム貝類。
¶日化譜（図版86-1/モ写）〈産北海道浦河, 樺太川上〉

Eutrephoceras maruconensis
白亜紀前期の無脊椎動物軟体動物頭足類。
¶図解化（図版24-19/カ写）〈産ペルー〉

Eutrochocrinus christyi
ミシシッピ亜紀の無脊椎動物棘皮動物ウミユリ。
¶図解化（図版38-8/カ写）〈産アイオワ州〉

Exogyra yabei
古白亜紀後期の軟体動物斧足類。
¶日化譜（図版41-20/モ写）〈産岩手県宮古〉

Expalxis（Batytoma） cataphracta
無脊椎動物軟体動物腹足類。
¶図解化（図版18-14/カ写）

Eymarella（?） aff.praebaucis
三畳紀中期の軟体動物腹足類。
¶日化譜（図版83-4/モ写）〈(産)宮城県塩釜市浜田〉

Fabiania cassis
始新世の有孔虫。
¶日化譜（図版7-1,2/モ写）〈(産)愛媛県石槌山 横断面, 斜断面〉

Fagus silvestris
現世前期の植物。
¶日化譜（図版80-26/モ写）〈(産)青森県下北郡東通村 花粉〉

Fagus sp.
更新世前期の植物。
¶日化譜（図版80-27/モ写）〈(産)横浜市屏風浦 花粉〉

Fasciolaria fimbriata
無脊椎動物軟体動物腹足類。
¶図解化（図版19-13/カ写）

Faunus nipponicus
始新世の軟体動物腹足類。
¶日化譜（図版29-9/モ写）〈(産)熊本県宇土郡〉

Favia ezoensis
古白亜紀後期の六射サンゴ。
¶日化譜（図版18-10/モ写）〈(産)北海道石狩芦別 横断面〉

Favosites cf.baculoides
シルル紀中期の床板サンゴ。
¶日化譜（図版20-5/モ写）〈(産)岩手県大船渡市盛町 横断面, 縦断面〉

Fenestella hikoroichiensis
石炭紀前期の蘚虫動物隠口類。
¶日化譜（図版22-1/モ写）〈(産)岩手県大船渡市盛町樋口沢〉

Fenestella sokolskayae
石炭紀前期の蘚虫動物隠口類。
¶日化譜（図版21-17/モ写）〈(産)岩手県大船渡市長安寺〉

Fenestrellina japonica
石炭紀前期の蘚虫動物隠口類。
¶日化譜（図版22-2/モ写）〈(産)岩手県大船渡市樋口沢〉

Ficus reticulatus
無脊椎動物軟体動物腹足類。
¶図解化（図版21-14/カ写）

Fimbrytoceras cf.lineatum
ジュラ紀前期の菊石類。
¶日化譜（図版52-6/モ写）〈(産)宮城県本吉郡志津川町細浦〉

Firmacidaris neumayri
ジュラ紀後期のウニ類。
¶日化譜（図版88-6/モ写）〈(産)高知県佐川 棘〉

Flemingites sp.
三畳紀前期の菊石類。
¶日化譜（図版51-21/モ写）〈(産)愛媛県東宇和郡魚成〉

Flexoptychites matsushimaensis
三畳紀中期の頭足類菊石類。
¶日化譜（図版86-10/モ写）〈(産)宮城県塩釜市浜田〉

Florindinella kamikatetsuensis
更新世の蘚虫動物唇口類。
¶日化譜（図版22-12/モ写）〈(産)喜界島〉

Foodiceras whyneiforme
二畳紀前期の軟体動物頭足類オウム貝類。
¶日化譜（図版50-4/モ写）〈(産)福井県大野郡上穴馬村大谷小椋谷〉

Fragilaria hirosakiensis
中新世中期の珪藻。
¶日化譜（図版9-25,26/モ写）〈(産)青森県南津軽郡〉

Frenelopsis Hoheneggeri
古白亜紀中期の毬果（松柏）類。
¶日化譜（図版74-14/モ写）〈(産)宮城県気仙沼市大島〉

Fuciniceras bonarellii
ジュラ紀前期（ドメリアン）の無脊椎動物軟体動物アンモナイト類。
¶図解化（図版28-3/カ写）〈(産)コモのアルペ・ツラティ〉

Fuciniceras fortisi
ジュラ紀前期（ドメリアン）の無脊椎動物軟体動物アンモナイト類。
¶図解化（図版28-13/カ写）〈(産)コモのアルペ・ツラティ〉

Fuciniceras intumescens
ジュラ紀前期（ドメリアン）の無脊椎動物軟体動物アンモナイト類。
¶図解化（図版28-4/カ写）〈(産)コモのアルペ・ツラティ〉

Fusiella hayashii
石炭紀中期の紡錘虫。
¶日化譜（図版2-5/モ写）〈(産)岐阜県福地 縦断面〉

Fusiella typica sparsa
石炭紀中期の紡錘虫。
¶日化譜（図版2-6,7/モ写）〈(産)愛媛県黒瀬川 縦断面〉

Fusinus clavatus morfotipo magnicostatus
無脊椎動物軟体動物腹足類。
¶図解化（図版19-24/カ写）

Fusinus porrectus
鮮新世の無脊椎動物軟体動物腹足類。
¶図解化（図版22-19/カ写）〈(産)イギリスのバートン〉

Fusinus rostratus
無脊椎動物軟体動物腹足類。
¶図解化（図版19-15/カ写）

Fusinus rostratus cinctus
無脊椎動物軟体動物腹足類。
¶図解化（図版19-18/カ写）

Fusinus（Serrifusus） tuberculatus
新白亜紀中期の軟体動物腹足類。
¶日化譜（図版32-31/モ写）〈(産)北海道胆振国穂別〉

Fusulina girtyi
石炭紀中期の紡錘虫。
¶日化譜（図版2-17/モ写）〈(産)関東山地 横断面, 縦断面〉

Fusulinella irumensis
石炭紀中期の紡錘虫。
¶日化譜（図版2-11,12/モ写）〈(産)関東山地 横断面, 縦断面〉

Fusulinella kurosegawaensis biconiformis
石炭紀中期の紡錘虫。
¶日化譜（図版2-13/モ写）〈㊧愛媛県黒瀬川 縦断面〉

Fusulinella pseudobocki
石炭紀中期の紡錘虫。
¶日化譜（図版2-14/モ写）〈㊧岐阜県福地 縦断面〉

Fusus bulliformis
鮮新世の無脊椎動物軟体動物腹足類。
¶図解化（図版22-25/カ写）〈㊧イギリスのバートン〉

Fusus errans
鮮新世の無脊椎動物軟体動物腹足類。
¶図解化（図版22-9/カ写）〈㊧イギリスのバートン〉

Fusus regularis
鮮新世の無脊椎動物軟体動物腹足類。
¶図解化（図版22-17/カ写）〈㊧イギリスのバートン〉

Galeocerdo sp.
中新世の脊索動物軟骨魚類の化石歯。
¶図解化（図版40-17/カ写）〈㊧フロリダ州〉

Gari（Psammobia） labordei
無脊椎動物軟体動物二枚貝。
¶図解化（図版14-22/カ写）

Gastrana fragilis
無脊椎動物軟体動物二枚貝。
¶図解化（図版14-21/カ写）

Gastrana（Gastrana） fragilis gigantula
無脊椎動物軟体動物二枚貝。
¶図解化（図版14-12/カ写）

Gastrobelus umbilicatus
ジュラ紀前期の無脊椎動物軟体動物ベレムナイト。
¶図解化（図版36-13/カ写）〈㊧ドイツ〉

Gaudryceras infrequence
新白亜紀中期の菊石類。
¶日化譜（図版52-13/モ写）〈㊧北海道三笠市幾春別, 樺太内淵〉

Gemelliporella cf.fallax
更新世・現世の蘚虫動物唇口類。
¶日化譜（図版22-15/モ写）〈㊧喜界島〉

Gemmellaroia（Gemmellaroiella） ozawai
二畳紀の腕足類前穴類。
¶日化譜（図版24-7,8/モ写）〈㊧山口県美禰市吉則 横断面〉

Gemmellaroia sp.
ペルム紀の無脊椎動物腕足動物。
¶図解化（図版6-8/カ写）〈㊧シチリア〉

Gemmula（Gemmula） rotata
無脊椎動物軟体動物腹足類。
¶図解化（図版18-10/カ写）

Geranium sp.
更新世後期の植物フウロウソウ類。
¶日化譜（図版80-40/モ写）〈㊧東京都新宿区下落合 花粉〉

Geratrigonia lata
ジュラ紀前期の軟体動物斧足類。
¶日化譜（図版42-14/モ写）〈㊧宮城県志津川町韮ノ浜〉

Germanonautilus kyotanii
三畳紀後期の軟体動物頭足類オウム貝類。
¶日化譜（図版50-5/モ写）〈㊧岡山県成羽町地頭〉

Gervillaria haradae
古白亜紀後期の軟体動物斧足類。
¶日化譜（図版37-13/モ写）〈㊧群馬県多野郡上野村, 徳島県勝浦〉

Geyerella sp.
ペルム紀の無脊椎動物腕足動物。
¶図解化（図版6-11/カ写）〈㊧シチリア〉

Geyeroceras cylindricum
ジュラ紀前期（シネムリアン）の無脊椎動物軟体動物アンモナイト類。
¶図解化（図版27-10/カ写）〈㊧ベルガモのモンテ・アルベンツァ〉

Geyerophyllum gerthi
二畳紀後期の四射サンゴ。
¶日化譜（図版16-15/モ写）〈㊧山口県秋吉〉

Gibbirhynchia crassimedia
ジュラ紀の無脊椎動物腕足動物。
¶図解化（図版4-9/カ写）〈㊧イタリアのピエモンテ州ゴッツァーノ〉

Gibbula magnus
無脊椎動物軟体動物腹足類。
¶図解化（図版20-2/カ写）

Ginkgoites adiantoides
新白亜紀中期のイチョウ類。
¶日化譜（図版74-7/モ写）〈㊧北海道, 樺太川上〉

Ginkgoites digitata Huttoni
三畳紀後期〜ジュラ紀前期のイチョウ類。
¶日化譜（図版74-6/モ写）〈㊧岡山県川上郡成羽町など〉

Ginkgo mutabila
新白亜紀中期のイチョウ花粉。
¶日化譜（図版79-24/モ写）〈㊧福島県双葉郡 花粉〉

Gladigondolella tethydis
三畳紀中後期の錐歯類。
¶日化譜（図版89-16/モ写）〈㊧京都市西南部上条〉

Glans（Glans） intermedia
鮮新世の無脊椎動物軟体動物二枚貝。
¶図解化（図版11-6/カ写）〈㊧リグーリア=ピエモンテ〉

Glauconia neymayri
古白亜紀前期の軟体動物腹足類。
¶日化譜（図版27-19,20,21/モ写）〈㊧熊本県日奈久〉

Gleichenia delicata
ジュラ紀後期のシダ類胞子。
¶日化譜（図版79-19/モ写）〈㊧石川県 胞子〉

Gleneothyris harlani
始新世の無脊椎動物腕足動物。
¶図解化（図版3-8/カ写）〈㊧ニュージャージー州〉

Globigerina ampliapertura
漸新世の浮遊性有孔虫。
¶日化譜（図版6-35,36/モ写）〈㊧Trinidad〉

Globigerina ciperoensis
漸半新世の浮遊性有孔虫。
¶日化譜（図版6-37,38/モ写）〈産Trinidad〉

Globigerina（?）dissimilis
始新世後期の浮遊性有孔虫。
¶日化譜（図版6-15/モ写）〈産天草下島〉

Globigerina nepenthes
中新世中期の浮遊性有孔虫。
¶日化譜（図版6-39,40,41/モ写）〈産静岡県など〉

Globigerina yeguaensis
始新世中期の浮遊性有孔虫。
¶日化譜（図版6-20,21,22/モ写）〈産小笠原母島〉

Globorotalia foshi
中新世前期の浮遊性有孔虫。
¶日化譜（図版6-23,24/モ写）〈産岐阜県, 房総, 秩父, 宮城県, 秋田県など〉

Globorotalia kugleri
漸新世後期の浮遊性有孔虫。
¶日化譜（図版6-25,26,27/モ写）〈産Trinidad〉

Globorotalia mayeri
中新世中期の浮遊性有孔虫。
¶日化譜（図版6-30,31/モ写）〈産伊豆など〉

Globorotalia menardii
中新世中期の浮遊性有孔虫。
¶日化譜（図版6-32,33,34/モ写）〈産Trinidad〉

Globorotalia（Turborotalia） opima
漸中新世の浮遊性有孔虫。
¶日化譜（図版6-28,29/モ写）〈産Trinidad〉

Globotruncana japonica
新白亜紀中後期の浮遊性有孔虫。
¶日化譜（図版6-18,19/モ写）〈産北海道〉

Globularia grossa
鮮新世の無脊椎動物軟体動物腹足類。
¶図解化（図版22-23/カ写）〈産イギリスのバートン〉

Globularia patula f.brabantica
鮮新世の無脊椎動物軟体動物腹足類。
¶図解化（図版22-8/カ写）〈産イギリスのバートン〉

Glochiceras echizenicum
ジュラ紀後期の菊石類。
¶日化譜（図版54-15/モ写）〈産福井県大野郡和泉村貝皿〉

Glomospira cf.pusilla
二畳紀の有孔虫。
¶日化譜（図版1-7/モ写）〈産関東山地, 秋吉 断面〉

Glomospira charoides
白亜紀の有孔虫。
¶日化譜（図版1-8/モ写）〈産北海道オトイネップ, 小平, 大夕張, 紋別, 浦河地方〉

Glossus humanus
無脊椎動物軟体動物二枚貝。
¶図解化（図版14-1/カ写）
図解化（図版14-3/カ写）

Glycymeris kogata
新白亜紀後期の軟体動物斧足類。
¶日化譜（図版37-2/モ写）〈産淡路三原郡阿名賀〉

Glyptarpites diplois
ジュラ紀前期（トアルシアン）の無脊椎動物軟体動物アンモナイト類。
¶図解化（図版32-11/カ写）〈産ペーザロのパソ・デル・フルロ〉

Glyptophiceras japonicum
三畳紀前期の菊石類。
¶日化譜（図版51-4/モ写）

Glyptorthis insculpta
オルドヴィス紀の無脊椎動物腕足動物。
¶図解化（図版5-12/カ写）〈産インディアナ州〉

Glytoxoceras indicum
新白亜紀中期の菊石類。
¶日化譜（図版52-26/モ写）〈産北海道夕張市夕張川, 樺太内淵〉

Gnathodus commutatus
石炭紀前期の錐歯類。
¶日化譜（図版89-13/モ写）〈産山口県秋吉町江原〉

Gomphoceras pyriforme
シルル紀の無脊椎動物軟体動物頭足類。
¶図解化（図版24-4/カ写）〈産イギリス〉

Gondolella navicula
三畳紀中後期の錐歯類。
¶日化譜（図版89-15/モ写）〈産京都市西南部上条〉

Goniatites sp.
デヴォン紀の無脊椎動物軟体動物アンモナイト類。
¶図解化（図版26-13/カ写）〈産モロッコ〉

Goniocora somaensis
ジュラ紀後期の六射サンゴ。
¶日化譜（図版19-7/モ写）〈産福島県相馬 横断面〉

Goniomya nonvscripta
ジュラ紀後期の軟体動物斧足類。
¶日化譜（図版49-20,21/モ写）〈産福島県相馬郡〉

Goniomya subarchiaci
古白亜紀後期の軟体動物斧足類。
¶日化譜（図版85-26/モ写）〈産岩手県宮古〉

Grammatodon（Indogrammatodon） awajianus
新白亜紀後期の軟体動物斧足類。
¶日化譜（図版36-9/モ写）〈産淡路三原郡〉

Grammatodon（Indogrammatodon） densistriata
ジュラ紀後期の軟体動物斧足類。
¶日化譜（図版36-5/モ写）〈産福島県相馬〉

Grammatodon toyorensis
ジュラ紀前期の軟体動物斧足類。
¶日化譜（図版36-8/モ写）〈産山口県豊浦郡東長野〉

Grammoceras sp.
ジュラ紀前期の無脊椎動物軟体動物アンモナイト類。
¶図解化（図版25-4/カ写）〈産ドイツ〉

Griffithides sp.
石炭紀前期の三葉虫。
¶日化譜（図版87-3/モ写）〈産岩手県陸前高田市矢作雪沢

尾部〉

Grossouvria cf.subtilis
ジュラ紀中期の頭足類菊石類。
¶**日化譜**（図版86-11/モ写）〈[産]福井県大野郡ホラ谷〉

Gymnocodium grandise
二畳紀？の藻類緑藻。
¶**日化譜**（図版10-16/モ写）〈[産]茨城県多賀郡 縦断面〉

Gymnocodium kanmerai annulatum
二畳紀の藻類緑藻。
¶**日化譜**（図版10-14/モ写）〈[産]熊本県 縦断面〉

Gymnocodium solidium
二畳紀後期の藻類緑藻。
¶**日化譜**（図版10-15/モ写）〈[産]岐阜県大野郡 縦断面〉

Gymnocodium torinosuensis
ジュラ紀後期の藻類緑藻。
¶**日化譜**（図版10-17/モ写）〈[産]福島県相馬郡 縦断面〉

Gyrineum（Aspa） marginatum
鮮新世の無脊椎動物軟体動物腹足類。
¶**図解化**（図版17-18/カ写）〈[産]リグーリア＝ピエモンテ〉

Gyroporella igoi
二畳紀前期の藻類緑藻。
¶**日化譜**（図版10-9/モ写）〈[産]岐阜県大野郡 縦断面〉

Hadriania craticulata
無脊椎動物軟体動物腹足類。
¶**図解化**（図版21-10/カ写）

Halobia atsuensis
三畳紀中後期の軟体動物斧足類。
¶**日化譜**（図版38-18/モ写）〈[産]山口県美禰市四郎が原〉

Halobia kawadai
三畳紀中期の軟体動物斧足類。
¶**日化譜**（図版38-17/モ写）〈[産]高知県佐川町蔵法院, 徳島県〉

Hamletella kitakamiensis
二畳紀後期の腕足類前穴類。
¶**日化譜**（図版23-8/モ写）〈[産]岩手県気仙郡住田町（世田米）合地沢〉

Hammatoceras clavatum
ジュラ紀前期（トアルシアン）の無脊椎動物軟体動物アンモナイト類。
¶**図解化**（図版31-9/カ写）〈[産]ペーザロのパソ・デル・フルロ〉

Hammatoceras costulosus
ジュラ紀前期（トアルシアン）の無脊椎動物軟体動物アンモナイト類。
¶**図解化**（図版31-5/カ写）〈[産]ペーザロのパソ・デル・フルロ〉

Hammatoceras gr.insigne
ジュラ紀前期（トアルシアン）の無脊椎動物軟体動物アンモナイト類。
¶**図解化**（図版31-8/カ写）〈[産]ペーザロのパソ・デル・フルロ〉

Hammatoceras perplanum
ジュラ紀前期（トアルシアン）の無脊椎動物軟体動物アンモナイト類。
¶**図解化**（図版31-3/カ写）〈[産]ペーザロのパソ・デル・フルロ〉
図解化（図版31-7/カ写）〈[産]ペーザロのパソ・デル・フルロ〉

Hammatoceras planiforme
ジュラ紀前期（トアルシアン）の無脊椎動物軟体動物アンモナイト類。
¶**図解化**（図版31-2/カ写）〈[産]ペーザロのパソ・デル・フルロ〉

Hammatoceras planinsigne
ジュラ紀前期（トアルシアン）の無脊椎動物軟体動物アンモナイト類。
¶**図解化**（図版31-14/カ写）〈[産]ペーザロのパソ・デル・フルロ〉
図解化（図版31-15/カ写）〈[産]ペーザロのパソ・デル・フルロ〉

Hammatoceras subtile
ジュラ紀前期の菊石類。
¶**日化譜**（図版54-11/モ写）〈[産]宮城県本吉郡志津川町弁天崎〉

Hammatoceras tenuinsigne
ジュラ紀前期（トアルシアン）の無脊椎動物軟体動物アンモナイト類。
¶**図解化**（図版31-1/カ写）〈[産]ペーザロのパソ・デル・フルロ〉

Hammatoceras tuberculata
ジュラ紀前期の菊石類。
¶**日化譜**（図版54-10/モ写）〈[産]宮城県本吉郡志津川町細浦〉

Hammatoceras victorii
ジュラ紀前期（トアルシアン）の無脊椎動物軟体動物アンモナイト類。
¶**図解化**（図版31-13/カ写）〈[産]ペーザロのパソ・デル・フルロ〉

Hanieloceras intermedium
二畳紀後期の菊石類。
¶**日化譜**（図版51-1/モ写）〈[産]岩手県気仙郡住田町合地沢〉

Hantkenina dumblei
始新世中期の浮遊性有孔虫。
¶**日化譜**（図版6-16,17/モ写）〈[産]小笠原母島〉

Haploceras verruciferum
ジュラ紀後期（キンメリジアン＝チトニアン）の無脊椎動物軟体動物アンモナイト類。
¶**図解化**（図版34-11/カ写）〈[産]パソ・デル・フルロ〉
図解化（図版35-3/カ写）〈[産]パソ・デル・フルロ〉

Haplophragmoides excavatus
白亜紀後期の有孔虫。
¶**日化譜**（図版1-4/モ写）〈[産]北海道大夕張, 紋別〉

Harpagodes sachalinensis
新白亜紀中期の軟体動物腹足類。
¶**日化譜**（図版30-4/モ写）〈[産]樺太〉

Harpoceras exaratum
ジュラ紀前期（トアルシアン）の無脊椎動物軟体動物アンモナイト類。
¶**図解化**（図版32-10/カ写）〈[産]ペーザロのパソ・デル・フルロ〉

Harpoceras ikianum
ジュラ紀前期の菊石類。
¶日化譜（図版54-3/モ写）〈㊥宮城県本吉郡志津川町細浦〉

Harpoceras okadai
ジュラ紀前期の菊石類。
¶日化譜（図版54-4/モ写）〈㊥宮城県本吉郡志津川町細浦〉

Harpophyllites eximium
ジュラ紀前期（ドメリアン）の無脊椎動物軟体動物アンモナイト類。
¶図解化（図版28-17/カ写）〈㊥コモのアルペ・ツラティ〉

Hastula（Hastula） farinei
無脊椎動物軟体動物腹足類。
¶図解化（図版18-9/カ写）

Haugia japonica
ジュラ紀後期の菊石類。
¶日化譜（図版54-6/モ写）〈㊥高知県佐川町耳飛田〉

Hausmannia nariwaense
三畳紀後期のシダ類。
¶日化譜（図版71-13/モ写）〈㊥岡山県川上郡成羽町枝〉

Hayasakaina kawadai
二畳紀前期の紡錘虫。
¶日化譜（図版4-19/モ写）〈㊥岐阜県福地 横断面〉

Hayasakaina kotakiensis
二畳紀前期の紡錘虫。
¶日化譜（図版4-20/モ写）〈㊥新潟県 縦断面〉

Hayasakapecten shimizui
二畳紀中期の軟体動物斧足類。
¶日化譜（図版84-19/モ写）〈㊥宮城県気仙沼市上八瀬〉

Hayasakapora taishakuensis
二畳紀前期の蘚虫動物隠口類。
¶日化譜（図版22-6/モ写）〈㊥広島県帝釈 横断面〉

Heliocopris antiquus
中新世中期の昆虫類。
¶日化譜（図版87-22/モ写）〈㊥石川県珠洲市高屋〉

Heliolites decipiens
オルドビス紀後期～デボン紀前期の床板サンゴ。
¶日化譜（図版20-2/モ写）〈㊥岩手県大船渡市盛町 横断面〉

Heliopora japonica
古白亜紀後期の八射サンゴ。
¶日化譜（図版19-9/モ写）〈㊥岩手県宮古 横断面〉

Hemicristellaria saundersi
始新世後期の有孔虫。
¶日化譜（図版6-9,10/モ写）〈㊥天草下島〉

Hemifusulina bocki
石炭紀中期の紡錘虫。
¶日化譜（図版2-20/モ写）〈㊥関東山地, 秋吉など 縦断面〉

Hemigordius japonica
二畳紀の有孔虫。
¶日化譜（図版1-20/モ写）〈㊥関東山地, 秋吉〉

Hemiprionites sawatanum
三畳紀前期の菊石類。
¶日化譜（図版51-7/モ写）〈㊥愛媛県東宇和郡魚成〉

Hemispiticeras steinmanni
ジュラ紀後期（キンメリジアン=チトニアン）の無脊椎動物軟体動物アンモナイト類。
¶図解化（図版35-21/カ写）〈㊥パソ・デル・フルロ〉

Hemithyris braunsi
鮮新世前期～更新世の腕足類終穴類。
¶日化譜（図版24-18/モ写）〈㊥千葉県君津郡黒滝, 神奈川県三浦市下宮田〉

Hemithyris psittacea woodwardi
中新世～現世の腕足類終穴類。
¶日化譜（図版24-19,20/モ写）〈㊥青森県大釈迦など〉

Hermanites moniwensis
中新世中期の介形類。
¶日化譜（図版87-13/モ写）〈㊥仙台市北赤石, 太白山, 佐保山〉

Hesencrinus elongatus
ミシシッピ亜紀の無脊椎動物棘皮動物ウミユリ。
¶図解化（図版38-7/カ写）〈㊥アイオワ州〉

Heteraster aff.nexilis
古白亜紀中期のウニ類。
¶日化譜（図版62-13/モ写）〈㊥和歌山県有田郡湯浅町吉川, 徳島県勝浦郡〉

Heterophyllia kitakamiensis
石炭紀前期の異射サンゴ。
¶日化譜（図版17-8/モ写）〈㊥岩手県大船渡市盛町, 同気仙郡坂本沢 横断面〉

Heteroptychodus steinmanni
古白亜紀前期の魚類エイ類。
¶日化譜（図版63-8/モ写）〈㊥徳島県勝浦郡柳谷〉

Heteropurpura polymorpha
無脊椎動物軟体動物腹足類。
¶図解化（図版21-3/カ写）

Heterotrigonia subovalis
新白亜紀前期の軟体動物斧足類。
¶日化譜（図版43-11/モ写）〈㊥北海道三笠市幾春別奔別〉

Hexaplex（Phyllonotus） hoernesi
無脊椎動物軟体動物腹足類。
¶図解化（図版21-21/カ写）

Hexaplex（Phyllonotus） rudis
無脊椎動物軟体動物腹足類。
¶図解化（図版21-9/カ写）
図解化（図版21-18/カ写）

Hexastylus bellaturus
古生代後期～中生代初期の放散虫。
¶日化譜（図版8-20/モ写）〈㊥東京都御嶽〉
日化譜（図版9-8/モ写）〈㊥東京都御嶽〉

Hidaella kameii
石炭紀中期の紡錘虫。
¶日化譜（図版2-8/モ写）〈㊥愛媛県黒瀬川 縦断面〉

Hikorocodium fertilis
ジュラ紀後期の藻類緑藻。

¶日化譜（図版10-23/モ写）〈(産)高知県須崎, 福島県相馬 横断面〉
日化譜（図版11-12/モ写）〈(産)福島県相馬 縦断面〉

Hikorocodium transversum
二畳紀後期の藻類緑藻。
¶日化譜（図版10-22/モ写）〈(産)広島県帝釈 縦断面〉

Hildaites exilis
ジュラ紀前期（トアルシアン）の無脊椎動物軟体動物アンモナイト類。
¶図解化（図版32-9/カ写）〈(産)ペーザロのパソ・デル・フルロ〉

Hildaites proserpentinus
ジュラ紀前期（トアルシアン）の無脊椎動物軟体動物アンモナイト類。
¶図解化（図版32-12/カ写）〈(産)ペーザロのパソ・デル・フルロ〉

Hildaites serpentiniformis
ジュラ紀前期（トアルシアン）の無脊椎動物軟体動物アンモナイト類。
¶図解化（図版32-5/カ写）〈(産)ペーザロのパソ・デル・フルロ〉

Hildoceras chrysanthemum
ジュラ紀前期の菊石類。
¶日化譜（図版54-2/モ写）〈(産)山口県豊浦郡豊田町石町〉

Hildoceras densicostatum
ジュラ紀前期の菊石類。
¶日化譜（図版54-1/モ写）〈(産)山口県豊浦郡豊田町西中山〉

Hildoceras semipolitum
ジュラ紀前期（トアルシアン）の無脊椎動物軟体動物アンモナイト類。
¶図解化（図版32-19/カ写）〈(産)ペーザロのパソ・デル・フルロ〉

Hindeodella sakagamii
石炭紀前中期の錐歯類。
¶日化譜（図版89-11/モ写）〈(産)新潟県青海町, 青海電化西山採石場〉

Hinia clathrata
無脊椎動物軟体動物腹足類。
¶図解化（図版19-26/カ写）

Hinia（Hinia） musiva
無脊椎動物軟体動物腹足類。
¶図解化（図版19-3/カ写）

Hinia prismatica
無脊椎動物軟体動物腹足類。
¶図解化（図版19-11/カ写）

Hipponyx cfr.dilatatus
始新世の無脊椎動物軟体動物腹足類。
¶図解化（図版23-15/カ写）〈(産)ロンカ〉

Hippoporella gigantea
更新世の蘚虫動物唇口類。
¶日化譜（図版22-16/モ写）〈(産)喜界島〉

Holcophylloceras caucasicum
古白亜紀後期の菊石類。
¶日化譜（図版52-5/モ写）〈(産)岩手県宮古〉

Hollinella elliptica
二畳紀後期の介形類。
¶日化譜（図版87-10/モ写）〈(産)宮城県気仙沼市岩井崎〉

Holorhinus sp.
鮮新世前期の魚類エイ類。
¶日化譜（図版63-10/モ写）〈(産)千葉県銚子市犬若 歯下面〉

Homeorhynchia sp.
ジュラ紀後期の無脊椎動物腕足動物。
¶図解化（図版10-10/カ写）〈(産)フランス〉

Homoeospira sp.
シルル紀の無脊椎動物腕足動物。
¶図解化（図版8-6/カ写）〈(産)ドイツ〉

Homomya matsuoensis
三畳紀後期の軟体動物斧足類。
¶日化譜（図版49-14/モ写）〈(産)山口県厚狭郡平原坂〉

Hoplites deluci
白亜紀前期の無脊椎動物軟体動物アンモナイト類。
¶図解化（図版26-11/カ写）〈(産)フランス〉

Hoploscaphites sp.
白亜紀後期の無脊椎動物軟体動物アンモナイト類。
¶図解化（図版26-14/カ写）〈(産)アメリカ合衆国〉

Horioceras mitodaense
ジュラ紀後期の菊石類。
¶日化譜（図版54-16/モ写）〈(産)高知県佐川町耳飛田〉

Horridonia aculeata
ペルム紀の無脊椎動物腕足動物。
¶図解化（図版6-9/カ写）〈(産)ドイツ〉

Hosoureites ikianum
ジュラ紀前期の菊石類。
¶日化譜（図版54-5/モ写）〈(産)宮城県本吉郡志津川町細浦〉

Howelella sp.
シルル紀の無脊椎動物腕足動物。
¶図解化（図版8-11/カ写）〈(産)イギリス〉

Humilogriffithides taniguchii
石炭紀中期の三葉虫。
¶日化譜（図版58-10,11/モ写）〈(産)新潟県青海町電気化学工業採石場〉

Hustedia grandicosta
二畳紀中期の腕足類終穴類。
¶日化譜（図版24-34/モ写）〈(産)京都府綾部, 加佐郡大江町〉

Hybolites sp.
ジュラ紀中期の無脊椎動物軟体動物ベレムナイト。
¶図解化（図版36-1/カ写）〈(産)フランス〉
図解化（図版36-18/カ写）〈(産)イタリアのヴィチェンツァ付近のアルプス山麓〉

Hypocrinus schneideri
ペルム紀の無脊椎動物棘皮動物ウミユリ。
¶図解化（図版38-4/カ写）〈(産)チモール〉

Hystrichospheridium sp.
更新世前期の双べんもう藻。
¶日化譜（図版9-36/モ写）〈(産)横浜市南区日野町〉

日化譜（図版9-37/モ写）〈(産)新潟県三島郡出雲崎町〉

Ilex sp.
更新世後期の植物モチノキ類。
¶日化譜（図版80-30/モ写）〈(産)東京都新宿区早稲田 花粉〉
日化譜（図版80-31/モ写）〈(産)新潟県加茂市東加茂駅 花粉〉

Inoceramus aff.ezoensis
新白亜紀後期の軟体動物斧足類。
¶日化譜（図版84-7/モ写）〈(産)北海道アベシナイ，幾春別，夕張，ヘトナイ〉

Inoceramus amakusensis
新白亜紀中期の軟体動物斧足類。
¶日化譜（図版84-6/モ写）〈(産)天草など〉

Inoceramus balticus toyajoanus
新白亜紀後期の軟体動物斧足類。
¶日化譜（図版37-10/モ写）〈(産)和歌山県湯浅など〉

Inoceramus concentricus costatus
新白亜紀前期の軟体動物斧足類。
¶日化譜（図版37-6/モ写）〈(産)北海道天塩国オビラシベ，同三笠市幾春別，美唄，夕張〉

Inoceramus hobetsensis nonsulcatus
新白亜紀前期の軟体動物斧足類。
¶日化譜（図版37-7/モ写）〈(産)北海道天塩国アベシナイ，オビラシベ，同三笠市幾春別，夕張，穂別〉

Inoceramus incertus var.yubarensis
新白亜紀前期の軟体動物斧足類。
¶日化譜（図版84-4/モ写）〈(産)北海道幾春別，夕張〉

Inoceramus naumanni
新白亜紀中期の軟体動物斧足類。
¶日化譜（図版84-5/モ写）〈(産)北海道アベシナイ，幾春別，穂別など〉

Inoceramus schmidti
新白亜紀後期の軟体動物斧足類。
¶日化譜（図版37-11/モ写）〈(産)北海道石狩，空知など〉

Inoceramus yabei
新白亜紀中期の軟体動物斧足類。
¶日化譜（図版37-9/モ写）〈(産)北海道三笠市幾春別，夕張，福島県双葉郡〉

Involutina cretacea
白亜紀の有孔虫。
¶日化譜（図版1-9/モ写）〈(産)北海道オトイネップ，小平，大夕張，紋別，浦河地方〉

Iranophyllum tunicatum
二畳紀前期の四射サンゴ。
¶日化譜（図版15-12/モ写）〈(産)岐阜県福地 横断面〉

Isastraea matumotoi
古白亜紀後期の六射サンゴ。
¶日化譜（図版18-1/モ写）〈(産)北海道石狩シューバリ川〉

Isodomella sanchuensis
古白亜紀中期の軟体動物斧足類。
¶日化譜（図版45-2/モ写）〈(産)群馬県多野郡上野村，徳島県那賀郡羽ノ浦〉

Isognomon（Hippochaeta） maxillatus
無脊椎動物軟体動物二枚貝。
¶図解化（図版13-12/カ写）

Isognomon rikuzenicus
ジュラ紀前期の軟体動物斧足類。
¶日化譜（図版37-18,19/モ写）〈(産)宮城県本吉郡志津川町韮ノ浜〉

Isurus oxyrhynchus hastalis
第三紀の脊椎動物魚類の化石歯。軟骨魚綱。
¶図解化（図版40-3/カ写）〈(産)イタリア〉

Jania elongata
始新世の藻類紅藻。
¶日化譜（図版12-12/モ写）〈(産)愛媛県石槌山 断面〉

Jania vetus
中新世の藻類紅藻。
¶日化譜（図版12-11/モ写）〈(産)太平洋岸 断面〉

Jupiteria（Ezonuculana） mactraeformis
新白亜紀中後期の軟体動物斧足類。
¶日化譜（図版35-28/モ写）〈(産)北海道，樺太など〉

Juraphyllites quadrii
ジュラ紀前期（シネムリアン）の無脊椎動物軟体動物アンモナイト類。
¶図解化（図版27-19/カ写）〈(産)ベルガモのモンテ・アルベンツァ〉

Juraphyllites quadrii f.Solidula
ジュラ紀前期（シネムリアン）の無脊椎動物軟体動物アンモナイト類。
¶図解化（図版27-1/カ写）〈(産)ベルガモのモンテ・アルベンツァ〉

Juraphyllites sp.
ジュラ紀前期（シネムリアン）の無脊椎動物軟体動物アンモナイト類。
¶図解化（図版27-11/カ写）〈(産)ベルガモのモンテ・アルベンツァ〉

Kallirhynchia sp.
ジュラ紀の無脊椎動物腕足動物。
¶図解化（図版10-7/カ写）〈(産)イギリス〉
図解化〔Kallirhyn-chia sp.〕（図版10-13/カ写）〈(産)フランス〉

Kansanella joensis
石炭紀後期の紡錘虫。
¶日化譜（図版4-11/モ写）〈(産)U.S.A 縦断面〉

Karreria nipponicus
鮮新世前期の有孔虫。
¶日化譜（図版1-21/モ写）〈(産)房総〉

Katroliceras cfr.sowerbii
ジュラ紀後期（キンメリジアン=チトニアン）の無脊椎動物軟体動物アンモナイト類。
¶図解化（図版34-2/カ写）〈(産)パソ・デル・フルロ〉

Katroliceras sp.
ジュラ紀後期（キンメリジアン=チトニアン）の無脊椎動物軟体動物アンモナイト類。
¶図解化（図版34-7/カ写）〈(産)パソ・デル・フルロ〉

Kazanskyella（？） japonica
古白亜紀後期の菊石類。
¶日化譜（図版57-11/モ写）〈(産)高知県高岡郡上分村樽〉

Kepplerites (Seymourites) japonicus
ジュラ紀後期の菊石類。
¶日化譜(図版56-13/モ写)

Kiangsiella cf.condoni
二畳紀後期の腕足類。
¶日化譜(図版82-20/モ写)〈(産)宮城県気仙沼市月立〉

Kiangsiella(?) deltoidens
二畳紀中期の腕足類前穴類。
¶日化譜(図版24-5/モ写)〈(産)京都府夜久野〉

Kingites shimizui
三畳紀前期の菊石類。
¶日化譜(図版51-5/モ写)〈(産)東京都西多摩郡日の出村岩井〉

Kirbya subquadriforma
二畳紀後期の介形類。
¶日化譜(図版87-7/モ写)〈(産)宮城県気仙沼市岩井崎〉

Kitakamia mirabilis
シルル紀中期のストロマトポロイド。
¶日化譜(図版14-10/モ写)〈(産)岩手県盛町 縦断面〉

Kitakamiania eguchii
古白亜紀後期の藻類緑藻。
¶日化譜(図版10-24/モ写)〈(産)岩手県宮古〉

Kobya shiriyaensis
ジュラ紀後期のサンゴ。
¶日化譜(図版17-14/モ写)〈(産)青森県尻屋崎 断面〉

Kopidoiulus(?) sp.
更新世後期の倍脚類ヤスデ類。
¶日化譜(図版59-1/モ写)〈(産)愛媛県喜多郡鹿ノ川敷水洞窟〉

Kosmoceras (Lobokosmoceras.) proniae
ジュラ紀後期の無脊椎動物軟体動物アンモナイト類。
¶図解化(図版26-10/カ写)〈(産)イギリス〉

Kossmaticeras theobaldianum paucicostatum
新白亜紀中期の菊石類。
¶日化譜(図版56-3/モ写)〈(産)北海道三笠市幾春別〉

Kozlowskia splendens
石炭紀の無脊椎動物腕足動物。
¶図解化(図版8-23/カ写)〈(産)オクラホマ州〉

Kranaosphinctes kaizaranus
ジュラ紀後期の菊石類。
¶日化譜(図版54-13/モ写)〈(産)福井県大野郡和泉村貝皿〉

Krithe aff.bartonensis
鮮新世後期の介形類。
¶日化譜(図版60-24/モ写)〈(産)佐渡島佐和田町沢根海岸〉

Krithe antisawanense
中新世中期の介形類。
¶日化譜(図版87-15/モ写)〈(産)仙台市佐保山〉

Krithe sawanensis
鮮新世後期の介形類。
¶日化譜(図版60-22,23/モ写)〈(産)佐渡島佐和田町沢根海岸〉

Kuvera(?) sp.
更新世前期の昆虫類ウンカ類。
¶日化譜(図版60-30/モ写)〈(産)栃木県塩原温泉〉

Kwantoella fujimotoi
石炭紀後期の紡錘虫。
¶日化譜(図版2-9/モ写)〈(産)東京都青梅 縦断面〉

Laevicardium (Laevicardium) crassum
鮮新世の無脊椎動物軟体動物二枚貝。
¶図解化(図版11-2/カ写)〈(産)リグーリア=ピエモンテ〉

Laevicardium (Laevicardium) oblongum
鮮新世の無脊椎動物軟体動物二枚貝。
¶図解化(図版11-16/カ写)〈(産)リグーリア=ピエモンテ〉

Larix sp.
更新世後期の植物。
¶日化譜(図版80-15/モ写)〈(産)東京都新宿区下落合 花粉〉

Leioceras opalinum
ジュラ紀中期の無脊椎動物軟体動物アンモナイト類。
¶図解化(図版25-8/カ写)〈(産)ドイツ〉

Leioclema kobayashii
石炭紀前期の蘚虫動物偏口類。
¶日化譜(図版21-15/モ写)〈(産)岩手県坂本沢 縦断面〉

Leioclema uzuraensis
石炭紀初期の蘚虫動物偏口類。
¶日化譜(図版82-4/モ写)〈(産)山口県於福台 斜断面〉

Leiotriletes nigrans
古白亜紀後期の植物胞子・花粉類。
¶日化譜(図版80-5/モ写)〈(産)徳島県勝浦郡勝浦〉

lenaの糞石
第四紀の動物の糞の化石。生痕化石。
¶図解化(p28-右/カ写)〈(産)シチリア島〉

Lenticulina costatus multicostatus
鮮新世の有孔虫。
¶日化譜(図版6-2/モ図)〈(産)表日本各地〉

Lenticulina rotulata
中新世前期の有孔虫。
¶日化譜(図版8-19/モ写)〈(産)静岡県田方郡中伊豆町下白岩 横断面,縦断面〉

Lepidocyclina (Nephrolepidina) douvillei
漸新世後期の有孔虫。
¶日化譜(図版7-17/モ写)〈(産)南洋各地〉

Lepidocyclina (Nephrolepidina) nipponica
中新世前期の有孔虫。
¶日化譜(図版7-19/モ写)〈(産)伊豆,房総など 表面,斜断面,縦断面〉

Lepidocyclina (Nephrolepidina) verbeeki
中新世前期の有孔虫。
¶日化譜(図版7-18/モ写)〈(産)台湾 横断面,縦断面〉

Lepidolina gigantea
二畳紀後期の紡錘虫。
¶日化譜(図版5-15/モ写)〈(産)岩手県世田米 縦断面〉

Lepidolina toriyamai
二畳紀後期の紡錘虫。
¶日化譜（図版5-14/モ写）〈(産)熊本県 縦断面〉

Lepidotrochus（?） hataii
三畳紀中期の軟体動物腹足類。
¶日化譜（図版83-8/モ写）〈(産)宮城県塩釜市浜田〉

Leporimetis papyracea
無脊椎動物軟体動物二枚貝。
¶図解化（図版14-5/カ写）
図解化（図版14-19/カ写）

Leptaena analoga
石炭紀の無脊椎動物腕足動物。
¶図解化（図版6-1/カ写）〈(産)ウェールズ〉

Leptaena convexa
デボン紀後期の腕足類前穴類。
¶日化譜（図版23-7/モ写）〈(産)岩手県大船渡市盛町樋口沢〉

Leptosolen japonicus
新白亜紀後期の軟体動物斧足類。
¶日化譜（図版48-21/モ写）〈(産)淡路島三原郡〉

Leptosphinctes cf.martiusi
ジュラ紀後期の頭足類菊石類。
¶日化譜（図版86-12/モ写）〈(産)宮城県志津川〉

Leukadiella sp.
ジュラ紀前期（トアルシアン）の無脊椎動物軟体動物アンモナイト類。
¶図解化（図版32-16/カ写）〈(産)ペーザロのパソ・デル・フルロ〉

Ligonodina（?） sp.
二畳紀後期の錐歯類。
¶日化譜（図版89-4/モ写）〈(産)群馬県上田沢〉

Lillia chelussii
ジュラ紀前期（トアルシアン）の無脊椎動物軟体動物アンモナイト類。
¶図解化（図版29-2/カ写）〈(産)ペーザロのパソ・デル・フルロ〉

Lillia sp.
ジュラ紀前期（トアルシアン）の無脊椎動物軟体動物アンモナイト類。
¶図解化（図版29-4/カ写）〈(産)ペーザロのパソ・デル・フルロ〉

Lima（Antiquilima） nagatoensis
ジュラ紀前期の軟体動物斧足類。
¶日化譜（図版41-13/モ写）〈(産)山口県豊浦郡東長野〉

Lima cf.retifer
二畳紀後期の軟体動物斧足類。
¶日化譜（図版84-22/モ写）〈(産)福島県石城郡四倉町高倉山〉

Lima（Lima） inflata
無脊椎動物軟体動物二枚貝。
¶図解化（図版15-9/カ写）
図解化（図版15-10/カ写）

Lima naumanni
三畳紀後期の軟体動物斧足類。
¶日化譜（図版41-9/モ写）〈(産)高知県佐川町戸郷〉

Lima（Plagiostoma） enormicosta
ジュラ紀後期の軟体動物斧足類。
¶日化譜（図版41-10/モ写）〈(産)福島県相馬〉

Lima（Plagiostoma） kobayashii
ジュラ紀前期の軟体動物斧足類。
¶日化譜（図版41-11/モ写）〈(産)山口県豊浦郡東長野〉

Lima（Plagiostoma） matsumotoi
ジュラ紀前期の軟体動物斧足類。
¶日化譜（図版41-12/モ写）〈(産)山口県豊浦郡東長野〉

Linguaphillipsia sp.
石炭紀前期の三葉虫。
¶日化譜（図版87-2/モ写）〈(産)岩手県陸前高田市矢作雪沢尾部〉

Linoproductus cora
二畳紀後期の腕足類前穴類。
¶日化譜（図版23-24,25/モ写）〈(産)岩手県気仙郡住田町叶倉沢, 同陸前高田市飯森〉

Linoproductus interruptus
二畳紀の腕足類前穴類。
¶日化譜（図版23-26/モ写）〈(産)京都府綾部市〉

Linotrigonia toyamai
ジュラ紀後期の軟体動物斧足類。
¶日化譜（図版42-24/モ写）〈(産)高知県香美郡, 徳島県那賀郡宮浜〉

Lioceratoides fucinianum
ジュラ紀前期（ドメリアン）の無脊椎動物軟体動物アンモナイト類。
¶図解化（図版28-1/カ写）〈(産)コモのアルペ・ツラティ〉

Liostrea（Catinula） shiraiwensis
三畳紀後期の軟体動物斧足類。
¶日化譜（図版41-18/モ写）〈(産)山口県美禰市〉

Lissochonetes punctatus
石炭紀の無脊椎動物腕足動物。
¶図解化（図版8-29/カ写）〈(産)カルニア・アルプス〉

Lithophyllum torinosuensis
ジュラ紀後期の藻類紅藻。
¶日化譜（図版12-7/モ写）〈(産)高知県佐川 断面〉

Lithopium rigidum
古生代後期～中生代初期の放散虫。
¶日化譜（図版8-21/モ写）〈(産)東京都御嶽〉

Lithoporella quadratica
中新世前期の藻類紅藻。
¶日化譜（図版12-9/モ写）〈(産)静岡県 断面〉

Lithostrotion somaense
石炭紀前期の四射サンゴ。
¶日化譜（図版15-4/モ写）〈(産)新潟県青海, 福島県相馬郡中村 横断面〉

Lobolytoceras cfr.siemensis
ジュラ紀前期（トアルシアン）の無脊椎動物軟体動物アンモナイト類。
¶図解化（図版32-18/カ写）〈(産)ペーザロのパソ・デル・フルロ〉

Lobothyris punctata
ジュラ紀前期の無脊椎動物腕足動物。
¶図解化（図版10-21/カ写）〈産フランス〉

Lobothyris vitrea
ジュラ紀前期の無脊椎動物腕足動物。
¶図解化（図版3-3/カ写）〈産イタリア〉

Lonchodina sp.
二畳紀後期の錐歯類。
¶日化譜（図版89-6/モ写）〈産群馬県上田沢〉

Lonchodus sp.
二畳紀後期の錐歯類。
¶日化譜（図版89-8/モ写）〈産群馬県上田沢〉

Lonsdaleia enormis
石炭紀中期の四射サンゴ。
¶日化譜（図版16-13/モ写）〈産山口県秋吉 横断面〉

"Lonsdaleia" katoi
二畳紀後期の四射サンゴ。
¶日化譜（図版16-14/モ写）〈産山口県秋吉 横断面〉

Lonsdaleoides nishikawai
石炭紀後期の四射サンゴ。
¶日化譜（図版82-3/モ写）〈産広島県〉

Lopha（Arctostrea） diluviana
古白亜紀後期の軟体動物斧足類。
¶日化譜（図版41-19/モ写）〈産岩手県宮古, 群馬県多野郡上野村〉

Lopha sazanami
ジュラ紀前期の軟体動物斧足類。
¶日化譜（図版41-21/モ写）〈産山口県豊浦郡東長野〉

Lophotriletes frequens
ジュラ紀後期の植物胞子・花粉類。
¶日化譜（図版80-4/モ写）〈産石川県〉

Loxocythere inflata
鮮新世後期の介形類。
¶日化譜（図版60-18/モ写）〈産佐渡島佐和田町沢根海岸〉

Loxostomum bradyi
鮮新世後期～現世の有孔虫。
¶日化譜（図版81-4,5/モ写）〈産銚子〉

Lucina（s.l.） hasei
ジュラ紀前期の軟体動物斧足類。
¶日化譜（図版45-16/モ写）〈産山口県豊浦郡東長野〉

Lucinonia borealis
鮮新世の無脊椎動物軟体動物二枚貝。
¶図解化（図版11-10/カ写）〈産リグーリア＝ピエモンテ〉
図解化（図版11-14/カ写）〈産リグーリア＝ピエモンテ〉

Ludwigia sp.
更新世後期の植物ミズユキノシタ類。
¶日化譜（図版80-41/モ写）〈産千葉県松戸市 花粉〉

Lunatia ainuana
新白亜紀中期の軟体動物腹足類。
¶日化譜（図版30-16/モ写）〈産樺太〉

Lunatia catena
鮮新世の無脊椎動物軟体動物腹足類。
¶図解化（図版17-5/カ写）〈産リグーリア＝ピエモンテ〉

Lutraria（Eastonia） rugosa
無脊椎動物軟体動物二枚貝。
¶図解化（図版12-2/カ写）
図解化（図版12-6/カ写）

Lutraria lutraria
無脊椎動物軟体動物二枚貝。
¶図解化（図版12-1/カ写）

Lutraria oblonga
始新世の無脊椎動物軟体動物腹足類。
¶図解化（図版23-1/カ写）〈産ロンカ〉

Lutraria（Psammophila） oblonga
無脊椎動物軟体動物二枚貝。
¶図解化（図版12-12/カ写）

Lycopodium cf.serratum
鮮新世前期の植物ヒカゲノカズラ類。
¶日化譜（図版80-13/モ写）〈産新潟県刈羽郡西山町石地 胞子〉

Lygodium cf.gibberculum
ジュラ紀後期のシダ類胞子。
¶日化譜（図版79-20/モ写）〈産福井県 胞子〉

Lytoceras cfr.fimbriatus
ジュラ紀前期（トアルシアン）の無脊椎動物軟体動物アンモナイト類。
¶図解化（図版32-14/カ写）〈産ペーザロのパソ・デル・フルロ〉

Lytoceras dorcadis
ジュラ紀前期（トアルシアン）の無脊椎動物軟体動物アンモナイト類。
¶図解化（図版32-15/カ写）〈産ペーザロのパソ・デル・フルロ〉

Lytoceras francisci
ジュラ紀前期（ドメリアン）の無脊椎動物軟体動物アンモナイト類。
¶図解化（図版28-2/カ写）〈産コモのアルペ・ツラティ〉

Lytoceras montanum
ジュラ紀後期（キンメリジアン＝チトニアン）の無脊椎動物軟体動物アンモナイト類。
¶図解化（図版34-10/カ写）〈産パソ・デル・フルロ〉
図解化（図版35-17/カ写）〈産パソ・デル・フルロ〉

Lytoceras orsinii
ジュラ紀後期（キンメリジアン＝チトニアン）の無脊椎動物軟体動物アンモナイト類。
¶図解化（図版34-5/カ写）〈産パソ・デル・フルロ〉

Lytoceras polycyclum
ジュラ紀後期（キンメリジアン＝チトニアン）の無脊椎動物軟体動物アンモナイト類。
¶図解化（図版35-2/カ写）〈産パソ・デル・フルロ〉

Macoma（Psammacoma） elliptica
無脊椎動物軟体動物二枚貝。
¶図解化（図版14-6/カ写）
図解化（図版14-14/カ写）

Macrocephalites macrocephalus
ジュラ紀中期の無脊椎動物軟体動物アンモナイト類。
¶図解化（図版25-11/カ写）〈産ドイツ〉

Macroporella maxima
二畳紀前期の藻類緑藻。
¶日化譜（図版10-7,8/モ写）〈(産)滋賀県 横断面, 斜断面〉

Malea orbiculata
無脊椎動物軟体動物腹足類。
¶図解化（図版21-15/カ写）

Marattiopsis muensteri
三畳紀後期のシダ植物シダ類。
¶日化譜（図版70-8/モ写）〈(産)岡山県川上郡成羽町上日名, 日名畑 小羽片〉

Marchantites Yabei
ジュラ紀後期〜古白亜紀前期の蘚苔植物。
¶日化譜（図版70-1/モ写）〈(産)石川県石川郡白峰村桑島など〉

Margarites depressus
新白亜紀中期の軟体動物腹足類。
¶日化譜（図版26-13/モ写）〈(産)樺太〉

Marginifera septentrionalis
二畳紀後期の腕足類。
¶日化譜（図版82-17/モ写）〈(産)福島県高倉山〉

Marshallites compsessus
新白亜紀中期の菊石類。
¶日化譜（図版56-4/モ写）〈(産)北海道天塩国アベシナイ〉

Marshallites olcostephanoides
新白亜紀中期の菊石類。
¶日化譜（図版56-5/モ写）〈(産)北海道空知郡夕張市, 樺太内淵川〉

Martinia glaber
石炭紀の無脊椎動物腕足動物。
¶図解化（図版9-3/カ写）〈(産)イギリス〉

Martinottiella communis
中新世の有孔虫。
¶日化譜（図版1-17,18/モ写）

Mastula（Mastula） striata
無脊椎動物軟体動物腹足類。
¶図解化（図版18-4/カ写）

Mediospirifer sp.
デヴォン紀の無脊椎動物腕足動物。
¶図解化（図版7-19/カ写）〈(産)オハイオ州〉

Meekella gigantea
二畳紀前期の腕足類前穴類。
¶日化譜（図版23-10/モ写）〈(産)栃木県安蘇郡鍋山〉

Meekella striatocostata
二畳紀後期の腕足類。
¶日化譜（図版82-19/モ写）〈(産)宮城県気仙沼市松川〉

Meekoceras orientalis
三畳紀前期の菊石類。
¶日化譜（図版51-8/モ写）〈(産)愛媛県東宇和郡魚成〉

Megaxinus（Megaxinus） transversus
鮮新世の無脊椎動物軟体動物二枚貝。
¶図解化（図版11-15/カ写）〈(産)リグーリア＝ピエモンテ〉
図解化（図版11-17/カ写）〈(産)リグーリア＝ピエモンテ〉

Melanoides（Yoshimonia） aff. yoshimoensis
ジュラ紀後期の軟体動物腹足類。
¶日化譜（図版29-11/モ写）〈(産)山口県吉母〉

Melanoides（Yoshimonia） kokurensis
古白亜紀中期の軟体動物腹足類。
¶日化譜（図版29-12/モ写）〈(産)福岡県小倉〉

Mellarium（？） aff.nodulorsum
三畳紀中期の軟体動物腹足類。
¶日化譜（図版83-5/モ写）〈(産)宮城県塩釜市浜田〉

Membraniporella petasus
更新世前期の蘚虫動物唇口類。
¶日化譜（図版22-14/モ写）〈(産)千葉県地蔵堂, 喜界島〉

Meneghiniceras lariense
ジュラ紀前期（ドメリアン）の無脊椎動物軟体動物アンモナイト類。
¶図解化（図版28-15/カ写）〈(産)コモのアルペ・ツラティ〉

Menyanthes cf.trifoliata
更新世前期の植物。
¶日化譜（図版80-38/モ写）〈(産)横浜市南区南太田 花粉〉

Mercaticeras sp.
ジュラ紀前期（トアルシアン）の無脊椎動物軟体動物アンモナイト類。
¶図解化（図版29-1/カ写）〈(産)ペーザロのパソ・デル・フルロ〉

Meristella atoka
デヴォン紀の無脊椎動物腕足動物。
¶図解化（図版8-12/カ写）〈(産)オクラホマ州〉
図解化（図版9-8/カ写）〈(産)オクラホマ州〉

Mesocena sp.
更新世後期の放散虫。
¶日化譜（図版9-9/モ写）〈(産)岩手県西磐井郡花泉町金森〉
日化譜（図版9-10/モ写）〈(産)岩手県花泉町金森〉

Mesodactylites sapphicum
ジュラ紀前期（トアルシアン）の無脊椎動物軟体動物アンモナイト類。
¶図解化（図版30-20/カ写）〈(産)ペーザロのパソ・デル・フルロ〉

Mesoschubertella shimadaniensis
二畳紀前期の紡錘虫。
¶日化譜（図版2-16/モ写）〈(産)岐阜県 縦断面〉

Metacoceras mutabile
石炭紀後期ペンシルヴァニア亜紀の無脊椎動物軟体動物頭足類。
¶図解化（図版24-5/カ写）〈(産)モンタナ州〉

Michelinia（Michelinopora） multitabulata
二畳紀後期の床板サンゴ。
¶日化譜（図版19-14/モ写）〈(産)岩手県住田町, 宮城県米谷, 同気仙沼市新月など〉
日化譜（図版20-1/モ写）〈(産)岩手県世田米, 宮城県米谷, 同気仙沼市新月など 横斜断面, 縦断面〉

Microsolena yabei
古白亜紀後期の六射サンゴ。
¶日化譜（図版18-14/モ写）〈(産)岩手県宮古 横断面, 縦断

A B C

面〉

Mikasaites orbicularis
古白亜紀前期の菊石類。
¶日化譜（図版56-12/モ写）〈㊦北海道三笠市幾春別〉

Milleporella fasciata
ジュラ紀後期のストロマトポロイド。
¶日化譜（図版14-11/モ写）〈㊦東京都五日市 縦断面〉

Milleporidium steinmanni
ジュラ紀後期のストロマトポロイド。
¶日化譜（図版14-12/モ写）〈㊦高知県, 和歌山県, 東京都 横断面〉

Millerella bigemmicula
石炭紀初期の有孔虫紡錘虫。
¶日化譜（図版1-24/モ写）〈㊦岐阜県福地 縦断面〉

Millerella kanmerai
石炭紀初期の有孔虫紡錘虫。
¶日化譜（図版1-25,26/モ写）〈㊦岐阜県福地 縦断面, 横断面〉

Millerella komatui
石炭紀初期の有孔虫紡錘虫。
¶日化譜（図版1-22,23/モ写）〈㊦岐阜県福地 縦断面〉

Millkoninckioceras sp.
二畳紀後期の軟体動物頭足類オウム貝類。
¶日化譜（図版50-2/モ写）〈㊦岐阜県赤坂金生山〉

Minetaxites ushioi
三畳紀後期の毬果類。
¶日化譜（図版75-1/モ写）〈㊦山口県美祢市平原峠〉

Minetrigonia katayamai
三畳紀後期の軟体動物斧足類。
¶日化譜（図版42-25/モ写）〈㊦山口県美祢市平原〉

Minolia sakya
中新世中期の軟体動物腹足類。
¶日化譜（図版26-25/モ写）〈㊦福島県〉

Miocidaris spinifera
二畳紀のウニ類。
¶日化譜（図版88-4/モ写）〈㊦岐阜県赤坂 棘〉

Miogypsina borneensis
漸中新世の有孔虫。
¶日化譜（図版8-1/モ写）〈㊦北大東島 表面〉

Miogypsina borodinensis
漸新世後期の有孔虫。
¶日化譜（図版8-2/モ写）〈㊦北大東島 横断面〉

Miogypsina kotoi
中新世前中期の有孔虫。
¶日化譜（図版8-3/モ写）〈㊦伊豆, 佐渡, 山形, 秋田, 青森など 横断面〉

Miogypsina polymorpha
漸中新世～中新世前期の有孔虫。
¶日化譜（図版8-4/モ写）〈㊦大東島, 南洋〉

Mitra fusiformis
無脊椎動物軟体動物腹足類。
¶図解化（図版18-5/カ写）

Mitra（Mitra） astensis
無脊椎動物軟体動物腹足類。
¶図解化（図版19-17/カ写）

Mitra（Mitra） junior
無脊椎動物軟体動物腹足類。
¶図解化（図版19-4/カ写）

Mitra（Mitra） tracta
無脊椎動物軟体動物腹足類。
¶図解化（図版19-1/カ写）

Mitra（Mitra） tubuliformis
無脊椎動物軟体動物腹足類。
¶図解化（図版19-10/カ写）

Mitra（Tiara） alligator
無脊椎動物軟体動物腹足類。
¶図解化（図版19-21/カ写）

Mitrella erithrostoma
無脊椎動物軟体動物腹足類。
¶図解化（図版21-16/カ写）

Mitrella（Macrurella） elongata
無脊椎動物軟体動物腹足類。
¶図解化（図版21-8/カ写）

Mitrella（Macrurella） nassoides
無脊椎動物軟体動物腹足類。
¶図解化（図版21-22/カ写）

Mitrella（Macrurella） semicaudata
無脊椎動物軟体動物腹足類。
¶図解化（図版21-19/カ写）

Miyakopora miyakoensis
古白亜紀後期の六射サンゴ。
¶日化譜（図版18-13/モ写）〈㊦岩手県宮古〉

Miyakosmilia densa
古白亜紀後期の六射サンゴ。
¶日化譜（図版18-12/モ写）〈㊦岩手県宮古〉

Modiolus bipartitus
ジュラ紀後期の軟体動物斧足類。
¶日化譜（図版37-23/モ写）〈㊦福島県相馬〉

Modiolus（Modiolus） adriaticus
無脊椎動物軟体動物二枚貝。
¶図解化（図版15-7/カ写）

Modiolus（Modiolus） barbatus
無脊椎動物軟体動物二枚貝。
¶図解化（図版15-12/カ写）

Modiolus paronaiformis
三畳紀後期の軟体動物斧足類。
¶日化譜（図版37-22/モ写）〈㊦高知県佐川町梅ノ木谷〉

Mohria australiensis
新白亜紀中期のシダ類胞子。
¶日化譜（図版79-21/モ写）〈㊦福島県双葉郡広野 胞子〉

Monophyllites cf.wengensis
三畳紀中期の菊石類。
¶日化譜（図版52-2/モ写）〈㊦宮城県宮城郡利府村利府駅〉

Monopleura sp.
古白亜紀初期の軟体動物斧足類。
¶日化譜（図版85-7/モ写）〈㊔高知県領石〉

Monotis iwaiensis
三畳紀後期の軟体動物斧足類。
¶日化譜（図版38-16/モ写）〈㊔東京都五日市岩井〉

Monotis ochotica densistriata
三畳紀後期の軟体動物斧足類。
¶日化譜（図版38-12/モ写）〈㊔高知県佐川町大和田曲田，乙川など〉

Monotis ochotica eurachis
三畳紀後期の軟体動物斧足類。
¶日化譜（図版38-11/モ写）〈㊔宮城県本吉郡，岐阜県，長野県，岡山県成羽，徳島県，高知県佐川町下山，金井谷，桜谷〉

Monotis pachypleura
三畳紀後期の軟体動物斧足類。
¶日化譜（図版38-10/モ写）〈㊔高知県佐川町桜谷，金井谷〉

Monotis subcycloidea
三畳紀後期の軟体動物斧足類。
¶日化譜（図版38-9/モ写）〈㊔山口県厚狭郡鴨庄〉

Monotis tenuicostata
三畳紀後期の軟体動物斧足類。
¶日化譜（図版38-15/モ写）〈㊔高知県佐川町笠屋谷，桜谷〉

Monotis zabaikalica
三畳紀後期の軟体動物斧足類。
¶日化譜（図版38-13/モ写）〈㊔高知県佐川町桜谷，梅ノ木谷〉

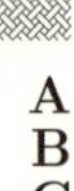

Monotis zabaikalica intermedia
三畳紀後期の軟体動物斧足類。
¶日化譜（図版38-14/モ写）〈㊔高知県佐川町桜谷，亥ノ谷〉

ABC

Mooreoceras normale
ペンシルヴァニア亜紀の無脊椎動物軟体動物頭足類。
¶図解化（図版24-11/カ写）〈㊔モンタナ州〉

Mortoniceras imaii
古白亜紀後期～新白亜紀前期の菊石類。
¶日化譜（図版57-7/モ写）〈㊔北海道夕張市〉

Mourlonia hayasakai
石炭紀中期の軟体動物腹足類。
¶日化譜（図版83-3/モ写）〈㊔山口県美禰市伊佐町〉

Mucrospirifer medfordensis
デヴォン紀の無脊椎動物腕足動物。
¶図解化（図版7-5/カ写）〈㊔カナダ〉

Mucrospirifer mucronatus
デヴォン紀の無脊椎動物腕足動物。
¶図解化（図版7-2/カ写）〈㊔オハイオ州〉
図解化（図版7-7/カ写）〈㊔ニューヨーク州〉

Murex brandarius torularius
無脊椎動物軟体動物腹足類。
¶図解化（図版21-6/カ写）

Murex minax
鮮新世の無脊椎動物軟体動物腹足類。
¶図解化（図版22-4/カ写）〈㊔イギリスのバートン〉

Murex tricarinatus
鮮新世の無脊椎動物軟体動物腹足類。
¶図解化（図版22-13/カ写）〈㊔イギリスのバートン〉

Murex（Tubicauda） spinicosta
無脊椎動物軟体動物腹足類。
¶図解化（図版21-7/カ写）

Muricopsis cristata
無脊椎動物軟体動物腹足類。
¶図解化（図版21-2/カ写）

Myliobatis sp.
暁新世の脊椎動物魚類の化石歯。軟骨魚綱。
¶図解化（図版40-11/カ写）〈㊔マリ共和国〉
図解化（図版40-20/カ写）〈㊔マリ共和国〉

Myoconcha trapezoidalis
三畳紀後期の軟体動物斧足類。
¶日化譜（図版42-6/モ写）〈㊔高知県佐川町梅木谷，金井谷〉

Myophorella（Haidaia） pulex
ジュラ紀後期の軟体動物斧足類。
¶日化譜（図版42-23/モ写）〈㊔熊本県南部，高知県佐川町〉

Myophorella（Haidaia） subcircularis
ジュラ紀後期の軟体動物斧足類。
¶日化譜（図版42-22/モ写）〈㊔福島県相馬市富沢〉

Myophorella（Promyophorella？） hashimotoi
ジュラ紀後期の軟体動物斧足類。
¶日化譜（図版42-20/モ写）〈㊔徳島県那賀郡宮浜〉

Myophorella（s.s.） dekaiboda
ジュラ紀後期の軟体動物斧足類。
¶日化譜（図版42-21/モ写）〈㊔福島県相馬郡上真野村皆原〉

Myophoria okunominetaniensis
三畳紀後期の軟体動物斧足類。
¶日化譜（図版42-10/モ写）〈㊔高知県佐川町奥峯谷〉

Myrosopsis pernaruna
無脊椎動物軟体動物二枚貝。
¶図解化（図版16-10/カ写）

Mytilus（Falcimytilus） nasai nagaides
三畳紀後期の軟体動物斧足類。
¶日化譜（図版37-28/モ写）〈㊔高知県佐川町柏井〉

Myurella sp.
更新世後期の軟体動物腹足類。
¶日化譜（図版34-33/モ写）〈㊔千葉県成田市大竹〉

Nagatostrobus setnomischoides
三畳紀後期の毬果類。
¶日化譜（図版75-3/モ写）〈㊔山口県美禰市藤が河内 毬果〉

Nageiopsis zamioides
古白亜紀前期の毬果（松柏）類。
¶日化譜（図版74-17/モ写）〈㊔福島県相馬郡鹿島町橲原，和歌山県有田郡湯浅町丹崎〉

Najadospirifer
シルル紀の無脊椎動物腕足動物。
¶図解化(図版7-1/カ写)〈㊥ボヘミア〉

Nankinella nagatoensis
二畳紀前期の紡錘虫。
¶日化譜(図版4-21/モ写)〈㊥秋吉 縦断面〉

Nanonavis sachalinensis
新白亜紀中期の軟体動物斧足類。
¶日化譜(図版36-6/モ写)〈㊥樺太〉

Nanonavis sachalinensis brevis
新白亜紀後期の軟体動物斧足類。
¶日化譜(図版36-11,12/モ写)〈㊥大阪府泉南郡汗の谷〉

Nanonavis yokoyamai
古白亜紀中期の軟体動物斧足類。
¶日化譜(図版36-7/モ写)〈㊥群馬県多野郡上野村〉

Narona(Solatia) hirta
無脊椎動物軟体動物腹足類。
¶図解化(図版19-16/カ写)

Narona(Sveltia) altavillae strictoturrita
無脊椎動物軟体動物腹足類。
¶図解化(図版19-6/カ写)

Narona(Sveltia) varicosa
無脊椎動物軟体動物腹足類。
¶図解化(図版19-19/カ写)
図解化(図版19-22/カ写)

Narona(Tribia) uniangulata
無脊椎動物軟体動物腹足類。
¶図解化(図版19-12/カ写)

Natica cepacia
始新世の無脊椎動物軟体動物腹足類。
¶図解化(図版23-19/カ写)〈㊥ロンカ〉

Natica(Natica) pseudoepiglottinus
鮮新世の無脊椎動物軟体動物腹足類。
¶図解化(図版17-19/カ写)〈㊥リグーリア=ピエモンテ〉

Naticarius dillwyni
鮮新世の無脊椎動物軟体動物腹足類。
¶図解化(図版17-7/カ写)〈㊥リグーリア=ピエモンテ〉

Naticarius hebraeus
鮮新世の無脊椎動物軟体動物腹足類。
¶図解化(図版17-15/カ写)〈㊥リグーリア=ピエモンテ〉

Naticarius millepunctatus
鮮新世の無脊椎動物軟体動物腹足類。
¶図解化(図版17-16/カ写)〈㊥リグーリア=ピエモンテ〉

Naticella(?) infrequens
三畳紀後期の軟体動物腹足類。
¶日化譜(図版27-13/モ写)〈㊥岡山県成羽町山本〉

Naticopsis cf.paraealta
二畳紀後期の軟体動物腹足類。
¶日化譜(図版27-8/モ写)〈㊥岐阜県赤坂〉

Naticopsis fasciata
二畳紀後期の軟体動物腹足類。
¶日化譜(図版27-9/モ写)〈㊥岐阜県赤坂〉

Natrix sp.
更新世後期の爬虫類。
¶日化譜(図版64-16/モ写)〈㊥栃木県安蘇郡葛生町築地 脊椎骨脊面, 同腹面〉

Nautilus archincianus
白亜紀後期の無脊椎動物軟体動物頭足類。
¶図解化(図版24-3/カ写)〈㊥フランス〉

Nautilus distefanoi
ジュラ紀前期の無脊椎動物軟体動物頭足類。
¶図解化(図版24-10/カ写)〈㊥イタリア〉

Nautilus sp.
ジュラ紀前期の無脊椎動物軟体動物頭足類。
¶図解化(図版24-9/カ写)〈㊥イタリア〉
図解化(図版24-16/カ写)〈㊥イタリア〉

Nemocardium yatsushiroensis
古白亜紀後期の軟体動物斧足類。
¶日化譜(図版85-16/モ写)〈㊥熊本県八代市〉

Neoanchicodium catenoides
二畳紀前期の藻類緑藻。
¶日化譜(図版11-10/モ写)〈㊥滋賀県醒ケ井 縦断面〉

Neocalamites korensis
三畳紀後期のシダ植物有節類。
¶日化譜(図版70-5/モ写)〈㊥山口県美禰市藤が河内 茎〉

Neochonetes crassus
石炭紀の無脊椎動物腕足動物。
¶図解化(図版6-4/カ写)〈㊥ケンタッキー州〉

Neocosmoceras ambiguum
ジュラ紀後期(キンメリジアン=チトニアン)の無脊椎動物軟体動物アンモナイト類。
¶図解化(図版33-12/カ写)〈㊥パソ・デル・フルロ〉

Neocosmoceras bitubercolatum
ジュラ紀後期(キンメリジアン=チトニアン)の無脊椎動物軟体動物アンモナイト類。
¶図解化(図版33-10/カ写)〈㊥パソ・デル・フルロ〉

Neocrioceras(?) sanushibensis
新白亜紀中期の菊石類。
¶日化譜(図版52-23/モ写)〈㊥北海道胆振国サヌシベ〉

Neocrioceras(Schlueterella) sp.
新白亜紀中期の菊石類。
¶日化譜(図版52-21/モ写)〈㊥樺太内淵〉

Neogyroporella elegans
ジュラ紀後期の藻類緑藻。
¶日化譜(図版11-1/モ写)〈㊥高知県佐川 縦断面〉

Neohemithyris lucida
更新世〜現世の腕足類終穴類。
¶日化譜(図版24-21/モ写)〈㊥喜界島〉

Neohibolites eguchii
古白亜紀後期の箭石類。
¶日化譜(図版57-15/モ写)〈㊥岩手県宮古〉

Neohilobites miyakoensis
古白亜紀後期の箭石類。
¶日化譜(図版57-16,17/モ写)〈㊥岩手県宮古〉

Neolissoceras grasi
ジュラ紀後期(キンメリジアン=チトニアン)の無

脊椎動物軟体動物アンモナイト類。
¶図解化（図版35-19/カ写）〈㊥パソ・デル・フルロ〉

Neopuzosia japonica
新白亜紀中期の菊石類。
¶日化譜（図版55-10/モ写）〈㊥南樺太〉

Neospirifer cf.cameratus
二畳紀後期の腕足類。
¶日化譜（図版82-12/モ写）〈㊥福島県高倉山〉

Neospirifer cf.fasciger
二畳紀後期の腕足類。
¶日化譜（図版82-11/モ写）〈㊥福島県高倉山〉

Nerinea hidakaensis
古白亜紀後期の軟体動物腹足類。
¶日化譜（図版29-26/モ写）〈㊥北海道勇払郡占冠村双珠別 縦断面〉

Nerinea japonica
古白亜紀後期の軟体動物腹足類。
¶日化譜（図版29-27/モ写）〈㊥岩手県宮古〉

Nerita conoidea
始新世の無脊椎動物軟体動物腹足類。
¶図解化（図版23-13/カ写）〈㊥ロンカ〉

Neritopsis elegans
ジュラ紀前期の軟体動物腹足類。
¶日化譜（図版83-13/モ写）〈㊥山口県豊浦郡東長野〉

Neritopsis mutabilis
ジュラ紀前期の軟体動物腹足類。
¶日化譜（図版83-12/モ写）〈㊥山口県豊浦郡東長野〉

Netshajewia cf.elongata
二畳紀中期の軟体動物斧足類。
¶日化譜（図版85-14/モ写）〈㊥宮城県登米郡東和町米谷〉

Neverita josephinia
鮮新世の無脊椎動物軟体動物腹足類。
¶図解化（図版17-9/カ写）〈㊥リグーリア=ピエモンテ〉

Nigericeras gignouxi
白亜紀後期の無脊椎動物軟体動物アンモナイト類。
¶図解化（図版26-16/カ写）〈㊥ナイジェリア〉

Nilssonia brevis
三畳紀後期のベンネチテス類。
¶日化譜（図版73-7/モ写）〈㊥岡山県川上郡成羽町上日名〉

Nilssonia schaumburgensis
古白亜紀前期のベンネチテス類。
¶日化譜（図版73-11/モ写）〈㊥福島, 和歌山, 徳島, 高知各県〉

Nilssonia simplex
三畳紀後期のベンネチテス類。
¶日化譜（図版73-6/モ写）〈㊥岡山県川上郡成羽町枝〉

Niponaster hokkaidoensis
新白亜紀中後期のウニ類。
¶日化譜（図版62-11/モ写）〈㊥北海道石狩, 淡路島三原郡湊〉

Nipponitella auricula
二畳紀前期の紡錘虫。
¶日化譜（図版3-22/モ写）〈㊥北上, 登米郡 斜断面〉

Nipponitella expansa
二畳紀前期の紡錘虫。
¶日化譜（図版3-23/モ写）〈㊥北上, 登米郡 横断面〉

Nipponites sachalinensis
新白亜紀中期の菊石類。
¶日化譜（図版53-12/モ写）〈㊥樺太内淵川〉

Nipponitrigonia convexa
古白亜紀後期の軟体動物斧足類。
¶日化譜（図版42-17/モ写）〈㊥岩手県宮古など〉

Nippononaia wakinoensis intermedia
古白亜紀後期の軟体動物斧足類。
¶日化譜（図版43-16/モ写）〈㊥山口県西市〉

Nipponophycus ramosus
ジュラ紀後期の藻類緑藻。
¶日化譜（図版11-6,7/モ写）〈㊥高知県佐川 縦断面〉

Nipponophysoporella elegans
二畳紀後期の藻類緑藻。
¶日化譜（図版11-4/モ写）〈㊥岐阜県 縦断面〉

Niso（Niso） terebellum
無脊椎動物軟体動物腹足類。
¶図解化（図版20-10/カ写）

Nodicoeloceras acanthus
ジュラ紀前期（トアルシアン）の無脊椎動物軟体動物アンモナイト類。
¶図解化（図版30-15/カ写）〈㊥ペーザロのパソ・デル・フルロ〉

Nodicoeloceras angelonii
ジュラ紀前期（トアルシアン）の無脊椎動物軟体動物アンモナイト類。
¶図解化（図版30-1/カ写）〈㊥ペーザロのパソ・デル・フルロ〉

Nodicoeloceras baconicum
ジュラ紀前期（トアルシアン）の無脊椎動物軟体動物アンモナイト類。
¶図解化（図版30-17/カ写）〈㊥ペーザロのパソ・デル・フルロ〉

Nodicoeloceras crassoides
ジュラ紀前期（トアルシアン）の無脊椎動物軟体動物アンモナイト類。
¶図解化（図版30-19/カ写）〈㊥ペーザロのパソ・デル・フルロ〉

Nodicoeloceras hungaricum
ジュラ紀前期（トアルシアン）の無脊椎動物軟体動物アンモナイト類。
¶図解化（図版30-7/カ写）〈㊥ペーザロのパソ・デル・フルロ〉

Nodicoeloceras lobatum
ジュラ紀前期（トアルシアン）の無脊椎動物軟体動物アンモナイト類。
¶図解化（図版30-8/カ写）〈㊥ペーザロのパソ・デル・フルロ〉

Nodicoeloceras verticellum
ジュラ紀前期（トアルシアン）の無脊椎動物軟体動物アンモナイト類。
¶図解化（図版30-13/カ写）〈㊥ペーザロのパソ・デル・フルロ〉

Nodicoeloceras verticosum
ジュラ紀前期(トアルシアン)の無脊椎動物軟体動物アンモナイト類。
¶図解化(図版30-11/カ写)〈㊦ペーザロのパソ・デル・フルロ〉

Nodosaria catenulata
鮮新世〜現世の有孔虫。
¶日化譜(図版6-5/モ図)〈㊦表日本各地〉

Nonion pacificum
鮮新世〜現世の有孔虫。
¶日化譜(図版7-4/モ図)〈㊦佐渡沢根など〉

Notidanus primigenius
中新世の脊索動物魚椎の化石歯。
¶図解化(図版40-7/カ写)〈㊦ベルギーのアンベルス〉
図解化(図版40-14/カ写)〈㊦ドイツ〉

Notopocorystes (Eucorystes) intermedius
新白亜紀前期の十脚類。
¶日化譜(図版59-11/モ写)〈㊦北海道三笠市幾春別〉

Notostephanus kurdistanensis
ジュラ紀後期(キンメリジアン=チトニアン)の無脊椎動物軟体動物アンモナイト類。
¶図解化(図版34-1/カ写)〈㊦パソ・デル・フルロ〉

Nucula ishidoensis
古白亜紀中期の軟体動物斧足類。
¶日化譜(図版35-22/モ写)〈㊦群馬県多野郡上野村〉

Nuculana (Praesaccella) erinoensis
ジュラ紀後期の軟体動物斧足類。
¶日化譜(図版36-1/モ写)〈㊦熊本県南部〉

Nucula (Nucula) nucleus
無脊椎動物軟体動物二枚貝。
¶図解化(図版15-16/カ写)

Nucula (Nucula) placentina
無脊椎動物軟体動物二枚貝。
¶図解化(図版15-14/カ写)

Nummulites amakusensis
始新世前期の有孔虫。
¶日化譜(図版8-17/モ写)〈㊦天草下島 横断面〉

Nummulites (=Operculina) ammonoides
鮮新世〜現世の有孔虫。
¶日化譜(図版8-5/モ写)〈㊦沖縄本島〉

Nummulites (=Operculinella) cumingii
現世の有孔虫。
¶日化譜(図版8-6,7/モ写)〈㊦南洋各地 表面, 縦断面〉

Nummulites sp.aff.lucasi
始新世前期の有孔虫。
¶日化譜(図版8-16/モ写)〈㊦天草下島 縦断面〉

Nummulites subamakusensis
始新世前期の有孔虫。
¶日化譜(図版8-18/モ写)〈㊦天草下島 横断面, 縦断面〉

Nymphaeoblastus anossofi
石炭紀前期の海ツボミ。
¶日化譜(図版61-13/モ写)〈㊦岩手県気仙郡住田町下有住火の土〉

Ocenebra erinacea
無脊椎動物軟体動物腹足類。
¶図解化(図版21-23/カ写)

Ocenebra polymorpha
無脊椎動物軟体動物腹足類。
¶図解化(図版21-12/カ写)

Ocinebrina imbricata
無脊椎動物軟体動物腹足類。
¶図解化(図版21-4/カ写)

Ocinebrina (Ocinebrina) funiculosa
無脊椎動物軟体動物腹足類。
¶図解化(図版21-5/カ写)

Octobronteus (?) sp.
シルル紀中期の三葉虫。
¶日化譜(図版87-5/モ写)〈㊦宮崎県西臼杵郡五ヶ瀬村鞍岡 尾部〉

Odontaspis taurus
第三紀の脊椎動物魚類の化石歯。軟骨魚綱。
¶図解化(図版40-5/カ写)〈㊦イタリア〉

Odontaspis taurus obliqua
第三紀の脊椎動物魚類の化石歯。軟骨魚綱。
¶図解化(図版40-8/カ写)〈㊦イタリア〉

Oepikina planumbona
オルドヴィス紀の無脊椎動物腕足動物。
¶図解化(図版8-25/カ写)〈㊦インディアナ州〉

Offadesma altissimum
古白亜紀後期の軟体動物斧足類。
¶日化譜(図版85-29/モ写)〈㊦岩手県宮古〉

Oistoceras crescens
ジュラ紀前期の無脊椎動物軟体動物アンモナイト類。
¶図解化(図版25-12/カ写)〈㊦イギリス〉

Olcostephanus astierianus
白亜紀前期の無脊椎動物軟体動物アンモナイト類。
¶図解化(図版26-7/カ写)〈㊦フランス〉

Oliarus (?) sp.
更新世前期の昆虫類。
¶日化譜(図版60-31/モ写)〈㊦栃木県塩原温泉〉

Oligocarpia
石炭紀の植物。
¶図解化(図版1-6/カ写)〈㊦イリノイ州メゾン・クリーク〉

Oligoporella s-kawadai
二畳紀後期の藻類緑藻。
¶日化譜(図版10-12/モ写)〈㊦関東山地〉

Omphalophylia yamambaensis
二畳紀中期の六射サンゴ。
¶日化譜(図版18-4/モ写)〈㊦高知県佐川山姥 横断面〉

Oolina circulo-costa carinata
更新世前期の有孔虫。
¶日化譜(図版6-13/モ写)〈㊦房総〉

Oolina marginata semistriata
鮮新世後期〜更新世前期の有孔虫。
¶日化譜(図版6-14/モ写)〈㊦房総〉

Oolina ozawai
鮮新世後期の有孔虫。
¶日化譜(図版6-12/モ写)〈㊥房総〉

Opalia crenata
無脊椎動物軟体動物腹足類。
¶図解化(図版20-8/カ写)

Ophiceras iwaiense
三畳紀前期の菊石類。
¶日化譜(図版51-3/モ写)〈㊥東京都西多摩郡日の出村岩井〉

Opis (Coelopis) tanourensis
ジュラ紀後期の軟体動物斧足類。
¶日化譜(図版44-5/モ写)〈㊥熊本県南部〉

Opis (Trigonopis) torinosuensis
ジュラ紀後期の軟体動物斧足類。
¶日化譜(図版44-4/モ写)〈㊥福島県相馬〉

Orbitolina ezoensis
古白亜紀後期の有孔虫。
¶日化譜(図版1-10/モ写)〈㊥北海道 横断面, 表面〉

Ornithella sp.
ジュラ紀中期の無脊椎動物腕足動物。
¶図解化(図版10-23/カ写)〈㊥フランス〉

Orthaulax japonicus
始新世前期～漸新世前期の軟体動物腹足類。
¶日化譜(図版30-5/モ写)〈㊥長崎県西彼杵郡香焼, 熊本県宇土郡〉

Orthoceras inflata
デヴォン紀の無脊椎動物軟体動物頭足類。
¶図解化(図版24-18/カ写)〈㊥ドイツ〉

Orthoceras planorectatum
ジュラ紀の無脊椎動物軟体動物頭足類。
¶図解化(図版24-17/カ写)〈㊥ドイツ〉

Orthodactylites mediterraneum
ジュラ紀前期(トアルシアン)の無脊椎動物軟体動物アンモナイト類。
¶図解化(図版30-10/カ写)〈㊥ペーザロのパソ・デル・フルロ〉

Orthodactylites merlai
ジュラ紀前期(トアルシアン)の無脊椎動物軟体動物アンモナイト類。
¶図解化(図版30-12/カ写)〈㊥ペーザロのパソ・デル・フルロ〉

Orthotetes rugosa
二畳紀後期の腕足類前穴類。
¶日化譜(図版23-2/モ写)〈㊥岩手県陸前高田市飯森〉

Orthotetina kayseri
二畳紀後期の腕足類前穴類。
¶日化譜(図版23-9/モ写)〈㊥宮城県気仙沼市新月松川〉

Orthotichia japonica
二畳紀前期の腕足類前穴類。
¶日化譜(図版24-10/モ写)〈㊥栃木県安蘇郡鍋山〉

Orthotrigonia corrugata
ジュラ紀前期の軟体動物斧足類。
¶日化譜(図版43-1/モ写)〈㊥宮城県志津川町韮ノ浜〉

Ortonella intermedia
二畳紀後期の藻類緑藻。
¶日化譜(図版11-14/モ写)〈㊥秩父 断面〉

Ortonella parvituba
二畳紀後期の藻類緑藻。
¶日化譜(図版11-13/モ写)〈㊥秩父 断面〉

Osmunda papillata
ジュラ紀後期のシダ類胞子。
¶日化譜(図版79-18/モ写)〈㊥石川県 胞子〉

Otozamites endoi
ジュラ紀後期のベンネチテス類。
¶日化譜(図版72-8/モ写)〈㊥石川県石川郡尾口村尾添〉

Otozamites Huzisawae
三畳紀後期のベンネチテス類。
¶日化譜(図版73-1/モ写)〈㊥岡山県川上郡成羽町上日名〉

Otozamites lancifolius
三畳紀後期のベンネチテス類。
¶日化譜(図版72-6/モ写)〈㊥岡山県川上郡成羽町上日名〉

Otozamites Sewardi
ジュラ紀後期のベンネチテス類。
¶日化譜(図版72-7/モ写)〈㊥福井県大野郡和泉村下山〉

Ovatella myotis
無脊椎動物軟体動物腹足類。
¶図解化(図版19-5/カ写)

Oxynoticeras (Gleniceras) guibalianum
ジュラ紀前期の無脊椎動物軟体動物アンモナイト類。
¶図解化(図版26-12/カ写)〈㊥フランス〉

Oxyparoniceras telemachi
ジュラ紀前期の無脊椎動物軟体動物アンモナイト類。
¶図解化(図版25-9/カ写)〈㊥フランス〉

Oxyrhina sp.
ジュラ紀後期の脊椎動物魚類の化石歯。軟骨魚綱。
¶図解化(図版40-6/カ写)〈㊥イタリア〉

Oxytoma kashiwaiensis
三畳紀後期の軟体動物斧足類。
¶日化譜(図版38-5/モ写)〈㊥高知県佐川町柏井〉

Oxytoma yeharai
三畳紀後期の軟体動物斧足類。
¶日化譜(図版38-4/モ写)〈㊥高知県佐川町下山〉

Ozarkodina orientale
石炭紀前中期の錐歯類。
¶日化譜(図版89-12/モ写)〈㊥新潟県青海町, 青海電化西山採石場〉

Ozawainella nakatsugawaensis
二畳紀後期の紡錘虫。
¶日化譜(図版4-17/モ写)〈㊥埼玉県秩父郡三国山 縦断面〉

Pachydiscus subcompressus
新白亜紀後期の菊石類。
¶日化譜(図版57-1/モ写)〈㊥北海道北見国〉

Pachyphloia aff.multiseptata
二畳紀後期の有孔虫。

¶日化譜（図版1-16/モ写）〈[産]関東山地 縦断面〉

Paladin yanagisawai
二畳紀後期の三葉虫。
¶日化譜（図版58-7〜9/モ写）〈[産]福島県石城郡四倉町高倉山〉

Palaeocoenia orbitoides
古白亜紀後期の六射サンゴ。
¶日化譜（図版18-8/モ写）〈[産]岩手県宮古 横断面, 縦断面〉

Palaeodictyon majus
漸新世？の藻類緑藻。
¶日化譜（図版10-1/モ写）〈[産]和歌山県西牟婁郡栗栖川村洞ケ谷 網石, 亀甲石〉

Palaeopharus（Minepharus） triadicus
三畳紀後期の軟体動物斧足類。
¶日化譜（図版42-1/モ写）〈[産]山口県美禰市平原坂〉

Palaeopneustes aff.cristatus
中新世後期〜鮮新世のウニ類。
¶日化譜（図版62-12/モ写）〈[産]横浜市戸塚区上郷町長倉〉

Paleodavidia multipterium
鮮新世後期の双子葉植物。
¶日化譜（図版76-16/モ写）〈[産]岐阜, 愛知, 島根各県〉

Palliolum（Lissochlamys） excisum
無脊椎動物軟体動物二枚貝。
¶図解化（図版13-1/カ写）
図解化〔Pallium（Lissochlamys）excisum〕（図版13-16/カ写）

Paltopleuroceras sp.
ジュラ紀前期（ドメリアン）の無脊椎動物軟体動物アンモナイト類。
¶図解化（図版28-16/カ写）〈[産]コモのアルペ・ツラティ〉

Panopea（Panopea） glycymeris
無脊椎動物軟体動物二枚貝。
¶図解化（図版12-3/カ写）

Paphia（Callistotapes） vetula
無脊椎動物軟体動物二枚貝。
¶図解化（図版12-5/カ写）
図解化（図版16-1/カ写）

Paraberriasella sp.
ジュラ紀後期（キンメリジアン=チトニアン）の無脊椎動物軟体動物アンモナイト類。
¶図解化（図版35-20/カ写）〈[産]パソ・デル・フルロ〉

Paraberriasiella cfr.blondeti
ジュラ紀後期（キンメリジアン=チトニアン）の無脊椎動物軟体動物アンモナイト類。
¶図解化（図版34-4/カ写）〈[産]パソ・デル・フルロ〉

Paraceltites aff.elegans
二畳紀後期の頭足類菊石類。
¶日化譜（図版86-5/モ写）〈[産]福島県石城郡四倉町高倉山〉

Parafusulina tomuroensis
二畳紀前期の紡錘虫。
¶日化譜（図版4-3/モ写）〈[産]栃木県鍋山 縦断面〉

Parahoplites（？） yaegashii
古白亜紀後期の菊石類。
¶日化譜（図版55-13/モ写）〈[産]岩手県宮古〉

Parakrithella pseudodonta
更新世前期〜現世の介形類。
¶日化譜（図版60-25〜27/モ写）〈[産]石垣島, 神奈川県葉山海岸〉

Parallelodon cf.multistriatus
二畳紀後期の軟体動物斧足類。
¶日化譜（図版84-2/モ写）〈[産]福島県石城郡四倉町高倉山〉

Parapallasiceras cfr.pseudocontingens
ジュラ紀後期（キンメリジアン=チトニアン）の無脊椎動物軟体動物アンモナイト類。
¶図解化（図版35-5/カ写）〈[産]パソ・デル・フルロ〉

Parapallasiceras praecox
ジュラ紀後期（キンメリジアン=チトニアン）の無脊椎動物軟体動物アンモナイト類。
¶図解化（図版35-10/カ写）〈[産]パソ・デル・フルロ〉
図解化（図版35-15/カ写）〈[産]パソ・デル・フルロ〉

Pararnioceras meridionale
ジュラ紀前期（シネムリアン）の無脊椎動物軟体動物アンモナイト類。
¶図解化（図版27-18/カ写）〈[産]ベルガモのモンテ・アルベンツァ〉

Pararnioceras truemanni
ジュラ紀前期（シネムリアン）の無脊椎動物軟体動物アンモナイト類。
¶図解化（図版27-13/カ写）〈[産]ベルガモのモンテ・アルベンツァ〉
図解化（図版27-15/カ写）〈[産]ベルガモのモンテ・アルベンツァ〉

Paraschwagerina ambigua
二畳紀前期の紡錘虫。
¶日化譜（図版3-17/モ写）〈[産]秋吉, 岐阜, 関東山地 横断面〉

Parastriatopora hidensis
シルル紀後期の床板サンゴ。
¶日化譜（図版20-6/モ写）〈[産]岐阜県福地 縦断面〉

Pavlovia aff.iastriensis primaria
ジュラ紀後期（キンメリジアン=チトニアン）の無脊椎動物軟体動物アンモナイト類。
¶図解化（図版35-14/カ写）〈[産]パソ・デル・フルロ〉

Paxillosus hastatus
ジュラ紀の無脊椎動物軟体動物ベレムナイト。
¶図解化（図版36-8/カ写）〈[産]ドイツ〉

Payradentia intricata
鮮新世の無脊椎動物軟体動物腹足類。
¶図解化（図版17-17/カ写）〈[産]リグーリア=ピエモンテ〉

Pecten（Chlamys） latissimus
無脊椎動物軟体動物二枚貝。
¶図解化（図版13-5/カ写）
図解化（図版13-6/カ写）

Pecten（Flabellipecten） bosniaskii
無脊椎動物軟体動物二枚貝。

¶図解化〔図版13-8/カ写〕

Pecten (Flexopecten) flexuosa
無脊椎動物軟体動物二枚貝。
¶図解化〔図版13-2/カ写〕

Pectinatites cfr.inconsuetus
ジュラ紀後期(キンメリジアン=チトニアン)の無脊椎動物軟体動物アンモナイト類。
¶図解化〔図版34-6/カ写〕〈㊥パソ・デル・フルロ〉

Pelecyora (Pelecyora) brocchii
無脊椎動物軟体動物二枚貝。
¶図解化〔図版16-4/カ写〕
図解化〔図版16-11/カ写〕

Pelecyora (Pelecyora) gigas
無脊椎動物軟体動物二枚貝。
¶図解化〔図版16-19/カ写〕

Pellatispira douvellei
始新世後期の有孔虫。
¶日化譜〔図版7-13/モ写〕〈㊥小笠原母島, 石垣島, 南洋各地 横断面, 縦断面〉

Peltoceras annularis
ジュラ紀中期の無脊椎動物軟体動物アンモナイト類。
¶図解化〔図版26-2/カ写〕〈㊥ドイツ〉

Peniculauris bassi
ペルム紀の無脊椎動物腕足動物。
¶図解化〔図版6-12/カ写〕〈㊥テキサス州〉

Pentacrinus sp.
ジュラ紀前期のウミユリ類。
¶日化譜〔図版61-8/モ写〕〈㊥山口県豊浦郡豊田町東長野 柄断面〉
日化譜〔Pentacrinus(?)sp.〕〔図版88-1,2/モ写〕〈㊥岩手県宮古〉

Pentremites angustus
ミシシッピ亜紀の無脊椎動物棘皮動物。
¶図解化〔図版37-10/カ写〕〈㊥オクラホマ州〉

Pentremites cherokeeus
ミシシッピ亜紀の無脊椎動物棘皮動物。
¶図解化〔図版37-9/カ写〕〈㊥イリノイ州〉

Pentremites godoni
ミシシッピ亜紀の無脊椎動物棘皮動物。
¶図解化〔図版37-5/カ写〕〈㊥ケンタッキー州〉

Pentremites obesus
ミシシッピ亜紀の無脊椎動物棘皮動物。
¶図解化〔図版37-12/カ写〕〈㊥イリノイ州〉

Pentremites rusticus
ミシシッピ亜紀の無脊椎動物棘皮動物。
¶図解化〔図版37-6/カ写〕〈㊥オクラホマ州〉

Pentremites sulcatus
ミシシッピ亜紀の無脊椎動物棘皮動物。
¶図解化〔図版37-8/カ写〕〈㊥アラバマ州〉
図解化〔図版37-14,15/カ写〕〈㊥テネシー州〉

Pentremites symmetricus
ミシシッピ亜紀の無脊椎動物棘皮動物。
¶図解化〔図版37-11/カ写〕〈㊥イリノイ州〉

Pentremites welleri
ミシシッピ亜紀(石炭紀前期)の無脊椎動物棘皮動物ウミツボミ。
¶図解化〔図版37-1/カ写〕〈㊥イリノイ州〉

Perichlamydium tenuis
古生代後期〜中生代初期の放散虫。
¶日化譜〔図版9-6/モ写〕〈㊥東京都御嶽〉

Periploma nagaoi brevis
新白亜紀後期の軟体動物斧足類。
¶日化譜〔図版49-26/モ写〕〈㊥大阪府泉南郡〉

Periscaria sp.
鮮新世前期の植物タデ類。
¶日化譜〔図版80-39/モ写〕〈㊥新潟県三島郡出雲崎町 花粉〉

Perisphinctes convolutus
ジュラ紀中期の無脊椎動物軟体動物アンモナイト類。
¶図解化〔図版26-6/カ写〕〈㊥ドイツ〉

Perisphinctes parabolis
ジュラ紀中期の無脊椎動物軟体動物アンモナイト類。
¶図解化〔図版26-3/カ写〕〈㊥ドイツ〉

Perisphinctes plicatilis
ジュラ紀中期の無脊椎動物軟体動物アンモナイト類。
¶図解化〔図版25-20/カ写〕〈㊥ドイツ〉

Permophorus tenuistriatus
二畳紀後期の軟体動物斧足類。
¶日化譜〔図版85-13/モ写〕〈㊥京都府大江町公庄〉

Peronoceras andraei
ジュラ紀前期(トアルシアン)の無脊椎動物軟体動物アンモナイト類。
¶図解化〔図版30-16/カ写〕〈㊥ペーザロのパソ・デル・フルロ〉

Peronoceras bollense
ジュラ紀前期(トアルシアン)の無脊椎動物軟体動物アンモナイト類。
¶図解化〔図版30-14/カ写〕〈㊥ペーザロのパソ・デル・フルロ〉

Peronoceras cfr.vortex
ジュラ紀前期(トアルシアン)の無脊椎動物軟体動物アンモナイト類。
¶図解化〔図版30-9/カ写〕〈㊥ペーザロのパソ・デル・フルロ〉

Petaloconchus intortus
無脊椎動物軟体動物腹足類。
¶図解化〔図版20-1/カ写〕
図解化〔図版20-26/カ写〕

Phacops nonakai
デボン紀中期の三葉虫。
¶日化譜〔図版58-16/モ写〕〈㊥岩手県大船渡市樋口沢〉

Phanerostephanus dalmasiforme
ジュラ紀後期(キンメリジアン=チトニアン)の無脊椎動物軟体動物アンモナイト類。
¶図解化〔図版33-7/カ写〕〈㊥パソ・デル・フルロ〉

Phanerostephanus sp.
ジュラ紀後期(キンメリジアン=チトニアン)の無脊椎動物軟体動物アンモナイト類。

¶図解化（図版33-14/カ写）〈㊥パソ・デル・フルロ〉

Phlebopteris Takahashii
ジュラ紀前期のシダ植物シダ類。
¶日化譜（図版70-10/モ写）〈㊥山口県豊浦郡豊田町石町〉

Pholadomya somensis
ジュラ紀後期の軟体動物斧足類。
¶日化譜（図版49-17/モ写）〈㊥福島県相馬郡〉

Pholadomya tuberculata
古白亜紀後期の軟体動物斧足類。
¶日化譜（図版85-27/モ写）〈㊥岩手県宮古〉

Pholidostrophia sp.
デヴォン紀の無脊椎動物腕足動物。
¶図解化（図版8-17/カ写）〈㊥オハイオ州〉

Phragmophora sp.
デヴォン紀の無脊椎動物腕足動物。
¶図解化（図版8-28/カ写）〈㊥ドイツ〉

Phricodothyris tyoanjiensis
石炭紀前期の腕足類終穴類。
¶日化譜（図版24-23/モ写）〈㊥岩手県大船渡市盛町大森〉

Phylloceras ausonium
ジュラ紀前期（トアルシアン）の無脊椎動物軟体動物アンモナイト類。
¶図解化（図版32-8/カ写）〈㊥ペーザロのパソ・デル・フルロ〉

Phylloceras emeryi
ジュラ紀前期（ドメリアン）の無脊椎動物軟体動物アンモナイト類。
¶図解化（図版28-18/カ写）〈㊥コモのアルペ・ツラティ〉

Phylloceras empedoclis furlensis
ジュラ紀後期（キンメリジアン=チトニアン）の無脊椎動物軟体動物アンモナイト類。
¶図解化（図版34-12/カ写）〈㊥パソ・デル・フルロ〉

Phylloceras isotypum apenninica
ジュラ紀後期（キンメリジアン=チトニアン）の無脊椎動物軟体動物アンモナイト類。
¶図解化（図版35-11/カ写）〈㊥パソ・デル・フルロ〉

Phylloceras isotypum subsp.apenninica
ジュラ紀後期（キンメリジアン=チトニアン）の無脊椎動物軟体動物アンモナイト類。
¶図解化（図版33-9/カ写）〈㊥パソ・デル・フルロ〉

Phylloceras loczy
ジュラ紀前期（トアルシアン）の無脊椎動物軟体動物アンモナイト類。
¶図解化（図版32-21/カ写）〈㊥ペーザロのパソ・デル・フルロ〉

Phylloceras selinoides
ジュラ紀前期（トアルシアン）の無脊椎動物軟体動物アンモナイト類。
¶図解化（図版32-2/カ写）〈㊥ペーザロのパソ・デル・フルロ〉

Phylloceras serum
ジュラ紀後期（キンメリジアン=チトニアン）の無脊椎動物軟体動物アンモナイト類。
¶図解化（図版35-12/カ写）〈㊥パソ・デル・フルロ〉

Phyllopertha（?）sp.
中新世中期の昆虫類。
¶日化譜（図版87-21/モ写）〈㊥石川県珠洲市高屋〉

Phymatoceras erbaense
ジュラ紀前期（トアルシアン）の無脊椎動物軟体動物アンモナイト類。
¶図解化（図版29-12/カ写）〈㊥ペーザロのパソ・デル・フルロ〉

Phymatoceras iserense
ジュラ紀前期（トアルシアン）の無脊椎動物軟体動物アンモナイト類。
¶図解化（図版29-7/カ写）〈㊥ペーザロのパソ・デル・フルロ〉

Phymatoceras mavigliai
ジュラ紀前期（トアルシアン）の無脊椎動物軟体動物アンモナイト類。
¶図解化（図版29-6/カ写）〈㊥ペーザロのパソ・デル・フルロ〉

Phymatoceras meneghinii
ジュラ紀前期（トアルシアン）の無脊椎動物軟体動物アンモナイト類。
¶図解化（図版29-16/カ写）〈㊥ペーザロのパソ・デル・フルロ〉

Phymatoceras merlai
ジュラ紀前期（トアルシアン）の無脊椎動物軟体動物アンモナイト類。
¶図解化（図版29-11/カ写）〈㊥ペーザロのパソ・デル・フルロ〉

Phymatoceras muelleri
ジュラ紀前期（トアルシアン）の無脊椎動物軟体動物アンモナイト類。
¶図解化（図版29-10/カ写）〈㊥ペーザロのパソ・デル・フルロ〉

Physodoceras cfr.montesprini
ジュラ紀後期（キンメリジアン=チトニアン）の無脊椎動物軟体動物アンモナイト類。
¶図解化（図版33-6/カ写）〈㊥パソ・デル・フルロ〉

Physodoceras cyclotum cyclotum
ジュラ紀後期（キンメリジアン=チトニアン）の無脊椎動物軟体動物アンモナイト類。
¶図解化（図版33-13/カ写）〈㊥パソ・デル・フルロ〉

Piestochilus laevigatus
新白亜紀中期の軟体動物腹足類。
¶日化譜（図版33-16/モ写）〈㊥樺太川上〉

Pinna cf.mitis
ジュラ紀後期の軟体動物斧足類。
¶日化譜（図版38-26/モ写）〈㊥福島県相馬〉

Pinus（Diploxylon?）sp.
鮮新世前期の植物。
¶日化譜（図版80-16/モ写）〈㊥新潟県刈羽郡西山町石地花粉〉

Pitar（Pitar）rudis rudis
無脊椎動物軟体動物二枚貝。
¶図解化（図版16-18/カ写）

Pityosporites kotakiensis
ジュラ紀前期の植物。
¶日化譜(図版80-10/モ写)〈㊫新潟県糸魚川市小滝炭坑 花粉〉

Plaesiomys holdeni
オルドヴィス紀の無脊椎動物腕足動物。
¶図解化(図版5-5/カ写)〈㊫テネシー州〉

Plaesiomys sugguadrata
オルドヴィス紀の無脊椎動物腕足動物。
¶図解化(図版5-6/カ写)〈㊫オハイオ州〉

Plagiolophus ezoensis
新白亜紀後期の十脚類。
¶日化譜(図版59-12,13/モ写)〈㊫北海道日高国穂別サヌシベ沢〉

Planaosphinctes chibai
ジュラ紀前期の菊石類。
¶日化譜(図版54-7/モ写)〈㊫宮城県本吉郡志津川町細浦〉

Planaosphinctes hosourense
ジュラ紀前期の菊石類。
¶日化譜(図版54-9/モ写)〈㊫宮城県本吉郡志津川町細浦〉

Planaosphinctes kitakamiense
ジュラ紀前期の菊石類。
¶日化譜(図版54-8/モ写)〈㊫宮城県本吉郡志津川町細浦〉

Planetoceras globatum
石炭紀の無脊椎動物軟体動物頭足類。
¶図解化(図版24-8/カ写)〈㊫イギリス〉

Planoproductus gigantoides
石炭紀前期の腕足類前穴類。
¶日化譜(図版23-22,23/モ写)〈㊫岩手県大船渡市盛町長安寺〉

Planularia baso
鮮新世・更新世の有孔虫。
¶日化譜(図版7-3/モ図)〈㊫房総〉

Platycrinus asiaticus
石炭紀前期のウミユリ類。
¶日化譜(図版61-1,2/モ写)〈㊫岩手県気仙郡住田町下有住十文字 蕁苞の板〉

Platyrachella oweni
デヴォン紀の無脊椎動物腕足動物。
¶図解化(図版7-6/カ写)〈㊫インディアナ州〉

Platystrophia cypha
オルドヴィス紀の無脊椎動物腕足動物。
¶図解化(図版5-16/カ写)〈㊫イギリス〉

Platystrophites latus
ジュラ紀前期(トアルシアン)の無脊椎動物軟体動物アンモナイト類。
¶図解化(図版30-5/カ写)〈㊫ペーザロのパソ・デル・フルロ〉

Plectofrondicularia nogataensis
始新世後期の有孔虫。
¶日化譜(図版6-8/モ写)〈㊫天草下島〉

Plectorthis fissicosta
オルドヴィス紀の無脊椎動物腕足動物。
¶図解化(図版5-11/カ写)〈㊫インディアナ州〉

Plenoceras costatum
ジュラ紀の無脊椎動物軟体動物アンモナイト類。
¶図解化(図版25-16/カ写)〈㊫ドイツ〉

Plerophyllum hidense
二畳紀前期の四射サンゴ。
¶日化譜(図版17-6/モ写)〈㊫岐阜県福地 横断面〉

Pleuroceras spinatum var.buckmanni
ジュラ紀前期の無脊椎動物軟体動物アンモナイト類。
¶図解化(図版25-21/カ写)〈㊫スイス〉

Pleurogrammatodon splendens
新白亜紀後期の軟体動物斧足類。
¶日化譜(図版36-10/モ写)〈㊫淡路三原郡, 大阪府泉南郡〉

Pleuromya forsbergi nipponica
三畳紀後期の軟体動物斧足類。
¶日化譜(図版49-12/モ写)〈㊫高知県佐川町鼠�石〉

Pleuromya hashidatensis
ジュラ紀前期の軟体動物斧足類。
¶日化譜(図版49-13/モ写)〈㊫新潟県青海町金山谷〉

Pleuronectites hirabarensis
三畳紀後期の軟体動物斧足類。
¶日化譜(図版39-6/モ写)〈㊫山口県美禰市, 平原〉

Pleurotomaria aff.multicarinatum
二畳紀後期の軟体動物腹足類。
¶日化譜(図版26-4/モ写)〈㊫岐阜県赤坂〉

Plicarostrum depressum
白亜紀前期の無脊椎動物腕足動物。
¶図解化(図版10-4/カ写)〈㊫フランス〉

Plicatifera plicatilis
石炭紀の無脊椎動物腕足動物。
¶図解化(図版6-10/カ写)〈㊫フランス〉

Plicatounio naktongensis
古白亜紀中期の軟体動物斧足類。
¶日化譜(図版43-14/モ写)〈㊫福岡県八幡市香月町, 同鞍手郡宮田町〉

Plicatula praenipponica
ジュラ紀前期の軟体動物斧足類。
¶日化譜(図版39-1/モ写)〈㊫山口県豊浦郡東長野〉

Podabachia elegans lobata
現世の六射サンゴ。
¶日化譜(図版17-11/モ写)〈㊫千葉県館山〉

Podozamites concinnus
三畳紀後期の毬果(松柏)類。
¶日化譜(図版74-18/モ写)〈㊫岡山県川上郡成羽町〉

Podozamites distans osawae
三畳紀後期の毬果(松柏)類。
¶日化譜(図版74-22/モ写)〈㊫山口県厚狭郡山陽町津布田〉

Polymerichthys nagurai
中新世中期の魚類。
¶日化譜(図版89-18/モ写)〈㊫愛知県南設楽郡鳳来寺〉

Polymorphina charlottensis
中新世〜鮮新世の有孔虫。
¶日化譜（図版1-19/モ写）

Polyplectus policostatus
ジュラ紀前期（トアルシアン）の無脊椎動物軟体動物アンモナイト類。
¶図解化（図版32-13/カ写）〈(産)ペーザロのパソ・デル・フルロ〉

Polyptychites sp.
ジュラ紀後期の無脊椎動物軟体動物アンモナイト類。
¶図解化（図版26-5/カ写）〈(産)ドイツ〉

Polytychoceras haradanus
新白亜紀中期の菊石類。
¶日化譜（図版52-25/モ写）〈(産)北海道夕張市夕張川, 樺太内淵〉

Populus latior
中新世中期の双子葉植物。
¶日化譜（図版76-3/モ写）〈(産)北海道松前郡福島町〉

Praecaprotina yaegashii
古白亜紀後期の軟体動物斧足類。
¶日化譜（図版45-23/モ写）〈(産)岩手県宮古〉

Prioniodina（?）sp.
二畳紀後期の錐歯類。
¶日化譜（図版89-1,2/モ写）〈(産)群馬県勢多郡黒保根村上田沢〉
日化譜（図版89-3/モ写）〈(産)群馬県上田沢〉

Prionocidaris bispinosa
更新世前期〜現世のウニ類。
¶日化譜（図版88-5/モ写）〈(産)鹿児島県喜界島 棘〉

Prionorhynchia aff.latifrons
ジュラ紀の無脊椎動物腕足動物。
¶図解化（図版4-11/カ写）〈(産)イタリアのピエモンテ州ゴッツァーノ〉

Prionorhynchia flabellum
ジュラ紀の無脊椎動物腕足動物。
¶図解化（図版4-2/カ写）〈(産)イタリアのピエモンテ州ゴッツァーノ〉

Prionorhynchia serrata
ジュラ紀の無脊椎動物腕足動物。
¶図解化（図版4-1/カ写）〈(産)イタリアのピエモンテ州ゴッツァーノ〉

Prionorhynchia undata
ジュラ紀の無脊椎動物腕足動物。
¶図解化（図版4-12/カ写）〈(産)イタリアのピエモンテ州ゴッツァーノ〉

Proarcestes subtridentinus
三畳紀中期の無脊椎動物軟体動物アンモナイト類。
¶図解化（図版26-8/カ写）〈(産)イタリア〉

"Productus" cf.aculeatus
石炭紀の腕足類前穴類。
¶日化譜（図版23-27/モ写）〈(産)新潟県青海〉

Productus cf.caperata
石炭紀前期の腕足類前穴類。
¶日化譜（図版24-3/モ写）〈(産)岩手県大船渡市盛町長安寺〉

Productus（Dictyoclostus） cf. margaritatus
二畳紀中期の腕足類前穴類。
¶日化譜（図版24-1/モ写）〈(産)京都府加佐郡大江町〉

Productus（Dictyoclostus） gratiosus
二畳紀中期の腕足類前穴類。
¶日化譜（図版24-2/モ写）〈(産)京都府加佐郡大江町〉

Productus giganteus edelburgensis
石炭紀の腕足類前穴類。
¶日化譜（図版23-21/モ写）〈(産)新潟県青海〉

Productus gruenwaldti
二畳紀後期の腕足類。
¶日化譜（図版82-16/モ写）〈(産)福島県高倉山〉

Productus semireticulatus
石炭紀の腕足類前穴類。
¶日化譜（図版23-20/モ写）〈(産)新潟県青海〉

Prolecanites sp.
石炭紀前期の軟体動物頭足類菊石類。
¶日化譜（図版50-15/モ写）〈(産)岩手県気仙郡住田町火ノ土, 下有住〉

Promathildia sp.ex.gr.turritella
ジュラ紀前期の軟体動物腹足類。
¶日化譜（図版83-20/モ写）〈(産)山口県豊浦郡東長野〉

Propeamussium cowperi yubarense
新白亜紀中期の軟体動物斧足類。
¶日化譜（図版39-7/モ写）〈(産)北海道石狩, 胆振〉

Propinacoceras aff.galilaei
二畳紀前期の頭足類菊石類。
¶日化譜（図版86-7/モ写）〈(産)宮城県気仙沼市岩井崎〉

Prosogyrotrigonia inouyei
ジュラ紀前期の軟体動物斧足類。
¶日化譜（図版42-15/モ写）〈(産)山口県豊浦郡東長野〉

Protetragonites quadrisulcatum
ジュラ紀後期（キンメリジアン=チトニアン）の無脊椎動物軟体動物アンモナイト類。
¶図解化（図版34-8/カ写）〈(産)パソ・デル・フルロ〉

Protocardia ibukii
古白亜紀の軟体動物斧足類。
¶日化譜（図版85-12/モ写）〈(産)岩手県大峯鉱山〉

Protogrammoceras celebratum
ジュラ紀前期（ドメリアン）の無脊椎動物軟体動物アンモナイト類。
¶図解化（図版28-19/カ写）〈(産)コモのアルペ・ツラティ〉

Protogrammoceras meneghinii
ジュラ紀前期（ドメリアン）の無脊椎動物軟体動物アンモナイト類。
¶図解化（図版28-9/カ写）〈(産)コモのアルペ・ツラティ〉

Protophyllum obovatum
新白亜紀後期の双子葉植物。
¶日化譜（図版79-12/モ写）〈(産)北海道夕張市函淵〉

Protophyllum sternbergii
新白亜紀前期の双子葉植物。

¶日化譜（図版79-13/モ写）〈(産)樺太〉

Protorotella yuantaniensis
中新世中期の軟体動物腹足類。
¶日化譜（図版26-26/モ写）〈(産)富山県八尾, 京都府宇治田原〉

Pseudamiantis pinguis
中新世後期の軟体動物斧足類。
¶日化譜（図版85-21/モ写）〈(産)福島県東白川郡塙町〉

Pseudeeponides japonicus
更新世前期の有孔虫。
¶日化譜（図版7-11/モ写）〈(産)房総〉

Pseudoastrodopsis nipponicus
中新世後期のウニ類。
¶日化譜（図版61-22/モ写）〈(産)岩手県二戸郡福岡町〉

Pseudocardia cf.tenuicosta
古白亜紀後期の軟体動物斧足類。
¶日化譜（図版85-10/モ写）〈(産)岩手県宮古〉

Pseudochaetetes shigensis
二畳紀中期の藻類紅藻。
¶日化譜（図版12-4/モ写）〈(産)滋賀県浅井郡 縦断面〉

Pseudococcolithus fusiformis
中新世の植物性べん毛藻。
¶日化譜（図版81-31/モ写）〈(産)壱岐島長者原岬〉

Pseudococcolithus nodulosus
中新世の植物性べん毛藻。
¶日化譜（図版81-33/モ写）〈(産)壱岐島長者原岬〉

Pseudococcolithus oblongus
中新世の植物性べん毛藻。
¶日化譜（図版81-32/モ写）〈(産)壱岐島長者原岬〉

Pseudococcolithus reticulatus
中新世の植物性べん毛藻。
¶日化譜（図版81-30/モ写）〈(産)壱岐島長者原岬〉

Pseudoctenis brevipennis
古白亜紀前期のベンネチテス類。
¶日化譜（図版73-12/モ写）〈(産)福島県相馬郡檀原〉

Pseudocyclammina lituus
ジュラ紀後期の有孔虫。
¶日化譜（図版1-3/モ写）〈(産)高知県佐川〉

Pseudodorlodtia kakimii
石炭紀前期の四射サンゴ。
¶日化譜（図版15-5/モ写）〈(産)岩手県大船渡市日頃市長岩 横断面〉

Pseudofarrella garatei
ジュラ紀の無脊椎動物軟体動物アンモナイト類。
¶図解化（図版25-18/カ写）〈(産)アルゼンチン〉

Pseudofusulina parvula
二畳紀前期の紡錘虫。
¶日化譜（図版3-11/モ写）〈(産)関東山地 縦断面, 横断面〉

Pseudofusulina prisca
二畳紀前期の紡錘虫。
¶日化譜（図版3-10/モ写）〈(産)関東山地 縦断面, 横断面〉

Pseudofusulina santyuensis
二畳紀前期の紡錘虫。
¶日化譜（図版3-12/モ写）〈(産)関東山地 横断面〉

Pseudofusulina vulgaris solida
二畳紀前期の紡錘虫。
¶日化譜（図版3-14/モ写）〈(産)関東山地 横断面〉

Pseudogibbirhynchia sordelli
ジュラ紀の無脊椎動物腕足動物。
¶図解化（図版4-7/カ写）〈(産)イタリアのピエモンテ州ゴッツァーノ〉

Pseudogrammoceras subfallaciosum
ジュラ紀前期（トアルシアン）の無脊椎動物軟体動物アンモナイト類。
¶図解化（図版32-3/カ写）〈(産)ペーザロのパソ・デル・フルロ〉

Pseudomercaticeras sp.
ジュラ紀前期（トアルシアン）の無脊椎動物軟体動物アンモナイト類。
¶図解化（図版29-13/カ写）〈(産)ペーザロのパソ・デル・フルロ〉

Pseudononion japonicum
鮮新世〜現世の有孔虫。
¶日化譜（図版7-5/モ図）〈(産)太平洋岸各地〉

Pseudophillipsia obtunicauda
二畳紀後期の三葉虫。
¶日化譜（図版58-3〜6/モ写）〈(産)岩手県陸前高田市飯森, 宮城県気仙沼市月立 頭部の自然置換型, 同人工置換型〉

Pseudosaynella otukai
古白亜紀後期の菊石類。
¶日化譜（図版54-22/モ写）〈(産)群馬県多野郡上野村〉

Pseudoschwagerina cf.fusulinoides
二畳紀前期の紡錘虫。
¶日化譜（図版3-19/モ写）〈(産)滋賀県 縦断面〉

Pseudoschwagerina glomerosa
二畳紀前期の紡錘虫。
¶日化譜（図版3-18/モ写）〈(産)秋吉 縦断面, 横断面〉

Pseudoschwagerina miharanoensis
二畳紀前期の紡錘虫。
¶日化譜（図版81-21/モ写）〈(産)広島県 外面〉

Pseudoschwagerina samegaiensis
二畳紀前期の紡錘虫。
¶日化譜（図版3-20/モ写）〈(産)滋賀県 横断面〉

Pseudoschwagerina schellwieni
二畳紀前期の紡錘虫。
¶日化譜（図版3-21/モ写）〈(産)赤坂, 滋賀県 横断面〉

Pseudosimmia carnea
無脊椎動物軟体動物腹足類。
¶図解化（図版20-18/カ写）

Pseudothurmannia hanouraensis
古白亜紀中期の菊石類。
¶日化譜（図版55-15/モ写）〈(産)徳島県勝浦郡勝浦〉

"Pseudotriticites" fusiformis
石炭紀中期の紡錘虫。
¶日化譜（図版4-10/モ写）〈(産)Ural地方 縦断面〉

Pseudotsuga sp.
更新世前期の植物。
¶**日化譜**(図版80-17/モ写)〈(産)横浜市戸塚区下倉田 花粉〉

Pteria kitakamiensis
ジュラ紀前期の軟体動物斧足類。
¶**日化譜**(図版38-1/モ写)〈(産)宮城県志津川町韮ノ浜〉

Pterophlyllum schenki
三畳紀後期のベンネチテス類。
¶**日化譜**(図版72-2/モ写)〈(産)岡山県川上郡成羽町枝〉

Pterophyllum ctenoides
三畳紀後期のベンネチテス類。
¶**日化譜**(図版72-3/モ写)〈(産)岡山県川上郡成羽町上日名〉

Pterotrigonia pocilliformis
古白亜紀後期の軟体動物斧足類。
¶**日化譜**(図版43-8/モ写)〈(産)千葉県銚子, 群馬県多野郡上野村, 長野県戸台, 和歌山県湯浅, 徳島県勝浦, 高知県越知など〉

Ptychites aff.cognatus
三畳紀中期の菊石類。
¶**日化譜**(図版51-23/モ写)〈(産)宮城県宮城郡利府村浜田〉

Ptychites compressus
三畳紀中期の菊石類。
¶**日化譜**(図版51-22/モ写)〈(産)宮城県宮城郡利府村利府駅〉

Ptychodus rugosus
新白亜紀中期の魚類エイ類。
¶**日化譜**(図版63-7/モ写)〈(産)樺太内淵川 板歯〉

Pulchellia ishidoensis
古白亜紀中期の菊石類。
¶**日化譜**(図版55-12/モ写)〈(産)群馬県多野郡上野村〉

Pulchratia simmetrica
石炭紀の無脊椎動物腕足動物。
¶**図解化**(図版6-3/カ写)〈(産)テキサス州〉

Punctospirifer triadicus
三畳紀後期の腕足類終穴類。
¶**日化譜**(図版25-3/モ写)〈(産)高知県佐川町奥峰谷〉

Purpuroidea japonica
古白亜紀後期の軟体動物腹足類。
¶**日化譜**(図版29-14/モ写)〈(産)熊本県日奈久〉

Puzosia denisoniana
古白亜紀後期の菊石類。
¶**日化譜**(図版55-7/モ写)〈(産)高知県香美郡香北町大井平〉

Puzosia subcorbaria
新白亜紀前期の菊石類。
¶**日化譜**(図版55-8/モ写)〈(産)北海道三笠市幾春別〉

Pycnodonta cochlear
無脊椎動物軟体動物二枚貝。
¶**図解化**(図版15-8/カ写)

Pycnoporidium lobatum
ジュラ紀後期の藻類緑藻。
¶**日化譜**(図版11-8/モ写)〈(産)福島県相馬 縦断面〉

Quadratirhynchia quadrata
ジュラ紀の無脊椎動物腕足動物。
¶**図解化**(図版4-8/カ写)〈(産)イタリアのピエモンテ州ゴッツァーノ〉
図解化(図版4-13/カ写)〈(産)イタリアのピエモンテ州ゴッツァーノ〉

Quinqueloculina totomiensis
鮮新世の有孔虫。
¶**日化譜**(図版6-1/モ図)〈(産)表日本各地〉

Radulonectites japonicus
ジュラ紀前期の軟体動物斧足類。
¶**日化譜**(図版39-16/モ写)〈(産)長野県北安曇郡北小谷〉

Raphinesquina alternata
オルドヴィス紀の無脊椎動物腕足動物。
¶**図解化**(図版6-6/カ写)〈(産)オハイオ州〉

Raphitoma(Homotoma) stria
無脊椎動物軟体動物腹足類。
¶**図解化**(図版18-18/カ写)

Rarenodia sp.
ジュラ紀前期(トアルシアン)の無脊椎動物軟体動物アンモナイト類。
¶**図解化**(図版31-4/カ写)〈(産)ペーザロのパソ・デル・フルロ〉
図解化(図版31-6/カ写)〈(産)ペーザロのパソ・デル・フルロ〉

Rasenia uralensis
ジュラ紀後期の無脊椎動物軟体動物アンモナイト類。
¶**図解化**(図版25-17/カ写)〈(産)イギリス〉

Rauserella fujimotoi
二畳紀後期の紡錘虫。
¶**日化譜**(図版4-14/モ写)〈(産)滋賀県 縦断面〉

Reichelina chichibuensis
二畳紀後期の紡錘虫。
¶**日化譜**(図版4-15/モ写)〈(産)関東山地 縦断面〉

Resserella meeki
オルドヴィス紀の無脊椎動物腕足動物。
¶**図解化**(図版5-10/カ写)〈(産)オハイオ州〉

Reynesoceras ragazzonii
ジュラ紀前期(ドメリアン)の無脊椎動物軟体動物アンモナイト類。
¶**図解化**(図版28-8/カ写)〈(産)コモのアルペ・ツラティ〉

Rhabdactinia columnaria
二畳紀前期のストロマトポロイド。
¶**日化譜**(図版14-16/モ写)〈(産)高知県佐川 断面〉

Rhidipidium sp.
シルル紀の無脊椎動物腕足動物。
¶**図解化**(図版5-15/カ写)〈(産)テネシー州〉

Rhipidocrinus crenatus
デヴォン紀の無脊椎動物棘皮動物ウミユリ。
¶**図解化**(図版38-5/カ写)〈(産)ドイツ〉
図解化(図版38-6/カ写)〈(産)ドイツ〉

Rhipidomella penelope
デヴォン紀の無脊椎動物腕足動物。
¶**図解化**(図版5-9/カ写)〈(産)ニューヨーク州〉

Rhodophyllum sugiyamai
石炭紀前期の四射サンゴ。
¶日化譜（図版15-11/モ写）〈[産]岩手県気仙郡住田町 横断面, 縦断面〉

Rhynchonella concinna
ジュラ紀後期の無脊椎動物腕足動物。
¶図解化（図版10-11/カ写）〈[産]フランス〉

Rhynchonella vespertilio
白亜紀の無脊椎動物腕足動物。
¶図解化（図版10-1/カ写）〈[産]フランス〉

"Rhynchonelle" cf.haradai
ジュラ紀前期の腕足類終穴類。
¶日化譜（図版24-14/モ写）〈[産]徳島県那賀郡小浜〉

Richthofenia sp.
二畳紀後期の腕足類前穴類。
¶日化譜（図版24-6/モ写）〈[産]岩手県陸前高田市飯森 斜断面〉

Richtofenia sp.
ペルム紀の無脊椎動物腕足動物。
¶図解化（図版6-7/カ写）〈[産]シチリア〉

Rikuzenites nobilis
三畳紀中期の菊石類。
¶日化譜（図版51-17/モ写）〈[産]宮城県桃生郡桃生町柳津〉

Rostellaria corvina
始新世の無脊椎動物軟体動物腹足類。
¶図解化（図版23-12/カ写）〈[産]ロンカ〉

Roulleria sp.
ジュラ紀後期の無脊椎動物腕足動物。
¶図解化（図版3-5/カ写）〈[産]フランス〉
図解化（図版3-9/カ写）〈[産]スイス〉

Roundyella neopapillosa
二畳紀後期の介形類。
¶日化譜（図版87-8/モ写）〈[産]宮城県気仙沼市岩井崎〉

Rouxia peragalli
中新世中期の珪藻。
¶日化譜（図版9-28/モ写）〈[産]秋田県男鹿市〉

Rugosofusulina prisca
二畳紀前期の紡錘虫。
¶日化譜（図版2-21,22/モ写）〈[産]熊本県 縦断面〉

Rugosofusulina serrata
石炭紀後期～二畳紀前期の紡錘虫。
¶日化譜（図版81-18/モ写）〈[産]関東山地（立処山, 双子山等）縦断面〉

Sagarites chitanii
中新世末期の海綿硅質海綿。一説に有孔虫とも。
¶日化譜（図版13-4/モ図）〈[産]静岡県, 常磐など〉

Sagenina regularis
始新世の有孔虫。
¶日化譜（図版1-1/モ写）〈[産]小笠原母島〉

Sagenopteris Nilssoniana
三畳紀後期の植物。
¶日化譜（図版74-13/モ写）〈[産]山口県厚狭郡山陽町山野井〉

Sakawairhynchia tokomboensis
三畳紀後期の腕足類終穴類。
¶日化譜（図版24-15/モ写）〈[産]高知県佐川〉

Sakawanella triadica
三畳紀後期の軟体動物斧足類。
¶日化譜（図版42-9/モ写）〈[産]高知県佐川町大和田堀開, 柏井, 奥峯谷〉

Sanguinolites kamigassensis
二畳紀中期の軟体動物斧足類。
¶日化譜（図版85-15/モ写）〈[産]宮城県気仙沼市上八瀬〉

Saracrinus（?）sp.
中新世中期のウミユリ類。
¶日化譜（図版61-7/モ写）〈[産]和歌山県白浜 夢苞〉

Sassia arguat
鮮新世の無脊椎動物軟体動物腹足類。
¶図解化（図版22-20/カ写）〈[産]イギリスのバートン〉

Saynella matsushimaensis
古白亜紀後期の菊石類。
¶日化譜（図版54-17/モ写）〈[産]岩手県宮古〉

Scalarites mihoensis
新白亜紀中期の菊石類。
¶日化譜（図版53-5/モ写）〈[産]北海道天塩国アベシナイ〉

Scalarites venustus
新白亜紀中期の菊石類。
¶日化譜（図版53-6/モ写）〈[産]北海道天塩国オピラシベ〉

Scaphites（Yezoites）planus
新白亜紀中期の菊石類。
¶日化譜（図版52-20/モ写）〈[産]北海道夕張市夕張川〉

Schafhäutlia（?）sp.
三畳紀後期の軟体動物斧足類。
¶日化譜（図版45-15/モ写）〈[産]高知県佐川町下山〉

Schellwienella crenistra
石炭紀の無脊椎動物腕足動物。
¶図解化（図版6-2/カ写）〈[産]イギリス〉

Schellwienella izirii
石炭紀前期の腕足類前穴類。
¶日化譜（図版23-11/モ写）〈[産]岩手県気仙郡住田町下有住〉

Schizophoria australis
デヴォン紀の無脊椎動物腕足動物。
¶図解化（図版5-22/カ写）〈[産]ニューメキシコ州〉

Schizophoria striatula
デヴォン紀の無脊椎動物腕足動物。
¶図解化（図版5-19/カ写）〈[産]フランス〉

Schlotheimia jimboi
ジュラ紀前期の菊石類。
¶日化譜（図版53-16/モ写）〈[産]宮城県本吉郡志津川町細浦〉

Schubertella giraudi
二畳紀前期の有孔虫紡錘虫。
¶日化譜（図版1-27/モ写）〈[産]岐阜県赤坂 縦断面, 横断面〉

A B C

Schwagerina otakiensis
二畳紀後期の紡錘虫。
¶日化譜（図版3-15,16/モ写）〈[産]関東山地 斜断面〉

Sciophyllum japonicum
石炭紀中期の四射サンゴ。
¶日化譜（図版16-4/モ写）〈[産]岩手県気仙郡住田町 横断面，縦断面〉

Scittila japonica
古白亜紀中期の軟体動物斧足類。
¶日化譜（図版85-22/モ写）〈[産]徳島県勝浦〉

Scutellum japonicum
シルル紀中期の三葉虫。
¶日化譜（図版87-6/モ写）〈[産]高知県越知町横倉山 頭部〉

Securella postostriata
軟体動物斧足類。
¶日化譜（図版47-17/モ写）〈[産]埼玉県秩父郡吉田町〉

Seilleria quadrifida
ジュラ紀前期の無脊椎動物腕足動物。
¶図解化（図版10-12/カ写）〈[産]フランス〉

Sellithyris sp.
白亜紀前期の無脊椎動物腕足動物。
¶図解化（図版10-19/カ写）〈[産]フランス〉

Sellithyris tamarindus
ジュラ紀後期の無脊椎動物腕足動物。
¶図解化（図版10-24/カ写）〈[産]スイス〉

Semicassis laevigata
鮮新世の無脊椎動物軟体動物腹足類。
¶図解化（図版17-2/カ写）〈[産]リグーリア=ピエモンテ〉

Setamainella hayasakai
石炭紀前期の四射サンゴ。
¶日化譜（図版16-2/モ写）〈[産]岩手県気仙郡住田町 横断面〉

Sieberella sp.
シルル紀の無脊椎動物腕足動物。
¶図解化（図版5-14/カ写）〈[産]ボヘミア〉

Silicosigmoilina ezoensis
新白亜紀中後期の有孔虫。
¶日化譜（図版6-11/モ写）〈[産]北海道各地〉

Simoceras (Lytogyroceras) subbeticum
ジュラ紀後期（キンメリジアン=チトニアン）の無脊椎動物軟体動物アンモナイト類。
¶図解化（図版35-7/カ写）〈[産]パソ・デル・フルロ〉

Simoceras subbeticum
ジュラ紀後期（キンメリジアン=チトニアン）の無脊椎動物軟体動物アンモナイト類。
¶図解化（図版35-18/カ写）〈[産]パソ・デル・フルロ〉

Simoceras volanense
ジュラ紀後期（キンメリジアン=チトニアン）の無脊椎動物軟体動物アンモナイト類。
¶図解化（図版33-11/カ写）〈[産]パソ・デル・フルロ〉

Sinospirifer sinensis
デボン紀後期の腕足類終穴類。
¶日化譜（図版24-26/モ写）〈[産]福島県相馬郡上野村栃窪合ノ沢〉

Sinum haliotoideum
鮮新世の無脊椎動物軟体動物腹足類。
¶図解化（図版17-22/カ写）〈[産]リグーリア=ピエモンテ〉

Siphogenerina collumeralis
鮮新世前期〜現世の有孔虫。
¶日化譜（図版81-9/モ写）〈[産]三浦〉

Siphonodendron martini
石炭紀前期の四射サンゴ。
¶日化譜（図版15-6/モ写）〈[産]岩手県気仙郡住田町，同大船渡市日頃市 横断面〉

Siphonodosaria oinomikadoi
鮮新世後期の有孔虫。
¶日化譜（図版81-12/モ写）〈[産]銚子〉

Sismondia convexa
漸新世のウニ類。
¶日化譜（図版62-2/モ写）〈[産]小笠原父島南崎〉

Smittipora ryukyuensis
更新世の蘚虫動物唇口類。
¶日化譜（図版22-10/モ写）〈[産]喜界島〉

"Solariella" shimajiriensis
鮮新世前期の軟体動物腹足類。
¶日化譜（図版26-21/モ写）〈[産]沖縄本島島尻郡〉

Solecurtus dilatatus
無脊椎動物軟体動物二枚貝。
¶図解化（図版14-8/カ写）

Solecurtus scapulus candidus
無脊椎動物軟体動物二枚貝。
¶図解化（図版14-2/カ写）
図解化（図版14-18/カ写）

Solen marginatus
無脊椎動物軟体動物二枚貝。
¶図解化（図版14-10/カ写）

Solenomorpha elegantissima
二畳紀後期の軟体動物斧足類。
¶日化譜（図版35-20/モ写）〈[産]岐阜県赤坂〉

Solenopora yabei
二畳紀後期の藻類紅藻。
¶日化譜（図版12-1/モ写）〈[産]岐阜県赤坂 断面〉

Somapecten kamimanensis
ジュラ紀後期の軟体動物斧足類。
¶日化譜（図版41-7/モ写）〈[産]熊本県南部〉

Sornayceras proteus
新白亜紀中期の頭足類菊石類。
¶日化譜（図版86-20/モ写）〈[産]北海道幾春別〉

Sowerbyella sp.
オルドヴィス紀の無脊椎動物腕足動物。
¶図解化（図版8-18/カ写）〈[産]オハイオ州〉

Sparus cinctus
第三紀の脊椎動物魚類の化石歯。
¶図解化（図版40-13/カ写）〈[産]イタリア〉

Spathognathodus minutus
石炭紀前期の錐歯類。
¶日化譜（図版89-14/モ写）〈[産]山口県秋吉町江原〉

Sphaeriola nipponica
ジュラ紀前期の軟体動物斧足類。
¶日化譜（図版45-22/モ写）〈㊥山口県豊浦郡東長野〉

Sphaerium anderssoni
古白亜紀後期の軟体動物斧足類。
¶日化譜（図版44-32/モ写）〈㊥福岡県直方, 八幡地方〉

Sphaeronassa longoastensis
無脊椎動物軟体動物腹足類。
¶図解化（図版19-23/カ写）

Sphaeronassa mutabilis pliomagna
無脊椎動物軟体動物腹足類。
¶図解化（図版19-8/カ写）

Sphenopteris（Ruffordia）Goepperti
ジュラ紀後期～古白亜紀前期のシダ植物シダ類。
¶日化譜（図版70-16/モ写）〈㊥石川, 福井, 岐阜各県など〉

Spinatrypa planosulcata
デヴォン紀の無脊椎動物腕足動物。
¶図解化（図版8-4/カ写）〈㊥アリゾナ州〉

Spinatrypa sp.
デヴォン紀の無脊椎動物腕足動物。
¶図解化（図版9-5,6/カ写）〈㊥ニューヨーク州〉

Spinatrypa spinosa
デヴォン紀の無脊椎動物腕足動物。
¶図解化（図版9-1/カ写）〈㊥ニューヨーク州〉

Spinocyrtia elegans
デヴォン紀の無脊椎動物腕足動物。
¶図解化（図版8-3/カ写）〈㊥ドイツ〉

Spinomarginifera huangi
二畳紀後期の腕足類前穴類。
¶日化譜（図版25-1/モ写）〈㊥宮城県気仙沼市新月〉

Spinomarginifera kueichowensis
二畳紀後期の腕足類前穴類。
¶日化譜（図版25-2/モ写）〈㊥宮城県気仙沼市新月〉

Spirifera undata
デヴォン紀の無脊椎動物腕足動物。
¶図解化（図版7-16/カ写）〈㊥フランス〉

Spiriferella sarane
二畳紀後期の腕足類。
¶日化譜（図版82-9/モ写）〈㊥福島県高倉山〉

Spirifer（Fusella）nipponotrigonalis
石炭紀前期の腕足類終穴類。
¶日化譜（図版24-28/モ写）〈㊥岩手県気仙郡住田町小坪〉

"Spirifer" humerosus
石炭紀の腕足類終穴類。
¶日化譜（図版24-27/モ写）〈㊥新潟県青海〉

Spiriferina angulata
ジュラ紀の無脊椎動物腕足動物。
¶図解化（図版4-3/カ写）〈㊥イタリアのピエモンテ州ゴッツァーノ〉

Spiriferina cristata
二畳紀後期の腕足類。
¶日化譜（図版82-13/モ写）〈㊥福島県高倉山〉

Spiriferina kaneharai
三畳紀中期の腕足類終穴類。
¶日化譜（図版24-30/モ写）〈㊥宮城県利府村浜田〉

Spiriferina obtusa
ジュラ紀の無脊椎動物腕足動物。
¶図解化（図版4-5/カ写）〈㊥イタリアのピエモンテ州ゴッツァーノ〉

Spiriferina rostrata
ジュラ紀の無脊椎動物腕足動物。
¶図解化（図版4-16/カ写）〈㊥イタリアのピエモンテ州ゴッツァーノ〉

Spiroclypeus margaritatus
漸中新世の有孔虫。
¶日化譜（図版8-9,10/モ写）〈㊥大東島 横断面, 縦断面, 表面〉

Spiroraphe concentrica
始新世の痕跡化石。
¶日化譜（図版82-21/モ写）〈㊥高知県安芸郡甲浦〉

Spiticeras bulliformis
ジュラ紀後期（キンメリジアン=チトニアン）の無脊椎動物軟体動物アンモナイト類。
¶図解化（図版35-13/カ写）〈㊥パソ・デル・フルロ〉

Spiticeras sp.
ジュラ紀後期（キンメリジアン=チトニアン）の無脊椎動物軟体動物アンモナイト類。
¶図解化（図版35-1/カ写）〈㊥パソ・デル・フルロ〉

Spiticeras spitiense
ジュラ紀後期（キンメリジアン=チトニアン）の無脊椎動物軟体動物アンモナイト類。
¶図解化（図版33-2/カ写）〈㊥パソ・デル・フルロ〉
図解化（図版35-16/カ写）〈㊥パソ・デル・フルロ〉
図解化（図版35-22/カ写）〈㊥パソ・デル・フルロ〉

Spondylus decoratus
古白亜紀後期の軟体動物斧足類。
¶日化譜（図版41-8/モ写）〈㊥岩手県宮古〉

Spondylus（Spondylus）crassicosta
無脊椎動物軟体動物二枚貝。
¶図解化（図版15-3/カ写）

Spondylus（Spondylus）gaederopus
無脊椎動物軟体動物二枚貝。
¶図解化（図版15-15/カ写）

Spongiomorpha（Heptastylopsis）asiatica
ジュラ紀後期のストロマトポロイド。
¶日化譜（図版14-15/モ写）〈㊥高知県, 長野県 縦断面, 横断面〉

SSFs ⇒微小有殻化石群を見よ

Stacheoceras aff.grünwaldti
二畳紀後期の頭足類菊石類。
¶日化譜（図版86-2/モ写）〈㊥福島県石城郡四倉町高倉山〉

Stacheoceras iwaizakiense
二畳紀前期の菊石類。
¶日化譜（図版51-2/モ写）〈㊥宮城県気仙沼市岩井崎〉

ABC

Stachypteris hallei
新白亜紀中期のシダ類胞子。
¶**日化譜**(図版79-23/モ写)〈(産)茨城県那珂港市大洗 胞子〉

Staffella sphaeroidea
石炭紀中期の紡錘虫。
¶**日化譜**(図版4-18/モ写)〈(産)秋吉 縦断面, 横断面〉

Stegomyia(?) sp.
更新世前期の昆虫類ヤブカ類。
¶**日化譜**(図版60-33/モ写)〈(産)栃木県塩原温泉〉

Stellaria sp.
更新世後期の植物。
¶**日化譜**(図版80-42/モ写)〈(産)東京都新宿区下落合 花粉〉

Stenoporidium chaetetiformis
ジュラ紀後期の藻類緑藻。
¶**日化譜**(図版11-15/モ写)〈(産)高知県佐川 縦断面〉

Stephanoceras cf.plicatissimum
ジュラ紀中期の菊石類。
¶**日化譜**(図版53-20/モ写)〈(産)宮城県本吉郡唐桑町夜這路峠〉

Stephanopyxis Schenckii
中新世中期の珪藻。
¶**日化譜**(図版9-18/モ写)〈(産)青森県南津軽郡〉

Stigmosphaera sp.
古生代後期〜中生代初期の放散虫。
¶**日化譜**(図版9-5/モ写)〈(産)東京都御嶽〉

Stilidophyllum japonicum
石炭紀前期の四射サンゴ。
¶**日化譜**(図版15-14/モ写)〈(産)岩手県気仙郡住田町, 同大船渡市日頃市 横断面, 縦断面〉

Stilidophyllum yokoyamai
二畳紀前期の四射サンゴ。
¶**日化譜**(図版15-13/モ写)〈(産)山口県秋吉台帰り水 横断面〉

Stilostomella lepidula
鮮新世後期〜現世の有孔虫。
¶**日化譜**(図版81-13/モ写)〈(産)銚子〉

Stolmorhynchia bulga
ジュラ紀の無脊椎動物腕足動物。
¶**図解化**(図版4-14/カ写)〈(産)イタリアのピエモンテ州ゴッツァーノ〉

Streblochondria miyamoriensis
二畳紀中期の軟体動物斧足類。
¶**日化譜**(図版84-14/モ写)〈(産)岩手県上閉伊郡宮森村飛竜山〉

Strepsidura turgida
鮮新世の無脊椎動物軟体動物腹足類。
¶**図解化**(図版22-18/カ写)〈(産)イギリスのバートン〉

Streptorhynchus pelargonatus
二畳紀後期の腕足類前穴類。
¶**日化譜**(図版23-6/モ写)〈(産)宮城県気仙沼市月立〉

Strioterebrum pliocenicum
無脊椎動物軟体動物腹足類。
¶**図解化**(図版18-11/カ写)

Strioterebrum(Strioterebrum) reticulare
無脊椎動物軟体動物腹足類。
¶**図解化**(図版18-7/カ写)

Stromatomorpha rebunensis
古白亜紀のストロマトポロイド。
¶**日化譜**(図版82-2/モ写)〈(産)北海道礼文島ウエンナイ〉

Stromatopora canaliculata
シルル紀中期のストロマトポロイド。
¶**日化譜**(図版14-8/モ写)〈(産)岩手県盛町 縦断面〉

Stromatopora(Epistromatopora) torinosuensis
ジュラ紀後期のストロマトポロイド。
¶**日化譜**(図版14-7/モ写)〈(産)高知県佐川 縦断面〉

Stromatopora(Parastromatopora) japonica
ジュラ紀後期のストロマトポロイド。
¶**日化譜**(図版14-2,3, 4/モ写)〈(産)愛媛, 高知, 和歌山, 福島各県, 東京都 風化面, 横断面, 縦断面〉

Stromatopora(Parastromatopora) kotoi
シルル紀中期のストロマトポロイド。
¶**日化譜**(図版14-5,6/モ写)〈(産)岩手県盛町 縦断面〉

Stromatopora(Parastromatopora) memoria-naumanni
ジュラ紀後期のストロマトポロイド。
¶**日化譜**(図版14-1/モ写)〈(産)愛媛, 高知, 和歌山, 福島各県 風化面〉

Strombus coronatus
鮮新世の無脊椎動物軟体動物腹足類。
¶**図解化**(図版17-4/カ写)〈(産)リグーリア=ピエモンテ〉
図解化(図版17-12/カ写)〈(産)リグーリア=ピエモンテ 幼形〉

Strombus fortisi
始新世の無脊椎動物軟体動物腹足類。
¶**図解化**(図版23-16/カ写)〈(産)ロンカ〉

Strophalosiina tibetica
二畳紀中期の腕足類前穴類。
¶**日化譜**(図版24-4/モ写)〈(産)京都府夜久野〉

Stropheodonta boonensis
デボン紀中期の腕足類前穴類。
¶**日化譜**(図版23-12/モ写)〈(産)岩手県大船渡市盛町樋口沢〉

Stropheodonta cymbiformis
デボン紀中期の腕足類前穴類。
¶**日化譜**(図版23-13/モ写)〈(産)岩手県大船渡市盛町樋口沢〉

Strophomena planaconvexa
オルドヴィス紀の無脊椎動物腕足動物。
¶**図解化**(図版8-22/カ写)〈(産)ペルー〉

Strophonella sp.
シルル紀中期の腕足類前穴類。
¶**日化譜**(図版23-14/モ写)〈(産)熊本県八代郡深水〉

Strophonelloides bronsoni
デヴォン紀の無脊椎動物腕足動物。
¶図解化（図版8-27/カ写）〈㊎オクラホマ州〉

Stylidophyllum kameokense
二畳紀前期の四射サンゴ。
¶日化譜（図版16-1/モ写）〈㊎京都府南桑田郡篠村 縦断面〉

Styrax sp.
現世前期の植物エゴノキ類。
¶日化譜（図版80-36/モ写）〈㊎東京都中野区江古田 花粉〉

Subptychoceras yubarense
新白亜紀中期の菊石類。
¶日化譜（図版53-1,2/モ写）〈㊎北海道天塩国アベシナイ，夕張市夕張川〉

Subula（Subula） fuscata
無脊椎動物軟体動物腹足類。
¶図解化（図版18-1/カ写）

Succodium hikoroconoides
二畳紀後期の藻類緑藻。
¶日化譜（図版10-20/モ写）〈㊎広島県帝釈 縦断面〉

Suchium（Suchium） mysticum
鮮新世前期の軟体動物腹足類。
¶日化譜（図版26-28/モ写）〈㊎静岡県周智郡大日，同小笠郡山口〉

Suchium（Suchium） suchiense obsoletum
鮮新世前期の軟体動物腹足類。
¶日化譜（図版26-29/モ写）〈㊎静岡県周智郡大日，同掛川町方ノ橋，西郷，天王など〉

Sue ⇒ティラノサウルスを見よ

Sugiyamaella carbonarium
石炭紀前期の四射サンゴ。
¶日化譜（図版15-3/モ写）〈㊎岩手県気仙郡住田町（世田米）〉

Sulcoretepora nipponica
二畳紀前期の蘚虫動物隠口類。
¶日化譜（図版22-7/モ写）〈㊎宮城県岩井崎 縦断面〉

Sumatrina annae
二畳紀後期の紡錘虫。
¶日化譜（図版5-6/モ写）〈㊎秋吉 縦断面〉

Sumatrina japonica
二畳紀後期の紡錘虫。
¶日化譜（図版5-5/モ写）〈㊎関東山地 縦断面，横断面〉

Surculites fusoides
新白亜紀中期の軟体動物腹足類。
¶日化譜（図版34-7/モ写）〈㊎北海道天塩アベシナイ〉

Suturia japonica
二畳紀中期の菊石類。
¶日化譜（図版51-24/モ写）〈㊎宮城県牡鹿郡稲井町井内〉

Sycostoma pyrus
鮮新世の無脊椎動物軟体動物腹足類。
¶図解化（図版22-14/カ写）〈㊎イギリスのバートン〉

Syringonautilus japonicus
三畳紀中期の軟体動物頭足類オウム貝類。
¶日化譜（図版50-6/モ写）〈㊎宮城県宮城郡利府村浜田〉

Syringothyris cuspidatus
石炭紀の腕足類終穴類。
¶日化譜（図版25-4/モ写）〈㊎新潟県青海〉

Syringothyris transversa
石炭紀前期の腕足類終穴類。
¶日化譜（図版25-5/モ写）〈㊎岩手県気仙郡住田町十文字〉

Taenidium toyomensis
二畳紀後期の環形動物。本質不明，一見環虫類。
¶日化譜（図版21-1/モ写）〈㊎宮城県気仙沼市岩井崎附近〉

Tainoceras abukumaense
二畳紀の軟体動物頭足類オウム貝類。
¶日化譜（図版50-3/モ写）〈㊎福島県石城郡四倉高倉山〉

Tanella miurensis
現世の介形類。
¶日化譜（図版60-19〜21/モ写）〈㊎神奈川県葉山海岸〉

Taramelliceras cfr.nodogioscutum
ジュラ紀後期（キンメリジアン=チトニアン）の無脊椎動物軟体動物アンモナイト類。
¶図解化（図版34-9/カ写）〈㊎パソ・デル・フルロ〉

Tauromenia sp.
ジュラ紀前期の無脊椎動物腕足動物。
¶図解化（図版10-16/カ写）〈㊎中央アペニン山脈〉
図解化（図版10-17/カ写）〈㊎中央アペニン山脈〉

Tectus（Rochia） japonicus
中新世中期の軟体動物腹足類。
¶日化譜（図版26-24/モ写）〈㊎福井県大飯郡高浜町〉

Tegulorhynchia döderleini
鮮新世前期〜現世の腕足類終穴類。
¶日化譜（図版24-22/モ写）〈㊎千葉県銚子市犬若，神奈川県三浦市小矢部〉

Tellina（Arcopagia） corbis
無脊椎動物軟体動物二枚貝。
¶図解化（図版14-9/カ写）

Tellina（Arcopagia） crassa
無脊椎動物軟体動物二枚貝。
¶図解化（図版14-7/カ写）
図解化（図版14-20/カ写）

Tellina（Arcopagia） sedgwicii
無脊椎動物軟体動物二枚貝。
¶図解化（図版14-11/カ写）
図解化（図版14-13/カ写）

Tellina（Arcopagia） telata
無脊椎動物軟体動物二枚貝。
¶図解化（図版14-4/カ写）

Tellina incarnata
無脊椎動物軟体動物二枚貝。
¶図解化（図版14-23/カ写）

ABC

Tellina palmata
無脊椎動物軟体動物二枚貝。
¶図解化（図版14-24/カ写）

Telodactylites renzi
ジュラ紀前期（トアルシアン）の無脊椎動物軟体動物アンモナイト類。
¶図解化（図版30-4/カ写）〈[産]ペーザロのパソ・デル・フルロ〉

Terebra（Terebra） acuminata
無脊椎動物軟体動物腹足類。
¶図解化（図版18-2/カ写）

Terebratula ampulla
鮮新世の無脊椎動物腕足動物。
¶図解化（図版3-1/カ写）〈[産]アペニン山脈の下部〉

Terebratula gozzanensis
ジュラ紀の無脊椎動物腕足動物。
¶図解化（図版4-6/カ写）〈[産]イタリアのピエモンテ州ゴッツァーノ〉

Terebratula sp.
鮮新世の無脊椎動物腕足動物。
¶図解化（図版3-4/カ写）〈[産]イタリア〉
図解化（図版3-6/カ写）〈[産]イタリア〉
図解化（図版3-11/カ写）〈[産]イタリア〉

"Teredo" matsushimaensis
古白亜紀後期の軟体動物斧足類。
¶日化譜（図版85-25/モ写）〈[産]岩手県宮古〉

Tessarolax japonica
新白亜紀中期の軟体動物腹足類。
¶日化譜（図版30-3/モ写）〈[産]北海道石狩〉

Tetractinella trigonella
三畳紀の無脊椎動物腕足動物。
¶図解化（図版8-13/カ写）〈[産]イタリア〉
図解化（図版8-14/カ写）〈[産]ヴェネト〉

Tetrahynchia tetraedra
ジュラ紀前期の無脊椎動物腕足動物。
¶図解化（図版10-3/カ写）〈[産]フランス〉

Tetrarhynchia dumbletonensis
ジュラ紀の無脊椎動物腕足動物。
¶図解化（図版4-10/カ写）〈[産]イタリアのピエモンテ州ゴッツァーノ〉

Tetrarhynchia sp.
ジュラ紀の無脊椎動物腕足動物。
¶図解化（図版10-6/カ写）〈[産]スペイン〉

Tetrastigma japonica
更新世前期の双子葉植物。
¶日化譜（図版79-6～8/モ写）〈[産]大阪府池田市 種子〉

Textularia cf.gibbosa
石炭紀中期の有孔虫。
¶日化譜（図版1-12/モ写）〈[産]関東山地 縦断面〉

Textularia fistula
鮮新世～現世の有孔虫。
¶日化譜（図版1-15/モ写）〈[産]北海道など〉

Textularia foliacea oceanica
鮮新世～現世の有孔虫。
¶日化譜（図版1-13/モ写）

Textularia lythostrota
鮮新世前期の有孔虫。
¶日化譜（図版1-14/モ写）〈[産]房総〉

Thais biplicata
無脊椎動物軟体動物腹足類。
¶図解化（図版20-16/カ写）

Thalassiothrix longissima
中新世中期の珪藻。
¶日化譜（図版9-27/モ写）〈[産]秋田県男鹿市〉

Thamnasteria hideshimaensis
古白亜紀後期の六射サンゴ。
¶日化譜（図版17-12/モ写）〈[産]岩手県宮古 風化面〉

Thecosmilia hideshimaensis
古白亜紀後期の六射サンゴ。
¶日化譜（図版18-7/モ写）〈[産]岩手県宮古〉

The H ⇒エタシスティスを見よ

Theodossia hungerfordi
デヴォン紀の無脊椎動物腕足動物。
¶図解化（図版7-9/カ写）〈[産]アイオワ州〉

Theodossia sp.
デヴォン紀の無脊椎動物腕足動物。
¶図解化（図版7-13/カ写）〈[産]ベルギー〉

Thetironia japonica
新白亜紀前期の軟体動物斧足類。
¶日化譜（図版47-3/モ写）〈[産]北海道三笠市幾春別〉

The Y ⇒エスクマシアを見よ

Thiara（Siragimelania） tateiwai
古白亜紀後期の軟体動物腹足類。
¶日化譜（図版29-13/モ写）〈[産]朝鮮慶尚南道〉

Thracia pupescens
無脊椎動物軟体動物二枚貝。
¶図解化（図版12-4/カ写）

Thracia subrhombica
ジュラ紀前期の軟体動物斧足類。
¶日化譜（図版49-22/モ写）〈[産]宮城県志津川町韮ノ浜〉

Thurmannella sp.
ジュラ紀中期の無脊椎動物腕足動物。
¶図解化（図版10-5/カ写）〈[産]フランス〉

Thysanopeltis paucispinosa
デボン紀中期の三葉虫。
¶日化譜（図版58-15/モ写）〈[産]岩手県大船渡市長安寺大森間〉

Tilia sp.
鮮新世前期～現世前期の植物シナノキ類。
¶日化譜（図版80-33/モ写）〈[産]青森県下北郡東通村 花粉〉
日化譜（図版80-34/モ写）〈[産]新潟県刈羽郡高浜町椎谷観音崎 花粉〉

Timorocrinus mirabilis
ペルム紀の無脊椎動物棘皮動物ウミユリ。
¶図解化（図版38-9/カ写）〈[産]チモール〉

Tobulipora cf.maculosa
二畳紀前期の蘚虫動物偏口類。
¶日化譜（図版21-16/モ写）〈(産)新潟県青海 縦断面〉

Toriyamaia laxiseptata
二畳紀中期の紡錘虫。
¶日化譜（図版4-13/モ写）〈(産)熊本県八代郡 縦断面〉

Tornoceras simplex
デヴォン紀後期の無脊椎動物軟体動物アンモナイト類。
¶図解化（図版25-3/カ写）〈(産)ドイツ〉

Tosalorbis peculiaris
始新世～漸新世の環形動物。
¶日化譜（図版21-4/モ写）〈(産)高知県室戸市, 土佐清水市〉

Tosapecten suzukii fujimotoi
三畳紀後期の軟体動物斧足類。
¶日化譜（図版39-19/モ写）〈(産)山口県厚狭郡鴨庄〉

Tosastroma tokunagai
ジュラ紀後期のストロマトポロイド。
¶日化譜（図版14-13/モ写）〈(産)高知県佐川 横断面, 縦断面〉

Tosastroma yabei
ジュラ紀後期のストロマトポロイド。
¶日化譜（図版14-14/モ写）〈(産)北海道北見 縦断面, 微構造を示す〉

Trachycardium (Dallocardia) multicostatum
鮮新世の無脊椎動物軟体動物二枚貝。
¶図解化（図版11-1/カ写）〈(産)リグーリア＝ピエモンテ〉

Trachycardium (Dallocardium) multicostatum
鮮新世の無脊椎動物軟体動物二枚貝。
¶図解化（図版11-13/カ写）〈(産)リグーリア＝ピエモンテ〉

Tragodesmoceroides subcostatas
新白亜紀前期の菊石類。
¶日化譜（図版54-21/モ写）〈(産)北海道天塩国アベシナイ〉

Trapa sp.
更新世前期の植物。
¶日化譜（図版80-37/モ写）〈(産)横浜市戸塚区下倉田 花粉〉

Triangope sp.
ジュラ紀後期の無脊椎動物腕足動物。
¶図解化（図版3-7/カ写）〈(産)アペニン山脈〉
図解化（図版3-10/カ写）〈(産)アルプス山脈〉

Triangope triangulus
ジュラ紀中期の無脊椎動物腕足動物。
¶図解化（図版3-12/カ写）〈(産)イタリア〉

Trigonioides kodairai
古白亜紀中期の軟体動物斧足類。
¶日化譜（図版43-12/モ写）〈(産)福岡県鞍手郡宮田町力丸, 朝鮮慶尚南道〉

Trigonioides paucisulcatus
新白亜紀前期の軟体動物斧足類。
¶日化譜（図版43-13/モ写）〈(産)熊本県御所浦島〉

Trigonostoma umbilicare
無脊椎動物軟体動物腹足類。
¶図解化（図版19-14/カ写）

Triletes bos'sus
ジュラ紀前期の植物胞子・花粉類。
¶日化譜（図版80-2/モ写）〈(産)新潟県糸魚川市小滝炭坑〉

Triticites henberti
石炭紀後期の紡錘虫。
¶日化譜（図版3-9/モ写）〈(産)岐阜県福地 縦断面〉

Triticites intermedius
石炭紀後期の紡錘虫。
¶日化譜（図版3-7,8/モ写）〈(産)東京都 縦断面, 横断面〉

Triticites isaensis
石炭紀後期の紡錘虫。
¶日化譜（図版3-3,4/モ写）〈(産)秋吉 縦断面, 横断面〉

Triticites kagaharensis
石炭紀後期の紡錘虫。
¶日化譜（図版3-1,2/モ写）〈(産)関東山地 縦断面, 横断面〉

Triticites ozawai
石炭紀後期の紡錘虫。
¶日化譜（図版3-5/モ写）〈(産)秋吉 縦断面〉

Triticites uemurai
石炭紀後期～二畳紀前期の紡錘虫。
¶日化譜（図版81-19/モ写）〈(産)関東山地（双子山）〉

Triticites yayamadakensis
石炭紀後期の紡錘虫。
¶日化譜（図版3-6/モ写）〈(産)熊本県〉

Triton affine
無脊椎動物軟体動物腹足類。
¶図解化（図版20-17/カ写）

Trivia europaea
鮮新世の無脊椎動物軟体動物腹足類。
¶図解化（図版17-11/カ写）〈(産)リグーリア＝ピエモンテ〉

Trochus (Infundibulum) goisiensis
中新世前期の軟体動物腹足類。
¶日化譜（図版26-22/モ写）〈(産)宮城県, 埼玉県秩父山田〉

Trochus monilifer
鮮新世の無脊椎動物軟体動物腹足類。
¶図解化（図版22-7/カ写）〈(産)イギリスのバートン〉

Tropigastrites aff.halli
三畳紀中期の菊石類。
¶日化譜（図版51-18/モ写）〈(産)宮城県宮城郡利府村浜田〉

Truncilariopsis rudis
無脊椎動物軟体動物腹足類。
¶図解化（図版21-13/カ写）

Truncilariopsis truncula conglobata
無脊椎動物軟体動物腹足類。
¶図解化（図版21-20/カ写）

Tryplasma higutizawaensis
シルル紀中期の四射サンゴ。
¶日化譜（図版17-5/モ写）〈(産)岩手県大船渡市盛町 縦断面〉

Tsuga sp.
中新世後期の植物。
¶日化譜（図版80-18/モ写）〈産新潟県三島郡寺泊町新堂　花粉〉

Turbinaria brueggemanni
現世の六射サンゴ。
¶日化譜（図版19-4/モ写）〈産鹿児島以南〉

Turricula exorta
鮮新世の無脊椎動物軟体動物腹足類。
¶図解化（図版22-5/カ写）〈産イギリスのバートン〉

Turricula rostrata
鮮新世の無脊椎動物軟体動物腹足類。
¶図解化（図版22-3/カ写）〈産イギリスのバートン〉

Turricula（Surcula） lathyriformis
無脊椎動物軟体動物腹足類。
¶図解化（図版18-15/カ写）

Turris（Turris） turricula
無脊椎動物軟体動物腹足類。
¶図解化（図版18-22/カ写）

Turritella（Haustator） vermicularis
無脊椎動物軟体動物腹足類。
¶図解化（図版20-28/カ写）

"Turritella" karatsuensis
漸新世後期の軟体動物腹足類。
¶日化譜（図版27-27/モ写）〈産佐賀県西彼杵郡有田町〉

Turritella（Zaria） subangulata
無脊椎動物軟体動物腹足類。
¶図解化（図版20-13/カ写）

Tylostoma miyakoensis
古白亜紀後期の軟体動物腹足類。
¶日化譜（図版30-13/モ写）〈産岩手県宮古〉

Umbilicosphaera sp.
中新世中期の植物性べん毛藻。
¶日化譜（図版81-26/モ写）〈産能登〉

Uncites sp.
デヴォン紀の無脊椎動物腕足動物。
¶図解化（図版9-7/カ写）〈産ドイツ〉

Unio ogamigoensis
ジュラ紀後期の軟体動物斧足類。
¶日化譜（図版43-21/モ写）〈産岐阜県大野郡庄川村尾上郷〉

Uptonia cfr.obsoleta
ジュラ紀前期（ドメリアン）の無脊椎動物軟体動物アンモナイト類。
¶図解化（図版28-20/カ写）〈産コモのアルペ・ツラティ〉

Uvigerina aculeata
鮮新世後期～現世の有孔虫。
¶日化譜（図版81-7/モ写）〈産神奈川県大船付近〉

Uvigerina subperegrina
中新世の有孔虫。
¶日化譜（図版6-6,7/モ図）〈産新潟県, 宮崎県〉

Valdedorsella akuschaaensis
古白亜紀後期の頭足類菊石類。
¶日化譜（図版86-16/モ写）〈産岩手県宮古〉

Valvulineria japonica
更新世前期の有孔虫。
¶日化譜（図版81-15/モ写）〈産房総〉

Vanikoro japonica
古白亜紀後期の軟体動物腹足類。
¶日化譜（図版30-19/モ写）〈産岩手県宮古〉

"Velata" cf.sumeriensis
三畳紀後期の軟体動物斧足類。
¶日化譜（図版39-2/モ写）〈産高知県佐川町下山〉

"Velata" infrequens
三畳紀後期の軟体動物斧足類。
¶日化譜（図版39-3/モ写）〈産高知県佐川町金井谷〉

Venus（Ventricoloidea） casina
無脊椎動物軟体動物二枚貝。
¶図解化（図版16-3/カ写）

Venus（Ventricoloidea） excentrica
無脊椎動物軟体動物二枚貝。
¶図解化（図版16-21/カ写）

Venus（Ventricoloidea） multilamella
無脊椎動物軟体動物二枚貝。
¶図解化（図版16-16/カ写）

Venus（Ventricoloidea） verrucosa
無脊椎動物軟体動物二枚貝。
¶図解化（図版16-9/カ写）
図解化（図版16-13/カ写）
図解化（図版16-15/カ写）

Verbeekiella japonicum
二畳紀後期の四射サンゴ。
¶日化譜（図版16-5/モ写）〈産宮城県桃生郡雄勝〉

Vermiporella（?） nipponica
二畳紀後期の藻類緑藻。
¶日化譜（図版10-11/モ写）〈産岐阜県具城郡 横断面〉

Vitis labruscoidea
鮮新世後期の双子葉植物。
¶日化譜（図版79-9,10/モ写）〈産福島県棚倉, 富山県 種子〉

Voluta athleta
鮮新世の無脊椎動物軟体動物腹足類。
¶図解化（図版22-1/カ写）〈産イギリスのバートン〉

Voluta digitalina
鮮新世の無脊椎動物軟体動物腹足類。
¶図解化（図版22-10/カ写）〈産イギリスのバートン〉

Voluta luctatrix
鮮新世の無脊椎動物軟体動物腹足類。
¶図解化（図版22-16/カ写）〈産イギリスのバートン〉

Voluta solandri
鮮新世の無脊椎動物軟体動物腹足類。
¶図解化（図版22-6/カ写）〈産イギリスのバートン〉

Volutocorbis scabriculus
鮮新世の無脊椎動物軟体動物腹足類。
¶図解化（図版22-2/カ写）〈産イギリスのバートン〉

Volutolyra subspinosa
始新世の無脊椎動物軟体動物腹足類。
¶図解化（図版23-6/カ写）〈㊞ロンカ〉

Volutospira ambigua
鮮新世の無脊椎動物軟体動物腹足類。
¶図解化（図版22-12/カ写）〈㊞イギリスのバートン〉

Volutospira luctator
鮮新世の無脊椎動物軟体動物腹足類。
¶図解化（図版22-11/カ写）〈㊞イギリスのバートン〉

Volutospira scalaris
鮮新世の無脊椎動物軟体動物腹足類。
¶図解化（図版22-21/カ写）〈㊞イギリスのバートン〉

Waagenoceras cf.dieneri richardsoni
二畳紀後期の頭足類菊石類。
¶日化譜（図版86-3/モ写）〈㊞福島県石城郡四倉町高倉山〉

Waagenoperna elongata
白亜紀初期の軟体動物斧足類。
¶日化譜（図版84-11/モ写）〈㊞岩手県大峯鉱山〉

Waagenoperna ozawai
三畳紀中期の軟体動物斧足類。
¶日化譜（図版37-17/モ写）〈㊞山口県〉

Waagenoperna triangularis
三畳紀後期の軟体動物斧足類。
¶日化譜（図版37-16/モ写）〈㊞山口県美禰市麻生〉

Waagenophyllum akagoensis
二畳紀前期の四射サンゴ。
¶日化譜（図版16-9/モ写）〈㊞山口県秋吉 横断面〉

Waagenophyllum izuruhense
二畳紀後期の四射サンゴ。
¶日化譜（図版16-10/モ写）〈㊞大阪府高槻市 横断面〉

Waagenophyllum pulchrum
二畳紀の四射サンゴ。
¶日化譜（図版16-11/モ写）〈㊞千葉県銚子 横断面〉

Weberiides（?）sp.
石炭紀前期の三葉虫。
¶日化譜（図版87-4/モ写）〈㊞岩手県陸前高田市矢作雪沢尾部〉

Wentzelella iwaizakiensis
二畳紀後期の四射サンゴ。
¶日化譜（図版17-1/モ写）〈㊞宮城県気仙沼市岩井崎 横断面, 縦断面〉

Wentzelloides maiyaensis
二畳紀後期の四射サンゴ。
¶日化譜（図版16-12/モ写）〈㊞宮城県米谷, 福島県相馬 横断面〉

Whitfieldella nitida
シルル紀の無脊椎動物腕足動物。
¶図解化（図版8-15/カ写）〈㊞ニューヨーク州〉

Williamsonia cf.whitbiensis
古白亜紀中期のベンネチテス類。
¶日化譜（図版73-4/モ写）〈㊞宮城県気仙沼市大島〉

Xenoxylon latiporosum
ジュラ紀後期の毬果類。
¶日化譜（図版75-4/モ写）〈㊞石川県石川郡白峰村湯谷, 化石壁 木幹横断面〉

Xiphosphaera huzimotoi
古生代後期～中生代初期の放散虫。
¶日化譜（図版9-7/モ写）〈㊞東京都御嶽〉

Yaadia（Setotrigonia） shinoharai
新白亜紀後期の軟体動物斧足類。
¶日化譜（図版42-28/モ写）〈㊞香川県大川郡引田町〉

Yaadia（Yeharella） ainuana
新白亜紀前期の軟体動物斧足類。
¶日化譜（図版42-31/モ写）〈㊞北海道三笠市幾春別〉

Yaadia（Yeharella） japonica
新白亜紀後期の軟体動物斧足類。
¶日化譜（図版42-29/モ写）〈㊞愛媛県温泉郡〉

Yaadia（Yeharella） kimurai
新白亜紀後期の軟体動物斧足類。
¶日化譜（図版42-30/モ写）〈㊞愛媛県温泉郡〉

Yabeiceras orientale
新白亜紀中期の菊石類。
¶日化譜（図版57-6/モ写）〈㊞福島県双葉郡広野町〉

Yabeiceras yubarense
新白亜紀前期の菊石類。
¶日化譜（図版57-8/モ写）〈㊞北海道胆振国勇払郡鵡川〉

Yabeina kaizensis
二畳紀後期の紡錘虫。
¶日化譜（図版5-13/モ写）〈㊞関東山地 横断面〉

Yabeina shiraiwensis
二畳紀後期の紡錘虫。
¶日化譜（図版5-11,12/モ写）〈㊞山口県美禰市白岩, 高知県休場礫岩 縦断面〉

Yangchienia compressa
二畳紀前期の紡錘虫。
¶日化譜（図版2-1/モ写）〈㊞岐阜県赤坂 縦断面〉

Yatsengia kiangsuensis
二畳紀後期の四射サンゴ。
¶日化譜（図版17-3/モ写）〈㊞宮城県気仙沼市岩井崎, 岩手県気仙郡住田町 横断面〉

Yebisites onoderai
ジュラ紀前期の菊石類。
¶日化譜（図版53-15/モ写）〈㊞宮城県本吉郡志津川町韮ノ浜〉

Yezoactinia shotombetsensis
ジュラ紀後期の腔腸動物ストロマトポロイド。
¶日化譜（図版13-10/モ写）〈㊞北海道江差郡〉

Yokoyamaina elliptica
シュラ紀前期の軟体動物斧足類。
¶日化譜（図版44-29/モ写）〈㊞宮城県志津川韮ノ浜町〉

Yokoyamaoceras jimboi
新白亜紀中期の菊石類。
¶日化譜（図版56-9/モ写）〈㊞北海道胆振国サヌシベ〉

Yokoyamaoceras kotoi
新白亜紀中期の菊石類。
¶日化譜（図版56-8/モ写）〈㊦北海道天塩国オピラシベ〉

Yokoyamaoceras（？） mysticum
新白亜紀中期の菊石類。
¶日化譜（図版56-7/モ写）〈㊦北海道日高国浦河〉

Yokoyamaoceras ornatum
新白亜紀中期の菊石類。
¶日化譜（図版56-10/モ写）〈㊦北海道天塩国アベシナイ〉

「YUKA」 ⇒ケナガマンモスを見よ

Zamiophyllum Buchianum
古白亜紀前期のベンネチテス類。
¶日化譜（図版73-2/モ写）〈㊦長野，群馬，和歌山，高知各県〉

Zeilleria cornuta
ジュラ紀前期の無脊椎動物腕足動物。
¶図解化（図版10-15/カ写）〈㊦フランス〉

Zelkowa sp.
現世前期の植物。
¶日化譜（図版80-28/モ写）〈㊦青森県下北郡東通村 花粉〉

Zonaria（Zonaria） porcellus
鮮新世の無脊椎動物軟体動物腹足類。
¶図解化（図版17-21/カ写）〈㊦リグーリア＝ピエモンテ〉

Zonaria（Zonaria） pyrum
鮮新世の無脊椎動物軟体動物腹足類。
¶図解化（図版17-10/カ写）〈㊦リグーリア＝ピエモンテ〉

Zygolithus diplogrammus
新白亜紀中期の植物性べん毛藻。
¶日化譜（図版81-35/モ図）〈㊦福島県〉

Zygolithus octoradiatus
新白亜紀中期の植物性べん毛藻。
¶日化譜（図版81-34/モ図）〈㊦福島県〉

学名・英名索引

【A】

A bivalve attached on Quenstedtoceras lamberti →二枚貝……293
Aaveqaspis inesoni →アーヴェカスピス・イネソニ……3
Abderospira punctulata →キザミタマゴガイ……121
Abelisaurus →アベリサウルス……24
Abies →モミ属の花粉……456
Abies aburaensis →セタナモミ……225
Abies balsamea →バルサムモミ……327
Abies firma →モミ……456
Abies mariesii →アオモリトドマツ……6
Abies n-suzukii →スズキモミ……211
Abies protofirma →カセキモミ……104
Abies sanzugawaensis →サンズガワモミ……183
Abies ugoensis →ウゴモミ……56
Abietinaepollenites (*Pinus*) sp.……494
Abrictosaurus →アブリクトサウルス……23
Acadagnostus exaratus →アカダグノスツス……6
Acadoparadoxides mureroensis →アカドパラドキシデス ムレレンシス……6
Acalepha deperdita →アカレファ・デペルディタ……7
Acanthocardia (*Acanthocardia*) *aculeata*……494
Acanthocardia (*Acanthocardia*) *erinacea*……494
Acanthocardia (*Acanthocardia*) *paucicostata*……494
Acanthoceras rothomagensis……494
Acanthochirana angulata →アカントキラナ・アングラタ……7
Acanthochirana cenomanica →アカントキラナ・ケノマニカ……7
Acanthochirana cordata →アカントキラナ・コルダタ……7
Acanthochirana longipes →アカントキラナ・ロンギペス……7
Acanthochonia barrandei →アカントコニア……7
"*Acanthocybium*" sp. →カマスサワラ属未定種の歯……109
Acanthocythereis dunelmensis →アカンソシセレイス・デュネルメンシス……7
Acanthodes →アカントデス……8
Acanthodesia savaltii →アミメヒダコケムシ……25
Acanthomeridion serratum →アカンソメリディオン・セラトゥム……7
Acanthopecten onukii →アカンソペクテン・オヌキイ……7
Acanthopecten spinosus……494
Acanthopholis →アカントフォリス……8
Acanthopyge →アカンソピゲ……7
Acanthopyge balliviani →アカンソピゲ バリヴィアニィ……7
Acanthopyge sp. →アカンソピゲの一種……7
Acanthoscaphites nodosus →アカントスカフィテス・ノドーサス……7
Acanthostega →アカントステガ……7
Acanthostega gunnari →アカントステガ・グンナリ……8
Acanthoteuthis leichi →アカントトイティス・ライキ……8
Acanthoteuthis mayri →プロブレマティカ……383
Acanthoteuthis sp. →アカントトイティス属の種……8
Acanthoteuthis speciosa →アカントトイティス・スペキオサ……8
Acanthoteutis →アカントテウチス属……8
Acanthotrigonia higoensis……495
Acanthotrigonia longiloba……495
Acanthotrigonia moriana……495
Acanthotrigonia ogawai……495
Acanthotrigonia pustulosa……495
Acaste →アカステ……6
Acer →カエデ……99
Acer arcticum →キョクチカエデ……127
Acer debilum →シオツボカエデ……186
Acer diabolicum →カジカエデ……102
Acer ezoanum →エゾカエデ……70
Acer fatisiaefolia →フジオカカエデ……355
Acer florinii →サントウイタヤ……183
Acer imaii →イマイカエデ……50
Acer integerrimum →ムカシイタヤ……437
Acer japonicum →ハウチワカエデ……307
Acer megasamarum →セタナカエデ……225
Acer micranthum →コミネカエデ……168
Acer miohenry →サントウミツデカエデ……184
Acer mono →イタヤカエデ……47
Acer nordenskioeldi →モギカエデ……453
Acer nordenskioeldii →カエデ……99
Acer oishii →オオイシカエデ……83
Acer otopteryx →カエデの種子……99
Acer palaeodiabolicum →ムカシカジカエデ……438
Acer palaeorufinerve →ムカシウリハダカエデ……437
Acer palmatum →イロハカエデ……51
Acer pictum →イタヤカエデ……47
Acer protojaponicum →ムカシハウチワカエデ……439
Acer protosieboldianum →ムカシメイゲツカエデ……440
Acer ryozenensis →リョウゼンカエデ……479
Acer sp. →カエデの仲間……100
Acer subukurunduense →キタミオガラバナ……123
Acer trilobatum →ブラウンカエデ……364
Acer yabei →ヤベカエデ……460
Acer yamanae →ヤマナサトウカエデ……461
Acervoschwagerina endoi →アケルボシュワゲリナの1種……12
Acervularia ananas →アセルブラリア・アナナス……17
Acervularia sp. →アケルブラリア……12
Acharax tokunagai →トクナガキヌタレガイ……274
Achelousaurus →アケロウサウルス……12
Achistrum →アキストゥルム……8
Achistrum welleri →アキストルム・ウェレリ……8
Acidaspis roemeri →アキダスピス……8
Acila kiiensis →キシュウオオキララガイ……122
Acila nakazimai →ナカジマキララガイ……285
Acila sp.aff.*A.elongata* →オオキララガイの1種……84
Acila (*Acila*) *brevis* →タマキララガイ……239
Acila (*Acila*) *divaricata* →オオキララガイ……84
Acila (*Acila*) *divaricata submirabilis* →オオキララガイモドキ……84
Acila (*Truncacila*) *insignis* →キララガイ……129
Acila (*Truncacila*) *nagaoi* →ナガオキララガイ……285
Acila (*Truncacila*) *nakazimai* →ナカジマキララガイ……285
Acila (*Truncacila*) *picturata* →ポロナイキララガイ……411
Acinonyx pardinensis →アキノニクス……8

Aclistochara huihuibaoensis →アクリストカラ・フイフイバオエンシスの側面 11
Aclistochara mundula →アクリストカラ・ムンドゥラの側面 11
Acmaea pallida →ユキノカサ 463
Acmaea sigaramiensis →シガラミアオガイ 187
Aconeceras nisus →アコネセラス・ニサス 13
Aconeceras trautsholdi →アコネセラス・トラウツホルディ 13
Aconeceras walshense →アコネセラス・ウォルシェンセ 13
Acosmia maotiania →アコスミア・マオティアニア 12
Acraspedites antiquus →アクラスペディテス・アンティクウス 10
Acrioceras sp. →アクリオセラスの一種 10
Acrioceras tarberelli →アクリオセラス・ターベレリイ 10
Acrocanthosaurus →アクロカントサウルス 11
Acrodus nobilis →アクロドゥス 11
Acrodus sp. →アクロダス属の未定種 11
Acrophoca →アクロフォカ 11
Acrophoca longirostris →アクロフォカ 11
Acropora cervicornis →アクロポラ・ケルヴィコルニス 11
Acropora sp. →ミドリイシの1種 430
Acrosaurus frischmanni →アクロサウルス・フリシュマンニ 11
Acrosmilia laemanni →アクロスミリア・レーマニイ 11
Acrosterigma →アクロステリグマ 11
Acrosterigma dalli →アクロステリグマ 11
Acrostichopteris naitoi →アクロスチコプテリス・ナイトウイ 11
Acrostichum ubense →ウベミミモチシダ 59
Acroteuthis lateralis →アクロテウチス 11
Acrothyra gregaria →アクロシラ 11
Acrotretida gen.et sp.indet. →アクロトレタ類 11
Actaea sphinx →アクタエア・スフィンクス 9
Acteocina(*Acteocina*) *exilis* →ヨワコメツブガイ 468
Acteonella sp. →アクテオネラ 10
Actinastrea sp. →アクチナストレア属の1種 9
Actinocamax plenus →アクティノカマクス 10
Actinoconchus →アクティノコンクス 10
Actinoconchus cf.*lamellosa* 495
Actinoconchus paradoxus →アクティノコンカス 10
Actinocoyclus Ehrenbergii 495
Actinocoyclus ellipticus javanica 495
Actinocrinites coplowensis 495
Actinocrinites parkinsoni →アクチノクリニテス 9
Actinocrinites sp. 495
Actinocrinus higuchisawensis →アクティノクリヌスの1種 10
Actinocrinus ohmoriensis 495
Actinocyathus crassiconus →アクチノキアツス 9
Actinocyclus ehrenbergi →アクチノサイクルス・エーレンベルギイ 9
Actinocyclus ellipticus →アクチノサイクルス・エリプチクス 9
Actinocyclus ingens →アクチノサイクルス・インゲンス 9
Actinocyclus tsugaruensis →アクチノサイクルス・ツガルエンシス 9
Actinodaphne sp. →バリバリノキ属の1種 326
Actinodontophora katsurensis 495
Actinofungia astraites →アクチノフンギア・アストライテス 10
Actinoptychus senarius 495
Actinoptychus splendens →アクチノプチクス・スプレンデンス 9
Actinoptychus undulatus →アクチノプチクス・ウンジュラアタス 9
Actinostroma clathratum →アクティノストロマ 10
Actinostroma tokadiensis 495
Actinostroma variabile →アクチノストローマ・バリアビレ 9
Actinostroma verrucosa →アクチノストロマ・ベルコサ 9
Actinostroma yabei →アクチノストローマ・ヤベイ 9
Actinostromaria todakiensis →アクチノストロマリア属の1種 9
Acutiramus macrophthalmus →アクチラムス・マクロフサルムス 10
Adamnestia japonica →クダタマガイ 136
Adasaurus mongoliensis →アダサウルス・モンゴリエンシス 17
Adelophthalmus →アデロフサルムス 18
Adelophthalmus mazonensis →アデロフサルムス・メゾンエンシス 18
Adelphocoris(?) sp. 495
Adiantites sewardi →セワードカセキクジャクシダ 228
Adiantites yuasensis →カセキクジャクシダの1種 103
Adinotherium →アディノテリウム 18
Adinotherium ovinum →アジノテリウム 14
Admete(?) *yonabaruensis* →ヨナバルゴロモ 468
Adulomya uchimuraensis →ウチムラマユイガイダマシ 57
Aechna gigantea →エクナ・ギガンテア 69
Aeger armatus →エガー・アルマトゥス 67
Aeger elegans →エガー・エレガンス 67
Aeger insignis →エーガー・インシグニス 67
Aeger sp. →アエゲル 4
Aeger tipularius →エガー・ティプラリウス 67
Aegirocassis benmoulai →エーギロカシス・ベンモウライ 68
Aegista vulgivaga →オオケマイマイ 84
Aegoceras planicosta 495
Aegyptopithecus zeuxis →エジプトピテクス 70
Aeolosaurus →アエオロサウルス 4
Aepycamelus →アエピカメルス 5
Aepyornis maximus →エピオルニス 75
Aepyornis titan →エピオルニス・ティタン 75
"Aequipecten" beaveri →"エキペクテン"・ビーバリイ 68
"Aequipecten" toyorensis 495
Aequipecten yanagawaensis →ヤナガワヒヨクガイ 459
Aequitriradites inconopicuus 495
Aequitriradites orbicularis 495
Aeschnidium densum →アエスクニディウム・デンスム 4
Aeschnidium heishankowense →アエスクニディウム・ヘイシャンコウェンセの成虫 5
Aeschnogomphus intermedius →アエスクノゴ

ムフス・インテルメディウス……5
Aeschnogomphus sp. →アエスクノゴムフス属の種……5
Aeschnopsis tischlingeri →アエスクノプシス・ティシュリンゲリ……5
Aesculus majus →アニアイトチノキ……21
Aesculus turbinata →トチノキ……275
Aeshnidae, gen.et sp.indet. →ヤンマ科の1種…462
Aethocola nodosa →エソコーラ・ノドーサ……71
Aetiocetus polydentatus →エティオケトゥス・ポリデンタトゥス……74
Aetiocetus weltoni →エティオケトゥス・ウェルトニ……74
Aetobatus arcuatus →ムカシマダラトビエイ……440
Aetosauroides →アエトサウロイデス……5
Aetosaurus →アエトサウルス……5
Afer chinensis →チュウカバイ……244
Afghanella schencki……495
Afrovenator →アフロヴェナトル……23
Agassiceras nodulatum……495
Agathiceras cf.*suessi*……495
Agathiceras toriyamai →アガシーセラス・トリヤマイ……6
Agelacrinites hanoveri →アゲラクリニテス・ハノヴェリ……12
Agilisaurus →アギリサウルス……9
Agnostus →アグノストゥス……10
Agnostus pisiformis →アグノスタス ピシフォルミス……10
Agoniatites sp. →アゴニアタイテス……12
Agonites sp. →アゴニテスの一種……12
Agriochaerus antiquus →アグリオカエルス……10
Agriotherium sp. →アグリオテリウム……10
Agrotocrinus unicus →アグロトクリヌス・ウニクス……11
Agustinia →アグスティニア……9
Ailanthus ezoense →エゾニワウルシ……72
Ailsacrinus abbreviatus →アイルサクリヌス……3
Ainoceras →アイノセラス……3
Ainoceras kamuy →アイノセラス・カムイ……3
Ainoceras paucicostatum →アイノセラス・パウシコスタータム……3
Aivukus sp. →アイブクス……3
Akagophyllum akagoense →アカゴフィラムの1種……6
Akantharges →アカンタルゲス……7
Akebiconcha chitanii……495
Akebiconcha kawamurai →アケビガイ……12
Akebiconcha nipponica →シロウリガイ……203
Akebiconcha(?) *ezoensis* →スケンクガイ……210
Akidolestes cifellii →アキドレステス……8
Akinereites kannourensis……495
Akiyosiphyllum stylophorum……495
Akmonistion →アクモニスティオン……10
Akmonistion zangerli →アクモニスティオン・ザンゲルリ……10
Alabamina japonica →アラバミナ・ジャポニカ……27
Alalcomenaeus →アラルコメナエウス……27
Alamosaurus →アラモサウルス……27
Alangium aequalifolium →ムカシウリノキ……437
Alangium basiobliquum →エゾシマウリノキ……71
Alangium basitruncatum →フジオカウリノキ……355
Alangium chinense →タイワンウリノキ……233
Albalophosaurus yamaguchiorum →アルバロフォサウルス・ヤマグチオラム……33
Albania awa……495
Albertella helena →アルバーテラ・ヘレナ……33
Albertella longwelli →アルバーテラ・ロングウェリ……33
Albertonectes →アルバートネクテス……33
Albertonia clupidinia →アルバートニア・クルピディニア……33
Albertosaurus →アルバートサウルス……33
Albertosaurus sarcophagus →アルバートサウルス・サルコファグス……33
Albizzia miokalkora →ムカシネムノキ……439
Alces sp. →ヘラシカ……393
Alectrion semistriatus……495
Alectrion(*Alectrion*) *turritus*……495
Alectrion(*Desmoulea*) *conglobatus*……495
Alethopteris →アレトプテリス……34
Alethopteris serlii →アレソプテリス……34
Alioramus →アリオラムス……28
Alispirifer aff.*transversa*……495
Aliwalia →アリワリア……28
Allantospongia mica →アラントスポンギア・ミカ……28
Allenypterus →アレニプテルス……34
Alligatorellas beaumonti →アリガトレラス……28
Alligatorellus beaumonti bavaricus →アリガトレルス・ボウモンティ・バヴァリクス……28
Alligatorium paintenense →アリガトリウム・パインテネンゼ……28
Allocentrotus japonicus →ムカシムラサキウニ(新)……440
Allodesmus →アロデスムス……34
Allodesmus kellogi →アロデスムス……34
Allodesmus sinanoensis →シナノトドの吻部……191
Allolichas halli →アロリカス・ハリ……35
Allonnia phrixothrix →アロンニア・プリクソトリクス……35
Alloraphidia longistigmosa →アルロラフィディア・ロンギスティグモサ……34
Allosaurus →アロサウルス……34
Allosaurus fragilis →アロサウルス・フラギリス……34
Allothrissops mesogaster →アロトリソプス・メソガスタ……35
Allothrissops salmoneus →アロトリソプス・サルモネウス……35
Allothrissops sp. →アロトリソプス属の種……35
Alnus →ハンノキ属の花粉……331
Alnus arasensis →アラセハンノキ……27
Alnus cf.*A.hirsuta* →ケヤマハンノキに比較される種……154
Alnus ezoensis →シキシマハンノキ……187
Alnus hokkaidoensis →ハルトリハンノキ……327
Alnus japonica →ハンノキ……331
Alnus miojaponica →ムカシハンノキ……440
Alnus protomaximowiczii →ムカシミヤマハンノキ……440
Alnus sp. →ハンノキ属の1種……331
Alnus subfirma →ムカシヤシャブシ……441
Alnus tinctoria microphylla →アルヌス・ティンクトリア・ミクロフィラ……32
Alnus tsudae →アルヌス・ツダエ……32
Alnus usyuensis →ウシュウハンノキ……56
“*Alocodon*” →「アロコドン」……34
Aloides succincta →ヒメシラハマクチベニ……341

Aloides(*Cuneocorbula*) *peregrina* →シラハマクチベニ……202
Alokistocare idahoensis →アロキストケア アイダヘンシス……34
Alphadon →アルファドン……33
Alsatites proaries →アルサティテス・プロアリエス……31
Alticamelus altus →アルチカメルス……32
Altirhinus →アルティリヌス……32
Alula elegantissima →アルーラ・エレガンティシマ……33
Alvarezsaurus →アルヴァレズサウルス……28
Alveolina elliptica →アルベオリナ……33
Alveolinella quoyi →アルベオリネラの1種……33
Alveolites simplex →アルベオリテス・シンプレックス……33
Alveopora cf.*verrilliana* →アルベオポーラ・ベリリアーナ……33
Alveopora sp. →アワサンゴの1種……35
Alxasaurus →アルクササウルス……30
Amaea(*Discoscala*) aff.*niasensis*……495
Amaltheus nudus →アマルテゥス・ヌーダス……24
Amaltheus sp. →アマルチウスの1種……24
Amaltheus sp.cf.*A.stokesi* →アマルチウスの1種……24
Amaltheus stokesi →アマルテウス……24
Amaltheus subnodosus →アマルテウス・スブノドスス……24
Amaltheus(*Pleuroceras*) *costatus*……495
Amargasaurus →アマルガサウルス……24
Amargasaurus cazaui →アマルガサウルス・カザウイ……24
Amarodes pseudozabrus →アマロデス・プセウドザブルス……24
Amber with an insect remain →虫入りコハク……441
Amblotherium pusillum →アンブロテリウム……38
Amblypterus eupterygius →アムブリプテルス・ユゥプテリギゥス……25
Amblysemius bellicianus →アムブリセミウス・ベリキアヌス……25
Amblysemius pachyurus →アムブリセミウス・パキウルス……25
Amblysemius sp. →アムブリセミウス属の種……25
Amblysiphonella dichotoma……496
Amblysiphonella sikokuensis →アンブリシフォネラの1種……38
Ambondro mahabo →アンボンドロ……38
Ambonychia sp. →アンボニキア……38
Ambostracon ikeyai →アンボストラコン・イケヤイ……38
Ambrolinevitus maximus →アムブロリネヴィトゥス・マキシムス……26
Ambrolinevitus ventricosus →アムブロリネヴィトゥス・ヴェントリコスス……26
Ambulocetus →アムブロケトゥス……26
Ambulocetus natans →アンブロケトゥス・ナタンス……38
Amebelodon →アメベロドン……26
Amebelodon fricki →アメベロドン……26
Amia kermeri →アミア・ケルメリ……24
Amicus japonicus →アミクスの1種……25
Amiopsis lepidota →アミオプシス・レピドタ……25
Amiskwia sagittiformis →アミスクウィア・サジッチフォルミス……25
Ammonella quadrata →アンモネラ・クアドラタ……40
Ammonia beccarii →キスイコマハリガイ……122
Ammonia japonica →アンモニア・ジャポニカ……40
Ammonicrinus →アンモニクリヌス……40
Ammonoceras ezoense……496
Ammonoceratites ezoense →アンモノセラタイテス・エゾエンゼ……40
Ampakabastraea exserta →アンパカバストラエア……38
Ampelomeryx →アンペロメリックス……38
Amphibamus →アムフィバムス……25
Amphicentrum granulosum →アンヒケントルム……38
Amphicoryna fukushimaensis →アンフィコリナ・フクシマエンシス……38
Amphicoryna scalaris sagamiensis……496
Amphicyon →アンフィキオン……38
Amphidonte(*Amphidonte*) *subhaliotoidea* →アンフィドンテ・サブハリオトイデア……38
Amphilagus sp. →アンフィラグス……38
Amphipora higuchizawaensis →アンフィポラ・ヒグチザワエンシス……38
Amphipora higutizawaensis……496
Amphirhopalum praeypsilon →アンフィロパルム・プラエイプシロン……38
Amphiroa hanzawai →カニノテ(アンフィロア)の1種……106
Amphiroa howei……496
Amphiroa izuensis →カニノテ(アンフィロア)の1種……106
Amphiroa longissima……496
Amphistegina radiata →アムフィステギナの1種……25
Amphiura ponderosa……496
Amplectobelua →アムプレクトベルア……26
Amplectobelua symbrachiata →アムプレクトベルア・シムブラキアタ……26
Ampullina asagaiensis →アサガイダマ……13
Ampullina cfr.*ausonica*……496
Ampullina vulconi →アムピュリナ・ブルコニイ……25
Ampyx nasutus →アンピクス・ナスタス……38
Ampyxina bellatula →アンピクシナ ベラトゥラ……38
Amussiopecten hyugaensis →ヒュウガモミジツキヒ……342
Amussiopecten iitomiensis →イイトミモミジツキヒ……40
Amussiopecten praesignis →モミジツキヒ……456
Amussium cristatum……496
Amygdalodon →アミグダロドン……25
Amygdalophyllidium naoseudeum →アミグダロフィリジウムの1種……25
Amygdalophyllum giganteum……496
Amynodon watanabei →ワタナベサイ……492
An operulum of Naticidae →タマガイの仲間のフタ……239
Anadara amicula →シガラミサルボウ……187
Anadara arasawaensis →アラサワサルボウ……27
Anadara diluvii……496
Anadara hataii →ハタイサルボウ……312
Anadara kakehataensis →カケハタサルボウ……101
Anadara kurosedaniensis →クロセダニアカガイ……147
Anadara makiyamai →マキヤマサルボウ……415
Anadara ninohensis →ニノヘサルボウ……293
Anadara ogawai →オガワサルボウ……86

Anadara shizuokaensis →シズオカサルボウ……189
Anadara suzukii →スズキサルボウ……211
Anadara takaoensis →タカオサルボウ……234
Anadara takayamai →タカヤマアカガイ……234
Anadara tanakuraensis →タナクラサルボウ……237
Anadara tatunokutiensis →タツノクチサルボウ……236
Anadara tazawaensis →タザワサルボウ……236
Anadara tsudai →ツダサルボウ……248
Anadara watanabei →ワタナベサルボウ……492
Anadara (*Anadara*) *amicula elongata* →ナガサルボウ……285
Anadara (*Anadara*) *diluvii*……496
Anadara (*Anadara*) *pectinata*……496
Anadara (*Diluvarca*) *amicula* →シガラミサルボウ……187
Anadara (*Diluvarca*) *ehrenbergi* →キカイサルボウ……118
Anadara (*Diluvarca*) *ninohensis* →ニノヘサルボウ……293
Anadara (*Diluvarca*) *tatunokutiensis* →タツノクチサルボウ……236
Anadara (*Hataiarca*) *pseudosubcrenata* →サルボウダマシ……182
Anadara (*Kikaiarca*) *kikaizimana* →キカイサルボウ……118
Anadara (*Scapharca*) *broughtonii* →アカガイ……6
Anadara (*Scapharca*) *daitokudoensis* →ダイトクドウアカガイ……232
Anadara (*Scapharca*) *kakehataensis* →カケハタアカガイ……101
Anadara (*Scapharca*) *kurosedaniensis* →カケハタアカガイ幼型……101
Anadara (*Scapharca*) *ommaensis* →オンマサルボウ……98
Anadara (*Scapharca*) *satowi castellata* →ダイニチサトウガイ……232
Anadara (*Scapharca*) *subcrenata* →サルボウ……182
Anadara (*Scapharca*) *valentula* →シラハマサルボウ……202
Anadara (*Tegillarca*) *granosa* →ハイガイ……305
Anadara (*Tegillarca*) *granosa bisenensis* →ハイガイ……305
Anaethalion angustus →アナエタリオン・アングストゥス……19
Anaethalion knorri →アナエタリオン・クノリ……19
Anaethalion sp. →アナエタリオン属の種……19
Anagale →アナガレ……19
Anagaudryceras →アナゴードリセラス……19
Anagaudryceras buddha →アナゴードリセラス・ブッダ……19
Anagaudryceras enigma →アナゴードリセラス・エニグマ……19
Anagaudryceras limatum →アナゴードリセラス・リマータム……19
Anagaudryceras yokoyamai →アナゴードリセラス・ヨコヤマイ……19
Anagymnites sp.aff.*A.acutus* →アナギムニテスの1種……19
Ananchytes ovatus →アナンキテス・オバータス……20
Anancus →アナンクス……20
Anancus arvernensis →アナンクス……20
Anapachydiscus deccanensis yezoensis →アナパキディスカス……20
Anapachydiscus sp. →アナパキディスクス……20
Anapachydiscus sutneri……496
Anapachydiscus (*Neopachydiscus*) *naumanni* →アナパキディスクス(ネオパキディスクス)・ナウマンニイ……20
Anasibirites kingianus →アナシビリテスの1種……19
Anasibirites onoi……496
Anasibirites pacificus →アナシビリテス・パシフィカス……19
Anasibirites shimizui →アナシビリテスの1種……19
Anastrophia grossa……496
Anatochoerus inusitatus →アナトコエルス……20
Anatomites sp. →アナトミーテスの一種……20
Anatosaurus →アナトサウルス……20
Anatotitan →アナトティタン……20
Anatrypa insquamosa →アナトリパ・インスクオモーサ……20
Ancalagon minor →アンカラゴン……35
Anchiceratops →アンキケラトプス……35
Anchicodium fukujiense……496
Anchicodium funile →アンチコジウムの1種……36
Anchicodium Magnum……496
Anchiornis →アンキオルニス……35
Anchisauripus →アンキサウリプス……35
Anchisaurus →アンキサウルス……35
Anchitherium →アンキテリウム……35
Anchitherium hypohippoides →ヒラマキウマ……343
Ancilla (*Baryspira*) *hinomotoensis* →ヒノモトボタル……337
Ancilla (*Turrancilla*) *chinensis* →ロウイロリュウグウボタル?……488
Ancistrocrania tuberculata →アンキストロクラニア……35
Ancistrolepis bicordata →アワヤゲンバイ……35
Ancistrolepis fragilis……496
Ancistrolepis hokkaidoensis →ムカシヤゲンバイ……441
Ancistrolepis modestoides →ナガノボラモドキ……286
Ancistrolepis schencki →スケンクバイ……210
Ancistrolepis sp. →チヂワバイの1種……243
Ancistrolepis trochoideus tokoyodaensis →トコヨダチヂワバイ……275
Ancyloceras matheronianum →アンキロケラス・マゼロニアヌム……35
Ancyloceratid (?), gen.et sp.indet. →アンキロセラス類(?)の1種……36
Andalusiana cornuata →アンダルシアナ コルヌアータ……36
Andesaurus →アンデサウルス……36
"Andonta" ponderosa →ムカシフクレドブガイ……440
Andreolepis →アンドレオレピス……37
Andreolepis hedei →アンドレオレピス・ヘデイ……37
Andrewsarchus →アンドリューサルクス……37
Andrewsarchus mongoliensis →アンドリュウサルクス・モンゴリエンシス……37
Andrias scheuchzeri →アンドリアス……37
Andrias sp. →アンドリアス……37
Andrias tschudii →アンドリアス・チュディイ……37
Aneimia macrorhyza……496
Anetoceras sp. →アネトセラス……21
Aneugomphius ictidoceps →アネウゴンヒウス……21
Anguillavus →アングイラヴス……36
Angulogerina sp.……496

Angyomphalus hashimotoi →アンギオンファルスの1種 …… 35
Anhanguera →アンハングエラ …… 38
Anidanthus abukumaense …… 496
Anidanthus ussuricus →アニダンツァス・ウスリーカス …… 21
Animantarx →アニマンタルクス …… 21
Anisoceras pseudoelegans →アニソセラス・シュードエレガンス …… 21
Anisoceras sp. →アニソセラスの一種 …… 21
Anisoceras subcompressus …… 496
Anisocorbula venusta →クチベニデガイ …… 136
Anisomyon giganteus →アニソミヨン・ギガンテウス …… 21
Anisomyon transformis →アニソミヨン・トランスフォルミス …… 21
Anisophlebia helle →アニソフレビア・ヘルレ … 21
Anisorhynchus lapideus →アニソリンクス・ラピデウス …… 21
Ankylosauridae →アンキロサウルス類 …… 36
Ankylosaurus →アンキロサウルス …… 35
Ankylosaurus magniventris →アンキロサウルス・マグニヴェントリス …… 36
Annularia →アニュラリア …… 21
Annularia radiatus →アンニュラリア・ラディアタス …… 37
Annularia stellata →アニュラリア・ステラータ … 21
Annulariopsis oishii →アヌラリオプシス・オーイシイ …… 21
Annuliconcha interlineatus …… 496
Annuliconcha kitakamiensis →アンヌリコンカの1種 …… 38
Anodonta subjuncta yokoyamai →ヨコヤマドブガイ …… 467
Anodonta woodiana →ドブガイ …… 276
Anodontia stearnsiana →イセシラガイ …… 45
Anodontophora canalensis …… 496
Anodontophora kochigataniensis …… 496
Anodontophora trigona …… 496
Anomalocardia (*Veremolpa*) *mindanensis* →アデヤカヒメカノコアサリ …… 18
Anomalocaris →アノマロカリス …… 22
Anomalocaris canadensis →アノマロカリス・カナデンシス …… 22
Anomalocaris saron →アノマロカリス・サロン … 22
Anomalocaris sp. →アノマロカリスの一種 …… 22
Anomalochelys angulata →アノマロケリス …… 22
Anomia chinensis →ナミマガシワ …… 288
Anomia sp. →アノミア属の種 …… 22
Anomia (*Anomia*) *ephippium* …… 496
Anomopteris distans →アノモプテリス・ディスタンス …… 22
Anomozamites sp. →アノモザミテスの1種 …… 22
Anopheles (?) sp. …… 496
Anoplosaurus →アノプロサウルス …… 21
Anoplotherium →アノプロテリウム …… 21
Anoplotherium commune →アノプロテリウム … 22
Anourosorex japonicus →ニッポンモグラジネズミ …… 292
Anserimimus →アンセリミムス …… 36
Ant →アリ …… 28
Antarctopelta →アンタークトペルタ …… 36
Antarctosaurus →アンタルクトサウルス …… 36
Antedon pinnata →アンテドン・ピンナータ …… 36
Antetonitrus →アンテトニトルス …… 36
Anthemiphyllia dentata →アンテミフィリアの1種 …… 36
Antholithus ovatus →アントリトゥス・オワトゥス …… 37
Antholithus sp.*1* →アントリトゥス類 …… 37
Antholithus sp.*2* →アントリトゥス類 …… 37
Anthomya subcantiana …… 496
Anthonema problematicum →アントネマ・プロブレマティクム …… 37
Anthonya subcantiana →アンソニア・サブカンチアーナ …… 36
Anthracomedusa →アンスラコメデューサ …… 36
Anthracoporella magnipora …… 496
"*Anthracothema*" *tsuchiyai* →ツチヤタンジュウ …… 248
Antillophyllia sp. →マルハナサンゴの1種 …… 423
Antiplanes contraria →ヒダリマキイグチ …… 335
Antiplanes (*Rectiplanes*) *sadoensis* →サドイグチ …… 177
Antiquatonia sp. …… 496
Antirhynchonella linguifera …… 496
Antrimpos →アントリムポス属によって残された印象 …… 37
Antrimpos intermedius →アントリムポス・インテルメディウス …… 37
Antrimpos meyeri →アントリムポス・マイヤーリ …… 37
Antrimpos noricus →アントリンポス・ノリクス …… 37
Antrimpos speciosus →アントリムポス・スペキオスス …… 37
Anurognathus →アヌログナトゥス …… 21
Anurognathus ammoni →アヌログナトス・アムモニ …… 21
Apankura machu →アパンクラ・マチュ …… 23
Apateon pedestris →アパテオン …… 22
Apateopholis →アパテオフォリス …… 22
Apatosaurus →アパトサウルス …… 22
Apatosaurus excelsus →アパトサウルス・エクセルスス …… 22
Aphananthe aspera →ムクノキ …… 441
Aphanepygus →アファネピグス …… 23
Aphaneramma sp. →アファネラマ …… 23
Aphelaster serotimus →アフェラステルの1種 … 23
Aphrocallistes sp. →アフロカリステスの1種 …… 23
"*Aphrophora*" sp. →アワフキの1種 …… 35
Apiaria dubia →アピアリア・ドゥビア …… 23
Apiocrinites elegans →アピオクリニテス …… 23
Apiotorigonia undulosa →アピオトリゴニア・ウンドローサ …… 23
Apiotrigonia crassoradiata …… 497
Apiotrigonia jimboi …… 497
Apis sp. →ミツバチの1種 …… 429
Aplosmilia somaensis →アプロスミリアの1種 … 23
Apodemus argenteus →ヒメネズミの下顎骨 …… 341
Apodemus speciosus →アカネズミ …… 7
Apographiocrinus →アポグラフィオクリヌス …… 24
Apolichas sp. →アポリカス属の未定種 …… 24
Apolichas truncatus →アポリカス・トランカータス …… 24
Apollon osawanoensis →オオサワノアラレボラ … 84
Apollon sazanami →サザナミアラレボラ …… 176
Apollon yabei →ヤベアラレボラ …… 459
Apolymetis (*Leporimetis*) *takaii* →タカイジュ

ロウジン ··· 234
Aporrhais pespelecani ··· 497
Aporrhais sp. →アポルライス属の種 ··· 24
Aporrhais uttingeriana ··· 497
Aporrhais (*Tessarolax*) *acutimargarinatus* →アポライス(テッサロラックス)・アクチマーガリナータス ··· 24
Appalachiosaurus →アパラチオサウルス ··· 22
Arachinoidiscus ehrenbergii →アラキノイディスクス・エレンベルギー ··· 27
Araeoscelis →アレオスケリス ··· 34
Aragosaurus →アラゴサウルス ··· 27
Araliopsoides cretacea →アラリオプソイデス ··· 27
Aralosaurus →アラロサウルス ··· 27
Arandaspis →アランダスピス ··· 27
Arandaspis prionotolepis →アランダスピス・プリオノトレピス ··· 27
Araria disectifolia →オオアライタラノキ ··· 83
Araucaria elongata →アロウカリア ··· 34
Araucaria mirabilis →アラウカリア ··· 26
Araucaria moreauniana →アラウカリア・モレアウニアナ ··· 26
Araucaria sternbergii →ナンヨウスギ ··· 289
Araxoceras sp.cf.*A.biangsiensis* →アラクソセラスの1種 ··· 27
Arca boucardi →コベルトフネガイ ··· 167
Arca cobellii ··· 497
Arca rustica →アルカ・ルスティカ ··· 30
Arca (*Arca*) *boucardi* →コベルトフネガイ ··· 167
Arca (*Arca*) *noae* ··· 497
Arcania undecimspinosa →ジュウイチトゲコブシ ··· 197
Arcestes muensteri ··· 497
Arcestes (*Proarcestes*) sp. →アルセステス(プロアルセステス)の一種 ··· 32
Archaea →アルカエア ··· 28
Archaefructus →アルカエフルクトゥス ··· 29
Archaefructus liaoningensis →アルカエフルクトゥス・リアオニンゲンシスの花部 ··· 30
Archaefructus sinensis →アルカエフルクトゥス・シネンシス ··· 29
Archaeoceratops →アーケオケラトプス ··· 11
Archaeocidaris whatleyensis →アルカエオキダリス ··· 28
Archaeocyatha →アルカエオキアタ ··· 28
Archaeocypoda veronensis →アーケオキポダ・ヴェロネンシス ··· 11
Archaeogeryon peruvianus →アルカエオゲリオン ··· 28
Archaeolepas redenbacheri →アルカエオレパス・レデンバッヘリ ··· 29
Archaeolepas (?) sp. →アルカエオレパス属(?)の種 ··· 29
Archaeolithoporella hidensis ··· 497
Archaeolithothamnium hanzawai ··· 497
Archaeolithothamnium kuboiensis →アーケオリソサムニウムの1種 ··· 12
Archaeolithothamnium lugeoni →アーケオリソサムニウムの1種 ··· 12
Archaeolithothamnium somensis ··· 497
Archaeonycteris →アルカエオニクテリス ··· 28
Archaeopalinurus levia →アーケオパリヌルス・レビア ··· 12
Archaeopodocarpus →アーケオポドカルプス属 ··· 12
Archaeopteris halliana →アルカエオプテリス ··· 29
Archaeopteris hibernica →アルカエオプテリス ··· 29
Archaeopteris obtusa →アルカエオプテリス・オブツサ ··· 29
Archaeopteris sp. →アルカエオプテリス ··· 29
Archaeopteropus sp. →アルケオプテロプス ··· 31
Archaeopteryx →アルカエオプテリクス ··· 28
Archaeopteryx bavarica →アルカエオプテリクス・バヴァリカ ··· 29
Archaeopteryx lithographica →アルカエオプテリクス・リトグラフィカ ··· 29
Archaeopteryx sp. →アルカエオプテリクス属の種 ··· 29
Archaeornithomimus →アルカエオルニトミムス ··· 29
Archaeotherium →アルケオテリウム ··· 30
Archaeotherium scotti →アルケオテリウム ··· 31
Archaeothyris →アーケオティリス ··· 12
Archaeozostera longifera →アーケオゾステラ・ロンギフェラ ··· 11
Archaeozostera simplex →コダイアマモ ··· 161
Archaeozostera sp. →コダイアマモ属の未定種 ··· 161
Archasteropecten elegans →アルカステロペクテン・エレガンス ··· 30
Archegetes neuropterorum →アルケゲテス・ネウロプテロルム ··· 31
Archegetes neuropterum →アルケゲテス・ネウロプテルム ··· 31
Archelon →アルケロン ··· 31
Archelon ischyros →アルケロン ··· 31
Archeozostera longifolia →ナガバノコダイアマモ ··· 286
Archeozostera minor →コバノコダイアマモ ··· 167
Archeria crassidisca →アルケリア ··· 31
Archicebus achilles →アーキセブス・アキレス ··· 8
Archidiskodon imperator →アーキディスコドン・インペラトル ··· 8
Archidiskodon meridionalis →アーキディスコドン ··· 8
Archidiskodon paramammonteus shigensis →シガゾウ ··· 186
Archimedes →アルキメデス ··· 30
Archimedes wortheni →アルキメデス・ウォルテニ ··· 30
Archimediella pontoni →アルキメディエラ ··· 30
Archimylacris eggintoni →アルキミラクリス ··· 30
Archipsyche eichstaettensis →アルキプシケ・アイヒシュテッテンシス ··· 30
Archisymplectes rhothon →アルキシンプレクテス・ロトン ··· 30
Architectonica kurodae →クロダクルマガイ ··· 147
Architectonica (*Architectonica*) *simplex* ··· 497
Architectonica (*Solariaxis*) *dilecta* ··· 497
Architectonica (*Solariaxis*) *nomurai* →ノムラグルマ ··· 304
Archotuba conoidalis →アルコチュバ・コノイダリス ··· 31
Arcomytilus sp. →アルコミティルス属の種 ··· 31
Arcopagia (*Merisca*) *margaritina* →アコヤザクラ ··· 13
Arcopagia (*Merisca*) *subtruncata* →ユウヒザクラ ··· 462
Arctica umbonaria →アルクチカ ··· 30
Arctinurus boltoni →アークティヌルス・ボルトニ ··· 10
Arctodus →アルクトドゥス ··· 30
Arctoprionites minor →アークトプリオニテス

の1種 …… 10
Arctoprionites nipponicus →アークトプリオニーテス・ニッポニカス …… 10
Arctoprionites yeharai …… 497
Arctostrea carinata →アークトオストレア・カリナータ …… 10
Ardeosaurus →アルデオサウルス …… 32
Ardeosaurus brevipes →アルデオサウルス・ブレヴィペス …… 32
Ardipithecus ramidus →アルディピテクス・ラミダス …… 32
Arduafrons prominoris →アルドゥアフロンス・プロミノリス …… 32
Arenicolites? sp. →アレニコリテス?の1種 …… 34
Areoscelis gracilis →アレオスケリス …… 34
Argentavis →アルゲンタヴィス …… 31
Argentavis magnificens →アルゲンタヴィス・マグニフィケンス …… 31
Argentinosaurus →アルゼンチノサウルス …… 32
Arges parallelus →ムカシメクラガニ …… 440
Argobuccinum giganteum …… 497
Argonauta nodosa →チリメンアオイガイ …… 246
Argonauta tokunagai →トクナガタコブネ（新） …… 274
Argonauticeras besairiei →アルゴノウティセラス・ベサイリエイ …… 31
Arguniella →アルグニエルラ …… 30
Argyrolagus →アルギロラグス …… 30
Arieticeras accuratum …… 497
Arieticeras domarense …… 497
Arieticeras expulsum …… 497
Arieticeras lottii …… 497
Arieticeras retrorsicosta …… 497
Arieticeras ruthense …… 497
Arieticeras sp.cf.*A.apertum* →アリエティセラスの1種 …… 28
Arietites cfr.*bucklandi* …… 497
Arietites raricostatum …… 497
Arietites stellaris →アリエタイテス・ステラリス …… 28
Arietites turneri …… 497
Arionoceras densiseptum →アリオノセラス・デンシセプタム …… 28
Arius sinensis →シナハマギギの耳石 …… 192
Arizonasaurus →アリゾナサウルス …… 28
Arizonasaurus babbitti →アリゾナサウルス・バビッティ …… 28
Armenoceras asiaticum →アルメノセラス・アジアティクム …… 33
Armenoceras coulingi →アルメノセラス・コゥリンギイ …… 33
Arnioceras →アルニオケラス …… 32
Arnioceras budlei →アルニオセラス・バドレイ …… 32
Arnioceras cfr.*ceratitoides* …… 497
Arnioceras cfr.*insolitum* …… 497
Arnioceras geometricum …… 497
Arnioceras hartmanni …… 497
Arnioceras insolitum …… 497
Arnioceras yokoyamai →アルニオセラスの1種 …… 32
Arpadites sakawanus …… 497
Arrhinoceratops →アリノケラトプス …… 28
Arsinoitherium →アルシノイテリウム …… 31
Arsinoitherium zitteli →アルシノイテリウム …… 31
Arthrocardia varmai →アースロカルディアの1種 …… 17
Arthrophycus →アースロフィクス …… 17
Arthropleura →アルトゥロプレウラ …… 32
Arthropleura armata →アースロプレウラ・アルマタ …… 17
Arthropoma cecili →シロウスコケムシ …… 203
Arvicola cantiana →アルビコラ …… 33
Asanospira teshioensis …… 497
Asaphellus sp. →アサフェルスの一種 …… 14
Asaphiscus wheeleri →アサフィスクス・ウィーレリ …… 13
Asaphus expansus →アサフス・エクスパンスス …… 14
Asaphus kowalewskii →アサフス・コワレウスキー …… 14
Asaphus raniceps →アサファス・ラニセプス …… 13
Ascalabos voithi →アスカラボス・ヴォイツィ …… 14
Ashoroa →アショロア …… 14
Askeptosaurus →アスケプトサウルス …… 14
Askeptosaurus italicus →アスケプトサウルス・イタリクス …… 14
Aspidiscus cristatus →アスピディスクス・クリスタツス …… 16
Aspidoceras acanthicum →アスピドセラス・アカンティカム …… 16
Aspidoceras acanthomphalum acanthomphalum …… 497
Aspidoceras cfr.*zeuchneri* …… 498
Aspidoceras pipini →アスピドセラス・ピピニ …… 16
Aspidoceras sp. →アスピドセラス属の種 …… 16
Aspidoceras（*Pseudowaagenia*）cfr.*micropilum* …… 498
aspidorhynchid →未命名のアスピドリンクス類 …… 431
Aspidorhynchus →アスピドリンクス …… 16
Aspidorhynchus acutirostris →アスピドリンクス・アクティロストリス …… 16
Aspidorhynchus comptoni →アスピドリンクス・コムプトニイ …… 16
Astacus spinorostrinus →アスタクス・スピノロストリヌス …… 14
Astarte alaskensis →アラスカシラオガイ …… 27
Astarte borealis →エゾシラオガイ …… 71
Astarte defecta …… 498
Astarte elegans →アスタルテ …… 15
Astarte hakodatensis →ハコダテシラオガイ …… 311
Astarte higoensis …… 498
Astarte ogawensis …… 498
Astarte sakamotoensis …… 498
Astarte sp. →アスタルテ属の種 …… 15
Astarte subsenecta …… 498
Astarte（*Astarte*）*subsenecta* →アスタルテ・サブセネクタ …… 15
Astarte（*Coelastarte*）*somensis* …… 498
Astartella cf.*permocarbonica* …… 498
Astartella toyomensis →アスタルテラの1種 …… 15
Astarte（*Yabea*）*shinanoensis* →アスタルテ（ヤベア）・シナノエンシス …… 15
Asteriacites lumbricalis →アステリアキテス・ルンブリカリス …… 15
Asterias amurensis →ヒトデ …… 336
Asteroceras costatum →アステロセラス・コスタータム …… 15
Asteroceras obtusum →アステロセラス・オブツサム …… 15
Asterodermus platypterus →アステロデルムス・プラティプテルス …… 15
Asteromphalus moronensis …… 498
Asterophyllites →アステロフィリテス …… 15
Asterophyllites equisetiformis →アステロフィリテス …… 15

Asteropyge sp. →アステロピゲの一種 15
Asteropyge unispina →アステロピゲ ウニスピナ 15
Asterotheca 498
Asteroxylon mackiei →アステロキシロン・マッキエイ 15
Asthenocormus titanius →アステノコルムス・ティタニウス 15
Astraea rugosa 498
Astraeospongia meniscus →アストラエオスポンギア・メニスクス 15
Astrahelia palmata →アストラヘリア・パルマタ 16
Astrangia lineata →アストランギア・リネアタ 16
Astrapotherium →アストラポテリウム 16
Astrapotherium magnum →アストラポテリウム 16
Astreptoscolex anasillosus →アストレプトスコレックス・アナシロスス 16
Astriclypeus manni →スカシカシパン 206
Astriclypeus mannii ambigenus →ムカシスカシカシパン 438
Astropecten latespinosus →ヒラモミジガイ 344
Astropectinidae gen.et sp.indet. →アストロペクテン科の未定種 16
Astryclypeus manni minoensis →ミノスカシカシパン 431
Ataphrus (*Ataphrus*) *nipponicus* →アタフルス・ニッポニクス 17
Ataphrus (*Ataphrus*) *yokoyamai* →アタフルス・ヨコヤマイ 17
Ataxicoceras kurisakense 498
Ataxioceras kurisakense →アタキシオセラス・クリサケンセ 17
Athleta →アスレタ 16
Athrotaxites lycopodioides →アトロタクシテス・リコポディオイデス 19
Athyris sp. 498
Athyris spiriferoides 498
Atopocephara natsoni →アトポケファラ 18
Atopochara trivolvis triquetra →アトポカラ・トリウォルウィス・トリクエトラ 18
Atopodentatus unicus →アトポデンタトゥス・ユニクス 18
Atoposaurus oberndorferi →アトポサウルス・オベルンドルフェリ 18
Atractites orsini 498
Atractosteus strausi →アトラクトステウス・ストラウシ 18
Atrypa devoniana 498
Atrypa margjnalis 498
Atrypa reticularis →アトリパ・レティキュラリス 19
Atrypa sp. →アトリパ 19
Attenborosaurus →アッテンボローサウルス 17
Aturia →アトゥリア 18
Aturia aturi 498
Aturia cf.*minoensis* 498
Aturia coxi →アツリア・コッキィー 17
Aturia minoensis var. →アツリア・ミノエンシス 18
Aturia prezigzac →アツリア 17
Aturia sp. →アツリアの一種 18
Aturia yokoyamai →アツリア・ヨコヤマイ 18
Aturia ziczac →アツリア・ジクザク 18
Aublysodontids →アウブリソドン類 4
Aucasaurus →アウカサウルス 3
Aulacella sp. 498
Aulacofusus sp. →ツムバイの1種 249
Aulacophoria keyserlingiana →アウラコフォリア 4
Aulacopleura sp. →アウラコプレウラ 4
Aulacopleura (*Aulacopleura*) *konincki konincki* →オゥラコプリゥラ・コニンキイ 83
Aulacosphinctes sp. →アウラコスフィンクテスの1種 4
Aulacosphinctoides (?) aff.*steigeri* 498
Aulacothyris sp. 498
Aulocrinus bellus →アウロクリヌス・ベルス 4
Aulopora repens →オゥロポーラ・レペンス 83
Aulopora serpens →アウロポラ・セルペンス 4
Aurila cymba →アウリラ・シンバ 4
Aurila pseudoamygdala 498
Aurochs →オーロクス 97
Austiniceras austeni →オースティニセラス・オーステニ 89
Australiceras jacki →オーストラリセラス・ジャッキイ 89
Australopithecus →アウストゥラロピテクス 4
Australopithecus afarensis →アウストラロピテクス・アファレンシス 4
Australopithecus africanus →アウストラロピテクス・アフリカヌス 4
Australopithecus boisei →アウストラロピテクス 4
Australopithecus robustus →アウストラロピテクス・ロブストゥス 4
Australorbis euomphalus →オウストラロルビス 82
Avaceratops →アヴァケラトプス 3
Avellana minima →アベラーナ・ミニマ 24
Aveyroniceras acanthoides 498
Aviculopecten →アヴィクロペクテン 3
Aviculopecten hataii →アビキュロペクテン・ハタイイ 23
Aviculopecten hayasakai 498
Aviculopecten minoensis 498
Aviculopecten sasakii 498
Aviculopecten sp.cf.*A.hataii* →アビキュロペクテンの1種 23
Aviculopecten tenuicollis →アヴィクロペクテン 3
Avitelmessus grapsoideus →カニ 105
Avitolabrax denticulatus →シラミズスズキ 202
Axelrodichthys →アクセルロディクチス 9
Axis japanicus →クチノツジカ (新) 136
Axoplunum angelinum →アクソプルヌム・アンジェリヌム 9
Aysheaia →アイシェアイア 3
Aysheaia pedunculata →アイシェアイア・ペドゥンクラタ 3
Azhdarchidae →アズダルコ科 14
Azorinus sp. →ズングリアゲマキガイの仲間 223
Azorinus (*Azorinus*) *charnasolen* 498
Azorius abbreviatus →ズングリアゲマキ 223

【B】

Babylonia elata →エラータバイ 77
Babylonia japonica →バイ 304
Babylonia kozaiensis →コウザイバイ (新) 157

bacteria →バクテリア……310
Bactrites →バクトリテス……310
Bactrosaurus →バクトロサウルス……310
Bactrosaurus johnsoni →バクトロサウルス……310
Baculites →バキュリテス……309
Baculites aff.*B.sulcatus* →バキュリテス・サルカタスに近縁の種……309
Baculites bailyi →バキュリテス・ベイリアイ…310
Baculites boulei →バキュリテス・ブーレイ……309
Baculites capensis →バキュリテス・ケイペンシス……309
Baculites cf.*boulei* →バキュライテス・ブーレイ……309
Baculites compressus →バキュリテス・コンプレッサス……309
Baculites eliasi →バキュリテス・イリアスイ…309
Baculites regina →バキュリテス・レジナ……310
Baculites schencki →バキュリテス・スケンカイ……309
Baculites sp. →バキュリテスの一種……309
Baculites tanakae →バキュリテス・タナカエ…309
Baculites undulatus →バキュリテス・ウンジュラータス……309
Baculites yokoyamai →バキュリテス・ヨコヤマイ……310
Baculogypsina sphaerulata →バキュロジプシナの1種……310
Baculogypsinoides spinosus →バキュロジプシノイデスの1種……310
Bagaceratops →バガケラトプス……307
Bagaceratops rozhdestvenskyi →バガケラトプス・ロジェドストベンスキ……307
Baiera borealis →バイエラ・ボレアリス……304
Baiera cf.*furcata* →バイエラ・フルカータの近似種……304
Baiera elegans →バイエルイチョウの1種……305
Baiera filiformis →バイエルイチョウ……304
Baiera munsteriana →バイエラ……304
Baiera orientalis……498
Baiera paucipartita……498
Baiera sp. →バイエラ属の未定種……304
Baiera taeniata →バイエルイチョウの1種……305
Bainella insolita →バイネラ インソリタ……305
Bairdia eucurvia……498
Bakevellia cassianelloides……499
Bakevellia otariensis……499
Bakevellia trigona →バケベリア・トリゴーナ‥311
Bakevellia(*Neobakevellia*) *trigona* →バケベリア(ネオバケベリア)・トゥリゴーナ……311
Balaena primigenia →バラエナ……319
Balaenoptera(?) sp. →ナガスクジラ類……285
Balaenopteridae, gen.et sp.indet. →ヒゲクジラ類……334
Balaenura sp. →バラエヌラ……319
Balakhonia sp. →バラクホニア属の未定種……319
Balanocidaris japonica →バラノキダリスの1種……322
Balanophylla aff.*imperialis* →バラノフィリア・イムペリアリス……322
Balanus →バラヌス……322
Balanus concavus →バラヌス……322
Balanus rostratus →ミネフジツボ……430
Balanus sp. →フジツボの1種……356
Balanus volcano →オオアカフジツボ……83
Balcis yokosukensis →ヨコヤマセトモノガイ…467
Balcoracania dailyi →バルコラカニア・ダイリィ……327
Baltic amber, Kauli gum →コハクとワニス樹脂……166
Baltisphaeridium(?) *polyceratum*……499
Baltisphaeridium(?) sp.……499
Baluchitherium grangeri →バルキテリウム……327
Bambiraptor →バムビラプトル……317
Bandringa →バンドリンガ……331
Banffia confusa →バンフィア・コンフュサ……331
Baptornis →バプトルニス……315
Baragwanathia →バラグワナティア……320
Baragwanathia longifolia →バラグワナチア……319
Barapasaurus →バラパサウルス……322
Barbatia bicorolata →ベニエガイ……390
Barbatia uetsukiensis →ウエツキエガイ……54
Barbatia(*Cucullearca*) *candida*……499
Barbatia(*Savignyaca*) *virescens* →カリガネエガイ……111
Barbatia(*Savignyarca*) *minoensis* →ムカシミノエガイ(新)……440
Barbatia(*Soldania*) *mytiloides*……499
Barbatis(*Cucullearca*) *candida*……499
Barbourofelis fricki →バルボロフェリス・フリッキ……328
Barbourofelis sp. →バルボロフェリス……327
Barchyspirifer carinatus……499
Barnea(*Umitakea*) *dilatata* →ウミタケ……59
Barnea(*Umitakea*) *japonica* →バルネア(ウミタケア)・ジャポニカ……327
Barosaurus →バロサウルス……329
Barremites(*Barremites*) aff.*B.strettostoma* →バレミテス・ストレトストマに近縁の種……329
Barroisiceras onilahyense →バロイシセラス・オニラヒエンゼ……329
Barroisiceras subtuberculatum →バロイシセラス・サブツバクラータム……329
Barycrinus →バリクリヌス……325
Barycrinus princeps →バリクリヌス・プリンセプス……325
Barylambda faleri →バリランブダ……326
Baryonyx →バリオニクス……325
Baryspira aff.*australis* →ゴオシュウボタル……159
Baryspira okawai →オオカワボタル……84
Baryspira utopica parentalis →シラガボタル…202
Basidechenella rowi →バシデチェネラ・ロウイ……311
Basilosaurus →バシロサウルス……311
Basilosaurus cetoides →バシロサウルス……311
Basilosaurus sp. →バシロサウルス……311
Bathraspira excavata →バスラスピラ・イクスカバータ……312
Bathrotomaria sp. →バトロトマリア……314
Bathrotomaria(?) *yokoyamai* →バトロトマリア(?)・ヨコヤマイ……314
Bathyamussium jeffreysi →ハナヤカツキヒガイ……315
Bathybembix argentenitens argenteonitens →ギンエビス……131
Bathybembix(*Ginebis*) *sakhalinensis* →カラフトギンエビス……110
Bathylagus sencta →サトウイワシ……177
Bathynomus sp. →オオグソクムシの1種……84
Bathynomus undecimspinosus →ジュウイチト

ゲオオグソクムシ……197
Bathynotus kueichouensis →バシノタス クウェイチェンシス……311
Batillaria atukoae……499
Batillaria tateiwai……499
Batillaria toshioi →トシオウミニナ……275
Batillaria yamanarii……499
Batillaria zonalis →イボウミニナ……49
Batocrinus subequalis……499
Batofasciculus ramificans →バトファスキクルス・ラミフィカンス……314
Batoidea, caudal spine →エイの尾棘……62
Batostomella microstoma……499
Batostomella yamazakii……499
Batrachognathus →バトラコグナトゥス……314
Batrachosuchus watsoni →バトラコスクス……314
Bavarisaurus macrodactylus →バヴァリサウルス・マクロダクティルス……306
Beaconites →ビーコニテス……334
Beckwithia →ベックウィチア……389
Bee →ミツバチ……429
Beedeina eximia……499
Beedeina ichinotaniensis……499
Beedeina lanceolata →ビーディナの1種……336
Beelzebufo →ベルゼブフォ……396
Beelzebufo ampinga →ベールゼブフォ・アムピンガ……396
Beetle →甲虫……157
Behemotops →ベヘモトプス……391
Beipiaoa spinosa →ベイピアオア・スピノサの,トゲがある果実(種子)……386
Beipiaosaurus →ベイピアオサウルス……386
Beipiaosaurus inexpectus →ベイピアオサウルス・イネクスペクトゥス……386
Belantsea →ベラントセア……393
Belemnite limestone →ベレムナイト石灰岩……397
Belemnitella americana……499
Belemnitella mucronata →ベレムニテラ・マクロナータ……397
Belemnitella quadrata……499
Belemnites elongatus……499
Belemnites pacillosus……499
Belemnites sulcatus……499
Belemnopsis abbreviatus →ベレムノプシス・アブレビアータス……397
Belemnopsis hastata →ベレムノプシス・ハスタータ……397
Belemnopsis sp. →矢石類(ベレムノプシス)の未定種……190
Belemnotheutis antiqua →ベレムノテウチス……397
Belinurus →ベリヌルス……395
Bellamya(*Sinotaia*) *mabutii* →マブチタニシ……420
Bellerophon →ベレロフォン属の腹足類……398
Bellerophon jonesianus →ベレロフォン・ジョンシアヌス……398
Bellerophon jonessianus →ベレロホン・ジョージアヌス……398
Bellerophon sp.
→ベレロフォン……398
→ベレロホン属の未定種……398
Bellerophon(*Bellerophon*) *jonessianus* →ベレロフォンの1種……398
Bellerophon(*Bellerophon*) *kitakamiensis* →ベレロフォンの1種……398
Bellerophon(*Sorobanobaca*) *matsumotoi* →ベレロフォンの1種……398
Belodon plieningeri →ベロドン……398
Belonostomus →ベロノストムス……399
Belonostomus muensteri →ベロノストムス・ムエンステリ……399
Belonostomus sp. →ベロノストムス属の種……399
Belonostomus tenuirostris →ベロノストムス・テヌイロストリス……399
Beloptesis gigantea →ベロプテシス・ギガンテア……399
Belotelson magister →ベロテルソン・マギスター……398
Bemarambda pachyoesteus →ベマラムダ……391
Bembexia sulcomarginata →ベンベキシア・スルコマルギナタ……400
Bennettites subcarperatus……499
Berchemia miofloribunda →サントウクマヤナギ……183
Berenicea sarniensis →コキクザラコケムシ……159
Bergeriaeschnidia abscissa →ベルゲリアエスクニディア・アブスキサ……395
Bergeriaeschnidia sp. →ベルゲリアエスクニディア属の種……395
Beringius hobetsuensis →ホベツネジボラ……406
Bernissartia →ベルニサルティア……396
Berriasella privasensis……499
Berycopsis →ベリコプシス……395
Berycopsis elegans →ベリコプシス……395
Betula davurica →ヤエガワカンバ……458
Betula Ermani →ダケカンバ……235
Betula kamigoensis →カミゴウカンバ……109
Betula mioluminifera →ベトゥーラ・ミオルミニフェラ……390
Betula miomaximovicziana →ムカシウダイカンバ……437
Betula nipponica →シキシマカンバ……187
Betula onbaraensis →オンバラカンバ……98
Betula platyphylla →シラカンバ……202
Betula protoglobispica →ホウキカンバ……400
Betula protojaponica →ムカシカンバ……438
Betula schmidtii →オノオレカンバ……92
Betula sekiensis →セキカンバ……224
Betula sp. →ベチュラ……388
Betula sp.cf.*B.maximowicziana* →ウダイカンバに比較される種……56
Betula sublutea →マツマエカンバ……419
Betulites sp. →ベチュリテス……388
Beudanticeras ambanjabense →ビューダンティセラス・アムバンジャベンゼ……342
Beudanticeras arduennense →ビューダンティセラス・アルデュエンネンゼ……342
Beudanticeras beudanti →ビユーダンティセラス・ビューダンティ……342
Beudanticeras caseyi →ビューダンティセラス・カセイイ……342
Bevahites aff.*B.lapparenti* →ベバイテス・ラパレンティに近縁の種……391
Bevhalstia →ビバルスティア……338
Beyrichia clavigera →ベイリキア・クラビゲラ……386
Beyrichites chitanii……499
Biarmosuchus sp. →ビアルモスクス……331
Bibio maculatus →ビビオ……338
Bibio tenebrosus? →ハグロケバエ?……311
Bibio? sp. →ビビオ?……338
Bicoemplectopteris hallei →バイコエンプレク

トプテリスの1種……305
Bicornucythere bisanensis →バイコルヌスシセレ・ビサネンシス……305
Bienotherium yunnanese →ビエノテリウム……332
Bifericeras →ビフェリケラス……338
Bifericeras bifer →ビフェリケラス……338
Biflustra sp. →苔虫動物唇口目……159
Birbalomys →ビルバロミス……344
Birgeria acuminata →ビルゲリア……344
Birkenia →ビルケニア……344
Birkenia elegans →ビルケニア……344
Bisatoceras akiyoshiense →ビサトセラスの1種……334
Bison →バイソン……305
Bison latifrons →ジャイアントバイソン……195
Bison occidentalis →ビソン……335
Bison priscus →ステップバイソン……214
Bittium sp.cf.*B.yokoyamai* →コヨヤマノミカニモリ(?)……169
Blackwelderia sinensis →ブラックウェルデリア・シネンシス……367
Blaculla nikoides →ブラクラ・ジーボルティ……366
Blaculla sieboldi →ブラクラ・ジーボルティ……366
Blanfordiceras uhligi……499
Blapsium egertoni →ブラプシウム……369
Blastomeryx →ブラストメリクス……366
Blikanasaurus →ブリカナサウルス……371
Blochius longirostris →ブロキウス・ロンギロストリス……377
Boedaspis ensifer →ボエダスピス・エンシファー……401
Bolaspidella housensis →ボラスピデラ・ホウセンシス……409
Bolaspidella sp. →ボラスピデラの一種……409
Bolivina cf.*spissa*……499
Bolivina robusta →ボリヴィナ・ロブスタ……409
Bolivinita quadrilatera……499
Bollandia pacifica →ボランディア・パシフィカ……409
Boluochia zhengi →ボルオチア……410
Bombur complicatus →ボムブル・コムプリカトゥス……406
Bonitasaura →ボニタサウラ……405
Boreaspis →ボレアスピス……410
Boreotrophon candelabrum →ツノオリイレ……248
Boreotrophon kagana →カガツノオリイレガイ……100
Borhyaena →ボルヒエナ……410
Borogovia →ボロゴーヴィア……411
Borophagus diversidens →ボロファグス・ディバーシデンス……411
Borophagus secundus →ボロファグス・セクンドゥス……411
Borophagus sp. →ボロファグス……411
Borsonella shinzato →シンザトマンジ……204
Bos primigenius →オーロックス……97
Bostrychoceras otukai multicostata……499
Bostrychoceras sp. →ボストリコケラス……402
Bothriocidaris eichwaldi →ボスリオキダリス・エイケワルディ……402
Bothriodon sandaensis →ボトリオドン……405
Bothriodon sp. →ボトゥリオドン……404
Bothriolepis →ボスリオレピス……402
Bothriolepis canadense →ボトリオレピス・カナデンセ……405
Bothriolepis canadensis →ボスリオレピス・カナデンシス……402
Bothriolepis zadonica →ボスリオレピス・ザドニカ……402
Bothriolepsis canadensis →ボスリオレプシス・カナデンシス……402
Botrychites reheensis →ボトリキテス・レヘエンシス……405
Bouleia dagincourti →ブレイア ダギンクルティ……373
Bourguetia saemanni →ボウルグエチア……401
Bowerbankia pustulosa →ボウェルバンキア・プスツロサ……400
Braarudosphaera bigelowi →ブラールドスフェラ・ビゲロウィ……370
Brachidontes matchgarensis →マチガルヒバリガイ……418
Brachiosaurus →ブラキオサウルス……364
Brachiosaurus brancei →ブラキオサウルス……365
Brachyaspidion microps →ブラキアスピディオン・ミクロプス……364
Brachyceratops →ブラキケラトプス……365
Brachycrus →ブラキクルス……365
Brachylophosaurus →ブラキロフォサウルス……366
Brachymetops (*Brachymetopina*) *japonicus*……499
Brachymetopus omiensis →ブラキメトプス・オーミエンシス……365
Brachyphyllum gracile →ブラキフィルム・グラキレ……365
Brachyphyllum nepos →ブラキフィルム・ネポス……365
Brachyphyllum sp. →ブラキフィルム属の種……365
Brachythrina nagaoi……499
Brachythyris akiyoshiensis →ブラキティリス・アキヨシエンシス……365
Brachytrachelopan →ブラキトラケロパン……365
Bradgatia →ブラッドガティア……367
Bradleya albatrossia →ブラッドレイア・アルバトロシア……367
Bradleya nuda →ブラッドレイア・ヌーダ……367
Bradyina rotula……499
Branchiocaris pretiosa →ブランキオカリス……370
Branchiocaris? yunnanensis →ブランキオカリス?・ユンナンエンシス……370
Branchiosaurus →ブランキオサウルス……370
Branchiosaurus amblystomus →ブランキオサウルス……370
Branisella →ブラニセラ……369
Branneroceras sp.cf.*B.braunnei* →ブランネロセラスの1種……370
Brasenia schreberi →ジュンサイ……201
Brasilosaurus sanpauloensis →ブラジロサウルス……366
Bredocaris admirabilis →ブレドカリス・アドミラビリス……376
Breviceratops →ブレヴィケラトプス……373
Breviphillipsia sampsonii →ブレヴィフィリプシア サンプソニィ……373
Brisaster owstoni →ブリサステルの1種……371
Brisingella sp. →ウデボソキクバナヒトデ属の未定種……57
Brissopsis makiyamai →ブンブクモドキの1種……386
Brissopsis sp. →タヌキブンブク属の未定種……238
Brissus latecarinatus →オオブンブクの1種……86

Bristolia insolens →ブリストリア・インソレンス……372
Brodieia bayani……499
Brodieia sp.……500
Brontops →ブロントプス……385
Brontops robustus →ブロントプス……385
Brontosaurus excelsus →ブロントサウルス……385
Brontoscorpio anglicus →ブロントスコルピオ・アングリクス……385
Brontotherium →ブロントテリウム……385
Brontotherium gigas →ブロントテリウム・ギガス……385
Broomia perplexa →ブルーミア……373
Brotia melanoides →ブロチア……379
Brotiopsis wakinoensis →ブロティオプシス・ワキノエンシス……379
Broussonetia imaii →イマイコウゾ……50
"Bruhathkayosaurus" →「ブルハトカヨサウルス」……373
Bryantodus sp.……500
Bryozoan limestone →コケムシ石灰岩……159
Buccinulum (*Euthria*) *corneum*……500
Buccinum aomoriensis →アオモリバイ……6
Buccinum kurodai →クロダバイ……147
Buccinum ochotense →オホツクバイ……94
Buccinum sinanoensis →シナノバイ……191
Buccinum sp. →オホツクバイの1種……94
Buccinum sp.cf.*B.yatukanum* →ヤツカバイ(?)……459
Buchia sp. →ブキア属の種……354
Buchiceras sp. →ブチセラスの一種……359
Bucklandia sp. →バックランディア属の種……313
Bufo sp. →ヒキガエル類……333
Bulia (*Bulia*) *striata*……500
Bulimina elongata subulata →ブリミナ・エロンガータ・サブウラータ……372
Bulla →ブッラ……359
Bulla ampulla →ブラ……364
Bulla (*Bulla*) *subampulla*……500
Bullatimorphites cf.*microstoma* →ブラチモルフィテス・ミクロストーマ……367
Bullatimorphites sp.……500
Bumastus aspera →ブマスタス・アスペラ……363
Bumastus sp. →ブマスタス……363
Bumastus (*Bumastella*) *aspera* →ブマスタス(ブマステラ)・アスペラ……363
Bumastus (*Bumastella*) *bipunctatus* →ブマスタス(ブマステラ)・バイプンクタータス……364
Bundenbachia →ブンデンバキア属の蛇尾類……385
Bunostegos akokanensis →ブノステゴス・アコカネンシス……363
Buntonia reticuliforma……500
Buprestides suprajurensis →ブプレスティデス・スプラジュレンシス……363
Burgandia semiclathrata……500
Burgessia →バージェシア……311
Burgessia bella →バージェシア・ベラ……311
Burgessochaeta setigera →ブルゲッソカエタ……372
Burithes yunnanensis →ブリテス・ユンナンエンシス……372
Burmeisteria sp. →ブルマイステリアの一種……373
Burmesia japonica……500
Burmirhynchia japonica →ブルミリンキアの1種……373
Burmirhynchia torinosuensis……500
Burrirhynchia sp.……500
Bursa corrugata →イワカワウネボラ……51
Bursa sp.cf.*B.yabei* →ヤベフジツガイ(?)……460
Bursa (*Ranella*) *nodosa*……500
Buttneria perfecta →ブットネリア……359
Buxtonia scabricula……500
Buxus protojaponica →シキシマツゲ……187
Bylgia haeberleini →ビルギア・ヘーベルライニ……344
Bylgia hexadon →ビルギア・ヘクサドン……344
Bylgia spinosa →ビルギア・スピノサ……344
Byronosaurus →ビロノサウルス……345
Bythoceratina elongata →ビソセラチナ・エロンガータ……335
Bythoceratina hanaii →ビソセラチナ・ハナイアイ……335
Bythotrephis gracilis →バイソトレフィス……305

【C】

Cacaps →カコプス……101
Cacops aspidephorus →カコプス……101
Cactocrinus reticulatus……500
Cadella delta →クサビザラ……133
Cadella lubrica →トバザクラ……275
Cadoceras elatmae →カドセラス エラトマエ……105
Cadoceras elatniae →カドセラス・エラトニエ……105
Cadoceras emelinzvi →カドセラス・エメリンズビ……105
Cadoceras nikitinianum →カドセラス・ニキチニアナム……105
Cadomites bandoi →カドミテスの1種……105
Cadomites humphresianum……500
Cadurcodon sp. →カドゥルコドン……104
Caesalpinea ubensis →ウベジャケツイバラ……58
Cagaster recticanalis →カガブンブク(新)……100
Cainotherium →カイノテリウム……99
Cainotherium laticurvatuns →カイノテリウム……99
Caiuajara dobruskii →カイウアジャラ・ドブルスキイ……98
Calamites →カラミテス……111
Calamites sp. →カラミテスの一種……111
Calamophyton primaevum →カラモフィトンの茎……111
Calcarina spengleri →カルカリナの1種……113
Calceola sandalina →カルケオラ・サンダリナ……114
Calcidiscus leptoporus →カルチディスクス・レプトポールス……114
Calcidiscus macintyrei →カルチディスクス・マッキンタイヤライ……114
Calcinoplax antiqua →カルキノプラックス・アンティクア……114
Calciochordates →石灰索動物……225
Calescara levinseni……500
Callianassa bona →モニワスナモグリ……455
Callianassa elongatodigitata →ポロナイスナモグリ……411
Callianassa faiyasi →カリアナッサ・ファイアシイ……111
Callianassa inornata →ナガオスナモグリ……285
Callianassa kusiroensis →クシロスナモグリ……135
Callianassa muratai →ムラタスナモグリ……442
Callianassa shikamai →シカマスナモグリ……187

Callianassa sp. →スナモグリの1種 ……218
Callianassa titaensis →チタスナモグリ ……243
Calliarthron sp. →エゾコシロ（カリアースロン）の1種 ……71
Calliostoma →カッリオストマ ……104
Calliostoma conulum ……500
Calliostoma nodulosum →カリオストマ ……111
Calliostoma otaniensis →オオタニエビスガイ … 84
Calliostoma (*Akoya*) *k-suzukii* →ムカシアコヤ ……437
Calliostoma (*Calotropis?*) *hataii* →ハタイエビス ……312
Calliostoma (*Otukaia*) *otukai* →オオツカエビス ……84
Calliostoma (*Tristichotrochus*) *aculeatum uezii* →ウエジエビス ……54
Calliostoma (*Tristichotrochus*) *consors* →コシダカエビス ……160
Calliostoma (*Tristichotrochus*) *iwamotoi* →イワモトエビス ……51
Calliostoma (*Tristichotrochus*) sp.cf.*C. multiliratus* →ニシキエビスガイ (?) ……290
Calliphylloceras gingoli →カリフィロセラス・ジンゴリイ ……112
Calliphylloceras leiokoclos ……500
Callipteris sullivanti →カリプテリス・サリバンティ ……112
Callispira (?) sp. →カリスピラ属 (?) の未定種 ……112
Callispirina sp.aff.*C.ornate* →カリスピリナ・オルナータの近縁種 ……112
Callista chinensis →マツヤマワスレガイ ……420
Callista hanzawai →ハンザワハマグリ ……330
Callista matsuuraensis →マツウラワスレ ……418
Callista pseudoplana ……500
Callista (*Callista*) *chione* ……500
Callista (*Callista*) *italica* ……500
Callista (*Callista*) *puella* ……500
Callistocythere hatatatensis ……500
Callistocythere hayamensis →カリストシセレ・ハヤメンシス ……112
Callistocythere japonica →カリストシセレ・ジャポニカ ……112
Callistocythere nipponica ……500
Callistocythere undulatifascialis ……500
Callithaca adamsi →エゾヌノメ ……72
Callixylon →カリキシロン ……111
Callixylon whiteanum →カリキシロン ……111
Callobatrachus sanyanensis →カルロバトラクス・サンヤネンシス ……115
Callopterus agassizi →カロプテルス・アガシジ ……116
Callovosaurus →カロヴォサウルス ……115
Callyphylloceras aff.*kochi* ……500
Callyphylloceras nilssoni ……500
Calocedrus notoensis →ノトショウナンボク ……303
Caloceras →カロセラス ……116
Caloceras johnstoni →カロセラス・ジョンストニ ……116
Calocycletta costata →カロシクレッタ・コスタータ ……116
Calocycletta virginis →カロシクレッタ・ヴィルギニス ……116
Calonectris diomedea →カロネクトリス ……116
Calycoceras asiaticum →キャライコセラス・アジアチカム ……126
Calycoceras orientale →キャライコセラス・オリエンタレ ……126
Calymene blumenbachi →カリメネ・ブルーメンバッキィ ……112
Calymene celebra →カリメネ セレブラ ……112
Calymene tristani →カリメネ・トリスタニ ……112
Calyptogena sp. →シロウリガイの仲間 ……203
Calyptraea chinensis ……500
Calyptraea tubura →ムカシカリバガサガイ ……438
Calyptraea yokoyamai →カリバガサ ……112
Camarasaurus →カマラサウルス ……109
Camarophorina sp. ……500
Camarosaurus lentus →カマロサウルス ……109
Camarotoechia tethys ……500
Cambropachycope clarksoni →カンブロパキコーペ・クラークソニ ……118
Cambropodus gracilis →カンブロポダス・グラキリス ……118
Camellia protojaponica →シキシマツバキ ……187
Camelops →カメロプス ……110
Camelotia →キャメロティア ……126
Camerina bagualensis →カメリナ・バグアレンシス ……110
Camerina laevigata →カメリナ・レビガータ …110
Cameroceras →カメロケラス ……110
Cameroceras trentonense →カメロケラス・トレントネンセ ……110
Campanile →カムパニレ ……109
Campanile giganteum →カンパニレ ……118
Camposaurus →キャンポサウルス ……126
Camptandrium? sp. →カワスナガニ?の1種 ……116
"Camptonectes" oishii ……500
Camptonectes sp. →カンプトネクテス属の未定種 ……118
Camptonectes (*Camptochlamys*) *retiferus* →カムプトネクテス（カムプトクラミス）・レティフェルス ……110
Camptonectes (s.s.) *inexpectatus* ……501
Camptosaurus →カンプトサウルス ……118
Camptosaurus browni →カンプトサウルス・ブラウニイ ……118
Camptosaurus dispar →キャンプトサウルス ……126
Camptostroma →カンプトストローマ ……118
Campylognathoides →カンピログナトイデス ……118
Canadaspis →カナダスピス ……105
Canadaspis laevigata →カナダスピス・ラエヴィガタ ……105
Canadaspis perfecta →カナダスピス・パーフェクタ ……105
Canadia spinosa →カナディア ……105
Canadoceras kossmati →キャナドセラス・コスマティ ……126
Canadoceras multicostatum ……501
Canadoceras mysticum ……501
Canadoceras yokoyamai →キャナドセラス・ヨコヤマイ ……126
Canarium (*Doxander*) *japonicus* →シドロガイ ……191
Canavaria japonica →カナバリアの1種 ……105
Canavaria sp. →カナバリアの1種 ……105
Cancellaria conradiana →カンセラリア・コンラディアーナ ……117
Cancellaria hukusimana →フクシマコロモガイ ……354

Cancellaria kobayashii →コバヤシコロモガイ‥167
Cancellaria lischkei →サワネオリイレボラ……182
Cancellaria mutsuana →ムツコロモガイ………441
Cancellaria pristina →ホソモモエボラ…………403
Cancellaria sp. →コロモガイの1種……………171
Cancellaria(*Bivetiella*) *cancellata*………………501
Cancellaria(*Merica*) *kobayashii* →コバヤシコンゴウボラ……………167
Cancellaria(*Sydaphera*) *spengleriana* →コロモガイ……………171
Cancellina nipponica →カンセリナの1種………117
Cancellospirifer(?) *maxwelli*……………………501
Cancellothyris platys →カンケロチリス…………117
Cancer imamurae →イマムライチョウガニ…… 50
Cancer minutoserratus →オオギガニの1種……… 84
Cancer sanbonsugii →サンボンスギイチョウガニ……………184
Cancer(*Glebocarcinus*) *itoigawai* →イトイガワイチョウガニ……………47
Cancrinos claviger →カンクリノス・クラーウィゲル……………116
Cancrinos latipes →カンクリノス・ラティペス……………116
Caninia cylindrica →カニニア・シリンドリカ‥105
Canis dirus →ダイアウルフ……………………231
Canis latrans →コヨーテ…………………………169
Canis lupus →オオカミ…………………………84
Canis lupus hodophilax →ニホンオオカミ………293
Cannartus laticonus →カンナルタス・ラティコヌス……………117
Cannartus mammifer →カンナルタス・マムミファー……………117
Cannartus petterssoni →カンナルタス・ペッターソナイ……………117
Cannartus tubarius →カンナルタス・テュバリウス……………117
Cannopilus(?) sp.………………………………501
Cannostomites multicirratus →カンノストミテス・ムルティキルラトゥス……………117
Canobius →カノビウス…………………………108
Cantharus dorbignyi……………………………501
Cantharus okinawa →オキナワオガイ…………88
Cantoo(?) *yamanai*……………………………501
Capio cyprinus →コイの咽頭骨と咽頭歯………157
Capreolina mayai →マヤノロ…………………421
Capreolus tokunagai →トクナガノロ…………274
Capreosporites elegans…………………………501
Capsidia cypraeformis…………………………501
Capsospongia undulata →カプソスポンギア……108
Capulum(*Brocchia*) *laevis*……………………501
Capulus hungaricus……………………………501
"Capulus" transformis →カプルス・トランスフォルミス……………108
Capulus(*Brocchia*) *laevis*……………………501
Carabus(*Ohomopterus*) sp. →タツミトウゲオサムシ……………237
Carbonicola pseudorobusta →カルボニコラ……115
Carbonocoryphe(*Winterbergia?*) *orientalis* →カーボノコリフェ(ウィンターバージア?)・オリエンタリス……………108
Carcharhinus sp. →メジロザメ属の1種…………446
Carcharias cf.*cuspidatus* →シシンホオジロザメ……………189
Carcharocles auriculatus →サメの歯……………180
Carcharocles megalodon →カルカロクレス……113
Carcharodon carcharias →ホホジロザメ………406
Carcharodon megalodon →カルカロドン・メガロドン……………113
Carcharodon sp.…………………………………501
Carcharodon sulcidens →カルカロドン・スルキデンス……………113
Carcharodontosaurus →カルカロドントサウルス……………113
Carcinoplax antiqua →ムカシエンコウガニ……437
Carcinoplax prisca →ミヤザキエンコウガニ……434
Carcinoplax sp. →ミヤザキエンコウガニ………434
Carcinosoma →カルキノソーマ…………………114
Cardilia toyamaensis →トヤマキサガイ…………277
Cardinia misawensis……………………………501
Cardinia ovalis →カルディニア…………………114
Cardinia toriyamai →カルディニア・トリヤマイ……………114
Cardinia triadica…………………………………501
Cardinioides varidus →カルディニオイデス・バリダス……………114
Cardioceras sp. →カルディオセラス……………114
Cardiodictyon catenulum →カルディオディクティオン・カテヌルム……………114
Cardiola interrupta →カルディオラ・インターラプタ……………114
Cardiomya reticulata →チリメンヒメシャクシガイ……………246
Cardiomya sp.cf.*C.gouldiana* →ヒメシャクシガイの1種……………341
Cardiospermum coloradensis →コロラドフウセンカズラ……………171
Cardita pachydonta……………………………501
Cardita rufescens………………………………501
Cardita(*Centrocardita*) *rudista*………………501
Cardites antiquatus pectinatus…………………501
Cardium fragiforme……………………………501
"Cardium" sp. →「カルディウム」属の種……114
Cardium(*Bucardium*) *hians*……………………501
Caridosuctor →カリドスクトール………………112
Carinatina sp.……………………………………501
Carinocythereis(?) *nozakiensis*………………501
Carneithyris sp.…………………………………501
Carnosauria →カルノサウルス類…………………115
Carnosauria gen.et sp.indet.
→"カガリュウ"……………………………100
→クマモトミフネリュウ…………………138
Carnotaurus →カルノタウルス…………………115
Carpinus heigunensis →ヘイグンイヌシデ……386
Carpinus japonica →クマシデ…………………138
Carpinus kodairae-bracteata →コダイラシデ…161
Carpinus Kon'noi →コンノシデ…………………172
Carpinus miocenica →チュウシンシデ…………245
Carpinus miofargesiana →シチクシデ…………191
Carpinus mioturczaninowii →ムカシイワシデ‥437
Carpinus nipponica →シキシマシデ……………187
Carpinus shimizui →シミズシデ…………………195
Carpinus stenophylla →ナトホルストシデ……287
Carpinus subcordata →ムカシサワシバ…………438
Carpocanopsis bramlettei →カルポカノプシス・ブラムレットアイ……………115
Carpolithes japonica →モモタマナモドキ………456
Carpolithus →カルポリトゥス類…………………115
Carpopenaeus callirostris →カルポペナエウ

ス・カリロストリス ……115
Carpopenaeus sp. →カルポペナエウスの一種…115
Carposphaera pulchra ……501
Cartorhynchus lenticarpus →カートリンカス・レンティカーパス ……105
Carya ezoensis →エゾカリア ……71
Carya itriata →シナカリヤクルミ ……191
Carya leiocarpa ……501
Carya miocathayensis →ムカシシナカリア ……438
Carya ovatocarpa →セトカリアクルミ ……225
Carya sp. →カリア属の花粉 ……111
Carya striata →ミキカリアクルミ ……426
Carya ventricosa →ペカン ……386
Caryocorbula ohiroi →オオヒロクチベニガイ…86
Caryocorbula peregrina →シラハマクチベニ…202
Caryocrinites →カリオクリニテス ……111
Caryocrinites ornatus →カリオクリニテス・オーナトゥス ……111
Caryophyllia japonica →チョウジガイ ……245
Caryophyllia paucipaliata →ツノチョウジガイの1種 ……249
Caryophyllia sp. →カリオフィリア ……111
Caryophyllia (*Premocyathus*) *compressus* →カリオフィリア(プレモキアタス)・コムプレッサス ……111
Casea →カセア ……103
Casea broili →カセア ……103
Cassidaria echinophora ……501
Cassidulina japonica ……501
Cassidulina subglobosa ……501
Cassidulina tomiyaensis ……501
Cassiope neumayri →カシオペ・ノイマイリ…102
Cassis cancellata →カシス ……102
Castanea →クリ ……141
Castanea crenata →クリ ……141
Castanea miocrenata →ホウキグリ ……401
Castanea miomollissima →ムカシグリ ……438
Castanea protoantiqua →ムカシアケボノグリ…436
Castanea ungeri →ムカシクリ ……438
Castorocauda →カストロカウダ ……103
Castorocauda lutrasimilis →カストロカウダ…103
Castoroides →カストロイデス ……103
Castoroides ohioensis →カストロイデス ……103
Catacoeloceras cfr.*mucronatum* ……501
Catacoeloceras puteolum ……501
Catalpa ovata →キササゲ ……121
Catapsydrax dissimilis ……502
Catenipora sp. →カテニポラ ……104
Cathayornis yandica →カタイオルニス・ヤンディカの完模式標本 ……104
Caturus furcatus →カトゥルス・フルカトゥス…104
Caturus sp. →カトゥルス属の種 ……104
Caudipteryx →カウディプテリクス ……99
Caudipteryx dongi →カウディプテリクス・ドンギ ……99
Caudipteryx zoui →カウディプテリクス・ゾウイ ……99
Caulastraea tumida gracilis →アオバナイボヤギ…5
Caulastraea yokoyamai ……502
Caulastrea tumida →タバネサンゴ ……238
Cave hyena →ホラアナハイエナ ……408
Cearadactylus →ケアラダクティルス ……150
Cedarosaurus →シーダロサウルス ……191
Cedrela kushiroensis →クシロチャンチン ……135
Celaenoteuthis incerta →ケラエノトイティス・インケルタ ……154
Cellaria punctata →ホソトクサコケムシ ……403
Cellepora sp. →セレポラ ……228
Celleporaria tridenticulata →ミツバイタコブコケムシ ……429
Celtis ……502
Celtis miobungeana →チュウシンエノキ ……245
Celtis nathorstii →ナトオルストエノキ ……287
Celtis nordenskiordii →ムカシエノキ ……437
Cenoceras astacoides →ケノケラス ……153
Cenoceras inornatum →ケノセラス ……153
"Cenoceras lineatum" →"セノセラス・リネアータム" ……225
Cenoceras simillium →ケノケラス ……153
Cenoceras sp. →ケノケラス ……153
Cenoceras striatum →ケノケラス・ストリアツム ……153
Cenosphaera cayeuxi ……502
Cenosphaera magna ……502
Cenosphaera nipponica ……502
Centroberyx eocenicus →ケントロベリックス…156
Centrosaurus →セントロサウルス ……229
Cephalaspis →ケファラスピス ……153
Cephalaspis lyelli →ケファラスピス ……153
Cephalaspis pagei →ケファラスピス・パゲイ…153
Cephalaspis whitei →ケファラスピス ……153
Cephalonia lotziana →ケハロニア ……153
Cephalotaxus akitaensis →アキタイヌガヤ ……8
Cephaloxenus macropterus →ケファロクセナス ……153
Cerambycinus dubius →ケラムビキヌス・ドゥビウス ……154
Ceratarges →ケラタルゲス ……154
Ceratarges armatus →セラタルゲス アルマータス ……226
Ceratiocaris sp. →ケラチオカリス ……154
Ceratites nodosus →セラティテス・ノドーサス ……227
Ceratites semipartites →セラティテス・セミパルティテス ……227
Ceratites sp. →セラティテス ……226
Ceratocephala nipponica →セラトセファラ・ニッポニカ ……227
Ceratodus →ケラトドゥス ……154
Ceratodus tiguidensis →ケラトドゥス ……154
Ceratogaulus →ケラトガウルス ……154
Ceratolithus cristatus →セラトリータス・クリスタートス ……227
Ceratonurus →ケラトヌルス ……154
Ceratonurus sp. →セラトヌルスの一種 ……227
Ceratopea sp. →ケラトペア ……154
Ceratophyllum demersum →マツモ ……419
Ceratosaurus →ケラトサウルス ……154
Ceratosaurus nasicornis →ケラトサウルス ……154
Ceratosiphon densestriatus →セラトサイフォン・デンセストゥリアータス ……227
Ceratostoma aduncum →イセヨウラク ……45
Ceratostreon matheroni →セラトストレオン・マテロニイ ……227
Ceraurinus marginatus →セラウリヌス マージナータス ……226
Cerauroides orientalis →セラウロイデス・オリエンタリス ……226

Ceraurus pleurexanthemus →セラウルス・プレウレクサンテムス……226
Cerbera schafferi →ウベミフクラギ……59
"*Cercidiphyllum arcticum*" →カツラモドキ……104
Cercidiphyllum crenatum →ムカシカツラ……438
Cercidiphyllum eojaponicum →シキシマカツラ……187
Cercis endoi →エンドウスホウ（新）……81
Cercomya gurgitis……502
Cercomya (*Cercomya*) *gurgitis* →セルコマイア・グルギティス……227
Cerdocyon →ケルドキオン……155
Ceresiosaurus →ケレシオサウルス……155
Ceresiosaurus calcagnii →ケレシオサウルス・カルカグニイ……155
Ceriocava corymbosa →ケリオカバ……155
"*Ceriopora*" *verrucosa* →"セリオポラ"・ベルコーサ……227
Cerithidea kanpokuensis →カンポクヘタナリ……118
Cerithidea ohiroi →オオヒロヘタナリ……86
Cerithidea sirakii →シラキヘタナリ……202
Cerithidea tokunariensis →トクナリヘタナリ……274
Cerithidea (*Cerithideopsila*) *sirakii*……502
Cerithidea (*Cerithiopsis*) *cingulata* →ヘナタリ……390
Cerithideopsilla djadjariensis →カワアイ……116
Cerithium ancisum →イワミカニモリ……51
Cerithium benechi →セリシウム・ベネチ……227
Cerithium castellinii……502
Cerithium conoideum……502
Cerithium menegurioides……502
Cerithium pyramidaeforme →セリシウム・パイラミダエフォルメ……227
Cerithium vulgatum……502
Cerithium (*Cimocerithium*) *miyakoense*……502
Cerithium (*Metacerithium*) *rikuchuense*……502
Cerithium (*Thericium*) *crenatum*……502
Cerithium (*Thericium*) *varicosum*……502
Cervus astylodon →リュウキュウジカ……478
Cervus nippon →ニホンシカ……293
Cervus praenipponicus →ニホンムカシジカ……293
Cervus (*Axis*) *japonicus* →ニッポンチタール……292
Cervus (*Euctenoceros*) *senezensis* →ユウクテノケロス……462
Cervus (*Nipponicervus*) *praenipponicus* →ニホンムカシジカ……293
Cervus (*Sika*) *natsumei* →ナツメジカ……287
Cervus (*Sika*) *paleoezoensis* →ムカシエゾシカ……437
Cetiosaurus →ケティオサウルス……152
Cetiosaurus leedsi →ケチオサウルス……151
Cetiosaurus oxoniensis →ケチオサウルス……151
Cetolith →布袋石……404
Cetorhinus maximus →ウバザメ……58
Cetotherium →ケトテリウム……152
Ceuthorrhynchus sp. →サルゾウムシの1種……182
Cf. *Acropoma hanedai* →ホタルジャコ属の未定種……404
Cf. *Chauliodus macouni* →ヒガシホウライエソ……332
Cf. *Diplocheila elongata* →スナハラゴミムシ近似種……218
Cf. *Hoplocrioceras remondi* →ホプロクリオセラス・レモンディに比較される種……405
Cf. *Sebastolobus macrochir* →キチジ……123
Cf. *Ventrifossa garmani* →サガミソコダラ……176
Chaceon peruvianus →チャケオン・ペルヴィアヌス……244
Chaenomeles japonica →ツバキ……249
Chaetetes milleporaceus →ケエテテス・ミレポラケウス……151
Chaetetes nagaiwensis →ケーテテスの1種……152
Chaetetes polyporus →ケエテテス・ポリポルス……151
Chaetetopsis crinita →ケーテトプシスの1種……152
Chalaroschwagerina vulgaris →チャラロシュワゲリナ・ブルガリス……244
Chalicotherium →カリコテリウム……111
Chalicotherium sansaniense →カリコテリウム……112
Chama →カマ……108
Chama calcarata →カマ……108
Chama reflexa →キクザルガイ……120
Chamaecyparis pisifera →サワラ……182
Chamelea gallina gallina……502
Champsosaurus →チャンプソサウルス……244
Champsosaurus natator →チャンプソサウルス・ナタトール……244
Chancelloria eros →カンセロリア……117
Chancia palliseri →チャンシア……244
Chaneya oeningensis →チャネヤ……244
Chaohusaurus →チャオフサウルス……244
Chaotianoceras modestum →チャオテァノセラス・モデスタム……244
Chaoyangia beishanensis →チャオヤンギア・ベイシャネンシスの完模式標本……244
Chaoyangia liangii →チャオヤンギア・リアンギイ……244
Chaoyangopterus zhangi →チャオヤンゴプテルス・ザンギの完模式標本……244
Chapalmalania →カパルマラニア……108
Chaperia acanthina →トゲロッカクコケムシ……275
Charchaquia norini →チャルチャキア ノリニイ……244
Charnia →カルニア……114
Charniodiscus →カルニオディスクス……114
Charniodiscus concentricus →カルニオディスクス・コンセントリクス……115
Charniodiscus masoni →カルニオディスクス……115
Charniodiscus oppositus →カルニオディスクス・オポシトゥス……115
Charonosaurus →カロノサウルス……116
Chartronia sp.……502
Charybdis cf. *japonica* →イシガニ……43
Chasmatopora →カスマトポラ……103
Chasmatoporella sp. →カスマトポレラ……103
Chasmatosaurus →カスマトサウルス……103
Chasmatosaurus ranhoepeni →カスマトサウルス……103
Chasmosaurus →カスモサウルス……103
Cheiloceras →ケイロセラス……151
Cheilotrypa choanjiensis……502
Cheiracanthus murchisoni →ケイラカントゥス・ムルキソニ……150
Cheiracanthus sp. →ケイラカンツス……150
Cheiridium hartmanni →ケイリディウム・ハルトマンニ……150
Cheirolepis →ケイロレピス……151
Cheirolepis trailli →ケイロレピス……151
Cheiropyge →ケイロピゲ……151

Cheirosporum kuboiensis →ケイロスポルムの1種……150
Cheirurus sp. →ケイルルス属の未定種……150
Cheirurus (*Cratalocephalus*) *japonicus*……502
Cheloniceras (*Cheloniceras*) *meyendorffi* →チェロニセラス・マイエンドルフィ……243
Chelyconus sp.cf.*C.tokunagai* →トクナガイモガイ……274
Chemnitzia lactea……502
Chemnitzia lineata →チェムニッチア・リネアータ……243
Chenendopora fungiformis →ケネンドポーラ・フンギフォルミス……153
Chengjiangocaris longiformis →チェングイアングオカリス・ロンギフォルミス……243
Chialingosaurus →チアリンゴサウルス……242
Chicoreus capuchinus →ココアガンゼキ……160
Chicoreus totomiensis →エンシュウガンゼキ……81
Chilotherium pugnator →カニサイ……105
Chilotherium sp. →キロテリウム属未定種の下顎骨……130
Chindesaurus →チンデサウルス……247
Chionanthus nipponicus →ツキシマヒトツバタゴ……247
Chione →キオネ……118
Chione richthofeni →チチブハナガイ……244
Chione (*Lirophora*) *ceramota* →チオネ……243
Chiotites sp. →シオタイテスの一種……186
Chironomaptera gregaria →キロノマプテラ・グレガリア……131
Chironomaptera vesca →キロノマプテラ・ウェスカ……131
Chirostenotes →キロステノテス……130
Chirotherium →キロテリウム……130
Chirotherium barthi →キロテリゥム・バルティイ……130
Chiton sp. →キトン……124
Chlamydoselachus sp. →ラブカ……470
Chlamys arakawai →アラカワニシキ……27
Chlamys cosibensis →コシバニシキ……160
Chlamys cosibensis hanzawae →ハンザワニシキ……330
Chlamys farreri nipponensis →アズマニシキガイ……16
Chlamys foeda →サドニシキ……178
Chlamys imanishii →イマニシニシキ……50
Chlamys ishidae →イシダニシキガイ……43
Chlamys iwamurensis →イワムラニシキ……51
Chlamys kaneharai →カネハラヒオウギ……107
Chlamys kobayashii……502
Chlamys kotorana →コトラニシキ……163
Chlamys kurumensis……502
Chlamys miyatokoensis →ミヤトコニシキ……435
Chlamys mojsisovicsi →クラミス・モジソヴィッチイ……141
Chlamys nisataiensis →ニサタイニシキ……290
Chlamys otukae
→オオツカカミオニシキガイ……84
→オオツカニシキ……85
Chlamys satoi →サトウニシキ……178
Chlamys sendaiensis →センダイニシキ……229
Chlamys setsukoae →セツコニシキ……225
Chlamys sp. →クラミス属の種……141
Chlamys tamurae →タムラニシキ……240
Chlamys tanakai →タナカニシキ……237
Chlamys textoria……502
Chlamys (*Aequipecten*) *opercularis*……502
Chlamys (*Aequipecten*) *scaporella*……502
Chlamys (*Azumapecten*) *farreri* →アズマニシキ……16
Chlamys (*Azumapecten*) *halimensis* →ハリマニシキ……326
Chlamys (*Chlamys*) *varia*……502
Chlamys (*Manupecten*) *pesfelis*……502
Chlamys (*Mimachlamys*) *kaneharai* →カネハラヒオウギ……107
Chlamys (*Radulopecten*) *nagatakensis*……502
Chlamys (s.s.) *ashiyaensis* →アシヤニシキ……14
Chlamys (s.s.) *cosibensis* →コシバニシキ……160
Chlamys (s.s.) *miurensis* →ミウラニシキ……424
Chlamys (s.s.) *miyatokoensis* →ミヤトコニシキ……435
Chlamys (s.s.) *yagurai* →ヤグラニシキ……458
Chlorostoma protonigerrima →ムカシクボガイ……438
Choerospondias axillaris →チャンチンモドキ……244
Choffati sp. →チョファティの一種……246
Choffotia sp. →チョフォテア属の未定種……246
Choia →チョイア……245
Choia carteri →チョイア……245
Choia xiaolantianensis →コイア・クシアオランティアンエンシス……156
Choiaella radiata →コイアエラ・ラディアタ……156
Chomatoseris complanata……502
Chomatoseris cyclolitoides……502
Chomotriletes cf.*reduncus*……502
Chondrites flabellatus →コンドリテス・フラベラトゥス……172
Chondrites sp. →コンドリテス……172
Chonetes blanfordi lata……503
Chonetes sp. →コネテス……165
Chonetes (*Lissochonetes*) *bipartita*……503
Chonetesplebeia sp.……503
Chonetes (*Plicochonetes*) *deplanata*……503
Chonetina subtrophomenoides……503
Chotecops →チョテコプス……246
Chresmoda sp. →クレスモダ……146
Chriacus →クリアクス……141
Chrotalocephalus gibbus →クロタロセファラスギップス……148
Chrysodomus contrarius →クリソドムス・コントラリウス……142
Chrysomelophana rara →クロソメロファナ・ララ……147
Chrysophrys cincta……503
Chubutisaurus →チュブチサウルス……245
Chunerpeton tianyiensis →クネルペトン・ティアンイエンシスの完模式標本……137
Chungkingosaurus →チュンキンゴサウルス……245
Chusenella choshiensis……503
Cibicides aknerianus……503
Cibicides lobatulus →シビシデス・ロバチュルス……193
Cibolites cf.*uddeni*……503
Cicatricosisporites pacificus →キカトリコシスポリテス・パシフィクス……119
Cidaris →キダリス属のウニの棘……123
Cidaris acicularis……503
Cidaris alata →キダリス・アラータ……123
Cidaris blumenbachi……503

Cidaris coronata →キダリス・コロナータ……123
Cidaris dorsata →キダリス・ドルサータ……123
Cidaris flexuosa →キダリス・フレクシュオーサ……123
Cidaris glandifera……503
Cidaris marginata……503
Cidaris roemeri →キダリス・レーメリイ……123
Cidaris scrobiculata →キダリス・スクロビキュラータ……123
Cimochelys benstedi →キモケリス……126
Cimolithium miyakoense →キモリシウム・ミヤコエンゼ……126
Cincinnatidiscus stellatus →シンシンナチディスクス・ステラツス……204
Cindarella eucalla →キンダレラ・エウカラ……132
Cinnamomum →クスノキ・ニッケイ……135
Cinnamomum daphnoides →マルバニッケイ…423
Cinnamomum lanceolatum →ムカシニッケイ‥439
Cinnamomum miocenum →モリタクス……457
Cinnamomun naitoanum →ナイトウクス……284
Cipangopaludina ishikariensis →イシカリタニシ……43
Cipangopaludina(*Heterogen*) *longispira* →ナガタニシ……285
Circe intermedia →アツシラオガイ……17
Circomphalus foliaceolamellosus……503
Circoporella semicrathrata →シルコポレラ属の1種……203
Ciroceras conradi →シロサラス・コンラデイ…203
Cirp-a fronto……503
Cirpa langi……503
Cirsium sp.……503
Cirsotrema →キルソトゥレマ……130
Cirsotrema lamellosum →キルソトレマ……130
Cistecephalus →キステケファルス……122
Citipati →キティパティ……124
Citipati osmolskae →シチパチ・オズモルスカエ……191
Cladiscites sp. →クラディスシテスの一種……140
Cladiscites tornatus →クラディシーテス・トルナータス……140
Cladocyclus →クラドキュクルス……140
Cladophlebis →クラドフレビス……140
Cladophlebis acutipennis →トガリバエダワカレシダ……273
Cladophlebis argutula →アザヤカエダワカレシダ……14
Cladophlebis bitchuensis →ビッチュウエダワカレシダ……335
Cladophlebis cf.*matonioides* →クラドフレビス・マトニオイデス……140
Cladophlebis denticulata →コキザミエダワカレシダ……159
Cladophlebis distans →ワカレタチバエダワカレシダ……491
Cladophlebis exiliformis →コガタエダワカレシダ……159
Cladophlebis frigida →カセキゼンマイの1種……104
Cladophlebis haiburnensis →クラドフレビス・ハイブルネンシス……140
Cladophlebis koraiensis →カンコクエダワカレシダ……117
Cladophlebis kuwasimaensis →クワジマエダワカレシダ……149
Cladophlebis lobifolia →クラドフレビス・ロビフォリア……140
Cladophlebis nebbensis →ニッビイエダワカレシダ……291
Cladophlebis oshimaensis……503
Cladophlebis raciborskii →クラドフレビス・ラシボルスキイ……140
Cladophlebis shinshuensis →シンシュウエダワカレシダ……204
Cladophlebis sp. →エダワカレシダの1種……73
Cladophlebis sp.cf.*c.exiliformis* →コガタエダワカレシダ近似種……159
Cladophlebis sp.(*exiliformis type*) →エダワカレシダの1種……73
Cladophlebis sp.(*fukuiensis type*) →エダワカレシダの1種……73
Cladophlebis triangularis →サンカクエダワカレシダ……182
Cladophlebis undulata……503
Cladoselache →クラドセラケ……140
Cladoselache fyleri →クラドセラケ・フィレリ‥140
Cladosictis →クラドシクティス……140
Cladoxylon scoparium →クラドキシロンの茎…140
Cladrastis aniensis →アニアイフジキ……21
Claibornites(*Saxolucina*) *quinquangulus* →ゴカクツキガイ……159
Claraia clarai →クラライア・クラライ……141
Clathorofenella sp. →ヌノメモツボの仲間……295
Clathrodictyon columnare……503
Clathrodictyon onukii →クラスロディクチオン・オヌキイ……139
Clathrodictyon regulare……503
Clathrodrillia aff.*jeffreysii* →モミジボラ……456
Clathropteris meniscoides →クラスロプテリス・メニスコイデス……139
Clathropteris obovata……503
Clathropteris sp. →コウシカセキシダ(クラスロプテリス)の1種……157
Clathroptesis meniscoides……503
Clathrus submaculosus……503
Claudiosaurus →クラウディオサウルス……139
Clausinella scalaris……503
Clausocaris lithographica →クラウソカリス・リトグラフィカ……139
Clavaphysoporella fluctuosa……503
Clavaphysoporella pteroides……503
Clavatula dainichiensis →ダイニチシャジク……232
Clavatula(*Clavatula*) *interrupta*……503
Clavidictyon columnare →クラビディクチオン・コラムナーレ……141
Clavilithes →クラヴィリテス……138
Clavilithes longaevus……503
Clavilithes macrospira →クラヴィリテス……138
Clavus(*Drillia*) *brocchii*……503
Clavus(*Drillia*) *oblongus*……503
Cleiothyridina expansa →クリオティリディナ・エクスパンサ……142
Cleithrolepis granuiatus →クレイスロレピス…146
Cleithrolepis minor →クレイトロレピス……146
Clementia japonica →ヤマトフスマガイ……461
Clementia papyracea →フスマガイ……357
Clementia(*Compsomyax*) *iizukai* →イイズカフスマガイ……40
Clemmys japonica →イシガメ……43
Cleoniceras →クレオニセラス……146
Cleoniceras besairiei →クレオニセラス・ベサ

イリエイ …… 146
Cleoniceras madagascariense →クレオニセラス・マダガスカリエンス …… 146
Clethra maximoviczi →モギリョウブ …… 453
Clidastes →クリダステス …… 142
Clidoderma asperrimum →サメガレイ …… 179
Clifton black rock →クリフトン・ブラック・ロック …… 144
Climacammina cf.*valvulinoides* …… 503
Climacograptus scalaris →クリマコグラプタス・スカラリス …… 144
Climatius →クリマティウス …… 145
Climatius reticulatus →クリマチウス …… 144
Clinocardium asagaiense →アサガイザルガイ …… 13
Clinocardium chikagawaense →チカガワイシカゲガイ …… 243
Clinocardium fastosum →オンマイシカゲガイ …… 98
Clinocardium hataii →ハタイイシカゲガイ …… 312
Clinocardium shinjiense →シンジザルガイ …… 204
Clinocardium sp.cf.*C.andoi* →アンドウザルガイ(?) …… 36
Clinocardium(*Fuscocardium*) *braunsi* →ブラウンイシカゲガイ …… 364
Clinocardium(*Keenocardium*) *buellowi* →イシカゲガイ …… 43
Clio balantium →バランチウムウキビシ …… 324
Clio pyramidalis →ウキビシガイ …… 56
Cliona sp. →穿孔性海綿に侵食されたマガキ …… 228
Clisiophyllum ehimense →クリジオフィラムの1種 …… 142
Clithon sp. →イシマキガイ属の未定種 …… 44
Cloeon sp. →フタバカゲロウの1種 …… 358
Cloudina →クロウディナ …… 147
Clupea tanegashimaensis →タネガシマニシン …… 238
Clupea westphalia →クルペア・ウェストファリア …… 145
Clupeid-scales →ニシン科魚類の鱗 …… 290
Clymenia laevigata →クリメニア …… 145
Clypeaster aegypticus →クリペアステル …… 144
Clypeaster altus →クリペアスター・アルツス …… 144
Clypeaster intermedia →クリペアスター・インターメディア …… 144
Clypeaster japonicus →タコノマクラ …… 236
Clypeaster(*Stolonoclypeus*) *virescens* →オオタコノマクラ …… 84
Clypecaris pteroidea →クリペカリス・プテロイデア …… 144
Clypeina sp. →クリペイナ属の種 …… 144
Clypeus →クリペウス …… 144
Clypeus ploti →クリペウス・プロチ …… 144
Cnemidopyge nuda →クネミドピゲ ヌーダ …… 137
Cobelodus →コベロドゥス …… 168
Coccoderma →コッコデルマ …… 162
Coccoderma nudum →コッコデルマ・ヌドム …… 162
Coccoderma sp. →コッコデルマ属の種 …… 162
Coccodus armatus →コッコダス・アルマトゥス …… 162
Coccolepis bucklandi →コッコレピス・バックランディ …… 162
coccoliths →コッコリス …… 162
Coccolithus crassipons …… 504
Coccolithus pelagicus →コッコリタス・ペラギクス …… 162
Coccolithus sp. …… 504
Cocconeis formosa …… 504
Cocconeis scutellum →コッコナイス・スクーテラム …… 162
Cocconeis vitrea …… 504
Coccosteus →コッコステウス …… 162
Coccosteus cuspidatus →コッコステウス …… 162
Coccosteus decipiens →コッコステウス …… 162
Cocculus ezoensis →エゾアオツヅラフジ …… 70
Cocculus heteromorpha →ムカシツヅラフジ …… 439
Cockroach →ゴキブリ …… 159
Codakia leonina …… 504
Codiacrinus schultzeri →コディアクリヌス・シュルツェリ …… 162
Codonofusiella cuniculata →コドノフジエラの1種 …… 163
Codonofusiella extensa …… 504
Coelacanthiformes →シーラカンス類 …… 202
Coelacanthus →コエラカンタス …… 158
Coelacanthus banffensis →コエラカントゥス・バンフェンシス …… 158
Coeloceras grenouillowi …… 504
Coeloceras subfibulatum …… 504
Coelodonta →コエロドンタ …… 158
Coelodonta antiquitatis →コエロドンタ …… 158
Coelogasteroceras giganteum →シーロガステロセラス・ギガンテウム …… 203
Coelophysis →コエロフィシス …… 158
Coelophysis bauri →コエロフィシス・バウリ …… 158
Coelopleurus maillardi →アズマウニ …… 16
Coelopleurus singularis …… 504
Coeloptychium sp. →コエロプティキウム …… 159
Coelorhynchus sp. →ソコダラ属未定種の耳石 …… 230
Coelosphaeridium →コエロスプァエルイディウム …… 158
Coelurosauravus →コエルロサウラヴス …… 158
Coelurosauravus jaekeli →コエルロサウラヴス・ジャエケリ …… 158
Coelurus →コエルルス …… 158
Coenastraea hyatt →シーナストラエア・ハイアッティ …… 191
Coenholectypus peridoneus →ケンホレクティプスの1種 …… 156
Coenites triangularis →ケニテス・トリアンギュラリス …… 152
Coilopoceras sp. →コイロポセラスの一種 …… 157
Colania douvillei →コラニア属の1種 …… 169
Colaniella parva →コラニエラの1種 …… 169
Coleia viallii →コレイア・ヴィアリイ …… 170
Coleopleurus paucituberculatus →コレオプレウルス …… 170
Coleoptera.fam., gen.et sp.indet. →甲虫の上翅 …… 157
Colepiocephale →コレピオケファレ …… 171
"Collenia" cylindrica →"コレニア"・シリンドリカ …… 171
Collenia sp. →コレニア …… 170
Collignoniceras woollgari →コリグノニセラス・ウールガリィ …… 169
Collina gemma …… 504
Collinsium ciliosum →コリンシウム・キリオイズム …… 169
Collyrites elliptica →コリリテス・エリプチカ …… 169
Colobodus bassanii →コロボドゥス・バサニイ …… 171
Colossochelys atolas →コロッソケリス・アトラス …… 171

Colostracon (*Ovactaeonina*) *yeharai* ……504
Colpophyllia stellata →コルポフィリア……170
Colpospira kotakai →コタカキリガイダマシ……161
Colpospira (*Acutospira*) *okadai* →オカダキリガイダマシ……86
Colpospira (*Acutospira*) *tashiroi* →タシロキリガイダマシ……236
Columber kargi →コルンベル・カルギ……170
Columbites sp. →コルンバイテス属の未定種……170
Colus asagaiensis →アサガイツムバイ……13
Colus sugiyamai →スギヤマシワバイ……209
Colus (*Aulacofusus*) *fujimotoi* →フジモトシワバイ……356
Colymbosathon ecplecticos →コリンボサトン・エクプレクティコス……169
Comaturella formosa →コマツレラ・フォルモサ……168
Comaturella pinnata →コマツレラ・ピンナタ……168
Combinivalvula chengjiangensis →コムビニヴァルヴラ・チェングイアングエンシス……168
Composita sp.aff.*C.argentea* →カムポジダ・アルゼンテアの近縁種……110
Composita subtilita ……504
Compsognathus →コンプソグナトゥス……173
Compsognathus longipes →コンプソグナトゥス・ロンギペス……173
Comptonia kidoi →キドコンプトニア……124
Comptonia naumanii →ナウマンヤマモモ……285
Comptonia naumanni →ナウマンヤマモモ……285
Comptonia yanagisawae →ヤナギサワヤマモモ……459
Comptoniphyllum naumanni →コムプトニフィルム・ナウマンニイ……168
Comura sp. →コムラ……168
Comura (*Philonix*) *cometa* →コムラ(フィロニクス)コメタ……168
Concavicaris →コンカヴィカリス……171
Conchocele bisecta →オウナガイ……82
Conchocele disjuncta →オウナガイ……82
Conchocele sp.cf.*C.nipponica* →オウナガイの1種……82
Conchoraptor gracilis →コンコラプトル・グラシリス……172
Conescharellina concava →スナツブコケムシの1種……218
Confuciusornis →コンフキウソルニス……173
Confuciusornis sanctus →孔子鳥……157
Congerina subglobosa →コンゲリア・サブグロボーサ……171
Coniasaurus crassidens →コニアサウルス・クラッシデンス……164
Coniopteris burejensis →コニオプテリス・ブレジェンシス……165
Conites sp. →化石球果の1種……103
Conocardium hibernicum →コノカルディウム・ハイバーニクム……166
Conocardium japonicum →コノカージウムの1種……166
Conocardium sp. →コノカルディウム……166
Conocephalites capito →コノケファリテス・カピト……166
Conocoryphe sulzeri →コノコリフェ スルゼリィ……166
Conodont →コノドント……166
Conodont, gen. & sp.indet. ……504
Conophillipsia decisegmenta →コノフィリップシア・デシセグメンタ……166
Conorbis dormitor ……504
Consinocodium japonicam ……504
Constellaria antheloidea →コンステラリア……172
Constellaria sp. →コンステラリア……172
Conularia →コヌラリア……165
Conularia crustula →コヌラリア・クルスツラ……165
Conularia pyramidata →コニュラリア・ピラミダータ……165
Conularia tyoanziensis ……504
Conulariopsis quadrata ……504
Conulus →コヌルス……165
Conulus albogalerus →コヌルス……165
Conulus arbogalerus →コヌルス・アルボガレルス……165
Conus →コヌス……165
Conus aldrovandii ……504
Conus antediluvianus ……504
Conus brocchii ……504
Conus mediterraneus ……504
Conus mercatii ……504
Conus pyrula ……504
Conus striatulus ……504
Conus tokunagai →トクナガイモガイ……274
Conus (*Asprella*) *australis kikaiensis* →キカイナガイモ……118
Conus (*Asprella*) cf.*sieboldi* →アコメガイ……13
Conus (*Asprella*) *sieboldi sasagensis* →ササゲアコメ……176
Conus (*Asprella*) *toyamaensis* →トヤマイモ……277
Conus (*Leptoconus*) cf.*magus* →ヤキイモ……458
Conus (*Leptoconus*) *milne-edwardsi* →ハデミナシ……313
Conus (*Lithoconus*) *sauridens* →コヌス……165
Conus (*Pionoconus*) *nakamurai* →ナカムライモ……286
Convexicaris →コンヴェキシカリス……171
Cooksonia →クックソニア……136
Cooksonia hemisphaerica →クックソニア……136
Cooksonia pertoni →クックソニア……136
Coprinoscolex ellogimus →コプリノスコレックス・エロギムス……167
Coptothyris grayi →タテスジホウズキガイ……237
Corallina nagaii →サンゴモ(コラリナ)の1種……183
Corallina quadratica ……504
Coralliophaga coralliophaga →タガソデガイ……234
Coralliophila (*Hirtomurex*) *shimajiriensis* →シマジリサンゴヤドリ……194
Corbicula japonica →ヤマトシジミ……461
Corbicula sandai →セタシジミ……225
Corbicula (*Batissa*) *antiqua* ……504
Corbicula (*Batissa*) *sitakaraensis* →シタカラシジミ……190
Corbicula (*Cyrenobatissa*) *mirabilis* →マツウラオオシジミ……418
Corbicula (*Cyrenobatissa*) *sunagawaensis* →スナガワシジミ……218
Corbicula (s.s.) *hizenensis* →ヒゼンシジミ(新)……335
Corbicula (s.s.) *matusitai* →マツシタシジミ……419
Corbicula (*Velositina*) *tetoriensis* ……504
Cordaianthus sp. →コルダイアンサスの1種……170
Cordaianthus undulatus →コルダイアンサス・ウンジュラトゥス……170

Cordaites →コルダイテス……170
Cordaites angulostriatus →コルダイテス……170
Cordaites palmaeformis →コルダイテス・パルマエフォルミス……170
Cordaites principalis……504
Cordania sp. →コルダニアの未記載種……170
Cordia japonica →ムカシカキバチシャ……437
Cordia nagatoensis →ナガトカキバチシャ……286
Cordillerion andium →コルジレリオン……170
Cordulagomphus sp. →コルドゥラゴンファスの一種……170
Corimya (?) *tanohatensis*……504
Cornucoquimba rugosa →コルヌコキンバ・ルゴーサ……170
Cornuproetus menzeni →コルヌプレタス メンゼニ……170
Cornus kousa →ヤマボウシ……461
Cornus megaphylla →サントウミズキ……184
Cornus saseboensis →サセボミズキ……177
Cornutella profunda →コルヌテラ・プロフンダ……170
Coronacollina acula →コロナコリナ・アキュラ……171
Coronaptychus →コロナプチクス……171
Coronasyrinx takabanarensis →タカバナレクダマキ (新)……234
Corongoceras sp. →コロンゴセラスの1種……171
Coroniceras bisulcatum……504
Coroniceras cfr.*primitivus*……504
Coronocephalus kitakamiensis……504
Coronocephalus kobayashii →コロノセファルス・コバヤシイ……171
Coronocepharus rex →コロノセファルス レックス……171
Coronocyclus nitescens →コロノキクルス・ニテスセンス……171
Coronula diadema →オニフジツボ……92
Corrugatisporites toratus……505
Corydalis vestuta →コリダリス・ヴェストゥタ……169
Corylopsis ishikariensis →イシカリトサミズキ……43
Corylus ezoana →エゾハシバミ……72
Corylus ligniatus →ウモレバハシバミ……60
Corylus sieboldiana →ツノハシバミ……249
Corylus sp. →ハシバミ属の1種……311
Corynella foraminosa →コリネラ・フォラミノサ……169
Coryphodon →コリフォドン……169
Coryphodon testis →コリホドン……169
Coryphodontidae →コリフォドン類……169
Corythosaurus →コリトサウルス……169
Corythosaurus casuarius →コリトサウルス……169
Coscinodiscus curvatulus →コスシノディスクス・カルバアツラス……160
Coscinodiscus elegans……505
Coscinodiscus endoi →コスシノディスクス・エンドーイ……160
Coscinodiscus lacustris →コスシノディスクス・ラカストリス……161
Coscinodiscus lewisianus →コスシノディスクス・レウイジアヌス……161
Coscinodiscus lineatus →コスシノディスクス・リニアタス……161
Coscinodiscus marginatus →コスシノディスクス・マアジナアタス……161
Coscinodiscus nodulifer →コスシノディスクス・ノデュリファー……161
Coscinodiscus symbolophorus →コスシノディスクス・シンボロホラス……160
Coscinodiscus temperi →コスシノディスクス・テンペリイ……160
Coscinodiscus yabei →コスシノディスクス・ヤベイ……161
Coscinodiscus (*Thalassiosira*) *excentricus* →コスシノディスクス・エクセントリクス……160
Coscinophora sp. →コスシノホーラ属の未定種……161
Cosmopolitodus hastalis →コスモポリトーダス・ハスタリス……161
Costatoria katsuraensis →コスタトリアの1種……161
Costatoria katsurensis……505
Costatoria kobayashii →コスタトリア・コバヤシイ……161
Costileioceras sp.……505
Costocyrena matsumotoi……505
Cothurnocystis →コトゥルノキスティス……162
Cothurnocystis elizae →コツルノキスチス……162
Cotylorhynchus →コティロリンクス……162
Cotylorhynchus romeri →コチロリンクス・ロメリ……162
Crab foot-prints →カニの足跡……106
Craneana romingeri……505
Crania antiqua……505
Crania brattenburgensis……505
Crania ignabergensis……505
Crania personata……505
Cranioceras →クラニオケラス……140
Craniscus sp. →イカリチョウチンの1種……41
Craspedalosia lamellosa →クラスペダロシア・ラメローサ……139
Craspedarges superbus →クラスペダージェス・スーペルブス……139
Craspedites sp. →クラスペディテスの一種……139
Craspedites subditus →クラスペディテス・サブディタス……139
Craspedites subitodes →クラスペディテス・スビトデス……139
Craspedodiscus coscinodiscus →クラスペドディスクス・コスシノディスクス……139
Crassatella lamellosa →クラッサテラ……139
Crassatella (*Crassatina*) *oblongata* →ワタゾコモシオガイ……492
Crassatella (*Eucrassatella*) *nipponensis* →ヤマトモシオガイ……461
Crassatella (*Eucrassatella*) *yabei* →ヤベモシオガイ……460
Crassatella (*Nipponocrassatella*) *nana* →スダレモシオ……212
Crassatella (s.s.) *tsumaensis* →ツマモシオガイ……249
Crassatellites marylandicus →クラッサテリテス・メリーランディクス……139
Crassatellites suyamensis →スヤマモシオガイ……223
Crassatellites (*Eucrassatella*) *matsuuraensis*……505
Crassigyrinus →クラッシギリヌス……139
Crassigyrinus scoticus →クラッシギリヌス・スコティクス……140
Crassimarginatella parviavicularia……505
Crassispira pseudo principalis →ホソウネモミジボラ……402

Crassispira pseudoprincipalis →ヨコヤマシャジク……467
Crassostrea gigas →マガキ……413
Crassostrea gravitesta →アツガキ……17
Crassostrea konbo →コンボウガキ……173
Crassostrea nipponica →イワガキ……51
Crassostrea sunakozakaensis →スナコザカマガキ……218
Crataegus hokiensis →ホウキサンザシ……401
Crataegus sugiyamae →スギヤマサンザシ……209
Crateraster →クラテラステル……140
Cratoelcana →クラトエルカナ……140
Crenotrapezium kurumense →クレノトラペジウム・クルメンス……146
Crephanogaster rara →クレファノガステル・ララ……147
Crepidula falconeri →クレピドゥラ……147
Crepidula grandis →エゾフネガイ……72
Crepidula matajiroi →マタジロウブネ……418
Crepidula symmetrica……505
Crepidula unguiformis……505
Crepidula (Janacus) crepidula……505
Cretirhynchia sp.……505
Cretiscalpellum →クレティスカルペッルム……146
Cretodus →クレトダス……146
Cretolamna appendiculata →クレトラムナ・アペンディクラータ……146
Cretoxyrhina →クレトキシリナ……146
Cretoxyrhina mantelli →クレトキシリナ・マンテリ……146
Cribrilaria biavicularia……505
Cricocosmia jinningensis →クリココスミア・インニンゲンシス……142
Cricoidoscelosus aethus →クリコイドスケロスス・アエトゥス……142
Crinoid stem joints →クリノイド……143
Crinoid, gen & sp.indet. →銭石……225
Crinoidea gen.et sp.indet. →ウミユリの茎の一部……60
Crioceras ishiharai……505
Crioceras yagii……505
Crioceratites emerici →クリオケラティテス・エメリシ……142
Crioceratites schlagintweiti →クリオセラタイテス・スクラジントウェイティ……142
Crioceratites sp. →クリオケラチテス……141
Criorhynchus →クリオリンクス……142
Crisotrema cochleia……505
Cristaria plicata spatiosa →クリスタリア・プリカータ・スパティオーサ……142
Crnischia gen.et sp.indet. →“シマリュウ”……195
Crocodilia, gen.et sp.indet. →ワニの1種……492
Crocuta crocuta →ブチハイエナ……359
Crocuta crocuta spelaea →ホラアナハイエナ……408
Crocuta spelaea →ホラアナハイエナ……408
Crossopholis →クロッソフォリス……148
Crotalocephalina japonica →クロタロセファリナ……148
Crotalocephalina sp. →クロタロセファリナ属の未定種……148
Crotalocephallina (Pilletopeltis) japonica →クロタロケファリナ(ピレトペルティス)・ジャポニカ……148
Crumillospongia biporosa →クルミロスポンギア……146
Crusafontia →クルサフォンティア……145
Cruziana →クルジアナ……145
Cryolophosaurus →クリオロフォサウルス……142
Cryphaeoides rostratus →クリフェオイデス ロストラータス……143
Cryptoblastus melo →クリプトブラスツス・メロ……144
Cryptocleidus oxoniensis →クリプトクライダス……143
Cryptoclidus →クリプトクリドゥス……143
Cryptoclidus eurymerus →クリプトクリドゥス……143
Cryptolithus fittsi →クリプトリサス フィッツィ……144
Cryptolithus instabilis →クリプトリサス インスタビリス……144
Cryptomeria japonica →スギ……208
Cryptomeria sp.……505
Cryptomya busoensis →ヒメマスオ……341
Cryptonatica janthostomoides →エゾタマガイ……71
Cryptonatica tugaruana →ツガルタマガイ……247
Cryptopecten vesiculosus →ヒヨクガイ……342
Cryptopecten yanagawaensis →ヤナガワヒヨクガイ……459
Cryptothyrella quadrangularis……505
Ctena hataii →ハタイツキガイ……312
Ctenamussium amakusaense →アマクサニシキ……24
Ctenis japonica →ニホンクシバソテツ……293
Ctenis kaneharai →カネハラクシバソテツ……107
Ctenis yabei……505
Ctenochasma →クテノカスマ……136
Ctenochasma elegans →クテノチャスマ・エレガンス……137
Ctenochasma gracile →クテノカスマ・グラキレ……137
Ctenochasma porocristata →クテノカスマ・ポロクリスタタ……137
Ctenocheles sujakui →スジャクアナジャコ……211
Ctenoscolex procerus →クテノスコレクス・プロケルス……137
Ctenothrissa →クテノスリッサ……137
Ctenurella →クテヌレラ……136
Ctenurella gladbackensis →クテヌレラ……136
Cucullaea →ククッラエア……133
Cucullaea acuticarinata……505
Cucullaea ezoensis……505
“Cucullaea harpax” →“ククレア・ハルパックス”……133
Cucullaea toyamaensis →トヤマヌノメアカガイ……277
Cucullaea vulgaris →ククラエア……133
Cucullaea (Idonearca) acuticarinata →ククレア(イドネアルカ)・アクチカリナータ……133
Cucullaea (Idonearca) mabuchii →ククレア(イドネアルカ)・マブチイ……133
Cucumericrus decoratus →ククメリクルス・デコラトゥス……133
Cultellus izumoensis →イズモユキノアシタガイ……45
Culter sp. →クルター属の未定種……145
Cummingella mesops →カミンゲラ・メソプス……109
Cunninghamia izumiensis →イズミランダイスギ……44
Cunninghamia protokonishii →ムカシランダイスギ……441

Cunninghamia sp. →コウヨウザン属の未定種 ··157
Cunningtoniceras takahashii →カニングトニセラス・タカハシイ ··········107
Cuora miyatai →ミヤタマルガメ ··········435
Cuphosolenus sp. →クフォソレヌス属の種 ······137
Cupressinocladus koyatoriensis ··········505
Cupressinocladus sp. →キュプレシノクラドス属の未定種 ··········127
Cupressocrinites crassus →クプレッソクリニテス ··········137
Cupressocrinus abbreviatus ··········505
Cupuladria microdenticulata ··········505
Cupulocrinus polydactylus →クプロクリヌス・ポリダクティルス ··········137
Curculionites striatus →クルクリオニテス・ストゥリアトゥス ··········145
Cuspidaria (*Cardiomya*) *gouldiana septentrionalis* →ヒメシャクシ ··········341
Cuspidaria (*Cardiomya*) *makiyamai* →マキヤマヒメシャクシ ··········415
Cuspidaria (*Plectodon*) *ligula* →ヒナノシャクシガイ ··········337
Cussia tatsunokuchiensis →クッシア・タツノクチエンシス ··········136
Cuvierina columnella →ウキヅツガイ ·········· 55
Cuvieronius →キュヴィエロニウス ··········126
Cyamocypris →キュアモキュプリス ··········126
Cyamocypris valdensis →キャモキプリス ········126
Cyamodus →キアモダス ··········118
Cyamodus hildegardis →キアモダス・ヒルデガルディス ··········118
Cyamodus laticeps →キャモドゥス ··········126
cyanobacteria →シアノバクテリア ··········185
Cyathocrinites actinotubus →キャトクリニテス ··········126
Cyathocrinites goniodactylus →キアトクリニテス・ゴニオダクチルス ··········118
Cyathocrinites rugosus →シアトクリニテス・ルゴーサス ··········185
"Cyathophyllum" sp. →"シアトフィルム"未定種 ··········185
cycadeae →ソテツ類 ··········230
Cycadeoidea →キカデオイデア ··········119
Cycadeoidea buchiana →キカデオイデア・ブッキアーナ ··········119
Cycadeoidea ezoana →キカデオイデア・エゾアーナ ··········119
Cycadeoidea nipponica ··········505
Cycadeoidea sp. →キカデオイデアの一種 ········119
Cycadites →キカディテス ··········119
Cycadocarpidium naitoi ··········505
Cycadopteris jurensis →キカドプテリス・ジュレンシス ··········119
Cycadopteris sp. →キカドプテリス属の種 ·······119
Cycas Fujiiana →フジイソテツ ··········355
Cyclacantharia kingorum →キクラカンサリア ··121
Cycladicama cumingii →シオガマ ··········186
Cyclammina japonica ··········505
Cyclemys miyatai →ミヤタマルガメ ··········435
Cycleryon elongatus →キクレリオン・エロンガトゥス ··········121
Cycleryon orbiculatus →キクレリオン・オルビクラトゥス ··········121
Cycleryon propinguus →キクレリオン・プロピングウス ··········121
Cycleryon propinquus →キクレリオン・プロピンクウス ··········121
Cycleryon sp. →キクレリオン属の種 ··········121
Cycleryon spinimanus →キクレリオン・スピニマヌス ··········121
Cyclestheroides sp. →シクレステロイデスの1種 ··········188
Cyclicargolithus floridanus →サイクリカルゴリータス・フロリダーヌス ··········174
Cyclina hwabongriensis →カンコクオキシジミガイ ··········117
Cyclina sinensis →オキシジミ ·········· 87
Cyclina (s.s.) *asagaiensis* →アサガイオキシジミ ·········· 13
Cyclina (s.s.) *japonica* →ムカシオキシジミ ·····437
Cyclobalanopsis gilva →イチイガシ ·········· 47
Cyclobalanopsis mandraliscae →アケボノシラカシ ·········· 12
Cyclobalanopsis nathorstii →アケボノアラカシ·· 12
"Cyclobalanopsis praegilva" [*Quercus praegilva*] →ムカシイチイガシ ··········437
Cyclobalanopsis protoacuta →ムカシアカガシ ··436
Cyclobalanopsis sp. →カシ類の1種 ··········102
Cyclobatis →キクロバティス ··········121
Cyclobatis major →キクロバチス ··········121
Cyclocardia ferruginea complexa →ホソスジクロマルフミガイ ··········403
Cyclocardia fujinaensis →フジナマルフミガイ ··356
Cyclocardia myogadaniensis →ミョウガダニマルフミガイ ··········435
Cyclocardia siogamensis →シオガママルフミガイ ··········186
Cyclocarya ezoana →エゾキクロカリア ·········· 71
Cycloceras valdani ··········505
Cycloclypeus carpenteri →サイクロクリペウスの1種 ··········174
Cycloclypeus communis ··········505
Cyclococcolithus leptoporus ··········506
Cyclococcolithus sp. ··········506
Cyclolites macrostomus →キクロリテス・マクロストムス ··········121
Cyclomedusa →キクロメドゥサ ··········121
Cyclopoma spinosum →キクロポマ・スピノスム ··········121
Cyclopteris ··········506
Cyclopteris orbicularis →シクロプテリスの小葉 ··········188
Cyclosphaeroma woodwardi →キクロスファエロマ ··········121
Cyclosunetta menstrualis →ワスレガイ ··········492
Cyclothyris difformis →キクロチリス ··········121
Cyclothyris vespertilio →キクロチリス・ベスペルティリオ ··········121
Cyclurus kehreri →キクルス・ケレリ ··········121
Cyclus americanus →キクルス・アメリカヌス ··121
Cylichna totomiensis →エンシュウカイコガイダマシ(新) ·········· 81
Cylindrophyma? sp. →シリンドロフィマ?の1種 ··········203
Cylindroteuthis →キュリンドゥロテウティス ···127
Cylindroteuthis puzosiana →キリンドロテウチス ··········129
Cymatium tuberculiferum ··········506
Cymatium (*Lampusia*) *affine* ··········506
Cymatium (*Monoplex*) *distortum* ··········506

Cymatium (*Monoplex*) *doderleini*······506
Cymatium (*Monoplex*) *partenopaeum*······506
Cymatoceras pseudoneokomiense······506
Cymatoceras sp.　→キマトセラス属の未定種····125
Cymatoceras tsukushiense　→ツクシオウムガイ······247
Cymatophlebia kuempeli　→キマトフレビア・クエムペリ······125
Cymatophlebia longialata　→キマトフレビア・ロンギアラタ······125
Cymatospira montfortianus　→キマトスピラ・モンフォルティアーヌス······125
Cymbella turgidula　→シンベラ・ツルギドラ····205
Cymbospondylus　→キムボスポンディルス······125
Cymbospondylus petrinus　→キンボスポンディルス······132
Cynarina lacrymalis　→コハナガタサンゴ······167
Cynodesmus　→キノデスムス······124
Cynognathus　→キノグナトゥス······124
Cynognathus crateronotus　→キノグナタス······124
Cyparisidium falsanii　→キパリシディウム・ファルサニイ······125
Cyperites sp.　→キペリーテスの1種······125
Cyphastrea megamiensis　→メガミトゲキクメイシ······444
Cyphastrea microphthalma　→キファストレア・ミクロフタルマ······125
Cyphastrea serailia　→フカトゲキクメイシ······354
Cyphastrea sp.　→トゲキクメイシの1種······274
Cyphosoma koenigi　→キフォソーマ・ケーニヒ······125
Cypraea ohiroi　→オオヒロダカラ······86
Cypraea (*Erosaria?*) *ohirai*　→オオヒラダカラ（新）······86
Cypridea? sp.　→シプリデア?の1種······194
Cypridea (*Cypridea*) *dabeigouensis*　→キプリデア（キプリデア）・ダベイゴウエンシスの背甲··125
Cypridea (*Cypridea*) *jingangshanensis*　→キプリデア（キプリデア）・ジンガンシャネンシスの背甲······125
Cypridea (*Cypridea*) *sihetunensis*　→キプリデア（キプリデア）・シヘトゥネンシスの背甲······125
Cypridea (*Cypridea*) *zaocishanensis*　→キプリデア（キプリデア）・ザオキシャネンシスの背甲······125
Cypridea (*Ulwellia*) *beipiaoensis*　→キプリデア（ウルウェルリア）・ベイピアオエンシスの背甲······125
Cyprideis sp.　→キプリデイス······125
Cyprina islandica　→キプリナ・アイランディカ······125
Cyprinotus sp.　→キプリノトゥス属の一種······125
Cyrena cfr.*sirena*······506
Cyrena sp.······506
Cyrnaonyx antiqua　→キルナオニクス······130
Cyrolexis nonakai　→サイロレクシス・ノナカイ······174
Cyrtia exporrecta······506
Cyrtina hamiltonensis　→キルチナ······130
Cyrtina heterochita······506
Cyrtina heteroclyta······506
Cyrtina sp.······506
Cyrtocapsella cornuta　→シルトカプセラ・コルヌータ······203
Cyrtocapsella japonica　→シルトカプセラ・ジャポニカ······203
Cyrtocapsella tetrapera　→シルトカプセラ・テトラペラ······203
"Cyrtoceras" depressum　→"キルトセラス"・デプレッスム······130
Cyrtoceras lineatum······506
Cyrtoceras sp.　→キルトケラス······130
Cyrtometopus　→キルトメトプス······130
Cyrtophyllites musicus　→キルトフィリテス・ムシクス······130
"Cyrtospirifer cf.*disjunctus"*　→"キルトスピリファー・ディスジャンクタス"······130
Cyrtospirifer cf.*kindlei*······506
Cyrtospirifer cultrijugatus······506
Cyrtospirifer elegans　→キルトスピリファー・エレガンス······130
Cyrtospirifer sinensis　→キルトスピリファー・シネンシス······130
Cyrtospirifer verneuili　→キルトスピリファー・ベルヌイリ······130
Cyrtospirifer whitneyi······506
Cystiphyllum sp.　→キスチフィルム······122
Cystophyllum sp.　→ジョロモク属の未定種······202
Cystophyllum sp.cf.*C.sisymbrioides*　→ジョロモク近似種······202
Cythere baltica　→キセレ・バルチカ······122
Cythere lutea······506
Cythere lutea omotenipponica······506
Cythere lutea uranipponica······506
Cythere omotenipponica　→シセレ・オモテニッポニカ······190
Cythere phillipsiana　→キセレ・フィリプシアナ······122
Cytherelloidea munechikai　→シセレロイデア・ムネチカイ······190
Cytheromorpha acupunctata　→シセロモルファ・アクプンクタータ······190
Cytheropteron miurense　→シセロプテロン・ミウレンセ······190
Cytheropteron sendaiense······506
Czekanowskia murryana······506
Czekanowskia rigida　→チェカノフスキア・リギダ······243

【D】

Dacentrurus　→ダケントルルス······236
Dactylioceras　→ダクティリオセラス······235
Dactylioceras athleticum　→ダクティリオセラス・アスレティカム······235
Dactylioceras commune　→ダクティリオセラス・コミューネ······235
Dactylioceras helianthoides　→ダクチリオセラス・ヘリアントイデス······235
Dactylioceras holandrei······506
Dactylioceras tenuicostatum　→ダクティリオセラス・テニュイコスタータム······235
Dactylioceras (*Dactylioceras*) *commune*　→ダクティリオセラス・コムネ······235
Dactylioceras (*Dactylioceras*) *helianthoides*　→ダクチリオセラスの1種······235
Dactylioceras (*Prodactylioceras*) sp.aff.*D. italicum*　→ダクチリオセラスの1種······235
Dactyloidites sp.　→ダクチロイディテス······235

Dactyloteuthis digitatus……506
Daeodon →ダエオドン……233
Daitingichthys tischlingeri →ダイティンギクツィス・ティシュリンゲリ……232
Dakaria sertata →チゴケムシの1種……243
Dakosaurus →ダコサウルス……236
Dakosaurus andiniensis →ダコサウルス・アンヂニエンシス……236
Dalatias licha →ヨロイザメ……468
Daldorfia sp. →カルイシガニ属の未定種……113
Dalinghosaurus longidigitus →ダリンホサウルス・ロンギディギトゥスの完模式標本……241
Dallina obesa →ヒメマルグチホオズキ……341
Dallina raphaelis →マルグチホウズキガイ……422
Dallinella smithi →ダリネラの1種……241
Dalmanites caudatus →ダルマニテス・コゥダータス……242
Dalmanites limulurus →ダルマニテス・リムルルス……242
Dalmanites limuroides →ダルマニテス リムロイデス……242
Dalmanites sp. →ダルマニテス……242
Dalmanitina socialis →ダルマニティナ・ソシアリス……241
Dalyia racemata →ダリイア……241
Damesella paronai →ダメセラ・パロナイ……240
Damesites ainuanus →ダメシテス・アイヌアヌス……240
Damesites damesi →ダメシテス・ダメシィ……240
Damesites hetonaiensis →ダメシテス・ヘトナイエンシス……240
Damesites semicostatus →ダメシテス・セミコスタータス……240
Dania tsuzuraensis……506
Danubites sp.aff.*D.ambika* →ダヌビテスの1種……238
Daonella alta……506
Daonella kotoi →ダオネラ・コトイ……233
Daonella lommeli →ダオネラ・ロメリイ……234
Daonella moussoni →ダオネラ・ムソニ……234
Daonella pectinoides……506
Daonella sakawana……506
Daonella subquadrata……506
Daonella yoshimurai……506
Dapedium →ダペディウム……238
Dapedium pholidotum →ダペディウム・フォリドタム……238
Dapedium politum →ダペディウム……238
Dapedius pholidotus →ダペディウス……238
Daphoenus sp. →ダフォエヌス……238
Dardanus sp. →イボアシヤドカリの1種……49
Dartmuthia →ダルトムティア……241
Darwinius →ダルウィニウス……241
Darwinius masillae →ダーウィニウス・マシラエ……233
Darwinopterus →ダーウィノプテルス……233
Darwinopterus modularis →ダーウィノプテルス・モデュラリス……233
Darwinula leguminella →ダーウィヌラ・レグミネルラの背甲……233
Daspletosaurus →ダスプレトサウルス……236
Daspletosaurus torosus →ダスプレトサウルス……236
Dastilbe →ダスティルベ……236
Dasybatus nippoenensis →ミズナミアカエイ……428
Dasybatus（?） *masudae* →マスダアカエイ……417
Datousaurus →ダトウサウルス……237
Dechenella（s.s.） *minima*……507
Dechenelloides asiaticus →デケネロイデス・アジアティクス……263
Decorifer delicatula →ヒラマキコメツブガイ……343
Decorifer globosus →ダルマコメツブガイ……241
Decorifer longispirata →クビマキコメツブガイ……137
Decoroproetus granulatus →デコロプロエタス・グラニュラータス……264
Deflandrius intercisus……507
Deinocheirus →デイノケイルス……257
Deinocheirus mirificus →デイノケイルス・ミリフィクス……257
Deinogalerix →デイノガレリックス……257
Deinonychus →デイノニクス……258
Deinonychus antirrhopus →デイノニクス・アンティルホプス……258
Deinosuchus →デイノスクス……257
Deinosuchus riograndensis →デイノスクス・リオグランデンシス……257
Deinotherium →デイノテリウム……257
Deinotherium giganteum →デイノテリウム……257
Deiphon forbesi →ダイフォン フォルベシ……233
Delepinea sayamensis →デレピネア・サヤメンシス……268
Delepinea sinuata →デレピネア・シヌアタ……268
Delmatolithon sp.cf.*D.saipanense* →ノリマキ（デルマトリトン）の1種……304
Delphinidae, gen.et sp.indet. →イルカ類……51
Deltablastus delta……507
Deltablastus jonkeri →デルトブラストゥス……268
Deltadromeus →デルタドロメウス……267
Deltatheridium sp. →デルタテリジウム……267
Deltoblastus permicus →デルトブラスツス……268
Deltocyathys sp. →デルトシアシス……268
Deltoidonautilus sp. →デルトイドノーチルス属の未定種……268
Deltoptychius →デルトプティキウス……268
Dendostrea paulucciae →カモノアシガキ……110
Dendraster coalingaensis →デンドラスター・コーリンガエンシス……270
dendrites →忍ぶ石……193
Dendrophyllia fistula →ホソキサンゴ……403
Dendrophyllia subcornigera →エノウラキサンゴ……75
Dendropithecus →デンドロピテクス……270
Dennstaedtia nipponica →ムカシコバノイシカグマ……438
Densoisporites microrugulatus →デンソイスポリテス・ミクロルグラトゥス……269
Dentalina communis →ユミジュズハリガイ……465
Dentalium neohexagonum →デンタリウム・ネオヘクサゴヌム……270
Dentalium neornatum →デンタリゥム・ネオルナータム……270
Dentalium sexangulum →デンタリウム……269
Dentalium sp. →デンタリウム属の未定種……270
Dentalium sp.cf.*D.octangulatum* →ムカドツノガイの1種……441
Dentalium striatum →デンタリウム・ストゥリアトゥム……270
Dentalium（*Antalis*） *weinkauffi* →ツノガイ……248
Dentalium（*Dentalium*） *octangulatum* →ヤカ

ドツノガイ ……458
Dentalium (*Fissidentalium*) *yokoyamai* →ヤスリツノガイ ……458
Denticula lauta ……507
Denticulopsis hustedtii →デンティキュロプシス・フステッドアイ ……270
Denticulopsis kamtschatica →デンティキュロプシス・カムチャテイカ ……270
Denticulopsis lauta →デンティキュロプシス・ラウタ ……270
Denticulopsis miocenica →デンティキュロプシス・マイオシニカ ……270
Denticulopsis nicobarica →デンティキュロプシス・ニコバリカ ……270
Depéretia kazusensis →カズサジカ ……102
Depéretia praenipponicus →ニッポンムカシジカ ……292
Derbya altestriata ……507
Derbya grandis ……507
Derbya magnifica ……507
Derbyia grandis →デルビア ……268
Dermosmilia ezoensis ……507
Deroceras sp. ……507
Deshayesites deshayesi →デシャエシテス・デシャエシイ ……264
Deshayesites forbesi →デシャエシテス ……264
Desmana moschata →デスマナ ……264
Desmatophoca →デスマトフォカ ……264
Desmatosuchus →デスマトスクス ……264
Desmatosuchus haplocerus →デスマトスクス ……264
Desmatosuchus spurensis →デスマトスクス・スプレンシス ……264
Desmoceras inflatum →デスモセラス・インフラータム ……265
Desmoceras japonicum →デスモセラス・ジャポニカム ……265
Desmoceras latidorsatum →デスモセラス・ラティドルサタム ……265
Desmoceras media →デスモセラス・メディア ……265
Desmoceras planulatum →デスモセラス・プラニュラータム ……265
Desmoceras sp. →デスモセラスの一種 ……265
Desmoceras (*Pseudouhligella*) *dawsoni shikokuense* ……507
Desmoceras (*Pseudouhligella*) *ezoanum* →デスモセラス・エゾアナム ……265
Desmoceras (*Pseudouhligella*) *japonica* ……507
Desmoceras (*Pseudouhligella*) *japonicum* →デスモセラス・ジャポニカム ……265
Desmoceras (*Pseudouhligella*) *japonicum compressior* →デスモセラス・ジャポニカム ……265
Desmograptus →デスモグラプトゥス ……264
Desmophyllites diphylloides →デスモフィリテス・ディフィロイデス ……265
Desmostylus →デスモスチルス ……264
Desmostylus hesperus →デスモスチルス・ヘスペルス ……265
Desmostylus hesperus japonicus →デスモスチルス ……265
Desmostylus japonicus →デスモスチルス ……265
Devonochonetes mediolatus ……507
Diaboloceras? sp. →ディアボロセラス?の1種 ……251
Diacalymene →ディアカリュメネ ……250
Diacalymene clavicula →ディアカリメネ クラヴィクラ ……250
Diacalymene ouzregui →ディアカリメネ ウーズレグィ ……250
Diacodexis →ディアコデキシス ……250
Diacria trispinosa →ヒラカメガイ ……343
Diadectes →ディアデクテス ……251
Diadectes phaseolinus →ディアデクテス ……251
Diademodon mastacus →ディアデモドン ……251
Diademopsis →ディアデモプシス ……251
Diadiaphorus →ディアディアフォルス ……251
Diadiaphorus majusculus →ディアディアホラス ……251
Diadochoceras nodosocostatiforme ……507
Diagoniella hindei →ディアゴニエラ ……251
Diandongia pista →ディアンドンギア・ピスタ ……251
Diania cactiformis →ディアニア・カクティフォルミス ……251
Diaphus gigas →ハダカイワシの耳石 ……312
Diaphus muraii →ムライハダカイワシ ……442
Diaphus shizukuishiensis →シズクイシハダカイワシ ……189
Diatomys sp. →ディアトミス ……251
Diatryma →ディアトリュマ ……251
Diatryma gigantea →ディアトリマ・ギガンテア ……251
Diatryma steini →ディアトリマ ……251
Dibasterium durgae →ディバステリウム・ドゥルガエ ……258
Dibunophyllum sp.cf.*D.kankouense* →ディブノフィラムの1種 ……259
Dicellomus salteri →ディケロムス・サルテリイ ……253
Dicellopyge macrodentatus →ディケロフィゲ ……253
Dicellopyge sp. →ディケロピゲ ……253
Diceras →ダイセラス ……232
Diceras bubalinum →ディケラス・ブバリヌム ……253
Diceratops →ディケラトプス ……253
Dicerorhinus nipponicus →ニッポンサイ ……292
Dichocrinidae gen.et sp.indet. →ダイコクリヌス科の未定種 ……232
Dichograptus sp. →ディコグラプツス ……253
Dichotomosphinctes kiritaniensis →ディコトモスフィンクテスの1種 ……253
Dichotomosphinctes sp. →ディコトモスフィンクテス属の未定種 ……253
Dickinsonia →ディッキンソニア ……255
Dickinsonia costata →ディッキンソニア・コスタタ ……255
Dickinsonia rex →ディッキンソニア・レックス ……256
Dicoelosia bilobata →ディコエロシア ……253
Dicraeosaurus →ディクラエオサウルス ……252
Dicranograptus sp. →ディクラノグラプツス ……253
Dicranopeltis nereus →ディクラノペルティス・ネレウス ……253
Dicranurus hamatus →ディクラヌルス ……253
Dicranurus hamatus elegantus →ディクラヌルス ハマータス エレガンタス ……253
Dicranurus monstrosus →ディクラヌルス モンストローサス ……253
Dicrocerus tokunagai →トクナガジカ ……274
Dicroidium →ディクロイディウム ……253
Dicroloma sp. →ディクロロマ属の種 ……253
Dictyastrum robustum ……507
Dictyocha sp. ……507

Dictyodora liebeana →ディクチオドラ・リーベアナ……252
Dictyophycus gracilis →ディクチオフィクス……252
Dictyophyllum kotakiense →ディクチオフィルム・コタキエンセ……252
Dictyophyllum muensteri……507
Dictyophyllum sp. →アミメカセキシダの1種……25
Dictyothyris coarctata →ディクティオチリス……252
Dictyozamites falcatus……507
Dictyozamites imamurae →イマムラアミメソテツ……50
Dictyozamites kawasakii →カワサキアミメソテツ……116
Dictyozamites reniformis →ディクチオザミテス・レニフォルミス……252
Dictyozamites sp. →アミメソテツの1種……25
Dictyozamites? sp. →アミメソテツ?の1種……25
Dicynodon →ディキノドン……252
dicynodont →ディキノドント類……252
Didelphis albirentris →ディデルフィス……256
Didelphodon sp. →ディデルフォドン……256
Didolodus →ディドロドゥス……257
Didontogaster cordylina →ディドントガスター・コルディリナ……257
Didymoceras →ディディモセラス……256
Didymoceras awajiense →ディディモセラス……256
Didymoceras awajiensis →ディデモセラス・アワジエンシス……256
Didymoceras binodosum →ディディモセラス・ビノドーサム……256
Didymoceras cheyennense →ディディモセラス・シエインネンセ……256
Didymoceras nakaminatoense……507
Didymoceras sp. →ディディモセラスの一種……256
Didymoceras stevensoni →ディディモセラス・スティーブンソーニ……256
Didymograptus →ディデュモグラプトゥス……256
Didymograptus gensinus →ディディモグラプタス・ゲンシヌス……256
Didymograptus gibbenilus →ディディモグラプトゥス……256
Didymograptus murchisoni →ディディモグラプツス……256
Didymograptus sp. →ディディモグラプツス……256
Dielasma kingi →ディーラズマ・キンギー……262
Diestheria yixianensis →ディエステリア・イシアネンシスの背甲……252
Diestothyris frontalis →ディエストリティリスの1種……252
Diestothyris karafutoensis →カラフトチョウチン……111
Digonella digona →ディゴネラ……253
Diictodon →ディイクトドン……251
Diictodon feliceps →ディイクトドン・フェリケプス……251
Diloma (*Oxystele*) *patulum*……507
Dilong →ディロング……263
Dilong Paradoxus →ディロング・パラドクサス……263
Dilophosaurus →ディロフォサウルス……263
Dimerocrinites icosidactylus →ディメロクリニテス……261
Dimetrodon →ディメトロドン……261
Dimetrodon grandis →ディメトロドン・グランディス……261
Dimetrodon limbatus →ディメトロドン……261
Dimetrodon loomisi →ディメトロドン……261
Dimorphodon →ディモルフォドン……261
Dimorphodon macronyx →ディモルホドン……261
Dimorphoplites chloris →デイモロフォプライティス・クロリス……261
Dimylus sp. →ディミルス……261
Dinichthys intermedius →ディニクチス……257
Dinictis →ディニクチス……257
Dinictis felina →ディニクチス・フェリナ……257
Dinilysia patagonica →ディニリシア……257
Dinocardium braunsi →ブラウンイシカゲガイ……364
Dinofelis →ディノフェリス……258
Dinohyus →ディノヒウス……258
Dinomischus isolatus →ディノミスクス……258
Dinomischus venustus →ディノミスクス・ヴェヌストゥス……258
Dinornis →ディノルニス……258
Dinornis maximus →ディノルニス・マキシムス……258
Dinoseur Coprolite →恐竜の糞……127
Diodon cf.*holocanthus* →ハリセンボン……325
Diodora floridana →ディオドラ……252
Diodora humilis……507
Diodora italica……507
Diodora yokoyamai →ディオドラ・ヨコヤマイ……252
Diodora yokoyamai koshibensis →コシバテンガイ……160
Dionide marecki →ディオニデ マレッキィ……252
Diospyros minor →ヒノキナイマメガキ……337
Diplacanthus acus →ディプラカンサス・アクス……259
Diplacanthus sp. →ディプラカンツス……259
Diplarea tosaensis……507
Diplasioceras tosaense →ディプラジオセラス・トサエンゼ……259
Dipleura decayi →ディプルーラ デカイィ……259
Diplocaulus →ディプロカウルス……259
Diplocaulus copei →ディプロカウルス・コペイ……259
Diplocaulus magnicornis →ディプロカウルス……259
Diploctenium lunatum →ディプロクテニゥム・ルナータム……259
Diploctenium sp. →ディプロクテニゥム属の未定種……259
Diplocynodon →ディプロキノドン……259
Diplocynodon hantoniensis →ディプロキノドン・ハントニエンシス……259
Diplodocidae? →モシリュウ……454
Diplodocus →ディプロドクス……260
Diplodocus carnegii →ディプロドクス・カーネギーアイ……260
Diplodocus longus →ディプロドクス……260
Diplognathodus augustus →ディプログナソダス・オーガスタス……259
Diplognathodus nodosus →ディプログナソダス・ノドサス……259
Diplograptus pristis →ディプログラプタス・プリスティス……259
Diplomoceras notabile →ディプロモセラス・ノタビーレ……261
Diplomoceras sylindraceum →ディプロモセラス・シリンドラセアム……260

Diplomystus →ディプロミストゥス……260
Diplomystus dentatus →ディプロマイスツス…260
Diplomystus kokuraensis →ディプロミスタス・コクラエンシス……260
Diplomystus primotinus →ディプロミスタス・プリモティヌス……260
Diploneis interrupta →ディプロナイス・インタールプタ……260
Diploneis smithii →ディプロナイス・スミッシー……260
Diplopora →倍脚類を含む石灰岩……305
Diplopora yoshinobensis →ディプロポラの1種…260
Diplotrypa sp. →ディプロトリパ……260
Diplovertebron punctatum →ディプロベルテブロン……260
Dipnorhynchus →ディプノリンクス……259
Dipoloceras cristatum →ディポロセラス・クリスタータム……261
Diprotodon →ディプロトドン……260
Diprotodon australis →ディプロトドン……260
Diprotodon benetti →ディプロトドン……260
Diptera.fam., gen.et sp.indet. →ハエの未定種…307
Dipterus →ディプテルス……258
Dipterus valenciennesi →ディプテルス・ヴァレンシエンネシ……259
Diraphora bellicostata →ディラフォラ……262
Disanthus nipponica →オタフクマルバノキ……90
Discinisca calymene →ディスキニスカ・カリメネ……254
Discinisca laevis →ディシニスカ・レビス……254
Discinisca lugubris →ディスキニスカ……254
Discinisca sp.……507
Discitoceras leveilleanum →ディスキトケラス…254
Discoaster asymmetricus →ディスコアスター・アシンメトリクス……254
Discoaster brouweri →ディスコアスター・ブロウェライ……254
Discoaster deflandrei →ディスコアスター・デフランドライ……254
Discoaster pentaradiatus →ディスコアスター・ペンタラディアータス……254
Discoaster surculus →ディスコアスター・スルクルス……254
Discoaster tamalis →ディスコアスター・タマリス……254
Discoaster triradiatus →ディスコアスター・トリラディアータス……254
Discoaster variabilis →ディスコアスター・バリアビリス……254
Discocyclina →ディスコキクリナ属の有孔虫……254
Discocyclina pratti……507
Discocyclina(*Asterocyclina*) sp.cf.*D.habanensis* →ディスコサイクリナの1種……254
Discocyclina(*Asterocyclina*) sp.cf.*D.stella* →ディスコサイクリナの1種……254
Discocyclina(*Discocyclina*) *dispansa* →ディスコサイクリナの1種……254
Discocyclina(*Discocyclina*) *omphala* →ディスコサイクリナの1種……254
Discodermia sp. →ディスコデルミア……255
Discoglossus troscheli →ディスコグロッスス…254
Discolithina japonica →ディスコリティーナ・ジャポニカ……255
Discors acquitanicus……507
Discosauriscus →ディスコサウリスクス……254
Discoscaphites →ディスコスカファイテス……255
Discoscaphites conradi →ディスコスカフィテス・コンラデイ……255
Discoscaphites gulosus →ディスコスカフィテス・グロッサス……255
Discosiphonella sp. →ディスコシフォネラの1種……255
Distephanus sp.……507
Ditomoptera dubia →ディトモプテラ・ドゥビア……257
Ditomopyge →ディトモピゲ……256
Ditomopyge decurtata →ディトモピゲ・デキュルタータ……256
Ditremaria sp. →ディトレマリア属の種……257
Ditrupa miyazakiensis →ディトルッパの1種……257
Ditrupa(?) *gordonis* →ゴルドンツノガイダマシ……170
Dizygocrinus indianaensis →ディジゴクリヌス・インディアナエンシス……253
Dizygocrinus rotundus……507
Docodon →ドコドン……275
Doedicurus →ドエディクルス……273
Doedicurus clavicaudatus →ドエディクルス……273
Dolerolenus laevigata →ドレロレヌス・ラエヴィガタ……283
Dolichophonus loudonensis →ドリコフォヌス・ロウドネンシス……280
"*Dolichopus*" *tener* →「ドリコプス」・テナー…280
Dolichorhinus →ドリコリヌス……280
Dolichorhynchops →ドリコリンコプス……280
Dolichupis(*Trivellona*) *shimajiriensis* →シマジリオオシラタマ……194
Doliocassis japonica →ムカシウラシマ……437
Doliodus problematicus →ドリオダス・プロブレマティクス……279
Dollocaris ingens →ドロカリス・インゲンス…283
Dolomedes sp. →ドロメデス……284
Dolorthoceras sociale……507
Domatoceras sp. →ドマトセラス属の未定種……276
Dongshanocaris foliiformis →ドングシャノカリス・フォリイフォルミス……284
Donovaniteuthis shoepfeli →ドノヴァニトイティス・シェフェリ……275
Doraster sp. →ドラステル属の未定種……278
Dorippe sp. →イチシキメンガニ……47
Dorocrinus gouldi……507
Dorudon →ドルドン……282
Doryagnostus sp. →ドリアグノスタスの一種…278
Doryanthes munsteri →ドリアンテス・ムンステリ……278
Doryaspis →ドリアスピス……278
Dorycrinus →ドリクリヌス……279
Doryderma →ドリデルマ……281
Dorygnathus →ドリグナトゥス……279
Dosinia acetabulum →ドシニア・アケタビュルム……275
Dosinia akaisiana →アカイシカガミ……6
Dosinia hataii →ハタイカガミ……312
Dosinia kaneharai →カネハラカガミ……107
Dosinia nomurai →ノムラカガミ……304
Dosinia tatunokutiensis →タツノクチカガミ…236
Dosinia(*Dosinella*) *penicillala* →ウラカガミ……60
Dosinia(*Kaneharaia*) *kaneharai* →カネハラカガミ……107

Dosinia(*Kaneharaia*) *kaneharai fujinaensis* →フジナカガミガイ……356
Dosinia(*Kaneharaia*) *kannoi* →カンノカガミ……117
Dosinia(*Pectunculus*) *exoleta*……507
Dosinia(*Pectunculus*) *orbicularis*……507
Dosinia(*Phacosoma*) *chikuzenensis* →チクゼンカガミ……243
Dosinia(*Phacosoma*) *japonica* →カガミガイ……100
Dosinia(*Phacosoma*) *japonicus* →カガミガイ……100
Dosinia(*Phacosoma*) *nomurai* →ノムラカガミ……304
Dosinia(*Phacosoma?*) *tatunokutiensis* →タツノクチカガミ……236
Douvilleiceras inequinodum →ドウビレイセラス・インエクイノーダム……271
Douvilleiceras mammillatum →ドウビレイセラス・マミラータム……271
Draconyx →ドラコニクス……278
Dracorex →ドラコレックス……278
Drepanaspis →ドレパナスピス……282
Drepanaspis gemuendenensis →ドレパナスピス・ゲムエンデネンシス……282
Drepanaspis gemuendensis →ドレパナスピス・ゲムエンデンシス……282
Drepanochilus elongatodigitatus……507
Drepanophycus →ドレパノフィクス……282
Drepanosaurus →ドレパノサウルス……282
Drepanosaurus unguicaudatus →ドレパノサウルス・ウングイカウダツス……282
Drepanura premesnili →ドレパヌラ・プレムスニリイ……282
Drepanura sp., etc. →コウモリ石(ドレパヌラの一種他)……157
Drinker →ドリンカー……282
Drobna deformis →ドロブナ・デフォルミス……283
Dromaeosauridae →ドロマエオサウルス類……284
Dromaeosaurus →ドロマエオサウルス……284
Dromiceiomimus →ドロミケイオミムス……284
Dromiopsis →ドゥロミオプシス……273
Drotops sp. →ドロトプス……283
Dryopithecus →ドリオピテクス……279
Dryosaurus →ドリオサウルス……278
Dryptoscolex matthiesae →ドリプトスコレックス・マチエサエ……281
Dsungaripterus →ズンガリプテルス……223
Dubreuillosaurus →ドゥブレウイッロサウルス……272
Ductor leptosomus →ドゥクトル・レプトソムス……271
Dumortieria insignisimilis……508
Dumortieria meneghinii……508
Dunbarinella cervicalis……508
Dunbarinella densa……508
Dunkleosteus →ドゥンクレオステウス……273
Dunkleosteus terrelli →ダンクレオステウス・テレリ……242
Durhamina hashimotoi……508
Durhamina hasimotoi →デュラミナ・ハシモトイ……267
Durhamina kitakamiensis →ダルハミナの1種……241
Dusa denticulata →ドゥサ・デンティクラタ……271
Dusa monocera →ドゥサ・モノケラ……271
Duvalia dilatata……508
Duvalia sp.……508
Dvinella comata →ドビネラの1種……276
Dyscritella iwaizakiensis →ディスクリテラの1種……254
Dyscritella iwaizakinsis……508
Dzungariotherium orgosensis →ズンガリオテリウム……223

【E】

Eboracia lobifolia →エボラキア・ロビフォリアの, 胞子がついていない羽片……76
Eboriceras →エボリセラス……76
Ebrina sp.……508
Echinarachnius laganolithinus →エキナラクニウスの1種……68
Echinarachnius microthyroides →エキナラクニウスの1種……68
Echinarachnius sp.cf.*E.parma* →エキナラクニウスの1種……68
Echinarachnius(*Scaphechinus*) *mirabilis* →ハスノハカシパン……311
Echinaria semipunctata →エチナリア・セミパンクタータ……73
Echinaria sp. →エキナリアの1種……68
Echinoconchus punctatus……508
Echinoconus conicus →エキノコヌス・コニクス……68
Echinocorys scutata →エキノコリス……68
Echinocorys scutatus →エキノコリス・スクタータス……68
Echinocorys tipica →エキノコリス・チピカ……68
Echinocyamus crispus →ボタンウニ……404
Echinocythereis? bradyformis →エカイノシセレイス?・ブラッディフォルミス……67
Echinodiscus chikuzenesis →チクゼンカシパン……243
Echinodiscus transiens →ムカシスソカケカシパン……439
Echinodon →エキノドン……68
Echinolampas affinis →エキノランパス・アフィニス……68
Echinolampas yoshiwarai →エキノランパスの1種……68
Echinolampus bombus →ヌムライトウニ(新)……295
Echinophoria etchuensis →トヤマウズラガイ……277
Echinophyllia aspera →キクカサンゴ……120
Echinophyllia yabei →ヤベキクカサンゴ……460
Echinorhinus sp. →キクザメの仲間の歯……120
Echinosphaerites aurantium →エキノスファエリテス・アウランチウムを含む岩石……68
Echinosphaerites infaustus →エキノスファエリテス・インファウスツス……68
Echioceras →エキオケラス……68
Echioceras fasticiatum →エキオケラス……68
Echmatocrinus →エクマトクリヌス……69
Echmatocrinus brachiatus →エクマトクリヌス……69
Ecphora →エクフォラ……69
Ecphora quadricostata →エクフォラ・コードリコスタータ……69
Ectillaenus giganteus →エクティレヌス ギガンテウス……69
Ectoconus majusculus →エクトコヌス……69
Ectoconus sp. →エクトコヌス……69

Ectodemites globosa……508
Ectomaria（=*Solenospira*）*multicostata*……508
Edaphodon bucklandi →エダフォドン……73
Edaphosaurus →エダフォサウルス……73
Edaphosaurus pogonias →エダホサウルス……73
Edmarka →エドマーカ……74
Edmontonia →エドモントニア……74
Edmontonia longiceps →エドモントニア・ロンギケプス……74
Edmontosaurus →エドモントサウルス……74
Edmontosaurus annectens →エドモントサウルス……74
Edmontosaurus regalis →エドモントサウルス…74
Edrioasteroidea →座ヒトデ類……178
Edriosteges poyangensis →エドリオステージス・ポヤンゲンシス……74
Effigia →エフィギア……76
Efraasia →エフラアシア……76
Egg of Hypselosaurus prisucus →ヒプセロサウルス・プリスクスの卵化石……338
Ehmaniella burgessensis →エーマニエラ……76
Ehmaniella waptaensis →エーマニエラ……76
Ehrenbergina bosoensis……508
Ehretia akitana →アキタチシャノキ……8
Eichstaettia mayri →アイヒシュテッティア・マイリ……3
Eichstaettisaurus schroederi →アイヒシュテッティサウルス・シュロエデリ……3
Eiffelia globosa →アイフェリア……3
Einiosaurus →エイニオサウルス……62
Ekaltadeta →エカルタデタ……68
Elaeagnus mikii →ミキグミノキ……426
Elaeagnus sp. →グミ属の1種……138
Elaeagus sp.……508
Elaeocarpus notoensis →ノトコバンモチ……302
Elaphe conspicillata →ジムグリ……195
Elaphrosaurus →エラフロサウルス……77
Elaphurus menziesianus →エラフルス……77
Elaphurus shikamai →シカマシフゾウ……187
Elasmosauridae →サツマウツノミヤリュウ……177
Elasmosauridae gen.et sp.indet. →エラスモサウルス科未定種の歯……77
Elasmosaurus →エラスモサウルス……77
Elasmosaurus platyurus →エラスモサウルス……77
Elasmotherium →エラスモテリウム……77
Elatocladus constricta……508
Elatocladus leptophyllus →エラトクラドゥス・レプトフィルルス……77
Elatocladus sp. →球果植物の1種……127
Elcana amanda →エルカナ・アマンダ……78
Elcana longicornis →エルカナ・ロンギコルニス……78
Elder ungulatus →エルダー・ウングラトゥス…79
Eldonia eumorpha →エルドニア・エウモルファ……79
Eldonia ludwigi →エルドニア……79
Eldredgeops →エルドレジオプス……79
Eleganticeras elegantulum →エレガンティセラス・エレガンタラム……79
Elephas antiquus →エレファス・アンティクウス……79
Elephas falconeri →エレファス・ファルコネリ‥80
Elginia →エルギニア……79
Elginia mirabilis →エルギニア……79
Elire damatus……508
Ellipsocephalus →エッリプソケパルス……74
Ellipsocephalus hoffi →エリプソセファラスホッフィ……78
Elomeryx →エロメリクス……80
Elomeryx brachyshynchus →エロメリクス……80
Elonichthys robisoni intermedia →エロニクチス……80
Elphidium crispum →エルフィジウム・クリスパム……79
Elphidium hanzawai……508
Elrathia →エルラシア……79
Elrathia kingi →エルラシア・キンギ……79
Elrathia kingii →エルラシア・キンギイ……79
Elrathia permulta →エルラシア……79
Elrathina cordillerae →エルラシナ……79
Emarginula imaizumi →サツマスソキレガイ…177
Emausaurus →エマウサウルス……76
Embolotherium →エムボロテリウム……77
Embolotherium andrewsi →エンボロテリウム…82
Embolotherium sp. →エンボロテリウム……82
Emeraldella brocki →エメラルデラ・ブルーキ…77
Emeus crassus →エメウス・クラッスス……77
Emileia multiforme var.*micromphalum*……508
Emiliana huxley →石灰質ナンノ化石……225
Empidia wulpi →エムピディア・ヴルピ……77
Emucaris fava →エミューカリス・ファヴァ……77
Emys →エミス……77
Ena reiniana →キセルモドキ……122
Enalhelia nipponica……508
Enaliarctinae gen.et sp.indet. →エナリアークトス類未定種の右大腿骨……75
Enaliarctos →エナリアルクトス……75
Enallhelia nipponica somaensis →エナルヘリアの1亜種……75
Enchodus →エンコドゥス……80
Enchodus lewesiensis →エンコドゥス……80
Encope californica →エンコペ・カリフォルニカ……81
Encope micropora →エンコペ……81
Encrinurus →エンクリヌルス……80
Encrinurus mamelon →エンクリヌルス・マメロン……80
Encrinurus punctatus →エンクリヌルス プンクタータス……80
Encrinurus tosensis →エンクリヌルス・トセンシス……80
Encrinurus variolaris →エンクリヌルス……80
Encrinus →エンクリヌス……80
Encrinus granulosus →エンクリヌス・グラニュローサス……80
Encrinus liliiformis →エンクリヌス・リリフォルミス……80
Encrinus lilliiformis →エンクリヌス・リリイフォルミス……80
Endemoconus sieboldi →アコメイモガイ……13
Endictya japonica……508
"Endoceras" vaginatum →"エンドセラス"・バギナータム……81
Endopachys japonicum →ヒラツボサンゴ……343
Endophycus wakinoensis →エンドフィクスの1種……81
Endops yanagisawai →エンドプス・ヤナギサワイ……81
Endotherium niinomii →エンドテリウム……81

Ennucula praenipponica →ムカシクルミガイ…438
Enoploclytia →エノプロクリュティア……75
Enoploura popei →エノプロウラ・ポペイ……75
Ensipteria onukii →エンシプテリア・オヌキイ‥81
Ensis ensis……508
Entalophora nipponica →ホソクダコケムシの1種……403
Enteletes acutiplicatus……508
Enteletes gibbosus……508
Enteletes sp.……508
Enteletes sp.aff.*E.andrewsi* →エンテレーテス・アンドリゥスイの近縁種……81
Entelodon sp. →エンテロドン……81
Entelognathus →エンテログナトゥス……81
Entemnotrochus shikamai →エンテモノトロカス・シカマイ……81
Entolium cf.*calvum*……508
Entolium sp. →エントリウム属の種……82
Entomonotis ochotica →エントモノチス・オコチカ……81
Entomonotis zabaikalica →エントモノチス・ザバイカリカ……82
Eoasianites sp.aff.*E.suborientalis* →エオアジアニテスの1種……64
Eobasileus →エオバシレウス……66
Eobothus →エオボトゥス……66
Eobrontosaurus →エオブロントサウルス……66
Eocardia →エオカルディア……64
Eocicada lameeri →エオキカダ・ラメエリ……65
Eocicada sp. →エオキカダ……65
Eocyphinium seminiferum →エオキフィニウム‥65
Eodalmanitina →エオダルマニティナ……65
Eodalmanitina macrophtalma →エオダルマニティナ……65
Eodendrogale parvum →エオデンドロガレ……66
Eoderoceras sp.……508
Eodromaeus →エオドロマエウス……66
Eodromaeus murphi →エオドロマエウス・ムルフィ……66
Eoenantiornis buhleri →エオエナンティオルニス・ブレリの完模式標本……64
Eofletcheria sp. →エオフレトチェリア……66
Eogaudryceras umbilicostriatus →エオゴードリセラス・アンビリコストリアタス……65
Eoglyptostrobus sabioides →エオグリプトストロブス・サビオイデス……65
Eogoniolina johnsoni →エオゴニオリナの1種…65
Eogunnarites unicus……508
Eogyrinus →エオギリヌス……65
Eogyrinus wildi →エオギリヌス……65
Eoharpes →エオハルペス……66
Eohydnophora saikiensis →エオハイドノホラの1種……66
Eohydnophora sp. →エオヒドノホラ属の未定種‥66
Eohydnophora tosaensis……508
Eomadrasites subnipponicus……508
Eomaia →エオマイア……66
Eomaia scansoria →エオマイア・スカンソリア‥66
Eomanis →エオマニス……67
Eomanis waldi →エオマニス……67
Eomarginifera sp.……508
Eomesodon gibbosus →エオメソドン・ギボスス‥67
Eomesodon sp. →エオメソドン属の種……67
Eomiodon kumamotoensis……508
Eomiodon lunulatus →エオミオドン・ルヌラータス……67
"Eomiodon" ominensis……508
Eomiodon vulgaris →エオミオドン・ブルガリス……67
Eomirus formosissimus →エオミルス・フォルモシシムス……67
Eomizzia igoi……509
Eomys →エオミス……67
Eomys quercyi →エオミス……67
Eonotidanus muensteri →エオノティダヌス・ムエンステリ……66
Eopecten subtilis →エオペクテン・スブティリス……66
Eopelobates wagneri →エオペロバテス・ワグネリ……66
Eophasma jurasicum →エオファスマ・ジュラシクム……66
Eophrynus prestvici →エオフィリヌス・プレストビシ……66
Eoplatax macropterygius →エオプラタクス・マクロプテリギウス……66
Eoraptor →エオラプトル……67
Eoraptor lunensis →エオラプトル・ルネンシス‥67
Eoredlichia →エオレドリキア……67
Eoredlichia intermedia →エオレドリキア・インテルメディア……67
Eorhynchochelys sinensis →エオリンコケリス・シネンシス……67
Eosardinella hisinaiensis →エオサルディネラ…65
Eoschubertella obscura……509
Eoschubertella toriyamai……509
Eosestheria aff.*middendorfii* →エオセステリア・ミッデンドルフィイの類縁種の背甲……65
Eosestheria lingyuanensis →エオセステリア・リンユアネンシスの背甲……65
Eosestheria ovata →エオセステリア・オワタの背甲……65
Eosimias →エオシミアス……65
Eospirifer sp.……509
Eospirifer variplicatus →エオスピリファー・バリプリカータス……65
Eosurcula moorei →エオスルクラ……65
Eothinites akastensis →エオシニーテス・アカステンシス……65
Eothinites kargalensis →エオシニーテス・カルガレンシス……65
Eothyris →エオティリス……66
Eotitanops →エオティタノプス……66
Eotyrannus →エオティランヌス……66
"Eozoon canadense" →"エオゾーン・カナデンセ"……65
Eozostrodon →エオゾストロドン……65
Epachthosaurus →エパクトサウルス……75
Epalxis (Batytoma) cataphracta……509
Ephemeropsis trisetalis →エフェメロプシス・トリセタリス……76
Epidendrosaurus ningchengensis →エピデンドロサウルス・ニンチェンゲンシス……76
Epigaulus →エピガウルス……75
Epigondolella abneptis →エピゴンドレラ・アブネプティス……75
Epigondolella bidentata →エピゴンドレラ・バイデンタータ……75
Epigondolella multidentata →エピゴンドレラ・ムルティデンタータ……75
Epigondolella nodosa →エピゴンドレラ・ノド

サ 75
Epimastopora kanumai 509
Epimastopora longituba 509
Epiphyllina distincta →エピフィリナ・ディスティンクタ 76
Epipuzosia maya →エピプゾシア・マヤ 76
Epithemia turgida →エピセミア・ツルギイダ 76
Epithyris maxillata →エピチリス・マクシラータ 76
Epitonium halimense →ハリマイトカケ 326
Epitonium (*Acutiscala*) *conjuncta* →ツヅリシノブガイ 247
Epitonium (*Boreoscala*) *angulatosimile* →トウベイヤチイトカケガイ 272
Epitonium (*Boreoscala*) *echigonum* →エゾイトカケ 70
Epitonium (*Cinctiscala*) *kazusensis* →カズサイトカケ 102
Epitonium (*Cinctiscala*) *yamakawai* →ヤマカワイトカケ 460
Epitonium (*Crisposcala*) *okinavensis* →オキナワイトカケ 88
Epitrachys rugosus →エピトラキス・ルゴサス 76
Eponides umbontaus 509
Eporeodon major cheki →エポレオドン 76
Epphioceras sp. 509
Equijubus →エクウィジュブス 69
Equisetites columnaris →イクィゼティテス・コルムナリス 41
Equisetites kitamurae 509
Equisetites longevaginatus →エクイセティテス・ロンゲワギナトゥス 69
Equisetites sp. →エクイセチテス 68
Equisetostachys (*Neocalamites?*) *pedunculatus* 509
Equisetum arctica →キョクチトクサ 127
Equisetum arenaceum →イクイゼタム・アレナセウム 41
Equisetum sp. →トクサ属の未定種 274
Equus →エクウス 69
Equus caballus →エクウス・カバーッルス 69
Equus ferus →エクウス 69
Equus nipponicus →ニッポンウマ 292
Equus sp. →エクウスの一種 69
Erbenochile →エルベノチレ 79
Erbenochile erbeni →エルベノチレ 79
Erenia stenoptera →エレニア・ステノプテラ 79
Eretmorhipis carrolldongi →エレトモルヒピス・カロルドンギ 79
Ergalatax dainitiensis →ダイニチヨウラク 232
Ericiolacerta →エリキオラケルタ 78
Ericiolacerta parva →エリキオラケルタ 78
Erieopterus →エリエオプテルス 77
Erinaceus bloomi →ブルームハリネズミ 373
Eriphyla miyakoensis 509
Eriphyla (*Eriphyla*) *miyakoensis* →エリフィラ・ミヤコエンシス 78
Eriphyla (*Miyakoella*) *miyakoensis* 509
Eritherium →エリテリウム 78
Errant polychaete →エルラント・ポリケート 79
Errivaspis →エリヴァスピス 77
Erronea (*Gratiadusta*) *longfordi* →ニッポンダカラ 292
Erunanodon antelios →エルナノドン 79
Erycites aff. *reussi* 509
Erycites intermedius 509
Erycites rotundiformis 509
Eryma →エリュマ 78
Eryma elongata →エリマ・エロンガタ 78
Eryma leptodactylina →エリマ 78
Eryma modestiformis →エリマ・モデスティフォルミス 78
Erymnaria sp. 509
Eryon →エリオン属の歩行跡 78
Eryon arctiformis →エリオン・アルクティフォルミス 78
Eryops →エリオプス 77
Eryops megacephalus →エリオプス 77
Erythrosuchus →エリトロスクス 78
Erythrosuchus africanus →エリスロスクス 78
Escaropora →エスカロポラ 70
Esconichthys →エスコニクティス 70
Esconites zelus →エスコニテス・ゼルス 70
Escumasia →エスクマシア 70
Esoterodon angusticeps →エソラロドン 73
Essexella →エッセクセラ 73
Essexella asherae →エセクセラ・アシュラエ 70
Estemmenosuchus →エステメノスクス 70
Estemmenosuchus mirabilis →エステメノスクス・ミラビリス 70
Estherites atsuensis 509
Estherites imamurai 509
Estonioceras perforatum →エストニオケラス 70
Etacystis →エタシスティス 73
Etallonia longimana →エタロニア・ロンギマナ 73
Etoblattina →エトブラッティナ 74
Euaspidoceras madagascariense →ユーアスピドセラス・マダガスカリエンス 462
Euaspidoceras sp. →ユーアスピドセラスの一種 462
Eubiodectes →エウビオデクテス 63
Eubostrychoceras →ユーボストリコセラス 464
Eubostrychoceras cf. *E. muramotoi* →ユウボストリコセラス・ムラモトイ 463
Eubostrychoceras cf. *E. woodsi* →ユウボストリコセラス・ウージイに比較される種 463
Eubostrychoceras japonicum →ユーボストリコセラス・ジャポニカム 465
Eubostrychoceras muramotoi →ユーボストリコセラス・ムラモトイ 465
Eubostrychoceras pacificum 509
Eubostrychoceras sp. →ユーボストリコセラスの一種 465
Eucalyptocrinites →エウカリュプトクリニテス 62
Euchelus notoensis →ノトサンショウガイモドキ 302
Eucladoceros →エウクラドケロス 62
Eucoelophysis →エウコエロフィシス 62
Eucommia japonica →ムカシトチュウ 439
Eucommia kobayashii →コバヤシトチュウ 167
Euconospira nipponica →ユーコノスピラの1種 463
Eucrate sp. cf. *E. crenata* →マルバガニ近似種 423
Eucyclus bathis →ユゥキクルス・バチス 462
Eucyrtidium asanoi →ユウシルティディウム・アサノイ 462
Eucyrtidium calvertense →ユウシルティディウム・カルバーテンゼ 462
Eucyrtidium inflatum →ユウシルティディウ

ム・インフラータム ……462
Eucyrtidium matuyamai →ユウシルティディウム・マツヤマイ ……462
Eucyrtidium yatuoense →ユウシルティディウム・ヤツオエンゼ ……462
Eudesia cardium →ユゥデシア・カルディウム ‥462
Eudimorphodon →エウディモルフォドン ……63
Eudimorphodon ranzii →ユーディモルフォドン・ランジイ ……464
Euestheia sp. →ユーエステリアの1種 ……463
Euestheria imamurai →ユーエステリアの1種 ‥463
Euestheria kokuraensis →ユーエステリアの1種 ……463
Euestheria kokurensis ……509
Euestheria minuta →ユゥエステリア・ミヌータ ……462
Euflemingites sp. →ユーフレミンギテス ……464
Euhadra eoa →ヒラマイマイ ……343
Euhelopus →エウヘロプス ……64
Euhoplites →エウホプリテス ……64
Euhoplites opalinus →エウホプリテス ……64
Eulithota fasciculata →エウリトタ・ファスキクラタ ……64
Eumegamys sp. →エウメガミス ……64
Eumetopias sinanoensis →シナノトド ……191
Eumetopias (?) *kishidai* →キシダトド ……122
Eumorphotis multiformis →ユーモルフォティス・ムルティフォルミス ……465
Eumorphotis multiformis shionosawensis ……509
Eumorphotis shikokuensis ……509
Eunatica pila shimokitaensis →シモキタタマガイ ……195
Eunaticina papilla →ネコガイ ……299
Eunicites atavus →エウニキテス・アタウス ……63
Eunicites proavus →エウニキテス・プロアウス‥63
Eunicites sp.
　→エウニキテス ……63
　→エウニキテス属の種 ……63
Eunicites (?) sp. →エウニキテス属(?)の種 ……63
Eunotia praerupta →イウノテイア・プラエルプタ ……40
Eunotosaurus africanus →ユーノトサウルス …464
Euomphalus →エウオムファルス ……62
Euomphalus pentangulus →エウオンファルス …62
Euonymus okamotoi →オカモトマサキ ……86
Euoplocephalus →エウオプロケファルス ……62
Euoplocephalus tutus →エウオプロケファラス ‥62
Eupachydiscus haradai →ユーパキディスカス・ハラダイ ……464
Eupachydiscus sp. →ユーパキディスカスの一種 ……464
Eupachydiscus teshioensis →ユウパキディスクス・テシオエンシス ……462
Euparkeria →エウパルケリア ……63
Eupatagus antillarum →エウパタグス・アンチラルム ……63
Eupecopteris cisti →ユゥペコプテリス・システィ ……463
Euphaeopsis multinervis →エウファエオプシス・ムルティネルヴィス ……63
Euphyllia fimbriata ……509
Euporosteus yunnanensis →ユーポロステウス・ユンナネンシス ……465
Euprioniodina sp. ……509
Euproops danae →ユープロープス・ダナエ ……464
Euproops rotundatus →エウプロープス ……64
Eurhinodelphis →ユーリノデルフィス ……465
Eurhinodelphis minoensis →ユーリノデルフィス・ミノエンシスの下顎骨 ……465
Eurhinodelphis pacificus →シイヤイルカ ……185
Eurhinosaurus →エウリノサウルス ……64
Eurhinosaurus longirostris →ユウリノサウルス ……463
Eurohippus →エウロヒップス ……64
Europasaurus →エウロパサウルス ……64
Europasaurus holgeri →エウロパサウルス・ホルゲリ ……64
Eurotamandua →エウロタマンドゥア ……64
Euryale akashiensis →アカシオニバス ……6
Eurycormus sp. →エウリコルムス属の種 ……64
Eurycormus speciosus →エウリコルムス・スペキオスス ……64
Euryeschatia reboulorum →座ヒトデ綱 ……178
Eurypholis →エウリュフォリス ……64
Eurypterus →ユーリプテルス ……465
Eurypterus remipes →ユーリプテルス・レミペス ……465
Euryspirifer sp. ……509
Eurysternum wagleri →エウリステルヌム・ワグレリ ……64
Eusarcana scorpionis →エウサルカナ・スコーピオニス ……62
Euskelosaurus →エウスケロサウルス ……62
Eusmilus →エウスミルス ……63
Euspira isensis →イセタマガイ ……45
Euspira meisensis →メイセンタマガイ ……443
Eusthenopteron →エウステノプテロン ……62
Eusthenopteron foordi →エウステノプテロン・フォーディ ……63
Eustreptospondylus →エウストレプトスポンディルス ……63
Eutheria →新種の真獣類 ……204
Euthriofusus regularis ……509
Euthyreites grandis →エウティレイテス・グランディス ……63
Eutrephoceras bellerophon →ユートレフォセラス・ベッレロフォン ……464
Eutrephoceras dekayi →ユートレフォセラス ……464
Eutrephoceras japonicum →ドシオウムガイ ……275
Eutrephoceras kobayashii ……509
Eutrephoceras maruconensis ……509
Eutrephoceras sp. →ユートレフォセラス属の未定種 ……464
Eutretauranosuchus →エウトレタウラノスクス‥63
Eutrochocrinus christyi ……509
Euzonosoma sp. →エウゾノソマ ……63
Exaeretodon →エクサエレトドン ……69
Excalibosaurus →エクスカリボサウルス ……69
Exellia velifer →エクセリア ……69
Exochella longirostris →ガラスコケムシ ……110
Exocoetoides →エクソコエトイデス ……69
Exogyra africana →エクソギラ ……69
Exogyra arietina →エクソジャイラ・アリエティナ ……69
Exogyra yabei ……509
Expalxis (*Batytoma*) *cataphracta* ……509
Expansograptus cf. →エクスパンソグラプツス ‥69
Eymarella (?) aff. *praebaucis* ……510

【F】

Fabiania cassis……510
Fabulina nitidula →サクラガイ……176
Fabulina(*Nitidotellina*) *nitidula* →サクラガイ……176
Facivermis yunnanicus →ファキヴェルミス・ユンナニクス……346
Fagara mantchurica →イヌザンショウ……48
Fagesia japonica →ファゲシア・ジャポニカ……346
Fagus antipofi →アンチポフブナ……36
Fagus crenata →ブナ……363
Fagus japonica →イヌブナ……48
Fagus microcarpa →ヒメブナ……341
Fagus palaeocrenata →ムカシブナ……440
Fagus palaeojaponica →アケボノイヌブナ……12
Fagus protojaponica →ムカシイヌブナ……437
Fagus silvestris……510
Fagus sp.……510
Fagus sp.cf.*hayatae* →タイワンブナに比較される種……233
Fagus stuxbergi →ムカシブナ……440
Fagus, Berryophyllum →ブナ……363
Falcatus →ファルカトゥス……348
Falcatus falcatus →ファルカトゥス・ファルカトゥス……348
Falsicatenipora japonica →ファルシカテニポラ・ジャポニカ……348
Falsicatenipora shikokuensis →ファルシカテニポラ・シコクエンシス……348
Fascicularia tubipora →ファスシクラリア・ツビポラ……347
Fasciculus vesanus →ファスシクルス……347
Fasciolaria fimbriata……510
Fasolasuchus →ファソラスクス……347
Fasolasuchus tenax →ファソラスクス・テナックス……347
Faunus nipponicus……510
Favia confertissima →ファヴィア・コンフェルティシマ……346
Favia ezoensis……510
Favia pallida →キクメイシ類……120
Favia sp.cf.*F.speciosa* →キクメイシ近似種……120
Favia speciosa →キクメイシ……120
Favites cf.*halicora* →ファビテス……347
Favosites →ファボシテス……347
Favosites aokii →ファボシテス・アオキイ……347
Favosites asper aokii →蜂巣サンゴ……313
Favosites cf.*baculoides*……510
Favosites gothlandica →ファヴォシテス・ゴトランディカ……346
Favosites hidensis →ファボシテス・ヒデンシス……348
Favosites niagarensis →ファボシテス・ナイアガレンシス……348
Favosites sp. →ハチノスサンゴ属の未定種……313
Favosites sp., cf.*F.baculoides* →ファボシテス・バキュロイデス近似種……348
Favositida →ハチノスサンゴ……313
Felaniella ferruginata →メイセンウソシジミ……443
Felaniella usta →ウソシジミ……56
Fenestella bohemica →フェネステラ・ボヘミカ……352
Fenestella cf.*retiformis* →フェネステラ・レティフォルミス……352
Fenestella hikoroichiensis……510
Fenestella plebeia →フェネステラ・プレビア……352
Fenestella sokolskayae……510
Fenestella sp. →フェネステラ属の未定種……351
Fenestella sp.aff.*F.cribriformis* →フェネステラの1種……351
Fenestella sp.cf.*F.retiformis* →フェネステラの1種……351
Fenestrellina japonica……510
Fenestrulina malusii →キクメウスコケムシ……120
Fibularia acuta →マメウニ……421
Fibularia(*Fibulariella*) *acuta* →マメウニ……421
Ficopsis →フィコプシス……349
Ficopsis penita →フィコプシス……349
Ficus choshuensis →チョウシウイタビ……245
Ficus reticulatus……510
Ficus sp. →フィクス……349
Ficus subintermedia →ビワガイ……345
Fieldia lanceolata →フィエルディア……348
Fimbria →フィムブリア……349
Fimbria cf.*soverbii* →カゴガイ(?)……101
Fimbria subpectunculus →フィンブリア……351
Fimbrytoceras cf.*lineatum*……510
Firmacidaris neumayi →フィルマキダリスの1種……350
Firmacidaris neumayri……510
Fissidentalium yokoyamai →ヤスリツノガイ……458
Fistulipora carbonaria →フィスツリポラ・カルボナリア……349
Fistulipora minima →フィスツリポラの1種……349
Fistulipora takauchiensis →フィスツリポラの1種……349
Flabellochara hebeiensis →フラベルロカラ・ヘベイエンシスの側面……370
Flabellum →フラベッルム……369
Flabellum cf.*distinctum* →フラベラム・ディスティンクタム……370
Flabellum distinctum →センスガイ……228
Flabellum rubrum →フラベラム・ルブルム……370
Flabellum sp. →センスガイの1種……228
Flabellum transversale →クサビサンゴ……133
Flemingites sp.……510
Flexicalymene meeki →フレキシカリメネ ミーキィ……374
Flexicalymene senaria →フレキシカリメネ・セナリア……374
Flexicarimene sp. →フレキシカリメネの防御姿勢……374
Flexoptychites flexuosus →フレクソプティキテス・フレクシュオーサス……374
Flexoptychites matsushimaensis……510
Flexoptychites sp. →フレクソプチィキテス属の未定種……374
Florindinella kamikatetsuensis……510
Fly →ハエ……307
Foegia yokoyamai →ヨコヤマツツガキ……467
Fontanelliceras fontanellense →フォンタネリセラス・フォンタネレンゼ……353
Foodiceras whyneiforme……510
Foordiceras akiyamai →フールディセラスの1種……373
Foordiceras whynnei →フージセラス・ウインネー……355
Foot print of a deer? →鹿?の足跡……186

Forbesiceras largilliertianum →フォルベシセラス・ラルジリエルチアナム……353
Forbesiceras mikasaense →フォルベシセラス・ミカサエンゼ……353
Foresteria razafiniparanyi →フォレステリア・ラザフィニィパラニィ……353
Forfexicaris valida →フォルフェクシカリス・ヴァリダ……353
Formica sp. →クロヤマアリの類……149
Forresteria muramotoi →フォレステリア・ムラモトイ……353
Forresteria yezoensis →フォレステリア・エゾエンシス……353
Fortiforceps →フォルティフォルケプス……353
Fortiforceps foliosa →フォルティフォルケプス・フォリオサ……353
Fortipecten kenyoshiensis →ケンヨシホタテ……156
Fortipecten takahashii →タカハシホタテ……234
Fortunearia sinensis →イヌマンサク……48
Fossil foot print of the Artiodactyls →偶蹄類の足跡……133
Fossil foot prints of the Gruidea →ツル亜目の足跡……250
Fossilized remains of belemnite rostrums and phragmocones →ベレムナイトの鞘とフラグモコーンの化石……397
Fossundecima konecniorum →フォスンデキマ・コネクニオルム……352
Fraenkelaspis heintzi →フラエンケラスピス……364
Fragilaria hirosakiensis……510
Fragiscutum glebalis →フラギスキュタム グレバリス……365
Francocaris grimmi →フランコカリス・グリムミ……370
Francovichia francovichi →フランコビッチアフランコビッチィ……370
Fraxinus k-yamadai →ヤマダトネリコ……461
Fraxinus sanzugawaensis →サンズガワアオダモ……183
Frenelopsis Hoheneggeri……510
Frenguellisaurus →フレングエリサウルス……376
Frenguellisaurus ischigualastensis →フレングエリサウルス・イスキグアランステンシス……376
Frigidocardium exasperatum →シモオキザルガイ……195
Fruitafossor →フルイタフォッソル……372
Fruitafossor windscheffeli →フルイタフォッサー……372
Fuciniceras bonarellii……510
Fuciniceras fortisi……510
Fuciniceras intumescens……510
Fuciniceras nakayamense →フッチニセラスの1種……359
Fuciniceras primordium →フッチニセラスの1種……359
Fuciniceras sp.cf.*F.normanianum* →フッチニセラスの1種……359
Fucoides →フコイデス……355
Fukuiraptor →フクイラプトル……354
Fukuiraptor kitadaniensis →フクイラプトル・キタダニエンシス……354
Fukuisaurus tetoriensis →フクイサウルス・テトリエンシス……354
Fukuititan nipponensis →フクイティタン・ニッポネンシス……354
Fulgoraria masudae →マスダヒタチオビ……417
Fulgoraria sinziensis →シンジヒタチオビガイ……204
Fulgoraria (*Musashia*) *striata* →フルゴラリア(ムサシア)・ストリアータ……373
Fulgoraria (*Neopsephaea*) *koshibensis* →フルゴラリア(ネオセフェア)・コシベンシス……372
Fulgoraria (*Nipponomelon*) *prevostiana magna* →オオヒタチオビ……85
Fulgoraria (*Psephaea*) *masudae* →マスダヒタチオビガイ……417
Fulgoraria (*Psephaea*) *sinziensis* →シンジヒタチオビ……204
Fulgoraria (*Psephaea?*) *ashiyaensis* →アシヤヒタチオビ……14
Fulgoraria (*Psephaea?*) *tessellata* →モリシマヒタチオビ……457
Fulvia mutica →トリガイ……279
Fungia cyclolites →マンジュウイシ……423
Fungia echinata →クサビライシ類……134
Furca →フルカ……372
Furcaster decheni →フルカスター・デチェニ……372
Furcaster palaeozoicus →フルカスター・パレオゾイクス……372
Furcifolium longifolium →フルキフォリウム・ロンギフォリウム……372
Furo brevivelis →フロ・ブレヴィヴェリス……383
Furo longiserratus →フロ・ロンギセラトゥス……385
Furo sp. →フロ属の種……378
Furo vetteri →フロ・ヴェテリ……376
Furo (?) cf.*praelongus* →フロ (?) cf.プラエロングス……385
Furo (?) *microlepidotus* →フロ (?) ミクロレピドトゥス……384
Fuscocardium braunsi →ブラウンイシカゲガイ……364
Fusiella hayashii……510
Fusiella typica sparsa……510
Fusinus clavatus morfotipo magnicostatus……510
Fusinus forceps →イトマキナガニシ……48
Fusinus perplex →ナガニシ……286
Fusinus porrectus……510
Fusinus rostratus……510
Fusinus rostratus cinctus……510
Fusinus (*Serrifusus*) *tuberculatus*……510
Fusulina girtyi……510
Fusulina kanmerai →フズリナの1種……357
Fusulinella biconica →フズリネラ・バイコニカ……357
Fusulinella bocki →フズリネラの1種……357
Fusulinella irumensis……510
Fusulinella kurosegawaensis biconiformis……511
Fusulinella pseudobocki……511
Fusus bulliformis……511
Fusus errans……511
Fusus regularis……511
Futabasaurus suzukii →フタバサウルス・スズキイ……358
Fuxianhuia protensa →フクシアンフイア・プロテンサ……354
Fuxianospira gyrata →フクシアノスピラ・ギラタ……354

【G】

Gabbioceras yezoense →ガビオセラス・エゾエンゼ……108

Gabriellus lanceatus →ガブリエルス・ランケアタス……108
Galba sphaira →ガルバ・スファイラの殻……115
Galechirus →ガレキルス……115
Galechirus scholtzi →ガレキルス……115
Galeoastraea amabilis →ワニカワカンス……492
Galeocerdo cf.*aduncus* →ミノイタチザメ……431
Galeocerdo cuvier →ガレオケルド……115
Galeocerdo sp.……511
Galeodea echinophorella →ヒメカブトボラ……340
Galeodea (*Shichiheia*) *etchuensis* →エッチュウカブトボラ……74
Galeodea (*Shichiheia*) *yokoyamai* →ヨコヤマカブトボラ……467
Galerucites carinatus →ガレルキテス・カリナトゥス……115
Galesaurus →ガレサウルス……115
Gallimimus →ガリミムス……112
Gallimimus bullatus →ガリミムス・ブッラタス……112
"Gallimimus mongoliensis" →"ガリミムス・モンゴリエンシス"……112
Gallodactylus →ガロダクティルス……116
Garantiana sp. →ガランチィアナ属の未定種……111
Gargoyleosaurus →ガルゴイレオサウルス……114
Gari (*Psammobia*) *labordei*……511
Garudimimus →ガルディミムス……114
Garudimimus brevipes →ガルディミムス・ブレビペス……114
Gasconadeoconus ponderosus →ガスコナデオコヌス・ポンデロスス……102
Gasosaurus →ガソサウルス……104
Gasparinisaura →ガスパリニサウラ……103
Gasterosteus aculeatus →イトヨ……48
Gastonia →ガストニア……102
Gastornis →ガストルニス……102
Gastrana fragilis……511
Gastrana (*Gastrana*) *fragilis gigantula*……511
Gastrioceras coronatum →ガストリオケラス……102
Gastrioceras listrei →ガストゥリオセラス・リステリ……102
Gastrobelus umbilicatus……511
Gaudryceras denseplicatum →ゴードリセラス・デンセプリカータム……163
Gaudryceras infrequence……511
Gaudryceras intermedium →ゴードリセラス・インターメディウム……163
Gaudryceras izumiense →ゴードリセラス・イズミエンセ……163
Gaudryceras mite →ゴードリセラス・ミテ……164
Gaudryceras sp. →ゴードリセラスの一種……163
Gaudryceras striatum →ゴードリセラス・ストリアータム……163
Gaudryceras tenuiliratum →ゴードリセラス・テヌイリラータム……163
Gaudryina arenaria →ゴウドリナ・アレナリア……157
Geisonoceras sp. →ゲイソノセラスの一種……150
Geloina hokkaidoensis →エゾヒルギシジミ(新)……72
Geloina stachi →スタックヒルギシジミ……211
Gemelliporella cf.*fallax*……511
Gemmellaroia sp.……511
Gemmellaroia (*Gemmellaroiella*) *ozawai*……511
Gemmula aff.*asukana* →アスカクダマキ……14
Gemmula granosa ryukyuensis →リュウキュウカリガネ(新)……478
Gemmula (*Gemmula*) *rotata*……511
Gemmulifusus matsumotoi →マツモトアラレナガニシ……420
Gemuendina →ゲムエンディナ……153
Gemuendina stuertzi →ゲムエンディナ・スツルジィ……153
Geniculograptus typicalis →ジェニキュログラプトゥス・ティピカリス……185
Geochelone pardalis →ゲオケロン……151
Geoclemmys yudaensis →ユダクサガメ……463
Geoclemys matsuuraensis →マツウラガメ……418
Geocoma carinata →ゲオコマ・カリナタ……151
Geocoma planata →ゲオコマ・プラナタ……151
Geosaurus →ゲオサウルス……151
Geosaurus gracilis →ゲオサウルス・グラキリス……151
Geosaurus sp. →ゲオサウルス属の種……151
Geotrupoides lithographicus →ゲオトゥルポイデス・リトグラフィクス……151
Gephyrocapsa caribbeanica →ゲフィロカプサ・カリビアニカ……153
Gephyrocapsa oceanica →ゲフィロカプサ・オセアニカ……153
Geragnostus sp. →ゲラグノスタスの一種……154
Geralinura carbonaria →ゲラリヌラ・カーボナリア……154
Geranium sp.……511
Gerarus →ゲラルス……155
Gerastos sp. →ゲラストス属の一種……154
Geratrigonia hosourensis →ゲラトリゴニア・ホソウレンシス……154
Geratrigonia lata……511
Geratrigonia sp. →ゲラトリゴニア属の未定種……154
Germanodactylus cristatus →ゲルマノダクティルス・クリスタトゥス……155
Germanodactylus ramphastinus →ゲルマノダクティルス・ラムファスティヌス……155
Germanonautilus kyotanii……511
Gerobatrachus →ゲロバトラクス……156
Gerobatrachus hottoni →ゲロバトラクス・ホットニ……156
Gerrothorax →ゲロトラックス……155
Gerrothorax pulcherrimus →ゲロットラクス・プルチェリムス……155
Gerrothorax shaeticus →ゲロトラックス……156
Gervillaria →ゲルビッラリア……155
Gervillaria alaeformis →ゲルヴィラリア……155
Gervillaria haradae……511
Gervillaria haradai →ゲルビラリア・ハラダイ……155
Gervilleia socialis →ゲルヴィレイア・ソシアリス……155
Gervillella sublanceolata →ゲルビレラ・サブランセオラータ……155
Gervillia forbesiana →ゲルビリア・フォルベシアーナ……155
Gervillia striata →ゲルヴィリア・ストリアタ……155
Geyerella sp.……511
Geyeroceras cylindricum……511
Geyerophyllum gerthi……511
Gibbirhynchia crassimedia……511
Gibbula magnus……511
Giganotosaurus →ギガノトサウルス……119

Giganotosaurus carolinii →ギガノトサウルス・カロリーニ……119
Gigantocapulus giganteus →ギガントカプルス・ギガンテウス……119
Gigantopithecus blacki →ギガントピテクス・ブラッキ……119
Gigantoproductus giganteus →ギガントプロダクタス・ギガンテウス……120
Gigantopteris nicotianaefolia →ギガントプテリス目の葉……119
Gigantotermes excelsus →ギガントテルメス・エクスケルスス……119
Gilbertsocrinus →ギルバーツオクリヌス……130
Gillicus →ギリクス……129
Gilmoreosaurus →ギルモアオサウルス……130
Ginkgo →イチョウ……47
Ginkgo adiantoides →ヒメイチョウ……340
Ginkgo apodes →ギンゴ・アポデス……131
Ginkgo biloba →イチョウ……47
Ginkgo digitata →ギンゴ・ディギタタ……131
Ginkgo mutabila……511
Ginkgo sibirica →シベリアイチョウ……194
Ginkgoidium nathorsti →ナトホルストイチョウモドキ……287
Ginkgoites adiantoides……511
Ginkgoites digitata →テガタカセキイチョウ……263
Ginkgoites digitata Huttoni……511
Ginkgoites pseudoadiantoides →カセキイチョウの1種……103
Ginkgoites sibirica →シベリアカセキイチョウ……194
Ginkgoites sibrica →ギンゴイテス……131
Ginkgoites sp. →ギンゴイテスの一種……131
Giraffa jumae →ジラファ・ジュマエ……202
Giraffatitan →ギラッファティタン……129
Giraffatitan brancai →ギラファッティタン・ブランカイ……129
Giraffokeryx →ギラッフォケリクス……129
Girvanella manchurica →ギルバネラ・マンチュリカ……130
Giryanella →ギリアネラ……129
Gitolampas sendaica →モニワブンブク(新)……455
Glabrocingulum grayvillense →グラブロキングルム・グレイヴィルエンゼ……141
Gladigondolella tethydis……511
Glans naomiae →ナオミフミガイ……285
Glans(*Glans*) *intermedia*……511
Glauconia kefersteini →グロッコナイア・ケフェルシュタイニイ……147
Glauconia neymayri……511
Gleditsia japonica →サイカチ……173
Gleditsia miosinensis →サントウサイカチ……183
Gleichenia delicata……511
Gleichenites nipponensis →カセキウラジロの1種……103
Gleneothyris harlani……511
Glevosaurus sp. →クレヴォサウルス……146
Globicephalus sp. →ゴンドウクジラ類右岩骨……172
Globicephalus uncidens →グロビセファルス・ウンキデンス……149
Globidens →グロビデンス……149
Globigerina →グロビゲリナのグループの有孔虫……148
Globigerina ampliapertura……511
Globigerina bulloides →グロビゲリナ・ブロイデス……148
Globigerina ciperoensis……512
Globigerina nepenthes……512
Globigerina yeguaensis……512
Globigerina(?) *dissimilis*……512
Globigerinoides fistulosus →有孔虫類……462
Globigerinoides ruber →グロビゲリノイデス・ルベール……149
Globocardium sphaeroideum →グロボカルディウム・スフェロイデウム……149
Globorotalia foshi……512
Globorotalia kugleri……512
Globorotalia mayeri……512
Globorotalia menardii……512
Globorotalia opima nana →有孔虫類……462
Globorotalia tumida →グロボロタリア・トゥミダ……149
Globorotalia(*Turborotalia*) *opima*……512
Globotruncana japonica……512
Globotruncana lapparenti →グロボトルンカーナ・ラッパレンティ……149
Globularia grossa……512
Globularia patula f.*brabantica*……512
Globularia(?) sp. →グロブラリア属(?)の種……149
Globularia(*Globularia*) *nakamurai* →ナカムラタマガイ……286
Glochiceras echizenicum……512
Glochiceras lithographica →グロキセラス・リトグラフィカ……147
Glochiceras solenoides →グロキセラス・ソレノイデス……147
Glockeria parvula →グロッケリアの1種……148
Glomerula plexus →グロメルラ……149
Glomospira cf.*pusilla*……512
Glomospira charoides……512
Gloripallium crassivenium →ムカシチサラガイ……439
Gloripallium izurensis →イズラチサラガイ……45
Glossopteris →グロッソプテリス……148
Glossopteris browniana →グロッソプテリス・ブロウニアナ……148
Glossopteris indica →グロッソプテリス……148
Glossotherium →グロッソテリウム……148
Glossotherium robustum →グロソテリウム……147
Glossus humanus……512
Glycymeris albolineata →ベンケイガイ……399
Glycymeris brevirostris →グリキメリス……142
Glycymeris cisshuensis →キッシュウタマキガイ……123
Glycymeris gorokuensis →ゴウロクタマキガイ……158
Glycymeris idensis →イデタマキガイ……47
Glycymeris kogata……512
Glycymeris nipponica →ヤマトタマキガイ……461
Glycymeris sp. →タマキガイの仲間……239
Glycymeris sp.cf.*G.rotunda* →ベニグリガイ(?)……391
Glycymeris vestitoides →ムカシタマキガイ……439
Glycymeris yessoensis →エゾタマキガイ……71
Glycymeris(*Glycymeris*) *vestita* →タマキガイ……239
Glycymeris(*Glycymeris*) *yessoensis* →エゾタマキガイ……71
Glycymeris(*Hanaia*) *densilineata* →グリキメリス(ハナイア)・デンシリネアータ……142
Glycymeris(*Tucetilla*) *pilsbryi* →ビロウドタマキガイ……344

Glyphaea pseudoscyllarus →グリファエア・プセウドスキラルス……143
Glyphaea sp. →グリファエア……143
Glyphaea tenuis →グリファエア・テヌイス……143
Glyphiteuthis libanotica →グリフィテウティス・リバノティカ……143
Glyptagnostus reticulatus →グリプタグノスタス レティクラタス……143
Glyptarpites diplois……512
Glyptocidaris crenularis →ツルガウニ……250
Glyptocidaris (*Eoglyptocidaris*) *arctina* →ポロナイフトザオウニ(新)……411
Glyptodon →グリプトドン……144
Glyptodon asper →グリプトドン……144
Glyptodon reticulatus →グリプトドン……144
Glyptodont clavipes →グリプトドン……144
Glyptolepis keuperiana →グリプトレピス・ケウペリアナ……144
Glyptophiceras japonicum……512
Glyptophidium litheus →カセキイタチウオ……103
Glyptorthis insculpta……512
Glyptostrobus europaeus →オウシュウイヌスギ……82
Glyptostrobus sp. →グリプトストロブス……144
Glytoxoceras indicum……512
Gnathodus bilineatus →グナソダス・バイリネアタス……137
Gnathodus commutatus……512
Gnathodus commutatus commutatus →グナソダス・コミュタタス・コミュタタス……137
Gnathodus commutatus nodosus →グナソダス・コミュタタス・ノドサス……137
Gnathodus nagatoensis →グナソダス・ナガトエンシス……137
Gnathosaurus →グナトサウルス……137
Gnathosaurus subulatus →グナトサウルス・スブラトゥス……137
Gobiatherium mirifucum →ゴビアテリウム……167
Gobiconodon sp. →ゴビコノドン……167
Gobiconodon zofiae →ゴビコノドン・ゾフィアエの完模式標本……167
Gogia palmeri →ゴギア・パルメリ……159
?Gogia radiata →?ゴギア……159
Goissocrinus goniodactylus →ウミユリ……59
Gojirasaurus →ゴジラサウルス……160
Gomphina neastartoides →キタノフキアゲアサリ……123
Gomphina (*Macridiscus*) *melanaegis* →コタマガイ……162
Gomphoceras pyriforme……512
Gomphonema augur →ゴンフォネエマ・アウガル……173
Gomphotaria →ゴンフォタリア……172
Gomphotherium →ゴンフォテリウム……172
Gomphotherium annectens →ゴンフォテリウム……173
Gomphotherium sendaicus →センダイゾウ……229
Gomphotherium yokotii →ゴムフォテリゥム・ヨコチイ……168
Gondolella bella →ゴンドレラ・ベラ……172
Gondolella clarki →ゴンドレラ・クラークィ……172
Gondolella navicula……512
Gondolella sp. →ゴンドレラの1種……172
Gondwanascorpio emzantsiensis →ゴンドワナスコルピオ・エンザンシエンシス……172
Gondwanatitan →ゴンドワナティタン……172
Goniasteridae gen.et sp.indet. →ゴニアステル科の未定種……164
Goniatite →ゴニアタイト……164
Goniatites choctawensis →ゴニアティテス・チョクタワエンシス……164
Goniatites crenistria →ゴニアティテス・クレニストリア……164
Goniatites sp.……512
Goniocladia intricata →ゴニオクラディアの1種……164
Gonioclymenia sp. →ゴニオクリメニアの一種……164
Goniocora somaensis……512
Goniolina sp. →ゴニオリナ属の種……165
Goniolithon sp. →イシノミの1種……43
Goniomiya sp. →ゴニオミヤ属の未定種……165
Goniomya literata →ゴニオマイア・リテラータ……165
Goniomya nonvscripta……512
Goniomya subarchiaci……512
Goniomya (*Goniomya*) *nonvscripta* →ゴニオマイア・ノンブスクリプタ……165
Goniomya (*Goniomya*) *subarchiaci* →ゴニオマイア・サブアルキアキ……165
Goniopholis →ゴニオフォリス……165
Goniopholis crassidens →ゴニオフォリス……165
Goniophyllum pyramidale →ゴニオフィルム……164
Goniopora sp. →ハナガササンゴの1種……314
Goniopygus atavus →ゴニオピグスの1種……164
Goniorhynchia boueti →ゴニオリンキア……165
Gonocephalum? sp. →スナゴミムシダマシ?の1種……218
Gorgosaurus →ゴルゴサウルス……169
Gorgosaurus libratus →ゴルゴサウルス……169
Gosslingia →ゴスリンギア……161
Goticaris longispinosa →ゴティカリス・ロンギスピノーサ……162
Grabrocingulum (*Ananias*) *shikamai* →グラブロキングルムの1種……141
Graciliceratops →グラキリケラトプス……139
Gracilisuchus →グラシリスクス……139
Graeophonus analicus →グラエオフォヌス……139
Grallator →グラッラートル……140
Gramineae (*Bambusoidea*) →ササ類……177
Grammatodon toyorensis……512
Grammatodon (*Indogrammatodon*) *awajianus*……512
Grammatodon (*Indogrammatodon*) *densistriata*……512
Grammatodon (*Nanonavis*) *yokoyamai* →グラマトドン(ナノナビス)・ヨコヤマイ……141
Grammatodon (s.s.) *takiensis* →グラマトドン・タキエンシス……141
Grammoceras sp.……512
Grandagnostus falanensis →グランダグノスタス ファラネンシス……141
Granosolarium →グラノソラリウム……141
Granosolarium elaboratum →グラノソラリウム……141
Granulaptychus →グラーヌラプティクス……141
Granulifusus musasiensis →ムサシノアラレナガニシ……441
Gravesia gravesiana →グラヴェシア・グラヴェシアナ……138
Gravicalymene yamakoshii →グラビカリメネ・ヤマコシアイ……141
Graysonites wooldridgei →グレソニテス・ウル

ドリッジイ ……146
Greenops boothi →グリーノプス ブーシィ ……143
Greenops collitelus →グリーノプス・コリテルス ……143
Greererpeton →グリーレルペトン ……145
Griffithides praepermicus →グリフィティデス プレペルミカス ……143
Griffithides sp. ……512
Griphognathus →グリフォグナサス ……143
Groenlandaspis →グロエンランダスピス ……147
Grossouvria cf.*subtilis* ……513
Grossouvria laeviradiata →グロッスーブリアの1種 ……148
Grypania →グリュパニア ……145
Grypania spiralis →グリパニア・スピラリス …143
Gryphaea arcuata →グリフェア・アキュアータ ……143
Gryphaea dilatata →グライフェア・ディラタータ ……138
Gryphaeostrea →グリュパエオストゥレア ……145
Gryphea →グリフェア ……143
Gryphus angularis →チョウチンホウズキの1種 ……245
Gryphus kurotakiensis →クロタキチョウチンホオズキ ……147
Gryphus radiata →チョウチンホウズキの1種 …245
Gryposaurus →グリポサウルス ……144
Guadryceras sakalavum →ゴードリセラス・サカラバム ……163
Guanlong →グアンロン ……132
Guanlong wucaii →グアンロン・ウカイ ……132
Gujocardia oviformis →グジョウカルディアの1種 ……134
Gunnarites sp. →グンナリテス ……149
Gymnites incultus →ジムニテス・インカルタス ……195
Gymnocerithium sp. →ギムノケリティウム属の種 ……125
Gymnocodium grandise ……513
Gymnocodium japonicum →ギムノコジウムの1種 ……125
Gymnocodium kanmerai annulatum ……513
Gymnocodium solidium ……513
Gymnocodium torinosuensis ……513
Gypidula galeata →ジピデュラ・ガレアータ ……193
Gyposaurus sinensis →ギポサウルス ……125
Gypsina globulus →ジプシナの1種 ……194
Gyraulus sp. →ヒラマキミズマイマイ属の一種の殻 ……344
Gyrineum (*Aspa*) *marginatum* ……513
Gyrodus circularis →ギロドゥス・キルクラリス ……130
Gyrodus cuvieri →ギロドゥス ……130
Gyrodus frontatus →ギロドゥス・フロンタトゥス ……131
Gyrodus hexagonus →ギロドゥス・ヘキサゴヌス ……131
Gyrodus macrophthalmus →ギロドゥス・マクロフタルムス ……131
Gyrodus sp. →ギロドゥス属の種 ……130
Gyroidina orbicularis →ギロイディナ・オルビキュラリス ……130
Gyronchus macropterus →ギロンクス・マクロプテルス ……131
Gyroporella igoi ……513
Gyroporella nipponica →ギロポレラの1種 ……131
Gyroptychius →ギロプティキウス ……131

【H】

Habelia optata →ハベリア ……316
Haboroteuthis poseidon →ハボロテウティス・ポセイドン ……316
Hadriania craticulata ……513
Hadrocodium wui →ハドロコディウム ……314
Hadrosaurus →ハドロサウルス ……314
Haenamichnus uhangriensis →ハエナミクヌス・ウーハングリエンシス ……307
Hahazimania hahazimensis →ハハジマタマガイ ……315
Hahnia corticicola →ハタケグモ(?) ……312
Haikouichthys →ハイコウイクティス ……305
Halianassa cuvieri →ハリアナッサ ……325
Halichondrites elissa →ハリコンドリテス ……325
Haliotis discus koyamai →コヤマクロアワビ …168
Haliotis notoensis →ノトアワビ ……302
Haliotis (*Sanhaliotis*) *notoensis* →ノトアワビ(新) ……302
Halitherium schinzi →ハリテリウム ……326
Halkieria →ハルキエリア ……326
Halkieria evangelista →ハルキエリア・エヴァンゲリスタ ……326
Hallipterus excelsior →ハリプテルス・エクセルシオル ……326
Hallucigenia →ハルキゲニア ……326
Hallucigenia fortis →ハルキゲニア・フォルティス ……327
Hallucigenia sparsa →ハルキゲニア・スパルサ ……327
Haloa japonica →ブドウガイ ……362
Halobia atsuensis ……513
Halobia gigantea →ハロビア・ギガンテア ……330
Halobia kawadai ……513
Halocystites murchisoni →ハロキスティテス・マーチソニ ……329
Halysites →ハリシテス ……325
Halysites arisuensis →ハリシテス・アリスエンシス ……325
Halysites bellulus →ハリシテス・ベルルス ……325
Halysites catenularia →ハリシテス・カテヌラリア ……325
Halysites catenularius →ハリシテス ……325
Halysites labyrinthicus →ハリシテス・ラビリンシクス ……325
Halysites sp. →クサリサンゴの一種 ……134
Halysites sp., cf.*H.cratus* →ハリシテス・クラッス近似種 ……325
Halysites süssmilchi →ハリシテス・シスミルヒ ……325
Halysites tenuis →鎖サンゴ ……134
Hamamelis japonica →ハマメリス・ジャポニカ ……316
Hamamelis parrotioidea →シキシママンサク …187
Hamamelis protojaponica →ムカシマンサク ……440
Hamites →ハミテス ……317
Hamites attenuatus →ハミテス・アテヌアタス ……317
Hamletella kitakamiensis ……513
Hammatoceras clavatum ……513

Hammatoceras costulosus ……513
Hammatoceras gr.*insigne* ……513
Hammatoceras perplanum ……513
Hammatoceras planiforme ……513
Hammatoceras planinsigne ……513
Hammatoceras subtile ……513
Hammatoceras tenuinsigne ……513
Hammatoceras tuberculata ……513
Hammatoceras victorii ……513
Hanaiborchella triangularis →ハナイボルチェラ・トリアンギュラリス ……314
Hanieloceras intermedium ……513
Hanssuesia →ハンスズーエシア ……330
Hantkenina dumblei ……513
Hanzawaia nipponica →ハンザワイア・ニッポニカ ……330
Haopterus gracilis →ハオプテルス・グラキリスの完模式標本 ……307
Hapalops →ハパロプス ……315
Haploceras verruciferum ……513
Haplophragmoides excavatus ……513
Haplophrentis carinatus →ハプロフレンティス ……316
Haptodus saxonicus →ハプトダス ……315
Haramiya →ハラミヤ ……324
Hardouinia mortonis →ハルドウイニア ……327
Harpa harpa →ベニオビショクコウラ ……391
Harpactocarcinus punctulatus →ハルパクトカルキヌス・プンクツラツス ……327
Harpagodes sachalinensis ……513
Harpagofututor →ハーパゴフトゥトア ……315
Harpagornis moorei →ハルパゴルニス・モオレイ ……327
Harpalinae, gen.et sp.indet. →ゴミムシの1種 ……168
Harpes macrocephalus →ハーペス マクロセファラス ……316
Harpes sp. →ハーペスの一種 ……316
Harpoceras →ハーポセラス ……316
Harpoceras chrysanthemum →ハルポセラス・クリサンテマム ……327
Harpoceras exaratum ……513
Harpoceras falciferum →ハルポケラス ……327
Harpoceras ikianum ……514
Harpoceras okadai ……514
Harpoceras sp. →ハーポセラスの一種 ……316
Harpoceras (*Harpoceras*) *chrysanthemum* →ハーポセラスの1種 ……316
Harpoceras (*Harpoceras*) *falcifer* →ハルポセラス (ハルポセラス)・ファルシファー ……327
Harpoceras (*Harpoceras*) *inouyei* →ハーポセラスの1種 ……316
Harpoceras (*Harpoceras*) *okadai* →ハーポセラスの1種 ……316
Harpoceras (*Harpoceras*) sp.cf.*H.exaratum* →ハーポセラスの1種 ……316
Harpoceras (*Harpoceratoides*) *nagatoensis* →ハーポセラスの1種 ……316
Harpophyllites eximium ……514
Harpymimus okladnikovi →ハルピミムス・オクラドニコビ ……327
Hartungia japonica →ハルツンギア・ジャポニカ ……327
Hastula (*Hastula*) *farinei* ……514
Hatangia scita →ハタンギア シタ ……313
Hauericeras angustum →ハウエリセラス・アングスタム ……306
Hauericeras (*Gardeniceras*) *angustum* →ハウエリセラス・アングスタム ……306
Haugia japonica ……514
Hausmannia dentata →キザミハウスマンカセキシダ ……121
Hausmannia nariwaense ……514
Hausmannia nariwaensis →ナリワハウスマンカセキシダ ……289
Hayamia rex →ハヤミア・レックス ……317
Hayasakaina kawadai ……514
Hayasakaina kotakiensis ……514
Hayasakapecten sasakii →ハヤサカペクテンの1種 ……317
Hayasakapecten shimizui ……514
Hayasakapora erectoradiata →ハヤサカポラの1種 ……317
Hayasakapora taishakuensis ……514
Hayenchelys →ハイエンケリス ……305
Hayoceros →ハイオケロス ……305
Hazelia conferta →ハゼリア・コンフェルタ ……312
Hazelia delicatula →ハゼリア・デリカチュラ ……312
Hebertella sinuata →ヘバーテラ・シニュアータ ……391
Hecticoceras (*Zieteniceras*) sp. →ヘクティコセラス ……387
Hefriga serrata →ヘフリガ・セラタ ……391
Helaletes nanus →ヘラレテス ……393
Helaletes sp. →ヘラレテス ……393
Helcion gigantea →ヘルシオン・ギガンテア ……396
Helianthaster →ヘリアンサスター ……393
Helianthaster rhenanus →ヘリアントアスター・レナヌス ……393
Helicoprion →ヘリコプリオン ……395
Helicoprion bessonowi →ヘリコプリオン・ベソノフイ ……395
Helicoprion sp. →ヘリコプリオン ……395
Helicosphaera carteri →ヘリコスフェラ・カルテライ ……394
Helicosphaera intermedia →ヘリコスフェラ・インターメディア ……394
Helicosphaera sellii →ヘリコスフェラ・セリイ ……395
Heliobatis →ヘリオバティス ……393
Heliobatis radians →ヘリオバティス ……394
Heliocopris antiquus ……514
Heliolites →ヘリオリテス ……394
Heliolites bohemicus →ヘリオリテス・ボヘミクス ……394
Heliolites decipens →ヘリオリテス・デシペンス ……394
Heliolites decipiens ……514
Heliolites interstinctus →ヘリオリテス・インタースティンクタス ……394
Heliolites porosus →ヘリオリテス・ポロサス ……394
Heliolites sp. →ヘリオリテス属の未定種 ……394
Heliomedusa orienta →ヘリオメデュサ・オリエンタ ……394
Heliophora sp. →ヘリフォラ ……395
Heliophyllum halli →ヘリオフィルム・ホーリ ……394
Heliophyllum helianthoides →ヘリオフィルム・ヘリアントイデス ……394
Heliophyllum sp. →ヘリオフィルム ……394
Heliopora japonica ……514
Helix →ヘリックス属の有肺腹足類 ……395
Hellandotherium duvernoyi →ヘランドテリウム ……393

Helmetia expansa →ヘルメティア……396
Helminthochiton →ヘルミントキトン……396
Helminthochiton turnacianus →ヘルミンソキトン……396
Helminthochitoninae gen.et sp.indet →ヘルミントチトン亜科の未定種……396
Helminthoida japonica →ヘルミントイダの1種……396
Helminthoida labirintica →ヘルミントイダ・ラビリンチカ……396
Helminthopsis curvata →環虫(所属不詳)の匍行痕跡……117
Helminthopsis okkesiensis →ヘルミントプシスの1種……396
Helops zdanskyi →ヘロープス……399
Hemiaster batnensis →ヘミアステル……391
Hemiaster fournelli →ヘミアスター・フルネリ……391
Hemiaster uwajimensis →ヘミアステルの1種……391
Hemibarbus barbus →ニゴイ……290
Hemicentrotus pulcherimus →ヘミセントロタス・プルケリムス……392
Hemicidaris →ヘミキダリス……392
Hemicidaris crenularis →ヘミキダリス・クレヌラリス……392
Hemicidaris intermedia →ヘミキダリス・インターメディア……392
Hemicidaris sp. →ヘミキダリス属の種……392
Hemicidaris? sp. →ヘミキダリス?の1種……392
Hemicidars hieroglyphus →ヘミキダルス・ヒーログリフス……392
Hemicideroida gen.et sp.indet. →キダリス科の未定種……123
Hemicrinus canon →ヘミクリヌス……392
Hemicristellaria saundersi……514
Hemiculter sp. →カワイワシ属の未定種……116
Hemicyclaspis →ヘミキクラスピス……391
Hemicyclaspis murchisoni →ヘミキクラスピス……392
Hemicyon →ヘミキオン……391
Hemicytherura kajiyamai →ヘミシセルーラ・カジヤマイ……392
Hemicytherura tricarinata →ヘミシセルーラ・トリカリナータ……392
Hemidiscus cuneiformis →ヘミディスクス・クネイフォルミス……392
Hemifusulina bocki……514
Hemifusus tuba →オニニシ……92
Hemigordius japonica……514
Heminautilus aff.*H.tyosiensis* →ヘミノウチルス・チョーシエンシスに近縁の種……392
Heminautilus tyosiensis →ヘミノウチルス・チョーシエンシス……392
Hemipneustes radiatus →ヘミプネウステス・ラディアタス……392
Hemiprionites morianus →ヘミプリオニテスの1種……392
Hemiprionites sawatanum……514
Hemiprionites sawatanus →ヘミプリオニテス・サワタヌス……392
Hemiprionites shikokuensis →ヘミプリオニテスの1種……392
Hemiprionites shimizui →ヘミプリオニテスの1種……392
Hemiprionites tahoensis →ヘミプリオニテスの1種……393
Hemipristis serra →ヘミプリスチス・セラ……393
Hemirhodon amplipyge →ヘミロドン・アンプリピゲ……393
Hemispiticeras steinmanni……514
Hemithyris braunsi……514
Hemithyris psittacea →クチバシチョウチンガイ……136
Hemithyris psittacea woodwardi……514
Hemithysis braunsi →ブラウンスクチバシチョウチンガイ……364
Hemitrapa angulata →ヒシモドキの1種……334
Hemitrapa hokkaidoensis →マツマエビシ……419
Hemitrapa trapelloidea →アスナロビシ……16
Hemitrapa yokoyamae →ヨコヤマビシ……467
Henkelotherium guimarotae →ヘンケロテリウム……399
Henodus →ヘノドゥス……391
Henodus chelyops →ヘノーダス……391
Henricia sp. →ヒメヒトデの1種……341
Hepaticites →ヘパティキテス……391
Heptodon →ヘプトドン……391
Heptranchias ezoensis →ポロナイカグラザメ(新)……411
Hermanites moniwensis……514
Herpetogaster collinsi →ハーペトガスター・コリンサイ……316
Herrerasaurus →ヘレラサウルス……398
Herrerasaurus ischigualastensis →ヘルレラサウルス・イスキグアラステンシス……397
Hesencrinus elongatus……514
Hesperocyon →ヘスペロキオン……388
Hesperornis →ヘスペロルニス……388
Hesperornis regalis →ヘスペロルニス・レガリス……388
Hesperornithiformes →ヘスペロルニス類……388
Hesperosaurus →ヘスペロサウルス……388
Heteraster aff.*nexilis*……514
Heteraster sp. →ヘテラスター属の未定種……389
Heteraster yuasensis →ヘテラステルの1種……389
Heteroceras (*Heteroceras*) aff.*H.astieri* →ヘテロセラス・アスティエリに近縁の種……389
Heterocyathus aequicostatus →ムシスチョウジガイ……441
Heterocyathus japonicus →スチョウジガイ……212
Heterodontosaurus →ヘテロドントサウルス……390
Heterodontosaurus tuckii →ヘテロドントサウルス……390
Heterodontus falcifer →ヘテロドントゥス・ファルキファー……390
Heterodontus japonicus →ネコザメの顎歯……299
Heterodontus sp. →ヘテロドントゥス属の種……389
Heterohelix planata →ヘテロヘリックス・プラナータ……390
Heterohyus sp. →ヘテロヒウス……390
Heteromacoma irus →シラトリガイモドキ……202
Heterophyllia kitakamiensis……514
Heteropsammia ovalis japonica →ヘテロサミア・オバリス・ジャポニカ……389
Heteroptychoceras obatai →ヘテロプチコセラス・オバタイ……390
Heteroptychoceras sp. →ヘテロプティコセラスの一種……390
Heteroptychodus steinmanni……514
Heteroptygmatis orientalis →ヘテロプティグ

マティス・オリエンタリス ……390
Heteropurpura polymorpha ……514
Heterostegina suborbiculus →ヘテロステギナの1種 ……389
Heterostrophus latus →ヘテロストロフス・ラトゥス ……389
Heterotrigonia subovalis ……514
Hexagenites cellulosus →ヘキサゲニテス・ケルロスス ……386
Hexagenites sp. →ヘキサゲニテス属の種 ……386
Hexagonaria hexagona →ヘキサゴナリア・ヘキサゴナ ……386
Hexagonaria sp. →ヘクサゴナリア ……386
Hexagonocaulon minutum →ヘクサゴノコウロン ……387
Hexameryx →ヘキサメリックス ……386
Hexanchidae (?) gen.et sp.indet. →ヘキサンカス科 (?) 未定種の顎歯 ……386
Hexanchus microdon →カグラザメ属の1種 ……101
Hexanchus sp. →カグラザメ属の未定種 ……101
Hexanchus sp. (*H.microdon*) →カグラザメの下顎の歯 ……101
Hexaphyllia elegans →ヘキサフィリアの1種 ……386
Hexaplex (*Phyllonotus*) *hoernesi* ……514
Hexaplex (*Phyllonotus*) *rudis* ……514
Hexapus nakajimai →ナカジマムツアシガニ ……285
Hexastylus bellaturus ……514
Hiatela boeddinghausi →フジナミ ……356
Hiatella sachalinensis →ムカシキヌマトイガイ ……438
Hiatula minoensis →ミノイソシジミ ……430
Hibolites jaculus →ヒボリテス・ジャクルス ……340
Hibolithes jaculoides →ヒボリテス ……340
"Hibolithes" semisulcatus →「ヒボリテス」・セミスルカトゥス ……340
Hicetes →ヒケテス類 ……334
Hidaella kameii ……514
Hidascutellum multispiniferum →ヒダスクテルム・マルチスピニフェルム ……335
Higotherium hypsodon →ヒゴテリウム ……334
Hikorocodium elegantae →ヒコロコジウム ……334
Hikorocodium fertilis ……514
Hikorocodium transversum ……515
Hildaites exilis ……515
Hildaites proserpentinus ……515
Hildaites serpentiniformis ……515
Hildoceras bifrons →ヒルドセラス・ビフロンス ……344
Hildoceras chrysanthemum ……515
Hildoceras densicostatum ……515
Hildoceras semipolitum ……515
Hildoceras sublevisoni →ヒルドセラス・サブレビソニ ……344
Hindeodella paradelicatula →ヒンデオデラ・パラデリカチュラ ……345
Hindeodella sakagamii ……515
Hindsia (*Nihonophos*) *whitmorei* →ホイトモアトクサバイ ……400
Hinia clathrata ……515
Hinia prismatica ……515
Hinia (*Hinia*) *musiva* ……515
Hipparion →ヒッパリオン ……335
Hipparion gracile →ヒッパリオン ……336
Hippidion →ヒッピディオン ……336
Hipponix dilatatus →ヒポニクス ……339
Hipponyx cfr.*dilatatus* ……515
Hippoporella gigantea ……515
Hippoporidra edax →ヒポポリドラ ……340
Hippopotamus gorgops →ゴルゴプスカバ ……170
Hippopotamus minor →ヒポポタムス ……340
Hippurites →ヒプリテス ……339
Hippurites cornuvaccinum →ヒプリテス・コルヌヴァクシヌム ……339
Hippurites sp. →ヒップリテスの一種 ……336
Hippurites sulcatus →ヒップリーテス・スルカータス ……336
Hippurites vesiculosus →ヒップリテス ……336
Hiroshimaphyllum toriyamai →ヒロシマフィラムの1種 ……345
Hirudella angusta →ヒルデラ・アングスタ ……344
Hirudocidaris →ヒルドキダリス ……344
Histionotus oberndorferi →ヒスティオノトゥス・オベルンドルフェリ ……335
Hodotermitidae, gen.et sp.indet →ホドテルメスの1種 ……404
Hoekaspis megacantha →ヘカスピス メガカンサ ……386
Hoekaspis sp. →ヘカスピスの一種 ……386
Hokkaidornis →ホッカイドルニス ……404
Holaster planus →ホラスター・プラヌス ……408
Holasteropsis credneri →ホラステロプシス・クレドネリ ……408
Holcophylloceras caucasicum ……515
Holcophylloceras polyolcum →ホルコフィロセラス・ポリオルカム ……410
Holcophylloceras sp. →ホルコフィロセラスの1種 ……410
Holectypus depressus →ホレクチプス・デプレスス ……410
Hollandites haradai →ホランディテス・ハラダイ ……409
Hollandites japonicus →ホランディテス・ジャポニクス ……409
Hollandites japonicus crassicostatus →ホランディテス・ジャポニクス・クラッシコスタータス ……409
Hollinella elliptica ……515
Holochorhynchia sambosanensis →ホロコリンキアの1種 ……411
Holocystites scutellatus →ホロキスチテス・スクテラツス ……411
Holophagus penicillatus →ホロファグス・ペニキラトゥス ……411
Holophagus sp. →ホロファグス属の種 ……411
Holopterygius nudus →ホロプテリギウス・ヌダス ……411
Holoptychius →ホロプティキウス ……411
Holoptychius flemingi →ホロプチクス ……411
Holorhinus sp. ……515
Holorhinus tobijei →トビエイ ……276
Homalocephale →ホマロケファレ ……406
Homalocephale calathocercos →ホマロケファレ・カラソケルコス ……406
Homalodontherium cunninghami →ホマロドンテリウム ……406
Homalodotherium →ホマロドテリウム ……406
Homalopoma amussitatum →エゾサンショウガイ ……71
Homarus hakelensis →ホマルス・ハケレンシス ……406
Homeorhynchia acuta →ホメオリンキア ……407

Homeorhynchia sp. ……515
Homeosaurus maximiliani →ホメオサウルス・マキシミリアーニ ……406
Homeosaurus pulchellus →ホメオサウルス・プルケルス ……406
Homo erectus →ホモ・エレクトゥス ……407
Homo ergaster →ホモ・エルガステル ……407
Homo floresiensis →ホモ・フローレシエンシス ……408
Homo habilis →ホモ・ハビリス ……408
Homo heidelbergensis →ホモ・ハイデルベルゲンシス ……408
Homo neanderthalensis →ホモ・ネアンデルターレンシス ……408
Homo sapiens
→伊佐人 …… 42
→ホモ・サピエンス ……407
→三ケ日人 ……429
Homo sapiens 'Cro-Magnon' →ホモ・サピエンス ……407
Homo sapiens neanderthalensis →ホモ・サピエンス・ネアンデルターレンシス ……407
Homo sapiens sapiens →ホモ・サピエンス・サピエンス ……407
Homoeosaurus brevipes →ホモエオサウルス・ブレヴィペス ……407
Homoeosaurus jourdani →ホメオサウルス ……406
Homoeosaurus maximiliani →ホモエオサウルス・マキシミリアニ ……407
Homoeosaurus parvipes →ホモエオサウルス・パルヴィペス ……407
Homoeosaurus solnhofenensis →ホモエオサウルス・ゾルンホーフェネンシス ……407
Homoeosaurus sp. →ホモエオサウルス属の種 ……407
Homoeospira sp. ……515
Homolopsis hachiyai →ハチヤホモラ ……313
Homomya matsuoensis ……515
Homotelus bromidensis →ホモテルス ブロミデンシス ……407
Homotelus promidensis →ホモテルス・プロミデンシス ……408
Homotherium →ホモテリウム ……407
Homotherium crenatidens →ホモテリウム・クレナチデンス ……407
Homotherium latidens →ホモテリウム・ラティデンス ……407
Hoplites →ホプリテス ……405
Hoplites bodei →ホプリテス・ボデイ ……405
Hoplites deluci ……515
Hoplites dentatus →ホプリテス・デンタータス ……405
Hoplites rudis →ホプリテス・ラディス ……405
Hoplites (*Hoplites*) *interruptus* →ホプリテス(ホプリテス)・インターラプタス ……405
Hoplolichas fulcifer →ホプロリカス・フルシファー ……406
Hoplolichoides conicotuberculatus →ホプロリコイデス・コニコトゥベロキュラトゥス ……406
Hoploparia sp. →ホプロパリア ……406
Hoplophoneus →ホプロフォネウス ……406
Hoplophoneus mentalis →ホプロフォネウス・メンタリス ……406
Hoplopteryx →ホプロプテリクス ……406
Hoplopteryx lewesiensis →ホプロプテリックス ……406
Hoploscaphites comprimus →ホプロスカフィテス・コンプリマス ……405
Hoploscaphites nicolletii →ホプロスカフィテス・ニコレッティ ……405
Hoploscaphites sp. ……515
Horioceras mitodaense ……515
Horridonia aculeata ……515
Hosoureites ikianum ……515
Hosoureites ikianus →ホソウレイテス・イキアヌス ……403
Hourcquia ingens →ホルキア・インゲンス ……410
Hourcquia kawashitai →ホルキア・カワシタイ ……410
Hovasaurus →ホヴァサウルス ……400
Howelella sp. ……515
Hsuum altile →放散虫類 ……401
Huaxiagnathus →フアキシアグナトゥス ……346
Huayangosaurus →フアヤンゴサウルス ……348
Huayangosaurus taibaii →フアヤンゴサウルス・タイバイ ……348
Hubertschenckia ezoensis →ヒューバースケンキア・エゾエンシス ……342
Hughmilleria →フグミレリア ……354
Hughmilleria socialis →フグミレリア・ソシアリス ……354
Humilogriffithides taniguchii ……515
Huntonia huntoni →フントニア ……385
Huntonia lingulifera →ハントニア リングリフェラ ……331
Hurdia →フルディア ……373
Hurdia victoria →フルディア・ヴィクトリア ……373
Huronia vertebralis →フロニア ……382
Hustedia grandicosta ……515
Hyaena spelea →ホラアナハイエナ ……408
Hyaenodon →ヒアエノドン ……331
Hyaenodon horridus →ヒアエノドン ……331
Hyas tsuchidai →ツチダクモガニ ……248
Hybodus →ヒボドゥス ……339
Hybodus fraasi →ヒボドゥス・フラーシ ……339
Hybodus hauffianus →ヒボダス ……339
Hybodus sp. →ヒボダス属未定種の顎歯 ……339
Hybolites sp. ……515
Hybonoticeras hybonotum →ヒボノティセラス・ヒボノトゥム ……340
Hybonoticeras sp. →ヒボノティセラス属の種 ……339
Hydnoceras bathense →ヒドノセラス・バテンゼ ……336
Hydnoceras tuberosum →ヒドノケラス ……336
Hydrangea sendaiensis →センダイアジサイ ……228
Hydrocraspedota mayri →ヒドロクラスペドータ・マイリ ……336
Hydrodamalis gigas →ステラーカイギュウ ……216
Hydrodamalis spissa →タキカワカイギュウ ……235
Hydroides sp. →カサネカンザシの1種 ……101
Hydrophilus avitus →ヒドロフィルス・アヴィトゥス ……337
Hydrophilus sp. →ヒドロフィルス ……337
Hydrotherosaurus →ヒドロテロサウルス ……336
Hydrotherosaurus alexandrae →ヒドロテロサウルス ……336
Hydrotherosaurus sp. →ハイドロテロザゥルス ……305
Hylaeosaurus →ヒラエオサウルス ……342
Hylonomus →ヒロノムス ……345
Hylonomus lyelli →ヒロノムス・ライエリ ……345

Hymeniastrum euclidis →ヒメニアストラム・ユークリディス……341
Hymenocaris vermicauda →ヒメノカリス……341
Hyneria lindae →ヒネリア・リンダエ……337
Hyolithes cecrops →ヒオリテス・ケクロプス……332
Hyopsodus sp. →ヒオプソドゥス……332
Hypacanthoplites subcornuerianus →ハイポアカンソホプリテス・サブコルヌエリアヌス……306
Hypacrosaurus →ヒパクロサウルス……337
Hypagnostus parvifrons →ヒパグノスタス パルヴィフロンス……337
Hypermekaspis inermis →ヒペルメカスピス イネルミス……339
Hyperodapedon →ヒペロダペドン……339
Hyperodapedon gordoni →ヒペロダペドン……339
Hyperpuzosia tamon →ハイパープゾシア・タモン……305
Hyphalosaurus lingyuanensis →ヒファロサウルス・リンユアネンシスの完模式標本……338
Hyphantoceras →ハイファントセラス……305
Hyphantoceras orientale →ハイファントセラス・オリエンターレ……306
Hyphantoceras oshimai →ハイファントセラス・オシマイ……306
Hyphantoceras reussianum →ハイファントセラス・レウスシアーナム……306
Hyphoplites →ヒプホプリテス……339
Hypocladiscites subaratus →ハイポクラデシテス・スバラタス……306
Hypocrinus schneideri……515
Hypodicranotus striatulus →ヒポディクラノトゥス・ストリアトゥルス……339
Hypophylloceras hetonaiense →ハイポフィロセラス・ヘトナイエンゼ……306
Hypophylloceras seresitense →ハイポフィロセラス・セレシテンゼ……306
Hypophylloceras subramosum →ハイポフィロセラス・サブラモサム……306
Hypothyridina cuboides →ハイポチリディナ・キュボイデス……306
Hypoturrilites →ハイポツリリテス……306
Hypoturrilites aff.*H.komotai* →ヒポトゥリリテス・コモタイに近縁の種……339
Hypoturrilites komotai →ハイポツリリテス・コモタイ……306
Hypselocrinus →ヒプセロクリヌス……338
Hypselosaurus →ヒプセロサウルス……338
Hypsidoris →ヒプシドリス……338
Hypsilophodon →ヒプシロフォドン……338
Hypsilophodon foxii →ヒプシロフォドン……338
Hypsiprymnodon bartholomaii →ヒプシプリムノドン・バルソロマイイ……338
Hypsocormus →ヒプソコルムス……339
Hypsocormus insignis →ヒプソコルムス・インシグニス……339
"Hypsocormus" macrodon →「ヒプソコルムス」・マクロドン……339
Hypsognathus →ヒプソグナトゥス……338
Hypuronector →ヒプロネクター……339
Hyrachyus →ヒラキウス……343
Hyrachyus eximinus →ヒラキュウス……343
Hyracodon →ヒラコドン……343
Hyracotherium →ヒラコテリウム……343
Hyracotherium craspedotum →ヒラコテリウム……343
Hyracotherium venticolum →ヒラコテリウム……343
Hyracotherium, Eohippus →ヒラコテリウムまたは、エオヒップス……343
Hyriopsis mabutii →マブチイケチョウガイ……420
Hyriopsis matsuurensis →マツウライケチョウガイ……418
Hystrichospheridium sp.……515
Hystriciola delicatula →ヒストリキオラ・デリカツラ……335

【I】

Iberomesornis →イベロメソルニス……49
Ibotrigonia masatanii →イボトリゴニア・マサタニイ……50
Icadyptes salasi →イカディプテス・サラシ……40
Icaronycteris →イカロニクテリス……41
Icarosaurus →イカロサウルス……41
Ichneumonidae gen.et sp.indet. →ヒメバチ科の未定種……341
Ichthyocrinus laevis →イクチオクリヌス・ラエビス……41
Ichthyodectes →イクチオデクテス……42
Ichthyornis →イクチオルニス……42
Ichthyornis dispar →イクチオルニス・ディスパル……42
Ichthyornis victor →イクチオルニス……42
Ichthyosauria →ホソウラギョリュウ……403
Ichthyosauria gen.et sp.indet. →魚竜類の未定種……128
Ichthyosaurus →イクチオサウルス……41
Ichthyosaurus campylodon →イクチオザゥルス・カムピロドン……42
Ichthyosaurus communis →イクチオサウルス……41
Ichthyosaurus platyodon →イクチオサウルス・プラティオドン……42
Ichthyostega →イクチオステガ……42
Ichthyostega stensioei →イクチオステガ・ステンシオエイ……42
Icriodus woschmidti woschmidti →イクリオダス・ウォシュミッティ・ウォシュミッティ……42
Ictitherium →イクティテリウム……42
Ictitherium robustum →イクチテリウム……42
Idiocetus tsugarensis →ツガルクジラ……247
Idiochelys fitzingeri →イディオケリス・フィツィンゲリ……47
Idiognathodus parvus →イディオグナソダス・パルヴァス……47
Idiostroma →イディオストロマ属の層孔虫……47
Iguanodon →イグアノドン……41
Iguanodon bernissartensis →イグアノドン……41
Iguanodon hollingtoniensis →イグアノドン……41
Iguanodon? Ornithischia, gen.et sp.indet →イグアノドン?の仲間……41
Iguanodontia indet. →イグアノドン類の恐竜……41
Ikechosaurus gaoi →イケコサウルス・ガオイの完模式標本……42
Ikrandraco avatar →イクランドラコ・アバタル……42
Ilex cornuta →シナヒイラギモチ……192
Ilex ohashii →オオハシモチノキ……85
Ilex sp.……516
Ilex subcornuta →オクツヒイラギモチ……88

Ilingoceros →イリンゴケロス……50
Illaenus dalmoni →イレヌス ダルモニィ……51
Illaenus tauricornis →イレヌス タウリコルニス……51
Imagotaria →イマゴタリア……50
Imatoceras sp. →イマトセラスの一種……50
Imbrexia incertus →インブレキア・インサタス……52
Imparipteris decipiens →イムパリプテリス・デシピエンス……50
Incisivosaurus →インキシヴォサウルス……51
Incisivosaurus gauthieri →インキシヴォサウルス・ガウティエリ……51
Incisoscutum →インシソスクテム……52
Indohyus →インドヒウス……52
Indricotherium →インドリコテリウム……52
Indricotherium transouralicum →インドリコテリウム……52
Ingenia →インゲニア……51
Ingenia yanshini →インゲニア・ヤンシニ……52
Inkayacu paracasensis →インカヤク・パラカセンシス……51
Inoceramidae →イノセラムス……48
"*Inoceramus*" →"イノセラムス"……48
Inoceramus aff.*ezoensis*……516
Inoceramus amakusensis……516
Inoceramus balticus →イノセラムス・バルティクス……49
Inoceramus balticus toyajoanus……516
Inoceramus concentricus costatus……516
Inoceramus cripsii →イノケラムス・クリプシイ……48
Inoceramus hobetsensis →イノセラムス・ホベツエンシス……49
Inoceramus hobetsensis nonsulcatus……516
Inoceramus incertus var.*yubarensis*……516
Inoceramus japonicus →イノセラムス・ジャポニクス……49
Inoceramus lamarckii →イノセラムス・ラマルキイ……49
Inoceramus naumanni……516
Inoceramus orientalis →イノセラムス・オリエンタリス……48
Inoceramus polyplocus →イノセラムス・ポリプロクス……49
Inoceramus schmidti……516
Inoceramus sp. →イノセラムス属の種……49
Inoceramus yabei……516
Inoceramus(*Inoceramus*) *hobetsensis* →イノセラムス・ホベツエンシス……49
Inoceramus(*Inoceramus*) *maedae* →イノセラムス・マエダエ……49
Inoceramus(*Inoceramus*) *uwajimensis* →イノセラムス・ウワジメンシス……48
Inoceramus(*Sphenoceramus*) *naumanni* →イノセラムス(スフェノセラムス)・ナウマンニ……49
Inoceramus(*Sphenoceramus*) *orientalis* →イノセラムス(スフェノセラムス)・オリエンタリス……49
Inoceramus(*Sphenoceramus*) *schmidti* →イノセラムス(スフェノセラムス)・シュミッティ……49
Inoperna plicata →イノペルナ・プリカータ……49
Inostrancevia →イノストランケビア……48
Inostrancevia alexandri →イノストランケヴィア・アレクサンドリ……48
Inquisitor jeffreysii →モミジボラ……456
Inquisitor shibanoi →シバノシャジクガイ……193
Inquisitor sp. →シャジクガイの仲間……196
Insectivora gen.et sp.indet. →御船哺乳類……431
Insolicorypha psygma →インソリコリファ……52
Integricardium(*Yokoyamaina*) *hayamii* →インテグリカーディウム(ヨコヤマイナ)・ハヤミイ……52
Interatherium robustum →インテラテリウム……52
Inversidens japanensis →マツカサガイ……418
Involutina cretacea……516
Ionoscopus cyprinoides →イオノスコプス・キプリノイデス……40
Ionoscopus muensteri →イオノスコプス・ムエンステリ……40
Ionoscopus sp. →イオノスコプス属の種……40
Iquius nipponicus →イクイウス・ニッポニクス……41
Iranophyllum tunicatum……516
Iranophyllum(*Iranophyllum*) *tunicatum* →イラノフィラムの1種……50
Irritator →イリテーター……50
Isanosaurus →イサノサウルス……43
Isasteria sp. →イサステリアの1種……43
Isastraea matumotoi……516
Ischigualastia →イスチグアラスティア……44
Ischyodus →イスキオドゥス……44
Ischyodus avitus →イスキオドゥス・アヴィトゥス……44
Ischyodus quenstedti →イスキオドゥス・クエンステティ……44
Ischyodus schübleri →イスキオダス……44
Ischyrhiza nigeriensis →イスチリザ……44
Ischyromys →イスキロミス……44
Ischyrotomus sp. →イスキロトムス……44
Isisaurus →イシサウルス……43
Isocrinus sp. →イソクリヌス……45
Isodomella sanchuensis……516
Isodomella shiroiensis →イソドメラ・シロイエンシス……46
Isognomon rikuzenicus……516
Isognomon(*Hippochaeta*) *maxillatus*……516
Isognomon(s.s.) *rikuzenicus* →イソグノモン・リクゼニクス……45
Isomicraster senonensis →イソミクラスター・セノネンシス……46
Isophlebia aspasia →イソフレビア・アスパシア……46
Isophlebia sp. →イソフレビア属の種……46
Isorophus cincinnatiensis →イソロフス・シンシナティエンシス……46
Isorthis fukujiensis →イソオルシス・フクジエンシス……45
Isotelus gigas →イソテルス・ギガス……46
Isotelus maximus →イソテルス・マキシムス……46
Isoxys →イソキシス……45
Isoxys acutangulus →イソキス……45
Isoxys auritus →イソクシス・アウリトゥス……45
Isoxys paradoxus →イソクシス・パラドクスス……45
Isurus hastalis →イスルス・ハスタリス……45
Isurus oxyrhynchus hastalis……516
Isurus oxyrinchus →アオザメ……5
Itoigawaia umemotoi →ウメモトガザミ……60
Izumonauta lata →イズモタコブネ(新)……44
Izuus nakamurai →イズウス・ナカムライ……44

【J】

Jacutophyton →ジャクトフィトン……195
Jamoytius →ヤモイティウス……461
Jamoytius kerwoodi →ヤモイティウス……461
Jania elongata……516
Jania sp.cf.*J.vetus* →モサヅキ（ジャニア）の1種……454
Jania vetus……516
Janjucetus →ジャンジュケトゥス……197
Japanithyris nipponensis →キカイホオズキガイ……119
Japelion yabei →ヤベネジボラ……460
Japonites cf.*dieneri* →ジャポニテスの1種……196
Japonites sp. →ジャポニテスの一種……196
Jeholacerta formosa →ジェホラケルタ・フォルモサの完模式標本……185
Jeholodens jenkinsi →ジェホロデンス・ジェンキンシ……185
Jeholopterus →ジェホロプテルス……185
Jeholopterus ningchengensis →ジェホロプテルス・ニンチェンゲンシス……185
Jeholornis prima →ジェホロルニス・プリマ……186
Jeholosaurus shangyuanensis →ジェホロサウルス・シャンユアネンシスの頭骨……185
Jeholotriton paradoxus →ジェホロトリトン・パラドクスス……185
Jeletzkytes brevis →ジェレッツキテス・ブレビス……186
Jeletzkytes nebrascensis →ジェレッツキテス・ネブラスセンシス……186
Jeletzkytes nodosus →ジェレッツキテス・ノドサス……186
Jeletzkytes reesidei →ジェレッツキテス・リーサイディ……186
Jeletzkytes sp. →ジェレッツキテスの一種……186
Jeletzkytes spedeni →ジェレッツキテス・スピーデニ……186
Jianfengia multisegmentalis →イアンフェンギア・ムルティセグメンタリス……40
Jimboiceras mihoense →ジンボイセラス・ミホエンゼ……205
Jimboiceras planulatiforme →ジンボイセラス・プラニュラティフォルメ……205
Jingshanosaurus →ジンシャノサウルス……204
Jinzhousaurus →ジンゾウサウルス……205
Jinzhousaurus yangi →ジンゾウサウルス・ヤンギの完模式標本の頭骨……205
Jiucunia petalina →イウクニア・ペタリナ……40
Joannites →ジョアンニテス……201
Joannites sp. →ジョアンニテスの一種……201
Johnius belongerii →コニベの耳石……165
Jonkeria vonderbyli →ジョンケリア……202
Josephoartigasia →ジョセフォアルティガシア……201
Jugella claribaculata →ユゲルラ・クラリバクラタ……463
Juglans cinea var.*megacinerea* →オオバタグルミ……85
Juglans cinerea →バタグルミ……312
Juglans cinerea megacinerea →オオバタグルミ……85
Juglans manshurica →マンシュウグルミ……423
Juglans Sieboldiana hosenjiana →ホウセンジグルミ……401
Juglans sieboldina var.*sachalinensis* →ホウセンジグルミ……401
Juglans sp. →クルミ属の1種……145
Juniperus honshuensis →ホンシュウイブキ……411
Jupiteria（*Ezonuculana*） *mactraeformis*……516
Juramaia sinensis →ジュラマイア・シネンシス……200
Juraphyllites quadrii……516
Juraphyllites quadrii f.*Solidula*……516
Juraphyllites sp.……516
Jurassobatea（?） sp. →ジュラッソバテア属（?）の種……200
Juravenator →ジュラヴェナトル……200

【K】

Kabylites（?） sp. →カビリテス（?）の1種……108
Kachpurites fulgens →カチプリテス・フルジェンス……104
Kaganaias hakusanensis →カガナイアス・ハクサンエンシス……100
Kagapsychops aranea →カガプシコプスの1種……100
Kaijangosaurus →カイジャンゴサウルス……98
Kairuku →カイルク……99
Kallidectes richardsoni →カリデクテス・リチャードソニ……112
Kalligramma haeckeli →カリグラムマ・ヘッケリ……111
Kalligrammula senckenbergia →カリグラムムラ・ゼンケンベルギア……111
Kallimodon cerinensis →カリモドン・セリネンシス……112
Kallimodon pulchellus →カリモドン・プルケルス……112
Kallirhynchia sp.……516
Kalopanax acerifolius →モミジバセンノキ……456
Kaneharaia kaneharai →カネハラカガミガイ……107
Kannemeyeria →カンネメイエリア……117
Kannemeyeria vonhoepeni →カンネメリア……117
Kansanella joensis……516
Kanuites →カヌイテス……107
Kappachelys →カッパケリス……104
Karaurus →カラウルス……110
Karreria nipponicus……516
Katelysia nakamurai →ナカムラスダレ……286
Katroliceras cfr.*sowerbii*……516
Katroliceras matsumotoi →カトロリセラス・マツモトイ……105
Katroliceras sp.……516
Kauri pine amber →カウリマツ……99
Kawashitaceras dentatum →カワシタセラス・デンタータム……116
Kawashitaceras obiraense →カワシタセラス・オビラエンゼ……116
Kazanskyella（?） *japonica*……516
Keichousaurus →ケイチョウサウルス……150
Keichousaurus hui →ケイチョウサウルス・フイ……150
Kelletia brevis →ツムガタミガキボラ……249
Kellnerites sp.cf.*K.bosnensis* →ケルネリテスの1種……155
Kennalestes sp. →ケナレステス……152

Kentrosaurus →ケントロサウルス……156
Kentrurosaurus aethiopicus →ケントルロサウルス……156
Kepplerites japonicum →ケップレリテス・ジャポニクム……152
Kepplerites keppleri →ケプレリテス・ケプレリイ……153
Kepplerites (*Seymourites*) *japonicum* →ケップレリテス（シームリテス亜属）の1種……152
Kepplerites (*Seymourites*) *japonicus*……517
Keraterpeton →ケラテルペトン……154
Kerberosaurus →ケルベロサウルス……155
Kerygmachela kierkegaardi →ケリグマケラ・キエルケガールディ……155
Keteleeria Davidiana →シマモミ……195
Keteleeria ezoana →エゾアブラスギ……70
Keuppia hyperbolaris →ケウッピア・ハイパーボラリス……151
Keuppia levante →ケウッピア・レヴァンテ……151
Keuppia sp. →ケウピピア……151
Kewia minoensis →ミノマメカシパン……431
Kewia minuta →マメカシパン……421
Kewia nipponica →アシヤカシパン……14
Kewia parvus →コビトカシパン……167
Khaan →カーン……116
Kiangsiella cf.*condoni*……517
Kiangsiella (?) *deltoidens*……517
Kichechia zamanae →キチェチア……123
Kikaithyris hanzawai →ハンザワチョウチン……330
Kimberella →キンベレラ……132
Kimberella quadrata →キムベレラ・クアドラタ……125
Kingaspis →キンガスピス……131
Kingena lemaniensis →キンゲナ……131
Kingena wacoensis →キンゲナ・ワコエンシス……131
Kingites shimizui……517
Kirbya subquadriforma……517
Kirchidium knighti →カーキディアム・ナイティ……101
Kirkidium sp., cf.*K.knightii* →カーキディウム・ナイティ近似種……101
Kisseleviella carina →キセレビエラ・カリイナ……122
Kitakamia mirabilis……517
Kitakamiania eguchii……517
"*Kitakamiia*" *mirabilis* →"キタカミイア"・ミラビリス……122
Kitakamiphyllum cylindrica →キタカミフィルム・シリンドリカ……122
Kitchinites (*Neopuzosia*) aff.*K.haboroensis* →キツチニテス・ハボロエンシスに近縁の種……123
Kitchinites (*Neopuzosia*) cf.*K.japonicus* →キッチニテス・ジャポニクスに比較される種……123
Kitchinites (*Neopuzosia*) *ishikawai* →キッチニテス・イシカワイ……123
Klukia exilis →クルキア・イキリス……145
Knebelia bilobata →クネベリア・ビロバタ……137
Knebelia schuberti →クネベリア・シュベルティ……137
Knightia →ナイティア……284
Knightia sp. →ナイティア……284
Knightites (*Retispira?*) *hanzawai* →ナイティテスの1種……284
Knorria imbricata →クノリア・インブリケタ……137
Kobayashiina hyalinosa →コバヤシイナ・ヒアリノッサ……167
Kobayashites hemicylindricus →コバヤシイテス・ヘミシリンドリカス……167
Kobya shiriyaensis……517
Koelreuteria miointegrifoliola →ムカシモクゲンジ……440
Kogia prisca →ミトマッコウ……430
Kokomopterus longicaudatus →ココモプテルス・ロンギカウダトゥス……160
Kolihapeltis sp. →コリハペルティスの一種……169
Koneprusia →コネプルシア……165
Koneprusia brutoni →コネプルシア ブルートニィ……165
Koolasuchus →クーラスクス……139
Kootenia burgessensis →コーテニア……162
Kopidodon macrognathus →コピドドン……167
Kopidoiulus (?) sp.……517
Kosmoceras →コスモセラス……161
Kosmoceras duncani →コスモケラス……161
Kosmoceras jason →コスモセラス・ジェイソン……161
Kosmoceras spinatum →コスモセラス・スピナータム……161
Kosmoceras (*Lobokosmoceras.*) *proniae*……517
Kosmoceras (*Spinikosmokeras*) *duneani* →コスモセラス（スピニコスモケラス）・デュネアニイ……161
Kosovopeltis angusticostata →コソボペルティス・アングスティコスタータ……161
Kossmaticeras flexuosum →コスマティセラス・フレクスオサム……161
Kossmaticeras japonicum →コスマチセラス・ジャポニカム……161
Kossmaticeras theobaldianum paucicostatum……517
Kotasaurus →コタサウルス……162
Kotlassia prima →コトラシア……163
Kotorapecten kagamianus →カガミホタテガイ……100
Kotorapecten kagamianus permirus →ヒメカガミホタテ……340
Kourisodon? →コウリソドン属に似るモササウルス類……158
Kozlowskia splendens……517
Kranaosphinctes kaizaranus……517
Kranaosphinctes matsushimai →クラナオスフィンクテスの1種……140
Krithe aff.*bartonensis*……517
Krithe antisawanense……517
Krithe sawanensis……517
Kritosaurus →クリトサウルス……142
Kronosaurus →クロノサウルス……148
Ktenoura retrospinosa →クテノウラ……136
Kuamaia →クアマイア……132
Kuamaia lata →クアマイア・ラタ……132
Kuanyangia pustulosa →クアンイアングイア・プスツロサ……132
Kubanochoerus sp. →クバノコエルス……137
Kuehneosaurus →キューネオサウルス……127
Kuehneosuchus →クエネオスクース……133
Kuehneosuchus latissimus →クエネオスクス・ラティッシムス……133
Kueichouphyllum sp. →貴州サンゴの一種……122
Kueichouphyllum yabei →キシュウサンゴ……122
Kulkia? sp. →クルキアの1種……145

Kunmingella douvillei →クンミングエラ・ドゥヴィレイ……150
"Kunmingosaurus" →「クンミンゴサウルス」……150
Kurakithyris quantoensis →コシバホオズキガイ……160
Kurobechelys tricarinata →クロベガメ……149
Kutchicetus →クッチケトゥス……136
Kuvera(?) sp.……517
Kuwajimalla kagaensis →クワジマーラ・カガエンシス……149
Kvabebihyrax →クヴァベビハイラックス……132
Kwantoella fujimotoi……517

【L】

Labechiella regularis →ラベキエラ・レギュラリス……471
Labeoceras compressum →ラベオセラス・コンプレッサム……471
Labidosaurus →ラビドサウルス……470
Labidosaurus homatus →ラビドサウルス・ホマツス……470
Labiostrombus japonicus →シドロ……191
Labiporella elegans →ヒラボタンコケムシ……343
Laccotriton subsolanus →ラッコトリトン・スブソラヌスの標本……470
Lacunosella(?) sp. →ラクノセラ属(?)の種……469
Laevaptychus →ラエヴァプティクス……469
Laevicardium taracaicum →タラカイザルガイ……240
Laevicardium(*Laevicardium*) *crassum*……517
Laevicardium(*Laevicardium*) *oblongum*……517
Laganum fudsiyama →フジヤマカシパン……356
Laganum pachycraspedum →シラハマカシパン(新)……202
Lagenidi →ラゲニディのグループの有孔虫……469
Laggania →ラッガニア……469
Laggania cambria →ラッガニア・カンブリア……469
Lagonibelus volgensis →ラゴニベルス・ボルゲンシス……469
Lagosuchus →ラゴスクス……469
Lambeosaurinae →ランベオサウルス亜科……473
Lambeosaurus →ランベオサウルス……472
Lamellaptychus →ラーメラプティクス……472
Lamellaptychus lamellosus →ラメラプティクス・ラメローサス……472
Lamna sp.cf.*L.appendiculata* →ネズミザメ属の1種……299
Lampadena nanae →ヒメハダカイワシ……341
Lampanyctus sp. →ミカドハダカ属の未定種……426
Lamprocyrtis heteroporos →ランプロシルティス・ヘテロポーロス……472
Lamprotula antiqua →ラムプロテュラ・アンティクア……472
Lanarkia spinosa →ラナルキア……470
Lanasaurus →ラナサウルス……470
Lanceolaria pisciformis →タチベツササノハ……236
Laosciadia plana →ラオスキアディア……469
Lapworthura miltoni →ラプウォルスラ……470
Laques japonicus →ニッポンホオズキチョウチン……292
Laques koshibensis →コシバカクホオズキ……160
Laqueus branfordi →ブランフォードホウズキチョウチン……370
Laqueus koshibensis →コシバホウズキチョウチン……160
Laqueus quadratus →カクホウズキガイ……101
Laqueus rubellus →ホウズキチョウチン……401
Lariosaurus
→ラリオサウルス……472
→ラリオサウルス属に似る鰭竜類……472
Larix leptolepis →カラマツ……111
Larix sp.……517
Lasius sp. →トビイロケアリの類……276
Latirus polygonuloides →タナグラツノマタ……237
Latzelia →ラツェリア……469
Lazarusuchus →ラザルスクス……469
Leaellynasaura →レアエリナサウラ……482
Leanchoilia →レアンコイリア……482
Leanchoilia illecebrosa →レアンコイリア・イレケブロサ……482
Leanchoilia superlata →レアンチョイリア……482
Lebachia piniformis →レバキア……484
Lebachia speciosa →レバキア……484
Lebinii? sp. →アトキリゴミムシ?の1種……18
Lechites sp. →レチテスの一種……483
Leedsichthys →レエドゥシクティス……483
Leedsichthys problematicus →リードシクティス・プロブレマティクス……476
Legnodesmus(?) sp. →レグノデスムス属(?)の種……483
Leioceras opalinum……517
Leioclema kobayashii……517
Leioclema uzuraensis……517
Leioclema uzurensis →ライオクレマの1種……468
Leiodon sp. →レイオドン……482
Leiophyllites sp. →レイオフィリテス属の未定種……482
Leiophyllites sp.cf.*L.pitamaha* →レイオフィリテスの1種……482
Leiotriletes nigrans……517
Leithia melitensis →レイチア……482
Leithia sp. →レイティア……482
Lejopyge laevigata →レジョピゲ レヴィガータ……483
Lenticidaris utahensis →レンチキダリス・ユタエンシス……488
Lenticulina costatus multicostatus……517
Lenticulina orbicularis →ウズハリガイ……56
Lenticulina rotulata……517
Leochlamys tanassevitschi →ダイシャカニシキ……232
Leonaspis coronata →レオナスピス コロナータ……483
Leonaspis sp. →レオナスピスの一種……483
Lepadocrinites quadrifasciatus →レパドクリニテス……484
Lepas anatifera →エボシガイ……76
Lepas sp. →エボシガイ属の未定種……76
Leperditia conadensis →レペルディチア・カナデンシス……488
Leperditia hisingeri →レペルディティア・ヒシンゲリ……488
"Leperditia" japonica →"レペルディシア"・ジャポニカ……488
Lepidion miocenica →チュウシンクロダラ……245
Lepidocaris rhyniensis →レピドカリス・リニエンシス……484

Lepidocyclina nipponica →レピドシクリナ……484
Lepidocyclina (*Eulepidina*) *badjirraensis* →レピドサイクリナの1種……484
Lepidocyclina (*Nephrolepidina*) *angulosa* →レピドサイクリナの1種……484
Lepidocyclina (*Nephrolepidina*) *boninensis* →レピドサイクリナの1種……484
Lepidocyclina (*Nephrolepidina*) *douvillei*……517
Lepidocyclina (*Nephrolepidina*) *japonica* →レピドサイクリナの1種……484
Lepidocyclina (*Nephrolepidina*) *nipponica*……517
Lepidocyclina (*Nephrolepidina*) *sumatrensis* →レピドサイクリナの1種……484
Lepidocyclina (*Nephrolepidina*) *verbeeki*……517
Lepidodendron →レピドデンドロン……485
Lepidodendron aculeatum →レピドデンドロン・アキュレアータム……485
Lepidodendron obovatum →レピドデンドロン・オボバータム……485
Lepidodendron rimosum →レピドデンドロン・リモスム……485
Lepidodendron sp. →レピドデンドロン……485
Lepidodendropsis sp. →レピドデンドロプシスの1種……485
Lepidodesma septentrionale →キタチヂミドブガイ……122
Lepidolina gigantea……517
Lepidolina kumaensis →レピドリナの1種……485
Lepidolina multiseptata shiraiwensis →レピドリナの1亜種……485
Lepidolina toriyamai……518
Lepidopleurus morozakiensis →モロザキサメハダヒザラガイ……457
Lepidopsetta mochigarei →レピドセッタ・モチガレイ……484
Lepidostrobus variabilis →レピドストロブス・ヴァリアビリス……484
Lepidotes →レピドテス……485
Lepidotes mantelli →レピドテス・マンテリイ……485
Lepidotes maximus →レピドテス・マキシムス……485
Lepidotes oblongus →レピドテス・オブロングス……485
Lepidotes ovatus →レピドテス・オヴァトゥス……485
Lepidotes sp. →レピドテス属の種……485
Lepidotes subovatus →レピドテス・スブオヴァトゥス……485
Lepidotrochus (?) *hataii*……518
Lepidotus elevensis →レピドタス……484
Lepidotus sp. →レピドツス……485
Leporimetis papyracea……518
Leptaena analoga……518
Leptaena convexa……518
Leptaena rhomboidalis →レプタエナ……486
Leptaena sp. →レプタエナ……486
Leptastrea purpurea →ルリサンゴ……482
Leptauchenia decora →レプタウケニア……486
Leptictidium →レプティクティディウム……486
Leptobison kinryuensis →ハナイズミモリウシ……314
Leptobrachites trigonobrachius →レプトブラキテス・トリゴノブラキウス……487
Leptoceratops →レプトケラトプス……486
Leptocyon →レプトキオン……486
Leptodus nobilis →レプトダス・ノビリス……486
Leptodus richthofeni →レプトダス・リヒトホーフェニ……486
Leptograptus sp. →レプトグラプツス……486
Leptolepides sprattiformis →レプトレピデス・スプラッティフォルミス……487
Leptolepis →レプトレピス……487
Leptolepis dubia →レプトレピス……487
Leptolepis sp. →レプトレピス属の未定種……487
Leptolepis sprattiformis →レプトレピス・スプラッティフォルミス……487
Leptolepsis knorrii →レプトレプシス・クノリイ……487
Leptomeryx →レプトメリックス……487
Leptomeryx eansi →レプトメリックス……487
Leptomitella conica →レプトミテラ・コニカ……487
Leptomitus lineatus →レプトミトゥス……487
Leptomitus teretiusculus →レプトミトゥス・テレティウスクルス……487
Leptophloeum cf.*rhombicum* →レプトフロェム・ロムビクム……487
Leptophloeum rhombicum →レプトフレウム・ロンビクム……487
Leptoseris minikoiensis →レプトセリス・ミニコイエンシス……486
Leptosolen japonicus……518
Leptosphinctes cf.*martiusi*……518
Leptostrophia japonica →レプトストロフィア・ジャポニカ……486
Leptotarbus →レプトタルブス……486
Leptotheuthis gigas →レプトトイティス・ギガス……486
Leptotheuthis sp. →レプトトイティス属の種……486
Lepus →ノウサギ……301
Lepus brachyurus →ノウサギ……301
Lesothosaurus →レソトサウルス……483
Lespedeza tatsumitogeana →タツミハギ……237
Lessemsaurus →レッセムサウルス……483
Lessemsaurus sauropoides →レッセムサウルス・サウロポイデス……483
Lethe corbieri →レテ・コルビエリ……483
Lethiscus →レティスクス……483
Leuciscus pachecoi →レウキスクス……483
Leuciscus tarsiger →ロイキスクス・タルシガー……488
Leucotina dianae →コマキモノガイ……168
Leucotina gigantea →マキモノガイ……415
Leukadiella sp.……518
Leukoma itoigawae →イトイガワハマグリ……47
Leukomoides nipponicus →ニッポンカノコアサリ……292
Lexovisaurus →レクソヴィサウルス……483
Liaoceratops →リアオケラトプス……473
Liaoceratops yanzigouensis →リアオケラトプス・ヤンジゴウエンシス……473
Liaoningogriphus quadripartitus →リアオニンゴグリフス・クアドリパルティトゥス……473
Liaoningopterus gui →リアオニンゴプテルス・グイの完模式標本……473
Liaoningornis longidigitus →リアオニンゴルニス・ロンギディギトゥスの完模式標本……473
Liaoningosaurus paradoxus →リアオニンゴサウルス・パラドクススの完模式標本……473
Liaoxia chenii →リアオシア・チェニイ……473
Liaoxiornis delicatus →リアオシオルニス・デリカトゥス……473

Liaoxitriton zhongjiani →リアオシトリトン・ゾンジアニの完模式標本……473
Libanopristis →リバノプリスティス……477
Libellula ceres →リベッルラ・ケレス……477
Libellula doris →リベルラ・ドリス……478
Libellulium sp. →リベルリウム……478
Libycosuchus brevirostris →リビコスクス……477
Libys superbus →リビス・スペルブス……477
Lichenopora buski →サラコケムシの1種……181
Licopodites elegans →リコポディテス・エレガンス……474
Ligonodina(?) sp.……518
Liliensternus →リリエンシュテルヌス……479
Lilites reheensis →リリテス・レヘエンシス……479
Lillia chelussii……518
Lillia sp.……518
Lima →リマ属の二枚貝……478
Lima cf.*retifer*……518
Lima naumanni……518
Lima(*Acesta*) *amaxensis* →アマクサオオハネガイ……24
Lima(*Acesta*) *kumasoana* →クマソオオハネガイ……138
Lima(*Acesta*) *sameshimai* →サメシマハネガイ……179
Lima(*Acesta*) *yagenensis* →ヤゲンオオハネガイ……458
Lima(*Antiquilima*) *nagatoensis*……518
Limacodites mesozoicus →リマコディテス・メソゾイクス……478
Lima(*Lima*) *inflata*……518
Lima(*Plagiostoma*) *enormicosta*……518
Lima(*Plagiostoma*) *kobayashii*……518
Lima(*Plagiostoma*) *matsumotoi*……518
Lima(*Plagiostoma*) *phillipsi* →リマ(プラギオストマ)・フィリップシ……478
Limaria(*Limaria*) *hakodatensis* →フクレユキミノガイ……355
Limatula gibbosa →リマチュラ・ギボーサ……478
Limatula kurodai →クロダユキバネガイ……148
Limnofregata azygosternum →リムノフレガタ・アズィゴステルヌム……478
Limnofregata hasegawai →リムノフレガタ・ハセガワイ……478
Limoniinae, gen.et sp.indet. →ヒメガガンボの未定種……340
Limopsis tokaiensis →トウカイシラスナガイ…270
Limopsis(*Empleconia*) *cumingii* →オリイレシラスナ……94
Limopsis(*Limopsis*) *tajimae* →オオシラスナガイ……84
Limopsis(*Limopsis*) *tokaiensis* →トウカイシラスナガイ……270
Limopsis(*Nipponolimopsis*) *azumana* →マルシラスナガイ……422
Limopsis(*Pectunculina*) *crenata* →ナミジワシラスナガイ……288
Limoptera sp. →リモプテラ属の未定種……478
Limpets on the surface of a Placenticeras →プラセンティセラスの表面に付着したカサガイの一種……367
Limusaurus →リムサウルス……478
Lindera gaudini →ヒノキナイクロモジ……337
Lindera paraobtusiloba →ムカシダンコウバイ‥439
Lindera umbellata →クロモジ……149
Linevitus opimus →リネヴィトゥス・オピムス……477
Linguaphillipsia sp.……518
Linguaphillipsia subconica →リンギュアフィリップシア・サブコニカ……479
Lingula credneri →リンギュラ……479
Lingula cuneata →リンギュラ・クネアタ……480
Lingula kumensis →リンギュラ・クメンシス…480
Lingula nariwensis →シャミセンガイの1種……196
Lingula sp. →リンギュラ属の種……480
Lingula unguis →ミドリシャミセンガイ……430
Lingulella chengjiangensis →リンギュレラ・チェングイアングエンシス……480
Lingulella cuneata →リンギュレラ・キュネアータ……480
Lingulella exortiva →リンギュレラ・エクソーティバ……480
Lingulella waptaensis →リンギュレラ……480
Lingulellotreta malongensis →リンギュレロトレタ・マロングエンシス……480
Linoproductus cora……518
Linoproductus interruptus……518
Linotrigonia toyamai……518
Linthia nipponica →ムカシブンブク……440
Linthia praenipponica →アシヤブンブク(新)… 14
Linthia sudanensis →リンチア……481
Linthia tokunagai →トクナガムカシブングク‥274
Linuparus eocenicus →リヌパルス……477
Linuparus japonicus →リヌパルス・ジャポニクス……477
Lioceratoides fucinianum……518
Lioceratoides matsumotoi →リオセラトイデスの1種……473
Lioceratoides yokoyamai →リオセラトイデスの1種……473
Liocyma furtiva →アサガイホソスジハマグリ… 13
Liocyma sp.cf.*L.fluctuosa* →エゾハマグリ…… 72
Liodesmus sprattiformis →リオデスムス・スプラッティフォルミス……473
Liopleurodon →リオプレウロドン……474
Liopleurodon ferox →リオプレウロドン……474
Liostrea socialis →リオストレア・ソキアリス‥473
Liostrea(*Catinula*) *shiraiwensis*……518
Liparoceras cheltonense →リパロセラス・チエルトネンセ……477
Liparoceras contractum →リパロセラス・コントラクトゥム……477
Liquidambar →フウ属の花粉……351
Liquidambar europaeum →フウ……351
Liquidambar europeanum →リクイダンバ……474
Liquidambar formosana →フウ……351
Liquidambar japonica →ムカシモミジバフウ…441
Liquidambar mioformosana →リクイダンバー・ミオフォルモーサナ……474
Liquidambar miosinica →チュウシンフウ……245
Liquidambar sp. →フウ属の1種……351
Liquidambar sp.cf.*L.formosana* →フウに比較される種(材)……351
Liquidambar yabei →フウの仲間……351
Liracassis japonica →ムカシウラシマガイ……437
Liriodendron fukushimaensis →フクシマユリノキ……354
Liriodendron honsyuensis →ホンシュウユリノキ……411

Lisowicia bojani →リソウイキア・ボジャニ ····475
Lissochonetes punctatus··································518
Lissodus sp. →リソドゥス ·····························475
Listracanthus sp. →リストラカンサス ············474
Lithacoceras sp. →リタコセラス属の種············475
Lithacoceras tarodaense →リタコセラスの1種··475
Lithacoceras viohli →リタコセラス・ヴィオリ··475
Lithaster jurassicus →リタステル・ジュラシクス ···475
Lithatractus tochigiensis →リサトラクタス・トチギエンシス ···474
Lithoblatta lithophila →リトブラタ・リトフィラ ···476
Lithopera bacca →リソペラ・バッカ··············475
Lithopera neotera →リソペラ・ネオテラ·········475
Lithopera renzae →リソペラ・レンツァエ·······475
Lithophyllon elegans lobata →カワラサンゴ·····116
Lithophyllum nishiwadai →イシゴロモの1種····· 43
Lithophyllum oborensis →イシゴロモの1種······· 43
Lithophyllum torinosuensis······························518
Lithopium rigidum···518
Lithoporella melobesioides →ウロコイシ(リソポレラ)の1種··· 61
Lithoporella quadratica··································518
Lithostrotion →リトストロチオン ··················476
Lithostrotion basaltiforme →リソストローション・バサルティフォルメ ····························475
"Lithostrotion" proliferium →"リソストローション"・プロリフェリゥム·························475
Lithostrotion somaense···································518
Lithostrotion (*Siphonodendron*) *misawense* →シフォノデンドロンの1種·························194
Lithothamnium araii →イシモの1種················ 44
Lithothamnium misakaensis →イシモの1種······ 44
Lithothamnium sp.cf.*L.peleense* →イシモの1種·· 44
Lithuites →リツイテス·····································476
Litokoala dicksmithi →リトコアラ・ディックスミシ ···476
Littorina brevicula →タマキビガイ ················239
Littorinopsis miodelicata →チユウシンタマキビ(新)···245
Littorinopsis miodelicatula →ヤツオタマキビ··459
Lituites →リトゥイテス ··································476
Lituites lituus →リツイテス・リツウス···········476
Lixouria nipponica →リクソウリア・ニッポニカ ···474
Llallawavis scagliai →ララワヴィス・スカグリアイ ···472
Llanocetus →リャノケトゥス ························478
Lloydolithus lloidi →ロイドリサス ロイディ ····488
Lloydolithus ornatus →ロイドリサス・オルナツス ···488
Lobatopteris →ロバトプテリス ························489
Lobocarcinus paulino-württembergensis →ロボカルキヌス・パウリノ-ヴュルテムベルゲンシス ···490
Lobocarcinus sp. →ロボカルキヌス ···············490
Loboidothyris (?) sp. →ロボイドツィリス属の種?···490
Lobolytoceras cfr.*siemensis* ···························518
Lobophyllia japonica →ロボフィリア・ジャポニカ ···490
Lobopyge sp. →ロボピゲの一種 ····················490
Lobothyris punctata·······································519
Lobothyris vitrea···519
Loganellia sp. →ロガネリア ··························488
Loganograptus logani →ロガノグラプツス ·······488
Lonchodina sp. ··519
Lonchodomas mcgeheei →ロンコドマス マクギーイ ···491
Lonchodus sp. ··519
Longipteryx chaoyangensis →ロンギプテリクス・チャオヤンゲンシスの完模式標本 ···········491
Longisquama →ロンギスクアマ······················490
Longtancunella chengjiangensis →ロングタンクネラ・チェングイアングエンシス ·············491
Lonicera protojaponica →ムカシスイカズラ·····438
Lonsdaleia enormis···519
"Lonsdaleia" katoi···519
Lonsdaleoides nishikawai································519
Lonsdaleoides toriyamai →ロンスダレオイデス・トリヤマイ ··491
Loochooia hanzawai →リュウキュウヒサゴホラダマシ ···478
Lopha macroptera →ローファ・マクロプテラ··490
Lopha marshii →ローファ・マルシィ ············490
Lopha sazanami···519
Lopha? murakamii →ロファ?の1種················489
Lopha (?) *teranosawensis* →ローファ(?)・テラノサワエンシス ·····································489
Lopha (*Arctostrea*) *diluviana*·························519
Lophialetes sp. →ロフィアレテス ··················490
Lophiodon sp. →ロフィオドン·······················490
Lophiotoma leucotropis →クダマキガイ ··········136
Lophophyllidium suetomii →ロフォフィリディウムの1種··490
Lophotriletes frequens····································519
Lora yanamii →ヤナミマンジ ························459
Louisella pedunculata →ルイゼラ ··················481
Lovenia forbesi →ロベニア ····························490
Lovenia sp. →ロベニア ·································490
Loxoconcha bispinosa →ロクソコンカ・バイスピノーサ ···489
Loxoconcha japonica →ロクソコンカ・ジャポニカ ···489
Loxoconcha laeta →ロクソコンカ・ラエタ ······489
Loxocythere inflata··519
Loxostomum bradyi··519
Luanpingella postacuta →ルアンピンゲルラ・ポスタクタの左の殻 ·······························481
Lucina stearnsi →ルキナ・スターンシイ·········481
Lucina (s.l.) *hasei* ···519
"Lucinidae" gen.et sp.indet. →"ツキガイ"類の未定種···247
Lucinoma annulata →ツキガイモドキ ············247
Lucinoma aokii →アオキツキガイモドキ ············5
Lucinoma hannibali →ハンニバルツキガイモドキ ···331
Lucinoma otukai →オオツカツキガイモドキ····· 85
Lucinonia borealis··519
Ludwigia murchisonae →ルートヴィヒア・マーチソナエ ···482
Ludwigia sp. ··519
Lufengosaurus →ルフェンゴサウルス ·············482
Luidia quinaria →スナヒトデ ························218
"Lumbricaria" →「ルムブリカリア」··············482
Lumbricaria intestinum →ルムブリカリア・インテスティナム ···482
Lunataspis aurora →ルナタスピス・オウロラ··482
Lunatia ainuana···519
Lunatia catena···519

Lunatia importuna →ルナティア・インポルチュナ……482
Lunatia pila →タマツメタガイ……239
Lunulicardia retusa →モクハチアオイ……453
Luolishania longicruris →ルオリシャニア・ロンギクルリス……481
"*Lusitanosaurus*" →「ルシタノサウルス」……481
Lusotitan →ルソティタン……481
Lutra lutra →カワウソ……116
Lutra lutra nippon →ニホンカワウソ……293
Lutra sp. →カワウソ……116
Lutraria lutraria……519
Lutraria oblonga……519
Lutraria sp. →オオトリガイの1種……85
Lutraria(*Eastonia*) *rugosa*……519
Lutraria(*Psammophila*) *maxima* →オオトリガイ……85
Lutraria(*Psammophila*) *oblonga*……519
Lycaenops →リカエノプス……474
Lycaenops ornatus →リカエノプス……474
Lychnocanomma nipponica →リクノカノマ・ニッポニカ……474
Lycopodites faustus →リコポディテス・ファウストゥス……474
Lycopodium cf.*serratum*……519
Lycoptera →リコプテラ……474
Lycoptera middendorfi →リコプテラ……474
Lyelliceras sp. →ライエリセラスの一種……468
Lygodium cf.*gibberculum*……519
Lymaniceras planulatum →ライマニセラス・プラヌラータム……468
Lymnaea →リュムナエア……479
Lyria rex →オオスジボラ……84
Lyriocrinus dactylus →リリオクリヌス・ダクティルス……479
"*Lysodendron*" →「リソデンドロン」……475
Lystromycter leakeyi →リストロミクテル……475
Lystrosaurus →リストロサウルス……475
Lystrosaurus murrayi →リストロサウルス・ムッライ……475
Lythronax argestes →リトロナクス・アルゲステス……476
Lytoceras →リトセラス……476
Lytoceras cfr.*fimbriatus*……519
Lytoceras dorcadis……519
Lytoceras fimbriatus →リトセラス・フィンブリアトゥス……476
Lytoceras francisci……519
Lytoceras montanum……519
Lytoceras orsinii……519
Lytoceras polycyclum……519
Lytoceras siemensi →リトセラス・シエメンシイ……476
Lytoceras sp. →リトセラスの一種……476
Lytocrioceras(?) aff.*L.furatum* →リトクリオセラス(?)・フラータムに近縁の種……476

【M】

Maanshania crusticeps →マアンシャニア・クルスティケプス……412
Mabellarca hiratai →ヒラタハイガイ……343
Macaca cf.*fuscata* →ニッポンザル類……292
Macaca pliocaena →マカカ……413
Macaca sp. →サル……181
Macaronichnus segregatis →巣穴状生痕化石……229
Macclintockia sp. →マクリントキアの1種……416
Machairodus →マカイロドゥス……413
Machairodus aphanistus →マカイロドゥス・アファニストゥス……413
Machairodus giganteus →マカイロドゥス・ギガンテウス……413
Machilus ubensis →ウベタブノキ……58
Machilus ugoana →ウゴタブノキ……56
Mackenzia costalis →マッケンジア……419
Macoma izurensis →イズラシラトリ……45
Macoma nipponica →ニホンシラトリガイ……293
Macoma optiva →ダイオウシラトリ……232
Macoma praetexta →オオモモノハナガイ……86
Macoma sp. →シラトリガイの仲間……202
Macoma tokyoensis →ゴイサギガイ……156
Macoma(*Macoma*) *incongrua* →ヒメシラトリ……341
Macoma(*Macoma*) *tokyoensis* →ゴイサギガイ……156
Macoma(*Psammacoma*) *awajiensis* →アワジチガイ……35
Macoma(*Psammacoma*) *elliptica*……519
Macoma(s.s.) *izurensis* →イズラシラトリ……45
Macoma(s.s.) *praetexta oinomikadoi* →ミカサンモモノハナ……426
Macoma(s.s.) *sejugata* →アサガイシラトリ……13
Macrauchenia →マクラウケニア……415
Macrauchenia patachonica →マクラウケニア……415
Macrocephalites →マクロセファリテス……416
Macrocephalites macrocephalus……519
Macrocheila aff.*kaempferi* →タカアシガニ類……234
Macrocheira yabei →チヨガニ……246
Macrocnemus bassanii →マクロクネムス・バサニイ……416
Macrocrinus →マクロクリヌス……416
Macroderma gigas →マクロデルマ・ギガス……416
Macromia amphigena →コヤマトンボ……168
Macron nipponensis →ヤマトマクロンガイ……461
Macrones aor →マクロネス……416
Macroneuropteris →マクロネウロプテリス……416
Macrophiothrix? sp. →ウデナガクモヒトデ?の1種……57
Macrophthalmus latreillei →ノコハオサガニ……301
Macrophthalmus sp.aff.*M.japonicus* →ヤマトオサガニ近似種……461
Macrophthalmus(*Euplax*) *latveillei* →ノコハオサガニ……301
Macroplata →マクロプラタ……416
Macropoma →マクロポマ……416
Macropoma mantelli →マクロポマ……416
Macropoma sp. →シーラカンス類……202
Macropoma willemoesi →マクロポマ・ウィレモエシ……416
Macropomoides →マクロポモイデス……417
Macroporella infundibula →マクロポレラの1種……417
Macroporella maxima……520
Macropterygius trigonus →マクロプテリギウス・トリゴヌス……416
Macroscaphites →マクロスカフィテス……416

Macroscaphites yvani →マクロスカフィテス・ヤバニイ……416
Macrosemius rostratus →マクロセミウス・ロストラトゥス……416
Macrostylocrinus →ウミユリ……59
Macrourogaleus hassei →マクロウロガレウス・ハッセイ……416
Mactra (*Mactra*) *chinensis* →バカガイ……307
Mactra (*Mactra*) *veneriformis* →シオフキ……186
Mactra (s.s.) *sulcataria* →バカガイ……307
Madagascarites ryu →マダガスカリテス・リュウ……417
Madrepora sp. →ビワガライシの1種……345
Magila latimana →マギラ・ラティマナ……415
"Magila" sp. →「マギラ」属の種……415
Magnolia elliptica →ミトクモクレン……430
Magnolia kobus →コブシ……167
Magnolia longipetiolata →モクレンの葉……453
Magnolia nipponica →ムカシモクレン……440
Magnosaurus →マグノサウルス……415
Magnosia sp. →マグノシア属の種……415
Magyarosaurus →マジャーロサウルス……417
Maiacetus →マイアケトゥス……412
Maiasaura →マイアサウラ……412
Maiocercus →マイオケルクス……412
Majungasaurus →マジュンガサウルス……417
Majungatholus →マジュンガトルス……417
Makiyama chitanii →マキヤマ……415
Malawisaurus →マラウィサウルス……421
Malea orbiculata……520
Maleevus →マレエヴス……423
Malletia poronaica →マレティア・ポロナイカ……423
Mallotus eomollucanus →タカシマアカメガシワ……234
Mallotus hokkaidoensis →エゾアカメガシワ……70
Mallotus protojaponica →シキシマアカメガシワ……187
Malmelater teyleri →マルメラテル・テイレリ……423
Malmomyrmeleon viohli →マルモミルメレオン・ヴィオリ……423
Malmomyrmeleon (?) sp. →マルモミルメレオン属(?)の種……423
Mamenchisaurus →マメンキサウルス……421
Mamenchisaurus constructus →マメンキサウルス……421
Mamenchisaurus sinocanadorum →マメンキサウルス・シノカナドルム……421
Mammites sp. →マンミーテスの一種……424
Mammonteus primigenius →マンモンテウス……424
Mammut americanum →アメリカマストドン……26
Mammuthus columbi →コロンビアマンモス……171
Mammuthus imperator →インペリアルマンモス……52
Mammuthus meridionalis →メリジオナリスマンモス……452
Mammuthus primigenius →ケナガマンモス……152
Mammuthus sp. →マンモス……424
Mammuthus trogontherii →トロゴンテリーマンモス……283
Mammut (*Mastodon*) *americanus* →アメリカマストドン……26
Manawa konishii →マナワ・コニシアイ……420
Manchurochelys liaoxiensis →マンチュロケリス・リアオシエンシスの, 背腹方向に扁平な骨格……423
Mandarina luhuana →ヒロベソカタマイマイ……345
Mandarina mandarina →カタマイマイ……104
Mandschurosaurus amurensis →マンチュロサウルス……423
Mantelliceras japonicum →マンテリセラス・ジャポニカム……424
Mantelliceras saxbii →マンテリセラス・サクシビイ……424
Mantelliceras sp. →マンテリケラス……423
Manticoceras sp.
→マンティコセラス……423
→マンティコセラスの一種……423
Maotianoascus octonarius →マオティアノアスクス・オクトナリウス……413
Maotianshania cylindrica →マオティアンシャニア・キリンドリカ……413
Marasuchus →マラスクス……421
Marattiopsis muensteri……520
Marattiopsis sp. →リュウビンタイダマシの1種……479
Marchantites Yabei……520
Marchantites? sp. →カセキゼニゴケ?の1種……104
Marcropipus ovalipes →マルクロピプス・オヴァリペス……422
Margaretia dorus →マルガレティア……422
Margarites depressus……520
Margarites sinzi →シンジシタダミ……204
Margarites? funiculatus →マルガリーテス・フニキュラータス……422
Margaritifera perdahurica →ムカシカワシンジュガイ……438
Margattea germari →ゴキブリ……159
Marginatia toriyamai →マージナティア・トリヤマイ……417
Marginella tomuiensis →トムイコゴメ……276
Marginifera septentrionalis……520
Mariella aff. *M.bergeri* →マリエラ・ベルゲリに類似する種……422
Mariella dorsetensis →マリエラ・ドーセテンシス……421
Mariella gallienii →マリエラ・ガリーニ……421
Mariella miliaris →マリエラ・ミリアリス……422
Mariella oehlerti →マリエラ・ウーレルティー……421
Mariella pacifica →マリエラ・パシフィカ……422
Mariella rhacioformis →マリエラ・ラチオフォーミス……422
Mariella sp. →マリエラの一種……421
Mariopteris →マリオプテリス……422
Mariopteris maricata →マリオプテリス……422
Marpolia spissa →マルポリア……423
Marrella →マレッラ……423
Marrella splendens →マレラ……423
Marshallites compsessus……520
Marshallites olcostephanoides……520
Marshallites sp. →マーシャリテス属の未定種……417
Marshosaurus →マーショサウルス……417
Marsupites →マルスピテス……422
Marsupites testudinarius →マルスピテス……422
Martesia pulchella →ヒメカモメガイモドキ……340
Martinia glaber……520
Martinia rhomboidalis →マルティニア・ロムボイダリス……423
Martinia sp. →マルティニアの1種……422

Martinottiella communis……520
Martinsonia elongata →マーチンソニア・エロンガタ……418
Masiakasaurus →マシアカサウルス……417
Massetognathus →マセトグナトゥス……417
Massetognathus sp. →マッセトグナトゥス……419
Massospondylus →マッソスポンディルス……419
Mastodon americanus →マストドン・アメリカヌス……417
Mastodonsaurus →マストドンサウルス……417
Mastodonsaurus giganteus →マストドンサウルス・ギガンテウス……417
Mastodonsaurus sp. →マストドンサウルス……417
Mastopora favus →マストポラ……417
Mastula(*Mastula*) *striata*……520
Masudapecten kintaichiensis →キンタイチホタテ……132
Masudapecten masudai →マスダホタテガイ……417
Materpiscis attenboroughi →マテルピスキス・アテンボロウアイ……420
Matsumotoa japonica →マツモトア・ジャポニカ……419
Mauicetus(?) sp. →ヤマトクジラ……461
Mawsonia brasiliensis →マウソニア・ブラジリエンシス……412
Mawsonia lavocati →マウソニア・ラボカティ……412
Mawsonites →モーソニテス……454
Mawsonites spriggi →マウソニテス……412
Mayrocaris bucculata →マイロカリス・ブックラータ……412
Mazzalina(?) *miikensis* →サイズチニシ……174
"Meandrella"(?) sp. →"ミーンドレラ"属(?)の未定種……436
Meandrina →メアンドリナ……443
Mecochirus →メコチルス……445
Mecochirus bajeri →メコキルス・バジェリ……445
Mecochirus brevimanus →メコキルス・ブレヴィマヌス……445
Mecochirus longimanatus →メコキルス・ロンギマナトゥス……445
Mecochirus sp. →メコキルス……445
Medialia splendida →メディアリア・スプレンディダ……450
Mediaria splendida f.*tenera* →珪藻類……150
Mediospirifer sp.……520
Medliocottia intermedia →メドレオコテア・インターメディア……451
Medullosa →メドゥッロサ……450
Medullosa noei →メデュローサ……450
"Medusites" bicincta →「メドゥシテス」・ビキンクタ……450
Meekella gigantea……520
Meekella striatocostata……520
Meekoceras japonicum →ミーコセラスの1種……428
Meekoceras orientalis……520
Meekopora delicata →ミーコポラの1種……428
Megabalanus rosa →アカフジツボ……7
Megacardita ferruginosa →フミガイ……364
Megacardita ommaensis →オンマフミガイ……98
Megacardita panda →ダイニチフミガイ……232
Megacephalosaurus →メガケファロサウルス……443
Megaceradocus cf.*gigas* →メガセラドカス・ギガスの近似種……443
Megacerops →メガセロプス……443
Megaderaion sinemuriense →メガデライオン・シネムリエンセ……443
Megaladapis →メガラダピス……444
Megaladapis edwardsi →メガラダピス……444
Megaladapsis insignis →メガラダプシス……444
Megalancosaurus →メガランコサウルス……444
Megalania →メガラニア……444
Megalania prisca →メガラニア……444
Megalobatrachus japonicus →ハンザキ……330
Megalocephalus pachycephalus →メガロケファルス……444
Megalocerca longipes →メガロケルカ・ロンギペス……444
Megaloceros →メガロケロス……444
Megaloceros giganteus →メガロケロス・ギガンテウス……445
Megaloceros hibernicus →メガロケロス……444
Megalocnus rodens →メガロクナス……444
Megalodon →メガロドン……445
Megalodon guembeli →メガロドン・グエンベリ……445
Megalodon paronai →メガロドン・パロナイ……445
Megalograptus ohioensis →メガログラプトゥス・オハイオエンシス……444
Megalohyrax eocaenus →メガロハイラックス……445
Megalonyx sp. →メガロニクス……445
Megalosauridae →ミフネリュウ……431
Megalosaurus →メガロサウルス……445
Megalosaurus bucklandi →メガロサウルスの仙椎……445
Megalotragus isaaci →メガロトラグス・イサキ……445
Meganeura →メガネウラ……444
Meganeura monyi →メガネウラ・モニィ……444
Megantereon →メガンテレオン……445
Megantereon cultridens →メガンテレオン・カルトライデンス……445
Megantereon inexpectatus →メガンテレオン・イネクスペクタトゥス……445
Megaphyllites jarbas →メガフィリテス・ヤルバス……444
Megasqualus occidentalis(?) →メガスクアルス・オーシデンタリス(?)……443
Megateuthis giganteus →メガテウチス・ギガンテウス……443
Megatherium →メガテリウム……443
Megatherium americanum →メガテリウム……444
Megaxinus(*Megaxinus*) *transversus*……520
Megazostrodon →メガゾストロドン……443
Megazostrodon rudnerae →メガゾストロドン……443
Megistocrinus sp. →メギストクリヌスの1種……445
Megistotherium osteothalastes →メジストテリウム・オステオタラステス……446
Meimuna protopalifera →ツクツクボウシの1種……247
Meiocardia moltkiana sanguineomaculata →カノコシボリコウホネ……108
Meiocardia tetragona →コウホネ……157
Meiocardia vulgaris →セキトリコウホネガイ……224
Meiolania platyceps →メイオラニア……443
Meiorania →メイオラニア……443
Melanatria kahoensis →カホトゲカワニナ……108
Melanoides(*Yoshimonia*) aff.*yoshimoensis*……520
Melanoides(*Yoshimonia*) *kokurensis*……520

Melanoraphia maculata →メラノラフィア・マクラタ……451
Melanorosaurus →メラノロサウルス……451
Meles leucurus kuzuuensis →サヘキアナグマ……179
Meles mukasianakuma →ムカシアナグマ……437
Melia sp.cf.*M.azedarach* →センダンに比較される種……229
Meliosma cf.*M.rigida* →ヤマビワに比較される種……461
Meliosma sp. →ヤマビワ属の1種……461
Melittosphaera magnaporulosa →メリトスファエラ・マグナポルローサ……452
Mellarium(?) aff.*nodulorsum*……520
Melonechinus multipora →メロネチヌス……452
Melonechinus multiporus →メロネキヌス・マルティポーラス……452
Melonis pompilioides →メロニス・ポンピリオイデス……452
Melosira granulata →メロシラ・グラニュラアタ……452
Melosira italica →メロシラ・イタリカ……452
Melosira sulcata →メロシラ・サルカアタ……452
Membraniporella petasus……520
Menabites sp. →メナビテスの一種……451
Mendacella? hybrida →メンダセラ?・ハイブリダ……452
Mene rhombea →メネ・ロンベア……451
Meneghiniceras lariense……520
Menesto nomurai →ノムラクチキレ……304
Mengyinaia mengyinensis →メンイナイア・メンイネンシス……452
Mengyinaia tugrigensis →メンイナイア・トゥグリゲンシス……452
Meniscoesus sp. →メニスコエスス……451
Meniscotherium sp. →メニスコテリウム……451
Menodus higonoceras →メノダス……451
Menuites →メヌイテス……451
Menuites japonicum →メヌイテス・ジャポニカム……451
Menuites japonicus →メヌイテス・ジャポニカス……451
Menuites naumanni →メヌイテス・ナウマニイ……451
Menuites oralensis →メヌイテス・オラレンシス……451
Menuites sp. →メヌイテスの一種……451
Menyanthes cf.*trifoliata*……520
Menyanthes trifoliata →ミツカシワ……429
Menyanthus trifoliatus →ミツガシワ……429
Mercaticeras sp.……520
Mercenaria chitaniana →チタニビノスガイ……243
Mercenaria sigaramiensis →シガラミビノスガイ……187
Mercenaria stimpsoni →ビノスガイ……337
Mercenaria yokoyamai →ヨコヤマビノスガイ……467
Meretrix arugai →アルガハマグリ……30
Meretrix lamarcki →チョウセンハマグリ……245
Meretrix lusoria →ハマグリ……316
Meretrix parameretrix →ムカシハマグリ……439
Meringosoma curtum →メリンゴソマ・クルトゥム……452
Meristella atoka……520
Meristina obtusa →メリスチナ……452
Merocanites compressus →メロカニテス……452
Merychippus →メリキップス……452
Merycoidodon →メリコイドドン……452
Merycoidodon culbertsonii →メリコイドドン……452
Merycoidodon sp. →メリコイドドン……452
Mesacanthus mitchelli →メサカンタス・ミッチェリイ……446
Mesalia ommaensis →オンマキリガイダマシ……98
Mesobalanoglossus buergeri gen.et sp.nov. →メソバラノグロスス・ブエルゲリ……447
Mesobelostomum sp. →メソベロストムム……448
Mesocena sp.……520
Mesochara producta →メソカラ・プロドゥクタの側面……446
Mesochara voluta →メソカラ・ウォルタの側面……446
Mesochara xuanziensis →メソカラ・シュアンジエンシスの側面……446
Mesochrysopa zitteli →メソクリソパ・ツィッテリ……446
Mesochrysopsis hospes →メソクリソプシス・ホスペス……447
Mesoconularia newberryi →メソコニュラリア・ニューベリイ……447
Mesoconularia sp. →メソコニュラリア……447
Mesocorixa tenuielythris →メソコリクサ・テヌイエリトリス……447
Mesodactylites sapphicum……520
Mesodermochelys →メソダーモケリス……447
Mesohippus →メソヒップス……447
Mesohippus bairdi →メソヒップス……447
Mesoleuctra gracilis →メソレウクトラ……449
Mesolimulus →メソリムルス……448
Mesolimulus sp. →メソリムルス……448
Mesolimulus walchi →メソリムルス・ヴァルヒ……448
Mesolimulus walchii →メソリムルス・ウォルチイ……448
Mesolygaeus laiyangensis →メソリガエウス・ライヤンゲンシス……448
Mesonepa minor →メソネパ・ミノル……447
Mesonepa primordialis →メソネパ・プリモルディアリス……447
Mesonyx →メソニクス……447
Mesophryne beipiaoensis →メソフリネ・ベイピアオエンシスの完模式標本……448
Mesophyllum chichibuensis →メソファイラムの1種……448
Mesophyllum yuyashimaensis →メソファイラムの1種……448
Mesopithecus →メソピテクス……448
Mesopithecus pentelici →メソピテクス……448
Mesopuzosia →メソプゾシア……448
Mesopuzosia pacifica →メソプゾシア・パシフィカ……448
Mesopuzosia sp. →メソプゾシア属の未定種……448
Mesopuzosia takahashii →メソプゾシア・タカハシイ……448
Mesopuzosia yubarense →メソプゾシア・ユーバレンセ……448
Mesopuzosia yubarensis →メソプゾシア・ユウバレンシス……448
Mesoreodon →メソレオドン……449
Mesosaurus →メソサウルス……447
Mesosaurus brasiliensis →メソサウルス・ブラジリエンシス……447
Mesosaurus tenuidens →メソサウルス・テヌ

イデンス ……447
Mesoschubertella shimadaniensis ……520
Mesotaulius jurassicus →メソタウリウス・ジュラシクス ……447
Mesturus sp. →メストゥルス属の種 ……446
Mesturus sp. (ev.*Heterostrophus?*) →メストゥルス属の種 ……446
Mesturus verrucosus →メストゥルス・ヴェルコスス ……446
Mesuropetala koehleri →メスロペタラ・コエレリ ……446
Mesuropetala muensteri →メスロペタラ・ムエンステリ ……446
Mesuropetala sp. →メスロペタラ属の種 ……446
Metacheiromys →メタケイロミス ……449
Metacoceras mutabile ……520
Metacryphaeus caffer →メタクリフェウス カフェール ……449
Metailurus major →メタイルルス・マジョル ……449
Metaldetes sp. →メタルデテスの一種 ……450
Metaldetes taylori →メタルデテス ……450
Metalegoceras soqurense →メタレゴセラス・ソクレンゼ ……450
Metamynodon →メタミノドン ……450
Metamynodon planifrons →メトアミノドン ……450
Metanothosaurus nipponicus →イナイリュウ …… 48
Metaplacenticeras subtilistriatum →メタプラセンチセラス・サブチリストリアタム ……449
Metasequoia →メタセコイア ……449
Metasequoia chinensis →シナイチイヒノキ ……191
Metasequoia distans →イチイヒノキ …… 47
Metasequoia heterophylla →カワリバイチイヒノキ ……116
Metasequoia japonica →メタセコイア・ジャポニカ ……449
Metasequoia occidentalis →メタセコイア・オキシデンタリス ……449
Metaspriggina walcotti →メタスプリッギナ ……449
Metaspyroceras insignis →メタスパイロセラス・インシグニス ……449
Metasqualodon symmetricus →メタスクアロドン・シンメトリクマ ……449
Metiococeras swallovi →メティオコセラス・スワロヴィ ……450
Metopaster →メトパステル ……450
Metopaster parkinsoni →メトパステル ……450
Metopolichas erici →メトポリカス・エリシ ……450
Metopolichas platyrhinus →メトポリカス・プラティリヌス ……450
Metrarabdotos thomseni →メトララブドトス …450
Metridiochoerus →メトリディオコエルス ……451
Metriorhynchus →メトリオリンクス ……450
Metriorhynchus jackeli →メトリオリンクス ……450
Metriorhynchus laeve →メトリオリンクス ……451
Metriorhynchus superciliosus →メトリオリンクス・スペルキリオスス ……451
Meyeria rectensis →メイエリア・レクテンシス ……443
Miacis →ミアキス ……424
Micantapex(?) *tomuiensis* →トムイコトツブ ‥276
Michelia notoensis →ノトオガタマノキ ……302
Michelinia favosa →ミケリニア・ファヴォサ…428
Michelinia multitabulata →ミケリニア・マルチタビュラータ ……428
Michelinia(*Michelinopora*) *multitabulata* ……520
Michelinoceras hidense →ミケリノセラス・ヒデンセ ……428
Micrabacia fungulus →ミクラバキア・フンギュルス ……426
Micrabacia japonica →ミクラバキア・ジャポニカ ……426
Micraster →ミクラステル ……426
Micraster coranguinum →ミクラステル ……426
Microbrachis →ミクロブラキス ……427
Microbrachis pelikani →ミクロブラキス ……427
Microceratops →ミクロケラトプス ……427
Microderoceras birchi →ミクロデロセラス・バーチ ……427
Microdictyon →ミクロディクティオン ……427
Microdictyon sinicum →ミクロディクティオン・シニクム ……427
Microdon wagneri →ミクロドン ……427
Microdus alternans →ミクロドゥス・アルテルナンス ……427
Micromelerpeton credneri →ミクロメレルペトン・クレドネリ ……427
Micromitra burgessensis →ミクロミトラ ……427
Micropholis stowi →ミクロホリス ……427
Micropora coriacea →カタコブコケムシ ……104
Microporella ciliata →ウスコケムシの1種 …… 56
Microporina articulata →フトトクサコケムシ ‥362
Microraptor →ミクロラプトル ……427
Microraptor gui →ミクロラプトル・グイ ……427
Microraptor zhaoianus →ミクロラプトル・ザオイアヌス ……427
Microsolena yabei ……520
Microtus epiratticepoides →ミクロタス・エピラチセポイデスの下顎骨 ……427
Microtus montebelli →ハタネズミ ……312
Miguashaia →ミグアシャイア ……426
Miguashaia bureaui →ミグアシャイア・ブレアウイ ……426
Mikadotrochus hirasei →ベニオキナエビス ……391
Mikadotrochus yosiwarai →ミカドトロクス・ヨシワライ ……426
Mikasaites orbicularis ……521
Milleporella fasciata ……521
Milleporidium somaense →ミレポリジウム属の1種 ……435
Milleporidium steimanni →ミレポリジウム属の1種 ……435
Milleporidium steinmanni ……521
Millerella bigemmicula ……521
Millerella japonica →ミレレラの1種 ……436
Millerella kanmerai ……521
Millerella komatui ……521
Milleretta →ミレレッタ ……435
Millericrinus mespiliformis →ミレリクリヌス・メスピリフォルミス ……435
Millericrinus sp. →ミレリクリヌス属の種 ……435
Milletia notoensis →ノトナツフジ ……303
Millkoninckioceras sp. ……521
Mimetaster hexagonalis →ミメタスター・ヘキサゴナリス ……434
Mimomys savini →ミモミス・サヴィニ ……434
Mimomys sp. →ミモミス ……434
Mimotornoceras sp. →ミモトルノセラス ……434
Minephorus triadicus →ミネフォルス・トリアディクス ……430

Minesedes elegans →ミネセデスの1種……430
Minetaxites sp. →ミネカセキイチイの1種……430
Minetaxites ushioi……521
Minetrigonia hegiensis →ミネトリゴニア・ヘギエンシス……430
Minetrigonia hegiensis hegiensis →ミネトリゴニア・ヘギエンシス……430
Minetrigonia katayamai……521
Minhechara sp. →ミンヘカラ属の一種の側面……436
Miniacina miniacea →ミニアシナの1種……430
Minmi →ミンミ……436
Minohellenus araucanus →ミノヘルヌス・アラウカヌス……431
Minolia matsuoi →マツオシタダミ……418
Minolia sakya……521
Minolia subangulata →カドコシダカシタダミ……105
Miobatrachus roneri →ミオバトラクス……425
Miocidaris sp. →ミオキダリス属未定種の棘……424
Miocidaris spinifera……521
Miocidaris spinulifera →マイオキダリス・スピニュリフェラ……412
Miocochilius anomopadus →ミオコキリュウス……424
Miodontiscus nakamurai →マメフミガイ……421
Miogypsina borneensis……521
Miogypsina borodinensis……521
Miogypsina kotoi……521
Miogypsina kotoi, subsp.indet →ミオジプシナの1種……424
Miogypsina polymorpha……521
Miogypsina(*Lepidosemicyclina*) *thecidaeformis* →ミオジプシナの1種……424
Miogypsina(*Miogypsina*) *kotoi japonica* →ミオジプシナの1種……424
Miogypsina(*Miogypsina*) *kotoi kotoi* →ミオジプシナの1種……424
Miogypsina(*Miogypsina*) *nipponica* →ミオジプシナの1種……424
Miogypsina(*Miogypsinoides*) *complanata* →ミオジプシナの1種……424
Miogypsina(*Miolepidocyclina*) sp. →ミオジプシナの1種……425
Miohaliotis amabilis →マイオハリオーチス・アマビリス……412
Miohippus →ミオヒップス……425
Miopetaurista sp. →ミオペタウリスタ……425
Mioplosus →ミオプロスス……425
Mioplosus labracoides →ミオプロスス・ラブラコイデス……425
Miosiren kocki →ミオシーレン……425
Miotapirus →ミオタピルス……425
Miraspis mira →ミラスピス ミラ……435
Misellina claudiae →ミセリナ属の1種……428
Mitra fusiformis……521
Mitra hukusimana →フクシマフデガイ……354
Mitra ishidae →イシダフデガイ……43
Mitra(*Cancilla*) *isabella* →アヤカラフデ……26
Mitra(*Cancilla*) *yokoyamai* →ヨコヤマフデ……467
Mitra(*Fusimitra*) *loochooensis* →リュウキュウフデ……478
Mitra(*Mitra*) *astensis*……521
Mitra(*Mitra*) *junior*……521
Mitra(*Mitra*) *tracta*……521
Mitra(*Mitra*) *tubuliformis*……521
Mitra(*Strigatella*) *notoensis* →ノトヤタテ(新)……303
Mitra(*Tiara*) *alligator*……521
Mitra(*Tiara*) *isabella* →アヤカラフデ……26
Mitrella erithrostoma……521
Mitrella lischkei →シラゲガイ……202
Mitrella notoensis →ノトマツムシガイ……303
Mitrella tenuis →コウダカマツムシ……157
Mitrella(*Macrurella*) *elongata*……521
Mitrella(*Macrurella*) *nassoides*……521
Mitrella(*Macrurella*) *semicaudata*……521
Mittericrinus aculeatus →ミッテリクリヌス・アキュレアータス……429
Mixopterus →ミクソプテルス……426
Mixopterus kiaeri →ミクソプテルス・キアエリ……426
Mixosaurus →ミクソサウルス……426
Mixosaurus cornalianus →ミキソサウルス・コルナリアヌス……426
Miyagipecten matsumoriensis →マツモリツキヒ……420
Miyakopora miyakoensis……521
Miyakosmilia densa……521
Miyakothyris sulovata →ミヤトコホオズキガイ……435
Mizalia rostrata →ミザリア・ロストラータ……428
Mizuhobaris izumoensis →ミズホバリス・イズモエンシス……428
Mizuhopecten imamurai →イマムラホタテガイ……50
Mizuhopecten kimurai →キムラホタテ……126
Mizuhopecten kimurai kagaensis →カガホタテガイ……100
Mizuhopecten kimurai murayamai →ムラヤマホタテ……442
Mizuhopecten kimurai nakosoensis →ナコソホタテ……286
Mizuhopecten kimurai tiganouransis →チガノウラホタテガイ……243
Mizuhopecten kimurai ugoensis →ウゴホタテガイ……56
Mizuhopecten kobiyamai →コビヤマホタテガイ……167
Mizuhopecten matumoriensis →マツモリホタテ……420
Mizuhopecten naganoensis →ナガノホタテ……286
Mizuhopecten paraplebejus →ヒラウネホタテ……342
Mizuhopecten paraplebejus murataensis →ムラタヒラウネホタテ……442
Mizuhopecten planicostulatus →ミズホペクテン・プラニコスツラタス……428
Mizuhopecten poculum →カズウネホタテ……102
Mizuhopecten sannohensis →サンノヘホタテ……184
Mizuhopecten tokyoensis →トウキョウホタテ……271
Mizuhopecten tokyoensis hokurikuensis →ホクリクホタテガイ……402
Mizuhopecten tryblium →シナノホタテ……191
Mizuhopecten yamasakii →ヤマサキホタテ……461
Mizuhopecten yessoensis yessoensis →ホタテガイ……403
Mizuhopecten yessoensis yokoyamae →ヨコヤマホタテガイ……467
Mizuhopecten yokoyamae →ヨコヤマホタテ……467
Mizzia velebitana →ミッチア・ベレビターナ……429
Mizzia yabei →ミチアの1種……429
Mocoma oinomikadoi →ミカサンモモノハナ……426
Modiolus →モディオルス……454

Modiolus auriculatus →ヒバリガイ……338
Modiolus bakevelloides →モディオルス・バケベロイデス……455
Modiolus bipartitus……521
Modiolus difficilis →エゾヒバリガイ……72
Modiolus ligeriensis →モディオルス……454
Modiolus paronaiformis……521
Modiolus scalprus →モディオルス・スカルプルス……454
Modiolus tichanovithi →チカノイツチヒバリ（新）……243
Modiolus wanizakiensis →ワニザキヒバリガイ……492
Modiolus yamasakii →ヤマザキマクラ……461
Modiolus yokoyamai →ヨコヤママクラ……467
Modiolus（*Modiolus*） *adriaticus*……521
Modiolus（*Modiolus*） *barbatus*……521
Modiolus（*Modiolusia*） *akanudaensis* →アカヌダカラス……7
Modiomorpha mytiloides →モディオモルファ・ミチロイデス……454
Modocia sp. →モドキアの一種……455
Modocia typicalis →モドキア・ティピカリス…455
Moeritherium →モエリテリウム……453
Moeritherium andrewsi →メリテリウム……452
Mogera wogura →モグラ……453
Mohnia yanamii →ヤナミシワバイ……459
Mohria australiensis……521
Moira obesa →ヒメセイタカブンブク……341
Molaria spinifera →モラリア……457
Molopophorus watanabei →ワタナベホソバイ‥492
Mongolotherium plantigradum →モンゴロテリウム……457
Monia denselineata →ムツナミマガシワガイモドキ……442
Monia macroschima ezoana →ナミマガシワガイモドキ……288
Monia umbonata →シマナミマガシワガイモドキ……195
Monilea hamadae →ハマダヘソワゴマ……316
Monilea sp. →ノボリガイの1種……304
Monilea yoshioi →ヨシオヘソワゴマ……468
Monjurosuchus splendens →モンジュロスクス・スプレンデンス……458
Monoclonius →モノクロニウス……455
Monoclonius nasicornrus →モノクロニウス……455
Monodiexodina matsubaishi →モノディックソディナ・マツバイシ……456
Monograptus →筆石……359
Monograptus chimaera →モノグラプツス・キメラ……455
Monograptus clingani →モノグラプトゥス・クリンガニ……455
Monograptus contolutus →モノグラプツス……455
Monograptus convolutus →モノグラプトゥス…455
Monograptus sp. →モノグラプツス……455
Monograptus spirilis →モノグラプトゥス・スピリリス……455
Monograptus（*Spirograptus*） *turriculatus* →モノグラプタス（スピログラプタス）・ツリキュラータス……455
Monolophosaurus →モノロフォサウルス……456
Mononykus →モノニクス……456
Mononykus olecranus →モノニクス・オレクラヌス……456
Monophyllites cf.*wengensis*……521
Monophyllites sphaerophyllus →モノフィリテス・スファエロフィルス……456
Monophyllites wengensis →モノフィリテス・ウェンゲンシス……456
Monopleura sp.……522
Monoporella fimbriata →キクアナアツイタコケムシ……120
Monotis iwaiensis……522
Monotis ochotica →モノチス・オコウティカ…455
Monotis ochotica densistriata……522
Monotis ochotica eurachis……522
Monotis pachypleura……522
Monotis subcycloidea……522
Monotis tenuicostata……522
Monotis zabaikalica……522
Monotis zabaikalica intermedia……522
Monotis（*Entomonotis*） *ochotica* →モノティス（エントモノティス）・オコティカ……455
Monotis（*Entomonotis*） *ochotica densistriata* →モノティス・オコティカ・デンシストリアータ……455
Monotis（*Entomonotis*） *ochotica eurachis* →モノティス・オコティカ・ユゥラキス……456
Monotrypella sp., aff.*M.yabei* →モノツリペラの1種……455
Montanoceratops →モンタノケラトプス……458
Montastrea sp. →モンタストレアの1種……458
Montipora sp. →コモンサンゴの1種……168
Montipora verrilli →モンティポラ・ベリリイ‥458
Montlivaltia →モントリヴァルチア……458
Montlivaltia sp.cf.*M.stylophylloides* →モントリバルチアの1種……458
Mooreoceras normale……522
Morenosaurus? →モレノサウルス近縁種……457
Morganucodon →モルガヌコドン……457
Morganucodon watsoni →モルガヌコドン・ワトソニ……457
Morocconites expansus →モロッコニテス エクスパンサス……457
Morocconites malladoides →モロッコニテス マラドイデス……457
Moroco steindachneri steindachneri →アブラハヤの咽頭骨……23
Moropus →モロプス……457
Moropus elatum →モロプス……457
Morozovapora akiyoshiensis →モロゾワポラの1種……457
Mortoniceras imaii……522
Mortoniceras potternense →モルトニケラス……457
Mortoniceras rostratum →モルトニセラス・ロストラータム……457
Mortoniceras sp. →モルトニセラス属の未定種‥457
Mortoniceras（*Deiradoceras*） cf.*M.*（*D.*）*devonense* →モルトニセラス・デボネンゼに比較される種……457
Morum（*Onimusiro*） *uchiyamai* →オニムシロ‥92
Mosasauridae →巨大モササウルス類……128
Mosasaurus →モササウルス……453
Mosasaurus gracilis →モササウルス・グラキリス……453
Mosasaurus hoffmanni →モササウルス・ホッフマニ……454
Mosasaurus missouriensis →モササウルス・ミズーリエンシス……454
Mosasaurus sp. →モササウルス……453

Moschops →モスコプス ……454
Moschops capensis →モスコプス ……454
Moschus moschiferus →ジャコウシカ ……195
Moscovicrinus multiplex →モスコビクリヌス・マルティプレックス ……454
Moulonia sp.cf.*M.carinata* →ムールロニア属の未定種 ……442
Mourlonia hayasakai ……522
Mourlonia(*Mourlonia*) *hayasakai* →ムールロニアの1種 ……442
Moythomasia →モイトマシア ……453
Mucrospirifer →ムクロスピリファー ……441
Mucrospirifer medfordensis ……522
Mucrospirifer mucronata →マクロスピリファー ……416
Mucrospirifer mucronatus ……522
Mucrospirifer thedfordensis →マクロスピリファー・テドフォルデンシス ……416
Mucuna chaneyi →ノトトビカズラ ……303
Muensterella scutellaris →ムエンステレラ・スクテラリス ……436
Muensterella sp. →ムエンステレラ属の種 ……436
Muensteria sp. →ムエンステリア属の種 ……436
Muensteria vermicularis →ムエンステリア・ウェルミクラリス ……436
Muensteroceras parallelum →ムエンステロセラス・パラレウム ……436
Muensteroceras sp. →ムエンステロセラスの一種 ……436
Muenstoceras parallelum →メンストセラス・パラレルム ……452
Munida sp. →チュウコシオリエビ属の未定種 ……244
Munidopsis sp. →シンカイコシオリエビ属の未定種 ……204
Munseyella japonica →ムンゼエラ・ジャポニカ ……442
"Muntiacus" astylodon →リュウキュウキョン ……478
Muntjakinae, gen.et sp.indet. →リュウキュウムカシキョン ……478
Muraenosaurus →ムラエノサウルス ……442
Muraenosaurus leedsi →ムラエノサウルス ……442
Muramotoceras yezoense →ムラモトセラス・エゾエンゼ ……442
Murchisonia angulata →マーチソニア・アンギュラータ ……418
Murchisonia bilineata →ムルチソニア ……442
"Murchisonia" sp. →"マーチソニア" ……418
"Murchisonia" yabei →"マーチソニア"ヤベイ ……418
Murchisonia(*Hormotoma?*) *multicostata* →マーチソニアの1種 ……418
Murex brandarius torularius ……522
Murex minax ……522
Murex saplisi →セープライスツブリ ……226
Murex sp. →ホネガイの仲間 ……405
Murex sp.aff.*hirasei* →トサツブリ? ……275
Murex tricarinatus ……522
Murexsul →ムレクススル ……442
Murexsul octogonus →ムレクスル ……442
Murex(*Tubicauda*) *spinicosta* ……522
Muricopsis cristata ……522
Mursia takahashii →タカハシキンセンモドキ ……234
Musa complicata →フジミバショウ ……356
Musashia(*Musashia*) *nagaoi* →ナガオヒタチオビ ……285
Musashia(*Musashia?*) *kannoi* →カンノヒタチオビ ……117
Musashia(*Neopsephaea?*) *yanagidaniensis* →ソリヒタチオビ ……231
Musashia(*Nipponomelon*) *densicostata* →ウネヒタチオビ ……58
Musashia(*Nipponomelon*) *elegantula* →ワタナベヒタチオビ ……492
Musashia(*Nipponomelon*) *prevostiana* →サガミヒタチオビ ……176
Musashia(*Nipponomelon*) *striata* →チヂミヒタチオビ ……243
Muscites tenellus →ムスキテス・テネルルス ……441
Musophyllum nipponicum →シキシマバショウ ……187
Mussaurus →ムスサウルス ……441
Mustela itatsi →イタチ ……46
Mustela sibirica itatsi →ホンドイタチの頭蓋骨 ……412
Mutilus assimilis →ムチルス・アシミリス ……441
Muttaburrasaurus →ムッタブラサウルス ……441
Mya arenaria oonogai →オオノガイ ……85
Mya grewingki →マイヤ・グレブィンキ ……412
Mya truncata →マイヤ・トルンカタ ……412
Mya(*Arenomya*) *japonica* →オオノガイ ……85
Myadora fluctuosa →ミツカドカタビラガイ ……429
Myadora ikebei →ムカシカタビラガイ ……438
Myadora japonica →ヒロカタビラガイ ……344
Myadora okadae →オカダカタビラガイ ……86
Myadora suzuensis →スズカタビラガイ ……211
Myadoropsis transmontana →ヤマザキスエモノガイ ……461
Mya(s.s.) *grewingki* →アサガイオオノガイ ……13
Myctophidae gen.et sp.indet. →ハダカイワシ ……312
Myliobatis dixoni →ミリオバティス・ディクソニイ ……435
Myliobatis sp. ……522
Myliobatis toliapicus →ミリオバチス ……435
Myllokunmingia →ミロクンミンギア ……436
Myllokunmingia fengjiao →ミロクンミンギア・フェンジャオ ……436
Myllokunmingia fengjiaoa →ミロクンミングイア・フェングイアオア ……436
Mylodon sp. →ミロドン ……436
Mylomygale sp. →ミロミガーレ ……436
Myoconcha trapezoidalis ……522
Myophorella →ミオフォレラ ……425
Myophorella bronni →ミオフォレラ・ブロンニイ ……425
Myophorella elisae →ミオフォレラ ……425
Myophorella(*Haidaia*) *crenulata* →ミオフォレラ(ハイダイア)・クレヌラータ ……425
Myophorella(*Haidaia*) *pulex* ……522
Myophorella(*Haidaia*) *subcircularis* ……522
Myophorella(*Myophorella*) *clavellata* →ミオフォレラ(ミオフォレラ)・クラベラータ ……425
Myophorella(*Myophorella*) *irregularis* →ミオフォレラ(ミオフォレラ)・イレギュラリス ……425
Myophorella(*Promyophorella*) *orientalis* →ミオフォレラ(プロミオフォレラ)オリエンタリス ……425
Myophorella(*Promyophorella*) *sigmoidalis* →ミオフォレラ(プロミオフォレラ)・シグモイダリス ……425

Myophorella (*Promyophorella?*) *hashimotoi* ······ 522
Myophorella (s.s.) *dekaiboda* ······ 522
Myophoria okunominetaniensis ······ 522
Myophoria sp. →ミオフォリア属の未定種 ······ 425
Myopterygius (?) *ezoensis* →エゾギョリュウ ···· 71
Myorycteropus africanus →ミオリクテロプス ·· 425
Myoscolex ateles →ミオスコレックス・アテレス ······ 425
Myotragus balearicus →ミオトラグス・バレアリクス ······ 425
Myra fugax →テナガコブシ ······ 266
Myriapora subgracila →マルエダコケムシ ······ 422
Myrica →ヤマモモ ······ 461
Myrica sp. →ヤマモモ属の1種 ······ 461
Myrica ubensis →ウベヤマモモ ······ 59
Myriophyllum spicatum muricatum →ミリオフィラム・スピカータム・ムリカータム ······ 435
Myrmicium elegans →ミルミキウム・エレガンス ······ 435
Myrmicium heeri →ミルミキウム・ヘェーリ ··· 435
Myrosopsis pernaruna ······ 522
Myrsine chaneyi →ウベタイミンタチバナ ······ 58
Mystriosaurus bollensis →ミストリオサウルス ······ 428
Mystriosuchus planirostris →ミストリオスクス ······ 428
Mytilus (*Falcimytilus*) *heranirus* →ミチルス(ファルシミチルス)・ヘラニルス ······ 429
Mytilus (*Falcimytilus*) *nasai nagaides* ······ 522
Myurella sp. ······ 522

【N】

Nagaoella corrugata →ナガオエラ・コルガータ ······ 285
Nagatoella kobayashii →ナガトエラの1種 ······ 286
Nagatophyllum satoi →ナガトフィラムの1種 ··· 286
Nagatostrobus setnomischoides ······ 522
Nageiopsis sp. →ナギダマシの1種 ······ 286
Nageiopsis zamioides ······ 522
Nahecaris →ナヘカリス ······ 288
Nahecaris sp. →ナヘカリス ······ 288
Najadospirifer ······ 523
Najash →ナジャシュ ······ 287
Najash rionegrina →ナジャシュ・リオネグリナ ······ 287
Najus major →ヒメイバラモ ······ 340
Nakamuranaia chingshanensis →ナカムラナイア・チンシャネンシスの殻 ······ 286
Nanaimoteuthis hikidai →ナナイモテウティス・ヒキダイ ······ 287
Nanaochlamys notoensis →ノトキンチャク ····· 302
Nanaochlamys notoensis otutumiensis →オオツツミキンチャク ······ 85
Nankinella nagatoensis ······ 523
Nannogomophus sp. →ナンノゴモフス ······ 289
Nannogomphus bavaricus →ナンノゴムフス・バヴァリクス ······ 289
Nannopterygius sp. →ナンノプテリギウス属の種 ······ 289
Nanonavis awajianus →ナノナビス・アワジアヌス ······ 288
Nanonavis sachalinensis ······ 523
Nanonavis sachalinensis brevis ······ 523
Nanonavis splendens →ナノナビス・スプレンデンス ······ 288
Nanonavis yokoyamai ······ 523
Nanopus →ナノプス ······ 288
Nanotyrannus →ナノティランヌス ······ 288
Naradanithyris kuratai →ナラダニティリスの1種 ······ 289
Naranda anomala →ナランダ・アノマラ ······ 289
Naraoia →ナラオイア ······ 288
Naraoia compacta →ナラオイア・コンパクタ ·· 288
Naraoia longicaudata →ナラオイア・ロンギカウダタ ······ 289
Naraoia spinosa →ナラオイア・スピノサ ······ 289
Narona (*Solatia*) *hirta* ······ 523
Narona (*Sveltia*) *altavillae strictoturrita* ······ 523
Narona (*Sveltia*) *varicosa* ······ 523
Narona (*Tribia*) *uniangulata* ······ 523
Naso →ナソ ······ 287
Nassarius notoensis →ノトムシロガイ ······ 303
Nassarius sp. →ムシロガイの仲間 ······ 441
Nassarius (*Hinia*) *kurodai* →クロダムシロ ······ 148
Nassarius (*Zeuxis*) *caelatus* →ハナムシロガイ ······ 315
Nassarius (*Zeuxis*) *kometubus* →コメツブムシロ ······ 168
Nassarius (*Zeuxis*) *minoensis* →ミノムシロ(新) ······ 431
Nassarius (*Zeuxis*) *squinjoreusis* →ハナムシロ ······ 315
Natica cepacia ······ 523
Natica millepunctata →ナティカ ······ 287
Natica (*Cryptonatica*) *janthostomoides* →エゾタマガイ ······ 71
Natica (*Natica*) *pseudoepiglottinus* ······ 523
Naticarius dillwyni ······ 523
Naticarius hebraeus ······ 523
Naticarius millepunctatus ······ 523
Natica (*Tectonatica*) *janthostomoides* →エゾタマガイ ······ 71
"*Naticella*" *japonica* →"ナチセラ"・ジャポニカ ······ 287
Naticella (?) *infrequens* ······ 523
Naticopsis cf.*paraealta* ······ 523
Naticopsis fasciata ······ 523
Naticopsis minoensis →ナチコプシスの1種 ······ 287
Naticopsis wakimizui →ナチコプシス・ワキミズイ ······ 287
Naticopsis (*Naticopsis*) *wakimizui* →ナチコプシスの1種 ······ 287
Natrix aff.*vibakari* →ヒバカリ ······ 337
Natrix sp. ······ 523
Natrix sp.aff.*N.vibakari* →ヒバカリの1種 ······ 337
Natrix tigrina →ヤマカガシ ······ 460
nautiloid →オウムガイ類の様々な殻形態 ······ 83
Nautilus →オウムガイ ······ 82
Nautilus archincianus ······ 523
"*Nautilus clementinus*" →"ノーチラス・クレメンティヌス" ······ 302
Nautilus distefanoi ······ 523
Nautilus macromphalus →ノーチラス・マクロムファルス ······ 302
Nautilus pompilius →オウムガイ ······ 82
Nautilus scrobiculatus →ヒロベソオウムガイ ··· 345
Nautilus sp. ······ 523
Navicula bacillum →ナビキュラ・バシラム ····· 288

Navicula reinhardtii →ナビキュラ・ラインハルディ……288
Navicula wagneriana →ナビキュラ・ワグネリアーナ……288
Necrolemur →ネクロレムール……299
Necrolestes →ネクロレステス……299
Necrolestes patagonensis →ネクロレステス……299
Nectocaris →ネクトカリス……299
Nectocaris pteryx →ネクトカリス・プテリクス……299
Neimongosaurus →ネイモンゴサウルス……296
Neithea →ネイシア……296
Neithea coquandi →ネイテア……296
Neithea（s.s.）*ficalhoi* →ネイセア・フィカルホイ……296
Neithia（*Neithia*）*quinquecostata* →ネイシア（ネイシア）・キンクェコスタータ……296
Nelumbium →ネルムビウム……300
Nelumbo endoana →エンドウバス……81
Nelumbo nipponica →シキシマバス……187
Nelumbo orientalis →トウヨウバス……272
Nemagraptus sp. →ネマグラプツス……300
Nematonotus →ネマトノトゥス……300
Nemegtbaatar →ネメグトゥバアタル……300
Nemegtbaater gobiensis →ネメグトバーター……300
Nemegtosaurus →ネメグトサウルス……300
Nemiana →ネミアナ……300
Nemiana simplex →ネミアナ・シンプレックス……300
Nemobius morimotoi →モリモトスズ……457
Nemocardium ezoense →エゾキンギョ……71
Nemocardium iwakiense →イワキキンギョ……51
Nemocardium samarangae →シマキンギョウガイ……194
Nemocardium yatsushiroensis……523
Nemorhaedus nikitini →ネモルハエドゥス……300
Nemorhedus nikitini →ニキチンカモシカ……289
Neoanchicodium catenoides……523
Neoasaphus kowalewskii →ネオアサフス コワレウスキィ……296
Neoburmesia iwakiensis →ネオブルメジア・イワキエンシス……298
Neocalamites carrerei →ネオカラミラス・カッレレイ……297
Neocalamites korensis……523
Neocalamites minensis →ミネシンロボク……430
Neocalamites sp. →シンロボクの1種……206
Neocathartes grallator →ネオカタルテス・グララトル……296
Neochetoceras sp. →ネオケトセラス属の種……297
Neochetoceras steraspis →ネオケトセラス・ステラスピス……297
Neochonetes crassus……523
Neochonetes sp. →ネオコネーテスの1種……297
Neocomites neocomiensis →ネオコミテス・ネオコミエンシス……297
Neocosmoceras ambiguum……523
Neocosmoceras bitubercolatum……523
Neocrioceras spinigerum →ネオクリオセラス・スピニゲルム……297
Neocrioceras（?）*sanushibensis*……523
Neocrioceras（*Schlueterella*）sp.……523
Neocytherideis punctata →ネオシセリデイス・プンクタータ……297
Neognathodus bassleri symmetricus →ネオグナソダス・バスラーイ・シンメトリカス……297
Neogondolella excelsa →ネオゴンドレラ・エクセルサ……297
Neogondolella intermedia →ネオゴンドレラ・インターメディア……297
Neogondolella polygnathiformis →ネオゴンドレラ・ポリグナティフォルミス……297
Neogondolella polygnathiformis communisti →ネオゴンドレラ・ポリグナティフォルミス・コミュニスティ……297
Neogriffithides imbricatus →ネオグリフィシデス・インブリカツス……297
Neogyroporella elegans……523
Neohelos →ネオヘロス……298
Neohemithyris lucida……523
Neohibolites →ネオヒボリテス……298
Neohibolites eguchii……523
Neohibolites minimus →ネオヒボリテス……298
Neohilobites miyakoensis……523
Neolissoceras grasi……523
Neolitsea aciculata →イヌガシ……48
Neometacanthus calliteles →ネオメタカンサスカリテレス……298
Neometacanthus stellifer →ネオメタカンサスステリファー……298
Neomphaloceras costatum →ネオンファロセラス・コスタータム……299
Neonesidea oligodentata →ネオネシデア・オリゴデンタータ……298
Neopetalodus sp. →ペタロドゥスの仲間……388
Neophylloceras ramosum →ネオフィロセラス・ラモーサム……298
Neophylloceras subramosum →ネオフィロセラス・サブラモサム……298
Neopsephaea antiquior →ヒトスジヒタチオビ……336
Neoptychites cephalotus →ネオプチキテス・セファロタス……298
Neopuzosia ishikawai →ネオプゾシア・イシカワイ……298
Neopuzosia japonica……524
Neopycnodonta musashiana →ベッコウガキ……389
Neosamiri fieldsi →ネオサイミリ……297
Neoschwagerina craticulifera →ネオシュワゲリナ・クラチクリフェラ……297
Neosilesites ambatolafiensi →ネオシレシテス・アムバトラフィエンシイ……297
Neosilesites maximus →ネオシレシテス・マキシマス……297
Neosolenopora jurassica →ネオソレノポラ……298
Neospathognathodus pennatus proceurus →ネオスパソグナソダス・ペンナタス・プロセウルス……297
Neospirifer cf.*cameratus*……524
Neospirifer cf.*fasciger*……524
Neospirifer fasciger →ネオスピリファー・ファシガー……298
Neospirifer sp. →ネオスピリファー……298
Neospongiostroma tosensis →ネオスポンジオストロマの1種……298
Neotrigonia lamarcki →ネオトリゴニア・ラマルキイ……298
Neotrigonia margaritacea →ウチムラサキサンカクガイ……56
Neovenator →ネオヴェナトル……296
Neptunea →ネプトゥネア……300
Neptunea altispirata →チクホウエゾボラ……243
Neptunea antiqua contraria →ネプチュネア・

アンティクア・コントラリア ……299
Neptunea arthritica →ヒメエゾボラ ……340
Neptunea contraria →ネプチュネア ……299
Neptunea dispar →タケダエゾボラ ……235
Neptunea eos →ムカシエゾボラ ……437
Neptunea ezoana →ネプチュネア・エゾアーナ ……299
Neptunea iwaii →イワイバイ ……51
Neptunea koromogawana →コロモガワエゾボラ ……171
Neptunea matumori →マツモリボラ ……420
Neptunea otukai →オオツカエゾボラ ……84
Neptunea sakurai →サクライバイ ……176
Neptunea shoroensis →シヨロエゾボラ ……202
Neptunea vinosa, var. →"フジイロエゾボラ" ……355
Neptunea (*Barbitonia*) *arthritica* →ヒメエゾボラ ……340
Nereites →ネレイテス ……300
Nereites murotoensis →ネレイテス・ムロトエンシス ……300
Nereites tosaensis →ネレイテスの1種 ……300
Nereocaris exilis →ネレオカリス・エクシリス ……300
Nerinea hidakaensis ……524
Nerinea japonica ……524
Nerinea rigida →ネリネア・リギダ ……300
Nerinea sp. →ネリネア ……300
Nerinea sugiyamai →ネリネア・スギヤマイ ……300
Nerita chamaeleon →マルアマオブネ ……422
Nerita conoidea ……524
Nerita ishidae →イシダアマオブネ ……43
Neritopsis elegans ……524
Neritopsis mutabilis ……524
Neritopsis sp. →ネリトプシス属の種 ……300
Neritopsis (*Neritopsis*) sp. →ネリトプシスの1種 ……300
Nesodon sp. →ネソドン ……299
Nesophontes sp. →ネソフォンテス ……299
Nestoria pissovi →ネストリア・ピッソウィの背甲 ……299
Netshajewia cf. *elongata* ……524
Nettapezoura basilika →ネッタペゾウラ・バシリカ ……299
Neumayrithyris torirnosuensis →ノイマイリティリスの1種 ……301
Neuqueniceras yokoyamai →ニューケニセラスの1種 ……294
Neuropora sp. →ネウロポラ属の種 ……296
Neuropteris →ネウロプテリス ……296
Neuropteris gigantea →ネウロプテリス・ギガンテア ……296
Neuropteris gigantia →ネウロプテリス ……296
Neusticosaurus pusillus →ネウスチコサウルス ……296
Neverita gorokuensis →ゴウロクツメタガイ ……158
Neverita josephinia ……524
Neverita kiritaniana →キリタニツメタガイ ……129
Neverita reiniana →ハナツメタガイ ……314
Neverita (*Glossaulax*) *didyma* →ツメタガイ ……249
Neverita (*Glossaulax*) *reiniana* →ハナツメタ ……314
Nigericeras gignouxi ……524
Nigericeras jaqueti →ナイジェリセラス・ジャクエティ ……284
Nigersaurus →ニジェールサウルス ……290
Nilssonia asuwensis →アスワニィルセンソテツ ……17
Nilssonia brevis ……524
Nilssonia cf. *canadensis* →ニルソニア・カナデンシスの近似種 ……295
Nilssonia glossoformis →ニィルセンソテツの1種 ……289
Nilssonia kotoi →コトウニィルセンソテツ ……162
Nilssonia muensteri →ミンステルニィルセンソテツ ……436
Nilssonia nipponensis →ニルソニア・ニッポネンシス ……295
Nilssonia orientalis →トウヨウニィルセンソテツ ……272
Nilssonia sachaliensis →カラフトニィルセンソテツ ……111
Nilssonia schaumburgensis ……524
Nilssonia schumburgensis →シャムブルグニィルセンソテツ ……196
Nilssonia serotina →ニィルセンソテツの1種 ……289
Nilssonia simplex ……524
Nilssonia sp. →ニィルセンソテツの1種 ……289
Nilssonioidium kuwajimensis →クワジマニィルセンソテツモドキ ……149
Nilssoniopsis? sp. →ニィルセンソテツダマシの1種 ……289
Nimbacinus →ニンバキヌス ……295
Nimravus →ニムラヴス ……294
Niobrarasaurus →ニオブララサウルス ……289
Nipa burtinii →ニパ ……293
Niponaster hokkaidensis →ニポナステルの1種 ……293
Niponaster hokkaidoensis ……524
Nipponaspis takaizumii →ニッポナスピス・タカイズミイ ……291
Nipponitella auricula ……524
Nipponitella expansa ……524
Nipponitella explicata →ニッポニテラの1種 ……291
Nipponites →ニッポニテス ……291
Nipponites cf. *N. bacchus* →ニッポニテス・バッカスに比較される種 ……291
Nipponites mirabilis →ニッポニテス・ミラビリス ……291
Nipponites sachalinensis ……524
Nipponites sp. →ニッポニテス ……291
Nipponithyris nipponensis →ニッポンホオズキガイ ……292
Nipponithyris notoensis →ニッポンホウズキガイの1種 ……292
Nipponithyris tayaensis →タヤホオズキガイ ……240
Nipponitrigonia convexa ……524
Nipponitrigonia kikuchiana →ニッポニトゥリゴニア・キクチアナ ……291
Nipponitrigonia sagawai →ニッポニトリゴニア・サガワイ ……291
Nipponitys acutangularis →ニッポニチィス・アクタングラリス ……291
Nipponoblatta suzugaminae →スズガミネムカシゴキブリ ……211
Nipponoclava yokoyamai →ヨコヤマツツガキ ……467
Nipponohagla kaga →ニッポノハグラの1種 ……292
Nippononaia tetoriensis →ニッポノナイア・テトリエンシス ……292
Nippononaia wakinoensis intermedia ……524
Nipponopagia ommaensis →オンマセイタカシラトリガイ ……98
Nipponopecten akihoensis →ナトリホソスジホタテ ……287
Nipponophycus ramosus ……524
Nipponophyllum giganteum →ニッポノフィル

ム・ギガンテウム ……292
Nipponophysoporella elegans ……524
Nipponosaurus sachalinensis →ニッポノサウルス ……291
Nipponostenopora elegantula →ニッポノステノポラの1種 ……292
Niso (*Niso*) *terebellum* ……524
Nisusia burgessensis →ニスシア ……290
Nitzschia granulata →ニッチア・グラニュラアタ ……291
Nitzschia panduriformis →ニッチア・パンドリフオルミス ……291
Nitzschia reinholdii →ニッチア・ラインホルディ ……291
Noasaurus →ノアサウルス ……301
Nodicoeloceras acanthus ……524
Nodicoeloceras angelonii ……524
Nodicoeloceras baconicum ……524
Nodicoeloceras crassoides ……524
Nodicoeloceras hungaricum ……524
Nodicoeloceras lobatum ……524
Nodicoeloceras verticellum ……524
Nodicoeloceras verticosum ……525
Nodiscala suzuensis →スズイトカケガイ ……211
Noditerebra recticostata →スグウネトクサガイ ……209
Noditerebra (*Diplomeriza*) *yokoyamai* →ヨコヤマトクサ (新) ……467
Noditerebra (*Pristiterebra?*) *abdita* →ダイニチタケ ……232
Nododelphinula elegans →ノドデルフィヌラ・エレガンス ……303
Nodoprosopon heydeni →ノドプロソポン・ハイデニ ……303
Nodosaria catenulata ……525
Nodosauria →ノドサウルス類 ……302
Nodosaurus →ノドサウルス ……302
Nomingia →ノミンギア ……304
Nonion nakosoense →ノニオン・ナコソエンゼ ……304
Nonion pacificum ……525
Nordenskioerdia borealis →ノルデンショルディア ……304
Norwoodia →ノーウーディア ……301
Nostoceras draconis →ノストセラス・ドラコニス ……301
Nostoceras helicinum →ノストセラス・ヘリシナム ……301
Nostoceras hetonaiense →ノストセラス・ヘトナイエンセ ……301
Nostoceras hyatti →ノストセラス・ハイアテイ ……301
Notaculites toyomensis →ノタクリテスの1種 …301
Notagogus denticulatus →ノタゴグス・デンティクラトゥス ……301
Notharctus →ノタルクトゥス ……301
Nothosaurus →ノトサウルス ……302
Nothosaurus giganteus →ノトサウルス・ギガンテウス ……302
Nothosaurus mirabilis →ノトサウルス・ミラビリス ……302
Nothronychus →ノトロニクス ……304
Nothrotheriops shastensis →ノスロテリオプス ……301
Nothrotherium shastense →ノスロテリウム ……301
Notidanodon sp. →ノチダノドンの歯 ……302
Notidanus primigenius ……525
Notoacmaea asperulata →サワネカサガイ ……182
Notoacmaea concinna →コウダカアオガイ ……157
Notoacmaea sp. →ユキノカサガイの仲間 ……463
Notocarpus garratti →ノトカルプス・ガルラッチ ……302
Notochoerus sp. →ノトコエルス ……302
Notocupes laetus →ノトクペス・ラエトゥス ……302
Notocupes tripartitus →ノトクペス・トリパルティトゥス ……302
Notocyathus (*Paradeltocyathus*) *orientalis* →ノトキアタス (パラデルトキアタス)・オリエンタリス ……302
Notogoneus →ノトゴネウス ……302
Notonectites elterleini →ノトネクティテス・エルテルライニ ……303
Notophyllia japonica →ノトフィリア・ジャポニカ ……303
Notopocorystes intermedium →ノトポコリステスの1種 ……303
Notopocorystes japanicus →ノトポコリステス・ジャポニクス ……303
Notopocorystes (*Eucorystes*) *intermedius* ……525
Notorynchus →ノトリンクス ……303
Notorynchus kempi →ノトリンクス ……303
Notostephanus kurdistanensis ……525
Notostylops →ノトスティロプス ……303
Nqwebasaurus →ンクウェバサウルス ……494
Nucella freycincti →エゾチヂミボラ ……72
Nucella freycineti longata →コシタカチヂミボラ ……160
Nucleolites sp. →ヌクレオリテス属の種 ……295
Nucula ishidoensis ……525
Nuculana →ヌクラナ ……295
Nuculana marieana →ヌクラナ ……295
Nuculana yokoyamai →アラボリロウバイガイ ‥ 27
Nuculana (*Praesaccella*) *erinoensis* ……525
Nuculana (*Thestyleda*) *yokoyamai* →アラボリロウバイガイ ……27
Nucula (*Nucula*) *nucleus* ……525
Nucula (*Nucula*) *placentina* ……525
Nuculites ichikawai →ヌクリテスの1種 ……295
Nuculopsis (*Paleonucula*) *ishidoensis* →ヌクロプシス (パレオヌクラ)・イシドエンシス ……295
Nummulites amakusensis ……525
Nummulites boninensis →ヌムリテスの1種 ……296
Nummulites ghisensis →ヌムリテス ……296
Nummulites gizehensis →貨幣石 ……108
Nummulites perforatus →ヌムリテスの1種 ……296
Nummulites semiglobula →ヌムリテスの1種 ……296
Nummulites sp. →ヌムリテス ……296
Nummulites sp.aff.*lucasi* ……525
Nummulites sp.cf.*N.partschi* →ヌムリテス (貨幣石) の1種 ……296
Nummulites striatus →ヌムリテスの1種 ……296
Nummulites subamakusensis ……525
Nummulites (=*Operculina*) *ammonoides* ……525
Nummulites (=*Operculinella*) *cumingii* ……525
Nuttallia olivacea →イソシジミ ……46
Nyctereutes procyonoides →タヌキ ……238
Nyctereutes vivverrinus nipponicus →ムカシタヌキ ……439
Nyctosaurus →ニクトサウルス ……289
Nyctosaurus gracilis →ニクトサウルス・グラシリス ……290

Nymphaeoblastus annossofi →ニンフェオブラスツスの1種……295
Nymphaeoblastus anossofi……525
Nymphar ebae →エバムカシコウホネ……75
Nymphites braueri →ニムフィテス・ブラウエリ……294
Nyssa a-yokoyamai →ヨコヤマヌマミズキ……467
Nyssa pachycarpa →フトヌマミズキ……363
Nyssa sp. →ヌマミズキ属の花粉……295
Nyssa sylvatica →ヌマミズキ……295

【O】

Obdurodon sp. →オブドゥロドン……94
Obinautilus pulcher →オビオウムガイ……93
Occacaris oviformis →オッカカリス・オヴィフォルミス……90
Ocenebra adunca protoadunca →ムカシヨウラク……441
Ocenebra aduncum →イセヨウラクガイ……45
Ocenebra erinacea……525
Ocenebra japonica →オオウヨウラクガイ……83
Ocenebra polymorpha……525
Ochetoclava kochi →カニモリガイ……106
Ocinebrina imbricata……525
Ocinebrina(*Ocinebrina*) *funiculosa*……525
Octobronteus(?) sp.……525
Octomedusa →オクトメデューサ……88
Octomedusa pieckorum →オクトメドゥサ・ピエコルム……88
Odaraia alata →オダライア……90
Odaraia? eurypetala →オダライア?・エウリペタラ……90
Odobenocetops leptodon →オドベノケトプス……91
Odonata gen.et sp.indet. →トンボ目の未定種……284
Odontaspis sp. →シロワニ属の1種……204
Odontaspis taurus……525
Odontaspis taurus obliqua……525
Odontochelys →オドントケリス……91
Odontochelys semitestacea →オドントケリス・セミテスタセア……91
Odontochile hausmanni →オドントチレ ハウスマニ……91
Odontochile rugosa →オドントチレ ルゴーサ……91
Odontogriphus →オドントグリフス……91
Odontogriphus omalus →オドントグリフス・オマルス……91
Odontopleura ovata →オドントプルーラ オヴァータ……91
Odontopteris reichiana →オドントプテリス・ライヒアーナ……91
Odontopteris sp. →オドントプテリス……91
Odontopteryx toliapica →オドントプテリックス……91
Odostomia sp. →クチキレガイモドキの仲間……136
Odostomia subangulata →ホソオリイレクチキレガイモドキ……403
Odostomia unica →カケガワクチキレモドキ……101
Oecotraustes sp. →エコトラウステスの1種……70
Oedischia sp. →オエディスキア……83
Oenopota kagana →カガマンジ……100
Oepikina planumbona……525
Offacolus kingi →オッファコルス・キンギ……90
Offadesma altissimum……525
Offadesma iesakai →イエサカリュウグウハゴロモ……40
Offaster pilura →オファスター・ピルラ……93
Ogyginus sp. →オギギヌスの一種……86
Ogygiocarella debuchii →オギギオカレラ デブチィ……86
Ogygiocaris →オギュギオカリス……88
Ogygites sp. →オギギテスの一種……86
Ogygopsis →オギゴプシス……87
Ogygopsis klotzi →オギゴプシス・クロッツイ……87
Ohuus kitamurai →キタムラヨコエソ……123
Oistoceras crescens……525
Olcostephanus astierianus……525
"Oldhamia radiata" →"オルドハミア・ラディアータ"……96
Olenellus →オレネルス……97
Olenellus clarki →オレネルス・クラーキ……97
Olenellus thompsoni →オレネルス トンプソニィ……97
Olenellus thomsoni →オレネルス……97
Olenoides serratus →オレノイデス セラータス……97
Oliarus(?) sp.……525
Oligocarpia……525
Oligocarpia gothanii →シダ……190
Oligokyphus →オリゴキフス……95
Oligokyphus minor →オリゴキフス……95
Oligopleurus cyprinoides →オリゴプレウルス・キプリノイデス……95
Oligoporella himurensis →オリゴポレラの1種……95
Oligoporella s-kawadai……525
Oliva mustelina →マクラガイ……415
Oliva osawanoensis →オサワノマクラガイ……88
Olivella iwakiensis →イワキホタルガイ……51
Olivella japonica →ホタルガイ……404
Olivella omurai →オオムラホタルガイ……86
Olorotitan →オロロティタン……98
Omeisaurus →オメイサウルス……94
Omma zitteli →オムマ・ツィッテリ……94
Ommatartus antepenultimus →オムマタルタス・アンテペヌルティムス……94
Ommatartus hughesi →オムマタルタス・ヒュズアイ……94
Ommatartus tetrathalamus →オムマタルタス・テトラサラムス……94
Omphalophylia yamambaensis……525
Omphyma subturbinata →オムフィマ・サブタービナータ……94
Oncorhynchus masou, Oncorhynchus rhodurus →サクラマスまたはビワマス……176
Oncornynchus cf.*O.masou* →アマゴ……24
Onnia concentrica →オンニア・コンセントリカ……98
Onnia superba →オンニア……98
Onoclea cf.*O.sensibilis* →コウヤワラビに比較される種……157
Onoclea sensibilis →コウヤワラビ……157
Ontocetus oxymycetus →ムカシマッコウ……440
Onustus exutus →キヌガサガイ……124
Onychiopsis elongata →オニキオプシス・エロンガータ……92
Onychiopsis psilotoides →オニキオプシス……92
Onychiopsis yokoyamai →オニキオプシス・ヨコヤマイ……92
Onychites →オニキテス……92

Onychocella subsymmetrica →カタツメバコケムシ……104
Onychocrinus exculptus →オニコクリヌス・エクスクルプツス……92
Onychodictyon ferox →オニコディクティオン・フェロクス……92
Onychonycteris →オニコニクテリス……92
Onychonycteris finneyi →オニコニクテリス・フィネイイ……92
Onychopterella augusti →オニコプテレラ・アウグスティ……92
Ooedigera peeli →オーエディゲラ・ピーリ……83
Oolina circulo-costa carinata……525
Oolina marginata semistriata……525
Oolina melo →ウーリナ・メロ……61
Oolina ozawai……526
Opabinia →オパビニア……93
Opabinia regalis →オパビニア・レガリス……93
Opalia crenata……526
Operculina bartschi →オパキュリナの1種……92
Operculina complanata japonica →オパキュリナの1種……93
Ophiacodon →オフィアコドン……93
Ophiacodon mirus →オフィアコドン……93
Ophiceras iwaiense……526
Ophiderpeton →オフィデルペトン……94
Ophiderpeton amphiuminus →オフィデルペトン……94
Ophiocamax sp. →オフィオカマックス属の未定種……93
Ophiocordyceps sp. →オフィオコルディケプス……93
Ophioderma egetoni →オフィオデルマ・エゲトニ……93
Ophiodermella maekawaensis →マエカワシャジク……413
Ophiodermella ogurana →オグラクチナワマンジ……88
Ophiodermella sp.cf.*O.maekawaensis* →マエカワクチナワマンジ(?)……413
Ophiomorpha →オピオモルパ……93
Ophiopetra lithographica →オフィオペトラ・リトグラフィカ……94
Ophiopsis attenuata →オフィオプシス・アテヌアタ……94
Ophiopsis procera →オフィオプシス・プロケラ……94
Ophiopsis serrata →オフィオプシス……94
Ophiura primigenia →オフィウラ・プリミゲニア……93
Ophiura sarsii →キタクシノハクモヒトデ……122
Ophiura speciosa →オフィウラ・スペシオーサ……93
Ophiurella speciosa →オフィウレラ・スペキオサ……93
Ophiurella(?) sp. →オフィウレラ属(?)の種……93
Ophiuridae gen.et sp.indet. →クモヒトデ科の未定種……138
Ophiuroidea, gen.et sp.indet. →クモヒトデの1種……138
Ophthalmosaurus →オフタルモサウルス……94
Ophthalmosaurus icenicus →オフタルモサウルス・イケニクス……94
Opis(*Coelopis*) *tanourensis*……526
Opisthocoelicaudia →オピストコエリカウディア……93
Opis(*Trigonopis*) *torinosuensis*……526
Oppelia lithographica →オッペリア・リソグラフィカ……90
Oppelia sp., aff.*O.subradiata* →オッペリアの1種……90
Oppelia(*Oppelia*) *subradiata* →オッペリア(オッペリア)・サブラディアータ……90
Opsis bavarica →オプシス・バヴァリカ……94
Oratosquilla sp. →シャコ属の未定種……195
Orbiculoidea newberryi →オルビキュロイデア・ニューベリイ……97
Orbitolina ezoensis……526
Orbitolites lenticularis →オルビトリーテス・レンティキュラリス……97
Orbulina universa →オルブリナ・ユニベルサ……97
Orchidites lancifolius →オルキディテス・ランキフォリウス……95
Orchidites linearifolius →オルキディテス・リネアリフォリウス……95
Orectolobus jurassicus →オレクトロブス・ジュラシクス……97
Orectolobus(?) sp. →オレクトロブス属(?)の種……97
Orectospira nenokamiensis →ネノカミウラウズカニモリ……299
Orectospira wadana →ワダウラウズカニモリ……492
Oreopithecus →オレオピテクス……97
Oreopithecus bamboli →オレオピテクス……97
Oreopithecus bambolii →オレオピテクス……97
Oriostoma discors →オリオストマ・ディスコルス……95
Ornithella sp.……526
Ornitholestes →オルニトレステス……96
Ornitholestes hermanni →オルニトレステス……96
Ornithomimidae →サンチュウリュウ……183
Ornithomimus →オルニトミムス……96
Ornithomimus velox →オルニトミムス・ヴェロックス……96
Ornithosuchus →オルニトスクス……96
Orodromeus →オロドロメウス……98
Orohippus sp. →オロヒップス……98
Orthacanthus →オルサカンタス……95
Orthacanthus sp. →オルタカントゥスの一種……95
Orthaulax japonicus……526
Orthoceras →オルトケラス……95
Orthoceras canaliculatum →オルトセラス・カナリクラトゥム……96
Orthoceras inflata……526
Orthoceras planorectatum……526
Orthoceras regulare →オルソケラス……95
Orthoceratidae →オルトケラスの仲間……96
Orthocormus cornutus →オルトコルムス・コルヌトゥス……96
Orthodactylites mediterraneum……526
Orthodactylites merlai……526
Orthogonikleithrus hoelli →オルトゴニクライトルス・ホエリ……96
Orthogonikleithrus leichi →オルトゴニクライトルス・ライキ……96
Orthograptus intermedius →オルソグラプツス……95
Orthograptus sp. →オルソグラプツス……95
Orthonema(?) sp. →オルソネマ属の未定種……95
Orthophlebia lithographica →オルトフレビア・リトグラフィカ……96
Orthoporidra →オルソポリドラ……95
Orthotetes rugosa……526
Orthotetina kayseri……526

Orthotichia japonica……526
Orthotichia sp. →オルソティチアの1種……95
Orthotrigonia corrugata……526
Orthrozanclus reburrus →オルソロザンクルス・レブルス……95
Ortonella intermedia……526
Ortonella parvituba……526
Ortonella ramosa →オルトネラの1種……96
Oryctites fossilis →オリクティテス・フォシリス……95
Oryctocephalus burgessensis →オリクトセファルス……95
Oryctocephalus matthewi →オリクトセファルス……95
Osmanthus chaneyi →ノトヒイラギモクセイ…303
Osmanthus heterophyllus →ヒイラギ……332
Osmunda →ゼンマイ属の胞子……229
Osmunda asuwensis →アスワゼンマイ……17
Osmunda dowkeri →オスムンダ……89
Osmunda papillata……526
Osmunda sachalinensis →カラフトゼンマイ……111
Osmundacidites wellmanii →オスムンダキディテス・ウェルマニイ……90
Osmundopsis nipponica →オスマンドプシス・ニッポニカ……89
Osmylites protagaeus →オスミリテス・プロトガエウス……89
Ostenocaris cypriformis →オステノカリス・キプリフォルミス……89
Osteoborus →オステオボルス……89
Osteodontornis →オステオドントルニス……89
Osteodontornis orri →オステオドントルニス・オリ……89
Osteoglossimorpha gen.et sp.indet. →オステオグロッスム類……89
Osteolepis →オステオレピス……89
Osteolepis macrolepidotus →オステオレピス・マクロレピドタス……89
Osteolepsis sp. →オステオレプシス……89
Ostrea compressirostra →オストレア……89
Ostrea gigas →オストレア・ギガス……89
Ostrea gravitesta →アツガキ……17
Ostrea(*Dendostrea*) *paulucciae* →カモノアシガキ……110
Ostrea(*Ostrea*) *denselamellosa* →イタボガキ…46
Ostrya shiragiana →シラギアサダ……202
Otarion ceratophthalmus →オタリオン セラトフサルマス……90
Otarion dereimsi →オタリオン デレイムシィ…90
Otarion megalops →オタリオン・メガロプス……90
Otarion sp. →オタリオンの未記載種……90
Otavia antiqua →オタヴィア・アンティクア……90
Othnielia →オスニエリア……89
Othnielosaurus →オトゥニエロサウルス……91
Otodus obliquus →オトーダス・オブリクウス…91
Otoites sp. →オトイテス……90
Otostoma japonicum →オトストーマ・ジャポニクム……91
Otozamites endoi……526
Otozamites Huzisawae……526
Otozamites lancifolius……526
Otozamites Sewardi……526
Otozamites sp. →オトザミテスの一種……91
Ottoia →オットイア……90
Ottoia prolifica →オトイア・プロリフィカ……90
Ottoites saizeo →オトイテス・サイゼロ……90
Oulangia sp. →シオガマサンゴの1種……186
Oulangia stokesiana miltoni →ウーランギア・ストケシアーナ・ミルトニイ……61
Oulastrea crispata →ウーラストレア・クリスパータ……61
Oulophyllia irradians →オウロフィリア・イラディアンス……83
Ouranosaurus →オウラノサウルス……83
Ovatella myotis……526
Oviraptor →オヴィラプトル……82
Oviraptor philoceratops →オヴィラプトル・フィロケラトプス……82
Oviraptoridae →オビラプトル類……93
Oxyaena lupina →オキシエナ……87
Oxyaena sp. →オキシエナ……87
Oxycerites oppeli →オキシセリテス・オッペリー……87
Oxycerites sp. →オキシセリテスの1種……87
Oxydactylus →オクシダクティルス……88
Oxydactylus longipes →オキシダクチルス……87
Oxynoticeras oxynotum →オキシノティセラス・オキシノターム……87
Oxynoticeras(*Gleniceras*) *guibalianum*……526
Oxyparoniceras telemachi……526
Oxyrhina sp.……526
Oxytoma →オキシトマ……87
Oxytoma kashiwaiensis……526
Oxytoma longicostata →オキシトマ……87
Oxytoma mojsisovicsi →オキシトーマ・モジソヴィッチィ……87
Oxytoma yeharai……526
Oxytoma zitteli →オキシトーマ・チッテリイ……87
Oxytoma(*Palmoxytoma*) *cygnipes* →オキシトマ(パルモキシトマ)・キグニペス……87
Oxytoma(s.s.) *mojsisovicsi* →オキシトマ・モジソヴィッチイ……87
Oxytropidoceras(*Venezoliceras*) sp. →オキシトロピドセラス(ベネゾリセラス)の一種……87
Ozakiphyllum compactum →オザキフィルム・コンパクタム……88
Ozarkcollenia laminata →オザークコレニア・ラミナータ……88
Ozarkodina delicatula →オザールコディナ・デリカチュラ……88
Ozarkodina hadra →オザールコディナ・ハドラ‥88
Ozarkodina orientale……526
Ozarkodina remscheidensis →オザールコディナ・レムシャイデンシス……88
Ozawainella nakatsugawaensis……526
Ozraptor →オズラプトル……90

【P】

Pabiana →パビアナ……315
Pachycephalosaurus →パキケファロサウルス…308
Pachycephalosaurus grangeri →パキケハロサウルス……308
Pachycephalosaurus wyomingensis →パキケファロサウルス・ワイオミングエンシス……308
Pachycormus macropterus →パチコルムス……313
Pachycrommium japonicum →ミズホタマガイ……428

Pachydesmoceras aff.*P.kossmati* →パキデスモセラス・コスマッティに類似する種……308
Pachydesmoceras kossmati →パキデスモセラス・コスマッティ……308
Pachydesmoceras pachydiscoide →パキデスモセラス・パキディスコイデ……308
Pachydiscus awajiensis →パキディスカス・アワジエンシス……308
Pachydiscus catarinae →パキディスカス・カタリナエ……308
Pachydiscus japonicus →パキディスカス・ジャポニカス……308
Pachydiscus sp. →パチディスクス……313
Pachydiscus subcompressus……526
Pachydyptes ponderosus →パチディプテス……313
Pachyphloia aff.*multiseptata*……526
Pachypleurosaurus →パキプレウロサウルス……309
Pachypleurosaurus edwardsi →パキプレウロサウルス・エドワージ……309
Pachypteris rhomboidalis →パキィプテリス・ロムボイダリス……307
Pachypteris sp. →パキプテリス……308
Pachyrhachis →パキラキス……310
Pachyrhinosaurus →パキリノサウルス……310
Pachyrukhos →パキルコス……310
Pachyrukhos mayani →パキルコス……310
Pachyteichisma lamellosa →パキテイキスマ・ラメローサ……308
Pachyteuthis abbreviata →パキテウシス……308
Pachyteuthis densus →パキテウティス……308
Pachythrissops furcatus →パチテリソップス……313
Pachythrissops propterus →パキトリソプス・プロプテルス……308
Pachythrissops sp. →パキトリソプス属の種……308
Paciphacops raimondii →パシファコープス ライモンディ……311
Paediumias clarki →ペディウミアス クラーキィ……389
Paediumias nevadensis →ペディウミアス ネバデンシス……389
Paediumias yorkensis →ペディウミアス ヨーケンシス……389
Pagetia bootes →パゲティア……311
Pagiophyllum cirinicum →パギオフィルム・キリニクム……307
Pagiophyllum sp. →パギオフィルム……307
Pagurus sp. →パグルス……311
Pakicetus →パキケトゥス……307
Pakicetus attocki →パキケトゥス……307
Palabolina spinulosa →パラボリナ スピヌローサ……324
Paladin carinatus →パラディン・カリナツス……321
Paladin koska →パラディン コスカ……321
Paladin yanagisawai……527
Paladin (*Weberides*) *longispiniferus* →パラディン(ウェベリデス)・ロンギスピニフェルス……321
Palaeastacus →パラエアスタクス……317
Palaeastacus fuciformis →パラエアスタクス・フキフォルミス……317
Palaeeudyptes klekowskii →パラエエウディプテス・クレコウスキイ……317
Palaega kunthi →パラエガ・クンツィ……319
Palaega yamadai →パラエガ・ヤマダイ……319
Palaelodus ambiguus →パレロドゥス・アンビグウス……329
Palaeobatrachus →パラエオバトラクス……318
Palaeocambarus licenti →パラエオカンバルス・リケンティ……317
Palaeocarcharias stromeri →パラエオカルカリアス・ストロメリ……317
Palaeocarpilius aquilinus →パラエオカルピリウス……317
Palaeocastor sp. →パレオカスター……328
Palaeocharius rhyniensis →パレオカリヌス・リニエンシス……328
Palaeochiropteryx →パレオキロプテリクス……328
Palaeochiropteryx tupaiodon →パラエオキロプテリクス……318
Palaeocoenia orbitoides……527
Palaeocoma →パラエオコマ……318
Palaeocoma egertoni →パラエオコマ・エゲルトニ……318
Palaeoctopus newboldi →パラエオクトプス・ニューボールディ……318
Palaeocycas →パレオキカス属の一種……328
Palaeocyparis princeps →パラエオキパリス・プリンケプス……317
Palaeodiadema? sp. →ガンガゼの1種……116
Palaeodictyon majus……527
Palaeofigites →パレオフィジテス……329
Palaeofusulina sp. →パレオフズリナの1種……329
Palaeoheteroptera lapidaria →パラエオヘテロプテラ・ラピダリア……318
Palaeohirudo eichstaettensis →パラエオヒルド・アイヒシュテッテンシス……318
Palaeoisopus problematicus →パレオイソプス・プロブレマティクス……328
Palaeolacerta bavarica →パラエオラケルタ・バヴァリカ……319
Palaeolagus →パレオラグス……329
Palaeoleperditia fukujiensis →パラエオレペルディシア……319
Palaeoloigo oblonga →パラエオロリゴ・オブロンガ……319
Palaeoloxodon aff.*hysudrindicus* →モロシマゾウ(新)……457
Palaeoloxodon antiquus →パレオロクソドン……329
Palaeoloxodon aomoriensis →アオモリゾウ……5
Palaeoloxodon falconeri →パラエオロクソドン・ファルコネリ……319
Palaeoloxodon naumanni →ナウマンゾウ……284
Palaeoloxodon tokunagai →トクナガゾウ……274
Palaeoloxodon yabei →ヤベナウマンゾウ……460
Palaeomastodon beadnelli →パレオマストドン……329
Palaeoniscum →パレオニスクム……328
Palaeoniscus →パラエオニスクス……318
Palaeoniscus brainvillei →パレオニスクス・ブレインヴィレイ……328
Palaeoniscus magnus →パラエオニスクス……318
Palaeopagurus sp. →パラエオパグルス属の種……318
Palaeopantopus maucheri →パレオパントプス・マウチェリ……329
Palaeopentacheles redenbacheri →パラエオペンタケレス・レデンバッヘリ……319
Palaeopharus maizurensis →パラエオファルス・マイズレンシス……318
Palaeopharus oblongatus →パラエオファルス・

オブロンガタス 318
Palaeopharus (Minepharus) triadicus 527
Palaeophillipsia japonica →パレオフィリップシア・ジャポニカ 329
Palaeophillipsia tennuis →パレオフィリップシア・テニュイス 329
Palaeophis sp. →パラエオフィス 318
Palaeopneustes aff. *cristatus* 527
Palaeopneustus lepidus →ナナオブンブク(新) 288
Palaeopneustus (Oopneustes) priscus →ツナギブンブク(新) 248
Palaeopolycheles longipes →パラエオポリケレス・ロンギペス 319
Palaeopriapulites parvus →パラエオプリアプリテス・パルヴス 318
Palaeopropithecus sp. →パレオプロピテクス 329
Palaeopython →パラエオピトン 318
Palaeoryctes →パレオリクテス 329
Palaeoscolex sinensis →パラエオスコレックス・シネンシス 318
Palaeosculda laevis →パラエオスクルダ・ラエヴィス 318
Palaeoscyllium formosum →パラエオスキリウム・フォルモスム 318
Palaeosolaster →パレオソラスター 328
Palaeospinax priscus →パラエオスピナックス 318
Palaeospondylus →パレオスポンディルス 328
Palaeosyops sp. →パレオシオプス 328
Palaeotapirus yagii →ニッポンバク 292
Palaeotherium →パレオテリウム 328
Palaeotherium magnum →パレオテリウム 328
Palaeotrionyx →パレオトリオニクス 328
Palastericus devonicus →パラステリクス 321
Palatodonta →パラトドンタ 322
Palelops →パレロプス 329
Paleodavidia multipterium 527
Paleodictyon majus →パレオディクチオン・メイジャス 328
Paleoparadoxia →パレオパラドキシア 329
Paleoparadoxia tabatai →パレオパラドキシア 329
Paleorhynchum latum →パレオリンクム・ラツム 329
Palinurina longipes →パリヌリナ・ロンギペス 326
Palinurina sp. →パリヌリナ属の種 326
Palinurus sp. →パリヌルス 326
Paliurus miosinicus →チュウシンハマナツメ 245
Paliurus nipponicus →コウセキハマナツメ 157
Paliurus protonipponicus →ムカシハマナツメ 439
Palliolum (Delectopecten) peckhami →ペッカムニシキ 388
Palliolum (Lissochlamys) excisum 527
Palmatopteris →パルマトプテリス 328
Palmoxylon Maedae →竹根石 243
Palmoxylon sp. →パルモキシロン 328
Palorchestes →パロルケステス 330
Palorchestes azeal →パロルケステス 330
Palpites cursor →パルピテス・クルソル 327
Paltopleuroceras sp. 527
Paludina →パルディナ 327
Pambdelurion whittingtoni →パンブデルリオン・ウィッティントニ 331
Pandalus oritaensis →タラバエビの1種 241
Panderichthys →パンデリクティス 330
Panderichthys rhombolepis →パンデリクチス・ロムボレピス 330
Panderodus unicostatus →パンデロダス・ユニコスタータス 330
Pandora pulchella →オシドリネリガイ 89
Pandora sp. →ネリガイの1種 300
Pandora wardiana →ヒラネリガイ 343
Pandora (Kennerlia) pulchella →ムカシネリガイ 439
Panochthus →パノクトゥス 315
Panomya gigantea →ハラブトチシマガイ 323
Panomya simotomensis →シモトメチシマガイ 195
Panomya? longissima →ナガチシマガイ 286
Panope japonica →ナミガイ 288
Panope nomurae →ノムラナミガイ 304
Panopea glycimeris →パノペア 315
Panopea nomurae →ノムラナミガイ 304
Panopea (Panopea) glycymeris 527
Panoplosaurus →パノプロサウルス 315
Panorpidium →パノルピディウム 315
Panphagia →パンファギア 331
Panthera →ヒョウ 342
Panthera atrox →アメリカライオン 26
Panthera cf. *pardus* →ヒョウ 342
Panthera leo →パンテラ 330
Panthera pardus →ヒョウ 342
Panthera spelaea →ホラアナライオン 408
Panthera tigris →トラ 277
Panthera youngi →ヨウシドラ 466
Pantolambda bathmodon →パントランブダ 331
Pantylus →パンティルス 330
Paphia amabilis →サツマアケガイ 177
Paphia euglypta ohiroi →オオヒロスダレガイ 86
Paphia suzuensis →スズスダレガイ 211
Paphia (Callistotapes) vetula 527
Paphia (Neotapes) undulata →イヨスダレ 50
Paphia (Paphia) euglypta →スダレガイ 211
Paphia (s.s.) *takanabeensis* →タカナベスダレ 234
Papilio maackii →ミヤマカラスアゲハ 435
Pappochelys rosinae →パッポケリス・ロシナエ 313
Pappogeomys sansimonensis →サンシモンホリネズミ 183
Papyridea harrimani →ハリマントリガイ 326
Papyridea (Fulvia) kurodai →クロダトリガイ 147
Parabasilicus yamanarii →パラバシリクス・ヤマナリイ 323
Paraberriasella sp. 527
Paraberriasiella cfr. *blondeti* 527
Paracarcinosoma obesa →パラカルキノソマ 319
Paracelites →パラセリテス 321
Paraceltites aff. *elegans* 527
Paraceratherium →パラケラテリウム 320
Paraceratherium bugtiense →パラケラテリウム 320
Paraceratites orientalis →パラセラタイテス・オリエンタリス 321
Paraceraurus →パラケラウルス 320
Paraceraurus exsul →パラケラウルス・エクスル 320
Paracestracion zitteli →パラケストラキオン・

チッテリ……320
Parachaetetes asvapatiti →パラケーテテスの1種……320
Paraclytia dubertreti →パラクリチア・ドゥベルトレチ……319
Paracomitas rodgersi →ロジャースイグチ……489
Paraconularia derwentensis →パラコヌラリア……320
Paraconularia quadrisulcata →コヌラリア類……165
Paraconularia sp. →パラコニュラリア属の未定種……320
Paracricetodon sp. →パラクリケトドン……319
Paracrioceras aff.*P.elegans* →パラクリオセラス・エレガンスに近縁の種……319
Paracrioceras elegans →パラクリオセラス・エレガンス……319
Paracyclotosaurus →パラキクロトサウルス……319
Paracyclus rugosus →パラキクルス・ルゴーサス……319
Paracytheridea bosoensis →パラシセリデア・ボウソウエンシス……320
Paradeltocyathus orientalis →タマサンゴ……239
Paradoxides bohemicus →パラドキシデス・ボヘミクス……322
Paradoxides gracilis →パラドキシデス・グラシリス……322
Paradoxides sp. →パラドキシデスの一種……322
Parafusulina japonica →パラフズリナ・ジャポニカ……323
Parafusulina kaerimizensis →パラフズリナの1種……323
Parafusulina kawaii →パラフズリナ・カワイイ……323
Parafusulina matsubaishi →パラフズリナ・マツバイシ……323
Parafusulina tomuroensis……527
Parafusulina yabei →パラフズリナの1種……323
Paraheteraster macroholcus →パラヘテラスター・マクロホルクス……323
Parahippus →パラヒップス……323
Parahoplites(?) *yaegashii*……527
Paraisobuthus prantli →パライソブツス……317
Parajaubertella kawakitana →パラジョウベルテラ・カワキタナ……320
Parajuresania symmetrica →パラジュレサニア……320
Parakrithella pseudodonta……527
Paralegoceras sp. →パラレゴセラスの一種……324
Paralejurus dormitzeri →パラレジュルス ドルミツェリ……324
Paralejurus sp. →パラレユルス……324
Paralepidotus ornatus →パラレピドツス・オルナツス……324
Paraleptomitella dictyodroma →パラレプトミテラ・ディクティオドロマ……324
Paraleptomitella globula →パラレプトミテラ・グロブラ……324
Paralititan →パラリティタン……324
Parallelodon cf.*multistriatus*……527
Parallelodon obsoletiformis →パラレロドン・オブソレフィフォルミス……324
Parallelodon sp.cf.*P.multistriatus* →パラレロドンの1種……324
Parallelodon(*Palaeocucullaea*) *monobensis* →パラレロドン(パレオククレア)・モノベンシス……324
Parallelodon(*Torinosucatella*) *kobayashii* →パラレロドン(トリノスカテラ)・コバヤシイ……324
Paramys dericatus →パラミス……324
Paramys sp. →パラミス……324
Paranephrolenellus klondikensis →パラネフロレネルス・クロンディケンシス……322
Paranguilla tigrina →パラングイラ・チグリナ……324
Paranomotodon sp. →パラノモトドンの歯……322
Paranothosaurus amsleri →パラノトサウルス……322
Paranthropus robustus →パラントロパス……324
Parapaleomerus sinensis →パラパレオメルス・シネンシス……323
Parapallasiceras cfr.*pseudocontingens*……527
Parapallasiceras praecox……527
Parapeytoia →パラペイトイア……323
Parapeytoia yunnanensis →パラペイトイア・ユンナネンシス……323
Parapholas satoi →サトウモモガイ……178
Paraplacodus →パラプラコドゥス……323
Parapsicephalus →パラプシケファルス……323
Pararchaeocrinus decoratus →パラルケオクリヌス……324
Pararnioceras meridionale……527
Pararnioceras truemanni……527
Parasaurolophus →パラサウロロフス……320
Parasaurolophus walkeri →パラサウロロフス・ウォーカリ……320
Paraschwagerina akiyoshiensis →パラシュワゲリナの1種……320
Paraschwagerina ambigua……527
Paraselkirkia jinningensis →パラセルキルキア・インニンゲンシス……321
Parasmittina trispinosa →ミツトゲハグチコケムシ……429
Parasolenoceras pulcher →パラソレノセラス・パルチャー……321
Parasphenophyllum thonii var.*minor* →パラスフェノフィルムの1種……321
Paraspirifer →パラスピリファー……321
Paraspirifer bownockeri →パラスピリファー・ボウノッケリ……321
Paraspirifer sp. →パラスピリファー……321
Parastegodon akashiensis →パラステゴドン・アカシエンシス……321
Parastegodon kwantoensis →カントウゾウ……117
Parastriatopora hidensis……527
Parastromatopora japonica →パラストロマトポラ属の1種……321
Parastromatopora memoria-naumanni →パラストロマトポラ属の1種……321
Parastromatopora sp. →パラストロマトポラ属の未定種……321
Parasuchus →パラスクス……320
Paraszechuanella sp. →パラツェチュアネラの一種……321
Paratrachyceras sp. →パラトラキセラス……322
Paratrecina(*Nylanderia*) sp. →アメイロアリの1種……26
Paratrizygia maiyaensis →パラトリジジアの1種……322
Paraturbo kumasoana →パラトゥルボ・クマソアーナ……321
Paraturbo? zapotillanensis →パラターボ?・ザ

ポティラネンシス ……321
Paratymolus yabei →チヨガニ……246
Paravascoceras tectiforme →パラバスコセラス・テクティフォーム ……323
Paraxanthias fujiyamai →フジヤマオウギガニ ……356
Pareiasaurus →パレイアサウルス……328
Pareiasaurus baini →パレイアサウルス ……328
Parelephas armeniacus →アルメニアマンモス‥33
Parelephas jeffersoni →パルエレファス ……326
Parelephas proximus →ムカシマンモス……440
Paripteris gigantea →パリプテリス……326
Parisangulocrinus zeaformis →パリサングロクリヌス ……325
Parisocrinus sp. →パリソクリヌス ……326
Parka decipiens →パルカ ……326
Parkaspis decamera →パルカスピス……326
Parkinsonia parkinsoni →パーキンソニア・パーキンソニ ……310
Parksosaurus →パークソサウルス ……310
Parotodus benedeni →パルオトーダス・ベネデニ ……326
Parrotia pristina →ムカシペルシャマンサク……440
Parvancorina →パルヴァンコリナ ……326
Parvulonoda dubia →パルヴロノダ・ドゥビア‥326
Pasania chaneyi →アケボノマテバシイ …… 12
Pasania ubensis →ウベマテバシイ …… 59
Passaloteuthis →パッサロテウティス ……313
Patagiosites compressus →パタジオシテス・コンプレッサス ……312
Patagonykus →パタゴニクス ……312
Patagornis marshi →パタゴルニス・マーシュイ ……312
Patagosaurus →パタゴサウルス ……312
Patagotitan mayorum →パタゴティタン・マヨルム ……312
Patella sp. →パテラ属の種……314
Patella (?) sp. →パテラ(?)属の未定種……314
Paterina zenobia →パテリナ……314
Patinopecten kagamianus kagamianus →カガミホタテ ……100
Patinopecten kagamianus mimaensis →ミマホタテ ……431
Patinopecten kagamianus permirus →ヒメカガミホタテ ……340
Patinopecten kurosawaensis →クロサワホタテ(新) ……147
Patinopecten tokyoensis →トウキョウホタテ…271
Patinopecten (*Mizuhopecten*) *tokyoensis* →トウキョウホタテ ……271
Patinopecten (s.s.) *chichibuensis* →チチブホタテ ……244
Patinopecten (s.s.) *kimurai* →キムラホタテ……126
Patinopecten (s.s.) *poculum* →カズウネホタテ ……102
Patriofelis ulta →パトリオヘリス ……314
Patrioferis sp. →パトリオフェリス ……314
Patycrinites hemisphaericus →パチクリニテス・ヘミスファエリクス ……313
Paucipodia inermis →パウキポディア・イネルミス ……306
Pavlovia →パブロビア ……315
Pavlovia aff.*iastriensis primaria*……527
Pavlovia iatriensis →パブロビア・イアトリエンシス ……315
Pavlovia praecox →パヴロヴィア ……307
Pavona cf.*cactus* →パボナ ……316
Paxillosus hastatus……527
Payradentia intricata……527
Peachella iddingsi →ピアチェラ・イディングシ ……331
Peachocaris strongi →ピアコカリス・ストロンギ ……331
Peckisphaera multispira →ペッキスファエラ・ムルティスピラの側面 ……389
Peckisphaera paragranulifera →ペッキスファエラ・パラグラヌリフェラの側面 ……388
Peckisphaera verticillata →ペッキスファエラ・ウェルティキルラタ ……388
Pecopteris →ペコプテリス……387
Pecopteris arborescens →ペコプテリス・アーボレッセンス ……387
Pecopteris candolleana →ペコプテリス・カンドレアーナ ……387
Pecopteris miltoni →ペコプテリス・ミルトニ‥387
Pecopteris sp. →ペコプテリス……387
Pecopteris unita →ペコプテリス……387
Pecten →ペクテン ……387
Pecten beudanti →ペクテン ……387
Pecten latissimus →ペクテン・ラチシムス……387
Pecten maximus →ヨーロッパホタテガイ ……468
Pecten (*Chlamys*) *latissimus* ……527
"Pecten" (*Eupecten*) *ussuricus* →"ペクテン"(ユゥペクテン)・ウスリクス ……387
Pecten (*Flabellipecten*) *bosniaskii*……527
Pecten (*Flexopecten*) *flexuosa*……528
Pecten (*Lyropecten*) *madisonius* →ペクテン(リロペクテン)・マディソニゥス ……387
Pecten (*Notovola*) *albicans* →イタヤガイ…… 46
Pecten (*Notovola*) *naganumana* →カズウネイタヤ ……102
Pecten (*Notovola*) *naganumanus* →カズウネイタヤ ……102
Pectinaria sp. →ペクティナリアの1種……387
Pectinatites cfr.*inconsuetus* ……528
Pectocaris spatiosa →ペクトカリス・スパティオサ ……387
Pederpes →ペデルペス……389
Pederpes finneyae →ペデルペス・フィンネヤエ ……389
Pedina lithographica →ペディナ・リトグラフィカ ……389
Pedinoblatta ishidae →イシダムカシゴキブリ… 43
Peipiaosteus pani →ペイピアオステウス・パニ ……386
Pelanomodon →ペラノモドン ……393
Pelanomodon sp. →ディキノドン類の頭蓋骨…252
Pelecanimimus →ペレカニミムス ……397
Pelecyora (*Pelecyora*) *brocchii* ……528
Pelecyora (*Pelecyora*) *gigas*……528
Pelekodites (*Spatulites*) *spatians* →ペレコディテス(スパツリテス亜属)の1種……397
Pellatispira douvellei……528
Pellatispira rutteni →ペラティスピラの1種……393
Peloneustes →ペロネウステス……398
Pelorovis →ペロロヴィス ……399
Pelorovis oldowayensis →ペロロビス・オルドバイエンシス ……399
Peltastes umbrella →ペルタステス・アムブレ

ラ……396
Peltephilus →ペルテフィルス……396
Peltobatrachus →ペルトバトラクス……396
Peltoceras annularis……528
Pelusios sinuatus →ペルシオス……395
Penaeidae →クルマエビ科の一種……145
Peneroplis planatus →ペネロプリスの1種……391
Peneus speciosa →ピネゥス・スペシオーサ……337
Peniculauris bassi……528
Penitella sp. →カモメガイの1種……110
Penniretepora regularis →ペニレテポラの1種……391
Penniretepora sp.cf.*P.irregularis* →ペニレテポラの1種……391
Pentaceratops →ペンタケラトプス……399
Pentacrinites →ペンタクリニテス……399
Pentacrinites basaltiformis →ペンタクリニテス・バサルティフォルミス……399
Pentacrinites fossilis →ペンタクリニテス……399
Pentacrinus →ペンタクリヌス属の多数の標本を含む岩石……399
Pentacrinus sp.……528
Pentamerus →ペンタメルス……400
Pentamerus laevis →ペンタメルス・レビス……400
Pentamerus oblongus →ペンタメルス……400
Pentasteria →ペンタステリア……400
Pentasteria cotteswoldiae →ペンタステリア……400
Pentasteria sp. →ペンタステリア属の種……400
Pentatoma(?) sp. →アカアシカメムシ属(?)の未定種……6
Pentecopterus decorahensis →ペンテコプテルス・デコラヘンシス……400
Penthetria(?) sp. →ケバエ属(?)の未定種……153
Pentremites →ペントゥレミテス……400
Pentremites angustus……528
Pentremites cherokeeus……528
Pentremites godni →ペントレミテス・ゴドニイ……400
Pentremites godoni……528
Pentremites obesus……528
Pentremites pyriformis →ペントレミテス……400
Pentremites robustus →ペントレミテス・ロバスタス……400
Pentremites rusticus……528
Pentremites sulcatus……528
Pentremites symmetricus……528
Pentremites welleri……528
Peradectes sp. →ペラデクテス……393
Peratherium sp. →ペラテリウム……393
Perca →ペルカ……395
Percrocuta →ペルクロクタ……395
Periachus lyelli →ペリアクス・ライエリ……393
Perichlamydium tenuis……528
Periglypta hayakawai →ハヤカワヌノメ……317
Periploma nagaoi brevis……528
Periploma sp. →リュウグウハゴロモガイの1種……479
Periploma yokoyamai →ヨコヤマリュウグウノハゴロモ……467
Periploma(*Aelga*) *besshoensis* →ベッショリュウグウハゴロモ……389
Periscaria sp.……528
Periscosmus magnificus →シオガマブンブク(新)……186
Perisphinctes convolutus……528
Perisphinctes parabolis……528
Perisphinctes plicatilis……528
Perisphinctes sp. →ペリスフィンクティスの一種……395
Perisphinctes(*Perisphinctes*) *ozikaensis* →ペリスフィンクテス(ペリスフィンクテス亜属)の1種……395
Perissoptera elegans →ペリッソプテラ・エレガンス……395
Perleidus →ペルレイドゥス……397
Permocalculus fragilis →パーモカルカーラスの1種……317
Permophorus sp. →ペルモフォルス属の未定種……396
Permophorus tenuistriata →ペルモフォルス・テヌイストリアータ……396
Permophorus tenuistriatus……528
Pernopecten sp. →ペルノペクテン属の未定種……396
Peronella pellucida →カシパンウニの1種……102
Peronidella pistilliformis →ペロニデラ……398
Peronidia venulosa →サラガイ……181
Peronidia zyonoensis →アラスジサラガイ……27
Peronoceras andraei……528
Peronoceras bollense……528
Peronoceras cfr.*vortex*……528
Peronoceras subfiblatum →ペロノセラスの1種……399
Peronochaeta dubia →ペロノカエタ……399
Peronopsis interstricta →ペロノプシス インターストリクタ……399
Perotrochus aosimai →アオシマオキナエビス(新)……5
Perotrochus eocenicus →シシンオキナエビス(新)……189
Perotrochus lucaya →ルカイヤオキナエビス……481
Perotrochus otoensis →オオトオキナエビス……85
Perotrochus sp. →ヒメオキナエビスの一種……340
Perrotetia notoensis →ノトミジンコザクラ……303
Perspicaris dictynna →ペルスピカリス……396
Perudyptes devriesi →ペルディプテス・デブリエシ……396
Perunium sp. →ペルニウム……396
Petaloconchus intortus……528
Petalodus acuminatus →ペタロドゥス……388
Petalodus sp. →ペタロダス属未定種の顎歯……388
Petalura sp. →ペタルラ……388
Petaurista leucogenys →ムササビ……441
Peteinosaurus →ペテイノサウルス……389
Petrascula sp. →ペトラスクラ属の種……390
Petrodus sp. →ペトロダス属未定種の皮歯……390
Petrolacosaurus →ペトロラコサウルス……390
Petrophyton tenue →ペトロフィトンの1種……390
Peytoia nathorsti →ペイトイア・ナトルスティ……386
Pezosiren portelli →ペゾシーレン……388
Phacellophyllum caespitosum →ファセロフィルム・ケスピトーサム……347
Phacoceras sp. →ファコセラス属の未定種……346
Phacopina convexa →ファコピナ コンベクサ……346
Phacopina devonica →フアコピナ デボニカ……346
Phacops →ファコプス……346
Phacops africanus →ファコプス……346
Phacops corconspectans →ファコプス・コルコンスペクタンス……346
Phacops ferdinandi →ファコープス フェルディナンディ……347
Phacops latifrons →ファコプス・ラティフロンス……347

Phacops megalomanicus →ファコープス メガロマニクス ……347
Phacops metacernaspis →ファコプス・メタセルナスピス ……347
Phacops nonakai ……528
Phacops okanoi →ファコプス・オカノアイ ……346
Phacops orurensis →ファコープス オルレンシス ……346
Phacops orurensis var.C →ファコープス オルレンシスの1亜種 ……346
Phacops rana →ファコプス・ラナ ……347
Phacops rana milleri →ファコープス ラナ ミレリ ……347
Phalacrocidaris →パラクロキダリス ……319
Phalacrocorax →ファラクロコラックス ……348
Phalangiotarbus lacoei →ファランギオターブス・ラコエイ ……348
Phalangites priscus →ファランギテス・プリスクス ……348
Phanerolepida pseudotransenna →キヌジサメザンショウガイモドキ ……124
Phanerostephanus dalmasiforme ……528
Phanerostephanus sp. ……528
Pharyngolepis →ファリンゴレピス ……348
Phascolonus gigas →ジャイアント・ウォンバット ……195
Phasianus sp. →クズウキヂ ……135
Phaxas izumoensis →イズモノアシタ …… 45
Phaxas izumoensis jobanicus →イワキノアシタ …… 51
Phaxas leguminoides →ソノギノアシタ ……230
Phaxas otukai →オオツカタカノハ …… 84
Phaxas rectangulus →チチブノアシタ ……244
Phellodendron mioamurense →ムカシキハダ ……438
Phenacodus →フェナコドゥス ……351
Phenacodus primaevus →フェナコダス ……351
Phenacodus vortmani →フェナコドゥス ……351
Phillipsastrea coronata →フィリップスアストレア・コロナータ ……349
Phillipsia ohmoriensis →フィリップシア・オーモリエンシス ……349
Phillipsia sp. →フィリプシアの一種 ……350
Philodrominae, gen.et sp.indet. →エビグモの1種 …… 75
Philonix philonix →フィロニクス フィロニクス ……350
Philonix sp. →フィロニクスの一種 ……350
Philyra sp.cf.*P.heterograna* →ヘリトリコブシ近似種 ……395
Phimatoceras eingoli →フィマトセラス・エインゴリイ ……349
Phiomia →フィオミア ……348
Phiomia serridens →フィオミア ……349
Phlaocyon →フラオキオン ……364
Phlebolepis →フレボレピス ……376
Phlebolepis elegans →フタボレピス ……358
Phlebopteris →フレボプテリス ……376
Phlebopteris Takahashii ……529
Phlegethontia →フレゲトンティア ……374
Phlyctisoma minuta →フリクティソマ・ミヌタ ……371
Phobosuchus hatcheri →ホボスクス ……406
Pholadomya →フォラドミア ……352
Pholadomya ambigua →フォラドミア ……352
Pholadomya cf.*margaritacea* →ミツカドウミタケモドキ ……429
Pholadomya glabra →フォラドマイア・グラブラ ……352
Pholadomya somensis ……529
Pholadomya sp. →フォラドミア属の種 ……352
Pholadomya takashimensis →タカシマウミタケモドキ ……234
Pholadomya tuberculata ……529
Pholadomya (*Bucardiomya*) *miyamotoi* →フォラドマイア(ブカルディオマイヤ)・ミヤモトイ ……352
Pholidocercus sp. →フォリドケルクス ……352
Pholidophorus →フォリドフォルス ……352
Pholidophorus bechei →フォリドフォルス・ビーチェイ ……353
Pholidophorus bechli →フォリドフォラス ……352
Pholidophorus elongatus →フォリドフォルス・エロンガトゥス ……352
Pholidophorus macrocephalus →フォリドフォルス・マクロケファルス ……353
Pholidophorus micronyx →フォリドフォルス・ミクロニクス ……353
Pholidophorus sp. →フォリドフォルス属の種 ……352
Pholidophorus (?) *falcifer* →フォリドフォルス(?)・ファルキファー ……353
Pholidopleurus typus →フォリドプリゥルス・ティプス ……353
Pholidostrophia sp. ……529
Phorcynis catulina →フォルキニス・カトゥリナ ……353
Phorcynis (?) sp. →フォルキニス属(?)の種 ……353
Phormedites sp. →フォルメディテスの一種 ……353
Phormosoma bursarium →ナマハゲフクロウニ ……288
Phorusrhacos inflatus →フォルスラコス ……353
Phorusrhacos longissimus →フォルスラコス・ロンギシムス ……353
Phorusrhacus →フォルスラクス ……353
Phorusrhacus inflatus →フォルスラコス・インフラトゥス ……353
Phos iwakianus →イワキトクサバイ …… 51
Phos iwakianus fujinaensis →フジナトクサバイ ……356
Phos minoensis →ミノトクサバイ(新) ……431
Phos miyagiensis →ミヤギバイ ……434
Phos nipponicus →ニッポントクサバイ ……292
Phos notoensis →ノトトクサバイ ……303
Phos (*Coraeophos*) *iwakianus* →イワキトクサバイ …… 51
Phosphatherium →フォスファテリウム ……352
Phosphatherium escuilliei →フォスファテリウム ……352
Phosphorosaurus ponpetelegans →フォスフォロサウルス・ポンペテレガンス ……352
Phragmites oeningensis →ヨシ ……467
Phragmolites dyeri →ファラゴモリテス・ディエリ ……348
Phragmophora sp. ……529
Phricodothyris insolita →フリコドティリス・インソリタ ……371
Phricodothyris sp. →フリコドティリスの1種 ……371
Phricodothyris subrostrata →フリコドティリス・サブロストラータ ……371
Phricodothyris tyoanjiensis ……529

Phthinosuchus →フティノスクス……360
Phuwiangosaurus →プウィアンゴサウルス……351
Phyllacanthus dubius →バクダンウニ……310
Phyllites sp. →広葉樹の葉体……158
Phylloceras →フィロセラス……350
Phylloceras ausonium……529
Phylloceras cf.*P.velladae* →フィロセラス……350
Phylloceras emeryi……529
Phylloceras empedoclis furlensis……529
Phylloceras heterophyllum →フィロセラス・ヘテロフィラム……350
Phylloceras inflatum →フィロセラス・インフラータム……350
Phylloceras isotypum apenninica……529
Phylloceras isotypum subsp.*apenninica*……529
Phylloceras loczy……529
Phylloceras selinoides……529
Phylloceras serum……529
Phylloceras sp. →フィロセラスの一種……350
Phyllocoenia irradians →フィロコエニア・イラディアンス……350
Phyllodus toliapicus →フィロドゥス……350
Phyllograptus sp. →フィログラプタスの一種…350
Phyllograptus typus →フィログラプタス・ティプス……350
Phyllopachyceras ezoense →フィロパキセラス・エゾエンゼ……351
Phyllopertha(?) sp.……529
Phylloporina furcata →フィロポリナ・フルカタ……351
Phyllosmilia didymorphia →フィロスミリア・ディディモルフィア……350
"*Phyllosoma* sp.*form D*" →「フィロソマ属(D型)」……350
Phyllostachys sp. →ヤダケ属の1種……459
Phyllothallus elongatus →フィロタルス・エロンガトゥス……350
Phyllothallus sp. →フィロタルス属の種……350
Phymatoceras erbaense……529
Phymatoceras iserense……529
Phymatoceras mavigliai……529
Phymatoceras meneghinii……529
Phymatoceras merlai……529
Phymatoceras muelleri……529
Phymopedina sp. →フィモペディナ属の種……349
Phymosoma →ピュモソマ……342
Phymosoma koenigi →フィモソマ……349
Phymosoma sp. →フィモソマ属の種……349
Physeterula sp. →フィセテルラ……349
Physodoceras cfr.*montesprini*……529
Physodoceras cyclotum cyclotum……529
Physophyllia ayleni →トゲナシハナガタサンゴ……274
Physophyllia sp. →トゲナシハナガタサンゴの1種……274
Phytosaurus →フィトサウルス……349
Piatnitzkysaurus →ピアトニツキサウルス……331
Picea →トウヒ属の花粉……271
Picea bicolor →イラモミ……50
Picea kaneharai →カネハラトウヒ……107
Picea koribai →オオバラモミ……85
Picea sp. →ピケア……334
Picea sp.cf.*maximowiczii* →ヒメバラモミに比較される種……341
Picea ugoana →ウゴトウヒ……56
Pictonia baylei →ピクトニア・ベイレイ……333
Pictothyris picta →コカメガイ……159
Piestochilus laevigatus……529
Pietteia cretacea →ピーテイア・クレタセア……336
Pikaia →ピカイア……332
Pikaia gracilens →ピカイア・グラシレンス……332
Pila fukamiensis →ピラ・フカミエンシス……343
Pilina sp. →ピリナ……344
Pillucina pisidium →ウメノハナガイ……60
Pillucina yokoyamai →ヨコヤマウメノハナガイ……466
Pinacosaurus →ピナコサウルス……337
Pinctada(*Eopinctada*) *matsumotoi* →ピンクターダ(エオピンクターダ)・マツモトイ……345
Pingrrigemmula okinavensis →ハチマキシャジク……313
Pinguinus impennis →ピングイヌス・インペンニス……345
Pinna →ピンナ……345
Pinna cf.*mitis*……529
Pinna hartmanni →ピンナ……345
Pinna sp. →ピンナ属の種……345
Pinna(*Plesiopinna*) *atriniformis* →ピンナ(プレシオピンナ)・アトゥリニフォルミス……345
Pinnularia borealis →ピンヌラリア・ボリアリス……345
Pinus →マツ属の花粉……419
Pinus fujiii →フジイマツ……355
Pinus koraiensis →チョウセンマツ……245
Pinus mesothunbergi →クロマツの1種の翼種子……149
Pinus oishii →オオイシマツ……83
Pinus palaeopentaphylla →ムカシゴヨウ……438
Pinus protodiphylla →ピヌス・プロトディフィラ……337
Pinus sp. →マツ属の未定種……419
Pinus trifolia →オオミツバマツ……86
Pinus(*Diploxylon?*) sp.……529
Pinuspollenites divulgatus →ピヌスポルレニテス・ディウルガトゥス……337
Piocormus laticeps →ピオコルムス・ラティケプス……332
Pirania muricata →ピラニア……343
Pisanosaurus →ピサノサウルス……334
Pisinnocaris subconigera →ピシンノカリス・スブコニゲラ……335
Pistacia miochinensis →ムカシトリバハゼノキ……439
Pistosaurus →ピストサウルス……335
Pitar itoi →イトウハマグリ……47
Pitar kyushuensis →キュウシュウハマグリ……127
Pitar matsumotoi →マツモトハマグリ……420
Pitar sunakozakaensis →スナコザカハマグリ‥218
Pitar? sp. →ユウカゲハマグリの仲間……462
Pitar(*Pitar*) *rudis rudis*……529
Pitar(*Pitarina*) *semeliformis* →アサジハマグリ……13
Pithanotaria starri →ピタノタリア……335
Pityosporites kotakiensis……530
Pityostrobus dunkeri →ピティオストロブス……336
Placamen tiara →ハナガイ……314
Placenticeras →プラセンチセラス……366
Placenticeras costatum →プラセンティセラス・コスタータム……367
Placenticeras intercalare →プラセンティセラ

ス・インターカラレ ……367
Placenticeras meeki →プラセンティセラス・ミーキィ ……367
Placenticeras placenta →プラセンティセラス・プラセンタ ……367
Placenticeras sp. →プラセンチセラスの一種……366
Placerias →プラケリアス ……366
Placochelys →プラコケリス ……366
Placochelys placodonta →プラコケリス ……366
Placocystites forbesianus →プラコキスチテス ……366
Placodus →プラコドゥス ……366
Placodus gigas →プラコダス・ギガス ……366
Placopecten nomurai →ノムラツキヒ ……304
Placopecten protomollitus →ムカシホソスジホタテガイ ……440
Placopecten setanaensis →セタナツキヒ ……225
Placopecten (s.s.) *setanaensis* →セタナツキヒ ……225
Placopecten (s.s.) *wakuyaensis* →ワクヤツキヒ ……491
Placophylla sp. →プラコフィラ ……366
Plaesiomys holdeni ……530
Plaesiomys sugguadrata ……530
Plaesiomys (*Plaesiomys*) *subquadrata* →プレジオミス(プレジオミス)・サブコードラータ ……375
Plagioglypta sp. →プラギオグリプタ属の未定種 ……364
Plagioglypta sp.cf.*P.priscum* →ツノガイの1種 ……248
Plagiolophus annectens →プラギオロフス・アネクテンス ……365
Plagiolophus ezoensis ……530
Plagiomene sp. →プラジオメネ ……366
Plagiostoma giganteum →プラギオストマ・ギガンテウム ……365
Plagiostoma sp. →プラジオストマ属の未定種 ……366
Planammatoceras hosourense →プラナマトセラスの1種 ……369
Planaosphinctes chibai ……530
Planaosphinctes hosourense ……530
Planaosphinctes kitakamiense ……530
Planera ezoana →エゾプラネラ ……72
Planetetherium →プラネテテリウム ……369
Planetoceras globatum ……530
Planocephalosaurus →プラノケファロサウルス ……369
Planoproductus gigantoides ……530
Planorbis euomophalus →プラノルビス・エウオムパルス ……369
Planularia baso ……530
Plataleorhynchus →プラタレオリンクス ……367
Platanus →プラタナス ……367
Platanus aceroides →カエデスズカケ ……99
Platanus chaneyi →タカシマスズカケ ……234
Platanus Huziokae →フジオカスズカケ ……355
Platanus mabutii →マブチスズカケ ……420
Platanus tsuyazakiensis →ツヤザキスズカケ ……249
Platax altissimus →プラタクス ……367
Platecarpus →プラテカルプス ……369
Platecarpus tympaniticus →プラテカルプス・ティンパニティクス ……369
Plateosaurus →プラテオサウルス ……368
Plateosaurus eslenbergiensis →プラテオサウルス ……369
Plateumaris sericea →スゲネクイハムシ ……210
Platybelodon →プラティベロドン ……368
Platybelodon grangeri →プラチベロドン ……367
Platycarya hokkaidoensis →キタノグルミ ……122
Platyceras anguis →プラティセラス・アンギュイス ……368
Platyceras haliotis →プラティケラス ……368
Platyceras sp. →プラチセラス属の未定種 ……367
Platyceras (*Orthonychia*) sp. →プラチセラスの1種 ……367
Platyceras (*Platystoma*) *ventricosum* →プラティセラス(プラティストマ)・ベントリコーサム ……368
Platychelys oberndorferi →プラティケリス・オベルンドルフェリ ……368
Platycrinus asiatica →プラティクリヌスの1種 ……368
Platycrinus asiaticus ……530
Platycrinus brevinodus →プラティクリヌス・プレビノダス ……368
Platycyathus sp. →プラチシアツスの1種 ……367
Platygonus →プラティゴヌス ……368
Platyhystrix →プラティヒストリクス ……368
Platyodon japonica →ニッポンスヂオオノガイ(新) ……292
Platypittamys sp. →プラティピタミス ……368
Platyplateium sp. →プラティプラテウム属の未定種 ……368
Platypterygius →プラティプテリギウス ……368
Platypterygius australis →プラティプテリギウス ……368
Platyrachella oweni ……530
Platyrhina bolcensis →プラチリナ・ボルケンシス ……367
Platyschisma oculum →プラティシスマ・オキュルム ……368
Platyschisma rotunda →プラチスキスマ・ロツンダ ……367
Platyscutellum tafilaltense →プラティスキュテラム タフィラルテンセ ……368
Platysomus →プラティソムス ……368
Platystrophia →プラティストロフィア ……368
Platystrophia biforata →プラティストロフィア ……368
Platystrophia cypha ……530
Platystrophia ponderosa →プラティストロフィア・ポンデロサ ……368
Platystrophites latus ……530
Platysuchus →プラティスクス ……368
Plecia intima →ナカヨシトゲナシケバエ ……286
Plecia kanetakii →カネタキトゲナシケバエ ……107
Plectodina onychodont →コノドント類 ……166
Plectofrondicularia nogataensis ……530
Plectorthis fissicosta ……530
Plegiocidaris coronata →プレギオキダリス ……374
Plegiocidaris sp. →プレギオキダリス属の種 ……374
Plenasium lignitum →タカシマゼンマイ ……234
Plenoceras costatum ……530
Plerophyllum hidense ……530
Plesiadapis →プレシアダピス ……375
Plesictis →プレシクティス ……375
Plesiochelys sp. →プレシオケリス属の種 ……375
Plesiocidaris durandi →プレシオキダリス・ドゥランディ ……375
Plesiolampas saharae →プレシオラムパス ……375
Plesioptygmatis buchi →プレジオプティグマティス・ブッキイ ……375

Plesiosauria fam.&gen.et sp.indet. →長頸竜目未定種の前肢骨……245
Plesiosauria, gen.et sp.indet. →フタバスズキリュウ……358
Plesiosauroidea gen.et sp.indet. →長頸竜類(プレシオサウルス上科)未定種の歯……245
Plesiosaurus →プレシオサウルス……375
Plesiosaurus hawkinsi →プレシオサウルス・ホウキンシ……375
Plesiosaurus macrochephalus →プレシオサウルス・マクロケファルス……375
"Plesiosaurus" sp. →"プレジオザゥルス"……375
Plesioteuthis prisca →プレシオトイティス・プリスカ……375
Pleuracanthus senilis →プレウラカンタス……373
Pleuroceras spinatum →プリゥロセラス・スピナータム……370
Pleuroceras spinatum var.*buckmanni*……530
Pleurocystes rugeri →プレウロキステス……373
Pleurocystites filitextus →プレウロキスチテス……373
Pleurodictyum problematicum →プレウロディクチウム・プロブレマチクム……374
Pleurodictyum sp. →プレウロディクティウム……374
Pleurogrammatodon splendens……530
Pleuromya forsbergi nipponica……530
Pleuromya hashidatensis……530
Pleuronectites hirabarensis……530
Pleuropholis laevissima →プレウロフォリス・ラエヴィシマ……374
Pleuropholis longicauda →プレウロフォリス・ロンギカウダ……374
Pleuropugnoides pleurodon →プレウロプグノイデス……374
Pleurosaurus →プレウロサウルス……373
Pleurosaurus ginsburgi →プレウロサウルス・ギンスブルギ……373
Pleurosaurus goldfussi →プレウロサウルス・ゴルトフシ……373
Pleurotomaria aff.*multicarinatum*……530
Pleurotomaria anglica →腹足類……354
Pleurotomaria constricta →プリゥロトマリア・コンストリクタ……370
Pleurotomaria deshayesii →プレウロトマリア……374
Pleurotomaria sp. →プレウロトマリア属の未定種……374
Pleurotomaria yokoyamai →ヨコヤマオキナエビス(新)……466
Pleydellia aalensis →プレイデリア・アーレンシス……373
Plicarostrum depressum……530
Plicatifera plicatilis……530
Plicatouhio naktongensis multiplicatus →プリカトウニオ・ナクトンゲンシス・マルチプリカータス……371
Plicatounio naktongensis……530
Plicatula cf.*muricata* →モグラノテ……453
Plicatula hekiensis →プリカチュラ・ヘキエンシス……371
Plicatula praenipponica……530
Plicatula spinosa →プリカテュラ・スピノーサ……371
Plicatula tubifera →プリカテュラ・テュビフェラ……371
Pliohippus →プリオヒップス……371
Pliopentalagus sp. →プリオペンタラグス……371
Pliopithecus →プリオピテクス……371
Pliosauroidea →プリオサウルス類……370
Pliosaurus →プリオサウルス……370
Pliosaurus ferox →プリオサウルス・フェロクス……370
Pliosaurus funkei →プリオサウルス・フンケイ……370
Plocoscyphia →プロコスキフィア属の海綿……377
Plocoscyphia labrosa →プロコスキフィア・ラブロサ……377
Plotopteridae gen.et sp.indet. →ペンギンモドキ(プロトプテルム科の未定種)……399
Plotopterum →プロトプテルム……381
Plotosaurus →プロトサウルス……380
Plotosaurus bennisoni →プロトサウルス……380
Podabachia elegans lobata……530
Podabacia elegans lobata forma vanderhorsti →ポダバキア・エレガンス・ロバータ……403
Podocarpidites ornatus →ポドカルピディテス・オルナトゥス……404
Podocarpus reinii →ラインマキ……468
Podocarpus tedoriensis →テドリマキ……266
Podocarpus yokoyamai →ヨコヤママキ……467
Podogonium knorrii →ポドゴニウムの1種……404
Podokesaurus →ポドケサウルス……404
Podozamites →ポドザミテス属のソテツ類……404
Podozamites concinnus……530
Podozamites distans osawae……530
Podozamites lanceolatus →ヤナギバサヤガタソテツ……459
Podozamites reinii →ポトザミテス・レイニイ……404
Podozamites sp. →ポドザミテス属の種……404
Poebrotherium →ポエブロテリウム……401
Poëbrotherium labiatum →ペブロテリウム……391
Poekilopleuron →ポエキロプレウロン……401
Poikiloporella japonica →ポイキロポレラの1種……400
Polacanthus →ポラカントゥス……408
Polacanthus foxii →ポラカンタス……408
Polemita discors →ポレミタ・ディスコルス……411
Poleumita discors →ポリゥミータ・ディスコルス……409
Polyblastidium racemosum →ポリブラスティディウム……410
Polycotylidae →ポリコティルス類……409
Polycotylus →ポリコティルス……409
Polydesmoidea gen.et sp.indent. →ヤスデ類の未定種……458
Polygonum megalophyllum →シャナブチタデ……196
Polymerichthys nagurai……530
Polymerichtys nagurai →ホウライミズウオ……401
Polymesoda convexa →ポリメソダ……410
Polymorphina charlottensis……531
Polynemamussium alaskense →アラスカニシキ……27
Polynemamussium intuscostatum →モトリニシキ……455
Polynemamussium yasudae →ヤスダニシキ……458
Polyplectus policostatus……531
Polypora fujimotoi →ポリポラの1種……410
Polyptychites sp.……531
Polyptychoceras →ポリプチコセラス……409
Polyptychoceras haradanum →ポリプティコセラス・ハラダナム……410
Polyptychoceras pseudogaultinum →ポリプチコセラス・シュードゴルチナム……409
Polyptychoceras sp. →ポリプチコセラスの一

種 ……410
Polyptychoceras subquadratum →ポリプチコセラス・サブクアドラタム ……409
Polyptychoceras (*Polyptychoceras*) *subquadratum* →ポリプティコセラス（ポリプティコセラス）・サブコードラータム ……410
Polyptychoceras (*Subptychoceras*) *jimboi* →ポリプチコセラス（サブプチコセラス）・ジンボイ ……409
Polyptychodon interruptus →ポリプティコドン・インターラプタス ……410
Polytychoceras haradanus ……531
Pompiloperus sp, →ポンピロペルス属の一種 ……412
Ponticeras sp. →ポンティセラスの一種 ……412
Pontocythere subjaponica →ポントシセレ・サブジャポニカ ……412
Populus →ポプラ ……405
Populus aizuana →アイズヤマナラシ ……3
Populus balsamoides →ムカシオオドロノキ ……437
Populus latior ……531
Populus sambonsgii →サンボンスギヤマナラシ ……184
Populus sanzugawaensis →サンズガワドロノキ ……183
Populus sp. →ハコヤナギ属の1種 ……311
Porosphaera →ポロスパエラ ……411
Porpites porpita →ポルピテス・ポルピータ ……410
Portalia mira →ポルタリア ……410
Portlandia watasei →ワタセベッコウキララ ……492
Portlandia (*Megayoldia*) *gratiosa* →フジナベッコウキララガイ ……356
Portlandia (*Megayoldia*) *thraciaeformis* →フネソデガイ ……363
Portlandia (*Megayoldia*) *yotsukurensis* →ヨツクラソデガイ ……468
Portlandia (*Portlandella*) *ovata* →フナガタソデガイ ……363
Portlandia (*Portlandella*) *watasei* →ワタセベツコウキララ ……492
Portunites stintoni →ポルツニテス ……410
Posidonia radiata →ポシドニア ……402
"Posidonia" sp. →「ポシドニア」属の種 ……402
Posidonia wengensis →ポシドニア・ウェンゲンシス ……402
Posidonotis dainellii →ポシドノーチス・ダイネリイ ……402
Postosuchus →ポストスクス ……402
Potamaclis →ポタマクリス ……403
Potamocorbula amurensis →ヌマコダキガイ ……295
Potamogeton maackianus →センニンモ ……229
Potamogeton malayanus →ササバモ ……177
Potamomya plana →ポタモミア ……403
Potamotherium →ポタモテリウム ……403
Praecaprotina yaegashii ……531
Praeconia tetragona →プレコニア・テトラゴナ ……374
Prasmoporella minutissima →プラズモポレラ・ミヌティシマ ……366
Pravamussium sp. →プラバムシウム属の未定種 ……369
Pravitoceras →プラビトセラス ……369
Pravitoceras sigmoidale →プラビトセラス・シグモイダーレ ……369
Premocyathus compressum →ムシバサンゴ ……441
Prenocephale →プレノケファレ ……376
Preondactylus →プレオンダクティルス ……374
Presbyornis →プレスビオルニス ……376
Presbyornis pervetus →プレスビオルニス・ペルヴェトゥス ……376
Prestosuchus →プレストスクス ……375
Prestwichia →プレストウィキア属 ……375
Primaevifilum amoenum →プリマエヴィフィルム・アモエヌム ……372
Primaevifilum delicatulum →エイペックス・チャート ……62
Primapus lacki →プリマプス ……372
Primaspis (?) *tanakai* →プリマスピス（?）・タナカアイ ……372
Prioniodina (?) sp. ……531
Prionocheirus mendax →プリオノケイルス メンダックス ……371
Prionocidaris baculosa annulifera →ノコギリウニ ……301
Prionocidaris bispinosa ……531
Prionocidaris sp. →ノコギリウニ属の棘 ……301
Prionocidaris spp. →ノコギリウニの類 ……301
Prionocyclus aberrans →プリオノサイクルス・アベランス ……371
Prionorhynchia aff. *latifrons* ……531
Prionorhynchia flabellum ……531
Prionorhynchia quinqueplicata →プリオノリンキア・クインクエプリカタ ……371
Prionorhynchia serrata ……531
Prionorhynchia undata ……531
Priscacara →プリスカカラ ……371
Priscacara liops →プリスカカラ ……371
Priscileo →プリスシレオ ……371
Prismopora nipponica →プリズモポラの1種 ……372
Pristichampsus →プリスティチャンプスス ……371
Pristiophorus lineatus →ノコギリザメ属の1種 ……301
Proarcestes sp. →プロアルセステスの一種 ……376
Proarcestes subtridentinus ……531
Probactrosaurus →プロバクトロサウルス ……382
Probaicalia gerassimovi →プロバイカリア・ゲラッシモウィの殻 ……382
Probelesodon →プロベレソドン ……384
Procalosoma minor →プロカロソマ・ミノル ……377
Procamelus →プロカメルス ……376
Procarabus zitteli →プロカラブス・ツィッテリ ……377
Proceratosaurus →プロケラトサウルス ……377
Proceratosaurus bradleyi →プロケラトサウルス ……377
Prochrysochloris miocaenicus →プロクリソクロリス ……377
Prochrysomela jurassica →プロクリソメラ・ジュラシカ ……377
Procolophon trigoniceps →プロコロフォン ……377
Procompsognathus →プロコンプソグナトゥス ……378
Procompsognathus triassicus →プロコムプソグナタス ……377
Proconsul →プロコンスル ……377
Proconsul africanus →プロコンスル ……378
Procoptodon →プロコプトドン ……377
Procoptodon goliah →プロコプトドン ……377
Procoscyphia? sp. →プロコスキフィア?の1種 ……377
Procynosuchus →プロキノスクス ……377
Prodactylioceras bollense →プロダクティリオセラス・ボレンゼ ……378

Prodentalium neornatum →ツノガイの1種……248
Prodinoceras sp. →プロディノケラス……379
"Productus" cf. *aculeatus*……531
Productus cf. *caperata*……531
Productus cora →プロダクタス・コラ……378
Productus giganteus edelburgensis……531
Productus gruenwaldti……531
Productus productus →プロドゥクツス……379
Productus semireticulatus……531
Productus (*Dictyoclostus*) cf. *margaritatus*……531
Productus (*Dictyoclostus*) *gratiosus*……531
Proetus →プロエタス……376
Proetus foculus →プレタス フォクルス……376
Proetus sp. →プロエタス属の未定種……376
Proetus subovalis →プロエタス・サブオバリス……376
Proetus (*Coniproetus*) *fukujiensis* →プロエタス(コニプロエタス)・フクジエンシス……376
Proeuthemis →プロエウテミス……376
Profundinassa babylonica →バビロンアラレバイ……315
Profusulinella beppensis →プロフズリネラの1種……382
Progalesaurus →プロガレサウルス……377
Proganochelys →プロガノケリス……376
Proganochelys quenstedti →プロガノケリス・クエンステディ……376
Prognathodon →プログナソドン……377
Prognathodon? →プログナソドン近縁種……377
Prohemeroscopus jurassicus →プロヘメロスコプス・ジュラシクス……384
Prohirmoneura jurassica →プロヒルモネウラ・ジュラシカ……382
Prohyrax hendeyi →プロハイラックス……382
Prolecanites sp.……531
Prolibytherium →プロリビテリウム……385
Proliserpula ampullacea →プロリセルプラ……385
Prolyelliceras sp. →プロライエリセラスの一種……385
Prolystra lithographica →プロリストラ・リトグラフィカ……385
Promathildia sp.ex.gr.*turritella*……531
Promerycocherus carikeri →プロメリコケルス……384
Promerycochoerus →プロメリココエルス……384
Promicroceras →プロミクロケラス……384
Promicroceras planicostata →プロミクロセラス・プラニコスタータ……384
Promicroceras planicostum →プロミクロセラス・プラニコスタム……384
Promissum →プロミッスム……384
Promissum pulchrum →プロミッスム・プルクルム……384
Promytilus maiyensis →プロミチルス・マイエンシス……384
Propachyrucos sp. →プロパキルコス……382
Propalaehoplophorus auslalis →プロパラエホプロホルス……382
Propalaeohoplophorus sp. →プロパレオホプロフォルス……382
Propalaeotherium →プロパラエオテリウム……382
Propeamussium cowperi yubarense……531
Propeamussium sp. →プロペアムシウム属の未定種……384
Propeamussium tateiwai →タテイワツキヒ……237
Propebela cf.*turricula* →キタノコウシツブ……122
Propebella kagana →カガニヨリマンジ……100
Propilina meramecenis →プロピリナ・メラメケニス……382
Propinacoceras aff.*galilaei*……531
Proplina →プロプリナ……383
Propliopithecus →プロプリオピテクス……383
Propora affinis →プロポラ・アフィニス……384
Propraopus sp. →プロプラオプス……383
Propterus elongatus →プロプテルス・エロンガトゥス……382
Propterus elongatus, form I →プロプテルス・エロンガトゥス(I型)……382
Propterus elongatus, form II →プロプテルス・エロンガトゥス(II型)……383
Propterus elongatus, form III →プロプテルス・エロンガトゥス(III型)……383
Propterus microstomus →プロプテルス・ミクロストムス……383
Propygolampis bronni →プロピゴラムピス・ブロンニ……382
Prorastomus →プロラストムス……385
Prorotodactylus →プロロトダクティルス……385
Prosalirus →プロサリルス……378
Prosaurolophus →プロサウロロフス……378
Prosaurolophus maximus →プロサウロロフス……378
Proscinetes elegans →プロスキネテス・エレガンス……378
Proscorpius →プロスコルピウス……378
Prosogyrotrigonia inouyei……531
Prosqualodon →プロスクアロドン……378
Prostenophlebia jurassica →プロステノフレビア・ジュラシカ……378
Prosthennops sp. →プロステノプス……378
Protacarus crani →プロタカルス・クラニ……378
Protancyloceras →プロタンキロセラス……379
Protapirus sp. →プロタピルス……379
Protarchaeopteryx →プロトアーケオプテリクス……379
Protenrec tricuspis →プロテンレック……379
Proterato minoensis →ミノザクロガイ……431
Proterogomphus renateae →プロテロゴムフス・レナテアエ……379
Protetragonites quadrisulcatum……531
Protexanites fukazawai →プロテキサニテス・フカザワイ……379
Protiguanodon mongoliensis →プロトイグアノドン……379
Protitanotherium →プロティタノテリウム……379
Protitanotherium koreanicum →プロタイタノテリゥム・コレアニクム……378
Protobrama →プロトブラマ……381
Protocardia ibukii……531
Protocardia kurumensis →プロトカルディア・クルメンシス……379
Protoceras →プロトケラス……380
Protoceratops →プロトケラトプス……380
Protoceratops andrewsi →プロトケラトプス・アンドリューシ……380
Protocetus →プロトケトゥス……380
Protocinctus mansillaensis →キンクタン……131
Protoclytiopsis dubia →プロトクリチオプシス・ドゥビア……380
Protoconiferus funarius →プロトコニフェルス・フナリウス……380

Protocyprina naumanni →プロトシプリナ・ナウマニイ……380
Protogrammoceras celebratum……531
Protogrammoceras meneghinii……531
Protogrammoceras nipponicum →プロトグランモセラスの1種……380
Protogrammoceras onoi →プロトグランモセラス・オノイ……379
Protohadros →プロトハドロス……381
Protoholothuria(?) sp. →プロトホロツリア属(?)の種……381
Protolindenia wittei →プロトリンデニア・ヴィッテイ……382
Protomyrmeleon jurassicus →プロトミルメレオン・ジュラシクス……381
Protonemestrius jurassicus →プロトネメストリウス・ジュラッシクス……381
Protonemestrius sp. →プロトネメストリウス属の一種……381
Protopaleodictyon sp. →プロトパレオディクティオンの1種……381
Protophyllum obovatum……531
Protophyllum sternbergii……531
Protopriapulites haikouensis →プロトプリアプリテス・ハイコウエンシス……381
Protopsephurus liui →プロトプセフルス・リウイ……381
Protopsyche braueri →プロトプシケ・ブラウエリ……381
Protopteryx fengningensis →プロトプテリクス・フェンニンゲンシスの完模式標本……381
Protoretepora hayasakae →プロトレテポラの1種……382
Protorohippus →プロトロヒップス……382
Protorosaurus →プロトロサウルス……382
Protorosaurus speneri →プロトロサウルス……382
Protorotella shukuborensis →シュクボラキサゴ……198
Protorotella yuantaniensis……532
Protospinax annectans →プロトスピナクス・アネクタンス……380
Protospinax sp. →プロトスピナクス……380
Protospinax(?) sp. →プロトスピナクス属(?)の種……380
Protospongia hicksi →プロトスポンギア……381
Protospongia rhenana →プロトスポンギア・レナナ……381
Protosuchus →プロトスクス……380
Protosuchus richardsoni →プロトスクス・リチャードソニ……380
Protothaca(*Notochione*) *jedoensis* →オニアサリ……91
Protrachyceras reitzi →プロトラキセラスの1種……381
Protrachyceras sp.cf.*P.pseudoarchelaus* →プロトラキセラスの1種……381
Protriticites sp., aff.*P.matsumotoi* →プロトリテシテス属の1種……382
Protula sp. →ナガレカンザシの1種……286
Protungulatum →プロトウングラトゥム……379
Protylopus →プロティロプス……379
Protypotherium →プロティポテリウム……379
Protypotherium australe →プロチポテリウム……379
Prunus protossiori →ムカシヤマザクラ……441
Prunus rubeshibensis →ルベシベザクラ……482
Psammocora profundacella →アミメサンゴ……25
Psammocora superficialis →サモコーラ・スーパーフィシァリス……180
Psaronius →プサロニウス……355
Psephoderma
→プセフォデルマ……358
→プセフォデルマ属に似る装甲のある板歯類……358
Psephoderma alpinum →プセフォデルマ・アルピヌム……358
Pseudaganides franconicus →プセウドアガニデス・フランコニクス……357
Pseudagnostus sp.cf.*P.cyclopyge* →シューダグノスタスの一種……198
Pseudamiantis pinguis……532
Pseudamiantis sendaica →センダイヌノメハマグリ……229
Pseudamiantis tauyensis →タウエヌノメハマグリ……233
Pseudarinia yushugouensis →プセウダリニア・ユシュゴウエンシスの殻……357
Pseudasaphis japonioca →シュードアサフィス・ジャポニカ……198
Pseudaspidoceras kawashitai →シュードアスピドセラス・カワシタイ……198
Pseudastacus pustulosus →プセウダスタクス・プストゥロスス……357
Pseudasthenocormus retrodorsalis →プセウドアステノコルムス・レトロドルサリス……357
Pseudeeponides japonicus……532
Pseudoastrodapis nipponicus →シュードアストロダピスの1種……198
Pseudoastrodopsis nipponicus……532
Pseudobagrus ikiensis →イキムカシギギ……41
Pseudobarroisiceras compressum →シュードバロイシセラス・コンプレッサム……199
Pseudobatostomella igoi →シュードバトストメラの1種……199
Pseudobatostomella kobayashii →シュードバトストメラの1種……199
Pseudocardia cf.*tenuicosta*……532
Pseudocaudina brachyura →プセウドカウディナ・ブラキウラ……357
Pseudochaetetes shigensis……532
Pseudococcolithus fusiformis……532
Pseudococcolithus nodulosus……532
Pseudococcolithus oblongus……532
Pseudococcolithus reticulatus……532
Pseudocrinites bifasciatus →シュードクリニテス……198
Pseudocrinus →プセウドクリヌス……357
Pseudoctenis brevipennis……532
Pseudoctenis sp. →ニセクシバソテツの1種……290
Pseudocycas sp. →ニセソテツの葉体の1種……290
Pseudocyclammina lituus……532
Pseudocynodictis gregarius →プセウドキノディクチス……357
Pseudodiadema lithographica →プセウドディアデマ・リトグラフィカ……357
Pseudodoliolina ozawai →シュウドドリオリナの1種……197
Pseudodorlodtia kakimii……532
Pseudoemiliania lacunosa →シュードエミリアニア・ラクノーサ……198
Pseudofarrella garatei……532
"*Pseudofavosites*" sp. →"シュードファボシテス"……199
Pseudofusulina kraffti magna →シュウドフズ

リナの1亜種……197
Pseudofusulina parvula……532
Pseudofusulina prisca……532
Pseudofusulina santyuensis……532
Pseudofusulina vulgaris →シュウドフズリナの1種……197
Pseudofusulina vulgaris solida……532
Pseudogaleodea tricarinata →シュードガレオデア・トゥリキャリナータ……198
Pseudoganides sp. →シュードガニデス属の未定種……198
Pseudogastrioceras zitteili →シュードガストリオセラス・チッテイリー……198
Pseudogibbirhynchia sordelli……532
Pseudogrammoceras subfallaciosum……532
Pseudogryllacris propinqua →プセウドグリラクリス・プロピンクア……357
Pseudogygites canadensis →シュードギギテスカナデンシス……198
Pseudogygites latimarginatus →シュードギギテス・ラチマルギナツス……198
Pseudogyroporella mizziaformis →スードギロポレラの1種……216
Pseudohesperosuchus →シュードヘスペロスクス……199
Pseudohornera bifida →シュードホルネラ・ビフィダ……200
Pseudohydrophilus avitus →プセウドヒドロフィルス・アヴィトゥス……358
Pseudoinquisitor(?) *pulchra* →ヨナバルヌノメツブ……468
Pseudoiulia cambriensis →プセウドイウリア・カムブリエンシス……357
Pseudojacobites rotalinus →シュードジャコバイテス・ロタリナス……199
Pseudolarix japonica →ムカシイヌカラマツ……437
Pseudolatirus yanabaruensis →ヨナバルツノマタ……468
Pseudoleonaspis sp. →シュードレオナスピスの一種……200
Pseudoleptodus sp. →シュードレプトダス属の未定種……200
Pseudoliotia motobuensis →モトブヒメカタベ……455
Pseudoliva laudunensis →シュードリヴァ……200
Pseudomelania elegantula →シュードメラニア・エレガンチュラ……200
Pseudomercaticeras sp.……532
Pseudomyrmeleon extinctus →プセウドミルメレオン・エクスティンクトゥス……358
Pseudonautilus sp. →プセウドナウティルス属の種……358
Pseudononion japonicum……532
Pseudoparalegoceras compressum →シュードパラレゴセラスの1種……199
Pseudopavona taisyakuana →シュウドパボウナの1種……197
Pseudoperissitys bicarinata →シュードペリシティス・ビキャリナータ……200
Pseudoperissolax yokoyamai →ヨコヤマオニコブシ……467
Pseudopermophorus uedai →シュードペルモフォルスの1種……200
Pseudophillipsia obtunicauda……532
Pseudophillipsia obtusicauda →シュードフィリップシア・オブツシコゥダ……199
Pseudophillipsia spatulifera →シュードフィリップシア・スパチュリフェラ……199
Pseudophorus sp. →シュードフォラス属の未定種……199
Pseudorca yokoyamai →ヨコヤマイルカ……466
Pseudorhina alifera →プセウドリナ・アリフェラ……358
Pseudorhina minor →プセウドリナ・ミノル……358
Pseudorhombus sonei sp.nov. →ソネビラメ……230
Pseudorthoceras noxense →シュードルソセラス・ノクセンゼ……200
Pseudosaccocoma japonica →シュードサッココーマ・ジャポニカ……198
Pseudosalenia aspera →プセウドサレニア・アスペラ……357
Pseudosaynella otukai……532
Pseudoschwagerina cf.*fusulinoides*……532
Pseudoschwagerina glomerosa……532
Pseudoschwagerina miharanoensis……532
Pseudoschwagerina morikawai →シュウドシュワゲリナの1種……197
Pseudoschwagerina samegaiensis……532
Pseudoschwagerina schellwieni……532
Pseudosimmia carnea……532
Pseudosirex elegans →プセウドシレクス・エレガンス……357
Pseudothurmannia hanouraensis……532
Pseudothyrea oppenheimi →プセウドティレア・オッペンハイミ……358
Pseudotirolites(?) sp. →シュードチュロリテス(?)属の未定種……199
"*Pseudotriticites*" *fusiformis*……532
Pseudotrivia sp. →チリメンオオシラタマ……246
Pseudotsuga sp.……533
Pseudotsuga subrotunda →ヒメトガサハラ……341
Pseudoxybeloceras quadrinodosum →シュードオキシベロセラス・クォドリノドサム……198
Psiloceras →プシロセラス……356
Psiloceras planorbis →プシロセラス・プラノルビス……356
Psilophyton princeps →プシロフィトン・プリンセプス……356
Psittacosaurus →プシッタコサウルス……355
Psittacosaurus meileyingensis →プシッタコサウルス・メイレインゲンシスの完模式標本の頭骨……356
Psittacosaurus mongoliensis →プシッタコサウルス……356
Psychopyge elegans →シコピゲ エレガンス……188
Psychopyge sp. →シコピゲの一種……188
Psygmophyllum kidstonii →シグモフィルム・キズトニイ……188
Psygmophyllum multipartitum →プシグモフィルム……355
Pteranodon →プテラノドン……360
Pteranodon longiceps →プテラノドン・ロンギケプス……360
Pteranodon occidentalis →プテラノドン……360
Pteranodontidae →プテラノドンの仲間……360
Pteraspis →プテラスピス……360
Pteraspis rostrata →プテラスピス……360
Pteraspis rostrata toombsi →プテラスピス……360
Pteria kitakamiensis……533
Pteria masatanii →プテリア・マサタニイ……360
Pteria sunakozakaensis →スナコザカウグイスガイ……218

Pterichthyodes →プテリクティオデス……361
Pterichthyodes milleri →プテリクティオデス…361
Pterichthyodes sp. →プテリクチオデス……361
Pterichthys milleri →プテリクチス……361
Pteridinium →プテリディニウム……361
Pteridinium simplex →プテリディニウム・シムプレックス……361
Pteridospermale →シダ種子類……190
Pteridospermopsids →シダ種子類の生殖器管…190
Pterinopecten (*Dunbarella*) *rectilaterarius* →プテリノペクテン(ダンバレラ)・レクティラテラリゥス……361
Pterocanium prismatium →プテロカニウム・プリズマティウム……361
Pterocarya paliaeus →シキシマサワグルミ……187
Pterocarya protostenoptera →ムカシシナサワグルミ……438
Pterocarya sp. →サワグルミ属の1種……182
Pterocoma →プテロコマ属のウミユリ……361
Pterocoma pennata →プテロコマ……361
Pterodactylus →プテロダクティルス……361
Pterodactylus antiquus →プテロダクティルス・アンティクウス……361
Pterodactylus elegans →プテルダクティルス・エレガンス……361
Pterodactylus kochi →プテロダクティルス・コキ……362
Pterodactylus longicollum →プテロダクティルス・ロンギコルム……362
Pterodactylus longirostris →プテロダクティルス・ロンギロストリス……362
Pterodactylus micronyx →プテロダクティルス・ミクロニクス……362
Pterodactylus sp. →プテロダクティルス属の種……362
Pterodactylus spectabilis →プテロダクチルス…361
Pterodaustro →プテロダウストロ……361
Pterolepis nitidus →プテロレピス……362
Pterolytoceras madagascariense →プテロリトセラス・マダガスカリエンス……362
Pteroperna costatula →プテロペルナ・コスタテュラ……362
Pteroperna pauciradiata →プテロペルナ・パウシラディアータ……362
Pterophlyllum schenki……533
Pterophyllum ctenoides……533
Pterophyllum sp. →ハネバソテツの1種……315
Pteropurpura plorator →タカノハヨウラクガイ……234
Pteropuzosia kawashitai →プテロプゾシア・カワシタイ……362
Pterospirifer alatus →プテロスピリファー・アラータス……361
Pterothrissus sp. →ギス属未定種の耳石……122
Pterotrigonia datemasamunei →プテロトリゴニア・ダテマサムネイ……362
Pterotrigonia hokkaidoana →プテロトリゴニア・ホッカイドアーナ……362
Pterotrigonia pociliformis……533
Pterotrigonia sp. →プテロトリゴニア属の未定種……362
Pterotrigonia (*Pterotrigonia*) *hokkaidoana* →プテロトリゴニア・ホッカイドアーナ……362
Pterygotus →プテリゴトゥス……361
Pterygotus anglicus →プテリゴトゥス・アングリカス……361
Ptilodictya lanceolata →プティロディクティア……360
Ptilodus →プティロドゥス……360
Ptilodyctia →プティロディクティア……360
Ptilophyllum grandifolium →プチロフィルム・グランディフォリウム……359
Ptilophyllum nipponicum →プチロフィルム・ニッポニカム……359
Ptilophyllum pecten →プティロフィルム・ペクテン……360
Ptilophyllum shikokuense →プチロフィルム・シコクエンセ……359
Ptilophyllum sp. →コバネソテツの1種……167
Ptilozamites nilssoni →ニィルセンコバネカセキソテツ……289
Ptilozamites tenuis →ウスバコバネカセキソテツ……56
Ptomacanthus →プトマカントゥス……363
Ptychagnostus praecurrens →プティヒアグノストゥス……360
Ptychites aff. *cognatus*……533
Ptychites compressus……533
Ptychites sp. →プティキテス……359
Ptychodus cf. *mammillaris* →プチコドゥス……358
Ptychodus latissimus →プティコダス・ラティシムス……359
Ptychodus mammillaris →プテュコドゥス・マンミッラリス……360
Ptychodus polygyrus →プテュコドゥス・ポリュギュルス……360
Ptychodus rugosus……533
Ptychomya densicostata →プティコマイア・デンシコスタータ……359
Ptychoparia striata →プティコパリア ストリアータ……359
Ptychophylloceras ptychoicum →プチコフィロセラス・プティコイコム……359
Ptychophylloceras sp. →プチコフィロセラスの1種……359
Ptychostylus philippii →プティコスティルス・フィリッピイの殻……359
Pugnax acuminatus →プグナックス……354
Pugnellus (*Gymnarus*) *yabei* →プグネルス(ジムナルス)・ヤベイ……354
Puijila →ペウユラ……386
Puijila darwini →プイジラ……349
Pulchellia ishidoensis……533
Pulchratia simmetrica……533
Pumiliornis tessellatus →プミリオルニス・テッセラトゥス……364
Punctacteon kirai →オオキジビキガイ……84
Punctospirifer triadicus……533
Punctospirifer triadicus kashiwaiensis →プンクトスピリファの1種……385
Punctoterebra lischkeana →ヒメトクサガイ……341
Puncturella nobilis →コウダカスカシガイ……157
Pupa clathrata →ヨコヤマシイノミガイ……467
Puppigerus camperi →プピゲルス……363
Puppigerus crassicostata →プピゲルス……363
Purgatorius →プルガトリウス……372
Purpura (*Mancinella*) *minoensis* →ミノレイシ(新)……431
Purpuroidea japonica……533
Purpuroidea morrisea →パープロイデア・モリシア……315

Puzosia →プゾシア……358
Puzosia aff.*P.subcorbarica* →プゾシア・サブコルバリカに近縁の種……358
Puzosia denisoniana……533
Puzosia intermedia orientalis →プゾシア・インターメディア・オリエンタリス……358
Puzosia malandiandrensis →プゾシア・マランディアンドレンシス……358
Puzosia mozambica →プゾシア・モザンビカ…358
Puzosia sp. →プゾシアの一種……358
Puzosia subcorbaria……533
Pycnocrinus dyeri →ピクノクリヌス・ディエリ……333
Pycnodonta cochlear……533
pycnodontid →未命名のピクノドゥス類……434
Pycnodus →ピクノドゥス……333
Pycnophlebia robusta →ピクノフレビア・ロブスタ……333
Pycnophlebia speciosa →ピクノフレビア・スペキオサ……333
Pycnoporidium lobatum……533
Pygaster sp. →ピガステル属の種……332
Pygites →ピギテス……333
Pygites diphyoides →ピギーテス・ディフィオイデス……333
Pygope diphya →パイゴーペ・ディフィア……305
Pygurus sp. →ピグルス属の種……334
Pygurus (*Pygurus*) *complanatus* →ピグルスの1種……334
Pyramidella hataii →ハタイクチキレ……312
Pyrgotrochus bitorquatus →ピルゴトロカス・バイトルクァータス……344
Pyrochroophana brevipes →ピロクローファナ・ブレヴィペス……344
Pyrochroophana major →ピロクローファナ・マイヨル……345
Pyrochroophana robusta →ピロクローファナ・ロブスタ……345
Pyrotherium →ピロテリウム……345
Pyrotherium sorandei →ピロテリウム……345

【Q】

Qiyia jurassica →キイア・ジュラシカ……118
Quadratirhynchia quadrata……533
Quadratotrigonia (*Quadratotrigonia*) *nodosa* →コードラトトリゴニア(コードラトトリゴニア)・ノドーサ……163
Quadrimedusina quadrata? →クワドリメドゥシナ・クアドラタ?……149
Quadrolaminiella diagonalis →クアドロラミニエラ・ディアゴナリス……132
Quadrops →クアドロプス……132
Quasifusulina longissima →キャッシフズリナの1種……126
Quenstedtoceras →クエンステッドセラス……133
Quenstedtoceras henrici →クエンステッドセラス・ヘンリシイ……133
Quenstedtoceras lamberti →クエンステッドセラス・ランベルティ……133
Quercus crispula →ケルクス・クリスピュラ……155
Quercus kobatakei →コバタケナラ……166
Quercus miocrispula →ムカシミズナラ……440
Quercus miouariabilis →タナイカシ……237
Quercus mongolica var.*grosseserrata* →ミズナラ……428
Quercus nathorsti →ナトホルストカシ……287
Quercus protoaliena →ムカシナラガシワ……439
Quercus protoserrata →シキシマナラ……187
Quercus sp. →クエルクス……133
Quercus subvariabilis →タナイカシ……237
Quetzalcoatlus →ケツァルコアトルス……151
Quetzalcoatlus northropi →ケツァルコアトルス・ノルスロピ……152
Quinqueloculina subarenaria →クインケロキュリナ・サブアレナリア……132
Quinqueloculina totomiensis……533

【R】

Radinina teshimai →テシマムカシアサヒガニ…264
radiolarian →放散虫……401
Radiolites →ラディオリテス……470
Radotruncana calcarata →有孔虫……462
Radulonectis japonicus →ラドゥロネクティス・ジャポニクス……470
Radulonectites japonicus……533
Raeta sp. →チヨノハナガイの1種……246
Raeta (*Raetellops*) *pulchella* →チヨノハナガイ……246
Raeta (*Raetina*) *pellicula* →ヤチヨノハナガイ……459
Rafinesquina →ラフィネスクイナ……470
Raha yabei →ラハ・ヤベイ……470
Raia clavata →ライア・クラバータ……468
Rajasaurus →ラジャサウルス……469
Ramapithecus →ラマピテクス……471
Ramipora ambigua →ラミポラの1種……471
Rana aff.*temporaria ornativentris* →ヤマアカガエル……460
Rana architemporaria →ムカシトノサマガエル……439
Rana pueyoi →ラナ……470
Rana siobarensis →シオバラガエル……186
Rana sp. →アカガエル属の未定種……6
Rana sp.cf.*R.shiobarensis* →シオバラガエル……186
Rangifer →トナカイ……275
Ranina (*Lophoranina*) *toyosimai* →トヨシマアサヒガニ……277
Rapana venosa →アカニシ……6
Raphidodiscus marylandicus →ラフィドディスクス・マリーランディクス……470
Raphidonema →ラピドネマ……470
Raphidonema farringdonense →ラフィドネマ・ファリングドネンセ……470
Raphinesquina alternata……533
Raphitoma (*Homotoma*) *stria*……533
Raphus cucullatus →ラフス・ククラトゥス……471
Rarenodia sp.……533
Rasenia uralensis……533
Rastellum →ラステッルム……469
Rastellum carinatum →ラステラム・カリナータム……469
Rastellum (*Arctostrea*) *carinatum* →ラステルム……469

Rastellum (*Arctostrea*) sp. →ラステラム(アークトオストレア)属の未定種……469
Rastrites magnus →ラストライテス……469
Rauna angusta →ラウナ・アングスタ……469
Rauserella fujimotoi……533
Rayonnoceras giganteum →レイオンノケラス……482
Rebbachisaurus tamesnensis →レバキサウルス……484
Receptaculites sp. →レケプタクリテス……483
Rectiplanes sanctioannis →エゾイグチ……70
Redlichia cf.*R.forresti* →レドリキアの一種……484
Redlichia chinensis →レドリキア・チネンシス……484
Redlichia mansuyi →レドリキア・マンスイ……484
Reedops cephalotes →リードプス セファロテス……476
Reedops nakanoi →リードプス・ナカノイ……476
Reesidites minimus →リーサイディテス・ミニマス……474
Rehezamites anisolobus →レヘザミテス・アニソロブス……487
Reichelina chichibuensis……533
Reichelina matsushitai →ライチェリナの1種……468
Reishia clavigera →イボニシ……50
Remella fissurella →リメラ……478
Remopleurides nanus →レモプレウリデス・ナヌス……488
Repenomamus giganticus →レペノマムス・ギガンティクス……487
Repenomamus robustus →レペノマムス・ロブストゥス……488
Repenomamus sp. →レペノマムス……487
Reptoclausa hagenowi →レプトクラウサ……486
Requienia ammonia →レクイエニア・アンモニア……483
Resserella meeki……533
Reticulofenestra pseudoumbilica →レティキュロフェネストラ・シュードウンビリカ……483
Reticulomedusa greenei →レチクロメドゥサ・グリネイ……483
Reticunassa spurca →ヒメムシロガイ……342
Retifacies abnormalis →レティファキエス・アブノルマリス……483
Retiolites geinitzianus →レチオリテス……483
Rexithaerus sectior →サギガイ……176
Reynesoceras ragazzonii……533
Rhabdactinia columnaria……533
Rhabdinopora socialis →ラブディノポラ……471
Rhabdocidaris meyeri →ラブドキダリス・マイヤーリ……471
Rhabdocidaris orbignyana →ラブドキダリス・オルビニアナ……471
Rhabdocidaris sp. →ラブドキダリス属の種……471
Rhabdoderma →ラブドデルマ……471
Rhabdomeson yabei →ラブドメソンの1種……471
Rhabdosphaera clavigera →ラブドスフェラ・クラビゲラ……471
Rhabdotocochlis sp. →ラブドトコキリス属の未定種……471
Rhacolepis →ラコレピス……469
Rhacolepis buccalis →ラコレピス……469
Rhacophorus schlegelii →シュレーゲルアオガエル……200
Rhaeboceras →ラエボセラス……469
Rhaeboceras halli →ラエボセラス・ハリイ……469
Rhamnus sanzugawaensis →サンズガワクロウメモドキ……183
Rhamphodopsis threiplandi →ランフォドプシス……472
Rhamphorhynchus →ラムフォリンクス……471
Rhamphorhynchus gemmingi →ラムフォリンクス・ゲミンギ……471
Rhamphorhynchus intermedius →ラムフォリンクス・インテルメディウス……471
Rhamphorhynchus longicaudus →ラムフォリンクス・ロンギカウドス……472
Rhamphorhynchus longiceps →ラムフォリンクス・ロンギケプス……472
Rhamphorhynchus muensteri →ラムフォリンクス・ムエンステリ……472
Rhamphorhynchus sp. →ラムフォリンクス属の種……471
Rhamphosuchus crassidens →ランフォスクス……472
Rhaphibelus acicula →ラフィベルス・アキクラ……470
Rhenocystis →レノキスティス……484
Rhidipidium sp.……533
Rhinobatis bugesiacus →リノバチス……477
Rhinobatos →リノバトス……477
Rhinobatos maronita →リノバトス・マロニタ……477
Rhinobatos whitfieldi →リノバトス・ホワイテフィエルディ……477
Rhinoceros binagadensis →ビナガドサイ……337
Rhinocypris jurassica →リノキプリス・ジュラッシカの背甲……477
Rhinogobius giurinus →ゴクラクハゼ……159
Rhinolophus ferrum-equinum nippon →キクガシラコウモリ……120
Rhinotitan sp. →リノティタン……477
Rhipidocrinus crenatus……533
Rhipidomella penelope……533
Rhizoconus cf.*sazanka* →サザンカイモの近似種……177
Rhizomurex asanoi →アサノヨウラクガイ……13
Rhizophyllum lunulatum →リゾフィルム・ルヌラータム……475
Rhizopoterion cribrosum →リゾポテリオン……475
Rhizorus acutaeformis →タマゴマメヒガイ……239
Rhizorus cylindrellus →ツツマメヒガイ……248
Rhizosolenia miocenica →リゾソレニア・マイオシニカ……475
Rhizostomites admirandus →リゾストミテス・アドミランドゥス……475
Rhododendron metternichii pentamerum →ロードデンドロン・メッテルニッヒイ・ペンタメラム……489
Rhododendron minasense →ミナセツツジ……430
Rhododendron protodilatatum →ムカシミツバツツジ……440
Rhododendron sanzugawaense →サンズガワシャクナゲ……183
Rhododendron tatewakii →タテワキツツジ……237
Rhododendron wadanum →トウゴクミツバツツジ……271
Rhodophyllum sugiyamai……534
Rhomaleosaurus →ロマレオサウルス……490
Rhombopora exigua →ロンボポラの1種……491
Rhombopterygia →ロンボプテリギア……491
Rhomboteuthis sp. →ロンボテウティスの一種……491
Rhus hinokinaiensis →ヒノキナイウルシ……337

Rhynchippus →リンキップス……479
Rhynchodercetis →リンコダーセティス……480
Rhynchodipterus elginensis →リンコディプテルス……480
Rhyncholepis →リンコレピス……481
Rhyncholites sp. →リンコライテス……481
"Rhynchonella" asoensis →"リンコネラ"の1種……480
Rhynchonella concinna……534
"Rhynchonella" hirabarensis →"リンコネラ"の1種……480
"Rhynchonella" noichiensis →"リンコネラ"の1種……480
"Rhynchonella" sp. →「リンコネラ」属の種…480
"Rhynchonella" sp.cf.*R.haradai* →"リンコネラ"の1種……481
"Rhynchonella" tamurai →"リンコネラ"の1種……481
Rhynchonella vespertilio……534
"Rhynchonelle" cf.*haradai*……534
Rhynchonellida gen.et sp.indet. →リンコネラ科の未定種……480
Rhynchotreta cuneata →リンコトレタ・キュネアータ……480
Rhynia →リニア……476
Rhynia gwynnevaughanii →リニア・グウィンネヴァウガニィイ……477
Rhyniognatha hirsti →リニオグナサ・ヒルスティ……477
Richthofenia sp.……534
Richtofenia sp.……534
Rikuzenites nobilis……534
Rillyarex preecei →リリヤレックス……479
Rimella →リメッラ……478
Rinchenia mongoliensis →リンチェニア・モンゴリエンシス……481
Ringicula doliaris →マメウラシマ……421
Ringicula minoensis →ミノマメウラシマ……431
Riojasaurus →リオハサウルス……473
Riojasuchus tenuisceps →リオジャスクス……473
Risselloidea(?) sp. →リッセロイデア属(?)の種……476
Rissoa sp. →リッソア属の種……476
Rissoina naomiae →ナオミリソツボ……285
Robertia →ロベルティア……490
Robinia nipponica →ムカシハリエンジュ……440
Rodhocetus sp. →ロドケトゥス……489
Rolfosteus →ロルフォステウス……490
Romaniceras pseudodeverianum →ローマニセラス・シュードデベリアナム……490
Romundina sp. →甲冑魚……104
Rondiceras →ロンディセラス……491
Rosa akashiensis →アカシサンショウバラ……6
Rosselia isp. →巣穴状生痕化石……229
Rostellaria corvina……534
Rostranteris(*Rostranteris*) *nucleolus* →ロストランテリス・ヌクレオルス……489
Rotadiscus grandis →ロタディスクス・グランディス……489
Rotularia bognoriensis →ロツラリア……489
Roulleria sp.……534
Roundyella neopapillosa……534
Rouxia peragalli……534
Rucervus(?) *katokiyomasai* →キヨマサジカ(新)……128
Rugicostella sakagamii →ルギコステラ・サカガミイ……481
Rugops →ルゴプス……481
Rugosa gen.et sp.indet. →四放サンゴ類……194
Rugosochonetes sp.aff.*R.hardrensis* →ルゴソコネーテス・ハードレンシスの近縁種……481
Rugosofusulina prisca……534
Rugosofusulina serrata……534
Rusa kyusyuensis →キュウシュウジカ(新)……127
Russirhynchia fischeri →ルシリンキア・フィッシェリイ……481
Rutiodon →ルティオドン……481
Rynchonellida →リンコネラ目の仲間……481
Rytiodus →リティオドゥス……476
Ryuella →リュウエラ……478
Ryuella ryu →リュウエラ・リュウ……478

【S】

Sabal →サバルヤシ……178
Sabal chinensis →シナサバルヤシ……191
Sabal nipponica →カセキシュロ……103
Sabalites nipponicus →クマデヤシ……138
Sabalites ooaraiensis →オオアライカセキヤシ… 83
Sabia japonica →アオカズラ……5
Sacabambaspis →サカバムバスピス……176
Sacabambaspis janvieri →サカバンバスピス・ジャンヴィエリ……176
Saccella confusa →ゲンロクソデガイ……156
Saccella confusa toyomaensis →トヨマソデガイ……277
Saccella gordonis →ゴルドンソデガイ……170
Saccella saikaiensis →サイカイゲンロクソデガイ……173
Saccella sematensis →アラスジソデガイ…… 27
Saccocoma →サッココマ……177
Saccocoma schwertschlageri →サッココマ・シュヴェルトシュラゲリ……177
Saccocoma tenellum →サッココマ・テネラム‥177
Saetaspongia densa →サエタスポンギア・デンサ……175
Saffordotaxis yanagidae →サフォードタキシスの1種……178
Saga mysiformis →サガ・ミシフォルミス……176
Sagarites chitanii……534
Sagenina regularis……534
Sagenocrinites expansus →サゲノクリニテス…176
Sagenopteris Nilssoniana……534
Sagenopteris sp.? →被子植物所属不明の葉体化石の1種……334
Sahelanthropus tchadensis →サヘラントロプス・チャデンシス……179
Saichania →サイカニア……173
Saichania chulsanensis →サイカニア・チュルサネンシス……173
Sakawairhynchia katayamai →サカワイリンキアの1種……176
Sakawairhynchia tokomboensis……534
Sakawanella triadica……534
Salenia nipponica →ザレニア・ニッポニカ……182
Salix crenatoserrulata →キタミヤナギ……123
Salix hokkaidoensis →ホッカイドウヤナギ……404
Salix k-suzukii →ケイジヤナギ……150

Salix muraii →ムライヤナギ……442
Salix parasachalinensis →ムカシオノエヤナギ‥437
Salpingoteuthis acuarius →サルピンゴテゥティス・アキュアリゥス……182
Saltasaurus →サルタサウルス……182
Salteraster solwinii →サルテラスター・ソルウィニイ……182
Salterocoryphe salteri →ソルテロコリフェ ソルテリィ……231
Saltoposuchus →サルトポスクス……182
Saltoposuchus longipes →サルトポスクス……182
Saltopus →サルトプス……182
“Saltriosaurus” →「サルトリオサウルス」……182
Salvinia formosa →サンショウモの根茎……183
Salvinia mitsusense →ミツセサンショウモ……429
Salvinia pseudoformosana →ムカシサンショウモ……438
Samaroblatta fronda →コノハムカシゴキブリ‥166
Samotherium →サモテリウム……180
Samotherium boissieri →サモテリウム……180
Sanajeh indicus →サナジェ・インディクス……178
Sanctacaris uncata →サンクタカリス……182
Sandalodus morrisii →サンダロドゥス……183
Sanguinolites kamigassensis……534
Santanachelys →サンタナケリス……183
Sapeornis chaoyangensis →サペオルニス・チャオヤンゲンシスの標本……179
Saperion glumaceum →サペリオン・グルマケウム……179
Sapindopsis lebanensis →サピンドプシス……178
Sapindus kaneharai →カネハラムクロジ……107
Sapindus tanaii →タナイムクロジ……237
Sapium sebiferum var.*pleistoceaca* →コナンキンハゼ……164
Saracrinus(?) sp.……534
“Sarcolestes” →「サルコレステス」……181
Sarcosaurus →サルコサウルス……181
Sarcosuchus →サルコスクス……181
Sarcosuchus imperator →サルコスクス・インペラトール……181
Sardinioides crassicaudus →サルジニオイデス……181
Sarepta speciosa →ヒラソデガイ……343
Sarkastodon →サルカストドン……181
Sarotrocercus oblita →サロトロケルクス……182
Sassafras →サッサフラス属……177
Sassafras cretaceum →サッサフラス・クレタセゥム……177
Sassafras endoi →エンドウランダイコウバシ…81
Sassafras yabei →ヤベランダイコウバシ……460
Sassia arguat……534
Saturnalia →サトゥルナリア……178
Saurichthys →サウリクティス……174
Saurichthys ornatus →サウリクチス……174
Sauripterus →サウリプテルス……174
Saurodon →サウロドン……174
Saurolophus →サウロロフス……175
Saurolophus sp. →サウロロフスの一種……175
Sauropelta →サウロペルタ……175
Saurophaganax →サウロファガナクス……174
Sauropoda gen.et sp.indet. →ハクサンリュウ‥310
Sauroposeidon →サウロポセイドン……175
Sauropsis curtus →サウロプシス・クルトゥス‥175
Sauropsis longimanus →サウロプシス・ロンギマヌス……175
Sauropsis(?) sp. →サウロプシス属(?)の種……175
Saurornithoides →サウロルニトイデス……175
Saurornithoides junior →サウロルニトイデス・ジュニア……175
Saurornitholestes →サウロルニトレステス……175
Saurosuchus →サウロスクス……174
Saurosuchus galilei →サウロスクス・ガリレイ‥174
Sawdonia →サウドニア……174
Saxidomus purpuratus →ウチムラサキ……56
Saxolucina khataii →ハタイツキガイモドキ……312
Saynella matsushimaensis……534
Scabriscutellum sp. →スカブリスキュテラムの一種……207
Scabrotrigonia scabra →スカブロトリゴニア・スカブラ……207
Scacchinella gigantea →スカチネラ・ギガンテア……206
Scalarites →スカラリテス……207
Scalarites densicostatus →スカラリテス・デンシコスタータス……207
Scalarites mihoensis……534
Scalarites scalaris →スカラリテス・スカラリス……207
Scalarites sp. →スカラリテスの一種……207
Scalarites venustus……534
Scapanorhynchus →スカパノリンクス……206
Scapanorhynchus rhaphiodon →ミツクリザメ属の1種……429
Scapanorhynchus sp. →スカパノリンカス属未定種の顎歯……206
Scaphechinus mirabilis →ハスノハカシパン……311
Scaphites →スカフィテス……206
Scaphites aff.*S.subdelicatus* →スカフィテス・サブデリカータスに類似する種……206
Scaphites equalis →スカフィテス……206
Scaphites hugardianus →スカフィテス・フガールディアナス……207
Scaphites masiaposensis →スカフィテス・メジアポセンシス……207
Scaphites planus →スカフィテス・プラヌス……207
Scaphites pseudoequalis →スカフィテス・シュードエクアリス……206
Scaphites yokoyamai →スカフィテス・ヨコヤマイ……207
Scaphites(*Yezoites*) *planus*……534
Scaphognathus →スカフォグナトゥス……207
Scaphognathus crassirostris →スカフォグナトゥス・クラシロストリス……207
Scapholithus fossilis →スカフォリータス・フォッシリス……207
Scaphonyx →スカフォニクス……207
Scaphotrigonia navis →スカフォトリゴニア・ナビス……207
Scarabaeides sp. →スカラバエイデス属の種……207
Scarittia canquelensis →スカリッチア……207
Scarrittia →スカリティア……207
Scaumenacia curta →スカウメナキア……206
Scelidosaurus →スケリドサウルス……210
Scelidosaurus harrisonii →スケリドサウルス・ハーリソニイ……210
Scelidotherium sp. →スケリドテリウム……210
Scenella amii →スケネラ……210
Schafhäutlia(?) sp.……534

Schedohalysites kitakamiensis →シェドハリシテス・キタカミエンシス……185
Schellwienella crenistra……534
Schellwienella izirii……534
Schinderhannes bartelsi →シンダーハンネス・バルテルシ……205
Schizaeoisporites certus →スキザエオイスポリテス・ケルトゥス……208
Schizaster branderianus →スキザステル……208
Schizaster nummuliticus →カヘイブンブク(新)……108
Schizaster sp. →シザスター……188
Schizocythere kishinouyei →スキソシセレ・キシノウエイ……208
Schizodus japonicus →シゾドウス・ジャポニクス……190
Schizodus tobai →シゾドゥス・トバイ……190
Schizolepis beipiaoensis →スキゾレピス・ベイピアオエンシス……208
Schizomavella auriculata →ヘリアナヒラコケムシ……393
Schizophoria australis……534
Schizophoria resupinata →シゾホリア・レスピナータ……190
Schizophoria striatula……534
Schizoporella unicornis →コブヒラコケムシ……167
Schizoretepora notopachys →スキゾレテポラ……208
Schizostylus granulata →シゾスティルス グラヌラータ……190
Schloenbachia varians →スクロエンバキア……210
Schlotheimia jimboi……534
Schubertella giraudi……534
Schuchertella sp. →シュカテラー属の未定種……197
Schwagerina krotowi →シュワゲリナの1種……200
Schwagerina otakiensis……535
Schweglerella strobli →シュヴェグレレルラ・ストロブリ……197
Schyphocrinites elegans →スキフォクリニテス・エレガンス……208
Sciadophyton steinmannii →スキアドフィトン……208
Sciadopitys shiragica →シラギコウヤマキ……202
Sciara sp. →クロバネキノコバエの1種……148
Sciaridae gen.et sp.indet. →クロバネキノコバエ類……148
Sciophyllum japonicum……535
Scipionyx →スキピオニクス……208
Sciponoceras →スキポノセラス……208
Sciponoceras baculoides →スキポノセラス・バキュロイデス……209
Sciponoceras intermedium →スキポノセラス・インターメディウム……208
Sciponoceras kossmati →スキポノセラス・コスマティ……208
Sciponoceras orientale →スキポノセラス・オリエンターレ……208
Scirpus spp. →カンガレイ属の2種……116
Scittila japonica……535
Sciurumimus albersdoerferi →スキウルミムス・アルベルスドエルフェリ……208
Sclerocalyptus ornatus →スクレロカリプトゥス……210
Scleromochlus taylori →スクレロモクルス……210
Sclerorhynchus →スクレロリンクス……210
Scolosaurus cutleri →スコロサウルス……211
Scomber sp. →チタヤセサバ……244
Scombroclupea macrophthalma →スコムブロクルペア・マクロフタルマ……211
Scombrops kataokai →カタオカムツ……104
Scorpiopelecinus versatilis →スコルピオペレキヌス・ウェルサティリス……211
Sculda pennata →スクルダ・ペンナタ……210
Sculda spinosa →スクルダ・スピノサ……210
Scutellosaurus →スクテロサウルス……209
Scutellosaurus lowleri →スクテロサウルス・ローレリ……209
Scutellum japonicum……535
Scutellum paliferum →スクテラム・パリフェルム……209
Scutellum umbelliferum →スクテラム・ウムベリフェルム……209
Scutosaurus →スクトサウルス……209
Scutosaurus karpinskii →スクトサウルス……210
Scylla ozawai →オザワノコギリカザミ……88
Scymnognathus whaitsi →スキムノグナタス……209
Scyphocrinites elegans →スキフォクリニテス・エレガンス……208
Scytalocrinus disparilis →スキタロクリヌス・ディスパリリス……208
Searlesia japonica →サワネイソニナ……182
Sebastes kokumotoensis →コクモトクロソイ……159
Securella postostriata……535
Segisaurus →セギサウルス……224
Segnosaurus →セグノサウルス……224
Seilleria quadrifida……535
Seirocrinus subangularis →セイロクリヌス・スバングラリス……224
Seismosaurus →セイスモサウルス……223
Selenarctos thibetanus japonicus →ニホンツキノワグマ……293
Selenopeltis →セレノペルティス……228
Selenopeltis buchi →セレノペルティス バッキイ……228
Selkirkia columbia →セルキルキア……227
Sellanarcestes sp. →セラナルセステス……227
Sellithyris sp.……535
Sellithyris tamarindus……535
Sellosaurus →セロサウルス……228
Semaeostomites zitteli →セマエオストミテス・チッテリ……226
Semenoviceras mangyshlackensis →セメノビセラス・マンギシラッケンシス……226
Semicassis japonica →ウネウラシマガイ……58
Semicassis kanmonensis →カンモンウラシマ……118
Semicassis laevigata……535
Semicytherura? miurensis →セミシセルーラ?・ミウレンシス……226
Semiglobus jurassicus →セミグロブス・ジュラシクス……226
Semiplanus latissimus →セミプラヌス・ラティシムス……226
Semisolarium incrassatum →セミソラリウム・インクラッサータム……226
Senryuemys kiharai →センリュウガメ……229
Septaliphoria sp. →セプタリフォリア属の種……226
Septastraea marylandica →セプタストラエア……226
Sequoia →セコイア……224
Sequoia dakotensis →セコイア……224
Sequoia langsdorfii →ムカシセコイア……439
Sequoia sp. →セコイアの1種……224

Sequoiadendron affinis →セコイアデンドロン‥224
Seriola prisca →セリオラ・プリスカ……227
Serpula →セルプラ……228
Serpula indistincta →セルプラ……228
Serpula? sp. →ヒトエカンザシ?の1種……336
Serpula (*Tetraserpula*) *quadricarinata* →カンザシゴカイの1種……117
Serpula (*Tetraserpula*) *vertebralis* →カンザシゴカイの1種……117
Serpulorbis imbricatus →オオヘビガイ……86
Serratocerithium serratum →セラトセリシゥム・セラータム……227
Serridentinus taoensis →セリデンチヌス……227
Serripes expansus →オフクウバトリガイ……94
Serripes makiyamai nigamiensis →ニガミウバトリガイ……289
Serripes triangularis →ヒシウバトリガイ……334
Serripes yokoyamai →ヨコヤマウバトリガイ…466
Setamainella hayasakai……535
Sethodiscinus sp. →セソディスキヌスの1種……225
Seymouria →セイムリア……224
Seymouria baylorensis →セイムリア・バイロレンシス……224
Shamosaurus →シャモサウルス……196
Shantungosaurus →シャントゥンゴサウルス……197
Shanxia →シャンシーア……197
Sharovipteryx →シャロヴィプテリクス……197
Sharovipteryx mirabilis →シャロヴィプテリクス・ミラビリス……197
Sharpeiceras kikuae →シャーペイセラス・キクエ……196
Sharpeiceras kongo →シャーペイセラス・コンゴウ……196
Sharpeiceras mexicanum →シャーペイセラス・メキシカヌム……196
Shasticrioceras intermedium →シャスティクリオセラス……196
Shasticrioceras nipponicum →シャスティクリオセラス・ニッポニカム……196
Shasticrioceras sp. →シャスティクリオセラスの1種……196
Shergoldana australiensis →シャルゴルダーナ・オウストラリエンシス……196
Shikamaia akasakaensis →シカマイア・アカサカエンシス……187
Shikamainosorex densicingulata →シカマイノソレックス……187
Shikokuspira hamadai →シコクスピラの1種……188
Shokawa ikoi →ショウカワ・イコイ……201
Shonisaurus →ショニサウルス……202
Shonisaurus sikanniensis →ショニサウルス・シカンニエンシス……202
Shringasaurus indicus →シリンガサウルス・インディクス……202
Shunosaurus →シュノサウルス……200
Shuparoceras yagii →シューパロセラス・ヤギイ……200
Shuvosaurus →シュヴォサウルス……197
Shuvuuia →シュヴウイア……197
Siats meekerorum →シアッツ・ミーケロルム‥185
Sichuanobelus utatsuensis →シチュアノベルス・ウタツエンシス……191
Siderops →シデロプス……191
Sidneyia inexpectans →シドネイア・イネクスペクタンス……191
Sieberella sp.……535
Sigillaria →シギラリア……188
Sigillaria aeveolaris →フウインボクの茎……351
Sigillaria boblayi →シギラリア・ボブライ……188
Sigillaria elegans →シギラリア・エレガンス……188
Sigillaria elongata →シギラリア・エロンガタ‥188
Sigillaria exagona →シギラリア・エクサゴナ‥188
Sigillaria orbicularis →フウインボク……351
Sika nippon →ニッポンジカ……292
Silesitid, gen.et.sp.indet. →シレジテス類……203
Silicified conifer wood →針葉樹……205
Silicified coniferous wood →珪化木……150
Silicified wood →珪化木……150
Silicosigmoilina ezoensis……535
Silpha sp. →ヒラタシデムシの1種……343
Silphites angusticollis →シルフィテス・アングスティコリス……203
Silvisaurus →シルヴィサウルス……203
Simoceras subbeticum……535
Simoceras volanense……535
Simoceras (*Lytogyroceras*) *subbeticum*……535
Simoedosaurus →シモエドサウルス……195
Simosuchus →シモスクス……195
Simplicibranchia bolcensis →シンプリキブランキア・ボルケンシス……205
Sinamia →シナミア……192
Sinanodelphis izumidaensis →シナノムカシイルカ……192
Sinerpeton fengshanensis →シネルペトン・フェンシャネンシスの完模式標本……192
Sinobaatar lingyuanensis →シノバアタル・リンユアネンシス……193
Sinoburius lunaris →シノブリウス・ルナリス‥193
Sinocarpus decussatus →シノカルプス・デクッサトゥス……192
Sinoceras chinense →シノセラス・チネンゼ……192
Sinoconodon →シノコノドン……192
Sinocylindra yunnanensis →シノキリンドラ・ユンナンエンシス……192
Sinodelphis szalayi →シノデルフィス……193
Sinodelphys →シノデルフィス……193
Sinohadrianus ezoensis →エゾガメ……70
Sinokannemeyeria →シノカンネメイエリア……192
Sinoleberis tosaensis →シノレベリス・トサエンシス……193
Sinomegaceroides yabei →シノメガケロイデス……193
Sinomegaceros yabei →ヤベオオツノジカ……460
Sinopa sp. →シノパ……193
Sinopterus dongi →シノプテルス・ドンギ……193
Sinornithosaurus →シノルニトサウルス……193
Sinornithosaurus millenii →シノルニトサウルス・ミルレニイの完模式標本……193
Sinosauropteryx →シノサウロプテリクス……192
Sinosauropteryx prima →シノサウロプテリクス・プリマ……192
Sinosaurosphargis →シノサウロスファルギス‥192
Sinospirifer sinensis……535
Sinosura kelheimense →シノスラ・ケルハイメンゼ……192
Sinovenator changii →シノヴェナトル・チャンギイ……192
Sinraptor →シンラプトル……205

Sinraptor dongi →シンラプトル・ドンイ ……206
Sinum haliotoideum ……535
Sinum ineptum →キシュウミミガイ ……122
Sinum yabei →ヤベミミガイ ……460
Siphogenerina collumeralis ……535
Siphonalia asakuraensis →アサクラミクリ …… 13
Siphonalia cassidariaeformis →ミクリガイ ……426
Siphonalia fusoides →トウイトガイ ……270
Siphonalia ikebei →イケベミクリ …… 42
Siphonalia mikado →ミカドミクリ ……426
Siphonalia sp. →トウイトガイの仲間 ……270
Siphonalia spadicea →マユツクテ ……421
Siphonalia tonohamaensis →シフォナリア・トウノハマエンシス ……194
Siphonia piriformis →シフォニア・ピリフォルミス ……194
Siphonia sp. →シフォニア ……194
Siphonodendron junceum →シフォノデンドロン ……194
Siphonodendron martini ……535
Siphonodendron sp. →シフォノデンドロン属の未定種 ……194
Siphonodosaria oinomikadoi ……535
Siphusauctum gregarium →シファッソークタム・グレガリウム ……194
Siratoria siratoriensis →シラトリアサリ ……202
Sismondia convexa ……535
Sivacanthion sp. →シバカンティオン ……193
Sivapithecus →シヴァピテクス ……185
Sivatherium →シバテリウム ……193
Sivatherium giganteum →シバテリウム ……193
Skeemella clavula →スケーメラ・クラヴュラ …210
Skioldia aldna →スキオルディア・アルドナ ….208
Skull of Camarasaurus sp. →カマラサウルスの一種の頭骨 ……109
Slimonia →スリモニア ……223
Slimonia acuminata →スリモニア・アクミナタ ……223
Small Shelly Fossils →微小有殻化石群 ……334
Smilax hokkaidoensis →クシロサルトリイバラ ……135
Smilax minor →オグニサルトリイバラ …… 88
Smilodon →スミロドン ……223
Smilodon fatalis →スミロドン・ファタリス ……223
Smilodon neogaeus →スミロドン ……223
Smilodon populator →スミロドン・ポプラトール ……223
Smittipora ryukyuensis ……535
Sochkineophyllum japonicum →ソフキネオフィラムの1種 ……230
Solamen subfornicatum →アシヤキヌブクロ …… 14
Solanocrinites gracilis →ソラノクリニテス・グラキリス ……230
"Solariella" shimajiriensis ……535
Solariella sp. →シタダミの1種 ……190
Solecurtus dilatatus ……535
Solecurtus divaricatus →キヌタアゲマキ ……124
Solecurtus scapulus candidus ……535
Solemya →ソレミア属の匍行痕 ……231
Solemya sp. →ソレミア属の種 ……231
Solemya suprajurensis →ソレミア・スプラジュレンシス ……231
Solemya tokunagai →トクナガキヌタレガイ ….274
Solen krusensterni →エゾマテガイ …… 73
Solen marginatus ……535
Solen saitamensis →サイタマママテガイ ……174
Solen strictus →マテガイ ……420
Solen (Ensisolen) krusensterni →エゾマテガイ …… 73
Solenites murrayana →ソレニテス・ムルラヤナ ……231
Solenoceras crassum →ソレノセラス・クラッサム ……231
Solenoceras pulcher →ソレノセラス・パルチャー ……231
Solenoceras texanum →ソレノセラス・テキサナム ……231
"Solenomorpha" cf. *elegantissima* →"ゾレノモルファ"・エレガンティシマ ……231
"Solenomorpha" elegantissima →"ゾレノモルファ"・エレガンティシマ ……231
Solenomorpha elegantissima ……535
Solenomorpha minor →ソレノモルファ ……231
Solenopora divergens →ソレノポラの1種 ……231
Solenopora yabei ……535
Solenoporacea →ソレノポラ科 ……231
Solen (Solen) grandis →オオマテガイ …… 86
Soletellina minoensis →ミノイソシジミ ……430
Soliclymenia paradoxa →ソリクリメニア ……230
Solnhofenamia elongata →ゾルンホーフェナミア・エロンガタ ……231
Somapecten kamimanensis ……535
Somapteria koikensis →ソーマプテリア・コイケンシス ……230
Some varied ammonite shapes →様々な形のアンモナイト ……179
Sonnia sp. →ソニア属の未定種 ……230
Sonninia mirabilis →ソンニニア・ミラビリス ..231
Sonninia sp. →ソニニアの1種 ……230
Soomaspis splendida →スーマスピス・スプレンディダ ……223
Sophora hokiana →ホウキクララ ……401
Sophora miojaponica →ムカシエンジュ ……437
Sorbus commixta →ナナカマド ……288
Sorbus hokiensis →ホウキアズキナシ ……400
Sorbus lanceolatus →キタミナナカマド ……123
Sorbus nipponica →シキシマナナカマド ……187
Sorbus palaeojaponica →ムカシウラジロノキ …437
Sorbus uzenensis →ウゼンナナカマド …… 56
Sordes →ソルデス ……231
Sorites marginalis →ソリテスの1種 ……231
Sornayceras proteus ……535
Sounnaites alaskaensis →ソウウンナイテス・アラスカエンシス ……229
Sowerbyella sp. ……535
Sparganium sp. →ミクリ属の1種 ……427
Sparnodus elongatus →スパルノドゥス・エロンガツス ……218
Sparus cinctus ……535
Sparus sp.
→タイ属未定種の耳石 ……232
→ヘダイ属未定種の歯 ……388
Spatangus pallidus →オオオカメブンブク(新) .. 83
Spathobathis →スパトバティス ……218
Spathobatis bugesiacus →スパトバティス・ブゲシアクス ……218
Spathognathodus minutus ……535
Speetoniceras versicolor →スピートニセラス・ベルシカラー ……218

Sphaerexochus hiratai →スフェレクソカス・ヒラタアイ……222
Sphaerexochus mirus →スファエレクソクス……220
Sphaeriola nipponica……536
Sphaerium anderssoni……536
Sphaerium jeholense →スファエリウム・ジェホレンセ……220
Sphaerium pujiangense →スファエリウム・プジアンゲンセ……220
Sphaerocoryphe cranium →スファエロコリフェ・クラニウム……220
Sphaerodemopsis jurassica →スファエロデモプシス・ジュラシカ……221
Sphaeroidinella dehiscens →スフェロイディネラ・デヒセンス……222
Sphaeroidothyris globisphaeroides →スフェロイドチリス・グロビスフェロイデス……222
Sphaeronassa longoastensis……536
Sphaeronassa mutabilis pliomagna……536
Sphaeropyle robusta →スファエロピーレ・ロブスタ……221
Sphaerotholus →スファエロトルス……221
Sphenacodon →スフェナコドン……221
Sphenocephalus →スフェノケファルス……221
Sphenoceramus pinniformis →スフェノセラムス・ピンニフォルミス……221
Sphenodiscus beecheri →スフェノディスカス・ビーチリイ……221
Sphenodiscus pleurisepta →スフェノディスカス・プレウリセプタ……221
Sphenodiscus sp. →スフェノディスカスの一種……221
Sphenodiscus splendens →スフェノディスカス・スプレンデンス……221
Sphenolithus abies →スフェノリータス・アビエス……222
Sphenolithus heteromorphus →スフェノリータス・ヘテロモルファス……222
Sphenolithus moriformis →スフェノリータス・モリフォルミス……222
Sphenophyllum →スフェノフィルム……221
Sphenophyllum emarginatum →スフェノフィルム……221
Sphenopteris distans →スフェノプテリス・ディスタンス……222
Sphenopteris elegans →スフェノプテリス・エレガンス……221
Sphenopteris goepperti →ゲッペルトクサビシダ……152
Sphenopteris gracilis →スフェノプテリス・グラシリス……222
Sphenopteris muensteriana →スフェノプテリス・ムエンステリアナ……222
Sphenopteris pinnatifida →ワカレバクサビシダ……491
Sphenopteris sp. →スフェノプテリス……221
Sphenopteris (*Ruffordia*) *Goepperti*……536
Sphenosuchus →スフェノスクス……221
Sphenozamites rossii →スフェノザミテス・ロッシイ……221
Sphyraena barracuda →オニカマスの歯……92
Sphyraena bolcensis →スフィラエナ・ボルケンシス……221
Sphyrna zygaena →シロシュモクザメ……204
Spicules of Lyssakida →ホッスガイ類の珪糸……404
Spider →クモ……138
Spinatrypa planosulcata……536
Spinatrypa sp.……536
Spinatrypa spinosa……536
Spinigera sp. →スピニゲラ属の種……219
Spinigera spinosa →スピニゲラ・スピノサ……218
Spinileberis furuyaensis →スピニレベリス・フルヤエンシス……219
Spinileberis quadriaculeata →スピニレベリス・クォードリアクレアータ……219
Spinocyrtia elegans……536
Spinocyrtia laevicostata →スピノキルティア・レビコスタータ……219
Spinomarginifera huangi……536
Spinomarginifera kueichowensis……536
Spinomarginifera sp.aff.*S.ciliata* →スピノマージニフェラ・シリアータの近縁種……219
Spinosauridae →スピノサウルス類……219
Spinosaurus →スピノサウルス……219
Spinosaurus aegyptiacus →スピノサウルス・エヂプティアクス……219
Spirifer →スピリファー……219
"Spirifer" forbesi →"スピリファー"・フォルベシイ……220
"Spirifer" humerosus……536
Spirifer striatus →スピリファー・ストリアータス……219
Spirifer triangularis →スピリファー・トリアンギュラリス……220
Spirifera undata……536
Spiriferella keilhavii →スピリフェレラ・カイルハビイ……220
Spiriferella sarane……536
Spiriferellina sp. →スピリフェレリナの1種……220
Spirifer (*Fusella*) *nipponotrigonalis*……536
Spiriferina →スピリフェリナ属の腕足類……220
Spiriferina angulata……536
Spiriferina cristata……536
Spiriferina kaneharai……536
Spiriferina obtusa……536
Spiriferina pinguis →スピリフェリナ・ピンギュイス……220
Spiriferina rostrata……536
Spiriferina walcotti →スピリフェリナ……220
Spiriferinoides sakawanus →スピリフェリノイデスの1種……220
Spiriferinoides yeharai →スピリフェリノイデスの1種……220
Spirobranchus sp. →イバラカンザシの1種……49
Spiroclypeus boninensis →スピロクリペウスの1種……220
Spiroclypeus margaritatus……536
Spiromphalus yabei →スピロンファルスの1種……220
Spiroraphe concentrica……536
Spirorbis →スピロルビス……220
Spisula polyma →ナガウバガイ……285
Spisula sp.cf.*S.voyi* →ナガウバガイ(?)……285
Spisula voyi →ナガウバガイ……285
Spisula (*Mactromeris*) *onnechuria* →テシオウバガイ……264
Spisula (*Mactromeris*) *sorachiensis* →ソラチウバガイ……230
Spisula (*Pseudocardium*) *sacharinensis* →ウバガイ……58
Spiticeras bulliformis……536
Spiticeras sp.……536
Spiticeras spitiense……536

Spondylopecten sp. →スポンディロペクテン属の種……223
Spondylus →スポンデュルス……223
Spondylus decoratus……536
Spondylus spinosus →スポンディルス・スピノーサス……222
Spondylus (*Spondylus*) *crassicosta*……536
Spondylus (*Spondylus*) *decoratus* →スポンディルス・デコラタス……222
Spondylus (*Spondylus*) *gaederopus*……536
Spongaster tetras →スポンガスター・テトラス……222
Spongia →スポンギア……222
Spongiomorpha asiatica →スポンジオモルファ属の1種……222
Spongiomorpha (*Heptastylopsis*) *asiatica*……536
Spongodiscus communis →スポンゴディスクス・コンムニス……222
Sporadoceras sp. →スポラドセラスの一種……222
Sporangium →胞子嚢の化石……401
Spriggina →スプリッギナ……222
Spriggina floundersi →スプリッギナ・フラウンダーシ……222
Sptenonaster tuberculata →ステノナスター・テュバーキュラーター……214
Squalicorax →スクアリコラックス……209
Squalicorax pristidontus →スクアリコラックス……209
Squalicorax sp. (*S.falcatus*) →スクアリコラックスの歯……209
Squalodon sp. →スクアロドン……209
Squalus sp. →アブラツノザメの仲間の歯……23
Squamacula clypeata →スクアマクラ・クリペアタ……209
Squameofavosites sp. →スクォメオファボシテス……209
Squatina minor →スクアチナ……209
Stacheoceras aff.*grünwaldti*……536
Stacheoceras iwaizakiense……536
Stachypteris hallei……537
Staffella sphaeroidea……537
Stagonolepis →スタゴノレピス……211
Stahleckeria potens →スタレケリア……212
Stauranderaster coronatus →スタウランデラステル……211
Staurikosaurus →スタウリコサウルス……211
Stegoceras →ステゴケラス……213
Stegoceras validum →ステゴケラスの頭蓋骨……213
Stegoceras validus →ステゴケラス……213
Stegodon aurorae →アケボノゾウ……12
Stegodon ganesa →ガネサ……107
Stegodon miensis →ミエゾウ……424
Stegodon orientalis →ステゴドン・オリエンタリス……213
Stegodon shinshuensis →シンシュウゾウ……204
Stegodon sinensis →シネンシス……192
Stegodon trigonocephalus →ステゴドン・トリゴノケファルス……214
Stegodon? sp. →ステゴドン?……213
Stegolophodon latidens →シオガマゾウ……186
Stegolophodon tsudai →ステゴロホドンの1種……214
Stegomastodon →ステゴマストドン……214
Stegomastodon arizonae →ステゴマストドン……214
Stegomyia (?) sp.……537
Stegosaurus →ステゴサウルス……213
Stegosaurus stenops →ステゴサウルス・ステノプス……213
Stegotetrabelodon →ステゴテトラベロドン……213
Stegotherium tessellatum →ステゴテリウム……213
Steinmannella vacaensis →スタインマネラ・ヴァカエンシス……211
Steinmannella (*Yeharella*) *ainuana* →スタインマネラ(エハレラ)・アイヌアーナ……211
Steinmannella (*Yeharella*) *japonica* →スタインマネラ(エハレラ)・ジャポニカ……211
Stellaria sp.……537
Stem of Pentacrinid →ペンタクリヌスの柄……399
Stenaster obtusus →ステナステル……214
Stenaulorhynchus →ステナウロリンクス……214
Steneofiber →ステネオフィバー……214
Steneofiber fossor →ステネオフィベル……214
Steneosaurus →ステネオサウルス……214
Steneosaurus gracilirostris →ステネオサウルス……214
Steneosaurus sp. →ステネオサウルス属の種……214
Stenochirus angustus →ステノキルス・アングストゥス……214
Stenochirus mayeri →ステノキルス・マイヤーリ……214
Stenodictya lobata →ステノディクティア・ロバタ……214
Stenomylus →ステノミルス……215
Stenonychosaurus →ステノニコサウルス……215
Stenophlebia amphitrite →ステノフレビア・アムフィトリテ……215
Stenophlebia casta →ステノフレビア・カスタ……215
Stenophlebia latreilli →ステノフレビア・ラトレイリ……215
Stenophlebia sp. →ステノフレビア属の種……215
Stenopora pusilimonila →ステノポラの1種……215
Stenoporidium chaetetiformis……537
Stenopterygius →ステノプテリギウス……215
Stenopterygius guadiscissus →ステノプテリジウス……215
Stenopterygius hauffianus →ステノプテリギウス・ハウフィアヌス……215
Stephania dielsiana →オオミハスノハカズラ……86
Stephanocemas thomsoni →ステファノケマス……215
Stephanoceras →ステファノセラス……215
Stephanoceras cf.*plicatissimum*……537
Stephanogonia hanzawae →ステファノゴニア・ハンザワエ……215
Stephanophyllia formosissima →フルイサンゴ……372
Stephanophyllia fungulus →フルイサンゴの1種……372
Stephanopyxis Schenckii……537
Stephanopyxis schenkii →ステファノピキシス・シュケンクアイ……215
Stephanopyxis turris →ステファノピキシス・チュリス……215
Stephanoura sp. →ステファノゥラ……215
Stephenoscolex argutus →ステフェノスコレクス……215
Stereocidaris grandis fusana →フトザオウニ亜種……362
Stereosternum →ステレオステルヌム……216
Stereosternum tumidum →ステレオステルヌ

ム……216
Stethacanthus →ステタカントゥス……214
Stewartea okutsui →オクツヒメシャラ……88
Stewartea submonadelpha →ムカシヒメシャラ……440
Sthenurus sp. →ステヌルス……214
Stichocorys almata →スティココリス・アルマータ……212
Stichocorys delmontensis →スティココリス・デルモンテンシス……212
Stigmaria →スティグマリア……212
Stigmaria ficoides →スティグマリア・フィコイデス……212
Stigmosphaera sp.……537
Stilidophyllum japonicum……537
Stilidophyllum yokoyamai……537
Stilostomella lepidula……537
Stirpulina (*Stirpuliniola*) sp. →ハマユウの1種……317
Stirtonia tatacoensis →スタートニア……211
Stoermeropterus conicus →ストエルメロプテルス・コニクス……216
Stokesosaurus →ストークソサウルス……216
Stoliczkaia sp. →ストリリッチカイアの一種……216
Stolmorhynchia bulga……537
Stramentum pulchellum →ストラメンツム……216
Straparollus otai →ストラパロルス・オータイ……216
Straparollus (*Straparollus*) *otai* →ストラパロルスの1種……216
Streblascopora antiqua →ストレブラスコポラの1種……217
Streblascopora delicatula →ストレブラスコポラの1種……217
Streblochondria miyamoriensis……537
Streblochondria sp. →ストレブロコンドリア属の未定種……217
Streblopteria →ストゥレブロプテリア……216
Strepsidura turgida……537
Streptaster vorticellatus →ストレプタステル・ヴォーティケラタス……217
Streptognathodus elongatus →ストレプトグナソダス・エロンガタス……217
Streptognathodus expansus →ストレプトグナソダス・エクスパンサス……217
Streptorhynchus pelargonatus……537
Striarca (*Arcopsis*) *interplicata* →ヨコヤマミミエガイ……467
Striatolamia cuspidata →ストリアトラミア・クスピダータ……216
Striatolamia elegans →ストリアトラミア・エレガンス……216
Striatolamia macrota →ストリアトラミア……216
Strigatella notoensis →ノトヤタテガイ……303
Strigoceras sp. →ストリゴセラスの1種……216
Stringocephalus burtini →ストリンゴセファルス・バーティニイ……216
Strioterebrum pliocenicum……537
Strioterebrum (*Strioterebrum*) *reticulare*……537
Strobilodus giganteus →ストロビロドゥス・ギガンテウス……217
Stromatolite →ストロマトライト……218
Stromatomorpha rebunensis……537
Stromatopora canaliculata……537
Stromatopora concentrica →ストロマトポーラ・コンセントリカ……217
Stromatopora (*Epistromatopora*) *torinosuensis*……537
Stromatopora (*Parastromatopora*) *japonica*……537
Stromatopora (*Parastromatopora*) *kotoi*……537
Stromatopora (*Parastromatopora*) *memoria-naumanni*……537
Strombus coronatus……537
Strombus fortisi……537
Strombus (?) *mimasakensis* →ミマサカソデガイ……431
Strongylocentrotus? octoporus →オオバフンウニ(?)の1種……85
Strophalosiina tibetica……537
Stropheodonta boonensis……537
Stropheodonta cymbiformis……537
Strophomena grandis →ストロフォメナ……217
Strophomena planaconvexa……537
Strophomena sp. →ストロフォメナの一種……217
Strophomena subtenta →ストロフォメナ・サブテンタ……217
Strophonella sp.……537
Strophonelloides bronsoni……538
Strophonelloides reversus →ストロフォネロイデス・リバーサス……217
Strunius →ストルニウス……217
Struthiolaria (*Struthiolaria*) *papulosa* →ストルシオラリア(ストルシオラリア)・パピューローサ……216
Struthiolaria (*Struthiolariella*) *amehinoi* →ストルチオラリア……217
Struthiomimus →ストルティオミムス……217
Struthiomimus altus →ストルティオミムス……217
Struthiosaurus →ストルティオサウルス……217
Stupendemys →ストゥペンデミス……216
Stygeonepa foersteri →スティゲオネパ・フォエルステリ……212
Stygimoloch →スティギモロク……212
Stylemys nebrascensis →スティレミス・ネブラスケンシス……213
Styletoctopus annae →スティレトオクトプス・アンナエ……213
Stylidophyllum floriformis crassiconus →スティリドフィルム・フロリフォルミス・クラッシコヌス……213
Stylidophyllum kameokense……538
Stylina (*Stylina*) *higoensis* →スチリナの1種……212
Stylinodon →スティリノドン……213
Stylocoeniella armata →ムカシサンゴ……438
Stylocoeniella hanzawai →スティロケニエラ・ハンザワイ……213
Stylonurus →スティロヌルス……213
Stylophora pistillata →ショウガサンゴ……201
Styracosaurus →スティラコサウルス……212
Styracosaurus albertensis →スティラコサウルス……212
Styrax japonicum →エゴノキ……70
Styrax laevigata →テルミハクウンボク……268
Styrax obassia →ハクウンボク……310
Styrax protoobassia →ムカシハクウンボク……439
Styrax rugosa →ザラミノエゴノキ……181
Styrax sp.……538
Styrax sp.cf.*S.rugosa* →ザラミノエゴノキに比較される種……181
Suavodrillia declivis →トガリクダマキガイ……273
Suavodrillia oyamai →オオヤマクダマキ……86
Subcolumbites perrinismithi →サブコルンビテスの1種……178

Subdichotomoceras sp. →サブディコトモセラスの一種……178
Subhyracodon →スブヒラコドン……222
Subplanites rueppellianus →スププラニテス・ルエッペリアヌス……222
Subplanites sp. →スププラニテス属の種……222
Subprionocyclus latus →サブプリオノサイクルス・ラッツ……179
Subprionocyclus minimus →サブプリオノサイクルス・ミニムス……178
Subprionocyclus neptuni →サブプリオノサイクルス・ネプチュニ……178
Subptychoceras yubarense……538
Substeueroceras sp. →サブスチュエロセラスの1種……178
Subula (*Subula*) *fuscata*……538
Succinilacerta succinea →スッキニラケルタ・スッキネア……212
Succodium hikoroconoides……538
Succodium multipilularum →サッコジウムの1種……177
Suchium (*Suchium*) *koyuense* →コユキサゴ(新)……168
Suchium (*Suchium*) *mysticum*……538
Suchium (*Suchium*) *suchiense* →スウチキサゴ……206
Suchium (*Suchium*) *suchiense obsoletum*……538
Suchium (*Suchium*) *tenuistriatum* →イトヒキキサゴ……48
Suchomimus →スコミムス……210
Sugiyamaella carbonarium……538
Sulcocephalus sp. →スルコセファルスの一種……223
Sulcoretepora nipponica……538
Sulcurites cryptoconoides →チョウセンクダマキガイ……245
Suloretepora nipponica →サルコレテポラの1種……181
Sumatrina annae……538
Sumatrina japonica……538
Supersaurus →スーパーサウルス……218
Surculites fusoides……538
Surculites osawanoensis →オサワノボラ……88
Surugathyris surugaensis →スルガホオズキガイ……223
Sus →イノシシ……48
Sus cf.*lydekkeri* →ライデッカイノシシ……468
Sus leucomystax →イノシシ……48
Sutneria apora →ストネリア・アポラ……216
Suturia japonica……538
Swedenborgia cryptomerioides →スェーデンボルギアの1種……206
Sweetognathus whitei →スイートグナサス・ホワイティ……206
Swiftopecten swiftii →エゾキンチャク……71
Sycorax sp. →ケチョウバエの1種……151
Sycostoma pyrus……538
Sydaphera horii →ホリコロモガイ……409
Sydaphera sp. →コロモガイの仲間……171
Symbos cavifrons →シンボス・カヴィフロンス……205
Symmetrocapulus rugosus →シンメトロカプルス……205
Symmorium sp. →シンモリウム属未定種の顎歯……205
Symphysops subarmatus →シンフィソプス・サブアルマトゥス……205
Symplocos myrtacea →ハイノキ……305
syncaridi →厚エビ類……17
Synconolophus dhokpathanensis →シンコノロプス……204
Syndyoceras →シンディオケラス……205
Syndyoceras cooki →シンディオケラス……205
Synechodus jurensis →シネコドゥス・ジュレンシス……192
Synedra jouseana →シネドラ・ジューゼアナ……192
Syngnathus sp. →シングナツス……204
Synolynthia sp. →シノリンチア……193
Synprioniodina microdenta →シンプリオニオディナ・ミクロデンタ……205
Syntarsus →シンタルスス……205
Synthetoceras →シンテトケラス……205
Synthetoceras tricornatus →シンテトケラス……205
Syringodendron sp. →シリンゴデンドロン……203
Syringonautilus japonicus……538
Syringopora →シリンゴポラ……203
Syringopora fascicularis →シリンゴポラ・ファシキュラリス……203
Syringopora sp., cf.*S.tonkinensis* →シリンゴポラ・トンキネンシス近似種……203
Syringopora utsunomiyai →シリンゴポーラ・ウツノミヤイ……203
Syringothyris cuspidatus……538
Syringothyris transversa……538
Syzygium buxifolium →アデク……18

【T】

Tachyrhynchus venustellus →オンマヒメニナ……98
Taenidium toyomensis……538
Taeniocrada dubia →タエニオクラダ……233
Taeniolabis sp. →タエニオラビス……233
Taeniolabis taoensis →タエニオラビス……233
Taeniopteris arakawae →テニオプテリスの1種……266
Taeniopteris cf.*schenkii* →テニオプテリスの1種……266
Taeniopteris emarginata →アサクボミオビシダ……13
Taeniopteris lanceolata →ホソバカセキオビシダ……403
Taeniopteris nystroemii →テニオプテリスの1種……266
Taeniopteris sp. →オビシダの1種……93
Tainoceras abukumaense……538
Tainoceras kitakamiense →タイノセラスの1種……233
Taiwania japonica →ムカシタイワンスギ……439
Taiwania mesocrypomerioides →タイワンスギの1種……233
Taiwania sp. →タイワンスギの1種……233
Takakkawia lineata →タカッカヴィア……234
Talarurus →タラルルス……241
Tambatitanis amicitiae →タンバティタニス・アミキティアエ……242
Tanakura tanakura →タナクラチョウチン……237
Tanbaella izuruhense →タンバエラの1種……242
Tanella miurensis……538
Tanglangia caudata →タングランギア・カウダタ……242

Tangshanella nakakuboensis →タンシャネラ・ナカクボエンシス……242
Tanius →タニウス……238
Taniwhasaurus mikasaensis →タニファサウルス……238
Tanychora beipiaoensis →タニコラ・ベイピアオエンシス……238
Tanystropheus →タニストロフェウス……238
Tanystropheus longobardicus →タニストロフェウス・ロンゴバルディクス……238
Tapejara →タペヤラ……239
Tapejara wellnhoferi →タペジャラ・ウェルンホフェリ……238
Tapes higuchii →ヒグチスリガハマ……333
Tapes philippinarum →アサリ……14
Tapes takagii →タカギアサリ……234
Tapes (*Ruditapes*) *philippinarum* →アサリ……14
Taramelliceras cfr. *nodogioscutum*……538
Taramelliceras prolithographicum →タラメリセラス・プロリトグラフィクム……241
Taramelliceras sp. →タラメリセラスの1種……241
Tarascosaurus →タラスコサウルス……240
Tarbosaurus →タルボサウルス……241
Tarbosaurus bataar →タルボサウルス・バタール……241
Tarsophlebia eximia →タルソフレビア・エキシミア……241
Tarsophlebia sp. →タルソフレビア属の種……241
Tauromenia sp.……538
Taxodiaceae →スギ科の花粉……208
Taxodioxilon matsuiwa →珪化木……150
Taxodioxylon matsuiwa →タクソディオキシロン……235
Taxodites →タクソディテス……235
Taxodium dubium →タクソディウム……235
Tealliocaris woodwardi →テアリオカリス……250
Technosaurus →テクノサウルス……263
Tecticeps (?) sp. →シオムシ(?)属の未定種……186
Tectus crassus →ムカシニシキウズ(新)……439
Tectus (*Rochia*) *japonicus*……538
Tedorosaurus asuwaensis →テドロサウルス……266
Tegella unicornis →ヒトツバトゲイタコケムシ……336
Tegulorhynchia döderleini……538
Tegulorhynchia doederleini →トゲクチバシチョウチンガイ……274
Teilhardina sp. →テイルハルディナ……262
Teinolophos →テイノロフォス……258
Teinostoma yabei →ヤベシタダミ……460
Teleoceras →テレオケラス……268
Teleoceras fossiper →テレオケラス……268
Teleosaurus →テレオサウルス……268
Telescopium schencki →スケンクセンニンガイ(新)……210
Telescopium schenki →テレスコピウム・シェンキイ……268
Telicomys →テリコミス……267
Teliocrinus springeri →テリオクリヌス・スプリンゲリ……267
Tellina aquitanica →テッリナ・アクィタニカ……265
Tellina incarnata……538
"*Tellina*" *notoensis* →ノトヒザクラガイ……303
Tellina palmata……539
Tellina (*Arcopagia*) *corbis*……538
Tellina (*Arcopagia*) *crassa*……538
Tellina (*Arcopagia*) *sedgwicii*……538
Tellina (*Arcopagia*) *telata*……538
Telmatosaurus →テルマトサウルス……268
Telodactylites renzi……539
Temeischytes carteri →テメイスキテス・カーターイ……267
Temnocidaris sceptrifera →テムノキダリス……267
Temnodontosaurus →テムノドントサウルス……267
Temnopleura toreumaticus →サンショウウニ……183
Temnopleurus hardwicki →キタサンショウウニ……122
Temnopleurus sp. →サンショウウニの未定種……183
Temnopleurus toreumaticus →サンショウウニ……183
Temnotrema rubrum →ヒメウニの1種……340
Tenontosaurus →テノントサウルス……266
Tentaculites →テンタクリテス属の多数の殻を含む岩石……269
Tentaculites gyracanthus →テンタキュライテス・ジラカンタス……269
Tenuangulasporis microverrucosus →テヌアングラスポリス・ミクロウェルルコスス……266
Teramachia shinzatoensis →ヒメテラマチボラ……341
Terataspis →テラタスピス……267
Terataspis grandis →テラタスピス・グランディス……267
Teratornis merriami →テラトルニス……267
Teratosaurus →テラトサウルス……267
Terebellina shikokuensis →テレベリナの1種……269
Terebellum pseudodelicatum →ムカシウストンボガイ……437
Terebra eminula →チチブギリ……244
Terebra fuscata →テレブラ・フスカータ……269
Terebratalia coreanica →カメホウズキチョウチン……110
Terebratalia gouldi →グウルドチョウチンガイ……133
Terebratalia sendaica →センダイチョウチンガイ……229
Terebratalia tenuis →ヒメカメホオズキ……340
Terebra (*Terebra*) *acuminata*……539
Terebratula ampulla……539
"*Terebratula*" *anaiwensis* →"テレブラチュラ"の1種……269
"*Terebratula bicanaliculata*" →"テレブラテュラ・バイカナリキュラータ"……269
Terebratula gozzanensis……539
Terebratula maxima →テレブラチュラ……269
"*Terebratula*" sp. →「テレブラチュラ」属の種……269
Terebratula sp.……539
Terebratulina crossei →クロスタテスジチョウチン……147
Terebratulina iduensis →イズチョウチンガイ……44
Terebratulina japonica →タテスジチョウチンガイ……237
Terebratulina miuraensis →ミウラチョウチンガイ……424
Terebratulina tohokuensis →トウホクチョウチンガイ……272
Terebratulina yabei →ヤベチョウチンガイ……460
Terebrirostra bargensa →テレブリロストラ……269
Teredina personata →テレディナ……268
Teredo →テレド……268
"*Teredo*" *matsushimaensis*……539
Teredo sp. →テレド……268

Terminaster cancriformis →テルミナステル・カンクリフォルミス……268
Ternstroemia japonica →モッコク……454
Terpnosia nigricosta →エゾハルゼミ……72
Terrestrisuchus →テレストリスクス……268
Tessarolax fittoni →テッサロラックス……265
Tessarolax japonica……539
Testudo sp.
→オカガメ属の未定種……86
→ゾウガメ……229
Teteosaurus cadomensis →テレオサウルス……268
Tetoria endoi →テトリア・エンドイ……266
Tetorimya carinata →テトリマイア・カリナータ……266
Tetracentron ibei →イベスイセイジュ……49
Tetrachela raibliana →テトラケラ・ライブリアーナ……266
Tetraclaenodon sp. →テトラクラエノドン……266
Tetractinella trigonella……539
Tetractinella trigonelle →テトラクチネラ・トリゴネラ……265
Tetragonites glabrus →テトラゴニテス・グラブルス……266
Tetragonites popetensis →テトラゴニテス・ポペテンシス……266
Tetragonites terminus →テトラゴニテス・ターミナス……266
Tetragramma sp. →テトラグラムマ属の種……266
Tetragraptus quadribrachiatus →テトラグラプツス……266
Tetrahynchia tetraedra……539
Tetralophodon longirostris →テトラロフォドン……266
Tetrarhynchia dumbletonensis……539
Tetrarhynchia sp.……539
Tetrastigma japonica……539
Tetrastigma tajimiensis →タジミヒダミブドウ……236
Texanites →テキサナイテス……263
Texanites kawasakii →テキサニテス・カワサキイ……263
Texanites sp. →テキサニテス……263
Textularia cf.*gibbosa*……539
Textularia fistula……539
Textularia foliacea oceanica……539
Textularia lythostrota……539
Thadeosaurus →タデオサウルス……237
Thais biplicata……539
Thais nakamurai →ナカムラレイシ……286
Thalamoporella bioticha →ヒロツノマタコケムシ……345
Thalassemys sp. →タラセミス属の種……241
Thalassina anomala →オキナワアナジャコ……88
Thalassina sauamifera →タラシナ……240
Thalassina sp. →タラシナ……240
Thalassinoides →タラッシノイデス……241
Thalassiosira antiqua →サラシオシイラ・アンテイクア……181
Thalassiosira convexa →サラシオシイラ・コンベクサ……181
Thalassiosira fraga →珪藻類……150
Thalassiosira nidulus →サラシオシイラ・ニドラス……181
Thalassiothrix longissima……539
Thalassodromeus →タラッソドロメウス……241
Thalattoarchon →タラットアルコン……241
Thalattoarchon saurophagis →タラットアルコン・サウロファギス……241
Thallites riccioites →タルリテス・リッキオイテス……242
Thamnasteria →タムナステリア……239
Thamnasteria hideshimaensis……539
Thamnasteria huzimotoi →タムナステリアの1種……239
Thamnasteria procera →タムナステリア・プロセラ……240
Thamnasteria sp. →タムナステリアの1種……240
Thamnastraea sp. →タムナストラエア……240
Thamnopora cervicornis →タムノポーラ・セルビコルニス……240
Thamnopteris →タムノプテリス……240
Tharsis dubius →タルシス・ドゥビウス……241
Thaumaptilon walcotti →サウマプティロン……174
Thaumatopteris elongata →ホソバカミワザカセキシダ……403
Thaumatopteris nipponica →ニッポンカミワザカセキシダ……292
Thea ubensis →ウベチャノキ……58
Thecodontosaurus →テコドントサウルス……264
Thecodontosaurus antiquus →テコドントサウルス……264
Thecosmilia hideshimaensis……539
Thecosmilia konosensis →テコスミリアの1種……264
Thecosmilia sp. →テコスミリア属の未定種……264
Thecosmilia trichotoma →テコスミリア・トリコトーマ……264
Thecosphaera akitaensis →セコスファエラ・アキタエンシス……225
Thecosphaera dedoensis →セコスファエラ・デドエンシス……225
Thecosphaera japonica →セコスファエラ・ジャポニカ……225
Thecosphaera miocenica →セコスファエラ・マイオセニカ……225
Thelodus →テロドゥス……269
Thelodus scoticus →テロダス……269
Theocorys redondoensis →セオコリス・レドンドエンシス……224
Theocorys spongoconum →セオコリス・スポンゴコヌム……224
Theodossia hungerfordi……539
Theodossia sp.……539
Theosodon →テオソドン……263
Theosodon garrettorum →テオソドン……263
Therizinosauridae →テリジノサウルス類……267
Therizinosaurus →テリジノサウルス……267
Therizinosaurus cheloniformis →テリジノサウルス・ケロニフォルミス……267
Theropithecus →テロピテクス……269
Theropithecus oswaldi →テロピテクス・オズワルディ……269
Theropoda →白山の巨大獣脚類……310
Thescelosaurus →テスケロサウルス……264
Thetironia japonica……539
Thiara（*Siragimelania*） *tateiwai*……539
Thisbites nakijinensis →シスビテス・ナキジンエンシス……189
Thoatherium →トアテリウム……270
Thoatherium minusculum →トアテリウム……270
Thomashuxleya →トーマスハクスレイア……276

Thoracopterus niederristi →トラコプテルス……278
Thracia asahiensis →アサヒスエモノガイ(新)‥13
Thracia higashinodonoensis →ヒガシノドノスエモノガイ……332
Thracia kakumana →スエモノガイ……206
Thracia kamayashikiensis →カマヤシキスエモノガイ……109
Thracia kamayasikiensis →イワテスエモノガイ……51
Thracia pupescens……539
Thracia subrhombica……539
Thracidora gigantea →ハヤマスエモノガイ(新)……317
Thrinaxodon →トリナクソドン……281
Thrinaxodon liorhinus →ツリナクソドン……250
Thrissops →トリソプス……280
Thrissops formosus →トリソプス・フォルモスス……280
Thrissops subovatus →トリソプス・スブオヴァトゥス……280
Thuja nipponica →ムカシネズコ……439
Thuja standishii →ツヤ・スタンディシイ……249
Thujopsis miodolabrata →ムカシアスナロ……437
Thurmannella sp.……539
Thyasira bisectoides →シンシユウハナシガイ‥204
Thylacinus →フクロオオカミ……355
Thylacinus cynocephalus →フクロオオカミ……355
Thylacoleo →ティラコレオ……261
Thylacoleo carnifex →ティラコレオ……262
Thylacosmilus →ティラコスミルス……261
Thylacosmilus atrox →ティラコスミルス……261
Thysanopeltella (*Septimopeltis*) *paucispinosa* →チサノペルテラ(セプティモペルティス)・ポウシスピノーサ……243
Thysanopeltis paucispinosa……539
Thysanopeltis speciosa →ティサノペルティススペシオーサ……253
Tianchisaurus →ティアンチサウルス……251
Tianzhushania sp. →陡山沱の胚化石……271
Tiberia konamiensis →コウナミクチキレ……157
Tibia insulae-charob →エビスボラ……76
Tibia japonica →ティビア・ジャポニカ……258
Tibikoia fudoensis →チビコイアの1種……244
Ticinosuchus →ティキノスクス……252
Tienshanosaurus chitaiensis →ティエンシャノサウルス……252
Tiktaalik →ティクターリク……252
Tiktaalik roseae →ティクターリク・ロセアエ‥252
Tilia distans →モギヘラノキ……453
Tilia hommashinichii →ホンマシナノキ……412
Tilia kabutoiwaensis →カブトイワシナノキ……108
Tilia protojaponica →ムカシシナノキ……438
Tilia sekiensis →セキシナノキ……224
Tilia sp.……539
Timiriasevia jianshangouensis →ティミリアセウィア・ジアンシャンゴウエンシスの背甲……261
Timorocrinus mirabilis……539
Tingia Hamaguchii →ティンギア・ハマグチイ……263
Tipularia teyleri →ティプラリア・テイレリ……259
Tischlingerichthys viohli →ティシュリンガーイクツィス・ヴィオリ……254
Tissotia obessa →ティソティア・オベサ……255
Tissotia sp. →ティソティアの一種……255
Titanis →ティタニス……255
Titanoboa cerrejonensis →ティタノボア・セレジョネンシス……255
Titanohyrax ultimus →チタノハイラックス……244
Titanophoneus potens →チタノホネウス……244
Titanosarcolites →ティタノサルコリテス……255
Titanosauriformes →丹波竜……242
Titanosauroidea →鳥羽竜……275
Titanosaurus →ティタノサウルス……255
Titanosaurus australis →チタノサウルス……243
Titanosuchus →ティタノスクス……255
Titanotylopus →ティタノティロプス……255
Tmetoceras recticostatum →トメトセラスの1種……277
Tobulipora cf.*maculosa*……540
Todites williamsoni →ウイリアムソンカセキトーデシダ……53
Tolypelepis →トリペレピス……282
Tomiopsis subradiatus →トミオプシス・サブラディアータス……276
Tomistoma machikanense →トミストマ……276
Tongoboryceras kawashitai →トンゴボリセラス・カワシタイ……284
Tonna luteostoma →ヤツシロガイ……459
Tooth of Camarasaurus sp. →カマラサウルスの一種の歯……109
Torinina tersa →トリニナ・テルサの右の内形雌型……281
Toriyamaia laxiseptata……540
Tornoceras primordialis →トルノセラス・プリモーディアリス……282
Tornoceras simplex……540
Tornoceras sp. →トルノセラスの一種……282
Torosaurus →トロサウルス……283
Torquatisphinctes sp. →トルクアティスフィンクテス属の種……282
Torquatosphinctes betsibokensis →トルクワトスフィンクテス・ベトシボケンシス……282
Torquirhynchia →トルクイリュンキア……282
Torreites sanchezi →厚歯二枚貝……17
Torvosaurus →トルボサウルス……282
Tosaia hanzawai →トサイア・ハンザワイ……275
Tosalorbis hanzawai →トサロルビスの1種……275
Tosalorbis peculiaris……540
Tosapecten cf.*suzukii inflatus* →トサペクテン・スズキイ・インフラータス……275
Tosapecten suzukii →トサペクテン・スズキイ‥275
Tosapecten suzukii fujimotoi……540
Tosastroma tokunagai……540
Tosastroma yabei……540
Towapteria nipponica →トーワプテリア・ニッポニカ……284
Toxoceratoides taylori →トキソセラトイデス・タイロリイ……273
Toxodon →トクソドン……274
Toxodon platense →トクソドン……274
Toxodon platensis →トクソドン……274
Toxophacops nonakai →トキソファコプス・ノナカイ……273
Toyotamaphimeia machikanensis →マチカネワニ……418
Trachelospermum tanaii →タナイカズラ……237
Trachodon mirabilis →トラコドン……278
Trachycarcinus huziokai →フジオカツノクリガニ……355
Trachycardium shiobarense →シオバラザルガ

イ ……186
Trachycardium (*Dallocardia*) *multicostatum* ……540
Trachycardium (*Dallocardium*) *multicostatum* ……540
Trachycarpus sp. →シュロ属の1種 ……200
Trachydomia conica →トラキドミア・コニカ ……277
Trachydomia ferganica →トラキドミア・フェルガニカ ……277
Trachyleberis scabrocuneata →トラキレベリス・スカブロクネアータ ……277
Trachyleberis sp. →トラキレベリスの1種 ……277
Trachyneis aspera →トラキナイス・アスペラ ……277
Trachyphyllia chipolana →トラキフィリア ……277
Trachyspira magna →トラキスピラの1種 ……277
Trachyteuthis →トラチテウティス ……278
Trachyteuthis hastiforme →トラキテウチス・ハスチフォルメ ……277
Trachyteuthis hastiformis →トラキトイティス・ハスティフォルミス ……277
Trachyteuthis sp. →トラキテウチス ……277
Tragoceras amaltheus →トラゴケラス ……277
Tragodesmoceroides subcostatas ……540
Tragophylloceras loscombi →トラゴフィロセラス・ロスコミイ ……278
Trajanella japonica →トゥラジャネラ・ジャポニカ ……272
Trapa discoidpoda →トラパ・ディスコイドポーダ ……278
Trapa incisa →ヒメビシ ……341
Trapa macropoda →シリブトビシ ……202
Trapa mammillifera →イボビシ ……50
Trapa pulvinipoda →カザリビシ ……102
Trapa sp. ……540
Trapella lissa →セトヒシモドキ ……225
Trapella primaria →アカズビシ ……6
Trapezium (*Neotrapezium*) *liratum* →ウネナシトマヤガイ ……58
Trema asiatica →ムカシキリエノキ ……438
Tremacebus →トレマケブス ……283
Tremadictyon sp. →トレマディクティオン属の種 ……283
Tremataspis →トレマタスピス ……283
Trematothorax →トゥレマトトラクス ……273
Trepospira depressa →トレポスピラ・デプレッサ ……283
Treptoceras →トレプトケラス ……283
Tresus keenae →ミルクイ ……435
Treveropyge prorotudifrons →トレベロピゲ・プロロツンディフロンス ……283
Triadobatrachus →トリアドバトラクス ……278
Triadobatrachus massinoti →トリアドバトラクス・マッシノティ ……278
Triangope sp. ……540
Triangope triangulus ……540
Triarthrus cf. *T.tetragonalis* →トリアースルスの一種 ……278
Triarthrus eatoni →トリアルトゥルス・イートニ ……278
Triarthrus spinosus →トリアースルス スピノーサス ……278
Triassic ammonite →アンモナイト ……39
Triassoblatta cf. *okafujii* →オカフジムカシゴキブリの近似種 ……86
Triassoblatta okafujii →オカフジムカシゴキブリ ……86
Triassoblatta (?) cf. *tenuicubiti* →トリアソブラッタ (?)・テヌイクビティの近似種 ……278
Triassocampe dewveri →放散虫類 ……401
Triassochelys dux →トリアソケリス ……278
Tribolodon sp.cf. *T.hakonensis* →ウグイ ……56
Tribosphenomys minutus →トリボスフェノミス ……282
Tribrachidium →トリブラキディウム ……281
Tribrachidium heraldicum →トリブラキディウム・ヘラルディクム ……281
Triceratium condecorum →ツリセラチウム・コンデコラム ……249
Triceratops →トリケラトプス ……279
Triceratops horridus →トリケラトプス・ホリダス ……279
Triceratops prorsus →トリケラトプス・プロルスス ……279
Triceromeryx →トリケロメリックス ……279
Trichonodella trichonodelloides →トリコノデラ・トリコノデロイデス ……280
Trichotropis chikagawaensis →チカガワネジヌキ ……243
Trichotropis (*Iphinoe*) *unicarinata* →ネジヌキ ……299
Tricites sp. →トリシテス ……280
Triconodon →トリコノドン ……280
Tricrepicephalus →トリクレピケファルス ……279
Trigonia costata →トリゴニア・コスタータ ……279
Trigonia interlaevigata →トリゴニア・インターラエヴィガタ ……279
Trigonia meriani →トリゴニア・メリアニイ ……280
Trigonia navis →トリゴニア・ナヴィス ……280
Trigonia reticulata →トリゴニア・レティキュラータ ……280
Trigonia sumiyagura →トリゴニア・スミヤグラ ……280
Trigonias →トリゴニアス ……280
Trigonioides kodairai ……540
Trigonioides paucisulcatus ……540
Trigonioides (*Trigonioides*) *kodairai* →トリゴニオイデス・ゴダイライ ……280
Trigonocarpus →トゥリゴーノカルプス ……272
Trigonocarpus adamsi →トリゴノカルプス ……280
Trigonostoma kurodai →クロダオリイレボラ(新) ……147
Trigonostoma umbilicare ……540
Trigonostylops →トリゴノスティロプス ……280
Trigonucula sakawana →トリゴヌクラ・サカワーナ ……280
Triletes bos'sus ……540
Trilophodon angustidens →トリロホドン ……282
Trilophosaurus buettneri →トリロポサウルス ……282
Trimerocephalus laevis →トリメロケファルス ……282
Trinacromerum →トリナクロメルム ……281
Trinucleus →トゥリヌクレウス ……272
Trinucleus acutifinalis →トリヌクレウス アクティフィナリス ……281
Trionyx desmostyli →エゾスッポン ……71
Trionyx foveatus →トリオニクス ……279
Tripetaleia pseudopaniculata →ムカシホツツジ ……440
Triplagnostus burgessensis →トリプラグノッス・バージェセンシス ……281
Triplostephanus lima →ヒメフトギリ ……341

Tripneustes parkinsoni →トリプネウステス・パーキンソニを含む岩礁……281
Trisalenia loveni →トリサレニア……280
Trisidos kiyonoi →ビョウブガイ……342
Trisidos yatsuoensis →ヤツオビョウブガイ……459
Tristychius →トリスティキウス……280
Tritemnodon agilis →トリテムノドン……281
Tritia (*Reticunassa*) *japonica* →キヌボラ……124
Triticispongia diagonata →トリティキスポンギア・ディアゴナタ……281
Triticites henberti……540
Triticites intermedius……540
Triticites isaensis……540
Triticites kagaharensis……540
Triticites ozawai……540
Triticites simplex →トリテシテス属の1種……281
Triticites uemurai……540
Triticites ventricosus →トリティサイテス・ベントリコーサス……281
Triticites yayamadakensis……540
Triton affine……540
Tritylodon sp. →トリティロドン……281
Tritylodontidae →トリティロドン類……281
Trivia europaea……540
Trizygia oblongifolia →トリジジア・オブロンギフォリア……280
Trochocyathus hanzawai →フリジアサンゴの1種……371
Trochocyathus sp. →フリジアサンゴの1種……371
Trochus monilifer……540
Trochus (*Infundibulum*) *goisiensis*……540
Trogosus →トロゴスス……283
Trominina japonica →ポロナイバイヒノモトフジタバイ……411
Troodon →トロオドン……283
Tropaeum lampros →トロペウム・ラムプロス……284
Tropaeum sp. →トロペウムの一種……283
Trophon solitarius →シガラミツノオリイレ……187
Trophon sowerbyi →トロフォン・サワビー……283
Trophon toyamai →トヤマツノオリイレ……277
Tropicolpas sakitoensis →サキトキリガイダマシ……176
Tropidaster pectinatus →トロピダステル……283
Tropidocyathus lessoni →ツバササンゴ……249
Tropigastrites aff. *halli*……540
Trrasius problematicus →タラシウス……240
Trunculariopsis rudis……540
Trunculariopsis truncula conglobata……540
Trypanotrochus rikuchuense →トゥリパノトロックス・リクチュウエンゼ……272
Tryplasma higuchizawaensis →トリプラズマ・ヒグチザワエンシス……282
Tryplasma higutizawaensis……540
Tryplasma japonica →トリプラズマ・ジャポニカ……282
Tsagantegia →ツァガンテギア……247
Tsaidamotherium sp. →ツァイダモテリウム……247
Tselfatia formosa →チエルファチア……243
Tsintaosaurus →チンタオサウルス……247
Tsuga diversifolia →コメツガ……168
Tsuga miocenica →マツマエツガ……419
Tsuga miyataensis →ミヤタツガ……435
Tsuga sieboldii →ツガ……247
Tsuga sp.……541
Tubastrea sp. →イボヤギの1種……50
Tubular home →セルプラの管状体……228
Tubulipora pulchra →ハグルマクダコケムシ……311
Tugali decussatoides →タナグラスカシガイ……237
Tugali notoensis →ノトスソカケガイ……303
Tugali vadososinuala →コシダカサルアワビ……160
Tugurium matsuoi →マツオキヌガサガイ……418
Tugurium (*Onustus*) *exutus* →キヌガサガイ……124
Tullimonstrum →ツリモンストラム……250
Tullimonstrum gregarium →ツリモンストルム・グレガリウム……250
Tulotomoides japonica →コビワコカドバリタニシ……167
Tuojiangosaurus →トゥオジァンゴサウルス……270
Tuojiangosaurus multispinus →トゥジャンゴサウルス・ムルティスピヌス……271
Tupandactylus imperator →ツパンダクティルス・インペラトール……249
Tupuxuara →トゥプクスアラ……272
Turanoceratops →トゥラノケラトプス……272
Turanophlebia sp. →トンボ……284
Turbinaria brueggemanni……541
Turbo ozawai →オザワサザエ……88
Turbo parvuloides →モニワサザエ……455
Turbo (*Marmorostoma*) *ozawai* →オザワサザエ（新）……88
Turbonilla ishidae →イシダイトカケギリ（新）……43
Turbonitella yanagidai →ツルボニテラの1種……250
Turcica coreensis →マキアゲエビス……413
Turnus sp. →ターヌス属の未定種……238
Turricula exorta……541
Turricula rostrata……541
Turricula (*Surcula*) *lathyriformis*……541
Turricula (*Surcula*) *sobrina* →ダイニチイグチ……232
Turrilites →ツリリテス……250
Turrilites bergeri →ツリリテス・ベルゲリイ……250
Turrilites costatus →ツリリテス・コスタータス……250
Turrilites (*Turrilites*) *costatus* →トゥリリテス・コスタートゥス……272
Turris (*Turris*) *turricula*……541
Turritella →ツリテラ属……250
Turritella fortilirata habei →ハベキリガイダマシ……316
Turritella ikebei →イケベキリガイダマシ……42
"*Turritella*" *importuna* →アサガイキリガイダマシ……13
Turritella infralirata →ツリテラ・インフラリラータ……249
Turritella kadonosawaensis →カドノサワキリガイダマシ……105
"*Turritella*" *karatsuensis*……541
Turritella kiiensis →キイキリガイダマシ……118
Turritella nipponica →オオエゾキリガイダマシ……83
Turritella perterebra →ムカシキリガイダマシ……438
Turritella sagai →ツリテラ・サガイ……250
Turritella saishuensis →サイシュウキリガイダマシ……174
"*Turritella*" *tokunagai* →トクナガキリガイダマシ……274
Turritella (*Hataiella*) *chichibuensis* →チチブキリガイダマシ……244
Turritella (*Hataiella*) *kadonosawaensis* →カドノサワキリガイダマシ……105
Turritella (*Hataiella*) *poronaiensis* →ポロナイ

キリガイダマシ ……411
Turritella (*Hataiella*) *s-hataii* →ハタイキリガイダマシ ……312
Turritella (*Haustator*) *vermicularis* ……541
Turritella (*Idaella*) *tanaguraensis* →タナグラキリガイダマシ ……237
Turritella (*Kurosioia*) *kurosio* →クロシオキリガイダマシ ……147
Turritella (*Neohaustator*) *andenensis* →フジタキリガイダマシ ……355
Turritella (*Neohaustator*) *fortilirata* →エゾキリガイダマシ ……71
Turritella (*Neohaustator*) *fortilirata habei* →ハベキリガイダマシ ……316
Turritella (*Neohaustator*) *huziokai* →マルエゾキリガイダマシ ……422
Turritella (*Neohaustator*) *ikebei* →イケベキリガイダマシ ……42
Turritella (*Neohaustator*) *nipponica* →オオエゾキリガイダマシ ……83
Turritella (*Neohaustator*) *otukai* →オオツカキリガイダマシ ……84
Turritella (*Neohaustator*) *saishuensis* →サイシュウキリガイダマシ ……174
Turritella (*Neohaustator*) *saishuensis etigoensis* →エチゴキリガイダマシ ……73
Turritella (*Neohaustator*) *saishuensis motidukii* →モチズキキリガイダマシ ……454
Turritella (*Neohaustator*) *saishuensis saishuensis* →サイシュウキリガイダマシ ……174
Turritella (s.l.) *yaegashii* →トゥリテラ・ヤエガシイ ……272
Turritella (*Turritella*) *kiiensis* →キイキリガイダマシ ……118
Turritella (*Turritella*) *perterebra* →ムカシキリガイダマシ ……438
Turritella (*Zaria*) *subangulata* ……541
Turritellla (*Kurosioia*) *fascialis* →ヒメキリガイダマシ ……340
Tuzoia burgessensis →チュゾイア・ブルゲッセンシス ……245
Tuzoia praemorsa →チュゾイア・プラエモルサ ……245
Tygolampis gigantea →ティゴラムピス・ギガンテア ……253
Tylocephale →ティロケファレ ……262
Tylocidaris →テュロキダリス ……267
Tylocidaris clavigera →ティロキダリス ……262
Tylonautilus permicus →ティロノーティルスの1種 ……263
Tylosaurus →ティロサウルス ……262
Tylosaurus dyspelor →チロサウルス ……246
Tylosaurus nepaeolicus →ティロサウルス ……263
Tylostoma miyakoense →ティロストーマ・ミヤコエンゼ ……263
Tylostoma miyakoensis ……541
Tylostoma sanchuense →チロストーマ・サンチューエンゼ ……246
Tymolus ingens →ミズナミマメヘイケガニ ……428
Tymolus sp. →トミクサヘイケガニ ……276
Typha latissima →ガマ ……109
Typhaera fusiformis →ティファエラ・フシフォルミス ……258
Typhis pungens →ティフィス・プンゲンス ……258
Typhlocarcinus sp. →メクラガニの1種 ……445
Tyrannosaurus →ティラノサウルス ……262
Tyrannosaurus rex →ティラノサウルス・レックス ……262
Tyrmia acrodonta →ティルミア・アクロドンタ ……262

【U】

Udora brevispina →ウドラ・ブレヴィスピナ ……57
Udorella agassizi →ウドレラ・アガシー ……57
Uintacrinus →ウインタクリヌス ……53
Uintacrinus socialis →ウインタクリヌス ……53
Uintatherium →ウインタテリウム ……53
Uintatherium milabile →ウィンタテリウム ……53
Ulmeriella sp. →ウルメリエラの1種 ……61
Ulmus →ニレ ……295
Ulmus carpinoides →シデノハニレ ……191
Ulmus harutoriensis →ハルトリニレ ……327
Ulmus longifolia →ナガバニレ ……286
Ulmus miopumila →チュウシンニレ ……245
Ulmus parvifolia →アキニレ ……8
Ulmus protojaponica →ムカシハルニレ ……440
Ulmus protolaciniata →ムカシオヒョウ ……437
Ulmus pseudolongifolia →シレトルニレ ……203
Ulmus takayasui →タカヤスニレ ……234
Umbilia eximia →ウンビリア ……62
Umbilicosphaera sp. ……541
Umbonium miyagiense →ミヤギキサゴ ……434
Umbonium (*Suchium*) *costatum* →キサゴ ……121
Umbonium (*Suchium*) *giganteum* →ダンベイキサゴ ……242
Umbonium (*Suchium*) *moniliferum* →イボキサゴ ……49
Umbonium (*Suchium*) *mysticum* →ウムボニゥム (スチゥウム)・ミスティクム ……60
Umbonum (*Suchium*) *akitanum* →アキタキサゴ ……8
Uncina sp. →ウンキナ属の未定種 ……61
Uncinunellina shikokuensis →アンシヌネリア・シコクエンシス ……36
Uncites gryphus →ウンキテス・グリフス ……61
Uncites sp. ……541
undescribed Calmoniid trilobite →カルモニア科の未記載種 ……115
undescribed Cheirurid trilobite →ケイルルス科の未記載種 ……150
undescribed Dalmantid trilobite →ダルマニテス科の未記載種 ……242
Undetermined nautilus →属種不明のオウムガイ類 ……229
Undina penicillata →ウンデイナ ……61
Unedo gemmula ina →チトセカリガネ ……244
Unenlagia →ウネンラギア ……58
Unguliproetus oisensis →ウンギュリプロエタス・オイセンシス ……61
Unio menki →ウニオ ……57
Unio ogamigoensis ……541
Unio (?) *ogamigoensis* →ウニオ (?)・オガミゴエンシス ……57
unknown nautiloid →属種不明のオウムガイ類 ……229
Uptonia cfr.*obsoleta* ……541
Urakawites rotalinoides →ウラカワイテス・ロタリノイデス ……60

Uraloceras involutum →ウラロセラス インボルータム ……61
Urasterella →ウラステレッラ ……60
Urda rostrata →ウルダ・ロストラタ ……61
Urda sp. →ウルダ属の種 ……61
Urocordylus scalaris →ウロコルディルス ……61
Urocythereis? gorokuensis →ウロシセレイス?・ゴロクエンシス ……61
Urogomphus giganteus →ウロゴムフス・ギガンテウス ……61
Urogomphus sp. →ウロゴムフス属の種 ……61
Urokodia aequalis →ウロコディア・アエクアリス ……61
Uromitra fulleri →フユーラーオトメ ……364
Uromitra teschi →シンザトオトメ ……204
Urotrichus talpoides →ヒミズの下顎骨 ……340
Ursus →クマ ……138
Ursus arctos →ヒグマ ……334
Ursus spelaeus →ホラアナグマ ……408
Ursus tanakai →タナカグマ ……237
Utahraptor →ユタラプトル ……463
Utatsusaurus →ウタツサウルス ……56
Utatsusaurus hataii →ウタツサウルス・ハタイイ ……56
Uvigerina aculeata ……541
Uvigerina akitaensis →ウビゲリナ・アキタエンシス ……58
Uvigerina subperegrina ……541

【V】

Vachonisia rogeri →ヴァコニシア・ロゲリ ……52
Valdedorsella akuschaaensis ……541
Valvulineria japonica ……541
Vanderhoofius →ヴァンダーフーフィウス ……52
Vanikoro japonica ……541
Vanikoropsis decussata →バニコロプシス・デキュッサータ ……315
Varanops →ヴァラノプス ……52
Varanops brevirostris →バラノプス ……322
Varanosaurus →ヴァラノサウルス ……52
Varanus priscus →メガラニア ……444
Various kinds of Shark teeth →種々なサメの歯化石 ……198
Vascoceras costatum →バスコセラス・コスタータム ……311
Vascoceras durandi →バスコセラス・デュランディ ……311
Vascoceras sp. →バスコセラスの一種 ……311
Vasticardium ogurai →オグラザルガイ ……88
Vasticardium shimotokuraensis →シモトクラザルガイ ……195
Vaugonia niranohamensis →バウゴニア・ニラノハメンシス ……307
Vaugonia (*Hijitrigonia*) *geniculata* →バウゴニア(ヒジトリゴニア)・ジェニクラータ ……307
Vaugonia (*Vaugonia*) *namigashira* →バウゴニア・ナミガシラ ……307
Vaugonia (*Vaugonia*) *niranohamensis* →バウゴニア・ニラノハメンシス ……307
Vauxia gracilenta →ヴァウヒア ……52
Vectisaurus →ヴェクティサウルス ……54
Vegavis →ヴェガヴィス ……54
"Velata" cf. *sumeriensis* ……541
"Velata" infrequens ……541
Velates →ヴェラテス ……54
Velates perversus →ヴェラテス ……54
Velociraptor →ヴェロキラプトル ……55
Velociraptor mongoliensis →ヴェロキラプトル・モンゴリエンシス ……55
Velociraptorinae →ベロキラプトル類 ……398
Venaticosuchus →ヴェナチコスクス ……54
Venatomya truncata →クシケマスオ ……134
Venericardia crebricostata →オオマルフミガイ ……86
Venericardia ferruginea →クロマルフミガイ ……149
Venericardia kiiensis →キイフミガイ ……118
Venericardia myogadaniensis →ミョウガダニフミガイ ……435
Venericardia onukii →オヌキフミガイ ……92
Venericardia panda →ダイニチフミガイ ……232
Venericardia planicosta →ベネリカルディア・プラニコスタ ……391
Venericardia (*Cardites*) *kondoi* →コンドウフミガイ ……172
Venericardia (*Cyclocardia*) *aomoriensis* →アオモリフミガイ ……6
Venericardia (*Cyclocardia*) *ezoensis* →ポロナイフミガイ ……411
Venericardia (*Cyclocardia*) *ferruginea* →クロマルフミガイ ……149
Venericardia (*Cyclocardia*) *laxata* →アサガイフミガイ ……13
Venericardia (*Cyclocardia*) *ochiaiensis* →オチアイフミガイ ……90
Venericardia (*Cyclocardia*) *siogamensis* →シオガマフミガイ ……186
Venericardia (*Cyclocardia*) *vestitoides* →サキトフミガイ ……176
Venericardia (*Megacardia*) *ferruginosa* →フミガイ ……364
Venericardia (*Megacardita*) *granulicostata* →ヒメミヤザキフミガイ ……342
Venericardia (*Megacardita*) *japonica* →ヤマトフミガイ ……461
Venericardia (*Megacardita*) *megacostata* →ミヤザキフミガイ ……434
Venericardia (*Megacardita*) *panda* →ダイニチフミガイ ……232
Venericardia (s.s.) *yoshidai* →ヨシダフミガイ ……468
Venericardia (*Venericor*) *mandaica* →マンダフミガイ ……423
Venericardia (*Venericor*) *nipponica* →ダイオウフミガイ ……232
Venericardia (*Venericor*) *subnipponica* →アシヤフミガイ ……14
Venericor planicosta →ヴェネリコル ……54
Ventastega →ヴェンタステガ ……55
Ventriculites →ウェントリクリテス ……55
Venus plicata →ビーナス・プリカータ ……337
Venustulus waukeshaensis →ヴェヌストゥルス・ワウケシャエンシス ……54
Venus (*Ventricoloidea*) *casina* ……541
Venus (*Ventricoloidea*) *excentrica* ……541
Venus (*Ventricoloidea*) *foveolata miyazakiensis* →ミヤザキビノスモドキ ……434
Venus (*Ventricoloidea*) *multilamella* ……541
Venus (*Ventricoloidea*) *verrucosa* ……541

Vepricardium miikense →ミイケザルガイ……424
Verbeekiella japonicum……541
Verbeekina verbeeki →フェルベキナの1種……352
Veremolpa micra →ヒメカノコアサリ……340
Veremolpa mindanensis →ワタゾコヒメカノコアサリ……492
Veremolpa minuta →アデヤカヒメカノコアサリ……18
Vermetus →ウェルメートゥス……55
Vermiceras spiratissimum →バーミセラス・スピラティシマム……317
Vermiliopsis sp. →ベルミリオプシスの1種……396
Vermiporella(?) *nipponica*……541
Vermitubus sumitaensis →ベルミテュブスの1種……396
Verruculina →ウェッルークリナ……54
Vertebrae →サメの椎骨……180
Vestinautilus cariniferous →ヴェスチナウチルス……54
Vetulicola →ヴェトゥリコラ……54
Vetulicola cuneata →ヴェチュリコラ・クネアタ……54
Vexillum setsukoae →セツコミノムシガイ……225
Viburnum basiobliquum →ハルトリヤブデマリ……327
Viburnum protofurcatum →ムカシオオカメノキ……437
Vicarya →ビカリア……332
Vicarya callosa japonica →ヤマトビカリア……461
Vicarya yabei →ヤベビカリア……460
Vicarya yokoyamai →ビカリア・ヨコヤマイ……333
Vicaryella ibarumensis →イシガキビカリエラ……43
Vicaryella ishiiana →ビカリエラ・イシイアーナ……333
Vicaryella notoensis →ノトビカリエラ……303
Vieraella →ヴィエラエッラ……53
Vinciguerria sp. →ウキエソ属の未定種……55
Vinctifer comptoni →ビンクティファー・コンプトニ……345
Virgatites virgatus →ビルガティテス・ビルガタス……344
Virgosphinctes leufuensis →ビルゴスフィンクテス・レウフエンシス……344
Vitis labruscoidea……541
Vitis labruscoides →ミキブドウ……426
Vitis sp. →ブドウ属の1種……362
Viviparus →ヴィヴィパルス・レントゥス……53
Viviparus angulosus →ヴィヴィパルス……52
Volachlamys hirasei awajiensis →アワジチヒロ……35
Volachlamys yagurai →ヤグラニシキ……458
Volaticotherium →ヴォラティコテリウム……55
Volaticotherium antiquum →ヴォラティコテリウム・アンティクウム……55
Volaticotherium antiquus →ボラティコテリウム……409
Volema osawanoensis →オオサワノソデガイ……84
Volgaceratoides sp. →ボルガセラトイデスの一種……410
Voltzia sp. →ヴォルジア……55
Voluta athleta……541
Voluta digitalina……541
Voluta luctatrix……541
Voluta solandri……541
Volutharpa perryi →モスソガイ……454
Volutocorbis scabriculus……541
Volutolyra subspinosa……542
Volutopsius iiokaensis →イイオカカミオボラ……40
Volutopsius sp. →カミオボラの1種……109
Volutospina japonica →ホテイボラ……404
Volutospina lustator →ヴォルトスピナ……55
Volutospina(?) *nishimurai* →ニシムラホテイボラ(新)……290
Volutospira ambigua……542
Volutospira luctator……542
Volutospira scalaris……542
Volva habei →ヒガイ……332
Volviceramus involutus →ヴォルヴィケラムス……55
Vomeropsis sp. →ヴォメロプシス……55
Vulcanodon →ヴルカノドン……61
Vulpavus sp. →ブルパブス……373

【W】

Waagenina subterrupta →ワエジェニーナ サブターラプタ……491
Waagenoceras cf.*dieneri richardsoni*……542
Waagenoconcha →ワーゲノコンカ……491
Waagenoperna elongata……542
Waagenoperna hayamii →ワーゲノペルナの1種……492
Waagenoperna ozawai……542
Waagenoperna triangularis……542
Waagenophyllum akagoensis……542
Waagenophyllum indicum →ワーゲノフィルム・インディクム……491
Waagenophyllum izuruhense……542
Waagenophyllum pulchrum……542
Waagenophyllum(*Waagenophyllum*) *pulchrum* →ワーゲノフィラムの1種……491
Waagenophyllum(*Waagenophyllum*) *virgalense* →ワーゲノフィラムの1種……491
Waimanu →ワイマヌ……491
Wakinosaurus satoi →ワキノサトウリュウの歯……491
Walliserops tridens →ワリセロプス・トライデンス……493
Walliserops trifurcatus →ワリセロプス・トリファーカトゥス……493
Wallucina lamyi →チヂミウメノハナガイ……243
Wapkia grandis →ワプキア……492
Waptia →ワプティア……493
Waptia fieldensis →ワプティア・フィールデンシス……493
Waptia ovata →ワプティア・オヴァタ……493
Waputikia ramosa →ワプティキア……493
Washitaster? macroholcus →ワシタスター(?)・マクロホルクス……492
Weberiides(?) sp.……542
Weichangella qingquanensis →ウェイチャンゲルラ・キンクアネンシスの殻……53
Weichselia reticulata →ウェイクセリア……53
Weigela sanzugawaensis →サンズガワタニウツギ……183
Weinbergina →ウェインベルギナ……53
Weinbergina opitzi →ウェインベルギナ・オピツィ……54
Wentzelella iwaizakiensis……542
Wentzelloides maiyaensis……542

Wetherellus cristatus →ウエテレルス……54
Wetlugasaurus →ウェツルガサウルス……54
Whiteavesia pholadiformis →ウィテアベシア……53
Whitfieldella nitida……542
Wichmannella sp. →ウィッチマネラの1種……53
Wilkingia regularis →ウィルキンギア……53
Williamsonia →ウィリアムソニア……53
Williamsonia bella →ウィリアムソニア・ベルラ……53
Williamsonia cf.*whitbiensis*……542
Williamsonia gigas →ウィリアムソニア……53
Wisteria fallax →ムカシフジ……440
Wiwaxia →ウィワクシア……53
Wiwaxia corrugata →ヴィヴァクシア……52
Woodwardia decurrens →ムカシコモチシダ……438
Woodwardia endoana →エンドウカグマ……81
Woodwardia sasae →ササオオカグマ……176
Woodwardites →ウッドウォルディテス属……57
Woolly mammoth →ケナガマンモス……152
Worthenia tabulata →ウォルセニア・タビュラータ……55
Wuerhosaurus →ウエロサウルス……55

【X】

Xandarella →クサンダレラ……134
Xandarella spectaculum →クサンダレラ・スペクタクルム……134
Xenacanthus →クセナカントゥス……135
Xenacanthus decheni →クセナカンタス……135
Xenacanthus texensis →クセナカンタス・テキセンシス……135
Xenoceltites sp.aff.*X.evolutus* →ゼノセルティテスの1種……226
Xenocypris sp. →ゼノキプリス属未定種の咽頭歯……225
Xenodiscus sp. →ゼノディスクス……226
Xenophora →クセノフォラ……136
Xenophora crispa →ゼノフォラ……226
Xenophora pallidula →クマサカガイ……138
Xenophora tenuis →ウスクマサカ……56
Xenosmilus hodsonae →ゼノスミルス・ホドソナエ……225
Xenoxylon latiporosum……542
Xestoleberis setouchiensis →ゼストレベリス・セトウチエンシス……225
Xianguangia sinica →クシアングアングイア・シニカ……134
Xiangxiia sp. →キシアンキシィアの一種……122
“Xiaosaurus” →「シャオサウルス」……195
Xidazoon stephanus →シダズーン・ステファヌス……190
Xiphactinus →シファクティヌス……194
Xiphactinus audax →シファクチヌス・アウダックス……194
Xiphosphaera huzimotoi……542
Xuanhanosaurus →シュワンハノサウルス……200
Xylokorys →キシロコリス……122
Xylokorys chledophilia →キシロコリス・クレドフィリア……122
Xystridura saintsmithii →ジストリドゥラ……189

【Y】

Yaadia kimurai →ヤーディア・キムライ……459
Yaadia (*Setotrigonia*) *shinoharai*……542
Yaadia (*Yeharella*) *ainuana*……542
Yaadia (*Yeharella*) *japonica*……542
Yaadia (*Yeharella*) *kimurai*……542
Yabeiceras menabense →ヤベイセラス・メナベンセ……459
Yabeiceras orientale……542
Yabeiceras yubarense……542
Yabeina globosa →ヤベイナ・グロボーサ……459
Yabeina kaizensis……542
Yabeina shiraiwensis……542
Yabeinosaurus →ヤベイノサウルス……460
Yabeinosaurus tenuis →ヤベイノサウルス……460
Yabeithyris kanazawaensis →カナザワホオズキガイ……105
Yabepecten tokunagai
→トクナガホタテ……274
→ヤベホタテガイ……460
Yacutus →ヤクゥトゥス……458
Yamatocetus →ヤマトケトゥス……461
Yandusaurus →ヤンドゥサウルス……462
Yangchienia compressa……542
Yangchuanosaurus →ヤンチュアノサウルス……461
Yanishewskiella japonica →ヤニセウスキエラ・ジャポニカ……459
Yanoconodon allini →ヤノコノドン……459
Yanornis martini →ヤノルニス・マルティニの完模式標本……459
Yanosteus longidorsalis →ヤノステウス・ロンギドルサリス……459
Yatsengia ibukiensis →ヤッチェンギアの1種……459
Yatsengia kiangsuensis……542
Yaverlandia →ヤーヴァーランディア……458
Yebisites onoderai……542
Yeharaites kawashitai →エハライテス・カワシタイ……75
Yezoactinia shotombetsensis……542
Yezoceras nodosum →エゾセラス・ノドサム……71
Yezoites matsumotoi →エゾイテス・マツモトイ……70
Yezoites puerculus →エゾイテス・パエルクルス……70
Yezoites sp. →エゾイテスの一種……70
Yezoites teshioensis →エゾイテス・テシオエンシス……70
Yezoteuthis giganteus →エゾテウシス・ギガンテウス……72
“Yingshanosaurus” →「インシャノサウルス」……52
Yixianella marginulata →イシアネルラ・マルギヌラタの背甲……43
Yixianornis grabaui →イシアノルニス・グレーボーイ……43
Yohoia tenuis →ヨホイア……468
Yokoia kattoi →ヨコイアの1種……466
Yokoyamaella (*Yokoyamaella*) *yokoyamai* →ヨコヤマエラの1種……466
Yokoyamaina elliptica……542
Yokoyamaoceras aff.*Y.minimum* →ヨコヤマオセラス・ミニマムに近縁の種……467
Yokoyamaoceras ishikawai →ヨコヤマオセラス・イシカワイ……466

Yokoyamaoceras jimboi……542
Yokoyamaoceras kotoi……543
Yokoyamaoceras minimum →ヨコヤマオセラス・ミニマム……467
Yokoyamaoceras ornatum……543
Yokoyamaoceras(?) *mysticum*……543
Yoldia sagittaria →ユナガヤソデガイ……464
Yoldia(*Cnesterium*) *notabilis* →フリソデガイ……372
Yoldia(*Hataiyoldia*) *tokunagai* →トクナガソデガイ……274
Yoldia(*Tepidoleda*) *sobrina* →ダイオウソデガイ(新)……232
Yoldia(*Yoldia*) *asagaiensis* →アサガイソデガイ(新)……13
Yoldia(*Yoldia*) *laudabilis* →シタカラソデガイ……190
Yoshimonia yoshimoensis →ヨシモニア・ヨシモエンシス……468
Youngina →ヨンギナ……468
Youngofiber sp. →ビーバー……337
Yubariceras yubarense →ユーバリセラス・ユーバレンゼ……464
Yuknessia simplex →ユクネシア……463
Yumenia casta →ユメニア・カスタの背甲……465
Yumenia jianchangensis →ユメニア・ジアンチャンゲンシスの背甲……465
Yunguisaurus →ユングイサウルス……465
Yunguisaurus liae →ユングイサウルス・リアエ……465
Yunnanocaris megista →ユンナノカリス・メギスタ……465
Yunnanocephalus yunnanensis →ユンナノケファルス・ユンナンエンシス……466
Yunnanosaurus →ユンナノサウルス……466
Yunnanosaurus fuangi →ユンナノサウルス……466
Yunnanozoon →ユンナノズーン……466
Yunnanozoon lividum →ユンナノゾーン・リヴィドゥム……466
Yutyrannus →ユティランヌス……464
Yutyrannus huali →ユティランヌス・フアリ…464

【Z】

Zacanthoides grabaui →ザカントイデス・グラバウイ……176
Zacanthoides typicalis →ザカントイデス・ティピカリス……176
Zaglossus hacketti →ジャイアントミユビハリモグラ……195
Zalambdalestes →ザラムブダレステス……181
Zalambdalestes lechei →ザランブダレステス……181
Zalophus califormianus →アシカ……14
Zamiophyllum Buchianum……543
Zamiophyllum? sp. →ザミアソテツの葉体の1種……179
Zamites buchianus →ザミテス・ブッキアヌス‥179
Zamites feneonis →ザミテス・フェネオニス……179
Zamites parvulus →ザミテス・パルブルス……179
Zamites sp. →ザミテス……179
Zanthopsis vulgaris →ザントプシス・ブルガリス……184
Zaphrentis sp. →ザフレンティス……179
Zaphrentoides →ザプレントイデス……179
Zeilleria cornuta……543
Zeilleria frenzlii →ゼイレリア……224
Zeilleria naradaniensis →ゼイレリアの1種……224
Zelandites cf.*Z.inflatus* →ゼランディテス・インフラータス……227
Zelandites inflatus →ゼランディテス・インフラータス……227
Zelandites kawanoi →ゼランディテス・カワノイ……227
Zelkova →ケヤキ……153
Zelkova kushiroensis →クシロケヤキ……135
Zelkova serrata →ケヤキ……153
Zelkova takahashii →タカハシケヤキ……234
Zelkova ungeri →ニラバケヤキ……295
Zelkowa sp.……543
Zelkowa ungeri →ムカシケヤキ……438
Zenaspis →ゼナスピス……225
Zhangheotherium quinquecuspidens →ザンヘオテリウム・クインクエクスピデンス……184
Zhejiangopterus →チョーチアンゴプテルス……246
Ziphiidae, gen.et sp.indet. →アカボウクジラ類…7
Zonaria(*Zonaria*) *porcellus*……543
Zonaria(*Zonaria*) *pyrum*……543
Zoophycos →ズーフィコス……221
Zosterophyllum →ゾステロフィルム……230
Zosterophyllum llanoveranum →ゾステロフィルム……230
Zosterophyllum rhenanum →ゾステロフィルム……230
Zuniceratops →ズニケラトプス……218
Zygolithus diplogrammus……543
Zygolithus octoradiatus……543
Zygorhiza →ザイゴルヒザ……174
Zygorhiza kochii →ジゴリザ……188

化石・恐竜レファレンス事典

2019年10月25日　第1刷発行

発 行 者／大高利夫
編集・発行／日外アソシエーツ株式会社
〒140-0013 東京都品川区南大井6-16-16 鈴中ビル大森アネックス
電話 (03)3763-5241（代表） FAX(03)3764-0845
URL http://www.nichigai.co.jp/
発 売 元／株式会社紀伊國屋書店
〒163-8636 東京都新宿区新宿 3-17-7
電話 (03)3354-0131（代表）
ホールセール部（営業） 電話 (03)6910-0519

電算漢字処理／日外アソシエーツ株式会社
印刷・製本／株式会社平河工業社

ISBN978-4-8169-2796-6　　Printed in Japan,2019